Biologia do
Desenvolvimento

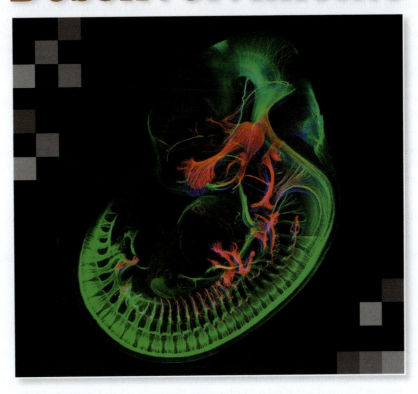

Tradução:

Catarina de Moura Elias de Freitas

Professora adjunta do Instituto de Ciências Biomédicas da Universidade Federal do Rio de Janeiro (ICB/UFRJ).
Doutora em Biologia do Desenvolvimento: Segmentação de Vertebrados, pela Universidade de Lisboa, Portugal.
Pós-Doutora em Mecanismos de Angiogênese no Desenvolvimento e na Doença pelo Collège de France/INSERM, França.
Pós-Doutora em Mecanismos de Angiogênese do Sistema Nervoso Central pelas Northwestern University e Yale University, EUA.

Cristiano Carvalho Coutinho

Professor adjunto do ICB/UFRJ. Mestre em Bioquímica pela UFRJ.
Doutor em Biologia Molecular pela UFRJ juntamente com a Universidade Livre de Bruxelas, Bélgica.
Pós-Doutor em Controle da Expressão Gênica pela Universidade Johannes Gutenberg de Mainz, Alemanha.

José Marques de Brito Neto

Professor associado da UFRJ. Mestre em Farmacologia pela Faculdade de Medicina da Unicamp.
Doutor em Bioquímica pela UFRJ. Pós-Doutor em Desenvolvimento Craniofacial pelo Collège de France/Paris.
Pós-Doutor em Desenvolvimento Craniofacial pelo Institut de Neurobiologie Alfred Fessard, França.

Laura Roesler Nery

Doutora em Biologia Celular e Molecular pela Pontifícia Universidade Católica do Rio Grande do Sul (PUCRS).

Manoel Luis Costa

Professor titular do ICB/UFRJ. Especialista em Microscopia Óptica pelo Woods Hole Marine Biological
Laboratories, EUA. Mestre e Doutor em Ciências Biológicas (Biofísica) pela UFRJ.
Pós-Doutor em Diferenciação Muscular pela Universidade da Pennsylvania, EUA.

Revisão técnica:

Catarina de Moura Elias de Freitas

Professora adjunta do ICB/UFRJ. Doutora em Biologia do Desenvolvimento: Segmentação de Vertebrados,
pela Universidade de Lisboa, Portugal. Pós-Doutora em Mecanismos de Angiogênese no Desenvolvimento
e na Doença pelo Collège de France/INSERM, França. Pós-Doutora em Mecanismos de Angiogênese do
Sistema Nervoso Central pelas Northwestern University e Yale University, EUA.

G466p   Gilbert, Scott F.
Biologia do desenvolvimento / Scott F. Gilbert ; Michael J. F. Barresi ;
tradução: Catarina de Moura Elias de Freitas... [et al.] ; revisão técnica:
Catarina de Moura Elias de Freitas.– 11. ed. – Porto Alegre: Artmed, 2019.
xxiv, 911 p. ; 28 cm.

ISBN 978-85-8271-513-0

1. Biologia. 2. Biologia do desenvolvimento. I. Barresi,
Michael J. F. II. Título.

CDU 577.21

Catalogação na publicação: Karin Lorien Menoncin – CRB 10/2147.

Biologia do Desenvolvimento

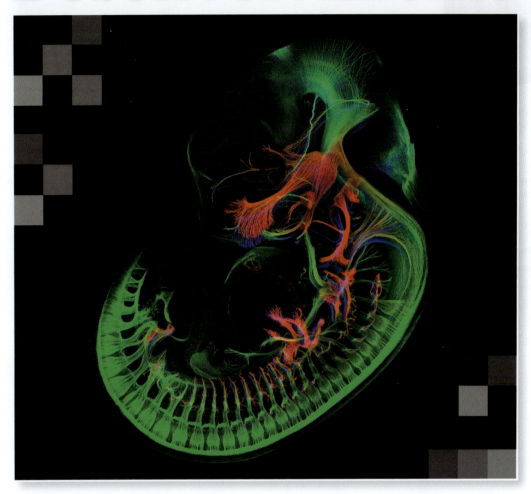

11ª Edição

Scott F. Gilbert
Swarthmore College and the University of Helsinki

Michael J. F. Barresi
Smith College

2019

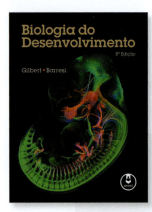

A capa

Os axônios do sistema nervoso periférico em desenvolvimento estão marcados em vermelho nesta micrografia confocal de um embrião de camundongo, montado por inteiro, no dia 11,5 do desenvolvimento. O crescimento e a especificidade dos alvos axônios durante o desenvolvimento de vertebrados são discutidos no Capítulo 15. Esta fotografia é uma cortesia de Zhong Hua e Jeremy Nathans, da Johns Hopkins University.

Obra originalmente publicada sob o título *Developmental biology*, 11th edition
ISBN 9781605354705

Gerente editorial: *Letícia Bispo de Lima*

Colaboraram nesta edição:

Editora: *Simone de Fraga*

Arte sobre capa original: *Márcio Monticelli*

Preparação de originais: *Marquieli de Oliveira*

Leitura final: *Daniela de Freitas Louzada*

Editoração: *Estúdio Castellani*

Reservados todos os direitos de publicação, em língua portuguesa, à
ARTMED EDITORA LTDA., uma empresa do GRUPO A EDUCAÇÃO S.A, Copyright © 2017.
Av. Jerônimo de Ornelas, 670 – Santana
90040-340 Porto Alegre RS
Fone: (51) 3027-7000 Fax: (51) 3027-7070

Unidade São Paulo
Rua Doutor Cesário Mota Jr., 63 – Vila Buarque
01221-020 São Paulo SP
Fone: (11) 3221-9033

SAC 0800 703-3444 – www.grupoa.com.br

IMPRESSO NO BRASIL
PRINTED IN BRAZIL

Para Daniel, Sarah, David e Natalia
S. F. G.

Para Scott Gilbert, que me proporcionou esta oportunidade
e
Para minha família, Heather, Samuel, Jonah, Luca e Mateo,
que me permitiram tirar proveito desta oportunidade
M. J. F. B.

Prefácio

Por Scott Gilbert

UM BIÓLOGO, UM FILÓSOFO E UM TEÓLOGO ENTRAM EM UM BAR. Sim, isso realmente aconteceu, no frio de uma noite de inverno na Finlândia. Um grupo de pessoas entusiasmadas escutava enquanto o moderador perguntava o que cada um deles considerava ser a história mais importante que todos deveriam saber. O teólogo cristão disse que a história mais importante era a salvação por meio da graça de Deus. O filósofo analítico discordou, dizendo que a história mais importante da humanidade era a do iluminismo. O biólogo sabia que ele deveria falar "evolução". Todavia, a evolução é a consequência de uma outra história fundamental. Então, o biólogo reivindicou que a história mais inspiradora e com mais significado era a de como o embrião se constrói. Você passa de um zigoto não formado para um organismo adulto com coração, cérebro, membros e intestinos, tudo propriamente diferenciado e organizado. É a história de como a novidade é criada, como um indivíduo mantém a sua identidade enquanto se constrói, e como forças globais e locais trabalham juntas para gerar uma entidade funcional. Essa é a história que contamos neste livro.

Na 9ª e na 10ª edições de *Biologia do desenvolvimento*, especulamos que o estudo do desenvolvimento de um animal estaria em metamorfose. Este campo não atingiu ainda o seu clímax, mas certas diferenças entre as edições anteriores e a que está nas suas mãos (ou na sua tela) estão definitivamente claras. A primeira pode ser observada na capa. A biologia do desenvolvimento vem sendo incumbida de uma grande responsabilidade – nada menos do que descobrir as bases genéticas e anatômicas da organização neural e do comportamento. Essa tarefa fazia parte da biologia do desenvolvimento quando foi reformulada no início de 1990 (principalmente pelo Americano C. O. Whitman), porém foi descartada do portfólio por ser "muito complicada" e pouco acessível para estudos. Contudo, nos dias de hoje, a neurobiologia do desenvolvimento é uma parte em grande crescimento dentro da biologia do desenvolvimento. Entre muitas outras coisas, a biologia do desenvolvimento tem se tornado necessária para as ciências cognitivas.

A segunda diferença entre esta edição e as anteriores é a proeminência das células-tronco. Sendo no início uma pequena área da biologia do desenvolvimento, a pesquisa com células-tronco vem crescendo rapidamente, a ponto de ter suas próprias sociedades científicas. As células-tronco não somente trazem explicações sobre o desenvolvimento de órgãos, mas também a possibilidade tentadora da regeneração destes. Trabalhos recentes, detalhados neste livro, mostram como o conhecimento sobre biologia do desenvolvimento tem sido fundamental na geração de células-tronco a partir de células adultas que podem substituir funcionalmente tecidos ausentes ou danificados em animais de laboratório.

A terceira diferença é a incrível revolução sobre estudos de linhagens celulares, sendo possível devido aos avanços de marcação *in vivo*. Podemos olhar para cada célula durante o início do desenvolvimento em um embrião vivo e discernir quais células adultas são suas descendentes. As novas tecnologias de visualização computacional deram aos cientistas ferramentas incríveis para observar o desenvolvimento embrionário.

A quarta diferença é a ideia de que o desenvolvimento animal, inclusive o de mamíferos, é afetado pelo ambiente. Os dados acumulados para a plasticidade do desenvolvimento e os papéis dos micróbios no desenvolvimento normal aumentaram notavelmente nos últimos anos.

Por fim, a quinta diferença refere-se a como a ciência é ensinada. O modelo "sábio no palco", em que as palestras geram o fluxo de informações abaixo de um gradiente de maior concentração para menor, foi complementada pelo "guia do lado". Assim, o professor torna-se um facilitador ou um condensador das discussões, ao passo que os alunos são encorajados a descobrir as informações por eles mesmos.

De fato, a educação é as vezes referida como "desenvolvimento", e existem muitas similaridades entre a educação e a embriologia. Os dois campos têm trocado metáforas constantemente pelos últimos séculos, e palavras em alemão têm sido utilizadas constantemente tanto para desenvolvimento quanto para educação – *Bildung* e *Entwicklung* –, as quais conotam educação pela experiência e educação pela instrução, respectivamente; ambas funcionam em situações diferentes. Então, nesta edição do *Biologia do desenvolvimento*, tentamos auxiliar aqueles professores que desejam experimentar novos métodos de ensino. Como na embriologia, não esperamos que um método seja o melhor para todas as ocasiões.

Para todos esses fins, este livro se metamorfoseou para abraçar um coautor. Michael J. F. Berresi é um *expert* em todas essas áreas de células-tronco, neurobiologia do desenvolvimento e novas técnicas de aprendizado e ensino. Faz 30 anos desde que a 1ª edição deste livro foi publicada, e eu buscava um jovem professor que reconfigurasse este livro em uma ferramenta de aprendizado para que uma nova geração de professores pudesse utilizar para inspirar uma nova geração de alunos. Entre, Michael! Michael não quis fazer somente mudanças estéticas no livro, ele propôs uma reencenação radical da sua missão: educar os alunos para que apreciem e participem da biologia do desenvolvimento.

Michael nos convenceu de que precisávamos rever a ordem dos capítulos, adicionar novos capítulos e encurtar outros, alterar a maneira como o conteúdo é apresentado nos capítulos e dar a todos eles mais material suplementar para aulas "recortadas", estudos de casos e outros métodos de aprendizado. O pensamento e o esforço extra feitos para incorporar as novas abordagens de Michael claramente valeram a pena.

Outra mudança nas últimas décadas é o quanto o seu entendimento da biologia depende do seu conhecimento de biologia do desenvolvimento. Se "nada na biologia faz sentido exceto à luz da evolução", agora pensamos que "nada na evolução morfológica faz sentido sem o conhecimento sobre desenvolvimento". Mudanças na anatomia e na fisiologia dos indivíduos adultos são preditas em modificações ocorridas durante a morfogênese e a diferenciação durante o desenvolvimento.

Isso também é verdade para a história da biologia, em que a biologia do desenvolvimento pode ser vista desempenhando o papel único de "célula-tronco de disciplinas biológicas", regenerando constantemente sua própria identidade enquanto simultaneamente produz linhas que podem se diferenciar em novas direções. Como Fred Churchil observou, a *biologia celular* "derivou da embriologia descritiva". Os fundadores da biologia celular estavam tentando explicar o desenvolvimento, e a nova concepção da célula auxiliou-os a fazê-lo. As teorias originais da evolução preocuparam-se com a forma como as novas variantes surgiram do desenvolvimento alterado dos antepassados. O amigo de Charles Darwin e campeão Thomas Huxley expandiu essa ideia, que eventualmente floresceria no campo da *biologia evolutiva do desenvolvimento*.

Também durante esta Era Vitoriana, uma variação da biologia do desenvolvimento cresceu para se tornar o campo da *imunologia*. Elie Metchonikoff (que mostrou que as células polares das moscas eram precursoras de células germinativas e estudou a gastrulação em todo o reino animal) propôs uma nova teoria celular para a imunologia na sua tentativa de encontrar características universais no mesoderma embrionário e larval. Da mesma forma, porém com mais angústia, a genética descendeu diretamente de uma geração de embriologistas que trataram se o núcleo ou o citoplasma continham os determinantes do desenvolvimento embrionário. Antes de sua associação com a *Drosophila*, Thomas Hunt Morgan, um conhecido embriologista que trabalhava com ouriços-do-mar, escreveu um livro sobre desenvolvimento de sapo e era uma autoridade em *regeneração*. A maioria dos primeiros geneticistas era originalmente embriologistas, e foi somente em 1920 que Morgan separou formalmente os dois campos. A regeneração ainda está intimamente ligada aos processos embrionários, já que é frequentemente uma recapitulação destes. Ross Granville Harrison e Santiago Ramon y Cajal fundaram a

ciência da *neurobiologia*, demonstrando como os neurônios e os axônios se desenvolviam. Atualmente, a neurologia requer um entendimento das origens dos sistemas nervoso central e periférico.

Várias disciplinas do âmbito médico descenderam da embriologia. A *teratologia* (o estudo de anomalias congênitas) sempre estudou o desenvolvimento alterado ou interrompido, mas outras disciplinas médicas também remontam à embriologia. A *biologia do câncer* – oncologia – deriva da biologia do desenvolvimento, visto que o câncer sempre foi visto e estudado como uma reversão celular ao estado embrionário. Apesar de, em algum momento, ter sido ofuscada por uma visão estritamente genética do câncer, hoje tem sido revivida e revisada pelas descobertas sobre células-tronco tumorais, iniciação tumoral por meio de sinais parácrinos e modos embrionários de migração celular usados pelas células tumorais. As disciplinas médicas, como a cardiologia e a pesquisa em diabetes, estão sendo revigoradas pelas novas perspectivas do desenvolvimento. Os novos campos de *perturbações endócrinas* e a *origem do desenvolvimento da saúde e da doença*, observando como os fatores ambientais experimentados durante a gestação podem alterar os fenótipos adultos, emergiram da biologia do desenvolvimento com seus próprios paradigmas e regras de evidência.

A biologia do desenvolvimento de células-tronco produz novas disciplinas, enquanto mantém a sua própria identidade. O campo da *biologia de células-tronco* está diretamente conectado à sua disciplina ancestral, e novos estudos (muitos deles documentados neste livro) mostram como direcionar as células-tronco em uma via particular exige conhecimento sobre o desenvolvimento normal.

A biologia do desenvolvimento interage com outras disciplinas para induzir novas maneiras de pensar. A biologia ecológica do desenvolvimento, por exemplo, analisa as interações entre organismos em desenvolvimento e seus ambientes abióticos e bióticos. Mesmo o campo da paleontologia tem sido impactado pelas perspectivas do desenvolvimento que permitem que novas e em geral surpreendentes filogenias sejam construídas.

Resumidamente, este é um momento emocionante para que este livro promova uma forma interativa de perceber e estudar o mundo natural. Pascal escreveu que a ciência é como um balão expandindo dentro do desconhecido. Quanto mais sabemos, maior é a área em contato com o desconhecido. A biologia do desenvolvimento é uma disciplina em que o desconhecido contém questões importantes ainda a serem respondidas, com novas técnicas e novas ideias para aqueles que estão dispostos a tentar.

Agradecimentos

Está cada vez mais difícil distinguir entre um autor, um curador e um "nexo" em um diagrama de ligação de nós. Este livro é um organismo em desenvolvimento e simbiótico, cujos reconhecimentos devem ser confinados a uma camada interna ou se expandir por todo o mundo. Em primeiro lugar, sinceramente reconheço que, sem o entusiasmo, perícia e paixão de Michael Barresi por este projeto, esta edição do livro não existiria.

A equipe da Sinauer Associates, liderada por Andy Sinauer e Rachel Meyers, foi notável – fui incrivelmente privilegiado ao longo dos anos por trabalhar com eles! Também tenho a sorte de ter minhas palavras, frases e parágrafos reorganizados e revisados por Carol Wigg, que trabalhou comigo em todas as onze edições para comunicar as maravilhas da biologia do desenvolvimento em prosa, de forma clara, acessível e agradável para estudantes, da melhor maneira possível.

Este é um lindo livro, e posso afirmar isso porque não é um feito meu: é devido ao talento de Chris Small e sua equipe de produção; a Jefferson Johnson e seu domínio artístico do Adobe InDesign; à experiência dos artistas no Dragonfly Media Graphics; e ao extraordinário editor de fotos, David McIntyre, que consegue encontrar fotografias incríveis para complementar as muitas imagens maravilhosas que meus colegas forneceram tão generosamente para cada edição.

Fui abençoado com estudantes notáveis que nunca tiveram vergonha de fazer perguntas. Ainda hoje, eles continuam me enviando e-mails "Você viu isso?", o que garante que eu continue me atualizando. Agradeço também a todas as pessoas que continuam me enviando e-mails de encorajamento ou que me encontram nos congressos para transmitir boas palavras sobre o livro e me fornecer ainda mais informações. Este livro é, e sempre foi, um empreendimento comunitário.

Minha esposa, Anne Raunio, aguentou-me como autor de livros durante a maior parte da nossa vida de casados, e eu sei que ela ficará feliz por esta edição ter terminado. Na verdade, ao mesmo tempo que este livro foi para impressão, nossas vidas mudaram drasticamente com a nossa mudança de Swarthmore. Certamente seria negligente se eu não reconhecesse os muitos anos de apoio que tive no Swarthmore College, uma instituição acadêmica maravilhosa que considera escrever livros didáticos um serviço para a comunidade científica e que encoraja iniciativas interdisciplinares.

– S. F. G.

Por Michael Barresi

UM NEUROCIENTISTA, UM BIÓLOGO ECO-EVO-DEVO E UM BIÓLOGO DO DESENVOLVIMENTO ENTRAM EM UMA PISCINA. Sim, isso realmente aconteceu, foi em um caloroso e quente dia de verão em Cancun, no México. Foi na primeira Conferência Pan-Americana da Sociedade para a Biologia do Desenvolvimento, quando Scott Gilbert mencionou a Kathryn Tosney e a mim que ele estava considerando um coautor para a 11ª edição do *Biologia do desenvolvimento*. Enquanto eu caminhava na água ao lado de dois dos meus heróis, Scott perguntou se eu estaria interessado nessa oportunidade.

Uma combinação de choque, excitação e medo se estabeleceu, praticamente nessa ordem. *Choque*, porque eu estava maravilhado com a possibilidade de ser considerado, pois eu não tinha publicado uma dúzia de artigos por ano nem tinha a perspectiva histórica e o escopo cultural que Scott havia tecido tão intrincada e exclusivamente através de cada edição. *Excitação*, porque este livro-texto teve um grande impacto na minha vida: a chance de fazer parte de um livro que esteve comigo durante toda a minha educação científica seria uma verdadeira honra. Então, o *medo* assentou, pois, assim como para mim, este livro significa bastante para muitos neste campo. O comprometimento necessário para manter o padrão que Scott Gilbert definiu para este trabalho é assustador. No entanto, se há algo que aprendi em 11 anos como professor universitário é que o medo pode ser o obstáculo mais significativo para o ensino e a aprendizagem inovadores.

Concordei em ser o coautor de Scott porque esta foi uma oportunidade de influenciar a forma como esse assunto é ensinado em todo o mundo. Meu entusiasmo por todos os aspectos do livro é sem limites e estou apaixonado por melhorar a experiência de aprendizagem para todos os alunos. Certamente, não há substituição de Scott Gilbert, e não pretendo ser o equivalente dele. O que posso oferecer para esta e futuras edições de *Biologia do desenvolvimento* é uma abordagem complementar que acrescenta à precisão e ao estilo de Scott maior criatividade e uma filosofia geral de capacitação dos alunos para aprender sobre biologia do desenvolvimento.

O livro-texto e a sala de aula têm algo em comum. Nenhum pode sobreviver a esta era digital como um mero veículo para informações: páginas de conteúdo denso emparelhado com palestras ainda mais densas não são métodos eficazes para a aprendizagem "profunda". Há evidências esmagadoras de que verdadeiras pedagogias de aprendizagem ativa fornecem os ganhos mais efetivos na compreensão conceitual, maior retenção de conteúdo, melhores habilidades de resolução de problemas e maior persistência em graduações científicas (STEM-*Science, technology, engineering and mathematics*), particularmente para estudantes subpreparados (Waldrop, 2015; Freeman et al., 2014, Chi e Wylie, 2014). Quero que meus alunos e os seus alunos aprendam os conceitos fundamentais da biologia do desenvolvimento não apenas porque decoraram o texto ou estressadamente extraindo informações de um PowerPoint, mas *experimentando* como esses conceitos podem explicar fenômenos de desenvolvimento conhecidos e desconhecidos. Como um livro-texto pode se adaptar a (1) apoiar os professores na implementação de abordagens efetivas de aprendizagem ativa e (2) encorajar os alunos a se tornarem aprendizes ativos?

Realizar exercícios de aprendizado ativo efetivos em aula que visam a aquisição de conceito e o desenvolvimento de habilidades para resolver problemas é um desafio. As principais dificuldades são a falta de atividades para oferecer aos alunos e a falta de treinamento do instrutor para administrar esses exercícios, a falta de tempo disponível em aula (real ou sentido), a relutância dos alunos a participar de atividades novas e desafiadoras, alunos com conhecimentos desnivelados em sala de aula e toda uma série de medos associados.

Nós transformamos a 11ª edição de *Biologia do desenvolvimento* para apoiar um movimento em pedagogia para uma experiência ativa tanto para o professor quanto para o aluno. Para muitos dos capítulos, Scott Gilbert e eu escrevemos e produzimos "Tutoriais do desenvolvimento*", gravações de vídeo curtas (10-20 minutos) nossas explicando alguns dos princípios básicos de desenvolvimento. Esses vídeos produzidos profissionalmente objetivam fornecer uma quantidade básica de conteúdo fora da sala de aula, oferecendo aos instrutores um mecanismo para conduzir uma aula a distância (ver Seery, 2015).

Para satisfazer a parte presencial das aulas, escrevemos um conjunto de questões de estudos de caso que acompanham os "Tutoriais do desenvolvimento", incentivando abordagens de aprendizagem baseadas em equipe. Antes de realizar uma atividade de estudo de caso, considere pedir aos alunos que leiam o "Destaque" de um capítulo específico, além de assistir ao "Tutorial do desenvolvimento" relacionado. Realizar essas atividades não ocupará muito tempo dos alunos, então pode-se esperar que venham para a aula com conhecimento suficiente para se envolverem ativamente na solução do estudo de caso. Pretendemos adicionar mais "Tutoriais do desenvolvimento" e estudos de caso no futuro, conforme o interesse do usuário exige. Estamos entusiasmados em ver como esses tutoriais de desenvolvimento e os estudos de caso podem ser adaptados para atender aos objetivos de aprendizagem de seus próprios cursos, e eu, em particular, me disponho a trabalhar com professores para ajudar a apoiar sua implementação desses novos recursos de aprendizagem ativos.

Tradicionalmente, o papel de um livro-texto tem sido a apresentação aos alunos dos conceitos fundamentais de determinado campo; no entanto, não sinto que esse deve ser seu único papel. Os livros-texto podem tirar proveito do fato de que, geralmente, o aluno está lendo sobre o assunto pela primeira vez. Esse é o momento de capturar o espírito inquisitivo de um aluno, construir sua confiança em discutir e fazer perguntas sobre o assunto e alimentar o seu aprendizado no futuro por meio da apropriação de determinados conceitos do campo em questão. Ganhar uma sensação de identidade em determinada área da ciência geralmente começa com a capacidade de se engajar em um diálogo. Infelizmente, para um aluno que aprende os fatos pela primeira vez, uma das barreiras mais difíceis é poder articular as questões que iniciarão uma conversa mais embasada.

Vários mecanismos únicos na 11ª edição destinam-se a capacitar os alunos a se envolver ativamente no campo da biologia do desenvolvimento. Os tópicos "Ampliando o conhecimento" encontrados ao longo de cada capítulo funcionam como extensões sugeridas e áreas potenciais de pesquisa no futuro com relação aos tópicos abordados, e, indiretamente, fornecem um modelo para o tipo de pensamento e questões que os biólogos do desenvolvimento podem perguntar. Essas questões seriam um grande sucesso se os alunos as repetissem em aula como uma espécie de quebra-gelo para iniciar ou promover uma discussão ou usá-las como pontos de entrada individuais para pesquisa de literatura suplementar. A maioria dessas questões não possui respostas definitivas. Desculpe, mas elas são projetadas para estimular a interação na sala de aula e envolver os alunos com a pesquisa científica. O potencial da emoção da descoberta para motivar o interesse dos alunos não pode ser subestimado. E os alunos conhecem a diferença entre as perguntas do questionário e as questões da vida. Para esse fim, cada capítulo termina com uma "Próxima etapa na pesquisa", a qual desempenha papel semelhante a "Ampliando o conhecimento", exceto que essas etapas tentam apresentar uma visão mais ampla das direções em que o campo pode estar se movendo. A esperança é que os alunos possam usar "Próxima etapa na pesquisa" como pontos de entrada lógicos para a sua pesquisa própria.

Outro objetivo para a 11ª edição foi apresentar as vozes reais dos biólogos que trabalham hoje. "Os cientistas falam*" é um novo recurso agregado ao longo do livro para fornecer aos alunos (e docentes) acesso direto a conversas gravadas com os principais biólogos do desenvolvimento. Muitas dessas discussões ocorreram entre os principais pesquisadores de artigos atuais e renomados e meus próprios alunos da Smith College por meio de conferências na *web*. Para os alunos, o benefício exclusivo desse tipo de recurso é um diálogo altamente acessível com os cientistas, combinado com uma fantástica série de perguntas feitas por seus pares – muitas vezes os únicos indivíduos que os alunos realmente confiam.

Espero sinceramente que esses novos recursos ajudem a aumentar o envolvimento dos alunos, melhorem sua confiança para se comunicar e realmente convidem todos a se tornarem um participante significativo nesta incrível ciência do desenvolvimento.

Agradecimentos

Gostaria de expressar meus especiais e sinceros agradecimentos a Mary Tyler, que desempenhou um papel fundamental como editora de conteúdo para meus capítulos. Mary teve um grande amor por este livro ao longo dos anos, e suas perspectivas me ajudaram a conseguir um equilíbrio perfeito entre o passado e o presente nesta nova edição. Obrigado, Mary, por todo seu apoio e contribuição focada e substantiva.

O campo da biologia do desenvolvimento é cada vez maior, e o ritmo da pesquisa parece estar aumentando exponencialmente. Esta edição abrangente só foi possível com a supervisão zelosa dos revisores especialistas listados na página seguinte. Agradeço a Johannah Walkowicz pelo seu equilíbrio único entre persistência e gentileza na organização de todos os revisores. Exprimo um reconhecimento especial para Willy Lensch e Bill Anderson, que

---

*Devbio.com (em inglês).

passaram muito tempo comigo discutindo sobre células-tronco, o que influenciou diretamente a organização do novo capítulo sobre o assunto.

Fiquei continuamente impressionado com a equipe estelar da Sinauer Associates e incrédulo pela minha completa aceitação por Andy Sinauer nesta família: seu espírito aberto a todas as minhas ideias foi fundamental na minha aceitação de coautor deste grande livro; obrigado, Andy, por seu apoio e por reunir a equipe mais incrível! Primeiro, Azelie Aquadro Fortier e, em seguida, Rachel Meyers supervisionou toda a produção desta edição, e ambas forneceram a este novo coautor nada além de incentivo e apoio genuínos em todos os momentos. Carol Wigg, Sydney Carroll e Laura Green trabalharam juntas para fornecer os olhos editoriais precisos, especialmente para este autor principiante, cansado, pai-de-quatro. Sua determinação e horas igualmente longas neste projeto produziram uma nova edição, da qual eu só posso me orgulhar.

Agradeço sinceramente a grande quantidade de energia e tempo que o diretor de arte Chris Small, da Sinauer, e todo o grupo da Dragonfly Media Graphics levaram para desenvolver um programa de arte tão bonito. Eles também tiveram de lidar comigo, um artista visual superprotetor que provavelmente era muito crítico quanto a mudanças em seus desenhos originais! Obrigado pela paciência! Gostaria também de agradecer a Chris novamente, bem como a Joanne Delphia e Jefferson Johnson, por seu excelente *design* e *layout* do livro. David McIntyre, obrigado por sua ajuda na pesquisa e na obtenção de muitas novas fotografias.

Um novo livro só pode alcançar as mãos dos alunos com a ajuda do *marketing* estratégico, e Dean Scudder, Marie Scavotto e Susan McGlew têm sido notáveis em destacar todos os novos recursos. Agradeço-lhes por sempre terem apresentado este novo autor da melhor maneira possível. Jason Dirks e todas as pessoas que trabalham no Departamento de Mídia e Suplementos da Sinauer merecem um agradecimento especial por projetar um *site* atraente e fazer um *brainstorming* comigo sobre as melhores maneiras de apresentar todos os nossos novos recursos interativos.

O apoio do Smith College não deixa de ser mencionado: Smith me permitiu produzir e divulgar minhas "Conferências na rede", "Documentários de desenvolvimento" e "Tutorias do desenvolvimento" usados neste livro. O compromisso e o talento de Kate Lee e o apoio geral do Departamento de Serviços de Tecnologia Educacional da Smith também tornaram possível a produção desses recursos. Eu seria negligente se não agradecesse a todos os cientistas que ao longo dos anos ofereceram o seu tempo para falar com meus alunos sobre suas pesquisas. Esperemos que seus conhecimentos compartilhados agora atinjam muitos outros alunos.

Para meus alunos no Smith College, tanto em meus cursos quanto no meu laboratório de pesquisa, agradeço por serem meus colaboradores e os melhores professores que já tive. Seu entusiasmo, trabalho árduo e ideias loucas fazem tudo o que eu faça valer a pena.

Há muitas coisas que realizamos em nossas vidas que não poderiam ser possíveis sem o apoio da família. No meu caso, posso acrescentar que o esforço que fizeram certamente foi maior que o meu: os verdadeiros sacrifícios foram feitos por todos na minha família para atender às demandas deste projeto. No meu livro, vocês são todos meus coautores! Agradeço seu amor incondicional e seu apoio.

– M. J. F. B.

Revisores desta edição

Andrea Ward, *Adelphi University*
Barbara Lom, *Davidson College*
Claudio Stern, *University College London*
Corey Harwell, *Harvard Medical School*
Dan Kessler, *University of Pennsylvania*
David Angelini, *Colby College*
Deirdre Lyons, *Duke University*
Dominic Poccia, *Amherst College*
Erik Griffin, *Dartmouth College*
Francesca Mariani, *University of Southern California*
Frank Costantini, *Columbia University*
Frank Lovicu, *University of Sydney*
Gerhard Schlosser, *NUI Galway*
Gregg Duester, *Sanford Burnham Prebys Medical Discovery Institute*
Miguel Turrero Garcia, *Harvard Medical School*
Gregory Davis, *Bryn Mawr College*
Isabelle Peter, *California Institute of Technology*
James Briscoe, *The Francis Crick Institute*
Jason Hodin, *Stanford University*
Jodi Schottenfeld-Roames, *Swarthmore College*
John Belote, *Syracuse University*
Kersti Linask, *University of South Florida*
Laura Anne Lowery, *Boston College*
Laura Grabel, *Wesleyan University*
Lee Niswander, *University of Colorado, Denver*
Marja Mikkola, *University of Helsinki*
Mary Tyler, *University of Maine*
Nathalia Holtzman, *Queens College, City University of New York*
Lara Hutson, *University at Buffalo*
Nicole Theodosiou, *Union College*
Olivier Pourquié, *Harvard Medical School*
Rebecca Ihrie, *Vanderbilt University*
Rebecca Landsberg, *The College of Saint Rose*
Richard Dorsky, *University of Utah*
Robert Angerer, *University of Rochester and NIH*
Stephen Devoto, *Wesleyan University*
William Anderson, *Harvard University*

Recursos didáticos e materiais complementares

9

A genética da especificação dos eixos em *Drosophila*

GRAÇAS, EM GRANDE PARTE, A ESTUDOS liderados pelo Laboratório de Thomas Hunt Morgan durante as duas primeiras décadas do século XX, sabemos mais sobre a genética da *Drosophila melanogaster* do que qualquer outro organismo multicelular. As razões devem-se tanto às próprias moscas como às pessoas que inicialmente as estudaram. A *Drosophila* é fácil de criar, resistente, prolífica e tolerante a diversas condições. Além disso, em algumas células das larvas, o DNA se replica várias vezes sem se separar. Isso deixa centenas de fitas de DNA adjacentes umas às outras, formando cromossomos politênicos (do grego, "muitas fitas") **(FIGURA 9.1)**. O DNA não usado é mais condensado e marca mais escuro que as regiões de DNA ativo. Os padrões de bandas foram usados para indicar a localização física dos genes nos cromossomos. O laboratório de Morgan estabeleceu uma base de dados de estirpes mutantes, bem como uma rede de troca onde cada laboratório podia obtê-las.

O historiador Robert Kohler observou, em 1994, que "a principal vantagem da *Drosophila* foi inicialmente desconsiderada pelos historiadores: era um organismo excelente para projetos de estudantes". Na verdade, os alunos de graduação (começando com Calvin Bridges e Alfred Sturtevant) tiveram papéis importantes na pesquisa em *Drosophila*. O programa de genética de *Drosophila*, comenta Kohler, foi "desenhado por pessoas jovens para ser um jogo de pessoas jovens", e os estudantes estabeleceram as regras para a pesquisa em *Drosophila*: "Nada de segredos neg... caça furtiva ou ciladas".

Jack Schultz (originalmente do laboratório de Morgan) e outr... o fornecimento crescente de dados da genética de *Drosophila* com... to. Contudo, a *Drosophila* era um organismo difícil para o estudo... briões de mosca mostraram-se complexos e de se... ção difícil, na... temente grandes para manipulação experimental nem suficien...

Quais alterações no desenvolvimento fizeram esta mosca ter 4 asas, em vez de 2?

Destaque

O desenvolvimento da mosca-da-fruta é extremamente rápido, e os seus eixos corporais são especificados por fatores maternos citoplasmáticos, mesmo antes do o espermatozoide entrar no ovo. O eixo anteroposterior é especificado por proteínas e mRNAs produzidos nas células nutridoras e transportadas para o ovócito, de forma que cada região do ovo contém proporções diferentes de proteínas promotoras de região anteroposterior. No final, os gradientes dessas proteínas controlam um conjunto de fatores de transcrição – as proteínas homeóticas – que especificam as estruturas a ser formadas para cada segmento da mosca adulta. O eixo dorsoventral também é iniciado no ovo, o qual envia um sinal às suas células foliculares circundantes. As células foliculares respondem iniciando uma cascata molecular que leva tanto à especificação de tipo celular quanto à gastrulação. Órgãos específicos formam-se na interseção do eixo anteroposterior com o eixo dorsoventral.

Os cientistas falam

Entrevistas com especialistas da área sobre a biologia do desenvolvimento.

Tópico na rede

Informações sobre o que há de mais atual, bem como um pouco de história, filosofia e ética.

(A)   Antena

(B)

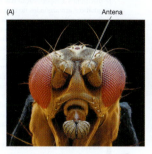 

FIGURA 9.26 (A) Cabeça de uma mosca-da-fruta selvagem. (B) Cabeça de uma mosca contendo a mutação *Antennapedia* que converte antenas em pernas. (A, Eye of Science/Science Source; B, Science VU/Dr. F. Rudolph Turner/Visuals Unlimited, Inc.)

OS CIENTISTAS FALAM 9.3 Escute esta entrevista com o Dr. Walter Gehring, que liderou pesquisas que unificaram genética, desenvolvimento e evolução, levando à descoberta do homeobox e a sua ubiquidade por todo o reino animal.

TÓPICO NA REDE 9.5 INICIAÇÃO E MANUTENÇÃO DA EXPRESSÃO DE GENES HOMEÓTICOS Os genes homeóticos fazem fronteiras específicas no embrião de *Drosophila*. Além disso, os produtos proteicos dos genes homeóticos ativam baterias de outros genes, especificando o segmento.

Gerando o eixo dorsoventral

Padronização dorsoventral no ovócito

Conforme o volume do ovócito aumenta, o núcleo do ovócito é empurrado pelos micro-túbulos crescentes para uma posição anterior dorsal (Zhao et a gem *gurken*, que havia sido essencial no estabelecimento do eix a formação do eixo dorsoventral. O mRNA de *gurken* fica loca entre o núcleo do ovócito e a membrana celular do ovócito, e o s ma um gradiente anteroposterior ao longo da superfície dorsal Neuman-Silberberg e Schupbach, 1993). Como a proteína Gurk

Ampliando o conhecimento

Os genes homeobox especificam o eixo anteroposterior do corpo tanto em *Drosophila* como em seres humanos. Como é que nós não observamos mutações homeóticas que resultam em conjuntos extra de membros em humanos como acontece nas moscas?

Ampliando o conhecimento

Essas questões capacitam o estudante a expandir seu conhecimento e melhorar sua participação e discussão em aula.

Próxima etapa na pesquisa

Insights sobre alguns dos maiores desafios, inspirações e curiosidades sobre os temas abordados.

Próxima etapa na pesquisa

A precisão do padrão de transcrição da *Drosophila* é notá-vel, e um fator de transcrição pode especificar regiões in-teiras ou pequenas partes. Descobriu-se que alguns dos genes reguladores mais importantes em *Drosophila*, como os genes *gap*, possuem "estimuladores-sombra", estimula-dores secundários que podem estar bastante distantes do gene. Estes estimuladores-sombra parecem essenciais para o refinamento da expressão gênica, e podem cooperar ou competir com o estimulador principal. Alguns desses esti-muladores-sombra podem trabalhar sob estresses fisioló-gicos particulares. Novos estudos estão mostrando que os fenótipos robustos de moscas podem resultar de uma série completa de estimuladores secundários capazes de impro-visar em diferentes condições (Bothma et al., 2015).

Considerações finais sobre a foto de abertura

Na mosca-da-fruta, genes herdados produzem proteínas que interagem para especificar a orientação normal do corpo, com a cabeça em uma extremidade e a cauda na outra. À me-dida que estudou este capítulo, você deve ter observado como essas interações resultam na especificação de blocos inteiros no corpo da mosca como unidades modulares. Uma coleção padronizada de proteínas homeóticas especifica as estruturas a serem formadas em cada segmento da mosca adulta. Mutações nos genes dessas proteínas, chamadas mutações homeóticas, podem mudar a estrutura especificada, resultando em asas onde deveriam ter estado halteres, ou pernas onde deveriam ter estado antenas (ver p. 302-303). De modo notável, a orientação proximal-distal dos apêndices mutantes corresponde ao eixo proximal-distal dos apên-dices originais, indicando que os apêndices seguem regras semelhantes para a sua extensão. Sabemos, agora, que muitas mutações afetando a segmentação da mosca adulta de fato atuam na unidade modular embrionária, o paras-segmento (ver p. 293-294). Você deverá ter em mente que, tanto em invertebrados como em vertebrados, as unidades de construção embrionária muitas vezes não são as mesmas unidades que observamos no organismo adulto. (Foto por cortesia de Nipam Patel.)

Considerações finais sobre a foto de abertura

Fechando um ciclo, aqui são discutidos aspectos teóricos da foto de abertura.

9 Resumo instantâneo

Drosophila Desenvolvimento e especi

1. A clivagem em *Drosophila* é superficial. Os núcleos dividem-se 13 vezes antes de formarem células. Antes da formação celular, os núcleos residem em um blastoderma sincicial. Cada núcleo é rodeado por citoplasma cheio de actina.

Resumo instantâneo

Um resumo do capítulo, agora no formato de tópicos, proporciona uma visão passo a passo do que foi discutido.

Desenvolvimento inicial da *Drosophila*

Já discutimos a especificação das células embrionárias iniciais por determinantes citoplasmáticos armazenados no ovócito. As membranas celulares que se formam durante a clivagem estabelecem a região de citoplasma incorporada em cada novo blastômero, e os determinantes morfogenéticos no citoplasma incorporado dirigem, então, a expressão gênica diferencial em cada célula. No entanto, no desenvolvimento da *Drosophila*, as membranas celulares não se formam antes da décima terceira divisão nuclear. Antes desse momento, os núcleos em divisão compartilham todos um citoplasma comum e material pode difundir por todo o embrião. A especificação dos tipos celulares ao longo dos eixos anteroposterior e dorsoventral é realizada por meio de interações de componentes *dentro* de uma única célula multinucleada. Além disso, essas diferenças axiais têm início em um estágio de desenvolvimento mais precoce por posicionamento do ovo na câmara do ovo materna. Enquanto a entrada do espermatozoide pode fixar os eixos em nematódeos e tunicados, os eixos anteroposterior e dorsoventral da mosca são especificados por interações entre o ovo e suas células foliculares circundantes antes da fertilização.

ASSISTA AO DESENVOLVIMENTO 9.1 *O website "The interactive fly"* apresenta vídeos ilustrando todos os aspectos do desenvolvimento da *Drosophila*.

Assista ao desenvolvimento

Colocando conceitos em ação, estes vídeos informativos mostram os processos de biologia do desenvolvimento da vida real.

O conceito de célula-tronco

Uma célula é chamada de célula-tronco se ela pode se dividir e se, ao fazê-lo, pode produzir uma réplica de si própria (processo chamado de **autorrenovação**), além de uma célula-filha, a qual pode sofrer posterior desenvolvimento e diferenciação. Ela tem, portanto, o poder, ou a **potência**, de produzir muitos tipos diferentes de células diferenciadas.

TUTORIAL DO DESENVOLVIMENTO *Células-tronco* A conferência do Dr. Michael Barresi cobre o básico da biologia das células-tronco.

Divisão e autorrenovação

A partir da divisão, uma célula-tronco pode produzir uma célula-filha que pode amadurecer em um tipo celular terminalmente diferenciado. A divisão celular pode acontecer simétrica ou assimetricamente. Se uma célula-tronco se divide simetricamente, ela pode produzir duas células-tronco com autorrenovação ou duas células-filha que estão comprometidas a se diferenciar, resultando, respectivamente, na expansão ou na redução da população de células-tronco residentes. Em contrapartida, se uma célula-tronco se divide assimetricamente, ela poderia estabilizar o conjunto de células-tronco, além de gerar uma célula-filha que irá, posteriormente, se diferenciar. Essa estratégia, na qual dois tipos de células (uma célula-tronco e uma célula comprometida no desenvolvimento) são produzidas em cada divisão, é chamada de modo de "**assimetria de célula-tronco isolada**" e é vista em muitos tipos de células-tronco (**FIGURA 5.1A**).

Um modo alternativo (mas não mutuamente exclusivo) de retenção da homeostasia das células-tronco é o modo de **assimetria de população** de divisão de células-tronco. Nesse caso, algumas células-tronco são mais inclinadas a produzir uma progênie diferenciada, o que é compensado por um outro conjunto de células-tronco, que se divide simetricamente para manter o conjunto de células-tronco dessa população (**FIGURA 5.1B**; Watt e Hogan, 2000; Simons e Clevers, 2011).

Tutorial do desenvolvimento

Estes tutoriais em vídeo (disponíveis em devbio.com [em inglês]), apresentados pelos autores do livro, são um recurso didático a mais para compreensão dos temas abordados.*

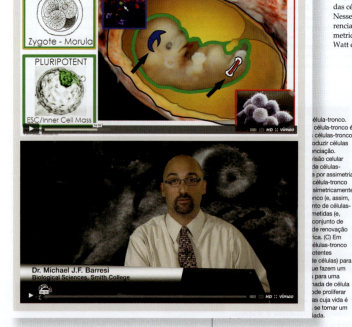

(A) Assimetria de célula isolada

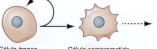

Célula-tronco Célula comprometida

(B) Assimetria de população (diferenciação simétrica)

Células-tronco Célula-tronco Células comprometidas

(C) Linhagens adultas de células-tronco

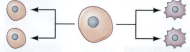
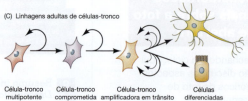

Célula-tronco multipotente Célula-tronco comprometida Célula-tronco amplificadora em trânsito Células diferenciadas

Sumário

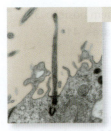

PARTE II  Gametogênese e fertilização: O círculo do sexo

CAPÍTULO 6
Determinação sexual e gametogênese 181

CAPÍTULO 7
Fertilização: O início de um novo organismo 217

PARTE III ▪ Desenvolvimento inicial: Clivagem, gastrulação e formação dos eixos

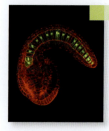

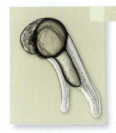

CAPÍTULO 11
Anfíbios e peixes 333

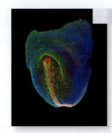

CAPÍTULO 12
Aves e mamíferos 379

PARTE IV Construindo o ectoderma: O sistema nervoso vertebrado e a epiderme

CAPÍTULO 13
Formação e padronização do tubo neural 413

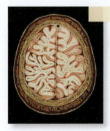

CAPÍTULO 14
Crescimento do cérebro 439

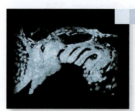

CAPÍTULO 15
Células da crista neural e especificidade axonal 463

CAPÍTULO 16
Placoides ectodérmicos e a epiderme 517

PARTE V **Construindo o mesoderma e o endoderma: Organogênese**

CAPÍTULO 17
Mesoderma paraxial:
Os somitos e seus derivados **539**

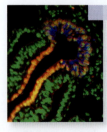

PARTE VI ▪ Desenvolvimento pós-embrionário

PARTE VII ▪ Desenvolvimento em contextos mais amplos

Fazendo novos corpos
Mecanismos de organização no desenvolvimento

ENTRE A FERTILIZAÇÃO E O NASCIMENTO, o organismo em desenvolvimento é conhecido como embrião. O conceito de embrião é espantoso. Como um embrião, você teve de construir a si mesmo a partir de uma única célula. Você teve de respirar antes que tivesse pulmões, digerir antes que tivesse estômago, construir ossos quando era uma polpa e formar redes ordenadas de neurônios antes de saber como pensar. Uma das diferenças fundamentais entre você e uma máquina é que uma máquina nunca é obrigada a funcionar até depois de ser construída. Cada organismo multicelular tem de funcionar até enquanto se constrói. A maioria dos embriões humanos morre antes de nascer. Você sobreviveu.

Organismos multicelulares não surgem completamente formados. Ao contrário, eles surgem por meio de um processo relativamente lento de mudança progressiva que chamamos de **desenvolvimento**. Em quase todos os casos, o desenvolvimento de um organismo multicelular começa com uma única célula – o ovo fertilizado, ou **zigoto**, que se divide mitoticamente para produzir todas as células do corpo. O estudo do desenvolvimento animal tem sido chamado tradicionalmente de **embriologia**, devido àquela fase de um organismo que existe entre a fertilização e o nascimento. Todavia, o desenvolvimento não cessa no nascimento, ou mesmo na idade adulta. A maioria dos organismos nunca para de se desenvolver. A cada dia nós substituímos mais de uma grama de células da pele (as células mais velhas se descamam conforme nos movemos), e nossa medula óssea sustenta o desenvolvimento de milhões de novas hemácias a cada minuto de nossas vidas. Alguns animais podem regenerar partes cortadas, e muitas espécies sofrem metamorfoses (como a transformação de girino em rã, ou da

O que se mantém igual quando um girino se torna uma rã, e o que muda?

Destaque

O desenvolvimento animal é caracterizado pela diferenciação do ovo fertilizado nos diversos tipos de célula do corpo e pela construção de órgãos funcionalmente integrados. O desenvolvimento é a via pela qual um organismo vai do genótipo para o fenótipo, e pode ser estudado em qualquer nível de organização, de moléculas a ecossistemas. Os processos de desenvolvimento incluem fertilização, clivagem, gastrulação, organogênese, metamorfose, regeneração e senescência. Estes processos estão entre as maiores fontes de questões da ciência, questões do tipo: como os diversos tipos de célula – hemácias, neurônios, células pancreáticas, etc. – se formam, e como elas se tornam diferentes umas das outras? Como as células se organizam em órgãos funcionais? Como os órgãos sabem seu tamanho correto? Como os organismos fazem células que podem se reproduzir? Como os organismos regeneram tecidos e partes perdidas? Como o organismo pode integrar sinais do ambiente para se desenvolver adequadamente? E como os caminhos do desenvolvimento podem mudar para produzirem novos tipos de organismos?

lagarta em borboleta). Portanto, nos últimos anos, tornou-se um costume falar de **biologia do desenvolvimento** como a disciplina que estuda embriologia e outros processos do desenvolvimento.

"Como você está?" as questões da biologia do desenvolvimento

Aristóteles, como o primeiro embriologista conhecido, disse que a admiração era a fonte do conhecimento, e o desenvolvimento animal, como Aristóteles sabia bem, é uma fonte notável de admiração. Esse desenvolvimento, essa formação de um corpo organizado a partir de um material relativamente homogêneo, provoca questões profundas e fundamentais que o *Homo sapiens* têm se perguntado desde o despertar da consciência: como o corpo se forma com sua cabeça sempre sobre seus ombros? Por que o coração está no lado esquerdo de nosso corpo? Como um simples tubo se torna as estruturas complexas do cérebro e da medula espinal, que geram tanto o pensamento quanto os movimentos? Por que não podemos regenerar novos membros? Como os sexos desenvolvem suas diferentes anatomias?

Nossas respostas para essas perguntas devem respeitar a complexidade da investigação e explicar uma rede causal coerente desde o gene até o órgão funcional. Dizer que mamíferos com dois cromossomos X são normalmente fêmeas e aqueles com cromossomo XY são normalmente machos não explica a determinação do sexo para um biólogo do desenvolvimento que quer saber *como* o genótipo XX produz uma fêmea e *como* o genótipo XY produz um macho. De modo similar, um geneticista pode perguntar como os genes de globina são transmitidos de uma geração à próxima, e um fisiologista pode perguntar sobre a função das proteínas globina no corpo. No entanto, o biólogo desenvolvimentista pergunta como é que os genes de globina vêm a ser expressos apenas em hemácias e como esses genes se tornam ativos somente em períodos específicos no desenvolvimento. (Nós não temos todas as respostas ainda.) O conjunto particular de questões formuladas define o campo da biologia, como nós, também, somos definidos (pelo menos em parte) pelas questões que formulamos. *Bem-vindo a um maravilhoso e importante conjunto de questões!*

O desenvolvimento realiza dois objetivos principais. Primeiro, ele gera diversidade celular e ordem dentro do organismo individual; segundo, ele garante a continuidade da vida de uma geração à seguinte. Colocando de outra forma, existem duas questões fundamentais na biologia do desenvolvimento. Como o ovo fertilizado dá origem ao corpo adulto? E como esse corpo adulto produz ainda outro corpo? Estas grandes questões podem ser subdivididas em diversas categorias de questões analisadas por biólogos do desenvolvimento:

- **A questão da diferenciação** Uma única célula, o ovo fertilizado, dá origem a centenas de tipos de células diferentes – células musculares, células epidérmicas, neurônios, células do cristalino dos olhos, linfócitos, hemácias, adipócitos, e assim em diante. Essa geração de diversidade celular é chamada **diferenciação**. Uma vez que cada célula do corpo (com poucas exceções) contém o mesmo conjunto de genes, como esse conjunto idêntico de instruções genéticas produz diferentes tipos de células? Como uma única célula de ovo fertilizada pode gerar tantos tipos diferentes?[1]
- **A questão da morfogênese** Como as células em nosso corpo podem se organizar em estruturas funcionais? Nossas células diferenciadas não são aleatoriamente

---

[1]Mais de 210 tipos diferentes de células são reconhecidos no ser humano adulto, porém esse número nos conta pouco sobre quantos tipos de célula um corpo humano produz ao longo de seu desenvolvimento. Uma célula particular pode exercer diferentes papéis durante o desenvolvimento, passando por meio de estágios que não são mais vistos na idade adulta. Além disso, o papel de alguns tipos de célula é ativar genes específicos em células vizinhas, e, uma vez que essa função é cumprida, o tipo de célula ativadora morre. As células da notocorda primitiva, por exemplo, não estão nem listadas em textos médicos de histologia. Uma vez que a sua tarefa termina, a maioria delas submete-se à morte celular programada para não atrapalhar outros desenvolvimentos neurais. Uma vez que esse tipo de célula não é visto no adulto, ela e sua importância são conhecidas principalmente por biólogos desenvolvimentistas.

distribuídas. Ao contrário, elas são organizadas em tecidos e órgãos intrincados. Durante o desenvolvimento, as células se dividem, migram e morrem; os tecidos dobram e se separam. Nossos dedos estão sempre nas pontas de nossas mãos, nunca no meio; nossos olhos estão sempre em nossas cabeças, não em nossos dedões ou no intestino. Essa criação da forma ordenada é chamada de **morfogênese** e envolve a coordenação do crescimento celular, a migração celular e a morte celular.

- **A questão do crescimento** Se cada célula em nosso rosto fosse passar por mais apenas uma divisão celular, seríamos considerados horrivelmente deformados. Se cada célula em nossos braços passasse por apenas mais uma rodada de divisão celular, poderíamos amarrar nossos cadarços sem nos inclinarmos. Como nossas células sabem quando parar de se dividir? Nossos braços são geralmente do mesmo tamanho nos dois lados do corpo. Como a divisão celular é regulada tão firmemente?

- **A questão da reprodução** O espermatozoide e o óvulo são células altamente especializadas, e só elas podem transmitir instruções para fazer um organismo de uma geração para a seguinte. Como essas células germinativas são separadas, e quais são as instruções no núcleo e no citoplasma que permitem que elas formem a próxima geração?

- **A questão da regeneração** Alguns organismos podem regenerar cada parte de seus corpos. Algumas salamandras regeneram seus olhos e suas pernas, ao passo que muitos répteis podem regenerar suas caudas. Enquanto mamíferos são geralmente pobres em regeneração, existem algumas células em nossos corpos – **células-tronco** – que são capazes de formar novas estruturas até mesmo em adultos. Como as células-tronco detém essa capacidade, e será que podemos aproveitá-la para curar doenças debilitantes?

- **A questão da integração ambiental** O desenvolvimento de muitos (talvez todos) organismos é influenciado por sinais do ambiente que circunda o embrião ou a larva. O sexo de muitas espécies de tartarugas, por exemplo, depende da temperatura que o embrião experiencia enquanto dentro do ovo. A formação do sistema reprodutor em alguns insetos depende de bactérias que são transmitidas dentro do ovo. Além disso, certas substâncias no ambiente podem perturbar um desenvolvimento normal, causando malformações no adulto. Como o desenvolvimento de um organismo se integra no contexto maior de seu habitat?

- **A questão da evolução** A evolução envolve mudanças herdadas no desenvolvimento. Quando dizemos que o cavalo de um dedo de hoje tinha um ancestral de cinco dedos, estamos dizendo que mudanças no desenvolvimento da cartilagem e dos músculos ocorreram ao longo de muitas gerações nos embriões dos ancestrais do cavalo. Como as mudanças no desenvolvimento criaram novas formas de corpo? Quais mudanças hereditárias são possíveis, dadas as limitações impostas pela necessidade de o organismo sobreviver enquanto se desenvolve?

As questões perguntadas por biólogos do desenvolvimento têm se tornado críticas na biologia molecular, fisiologia, biologia celular, genética, anatomia, pesquisa sobre câncer, neurobiologia, imunologia, ecologia e biologia evolutiva. O estudo do desenvolvimento tem se tornado essencial para compreender todas as outras áreas da biologia. Por sua vez, os numerosos avanços da biologia molecular, junto com novas técnicas de imagem de células, têm finalmente tornado essas questões possíveis de serem respondidas. Isso é interessante, pois, como o biólogo de desenvolvimento, vencedor de prêmio Nobel, Hans Spemann declarou, em 1927, "Nós nos encontramos na presença de enigmas, mas não sem a esperança de solucioná-los. E enigmas com esperança de solução – o que mais pode um cientista desejar?"

Assim, chegamos trazendo questões. Essas são questões legadas a nós por uma geração anterior de biólogos, filósofos e pais. Essas são questões com suas próprias histórias, questões discutidas em nível anatômico por pessoas como Aristóteles, William Harvey, S. Albertus Magnus e Charles Darwin. Mais recentemente, essas questões têm sido abordadas nos níveis celular e molecular por homens e mulheres de todo o mundo, cada um trazendo para o laboratório sua própria perspectiva e treinamento. Não existe apenas uma maneira de se tornar um biólogo do desenvolvimento, e o campo tem se beneficiado tendo pesquisadores treinados em biologia celular, genética, bioquímica, imunologia, e até antropologia, engenharia, física e arte.

O ciclo da vida

Para animais, fungos e plantas, a única forma de ir de ovo à adulto é pelo desenvolvimento de um embrião. O embrião é onde o genótipo é traduzido para fenótipo, onde os genes herdados são expressos para formar o adulto. O biólogo de desenvolvimento normalmente considera os estágios transitórios que levam até o adulto os mais interessantes. A biologia do desenvolvimento estuda a construção de organismos. É uma ciência do se tornar, uma ciência do processo.

Um dos maiores triunfos da embriologia descritiva foi a ideia de um ciclo de vida animal generalizável. A biologia do desenvolvimento moderna investiga as mudanças temporais da expressão gênica e a organização anatômica ao longo desse ciclo de vida. Cada animal, seja uma minhoca ou uma águia, cupim ou beagle, passa por estágios de desenvolvimento similares: fertilização, clivagem, gastrulação, organogênese, nascimento, metamorfose e gametogênese. Esses estágios do desenvolvimento entre fertilização e eclosão (ou nascimento) são coletivamente chamados de **embriogênese**.

1. A **fertilização** envolve a fusão das células sexuais maduras, o espermatozoide e o óvulo, os quais são coletivamente chamados de **gametas**. A fusão das células gametas estimula o óvulo a começar a se desenvolver e inicia um novo indivíduo. A subsequente fusão dos núcleos dos gametas (os **pró-núcleos** masculino e feminino, cada um possuindo apenas metade do número normal de cromossomos característicos para a espécie) dá ao embrião o seu **genoma**, a coleção de genes que ajudam a instruir o embrião a se desenvolver de uma forma muito semelhante à de seus pais.

2. A **clivagem** é uma série de divisões mitóticas extremamente rápidas que segue imediatamente a fertilização. Durante a clivagem, o enorme volume de citoplasma do zigoto é dividido em inúmeras células menores, chamadas de **blastômeros**. No final da clivagem, os blastômeros geralmente formam uma esfera, conhecida como **blástula**.

3. Depois que a taxa da divisão mitótica diminui, os blastômeros iniciam movimentos dramáticos e mudam suas posições relativas uns aos outros. Esta série de extensos rearranjos de células é chamada de **gastrulação**, e é dito que o embrião está no estágio de **gástrula**. Como resultado da gastrulação, o embrião contém três **camadas germinativas** (**endoderma**, **ectoderma** e **mesoderma**) que irão interagir para gerar os órgãos do corpo.

4. Uma vez que estas camadas germinativas estão estabelecidas, as células interagem entre si e se rearranjam para produzir tecidos e órgãos. Esse processo é chamado de **organogênese**. Sinais químicos são trocados entre essas células das camadas germinativas, resultando na formação de órgãos específicos em locais específicos. Certas células passarão por longas migrações de seus locais de origem até suas localizações finais. Essas células migratórias incluem as precursoras das hemácias, as células linfáticas, as células de pigmento e os gametas (óvulo e espermatozoide).

5. Em muitas espécies, o organismo que eclode do ovo ou nasce dentro do mundo não é sexualmente maduro. Ao contrário, o organismo precisa passar pela **metamorfose** para se tornar um adulto sexualmente maduro. Na maioria dos animais, o jovem organismo é chamado de **larva**, e pode parecer significativamente diferente do adulto. Em muitas espécies, o estágio de larva é um dos que têm maior duração, e é usado para alimentação ou dispersão. Nessas espécies, a idade adulta é um breve estágio, cujo único propósito é se reproduzir. No caso das mariposas do bicho-da-seda, por exemplo, os adultos não têm os componentes da boca e não podem se alimentar; a larva deve comer o suficiente para que o adulto tenha energia armazenada para sobreviver e acasalar. De fato, a maioria das mariposas fêmeas acasalam assim que eclodem da pupa, e elas voam apenas uma vez – para pôr seus ovos – e, então, morrem.

6. Em muitas espécies, um grupo de células é reservado para produzir a geração seguinte (em vez de formar o embrião atual). Essas células são os precursores dos gametas. Os gametas e suas células precursoras são coletivamente chamados de **células germinativas**, as quais são reservadas para a função reprodutiva. Todas as outras células do corpo são chamadas de **células somáticas**. Essa separação entre células somáticas (que dão origem ao corpo individual) e células germinativas (que

contribuem com a formação de uma nova geração) é frequentemente uma das primeiras diferenciações a ocorrerem durante o desenvolvimento animal. As células germinativas, eventualmente, migram para as gônadas, onde elas se diferenciam em gametas. O desenvolvimento de gametas, chamado de **gametogênese**, normalmente não é concluído até o organismo ter se tornado fisicamente maduro. Na maturidade, os gametas podem ser liberados e participar na fertilização para iniciar um novo embrião. O organismo adulto, eventualmente, sofre senescência e morre, com seus nutrientes frequentemente colaborando com a embriogênese inicial de seus descendentes e sua ausência permitindo menos competição. Assim, o ciclo da vida é renovado.

 TUTORIAL DO DESENVOLVIMENTO *Personalidade* Scott Gilbert discute o ciclo da vida humana e a questão de quando, neste ciclo, pode ser dito que o embrião alcançou a "personalidade".

TÓPICO NA REDE 1.1 **QUANDO UM SER HUMANO SE TORNA UMA PESSOA?**
Cientistas têm proposto diferentes respostas a essa questão. Fertilização, gastrulação, os primeiros sinais de função cerebral e o tempo próximo ao nascimento – cada um desses estágios tem seus adeptos para ponto de partida da personalidade humana.

Um exemplo: a vida de uma rã

Todos os ciclos da vida animal são modificações do ciclo generalizado descrito acima. Aqui, apresentaremos um exemplo concreto, o desenvolvimento da rã-leopardo *Rana pipiens* (**FIGURA 1.1**).

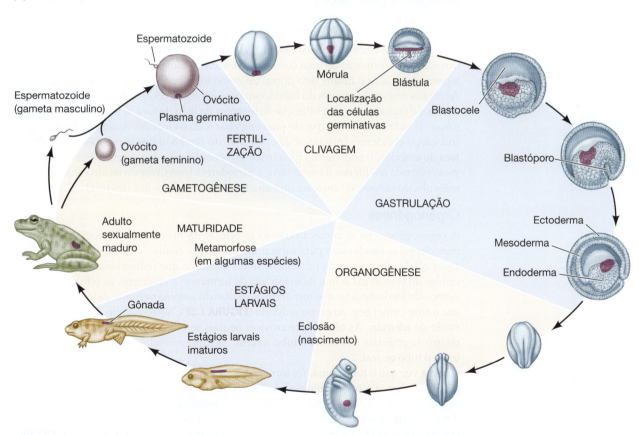

FIGURA 1.1 História do desenvolvimento da rã-leopardo, *Rana pipiens*. Os estágios desde de fertilização até eclosão (nascimento) são conhecidos coletivamente como embriogênese. A região reservada para produzir células germinativas está marcada em roxo. A gametogênese, que é concluída no adulto sexualmente maduro, começa em diferentes momentos durante o desenvolvimento, dependendo da espécie. (O tamanho das fatias de diferentes cores mostradas aqui é arbitrário e não corresponde à proporção do ciclo de vida passado em cada estágio.)

Gametogênese e fertilização

O fim de um ciclo de vida e o começo do seguinte são frequentemente interligados de forma complexa. Ciclos de vida são frequentemente controlados por fatores ambientais (girinos não sobreviveriam se eles eclodissem no outono, quando sua comida está morrendo), então, na maioria das rãs, a gametogênese e a fertilização são eventos sazonais. A combinação de fotoperíodo (horas de luz do dia) e temperatura informa a glândula hipófise da rã fêmea madura que é primavera. As secreções hipofisárias fazem os ovos e os espermatozoides amadurecerem.

Na maioria das espécies de rã, a fertilização é externa (**FIGURA 1.2A**). A rã macho agarra as costas da fêmea e fertiliza os ovos enquanto a fêmea os libera (**FIGURA 1.2B**). Algumas espécies colocam seus ovos em vegetação de lagoas, e a cobertura gelatinosa do ovo adere às plantas e ancora os ovos. Os ovos de outras espécies flutuam até o centro do lago sem nenhum suporte. Então, uma coisa importante de se lembrar sobre ciclos de vida é que eles são intimamente envolvidos com os fatores ambientais.

A fertilização engloba tanto o sexo (recombinação genética) quanto a reprodução (a geração de um novo indivíduo). Os genomas dos pró-núcleos haploides masculino e feminino se fundem e se recombinam para formar o núcleo diploide do zigoto. Além disso, a entrada do espermatozoide facilita o movimento do citoplasma dentro do ovo recém-fertilizado. Essa migração será fundamental na determinação dos três eixos principais da rã: anteroposterior (cabeça-cauda), dorsoventral (costas-barriga) e direita-esquerda. E, de modo significativo, a fertilização ativa as moléculas necessárias para iniciar a clivagem das células e a gastrulação (Rugh, 1950).

Clivagem e gastrulação

Durante a clivagem, o volume do ovo da rã se mantém o mesmo, mas é dividido em dezenas de milhares de células (**FIGURA 1.2C, D**). A gastrulação na rã se inicia em um ponto na superfície do embrião aproximadamente 180° oposta ao ponto de entrada do espermatozoide com a formação de uma covinha, chamada de **blastóporo** (**FIGURA 1.2E**). O blastóporo, que marca o futuro lado dorsal do embrião, expande-se para se tornar um anel. As células migrando através do blastóporo para o interior do embrião se tornam o mesoderma e o endoderma; as células que se mantêm do lado de fora se tornam o ectoderma, e essa camada exterior se expande para englobar todo o embrião. Assim, no final da gastrulação, o ectoderma (precursor da epiderme, do cérebro e dos nervos) está do lado de fora do embrião, o endoderma (precursor do revestimento dos sistemas intestinal e respiratório) está no interior do embrião e o mesoderma (precursor do tecido conjuntivo, do músculo, do sangue, do coração, do esqueleto, das gônadas e dos rins) está entre os dois.

Organogênese

A organogênese na rã começa quando as células da maior parte da região dorsal do mesoderma se condensam para formar um cordão de células, chamado de **notocorda**.[2] Essas células da notocorda produzem sinais químicos que redirecionam o destino das células do ectoderma acima dela. Em vez de formarem a epiderme, as células acima da notocorda são instruídas a se tornarem as células do sistema nervoso. As células mudam sua forma e emergem do corpo redondo (**FIGURA 1.2F**). Nesse estágio, o embrião é chamado de **nêurula**. As células precursoras neurais se alongam, esticam e dobram para dentro do embrião, formando o **tubo neural**. As futuras células epidérmicas dorsais cobrem o tubo neural.

Uma vez que o tubo neural foi formado, ele e a notocorda induzem mudanças nas regiões vizinhas, e a organogênese continua. O tecido do mesoderma adjacente ao tubo neural e à notocorda se torna segmentado em **somitos** – os precursores dos músculos das costas da rã, da espinha vertebral e da derme (a porção interna da pele). O embrião desenvolve uma boca e um ânus e se alonga até a estrutura familiar do girino (**FIGURA 1.2G**). Os neurônios fazem conexões com os músculos e outros neurônios, as brânquias

---

[2] Apesar de vertebrados adultos não terem notocordas, esse órgão embrionário é fundamental para estabelecer os destinos das células do ectoderma sobre este, como veremos no Capítulo 13.

(A)

(B)

(C)

(D)

(E) Lábio dorsal do blastóporo

(F)

Tubo neural aberto

(G)

Cérebro

Área das brânquias

Expansão do prosencéfalo para tocar o ectoderma superficial (induz a formação dos olhos)

Estomódeo (boca)

Somitos

Broto caudal

(H)

FIGURA 1.2 Início do desenvolvimento da rã *Xenopus laevis*. (A) As rãs se acasalam por amplexo, o macho agarrando a fêmea por volta da barriga e fertilizando os ovos enquanto estes são liberados. (B) Uma ninhada de ovos recém-liberada. O citoplasma sofre rotação de forma que o pigmento mais escuro fica onde o núcleo reside. (C) Um embrião de 8 células. (D) Uma blástula tardia, contendo milhares de células. (E) Uma gástrula inicial, mostrando o lábio do blastóporo através do qual o mesoderma e algumas células do endoderma migram. (F) Uma nêurula, onde as dobras neurais se unem na linha média dorsal, criando um tubo neural. (G) Um girino antes de eclodir, quando as protrusões do telencéfalo começam a induzir a formação dos olhos. (H) Um girino maduro, tendo nadado para longe da massa do ovo e se alimentando de forma independente. (Cortesia de Michael Danilchik e Kimberly Ray.)

se formam, e a larva está pronta para eclodir de seu ovo. O girino que eclode irá se alimentar por conta própria assim que o vitelo fornecido por sua mãe estiver esgotado.

Metamorfose e gametogênese

A metamorfose da larva inteiramente aquática do girino para uma rã adulta que pode viver na terra é uma das transformações mais impressionantes em toda a biologia. Quase todos os órgãos estão sujeitos a modificações, e as mudanças resultantes na forma são impressionantes e bastante óbvias (**FIGURA 1.3**). Os membros posteriores e anteriores que o adulto utilizará para locomoção se diferenciam à medida que a cauda em forma de remo do girino retrocede. O crânio cartilaginoso do girino é substituído por um crânio predominantemente ósseo da rã adulta. Os dentes pontudos que o girino usa para rasgar plantas desaparece à medida que a boca e a mandíbula assumem uma nova forma, e o músculo da língua da rã para pegar moscas se desenvolve. Enquanto isso, o longo intestino do girino – uma característica de herbívoros – diminui para se adaptar à dieta mais carnívora da rã adulta. As brânquias regridem e o pulmão aumenta. A metamorfose anfíbia é iniciada por hormônios da glândula tireoide do girino; os mecanismos pelos quais os hormônios da tireoide realizam essas mudanças serão discutidos no Capítulo 21. A velocidade da metamorfose é determinada por pressões ambientais. Em regiões temperadas, por exemplo, a metamorfose da *Rana* deve ocorrer antes do lago congelar no inverno. Uma rã-leopardo adulta pode se enterrar na lama e sobreviver ao inverno; seu girino não pode.

Enquanto a metamorfose termina, o desenvolvimento das células germinativas (espermatozoide e óvulo) se inicia. A gametogênese pode levar muito tempo. Na *Rana pipiens*, leva 3 anos para os ovos amadurecerem nos ovários das fêmeas. O espermatozoide leva menos tempo; machos *Rana* frequentemente são férteis logo após a metamorfose. Para se tornarem maduras, as células germinativas devem ser competentes para completar a **meiose**. Tendo passado pela meiose, os núcleos do espermatozoide e do óvulo maduros podem se unir na fertilização, restaurando o número diploide de cromossomos e iniciando os eventos que levam ao desenvolvimento e à continuação do círculo da vida.

(A)

(B)

(C)

(D)

(E)

(F)

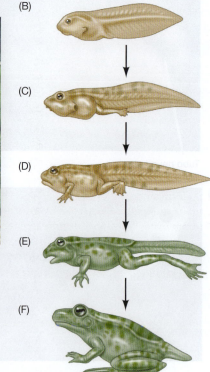

FIGURA 1.3 A metamorfose da rã. (A) Grandes mudanças são evidentes quando se compara o girino ao sapo-boi adulto. Observe especialmente as diferenças na estrutura da mandíbula e dos membros. (B) Girino pré-metamórfico. (C) Girino pró-metamórfico, mostrando o crescimento de seus membros posteriores. (D) No meio do clímax metamórfico, enquanto os membros superiores emergem. (E, F) Estágios do clímax. (A, © Patrice Ceisel/Visual Unllimited.)

Embriologia comparativa

O ovo fertilizado não tem coração. De onde vem o coração? Ele se forma da mesma maneira em insetos e vertebrados? Quais são as semelhanças do desenvolvimento do coração nesses dois grupos e quais são as diferenças? Como os tecidos que formam uma asa de um pássaro se relacionam aos tecidos que formam uma nadadeira de um peixe ou uma mão humana? Muitas das questões da biologia do desenvolvimento são desse tipo, e elas originam-se da herança embriológica da área. O primeiro estudo conhecido de anatomia do desenvolvimento foi realizado por Artistóteles. Em *A Geração de Animais* (c. 350 AEC), ele observou algumas das variações nos temas dos ciclos de vida: alguns animais nascem de ovos (**oviparidade**, como em aves, rãs e na maioria dos invertebrados); alguns nascem de um parto (**viviparidade**, como em mamíferos placentários); e alguns produzem ovos que eclodem dentro do corpo (**ovoviparidade**, como em alguns répteis e tubarões). Aristóteles também identificou dois dos principais padrões da divisão de células pelos quais embriões são formados: o padrão **holoblástico** de clivagem (no qual a totalidade do ovo é dividida sucessivamente em células menores, como acontece em rãs e mamíferos) e o padrão **meroblástico** de clivagem (como em galinhas, nas quais apenas parte do ovo é destinada a se tornar o embrião enquanto a outra parte – o vitelo – serve de nutrição para o embrião). E caso alguém queira saber quem primeiro compreendeu as funções da placenta e do cordão umbilical dos mamíferos, foi Aristóteles.

Houve notavelmente pouco progresso na embriologia nos dois mil anos seguintes a Aristóteles. Foi apenas em 1651 que William Harvey concluiu que todos os animais – incluindo mamíferos – originam-se de ovos. *Ex ovo omnia* ("Tudo vem do ovo") foi o lema no frontispício de *Sobre a Geração de Criaturas Vivas*, de Harvey, e isso excluía a geração espontânea de animais da lama ou de excrementos.[3] Harvey também foi o primeiro a ver o blastoderma do embrião de galinha (a pequena região do ovo contendo o citoplasma sem vitelo que dá origem ao embrião), e ele foi o primeiro a perceber que as "ilhotas" do tecido sanguíneo se formam antes do coração. Harvey também sugeriu que o líquido amniótico pudesse funcionar como um "absorvedor de choque" para o embrião.

Como se pode esperar, a embriologia permaneceu como pouco além de especulação até que a invenção do microscópio permitisse observações detalhadas (**FIGURA 1.4**). Marcello Malpighi publicou o primeiro relato microscópico do desenvolvimento da galinha em 1672. Aqui, pela primeira vez, o sulco neural (precursor do tubo neural), os somitos formadores de músculo e a primeira circulação de artérias e veias – indo e vindo do vitelo – foram identificados.

Epigênese e preformismo

Com Mapilghi, iniciou-se um dos grandes debates na embriologia: a controvérsia quanto a se os órgãos do embrião são formados *de novo* ("do zero") a cada geração, ou se os órgãos já estão presentes, em forma de miniaturas, dentro do óvulo ou do espermatozoide. O primeiro ponto de vista, **epigênese**, era apoiado por Aristóteles e Harvey. O segundo ponto de vista, **preformismo**, foi revigorado com o apoio de Malpighi. Malpighi mostrou que o ovo de galinha não incubado[4] já possuía uma estrutura significativa, e essa observação deu a ele razões para questionar a epigênese e defender o ponto de vista do preformismo, de acordo com o qual todos os órgãos do adulto eram pré-figurados em miniatura dentro do espermatozoide ou (mais frequentemente) do óvulo. Os organismos não eram vistos como "construídos", mas sim "desenrolados" ou "desdobrados".

O ponto de vista preformista tinha o apoio da ciência, da religião e da filosofia (Gould, 1977; Roe, 1981; Churchill, 1991; Pinto-Correia, 1997) do século XVIII. Primeiro, se todos os órgãos eram pré-figurados, o desenvolvimento embrionário apenas exigia o crescimento

---

[3]Harvey não fez essa afirmação de forma leviana, pois ele sabia que contradizia os pontos de vista de Aristóteles, a quem Harvey venerava. Aristóteles havia proposto que o fluido menstrual formava a substância do embrião, enquanto o sêmen lhe dava a forma e o movimento.

[4]Como apontado por Maître-Jan, em 1722, os ovos que Malpighi examinou poderiam ser chamados tecnicamente de "não incubados", mas como eles eram deixados parados no sol de Bolonha em agosto, eles não estavam sem aquecimento. Seria esperado que esses ovos se desenvolvessem em galinhas.

(A)

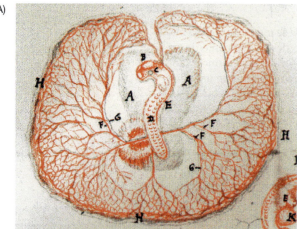

(B)

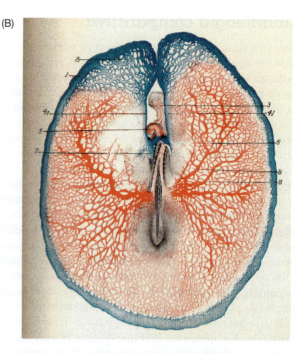

(C)

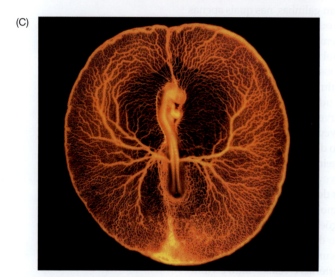

FIGURA 1.4 Representações da anatomia do desenvolvimento da galinha. (A) Vista dorsal (olhando "para baixo" no que vão se tornar as costas) de um embrião de galinha de 2 dias, como representado por Marcello Malpighi, em 1672. (B) Visão ventral (olhando "para cima" na futura barriga) de um embrião de galinha no estágio similar, visto através de um microscópio de dissecção e desenhado por F. R. Lillied, em 1908. (C) Vista dorsal de embrião de galinha no final do segundo dia, aproximadamente 45 horas depois que o ovo foi colocado. O coração começa a bater durante o segundo dia. O sistema vascular foi revelado por injeção de marcadores fluorescentes no sistema circulatório. A tridimensionalidade é obtida com a superposição de duas imagens separadas. (A, de Malpighi, 1672; B, de Lillie, 1908; C © Vincent Pasque, Wellcome Images.)

de estruturas já existentes, não a formação de novas. Nenhuma força extra misteriosa era necessária para o desenvolvimento embrionário. Segundo, assim como o organismo adulto era pré-figurado nas células germinativas, outra geração já existia em um estágio pré-figurado dentro das células germinativas da primeira geração pré-figurada. Os preformistas não tinham nenhuma teoria celular para fornecer um limite inferior para o tamanho de seus organismos pré-formados (a teoria celular não surgiu até meados dos anos 1800).

O principal fracasso do preformismo foi sua incapacidade de considerar as variações intergeracionais reveladas até pela limitada evidência genética daquele período. Sabia-se, por exemplo, que as crianças de pais negros e brancos teriam uma cor intermediária – uma impossibilidade se a herança e o desenvolvimento fossem somente através do espermatozoide ou do óvulo. Em estudos mais científicos, o botânico alemão Joseph Kölreuter (1766) produziu plantas de tabaco híbridas com características de ambas as espécies.

O caso embriológico para a epigênese foi retomado ao mesmo tempo por Kaspar Friedrich Wolff. Observando cuidadosamente o desenvolvimento dos embriões de galinha, Wolff demonstrou que as partes embrionárias se desenvolviam de tecidos sem equivalentes no organismo adulto. O coração, o intestino e as veias sanguíneas (as quais, de acordo com o preformismo, deveriam estar presentes desde o início) poderiam ser vistos se desenvolvendo *de novo* em cada embrião. Então, Wolff (1767) foi capaz de afirmar, "quando a formação do intestino deste modo tiver sido devidamente avaliada, não deve restar quase nenhuma dúvida, eu acredito, da verdade da epigênese". Para explicar como um organismo é criado novamente a cada geração, entretanto, Wolff teve de pressupor uma força desconhecida – a *vis essentialis* ("força essencial") – a qual, agindo de acordo com leis naturais análogas àquelas como gravidade ou magnetismo, organizaria o desenvolvimento embrionário.

Houve uma tentativa de reconciliação entre o preformismo e a epigênese por meio do filósofo alemão Immanuel Kant (1724-1804) e seu colega, o biólogo Johann Friedrich Blumenbach (1752-1840). Blumenbach sugeriu uma força mecânica, dirigida por objetivos, que ele chamou de "*Bildungstrieb*" ("força do desenvolvimento"). Essa força, ele disse, não era teórica, mas sua existência poderia ser demonstrada por experimentação. Uma hidra, quando cortada, regenera suas partes amputadas, reorganizando elementos existentes (como veremos no Capítulo 22). Uma força organizadora intencional poderia ser observada em operação, e acreditava-se ser herdada através das células germinativas. Assim, o desenvolvimento poderia proceder através de uma força predeterminada inerente à matéria do embrião (Cassirer, 1950; Lenoir, 1980). Nesta hipótese, em que o desenvolvimento epigenético é dirigido por instruções preformadas, não estamos longe da visão mantida por biólogos modernos de que a maioria (mas de maneira alguma todas) das instruções para se formar o organismo já estão presentes no ovo fertilizado.

Uma visão geral do desenvolvimento inicial

Padrões de clivagem

E. B. Wilson, um dos pioneiros em aplicar a biologia celular na embriologia, observou, em 1923, que "Para nossa inteligência limitada, pareceria uma tarefa simples dividir um núcleo em partes iguais. A célula, manifestamente, apresenta uma opinião bem diferente". De fato, diferentes organismos sofrem clivagem de maneiras distintas, e os mecanismos para essas diferenças se mantêm na fronteira entre as biologias celular e do desenvolvimento. As células em estágios de clivagem são chamadas de **blastômeros**.[5] Na maioria das espécies (mamíferos sendo a principal exceção), tanto a taxa inicial de divisão celular quanto o posicionamento dos blastômeros, com respeito um ao outro, estão sobre o controle de proteínas e mRNAs armazenados no ovócito. Apenas mais tarde as taxas de divisão celular e posicionamento das células ficam sobre o controle do próprio genoma do organismo recém-formado. Durante a fase inicial de desenvolvimento, quando os ritmos de clivagem são controlados por fatores maternos, o volume citoplasmático não aumenta. Ao contrário, o citoplasma do zigoto é dividido em células cada vez menores – primeiro pela metade, depois em quartos, então em oitavos, assim por diante. A clivagem ocorre muito rapidamente na maioria dos invertebrados, provavelmente como uma adaptação para gerar um grande número de células rapidamente e restaurar a proporção somática de volume nuclear para volume citoplasmático. O embrião frequentemente alcança isso abolindo os períodos de intervalo do ciclo celular (as fases G1 e G2), quando o crescimento pode ocorrer. Um ovo de rã, por exemplo, pode se dividir em 37 mil células em apenas 43 horas. A mitose no estágio de clivagem dos embriões de *Drosophila* ocorre a cada 10 minutos por mais de 2 horas, formando cerca de 50 mil células em apenas 12 horas.

O padrão de clivagem embrionária característico de uma espécie é determinado por dois parâmetros principais: (1) a quantidade e a distribuição de proteína do vitelo no citoplasma, o que determina onde a clivagem pode ocorrer e os tamanhos relativos dos blastômeros; e (2) os fatores no citoplasma do ovo que influenciam o ângulo do eixo mitótico e o momento de sua formação.

Em geral, o vitelo inibe a clivagem. Quando um polo do ovo está relativamente sem vitelo, divisões celulares ocorrem ali em um ritmo mais acelerado do que no polo oposto. O polo rico em vitelo é referido como **polo vegetal**; a concentração de vitelo no **polo animal** é relativamente baixa. O núcleo do zigoto é frequentemente deslocado em direção ao polo animal. A **FIGURA 1.5** fornece uma classificação dos tipos de clivagem e mostra a influência do vitelo na simetria e no padrão da clivagem. Em um extremo estão os ovos de ouriços-do-mar, mamíferos e lesmas. Esses ovos têm vitelo esparso e igualmente distribuído, e são então **isolécitos** (do grego, "vitelo igual"). Nessas espécies, a clivagem é **holoblástica** (do grego, *holos*, "completo"), significando que o sulco de clivagem se estende pelo ovo inteiro. Com pouco vitelo, esses embriões devem ter outra forma de obter comida. A maioria gerará uma forma larval voraz, ao passo que os mamíferos obterão sua nutrição da placenta materna.

---

[5]Usaremos o vocabulário "blasto" inteiro neste livro. Um *blastômero* é uma célula derivada da clivagem em um embrião inicial. A *blástula* é um estágio embrionário composto de blastômeros; uma blástula de mamífero é chamada de *blastocisto* (ver Capítulo 12). A cavidade entre a blástula se chama *blastocele*. Uma blástula que não tem blastocele se chama e*stereoblástula*. A invaginação, onde a gastrulação se inicia, é o *blastóporo*.

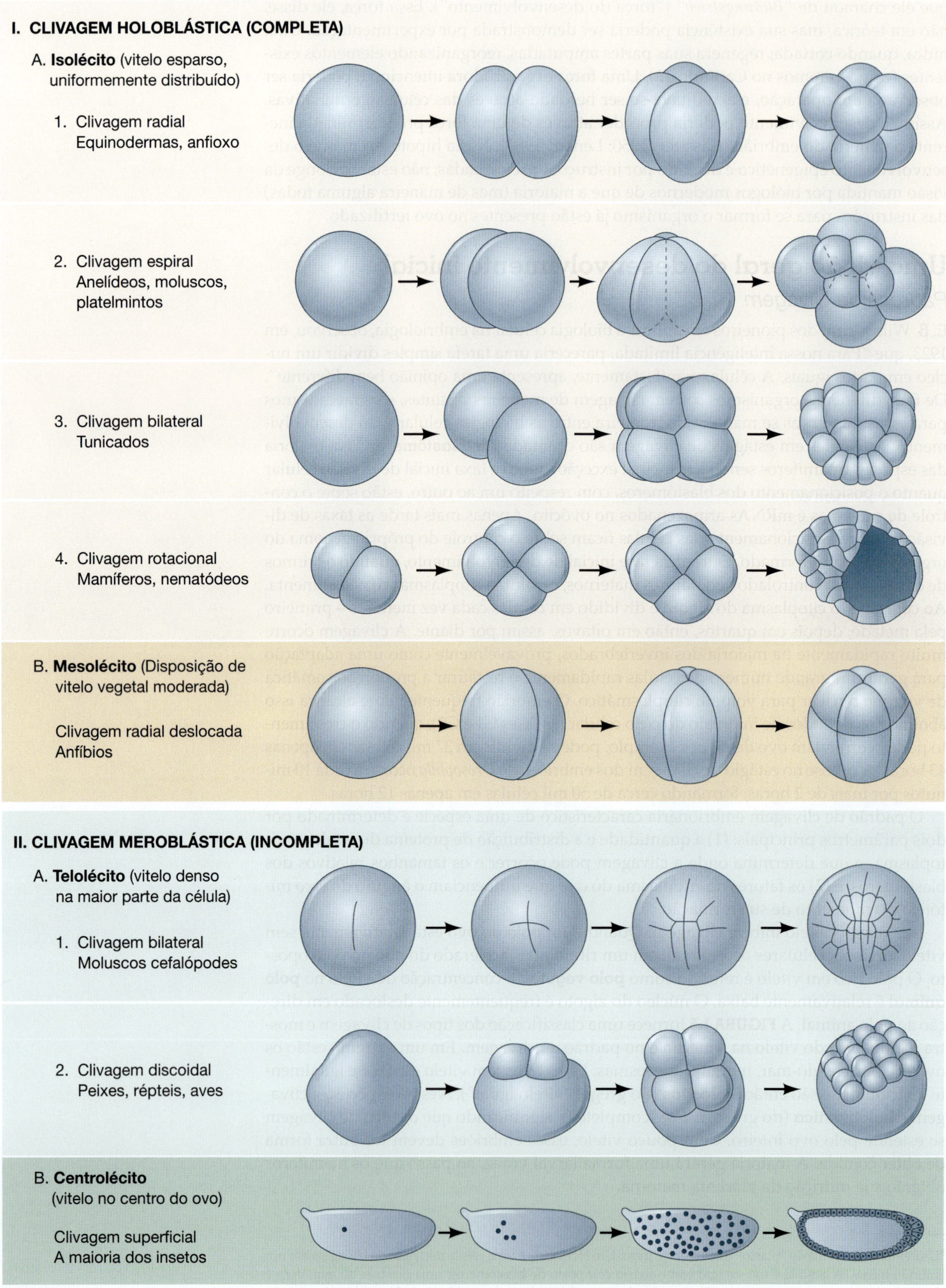

I. CLIVAGEM HOLOBLÁSTICA (COMPLETA)

A. **Isolécito** (vitelo esparso, uniformemente distribuído)

1. Clivagem radial
Equinodermas, anfioxo

2. Clivagem espiral
Anelídeos, moluscos, platelmintos

3. Clivagem bilateral
Tunicados

4. Clivagem rotacional
Mamíferos, nematódeos

B. **Mesolécito** (Disposição de vitelo vegetal moderada)

Clivagem radial deslocada
Anfíbios

II. CLIVAGEM MEROBLÁSTICA (INCOMPLETA)

A. **Telolécito** (vitelo denso na maior parte da célula)

1. Clivagem bilateral
Moluscos cefalópodes

2. Clivagem discoidal
Peixes, répteis, aves

B. **Centrolécito**
(vitelo no centro do ovo)

Clivagem superficial
A maioria dos insetos

FIGURA 1.5 Resumo dos principais padrões de clivagem.

No outro extremo estão os ovos de insetos, peixes, répteis e aves. A maior parte de seus volumes celulares é formada de vitelo. O vitelo deve ser suficiente para nutrir esses animais durante todo o seu desenvolvimento embrionário. Zigotos contendo altas concentrações de vitelo sofrem **clivagem meroblástica** (do grego, *meros*, "parte"), em que apenas uma porção de citoplasma é clivado. O sulco de clivagem não penetra na porção com vitelo do citoplasma porque as plaquetas do vitelo impedem a formação da membrana nesse local. Ovos de inseto têm vitelo no centro (i.e., eles são **centrolécitos**), e as divisões do citoplasma ocorrem apenas na margem do citoplasma, em volta da periferia da célula (i.e., **clivagem superficial**). Os ovos de aves e peixes têm apenas uma pequena área do ovo que é livre de vitelo (ovos **telolécitos**) e, portanto, as divisões celulares ocorrem apenas nesse pequeno disco de citoplasma, dando origem a uma **clivagem discoidal**. Essas são regras gerais, porém, e mesmo espécies próximas desenvolveram padrões diferentes de clivagem em diferentes ambientes.

O vitelo é apenas um fator que influencia o padrão de clivagem de uma espécie. Existem também, como tinha antecipado Conklin, padrões herdados de divisão celular superpostos às limitações do vitelo. A importância dessa herança pode ser facilmente visualizada nos ovos isolécitos. Na ausência de uma grande concentração de vitelo, ocorre uma **clivagem holoblástica**. Quatro principais padrões desse tipo de clivagem podem ser descritos: clivagem holoblástica *radial*, *espiral*, *bilateral* e *rotacional*.

TÓPICO NA REDE 1.2 **A BIOLOGIA CELULAR DA CLIVAGEM EMBRIONÁRIA**
A clivagem celular é realizada por uma notável coordenação entre o citoesqueleto e os cromossomos. Essa integração de parte e do todo está se tornando mais bem compreendida à medida que melhores técnicas de imagem se tornam disponíveis.

TABELA 1.1 Tipos de movimento celular durante a gastrulação[a]

Tipo de movimento	Descrição	Ilustração	Exemplo
Invaginação	Dobramento para dentro de uma camada (epitélio) de células, como o recuo de uma bola de borracha macia quando um dedo entra.		Endoderma de ouriço-do-mar
Involução	Movimento para dentro de uma camada externa em expansão, de forma que se espalha sobre a superfície interna das células externas remanescentes.		Mesoderma de anfíbio
Ingressão	Migração de células individuais da superfície para o interior do embrião. As células individuais tornam-se mesenquimais (i.e., separam-se umas das outras) e migram independentemente.		Mesoderma de ouriço-do-mar, neuroblastos de *Drosophila*
Delaminação	Separação de uma camada celular em duas camadas mais ou menos paralelas. Enquanto em uma base celular pareça ingressão, o resultado é a formação de uma nova camada (adicional) epitelial de células.		Formação do hipoblasto em aves e mamíferos
Epibolia	Movimento de camadas epiteliais (geralmente as células do ectoderma) se espalhando como uma unidade (em vez de individualmente) para encobrir camadas mais profundas do embrião. Pode acontecer por divisão celular, pela mudança de forma de células ou por várias camadas de células se intercalando em menos camadas; muitas vezes todos os três mecanismos são usados.		Formação do ectoderma em ouriços-do-mar, tunicados e anfíbios

[a]A gastrulação de qualquer organismo particular é um conjunto de vários destes movimentos.

Gastrulação: "o momento mais importante da sua vida"

De acordo com o embriologista Lewis Wolpert (1986), "não é o nascimento, casamento ou a morte, mas a gastrulação que é verdadeiramente o momento mais importante da sua vida". Isso não é um exagero. A **gastrulação** é o que faz os animais serem animais (animais gastrulam, plantas e fungos, não). Durante a gastrulação, as células da blástula assumem novas posições e novos vizinhos e o plano corporal de várias camadas do organismo é estabelecido. As células que formarão os órgãos endodérmicos e mesodérmicos são levados para dentro do embrião, ao passo que as células que formarão a pele e o sistema nervoso se espalham sobre a sua superfície exterior. Assim, as três camadas germinativas – ectoderma externo, endoderma interno e mesoderma intersticial – são primeiro produzidas durante a gastrulação. Além disso, fica preparado o momento para as interações desses tecidos recém posicionados.

A gastrulação geralmente procede por alguma combinação de vários tipos de movimentos. Esses movimentos envolvem todo o embrião, e migrações celulares em uma parte do embrião na gastrulação devem ser intimamente coordenadas com outros movimentos que estão acontecendo simultaneamente. Embora os padrões de gastrulação variem enormemente em todo o reino animal, todos os padrões são combinações diferentes de cinco tipos básicos de movimentos celulares – **invaginação**, **involução**, **ingressão**, **delaminação** e **epibolia** – descritos na **TABELA 1.1** na página anterior.

Além de estabelecer quais células estarão em qual camada germinativa, os embriões devem desenvolver três eixos cruciais que são a fundação do corpo: o eixo anteroposterior, o eixo dorsoventral e o eixo direito-esquerdo (**FIGURA 1.6**). O **eixo anteroposterior** (**AP** ou **anterior-posterior**) é a linha que se estende da cabeça à cauda (ou da boca ao ânus nos organismos que não têm cabeça e cauda). O **eixo dorsoventral** (**DV** ou **dorsal-ventral**) é a linha que se estende das costas (*dorsum*) até a barriga (*ventrum*). O **eixo direito-esquerdo** separa os dois lados do corpo. Embora os seres humanos, por exemplo, pareçam simétricos, lembre-se que, na maioria de nós, o coração está no lado esquerdo do corpo, enquanto o fígado está no lado direito. De alguma forma, o embrião sabe que alguns órgãos pertencem a um lado e outros, ao outro lado.

Nomeando as partes: as camadas germinativas primárias e os órgãos iniciais

O fim do preformismo só aconteceu a partir de 1820, quando a combinação de novas técnicas de coloração, melhores microscópios e reformas institucionais nas universidades alemãs criaram uma revolução na embriologia descritiva. As novas técnicas permitiram aos microscopistas documentar a epigênese de estruturas anatômicas, e as reformas institucionais forneceram audiências para essas comunicações de pesquisas e estudantes para prosseguir com o trabalho de seus professores. Entre os mais talentosos desse novo grupo de investigadores afeitos à microscopia estavam três amigos, nascidos com um ano de diferença um do outro, todos vindos da região báltica e tendo estudado no norte da Alemanha. O trabalho de Christian Pander, Heinrich Rathke e Karl Ernst von Baer transformou a embriologia em um ramo especializado da ciência.

FIGURA 1.6 Eixos de um animal bilateralmente simétrico. (A) Um único plano, o médio sagital, divide o animal nas metades esquerda e direita. (B) Secções cruzadas bissectam o eixo anteroposterior.

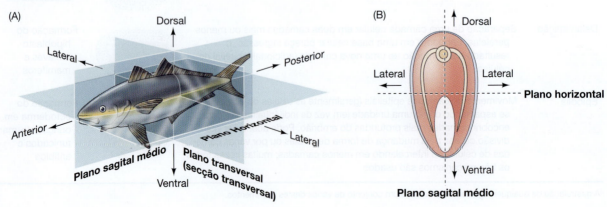

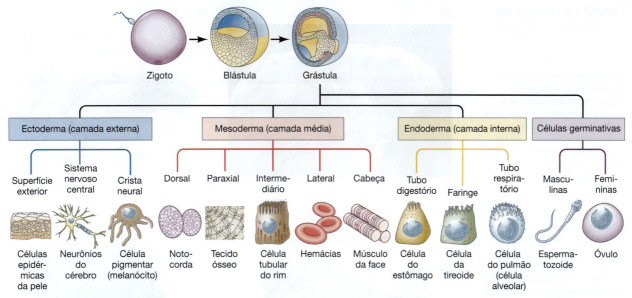

Zigoto → Blástula → Grástula

| Ectoderma (camada externa) | Mesoderma (camada média) | Endoderma (camada interna) | Células germinativas |

Superfície exterior | Sistema nervoso central | Crista neural | Dorsal | Paraxial | Intermediário | Lateral | Cabeça | Tubo digestório | Faringe | Tubo respiratório | Masculinas | Femininas

Células epidérmicas da pele | Neurônios do cérebro | Célula pigmentar (melanócito) | Notocorda | Tecido ósseo | Célula tubular do rim | Hemácias | Músculo da face | Célula do estômago | Célula da tireoide | Célula do pulmão (célula alveolar) | Espermatozoide | Óvulo

FIGURA 1.7 As células em divisão do ovo fertilizado formam três camadas germinativas embrionárias. Cada uma dessas camadas dá origem a uma miríade de tipos celulares diferenciados (apenas alguns representativos são mostrados aqui) e a sistemas de órgãos distintos. As células germinativas (precursoras do espermatozoide e do óvulo) são separadas cedo no desenvolvimento e não surgem de nenhuma camada germinativa em particular.

Estudando o embrião de galinha, Pander descobriu que o embrião era organizado em **camadas germinativas**[6] – três regiões distintas do embrião que dão origem, por meio da epigênese, aos tipos celulares diferenciados e aos sistemas de órgãos específicos (**FIGURA 1.7**). Essas três camadas são encontradas nos embriões da maioria dos filos animais:

- O **ectoderma** gera a camada externa do embrião. Ele produz a camada de superfície (epiderme) da pele e forma o cérebro e o sistema nervoso.
- O **endoderma** torna-se a camada mais interna do embrião e produz o epitélio do tubo digestório e seus órgãos associados (incluindo os pulmões).
- O **mesoderma** fica como um sanduíche entre o ectoderma e o endoderma. Ele gera o sangue, o coração, as gônadas, os ossos, os músculos e os tecidos conectivos.

Pander também demonstrou que as camadas germinativas não formam os seus órgãos respectivos de maneira autônoma (Pander, 1817). Em vez, cada camada germinativa "não é ainda independente o bastante para indicar o que ela realmente é; ela ainda precisa da ajuda dos seus irmãos viajantes, e, portanto, embora já designada para fins diferentes, todas as três influenciam uma a outra coletivamente até que cada uma tenha alcançado um nível apropriado". Pander tinha descoberto as interações teciduais que agora chamamos de indução. Nenhum tecido vertebrado é capaz de construir órgãos por si só; ele precisa interagir com outros tecidos, como descreveremos no Capítulo 4.

Enquanto isso, Rathke seguiu o intricado desenvolvimento de crânio de vertebrados, sistemas excretório e respiratório, mostrando que eles se tornam gradativamente mais complexos. Ele também mostrou que a sua complexidade toma diferentes trajetórias em diferentes classes de vertebrados. Por exemplo, Rathke foi o primeiro a identificar os **arcos faríngeos** (**FIGURA 1.8**). Ele mostrou que essa mesma estrutura embrionária se torna o suporte das brânquias em peixes e das mandíbulas e ouvidos (entre outras coisas) em mamíferos.

Os quatro princípios de Karl Ernst von Baer

Karl Ernst von Baer estendeu os estudos de Pander dos embriões de galinha. Ele reconheceu que existe um padrão comum para todo o desenvolvimento de vertebrados – cada uma das três camadas germinativas geralmente dá origem aos mesmos órgãos,

---

[6]Da mesma raiz que "germinação", o latim *germen* significa "surgir" ou "brotar". Os nomes das três camadas germinativas derivam do grego: ectoderma de *ektos* ("do lado de fora") mais *derma* ("pele"); mesoderma de *mesos* ("meio"); e endoderma de *endon* ("dentro").

FIGURA 1.8 Evolução das estruturas do arco faríngeo na cabeça de vertebrados. (A) Arcos faríngeos (também chamados de arcos branquiais) no embrião da salamandra *Ambystoma mexicanum*. O ectoderma superficial foi removido para permitir a visualização dos arcos (destacados em cor) enquanto estão sendo formados. (B) No peixe adulto, os arcos faríngeos formam a hiomandíbula e os arcos das brânquias. (C) Nos anfíbios, aves e répteis (um crocodilo é mostrado aqui), essas mesmas células formam o osso quadrado do maxilar superior e o osso articular do maxilar inferior. (D) Nos mamíferos, o quadrado tornou-se internalizado e forma a bigorna da orelha média. O osso articular retém o seu contato com o quadrado, tornando-se o martelo da orelha média. Portanto, as células que formam os suportes das brânquias em peixes formam os ossos da orelha média em mamíferos. (A, cortesia de P. Falck e L. Olsson; B-D, segundo Zangerl e Williams, 1975.)

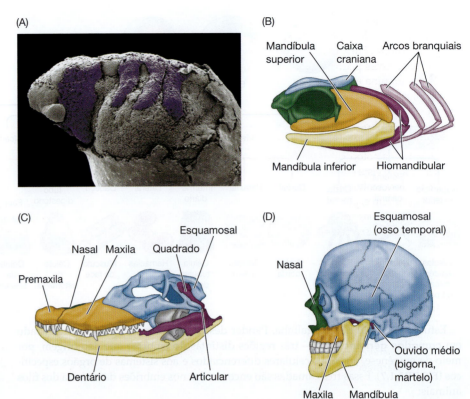

quer o organismo seja um peixe, uma rã ou uma galinha. Ele descobriu a notocorda, o cordão de mesoderma que separa o embrião nas metade esquerda e direita e instrui o ectoderma acima dele a se tornar o sistema nervoso (**FIGURA 1.9**). Ele também descobriu o ovo de mamíferos, essa célula minúscula, desde há muito procurada, que todos acreditavam existir, mas ninguém antes de von Baer tinha visto.

Em 1828, von Baer relatou, "Eu tenho dois pequenos embriões preservados em álcool que eu esqueci de etiquetar. No momento, não sou capaz de determinar o gênero aos quais eles pertencem. Eles podem ser lagartos, pequenos pássaros ou até mamíferos". Desenhos desses embriões de estágio inicial permitem que apreciemos sua confusão (**FIGURA 1.10**). A partir do seu estudo detalhado do desenvolvimento da galinha e da sua comparação dos embriões de galinha com os embriões de outros vertebrados, von Baer concluiu quatro generalizações. Agora muitas vezes referidas como as "leis de von Baer," elas são listadas aqui junto com alguns exemplos de vertebrados.

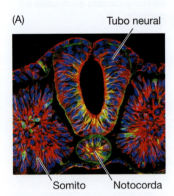

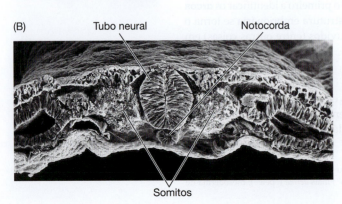

FIGURA 1.9 Dois tipos de microscópios são usados para visualizar a notocorda e e como ela separa em metades esquerda e direita os embriões de vertebrados (neste caso, uma galinha). A notocorda instrui o ectoderma suprajacente para se tornar o sistema nervoso (tubo neural nesse estágio do desenvolvimento). Para cada lado da notocorda e do tubo neural estão massas de mesoderma, chamadas de somitos, que formarão as vértebras, as costelas e os músculos esqueléticos. (A) Micrografia de fluorescência marcada com diferentes corantes para mostrar o DNA nuclear (em azul), os microtúbulos do citoesqueleto (em vermelho e amarelo) e a matriz extracelular (em verde). (B) Microscopia eletrônica de varredura do mesmo estágio, destacando as relações tridimensionais das estruturas (A, cortesia de M. Angeles Rabadán e E. Martí Gorostiza; B, cortesia de K. Tosney e G. Schoenwolf.)

1. *As características gerais de um grande grupo de animais aparecem mais cedo no desenvolvimento do que as características especializadas de um pequeno grupo.* Embora cada grupo de vertebrados possa começar com diferentes padrões de clivagem e gastrulação, eles convergem para uma estrutura muito similar quando eles começam a formar o seu tubo neural. Todos os vertebrados em desenvolvimento parecem muito similares até logo depois da gastrulação. Todos os embriões de vertebrados têm arcos branquiais, uma notocorda, uma medula espinal e rins primitivos. A estrutura na Figura 1.9 – a notocorda abaixo de um tubo neural flanqueada por somitos – é vista em cada embrião vertebrado. É apenas mais tarde no desenvolvimento que as características distintivas de cada classe, ordem e, por fim, espécie emergem.

2. *Caractéres menos gerais se desenvolvem dos mais gerais, até que finalmente os mais especializados aparecem.* Todos os vertebrados inicialmente têm o mesmo tipo de pele. Apenas mais tarde a pele desenvolve escamas de peixe, escamas de répteis, penas de aves ou pelos, garras e unhas de mamíferos. Da mesma forma, o desenvolvimento inicial dos membros é essencialmente o mesmo em todos os vertebrados. Apenas mais tarde as diferenças entre pernas, asas e braços se torna aparente.

3. *Embriões de uma dada espécie, em vez de passar por estágios adultos de animais inferiores, afastam-se cada vez mais deles.*[7] Por exemplo, como visto na Figura 1.8, os arcos faríngeos começam iguais em todos os vertebrados. Todavia, o arco que se torna o suporte da mandíbula no peixe se torna parte do crânio de répteis e se torna parte dos ossos da orelha média de mamíferos. Os mamíferos nunca passam por um estágio semelhante ao do peixe (Riechert, 1837; Rieppel, 2011).

4. *Dessa forma, o embrião inicial de um animal superior nunca é parecido com um animal inferior, mas apenas com o seu embrião inicial.* Embriões humanos nunca passam por um estágio equivalente ao de um peixe ou ave adulta. Ao contrário, embriões humanos inicialmente compartilham características em comum com embriões de peixe e ave. Mais tarde no desenvolvimento, os embriões de mamíferos divergem dos outros, nenhum deles passando pelos estágios dos outros.

A pesquisa recente confirmou o ponto de vista de von Baer de que existe um "estágio filotípico", no qual os embriões dos diferentes filos de invertebrados têm todos uma estrutura física semelhante, como no estágio visto na Figura 1.10. Nesse mesmo estágio, parece haver menor quantidade de diferença entre os genes expressos pelos diferentes grupos no mesmo filo de invertebrados (Irie e Kuratani, 2011).[8]

Lagarto Ser humano

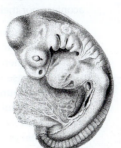 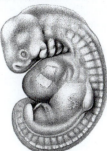

FIGURA 1.10 Os vertebrados – peixes, anfíbios, répteis, aves e mamíferos – todos começam o desenvolvimento de maneira muito diferente devido às enormes diferenças no tamanho dos seus ovos. No começo da neurulação, entretanto, todos os embriões vertebrados convergiram para uma estrutura comum. Aqui, o embrião de lagarto é mostrado próximo a um embrião humano em um estágio similar. À medida que eles se desenvolvem além do estágio de nêurula, os embriões dos diferentes grupos de vertebrados se tornam menos e menos parecidos uns com os outros. (De Keibel, 1904, 1908; ver Galis e Sinervo, 2002.)

Acompanhando as células que se movem: mapas de destino e linhagens celulares

No final dos anos 1800, tinha sido conclusivamente demonstrado que a célula é a unidade básica de toda a anatomia e fisiologia. Os embriologistas, também, começaram a basear o seu campo na célula. Contudo, diferentemente daqueles que estudavam o organismo adulto, os anatomistas do desenvolvimento descobriram que as células do embrião não ficam quietas. De fato, uma das conclusões mais importantes dos anatomistas do desenvolvimento é que as células embrionárias não ficam em um mesmo lugar e ficam e nem permanecem com a mesma forma (Larsen e McLaughlin, 1987).

Existem dois tipos principais de células do embrião: as **células epiteliais**, que estão fortemente ligadas umas com as outras em camadas ou tubos; e as **células mesenquimais**, que estão desconectadas ou frouxamente conectadas umas com as outras e podem operar

---

[7]Von Baer formulou essas generalizações antes da teoria da evolução de Darwin. "Animais inferiores" seriam aqueles que têm anatomia mais simples.

[8]Efetivamente, uma definição de um filo é de ser uma coleção de espécies, cuja expressão gênica no estágio filotípico é altamente conservada entre as espécies, porém diferente da expressão de outras espécies (ver Levin et al., 2016).

como unidades independentes. Dentro desses dois tipos de organizações, a morfogênese acontece por meio de um repertório limitado de variações em processos celulares:

- *Direção e número de divisões celulares.* Pense nas faces de duas raças de cão – por exemplo, um pastor alemão e um poodle. Suas faces são feitas dos mesmos tipos celulares, mas o número e a orientação das divisões celulares são diferentes (Schoenebeck et al., 2012). Pense também nas pernas de um pastor alemão comparadas com aquelas de um dachshund. As células formadoras de esqueleto do dachshund sofreram menos divisões celulares do que as células dos cães mais altos.

- *Mudanças na forma da célula.* Mudança na forma da célula é uma característica fundamental do desenvolvimento. A mudança nas formas das células epiteliais muitas vezes cria tubos a partir de camadas (como quando o tubo neural se forma), e uma mudança de forma de epitelial para mesenquimal é crítica quando as células individuais migram para fora da camada epitelial (como quando as células musculares são formadas). (Como veremos no Capítulo 24, esse mesmo tipo de transição epitélio-mesênquima opera no câncer, permitindo que as células cancerosas migrem e se espalhem para longe do local do tumor primário.)

- *Migração celular.* Células tem de se mover para chegar aos seus lugares apropriados. As células germinativas têm de migrar para a gônada em desenvolvimento, e as células primordiais do coração encontram-se no meio do pescoço vertebrado e, então, migram para a parte esquerda do peito.

- *Crescimento celular.* As células podem mudar de tamanho. Isso é mais aparente nas células germinativas: o espermatozoide elimina a maior parte do seu citoplasma e se torna menor, ao passo que o ovócito em desenvolvimento conserva e adiciona citoplasma, tornando comparativamente maior. Muitas células sofrem uma divisão celular "assimétrica" que produz uma célula grande e uma célula pequena, cada uma das quais pode ter um destino completamente diferente.

- *Morte celular.* Morte é uma parte crítica da vida. As células embrionárias que constituem a membrana entre nossos dedos dos pés e das mãos morrem antes de nascermos. Assim também acontece com as células das nossas caudas. Os orifícios da nossa boca, do ânus e das glândulas reprodutoras todos se formam por meio de **apoptose** – a morte celular programada de certas células em tempos e lugares particulares.

- *Mudanças na composição da membrana celular ou em produtos secretados.* As membranas celulares e os produtos celulares secretados influenciam o comportamento de células vizinhas. Por exemplo, matrizes extracelulares secretadas por um conjunto de células permitirão a migração das células vizinhas. Já as matrizes extracelulares feitas por outros tipos celulares proibirão a migração do mesmo tipo de células. Dessa forma, "caminhos e trilhos de direcionamento" são estabelecidos para células migratórias.

Mapas de destino

Diante de uma situação tão dinâmica, um dos mais importantes programas da embriologia descritiva se tornou o rastreamento de **linhagens celulares**: seguir células individuais para ver o que essas células se tornam. Em muitos organismos, não é possível a resolução de células individuais, mas é possível marcar grupos de células embrionárias para ver o que essa área se torna no organismo adulto. A combinação desses estudos permite a construção de um **mapa de destino**. Esses diagramas "mapeiam" estruturas larvais ou adultas nas regiões do embrião da qual elas se originam. Os mapas de destino constituem uma fundação importante para a embriologia experimental, fornecendo aos pesquisadores informações sobre que partes do embrião normalmente se tornam quais estruturas larvais ou adultas. A **FIGURA 1.11** mostra mapas dos destinos de alguns embriões de vertebrados no estágio inicial de gástrula.

Os mapas de destino podem ser feitos de várias formas, e a tecnologia tem mudado bastante nos últimos anos. A capacidade de seguir células com corantes moleculares e com imagem por computador tem alterado a nossa compreensão das origens de vários tipos celulares. Até as nossas visões sobre onde as células do coração se originam foi modificada (Lane e Sheets, 2006; Camp et al., 2012). Embriões de mamíferos estão entre os mais difíceis de se mapear (visto que eles se desenvolvem dentro de outro organismo), e

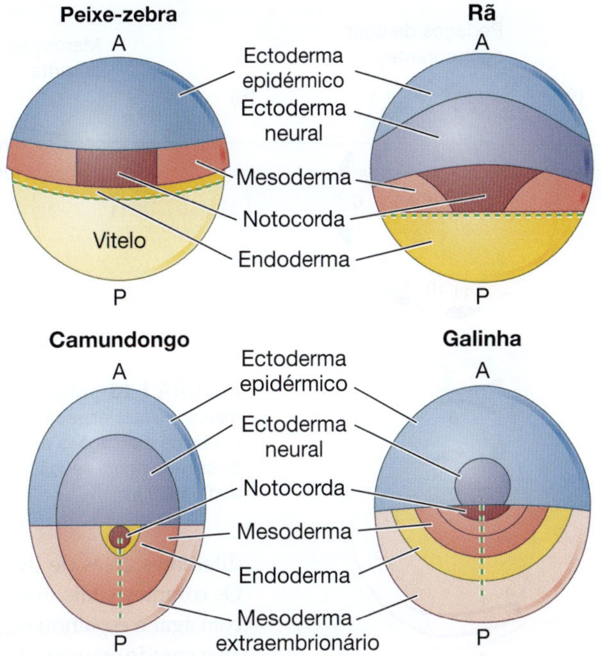

FIGURA 1.11 Mapas de destino de vertebrados no estágio de gástrula inicial. Todos são vistas de superfície dorsal (olhando "para baixo" no embrião, no que vai se tornar as suas costas). Apesar das características distintas dos animais adultos, os mapas de destino desses quatros vertebrados mostram numerosas semelhanças entre os embriões. As células que formarão a notocorda ocupam uma posição dorsal central, ao passo que os precursores do sistema neural ficam imediatamente anteriores a elas. O ectoderma neural é cercado por ectoderma menos dorsal, que formará a epiderme da pele. A, indica o lado anterior do embrião, e P, o lado posterior. As linhas verdes pontilhadas indicam o local de ingressão – o caminho que as células seguirão quando elas migram do exterior para o interior do embrião.

pesquisadores estão ativamente construindo, refinando e discutindo sobre mapas de destino de embriões de mamíferos.

Observação direta de embriões vivos

Alguns embriões têm relativamente poucas células, e os citoplasmas dos seus blastômeros iniciais têm pigmentos diferentemente coloridos. Nesses casos afortunados, é efetivamente possível observar através do microscópio e traçar os descendentes de uma célula particular nos órgãos que elas geram. E. G. Conklin seguiu pacientemente os destinos de cada célula inicial do tunicado (ascídia) *Styela partita* (**FIGURA 1.12**; Conklin, 1905). As células formadoras de músculos do embrião de *Styela* sempre têm uma cor amarela, derivada de uma região de citoplasma encontrada em um par de blastômeros particular no estágio de 8 células. A remoção desse par de blastômeros (o que, de acordo com o mapa de destino de Conklin, deveria produzir a musculatura da cauda) de fato resulta em larvas sem músculos na cauda, confirmando, assim, o mapa de Conklin (Reverberi e Minganti, 1946).

TÓPICO NA REDE 1.3 **A ARTE E A CIÊNCIA DE CONKLIN** As pranchas do artigo notável de Conklin de 1905 estão disponíveis na internet. Observando-as, podemos ter uma ideia da precisão de suas observações e como ele construiu seu mapa de destino do tunicado.

Marcação com corante

A maior parte dos embriões não são tão fáceis de se estudar, uma vez que suas células não possuem cores diferentes. No início do século XX, Vogt (1929) traçou os destinos de

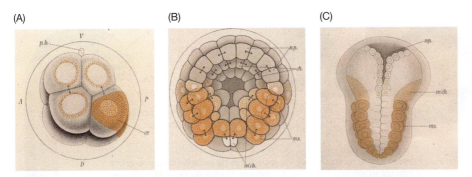

FIGURA 1.12 Os destinos de células individuais. Edwin Conklin mapeou os destinos das células iniciais do tunicado *Styela partita*, usando o fato de que, em embriões dessa espécie, muitas das células podem ser identificadas porque seus citoplasmas têm diferentes cores. O citoplasma amarelo marca as células que formam os músculos do tronco. (A) No estágio de 8 células, dois dos oito blastômeros contêm esse citoplasma amarelo. (B) Estágio inicial de gástrula, mostrando o citoplasma amarelo nos precursores da musculatura do tronco. (C) Estágio larval inicial, mostrando o citoplasma amarelo nos músculos do tronco recém-formados. (De Conklin, 1905.)

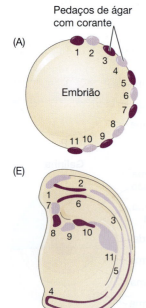

FIGURA 1.13   Marcação com corante vital de embriões de anfíbios. (A) Método de Vogt para marcar células específicas da superfície embrionária com corantes vitais. (B-D) Vistas de superfície dorsal de marcações em embriões sucessivamente mais velhos. (E) Embrião de salamandra dissecado numa secção sagital medial para mostrar as células marcadas no interior. (Segundo Vogt, 1929.)

diferentes áreas de ovos de anfíbios, aplicando **corantes vitais** na região de interesse. Os corantes vitais marcam as células, mas não as matam. Vogt misturou esses corantes com ágar e espalhou o ágar numa lâmina de microscópio para secar. As extremidades do ágar corado eram muito finas. Vogt cortou pedaços dessas extremidades e as colocou num embrião de rã. Depois que o corante marcou as células, ele removeu os pedaços de ágar e pôde seguir os movimentos das células marcadas dentro do embrião (**FIGURA 1.13**).

Um problema com os corantes vitais é que, à medida que eles se tornam mais diluídos com cada divisão celular, torna-se difícil detectá-los. Uma maneira de evitar esse problema é usar **corantes fluorescentes** que são tão intensos que, uma vez injetados em células individuais, eles ainda podem ser detectados na progênie dessas células depois de muitas divisões. Dextrano conjugado à fluoresceína, por exemplo, pode ser injetado em uma única célula de um embrião inicial, e os descendentes dessas células podem ser vistos ao examinar-se o embrião sob luz ultravioleta (**FIGURA 1.14**).

Marcação genética

Uma forma de marcar permanentemente as células e seguir os seus destinos é criar embriões nos quais o mesmo organismo contém células com diferentes constituições genéticas. Um dos melhores exemplos dessa técnica é a construção de **embriões quiméricos** – embriões feitos de tecidos de mais de uma fonte genética. Quimeras galinha-codorna,

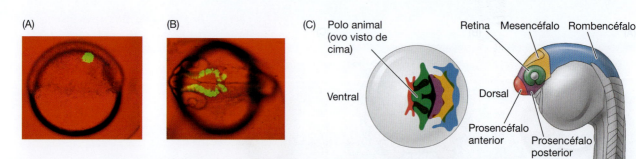

FIGURA 1.14   Mapas de destino usando um corante fluorescente. (A) Células específicas de embrião de peixe-zebra foram injetadas com um corante fluorescente que não vai se difundir para fora das células. O corante foi, então, ativado por *laser* numa pequena região (aproximadamente 5 células) do embrião no estágio de clivagem tardia. (B) Depois que a formação do sistema nervoso central começou, as células que expressavam o corante ativo foram visualizadas por luz fluorescente. O marcador fluorescente é visto em células particulares que geraram o telencéfalo e o mesencéfalo. (C) Mapa de destinos do sistema nervoso central de peixe-zebra. O marcador fluorescente foi injetado nas células 6 horas depois da fertilização (à esquerda), e os resultados estão codificados por cor no peixe depois da eclosão (à direita). As cores sobrepostas indicam que as células dessa região do embrião de 6 horas contribuem para duas ou mais regiões. (A, B, de Kozlowski et al., 1998, fotografias cortesia de E. Weinberg; C, a partir de Woo e Fraser, 1995.)

por exemplo, são feitas pelo transplante de células embrionárias de codorna em um embrião de galinha enquanto a galinha ainda está dentro do ovo. Embriões de galinha e codorna se desenvolvem de modo similar (principalmente durante os estágios iniciais), e as células transplantadas de codorna se tornam integradas no embrião de galinha e participam na construção de vários órgãos (**FIGURA 1.15A**). A galinha que eclode terá células de codorna em lugares particulares, dependendo de onde o transplante foi colocado. As células de codorna também diferem de células de galinha em vários aspectos importantes, incluindo as proteínas específicas de cada espécie que formam o sistema imune. Existem proteínas específicas de codorna que podem ser usadas para se encontrar células individuais de codorna, mesmo quando elas estão "escondidas" dentro de uma grande população de células de galinha (**FIGURA 1.15B**). Observando para onde essas células migraram, produziram-se mapas de estrutura detalhados do cérebro e do sistema esquelético da galinha (Le Douarin, 1969; Le Douarin e Teillet, 1973).

As quimeras confirmaram as migrações extensivas das células da crista neural durante o desenvolvimento de vertebrados. Mary Rawles (1940) mostrou que as células pigmentares (melanócitos) da galinha se originavam na **crista neural**, uma banda transiente de células que conecta o tubo neural com a epiderme. Quando ela transplantou pequenas regiões de tecido contendo crista neural de uma variedade pigmentada de galinha em uma posição similar no embrião de uma variedade sem pigmentos de galinha, as células migratórias pigmentadas entraram na epiderme e depois entraram nas penas (**FIGURA 1.15C**). Ris (1941) usou técnicas semelhantes para mostrar que, embora quase todos os pigmentos externos do embrião de galinha tivessem origem nas células migratórias da crista neural, o pigmento da retina formava-se na própria retina e não era dependente de células migratórias da crista neural. Esse padrão foi confirmado nas quimeras galinha-codorna, nas quais as células da crista neural de codorna produziam seu próprio pigmento e padrão nas penas da galinha.

Quimeras de DNA transgênico

Na maioria dos animais é difícil misturar uma quimera a partir de duas espécies. Uma forma de ultrapassar esse problema é transplantar as células de um organismo geneticamente modificado. Nessa técnica, a modificação genética pode, então, ser rastreada

FIGURA 1.15 Marcadores genéticos como rastreadores de linhagens celulares. (A) Experimento no qual células de uma região particular de embrião de codorna de um dia foram transplantadas em uma região similar de embrião de galinha de um dia. Depois de vários dias, as células da codorna podem ser vistas pelo uso de um anticorpo para proteínas específicas de codorna (foto abaixo). Essa região produz células que povoarão o tubo neural. (B) As células de galinha e codorna também podem ser distinguidas pela heterocromatina dos seus núcleos. As células de codorna têm um único núcleo grande (em roxo-escuro), o que torna as distingue das células de galinha com núcleo difuso. (C) Galinha resultante do transplante de região da crista neural do tronco de um embrião de uma linhagem pigmentada de galinhas na mesma região de um embrião de uma linhagem não pigmentada. As células da crista neural que deram origem aos pigmentos migraram para a epiderme e as penas da asa. (A, B, de Darnell e Schoenwolf, 1997, cortesia dos autores; C, dos arquivos de B. H. Willier.)

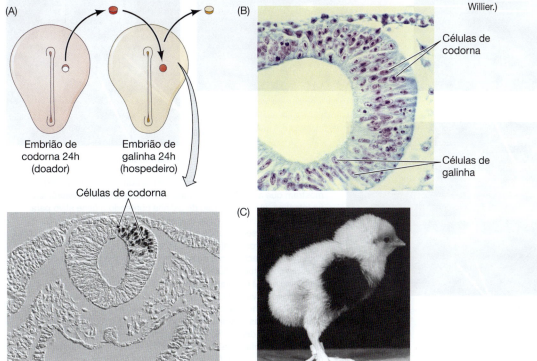

(A)

Embrião de codorna 24h (doador)

Embrião de galinha 24h (hospedeiro)

Células de codorna

(B)

Células de codorna

Células de galinha

(C)

apenas nas células que a expressam. Uma versão da técnica é infectar as células de um embrião com vírus, cujos genes foram alterados de forma que eles expressam o gene para uma proteína ativa fluorescentemente como a **proteína fluorescente verde** ou **GFP**.[9] Um gene alterado dessa forma é chamado de **transgene**, uma vez que ele contém DNA de outra espécie. Quando as células embrionárias infectadas são transplantadas no hospedeiro selvagem, apenas as células doadoras expressarão GFP; elas emitirão um brilho verde visível (ver Affolter, 2016; Papaioannou, 2016). Variações na marcação transgênica podem nos dar um mapa notavelmente preciso do corpo em desenvolvimento.

Por exemplo, Freem e colaboradores (2012) usaram técnicas transgênicas para estudar a migração de células da crista neural para o intestino de embriões de galinhas, onde elas formam os neurônios que coordenam a peristalse – as contrações musculares do intestino necessárias para eliminar resíduos sólidos. Os progenitores dos embriões marcados com GFP foram infectados com um vírus deficiente para replicação que carregava um gene ativo para GFP. Esse vírus foi herdado pelo embrião de galinha e o gene expresso todas as células. Dessa forma, Freem e colaboradores geraram embriões nos quais cada célula brilhava em verde quando colocada sob luz ultravioleta (**FIGURA 1.16A**). Eles, então, transplantaram o tubo neural e a crista neural de um embrião GFP-transgênico na região similar de um embrião de galinha normal (**FIGURA 1.16B**). Um dia depois, eles observaram células marcadas com GFP migrando na região do estômago (**FIGURA 1.16C**), e com 7 dias todo o intestino mostrava marcação de GFP até a região anterior do intestino anterior (**FIGURA 1.16D**).

---

[9]A proteína fluorescente verde ocorre naturalmente em certas medusas. Ela emite fluorescência verde brilhante quando exposta à luz ultravioleta e é largamente usada como marcação transgênica. Marcações com GFP serão vistas em muitas fotografias ao longo deste livro.

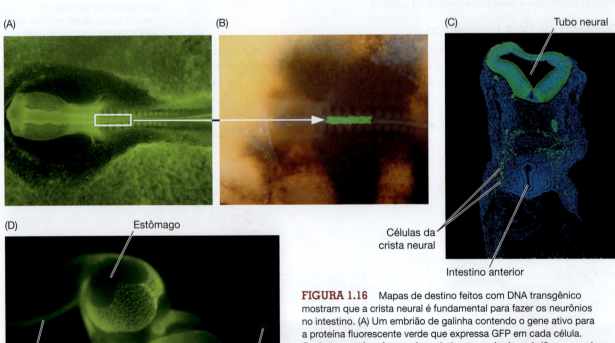

FIGURA 1.16 Mapas de destino feitos com DNA transgênico mostram que a crista neural é fundamental para fazer os neurônios no intestino. (A) Um embrião de galinha contendo o gene ativo para a proteína fluorescente verde que expressa GFP em cada célula. O cérebro está se formando no lado esquerdo do embrião, e os sulcos que saem do prosencéfalo (que se tornarão as retinas) estão fazendo contato com o ectoderma da cabeça para iniciar a formação do olho. (B) A região do tubo neural e da crista neural na futura região do pescoço (retângulo em A) é retirada e transplantada em uma posição similar em um embrião selvagem não marcado. Essa região pode ser vista devido à sua fluorescência verde. (C) Um dia depois, as células da crista neural podem ser vistas migrando do tubo neural para a região do estômago. (D) Quatro dias depois, as células da crista neural se espalharam no intestino do esôfago até a região anterior de intestino posterior. (De Freem et al., 2012; fotos por cortesia de A. Burns.)

Embriologia evolutiva

A teoria da evolução de Charles Darwin reestruturou a embriologia comparativa e deu-lhe um novo foco. Depois de ler o sumário de Johannes Müller sobre as leis de von Baer, em 1842, Darwin percebeu que semelhanças embrionárias seriam um forte argumento em favor da conexão genética de diferentes grupos animais. "Comunidade de estrutura embrionária revela comunidade de descendência" ele concluiria no seu *Sobre a Origem das Espécies*, em 1859. A interpretação evolutiva de Darwin sobre as leis de von Baer estabeleceu um paradigma que foi seguido por muitas décadas – isto é, a relação entre grupos pode ser estabelecida pela descoberta de formas embrionárias ou larvais mais comuns.

Mesmo antes de Darwin, as formas larvais eram usadas na classificação taxonômica. Por volta de 1830, por exemplo, J. V. Thompson demonstrou que as larvas de cracas eram quase idênticas às larvas de camarões, e, portanto, ele (corretamente) considerou cracas como artrópodes, em vez de moluscos (**FIGURA 1.17**; Winsor, 1969). Darwin, ele mesmo um especialista na taxonomia de cracas, celebrou essa descoberta: "Até o ilustre Cuvier não percebeu que uma craca é um crustáceo, mas uma olhada na sua larva mostra isso de uma maneira inconfundível". Alexander Kowalevsky (1871) fez a descoberta similar de que as larvas de tunicados têm notocorda e faringe e que estas vêm das mesmas camadas germinativas que as de estruturas de peixe e galinha. Portanto, argumenta Kowalevsky, o tunicado invertebrado é aparentado com os vertebrados, e os dois maiores domínios do reino animal – invertebrados e vertebrados – são unidos através de suas estruturas larvais (ver Capítulo 10). Assim como ele tinha apoiado Thompson, Darwin também aplaudiu a descoberta de Kowalevsky, escrevendo em *A Descendência do Homem* (1874) que "Se pudermos contar com a embriologia, sempre o guia mais seguro na classificação, parece que nós ao menos ganhamos uma sugestão de onde os vertebrados são derivados". Darwin também observou que os organismos embrionários muitas vezes formam estruturas que são inapropriadas para sua forma adulta, mas que mostram a sua relação com outros animais. Ele destacou a existência de olhos em embriões

(A) Craca

(B) Camarão

FIGURA 1.17 Estágios larvais revelam a ancestralidade comum de dois artrópodes crustáceos. (A) Craca. (B) Camarão. Tanto as cracas quantos os camarões possuem um estágio larval característico (o náuplio) que destaca sua ancestralidade comum como artrópodes crustáceos, mesmo que as cracas adultas – antigamente classificadas como moluscos – sejam sedentárias, diferindo na forma do corpo e no estilo de vida do camarão adulto de nado livre. (A, © Wim van Egmond/Visuals Unlimited e © Barrie Watts/OSF/Getty; B, por cortesia do U.S. National Oceanic and Atmospheric Administration e © Kim Taylor/Naturepl.com.)

de toupeiras, rudimentos de ossos da pelve em embriões de cobras e dentes em embriões de baleia (subordem Mysticeti).

Darwin também argumentou que adaptações que saem do "tipo" e permitem a um organismo sobreviver no seu ambiente particular se desenvolvem mais tarde no embrião.[10] Ele observou que as diferenças entre espécies dentro de um gênero se tornavam maiores à medida que o desenvolvimento persiste, como previsto pelas leis de von Baer. Portanto, Darwin reconheceu duas formas de olhar para a "descendência com modificação". Pode enfatizar-se a *descendência comum* apontando as similaridades embrionárias entre dois ou mais grupos de animais ou pode enfatizar-se as *modificações* para mostrar como o desenvolvimento foi alterado para produzir estruturas que permitem aos animais se adaptarem a condições particulares.

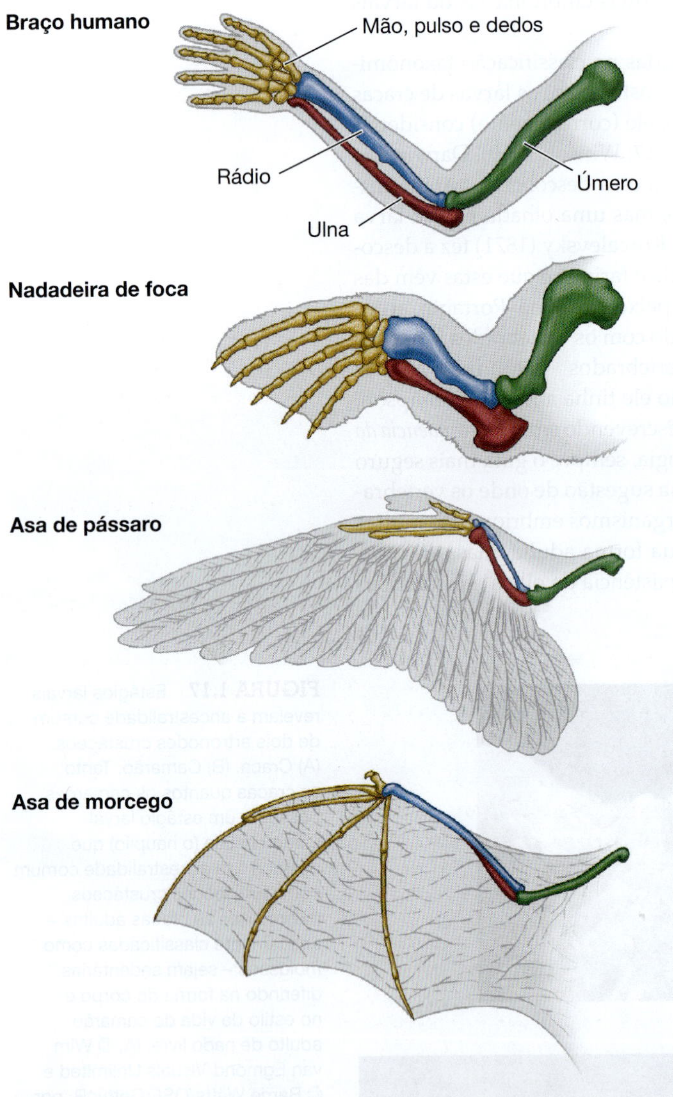

Homologias embrionárias

Uma das mais importantes distinções feitas pelos embriologistas evolutivos foi a diferença entre analogia e homologia. Ambos os termos se referem a estruturas que parecem ser similares. Estruturas **homólogas** são os órgãos cujas similaridades subjacentes surgem por eles serem derivados de uma estrutura ancestral comum. Por exemplo, a asa de um pássaro e o braço de um ser humano são homólogos, ambos tendo evoluído dos ossos do membro anterior de um ancestral comum. Mais ainda, suas partes respectivas são homólogas (**FIGURA 1.18**).

Estruturas **análogas** são aquelas cuja similaridade vem de terem uma função similar, em vez de surgirem a partir de um ancestral comum. Por exemplo, a asa de uma borboleta e a asa de um pássaro são análogas; as duas compartilham uma função comum (e, por isso, são ambas chamadas de asas), mas a asa de pássaro e a asa de inseto não surgiram de uma estrutura ancestral comum que se tornou modificada por meio de evolução em asas de insetos e asas de borboleta. Homologias sempre devem se referir ao o nível de organização sendo comparado. Por exemplo, asas de pássaro e morcego são homólogas como membros anteriores, mas não como asas. Em outras palavras, eles compartilham uma estrutura subjacente de ossos dos membros anteriores porque pássaros e mamíferos compartilham um ancestral comum que possuía esses ossos. Os morcegos, contudo, descendem de uma longa linha de mamíferos sem asas, ao passo que as asas dos pássaros evoluíram independentemente, a partir dos membros anteriores de répteis ancestrais. Como veremos, a estrutura da asa de um morcego é marcadamente diferente da asa de um pássaro.

Como veremos no Capítulo 26, a mudança evolutiva baseia-se na mudança no desenvolvimento.

Braço humano — Mão, pulso e dedos — Rádio — Ulna — Úmero

Nadadeira de foca

Asa de pássaro

Asa de morcego

FIGURA 1.18 Homologia estrutural entre um braço humano, um membro anterior de foca, uma asa de pássaro e uma asa de morcego; estruturas de suporte homólogas são mostradas na mesma cor. Todos os quatro são derivados de um ancestral tetrápode comum e, portanto, são homólogos como membros anteriores. As adaptações dos membros anteriores do pássaro e do morcego ao voo, contudo, evoluíram independentemente uma da outra, muito depois das duas linhagens divergiram do seu ancestral comum. Dessa forma, como asas, eles não são homólogos, mas sim análogos.

---

[10]Como primeiramente observado por Weismann (1875), as larvas devem ter suas próprias adaptações. A borboleta viceroy adulta imita a borboleta monarca, mas a lagarta viceroy não se parece com a bela larva da monarca. Ao contrário, a larva viceroy escapa da detecção ao se assemelhar com fezes de aves (Begon et al.,1986).

(A)

(B)

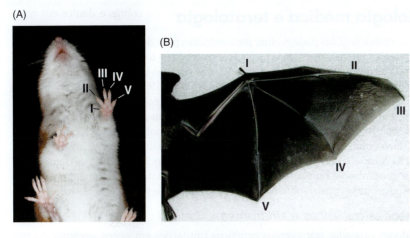

FIGURA 1.19 Desenvolvimento dos membros anteriores de morcegos e camundongos. (A, B) Torsos de morcegos e camundongos, mostrando o membro anterior do camundongo e os dedos elongados e o aspecto proeminente de rede da asa do morcego. Os dedos estão numerados em ambos os animais (I, polegar; V, mindinho). (C) Comparação da morfogênese do membro anterior de camundongo e morcego. Ambos os membros começam como apêndices com redes, porém a rede entre os dedos do camundongo morre no dia 14 do desenvolvimento embrionário (seta). A rede entre os membros anteriores de morcego não morre e se sustenta enquanto os dedos crescem. (A, cortesia de D. McIntyre; B, C, de Cretekos et al., 2008, cortesia de C. J. Cretekos.)

(C)

Morcego

Camun-
dongo

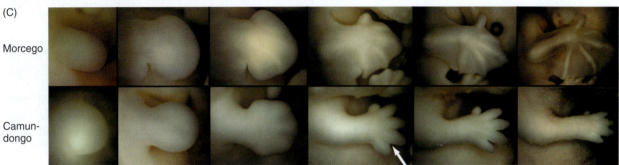

A asa do morcego, por exemplo, é feita em parte pela (1) manutenção de uma rápida taxa de crescimento na cartilagem que forma os dedos e pela (2) prevenção da morte celular que normalmente ocorre na membrana interdigital. Como pode ser visto na **FIGURA 1.19**, os camundongos têm inicialmente uma membrana entre seus dígitos (da mesma forma que os seres humanos e outros mamíferos). Essa membrana é importante para a criação das distinções anatômicas entre os dedos. Uma vez que essa membrana cumpriu a sua função, sinais genéticos causam a morte das suas células, deixando livres os dedos que conseguem segurar e manipular. Os morcegos, entretanto, usam os seus dedos para o voo, uma façanha conseguida por alterações nos genes que são ativos nessa membrana. Os genes ativados na membrana do morcego embrionário codificam proteínas que *impedem* a morte celular, além de proteínas que aceleram a elongação dos dedos (Cretekos et al., 2005; Sears et al., 2006; Weatherbee et al., 2006). Portanto, as estruturas anatômicas homólogas podem se diferenciar por alterações do desenvolvimento, e essas mudanças no desenvolvimento fornecem as variações necessárias para a mudança evolutiva.

Charles Darwin observou a seleção artificial na criação de pombos e cachorros, e esses exemplos permanecem recursos valiosos para se estudar a variação selecionável. Por exemplo, as pernas curtas dos dachshunds foram selecionadas por criadores que queriam usar esses cachorros para caçar texugos (do alemão *Dachs*, "texugo" + *Hund*, "cão") nos seus buracos subterrâneos. A mutação que causa a perna curta do dachshund envolve uma cópia extra do gene *Fgf4*, que faz uma proteína que informa às células precursoras da cartilagem que elas se dividiram bastante e podem começar a se diferenciar. Com essa cópia extra de *Fgf4*, as células da cartilagem são instruídas a parar de se dividir antes do que na maioria dos cachorros, e, assim, as pernas param de crescer (Parker et al., 2009). De forma semelhante, dachshunds com pelo longo diferem dos seus parentes de pelo curto por terem uma mutação no gene *Fgf5* (Cadieu et al., 2009). Esse gene está envolvido na produção de pelo e, portanto, permite que cada folículo faça um pelo com haste mais longa (Ota et al., 2002; ver Capítulo 16). Assim, as mutações em genes controlando processos do desenvolvimento podem gerar variação selecionável.

Embriologia médica e teratologia

Enquanto os embriologistas podem olhar para embriões para descrever a evolução da vida e como diferentes animais formam seus órgãos, os médicos tornaram-se interessados em embriões por razões mais práticas. Entre 2 e 5% das crianças humanas nascem com uma anormalidade anatômica rapidamente observável (Winter, 1996; Thorogood, 1997). Essas anormalidades podem incluir falta de membros, dígitos ausentes ou excessivos, palato fendido, olhos sem certas partes, corações sem válvulas, e assim por diante. Alguns defeitos congênitos são produzidos por genes ou cromossomos mutantes e alguns são produzidos por fatores ambientais que impedem o desenvolvimento. O estudo dos defeitos congênitos pode explicar como o corpo humano é normalmente formado. Na ausência de dados experimentais sobre embriões humanos, os "experimentos" da natureza algumas vezes oferecem perspectivas importantes sobre como o corpo humano se torna organizado.

Malformações genéticas e síndromes

Anormalidades causadas por eventos genéticos (mutações em genes, aneuploidia nos cromossomos e translocações) são chamadas de **malformações**, e uma **síndrome** é uma condição na qual duas ou mais malformações são expressas conjuntamente. Por exemplo, uma doença hereditária, chamada de síndrome Holt-Oram, é herdada como condição dominante autossômica. Crianças nascidas com esta síndrome geralmente têm um coração malformado (o septo que separa os lados esquerdo e direito não cresce normalmente; ver Capítulo 18) e ausência nos ossos do polegar ou do pulso. Foi descoberto que a síndrome Holt-Oram é causada por uma mutação no gene *TBX5* (Li et al., 1997; Basson et al., 1997). A proteína TBX5 é expressa no coração e na mão em desenvolvimento e é importante para o crescimento normal e a diferenciação em ambas as localizações.

Disrupções e teratógenos

Anormalidades no desenvolvimento, causadas por agentes exógenos (certos químicos ou vírus, radiação ou hipertertermia), são chamadas de **disrupções**. Os agentes responsáveis por essas disrupções são chamados de **teratógenos** (do grego, "formadores de monstros"), e o estudo de como esses agentes ambientais perturbam o desenvolvimento normal é chamado de teratologia. As substâncias que causam defeitos congênitos incluem substâncias relativamente comuns, como álcool e ácido retinoico (frequentemente usado para tratar acne), além de muitos químicos usados na manufatura e liberados no ambiente. Metais pesados (p. ex., mercúrio, chumbo, selênio) podem alterar o desenvolvimento do cérebro.

Os teratógenos chamaram a atenção do público no começo dos anos 1960. Em 1961, Lenz e McBride acumularam independentemente evidência de que a droga talidomida, prescrita como sedativo leve para muitas mulheres grávidas, causava um enorme aumento em uma síndrome previamente rara de anomalias congênitas. A mais evidente dessas anomalias era focomelia, uma condição na qual os ossos longos dos membros são deficientes ou ausentes (**FIGURA 1.20A**). Mais de 7 mil crianças afetadas nasceram de mulheres que tomaram talidomida, e uma mulher precisava tomar apenas um comprimido para sua criança nascer com todos os quatro membros deformados (Lenz, 1962, 1966; Toms, 1962). Outras anormalidades induzidas pela ingestão desta droga incluíam defeitos no coração, ausência da orelha externa e intestinos malformados. Nowack (1965) documentou o período de suscetibilidade durante o qual a talidomida causava essas anormalidades (**FIGURA 1.20B**). Foi descoberto que a droga era teratogênica apenas 35 a 50 dias depois da última menstruação (i.e., 20 a 36 dias após a concepção). Do dia 34 a 38 não eram vistas anormalidades nos membros, porém, durante esse período, a talidomida pode causar ausência ou deficiência de componentes da orelha. Malformações dos membros superiores são vistas antes dos membros inferiores, uma vez que o desenvolvimento dos braços começa pouco antes do das pernas. Esse e outros teratógenos serão discutidos extensamente no Capítulo 24.

A integração da informação anatômica sobre malformações congênitas com nosso novo conhecimento sobre os genes responsáveis pelo desenvolvimento resultou em uma reestruturação da medicina ainda em andamento. Essa informação integrada tem permitido a descoberta dos genes responsáveis por malformações herdadas e a identificação exata de quais passos no desenvolvimento são interrompidos por teratógenos específicos. Veremos exemplos dessa integração ao longo deste livro.

(A)

(B)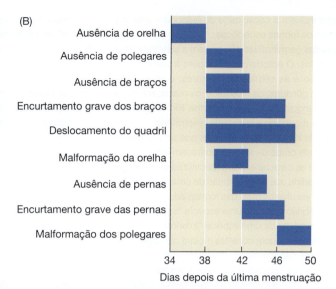

Ausência de orelha
Ausência de polegares
Ausência de braços
Encurtamento grave dos braços
Deslocamento do quadril
Malformação da orelha
Ausência de pernas
Encurtamento grave das pernas
Malformação dos polegares

34   38   42   46   50

Dias depois da última menstruação

FIGURA 1.20 Uma anomalia no desenvolvimento causada por um agente ambiental. (A) Focomelia, a falta do correto desenvolvimento dos membros, era o mais visível dos defeitos congênitos que ocorreram em muitas crianças nascidas no início dos anos 1960, cujas mães tomaram a droga talidomida durante a gravidez. Essas crianças são agora adultos em idade média; a fotografia é do cantor alemão nomeado para o Grammy, Thomas Quasthoff. (B) A talidomida perturba estruturas diferentes em diferentes momentos do desenvolvimento humano. (A, © dpa picture alliance archve/Alamy Stock Photo; B, segundo Nowack, 1965.)

Considerações finais sobre a foto de abertura

Para muitas espécies animais, as larvas são uma parte crítica do desenvolvimento. Larvas (como estes girinos) são muitas vezes o estágio de recolha de alimento e de dispersão do organismo. Muitas vezes também, elas têm diferentes hábitats do que os adultos. O genoma de rã tem dois conjuntos de genes, um conjunto para o estágio larval e outro para o adulto; a escolha do conjunto a ser expresso é regulada por uma cascata de hormônios, como descreveremos no Capítulo 21. A metamorfose é o descarte de alguns órgãos, a construção de novos órgãos e o reaproveitamento de novas funções de outros órgãos. O girino mantém os mesmos três eixos corporais à medida que se torna uma rã adulto. Contudo, seus pigmentos da retina, hemoglobinas do sangue, enzimas do ciclo da ureia e pele se transformam das de um animal aquático naquelas características de um animal terrestre. Seus olhos mudam de lugar, e o sistema digestório muda de um herbívoro para o de um carnívoro. (Foto por Bert Willaert © Nature Picture Library/Alamy Stock Photo.)

1 Resumo instantâneo
Mecanismos de organização no desenvolvimento

1. O ciclo de vida pode ser considerado uma unidade central em biologia; a forma adulta não precisa ser a principal. O ciclo de vida básico animal consiste em fertilização, clivagem, gastrulação, formação da camada germinativa, organogênese, metamorfose, vida adulta e senescência.

2. Na gametogênese, as células germinativas (i.e., as células que se tornarão os espermatozoides ou ovócitos) sofrem meiose. Eventualmente, depois que atingem a vida adulta, os gametas maduros são liberados para se unirem durante a fertilização. A nova geração resultante começa, então, o desenvolvimento.

3. Ocorre epigênese. Organismos são criados de novo a cada geração a partir do citoplasma relativamente desordenado do ovo.

4. A pré-formação não acontece nas próprias estruturas anatômicas, mas nas instruções genéticas que instruem sua formação. A herança do ovo fertilizado inclui os potenciais genéticos do organismo. Essas instruções nucleares

pré-formadas incluem a capacidade de responder a estímulos ambientais de formas específicas.

5. As três camadas germinativas dão origem a sistemas específicos de órgãos. O ectoderma dá origem à epiderme, ao sistema nervoso e às células pigmentares; o mesoderma gera os rins, as gônadas, os músculos, os ossos, o coração e as células sanguíneas; e o endoderma forma o revestimento do tubo digestório e o sistema respiratório.

6. Os princípios de Karl von Baer afirmam que as características de um grande grupo de animais aparecem mais cedo no embrião do que as características especializadas de um grupo menor. À medida que cada embrião de uma dada espécie se desenvolve, ele diverge mais das formas adultas de outras espécies. O embrião inicial de uma espécie "superior" não é parecido com o adulto de uma espécie "inferior".

7. A marcação de células com corantes mostra que algumas se diferenciam onde são formadas, enquanto outras migram a partir de seus locais originais e se diferenciam nas suas novas localizações. As células migratórias incluem as células da crista neural e os precursores das células germinativas e das células sanguíneas.

8. "Comunidade de estruturas embrionárias revela comunidade de descendência" (Charles Darwin, *Sobre a Origem das Espécies*).

9. Estruturas homólogas em espécies diferentes são os órgãos cuja similaridade se deve ao compartilhamento de uma estrutura ancestral. Estruturas análogas são os órgãos cujas similaridades vêm de servirem a funções semelhantes (mas que não são derivados de uma estrutura ancestral comum).

10. Anomalias congênitas podem ser causadas por fatores genéticos (mutações, aneuploidias, translocações) ou agentes ambientais (certos químicos, certos vírus, radiação).

11. Os teratógenos – compostos ambientais que podem alterar o desenvolvimento – atuam em momentos específicos quando certos órgãos estão sendo formados. As malformações genéticas similares podem ocorrer quando a comunicação entre as células é interrompida ou eliminada. A molécula-sinal e seu receptor na célula responsiva são ambos essenciais.

Leituras adicionais

Affolter, M. 2016. Seeing is believing, or how GFP changed my approach to science. *Curr. Top. Dev. Biol.* 116: 1-16.

Cadieu, E. and 19 others. 2009. Coat variation in the domestic dog is governed by variants in three genes. *Science* 326: 150-153.

Larsen, E. and H. McLaughlin. 1987. The morphogenetic alphabet: Lessons for simple-minded genes. *BioEssays* 7: 130-132.

Le Douarin, N. M. and M.-A. Teillet. 1973. The migration of neural crest cells to the wall of the digestive tract in the avian embryo. *J. Embryol. Exp. Morphol.* 30: 31-48.

Nishida, H. 1987. Cell lineage analysis in ascidian embryos by intracellular injection of a tracer enzyme. III. Up to the tissuerestricted stage. *Dev. Biol.* 121: 526-541.

Papaioannou, V. E. 2016. Concepts of cell lineage in mammalian embryos. *Curr. Top. Dev. Biol.* 117: 185-198.

Pinto-Correia, C. 1997. *The Ovary of Eve: Egg and Sperm and Preformation.* University of Chicago Press, Chicago.

Weatherbee, S. D., R. R. Behringer, J. J. Rasweiler 4th and L. A. Niswander. 2006. Interdigital webbing retention in bat wings illustrates genetic changes underlying amniote limb diversification. *Proc. Natl. Acad. Sci.* USA 103: 15103-15107.

Winter, R. M. 1996. Analyzing human developmental abnormalities. *BioEssays* 18: 965-971.

Woo, K. and S. E. Fraser. 1995. Order and coherence in the fatemap of the zebrafish embryo. *Development* 121: 2595-2609.

VISITE WWW.DEVBIO.COM...

... para Tópicos na Rede, entrevistas de Os cientistas Falam, vídeos de Assista ao Desenvolvimento, Tutorial do Desenvolvimento e informação bibliográfica completa sobre toda a literatura citada neste capítulo.

2

Especificando a identidade

Mecanismos de padronização no desenvolvimento

EM 1883, UM DOS PRIMEIROS EMBRIOLOGISTAS AMERICANOS, William Keith Brooks, refletiu sobre "a maior de todas as maravilhas do universo material: a existência, num simples ovo desorganizado, do poder de produzir um animal adulto definido". Ele observou que o processo é tão complexo que "podemos, de forma justa, perguntar que esperança nós temos de descobrir a sua solução, de alcançar o seu verdadeiro significado, suas leis e causas ocultas". De fato, como ir de "um simples, desorganizado ovo" até um corpo requintadamente organizado é o mistério fundamental do desenvolvimento. Os biólogos agora percorreram um longo caminho na rota da descoberta da solução desse mistério, colocando juntas as suas "leis e causas ocultas". Elas incluem como o ovo desorganizado se torna organizado, como células diferentes interpretam o mesmo genoma diferentemente e os muitos modos de comunicação pelos quais as células sinalizam umas para outras e, assim, orquestram os padrões únicos da sua diferenciação.

Neste capítulo, introduziremos o conceito de *especificação celular* – como as células se tornam especificadas para um destino específico – e exploraremos como as células de organismos diferentes usam diferentes mecanismos para determinar o destino celular. Nos Capítulos 3 e 4, nos aprofundaremos nos mecanismos genéticos envolvidos na diferenciação celular e a sinalização celular envolvida. O Capítulo 5, último capítulo desta unidade, foca no desenvolvimento das células-tronco, que exemplificam todos os princípios definidos nesta primeira unidade.

Um bando de indivíduos ou uma gangue de clones?

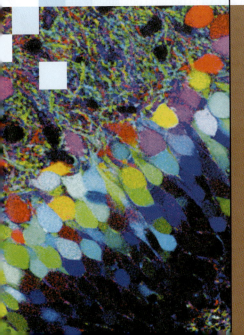

Destaque

Células indiferenciadas passam por um processo de maturação que começa quando elas se tornam comprometidas com uma linhagem celular específica, progride através de um estágio no qual o destino celular é determinado a se tornar o de um tipo celular específico e termina na diferenciação, quando as células adquirem o padrão de expressão gênica característico de um tipo celular específico. Em alguns organismos, o destino celular é determinado muito inicialmente por moléculas específicas presentes no citoplasma repartido para cada célula à medida que o ovo fertilizado se divide. Em outros organismos, o destino celular permanece plástico ou alterável no embrião inicial e se torna cada vez mais restrito ao longo do tempo através de interações célula a célula. Em algumas espécies (especialmente a mosca-da-fruta) inicialmente apenas os núcleos se dividem, criando um sincício de muitos núcleos dentro de um único citoplasma não dividido. Nestes embriões, os gradientes anteroposteriores de moléculas de informação no citoplasma determinam quais genes serão expressos nos núcleos diferentes, uma vez que eles fiquem separados em células individuais. Usando poderosas novas técnicas de imagem, como Brainbow, os pesquisadores atualmente são capazes de mapear os destinos de células individuais do zigoto até o adulto.

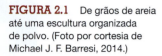

FIGURA 2.1   De grãos de areia até uma escultura organizada de polvo. (Foto por cortesia de Michael J. F. Barresi, 2014.)

Níveis de comprometimento

A olho nu, grãos de areia individuais numa praia ampla parecem desorganizados, mas podem ser moldados juntos para criar estruturas complexas, como ilustrado pela escultura de areia de um polvo segurando crianças em seus tentáculos (**FIGURA 2.1**). Como podem unidades desordenadas se tornarem organizadas, uma pilha de areia se tornar uma criação estruturada, ou uma coleção de células se tornar um embrião altamente complexo? Será que os grãos de areia que se tornaram o olho do polvo *sabiam* que eles estavam se tornando um olho quando eles chegaram à praia cedo nessa manhã? Obviamente, uma energia significativa tem de ser aplicada aos grãos de areia inanimados e inorgânicos para fazê-los se tornarem o olho da escultura. E quanto às células do seu olho? Elas *sabiam* que estavam destinadas a se tornarem parte de um olho? Se elas sabiam, *quando* descobriram e como foi o processo de adotarem esse destino?

Diferenciação celular

A geração de tipos celulares especializados é chamada de **diferenciação**, um processo durante o qual a célula deixa de se dividir e desenvolve elementos estruturais especializados e propriedades funcionais distintas. A diferenciação, entretanto, é apenas o estágio final, evidente, de uma série de eventos que comprometem uma célula indiferenciada de um embrião a se tornar um tipo celular particular (**TABELA 2.1**). Uma hemácia obviamente difere radicalmente na sua composição proteica e estrutura celular de uma célula do cristalino do olho ou de um neurônio no cérebro. Contudo, essas diferenças na bioquímica e na função celular são precedidas por um processo que compromete a célula para certo destino. Durante o curso do **comprometimento**, a célula pode não parecer diferente dos seus vizinhos mais próximos ou mais distantes no embrião e não mostrar nenhum sinal visível de diferenciação, porém o seu destino no desenvolvimento se tornou restrito.

Comprometimento

O processo de comprometimento pode ser dividido em dois estágios (Harrison, 1933; Slack, 1991). O primeiro estágio é a **especificação**. O destino de uma célula ou tecido é dito especificado quando ele é capaz de se diferenciar autonomamente (i.e., por si próprio) quando colocado num ambiente que é neutro relativamente às vias do desenvolvimento, como uma placa de Petri ou um tubo de ensaio (**FIGURA 2.2A**). No estágio de especificação, o comprometimento celular é ainda instável (i.e., capaz de ser alterado). Se uma célula especificada for transplantada para uma população de células especificadas de forma diferente, o destino do transplante será alterado por suas interações com os seus novos

TABELA 2.1 Alguns tipos celulares diferenciados e seus produtos principais

Tipo de célula	Produto celular diferenciado	Função especializada
Queratinócito (célula epidermal)	Queratina	Proteção contra abrasão, dessecação
Hemácia	Hemoglobina	Transporte de oxigênio
Células do cristalino	Cristalinas	Transmissão de luz
Linfócito B	Imunoglobulina	Síntese de anticorpos
Linfócito T	Citocinas	Destruição de células estranhas; regulação da resposta imune
Melanócito	Melanina	Produção de pigmento
Célula de ilhota pancreática (β)	Insulina	Regulação do metabolismo de carboidratos
Célula de Leydig (♂)	Testosterona	Características sexuais masculinas
Condrócito (célula de cartilagem)	Sulfato de condroitina; colágeno tipo II	Tendões e ligamentos
Osteoblasto (célula formadora de osso)	Matriz óssea	Suporte do esqueleto
Miócito (célula muscular)	Actina e miosina	Contração muscular
Hepatócito (célula do fígado)	Albumina do soro; várias enzimas	Produção de proteínas do soro e numerosas funções enzimáticas
Neurônios	Neurotransmissores (acetilcolina, serotonina, etc.)	Transmissão de sinais de comunicação no sistema nervoso
Células do túbulo (♀) do oviduto de galinha	Ovalbumina	Proteínas da clara do ovo para nutrição e proteção do embrião
Célula do folículo (♀) de ovário de inseto	Proteínas do córion	Proteínas da casca do ovo para proteção do embrião

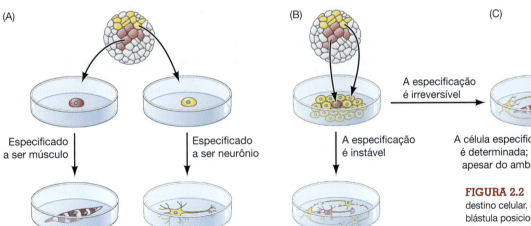

(A)

Especificado a ser músculo

Especificado a ser neurônio

(B)

A especificação é instável

Célula especificada a ser músculo, modificada para neurônio

A especificação é irreversível

(C)

A célula especificada a ser músculo é determinada; torna-se músculo apesar do ambiente circundante

FIGURA 2.2 A determinação do destino celular. (A) Duas células de blástula posicionadas diferentemente são especificadas a se tornarem células musculares e neuronais distintas quando colocadas isoladamente. (B, C) As duas células de blástula são colocadas juntas em cultura. (B) Em um caso, a célula em vermelho-escuro foi especificada – mas não determinada – a formar o músculo. Ela adota um destino neuronal devido às suas interações com seus vizinhos. (C) Se a célula vermelha for comprometida e determinada a se tornar músculo no momento da cultura, ela continuará a se diferenciar no tipo de celular de músculo apesar de quaisquer interações com seus vizinhos.

vizinhos (**FIGURA 2.2B**). Não é diferente de muitos de vocês, que podem ter entrado nas aulas de biologia do desenvolvimento interessados em química, mas, depois de terem sido expostos ao espetáculo impressionante que é a biologia do desenvolvimento, serão influenciados a mudar de ideia e se tornarem biólogos do desenvolvimento.

O segundo estágio de comprometimento é a **determinação**. Uma célula ou tecido é considerado determinado quando é capaz de se diferenciar autonomamente mesmo quando colocado em outra região do embrião ou em um conjunto de células especificadas de forma diferente numa placa de Petri (**FIGURA 2.C**). Se um tipo celular ou de tecido for capaz de se diferenciar de acordo com seu destino especificado mesmo nessa circunstância, assume-se que o comprometimento é irreversível. Continuando no nosso exemplo anterior, seria semelhante a ser inabalavelmente determinado a se tornar um químico, não importando quão impressionantemente inspirador o seu curso de biologia do desenvolvimento possa ser.

Resumindo, então, durante a embriogênese uma célula indiferenciada amadurece através de estágios específicos que cumulativamente a comprometem a um destino específico: primeiro, especificação, depois, determinação, e, finalmente, diferenciação. Durante a especificação, existem três principais estratégias que os embriões podem exibir: autônoma, condicional e sincicial. Embriões de espécies diferentes usam combinações diferentes dessas estratégias.

Especificação autônoma

Uma estratégia principal do comprometimento celular é a **especificação autônoma**. Neste caso, os blastômeros do embrião inicial recebem um conjunto de fatores de *determinação* fundamentais dentro do citoplasma do ovo. Em outras palavras, o citoplasma do ovo não é homogêneo; ao contrário, diferentes regiões do ovo contêm diferentes **determinantes morfogenéticos**, que influenciarão o desenvolvimento da célula. Estes determinantes, como você aprenderá no Capítulo 3, são moléculas – muitas vezes fatores de transcrição – que regulam a expressão dos genes, de modo que direcionam a célula num caminho particular do desenvolvimento. Na especificação autônoma, a célula "sabe" desde cedo o que irá se tornar sem interagir com outras células. Por exemplo, mesmo nos estágios muito iniciais de clivagem do caramujo *Patella*, os blastômeros que serão futuras células trocoblásticas podem ser isolados numa placa de petri. Nesse caso, elas se desenvolverão nos mesmos tipos de células ciliadas que elas dariam origem no embrião e com a mesma precisão temporal (**FIGURA 2.3**). Esse comprometimento continuado ao destino trocoblástico sugere que esses blastômeros iniciais particulares já sejam especificados e determinados ao seu destino.

Determinantes citoplasmáticos e especificação autônoma nos tunicados

Os embriões de tunicados (ascídias) constituem alguns dos melhores exemplos de especificação autônoma. Em 1905, Edwin Grant Conklin, um embriologista trabalhando no Laboratório de Biologia Marinha de Woods Hole, publicou um mapa notável do destino do tunicado *Styela partita*.[1] Depois de cuidadoso exame do embrião em desenvolvimento, Conkiln observou uma coloração amarela visivelmente particionada dentro do cito-

---

[1] Atualmente, o tunicado mais comum pesquisado é o *Ciona intestinalis*, o que forneceu muitos conhecimentos sobre maturação da linhagem celular, evolução e desenvolvimento de vertebrados, e, mais recentemente, as propriedades físicas que governam o fechamento do tubo neural, o que é notavelmente similar ao de humanos.

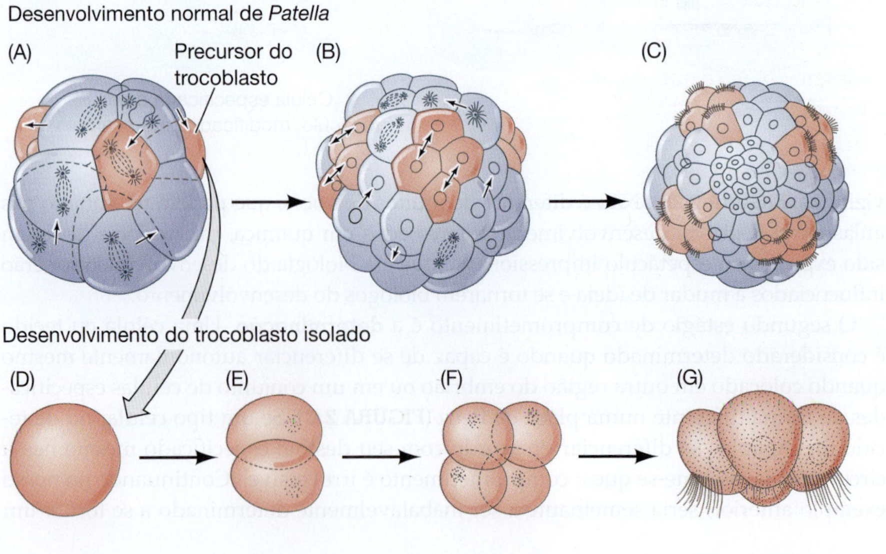

FIGURA 2.3 Especificação autônoma. (A-C) Diferenciação de células trocoblastos (ciliadas) do caramujo *Patella*. (A) Estágio de 16 células visto de lado; as futuras células trocoblastos são mostradas em cor-de-rosa. (B) Estágio de 48 células. (C) Estágio larval ciliado, visto do polo animal. (D-G) Diferenciação da célula trocoblasto de *Patella* isolada do estágio de 16 células e cultivada *in vitro*. Mesmo na cultura isolada, as células se dividem e se tornam ciliadas no momento correto. (Segundo Wilson, 1904.)

Desenvolvimento normal de *Patella*

(A)   Precursor do trocoblasto   (B)   (C)

Desenvolvimento do trocoblasto isolado

(D)   (E)   (F)   (G)

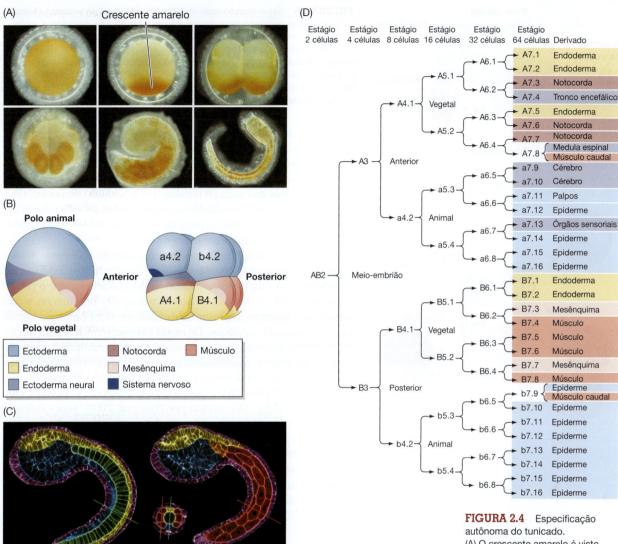

FIGURA 2.4 Especificação autônoma do tunicado.
(A) O crescente amarelo é visto no tunicado do ovo até a larva (coloração densa amarelo-cor de laranja-vermelho). Desenhos originais de Conklin demonstram as suas observações do crescente amarelo no ovo e na larva (cor dourada). (B) Zigoto de *Styela partita* (à esquerda), mostrado pouco depois da primeira divisão celular, com o destino das regiões citoplasmáticas indicado. O embrião de 8 células à direita mostra essas regiões depois de três divisões celulares. (C) Corte confocal através de uma larva do tunicado *Ciona savignyi*. Diferentes tipos de tecidos foram coloridos artificialmente. (D) Uma versão linear do mapa de destino de *S. partita*, mostrando os destinos de cada célula do embrião. (A, de Swalla, 2004, cortesia de B. Swalla, K. Zigler, e M. Baltzley; B, segundo Nishida, 1987, e Reverberi e Minganti, 1946; C, de Veeman e Reeves, 2015.)

plasma do ovo e que, no final, ficava segregada nas linhagens musculares (**FIGURA 2.4**). Conklin seguiu meticulosamente os destinos de cada célula inicial e mostrou que "todos os principais órgãos da larva nas suas posições definitivas e proporções estão marcadas aqui no estágio de duas células por diferentes tipos de protoplasma". O pigmento amarelo convenientemente forneceu a Conklin uma forma de traçar as linhagens de cada blastômero. Todavia, será que cada blastômero está determinado para sua linhagem? Isto é, *eles são autonomamente especificados*?

A associação entre os mapas de destino de Conklin e a especificação autônoma foi confirmada por experimentos de remoção de células. As células formadoras de músculo do embrião de *Styela* sempre permanecem com a cor amarela, sendo fácil de se observar que elas derivam de uma região do citoplasma encontrada nos blastômeros B4.1. De fato, a remoção das células B4.1 (as que, de acordo com o mapa de Conklin, deveriam produzir toda a musculatura da cauda) resultou numa larva sem musculatura da cauda (Reverberi e Minganti, 1946). Esse resultado suporta a conclusão de que *apenas as células derivadas dos blastômeros iniciais B4.1 possuem a capacidade de se desenvolver em músculo da cauda*. Confirmando-se mais

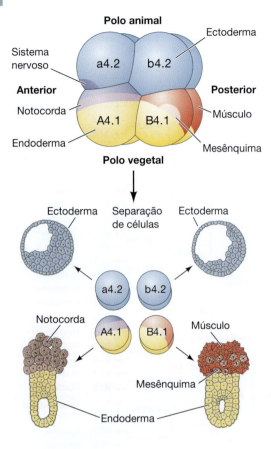

Polo animal

Ectoderma

Sistema nervoso

a4.2　b4.2

Anterior　**Posterior**

Notocorda

A4.1　B4.1

Endoderma

Músculo

Mesênquima

Polo vegetal

Ectoderma　Separação de células　Ectoderma

a4.2　b4.2

Notocorda

A4.1　B4.1

Músculo

Mesênquima

Endoderma

FIGURA 2.5　Especificação autônoma do embrião inicial de tunicado. Quando os quatro pares de blastômeros do embrião de 8 células são dissociados, cada um forma as estruturas que teria formado se tivesse permanecido no embrião. O sistema nervoso do tunicado, entretanto, é especificado condicionalmente. O mapa de destino mostra que os lados esquerdo e direito do embrião de tunicado produzem linhagens celulares idênticas. Neste caso, o citoplasma formador de músculo amarelo foi colorido em vermelho para se destacar sua associação com o mesoderma. (Segundo Reverberi e Minganti, 1946.)

ainda o modo de especificação autônoma, cada blastômero formará a maior parte dos seus respectivos tipos celulares mesmo quando separados do restante do embrião (**FIGURA 2.5**). Além disso, se o citoplasma amarelo das células B4.1 for colocado em outras células, estas formarão músculos da cauda (Whittaker, 1973; Nishida e Sawada, 2001). No seu conjunto, estes resultados sugerem que fatores críticos que controlam o destino celular estão presentes e diferencialmente segregados no citoplasma de blastômeros iniciais.

Em 1973, J. R. Whittaker forneceu uma dramática confirmação bioquímica da segregação citoplasmática de determinantes teciduais em embriões iniciais de tunicados. Quando Whittaker removeu o par de blastômeros B4.1 e colocou-os isoladamente, eles produziram tecido muscular; entretanto, nenhum outro blastômero foi capaz de formar músculos quando separados. De modo curioso, o mRNA para um fator de transcrição específico de músculo, chamado apropriadamente de Macho, está contido no citoplasma pigmentado de amarelo, e apenas os blastômeros que adquirem essa região de citoplasma amarelo (e, portanto, o fator Macho) dão origem a células musculares (**FIGURA 2.6A**; Nishida e Sawada, 2001; revisto por Pourquié, 2001). Funcionalmente, Macho é necessário para o desenvolvimento do músculo da cauda em *Styela*; a perda do mRNA de *Macho* leva à perda da diferenciação muscular dos blastômeros B4.1, enquanto a microinjeção de mRNA de *Macho* em outros blastômeros promove uma diferenciação ectópica de músculo (**FIGURA 2.6B**). Assim, os músculos da cauda desses tunicados são formados autonomamente pela aquisição e retenção do mRNA de *Macho* do citoplasma do ovo em cada rodada de mitose.

Ampliando o conhecimento

Repare bem na localização do RNAm de *Macho* no embrião de tunicado (ver Figura 2.6A). Ele está homogeneamente espalhado em toda a célula, ou ele está localizado apenas em uma pequena região? Quando você tiver decidido sobre sua localização espacial, pense se essa distribuição é consistente com um modo de especificação autônomo para a linhagem muscular. De uma perspectiva da biologia celular, como você acha que essa distribuição de um RNAm específico é estabelecida?

(A)

mRNA *Macho*

Ovo　Embrião de oito células

B4.1

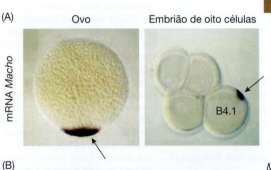

(B)

Marcador de actina muscular

Controle　*Macho* ausente　*Macho* adicionado a outros blastômeros

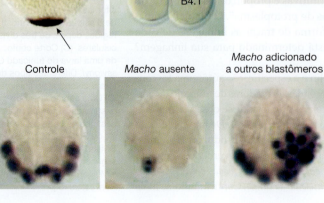

FIGURA 2.6　O gene *Macho* regula o desenvolvimento muscular do tunicado. (A) Como o crescente amarelo, o transcrito de *Macho* localiza-se na extensão mais vegetal do ovo e é diferencialmente expresso apenas no blastômero B4.1. (B) O desligamento da função de *Macho* pela incorporação de oligonucleotídeos antissenso específicos causa redução na diferenciação muscular, ao passo que a expressão ectópica de *Macho* em outros blastômeros resulta em diferenciação muscular expandida. (De Nishida e Sawada, 2001.)

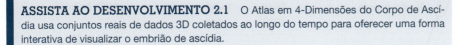

ASSISTA AO DESENVOLVIMENTO 2.1 O Atlas em 4-Dimensões do Corpo de Ascídia usa conjuntos reais de dados 3D coletados ao longo do tempo para oferecer uma forma interativa de visualizar o embrião de ascídia.

Especificação condicional

Acabamos de aprender como a maioria das células de um embrião inicial de tunicado são determinadas por especificação autônoma; contudo, mesmo o embrião do tunicado não é completamente especificado dessa forma – o seu sistema nervoso surge condicionalmente. A especificação condicional é o processo pelo qual as células atingem os seus respectivos destinos pela interação com outras células. Neste caso, o que uma célula se tornará é especificado pelo conjunto de interações que ela tem com seus vizinhos, que podem incluir contato célula a célula (fatores justácrinos), sinais secretados (fatores parácrinos) ou as propriedades físicas do seu ambiente local (estresse mecânico), mecanismos que exploraremos em detalhes no Capítulo 4. Por exemplo, se as células de uma região de uma blástula de vertebrado (p. ex., rã, peixe-zebra, galinha ou camundongo), cujo destinos tenham sido mapeados como dando origem à região dorsal do embrião, forem transplantadas na futura região ventral de um outro embrião, as células "doadoras" transplantadas mudarão o seu destino e se diferenciarão nos tipos celulares ventrais (**FIGURA 2.7** e **ASSISTA AO DESENVOLVIMENTO 2.2**). Além disso, a região dorsal do embrião doador de onde as células foram extraídas também termina se desenvolvendo normalmente.

ASSISTA AO DESENVOLVIMENTO 2.2 Veja o Dr. Barresi fazer um transplante de células para uma gástrula de peixe-zebra de estágio similar. As células doadoras adotam sua nova localização (ver Figura 2.7A).

Numa das ironias da pesquisa, a especificação condicional foi demonstrada por tentativas para refutá-la. Em 1888, August Weismann propôs o primeiro modelo testável de especificação celular, a teoria do plasma germinativo, na qual cada célula do embrião deveria se desenvolver autonomamente. Ele corajosamente propôs que o espermatozoide e o óvulo forneciam contribuições cromossomais iguais, tanto quantitativa quanto qualitativamente, para um novo organismo. Além disso, ele postulou que os cromossomos carregavam os potenciais hereditários desse novo organismo.[2] Entretanto, não se imaginava que todos os determinantes nos cromossomos entrariam em todas as células do embrião. Em vez de se repartirem igualmente, foi criada a hipótese de que os cromossomos se dividiam de forma que diferentes determinantes entravam em células diferentes. A hipótese previa que o ovo fertilizado carregasse o conjunto completo de determinantes, enquanto as células somáticas teriam apenas os determinantes "formadores

FIGURA 2.7 Especificação condicional. (A) O que uma célula se tornará depende da sua posição no embrião. Seu destino é determinado por interações com as células vizinhas. (B) Se as células forem removidas do embrião, as células remanescentes podem regular e compensar a parte perdida.

---

[2]Embriologistas estavam pensando em termos de mecanismos cromossômicos de herança aproximadamente 15 anos antes da redescoberta do trabalho de Mendel. Weismann (1882, 1893) também especulou que esses determinantes nucleares de herança funcionariam pela elaboração de substâncias que se tornavam ativas no citoplasma.

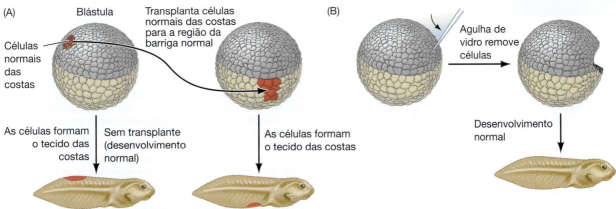

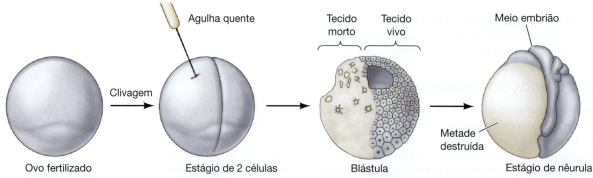

FIGURA 2.8 A tentativa de Roux de demonstrar a especificação autônoma. A destruição (sem a remoção) de uma célula de embrião de rã resultou no desenvolvimento de apenas uma metade do embrião.

de sangue", outros deteriam os determinantes "formadores de músculos", e assim por diante. (Isso parece surpreendentemente similar com a especificação autônoma, não é?) Era postulado que apenas os núcleos das células destinadas a se tornarem células germinativas (gametas) continham todos os tipos diferentes de determinantes.

A posição celular é importante: especificação condicional no embrião de ouriço-do-mar

Quando postulou seu modelo de plasma germinativo, Weismann propôs uma hipótese de desenvolvimento que podia ser testada imediatamente. Baseado no mapa de destino de embrião de rã, Weismann afirmou que quando a primeira divisão de clivagem separasse a futura metade direita do embrião da futura metade esquerda, haveria uma separação de "determinantes da direita" e "determinantes da esquerda" nos blastômeros resultantes. Wilhelm Roux testou a hipótese de Weismann usando uma agulha quente para matar uma das células no embrião de rã de duas células, e apenas a metade direita ou esquerda da larva se desenvolveu (**FIGURA 2.8**). Baseado nesse resultado, ele afirmou que a especificação era autônoma e que todas as instruções para o desenvolvimento normal estavam presentes dentro de cada célula.

Hans Dreisch, um colega de Roux, entretanto, obteve resultados opostos. Enquanto os estudos de Roux eram experimentos sobre defeitos e respondiam a questão de como o embrião se desenvolvia quando um conjunto de blastômeros era destruído, Driesch (1892) buscou estender essa pesquisa ao fazer experimentos de isolamento (**FIGURA 2.9**). Ele separou blastômeros de ouriço-do-mar um do outro usando agitação vigorosa (ou mais tarde, colocando-os em água do mar sem cálcio). Para surpresa de Driesch, cada um dos blastômeros de um embrião de duas células desenvolveu-se em uma larva completa. Do mesmo modo, quando Driesch separou os blastômeros de embriões de 4 e de 8 células, algumas das células isoladas produziam larvas *pluteus* completas. Aqui estava um resultado drasticamente diferente das previsões de Weismann e Roux. Em vez de se autodiferenciar na sua parte embrionária futura, cada blastômero isolado regulava seu desenvolvimento para produzir um organismo completo. Esses

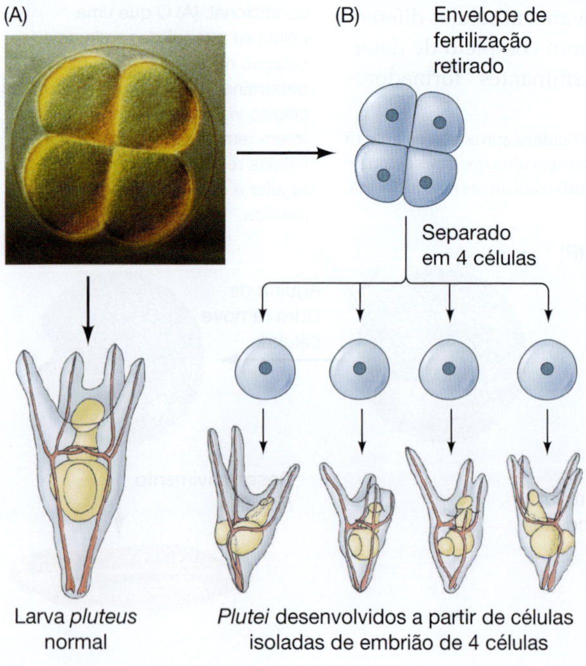

FIGURA 2.9 A demonstração de Driesch da especificação condicional (reguladora). (A) Um embrião de ouriço-do-mar de 4 células intacto gera uma larva *pluteus* normal. (B) Quando se remove o embrião de 4 células do seu envelope de fertilização e se isola cada uma das quatro células, cada célula forma uma larva *pluteus* menor, porém normal. (Todas as larvas foram desenhadas na mesma escala.) Observe que as quatro larvas derivadas dessa forma não são idênticas, apesar de sua habilidade de gerar todos os tipos celulares necessários. Essa variação também é vista em ouriços-do-mar adultos formados dessa forma (ver Marcus, 1979). (A, foto por cortesia de G. Watchmaker.)

experimentos forneceram as primeiras evidências experimentalmente observáveis de que o destino de uma célula depende de seus vizinhos. Driesch removeu experimentalmente células, o que, por sua vez, mudou o contexto para as células remanescentes no embrião (elas agora estão encontrando novas células vizinhas). Como resultado, todos os destinos celulares foram alterados e podiam suportar o desenvolvimento embrionário completo. Em outras palavras, os destinos celulares foram alterados para se adaptar às *condições*. Na especificação condicional, as interações entre células determinam os seus destinos, em vez de o destino celular ser especificado por algum fator citoplasmático particular a este tipo celular.

Driesch confirmou o desenvolvimento condicional em embriões de ouriço-do-mar com um experimento de recombinação celular intricado. Se, de fato, alguns determinantes nucleares ditam o destino de uma célula (como proposto por Weismann e Roux), mudar a forma como os núcleos são particionados durante as clivagens deveria resultar em um desenvolvimento deformado. Em ovos de ouriço-do-mar, os dois primeiros planos de clivagem são normalmente meridionais, passando através dos polos animal e vegetal, enquanto a terceira divisão é equatorial, dividindo o embrião em quatro células superiores e quatro células inferiores (**FIGURA 2.10A**). Driesch (1893) mudou a direção da terceira clivagem ao comprimir gentilmente embriões iniciais entre duas placas de vidro, fazendo a terceira divisão ser meridional como as duas divisões precedentes. Depois que ele liberou a pressão, a quarta divisão foi equatorial. Esse procedimento misturou os núcleos, colocando núcleos que normalmente estariam na região destinada a formar o endoderma na futura região de ectoderma. Em outras palavras, alguns núcleos que estariam normalmente produzindo estruturas ventrais foram encontrados nas células dorsais (**FIGURA 2.10B**). Driesch obteve larvas normais a partir desses embriões. Se tivesse ocorrido a segregação de determinantes nucleares, esse experimento de recombinação deveria ter resultado em um embrião estranhamente desorganizado. Assim, Driesch concluiu que "a posição relativa do blastômero dentro do todo vai provavelmente determinar de uma forma geral o que virá dele".

As consequências desses experimentos foram importantes tanto para embriologia quanto para Driesch pessoalmente.[3] Primeiro, Driesch demonstrou que a potência prospectiva de um blastômero isolado (i.e., os tipos celulares que ele pode formar) é maior do que os efetivos destinos futuros do blastômero (os tipos celulares que ele normalmente daria origem ao longo do curso do desenvolvimento sem alterações). De acordo com Weismann e Roux, a potência prospectiva e o destino prospectivo de um blastômero deveriam ser iguais. Segundo, Driesch concluiu que o embrião de ouriço-do-mar é

[3] A ideia de equivalência nuclear e a capacidade das células de interagir entre si eventualmente fizeram Driesch abandonar a ciência. Driesch, que pensava que o embrião era como uma máquina, não conseguia explicar como ele podia construir as partes que estivessem faltando ou como uma célula poderia mudar o seu destino para se tornar um outro tipo celular.

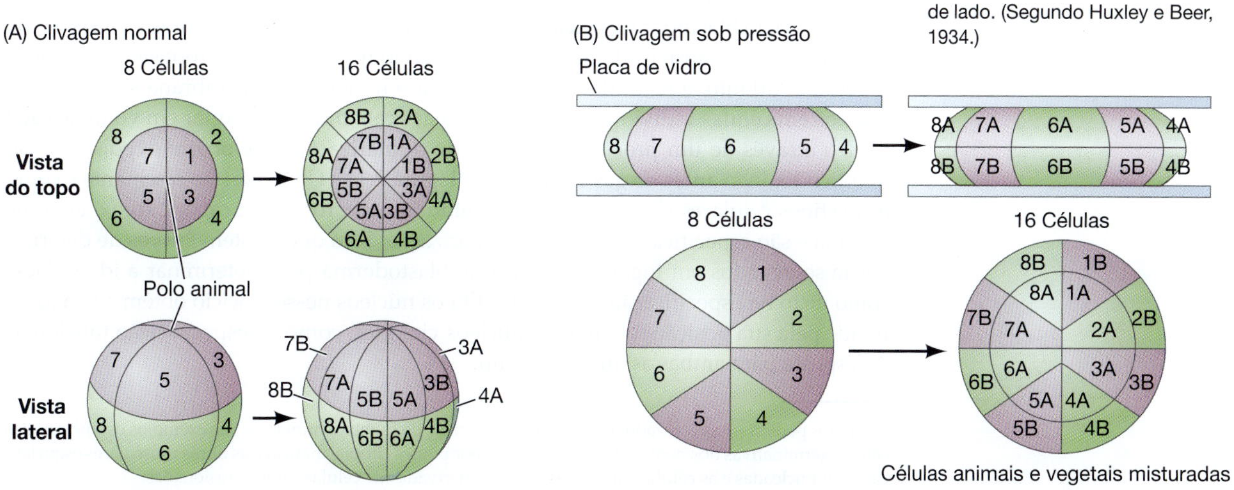

FIGURA 2.10 Experimentos de placa de pressão de Driesch para alteração da distribuição dos núcleos. (A) Clivagem normal de embriões de ouriço-do-mar de 8 a 10 células vistas do polo animal (sequência superior) e do lado (sequência inferior). Os núcleos estão numerados. (B) Planos de clivagem anormais formados sob pressão, vistos do polo animal e de lado. (Segundo Huxley e Beer, 1934.)

um "sistema equipotencial harmonioso", visto que todas as suas partes potencialmente independentes interagem juntas para formar um único organismo. O experimento de Driesch implica que a *interação celular é fundamental para o desenvolvimento normal*. Além disso, se cada blastômero pode formar todas as células embrionárias quando isolado, a conclusão é que no desenvolvimento normal a comunidade de células deve impedir o blastômero de fazê-lo (Hamburguer, 1997). Terceiro, Driesch concluiu que o destino de um núcleo depende apenas de sua localização no embrião. As interações entre células determinam seus destinos.

Agora sabemos (e veremos nos Capítulos 10 e 11) que ouriços-do-mar e rãs, de forma semelhante, usam tanto especificação autônoma quanto condicional das suas células embrionárias iniciais. Além disso, ambos os grupos de animais usam uma estratégia similar e até mesmo moléculas similares durante o início do desenvolvimento. No embrião de ouriço-do-mar de 16 células, um grupo de células, chamado de micrômeros, herda um conjunto de fatores de transcrição do citoplasma do ovo. Esses fatores de transcrição fazem os micrômeros se desenvolverem autonomamente no esqueleto larval, mas esses mesmos fatores também ativam genes para sinais parácrinos e justácrinos que são, então, secretados pelos micrômeros e especificam condicionalmente as células em volta deles.

Os embriões (principalmente embriões de vertebrados), nos quais a maior parte dos blastômeros iniciais são especificados condicionalmente, têm sido chamados tradicionalmente de embriões reguladores. No entanto, à medida que conhecemos melhor a maneira pela qual tanto a especificação autônoma quanto a condicional são usadas em cada embrião, as noções de "mosaico" e "regulador" parecem menos e menos sustentáveis. Efetivamente, tentativas de se livrar dessas distinções começaram pelo embriologista Edmund B. Wilson (1894, 1904) mais de um século atrás.

Especificação sincicial

Além das especificações autônoma e condicional, existe uma terceira estratégia que usa elementos de ambas. Um citoplasma que contém muitos núcleos é chamado de sincício,[4] e a especificação de células presuntivas dentro de um sincício é chamada de **especificação sincicial**. Um exemplo notável de embrião que passa por estágio sincicial é observado em insetos, como ilustrado pela mosca-da-fruta, *Drosophila melanogaster*. Durante seus estágios iniciais de clivagem, os núcleos dividem-se através de 13 ciclos na ausência de qualquer clivagem citoplasmática. Essas divisões criam um embrião com muitos núcleos contidos em um único citoplasma compartilhado cercado por uma membrana plasmática comum. Esse embrião é chamado de **blastoderma sincicial** (**FIGURA 2.11** e **ASSISTA AO DESENVOLVIMENTO 2.3**).

> **ASSISTA AO DESENVOLVIMENTO 2.3** Observe as ondas de divisões nucleares que ocorrem durante o desenvolvimento do blastoderma sincicial do embrião inicial de *Drosophila*.

É dentro do blastoderma sincicial que a identidade das células futuras é estabelecida simultaneamente através de todo o embrião ao longo do eixo anteroposterior do blastoderma. Portanto, a identidade é estabelecida sem nenhuma membrana separando os núcleos em células individuais. As membranas acabam por se formar em volta de cada núcleo através de um processo chamado de celularização, que ocorre depois do ciclo mitótico 13, logo antes da gastrulação (ver Figura 2.11). Uma questão fascinante é como os destinos celulares – das células **determinadas** a se tornarem cabeça, tórax, abdôme e cauda – são especificados antes da celularização. Será que existem fatores de determinação segregados em lugares discretos no blastoderma para determinar a identidade, como visto na especificação autônoma? Ou os núcleos nesse sincício obtêm a sua identidade pela sua posição relativa aos núcleos vizinhos, como na especificação funcional? A resposta para ambas as questões é sim.

---

[4] Sincícios podem ser encontrados em muitos organismos, de fungos a humanos. São exemplos os sincícios das células germinativas dos nematódeos (conectados por pontes citoplasmáticas), as fibras musculares esqueléticas multinucleadas e as células cancerosas gigantes derivadas de células imunes fusionadas.

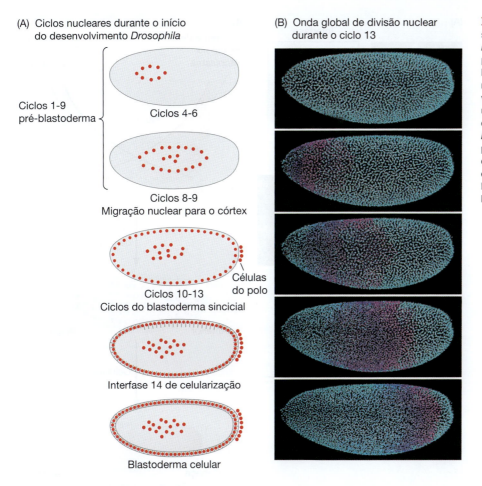

(A) Ciclos nucleares durante o início do desenvolvimento *Drosophila*

Ciclos 1-9 pré-blastoderma

Ciclos 4-6

Ciclos 8-9
Migração nuclear para o córtex

Células do polo

Ciclos 10-13
Ciclos do blastoderma sincicial

Interfase 14 de celularização

Blastoderma celular

(B) Onda global de divisão nuclear durante o ciclo 13

FIGURA 2.11 O blastoderma sincicial em *Drosophila melanogaster*. (A) Esquema da progressão da celularização do blastoderma em *Drosophila* (os núcleos estão marcados em vermelho). (B) Imagens isoladas de um filme de tempo intervalado do desenvolvimento de embrião de *Drosophila* com núcleos que são pré-mitóticos (em azul) e núcleos que estão ativamente se dividindo em mitose (em roxo). (A, segundo Mazumdar e Mazumdar, 2002; B, de Tomer et al., 2012.)

Os gradientes axiais opostos definem posição

O que se concluiu de numerosos estudos é que, assim como vimos em outros ovos, o citoplasma do ovo de *Drosophila* não é uniforme. Ao contrário, ele contém gradientes de informação posicional que ditam o destino celular ao longo do eixo anteroposterior do ovo (revisto por Kimelman e Martin, 2012). No blastoderma sincicial, os núcleos na parte anterior da célula são expostos a **fatores de determinação citoplasmáticos** que não estão presentes na parte posterior da célula e vice-versa. É a interação entre os núcleos e diferentes quantidades de fatores de determinação que especificam o destino celular. É importante que esses gradientes de fatores de determinação sejam estabelecidos durante o amadurecimento do ovo antes da fertilização. Depois da fertilização, à medida que os núcleos passam por ondas de divisão sincrônicas (ver Figura 2.11B), cada núcleo fica posicionado em coordenadas específicas ao longo do eixo anteroposterior e experimenta concentrações únicas de fatores de determinação.

Como os núcleos mantêm uma posição no blastoderma sincicial? Eles o fazem pela ação de sua própria maquinária do citoesqueleto: seu centrossomo, microtúbulos associados, filamentos de actina e proteínas que interagem com eles (Kanesaki et al., 2011; Koke et al., 2014). De modo específico, quando os núcleos estão entre as divisões (em interfase), cada núcleo irradia extensões *dinâmicas* de microtúbulos organizadas por seus centrossomos que estabelecem uma "órbita" e exercem força nas órbitas de outros núcleos (**FIGURA 2.12A** e **ASSISTA AO DESENVOLVIMENTO 2.4**).Cada vez que os núcleos se dividem, essa rede de microtúbulos radiais é reestabelecida para exercer força nas órbitas nucleares vizinhas, garantindo um espaçamento regular de núcleos ao longo do blastoderma sincicial. A manutenção das relações posicionais entre os núcleos ao longo do embrião inicial é essencial para uma especificação sincicial bem-sucedida.

FIGURA 2.12 Posicionamento dos núcleos e morfógenos durante a especificação sincicial em *Drosophila melanogaster*. Os núcleos são ordenados dinamicamente dentro do sincício do embrião inicial, mantendo suas posições usando os elementos do citoesqueleto associados com eles. (A) Estágio de interfase do ciclo nuclear 13 do sincício de *Drosophila*. (À esquerda) EB1-GFP ilumina os microtúbulos associados com cada núcleo, o que mostra as fibras do áster definindo as órbitas nucleares que têm alguma sobreposição com ásteres vizinhos. (Ver também Assista ao desenvolvimento 2.4.) (À direita) Uma ilustração de como os núcleos mantêm suas posições durante a interfase para estabelecer órbitas. Este padrão de núcleos e feixes citoplasmáticos foi gerado por meio de modelagem computacional. (B) A expressão da proteína Bicoid no embrião inicial é mostrada em verde. (C) A quantificação da distribuição de Bicoid ao longo do eixo anteroposterior demonstra que as concentrações mais altas são encontradas anteriormente e diminuem posteriormente. (D) A especificação anteroposterior se origina de gradientes de morfógenos no citoplasma do ovo, especificamente nos fatores de transcrição Bicoid e Caudal. As concentrações e rácios dessas duas proteínas distinguem cada posição de qualquer outra posição. Quando ocorre a divisão nuclear, as quantidades de cada morfógeno ativam diferencialmente a transcrição dos vários genes nucleares e especificam as identidades dos segmentos da larva e da mosca adulta. (A, de Kanesaki et al., 2011; B, de Koke et al., 2014; C, de Sample e Shvartsman, 2010.)

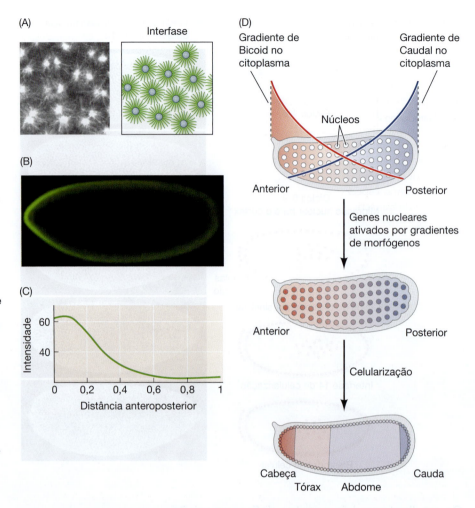

ASSISTA AO DESENVOLVIMENTO 2.4 Este filme demonstra a dinâmica dos microtúbulos associada com as divisões nucleares no blastoderma sincicial de *Drosophila*.

Manter a posição nuclear estável durante o início do desenvolvimento permite que cada núcleo seja exposto a quantidades diferentes de fatores de determinação distribuídos em gradientes através do ambiente citoplasmático compartilhado. Um núcleo pode interpretar sua posição (se deve se tornar parte da região anterior, intermediária ou posterior do corpo) com base na concentração dos determinantes citoplasmáticos que ele experimenta. Dessa forma, cada núcleo se torna geneticamente programado para uma identidade particular. Os determinantes são **fatores de transcrição**, proteínas que ligam DNA e regulam a transcrição gênica. No Capítulo 3, entraremos em mais detalhes sobre o papel dos fatores de transcrição no desenvolvimento.

Como veremos detalhadamente no Capítulo 9, a porção mais anterior do embrião de *Drosophila* produz um fator de transcrição chamado Bicoid, presente numa concentração tanto de mRNA quanto de proteína, que é maior na região anterior do ovo e declina na direção posterior (**FIGURA 2.12B, C**; Gregor et al., 2007; Sample e Shvartsman, 2010; Little et al., 2011). O gradiente de concentração de Bicoid ao longo do sincício é o resultado combinado de difusão com um mecanismo de degradação de proteína e mRNA. Além disso, a região mais posterior do ovo forma um gradiente posteroanterior do fator de transcrição Caudal. Assim, o eixo mais longo do ovo de *Drosophila* é percorrido por gradientes opostos: Bicoid da região anterior e Caudal da região posterior (**FIGURA 2.12D**). Bicoid e Caudal são considerados **morfógenos**, uma vez que eles ocorrem em gradiente de concentração e são capazes de regular diferentes genes em diferentes limiares de concentrações. Discutiremos os morfógenos detalhadamente no Capítulo 4, mas o seu uso repetido no desenvolvimento embrionário merecerá a sua inclusão por todo todo o livro de texto.

Como morfógenos, as proteínas Bicoid e Caudal ativam diferentes conjuntos de genes nos núcleos sinciciais. Os núcleos que estão em regiões contendo altas quantidades de Bicoid e poucas quantidades de Caudal são instruídos a ativar genes que produzem a cabeça. Os núcleos em regiões com um pouco menos de Bicoid e uma pequena quantidade de Caudal são instruídos a ativar genes que geram o tórax. Em regiões com pouco ou nenhum Bicoid, mas bastante Caudal, os genes ativos formam estruturas abdominais (Nüsslein-Volhard et al., 1987). Assim, quando os núcleos sinciciais são eventualmente incorporados em células, essas células terão seu destino geral especificado. Depois disso, o destino específico de cada célula será determinado tanto autônoma (a partir de fatores de transcrição adquiridos depois da celularização) quanto condicionalmente (a partir de interações entre as células e seus vizinhos).

Um arco-íris de identidades celulares

Cada uma das três principais estratégias de especificação resumidas na **TABELA 2.2** oferece uma forma diferente de prover cada célula embrionária com um conjunto de determinantes (frequentemente fatores de transcrição) que ativarão genes específicos e farão a célula se diferenciar num tipo celular particular. Será que a designação de um "tipo celular" é a forma mais precisa de se identificar uma célula? Para responder a essa pergunta, teríamos de ser capazes de assistir e analisar as células individuais no embrião ao longo do tempo. No Capítulo 1, discutimos o uso de técnicas de mapeamento de destino, que permitem a marcação de uma única célula com alguma coisa, como um corante que pode ser traçado ao longo do desenvolvimento para determinar o destino da célula (Klein e Moody, 2016). Uma abordagem genética do mapeamento de destino tem

Ampliando o conhecimento

Se um mecanismo de gradientes opostos de Bicoid e Caudal determina a especificação do eixo anteroposterior em *Drosophila melanogaster*, poderia este mesmo mecanismo funcionar em um embrião de mosca maior ou com diferentes proporções de segmentos corporais, ou ele precisaria de alguma modificação? Quão preciso é o gradiente existente, e quão preciso ele precisa realmente ser para orientar um núcleo/célula por uma via de maturação de uma linhagem específica?

TABELA 2.2 Modos de especificação do tipo celular

ESPECIFICAÇÃO AUTÔNOMA

Predomina na maioria dos invertebrados.

Especificação pela aquisição diferencial de certas moléculas citoplasmáticas presentes no ovo.

Clivagens invariantes produzem as mesmas linhagens em cada embrião da espécie; os destinos dos blastômeros são, em geral, invariáveis.

A especificação do tipo celular precede qualquer migração celular embrionária de grande escala.

Resulta num desenvolvimento em "mosaico": as células não podem mudar de destino se um blastômero for perdido.

ESPECIFICAÇÃO CONDICIONAL

Predomina em vertebrados e poucos invertebrados.

Especificação pelas interações entre células. As posições relativas entre as células são fundamentais.

Clivagens variáveis, sem destino invariável atribuído às células.

Rearranjos celulares massivos e migrações precedem ou acompanham a especificação.

A capacidade para o desenvolvimento "regulador" permite que as células adquiram funções diferentes como resultado de interações com células vizinhas.

ESPECIFICAÇÃO SINCICIAL

Predomina na maioria das classes de insetos.

Especificação de regiões do corpo por interações entre regiões citoplasmáticas antes da celularização do blastoderma.

A clivagem variável não produz destinos celulares rígidos para núcleos particulares.

Depois da celularização, são observadas tanto a especificação autônoma quanto a condicional.

Fonte: segundo Davidson, 1991.

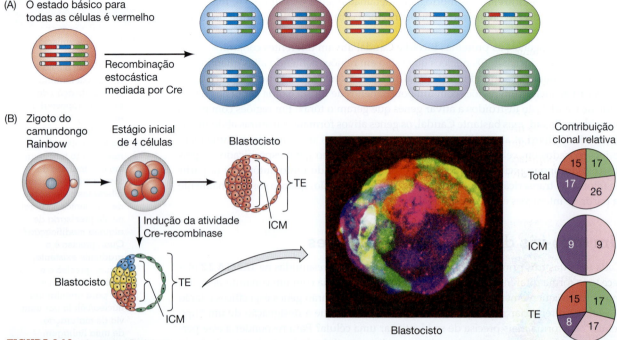

FIGURA 2.13 O sistema Brainbow de rastreamento de linhagem. (A) O sistema genético Brainbow é usado para randomicamente fixar células com uma cor ou tonalidade de fluorescência distinta e é obtido pela inserção de múltiplas cópias de genes de fluorescência diferentes no genoma do organismo. Por meio da atividade Cre-recombinase, combinações diferentes destes genes fluorescentes podem ser ativadas para produzir uma combinação de diferentes cores. Neste exemplo, cada célula irá, por padrão, expressar a proteína fluorescente vermelha; após a recombinação mediada por Cre, porém, proteínas fluorescentes azuis, amarelas ou verdes começam a ser expressas de modo estocástico (neste exemplo, 10 células de cores diferentes estão marcadas). (B) O sistema de camundongo Rainbow é uma versão Brainbow e funciona de forma semelhante. Neste experimento, a recombinação foi iniciada durante o desenvolvimento inicial do blastocisto de camundongo para marcar permanentemente células diferentes dentro do trofoectoderma (TE) e da massa celular interna (ICM, do inglês, *inner cell mass*) com cores únicas. Essas cores foram, então, seguidas ao longo do tempo, e as populações quantificadas (gráficos de pizza), que revelaram uma distribuição estatisticamente significativa, demonstraram as origens clonais a partir das células previamente marcadas. (A, segundo Weissman e Pan, 2015; B, segundo Tabansky et al., 2013.)

sido desenvolvida para marcar as células com o que parece um arco-íris de cores possíveis, que podem ser usadas para identificar cada célula individual no tecido ou mesmo em todo o embrião (Livet et al., 2007). Esse método tem sido chamado de **Brainbow** porque o estudo inicial focou na caracterização das células do cérebro de camundongo (do inglês, *brain* [cérebro] e *rainbow* [arco-íris]) em desenvolvimento. Essa técnica, porém, pode ser aplicada a qualquer organismo, e tem sido chamada por nomes diferentes como "Flybow" e "dBrainbow" pelo seu uso em *Drosophila*, "Rainbow" e "Confetti" pelo seu uso em camundongos, e zebrabow pelo seu uso em peixes (Weissman e Pan, 2015).

O sistema Brainbow dispara a expressão de combinações e quantidades diferentes de proteínas fluorescentes distintas (verde, vermelho, azul, etc; ver Weissman e Pan, 2015). A distribuição estocástica resultante de combinação de proteínas fluorescentes dá a cada célula uma cor distinta que é estavelmente herdada por toda a sua progênie. Como isso é feito? A resposta é que os genes para cada proteína fluorescente são colocados dentro do genoma do organismo de estudo de forma que eles são inicialmente inativos; quando os genes são expostos à Cre-recombinase (uma enzima que catalisa eventos de recombinação em locais específicos do DNA), porém, uma combinação randômica de genes fluorescentes pode se tornar ativa (**FIGURA 2.13A**). Células diferentes podem ser, então, distinguíveis com base na tonalidade de fluorescência criada pelas diferentes combinações de proteínas fluorescentes ativas em cada célula.

O Brainbow permite que os pesquisadores estudem a morfologia das células e as suas interações em qualquer tecido e em qualquer idade e permite traçarmos a linhagem do desenvolvimento de uma célula individual desde o início do embrião ao longo de sua progênie até os seus destinos finais. Por exemplo, o time do pesquisador Kevin Eggan usou o sistema "Rainbow" para marcar as células de estágios iniciais de clivagem do embrião de camundongo para fazer a seguinte pergunta (Tabansky et al., 2013): a decisão da primeira linhagem de se tornar uma célula embrionária ou extraembrionária é um processo randômico ou regulável? Eles descobriram que esse processo não é randômico (**FIGURA 2.13B**). Esse exemplo ilustra como essa tecnologia inovadora é poderosa para prover nova compreensão na história de vida de células individuais dentro de uma comunidade de células no conjunto do embrião.

Próxima etapa na pesquisa

Você aprendeu agora que os determinantes citoplasmáticos estrategicamente posicionados e as interações célula-célula regulam diretamente a progressão da maturação celular e a diferenciação em um tipo celular específico. E se cada tipo celular fosse como uma espécie dentro do reino animal? Essa analogia sugere que ainda existe muita diversidade ao nível da célula individual. Portanto, o próximo passo é determinar se as células individuais dentro de uma população de células de um tipo específico são realmente "individuais", possuindo uma identidade

única. Escolha seu tipo celular favorito e imagine usar o sistema Brainbow para marcar células individuais dentro desse tecido. Como você faria para determinar se cada célula é diferente dos seus vizinhos, apesar de parecerem idênticas morfologicamente? O que você estaria procurando? Que tipo de informação você poderia coletar que o permitisse distinguir uma célula de outra? Respostas a essas questões certamente variarão, mas o Capítulo 3 ("Expressão gênica diferencial") deve fornecer a você muitas dicas.

Considerações finais sobre a foto de abertura

Um bando de indivíduos ou uma gangue de clones? Essa era a questão perguntada sobre os neurônios multicoloridos marcados em Brainbow iluminados nessa secção de hipocampo de camundongo, uma imagem feita por Tamily Weissman e Jeff Lichtman (Weissman e Pan, 2015). O filósofo Søren Kierkegaard uma vez escreveu que a verdade é inerente ao indivíduo que pode se tornar obscurecida pelo ruído e pela direção da multidão. Neste momento, o campo da biologia do desenvolvimento definiu vagamente a diferenciação em categorias amplas de tipo celular, e pesquisadores estão curiosos sobre quanto de "verdade" podemos estar perdendo ao nível de células individuais. Nessa imagem, cada célula foi marcada experimentalmente de forma randômica com diferentes proteínas fluorescentes, o que dá a ilusão de que esses neurônios são diferentes. Eles são mesmo diferentes? E se são, quão? Como podemos definir uma célula como diferente se ela parece a mesma morfologicamente? Mais emocionante ainda é como, com novas técnicas como Brainbow, o estudo da especificação celular está chegando cada vez mais perto de redefinir as diferenças subjacentes às identidades celulares individuais. Portanto, da próxima vez que você estiver em uma classe de estudantes ou talvez torcendo ou reunido com uma multidão, reflita sobre as coisas em comum e as diferenças que podem existir entre os indivíduos que compõem esse grupo. Algum dia, em breve, devemos ter a informação necessária para refletir de forma semelhante sobre a identidade de células ao nível de um indivíduo. (Foto por cortesia de T. Weissman e Y. Pan.)

2 Resumo instantâneo
Especificando a identidade

1. A diferenciação celular é o processo pelo qual uma célula adquire as propriedades estruturais e funcionais únicas de um dado tipo celular.

2. De uma célula indiferenciada até um tipo diferenciado pós-mitótico, uma célula passa por um processo de maturação que experimenta níveis diferentes de comprometimento até o seu destino final.

3. Uma célula é primeiro especificada para um certo destino, sugerindo que ela deve se desenvolver nesse tipo celular mesmo se isolada.

4. Uma célula é comprometida ou determinada a um certo destino se ela mantém a sua maturação no desenvolvimento na direção desse tipo celular mesmo quando colocada num novo ambiente.

5. Existem três modos de especificação celular: autônoma, condicional e sincicial.

6. A especificação autônoma refere-se às células no embrião que possuem os determinantes citoplasmáticos necessários que funcionam para comprometer essa célula na direção de um destino específico. Essas células amadurecerão nos seus tipos celulares determinados mesmo quando isoladas, como melhor exemplificado por células do embrião de tunicados.

7. Conklin foi o primeiro a observar o crescente amarelo no embrião de tunicados e mostrou que as células nesse crescente amarelo dão origem ao músculo. O destino celular do músculo nos tunicados é dependente do fator de transcrição Macho.

8. A especificação condicional é aquisição de uma certa identidade celular baseada na sua posição ou, mais especificamente, nas interações que a célula tem com outras células e moléculas com as quais ela entra em contato.

Um exemplo extremo de especificação condicional foi demonstrado pelo desenvolvimento normal, completo, da larva de ouriço-do-mar a partir de blastômeros individuais isolados.

9. A maioria das espécies tem células que se desenvolvem por especificação autônoma, além de células que se desenvolvem por especificação condicional.

10. Padrões de destino celular também podem ser executados num sincício de núcleos – chamada de especificação sincicial –, como no blastoderma de *Drosophila*.

11. Arranjos do citoesqueleto mantêm o posicionamento dos núcleos no sincício, o que permite a especificação destes por gradientes opostos de morfógenos, especificamente Bicoid e Caudal.

12. Técnicas genéticas como Brainbow pemitem aos cientistas estudarem a história do desenvolvimento de células individuais e ajudam a definir melhor o que quer dizer identidade celular.

Leituras adicionais

Klein, S. L. and S. A. Moody. 2016. When family history matters: the importance of lineage analyses and fate maps for explaining animal development. *Curr. Top. Dev. Biol.* 117: 93-112.

Little, S., G. Tkačik, T. B. Kneeland, E. F. Wieschaus, and T. Gregor. 2011. The formation of the Bicoid morphogen gradient requires protein movement from anteriorly localized mRNA. *PLoS Biol.* 3: e1000596.

Livet, J. and 7 others. 2007. Transgenic strategies for combinatorial expression of fluorescent proteins in the nervous system. *Nature* 450: 56-62.

Nishida, H. and K. Sawada. 2001. macho-1 encodes a localized mRNA in ascidian eggs that specifies muscle fate during embryogenesis. *Nature* 409: 724-729.

Tabansky, I. and 11 others. 2013. Developmental bias in cleavage-stage mouse blastomeres. *Curr. Biol.* 23: 21-31.

Weissman, T. A. and Pan Y. A. 2015. Brainbow: new resources and emerging biological applications for multicolor genetic labeling and analysis. *Genetics* 199: 293-306.

Wieschaus, E. 2016. Positional Information and cell fate determination in the early drosophila embryo. *Curr. Top. Dev. Biol.* 117: 567-579.

VISITE WWW.DEVBIO.COM...

... para Tópicos na Rede, entrevistas de Os cientistas Falam, vídeos de Assista ao Desenvolvimento, Tutorial do Desenvolvimento e informação bibliográfica completa sobre toda a literatura citada neste capítulo.

3

Expressão gênica diferencial
Mecanismos de diferenciação celular

DE UMA CÉLULA VÊM MUITAS CÉLULAS e de muitos tipos diferentes. Esse é o suposto fenômeno milagroso do desenvolvimento embrionário. Como é possível que essa diversidade de tipos celulares dentro de um organismo multicelular possa derivar de uma única célula, o ovo fertilizado? Estudos citológicos realizados no início do século XX estabeleceram que os cromossomos em cada célula de um dado organismo são descendentes mitóticos dos cromossomos estabelecidos na fertilização (Wilson, 1896; Boveri, 1904). Em outras palavras, cada núcleo de célula somática tem os mesmos cromossomos e, portanto, o mesmo conjunto de genes que todos os outros núcleos somáticos. Este conceito fundamental, conhecido por **equivalência genômica**, apresentou um dilema conceptual significativo. Se cada célula no corpo contém os genes de hemoglobina e de insulina, por exemplo, por que as proteínas de hemoglobina são apenas produzidas pelas hemácias e a insulina apenas por certas células do pâncreas? Com base na evidência embriológica da equivalência genômica (bem como em modelos bacterianos de regulação gênica), emergiu um consenso nos anos 1960 de que a resposta está na **expressão gênica diferencial**.

Definindo expressão gênica diferencial

A *expressão gênica diferencial* é o processo pelo qual as células ficam diferentes umas das outras, com base na combinação única de genes que estão ativos ou "expressos". Ao expressarem genes diferentes, as células podem produzir diferentes proteínas que

O que está por trás da diferenciação celular?

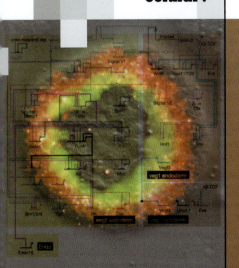

Destaque

A produção seletiva de diferentes proteínas nas células origina diversidade celular. Conforme o zigoto monocelular se divide para começar a gerar todas as células que constituem um organismo, as diferenças na expressão de genes nessas células determinam a maturação em diferentes tipos celulares. Muitos mecanismos regulatórios visando ao acesso ao DNA, produção e processamento do RNA e síntese e modificação proteicas levam à expressão gênica diferencial. Eles incluem o uso de um repertório específico de fatores de transcrição que se ligam nos promotores dos genes para aumentar ou reprimir a transcrição, histonas modificadoras para modular a acessibilidade à cromatina e *splicing* alternativo e degradação de RNA para modificar a mensagem codificada para produção de diferentes proteínas. Além disso, controles a nível da tradução e modificações pós-traducionais de proteínas, bem como alterações no transporte de proteínas, afetam quais proteínas são sintetizadas e onde elas funcionam. A utilização desses múltiplos mecanismos em momentos diferentes e em células diferentes alimenta a criação de diferentes tipos celulares conforme o embrião se desenvolve.

levarão à diferenciação de tipos celulares distintos. Existem três postulados da expressão gênica diferencial:

1. Cada núcleo de célula somática de um organismo contém o genoma completo estabelecido no ovo fertilizado. Em termos moleculares, o DNA de todas as células diferenciadas é idêntico.
2. Os genes não usados em células diferenciadas não são nem destruídos nem mutados; eles mantêm o potencial de ser expressos.
3. Apenas uma pequena percentagem do genoma é expressa em cada célula, e uma porção do RNA sintetizado em cada célula é específico para aquele tipo celular.

No fim dos anos 1980, foi estabelecido que a expressão gênica pode ser regulada em quatro níveis de forma que tipos celulares diferentes sintetizem diferentes conjuntos de proteínas:

1. A *transcrição gênica diferencial* regula quais genes nucleares são transcritos em RNA nuclear.
2. O *processamento seletivo de RNA* nuclear regula quais dos RNAs transcritos (ou quais partes desse RNA nuclear) são capazes de entrar no citoplasma e se tornar RNA mensageiro.
3. A *translação seletiva de RNA mensageiro* regula quais dos mRNAs no citoplasma são traduzidos em proteínas.
4. A *modificação diferencial de proteínas* regula quais proteínas poderão permanecer e/ou funcionar na célula.

Alguns genes (como os que codificam para as subunidades da proteína globina da hemoglobina) são regulados a todos esses níveis.

 TUTORIAL DO DESENVOLVIMENTO *Expressão gênica diferencial* Neste tutorial, o Dr. Michael Barresi discute os princípios de regulação gênica e como diferenças nessa regulação podem levar a padrões de desenvolvimento únicos.

TÓPICO NA REDE 3.1 **É O GENOMA OU O CITOPLASMA QUE DIRIGE O DESENVOLVIMENTO?** Os geneticistas *versus* os embriologistas. Os geneticistas estavam certos de que eram os genes que controlavam o desenvolvimento, ao passo que os embriologistas geralmente favoreciam o citoplasma. Ambos os lados tinham excelentes evidências para as suas posições.

TÓPICO NA REDE 3.2 **AS ORIGENS DA GENÉTICA DO DESENVOLVIMENTO** A primeira hipótese para a expressão gênica diferencial veio de C. H. Waddington, Salome Gluecksohn-Waelsch e outros cientistas que entendiam tanto de embriologia como de genética.

Manual rápido sobre o dogma central

Para compreender corretamente todos os mecanismos que regulam a expressão diferencial de um gene, você precisa primeiro compreender os princípios do dogma central da biologia. O **dogma central** refere-se à sequência de eventos que permite o uso e a transferência de informação para fazer as proteínas de uma célula (**FIGURA 3.1**). *Central* a essa teoria é a ordem sequencial de desoxirribonucleotídeos na dupla-fita de DNA que fornece o código informativo ou o *esquema* para a combinação precisa de aminoácidos necessários para fabricar proteínas específicas. As proteínas, porém, não são feitas diretamente das bases do DNA; a informação contida na sequência de bases do DNA é primeiro copiada ou *transcrita* em um polímero de fita simples de moléculas semelhantes, chamado de ácido ribonucleico nuclear (nRNA). O processo de copiar DNA em RNA é chamado de **transcrição**, e o RNA produzido de um dado gene é geralmente chamado de transcrito. Apesar do nRNA transcrito incluir a informação para codificar para uma proteína, ele também possui informação não codificante para proteína (simplesmente chamada de "não codificante"). A fita de nRNA sofrerá processamento para excisar

FIGURA 3.1   O dogma central da biologia. Esquema simplificado das principais etapas do processo das expressões gênica e proteica. (1) Transcrição. No núcleo, uma região do DNA genômico fica acessível a uma RNA-polimerase, a qual transcreve uma cópia exata e complementar do gene sob forma de uma molécula de RNA nuclear de fita simples. Dizemos, então, que o gene é "expresso". (2) Processamento. O transcrito de nRNA sofre processamento para formar uma fita de RNA mensageiro finalizada, a qual é transportada para fora do núcleo (3). (4) Tradução. Complexos de mRNA com um ribossomo e a sua informação são traduzidos em um polímero ordenado de aminoácidos. (5) Dobramento e modificação de proteínas. Este polipeptídeo adota estruturas secundária e terciária por meio de dobramento correto e modificações potenciais (como a adição de um grupo carboidrato, como mostrado aqui). (6) Função executora. Dizemos, então, que a proteína é "expressa" e pode levar a cabo a sua função específica (como funcionar como receptor transmembrana).

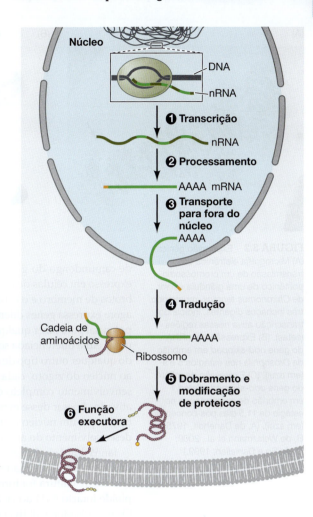

os domínios não codificantes e proteger as extremidades da fita dando origem à molécula de **RNA mensageiro (mRNA)**. O mRNA é transportado para fora do núcleo para o citoplasma, onde pode interagir com um ribossomo e transmitir sua *mensagem* para a síntese de uma determinada proteína. O mRNA desvenda a sequência complementar de DNA três bases de cada vez, cada trinca sendo conhecida como códon. Cada códon codifica um aminoácido específico que será covalentemente ligado ao seu aminoácido vizinho, determinado pelo códon seguinte. Desse modo, a **tradução** leva à síntese de uma cadeia polipeptídica que sofrerá dobramento e possível modificação por adição de vários módulos funcionais, como grupos carboidratos, fosfatos ou colesterol. A proteína completa está agora pronta para executar a sua função específica, servindo como suporte das propriedades estruturais ou funcionais da célula. Células que expressam diferentes proteínas irão, assim, possuir propriedades estruturais e funcionais diferentes, tornando-a um tipo celular distinto.

Evidência para a equivalência genômica

Até metade do século XX, a equivalência genômica estava mais assumida do que propriamente comprovada (porque cada célula é o descendente mitótico do ovo fertilizado). Uma das primeiras tarefas da genética do desenvolvimento foi determinar se cada célula de um organismo tinha o mesmo **genoma** – isto é, o mesmo conjunto de genes que todas as outras células.

Evidências de que cada célula no corpo tem o mesmo genoma vieram inicialmente da análise de cromossomos de *Drosophila*, na qual o DNA de determinados tecidos das larvas sofreu inúmeros ciclos de replicação, sem separação, de forma que a estrutura dos cromossomos pôde ser observada. Nestes **cromossomos politênicos** (do grego, "muitas fitas"), não se se observavam diferenças estruturais entre as células; no entanto, diferentes regiões dos cromossomos se encontravam "infladas" em diferentes momentos e em diferentes tipos celulares, o que sugeria que essas áreas estivessem produzindo ativamente RNA (**FIGURA 3.2A**; Beermann, 1952). Quando o corante de Giemsa permitiu que observações semelhantes fossem feitas em cromossomos de mamífero, descobriu-se que nenhuma região do cromossomo se perdia na maioria das células. Essas observações, por sua vez, foram confirmadas por estudos de hibridação *in situ* de ácidos nucleicos, uma técnica que permite a visualização do padrão de expressão espacial e temporal de um dado gene (mRNA) no embrião (ver Figura 3.35). Por exemplo, o mRNA do gene *odd-skipped* está presente em células e apresenta um padrão segmentado no embrião de *Drosophila*, um padrão que varia com o tempo (**FIGURA 3.2B**). Do mesmo modo, o homólogo

(A)

(B) *Odd skipped* (estágio 5)

(C) *Odd skipped related 1*

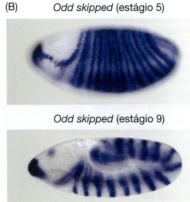

Odd skipped (estágio 9)

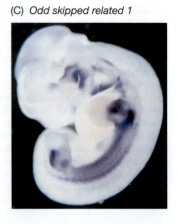

FIGURA 3.2 Expressão gênica. (A) Micrografia eletrônica de transmissão de um cromossomo politênico de uma glândula salivar de *Chironomus tentans*, mostrando três inchaços gigantes, indicando transcrição ativa nessas regiões (setas). (B) Expressão de mRNA do gene *odd-skipped* em embrião de *Drosophila* nos estágios 5 e 9 (em azul). (C) Expressão de mRNA do gene *odd-skipped related 1* em embrião de camundongo no estágio de 11,5 dias pós-concepção (em azul). (A, de Daneholt, 1975; B, de Weiszmann et al., 2009; C, de So e Danielian, 1999.)

de camundongo do gene *odd-skipped*, chamado *odd-skipped related 1*, é diferencialmente expresso em células de estruturas específicas, como os arcos branquiais segmentados, os brotos de membro e o coração (**FIGURA 3.2C**). O DNA das células de um organismo que agora expressa genes diferentes ainda é, realmente, o mesmo? Ele ainda possui o mesmo potencial para fazer qualquer tipo de célula? O teste derradeiro para saber se o núcleo de uma célula diferenciada sofreu restrição funcional irreversível é ter aquele núcleo gerando qualquer outro tipo de célula diferenciada do corpo. Se cada núcleo celular é idêntico ao núcleo do zigoto, cada núcleo celular deveria também ser capaz de direcionar o desenvolvimento completo do organismo quando transplantado para um ovo enucleado ativado. Apesar desse experimento ter sido proposto nos anos 1930, a primeira demonstração que um núcleo de uma célula adulta somática de mamífero poderia direcionar o desenvolvimento do animal inteiro só veio em 1997, quando a ovelha Dolly foi clonada.

Ian Wilmut e colaboradores tiraram células da glândula mamária de uma ovelha gestante com 6 anos de idade e as colocaram em cultura (**FIGURA 3.3A**; Wilmut et al., 1997). O meio de cultura foi formulado de modo a manter os núcleos celulares no estágio diploide intacto (G1) do ciclo celular; esse estágio do ciclo celular acabou por ser crítico. Os pesquisadores obtiveram em seguida ovócitos de uma estirpe diferente de ovelha e removeram seus núcleos. Esses ovócitos tinham de estar na segunda metáfase meiótica, o estágio no qual são fecundados. A célula doadora e o ovócito enucleado foram colocados em contato, e pulsos elétricos foram emitidos para desestabilização das membranas celulares, o que permitiu a fusão das células. Os mesmos impulsos elétricos que fizeram a fusão das células ativaram o ovo para começar o desenvolvimento. Os embriões resultantes foram transferidos para os úteros de ovelhas gestantes.

TÓPICO NA REDE 3.3 **O PRÊMIO NOBEL DA FISIOLOGIA E MEDICINA DE 2012: CLONAGEM E EQUIVALÊNCIA NUCLEAR** A "prova" final da equivalência genômica foi a demonstração de que os núcleos de células somáticas diferenciadas poderiam gerar qualquer tipo celular do corpo.

Dos 434 ovócitos de ovelha usados inicialmente para esse experimento, apenas um sobreviveu: Dolly[1] (**FIGURA 3.3B**). A análise do DNA confirmou que os núcleos das células da Dolly derivavam da estirpe de ovelha da qual o núcleo doador havia sido retirado (Ashworth et al., 1998; Signer et al., 1998). A clonagem de mamíferos adultos foi confirmada em porquinho-da-índia, coelho, rato, camundongo, cão, cavalo e vaca. Em 2003,

---

[1] A criação da Dolly foi o resultado da combinação de circunstâncias científicas e sociais. Essas circunstâncias envolveram segurança no trabalho, pessoas com especialidade em diferentes áreas terem se encontrado, férias das crianças, política internacional e quem se sentou ao lado de quem no bar. As interconexões que deram origem a Dolly foram contadas em *The Second Creation* (Wilmut et al., 2000), um livro que deveria ser lido por qualquer pessoa que quer saber como a ciência atual realmente funciona. Tal como Wilmut reconheceu (p. 36), "A história pode parecer bagunçada, mas isso é porque a vida é bagunçada, e a ciência é uma fatia da vida".

(A) DOADOR DE OVÓCITOS
(Estirpe escocesa *blackface*)

DOADOR DO NÚCLEO
(Estirpe *Finn-Dorset*)

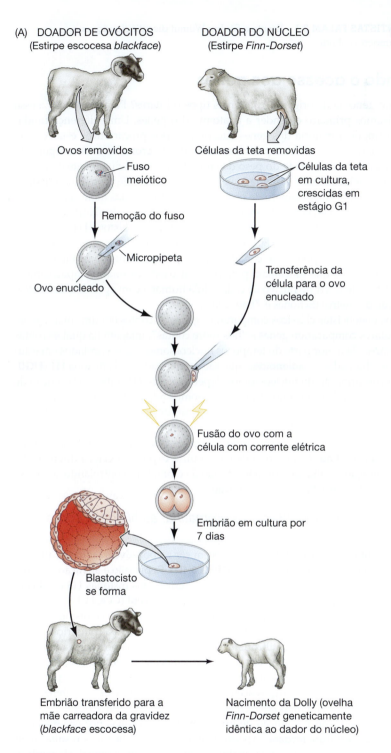

Ovos removidos

Fuso
meiótico

Remoção do fuso

Micropipeta

Ovo enucleado

Células da teta removidas

Células da teta
em cultura,
crescidas em
estágio G1

Transferência da
célula para o ovo
enucleado

Fusão do ovo com a
célula com corrente elétrica

Embrião em cultura por
7 dias

Blastocisto
se forma

Embrião transferido para a
mãe carreadora da gravidez
(*blackface* escocesa)

Nacimento da Dolly (ovelha
Finn-Dorset geneticamente
idêntica ao dador do núcleo)

(B)

FIGURA 3.3 Clonagem de um mamífero usando núcleos de células somáticas adultas. (A) Procedimento usado para clonagem de ovelha. (B) Dolly, a ovelha adulta à esquerda, tem origem na fusão do núcleo de uma célula da glândula mamária com um ovócito enucleado, que, depois, foi implantado em uma mãe carreadora da gravidez (de uma estirpe diferente) que deu à luz a Dolly. Dolly mais tarde deu à luz uma ovelha (Bonnie, à direita) por reprodução natural. (A, segundo Wilmut et al., 2000; B, foto por Roddy Field © Roslin Institute.)

uma mula clonada tornou-se o primeiro animal estéril a se reproduzir (Woods et al., 2003). Assim, parece que o núcleo de células somáticas adultas de vertebrados contém todos os genes necessários para gerar um organismo adulto. Nenhum gene necessário para o desenvolvimento se perdeu ou foi mutado nas células somáticas; *seus núcleos são equivalentes.*[2]

---

[2]Apesar de todos os órgãos terem se formado corretamente nos animais clonados, muitos dos clones desenvolveram doenças incapacitantes quando amadureceram (Humphreys et al., 2001; Jaenisch e Wilmut, 2001; Kolata, 2001). Como veremos em breve, esse problema é devido, em grande parte, às diferenças de metilação entre a cromatina do zigoto e a célula diferenciada.

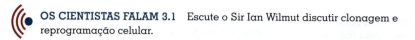

OS CIENTISTAS FALAM 3.1 Escute o Sir Ian Wilmut discutir clonagem e reprogramação celular.

Modulando o acesso aos genes

Como o mesmo genoma dá origem a diferentes tipos celulares? Para responder a essa questão, precisamos primeiro entender a anatomia dos genes. Uma diferença fundamental que distingue a maioria dos genes eucarióticos dos procarióticos está contida dentro de um complexo de DNA e proteína, chamado de **cromatina**. O componente proteico constitui cerca de metade do peso da cromatina e é principalmente composto por **histonas**. O **nucleossomo** é a unidade básica da estrutura de cromatina (**FIGURA 3.4A, B**). É composto por um ôctamero de proteínas de histona (duas moléculas de cada histona H2A, H2B, H3 e H4) enrolado em duas voltas de DNA de dupla-fita com aproximadamente 147 pares de bases (Kornberg e Thomas, 1974). A histona H1 está ligada ao DNA de ligação, com cerca de 60 a 80 pares de bases, entre nucleossomos (Weintraub, 1984, 1985). Há mais de 12 pontos de contato entre o DNA e as histonas (Luger et al., 1997; Bartke et al., 2010), que funcionam para permitir o extraordinário empacotamento de mais de 1,8 m de DNA no núcleo de cada célula humana com aproximadamente 6 micrômetros (de diâmetro) (Schones e Zhao, 2008).

Enquanto os geneticistas clássicos compararam genes a "contas em um colar", geneticistas moleculares compararam genes a "fios sobre contas", imagem na qual as contas são nucleossomos. Na maior parte do tempo, os nucleossomos estão enrolados em estuturas apertadas, chamadas de **solenoides**, que são estabilizados pela histona H1 (**FIGURA 3.4C**). Esta conformação de nucleossomos dependente de H1 inibe a transcrição de genes em células somáticas ao condensar nucleossomos adjacentes em grupos coesos, impedindo fatores de transcrição e as RNA-polimerases de acessarem os genes (Thoma et al., 1979; Schlissel e Brown, 1984). As regiões da cromatina que são firmemente condensadas são chamadas de **heterocromatina**, e regiões frouxamente condensadas são chamadas de **eucromatina**. Uma forma de conseguir a expressão gênica diferencial é regular a condensação de uma determinada região da cromatina, controlando, assim, se os genes estão sequer acessíveis para transcrição.

Condensando e descondensando a cromatina: as histonas como guardiãs

As histonas são fundamentais porque elas parecem ser responsáveis tanto por promover como por impedir a expressão gênica (**FIGURA 3.4D**). Repressão e ativação são controladas em grande medida por modificação das "caudas" das histonas H3 e H4 com dois pequenos grupos orgânicos: resíduos de metil (CH_3) e acetil ($COCH_3$). Em geral, **a acetilação de histona** – a adição de grupos acetil com carga negativa a histonas – neutraliza a carga básica da lisina, afrouxando as histonas, o que ativa a transcrição. Enzimas conhecidas como **histona acetiltransferases** adicionam grupos acetil a histonas (principalmente em lisinas em H3 e H4), desestabilizando os nucleossomos, de forma que eles se separem facilmente (tornem-se mais *eucromáticos*). Como se pode esperar, então, as enzimas que *removem* os grupos acetil – **histona desacetilases** – estabilizam os nucleossomos (que se tornam mais *heterocromáticos*) e impedem a transcrição.

A **metilação de histona** é a adição de grupos metil às histonas por enzimas chamadas de **histona metiltransferases**. Apesar de a metilação de histonas resultar mais frequentemente em estados de heterocromatina e repressão transcricional, ela também pode ativar a transcrição, dependendo do aminoácido metilado e da presença de outros grupos metil ou acetil na vizinhança (ver Strahl e Allis, 2000; Cosgrove et al., 2004). Por exemplo, a acetilação das caudas H3 e H4 juntamente com a adição de três grupos metil na lisina em posição quatro da H3 (i.e., H3K4me3; lembrando que K é a abreviatura para lisina) é normalmente associada com a cromatina ativamente transcrita. De modo contrário, a combinação da ausência de acetilação das caudas H3 e H4 com a metilação da lisina na posição nove da H3 (H3K9) está normalmente associada com cromatina altamente reprimida (Norma et al., 2001). De fato, a metilações da lisina em H3K9, H3K27

(A)

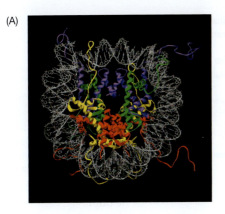

FIGURA 3.4 Nucleossomo e estrutura da cromatina. (A) Modelo da estrutura do nucleossomo visto por cristalografia de raio X com resolução 1.9 Å. Histonas H2A e H2B em amarelo e vermelho, respectivamente; H3 é roxa, e H4, verde. A hélice de DNA (cinzento) enrola-se em volta do cerne proteíco. As "caudas" das histonas que se prolongam do cerne são locais de acetilação e metilação que podem perturbar ou estabilizar, respectivamente, a formação de agrupamentos de nucleossomos (B). A histona H1 pode atrair nucleossomos para conformações compactas. Cerca de 147 pares de bases de DNA envolvem cada óctamero de histona, e cerca de 60 a 80 pares de bases de DNA de ligação conectam os nucleossomos. (C) Modelo de rearranjo de nucleossomos em estruturas de cromatina solenoide altamente compactas. As caudas de histona salientes das subunidades de nucleossomos permitem a ligação de grupos químicos. (D) Grupos metil condensam nucleossomos mais firmemente, impedindo acesso a sítios do promotor e, assim, impedindo a transcrição gênica. A acetilação afrouxa a compactação dos nucleossomos, expondo o DNA à RNA-polimerase II e a fatores de transcrição que ativarão os genes. (A, segundo Davey et al., 2002.)

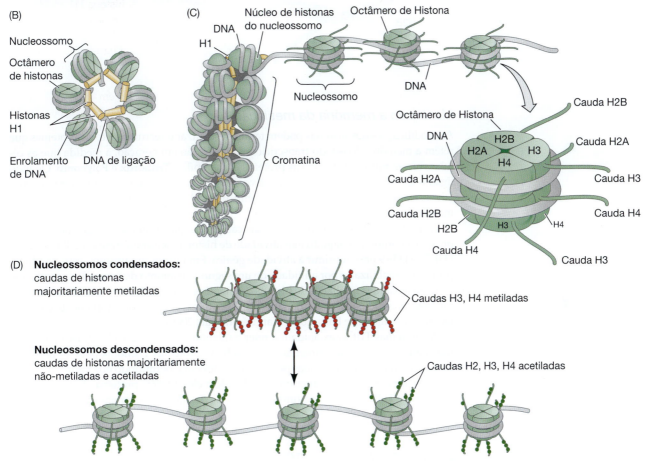

e H4K20 estão frequentemente associadas à cromatina altamente reprimida. A **FIGURA 3.5** representa um nucleossomo com resíduos de lisina na sua cauda H3. Modificações desses resíduos regulam a transcrição.

Se os grupos metil em sítios específicos nas histonas reprimem a transcrição, livrar-se desses grupos deveria permitir a transcrição. Isso foi mostrado no caso de ativação de genes *Hox*, uma família de genes que são críticos em dar às células a sua identidade ao longo do eixo anteroposterior. No desenvolvimento precoce, os genes *Hox* são reprimidos pela trimetilação H3K27 (a lisina na posição 27 na histona 3 tem três grupos metil: H3K27me3). Em células diferenciadas, contudo, uma desmetilase específica para H3K27me3 é recrutada para essas regiões, eliminando os grupos metil e possibilitando o acesso ao gene para transcrição (Agger et al., 2007; Lan et al, 2007). Os efeitos da metilação no controle da transcrição gênica são vastos.

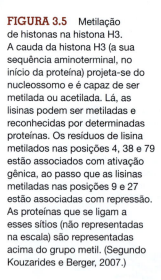

FIGURA 3.5 Metilação de histonas na histona H3. A cauda da histona H3 (a sua sequência aminoterminal, no início da proteína) projeta-se do nucleossomo e é capaz de ser metilada ou acetilada. Lá, as lisinas podem ser metiladas e reconhecidas por determinadas proteínas. Os resíduos de lisina metilados nas posições 4, 38 e 79 estão associados com ativação gênica, ao passo que as lisinas metiladas nas posições 9 e 27 estão associadas com repressão. As proteínas que se ligam a esses sítios (não representadas na escala) são representadas acima do grupo metil. (Segundo Kouzarides e Berger, 2007.)

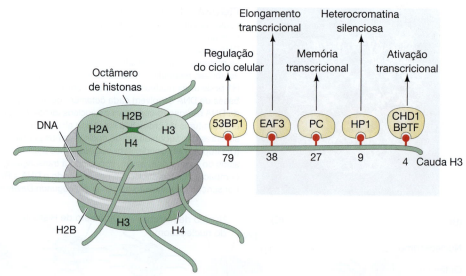

Mantendo a memória da metilação

As modificações das histonas podem também sinalizar o recrutamento de proteínas que retêm a memória do estado transcricional de geração em geração, à medida que as células sofrem mitose. Estas são as proteínas das famílias **Trithorax** e **Polycomb**. Quando ligadas aos nucleossomos de genes ativos, as proteínas Trithorax mantêm esses genes ativos, ao passo que as proteínas Polycomb, que se ligam a nucleossomos condensados, mantêm os genes em estado repressivo.

As proteínas Polycomb vêm em duas categorias que atuam sequencialmente na repressão. O primeiro conjunto tem atividade de histona metiltranferase e metila as lisinas H3K27 e H3K9 para reprimir a atividade gênica. Em muitos organismos, esse estado reprimido é estabilizado por atividade de um segundo conjunto de fatores Polycomb, que se ligam às caudas metiladas de histona 3 e mantêm a metilação ativa e também metilam nucleossomos adjacentes, formando, assim, complexos repressores fortemente compactados (Grossniklaus e Paro, 2007; Margueron et al., 2009).

As proteínas Trithorax ajudam a reter a memória da ativação; elas atuam para contrabalancear o efeito das proteínas Polycomb. As proteínas Trithorax podem modificar os nucleossomos ou alterar suas posições na cromatina, permitindo que fatores de transcrição se liguem ao DNA anteriormente ligado a eles. Outras proteínas Trithorax mantêm a lisina H3K4 trimetilada (impedindo a sua desmetilação em um estado reprimido dimetilado; Tan et al., 2008).

A anatomia do gene

Até agora, relatamos que a modulação do acesso a um gene, principalmente por metilação de *histonas*, afeta a expressão gênica. Mais à frente neste capítulo, discutiremos a pesquisa empolgante sobre o controle direto da trancrição por metilação do DNA. Agora que compreendemos que modificando histonas se garante acesso a regiões do genoma, podemos perguntar: que mecanismos existem para influenciar a transcrição de genes mais diretamente? Ou simplesmente, uma vez que o gene está acessível, como pode ser ligado e desligado? Antes de respondermos, precisamos de um conhecimento básico das partes que constituem um gene e como essas partes podem influenciar a expressão gênica.

Éxons e íntrons

Uma característica fundamental que distingue genes eucariotos de procariotos (juntamente com o fato de os genes estarem dentro dos limites da cromatina) é que os genes

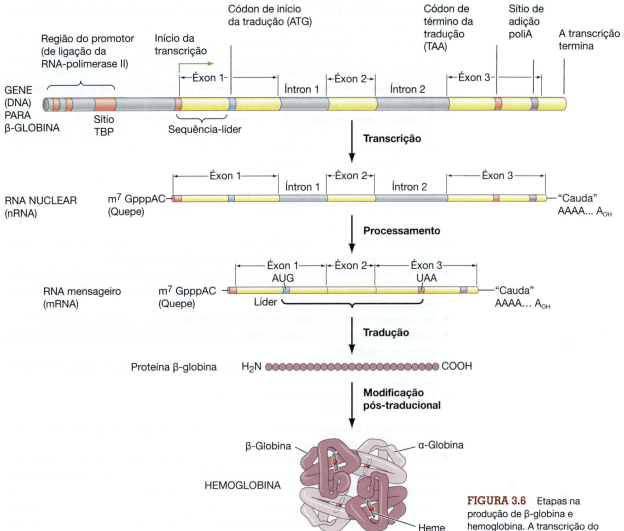

FIGURA 3.6 Etapas na produção de β-globina e hemoglobina. A transcrição do gene da β-globina origina um RNA nuclear que contém éxons e íntrons, bem como quepe, cauda e regiões não traduzidas 3′ e 5′. O processamento do RNA nuclear (nRNA) em RNA mensageiro (mRNA) remove os íntrons. A tradução nos ribossomos usa o mRNA para codificar uma proteína. A proteína β-globina está inativa até ser modificada e conjugada com α-globina e um grupo heme para se converter em hemoglobina ativa (inferior).

eucariotos não são colineares com os seus produtos peptídicos. Em vez disso, a cadeia simples de ácido nucleico do mRNA eucarioto vem de regiões não-contíguas no cromossomo. **Éxons** são as regiões do DNA que codificam para partes de uma proteína;[3] entre os éxons, porém, estão sequências intervenientes, chamadas de **íntrons**, que não têm nada que ver com a sequência de aminoácidos da proteína. Para ajudar a ilustrar os componentes estruturais de um gene procarioto típico, destacamos a anatomia do gene da β-globina humana (**FIGURA 3.6**). Esse gene, que codifica parte da proteína da hemoglobina das hemácias, consiste nos seguintes elementos:

- Uma **região promotora**, onde a RNA-polimerase II se liga para iniciar a transcrição. A região do promotor do gene da β-globina humana tem três unidades distintas e se estende de 95 a 26 pares de bases antes ("a montante de")[4] do sítio de início da transcrição (i.e., de − 95 a − 26). Alguns promotores têm a sequência de DNA TATA (chamada "TATA *box*"), que se liga a um fator de transcrição geral ou basal (proteína li-

---

[3] O termo *éxon* refere-se a uma sequência nucleotídea cujo RNA sai do núcleo. Ele absorveu a definição funcional de uma sequência nucleotídica que codifica para uma proteína. A sequência-líder e as sequências 3′ UTR também derivam de éxons, apesar de não serem traduzidas em proteína.

[4] Por convenção, a montante, a jusante, as direções 5′ e 3′ são especificadas em relação ao RNA. Assim, o promotor está a montante do gene, perto de, e antes de, sua extremidade 5′.

gadora de TATA, TBP, "*TATA-box binding protein*") que ajuda a ancorar a RNA-polimerase II ao promotor.

- O **sítio de início da transcrição**, que para o gene humano da β-globina é ACATTTG. Esse sítio é frequentemente chamado de **quepe 5' (5' CAP)** porque é a sequência de DNA que codificará para a adição de um nucleotídeo "quepe" (capuz) modificado na extremidade 5' do RNA assim que é transcrito. A sequência "quepe" específica varia entre os diferentes genes. Essa sequência é o início do primeiro éxon.

- A **região 5' não traduzida (5' UTR, *untranslated region*)**, também chamada de **sequência-líder**. No gene humano da β-globina, é a sequência de 50 pares de bases entre os pontos de início da transcrição e a tradução. A 5' UTR pode determinar a velocidade à qual é iniciada a tradução.

- O **sítio de início da tradução, ATG**. Este códon (que se torna AUG no mRNA) localiza-se 50 pares de bases depois no gene humano da β-globina (essa distância varia grandemente entre diferentes genes). A sequência de início da tradução ATG é a mesma em todos os genes.

- A porção codificadora de proteína do primeiro éxon contém 90 pares de bases que codificam para os aminoácidos 1 a 30 da proteína humana β-globina.

- Um íntron contendo 130 pares de bases sem sequências codificantes para a β-globina. A estrutura desse íntron, contudo, é importante para permitir que o RNA seja processado em mRNA e deixe o núcleo.

- Um éxon contendo 222 pares de bases codificando para os aminoácidos 31 a 104.

- Um grande íntron – 850 pares de bases – não estando relacionado com a estrutura da proteína β-globina.

- Um éxon contendo 126 pares de bases codificando para os aminoácidos 105 a 146 da proteína.

- Um **códon de término de tradução, TAA**. Esse códon torna-se UAA no mRNA. Quando um ribossomo encontra esse códon, dissocia-se, e a proteína é liberada. O término da tradução também pode ser representado pelas sequências de códons TAG ou TGA em outros genes.

- Uma **região 3' não traduzida (3' UTR)** que, apesar de transcrita, não é traduzida em proteína. Essa região inclui a sequência AATAAA, necessária para a **poliadenilação**, a inserção de uma "cauda" de cerca de 200 a 300 resíduos de adenina ao transcrito de RNA, cerca de 20 bases a jusante da sequência AAUAAA. Esta cauda poliA (1) confere estabilidade ao mRNA, (2) permite que o mRNA saia do núcleo e (3) permite que ele seja traduzido em proteína.

- Uma **sequência de término da transcrição**. A transcrição continua para além do sítio AATAAA por mais cerca de 1.000 nucleotídeos antes de ser terminada.

O produto de transcrição original é chamado de **RNA nuclear (nRNA)** ou, às vezes, *RNA nuclear heterogêneo* (hnRNA) ou *RNA pré-mensageiro* (pré-mRNA). O RNA nuclear contém a sequência quepe, a 5' UTR, éxons, íntrons e a 3' UTR. Ambas as extremidades desses transcritos são modificadas antes de os RNAs deixarem o núcleo. Um quepe consistindo em guanosina metilada é colocado na extremidade 5' do RNA em polaridade oposta ao próprio RNA, o que significa que não existe grupo fosfato 5' livre no nRNA. O quepe 5' é necessário para a ligação de mRNA ao ribossomo e para a subsequente tradução (Shatkin, 1976). O terminal 3' é normalmente modificado no núcleo por adição da cauda poliA. Os resíduos de adenina na cauda são adicionados enzimaticamente ao transcrito; eles não fazem parte da sequência do gene. Ambas as modificações 5' e 3' podem proteger o mRNA de exonucleases, que, caso contrário, digeririam-no (Sheiness e Darnell, 1973; Gedamu e Dixon, 1978). As modificações, então, estabilizam a mensagem e o seu precursor.

Antes de o nRNA deixar o núcleo, seus íntrons são removidos, e os éxons restantes são encaixados. Desta forma, as regiões codificadoras do mRNA – isto é, os éxons – são unidos para formarem um único transcrito não interrompido, o qual é traduzido em proteína. A proteína pode, além disso, ser modificada para se tornar funcional (ver Figura 3.6).

Elementos reguladores cis: *os interruptores "on" e "off" e de intensidade de um gene*

Para além da região codificadora de proteína no gene, sequências regulatórias podem estar localizadas em ambas as extremidades do gene (ou mesmo no seu interior). Essas sequências regulatórias – o *promotor*, os *estimuladores* e os *silenciadores* – são necessárias para controlar onde, quando e quão ativamente um dado gene é transcrito. Quando localizadas no mesmo cromossomo que o gene (é o mais comum), elas são chamadas de **elementos reguladores cis.**[5]

Os **promotores** são sítios onde a RNA-polimerase II se liga à sequência de DNA para iniciar a transcrição. Os promotores de genes que sintetizam mRNA (i.e., aqueles genes que codificam para proteínas)[6] estão geralmente localizados imediatamente a montante dos sítios onde a RNA-polimerase II inicia a transcrição. A maioria desses promotores contém um trecho de cerca de 1.000 pares de bases que é rico na sequência GC, muitas vezes referido como CpG (um **C** e um **G** conectados através de uma ligação fosfato normal). Essas regiões são chamadas de **ilhas CpG** (Down e Hubbard, 2002; Deaton e Bird, 2011). Pensa-se que a razão da transcrição se iniciar perto das ilhas GpG envolve proteínas chamadas de **fatores de transcrição basais**, que estão presentes em todas as células e se ligam especificamente a sítios ricos em CpG. Estas proteínas de fatores de transcrição basais formam um "selim" que pode recrutar a RNA-polimerase II e posicioná-la corretamente para que a polimerase comece a transcrição (Kostrewa et al., 2009).

Contudo, a RNA-polimerase II não se liga a todos os promotores no genoma ao mesmo tempo. Em vez disso, ela é recrutada e estabilizada nos promotores por sequências de DNA, chamadas de **estimuladores** (*"enhancers"*) que sinalizam onde e quando um promotor pode ser usado e quanto produto gênico sintetizar. Em outras palavras, os estimuladores controlam a eficiência e a velocidade de transcrição de um dado promotor (ver Ong e Corces, 2011). Contrariamente, as sequências de DNA chamadas de **silenciadores** podem impedir o uso do promotor e inibir a transcrição gênica. Os **fatores de transcrição** são proteínas que se ligam ao DNA com uma sequência específica de reconhecimento para determinados promotores, estimuladores ou silenciadores. Os fatores de transcrição que se ligam a estimuladores podem ativar um gene por (1) recrutamento de enzimas (como histona acetiltransferases) que fragmentam nucleossomos na região, ou (2) estabilização do complexo iniciador de transcrição, como descrito acima. Assim, os fatores de transcrição normalmente atuam de dois modos não exclusivos:

1. Uma vez ligados, os fatores de transcrição podem ligar-se a cofatores que recrutam proteínas modificadoras do nucleossomo (como histona metiltransferases e acetiltransferases), que tornam aquela região do genoma acessível à RNA-polimerase II por se ligarem e permitirem que a cromatina naquela vizinhança esteja desenrolada e transcrita.
2. Os fatores de transcrição podem formar pontes, enrolando a cromatina de forma que os fatores de transcrição (e suas enzimas modificadoras de histonas) ou estimuladores possam ser recrutados para a vizinhança do promotor. Na ativação dos genes de β-globina de mamífero, essa ponte que une promotor a estimulador é formada

---

[5] Elementos reguladores *cis* e *trans* são assim chamados por analogia com a genética de *E. coli* e a química orgânica. Assim, os elementos *cis* são elementos reguladores que se localizam no mesmo cromossomo (*cis-,* "no mesmo lado de"), ao passo que elementos *trans* são aqueles que podem ser fornecidos por outro cromossomo (*trans-,* "do outro lado de"). O termo elementos reguladores cis atualmente se refere às sequências de DNA que regulam um gene no mesmo trecho de DNA (i.e., os promotores e estimuladores). Fatores reguladores *trans* são moléculas solúveis cujos genes se localizam em outra região do genoma e que se ligam aos elementos reguladores cis. São geralmente fatores de transcrição ou microRNAs. Alguma evidência aponta para a capacidade de um estimulador ativar um *trans*-promotor (i.e., um promotor em outro cromossomo), porém esses casos parecem ser eventos excepcionais e raros (Noordermeer et al., 2011).

[6] No caso de genes codificadores de proteínas, a RNA-polimerase II é usada para a transcrição. Existem vários tipos de RNA que não codificam para proteínas, incluindo os RNAs ribossomais e os de transferência (que são usados na síntese proteica) e os pequenos RNAs nucleares (que são usados no processamento de RNA). Além disso, existem RNAs reguladores (como microRNAs e RNAs não codificantes longos, que discutiremos neste capítulo) que estão envolvidos na regulação de expressão gênica e não são traduzidos em peptídeos. Esses RNAs reguladores são frequentemente transcritos por outras RNA-polimerases.

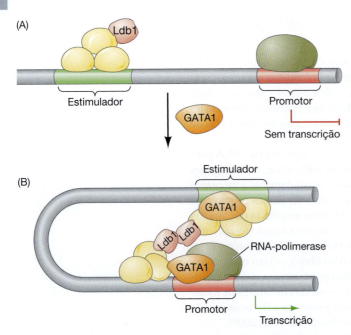

(A)

Ldb1

Estimulador

GATA1

Promotor

Sem transcrição

(B)

Estimulador

GATA1

Ldb1 Ldb1

GATA1

RNA-polimerase

Promotor

Transcrição

FIGURA 3.7 A ponte entre estimulador e promotor pode ser feita por fatores de transcrição. Certos fatores de transcrição se ligam ao DNA no promotor (onde a RNA-polimerase II iniciará a transcrição), ao passo que outros fatores de transcrição se ligam no estimulador (que regula quando e onde a transcrição pode ocorrer). Outros fatores de transcrição não se ligam no DNA; em vez disso, eles conectam os fatores de transcrição que se ligaram nas sequências de estimulador e promotor. Desse modo, a cromatina enrola-se para aproximar o estimulador e o promotor. O exemplo mostrado aqui é o gene β-globina de camundongo. (A) Fatores de transcrição se ligam no estimulador, porém o promotor só é utilizado quando o fator de transcrição GATA1 se liga no promotor. (B) GATA1 pode recrutar vários outros fatores, incluindo Ldb1, que forma uma conexão unindo os fatores ligados no estimulador aos fatores ligados no promotor. (Segundo Deng et al., 2012.)

por proteínas que se ligam a fatores de transcrição em ambas as sequências de estimulador e promotor. Essas proteínas recrutam enzimas modificadoras do nucleossomo e fatores associados à transcrição (TAFs, do inglês, *transcription-associated factors*) que estabilizam a RNA-polimerase II (**FIGURA 3.7**; Gurdon, 2016; Deng et al., 2012; Noordermeer e Duboule, 2013).

O COMPLEXO MEDIADOR: LIGANDO ESTIMULADOR E PROMOTOR Em muitos genes, uma ponte entre o estimulador e o promotor é feita por um grande complexo multimérico, chamado de **Mediador**, cujas quase 30 subunidades proteicas conectam a RNA-polimerase II para estimular regiões que transmitem sinais no desenvolvimento (Malik e Roeder, 2010). Essa ponte forma o **complexo de pré-início** no promotor. Assim, o Mediador ajuda a criar uma alça na cromatina, aproximando os estimuladores do promotor. Essa alça de cromatina é estabilizada pela proteína **coesina**, que se envolve à volta de porções desta alça como um anel, após associação com o Mediador, depois deste se ligar por fatores de transcrição (**FIGURA 3.8**).

Apesar de o Mediador poder ajudar trazendo a RNA-polimerase II para o promotor, para que a transcrição ocorra, a conexão entre o Mediador e a RNA-polimerase II tem de ser quebrada, e a RNA-polimerase II precisa se liberar do promotor. A liberação da RNA-polimerase II é levada a cabo pelo **complexo de alongamento da transcrição** (**TEC**, do inglês, *transcription elongation complex*), que é composto por vários fatores de transcrição e enzimas (p. ex., Ikaros, NuRD e P-TEFb;[7] Bottardi et al., 2015). Essa liberação coincide com o capeamento do transcrito, a fosforilação da polimerase e o alongamento do transcrito. Em alguns casos (discutidos mais adiante neste capítulo), porém, a RNA-polimerase II ou não se dissocia do Mediador, ou se dissocia, mas apenas transcreve um curto trecho de nucleotídeos antes de entrar em pausa. No último caso, um **supressor de alongamento da transcrição** (como NELF) atua para impedir que o TEC se associe à polimerase, e a RNA-polimerase II é pausada, mantida em prontidão para um novo sinal de desenvolvimento.

FUNCIONAMENTO DO ESTIMULADOR Um dos principais métodos de identificação de sequências estimuladoras é clonar as sequências de DNA que flanqueiam o gene de interesse e fusioná-las com genes repórter, cujos produtos devem ser facilmente identificáveis e não sintetizados no organismo em estudo. Os pesquisadores podem inserir

---

[7] Ikaros é um tipo de fator de transcrição dedo de zinco que se liga à histona desacetilase NuRD, que recruta P-TEFb (fator de elongamento positivo b [do inglês, *positive transcription elongation factor b*]) para formar um complexo que quebra a pausa transcricional e promove o elongamento do nRNA (Bottardi et al., 2015). De modo interessante, o repertório de fatores ligados pode ser gene-específico. Por exemplo, as células progenitoras do sangue expressando elevados níveis de Ikaros se diferenciam em vários tipos de leucócitos, e aquelas que expressam níveis baixos se diferenciam sobretudo em hemácias (Frances et al., 2011).

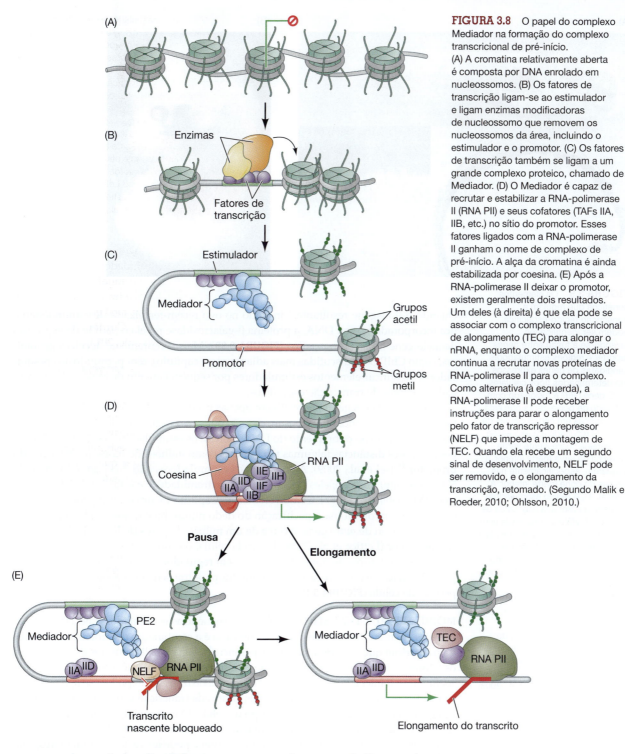

FIGURA 3.8 O papel do complexo Mediador na formação do complexo transcricional de pré-início. (A) A cromatina relativamente aberta é composta por DNA enrolado em nucleossomos. (B) Os fatores de transcrição ligam-se ao estimulador e ligam enzimas modificadoras de nucleossomo que removem os nucleossomos da área, incluindo o estimulador e o promotor. (C) Os fatores de transcrição também se ligam a um grande complexo proteico, chamado de Mediador. (D) O Mediador é capaz de recrutar e estabilizar a RNA-polimerase II (RNA PII) e seus cofatores (TAFs IIA, IIB, etc.) no sítio do promotor. Esses fatores ligados com a RNA-polimerase II ganham o nome de complexo de pré-início. A alça da cromatina é ainda estabilizada por coesina. (E) Após a RNA-polimerase II deixar o promotor, existem geralmente dois resultados. Um deles (à direita) é que ela pode se associar com o complexo transcricional de alongamento (TEC) para alongar o nRNA, enquanto o complexo mediador continua a recrutar novas proteínas de RNA-polimerase II para o complexo. Como alternativa (à esquerda), a RNA-polimerase II pode receber instruções para parar o alongamento pelo fator de transcrição repressor (NELF) que impede a montagem de TEC. Quando ela recebe um segundo sinal de desenvolvimento, NELF pode ser removido, e o elongamento da transcrição, retomado. (Segundo Malik e Roeder, 2010; Ohlsson, 2010.)

construtos de possíveis estimuladores com genes repórter em embriões e, assim, monitorar o padrão temporal e espacial de expressão mostrado pelo produto proteico visível do gene repórter (como *proteína fluorescente verde*, *GFP* [do inglês, *green fluorescent protein*]; **FIGURA 3.9A**). Se a sequência contém um estimulador, o gene repórter deveria se tornar ativo em determinados momentos e locais. Por exemplo, o gene de *E. coli* para a β-galactosidase (o gene *lacZ*) pode ser usado como repórter e ser fusionado (1) a um promotor que pode ser ativado em qualquer célula, e (2) um estimulador que dirige a expressão de um determinado gene (*Myf5*) apenas em músculos de camundongo.

(A)

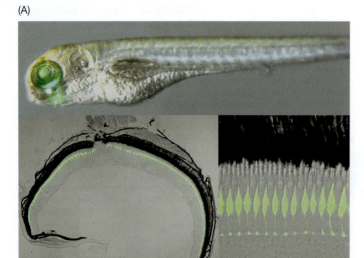

(B)

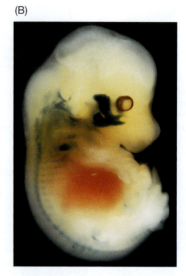

FIGURA 3.9 Os elementos genéticos que regulam a transcrição tecido-específica podem ser identificados fazendo-se a fusão entre genes repórter e regiões estimuladoras candidatas de genes expressos em determinados tipos celulares. (A) O gene *GFP* é fusionado com um gene de peixe-zebra que está ativo apenas em certas células da retina. O resultado é a expressão da proteína fluorescente verde na retina da larva (parte inferior, à esquerda), especificamente nas células do cone (parte inferior, à direita). (B) A região estimuladora do gene da proteína específica de músculo Myf5 está fusionada com o gene repórter da β-galactosidase e incorporada no embrião de camundongo. Quando marcado para atividade da β-galactosidase (região marcada escura), o embrião de camundongo de 13,5 dias mostra que o gene repórter está expresso nos músculos do olho, da face, do pescoço e do membro anterior e nos miótomos segmentados (que dão origem à musculatura das costas). (A, de Takechi et al., 2003, cortesia de S. Kawamura, T. Hamaoka e M. Takechi; B, cortesia de A. Patapoutian e B. Wold.)

Quando o transgene resultante é injetado no ovo recém-fertilizado de camundongo e fica incorporado no seu DNA, a proteína β-galactosidase revela o padrão de expressão daquele gene músculo-específico (**FIGURA 3.9B**). Mais recentemente, técnicas genômicas, como ChIP-Seq (discutidas mais adiante neste capítulo), têm permitido aos pesquisadores identificar elementos estimuladores por sequenciamento de regiões de DNA ligadas a fatores de transcrição específicos.

Os estimuladores geralmente ativam apenas promotores ligados em *cis* (i.e., promotores no mesmo cromossomo); assim, eles são por vezes chamados de elementos reguladores *cis*. Devido ao dobramento do DNA, porém, os estimuladores podem regular genes a maiores distâncias (algumas tão grandes como milhões de bases de distância) do promotor (Visel et al., 2009). Além disso, os estimuladores não precisam estar no lado 5′ (a montante) do gene; eles podem estar na extremidade 3′ e estar localizados em íntrons (Maniatis et al., 1987). Como veremos no Capítulo 19, um estimulador importante de um gene envolvido na especificação do dedo mindinho em nossos membros se encontra no íntron de *outro* gene, a cerca de um milhão de pares de bases de distância do seu promotor (Lettice et al., 2008). Em cada célula, o estimulador torna-se associado a determinados fatores de transcrição, liga-se em reguladores do nucleossomo e no complexo Mediador e envolve-se com o promotor para transcrever o gene naquele tipo específico de célula (**FIGURA 3.10A**).

MODULARIDADE DO ESTIMULADOR As sequências estimuladoras no DNA são as mesmas em todos os tipos celulares; o que varia é a combinação de proteínas de fatores de transcrição que os estimuladores experenciam. Uma vez ligados aos estimuladores, os fatores de transcrição são capazes de estimular ou suprimir a capacidade de a RNA-polimerase II iniciar a transcrição. Vários fatores de transcrição podem se ligar a um estimulador, e é a *combinação* específica dos fatores de trancrição presentes que permite a um gene estar ativo em determinado tipo de célula. Ou seja, o mesmo fator de transcrição, em conjunção com diferentes combinações de fatores, ativará diferentes promotores em diferentes células. Além disso, o mesmo gene pode ter vários estimuladores, com cada estimulador se ligando em fatores de transcrição que permitem que o mesmo gene seja expresso em diferentes células.

O gene *Pax6* de camundongo (que é expresso no cristalino, na córnea e na retina do olho, no tubo neural e no pâncreas) tem vários estimuladores (**FIGURA 3.10B, C**). As regiões reguladoras 5′ do gene *Pax6* de camundongo foram descobertas tirando regiões da sequência flanqueadora 5′ e íntrons, e fusionando-os com o gene repórter *lacZ*. Cada um desses transgenes foi, então, microinjetado em pró-núcleos de camundongo recém-fertilizado, e os embriões resultantes foram marcados para β-galactosidase. (**FIGURA 3.10D**;

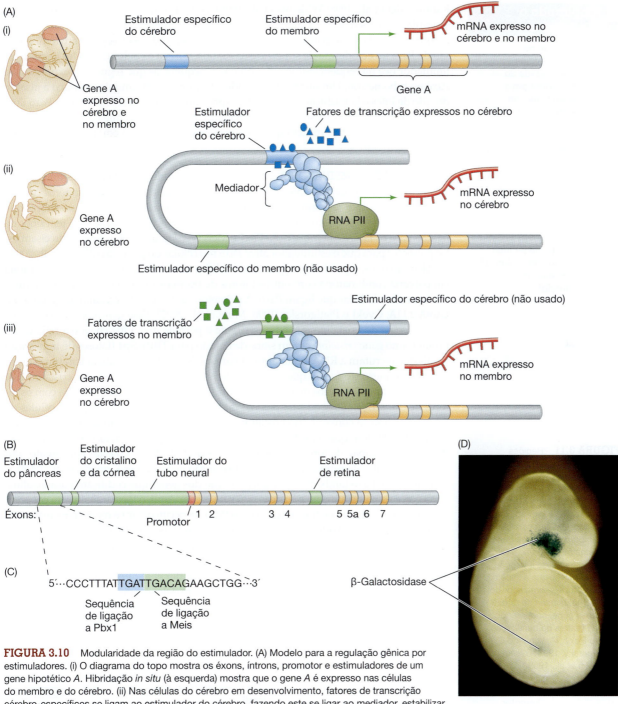

FIGURA 3.10 Modularidade da região do estimulador. (A) Modelo para a regulação gênica por estimuladores. (i) O diagrama do topo mostra os éxons, íntrons, promotor e estimuladores de um gene hipotético *A*. Hibridação *in situ* (à esquerda) mostra que o gene *A* é expresso nas células do membro e do cérebro. (ii) Nas células do cérebro em desenvolvimento, fatores de transcrição cérebro-específicos se ligam ao estimulador do cérebro, fazendo este se ligar ao mediador, estabilizar a RNA-polimerase II no promotor e modificar os nucleossomos na região do promotor. O gene é transcrito apenas nas células do cérebro; o estimulador do membro não funciona. (iii) Um processo análogo permite a transcrição do mesmo gene nas células dos membros. O gene não é transcrito em nenhuma célula onde os fatores de transcrição não possam se ligar ao estimulador. (B) A proteína Pax6 é fundamental para uma variedade de tecidos bem diferentes. Os estimuladores regulam a expressão do gene *Pax6* (amarelo éxons 1-7) diferencialmente no pâncreas, no cristalino e na córnea do olho, na retina e no tubo neural. (C) Uma porção da sequência de DNA do elemento estimulador específico do pâncreas. Essa sequência tem sítios de ligação para os fatores de transcrição Pbx1 e Meis; ambos precisam estar presentes para ativar *Pax6* no pâncreas. (D) Quando o gene repórter da β-galactosidase é colocado em fusão com os estimuladores de expressão de *Pax6* no pâncreas e no cristalino/na córnea, a enzima é detetada em todos esses tecidos. (A, segundo Visel et al., 2009; D, de Williams et al., 1998, cortesia de R. A. Lang.)

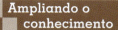

Ampliando o conhecimento

Quais são as consequências da modularidade do estimulador para um indivíduo em desenvolvimento? Para uma espécie? Como poderia uma mutação no estimulador afetar o desenvolvimento? Por exemplo, o que poderia ocorrer em um embrião se houvesse uma mutação na região do estimulador do gene *Pax6*? Poderia tal mutação ter uma importância evolutiva? *Dica*: tem sim, e é profunda!

Kammandel et al., 1998; Williams et al., 1998). A análise dos resultados mostrou que o estimulador mais distante a montante do promotor contém as regiões necessárias para a expressão de *Pax6* no pâncreas, ao passo que um segundo estimulador ativa a expressão de *Pax6* no ectoderma de superfície (cristalino, córnea e conjuntiva). Um terceiro estimulador fica na sequência-líder; ele contém as sequências que regulam a expressão de *Pax6* no tubo neural. Um quarto estimulador, localizado em um íntron pouco a jusante do sítio de início da tradução determina a expressão de *Pax6* na retina. O gene *Pax6* ilustra o princípio de modularidade do estimulador, em que genes que têm múltiplos estimuladores separados permitem que uma proteína seja expressa em determinados tecidos e não em outros.

ASSOCIAÇÃO COMBINATÓRIA   Apesar de haver modularidade entre estimuladores, existem unidades codependentes dentro de cada estimulador. Os estimuladores contêm regiões de DNA que se ligam a fatores de transcrição, e é a *combinação* desses fatores que ativa o gene. Por exemplo, o estimulador específico do pâncreas do gene *Pax6* tem sítios de ligação para os fatores de transcrição Pbx1 e Meis (ver Figura 3.10C). Ambos precisam estar presentes para que o estimulador ative *Pax6* nas células do pâncreas (Zhang et al., 2006).

Além do mais, o produto do gene *Pax6* codifica um fator de transcrição que funciona em parceria combinatória com outros fatores de transcrição. A Figura 3.11 mostra duas regiões estimuladoras que ligam *Pax6*. A primeira é a do gene δ1-cristalin de galinha (**FIGURA 3.11A**; Cvekl e Piatigorsky, 1996; Muta et al., 2002). Esse gene codifica cristalina, uma proteína do cristalino que é transparente e permite que a luz chegue à retina. Um promotor no gene *cristalin* contém sítios de ligação para TBP e Sp1 (fatores de transcrição basais que recrutam a RNA-polimerase II para o DNA). O gene também tem um estimulador no seu terceiro íntron que controla o tempo e local de expressão de cristalin. Este estimulador tem dois sítios de ligação ao gene *Pax6*. A proteína Pax6 trabalha com os fatores de transcrição Sox2 e l-Maf para ativar o gene *cristalin* apenas naquelas células da cabeça que irão se converter no cristalino. Como veremos no Capítulo 16, isso significa que a célula (1) tem que ser ectoderma da cabeça (que expressa *Pax6*), (2) estar na região do ectoderma capaz de formar os olhos (expressando l-Maf) e (3) estar em contato com as futuras células da retina (que induzem expressão de Sox2; ver Kamachi et al., 1998).

Entretanto, Pax6 também regula a transcrição dos genes que codificam para insulina, glucagon e somatostatina no pâncreas (**FIGURA 3.11B**). Aqui, o Pax6 trabalha em cooperação com outros fatores de transcrição, como Pdx1 (específico para a região pancreática do endoderma) e Pbx1 (Andersen et al., 1999; Hussain e Habener, 1999). Assim, na ausência de Pax6, o olho não consegue se formar, e as células endócrinas do pâncreas não se desenvolvem corretamente; essas células endócrinas incorretamente desenvolvidas produzem quantidades deficientes de seus hormônios (Sander et al., 1997; Zhang et al., 2002).

Outros genes são ativados por ligação a Pax6, e um deles é o próprio gene *Pax6*. A proteína Pax6 pode se ligar a um elemento regulador *cis* do gene *Pax6* (Plaza et al, 1993). Assim, uma vez que o gene *Pax6* é ativado, ele continuará a ser expresso, mesmo se o sinal que originalmente o ativou não estiver mais presente.

FIGURA 3.11   Regiões reguladoras modulares transcricionais usando Pax6 como ativador. (A) Promotor e estimulador do gene δ1-cristalin de galinha. Pax6 interage com dois outros fatores de transcrição, Sox2 e l-Maf, para ativar esse gene. A proteína δEF3 liga-se a fatores que permitem essa interação; δEF1 liga-se a fatores que a inibem. (B) Promotor e estimulador do gene *somatostatina* de rato. Pax6 ativa esse gene, cooperando com os fatores de transcrição Pbx1 e Pdx1. (A, segundo Cvekl e Piatigorsky, 1996; B, segundo Andersen et al., 1999.)

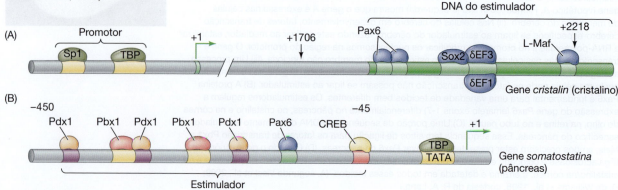

SILENCIADORES Os **silenciadores** são elementos reguladores de DNA que ativamente reprimem a transcrição de determinado gene. Eles podem ser vistos como "estimuladores negativos" podem silenciar a expressão gênica espacial (em determinados tipos celulares) ou temporalmente (em determinados momentos). No camundongo, por exemplo, existe uma sequência de DNA que impede a ativação de um dado promotor em todos os tecidos, com exceção dos neurônios. Esta sequência, com o nome de **elemento silenciador restritivo neural**, (**NRSE**, do inglês, *neural restrictive silencer element*), foi encontrada em diferentes genes de camundongo, cuja expressão está limitada ao sistema nervoso: aqueles codificando para sinapsina I, canal de sódio tipo II, fator neurotrófico derivado do cérebro (BDNF), Ng-CAM e L1. A proteína que se liga a NRSE é um fator de transcrição que se chama **fator silenciador restritivo neural (NRSF** ou, por vezes, REST, do inglês, *neural restrictive silencer factor*). O NRSF parece ser expresso em qualquer célula que não seja um neurônio maduro (Chong et al., 1995; Schoenherr e Anderson, 1995). Quando o NRSE é deletado em determinados genes neurais, esses genes passam a ser expressos em células não neurais (**FIGURA 3.12**; Kallunki et al., 1995, 1997). Assim, genes específicos neurais são ativamente reprimidos em células não neurais.

Um "silenciador temporal" recentemente identificado pode ter um papel na regulação dos genes da globina humana. Na maioria das pessoas, um gene fetal da globina fica ativo a partir de cerca da 12ª semana até ao nascimento. Então, por volta do nascimento, o gene fetal da globina é reprimido, e o gene adulto, ativado. Algumas famílias apresentam persistência heriditária do gene da globina, com os genes fetais permanecendo ativos nos adultos. Algumas dessas famílias têm uma mutação na região do DNA que geralmente silencia o gene fetal da globina no nascimento. Na maioria das pessoas, este silenciador contém sítios de ligação para os fatores de transcrição GATA1 e BCL11A, cuja combinação no DNA recruta enzimas modificadoras de histona. Essa ação causa a formação de nucleossomos desacetilados e repressivos (contendo H3K27me3) (Sankaran et al., 2011).

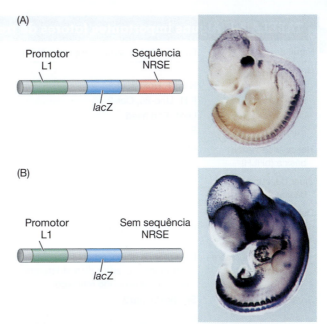

FIGURA 3.12 Um silenciador reprime a transcrição gênica. (A) Embrião de camundongo contendo um transgene composto pelo promotor L1, uma porção do gene *L1* específico de neurônios, e um gene lacZ fusionado no segundo éxon de L1, que contém a sequência NRSE. (B) Embrião no mesmo estágio com um transgene semelhante, mas sem a sequência NRSE. As áreas escuras revelam a presença de β-galactosidase (o produto de *lacZ*). (Fotos de Kallunki et al., 1997.)

ELEMENTOS REGULADORES DE GENES: RESUMO Estimuladores e silenciadores permitem que os genes de proteínas específicas usem inúmeros fatores de transcrição em várias combinações para controlar a sua expressão. Assim, *estimuladores e silenciadores são modulares*, de forma que, por exemplo, o gene *Pax6* é regulado por estimuladores que permitem sua expressão no olho, no pâncreas e no sistema nervoso, como visto na Figura 3.10B; esta é a função Booleana "OU". Todavia, *dentro de cada módulo regulador cis, os fatores de transcrição funcionam de modo combinatório*, de modo que as proteínas Pax6, l-Maf e Sox2 são necessárias para a transcrição de cristalin no cristalino (ver Figura 3.11A); isso é a função Booleana "E". A associação combinatória dos fatores de transcrição ou estimuladores leva à produção espaço-temporal de um dado gene (ver Peter e Davidson, 2015; Zinzen et al., 2009). Essa função "E" pode ser extremamente importante na ativação simultânea de grupos inteiros de genes.

Função dos fatores de transcrição

FAMÍLIAS E OUTRAS ASSOCIAÇÕES A jornalista de ciência Natalie Angier (1992) escreveu que "uma série de novas descobertas sugere que o DNA é mais como um certo tipo de político, rodeado por um bando de proteínas manipuladoras e conselheiras que o massageiam vigorosamente, torcem-no, e por vezes, reinventam-no antes que a estrutura do corpo possa entender o que quer que seja". Estes "manipuladores e conselheiros" são os

TABELA 3.1 Alguns importantes fatores de transcrição de famílias e subfamílias

Família	Fatores de transcrição representativos	Algumas funções
Homeodomínio:		
Hox	Hoxa1, Hoxb2, etc.	Formação de eixos
POU	Pit1. Unc-86, Oct-2	Desenvolvimento da glândula hipófise, destino neural
Lim	Lim1, Forkhead	Desenvolvimento da cabeça
Pax	Pax1, 2, 3, 6, etc	Especificação neural, desenvolvimento do olho
Hélice-alça-hélice básica (bHLH)	MyoD, MITF, daughterless	Especificação do músculo e do nervo; determinação do sexo em *Drosophila*; pigmentação
Zíper de leucina básica (bZip)	C/EBP, AP1, MITF	Diferenciação do fígado, determinação do destino celular
Dedo de zinco:		
Standard	WT1, Krüppel, Engrailed	Desenvolvimento do rim, da gônada e dos macrófagos; segmentação da *Drosophila*
Receptores nucleares de hormônios	Receptor de glucocorticoide, receptor de estrogênio, receptor de testosterona, receptores do ácido retinoico	Determinação sexual secundária; desenvolvimento craniofacial; desenvolvimento do membro
Sry-Sox	Sry, SoxD, Sox2	Dobramento do DNA, determinação sexual primária; diferenciação ectodérmica

fatores de transcrição. Durante o desenvolvimento, os fatores de transcrição têm um papel essencial em cada aspecto da embriogênese, controlando a expressão gênica diferencial que leva à diferenciação. Quando em dúvida, é normalmente culpa de um fator de transcrição, um sentimento que, muitas vezes, é sentido em relação aos políticos.

Os fatores de transcrição podem ser agrupados em famílias com base em semelhanças nos domínios de ligação ao DNA (**TABELA 3.1**). Os fatores de transcrição de cada família compartilham uma estrutura comum nos seus sítios de ligação ao DNA, e ligeiras diferenças nos aminoácidos nos sítios de ligação podem fazer o sítio de ligação reconhecer diferentes sequências de DNA.

Como já vimos, os elementos reguladores de DNA, como estimuladores e silenciadores, funcionam através de ligação a fatores de transcrição, e cada elemento pode ter sítios de ligação para vários fatores de transcrição. Os fatores de transcrição ligam-se no DNA do elemento regulador, usando um sítio para uma proteína e outros sítios para interagir com outros fatores de transcrição e proteínas, levando ao recrutamento de enzimas modificadoras de histonas. Por exemplo, a associação dos fatores de transcrição Pax6, Sox2 e l-Maf nas células do cristalino recruta a histona acetiltransferase, que pode transferir grupos acetil para as histonas e dissociar os nucleossomos naquela área (Yang et al., 2006). Da mesma forma, quando MITF[8], um fator de transcrição essencial para o desenvolvimento da orelha e a produção de pigmento, liga-se à sua sequência específica de DNA, ele também se liga a uma (diferente) histona acetiltransferase que facilita a dissociação de nucleossomos (Ogryzko et al., 1996; Price et al., 1998). Além disso, o fator de transcrição Pax7 que ativa genes específicos de músculo se liga na região do estimulador desses genes nas células precursoras do músculo. Pax7, então, recruta uma histona metiltransferase que metila a lisina na quarta posição da histona H3 (H3K4), resultando na trimetilação dessa lisina e na ativação da transcrição (McKinnell et al., 2008). O deslocamento de nucleossomos ao longo do DNA faz outros fatores de transcrição encontrarem os seus sítios de ligação e regularem a expressão (Adkins et al., 2004; Li et al., 2007).

Além de recrutarem enzimas modificadoras de histonas, os fatores de transcrição também podem atuar estabilizando o complexo de pré-início da transcrição que permite que a RNA-polimerase II se ligue ao promotor (ver Figuras 3.7 e 3.8). Por exemplo, MyoD, um fator de transcrição essencial para o desenvolvimento da célula muscular, estabiliza TAF IIB, que apoia a RNA-polimerase II no sítio do promotor (Heller e Bengal, 1998). De fato, o MyoD tem várias funções na ativação de expressão gênica, uma vez que

---

[8] MITF para fator de transcrição associado à microftalmia.

também pode ligar a histona acetiltransferase, que inicia a remodelação e a dissociação do nucleossomo (Cao et al., 2006).

Uma consequência importante da associação combinatória de fatores de transcrição é a **expressão gênica coordenada**. A expressão simultânea de muitos genes específicos da célula pode ser explicada pela ligação de fatores de transcrição nos elementos estimuladores. Por exemplo, muitos genes que são especificamente ativados no cristalino contêm um estimulador que se liga em Pax6. Por isso, todos os outros fatores de transcrição podem se ligar no estimulador, mas até o Pax6 se ligar, eles não podem ativar o gene. Do mesmo modo, muitos dos genes músculo-específicos co-expressos contêm estimuladores que se ligam no fator de transcrição Mef2, e os estimuladores nos genes codificantes para enzimas produtoras de pigmento se ligam em MITF (ver Davidson, 2006). Em alguns casos, conjuntos inteiros de fatores de transcrição parecem dirigir a transcrição gênica simultânea. Junion e colaboradores mostraram, por exemplo, que um conjunto determinado de cinco fatores de transcrição está ligado em centenas de estimuladores que estão ativos nas células musculares do coração de *Drosophila* em desenvolvimento (Junion et al., 2012).

DOMÍNIOS DOS FATORES DE TRANSCRIÇÃO Os fatores de transcrição têm três domínios principais. O primeiro é o **domínio de ligação ao DNA** que reconhece uma dada sequência de DNA no estimulador. Existem vários tipos diferentes de domínios de ligação ao DNA, e eles frequentemente designam as classificações das principais famílias de fatores de transcrição. Alguns dos domínios de proteínas mais comuns que conferem ligação ao DNA são os Homeodomínios, Dedos de Zinco, Zíper de Leucina, Hélice-Alça-Hélice e Hélice-Volta-Hélice (ver Tabela 3.1). Por exemplo, o fator de transcrição homeodomínio Pax6[9] usa os seus sítios de ligação ao DNA pareados para reconhecer a sequência de estimulador CAATTAGTCACGCTTGA (Askan e Goding, 1998; Wolf et al., 2009). Já o fator de transcrição MITF envolvido no desenvolvimento da orelha e das células pigmentares contém tanto domínios de zíper de leucina como de hélice-alça-hélice e reconhece sequências de DNA menores, chamadas de E-box (CACGTG) e M-box (CATGTG; Pogenberg et al., 2012).[10] Estas sequências para ligação em MITF foram identificadas em regiões reguladoras de genes codificantes de várias enzimas da família de tirosina-cinase específica de células pigmentares (Bentley et al., 1994; Yasumoto et al., 1994, 1997). Sem MITF, essas proteínas não são sintetizadas corretamente, e o pigmento da melanina não é produzido.

O segundo domínio é um **domínio de *transativação*** que ativa ou reprime a transcrição do gene cujo promotor ou estimulador ele ligou. Em geral, esse domínio de transativação permite que o fator de transcrição interatue com as proteínas envolvidas na ligação à RNA-polimerase II (como TAF IIB ou TAF IIE; ver Sauer et al., 1995) ou com enzimas que modificam histonas. O MITF contém um domínio de aminoácidos assim no centro da proteína. Quando o dímero de MITF está ligado na sua sequência-alvo no estimulador, a região de transativação é capaz de se ligar ao fator associado à transcrição (TAF, do inglês, *transcription-associated factor*), p300/CBP. A proteína p300/CBP é uma enzima histona acetiltransferase que pode transferir grupos acetil a cada histona nos nucleossomos (Ogryzko et al., 1996; Price et al., 1998). A acetilação dos nucleossomos desestabiliza-os e permite que genes para enzimas produtoras de pigmento sejam expressas.

Finalmente, costuma existir um **domínio de interação proteína-proteína** que permite que a atividade do fator de transcrição seja modulada por TAFs ou outros fatores de transcrição. O MITF tem um domínio de interação proteína-proteína que permite que ele se dimerize com outra proteína MITF (Ferré-D'Amaré et al., 1993). O homodímero resultante (i.e., duas moléculas de proteína idênticas ligadas entre si) é a proteína funcional que se liga no estimulador de certos genes e ativa a transcrição (**FIGURA 3.13**).

ISOLADORES Os limites de expressão gênica parecem ser determinados por sequências de DNA chamadas de **isoladores**. As sequências isoladoras limitam o alcance

---

[9] Pax para "paired box," e "box" se refere ao seu domínio de ligação ao DNA. As proteínas Pax são fatores de transcrição homeodomínios que contêm um domínio pareado para ligação ao DNA. Estudos na *Drosophila* mostraram que a perda de fator de transcrição homeodomínio causa transformações homeóticas drásticas em estruturas, como a transformação da antena em uma pata.

[10] E-box e M-box referem-se a "*Enhancer*" (estimulador) e "*Myc*", respectivamente, com "*box*" significando domínio de ligação ao DNA.

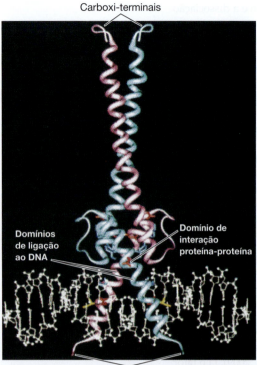

Carboxi-terminais

Domínios de ligação ao DNA

Domínio de interação proteína-proteína

Amino-terminais

FIGURA 3.13 Modelo tridimensional do fator de transcrição homodimérico MITF (uma proteína mostrada em vermelho, a outra, em azul) se ligando a um elemento promotor no DNA (em branco). Os aminoterminais localizam-se no fundo da figura e formam os domínios de ligação ao DNA que reconhecem uma sequência de 11 pares de bases do DNA, tendo como sequência central CATGTG. O domínio de interação proteína-proteína localiza-se imediatamente acima. O MITF tem a estrutura básica hélice-alça-hélice encontrada em muitos fatores de transcrição. Pensa-se que a extremidade carboxila da molécula seja o domínio de transativação que se liga ao fator de transcrição associado (TAF) p300/CBP. (De Steingrímsson et al., 1994, cortesia de N. Jenkins.)

dentro do qual o estimulador pode ativar a expressão gênica. Desse modo, eles "isolam" um promotor para não ser ativado por outros estimuladores de outros genes. Algumas regiões de DNA isolador se ligam a um fator de transcrição dedo de zinco, chamado CTCF,[11] o qual atua para alterar a conformação tridimensional da cromatina e, assim, separar (ou isolar) elementos estimuladores do promotor (Yusufzai et al., 2004; Kim e Kaang, 2015). O CTCF é ubiquitinamente expresso em eucariotos e se liga, como tem sido reportado, a dezenas de milhares de sítios no genoma (Chen et al., 2012). Mecanisticamente, o CTCF interage fisicamente com a coesina, um complexo em forma de anel com múltiplas subunidades que funcionam para estabilizar as estruturas em alça da cromatina (ver discussão do complexo mediador na p. 56). Foi hipotetizado que o CTCF usa seus 11 domínios de dedo de zinco para se ligar seletivamente ao DNA, frequentemente elementos isoladores, para criar estuturas em alça que distanciam estimuladores de promotores. Por exemplo, o gene β-globina de galinha forma um complexo com coesina (Wendt et al., 2008; Wood et al., 2010). Este complexo CTCF-coesina pode se ligar ao Mediador ligado ao estimulador e, assim, impedir o estimulador de ativar o promotor adjacente.

FATORES DE TRANSCRIÇÃO PIONEIROS: QUEBRANDO O SILÊNCIO Encontrar o estimulador não é fácil porque o DNA está geralmente tão enrolado que os sítios do estimulador não estão acessíveis. Dado que o estimulador pode estar coberto por nucleossomos, como pode um fator de transcrição se ligar a esse sítio? Esse é o trabalho de determinados fatores de transcrição que penetram na cromatina reprimida e se ligam às sequências do seu estimulador (Cirillo et al., 2002; Berkes et al., 2004). Eles foram chamados de fatores de transcrição "pioneiros" e parecem essenciais no estabelecimento de certas linhagens celulares. Um desses fatores de transcrição é FoxA1, que se liga a certos estimuladores e abre a cromatina para permitir que outros fatores de transcrição acessem o promotor (Lupien et al., 2008; Smale, 2010). FoxA1 é extremamente importante para especificar células do fígado, permanecendo ligado ao DNA durante a mitose e fornecendo um mecanismo para restabelecer a transcrição normal em futuras células do fígado (Zaret et al., 2008). Outro fator de transcrição pioneiro é a proteína Pax7 acima mencionada. Ela ativa a transcrição de genes específicos de músculo e uma população de células-tronco por se ligar à sua sequência de reconhecimento DNA e ali ser estabilizada por H3K4 desmetilada nos nucleossomos. Ela recruta, então, a histona metiltransferase que converte H3K4 desmetilada em H3K4 trimetilada associada com transcrição ativa (McKinnell et al., 2008).

ATORES DE TRANSCRIÇÃO REGULADORES "MASTER" A frase "regulador *master*" tem sido usada para descrever certos fatores de transcrição que parecem ter o poder de controlar a diferenciação celular, mas pode um fator de transcrição realmente direcionar uma célula progenitora por um caminho de maturação ou até mais drasticamente mudar

---

[11] CTCF significa fator de ligação a CCCTC. Apesar de destacarmos o seu papel como isolador, CTCF também pode contribuir para a arquitetura da cromatina e, em alguns casos, ativar a transcrição, colocando os estimuladores em contato com os promotores. (Ver Kim e Kaang, 2015.)

o destino de uma célula diferenciada? Para ser chamado de **regulador *master***, um fator de transcrição deve (1) ser expresso no momento em que a especificação de um tipo celular começa, (2) regular a expressão de genes específicos para aquele tipo celular e (3) ser capaz de redirecionar um destino para esse tipo celular (Chan e Kyba, 2013).

Uma das primeiras evidências do poder regulador *master* veio de alguns experimentos originais de clonagem, nos quais Briggs e King (1952) e John Gurdon (1962) foram capazes de *reprogramar* os núcleos de fibroblastos de larvas de rãs ou células do intestino para sustentar o desenvolvimento embrionário. Eles substituíram o núcleo de um ovo de rã pelo núcleo de uma célula *terminalmente* diferenciada (fibroblasto ou célula do intestino), e o ovo desenvolveu-se em uma rã normal. Estes experimentos forneceram o primeiro apoio significativo para a equivalência nuclear (adicionalmente mostrado pela clonagem da Dolly), mas eles não mostraram quais proteínas no citoplasma do ovo eram responsáveis pela reprogramação. Pistas vieram em 2006, quando Shinya Yamanaka compilou uma lista dos genes implicados na manutenção das células do embrião de camundongo precoce em estado imaturo. Essas células imaturas eram da massa celular interna do blastocisto (discutido em capítulos posteriores). O laboratório de Yamanaka expressou experimentalmente apenas quatro desses genes (*Oct3/4*, *Sox2*, *c-Myc* e *Klf4*) em fibroblastos diferenciados de camundongo e descobriu que os fibroblastos se *desdiferenciaram* em células de tipo massa celular interna (**FIGURA 3.14**; Takahashi e Yamanaka, 2006). Todos esses quatro genes codificam para fatores de transcrição, fazendo com que sejam bons candidatos a reguladores *master*. As células desdiferenciadas são capazes de gerar qualquer tipo de célula no embrião. Isso significa que elas podem funcionar como células-tronco pluripotentes e, porque foram induzidas a esse estado, são chamadas de **células-tronco pluripotentes induzidas** (**iPSC**, do inglês, *induced pluripotent stem cells*). Yamanaka compartilhou o Prêmio Nobel da Fisiologia e Medicina com Gurdon em 2012 pelas suas descobertas, e iPSCs são agora usadas para estudar o desenvolvimento humano e a doença de formas nunca antes possíveis (discutido mais aprofundadamente no Capítulo 5).

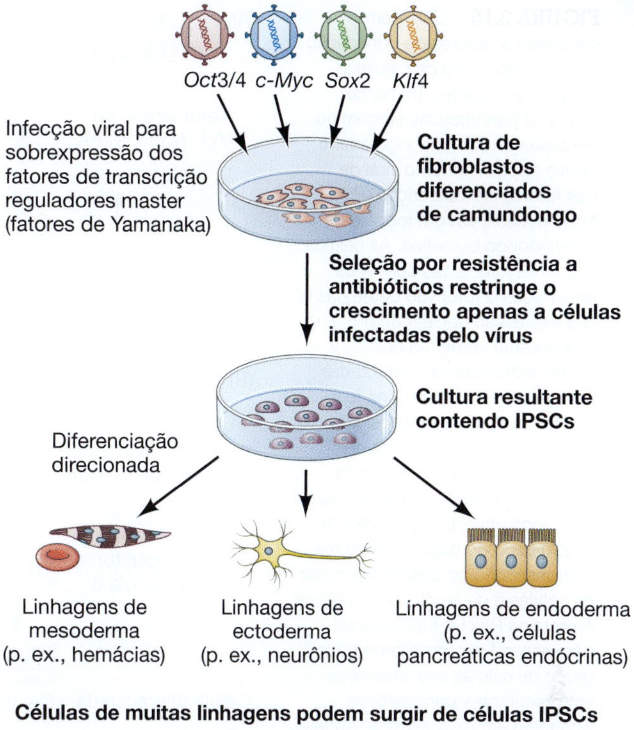

Células de muitas linhagens podem surgir de células IPSCs

FIGURA 3.14 De fibroblastos diferenciados a células-tronco pluripotentes induzidas com quatro fatores de transcrição. Se os "fatores de Yamanaka" (os fatores de transcrição *Oct3/4*, *cMyc*, *Sox2* e *Klf4*) forem inseridos viralmente em fibroblastos diferenciados, essas células se diferenciarão em células-tronco pluripotentes induzidas (iPSCs). Assim como as células-tronco embrionárias, as iPSCs podem dar origem à progênie das três camadas germinativas (mesoderma, ectoderma e endoderma).

 OS CIENTISTAS FALAM 3.2 Veja um Documentário de Desenvolvimento sobre reprogramação celular.

 OS CIENTISTAS FALAM 3.3 Desfrute de uma sessão de pergunta e resposta com o Dr. Derrick Rossi sobre a geração de iPSC com mRNA.

Outro exemplo de possíveis reguladores *master* veio do laboratório de Doug Melton, que testou se fatores de transcrição seletivos poderiam converter células pancreáticas de um camundongo diabético em células β produtoras de insulina. Esses pesquisadores infectaram as células pancreáticas com vírus inócuos contendo os genes para três fatores de transcrição: Pdx1, Ngn3 e MafA (**FIGURA 3.15**; Zhou et al., 2008; Cavelti-Weder et al., 2014; Melton, 2016). Em fases precoces do desenvolvimento, a proteína Pdx1 estimula o crescimento do tubo digestório, que resulta nos brotos pancreáticos. Esse fator de transcrição se encontra por todo o pâncreas e é crucial para especificar as células endócrinas (secretoras de hormônio) do órgão e ativar genes que codificam para proteínas endócrinas. O Ngn3 é um fator de transcrição encontrado em células pancreáticas endócrinas, mas não exócrinas (secretoras de enzimas digestórios). MafA, um fator de transcrição regulado por níveis de glicose, encontra-se apenas nas células β secretoras de insulina e ativa a transcrição do

FIGURA 3.15 Linhagem pancreática, fatores de transcrição e conversão direta de células β para tratar diabetes. (A) Novas células β pancreáticas surgem no pâncreas de camundongo adulto *in vivo* após livramento viral de três fatores de transcrição (*Pdx1*, *Ngn3* e *MafA*) em um modelo de camundongo diabético. As células exócrinas infectadas com vírus (mostrado na foto) são detetadas por sua expressão nuclear de proteína fluorescente verde. As células β recém-induzidas são detectadas por marcação para insulina (em vermelho). A sua sobreposição (células coexpressando os dois) origina amarelo. Os núcleos de todas as células pancreáticas estão marcados em azul. (B) Diagrama simplificado do papel dos fatores de transcrição no desenvolvimento de células β de ilhotas pancreáticas. A proteína Pdx1 é fundamental para especificar um determinado grupo de células endodérmicas em precursores pancreáticos (linhagem em roxo-escuro). Aqueles descendentes das células que expressam Pdx1 que expressam Ngn3 se tornam as linhagens endócrinas (secretoras de hormônio; em roxo-claro), ao passo que aquelas que não expressam Ngn3 se convertem na linhagem exócrina (secretoras de enzimas digestórias; em dourado). Os tipos de células secretoras de hormônio nas ilhotas pancreáticas incluem células β secretoras de insulina, as células δ secretoras de somatostatina, e as células α secretoras de glucagon. As células destinadas a serem células β expressam o fator de transcrição Nkx6.1, que, por sua vez, ativará o gene para o fator de transcrição MafA que se encontra nas células β produtoras de insulina. (Foto por cortesia de D. Melton.)

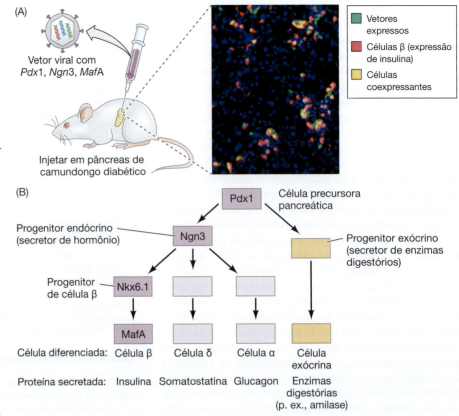

gene da insulina. Durante o desenvolvimento normal, Pdx1, Ngn3 e MafA ativam outros fatores de transcrição que juntos trabalham para tornar as células endodérmicas pancreáticas em células β secretoras de insulina. Depois de induzirem experimentalmente esses três fatores de transcrição nas células pancreáticas de camundongos diabéticos, Zhou e colaboradores viram que as células não secretoras de insulina haviam sido convertidas em células β secretoras de insulina. As células convertidas pareciam idênticas às células β das ilhotas pancreáticas normais e curaram os camundongos de diabetes.

Esses estudos abriram a porta a um novo campo da medicina regenerativa, ilustrando as possibilidades de alterar um tipo celular adulto em outro usando os fatores de transcrição que tinham feito o novo tipo celular no embrião. Em alguns casos, as histórias do desenvolvimento das células podem ser muito distantes. Por exemplo, os fibroblastos da pele de camundongos adultos (o tecido conjuntivo da pele derivado do mesoderma) podem ser transformados em células de tipo hepáticas derivadas do endoderma por adição de apenas dois fatores de transcrição do fígado (Hnf4α e FoxA1). Estes hepatócitos induzidos sintetizam várias proteínas específicas do fígado e são capazes de substituir células do fígado em camundongos adultos (Sekiya e Suzuki, 2011). De fato, vários laboratórios (Caiazzo et al., 2011; Pfisterer et al., 2011; Qiang et al., 2011) foram capazes de "reprogramar" fibroblastos adultos humanos e de camundongo em neurônios dopaminérgicos funcionais (i.e., o tipo de célula nervosa que degenera na doença de Parkinson) por adição de três genes de fatores de transcrição determinados em células da pele de adulto. Outros laboratórios (Son et al., 2011) usaram um *mix* diferente de fatores de transcrição para converter fibroblastos humanos adultos em neurônios motores espinais funcionais (do tipo que degeneram na doença de Lou Gehrig). Estes "neurônios induzidos" tinham a assinatura eletrofisiológica de nervos espinais e formaram sinapses com células musculares. As conversões de tipo celular nesses estudos ajudaram a revelar o papel desempenhado pelos fatores de transcrição reguladores *master* na expressão gênica diferencial. Como é que apenas alguns poucos fatores de transcrição podem iniciar a expressão gênica específica de um tipo celular? Quem controla a expressão gênica? Quando em dúvida, em quem você bota a culpa?

A rede regulatória de genes: definindo uma célula individual

Neste ponto do capítulo, esperamos que seja claro que diferentes tipos celulares são o resultado de genes expressos diferencialmente. Apesar dos genes reguladores master serem necessários para esse processo, eles não são suficientes para implementar um programa genômico inteiro sozinhos.

Estudos sobre o desenvolvimento do ouriço-do-mar começaram a demonstrar modos pelos quais o DNA pode ser regulado para especificar tipos celulares e direcionar a morfogênese do organismo em desenvolvimento. O grupo de Eric Davidson foi pioneiro na abordagem de modelo de rede, no qual eles conceberam elementos reguladores *cis* (como promotores e estimuladores) em um circuito lógico conectado por fatores de transcrição (**FIGURA 3.16**; ver http://sugp.caltech.edu/endomes; Davidson e Levine, 2008; Oliveri et al., 2008). A rede recebe seus primeiros dados de fatores de transcrição maternos no citoplasma do ovo, e, a partir daí, a rede se autoconstrói por meio (1) da capacidade dos fatores transcricionais maternos de reconhecerem elementos reguladores *cis* de determinados genes que codificam outros fatores de transcrição (*quando em dúvida...*) e (2) da capacidade deste novo conjunto de fatores de transcrição de ativar vias de sinalização parácrinas que ativam ou inibem fatores de transcrição específicos em

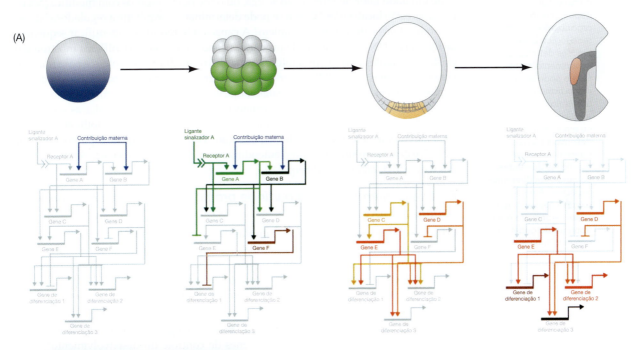

FIGURA 3.16 Redes regulatórias de genes em linhagens endodérmicas no embrião de ouriço-do-mar. (A) Esquema do embrião de ouriço-do-mar em quatro estados do desenvolvimento, mostrando a especificação progressiva do destino de células endodérmicas (superior) e o modelo regulador de genes correspondente a essa especificação de contribuições maternas e sinais dos fatores de transcrição reguladores *master* levando aos genes de diferenciação finais (inferior).
(B) Hibridação *in situ* fluorescente dupla a 24 horas pós-fertilização, mostrando a expressão restrita de *hox11/13b* apenas em células derivadas de veg1 (em vermelho), ao passo que a expressão de *foxa* está nas células derivadas de veg2 (em verde). (A, segundo Hinman e Cheatle Jarvela, 2014; B, de Peter e Davidson, 2011.)

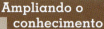

células vizinhas (ver Figura 3.16A). Os estudos mostram que a lógica reguladora pela qual os genes do ouriço-do-mar interagem para especificar e gerar tipos celulares característicos. Este conjunto de interconexões entre genes especificando tipos celulares é referido como uma **rede** regulatória **de genes** (**GRN**, do inglês, *gene regulatory network*), um termo cunhado originalmente pelo grupo de Davidson. Assim, cada linhagem celular, tipo celular e provavelmente cada célula individual pode ser definida pela GRN que ela possui naquele momento.

O desenvolvimento embrionário é uma enorme transação de informação, na qual os dados de sequência do DNA geram e direcionam todo o sistema de desdobramento de funções celulares específicas.

E. H. Davidson (2010)

 OS CIENTISTAS FALAM 3.4 Escute uma sessão de pergunta e resposta com a Dr. Marianne Bronner-Fraser sobre a GRN de células da crista neural da lampreia.

Mecanismos de transcrição gênica diferencial

Durante o século XX, descobrimos os atores do drama da transcrição gênica, mas só no século XXI os roteiros foram descobertos. Como se pode identificar os locais do gene onde um dado fator de transcrição se liga, ou onde nucleossomos com modificações específicas estão localizados? Como se pode determinar a "arquitetura reguladora" de genes individuais e do genoma completo? A capacidade recente de identificar sequências de ligação ao DNA específicas de proteínas usando a tecnologia ChIP-Seq mostrou que existem diferentes tipos de promotores e que eles usam diferentes roteiros para transcrever os seus genes. A **ChIP-Seq**, para "**sequenciamento por imunoprecipitação de cromatina**" (*Chromatin Immunoprecipitation-Sequencing*), é uma técnica que permite ao pesquisador usar fatores de transcrição conhecidos como "isca" para isolar as sequências de DNA que eles reconhecem especificamente (Johnson et al., 2007; Jothi et al., 2008). Detalharemos a metodologia ChIP-Seq na seção "Ferramentas" deste capítulo (ver Figura 3.37) e descreveremos a seguir o entendimento sobre expressão gênica diferencial que nos tem sido dado por ChIP-Seq.

Proteínas diferenciadas a partir de promotores de elevado e baixo conteúdo CpG

O ChIP-Seq deu uma reviravolta em muitas das nossas hipóteses relativas aos mecanismos pelos quais os promotores e estimuladores regulam a expressão gência diferencial. Acontece que nem todos os promotores são idênticos. Em vez disso, existem duas classes gerais de promotores que usam métodos diferentes para controlar a transcrição. Esses tipos de promotores são classificados como tendo relativamente elevado ou relativamente baixo número de sequências CpG, nas quais a metilação do DNA pode ocorrer.

- **Promotores de elevado conteúdo CpG** (**HCPs**, do inglês, *high CpG-content promoters*) são normalmente encontrados em "genes de controle do desenvolvimento", onde eles regulam a síntese de fatores de transcrição e outras proteínas reguladoras do desenvolvimento usadas na construção do organismo (Zeitlinger e Stark, 2010; Zhou et al., 2011). O estado-padrão desses promotores é ativo e eles precisam ser ativamente reprimidos por meio de metilação de *histona* (**FIGURA 3.17A**).

- **Promotores de baixo conteúdo CpG** (**LCPs**, do inglês, *low CpG-content promoters*) se encontram geralmente naqueles genes cujos produtos caracterizam as células maduras (p. ex., as globinas das hemácias, os hormônios de células pancreáticas e as enzimas que executam as funções normais de manutenção da célula). O estado-padrão desses promotores é inativo, mas eles podem ser ativados por fatores de transcrição (**FIGURA 3.17B**). Os nucleossomos nesses promotores têm relativamente poucas histonas modificadas no estado reprimido. Em vez disso, os seus sítios no DNA estão normalmente metilados e essa metilação é fundamental para impedir a transcrição. Quando o DNA se torna desmetilado, as histonas ficam modificadas com H3K4me3 e se dispersam, de forma que a RNA-polimerase II pode se ligar.

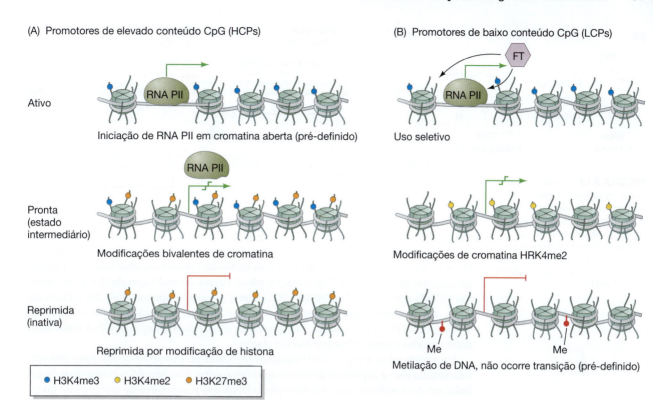

(A) Promotores de elevado conteúdo CpG (HCPs)

Ativo

Iniciação de RNA PII em cromatina aberta (pré-definido)

Pronta
(estado
intermediário)

Modificações bivalentes de cromatina

Reprimida
(inativa)

Reprimida por modificação de histona

● H3K4me3   ● H3K4me2   ● H3K27me3

(B) Promotores de baixo conteúdo CpG (LCPs)

FT
RNA PII

Uso seletivo

Modificações de cromatina HRK4me2

Me   Me

Metilação de DNA, não ocorre transição (pré-definido)

FIGURA 3.17 Regulação da cromatina em promotores HCPs e LCPs. Promotores com elevado ou baixo conteúdo CpG têm modos distintos de regulação. (A) Os HCPs encontram-se geralmente em estado ativo, com DNA não metilado e nucleossomos ricos em H3K4me3. A cromatina aberta permite que a RNA-polimerase II (RNA PII) se ligue. O estado de prontidão dos HCPs é bivalente, tendo tanto modificações ativadoras (H3K4me3), como repressoras (H3K27me3) dos nucleossomos. A RNA-polimerase II pode se ligar, mas não transcrever. O estado reprimido é caracterizado por modificação de histona repressora, mas não por metilação de DNA extensiva. (B) Os LCPs ativos, como os HCPs, têm nucleossomos ricos em H3K4me3 e baixa metilação, mas requerem estimulação por fatores de transcrição (TF, do inglês, *transcription factors*). Os LCPs prontos são capazes de ser ativados por fatores de transcrição e têm o DNA relativamente não metilado e os nucleossomos enriquecidos em H3K4me2. No seu estado habitual, os LCPs são reprimidos por nucleossomos de DNA metilado ricos em H3K27me3. (Segundo Zhou et al., 2011.)

Metilação do DNA, outro interruptor-chave da transcrição

Anteriormente neste capítulo, discutimos a metilação da histona e a sua importância para a transcrição. Agora, veremos como o próprio DNA pode ser metilado para regular a transcrição. De modo geral, os promotores de genes inativos estão metilados em certos resíduos de citosina, e as metilcitosinas resultantes estabilizam os nucleossomos e impedem a ligação de fatores de transcrição. Essa característica é particularmente importante para os promotores LCP.

Assume-se muitas vezes que um gene contém exatamente o mesmo número de nucleotídeos esteja ele no estado ativo ou inativo, isto é, o gene da β-globina que está ativado em um precursor da hemácia tem o mesmo número de nucleotídeos que o gene da β-globina inativo em um fibroblasto ou célula da retina do mesmo animal. Existe, porém, uma diferença sutil. Em 1948, R. D. Hotchkiss descobriu uma "quinta base" no DNA, **5-metilcitosina**. Em vertebrados, essa base é sintetizada enzimaticamente depois de o DNA ser replicado. Nesse momento, cerca de 5% das citosinas no DNA de mamífero são convertidas em 5-metilcitosina (**FIGURA 3.18A**). Esta conversão pode ocorrer apenas quando o resíduo de citosina é seguido por uma guanosina; em outras palavras, pode ocorrer apenas na sequência CpG (como veremos, essa restrição é importante). Inúmeros estudos têm demonstrado que o grau de metilação das citosinas em determinado gene pode controlar o nível de transcrição do gene. A metilação de citosinas parece ser um mecanismo importante na regulação da transcrição em muitos filos, mas a quantidade de metilação do DNA varia enormemente entre espécies. Por exemplo, a planta *Arabidopsis thaliana* tem uma das percentagens mais elevadas de citosinas metiladas

(A)

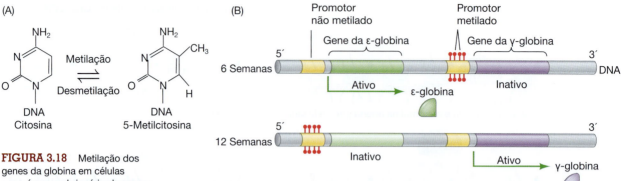

(B)

FIGURA 3.18 Metilação dos genes da globina em células sanguíneas embrionárias humanas. (A) Estrutura da 5-metilcitosina. (B) A atividade dos genes da β-globina humana correlaciona inversamente com a metilação dos seus promotores. (Segundo Mavilio et al., 1983.)

com 14%, o camundongo com 7,6% e a bactéria *E. coli* com 2.3% (Capuano et al., 2014). De modo curioso, durante anos os pesquisadores acharam que os organismos-modelo *Drosophila* e *C. elegans* não tinham citosinas metiladas, porém estudos recentes utilizando métodos mais sensíveis[12] detectaram níveis baixos de metilação do DNA em citosinas (0,034% em *Drosophila* e 0,0019-0,0033% em *C. elegans*; Capuano et al., 2014; Hu et al., 2015). Atualmente, usando os mesmos métodos de alta-resolução, não foi encontrada metilação de DNA em levedura. Por que a quantidade de metilação de DNA varia tanto entre espécies é ainda uma questão em aberto.

Em vertebrados, a presença de citosinas metiladas no promotor de um gene está correlacionada com a repressão de transcrição desse gene. Nas hemácias humanas e de galinha em desenvolvimento, por exemplo, o DNA dos promotores de globina está quase completamente desmetilado, ao passo que os mesmos promotores estão altamente metilados em células que não produzem globinas. Além disso, o padrão de metilação varia durante o desenvolvimento (**FIGURA 3.18B**). As células que produzem hemoglobina no embrião humano têm promotores desmetilados nos genes que codificam ε-globinas ("cadeias de globina embrionária") da hemoglobina embrionária. Esses promotores ficam metilados no tecido fetal, conforme os genes para a γ-globina específica fetal (em vez das cadeias embrionárias) ficam ativados (van der Ploeg e Flavell, 1980; Groudine e Weintraub, 1981; Mavilio et al., 1983). Do mesmo modo, quando a globina fetal é substituída pela (β) globina adulta, os promotores dos genes da globina fetal (γ) ficam metilados.

MECANISMOS PELOS QUAIS A METILAÇÃO DE DNA BLOQUEIA A TRANSCRIÇÃO A metilação do DNA parece atuar de duas formas para reprimir a expressão gênica. Primeiro, ela pode bloquear a ligação de fatores de transcrição a estimuladores. Vários fatores de transcrição podem se ligar a uma sequência determinada de DNA não metilado, mas não podem se ligar a esse DNA se uma das suas citosinas estiver metilada (**FIGURA 3.19**). Segundo, uma citosina metilada pode recrutar a ligação de proteínas que facilitam a metilação ou desacetilação de histonas, estabilizando, assim, os nucleossomos.

---

[12] O método utilizado em Capuano et al. (2014) foi a cromatografia líquida acoplada à espectrometria de massa (LC–MS/MS, do inglês, *liquid chromatography-tandem mass spectrometry*), que permitiu a detecção de 5-metilcitosina derivada do DNA, em vez de detecção potencial de RNA metilado.

(A) Fator de transcrição Egr1

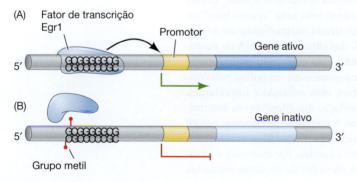

(B)

FIGURA 3.19 A metilação de DNA pode bloquear a transcrição, impedindo os fatores de transcrição de se ligarem à região do estimulador. (A) O fator de transcrição Egr1 pode ligar-se em sequências específicas de DNA, como 5′...GCGGGGGCG...3′, ajudando na ativação da transcrição desses genes. (B) Se o primeiro resíduo de citosina estiver metilado, porém, o Egr1 não pode se ligar, e o gene se manterá reprimido. (Segundo Weaver et al., 2005.)

Por exemplo, as citosinas metiladas podem se ligar a proteínas específicas, como MeCP2.[13] Uma vez conectado à citosina metilada, MeCP2 se liga a histona desacetilases e histona metiltransferases, que, respectivamente, removem grupos acetil (**FIGURA 3.20A**) e adicionam grupos metil (**FIGURA 3.20B**) nas histonas. Como resultado, os nucleossomos formam complexos firmes com o DNA e não permitem que outros fatores de transcrição e RNA-polimerases encontrem os genes. Outras proteínas, como HP1 e histona H1, irão se ligar e agregar a histonas metiladas (Fuks, 2005; Rupp e Becker, 2005). Desse modo, a cromatina reprimida fica associada com regiões onde há citosinas metiladas.

HERANÇA DOS PADRÕES DE METILAÇÃO DO DNA Outra enzima recrutada para a cromatina por MeCP2 é a DNA metiltransferase 3 (Dnmt3). Essa enzima metila citosinas previamente desmetiladas no DNA. Dessa forma, uma região relativamente grande pode ser reprimida. O novo padrão de metilação recentemente estabelecido é, então, transmitido à geração seguinte através da DNA metiltransferase-1 (Dnmt1). Esta enzima reconhece metilcitosinas em uma fita de DNA e coloca grupos metil na fita complementar recém-sintetizada (**FIGURA 3.21**; ver Bird, 2002; Burdge et al., 2007). É por isso que é necessário que o C esteja ao lado de um G na sequência. Então, em cada divisão celular, o padrão de metilação do DNA pode ser mantido. A fita recém-sintetizada (não metilada) ficará devidamente metilada quando Dnmt1 se liga a um metil C na sequência CpG antiga e metila a citosina da sequência CpG na fita complementar. Desse modo, uma vez que o padrão de metilação do DNA é estabelecido em uma célula, ele pode ser herdado estavelmente por toda a progênie dessa célula.

IMPRESSÃO GENÔMICA E METILAÇÃO DO DNA A metilação do DNA explica pelo menos um fenômeno muito intrigante, o da impressão genômica (Ferguson-Smith, 2011). Em geral, assume-se que os genes herdados pelo pai e os genes herdados pela mãe são equivalentes. De fato, a base para as proporções Mendelianas (e a análise do quadrado de Punnett usada para as ensinar) é que não importa se os genes vieram do espermatozoide ou do ovo. Em mamíferos, contudo, existem cerca de 100 genes para os quais isso importa (Consórcio Internacional do Epigenoma Humano).[14] Nesses casos, os cromossomos do macho e da fêmea não são equivalentes; apenas o alelo do gene derivado do espermatozoide ou apenas o derivado do ovócito é expresso. Assim, uma doença grave ou letal pode surgir se um mutante alelo é derivado de um dos pais, mas esse mesmo alelo mutante não terá nenhum efeito danoso se herdado do outro progenitor. Em alguns desses casos, o gene não funcionante foi tornado inativo por metilação de DNA. (Isso significa que um mamífero deve ter progenitores masculino e feminino. Ao contrário dos ouriços-do-mar, das moscas e até de alguns perus, os mamíferos não podem sofrer partogênese, ou nascimento "virgem".) Os grupos metil são colocados no DNA durante a espermatogênese e a ovogênese por uma série de enzimas que primeiro removem os grupos metil existentes da cromatina, e depois colocam novos sexo-específicos no DNA (Ciccone et al., 2009; Gu et al., 2011).

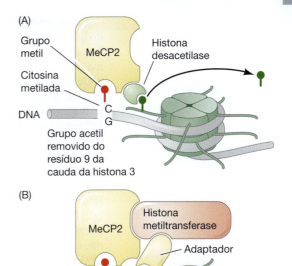

FIGURA 3.20 Modificando nucleossomos através de DNA metilado. O MeCP2 reconhece as citosinas metiladas do DNA. Ele se liga no DNA e é, então, capaz de recrutar (A) histona desacetilases (que retiram grupos acetil das histonas) ou (B) histona metiltransferases (que adicionam grupos metil nas histonas). Ambas as modificações promovem a estabilidade do nucleossomo e o empacotamento firme do DNA, reprimindo, assim, a expressão gênica nessas regiões de metilação de DNA. (Segundo Fuks, 2005.)

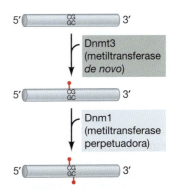

FIGURA 3.21 Duas DNA metiltransferases são extremamente importantes na modificação do DNA. A metiltransferase "*de novo*" Dnmt3 é capaz de colocar um grupo metil em citosinas não metiladas. A metiltransferase "perpétua" Dnmt1 reconhece Cs metiladas em uma fita e metila o C do par CG na fita oposta.

---

[13] A perda de MeCP2 em seres humanos é a principal causa de uma síndrome ligada ao cromossomo X que resulta em encefalopatia (doença do cérebro) e morte precoce em homens, mas a síndrome de Rett (uma doença neurológica que apresenta sintomas dentro do espectro do distúrbio do autismo) em mulheres. O mecanismo pelo MeCP2 que está vinculado a essas condições patológicas ainda não é conhecido, mas alguns estudos sugerem que ele atua através de uma via de sinalização (mTOR) para afetar a plasticidade sináptica (Pohodich e Zoghbi, 2015; Tsujimura et al., 2015).

[14] Uma lista de genes impressos (*imprinted*) de camundongo é mantida em www.mousebook.org/all-chromosomes-imprinting-chromosome-map.

Como descrito neste capítulo, o DNA metilado é associado com silenciamento estável do DNA tanto por (1) interferir com a ligação de fatores de transcrição ativadores de genes, como por (2) recrutar proteínas repressoras que estabilizam os nucleossonos de forma restritiva ao longo do gene. A presença de um grupo metil no sulco menor do DNA pode impedir que certos fatores de transcrição se liguem ao DNA, impedindo, assim, o gene de ser ativado (Watt eMolloy, 1988).

Por exemplo, durante etapas precoces do desenvolvimento de camundongo, o gene *Igf2* (para fator de crescimento de insulina 2, do inglês, *insulin growth factor 2*) é transcrito apenas a partir do cromossomo 7 derivado do espermatozoide (paterno). O gene *Igf2* derivado do ovo (materno) não funciona durante o desenvolvimento embrionário, porque a proteína CTFC é um inibidor que pode bloquear o promotor de receber os sinais de ativação dos estimuladores. A proteína CTFC liga-se a uma região próxima ao gene *Igf2* em fêmeas porque essa região não é metilada. Uma vez ligada, ela impede o gene *Igf2*, derivado maternalmente, de funcionar. No cromossomo derivado paternalmente, a região onde o CTFC se ligaria está metilada. O CTFC não consegue se ligar, e o gene não é inibido de funcionar (**FIGURA 3.22**; Bartolomei et al., 1993; Ferguson-Smith et al., 1993; Bell e Felsenfeld, 2000).

Em humanos, a desregulação da metilação de IGF2 causa a síndrome de Beckwith-Wiedemann. Apesar de a metilação do DNA ser o mecanismo para a "impressão" desse gene tanto em camundongos como em humanos, os mecanismos responsáveis para a metilação diferencial de Igf2 entre o espermatozoide e o ovócito parecem ser muito diferentes nas duas espécies (Ferguson-Smith et al., 2003; Walter e Paulsen, 2003). A metilação diferencial é um dos mecanismos de alterações epigenéticas mais importantes e é um reconhecimento que um organismo não pode ser explicado apenas pelos seus genes. Será preciso conhecimento de parâmetros de desenvolvimento (como se o gene foi modificado pelo gameta que o transmitiu) e genéticos também.

TÓPICO NA REDE 3.4 **CROMATINA DE PRONTIDÃO** Aprenda mais sobre o estado de prontidão da cromatina, que usa os promotores de elevado conteúdo CpG para respostas transcricionais rápidas a sinais do desenvolvimento.

TÓPICO NA REDE 3.5 **DIMINUIÇÃO DA CROMATINA** A inativação ou eliminação de cromossomos inteiros não é incomum em invertebrados e por vezes é usada como mecanismo de determinação sexual. Em alguns organismos, partes dos cromossomos condensam e quebram, de forma que apenas as células germinativas têm o complemento de cromatina completo.

TÓPICO NA REDE 3.6 **O PAPEL DO ENVELOPE NUCLEAR NA REGULAÇÃO GÊNICA** Existe evidência de que muitos genes são regulados por enzimas que estão localizadas no envelope nuclear. A parte interna do envelope nuclear (a lâmina nuclear) pode ser crucial na ativação e no silenciamento da transcrição.

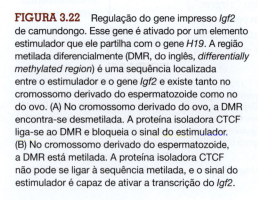
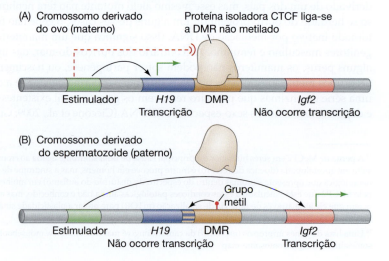

FIGURA 3.22 Regulação do gene impresso *Igf2* de camundongo. Esse gene é ativado por um elemento estimulador que ele partilha com o gene *H19*. A região metilada diferencialmente (DMR, do inglês, *differentially methylated region*) é uma sequência localizada entre o estimulador e o gene *Igf2* e existe tanto no cromossomo derivado do espermatozoide como no do ovo. (A) No cromossomo derivado do ovo, a DMR encontra-se desmetilada. A proteína isoladora CTCF liga-se ao DMR e bloqueia o sinal do estimulador. (B) No cromossomo derivado do espermatozoide, a DMR está metilada. A proteína isoladora CTCF não pode se ligar à sequência metilada, e o sinal do estimulador é capaz de ativar a transcrição do *Igf2*.

(A) Cromossomo derivado do ovo (materno)

Proteína isoladora CTCF liga-se a DMR não metilado

Estimulador   *H19*   DMR   *Igf2*
Transcrição   Não ocorre transcrição

(B) Cromossomo derivado do espermatozoide (paterno)

Grupo metil

Estimulador   *H19*   DMR   *Igf2*
Não ocorre transcrição   Transcrição

Processamento diferencial de RNA

A regulação da expressão gênica não está limitada à transcrição diferencial de DNA. Mesmo se um determinado transcrito de RNA for sintetizado, não há garantia de que ele dê origem a uma proteína funcional na célula. Para ser uma proteína ativa, o RNA nuclear tem de ser (1) processado em RNA mensageiro por meio da remoção de íntrons, (2) translocado do núcleo para o citoplasma e (3) traduzido pelo aparelho de síntese proteica. Em alguns casos, mesmo a proteína recém-sintetizada não está na forma madura e deve ser (4) modificada pós-traducionalmente para se tornar ativa. A regulação durante o desenvolvimento pode ocorrer em qualquer uma destas etapas.

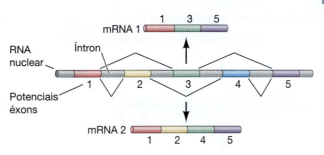

FIGURA 3.23 Processamento diferencial de RNA. Por convenção, os percursos do *splicing* são representados por linhas em forma de V. O *splicing* diferencial pode processar o mesmo RNA nuclear em diferentes mRNAs ao usar seletivamente diferentes éxons.

Em bactérias, a expressão gênica diferencial pode ser efetuada a níveis de transcrição, tradução e modificação de proteína. Em eucariotos, porém, existe um outro nível de regulação possível: controle a nível de processamento e transporte de RNA. **Processamento diferencial de RNA** é o *splicing* de precursores de mRNA em mensagens que especificam diferentes proteínas ao usarem diferentes combinações de potenciais éxons. Se um precursor de mRNA tiver cinco potenciais éxons, uma célula pode usar os éxons 1, 2, 4 e 5; um outro tipo celular diferente pode usar os éxons 1, 2 e 3; e um outro tipo celular, ainda, pode usar todos os cinco (**FIGURA 3.23**). Assim, um único gene pode dar origem a uma família inteira de proteínas. As diferentes proteínas codificadas por um mesmo gene são chamadas de **isoformas de *splicing*** de uma proteína.

Criando famílias de proteínas por splicing *diferencial de nRNA*

O **splicing alternativo de nRNA** é um modo de produzir uma variedade de proteínas a partir de um mesmo gene, e a maioria dos genes dos vertebrados fazem nRNAs que sofrem **splicing alternativo**[15] (Wang et al., 2008; Nilsen e Graveley, 2010). O nRNA de vertebrado médio consiste em vários éxons relativamente curtos (com 140 bases em média) separados por íntrons, que são normalmente muito mais longos. A maioria dos nRNAs de mamífero contém inúmeros éxons. Ao fazer *splicing* de diferentes conjuntos de éxons, células diferentes podem fazer diferentes tipos de mRNAs, e, logo, diferentes proteínas. O *reconhecimento* de uma sequência de nRNA como éxon ou como íntron é uma etapa crucial na regulação gênica.

O *splicing* alternativo de nRNA baseia-se na determinação de quais sequências sofrerão *splicing* como íntrons, o que pode ocorrer de diferentes maneiras. A maioria dos genes contém **sequências consenso** nas extremidades 5' ou 3' dos íntrons. Essas sequências são os "sítios de *splicing*" do íntron. O *splicing* do nRNA é mediado por complexos conhecidos como **espliceossomos** que se ligam aos sítios de *splicing*. Os espliceossomos são constituídos por pequenos RNAs nucleares (snRNAs) e por proteínas chamadas **fatores de *splicing*** que se ligam nos sítios de *splicing* ou em regiões adjacentes a eles. Ao produzirem diferentes fatores de *splicing*, as células podem ter diferentes capacidades de reconhecer uma mesma sequência como íntron. Com isso, queremos dizer que uma sequência que é um *éxon* em determinado tipo celular pode ser um *íntron* em outro (**FIGURA 3.24A, B**). Em outros casos, os fatores em uma célula podem reconhecer diferentes sítios 5' (no início do íntron) ou diferentes sítios 3' (no final do íntron; **FIGURA 3.24C, D**).

O sítio de *splicing* 5' é normalmente reconhecido *pelo pequeno nRNA* U1 (U1 snRNA) e o fator de *splicing* 2 (SF2; também conhecido como fator de *splicing* alternativo). A escolha de sítios de *splicing* 3' alternativos é muitas vezes controlada pelo sítio de *splicing* que melhor se liga à proteína U2AF. O espliceossomo forma-se quando as proteínas que se acumulam no sítio de *splicing* 5' entram em contato com as proteínas ligadas ao sítio de *splicing* 3'. Quando as extremidades 5' e 3' se aproximam, o íntron por elas delimitado é excisado, e os dois éxons são unidos.

---

[15] Mutações podem geram eventos de *splicing* espécie-específicos, e diferenças tecido-específicas em *splicing* de nRNA entre as espécies de vertebrados ocorrem entre 10 e 100 vezes mais que variações na transcrição gênica (Barbosa-Morais et al., 2012; Merkin et al., 2012).

(A) Cassete éxon: procolágeno tipo II

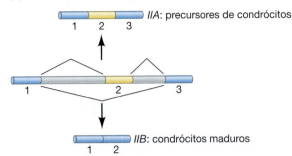

(B) Éxons mutuamente exclusivos: FgfR2

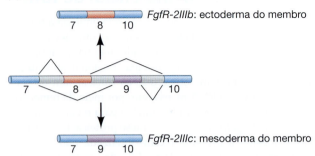

(C) Sítio de *splicing* alternativo 5′: *Bcl-x*

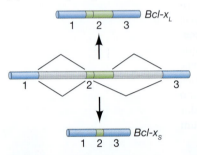

(D) Sítio de *splicing* alternativo 3′: chordin

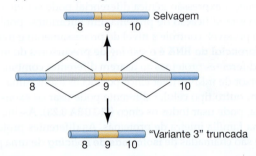

FIGURA 3.24 Alguns exemplos de *splicing* alternativo de RNA. As porções azuis e coloridas das barras representam éxons; as cinzentas representam íntrons. Padrões de *splicing* alternativo são mostrados com linhas em forma de V. (A) uma "Cassete" (em amarelo) que pode ser usada como um éxon ou retirada como um íntron e que distingue os colágenos de tipo II de precursores de condrócitos e condrócitos maduros (células da cartilagem). (B) Éxons mutuamente exclusivos distinguem receptores do fator de crescimento de fibroblastos que se encontram no ectoderma do membro dos que se encontram no mesoderma do membro. (C) Seleção do sítio de *splicing* alternativo 5′, como o usado para gerar as isoformas grande e pequena da proteína Bcl-X. (D) Sítios de *splicing* alternativo 3′ são usados para gerar as formas normal e truncada de Chordin. (Segundo McAlinden et al., 2004.)

Em alguns casos, os RNAs gerados por *splicing* alternativo produzem proteínas que têm papéis similares, porém distinguíveis, na mesma célula. As diferentes isoformas da proteína WT1 desempenham funções diferentes no desenvolvimento das gônadas e dos rins. A isoforma sem o éxon extra atua como fator de transcrição durante o desenvolvimento dos rins, ao passo que a isoforma que contém o éxon extra parece ser fundamental durante o desenvolvimento testicular (Hammes et al., 2001; Hastie, 2001).

O gene *Bcl-x* constitui um bom exemplo de como o *splicing* alternativo do nRNA pode fazer uma enorme diferença na função de uma proteína. Se uma dada sequência de DNA é usada como éxon, a "grande proteína Bcl-X", ou Bcl-X$_L$ (do inglês, L = *large*), é produzida (ver Figura 3.24C). Essa proteína inibe a morte celular programada. Se, no entanto, essa sequência é considerada como íntron, a "pequena proteína Bcl-X" (Bcl-X$_S$, do inglês, S = *small*) é produzida, e ela induz morte celular. Muitos tumores têm uma quantidade acima do normal de Bcl-X$_L$.

Se após esta discussão você ficou com a impressão de que um gene com uma dúzia de íntrons poderia literalmente gerar milhares de proteínas diferentes, mas relacionadas, por meio de *splicing* alternativo, você está provavelmente correto. O campeão atual em fazer múltiplas proteínas a partir do mesmo gene é o gene *Dscam* de *Drosophila*[16]. Esse gene codifica uma proteína de adesão de membrana que impede os dendritos de um mesmo neurônio de interagirem (Wu et al., 2012). *Dscam* contém 115 éxons. Além disso, uma dúzia de sequências de DNA adjacentes diferentes podem ser selecionadas para serem o éxon 4, e mais de 30 sequências de DNA adjacentes mutuamente exclusivas podem se converter nos éxons 6 e 9, respectivamente (**FIGURA 3.25A**; Schmucker et al., 2000). Se todas as combinações possíveis de éxons forem usadas, este único gene pode dar origem a 38.016 proteínas diferentes, e buscas randômicas para essas combinações indicam que uma grande porção delas, são, efetivamente, produzidas. O nRNA de *Dscam* sofre *splicing* alternativo em neurônios diferentes, e quando dois dendritos do mesmo neurônio que expressa *Dscam* se tocam, eles se repelem (Wu et al., 2012; **FIGURA 3.25B**).

---

[16] DSCAM (*molécula de adesão celular da síndrome de Down*) é um gene encontrado na região de "síndrome de Down" do cromossomo 21. Ele codifica para uma proteína de adesão celular que funciona por meio de ligações homofílicas importantes para o direcionamento axonal.

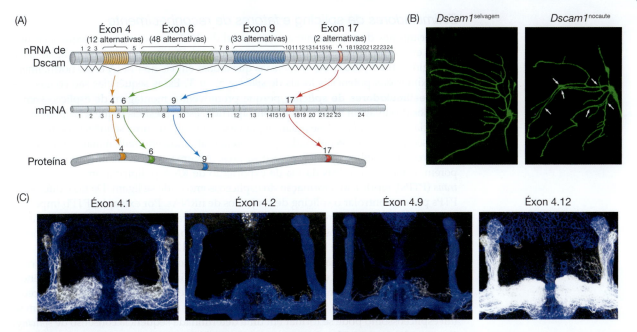

FIGURA 3.25 O gene *Dscam* de *Drosophila* pode originar 38.016 tipos diferentes de proteínas por *splicing* alternativo. (A) O gene contém 24 éxons. Os éxons 4, 6, 9 e 17 são codificados por conjuntos de possíveis sequências mutuamente exclusivas. Cada RNA mensageiro irá conter uma das 12 sequências possíveis para o éxon 4, uma das 48 alternativas para o éxon 6, uma das 33 alternativas possíveis para o éxon 9 e uma das duas sequências possíveis para o éxon 17. O gene *Dscam* de *Drosophila* é homólogo de uma sequência de DNA no cromossomo 21 humano e é expresso no sistema nervoso. Distúrbios desse gene em seres humanos podem contribuir para os defeitos neurológicos da síndrome de Down. (B) *Dscam* é necessária para que os dendritos que possuem um padrão disperso se autoevitem (à esquerda). A perda de *Dscam* em *Drosophila*, porém, causa cruzamento e crescimento fasciculado de dentritos do mesmo neurônio (à direita; setas). (C) Expressão de formas alternativas de *splicing* de *Dscam* (4.1, 4.2, 4.9, 4.12) em populações isoladas de neurônio do corpo de cogumelo (em branco) em cérebros de mosca em estágio médio de pupa. Os lobos completos do corpo de cogumelo e as células de Kenyon associadas são observados com anticorpos anti-Fasciculina II e anti-Dachshund, respectivamente (em azul). (A, segundo Yamakawa et al., 1998; Saito et al., 2000; B, de Wu et al., 2012; C, de Miura et al., 2013.)

Esta repulsão promove a ramificação extensiva dos dendritos e assegura que as sinapses axônio-dendrito ocorram corretamente entre neurônios. Parece que as milhares isoformas de *splicing* sejam necessárias para assegurar que cada neurônio adquira uma identidade única (**FIGURA 3.25C**; Schmucker, 2007; Millard e Zipursky, 2008; Miura et al., 2013). Além disso, a combinação das isoformas Dscam1 expressas pode variar em um dado neurônio a cada ciclo de síntese de RNA! Essas alterações oportunas de *splicing* alternativo podem dar-se em resposta a interações neurônio-neurônio durante o processo de arborização dendrítica. O genoma da *Drosophila* contém apenas cerca de 14 mil genes, mas aqui um único gene codifica para três vezes mais o número de proteínas!

TÓPICO NA REDE 3.7 **CONTROLE DO DESENVOLVIMENTO PRECOCE POR SELEÇÃO DO RNA NUCLEAR** Para além do *splicing* alternativo de nRNA, o estágio de RNA nuclear em mRNA pode também ser regulado por "censura" de RNA – selecionando quais transcritos nucleares são processados em mensagens citoplasmáticas. Diferentes células selecionam diferentes transcritos nucleares a serem processados e enviados para o citoplasma como RNA mensageiro.

TÓPICO NA REDE 3.8 **ENTÃO VOCÊ ACHA QUE SABE O QUE É UM GENE?** Diferentes cientistas têm diferentes definições, e a natureza tem nos dado alguns exemplos problemáticos de sequências de DNA que podem ou não ser consideradas genes.

Ampliando o conhecimento

Pensa-se que cerca de 92% dos genes humanos produzem múltiplos tipos de mRNAs. Assim, apesar de o genoma humano conter 20 mil genes, o seu proteoma – o número e tipo de proteínas codificadas pelo genoma – é muito maior e mais complexo. "Os genes humanos são multifuncionais", observa Christopher Burge, um dos cientistas que calculou esse número (Ledford, 2008). Este fato explica um paradoxo importante. O *Homo sapiens* tem cerca de 20 mil genes em cada núcleo; assim como o nemátodo *C. elegans*, uma criatura tubular com apenas 959 células. Nós temos mais células e mais tipos celulares em uma haste de um pelo que o *C. elegans* em todo o seu corpo. O que faz esse verme com aproximadamente o mesmo número de genes que nós?

Estimuladores de splicing *e fatores de reconhecimento*

Os mecanismos de processamento diferencial de RNA envolvem tanto sequências que atuam em *cis* no nRNA, como fatores proteicos que atuam em *trans* que se ligam a essas regiões (Black, 2003). As sequências que atuam em cis no nRNA estão normalmente próximas dos potenciais locais de *splicing* 5′ ou 3′. Essas sequências são conhecidas como **estimuladores de *splicing*** porque promovem a montagem de espliceossomos em sítios de clivagem de RNA (em contrapartida, essas mesmas sequências podem ser "silenciadores de *splicing*" se atuarem para excluir éxons de uma sequência de mRNA). Essas sequências são reconhecidas por proteínas atuando em *trans*, a maioria das quais pode recrutar espliceossomos para essa área. Algumas proteínas atuando em *trans*, porém, como as proteínas da via de exportação de RNA polipirimidinas atuando em *trans* (PTPs), reprimem a formação do espliceossomo onde se ligam. De fato, diferentes PTPs podem controlar o splicing de conjuntos de nRNAs. Por exemplo, PTPb impede o *splicing* específico de neurônio adulto dos nRNAs neurais que controlam destino celular, proliferação celular e citosqueleto de actina, mantendo, assim, os precursores neuronais em estado proliferativo e imaturo (Licatalosi et al., 2012).

A seleção de determinados éxons é determinada não apenas pelas sequências de consenso de ligação de espliceossomo, como também por inúmeros elementos de sequência que são reconhecidos por fatores reguladores que podem regular a ligação do espliceossomo (Ke e Chasin, 2011). Os estimuladores de *splicing* na sequência de RNA regulam se um espliceossomo pode se formar em uma determinada sequência consenso de *splicing*. Como pode ser esperado, alguns estimuladores de *splicing* parecem ser específicos para determinados tecidos. Estimuladores de *splicing* músculo-específico foram identificados perto dos éxons que caracterizam mensagens de células musculares. São reconhecidos por certas proteínas que se encontram nas células musculares desde cedo no desenvolvimento (Ryan e Cooper, 1996; Charlet-B et al., 2002). A presença deles é capaz de competir com a PTP, que, de outro modo, impediria a inclusão do éxon específico de músculo na mensagem madura. Desse modo, uma bateria inteira de isoformas músculo-específicas pode ser gerada. O fato de o *splicing* ser contexto-dependente, porém, é demasiado complexo para ser caracterizado apenas por comparação de sequências. Estudos computacionais nos quais o computador é solicitado que identifique (1) a combinação de elementos de sequência, (2) a proximidade dessas sequências às junções de *splicing* e (3) as diferenças do resultado de *splicing* em diferentes tipos celulares estão proporcionando o nosso primeiro olhar sobre o "código de *splicing*", que pode permitir prever quais éxons persistirão em uma célula e não em outras (Barash et al., 2010).

As mutações nos sítios de *splicing* podem levar a fenótipos alternativos no desenvolvimento. A maioria das mutações em sítios de *splicing* leva a proteínas não funcionais e a doenças graves. Por exemplo, uma única alteração de base na extremidade 5′ do íntron 2 no gene humano da β-globina impede a ocorrência de *splicing* e origina um mRNA não funcional (Baird et al., 1981). Isso causa a ausência de qualquer β-globina desse gene e, consequentemente, um tipo grave de anemia (e, em geral, potencialmente fatal). Do mesmo modo, uma mutação no gene da *distrofina* em um sítio determinado de *splicing* causa o pulo desse éxon e uma forma grave de distrofia muscular (Sironi et al., 2001). Em pelo menos um desses casos de *splicing* aberrante, a mutação no sítio de *splicing* não era perigosa e, na verdade, conferiu mais força ao paciente. Nesse caso, Schuelke e colaboradores (2004) descreveram uma família na qual indivíduos de quatro gerações tinham uma mutação no sítio de *splicing* do gene da *miostatina*. Entre os membros dessa família estavam atletas profissionais e uma criança de 4 anos capaz de segurar dois halteres de 3 kg com os braços totalmente estendidos. O produto do gene normal da *miostatina* é um fator que diz às células precursoras de músculo que parem de se dividir; isto é, um regulador negativo. Em mamíferos (incluindo humanos e camundongos) com essa mutação, o fator é não funcional, e os precursores de músculo não são instruídos a se diferenciarem antes de terem sofrido muito mais ciclos de divisão celular; o resultado são músculos maiores (**FIGURA 3.26**).

Controle da expressão gênica ao nível da tradução

O *splicing* de RNA nuclear está intimamente ligado com a sua exportação através de poros nucleares para o citoplasma. Conforme os íntros são removidos, proteínas específicas

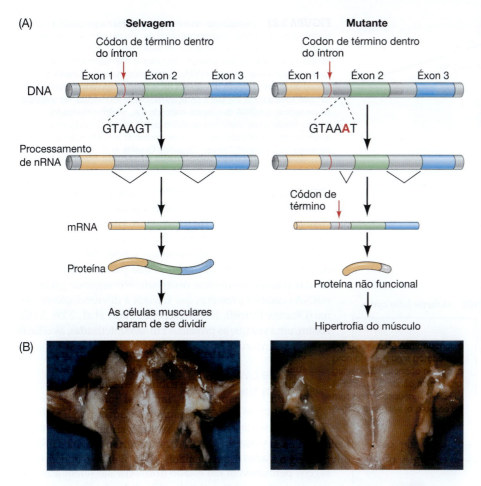

(A)

Selvagem

Códon de término dentro do íntron

Éxon 1   Éxon 2   Éxon 3

DNA

GTAAGT

Processamento de nRNA

mRNA

Proteína

As células musculares param de se dividir

Mutante

Codon de término dentro do íntron

Éxon 1   Éxon 2   Éxon 3

GTAA**A**T

Códon de término

Proteína não funcional

Hipertrofia do músculo

(B)

FIGURA 3.26 Hipertrofia muscular por meio de *splicing* incorreto de RNA. Esta mutação resulta em deficiência do regulador negativo de crescimento das células de músculo, a miostatina. (A) Análise molecular da mutação. Não há mutação na sequência codificante do gene, porém, no primeiro íntron, uma mutação de um G em um A origina um novo sítio de *splicing* (e amplamente utilizado), que causa *splicing* aberrante do nRNA e a inclusão precoce de um códon de término de síntese proteica no mRNA. Assim, as proteínas sintetizadas a partir desse mensageiro são curtas e não funcionais. (B) Musculatura peitoral de um "super camundongo" com a mutação (à direita) comparado músculos de um camundongo selvagem (à esquerda). (A, segundo Schuelke et al., 2004; B, de McPherron et al., 1997, cortesia de A. C. McPherron.)

ligam-se ao espliceossomo e fixam o complexo espliceossomo-RNA aos poros nucleares (Luo et al., 2001; Strässer e Hurt, 2001). As proteínas que revestem as extremidades 5′ e 3′ do RNA também mudam. A proteína quepe nuclear que se liga em 5′ é substituída pelo *fator de início de tradução eucariótica eIF4E*, e a cauda poliA fica ligada pela proteína citoplasmática ligadora de poliA. Apesar de ambas as modificações facilitarem o início da transcrição, não há garantia de que o RNA seja traduzido uma vez que chegue ao citoplasma. O controle da expressão gênica a nível da tradução pode ocorrer de diferentes formas; algumas das mais importantes são descritas abaixo.

Longevidade diferencial do mRNA

Quanto mais um mRNA persistir, mais proteína pode ser traduzida a partir dele. Se um mensageiro com uma semivida relativamente curta fosse seletivamente estabilizado em determinadas células em determinados momentos, ele produziria quantidades maiores dessa proteína específica apenas nesses momentos e locais.

A estabilidade de uma mensagem depende frequentemente do comprimento da sua cauda poliA. O comprimento, por sua vez, depende em grande parte das sequências na região 3′ UTR, algumas das quais permitem caudas poliA mais longas que outras. Se essas 3′ UTRs forem trocadas experimentalmente, as semividas dos mRNAs resultantes são alteradas: as mensagens de longa vida decairão rapidamente, ao passo que os mRNAs que normalmente são de vida curta permanecerão mais tempo (Shaw e Kamen, 1986; Wilson e Treisman, 1988; Decker e Parker, 1995).

Em alguns casos, mRNAs são seletivamente estabilizados em momentos específicos em células específicas. O mRNA da caseína, a principal proteína do leite, tem uma semivida de 1,1 horas no tecido da glândula mamária de rato. Durante períodos de aleitamento, no entanto, a presença do hormônio prolactina aumenta a semivida para 28,5 horas

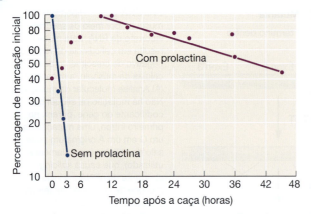

FIGURA 3.27 Degradação do mRNA da caseína na presença e ausência de prolactina. Células mamárias de rato em cultura recebem um pulso de precursores radioativos de RNA (pulso) e, passado um certo tempo, foram lavadas e receberam precursores não radioativos (caça). Esse procedimento marca o mRNA de caseína sintetizado durante o tempo de pulso. O mRNA da caseína foi, então, isolado em diferentes tempos após a caça, e a sua marcação radioativa foi medida. Na ausência de prolactina, o mRNA de caseína marcado (i.e., recém-sintetizado) decaiu rapidamente, com uma semivida de 1,1 horas. Quando o mesmo experimento foi realizado com um meio contendo prolactina, a semi-vida foi aumentada para 28,5 horas. (Segundo Guyette et al., 1979.)

(**FIGURA 3.27**; Guyette et al., 1979). No desenvolvimento do sistema nervoso, um conjunto de proteínas que se ligam ao RNA, chamadas de **proteínas Hu** (HuA, HuB, HuC e HuD), estabiliza dois grupos de mRNA que, de outra forma, se deteriorizariam rapidamente (Perrone-Bizzozero e Bird, 2013). Um grupo de mRNAs-alvo codifica proteínas que param a divisão celular das células precursoras neuronais, e o segundo grupo de mRNAs codifica proteínas que iniciam a diferenciação neuronal (Okano e Darnell, 1997; Deschênes-Furry et al., 2006, 2007). Assim, uma vez que as proteínas Hu são sintetizadas, as células precursoras neuronais podem se tornar neurônios.[17]

mRNAs de ovócito armazenados: inibição seletiva da tradução de mRNA

Alguns dos casos mais notáveis da regulação da expressão gênica por regulação traducional ocorrem no ovócito. Antes da meiose, o ovócito muitas vezes sintetiza e armazena mRNAs que serão usados apenas caso ocorra a fertilização. Essas mensagens permanecem em estado dormente até serem ativadas por sinais iônicos (discutido nos Capítulos 6 e 7) que se espalham por todo o ovócito durante a ovulação ou fertilização.

Alguns desses mRNAs estocados codificam para proteínas que serão necessárias durante a clivagem, quando o embrião sintetiza quantidades enormes de cromatina, membranas celulares e componentes do citosqueleto. Estes mRNAs maternos incluem as mensagens para proteínas histonas, os transcritos das proteínas actina e tubulina do citosqueleto e os mRNAs para as proteínas ciclinas que regulam o momento das primeiras divisões celulares (Raff et al., 1972; Rosenthal et al., 1980; Standart et al., 1986). Os mRNAs estocados e as proteínas são conhecidas como **contribuições maternas** (produzidas a partir do genoma materno), e, em muitas espécies (incluindo ouriço-do-mar, *Drosophila* e peixe-zebra), a manutenção da velocidade e o padrão normais de divisão celular não requerem DNA ou sequer um núcleo! Em vez disso, requerem síntese proteica continuada a partir dos mRNAs armazenados de contribuição materna (**FIGURA 3.28**; Wagenaar e Mazia, 1978; Edgar et al., 1994; Dekens et al., 2003). O mRNA armazenado também codifica para proteínas que determinam os destinos celulares. Eles incluem as mensagens para bicoid,

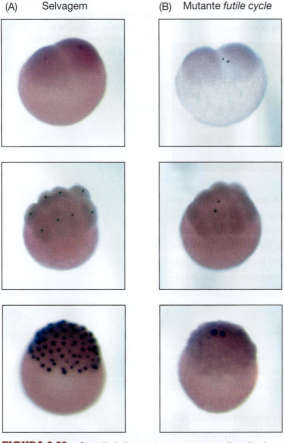

(A) Selvagem (B) Mutante *futile cycle*

FIGURA 3.28 Contribuições maternas para a replicação de DNA na blástula de peixe-zebra. (A) Blástulas selvagens mostram núcleos marcados com BrdU (em azul) em todas as células. (B) Apesar do número correto de células presentes nos mutantes "futile cycle", elas apresentam consistentemente apenas dois núcleos marcados, indicando que esses mutantes não conseguem sofrer fusão pró-nuclear. Mesmo na ausência de qualquer DNA zigótico, as primeiras clivagens progridem perfeitamente devido à presença de contribuições maternas. Contudo, os mutantes *"futile cycle"* param de se desenvolver no início da gastrulação. (De Dekens et al., 2003.)

[17] De modo curioso, várias isoformas resultantes de *splicing* alternativo foram descobertas para a HuD de camundongo que apresentam expressão diferencial, posições intracelulares diferentes (mecanismo regulador pós-traducional) e consequências funcionais diferentes para a sobrevivência e diferenciação neurais (Hayashi et al., 2015).

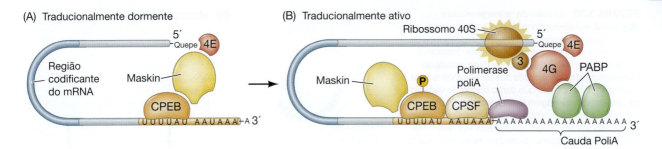

(A) Traducionalmente dormente

(B) Traducionalmente ativo

FIGURA 3.29 Regulação traducional em ovócitos. (A) Em ovócitos de *Xenopus*, as extremidades 3´ e 5´ do mRNA são reunidas por maskin, uma proteína que liga CPEB na extremidade 3´ e o fator iniciador eucarioto 4E (eIF4E) na extremidade 5´. Maskin bloqueia o início da tradução ao impedir eIF4E de se ligar a eIF4G. (B) Quando estimulada por progesterona durante a ovulação, a cinase fosforila CPEB, que pode, então, ligar-se a CPSF. CPSF pode ligar a polimerase poliA e iniciar o crescimento da cauda poliA. A proteína ligadora de poliA (PABP) pode ligar-se a essa cauda e depois ligar eIF4G de modo estável. Este fator de iniciação pode, então, ligar eIF4E e, por meio da sua associação com eIF3, posicionar uma subunidade ribossomal 40S no RNAm. (Segundo Mendez e Richter, 2001.)

caudal e nanos que providenciam informação no embrião de *Drosophila* para a formação da cabeça, do tórax e do abdome. Então, a certo ponto, cada um de nós deveria agradecer em voz alta às nossas mães por nos darem aqueles transcritos desde cedo.

A maior parte da regulação traducional em ovócitos é negativa porque o "estado padrão" do mRNA materno é se encontrar disponível para tradução. Assim, tem de haver inibidores impedindo a tradução desses mRNAs no ovócito, e estes inibidores, de alguma forma, têm de ser removidos nos momentos apropriados perto da fertilização. As regiões 5' quepe e 3' UTR parecem ser especialmente importantes na regulação da acessibilidade do mRNA aos ribossomos. Se o 5' quepe não for sintetizado ou se a 3' UTR não tiver a cauda poliA, a mensagem provavelmente não será traduzida. Os ovócitos de muitas espécies têm "usado esses fins e meios" para regular a tradução dos seus mRNAs. Por exemplo, o ovócito de manduca sexta produz alguns dos seus mRNAs sem os quepes 5' metilados. Nesse estado, eles não podem ser eficientemente traduzidos. Na fertilização, porém, uma metiltransferase completa a formação dos quepes, e esses mRNAs podem então ser traduzidos (Kastern et al., 1982).

Em ovócitos de anfíbios, as extremidades 5' e 3' de muitos mRNAs estão unidas por estruturas em alça repressivas por uma proteína chamada **maskin** (Stebbins-Boaz et al., 1999; Mendez e Richter, 2001). Maskin liga as extremidades 5' e 3' em círculo ao se ligar a duas outras proteínas, cada uma em extremidades opostas da mensagem. Primeiro, ela liga-se à **proteína de ligação ao elemento de poliadenilação citoplasmático** (**CPEB**, do inglês, *cytoplasmic polyadenylation-element-binding protein*) ligada à sequência UUUUAU na 3' UTR; segundo, maskin também se liga ao fator eIF4E que está ligado à sequência quepe. Em tal configuração, o mRNA não pode ser traduzido (**FIGURA 3.29A**). Pensa-se que a ligação de eIF4E a maskin impeça a ligação de eIF4E a eIF4G, um fator de início de tradução extremamente importante que traz a pequena subunidade ribossomal ao mRNA.

Mendez e Richter (2001) propuseram um cenário complexo para explicar como o mRNA ligado apor maskin pode ser traduzido próximo à fertilização. Durante a ovulação (quando o hormônio progesterona estimula as últimas divisões meióticas do ovócito e este é liberado para fertilização), uma cinase ativada por progesterona fosforila a proteína CPEB. CPEB fosforilada pode agora ligar-se ao fator específico de clivagem e poliadenilação, CPSF (Mendez et al., 2000; Hodgman et al., 2001). A proteína CPSF ligada fica em 3' UTR e forma um complexo com uma polimerase que alonga a cauda poliA do mRNA. O aspecto importante desse modelo é que o que está sendo manipulado para controlar a tradução é o comprimento da cauda poliA. Em ovócitos, uma mensagem com uma cauda poliA curta não é degradada, porém essas mensagens também não são traduzidas. Uma vez que a cauda é alongada, contudo, moléculas da proteína ligadora de poliA (PABP) podem se ligar à cauda crescente. A PABP estabiliza a interação de eIF4G com eIF4E (prevalecendo sobre maskin) para facilitar a montagem ribossomal à volta do mRNA e iniciar a tradução (**FIGURA 3.29B**).

No ovócito de *Drosophila*, a proteína Bicoid inicia a formação da cabeça e do tórax. Bicoid pode atuar tanto como fator de transcrição (ativando genes como *hunchback*, que são necessários para formar a região anterior da mosca), quanto inibidor translacional daqueles genes como *caudal*, que são críticos para fazer a região posterior da mosca (ver Capítulos 2 e 9). Bicoid inibe a tradução do mRNA de *caudal* por meio da ligação ao "elemento de reconhecimento de bicoid", uma série de nucleotídeos na 3' UTR

FIGURA 3.30 Modelo de heterogeneidade ribossomal em camundongos. (A) Os ribossomos têm proteínas ligeiramente diferentes dependendo do tecido em que se encontram. A proteína ribossomal Rpl38 (i.e., a proteína 38 da subunidade grande do ribossomo) está concentrada nos ribossomos que se encontram nos somitos que darão origem às vértebras. (B) Um embrião selvagem (à esquerda) tem vérterbas normais e tradução normal do gene *Hox*. Camundongos deficientes em Rpl38 têm um par supranumerário de vértebras, deformações na cauda e tradução reduzida de genes *Hox*. (Segundo Kondrashov et al., 2011.)

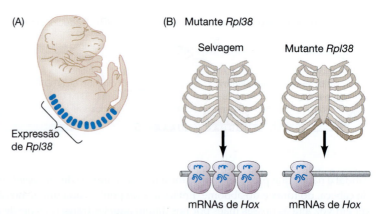

do mensageiro de *caudal*. Uma vez ligado, Bicoid pode ligar e recrutar outra proteína, d4EHP, que pode competir com a proteína eIF4E para o quepe. Sem eIF4E, não haverá associação com eIF4G, e o mRNA de **caudal** não pode ser traduzido. Como consequência, o mensageiro de *caudal* não é traduzido na região anterior do embrião (onde Bicoid é abundante) mas está ativo na porção posterior do embrião.

Seletividade ribossomal: ativação seletiva da tradução de mRNA

Por muito tempo assumiu-se que os ribossomos não apresentassem qualquer preferência por traduzir determinados mRNAs. No final das contas, mensagens eucarióticas podem ser traduzidas até por ribossomos de *E. coli*, e ribossomos de hemácias imaturas desde sempre foram usados para traduzir mRNA de qualquer origem. Contudo, uma evidência mostrou que as proteínas ribossomais não são as mesmas em todas as células e que algumas proteínas de ribossomos são necessárias para traduzir determinadas mensagens. Quando Kondrashov e colaboradores (2011) mapearam o gene que causava inúmeras deformações no esqueleto axial em camundongos, eles descobriram que a mutação não era em nenhum dos genes bem conhecidos que controlam a polaridade esquelética. Em vez disso, era na proteína ribossomal Rpl38. Quando essa proteína é mutada, os ribossomos ainda podem traduzir a maioria das mensagens, mas os ribossomos nos precursores esqueléticos não conseguem traduzir o mRNA de um subconjunto específico de genes *Hox*. Os fatores de transcrição Hox, como veremos nos capítulos 12 e 17, especificam o tipo de vértebra em cada nível axial determinado (vértebras torácicas com costelas, vértebras abdominais sem vértebras, etc.). Sem Rpl38 funcional, as células vertebrais são incapazes de formar o complexo de início com mRNA dos genes *Hox* corretos, e o esqueleto fica deformado (**FIGURA 3.30**). Mutações em outras proteínas ribossomais também originam fenótipos deficientes (Terzian e Box, 2013; Watkins-Chow et al., 2013).

microRNAs: regulação específica da tradução e transcrição de mRNA

Se as proteínas podem ligar-se a sequências específicas dos ácidos nucleicos para bloquear a transcrição ou tradução, poderíamos pensar que o RNA faria esse trabalho ainda melhor. Afinal, o RNA pode ser sintetizado especificamente para complementar e se ligar a determinada sequência. De fato, uma das formas mais eficientes de regular a tradução de uma mensagem específica é fazer um pequeno RNA antissenso complementar a uma porção de determinado transcrito. Esses RNAs ocorrem naturalmente e foram inicialmente observados em *C. elegans* (Lee et al., 1993; Wightman et al., 1993). Foi descoberto que o gene *lin-4* codificava um RNA de 21 nucleotídeos que se ligava a múltiplos sítios em 3' UTR do mRNA de *lin-14* (**FIGURA 3.31**). O gene *lin-14* codifica para o fator de transcrição LIN-14, importante durante a primeira fase larval do desenvolvimento de *C. elegans*. Esse gene não é necessário depois, e o *C. elegans* consegue inibir a síntese de LIN-14 por meio do pequeno RNA antissenso *lin-4*. A ligação desses transcritos de *lin-4* a 3' UTR do mRNA de Lin-14 causa degradação da mensagem de *lin-14* (Bagga et al., 2005).

O RNA de *lin-4* é agora considerado o "membro fundador" de um grande grupo de **microRNAs** (**miRNAs**). Análise computacional do genoma humano prevê que temos

FIGURA 3.31 Modelo hipotético de regulação da tradução do mRNA de *lin-14* por RNAs *lin-4*. O gene *lin-4* não produz um mRNA. Em vez disso, produz pequenos RNAs que são complementares de uma sequência repetida na 3′ UTR do mRNA *lin-14*, que se liga a ele e impede a sua tradução. (Segundo Wickens e Takayama, 1995.)

mais de 1.000 *loci* de miRNA e que estes provavelmente modulam 50% dos genes codificadores para proteínas nos nossos corpos (Berezikov e Plasterk, 2005; Friedman et al., 2009). Os miRNAs normalmente contêm apenas 22 nucleotídeos e são feitos a partir de precursores mais longos. Os precursores podem estar em unidades de transcrição independentes (o gene *lin-4* encontra-se longe do gene *lin-14*), ou podem estar localizados em íntrons de outros genes (Aravin et al., 2003; Lagos-Quintana et al., 2003). O transcrito inicial de RNA (que pode conter várias repetições da sequência de miRNA) fica em forma de grampo (*hairpin loops*), no qual o RNA encontra estruturas complementares na sua fita. Como as moléculas pequenas de dupla-fita de RNA podem se assemelhar a genomas virais patogênicos, a célula tem mecanismos para reconhecer essas estruturas e as usar como guias para sua erradicação (Wilson e Doudna, 2013). De modo curioso, esse mecanismo protetor foi incorporado para ser usado em ainda outro modo da célula regular diferencialmente a expressão de genes endógenos. O processo pelo qual os miRNAs inibem a expressão de genes ao degradar o seu mRNAs é chamado de **RNA interferência** (Guo e Kemphues, 1995; Sen e Blau, 2006; Wilson e Doudna, 2013), cuja caracterização valeu a Andrew Fire e Craig Mello o prêmio Nobel em Fisiologia ou Medicina em 2006 (Fire et al., 1998).

As estruturas em forma de grampo de miRNA de dupla-fita são processadas por um conjunto de enzimas RNases (Drosha e Dicer) para gerar microRNA de fita única (**FIGURA 3.32**). O microRNA é então empacotado com uma série de proteínas para gerar o **complexo silenciador induzido por RNA** (**RISC**, do inglês, *RNA-induced silencing complex*). As proteínas da família Argonaute são membros particularmente importantes desse complexo. Estes pequenos RNAs reguladores podem se ligar a 3′ UTR de mensagens e inibir a sua tradução. Em alguns casos (especialmente quando a ligação de miRNA a 3′ UTR é perfeita), o RNA é clivado. O mais comum, porém, é que vários RISCs se liguem a sítios em 3′ UTR e bloqueiem fisicamente a tradução da mensagem (ver Bartel, 2004; He e Hannon, 2004). A ligação de microRNAs e seus RISCs associados a 3′ UTR podem regular a tradução de duas formas (Filipowicz et al., 2008). Primeiro, a ligação pode bloquear o início da tradução, impedindo a ligação dos fatores de iniciação ou ribossomos. Descobriu-se, por exemplo, que as proteínas Argonaute se ligam diretamente ao quepe de guanosina metilada na extremidade 5′ da mensagem de mRNA (Djuranovic et al., 2010, 2011). Segundo, essa ligação pode recrutar endonucleases que digerem o mRNA, normalmente começando com a cauda poliA (Guo et al., 2010). Este último parece ser usado frequentemente em células de mamífero.

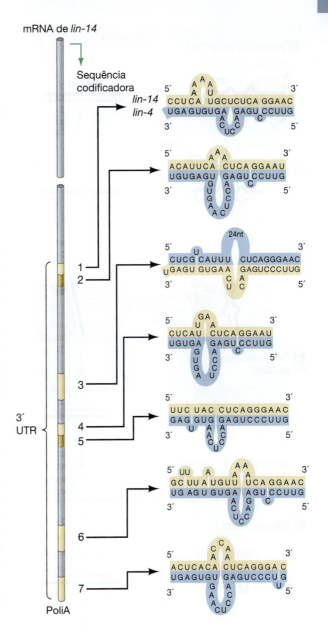

mRNA de *lin-14*

OS CIENTISTAS FALAM 3.5 Escute uma questão e resposta com o Dr. Ken Kempues. Veja a questão em seguimento associada com a Questão 4 para ouvir sobre a primeira demonstração de RNA de dupla-fita em *C. elegans.*

OS CIENTISTAS FALAM 3.6 Escute a entrevista com o Dr. Craig Mello sobre a sua descoberta compartilhada sobre RNA de interferência, vencedora do Prêmio Nobel.

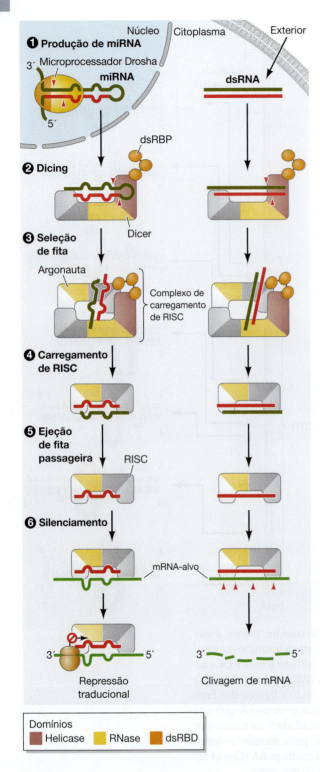

❶ Produção de miRNA

Núcleo | Citoplasma | Exterior

3′ Microprocessador Drosha
miRNA
dsRNA
5′

dsRBP

❷ Dicing

Dicer

❸ Seleção de fita

Argonauta

Complexo de carregamento de RISC

❹ Carregamento de RISC

❺ Ejeção de fita passageira

RISC

❻ Silenciamento

mRNA-alvo

3′ ⌀ 5′
3′ —————— 5′

Repressão traducional

Clivagem de mRNA

Domínios
■ Helicase ■ RNase ■ dsRBD

FIGURA 3.32 Modelo para RNA de interferência a partir de siRNA e miRNA. siRNA de dupla-fita ou miRNA que é adicionado a uma célula ou produzido por meio de transcrição e processado pela RNAase Drosha (1) interagirá com o complexo silenciador induzido por RNA (RISC, do inglês, *RNA-induced silencing complex*) constituído principalmente por Dicer e Argonaute que prepara o RNA para ser usado como guia para mecanismos-alvo de interferência. Especificamente, (1) a transcrição de siRNA ou miRNA formam várias regiões grampo onde o RNA encontra bases complementares próximas com as quais emparelhar. O pri-miRNA é processado em grampos de preé-miRNA individuais pela RNase Drosha (como os siRNAs), e eles são exportados para fora do núcleo. (2-4) Uma vez no citoplasma, estes RNAs de dupla-fita são reconhecidos por e formam o complexo RISC com Argonauta e a RNAase, Dicer. (5) Dicer também atua como helicase para separar as fitas do RNA de dupla-fita. (6) Uma fita (provavelmente reconhecida por colocação de Dicer) será usada para se ligar a 3′ UTRs dos mRNAs-alvo para bloquear a tradução ou induzir a clivagem do transcrito-alvo, dependendo (pelo menos em parte) da força da complementaridade entre o miRNA e o seu alvo. O siRNA é mais conhecido por mirar para degradação de transcrito. (Segundo He e Hannon, 2004; Wilson e Doudna, 2013.)

Os microRNAs podem ser usados para "limpar" e afinar o nível de produtos gênicos. Falamos daqueles RNAs maternos no ovócito que permitem que as primeiras etapas do desenvolvimento ocorram. Como o embrião se livra dos RNAs maternos quando eles já foram usados e as células embrionárias estão sintetizando seus próprios mRNAs? No peixe-zebra, esta operação de limpeza é assegurada por micro-RNAs, como o *miR430*. Este é um dos primeiros genes transcritos nas células embrionárias do peixe, e existem cerca de 90 cópias desse gene no genoma do peixe-zebra.

Então, o nível de miR430 cresce rapidamente. Este micro-RNA tem centenas de alvos (cerca de 40% dos tipos de RNA materno), e quando ele se liga a 3′ UTR desses mRNAs-alvo, estes perdem as suas caudas poliA e são degradados (**FIGURA 3.33**; Giraldez et al., 2006; Giraldez, 2010). Além disso, o miR430 reprime o início de tradução antes de promover o decaimento de mRNA (Bazzini et al., 2012).

⟮⟮⟮ OS CIENTISTAS FALAM 3.7 Ouça uma discussão de pergunta e resposta com o Dr. Antonio Giraldez sobre o papel de *miR430* na eliminação das contribuições maternas.

Apesar de o microRNA ter normalmente 22 bases, ele reconhece seu alvo principalmente através de uma região "semente" (*seed*) de cerca de 5 bases na extremidade 5′ do microRNA (normalmente nas posições 2-7). Essa região semente reconhece alvos na 3′ UTR do mensagem. O que acontece, então, se um mRNA tiver uma 3′ UTR mutada? Esse tipo de mutação parece ter estado na origem da ovelha Texel, uma espécie com musculatura grande e bem-definida que é a ovelha produtora de carne dominante na Europa. Técnicas genéticas mapearam a base do fenótipo carnudo dessa ovelha no gene da miostatina. Já vimos que uma mutação no gene da miostatina que impede o *splicing* correto do seu nRNA pode dar origem ao fenótipo musculado (ver Figura 3.26). Outra forma de reduzir os níveis de miostatina envolve uma mutação na sequência 3′ UTR. Na estirpe Texel, ocorreu uma transição G em A na 3′ UTR do gene da

(A)

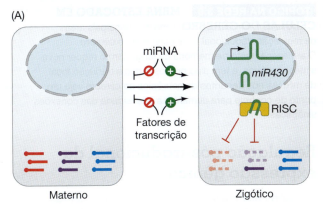

Materno   Zigótico

FIGURA 3.33 O papel de *miR430* durante a transição materno-zigótica no peixe-zebra. (A) Inúmeros mRNAs derivados de contribuições maternas alimentam o desenvolvimento durante os estágios de clivagem, mas a transição para os estágios de gástrula requer a transcrição ativa do genoma zigótico. Os miRNAs têm um papel primordial na limpeza desses transcritos maternos durante essa transição. (B) Descobriu-se que o *miR430* tem um papel essencial na interferência da maioria dos transcritos maternos na blástula de peixe-zebra quando ela transita para controle zigótico durante a gastrulação. Neste gráfico, as diferentes curvas representam a redução em três transcritos específicos, dois genes dos quais (em roxo e vermelho) são diferencialmente degradados por *miR430* (em verde). (Segundo Giraldez, 2010.)

(B)

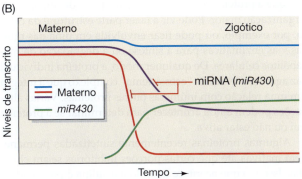

miostatina, gerando um alvo para os microRNAs *miR1* e *miR206* que são abundantes em células musculares (Clop et al., 2006). Essa mutação causa a depleção de mensagens de miostatina e o aumento da massa muscular, característica dessas ovelhas.

Controle de expressão de RNA por localização citoplasmática

Não só o momento de tradução do mRNA é regulado, mas também o local de expressão do RNA. A maioria dos mRNAs (cerca de 70% em embriões de *Drosophila*) está localizada em lugares específicos na célula (Lécuyer et al., 2007). Assim como a repressão seletiva da tradução de mRNA, a localização seletiva de mensagens é frequentemente realizada através das suas 3′ UTRs. Existem três principais mecanismos para a localização de um mRNA (ver Palacios, 2007):

1. *Difusão e ancoragem local.* Os RNAs mensageiros como *nanos* se difundem livremente no citoplasma. Quando eles se difundem para o polo posterior do ovócito de *Drosophila*, porém, ficam retidos por proteínas que se localizam especificamente nessas regiões. Essas proteínas também ativam o mRNA, permitindo que ele seja traduzido (**FIGURA 3.34A**).

2. *Proteção localizada.* Os RNAs mensageiros, como os que codificam para a proteína de choque térmico hsp83 de *Drosophila* (a qual ajuda a proteger os embriões de extremos térmicos), também flutuam livremente no citoplasma. Assim como o mRNA de *nanos*, a *hsp83* acumula-se no polo posterior, mas o seu mecanismo para o acúmulo ali é diferente. O seu mRNA é degradado em toda a extensão do embrião. Proteínas no polo posterior, porém, protegem o mRNA de *hsp83* de ser destruído (**FIGURA 3.34B**).

3. *Transporte ativo ao longo do citosqueleto.* O transporte ativo é provavelmente o mecanismo mais usado para localização de mRNA. Aqui, a 3′ UTR do mRNA é reconhecida por proteínas que podem ligar estas mensagens a "proteínas motoras", que se deslocam pelo citosqueleto até ao seu destino final (**FIGURA 3.34C**). Essas proteínas motoras são normalmente ATPases, como dineína ou cinesina, que quebram o ATP para a sua força motriz. Veremos, no Capítulo 9, que este mecanismo é muito importante para localizar mRNAs de fatores de transcrição em diferentes regiões do ovócito de *Drosophila*.

(A) Difusão e ancoragem local

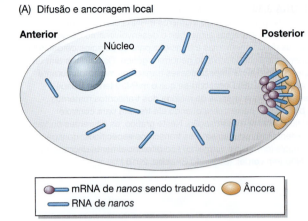

(B) Proteção localizada

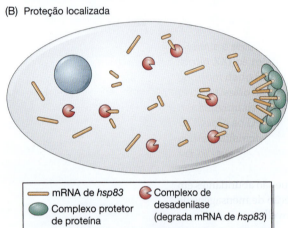

(C) Transporte ativo ao longo do citoesqueleto

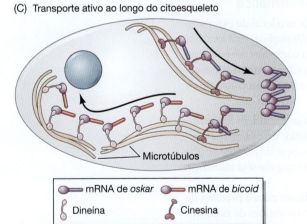

FIGURA 3.34 Localização de mRNAs. (A) Difusão e ancoragem local. O nRNA de *nanos* se difunde no ovo de Drosophila e se liga (em parte através da proteína Oskar) na extremidade posterior do ovócito. Essa ancoragem permite que o mRNA de *nanos* seja traduzido. (B) Proteção localizada. O mRNA para a proteína de choque térmico (hsp83) de *Drosophila* será degradado a menos que se ligue a uma proteína protetora (neste caso, também na região posterior do ovócito). (C) Transporte ativo no citoesqueleto, causando um acúmulo de mRNA em um determinado local. Aqui, o mRNA de *bicoid* é transportado para o interior do ovócito pelas proteínas motoras dineína e cinesina. Enquanto isso, o mRNA *oskar* é trazido para o polo posterior por transporte ao longo dos microtúbulos por ATPases de cinesina. (Segundo Palacios, 2007.)

TÓPICO NA REDE 3.9   MRNA ESTOCADO EM CÉLULAS DO CÉREBRO Uma das principais áreas de regulação traducional local parece ser o cérebro. O armazenamento de memória de longo-termo requer nova síntese proteica, e tem sido proposto que a tradução local de mRNAs nos dendritos de neurônios no cérebro seja um ponto de controle para aumentar a intensidade das conexões sinápticas.

Regulação pós-traducional da expressão gênica

A história não acaba quando a proteína é sintetizada. Uma vez que a proteína é sintetizada, ela faz parte de um nível de organização maior. Pode vir a fazer parte estrutural da célula, por exemplo, ou pode ficar envolvida em uma das muitas vias enzimáticas para a síntese ou a degradação de metabólitos celulares. De qualquer modo, a proteína individual faz agora parte de um "ecossistema" complexo que a integra em uma relação com inúmeras outras proteínas. Várias alterações podem ainda acontecer para determinar se a proteína vai ou não estar ativa.

Algumas proteínas recentemente sintetizadas permanecem inativas até que certas porções inibitórias sejam clivadas. Isso é o que acontece quando a insulina é produzida a partir do seu precursor que é maior. Algumas proteínas têm de ser "endereçadas" para os seus destinos intracelulares específicos para funcionarem. As proteínas são frequentemente sequestradas em certas regiões da célula, como membranas, lisossomos, núcleos ou mitocôndrias. Algumas proteínas precisam formar conjuntos com outras proteínas para formar uma unidade funcional. A proteína hemoglobina, o microtúbulo e o ribossomo são todos exemplos de múltiplas proteínas reunidas para formar uma unidade funcional. Além disso, algumas proteínas não ficam ativas a menos que se liguem a um íon (como Ca^{2+}) ou que sejam modificadas por ligação covalente de um grupo fosfato ou acetato. A importância desse tipo de modificação proteica ficará óbvia no Capítulo 4 porque muitas das proteínas críticas em células embrionárias permanecem inativas até que um sinal as ative. Finalmente, mesmo quando uma proteína pode ser ativamente traduzida e pronta para funcionar, a célula pode transportar imediatamente essa proteína para degradação pelo proteossomo. Por que uma célula dispenderia tanta energia sintetizando uma proteína se vai acabar por degradá-la? Se uma célula precisa que uma proteína funcione com resposta rápida em um momento preciso, deveria considerar se valeria a energia dispendida. Por exemplo, um neurônio procurando o seu alvo sináptico estende um processo axonal longo na busca do seu alvo por um processo que se chama direcionamento axonal (descrito no Capítulo 15). Durante o processo de direcionamento axonal, os neurônios sintetizam certas proteínas receptoras apenas para as degradar de imediato assim que a célula chegue a um ambiente onde a decisão de direcionamento for necessária. Sinais nesta localização forçam a célula a suspender a degradação de

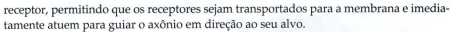

receptor, permitindo que os receptores sejam transportados para a membrana e imediatamente atuem para guiar o axônio em direção ao seu alvo.

Todos os processos discutidos neste capítulo – modificação de histona, interações com fatores de transcrição, ligação da RNA-polimerase II ao promotor, alongamento dos mRNAs, cinética de *splicing* do RNA e semividas dos mRNAs – são eventos estocásticos. Eles dependem da concentração de proteínas interatuantes (Cacace et al., 2012; Murugan e Kreiman, 2012; Costa et al., 2013; Neuert et al., 2013). Assim, cada organismo é uma "performance" única coordenada por interações que indicam às células individuais quais genes devem ser expressos e quais devem permanecer silenciados. O Capítulo 4 detalhará os mecanismos através dos quais as células se comunicam para orquestrar esta expressão gênica diferencial.

As ferramentas básicas da genética do desenvolvimento

Caracterização da expressão gênica

A transcrição gênica diferencial é fundamental no desenvolvimento. Para saber o momento específico e o local da expressão gênica, é preciso usar procedimentos que localizam um determinado tipo de RNA mensageiro ou proteína dentro de uma célula. Estas técnicas incluem northern blots, RT-PCR, hibridação *in situ*, tecnologia de microarray para transcritos, *western blots* e imunocitoquímica para proteínas. Para determinar a função de genes, uma vez que eles estão localizados, os cientistas usam novas técnicas como nocautes mediados por CRISPR/Cas9, RNA antissenso, RNA de interferência, **morfolinos** (*knockdowns*), análise Cre-lox (que permitem que a mensagem seja sintetizada ou destruída em determinados tipos celulares) e técnicas de ChIP-Seq (que permitem a identificação de proteínas ligadas a determinadas sequências de DNA e cromatina ativa). Além disso, análise de RNA "de elevada produtividade" (*high-throughput*) por microarrays, macroarrays e RNAseq permitem aos pesquisadores comparar milhares de mRNAs, e técnicas sintéticas auxiliadas por computador podem prever interações entre proteínas e mRNAs. Descrições para a maioria desses procedimentos podem ser encontradas na devbio.com (em inglês). Além disso, algumas das técnicas mais relevantes para os métodos experimentais atuais são descritas a seguir.

HIBRIDAÇÃO *IN SITU*   Na **hibridação *in situ* de amostra inteira**, o embrião inteiro (ou uma parte dele) pode ser marcado para determinados mRNAs. O princípio fundamental é tirar vantagem da natureza de fita simples do mRNA e introduzir uma sequência complementar ao mRNA-alvo que permita sua visualização. Essa técnica usa corantes que permitem aos pesquisadores observarem embriões inteiros (ou seus órgãos) sem precisar cortar, podendo, desse modo, observar regiões grandes de expressão gênica próximas a regiões destituídas dessa expressão. A **FIGURA 3.35A** mostra uma hibridação ***in situ*** para o gene *odd-skipped* em embrião de *Drosophila* fixado e intacto. Primeiro, uma sonda de detecção do mRNA – a sonda *in situ* – tem de ser sintetizada. A sonda é uma molécula de RNA antissenso que pode variar entre 200 pb e 2.000 pb. O mais importante é que os nucleósidos de uridina trifosfato (UTP) desta fita de RNA estão conjugados com digoxigenina (**FIGURA 3.35B**). A digoxigenina – um composto produzido por determinados grupos de plantas e não encontrado em células animais – não interfere com as propriedades codificantes do mRNA resultante, mas o torna manifestamente diferente de qualquer outro RNA na célula. Durante o procedimento, o embrião é permeabilizado por solventes lipídeos e proteinases, de modo a que a sonda possa entrar e sair das células. Uma vez dentro das células, a hibridação ocorre entre a sonda de RNA antissenso e o mRNA-alvo. Para visualizar as células onde ocorreu hibridação, os pesquisadores ampliam um anticorpo que reconhece especificamente a digoxigenina. Esse anticorpo, entretanto, foi artificialmente conjugado com uma enzima, como a fosfatase alcalina. Após incubação com o anticorpo e lavagens repetidas para remover o anticorpo não ligado, o embrião é colocado em uma solução contendo um substrato para a enzima (tradicionalmente NBT/BCIP para a fosfatase

FIGURA 3.35 Hibridação *in situ*. (A) Hibridação *in situ* de preparação inteirapara o mRNA de *odd-skipped* (em azul) em embrião de *Drosophila* de estágio 9. (B) Sonda de RNA antissenso com uracilo conjugado à digoxigenina (DIG). (C) Ilustração de duas células na fronteira do padrão de expressão de *odd-skipped* observado em (A; caixa). A sonda antissenso marcada com DIG com complementaridade para o gene *odd-skipped* hibrida com qualquer célula expressando os transcritos de *odd-skipped*. A célula da esquerda não expressa *odd-skipped*, ao passo que a expressão de *odd-skipped* na célula da direita é revelada por um precipitado azul. NBT e BCIP são normalmente usados como substratos que originam um precipitado azul. Após a hibridação da sonda, os anticorpos anti-DIG conjugados à enzima fosfatase alcalina são usados para localizar as reações NBT/BCIP, produzindo um precipitado azul presente apenas nas células expressando *odd-skipped*. (A, de So e Danielian, 1999.)

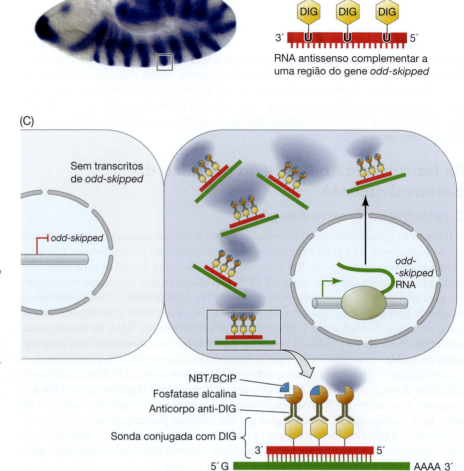

alcalina) que pode ser convertido em um produto colorido pela enzima. A enzima deverá estar presente apenas onde a digoxigenina estiver presente, e a digoxigenina deve estar presente apenas onde houver complementaridade específica com o mRNA. Assim, na **FIGURA 3.35C**, o precipitado azul-escuro formado pela enzima indica a presença do mRNA-alvo.

IMUNOPRECIPITAÇÃO-SEQUENCIAMENTO DE CROMATINA ChIP-Seq se baseia em duas interações altamente específicas. Uma é a ligação de um fator de transcrição ou nucleossomo modificado a sequências de DNA muito particulares (como elementos estimuladores), e o outro é a ligação de moléculas de anticorpo especificamente ao fator de transcrição ou histona modificada em estudo (**FIGURA 3.36**; Liu et al., 2010).

No primeiro passo de ChIP-Seq, a cromatina é isolada, e as proteínas sofrem ligação cruzada (normalmente através de gluteraldeído ou formaldeído) com o DNA ao qual estão ligadas. Esse processo impede o nucleossomo ou os fatores de transcrição de se dissociarem do DNA. Após a ligação cruzada, o DNA é fragmentado (normalmente por sonicação, mas também por vezes por enzimas) em pedaços de cerca de 500 nucleotídeos. O passo seguinte é ligar essas proteínas a um anticorpo que reconhece apenas uma dada proteína. De fato, esses anticorpos são tão específicos que um anticorpo que reconhece a histona 3 quando está metilada em posição 4 não reconhece a histona 3 que está trimetilada na mesma posição. Os anticorpos podem ser precipitados para fora da solução (normalmente com esferas magnéticas que se ligam aos anticorpos), e eles trarão para o fundo do tubo todos os fragmentos de DNA ligados à proteína de interesse. Esses fragmentos de DNA, uma vez separados das proteínas, são amplificados e podem ser sequenciados e mapeados no genoma inteiro. Desse modo, as sequências de DNA ligadas especificamente a determinados fatores de transcrição ou nucleossomos contendo histonas modificadas podem ser identificadas de modo muito preciso. Assim como verá ao longo deste texto, os pesquisadores usam essas regiões de estimuladores identificadas para gerar construtos para transgênicos repórter e organismos que permitem a visualização da expressão gênica em células vivas e organismos.

SEQUENCIAMENTO PROFUNDO: RNA-SEQ Como enfatizado neste capítulo, é o repertório completo de genes expressos por uma célula que estabelece a rede regulatória de genes que controla a identidade da célula. Importantes melhoramentos na tecnologia de sequenciamento têm permitido que genomas inteiros sejam sequenciados, mas um genoma não equivale ao transcritoma da célula. Para nos aproximarmos da identificação de todos os transcritos presentes em determinado embrião, tecido, ou mesmo célula única, foi desenvolvido o **RNA-Seq**. O RNA-Seq tira proveito da vantagem das capacidades de elevada produtividade ("*high throughput*") da *tecnologia de sequenciamento de última geração* para sequenciar e quantificar o RNA presente em uma célula (**FIGURA 3.37**). De modo específico, o RNA é isolado de amostras e convertido no DNA complementar (cDNA) a partir de procedimentos *standard* utilizando a transcriptase reversa. O cDNA é quebrado em pequenos fragmentos, e sequências adaptadoras conhecidas são adicionadas às extremidades. Estes adaptadores permitem a imobilização e amplificação por PCR desses transcritos. O sequenciamento de última geração consegue analisar esses transcritos ao nível de sequência nucleotídica e quantidade (Goldman e Domschke, 2014). O RNA-seq tem sido particularmente potente para comparar transcriptomas entre amostras idênticas, diferindo apenas em parâmetros experimentais selecionados. Podemos perguntar como o conjunto de transcritos difere entre tecidos localizados em diferentes regiões do embrião, ou o mesmo tecido em momentos diferentes do desenvolvimento, ou o mesmo tecido tratado ou não com determinado composto? Essas comparações apenas arranham a superfície do que é possível e o que podemos aprender das diferenças entre transcriptomas. A chegada da citometria de fluxo (conhecido como FACS, do inglês, *fluorescence activated cell sorting*) e a microdissecção têm permitido o isolamento preciso de tecidos e células individuais e avanços recentes na sensibilidade do RNA-seq tem permitido a transcriptômica de células isoladas.

Uma abordagem experimental comum tem sido desenhar um experimento-alvo de "sequenciamento profundo" para chegar a uma lista de genes associados com determinada condição. Os pesquisadores usam então a bioinformática e um conhecimento de biologia do desenvolvimento para selecionar genes candidatos da lista para testar a função destes no seu sistema.

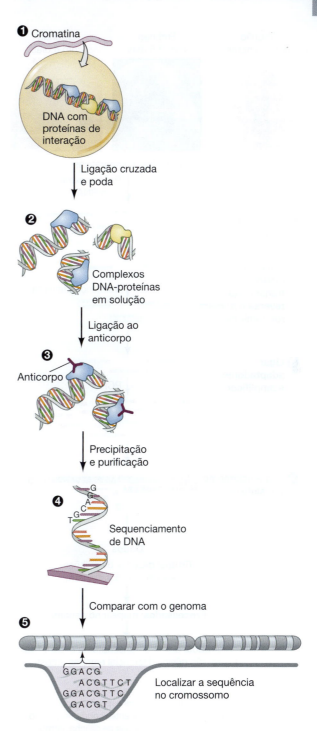

FIGURA 3.36 Imunoprecipitação-sequenciamento de cromatina (ChIPSeq). A cromatina é isolada dos núcleos celulares. As proteínas da cromatina sofrem ligação cruzada com os seus sítios de ligação ao DNA, e este é fragmentado em pequenos pedaços. Os anticorpos ligam-se a proteínas específicas da cromatina, e os anticorpos, com o que estiver ligado a eles, são precipitados e retirados da solução. Os fragmentos de DNA associados com os complexos precipitados são purificados das proteínas e sequenciados. Essas sequências podem ser comparadas com os mapas genômicos para dar uma localização precisa de quais genes poderam estar sendo regulados por essas proteínas. (Segundo Szalkowski e Schmid, 2011.)

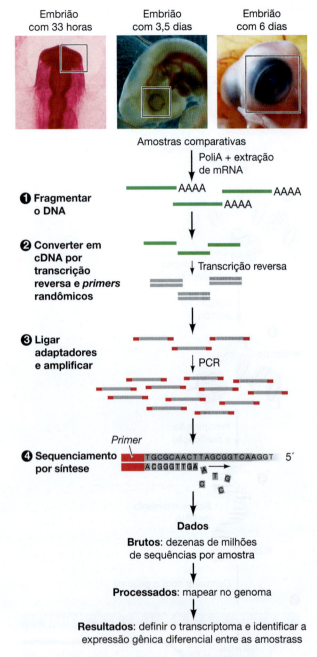

FIGURA 3.37 Sequenciamento profundo: RNA-Seq. (Topo) Os pesquisadores partem de tipos específicos de tecidos, muitas vezes comparando diferentes condições, como embriões em diferentes estágios (embriões de galinha, como neste caso), tecidos isolados (como olho, regiões nas caixas), ou até células isoladas, de diferentes genótipos, ou paradigmas experimentais. (1) O RNA é isolado para obter apenas aqueles genes ativamente expressos; (2) estes transcritos são frequentemente fragmentados em trechos menores e usados para sintetizar cDNA com a transcriptase reversa. (3) Adaptadores especializados são ligados às extremidades do cDNA, permitindo a amplificação por PCR e a imobilização por (4) sequenciamento posterior. (Segundo Goldman e Domschke, 2014; Malone e Oliver, 2011; foto à esquerda © Ed Reschke/ Getty Images; fotos do centro e à direita © Oxford Scientific/ Getty Images.)

Testando a função de um gene

Os biólogos do desenvolvimento têm usado uma série de métodos para eleminar genes para determinar as suas funções. Esses métodos cabem em duas categorias: genética direta e genética reversa. Na **genética direta**, um organismo é exposto a um agente que causa mutações imparciais e randômicas e os fenótipos resultantes são rastreados para os que afetam o desenvolvimento. Mutações individuais podem ser mantidas tanto como homozigotos quanto heterozigotos, se a mutação afeta gravemente a sobrevivência. As identidades dos locais mutados são geralmente determinadas apenas depois da análise fenotípica inicial. Dois rastreios de mutagênese por genética direta importantes foram feitos em *Drosophila* e peixe-zebra por Christiane Nüsslein-Volhard e colaboradores (Nüsslein-Volhard e Wieschaus, 1980, 1996; um número inteiro da Development foi dedicado ao rastreio em peixe-zebra). Esses rastreios têm contribuído imensamente para a identificação e a caracterização funcional de muitos genes e vias que sabemos, hoje, serem importantes no desenvolvimento e na doença.

Contrariamente à genética direta, na **genética reversa**, você começa com um gene em mente que pretende manipular e, então, ou diminui (*knockdown*) ou elimina (*nocaute*) a expressão desse gene. Através de RNAi ou morfolinos específicos para um determinado gene, é possível selecionar o seu mRNA para degradação ou bloquear seu *splicing* ou tradução, respetivamente (ver Figura 3.32). Estas ferramentas inibem a função gênica, mas nem sempre completamente, e apenas por um período de tempo limitado, uma vez que o RNAi ou o morfolino se dilui e degrada com o tempo (daí um *knockdown* e não um *nocaute*). Os pesquisadores aproveitam e usam quantidades diferentes de RNAi ou morfolinos para conseguir um efeito dose-dependente.

Nocautes de genes-alvo, por outro lado, têm se distinguido por eliminar completamente a função do gene de estudo. Tal eliminação se faz com sucesso no camundongo, em que os pesquisadores têm usado células-tronco embrionárias para inserirem um constructo de DNA, chamado de *cassete de neomicina*, em um gene de interesse através de um processo chamado de recombinação homóloga. Esta inserção ao mesmo tempo que silencia o gene, permite um mecanismo de seleção por antibiótico para identificar as células mutadas. Essas células são injetadas em blastocistos, que se desenvolvem em camundongos quiméricos, nos quais apenas algumas células são portadoras da mutação. Esses camundongos são, então, cruzados para obter camundongos mutantes homozigóticos, nos quais a perda de função do gene-alvo é completa.[18]

EDIÇÃO GENÔMICA POR CRISPR/CAS9 A técnica de edição genômica por CRISPR/Cas9 tem tido um efeito enorme na pesquisa genética, tornando a edição mais rápida e menos dispendiosa e fazendo com que seja relativamente

---

[18] Detalhes suplementares acerca deste e de outros métodos de perda de função podem ser encontrados em devbio.com.

simples em organismos desde *E. coli* até primatas (Jansen et al., 2002). Esta técnica usa um sistema que ocorre naturalmente em procariotos para se defenderem de vírus invasores (Barrangou et al., 2007). Em procariotos, CRISPR (repetições palindrômicas curtas agrupadas e regularmente interespaçadas, do inglês, *clustered regularly interspaced short palindromic repeats*) é um trecho de DNA que contém regiões curtas que, quando transcritas em RNA, servem de guias (RNAs guia curtos ou sgRNAs) para reconhecimento de segmentos de DNA viral. O RNA também se liga a uma endonuclease, chamada Cas9 (CRISPR *associated enzyme 9*). Quando o sgRNA se liga ao DNA viral, o RNA traz com ele Cas9, que catalisa uma quebra na dupla-fita do DNA estranho, inativando o vírus.

Pesquisadores do laboratório de Jennifer Doudna da University of California, Berkeley, e do laboratório de Emmanuelle Charpentier do Friedrich Miescher Institute, na Suiça, pensaram que se O sgRNA consegue reconhecer sequências virais específicas, ele pode ser manipulado de modo a reconhecer qualquer gene. Poderíamos criar uma unidade CRISPR/Cas9 que poderia selecionar qualquer gene em qualquer espécie e inativá-lo? Em 2012, esses pesquisadores demonstraram que a resposta a essa pergunta é inequivocamente sim (Jinek et al., 2012). Quando sgRNAs CRISPR específicos para um gene são introduzidos nas células juntamente com Cas9, a proteína Cas9 é guiada pelo CRISPR para o gene de interesse e causa uma quebra na dupla-fita de DNA. Esta técnica é altamente bem-sucedida em gerar mutações gênicas (**FIGURA 3.38**). As células irão naturalmente tentar reparar as quebras da dupla-fita por meio de um processo chamado junção de extremidades não homólogas (NHEJ, do inglês, *non-homologous end joining*). Todavia, em um esforço de reconectar o DNA rapidamente para evitar danos catastróficos, o NHEJ é muitas vezes imperfeito nos seus reparos, resultando em **indels** (inserção ou deleção de bases de DNA). Se a indel é uma inserção ou uma deleção, existe uma chance significativa de causar um deslocamento no quadro de leitura e, consequentemente, criar um códon de término prematuro em algum sítio a jusante da mutação; assim, haverá perda de função do gene.[19]

O sistema CRISPR/Cas9 tem sido usado com sucesso em uma variedade de espécies, como *Drosophila*, peixe-zebra e camundongo, com algumas taxas de mutação excedendo 80% (Bassett et al., 2013). Os pesquisadores têm sido capazes de impulsionar ainda mais CRISPR usando múltiplos sgRNAs para selecionar vários genes simultaneamente, produzindo nocautes duplos e triplos. Além disso, o sistema pode ser usado para editar precisamente um genoma,

[19] Nucleases dedo de zinco (ZFNs, do inglês, *zinc finger nucleases*) e nucleases efetoras de tipo ativador de transcrição (TALENs, do inglês, *transcription activatorlike effector nucleases*) também são métodos para gerar quebras na dupla-fita de DNA em locais precisos. O CRISPR difere de ZFNs e TALENs pelo modo como reconhece os genes-alvo. Tanto ZFNs como TALENs usam domínios de ligação proteína e DNA que podem ser identificados dentro dos genes e podem ser altamente específicos, mas produzir o conjunto correto de domínios de proteínas emparelhados com atividade de nuclease pode ser laborioso e caro.

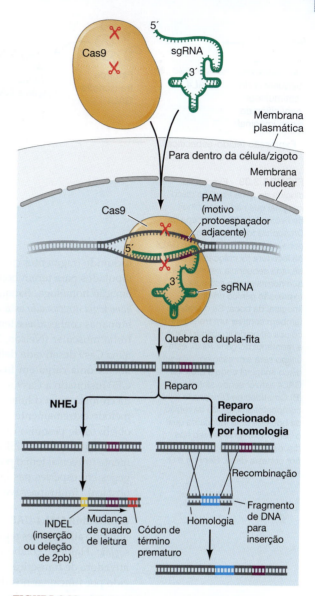

FIGURA 3.38 Edição gênica mediada por CRISPR/Cas9. O sistema CRISPR/Cas9 é usado para causar formação indel seletiva ou mutagênese de inserção dentro de um gene de interesse. Um guia curto RNA (sgRNA) gene-específico é desenhado e coinjetado com uma nuclease Cas9, frequentemente em uma única célula do zigoto recém-fertilizado. O sgRNA irá se ligar ao genoma com complementaridade e recrutar Cas9 para o mesmo local para induzir quebra da dupla-fita. A junção de extremidades não homólogas (NHEJ) é o mecanismo de reparo de DNA da célula, que frequentemente resulta em pequenas inserções ou deleções (de aproximadamente 2-30 pares de bases), que podem causar o estabelecimento de um códon de término prematuro e perda potencial de função da proteína. Além disso, as inserções de plasmídeos com homologia com certas regiões em volta dos sítios-alvo sgRNA são usados para albergar a inserção de sequências conhecidas. Esses métodos estão sendo explorados como um modo de reparo de mutações.

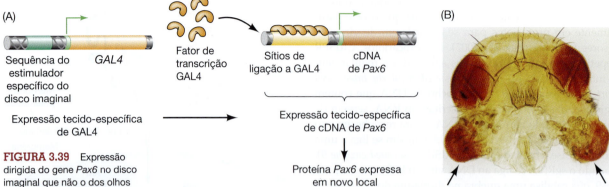

(A)

Sequência do estimulador específico do disco imaginal

GAL4

Expressão tecido-específica de GAL4

Fator de transcrição GAL4

Sítios de ligação a GAL4

cDNA de *Pax6*

Expressão tecido-específica de cDNA de *Pax6*

Proteína *Pax6* expressa em novo local

(B)

FIGURA 3.39 Expressão dirigida do gene *Pax6* no disco imaginal que não o dos olhos de *Drosophila*. (A) Uma cepa de *Drosophila* foi construída onde o gene do fator de transcrição GAL4 de levedura foi colocado a jusante de uma sequência estimuladora que normalmente estimula a expressão gênica no disco imaginal da boca. Se o embrião também contiver um transgene que coloca sítios de ligação a GAL4 a montante do gene *Pax6*, este último será expresso em qualquer disco imaginal onde a proteína GAL4 estiver sendo sintetizada. (B) Omatídeo de *Drosophila* (olho composto) emergindo da região da boca de uma mosca na qual o gene *Pax6* foi expresso nos discos labiais (mandíbula). (Foto por cortesia de W. Gehring e G. Halder.)

incluindo fragmentos curtos de DNA com CRISPR/Cas9. Estes trechos de DNA são manipulados para terem homologia nas suas extremidades 5′ e 3′ para fomentar a recombinação homóloga, flanqueando as quebras de dupla-fita (ver Figura 3.38). O *reparo de homologia direcionado* está agora sendo testado para reparo de localizações de mutações humanas conhecidas e tem potencial para tratar inúmeras doenças genéticas, como distrofia muscular (Nelson, 2015). Finalmente, desenvolvimentos recentes usando a proteína Cas9 desativada deficiente em atividade de nuclease estão sendo explorados para liberar uma carga em fusão com esta Cas9 *morta* sem quebra de DNA. Por exemplo, GFP fusionado a Cas9 morta está abrindo a porta para visualizar melhor a arquitetura da cromatina em células vivas. A CRISPR/Cas9 está rapidamente se mostrando ser um método extremamente versátil para edição genômica tanto para fazer avançar tanto os objetivos de pesquisa quanto os terapêuticos em todas as espécies. Um dos benefícios imediatos é que o CRISPR/Cas9 parece funcionar em todos os organismos. Essa ferramenta universal tem o potencial de iniciar uma nova fronteira para análise funcional de genes em espécies nas quais as abordagens genéticas tenham sido anteriormente um obstáculo inultrapassável.

O SISTEMA GAL4-UAS Uma das utilizações mais poderosas desta tecnologia genética tem sido ativar genes reguladores como *Pax6* em novos locais. Usando embriões de *Drosophila*, Halder e colaboradores (1995) colocaram um gene codificador para a proteína ativadora de transcrição GAL4 de levedura a jusante de um estimulador que era conhecido por funcionar nos discos imaginais labiais (aquelas regiões da larva de *Drosophila* que se tornam em porções da boca adulta). Em outras palavras, o gene para o fator de transcrição GAL4 foi colocado junto a um estimulador de genes normalmente expressos na mandíbula em desenvolvimento. Assim, GAL4 deveria ser expresso em tecido mandibular. Halder e colaboradores construíram, então, uma segunda mosca transgênica, colocando o cDNA para o gene regulador *Pax6* de *Drosophila* a jusante de uma sequência composta por cinco sítios de ligação a GAL4. A proteína GAL4 deveria ser sintetizada por um grupo particular de células destinadas a formar a mandíbula, e quando essa proteína é sintetizada, deveria ocasionar a expressão de *Pax6* nessas determinadas células (**FIGURA 3.39A**). Em moscas nas quais *Pax6* era expresso nas células rudimentares da mandíbula, parte da mandíbula deu origem a olhos (**FIGURA 3.39B**). Em *Drosophila* e rãs (mas não em camundongos), *Pax6* é capaz de converter diversos tecidos em desenvolvimento em olhos (Chow et al., 1999). Parece que, em *Drosophila*, *Pax6* não só ativa aqueles genes que são necessários para a formação dos olhos, mas também reprime aqueles que são usados para formação de outros orgãos.

O SISTEMA CRE-LOX Uma utilização experimental importante dos estimuladores tem sido a eliminação condicional da expressão gênica em certos tipos celulares. Por exemplo, o fator de transcrição Hnf4α é expresso em células do fígado, mas também é expresso antes da formação do fígado no endoderma visceral do saco vitelino. Se esse

Na maioria das células: não ocorre recombinação

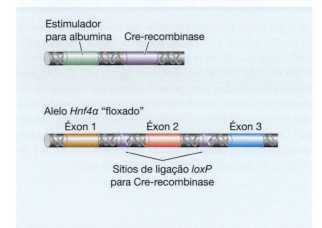

Em células de fígado apenas (expressando albumina)

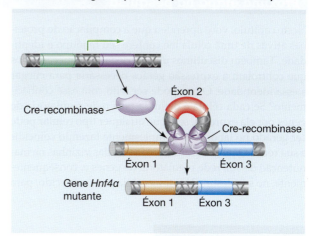

FIGURA 3.40 A técnica Cre-lox para mutagênese condicional, pela qual as mutações de genes podem ser geradas apenas em determinadas células. São feitos camundongos em que os alelos selvages (neste caso, os genes codificadores do fator de transcrição Hnf4α) foram substituídos por alelos nos quais o segundo éxon é flanqueado por sequências *loxP*. Esses camundongos são cruzados com camundongos que têm o gene da recombinase Cre transferido para um promotor que está ativo apenas em determinadas células. Neste caso, o promotor é o do gene da albumina que funciona cedo no desenvolvimento do fígado. Em camundongos com ambos os alelos alterados, a Cre-recombinase é feita apenas nas células onde aquele promotor foi ativado (i.e., nas células que sintetizam albumina). A Cre-recombinase liga-se a sequências *loxP*, flanquando o éxon 2, e remove este éxon. Assim, no caso aqui representado, apenas as células de fígado em desenvolvimento são defecientes no gene Hnf4α funcional.

gene for deletado em embriões de camundongo, os embriões morrem antes mesmo de o fígado se formar. Então, se você quisesse estudar a consequência de eliminar a função desse gene no fígado, precisaria criar uma mutação que fosse *condicional*; isto é, você precisaria de uma mutação que aparecesse apenas no fígado e em mais nenhum local. Como isso pode ser feito? Parviz e colaboradores (2002) concretizaram isso usando uma tecnologia de recombinase sítio-específica denominada Cre-lox.

A técnica **Cre-lox** usa recombinação homóloga para colocar dois sítios de reconhecimento de recombinase Cre (sequências *loxP*) dentro do gene de interesse, normalmente flanqueando éxons importantes (ver Kwan, 2002). Diz-se que tal gene foi "floxado" ("flanqueado por *loxP*"). Por exemplo, usando células-tronco embrionárias (células ES, *embryonic stem cells*), Parviz e colaboradores (2002) colocaram duas sequências *loxP* à volta do segundo éxon do gene *Hnf4α* de camundongo (**FIGURA 3.40**). Estas células ES foram, então, usadas para gerar camundongos que tinham esse alelo floxado. Uma segunda cepa de camundongos foi gerada, contendo um gene codificando para a Cre-recombinase de bacteriófago (a enzima que reconhece a sequência *loxP*) ligada ao promotor de um gene de albumina que é expresso muito cedo durante o desenvolvimento do fígado. Assim, dutante o desenvolvimento de camundongo, a Cre-recombinase seria apenas produzida em células do fígado. Quando as duas cepas de camundongo foram cruzadas, parte da progênie carregaria ambas as adições. Nestes camundongos duplamente marcados, a Cre-recombinase (feita apenas nas células do fígado) liga-se aos sítios de reconhecimento – as sequências *loxP* –, flanqueando o segundo éxon dos genes Hnf4a. Ela, então, atua como uma recombinase e deleta este segundo éxon. O DNA resultante codificaria uma proteína não funcional, uma vez que o segundo éxon tem uma função crítica em *Hnf4α*. Assim, o gene *Hnf4α* foi "nocauteado" apenas em células do fígado.

O sistema Cre-lox permite o controle sobre o padrão espacial e temporal de um nocaute e expressão alterada de um gene. Os pesquisadores inseriram códons de término flanqueados por sítios *loxP* para impedir a transcrição de dado gene até o códon de término ser removido por Cre-recombinase. Além disso, a expressão da Cre-recombinase pode ser controlada com maior controle temporal por meio do uso de um elemento responsivo a estrogênio sensível à exposição a tamoxifeno. Este controle permite aos pesquisadores introduzirem genes para proteínas específicas, como proteínas repórter como GFP, que são mantidas inativas até a administração de tamoxifeno controlada no tempo.

TÓPICO NA REDE 3.10 **TÉCNICAS DE ANÁLISE DE RNA E DNA** Familiarize-se com mais detalhes sobre a variedade de metodologia mais comum em genética do desenvolvimento.

Próxima etapa na pesquisa

Neste capítulo, você aprendeu que a compilação de proteínas ativas de uma célula lhe confere seu fenótipo e identidade. Também discutimos uma variedade de mecanismos que controlam a expressão gênica necessária para chegar a essa identidade. O que pode ser feito com esse conhecimento? Se cada célula é definida pela rede regulatória de genes por ela expressa, será que qualquer tipo celular pode ser gerado no laboratório simplesmente fazendo coincidir a sua rede? Qual a importância das células vizinhas na manutenção da sua rede regulatória de genes e, consequentemente, no seu destino? De uma célula para um tecido, para

um organismo, para uma espécie, como os mecanismos de expressão gênica diferencial levam a diferentes morfologias? Essas questões podem ser aplicadas ao seu tipo celular ou espécie preferidos. Por exemplo, quais abordagens podem ser tomadas para gerar e manter em cultura ou regenerar no cérebro neurônios dopaminérgicos necessários para o reparo de défices observados na doença de Parkinson? Quais conhecimentos evolutivos podemos ganhar se compararmos os transcriptomas de células dos brotos de membro de humanos e primatas não humanos?

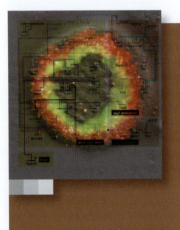

Considerações finais sobre a foto de abertura

O que está na base da diferenciação celular? Aqui você tem a imagem de um embrião de ouriço-do-mar 24 horas pós-fertilização expressando diferencialmente *hox11/13b* e *foxa* em diferentes células. Esta imagem tem sobreposta a rede regulatória de genes que está na base do desenvolvimento do endoderma. A rede regulatória de genes representa as interações combinatórias que ocorrem entre os genes para estabelecer o conjunto específico de genes diferencialmente expressos. Redes como esta usam uma panóplia de mecanismos moleculares, discutidos neste capítulo, para controlar a expressão gênica e, por fim, dar a definição mais abrangente sobre a identidade de determinada célula. Este capítulo é dedicado à memória do Dr. Eric H. Davidson e sua aparentemente infinita rede de contribuições para o campo da Biologia do Desenvolvimento. (Foto por I. Peter e E. Davidson, 2011.)

3 Resumo instantâneo
Expressão gênica diferencial

1. Evidências de biologia molecular, biologia celular e clonagem nuclear de células somáticas mostraram que cada célula do corpo (com pouquíssimas exceções) carrega o mesmo genoma nuclear.

2. A expressão gênica diferencial de núcleos geneticamente idênticos gera diferentes tipos celulares. A expressão diferencial pode ocorrer a nível da transcrição gênica, processamento do RNA nuclear, tradução do mRNA e modificação proteica. Observe que o processamento de RNA pode ocorrer enquanto o RNA está ainda sendo transcrito do gene.

3. A cromatina é feita de DNA e proteínas. As proteínas histonas formam nucleossomos, e a metilação e acetilação de resíduos específicos da histona pode ativar ou reprimir a transcrição gênica.

4. A metilação de histonas é muitas vezes usada para silenciar a expressão gênica. As histonas podem ser metiladas por histonas metiltransferases e podem ser desmetiladas por histonas desmetilases.

5. As histonas acetiladas estão frequentemente associadas com expressão gênica ativa. Acetiltransferases de histona adicionam grupos acetil a histonas, ao passo que as desacetilases de histonas os removem.

6. Genes eucarióticos contêm sequências de promotor às quais a RNA-polimerase II pode se ligar para iniciar a transcrição. Para o fazer, as RNA-polimerases eucarióticas se ligam a uma série de proteínas, chamadas de fatores associados à transcrição, incluindo TFIID e TFIIB.

7. Genes eucarióticos expressos em tipos celulares específicos contêm sequências estimuladoras que regulam a sua transcrição no tempo e no espaço. Os estimuladores ativam genes no mesmo cromossomo. As sequências do estimulador podem estar entre os íntrons na extremidade 3′ UTR; elas podem até estar afastadas milhões de bases do gene que elas ativam. Os estimuladores podem também atuar como silenciadores para suprimir a transcrição de um gene em tipos celulares onde ele não deve atuar.

8. Fatores de transcrição específicos podem reconhecer sequências específicas de DNA nas regiões do promotor e do estimulador. Estas proteínas ativam e reprimem a transcrição de genes aos quais se ligaram.

9. Os estimuladores funcionam de modo combinatório. A ligação de diferentes fatores de transcrição pode atuar para promover ou inibir a transcrição de um dado promotor. Em alguns casos, a transcrição é ativada apenas se ambos

os fatores A e B estiverem presentes; em outros casos, a transcrição é ativada se qualquer um dos fatores A ou B estiver presente.

10. Os estimuladores funcionam de forma modular. Um gene pode conter vários estimuladores, cada um regulando a expressão do gene em determinado tipo celular.

11. Um gene que codifica um fator de transcrição pode se manter no estado ativo se o fator de transcrição codificado por ele também ativar o próprio promotor. Assim, um gene de fator de transcrição pode ter um conjunto de sequências estimuladoras para iniciar a sua ativação e um segundo conjunto de sequências estimuladoras (que se ligam ao fator de transcrição codificado) para manter a sua ativação.

12. Os fatores de transcrição atuam de modos diferentes para regular a síntese de RNA. Alguns fatores de transcrição estabilizam a ligação da RNA-polimerase II ao DNA, e alguns perturbam os nucleossomos, aumentando a eficiência de transcrição.

13. O complexo Mediador serve frequentemente como ponte entre o estimulador e o promotor.

14. Os complexos de alongamento da transcrição permitem que a RNA-polimerase II se libere do complexo de pré-início e continue a transcrever o DNA.

15. Um fator de transcrição normalmente tem três domínios: um domínio de ligação ao DNA de sequência específica, um domínio de transativação que permite que o fator de transcrição recrute enzimas remodeladoras de histonas e um domínio de interação proteína-proteína que permite a interação com outras proteínas no estimulador ou promotor.

16. Até células diferenciadas podem se converter em um outro tipo celular por ativação de um conjunto diferente de fatores de transcrição.

17. Em promotores de baixo conteúdo CpG, a transcrição correlaciona-se com uma falta de metilação do DNA nas regiões do promotor e estimulador dos genes.

18. Em promotores ricos em CpG, os nucleossomos muitas vezes deixam que a transcrição se inicie, mas não permitem o alongamento do nRNA.

19. Diferenças na metilação do DNA podem explicar a impressão genômica, em que um gene transmitido pelo espermatozoide é expresso diferentemente do mesmo gene transmitido pelo ovócito. Alguns genes estão ativos apenas se herdados pelo espermatozoide ou o ovócito. As marcas de impressão parecem ser sítios CpG que são metilados ou no *locus* de origem materna ou no de origem paterna.

20. A manutenção da expressão gênica ativa é muitas vezes realizada por proteínas Trithorax, ao passo que a repressão ativa é mantida por complexos de proteínas Polycomb que contêm histona metiltransferases.

21. Isoladores são sequências de DNA que se ligam à proteína CTCF. Os isoladores limitam o alcance no qual um estimulador pode ativar um promotor.

22. A metilação de DNA pode bloquear a transcrição, impedindo a ligação e certos fatores de transcrição ou recrutando histona metiltransferases ou histona desacetilases para a cromatina.

23. Alguma cromatina se encontra "de prontidão" para responder rapidamente a sinais durante o desenvolvimento. O mRNA da cromatina "de prontidão" começou a ser transcrito, e as histonas têm tanto marcas ativadoras quanto repressoras.

24. O *splicing* diferencial de RNA pode gerar uma família de proteínas relacionadas ao fazer com que diferentes regiões do nRNA possam ser lidas como éxons ou íntrons. O que é um éxon em determinadas circunstâncias pode ser um íntron em outras.

25. O *splicing* alternativo de RNA pode gerar diferentes proteínas a partir do mesmo transcrito de pré-mRNA. Estas proteínas (isoformas de *splicing*) podem ter funções distintas.

26. O *splicing* alternativo de pré-mRNA é realizado por fatores de reconhecimento de sítios de *splicing* que podem ser diferentes em diferentes tipos de células. Mutações em sítios de *splicing* podem levar a fenótipos alternativos e doença.

27. Algumas mensagens são traduzidas apenas em certos momentos. O ovócito, em particular, usa a regulação da tradução para estabelecer algumas mensagens que são tanscritas durante o desenvolvimento do ovo, mas apenas usadas após este ser fertilizado. Esta ativação é frequentemente efetuada seja por remoção de proteínas inibitórias, seja por poliadenilação da mensagem.

28. Os microRNAs atuam como inibidores de tradução, ligando-se a 3' UTR do RNA. O microRNA recruta um complexo silenciador induzido por RNA que tanto inibe a tradução como leva à degradação do mRNA.

29. Muitos mRNAs estão localizados em regiões particulares do ovócito ou de outras células. Essa localização parece ser regulada pela 3' UTR do mRNA.

30. Os ribossomos podem ser diferentes em diferentes tipos de células, e ribossomos em uma célula podem ser mais eficientes na tradução de determinados mRNAs que ribossomos em outras células.

31. A expressão gênica diferencial é mais como interpretar uma nota musical do que como descodificar um determinado código. É um fenômeno estocástico no qual há inúmeros eventos que têm de acontecer, cada qual tendo múltiplas interações entre os componentes.

32. Uma variedade de ferramentas moleculares tem permitido o estudo de genes diferencialmente expressos, como hibridação *in situ* para expressão gênica, ChIP/Seq para identificação de regiões regulatórias do DNA às quais se ligam proteínas e "*knockdown*" de genes (RNA de interferência) e "*knockout*" (CRISPR/Cas9) para testar a função dos genes.

Leituras adicionais

Core, L. J. and J. T. Lis. 2008. Transcriptional regulation through promoter-proximal pausing of RNA polymerase II. *Science* 319: 1791-1792.

Fire, A., S. Q. Xu, M. K. Montgomery, S. A. Kostas, S. E. Driver and C. C. Mello. 1998. Potent and specific genetic interference by double-stranded RNA in *Caenorhabditis elegans. Nature* 39: 80—811.

Giraldez, A. J. 7 others. 2006. Zebrafish MiR-430 promotes deadenylation and clearance of maternal RNAms. *Science* 312: 75-79.

Gurdon, J. B. 2016. Cell fate determination by transcription factors. Curr. Top. Dev. Biol. 116: 445–454.

Jinek, M., K. Chylinski, I. Fonfara, M. Hauer, J. A. Doudna and E. Charpentier. 2012. A programmable dual-RNA-guided DNA endonuclease in adaptive bacterial immunity. *Science* 337: 816-821.

Jothi, R., S. Cuddapah, A. Barski, K. Cui and K. Zhao. 2008. Genome-wide identification of the in vivo protein-DNA binding sites from ChIP-Seq data. *Nucl. Acids. Res.* 36: 5221-5231.

Melton, D. A. 2016. Applied developmental biology: making human pancreatic beta cells for diabetics. *Curr. Top. Dev. Biol.* 117: 65-73.

Miura, S. K., A. Martins, K. X. Zhang, B. R. Graveley and S. L. Zipursky. 2013. Probabilistic splicing of *Dscam1* establishes identity at the level of single neurons. *Cell* 155: 1166-177.

Muse, G. W. and 7 others. 2007. RNA polymerase is poised for activation across the genome. *Nature Genet.* 39: 1507-1511.

Nelson, C. E. e 14 outros. 2016. In vivo genome editing improves muscle function in a mouse model of Duchenne muscular dystrophy. Science 351: 403–407.

Nüsslein-Volhard, C. and E. Wieschaus. 1980. Mutations affecting segment number and polarity in *Drosophila*. *Nature* 287: 795-801.

Ong, T.-C. and V. G. Corces. 2011. Enhancer function: New insights into the regulation of tissue-specific gene expression. *Nature Rev. Genet.* 12: 283-293.

Palacios, I. M. 2007. How does an RNAm find its way? Intracellular localization of transcripts. *Sem. Cell Dev. Biol.* 163-170.

Peter, I. and E. H. Davidson. 2015. *Genomic Control Process: Development and Evolution.* Academic Press, Cambridge.

Takahashi, K. and S. Yamanaka. 2006. Induction of pluripotent stem cells from mouse embryonic and adult fibroblast cultures by defined factors. *Cell* 126: 663-676.

Wilmut, I., K. Campbell and C. Tudge. 2001. The Second Creation: *Dolly and the Age of Biological Control.* Harvard University Press, Cambridge, MA.

Wilson, R. C. and J. A. Doudna. 2013. Molecular mechanisms of RNA interference. *Annu. Rev. Biophys.* 42: 217-239.

Yasumoto, K., K. Yokoyama, K. Shibata, Y. Tomita and S. Shibahara. 1994 Microphthalmia-associated transcription factor as a regulator for melanocyte-specific transcription of the human tyrosinase gene. *Mol. Cell Biol.* 12: 8058-8070.

Zhou, Q., J. Brown, A. Kanarek, J. Rajagopal and D. A. Melton. 2008. In vivo reprogramming of adult pancreatic exocrine cells to b cells. *Nature* 455: 627-632.

Zhou, V. W., A. Goren and B. E. Bernstein. 2011. Charting histone modifications and the functional organization of mammalian genomes. *Nature Rev. Genet.* 12: 70-18.

Zinzen, R. P., C. Girardot, J. Gagneur, M. Braun and E. E. Furlong. 2009. Combinatorial binding predicts spatio-temporal cisregulatory activity. *Nature* 462: 65-70.

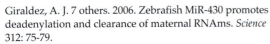

VISITE WWW.DEVBIO.COM...

... para Tópicos na Rede, entrevistas de Os Cientistas Falam, vídeos de Assista ao Desenvolvimento, Tutorial do Desenvolvimento e informação bibliográfica completa sobre toda a literatura citada neste capítulo.

4

Comunicação célula a célula
Mecanismos de morfogênese

O DESENVOLVIMENTO É MAIS QUE APENAS DIFERENCIAÇÃO. Os diferentes tipos de células de um organismo não existem como arranjos aleatórios. Ao contrário, eles formam estruturas organizadas, como membros e corações. Além disso, os tipos de células que constituem nossos dedos – osso, cartilagem, neurônios, células sanguíneas e outros – são os mesmos que fazem a nossa pelve e pernas. De alguma forma, as células têm de ser orientadas a criar diferentes formas e fazer diferentes conexões. Essa construção de forma organizada é chamada de **morfogênese** e tem sido uma das grandes fontes de surpresa para a humanidade.

O rabino e médico Maimónides, do século XII, colocou muito bem a questão da morfogênese quando observou que os homens crentes da sua época (por volta de 1190 EC) acreditavam que um anjo de Deus tinha de entrar no ventre para formar os órgãos do embrião; as pessoas diziam que esse ato era um milagre. Quão mais miraculoso seria, perguntou Maimónides, se a divindade tivesse criado a matéria de forma que fosse possível gerar essa ordem remarcável sem que um anjo modelador precisasse intervir em cada gravidez? O problema abordado atualmente é uma versão secular da questão de Maimónides: *como pode a matéria sozinha se construir nos tecidos organizados do embrião?*

Em meados do século XX, E. E. Just (1939) e Johannes Holtfreter (Townes e Holtfreter, 1955) previram que as células embrionárias poderiam ter diferenças nos componentes

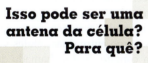

Isso pode ser uma antena da célula? Para quê?

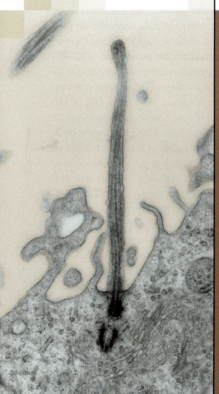

Destaque

A comunicação entre as células é feita por moléculas de informação que são ou secretadas ou posicionadas na membrana celular. Quando essas moléculas se ligam a receptores nas células vizinhas, elas disparam uma cascata de reações intracelulares que resulta em mudanças na expressão gênica, na atividade enzimática e na organização do citoesqueleto, influenciando o destino, o comportamento e a forma da célula. A adesão diferencial das células umas com as outras pode influenciar a organização espacial destas dentro do embrião e dos órgãos; é muitas vezes mediada pela ligação homofílica entre os receptores de caderina. As células epiteliais algumas vezes se transformam em células mesenquimais migratórias, um comportamento celular importante tanto para o desenvolvimento quanto para a propagação do câncer. Protrusões especializadas de células, como os cílios imóveis e as longas extensões semelhantes a filopódios, também têm papéis importantes na comunicação celular. As proteínas de sinalização secretadas como FGFs, Hedgehog, Wnts e BMPs funcionam como morfógenos que podem induzir mudanças na expressão gênica, dependendo de suas concentrações. Os gradientes de morfógeno são usados para padronizar os destinos celulares ao longo de eixos inteiros de um embrião ou tecido. Por fim, a sinalização justácrina adjacente às células pode influenciar a padronização celular polarizada nos tecidos. Todos esses mecanismos, juntos, dirigem a padronização do destino celular e a morfogênese do embrião.

da membrana que permitiam a formação dos órgãos. No fim do século XX, esses componentes da membrana – as moléculas pelas quais as células embrionárias são capazes de aderir com, migrar sobre e induzir a expressão gênica em células vizinhas – começaram a ser descobertas e descritas. Hoje, essas vias de sinalização e redes estão sendo modeladas e estamos começando a entender como a célula integra a informação do seu núcleo e da sua vizinhança para ter o seu lugar na comunidade celular, de forma a condicionar eventos morfogenéticos únicos.

Como discutimos no Capítulo 1, as células de um embrião são ou epiteliais ou mesenquimais (ver Tabela 1.1). As células epiteliais aderem entre si e podem formar camadas e tubos, ao passo que as células mesenquimais frequentemente migram individualmente e formam extensas matrizes extracelulares que podem manter células individuais separadas. Um órgão é formado por um epitélio e um mesênquima subjacente. Parecem existir apenas poucos processos por meio dos quais as células podem criar órgãos estruturados (Newman e Bhat, 2008), e todos esses processos envolvem a superfície celular. Este capítulo focará em três comportamentos que requerem comunicação célula a célula através da superfície celular: adesão celular, forma celular e sinalização celular.

Uma introdução à comunicação célula a célula

Um embrião em qualquer estágio é mantido junto, organizado e formado pelas interações que ocorrem entre as células. As interações observadas nas células definem seus métodos de comunicação. Para a comunicação ocorrer de forma bem-sucedida entre os humanos é preciso que haja alguma "voz" inicial ou sinal da pessoa que é "ouvida" ou recebida por outra, o que resulta em uma resposta específica (uma mudança de humor, um abraço, ou talvez um comentário sarcástico), à semelhança de amigos conversando. A comunicação molecular entre as células é basicamente efetuada através de interações proteína-proteína altamente diversas e específicas, que evoluíram para disparar um conjunto de respostas celulares, de mudanças na transcrição gênica e no metabolismo de glicose até a migração e morte celulares. As interações (ou *comunicação*) entre células e entre células e seu ambiente começam na membrana plasmática com proteínas que estão encaixados na membrana, ancoradas nesta ou secretadas através dela.

Em um embrião, a comunicação entre as células pode ocorrer em pequenas distâncias, como entre duas células vizinhas em contato direto, chamada de **sinalização justácrina**, ou através de longas distâncias pela secreção de proteínas na matriz extracelular, chamada de **sinalização parácrina** (**FIGURA 4.1**). As proteínas que são secretadas de uma célula e desenhadas para comunicar uma resposta em outra célula são geralmente referidas como proteínas de sinalização (chamadas geralmente de **ligantes**), ao passo que as proteínas em uma membrana que funcionam para se ligar tanto a outras proteínas associadas à membrana como a outras proteínas de sinalização são chamadas de **receptores**. Um receptor na membrana de uma célula que liga o mesmo tipo de receptor em uma outra célula representa uma **ligação homofílica**. Em contrapartida, uma **ligação heterofílica** ocorre entre receptores de tipos diferentes (ver Figura 4.1A).

FIGURA 4.1 Os modos de comunicação célula a célula local e a longa distância. (A) A sinalização celular local é feita por receptores de membrana que se ligam a proteínas na matriz extracelular (MEC) ou diretamente a receptores de uma célula vizinha, em um processo chamado de sinalização justácrina. (B) Um mecanismo para sinalização a longa distância é a sinalização parácrina, em que uma célula secreta uma proteína sinalizadora (ligante) no ambiente e por uma distância de muitas células. Apenas as células expressando o receptor correspondente a esse ligante podem responder, seja rapidamente, por meio de reações químicas no citosol, ou mais lentamente, por meio de processos no processamento de expressão gênica e proteica.

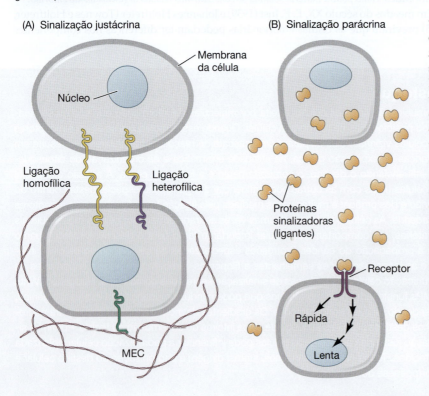

(A) Sinalização justácrina

Membrana da célula
Núcleo
Ligação homofílica
Ligação heterofílica
MEC

(B) Sinalização parácrina

Proteínas sinalizadoras (ligantes)
Receptor
Rápida
Lenta

A ligação ao receptor de qualquer tipo geralmente altera a forma, ou *conformação*, do receptor. Essa mudança de conformação no lado de fora da célula afeta a forma do receptor dentro da célula, e essa última mudança pode dar à porção intercelular do receptor uma nova propriedade. Ele agora tem a capacidade de ativar as reações enzimáticas que constituem uma via de transdução de sinal. Com frequência, o "sinal" é transmitido ou "transduzido" por meio de mudanças conformacionais sucessivas nas moléculas da via de sinalização, mudanças orquestradas por meio da ligação de grupos fosfato ou outras pequenas moléculas (AMP-cíclico, cAMP, Ca^{2+}) que eventualmente levam a respostas celulares. As vias de transdução de sinal que terminam na ativação da expressão gênica no núcleo são, em geral, mais lentas do que as vias que ativam enzimaticamente vias bioquímicas ou regulam proteínas do citoesqueleto, afetando, dessa forma, as funções fisiológicas ou o movimento, respectivamente. Essas vias de transdução de sinal são fundamentais para o desenvolvimento animal.

Adesão e separação: sinalização justácrina e a física da morfogênese

Como os tecidos são separadamente formados a partir de populações de células e os órgãos são construídos a partir de tecidos? Como os órgãos se formam nos lugares específicos e as células migratórias atingem os seus destinos? Por exemplo, como as células do osso se ligam com outras células do osso para criar o osso, em vez de se ligarem com células capilares vizinhas ou células musculares? O que mantém o mesoderma separado do ectoderma de modo que a pele tem tanto uma derme quanto uma epiderme? Por que os olhos se formam apenas na cabeça? Como algumas células – como os precursores das nossas células pigmentares e células germinativas – viajam longas distâncias até atingir seus destinos finais?

Poderá existir uma resposta comum simples para todas essas perguntas? No final das contas, um embrião, desde suas cadeias moleculares de RNA até à sua vasculatura sistêmica, desenvolve-se dentro das mesmas limitações físicas que definem o nosso universo. Considere um boneco de neve feito de areia (**FIGURA 4.2**): as propriedades termodinâmicas que governam a tensão superficial entre as moléculas de água e os grãos de areia servem para manter as partes de Olaf juntas. Além disso, a luz solar nessa escultura de areia estabelece temperaturas diferenciais e evaporação de água associada à superfície comparada com a composição interna; consequentemente, a adesão entre grãos de areia na superfície é reduzida rapidamente, ao passo que os grãos de areia localizados mais no interior permanecem mais unidos (i.e., até que a maré mude). Será que esses mesmos princípios termodinâmicos governam as conexões entre as células que permitem a morfogênese do embrião?

Afinidade celular diferencial

A análise experimental da morfogênese começou com os experimentos de Townes e Holtfreter, em 1955. Aproveitando-se da descoberta que os tecidos de anfíbios podem ser dissociados em células isoladas quando colocados em soluções alcalinas, eles prepararam suspensões de células isoladas de cada uma das três camadas germinativas de embriões de anfíbios logo depois que o tubo neural se formou. Duas ou mais dessas suspensões de células isoladas podem ser combinadas de várias maneiras. Quando o pH da solução era neutralizado, as células ligavam-se umas com às outras, formando agregados em placas de Petri cobertas com ágar. Usando embriões de espécies com células de tamanhos e cores diferentes, Townes e Holtfreter conseguiram seguir o comportamento das células recombinadas.

FIGURA 4.2 A adesão entre os grãos de areia mantém esta escultura do personagem da Disney, Olaf, íntegra.

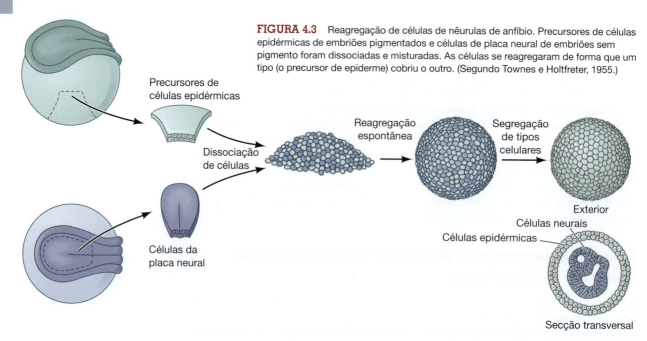

FIGURA 4.3 Reagregação de células de nêurulas de anfíbio. Precursores de células epidérmicas de embriões pigmentados e células de placa neural de embriões sem pigmento foram dissociadas e misturadas. As células se reagregaram de forma que um tipo (o precursor de epiderme) cobriu o outro. (Segundo Townes e Holtfreter, 1955.)

Os resultados dos experimentos foram impressionantes. Townes e Holtfreter descobriram que as células reagregadas se tornavam espacialmente segregadas. Isto é, em vez de dois tipos celulares permanecerem misturados, cada tipo se separava na sua própria região. Assim, quando as células epidérmicas (ectodérmicas) e mesodérmicas eram misturadas em um agregado misto, as células epidérmicas se moviam para a periferia do agregado e as células mesodérmicas se moviam para o interior (**FIGURA 4.3**). É importante ressaltar que os pesquisadores observaram que as posições finais das células reagregadas refletem as suas respectivas posições no embrião. O mesoderma reagregado migra para o centro em relação à epiderme, aderindo à superfície epidérmica interna (**FIGURA 4.4A**). O mesoderma também migra centralmente em relação ao tubo digestório ou endoderma (**FIGURA 4.4B**). Quando as três camadas germinativas são misturadas, entretanto, o endoderma separa-se do ectoderma e do mesoderma e é, então, envelopado por eles (**FIGURA 4.4C**). Na configuração final, o ectoderma está na periferia, o endoderma é interno e o mesoderma fica na região entre eles.

Holtfreter interpretou esssa descoberta em termos de **afinidade seletiva**. A superfície interna do ectoderma tem uma atividade positiva para células do mesoderma e uma afinidade negativa para o endoderma, ao passo que o mesoderma tem afinidades positivas para ambos os tipos celulares, ectoderma e endoderma. A replicação da estrutura embrionária normal por agregados celulares também é vista na recombinação de células da epiderme e da placa neural (**FIGURA 4.4D**). As futuras células epidérmicas migram para a periferia como antes; as células da placa neural migram para dentro, formando uma estrutura reminescente do tubo neural. Quando as células do mesoderma axial (notocorda) são adicionadas a uma suspensão de precursores epidérmicos e precursores neurais, a segregação celular resulta em uma camada epidérmica externa, um tecido neural localizado centralmente, e uma camada de tecido mesodérmico entre elas (**FIGURA 4.4E**). *De alguma forma, as células são capazes de se separarem nas suas posições embrionárias características.* Holtfreter e colaboradores concluíram que as afinidades eletivas mudam durante o desenvolvimento. Para que o desenvolvimento ocorra, as células devem interagir diferentemente com outras populações celulares em momentos específicos. Essas mudanças na afinidade celular são extremamente importantes no processo de morfogênese.

O modelo termodinâmico de interações celulares

As células, portanto, não se separam ao acaso, porém elas podem se mover ativamente para criar a organização tecidual. Que forças dirigem o movimento celular durante a morfogênese? Em 1964, Malcom Steinberg propôs a **hipótese de adesão diferencial**,

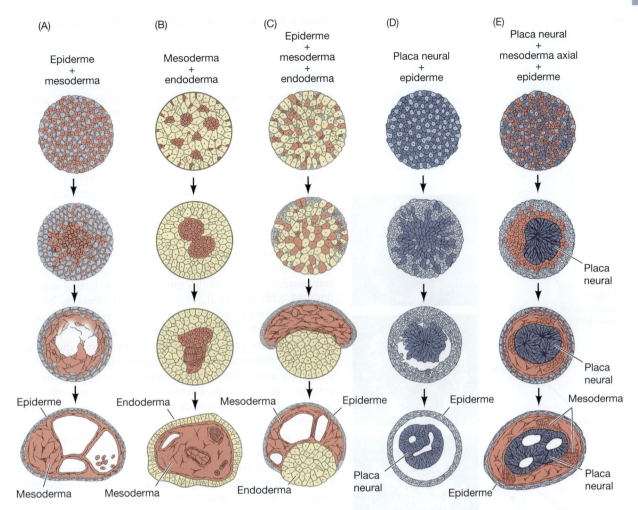

FIGURA 4.4 Separação e reconstrução das relações espaciais em agregados de células embrionárias de anfíbios. (Segundo Townes e Holtfreter, 1955.)

um modelo que busca explicar os padrões de separação celular baseados em princípios termodinâmicos. Usando células derivadas de tecidos embrionários tripsinizados, Steinberg mostrou que certos tipos de células migram centralmente quando combinados com alguns tipos de células, mas migram perifericamente quando combinados com outros. Essas interações formam uma hierarquia (Steinberg, 1970). Se a posição final do tipo celular A for interna a um segundo tipo celular B e se a posição final de B for interna a um terceiro tipo celular C, a posição final de A vai ser sempre interna a C (**FIGURA 4.5A**; Foty e Steinberg, 2013). Por exemplo, as células do epitélio pigmentar da retina migram internamente com relação a células da retina neural, e as células cardíacas migram internamente com as células da retina pigmentada, portanto as células do coração migram internamente com células da retina neural. Essa observação levou Steinberg a propor que as células interagem de maneira a formar um agregado com a menor energia livre da interface. Em outras palavras, as células se rearranjam no padrão mais termodinamicamente estável. Se os tipos celulares A e B têm diferentes forças de adesão e se a força das conexões de A-A é maior do que a força das conexões A-B ou B-B, ocorrerá a separação, com as células A se tornando centrais. Entretanto, se a força das conexões A-A for menor ou igual à força das conexões A-B, o agregado permanecerá como uma mistura randômica de células. Finalmente, se a força das conexões A-A for muito maior que a força das conexões A-B, ou, em outras palavras, se as células A e B mostram essencialmente nenhuma adesividade uma para com a outra, as células A e B formarão agregados separados. De acordo com essa hipótese, o embrião inicial pode ser visto como existindo em um estado de equilíbrio até que alguma mudança nas propriedades adesivas da membrana plasmática da célula mude. O movimento que resulta busca restaurar

(A)

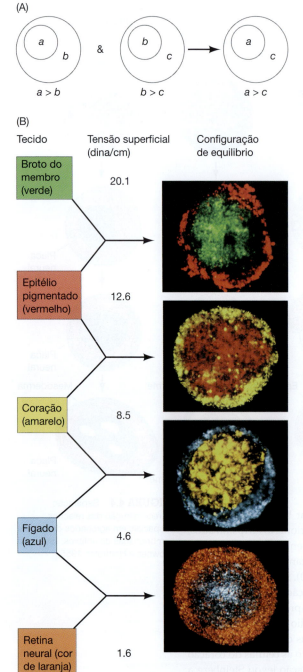

FIGURA 4.5 Hierarquia de separação de células de tensões superficiais decrescentes. (A) Esquema simples demonstrando o enunciado lógico para as propriedades da adesão celular diferencial. (B) A configuração de equilíbrio reflete a força da coesão entre as células, com os tipos celulares que possuem a maior coesão celular segregados dentro das células com menor coesão. Essas imagens foram obtidas ao seccionar os agregados e atribuir cores aos tipos celulares por computador. As áreas em preto representam as células cujo sinal foi retirado no programa de optimização da imagem. (De Foty et al., 1996, cortesia de M. S. Steinberg e R. A. Foty.)

as células para uma nova configuração de equilíbrio. Tudo que é requerido para a separação ocorrer é que os tipos celulares tenham diferença na força de adesão; a adesão diferencial é causada por mudanças na quantidade ou no repertório de moléculas de superfície celular.

Em vários experimentos meticulosos usando numerosos tipos de tecidos, pesquisadores mostraram que os tipos celulares que têm maior coesão na superfície migravam centralmente, se comparados com as células que têm menor tensão superficial (**FIGURA 4.5B**; Foty et al., 1996; Krens e Heisenberg, 2011). Na forma mais simples desse modelo, todas as células poderiam ter o mesmo tipo de "cola" na sua superfície celular. A quantidade dessa "cola", ou a arquitetura celular que permite que tal substância seja diferencialmente distribuída pela sua superfície, poderia criar uma diferença ou número de contatos estáveis feitos entre os tipos célulares. Em uma versão mais específica desse modelo, as diferenças termodinâmicas poderiam ser causadas por tipos diferentes de moléculas de adesão (ver Moscona, 1974). Quando os estudos de Holtfreter foram revisitados usando técnicas modernas, Davis e colaboradores (1977) descobriram que as tensões de superfície dos tecidos de camadas germinativas individuais eram precisamente as referidas para os padrões de separação observados tanto *in vitro* quanto *in vivo*.

Caderinas e a adesão celular

A evidência mostra que as fronteiras entre tecidos podem efetivamente ser criadas por tipos celulares diferentes, tendo ambos tipos e quantidades diferentes de moléculas de adesão celular. Várias classes de moléculas podem mediar a adesão celular, mas as principais moléculas da divisão celular parecem ser as caderinas.

Como seu nome sugere, as **caderinas** são moléculas de adesão dependentes de cálcio. Elas são críticas para o estabelecimento e a manutenção de conexões intercelulares, e parecem ser cruciais para a segregação espacial dos tipos celulares e para a organização da forma animal (Takeichi, 1987). As caderinas são proteínas transmembrana que interagem com outras caderinas em células adjacentes. As caderinas são ancoradas dentro das células por um complexo de proteínas, chamadas de **cateninas** (**FIGURA 4.6**), e o complexo caderina-catenina forma a clássica junção aderente que ajuda a manter as células epiteliais juntas. Além disso, uma vez que as caderinas e as cateninas se ligam aos microfilamentos de actina do citoesqueleto celular, elas integram as células epiteliais em uma unidade mecânica. O bloqueio da *função* da caderina (por anticorpos que ligam e inativam a caderina) ou pelo bloqueio da *síntese* de caderina no RNA (com RNA antissenso que se liga a mensageiros para a caderina e impedem a sua tradução) podem impedir a formação de tecidos epiteliais e fazer as células se desagregarem (Takeichi et al., 1979).

As caderinas executam várias funções relacionadas. Primeiro, seu domínio extracelular serve para aderir as células umas às outras. Segundo, as caderinas se ligam e ajudam a montar o citoesqueleto de actina, fornecendo, portanto, as forças mecânicas para a formação de camadas e tubos. Terceiro, as caderinas podem servir para iniciar e transduzir sinais, podendo levar a mudanças na expressão gênica da célula.

Em embriões de vertebrados, vários tipos principais de caderina têm sido identificados. Por exemplo, a **E-caderina** é expressa em todas as células embrionárias iniciais de mamíferos, até no estágio de zigoto. No embrião de peixe-zebra, a E-caderina é necessária para a formação e a migração do epiblasto como uma camada de células durante a gastrulação. A perda da E-caderina no embrião peixe-zebra mutante "*half-baked*" ("meio-cozido") resulta em uma falha de as células profundas ("*deep cells*") do epiblasto se moverem radialmente para a camada mais superficial de epiblasto, um processo de separação celular *in vivo* conhecido como **intercalação radial**, que ajuda a propulsar a epibolia durante a gastrulação (**FIGURA 4.7**; ver também Capítulo 11 e Kane et al., 2005). Mais tarde no desenvolvimento, a expressão dessa E-caderina é restrita aos tecidos epiteliais de embriões e adultos.

Em mamíferos, a **P-caderina** é encontrada predominantemente na placenta, onde ela ajuda a placenta a aderir ao útero (Nose e Takeichi, 1986; Kadokawa et al., 1989). A **N-caderina** torna-se altamente expressa nas células do sistema nervoso central em desenvolvimento e pode ter um papel na mediação de sinais neurais (Hatta e Takeichi, 1986). A **R-caderina** é crítica na formação da retina (Babb et al., 2005). Uma classe de caderinas, chamada de **protocaderinas** (Sano et al., 1993),

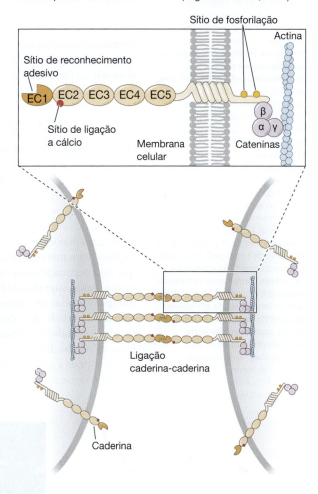

FIGURA 4.6 Esquema simplificado da ligação de caderina com o citoesqueleto através das cateninas. (Segundo Takeichi, 1991.)

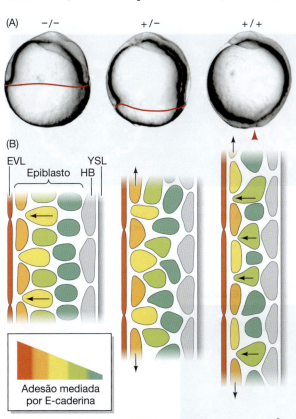

FIGURA 4.7 A E-caderina é necessária para a epibolia em peixes-zebra. (A) Embriões selvagens (à direita), embriões heterozigotos (centro) e homozigotos (à esquerda) para a mutação de E-caderina chamada *half-baked*. Durante a gastrulação normal, as células juntam-se em uma camada de epiblasto mais fina, porém mais expansiva, que envelopa todo o vitelo (a cabeça de seta vermelha aponta para a localização do invólucro final do vitelo no embrião selvagem). Os mutantes de E-caderina não completam a epibolia, que é mais gravemente afetada no mutante homozigoto (linhas vermelhas marcam a margem dianteira do epiblasto). (B) Esquema dos movimentos celulares de intercalação radial ao longo do tempo durante a gastrulação. As células movem-se na direção da camada superficial envoltória em relação com o aumento na expressão de E-caderina. A E-caderina é expressa em níveis mais altos nas camadas mais superficiais do epiblasto, inclusive na camada envolvente, e é essa expressão diferencial (e, consequentemente, a adesão diferencial) que causa o movimento radial das células profundas ("*deep cells*") para a periferia. EVL, camada envolvente (do inglês, *enveloping layer*); HB, hipoblasto; YSL, camada sincicial do vitelo (do inglês, *yolk syncitial layer*). (Dados e imagens baseados em Kane et al., 2005, cortesia de R. Warga.)

FIGURA 4.8 A importância da quantidade de caderinas para a morfogênese correta. (A) A tensão de superfície do agregado se relaciona com o número de moléculas de caderina nas membranas celulares. (B) A separação de dois subclones com diferentes quantidades de caderina nas suas superfícies. As células marcadas em verde têm 2,4 vezes mais moléculas de caderina na sua membrana do que as outras células. (Estas células não tinham genes normais de caderina sendo expressos.) Depois de 4 horas de incubação (à esquerda), as células estão distribuídas aleatoriamente, mas depois de 24 horas de incubação (à direita), as células vermelhas (com a tensão de superfície de cerca de 2,4 erg/cm²) formaram um envelope em volta das células verdes mais fortemente coesas (5,6 erg/cm²). (C) A separação pode ocorrer baseada em número de caderina mesmo se as duas células expressam diferentes proteínas caderinas (i.e., são heterotípicas). Vermelho indica P-caderina, verde, E-caderina. (A, B de Foty e Steinberg, 2005; C de Foty e Steinberg, 2013.)

não tem a ligação com o citoesqueleto de actina através das cateninas. A expressão de protocaderinas semelhantes é uma forma importante de manter as células epiteliais migratórias juntas, e a expressão de protocaderinas diferentes é uma forma importante de separar tecidos (como quando o mesoderma que forma a notocorda se separa do mesoderma circundante, que formará os somitos).

As diferenças na tensão superficial das células e a tendência destas ficarem unidas depende da força das interações de caderina (Duguay et al., 2003). Essa força de ligação pode ser obtida quantitativamente (quanto mais caderina nas superfícies celulares apostas, mais forte a adesão) ou qualitativamente (algumas caderinas vão se ligar a tipos diferentes de caderinas, enquanto outras não).

QUANTIDADE E COESÃO A habilidade das células de se separarem umas das outras baseada na *quantidade* de expressão de caderina foi primeiro mostrada quando Steinberg e Takeichi (1994) colaboraram em um experimento usando duas linhagens celulares que eram idênticas, exceto que elas sintetizavam diferentes quantidades de P-caderina. Quando esses dois grupos de células, cada um expressando uma quantidade diferente de caderina, foram misturados, as células que expressavam mais P-caderina tinham uma maior coesão de superfície e migravam internamente ao grupo de células que expressavam menores quantidades de caderina. Foty e Steinberg (2005) demonstraram que essa separação dependente da quantidade de caderina se relacionava diretamente com a tensão superficial (**FIGURA 4.8A, B**). As tensões superficiais desses agregados homotípicos (todas as células têm o mesmo tipo de caderina) se relacionam linearmente com a quantidade de caderina que elas expressam na superfície celular. A hierarquia de separação celular é estritamente dependente da quantidade das interações de caderina entre as células. Esse princípio termodinâmico também se aplica a agregados heterotípicos, nos quais a quantidade relativa de tipos diferentes de caderinas ainda prevê o comportamento de separação celular *in vitro* (Foty e Steinberg, 2013) (**FIGURA 4.8C**).

(A)

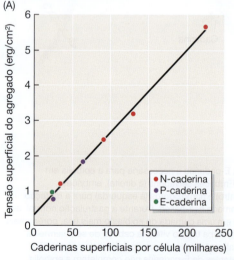

(B)

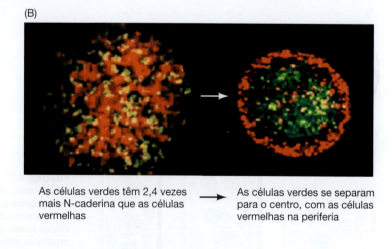

As células verdes têm 2,4 vezes mais N-caderina que as células vermelhas → As células verdes se separam para o centro, com as células vermelhas na periferia

(C) P-caderina > E-caderina   P-caderina = E-caderina   P-caderina < E-caderina

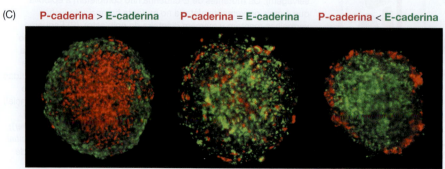

(A)

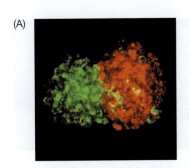

FIGURA 4.9 A importância dos tipos de caderina para a correta morfogênese. (A) O tipo de caderina expressa pode resultar em diferentes comportamentos de separação, como visto quando as células expressando R-caderina (marcação em vermelho) são misturadas com um número igual de células expressando B-caderina (marcação em verde). As células formam dois agregados distintos com uma fronteira comum de contato. (B) Secção transversal de um embrião de camundongo mostrando os domínios de expressão de E-caderina (à esquerda) e N-caderina (à direita). A N-caderina é crítica para a separação dos percursores epidérmicos e tecidos neurais durante a organogênese. (C) O tubo neural separa-se completamente da epiderme superficial nos embriões selvagens de peixe-zebra, mas não em embriões mutantes em que a N-caderina não é feita. Nessas imagens, os limites da célula são marcados em verde com anticorpos contra β-catenina, ao passo que o interior celular está marcado em azul. (A de Duguay et al., 2003, fotografias por cortesia de R. Foty; B fotografias por K. Shimamura e H. Matsunami, cortesia de M. Takeichi; C de Hong e Brewster, 2006, cortesia de R. Brewster.)

(B)   Expressão de E-caderina   Expressão de N-caderina

(C)   Selvagem   N-caderina⁻

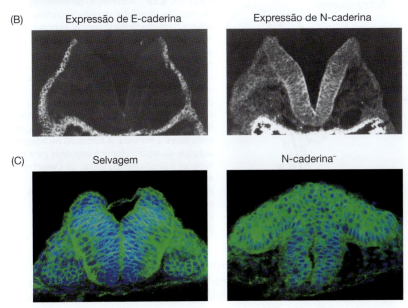

TIPO, MOMENTO E FORMAÇÃO DE FRONTEIRA Os efeitos quantitativos das caderinas são cruciais, mas interações *qualitativas* – isto é, o *tipo* e o *momento* da expressão de caderina – também podem ser importantes. O momento de eventos particulares do desenvolvimento pode depender da expressão de caderina. Por exemplo, a N-caderina aparece nas células mesenquimais da perna de galinha em desenvolvimento logo antes de essas células se condensarem e formarem nódulos de cartilagem (que são os precursores do esqueleto dos membros). A N-caderina não é vista antes da condensação, nem posteriormente. Se os membros foram injetados logo antes da condensação com anticorpos que bloqueiam N-caderina, as células mesenquimais não conseguem condensar, e a cartilagem não se forma (Oberlender e Tuan, 1994). Parece, portanto, que o sinal para começar a formação de cartilagem no membro da galinha seja o aparecimento de N-caderina.

O tipo de caderina também é importante. Duguay e colaboradores (2003) mostraram, por exemplo, que a R-caderina e a B-caderina *não* se ligam bem uma com a outra. Quando duas populações de células expressando ou R-caderina ou B-caderina em níveis iguais são misturadas, elas separam-se em dois agregados de células separados, com fronteiras distintas entre elas (**FIGURA 4.9A**). A formação de fronteiras é uma conquista física crítica necessária para muitos eventos morfogenéticos. Por exemplo, no ectoderma em desenvolvimento, a expressão de N-caderina é importante na separação dos precursores das células neurais dos precursores das células epidérmicas (**FIGURA 4.9B**). Inicialmente, todas as células embrionárias contêm E-caderina, porém as células destinadas a se tornarem o tubo neural perdem a E-caderina e ganham N-caderina. Se as células epidérmicas forem forçadas experimentalmente a expressar N-caderina ou se a síntese de N-caderina for bloqueada nas futuras células neurais, a fronteira entre a pele e o sistema nervoso não se forma de maneira correta (**FIGURA 4.9C**; Kintner et al., 1992).

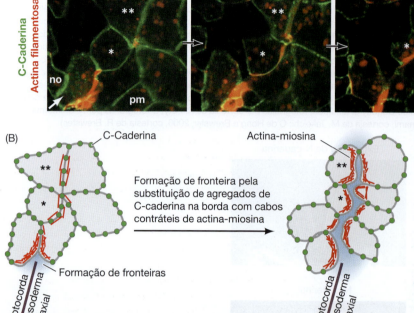

FIGURA 4.10 A formação de fronteiras. (A) Imagens de células vivas de explantes de células do mesoderma dorsal de *Xenopus*. A formação de fronteiras pode ser vista acontecendo ao longo do tempo entre as células da notocorda (no; asteriscos) e células do mesoderma paraxial (pm, do inglês, *paraxial mesoderm*) proporcionalmente à redução de expressão de C-caderina (marcação em verde) e uma acumulação crescente de actina filamentosa (marcação em vermelho) no lugar onde ficará a fronteira. A formação de fronteira progride da região inferior à esquerda para a superior à direita (seta branca). (B) Desenho esquemático das células em (A). Estão indicados os níveis relativos de C-caderina e unidades contráteis de actina-miosina; a fronteira resultante é mostrada em azul. (Segundo Fagotto et al., 2013.)

Ampliando o conhecimento

O citoesqueleto de actina subjacente parece ser crucial na organização das caderinas para formar ligações estáveis entre as células. Embora o valor energético da ligação caderina-caderina seja notavelmente forte – aproximadamente 3.400 kcal/mole ou cerca de 200 vezes mais forte que a maioria das interações metabólicas proteína-proteína –, as forças contráteis de actina-miosina também são importantes para estabelecer a força tênsil de uma célula. Recentemente, uma "hipótese de tensão interfacial diferencial" propôs que a contratilidade do córtex celular governa a separação celular mais do que a adesão célula a célula. À medida que forem desenvolvidos melhores métodos *in vivo* para medir quantitativamente as forças ao nível celular e molecular, será empolgante aprender o quanto a adesão diferencial e a tensão de interface diferencial regulam cooperativamente a morfogênese. Nos próximos anos, fique de olho em uma construção da compreensão do papel das propriedades físicas nos mecanismos de morfogênese.

Portanto, por meio da expressão diferencial de dois tipos diferentes de caderinas, tecidos diferentes podem se tornar separados pela formação de uma fronteira na membrana celular, ocupando as interações hidrofílicas mais fracas (Fagotto, 2014).

Outro exemplo da formação de fronteiras no embrião ocorre dentro do mesoderma para separar o mesoderma axial (notocordal) e o mesoderma paraxial (somítico). O mecanismo primário para a formação dessa fronteira se baseia na redução de C-caderinas nas membranas apostas das células da fronteira (Fagotto et al., 2013). Fagotto e colaboradores examinaram esse mecanismo em embriões vivos de *Xenopus laevis* e observaram que cabos contráteis de actina-miosina se alinham paralelamente à interface da fronteira, sendo necessários tanto para a redução da C-caderina quanto para a formação da fronteira (**FIGURA 4.10**).

TÓPICO NA REDE 4.1 **MUDANÇA DE FORMA E MORFOGÊNESE EPITELIAL: "A FORÇA É FORTE EM VOCÊ"** A habilidade de células epiteliais de formarem camadas e tubos depende de mudanças de forma que geralmente envolvem as caderinas e o citoesqueleto de actina.

A matriz extracelular como uma fonte de sinais para o desenvolvimento

As interações célula a célula não ocorrem na ausência de um ambiente; ao contrário, elas ocorrem em coordenação com e muitas vezes devido às condições ambientais que cercam as células. Esse ambiente é chamado de **matriz extracelular**, que é uma rede insolúvel consistindo de macromoléculas secretadas pelas células. Essas macromoléculas formam uma região de material acelular nos interstícios entre as células. A adesão celular, a migração celular e a formação de camadas e tubos epiteliais dependem da habilidade das células de formarem ligações com matrizes extracelulares. Em alguns casos, como na formação de epitélios, essas ligações têm de ser extremamente fortes. Em outros casos, como quando as células migram, as ligações têm de ser feitas, quebradas e feitas novamente. Em alguns casos, a matriz extracelular serve meramente como substrato permissivo para no qual as células podem aderir ou sobre o qual elas podem migrar. Em outros casos, elas fornecem as direções para o movimento celular ou o sinal para um evento do desenvolvimento. As matrizes extracelulares são feitas das proteínas de matriz colágeno, proteoglicanos e uma variedade de moléculas de glicoproteínas especializadas, como fibronectina e laminina.

Os **proteoglicanos** têm papéis criticamente importantes no livramento de fatores parácrinos. Essas moléculas grandes consistem em cernes proteicos (como sindecan) com cadeias laterais de polissacarídeos glicosaminoglicanos covalentemente ligados. Dois dos proteoglicanos mais comuns são heparan sulfato e sulfato de condroitina. O heparan sulfato pode se ligar a vários membros de diferentes famílias parácrinas, e parece ser essencial para apresentar fatores parácrinos em alta concentração aos seus receptores. Em *Drosophila*, *C. elegans* e camundongos, as mutações que impedem a síntese da proteína ou do carboidrato do proteoglicano bloqueiam a migração celular normal, a morfogênese e a diferenciação (García-García e Anderson, 2003; Hwang et al., 2003; Kirn-Safran et al., 2004).

As grandes glicoproteínas são responsáveis por organizar a matriz e as células em uma estrutura ordenada. A **fibronectina** é um dímero de glicoproteína muito grande sintetizado por vários tipos celulares. Uma função da fibronectina é servir como uma molécula adesiva geral, ligando células umas com as outras e com outros substratos, como colágeno e proteoglicanos. A fibronectina tem vários sítios de ligação distintos, e a sua interação com as moléculas apropriadas resulta no correto alinhamento das células com sua matriz extracelular (**FIGURA 4.11A**). A fibronectina também tem um papel importante na migração celular, uma vez que os "caminhos" sobre os quais viajam certas células migratórias são pavimentados com essa proteína. Os trilhos de fibronectina levam as células germinativas para as gônadas e as células do coração para a linha central. Se embriões de galinha forem injetados com anticorpos contra fibronectina, as células formadoras do coração não atingem a linha central e se formam dois corações separados (Heasman et al., 1981; Linask e Lash, 1988).

 OS CIENTISTAS FALAM 4.1 Uma sessão de perguntas e respostas com o Dr. Doug DeSimone e a Dra. Tania Rozario sobre o papel da fibronectina durante a gastrulação de *Xenopus*.

A **laminina** (outra grande glicoproteína) e o **colágeno tipo IV** são os principais componentes de um tipo de matriz extracelular chamado **lâmina basal**. A lâmina basal é caracterizada por camadas intimamente costuradas que ficam embaixo de tecidos epiteliais (**FIGURA 4.11B**). A adesão de células epiteliais à lâmina (na qual elas se sentam) é muito maior do que a afinidade das células mesenquimais para fibronectina (na qual

FIGURA 4.11 Matrizes extracelulares no embrião em desenvolvimento. (A) Os anticorpos fluorescentes para fibronectina mostram a deposição de fibronectina como uma faixa verde no embrião de *Xenopus* durante a gastrulação. A fibronectina orientará os movimentos das células do mesoderma. (B) A fibronectina conecta células migratórias, colágeno, heparan sulfato e outras proteínas de matriz extracelular. Essa microscopia eletrônica de varredura mostra a matriz extracelular na junção de células epiteliais (acima) e mesenquimais (abaixo). As células epiteliais sintetizam uma lâmina basal apertada baseada em laminina, ao passo que as células mesenquimais secretam uma lâmina reticular frouxa feita primariamente de colágeno. (A cortesia de M. Marsden e D. W. DeSimone; B cortesia de R. L. Trelsted.)

(A)

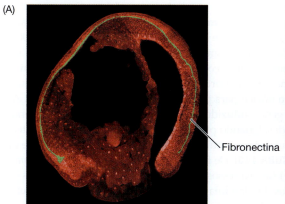

Fibronectina

(B)

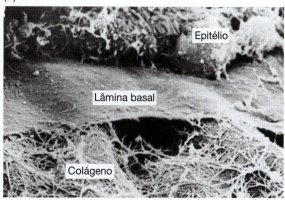

Epitélio

Lâmina basal

Colágeno

elas devem se ligar e se soltar para poderem migrar). Como a fibronectina, a laminina tem um papel na montagem da matriz extracelular, promovendo o crescimento e a adesão celular, a mudança de forma da célula e permitindo a migração celular (Hakamori et al., 1984; Morris et al., 2003).

Integrinas: receptores para as moléculas de matriz extracelular

A habilidade de uma célula de se ligar a glicoproteínas adesivas, como laminina ou fibronectina, depende da sua expressão de receptores de membrana para os sítios de ligação celular dessas grandes moléculas. Os receptores de fibronectina foram identificados pelo uso de anticorpos que bloqueavam a ligação das células a fibronectina (Chen et al., 1985; Knudsen et al., 1985). Foi visto que o principal receptor de fibronectina é uma proteína extremamente grande que liga fibronectina do lado de fora da célula, atravessa a membrana e se liga a componentes do citoesqueleto dentro da célula (**FIGURA 4.12**).

Essa família de proteínas receptoras foi chamada de integrinas, visto que elas *integram* os arcabouços extracelular e intercelular, permitindo que eles trabalhem juntos (Horwitz et al., 1986; Tamkun et al., 1986). No lado extracelular, as integrinas ligam-se à sequência de aminoácidos arginina-glicina-aspartato (RGD), encontrada em várias proteínas adesivas de matriz extracelular, inclusive fibronectina, vitronectina (encontrada na lâmina basal do olho) e laminina (Ruoslahti e Pierschbacher, 1987). No lado citoplasmático, as integrinas ligam-se a talina e α-actinina, duas proteínas que conectam microfilamentos de actina. Essa dupla ligação permite que a célula se mova pela contração do microfilamento de actina contra a matriz extracelular fixa.

As integrinas também podem sinalizar de fora para dentro da célula, alterando a expressão gênica (Walker et al., 2002). Bissell e colaboradores (Bissell et al., 1982; Martins-Green e Bissell, 1995) mostraram que a integrina é crítica para induzir a expressão gênica específica em tecidos no desenvolvimento, sobretudo no fígado, no testículo e na glândula mamária. Na glândula mamária, a laminina extracelular é capaz de finalizar a expressão de receptor de estrogênio e a expressão de genes de caseína através das proteínas integrinas (Streuli et al., 1991; Notenboom et al., 1996; Muschler et al., 1999; Novaro et al., 2003).

A presença de integrina ligada ao receptor impede a ativação de genes que promovem apoptose ou morte celular programada (Montgomery et al., 1994; Frisch e Ruoslahti, 1997). Por exemplo, os condrócitos que produzem a cartilagem das nossas vértebras e membros podem sobreviver e se diferenciar apenas se forem cercados por uma matriz extracelular e se forem ligados a ela através de suas integrinas (Hirsch et al., 1997). Se os condrócitos do esterno de galinha em desenvolvimento forem incubados com anticorpos que bloqueiem a ligação de integrinas à matriz extracelular, eles atrofiam e morrem. De fato, quando as adesões focais que ligam uma célula epitelial à sua matriz extracelular são quebradas, a via de apoptose dependente de caspases é ativada, e a célula morre. Essa "morte por destacamento" é um tipo especial de apoptose, chamada de **anoikis**, e parece ser uma arma importante contra o câncer (Frisch e Francis, 1994; Chiarugi e Giannoni, 2008).

Embora os mecanismos pelos quais as integrinas ligadas inibem a apoptose sejam controversos, a matriz extracelular é obviamente uma fonte importante de sinais que podem ser transduzidos para o núcleo para produzir expressão gênica específica. Alguns dos genes induzidos pela ligação com a matriz estão sendo identificados. Quando plaqueadas em plástico de cultura de tecido, as células de glândulas mamárias de camundongo irão se dividir (**FIGURA 4.13**). De fato, os genes para divisão celular (*c-myc*, *ciclina D1*) são expressos, ao passo que os genes de produtos diferenciados da glândula mamária (caseína, lactoferrina, proteína ácida do soro) não o são. Se as mesmas células forem plaqueadas

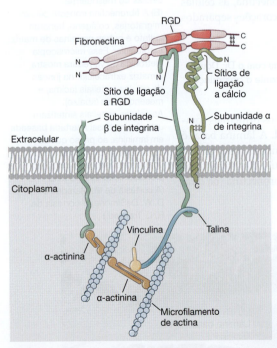

FIGURA 4.12 Diagrama simplificado do complexo do receptor de fibronectina. As integrinas do complexo são proteínas receptoras que atravessam a membrana e que ligam fibronectina no lado externo da célula enquanto ligando proteínas do citoesqueleto no lado de dentro da célula (Segundo Luna e Hitt, 1992.)

FIGURA 4.13 Expressão gênica dirigida por lâmina basal em tecido glandular mamário. (A) O tecido glandular mamário de camundongos se divide quando colocado em plástico de cultura de tecidos (sem lâmina basal). Os genes que codificam as proteínas de divisão celular estão ativos, e os genes capazes de sintetizar os produtos diferenciados da glândula mamária – lactoferrina, caseína e proteína ácida do soro (WAP) – estão desligados. (B) Quando essas células são colocadas numa lâmina basal, os genes para proteínas de divisão celular são desligados, ao passo que os genes codificando inibidores da divisão celular (como p21) e o gene para lactoferrina são ligados. (C) As células da glândula mamária envolvem a lâmina basal em volta delas, formando um epitélio secretor. Os genes de caseína e WAP são ativados sequencialmente. (Segundo Bissell et al., 2003.)

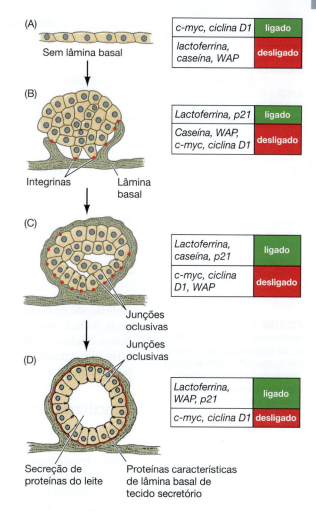

sobre plástico revestido com uma lâmina basal, as células param de se dividir e os genes da glândula mamária diferenciadas são expressos. Isso acontece apenas depois que as integrinas das células da glândula mamária se ligam à laminina da lâmina basal. Nesse momento, o gene da lactoferrina é expresso, da mesma forma como o gene p21, um inibidor de divisão celular. Os genes *c-myc* e *ciclina D1* são silenciados. Eventualmente, todos os genes para os produtos de desenvolvimento da glândula mamária são expressos, e os genes de divisão celular permanecem desligados. Nessa altura, as células das glândulas mamárias se envelopam numa lâmina basal, formando um epitélio secretor remanescente do tecido da glândula mamária. A ligação de integrinas à laminina é essencial para a transcrição do gene de caseína, e as integrinas atuam junto com a prolactina (ver Figura 4.27) para ativar a expressão desse gene (Roskelley et al., 1994; Muschler et al., 1999).

A transição epitélio-mesênquima

Um importante fenômeno do desenvolvimento, a **transição epitélio-mesênquima**, ou **EMT** (do inglês, *epitelial to mesenchymal transition*), integra todos os processos que discutimos até agora. A EMT é uma série ordenada de eventos pelos quais as células epiteliais são transformadas em células mesenquimais. Nessa transição, uma célula epitelial estacionária polarizada, que normalmente interage com a lâmina basal através da sua superfície basal, transforma-se em uma célula mesenquimal migratória que pode invadir tecidos e ajudar a formar órgãos em novos lugares (**FIGURA 4.14A**; ver Sleepman e Thiery, 2011). A EMT se inicia normalmente quando fatores parácrinos de células vizinhas ativam a expressão gênica nas células-alvo, instruindo dessa forma as células-alvo a diminuir a expressão de suas caderinas, liberar sua ligação à laminina e outros componentes da lâmina basal, rearranjar os seus citoesqueletos de actina e secretar novas moléculas de matriz extracelular, características de células mesenquimais.

A transição epitélio-mesênquima é crítica durante o desenvolvimento (**FIGURA 4.14B, C**). Exemplos de processos do desenvolvimento nos quais essa transição é ativada incluem (1) a formação de células da crista neural a partir da região mais dorsal do tubo neural; (2) a formação do mesoderma em embriões de galinha, onde as células que foram parte de uma camada epitelial se tornam mesodérmicas e migram para dentro do embrião; e (3) a formação das células precursoras de vértebras a partir dos somitos, onde estas se destacam dos somitos e migram em volta da medula espinal em desenvolvimento. A EMT também é importante em adultos, nos quais ela é necessária para a cicatrização de feridas. A forma mais crítica de EMT em adultos, entretanto, é vista na metástase do câncer, onde células que foram parte de uma massa de tumor sólido saem desse tumor para invadir outros tecidos e formar tumores secundários em outros lugares no corpo. Parece que, na metástase, os processos que geraram a transição celular no

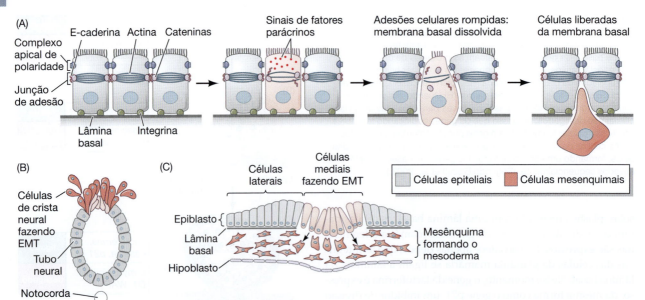

FIGURA 4.14 A transição epitélio-mesênquima, ou EMT. (A) As células epiteliais normais são ligadas umas com as outras através de junções de adesão contendo caderina, catenina e anéis de actina. Elas são ligadas com a lâmina basal através de integrinas. Os fatores parácrinos podem reprimir a expressão de genes que codificam esses componentes celulares, fazendo a célula perder a polaridade, a ligação à lâmina basal e a coesão com outras células epiteliais. Ocorre o remodelamento do citoesqueleto junto com a secreção de proteases que degradam moléculas da lâmina basal e da matriz extracelular, permitindo a migração da célula mesenquimal recentemente formada. (B, C) A EMT é vista nos embriões de vertebrados durante a formação normal da crista neural a partir da região dorsal do tubo neural e durante a formação do mesoderma pelas células mesenquimais delaminando do epiblasto.

embrião são reativados, permitindo que as células cancerosas migrem e se tornem invasivas. As caderinas têm sua expressão diminuída, o citoesqueleto de actina é reorganizado e as células secretam enzimas, como metaloproteinases, para degradar a lâmina basal e a matriz extracelular mesenquimal enquanto também estão passando por divisão celular (Acloque et al., 2009; Kalluri e Weinberg, 2009).

Sinalização celular

Acabamos de aprender como a adesão célula a célula (uma interação justácrina) pode influenciar como as células se posicionam no embrião e, em capítulos anteriores, discutimos a importância que a posição de uma célula no embrião pode ter na regulação do seu destino. O que é tão especial sobre uma posição no embrião que pode determinar o destino de uma célula? Como você sabe, as experiências que se têm no início da vida influenciam fortemente o tipo de pessoa que se torna como um adulto em termos de personalidade, escolha de carreira ou preferência alimentar. De forma semelhante, a experiência que uma célula tem na sua posição embrionária influencia a rede regulatória gênica na qual ela se desenvolve. Portanto, a questão real é, numa dada localização, o que define a experiência celular?

Indução e competência

Desde os estágios iniciais do desenvolvimento até o adulto, os comportamentos celulares, como adesão, migração, diferenciação e divisão, são regulados por sinais de uma célula sendo recebidos por outra célula. De fato, essas interações (que são muitas vezes recíprocas, como descreveremos posteriormente) são o que permitem a construção de órgãos. O desenvolvimento do olho de vertebrados é um exemplo clássico usado para descrever o *"modus operandi"* da organização tecidual por meio de interações intercelulares.

No olho de vertebrados, a luz é transmitida através do tecido transparente da córnea e focada pelo tecido do cristalino (o diâmetro do qual é controlada pelo tecido muscular), eventualmente se projetando no tecido neural da retina. O arranjo preciso de tecidos no olho não pode ser perturbado sem comprometer sua função. Essa coordenação na construção de órgãos é obtida por um grupo de células, mudando o comportamento de um conjunto adjacente de células, fazendo, desse modo, elas mudarem a sua forma, taxa mitótica ou destino celular. Esse tipo de interação a curta distância entre duas ou mais células ou tecidos com diferentes histórias e propriedades é chamada de **indução**.

DEFININDO INDUÇÃO E COMPETÊNCIA Existem pelo menos dois componentes para cada interação indutiva. O primeiro componente é o **indutor**, o tecido que produz um sinal (ou sinais) que mudam o comportamento celular de outro tecido. Com frequência,

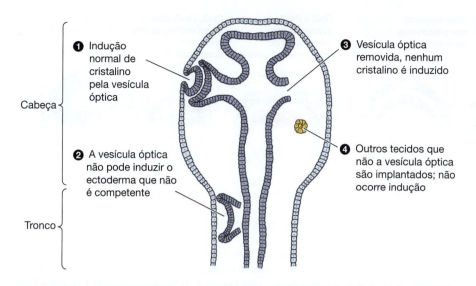

❶ Indução normal de cristalino pela vesícula óptica

❷ A vesícula óptica não pode induzir o ectoderma que não é competente

Cabeça

Tronco

❸ Vesícula óptica removida, nenhum cristalino é induzido

❹ Outros tecidos que não a vesícula óptica são implantados; não ocorre indução

FIGURA 4.15 A competência do ectoderma e a habilidade para responder ao indutor de vesícula óptica no *Xenopus*. A vesícula óptica é capaz de induzir a formação do cristalino na porção anterior do ectoderma, (1) mas não no precursor do tronco e do abdome (2). Se a vesícula óptica for removida (3), o ectoderma superficial forma ou um cristalino anormal ou nenhum cristalino. A maioria dos outros tecidos não são capazes de substituir a vesícula óptica (4).

esse sinal é uma proteína secretada, chamada de fator parácrino. Os **fatores parácrinos** são proteínas feitas por células ou por um grupo de células que alteram o comportamento ou a diferenciação de células vizinhas. Em contraste com fatores endócrinos (hormônios) que viajam através do sangue e exercem os seus efeitos em células e tecidos muito distantes, os fatores parácrinos são secretados no espaço extracelular e influenciam os seus vizinhos próximos. O segundo componente, o **respondedor**, é a célula ou tecido sendo induzido. As células no tecido responsivo têm de ter tanto uma proteína receptora para o fator indutor quanto a *capacidade* de responder ao sinal. A capacidade de responder a um sinal indutivo específico é chamada de **competência** (Waddington, 1940).

CONSTRUINDO O OLHO DOS VERTEBRADOS   No começo da construção dos olhos de vertebrados, regiões pareadas do cérebro se projetam para fora e se aproximam do ectoderma da superfície da cabeça. O ectoderma da cabeça é competente para responder aos fatores parácrinos produzidos por essas protuberâncias do cérebro (as **vesículas ópticas**), e o ectoderma da cabeça recebendo esses fatores parácrinos é induzido a formar o cristalino do olho. Os genes das proteínas do cristalino são induzidos nas células do ectoderma da cabeça e são expressos nessas células. As GTPases da família Rho são ativadas para controlar a elongação e a curvatura das fibras do cristalino (ver Capítulo 16; Maddala et al., 2008). Além disso, as futuras células do cristalino secretam fatores parácrinos que instruem a vesícula óptica a formar a retina. Portanto, os dois principais componentes do olho se constroem um ao outro, e o olho se forma através de interações parácrinas recíprocas. O ectoderma da cabeça é a única região capaz de responder à vesícula óptica. Se uma vesícula óptica de um embrião de *Xenopus laevis* for colocada embaixo do ectoderma da cabeça em um lugar diferente da cabeça do que a vesícula óptica da rã normalmente se localiza, a vesícula induzirá esse ectoderma a formar o tecido do cristalino; o ectoderma do tronco, porém, não responderá à vesícula óptica (**FIGURA 4.15**; Saha et al., 1989; Grainger, 1992). Apenas o ectoderma da cabeça é *competente* para responder aos sinais da vesícula óptica produzindo um cristalino.

Com frequência, uma indução dará a um tecido a competência para responder a um outro indutor. Estudos em anfíbios sugerem que os primeiros indutores do cristalino podem ser o endoderma do intestino anterior e o mesoderma formador do coração, que ficam embaixo do endoderma formador de cristalino durante os estágios iniciais e médios da gástrula (Jacobson, 1963, 1966). A placa neural anterior pode produzir os sinais seguintes, incluindo o sinal que promove a síntese do fator de transcrição *Paired box 6* (Pax6) no ectoderma anterior, o que é requerido para a competência a responder aos sinais da vesícula óptica (**FIGURA 4.16**; Zygar et al., 1998). Portanto, embora a vesícula óptica pareça ser o indutor do cristalino, o ectoderma anterior já tinha sido induzido por pelo menos dois outros tecidos. A situação da vesícula óptica é como a do jogador que

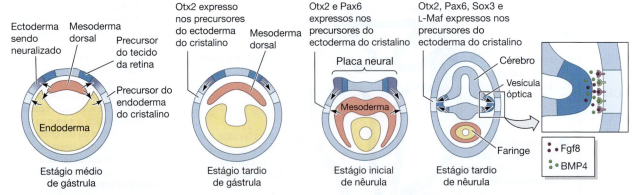

FIGURA 4.16 Sequência de indução do cristalino em anfíbios proposta por experimentos em embriões de *Xenopus laevis*. Os indutores não identificados (possivelmente do intestino anterior e do mesoderma cardíaco) causam a síntese do fator de transcrição Otx2 no ectoderma da cabeça durante o estágio tardio da gástrula. À medida que a dobra neural surge, os indutores da placa neural anterior (incluindo a região que vai formar a retina) induzem a expressão de Pax6 no ectoderma anterior, que pode formar o tecido do cristalino. A expressão da proteína Pax6 pode constituir a competência no ectoderma superficial para responder à vesícula óptica durante o estágio tardio da nêurula. A vesícula óptica secreta fatores parácrinos das famílias BMP e FGF (ver sinais na área no quadrado em maior aumento) que induzem a síntese de fator de transcrição Sox e iniciam a formação observável do cristalino. (Segundo Grainger, 1992.)

chuta o gol "vencedor" numa partida de futebol, porém muitos outros ajudaram a posicionar a bola para o chute final.

Parece que a vesícula óptica secreta dois fatores parácrinos, um dos quais é BMP4 (Furuta e Hogan, 1998), uma proteína que é recebida pelas células do cristalino e induz a produção os fatores de transcrição Sox (ver Figura 4.16, painéis à direita). O outro é Fgf8, um sinal secretado que induz o aparecimento do fator de transcrição L-Maf (Ogino e Yasuda, 1998; Vogel-Höpker et al., 2000). Como vimos no Capítulo 3, a combinação de Pax6, Sox2 e L-Maf no ectoderma é necessária para a produção do cristalino e a ativação de genes específicos do cristalino, como δ-*cristalin*. O Pax6 é importante ao gerar a competência para que o ectoderma responda aos indutores do cálice óptico (Fujiwara et al., 1994). Se o Pax6 for perdido, seja em moscas-da-fruta, rãs, ratos ou humanos, resultará numa completa perda ou redução dos olhos (Quiring et al., 1994). Experimentos recombinando ectoderma superficial com a vesícula óptica de embriões de rato tipo selvagens e mutantes de Pax6 demonstraram que Pax6 tem que ser funcional no ectoderma superficial para que ele forme um cristalino (**FIGURA 4.17A, B**). Em humanos, um espectro de malformações nos olhos tem sido associado com uma variedade de mutações em *Pax6*. Essas malformações incluem aniridia, na qual o cristalino é reduzido ou ausente (**FIGURA 4.17A, C**); mutações em *Pax6* em *Xenopus* mostraram sintomas notavelmente similares à aniridia, permitindo que os pesquisadores modelem e aprofundem as investigações sobre o papel no desenvolvimento de Pax6 nessa doença humana (Nakayama et al., 2015).

Indução recíproca

Outra característica da indução é a natureza recíproca de muitas interações indutivas. Continuando no exemplo anterior, uma vez que o cristalino foi formado, ele induz outros tecidos. Um desses tecidos responsivos é a própria vesícula óptica; portanto, o indutor torna-se o induzido. Sob a influência de fatores secretados pelo cristalino, a vesícula óptica torna-se o cálice óptico, e a parede do cálice óptico se diferencia em duas camadas: a retina pigmentar e a retina neural (ver Figura 16.8; Cvekl e Piatigorsky, 1996; Strickler et al., 2007). Essas interações são chamadas de **induções recíprocas**.

Um outro princípio pode ser visto nas induções recíprocas: uma estrutura não precisa estar completamente diferenciada para ter uma função. Como detalharemos no Capítulo 16, a vesícula óptica induz o ectoderma de superfície a se tornar um cristalino antes da vesícula óptica se tornar a retina. Da mesma forma, o cristalino em desenvolvimento retribui, induzindo a vesícula óptica antes que o cristalino forme suas fibras características. Portanto, antes que um tecido tenha suas funções de "adulto", ele tem funções transientes criticamente importantes na construção dos órgãos do embrião.

INTERAÇÕES INSTRUTIVAS E PERMISSIVAS Howard Holtzer (1968) distinguiu dois principais modos de interação indutiva. Na **interação instrutiva**, o sinal da célula indutora é necessário para iniciar uma nova expressão gênica na célula que está respondendo. Sem a célula indutora, a célula que responde não é capaz de se diferenciar nesta forma particular. Por exemplo, uma interação instrutiva é quando uma vesícula óptica de *Xenopus* experimentalmente colocada numa nova região do ectoderma da cabeça faz essa região do ectoderma formar um cristalino.

(A)

Selvagem Mutante *Pax6*

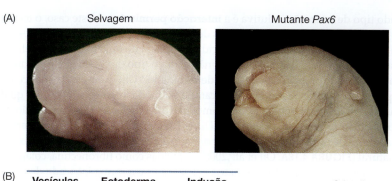

(B)

Vesículas ópticas	Ectoderma da superfície	Indução de cristalino
Selvagem	Selvagem	Sim
Pax6⁻/pax6⁻	Selvagem	Sim
Selvagem	*Pax6⁻/pax6⁻*	Não
Pax6⁻/pax6⁻	*Pax6⁻/pax6⁻*	Não

Cristalino

(C)

Xenopus Humano

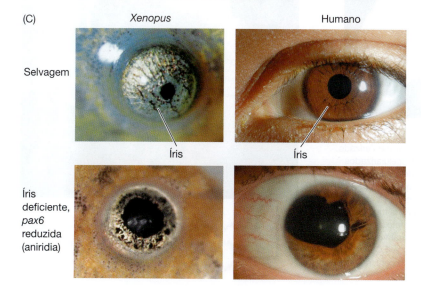

Selvagem

Íris Íris

Íris deficiente, *pax6* reduzida (aniridia)

FIGURA 4.17 *Pax6* é requerido de maneira similar para o desenvolvimento dos olhos em rãs, ratos e humanos. (A) A perda de *Pax6* em ratos resulta em falha na formação dos olhos, além de reduções significativas nas estruturas nasais. (B) Uma análise da indução do cristalino a partir de experimentos de recombinação da vesícula óptica e do ectoderma de superfície entre embriões de ratos selvagens e negativos para *Pax6*. Pax6 é requerido apenas na superfície do ectoderma para correta indução do cristalino. (C) Mutações no gene *Pax6* em *Xenopus* e humanos resultam em reduções similares na íris do olho em comparação com indivíduos selvagens. Esse fenótipo é característico de aniridia (A de Fujiwara et al., 1994; B fotografias por cortesia de M. Fujiwara; C de Nakayama et al., 2015, cortesia de R. M. Grainger.)

O segundo tipo de interação indutiva é a **interação permissiva**. Neste caso, o tecido responsivo já foi especificado e precisa apenas de um ambiente que permita a expressão dessas características. Por exemplo, muitos tecidos precisam de uma matriz extracelular para se desenvolverem. A matriz extracelular não altera o tipo de célula que é produzido, mas ela permite a expressão do que já foi determinado.[1] Um exemplo dramático de interações permissivas funcionando vem do campo da medicina regenerativa, no qual um arcabouço de matriz extracelular pode promover a diferenciação e a reconstrução de um coração que bate. O grupo de pesquisa de Doris Taylor usou detergentes para remover todas as células de um coração de cadáver de rato, o que deixa para trás a matriz extracelular natural (**FIGURA 4.18A**; Ott et al. ,2008). Proteínas como fibronectina, colágeno e laminina mantêm juntos os restos da matriz extracelular e a forma intricada do coração. Os pesquisadores, então, usaram esse arcabouço de matriz infundido em cardiomiócitos. De modo surpreendente, essas células se diferenciaram e se organizaram em um coração funcionalmente regularizado e "rescelularizado" (**FIGURA 4.18B**). Portanto, as condições ambientais da matriz extracelular descelularizada eram permissivas ao deixarem os cardiomiócitos recriarem o músculo cardíaco. Você lerá mais sobre a medicina regenerativa no Capítulo 5.

(((• **OS CIENTISTAS FALAM 4.2** Dra. Doris Taylor discute o uso de órgãos descelularizados para a regeneração.

Interações epitélio-mesênquima

Alguns dos casos mais bem-estudados de indução envolvem as interações entre as camadas de células epiteliais e as células mesenquimais adjacentes. Todos os órgãos consistem em um epitélio e um mesênquima associado, portanto essas interações estão entre os mais importantes fenômenos da natureza. Alguns exemplos são listados na **TABELA 4.1**.

---

[1]É fácil distinguir as interações permissivas e instrutivas usando uma analogia. Este livro-texto foi feito por interações tanto instrutivas quanto permissivas. Um revisor pode nos convencer a mudar o material nos capítulos, o que é uma interação instrutiva, uma vez que a informação expressa no livro será modificada do que teria sido. Entretanto, a informação no livro não seria expressa de forma alguma sem interações permissivas entre o editor e o impressor.

(A) Descelularização

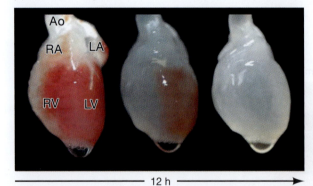

⟵ 12 h ⟶

(B) Coração contrátil rescelularizado

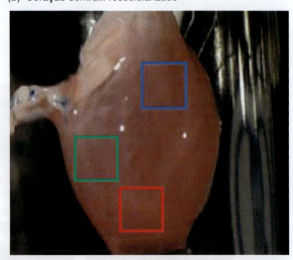

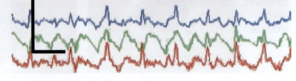

FIGURA 4.18 Reconstruindo um coração de rato descelularizado. (A) Corações inteiros de cadáveres de ratos foram descelularizados (todas as células removidas) durante 12 horas usando o detergente SDS. A progressão da descelularização é vista aqui da esquerda para a direita. Ao, aorta; AE, átrio esquerdo; AD, átrio direito, VE, ventrículo esquerdo; VD, ventrículo direito. (B) Um coração descelularizado foi montado num biorreator e rescelularizdo com células cardíacas neonatais, as quais se desenvolveram em cardiomiócitos contráteis e permitiram o batimento do coração construído. Traçados de eletrocardiogramas (ECG) regionais indicam contração sincrônica nas regiões indicadas do coração (registros em azul, verde e vermelho). (De Ott et al., 2008.)

TABELA 4.1 Algumas das interações epitélio-mesênquima

Órgão	Componente epitelial	Componente mesenquimal
Estruturas cutâneas (pelo, penas, glândulas sudoríparas, glândulas mamárias)	Epiderme (ectoderma)	Derme (mesoderma)
Membro	Epiderme (ectoderma)	Mesênquima (mesoderma)
Órgãos do trato digestório (fígado, pâncreas, glândulas salivares)	Epitélio (endoderma)	Mesênquima (mesoderma)
Intestino anterior e órgãos associados à respiração (pulmões, timo, tireoide)	Epitélio (endoderma)	Mesênquima (mesoderma)
Rim	Broto uretérico (mesoderma)	Mesênquima epitélio (mesoderma)
Dentes	Epitélio da mandíbula (ectoderma)	Mesênquima (crista neural)

ESPECIFICIDADE REGIONAL DA INDUÇÃO   Usando a indução de estruturas cutâneas (pele) como nossos exemplos, olharemos as propriedades das interações epitélio-mesênquima. A primeira dessas propriedades é a especificidade regional da indução. A pele é composta de dois tecidos principais: uma epiderme externa (um tecido epitelial derivado do ectoderma) e uma derme (um tecido mesenquimal derivado do mesoderma). A epiderme de galinha secreta proteínas que sinalizam para células da derme subjacente formarem condensações, e o mesênquima dermal condensado responde pela secreção de fatores que fazem a epiderme formar estruturas cutâneas regionalmente específicas (Nohno et al., 1995; TingBerreth e Chuong, 1996). Essas estruturas podem ser as largas penas da asa, as estreitas penas da perna ou as escamas e garras do pé (**FIGURA 4.19**). O mesênquima dérmico é responsável pela especificidade regional da indução no epitélio epidérmico competente. Os pesquisadores podem separar o epitélio embrionário do mesênquima embrionário e recombiná-los em diferentes formas (Saunders et al., 1957). Um epitélio específico desenvolve estruturas cutâneas de acordo com a região da qual o mesênquima foi tirado. Nesse caso, o mesênquima tem um papel instrutivo, ativando diferentes conjuntos de genes nas células epiteliais responsivas.

A ESPECIFICIDADE GENÉTICA DA INDUÇÃO   A segunda propriedade das interações epitélio-mesenquimais é a especificidade genética da indução. Enquanto o mesênquima pode instruir o epitélio sobre quais conjuntos de genes deve ativar, o epitélio responsivo pode cumprir essas instruções apenas na medida em que o seu genoma permita. Essa propriedade foi descoberta por meio de experimentos envolvendo o transplante de tecidos de uma espécie para outra.

FIGURA 4.19   Indução da pena na galinha. (A) Uma hibridização *in situ* de embrião de galinha de 10 dias mostra a expressão de Sonic hedgehog (pontos pretos) no ectoderma das penas e das escamas em desenvolvimento. (B) Quando as células de diferentes regiões da derme da galinha (mesênquima) são recombinadas com a epiderme da asa (epitélio), o tipo de estrutura cutânea feita pelo epitélio epidérmico é determinado pela fonte do mesênquima. (A, cortesia de W.S. Kim e J. F. Fallon; segundo Saunders, 1980.)

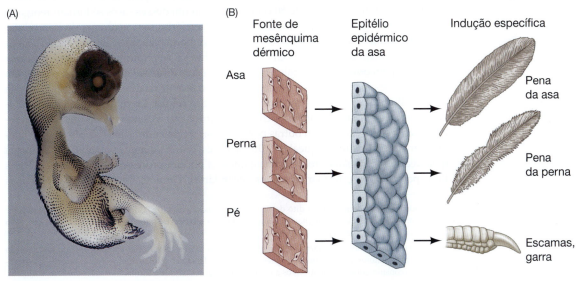

(A)

(B)

Fonte de mesênquima dérmico · Epitélio epidérmico da asa · Indução específica

Asa → Pena da asa

Perna → Pena da perna

Pé → Escamas, garra

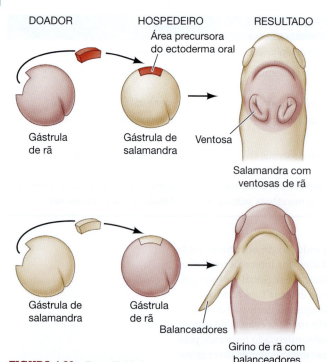

DOADOR HOSPEDEIRO RESULTADO

Área precursora do ectoderma oral

Gástrula de rã

Gástrula de salamandra

Ventosa

Salamandra com ventosas de rã

Gástrula de salamandra

Gástrula de rã

Balanceadores

Girino de rã com balanceadores de salamandra

FIGURA 4.20 Especificidade genética da indução em anfíbios. O transplante recíproco entre regiões de futuro ectoderma oral da gástrula de salamandra e rã leva à formação de salamandras com ventosas de girinos e girinos com balanceadores de salamandra. (Segundo Hamburgh, 1970.)

Num dos mais dramáticos exemplos de indução interespecífica, Hans Spemann e Oscar Schotté (1932) transplantaram ectoderma do flanco derivado de uma gástrula jovem de rã para a região de uma gástrula de salamandra destinada a se tornar partes da boca. Da mesma forma, eles colocaram tecido potencial epitelial do flanco de uma gástrula de salamandra nas potenciais regiões orais de embriões de rã. As estruturas da região da boca diferem significativamente entre as larvas de salamandra e de rã. As larvas de salamandra têm balanceadores em forma de taco embaixo da sua boca, enquanto girinos de rã produzem glândulas secretoras de muco e sugadores. O girino da rã também tem uma mandíbula pontiaguda sem dentes, ao passo que a salamandra tem um conjunto de dentes calcários na sua mandíbula. As larvas resultantes dos transplantes eram quimeras. As larvas de salamandra tinham bocas semelhantes às das rãs, e os girinos de rã tinham dentes e balanceadores semelhantes aos da salamandra. Em outras palavras, as células mesenquimais instruíram o ectoderma a fazer uma boca, mas o ectoderma respondeu fazendo apenas o tipo de boca que ele "sabe" fazer, não importa o quão inapropriado seja.[2]

Portanto, as instruções enviadas pelo tecido mesenquimal podem cruzar a barreira das espécies. As salamandras respondem a indutores de rã e os tecidos de aves respondem a indutores de mamífero. A resposta do epitélio, entretanto, é espécie-específica. Assim, embora a especificidade de tipo de órgão (p. ex., pena ou garra) seja comumente controlada pelo mesênquima, a especificidade de espécie costuma ser controlada pelo epitélio responsivo. Como veremos no Capítulo 26, grandes mudanças evolutivas no fenótipo podem ser feitas apenas mudando a resposta a um indutor particular.

A traqueia dos insetos: combinando sinais indutivos com regulação por caderina

Anteriormente neste capítulo, falamos sobre o papel compartilhado de caderinas e da contração cortical de actinomiosina na mediação de adesões célula a célula envolvidas na morfogênese dos tecidos. Instruções de fora da célula podem influenciar mudanças na forma da célula através da modulação do mecanismo de caderina-actinomiosina. Por exemplo, o sistema traqueal (respiratório) de embriões de *Drosophila* se desenvolve de sacos epiteliais. As aproximadamente 80 células em cada um desses sacos se tornam reorganizadas em ramificações primárias, secundárias e terciárias sem nenhuma divisão celular ou morte celular (Ghabrial e Krasnow, 2006). Essa reorganização se inicia quando células vizinhas secretam uma proteína chamada Branchless ("sem ramificações"), que funciona como um **quimioatrator** (normalmente uma molécula difusível que atrai uma célula para migrar através de um gradiente de concentração crescente na direção da fonte que secreta o fator).[3] Branchless se liga ao receptor na membrana celular das células epiteliais. As células que recebem mais proteína Branchless lideram as outras, enquanto as que vêm em seguida (conectadas umas com outras por caderina) recebem um sinal das células que lideram para formar o tubo traqueal (**FIGURA 4.21**). É a célula-líder que vai mudar a sua forma (pelo rearranjo do esqueleto de actina e miosina por um processo mediado por GTPases Rho) para migrar e formar os ramos secundários. Durante essa imigração, proteínas

---

[2] Foi reportado que Spemann teria dito dessa forma: "O endoderma diz ao indutor, 'você me diz para fazer uma boca; está certo, vou fazê-la, mas eu não posso fazer o seu tipo de boca; eu posso fazer o meu tipo e é o que vou fazer". (Citado em Harrison, 1933).

[3] Também existem fatores quimiorrepulsivos que enviam as células migratórias em direções opostas. Falando de forma geral, fatores quimiotáticos – fatores solúveis que fazem as células se moverem numa direção particular – são considerados quimioatrativos a menos que descritos de outra forma.

caderinas são reguladas de forma que as células epiteliais possam migrar umas sobre as outras para formar um tubo enquanto mantêm a sua integridade como um epitélio (Cela e Llimagas, 2006).

Outra força externa também atua, no entanto. Os ramos secundários mais dorsais dos sacos se movem ao longo de um sulco que se forma entre os músculos em desenvolvimento. Essas migrações celulares terciárias fazem a traqueia se tornar segmentada em volta da musculatura (Franch-Marro e Casanova, 2000). Dessa forma, os tubos respiratórios são posicionados perto da musculatura larval.

Fatores parácrinos: moléculas indutoras

Como são transmitidos os sinais entre indutor e respondedor? Enquanto estudava os mecanismos de indução que produzem os túbulos renais e os dentes, Grobstein (1956) e outros (Saxén et al., 1976; Slavkin e Bringas, 1976) descobriram que alguns eventos indutivos podiam ocorrer apesar de haver um filtro separando as células epiteliais e mesenquimais. Outras induções, entretanto, eram bloqueadas pelo filtro. Os pesquisadores, portanto, concluíram que alguns dos indutores eram pequenas moléculas solúveis que podiam passar através dos pequenos poros do filtro e que outros eventos indutivos requeriam contato físico entre as células epiteliais e mesenquimais.

Quando as proteínas de membrana da superfície de uma célula interagem com proteínas receptoras na superfície de células vizinhas (como visto com as caderinas), o evento é chamado de **interação justácrina** (uma vez que as membranas celulares estão *justapostas*). Quando as proteínas sintetizadas por uma célula podem se difundir sobre pequenas distâncias para induzir mudanças nas células vizinhas, o evento é chamado de **interação parácrina**. Os fatores parácrinos são moléculas difusíveis que funcionam numa faixa de aproximadamente 15 células de diâmetro ou aproximadamente 40 a 200 μm (Bollenbach et al., 2008; Harvey e Smith, 2009).

Um tipo específico de interação parácrina é a **interação autócrina**. As interações autócrinas ocorrem quando as mesmas células que secretam os fatores parácrinos também respondem a eles. Em outras palavras, a célula sintetiza uma molécula para qual ela tem o seu próprio receptor. Embora a regulação autócrina não seja comum, ela é vista em células do citotrofoblasto da placenta. Essas células sintetizam e secretam o fator de crescimento derivado de plaquetas, cujo receptor está na membrana celular citotrofoblástica (Goustin et al., 1985). O resultado é a proliferação explosiva deste tecido.

Gradientes de morfógenos

Um dos mecanismos mais importantes governando a especificação do destino celular envolve gradientes de fatores parácrinos que regulam a expressão gênica; tais moléculas sinalizadoras são chamadas de morfógenos. Um **morfógeno** (do grego, "que gera forma") é uma molécula bioquímica difusível que pode determinar o destino de uma célula por sua concentração.[4] Isto é, as células expostas a altos níveis de morfógeno ativam genes diferentes do que as células expostas a baixos níveis de morfógenos. Morfógenos podem ser fatores de transcrição produzidos dentro de um sincício de núcleos, como no blastoderma de *Drosophila* (ver Capítulo 2). Também podem ser fatores parácrinos que

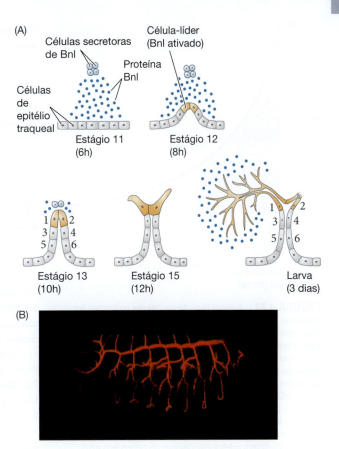

FIGURA 4.21 O desenvolvimento da traqueia em *Drosophila*. (A) Diagrama de ramos dorsais da traqueia brotando do epitélio da traqueia. As células vizinhas secretam a proteína Branchless (Bnl; pontos azuis), que ativa a proteína Breathless (Btl) nas células da traqueia. A Btl ativada induz a migração das células-líder e a formação do tubo; as células dos ramos dorsais são numeradas de 1 a 6. A Branchless também induz ramos secundários unicelulares (estágio 15). (B) Sistema traqueal larval de *Drosophila*, visualizado com um anticorpo fluorescente vermelho. Observe o padrão de ramificação intercalado. (A, segundo Ghabrial e Krasnow 2006; B, de Casanova, 2007.)

---

[4] Embora exista sobreposição na terminologia, um morfógeno especifica células de uma forma quantitativa ("mais ou menos"), enquanto um determinante morfogenético especifica a célula de uma forma qualitativa ("presente ou ausente"). Os morfógenos são analógicos; os determinantes morfogenéticos, digitais.

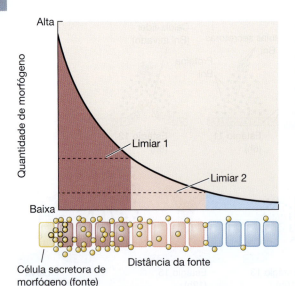

FIGURA 4.22 A especificação de células uniformes em três tipos celulares por um gradiente de morfógeno. Um fator parácrino morfogenético (pontos amarelos) é secretado a partir de células fonte (em amarelo) e forma um gradiente de concentração dentro do tecido responsivo. As células expostas ao morfógeno acima do limiar 1 ativam certos genes (em vermelho). As células expostas a concentrações intermediárias (entre o limiar 1 e 2) ativam um conjunto diferente de genes (em cor-de-rosa) e também inibem os genes induzidos a concentrações mais altas. As células encontrando baixas concentrações de morfógeno (abaixo do limiar 2) ativam o terceiro conjunto de genes (em azul). (Segundo Rogers e Schier, 2011.)

são produzidos em um grupo de células e que depois viajam para uma outra população de células, especificando as células-alvo a terem destinos similares ou diferentes de acordo com a concentração de morfógeno. Células não comprometidas expostas a altas concentrações de morfógeno (mais perto da sua fonte de produção) são especificadas como um certo tipo celular. Quando a concentração de morfógeno cai abaixo de um certo patamar, um diferente destino celular é especificado. Quando a concentração cai ainda mais baixo, uma célula que era inicialmente do mesmo tipo não comprometido é especificada de uma terceira maneira distinta (**FIGURA 4.22**).

TUTORIAL DO DESENVOLVIMENTO *Sinalização por morfógenos* Uma conferência e demonstração do Dr. Michael Barresi sobre algumas formas de sinalização por morfógenos.

A regulação por gradientes de concentração de fatores parácrinos foi elegantemente demonstrada pela especificação de diferentes tipos de células mesodérmicas na rã *Xenopus laevis* pela **activina**, um fator parácrino da família TGF-β (**FIGURA 4.23**; Green e Smith, 1990; Gurdon et al., 1994). Esferas secretoras de activina foram colocadas em células não especificadas de um embrião precoce de *Xenopus*. A activina, então, difundiu-se a partir das esferas. Em altas concentrações (aproximadamente 300 moléculas/célula), a activina induziu a expressão do gene *goosecoid*, cujo produto é um fator de transcrição que especifica as estruturas mais dorsais da rã. Em concentrações ligeiramente mais baixas de activina (aproximadamente 100 moléculas/célula), o mesmo tecido ativou gene *Xbra* e foi especificado a se tornar músculo. Em concentrações ainda mais baixas, esses genes não foram ativados, e a expressão genética original instruiu as células a se tornarem vasos sanguíneos e coração (Dyson e Gurdon, 1998).

A faixa de ação de um fator parácrino (e, portanto, a forma de seu gradiente de morfógeno) depende de vários aspectos de síntese, transporte e degradação desse fator. Em alguns casos, as moléculas da superfície celular estabilizam o fator parácrino e ajudam na sua difusão, enquanto em outros, complementos de moléculas da superfície celular retardam a difusão e aumentam a sua degradação. Essas interações reguladoras da difusão entre morfógenos e fatores da matriz extracelular são muito importantes na coordenação do crescimento e formato dos órgãos (Ben Zvi et al., 2010, 2011).

A indução de numerosos órgãos é afetada por um conjunto relativamente pequeno de fatores parácrinos que, muitas vezes, funcionam como morfógenos. O embrião herda um "conjunto de ferramentas" genéticas razoavelmente compacto e usa as mesmas proteínas para construir o coração, os dentes, os olhos e outros órgãos. Além disso, as mesmas proteínas são usadas através do reino animal; por exemplo, os fatores ativos na criação do olho ou do coração de *Drosophila* são muito parecidos com os usados na geração de órgãos nos mamíferos. Muitos fatores parácrinos podem ser agrupados em uma das quatro principais famílias com base na sua estrutura:

1. a família do fator de crescimento de fibroblastos (FGF);
2. a família Hedgehog;
3. a família Wint;
4. a superfamília TGF-β, incluindo a família TGF-β, a família activina, a família da proteína morfogenética do osso (BMP), as proteínas Nodal, a família Vg1 e várias outras proteínas relacionadas.

As cascatas de transdução de sinal: a resposta aos indutores

Para um ligante induzir uma resposta numa célula, ele tem que se ligar ao receptor, o que inicia uma cascata de eventos dentro da célula, que, no fim, regula uma resposta.

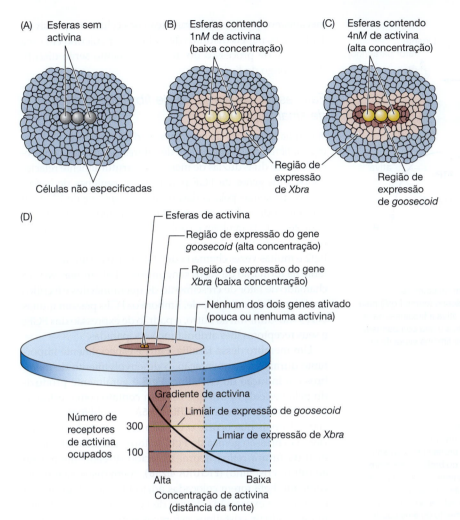

(A) Esferas sem activina

Células não especificadas

(B) Esferas contendo 1n*M* de activina (baixa concentração)

Região de expressão de *Xbra*

(C) Esferas contendo 4n*M* de activina (alta concentração)

Região de expressão de *goosecoid*

(D)

Esferas de activina

Região de expressão do gene *goosecoid* (alta concentração)

Região de expressão do gene *Xbra* (baixa concentração)

Nenhum dos dois genes ativado (pouca ou nenhuma activina)

Número de receptores de activina ocupados

300

100

Gradiente de activina

Limiar de expressão de *goosecoid*

Limiar de expressão de *Xbra*

Alta   Baixa

Concentração de activina (distância da fonte)

FIGURA 4.23 Um gradiente do fator parácrino da activina, um morfógeno, causa diferenças de expressão de dois genes dependentes da concentração em células de anfíbio não especificadas. (A) Esferas sem nenhuma activina não induzem a expressão dos genes (i.e, transcrição de mRNA) *Xbra* ou *goosecoid*. (B) Esferas contendo 1 n*M* de activina induzem a expressão de *Xbra* em células próximas. (C) Esferas contendo 4 n*M* de activina induzem a expressão de *Xbra*, mas apenas a uma distância de vários diâmetros celulares das esferas. A região de expressão de *goosecoid* é vista perto da esfera de fonte, entretanto. Assim, parece que *Xbra* é induzido a uma concentração particular de activina, e *goosecoid* é induzido em concentrações mais altas. (D) Interpretação do gradiente de activina de *Xenopus*. Altas concentrações de activina ativam *goosecoid*, ao passo que concentrações mais baixas ativam *Xbra*. Um valor de limiar parece existir para determinar se a célula expressará *goosecoid*, *Xbra* ou nenhum dos dois genes. Além disso, Brachhyury (o produto proteico de *Xbra* em *Xenopus*) inibe a expressão de *goosecoid*, criando, dessa forma, uma fronteira distinta. Esse padrão se relaciona com o número de receptores de activina ocupados em células individuais. (Segundo Gurdon et al., 1994; Dyson e Gurdon, 1998.)

Os fatores parácrinos funcionam com a ligação ao receptor, iniciando uma série de reações enzimáticas dentro da célula. Essas reações enzimáticas têm como objetivo final ou a regulação de fatores de transcrição (de forma que diferentes genes são expressos nas células em reação a estes fatores parácrinos) e/ou a regulação do citoesqueleto (de forma que as células respondendo aos fatores parácrinos alteram sua forma ou que a sua migração seja permitida). Essas vias de respostas aos fatores parácrinos frequentemente têm vários sinais, chamados de **cascatas de transdução de sinais**.

Todas as principais vias de transdução de sinal parecem ser variações em um tema comum e bastante elegante, exemplificado na **FIGURA 4.24**. Cada receptor atravessa a membrana celular e possui uma região extracelular, uma região transmembrana e uma região citoplasmática. Quando um fator parácrino se liga ao domínio extracelular do seu receptor, o fator parácrino induz uma mudança de conformação na estrutura do receptor. Essa mudança de forma é transmitida através da membrana e altera o formato do domínio citoplasmático do receptor, dando a ele a habilidade de ativar proteínas citoplasmáticas. Com frequência, essa mudança conformacional confere atividade enzimática ao domínio, comumente uma atividade cinase que usa ATP para fosforilar resíduos de tirosina específicos de proteínas particulares. Por isso, esse tipo de receptor é frequentemente chamado de **receptor de tirosina-cinase** (**RTK**, do inglês, *receptor tyrosine-kinase*). O receptor ativo pode agora catalisar reações que fosforilam outras proteínas, e essa fosforilação, por sua vez, ativa as suas atividades latentes. Eventualmente, a *cascata* de fosforilação ativa um fator transcricional dormente ou um conjunto de proteínas do citoesqueleto.

A seguir, descreveremos alguns algumas das principais características das quatro famílias de fatores parácrinos, seus modos de secreção, manipulação de gradiente e os

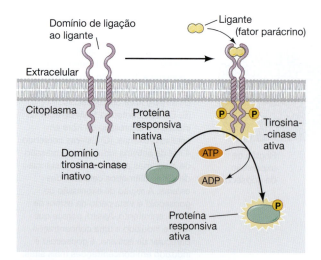

FIGURA 4.24 Estrutura e função de um receptor de tirosina-cinase. A ligação de um fator parácrino (como Fgf8) pela porção extracelular da proteína receptora ativa a tirosina-cinase dormente, cuja atividade enzimática fosforila o seu companheiro receptor recíproco e, em seguida, resíduos tirosina específicos de certas proteínas intracelulares.

FIGURA 4.25 Fgf8 no desenvolvimento da galinha. (A) Padrão de expressão do gene de *Fgf8* no embrião de galinha com 3 dias, visto por hibridação *in situ*. A proteína Fgf8 (áreas escuras) é vista no ectoderma mais distal do broto do membro (1), no mesoderma somítico (os blocos segmentados de células ao longo do eixo anteroposterior, [2]) nos arcos branquiais do pescoço (3), na fronteira entre o cérebro médio e posterior (4), na vesícula óptica do olho em desenvolvimento (5) e na cauda (6). (B) Hibridação *in situ* para *Fgf8* na vesícula óptica. O mRNA para *Fgf8* (em roxo) está localizado na retina neural presumptiva do cálice óptico e está em contato direto com as células do ectoderma externo que virarão o cristalino. (C) A expressão ectópica de L-Maf no ectoderma competente pode ser induzida pela vesícula óptica (acima) e por esfera contendo Fgf8 (abaixo). (A, cortesia de E. Laufer, C.Y. Yeo, e C. Tabin; B, C, cortesia de A. Vogel-Höpker.)

mecanismos por trás da transdução nas células responsivas. Todavia, os papéis distintos de cada fator parácrino em uma variedade de processos do desenvolvimento serão discutidos ao longo do livro.

Fatores de crescimento de fibroblasto e a via de sinalização RTK

A família de **fatores de crescimento de fibroblasto** (**FGF**, do inglês, *fibroblast growth factor*) de fatores parácrinos compreende quase duas dúzias de membros estruturalmente relacionados, e os genes de FGF podem gerar centenas de isoformas de proteínas pela variação dos seus *splicing* de RNA ou dos seus códons de início em diferentes tecidos (Lappi, 1995). A proteína Fgf1 também é conhecida como FGF acídico e parece ser importante durante a regeneração (Yang et al., 2005), Fgf2 é muitas vezes chamada de FGF básico e é muito importante na formação de vasos sanguíneos, e Fgf7 muitas vezes é chamado de fator de crescimento de queratinócitos e é crítico no desenvolvimento da pele. Embora os FGFs possam muitas vezes substituir um ao outro, o padrão de expressão dos FGFs e seus receptores lhes atribui funções separadas.

Um membro dessa família, Fgf8, é especialmente importante durante a segmentação, o desenvolvimento de membros e a indução do cristalino. Fgf8 é geralmente produzido pela vesícula óptica que está em contato com o ectoderma externo da cabeça (**FIGURA 4.25A**; Vogel-Höpker et al., 2000). Depois que ocorre o contato com o ectoderma exterior, a expressão gênica de Fgf8 se torna concentrada na região da futura retina neural (o tecido diretamente aposto ao futuro cristalino) (**FIGURA 4.25B**). Além disso, se esferas[5] contendo Fgf8 forem colocadas adjacentes ao ectoderma da cabeça, essa expressão ectópica de FGF8 induzirá o ectoderma a produzir cristalinos ectópicos e expressar o fator de transcrição associado ao cristalino L-Maf (**FIGURA 4.25C**). Muitas vezes, os FGFs funcionam pela ativação de um conjunto de receptores de tirosina cinase chamados **receptores de fatores de crescimento de fibroblasto** (**FGFRs**, do inglês, *fibroblast growth factor receptors*). Por exemplo, a proteína Branchless ("sem ramo") é um FGFR na *Drosophila*.

[5] Esferas sintéticas (*"beads"*) podem ser revestidas com proteínas e colocadas no tecido de um embrião. Essas proteínas são liberadas da esfera lentamente e, então, difundem-se radialmente, criando gradientes de concentração.

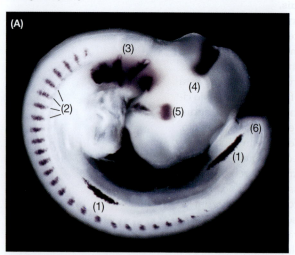

(A)

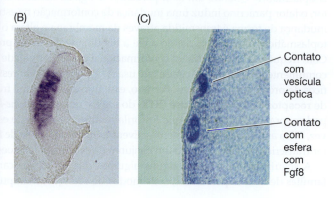

(B)   **(C)**

Contato com vesícula óptica

Contato com esfera com Fgf8

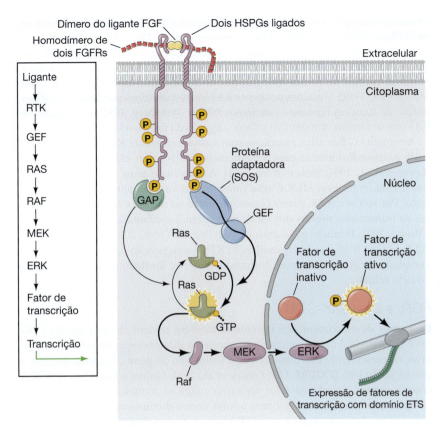

FIGURA 4.26 A via de transdução de sinal RTK, amplamente utilizada, pode ser ativada por fator de crescimento de fibroblastos. O receptor tirosina-cinase é dimerizado pelo ligante (um fator parácrino, como FGF) junto com proteoglicanos de heparan sulfato (HSPG, do inglês, *heparan sulfate proteoglycans*), o que combinado causa a dimerização e a autofosforilação dos RTKs. A proteína adaptadora reconhece as tirosinas fosforiladas no RTK e ativa uma proteína intermediária, GEF, que ativa a proteína G Ras ao permitir a fosforilação da Ras ligada à GDP. Ao mesmo tempo, a proteína GAP estimula a hidrólise desse fosfato ligado, retornando Ras ao estado inativo. Ras ativado ativa a proteína-cinase C Raf, que, por sua vez, fosforila uma série de cinases (como MEK). Eventualmente, a cinase ERK ativada altera a expressão gênica no núcleo da célula responsiva pela fosforilação de certos fatores de transcrição (que podem entrar no núcleo para mudar os tipos de genes transcritos) e certos fatores de tradução (que alteram o nível da síntese proteica). Em muitos casos, essa via é reforçada pela liberação de íons cálcio. Uma versão simplificada da via é mostrada à esquerda.

Quando um FGFR se liga a um ligante de FGF (e *apenas* quando ele se liga ao ligante), a proteína-cinase inativa é ativada e fosforila certas proteínas (inclusive outros receptores de FGF) dentro da célula que está respondendo. Essas proteínas, uma vez ativadas, podem assumir novas funções. A **via de receptores de tirosina-cinase** (**RTK**, do inglês, *receptor tyrosine-kinase*) foi uma das primeiras vias de transdução de sinais a unir várias áreas da biologia do desenvolvimento (**FIGURA 4.26**). Pesquisadores estudando olhos de *Drosophila*, a vulva de nematódeos e os cânceres humanos descobriram que todos estavam estudando os mesmos genes.

Fatores de crescimento de fibroblasto, fatores de crescimento epidérmico, fatores de crescimento derivados de plaquetas e fator de célula-tronco são todos fatores parácrinos que se ligam a receptores de tirosina-cinase (RTK). Cada RTK pode ligar apenas um (ou um pequeno conjunto) desses ligantes e uma ligação estável requer um elemento adicional, o proteoglicano de heparan sulfato, ou HSPG (Mohammadi et al., 2005; Bökel e Brand, 2013). Quando ocorre a ligação do fator ao RTK, este sofre uma mudança de conformação que permite que ele se dimerize com outro RTK. Essa mudança de conformação estimula a atividade cinase latente de cada RTK, e esses receptores fosforilam um ao outro em resíduos particulares de tirosina (ver Figura 4.26). Portanto, a ligação do fator parácrino ao seu receptor causa uma cascata de autofosforilação do domínio citoplasmático dos receptores parceiros. A tirosina fosforilada no receptor é, então, reconhecida por uma proteína adaptadora que serve como uma ponte, ligando o RTK fosforilado a um poderoso sistema de sinalização intracelular.

Enquanto a ligação ao RTK fosforilado através de um dos domínios citoplasmáticos do RTK ocorre, a proteína adaptadora também ativa uma proteína G, como Ras. Em geral, a proteína G está no estado inativo, ligada a GDP. O receptor ativado estimula a proteína adaptadora a ativar o **fator de troca de GTP** (**GEF**; do inglês, *GTP Exchange fator*, também chamado de **fator de liberação de nucleotídeo guanina**, ou **GNRP**, do inglês, *guanine nucleotide releasing factor*). GEF cataliza a troca de GDP por GTP. A proteína G ligada a GTP é uma forma ativa que transmite o sinal para a próxima molécula. Depois que o sinal foi entregue, o GTP na proteína G é hidrolisado de volta a GDP. Essa catálise é

FIGURA 4.27 A via de JAK-STAT:
ativação do gene de caseína. O gene
para caseína é ativado durante a fase
final (lactogênica) do desenvolvimento
da glândula mamária, e o seu sinal de
ativação é a secreção do hormônio
prolactina a partir da glândula adeno-
hipófise. A prolactina causa a dimerização
dos receptores de prolactina nas células
epiteliais do ducto mamário. Uma
determinada proteína JAK (Jak2) é trazida
para o domínio citoplasmático desses
receptores. Quando os receptores ligam
prolactina e dimerizam, as proteínas JAK
fosforilam uma a outra e os receptores
dimerizados, ativando a atividade cinase
dormente dos receptores. Os receptores
ativados adicionam um grupo fosfato a um
resíduo de tirosina (Y) de uma proteína STAT
em particular, que, neste caso, é a Stat5.
Essa adição permite que Stat5 se dimerize,
seja translocada para dentro do núcleo
e se ligue a regiões particulares do DNA.
Em combinação com outros fatores de
transcrição (que presumivelmente estavam
esperando sua chegada), a proteína Stat5
ativa a transcrição do gene da caseína.
GR é o receptor glucocorticoide (do inglês,
glucocorticoid receptor), OCT1 é um fator
de transcrição geral e TBP é a principal
proteína de ligação ao promotor que
ancora a RNA-polimerase II (ver Capítulo
2) e é responsável pela ligação da RNA-
polimerase II. Um diagrama simplificado é
mostrado à esquerda. (Para detalhes, ver
Groner e Gouilleux, 1995.)

altamente estimulada pela complexação da proteína Ras com a **proteína ativadora de GTPase** (**GAP**, do inglês, *GTPase activating protein*). Dessa forma, a proteína G é levada de volta ao seu estado inativo, em que ela pode esperar outra sinalização. Sem a proteína GAP, a proteína Ras não pode catalisar GTP de maneira eficiente e, portanto, permanece na sua configuração ativa por mais tempo (Cales et al., 1988; McCormick, 1989). Mutações nos genes *RAS* são responsáveis por uma grande proporção de tumores humanos cancerosos (Shih e Weinberg, 1982), e mutações de *RAS* que se tornam oncogênicas inibem a ligação da proteína GAP.

A proteína G Ras ativa associa-se com a cinase chamada Raf. A proteína G recruta a cinase Raf inativa para a membrana celular, onde ela irá se tornar ativa (Leevers et al., 1994; Stokoe et al., 1994). A Raf-cinase ativa a proteina MEK ao fosforilá-la. A própria MEK é uma cinase que ativa a proteína ERK por fosforilação. Por sua vez, ERK é uma cinase que entra no núcleo e fosforila certos fatores de transcrição, muitos dos quais pertencem à subfamília Pea3/Etv4 (Raible e Brand, 2001; Firnberg e Neubüser, 2002; Brent e Tabin, 2004; Willardsen et al., 2014). O alvo final da via de sinalização RTK é a regulação da expressão de uma variedade de genes diferentes, incluindo, mas não limitado àqueles envolvidos no ciclo celular.

FGFs e a via JAK-STAT

Os fatores de crescimento de fibroblasto também podem ativar a cascata JAK-STAT. Essa via é extremamente importante na diferenciação de células sanguíneas, no crescimento dos membros e na inativação do gene de caseína durante a produção do leite (**FIGURA 4.27**; Briscoe et al., 1994; Groner e Gouilleux, 1995). A cascata começa quando um fator parácrino se liga ao domínio extracelular de um receptor que atravessa a membrana celular, com o domínio citoplasmatico do receptor estando ligado às proteínas **JAK** (cinase Janus). A ligação do fator parácrino ao receptor ativa as cinases JAK e fazem-na fosforilar a família de fatores de transcrição **STAT** (transdutores de sinais e ativadores de transcrição, do inglês, *signal*

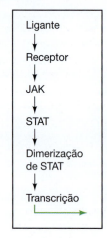

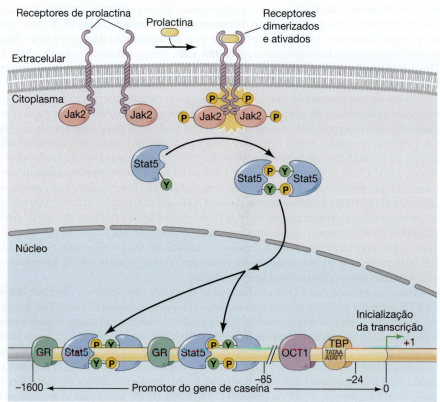

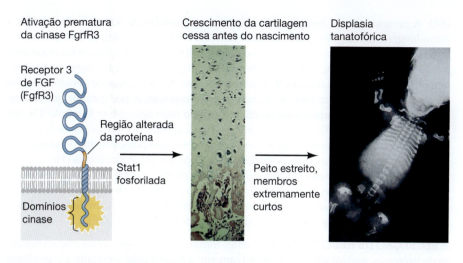

Ativação prematura
da cinase FgrfR3

Receptor 3
de FGF
(FgfR3)

Região alterada
da proteína

Stat1
fosforilada

Domínios
cinase

Crescimento da cartilagem
cessa antes do nascimento

Peito estreito,
membros
extremamente
curtos

Displasia
tanatofórica

FIGURA 4.28 Uma mutação no gene para FgfR3 causa a ativação constitutiva prematura da via STAT e a produção de proteína Stat1 fosforilada. Esse fator de transcrição ativa genes que causam a terminação prematura da divisão da célula condrócito. O resultado é a displasia tanatofórica, uma condição de falha no crescimento dos ossos que resulta na morte da criança recém-nascida, uma vez que a caixa torácica não pode se expandir para permitir a respiração. (Segundo Gilbert-Barness e Opitz, 1966.)

transducers and activators of transcription) (Ihle, 1996, 2001). O STAT fosforilado é um fator de transcrição que pode agora entrar no núcleo e se ligar aos seus estimuladores.

A via de JAK-STAT é criticamente importante na regulação do crescimento fetal dos ossos humanos. Mutações que ativam prematuramente a via JAK-STAT estão envolvidas em alguns casos graves de nanismo, como na condição letal displasia tanatofórica, na qual as placas de crescimento das costelas e os ossos dos membros não proliferam. O recém-nascido com membros curtos morre, uma vez que suas costelas não podem suportar a respiração. A lesão genética responsável está no gene *FGFR3*, o gene que codifica para o receptor de fator de crescimento de fibroblastos 3 (**FIGURA 4.28**; Rousseau et al., 1994; Shiang et al., 1994). *FGFR3* é expresso nas células precursoras das cartilagens (condrócitos) nas placas de cre scimento dos ossos longos. Normalmente, a proteína FgfR3 (um receptor tirosina-cinase) é ativada por um fator de crescimento de fibroblastos e sinaliza os condrócitos para pararem de se dividir e começarem a se diferenciar em cartilagem. Esse sinal é mediado pela proteína Stat1, que é fosforilada por Fgfr3 ativado e, então, translocada para dentro do núcleo. Lá, Stat1 ativa os genes que codificam um inibidor do ciclo celular, a proteína p21 (Su et al., 1997). Portanto, as mutações causando nanismo tanatofórico resultam de uma mutação de ganho de função no gene *FGFR3*. O receptor mutante é ativo constitutivamente; isto é, ele não precisa ser ativado por um sinal de FGF (Deng et al., 1996; Webster e Donoghue, 1996). Os condrócitos param de se proliferar logo depois de se formarem, e os ossos não conseguem crescer. Outra mutação que ativa *FGFR3* prematuramente, mas em grau menor, produz o nanismo acondroplásico (membros curtos) (Legeai-Mallet et al., 2004).

 OS CIENTISTAS FALAM 4.3 A Dra. Francesca Mariani fala sobre o papel da sinalização por FGF durante o crescimento do broto dos membros.

TÓPICO NA REDE 4.2 **MUTAÇÕES NOS RECEPTORES DE FGF** Mutações nos receptores de FGF humanos têm sido associadas com várias síndromes graves de malformações esqueléticas, inclusive síndromes nas quais as cartilagens do crânio, das costelas ou dos membros não conseguem crescer ou se diferenciar.

A família Hedgehog

As proteínas da **família Hedgehog** de fatores parácrinos são proteínas sinalizadoras multifuncionais que atuam no embrião através de vias de transdução de sinal para induzir tipos celulares particulares e outras formas de influenciar o destino celular. O gene *hedgehog* original foi descoberto em *Drosophila*, onde os genes são nomeados a partir dos fenótipos mutantes: a perda de função causada pela mutação *hedgehog* faz a larva da mosca ser coberta com dentículos pontiagudos na sua cutícula (estruturas semelhantes a pelos), parecendo, portanto, um porco-espinho. Os vertebrados têm ao menos três homólogos do gene *hedgehog* de *Drosophila*: *sonic hedgehog* (*shh*), *desert hedgehog* (*dhh*) e *indian hedgehog*

FIGURA 4.29 O processamento e a secreção de Hedgehog. A tradução do gene *hedgehog* no retículo endoplasmático produz uma proteína Hedgehog com atividade autoproteolítica que cliva o terminal carboxila (C) para revelar uma sequência-sinal que marca a proteína para a secreção. O segmento C-terminal liberado não está envolvido com a sinalização e é frequentemente degradado, ao passo que a porção aminoterminal (N) da molécula se torna a proteína Hedgehog ativa preparada para a secreção. A secreção requer a adição de colesterol e ácido palmítico à proteína Hedgehog (Briscoe e Thérond, 2013). Interações entre a porção de colesterol e uma proteína transmembrana, chamada Dispatched, permite que Hedgehog seja secretado e difundido como monômeros; tanto o colesterol quanto o ácido palmítico são requeridos para a montagem multimérica. Além disso, as interações de Hedgehog com uma classe de proteoglicanos de heparan sulfato (HSPGs) favorecem a congregação e a secreção de moléculas Hedgehog como agregados lipoproteicos (Breitling, 2007; Guerrero e Chiang, 2007). Uma agregação semelhante de Hedgehog pode ser usada para transportar Hedgehog para fora da célula dentro de exo-vesículas.

(*ihh*). A proteína Desert hedgehog é encontrada nas células de Sertoli dos testículos, e camundongos homozigotos para um alelo sem *dhh* exibem espermatogênese defeituosa. Indian hedgehog é expresso no intestino e nas cartilagens e é importante no crescimento pós-natal do osso (Bitgood e McMahon, 1995; Bitgood et al., 1996). Sonic hedgehog[66] tem o maior número de funções dos três homólogos de Hedgehog de vertebrados. Entre outras funções importantes, Sonic hedgehog é responsável por garantir que os neurônios motores brotem apenas da porção ventral do tubo neural (ver Capítulo 13), que uma porção de cada somito forme as vértebras (ver Capítulo 17), que as penas da galinha se formem nos seus lugares corretos (ver Figura 4.19) e que nossos dedos mindinhos sejam sempre nossos dígitos mais posteriores (ver Capítulo 19). A sinalização Hedgehog é capaz de regular todos esses eventos do desenvolvimento porque eles funcionam como morfógenos; as proteínas Hedgehog são secretadas de uma fonte celular, apresentadas em um gradiente espacial e induzem a expressão gênica diferencial em diferentes limiares de concentração, os quais resultam em identidades celulares distintas.

A SECREÇÃO DE HEDGEHOG Diferentes formas de processamento e empacotamento de proteínas podem alterar significativamente a quantidade secretada e o gradiente que é formado (**FIGURA 4.29**). Pela quebra do seu terminal carboxila e a associação com partes de colesterol e ácido palmítico, a proteína Hedgehog pode ser processada e secretada como monômeros ou multímeros, empacotada como agregados lipoproteicos ou mesmo transportada para fora das células dentro de exo-vesículas.

No broto de membro de camundongo, foi mostrado que se Shh não sofrer a modificação de colesterol, ele se difunde demasiadamente rápido e se dissipa no espaço circundante (Li et al., 2006). Essas modificações lipídicas também são necessárias para os gradientes de concentração estáveis de Hedgehog e a ativação da via de sinalização. Por meio desses mecanismos variados de processamento e transporte, os gradientes estáveis de Hedegehog podem ser estabelecidos sobre distâncias de várias centenas de micrômetros (aproximadamente 30 diâmetros celulares nos membros de camundongo).

---

[6] Sim, o nome vem do personagem da Sega Genesis. Os genes *Hedgehog* de vertebrados foram descobertos numa busca por bibliotecas de genes de vertebrados (galinha, rato e peixe-zebra), com sondas que encontraram sequências similares ao gene *hedgehog* da mosca-das-frutas. Riddle e colaboradores descobriram três genes homólogos ao *hedgehog* de *Drosophila*. Dois foram nomeados a partir de espécies existentes de porco-espinho e o terceiro foi nomeado a partir do personagem de desenho animado. Dois outros genes *hedgehog*, encontrados apenas em peixe, foram nomeados originalmente *equidna hedgehog* (possivelmente a partir do amigo de Sonic do desenho) e *tiggywinkle hedgehog* (a partir do porco-espinho de ficção de Beatrix Potter), mas eles são agora referidos como *ihh-b* e *shh-b*, respectivamente.

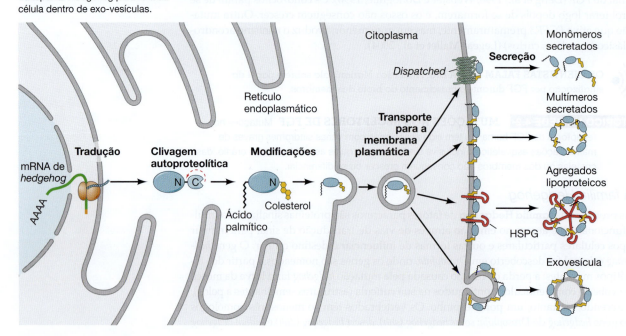

A VIA DE SINALIZAÇÃO DE HEDGEHOG A porção de colesterol de Hedgehog não é apenas importante para modular o seu transporte extracelular; ela é também crítica para que Hedgehog possa ancorar-se ao seu receptor na membrana plasmática da célula que está recebendo sinal (Grover et al., 2011). O receptor que liga a Hedegehog é chamado de Patched e é uma proteína grande, com 12 passagens através da membrana (**FIGURA 4.29**). Patched, entretanto, não é um transdutor de sinal. Ao contrário, a proteína Patched reprime a função de outro receptor transmembrana, chamado de Smoothened. *Na ausência de Hedgehog* ligado a Patched, Smoothened é inativado e degradado, e um fator de transcrição – *Cubitus interruptus* (Ci) em *Drosophila* ou um dos seus homólogos

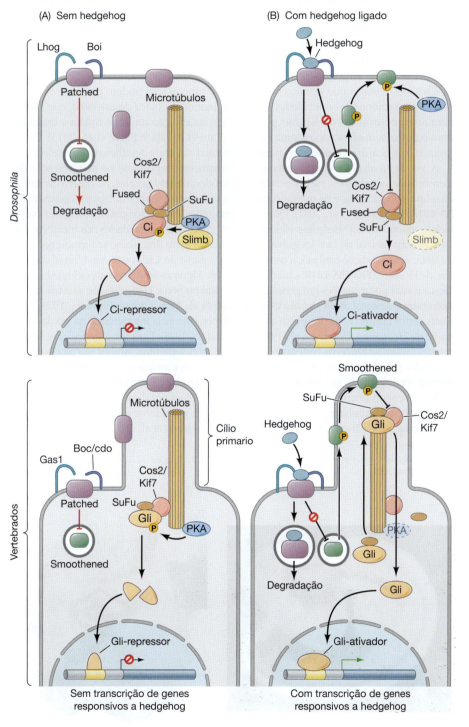

(A) Sem hedgehog

(B) Com hedgehog ligado

FIGURA 4.30 A via de transdução de sinal de Hedgehog. A proteína Patched na membrana celular é um inibidor da proteína Smoothened. (A) Na ausência de Hedgehog ligado a Patched, este inibe Smoothened e, em *Drosophila melanogaster*, a proteína Ci permanece ligada aos microtúbulos pelas proteínas Cos2 e Fused. Essa ligação permite que as proteínas PKA e Slimb clivem Ci em um repressor transcricional que bloqueia a transcrição de certos genes. (B) Quando Hedgehog se liga a Patched, sua mudança conformacional libera a inibição da proteína Smoothened. Smoothened, então, libera Ci dos microtúbulos, inativando as proteínas de clivagem PKA e Slimb. A proteína Ci entra no núcleo, e funciona como ativador transcricional de genes particulares. Em vertebrados (painéis inferiores), os homólogos de Ci são os genes *Gli*, que funcionam de forma semelhante, como ativadores ou repressores, quando um ligante hedgehog está ligado ou ausente, respectivamente. Além disso, em vertebrados, para Smoothened regular positivamente o processamento de Gli em uma forma ativadora, ela precisa ter acesso ao cílio primário – a ligação de hedgehog com patched permite o transporte de Smoothened para o cílio primário. Por fim, vários correceptores, como Gas1 e Boc, funcionam para aumentar a sinalização por hedgehog. (Segundo Johnson e Scott, 1998; Briscoe e Thérond, 2013; Yao e Chuang, 2015.)

vertebrados Gli1, Gli2 e Gli3 – é ligado aos microtúbulos da célula responsiva. Mesmo ligado aos microtúbulos, Ci/Gli é clivado, de forma que uma porção dele entra no núcleo e funciona como um repressor transcricional. Essa reação de clivagem é catalisada por várias proteínas, as quais incluem Fused, Supressor of fused (SuFu) e proteína-cinase A (PKA). *Quando Hedgehog está presente*, a célula responsiva exprime vários correceptores adicionais (Ihog/Cdo, Boi/Boc e Gas1), que, juntos, possibilitam interações Hedghog-Patched fortes. Quando ocorre a ligação, a forma da proteína Patched é alterada, de modo que ela não mais inibe Smoothened, e Patched entra em uma via endocítica para degradação. Smoothened libera Ci/Gli dos microtúbulos (provavelmente por fosforilação), e a proteína Ci/Gli completa pode, agora, entrar no núcleo para funcionar como *ativador* transcricional dos mesmos genes que Ci/Gli costumavam reprimir (ver Figura 4.30; Yao e Chuang, 2015; Briscoe e Thérond, 2013; Lum e Beachy, 2004).

Existem outros alvos para a sinalização the Hedgehog independentemente dos fatores de transcrição Gli, e eles envolvem o rápido remodelamento do citoesqueleto de actina, resultando na migração dirigida das células responsivas. Por exemplo, o laboratório de Charron mostrou que axônios navegando no tubo neural podem perceber a presença de um gradiente de Sonic Hedgehog se originando na placa do assoalho, que servirá para atrair neurônios comissurais para virarem na direção da linha média e cruzarem para o outro hemisfério do sistema nervoso (Yam et al., 2009; Sloan et al., 2015). Discutiremos os mecanismos de direcionamento axonal em mais detalhes no Capítulo 15.

A via de sinalização de Hedgehog é extremamente importante na padronização dos membros de vertebrados, na diferenciação e direcionamento neurais, no desenvolvimento da retina e do pâncreas e na morfogênese craniofacial, entre muitos outros processos (**FIGURA 4.31A**; McMahon et al., 2003). Quando foram feitos camundongos homozigotos para o alelo mutante de *Sonic Hedgehog*, eles mostraram grandes anormalidades nos membros e na face. A linha medial da face foi gravemente reduzida e um único olho se formou no centro da testa, uma condição conhecida como ciclopia, a partir do Ciclope de um olho só da *Odisseia*, de Homero (**FIGURA 4.31B**; Chiang et al., 1996). Algumas síndromes de ciclopia humana são causadas por mutações em genes que codificam ou Sonic Hedgehog ou as enzimas que sintetizam colesterol (Kelley et al., 1996; Roessler et al., 1996; Opitz e Furtado, 2013). Além disso, certos químicos que induzem a ciclopia funcionam pela interferência na via de sinalização de Hedgehog (Beachy et al., 1997; Cooper et al., 1998). Dois teratógenos[7] que sabidamente causam ciclopia em vertebrados são jervina e ciclopamina. Ambos são alcaloides encontrados na planta *Veratrum californicum* (*lírio de milho*), e ambas se ligam diretamente com Smoothened, inibindo sua função (ver Figura 4.31B; Keeler e Binns, 1968).

No desenvolvimento tardio, Sonic hedgehog é fundamental para a formação das penas no embrião de galinha, para a formação do pelo em mamíferos e, quando desrregulado, pela formação de câncer de pele em seres humanos (Harris et al., 2002; Michino et al. 2003).

---

[7] Um teratógeno é um composto exógeno capaz de causar malformações no desenvolvimento embrionário; ver Capítulos 1 e 24.

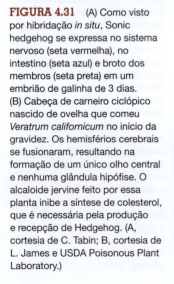

FIGURA 4.31 (A) Como visto por hibridação *in situ*, Sonic hedgehog se expressa no sistema nervoso (seta vermelha), no intestino (seta azul) e broto dos membros (seta preta) em um embrião de galinha de 3 dias. (B) Cabeça de carneiro ciclópico nascido de ovelha que comeu *Veratrum californicum* no início da gravidez. Os hemisférios cerebrais se fusionaram, resultando na formação de um único olho central e nenhuma glândula hipófise. O alcaloide jervine feito por essa planta inibe a síntese de colesterol, que é necessária pela produção e recepção de Hedgehog. (A, cortesia de C. Tabin; B, cortesia de L. James e USDA Poisonous Plant Laboratory.)

(A)

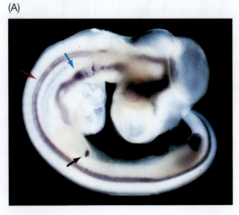

(B)

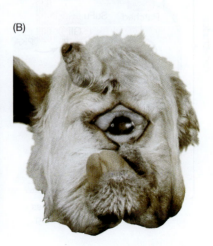

Embora mutações que inativam a via de sinalização de Hedgehog possam causar malformações, mutações que ativam a via de sinalização ectopicamente podem ter efeitos mitogênicos e causar cânceres. Se a proteína Patched for mutada em tecidos somáticos de forma que ela não possa mais inibir Smoothened, ela pode causar tumores na camada de células basais da epiderme (carcinoma de célula basal). Mutações herdáveis do gene *patched* causam a síndrome do nevo das células basais, uma condição autossômica dominante rara caracterizada por anomalias tanto no desenvolvimento (dedos fundidos, anormalidades nas costelas e na face) quanto por tumores malignos múltiplos (Hahn et al., 1996; Johnson et al., 1996). De modo interessante, vismodegib, um composto que inibe a função de Smoothened, similar à ciclopamina, está atualmente em testes clínicos como uma terapia para combater carcinomas de células basal (Dreno et al., 2014; Erdem et al., 2015). (Como você acha que deveriam ser os avisos para essa droga na gravidez?)

 OS CIENTISTAS FALAM 4.4 O Dr. James Briscoe responde a questões sobre o papel da sinalização de Hedgehog durante o desenvolvimento do tubo neural.

 OS CIENTISTAS FALAM 4.5 O Dr. Marc Tessier-Lavigne fala sobre o papel de Hedgehog como sinal não canônico de direcionamento de axônios.

A família Wnt

Os Wnts são fatores parácrinos que compreendem uma grande família de glicoproteínas ricas em cisteínas, com pelo menos 11 membros conservados Wnt entre os vertebrados (Nusse e Varmus, 2012); 19 genes *Wnt* separados são encontrados em seres humanos![8] A família Wnt foi originalmente descoberta e denominada como *wingless* durante uma busca genética avançada em *Drosophila melanogaster*, em 1980, por Christiane Nüsslein-Volhard e Eric Wieschaus, quando mutações neste *locus* impedem a formação da asa. O nome Wnt é uma fusão do gene de polaridade de segmento *wingless* com o nome de um dos seus homólogos de vertebrados, *integrated*. A grande variedade de diferentes *Wnt* nas diferentes espécies fala sobre a sua importância em um número igualmente grande de eventos do desenvolvimento. Por exemplo, proteínas Wnt são fundamentais no estabelecimento da polaridade de membros de insetos e vertebrados, na promoção da proliferação de células-tronco, na regulação de destinos celulares ao longo do eixo de vários tecidos, no desenvolvimento do sistema urogenital de mamíferos (**FIGURA 4.32**) e no direcionamento da migração de células mesenquimais e na navegação de axônios. Como a sinalização por Wnt é capaz de mediar processos tão diversos quanto a divisão celular, o destino celular e o endereçamento celular?

SECREÇÃO DE WNT Da mesma forma na construção de proteínas Hedgehog funcionais, as proteínas Wnt são sintetizadas no retículo endoplasmático e modificadas pela adição de lipídeos (ácido palmítico e palmitoleico). Essas modificações lipídicas são catalizadas pela *O*-acetiltransferase Porcupine. (*Como você acha que essa enzima recebeu esse nome?*[9]) É interessante que a perda do gene *Porcupine* resulte em redução da secreção de Wnt junto com a sua acumulação no retículo endoplasmático (van den Heuvel et al., 1993; Kadowaki et al., 1996), indicando que a adição de lipídeos a Wnt é importante para

FIGURA 4.32 Wnt4 é necessário para o desenvolvimento do rim e para a determinação do sexo feminino. (A) Rudimento urogenital de camundongo fêmea recém-nascido do tipo selvagem. (B) Rudimento urogenital de camundongo fêmea recém-nascido com nocaute seletivo de *Wnt4* mostra que o rim não se desenvolveu. Além disso, o ovário começa a sintetizar testosterona, tornando-se cercado por sistema de ducto masculino modificado. (Cortesia de J. Perasaari e S. Vainio.)

---

[8] Um sumário abrangente de todas as proteínas Wnt e componentes da sinalização por Wnt pode ser encontrado em http://web.stanford.edu/group/nusselab/cgibin/wnt/.

[9] Nas moscas, o gene mutado *Porcupine* resulta em defeitos na segmentação, criando dentículos parecidos com espinhos de porco-espinho na larva (Perrimon et al., 1989). Você se lembra da escolha do nome Hedgehog? Porcupine é específico da palmitoilação de Wnt, enquanto Hedgehog é palmitoilado por uma enzima semelhante, chamada Hhat.

FIGURA 4.33 O antagonismo entre Notum e Wnt. (A) As estruturas de Notum (em cinza) e Wnt3A (em verde) ligadas. O sítio ativo de Notum pode ser visto nessa vista em corte, demonstrando a ligação precisa com a porção de ácido palmitoleico de Wnt3A (em cor de laranja). (B) Uma vez ligado, Notum possui a atividade enzimática hidrolase para clivar esse lipídeo de Wnt3A, tornando-a inábil para interagir com o receptor Frizzled. Os dados apresentados aqui demonstram o requerimento dessa função hidrolase para a delipidação apropriada de Wnt3A. Notum sem sua atividade enzimática não pode remover o grupo lipídico de Wnt3A (delipidado, barras roxas) quando comparado a Notum selvagem. (C) Modelo de regulação extracelular de Wnt. Wnt lipidado pode ligar tanto seu receptor Frizzled quanto glipicans (proteoglicanos de heparan sulfato). A sinalização ativa de Wnt leva ao aumento da expressão de Notum, que é secretado e interage com glipicans, aonde ele também irá se ligar e clivar as porções de ácido palmitoleico das proteínas Wnt. Dessa forma, a sinalização por Wnt leva a um mecanismo de retroalimentação negativa mediado por Notum. (A, criado por Matthias Zebisch; dados de Kakugawa et al., 2015; cortesia de Yvonne Jones e JeanPaul Vincent.)

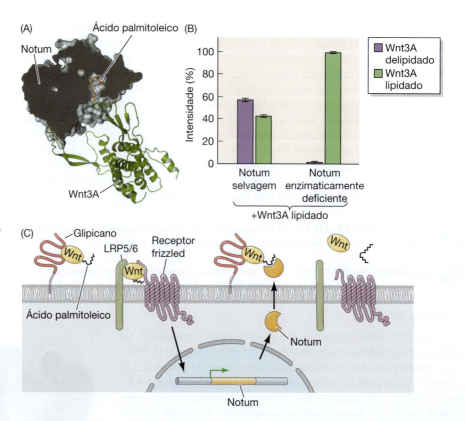

o transportar para a membrana plasmática. Uma vez na membrana plasmática, Wnt pode ser secretado pelos mesmos mecanismos que vimos para a proteína Hedgehog: por difusão livre, sendo transportado em exossomos, ou sendo empacotados em partículas de lipoproteína (Tang et al., 2012; SaitoDiaz et al., 2013; Solis et al., 2013).

Ao serem secretadas, as proteínas Wnt associam-se com glipicans (um tipo de proteoglicano de heparan sulfato) na matriz extracelular, o que restringe sua difusão, levando a uma maior acumulação de Wnt perto da fonte de sua produção. Quando Wnt se liga ao receptor Frizzled em uma célula responsiva, a célula secreta Notum, uma hidrolase que se associa a glipican e, então, excisa as caudas lipídicas ligadas a Wnt, em um processo de *desacilação* ou *delipidação* (Kakugawa et al., 2015). Esse processo reduz a sinalização por Wnt, uma vez que os lipídeos são essenciais para Wnt se ligar a Frizzled, criando um mecanismo de retroalimentação negativa para impedir sinalização excessiva por Wnt. O receptor Frizzled possui uma única fenda hidrofóbica adaptada para interagir com Wnt ligados a lipídeos, uma conformação também imitada na estrutura de Notum (**FIGURA 4.33A, B**). O aumento da expressão de Notum no disco imaginal da asa de *Drosophila* causa uma redução da expressão de genes-alvo de Wnt/Wg; em contrapartida, a perda clonal de *Notum* leva ao aumento da expressão gênica de genes-alvo de Wnt. De modo interessante, a expressão gênica de *Notum* é aumentada em células responsivas a Wnt, criando um mecanismo de retroalimentação negativa (**FIGURA 4.33C**; Kakugawa et al., 2015; Nusse, 2015). Notum não é a única a funcionar para inibir a ligação de Wnt ao seu receptor; existem numerosos antagonistas, incluindo a proteína secretada relacionada a Frizzled, o fator inibitório de Wnt e membros da família Dickkopf (Dkk) (Niehrs, 2006). Juntos, os múltiplos modos de secreção de Wnt, a restrição mediada por glipican, os inibidores de ligantes secretados e as retroalimentações negativas estabelecem gradientes estáveis de ligantes de Wnt e respostas da via.

A VIA CANONICA DE WNT (DEPENDENTE DE β-CATENINA) A primeira via de sinalização de Wnt a ser caracterizada foi a via canônica "Wnt/β-catenina", que representa os eventos de sinalização que culminam na ativação do fator de transcrição β-catenina e na modulação da expressão gênica específica (**FIGURA 4.34A**; Chien et al., 2009; Clevers e Nusse, 2012; Nusse, 2012; SaitoDiaz et al., 2013). Na sinalização de Wnt/β-catenina,

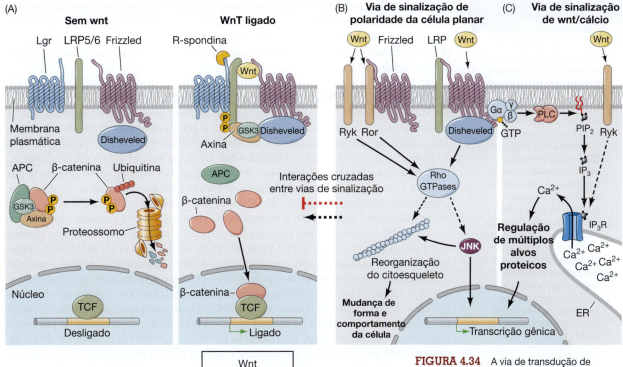

FIGURA 4.34 A via de transdução de sinal de Wnt. (A) A via canônica de Wnt, ou dependente de β-catenina. A proteína Wnt liga-se ao seu receptor, um membro da família Frizzled, porém ela frequentemente faz isso em combinação com interações com receptores LRP5/6 e Lgr. Durante períodos de ausência de Wnt, a β-catenina interage com um complexo de proteínas, incluindo GSK3, APC e Axina, que marca Wnt para a degradação proteica no proteossomo. O efetor transcricional a jusante na sinalização de Wnt é o fator de transcrição β-catenina. Na presença de certas proteinas Wnt, Frizzled então ativa Disheveled, permitindo que Disheveled se torne um inibidor da glicogênio sintase-cinase 3 (GSK3). GSK3, se estivesse ativa, teria impedido a dissociação de β-catenina da proteína APC. Assim, inibindo GSK3, o sinal de Wnt libera β-catenina para se associar com seus cofatores (LEF ou TCF) e se tornar um fator transcricional ativo. (B, C) De modo alternativo, a via de sinalização não canônica (independente de β-catenina) de Wnt pode regular a morfologia, a divisão e o movimento da célula. (B) Certas proteínas Wnt podem, de forma semelhante, sinalizar por Frizzled para ativar Disheveled, mas de modo que leve à ativação de GTPases Rho, como Rac e RhoA. Essas GTPases coordenam mudanças na organização do citoesqueleto e também regulam a expressão gênica através da Janus-cinase (JNK). (C) Em uma terceira via, algumas proteínas Wnt ativam receptores Frizzled e Ryk, de modo que liberem íons cálcio, podendo resultar em expressão gênica dependente de cálcio. (Segundo MacDonald et al., 2009.)

membros da família Wnt ligados a lipídeos interagem com um par de proteínas receptoras transmembranas: uma da família Frizzled e uma grande proteína transmembrana, chamada de LRP5/6 (Logan e Nusse, 2004; MacDonald et al., 2009). *Na ausência de Wnts*, o cofator transcricional β-catenina está constantemente sendo degradado por um complexo de degradação contendo várias proteínas (como a axina e APC) junto com a **glicogênio sintase-cinase 3** (**GSK3**). A GSK3 fosforila β-catenina, de modo que ela será reconhecida e degradada por proteossomos. O resultado é que os genes responsivos a Wnt são reprimidos pelo fator de transcrição LEF/TCF, que funcionalmente se complexa com pelo menos duas outras proteínas, incluindo uma histona desacetilase.

Quando Wnts fazem contato com a célula, elas induzem a ligação dos receptores Frizzled e LRP5/6 para formar um complexo multimérico. Essa ligação permite que LRP5/6 se ligue tanto à Axina quanto à GSK3, e permita que a proteína Frizzled se ligue a Disheveled – tudo isso ocorre no lado intracelular da membrana plasmática. Disheveled mantém Axina e GSK3 ligadas à membrana celular e, portanto, impede que β-catenina seja fosforilada por GSK3. Esse processo estabiliza a β-catenina, que se acumula e entra no núcleo (ver Figura 4.34A). Lá, ela se liga ao fator de transcrição LEF/TCF e converte esse antigo repressor em um ativador transcricional, ativando, dessa forma, genes responsivos a Wnt (Cadigan e Nusse, 1997; Niehrs, 2012).

Este modelo é indubitavelmente uma simplificação exagerada, visto que células diferentes usam a via de sinalização de diferentes formas (ver McEwen e Peifer, 2001; Clevers e Nusse, 2012; Nusse, 2012; Saito-Diaz et al., 2013). Entretanto, um princípio geral já é evidente em ambas as vias Wnt e Hedgehog, é que *a ativação é muitas vezes feita pela inibição do inibidor.*

AS VIAS NÃO CANÔNICAS DE WNT (INDEPENDENTES DE β-CATENINA) Além de mandar sinais para o núcleo, as proteínas Wnt também podem causar mudanças no citoplasma, as quais influenciam função, forma e comportamento da célula. Essas vias alternativas ou *não canônicas* podem ser divididas em dois tipos: via "polaridade celular planar" e via "Wnt/cálcio" (**FIGURA 4.34B, C**). A via polaridade da célula planar, ou PCP, funciona para regular o citoesqueleto de actina e os microtúbulos, influenciando, assim, a forma da célula, o que muitas vezes resulta em comportamento protusivo bipolar, necessário para a migração da célula. Certos Wnts (como Wnt5a e Wnt11) podem ativar Disheveled pela ligação a receptores diferentes (Frizzled pareado com Ror, em vez de Lrp5), e esse complexo receptor Ror fosforila Disheveled de forma que permite sua interação com GTPases Rho (Grumolato et al., 2010; Green et al., 2014). As GTPases Rho são vistas coloquialmente como "mestres de obra" das células, uma vez que elas podem ativar um conjunto de outras proteínas (cinases e proteínas de ligação do citoesqueleto) que remodelam elementos do citoesqueleto para alterar a forma celular e o movimento. A sinalização Wnt através da via PCP é mais conhecida por instruir comportamentos celulares ao longo do mesmo plano espacial dentro de um tecido e, por isso, é chamada de *polaridade planar.* A sinalização por Wnt/PCP através do controle do citoesqueleto pode levar as células a se dividirem em um mesmo plano, em vez de formarem compartimentos superior e inferior de tecidos) e a se moverem dentro desse mesmo plano (Shulman et al., 1998; Winter et al., 2001; Ciruna et al., 2006; Witte et al., 2010; Sepich et al., 2011; Ho et al., 2012; Habib et al., 2013). Em vertebrados, essa regulação da divisão e da migração celular é importante para o estabelecimento de camadas germinativas e para a extensão do eixo anteroposterior durante a gastrulação e a neurulação.

Como o nome indica, a via de Wnt/cálcio leva à liberação do cálcio estocado dentro das células, e este cálcio liberado funciona como um *mensageiro secundário* importante para modular a função de muitos alvos a jusante. Nessa via, a ligação de Wnt à proteína receptora (possivelmente Ryk, sozinha ou junto com Frizzled) ativa a fosfolipase C (PLC), cuja atividade enzimática gera um composto que, por sua vez, libera íons cálcio do retículo endoplasmático liso (ver Figura 4.34). O cálcio liberado pode ativar enzimas, fatores de transcrição e fatores de tradução. Em peixes-zebra, a deficiência de Ryk impede a liberação de cálcio dirigida por Wnt de compartimentos internos e, como resultado, prejudica o movimento celular direcional (Lin et al., 2010; Green et al., 2014). Foi demonstrado que Ryk é clivada e transportada para dentro do núcleo, onde ela tem papéis no desenvolvimento neural de mamíferos e no desenvolvimento da vulva em *C. elegans* (Lyu et al., 2008; Poh et al., 2014).

Embora cada uma das três vias Wnt – β-catenina, PCP e cálcio – possuam funções primárias que são diferentes umas das outras, uma evidência crescente sugere que existem significativas interações cruzadas entre essas vias (van Amerongen e Nusse, 2009; Thrasivoulou et al., 2013). Por exemplo, foi visto que a sinalização mediada por cálcio de Wnt5 antagoniza a via de Wnt/β-catenina durante a gastrulação e o desenvolvimento de membros de vertebrados (Ishitani et al., 2003; Topol et al., 2003; Westfall et al., 2003).

A superfamília TGF-β

Existem mais de 30 membros estruturalmente relacionados da **superfamília TGF-β**[10], e elas regulam algumas das mais importantes interações no desenvolvimto (**FIGURA 4.35**). A superfamília TGF-β inclui a família TGF-β, as famílias Nodal e activina, as proteínas morfogenéticas do osso (BMPs), a família Vg1 e outras proteínas, incluindo o fator

---

[10] TGF significa Fator de Transformação do Crescimento (*"Transforming Growth Factor"*). A designação superfamília é frequentemente aplicada quando cada uma das diferentes classes constitui uma família. Os membros de uma superfamília têm todas as estruturas similares, mas não são tão semelhantes quanto as moléculas de dentro de cada família são entre si.

neurotrófico derivado da glia (GDNF, do inglês, *glial-derived neu-rotrophic factor*, necessário para a diferenciação do rim e de neurônios entéricos), o hormônio anti-mülleriano (AMH), um fator parácrino envolvido na determinação sexual em mamíferos. A seguir, resumimos três dessas famílias mais amplamente utilizadas ao longo do desenvolvimento: TGF-βs, BMPs e Nodal/Activina.

- Entre os membros da **família TGF-β**, TGF-β1, 2, 3 e 5 são importantes na regulação da formação da matriz extracelular entre células e para a regulação da divisão celular (tanto positiva quanto negativamente). TGF-β1 aumenta a quantidade de matriz extracelular que as células epiteliais fazem (tanto pela estimulação da síntese de colágeno e fibronectina quanto pela inibição da degradação da matriz). As proteínas TGF-β podem ser fundamentais para controlar onde e quando o epitélio se ramifica para formar os ductos dos rins, dos pulmões e das glândulas salivares (Daniel, 1989; Hardman et al., 1994; Ritvos et al., 1995). Os efeitos de membros individuais da família TGF-β são difíceis de identificar, uma vez que os membros da família TGF-β parecem funcionar de forma similar e podem compensar por perdas uns dos outros quando expressos juntos.

- Os membros da **família BMP** distinguem-se dos outros membros da superfamília TGF-β por terem sete (em vez de nove) cisteínas conservadas no polipeptídeo maduro. Como eles foram originalmente descobertos pela capacidade para induzir a formação de ossos, receberam o nome de **proteínas morfogenéticas do osso**. Acontece, entretanto, que a formação do osso é apenas uma de suas muitas funções; as BMPs são extremamente multifuncionais.[11] Foi visto que elas regulam a divisão celular, a apoptose (morte celular programada), a migração celular e a diferenciação (Hogan, 1996). A família inclui proteínas como BMP4 (que, em alguns tecidos, causa a formação de ossos, em outros especifica a epiderme e em outros casos causa a proliferação celular ou morte celular) e BMP7 (que é importante na polaridade do tubo neural, no desenvolvimento do rim e na formação do espermatozoide). O homólogo de BMP4 em *Drosophila* tem papel fundamental na formação de apêndices, incluindo os membros, as asas, a genitália e as antenas. Efetivamente, as malformações de 15 dessas estruturas deram a este homólogo o nome Decapentaplégico (DPP). Foi visto mais tarde que, estranhamente, BMP1 não é um membro da família BMP de forma alguma; ao contrário, é uma protease. Imagina-se que BMPs funcionem por difusão das células produtoras (Ohkawara et al., 2002). Os inibidores como Noggin e Chordin, que se ligam diretamente a BMP, reduzem as interações de BMP com os receptores. Focaremos esse mecanismo morfogenético mais diretamente quando discutirmos a especificação do eixo dorso ventral na gástrula.

- As proteínas **Nodal** e **activina** são extremamente importantes na especificação das diferentes regiões do mesoderma e para a distinção dos lados esquerdo e direito do eixo do corpo de vertebrados. A assimetria esquerda-direita de organismos bilaterais é fortemente influenciada por um gradiente de Nodal da direita para a esquerda ao longo do embrião. Em vertebrados, esse gradiente de Nodal parece ser criado pelo batimento de cílios móveis, que promovem o fluxo gradual de Nodal ao longo da linha média (Babu e Roy, 2013; Molina et al., 2013; Blum et al., 2014; Su, 2014).

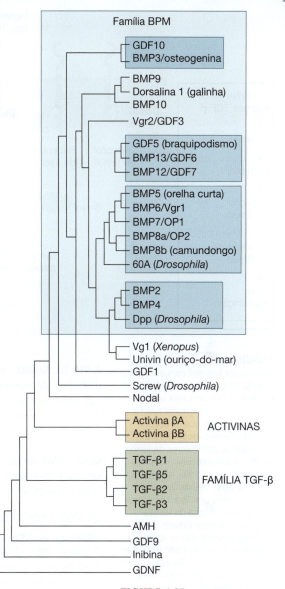

FIGURA 4.35 A relações entre membros da superfamília TGF-β. (Segundo Hogan, 1996.)

---

[11] Uma das muitas razões pela qual os seres humanos não precisam de um genoma enorme é que os produtos gênicos – proteínas – envolvidos na nossa construção e no desenvolvimento frequentemente têm muitas funções. Muitas das proteínas que estamos acostumados a encontrar em adultos (como hemoglobina, queratina e insulina) têm apenas uma função, o que levou à conclusão errônea de que essa situação é a norma.

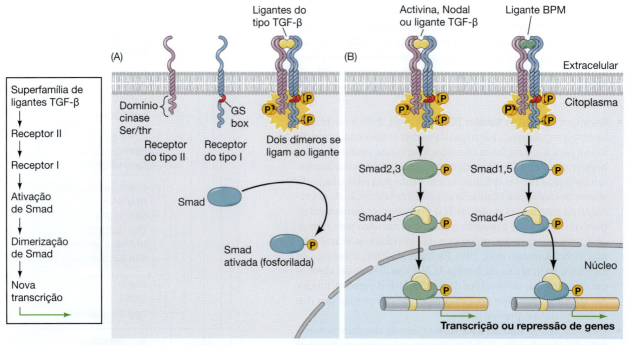

FIGURA 4.36 A via Smad é ativada por ligantes da superfamília TGF-β. (A) Um complexo de ativação é formado pela ligação do ligante por receptores tipo I e II, o que permite que o receptor tipo II fosforile o receptor tipo I em resíduos particulares de serina ou treonina. A proteina receptora fosforilada tipo I pode, agora, fosforilar as proteínas Smad. (B) Os receptores que ligam proteínas TGF-β ou membros da familia activina fosforilam Smads 2 e 3. Os receptores que se ligam a proteínas da família BMP fosforilam Smads 1 e 5. Essas Smads podem se complexar com Smad4 para formar fatores de transcrição ativos. Uma versão simplificada da via é mostrada à esquerda.

A VIA DE SMAD   Membros da superfamília TGF-β ativam membros da **família Smad** de fatores de transcrição (Heldin et al., 1997; Shi e Massagué, 2003). O ligante TGF-β se liga a um receptor tipo II de TGF-β, o que faz esse receptor se ligar a um receptor tipo I de TGF-β. Uma vez que os dois receptores estiverem em contato próximo, o receptor tipo II fosforila uma serina ou treonina no receptor tipo I, ativando-o. O receptor tipo I ativado pode agora fosforilar a proteína Smad[12] (**FIGURA 4.36A**). Smads 1 e 5 são ativados pela família BMP de fatores TGF-β, ao passo que os receptores que ligam activina, Nodal e a família TGF-β fosforilam as Smads 2 e 3. Essas Smad fosforiladas se ligam à Smad4 e formam o complexo de fator de transcrição que entrará no núcleo (**FIGURA 4.36B**).

Outros fatores parácrinos

Embora a maioria dos fatores parácrinos sejam membros de uma das quatro famílias descritas acima (FGF, Hedgehog, Wnt, ou a superfamília TGF-β), alguns fatores parácrinos têm poucos ou nenhum parente. O fator de crescimento epidérmico, o fator de crescimento de hepatócitos, as neurotrofinas e o fator de célula-tronco não estão incluídos entre esses quatro grupos, mas cada um tem pepéis importantes durante o desenvolvimento. Além disso, existem numerosos fatores parácrinos envolvidos quase que exclusivamente no desenvolvimento de células sanguíneas: eritropoietina, citocinas e interleucinas. Outra classe de fatores parácrinos foi primeiro caracterizada por seu papel no endereçamento celular de axônios e inclui membros da família das proteínas Netrina, Semaforina e Slit. Está sendo mostrado que essas moléculas de endereçamento clássicas (como as Netrinas) também regulam a expressão gênica. Discutiremos todos esses fatores parácrinos no contexto da sua importância no desenvolvimento posteriormente.

A biologia celular da sinalização parácrina

Temos discutido a dinâmica da membrana celular e a sinalização celular como se fossem duas entidades separadas, mas o seu funcionamento está intimamente relacionado. Os fatores parácrinos podem rearranjar a superfície celular, e esta é fundamental para a regulação da síntese, do fluxo e da função de fatores parácrinos regulatórios. As ações dos sinais parácrinos muitas vezes mudam a composição da membrana celular.

---

[12] Os pesquisadore deram denominaram as proteínas Smad combinando os nomes dos primeiros membros identificados dessa família: a proteína SMA, de *C. elegans*, e a proteína Mad, de *Drosophila*.

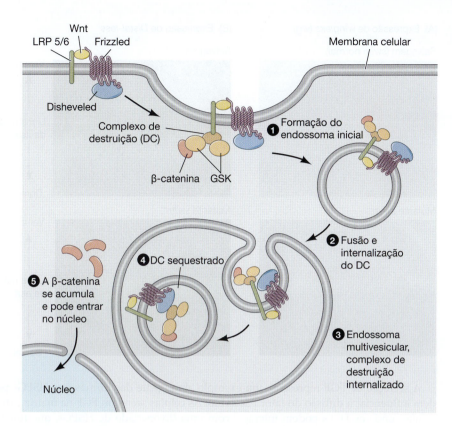

FIGURA 4.37 Uma via de Wnt: empacotando o aparato de destruição de β-catenina em endossomos. Um mecanismo importante para separar a β-catenina de enzimas, que de outra forma a destruiriam, é empacotar o complexo em vesículas cercadas por membranas chamadas de endossomos. Quando Wnt se liga a Frizzled, este pode ligar o complexo de destruição: todo o complexo (incluindo o Wnt ligado ao seu receptor) é internalizado, permitindo que a β-catenina se acumule, em vez de ser degradada. (Segundo Taelman et al., 2010.)

INTERNALIZAÇÃO DO ENDOSSOMO O tipo e número de receptores que uma célula apresenta na superfície celular representa o seu potencial para resposta. A endocitose é um mecanismo utilizado para eliminar um receptor na membrana. Estudos recentes estão revelando que a internalização de complexos receptor-ligante em vesículas circundadas por membranas, chamadas de **endossomos**, é o mecanismo comum na sinalização parácrina. Quando Wnt se liga aos seus receptores, o complexo de destruição de β-catenina se liga ao receptor e, então, todo o complexo (incluindo o receptor e seu Wnt ligado) é internalizado nos endossomos (**FIGURA 4.37**; Taelman et al., 2010; Niehrs, 2012). Esse processo remove o complexo, marca-o para a degradação e permite a sobrevivência de β-cadenina. A internalização do complexo de sinalização parece ser crítica para o acúmulo de β-catenina e proteínas que ajudam nessa endocitose (como as R-spondinas; ver Figura 4.34) fazem a via Wnt mais eficiente (Ohkawara et al., 2011). Da mesma forma, complexos Hedgehog-Patched e complexos FGF-FGFR também são internalizados em endossomos e endereçados para a degradação, um processo que é necessário para o correto desenvolvimento dos membros (Briscoe e Thérond, 2013; Handschuh et al., 2014; Hsia et al., 2015).

DIFUSÃO DE FATORES PARÁCRINOS Os fatores parácrinos não fluem livremente pela matriz extracelular. Ao contrário, podem ser vinculados pelas membranas celulares e matrizes extracelulares dos tecidos. Em alguns casos, essa ligação pode impedir o espalhamento de um morfógeno parácrino ou até mesmo marcar o fator parácrino para degradação (Capurro et al., 2008; Schwank et al., 2011). As proteínas Wnt, por exemplo, não se difundem para longe das células que as estão secretando, exceto quando ajudadas por outras proteínas. Portanto, o alcance de fatores é significantemente estendido quando as células vizinhas secretam proteínas que se ligam ao fator parácrino e impedem que ele se ligue prematuramente ao tecido-alvo (**FIGURA 4.38**; Mulligan et al., 2012). Da mesma forma, como mencionamos anteriormente, os **proteoglicanos de heparan sulfato** (**HSPGs**) na matriz extracelular muitas vezes modulam a estabilidade, a recepção, a taxa de difusão e o gradiente de concentração de proteínas FGF, BMP e Wnt (Akiyama et al., 2008; Yan e Lin, 2009; Berendsen et al., 2011; Christian, 2011; Müller e Schier, 2011; Nahmad e Lander, 2011).

FIGURA 4.38 A difusão de Wnt é afetada por outras proteínas. (A) A difusão de Wingless (Wg, um fator parácrino de Wnt) através da asa em desenvolvimento de *Drosophila* selvagem é aumentada por Swim, uma proteína que estabiliza Wg e que é feita por algumas das células da asa. Quando Swim não está presente, como no mutante em baixo, Wg não se dispersa e fica confinado a uma estreita faixa de células expressando *Wg*. (B) Da mesma forma, Wingless geralmente ativa o gene *Distalless* (em verde) na maior parte das asas do selvagem (ver acima). Contudo, nas moscas mutantes *swim*, a faixa de expressão restringe-se a áreas próximas da banda de células expressando *Wg*. (Segundo Mulligan et al., 2012.)

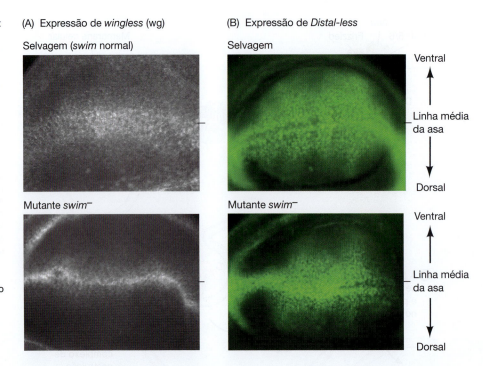

(A) Expressão de *wingless* (wg)

Selvagem (*swim* normal)

Mutante *swim⁻*

(B) Expressão de *Distal-less*

Selvagem

Ventral — Linha média da asa — Dorsal

Mutante *swim⁻*

Ventral — Linha média da asa — Dorsal

A secreção de FGF representa um exemplo abrangente das formas que HSPGs podem influenciar a difusão do fator parácrino. As células secretam FGF na matriz extracelular, onde os FGFs podem interagir com uma diversidade de HSPGs, que funcionam tanto para modular a difusão de FGF quanto para influenciar a ligação entre FGF e FGFR (Balasubramanian e Zhang, 2015). Como todos os proteoglicanos, os HSPGs possuem cadeias de moléculas de açúcar que variam em comprimento e em tipo, e diferentes formas de interações entre HSPG e FGF podem levar a diferentes gradientes de FGF. Especificamente, supõe-se que o gradiente de morfógeno de Fgf8 é estabelecido através do modelo "fonte-pia" (também chamado de mecanismo de "secreção-difusão-remoção"; Yu et al., 2009). Nesse modelo, as células secretoras de Fgf8 são a fonte do morfógeno, e as células responsivas estabelecem a "pia" através de mecanismos de ligação, internalização ou degradação de proteínas para remoção do Fgf8 (Balasubramanian e Zhang, 2015). O laboratório de Michael Brand testou esse modelo na gástrula de peixe-zebra usando a microinjeção de um agregado de células com Fgf8 fusionado a GFP, e depois quantificando o total de Fgf8 no espaço extracelular a distâncias variáveis das células microinjetadas usando espectroscopia de correlação de fluorescência (**FIGURA 4.39A, B**). Notavelmente, os pesquisadores puderam visualizar um gradiente de Fgf8-GFP que variava em diferentes circunstâncias (**FIGURA 4.39C**). A difusão livre do ligante alcançava as maiores distâncias trafegadas; a "difusão dirigida" ao longo de fibras de HSPG permitia o movimento rápido sobre várias distâncias celulares; a "agregação confinada" de Fgf8 em matrizes densas de HSPG significativamente restringiam a difusão; e ea ndocitose internalizava o complexo Fgf8-FGFR para a degradação lisossomal nas células responsivas (Yu et al., 2009; Bökel e Brand, 2013). Portanto, o tecido-alvo não é passivo, ele pode promover a difusão, retardar a divisão ou degradar o fator parácrino.

CÍLIOS COMO CENTROS DE RECEPÇÃO DE SINAL Em muitos casos, a recepção de fatores parácrinos não é uniforme através da membrana celular; ao contrário, os receptores são muitas vezes concentrados assimetricamente. Por exemplo, a recepção de proteínas Hedgehog em vertebrados ocorre no cílio primário, uma extensão focal da membrana celular feita de microtúbulos (Huangfu et al., 2003; Goetz e Anderson, 2010). O cílio primário não deve ser confundido com os cílios móveis, como os encontrados revestindo a traqueia ou no nó de um embrião em gastrulação. O cílio primário é muito mais curto do que os cílios móveis e foi amplamente ignorado até que descobrimos

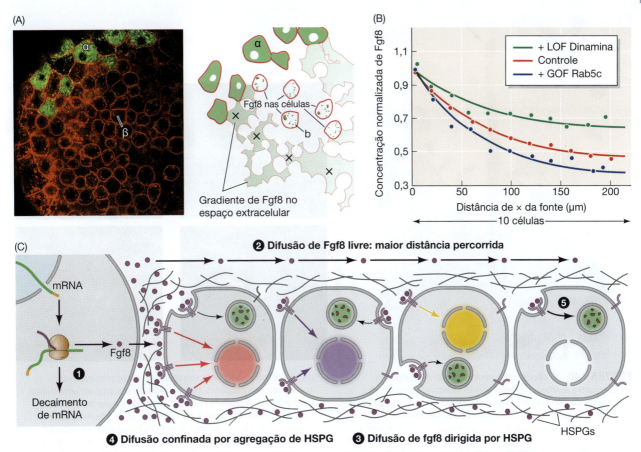

FIGURA 4.39 O gradiente de Fgf8. (A) Blástulas de peixe-zebra foram injetadas com DNA codificando Fgf8-GFP (marcação em verde) e mRFP-glicosil-fosfatidil-inositol (GPI; marcação em vermelho), para visualizar, respectivamente, a expressão de Fgf8 e a membrana celular. A imagem confocal é de uma gástrula de peixe-zebra resultante, mostrando Fgf8 sendo produzido e secretado para longe de células marcadas com GFP isoladas (em verde). À direita, está uma representação esquemática de células selecionadas e a expressão de Fgf8 vista na imagem confocal (compare os identificadores α e β). Fgf8 aparece em um gradiente na matriz extracelular tanto quanto sendo internalizado em células receptoras. (B) Quantificação da proteína Fgf8 em diferentes localizações em (A), indicadas por marcações "X" no esquema. A manipulação da endocitose causa mudanças previsíveis na faixa de secreção de Fgf8. A inibição da endocitose com o dominante negativo para a GTPase dinâmina causa um gradiente de Fgf8 mais raso ao longo de uma longa distância (gráfico verde) (LOF, perda de função, do inglês, *loss of function*), enquanto o aumento de endocitose com a superexpressão da proteína endossomal Rab5c (GOF, ganho de função, do inglês, *gain of function*) gera um gradiente mais íngreme e mais curto de Fgf8 (gráfico azul). (C) Cinco mecanismos primários para o controle da forma do gradiente de Fgf8. (1) A diferença entre a taxa de transcrição de fgf8 e o decaimento do mRNA de fgf8 pode influenciar a quantidade de proteína Fgf8 secretada por uma célula produtora. Uma vez secretado, Fgf8 pode (2) se difundir livremente ou (3) viajar rapidamente através de fibras de HSPG para difusão dirigida. (4) Em contrapartida, as áreas densas de HSPGs podem também confinar e restringir a difusão de Fgf8. (5) O complexo Fgf8-FGFR também pode ser internalizado por endocitose e endereçado para degradação lisossomal. Juntos, esses diferentes mecanismos resultam no gradiente de Fgf8 mostrado e em respostas diferenciadas nas células que experimentam diferentes concentrações de sinalização por Fgf8 (núcleos com cores diferentes). (A, cortesia de Michael Brand; B, segundo Yu et al., 2009; C segundo Bökel e Brand, 2013; Balasubramanian e Zhang, 2015.)

o seu papel direto em numerosas doenças humanas. De fato, suspeita-se que algumas das "ciliopatias", como a síndrome de Bardet-Biel, sejam devidas a um efeito indireto na sinalização de Hedegehog (Nachury, 2014). Em células não estimuladas, a proteína Patched (o receptor de Hedgehog; ver Figura 4.30) está localizado na membrana do cílio primário, ao passo que a proteína Smoothened está na membrana celular perto do cílio ou parte de um endossomo sendo endereçado para degradação. Patched inibe a função de Smoothened ao impedi-lo de entrar no cílio primário (Milenkovic et al., 2009; Wang et al., 2009). Quando Hedegehog se liga a Patched, contudo, Smoothened pode ligar-se a Hedegehog na membrana ciliar da célula, onde ela inibe as proteínas PKA e SuFu que fazem a forma repressiva do fator de transcrição Gli (**FIGURA 4.40**). Os microtúbulos desses cílios fornecem um arcabouço para as proteínas motoras transportarem Patched

(A)

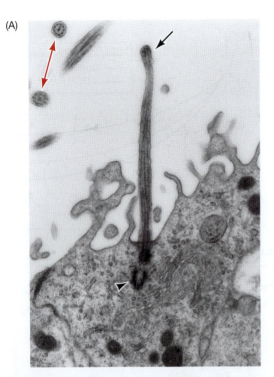

(B)

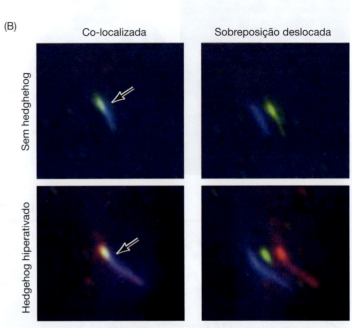

FIGURA 4.40 O cílio primário para recepção de Hedgehog.
(A) Micrografia eletrônica de transmissão mostrando uma secção longitudinal do cílio primário (seta preta) de uma "célula do tipo B", uma célula-tronco neural no cérebro adulto de mamífero (ver Capítulo 5). O centríolo na base desse cílio é visível (cabeça de seta); os microtúbulos nesse cílio primário formam uma estrutura 8 + 0 (outros tipos de cílios, como os cílios móveis, formam geralmente um arranjo 9 + 2; visível no canto superior à esquerda em secção transversal [setas vermelhas]).
(B) A ativação da via de Hedgehog requer o transporte de Smoothened no cílio primário. Aqui, está representado o cílio primário (seta; imunofluorescência para tubulina acetilada, em azul) em uma cultura de fibroblasto. A proteína ciliar Evc (marcada em verde) colocaliza com Smoothened (marcada em vermelho) após a hiperativação da sinalização de Hedgehog pela droga SAG. Compare a marcação colocalizada na esquerda com as superposições na direita, que foram deslocadas para mostrar cada marcador individual. A ativação do complexo Evc-Smo no cílio primário leva à completa sinalização por Gli. (A, de Alvarez-Bulla et al., 1998; B, de Caparrós-Martín et al., 2013.)

e Smoothned, além de proteínas Gli ativadas, e mutações que fazem o nocaute da formação do cílio ou seu mecanismo de transporte também impedem a sinalização por Hedgehog (Mukhopadhyay e Rohatgi, 2014).

Protusões focais da membrana como fontes de sinal

Discutimos os papéis dos fatores de crescimento secretados para a comunicação célula a célula tanto a curta quanto a longa distância. Todavia, será que existe um mecanismo para apresentar o sinal sem secretá-lo? Nesse cenário, a célula produtora *fisicamente* entra em contato para apresentar o sinal. Aqui, destacamos ideias emergentes de como dois tipos de extensões dinâmicas de membranas podem facilitar a comunicação intercelular e até produzir gradientes a longa distância.

LAMELIPÓDIOS Em tunicados, uma divisão assimétrica de uma única célula fundadora precardíaca dá origem aos progenitores do coração. Embora ambas as células-filha estejam expostas ao sinal indutivo de Fgf9, apenas a menor célula das duas responde para gerar a linhagem progenitora do coração. Durante a divisão assimétrica, protusões localizadas (**lamelipódios**) formam-se no lado ventral-anterior da célula fundadora (Cooley et al., 2011). Essas protrusões são ricas em actina (diferentemente dos cílios, ricos em microtúbulos) e resultam da localização polarizada de uma GTPase Rho (Cdc42) nessa região. É possível que a matriz extracelular subjacente à epiderme ventral estimule essa localização. Ao mesmo tempo, a atividade receptora de FGF torna-se concentrada nos lamelipódios. Quando a célula se divide, a filha menor herda esses receptores de FGF localizados ativos, levando a uma ativação diferencial dos genes que formarão o músculo cardíaco (**FIGURA 4.41**).

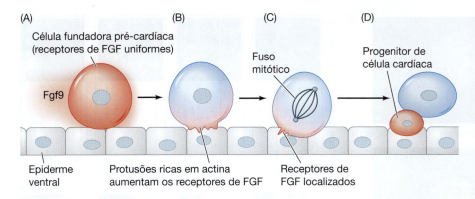

(A)

Célula fundadora pré-cardíaca
(receptores de FGF uniformes)

Fgf9

Fuso
mitótico

Progenitor de
célula cardíaca

(B)

(C)

(D)

Epiderme
ventral

Protusões ricas em actina
aumentam os receptores de FGF

Receptores de
FGF localizados

FIGURA 4.41 O modelo para especificação diferencial da linhagem progenitora no coração de tunicados. (A) A exposição uniforme a Fgf9 leva a uma ocupação uniforme do receptor de FGF em todas as partes da membrana celular do fundador. (B) Protrusões ricas em actina na membrana ventral anterior da célula estão associadas com alta ativação de receptores de FGF. (C) Quando a célula progenitora entra em mitose, protrusões invasivas da membrana celular ventral anterior restringem os receptores para essa região. (D) Depois de uma divisão celular assimétrica, a via MAPK ativada por FGF fica restrita à célula-filha ventral, levando a uma expressão diferencial de genes de progenitor cardíaco. (Segundo Cooley et al., 2011.)

O CITONEMA FILOPODIAL E se as moléculas que pensamos serem fatores parácrinos difusíveis se movendo através da matriz extracelular fossem, na verdade, transferidas de uma célula para outra através de conexões semelhantes à sinapse? Existe agora evidência significativa apoiando a existência de projeções filopodiais especializadas, chamadas de **citonemas**, que se espalham por distâncias notáveis (mais de 100 μm) a partir das células-alvo ou a partir das células produtoras de sinal, como longos conduítes de membrana conectando os dois tipos de células (Roy e Kornberg, 2015).

Nesse modelo, a ligação receptor-ligante inicialmente aconteceria nas extremidades dos citonemas se projetando das células-alvo quando as extremidades são posicionadas em aposição direta à membrana celular das células produtoras. O complexo receptor-ligante seria, então, transportado ao longo do citonema até o corpo da célula-alvo.

A sinalização de morfógeno mediada por citonema foi primeiro descrita pelo laboratório de Thomas Kornberg, estudando o desenvolvimento do saco de ar e do disco de asa em *Drosophila* (Roy et al., 2011). Um agregado de células, chamado de primórdio do saco de ar (ASP, do inglês, *air sac primordium*), desenvolve-se ao longo da superfície basal do disco da asa em resposta a gradientes dos morfógenos DPP (um homólogo de BMP) e FGF no disco de asa (**FIGURA 4.42A, B**). O laboratório de Kornberg descobriu que as células ASP estendem citonemas na direção de células que expressam DPP e FGF, e que esses citonemas contêm receptores para esses morfógenos – receptores separados em citonemas separados. Além disso, foi documentado que DPP ligado ao seu receptor trafegava ao longo de um citonema para o corpo celular em células ASP. A padronização anteroposterior do disco da asa por gradiente de Hedgehog (Hh) também parece ser feita através de citonemas (**FIGURA 4.42C**). Hedgehog vindo das células posteriores é entregue através de citonemas que se estendem da superfície basolateral de células anteriores para as células posteriores produtoras de Hh (**FIGURA 4.42D, E**; Bischoff et al., 2013).

Investigações recentes mostraram que vertebrados também usam citonemas. Trabalho no laboratório de Michael Brand e trabalho recente pelo laboratório de Steffen Scholpp mostraram que as mesmas células em gastrulação também transportam o morfógeno Wnt8a ao longo de extensões semelhantes aos citonemas. Nesse caso, as células produtoras de sinal estão estendendo os citonemas e transportando o morfógeno Wnt8a até as células-alvo (**FIGURA 4.42F**; Luz et al., 2014; Stanganello et al. 2015). Suspeita-se que interações semelhantes a citonemas támbem estejam envolvidas num dos exemplos clássicos de sinalização por morfógeno, o da especificação anteroposterior do broto de membro de tetrápodo. Nesse caso, um gradiente posterior-anterior de Sonic hedgehog (Shh) no broto de membro induz a correta padronização dos dígitos (ver Capítulo 19). No broto de membro da galinha, tanto as células que expressam Sonic hedgehog quanto as células-alvo estendem projeções filopodiais na direção umas das outras e fazem contato em pontos onde os receptores se localizam (**FIGURA 4.42G**; Sanders et al., 2013).

 OS CIENTISTAS FALAM 4.6 Um seminário iBiology pelo Dr. Thomas Kornberg, da Universidade da Califórnia, São Francisco, discute transporte dirigido por citonema e modelos de transferência direta.

Ampliando o conhecimento

Será que todas as moléculas que consideramos como fatores parácrinos são distribuídas somente por contatos entre processos filopodiais de citonemas, em vez de se difundirem pela matriz extracelular? Essa questão vem aparecendo cada vez mais nos debates entre biólogos do desenvolvimento. Qual o seu posicionamento? Você se considera um "difusionista" ou "citonemista"? Existe espaço para os dois mecanismos, ou talvez uma necessidade para o desenvolvimento dos dois?

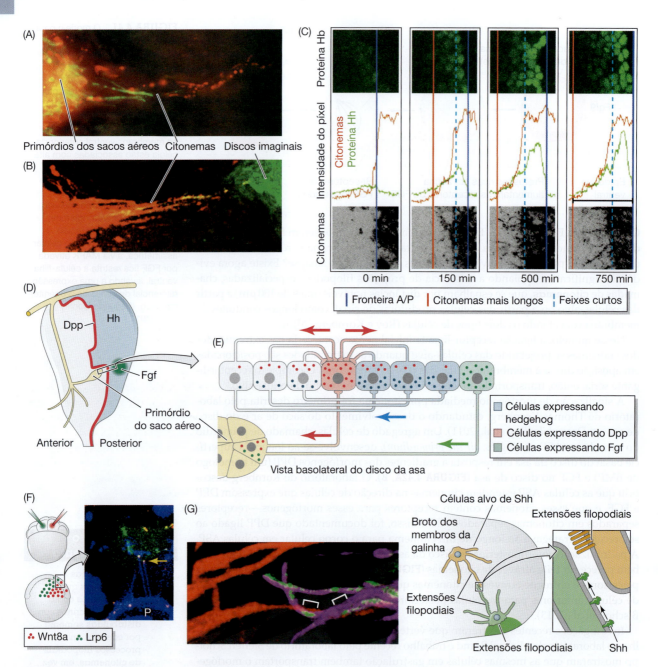

(A) Primórdios dos sacos aéreos · Citonemas · Discos imaginais

(C) Proteína Hb · Intensidade do píxel · Citonemas Proteína Hh · Citonemas

0 min · 150 min · 500 min · 750 min

| Fronteira A/P | Citonemas mais longos | Feixes curtos

(D) Dpp · Hh · Fgf · Primórdio do saco aéreo · Anterior · Posterior

(E) Células expressando hedgehog · Células expressando Dpp · Células expressando Fgf · Vista basolateral do disco da asa

(F) Wnt8a · Lrp6 · P

(G) Células alvo de Shh · Extensões filopodiais · Broto dos membros da galinha · Extensões filopodiais · Extensões filopodiais · Shh

FIGURA 4.42 O transporte de morfógenos por filopódios. (A) Citonemas do primórdio do saco aéreo (ASP) se estendem na direção do disco imaginal da asa na *Drosophila* para transportar os morfógenos FGF (em verde) e DPP (em vermelho). (B) O receptor de DPP transportado se liga a DPP produzido pelas células dos discos da asa, que é transportado na direção contrária ao longo do citonema para o ASP. (C) Esse sistema de citonemas no disco de asa é capaz de estabelecer um gradiente de proteína Hedghehog (Hh; em verde no painel superior e no gráfico) durante da extensão do filopódio (processos em preto nos paineis inferiores e linha vermelha no gráfico). (D) Ilustração do disco imaginal de asas de *Drosophila* durante suas interações com células da traqueia, especificamente com o primórdio do saco aéreo. Células expressando Hh, Dpp e Fgf são representadas como domínios azuis, vermelhos e verdes. (E) Secção transversal aumentada da região marcada em (D). Extensões de citonemas do primórdio do saco aéreo e entre as células do disco da asa são ilustradas junto com os morfógenos produzidos e transportados ao longo desses citonemas (setas). (F) Wnt8a (em vermelho) e seu receptor Lrp6 (em verde) foram microinjetados em duas células diferentes de uma blástula de estágio inicial de peixe-zebra. Imagem de células vivas dessas células no estágio de gástrula mostrou interações entre Wnt8a com o receptor Lrp6 nas extremidades das extensões filopodiais das células produtoras (P, seta amarela). (G) Nos brotos de membros da galinha, protrusões filopodiais longas e finas foram documentadas se estendendo de células produtoras tanto de Sonic hedgehog, na região posterior (célula roxa com proteína Shh verde, na imagem esquerda), quanto das células-alvo, no anterior do broto dos membros (células vermelhas). Esses filopódios opostos interagem diretamente (colchetes, imagem à esquerda), e se propõe que Shh e seu receptor Patch podem se ligar nesse ponto de interação (ilustração à direita). (A, de Roy e Kornberg, 2011; B, de Roy et al., 2014; C, de Bischoff et al., 2013; F, de Stanganello et al., 2015; G, de Sanders et al., 2013.)

Sinalização justácrina para identidade celular

Nas interações justácrinas, as proteínas da célula indutora interagem com proteínas receptoras das células responsivas vizinhas sem difusão a partir da célula que produz o sinal. Três das mais amplamente utilizadas famílias de fatores justácrinos são as **proteínas Notch** (que se ligam à família de ligantes exemplificada pela proteína Delta); as **moléculas de adesão celular**, como caderinas; e os **receptores eph** e os seus **ligantes efrinas**. Quando uma efrina em uma célula se liga ao receptor eph na célula vizinha, sinais são enviados para cada uma das duas células (Davy et al., 2004; Davy e Soriano, 2005). Esses sinais são frequentemente de atração ou repulsão, e as efrinas são muitas vezes vistas onde as células estão sendo informadas para onde emigrar ou onde as fronteiras estão sendo formadas. Veremos efrinas e os receptores eph funcionando na formação de vasos sanguíneos, neurônios e somitos. Agora, olharemos mais de perto as proteínas Notch e os seus ligantes, além de discutir moléculas de adesão celular como parte de uma importante via de desenvolvimento, chamada de sinalização por Hippo.

A via de Notch: ligantes e receptores justapostos para formação de padrões

Embora a maioria dos reguladores de indução conhecidos sejam proteínas difusíveis, algumas proteínas indutoras permanecem ligadas à superfície da célula indutora. Numa dessas vias, células expressando as proteínas Delta, Jagged ou Serrate nas suas membranas celulares ativam células vizinhas que contém a proteína Notch nas suas membranas celulares (ver Artavanis-Tsakakonas e Muskavitch, 2010). Notch estende-se através da membrana celular e a sua superfície externa faz contato com as proteínas Delta, Jagged ou Serrate, estendendo-se de uma célula vizinha. Quando complexado a um desses ligantes, Notch sofre uma mudança de conformação que permite que parte do seu domínio citoplasmático seja clivado pela protease presenilina 1. A porção clivada entra no núcleo e se liga a um fator de transcrição dormente da família CSL. Quando ligado à proteína Notch, o fator de transcrição CSL ativa os seus genes-alvo (**FIGURA 4.43**; Lecourtois e Schweisguth, 1998; Schroeder et al., 1998; Struhl e Adachi, 1998). Pensa-se que essa ativação envolva o recrutamento de histonas acetiltransferases (Wallberg et al., 2002). Assim, Notch pode ser considerado como um fator de transcrição ancorado na membrana. Quando a

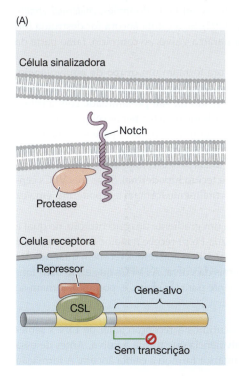

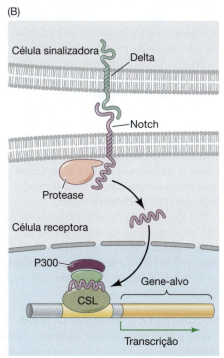

FIGURA 4.43 O mecanismo da atividade de Notch. (A) Antes da sinalização por Notch, um fator de transcrição (como Supressor of hairless ou CBF1) está ligado no estimulador de genes regulados por Notch. O CSL liga repressores de transcrição. (B) Modelo para ativação de Notch. Um ligante (proteína Delta, Jagged ou Serrate) em uma célula se liga ao domínio extracelular da proteína Notch em uma célula adjacente. Essa ligação causa uma mudança de forma no domínio intracelular de Notch, que ativa uma protease. A protease cliva Notch, o que permite que a porção intracelular da proteína Notch entre no núcleo e se ligue ao fator transcricional CSL. Essa região intracelular de Notch desloca as proteínas repressoras e liga ativadores de transcrição, incluindo a histona acetiltransferase p300. O CSL ativado pode, então, transcrever seus genes-alvo, (Segundo K. Koziol-Dube, comunicação pessoal.)

ligação é quebrada, Notch (ou uma parte dele) pode se destacar da membrana celular e entrar no núcleo (Kopan, 2002).

As proteínas Notch estão envolvidas na formação de numerosos órgãos de vertebrados – rim, pâncreas e coração – e eles são receptores extremamente importantes no sistema nervoso. Tanto no sistema nervoso de vertebrados quanto de *Drosophila*, a ligação de Delta a Notch indica que a célula receptora não deve se tornar neural (Chitnis et al., 1995; Wang et al., 1998). No olho de vertebrados, as interações entre Notch e seus ligantes regulam quais células se tornam neurônios ópticos e quais se tornam células gliais (Dorsky et al., 1997; Wang et al., 1998).

> **TÓPICO NA REDE 4.3** **MUTAÇÕES EM NOTCH** Os seres humanos têm genes para mais do que uma proteína Notch e mais do que um ligante. Suas interações são fundamentais para o desenvolvimento neural, e mutações nos genes Notch podem causar anomalias no sistema nervoso.

A indução efetivamente acontece ao nível de célula a célula, e um dos melhores exemplos é a formação da vulva no verme nematódeo *C. elegans*. Notavelmente, a via de transmissão de sinal envolvida é a mesma que é usada na formação de receptores da retina de *Drosophila*; apenas os fatores de transcrição alvos são diferentes. Em ambos os casos, um indutor semelhante ao fator de crescimento epidérmico ativa a via RTK, levando a uma regulação diferencial na sinalização de Notch e Delta.

Sinalização parácrina e justácrina em coordenação: a indução da vulva em C. elegans

A maioria dos indivíduos *C. elegans* é hermafrodita. No início do seu desenvolvimento, eles são machos, e as gônadas produzem espermatozoides, que são estocados para uso posterior. À medida que eles envelhecem, desenvolvem ovários. Os ovos "rolam" através da região de estocagem de espermatozoides, são fertilizados dentro do nematódeo e, então, saem do corpo através da vulva (ver Capítulo 8; Barkoulas et al., 2013). A formação da vulva ocorre durante o estágio larval a partir de seis células, chamadas de **células precursoras da vulva** (**VPCs**, do inglês, *vulval precursor cells*). A célula conectando a gônada suprajacente com as células precursoras da vulva é chamada de **célula âncora** (**FIGURA 4.44**). A célula âncora secreta a proteína LIN3, um fator parácrino (semelhante ao fator de crescimento epidérmico de mamíferos, ou EGF, do inglês, *epidermal growth factor*) que ativa a via RTK (Hill e Sternberg, 1992). Se a célula âncora for destruída (ou se o gene *lin-3* for mutado), as VPCs não formarão a vulva, ao contrário, farão parte da hipoderme ou da pele (Kimble, 1981).

As seis VPCs influenciadas pela célula âncora formam um **grupo de equivalência**. Cada membro desse grupo é competente a se tornar induzido pela célula âncora e pode assumir qualquer um de três destinos, dependendo da sua proximidade com a célula âncora. A célula logo abaixo da célula âncora se divide para formar as células centrais da vulva. As duas células que flanqueiam a célula central se dividem para se tornarem as células laterais da vulva, ao passo que as três células mais longe da célula âncora geram células hipodermais. Se a célula for destruída, todas as seis células do grupo de equivalência se dividem uma vez e contribuem para o tecido hipodermal. Se as três VPCs centrais forem destruídas, as três externas, que normalmente formam a hipoderme, em vez disso gerarão a células da vulva.

A LIN-3 secretada pela célula âncora forma um gradiente de concentração, no qual a VPC mais próxima da célula âncora (i.e., a célula P6.p) recebe a maior concentração de LIN3 e gera as célula centrais da vulva. As duas VPCs adjacentes recebem quantidades menores de LIN-3 e se tornam as células laterais da vulva. As VPCs que estão mais longe da célula âncora não recebem LIN-3 suficiente para ter efeito, e, portanto, tornam-se hipoderme (Katz et al., 1995).

NOTCH-DELTA E INIBIÇÃO LATERAL Discutimos a recepção sinal de LIN-3 semelhante a EGF pelas células do grupo de equivalência que forma a vulva. Antes de essa indução ocorrer, entretanto, uma interação anterior formou a célula âncora. A formação

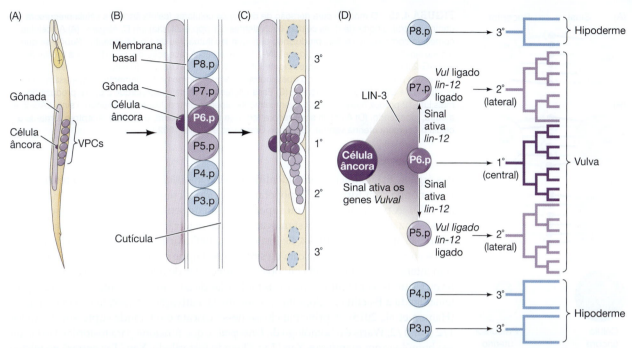

da célula âncora é mediada por lin-12, o homólogo do gene *Notch* em *C. elegans*. Nos *C. elegans* hermafroditas selvagens, duas células vizinhas, Z1.pp e Z4.aaa, têm o potencial de se tornarem a célula âncora. Elas interagem de modo que uma delas se torne célula âncora, enquanto a outra se torna a precursora do tecido uterino. Em mutantes de perda de função de lin-12, ambas as células se tornam células âncora, ao passo que em mutações de ganho de função, ambas as células se tornam precursores uterinas (Greenwald et al., 1983). Estudos usando mosaicos genéticos e ablações de células mostraram que essa decisão é feita no segundo estágio larval, e que o gene lin-12 precisa funcionar apenas na célula destinada a se tornar a célula precursora uterina; a futura célula âncora não precisa dele. Seydoux e Greenwald (1989) especulam que essas duas células originalmente sintetizam tanto o sinal para diferenciação uterina (a proteína LAG-2, homóloga à Delta) quanto o receptor para essa molécula (a proteína LIN-12, homóloga à Notch; Wilkinson et al., 1994).

Em um certo momento do desenvolvimento da larva, a célula que, por acaso, estiver secretando mais LAG-2 faz o seu vizinho parar de produzir esse sinal de diferenciação e aumente a sua produção de LIN-12. A célula que secreta LAG-2 se torna a célula âncora da gônada, enquanto a célula recebendo o sinal através da sua proteína LIN-12 se torna a célula precursora uterina ventral (**FIGURA 4.45**). Assim, pensa-se que as duas células determinam uma a outra antes dos seus respectivos eventos de diferenciação. Quando o LIN-12 é usado novamente durante a formação da vulva, ele é ativado pela linhagem primária da vulva para impedir que as células laterais desta formem o fenótipo central da vulva (ver Figura 4.44). Portanto, a decisão da célula da âncora/do precursor uterino ventral ilustra dois aspectos importantes da determinação em duas células originalmente equivalentes. Primeiro, a diferença inicial das duas células é criada por acaso. Segundo, essa diferença inicial é reforçada por retroalimentação. Esse mecanismo mediado por Notch-Delta de restrição de destino de células adjacentes é chamado de **inibição lateral**.

Hippo: um integrador de vias de sinalização

A maioria das vias de transdução de sinal que discutimos até agora é nomeada pelos atores envolvidos no evento de sinalização inicial na membrana celular. Entretanto, a via de transdução de sinal Hippo não tem um ligante ou receptor dedicado. Hippo é uma de várias cinases importantes que são fundamentais para o controle de tamanho

FIGURA 4.44 As células precursoras da vulva (VPCs) de *C. elegans* e seus descendentes. (A) Localização da gônada, da célula âncora e da VPC na larva de segundo instar. (B, C) Relação da célula âncora para as seis células VPCs e suas linhagens subsequentes. As linhagens primárias (1ª) resultam nas células centrais da vulva, as linhagens secundárias (2ª) constituem as células laterais da vulva e as linhagens terciárias (3ª) geram as células hipodérmicas. (C) Esquema da vulva na larva de quarto estágio instar. Os círculos representam as posições do núcleo. (D) Modelo para a determinação das linhagens de células da vulva em *C. elegans*. O sinal LIN-3 da célula âncora causa a determinação da célula P5.p para gerar a linhagem central da vulva (em roxo-escuro). Concentrações mais baixas de LIN-3 induzem as células P5.p e P7.p a formar as linhagens laterais da vulva. A P6.p (linhagem central) também secreta um sinal justácrino de curto alcance que induz as células vizinhas a ativar a proteína LIN-12 (Notch). Esse sinal previne as células P5.p e P7.p de gerarem a linhagem primária central da vulva. (Segundo Katz e Sternberg, 1996.)

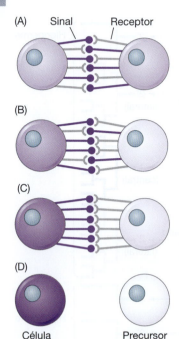

(A) Sinal   Receptor

(B)

(C)

(D)

Célula âncora

Precursor uterino ventral

FIGURA 4.45 O modelo para geração de dois tipos celulares (célula âncora e célula precursora uterina ventral) a partir de duas células equivalentes (Z1.ppp e Z4.aaa) em *C. elegans*. (A) As células começam como equivalentes, produzindo quantidades flutuantes de sinal e receptor. Supõe-se que o gene *lag-2* codifique o sinal, e o gene *LIN-12*, o receptor. A recepção do sinal diminui a produção de LAG-2 (Delta) e aumenta a expressão de LIN-12 (Notch). (B) Um evento estocástico (aleatório) faz uma célula produzir mais LAG-2 do que a outra em algum momento fundamental, o que estimula mais produção de LIN-12 na célula vizinha. (C) Essa diferença é amplificada porque a célula produzindo mais LIN-12 produz menos LAG-2. Eventualmente, apenas uma célula está enviando o sinal LAG-2, e a outra, recebendo. (D) A célula sinalizadora torna-se a célula âncora, e a célula receptora torna-se a célula precursora uterina ventral. (Segundo Greenwad e Rubin, 1992.)

dos órgãos. Ela foi inicialmente identificada em *Drosophila*, onde sua perda resultou em um fenótipo com forma de "hipopótamo" devido a crescimento excessivo (Hansen et al., 2015). A perda de Hippo (ou superexpressão de seu principal efetor transcricional, Yorkie) faz a célula se dividir significativamente mais rápido, enquanto diminui a velocidade de apoptose (**FIGURA 4.46**; Justice et al., 1995; Xu et al., 1995; Huang et al., 2005).

Os atores essenciais na cascata de sinalização Hippo começam na membrana celular com interações célula a célula envolvendo moléculas de adesão celular, como E-caderina ou Crumbs (ver Figura 5.7B). Essas moléculas de adesão celular interagem com a proteína ligada a F-actina angiomotina, o que inicia a ativação da cascata da cinase Hippo (Hansen et al., 2015). A principal cinase nessa cascata é o Grande supressor de tumor 1/2 (Lats1/2; Warts é o homólogo de *Drosophila*), que funciona para fosforilar Yorkie ou seu homólogo em mamíferos Yap/Taz. Quando fosforilado, Yap/Taz entrará no núcleo e funcionará como coativador da transcrição de Tead (homólogo de Scalloped). Existe um número de caminhos nos quais componentes de sinalização de Hippo podem regular as vias de outros fatores parácrinos, como Wnt, EGF, TGF-β e BMP. Dessa forma, essas vias podem modular a sinalização Hippo, normalmente operando via Yap/Taz. Assim, a via Hippo esá emergindo como um cruzamento principal para as vias bioquímicas da célula, concentrando nossa atenção nos problemas, desde há muito tempo não resolvidos, da compreensão de como essas vias conceitualmente lineares são verdadeiramente integradas.

FIGURA 4.46 A sinalização por Hippo é fundamental para o controle de tamanho dos órgãos. A superexpressão de *yorkie* (o principal efetor transcricional da cinase Hippo) na *Drosophila* resulta em disco imaginal da asa extremamente crescido ("hipopótamo") em comparação com o disco da asa selvagem. (Fotografia de Huang et al., 2005.)

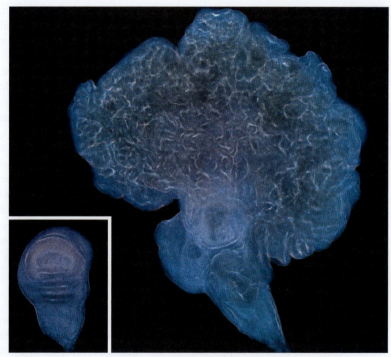

Selvagem   Superexpressão de *yorkie*

Próxima etapa na pesquisa

Como as células se comunicam, interagem e entendem o seu lugar no embrião? Este capítulo cobriu muitos dos mecanismos que funcionam para facilitar as ligações célula a célula, passar sinais químicos e responder a estímulos ambientais. Existem muitos próximos passos empolgantes para serem pesquisados, da biofísica da morfogênese ao papel de citonemas nos gradientes de morfógeno. Esses tipos de mecanismo são fáceis de compreender na escala da célula e do tecido e temos certeza que você pode propor alguns experimentos lógicos e excitantes para testar posteriormente esses mecanismos. No entanto, esse campo tem falta de uma compreensão

significativa de como a morfogênese é coordenada na escala do embrião inteiro. Como você poderia começar a aplicar a sua compreensão da comunicação célula a célula para uma compreensão mais abrangente do desenvolvimento coordenado por todo o embrião? Você acha que pode ter um tipo de miopia global do tempo, do tamanho, dos padrões, dos movimentos e da diferenciação? Por favor, saiba que não existem respostas corretas para as questões no final do livro, escondidas nas notas dos seus professores ou enterradas em resultados de busca no Google. A resposta reside na finalização das suas próprias ideias e experimentos.

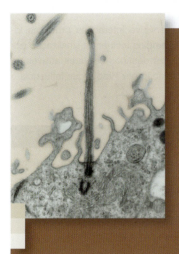

Considerações finais sobre a foto de abertura

Isso é a antena de uma célula? Se for assim, qual é o seu propósito? Ela serve para as células se comunicarem! Essa imagem mostra um cílio primário de uma célula-tronco neural no cérebro, uma estrutura que é efetivamente usada como antena, permitindo que a célula receba sinais de seu ambiente. Discutimos o papel fundamental das proteínas de sinalização selecionadas que transmitem uma miríade de informações sobre posição, adesão, especificação celular e migração. Novos mecanismos de comunicação celular – como o papel essencial do cílio primário enfatizado nessa imagem; o alcance potencial dos citonemas, que podem mudar nossa compreensão da transmissão de morfógenos; os papéis modificadores e potencialmente instrutivos da matriz extracelular; e como as propriedades físicas da adesão celular podem tanto separar células diferentes quanto regular o tamanho dos órgãos – estão rapidamente aparecendo (Fotografia por cortesia de Alvarez-Bullya et al., 1998.)

4 Resumo instantâneo
Comunicação célula a célula

1. A seleção de um determinado tipo celular a partir de outros resulta de diferenças na membrana celular.

2. As estruturas de membrana responsáveis pela segregação celular são frequentemente proteínas caderinas que mudam as propriedades de tensão superficial das células. As caderinas podem fazer as células se separarem tanto por diferenças quantitativas (diferentes quantidades de caderina) quanto qualitativas (diferentes tipos de caderinas). As caderinas parecem ser fundamentais durante certas mudanças morfológicas.

3. A migração celular ocorre através de mudanças no citoesqueleto de actina. Essas mudanças podem ser dirigidas por instruções internas (a partir do núcleo) ou por instruções externas (a partir da matriz extracelular ou de moléculas quimioatrativas).

4. As interações indutivas envolvem os tecidos indutor e responsivo. A habilidade de responder a sinais indutores depende da competência das células responsivas. A resposta específica a um indutor é determinada pelo genoma do tecido responsivo.

- A indução recíproca acontece quando dois tecidos que interagem são ambos indutores e são competentes para responder ao sinal um do outro.
- As cascatas de eventos indutivos são responsáveis pela formação dos órgãos.
- As induções regionalmente específicas podem gerar diferentes estruturas a partir do mesmo tecido responsivo.

5. As interações parácrinas ocorrem quando uma célula ou tecido secreta proteínas que induzem mudanças nas células vizinhas. As interações justácrinas são interações indutivas que ocorrem entre as membranas celulares de células vizinhas ou entre uma membrana celular e uma matriz extracelular secretada por outra célula.

6. Os fatores parácrinos são secretados por células indutoras. Esses fatores se ligam a receptores na membrana celular em células responsivas competentes. Competência é a habilidade de se ligar e responder a indutores, e é frequentemente o resultado de uma indução anterior. As células

competentes respondem a fatores parácrinos através de vias de transdução de sinal.

7. Morfógenos são moléculas sinalizadoras secretadas que afetam a expressão gênica de modo distinto em diferentes concentrações.

8. As vias de transdução de sinal começam com um fator parácrino ou justácrino causando uma mudança de conformação no seu receptor na membrana celular. A nova forma pode resultar numa atividade enzimática no domínio citoplasmático da proteína receptora. Essa atividade permite que o receptor fosforile outras proteínas citoplasmáticas. Eventualmente, uma cascata de reações desse tipo ativa um fator transcricional (ou um conjunto de fatores) que ativa ou reprime uma atividade genética específica.

9. O estado diferenciado pode ser mantido por ciclos de retroalimentação positiva envolvendo fatores de transcrição, fatores autócrinos ou fatores parácrinos.

10. A matriz extracelular é tanto uma fonte de sinais quanto serve para modificar como esses sinais podem ser secretados através das células para influenciar a diferenciação e a migração celular.

11. As células podem ser convertidas de epiteliais para mesenquimais e vice-versa, A transição epitélio-mesênquima (EMT, do ingles, *epitelial to mesenchymal transition*) é uma série de transformações envolvidas na dispersão de células da crista neural e na criação de vértebras a partir das células dos somitos. Em adultos, a EMT está envolvida no reparo de feridas e na metástase do câncer.

12. A superfície celular está intimamente envolvida com a sinalização celular. Os proteoglicanos e outros componentes de membrana podem expandir ou restringir a difusão de fatores parácrinos.

13. Especializações da superfície celular, incluindo os cílios e lamelipódios, podem concentrar receptores para proteínas parácrinas e de matriz extracelular. Extensões recentemente descobertas, parecidas com filopódios, chamadas de citonemas, podem estar envolvidas na transferência de morfógenos entre células sinalizadoras e responsivas e podem ser um componente importante na sinalização celular.

14. A sinalização justácrina envolve interações proteicas locais entre receptores. Exemplos incluem a sinalização por Notch-Delta, que padroniza destinos celulares através da inibição lateral, e a sinalização por Hippo, que influencia o tamanho dos órgãos.

Leituras adicionais

Ananthakrishnan, R. e A. Ehrlicher. 2007. The forces behind cell movement. *Int. J. Biol. Sci.* 3: 303-317.

Balasubramanian, R. e X. Zhang. 2015. Mechanisms of FGF gradient formation during embryogenesis. *Semin. Cell Dev. Biol.* doi:10.1016/j.semcdb.2015.10.004.

Bischoff, M. e outros 6. 2013. Cytonemes are required for the establishment of a normal Hedgehog morphogen gradient in *Drosophila* epithelia. *Nature Cell Biol.* 11: 1269-1281.

Briscoe, J. e P. P. Thérond. 2013. The mechanisms of Hedgehog signalling and its roles in development and disease. *Nat. Rev. Mol. Cell Biol.* 7: 416-429.

Fagotto, F., N. Rohani, A. S. Touret e R. Li. 2013. A molecular base for cell sorting at embryonic boundaries: Contact inhibition of cadherin adhesion by ephrin/ Eph–dependent contractility. *Dev. Cell* 27: 72-87.

Foty, R. A. e M. S. Steinberg. 2013. Differential adhesion in model systems. *Wiley Interdiscip.* Rev. *Dev. Biol.* 2: 631-645.

Hansen, C. G., T. Moroishi e K. L. Guan. 2015. YAP e TAZ: A nexus for Hippo signaling and beyond. *Trends Cell Biol.* 25: 499-513.

Heldin, C.-H., K. Miyazono e P. ten Dijke. 1997. TGF-β signaling from cell membrane to nucleus through SMAD proteins. *Nature* 390: 465-471.

Huangfu, D., A. Liu, A. S. Rakeman, N. S. Murcia, L. Niswander e K. V. Anderson. 2003. Hedgehog signalling in the mouse requires intraflagellar transport proteins. *Nature* 426: 83-87.

Kakugawa, S. e outros 11. 2015. Notum deacylates Wnt proteins to suppress signalling activity. *Nature* 519: 187-192.

Molina, M. D., N. de Crozé, E. Haillot e T. Lepage. 2013. Nodal: Master and commander of the dorsal-ventral and leftright axes in the sea urchin embryo. *Curr. Opin. Genet. Dev.* 23:445-453.

Müller P. e A. F. Schier. 2011. Extracellular movement of signaling molecules. *Dev. Cell* 21: 145-158.

Nahmad, M. e A. D. Lander. 2011. Spatiotemporal mechanisms of morphogen gradient interpretation. *Curr. Opin. Genet. Dev.* 21: 726-731.

Roy, S. e T. B. Kornberg. 2015. Paracrine signaling mediated at cell-cell contacts. *Bioessays* 37: 25-33.

Saito-Diaz, K. e outros 6. 2013. The way Wnt works: Components and mechanism. *Growth Factors* 31: 1-31.

Stanganello, E. e outros 8. 2015. Filopodia-based Wnt transport during vertebrate tissue patterning. *Nature Commun.* 6: 5846.

van Amerongen, R. e R. Nusse. 2009. Towards an integrated view of Wnt signaling in development. *Development* 136: 3205-3214.

van den Heuvel, M., C. Harryman-Samos, J. Klingensmith, N. Perrimon e R. Nusse. 1993. Mutations in the segment polarity genes wingless and porcupine impair secretion of the wingless protein. *EMBO J.* 12: 5293–5302.

Yu, S. R. e outros 7. 2009. Fgf8 morphogen gradient forms by a source-sink mechanism with freely diffusing molecules. *Nature* 461: 533–536.

VISITE WWW.DEVBIO.COM...

... para Tópicos na Rede, entrevistas de Os Cientistas Falam, vídeos de Assista ao Desenvolvimento, Tutorial do Desenvolvimento e informação bibliográfica completa sobre toda a literatura citada neste capítulo.

5

Células-tronco
Seu potencial e seus nichos

NÓS COMPLETAMOS UMA ANÁLISE da maturação celular através dos níveis da especificação celular, comprometimento e, por fim, diferenciação, todos os quais são dirigidos por comunicações célula a célula e pela regulação da expressão gênica. Não existe exemplo melhor desse processo como um todo do que a célula-tronco.

Uma **célula-tronco** retém a habilidade de se dividir e se recriar enquanto mantém a habilidade de gerar uma progênie capaz de se especializar em tipos celulares mais diferenciados. As células-tronco são muitas vezes chamadas de "indiferenciadas", visto que mantêm suas propriedades proliferativas. Existem muitos tipos diferentes de célula-tronco, entretanto, e seu *status* de "indiferenciada" realmente só se refere à manutenção da sua capacidade de se dividir. Como elas mantêm a habilidade de se proliferar e se diferenciar, as células-tronco têm um grande potencial para transformar a medicina moderna.

Atualmente, existem poucos tópicos na biologia do desenvolvimento que podem se comparar às células-tronco na velocidade na qual o novo conhecimento está sendo gerado. Neste capítulo, abordaremos algumas das questões fundamentais sobre as células-tronco. Quais são os mecanismos que governam as divisões, a autorrenovação e a diferenciação das células-tronco? Onde são encontradas as células-tronco e como elas se diferenciam quando estão em um embrião, em um adulto ou em uma placa de cultura? Como os cientistas e médicos usam as células-tronco para estudar e tratar doenças?

Isso é realmente um olho e um cérebro em uma placa?

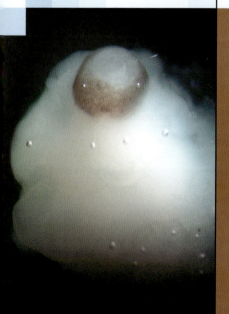

Destaque

As células-tronco mantêm a habilidade de se dividir enquanto também geram uma progênie capaz de se diferenciar. As diferenças entre os vários tipos de célula-tronco são baseadas no seu potencial de derivação de destino celular. Como as células-tronco embrionárias são pluripotentes, elas podem dar origem a todas as células do organismo, enquanto uma célula-tronco adulta é multipotente e costuma só dar origem aos diferentes tipos celulares do tecido no qual reside. As células-tronco residem dentro de um "nicho de célula-tronco" que fornece um microambiente de sinais locais e de longa distância que regulam se a célula-tronco está no estado de quiescência, divisão ou diferenciação. Um mecanismo comum de regulação no nicho envolve a modulação de mudanças em moléculas de adesão celular que ligam as células-tronco ao nicho. A perda da adesão leva ao movimento da célula-tronco ou a sua progênie para longe de fatores que promovem a quiescência (muitas vezes fatores parácrinos), levando, portanto, à divisão e à diferenciação. O isolamento ou derivação de células-tronco humanas multipotentes ou pluripotentes oferece oportunidades para o estudo dos mecanismos do desenvolvimento humano e de doenças como nunca antes. A regulação precisa de células-tronco ajuda a construir o embrião, a manter e regenerar tecidos, e potencialmente poderia gerar terapias celulares para tratar doenças.

O conceito de célula-tronco

Uma célula é chamada de célula-tronco se ela pode se dividir e se, ao fazê-lo, pode produzir uma réplica de si própria (processo chamado de **autorrenovação**), além de uma célula-filha, a qual pode sofrer posterior desenvolvimento e diferenciação. Ela tem, portanto, o poder, ou a **potência**, de produzir muitos tipos diferentes de células diferenciadas.

 TUTORIAL DO DESENVOLVIMENTO　*Células-tronco* A conferência do Dr. Michael Barresi cobre o básico da biologia das células-tronco.

Divisão e autorrenovação

A partir da divisão, uma célula-tronco pode produzir uma célula-filha que pode amadurecer em um tipo celular terminalmente diferenciado. A divisão celular pode acontecer simétrica ou assimetricamente. Se uma célula-tronco se divide simetricamente, ela pode produzir duas células-tronco com autorrenovação ou duas células-filha que estão comprometidas a se diferenciar, resultando, respectivamente, na expansão ou na redução da população de células-tronco residentes. Em contrapartida, se uma célula-tronco se divide assimetricamente, ela poderia estabilizar o conjunto de células-tronco, além de gerar uma célula-filha que irá, posteriormente, se diferenciar. Essa estratégia, na qual dois tipos de células (uma célula-tronco e uma célula comprometida no desenvolvimento) são produzidas em cada divisão, é chamada de modo de "**assimetria de célula-tronco isolada**" e é vista em muitos tipos de células-tronco (**FIGURA 5.1A**).

Um modo alternativo (mas não mutuamente exclusivo) de retenção da homeostasia das células-tronco é o modo de **assimetria de população** de divisão de células-tronco. Nesse caso, algumas células-tronco são mais inclinadas a produzir uma progênie diferenciada, o que é compensado por um outro conjunto de células-tronco, que se divide simetricamente para manter o conjunto de células-tronco dessa população (**FIGURA 5.1B**; Watt e Hogan, 2000; Simons e Clevers, 2011).

FIGURA 5.1　O conceito de célula-tronco. (A) A noção fundamental de uma célula-tronco é que ela é capaz de produzir mais células-tronco enquanto também é capaz de produzir células comprometidas a sofrerem diferenciação. Esse processo é chamado de divisão celular assimétrica. (B) Uma população de células-tronco também pode ser mantida por assimetria de população. Nesse caso, uma célula-tronco mostra a habilidade de se dividir simetricamente para produzir ou duas células-tronco (e, assim, aumentar em uma célula o conjunto de células-tronco) ou duas células comprometidas (e, assim, diminuir em uma célula o conjunto de células-tronco). Isso é chamado de renovação simétrica ou diferenciação simétrica. (C) Em muitos órgãos, as linhagens de células-tronco passam de células-tronco multipotentes (capazes de formar vários tipos de células) para células-tronco comprometidas que fazem um ou muito poucos tipos de células para uma célula progenitora (também chamada de célula amplificadora em trânsito) que pode proliferar por vários rodadas de divisão, mas cuja vida é transitória e fica comprometida a se tornar um tipo particular de célula diferenciada.

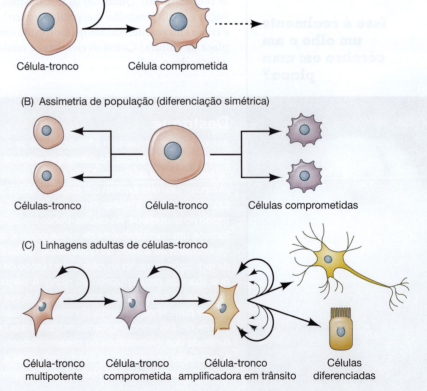

(A) Assimetria de célula isolada

Célula-tronco　　Célula comprometida

(B) Assimetria de população (diferenciação simétrica)

Células-tronco　　Célula-tronco　　Células comprometidas

(C) Linhagens adultas de células-tronco

Célula-tronco multipotente　Célula-tronco comprometida　Célula-tronco amplificadora em trânsito　Células diferenciadas

A potência define uma célula-tronco

A diversidade de tipos celulares que uma célula-tronco pode gerar *in vivo* define a sua potência natural. Uma célula-tronco capaz de produzir todos os tipos celulares de uma linhagem é dita **totipotente**. Em organismos como a hidra cada célula individual é totipotente (ver Capítulo 22). Em mamíferos, apenas o ovo fertilizado e as primeiras 4 a 8 células são totipotentes, ou seja, eles podem gerar tanto as linhagens embrionárias (que formam as células somáticas e germinativas) como as linhagens extraembrionárias (que formam a placenta, o âmnio e o saco vitelino) (**FIGURA 5.2**). Pouco depois do estágio de 8 células, o embrião de mamífero desenvolve uma camada externa (que se torna a porção fetal da placenta) e uma massa celular interna, que gera o embrião. As células da massa celular interna são, portanto, consideradas **pluripotentes**, ou capazes de produzir todas as células do embrião. Quando essas células internas são removidas do embrião e cultivadas *in vitro*, elas estabelecem uma população de **células-tronco embrionárias** pluripotentes.

À medida que as populações celulares de cada camada germinativa se expandem e se diferenciam, as células-tronco residentes são mantidas dentro desses tecidos em desenvolvimento. Essas células-tronco são **multipotentes** e funcionam para gerar tipos celulares com especificidade restrita ao tecido no qual elas residem (**FIGURA 5.1C** e ver Figura 5.2). Do tubo digestório embrionário ao intestino delgado do adulto ou do tubo neural ao cérebro adulto, células-tronco multipotentes têm papéis fundamentais em fomentar a organogênese no embrião e a regeneração em tecidos adultos.

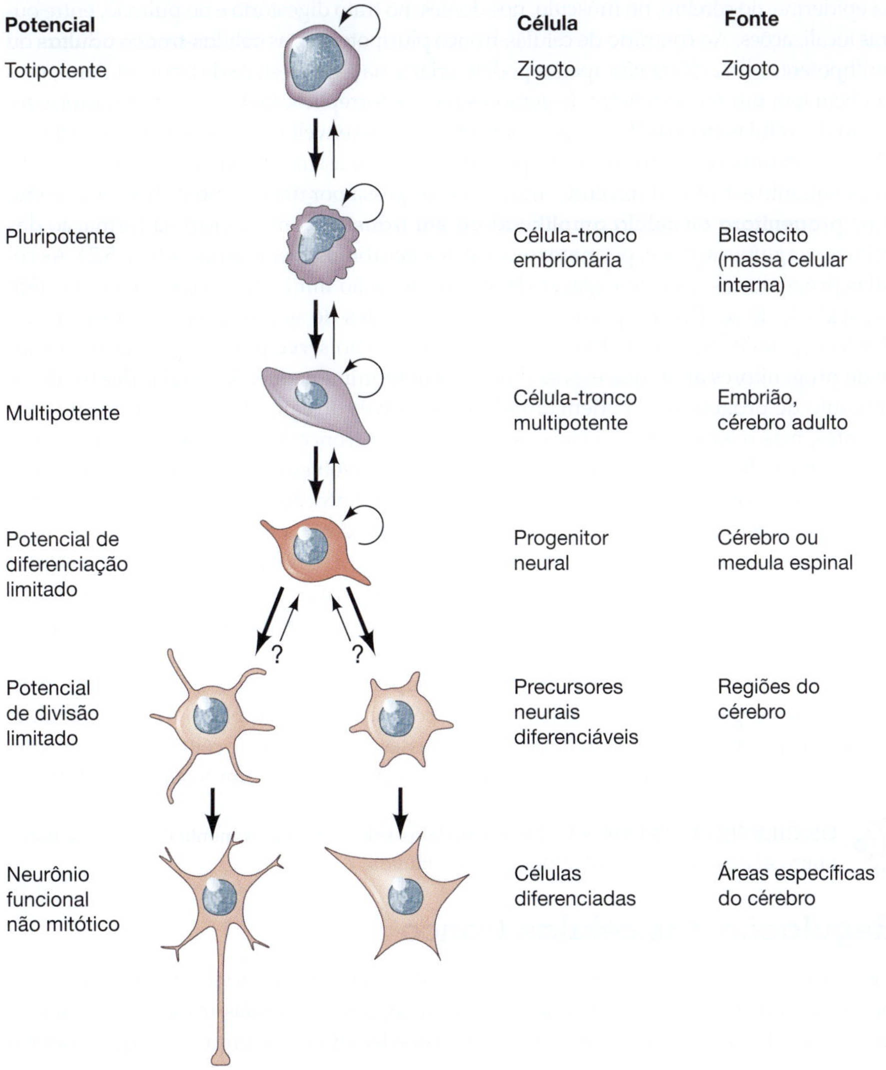

Potencial	Célula	Fonte
Totipotente	Zigoto	Zigoto
Pluripotente	Célula-tronco embrionária	Blastocito (massa celular interna)
Multipotente	Célula-tronco multipotente	Embrião, cérebro adulto
Potencial de diferenciação limitado	Progenitor neural	Cérebro ou medula espinal
Potencial de divisão limitado	Precursores neurais diferenciáveis	Regiões do cérebro
Neurônio funcional não mitótico	Células diferenciadas	Áreas específicas do cérebro

FIGURA 5.2 Um exemplo da série de maturação de células-tronco. Aqui está ilustrada a diferenciação de neurônios. (A partir de http://thebrain.mcgill.ca/.)

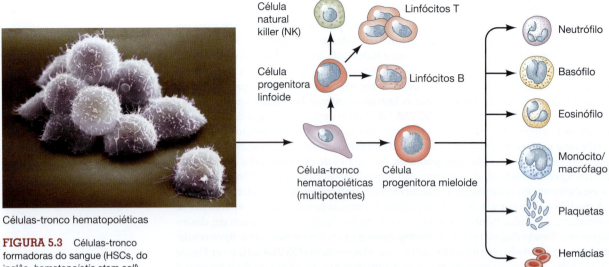

Células-tronco hematopoiéticas

FIGURA 5.3 Células-tronco formadoras do sangue (HSCs, do inglês, *hematopoietic stem cell*). Essas células-tronco multipotentes geram células sanguíneas ao longo de toda a vida de um indivíduo. As HSCs de medula óssea humana (foto) podem se dividir para produzir mais HSCs. Alternativamente, as HSCs filhas são capazes de se tornar ou células progenitoras linfoides (que se dividem para formar as células do sistema imune adaptativo) ou células progenitoras mieloides (que se tornam os outros precursores das células sanguíneas). O caminho da linhagem pelo qual cada célula enverada é regulado pelo microambiente da HSC, ou seu nicho (ver Figura 5.15). (A partir de http://stemcells.nih.gov/; foto © SPL/Photo Researchers, Inc.)

Muitos órgãos adultos possuem **células-tronco adultas**, que, na maioria dos casos, são multipotentes. Além das conhecidas células-tronco hematopoiéticas que funcionam para gerar todas as células sanguíneas, os biólogos também descobriram células-tronco adultas na epiderme, no cérebro, no músculo, nos dentes, no trato digestório e no pulmão, entre outras localizações. Ao contrário de células-tronco pluripotentes, as **células-tronco adultas** ou multipotentes em cultura não apenas podem criar uma gama restrita de tipos celulares, mas também têm um número finito de gerações para autorreplicação. Essa limitada autorrenovação das células-tronco adultas pode contribuir para o envelhecimento (Asumda, 2013).

Quando uma célula-tronco multipotente se divide assimetricamente, a sua célula-filha, enquanto está amadurecendo, muitas vezes passa por um estágio de transição como uma **progenitora ou célula amplificadora em trânsito**, como é visto na formação das células sanguíneas, nos espermatozoides e nos neurônios (ver Figuras 5.1C e 5.2). As células progenitoras não são capazes de autorrenovação ilimitada; ao contrário, elas têm capacidade de se dividir apenas algumas vezes antes de se diferenciar (Seaberg e van der Kooy, 2003). Apesar de limitada, essa proliferação serve para amplificar o conjunto de progenitores antes que eles se diferenciem terminalmente. As células dentro desse conjunto de progenitores podem amadurecer através de caminhos de especificação diferentes, mas relacionados. Como exemplo, a célula-tronco hematopoiética gera células progenitoras de sangue e linfoides que, depois, desenvolvem-se nos tipos celulares diferenciados do sangue, como eritrócitos, neutrófilos e linfócitos (células de resposta imune), como mostrado na **FIGURA 5.3**. Ainda há outro termo, **célula precursora** (ou simplesmente **precursores**), que é amplamente usado para se referir a qualquer tipo celular ancestral (tanto célula-tronco quanto célula progenitora) de uma linhagem particular; a expressão é muitas vezes usada quando essas distinções não são importantes ou não são conhecidas (ver Tajbakhsh, 2009). Algumas células-tronco adultas, como as espermatogônias, são referidas como **células-tronco unipotentes**, uma vez que elas funcionam no organismo para gerar um único tipo de célula, neste exemplo, o espermatozoide. O controle preciso da divisão e diferenciação desses vários tipos de célula-tronco é necessário para construir o embrião tanto quanto para manter e regenerar tecidos no adulto.

 OS CIENTISTAS FALAM 5.1 Documentários sobre desenvolvimento de 2009 cobrem tanto células-tronco embrionárias quanto adultas.

Regulação das células-tronco

Como discutido anteriormente, as funções básicas das células-tronco envolvem principalmente autorrenovação e diferenciação. Todavia, como as células-tronco são reguladas entre esses diferentes estados de uma forma coordenada que cumpra os requerimentos

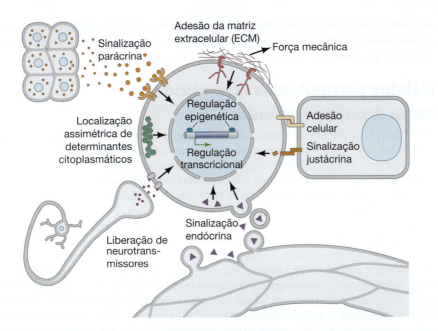

de formação de padrões morfogenéticos do embrião e do tecido maduro? A regulação é muito influenciada pelo microambiente que envolve uma célula-tronco, conhecido como **nicho da célula-tronco** (Schofield, 1978). Existem evidências crescentes de que todos os tipos de tecidos possuem um nicho de célula-tronco particular, e, apesar das muitas diferenças entre arquitetura do nicho em diferentes tecidos, vários princípios comuns de regulação das células-tronco podem ser aplicados a todos os ambientes. Esses princípios envolvem mecanismos extracelulares levando a mudanças intracelulares que regulam o comportamento da célula-tronco (**FIGURA 5.4**). Os mecanismos extracelulares incluem:

- *Mecanismos físicos* de influência, incluindo fatores estruturais e de adesão dentro da matriz extracelular que suportam a arquitetura celular do nicho. Diferenças na adesão célula a célula e célula-matriz tanto quanto a densidade celular dentro do nicho podem alterar as forças mecânicas que influenciam o comportamento da célula-tronco.
- A *regulação química* da célula-tronco acontece na forma de proteínas secretadas das células vizinhas que influenciam os estados das células-tronco e a diferenciação de progenitores através de mecanismos endócrinos parácrinos ou justácrinos (Moore e Lemischka, 2006; Jones e Wagers, 2008). Em muitos casos, esses fatores de sinalização mantêm a célula-tronco num estado não comprometido. Quando as células-tronco ficam posicionados longe do nicho, entretanto, esses fatores não podem alcançá-las, e começa a diferenciação.

Os mecanismos regulatórios intracelulares incluem:

- A *regulação por determinantes citoplasmáticos*, cuja partição ocorre na citocinese. À medida que uma célula-tronco se divide, fatores determinantes do destino celular são ou seletivamente particionados para uma célula-filha (divisão assimétrica diferenciadora) ou compartilhados igualmente entre as células-filha (divisão simétrica).
- A *regulação transcricional* acontece por meio de uma rede de fatores de transcrição que mantém a célula-tronco em um estado quiescente ou proliferativo, tanto quanto promove o amadurecimento de células-filha para um destino particular.
- A *regulação epigenética* acontece ao nível da cromatina. Diferentes padrões de acessibilidade de cromatina influenciam a expressão gênica ligada ao comportamento da célula-tronco.

Os tipos de mecanismos intracelulares usados por um nicho de uma célula-tronco em particular são, em parte, o resultado final dos estímulos extracelulares no seu nicho. Tão importante, entretanto, é a história do desenvolvimento da célula-tronco dentro do seu nicho. A seguir, estão descrições de alguns dos mais conhecidos nichos de célula-tronco, ilustrando a sua origem no desenvolvimento e seus mecanismos extracelulares e intracelulares específicos importantes para a regulação do comportamento da célula-tronco.

Células pluripotentes no embrião

Células da massa celular interna

As células pluripotentes da **massa celular interna** (**ICM**, do inglês, *inner cell mass*) dos mamíferos são alguns dos tipos de células-troncos mais estudados. A partir das clivagens do zigoto dos mamíferos e da formação da mórula, o processo de cavitação cria o blastocisto[1], que consiste em uma camada esférica de **células do trofoectoderma** envolvendo a massa celular interna e uma cavidade cheia de líquido, chamada de **blastocele** (**FIGURA 5.5**). No blastocisto jovem de camundongos, a ICM é um agregado de aproximadamente 12 células que aderem a um dos lados do trofoectoderma (Handyside, 1981; Fleming, 1987). A ICM vai subsequentemente se desenvolver em um agregado de células, chamado de epiblasto, e uma camada de células do endoderma primitivo (saco vitelínico) que estabelece uma barreira entre o epiblasto e a blastocele. O epiblasto desenvolve-se no embrião propriamente dito, gerando todos os tipos celulares (mais de 200) do corpo dos mamíferos adultos, incluindo as células germinativas primordiais (ver Shevde, 2012), ao passo que o trofoectoderma e o endoderma primitivo dão origem às estruturas extraembrionárias, especificamente o lado embrionário da placenta, córion e saco vitelino (Stephenson et al., 2012; Artus et al., 2014). É importante lembrar que as células de culturas[2] da ICM ou do epiblasto produzem as **células-tronco embrionárias** (**ESC**, do inglês, *embryonic stem cells*) que mantêm a pluripotência e, de forma equivalente, podem gerar todos os tipos celulares do corpo (Martin, 1980; Evans e Kaufman, 1981). Em contraste com o comportamento *in vivo* das células da ICM, entretanto, as ESC podem se autorrenovar aparentemente de forma indefinida em condições de cultura adequada. Discutiremos as propriedades e o uso de ESCs posteriormente neste capítulo. Aqui, focaremos no blastocisto de mamíferos, já que seu próprio nicho de célula-tronco para desenvolvimento das únicas células do embrião são, ao menos transientemente, pluripotentes.

Mecanismos que promovem a pluripotência nas células da ICM

A expressão os fatores de transcrição Oct4[3], Nanog e Sox2 (Shi e Jin, 2010) é essencial para a pluripotência transiente da ICM. Esses três fatores regulatórios transcricionais são necessários para manter o estado não comprometido semelhante às células-tronco e à pluripotência funcional da ICM, permitindo que as células da ICM deem origem ao epiblasto e a todos os tipos celulares derivados associados (Pardo et al., 2010; Artus e Chazaud, 2014; Huang e Wang, 2014). É interessante que a expressão desses três fatores de transcrição normalmen-

---

[1] Essa descrição é uma generalização; nem todos os mamíferos são tratados igualmente durante o desenvolvimento inicial do blastocisto. Por exemplo, os marsupiais não formam uma massa celular interna; ao contrário, eles criam uma camada achatada de células, chamada de pluriblasto, que dá origem ao epiblasto equivalente e ao hipoblasto. Ver Kuijk et al., 2015, para leituras posteriores sobre a surpreendente divergência durante o desenvolvimento inicial através das espécies.

[2] A maioria das linhagens ESCs começa como co-culturas de múltiplas células da ICM, a partir das quais células isoladas podem ser propagadas como linhagens clonais.

[3] Oct4 também é conhecido como Oct3, Oct3/4 e Pou5f1. Camundongos deficientes em Oct4 não se desenvolvem além do estágio de blastocisto. Eles não têm uma ICM pluripotente, e todas as células se diferenciam em trofoectoderma (Nichols et al., 1998; Le Bin et al., 2014). A expressão de Oct4 também é necessária para a pluripotência sustentada de células germinativas primordiais derivadas.

☐ Trofoectoderma	
☐ ICM	
☐ Endoderma primitivo	
☐ Epiblasto → embrião	

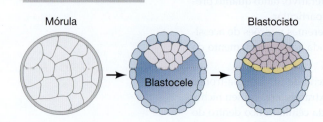

Mórula   Blastocisto

Blastocele

FIGURA 5.5 Estabelecimento da massa celular interna (ICM, que irá se tornar o embrião) no blastocisto de camundongo. Da mórula ao blastocisto, os três principais tipos celulares – trofoectoderma, ICM e endoderma primitivo – estão ilustrados.

te se perde na ICM à medida que o epiblasto se diferencia (Yeom et al., 1996; Kehler et al,. 2004). Em contrapartida, o fator de transcrição Cdx2 está aumentado nas camadas externas da mórula para promover a diferenciação do trofoectoderma e reprimir o desenvolvimento do epiblasto (Strumpf et al., 2005; Ralston et al., 2008; Ralston et al., 2010).

Quais os mecanismos que estão controlando os padrões de expressão temporal e espacial de genes dentro da futura ICM e trofoectoderma? As interações célula a célula preparam as fundações da especificação e da arquitetura inicial dessas camadas. Primeiro, a polaridade celular ao longo do **eixo apicobasal** (apical para basal, ou do lado de fora do embrião para o lado de dentro do embrião) cria o mecanismo pelo qual divisões simétricas ou assimétricas podem produzir duas células diferentes. Posicionadas perpendicularmente, as divisões assimétricas ao longo do eixo apicobasal produziriam células-filha secretadas do lado de fora e de dentro do embrião, correspondentes ao desenvolvimento do trofoectoderma e da ICM, respectivamente. Em contrapartida, as divisões simétricas paralelas ao eixo apicobasal distribuiriam determinantes citoplasmáticos igualmente entre as células filhas, novamente propagando as células apenas dentro da camada trofectoderma exterior ou da ICM (**FIGURA 5.6**).

A localização assimétrica dos fatores ao longo do eixo apicobasal ocorre no estágio de mórula nas células externas do futuro trofoectoderma. Proteínas bastante conhecidas das famílias "partitioning defective" (PAR) e "proteína-cinase C atípica" (aPKC) tornam-se assimetricamente localizadas ao longo do eixo apicobasal. Uma consequência dessa *partição de proteínas* é o recrutamento da molécula de adesão celular E-caderina para a membrana basolateral, onde as células exteriores fazem contato com células da ICM subjacente (**FIGURA 5.7A**; ver Capítulo 4; Stephenson et al., 2012; Artus e Chazaud, 2014). A eliminação experimental de E-caderina interrompe tanto a polaridade apicobasal quanto a especificação das linhagens da ICM e trofoectoderma (Stephenson et al., 2010). Como a E-caderina influencia essas linhagens celulares?

Pesquisas têm mostrado que a presença de E-caderina ativa a via Hippo, mas apenas na ICM. Como discutido no Capítulo 4, a sinalização ativa de Hippo reprime o complexo transcricional Yap-Taz-Tead, e na ICM, o resultado é a manutenção do desenvolvimento pluripotente da ICM através de Oct4. Nas células externas, as proteínas separadas posicionadas apicalmente inibem a sinalização de Hippo, levando à ativação do complexo transcricional Yap-Taz-Tead, a um aumento da expressão de *cdx2* e ao destino de trofoectoderma. Portanto, a localização diferencial de proteínas específicas dentro da célula pode levar à ativação de diferentes redes regulatórias gênicas nas células vizinhas e à aquisição de diferentes destinos celulares.

Nichos de célula-tronco de adulto

Muitos tecidos e órgãos adultos contêm células-tronco que sofrem renovação contínua. Estes incluem, mas não estão limitados a, as linhagens germinativas nas várias espécies; também cérebro, epiderme, folículos do cabelo, vilosidades intestinais e sangue nos mamíferos. Além disso, as células-tronco multipotentes adultas têm papéis importantes nos organismos com capacidade regenerativa, como a hidra, a salamandra axolote e o peixe-zebra. As células-tronco adultas têm de manter a sua habilidade de se dividir a longo prazo, serem capazes de produzir algumas células-filha diferenciadas e, ainda, repovoar o reservatório de células-tronco. A célula-tronco adulta fica instalada e é controlada pelo seu próprio **nicho de célula-tronco adulta**, que regula a renovação e a sobrevivência das células-tronco e a diferenciação da progênie que sai do nicho (**TABELA 5.1**). A seguir, descreveremos alguns dos nichos mais bem caracterizados, incluindo os de células-tronco germinativas de *Drosophila* e células-tronco neurais, do epitélio digestivo e hematopoiéticas de mamíferos. Essa lista obviamente não é exaustiva, mas destaca alguns mecanismos universais que controlam o desenvolvimento de células-tronco.

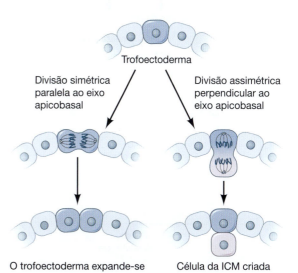

FIGURA 5.6 Divisões ao longo do eixo apicobasal. Dependendo do eixo da divisão celular no trofoectoderma, a camada de trofoectoderma pode ser expandida (à esquerda) ou a ICM pode ser semeada (à direita).

FIGURA 5.7 A sinalização por Hippo e o desenvolvimento da ICM. (A) Imunolocalização de componentes da via de sinalização Hippo Amot (angiomotina; marcação vermelha) e Yap (marcação verde) – tanto quanto a E-caderina – da mórula ao blastocisto. Yap ativado está localizado nos núcleos do trofoectoderma, enquanto a E-caderina (em púrpura) está restrita aos contatos de membrana trofoectoderma-ICM. (B) A sinalização de Hippo em células do trofoectoderma (superior) e ICM (inferior). A sinalização de Hippo é ativada através da ligação de E-caderina com Amot, e, como resultado, Yap é degradado na célula da ICM. Os nomes em parênteses são os homólogos de *Drosophila* (A, de Hirate et al., 2013).

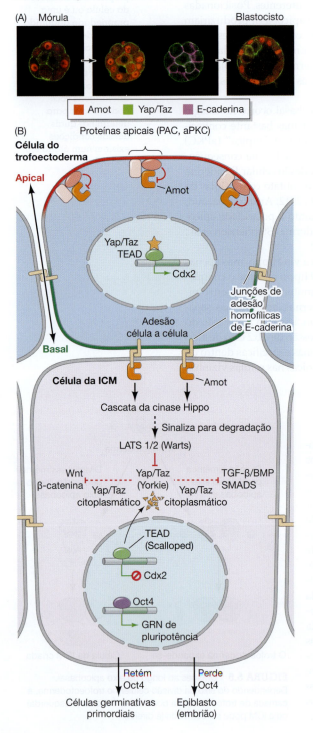

Células-tronco abastecem o desenvolvimento de células germinativas em Drosophila

OS NICHOS DE CÉLULAS-TRONCO NOS TESTÍCULOS DE *DROSOPHILA* Os nichos de células-tronco nos testículos de machos de *Drosophila* ilustram a importância de sinais locais, adesão célula a célula e divisão celular assimétrica. As células-tronco dos espermatozoides residem num microambiente regulatório, chamado de **rede** (*"hub"*) (**FIGURA 5.8**). A rede consiste em 12 células somáticas do testículo e é envolvida por 5 a 9 **células-tronco germinativas** (**GSC**, do inglês, *germ stem cells*). A divisão de uma célula-tronco de espermatozoide é assimétrica, sempre produzindo uma célula que continua ligada à rede e outra que fica separada. A célula-filha ligada à rede se mantém como célula-tronco, enquanto a outra célula que não está tocando a rede se torna uma **goniablasto**, uma célula progenitora comprometida que irá se dividir para se tornar a precursora do espermatozoide. As células somáticas da rede criam essa proliferação assimétrica através da secreção do fator parácrino Unpaired nas células ligadas a elas. A proteína Unpaired ativa a via de sinalização JAK-STAT nas células-tronco germinativas adjacentes para especificar a sua autorrenovação. As células que estão distantes do fator parácrino não recebem esse sinal e começam a sua diferenciação nas linhagens de células dos espermatozoides (Kiger et al., 2001; Tulina e Matunis, 2001).

Fisicamente, essa divisão assimétrica envolve interações entre células-tronco de espermatozoides e células somáticas. Na divisão da célula-tronco, um centrossomo continua ligado ao córtex no local de contato entre a célula-tronco e a célula somática. O outro centrossomo se move para o lado oposto, estabelecendo, assim, um fuso mitótico que produzirá uma célula-filha ligada à rede e uma célula-filha longe dela (Yamashita et al., 2003). (Veremos um posicionamento similar de centrossomos na divisão de células-tronco neurais de mamíferos.) As moléculas de adesão celular ligando à rede as células-tronco estão provavelmente envolvidas na retenção de um dos centrossomos na região onde as duas células se tocam. Aqui, veremos a produção de células-tronco usando divisão celular assimétrica.

NICHO DE CÉLULA-TRONCO DO OVÁRIO DE *DROSOPHILA* Da mesma forma que o espermatozoide, o ovócito de *Drosophila* também é derivado de uma célula-tronco germinativa. Essas GSCs são mantidas dentro do nicho de célula-tronco do ovário, e a secreção posicional de fatores parácrinos influencia a autorrenovação de células-tronco e a diferenciação do ovócito de forma dependente de concentração. A produção de ovócitos no ovário de moscas adultas ocorre em mais de 12 tubos de ovócitos ou **ovaríolos**, cada um contendo GSCs idênticas (normalmente duas por ovaríolo) e vários tipos de células somáticas que constroem o nicho conhecido como **germário** (Lin e Spradling, 1993). Quando uma GSC se divide, ela se autorrenova e produz um **cistoblasto**, que (como a célula progenitora goniablasto do espermatozoide) amadurecerá na medida em que se move para longe do nicho de célula-tronco – além do alcance dos sinais

TABELA 5.1 Alguns nichos de células-tronco de seres humanos adultos

Tipo de célula-tronco	Localização do nicho	Componentes celulares do nicho
BAIXA TAXA DE RENOVAÇÃO[a]		
Cérebro (neurônios e células gliais)	Zona ventricular-subventricular (V-SVZ; ver Figura 5.10), zona subgranular	Células ependimárias, epitélio dos vasos sanguíneos
Músculo esquelético	Entre a lâmina basal e as fibras musculares	Células das fibras musculares
ALTA TAXA DE RENOVAÇÃO[a]		
Células-tronco mesenquimais (MSC, do inglês, *mesenchymal stem cells*)	Medula óssea, tecido adiposo, coração, placenta, cordão umbilical	Provavelmente epitélio dos vasos sanguíneos
Intestino	Base das pequenas criptas intestinais (ver Figura 5.13)	Células de Paneth, MSCs
Células-tronco hematopoiéticas (formadoras de sangue; HSCs, do inglês, *hematopoietic stem cells*)	Medula óssea (ver Figura 5.15)	Macrófagos, células Treg, osteoblastos, pericitos, células gliais, neurônios, MSCs
Epiderme (pele)	Camada basal da epiderme	Fibroblastos da derme
Folículo de cabelo	Bulbo (ver Figura 5.13)	Papilas dérmicas, precursores de adipócitos, gordura subcutânea, queratina
Espermatozoides	Testículos	Células de Sertoli (ver Figura 6.21)

[a] Nichos com baixas taxas de renovação geram células-tronco para reparo, crescimento lento e (no caso de neurônios) aprendizado. Nichos com altas taxas de renovação estão constantemente produzindo novas células para a manutenção do corpo.

regulatórios do nicho – e se tornará um ovócito cercado por células foliculares (**FIGURA 5.9A**; Eliazer e Buszczak, 2011; Slaidina e Lehmann, 2014).

Embora as GSCs estejam dentro do nicho de célula-tronco, elas têm contato com as células Cap. Sobre a divisão das GSCs perpendiculares a células Cap, uma célula-filha permanece ligada ao Cap por E-caderinas e mantém a sua identidade de autorrenovação, enquanto a célula-filha deslocada começa a diferenciação em ovócito (Song e Xie, 2002). As células Cap atuam nas GSCs pela secreção de proteínas da família TGF-β que ativam a via de transdução de sinal BMP nas GSC, e, como resultado, previnem a diferenciação da GSC (**FIGURA 5.9B**). Componentes de matriz extracelular, como colágeno e

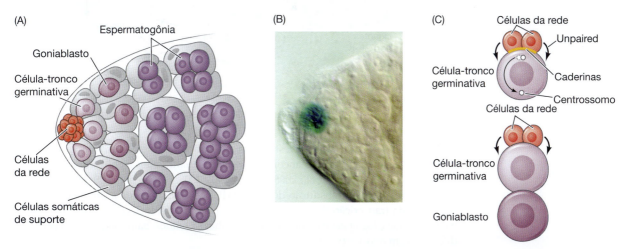

FIGURA 5.8 Nicho de células-tronco nos testículos de *Drosophila*. (A) A rede apical consiste em aproximadamente 12 células somáticas, nas quais estão ligadas 59 células-tronco germinativas. As células-tronco germinativas dividem-se assimetricamente para formar uma outra célula-tronco germinativa (que permanece ligada à rede de células somáticas) e um gonioblasto que irá se dividir para formar os precursores dos espermatozoides (as espermatogônias e os cistos de espermatócitos onde se inicia a meiose). (B) O repórter β-galactosidase inserido no gene para Unpaired revela que essa proteína é transcrita na rede de células somáticas. (C) O padrão de divisão das células-tronco germinativas, na qual um dos dois centrossomos permanece no citoplasma cortical perto do sítio da rede de células enquanto a outra migra para o polo oposto da célula-tronco germinativa. O resultado é que uma célula permanece ligada à rede de células e outra célula se destaca da rede e se diferencia. (Segundo Tulina e Matunis, 2001; foto por cortesia de E. Matunis.)

FIGURA 5.9 Nicho de célula-tronco de ovário de *Drosophila*. (A) Imunomarcação de tipos celulares diferentes dentro do germário de Drosophila. As células-tronco germinativas (GSCs) são identificadas pela presença de espectrossomos. As células-tronco em diferenciação (cistoblastos) estão marcadas em azul. As células que expressam Bam (cistos) estão marcadas em verde. (B) As interações entre as células Cap e GSCs no germário. Ver texto para uma descrição das interações entre os componentes regulatórios. (A, segundo Slaidina e Lehman, 2014.)

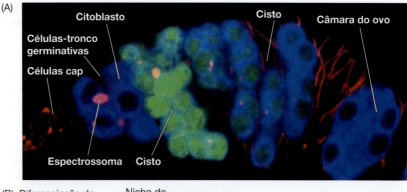

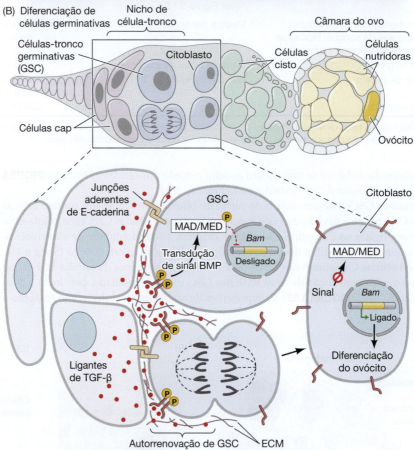

proteoglicanos heparan sulfato, restringem a difusão de proteínas da família de TGF-β de forma que apenas as GSCs ancoradas recebem quantidades significativas desses sinais de TGF-β (Akiyama et al., 2008; Wang et al., 2008; Guo et al., 2009; Hayashi et al., 2009).[4] A ativação da transdução de sinal BMP nas GSCs impede a diferenciação pela repressão da transcrição dos genes que promovem a diferenciação, primariamente de *bam* (do inglês, *bag of marbles*, ou saco de bolinhas). Quando *bam* é expresso, a célula se diferencia em ovócito (ver Figura 5.9).

Em conclusão, tanto nos testículos quanto nos ovários de *Drosophila*, a divisão celular coordenada, junto com a adesão e repressão de controles de diferenciação mediada por sinais parácrinos, controla a renovação de GSCs e a diferenciação da sua progênie. Novas descobertas na regulação epigenética do desenvolvimento de GSCs começam a

---

[4] Ganho ou perda de função das proteínas da via de TGF-β resulta em expansão semelhante a tumor da população de GSCs e perda das GSCs, respectivamente (Xie e Spradling, 1988).

surgir, e foi visto, por exemplo que, a metiltransferase de histonas Set1 tem um papel essencial na autorrenovação de GSCs (Yan et al., 2014; ver Os cientistas falam 5.2). Além disso, muitos dos fatores estruturais e mecanísticos que estão em jogo no nicho de célula-tronco de *Drosophila* são similares em outras espécies. Por exemplo, a célula da extremidade distal (*"tip cells"*) das gônadas de *C. elegans* é muito parecida com as células Caps de *Drosophila* na medida em que provê os sinais do nicho que regulam as células-tronco germinativas dos nematódeos (ver Capítulo 8). O *C. elegans* não usa Unpaired ou BMP como no nicho de célula-tronco de mosca; ao contrário, a sinalização Notch das células das extremidades distais é utilizada para suprimir igualmente a diferenciação de GSCs. As células que saem do alcance de sinalização de Notch começam a se diferenciar em células germinativas (ver revisão comparativa de GSCs por Spradling et al., 2011).

 OS CIENTISTAS FALAM 5.2   O Dr. Norbert Perrimon responde a perguntas sobre definição na rede regulatória gênica para a autorrenovação de células-tronco em *Drosophila*.

Nicho de células-tronco neurais adultas da zona ventricular-subventricular (V-SVZ)

Apesar dos primeiros resultados sobre neurogênese adulta no rato pós-natal, em 1969, e em pássaros cantores, em 1983, a doutrina de que "não são feitos novos neurônios no cérebro adulto" se manteve por décadas. Na virada do século XXI, entretanto, uma enxurrada de investigações, primariamente no cérebro adulto de mamíferos, começou a mostrar fortes evidências para neurogênese continuada durante toda a vida (Gage, 2002). A aceitação de **células-tronco neurais** (**NSCs**, do inglês, *neural stem cells*) no sistema nervoso central (SNC) de adultos marca um momento excitante no campo da neurociência do desenvolvimento e tem implicações significativas tanto para a nossa compreensão do desenvolvimento do cérebro quanto para o tratamento de doenças neurológicas.

Seja em peixes ou seres humanos, as células NSCs[5] de adultos retêm muito da morfologia celular e características moleculares das suas células progenitoras embrionárias, as células da glia radial. A glia radial e as células NSCs adultas são células epiteliais polarizadas que atravessam todo o eixo apicobasal do SNC (Grandel e Brand, 2013). O desenvolvimento da glia radial e as origens embrionárias do nicho de célula-tronco neurais de mamíferos adultos serão discutidos no Capítulo 13. Em anamniotas, como os telósteos (os peixes ósseos), a glia radial funciona como NSC ao longo de toda a vida, ocorrendo em várias zonas neurogênicas (pelo menos 12) no cérebro adulto (Than-Trong e Bally-Cuif, 2015). No cérebro adulto de mamíferos, entretanto, existem NSCs apenas em duas regiões principais do cérebro: a **zona subgranular** (**SGZ**, do inglês, *subgranular zone*) do hipocampo e a **zona ventricular-subventricular** (**V-SVZ**, do inglês, *ventricular, subventricular zone*) dos ventrículos laterais (Faigle e Song 2013; Urbán e Guillemot, 2014). Existem semelhanças e diferenças entre esses nichos neurogênicos de mamíferos, de forma que cada NSC tem características remanescentes da sua origem da glia radial, embora apenas as NSCs na zona subventricular mantenham contato com o líquido cerebrospinal. Durante o desenvolvimento do V-SVZ de adultos, células NSCs semelhantes às células da glia radial sofrem transição para **células do tipo B**, que, por sua vez, levam à geração de tipos específicos de neurônios tanto no bulbo olfatório quanto no estriado, como foi mostrado tanto no cérebro de camundongo quanto no humano (**FIGURA 5.10**; Curtis et al., 2012; Lim e Alvarez-Buylla, 2014).

TÓPICO NA REDE 5.1   **O NICHO DA ZONA SUBGRANULAR** Explore mais fundo em outros nichos de células-tronco neurais do cérebro de mamíferos.

---

[5] A maioria das NSCs exibe características astrogliais, embora existam exceções. As células semelhantes a neuroepiteliais autorrenováveis persistem no telencéfalo de peixe-zebra e funcionam como progenitores neurais que não possuem a expressão gênica típica astroglial. Considere o trabalho do laboratório de Michael Brand para estudos mais avançados. (Kaslin et al., 2009; Ganz et al., 2010; Ganz et al., 2012.)

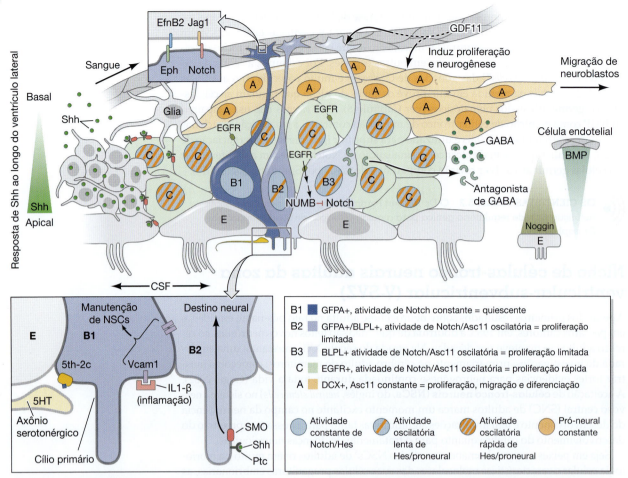

FIGURA 5.10 Esquema do nicho de células-tronco da zona ventricular-subventricular (V-SVZ) e sua regulação. As células ependimárias multiciliadas (E; em cinza-claro) cobrem o ventrículo e fazem contato com a superfície apical de NSCs da V-SVZ (em azul). NSCs tipo B1 geralmente quiescentes (em azul-escuro) dão origem às células B2 e B3 ativadas (tons mais claros de azul) que possuem proliferação limitada. As células B3 geram as células C (em verde), que, depois de três rodadas de divisão, dão origem a neuroblastos migratórios (células A; em cor de laranja). O nicho é penetrado por vasos sanguíneos construídos por células endoteliais que são, em parte, envelopadas pelos prolongamentos basais das células B. A manutenção do conjunto de células-tronco é regulada pela adesão por VCAM1 e pela sinalização por Notch (mudanças nas oscilações da via de Notch são mostradas com mudanças de cor nos núcleos). Agregados de neurônios na região ventral do ventrículo lateral expressam Sonic hedgehog (Shh), que influencia a diferenciação neuronal variada a partir do nicho. A sinalização antagônica entre BMP e Noggin de células endoteliais e ependimárias, respectivamente, controlam de forma balanceada a neurogênese ao longo desse gradiente. Os axônios serotonérgicos (5HT) tocam a superfície ventricular, e – junto com IL1-b e GDF11 do líquido cerebrospinal (CSF, do inglês, *cerebral spinal fluid*) e sangue, respectivamente – têm um papel como estímulo externo para regular o nicho. Os neurônios de fora do nicho, os astrócitos e as células gliais podem ser encontrados dentro do nicho e influenciam suas regulações. Proteína acídica fibrilar glial (GFAP, do inglês, *glial fibrillary acidic protein*); proteína ligadora de lipídeo do cérebro (BLBP, do inglês, *brain lipid binding protein*); cortina dupla (DCX, do inglês, *double cortin*). (Baseado em várias fontes, incluindo Basak et al., 2012; Giachino et al., 2014; Lim e Alvarez-Buylla, 2014; e Ottone et al., 2014.)

O nicho de células-tronco neurais da ZSVV

Na V-SVZ, as células B projetam um cílio primário (ver Capítulo 4) da sua superfície apical no líquido cerebrospinal do espaço ventricular, e um longo processo basal termina em uma protuberância que entra em contato intimamente com os vasos sanguíneos (semelhantes aos pés vasculares dos astrócitos que contribuem para a barreia hematencefálica). Os tipos celulares fundamentais que constituem o nicho V-SVZ incluem quatro tipos celulares: (1) uma camada de células ependimárias, células E, ao longo da parede ventricular; (2) as células-tronco neurais, chamadas células B; (3) células C progenitoras amplificadoras em trânsito; e (4) células A neuroblastos migratórios (ver Figura 5.10). Pequenos agregados de células B são cercados pelas células E multiciliadas, formando uma estrutura em forma de roseta (por vezes também descrita como cata-vento)

(FIGURA 5.11A; Mirzadeh et al., 2008). A geração de células dentro da V-SVZ começa em seu núcleo central com uma célula B que se divide e que dá origem diretamente a uma célula C. Essas células progenitoras tipo C proliferam e se desenvolvem em precursores do tipo neural A, os quais migram para dentro do bulbo olfatório para diferenciação neuronal (ver Figura 5.10). A célula B tem sido posteriormente categorizada em três subtipos (B1, B2 e B3) baseados em diferenças nos estados proliferativos que se correlacionam com padrões de expressão de genes distintos da glia radial (Codega et al., 2014; Giachino et al., 2014). É importante observar que, no nicho de NSCs, *células do tipo 1 B são quiescentes ou inativas,* ao passo que as *células dos tipos 2 e 3 representam células-tronco neurais que se proliferam ativamente* (Basak et al., 2012).[6]

 OS CIENTISTAS FALAM 5.1 O Dr. Arturo Alvarez-Buylla descreve o nicho de células-tronco da V-SVZ.

Mantendo o reservatório de NSCs através de interações célula a célula

Manter o resrvatório de células-tronco é uma responsabilidade fundamental de qualquer nicho de células-tronco, uma vez que muitas divisões diferenciadoras simétricas e geradoras de progenitores podem depletar o reservatório de células-tronco. O nicho V-SVZ é desenhado estruturalmente e equipado com sistemas de sinalização que garantem que suas células B não sejam perdidas quando ocorrem demandas de crescimento neurogênico ou reparo em resposta à injúria.

VCAM1 E ADERÊNCIA AO NICHO DE ROSETA A arquitetura de roseta é uma característica física distinta do nicho V-SVZ. Ela é mantida, pelo menos em parte, pela molécula de adesão celular específica VCAM1 (Kokovay et al., 2012). O padrão de roseta não se encontra apenas no nicho de NSCs; ele é um elemento estrutural repetido ao longo do desenvolvimento (Harding et al., 2014). Todavia, enquanto os usos de estrutura de rosetas no início do desenvolvimento são transitórios, as rosetas de V-SVZ se mantêm durante toda a vida adulta. À medida que o cérebro de mamíferos envelhece, tanto o número de estruturas em roseta observadas quanto o número de células-tronco neurais nessas rosetas diminui, o que se relaciona com a redução da capacidade neurogênica posteriormente na vida (Mirzadeh et al., 2008; Mirzadeh et al., 2010; Sanai et al., 2011; Shoo et al., 2012; Shook et al., 2014). Assim como jogadores de futebol se aglomeraram envolta do defensor, as células ependimárias cercam as células do tipo B; entretanto, diferentemente do defensor, as células B estão ouvindo as células ependimárias (e outros sinais de nicho) por instruções ou para remanescerem quiescentes ou para se tornarem ativas. As células B mais intimamente associadas com as células ependimárias são as células B1 mais quiescentes. As células B mais frouxamente empacotadas são as células ativamente proliferativas B2 e B3 (Doetsch et al., 1997). A inibição experimental de VCAM1, uma proteína de adesão especificamente localizada no processo

(A)

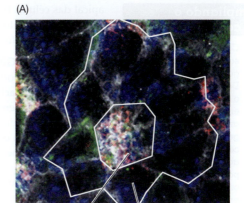

Células B   Células ependimárias

(B)
Controle

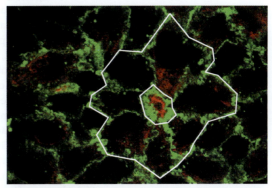

VCAM1 bloqueada

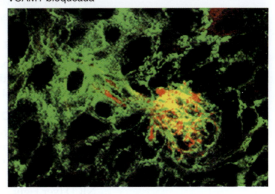

FIGURA 5.11 VCAM1 e a arquitetura de roseta. (A) O arranjo em roseta das células na V-SVZ do nicho de NSCs é revelado com a marcação de membrana. A imunomarcação para VCAM1 (em vermelho) mostra sua colocalização com GFAP (em verde) nas células B no centro do cata-vento. A cor azul marca a presença de β-catenina; a organização em roseta está contornada em branco. (B) O bloqueio da adesão com anticorpos contra VCAM1 desorganiza a organização em cata-vento das células B e ependimárias. Nesta foto, vermelho visualiza GFAP; verde indica a presença de β-catenina. (Segundo Kokovay et al., 2012.)

---

[6] Na V-SVZ do camundongo, uma célula B pode gerar 16 a 32 células A; cada célula C que uma célula B produz poderá se dividir 3 vezes, e sua progênie de célula A normalmente se divide uma vez, gerando 16 células, mas também pode se dividir duas vezes, gerando 32 células (Ponti et al., 2013).

apical das células B, interrompe o padrão de roseta e causa uma perda da quiescência das NSCs enquanto promove a diferenciação de progenitores (**FIGURA 5.11B**; Kokovay et al., 2012). *Quanto mais apertado o controle, mais quiescente fica a célula-tronco.*

NOTCH, O RELÓGIO DA DIFERENCIAÇÃO   Foi descoberto que a sinalização por Notch tem papel importante na manutenção do conjunto de células-tronco do tipo B (Pierfelice et al., 2011; Giachino e Taylor, 2014). Os membros da família Notch funcionam como receptores transmembrana, e, através de interações célula a célula, o domínio intracelular de Notch (NICD, do inglês, *Notch intracellular domain*) é clivado e liberado para funcionar como parte de um complexo de fatores de transcrição, comumente reprimindo a expressão genética pró-neural (ver Figura 5.10 e Capítulo 4). Níveis mais altos de atividade de NICD suportam quiescência de células-tronco, ao passo que níveis decrescentes de atividade da via de sinalização de Notch promovem a proliferação dos progenitores e a maturação na direção de destinos neurais.[7] O NICD é mais ativo nas células do tipo B1 que nas outras células do nicho V-SVZ, e ele funciona junto com outros fatores de transcrição para reprimir a expressão gênica associada tanto com proliferação quanto com diferenciação, promovendo, assim, quiescência e mantendo o número de NSCs (Ables et al., 2011; Pierfelice et al., 2011; Giachino e Taylor, 2014; Urbán e Guillemot, 2014).

Notch1 é efetivamente expresso em todos os principais tipos de célula no nicho V-SVZ (células B, células progenitoras amplificadoras em trânsito e neuroblastos migratórios do tipo A; Basak et al., 2012), o que levanta a questão de: como a diferenciação pode começar na presença de Notch? Uma parte importante do mecanismo regulatório da neurogênese por Notch está em seus alvos transcricionais a jusante, os genes *Hairy and Enhancer of Split* (*Hes*). Os genes *Hes* funcionam primariamente para reprimir a expressão gênica pró-neural. Como veremos no Capítulo 17, a sinalização por Notch-Delta e seus alvos Hes podem mostrar padrões oscilatórios de expressão gênica estabelecidos através de ciclos de retroalimentação negativa, nos quais o aumento da expressão de *Hes* por Notch leva a uma repressão mediada por Hes de Notch. Uma hipótese crescente é que a atividade constante de sinalização de Notch promove a quiescência, enquanto a expressão oscilatória de genes *Hes* – e, consequentemente, os períodos antioscilatórios de genes pró-neurais (como *Ascl1/Mash1*) – suportam estados proliferativos até que a expressão pró-neural de genes seja sustentada e a célula se diferencie (ver Figura 5.10; Imayoshi et al., 2013).

Promovendo a diferenciação no nicho V-SVZ

O objetivo principal de um nicho de célula-tronco é produzir novas células progenitoras capazes de se diferenciar em tipos celulares específicos. No nicho de V-SVZ, vários fatores estão envolvidos.

EGF REPRIME NOTCH   Como discutido anteriormente, a sinalização ativa (e constante) de Notch encoraja a quiescência e reprime a diferenciação; portanto, um mecanismo para promover a neurogênese é atenuar (e oscilar) a atividade de Notch. As células progenitoras do tipo C fazem isso usando a sinalização por receptores do fator de crescimento epidérmico (EGFR), que aumenta a expressão de NUMB, que, por sua vez, inibe NICD (ver Figura 5.10; Aguirre et al., 2010). Portanto, a sinalização de EGF promove o uso do reservatório de células-tronco para neurogênese ao contrabalançar a sinalização Notch (McGill e McGlade, 2003; Kuo et al., 2006; Aguirre et al., 2010).

A SINALIZAÇÃO POR PROTEÍNA MORFOGENÉTICA DO OSSO (BMP) E O NICHO DE NSCS   O movimento posterior na direção da diferenciação é dirigido por fatores adicionais, como a sinalização por BMP, que promove a glicogênese na V-SVZ e em outras regiões do cérebro de mamíferos (Lim et al., 2000; Colak et al., 2008; Gajera et al., 2010; Morell et al., 2015). A sinalização por BMP das células endoteliais é mantida alta no lado basal do nicho, enquanto células ependimárias na borda apical secretam o inibidor de BMP Noggin, mantendo os níveis de BMP nessa região baixos. Dessa forma, na medida

---

[7] Muitos dos papéis da sinalização de Notch na neurogênese no cérebro adulto são semelhantes à sua regulação da glia radial no cérebro embrionário, mas algumas diferenças importantes estão começando a aparecer. Para uma comparação direta da sinalização de Notch na neurogênese embrionária *versus* adulta e entre espécies, ver Pierfelice et al., 2011 e Grandel e Brand, 2013.

em que as células B3 transitam para células progenitoras do tipo C e, então, se movem para perto da borda basal do nicho, elas saem do alcance de inibidores de BMP e sofrem níveis crescentes de sinalização por BMP, o que promove a neurogênese com uma preferência para células gliais (ver Figura 5.10).

Influências do ambiente no nicho de NSsC

O nicho de NSCs adulto tem de reagir a mudanças no organismo, como injúrias e inflamação, exercício e mudanças no ritmo circadiano. Como o nicho NSC pode responder a essas mudanças? O líquido cerebrospinal (CSF), as redes neurais e a vasculatura estão em contato direto com o nicho e podem influenciar o comportamento das NSCs através da liberação de sinais parácrinos no CSF, da atividade eletrofisiológica do cérebro e da sinalização endócrina distribuída através do sistema circulatório.

ATIVIDADE NEURAL Precursores migratórios neurais intrínsecos ao nicho secretam o neurotransmissor GABA para retroalimentar negativamente as células progenitoras e atenuar sua taxa de proliferação. Em oposição a essa ação, as células B secretam um inibidor competitivo de GABA (proteína inibidora ligada a diazepam) para aumentar a proliferação no nicho (Alfonso et al., 2012). Influências extrínsecas também foram descobertas a partir de axônios serotoninérgicos densamente em contato com ambos os tipos de célula ependimária e célula B (Tong et al., 2014). As células do tipo B expressam receptores de serotonina, e a ativação ou repressão da via de serotonina nas células B1 aumenta ou diminui, respectivamente, a proliferação na V-SVZ (ver Figura 5.10). Também foi visto que a atividade neural adicional de axônios dopaminérgicos e uma população de neurônios colina acetiltransferase residentes no nicho promovem proliferação e neurogênese (ver referências citadas em Lim e Alvarez-Buylla, 2014).

A SINALIZAÇÃO POR SONIC HEDGEHOG E O NICHO DE NSCS Semelhante à padronização do tubo neural no embrião (que descreveremos no Capítulo 13), a criação de diferentes tipos de células neuronais a partir da V-SVZ é, em parte, padronizada por um gradiente de sinalização de Sonic hedeghog (Shh) ao longo do eixo apicobasal do nicho, com níveis mais elevados de Shh na região apical[8] (Goodrich et al., 1997; Bai et al., 2002; Ihrie et al., 2011). Quando o gene Shh é desligado, a perda da sinalização de Shh resulta em reduções específicas nos neurônios olfatórios apicalmente derivados (Ihre et al., 2011). Esse resultado implica que as células derivadas de agregados de NSCs nas posições mais apicais do nicho adotarão destinos neuronais diferentes comparados com células derivadas de NSCs em posições mais basais, com base em diferenças na sinalização de Shh (ver Figura 5.10).

COMUNICAÇÃO COM A VASCULATURA Outra fonte externa de influência na atividade de das NSCs no cérebro vem da vasculatura que infiltra nesse nicho de célula-tronco: de células dos vasos sanguíneos (endoteliais, músculo liso, pericitos), da matriz extracelular associada, e de substâncias no sangue (Licht e Keshet, 2015; Ottone e Parrinello, 2015). Apesar da longa distância que a superfície apical e os corpos das células B podem estar dos vasos sanguíneos, o pé vascular basal está associado de forma bastante íntima com a vasculatura (ver Figura 5.10). Essa característica física coloca as células dos vasos em contato direto com as NSCs. Como discutido anteriormente, a sinalização Notch é fundamental no controle da quiescência das células B1. Receptores de Notch nos pés vasculares as células se ligam ao receptor transmembrana Jagged1 (Jag1) nas células endoteliais, fazendo Notch ser processado no seu fator de transcrição NICD, o que resulta na manutenção da quiescência (Ottone et al., 2014). À medida que as células B2 e B3 transitam nas células progenitoras de tipo C, elas perdem suas conexões basais com as células endoteliais; consequentemente, NICD é reduzido, permitindo que as células progenitoras amadureçam.

Para uma substância originária do sangue influenciar a neurogênese, ela deve cruzar a apertada barreira hematencefálica. O uso de compostos traçadores fluorescentes no sangue demonstrou que a barreira hematencefálica no nicho de NSCs é mais permeável que

---

[8] O gradiente de Shh no cérebro é mais bem-descrito como orientado ao longo do eixo dorsal-paraventral; para simplificação, restringimos a discussão à sua presença apenas ao longo do eixo apicalparabasal.

FIGURA 5.12 Sangue jovem pode rejuvenescer um camundongo velho. (A) A parabiose – fusão do sistema circulatório de dois indivíduos – foi feita com camundongos de idades similares (isocrônica) ou de idades diferentes (heterocrônica). Quando um camundongo velho foi parabiosado com um camundongo jovem, o resultado foi um aumento na quantidade de vasculatura (marcada com verde nas fotografias) e um aumento na quantidade de progênie neural proliferativa no camundongo velho. (B) A administração de GDF11 no sistema circulatório de um camundongo velho foi suficiente para, de forma semelhante, aumentar tanto a vasculatura (em verde nas fotografias) quanto a população de progenitores neurais na V-SVZ (população em vermelho indicada pela linha tracejada nas fotogradias e células SOX2+ quantificadas no gráfico). (Segundo Katsimpardi et al., 2014.)

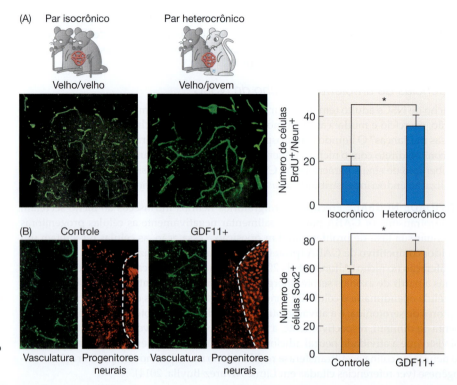

Ampliando o conhecimento

Quais são os mecanismos celulares e moleculares recebendo e interpretando o sinal de GDF11 no nicho da V-SVZ para estimular a neurogênese? O mais intrigante é que o experimento de parabiose original demonstrou que as substâncias no sangue de um camundongo jovem podem, por si próprias, rejuvenescer o camundongo velho. O que além de GDF11 pode ter um papel nesse processo de cura? Poderia ser a presença aumentada de células--tronco hematopoiéticas no sangue (ver adiante).

em outras regiões do cérebro (ver Figura 5.10; Tavazoie et al., 2008). Uma variedade de substâncias originadas do sangue que influenciam o nicho de NSCs vem sendo identificadas, entretanto, e uma das moléculas mais intrigantes identificadas até o momento é o fator de diferenciação e crescimento 11 (GDF11 – do inglês, *growth differentiation factor11* –, também conhecido como BMP11), que parece afastar alguns dos sintomas de envelhecimento no cérebro. Assim com os seres humanos, os camundongos velhos mostram um potencial neurogênico significativamente reduzido. Pesquisadores concluíram que algo na circulação de camundongos jovens poderia prevenir esse declínio quando eles cirurgicamente conectaram a circulação de um camundongo jovem com a de um camundongo velho (parabiose heterocrônica). Isso causou um aumento na vasculatura do cérebro do camundongo velho heterocrônico (**FIGURA 5.12A**), seguido por aumentos na proliferação de NSCs que restauraram a neurogênese e as funções cognitivas (Katsimpardi et al., 2014). Os pesquisadores mostraram, então, que eles podiam restaurar de forma semelhante o potencial neurogênico nos camundongos velhos usando um único fator circulante, GDF11; além disso, sabe-se que GDF11 diminui com a idade[9] (**FIGURA 5.12B**; Loffredo et al., 2013; Poggioli et al., 2015). Esses resultados sugerem fortemente que a comunicação entre as NSCs e a vasculatura adjacente é um importante mecanismo regulatório da neurogênese no cérebro adulto, e que mudanças nessa comunicação com o tempo podem ser a base de alguns dos déficits cognitivos associados com o envelhecimento.

O nicho de células-tronco intestinais adulto

Como discutido anteriormente, a célula-tronco neural é parte de um epitélio especializado. Entretanto, nem todos os nichos de células-tronco epiteliais são parecidos. O epitélio do intestino de mamíferos está organizado em um nicho de célula-tronco muito diferente. O revestimento epitelial do intestino projeta milhões de vilosidades em forma

---

[9] Um estudo recente (Egerman et al., 2015) relatou que os níveis de GDF11 não declinam com a idade. Além disso, apesar de pesquisa atribuindo a GDF11 a capacidade de rejuvenescer músculos (Sinha et al., 2014), esse estudo também afirma que GDF11 (como sua proteína relacionada miostatina) inibe o crescimento muscular. A queda nos níveis de GDF11 relacionada com a idade foi recentemente confirmada (Poggioli et al., 2015), contudo, e o efeito de GDF11 na neurogênese nunca foi originalmente contestado por Egerman e colaboradores.

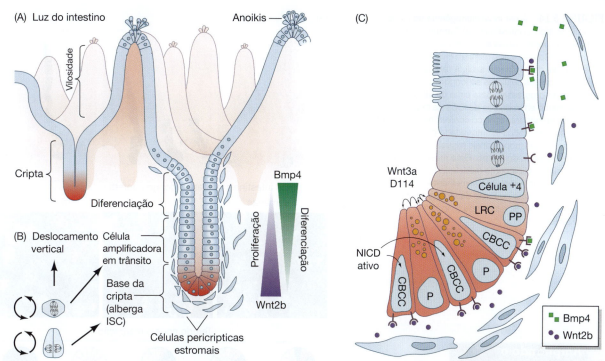

FIGURA 5.13 O nicho de ISCs e os seus reguladores. (A) O epitélio intestinal é composto por vilosidades longas, semelhantes a dedos, que se projetam na luz do intestino, e na base das vilosidades o epitélio se estende em poços profundos, chamados de cripta. As ISCs e os progenitores residem na parte mais profunda das criptas (em vermelho), e a morte celular por anoikis ocorre no ápice da vilosidade. (B) Ao longo do eixo proximal-distal (da cripta à vilosidade), o epitélio da cripta pode ser funcionalmente dividido em três regiões: a base da cripta abriga as ISCs, a zona proliferativa é composta por células amplificadoras em trânsito e a zona de diferenciação caracteriza a maturação dos tipos celulares epiteliais. As células do estroma pericriptais circundam a superfície basal da cripta e secretam gradientes morfogenéticos opostos de Wnt2b e Bmp4, que regulam a característica de célula-tronco e a diferenciação, respectivamente. (C) Aumento maior das células residentes na base da cripta. As células de Paneth (P) secretam Wnt3a e D114, que estimulam a proliferação das células colunares da base da cripta (CCBC, do inglês, *crypt base columnar cells*), positivas para Lrg5, em parte pela ativação do domínio intracelular de Notch (NICD). (LRC, célula retentora de corante – do inglês, *label-retaining cell*; PP célula progenitora da célula de Paneth.)

de dedo para a luz para absorção de nutrientes, e a base de cada vilosidade se afunda em um vale íngreme, chamado de **cripta**, que se conecta com vilosidades adjacentes (**FIGURA 5.13A**). A apreciação da rápida taxa de *turnover* celular do intestino é fundamental para a compreensão das funções desenvolvidas do nicho das células-tronco intestinais (ISC, do inglês, *intestinal stem cells*).

Renovação clonal na cripta

A geração de células ocorre nas criptas, ao passo que a remoção de células acontece principalmente nas extremidades das vilosidades. Por meio desse movimento para cima da fonte de células até o sorvedouro de células, uma reciclagem de células absortivas do intestino acontece aproximadamente a cada 2 a 3 dias[10] (Darwich et al., 2014).

Várias células-tronco residem na base de cada cripta no intestino delgado de camundongo; algumas das células-filha permanecem nas criptas como células-tronco, enquanto outras se tornam células progenitoras e se dividem rapidamente (**FIGURA 5.13B**; Lander et al., 2012; Barker, 2014; Krausova e Korinek, 2014; Koo e Clevers, 2014). A divisão de células-tronco dentro da cripta e das células progenitoras leva as células a se deslocarem verticalmente para cima da cripta na direção da vilosidade, e, à medida que as células se tornam posicionadas mais longe da base da cripta, elas progressivamente se diferenciam nas células características do epitélio do intestino delgado: enterócitos, células caliciformes e células enteroendócrinas. Ao alcançarem a ponta da vilosidade intestinal, elas são descartadas e sofrem **anoikis**, um processo de morte celular programada (apoptose) causado pela perda de sustentação, neste caso, a perda de contato com outras células epiteliais da vilosidade e com a matriz extracelular (ver Figura 13A).[11]

Estudos de rastreamento de linhagem (Barker et al., 2007; Snippert et al., 2010; Sato et al., 2011) mostraram que as células-tronco intestinais (que expressam a proteína Lgr5) podem gerar todos os tipos celulares diferenciados de epitélio intestinal. Devido à sua localização específica no fundo da base da cripta, essas células-tronco Lgr5+ são chamadas de células colunares da base da cripta (CCBC, do inglês, *crypt base columnar cells*) e

---

[10] Esse número foi determinado por uma metanálise de seis espécies, incluindo camundongos e seres humanos.

[11] Esse processo é altamente reminiscente do crescimento da hidra, no qual cada célula é formada na base do animal, migra para se tornar parte do corpo diferenciado, e é eventualmente descartada pelas extremidades dos braços (ver Capítulo 22).

FIGURA 5.14   A natureza clonogênica do nicho das células-tronco intestinais. (A) Camundongos transgênicos responsivos a Cre usando o promotor Lgr5 e o repórter Rosa26-LacZ marcam clones discretos de ISCs na base da cripta (em azul). A retenção de lacZ nos descendentes celulares ao longo do tempo mostra o movimento progressivo para cima da vilosidade. (B) A marcação em mosaico de ISCs na cripta intestinal num camundongo transgênico *confetti* demonstra uma progressão estocástica (aleatoriedade previsível) na direção de criptas monoclonais (visualizadas como uma única cor) ao longo do tempo. Essa mesma progressão pode ser matematicamente modelada e simulada para produzir uma espessamento semelhante dos padrões de cores, como visto embaixo das fotografias (A, de Barker et al., 2007; B, a partir de Snippert et al., 2010, e Klein e Simons, 2011.)

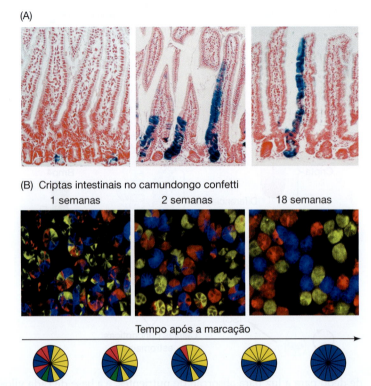

(A)

(B) Criptas intestinais no camundongo confetti

1 semanas   2 semanas   18 semanas

Tempo após a marcação

Existe uma célula-tronco verdadeiramente quiescente na cripta? Essa questão é bastante debatida. O emprego de ferramentas transgênicas para estudar populações discretas de células na base da cripta abriu a porta para definir uma célula-tronco quiescente com base no período de tempo que a marcação permanece em uma célula induzida. Buczacki e colaboradores encontraram um subconjunto de células da cripta expressando Lrg5 retendo a marcação por semanas (Buczacki et al., 2013). Portanto, serão essas células retentoras de marcador uma população reserva, quiescente de células-tronco? Observe os comentários de Hans Clevers sobre esse trabalho (Clevers, 2013); considere também a recente imagem intravital da cripta (Ritsma et al., 2014), e discuta você mesmo.

são encontradas padrão em xadrez junto com as células diferenciadas de Paneth, que também estão restritas à base da cripta (**FIGURA 5.13C**; Sato et al., 2011). Uma das demonstrações mais convincentes que as CCBC representam "células-tronco ativas" é o fato de que uma única célula CCBC pode repovoar completamente a cripta ao longo do devido tempo (**FIGURA 5.14**; Snippert et al., 2010). Depois da divisão simétrica da CBCC, uma célula-filha (ao acaso) irá ficar adjacente a uma célula de Paneth, enquanto a outra célula-filha é empurrada para longe da base para progredir através do destino de amplificadora em trânsito (progenitora). Dessa maneira, a competição neutra pela superfície com a célula de Paneth dita qual CCBC permanecerá como célula-tronco e qual amadurecerá (Klein e Simons, 2011).

Por que deveria a longevidade de uma ISC ser deixada para o acaso? Parece que essa seria uma abordagem não darwiniana se a cripta intestinal não favorecesse a sobrevivência da célula-tronco mais adaptada, você não concorda? Considere o que tornaria uma ISC particularmente "adaptada". Poderíamos incluir alta capacidade proliferativa, particularmente em um tecido que é desenhado para rápida reciclagem, como o epitélio intestinal; o paradoxo, entretanto, é que a proliferação aumentada também é um precursor de tumorigênese e câncer. A ideia corrente é que a evolução das ISCs através de uma "deriva neutra" promove a retenção de CCBC randômicas baseadas mais na localização do que em genes. Essa retenção deveria diminuir a probabilidade de fixar mutações "favoráveis" que também poderiam levar ao câncer (Kang e Shibata, 2013; Walther e Graham, 2014).

Mecanismos regulatórios na cripta

A célula de Paneth tem um papel importante na resposta imune do intestino, uma vez que ela é uma célula secretora que contém muitos grânulos para liberação de substâncias antimicrobianas. Além disso, com quase 80% da superfície das células-tronco intestinais em contato direto com as células de Paneth, ela é um contribuinte vital para a regulação das células-tronco. Cada nicho contém aproximadamente 15 células de Paneth e um número igual de CBCCs. A deleção das células de Paneth destrói a habilidade das células-tronco de gerar outras células. As células de Paneth expressam vários fatores parácrinos e justácrinos, incluindo, mas não limitados a, Wnt3a e Delta-like4 (Dll4), um ativador de Notch (Sato et al., 2009; Barker, 2014; Krausova e Korinek, 2014). A ligação de Dll4 a receptores de Notch nas células-tronco intestinais é interpretada como um sinal para a proliferação sustentada e a especificação de linhagens na direção de destino celular mais secretório, em vez de absortivo (ver Figura 5.13C; Fre et al., 2011; Pellegrinet et al., 2011).

As células estromais embaixo do epitélio da cripta também ajudam a regular o nicho de células-tronco intestinais. Elas secretam Wnt2b em níveis mais altos na base da cripta, enquanto um gradiente oposto de Bmp4 é mais abundante no alto da cripta (ver Figura 5.13C). CBCCs, expressando ambos os receptores Frizzled7 e BMPR1a para Wnt2b e Bmp4, respectivamente, podem ser afetados por ambos os fatores (He et al., 2004; Farin et al., 2012; Flanagan et al., 2015). O modelo atualmente aceito é que a sinalização por Wnt promove sobrevivência e proliferação das CBCCs e das células progenitoras, ao passo que os sinais opostos de BMP promovem diferenciação na cripta, com a maturação progredindo na direção da vilosidade (Carulli et al., 2014; Krausova e Korinek, 2014).

Existe uma outra pequena população de células-tronco intestinais, chamadas de "células +4" devido à sua localização perto da quarta célula de Paneth da base da cripta (ver Figura 5.13C; Potten et al., 1978; Potten et al., 2002; Clevers, 2013). Como as CBCCs, as células +4 podem gerar todos os tipos celulares do intestino. Alguns trabalhos indicam que as células +4 se dividem em um ritmo mais lento que as CBCCs, o que sugere que elas possam ser células-tronco quiescentes da cripta. No mínimo, é indisputável que as células +4 fazem contribuições importantes para a homeostasia intestinal; entretanto, um debate significativo ainda envolve a noção que elas representam as células quiescentes do nicho de célula-tronco (Carulli, 2014).

 OS CIENTISTAS FALAM 5.4 Existem semelhanças entre o nicho de ISTs e o do pulmão. A Dra. Brigid Hogan fala sobre o papel das células-tronco no desenvolvimento e na doença no pulmão.

As células-tronco contribuindo com diversas linhagens celulares no sangue adulto

O nicho de células-tronco hematopoiéticas

A cada dia no seu sangue mais de 100 bilhões de células são substituídas por células novas. Seja o tipo necessário para a troca de gases ou para a imunidade, as **células-tronco hematopoiéticas** (**HSCs**, do inglês, *hematopoietic stem cells*) estão no topo da linhagem hierárquica que mantém a incrível máquina geradora de células que é o nicho de HSCs (ver Figura 18.24). A importância das HSCs não pode ser exagerada, tanto para o organismo quanto para a história da sua descoberta. Desde o final dos anos 1950, terapias com células-tronco com HSCs têm sido utilizadas para tratar doenças do sangue por meio do uso de transplante de medula óssea.[12] Além disso, a "hipótese do nicho" onde uma célula-tronco residente e sendo controlada por um microambiente especializado foi primeiramente inspirada pelas HSCs (Schofield, 1978).

O sucesso do transplante de medula óssea é evidente da localização do nicho de HSCs nas cavidades dos ossos, onde reside a medula óssea (**FIGURA 5.15**). No tecido altamente vascularizado da medula óssea, as HSCs estão em grande proximidade das células ósseas (osteócitos), das células endoteliais, que revestem as paredes dos vasos sanguíneos, e das células conjuntivas estromais. Será que as HSCs de alguma forma nascem dos ossos para depois residirem na medula? A resposta a essa pergunta é definitivamente não. A hematopoiese primitiva ocorre inicialmente no saco vitelínico embrionário; as "células-tronco hematopoiéticas definitivas" (dHSCs), entretanto, nascem na porção aórtica da aorta-gônada-mesonefro (AGM). Por meio do desenvolvimento da vasculatura, as HSCs migram para o fígado fetal, onde rapidamente proliferam e começam a gerar a progênie das linhagens hematopoiéticas (Mikkola e Orkin, 2006; AlDrees et al., 2015; Boulais e Frenette, 2015). Durante esse período, os ossos estão se formando e se tornando vascularizados, o que estabelece uma via para as HSCs acharem seu caminho até a

---

[12] O primeiro transplante de medula óssea bem-sucedido aconteceu entre gêmeos idênticos, um dos quais tinha leucemia. Ele foi feito pelo Dr. E. Donnall Thomas, cuja pesquisa continuada em transplante de células-tronco deu a ele o Prêmio Nobel de Fisiologia ou Medicina, em 1990.

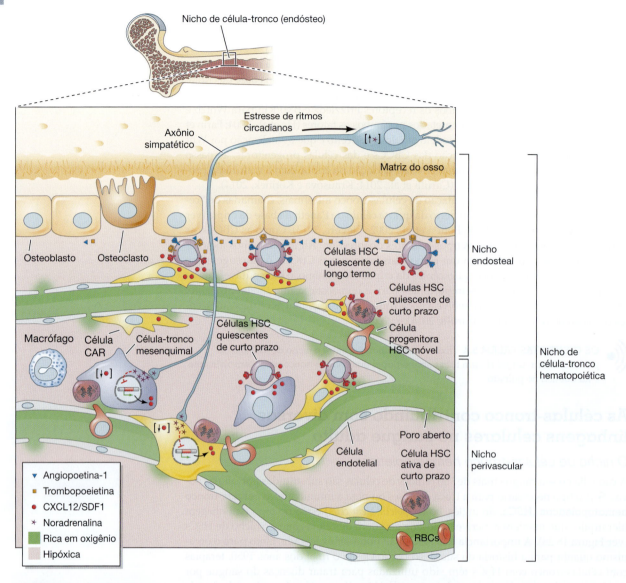

Nicho de célula-tronco (endósteo)

Estresse de ritmos circadianos

Axônio simpatético

Matriz do osso

Nicho endosteal

Osteoblasto Osteoclasto

Células HSC quiescente de longo termo

Células HSC quiescente de curto prazo

Célula progenitora HSC móvel

Nicho de célula-tronco hematopoiética

Macrófago Célula CAR Célula-tronco mesenquimal

Células HSC quiescentes de curto prazo

Célula endotelial Poro aberto

Célula HSC ativa de curto prazo

Nicho perivascular

▼ Angiopoetina-1
■ Trombopoeietina
● CXCL12/SDF1
✳ Noradrenalina
▨ Rica em oxigênio
▨ Hipóxica

RBCs

FIGURA 5.15 Modelo de nicho de HSCs adultas. Instalado dentro da medula óssea, o nicho de HSCs pode ser dividido em dois subnichos: o endosteal e o perivascular. As HSCs no nicho endosteal que são aderentes aos osteoblastos são HSCs de longo prazo, geralmente no estado quiescente, ao passo que as HSCs ativas a curto prazo podem ser vistas associadas com vasos sanguíneos (em verde) em poros ricos em oxigênio. As células estromais – isto é, as células CAR (células reticulares abundantes em CXCL12, do Inglês, *CXCL12-abundant reticular cells*, em amarelo) e as células mesenquimais – interagem diretamente com as HSCs móveis e as células progenitoras, que podem ser estimuladas por conexões simpáticas. (RBCs: glóbulos vermelhos, do inglês, *red blood cells*;

medula óssea. A notável habilidade das HSCs de migrarem através do sistema circulatório e acharem sua destinação tecido-específica é chamada de "***homing***" (movimento para casa). As HSCs reconhecem a medula óssea como o ambiente para semear através do receptor CXCL4 das HSCs que reconhecem a quimiocina CXCL12 (também chamada de Fator Derivado de Estroma 1 ou SDF1, do inglês, *Stromal-Derived Fator 1*), expressa pelos osteoblastos e pelas células estromais da medula (Moll e Ransohoff, 2010). Uma variedade de proteínas de adesão, como E-selectinas e VCAM1, também permitem o movimento para casa de HSCs para o nicho (Al-Drees et al., 2015).

O nicho hematopoiético pode ser subdividido em duas regiões, o nicho endosteal e o nicho perivascular[13] (ver Figura 5.15). As HSCs no nicho endosteal estão muitas vezes em contato direto com os osteoblastos revestindo a superfície interna do osso, e as HSCs no nicho perivascular estão em contato íntimo com as células revestindo ou circundando os vasos sanguíneos (células endoteliais e células estromais). Devido às diferentes propriedades físicas e celulares dos dois nichos, existe uma regulação diferenciada das HSCs (Wilson et al., 2007). Além disso, existem duas subpopulações de HSCs dentro desses ni-

---

[13] Peri é a palavra em Latim para "em volta de". Perivascular refere-se a células que estão localizadas na periferia dos vasos sanguíneos. O nicho perivascular é também chamado de nicho vascular, e o nicho endosteal, de nicho osteoblástico.

chos: uma população pode se dividir rapidamente em resposta a necessidades imediatas, ao passo que uma população quiescente se mantém como reserva e possui o maior potencial para autorrenovação (Wilson et al., 2008, 2009). Dependendo das condições fisiológicas, as células-tronco de uma subpopulação podem entrar na outra subpopulação.

Mecanismos regulatórios no nicho endosteal

As HSCs encontradas dentro do nicho endosteal tendem a ser a população mais quiescente, com a autorrenovação de longo prazo servindo para sustentar a população de células-tronco durante toda a vida do organismo (Wilson et al., 2007). Em contrapartida, as HSCs mais ativas tendem a residir no nicho perivascular, exibindo ciclos de renovação mais rápidos e sustentando o desenvolvimento de progenitores por um período de tempo mais curto (ver Figura 5.15). Um complexo coquetel de moléculas de adesão celular, fatores parácrinos, componentes de matriz extracelular, sinais hormonais, mudanças de pressão de vasos sanguíneos e sinais neurais simpáticos combinam-se para influenciar os estados proliferativos das HSCs (Spiegel et al., 2008; Malhotra e Kincade, 2009; Cullen et al., 2014).

No nicho endosteal, as HSCs interagem intimamente com osteoblastos, e a manipulação do número de osteoblastos causa proporcionalmente aumentos ou diminuições na presença de HSCs (Zhang et al., 2003; Visnjic et al., 2004; Lo Celso et al., 2009; Al-Drees et al., 2015; Boulais e Frenette, 2015). Mais ainda, os osteoblastos promovem a quiescência por se ligarem às HSCs e secretarem angiopoietina-1 e trombopoietina, que mantêm essas células-tronco reservadas para hematopoiese a longo prazo (Arai et al., 2004; Qian et al., 2007; Yoshihara et al., 2007). Técnicas melhoradas de imagem revelaram que o nicho endosteal é permeado por microvasos sinusoidais[14] (Nombela-Arrieta et al., 2013), e algumas das células HSCs (*cKit+*) e progenitoras estão intimamente associadas com essa microvasculatura altamente permeável (**FIGURA 5.16**). Sempre se assumiu que o nicho endosteal era mais hipóxico do que o nicho perivascular, mas esses microvasos indubitavelmente ajudam a levar oxigênio para as regiões endosteais, tornando os microambientes imediatamente em volta dos sinusoides menos hipóxicos. Tem sido proposto que as HSCs podem usar diferenças de concentração de oxigênio no nicho como sinal para perceber onde estão presentes os vasos sanguíneos (Nombela-Arrieta et al., 2013).

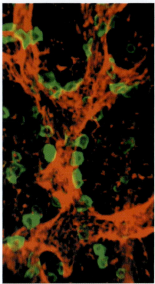

FIGURA 5.16 As HSCs localizam-se ao redor da microvasculatura na medula óssea. O receptor c-Kit (em verde) é um marcador para HSCs e progenitores, que são vistos em contato direto com a microvasculatura sinusoidal no nicho (marcado com antilaminina, em vermelho). As HSCs estão associadas com todos os tipos de vasculatura no nicho. Assista o Desenvolvimento mostra essa imagem projetada em 3D. (De Nombela-Arrieta et al., 2013.)

> **ASSISTA O DESENVOLVIMENTO 5.1** Veja uma projeção em rotação de HSCs associadas com a perivasculatura.

Mecanismos regulatórios no nicho perivascular

As HSCs também estão associadas com a vasculatura no nicho perivascular. CXCL12 é secretado por vários tipos celulares, como células endoteliais e células reticulares abundantes em CXCL12 (CAR; ver Figura 5.15; Sugiyama et al., 2006). Embora a perda de CXCL12 nas células CAR não pareça afetar as HSCs, ela causa um movimento significativo de células progenitoras hematopoiéticas para a corrente linfócitos B (células que secretam anticorpos). Outras células nesse nicho que expressam CXCL12 são as **células-tronco mesenquimais** (**MSCs**, do inglês, *mesenchymal stem cells*) que têm papel regulatório principal no nicho das HSCs (ver Figura 5.15; Méndez-Ferrer et al., 2010). O nocaute seletivo de CXCL12 nessas MSCs leva à perda das HSCs (Greenbaum et al., 2013).

A modulação célula-específica de CXCL12 parece ser um mecanismo importante que governa a quiescência e a retenção das HSCs e das células progenitoras no nicho perivascular. É uma história complexa que se relaciona com flutuações diárias nas taxas com que células progenitoras são mobilizadas na corrente sanguínea; existe mais divisão celular de HSCs durante a noite e uma maior migração de células progenitoras para a corrente sanguínea durante o dia. Esse padrão circadiano de mobilização é controlado pela liberação de noradrenalina de axônios simpáticos que se infiltram na medula óssea (ver Figura 5.15; Méndez-Ferrer et al., 2008; Kollet et al., 2012). Os receptores nas células

---

[14] Microvasos sinusoidais são pequenos capilares que são ricos em poros abertos, permitindo uma significativa permeabilidade entre o capilar e o tecido onde ele reside.

estromais respondem a este neurotransmissor, diminuindo a expressão de CXCL12, a qual, temporariamente, diminui o controle que essas células estromais têm nas HSCs e nas células progenitoras, liberando-as na circulação. Embora os ritmos circadianos estimulem uma rodada normal de proliferação das HSCs, o estresse crônico leva ao aumento da liberação de noradrenalina (Heidt et al., 2014). Essa liberação baixa os níveis de CXCL12, o que reduz a proliferação de HSCs e aumenta sua mobilização na circulação. Portanto, na próxima vez que você acordar, saiba que o seu sistema nervoso simpático está dizendo às suas células-tronco hematopoiéticas para acordarem também.

Fatores de sinalização adicionte sanguínea e perdas concomitantes em progenitores dnais (Wnt, TGF-β, Notch/Jagged1, fator de célula-tronco e integrinas; revistos em Al-Drees et al., 2015, e Boulais e Frenette, 2015) influenciam as taxas de produção de tipos diferentes de células sanguíneas sob condições diferentes; alguns exemplos são o aumento na produção de leucócitos durante infecções e aumento de eritrócitos quando você sobe a elevadas altitudes. Quando o sistema é mal regulado, ele pode causar doenças como os vários tipos de cânceres no sangue. A doença mieloproliferativa é um desses tipos de câncer, que resulta da falha nos sinais corretos de diferenciação de células do sangue (Walkley et al., 2007a, b). Ela se origina de uma falha no funcionamento adequado dos osteoblastos; como resultado, as HSCs se proliferam rapidamente sem diferenciação (Raaijmakers et al., 2010, 2012).

A célula-tronco mesenquimal: suportando uma variedade de tecidos adultos

A maioria das células-tronco é restrita a formar apenas poucos tipos celulares (Wagers et al., 2002). Por exemplo, quando as HSCs marcadas com proteína fluorescente verde foram transplantadas num camundongo, os seus descendentes marcados foram encontrados através de todo o sangue do animal, mas em nenhum outro tecido[15] (Alvarez-Dolado et al., 2003). Algumas células-tronco adultas, entretanto, parecem ter um grau de plasticidade surpreendentemente grande. Essas células multipotentes são muitas vezes chamadas de **células-tronco derivadas de medula óssea** (**BMDCs**, do inglês, *boné marrow-derived cells*) e sua potência permanece um assunto controverso (Bianco, 2014).

Originariamente encontradas na medula óssea (Friedenstein et al., 1968; Caplan, 1991), as MSCs multipotentes também foram encontradas em numerosos tecidos adultos (como na derme da pele, nos ossos, na gordura, na cartilagem, nos tendões, nos músculos, no timo, na córnea e na polpa dentária) tanto quanto no cordão umbilical e na placenta (ver Gronthos et al., 2000; Hirata et al., 2004; Traggiai et al., 2004; Perry et al., 2008; Kuhn e Tuan, 2010; Nazarov et al., 2012; Via et al., 2012). Realmente, a descoberta de que o cordão umbilical humano e os dentes decíduos ("de leite") contêm MSCs levou alguns médicos a propor que os pais congelem células do cordão umbilical ou dos dentes decíduos (de leite) de seus filhos, de modo que essas células estejam disponíveis para transplante mais tarde na vida.[16] Se as MSCs vão realmente passar no teste de pluripotência – a habilidade de gerar células de todas as camadas germinativas quando inseridas em um blastocisto – ainda não foi demonstrado.

Muito da controvérsia em torno de MSCs se baseia na sua "personalidade dividida" como células estromais de suporte por um lado e células-tronco de outro lado. Morfologicamente, as MSCs se parecem com fibroblastos, um tipo celular que secreta a matriz extracelular dos tecidos conjuntivos (estroma). Em cultura, entretanto, elas se comportam diferentemente de fibroblastos. Uma única HSC em cultura pode se autorrenovar para produzir uma população clonal de células, que formarão órgãos *in vitro* contendo uma diversidade de tipos celulares (**FIGURA 5.17**; Sacchetti et al., 2007; Méndez-Ferrer et al.

---

[15] Tentativas iniciais de tais transplantes mostraram a incorporação de HSCs em uma variedade de tecidos, mesmo no cérebro. Foi descoberto, entretanto, que esse resultado era devido a eventos de fusão, em vez de uma verdadeira derivação de linhagem das HSCs. Ver Alvarez-Dolado et al., 2003, e uma conferência na rede afiliada com Arturo Alvare-Buylla, em 2005, para investigações adicionais.

[16] Outro argumento para preservar células do cordão umbilical é que elas contêm células-tronco hematopoiéticas que podem ser transplantadas em uma criança, caso elas desenvolvam leucemia mais tarde (ver Goessling et al., 2011).

2010; revisto em Bianco, 2014). Como visto na medula óssea, as MSCs em outros tecidos podem ter papéis tanto como células progenitoras quanto como reguladoras do nicho de células-tronco residentes, possivelmente através de sinalização parácrina (Gnecchi et al., 2009; Kfoury e Scadden, 2015).

Regulação do desenvolvimento de MSCs

Alguns fatores parácrinos parecem dirigir o desenvolvimento de MSCs em linhagens específicas. O fator de desenvolvimento derivado de plaquetas (PDGF, do inglês, *platelet-derived growth factor*) é fundamental para a formação de gordura e condrogênese, a sinalização por TGF-β é também crucial para a condrogênese, e a sinalização pelo fator de crescimento de fibroblastos (FGF) é necessária para a diferenciação das células do osso (Pittenger et al., 1999; Dezawa et al., 2005; Ng et al., 2008; Jackson et al., 2010). Esses fatores de sinalização parácrina podem ser a base não apenas da diferenciação de MSCs, mas também da sua modulação de células-tronco residentes no nicho. Por exemplo, foi mostrado que as MSCs têm um importante papel duplo como células progenitoras multipotentes e reguladoras dos nichos de células-tronco durante o desenvolvimento e a regeneração de folículos de pelo e músculo esquelético (Kfoury e Scadden 2015). A rápida reciclagem da epiderme e dos folículos de pelo associados à pele requer a ativação robusta de células-tronco residentes (ver Capítulo 16). As células progenitoras adiposas imaturas que circundam a base do folículo crescente são tanto necessárias quanto suficientes para disparar a ativação de células-tronco de pelo durante o crescimento e a regeneração da pele através do mecanismo parácrino PDGF (Festa et al., 2011).

De forma semelhante, um tipo de célula mesenquimal, chamado de progenitor fibroadipogênico (FAP, do inglês, *fibroadipogenic progenitor*), funciona no músculo esquelético para gerar células brancas de gordura (como implicado na parte adipogênica do nome). Em resposta à injúria no músculo, entretanto, as células FAP aumentam a taxa de diferenciação prómiogênica de células-tronco miosatélites (Joe et al., 2010; Pannérec et al., 2013; Formicola et al., 2014). De fato, tem sido sugerido que a presença aumentada de células FAP no nicho de células-tronco muscular tem funções contra envelhecimento e reduz os efeitos da distrofia muscular de Duchenne (Formicola et al., 2014). Essa hipótese é também suportada pela ligação entre MSCs e a síndrome de envelhecimento prematuro (progeria) de Hutchinson-Gilford (ver Figura 23.1B) que parece ser causada pela inabilidade de as MSCs se diferenciarem em certos tipos celulares, como células de gordura (Scaffidi e Misteli, 2008). Essas descobertas levaram à especulação de que a perda, seja das próprias MSCs ou da sua habilidade de se diferenciar, pode ser um componente da síndrome de envelhecimento normal.

A diferenciação de MSCs é dependente não apenas de fatores parácrinos, mas também de moléculas da matriz celular no nicho da célula-tronco. Alguns componentes da matriz celular, sobretudo a laminina, parecem manter as MSCs em um estado de "capacidade de tronco" (em inglês, *stemness*) indiferenciado (Kuhn e Tuan, 2010). Pesquisadores se aproveitaram da influência que a matriz física tem na regulação de MSCs para conseguir um repertório de tipos celulares derivados *in vitro* pelo crescimento de células-tronco em superfícies diferentes. Por exemplo, se as MSCs de humanos forem cultivadas em matrizes macias de colágeno, elas se diferenciam em neurônios, um tipo celular que essas células não parecem formar *in vivo*. Se, ao contrário, as MSCs crescem em matrizes colágenas moderadamente elásticas, elas se tornam células musculares, e se crescidas em matrizes mais duras, elas se diferenciam em células ósseas (**FIGURA 5.18**; Engler et al., 2006). Ainda não é sabido se essa gama de potências é encontrada normalmente no corpo. À medida que a tecnologia melhora, respostas podem surgir ao ganharmos uma melhor compreensão das propriedades dos diferentes nichos de MSCs.

Outras células-tronco que suportam a manutenção e a regeneração de tecidos adultos

Este capítulo focou em vários nichos bem definidos de célula-tronco adultas. É importante compreender, entretanto, que muitos outros nichos de célula-tronco adultas foram

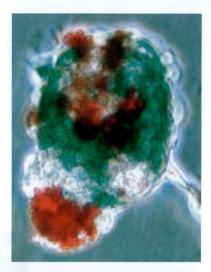

FIGURA 5.17 Uma mesensfera contendo dois tipos celulares derivados. Células-tronco mesenquimais em cultura formam mesensferas, que podem produzir diferentes tipos de células. Aqui, a mesensfera contém osteoblatos (células formadoras de ossos; em verde) e adipócitos (células formadoras de gordura; em vermelho). (Segundo Méndez-Ferrer et al., 2010).

Ampliando o conhecimento

Que mecanismos moleculares podem governar a mudança das MSCs de serem progenitores em um momento para regularem outras células-tronco em outro momento?

FIGURA 5.18 A diferenciação de células-tronco mesenquimais é influenciada pela elasticidade da matriz na qual as células se apoiam. Em gels cobertos com colágeno com elasticidade semelhante à do cérebro (aproximadamente 0,1-1 kPa), MSCs humanas se diferenciam em células contendo marcadores neurais (como β3-tubulina), mas não em células contendo marcadores musculares (MyoD) ou marcadores de células ósseas (CBFα1). À medida que o gel se torna mais rígido, as MSCs geram células exibindo proteínas específicas de músculo, e matrizes ainda mais rígidas causaram a diferenciação de células com marcadores de osso. A diferenciação de MSCs em qualquer matriz pode ser abolida com blebbistatina, que inibe a montagem de microfilamentos na membrana celular. (Segundo Engler et al., 2006; fotografias por cortesia de J. Shields.)

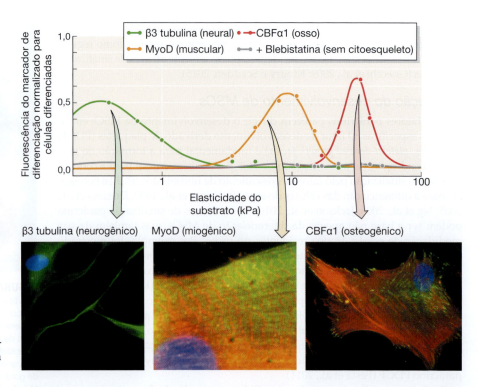

descobertos e que estão fornecendo novas conhecimentos sobre a regulação molecular da célula-tronco adulta. As células-tronco adultas podem ser encontradas em tecidos do dente, do olho, da gordura, do músculo, dos rins, do fígado e do pulmão. Existem casos interessantes de alguns animais que perderam evolutivamente um nicho de células-tronco, ao passo que animais relacionados mantiveram o nicho. Os incisivos dos roedores, por exemplo, diferem dos incisivos de outros mamíferos, inclusive os nossos, na medida em que eles continuam a crescer durante toda a vida do animal. No camundongo, cada incisivo tem dois nichos de célula-tronco, um no lado de "dentro", voltado para dentro da boca (lingual), e o outro do lado de "fora", voltado para os lábios (labial) (**FIGURA 5.19**). Como a maioria dos outros mamíferos não tem esses nichos de célula-tronco de incisivos, seus dentes não regeneram. Descreveremos várias outras linhagens de células-tronco ao longo deste livro.

FIGURA 5.19 A alça cervical do incisivo de camundongo é um nicho de célula-tronco para células ameloblastos secretoras de esmalte. Essas células migram para a base do retículo estrelado na camada de esmalte, permitindo que o dente permaneça crescendo. (Segundo Wang et al., 2007.)

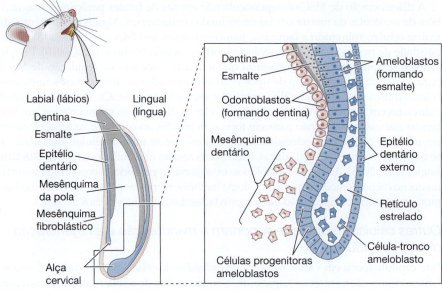

O modelo humano para estudar o desenvolvimento e a doença

Até agora, focamos na vida de células-tronco "*in vivo*". As propriedades de autorrenovação e diferenciação que definem uma célula-tronco, entretanto, também permitem a sua manipulação *in vitro*. Antes de sermos capazes de cultivar células-tronco embrionárias humanas (Thomson, 1998), pesquisadores que estudavam o desenvolvimento de células humanas usavam células imortalizadas de tumores ou células de teratocarcinomas, cânceres que surgem de células germinativas (Martin, 1980). A célula humana mais investigada tem sido a célula HeLa, uma linhagem de células de cultura que foi derivada do câncer cervical de Henrietta Lacks (um câncer que tomou a sua vida, em 1951, e uma linhagem celular que foi isolada sem conhecimento ou consentimento seu ou da sua família[17]). Nenhuma dessas células representa um modelo de célula humana normal. Entretanto, com a nossa habilidade atual de crescer células-tronco embrionárias e adultas humanas no laboratório e induzi-las a se diferenciarem em vários tipos celulares, finalmente temos um sistema modelo manipulável para estudar o desenvolvimento e a doença humana *in vitro*.

 OS CIENTISTAS FALAM 5.5 Um documentário de desenvolvimento sobre modelos de doenças usando células-tronco.

Células pluripotentes no laboratório

CÉLULAS-TRONCO EMBRIONÁRIAS As células embrionárias pluripotentes (ESC, do inglês, *embryonic stem cells*) são um caso especial, uma vez que essas células podem gerar todos os tipos celulares necessários para produzir o corpo adulto de mamíferos (ver Shevde, 2012). No laboratório, células embrionárias pluripotentes são derivadas de duas fontes principais (**FIGURA 5.20**). Como revisto anteriormente neste capítulo, uma fonte é a ICM (massa celular interna, do inglês, *inner cell mass*) do blastocisto inicial, cujas células podem ser mantidas em cultura como uma linhagem clonal de ESCs (Thomson et al., 1998). A segunda fonte é de células germinativas primordiais que ainda não se diferenciaram em espermatozoides ou ovócitos. Quando isoladas do embrião e crescidas e cultura, elas são chamadas de **células germinativas embrionárias**, ou **EGCs** (do inglês, *embryonic germ cells*) (Shamblott et al., 1998).

 OS CIENTISTAS FALAM 5.6 A Dra. Janet Rossant responde questões sobre as diferenças entre ESCs humanas e de camundongos.

Como na ICM do embrião, a pluripotência de ESCs em cultura se mantém pelo mesmo conjunto de três fatores de transcrição: Oct4, Sox2 e Nanog. Funcionando conjuntamente, esses fatores ativam a rede regulatória gênica requerida para manter a pluripotência e reprimir os genes cujos produtos levariam à diferenciação (Marson et al.,

---

[17] A história de Henrietta Lacks, as células HeLa na ciência, e as políticas sociais são articuladas de uma bela maneira no livro de Rebecca Skloot, *A Vida Imortal de Henrietta Lacks*, 2010.

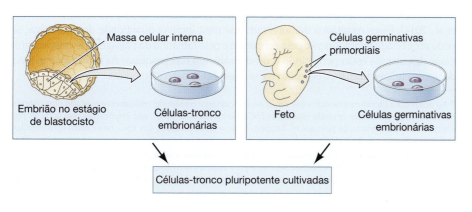

FIGURA 5.20 As principais fontes de células-tronco pluripotentes do embrião inicial. As células-tronco embrionárias (células ES) surgem do cultivo da massa celular interna do embrião inicial. As células germinativas embrionáris (células EG) são derivadas de células germinativas que ainda não atingiram as gônadas.

O que é possível agora que ESCs naïves humanas podem ser isoladas e mantidas? A prova da pluripotência dessas células foi demonstrada quando ESCs naïves humanas foram transplantadas em uma mórula de camundongo e se diferenciaram em muitos tipos celulares de um embrião quimérico interespécies de camundongo humanizado (Gafni et al., 2013). Embora fundos federais não possam ser usados para criar quimeras humano-camundongos nos Estados Unidos, esses regulamentos não existem em outros países. É teoricamente possível se criar uma ICM humana a partir de ESCs humanas naïves que sejam suportadas por um trofoectoderma de camundongo. Minimamente, isso permitiria o primeiro estudo direto da gastrulação humana. A gástrula humana deveria ser estudada dessa forma? Quais, se é que alguma, preocupações éticas esses estudos deveriam levantar?

2008; Young, 2011). Todavia, seriam todas as células pluripotentes criadas iguais? Embora anos de experimentação com ambas ESCs de camundongos e humanas tenham demonstrado claramente pluripotência (Martin, 1981; Evans e Kaufman, 1981; Thomson et al., 1998), também foram reveladas diferenças nos graus de autorrenovação, nos tipos celulares que elas podem formar e nas suas características celulares (Martello e Smith, 2014; Fonseca et al., 2015; Van der Jeught et al., 2015). Parece que essas diferenças podem se basear em ligeiras diferenças no estágio de desenvolvimento das células originais da ICM, das quais as culturas foram derivadas, o que levou ao reconhecimento de dois estados pluripotentes de uma ESC: **naïve** e ***primed***[18]. A ESC naïve representa a mais imatura, indiferenciada ESC, com o maior potencial para pluripotência. Em contrapartida, a ESC *primed* representa uma célula da ICM com algum amadurecimento na direção da linhagem de epiblasto; portanto, ela está encaminhada, ou pronta para a diferenciação.

Portanto, o consenso crescente é de que a maior parte das linhagens existentes de ESCs de camundongo representam o estado naïve, ao passo que muito da pesquisa conduzida com ESCs humanas capturou mais o estado *primed* da pluripotência. Diferentes modos de derivação para manutenção de ESCs humanas naïves a partir de ICM ou mesmo de ESCs *primed* estão aparecendo (Van der Jeught et al., 2015). Como exemplo, o fator inibitório da leucemia (LIF, do inglês, *leukemia inhibitory factor*) tem sido usado em combinação com pelo menos dois inibidores de cinase (chamados 2i) que estão associados com o inibidor da via de MAPK/Erk (MEKi) e o inibidor de glicogênio sintase-cinase 3 (GSK3i); como exemplo, ver Theunissen et al., 2014. Esses fatores, junto com condições adicionais, servem para prevenir a diferenciação e manter as ESCs no estado naïve ou basal.

Os pesquisadores estão agora estudando as redes gênicas, os moduladores epigenéticos, os fatores parácrinos e as moléculas de adesão requeridas para a diferenciação das ESCs. Essas células podem responder a combinações específicas e à aplicação sequencial de fatores de crescimento para dirigir sua diferenciação em destinos celulares específicos associados com as três camadas germinativas (**FIGURA 5.21**; Murry e Keller, 2008). Por exemplo, a aplicação de um meio de crescimento quimicamente definido para uma monocamada de ESCs pode levar à sua especificação na direção de um destino mesodérmico; quando depois seguido por um período de ativação de Wnt e inibição de Wnt, as células se diferenciam em células musculares cardíacas contráteis (Burridge et al., 2012, 2014). Em contrapartida, as ESCs levadas para um destino ectodérmico pela inibição de Bmp4, Wnt e activina podem ser subsequentemente induzidas por fatores de crescimento de fibroblastos (FGFs) para se tornarem neurônios (ver Figura 5.21; Kriks et al., 2011).

ASSISTA O DESENVOLVIMENTO 5.2 Veja cardiomiócitos derivados de ESCs batendo em um disco de petri.

 OS CIENTISTAS FALAM 5.7 Veja o documentário de desenvolvimento "Células-tronco e a medicina regenerativa".

As restrições físicas do ambiente no qual as ESCs são cultivadas também podem influenciar profundamente sua diferenciação. Restringir a área de crescimento celular a pequenas formas de disco[19] pode, por si só, iniciar um padrão de expressão diferencial de genes na colônia de células que se correlaciona com o padrão embrião inicial (**FIGURA 5.22**; Warmflash et al., 2014). Esses resultados demonstram que uma incrível quantidade de padronização pode ser iniciada simplesmente pela geometria e pelo tamanho da paisagem de crescimento. Essas descobertas estão permitindo o desdobramento das pesquisas na estrutura e função de tipos celulares humanos específicos e seu uso em aplicações médicas.

---

[18] Ao examinar a literatura anterior sobre ESCs, será importante considerar criticamente o estado pluripotente das ESCs sendo discutidas em cada estudo. As ESCs são naïves ou *primed*, e que implicações isso pode ter nas interpretações dos resultados pelo autor? Também deve se levar em conta que ESCs naïve eram consideradas como estando no "estado básico".

[19] Pesquisadores aplicaram um micropadrão de substrato adesivo a uma placa de vidro, o que restringia o crescimento celular a tamanhos e formas definidos para análise sistemática (Warmflash et al., 2014). Em outro estudo, substratos em grade alinhada promovia a diferenciação de CTE em neurônios dopaminérgicos (Tan et al., 2015).

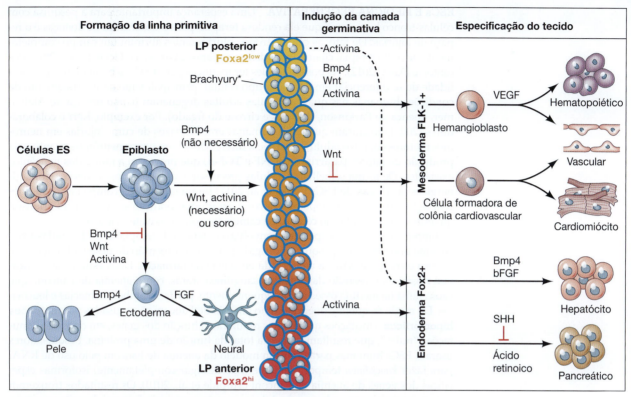

FIGURA 5.21 A indução da diferenciação celular a partir de ESCs. Semelhante aos passos de diferenciação das células de epiblasto durante sua maturação no embrião de mamífero, as ESCs em cultura podem ser dirigidas com os mesmos fatores do desenvolvimento (parácrinos e fatores de transcrição, entre outros) para se diferenciarem nos tipos celulares de cada camada germinativa. Com a inibição de vários fatores de crescimento, as ESCs podem se tornar linhagens ectodérmicas; para o mesoderma ou endoderma, entretanto, as ESCs são primeiro induzidas a se tornarem células semelhantes à linha primitiva (LP), com fatores parácrinos como Wnt, Bmp4 ou activina, dependendo do tipo celular diferenciado desejado. (Segundo Murry e Keller, 2008).

(A) Culturas micropadronizadas

(B) Expressão gênica padronizada radialmente

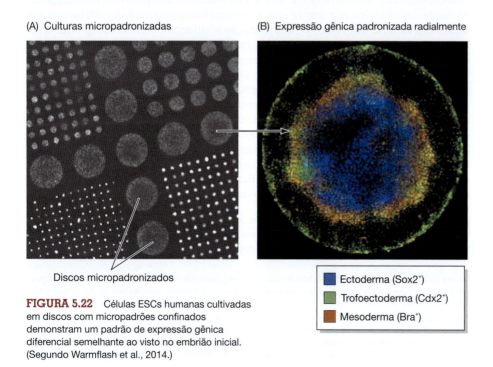

Discos micropadronizados

FIGURA 5.22 Células ESCs humanas cultivadas em discos com micropadrões confinados demonstram um padrão de expressão gênica diferencial semelhante ao visto no embrião inicial. (Segundo Warmflash et al., 2014.)

- Ectoderma (Sox2+)
- Trofoectoderma (Cdx2+)
- Mesoderma (Bra+)

ESCs E MEDICNA REGENERATIVA Uma esperança importante para a pesquisa com células-tronco humanas é que ela renderá terapias para o tratamento de doenças e o reparo de injúrias. De fato, as células-tronco pluripotentes abriram um campo completamente novo de terapia, chamado **medicina regenerativa** (Wu e Hochelinger, 2011; Robinton e Daley, 2012). As possibilidades terapêuticas para ESCs se baseiam na sua habilidade de se diferenciar em qualquer tipo celular, principalmente para o tratamento de condições humanas nas quais as células adultas degeneram (como doença de Alzheimer, doença de Parkinson, diabetes e cirrose do fígado). Por exemplo, Kerr e colaboradores (2003) mostraram que ESCs humanas eram capazes de curar injúrias em neurônios motores em ratos adultos tanto pela diferenciação em novos neurônios quanto pela produção de fatores parácrinos (BDNF e TGF-α) que previnem a morte dos neurônios existentes. De forma semelhante, células precursoras de neurônios secretores dopaminérgicos derivadas de ESCs (Kriks et al. 2011) foram capazes de completar a sua diferenciação em neurônios dopaminérgicos e curar uma condição semelhante a Parkinson quando transplantadas no cérebro de camundongos, ratos e até macacos.

Embora uma grande expectativa envolva o potencial de terapias usando células-tronco, uma outra linha de pesquisa é dirigida para a compreensão do desenvolvimento da doença e compreensão e a aferição da eficiência de fármacos. Esses estudos já avançaram nossa compreensão das doenças sanguíneas raras, como anemia de Fanconi, que causa falha na medula óssea e, consequentemente, perda de ambos, hemácias e leucócitos. De modo frequente, doenças como anemia de Fanconi são causadas por **mutações hipomórficas** – mutações que apenas reduzirão a função dos genes, em oposição a mutações "nulas", que resultam na perda total da função de uma proteína. Pesquisadores usaram ESCs humanas para criar um modelo da anemia de Fanconi pelo uso de RNAi para fazer *knockdown* temporariamente (não desligar completamente) isoformas específicas dos genes de anemia de Fanconi (Tulpule et al., 2010). Os resultados trouxeram novos conhecimentos sobre o papel dos genes de anemia de Fanconi durante os passos iniciais da hematopoiese embrionária.

 OS CIENTISTAS FALAM 5.8 O Dr. George Daley fala sobre a modelagem de anemia de Fanconi e outras doenças do sangue. Um Documentário do Desenvolvimento também cobre a modelagem de distúrbios raros do sangue.

Infelizmente, existem desafios reais para expandir o uso de ESCs para modelar as doenças humanas. Uma razão é que as ESCs são encontrados apenas em um estágio tão inicial do desenvolvimento; outra é que as doenças humanas envolvem células que têm uma longa história de eventos de diferenciação e são muitas vezes multigênicas (causadas pela interferência de muitos genes). Para complicar mais ainda, existe o risco de rejeição imunológica pelos pacientes que recebem ESCs como parte do seu tratamento. Células transplantadas derivadas de ESCs são de outro indivíduo e não são, portanto, do mesmo genótipo do paciente, dessa forma, como qualquer outro transplante de tecidos, elas podem ser rejeitadas pelo sistema imune do paciente.[20] Além disso, várias questões sociais e éticas são levantadas pelo uso de ESCs em terapias, visto que elas são derivadas de blastocistos humanos, também conhecidos como embriões (Gilbert et al., 2005; Siegel, 2008; NSF, 2012).[21] Se pudéssemos obter células-tronco pluripotentes de indivíduos diagnosticados com doenças conhecidas, talvez essas células pudessem ser usadas para estudar essas doenças e identificar novas terapias. Quando na busca por células pluripotentes, procurar uma maneira de induzi-las pode ser uma resposta.

 OS CIENTISTAS FALAM 5.9 Veja uma conferência na internet com o Dr. Bernard Siegel sobre células-tronco, ética de clonagem e política pública. Um documentário de 2011 também cobre ética de células-tronco e política governamental.

---

[20] Uma razão pela qual doenças do cérebro são o alvo de pesquisa é que o cérebro e os olhos estão entre os poucos lugares em que a rejeição imune não é um grande problema. A barreira hematencefálica das células endoteliais do cérebro mantém o cérebro e os olhos protegidos do sistema imune.

[21] Em 2012, dois cientistas de células-tronco abriram um processo contra o governo norte-americano para banir o financiamento federal para a pesquisa com ESC humana. Esse processo suspendeu toda a pesquisa em ESC nos Estados Unidos por meses. Considere ler Wadman 2011 e também assistir a uma conferência na rede com um dos envolvidos, Theresa Deisher, gravada em 2011, enquanto o caso Sherley v. Sebelius estava acontecendo na corte.

Células-tronco pluripotentes induzidas

Embora já se soubesse que o núcleo de células somáticas diferenciadas retém cópias de todo o genoma do indivíduo, os biólogos antigamente pensavam que a potência ia ladeira abaixo sem volta. Uma vez diferenciada, acreditava-se, uma célula não poderia ser restaurada a um estado imaturo e mais plástico. Nosso recente conhecimento dos fatores de transcrição necessários para manter a pluripotência, entretanto, iluminou uma maneira impressionantemente fácil de reprogramar células somáticas em células semelhantes às células-tronco embrionárias.

Em 2006, Kazutoshi Takahashi e Shinya Yamanaka, da Universidade de Kyoto, demonstraram que, pela inserção de cópias ativadas de quatro genes que codificam alguns desses fatores transcricionais críticos, quase qualquer célula no corpo do camundongo adulto pode ser transformada em uma **célula-tronco pluripotente induzida** (**iPSC**, do inglês, *induced pluripotent stem cell*) com a pluripotência de uma célula-tronco embrionária. Esses genes eram *Sox2* e *Oct4* (os quais ativavam Nanog e outros fatores de transcrição que estabeleciam a pluripotência e bloqueavam a diferenciação), *c-Myc* (que abria a cromatina e tornava os genes acessíveis a Sox2, Oct4 e Nanog) e *Klf4* (que previne a morte celular; ver Figura 3.14).

 OS CIENTISTAS FALAM 5.10   Documentários do desenvolvimento de 2009 e 2011 sobre reprogramação celular.

Nos seis meses após da publicação desse trabalho (Takahashi e Yamanaka, 2006), três grupos de cientistas demonstraram que fatores de transcrição iguais ou similares podiam induzir a pluripotência numa variedade de células humanas diferenciadas (Takahashi et al., 2007; Yu et al., 2007; Park et al., 2008). Assim como as células-tronco embrionárias, as linhagens celulares iPSCs podem ser propagadas indefinidamente e, seja em cultura ou num teratoma, podem formar tipos celulares representativos das três camadas germinativas. Em 2012, modificações nas técnicas de cultura tornaram possível que a expressão gênica das iPSCs de camundongos se tornasse quase idêntica à de células-tronco embrionárias de camundongo (Stadtfeld et al., 2012). Mais importante foi que embriões de camundongo inteiros puderam ser gerados a partir de iPSCs individuais, mostrando completa pluripotência. Embora as iPSCs sejam funcionalmente pluripotentes, elas são melhores para gerar tipos celulares dos órgãos das quais as células somáticas parentais se originavam (Moad et al., 2013). Essa informação sugere que, como ESCs naïve *versus primed*, nem todas as iPSCs são iguais e que elas podem reter uma memória epigenética da sua localização anterior.

 OS CIENTISTAS FALAM 5.11   Sessão de perguntas e respostas com o Dr. Rudolf Jaenisch sobre iPSCs e com o Dr. Derrick Rossi sobre a geração de iPSCs com mRNA.

APLICANDO iPSCs PARA DESENVOLVIMENTO HUMANO E DOENÇAS   O uso de iPSCs permite aos pesquisadores médicos a habilidade de experimentar em tecido humano doente ao mesmo tempo evitando as complicações introduzidas pelo uso de células-tronco embrionárias humanas. Atualmente, existem quatro usos médicos principais para iPSCs: (1) fazendo iPSCs específicas de paciente para estudar a patologia de doenças, (2) combinando a terapia gênica com iPSCs específicas de pacientes para tratar doenças, (3) usando células progenitoras derivadas de iPSCs específicas de pacientes em transplantes celulares sem as complicações de rejeição imunológica e (4) usando células diferenciadas derivadas de iPSCs específicas de pacientes para pesquisa de drogas.

O transplante de células derivadas de iPSCs de camundongo de volta ao mesmo camundongo doador não dispara uma rejeição imunológica (Guha et al., 2013), sugerindo que substituição celular baseada em iPSCs pode, de fato, ser uma terapia que promete para o futuro.[22] Por enquanto, o mais significativo avanço com iPSCs tem sido na modelagem de doenças humanas. A partir de um grande estudo (Park et al., 2008), que criou iPSCs de pacientes associados com 10 diferentes doenças, vários estudos padronizaram

---

[22] Atualmente, o custo e a escalabilidade de tipos celulares derivados de iPSCs necessárias para alcançar os números celulares requeridos para terapias de substituição celular efetivas são obstáculos significativos para o progresso dessa abordagem como intervenção médica.

FIGURA 5.23 Epitélio de pulmão derivado de iPSCs de camundongo. O fator de transcrição do pulmão Nxk2.1 está marcado em vermelho, indicando que as iPSCs se tornaram epitélio do pulmão. A tubulina dos cílios epiteliais, cujas funções estão perturbadas em pacientes com fibrose cística, está marcada em verde. Os núcleos estão em azul. (Fotografia por cortesia de J. Rajagopal.)

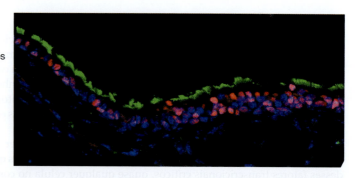

a tecnologia de iPSCs para modelar uma vasta gama de doenças, incluindo a síndrome de Down, o diabetes e outras (Singh et al., 2015).

A modelagem de doenças é de importância particular para doenças que não são facilmente modeladas em organismos não humanos. Os camundongos, por exemplo, não sofrem do mesmo tipo de fibrose cística – uma doença que compromete severamente o funcionamento do pulmão – que os humanos sofrem. Depois da descoberta de quais os fatores que causam a diferenciação de iPSCs em tecido de pulmão (**FIGURA 5.23**; Mou et al. 2012), os pesquisadores geraram iPSCs de uma pessoa com fibrose cística e transformaram elas em um epitélio de pulmão que mostra características de fibrose cística. Sabendo que a fibrose cística é muitas vezes causada por mutações em um único gene (o gene regulador de condutância transmembrana, que codifica para um canal de cloro; Riordan et al., 1989; Kerem et al., 1989), os pesquisadores buscaram reparar a mutação nessas iPSCs. Crane e colaboradores (2015) conseguiram essa tarefa em iPSCs derivadas de um paciente de fibrose cística que fez canais de cloro funcionais em epitélio diferenciado. O próximo passo será testar essa abordagem em modelos animais não humanos para saber se poderia ser usada para tratar fibrose cística em humanos.

Os benefícios de combinar o uso de iPSCs e a correção gênica foram demonstrados de forma eloquente pelo laboratório de Rudolf Jaenisch, em 2007, para curar um modelo de camundongo de anemia falciforme. Essa doença é causada por uma mutação no gene de hemoglobina. O grupo de Jaenisch gerou iPSCs desse camundongo, corrigiu a mutação na hemoglobina e, então, diferenciou as iPSCs em células-tronco hematopoiéticas que, quando implantadas no camundongo, curaram seu fenótipo de anemia falciforme (**FIGURA 5.24**; Hanna et al., 2007). Estudos em andamento estão tentando determinar se terapias similares podem curar condições humanas, como diabetes, degeneração da mácula, lesões de medula espinal, doença de Parkinson e doença de Alzheimer, além de doenças do fígado e do coração. Outros estudos mostraram que iPSCs podem ser induzidas a formar vários tipos celulares que são funcionais quando transplantados de volta ao organismo do qual eles derivaram. Até espermatozoides e ovócitos foram gerados a partir de iPSCs de camundongos. Primeiro, fibroblastos de pele foram induzidos a formar iPSCs, depois essas iPSCs foram induzidas a formar células germinativas primordiais (PGCs, do inglês, *primordial germ cells*). Quando essas PGCs induzidas foram agregadas com tecidos das gônadas, as células prosseguiram com a meiose e se tornaram gametas funcionais (Hayashi et al., 2011; Hayashi et al., 2012). Esse trabalho pode se tornar significativo para contornar muitos tipos de infertilidade tanto quanto permitir aos cientistas estudarem detalhes da meiose.

MODELANDO DOENÇAS HUMANAS COM iPSCs Um desafio no estudo de doenças humanas é que os indivíduos diferem no repertório de genes associados com uma doença tanto quanto no momento de início e progressão da doença. Felizmente, as iPSCs forneceram um novo instrumento para ajudar a esclarecer essa complexidade. Aqui, focamos no uso de iPSCs para estudar duas doenças particularmente complexas e multigênicas dos sistema nervoso que se encontram nos extremos opostos do calendário de desenvolvimento: distúrbios do espectro de autismo e esclerose lateral amiotrófica (ELA, ou ALS, do inglês, *amyotrophic lateral sclerosis*).

 OS CIENTISTAS FALAM 5.12 Um documentário do desenvolvimento de 2012 sobre a modelagem de doenças do sistema nervoso.

O autismo e as doenças relacionadas apresentam uma gama de disfunções neurais que normalmente afetam habilidades cognitivas e sociais que não são claramente aparentes até os 3 anos de idade.[23] Doenças dentro desse espectro incluem autismo clássico, síndrome de Asperger, síndrome do X frágil e síndrome de Rett. Parece que a síndrome de Rett está associada com um único gene (*proteína 2 ligada metil CpG*, ou *MeCP2*) Em contrapartida, o autismo é verdadeiramente multialélico, com algumas crianças sendo não sindrômicas (autismo sem causa conhecida) e possuindo provavelmente mutações esporádicas (Iossifov et al., 2014; Ronemus et al., 2014; De Rubeis e Buxbaum, 2015). De fato, os agentes causais (fatores genéticos e ambientais) podem ser únicos para cada criança autista, o que representa desafios significativos para a pesquisa sobre autismo.

Uma abordagem tem sido gerar iPSCs de tantas crianças com doenças relacionadas ao autismo quanto possível para estabelecer uma compreensão abrangente dos genes associados. Essa abordagem foi facilitada pelo programa Projeto Fada dos Dentes, através do qual doações de dentes decíduos (de leite) de crianças proveem suficiente polpa dentária para a derivação de iPSCs.[24] Usando iPSCs de uma criança com autismo não sindrômico, os pesquisadores criaram uma cultura de neurônios e descobriram uma mutação no gene de canal de cálcio *TRPC6* que debilitava a estrutura e funcionamento desses neurônios (Griesi-Oliveira et al., 2014). Além disso, eles demonstraram uma melhora no funcionamento neuronal depois de expor essas células à hiperforina, um composto encontrado na erva-de-são-joão, e e

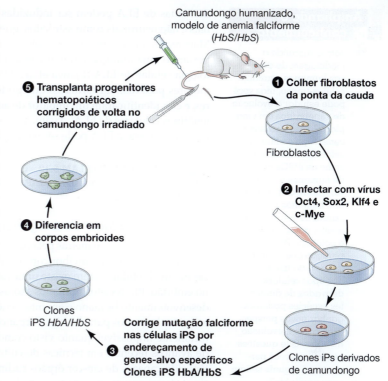

FIGURA 5.24 Protocolo para cura de uma doença "humana" num camundongo usando iPSCs junto com genética recombinante. (1) Fibroblastos da ponta da cauda são retirados de um camundongo cujo genoma contém os alelos humanos para anemia falciforme (HbS, do inglês, *sickle-cell anemia*) e nenhum gene de camundongo para essa proteína. (2) As células são cultivadas e infectadas com vírus contendo os quatro fatores de transcrição que se sabe que induzem a pluripotência. (3) As células IPS são identificadas por suas morfologias distintas e recebem DNA contendo o tipo selvagem do alelo de hemoglobina humana (HbA). (4) Os embriões são levados à diferenciação em cultura. Eles formam "corpos embrioides" que contêm células-tronco formadoras do sangue. (5) Os progenitores hematopoiéticos e as células-tronco desses corpos embrioides são injetados no camundongo original e curam sua anemia falciforme. (Segundo Hanna et al., 2007.)

conhecido por estimular a entrada de cálcio. Acontece que a expressão de *TRPC6* pode ser regulada por MeCP2, o que confirma uma associação direta entre autismo e síndrome de Rett. Notavelmente, a intervenção médica para essa criança foi modificada para incluir a erva-de-são-joão, o que destaca o potencial para a medicina de precisão paciente-específica no futuro. Essa descoberta mostra que as iPSCs podem ter um papel importante na modelagem de doenças complexas para buscar mecanismos que possam levar à intervenção direta no paciente.

A esclerose lateral amiotrófica (ELA), ou doença de Lou Gehrig, é uma doença degenerativa nos neurônios motores que surge em adultos e é multialélica através de herança familiar tanto quanto de mutações esporádicas; infelizmente, ela não tem cura ou tratamento. Algumas das primeiras iPSCs específicas de doenças foram derivadas de pacientes com ELA, em 2008, pelo grupo de Kevin Eggan (Dimos et al., 2008). As iPSCs

---

[23] Embora sinais de algumas doenças do espectro de autismo não sejam aparentes precocemente, indicadores precoces sutis – como ficar olhando para formas geométricas em preferência a rostos de pessoas – estão sendo identificados.

[24] Ver o Dr. Alysson Muotri descrever sua pesquisa e o Projeto Fada dos Dentes em https://www.cirm.ca.gov/our–progress/video/reversing–autism–lab–help–stem–cells–and–tooth–fairy. Você também pode acessar uma conferência BioWeb (ver Os cientistas falam 5.13), na qual o Dr. Muotri discute a modelagem em CTPis de ELA e autismo.

derivadas de ELA podem ser induzidas a se diferenciarem em tipos celulares neuronais e não neuronais como astrócitos, que são as células implicadas no fenótipo de ELA. Mais recentemente, neurônios motores diferenciados de iPSCs derivadas de pacientes portando uma mutação familiar conhecida de ELA exibiram marcadores típicos de patologia celular de ELA (Egawa et al., 2012). Os pesquisadores usaram esses neurônios motores para rastrear fármacos que pudessem melhorar a saúde dos neurônios motores, e eles identificaram um inibidor de acetiltransferase de histonas capaz de reduzir os fenótipos celulares de ELA. Assim, a experimentação com iPSCs revelou novas abordagens sobre como a ELA pode ser regulada epigeneticamente e possivelmente tratada.

 OS CIENTISTAS FALAM 5.13 Conferência na rede com a Dra. Carol Marchetto sobre a modelagem de autismo com iPSCs, e com o Dr. Alysson Muotri sobre modelagem de ELA com iPSCs.

Organoides: estudando a organogênese humana numa placa de cultura

Discutimos as várias maneiras pelas quais as células-tronco pluripotentes (ESCs e iPSCs) podem ser usadas para melhor compreensão do desenvolvimento humano e das doenças no nível celular, porém existe uma vasta diferença entre células em cultura e células no embrião. Blastocistos humanos são usados rotineiramente em pesquisa no início do desenvolvimento humano e em intervenções para tratamento de infertilidade; o uso de embriões humanos para estudar a organogênese humana, entretanto, tem sido tanto tecnicamente impossível quanto visto como antiético pela maioria. No entanto, por meio de avanços recentes em técnicas de cultura de células pluripotentes, os pesquisadores têm sido capazes de crescer órgãos rudimentares a partir de células-tronco pluripotentes. Até o momento, as estruturas mais complexas que têm sido criadas são o cálice óptico do olho, o minitrato digestivo, os tecidos do rim, brotos de fígado e até regiões do cérebro (**FIGURA 5.25A**; Lancaster e Knoblich, 2014).

Esses **organoides**, como são chamados, são geralmente do tamanho de uma ervilha e podem ser mantidos em cultura por mais de um ano. A característica marcante dos organoides é que realmente imitam a organogênese embrionária. As células pluripotentes frequentemente se autorganizam em agregados baseados em adesão diferencial entre as células (de forma parecida com a gastrulação, ver também Capítulo 4), levando à separação e à diferenciação das células com destinos diferentes que interagem para formar os tecidos de um órgão (**FIGURA 5.25B**). Os organoides foram feitos de ambas, ESCs e iPSCs, derivadas de indivíduos saudáveis e doentes. Portanto, as mesmas abordagens terapêuticas que discutimos para ESC e iPSCs podem também ser aplicadas ao sistema de organoides. Embora ainda seja especulativo neste momento, a criação de organoides pode se provar um procedimento viável para o crescimento de estruturas autólogas[25] não apenas para terapias de substituição celular paciente-específicas, mas também para substituição de tecidos. Como exemplo, destacamos algumas das características notáveis associadas com o desenvolvimento de organoides cerebrais e seu uso na modelagem de doenças congênitas do cérebro.

O ORGANOIDE CEREBRAL O córtex cerebral humano pode ser considerado o tecido mais sofisticado do reino animal, e a tentativa de construir mesmo partes dessa estrutura pode parecer atemorizante. De modo irônico, a diferenciação neural a partir de células pluripotentes parece ser um tipo de "estado basal", semelhante às células formadoras neurais prospectivas da gástrula. Muitos estudos prévios caracterizando o desenvolvimento de células-tronco em tecidos neurais pavimentaram o caminho para o crescimento de organoides multirregionais do cérebro (Eiraku et al., 2008; Muguruma et al., 2010; Danjo et al., 2011; Eiraku e Sasai, 2012; Mariani et al., 2012). Em condições de crescimento relativamente simples, as células pluripotentes vão se autorganizar em pequenos agregados esféricos de células, chamados de corpos embrionicos, e células

---

[25] Autólogo significa derivado do mesmo indivíduo. Nesse caso, células de um paciente são reprogramadas em iPSCs que são desenvolvidas num organoide específico. Células e tecidos completos do organoide podem ser transplantados de volta no mesmo paciente sem preocupações com rejeição imunológica.

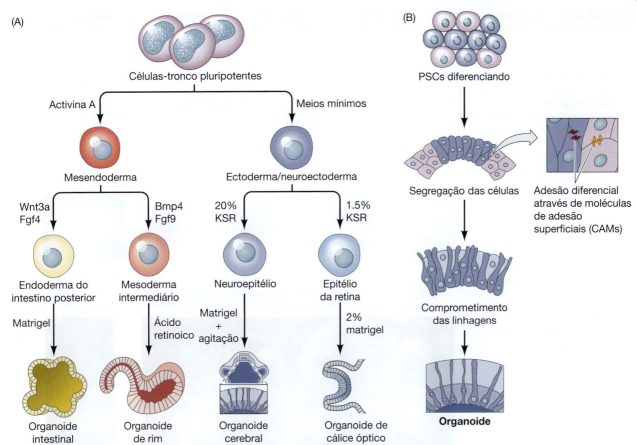

(A)

Células-tronco pluripotentes

Activina A — Meios mínimos

Mesendoderma — Ectoderma/neuroectoderma

Wnt3a Fgf4 — Bmp4 Fgf9 — 20% KSR — 1.5% KSR

Endoderma do intestino posterior — Mesoderma intermediário — Neuroepitélio — Epitélio da retina

Matrigel — Ácido retinoico — Matrigel + agitação — 2% matrigel

Organoide intestinal — Organoide de rim — Organoide cerebral — Organoide de cálice óptico

(B)

PSCs diferenciando

Segregação das células — Adesão diferencial através de moléculas de adesão superficiais (CAMs)

Comprometimento das linhagens

Organoide

FIGURA 5.25 Derivação de organoides. (A) Representação esquemática das várias estratégias usadas para promover a morfogênese de organoides de tipos de tecidos específicos. Na maioria dos casos, uma matriz tridimensional (Matrigel) é usada. KSR é uma forma de substituição de soro. (B) A progressão inicial da formação do organoide começa com a expressão diferencial dos genes, levando a células com diferentes moléculas de adesão celular que conferem propriedades de autorganização (ver Capítulo 4). Uma vez separadas, as células continuam a amadurecer na direção de linhagens distintas que interagem para construir um tecido funcional. (Segundo Lancaster e Knoblich, 2014).

dentro destes corpos vão se diferenciar em um neuroepitélio estratificado, semelhante ao epitélio neural de um embrião. A habilidade autorganizadora das células pluripotentes de formar estruturas neuroepiteliais tridimensionais sugere fortemente que existem mecanismos intrínsecos robustos que são preparados para o desenvolvimento neural (Harris et al., 2015). Como visto na maioria dos nichos de células-tronco neurais de adulto, este neuroepitélio é polarizado ao longo do eixo apicobasal e é capaz de se desenvolver em tecido do cérebro.

Em um estudo de referência, pesquisadores levaram organoides de tecido do cérebro ao próximo nível de complexidade (Lancaster et al., 2013). Eles colocaram corpos embrioides em gotas de Matrigel (uma matriz feita de membrana basal solubilizada, a matriz extracelular normalmente no lado basal de um epitélio) para fornecer uma arquitetura tridimensional. Em seguida, eles levaram esses brotos neuroepiteliais em um biorreator com agitação contendo meio de cultura (**FIGURA 5.26A**; ver também Lancaster e Knoblich, 2014). O movimento do organoide nessa matriz tridimensional servia para aumentar a captação de nutriente, o que suportava o crescimento substancial requerido para o desenvolvimento do organoide cerebral multirregional. O organoide cerebral resultante mostrou tecidos caracteristicamente em camadas para uma variedade de regiões do cérebro, incluindo marcadores neuronais e gliais apropriados (**FIGURA 5.26B**). Esses organoides cerebrais possuíam células gliais radiais adjacentes a estruturas semelhantes a ventrículos, à semelhança do tubo neural em desenvolvimento e mesmo ao nicho adulto de células-tronco neurais discutido anteriormente (**FIGURA 5.26C**). Essas células gliais radiais humanas de dentro do organoide mostravam todos os padrões de comportamento mitótico: divisão simétrica para a expansão de células-tronco e divisões assimétricas para a autorrenovação e a diferenciação (Lancaster et al., 2013).

O grupo de Knoblich também gerou iPSCs de amostras de fibroblastos de pacientes com microcefalia grave, na esperança de que eles pudessem estudar as patologias

FIGURA 5.26   O organoide cerebral. (A) Esquema mostrando o processo temporal para a criação de um organoide cerebral a partir de uma suspensão inicial de células em um biorreator com agitação. Imagens representativas de microscopia de luz do organoide se desenvolvendo são mostrados abaixo de cada passo. (B) Secção de um organoide marcado para progenitores neurais (em vermelho; Sox2), neurônios (em verde; Tuji) e núcleos (em azul), que revelam a organização em várias camadas característica do córtex cerebral em desenvolvimento. (C) Célula glial radial marcada com p-Vimentina (em verde) sofre divisão e mostra sua morfologia característica com um longo processo basal e sua membrana apical na luz semelhante ao ventrículo (tracejado com linha branca). (Segundo Lancaster e Knoblich, 2014a, b.)

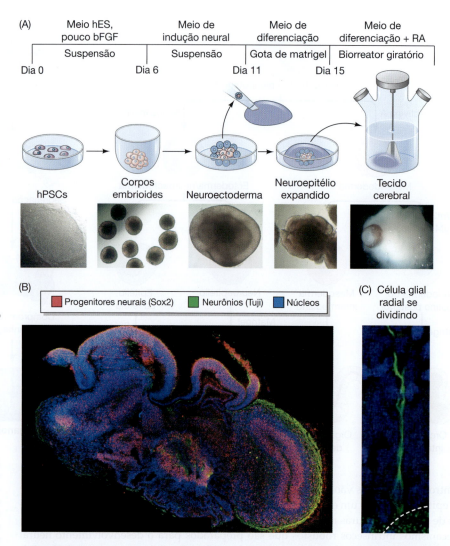

(A)

Meio hES, pouco bFGF	Meio de indução neural	Meio de diferenciação	Meio de diferenciação + RA
Suspensão	Suspensão	Gota de matrigel	Biorreator giratório

Dia 0   Dia 6   Dia 11   Dia 15

hPSCs → Corpos embrioides → Neuroectoderma → Neuroepitélio expandido → Tecido cerebral

(B)   ■ Progenitores neurais (Sox2)   ■ Neurônios (Tuji)   ■ Núcleos

(C) Célula glial radial se dividindo

associadas com essa doença (Lancaster et al., 2013). A microcefalia é uma doença congênita caracterizada por uma redução significativa no tamanho do cérebro (**FIGURA 5.27A**). Notavelmente, os organoides cerebrais desse paciente mostraram tecidos desenvolvidos menores, mas as camadas externas dos tecidos semelhantes ao córtex mostraram números de neurônios aumentados em comparação com organoides-controle (**FIGURA 5.27B**). Os pesquisadores descobriram que esse paciente tinha mutação no gene para CDK5RAP2,[26] uma proteína envolvida no funcionamento do fuso mitótico. Além disso, as células da glia radial deste organoide cerebral mostraram níveis anormalmente baixos de divisão simétrica (Figura 5.27C). Lembre-se que uma das funções mais básicas de uma célula-tronco é se dividir. Parece que a CDK5RAP2 é requerida para a divisão celular necessária para a expansão do reservatório de células-tronco. A falta de divisões simétricas leva à diferenciação neuronal prematura, o que explica o aumento no número de neurônios nesse organoide derivada de paciente, apesar do menor tamanho dos seus tecidos (Lancaster et al., 2013).

Células-tronco: esperança ou moda?

A habilidade de induzir, isola e manipular células-tronco oferece uma visão da medicina regenerativa, na qual pacientes podem ter seus órgãos doentes crescidos novamente

---

[26] A proteína 2 associada à subunidade regulatória de Cdk5 (CDK5RAP) codifica a uma proteína centrossomal que interage com o fuso mitótico durante a divisão.

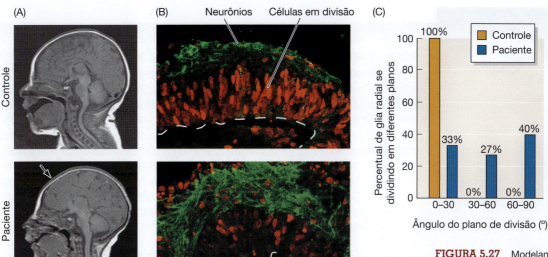

(A) Controle / Paciente / Microcefalia

(B) Neurônios / Células em divisão

(C) Percentual de glia radial se dividindo em diferentes planos / Ângulo do plano de divisão (°)

FIGURA 5.27 Modelando a microcefalia humana com organoide cerebral específico de paciente. (A) Vista sagital de imagem de ressonância magnética de cérebros de idade correspondente controle (alto) e de paciente ao nascer. O paciente tem um cérebro menor e dobramento do cérebro reduzido (seta). (B) Imunomarcação de organoides controle e derivado de paciente. Neurônios (em verde) e células em divisão (em vermelho) estão marcados com CDX e BrdU, respectivamente. Existe uma proliferação diminuída e aumento em número de neurônios no organoides derivados de paciente. (C) Quantificação do número de células de glia radial sofrendo divisões mitóticas ao longo de planos específicos, relativos ao eixo apical para basal do organoide. Devido à perda da CDK5RAP2, as células da glia radial se dividem aleatoriamente ao longo de todos os eixos. (Segundo Lancaster et al., 2013.)

e substituídos usando suas próprias células-tronco. As células-tronco também oferecem caminhos fascinantes para o tratamento de numerosas doenças. Realmente, quando pensamos sobre os mecanismos de envelhecimento, a substituição de tecidos doentes, e até a melhoria de habilidades, a linha entre medicina e ficção científica se torna estreita. Os biólogos do desenvolvimento têm de considerar não apenas a biologia de células-tronco, mas também a ética, a economia e a justiça envolvidas no seu uso (ver Faden et al., 2003; Dresser, 2010; Buchanan, 2011).

Há vários anos, protocolos de terapias com células-tronco estavam sendo testados apenas em uns poucos ensaios humanos (Normile, 2012; Cyranoski, 2013). Uma simples busca por terapias com células-tronco em "clinicaltrials.gov" revelará uma crescente lista de testes em andamento com células-tronco. Embora a maioria dos testes clínicos atuais estejam associados com células-tronco adultas, estão sendo conduzidos testes com progenitores derivados de ESCs e iPSCs humanas nos Estados Unidos e em outros lugares. Uma preocupação significativa é o aumento em terapias com células-tronco fraudulentas sendo oferecidas. A Sociedade Internacional para Pesquisa com Células-tronco (www.isscr.org) fornece recursos valiosos para se aprender sobre células-tronco e identificar terapias com células-tronco de qualidade que estão sendo feitas hoje.

A pesquisa com células-tronco pode ser o começo de uma revolução que será tão importante para a medicina (e tão transformadora para a sociedade) como a pesquisa em micróbios infecciosos foi há um século atrás. Além do potencial para aplicações médicas, entretanto, as células-tronco podem nos contar muito sobre como o corpo é construído e como ele mantém sua estrutura. As células-tronco certamente confirmam a visão de que "o desenvolvimento nunca para".

Próxima etapa na pesquisa

Pode o nosso comportamento afetar a neurogênese nos nossos cérebros ou o número de células imunes no nosso sangue? Tem sido mostrado que o exercício pode aumentar a neurogênese no cérebro, enquanto o estresse tem o efeito oposto. Essa resposta impressionante implora pela pergunta "o que mais pode afetar a geração de células em nossos corpos?" Será que algumas células-tronco são responsivas a tipos particulares de estímulos ambientais e será que podemos controlar esse conhecimento para melhorar a saúde e a regeneração dos tecidos? Por exemplo, será que certas dietas promovem uma renovação de células mais saudável no nosso trato digestório ou aumentam a neurogênese em nosso cérebro? E quanto a padrões de sono saudáveis, interações sociais, leitura, assistir filmes alegres ou tristes ou tocar piano? Será que essas atividades estimulam o desenvolvimento saudável de células-tronco? Como você testaria para essas possibilidades?

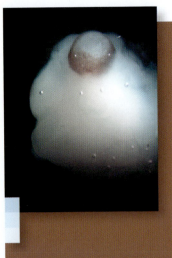

Considerações finais sobre a foto de abertura

Este capítulo começou com a questão "Isso é realmente um olho e um cérebro em uma placa?" A construção tridimensional de tecido a partir de células-tronco numa placa em cultura é um exemplo notável do "potencial" que as células-tronco mantêm para o estudo do desenvolvimento e doença. Sim, essa imagem é de um epitélio pigmentado da retina crescendo sobre um epitélio neural em um organoide cerebral. Embora esses organoides estejam certamente provendo uma nova plataforma para estudar a organogênese humana e doenças relacionadas, o empolgamento que eles geraram deve ser acompanhado com objetividade para se compreender as limitações que estes sistemas tambiem apresentam. O que está atualmente faltando nesse organoide cerebral? Pense nessas estruturas: vasos sanguíneos, o fluxo de líquido espinal cerebral e a hipófise. Seja organoide de cérebro, rim, intestino, eles ainda não estão completos. Talvez no futuro seja o seu experimento que gerará os primeiros órgãos completamente funcionais a partir de células-tronco numa placa. (Fotografia por cortesia de Lancaster et al., 2013.)

5 Resumo instantâneo
Células-tronco

1. Uma célula-tronco mantém a capacidade de se dividir para produzir uma cópia de si mesma tanto quanto de gerar células progenitoras capazes de amadurecer em diferentes tipos celulares.

2. O potencial de uma célula-tronco se refere à gama de tipos celulares que ela pode produzir. Uma célula-tronco totipotente pode gerar todos os tipos de ambas as linhagens embrionárias e extraembrionárias. Células-tronco pluripotentes e multipotentes produzem linhagens restitas apenas do embrião e apenas de tecidos ou órgãos selecionados, respectivamente.

3. Células-tronco adultas residem em microambientes chamados de nichos de células-tronco. A maioria dos órgãos e tecidos possuem nichos de células-tronco, como os nichos de células germinativas, hematopoiéticas, epiteliais do tubo digestório e ventricular-subventricular.

4. O nicho usa uma variedade de mecanismos de comunicação célula a célula para regular a quiescência, a proliferação e os estados de diferenciação da célula-tronco residente.

5. Células da massa celular interna do blastocisto de camundongo são mantidas num estado pluripotente através de interações de E-caderina com células do trofoectoderma que ativam a cascata da cinase Hippo e reprimem a função Yap/Taz como reguladores transcricionais do *Cdx2*.

6. A caderina liga as células-tronco germinativas de ovócitos e testículos de *Drosophila* ao nicho, mantendo elas dentro de campos de sinalização de TGF-β e Unpaired, respectivamente. Divisões assimétricas empurram as células filhas para fora desse nicho para promover a diferenciação das células germinativas.

7. A zona ventricular-subventricular (V-SVZ) do cérebro de mamíferos representa uma arquitetura de nicho complexa de células-tronco do tipo B arranjadas em roseta com um cílio primário na superfície apical e um longo processo radial que termina em um pé vascular basal.

8. A atividade constante de Notch no nicho da V-SVZ mantém as células B no estado quiescente, enquanto oscilações crescentes de atividade de Notch na direção da expressão gênica pró-neural promovem a maturação das células B em células C amplificadoras em trânsito e posteriormente em progenitores neurais migratórios (células A).

9. Sinais adicionais – de atividade neural e substâncias, como GDF11, dos vasos sanguíneos até gradientes de Shh, BMP4 e Noggin – todos influenciam a proliferação e a diferenciação de células B no nicho da V-SVZ.

10. As células colunares basais localizadas na base da cripta intestinal servem como células-tronco clonogênicas para o epitélio intestinal, o que gera células epiteliais amplificadoras em trânsito que se diferenciam lentamente enquanto vão sendo empurradas para cima na vilosidade.

11. Sinais de Wnt na base da cripta sustentam a proliferação das células-tronco, enquanto um gradiente oposto de Bmp das células no topo da cripta induz a diferenciação.

12. A adesão aos osteoblastos mantém as células-tronco hematopoiéticas (HSCs) quiescentes no nicho endosteal. O aumento da exposição a sinais de CXC12 das células CAR e células-tronco mesenquimais pode transformar as HSCs num comportamento proliferativo, apesar da diminuição da expressão de *CXC12* no nicho perivascular encorajar a migração de HSCs ativas em curto prazo nos vasos sanguíneos ricos em oxigênio.

13. As células-tronco mesenquimais podem ser encontradas numa variedade de tecidos, inclusive em tecido conjuntivo, músculo, olho, dentes, ossos e outros. Elas têm um papel duplo tanto de células estromais de suporte tanto quanto de células-tronco multipotentes.

14. Células-tronco embrionárias e pluripotentes induzidas podem ser mantidas em cultura indefinidamente e, quando

expostas a certa combinação de fatores e/ou limitadas pelo substrato físico de crescimento, podem ser dirigidas a se diferenciar em potencialmente qualquer tipo de célula do corpo.

15. ESCs e iPSCs estão sendo usadas para se estudar o desenvolvimento celular e as doenças humanas. O uso de células-tronco específicas de pacientes para se estudar diferenciação celular da doença rara do sangue anemia de Fanconi ou transtornos do sistema nervoso, como autismo e ELA, já começaram a prover novas abordagens nos mecanismos das doenças.

16. Células-tronco pluripotentes também podem ser usadas em medicina regenerativa para refazer tecidos e criar estruturas chamadas de organoides, que parecem possuir muitas das características multicelulares fundamentais de órgãos humanos. Os organoides estão sendo usados para se estudar a organogênese humana e a progressão de doenças específicas de pacientes ao nível de tecido, tudo *in vitro*.

Leituras adicionais

Ables, J. L., J. J. Breunig, A. J. Eisch and P. Rakic. 2011. Not(ch) just development: Notch signalling in the adult brain. *Nature Rev. Neurosci.* 12: 269-283.

Al-Drees, M. A., J. H. Yeo, B. B. Boumelhem, V. I. Antas, K. W. Brigden, C. K. Colonne and S. T. Fraser. 2015. Making blood: The haematopoietic niche throughout ontogeny. *Stem Cells Int.* doi: 10.1155/2015/571893.

Barker, N. 2014. Adult intestinal stem cells: Critical drivers of epithelial homeostasis and regeneration. *Nature Rev. Mol. Cell Biol.* 15: 19-33.

Bianco, P. 2014. "Mesenchymal" stem cells. *Annu. Rev. Cell Dev. Biol.* 677704.

Boulais, P. E. and P. S. Frenette. 2015. Making sense of hematopoietic stem cell niches. *Blood* 125: 2621-2629.

Dimos, J. T. and 12 others. 2008. Induced pluripotent stem cells generated from patients with ALS can be differentiated into motor neurons. *Science* 32: 1218-1221.

Fonseca, S. A., R. M. Costas and L. V. Pereira. 2015. Searching for naïve human pluripotent stem cells. *World J. Stem Cells* 7: 649-656.

Freitas, B. C., C. A. Trujillo, C. Carromeu, M. Yusupova, R. H. Herai and A. R. Muotri. 2014. Stem cells and modeling of autism spectrum disorders. *Exp. Neurol.* 260: 33-43.

Gafni, O. and 26 others. 2013. Derivation of novel human ground state naive pluripotent stem cells. *Nature* 504: 282-286.

Greenbaum A. and 7 others. 2013. CXCL12 in early mesenchymal progenitors is required for haematopoietic stem–cell maintenance. *Nature* 495: 227-230.

Harris, J., G. S. Tomassy and P. Arlotta. 2015. Building blocks of the cerebral cortex: From development to the dish. *Wiley Interdiscip. Rev. Dev. Biol.* 4: 529-544.

Imayoshi, I. and 8 others. 2013. Oscillatory control of factors determining multipotency and fate in mouse neural progenitors. *Science* 342: 1203-1208.

Katsimpardi, L. and 9 others. 2014. Vascular and neurogenic rejuvenation of the aging mouse brain by young systemic factors. *Science* 344: 630-634.

Kim, N. G., E. Koh, X. Chen and B. M. Gumbiner. 2011. E–cadherin mediates contact inhibition of proliferation through Hippo signaling-pathway components. *Proc. Natl. Acad. Sci. USA* 108: 11930-11935.

Lancaster, M. A. and J. A. Knoblich. 2014. Organogenesis in a dish: Modeling development and disease using organoid technologies. *Science.* doi: 10.1126/science.1247125.

Lancaster, M. A. and 9 others. 2013. Cerebral organoids model human brain development and microcephaly. *Nature* 501:373-379.

Le Bin, G. C. and 11 others. 2014. Oct4 is required for lineage priming in the developing inner cell mass of the mouse blastocyst. *Development* 141: 1001-1010.

Lim, D. A. and A. Alvarez-Buylla. 2014. Adult neural stem cells stake their ground. *Trends Neurosci.* 37: 563-571.

Méndez-Ferrer, S. and 10 others. 2010. Mesenchymal and hematopoietic stem cells form a unique bone marrow niche. *Nature* 466: 829-834.

Ottone, C. and S. Parrinello. 2015. Multifaceted control of adult SVZ neurogenesis by the vascular niche. *Cell Cycle* 14: 2222-2225.

Spradling, A., M. T. Fuller, R. E. Braun and S. Yoshida. 2011. Germline stem cells. *Cold Spring Harbor Perspect. Biol.* doi:10.1101/cshperspect.a002642.

Snippert, H. J. and 10 others. 2010. Intestinal crypt homeostasis results from neutral competition between symmetrically dividing Lgr5 stem cells. *Cell* 143: 134-144.

Stephenson, R. O., J. Rossant and P. P. Tam. 2012. Intercellular interactions, position, and polarity in establishing blastocyst cell lineages and embryonic axes. *Cold Spring Harbor Perspect. Biol.* doi: 10.1101/cshperspect.a008235.

Xie, T. and A. C. Spradling. 1998. *decapentaplegic* is essential for the maintenance and division of germline stem cells in the *Drosophila* ovary. *Cell* 94: 251-260.

Yan, D. and 16 others. 2014. A regulatory network of Drosophila germline stem cell self-renewal. *Dev. Cell* 28: 459-473.

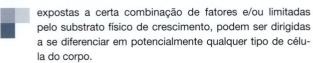

VISITE WWW.DEVBIO.COM...

... para Tópicos na Rede, entrevistas de Os Cientistas Falam, vídeos de Assista ao Desenvolvimento, Tutorial do Desenvolvimento e informação bibliográfica completa sobre toda a literatura citada neste capítulo.

Determinação sexual e gametogênese

"REPRODUÇÃO SEXUADA É... A OBRA-PRIMA DA NATUREZA", escreveu Erasmus Darwin, em 1791. Descendentes de machos e fêmeas são gerados por processos gênicos equivalentes e igualmente ativos, um não sendo superior ou inferior, nem maior ou menor do que o outro. Em mamíferos e moscas, o sexo dos indivíduos é determinado quando os gametas, o espermatozoide e o ovócito se encontram. Como veremos, entretanto, existem outros esquemas de determinação do sexo, em que animais de certas espécies são tanto fêmeas quanto machos (fazendo tanto espermatozoides quanto ovócitos), e esquemas em que o ambiente determina o sexo do indivíduo. Os gametas são o produto da **linhagem germinativa**, que se separa das linhagens somáticas, que se dividem mitoticamente para gerar as células somáticas diferenciadas do indivíduo em desenvolvimento. As células da linhagem germinativa fazem meiose, um notável processo de divisão celular no qual o conteúdo cromossômico de uma célula é reduzido pela metade, de forma que a união de dois gametas por fertilização restaura o conteúdo cromossômico completo do novo organismo. Na reprodução sexuada, cada novo organismo recebe material genético de dois pais distintos, e o mecanismo da meiose gera uma incrível quantidade de variação genômica, por meio da qual a evolução pode trabalhar.

Gametogênese e fertilização são tanto o fim como o começo do ciclo da vida. Este capítulo descreve como o sexo de um indivíduo é determinado, o qual, por sua vez, determina se o gameta do indivíduo será um espermatozoide ou um ovócito.

Como pode esta galinha ser meio galinha e meio galo?

Destaque

Em vertebrados e artrópodes, o sexo é determinado por cromossomos. Em mamíferos, o gene *Sry* no cromossomo Y transforma a gônada bipotente em um testículo (e impede o desenvolvimento dos ovários), ao passo que a herança de dois cromossomos X ativa a β-catenina, transformando a gônada bipotente em um ovário (e impedindo a formação de testículos). Em moscas, o número de cromossomos X regula o gene *Sxl*, permitindo *splicing* diferencial de certos RNAs nucleares em mRNAs específicos para machos ou fêmeas. Em mamíferos, os testículos secretam hormônios, como testosterona e hormônio anti-mülleriano. O primeiro constrói o fenótipo masculino, e o segundo bloqueia o fenótipo feminino. Os ovários sintetizam estrogênio, que constrói o fenótipo feminino; eles também secretam progesterona para manter a gestação. Em todas as espécies, a gônada instrui a gametogênese, isto é, o desenvolvimento das células germinativas. As células germinativas de mamíferos, ao chegarem ao ovário, iniciam a meiose ainda dentro do embrião e tornam-se ovócitos. As células germinativas, ao chegarem aos testículos de mamíferos, são impedidas de entrar em meiose e, em vez disso, dividem-se para produzir uma população de células-tronco que, a partir da puberdade, irá gerar os espermatozoides. Também existem espécies de animais cujo sexo é determinado por fatores ambientais, como temperatura.

Determinação do sexo pelo cromossomo

Existem várias formas por meio das quais os cromossomos podem determinar o sexo do embrião. Em *mamíferos*, a presença ou de um segundo cromossomo X ou de um cromossomo Y determina se o embrião será fêmea (XX) ou macho (XY), respectivamente. Em *aves*, a situação é reversa (Smith e Sinclair, 2001): o macho tem os dois cromossomos sexuais similares (ZZ), e a fêmea tem um par desigual (ZW). Em *moscas*, o cromossomo Y não executa nenhum papel na determinação sexual, mas o número de cromossomos X parece ser determinante no fenótipo sexual. Em outros insetos (principalmente himenópteros, como abelhas vespas e formigas) ovos diploides fertilizados desenvolvem-se em fêmeas, ao passo que ovos haploides não fertilizados se tornam machos (Beukeboom, 1995, Gemp et al., 2009). Este capítulo discute somente duas das muitas formas de determinação sexual por cromossomos: determinação sexual em mamíferos placentados e determinação sexual na mosca-da-fruta, *Drosophila*.

TÓPICO NA REDE 6.1 **DETERMINAÇÃO SEXUAL E PERCEPÇÃO SOCIAL** Em um passado não muito distante, feminização era considerada um estado *default* (padrão), enquanto se pensava que a masculinização fosse "algo a mais", adquirida por meio de genes que propulsionavam o desenvolvimento.

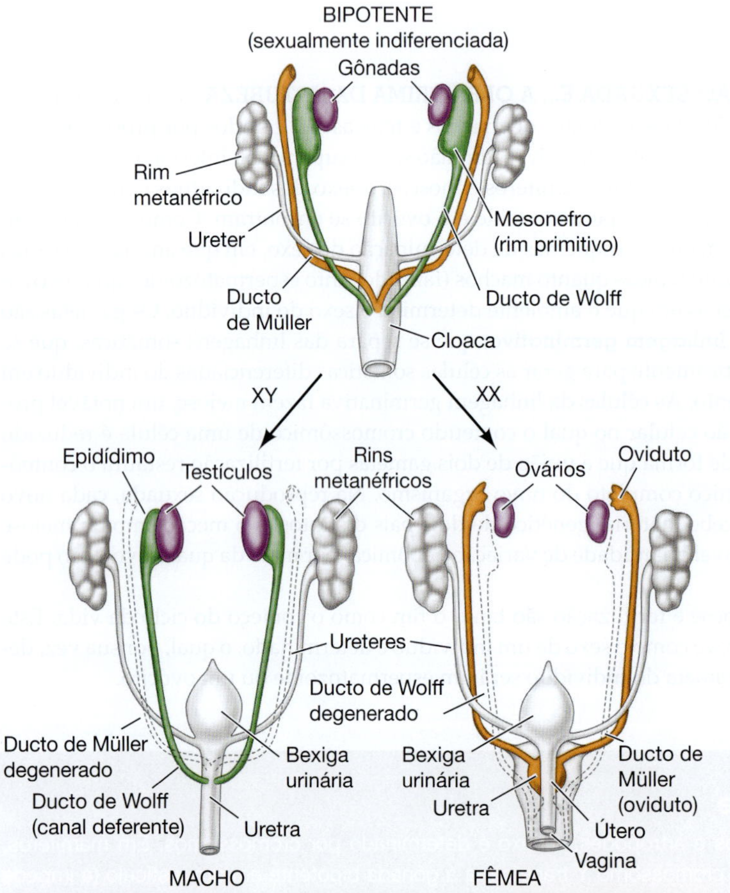

O padrão de determinação sexual em mamíferos

A determinação sexual em mamíferos é governada pelos genes formadores de gônada e pelos hormônios elaborados nas gônadas. A **determinação sexual primária** é *a determinação das gônadas* – ovários formadores de ovócito e testículos formadores de espermatozoide. A **determinação sexual secundária** é *a determinação do fenótipo de macho ou fêmea pelos hormônios produzidos nas gônadas*. A formação de ovários e de testículos são processos ativos dirigidos por genes. As gônadas masculinas e femininas divergem a partir de um mesmo precursor, a **gônada bipotente** (também denominada **gônada indiferenciada**) (**FIGURA 6.1**).

Em mamíferos, a determinação sexual primária é ditada de acordo com um cariótipo XX

BIPOTENTE
(sexualmente indiferenciada)
Gônadas

Rim metanéfrico

Ureter

Ducto de Müller

Mesonefro (rim primitivo)

Ducto de Wolff

Cloaca

XY   XX

Epidídimo

Testículos

Rins metanéfricos

Ovários

Oviduto

Ureteres

Ducto de Wolff degenerado

Ducto de Müller degenerado

Bexiga urinária

Bexiga urinária

Ducto de Müller (oviduto)

Ducto de Wolff (canal deferente)

Uretra

Uretra

Útero

Uretra

Vagina

MACHO   FÊMEA

GÔNADAS		
Tipo da gônada	Testículo	Ovário
Localização da célula germinativa	Dentro dos cordões testiculares (na medula do testículo)	Dentro dos folículos ovarianos, no córtex
DUCTOS		
Ducto remanescente	Wolff	Müller
Diferenciação do ducto	Canal deferente, epidídimo, vesícula seminal	Oviduto, útero, cérvice, região superior da vagina
SEIO UROGENITAL	Próstata	Glândulas de Skene
DOBRAS LABIOSCROTAIS	Escroto	Lábios maiores
TUBÉRCULO GENITAL	Pênis	Clitóris

FIGURA 6.1 Desenvolvimento das gônadas e seus ductos em mamíferos. Originalmente, uma gônada bipotente (indiferente) desenvolve-se na presença simultânea de ambos o ducto de Müller (fêmea) e o ducto de Wolff (macho) indiferenciados. Se XY, as gônadas se tornam testículos e o ducto de Wolff persiste. Se XX, as gônadas se tornam ovários e o ducto de Müller persiste. Os hormônios produzidos nas gônadas causarão o desenvolvimento da genitália externa para a direção masculina (pênis, escroto) ou para a direção feminina (clitóris, lábios maiores).

ou XY do organismo. Na maioria dos casos, o cariótipo feminino é XX e o masculino é XY. Todos os indivíduos precisam portar ao menos um cromossomo X. Como a fêmea diploide é XX, cada um de seus ovócitos haploides tem um único cromossomo X. O macho, por ser XY, gera duas populações de espermatozoides haploides: uma metade carrega o cromossomo X e a outra o Y. Se durante a fertilização, o ovócito recebe um segundo cromossomo X do espermatozoide, o indivíduo resultante é XX, forma ovário e é fêmea; se o ovócito recebe cromossomo Y do espermatozoide, o indivíduo é XY, forma testículos e é macho (**FIGURA 6.2A**) (Stevens, 1905; Wilson, 1905; ver Gilbert, 1978).

O cromossomo Y carrega um gene que codifica o **fator determinante de testículo** que organiza a gônada bipotente em testículo. Isso foi demonstrado em 1959, quando a cariotipagem mostrou que indivíduos XXY (uma condição conhecida como síndrome de Klinefelter) são machos (apesar de terem dois cromossomos X), e que os indivíduos tendo apenas um cromossomo X (XO, também conhecida como síndrome de Turner) são fêmeas (Ford et al., 1959; Jacobs e Strong, 1959). Homens XXY possuem testículos funcionais. Mulheres com um único cromossomo X começam a formar ovários, mas os folículos ovarianos não conseguem ser mantidos sem um segundo cromossomo X. Nesse

(A)

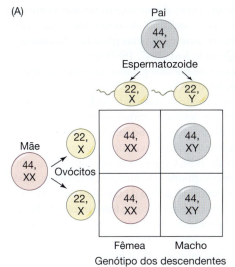

Genótipo dos descendentes

FIGURA 6.2 Determinação sexual em mamíferos placentários. (A) A determinação sexual cromossômica gera números aproximadamente iguais de descendentes machos e fêmeas. (B) Cascata proposta para aquisição dos fenótipos masculino e feminino em mamíferos. A conversão da crista genital em uma gônada bipotente requer, entre outros, os genes *Sf1*, *Wt1* e *Lhx9*; os camundongos sem um desses genes não possuem gônadas. A gônada bipotente parece ser movida para a via feminina (desenvolvimento do ovário) pelos genes *Foxl2*, *Wnt4* e *Rspo1*, e para a via masculina (desenvolvimento do testículo) pelo gene *Sry* (no cromossomo Y), o qual dispara a atividade de *Sox9*. (Baixos níveis de Wnt4 também estão presentes na gônada masculina.) O ovário faz células da teca e da granulosa, que, juntas, são capazes de sintetizar estrogênio. Sob influência de estrogênio (primeiro vindo da mãe, depois das gônadas fetais), o ducto de Müller diferencia-se em estruturas reprodutoras femininas, as genitálias interna e externa se desenvolvem, e o descendente desenvolve características sexuais secundárias de fêmea. O testículo faz dois hormônios principais envolvidos na determinação do sexo. O primeiro, o hormônio anti-mülleriano (AMH, do inglês, *anti-Müllerian hormone*), causa a regressão do ducto de Müller. O segundo, a testosterona, causa a diferenciação do ducto de Wolff em genitália masculina interna. Na região urogenital, a testosterona é convertida em di-hidrotestosterona (DHT), a qual causa a morfogênese do pênis e da glândula da próstata. (B, segundo Marx, 1995; Birk et al., 2000.)

(B)

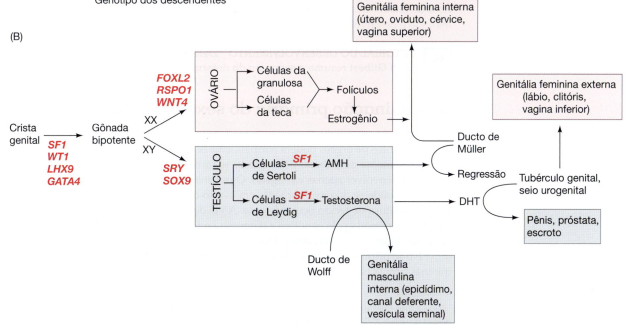

caso, o segundo cromossomo X completa o ovário, enquanto a presença de um cromossomo Y (mesmo quando muitos cromossomos X estão presentes) inicia o desenvolvimento de testículos.

A razão pela qual o cromossomo Y é capaz de direcionar a formação de testículos, mesmo quando mais de um cromossomo X está presente, parece ser uma questão de tempo. Parece que há uma janela de oportunidade crucial durante o desenvolvimento das gônadas, quando o fator determinante do sexo (agora conhecido como o produto do gene *Sry*) pode funcionar. Se o gene *Sry* está presente, ele atua normalmente durante esse momento para promover a formação dos testículos e inibir a formação do ovário. Se o gene *Sry* não estiver presente (ou se ele falhar em momento inapropriado), são os genes formadores de ovário que funcionarão (**FIGURA 6.2B**) (Hiramatsu et al., 2009; Kashimada e Koopman, 2010).

Quando a determinação primária (cromossômica) estabelece as gônadas, estas começam a produzir os hormônios e os fatores parácrinos que governam a determinação sexual secundária – isto é, o desenvolvimento do fenótipo sexual fora das gônadas. Isso inclui os sistemas de ductos e da genitália externa. Um mamífero macho tem pênis, escroto (saco para os testículos), vesícula seminal e a glândula da próstata. As fêmeas de mamíferos têm útero, oviduto, cérvice, vagina, clitóris, lábios e glândulas mamárias.[1] Em muitas espécies também há um tamanho de corpo, da cartilagem vocal e da musculatura específica do sexo. Características sexuais secundárias são normalmente determinadas pelos hormônios e por fatores parácrinos secretados pelas gônadas. Na ausência de gônadas é gerado o fenótipo feminino. Quando Jost (1947, 1953) removeu a gônada de um feto de coelho antes de sua diferenciação, os coelhos gerados tinham fenótipo feminino, independentemente do genótipo ser XX ou XY.

Um esquema geral da determinação sexual primária é mostrado na Figura 6.2B. Se as células embrionárias têm dois cromossomos X e nenhum cromossomo Y, o primórdio da gônada desenvolve-se em ovário. O ovário produz **estrogênio**, um hormônio que promove o desenvolvimento do **ducto de Müller** em útero, oviduto, cérvice e porção superior da vagina (Fisher et al., 1998, Couse et al., 1999, Couse e Korach, 2001). Se as células embrionárias possuem tanto o cromossomo X quanto o Y, forma-se o testículo, e este secreta dois fatores principais. O primeiro é o fator parácrino da família TGF-β, chamado de **hormônio anti-mülleriano** (**AMH**; também conhecido como **fator inibitório Mülleriano**, **MIF**, do inglês, *Müllerian-inhibiting factor*). O AMH destrói o ducto de Müller, impedindo, assim, a formação de útero e oviduto. O segundo fator é o hormônio esteroide **testosterona**. A testosterona masculiniza o feto, estimulando a formação de pênis, sistema de ductos masculinos, escroto e outras porções da anatomia masculina, bem como inibindo o desenvolvimento dos primórdios dos seios.

 TUTORIAL DO DESENVOLVIMENTO *Determinação do sexo em mamíferos*
Scott Gilbert resume o esquema da determinação do sexo em mamíferos.

Determinação primária do sexo em mamíferos

As gônadas de mamíferos encarnam uma situação embriológica singular. Todos os outros rudimentos de órgãos podem normalmente se diferenciar em apenas um tipo de órgão. O rudimento do pulmão pode apenas se tornar pulmão, um rudimento de fígado pode se desenvolver apenas em fígado. O rudimento da gônada, entretanto, tem duas opções: ele pode se desenvolver tanto em ovário quanto em testículo, dois órgãos com uma arquitetura de tecido bem diferente. A via de diferenciação de um rudimento gonadal é direcionada pelo genótipo e determina o futuro desenvolvimento sexual do organismo (Lillie, 1917). Mas antes dessa tomada de decisão, a gônada de mamíferos desenvolve-se primeiro até um estágio bipotente ou indiferenciado, sem características femininas nem masculinas (ver Figura 6.1).

---

[1] O naturalista Carolus Linnaeus nomeou os mamíferos de acordo com esta característica sexual secundária de fêmeas no século XVII. A política por trás desta decisão é discutida em Schiebinger 1993.

As gônadas em desenvolvimento

Em humanos, dois rudimentos de gônada aparecem durante a quarta semana e ficam indiferenciados até à sétima semana. Esses precursores de gônada estão em regiões pareadas do mesoderma adjacente ao rim em desenvolvimento (Tanaka e Nishinakamura, 2014; **FIGURA 6.3A, B**). As **células germinativas** – os precursores de espermatozoides e ovócitos – migram para a gônada durante a sexta semana e são circundadas pelas células mesodérmicas.

Se o feto for XY, as células mesodérmicas continuam a proliferar até a oitava semana, quando parte delas inicia a diferenciação para **células de Sertoli**. Durante o desenvolvimento embrionário, as células de Sertoli em desenvolvimento secretam o hormônio anti-mülleriano, o qual bloqueia o desenvolvimento dos ductos femininos. Essas mesmas células epiteliais de Sertoli também formarão os túbulos seminíferos, que darão suporte ao desenvolvimento dos espermatozoides ao longo da vida de um mamífero macho.

Durante a oitava semana, as células de Sertoli em desenvolvimento circundam as células germinativas que estão chegando e as organizam em **cordões testiculares**. Esses cordões formam alças na região central do testículo em desenvolvimento e ficam conectados como uma rede de finos canais, chamados de *rete testis*, localizados próximo ao ducto do rim em desenvolvimento (**FIGURA 6.3C, D**). Quando, então, as células germinativas entram nas gônadas masculinas, elas desenvolvem-se dentro dos cordões do testículo, dentro do órgão. No desenvolvimento subsequente (na puberdade em seres humanos; logo depois do nascimento em camundongos, que procriam muito mais rápido) os cordões do testículo maturam e formam os **túbulos seminíferos**. As células germinativas migram para a periferia desses túbulos e lá estabelecem a população de células-tronco espermatogônias, que produzem espermatozoides ao longo do tempo de vida do macho (ver Figura 6.21). No túbulo seminífero maduro, os espermatozoides são transportados do interior do testículo por meio da *rete testis*, que se junta aos **ductos eferentes**. Os ductos eferentes são os túbulos do rim remodelados. Durante o desenvolvimento masculino, o ducto de Wolff diferencia-se e torna-se o **epidídimo** (adjacente ao testículo) e o **canal deferente** (o tubo pelo qual passa o esperma até a uretra e para fora do corpo). Observe que tanto o esperma quanto a urina usam a uretra para sair do corpo.

Enquanto isso, o outro grupo de células mesodérmicas (as que não formaram o epitélio de Sertoli) se diferenciam em tipos celulares mesenquimais, as **células de Leydig** secretoras de testosterona. Logo, o testículo completamente formado terá tubos epiteliais feitos por células de Sertoli que envolvem as células germinativas, assim como uma população de células mesenquimais, as células de Leydig, que secretam testosterona. Cada testículo incipiente é envolvido por uma espessa camada de matriz extracelular, a túnica albugínea, que ajuda na proteção.

Se o feto for XX, os cordões sexuais do centro da gônada em desenvolvimento degeneram, restando os cordões sexuais na superfície (córtex) da gônada. Cada célula germinativa é envolvida por um grupo separado de células epiteliais do cordão sexual (**FIGURA 6.3E, F**). As células germinativas tornam-se **ovos** (ovócitos), e as células epiteliais que as circundam diferenciam-se em **células da granulosa**. O restante das células mesenquimais do ovário em desenvolvimento diferencia-se em **células da teca**. Juntas, as células da teca e da granulosa formam os **folículos**, que envolvem as células germinativas e secretam hormônios esteroides, como o estrogênio e (durante a gestação) a progesterona. Cada folículo possui uma única célula germinativa – uma **ovogônia** (precursor de ovócito) – que entrará em meiose neste momento.

Existe uma relação recíproca entre as células germinativas e as células somáticas das gônadas. As células germinativas são originalmente bipotentes e podem se tornar tanto espermatozoides quanto ovócitos. Quando estão nos cordões sexuais de macho ou de fêmea, entretanto, elas são instruídas ou para (1) iniciar a meiose e tornarem-se ovócitos, ou (2) permanecerem meioticamente dormentes e tornarem-se espermatogônias (McLaren, 1995; Brennan e Capel, 2004). Em gônadas XX, as células germinativas são essenciais para a manutenção dos folículos ovarianos. Sem as células germinativas, os folículos degeneram-se em estruturas semelhantes a cordões e expressam marcadores específicos de macho. Em gônadas XY, as células germinativas ajudam na diferenciação das células de Sertoli, embora cordões nos testículos sejam formados mesmo na ausência de

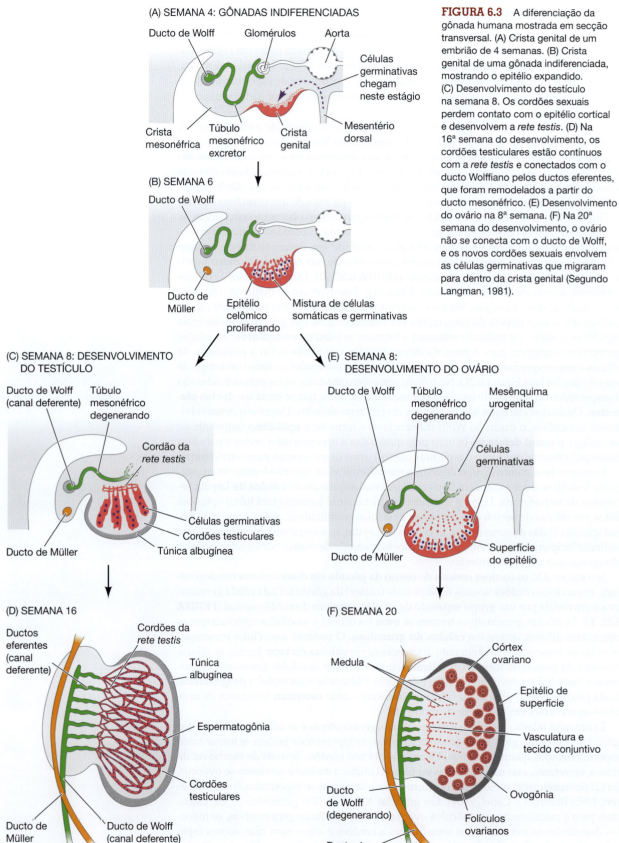

(A) SEMANA 4: GÔNADAS INDIFERENCIADAS

Ducto de Wolff
Glomérulos
Aorta
Células germinativas chegam neste estágio
Mesentério dorsal
Crista mesonéfrica
Túbulo mesonéfrico excretor
Crista genital

(B) SEMANA 6

Ducto de Wolff
Ducto de Müller
Epitélio celômico proliferando
Mistura de células somáticas e germinativas

(C) SEMANA 8: DESENVOLVIMENTO DO TESTÍCULO

Ducto de Wolff (canal deferente)
Túbulo mesonéfrico degenerando
Cordão da *rete testis*
Células germinativas
Cordões testiculares
Túnica albugínea
Ducto de Müller

(D) SEMANA 16

Ductos eferentes (canal deferente)
Cordões da *rete testis*
Túnica albugínea
Espermatogônia
Cordões testiculares
Ducto de Müller (degenerando)
Ducto de Wolff (canal deferente)

(E) SEMANA 8: DESENVOLVIMENTO DO OVÁRIO

Ducto de Wolff
Túbulo mesonéfrico degenerando
Mesênquima urogenital
Células germinativas
Ducto de Müller
Superfície do epitélio

(F) SEMANA 20

Córtex ovariano
Medula
Epitélio de superfície
Vasculatura e tecido conjuntivo
Ducto de Wolff (degenerando)
Ovogônia
Folículos ovarianos
Ducto de Müller

FIGURA 6.3 A diferenciação da gônada humana mostrada em secção transversal. (A) Crista genital de um embrião de 4 semanas. (B) Crista genital de uma gônada indiferenciada, mostrando o epitélio expandido. (C) Desenvolvimento do testículo na semana 8. Os cordões sexuais perdem contato com o epitélio cortical e desenvolvem a *rete testis*. (D) Na 16ª semana do desenvolvimento, os cordões testiculares estão contínuos com a *rete testis* e conectados com o ducto Wolffiano pelos ductos eferentes, que foram remodelados a partir do ducto mesonéfrico. (E) Desenvolvimento do ovário na 8ª semana. (F) Na 20ª semana do desenvolvimento, o ovário não se conecta com o ducto de Wolff, e os novos cordões sexuais envolvem as células germinativas que migraram para dentro da crista genital (Segundo Langman, 1981).

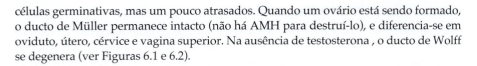

células germinativas, mas um pouco atrasados. Quando um ovário está sendo formado, o ducto de Müller permanece intacto (não há AMH para destruí-lo), e diferencia-se em oviduto, útero, cérvice e vagina superior. Na ausência de testosterona , o ducto de Wolff se degenera (ver Figuras 6.1 e 6.2).

Mecanismos genéticos de determinação primária do sexo: tomando decisões

Muitos genes humanos têm sido identificados cuja função é necessária para a diferenciação sexual normal. Como o fenótipo de mutações nos genes determinadores do sexo é frequentemente a esterilidade, estudos clínicos de infertilidade têm sido úteis para identificar os genes que estão ativos para determinar se o humano se tornará macho ou fêmea. Manipulações experimentais para confirmar a função desses genes podem, então, ser feitas em camundongos.

A história começa com a gônada bipotente que ainda não foi comprometida para a direção masculina ou feminina. Os genes para fatores de transcrição Wt1, Lhx9, GATA4 e Sf1 são expressos, e a perda de função de qualquer um deles impedirá o desenvolvimento normal tanto da gônada masculina quanto da feminina. Então, a decisão é tomada:

- *Se nenhum cromossomo Y estiver presente*, acredita-se que estes transcritos e fatores parácrinos ativem adicionalmente a expressão da proteína Wnt4 (que já é expressa em baixos níveis no epitélio genital) e de uma pequena proteína solúvel, chamada R-spondin1 (Rspo1). Rspo1 liga-se a seu receptor de membrana celular e, em seguida, estimula a proteína Disheveled da via Wnt, tornando-a mais eficiente na produção do regulador transcricional β-catenina. Uma das muitas funções da β-catenina nas células da gônada é ativar ainda mais os genes para Rspo1 e Wnt4, criando um mecanismo de retroalimentação positiva entre essas duas proteínas. Um segundo papel para a β-catenina é iniciar a via de desenvolvimento ovariano por meio da ativação dos genes envolvidos na diferenciação das células da granulosa. Sua terceira função é impedir a produção de Sox9, uma proteína crucial para a determinação dos testículos (Maatouk et al., 2008; Bernard et al., 2012).
- *Se o cromossomo Y estiver presente*, o mesmo grupo de fatores da gônada bipotente ativa o gene *Sry* no cromossomo Y. A proteína Sry liga-se ao estimulador do gene *Sox9* e eleva a expressão deste gene crucial da via de determinação do testículo (Bradford et al., 2009b; Sekido e Lovell-Badge, 2009). Sox9 e Sry também atuam para bloquear a via formadora de ovário, possivelmente bloqueando β-catenina (Bernard et al., 2008; Lau e Li, 2009).

A **FIGURA 6.4** mostra um possível modelo de como pode ser iniciada a determinação sexual primária. Vemos aqui uma regra importante do desenvolvimento animal: uma via de especificação celular tem dois componentes, uma via que diz "Faça A" e outra via que diz "... e não faça B". No caso das gônadas, a via masculina diz "Faça testículos e não faça ovários", enquanto a via feminina diz "Faça ovários e não faça testículos".

FIGURA 6.4 Possível mecanismo para a iniciação da determinação sexual primária em mamíferos. Enquanto não sabemos as interações específicas envolvidas, este modelo procura organizar os dados em uma sequência coerente. Se Sry *não* estiver presente (região em cor-de-rosa), as interações entre fatores parácrinos e fatores de transcrição no desenvolvimento da crista genital ativam Wnt4 e Rspo1. Wnt4 ativa a via canônica de Wnt, que fica mais eficiente com Rspo1. A via Wnt causa a acumulação de β-catenina, e uma grande acumulação desta estimula ainda mais a atividade de Wnt4. Essa produção contínua de β-catenina tanto induz a transcrição de genes formadores de ovário, quanto também bloqueia a via determinadora de testículo por meio da interferência na atividade de *Sox9*. Se Sry estiver *presente* (região em azul), ele pode bloquear a sinalização por β-catenina (detendo, assim, a geração de ovário) e, ao junto com Sf1, ativar o gene *Sox9*. Sox9 ativa a síntese de Fgf9, o qual estimula o desenvolvimento do testículo e promove ainda mais a síntese de Sox9. Sox9 também impede a ativação por β-catenina de genes formadores de ovário. Sry também pode ativar outros genes (como *TCF21* e *NT3*) que ajudam na formação das células de Sertoli. Em resumo, então, um circuito Wnt4/β-catenina especifica os ovários, enquanto o circuito Sox9/Fgf9 especifica os testículos. Um dos alvos da via Wnt é o gene da *folistatina*, cujo produto organiza as células da granulosa no ovário. O fator de transcrição Foxl2, que está ativado (de uma maneira ainda não compreendida) no ovário, também está envolvido na indução da síntese de folistatina. A via XY parece ter uma iniciação mais precoce, porém, se ela não funcionar, assume a via XX. (Segundo Sekido e Lovell-Badge, 2009; McCelland et al., 2012.)

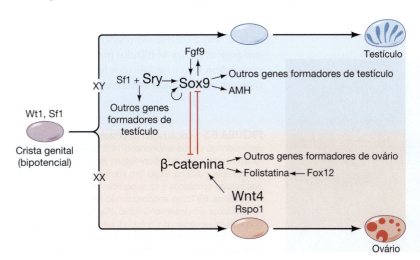

A via ovariana: Wnt4 e R-spondin1

Em camundongos, o fator parácrino **Wnt4** é expresso nas gônadas bipotentes, porém sua expressão se torna indetectável nas gônadas XY, conforme elas se tornam testículos, mas é mantida em gônadas XX quando começam a formar ovários. Em camundongos XX que não possuem o gene *Wnt4*, o ovário não se forma corretamente, e as células expressam transitoriamente marcadores específicos de testículo, incluindo Sox9, enzimas produtoras de testosterona e o AMH (Vainio et al., 1999; Heikkilä et al., 2005). Então, Wnt4 parece ser um fator importante na formação do ovário, embora não seja o único fator determinante.

R-spondin1 (Rspo1) também é crucial para a formação do ovário, tendo em vista que, em estudos de casos humanos, muitos indivíduos XX com mutações no gene *RSPO1* tornam-se fenotipicamente homens (Parma et al., 2006). Rspo1 atua em sinergia com Wnt4 para produzir β-catenina, a qual parece ser fundamental tanto para ativar o desenvolvimento subsequente do ovário, quanto para bloquear a síntese do fator determinante de testículo, o Sox9 (Maatouk et al., 2008; Jameson et al., 2012). Em indivíduos XY com duplicação da região do cromossomo 1 que contêm ambos os genes *WNT4* e *RSPO1*, as vias que fazem β-catenina sobrepõem a via masculina, resultando em uma inversão sexual de macho em fêmea. Similarmente, se camundongos XY são induzidos a superexpressar β-catenina nos seus rudimentos de gônada, eles formarão ovários, em vez de testículos. De fato, a β-catenina parece ser uma molécula sinalizadora chave "pró-ovariana/anti-testículo" em todos os grupos de vertebrados, como é visto nas gônadas de fêmeas de aves (mas não de machos), mamíferos e tartarugas. Esses três grupos têm modos bem diferentes de determinação do sexo e, mesmo assim, Rspo1 e β-catenina são feitos nos ovários de cada um deles (**FIGURA 6.5**; Maatouk et al., 2008; Cool e Capel, 2009; Smith et al., 2009).

Certos fatores de transcrição cujos genes são ativados por β-catenina são encontrados exclusivamente nos ovários. Um possível alvo para β-catenina é o gene codificante de TAFII-105 (Freiman et al., 2002). Essa subunidade de fator de transcrição (a qual ajuda a ligação da RNA-polimerase aos promotores) é vista somente em células de folículos ovarianos. Fêmeas de camundongo sem essa subunidade têm ovário pequeno com poucos ou nenhum folículo maduro. O fator de transcrição FoxI2 é outra proteína com expressão super aumentada nos ovários, e camundongos XX homozigotos para o alelo mutante FoxI2 desenvolvem estruturas de gônadas semelhantes às masculinas e aumentam a expressão de Sox9 e produção de testosterona. FoxI2 e β-catenina são ambos cruciais para a ativação do gene *Folistatina* (Ottolenghi et al., 2005; Kashimada et al., 2011; Pisarka et al., 2011). Pensa-se que folistatina, um inibidor da família TGF-β de fatores parácrinos, seja a proteína responsável pela organização do epitélio em células da granulosa do ovário (Yao et al., 2004). Camundongos XX sem folistatina na gônada em desenvolvimento mostram inversão parcial do sexo, formando estruturas semelhantes ao testículo. Inúmeros outros fatores de transcrição são ativados pelo sinal Wnt4/R-spondin (Naillat et al., 2015), e estamos apenas começando a entender como são integrados os componentes das vias formadoras do ovário.

Tão importante quanto a *construção* dos ovários, é a *manutenção* da estrutura ovariana. De modo similar, a manutenção do fenótipo testicular é tão crucial quanto sua construção original. Notavelmente, a organização da gônada não é estável ao longo da vida, e sem a correta expressão gênica, os folículos femininos podem tornar-se túbulos masculinos e túbulos masculinos podem tornar-se folículos femininos. Em fêmeas, o que mantém a identidade ovariana parece ser Foxl2 (Uhlenhaut

(A) (B)

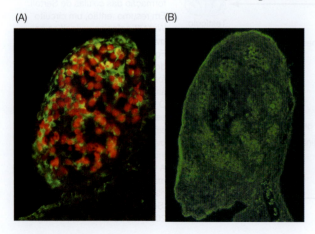

FIGURA 6.5 Localização da proteína Rspo1 em gonada de camundongo de dia embrionário 14.5. Sondas imunofluorescentes foram usadas para identificar Rspo1 (em verde) e o marcador de célula germinativa meiótica, Scp3 (em vermelho). (A) Rspo1 foi encontrado nas células somáticas e na superfície das células germinativas dos ovários. (B) Estes anticorpos não revelaram Rspo1 nem Scp3 no testículos em desenvolvimento. (As células germinativas nas gônadas masculinas não entraram em meiose neste momento do desenvolvimento, mas as células germinativas ovarianas, sim.) (Segundo Smith et al., 2008; foto por cortesia de C. Smith.)

et al., 2009). Quando FoxI2 é deletado no estágio adulto do ovário, o gene *Sox9* fica ativo, e o ovário transforma-se em testículo.

A via do testículo: Sry e Sox9

SRY: O DETERMINANTE DO SEXO NO CROMOSSOMO Y   Em humanos, o principal gene para a determinação do testículo reside no pequeno braço do cromossomo Y. Por meio da análise do DNA de raros homens XX e mulheres XY (p. ex., indivíduos que são genotipicamente de um sexo, mas fenotipicamente de outro), a posição do gene determinante de testículo foi reduzida a uma região de 35 mil pares de bases do cromossomo Y encontrada próximo à extremidade do pequeno braço. Nesta região, Sinclair e colaboradores (1990) encontraram uma sequência específica de machos que codificam um peptídeo de 223 aminoácidos. Este gene é denominado **Sry** (região determinante do sexo do cromossomo Y, do inglês, *sex-determining region of the Y chromosome*), e existem muitas evidências de que este é realmente o gene que codifica o fator humano determinante de testículo.

Sry é encontrado em homens normais XY e também em raros machos XX; ele é ausente em mulheres normais XX e em muitas mulheres XY. Aproximadamente 15% de mulheres XY têm o gene *SRY*, mas a cópia delas desse gene contém mutações pontuais ou com mudanças de fase de leitura que impedem a ligação da proteína Sry ao DNA (Pontiggia et al., 1994; Werner et al., 1995). Se o gene *SRY* realmente codifica o principal fator determinante de testículo, poderia se esperar que ele atuasse na gônada indiferenciada, imediatamente antes ou durante a diferenciação do testículo. Essa expectativa tem sido confirmada com os estudos do gene homólogo de camundongos. O gene *Sry* de camundongo também está relacionado com a presença de testículos; ele está presente em machos XX e ausente em fêmeas XY (Gubbay et al., 1990). *Sry* é expresso nas células somáticas das gônadas bipotentes de camundongos XY imediatamente antes da diferenciação destas em células de Sertoli; depois sua expressão desaparece (Koopman et al., 1990; Hacker et al., 1995; Sekido et al., 2004).

A evidência mais clara de que *Sry* seja o gene para o fator determinante do testículo vem de camundongos transgênicos. Se *Sry* induz a formação do testículo, então inserir o DNA do *Sry* no genoma do zigoto de um camundongo normal XX acarreta a formação de testículos nesse camundongo. Koopman e colaboradores (1991) pegaram a região de DNA de 14-kilobases que incluía o gene *Sry* (e presumidamente seus elementos regulatórios) e microinjetaram esta sequência nos pró-núcleos de zigotos recém-fecundados de camundongo. Em vários casos, embriões XX injetados com essa sequência desenvolveram testículos, órgãos acessórios masculinos e pênis[2] (**FIGURA 6.6**). Dessa forma, concluímos que *Sry/SRY* é o principal gene do cromossomo Y para a determinação de testículos em mamíferos.

 OS CIENTISTAS FALAM 6.1   O Dr. Robin Lovell-Badge discute sua pesquisa mostrando como o gene *SRY* promove a formação dos testículos em humanos.

---

[2] Estes embriões não formaram espermatozoides funcionais – mas isso nem era esperado. A presença de dois cromossomos X impede a formação de espermatozoides em camundongos XXY, em homens e em camundongos transgênicos sem o resto do cromossomo Y, que contém os genes necessários para a espermatogênese.

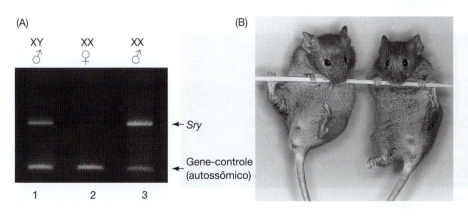

FIGURA 6.6   Um camundongo XX transgênico para *Sry* é macho. (A) A reação de polimerase em cadeia seguida de eletroforese mostra a presença do gene *Sry* em macho normal XY e no camundongo transgênico XX/*Sry*. O gene está ausente em fêmeas XX da ninhada. (B) A genitália externa do camundongo transgênico é masculina (à direita) e é essencialmente a mesma de um macho XY (à esquerda). (Segundo Koopman et al., 1991; fotos por cortesia dos autores.)

(A)

XY ♂   XX ♀   XX ♂

← *Sry*

← Gene-controle (autossômico)

1   2   3

(B)

SOX9: **UM GENE AUTOSSÔMICO DETERMINANTE DE TESTÍCULOS** Com toda sua importância para a determinação do sexo, o gene *Sry* é provavelmente ativo por apenas poucas horas durante o desenvolvimento da gônada de camundongos. Durante esse momento, ele sintetiza o fator de transcrição Sry, cuja função primária parece ser a ativação do gene *Sox9* (Sekido e Lovell-Badge, 2008; para outros alvos do Sry, ver Tópico na Rede 6.2). *Sox9* é um gene autossômico envolvido em vários processos do desenvolvimento, mais notoriamente na formação do osso. Nos rudimentos das gônadas, entretanto, *Sox9* induz a formação de testículos. Humanos XX que possuem uma cópia ativada extra do *Sox9* se desenvolvem como machos, mesmo se não tiverem o gene *Sry*, e camundongos XX transgênicos para *Sox9* desenvolvem testículos (**FIGURA 6.7A-D**; Huang et al., 1999; Qin e Bishop, 2005). O nocaute do gene *Sox9* das gônadas dos camundongos XY causa uma reversão completa de sexo (Barrionuevo et al., 2006). Então, mesmo se *Sry* estiver presente, as gônadas de camundongo não podem formar o testículo se *Sox9* estiver ausente, logo, parece que *Sox9* pode substituir *Sry* para a produção de testículo. Isso não é uma completa surpresa; apesar do gene Sry ser encontrado especificamente em mamíferos, *Sox9* é encontrado nos filos dos vertebrados.

Na verdade, *Sox9* parece ser o gene mais antigo e central na determinação do sexo em vertebrados (Pask e Graves, 1999). Em mamíferos, ele é ativado pela proteína Sry; em aves, sapos e peixes, parece ser ativado pela dosagem do fator de transcrição Dmrt1; e nos vertebrados com determinação do sexo dependente de temperatura, ele é sempre ativado (direta ou indiretamente) pela temperatura que determina o macho. A expressão do gene *Sox9* é especificamente aumentada pela expressão combinada das proteínas Sry e Sf1 nos precursores das células de Sertoli (**FIGURA 6.7E-H**; Sekido et al., 2004; Sekido e Lovell-Badge, 2008). Então, Sry deve atuar meramente como

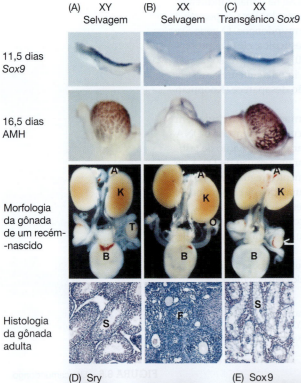

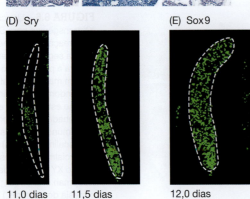

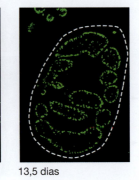

FIGURA 6.7 Capacidade da proteína Sox9 de gerar testículos. (A) Um embrião de camundongo selvagem XY expressa o gene *Sox9* na crista genital no dia 11,5 pós-concepção, hormônio anti-mülleriano nas células de Sertoli da gônada embrionária de 16,5 dias, e eventualmente forma testículos descidos com túbulos seminíferos. K, rim; A, glândula suprarrenal; B, bexiga; T, testículo; O, ovário; S, túbulo seminífero; F células foliculares. (B) O embrião selvagem XX não mostra a expressão de *Sox9* e nem de AMH. Ele constrói ovários com células foliculares maduras. (C) Um embrião XX com a inserção do transgene *Sox9* expressa *Sox9* e tem AMH nas células de Sertoli do dia 16,5. Ele tem testículos descidos, mas falta esperma nos túbulos seminíferos (devido à presença de dois cromossomos X nas células de Sertoli). (D, E) Sequência cronológica desde a expressão do *Sry* na crista genital até a do *Sox9* nas células de Sertoli. (D) Expressão de *Sry*. No dia 11, a proteína Sry (em verde) é vista no centro da crista genital. No dia 11,5, o domínio de expressão de *Sry* aumenta, e a expressão de *Sox9* é ativada. (E) Pelo dia 12, a proteína Sox9 (em verde) é vista nas mesmas células que mais cedo expressaram *Sry*. Pelo dia 13,5, *Sox9* é visto nas células do túbulo seminífero que se tornarão células de Sertoli. (A-C, segundo Vidal et al., 2001, fotos por cortesia de A. Schedl; D, E, segundo Kashimada e Koopman, 2010, cortesia de P. Koopman.)

um "gatilho" operando durante um período muito curto para ativar *Sox9*, e a proteína Sox9 inicia a via de formação do testículo evolutivamente conservada. Assim, pegando emprestada a frase de Eric Idle, Sekido e Lovell-Badge (2009) propuseram que Sry inicia a formação dos testículos por "uma piscadela e um empurrão".

A proteína Sox9 tem muitas funções. Primeiro, ela é capaz de ativar seu próprio promotor, permitindo, assim, ser transcrita por longos períodos de tempo. Segundo, ela bloqueia a habilidade da β-catenina de induzir a formação do ovário, tanto direta quanto indiretamente (Wilhelm et al., 2009). Terceiro, ela se liga na regiões *cis*-regulatórias de inúmeros genes necessários para a produção dos testículos (Bradford et al., 2009a). Quarto, Sox9 se liga ao sítio do promotor do gene para o hormônio anti-mülleriano, promovendo uma ligação crucial na via para o fenótipo masculino (Arango et al., 1999; de Santa Barbara et al., 2000). Quinto, Sox9 promove a expressão do gene codificante para Fgf9, um fator parácrino importante para o desenvolvimento dos testículos. Fgf9 é também essencial para a manutenção da transcrição do gene *Sox9*, estabelecendo, assim, um circuito de retroalimentação positivo que direciona para a via masculina (Kim et al., 2007).

TÓPICO NA REDE 6.2 **ENCONTRANDO O EVASIVO FATOR DETERMINANTE DO TESTÍCULO** Como um editor escreveu, "A busca pelo TDF tem sido longa e difícil".

FATOR DE CRESCIMENTO DE FIBROBLASTO 9 Quando o gene do **fator de crescimento de fibroblasto 9 (Fgf9)** é subtraído de camundongos, os mutantes homozigotos são quase todos fêmeas. A proteína Fgf9, cuja expressão é dependente de Sox9 (Capel et al., 1999; Colvin et al., 2001), desempanha vários papeis na formação dos testículos:

1. Fgf9 causa proliferação nos precursores das células de Sertoli e estimula sua diferenciação (Schmahl et al., 2004; Willerton et al., 2004).
2. Ela ativa a migração de células de vaso sanguíneo dos ductos do rim adjacentes para a gônada XY. Enquanto isso é um processo normalmente específico de macho, a incubação de gônadas XX com Fgf9 leva à migração de células endoteliais para a gônada XX (**FIGURA 6.8**). Essas células de vaso sanguíneo formam a principal artéria do testículo e têm um papel instrutivo na indução dos precursores das células de Sertoli para formar os cordões do testículo; na sua ausência, os cordões do testículo não se formam (Brennan et al., 2002; Combes et al., 2009).
3. Ele é necessário para manter a expressão de *Sox9* nos precursores das células de Sertoli e direcionar sua formação em túbulos. Ainda, na medida em que ele pode atuar tanto como um fator autócrino quanto parácrino, Fgf9 coordena o desenvolvimento das células de Sertoli por meio do reforço da expressão de *Sox9* em todas as células do tecido (Hiramatsu et al., 2009). Esse "efeito comunitário" pode ser importante para a criação integrada dos túbulos testiculares (Palmer e Burgoyne, 1991; Cool e Capel, 2009).
4. Ele reprime a sinalização Wnt4, o qual, de outra maneira, direcionaria para o desenvolvimento ovariano (Maatouk et al., 2008; Jameson et al., 2012).
5. Por fim, Fgf9 parece ajudar na coordenação da determinação do sexo da gônada com o das células germinativas. Como veremos posteriormente neste capítulo, as células germinativas de mamífero destinadas a se tornarem ovócitos entram em meiose logo após terem entrado na gônada, ao passo que as células germinativas destinadas a se tornarem espermatozoides atrasam sua entrada na meiose até a puberdade. Fgf9 é um fator que bloqueia a entrada imediata das células germinativas em meiose, direcionando-as para a via formadora de espermatozoides (Barrios et al., 2010; Bowles et al., 2010).

SF1: UMA IMPORTANTE LIGAÇÃO ENTRE SRY E A VIA DE DESENVOLVIMENTO MASCULINA O fator de transcrição **fator esteroidogênico 1 (Sf1)** é necessário para fazer a gônada bipotente. Contudo, enquanto níveis de Sf1 declinam na crista genital de embriões de camundongo XX, eles permanecem altos nos testículos em desenvolvimento. Acredita-se que Sry mantém tanto direta quanto indiretamente a expressão do gene *Sf1*. A proteína Sf1 parece ser ativa na masculinização tanto das células de Leydig quanto das de Sertoli. Nas células de Sertoli, Sf1 trabalha em colaboração com Sry para ativar *Sox9* (Sekido e Lovell-Badge, 2008) e depois, trabalhando com Sox9, eleva os níveis da transcrição do hormônio anti-mülleriano (Shen et al., 1994; Arango et al., 1999). Nas células de Leydig, Sf1 ativa genes codificantes de enzimas que fazem testosterona.

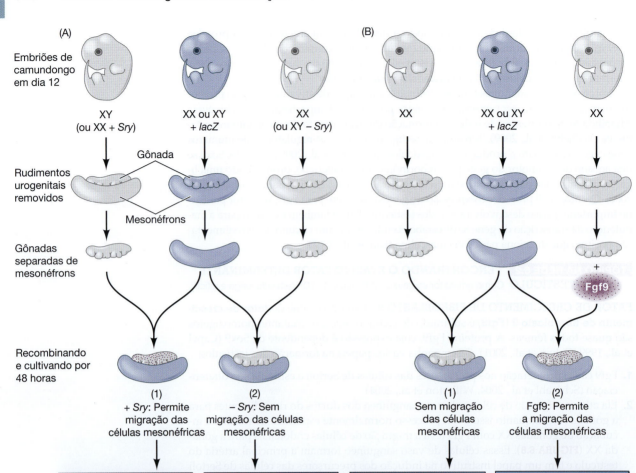

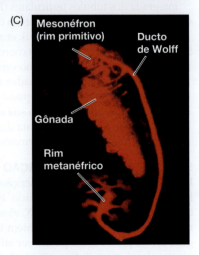

FIGURA 6.8 Migração das células endoteliais mesonéfricas para rudimentos de gônada *Sry⁺*. No experimento diagramado, as cristas urogenitais (contendo o rim mesonéfrico primitivo e os rudimentos de gônada bipotente) foram coletadas de embriões de camundongos do dia 12. Alguns camundongos foram marcados com um transgene para β-galactosidase (*lacZ*) ativo em todas as células. Então, cada célula desses camundongos fica azul quando corada para β-galactosidase. A gônada e os mesonéfrons foram separados e recombinados, usando tecidos de gônada de camundongos não marcados e mesonéfron de camundongos marcados. (A) Migração das células do mesonéfron para a gônada foi visto (1) quando as células da gônada eram XY ou quando eram XX com o transgene Sry. Nenhuma migração do tecido mesonéfrico para a gônada foi observada (2) quando a gônada continha células XX ou XY, nas quais o cromossomo Y tinha com uma deleção no gene *Sry*. Os cromossomos sexuais do mesonéfron não afetaram a migração. (B) Rudimentos das gônadas de camundongos XX poderiam induzir a migração de células mesonéfricas se estes rudimentos fossem incubados com Fgf9. (C) Relação íntima entre o ducto de Wolff e a gônada em desenvolvimento de embriões de camundongo do dia 16. O ducto do mesonéfron do rim primitivo formará os ductos eferentes dos testículos e o ducto de Wolff que leva ao ureter. Os ductos e as gônadas foram corados para citoqueratina-8. (A, B, segundo Capel et al., 1999, foto por cortesia de B. Capel; C, segundo Sariola e Saarma, 1999, cortesia de H. Sariola.)

(((• OS CIENTISTAS FALAM 6.2 Dra. Blanche Capel discute seu trabalho sobre as vias de determinação sexual em mamíferos.

O momento e o local exatos

Ter os mesmos genes não significa necessariamente que você terá o órgão que espera. Estudos com camundongos têm mostrado que o gene *Sry* de algumas linhagens de camundongos falha na produção de testículos, quando cruzados para um fundo genético diferente (Eicher e Washburn, 1983; Washburn e Eicher, 1989; Eicher et al., 1996). Essa falha pode ser atribuída ao retardo da expressão do *Sry* ou à falha do acúmulo da proteína a um certo nível necessário para disparar *Sox9* e lançar a via masculina. No momento em que *Sox9* fica ativo, já é tarde demais – a gônada já está bem avançada na via para se tornar um ovário (Bullejos e Koopman, 2005, Wilhelm et al., 2009).

A importância do momento foi confirmada quando Hiramatsu e colaboradores (2009) foram capazes de botar o gene *Sry* de camundongo em sequências regulatórias provenientes de um gene sensível à temperatura, conferindo a habilidade de ativar *Sry* em qualquer momento do desenvolvimento do camundongo, simplesmente aumentando a temperatura do embrião. Quando eles atrasaram a ativação do *Sry* por apenas 6 horas, a formação dos testículos falhou, e os ovários começaram a ser produzidos (**FIGURA 6.9**). Então, parece existir uma breve janela temporal para que um gene formador de testículo possa funcionar. Se essa janela de oportunidade é perdida, a via de formação do ovário é ativada.

Hermafroditas são indivíduos que possuem tanto tecido ovariano quanto testicular; eles possuem ovotestículo (gônadas contendo tecido ovariano e testicular) ou um ovário em um lado e um testículo do outro.[3] Como visto na Figura 6.9, ovotestículo pode ser gerado quando o gene *Sry* é ativado mais tardiamente do que o normal. Hermafroditas podem também resultar de uma rara condição quando um cromossomo Y é translocado para um cromossomo X. Nos tecidos em que o cromossomo Y translocado está no cromossomo X ativo, o cromossomo Y estará ativo, e o gene *Sry* será transcrito; no entanto, nas células em que o cromossomo Y está no cromossomo X inativo, o cromossomo Y também estará inativo (Berkovitz et al., 1992; Margarit et al., 2000). Estes mosaicos na expressão *Sry* na gônada podem levar à formação de um testículo, um ovário ou um ovotestículo, dependendo da porcentagem de células expressando *SRY* nos precursores das células de Sertoli (ver Brennan e Capel, 2004; Kashimadda e Koopman, 2010).

---

[3] Este fenótipo anatômico é assim denominado por causa de Hermafroditos, um jovem da mitologia grega cuja beleza inflamou o ardor da ninfa das águas, Salmacis. Ela quis unir-se a ele para sempre, e os deuses, de maneira literal, realizaram seu desejo. Hermafroditismo é frequentemente considerado ser um tipo de condição "intersexo", discutida posteriormente neste capítulo.

FIGURA 6.9 Retardo experimental da ativação do gene *Sry* por 6 horas leva à falha no desenvolvimento do testículo e à iniciação do desenvolvimento do ovário. As cristas genitais foram removidas de camundongos XX portadores do gene *Sry* induzível por calor. Esses tecidos foram aquecidos em diferentes momentos para ativar o *Sry*, e, então, deixados maturar. (A) Os tecidos genitais que tiveram a indução do Sri no dia 11,1 do desenvolvimento (quando *Sry* é normalmente ativado) produzem testículos. A sua distribuição da laminina mostrou células de Sertoli, *Sox9* (um marcador do desenvolvimento do testículo) estava ativo, e *Scp3*, um marcador do desenvolvimento do ovário, estava ausente. (B) Três horas mais tarde, a ativação do *Sry* causou a formação testicular em uma área central, com estruturas semelhantes ao ovário formadas na periferia. *Sox9* estava presente na região testicular central enquanto *Scp3* foi observado na periferia. (C) Se Sry for ativado no tecido genital 6 horas mais tarde, as estruturas formam tecido ovariano, *Sox9* fica ausente e *Scp3* é visto por todo o tecido. (Segundo Hiramatsu et al., 2009.)

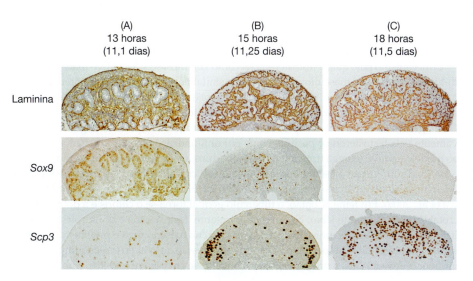

	(A) 13 horas (11,1 dias)	(B) 15 horas (11,25 dias)	(C) 18 horas (11,5 dias)
Laminina			
Sox9			
Scp3			

Assim como o gene *Foxl2* é fundamental para a manutenção da função da gônada ao longo da vida, o gene **Dmrt1** é necessário para a manutenção da estrutura testicular. A deleção de *Dmrt1* em camundongos adultos leva à transformação das células de Sertoli em células da granulosa do ovário. Ainda, a superexpressão de *Dmrt1* no ovário de fêmeas de camundongo pode reprogramar o tecido ovariano em células semelhantes às Sertoli (Lindeman et al., 2015; Zhao et al., 2015). A proteína Dmrt1 é provavelmente o maior indutor do sexo masculino entre todos do reino animal, tendo sido encontrada em moscas, cnidários, peixes, répteis e aves (Murph et al., 2015; Picard et al., 2015). Em mamíferos, SRY tomou essa função. Entretanto, esses resultados recentes mostraram que *Dmrt1* tem retido um papel importante na determinação do sexo masculino, mesmo em mamíferos.

 OS CIENTISTAS FALAM 6.3 O Dr. David Zarkower discute seus estudos mostrando Dmrt1 como um importante atuante na via de determinação do sexo masculino.

Determinação secundária do sexo em mamíferos: regulação hormonal do fenótipo sexual

Determinação sexual primária – a formação de ovário e de testículo a partir da gônada bipotente – não resulta em um fenótipo sexual completo. Em mamíferos, a determinação sexual secundária é o desenvolvimento dos fenótipos feminino e masculino em resposta aos hormônios secretados pelos ovários e testículos. A determinação sexual secundária feminina e masculina possui duas fases temporais principais. A primeira fase ocorre dentro do embrião durante a organogênese; a segunda ocorre na puberdade.

Durante o desenvolvimento embrionário, sinais de hormônios e fatores parácrinos coordenam o desenvolvimento das gônadas com o desenvolvimento dos órgãos sexuais secundários. Em fêmeas, os ductos de Müller persistem e, por meio da ação do estrogênio, diferenciam-se e tornam-se útero, cérvice, oviduto e vagina superior (ver Figura 6.2). O **tubérculo genital** torna-se diferenciado em clitóris, e as **dobras labioscrotais** tornam-se os grandes lábios da vagina. Os ductos de Wolff precisam de testosterona para persistirem, e, então, atrofiam em fêmeas. Em fêmeas, a porção do **seio urogenital** que não se torna a bexiga e a uretra formará as glândulas de Skene, que são órgãos pareados que produzem secreções semelhantes às da próstata.

A coordenação do fenótipo masculino envolve a secreção de dois fatores testiculares. O primeiro é o hormônio anti-mülleriano, um fator parácrino do tipo BMP feito pelas células de Sertoli, que causa a degeneração do ducto de Müller. O segundo é o hormônio esteroide testosterona, um **androgênio** (substância masculinizante) secretado pelas células de Leydig fetais. A testosterona causa a diferenciação dos ductos de Wolff em tubos condutores do esperma (o epidídimo e o canal deferente), assim como a vesícula seminal (que emerge como uma evaginação em forma de bolsa no canal deferente), e faz o **tubérculo genital** (o precursor da genitália externa) desenvolver-se como pênis e as dobras labioscrotais desenvolverem-se em escroto. Em machos, o seio urogenital, além de formar a bexiga e a uretra, também forma a glândula da próstata.

O mecanismo pelo qual a testosterona (e, como veremos, seu derivado mais potente, a di-hidrotestosterona) masculiniza o tubérculo genital parece envolver uma interação com a via Wnt (**FIGURA 6.10**). A via Wnt, que ativa a trajetória feminina na gônada bipotente, age no tubérculo genital, ativando o desenvolvimento masculino (Mazahery et al., 2013). O antagonista de Wnt, o Dickkopf, é feito na prega urogenital e pode ser regulado negativamente pela testosterona e positivamente por anti-androgênios. Esses achados levaram ao modelo no qual a prega urogenital dos indivíduos XX faz Dickkopf, impedindo, então, a atividade do Wnt no mesênquima, bloqueando adicionalmente o crescimento e levando à feminização do tubérculo genital por estrogênios (Holderegger e Keefer, 1986; Miyagawa et al., 2009). Em fêmeas, então, o tubérculo genital torna-se o clitóris e a dobra labiscrotal torna-se o grande lábio. No macho, entretanto, testosterona e di-hidrotestosterona ligam-se ao receptor de androgênios (testosterona) no mesênquima e previnem a expressão de inibidores de Wnt (permitindo, assim, a expressão de Wnt no mesênquima). Com a influência desses Wnts, a prega urogenital converte-se em pênis e escroto.

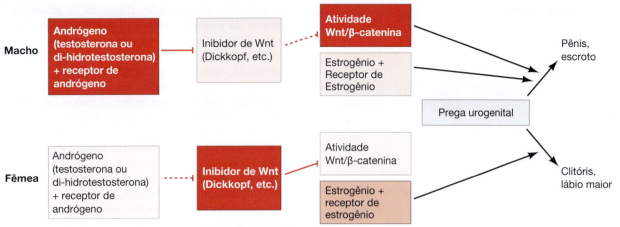

FIGURA 6.10 Modelo para a formação da genitália externa. Por este esquema, o mesênquima da prega urogenital secreta inibidores da sinalização Wnt. Na ausência da sinalização Wnt, o estrogênio modifica o tubérculo genital em clitóris, e a dobra labioscrotal dobra-se em lábio maior em torno da vagina. Em machos, entretanto, os andrógenios (como a testosterona e a di-hidrotestosterona) se ligam ao receptor de androgênio nas células mesenquimais e impedem a síntese de inibidores de Wnt. A sinalização Wnt é permitida, levando à transformação do tubérculo genital em pênis e as dobras labioscrotais em escroto. (Segundo Miyagawa et al. 2009.)

TÓPICO NA REDE 6.3   **A ORIGEM DA GENITÁLIA**   As células que originam o pênis e o clitóris foram somente identificadas recentemente. Sua identidade ajuda a explicar como machos de cobra conseguem ter dois pênis e fêmeas de hiena desenvolvem um clitóris quase tão grande quanto o pênis de um macho.

A análise genética da determinação sexual secundária

A existência de vias masculinizantes separadas e independentes de testosterona é mostrada por pessoas com **síndrome de insensibilidade a androgênios**. Esses indivíduos XY, sendo cromossomicamente masculinos, têm o gene *SRY* e por isso possuem testículos que produzem testosterona e AMH. Entretanto, eles possuem uma mutação no gene que codifica a proteína *receptora* de androgênios que se liga à testosterona para levá-la ao núcleo. Assim, esses indivíduos não podem responder à testosterona feita em seus testículos (Meyer et al., 1975; Jääskeluäinen, 2012). Eles podem, entretanto, responder ao estrogênio produzido pelas glândulas suprarrenais (que é normal tanto para indivíduos XX quanto XY), então eles desenvolvem características sexuais externas femininas (**FIGURA 6.11**). Apesar da sua aparência distintamente de mulher, os indivíduos XY possuem testículo, e embora não possam responder à testosterona, produzem e respondem ao AMH. Portanto, seu ducto de Müller degenera. Pessoas com síndrome de insensibilidade a androgênios aparentam ser mulheres normais, mas são estéreis, faltando o útero e o oviduto, além de apresentarem testículos internos, no abdome.

Embora na maioria das pessoas a correlação da genética e do fenótipo anatômico sexual seja alta, em torno de 0,4 a 1,7% da população desvia da condição estritamente dimórfica (Blackless et al., 2000; Hull, 2003; Hughes et al., 2006). Fenótipos em que são vistas características masculinas e femininas no

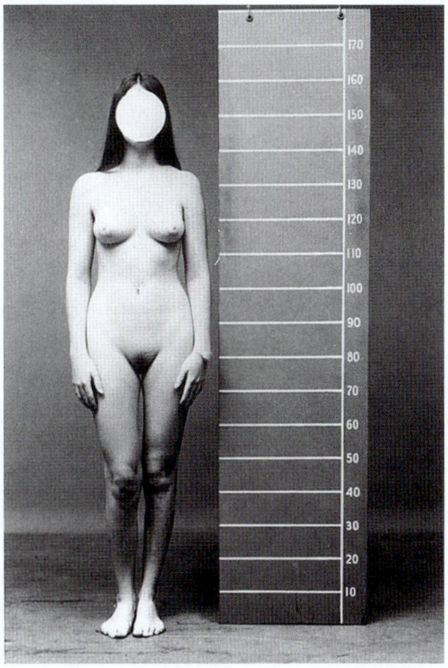

FIGURA 6.11 Síndrome da insensibilidade a androgênios. Apesar de terem o cariótipo XY, os indivíduos com essa síndrome aparentam ser fêmeas. Eles não conseguem responder à testosterona, mas podem responder ao estrogênio, e, dessa forma, desenvolvem características sexuais secundárias femininas (p. ex., lábio e clitóris, em vez de um escroto e um pênis). Internamente, elas não possuem os derivados do ducto de Müller, mas possuem testículos que não desceram. (Cortesia de C. B. Hammond.)

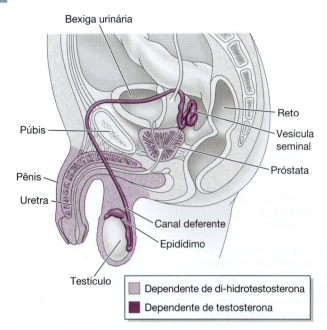

FIGURA 6.12 Regiões do sistema genital masculino humano dependentes de testosterona e di-hidrotestosterona. (Segundo Imperato-McGinley et al., 1974).

mesmo indivíduo são condições chamadas de **intersexo**.[4] A síndrome da insensibilidade a androgênios é uma das muitas condições de intersexo que têm sido tradicionalmente classificadas como **pseudo-hermafroditismo**. Em pseudo-hermafroditas, existe apenas um tipo de gônada (diferentemente do verdadeiro hermafroditismo, cujos indivíduos possuem as gônadas de ambos os sexos), mas as características sexuais secundárias diferem do que é esperado do sexo gonadal. Em humanos, o pseudohermafrodismo masculino (gônada masculina com características sexuais secundárias de mulher) pode ser causado por mutações no receptor androgênico (para testosterona) ou por mutações que afetam a síntese de testosterona (Geissler et al., 1994).

O pseudo-hermafroditismo feminino, no qual o sexo da gônada é feminino, mas o exterior da pessoa é masculino, pode ser o resultado da superprodução de androgênios no ovário ou na glândula suprarrenal. A causa mais comum desta última condição é a **hiperplasia suprarrenal congênita**, na qual há uma deficiência genética da enzima que metaboliza o esteroide cortisol na glândula suprarrenal. Na ausência dessa enzima, há um acumulo de esteroides do tipo testosterona, que podem se ligar ao receptor androgênico, causando a masculinização do feto (Migeon e Wisniewski, 2000; Merke et al., 2002).

TESTOSTERONA E DI-HIDROTESTOSTERONA Embora a testosterona seja um dos dois fatores masculinizantes primários, existem evidências de que ela não seja um hormônio masculinizante ativo em certos tecidos. Embora a testosterona seja responsável pela promoção da formação de estruturas masculinas que se desenvolvem a partir dos primórdios do ducto de Wolff, a testosterona não masculiniza diretamente a uretra, a próstata, o pênis ou o escroto. Essa função mais tardia é controlada pela **5α-di-hidrotestosterona**, ou **DHT** (**FIGURA 6.12**). Siiteri e Wilson (1974) mostraram que a testosterona é convertida em DHT no sinus e na prega urogenitais, mas não no ducto de Wolff. DHT parece ser um hormônio mais potente do que a testosterona. Sua maior atividade é durante a fase pré-natal e o início da infância.[5]

A importância do DHT no início do desenvolvimento da gônada masculina foi demonstrada por Imperato-McGinley e colaboradores (1974), quando eles estudaram uma síndrome fenotipicamente notável em muitos habitantes de uma pequena comunidade na República Dominicana. Foi achado nos indivíduos com essa síndrome a falta funcional do gene para a enzima 5α-cetoesteroide redutase 2 – a enzima que converte testosterona em DHT (Andersson et al., 1991; Thigpen et al., 1992). Crianças com cromossomos XY com essa síndrome têm testículos funcionais, mas estes permanecem dentro do abdome e não descem antes do nascimento. Essas crianças parecem ser meninas e crescem como tal. Sua anatomia interna, entretanto, é masculina: elas possuem ductos de Wolff desenvolvidos e degeneração do ducto de Müller, além do seu testículo funcional. Na puberdade, quando os testículos produzem altos níveis de testosterona (a qual parece compensar a falta de DHT), a genitália externa é capaz de responder ao hormônio e se diferenciar. O pênis

---

[4] A denominação "intersexo", usada para classificar essas condições, está sendo debatida. Alguns ativistas, médicos e progenitores querem eliminar o termo "intersexo" para evitar confusão destas condições anatômicas com questões de identidade, como a homossexualidade. Eles preferem chamar essas condições de "distúrbios de desenvolvimento sexual". Por outro lado, outros ativistas não querem medicalizar esta condição e acham a categoria de "distúrbio" ofensiva para indivíduos que não sentem que haja algo errado com sua saúde. Para uma análise mais detalhada sobre intersexualidade, ver Gilbert et al., 2005; Austin et al., 2011, e Dreger, 2000.

[5] Existem razões para constar no rótulo de medicamentos para restauração de cabelos uma advertência para que não seja manipulado por mulheres grávidas. Finasterida, um ingrediente ativo desse produto, bloqueia o metabolismo da testosterona em di-hidrotestosterona e pode, dessa forma, interferir no desenvolvimento da gônada do feto masculino.

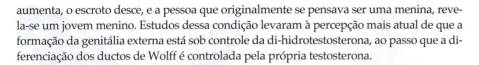

aumenta, o escroto desce, e a pessoa que originalmente se pensava ser uma menina, revela-se um jovem menino. Estudos dessa condição levaram à percepção mais atual de que a formação da genitália externa está sob controle da di-hidrotestosterona, ao passo que a diferenciação dos ductos de Wolff é controlada pela própria testosterona.

TÓPICO NA REDE 6.4 **DESCIDA DOS TESTÍCULOS** A descida dos testículos é iniciada por volta da 10ª semana da gestação humana, induzida pela di-hidrotestosterona e por um outro hormônio das células de Leydig, o hormônio semelhante à insulina.

HORMÔNIO ANTI-MÜLLERIANO O hormônio anti-mülleriano, um membro da família TGF-β de fatores de crescimento e diferenciação, é secretado pelas células de Sertoli fetais e causa a degeneração dos ductos de Müller (Tran et al., 1997; Cate et al., 1986). Acredita-se que AMH se ligue às células mesenquimais em torno do ducto de Müller, fazendo essas células secretarem fatores que induzem apoptose no epitélio dos ductos e quebrarem a lâmina basal que circunda o ducto (Trelstad et al., 1982; Roberts et al., 1999, 2002).

ESTROGÊNIO O hormônio esteroide estrogênio é necessário para completar o desenvolvimento pós-natal dos ductos de Müller e de Wolff e é necessário para a fertilidade tanto de homens quanto de mulheres. Em mulheres, o estrogênio induz a diferenciação do ducto de Müller em útero, oviduto, cérvice e vagina superior. Em camundongos fêmeas com deleção no gene para o receptor de estrogênio, a linhagem germinativa morre nos adultos, e as células da granulosa que a estavam envolvendo começam, então, a se desenvolverem em células semelhantes às de Sertoli (Couse et al., 1999). Camundongos machos com o gene para receptor de estrogênio nocauteado produzem poucos espermatozoides. Uma das funções das células do ducto eferente masculino (que conduzem o esperma das vesículas seminíferas para o epidídimo) é absorver a maior parte da água do lúmen da *rete testis*. Essa absorção, que é regulada por estrogênio, concentra os espermatozoides, dando-lhes uma vida mais longa e conferindo maior quantidade de espermatozoides em cada ejaculação. Se o estrogênio ou o seu receptor estiverem ausentes em camundongos machos, a água não será absorvida e o camundongo será estéril (Hess et al., 1997). Embora as concentrações sanguíneas de estrogênio sejam geralmente maiores em fêmeas do que em machos, a concentração de estrogênio na *rete testis* é maior do que no sangue de uma mulher.

Em resumo, a determinação sexual primária em mamíferos é regulada pelos cromossomos e resulta na produção de testículos em indivíduos XY e ovários em indivíduos XX. Esse tipo de determinação sexual parece ser um fenômeno "digital" (um ou outro). Com o estabelecimento do sexo cromossômico, a gônada, então, produz hormônios que coordenam as diferentes partes do corpo para terem fenótipos de macho ou fêmea. Essa determinação sexual secundária é mais "analógica", com diferentes níveis de hormônio e respostas aos hormônios podendo criar diferentes fenótipos. A determinação sexual secundária é, então, normalmente, mas não sempre, coordenada com a determinação sexual primária.

TÓPICO NA REDE 6.5 **O SEXO DA MENTE E GÊNERO** Além dos aspectos físicos da determinação sexual secundária, há também atributos de comportamento. O cérebro é um órgão que difere entre machos e fêmeas; mas isso gera padrões diferentes de comportamento humano?

 OS CIENTISTAS FALAM 6.4 A neurocientista Dra. Daphna Joel discute sua pesquisa, mostrando que cérebros de machos e fêmeas são notavelmente parecidos.

Determinação sexual cromossômica em *Drosophila*

Embora mamíferos e moscas-da-fruta produzam fêmeas XX e machos XY, a via pela qual seus cromossomos atingem este fim são bem diferentes. Em mamíferos, o cromossomo Y desempenha um papel de destaque na determinação do sexo de machos. Em *Drosophila*, o cromossomo Y não é envolvido na determinação do sexo. Em vez disto,

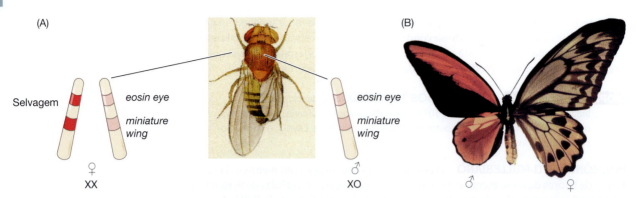

FIGURA 6.13 Insetos ginandromorfos. (A) *D. melanogaster* cujo lado esquerdo é feminino (XX) e o lado direito masculino (XO). O lado masculino teve a perda de um cromossomo X portador dos alelos selvagens *eye color* (cor do olho) e *wing shape* (forma da asa), permitindo, assim, a expressão dos alelos recessivos *eosin eye* (olho eosínico) e *miniature wing* (asa em miniatura) no cromossomo X remanescente. (B) Borboleta asa-de-pássaro (*Birdwing butterfly*) *Ornithopera croesus*. A metade macho menor é vermelha, preta e amarela, enquanto a metade fêmea é maior e marrom. (A, desenho de Edith Wallace a parti de Morgan e Bridges, 1919; B, Insetário de Montreal, fotografado pelo autor.)

em moscas, o cromossomo Y parece ser uma coleção de genes que são ativos durante a formação dos espermatozoides em adultos, mas não na determinação do sexo.

A determinação do sexo em moscas dá-se predominantemente pelo número de cromossomos X em cada célula. Se as células diploides possuírem apenas um único cromossomo X, a mosca será macho. Se existirem dois cromossomos nas células diploides, a mosca será fêmea. Se uma mosca tiver dois cromossomos X e três conjuntos autossômicos, será um **mosaico**, em que algumas células serão do sexo masculino e outras células serão femininas. Dessa forma, enquanto mamíferos XO são fêmeas estéreis (nenhum cromossomo Y e, dessa forma, nenhum gene *Sry*), *Drosophilas* XO são machos estéreis (um cromossomo X por conjunto diploide).

Em *Drosophila*, e insetos em geral, é possível encontrar ginandromorfos – animais com certas regiões do corpo masculinas e outras femininas (**FIGURA 6.13**). Moscas-da-fruta ginandromorfas são geradas quando um cromossomo X é perdido de um núcleo embrionário. As células descendentes daquela célula, em vez de serem XX (fêmea), são XO (macho). As células XO mostram características de macho, ao passo que as células XX mostram características de fêmea, sugerindo que, em *Drosophila*, cada célula faz sua própria "escolha" sexual. Na verdade, na sua clássica discussão sobre ginandromorfos, Morgan e Bridges (1991) concluíram que "Partes de machos e fêmeas e suas características ligadas ao sexo são estritamente determinadas por si próprias, cada uma desenvolvendo-se de acordo com suas próprias aspirações", e cada decisão de sexo "não interfere nas aspirações dos vizinhos, nem é governada pela ação das gônadas". Embora existam órgãos que são exceção a essa regra (notoriamente a genitália externa), esse ainda é um bom princípio geral do desenvolvimento sexual em *Drosophila*.

O gene Sex-lethal

Embora tenha-se pensado, por muito tempo, que o sexo da mosca-da-fruta fosse determinado pela relação entre cromossomo X/autossomo (X:A) (Bridges, 1925), essa avaliação era baseada em moscas com número aberrante de cromossomos. Análises moleculares recentes sugerem que apenas o número de cromossomo X é o determinante primário do sexo em insetos normais diploides (Erickson e Quintero, 2007). O cromossomo X contém genes que codificam fatores de transcrição que ativam genes fundamentais para a determinação do sexo em *Drosophila*, o *Sex-lethal* (*Sxl*) no *locus* ligado ao X. A proteína Sex-lethal é um fator de *splicing* que inicia a cascata de eventos que processam o RNA e que, eventualmente, levarão ao fator de transcrição específico de macho ou de fêmea (**FIGURA 6.14**). Esses fatores de transcrição (as proteínas Doublesex – do inglês, duplo sexo) ativam diferentemente os genes envolvidos na geração do fenótipo masculino (testículo, pente sexual e pigmentação) ou do fenótipo feminino (ovários, proteína de gema, pigmentação).

ATIVANDO *SEX-LETHAL* O número de cromossomo X parece ter apenas uma simples função: ativar (ou não ativar) a expressão inicial de *Sex-lethal*.[6] *Sxl* codifica um fator de

[6] Este nome violento deve-se ao fato de mutações neste gene poderem resultar em dosagem anormal da compensação dos genes ligados ao X (ver Tópico na Rede 6.6). Como resultado, há uma transcrição inadequada dos genes codificados pelo cromossomo X, e o embrião morre.

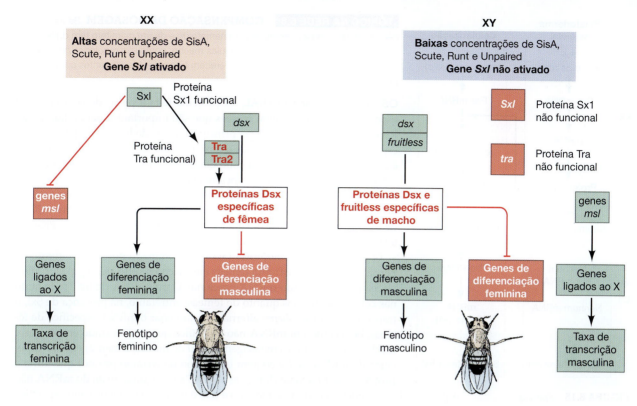

FIGURA 6.14 Cascata regulatória proposta para a determinação sexual somática da *Drosophila*. Fatores de transcrição do cromossomo X ativam o gene Sxl em fêmeas (XX), mas não em machos (XY). A proteína Sex-lethal executa três funções principais. Primeiro, ela ativa sua própria transcrição, assegurando a produção subsequente de Sxl. Segundo, ela reprime a tradução do mRNA de *msl2*, um fator que facilita a transcrição do cromossomo X. Isso iguala a quantidade de transcrição dos dois cromossomos X em fêmeas com a do único cromossomo X em machos. Terceiro, Sxl habilita o *splicing* do pré-mRNA do *transformer-1* (*tra1*) em uma proteína funcional. A proteína Tra processa o pré-mRNA de *doublesex* (*dsx*) de uma maneira específica em fêmea, proporcionando o destino sexual na maior parte do corpo feminino. Ela também processa o pré-mRNA de *fruitless* de maneira específica de fêmea, conferindo o comportamento específico de fêmea. Na ausência de Sxl (e, consequentemente, da proteína Tra), os pré-mRNAs de *dsx* e *fruitless* são processados da maneira específica de macho. (O gene *fruitless* é discutido no Tópico na Rede 6.7.) (Segundo Baker et al., 1987.)

splicing de RNA que, por sua vez, regulará o desenvolvimento da gônada e também regulará a intensidade da expressão de genes do cromossomo X. Esse gene tem dois promotores. O promotor inicial está ativo somente em células XX, e o promotor mais tardio é ativo tanto em células XX quanto XY. O cromossomo X parece codificar quatro fatores proteicos que ativam o promotor inicial de Sxl. Três destas proteínas são fatores de transcrição – SisA, Scute e Runt – que se ligam ao promotor inicial para ativar a transcrição. A quarta proteína, Unpaired (sem par), é um fator secretado que reforça as outras três proteínas através da via JAK-STAT (Sefton et al., 2000; Avila e Erickson, 2007). Se esses fatores acumularem acima de um determinado limiar, o gene *Sxl* é ativado pelo seu promotor inicial (Erickson e Quintero, 2007; Gonzáles et al., 2008; Mulvey et al., 2014). O resultado é a transcrição de *Sxl* no início do desenvolvimento do embrião XX, durante o estágio de blastoderma sincicial.

O pré-RNA de *Sxl*, transcrito a partir do promotor inicial de embriões XX, não possui o éxon 3, que contém um códon de término. Por isso, o *splice* da proteína Sxl, que é feita no início, deixa de fora o éxon 3, logo, embriões XX iniciais possuem a proteína Sxl completa e funcional (**FIGURA 6.15**). Em embriões XY, o promotor inicial de *Sxl* não está ativo e nenhuma proteína Sxl funcional está presente. Entretanto, mais tarde no desenvolvimento, quando está acontecendo a celularização, o promotor *tardio* fica ativo e o gene *Sxl* é transcrito tanto em machos quanto em fêmeas. Nas células XX, a proteína Sxl do promotor inicial pode se ligar no seu próprio pré-mRNA e fazer *splicing* na direção de "fêmea". Nesse caso, Sxl se liga e bloqueia o complexo de *splicing* do éxon 3 (Johnson et al., 2010; Salz, 2011). Como resultado, o éxon 3 é evitado e não é incluído no mRNA do *Sxl*. Assim, a produção inicial garante que seja feita a proteína funcional do tamanho completo (354-aminoácidos), se a célula for XX (Bell et al., 1991; Keyes et al., 1992). Nas células XY, entretanto, o promotor inicial não está ativo (uma vez que o fator de transcrição codificado no X não alcançou o limiar para ativar o promotor) e não tem a proteína Sxl inicial. Logo, o pré-mRNA de *Sxl* das células XY sofre *splicing* de forma a *incluir* o éxon 3 e seu códon de término. A síntese proteica termina no terceiro éxon (depois do aminoácido 48), e o Sxl não fica funcional.

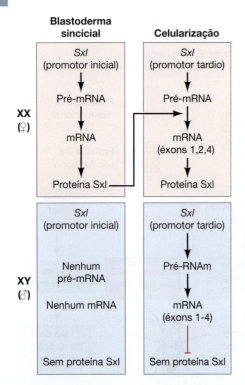

FIGURA 6.15 *Splicing* diferencial e expressão do *Sex-lethal* de forma específica ao sexo. No blastoderma sincicial de moscas XX, fatores de transcrição dos dois cromossomos X são suficientes para ativar o promotor inicial do gene *Sxl*. Essa transcrição inicial sofre *splicing* para um mRNA sem o éxon 3 e faz uma proteína Sxl funcional. O promotor inicial de moscas XY não é ativado, e machos não possuem a proteína Sxl funcional. Durante o estágio de celularização do blastoderma, o promotor tardio de *Sxl* fica ativo tanto em moscas XX quanto XY. Em moscas XX, o *Sxl* já presente no embrião impede o *splicing* do éxon 3 no mRNA, e a proteína Sxl funcional é feita. Sxl, então, liga-se ao seu próprio promotor para mantê-lo ativo; ele também participa do *splicing* de pré-mRNAs subsequentes. Em embriões XY, nenhum Sxl está presente, e o éxon 3 sofre *splicing* para dentro do mRNA. Devido ao códon de término no éxon 3, machos não fazem Sxl funcional. (Segundo Salz, 2011.)

COMPENSAÇÃO DA DOSAGEM Se as células de uma mosca fêmea, de um nematoide e de um mamífero têm duas vezes mais cromossomo X que as células macho, como são regulados os genes do cromossomo X? Os três grupos oferecem três soluções diferentes para esse problema.

OS ALVOS DO SEX-LETHAL A proteína feita a partir do transcrito *Sxl* específico de fêmea contém regiões que são importantes para a ligação ao RNA. Parece existir três RNAs principais, alvos de ligação da proteína Sxl específica de fêmea. Uma delas é o próprio pré-mRNA de *Sxl*. Outro alvo é o gene *msl2*, que controla a compensação de dosagem (ver a seguir). Na verdade, se o gene *Sxl* não é funcional em uma célula com dois cromossomos XX, o sistema de compensação de dosagem não trabalhará, e o resultado será a morte celular (daí o nome do gene). O terceiro alvo é o pré-mRNA de *transformer* (*tra*, de transformador) – o próximo gene na cascata (**FIGURA 6.16**; Nagoshi et al., 1988; Bell et al., 1991).

O pré-mRNA do *transformer* (assim denominado porque a mutação de perda de função transforma fêmeas em machos) sofre *splicing* pela proteína Sxl para formar um mRNA funcional. O pré-mRNA de *tra* é feito tanto nas células de machos quanto de fêmeas; entretanto, na presença de Sxl, o transcrito *tra* sofre *splicing* alternativo para criar o mRNA específico de fêmeas, bem como um mRNA não específico que é encontrado em fêmeas e machos. Assim como a mensagem de *Sxl* de macho, a mensagem não específica do mRNA de *tra* contém um códon de término precoce que torna a proteína não funcional (Boggs et al., 1987). O segundo éxon do mRNA não específico de *tra* contém o códon de término e não é utilizado na mensagem específica de fêmeas (ver Figuras 6.14 e 6.16).

Como fêmeas e machos podem fazer mRNAs diferentes? A proteína Sxl específica de fêmeas ativa um sítio de *splicing* 3′ que faz o pré-mRNA ser processado de forma a excisar o segundo éxon. Para isso, a proteína Sxl bloqueia a ligação do fator de *splicing* U2AF no sítio de *splicing* não específico da mensagem *tra*, e o faz ligando-se especificamente na região de polipirimidina adjacente (Handa et al., 1999). Isso faz U2AF se ligar ao sítio de *splicing* 3′ de baixa afinidade (específico de fêmeas) e gerar o mRNA específico de fêmea (Valcárcel et al., 1993). A proteína tra específica de fêmea trabalha em conjunto com o produto do gene *transformer-2* (*tra2*) para ajudar a gerar o fenótipo feminino, por meio do *splicing* do gene *doublesex* (duplo sexo) de maneira específica de fêmea.

Doublesex: o gene comutador para determinação do sexo

O gene **doublesex** (**dsx**) de *Drosophila* é ativo em machos e fêmeas, mas seu transcrito primário é processado de maneira específica para cada sexo (Baker et al., 1987). Esse processamento alternativo do RNA é resultado da ação dos produtos dos genes *tra* e *tra2* no gene *dsx* (ver Figuras 6.14 e 6.16). Se o *tra2* e o *tra* específico de fêmeas estão presentes, o transcrito *dsx* é processado de maneira específica para fêmeas (Ryner e Baker, 1991). O padrão de *splicing* feminino produz uma proteína específica de fêmea que ativa genes específicos de fêmeas (como os de proteínas de vitelo) e inibe o desenvolvimento masculino. Se nenhum *tra* funcional é produzido, é produzido o transcrito de *dsx* específico de macho; esse transcrito codifica um fator de transcrição que inibe características femininas e promove características masculinas. Nas gônadas do embrião, Dsx regula todos os aspectos conhecidos do destino celular das gônadas sexualmente dimórficas.

Em moscas XX, a proteína Doublesex de fêmeas (Dsx^F) combina com o produto do gene *intersex* (*Ix*, intersexo) para formar um complexo de fator de transcrição que é responsável pela promoção de características específicas de fêmeas. Este "complexo Doublesex" ativa o gene *Wingless* (*Wg*, sem asa), que é produto do gene da família Wnt, e promove o crescimento das porções femininas do disco genital. Ele também reprime o gene *Fgf* responsável pela formação dos órgãos acessórios masculinos, ativa os genes responsáveis pela produção de proteínas de vitelo, promove o crescimento do ducto armazenador de espermatozoides e modifica a expressão do gene *bricabrac* (*bab*) para gerar o

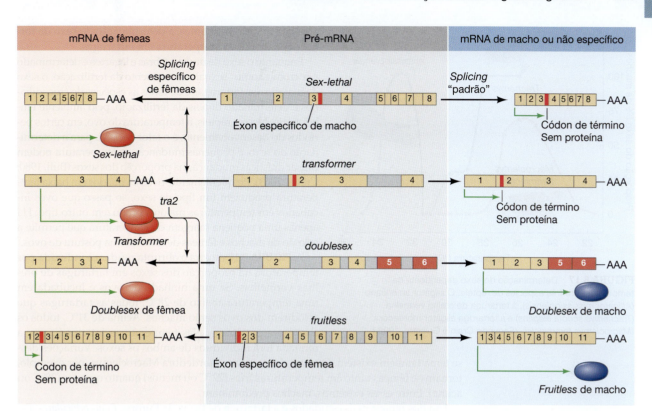

| mRNA de fêmeas | Pré-mRNA | mRNA de macho ou não específico |

FIGURA 6.16 *Splicing* de RNA específico de sexo de quatro genes importantes de determinação do sexo em *Drosophila*. Os pré-mRNAs (mostrados no centro do diagrama) são idênticos tanto no núcleo de macho quanto no de fêmea. Em cada caso, o transcrito específico de fêmea é mostrado à esquerda, enquanto o transcrito padrão (macho ou não específico) é mostrado à direita. Os éxons são numerados, e as posições dos códons de término estão marcadas. *Sex-lethal*, *transformer* e *doublesex* são todos membros da cascata genética de determinação sexual primária. O padrão de transcrição de *fruitless* determina as características secundárias do comportamento de corte. (Segundo Baker, 1989; Baker et al., 2001.)

perfil de pigmentação específica de fêmeas. Em contrapartida, a proteína Doublesex de macho (Dsx^M) atua diretamente como um fator de transcrição e direciona a expressão de características específicas de macho. Isso causa o crescimento da região masculina do disco genital em detrimento da região feminina do disco. Ele ativa o homólogo de BMP *Decapentaplegic* (*Dpp*), bem como estimula os genes *Fgf* a produzir o disco genital masculino e estruturas acessórias. Dsx^M também converte certas estruturas cuticulares em *cláspers* e modifica o gene *bricabrac* para a produção do padrão de pigmentação masculino (Ahmad e Baker, 2002; Christiansen et al., 2002).

De acordo com este modelo, o resultado da cascata de determinação do sexo resumida na Figura 6.14 recai sobre o tipo de mRNA processado a partir do transcrito *doublesex*. Se existirem dois cromossomos X, os fatores de transcrição que ativam o promotor inicial do *Sxl* alcançam um nível crítico de concentração e *Sxl* faz um fator de *splicing* que faz com que o transcrito do gene *transformer* sofra *splicing* da maneira específica de fêmea. Essa proteína específica de fêmea interage com o fator de *splicing tra2*, fazendo o pré-mRNA de *dsx* sofrer *splicing* da maneira específica de fêmea. Se o transcrito *dsx* não agir deste modo, ele será processado de maneira "padrão" para fazer a mensagem específica de macho. É interessante observar que o gene *doublesex* de moscas é muito similar ao gene *Dmrt1* de vertebrados, e que os dois tipos de determinação do sexo possuam ter alguns denominadores comuns.

TÓPICO NA REDE 6.7 **SEXO NO CÉREBRO DE MOSCAS** Além do mecanismo do "doublesex" para gerar o fenótipo da *Drosophila*, uma via separada para o "sexo no cérebro", caracterizada pelo gene *fruitless* (sem frutos), fornece aos indivíduos o conjunto de comportamentos de corte e agrssão apropriados.

Determinação do sexo pelo ambiente

Em muitos organismos, o sexo é determinado por fatores ambientais, como a temperatura, o local e a presença de outros membros da espécie. O Capítulo 25 discutirá a importância dos fatores ambientais para o desenvolvimento normal; aqui, discutiremos

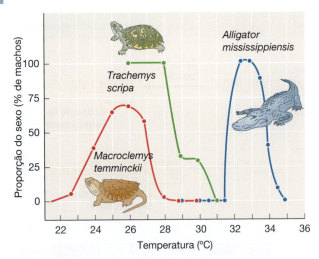

FIGURA 6.17 Determinação do sexo dependente da temperatura em três espécies de répteis. O aligátor americano (*Alligator mississippiensis*), a tartaruga de orelha vermelha (*Trachemys scripta elegans*) e a tartaruga aligátor mordedora (*Macroclemys temminckii*). (Segundo Crain e Guillette, 1998.)

apenas um desses sistemas, a determinação do sexo de forma dependente da temperatura em tartarugas.

Enquanto o sexo de muitas cobras e lagartos é determinado por cromossomos sexuais no momento da fertilização, o sexo da maioria das tartarugas e de todas as espécies de crocodilianos é determinado depois da fertilização, pelo ambiente embrionário. Nesses répteis, a temperatura do ovo, em certos períodos do desenvolvimento, é o fator decisivo para a determinação do sexo, e pequenas mudanças na temperatura podem causar drásticas mudanças na proporção dos sexos (Bull, 1980; Crews, 2003). Frequentemente, ovos incubados em baixa temperatura produzem um tipo de sexo, ao passo que ovos incubados em temperaturas maiores produzem outro tipo. Há apenas uma pequena margem de temperatura que permite a eclosão de machos e fêmeas de uma mesma postura de ovos.[7]

A **FIGURA 6.17** mostra a abrupta mudança induzida por temperatura na proporção dos sexos em tartarugas de orelhas vermelhas. Se uma ninhada de ovos é incubada em uma temperatura abaixo de 28°C, todas as tartarugas que eclodirem dos ovos serão machos. Acima de 31°C, todos os ovos gerarão fêmeas. Nas temperaturas intermediárias, a ninhada terá indivíduos de ambos os sexos. Variações desse tema também existem. Os ovos da tartaruga mordedora Macroclemys, por exemplo, tornam-se fêmeas tanto em temperaturas frias (22°C ou menos) quanto quentes (28°C ou acima). Entre esses extremos, machos predominam.

Um dos répteis mais estudados é a tartaruga de lagoa da Europa, *Emys orbiculares*. Estudos em laboratórios incubando ovos de *Emys* em temperaturas acima de 30°C só produzem fêmeas, enquanto temperaturas abaixo de 25°C só produzem ninhada com machos. O limiar da temperatura (na qual a proporção dos sexos é igual) é 28,5°C (Pieau et al., 1994). A janela do desenvolvimento pela qual ocorre a determinação do sexo pode ser descoberta incubando por um certo período os ovos na temperatura que produz machos e, então, mudando-os para uma incubadora com temperatura produtora de fêmeas (e vice-versa). Em *Emys*, o terço do desenvolvimento parece ser o mais importante para a determinação do sexo, e acredita-se que tartarugas não revertam seu sexo depois desse período.

A expressão dos genes que determinam o sexo (*Sox9* e *Sry* em machos; β-catenina em fêmeas) se correlaciona com a temperatura que produz machos ou fêmeas (ver Mork e Chapel, 2013; Bieser e Wbbels, 2014). Contudo, não se sabe se esses genes são os componentes que sentem a temperatura de determinação do sexo. Recentemente, estudos genéticos da sensibilidade à temperatura indutora da determinação do sexo têm apontado para a CIRBP (do inglês, *cold-induced RNA-binding protein*, ou proteína ligante de RNA induzida pelo frio) como o agente que responde às diferenças de temperatura (Schroeder et al., 2016). O gene para CIRBP é expresso no momento da determinação do sexo nas tartarugas mordedoras, e diferentes alelos levam a diferentes tendências na proporção dos sexos. Essa proteína pode atuar reprimindo o *splicing* ou a tradução de certas mensagens em certas temperaturas. Outra proteína sensível à temperatura que pode regular a determinação do sexo é a TRPV4, um canal de Ca^{2+} cuja atividade correlaciona-se com a ativação dos genes formadores de testículo (Yatsui et al., 2015). O mecanismo de determinação do sexo induzido por temperatura ainda precisa ser elucidado.

Gametogênese em mamíferos

Um dos eventos mais importantes da determinação do sexo é a determinação das células germinativas em sofrer **gametogênese**, a formação dos gametas (espermatozoides e ovócitos). Como no caso das cristas genitais, as **células germinativas primordiais**

---

[7] As vantagens e desvantagens evolutivas da determinação do sexo de forma dependente da temperatura são discutidas no Capítulo 26.

(**PGCs**, do inglês, *primordial germ cells*) são bipotentes e podem se tornar tanto espermatozoides quanto ovócitos; se residirem nos ovários, serão ovócitos, e se residirem nos testículos, elas se tornarão espermatozoides. Todas essas decisões são coordenadas por fatores produzidos pelas gônadas em desenvolvimento.

Primeiro, e principalmente, as células que geram os espermatozoides ou os ovócitos não se formam originalmente dentro das gônadas. Em vez disso, elas se formam na porção posterior do embrião e migram para as gônadas (Anderson et al., 2000; Molineaux et al., 2001; Tanaka et al., 2005). Esse padrão é comum no reino animal: as células germinativas são "separadas" do resto do embrião, e a transcrição e a tradução das células são desligadas enquanto migram de sítios periféricos para dentro do embrião e depois para dentro da gônada. É como se as células germinativas fossem uma entidade separada, reservada para a próxima geração, e reprimindo a expressão gênica se tornam insensíveis ao comércio intercelular acontecendo em toda sua volta (Richardson e Lehmann, 2010; Tarbashevich e Raz, 2010).

Embora o mecanismo usado para especificar as células germinativas varie significativamente no reino animal, as proteínas expressas pelas células germinativas para suprimir a expressão gênica são notavelmente conservadas. Essas proteínas, incluindo as famílias Vasa, Nanos, Tudor e Piwi, podem ser vistas nas células germinativas de cnidários, moscas e mamíferos (Ewen-Campen et al., 2010; Leclére et al., 2012). As proteínas **Vasa** são importantes para as células germinativas em quase todos os animais estudados. Elas estão envolvidos na ligação ao RNA e, muito provavelmente, ativam mensagens específicas de células germinativas. Em galinhas, Vasa experimentalmente induzida pode direcionar células-tronco embrionárias para o destino de célula germinativa (Lavial et al., 2009). A proteína **Nanos** liga-se ao seu parceiro, Pumilio (sem tradução do inglês), para formar um dímero repressor muito potente. Nanos pode bloquear a tradução de RNA, e Pumilio liga-se ao 3′ UTRs de mRNAs específicos. Em *Drosophila*, Nanos e Pumilio reprimem a tradução de inúmeros mRNAs e, fazendo isso, (1) impedem que a célula faça parte de algum folheto embrionário, (2) impedem a continuidade do ciclo celular e (3) previnem apoptose (Kobayashi et al., 1996; Asaoka-Taguchi et al., 1999; Hayashi et al., 2004). As proteínas **Tudor** foram descobertas em *Drosophila*, sendo que as fêmeas portadoras desses genes são estéries[8] e não formam as células do polo (Boswell e Mahowald, 1985). Parece que a proteína Tudor interage com as proteínas **Piwi**, que estão envolvidas no silenciamento transcricional de porções do genoma, especialmente transposons ativos.

TÓPICO NA REDE 6.8 **THEODOR BOVERI E A FORMAÇÃO DA LINHAGEM GERMINATIVA** No início dos anos 1900, os estudos de Boveri sobre o desenvolvimento de nematelmintos demonstraram que o citoplasma das células destinadas a ser precursores de células germinativas era diferente do citoplasma das outras células.

As PGCs recém-formadas entram primeiro no intestino posterior (**FIGURA 6.18A**) e, eventualmente, migram adiante e para dentro das gônadas bipotentes, multiplicando-se à medida que migram. Do momento de sua especificação até entrarem nas cristas genitais, as PGCs estão envoltas por células secretando o fator de célula-tronco (SCF). SCF é necessário para a motilidade e a sobrevivência das PGCs. Mais ainda, o agrupamento de células secretoras de SCF parece migrar com as PGCs, formando um "nicho de viagem" de células que dão suporte para a persistência, divisão e movimento das PGCs (Gu et al., 2009).

As PGCs que migram para as gônadas não fazem sua própria decisão para se tornar espermatozoide ou ovócito. Essa decisão é feita pela gônada em que residem; são sinais da gônada que criam a profunda diferença entre espermatogênese e ovogênese (**TABELA 6.1**). Uma das diferenças mais fundamentais envolve o momento da meiose. Em fêmeas, a meiose começa na gônada *embrionária*. Em machos, a meiose não é iniciada até a puberdade. O "guardião" desta porta para a meiose parece ser o fator de transcrição Stra8, o qual promove uma nova rodada de síntese de DNA e iniciação da meiose nas células germinativas. Nos ovários em desenvolvimento, Stra8 é *regulado positivamente* por dois fatores – Wnt4 e ácido retinoico – provenientes dos rins adjacentes (Baltus et al., 2006;

---

[8] Tudor e Vasa são ambos denominadas segundo casas reais europeias, que terminaram com a monarquia feminina (Elizabeth da Inglaterra e Christina da Suécia) que não tinham herdeiros.

FIGURA 6.18 Migração das células germinativas em camundongo. (A) No dia embrionário 8, PGCs estabelecidas no epiblasto posterior migram para o endoderma definitivo do embrião. A foto mostra quatro PGCs grandes (coradas para a fosfatase alcalina) no intestino posterior do embrião de camundongo. (B) As PGCs migram por meio do intestino e, dorsalmente, nas cristas genitais. (C) As células coradas por fosfatase alcalina são observadas entrando nas cristas genitais por volta do dia embrionário 11. (A, a partir de Heath, 1978; C, de Mintz, 1957, cortesia dos autores.)

(A) Migração das PGCs para o endoderma

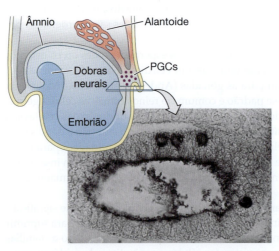

(B) Migração das PGCs para a gônada

(C)

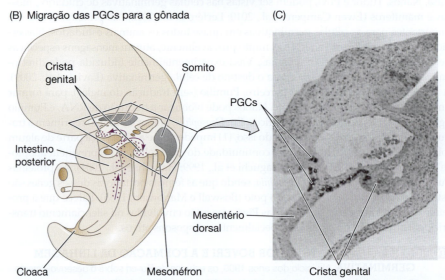

TABELA 6.1 Dimorfismo sexual na meiose de mamíferos

Ovogênese feminina	Espermatogênese masculina
Meiose iniciada só uma vez em uma população finita de células	Meiose iniciada continuamente em uma população de células-tronco dividindo-se mitoticamente
Um gameta produzido por meiose	Quatro gametas produzidos por meiose
A finalização da meiose é atrasada por meses ou anos	A meiose é completada em dias ou semanas
Meiose interrompida na prófase da primeira meiose e reiniciada em uma população celular menor	Meiose e diferenciação procedem continuamente sem interrupções no ciclo celular
A diferenciação dos gametas ocorre enquanto diploides, na primeira fase meiótica	A diferenciação dos gametas ocorre enquanto haploides, depois que a meiose termina
Todos os cromossomos exibem transcrição equivalente e recombinação durante a prófase da meiose	Cromossomos sexuais excluídos da recombinação o transcrição durante a prófase da primeira meiose

Fonte: Segundo Handel e Eppig, 1998.

(A) Células germinativas femininas

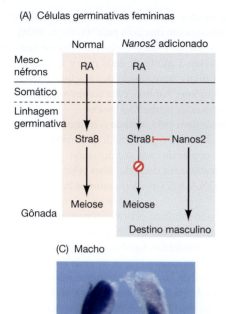

(B) Células germinativas masculinas

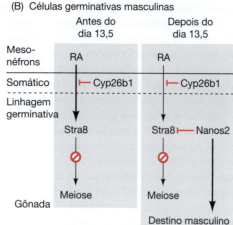

(C) Macho (D) Fêmea

RA sintetizado RA degradado   RA sintetizado RA degradado

FIGURA 6.19 O ácido retinoico (RA) determina o momento da meiose e da diferenciação sexual de células germinativas de mamíferos. (A) Em embriões de camundongo fêmea, RA secretado pelo mesonéfron alcança a gônada e dispara a iniciação da meiose por meio da indução do fator de transcrição Stra8 em células germinativas femininas (em bege). Entretanto, se o gene *Nanos2* ativado for adicionado às células germinativas femininas, ele suprime a expressão de Stra8, levando as células germinativas para uma via masculina (em cinza). (B) Nos testículos embrionários, Cyp26b1 bloqueia a sinalização RA, impedindo, assim, que as células germinativas masculinas entrem em meiose até o dia 13,5 (painel à esquerda). Depois do dia embrionário 13,5, quando a expressão de Cyp26b1 é diminuída, Nanos2 é expresso e previne a iniciação da meiose por meio do bloqueio da expressão de Stra8. Isso induz a diferenciação do tipo masculino nas células germinativas (painel à direita). (C, D) Embriões do dia 12 corados para mRNAs codificantes da enzima Aldh1a2 sintetizadora de RA (gônada da esquerda) e a enzima Cyp26b1 que degrada o RA (gônada da direita). A enzima sintetizadora de RA é vista tanto no mesonéfron de machos (C) quanto de fêmeas (D). A enzima degradadora de RA é observada somente na gônada masculina. (A, B, segundo Saga, 2008; C, D, segundo Bowles et al., 2006, cortesia de P. Koopman.)

Bowles et al., 2006; Naillat et al., 2010; Chassot et al., 2011). Nos testículos em desenvolvimento, entretanto, Stra8 é *regulado negativamente* por Fgf9, e o ácido retinoico produzido pelo mesonéfron é degradado pela secreção, pelo testículo da enzima que degrada RA (ácido retinoico, do inglês, *retinoic acid*) a Cyp26b1 (**FIGURA 6.19**; Bowles et al., 2006; Koubava et al. 2006). Durante a puberdade masculina, entretanto, o ácido retinoico é sintetizado pelas células de Sertoli e induz Stra8 nas células-tronco de espermatozoides. Quando Stra8 está presente, as células-tronco de espermatozoides ficam comprometidas com a meiose (Anderson et al., 2008; Mark et al., 2008). Então, o momento da síntese de ácido retinoico parece controlar Stra8, e este compromete células germinativas com a meiose. Fgf9, que regula negativamente Stra8, também parece ser crítico para a manutenção das células germinativas na condição de célula-tronco (Bowles et al., 2010).

A estrutura da gônada de mamíferos executa um importante papel também. As células de Sertoli, as células de Leydig e os vasos sanguíneos dos túbulos seminíferos constituem um nicho para as células-tronco (Hara et al., 2014; Manku e Culty, 2015). As células germinativas primordiais que entram no testículo em desenvolvimento permanecerão na condição de célula-tronco, o que lhes confere a habilidade de, mitoticamente, produzirem precursores de espermatozoides. As células foliculares do ovário, contudo, não promovem um nicho de célula-tronco. Em vez disso, cada célula germinativa primordial será rodeada por células foliculares, e, em geral, somente um ovócito amadurecerá de cada folículo.

Meiose: o entrelace dos ciclos da vida

A **meiose** é talvez a invenção mais revolucionária dos eucariotos, pois é o mecanismo para a transmissão de genes de uma geração para a próxima e para a recombinação dos genes derivados do espermatozoide e do ovócito em uma nova combinação de alelos. As observações de Van Beneden, em 1883, de que as divisões das células germinativas fazem os gametas resultantes conterem metade do número diploide de cromossomos, "demonstraram que os cromossomos dos descendentes são provenientee, em número igual, do núcleo das duas células germinativas conjugadas e, então, igualmente dos dois pais" (Wilson, 1924). Meiose é um ponto crítico de partida e chegada do ciclo da vida. O corpo envelhece e morre, mas os gametas formados por meiose sobrevivem à morte de seus pais e formam a nova geração. Reprodução sexuada, variação evolutiva e transmissão de características de uma geração para a próxima todas se resumem a meiose. Por isso, para compreendermos o que fazem as células germinativas, temos que entender primeiro a meiose.

Meiose é a maneira pela qual os gametas diminuem pela metade o número de seus cromossomos. Na condição haploide, cada cromossomo é representado por apenas uma cópia, ao passo que as células diploides têm duas cópias de cada cromossomo. A divisão meiótica difere da mitótica: (1) as células meióticas fazem duas divisões celulares, sem um período intermediário para a replicação do DNA, e (2) os cromossomos homólogos emparelham e recombinam o material genético.

Depois que a célula germinativa finaliza a divisão mitótica, ocorre um período de síntese de DNA, e a célula, ao iniciar a meiose, fica com o dobro de DNA no núcleo. Nesse estado, cada cromossomo é constituído por duas **cromátides** ligadas a um mesmo cinetócoro[9] (em outras palavras, o núcleo diploide contém quatro cópias de cada cromossomo). Na primeira das duas divisões meióticas (meiose I), os cromossomos homólogos (p. ex., as duas cópias do cromossomo 3 na célula diploide) aproximam-se e são, posteriormente, separados em diferentes células. Como resultado, a primeira divisão meiótica divide dois cromossomos homólogos entre duas células-filhas, de forma que cada célula-filha fique com apenas uma cópia de cada cromossomo. No entanto, cada cromossomo já tinha replicado (p. ex., cada um tinha duas cromátides), e a segunda divisão (meiose II) separa as duas cromátides-irmãs. O resultado final da meiose são quatro células, cada qual com uma cópia única (haploide) de cada cromossomo.

A primeira divisão meiótica começa com uma fase longa, subdividida em quatro estágios (**FIGURA 6.20**). Durante o estágio de **leptóteno** (do grego, fio fino), a cromatina das cromátides é muito esticada, e não é possível identificar cromossomos individualizados. A replicação do DNA já ocorreu, e cada cromossomo é constituído de duas cromátides em paralelo. No estágio de **zigóteno** (em grego, fios amarrados), os cromossomos homólogos são pareados lado a lado. Este pareamento, denominado **sinapse**, é característico da meiose; ou seja, não ocorre na divisão mitótica. Embora o mecanismo

---

[9] Os termos centrômero e cinetócoro são frequentemente usados como sinônimos, mas, de fato, cinetócoro é a estrutura proteica complexa que é montada sobre uma sequência de DNA conhecida como centrômero.

FIGURA 6.20 Meiose, enfatizando o complexo sinaptonemal. Antes da meiose, cromossomos homólogos não pareados estão distribuídos randomicamente no núcleo. (A) Em leptóteno, os telômeros prendem-se ao longo do envelope nuclear. Os cromossomos "procuram" por cromossomos homólogos, e a sinapse, a associação de cromossomos homólogos, começa em zigóteno, quando pode ser vista a primeira evidência do complexo sinaptonemal (SC). Durante o paquíteno, o alinhamento homólogo é observado ao longo de toda a extensão dos cromossomos e produz uma estrutura bivalente. Os homólogos pareados podem recombinar (*cross over*) entre si durante o zigóteno e o paquíteno. O complexo sinaptonemal dissolve-se em diplóteno quando a recombinação é completada. (B) Na diacinese, os cromossomos condensam ainda mais e, então, formam a placa metafásica. A segregação dos cromossomos homólogos ocorre na anáfase I. Somente um par de cromátides-irmãs está mostrado aqui em meiose II, onde cromátides-irmãs se alinham na metáfase II, e então na anáfase II segregam para polos opostos. (Segundo Tsai e McKee, 2011.)

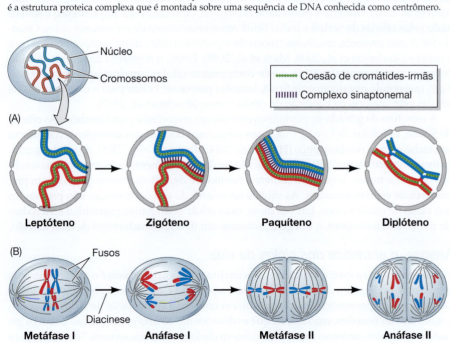

pelo qual cada cromossomo reconhece seu homólogo não seja conhecido, a sinapse parece precisar da presença do envelope nuclear e a formação da fita proteica, chamada de **complexo sinaptonemal**. Em muitas espécies, o envelope nuclear serve provavelmente como sítio de ancoragem para os cromossomos em prófase se ligarem, reduzindo, assim, a complexidade na busca do outro cromossomo homólogo (Comings, 1968; Scherthan, 2007; Tsai e McKee, 2011). O complexo sinaptonemal é uma estrutura tipo escada com um elemento central e duas barras laterais (Von Wettstein, 1984; Yang e Wang, 2009). Os cromossomos homólogos ficam associados com as duas barras laterais, e os cromossomos são assim unidos. A configuração formada pelas quatro cromátides e o complexo sinaptonemal é denominado **tétrade** ou **bivalente**.

Durante o próximo estágio meiótico da prófase, **paquíteno** (do grego, fio grosso), as cromátides engrossam e encurtam. As cromatinas individuais podem agora ser distinguidas por microscópio ótico, e o *crossing-over* pode ocorrer. *Crossing-over* representa uma troca de material genético, com genes de uma cromátide sendo trocados por genes homólogos da outra. Ele pode se estender para a próxima fase (**diplóteno**) (do grego: fio duplo). Durante o diplóteno, o complexo sinaptonemal se quebra, e os dois cromossomos homólogos começam a se separar. Em geral, entretanto, eles permanecem ligados em vários pontos, chamados de **quiasmas**, que se pensa serem as regiões onde o *crossing-over* está ocorrendo. O estágio diplóteno é caracterizado por um alto nível de transcrição gênica.

A metáfase começa com a **diacinese** (do grego, "se separando") dos cromossomos (Figura 6.20B). O envelope nuclear se desfaz, e os cromossomos migram para formar a placa metafásica. A anáfase da meiose I não começa até que os cromossomos estejam corretamente alinhados nas fibras dos fusos mitóticos. Esse alinhamento é realizado por proteínas que impedem que a ciclina B seja degradada até que todos os cromossomos estejam seguramente presos aos microtúbulos.

Durante a anáfase I, os cromossomos homólogos separam-se um dos outros, tornando-se independentes. Essa fase leva à telófase I, durante a qual duas células-filhas são formadas, cada célula contendo um parceiro de cada par de cromossomos homólogos. Depois de uma breve **intercinese**, a segunda divisão meiótica começa. Durante a meiose II, o cinétocoro de cada cromossomo se divide, durante a anáfase, de forma que cada nova célula ganha uma das duas cromátides, e o resultado final é a criação de quatro células haploides. Observe que a meiose também selecionou os cromossomos em novos agrupamentos. Primeiro, cada uma das quatro células haploides tem um conjunto diferente de cromossomos. Os humanos possuem 23 pares de cromossomos; logo 2^{23} (aproximadamente 10 milhões) de diferentes células haploides podem ser formadas a partir do genoma de uma única pessoa. Além disso, o *crossing-over* que ocorre durante os estágios de paquíteno e diplóteno da primeira metáfase da meiose, aumenta ainda mais a diversidade genética, fazendo o número potencial de diferentes gametas ser incalculavelmente grande.

Essa organização e movimentos cromossômicos da meiose é coreografada pelo anel de **proteínas de coesina** que circunda as cromátides-irmãs. Os anéis de coesina resistem às forças de tração dos fusos de microtúbulos, mantendo as cromátides-irmãs presas durante a meiose I (Haering et al., 2008; Brar et al., 2009). As coesinas também recrutam outros grupos de proteínas que ajudam a promover o pareamento entre os cromossomos homólogos e permitem que haja recombinação (Pelttari et al., 2001; Villeneuve e Hillers, 2001; Sakuno e Watanabe, 2009). Na segunda divisão meiótica, o anel de coesina é cortado, e os cinetócoros podem se separar um do outro (Schöckel et al., 2011).

TÓPICO NA REDE 6.9   **MODIFICAÇÕES DA MEIOSE**   Em muitos organismos, as fêmeas podem se reproduzir sem os machos, por meio da modificação da meiose. Eles podem produzir ovócitos diploides e se autoativar sem ser por entrada do espermatozoide.

Gametogênese em mamíferos: espermatogênese

A **espermatogênese** – a via de desenvolvimento das células germinativas em espermatozoides maduros – começa na puberdade e ocorre nos intervalos entre as células de Sertoli (**FIGURA 6.21**). A espermatogênese é dividida em três fases principais (Matson et al., 2010):

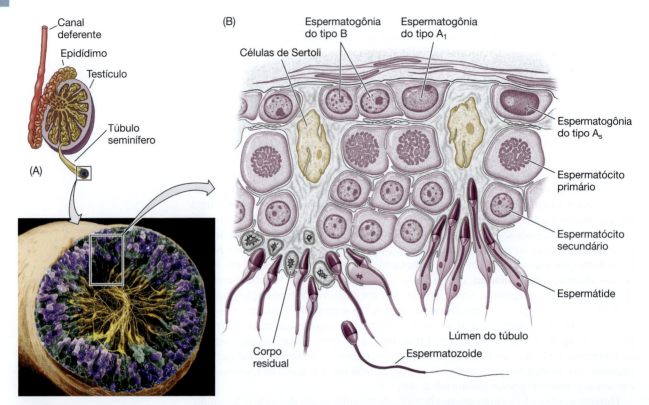

FIGURA 6.21 Maturação do espermatozoide. (A) Secção transversal do túbulo seminífero. As espermatogônias estão em azul, os espermatócitos, na cor lavanda, e o espermatozoide maduro aparece em amarelo. (B) Diagrama simplificado da porção do túbulo seminífero, ilustrando a relação entre espermatogônia, espermatócitos e espermatozoide. Conforme as células germinativas vão amadurecendo, também vão progredindo para o lúmen do túbulo seminífero (ver também Figura 7.1). (A, foto por cortesia de R. Wagner; B, baseado em Dym, 1977).

1. Uma fase proliferativa em que o número de células-tronco do espermatozoide aumenta por mitose (**espermatogônia**).
2. Uma fase de meiose envolvendo as duas divisões que criam o estado haploide.
3. Uma fase pós-meiose de "remodelamento", chamada de **espermiogênese**, na qual as células esféricas (espermátides) eliminam a maior parte de seus citoplasmas e se tornam espermatozoides aperfeiçoados.

A fase proliferativa começa quando as PGCs de mamíferos chegam na crista genital do embrião masculino. Aqui, elas são chamadas de **gonócitos** e tornam-se incorporadas aos cordões sexuais, que se tornarão os túbulos seminíferos (Culty, 2009). Os gonócitos tornam-se espermatogônias indiferenciadas, residindo próximo à parte basal das células dos túbulos (Yoshida et al., 2007, 2016). Essas são as células-tronco verdadeiras no sentido de que podem restabelecer a espermatogênese quando transferidas para camundongos, cuja produção de espermatozoides foi eliminada por químicos tóxicos. A espermatogônia parece tomar como residência o nicho de célula-tronco, nas junções das células de Sertoli (o epitélio dos túbulos seminíferos), as células intersticiais de Leydig (produtoras de testosterona) e os vasos sanguíneos do testículo. As moléculas de adesão ligam as espermatogônias diretamente nas células de Sertoli, que irão nutrir o esperma em desenvolvimento (Newton et al., 1993; Pratt et al., 1993; Kanatsu-Shinohara et al., 2008). A proliferação mitótica dessas células-tronco amplifica esta pequena população em uma população de espermatogônia em diferenciação (**espermatogônia do tipo A**), podendo gerar mais de 1000 espermatozoides por segundo em homens adultos (Matson et al., 2010).

Conforme as espermatogônias se dividem, elas permanecem aderidas umas às outras por pontes citoplasmáticas. Todavia, essas pontes são frágeis, e quando uma célula se separa da outra, ela pode se tornar uma espermatogônia indiferenciada novamente (Hara et al., 2014). A fase meiótica da espermatogênese, durante a puberdade, é regulada por muitos fatores. O fator neurotrófico derivado da linhagem de células da glia (GDNF, um fator parácrino) é feito pelas células de Sertoli e pelas células mioides que envolvem os túbulos e conferem força e elasticidade aos túbulos. GDNF ajuda a manter as espermtogônias em divisão como células-tronco (Chen et al., 2016a). Como mencionado anteriormente, na puberdade os níveis de ácido retinoico ativam o fator de transcrição Stra8, e os níveis do fator parácrino BMP8b alcançam uma concentração crítica. Acredita-se que BMP8b instrua a espermatogônia a produzir receptores que permitam que ela responda a proteínas, como o fator de células-tronco (SCF). Na verdade, camundongos sem BMP8b não iniciam a espermatogênese na puberdade (Zhao et al., 1996; Carlomagno et al., 2010). A transição entre as espermatogônias que estão se dividindo mitoticamente e os espermatócitos que iniciaram a meiose parece ser mediada pelas influências opostas de GDNF e SCF, ambos secretados pelas células de Sertoli. SCF promove a transição para espermatogênese, ao passo que GDNF promove a divisão das células-tronco espermatogoniais (Rossi e Dolci, 2013).

A FASE MEIÓTICA: ESPERMÁTIDES HAPLOIDES Espermatogônias com altos níveis de Stra8, e respondendo ao SCF, dividem-se e tornam-se **espermatogônias do tipo B** (**FIGURA 6.22**; de Rooij e Russel, 2000; Nakagawa, 2010; Griswold et al., 2012). As espermatogônias do tipo B são as precursoras dos espermatócitos e são as últimas células da linhagem a fazer mitose. Elas dividem-se mais uma vez para gerar os **espermatócitos primários** – as células que entram em meiose. Cada espermatócito primário entra na primeira

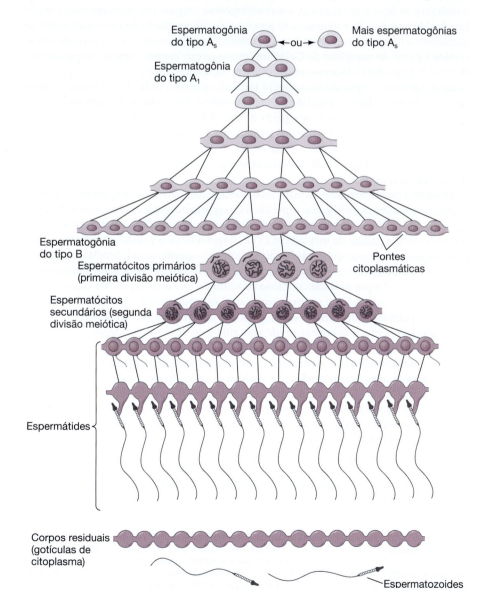

Espermatogônia do tipo A_s

←ou→

Mais espermatogônias do tipo A_s

Espermatogônia do tipo A_1

Espermatogônia do tipo B

Espermatócitos primários (primeira divisão meiótica)

Pontes citoplasmáticas

Espermatócitos secundários (segunda divisão meiótica)

Espermátides

Corpos residuais (gotículas de citoplasma)

Espermatozoides

FIGURA 6.22 Formação de clones sinciciais de células germinativas masculinas humanas. (Segundo Bloom e Fawcett, 1975.)

divisão da meiose e gera um par de **espermatócitos secundários**, que completam a segunda divisão da meiose. As células haploides então formadas são chamadas de **espermátides**, e ainda estão conectadas umas às outras por meio de suas pontes citoplasmáticas. As espermátides que estão conectadas dessa maneira têm núcleos haploides, mas são funcionalmente diploides, na medida em que o produto gênico feito em uma célula pode facilmente difundir para o citoplasma de suas vizinhas (Braun et al., 1989).

Durante a divisão de espermatogônias indiferenciadas em espermátides, as células movem-se cada vez mais para longe da lâmina basal do túbulo seminífero e mais para perto do lúmen (ver Figura 6.21; Siu e Cheng, 2004). Conforme as espermátides se movem para as bordas do lúmen, elas perdem suas conexões citoplasmáticas e diferenciam-se em espermatozoides. Em humanos, a progressão da célula-tronco espermatogonial para espermatozoide leva 65 dias (Dym, 1994).

ESPERMIOGÊNESE: A DIFERENCIAÇÃO DO ESPERMATOZOIDE A espermátide haploide de mamífero é esférica, sem flagelo e não se parece com o espermatozoide maduro de vertebrados. A próxima etapa da maturação do espermatozoide é, então, a **espermiogênese** (algumas vezes chamada de espermateliose), a diferenciação da célula do espermatozoide. Para que ocorra a fertilização, o espermatozoide tem de encontrar o ovócito e se ligar a ele, e, então, a espermiogênese prepara o espermatozoide para as funções de mobilidade e interação. O processo de diferenciação do espermatozoide de mamíferos é mostrado na Figura 7.1. A primeira etapa é a construção da vesícula acrossômica a partir do complexo de Golgi, um processo que conhecemos muito pouco (ver Berrut e Paiardi, 2011). O acrossomo forma um capuz que cobre o núcleo do espermatozoide. Conforme o capuz do acrossoma é formado, o núcleo roda, de forma que o capuz fica voltado para a lâmina basal do túbulo seminífero. Essa rotação é necessária porque o flagelo, que começa a formar-se a partir do centríolo no outro lado do núcleo, se estenderá na direção do lúmen dos túbulos seminíferos. No último estágio da espermiogênese, o núcleo achata e condensa, o restante do citoplasma (o corpo residual, ou gotícula citoplasmática; ver Figura 6.22) é descartado e a mitocôndria forma um anel em volta da base do flagelo.

Durante a espermiogênese, as histonas das espermatogônias são frequentemente substituídas por variantes de histonas específicas de espermatozoide, e começa uma dissociação generalizada dos nucleossomos. Este remodelamento dos nucleossomos deve ser o momento no qual o padrão de metilação da PGC é removido, e o padrão de metilação específico do genoma de macho é estabelecido no DNA do espermatozoide (ver Wilkins, 2005). Conforme a espermiogênese vai terminando, as histonas do núcleo haploide são eventualmente substituídas por protaminas.[10] Essa substituição leva ao completo desligamento da transcrição no núcleo e faz o núcleo assumir uma estrutura quase cristalina (Govin et al., 2004). O espermatozoide formado entra, então, no lúmen do túbulo seminífero.

Inesperadamente, o espermatozoide continua a se desenvolver depois de deixar o testículo. Durante o transporte para fora do testículo, os espermatozoides fazem uma estadia no epidídimo. Durante essa estadia, as células do epidídimo libertam exossomos que se fundem com os espermatozoides. Tem sido demonstrado que esses exossomos contêm pequenos ncRNAs e outros fatores que podem ativar ou reprimir certos genes, e os espermatozoides levarão esses agentes para dentro do ovo (Sharma et al., 2016; Chen et al., 2016). Os espermatozoides ainda não estão completamente maduros, mesmo quando saem pela uretra. A diferenciação final do espermatozoide, como será visto no Capítulo 7, ocorre no sistema reprodutor feminino. Lá, a secreção do oviduto mudará a membrana celular do espermatozoide, para que ele consiga se fusionar com a membrana da célula do ovócito. Logo, a diferenciação completa do espermatozoide acontece em dois organismos diferentes.

---

[10] Protaminas são proteínas relativamente pequenas que contêm mais de 60% de arginina. A transcrição dos genes da protamina é vista no início das espermátides haploides, embora a tradução seja atrasada por vários dias (Peschon et al., 1987). A substituição, entretanto, não é completa, e nucleossomos "ativos", tendo a H3K4 metilada, agrupam-se em torno de *locus* significantes do desenvolvimento, incluindo promotores de genes *Hox*, certos microRNAs, e *locus* com *impressão* que são expressos paternalmente (Hammound et al., 2009).

Em camundongos, o desenvolvimento de células-tronco em espermatozoides leva 34,5 dias: o estágio espermatogonial leva 8 dias, a meiose dura 13 dias e a espermiogênese mais 13,5 dias. O desenvolvimento do espermatozoide humano consome quase duas vezes mais tempo. A cada dia, cerca de 100 milhões de espermatozoides são feitos em cada testículo humano, e cada ejaculação libera 200 milhões de espermatozoides. Espermatozoides que não foram usados ou são reabsorvidos ou são jogados para fora do corpo pela urina. Durante seu tempo de vida, um homem pode produzir de 10^{12} a 10^{13} espermatozoides (Reijo et al., 1995).

Gametogênese em mamíferos: ovogênese

A ovogênese em mamíferos (produção dos ovócitos) difere drasticamente da espermatogênese. Os ovócitos amadurecem por meio de uma coordenação intrincada de hormônios, fatores parácrinos e anatomia do tecido. A maturação do ovócito de mamíferos pode ser considerada como tendo quatro estágios. Primeiro, há a fase de proliferação. No embrião humano, os milhões, ou próximo disso, de PGCs que alcançam o ovário em desenvolvimento se dividem rapidamente, desde o segundo ao sétimo mês de gestação. Elas geram aproximadamente 7 milhões de **ovogônias** (**FIGU-RA 6.23**). Enquanto muitas dessas ovogônias morrem imediatamente/rapidamente, a população sobrevivente, sob a influência de ácido retinoico, passa para a próxima etapa e inicia a primeira divisão da meiose. Elas tornam-se **ovócitos primários**. Essa primeira divisão meiótica não vai muito adiante, e o ovócito primário permanece no estágio diplóteno da prófase da primeira meiose (Pinkerton et al., 1961). Esse estágio diplóteno prolongado é algumas vezes referido como **estágio de repouso** *dictióteno*. Isso pode durar dos 12 aos 40 anos. Com o início da puberdade, grupos de ovócitos retomam a meiose periodicamente. Neste momento, o **hormônio luteinizante** (**LH**) da glândula hipófise suspende esse bloqueio e permite que os ovócitos prossigam a divisão meiótica (Lomniczi et al., 2013). Eles completam a primeira divisão meiótica e partem para a segunda metáfase da meiose. Esse pico de LH causa o amadurecimento do ovócito. O ovócito começa a sintetizar as proteínas que o fazem competente para fusionar com as células do espermatozoide e também tornam possível as primeiras divisões celulares no início do embrião. Esta maturação envolve a interação de fatores parácrinos entre o ovócito e suas células foliculares, ambos em processo de maturação durante essa fase. As células foliculares ativam a tradução de mRNAs estocados pelo ovócito que codificam proteínas, como as que se ligam ao espermatozoide, que serão usadas para a fertilização, e as ciclinas que controlam a divisão celular embrionária (Chen et al., 2013; Cakmak et al., 2016). Depois da liberação do ovócito secundário do ovário, a meiose será reiniciada apenas se ocorrer fertilização. Na fertilização, íons de cálcio são liberados no ovo, e estes liberam o bloqueio inibitório e levam à formação do núcleo haploide.

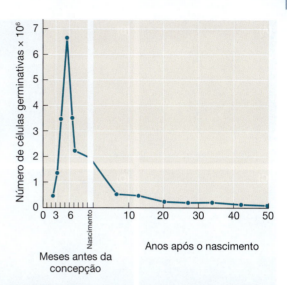

FIGURA 6.23 O número de células germinativas no ovário humano muda ao longo da vida. (Segundo Baker, 1970.)

TÓPICO NA REDE 6.10 **A BIOQUÍMICA DA MATURAÇÃO DO OVÓCITO**
A maturação do ovócito é intimamente conectada com muitos hormônios secretados pelo cérebro. Os efeitos desses hormônios são mediados pelas células do folículo do ovário de maneiras fascinantes.

MEIOSE OVOGÊNICA A meiose ovogênica em mamíferos difere da meiose espermatogênica não somente no momento, mas no posicionamento da placa metafásica. Quando o ovócito primário se divide, seu envelope nuclear se desfaz, e o fuso metafásico migra para a periferia da célula (ver Severson et al., 2016). Esta citocinese assimétrica é controlada por uma rede do citoesqueleto composta principalmente por filamentos de actina que embala o fuso mitótico e o leva para o córtex do ovócito por meio da contração mediada pela miosina (Schuh e Ellenberg, 2008). No córtex, uma tubulina específica de ovócito medeia a separação dos cromossomos, e descobriu-se que mutações nesta

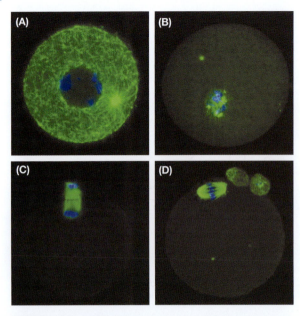

FIGURA 6.24 Meiose no ovócito de camundongo. A tubulina dos microtúbulos está corada em verde; o DNA está corado em azul. (A) Ovócito de camundongo em prófase meiótica. O grande núcleo haploide (a vesícula germinal) ainda está intacto. (B) O envelope nuclear da vesícula germinal se quebra quando a metáfase começa. (C) Anáfase I meiótica, na qual o fuso migra para a periferia do ovócito e liberam um pequeno corpúsculo polar. (D) Metáfase II meiótica quando o segundo corpúsculo polar é liberado (o primeiro corpo polar também se dividiu). (Segundo De Vos, 2002, cortesia de L. De Vos.)

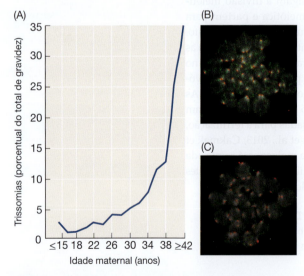

FIGURA 6.25 Não disjunção cromossômica e meiose. (A) A idade maternal afeta a incidência de trissomia na gestação humana. (B, C) Redução na coesina associada ao cromossomo em camundongos velhos. DNA (em branco) e coesina (em verde) marcados em núcleos de ovócitos (B) de um ovário de 2 meses de idade (jovem) e (C) de 14 meses de idade (velho, para um camundongo). Uma perda significativa de coesina pode ser vista (principalmente em torno dos cinetócoros) em camundongos envelhecidos. (A, segundo Hunt e Hassold, 2010; B, C, segundo Lister, 2010).

tubulina causam infertilidade (Feng et al., 2016). Na telófase, uma das duas células-filhas quase não contém citoplasma, enquanto a outra célula-filha retém quase o volume total dos constituintes celulares (**FIGURA 6.24**). A célula menor se torna o **primeiro corpúsculo polar**, e a célula maior é referida como **ovócito secundário**.

Uma outra citocinese desigual ocorre durante a segunda divisão meiótica. A maior parte do citoplasma é retido pelo ovo maduro, e um segundo corpúsculo polar se forma, mas recebe um pouco mais que um núcleo haploide. (Em humanos, o primeiro corpúsculo polar não se divide, ele entra em apoptose por volta de 20 horas depois da primeira divisão meiótica.) Assim, a meiose ovogênica conserva o volume do citoplasma do ovócito em uma única célula, em vez de dividi-lo igualmente entre as quatro progênies (Longo, 1997; Schmerler e Wessel, 2011).

OVÓCITO E IDADE A retenção do ovócito no ovário por décadas tem implicações médicas profundas. Uma grande proporção, talvez a maioria, de ovos humanos fertilizados tem cromossomos de mais ou de menos para sobreviver. Análises genéticas têm mostrado que normalmente estas **aneuploidias** (número incorreto de cromossomos) se devem primariamente aos erros na meiose de ovócitos (Hassold et al., 1984; Munné et al., 2007). Na verdade, a porcentagem de crianças que nascem com aneuploidia aumenta muito com a idade materna. Mulheres nos seus 20 anos têm somente 2 a 3% de chance de portar fetos cujas células contêm um cromossomo extra. Esse risco sobe para 35% em mulheres que engravidam aos 40 anos (**FIGURA 6.25A**; Hassold e Chiu, 1985; Hunt e Hassold, 2010). A razão disso parece ser ao menos dupla. O primeiro motivo diz respeito à quebra da proteína coesina (Chiang et al., 2010; Lister et al., 2010; Revenkova et al., 2010). Uma vez feita e montada, a coesina permanece no cromossomo por décadas, mas é gradualmente perdida conforme a célula envelhece (**FIGURA 6.25B, C**). Essa perda de proteína e da função é acelerada conforme a célula vai se tornando fisiologicamente senescente. O segundo motivo concerne ao fato de que a metáfase meiótica humana é notavelmente longa (16 horas para montar um fuso meiótico em humanos, comparado às 4 horas em camundongo) e o acoplamento entre o cinetócoro e o fusos não parece muito estável (Holubcová et al., 2015).

Coda

O mecanismo de determinação do sexo monta os ovários e os testículos, e seus respectivos gametas, o ovócito e o espermatozoide, são feitos. Quando o espermatozoide e o ovócito deixam as gônadas, eles são células à beira da morte. Entretanto, se eles se encontrarem, um organismo com tempo de vida de décadas pode ser gerado. O estágio está agora preparado para um dos maiores dramas do ciclo de vida – a fertilização.

A natureza tem muitas variações de sua obra-prima. Em algumas espécies, incluindo a maioria dos mamíferos e insetos, o sexo é determinado pelos cromossomos; em outras espécies, o sexo é uma questão das condições do ambiente. Ainda em outras espécies, tanto a determinação do sexo pelo ambiente quanto pelo genótipo podem funcionar, frequentemente em diferentes áreas geográficas. Diferentes estímulos ambientais ou genéticos podem disparar a determinação do sexo por uma série de vias conservadas. Como pensado por Crews e Bull (2009), é possível que a decisão do desenvolvimento masculino *versus* feminino não passe por apenas um gene, mas seja, ao contrário, determinada por um sistema "parlamentar" envolvendo redes de genes que têm entradas simultâneas para vários componentes mais adiante na cascata." Estamos finalmente começando a entender os mecanismos pelos quais esta obra-prima da natureza é criada.

Próxima etapa na pesquisa

Nosso conhecimento sobre determinação do sexo e gametogênese é notavelmente incompleto. Primeiro, sabemos muito pouco sobre os processos fundamentais da meiose, por exemplo, o pareamento homólogo e como os cromossomos são separados na primeira metáfase meiótica. Estes são processos fundamentais para a genética, o desenvolvimento e a evolução, mas ainda sabemos pouco sobre eles. Também precisamos saber muito mais sobre os processos celulares e teciduais da formação da gônada. Conhecemos muitos dos genes envolvidos, mas ainda estamos relativamente ignorantes sobre como os testículos se formam, de maneira que as células germinativas ficam internalizadas no órgão e os ovários se formam com suas células germinativas no lado de fora. E, é claro, a relação entre biologia do desenvolvimento e comportamentos sexuais está na sua infância.

Considerações finais sobre a foto de abertura

Esta galinha hermafrodita está dividida em metade macho (galo) com crista, gingado e coloração clara, e metade fêmea (galinha) com coloração mais escura. Metade das células são ZW e outra metade são ZZ (lembre-se que aves têm determinação do sexo por cromossomo ZW/ZZ), provavelmente o resultado da falha do ovo em eliminar um corpúsculo polar durante a meiose e sua subsequente fertilização por um outro espermatozoide. Em galinhas, cada célula faz sua própria decisão sexual. Em mamíferos, os hormônios participam com um papel muito maior, fazendo o fenótipo unificado, e tais quimeras homem/mulher não surgem (ver Zhao et al., 2010). (Foto por cortesia de Michael Clinton.)

6 Resumo instantâneo
Determinação de sexo e gametogênese

1. Em mamíferos, a determinação sexual primária (a determinação do sexo da gônada) é uma função dos cromossomos sexuais. Indivíduos XX são geralmente fêmeas, e indivíduos XY, machos.

2. O cromossomo Y de mamíferos desempenha um papel-chave na determinação do sexo masculino. Os mamíferos XY e XX possuem ambos uma gônada bipotente. Em animais XY, as células de Sertoli diferenciam-se e envolvem as células germinativas nos cordões testiculares. O mesênquima intersticial gera os outros tipos celulares do testículo, incluindo as células de Leydig secretoras de testosterona.

3. Em mamíferos XX, as células germinativas tornam-se envoltas por células foliculares no córtex do rudimento da gônada. O epitélio dos folículos torna-se célula da granulosa; o mesênquima gera as células da teca.

4. Em humanos, o gene *SRY* codifica o fator determinante de testículo no cromossomo Y. *SRY* sintetiza uma proteína que se liga ao ácido nucleico, funcionando como um fator de transcrição para ativar o gene *SOX9*, que é conservado evolutivamente.

5. O produto do gene *SOX9* pode também iniciar a formação dos testículos. Funcionando como um fator de transcrição, ele liga-se ao gene codificante do hormônio anti-mülleriano e outros genes. As proteínas Fgf9 e Sox9 têm um circuito de retroalimentação positiva que ativa o desenvolvimento testicular e suprime o desenvolvimento ovariano.

6. Wnt4 e Rspo1 estão envolvidos na formação do ovário de mamíferos. Essas proteínas regulam positivamente a produção de β-catenina; as funções da β-catenina incluem a promoção da via do desenvolvimento ovariano, em paralelo

com o bloqueio da via do desenvolvimento testicular. O fator de transcrição Foxl2 também é necessário e parece agir em paralelo com as vias Wnt4/Rspo1.

7. A determinação sexual secundária em mamíferos envolve os fatores produzidos pelas gônadas em desenvolvimento. Em mamíferos machos, o ducto de Müller é destruído pelo AMH produzido pelas células de Sertoli, ao passo que a testosterona produzida pelas células de Leydig permite que o ducto de Wolff se diferencie em canal deferente e vesícula seminal. Em fêmeas de mamíferos, o ducto de Wolff degenera com a falta de testosterona, enquanto o ducto de Müller persiste e por ação do estrogênio é diferenciado em oviduto, útero, cérvice e porção superior da vagina. Indivíduos com mutações nesses hormônios ou seus receptores podem ter uma discordância entre as características sexuais primárias e secundárias.

8. A conversão da testosterona em di-hidrotestosterona no rudimento genital e no precursor da glândula da próstata leva à diferenciação do pênis, do escroto e da glândula da próstata.

9. Em *Drosophila*, o sexo é determinado pelo número de cromossomos X na célula; o cromossomo Y não desenvolve um papel na determinação do sexo. Não existe hormônio sexual, de forma que cada célula faz sua "escolha" de determinação sexual. Entretanto, fatores parácrinos participam de forma importante na formação de estruturas genitais.

10. O gene *Sex-lethal* de *Drosophila* é ativado em fêmeas (pelo acúmulo de proteínas codificadas nos cromossomos X), mas a proteína não se forma em machos devido à terminação da tradução. A proteína Sxl atua como um fator de *splicing* de RNA que retira um éxon inibitório do transcrito *transformer* (*tra*). Portanto, moscas fêmeas têm a proteína Tra ativa, mas machos, não.

11. A proteína Tra também atua como um fator de *splicing* do RNA para retirar éxons do transcrito *doublesex* (*dsx*). O gene *dsx* é transcrito em células XX e XY, mas seu pré-mRNA é processado para formar diferentes mRNAs, dependendo se a proteína Tra está presente. As proteínas traduzidas de ambas as mensagens *dsx* estão ativas, e elas ativam ou inibem a transcrição de grupos de genes envolvidos na produção dos caracteres sexuais dimórficos das moscas.

12. A determinação do sexo do cérebro deve ter agentes a jusante diferentes dos de outras regiões do corpo. A proteína Tra de *Drosophila* também ativa o gene *fruitless* em machos (mas não em fêmeas); em mamíferos, o gene *Sry* deve ativar a diferenciação sexual do cérebro de forma independente das vias hormonais.

13. Em tartarugas e jacarés, o sexo é frequentemente determinado pela temperatura que o embrião estiver sentindo durante o momento da determinação da gônada. Devido ao estrogênio ser necessário para o desenvolvimento do ovário nessas espécies, é possível que diferentes níveis de aromatase (uma enzima que converte testosterona em estrogênio) distingam o padrão de macho do de fêmea para a diferenciação da gônada.

14. Os precursores dos gametas são as células germinativas primordiais (PGCs). Na maioria das espécies (*C. elegans* é uma exceção), as PGCs se formam fora da gônada e migram para a gônada durante o desenvolvimento.

15. O citoplasma das PGCs de muitas espécies contém inibidores de transcrição e tradução, para que sejam silenciadas tanto transcrional como traducionalmente.

16. Na maioria dos organismos estudados, a coordenação do sexo da linhagem germinativa (espermatozoide/ovócito) é coordenada com o sexo somático (macho/fêmea) por sinais provenientes da gônada (testículo/ovário).

17. Em humanos e camundongos, as células germinativas entrando no ovário iniciam meiose enquanto ainda no embrião; as células germinativas entrando nos testículos não iniciam meiose até a puberdade.

18. A primeira divisão da meiose separa os cromossomos homólogos. A segunda divisão da meiose parte o cinetócoro e separa as cromátides.

19. A meiose espermatogênica em mamíferos é caracterizada pela produção de quatro gametas por meiose e pela ausência de paradas na meiose. A meiose ovogênica é caracterizada pela produção de um gameta por meiose e pela prolongada prófase da primeira meiose, que permite o crescimento do ovócito.

20. Em mamíferos machos, as PGCs geram células-tronco que duram ao longo da vida do organismo. PGCs não se tornam células-tronco em fêmeas de mamíferos (embora em muitos outros grupos de animais, as PGCs tornem-se células-tronco germinativas nos ovários).

21. Em mamíferos fêmeas, as células germinativas iniciam a meiose e ficam retidas na prófase da primeira divisão meiótica (estágio dictióteno) até à ovulação. Neste estágio, elas sintetizam mRNAs e proteínas que serão usadas para o reconhecimento dos gametas e início do desenvolvimento do ovo fertilizado.

22. Em algumas espécies, a meiose é modificada de tal forma que um ovo diploide é formado. Essas espécies podem produzir uma nova geração partenogeneticamente, sem fertilização.

Leituras adicionais

Bell, L. R., J. I. Horabin, P. Schedl and T. W. Cline. 1991. Positive autoregulation of Sex-lethal by alternative splicing maintains the female determined state in Drosophila. Cell 65: 229–239.

Cunha G. R. and 17 others. 2014. Development of the external genitalia: Perspectives from the spotted hyena (Crocuta crocuta). Differentiation 87: 4–22.

Erickson, J. W. and J. J. Quintero. 2007. Indirect effects of ploidy suggest X chromosome dose, not the X:A ratio, signals sex in

Drosophila. PLoS Biol. Dec. 5(12):e332.

Hiramatsu, R. and 9 others. 2009. A critical time window of Sry action in gonadal sex determination in mice. Development 136:129–138.

Imperato-McGinley, J., L. Guerrero, T. Gautier and R. E. Peterson. 1974. Steroid 5α-reductase deficiency in man: An inherited orm of male pseudohermaphroditism. Science 186: 1213–1215.

Jordan-Young, R. M. 2010. Brainstorm: The Flaws in the Science of Sex Differences. Harvard University Press, Cambridge, MA.

Ikami, K., M. Tokue, R. Sugimoto, C. Noda, S. Kobayashi, K. Hara and S. Yoshida. 2015. Hierarchical differentiation competence in response to retinoic acid ensures stem cell maintenance during mouse spermatogenesis. Development 142:1582–1592.

Joel, D. and 13 others. 2015. Sex beyond the genitalia: The human brain mosaic. Proc. Natl. Acad. Sci. USA 112:15468–15473.

Koopman, P., J. Gubbay, N. Vivian, P. Goodfellow and R. Lovell-Badge. 1991. Male development of chromosomally female mice transgenic for Sry. Nature 351: 117–121.

Maatouk, D. M., L. DiNapoli, A. Alvers, K. L. Parker, M. M. Taketo and B. Capel. 2008. Stabilization of β-catenin in XY gonads causes male-to-female sex-reversal. Hum. Mol. Genet. 17: 2949–2955.

Miyamoto, Y., H. Taniguchi, F. Hamel, D. W. Silversides and R. S. Viger. 2008. GATA4/WT1 cooperation regulates transcription of genes required for mammalian sex determination and differentiation. BMC Mol. Biol. 29: 9–44.

Sekido, R. and R. Lovell-Badge. 2008. Sex determination involves synergistic action of Sry and Sf1 on a specific Sox9 enhancer. ature 453: 930–934.

Sekido, R. and R. Lovell-Badge. 2009. Sex determination and SRY: Down to a wink and a nudge? Trends Genet. 25: 19–29.

Severson, A. F., G. von Dassow and B. Bowerman. 2016. Oocyte meiotic spindle assembly and function. Curr. Top. Dev. Biol. 116:65–98.

VISITE WWW.DEVBIO.COM...

... para Tópicos na Rede, entrevistas de Os cientistas Falam, vídeos de Assista ao Desenvolvimento, Tutorial do Desenvolvimento e informação bibliográfica completa sobre toda a literatura citada neste capítulo.

Fertilização

O início de um novo organismo

FERTILIZAÇÃO É O PROCESSO PELO QUAL OS GAMETAS – espermatozoide e ovo – se fundem para dar início à criação de um novo organismo. A fertilização cumpre dois objetivos separados: o sexo (a combinação de genes derivados de dois pais) e a reprodução (a geração do novo organismo). Portanto, a primeira função da fertilização é a transmissão dos genes paternos à progênie, e a segunda é dar início às reações que ocorrem no citoplasma do ovo para permitir que o desenvolvimento progrida.

Apesar dos detalhes do processo de fertilização diferirem de espécie para espécie, ela consiste geralmente em quatro eventos principais:

1. *Contato e reconhecimento* entre o espermatozoide e o ovo. Na maioria dos casos, isso assegura que tanto o espermatozoide quanto o ovo pertencem à mesma espécie.
2. *Regulação* da entrada do espermatozoide no ovo. Apenas um núcleo de espermatozoide pode se juntar ao núcleo do ovo. Isso é alcançado normalmente permitindo que somente um espermatozoide penetre no ovo e inibindo ativamente a entrada de outros.
3. *Fusão* do material genético do espermatozoide e do ovo.
4. *Ativação* do metabolismo do ovo para dar início ao desenvolvimento.

Este capítulo descreverá como esses passos ocorrem em dois grupos de organismos: ouriços-do-mar (cuja fertilização é a mais conhecida) e mamíferos.

Como o núcleo do espermatozoide e do ovo se encontram?

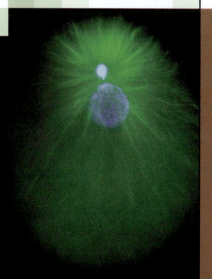

Destaque

Durante a fertilização, o ovo e o espermatozoide devem se encontrar, o material genético do espermatozoide deve entrar no ovo, e o ovo fertilizado deve iniciar as divisões celulares e os outros processos do desenvolvimento. O espermatozoide e o ovo devem viajar um em direção ao outro, e substâncias químicas produzidas pelo ovo podem atrair o espermatozoide. O reconhecimento dos gametas ocorre quando as proteínas da membrana celular do espermatozoide encontram as proteínas extracelulares que envolvem o ovo. Em preparação para esse encontro, a membrana celular do espermatozoide é significativamente alterada por eventos exocitóticos. O espermatozoide ativa o desenvolvimento, liberando íons de cálcio (Ca^{2+}) no interior do ovo. Esses íons estimulam as enzimas necessárias para síntese de DNA, síntese de RNA, síntese proteica e divisão celular. Os pró-núcleos de espermatozoide e óvulo viajam um em direção ao outro, e o material genético dos gametas combina-se para formar o conteúdo cromossômico diploide que transporta a informação genética para o desenvolvimento de um novo organismo.

A estrutura dos gametas

Existe um diálogo complexo entre o ovo e o espermatozoide. O ovócito ativa o metabolismo espermático que é essencial para a fertilização, e o espermatozoide ativa reciprocamente o metabolismo do ovo necessário para o início do desenvolvimento. Contudo, antes de investigar esses aspectos da fertilização, precisamos considerar as estruturas dos espermatozoides e do ovócito – os dois tipos de células especializadas para a fertilização.

Espermatozoide

O espermatozoide foi descoberto na década de 1670, mas seu papel na fertilização só foi descoberto em meados dos anos 1800. Foi apenas na década de 1840, depois que Albert von Kölliker descreveu a formação do espermatozoide a partir de células nos testículos adultos que a pesquisa sobre a fertilização pôde realmente começar. Mesmo assim, von Kölliker negou que houvesse algum contato físico entre espermatozoide e ovócito. Ele acreditava que o espermatozoide excitava o ovo para se desenvolver, da mesma forma que um ímã comunica sua presença ao ferro. A primeira descrição do processo de fertilização foi publicada em 1847 por Karl Ernst von Baer, que demonstrou a união do

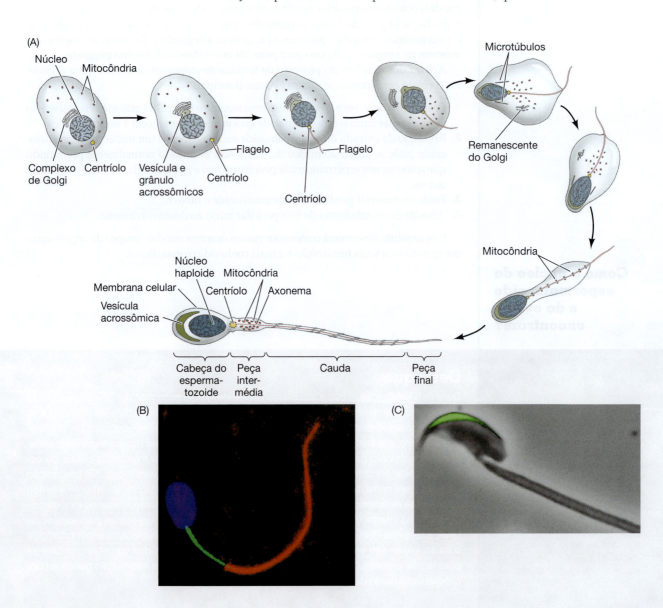

espermatozoide e do ovo em ouriços-do-mar e tunicados (Raineri e Tammiksaar, 2013). Ele descreveu o envelope de fertilização, a migração do núcleo do espermatozoide para o centro do ovo e as divisões celulares iniciais subsequentes do desenvolvimento. Na década de 1870, Oscar Hertwig e Herman Fol repetiram esse trabalho e detalharam a união dos núcleos dessas duas células.

> **TÓPICO NA REDE 7.1** **A ORIGEM DA PESQUISA SOBRE FERTILIZAÇÃO**
>
> O nosso conhecimento sobre o processo de fertilização é relativamente recente. Apesar do espermatozoide ter sido descoberto na década de 1670, ele não possuía uma função específica até 200 anos depois.

ANATOMIA DO ESPERMATOZOIDE Cada célula do espermatozoide consiste em um núcleo haploide, um sistema de propulsão para mover esse núcleo, e um saco de enzimas, que permite a entrada desse núcleo no ovo. Na maioria das espécies, quase todo o citoplasma da célula é eliminado durante a maturação do espermatozoide, deixando apenas certas organelas que são modificadas visando à função espermática (**FIGURA 7.1 A, B**). Durante o período de maturação, o núcleo haploide do espermatozoide se organiza e seu DNA fica bem comprimido. Na frente ou ao lado desse núcleo haploide comprimido fica a **vesícula acrossômica**, ou **acrossomo** (**FIGURA 7.1C**). O acrossomo é derivado do complexo de Golgi da célula e contém enzimas que digerem proteínas e açúcares complexos. As enzimas acumuladas dentro do acrossomo podem digerir o caminho por meio das camadas externas do ovo. Em várias espécies, uma região com proteína actina globular situa-se entre o núcleo do espermatozoide e a vesícula acrossômica. Essas proteínas são usadas para estender o **processo acrossômico** em forma de dedo do espermatozoide durante os estágios iniciais da fertilização. Nos ouriços-do-mar, e em numerosas outras espécies, o reconhecimento entre espermatozoide e ovo envolve moléculas no processo acrossômico. Juntos, o acrossomo e o núcleo constituem a **cabeça do espermatozoide**.

Os meios pelos quais os espermatozoides são propelidos variam de acordo com a forma como as espécies se adaptam às condições ambientais. Na maioria das espécies, um espermatozoide individual é capaz de viajar, chicoteando seu **flagelo**. A maior porção motora do flagelo é o **axonema**, uma estrutura formada por microtúbulos que emanam do centríolo na base do núcleo do espermatozoide. O cerne do axonema consiste em dois microtúbulos centrais rodeados por uma fileira de nove microtúbulos em dupleto. Esses microtúbulos são feitos exclusivamente de dímeros de **tubulina**.

Embora a tubulina seja a base da estrutura do flagelo, outras proteínas também são fundamentais para a função flagelar. A força para a propulsão do espermatozoide é fornecida pela **dineína**, uma proteína unida aos microtúbulos. A dineína é uma ATPase – uma enzima que hidrolisa o ATP, convertendo a energia química liberada em energia mecânica que impulsiona o espermatozoide.[1] Esta energia permite o deslizamento ativo dos microtúbulos externos em dupleto, fazendo o flagelo se dobrar (Ogawa et al., 1977;

---

[1] A importância da dineína pode ser vista em indivíduos com uma síndrome genética conhecida como a tríade de Kartagener. Esses indivíduos não possuem dineína funcional em todas as células ciliadas e flageladas, tornando essas estruturas imóveis (Afzelius, 1976). Assim, os machos com tríade de Kartagener são estéreis (espermatozoides imóveis). Tanto os homens como as mulheres afetadas por essa síndrome são suscetíveis a infecções brônquicas (cílios respiratórios imóveis) e têm 50% de chance de ter o coração no lado direito do corpo (uma condição conhecida como *situs inversus*, resultado de cílios imóveis no centro do embrião).

◀ FIGURA 7.1 Modificação de uma célula germinativa para formar um espermatozoide de mamífero. (A) O centríolo produz um flagelo longo, onde, futuramente, será a extremidade posterior do espermatozoide. O complexo de Golgi forma a vesícula acrossômica na futura extremidade anterior. As mitocôndrias acumulam-se ao redor do flagelo, perto da base do núcleo haploide, e incorporam-se à peça intermediária ("pescoço") do espermatozoide. O citoplasma restante é descartado, e o núcleo se condensa. O tamanho do espermatozoide maduro foi ampliado em relação aos outros estágios. (B) Espermatozoide maduro do touro. O DNA está corado de azul, as mitocôndrias são coradas de verde e a tubulina do flagelo é corada de vermelho. (C) A vesícula acrossômica deste espermatozoide de camundongo é corada de verde pela fusão de proacrosina com proteína fluorescente verde (GFP). (A, segundo Clermont e Leblond, 1955; B, de Sutovsky et al., 1996, cortesia de G. Schatten; C cortesia de K.-S. Kim e G. L. Gerton.)

Shinyoji et al., 1998). O ATP necessário para mover o flagelo e propelir o espermatozoide vem dos anéis de mitocôndria localizados na **peça intermediária** do espermatozoide (ver Figura 7.1B). Em muitas espécies (principalmente em mamíferos), uma camada de fibras densas interpôs-se entre a bainha mitocondrial e a membrana celular. Essa camada fibrosa endurece a cauda do espermatozoide. Como a espessura dessa camada diminui em direção à ponta, as fibras provavelmente impedem que a cabeça do espermatozoide seja chicoteada de forma tão abrupta. Assim, o espermatozoide passou por uma extensa modificação para o transporte de seu núcleo para o ovo.

Nos mamíferos, a diferenciação do espermatozoide não fica completa nos testículos. Embora sejam capazes de se mover, os espermatozoides liberados durante a ejaculação ainda não possuem a capacidade de se unir e fertilizar um ovo. Os estágios finais da maturação do espermatozoide, cumulativamente referidos como **capacitação**, não ocorrem em mamíferos até o espermatozoide estar dentro do sistema reprodutor feminino durante um certo período de tempo.

O ovócito

CITOPLASMA E NÚCLEO Todo o material necessário para iniciar o crescimento e o desenvolvimento deve ser armazenado no ovo, ou **ovócito maduro**.[2] Enquanto o espermatozoide elimina a maior parte do seu citoplasma à medida que amadurece, o ovo em desenvolvimento (chamado de **ovócito** antes de atingir o estágio da meiose em que é fertilizado) não só conserva o material que possui, mas acumula ativamente mais. As divisões meióticas que formam o ovócito conservam seu citoplasma, em vez de perder metade dele; ao mesmo tempo, o ovócito sintetiza ou absorve proteínas, como o vitelo, que atuam como reservatórios de alimentos para o embrião em desenvolvimento. Os ovos das aves são enormes células únicas, inchadas com vitelo acumulado (ver Figura 12.2). Mesmo os ovos com vitelo relativamente escasso são grandes em comparação com os espermatozoides. O volume de um ovo de ouriço-do-mar é de cerca de 200 picolitros (2×10^{-4} mm³), mais de 10 mil vezes o volume do espermatozoide de ouriço-do-mar (**FIGURA 7.2**). Então, apesar de o espermatozoide e o ovo terem componentes *nucleares*

[2] Ovo frito: a terminologia utilizada na descrição do gameta feminino pode ser confusa. Em geral, um ovo ou óvulo maduro é um gameta feminino capaz de se unir ao espermatozoide e ser fertilizado. Um ovócito é um ovo em desenvolvimento que ainda não pode se ligar ao espermatozoide ou ser fertilizado (Wessel, 2009). Os problemas de terminologia vêm do fato de que os ovos de diferentes espécies estão em diferentes estágios da meiose (ver Figura 7.3). O ovo humano, por exemplo, está em segunda metáfase meiótica quando se liga ao espermatozoide, ao passo que o ovo do ouriço-do-mar completou todas as suas divisões meióticas quando se liga ao espermatozoide. O conteúdo do ovo também varia muito de espécie para espécie.

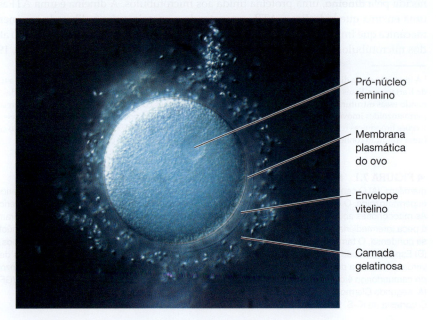

Pró-núcleo feminino

Membrana plasmática do ovo

Envelope vitelino

Camada gelatinosa

FIGURA 7.2 Estrutura do ovo de ouriço-do-mar na fertilização. O espermatozoide pode ser visto na camada gelatinosa e preso ao envelope vitelino. O pró-núcleo feminino é aparente dentro do citoplasma do ovo. (Foto por Kristina Yu © Exploratorium www.exploratorium.edu.)

haploides iguais, o ovo acumula um estoque citoplasmático notável durante a sua maturação. Esse estoque citoplasmático inclui o seguinte:

- **Proteínas nutritivas.** As células embrionárias precoces devem ter um suprimento de energia e aminoácidos. Em muitas espécies, isso é conseguido pela acumulação de proteínas vitelínicas no ovo. Muitas dessas proteínas são feitas em outros órgãos (p. ex., fígado, corpos gordurosos) e viajam através do sangue materno para o ovócito.
- **Ribossomos e tRNA.** O embrião precoce deve fazer muitas das suas próprias proteínas e enzimas estruturais, e em algumas espécies há uma explosão de síntese proteica logo após a fertilização. A síntese de proteínas é realizada por ribossomos e RNAt que existem no ovo. O ovo em desenvolvimento tem mecanismos especiais para sintetizar ribossomos; certos ovócitos de anfíbios produzem até 10^{12} ribossomos durante a sua prófase meiótica.
- **RNAs mensageiros.** O ovócito não só acumula proteínas, mas também acumula mRNAs que codificam proteínas para os estágios iniciais de desenvolvimento. Estima-se que os ovos de ouriço-do-mar contenham milhares de diferentes tipos de mRNA que permanecem reprimidos até depois da fertilização.
- **Fatores morfogenéticos.** As moléculas que direcionam a diferenciação de células em certos tipos celulares estão presentes no ovo. Estes incluem fatores de transcrição e fatores parácrinos. Em muitas espécies, eles estão localizados em diferentes regiões do ovo e se tornam segregados em diferentes células durante a clivagem.
- **Químicos de proteção.** O embrião não pode fugir de predadores ou se mudar para um ambiente mais seguro, por isso deve estar equipado para lidar com essas ameaças. Muitos ovos contêm filtros ultravioleta e enzimas de reparo do DNA que os protegem da luz solar, e alguns ovos contêm moléculas que os predadores potenciais acham desagradáveis. A gema de ovos de aves contém anticorpos que protegem o embrião contra micróbios.

Dentro do enorme volume de citoplasma do ovo reside um núcleo grande (ver Figura 7.2). Em algumas espécies (como os ouriços-do-mar), este **pró-núcleo feminino** já é haploide no momento da fertilização. Em outras espécies (incluindo muitos vermes e a maioria dos mamíferos), o núcleo do ovo ainda é diploide – o espermatozoide entra antes que as divisões meióticas do ovo estejam completas (**FIGURA 7.3**). Nessas espécies, os estágios finais da meiose do ovo terão lugar após o material nuclear do espermatozoide – o **pró-núcleo masculino** – já estar dentro do citoplasma do ovo.

TÓPICO NA REDE 7.2 **O OVO E SEU AMBIENTE** A maioria dos ovos é fertilizada na natureza, em vez de em laboratório. Além dos processos de desenvolvimento no ovo, também há fatores no ovo que ajudam o desenvolvimento do embrião a lidar com os estresses ambientais.

FIGURA 7.3 Etapas da maturação do ovo no momento da entrada do espermatozoide em diferentes espécies animais. Observe que, na maioria das espécies, a entrada de espermatozoide ocorre antes que o núcleo do ovo tenha completado a meiose. A vesícula germinal é o nome dado ao grande núcleo diploide do ovócito primário. Os corpúsculos polares são células não funcionais produzidas pela meiose (ver Capítulo 6). (Segundo Austin, 1965.)

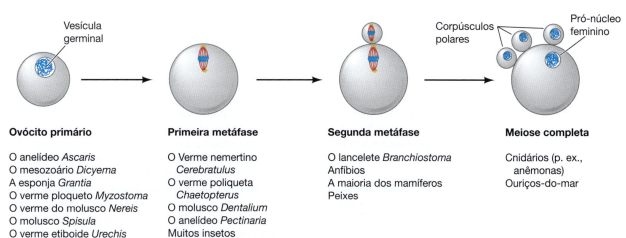

Ovócito primário	Primeira metáfase	Segunda metáfase	Meiose completa
O anelídeo *Ascaris*	O Verme nemertino *Cerebratulus*	O lancelete *Branchiostoma*	Cnidários (p. ex., anêmonas)
O mesozoário *Dicyema*	O verme poliqueta *Chaetopterus*	Anfíbios	Ouriços-do-mar
A esponja *Grantia*	O molusco *Dentalium*	A maioria dos mamíferos	
O verme ploqueto *Myzostoma*	O anelídeo *Pectinaria*	Peixes	
O verme do molusco *Nereis*	Muitos insetos		
O molusco *Spisula*	Estrela-do-mar		
O verme etiboide *Urechis*			
Cães e raposas			

(A)

(B)

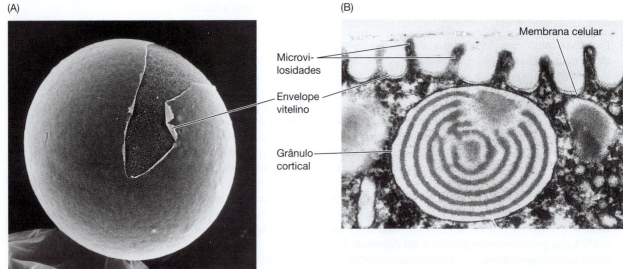

Microvi-
losidades

Envelope
vitelino

Grânulo
cortical

Membrana celular

FIGURA 7.4 Superfície celular do ovo de Ouriço-do-mar. (A) Micrografia eletrônica de varredura de um ovo antes da fertilização. A membrana celular está exposta onde o envelope vitelino foi rasgado. (B) Micrografia eletrônica de transição de um ovo não fertilizado, mostrando as microvilosidades e a membrana celular, que estão intimamente cobertas pelo envelope vitelino. Um grânulo cortical fica diretamente abaixo da membrana celular. (De Schroeder, 1979, cortesia de T. E. Schroeder.)

MEMBRANA CELULAR E ENVELOPE EXTRACELULAR   A membrana que encerra o citoplasma do ovo regula o fluxo de íons específicos durante a fertilização e deve ser capaz de se fundir com a membrana da célula espermática. Fora dessa membrana de ovo, há uma matriz extracelular que forma uma esteira fibrosa ao redor do ovo e é frequentemente envolvida no reconhecimento espermatozoide-óvulo (Wasserman e Litscher, 2016). Em invertebrados, essa estrutura é geralmente chamada de **envelope vitelino** (**FIGURA 7.4A**). O envelope vitelino contém várias glicoproteínas diferentes. É complementada por extensões de glicoproteínas de membrana da membrana celular e por *"posts"* proteináceos que aderem o envelope vitelino à membrana celular (Mozingo e Chandler, 1991). O envelope vitelino é essencial para a ligação espécie-específica do espermatozoide. Muitos tipos de ovos também têm uma **cobertura gelatinosa** fora do envelope vitelino. Esta malha de glicoproteína pode ter inúmeras funções, mas geralmente é usada para atrair ou ativar o espermatozoide. O ovo, então, é uma célula especializada para receber o espermatozoide e iniciar o desenvolvimento.

Imediatamente abaixo da membrana celular da maioria dos ovos se estende uma fina camada (cerca de 5μm) de citoplasma tipo gel chamado de **córtex**. O citoplasma nessa região é mais rígido que o citoplasma interno e contém altas concentrações de moléculas de actina globulares. Durante a fertilização, essas moléculas de actina se polimerizam para formar cabos longos de **microfilamentos** de actina. Os microfilamentos são necessários para a divisão celular. Eles também são usados para estender a superfície do ovo em pequenas projeções, chamadas de **microvilosidades**, que podem ajudar a entrada do espermatozoide na célula (**FIGURA 7.4B**). Também dentro do córtex estão os **grânulos corticais** (ver Figura 7.4B). Essas estruturas ligadas à membrana derivadas do Golgi contêm enzimas proteolíticas e, portanto, são homólogas à vesícula acrossômico do espermatozoide. No entanto, enquanto um espermatozoide de ouriço-do-mar contém apenas uma vesícula acrossômica, cada ovo de ouriço-do-mar contém aproximadamente 15 mil grânulos corticais. Além das enzimas digestivas, os grânulos corticais contêm mucopolissacárideos, glicoproteínas adesivas e proteínas de hialina. Como descreveremos em breve, as enzimas e os mucopolissacárideos ajudam a prevenir a polispermia, ou seja, impedem que espermatozoides adicionais entrem no ovo após o primeiro espermatozoide ter entrado – enquanto a hialina e as glicoproteínas adesivas cercam o embrião inicial, fornecendo suporte para os blastômeros na fase de clivagem.

Nos ovos de mamíferos, o envelope extracelular é uma matriz separada e espessa, denominada **zona pelúcida**. O ovo de mamífero também é cercado por uma camada de células, chamada *cumulus* (**FIGURA 7.5**), que é constituída pelas células foliculares ovarianas que nutriam o ovo no momento da liberação do ovário. Os espermatozoides de mamíferos têm que ultrapassar essas células para fertilizar o ovo. A camada mais íntima de células do *cumulus*, imediatamente adjacente à zona pelúcida, é chamada de **corona radiata**.

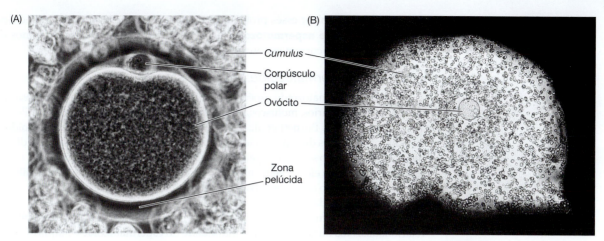

FIGURA 7.5 Ovos de mamíferos imediatamente antes da fertilização. (A) O ovo de hamster, ou óvulo, está encerrado na zona pelúcida, que, por sua vez, é cercada pelas células do *cumulus*. Uma célula do corpúsculo polar, produzida durante a meiose, é visível dentro da zona pelúcida. (B) Na ampliação inferior, um ovócito de camundongo é mostrado rodeado pelo *cumulus*. As partículas de carbono coloidais (nanquim, vistas aqui como o fundo preto) são excluídas pela matriz de hialuronidato. (Cortesia de R. Yanagimachi.)

Reconhecimento do ovo e do espermatozoide

A interação entre espermatozoide e o ovo geralmente prossegue de acordo com cinco passos (**FIGURA 7.6**; Vacquier, 1998):

1. *Quimioatração* do espermatozoide ao ovo por moléculas solúveis segregadas pelo ovo.
2. *Exocitose* da vesícula acrossômica do espermatozoide e liberação de suas enzimas.
3. *Ligação do espermatozoide* à matriz extracelular (envelope vitelino ou zona pelúcida) do ovo.
4. *Passagem do espermatozoide* através da matriz extracelular.
5. *Fusão* das membranas do ovo e do espermatozoide.

Após esses passos serem realizados, os núcleos haploides do espermatozoide e o ovo podem se encontrar, e as reações que iniciam o desenvolvimento podem começar. Neste capítulo, iremos nos concentrar nesses eventos em dois organismos bem estudados: ouriços-do-mar, que são submetidos à fertilização externa; e camundongos, que sofrem fertilização interna. Algumas variações dos eventos de fertilização serão descritas em capítulos subsequentes à medida que estudarmos o desenvolvimento de organismos específicos.

Fertilização externa em ouriços-do-mar

Muitos organismos marinhos liberam seus gametas no ambiente. Este ambiente pode ser pequeno, como uma piscina de maré, ou grande, como um oceano, e é compartilhado com outras espécies que podem dispersar seus gametas ao mesmo tempo. Estes organismos estão enfrentam dois problemas: como o espermatozoide e o ovo podem se encontrar numa concentração tão diluída, e como prevenir que o espermatozoide fertilize um ovo de outra espécie? Além de simplesmente produzir um enorme número de gametas, dois principais mecanismos

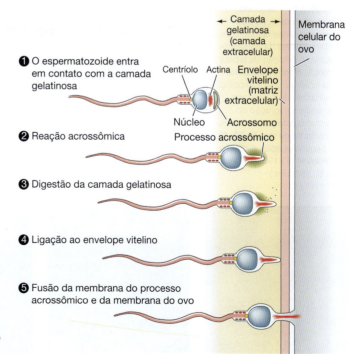

FIGURA 7.6 Resumo dos eventos que levaram à fusão de membranas do ovo e do espermatozoide na fertilização do ouriço-do-mar, que é externa. (1) O espermatozoide é quimiotaticamente atraído e ativado pelo ovo. (2, 3) O contato com a cobertura gelatinosa do ovo desencadeia a reação acrossômica, permitindo que o processo acrossômico forme e libere enzimas proteolíticas. (4) O espermatozoide adere-se ao envelope vitelino e lisa um orifício nele. (5) O espermatozoide adere-se à membrana do ovo e se funde com ele. O pró-núcleo espermático pode agora entrar no citoplasma do ovo.

evoluíram para resolver esses problemas: **atração de espermatozoide** espécie-específica e **ativação de espermatozoide** espécie-específica. Aqui, descreveremos esses eventos como eles ocorrem em ouriços-do-mar.

Atração do espermatozoide: ação a distância

A atração de espermatozoide espécie-específica foi documentada em numerosas espécies, incluindo cnidários, moluscos, equinodermos, anfíbios e urocordados (Miller, 1985; Yoshida et al., 1993; Burnett et al., 2008). Em muitas espécies, os espermatozoides são atraídos para os ovos de sua espécie por **quimiotaxia** – isto é, seguindo um gradiente de um produto químico segregado pelo ovo. Estes ovócitos controlam não apenas o tipo de espermatozoide que eles atraem, mas também o tempo em que eles os atraem, liberando o fator quimiotáctico somente após atingirem a maturação (Miller, 1978).

Os mecanismos da quimiotaxia diferem entre as espécies (ver Metz, 1978; Eisenbach, 2004), e as moléculas quimiotáticas são diferentes mesmo em espécies estreitamente relacionadas. Nos ouriços-do-mar, a motilidade do espermatozoide é adquirida somente após a liberação dos espermatozoides. Enquanto os espermatozoides estiverem nos testículos, eles não podem se mover porque seu pH interno é mantido baixo (cerca de pH 7,2) pelas altas concentrações de CO_2 na gônada. No entanto, uma vez que os espermatozoides são liberados na água do mar, o seu pH é elevado a cerca de 7,6, resultando na ativação da ATPase dineína. A divisão de ATP fornece a energia para os flagelos baterem, e os espermatozoides começam a nadar vigorosamente (Christen et al., 1982).

Todavia, a capacidade de se mover não fornece ao espermatozoide uma direção. Nos equinodermos, a direção é fornecida por pequenos peptídeos quimiotáticos, chamados **peptídeos ativadores de esperma** (**SAPs**). Um desses SAP é resacina, um peptídeo de 14 aminoácidos que foi isolado da cobertura gelatinosa do ovo de ouriço-do-mar *Arbacia punctulata* (Ward et al., 1985). Resacina difunde-se prontamente a partir da cobertura gelatinosa do ovo na água do mar e tem um efeito profundo em concentrações muito baixas quando adicionado a uma suspensão de esperma de *Arbacia*. Quando uma gota de água do mar contendo esperma de *Arbacia* é colocada em uma lâmina de microscópio, o espermatozoide geralmente nada em círculos com cerca de 50 μm de diâmetro. Segundos após uma pequena quantidade de resacina ser injetada, os espermatozoides migram para a região da injeção e se juntam lá (**FIGURA 7.7**). À medida que o resacina se difunde da área de injeção, mais espermatozoides são recrutados para o cluster em crescimento.

Resacina é específico para *A. punctulata* e não atrai espermatozoide de outras espécies de ouriço. (Um composto análogo, speract, foi isolado do ouriço-do-mar roxo, *Strongylocentrotus purpuratus*.) O espermatozoide de *A. punctulata* tem receptores em suas membranas celulares que se ligam ao resacina (Ramarao e Garbers, 1985, Bentley et al., 1986). Quando o lado extracelular do receptor se liga ao resacina, ele ativa a guanilato-ciclase latente no lado citoplasmático do receptor (**FIGURA 7.8**). A guanilato-ciclase ativa faz o espermatozoide produzir mais GMP cíclico (cGMP), um composto que ativa um canal de cálcio na membrana celular da cauda do espermatozoide, permitindo o influxo de íons de cálcio (Ca^{2+}) da água do mar para a cauda (Nishigaki et al., 2000; Wood et al., 2005). Esses canais de cálcio específicos de espermatozoide são codificados por genes CatSper – os mesmos genes que controlam a direção da migração de espermatozoide em camundongos e seres humanos (Seifert et al., 2014). Os aumentos de cGMP e

FIGURA 7.7 Quimiotaxia do espermatozoide no ouriço-do-mar *Arbacia punctulata*. Um nanolitro de uma solução de 10 n*M* de resacina é injetado em uma gota de 20 microlitros de suspensão de esperma. (A) Uma exposição fotográfica de 1 segundo mostrando a natação dos espermatozoides em círculos apertados antes da adição de resacina. A posição da pipeta de injeção é mostrada pelas linhas brancas. (B-D) Exposições semelhantes de 1 segundo mostrando a migração do espermatozoide para o centro do gradiente de reação 20, 40 e 90 segundos após a injeção. (De Ward et al., 1985, cortesia de V. D. Vacquier.)

(A)

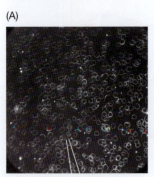

(B)

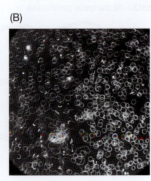

(C)

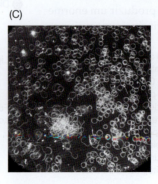

(D)

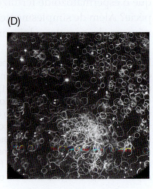

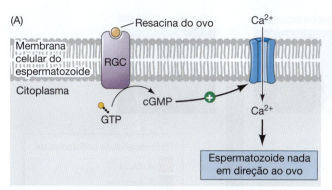

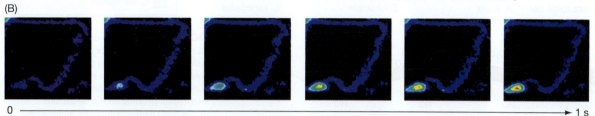

FIGURA 7.8 Modelo para peptídeos quimiotáticos em espermatozoide de ouriço-do-mar. (A) O resacina da cobertura gelatinosa do ovo de *Arbacia* liga-se ao seu receptor no espermatozoide. Isso ativa o receptor guanilato-ciclase (RGC), formando cGMP intracelular no esperma. O cGMP abre canais de cálcio na membrana do espermatozoide, permitindo que Ca^{2+} entre no espermatozoide. O influxo de Ca^{2+} ativa a motilidade do espermatozoide, e este nada em direção ao gradiente de resacina e em direção ao ovo. (B) Níveis de Ca^{2+} em diferentes regiões do espermatozoide *Strongylocentrotus purpuratus* após exposição a 125 n*M* de speract (o análogo de *S. purpuratus* do resacina). O vermelho indica o nível mais alto de Ca^{2+}, o azul, o mais baixo. A cabeça de espermatozoide atinge os níveis máximos de Ca^{2+} em 1 segundo. (A, segundo Kirkman-Brown et al., 2003; B, de Wood et al., 2003, cortesia de M. Whitaker.)

Ca^{2+} ativam o aparelho gerador de ATP mitocondrial e a ATPase dineína, que estimula o movimento flagelar no espermatozoide (Shimomura et al., 1986, Cook e Babcock, 1993). Além disso, o espermatozoide detecta o gradiente SAP curvando suas caudas, intercalando a natação direta com uma "curva" para sentir o meio ambiente (Guerrero et al., 2010). A ligação de uma única molécula de resacina pode ser suficiente para fornecer direção para o espermatozoide, que nada em um gradiente de concentração desse composto até chegar ao ovo (Kaupp et al., 2003; Kirkman-Brown et al., 2003). Assim, o resacina funciona tanto como um peptídeo *atrativo* de espermatozoide quanto como um peptídeo ativador de espermatozoide. (Em alguns organismos, as funções de atração de espermatozoide e ativação de espermatozoide são realizadas por diferentes compostos.)

A reação acrossômica

Uma segunda interação entre o espermatozoide e a cobertura gelatinosa do ovo resulta na **reação acrossômica**. Na maioria dos invertebrados marinhos, a reação acrossômica possui dois componentes: a fusão da vesícula acrossômica com a membrana do espermatozoide (exocitose que resulta na liberação do conteúdo da vesícula acrossômica) e a extensão do processo acrossômico (Dan, 1952, Colwin e Colwin, 1963). A reação acrossômica em ouriços-do-mar é iniciada pelo contato do espermatozoide com a cobertura gelatinosa do ovo. O contato causa a exocitose da vesícula acrossômica do espermatozoide. As enzimas proteolíticas e os proteossomos (complexos de digestão de proteínas) assim liberados digerem um caminho através do revestimento gelatinoso para a superfície da célula do ovo. Uma vez que o espermatozoide atinge a superfície do ovo, o processo acrossômico adere ao envelope vitelino e ancora o espermatozoide no ovo. É possível que os proteossomos do acrossomo cubram o processo acrossômico, permitindo que ele digira o envelope vitelino no ponto de ligação e prossiga em direção ao ovo (Yokota e Sawada, 2007).

Nos ouriços-do-mar, a reação acrossômico é iniciada por polissacarídeos sulfatados na cobertura gelatinosa do ovo que se ligam a receptores específicos localizados diretamente acima da vesícula acrossômica na membrana do espermatozoide. Esses polissacarídeos são muitas vezes altamente espécie-específicos, e os fatores específicos presentes na cobertura gelatinosa de ovos de uma espécie de ouriço-do-mar geralmente não conseguem ativar a reação acrossômica, mesmo em espécies estreitamente relacionadas (**FIGURA 7.9**, Hirohashi e Vacquier, 2002, Hirohashi et al., 2002, Vilela-Silva et al., 2008). Assim, a ativação da reação acrossômica serve como uma barreira para as fertilizações interespécies (e, portanto, não viáveis). Isto é, é importante quando numerosas espécies residem no mesmo hábitat e quando as estações de reprodução se sobrepõem.

(A)

(B)

FIGURA 7.9 Indução espécie-específica da reação acrossômica por polissacarídeos sulfatados característicos da cobertura gelatinosa do ovo de três espécies de ouriços-do-mar que coabitam a zona intermareal próxima ao Rio de Janeiro. (A) Os histogramas comparam a habilidade de cada polissacarídeo de iniciar a reação acrossômica em diferentes espécies de espermatozoides. (B) Estrutura química dos polissacarídeos sulfatados indutores de reação acrossômica, revelando suas características espécie-específicas. (Por Vilela-Silva et al., 2008; fotografias da esquerda para a direita © Interfoto/Alamy; © FLPA/AGE Fotostock; © Water Frame/Alamy.)

Em *Strongylocentrotus purpuratus*, a reação acrossômica é iniciada por um polímero repetido de fucose sulfatada. Quando este polissacarídeo sulfatado se liga ao seu receptor no esperma, o receptor ativa três proteínas da membrana espermática: (1) um canal de transporte de cálcio que permite que Ca^{2+} entre na cabeça do espermatozoide; (2) um permutador de sódio e hidrogênio que bombeia íons de sódio (Na^+) para dentro do espermatozoide, enquanto saem os íons de hidrogênio (H^+) para fora; e (3) uma enzima fosfolipase que faz outro segundo mensageiro, o **fosfolipídeo 1,4,5-trisfosfato inositol (IP$_3$**, do qual ainda leremos neste capítulo). O IP$_3$ é capaz de liberar Ca^{2+} do *interior* do espermatozoide, provavelmente dentro do próprio acrossomo (Domino e Garbers, 1988; Domino et al., 1989; Hirohashi e Vacquier, 2003). O nível elevado de Ca^{2+} em um citoplasma relativamente básico desencadeia a fusão da membrana acrossômica com a membrana celular do espermatozoide adjacente (**FIGURA 7.10A-C**), liberando enzimas que podem lisar um caminho através da cobertura gelatinosa de ovo para o envelope vitelino.

A segunda parte da reação acrossômica envolve a extensão do processo acrossômico por meio da polimerização de moléculas de actina globular em filamentos de actina (**FIGURA 7.10D**; Tilney et al., 1978). Supõe-se que o influxo de Ca^{2+} seja responsável por ativar a proteína RhoB na região acrossômica e na peça intermediária do espermatozoide (Castellano et al., 1997; de la Sancha et al., 2007). Esta proteína de ligação a GTP ajuda a organizar o citoesqueleto de actina em muitos tipos de células e se supõe que é ativa na polimerização da actina para fazer o processo acrossômica.

Reconhecimento da cobertura extracelular do ovo

O contato do espermatozoide do ouriço-do-mar com a cobertura gelatinosa do ovo fornece o primeiro conjunto de eventos de reconhecimento específicos de espécies (i.e., atração de espermatozoide, ativação e reação acrossômica). Outro evento crítico específico de ligação espécie-específica deve ocorrer, uma vez que o espermatozoide tenha penetrado a cobertura gelatinosa do ovo e seu processo acrossômico tenha entrado em contato com

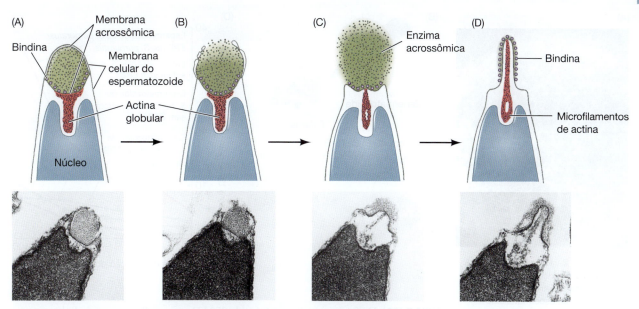

FIGURA 7.10   Reação acrossômica no espermatozoide de ouriço-do-mar. (A-C) A porção da membrana acrossômica situada diretamente abaixo da membrana celular do espermatozoide se funde com a membrana celular para liberar o conteúdo da vesícula acrossômica. (D) As moléculas de actina se organizam para formar microfilamentos, estendendo o processo acrossômico para fora. Fotografias reais da reação acrossômica no espermatozoide de ouriço-do-mar são mostradas abaixo do diagrama. (Por Summers e Hylander, 1974; fotos por cortesia de G.L. Decker e W. Lennarz.)

a superfície do ovo (**FIGURA 7.11A**). A proteína acrossômica que medeia esse reconhecimento em ouriços-do-mar é uma proteína insolúvel de 30.500-Da, chamada de **bindina**. Em 1977, Vacquier e colaboradores isolaram-na do acrossomo de *Strongylocentrotus purpuratus* e descobriram que ela era capaz de se ligar a ovos da mesma espécie. Além disso, a bindina do espermatozoide, como os polissacarídeos da cobertura gelatinosa do ovo, geralmente é espécie-específica: a bindina isolada dos acrossomos de *S. purpuratus* liga-se aos seus próprios ovos sem cobertura gelatinosa, mas não aos de *S. franciscanus* (**FIGURA 7.11B**; Glabe e Vacquier, 1977; Glabe e Lennarz, 1979).

Estudos bioquímicos confirmaram que as ligações de espécies de ouriço-do-mar estreitamente relacionadas possuem diferentes sequências de proteínas. Essa descoberta implica a existência de **receptores de bindina** espécie-específicos no envelope vitelino do ovo

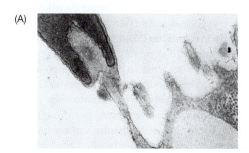

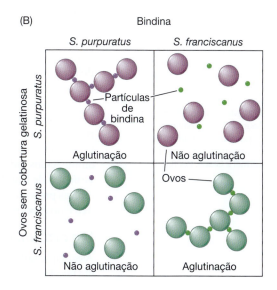

FIGURA 7.11   Ligação espécie-específica do processo acrossômico à superfície do ovo de ouriço-do-mar. (A) Contato real do processo acrossômico de um espermatozoide com a microvilosidade do ovo. (B) Modelo *in vitro* da ligação espécie-específica. A aglutinação de ovos sem a camada gelatinosa pela ligação foi medida adicionando partículas de ligação em um poço plástico contendo a suspensão de ovos. Após 2 a 5 minutos de agitação suave, o poço foi fotografado. Cada bindina se ligou e aglutinou apenas com ovos da sua própria espécie. (A, de Epel, 1977, cortesia de F. D. Collins e D. Epel; B, baseada em fotos de Glabe e Vacquier, 1978.)

(A)

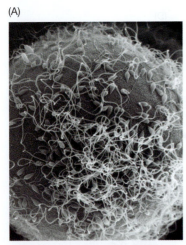

(B)

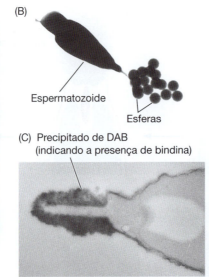

Espermatozoide

Esferas

(C) Precipitado de DAB
(indicando a presença de bindina)

(D)

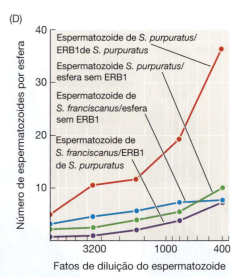

Fatos de diluição do espermatozoide

FIGURA 7.12 Receptores de bindina em ouriço-do-mar. (A) Microscopia eletrônica de varredura de um espermatozoide de ouriço-do-mar conectado ao envelope vitelino de um ovo. Apesar de esse ovo estar saturado de espermatozoides, parece ter espaço para mais espermatozoides se conectarem na superfície, implicando na existência de um número limitado de receptores de bindina. (B) Espermatozoide de *Strongylocentrotus purpuratus* ligado a esferas de poliestireno que revestidas com proteínas receptores de bindina purificadas. (C) Bindina marcada imunoquimicamente (a marcação se manifesta como uma precipitação escura de diaminobenzidina, DAB), está localizada com o processo acrossômico, após a reação acrossômica. (D) Ligação espécie-especifica do espermatozoide de ouriço do mar ao receptor de bindina ERB1. Os espermatozoides de *S. purpuratus* ligam-se às esferas cobertas com o receptor ERB1 purificado de ovos de *S. purpuratus*, mas não às de *S. franciscanus*. Também não se ligam às esferas sem revestimento. (A, © Mia Tegner/SPL/Science Source; B, por Foltz et al., 1993; C, por Moy e Vacquier, 1979, cortesia de V. Vacquier; D, por Karmei e Glabe, 2003.)

(**FIGURA 7.12A**). De fato, uma glicoproteína de 350 kDa, que exibe as propriedades espera-das de um receptor de ligação, foi isolada de ovos de ouriço-do-mar (**FIGURA 7.12B**, Kamei e Glabe, 2003). Supõe-se que esses receptores de bindina sejam agregados em complexos no envelope vitelino, e podem ser necessários centenas desses complexos para aderir o esper-matozoide ao ovo. O receptor de bindina do espermatozoides no envelope vitelino do ovo parece reconhecer a porção de proteína bindina no acrossomo (**FIGURA 7.12C**) de uma ma-neira espécie-específica. As espécies estreitamente relacionadas de ouriços-do-mar (i.e., dife-rentes espécies no mesmo gênero) têm receptores divergentes de bindina, e os ovos aderem apenas à bindina de suas próprias espécies (**FIGURA 7.12D**). Assim, o reconhecimento de ga-metas espécie-específicos de ouriços-do-mar pode ocorrer nos níveis de atração de esperma, ativação de esperma, reação acrossômica e adesão de espermatozoide à superfície do ovo.

Bindina e outras proteínas de reconhecimento de gametas estão entre as proteí-nas que evoluem mais rapidamente que se conhece (Metz e Palumbi, 1996, Swanson e Vacquier, 2002). Mesmo quando as espécies de ouriço estreitamente relacionadas têm quase-identidade de todas as outras proteínas, suas bindinas e receptores de bindina podem ter divergido significativamente.

Fusão das membranas celulares do ovo e do espermatozoide

Uma vez que o espermatozoide viajou em direção ao ovo e sofreu reação acrossômica, a fusão da membrana do espermatozoide com a membrana da célula do ovo pode come-çar (**FIGURA 7.13**). A fusão ovo-espermatozoide parece causar a polimerização da actina no ovo para formar um **cone de fertilização** (Summers et al., 1975). A homologia entre o ovo e o espermatozoide é novamente demonstrada, já que o processo acrossômico do espermatozoide também parece ser formado por meio da polimerização da actina. A actina dos gametas forma uma conexão que amplia a ponte citoplasmática entre o ovo e o espermatozoide. O núcleo e a cauda do espermatozoide passam através dela.

A fusão é um processo ativo, muitas vezes mediado por proteínas "fusogênicas" es-pecíficas. Nos ouriços-do-mar, a bindina desempenha um segundo papel como uma proteína fusogênica. Além de reconhecer o ovo, a bindina contém um longo trecho de aminoácidos hidrofóbicos perto do seu aminoterminal, e esta região é capaz de fundir as vesículas de fosfolipídeos *in vitro* (Ulrich et al., 1999; Gage et al., 2004). Sob as condições iônicas presentes no ovo maduro não fertilizado, a bindina pode fazer as membranas do ovo e do espermatozoide se fundirem.

Um ovo, um espermatozoide

Assim que um espermatozoide entrar no ovo, a fusibilidade da membrana do ovo – que era necessária para colocar o espermatozoide dentro do ovo – torna-se uma desvantagem

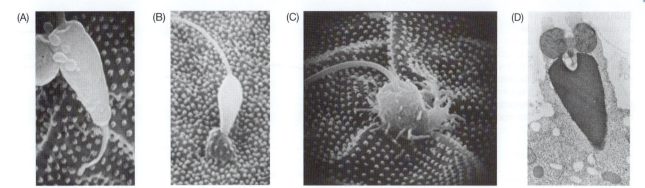

perigosa. No caso normal – **monospermia** –, apenas um espermatozoide entra no ovo, e o núcleo do espermatozoide haploide combina-se com o núcleo do ovo haploide para formar o núcleo diploide do ovo fertilizado (zigoto), restaurando, assim, o número cromossômico apropriado para a espécie. Durante a divisão, o centríolo fornecido pelo espermatozoide se divide para formar os dois polos do fuso mitótico, enquanto o centríolo derivado do ovo é degradado.

Na maioria dos animais, qualquer espermatozoide que penetrar o ovo pode fornecer um núcleo haploide e um centríolo. A entrada de múltiplos espermatozoides – **polispermia** – leva a consequências desastrosas na maioria dos organismos. Em ouriços-do-mar, a fertilização por dois espermatozoides resulta em um núcleo triploide, no qual cada cromossomo é representado três vezes, em vez de duas. Ainda pior, cada centríolo do espermatozoide se divide para formar dois polos mitóticos, então, em vez de se ter um fuso mitótico bipolar separando os cromossomos em duas células, os cromossomos triploides podem ser divididos em até quatro células, com algumas células recebendo cópias extras de certos cromossomos, ao passo que, em outras, podem faltar cópias (**FIGURA 7.14**). Theodor Boveri demonstrou, em 1902, que essas células morrem ou podem se desenvolver anormalmente.

FIGURA 7.13 Microscopia eletrônica de varredura da entrada do espermatozoide em ovos de ouriço-do-mar. (A) Contato da cabeça de espermatozoide com as microvilosidades de ovo através do processo acrossômico. (B) Formação do cone de fertilização. (C) Internalização do espermatozoide no ovo. (D) Microscopia eletrônica de transmissão da internalização do espermatozoide através do cone de fertilização. (A-C, de Schatten e Mazia, 1976, cortesia de G. Schatten, cortesia de F. J. Longo.)

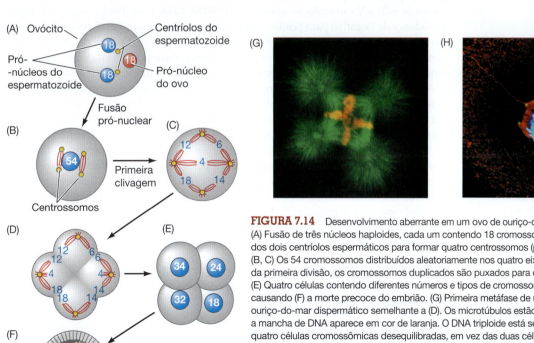

FIGURA 7.14 Desenvolvimento aberrante em um ovo de ouriço-do-mar dispermático. (A) Fusão de três núcleos haploides, cada um contendo 18 cromossomos, e a divisão dos dois centríolos espermáticos para formar quatro centrossomos (polos mitóticos). (B, C) Os 54 cromossomos distribuídos aleatoriamente nos quatro eixos. (D) Na anáfase da primeira divisão, os cromossomos duplicados são puxados para os quatro polos. (E) Quatro células contendo diferentes números e tipos de cromossomos são formadas, causando (F) a morte precoce do embrião. (G) Primeira metáfase de um ovo de ouriço-do-mar dispermático semelhante a (D). Os microtúbulos estão corados de verde; a mancha de DNA aparece em cor de laranja. O DNA triploide está sendo dividido em quatro células cromossômicas desequilibradas, em vez das duas células normais com complementos cromossômicos iguais. (H) Ovo dispermático humano na primeira mitose. Os quatro centríolos são corados de amarelo, enquanto os microtúbulos do aparelho do fuso (e das duas caudas de espermatozoide) são corados de vermelho. Os três conjuntos de cromossomos divididos por estes quatro polos são corados de azul. (A-F, segundo Boveri, 1907; G, cortesia de J. Holy; H, de Simerly et al., 1999, cortesia de G. Schatten.)

FIGURA 7.15 Potencial de membrana de ovos de ouriço-do-mar antes e após a fertilização. (A) Antes da adição de esperma, a diferença de potencial na membrana do ovo é de cerca de −70 mV. Dentro de 1 a 3 segundos após o espermatozoide fertilizante contatar o ovo, o potencial muda em direção positiva. (B, C) Ovos de *Lytechinus* fotografados durante a primeira clivagem. (B) Ovos-controle em desenvolvimento em 490 mM de Na⁺. (C) Polispermia em ovos fertilizados em concentrações igualmente elevadas de esperma em 120 mM de Na⁺ 120 (a colina foi substituída pelo sódio). (D) Tabela mostrando o aumento da polispermia com diminuição da concentração de Na⁺. A água salgada é cerca de 600 mM de Na⁺. (Segundo Jaffe, 1980; B, C, cortesia de L. A. Jaffe.)

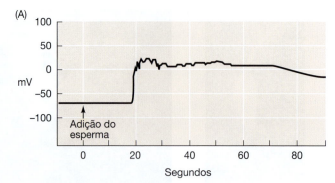

(A)

(B)

Na^+	Ovos polispérmicos
490	22
360	26
120	97
50	100

O bloqueio rápido da polispermia

A maneira mais direta de prevenir a união de mais de dois núcleos haploides é evitar que mais de um espermatozoide entre no ovo. Diferentes mecanismos para prevenir a polispermia evoluíram, dois dos quais são vistos no ovo de ouriço-do-mar. Uma reação inicial e rápida, realizada por uma mudança elétrica na membrana celular do ovo, é seguida por uma reação mais lenta, causada pela exocitose dos grânulos corticais (Just, 1919).

O **bloqueio rápido da polispermia** é alcançado por uma mudança no potencial elétrico da membrana celular do ovo que ocorre imediatamente após a entrada de um espermatozoide. Uma vez que um espermatozoide se funde com o ovo, o material solúvel desse espermatozoide (provavelmente ácido nicotínico adenina dinucleotídeo fosfato, NAADP) atua para mudar a membrana da célula de ovo (McCulloh e Chambers, 1992; Wong e Wessel, 2013). Os canais de sódio são fechados, impedindo, assim, a entrada de íons de sódio (Na^+) no ovo, e a membrana celular do ovo mantém um diferencial de tensão elétrica entre o interior do ovo e seu meio ambiente. Este **potencial de membrana em repouso** é geralmente de cerca de 70 mV, o qual é expresso como −70 mV *porque o interior da célula é carregado negativamente em relação ao exterior*. Dentro de 1 a 3 segundos após a ligação do primeiro espermatozoide, o potencial da membrana muda para um nível *positivo* – cerca de + 20 mV – em relação ao exterior (**FIGURA 7.15A**, Jaffe, 1980; Longo et al., 1986). A mudança de negativo para positivo é o resultado de um pequeno influxo de Na^+ para o ovo através de canais de sódio recém-abertos. O espermatozoide não pode se fundir com membranas celulares do ovo com um potencial de repouso positivo, de modo que a mudança significa que nenhum outro espermatozoide pode se fundir com o ovo.

A importância de Na^+ e a mudança no potencial de repouso de negativo para positivo foi demonstrada por Laurinda Jaffe e colaboradores. Eles descobriram que a polispermia pode ser induzida se uma corrente elétrica for aplicada para manter artificialmente o potencial da membrana do ovo do ouriço-do-mar negativo. Ao invés, a fertilização pode ser prevenida inteiramente ao manter artificialmente o potencial da membrana dos ovos positivo (Jaffe, 1976). O bloqueio rápido para a polispermia também pode ser contornado pela redução da concentração de Na^+ na água em torno (**FIGURA 7.15B**). Se o fornecimento de íons de sódio não for suficiente para causar a mudança positiva no potencial da membrana, ocorre polispermia (Gould-Somero et al., 1979; Jaffe, 1980). Um bloqueio elétrico para a polispermia também ocorre em sapos (Cross e Elinson, 1980; Iwao et al., 2014), mas provavelmente não na maioria dos mamíferos (Jaffe e Cross, 1983).

TÓPICO NA REDE 7.3 **BLOQUEIO DA POLISPERMIA** O trabalho de Theodor Boveri e E. E. Just foi fundamental para elucidar o bloqueio contra a entrada múltipla de espermatozoides.

O bloqueio lento da polispermia

O bloqueio rápido da polispermia é transitório, uma vez que o potencial de membrana do ovo do ouriço-do-mar permanece positivo por apenas cerca de um minuto. Essa breve mudança de potencial não é suficiente para evitar a polispermia permanentemente, e esta ainda pode ocorrer se o espermatozoide ligado ao envelope vitelino não for removido de

Ampliando o conhecimento

Os íons sódio podem orquestrar prontamente o bloqueio rápido da polispermia em água salgada. No entanto, os anfíbios que se reproduzem em água doce também se utilizam de canais de íons para atingir um bloqueio rápido da polispermia. Como isso é atingido em um ambiente onde faltam as altas concentrações oceânicas de NA⁺?

FIGURA 7.16 Formação do envelope de fertilização e remoção do excesso de espermatozoides. Para criar estas fotografias, foram adicionados espermatozoides aos ovos de ouriço-do-mar e a suspensão foi, então, fixada em formaldeído para evitar novas reações. (A) Aos 10 segundos após a adição de espermatozoides, estes envolvem o ovo. (B, C) Cerca de 25 e 35 segundos após a inseminação, respectivamente, um envelope de fertilização está se formando em torno do ovo, começando no ponto de entrada do espermatozoide. (D) O envelope de fertilização está completo e o excesso de espermatozoides foi removido. (De Vacquier e Payne, 1973, cortesia de V. D. Vacquier.)

(A)
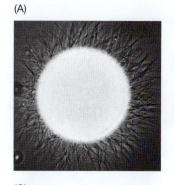

(B)
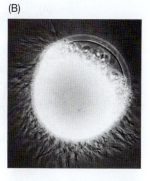

(C)
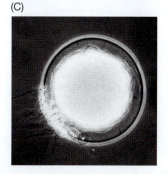

(D)

alguma forma (Carroll e Epel, 1975). Essa remoção do espermatozoide é realizada pela **reação dos grânulos corticais**, também conhecida como o **bloqueio lento da polispermia**. Esse bloqueio mecânico mais lento da polispermia se torna ativo cerca de um minuto após a primeira fusão bem-sucedida do espermatozoide ao ovo (Just, 1919). Essa reação é encontrada em muitas espécies animais, incluindo ouriços-do-mar e a maioria dos mamíferos.

Diretamente abaixo da membrana da célula do ovo do ouriço-do-mar estão cerca de 15 mil grânulos corticais, cada um com aproximadamente 1 μm de diâmetro (ver Figura 7.4B). Após a entrada do espermatozoide, os grânulos corticais fundem-se com a membrana celular do ovo e liberam seus conteúdos no espaço entre a membrana celular e a matriz fibrosa das proteínas do envelope vitelino. Várias proteínas são liberadas pela exocitose dos grânulos corticais. Uma delas, a enzima serina protease de grânulos corticais, cliva as extremidades das proteínas que conectam as proteínas do envelope vitelino à membrana da célula do ovo; ela também excisa os receptores de bindina e qualquer espermatozoide anexado a eles (Vacquier et al., 1973; Glabe e Vacquier, 1978; Haley e Wessel, 1999, 2004).

Os componentes dos grânulos corticais ligam-se ao envelope vitelino para formar um **envelope de fertilização**. O envelope de fertilização começa a se formar no local da entrada de espermatozoide e continua sua expansão em torno do ovo. Esse processo inicia cerca de 20 segundos após o espermatozoide se ligar e está completo até o final do primeiro minuto de fertilização (**FIGURA 7.16**; Wong e Wessel, 2004, 2008).

ASSISTA AO DESENVOLVIMENTO 7.1 Assista ao envelope de fertilização surgir na superfície do ovo.

O envelope de fertilização é elevado da membrana celular por mucopolissacarídeos liberados pelos grânulos corticais. Estes compostos viscosos absorvem a água para expandir o espaço entre a membrana celular e o envelope de fertilização, de modo que o envelope se mova radialmente para longe do ovo. O envelope de fertilização é, então, estabilizado por meio da ligação cruzada de proteínas adjacentes através de enzimas de peroxidase específicas do ovo e uma transglutaminase liberada pelos grânulos corticais (**FIGURA 7.17**; Foerder e Shapiro, 1977, Wong et al., 2004, Wong e Wessel, 2009). Essa ligação cruzada permite ao ovo e ao embrião precoce resistirem às forças de cisalhamento das ondas intermareais do oceano. À medida que isso ocorre, um quarto conjunto de proteínas de grânulos corticais, incluindo a hialina, forma um revestimento ao redor do ovo (Hylander e Summers, 1982). O ovo estende microvilosidades alongadas, cujas pontas se ligam a esta camada hialina, o que fornece suporte para os blastômeros durante a clivagem.

Cálcio como o iniciador da reação cortical

O mecanismo da exocitose dos grânulos corticais é semelhante ao da exocitose acrossômica, e pode envolver muitas das mesmas moléculas. Após a fertilização, a concentração de Ca^{2+} livre no citoplasma do ovo aumenta bastante. Neste ambiente de alto teor de

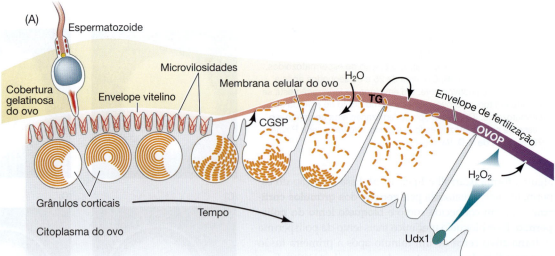

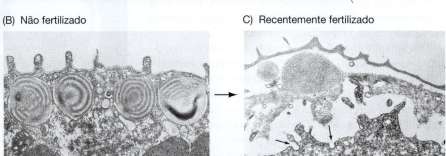

FIGURA 7.17 Exocitose dos grânulos corticais e formação do envelope de fertilização do ouriço-do-mar. (A) Diagrama esquemático de eventos que levam à formação do envelope de fertilização. À medida que os grânulos corticais sofrem exocitose, eles liberam serina proteases de grânulos corticais (CGSP, do inglês, *cortical granule serine protease*), uma enzima que corta as proteínas que ligam o envelope vitelino à membrana celular. Os mucopolissacarídeos liberados pelos grânulos corticais formam um gradiente osmótico, fazendo a água entrar e inchar o espaço entre o envelope vitelino e a membrana celular. A enzima Udx1 na antiga membrana de grânulos corticais catalisa a formação de peróxido de hidrogênio (H_2O_2), o substrato para a ovoperoxidase solúvel (OVOP). OVOP e transglutaminases (TG) endurecem o envelope vitelino, agora chamado de envelope de fertilização. (B, C) Micrografias eletrônicas de transmissão do córtex de um ovo de ouriço-do-mar não fertilizado e a mesma região de um ovo recém-fertilizado. O envelope de fertilização produzido e os pontos em que os grânulos corticais se fundiram com a membrana celular do ovo (flechas) são visíveis em (C). (A, segundo Wong et al., 2008; B, C, de Chandler e Heuser, 1979, cortesia de D. E. Chandler.)

cálcio, as membranas dos grânulos corticais fundem-se com a membrana celular do ovo, liberando seu conteúdo (ver Figura 7.17A). Uma vez que a fusão dos grânulos corticais começa perto do ponto de entrada do espermatozoide, uma onda de exocitose de grânulos corticais se propaga ao redor do córtex para o lado oposto do ovo.

Nos ouriços-do-mar e nos mamíferos, o aumento da concentração de Ca^{2+} responsável pela reação do grânulo cortical não é devido ao influxo de cálcio no ovo, mas vem do próprio ovo. A liberação de cálcio a partir do armazenamento intracelular pode ser monitorada visualmente usando corantes luminescentes ativados por cálcio, como aequorina (uma proteína que, como GFP, é isolada a partir da medusa luminescente) ou corantes fluorescentes, como fura-2. Esses corantes emitem luz quando se ligam ao Ca^{2+} livre. Quando um ovo de ouriço-do-mar é injetado com corante e depois fertilizado, uma onda impressionante de liberação de cálcio se propaga através do ovo e é visualizada como uma faixa de luz que começa no ponto de entrada do espermatozoide e prossegue ativamente para a outra extremidade da célula (**FIGURA 7.18**; Steinhardt et al., 1977; Hafner et al., 1988). A liberação total do Ca^{2+} fica completa em cerca de 30 segundos, e Ca^{2+} livre é novamente sequestrado logo após a liberação.

ASSISTA AO DESENVOLVIMENTO 7.2 Este vídeo sobre a fertilização de ouriço-do-mar mostra as ondas de íons cálcio começando no ponto de união do espermatozoide e atravessando o ovo de ouriço-do-mar.

Vários experimentos demonstraram que o Ca^{2+} é diretamente responsável pela propagação da reação dos grânulos corticais e que esses íons são armazenados dentro do próprio ovo. O fármaco A23187 é um ionóforo de cálcio – um composto que permite a difusão de íons, como o Ca^{2+}, através de membranas lipídicas, permitindo-lhes percorrer barreiras que de outro modo seriam impermeáveis. A exposição de ovos de ouriço-do-mar não fertilizados à água do mar contendo A23187 inicia a reação de grânulo cortical e a elevação do envelope de fertilização. Além disso, essa reação ocorre na ausência

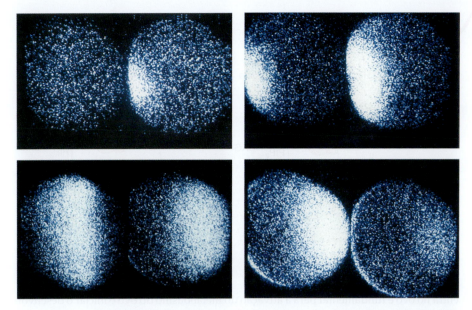

FIGURA 7.18 Liberação de cálcio em um ovo de ouriço-do-mar durante a fertilização. O ovo é pré-carregado com um corante que fluoresce quando se liga ao Ca^{2+}. Quando um espermatozoide se funde com o ovo, uma onda de liberação de cálcio é vista, começando no local da entrada de espermatozoide e se propagando pelo ovo. A onda não só se difunde, mas viaja ativamente, levando cerca de 30 segundos para atravessar o ovo. (Cortesia de G. Schatten.)

de qualquer Ca^{2+} na água circundante; assim, o A23187 deve estimular a liberação de Ca^{2+} que já está sequestrada em organelas dentro do ovo (Chambers et al., 1974; Steinhardt e Epel, 1974).

Nos ouriços-do-mar e vertebrados (mas não caramujos e vermes), o Ca^{2+} responsável pela reação cortical é armazenado no retículo endoplasmático do ovo (Eisen e Reynolds, 1985; Terasaki e Sardet, 1991). Em ouriços-do-mar e rãs, o retículo é pronunciado no córtex e envolve os grânulos corticais (**FIGURA 7.19**, Gardiner e Gray, 1983, Luttmer e Longo, 1985). Os grânulos corticais são eles próprios ancorados à membrana celular por uma série de proteínas integradas da membrana que facilitam a exocitose mediada por cálcio (Conner et al., 1997; Conner e Wessel, 1998). Dessa forma, assim que o Ca^{2+} é liberado do retículo endoplasmático, os grânulos corticais fundem-se com a membrana celular acima deles. Uma vez iniciada, a liberação de cálcio é autopropagada. O cálcio livre é capaz de liberar o cálcio sequestrado de seus locais de armazenamento, causando uma onda de liberação de Ca^{2+} e exocitose de grânulos corticais.

Ativação do metabolismo do ovo em ouriço-do-mar

Embora a fertilização seja muitas vezes descrita como nada mais do que os meios para fundir dois núcleos haploides, ela possui um papel igualmente importante na iniciação dos processos que desencadeiam o desenvolvimento. Estes acontecimentos têm lugar no citoplasma e ocorrem sem o envolvimento dos núcleos parentais.[3] Além de iniciar o bloqueio lento da polispermia (através da exocitose dos grânulos corticais), a liberação de Ca^{2+} que ocorre quando o espermatozoide

---

[3] Em certas salamandras, esta função de fertilização (i.e., iniciar o desenvolvimento do embrião) foi totalmente separada da função genética. A salamandra de prata *Ambystoma platineum* é uma subespécie híbrida constituída exclusivamente por fêmeas. Cada fêmea produz um ovo com um número de cromossomo não reduzido. Este ovo, no entanto, não pode desenvolver sozinho, de modo que a salamandra de prata acasala com uma salamandra Jefferson macho (*A. jeffersonianum*). O esperma da salamandra Jefferson apenas estimula o desenvolvimento do ovo; não contribui com material genético (Uzzell, 1964). Para detalhes desse complexo mecanismo de procriação, ver Bogart et al., 1989, 2009.

FIGURA 7.19 Retículo endoplasmático em torno de grânulos corticais em ovos de ouriço-do-mar. (A) O retículo endoplasmático foi corado para permitir a visualização por microscopia eletrônica de transmissão. O grânulo cortical é visto cercado por retículo endoplasmático corado em escuro. (B) Um ovo inteiro corado com anticorpos fluorescentes para canais de liberação de cálcio dependentes de cálcio. Os anticorpos mostram esses canais no retículo endoplasmático cortical. (A, de Luttmer e Longo, 1985, cortesia de S. Luttmer, B, de McPherson et al., 1992, cortesia de F. J. Longo.)

(A)

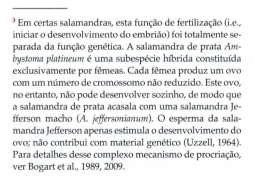

Grânulo cortical   Retículo endoplasmático

(B)

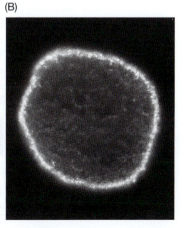

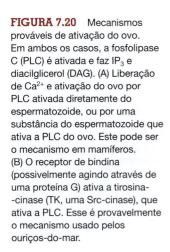

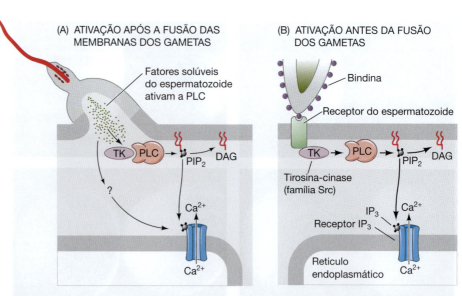

(A) ATIVAÇÃO APÓS A FUSÃO DAS MEMBRANAS DOS GAMETAS

Fatores solúveis do espermatozoide ativam a PLC

(B) ATIVAÇÃO ANTES DA FUSÃO DOS GAMETAS

Bindina

Receptor do espermatozoide

Tirosina-cinase (família Src)

Receptor IP_3

Retículo endoplasmático

FIGURA 7.20 Mecanismos prováveis de ativação do ovo. Em ambos os casos, a fosfolipase C (PLC) é ativada e faz IP_3 e diacilglicerol (DAG). (A) Liberação de Ca^{2+} e ativação do ovo por PLC ativada diretamente do espermatozoide, ou por uma substância do espermatozoide que ativa a PLC do ovo. Este pode ser o mecanismo em mamíferos. (B) O receptor de bindina (possivelmente agindo através de uma proteína G) ativa a tirosina-cinase (TK, uma Src-cinase), que ativa a PLC. Esse é provavelmente o mecanismo usado pelos ouriços-do-mar.

entra no ovo é fundamental para a ativação do metabolismo do ovo e iniciar o desenvolvimento. Os íons de cálcio liberam os inibidores das mensagens maternas armazenadas, permitindo que esses mRNAs sejam traduzidos; eles também liberam a inibição da divisão nuclear, permitindo, assim, que a divisão ocorra. De fato, em todo o reino animal, os íons de cálcio são usados para ativar o desenvolvimento durante a fertilização.

Liberação intracelular de íons cálcio

A forma como o Ca^{2+} é liberado varia de espécie para espécie (ver Parrington et al., 2007). Um mecanismo, primeiro proposto por Jacques Loeb (1899, 1902), é que um fator solúvel do espermatozoide é introduzido no ovo no momento da fusão celular e esta substância ativa o ovo, alterando a composição iônica do citoplasma (**FIGURA 7.20A**). Esse mecanismo, como veremos mais adiante, provavelmente funciona em mamíferos. O outro mecanismo, proposto pelo rival de Loeb, Frank Lillie (1913), é que o espermatozoide se liga aos receptores na superfície da célula do ovo e muda sua conformação, iniciando, assim, reações no citoplasma que ativam o ovo (**FIGURA 7.20B**). Isso é provavelmente o que acontece nos ouriços-do-mar.

IP_3: O LIBERADOR DE CA^{2+} Se o Ca^{2+} do retículo endoplasmático do ovo é responsável pela reação do grânulo cortical e pela reativação do desenvolvimento, o que libera Ca^{2+}? Em todo o reino animal, verificou-se que o **inositol-1,4,5-trisfosfato (IP_3)** é o agente primário para liberação de Ca^{2+} do armazenamento intracelular.

A via IP_3 é mostrada na **FIGURA 7.21**. O fosfolipídeo **fosfatidilinositol 4,5-bisfosfato (PIP_2)** da membrana é quebrado pela enzima **fosfolipase C (PLC)** para produzir dois compostos ativos: IP_3 e **diacilglicerol (DAG)**. IP_3 é capaz de liberar Ca^{2+} no citoplasma, abrindo os canais de cálcio do retículo endoplasmático. DAG ativa a proteína-cinase C, que, por sua vez, ativa uma proteína que troca íons de sódio para íons de hidrogênio, elevando o pH do ovo (Nishizuka, 1986, Swann e Whitaker, 1986). Esta bomba de troca de Na^+-H^+ também requer Ca^{2+}. O resultado da ativação de PLC é, portanto, a liberação de Ca^{2+} e a alcalinização do ovo, e ambos os compostos que esta ativação cria – IP_3 e DAG – estão envolvidos na iniciação do desenvolvimento.

> **ASSISTA AO DESENVOLVIMENTO 7.3** Assista a um filme da fertilização com e sem a ativação de PLC.

Nos ovos de ouriço-do-mar, o IP_3 é formado inicialmente no local da entrada do espermatozoide e pode ser detectado em segundos após a fixação do espermatozoide. A inibição da síntese de IP_3 impede a liberação de Ca^{2+} (Lee e Shen, 1998; Carroll et al., 2000), ao passo que o IP_3 injetado pode liberar Ca^{2+} sequestrado e levar à exocitose dos grânulos corticais (Whitaker e Irvine, 1984, Busa et al., 1985). Além disso, esses efeitos

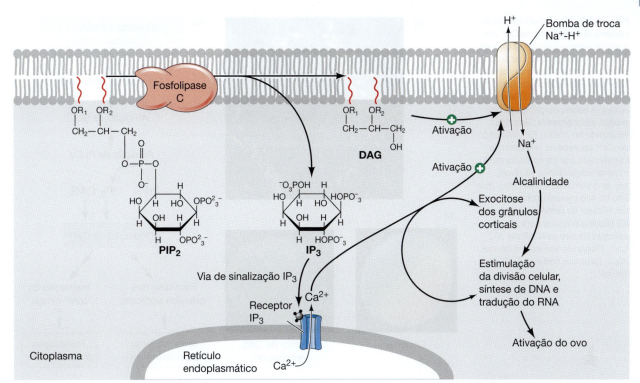

FIGURA 7.21 Funções de fosfatos de inositol na liberação de cálcio do retículo endoplasmático e início do desenvolvimento. A fosfolipase C divide a PIP_2 em IP_3 e DAG. O IP_3 libera cálcio do retículo endoplasmático, e o DAG, com assistência do Ca^{2+} liberado, ativa a bomba de troca de hidrogênio e sódio na membrana.

mediados por IP_3 podem ser frustrados pré-injetando o ovo com agentes quelantes de cálcio (Turner et al., 1986).

Os canais de cálcio responsivos a IP_3 foram encontrados no retículo endoplasmático do ovo. Pensa-se que o IP_3 formado no local da entrada de espermatozoide se liga aos receptores IP_3 nestes canais de cálcio, efetuando uma liberação local de Ca^{2+} (Ferris et al., 1989, Furuichi et al., 1989). Uma vez liberado, o Ca^{2+} pode difundir-se diretamente, ou pode facilitar a liberação de mais Ca^{2+} por ligação aos *receptores de liberação de cálcio desencadeados por cálcio*, também localizados no retículo endoplasmático cortical (McPherson et al., 1992). Esses receptores liberam o Ca^{2+} armazenado quando se ligam a Ca^{2+}, então a ligação de Ca^{2+} libera mais Ca^{2+}, que se liga a mais receptores, e assim por diante. A onda de liberação de cálcio resultante é propagada em toda a célula, começando no ponto de entrada de espermatozoide (ver Figura 7.18). Os grânulos corticais, que se fundem com a membrana celular na presença de altas concentrações de Ca^{2+}, respondem com uma onda de exocitose que segue a onda de cálcio. Mohri e colaboradores (1995) mostraram que o Ca^{2+} liberado por IP_3 é necessário e suficiente para iniciar a onda de liberação de cálcio.

FOSFOLIPASE C: O GERADOR DE IP_3 Se o IP_3 é necessário para a liberação de Ca^{2+} e a fosfolipase C é necessária para gerar IP_3, a questão então é: o que ativa a PLC? Essa questão não foi fácil de abordar, uma vez que (1) existem vários tipos de PLC que (2) podem ser ativados através de vias distintas e (3) espécies diferentes usam mecanismos diferentes para ativar PLC. Resultados de estudos de ovos de ouriço-do-mar sugerem que a PLC ativa em equinodermos é um membro da família γ (gama) de PLCs (Carroll et al., 1997, 1999, Shearer et al., 1999). Os inibidores que bloqueiam especificamente PLCγ inibem a produção de IP_3, bem como a liberação de Ca^{2+}. Além disso, esses inibidores podem ser contornados pela microinjecção de IP_3 no ovo. Como o PLCγ é ativado pelo espermatozoide ainda é uma questão de controvérsia, embora os estudos de inibidores tenham demonstrado que as cinases ligadas à membrana (Src-cinases) e as proteínas de ligação a GTP desempenham papéis fundamentais (**FIGURA 7.22**; Kinsey e Shen, 2000; Giusti et al., 2003; Townley et al., 2009; Voronina e Wessel, 2003, 2004). Uma possibilidade é que o NAADP trazido pelo espermatozoide para iniciar a despolarização elétrica também ativa a cascata enzimática que leva à produção de IP_3 e à liberação de cálcio (Churchill et al., 2003, Morgan e Galione, 2007).

FIGURA 7.22 Envolvimento da proteína G na entrada de Ca²⁺ em ovos de ouriço-do-mar. (A) Ovo de ouriço-do-mar maduro marcado imunologicamente para a proteína hialina de grânulo cortical (em vermelho) e a proteína G Gαq (em verde). A sobreposição de sinais produz a cor amarela. Gαq fica localizada no córtex. (B) Uma onda de Ca²⁺ aparece no ovo controle (aumentada por computador para mostrar intensidades relativas, sendo o vermelho o mais alto), mas não no ovo injetado com um inibidor da proteína Gαq. (C) Modelo possível para a ativação do ovo pelo influxo de Ca²⁺. (Segundo Voronina e Wessel, 2003, fotos por cortesia de G. M. Wessel.)

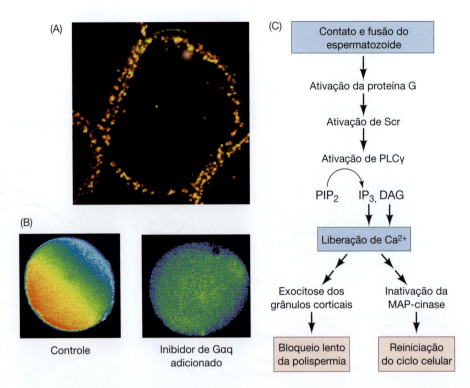

(A)

(B)

Controle

Inibidor de Gαq adicionado

(C)

Contato e fusão do espermatozoide

↓

Ativação da proteína G

↓

Ativação de Scr

↓

Ativação de PLCγ

PIP₂   IP₃, DAG

↓

Liberação de Ca²⁺

Exocitose dos grânulos corticais

Inativação da MAP-cinase

↓

Bloqueio lento da polispermia

↓

Reiniciação do ciclo celular

Efeitos da liberação de cálcio

O fluxo de cálcio através do ovo ativa um conjunto pré-programado de eventos metabólicos. As respostas do ovo do ouriço-do-mar ao espermatozoide podem ser divididas em respostas "precoces", que ocorrem em segundos após a reação dos grânulos corticais, e respostas "tardias", que ocorrem vários minutos após a fertilização começar (**TABELA 7.1**).

RESPOSTAS PRECOCES Como observamos, o contato ou a fusão de um espermatozoide com o ovo do ouriço-do-mar ativa dois bloqueios principais para a polispermia: o bloqueio rápido, mediado pelo influxo de sódio na célula; e a reação dos grânulos corticais, ou bloqueio lento, mediada pela liberação intracelular de Ca²⁺. A mesma liberação de Ca²⁺ responsável pela reação dos grânulos corticais também é responsável pela reentrada do ovo no ciclo celular e a reativação da síntese proteica no ovo. Os níveis de Ca²⁺ no ovo aumentam de 0,05 para entre 1 e 5 μM, e em quase todas as espécies isso ocorre como uma onda ou sucessão de ondas que varrem o ovo, começando no local da fusão espermatozoide-ovo (ver Figura 7.18; Jaffe, 1983, Terasaki e Sardet, 1991; Stricker, 1999).

O lançamento de cálcio ativa uma série de reações metabólicas que iniciam o desenvolvimento embrionário (**FIGURA 7.23**). Uma delas é a ativação da enzima NAD⁺-cinase, que converte NAD⁺ em NADP⁺ (Epel et al., 1981). Uma vez que o NADP⁺ (mas não o NAD⁺) pode ser usado como coenzima para a biossíntese lipídica, essa conversão tem consequências importantes para o metabolismo lipídico e, portanto, pode ser importante na construção das muitas novas membranas celulares necessárias durante a clivagem. Udx1, a enzima responsável pela redução do oxigênio para fazer reação cruzada no envelope de fertilização, é também dependente de NADPH (Heinecke e Shapiro, 1989; Wong et al., 2004). Por fim, NADPH ajuda a regenerar glutationa e ovotiois, moléculas que podem ser eliminadoras cruciais de radicais livres, que, de outra forma, poderiam danificar o DNA do ovo e embrião precoce (Mead e Epel, 1995).

 TUTORIAL DO DESENVOLVIMENTO *Ache-o/Perca-o/Mova-o* Os caminhos básicos das evidências biológicas – ache-o/perca-o/mova-o – podem ser seguidos nas descobertas envolvendo adesão de gametas e ativação do ovo por cálcio.

TABELA 7.1 Eventos da fertilização de ouriço-do-mar

Evento	Tempo aproximado pós-inseminação[a]
RESPOSTAS PRECOCES	
Ligação espermatozoide-ovo	0 s
Aumento do potencial de fertilização (bloqueio rápido da polispermia)	Entre 1 s
Fusão membrana ovo-espermatozoide	Entre 1 s
Primeira detecção do aumento de cálcio	10 s
Exocitose dos grânulos corticais (bloqueio lento da polispermia)	15-60 s
RESPOSTAS TARDIAS	
Ativação da NAD-cinase	Começa em 1 min
Aumento de $NADP^+$ e NADPH	Começa em 1 min
Aumento no consumo de O_2	Começa em 1 min
Entrada do espermatozoide	1-2 min
Efluxo ácido	1-5 min
Aumento no pH (permanece alto)	1-5 min
Descondensação da cromatina do espermatozoide	2-12 min
Migração no núcleo do espermatozoide até o centro do ovo	2-12 min
Migração do núcleo do ovo até o núcleo do espermatozoide	5-10 min
Ativação de síntese proteica	Começa em 5-10 min
Ativação de transporte de aminoácidos	Começa em 5-10 min
Iniciação da síntese de DNA	20-40 min
Mitose	60-80 min
Primeira clivagem	85-95 min

Fontes principais: Whitaker e Steinhardt, 1985; Mohri et al., 1995.

[a]Tempo aproximado baseado em dados de *S. purpuratus* (15-17°C), *L. pictus* (16-18°C), *A. punctulata* (18-20°C) e *L. variegatus* (22-24°C). O tempo dos eventos do primeiro minuto é mais conhecido em *L. variegatus*, por isso os tempos são listados para essa espécie.

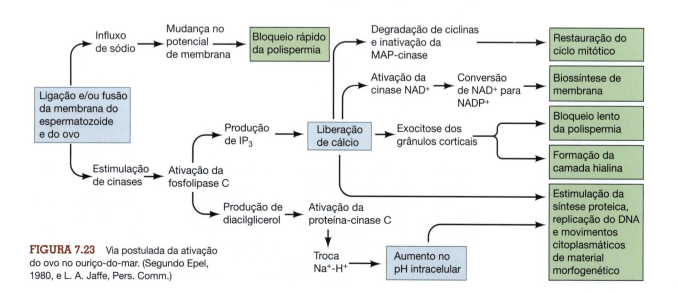

FIGURA 7.23 Via postulada da ativação do ovo no ouriço-do-mar. (Segundo Epel, 1980, e L. A. Jaffe, Pers. Comm.)

TÓPICO NA REDE 7.4 **REGRAS DE EVIDÊNCIA** O padrão "ache-o/perca-o/mova-o" para experimentação se encaixa em um sistema maior de evidências científicas, como mostrado nos exemplos para pesquisa em fertilização.

RESPOSTAS TARDIAS: RETOMA DAS SÍNTESES PROTEICA E DE DNA As respostas tardias da fertilização incluem a ativação de um novo surgimento de síntese de DNA e proteínas. Nos ouriços-do-mar, a fusão do ovo e do espermatozoide faz o pH intracelular aumentar. Esse aumento no pH intracelular começa com um segundo influxo de Na^+ da água do mar, o que resulta em uma troca de 1:1 entre os íons de sódio e íons de hidrogênio (H^+) do interior do ovo. A perda de H^+ faz o pH dentro do ovo aumentar (Shen e Steinhardt, 1978, Michael e Walt, 1999).

Acredita-se que o aumento do pH e a elevação do Ca^{2+} agem em conjunto para estimular a nova síntese de DNA e proteínas (Winkler et al., 1980, Whitaker e Steinhardt, 1982, Rees et al., 1995). Se alguém elevar experimentalmente o pH de um ovo não fertilizado para um nível semelhante ao de um ovo fertilizado, a síntese de DNA e o colapso do envelope nuclear ocorrem, como se o ovo fosse fertilizado (Miller e Epel, 1999). Os íons de cálcio também são essenciais para a nova síntese de DNA. A onda de Ca^{2+} livre inativa a enzima MAP-cinase, convertendo-a de uma forma fosforilada (ativa) a uma forma não fosforilada (inativa), removendo, assim, uma inibição na síntese de DNA (Carroll et al., 2000). A síntese de DNA pode, então, retomar.

Nos ouriços-do-mar, uma explosão de síntese proteica geralmente ocorre nos primeiros minutos após a entrada do espermatozoide. Essa síntese proteica não depende da síntese do novo RNA do mensageiro, mas usa mRNAs já presentes no citoplasma do ovócito. Esses mRNAs codificam proteínas, como histonas, tubulinas e actinas, e fatores morfogenéticos que são usados durante o desenvolvimento inicial. Esse aumento de síntese proteica pode ser induzido aumentando artificialmente o pH do citoplasma usando íons amônio (Winkler et al., 1980).

Um mecanismo para este aumento global na tradução de mensagens armazenadas no ovócito parece ser a liberação de inibidores do mRNA. No Capítulo 2, discutimos maskin, um inibidor da tradução no ovócito de anfíbio não fertilizado. Nos ouriços-do-mar, um inibidor semelhante liga o fator de início da tradução eIF4E à extremidade 5′ de vários mRNAs e impede que estes sejam traduzidos. Após a fertilização, no entanto, este inibidor – a proteína de ligação de eIF4E – se torna fosforilado e é degradado, permitindo, assim, que o eIF4E se ligue com outros fatores de tradução e permita a síntese de proteínas dos mRNAs do ouriço-do-mar armazenados (Cormier et al., 2001; Oulhen et al., 2007). Um dos mRNAs "liberados" pela degradação da proteína de ligação de eIF4E é a mensagem que codifica a proteína ciclina B (Salaun et al., 2003, 2004). A ciclina B combina-se com Cdk1 para criar o **fator promotor da mitose** (**MPF**), que é necessário para iniciar a divisão celular.

Fusão do material genético em ouriços-do-mar

Após a fusão das membranas do espermatozoide e do ovo, o núcleo do espermatozoide e o seu centríolo se separam das mitocôndrias e do flagelo. As mitocôndrias e o flagelo desintegram-se dentro do ovo, então muito poucas, se houver alguma, mitocôndrias derivadas de espermatozoide são encontradas em organismos em desenvolvimento ou adultos. Assim, embora cada gameta contribua com um genoma haploide para o zigoto, o genoma *mitocondrial* é transmitido principalmente pela mãe. Por outro lado, em quase todos os animais estudados (o camundongo sendo a maior exceção), o centrossomo necessário para produzir o fuso mitótico das divisões subsequentes é derivado do centríolo do espermatozoide (ver Figura 7.14, Sluder et al., 1989, 1993).

A fertilização em ovos de ouriço-do-mar ocorre após a segunda divisão meiótica, então já existe um pró-núcleo haploide feminino quando o espermatozoide entra no citoplasma de ovo. Uma vez dentro do ovo, o núcleo do espermatozoide sofre uma transformação dramática à medida que se descondensa para formar o pró-núcleo haploide masculino. Primeiro, o envelope nuclear degenera, expondo a cromatina espermática compacta ao citoplasma do ovo (Longo e Kunkle, 1978; Poccia e Collas, 1997). As cinases

FIGURA 7.24 Eventos nucleares na fertilização do ouriço-do-mar. (A) Fotografias sequenciais que mostram a migração do pró-núcleo do ovo e do pró-núcleo espermático um em direção do outro em um ovo de *Clypeaster japonicus*. O pró-núcleo do espermatozoide é cercado por seu áster de microtúbulos. (B) Os dois pró-núcleos migram um para o outro nesses processos microtubulares. (O DNA pró-nuclear é corado em azul por corante Hoechst). Os microtúbulos (marcados em verde com anticorpos fluorescentes contra a tubulina) irradiam do centrossomo associado ao pró-núcleo masculino (menor) e alcançam o pró-núcleo feminino. (C) Fusão de pró-núcleos no ovo de ouriço-do-mar. (A, de Hamaguchi e Hiramoto, 1980, cortesia dos autores, B, de Holy e Schatten, 1991, cortesia de J. Holy, C, cortesia de F. J. Longo.)

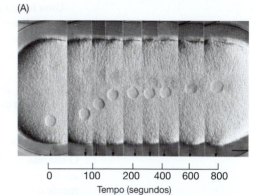

(A)

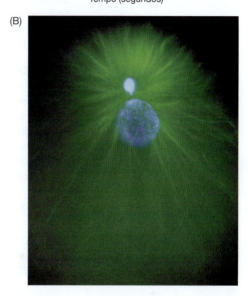

(B)

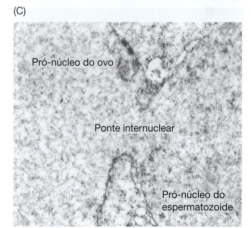

(C)

do citoplasma de ovo fosforilam as proteínas de histona específicas do espermatozoide, permitindo-lhes descondensar. As histonas descondensadas são, então, substituídas por histonas de fase de clivagem derivadas de ovos (Stephens et al., 2002, Morin et al., 2012). Essa troca permite a descondensação da cromatina espermática. Uma vez descondensado, o DNA adere ao invólucro nuclear, onde a DNA-polimerase pode iniciar a replicação (Infante et al., 1973).

Contudo, como os pró-núcleos de espermatozoide e ovo se encontram? Após o espermatozoide do ouriço-do-mar entrar no citoplasma do ovo, o núcleo do espermatozoide se separa da cauda e gira 180°, de modo que o centríolo do espermatozoide fique entre o pró-núcleo masculino em desenvolvimento e o pró-núcleo do ovo. O centríolo do espermatozoide atua como um centro organizador de microtúbulos, estendendo seus próprios microtúbulos e integrando-os com os microtúbulos do ovo para formar um áster. Os microtúbulos estendem-se pelo ovo e entram em contato com o pró-núcleo feminino, momento em que os dois pró-núcleos migram um para o outro. A sua fusão forma o núcleo diploide do zigoto (**FIGURA 7.24**). A síntese do DNA pode começar no estágio pró-nuclear ou após a formação do núcleo do zigoto e depende do nível de Ca^{2+} liberado anteriormente na fertilização (Jaffe et al., 2001).

Neste ponto, o núcleo diploide foi formado. As sínteses de DNA e proteica começaram, e as inibições para a divisão celular foram removidas. O ouriço-do-mar agora pode começar a formar um organismo multicelular. Descreveremos os meios pelos quais os ouriços-do-mar alcançam a multicelularidade no Capítulo 10.

> **ASSISTA AO DESENVOLVIMENTO 7.4** Dois vídeos mostrando os pró-núcleos do ovo e do espermatozoide viajando um em direção ao outro e se fusionando.

Fertilização interna em mamíferos

É muito difícil estudar qualquer interação entre o espermatozoide de mamífero e o ovo que ocorra antes destes gametas fazerem contato. Uma razão óbvia para isso é que a fertilização de mamíferos ocorre dentro dos ovidutos da fêmea. Embora seja relativamente fácil imitar as condições de fertilização do ouriço-do-mar usando água do mar natural ou artificial, ainda não conhecemos os componentes dos vários ambientes naturais que o espermatozoide de mamífero encontra ao viajar em direção do ovo.

Uma segunda razão pela qual é difícil estudar a fertilização de mamíferos é que a população de espermatozoides ejaculada na fêmea é provavelmente heterogênea, contendo espermatozoides em diferentes estádios de maturação. Dos 280×10^6 espermatozoides humanos normalmente ejaculados durante o coito, apenas cerca de 200 atingem a proximidade do ovo (Ralt et al., 1991). Assim, uma vez que menos de 1 em 10.000 espermatozoides se aproxima do ovo, é difícil testar as moléculas que podem permitir ao espermatozoide nadar em direção ao ovo e ser ativado.

Time (seconds): 0 100 200 400 600 800

Tempo (segundos)

Pró-núcleo do ovo

Ponte internuclear

Pró-núcleo do espermatozoide

Uma terceira razão pela qual foi difícil elucidar os detalhes da fertilização de mamíferos é a descoberta recente de que pode haver múltiplos mecanismos (discutidos mais adiante no capítulo) pelo qual os espermatozoides de mamíferos podem sofrer a reação acrossômica e se ligar à zona pelúcida (ver Clark, 2011).

> **ASSISTA AO DESENVOLVIMENTO 7.5** Vídeo do laboratório do Dr. Yasayuki Mio mostrando os eventos da fertilização humana e do desenvolvimento inicial *in vitro*.

Levando os gametas para o oviduto: translocação e capacitação

O sistema reprodutor feminino não é um tubo passivo através do qual os espermatozoides passam, mas um conjunto altamente especializado de tecidos que regulam ativamente o transporte e amadurecimento de ambos os gametas. Tanto os gametas masculinos como os femininos usam uma combinação de interações bioquímicas em pequena escala e propulsão física em larga escala para chegar à ampola, a região do oviduto onde ocorre a fertilização.

TRANSLOCAÇÃO A união do espermatozoide e ovo deve ser facilitada pelo sistema reprodutor feminino. Diferentes mecanismos são usados para posicionar os gametas no lugar certo no momento certo. Um ovócito de mamífero que acaba de ser liberado do ovário é cercado por uma matriz contendo as células do *cumulus*. (As células do *cumulus* são as células do folículo ovariano ao qual o ovócito em desenvolvimento estava preso, ver Figura 7.5). Se esta matriz for experimentalmente removida ou alterada significativamente, as fímbrias do oviduto não "capturarão" o complexo ovócito-*cumulus* (ver Figura 12.11), nem o complexo poderá entrar no oviduto (Talbot et al., 1999). Uma vez que é capturado, uma combinação de batimentos ciliares e contrações musculares transporta o complexo ovócito-*cumulus* para a posição apropriada para sua fertilização no oviduto.

O espermatozoide deve percorrer um caminho mais longo. Em humanos, cerca de 300 milhões de espermatozoides são ejaculados na vagina, mas apenas um em um milhão entra nas trompas de Falópio (Harper, 1982; Cerezales et al., 2015). A translocação do esperma da vagina para o oviduto envolve vários processos que funcionam em diferentes momentos e lugares.

- *Motilidade espermática*. A mobilidade (ação flagelar) é provavelmente importante para levar o espermatozoide através do muco cervical até o útero. De modo curioso, naqueles mamíferos onde a fêmea é promíscua (acasalamento com vários machos em rápida sucessão), o espermatozoide do mesmo macho geralmente formará "trens" ou agregados onde a propulsão combinada dos flagelos faz o espermatozoide viajar mais rápido (**FIGURA 7.25**). Essa estratégia provavelmente evoluiu para a competição entre machos. Nas espécies sem essa promiscuidade feminina, o espermatozoide geralmente permanece individual (Fisher e Hoeckstra, 2010; Foster e Pizzari, 2010; Fisher et al., 2014).
- *Contrações musculares uterinas*. Os espermatozoides são encontrados nos ovidutos de camundongos, hamsters, cobaios, vacas e humanos 30 minutos após a deposição de esperma na vagina – um tempo "demasiado curto para ter sido atingido, até mesmo pelo espermatozoide mais olímpico, dependendo da força do próprio flagelo" (Storey, 1995). Em vez disso, o espermatozoide parece ser transportado para o oviduto pela atividade muscular do útero.
- *Reotaxia de espermatozoide*. Os espermatozoides também recebem pistas direcionais de longa distância a partir do fluxo de líquido do oviduto para o útero. Os espermatozoides demonstram a reotaxia – isto é, eles migrarão em contra-fluxo – utilizando canais de cálcio CatSper (como o espermatozoide de ouriço-do-mar) para detectar o influxo de cálcio e monitorar a direção da corrente (Miki e Clapham, 2013). Esses espermatozoides reotáxicos foram observados em camundongos e em humanos.

(A)

(B)

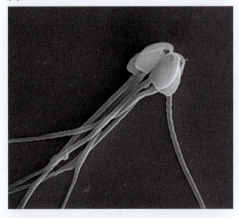

FIGURA 7.25 As associações de espermatozoides podem ocorrer em espécies em que as fêmeas se acasalam com vários machos em um curto período de tempo. (A) O "trem de espermatozoide" do camundongo de madeira *Apodemus sylvaticus*. Os espermatozoides são unidos por seus capuzes acrossômicos. (B) Vista muito próxima das cabeças de espermatozoides, o camundongo do campo *Peromyscus maniculatus*, mostrando fixação enganchada. (A, de Foster e Pizzari ,2010, cortesia de T. Pizzari e H. Moore; B, de Fischer et al., 2014, cortesia de H. S. Fischer e H. Hoekstra.)

CAPACITAÇÃO Durante a caminhada da vagina até a região da ampola do oviduto, o espermatozoide amadurece, de modo que adquire a capacidade de fertilizar o ovo quando os dois finalmente se encontram. Ao contrário do espermatozoide de rãs ou de ouriços-do-mar, os espermatozoides de mamíferos recém-ejaculados são imaturos e não podem fertilizar o ovo; eles são incapazes de sofrer a reação acrossômica e detectar as pistas que acabarão por orientá-los para o ovo. Para alcançar essa competência, o espermatozoide deve sofrer um conjunto de mudanças fisiológicas sequenciais, chamadas de **capacitação**. Essas mudanças são realizadas somente após um espermatozoide ter residido por algum tempo no sistema reprodutor feminino (Chang, 1951, Austin, 1952). Os espermatozoides que não estão capacitados são "retidos" na matriz do *cumulus* e não conseguem atingir o ovo (Austin, 1960, Corselli e Talbot, 1987).

 TUTORIAL DO DESENVOLVIMENTO *Capacitação* **O conhecimento de que espermatozoides de mamíferos recém-ejaculados não podem fertilizar um ovo foi uma quebra de barreira fundamental para o sucesso do desenvolvimento de técnicas de fertilização *in vitro*.**

Ao contrário da crença popular, a corrida não é sempre do mais veloz. Um estudo de Wilcox e colaboradores (1995) possibilitou a descoberta de que quase todas as gravidezes humanas resultam de intercurso sexual durante um período de 6 dias que termina no dia da ovulação. Isso significa que o espermatozoide fertilizante poderia ter levado até 6 dias para fazer a viagem ao oviduto. Embora alguns espermatozoides humanos atinjam a ampola do oviduto na primeira meia hora após a relação sexual, o espermatozoide "rápido" pode ter poucas chances de fertilizar o ovo, uma vez que não foi submetido à capacitação. Eisenbach (1995) propôs uma hipótese em que a capacitação é um evento transitório, e os espermatozoides recebem uma janela de competência relativamente breve durante a qual eles podem fertilizar com sucesso o ovo. À medida que os espermatozoides atingem a ampola, eles adquirem competência – mas a perdem se permanecerem lá demasiado tempo.

Os processos moleculares de capacitação preparam o espermatozoide para a reação acrossômica e permitem que ele se torne hiperativo (**FIGURA 7.26**). Embora os detalhes desses processos ainda aguardem descrição (eles são notoriamente difíceis de se estudar), dois conjuntos de mudanças moleculares são considerados importantes:

1. *Mudanças lipídicas.* A membrana de espermatozoides é alterada pela remoção de colesterol por proteínas de albumina no sistema reprodutor feminino (Cross, 1998). Pensa-se que o efluxo do colesterol da membrana de espermatozoides altere a localização de suas "*rafts* lipídicas", regiões isoladas que geralmente contêm proteínas receptoras que podem ligar a zona pelúcida e participar da reação acrossômica (Bou Khalil et al., 2006; Gadella et al., 2008). Originalmente localizado em toda a membrana do espermatozoide, após o efluxo de colesterol, as *rafts* lipídicas se agrupam sobre a cabeça anterior do esperma. A membrana acrossômica externa muda e entra em contato com a membrana celular do espermatozoide, de modo que a prepara para a reação acrossômica (Tulsiani e Abou-Haila, 2004).

2. *Mudanças de proteínas.* Proteínas particulares ou carboidratos na superfície do

FIGURA 7.26 Modelo hipotético para a capacitação do espermatozoide de mamíferos. A via é modulada pela remoção do colesterol da membrana do espermatozoide, o que permite o influxo de íons de bicarbonato (HCO_3^-) e íons de cálcio (Ca^{2+}). Estes íons ativam a adenilato-cinase (SACY), elevando, assim, as concentrações de cAMP. Os níveis elevados de cAMP ativam a proteína-cinase A (PKA). A PKA ativa fosforila várias tirosina-cinases, que, por sua vez, fosforilam várias proteínas do espermatozoide, levando à capacitação. O aumento do Ca^{2+} intracelular também ativa a fosforilação dessas proteínas, além de contribuir para a hiperativação do espermatozoide. (Segundo Visconti et al., 2011.)

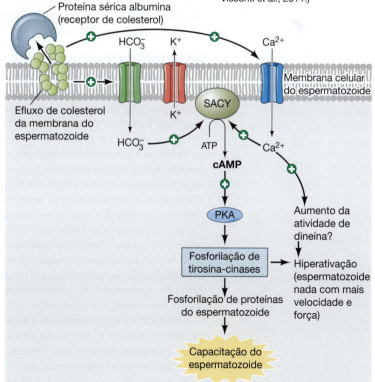

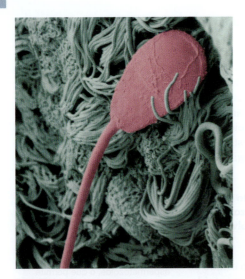

FIGURA 7.27 Micrografia eletrônica de varredura (colorida artificialmente) mostrando o espermatozoide de touro, aderido às membranas das células epiteliais no oviduto de uma vaca antes de entrar na ampola. (De Lefebvre et al., 1995, cortesia de S. Suarez.)

espermatozoide são perdidos durante a capacitação (Lopez et al., 1985; Wilson e Oliphant, 1987). É possível que estes compostos bloqueiem os locais de reconhecimento das proteínas espermáticas que se ligam à zona pelúcida. Sugeriu-se que o desmascaramento desses sítios possa ser um dos efeitos da depleção de colesterol (Benoff, 1993). O potencial da membrana celular do espermatozoide torna-se mais negativo à medida que os íons de potássio deixam o espermatozoide. Essa alteração no potencial da membrana pode permitir a abertura dos canais de cálcio, permitindo que o cálcio entre no espermatozoide. Os íons de cálcio e bicarbonato são fundamentais para a ativação da produção de cAMP e a facilitação dos eventos de fusão da membrana da reação acrossômica (Visconti et al., 1995; Arnoult et al., 1999). O influxo de íons bicarbonato (e possivelmente outros íons) alcaliniza o espermatozoide, aumentando seu pH. Isso será essencial na subsequente ativação dos canais de cálcio (Navarro et al., 2007). Como resultado da formação de cAMP, ocorre fosforilação proteica (Galantino-Homer et al., 1997; Arcelay et al., 2008). Uma vez fosforiladas, algumas proteínas migram para a superfície da cabeça do espermatozoide. Uma dessas proteínas é Izumo, que é fundamental para a fusão do espermatozoide-ovo (ver Figura 7.30, Baker et al., 2010).

Pode haver uma conexão importante entre a translocação de espermatozoide e a capacitação. Smith (1998) e Suarez (1998) documentaram que, antes de entrar na ampola do oviduto, os espermatozoides não capacitados e se ligam ativamente às membranas das células do oviduto na passagem estreita (o istmo) que o precede (**FIGURA 7.27**; ver também Figura 12.11). Essa ligação é temporária e parece ser quebrada quando o espermatozoide se torna capacitado. Além disso, o tempo de vida do espermatozoide é significativamente alongado por essa ligação. Essa restrição da entrada de espermatozoide na ampola durante a capacitação e a expansão do tempo de vida do espermatozoide podem ter consequências importantes (Töpfer-Petersen et al., 2002; Gwathmey et al., 2003). A ação de ligação pode funcionar como um bloqueio para a polispermia, impedindo que muitos espermatozoides atinjam o ovo ao mesmo tempo (se o istmo do oviduto for excisado em vacas, uma taxa muito maior de polispermia é observada). Além disso, diminuir a taxa de capacitação de espermatozoide e prolongar a vida útil dos espermatozoides pode maximizar a probabilidade de o espermatozoide ainda estar disponível para encontrar o ovo na ampola.

Na proximidade do ovócito: hiperativação, termotaxia e quimiotaxia

No final da capacitação, o espermatozoide fica hiperativado – os espermatozoides nadam a velocidades mais elevadas e geram maior força. A hiperativação parece ser mediada pela abertura de um canal de cálcio específico do espermatozoide na cauda deste (ver Figura 7.26; Ren et al., 2001; Quill et al., 2003). O batimento simétrico do flagelo é transformado em uma batida assíncrona rápida com um maior grau de flexão. Pensa-se que a força da batida e a direção do movimento da cabeça do espermatozoide liberem o espermatozoide de sua ligação com as células epiteliais do oviduto. Na verdade, se vêem apenas espermatozoides hiperativados se soltarem e continuarem sua jornada para o ovo (Suarez 2008a, b). A hiperativação pode permitir que o espermatozoide responda de maneira diferente à corrente de fluido. O espermatozoide não capacitado se move em uma direção plana, permitindo mais tempo para a cabeça do espermatozoide se conectar às células epiteliais do oviduto. O esperma capacitado gira em torno de seu eixo longo, provavelmente aumentando o desprendimento do espermatozoide do epitélio (Miki e Clapham, 2013). A hiperativação, juntamente com uma enzima de hialuronidase na parte externa da membrana do espermatozoide, permitem que o espermatozoide digira um caminho através da matriz extracelular das células do *cumulus* (Lin et al., 1994; Kimura et al., 2009).

Uma piada antiga afirma que a razão pela qual um homem tem de liberar tantos espermatozoides em cada ejaculação é que nenhum gameta masculino está disposto a pedir instruções. Então, o que fornece ao espermatozoide instruções? O calor é um sinal: existe um gradiente térmico de 2°C entre o istmo do oviduto e a região mais quente da ampola (Bahat et al., 2003, 2006). O espermatozoide capacitado de mamífero pode detectar diferenças térmicas tão pequenas quanto 0,014°C ao longo de um milímetro e tende a migrar para a temperatura mais alta (Bahat et al., 2012). Essa capacidade de detectar a diferença de temperatura e preferencialmente nadar de locais mais frios para mais quentes (**termotaxia**) é encontrada apenas em espermatozoides capacitados.

Quando o esperma está na região da ampola, a maioria dos espermatozoides sofreu a reação acrossômica (La Spina et al., 2016, Muro et al., 2016). Agora, um segundo mecanismo de detecção, **quimiotaxia**, pode entrar em jogo. Parece que o ovócito e suas células do *cumulus* acompanhantes secretam moléculas que atraem espermatozoides capacitados (e apenas capacitados) em direção ao ovo durante os últimos estágios da migração do espermatozoide (Ralt et al., 1991; Cohen-Dayag et al., 1995; Eisenbach e Tur-Kaspa, 1999; Wang et al., 2001). A identidade destes compostos quimiotáticos está sendo investigada, mas um deles parece ser o hormônio **progesterona**, que é produzido pelas células do *cumulus*. Guidobaldi e colaboradores (2008) mostraram que o espermatozoide de coelho liga-se à progesterona secretada das células do *cumulus* que cercam o ovócito e usa o hormônio como uma resposta direcional. Em humanos, foi demonstrado que a progesterona se liga a um receptor que ativa os canais de Ca^{2+} na membrana celular da cauda do espermatozoide, levando à hiperatividade do espermatozoide (Lishko et al., 2011; Strünker et al., 2011). As células do *cumulus* de camundongos também secretam uma substância, CRISP1, que atrai espermatozoides e os hiperativa através de canais CatSper (Ernesto et al., 2015). O *cumulus* humano também parece produzir uma substância (ou substâncias) que atrai o espermatozoide, e parece formar um gradiente que permite que o espermatozoide se mova através do *cumulus* em direção ao ovo (Sun et al., 2005, Williams et al., 2015). Se esses são os mesmos quimioatratores ou diferentes ainda não foi descoberto. A ativação ocorre somente após o aumento do pH intracelular do espermatozoide, o que pode ajudar a explicar por que é necessária a capacitação para que o espermatozoide atinja e fertilize o ovo (Navarro et al., 2007).

Então, parece que, assim como no caso de peptídeos ativadores de espermatozoide em ouriços-do-mar, a progesterona fornece direção e ativa a motilidade espermática. Além disso, como em certos ovos de invertebrados, parece que o ovo humano secreta um fator quimiotático somente quando é capaz de ser fertilizado e que os espermatozoides são atraídos para esse composto somente quando são capazes de fertilizar o ovo.

Em resumo, três processos de detecção mediados por cálcio levam o espermatozoide de mamífero para o ovo: reotaxia (longo alcance), termotoxia (intervalo moderado) e, finalmente, quimiotaxia, que funciona a milímetros do ovo.

A reação acrossômica e o reconhecimento na zona pelúcida

Antes de o espermatozoide de mamífero se ligar ao ovócito, deve primeiro se ligar e penetrar na zona pelúcida do ovo. A zona pelúcida em mamíferos desempenha um papel análogo ao do envelope vitelino em invertebrados; a zona, no entanto, é uma estrutura muito mais espessa e mais densa do que o envelope vitelino. A zona pelúcida do camundongo é composta por três glicoproteínas principais: **ZP1, ZP2** e **ZP3 (proteínas de zona 1, 2 e 3)**, juntamente com proteínas acessórias que se ligam à estrutura integral da zona. A zona pelúcida humana possui quatro glicoproteínas principais: ZP1, ZP2, ZP3 e ZP4.

A ligação do espermatozoide à zona é relativamente, mas não absolutamente, espécie-específica, e uma espécie pode usar múltiplos mecanismos para alcançar essa ligação. Evidência precoce de coelhos e hamsters (Huang et al., 1981, Yanagimachi e Phillips, 1984) sugeriu que os espermatozoides que chegavam ao ovo já haviam sofrido a reação acrossômica. Mais recentemente, Jin e colaboradores (2011) mostraram que a reação acrossômica do camundongo ocorre antes da ligação do espermatozoide à zona (**FIGURA 7.28A**). Eles descobriram que os espermatozoides "bem-sucedidos" – isto é, aqueles que realmente fertilizavam um ovo – já haviam sofrido a reação acrossômica no momento em que foram vistos pela primeira vez no *cumulus*. Os espermatozoides que sofriam a reação a acrossômica na zona quase nunca tiveram sucesso.

Assim, parece que a maioria dos espermatozoides sofre a reação acrossômica dentro ou ao redor do *cumulus*. Além disso, eles provavelmente se ligam ao ovo através de ZP2

Ampliando o conhecimento

Algumas vezes o ovo e o espermatozoide falham em se encontrar e a concepção não ocorre. Quais são as principais causas de infertilidade em seres humanos, e quais procedimentos estão sendo utilizados para contornar esses bloqueios?

(A)

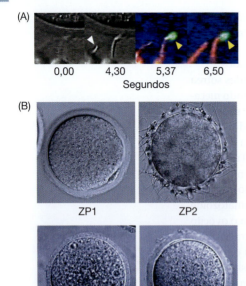

FIGURA 7.28 O espermatozoide de camundongo após a reação acrossômica se liga à zona e é bem-sucedido na fertilização do ovo. (A) Os acrossomos do espermatozoide de camundongo foram marcados com GFP, de modo que os acrossomos intactos fossem verde fluorescentes; as caudas do espermatozoide foram marcadas com marcadores fluorescentes vermelhos. Quando ao espermatozoide marcado foi permitido interagir com um ovo e sua camada do *cumulus* do camundongo, o vídeo resultante revelou que o espermatozoide fertilizante (ponta de flecha em 4,30 segundos) não apresentava fluorescência verde quando atingiu a superfície da zona pelúcida aos 6,20 segundos – indicando que tinha sofrido a reação a acrossômica antes desse momento. Um espermatozoide adjacente ficou verde fluorescente, ou seja, o acrossomo permaneceu intacto. Esse espermatozoide de acrossomo intacto permanece ligado à zona sem sofrer a reação acrossômica ou progredir para a membrana da célula de ovo. (B) Experimento de ganho de função demonstrando que o espermatozoide humano se liga à ZP2. Das quatro proteínas humanas da zona pelúcida, apenas a ZP4 não é encontrada na zona do camundongo. Foram produzidos ovócitos de camundongos transgênicos que expressavam as três proteínas normais da zona de camundongos e também uma das quatro proteínas da zona humana. Quando os espermatozoides humanos foram adicionados aos ovócitos dos camundongos, eles se ligaram apenas aos ovócitos transgênicos que expressavam ZP2 humana. O espermatozoide humano não se liga a células que expressam ZP1, ZP3 ou ZP4 humano. (A, de Jin et al., 2011, cortesia de N. Hirohashi; B, de Baibakov et al., 2012.)

na zona pelúcida. Em uma experimento de ganho de função, ZP2 mostrou ser fundamental para a ligação ovócito-espermatozoide humanos.

O espermatozoide humano não se liga à zona de ovos de camundongo, então Baibakov e colaboradores (2012) adicionaram as diferentes proteínas de zona humana separadamente à zona de ovos de camundongo. Somente aqueles ovos de camundongo com ZP2 *humana* se ligaram ao espermatozoide humano (**FIGURA 7.28B**). Usando formas mutantes de ZP2, Avella e colaboradores (2014) demonstraram que existe uma região particular da proteína ZP2 do camundongo (entre os aminoácidos 51 e 149) que liga o espermatozoide. Essa região é vista em ZP2 humana e pode ser responsável pela ligação espermatozoide-zona também em humanos. ZP3 foi o outro candidato de ligação ao espermatozoide; no entanto, Gahlay e colaboradores (2010) forneceram evidências de que os ovos de camundongo com mutações em ZP3 ainda eram fertilizados.

Em camundongos, também há evidências de que o espermatozoide com acrossomo intacto pode ligar-se à ZP3 e que esta pode causar a reação acrossômica diretamente na zona (Bleil e Wassarman, 1980, 1983). Em humanos, há evidências de que a reação também pode ser induzida pelas proteínas da zona, talvez por todas elas atuando em conjunto (Gupta, 2015). Na verdade, pode haver vários meios para se iniciar a reação acrossômica e para se ligar e penetrar na zona pelúcida. Esses mecanismos podem atuar simultaneamente, ou talvez um mecanismo seja usado para espermatozoides com o acrossomo intacto e outro para espermatozoides que já tiverem sofrido reação acrossômica. Dado que a composição bioquímica da zona difere em diferentes espécies, os mecanismos que predominam em uma espécie não precisam ser os mesmos em outras. O receptor de espermatozoide que se liga às proteínas da zona ainda não foi identificado. É provavelmente um complexo que contém várias proteínas que se ligam tanto às porções de proteína como de carboidratos das glicoproteínas da zona (Chiu et al., 2014).

(A)

(B)

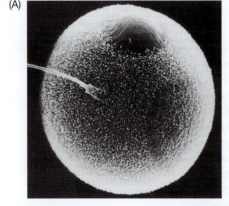
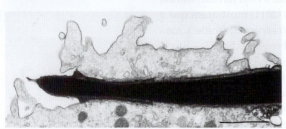

FIGURA 7.29 Entrada de espermatozoide em um ovo de hamster dourado. (A) Micrografia eletrônica de varredura de fusão de espermatozoide com ovo. O ponto "calvo" (sem microvilosidade) é o local onde o corpúsculo polar se destacou. O espermatozoide não se liga lá. (B) Micrografia eletrônica de transmissao da fusão de espermatozoide paralela à membrana da célula de ovo. (De Yanagimachi e Noda, 1970, e Yanagimachi, 1994, cortesia de R. Yanagimachi.)

Fusão dos gametas e prevenção da polispermia

Em mamíferos, não é a ponta da cabeça do espermatozoide que faz contato com o ovo (como acontece na entrada perpendicular do espermatozoide de ouriço-do-mar), mas o lado da cabeça do espermatozoide (**FIGURA 7.29**). A reação acrossômica, além de expelir o conteúdo enzimático do acrossomo, também expõe a membrana acrossômica interna para o exterior. A junção entre essa membrana acrossômica interna e a membrana celular do espermatozoide é chamada de **região equatorial**, e é aqui que a fusão das membranas do espermatozoide e do ovo começa (**FIGURA 7.30A**). Assim como na fusão do gameta do ouriço-do-mar, o espermatozoide se liga a regiões do ovo onde a actina polimeriza para estender as microvilosidades ao espermatozoide (Yanagimachi e Noda, 1970).

O mecanismo da fusão de gametas de mamíferos ainda é controverso (ver Lefèvre et al., 2010; Chalbi et al., 2014). No lado dos espermatozoides do processo de fusão de gametas de mamíferos, Inoue e colaboradores (2005) implicaram uma proteína semelhante à imunoglobulina, chamada de Izumo, em referência a um santuário japonês dedicado ao casamento. Essa proteína é originalmente encontrada na membrana do grânulo acrossômico (**FIGURA 7.30B**). No entanto, após a reação acrossômica, Izumo redistribui-se ao longo da superfície do espermatozoide, onde é encontrado primeiramente na região equatorial, onde ocorre a ligação do ovo ao espermatozoide de mamíferos (ver Figura 7.30A, Satouh et al., 2012). Os espermatozoides de camundongos com mutações de perda de função no gene *Izumo* são capazes de se ligar e penetrar na zona pelúcida, mas não podem se fundir com a membrana do ovo. O espermatozoide humano também contém a proteína Izumo, e os anticorpos dirigidos contra ela impedem a fusão do ovo ao espermatozoide em humanos. Existem outros candidatos para proteínas de fusão do espermatozoide, e podem haver vários sistemas de ligação de ovo ao espermatozoide operando, cada um dos quais pode ser necessário, mas não suficiente para assegurar a ligação e fusão adequadas do gameta.

Izumo liga-se a uma proteína do ovócito, chamada de Juno (em referência a deusa romana do casamento e da fertilidade), e os ovos com deficiência em Juno não podem se unir ou se fundir com espermatozoides que tenham sofrido reação acrossômica (Bianchi et al., 2014). A interação de Izumo e Juno recruta a proteína da membrana do ovo CD9 para a área de adesão de espermatozoide-ovo (Chalbi et al., 2014.) Essa proteína parece estar envolvida com a fusão espermatozoide-ovo, uma vez que os camundongos com o gene *CD9* nocauteado são inférteis devido a defeitos de fusão (Kaji et al., 2002; Runge et al., 2006). Não se sabe exatamente como essas proteínas facilitam a fusão da membrana, mas é sabido que a proteína CD9 é essencial para a fusão de miócitos (precursores de células musculares) para formar o músculo estriado (Tachibana e Hemler, 1999).

A polispermia é um problema para os mamíferos, assim como é para os ouriços-do-mar. Em mamíferos, nenhum bloqueio elétrico rápido para polispermia foi detectado ainda; pode não ser necessário, dado o número limitado de espermatozoides que atingem o ovócito ovulado (Gardner e Evans, 2006). No entanto, um bloqueio lento para a polispermia ocorre quando as enzimas liberadas pelos grânulos corticais modificam as proteínas do receptor de espermatozoide da zona pelúcida, de modo que não podem mais se ligar ao espermatozoide (Bleil e Wassarman, 1980). A ZP2 é clivada pela protease ovastacina e perde a sua capacidade de ligar o espermatozoide (**FIGURA 7.31**, Moller e Wassarman, 1989). A ovastacina é encontrada nos grânulos corticais de ovos não fertilizados e é liberada durante a fusão dos grânulos corticais. De fato, a polispermia ocorre mais frequentemente em ovos de

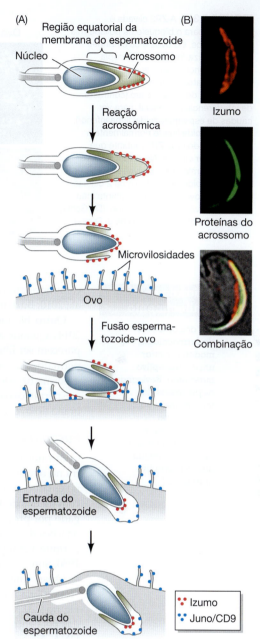

FIGURA 7.30 Proteína Izumo e a fusão das membranas na fertilização do camundongo. (A) Localização de Izumo nas membranas acrossômicas interna e externa. Izumo está corado de vermelho, as proteínas acrossômicas, de verde. (B) Diagrama da fusão das membranas celulares ovo-espermatozoide. Durante a reação acrossômica, Izumo, localizada no acrossomo, é translocada para a membrana celular do espermatozoide. Lá, ela se encontra com o complexo de proteínas Juno e CD9 nas microvilosidades do ovo, iniciando a fusão da membrana e a entrada do espermatozoide no ovo. (Segundo Satouh et al., 2012; fotos por cortesia de M. Okabe.)

FIGURA 7.31   A ZP2 clivada é necessária para o bloqueio da polispermia em mamíferos. Os ovos e os embriões foram visualizados por microscopia de fluorescência (para ver os núcleos dos espermatozoides; linha superior) e microscopia de campo claro (contraste de interferência diferencial, para ver caudas de espermatozoide; linha inferior). Espermatozoide ligado normalmente a ovos contendo uma ZP2 mutante que não pode ser clivada. No entanto, o ovo com ZP2 normal (i.e., clivável) se livrou do espermatozoide pelo estágio de 2 células, enquanto o ovo com a ZP2 mutante (não clivada) reteve o espermatozoide. (De Gahlay et al., 2010, foto por cortesia de J. Dean.)

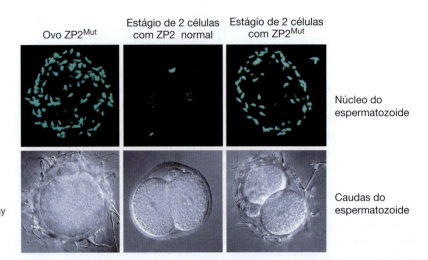

Ovo ZP2^Mut   Estágio de 2 células com ZP2 normal   Estágio de 2 células com ZP2^Mut

Núcleo do espermatozoide

Caudas do espermatozoide

Ampliando o conhecimento

Um dos objetivos da farmacologia moderna é criar um contraceptivo masculino. Revisando os processos de fertilização, quais passos seria possível bloquear farmacologicamente para se conseguir um contraceptivo masculino?

camundongos com ZP2 mutante que não podem ser clivados pela ovastacina (Gahlay et al., 2010; Burkart et al., 2012).

Outro bloqueio lento da polispermia envolve a proteína Juno (Bianchi e Wright, 2014). Quando as membranas do ovo e do espermatozoide se fundem, as proteínas Juno parecem ser liberadas da membrana plasmática. Assim, o local de ancoramento do espermatozoide seria removido. Além disso, essa proteína Juno solúvel pode se ligar ao espermatozoide no espaço perivitelínico entre a zona pelúcida e o ovócito, impedindo o espermatozoide de encontrar qualquer outra proteína Juno que ainda resida na membrana do ovócito.

Fusão de material genético

Como nos ouriços-do-mar, o único espermatozoide de mamífero que finalmente entra no ovo traz sua contribuição genética em um pró-núcleo haploide. Em mamíferos, no entanto, o processo de migração pró-nuclear leva cerca de 12 horas, em comparação com menos de 1 hora no ouriço-do-mar. O DNA do pró-núcleo do espermatozoide é ligado por proteínas protaminas básicas que estão fortemente compactadas por meio de ligações dissulfeto. A glutationa no citoplasma do ovo reduz estas ligações dissulfeto e permite à cromatina do espermatozoide desenrolar (Calvin e Bedford, 1971, Kvist et al., 1980, Sutovsky e Schatten, 1997).

O espermatozoide de mamífero entra no ovócito enquanto o núcleo dos ovócitos está "retido" na metáfase de sua segunda divisão meiótica (**FIGURA 7.32A, B**, ver também Figura 7.3). Conforme descrito para o ouriço-do-mar, as oscilações de cálcio provocadas pela entrada do espermatozoide inativam as MAP-cinases e permitem a síntese de DNA. No entanto, ao contrário do ovo de ouriço-do-mar, que já está em um estado haploide, os cromossomos do ovócito de mamífero ainda estão no meio da metáfase meiótica. As oscilações no nível de Ca^{2+} ativam outra cinase que leva à proteólise da ciclina (permitindo, assim, que o ciclo celular continue) e securina (a proteína que mantém os cromossomos da metáfase em conjunto), resultando eventualmente em um pró-núcleo feminino haploide (Watanabe et al., 1991; Johnson et al., 1998).

A síntese de DNA ocorre separadamente nos pró-núcleos masculino e feminino. O centrossomo produzido pelo pró-núcleo masculino gera ásters (em grande parte a partir de proteínas de microtúbulos armazenadas no ovócito). Os microtúbulos unem os dois pró-núcleos e permitem que eles migrem um em direção ao outro. Após a reunião, os dois envelopes nucleares se quebram. No entanto, em vez de produzir um núcleo comum de zigoto (como nos ouriços-do-mar), a cromatina se condensa em cromossomos que se orientam em um fuso mitótico comum (**FIGURA 7.32C, D**). Assim, nos mamíferos, um verdadeiro núcleo diploide é visto pela primeira vez não no zigoto, mas no estágio de 2 células.

Cada espermatozoide traz para o ovo não só seu núcleo, mas também suas mitocôndrias, seu centríolo e uma pequena quantidade de citoplasma. As mitocôndrias

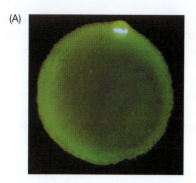
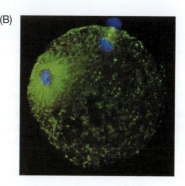
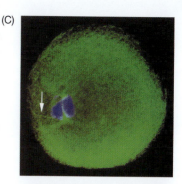
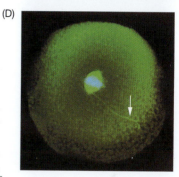

FIGURA 7.32 Movimentos pró-nucleares durante a fertilização humana. Os microtúbulos são corados de verde, o DNA, de azul. As setas apontam para a cauda do espermatozoide. (A) O ovócito maduro não fertilizado completa a primeira divisão meiótica, expelindo um corpúsculo polar. (B) À medida que o espermatozoide entra no ovócito (lado esquerdo), os microtúbulos se condensam em torno dele enquanto o ovócito completa a sua segunda divisão meiótica na periferia. (C) Quinze horas após a fertilização, os dois pró-núcleos se juntaram, e o centrossoma divide-se para organizar uma matriz de microtúbulos bipolar. A cauda do espermatozoide ainda é vista (seta). (D) Na prometáfase, os cromossomos do espermatozoide e do ovo se misturam no equador metafásico, e um fuso mitótico inicia a primeira divisão mitótica. A cauda do espermatozoide ainda pode ser vista. (De Simerly et al., 1995, cortesia de G. Schatten.)

espermáticas e
côndrias do novo indivíduo são derivadas de sua mãe. O ovo e o embrião parecem se livrar das mitocôndrias paternas, tanto por diluição quanto por endereçamento ativo para destruição (Cummins et al. ,1998; Shitara et al., 1998; Schwartz e Vissing, 2002). Na maioria dos mamíferos, no entanto, o centríolo do espermatozoide não só sobrevive, mas parece servir de agente organizador para fazer o novo fuso mitótico. Além disso, foi descoberto recentemente que o citoplasma de espermatozoides contém enzimas que ativam o metabolismo do ovo, bem como fragmentos de RNA que podem alterar a expressão gênica (Sharma et al., 2016).

TÓPICO NA REDE 7.5 **A NÃO EQUIVALÊNCIA DOS PRÓ-NÚCLEOS DE MAMÍFERO** Contrariando as expectativas mendelianas, alguns genes só são ativos quando são provenientes do espermatozoide, ao passo que outros são ativos somente quando eles vêm do ovo. Estes são conhecidos como genes "impressos".

Ativação do ovo de mamífero

Como em todos os outros grupos de animais estudados, é necessário um aumento transitório do Ca^{2+} citoplasmático para a ativação do ovo em mamíferos. O espermatozoide induz uma série de ondas de Ca^{2+} que podem durar horas, terminando na ativação do ovo (i.e., retoma da meiose, exocitose dos grânulos corticais e liberação da inibição de mRNAs maternos) e a formação dos pró-núcleos masculino e feminino. E, novamente, como nos ouriços-do-mar, a fertilização desencadeia a liberação intracelular de Ca^{2+} através da produção de IP_3 pela enzima fosfolipase C (Swann et al., 2006, Igarashi et al., 2007).

No entanto, a PLC de mamíferos responsável pela ativação do ovo e a formação de pró-núcleos pode, de fato, vir do esperma, e não do ovo. Algumas das primeiras observações para uma PLC derivada do espermatozoide vieram de estudos de injeção intracitoplasmática de espermatozoide (ICSI, do inglês, *intracytoplasmic sperm injection*), um tratamento experimental para curar a infertilidade. Aqui, os espermatozoides são diretamente injetados no citoplasma de ovócitos, contornando qualquer interação com a membrana do ovo. Para a surpresa de muitos biólogos (que assumiram que a *ligação* do espermatozoide a uma proteína receptora de ovo era crítica para a ativação do ovo), esse tratamento funcionou. O ovócito humano foi ativado, e o pró-núcleo formado. A injeção de espermatozoide de camundongo em ovócitos de camundongo também induziu oscilações de Ca^{2+}, como as da fertilização no ovo, e levou ao desenvolvimento completo (Kimura e Yanagimachi, 1995).

Parecia que um ativador de liberação de Ca^{2+} estava armazenado na cabeça do espermatozoide (ver Figura 7.20A). Esse ativador veio a revelar-se ser uma enzima PLC de espermatozoide solúvel, **PLCζ** (zeta), que é entregue ao ovo na fusão dos gametas. Em camundongos, a expressão de mRNA de PLCζ no ovo produz oscilações de Ca^{2+}, e a remoção de PLCζ do espermatozoide de camundongo (por anticorpos ou RNAi) suprime a atividade indutora de cálcio do esperma (Saunders et al., 2002; Yoda et al., 2004; Knott et al. 2005). O esperma humano que não é bem-sucedido na ICSI mostrou ter pouco ou nenhum PLCζ funcional. De fato, o espermatozoide humano normal pode ativar as oscilações de Ca^{2+} quando injetado em ovos de camundongo, mas o espermatozoide sem PLCζ, não (Yoon et al., 2008).

Enquanto os ovos de ouriço-do-mar geralmente são ativados por uma única onda de Ca^{2+} a partir do ponto de entrada de espermatozoide, o ovo de mamífero é atravessado por numerosas ondas de íons cálcio (Miyazaki et al., 1992; Ajduk et al., 2008; Ducibella e Fissore, 2008). A extensão (amplitude, duração e número) dessas oscilações de Ca^{2+} parece regular o momento dos eventos de ativação do ovo em mamíferos (Ducibella et al., 2002; Ozil et al., 2005; Toth et al., 2006). Dessa forma, a exocitose dos grânulos corticais ocorre logo antes de retomar a meiose e muito antes da tradução dos mRNAs maternos.

Em mamíferos, o Ca^{2+} liberado por IP_3 se liga a uma série de proteínas, incluindo a proteína-cinase ativada por calmodulina (o que será importante na eliminação dos inibidores da tradução de mRNA), MAP-cinase (que permite a retomada da meiose) e sinaptogamina (que ajuda a iniciar a fusão de grânulos corticais). O Ca^{2+} não utilizado é bombeado de volta para o retículo endoplasmático, e o Ca^{2+} adicional é adquirido de fora da célula. Esse recrutamento de Ca^{2+} extracelular parece ser necessário para que o ovo complete a meiose. Se o influxo de Ca^{2+} estiver bloqueado, o segundo corpúsculo polar não se forma; em vez disso, o resultado é dois pró-núcleos de ovo não viáveis (triploides) (Maio et al., 2012; Wakai et al., 2013).

 TUTORIAL DO DESENVOLVIMENTO *Lendas do esperma* **As histórias que as pessoas contam sobre a fertilização estão muitas vezes em desacordo com os dados reais da biologia.**

TÓPICO NA REDE 7.6 **A CRÍTICA SOCIAL SOBRE A PESQUISA DA FERTILIZAÇÃO** Como imaginamos, a fertilização diz muito sobre nós, bem como sobre a ciência.

Coda

A fertilização não é um momento ou um evento, mas um processo de eventos cuidadosamente orquestrados e coordenados, incluindo o contato e fusão de gametas, a fusão de núcleos e a ativação do desenvolvimento. É um processo pelo qual duas células, ambas à beira da morte, unem-se para criar um novo organismo que terá numerosos tipos de células e órgãos. É apenas o início de uma série de interações célula a célula que caracterizam o desenvolvimento animal.

Próxima etapa na pesquisa

A fertilização é um campo maduro com questões importantes a serem respondidas. Algumas das mais importantes envolvem as mudanças fisiológicas que tornam a "fertilização" de gametas competente. Os mecanismos pelos quais os espermatozoides se tornam hiperativos e detectam que o ovo estão apenas começando a se tornar conhecidos, assim como os mecanismos de capacitação de espermatozoides. A meiose é retomada em ovócitos de mamíferos, porém os mecanismos fisiológicos para essa retomada permanecem em grande parte inexplorados. Como o corpúsculo polar é formado de modo que o ovócito retém a maior parte do citoplasma? E como as proteínas de reconhecimento de gametas interagem com proteínas de fusão celular para permitir que o espermatozoide entre no ovo? Mesmo as formas pelas quais o espermatozoide ativa os canais internos de íons cálcio é uma questão aberta. Cerca de 6% dos homens e mulheres norte-americanos entre 15 e 44 anos de idade são inférteis, o que torna a resposta a estas questões extremamente importante.

Considerações finais sobre a foto de abertura

Quando Oscar Hertwig (1877) descobriu a fertilização em ouriços-do-mar, ele ficou encantado ao ver o que ele chamou de "o sol no ovo". Isso foi evidência de que a fertilização seria bem-sucedida. Esta gloriosa projeção acaba por ser a matriz microtubular gerada pelo centrossomo do espermatozoide. Este conjunto de microtúbulos alcança e encontra o pró-núcleo feminino, e os dois pró-núcleos migram um em direção do outro sobre essas trilhas microtubulares. Nesta micrografia, o DNA dos pró-núcleos é marcado em azul, e o pró-núcleo feminino é muito maior que o derivado do espermatozoide. Os microtúbulos são marcados de verde. (Foto por cortesia de J. Holy e G. Schatten.)

7 Resumo instantâneo
Fertilização

1. A fertilização realiza duas atividades distintas: sexo (combinação de genes derivados de dois pais) e reprodução (a criação de um novo organismo).

2. Os eventos de fertilização geralmente incluem (1) contato e reconhecimento entre espermatozoide e ovo; (2) regulação da entrada de espermatozoide no ovo; (3) fusão de material genético dos dois gametas; e (4) ativação do metabolismo do ovo para iniciar o desenvolvimento.

3. A cabeça do espermatozoide consiste em um núcleo haploide e um acrossomo. O acrossomo é derivado do complexo de Golgi e contém enzimas necessárias para digerir os revestimentos extracelulares que cercam o ovo. A peça intermediária do espermatozoide contém mitocôndrias e o centríolo, que gera os microtúbulos do flagelo. A energia para o movimento flagelar vem do ATP mitocondrial e uma ATPase de dineína no flagelo.

4. O gameta feminino pode ser um ovo (com um núcleo haploide, como nos ouriços-do-mar) ou um ovócito (em um estágio anterior de desenvolvimento, como nos mamíferos). O ovo (ou ovócito) tem uma grande massa de citoplasma, armazenando ribossomos e proteínas nutritivas. Alguns mRNAs e proteínas que serão usados como fatores morfogenéticos também são armazenados no ovo. Muitos ovos também contêm agentes protetores necessários para a sobrevivência em seu ambiente particular.

5. Ao redor da membrana da célula do ovo existe uma camada extracelular frequentemente utilizada no reconhecimento do espermatozoide. Na maioria dos animais, esta camada extracelular é o envelope vitelino. Em mamíferos, é a zona pelúcida, muito mais espessa. Os grânulos corticais estão embaixo da membrana celular do ovo.

6. Nem o ovo, nem o espermatozoide são o parceiro "ativo" ou "passivo"; o espermatozoide é ativado pelo ovo e o ovo é ativado pelo espermatozoide. Ambas as ativações envolvem íons cálcio e fusões de membrana.

7. Em muitos organismos, os ovos secretam moléculas difusíveis que atraem e ativam o espermatozoide.

8. Moléculas quimiotáticas espécie-específicas são secretadas pelo ovo e podem atrair espermatozoides que são capazes de fertilizá-lo. Nos ouriços-do-mar, os peptídeos quimiotáticos resact e o resacina mostraram aumentar a motilidade do espermatozoide e fornecer direcionamento ao ovo da espécie correta.

9. A reação acrossômica libera enzimas exociticamente. Essas enzimas proteolíticas digerem o revestimento protetor do ovo, permitindo que o espermatozoide alcance e se funda com a membrana celular do ovo. Nos ouriços-do-mar, essa reação no espermatozoide é iniciada por compostos na cobertura gelatinosa do ovo. A actina globular polimeriza para estender o processo aacrossômico. A proteína bindina no processo acrossômico é reconhecida por um complexo proteico na superfície do ovo do ouriço-do-mar.

10. A fusão entre espermatozoide e ovo é provavelmente mediada por moléculas de proteínas, cujos grupos hidrofóbicos podem se fundir às membranas celulares dos espermatozoides e dos óvulos. Nos ouriços-do-mar, a bindina pode mediar o reconhecimento e a fusão do gameta.

11. A polispermia resulta quando dois ou mais espermatozoides fertilizam um ovo. Geralmente é letal, pois resulta em blastômeros com diferentes números e tipos de cromossomos.

12. Muitas espécies possuem dois bloqueios da polispermia. O bloqueio rápido é imediato e faz o potencial de repouso da membrana celular do ovo aumentar. O espermatozoide não pode mais se fundir com o ovo. Nos ouriços-do-mar, isso é mediado pelo influxo de íons de sódio. O bloqueio lento, ou a reação de grânulos corticais, é físico e mediado por íons de cálcio. Uma onda de Ca^{2+} se propaga a partir do ponto de entrada do espermatozoide, fazendo os grânulos corticais se fundirem com a membrana celular do ovo. Os conteúdos liberados por esses grânulos fazem o envelope vitelino se transformar e endurecer em envelope de fertilização.

13. A fusão de espermatozoide e ovo resulta na ativação de reações metabólicas cruciais no ovo. Essas reações incluem reiniciação do ciclo celular do ovo e subsequente divisão mitótica e a retomada da síntese de DNA e proteína.

14. Em todas as espécies estudadas, o Ca^{2+} livre, apoiado pela alcalinização do ovo, ativa o metabolismo, a síntese proteica e a síntese de DNA no ovo. O trifosfato de inositol (IP_3) é responsável pela liberação de Ca^{2+} armazenado no retículo

endoplasmático. Pensa-se que DAG (diacilglicerol) dê início ao aumento do pH do ovo.

15. IP3 é gerado por fosfolipases. Diferentes espécies podem usar diferentes mecanismos para ativar as fosfolipases.

16. O material genético é transportado nos pró-núcleos feminino e masculino, que migram um para o outro. Nos ouriços-do-mar, formam-se os pró-núcleos masculino e feminino e um núcleo de zigoto diploide. A replicação do DNA ocorre após a fusão pró-nuclear.

17. A fertilização de mamíferos ocorre internamente, dentro do sistema reprodutor feminino. As células e os tecidos do sistema reprodutor feminino regulam ativamente o transporte e o amadurecimento dos gametas masculino e feminino.

18. A translocação de espermatozoide da vagina para o ovo é regulada pela atividade muscular do útero, pela ligação do espermatozoide no istmo do oviduto e por sinais direcionais das células do ovócito e/ou do *cumulus* que a rodeiam.

19. O espermatozoide de mamífero deve ser capacitado no sistema reprodutor feminino antes de ser capaz de fertilizar o ovo. A capacitação é o resultado de mudanças bioquímicas na membrana celular do espermatozoide e a alcalinização de seu citoplasma. O espermatozoide capacitado de mamífero pode penetrar no *cumulus* e ligar a zona pelúcida.

20. Em um modelo de ligação de espermatozoide-zona, o espermatozoide de acrossomo intacto se liga à ZP3 na zona e esta induz o espermatozoide a sofrer a reação acrossômica na zona pelúcida. Em um modelo mais recente, a reação acrossômica é induzida no *cumulus*, e o espermatozoide que sofreu reação acrossômica pelo acrossomo se liga à ZP2.

21. Em mamíferos, os bloqueios para polispermia incluem a modificação das proteínas da zona pelo conteúdo dos grânulos corticais para que o espermatozoide não possa mais se ligar à zona.

22. O aumento do Ca^{2+} livre intracelular na fertilização em anfíbios e mamíferos causa a degradação da ciclina e a inativação da MAP-cinase, permitindo que a segunda metáfase meiótica seja completada e a formação do pró-núcleo haploide feminino.

23. Em mamíferos, a replicação do DNA ocorre quando os pró-núcleos viajam um em direção do outro. As membranas pró-nucleares se desintegram à medida que os pró-núcleos se aproximam e seus cromossomos se reúnem em torno de uma placa metafásica comum.

Leituras adicionais

Bartolomei, M. S. and A. C. Ferguson-Smith. 2011. Mammalian genomic imprinting. *Cold Spring Harbor Persp. Biol.* doi: 10.1101/chsperspect.a002592.

Boveri, T. 1902. On multipolar mitosis as a means of analysis of the cell nucleus. [Translated by S. Glueckssohn-Waelsch.] In B. H. Willier and J. M. Oppenheimer (eds.), *Foundations of Experimental Embryology.* Hafner, New York, 1974.

Briggs, E. and G. M. Wessel. 2006. In the beginning: Animal fertilization and sea urchin development. *Dev. Biol.* 300: 15-26.

Gahlay, G., L. Gauthier, B. Baibakov, O. Epifano and J. Dean. 2010. Gamete recognition in mice depends on the cleavage status of an egg's zona pellucida protein. *Science* 329: 216-219.

Glabe, C. G. and V. D. Vacquier. 1978. Egg surface glycoprotein receptor for sea urchin sperm bindin. *Proc. Natl. Acad. Sci. USA* 75: 881-885.

Jaffe, L. A. 1976. Fast block to polyspermy in sea urchins is electrically mediated. *Nature* 261: 68-71.

Jin, M. and 7 others. 2011. Most fertilizing mouse spermatozoa begin their acrosome reaction before contact with the zona pellucida during in vitro fertilization. *Proc. Natl. Acad. Sci. USA* 108: 4892-4896.

Just, E. E. 1919. The fertilization reaction *in Echinarachinus parma. Biol. Bull.* 36: 1-10.

Knott, J. G., M. Kurokawa, R. A. Fissore, R. M. Schultz and C. J. Williams. 2005. Transgenic RNA interference reveals role for mouse sperm phospholipase Cζ in triggering Ca^{2+} oscillations during fertilization. *Biol Reprod.* 72: 992-996.

Parrington, J., L. C. Davis, A. Galione and G. Wessel. 2007. Flipping the switch: How a sperm activates the egg at fertilization. *Dev. Dyn.* 236: 2027-2038.

Vacquier, V. D. and G. W. Moy. 1977. Isolation of bindin: The protein responsible for adhesion of sperm to sea urchin eggs. *Proc. Natl. Acad. Sci. USA* 74: 2456-2460.

Wasserman, P. M. and E. S. Litscher. 2016. A bespoke coat for eggs: Getting ready for fertilization. *Curr. Top. Dev. Biol.* 117: 539-552.

VISITE WWW.DEVBIO.COM...

... para Tópicos na Rede, entrevistas de Os cientistas Falam, vídeos de Assista ao Desenvolvimento, Tutorial do Desenvolvimento e informação bibliográfica completa sobre toda a literatura citada neste capítulo.

Especificação rápida em caramujos e nematódeos

Como os embriões de caramujo são determinados a enrolar para a direita ou para a esquerda?

A FERTILIZAÇÃO DÁ AO ORGANISMO um novo genoma e um novo rearranjo do citoplasma. Quando ela é completada, o zigoto resultante começa a produzir um organismo multicelular. Durante a **clivagem**, a rápida divisão celular divide o citoplasma do zigoto em várias células. Essas células sofrem um dramático deslocamento durante a **gastrulação**, um processo por meio do qual as células se movem para diferentes partes do embrião e adquirem uma nova vizinhança. Os diferentes padrões de clivagem e gastrulação foram descritos no Capítulo 1 (ver pp. 11-14).

Durante a clivagem e a gastrulação, os principais eixos do corpo da maioria dos animais são determinados, e as células embrionárias começam a adquirir seus respectivos destinos. Três eixos precisam ser especificados: o eixo anteroposterior (cabeça-cauda), o eixo dorsoventral (costas-barriga) e o eixo direita-esquerda (ver Figura 1.6). Diferentes espécies especificam esses eixos em diferentes momentos, usando mecanismos diferentes. A clivagem sempre precede a gastrulação, porém, em algumas espécies, a formação do eixo do corpo começa tão cedo quanto a formação do ovócito (como em *Drosophila*). Em outras espécies, os eixos começam a se formar durante a clivagem (como em tunicados), e em ainda outras, a formação dos eixos prolonga-se pela gastrulação (como em *Xenopus*).

Os capítulos nesta unidade irão analisar como as espécies representativas de muitos grupos fazem clivagem, gastrulação, especificação dos eixos e determinação do destino celular. Considerando-se a exceção do exemplo humano no Capítulo 12, praticamente todas as espécies e grupos descritos (incluindo caramujo, nematódeos, mosca-da-fruta, ouriço-do-mar, rã, peixe, galinha e camundongo) têm sido importantes **organismos-modelo** para biólogos do desenvolvimento. Em outras palavras, essas espécies são facilmente mantidas em laboratório e têm propriedades especiais que

Destaque

O modo do desenvolvimento tem um papel importante na classificação de grupos de animais. Um dos principais critérios taxonômicos é se a extremidade anterior (boca) ou a extremidade oposta (ânus) do corpo se desenvolve primeiro. Os caramujos (molusco gastrópode) e nematódeos (vermes cilíndricos) formam a boca primeiro e desenvolveram uma rápida especificação dos eixos do corpo e do destino celular, frequentemente localizando fatores de transcrição em blastômeros específicos durante o início da clivagem. Esses fatores de transcrição podem determinar as células autonomamente, ou podem iniciar vias de fatores parácrinos que induzem a determinação das células vizinhas. Em particular, os blastômeros do quadrante D dos caramujos podem funcionar como "organizadores" que estruturam a morfogênese de todo o embrião. Sua cutícula transparente, pequeno número de células e genoma diminuto proporcionam o estudo do desenvolvimento do *C. elegans* como um modelo de como os genes podem atuar no controle da formação dos eixos e da especificação celular.

permitem que seus mecanismos de desenvolvimento sejam prontamente observados. Essas propriedades incluem um rápido tempo de geração, ninhadas grandes, acessibilidade para manipulações genéticas e cirúrgicas e a habilidade de se desenvolver nas condições do laboratório. (A habilidade de desenvolver-se no laboratório impede, algumas vezes, o questionamento sobre a relação entre o desenvolvimento de um organismo e seu habitat natural, como será discutido no Capítulo 25.)

Este capítulo detalha o desenvolvimento inicial de dois grupos de invertebrados protostomados, o molusco gastrópode (representado por caramujos) e o nematódeo (representado pelo *Caenorhabditis elegans*). Iniciaremos, entretanto, dando uma rápida olhada na evolução dos animais e a classificação vista através da lente do desenvolvimento.

Padrões de desenvolvimento nos metazoários

Ser um **organismo eucariótico** significa que a célula contém um núcleo e muitos cromossomos diferentes que sofrem mitose. Ser **um organismo eucariótico multicelular** (p. ex., plantas, fungos ou animais) significa que as células formadas por mitose permanecem juntas como um todo funcional, e as gerações subsequentes formam o mesmo indivíduo coerente composto por muitas células. Ser um **metazoário** significa ser um animal, e ser um animal significa fazer gastrulação. Todos os animais gastrulam, e estes são os únicos organismos que gastrulam.

Diferentes grupos de organismos sofrem diferentes padrões de desenvolvimento. Quando dizemos que existem 35 filos de metazoários, estamos atestando que existem 35 padrões sobreviventes de desenvolvimento (ver Davidson e Erwin, 2009; Levin et al., 2016). Esses padrões de organização não têm evoluído em uma linha reta, mas sim, em vias ramificadas. A **FIGURA 8.1** mostra as quatro ramificações nos metazoários: o filo basal, os protostomas lofotrocozoário e ecdisozoário e os deuterostomas.

Filo basal

Animais que possuem dois folhetos germinativos – ectoderma e endoderma, mas pouco ou nenhum mesoderma – são denominados **diploblastos**. Os diploblastos tradicionalmente incluem os cnidários (águas-vivas e hidras) e os ctenóforos (água-viva de pente). Estudos genômicos recentes têm mostrado que o clado dos ctenóforos – não as esponjas, como se acreditou por muito tempo – é o grupo-irmão de todos os outros animais (Ryan et al., 2013; Moroz et al., 2014). As esponjas aparentemente têm os genes para produzir um sistema nervoso, embora nenhum grupo moderno de esponja possua um. Esse achado indica que o sistema nervoso foi perdido na linhagem das esponjas, em vez de nunca ter evoluído nesses animais. A hipótese de que cnidária, e não as esponjas, seja a linhagem dos metazoários mais antiga existente permanece controversa, apesar das crescentes evidências para esse posicionamento (Borowiec et al., 2015; Chang et al., 2015; Pisani et al., 2015).

Além disso, pensou-se por muito tempo que os diploblastos cnidários e ctenóforos possuíam simetria radial e nenhum mesoderma, enquanto o filo dos **triploblastos** (todos os outros animais) tinham simetria bilateral e um terceiro folheto germinativo, o mesoderma. Entretanto, essa demarcação nítida está sendo agora questionada em relação aos cnidários. Embora certos cnidários (como a hidra) não possuam verdadeiro mesoderma, outros parecem ter algum mesoderma e alguns mostram simetria bilateral somente em certos estágios do seu ciclo de vida (Martindale et al., 2004; Martindale, 2005). Entretanto, o mesoderma de cnidários pode ter evoluído independentemente do mesoderma encontrado em protostomados e deuterostomados. Agora, estamos cientes de que águas-vivas possuem o músculo estriado necessário para a propulsão do movimento, mas seus músculos não parecem relacionados, nem molecularmente nem no desenvolvimento, aos músculos derivados do mesoderma de vertebrados e insetos (Steinmetz et al., 2012). Esta geração independente de células contráteis parece representar um notável caso de evolução convergente.

Os animais triploblásticos: protostomados e deuterostomados

A vasta maioria das espécies de metazoários possui três folhetos germinativos e são, então, triploblásticos. A evolução do mesoderma possibilitou enormemente a mobilidade

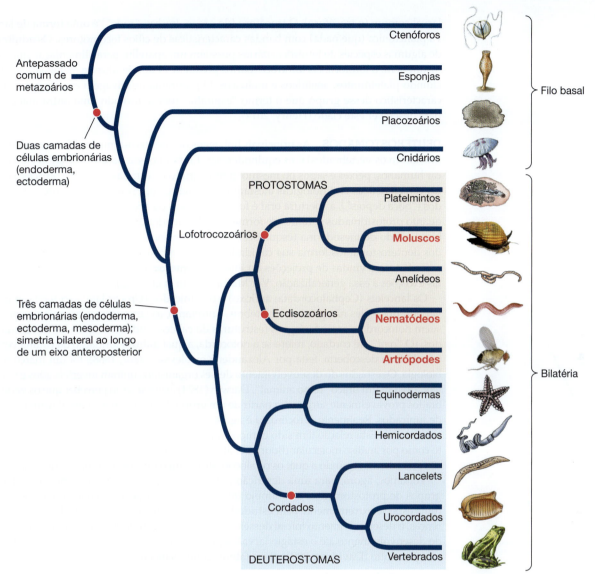

Antepassado comum de metazoários

Duas camadas de células embrionárias (endoderma, ectoderma)

Três camadas de células embrionárias (endoderma, ectoderma, mesoderma); simetria bilateral ao longo de um eixo anteroposterior

PROTOSTOMAS

Lofotrocozoários

Ecdisozoários

Cordados

DEUTEROSTOMAS

Ctenóforos
Esponjas
Placozoários
Cnidários
Platelmintos
Moluscos
Anelídeos
Nematódeos
Artrópodes
Equinodermas
Hemicordados
Lancelets
Urocordados
Vertebrados

Filo basal

Bilatéria

FIGURA 8.1 A árvore da vida dos metazoários (animal). Nesta análise, o ctenóforo está como clado-irmão (o grupo que divergiu mais cedo do restante dos animais). Os quatro maiores grupos de animais existentes são o filo basal, o protostomado lofotrocozoário, o protostomado ecdisozoário e os deuterostomados. As fotos de três protostomados – um molusco gastrópode (caramujo), o nematódeo *Caenorhabditis elegans* e a mosca-da-fruta (*Drosophila*) – representam os organismos cujo desenvolvimento está detalhado aqui e no Capítulo 9. Os organismos deuterostomados são abordados nos Capítulos 10, 11 e 12. (As fontes incluem: Bourlat et al., 2006; Delsuc et al., 2006; Schierwater et al., 2009; Hejnol, 2012; Ryan et al., 2013.)

e corpos maiores, visto que se torna a musculatura e sistema circulatório do animal. Animais triploblásticos também são chamados **bilatéria**, porque possuem simetria bilateral – isto é, têm lado direito e lado esquerdo. Bilatérias são também classificados como **protostomados** e **deuterostomados**.

PROTOSTOMADOS Os protostomados (do grego, "boca primeiro"), que incluem os filos dos moluscos, artrópodes e vermes, são assim chamados porque a boca forma-se primeiro na abertura do intestino, ou próximo, que é produzida durante a gastrulação. O ânus forma-se depois em um local diferente. O **celoma** dos protostomados, ou cavidade do corpo, forma-se a partir de uma cavitação do cordão previamente sólido com células mesodérmicas, em um processo chamado de **esquizocele**.

Existem duas ramificações principais nos protostomados. Os **ecdisozoários** (do grego, *ecdysis*, "que sai" ou "larga") são os animais que fazem muda do seu esqueleto externo. O grupo mais proeminente é o Arthropoda, os artrópodos, um filo bem estudado que inclui insetos, aracnídeos, ácaros, crustáceos e milípedes. A análise molecular também coloca nesse clado outro grupo que faz muda, os nematódeos. Os membros do segundo maior grupo de protostomados, o **lofotrocozoário**, são caracterizados por um tipo comum de clivagem (espiral) e uma forma larval comum (o trocóforo). O trocóforo (do grego, *trochos*, "roda") é uma forma de larva planctônica (que nada) com bandas características de cílios locomotores. Os adultos de algumas espécies de lofotrocozoários possuem um aparelho para alimentação que os distinguem, o lofóforo. Os lofotrocozoários possuem 14 dos 36 filos de metazoários, incluindo platelmintos, anelídeos e moluscos. O programa de clivagem em espiral é tão característico desse grupo que o termo "espirália" tem se tornado uma outra maneira para descrever este clado (Henry, 2014).

DEUTEROSTOMADOS As principais linhagens dos deuterostomados são os cordados (incluindo os vertebrados) e os equinodermas. Embora possa parecer estranho classificar humanos, peixes e sapos no mesmo grande grupo de estrelas-do-mar e ouriços, certas características embriológicas atestam esse parentesco. Primeiro, em deuterostomados ("boca depois"), a abertura oral é formada depois da abertura anal. Além disso, enquanto protostomados geralmente formam sua cavidade corporal pela cavitação de um bloco sólido de mesoderma (esquizocele, como mencionado anteriormente), a maioria dos deuterostomados forma sua cavidade corporal através de uma extensão de bolsas mesodérmicas vindas de projeções do intestino (**enterocele**). (Entretanto, existem muitas exceções a essa generalização. Ver Martin-Durán et al., 2012).

Os lancelets (Cephalocordata; anfioxo) e os tunicados (Urocordata; ascídias) são invertebrados – eles não possuem vértebras. Entretanto, as *larvas* desses organismos possuem notocorda e arcos faríngeos (estruturas da cabeça), indicando que eles são cordados. (O "*cord*", de cordado, refere-se à notocorda, a qual induz a formação da coluna vertebral.) Essa descoberta, feita por Alexander Kowalevsky (1867, 1868), foi um marco na biologia. Os estágios do desenvolvimento desses organismos uniram invertebrados e vertebrados em um único "reino animal". Darwin (1874) alegrou-se ao perceber que os vertebrados provavelmente surgiram a partir de um grupo de animais que aparentavam larvas de tunicados. Realmente, Urocordata é agora considerado o grupo mais aparentado aos vertebrados. Esta relação tem sido demonstrada tanto por afinidades do desenvolvimento como por análise molecular (Bourlat et al. 2006; Delsuc et al. 2006), revertendo uma visão precedente, segundo a qual os cefalocordatos eram o grupo-irmão dos vertebrados.

Voltamos, agora, para uma descrição detalhada do desenvolvimento inicial de dois grupos de protostomados: o caramujo (molusco, gastrópode, com concha) e *C. elegans* (uma espécie extremamente bem-estudada de verme nematódeo). Apesar das suas diferenças, o desenvolvimento inicial desses grupos de invertebrados evoluiu para um rápido desenvolvimento até o estágio larval, seguido de um crescimento subsequente até o estágio adulto (Davidson, 2001). Seus fatores comuns incluem:

- Ativação imediata dos genes zigóticos.
- Rápida especificação dos produtos da clivagem (os blastômeros) pelo produto dos genes zigóticos e pelos genes maternos ativos.
- Um número relativamente pequeno de células (várias centenas ou menos) presentes no momento da gastrulação.

Desenvolvimento inicial de caramujos

Os caramujos possuem uma longa história como organismo-modelo na biologia do desenvolvimento. Em abundância pela costa de todos os continentes, eles crescem bem em laboratório e possuem variações no desenvolvimento que podem ser correlacionadas com as necessidades ambientais. Alguns caramujos possuem um grande ovo e se desenvolvem rapidamente, especificando tipos celulares muito cedo no desenvolvimento. Embora cada organismo use tanto um modo autônomo quanto regulativo de especificar células (ver Capítulo 2), os caramujos são um dos melhores exemplos de desenvolvimento autônomo (mosaico), em que a perda de um blastômero inicial causa a perda de uma estrutura completa. Realmente, nos embriões de caramujos, as células responsáveis por certos órgãos podem ser localizadas com um grau notável. Os resultados da embriologia experimental podem agora ser estendidos (e explicados) por análises moleculares, levando a uma fascinante síntese do desenvolvimento e da evolução (ver Conklin, 1897 e Henry et al., 2014).

Clivagem em embriões de caramujos

"O espiral é o tema fundamental dos moluscos. São organismos que se torcem" (Flusser, 2011). Realmente, a concha de caramujos é um espiral, sua larva faz um enrolamento de 180°, que bota o ânus na parte anterior sobre a cabeça e (mais importante) a clivagem do embrião inicial é em espiral. A **clivagem holoblástica em espiral** (ver Figura 1.5) é característica de vários grupos de animais, incluindo vermes anelídeos, platelmintos e a maioria dos moluscos (Lambert, 2010; Heijnol, 2010). O plano da clivagem em embriões clivando espiralmente não é paralela nem perpendicular ao eixo animal-vegetal do ovo; em vez disso, é a clivagem em ângulo oblíquo que forma um espiral de blastômeros-filhos. Os blastômeros estão em íntimo contato entre si, formando um conjunto com arranjo termodinamicamente estável, muito parecido com aglomerados de bolhas de sabão. Mais ainda, os embriões clivando espiralmente costumam fazer relativamente poucas divisões antes de começarem a gastrulação, tornando possível seguir o destino de cada célula da blástula. Quando os destinos de blastômeros específicos de embriões de anelídeos, platelmintos e moluscos foram comparados, muitas das mesmas células foram observadas no mesmo local e seus destinos em geral eram idênticos (Wilson, 1898; Hejnol et al., 2010). Blástulas produzidas por clivagem em espiral normalmente possuem blastocele muito pequena ou ausente e são chamadas de **estereoblástulas**.

TÓPICO NA REDE 8.1 **O DESENVOLVIMENTO FORNECEU INDICAÇÕES INICIAIS PARA A TAXONOMIA DOS ANIMAIS** Em 1898, muito antes dos dados moleculares confirmarem que os anelídeos, o policlado dos platelmintos e os moluscos eram ligados como lofotrocozoário, E. B. Wilson concluiu que esses grupos eram aparentados. Não somente era homóloga a clivagem em espiral entre eles, mas também era o destino de muitas células (incluindo o blastômero 4D, sobre o qual falaremos mais longamente). Veja como era a embriologia um século atrás.

A **FIGURA 8.2** descreve o padrão de clivagem típico de muitos embriões de molusco. As duas primeiras clivagens são quase meridionais, produzindo quatro grandes macrômeros (marcados como A, B, C e D). Em muitas espécies, esses quatro blastômeros possuem tamanhos diferentes (D sendo o maior), uma característica que lhes permite serem identificados individualmente. A cada clivagem sucessiva, cada **macrômero** expele um pequeno **micrômero** no polo animal. Cada quarteto sucessivo de micrômeros é deslocado para a direita ou para a esquerda de seu irmão macrômero, criando um padrão característico em espiral. Olhando de cima o polo animal do embrião, o lado de cima dos

FIGURA 8.2 A clivagem em espiral do caramujo *Trochus* vista do polo animal (A) e do lado lateral (B). As células derivadas do blastômero A são mostradas em cor. Os fusos mitóticos, esboçados nos estágios iniciais, dividem as células desigualmente e em um ângulo relativamente ao eixo vertical e horizontal. Cada quarteto sucessivo de micrômeros (letras pequenas) é deslocado no sentido horário ou anti-horário, em relação aos macrômeros-irmãos (letra maiúscula), criando o padrão característico em espiral.

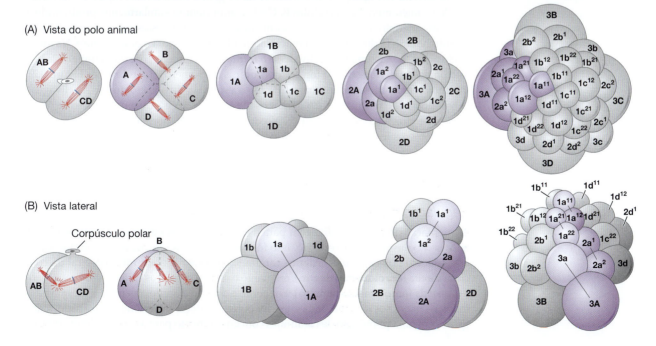

(A)

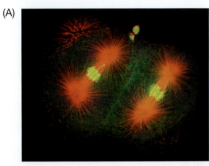

FIGURA 8.3   A clivagem em espiral de moluscos. (A) A natureza espiral da terceira clivagem pode ser vista na micrografia confocal de fluorescência do embrião de quatro células do bivalvo *Acila castrenis*. Os microtúbulos coram em vermelho, o RNA cora em verde e o DNA, em amarelo. Duas células e a porção de uma terceira célula são visíveis; um corpúsculo polar pode ser visto no topo desta micrografia. (B-D) Clivagem no caramujo de lama *Ilyanassa obsoleta*. O blastômero D é maior do que os outros, permitindo que a identificação de cada célula. A clivagem é destra. (B) Estágio de 8 células. PB, corpúsculo polar, do inglês, *polar body* (um resquício da meiose). (C) Metade da quarta clivagem (embrião de 12 células). Os macrômeros já se dividiram em células grandes e pequenas orientadas em espiral; 1a-d ainda não se dividiram. (D) Embrião de 32 células. (Cortesia de G. von Dassow e do Centro para Dinâmica Celular; B-D de Ceaig e Morrill, 1986, cortesia dos autores.)

(B)   (C)   (D)

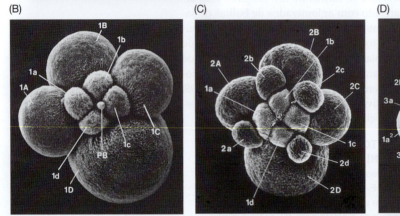

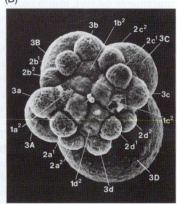

fusos mitóticos parece alternar um giro nas direções horária e anti-horária (**FIGURA 8.3**). Este arranjo faz os micrômeros se formarem de forma oblíqua e alternadamente para a direita ou para a esquerda dos seus macrômeros.

> **ASSISTA AO DESENVOLVIMENTO 8.1**   Vídeo do laboratório da Dra. Deirdre Lyons mostra os primeiros dois quartetos de micrômeros sendo formados em caramujo *Crepidula fornicata*.

Na terceira clivagem, o macrômero A dá origem a duas células-filhas, o macrômero 1A e o micrômero 1a. As células B, C e D comportam-se similarmente, produzindo o primeiro quarteto de micrômeros. Na maioria das espécies, esses micrômeros estão no sentido horário (à direita) do seu macrômero (olhando de cima o polo animal). Na quarta clivagem, o macrômero 1A divide-se e forma o macrômero 2A e o micrômero 2a, e o micrômero 1a divide-se para formar dois outros micrômeros, $1a^1$ e $1a^2$ (Ver Figura 8.2). Os micrômeros do segundo quarteto estão à esquerda dos macrômeros. As clivagens subsequentes do macrômero 2A geram os blastômeros 3A e 3a, e o micrômero $1a^2$ divide-se e produz as células $1a^{21}$ e $1a^{22}$. No desenvolvimento normal, o primeiro quarteto de micrômeros forma as estruturas da cabeça, ao passo que o segundo quarteto de micrômeros forma o estatocisto (órgão de equilíbrio) e a concha. Estes destinos são especificados tanto pela compartimentalização do citoplasma quanto por indução (Cather, 1967; Clement, 1967; Render, 1991; Sweet, 1998).

Regulação materna da clivagem de caramujo

A orientação do plano de clivagem para a esquerda ou para a direita é controlada por fatores citoplasmáticos do ovócito. Isso foi descoberto quando analisaram mutações no enrolamento dos caramujos. Alguns caramujos possuem a abertura do espiral da concha à direita (**enrolamento destro**), enquanto o espiral de outros caramujos abre-se para a esquerda (**enrolamento sinistro**). Em geral, a direção do enrolamento é a mesma para todos os membros de uma dada espécie, porém mutações ocasionais são encontradas (p. ex., em uma população de caramujos com enrolamento para a direita, alguns poucos indivíduos serão encontrados com enrolamento de abertura para a esquerda). Crampton (1894) analisou os embriões de caramujos aberrantes e percebeu que o início da clivagem diferia do normal (**FIGURA 8.4**). A orientação das células depois da segunda clivagem era diferente nos caramujos com enrolamento sinistro, como resultado da orientação diferente do aparato mitótico. Pode-se observar, na Figura 8.4, que a posição do blastômero 4d é diferente nos embriões com enrolamento para a direita ou para a esquerda. O blastômero 4d é mesmo especial. Ele é comumente denominado **mesentoblasto**, já que sua prole forma a maioria dos órgãos mesodérmicos (coração, músculo, células germinativas primordiais) e dos órgãos endodérmicos (tubo digestório).

Em caramujos *Lymnaea*, a direção do enrolamento da concha é controlada por um único par de genes (Strurtevant, 1923; Boycott et al., 1930; Shibazaki, 2004). Em *Lymnaea peregra*, mutantes exibindo enrolamento sinistro foram identificados e cruzados com o tipo selvagem, com enrolamento destro. Esses cruzamentos revelaram que o alelo do enrolamento para a direita, *D*, é dominante em relação ao alelo do enrolamento para a esquerda, *d*. Entretanto, a direção da clivagem não é determinada pelo genótipo do caramujo em desenvolvimento, mas pelo genótipo da sua *mãe*. Isso é denominado um **efeito materno**. (Veremos outros genes de efeito materno importantes quando discutirmos o desenvolvimento de *Drosophila*). Uma fêmea de caramujo *dd* só pode produzir progênie com enrolamento sinistro, mesmo se o genótipo da progênie for *Dd*. Um indivíduo *Dd* poderá enrolar para a direita ou para a esquerda, dependendo do genótipo da mãe. Esses cruzamentos produzem um quadro como este:

Genótipo		Fenótipo	
DD fêmea × *dd* macho	→	*Dd*	todos enrolando para a direita
DD macho × *dd* fêmea	→	*Dd*	todos enrolando para a esquerda
Dd × *Dd*	→	1*DD*:2*Dd*:1*dd*	todos enrolando para a direita

Então, é o genótipo do *ovário* onde o ovócito se desenvolve que determina qual será a orientação da clivagem. Os fatores genéticos envolvidos no enrolamento são fornecidos ao embrião através do citoplasma do ovócito. Quando Freeman e Lundellius (1982) injetaram uma pequena quantidade de citoplasma dos caramujos com enrolamento destro no ovo de mães *dd*, resultou em embriões enrolados para a direita. O citoplasma de caramujos com enrolamento sinistro, entretanto, *não* afetou os embriões com enrolamento para a direita. Esses achados confirmaram que a mãe selvagem posicionou um fator no seu ovo que estava ausente ou defeituoso na mãe *dd*. Trabalhando com populações semelhantes, Davison e colaboradores identificaram e mapearam um gene codificando a proteína formin que é ativa nos ovos de mães que carregam o alelo *D*, mas não nos ovos de mães *dd* (Liu et al., 2013; Davison et al., 2016). Dessa forma, mães *DD* e *Dd* produzem a proteína formin ativa. Nas fêmeas *dd*, entretanto, o gene *formin* tem uma mutação de mudança de fase na região codificante que gera um mRNA não funcional, de forma que esta mensagem é rapidamente degradada. Quando o ovo contém mRNA funcional de *formin*, vindos do alelo *D* da mãe, a mensagem fica assimetricamente posicionada no embrião tão cedo quanto o estágio de duas células. A proteína formin codificada pela mensagem do mRNA liga-se à actina e ajuda o alinhamento do citoesqueleto. Esses achados são confirmados por estudos mostrando que drogas que inibem formin fazem os ovos de mães *DD* desenvolverem-se em embriões com enrolamento para a esquerda.

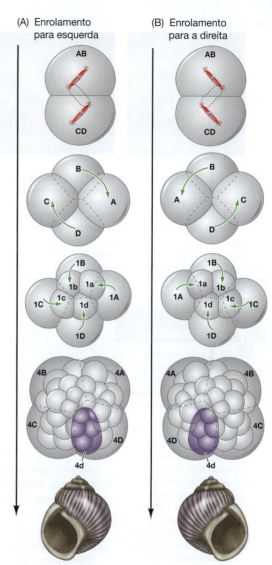

(A) Enrolamento para esquerda **(B) Enrolamento para a direita**

FIGURA 8.4 Enrolamento de caramujo destro e sinistro. Olhando para baixo, para o polo animal dos caramujos com enrolamento para a esquerda (A) e enrolamento para a direita (B). A origem dos enrolamentos sinistro e destro pode remontar à orientação do fuso mitótico na terceira divisão. Os caramujos com enrolamento esquerdo e os com direito se desenvolvem como imagens espelhadas um do outro. (Segundo Morgan, 1927.)

(A)

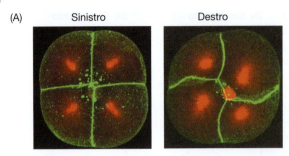

FIGURA 8.5 Mecanismos de enrolamento direito e esquerdo de caramujo.
(A) Enrolamento esquerdo e direito na terceira clivagem. A coloração para
a actina (em verde) e os microtúbulos (em vermelho) permite visualizar a
deformação helicoidal na clivagem destra. (B) No embrião, Nodal é ativado no
lado esquerdo dos embriões sinistros e no lado direito de embriões destros.
(C) O fator de transcrição Pitx1, que é visto expresso no embrião (superior),
é responsável pela formação dos órgãos, como visto na visão ventral dos
adultos (inferior). As posições do pneumostoma (poro de respiração, po) e das
gônadas (go) estão indicadas. (De Kuroda, 2014, cortesia de R. Kuroda.)

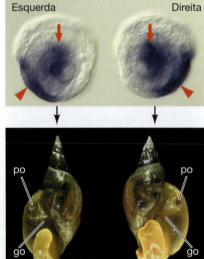

Ampliando o conhecimento

Estar para a direita ou para a esquerda importa? Ser destro ou canhoto pode fazer relativamente pouca diferença na vida humana, porém, se for em um caramujo, terá implicância crucial, tanto para o indivíduo quanto para a evolução de uma população de caramujo. Entre os caramujos, os esquerdos cruzam melhor com esquerdos e os direitos cruzam melhor com direitos – é uma questão do posicionamento da genitália que se engancha fisicamente. Mais ainda, certas espécies de cobra se alimentam de caramujos com concha, e as mandíbulas dessas serpentes evoluíram para comer mais facilmente caramujos com enrolamento para a direita do que para a esquerda. O quanto será que esta adaptação das serpentes deve ter afetado a evolução dos caramujos em regiões onde essas espécies coexistiram? (Ver Hoso et al., 2010, para um conjunto de experimentos interessantes).

A primeira indicação de que as células se dividirão sinistramente, em vez de destralmente, é uma deformação helicoidal das membranas celulares na ponta dorsal dos macrômeros (**FIGURA 8.5A**) Uma vez que a terceira clivagem ocorre, a proteína Nodal (um fator parácrino da família TGF-β) ativa genes no lado direito dos embriões com enrolamento destro e do lado esquerdo em embriões com enrolamento sinistro (**FIGURA 8.5B**). Usar uma agulha de vidro para mudar a direção da clivagem no estágio de 8 células altera a localização da expressão do gene *Nodal* (Grande e Patel, 2009; Kuroda et al., 2009; Abe et al., 2014). Nodal parece ser expresso no quadrante C da linhagem de micrômeros (que dá origem ao ectoderma) e induz a expressão assimétrica do gene para o fator de transcrição Pitx1 (também um alvo de Nodal na formação dos eixos em vertebrados) nos blastômeros vizinhos no quadrante D (**FIGURA 8.5C**).

TÓPICO NA REDE 8.2 **UM ARTIGO CLÁSSICO LIGA GENES E DESENVOLVIMENTO** Com um pensamento magistral de um experimento de 1923, Alfred Sturtevant aplicou a genética mendeliana ao processo de enrolamento dos caramujos. Ele foi um dos primeiros a realizar estudos associando o poder da genética com os estudos de embriologia.

ASSISTA AO DESENVOLVIMENTO 8.2 Veja os enrolamentos destro e sinistro em vídeo do laboratório da Dra. Reiko Kuroda.

O mapa do destino em caramujos

O mapa detalhado do destino (ver Capítulos 1 e 2) tem avançado muito nossos conhecimentos sobre o desenvolvimento em espiral. O mapa do destino dos gastrópodes *Ilyanassa obsoleta* e *repidula fornicata* foram construídos através de injeção de grandes polímeros conjugados a corantes florescentes em micrômeros específicos (Render, 1997; Hejnol et al., 2007). A fluorescência é mantida durante o período da embriogênese e pode ser vista nas larvas, nos tecidos derivados das células injetadas. Resultados mais específicos,

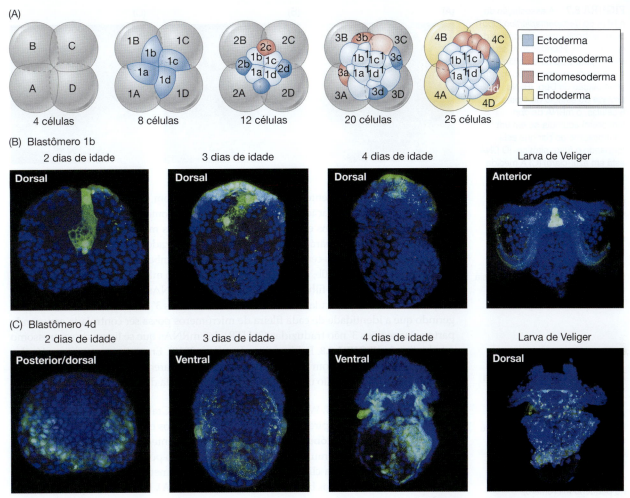

(A) 4 células | 8 células | 12 células | 20 células | 25 células

Ectoderma
Ectomesoderma
Endomesoderma
Endoderma

(B) Blastômero 1b
2 dias de idade — Dorsal | 3 dias de idade — Dorsal | 4 dias de idade — Dorsal | Larva de Veliger — Anterior

(C) Blastômero 4d
2 dias de idade — Posterior/dorsal | 3 dias de idade — Ventral | 4 dias de idade — Ventral | Larva de Veliger — Dorsal

mostrando a divergência entre espécies de caramujos, têm sido obtidos usando imagens ao vivo (**FIGURA 8.6**, Chan e Lambert, 2014; Lyon et al., 2015).

Em geral, o primeiro quarteto de micrômero (1a-1d) junto com algumas células do segundo e terceiro quartetos, geram o ectoderma da cabeça, enquanto o sistema nervoso se origina grandemente a partir do primeiro e do segundo quartetos de células (ver Figura 8.6A). Mapas do destino confirmam que a boca se forma no mesmo local do blastóporo. O endoderma origina-se a partir dos macrômeros A, B, C e D. O mesoderma vem de duas fontes: as células do segundo e do terceiro quartetos contribuem para a musculatura do adulto e da larva (ectomesoderma), enquanto a maior parte do mesoderma – o rim da larva, o coração, as células germinativas primordiais e o músculos retratores – se origina a partir de uma célula particularmente notável, o blastômero 4D (ver Figura 8.6C). Esse blastômero altamente conservado em espirálias é fundamental para o estabelecimento o posicionamento do mesoderma e para a indução da formação de outros tipos celulares (Lyons et al., 2012). É a célula mais afetada diretamente pela mutação de enrolamento mencionada anteriormente.

A especificação celular e o lóbulo polar

Os moluscos oferecem alguns dos exemplos de desenvolvimento autônomo (mosaico) mais impressionantes, no qual os blastômeros são especificados por determinantes morfogenéticos localizados em regiões específicas do ovócito (ver Capítulo 2). A especificação autônoma de blastômeros iniciais

FIGURA 8.6 (A) Mapa do destino generalizado do embrião de caramujo. As duas primeiras clivagens estabelecem os quadrantes A, B, C e D. Os quartetos de micrômeros (1a-1d e 3a-3d) são gerados e dividem-se para produzir um "capuz de micrômeros" no topo dos macrômeros com vitelo. Os macrômeros (3A-3D) produzem a maior parte do endoderma, ao passo que os micrômeros apicais geram o ectoderma. As séries específicas de micrômeros 2 e 3 (isso difere nas espécies) formam o ectomesoderma, ao passo que o endomesoderma (coração e rim) é gerado pela célula 4d, que é muitas vezes formada quando a célula 3D se divide à frente dos outros macrômeros. (B, C) Os mapas do destino podem ser feitos pela injeção de pequenas partículas esféricas contendo corante fluorescente em blastômeros individuais. Quando os embriões se desenvolvem em larvas, os descendentes de cada blastômero são identificados pela sua fluorescência. (B) Resultados da injeção com GFP do blastômero 1b do caramujo *Ilyanassa*. (C) Resultados da injeção no blastômero 4d do *Ilyanassa*. (A, segundo Lyons e Henry, 2014; B, de Chan e Lambert, 2014, as fotos foram cortesia dos autores.)

FIGURA 8.7 A associação do mRNA do *decapentaplégico* (*dpp*) com centrossomos específicos de *Ilyanassa*. (A) Hibridação *in situ* do mRNA para Dpp no embrião de 4 células de caramujo não mostra acumulação de Dpp. (B) Na prófase do estágio de 4 para 8 células, o mRNA de *dpp* (em preto) acumula-se em um centrossomo do par que está formando o fuso mitótico. (O DNA está em azul-claro) (C) À medida que a mitose continua, o mRNA do *dpp* é visto participando no centrossomo do macrômero, em vez de no centrossomo dos micrômeros. O fator parácrino semelhante ao BMP codificado pelo *dpp* é fundamental para o desenvolvimento dos moluscos. (De Lambert e Nagy, 2002, cortesia de L. Nagy.)

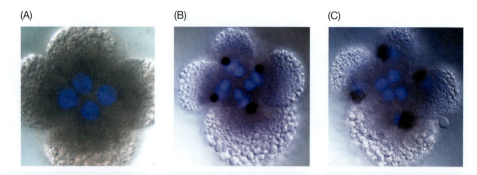

(A)　(B)　(C)

é especialmente proeminente nos grupos dos animais com clivagem em espiral, e com todos iniciando a gastrulação no polo vegetal, quando somente poucas dúzias de células foram formadas (Lyons et al., 2015). Em moluscos, os mRNAs de alguns fatores de transcrição e de fatores parácrinos são compartimentalizados em determinadas células por associação com certos centrossomos (**FIGURA 8.7**; Lambert e Nagy, 2002; Kingsley et al., 2007; Henry et al., 2010b, c). Essa associação permite o mRNA entrar especificamente em uma das duas células-filhas. Em muitos casos, os mRNAs que são transportados juntos para uma fileira particular de blastômeros têm caudas 3′ com uma forma similar, sugerindo que a identidade de cada fileira de micrômeros possa ser controlada em grande parte pelas regiões 3′ não traduzidas (3′ UTR) dos mRNAs que se ligam ao centrossomo a cada divisão (**FIGURA 8.8**; Rabinowitz e Lambert, 2010). Em outros casos, as moléculas de padronização (ainda com identidade desconhecida) parecem estar ligadas a certas regiões do ovo, que formarão uma única estrutura, chamada de lóbulo polar.

O LÓBULO POLAR　E. B. Wilson e seu estudante H. E. Crampton observaram que certos embriões clivando espiralmente (na maioria moluscos e anelídeos) extravasam um bulbo de citoplasma – o **lóbulo polar** – imediatamente antes da primeira clivagem. Em algumas espécies de caramujo, a região que une o lóbulo polar ao resto do ovo se torna um tubo fino. A primeira clivagem divide o zigoto assimetricamente, e o lóbulo polar fica conectado somente aos blastômeros CD (**FIGURA 8.9A**). Em muitas espécies, aproximadamente um terço do volume citoplasmático total fica contido neste lóbulo anucleado, dando a aparência de uma outra célula (**FIGURA 8.9B**). A estrutura trilobular resultante é frequentemente referida como o estágio embrionário do trevo (**FIGURA 8.9 C**).

Crampton (1896) mostrou que, se alguém remover o lóbulo polar no estágio de trevo, as células remanescentes dividem-se normalmente. Entretanto, a larva resultante é incompleta (**FIGURA 8.10**), sem nenhum endoderma intestinal e mesoderma do rim e do coração, assim como alguns órgãos do ectoderma (como os olhos). Ainda, Crampton demonstrou que o mesmo tipo de larva anormal pode ser produzido removendo-se o blastômero D de um embrião com 4 células. Crampton, então, concluiu que o citoplasma do

FIGURA 8.8 A importância da região 3′ UTR para a associação dos mRNAs com centrossomos específicos. Em *Ilyanassa*, a mensagem do *R5LE* é geralmente segregada na primeira camada de micrômeros. A mensagem liga-se a um lado do complexo centrossomal (o lado que estará no pequeno micrômero). (A) Distribuição normal do mRNA do *R5LE*, desde o estágio de 2 células até o de 24 células. O mRNA (em verde) associa-se com a região centrossomal (em azul), que gerará a camada de micrômero, e torna-se localizado em blastômeros particulares pelo estágio de 24 células. (B) Estrutura em grampo da região 3′ UTR da mensagem *R5LE*. (Segundo Rabinowitz e Lambert, 2010.)

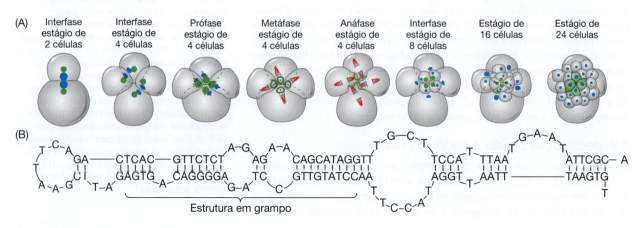

(A)　Interface estágio de 2 células　Interface estágio de 4 células　Prófase estágio de 4 células　Metáfase estágio de 4 células　Anáfase estágio de 4 células　Interface estágio de 8 células　Estágio de 16 células　Estágio de 24 células

(B)

Estrutura em grampo

(A)

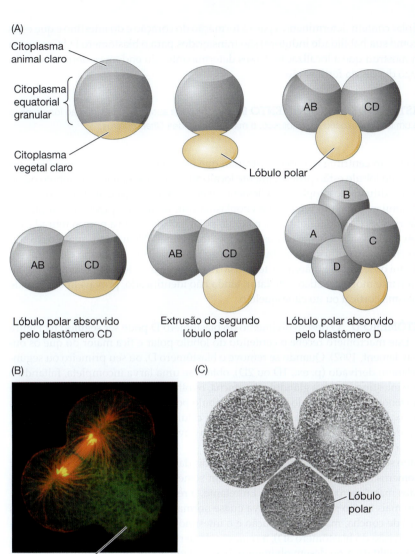

Citoplasma animal claro

Citoplasma equatorial granular

Citoplasma vegetal claro

Lóbulo polar

AB CD

B

A C

D

AB CD

Lóbulo polar absorvido pelo blastômero CD

AB CD

Extrusão do segundo lóbulo polar

Lóbulo polar absorvido pelo blastômero D

FIGURA 8.9 Formação do lóbulo polar. (A) Durante a clivagem, a extrusão e reincorporação do lóbulo polar ocorre duas vezes. O blastômero CD absorve o material do lobo polar, mas expulsa-o novamente antes da segunda divisão. Após a divisão, o lóbulo polar é unido apenas ao blastômero D, que absorve seu material. A partir desse ponto, nenhum lóbulo polar é formado. (B) No final da primeira divisão de um embrião de bivalvo, o lóbulo polar anucleado (inferior direito) contém quase um terço do volume citoplasmático. Microtúbulos são corados em vermelho, o RNA, em verde, e o DNA cromossômico aparece em amarelo. (C) Secção através da primeira clivagem, ou estágio de trevo, do embrião de *Dentalium*. (A, segundo Wilson, 1904; B, cortesia de G. von Dassow e do Centro de Dinâmica Celular; C, cortesia de M. R. Dohmen.)

(B)

(C)

Lóbulo polar

Lóbulo polar

(A)

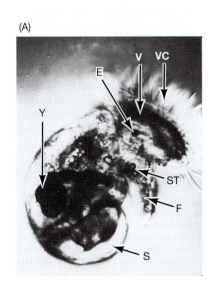

V VC

E

Y

ST

F

S

(B)

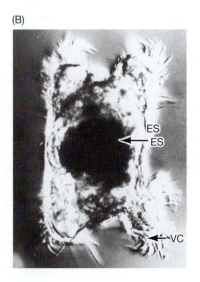

ES
ES

VC

FIGURA 8.10 Importância do lóbulo polar no desenvolvimento de *Ilyanassa*. (A) Larva trocófora normal. (B) Larva anormal, típica daquelas produzidas quando o lóbulo polar do blastômero D é removido. (E, olho (*eye*); F, pé (*foot*); S, concha (*shell*); ST, estatocisto (*statocyst*); V, véu (*velum*); VC, cílios velares (*velar cilium*); Y, vitelo residual (*residual yolk*); ES, estomódeo extrovertido (*everted stomodeum*); DV, véu desorganizado (*disorganized velum*) (De Newrock e Raff, 1975, cortesia de K. Newrock.)

lóbulo polar contém determinantes para a formação do coração e do intestino e que estes (assim como sua habilidade indutora) são transferidos para o blastômero D.[1] Crampton também mostrou que a localização desses determinantes do endomesoderma é estabelecida logo depois da fertilização.

> **ASSISTA AO DESENVOLVIMENTO 8.3**   Você pode assistir neste vídeo ao lóbulo polar de um lofotrocozoário não molusco, a minhoca anelídea *Chaetopterus*.

Estudos com centrifugação demonstraram que os determinantes morfogenéticos sequestrados no lóbulo estão provavelmente localizados no citoesqueleto do lóbulo ou no córtex, e não difusos no citoplasma (Clement, 1968). Van den Biggelaar (1977) obteve resultados similares quando removeu o citoplasma com uma micropipeta. O citoplasma de outras regiões da célula fluiu para o lóbulo polar, substituindo a porção retirada, e o desenvolvimento subsequente desses embriões foi normal. Além disso, quando ele adicionou o citoplasma difuso do glóbulo polar no blastômero B, nenhuma estrutura em duplicata foi observada. Então, a parte difusa do citoplasma do lóbulo polar não contém o determinante morfogenético; este fator, ainda não identificado, provavelmente reside no citoplasma cortical ou no citoesqueleto.

O BLASTÔMERO D   O desenvolvimento do blastômero D pode ser seguido na Figura 8.3 B-D. Este macrômero recebe o conteúdo do lóbulo polar e fica maior do que os outros três (Clement, 1962). Quando se remove o blastômero D, ou seu primeiro ou segundo macrômero derivado (p. ex., 1D ou 2D), obtém-se uma larva incompleta, faltando o coração, o intestino, o véu, a glândula da concha, os olhos e os pés. Este é essencialmente o mesmo fenótipo visto quando se remove o lóbulo polar (ver Figura 8.10B). Embora os blastômeros D não contribuam diretamente com células para muitas dessas estruturas, parece que os macrômeros do quadrante D estão envolvidos com a indução de outras células que têm esses destinos.

Quando se remove o blastômero 3D logo depois da divisão da célula 2D para formar os blastômeros 3D e 3d, a larva produzida tem semelhança com as formadas pela remoção dos macrômeros D, 1D ou 2D. Entretanto, a remoção do blastômero 3D em um momento mais tardio produz uma larva quase normal, com olhos, pés, véu, e algumas glândulas de concha, mas não o coração e o intestino. Depois que a célula 4d é liberada (pela divisão do blastômero 3D), a remoção do derivado D (a célula 4D) não produz diferença qualitativa no desenvolvimento. Na verdade, todos os determinantes essenciais para a formação do coração e do intestino estão agora no blastômero 4d (também chamado de mesentoblasto, como mencionado anteriormente) e a remoção dessa célula resulta em uma larva sem coração e sem intestino (Clemente, 1986). O blastômero 4D é responsável pela formação (na sua próxima divisão) de dois blastômeros bilateralmente pareados que dão origem aos órgãos mesodérmicos (coração) e endodérmicos (intestino) (Lyons et al., 2012; Lambert e Chan, 2014).

Os determinantes do mesoderma e do endoderma no macrômero 3D, portanto, são transferidos para o blastômero 4d. Pelo menos dois determinantes morfogenéticos estão envolvidos na regulação do desenvolvimento do 4d. Primeiro, a célula parece ser especificada pela presença do fator de transcrição **β-catenina**, que entra no núcleo do mesentoblasto 4d e na sua progênie imediata (**FIGURA 8.11A**; Henry et al., 2008; Rabinowitz et al., 2008). Quando inibidores da tradução suprimiram a síntese da proteína β-catenina, a célula 4D executou o padrão normal das primeiras divisões celulares, mas falhou a diferenciação em coração, músculo e intestino posterior, e a gastrulação também para de ocorrer nesses embriões (Henry et al., 2010b). Na verdade, β-catenina pode ter um papel

---

[1] Embora este pareça ser um bom caso de especificação autônoma, é possível que sinalização por parte do micrômeros seja necessária para ativar os determinantes citoplasmáticos levados para o blastômero D pelo lóbulo polar (Gharbiah et al., 2014; Henry, 2014). Além desse papel na diferenciação celular, o material no lóbulo polar é responsável pela especificação da polaridade dorsoventral do embrião. Quando o material do lóbulo polar é forçado a passar para dentro do blastômero AB, assim como para o blastômero CD, formam-se larvas gêmeas unidas pela superfície ventral (Guerrier et al., 1978; Henry e Martindale, 1987).

(A)

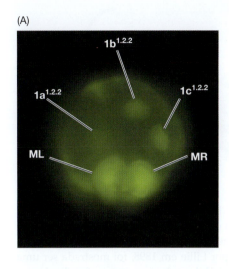

(B)

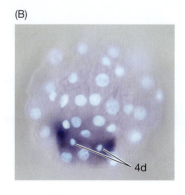

FIGURA 8.11 Determinantes morfogenéticos no blastômero 4d do caramujo. (A) Expressão de β-catenina em ML e MR, a progênie do blastômero 4d de *Crepidula*. (B) Localização do mRNA de *Nanos* (em roxo) durante a divisão do blastômero 4d e na sua progênie direita e esquerda, 4dL e 4dR, em *Ilyanassa*. (A, de Henry et al., 2010; B, de Rabinowitz et al., 2008.)

evolutivamente conservado na mediação da especificação autônoma e na especificação do destino do endomesoderma ao longo do reino animal; nos capítulos subsequentes, veremos um papel similar para essa proteína, tanto em embriões de ouriço como de rã.

O blastômero 4d também contém a proteína e o mRNA para a tradução do supressor de *Nanos* (**FIGURA 8.11B**). Assim como com β-catenina, o bloqueio da tradução do mRNA de *Nanos* impede a formação dos músculos da larva, do coração e do intestino a partir do blastômero 4D (Rabinowitz et al., 2008). Além disso, as células da linhagem germinativa (progenitoras do espermatozoide e do ovo) não se formam. Como veremos ao longo deste livro, a proteína Nanos é frequentemente envolvida com a especificação dos progenitores das células germinativas.

Contudo, o blastômero 4d não se desenvolve somente autonomamente, ele também induz outras linhagens celulares. As vias de sinalização Notch podem ser cruciais para os eventos de indução pelo blastômero 4d. O bloqueio da sinalização Notch depois de formado o blastômero 4d faz a larva se parecer com aquelas formadas quando a célula 4d é removida; porém o destino autônomo da célula 4d (como o rim da larva) não é afetado (Gharbiah et al., 2014). O conjunto de blastômeros D é, então, o "organizador" do embrião de caramujo. Experimentos têm demonstrado que o citoplasma não difuso [cortical] do lóbulo polar, localizado no blastômero D, é extremamente importante para o desenvolvimento normal de molusco por várias razões:

- Contém os determinantes para o ritmo correto de clivagem e para a orientação da clivagem do blastômero D.
- Contém certos determinantes (os que entram no blastômero 4d e, portanto,geram os mesentoblastos) para a diferenciação autônoma do mesoderma e do endoderma.
- É responsável por permitir a interação indutiva (pelo material que entra no blastômero 3D) que leva à formação das glândulas da concha e do olho.

Alterando a evolução pela alteração do padrão de clivagem: O exemplo de um molusco bivalvo

A teoria de Darwin sobre a evolução atesta que a biodiversidade surgiu por meio das modificações nos descendentes. Essa explicação une e explica a semelhança das formas (como os mesmos tipos de ossos nos braços dos seres humanos e nas nadadeiras da foca) como tendo evoluído de um ancestral em comum. Ela também explica como a seleção natural causa mudanças que capacitam um organismo a sobreviver melhor em seu ambiente específico. Vemos ambos os princípios no desenvolvimento do caramujo. Como visto acima, E. B. Wilson demonstrou que caramujos, anelídeos e platelmintos possuem clivagem em espiral, e as funções similares exercidas pelas células embrionárias seriam mais bem explicadas se esses grupos de animais tivessem evoluído a partir de um ancestral comum.

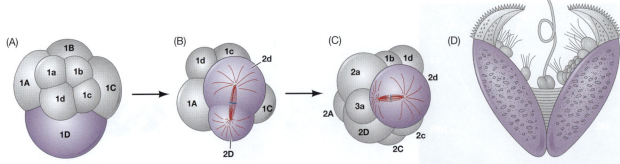

(A) (B) (C) (D)

FIGURA 8.12 Formação de uma larva gloquídia pela modificação da clivagem em espiral. Após a formação do embrião de 8 células (A), a montagem do fuso mitótico faz a maior parte do citoplasma D entrar no blastômero 2d (B). Este grande blastômero 2d se divide (C), dando origem, ao final, à grande concha do tipo "armadilha de urso" da larva (D). (Segundo Raff e Kaufman, 1983.)

No mesmo ano, o embriologista Frank R. Lillie mostrou que uma nova estrutura pode evoluir a partir de mudanças no padrão do desenvolvimento. Ele mostrou que a evolução pode ser o resultado de alterações hereditárias no desenvolvimento embrionário. Uma dessas modificações, descoberta por Lillie em 1898, foi mostrada ser uma alteração do padrão típico de clivagem em espiral de moluscos, de uma família de moluscos bivalvos, os mexilhões unionídeos. Diferentemente de muitos mexilhões, *Unio* e seus parentes vivem em locais com muita correnteza. A corrente cria um problema para a dispersão das larvas: sendo os adultos sedentários, as larvas de vida livre estariam sempre sendo carregadas pela corrente. Mexilhões *Unio* possuem uma adaptação para esse ambiente, que foi conferida por duas modificações no seu desenvolvimento. A primeira é uma alteração na clivagem embrionária. Em uma clivagem comum de moluscos, ou todos os blastômeros são de tamanho igual ou o macrômero 2D é a maior célula do estágio embrionário. Entretanto, a divisão celular de *Unio* ocorre de modo que o "micrômero" 2d recebe a maior quantidade de citoplasma (**FIGURA 8.12**). Esta célula, então, divide-se e produz a maioria das estruturas larvais, incluindo uma glândula produtora da grande concha. A larva gerada é conhecida como **gloquídio**, e se parece com uma pequena armadilha de urso. A gloquídia possui pelos sensitivos que acionam as válvulas da concha para que se fechem quando os cílios são tocados pelas brânquias ou barbatanas de um peixe desavisado. A larva pode, então, se agarrar ao peixe e "pegar carona" até estarem prontos para largarem e metamorfosear em um mexilhão adulto. Dessa maneira, eles podem se espalhar a favor e contra a correnteza.

Em algumas espécies de unionídeos, as gloquídeas são liberadas a partir da bolsa de ninhada feminina (marsúpio) e, então, esperam passivamente por um peixe que nade por perto. Outras espécies, como a *Lampsilis altilis*, aumentaram a chance de a larva encontrar um peixe por meio de outra modificação do desenvolvimento. Muitos mexilhões desenvolvem um manto fino que faz uma aba em torno da concha e rodeia a bolsa da ninhada. Em alguns unionídeos, a forma da bolsa da ninhada e as ondulações do manto mimetizam a forma e o nado de um vairão (um pequeno peixe *cyprinoid* europeu) (Welsh, 1969). Para tornar o engano ainda maior, o mexilhão desenvolveu um pequeno olho na forma de um ponto preto em uma extremidade e uma "cauda" em leque na outra (**FIGURA 8.13**). Quando um peixe predador é atraído para a sua "presa", o mexilhão descarrega as gloquídeas da bolsa da ninhada, e as larvas grudam nas guelras do peixe. Dessa forma, as modificações do padrão do desenvolvimento vigente permitiram aos mexilhões unionídeos sobreviverem em um ambiente desafiador.

FIGURA 8.13 Imitação de um peixe no topo do bivalvo *Lampsilis altilis*. O "peixe" é, na verdade, a bolsa da ninhada e o manto do bivalvo. Os "olhos" e a "cauda" em leque atraem peixes predadores, e as larvas gloquídeas se juntam às brânquias do peixe. (Cortesia de Wendell R. Haag/USDA Forest Service.)

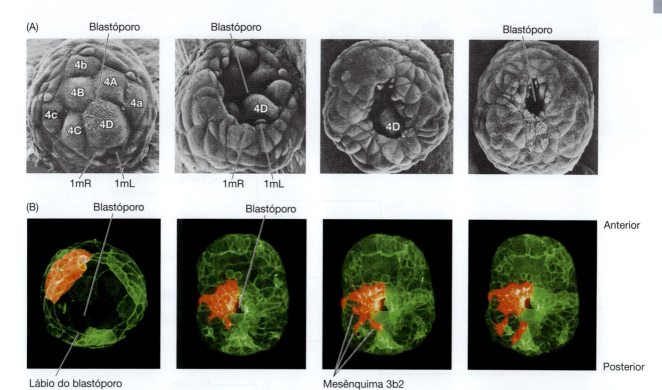

FIGURA 8.14 Gastrulação no caramujo *Crepidula*. (A) Micrografia eletrônica de varredura com foco na região do blastóporo para mostrar a internalização do endoderma, que é derivado dos macrômeros e da quarta série de micrômeros. A célula 4d dividiu-se em 1mR e 1mL (as células do mesendoderma direito R, do inglês, *right*, e esquerdo (L, do inglês, *left*, respectivamente). O ectoderma sofre epibolia a partir do polo animal e envolve as outras células do embrião. (B) A marcação de células vivas de embriões de *Crepidula* mostra a gastrulação ocorrendo por epibolia. As células derivadas do micrômero 3b estão coradas em vermelho. (A, de Van den Biggelaar e Dictus, 2004; B, de Lyon et al., 2015, cortesia de D. Lyons.)

Gastrulação em caramujos

A esterioblástula de caramujo é relativamente pequena e o destino de suas células foi determinado pela série D de macrômeros D. A gastrulação é realizada por uma combinação de processos, incluindo a invaginação do endoderma para formar o intestino primitivo e a epibolia dos micrômeros do capuz animal, que se multiplicam e crescem sobre os macrômeros do polo vegetal (Collier, 1997; van den Biggelaar e Dictus, 2004; Lyons e Henry, 2014). Ao final, os micrômeros cobrem por inteiro o embrião, deixando uma pequena fenda no blastóporo, no polo vegetal (**FIGURA 8.14A**). A totalidade dos micrômeros dos primeiros três quartos forma um capuz animal epitelial que se expande e cobre os precursores endomesodérmicos no polo vegetal. Conforme o blastóporo se estreita, as células derivadas do $3a^2$ e $3b^2$ sofrem transição epitélio-mesenquimal e se movem para dentro do arquêntero. Posteriormente, células derivadas do $3c^2$ e $3d^2$ sofrem convergência e extensão, que envolve fechamento imitando um zíper e intercalação das células ao longo da linha medial ventral (**FIGURA 8.14B**; Lyons et al., 2015).

Durante a gastrulação de caramujo, a boca se forma a partir das células que rodeiam a circunferência do blastóporo, e o ânus surge a partir das células $2d^2$, que somente fazem parte muito brevemente do lábio do blastóporo. O ânus se forma 12 dias após a fertilização como um orifício separado e não é relacionado ao blastóporo. Assim, esses animais são protostomados, formando sua boca na área onde o blastóporo é primeiramente observado.

ASSISTA AO DESENVOLVIMENTO 8.4 A epibolia dos micrômeros do caramujo e a internalização dos macrômeros são vistas em dois vídeos do laboratório da Dra. Deirdre Lyons.

O nematódeo *C. elegans*

Diferentemente do caramujo, com seu longo *pedigree* embriológico, o nematódeo *Caenorhabditis elegans* (comumente referido como *C. elegans*) é um sistema-modelo totalmente moderno, unindo biologia do desenvolvimento com genética molecular. Nos anos 70,

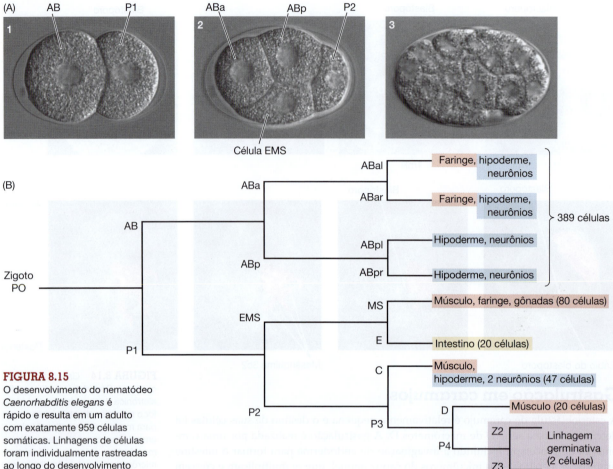

(A)

1 AB   P1

2 ABa   ABp   P2

Célula EMS

3

(B)

Zigoto PO

AB

ABa — ABal — Faringe, hipoderme, neurônios
ABa — ABar — Faringe, hipoderme, neurônios

ABp — ABpl — Hipoderme, neurônios
ABp — ABpr — Hipoderme, neurônios

389 células

P1

EMS — MS — Músculo, faringe, gônadas (80 células)
EMS — E — Intestino (20 células)

P2 — C — Músculo, hipoderme, 2 neurônios (47 células)

P3 — D — Músculo (20 células)

P4 — Z2 / Z3 — Linhagem germinativa (2 células)

FIGURA 8.15
O desenvolvimento do nematódeo *Caenorhabditis elegans* é rápido e resulta em um adulto com exatamente 959 células somáticas. Linhagens de células foram individualmente rastreadas ao longo do desenvolvimento do animal. (A) Micrografias de interferência diferencial do embrião clivando. (1) A célula AB (à esquerda) e a célula P1 (à direita) são resultados da primeira divisão assimétrica. Cada uma dará origem a uma linhagem celular. (2) Embrião de 4 células mostrando as células ABa, ABp, P2 e EMS. (3) A gastrulação é iniciada com o movimento das células derivadas de E para o centro do embrião. (B) Gráfico resumido das linhagens celulares. A linhagem germinativa fica segregada na porção posterior da célula mais posterior (P). As primeiras três divisões celulares produzem as linhagens AB, C, MS e E. O número de células derivadas (entre parênteses) refere-se às 558 células presentes na larva recém-eclodida. Algumas delas continuam a se dividir para produzir as 959 células somáticas do adulto. (Cortesia de D. G. Morton e K. Kemphues; B, de Pines, 1992, baseado em Sulston e Horvitz, 1977, e Sulston et al., 1983.)

Sydney Brenner e seus estudantes procuraram um organismo onde pudesse ser possível identificar cada gene envolvido no desenvolvimento, bem como rastrear a linhagem de cada uma das suas células (Brenner, 1974). Vermes cilíndricos pareceu ser um bom grupo para começar, visto que embriologistas como Richard Goldschimidt e Theodor Boveri já tinham mostrado que muitas espécies de nematódeo possuem um número relativamente pequeno de cromossomos e um pequeno número de células com linhagens celulares invariantes.

Brenner e colaboradores se decidiram pelo *C. elegans*, um nematódeo do solo, pequeno (de um milímetro de comprimento), de vida livre (p. ex., não é parasito) e com relativamente poucos tipos celulares. O *C. elegans* tem um rápido período de embriogênese – por volta de 16 horas – que pode ser ocorrer em uma placa de petri (**FIGURA 8.15A**). No entanto, a forma adulta predominante é hermafrodita, com cada indivíduo produzindo tanto ovo quanto espermatozoides. Esses vermes cilíndricos podem se reproduzir tanto por autofertilização, quanto por fertilização cruzada com machos, que surgem com pouca frequência.

O corpo de um *C. elegans* adulto hermafrodita contém exatamente 959 células somáticas, e todas as linhagens celulares foram seguidas através de sua cutícula transparente (**FIGURA 8.15B**; Sulston e Horvitz, 1977; Kimble e Hirsh, 1979). Ele tem o que se define como **linhagem celular invariante**, ou seja, cada célula dá origem ao mesmo número e tipo de células em todos os embriões. Isso permite que se saiba quais células têm o mesmo precursor celular. Então, para cada célula no embrião podemos dizer de onde ela vem (i.e., quais células dos estágios iniciais do embrião eram seus progenitores) e qual tecido ela contribuirá para a formação. Além disso, diferentemente das linhagens celulares de vertebrados, as linhagens do *C. elegans* são quase totalmente invariantes de um indivíduo para o outro, com pouca possibilidade para o acaso (Sulston et al., 1983). Ele também tem um genoma muito compacto. O genoma do *C. elegans* foi a primeira sequência completa obtida de um organismo multicelular (*C. elegans* Sequencing Consortium, 1999). Embora ele tenha aproximadamente o mesmo número de genes que os humanos (entre 18.000 e 20.000 genes, enquanto *Homo sapiens* tem entre 20.000 e 25.000), o nematódeo tem somente por volta de 3% do número de nucleotídeos no genoma (Hodgkin, 1998, 2001).

C. elegans possui os rudimentos de praticamente todos os principais sistemas do corpo (digestório,nervoso, reprodutor, etc., embora não tenha esqueleto), e exibe um fenótipo de envelhecimento antes de morrer. Os neurobiologistas celebram seu sistema nervoso mínimo (302 neurônios) e cada uma de suas 7.600 sinapses (conexão neuronal) foram identificadas (White et al., 1986; Seifert et al., 2006). Além disso, o *C. elegans* é particularmente amigável para biologistas moleculares. O DNA injetado nas células do *C. elegans* é prontamente incorporado no núcleo, e o *C. elegans* pode receber RNA antissenso do seu meio de cultura.

Clivagem e formação do eixo em *C. elegans*

A fertilização em *C. elegans* não é uma história comum de encontro do espermatozoide com o ovo. A maioria dos indivíduos *C. elegans* é hermafrodita, produzindo tanto espermatozoides quanto ovos, e a fertilização ocorre em um único indivíduo adulto. Os ovos tornam-se fertilizados quando rolam através de uma região do embrião (a espermateca), que contém esperma maduro (**FIGURA 8.16A, B**). Os espermatozoides geralmente não possuem longa cauda e células aperfeiçoadas, mas são células pequenas, redondas, não flageladas, que viajam vagarosamente por movimentos ameboides. Quando um espermatozoide se funde com a membrana da célula do ovo, a polispermia é evitada com a rápida síntese de quitina (a proteína contida na cutícula) pelo ovo recém fertilizado (Johnston et al., 2010). O ovo fertilizado inicia as primeiras divisões e é expelido pela vagina.

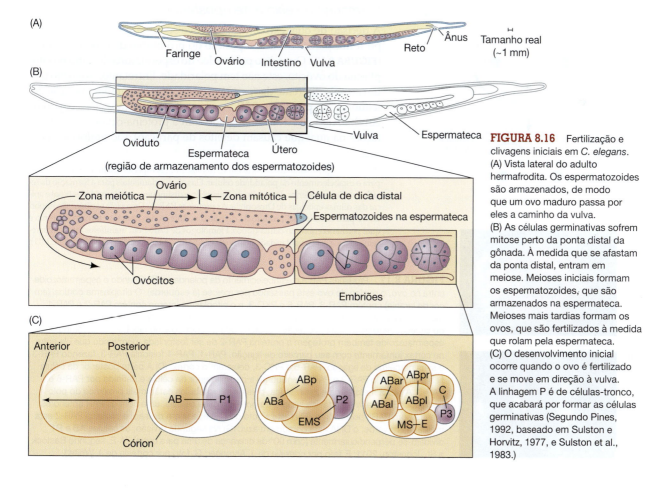

FIGURA 8.16 Fertilização e clivagens iniciais em *C. elegans*. (A) Vista lateral do adulto hermafrodita. Os espermatozoides são armazenados, de modo que um ovo maduro passa por eles a caminho da vulva. (B) As células germinativas sofrem mitose perto da ponta distal da gônada. À medida que se afastam da ponta distal, entram em meiose. Meioses iniciais formam os espermatozoides, que são armazenados na espermateca. Meioses mais tardias formam os ovos, que são fertilizados à medida que rolam pela espermateca. (C) O desenvolvimento inicial ocorre quando o ovo é fertilizado e se move em direção à vulva. A linhagem P é de células-tronco, que acabará por formar as células germinativas (Segundo Pines, 1992, baseado em Sulston e Horvitz, 1977, e Sulston et al., 1983.)

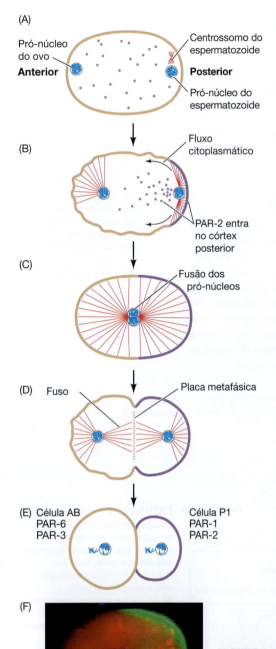

(A)

Pró-núcleo do ovo
Anterior

Centrossomo do espermatozoide

Posterior

Pró-núcleo do espermatozoide

(B)

Fluxo citoplasmático

PAR-2 entra no córtex posterior

(C)

Fusão dos pró-núcleos

(D) Fuso

Placa metafásica

(E) Célula AB
PAR-6
PAR-3

Célula P1
PAR-1
PAR-2

(F)

(G)

ASSISTA AO DESENVOLVIMENTO 8.5 Estes são alguns vídeos excelentes do desenvolvimento embrionário do *C. elegans*, incluindo os preparados no laboratório do Dr. Bob Goldstein.

Clivagem rotacional do ovo

O zigoto do *C. elegans* exibe clivagem holoblástica rotacional (**FIGURA 8.16C**). Durante as clivagens iniciais, cada divisão assimétrica produz uma célula fundadora (denominada AB, E, MS, C e D) que produz descendentes diferenciados e uma célula-tronco (a linhagem P1-P4). O eixo anteroposterior é determinado antes da primeira divisão celular, e a fenda da clivagem está localizada assimetricamente ao longo do eixo do ovo, mais perto do que será o polo posterior. A primeira clivagem forma uma célula fundadora anterior (AB) e uma célula-tronco posterior (P1). O eixo dorsoventral é determinado durante a segunda divisão. A célula fundadora (AB) divide-se equatorialmente (longitudinalmente, 90° ao eixo anteroposterior), enquanto a célula P1 divide-se meridionalmente (transversalmente) para produzir outra célula fundadora (EMS) e uma célula-tronco posterior (P2). A célula EMS marca a região ventral do embrião em desenvolvimento. A linhagem de célula-tronco sempre faz divisão meridional para produzir: (1) uma célula fundadora anterior e (2) uma célula posterior que continuará a linhagem tronco. O eixo direito-esquerda é visto na transição entre os estágios de 4 e 8 células. Nesse momento, a localização de duas "netas" da célula AB é no lado esquerdo, enquanto duas outras (Abar e ABpr) estão no lado direito (ver Figura 8.16C).

Formação do eixo anteroposterior

A decisão de qual extremidade do ovo se tornará a anterior e qual a posterior parece residir na posição do pró-núcleo do espermatozoide (**FIGURA 8.17**). Quando o pró-núcleo do espermatozoide entra no citoplasma do ovócito, este não tem polaridade. Entretanto, o ovócito tem um arranjo diferente da "*partitioning-defective*" (do inglês, partição defeituosa), ou **proteínas PAR**,[2] no seu citoplasma (Motegi e Seydoux, 2014). PAR-3 e PAR-6, interagindo com a proteína-cinase PKC-3 (mutações na qual que causam defeitos de partição), são uniformemente

---

[2] Embora originalmente descoberta em *C. elegans*, muitas espécies usam as proteínas PAR para o estabelecimento da polaridade celular. Elas são fundamentais para a formação da região anterior e posterior do ovócito de *Drosophila*, e distinguem as extremidades basal e apical das células epiteliais de Drosophila. As proteínas PAR de *Drosophila* também são importantes para decidir qual produto da divisão da célula-tronco neural se tornará neurônio e qual permanecerá como célula-tronco. Homólogos de PAR-1 em mamíferos também parecem ser decisivos na polaridade neuronal (Goldstein e Macara, 2007; Nance e Zallen, 2011).

FIGURA 8.17 Proteínas PAR e o estabelecimento da polaridade. (A) Quando o espermatozoide entra no ovo, o núcleo do ovo está passando por meiose (à esquerda). O citoplasma cortical (em cor de laranja) contém PAR-3, PAR-6 e PKC-3, e o citoplasma interno contém PAR-2 e PAR-1 (pontos roxos). (B, C) Os microtúbulos do centrossomo do espermatozoide iniciam a contração do citoesqueleto de actina em direção ao futuro lado anterior do embrião. Esses microtúbulos do espermatozoide também protegem a proteína PAR-2 de ser fosforilada, permitindo que ela entre no córtex juntamente com seu parceiro de ligação, PAR-1. PAR-1 fosforila PAR-3, fazendo PAR-3 e seus parceiros de ligação, PAR-6 e PKC-3, deixarem o córtex. (D) A parte posterior da célula fica definida pelo PAR-2 e PAR-1, enquanto a parte anterior da célula é definida por PAR-6 e PAR-3. A placa metafásica é assimétrica, pois os microtúbulos estão mais próximos do polo posterior. (E) A placa metafásica separa o zigoto em duas células, uma com os PAR anteriores e outra com PARs posteriores. (F) Neste zigoto de *C. elegans* em divisão, a proteína PAR-2 está marcada em verde; o DNA está corado em azul. (G) Na segunda divisão, as células AB e P1 dividem-se perpendicularmente (com 90° de diferença de uma para outra). (A-E, segundo Bastock e St. Johnston, 2011; F, foto por cortesia de J. Ahrenger; G, foto por cortesia de J. White.)

distribuídas no citoplasma cortical. PKC-3 restringe PAR-1 e PAR-2 no citoplasma interno, fosforilando-as. O centrossomo do espermatozoide (centro organizador de microtúbulos) faz contato com o citoplasma cortical por meio dos seus microtúbulos e inicia a movimentação do citoplasma, que empurra o pró-núcleo masculino para a extremidade mais próxima do ovócito alongado. Essa extremidade se torna o polo posterior (Goldstein e Hird, 1996). Além disso, os microtúbulos protegem localmente PAR-2 da fosforilação, permitindo PAR-2 (e seu parceiro de ligação, PAR-1) no córtex próximo do centrossomo. Uma vez no citoplasma cortical, PAR-1 fosforila PAR-3, forçando PAR-3 (e seu parceiro de ligação, PKC-3) a deixar o córtex. Ao mesmo tempo, os microtúbulos do espermatozoide induzem a contração do citoesqueleto de actina-miosina na direção anterior, tirando, dessa forma, PAR-3, PAR-6 e PKC-3 da região posterior do embrião de uma célula. Durante a primeira clivagem, a placa metafásica fica próxima do posterior, e o ovo fertilizado é dividido em duas células, uma tendo os PARs anteriores (PAR-6 e PAR-3) e a outra tendo os PARs posteriores (PAR-2 e PAR-1) (Goehring et al., 2011; Motegi et al., 2011; Rose e Gönczy, 2014).

 OS CIENTISTAS FALAM 8.1   Michael Barrest entrevista o Dr. Kenneth Kemphues, que fala sobre seu trabalho com os genes *PAR* e RNAi.

Formação dos eixos dorsoventral e direita-esquerda

O eixo dorsoventral do *C. elegans* é estabelecido durante a divisão da célula AB. Conforme a célula se divide, vai se tornando mais alongada do que a largura da concha do ovo. Este aperto provoca o deslizamento das células-filhas, uma se posicionando anteriormente, e a outra, mais posteriormente (consequentemente, seus respectivos nomes são ABa e ABp, ver Figura 8.16C). O aperto também faz a célula ABp tomar a posição acima da célula EMS que resulta da divisão do blastômero P1. A célula ABp, então, define o futuro lado dorsal do embrião, enquanto a célula EMS – o precursor das células musculares e do intestino – marca a futura superfície ventral do embrião.

O eixo esquerda-direita não é prontamente visto antes do estágio de 12 células, quando o blastômero MS (vindo da divisão da célula EMS) faz contato com metade das "netas" da célula ABa, distinguindo o lado direito do corpo do lado esquerdo (Evans et al., 1994). Esta sinalização assimétrica prepara o palco para vários outros eventos de indução que fazem o lado direito da larva ficar diferente do lado esquerdo (Hutter e Schnabel, 1995). Realmente, mesmo os diferentes destinos neuronais vistos no lado esquerdo e direito do cérebro do *C. elegans* podem ser rastreados até aquela única mudança no estágio de 12 células (Poole e Hobert, 2006). Embora prontamente vista no estágio de 12 células, a primeira indicação da assimetria esquerda-direita ocorre provavelmente no estágio de zigoto. Logo antes da primeira clivagem, o embrião roda 120° no interior do envelope vitelínico. Essa rotação ocorre sempre na mesma direção em relação ao já estabelecido eixo anteroposterior, indicando que o embrião já tem uma quiralidade esquerda-direita. Se as proteínas do citoesqueleto ou as proteínas PAR forem inibidas, a direção da rotação e a subsequente quiralidade tornam-se randômicas (Wood e Schonegg, 2005; Pohl, 2011).

Controle da identidade do blastômero

C. elegans demonstra tanto o modo condicional quanto o autônomo da especificação celular. Ambos os modos podem ser vistos se os primeiros dois blastômeros forem separados (Priess e Thomson, 1987). A célula P1 desenvolve-se autonomamente na ausência da célula AB, gerando todas as células que ela normalmente faria, e o resultado é a metade posterior de um embrião. Entretanto, a célula AB em isolamento forma somente uma pequena fração dos tipos celulares que ela normalmente faria. Por exemplo, o blastômero resultante ABa falha em fazer os músculos faríngeos anteriores, que teriam sido feitos em um embrião intacto. Assim, a especificação do blastômero AB é condicional e necessita interagir com os descendentes da célula P1 para se desenvolver normalmente.

ESPECIFICAÇÃO AUTÔNOMA   A determinação da linhagem P1 parece ser autônoma, com os destinos celulares sendo determinados por fatores citoplasmáticos internos, em vez de por interações com as células vizinhas (ver Maduro, 2006). As proteínas SKN-1, PAL-1 e PIE-1 codificam fatores de transcrição que atuam intrinsecamente para determinar o destino das células derivadas das quatro células somáticas fundadoras derivadas de P1 (MS, E, C e D).

A proteína **SKN-1** é um fator de transcrição expressado maternalmente que controla o destino do blastômero EMS, que é a célula geradora da faringe posterior. Depois da primeira clivagem, somente o blastômero posterior – P1 – tem a habilidade de produzir células faríngeas quando isolado. Depois que P1 se divide, somente EMS é capaz de gerar células musculares faríngeas em isolamento (Priess e Thompson, 1987). De modo similar, quando a célula EMS se divide, somente uma de sua progênie, MS, tem a habilidade intrínseca de gerar tecido faríngeo. Essas descobertas sugerem que o destino das células faríngeas pode ser determinado autonomamente, por fatores maternais residindo no citoplasma, que são parcelados nessas determinadas células.

Bowerman e colaboradores (1992a, b, 1993) encontraram mutantes de efeito materno em que faltavam células faríngeas e foram capazes de isolar uma mutação no gene *skn-1* (*excesso de pele*). Embriões de mães homozigotas com *skn-1* deficiente não possuem mesoderma faríngeo nem derivados endodérmicos do EMS (**FIGURA 8.18**). Em vez de fazer as estruturas normais do intestino e faringe, estes embriões parecem fazer um tecido hipodérmico extra (pele) e tecido da parede do corpo onde o intestino e a faringe deveriam estar. Em outras palavras, o blastômero EMS parece ser especificado como C. Somente as células destinadas a formar o intestino são afetadas por essa mutação. A proteína skn-1 é um fator de transcrição que inicia a ativação dos genes responsáveis pela formação da faringe e do intestino (Blackwell et al., 1994; Maduro et al., 2001).

Um outro fator de transcrição, **PAL-1**, também é necessário para a diferenciação da linhagem P1. A atividade PAL-1 é necessária para o desenvolvimento normal dos descendentes *somáticos* (mas não germinativos) do blastômero P2, quando especifica a produção do músculo. Embriões sem PAL-1 não possuem tipos celulares somáticos derivados das células-tronco C e D (Hunter e Kenyon, 1996). PAL-1 é regulada pela proteína MEX-3, uma proteína ligadora de RNA que parece inibir a tradução do mRNA de *pal-1*. Onde quer que MEX-3 seja expresso, PAL-1 estará ausente. Então, em mutantes deficientes em *mex-3*, PAL-1 é visto em todos os blastômeros. SKN-1 também inibe PAL-1 (impedindo, assim, que ele se torne ativo na célula EMS). Todavia, o que impede que o *pal-1* funcione nas células germinativas prospectivas e as transforme em músculo? Na linhagem germinativa, a síntese de PAL-1 é impedida pela proteína PUF-8, que se liga

FIGURA 8.18 Deficiências de intestino e faringe em mutantes *skn-1* de *C. elegans*. Embriões derivados de animais selvagens (A, C) e de animais homozigotos para a mutação *skn-1* (B, D) foram analisados no que se refere à presença de músculos da faringe (A, B) e grânulos específicos do intestino (C, D). Um anticorpo específico do músculo da faringe marca a musculatura da faringe desses embriões derivados selvagens (A), mas não se liga a qualquer estrutura nos embriões mutantes *skn-1* (B). Da mesma forma, os grânulos do intestino, característicos de intestinos do embrião (C), estão ausentes nos embriões derivados de mutantes *skn-1* (D). (A, de Bowerman et al., 1992a, cortesia de B. Bowerman.)

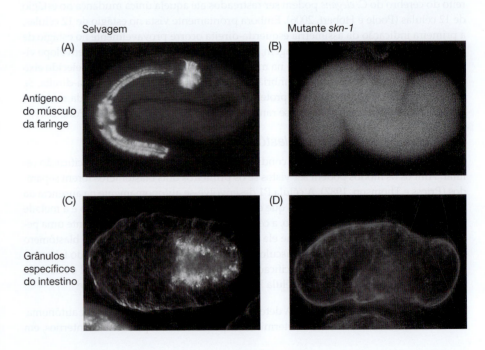

Selvagem   Mutante *skn-1*

(A)   (B)

Antígeno do músculo da faringe

(C)   (D)

Grânulos específicos do intestino

ao 3'UTR do mRNA de PAL-1 e bloqueia sua tradução (Mainpal et al., 2011).

Um terceiro fator de transcrição, **PIE-1**, é necessário para o destino das células da linhagem germinativa. PIE-1 é localizado no blastômero P por meio da ação da proteína PAR-1 (**FIGURA 8.19**) e parece inibir as funções de SKN-1 e PAL-1 na P2 e nas células germinativas subsequentes (Hunter e Kenyon, 1996). Mutações no gene materno *pie-1* resultam em blastômeros da linhagem germinativa adotando um destino somático, com a célula P2 comportando-se similarmente ao blastômero selvagem EMS. A localização e as propriedades genéticas sugerem que ele reprime o estabelecimento do destino da célula somática e preserva a totipotência da linhagem germinativa (Mello et al., 1996; Seydoux et al., 1996).

ESPECIFICAÇÃO CONDICIONAL Como mencionado anteriormente, o embrião do *C. elegans* usa os modos de especificação autônoma e condicional. A especificação condicional pode ser vista no desenvolvimento da linhagem celular do endoderma. No estágio de 4 células, a célula EMS precisa de um sinal da sua vizinha (e células-irmãs), o blastômero P2. Em geral, a célula EMS divide-se em uma célula MS (que produz músculos mesodérmicos) e uma célula E (que produz o endoderma do intestino). Se a célula P2 for removida no estágio inicial de 4 células, a célula EMS se dividirá em duas células MS, e nenhum endoderma será produzido. Se a célula EMS for recombinada com o blastômero P2, ela formará o endoderma; mas não o fará, entretanto, quando combinada com ABa, ABp ou os derivados de AB (Goldstein, 1992). A especificação das células MS começa com o SKN-1 materno ativando genes que codificam fatores de transcrição, incluindo MED-1 e MED-2. O sinal POP-1 (codificante da proteína TCF, que se liga à β-catenina no DNA) bloqueia a via do destino E (endoderma) na futura célula MS, tornando-se efetivamente MS, por meio do bloqueio da habilidade de MED-1 e MED-2 em ativar o gene *tbx-35* (**FIGURA 8.20**; Broitman-Maduro et al., 2006; Maduro, 2009). Ao longo do reino animal, as proteínas TBX são conhecidas por estarem ativas na formação do mesoderma; TBX-35 atua na ativação dos genes do mesoderma na faringe (*pha-4*) e nos músculos (*hlh-1*) do *C. elegans*.

A célula P2 produz um sinal que interage com a célula EMS e instrui as filha da EMS próxima a ela a se tornar a célula E. Essa mensagem é transmitida pela cascata de sinalização Wnt (**FIGURA 8.21**; Rocheleau et al., 1997; Throrpe et al., 1997; Walston et al., 2004). A célula P2 produz a proteína MOM-2, que é uma proteína Wnt de *C. elegans*. A proteína MOM-2 é recebida na célula EMS pela proteína MOM-5, uma versão do *C. elegans* da proteína receptora Frizzled para wnt. O resultado dessa cascata de sinalização

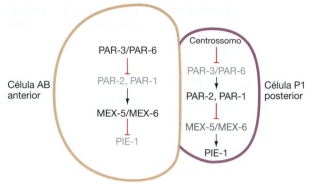

FIGURA 8.19 Segregação do determinante PIE-1 no blastômero P1, no estágio de 2 células. O centrossomo do espermatozoide inibe a presença do complexo PAR-3/PAR-6 na parte posterior do ovo. Isso permite a função de PAR-2 e PAR-1, que inibem as proteínas MEX-5 e MEX-6 que degradariam PIE-1. Então, enquanto a proteína PIE-1 é degradada na célula AB anterior resultante, ela é preservada na célula P1 posterior. (Segundo Gönczy e Rose, 2005.)

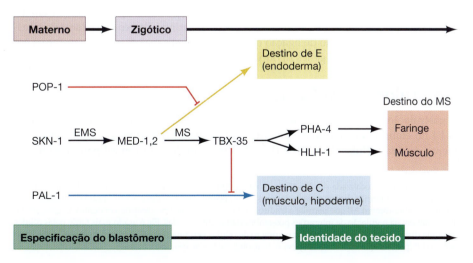

FIGURA 8.20 Modelo para a especificação do blastômero MS. A SKN-1 materna ativa os fatores de transcrição GATA, MED-1 e MED-2 na célula EMS. O sinal POP-1 impede que essas proteínas ativem os fatores de transcrição endodérmicos (como END-1) e, em vez disso, ativa o gene *tbx-35*. O fator de transcrição TBX-35 ativa os genes mesodérmicos na célula MS, incluindo *pha-4* na linhagem da faringe e *hlh-1* (que codifica um fator de transcrição miogênico) nos músculos. TBX-35 também inibe a expressão do gene *pal-1*, impedindo, assim, que a célula MS adquira os destinos do blastômero C. (Segundo Broitman-Maduro et al., 2006.)

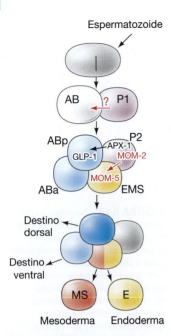

Espermatozoide

FIGURA 8.21 Sinalização célula a célula no embrião de 4 células de *C. elegans*. A célula P2 produz dois sinais: (1) a proteína justácrina APX-1 (um homólogo de Delta), que está ligada ao GLP-1 (Notch) na célula ABp, e (2) a proteína parácrina MOM-2 (Wnt), que está ligada à proteína MOM-5 (Frizzled) na célula EMS. (Segundo Han, 1998.)

é a regulação inibitória da expressão do gene *pop-1* na célula-filha da EMS destinada a se tornar célula E. Nos embriões deficientes em *pop-1*, ambas as célula-filha EMS tornam-se célula E (Lin et al., 1995; Park et al., 2004). Então, a via Wnt é considerada fundamental para o estabelecimento do eixo anteroposterior do *C. elegans*. Notavelmente, como será visto, a sinalização Wnt parece especificar o eixo A-P no reino animal.

A célula P2 também é crucial para dar o sinal que distingue a ABp da sua irmã, ABa (ver Figura 8.21). A ABa dá origem aos neurônios, à hipoderme e às células da faringe anterior, ao passo que a ABp faz somente neurônios e células da hipoderme. Entretanto, se for revertida experimentalmente a posição destas duas células, seus destinos serão igualmente revertidos e será formado um embrião normal. Em outras palavras, ABa e ABp são células equivalentes, cujos destinos são determinados por suas posições no embrião (Priess e Thomsom, 1987). Estudos genéticos e de transplantes têm mostrado que a ABp se torna diferente de ABa por meio da sua interação com a célula P2. Em um embrião sem perturbação, ambas ABa e ABp fazem contacto com o blastômero MS, mas somente a ABp tem contato com a célula P2. Se a célula P2 é morta no estágio de quatro células, a célula ABp não gera o seu complemento normal de células (Bowerman et al., 1992a, b). O contato entre ABp e P2 é essencial para a especificação dos destinos celulares de ABp, e a célula ABa pode ser direcionada em um tipo celular ABp se for forçada a entrar em contato com P2 (Hutter e Schnabel, 1994; Mello et al., 1994).

Essa interação é mediada pela proteína GLP-1 na célula ABp, e a proteína APX-1 (do inglês, *anterior pharynx excess*, excesso de faringe anterior) no blastômero P2. Nos embriões de mãe que possuem *glp-1* mutado, ABp é transformada na célula ABa (Hutter e Schnabel, 1994; Mello et al., 1994). A proteína GLP-1 é membro de uma família amplamente conservada, chamada proteínas Notch, que serve como receptor na membrana da célula durante muitas interações célula a célula. Ela é vista tanto na célula ABa quanto na ABp (Evans et al., 1994).[3] Uma das mais importantes ligadoras na proteína Notch, como a GLP-1, é a proteína da superfície celular Delta. Em *C. elegans*, a proteína do tipo Delta é a APX-1, encontrada na célula P2 (Mango et al., 1994a; Mello et al., 1994). O sinal do APX-1 quebra a simetria entre ABa e ABp, tendo em vista que ela estimula a proteína GLP-1 somente no descendente da AB com o qual faz contato – nomeadamente, o blastômero ABp. Ao fazer isso, a célula P2 estabelece o eixo dorsoventral do *C. elegans*, e confere ao blastômero ABp um destino diferente da sua célula-irmã.

INTEGRAÇÃO DAS ESPECIFICAÇÕES AUTÔNOMA E CONDICIONAL: DIFEREN-CIAÇÃO DA FARINGE DO *C. ELEGANS* Deve ter ficado aparente pela discussão acima que a faringe é gerada por dois conjuntos de células. Um grupo de precursores faríngeos vem da célula EMS e é dependente do gene materno *skn-1*. O segundo grupo de precursores faríngeos vem do blastômero ABa e é dependente da sinalização GLP-1 da célula EMS. Em ambos os casos, as células precursoras faríngeas (e somente elas) são instruídas a ativarem o gene *pha-4* (Mango et al., 1994b).

O gene *pha-4* codifica o fator de transcrição semelhante à proteína HNF3 de mamífero. Os estudos de microarranjo de Gaudet e Mango (2002) revelaram que o fator de transcrição PHA-4 ativa quase todos os genes específicos da faringe. Parece que o fator de transcrição PHA-4 pode ser o nó de ligação que pega nos sinais maternos e os transforma em um sinal que transcreve os genes zigóticos necessários para o desenvolvimento da faringe.

Gastrulação em *C. elegans*

A gastrulação em *C. elegans* começa extremamente cedo, logo após a geração da célula P4 no embrião de 26 células (**FIGURA 8.22**; Skiba e Schierenberg, 1992). Nesse momento, as duas células-filhas de E (Ea e Ep) migram do lado ventral para o centro do

---

[3] A proteína GLP-1 é localizada nos blastômeros ABa e ABp, mas o *glp-1* codificado maternalmente é encontrado por todo o embrião. Evans e colaboradores (1994) postularam que deve existir algum determinante da tradução no blastômero AB que permite a tradução da mensagem *glp-1* nos seus descendentes. O gene *glp-1* é ativo também na regulação de interações pós-embrionárias entre células. Ele é usado mais tarde pelas células da ponta distal da gônada para controlar o número de células germinativas que entram em meiose; vem daí o nome GLP (proliferação da linhagem germinativa, ou *germ line proliferation*).

embrião. Ao chegarem lá, elas dividem-se e formam o intestino, contendo 20 células. Há uma blastocele muito pequena e transiente antes da movimentação das células Ea e Ep, e sua migração para o interior cria um pequenino blastóporo. A próxima célula a migrar por este blastóporo é a célula P4, o precursor das células germinativas. Ela migra para uma posição abaixo do primórdio do intestino. As células mesodérmicas movimentam-se depois: as descendentes da célula MS migram para o interior, a partir do lado anterior do blastóporo, e os precursores musculares derivados de C e D entram a partir do lado posterior. Essas células flanqueiam o tubo digestório nos lados esquerdo e direito (Schierenberg, 1997). No final, por volta de 6 horas após a fertilização, as células derivadas de AB que contribuem para a faringe são levadas para dentro, ao passo que as células do hipoblasto (precursores das células hipodérmicas da pele) se movem ventralmente por epibolia, fechando o blastóporo no final. Os dos lados da hipoderme são selados pela caderina E nas extremidades das células líderes que se encontram na linha média ventral (Raich et al., 1999).

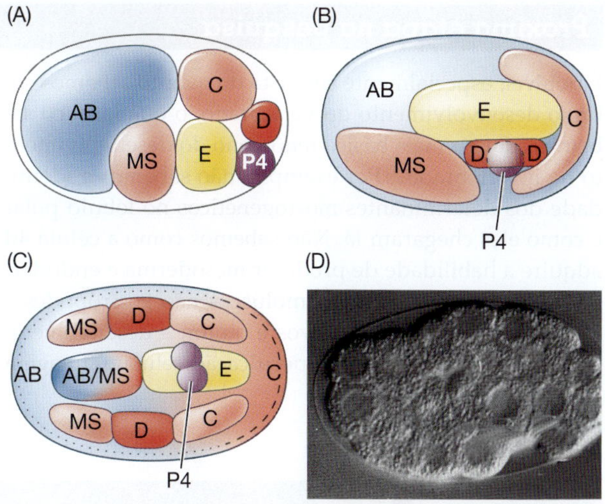

Durante as próximas 6 horas, as células movem-se e desenvolvem-se em órgãos, enquanto os embriões na forma de bola se esticam para se tornarem um verme com 556 células somáticas e 2 células-tronco germinativas (ver Priess e Hirsh, 1986; Schierenberg, 1997). Existem evidências (Schnabel et al., 2006) de que, embora os movimentos da gastrulação forneçam uma primeira boa aproximação da forma final, um "foco adicional" nas células é usado para levar as células a arranjos funcionais. Nesse momento, as células com o mesmo destino se separam ao longo do eixo anteropsterior. Outras modelagens também ocorrem; 115 células adicionais entram em apoptose (morte celular programada). Depois de quatro mudas, o verme é um adulto hermafrodita sexualmente maduro, contendo exatamente 959 células somáticas, além de numerosos espermatozoides e ovos.

> **ASSISTA AO DESENVOLVIMENTO 8.6** Vídeo do laboratório Goldstein na Carolina do Norte, lindamente retratando a gastrulação do *C. elegans*

Uma característica que distingue o desenvolvimento do *C. elegans* da maioria dos organismos que já foram bem estudados é a prevalência da fusão celular. Durante a gastrulação do *C. elegans*, cerca de um terço de todas as células fundem-se para formar células sinciciais contendo muitos núcleos. As 186 células que compõem a hipoderme (pele) do nematódeo fundem-se em 8 células sinciciais, e a fusão celular também é vista na vulva, no útero e na faringe. A função desses eventos de fusão pode ser determinada pela observação de mutações que impedem a fusão celular (Shemer e Podbilewicz, 2000, 2003). Parece que a fusão evita que as células migrem individualmente para além de sua fronteira normal. Na vulva (ver Capítulo 2), a fusão previne que as células da hipoderme adotem o destino de vulva e façam uma vulva ectópica (e não funcional).

O programa de pesquisa em *C. elegans* integra genética, biologia celular, embriologia e mesmo ecologia para fornecer um entendimento das redes que governam a diferenciação celular e a morfogênese. Além de fornecer algumas ideias notáveis de como a expressão gênica pode mudar durante o desenvolvimento, estudos com o *C. elegans* também nos rebaixam, quando demonstram o quanto são complexas essas redes. Mesmo em um organismo tão "simples" como o *C. elegans*, com apenas alguns genes e tipos celulares, o lado direito do corpo é feito de uma maneira diferente do esquerdo. A identificação dos genes mencionados acima é apenas o começo do nosso esforço para entender a complexidade dos sistemas interativos do desenvolvimento.

TÓPICO NA REDE 8.3 **GENES HETEROCRÔNICOS E O CONTROLE DOS ESTÁGIOS DA LARVA** *C. elegans* passa por quatro estágios de larva antes de se tornar adulto. Esses estágios são regulados por microRNAs que controlam a tradução de mensageiros específicos.

FIGURA 8.22 Gastrulação em *C. elegans*. (A) Posições das células fundadoras e de seus descendentes, no estágio de 26 células, no início da gastrulação. (B) estágio de 102 células, após a migração dos descendentes de E, P4 e D. (C) Posições das células próximo ao final da gastrulação. As linhas pontilhadas e tracejadas representam regiões da hipoderme com contribuição das AB e C, respectivamente. (D) Gastrulação inicial, com duas células E começando a se mover para dentro. (Segundo Schierenberg, 1997; foto por cortesia de E. Schierenberg.)

Próxima etapa na pesquisa

É notável, especialmente em vista do quanto sabemos sobre o desenvolvimento do vertebrado, o quão pouco sabemos sobre o mais básico fenômeno do desenvolvimento de invertebrados. Por exemplo, não sabemos a identidade dos determinantes morfogenéticos no lóbulo polar e como eles chegaram lá. Não sabemos como a célula 4d adquire a habilidade de produzir mesoderma e endoderma. Não sabemos como os moluscos não gastrópodes – incluindo lula, polvo, bivalvos e quíton – desenvolvem-se, e como seu modo de especificação celular, clivagem

e gastrulação são relacionadas ao do molusco gastrópode, como o caramujo. Mais ainda, temos um conhecimento escasso sobre o mecanismo da metamorfose do molusco, que é o mecanismo pelo qual a larva se torna juvenil. Mesmo que a genética do *C. elegans* seja tão notavelmente completa, ainda estamos olhando para o que localiza os PARs e o que causa o fluxo citoplasmático no embrião de uma célula do *C. elegans*. Esses são exemplos de problemas básicos do desenvolvimento que esperam ser elucidados.

Considerações finais sobre a foto de abertura

Em 1923, Alfred Sturtevant identificou conchas de caramujo com enrolamento para a esquerda como uma das primeiras mutações conhecidas do desenvolvimento. Ele foi capaz de ligar a genética do caramujo *Limnae* com seu padrão de enrolamento, estabelecendo que o fenótipo da enrolamento esquerdo (sinistro) era um efeito materno (ver p. 257). Seu trabalho demonstrou, de forma altamente visível, o profundo efeito dos genes no desenvolvimento. Em 2016, a base genética do enrolamento do caramujo pode ter sido identificada e a via que leva a assimetria direita-esquerda foi esboçada (ver Davison et al., 2016). Hoje, a genética do enrolamento da concha do caramujo proporcionou nosso conhecimento sobre o desenvolvimento inicial, iluminando os princípios do estabelecimento da identidade do blastômero e como os determinantes morfogenéticos afetam o padrão da clivagem e da gastrulação na estrada que cria o fenótipo final do origami.

8 Resumo instantâneo
Especificação rápida em caramujos e nematódeos

1. Os eixos do corpo são estabelecidos por diferentes maneiras, conforme a espécie. Em algumas espécies, os eixos são estabelecidos na fertilização, por meio de determinantes no citoplasma do ovo. Em outras, como nematódeos e caramujos, os eixos são estabelecidos por interação celular mais tarde no desenvolvimento.

2. Tanto os caramujos quanto os nematódeos possuem clivagem holoblástica. Em caramujos, a clivagem é espiral; em nematódeos, rotacional.

3. Em caramujos e em *C. elegans*, a gastrulação começa quando há relativamente poucas células. O blastóporo se torna a boca (o modo protostomado de gastrulação).

4. A clivagem em espiral nos caramujos origina a estereoblástula (p. ex., blástula sem blastocele). A direção da clivagem em espiral é regulada por um fator codificado pela mãe e colocado no ovócito. A clivagem em espiral pode ser modificada pela evolução, e as adaptações da clivagem em

espiral têm permitido que alguns moluscos sobrevivam em ambientes que, de outra maneira, seriam severos.

5. O glóbulo polar de certos moluscos contém determinantes morfogenéticos para o mesoderma e o endoderma. Esses determinantes entram no blastômero D.

6. O nematódeo de solo *Caenorhabditis elegans* foi escolhido como um organismo-modelo porque possui um pequeno número de células, tem um pequeno genoma, é facilmente cruzado e mantido, tem um curto tempo de vida, pode ser geneticamente manipulado e tem uma cutícula que permite a visualização dos movimentos das células.

7. Nas primeiras divisões do zigoto *C. elegans*, uma célula-filha se torna uma célula fundadora (produzindo descendentes diferenciados), e a outra, uma célula-tronco (produtora de outras células fundadoras e da linhagem germinativa).

8. A identidade dos blastômeros no *C. elegans* é regulada pelas especificações tanto autônoma quanto condicional.

Leituras adicionais

Crampton, H. E. and E. B. Wilson. 1896. Experimental studies on gastropod development. Arch. Entw. Mech. 3: 1–18.

Davison, A. and 15 others. 2016. Formin is associated with left-right asymmetry in the pond snail and frog. Curr. Biol. 26:654–660.

Henry, J. Q. 2014. Spiralian model systems. Int. J. Dev. Biol. 58:389-401.

Hoso, M., Y. Kameda, S.-P. Wu, T. Asami, M. Kato and M. Hori. 2010. A speciation gene for left–right reversal in snails results in anti-predator adaptation. Nature Communications 1: 133. doi:10.1038/ncomms1133.

Lambert, J. D. 2010. Developmental patterns in spiralian embryos. Curr. Biol. 20: 272–277.

Resnick T. D., K. A. McCulloch and A. E. Rougvie. 2010. miRNAs give worms the time of their lives: Small RNAs and temporal control in Caenorhabditis elegans. Dev. Dyn. 239:1477–1489.

Shibazaki, Y., M. Shimizu and R. Kuroda. 2004. Body handedness is directed by genetically determined cytoskeletal dynamics in the early embryo. Curr. Biol. 14: 1462–1467.

Sturtevant, A. H. 1923. Inheritance of direction of coiling in Limnaea. Science, New Series, 58: 269-270.

Sulston, J. E., J. Schierenberg, J. White and N. Thomson. 1983. The embryonic cell lineage of the nematode Caenorhabditis elegans. Dev. Biol. 100: 64–119.

Wilson, E. B. 1898. Cell lineage and ancestral reminiscence. In Biological Lectures from the Marine Biological Laboratories, Woods Hole, Massachusetts, pp. 21–42. Ginn, Boston.

VISITE WWW.DEVBIO.COM...

... para Tópicos na Rede, entrevistas de Os Cientistas Falam, vídeos de Assista ao Desenvolvimento, Tutorial do Desenvolvimento e informação bibliográfica completa sobre toda a literatura citada neste capítulo.

9

A genética da especificação dos eixos em *Drosophila*

GRAÇAS, EM GRANDE PARTE, A ESTUDOS liderados pelo Laboratório de Thomas Hunt Morgan durante as duas primeiras décadas do século XX, sabemos mais sobre a genética da *Drosophila melanogaster* do que qualquer outro organismo multicelular. As razões devem-se tanto às próprias moscas como às pessoas que inicialmente as estudaram. A *Drosophila* é fácil de criar, resistente, prolífica e tolerante a diversas condições. Além disso, em algumas células das larvas, o DNA se replica várias vezes sem se separar. Isso deixa centenas de fitas de DNA adjacentes umas às outras, formando cromossomos politênicos (do grego, "muitas fitas") (**FIGURA 9.1**). O DNA não usado é mais condensado e marca mais escuro que as regiões de DNA ativo. Os padrões de bandas foram usados para indicar a localização física dos genes nos cromossomos. O laboratório de Morgan estabeleceu uma base de dados de estirpes mutantes, bem como uma rede de troca onde cada laboratório podia obtê-las.

O historiador Robert Kohler observou, em 1994, que "a principal vantagem da *Drosophila* foi inicialmente desconsiderada pelos historiadores: era um organismo excelente para projetos de estudantes". Na verdade, os alunos de graduação (começando com Calvin Bridges e Alfred Sturtevant) tiveram papéis importantes na pesquisa em *Drosophila*. O programa de genética de *Drosophila*, comenta Kohler, foi "desenhado por pessoas jovens para ser um jogo de pessoas jovens", e os estudantes estabeleceram as regras para a pesquisa em *Drosophila*: "Nada de segredos negociais, de monopólios, caça furtiva ou ciladas".

Jack Schultz (originalmente do laboratório de Morgan) e outros tentaram relacionar o fornecimento crescente de dados da genética de *Drosophila* com o seu desenvolvimento. Contudo, a *Drosophila* era um organismo difícil para o estudo da embriologia. Os embriões de mosca mostraram-se complexos e de solução difícil, não sendo nem suficientemente grandes para manipulação experimental nem suficientemente transparentes

Quais alterações no desenvolvimento fizeram esta mosca ter 4 asas, em vez de 2?

Destaque

O desenvolvimento da mosca-da-fruta é extremamente rápido, e os seus eixos corporais são especificados por fatores maternos citoplasmáticos, mesmo antes do o espermatozoide entrar no ovo. O eixo anteroposterior é especificado por proteínas e mRNAs produzidos nas células nutridoras e transportadas para o ovócito, de forma que cada região do ovo contém proporções diferentes de proteínas promotoras de região anteroposterior. No final, os gradientes dessas proteínas controlam um conjunto de fatores de transcrição – as proteínas homeóticas – que especificam as estruturas a ser formadas por cada segmento da mosca adulta. O eixo dorsoventral também é iniciado no ovo, o qual envia um sinal às suas células foliculares circundantes. As células foliculares respondem iniciando uma cascata molecular que leva tanto à especificação de tipo celular quanto à gastrulação. Órgãos específicos formam-se na interseção do eixo anteroposterior com o eixo dorsoventral.

(A)

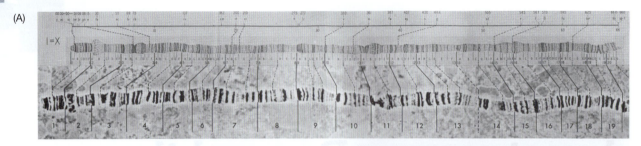

FIGURA 9.1 Cromossomos politênicos de *Drosophila*. O DNA de glândulas salivares de larvas e outros tecidos larvais se replica sem se separar. (A) Fotografia do cromossomo X de *D. melanogaster*. A tabela acima dele foi feita pelo estudante de Morgan Calvin Bridges em 1935. (B) Cromossomos das células de glândulas salivares do terceiro ínstar de *D. melanogaster* macho. Cada cromossomo politênico contém 1024 fitas de DNA (marcadas em azul). Aqui, um anticorpo (em vermelho) contra o fator de transcrição MSL se liga apenas a genes no cromossomo X. O MSL acelera a expressão gênica no único cromossomo X masculino, de forma a poder igualar a quantidade de expressão gênica pelas fêmeas com seus dois cromossomos X. (A, de Brody, 1996; B, foto por A. A. Alekseyenki e M.I. Kuroda.)

(B)

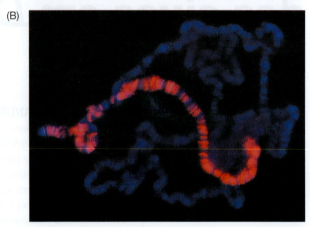

para observação ao microscópio. Só após a descoberta das técnicas de biologia molecular, permitindo aos pesquisadores identificar e manipular os genes e RNA do inseto, que a sua genética pôde ser relacionada com o seu desenvolvimento. E quando isso aconteceu, ocorreu uma revolução no campo da biologia. Essa revolução continua, em grande parte devido à disponibilidade da sequência completa do genoma de *Drosophila* e à nossa capacidade de gerar moscas transgênicas em alta frequência (Pfeiffer et al., 2009; del Valle Rodríguez et al., 2011). Os pesquisadores são agora capazes de identificar interações do desenvolvimento que têm lugar em pequenas regiões do embrião, para identificar estimuladores e seus fatores de transcrição e de fazer modelos matemáticos para as interações com um notável grau de precisão (Hengenius et al., 2014).

Desenvolvimento inicial da *Drosophila*

Já discutimos a especificação das células embrionárias iniciais por determinantes citoplasmáticos armazenados no ovócito. As membranas celulares que se formam durante a clivagem estabelecem a região de citoplasma incorporada em cada novo blastômero, e os determinantes morfogenéticos no citoplasma incorporado dirigem, então, a expressão gênica diferencial em cada célula. No entanto, no desenvolvimento da *Drosophila*, as membranas celulares não se formam antes da décima terceira divisão nuclear. Antes desse momento, os núcleos em divisão compartilham todos um citoplasma comum e material pode difundir por todo o embrião. A especificação dos tipos celulares ao longo dos eixos anteroposterior e dorsoventral é realizada por meio de interações de componentes *dentro* de uma única célula multinucleada. Além disso, essas diferenças axiais têm início em um estágio de desenvolvimento mais precoce por posicionamento do ovo na câmara do ovo materna. Enquanto a entrada do espermatozoide pode fixar os eixos em nematódeos e tunicados, os eixos anteroposterior e dorsoventral da mosca são especificados por interações entre o ovo e suas células foliculares circundantes antes da fertilização.

ASSISTA AO DESENVOLVIMENTO 9.1 O *website "The interactive fly"* apresenta vídeos ilustrando todos os aspectos do desenvolvimento da *Drosophila*.

Fertilização

A fertilização da *Drosophila* é uma série notável de eventos e é bastante diferente das fertilizações que descrevemos anteriormente.

- *O espermatozoide entra no ovo que já está ativado*. A ativação do ovo em *Drosophila* é realizada durante a ovulação, minutos *antes* da fertilização começar. Conforme o ovócito de *Drosophila* se comprime por um orifício estreito, abrem-se canais de cálcio e dá-se a entrada de Ca^{2+}. O núcleo do ovócito retoma, então, as suas divisões meióticas e os mRNAs citoplasmáticos são traduzidos sem fertilização (Mahowald et al., 1983; Fitch e Wakimoto, 1988; Heifetz et al., 2001; Horner e Wolfner, 2008).

- *Existe apenas um local de entrada do espermatozoide no ovo*. É o **micrópilo**, um túnel no córion (casca do ovo), localizado na futura região dorsal do embrião. O micrópilo permite que os espermatozoides passem através dele um de cada vez e provavelmente impede a polispermia em *Drosophila*. Não existem grânulos corticais para boquear a polispermia, apesar de se observarem alterações corticais.

- Quando o espermatozoide entra no ovo, este já começou a especificar os eixos corporais; assim, o espermatozoide entra em um ovo que já está se organizando em embrião.

- *As membranas celulares do espermatozoide e do ovo não se fundem. Em vez disso, o espermatozoide entra no ovo intacto*. O DNA dos pronúcleos masculino e feminino replicam antes de fusionarem, e depois dos pronúcleos fusionarem, os cromossomos maternos e paternos se mantêm separados até o final da primeira mitose (Loppin et al., 2015).

TÓPICO NA REDE 9.1 **A FERTILIZAÇÃO DE *DROSOPHILA*.** A fertilização de um ovo de *Drosophila* pode apenas ocorrer na região do ovócito que se tornará a região anterior do embrião. Além disso, parece que a cauda do espermatozoide fica nessa região.

Clivagem

A maioria dos insetos sofre **clivagem superficial**, durante a qual uma grande massa de vitelo localizada centralmente confina a clivagem à borda citoplasmática do ovo (ver Figura 1.5). Uma das características fascinantes desse padrão de clivagem é que as células não se formam antes de os núcleos terem se dividido várias vezes. No ovo de *Drosophila*, cariocinese (divisão nuclear) ocorre sem citocinese (divisão celular), de forma a criar um **sincício**, uma única célula com muitos núcleos residindo em um citoplasma comum (**FIGURA 9.2**). O núcleo do zigoto sofre várias divisões nucleares na porção central

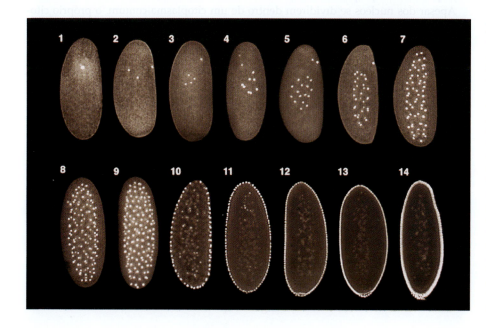

FIGURA 9.2 Micrografias de confocal de *laser* de cromatina marcada, mostrando divisões nucleares sinciciais e clivagem superficial em uma série de embriões de *Drosophila*. A futura extremidade anterior está posicionada para cima; os números referem-se ao ciclo de divisão nuclear. As primeiras divisões nucleares ocorrem centralmente dentro de um sincício. Mais tarde, os núcleos e suas ilhas citoplasmáticas (enérgides) migram para a periferia da célula. Isso origina o blastoderma sincicial. Após o ciclo 13, o blastoderma celular forma-se por ingressão de membranas celulares entre núcleos. As células polares (células germinativas precursoras) formam-se na região posterior. (Cortesia de D. Daily e W. Sullivan.)

FIGURA 9.3 Divisões nuclear e celular em embriões de *Drosophila*. (A) Divisão nuclear (mas não divisão celular) pode ser observada em um embrião sincicial de *Drosophila* usando um corante que marca DNA. A primeira região a celularizar, a região polar, pode ser observada formando as células na região posterior do embrião, que mais tarde se tornarão as células germinativas (espermatozoide ou ovócito) da mosca. (B) Cromossomos dividindo-se no córtex do blastoderma sincicial. Apesar de não existirem fronteiras celulares, a actina (em verde) pode ser vista formando regiões dentro das quais cada núcleo se divide. Os microtúbulos do aparelho mitótico são marcados a vermelho com anticorpos para tubulina. (C, D) Secção transversal de uma parte de um embrião de *Drosophila* de ciclo 10 mostrando os núcleos (em verde) no córtex da célula sincicial, adjacente a uma camada de microfilamentos de actina (em vermelho). (C) Núcleos interfásicos. (D) Núcleos em anáfase, dividindo-se paralelamente ao córtex e permitindo que os núcleos permaneçam na periferia. (A, de Bonnefoy et al., 2007; B, de Sullivan et al., 1993, cortesia de W. Theurkauf e W. Sullivan; C, D, de Foe, 2000, cortesia de V. Foe.)

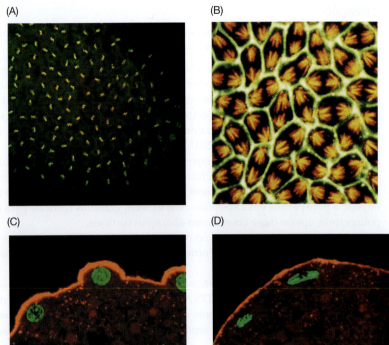

do ovo; 256 núcleos são produzidos por uma série de oito divisões celulares com média de 8 minutos cada (**FIGURA 9.3A, B**). Essa rápida velocidade de divisão é conseguida por repetidas rodadas de fases S (replicação de DNA) alternadas com M (mitose) na ausência de fases G (*gap*) do ciclo celular. Durante o nono ciclo de divisão, aproximadamente cinco núcleos alcançam a superfície do polo posterior do embrião. Esses núcleos ficam contidos por membranas celulares e dão origem às **células polares** que originarão os gametas do adulto. No ciclo 10, os outros núcleos migram para o córtex (periferia) do ovo, e as mitoses continuam, embora em velocidade progressivamente mais baixa (**FIGURA 9.3C, D**; Foe et al., 2000). Durante esses estágios de divisão nuclear, o embrião é chamado de **blastoderma sincicial**, uma vez que não existem outras membranas celulares que não a do próprio ovo.

Apesar dos núcleos se dividirem dentro de um citoplasma comum, o próprio citoplasma está longe de ser uniforme. Karr e Alberts (1986) demonstraram que cada núcleo dentro do blastoderma sincicial está contido dentro do seu pequeno território de proteínas do citoesqueleto. Quando os núcleos alcançam a periferia do ovo durante o décimo ciclo de clivagem, cada núcleo fica rodeado por microtúbulos e microfilamentos. Os núcleos e suas ilhas citoplasmáticas associadas são chamados de **enérgides**. Após o ciclo de divisão 13, a membrana celular (que cobria o ovo) se dobra para dentro entre os núcleos, acabando por separar cada enérgide em uma célula. Esse processo cria o **blastoderma celular**, no qual todas as células são organizadas em uma jaqueta de camada simples à volta do centro de vitelo do ovo (Turner e Mahowald, 1977; Foe e Alberts, 1983; Mavrakis et al., 2009).

Como em toda a formação de célula, a formação do blastoderma celular envolve uma interação delicada entre microtúbulos e microfilamentos (**FIGURA 9.4**). Os movimentos de membrana, o alongamento nuclear e a polimerização da actina parecem todos ser coordenados por microtúbulos (Riparbelli et al., 2007). A primeira fase de celularização do blastoderma é caracterizada pela invaginação das membranas celulares entre os núcleos para formar canais em sulco. Esse processo pode ser inibido por drogas que bloqueiam microtúbulos. Depois de os canais em sulco terem passado o nível dos núcleos, ocorre a segunda fase de celularização. A velocidade de invaginação aumenta, e o complexo actina-membrana começa a se constringir no que será a extremidade basal da célula

(A)

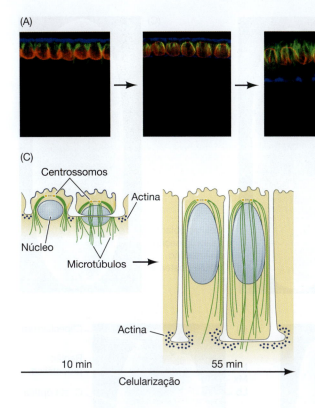

(B)

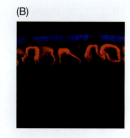

(C)

FIGURA 9.4 Formação do blastoderma celular em *Drosophila*. A alteração da forma nuclear e a celularização são coordenadas pelo citosqueleto. (A) Celularização e alteração da forma nuclear mostrados por marcação no embrião de microtúbulos (em verde), microfilamentos (em azul) e núcleos (em vermelho). A marcação em vermelho nos núcleos é devida à presença da proteína Kugelkern, uma das primeiras proteínas produzidas pelos núcleos zigóticos. Ela é essencial para o alongamento nuclear. (B) Este embrião foi tratado com nocadozole para perturbar os microtúbulos. Os núcleos não conseguem se alongar, e a celularização é impedida. (C) Representação em diagrama da formação celular e elongamento nuclear (Segundo Brandt et al., 2006; fotos por cortesia de J. Grosshans e A. Brandt.)

(Foe et al., 1993; Schjter e Wieschaus, 1993; Mazumdar e Mazumdar, 2002). Em *Drosophila*, o blastoderma celular consiste em aproximadamente 6 mil células e se forma nas primeiras quatro horas pós-fertilização.

ASSISTA AO DESENVOLVIMENTO 9.2   A clivagem superficial da *Drosophila* no embrião sincicial é mostrada em vídeo de "*time-lapse*".

A transição blástula média

Após os núcleos alcançarem a periferia, o tempo requerido para completar cada uma das seguintes quatro divisões torna-se progressivamente maior. Enquanto os ciclos 1 a 10 têm uma média de 8 minutos cada, o ciclo 13 – o último ciclo do blastoderma sincicial – leva 25 minutos para se completar. O ciclo 14, no qual o embrião de *Drosophila* forma células (isto é, após 13 divisões), é assíncrono. Alguns grupos de células completam esse ciclo em 75 minutos, outros demoram 175 minutos (Foe, 1989).

É nesse momento que os genes dos núcleos se tornam ativos. Antes desse ponto, o desenvolvimento inicial da *Drosophila* é dirigido por proteínas e mRNAs colocados no ovo durante a ovogênese. Estes são os produtos dos genes *maternos*, não os genes dos núcleos do próprio embrião. Esses genes que se encontram ativos na mãe para produzir produtos para o desenvolvimento inicial da progênie são chamados de **genes de efeito materno**, e os mRNAs no ovócito são frequentemente referidos como **mensagens maternas**. A transcrição dos genes zigóticos (i.e., a ativação dos genes do próprio embrião) começa por volta do ciclo 11 e é fortemente aumentada no ciclo 14. Esta desaceleração da divisão nuclear, celularização e concomitante aumento da transcrição de novo RNA é muitas vezes referida como **transição blástula média**. É nesse estágio que os mRNAs fornecidos maternalmente são degradados e o controle do desenvolvimento é entregue ao genoma do próprio zigoto (Brandt et al., 2006; De Renzis et al., 2007; Benoit et al., 2009). Essa **transição materno-zigótica** é observada em embriões de inúmeros filos vertebrados e invertebrados.

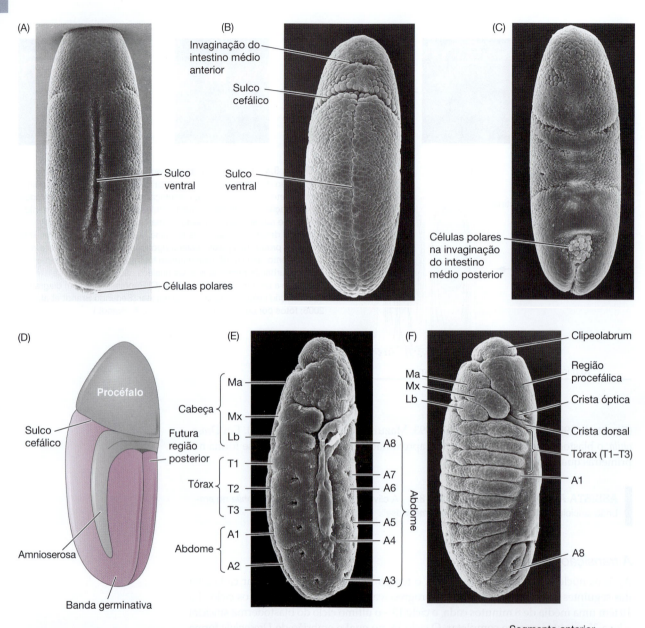

(A)

Sulco
ventral

Células polares

(B)

Invaginação do
intestino médio
anterior

Sulco
cefálico

Sulco
ventral

Sulco
ventral

(C)

Células polares
na invaginação
do intestino
médio posterior

(D)

Procéfalo

Sulco
cefálico

Amnioserosa

Banda germinativa

(E)

Ma

Cabeça

Mx

Lb

Futura
região
posterior

T1

Tórax

T2

T3

A1

Abdome

A2

A8

A7

A6

A5

A4

A3

Abdome

(F)

Ma
Mx
Lb

Clipeolabrum

Região
procefálica

Crista óptica

Crista dorsal

Tórax (T1–T3)

A1

A8

FIGURA 9.5 Gastrulação na *Drosophila*. A porção anterior de cada embrião em gastrulação aponta para cima nesta série de micrografias de varredura eletrônica. (A) Sulco ventral começando a se formar conforme as células que flanqueiam a linha média ventral invaginam. (B) Fechamento do sulco ventral, com células mesodérmicas localizadas internamente e o ectoderma de superfície flanqueando a linha média ventral. (C) Vista dorsal de um embrião ligeiramente mais velho, mostrando as células polares e o endoderma posterior entrando no embrião. (D) Representação esquemática, mostrando a vista dorsolateral de um embrião em sua extensão máxima de banda germinativa, mesmo antes da segmentação. O sulco cefálico separa a futura região da cabeça (procéfalo) da banda germinativa, a qual formará o tórax e o abdome. (E) Vista lateral, mostrando extensão máxima da banda germinativa e os começos da segmentação. Entradas sutis marcam os segmentos incipientes ao longo da banda germinativa. Ma, Mx e Lb correspondem aos segmentos da cabeça mandibular, maxilar e labial; T1 a T3 são os segmentos torácicos; e A1 a A8 são os segmentos abdominais. (F) Banda germinativa revertendo direção. Os segmentos verdadeiros são agora visíveis, bem como os outros territórios da cabeça dorsal, como clipeolabrum, região procefálica, crista óptica e crista dorsal. (G) Larva de primeiro instar recém-eclodida. (Fotos por cortesia de R. Turner; D, segundo Campos-Ortega e Hartenstein, 1985).

Segmento anterior

(G)

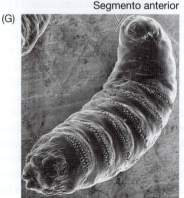

Gastrulação

O plano corporal geral da *Drosophila* é o mesmo no embrião, na larva e no adulto, cada um dos quais possui uma cabeça distinta e uma extremidade caudal distinta, entre as quais se encontram unidades segmentares repetidas. Três desses segmentos formam o tórax, ao passo que outros oito segmentos formam o abdome. Cada segmento da mosca adulta tem sua própria identidade. O primeiro segmento torácico, por exemplo, tem apenas pernas; o segundo segmento torácico tem pernas e asas; e o terceiro segmento torácico tem pernas e halteres (órgãos de equilíbrio).

A gastrulação começa pouco depois da transição blástula média. Os primeiros movimentos da gastrulação de *Drosophila* segregam os futuros mesoderma, endoderma e ectoderma. O futuro mesoderma – cerca de 1.000 células constituindo a linha média ventral do embrião – dobra-se para dentro para dar origem ao **sulco ventral** (**FIGURA 9.5A**). Esse sulco mais tarde é comprimido pela superfície para se tornar um tubo ventral dentro do embrião. O endoderma prospectivo invagina para formar duas bolsas nas extremidades anterior e posterior do sulco ventral. As células polares são internalizadas juntamente com o endoderma (**FIGURA 9.5B, C**). Nesse momento, o embrião dobra-se para formar o **sulco cefálico**.

As células ectodérmicas na superfície e o mesoderma sofrem convergência e extensão, migrando em direção da linha média ventral para formar a **banda germinativa**, um conjunto de células ao longo da linha média ventral que inclui todas as células que formarão o tronco do embrião. A banda germinativa estende-se posteriormente e, talvez devido ao envelope do ovo, envolve a superfície de cima (dorsal) do embrião (**FIGURA 9.5D**). Assim, no final da formação da banda germinativa, as células destinadas a formar as estruturas mais posteriores da larva ficam localizadas imediatamente atrás da futura região da cabeça (**FIGURA 9.5E**). Nesse momento, os segmentos do corpo começam a surgir, dividindo o ectoderma e o mesoderma. A banda germinativa, então, retrai-se, colocando os segmentos posteriores prospectivos na extremidade posterior do embrião (**FIGURA 9.5F**). Na superfície dorsal, os dois lados da epiderme se juntam por um processo chamado **fechamento dorsal**. A amniosserosa (a camada extraembrionária que envolve o embrião), que tinha sido a estrutura mais dorsal, interage com as células epidérmicas para estimular a sua migração (revisto em Panfilio, 2008; Heisenberg, 2009).

Enquanto a banda germinativa se encontra na sua posição estendida, vários processos morfogenéticos essenciais têm lugar: organogênese, segmentação (**FIGURA 9.6A**) e

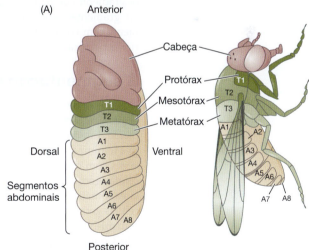

(A)

FIGURA 9.6 Formação dos eixos em *Drosophila*. (A) Comparação da segmentação na larva (à esquerda) e no adulto (à direita). No adulto, os três segmentos torácicos podem ser distinguidos pelos seus apêndices: T1 (protórax) tem apenas pernas; T2 (mesotórax) tem asas e pernas; T3 (metatórax) tem halteres (não visíveis) e pernas. (B) Durante a gastrulação, as células mesodérmicas na região mais ventral entram no embrião, e as células neurogênicas expressando *Short gastrulation* (*Sog*, gastrulação curta) se tornam as células mais ventrais do embrião. *Sog*, azul; *ventral nervous system defective* (sistema nervoso ventral defeituoso, verde); *intermediate neuroblast defective* (neuroblasto intermediário defeituoso), vermelho. (B, cortesia de E. Bier.)

(B)

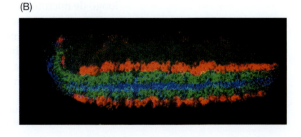

segregação dos discos imaginais.[1] O sistema nervoso forma-se a partir de duas regiões do ectoderma ventral. Os neuroblastos (i.e., as células progenitoras neurais) diferenciam--se a partir deste ectoderma neurogênico e migram para dentro de cada segmento (e também a partir da região não segmentada do ectoderma da cabeça). Assim, em insetos como a *Drosophila*, o sistema nervoso é localizado ventralmente, em vez de derivar de um tubo neural dorsal, como é o caso dos vertebrados (**FIGURA 9.6B**; ver também Figura 9.29).

> **ASSISTA AO DESENVOLVIMENTO 9.3** Assista a um vídeo mostrando o desenvolvimento externo e interno da *Drosophila*.

Os mecanismos genéticos que padronizam o corpo da *Drosophila*

A maioria dos genes envolvidos em moldar as formas larval e adulta da *Drosophila* foram identificados no começo dos anos 1980, utilizando uma poderosa abordagem de genética direta (i.e., identificando os genes responsáveis por um determinado fenótipo). A estratégia básica foi fazer mutagênese aleatória de moscas e depois rastrear para mutações que perturbassem a formação normal do plano corporal. Algumas dessas mutações eram bastante fantásticas, incluindo embriões e moscas adultas nos quais as estruturas do corpo estavam ou ausentes ou no local errado. Estas coleções de mutantes foram distribuídas para vários laboratórios diferentes. Os genes envolvidos nos fenótipos mutantes foram sequenciados e depois caracterizados relativamente aos seus padrões de expressão e suas funções. Este esforço combinado levou a uma compreensão molecular do desenvolvimento do plano corporal da *Drosophila* que não tem qualquer paralelo em toda a biologia, e, em 1995, o trabalho resultou em prêmios Nobel para Edward Lewis, Christiane Nusslein-Volhard e Eric Wieschaus.

O restante deste capítulo detalha a genética do desenvolvimento da *Drosophila* tal como o temos compreendido ao longo das três últimas décadas. Primeiro, examinaremos como o eixo anteroposterior do embrião se estabelece por interações entre o ovócito em desenvolvimento e suas células foliculares circundantes. Em seguida, veremos como os gradientes de padronização dorsoventral são formados dentro do embrião e como esses gradientes especificam os diferentes tipos de tecidos. Por fim, mostraremos brevemente como o posicionamento dos tecidos embrionários ao longo dos dois eixos primários especifica esses tecidos a se converterem de determinados órgãos.

A segmentação e o plano corporal anteroposterior

O processo de embriogênese pode oficialmente começar na fertilização, mas muitos dos eventos moleculares fundamentais para a embriogênese da *Drosophila* têm lugar efetivamente durante a ovogênese. Cada ovócito é descendente de uma única célula germinativa feminina – a **ovogônia**. Antes de a ovogênese começar, a ovogônia divide-se quatro vezes com citocinese incompleta, dando origem a 16 células interconectadas. Essas 16 células germinativas, juntamente com a camada epitelial circundante de células foliculares somáticas, constituem a **câmara do ovo** na qual o ovócito irá se desenvolver. Essas células germinativas incluem 15 **células nutridoras** metabolicamente ativas que produzem mRNAs e proteínas que são transportadas para a única célula que se tornará o ovócito. Conforme o precursor do ovócito se desenvolve na extremidade posterior da câmara do ovo, inúmeros mRNAs produzidos nas células nutridoras são transportados ao longo de microtúbulos através de interconexões celulares até o ovócito em crescimento.

Os rastreios genéticos liderados inicialmente por Nusslein-Volhard e Wieschaus identificaram uma hierarquia de genes que (1) estabelecem polaridade anteroposterior e (2) dividem o embrião em um número específico de segmentos, cada um com uma identidade diferente (**FIGURA 9.7**). Essa hierarquia é iniciada por **genes de efeito materno** que produzem RNAs mensageiros localizados em diferentes regiões do ovo. Esses

---

[1] Discos imaginais são células separadas para produzir estruturas adultas. A diferenciação dos discos imaginais será discutida como parte da metamorforse no Capítulo 21.

FIGURA 9.7 Modelo generalizado da formação do padrão anteroposterior de *Drosophila*. Anterior fica à esquerda; a superfície dorsal está para cima. (A) O padrão é estabelecido por genes de efeito materno que formam gradientes e regiões de proteínas morfogenéticas. Essas proteínas são fatores de transcrição que ativam os genes *gap*, que definem territórios amplos no embrião. Os genes *gap* permitem a expressão dos genes *pair-rule*, cada um dos quais divide o embrião em regiões de largura sensivelmente igual a dois segmentos. Os genes de polaridade de segmento dividem, então, o embrião em unidades do tamanho dos segmentos ao longo do eixo anteroposterior. Juntas, as ações desses genes definem os domínios espaciais dos genes homeóticos que definem as identidades de cada um dos segmentos. Desse modo, a periodicidade é gerada a partir da não-periodicidade, e cada segmento recebe uma identidade única. (B) Genes de efeito materno. O eixo anterior é especificado pelo gradiente da proteína Bicoid (amarelo para vermelho; amarelo sendo a concentração mais elevada). (C) Expressão da proteína do gene *gap* e sobreposição. O domínio da proteína Hunchback (em cor de laranja) e o domínio da proteína *Kruppel* (em verde) se sobrepõem para formar uma região contendo ambos os fatores de transcrição (em amarelo). (D) Produtos do gene *pair-rule fushi tarazu* formam sete bandas ao longo do blastoderma do embrião. (E) Produtos do gene de polaridade de segmento *engrailed*, visto aqui no estágio de banda germinativa estendida. (B, cortesia de C. Nusslein-Volhard; C, cortesia de C. Rushlow e M. Levine; D, cortesia de D.W. Knowles; E, cortesia de S. Carroll e S. Paddock.)

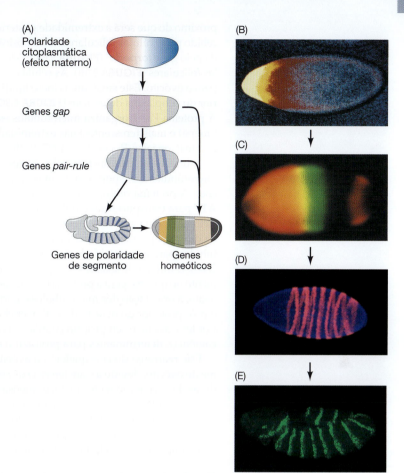

(A) Polaridade citoplasmática (efeito materno)

Genes *gap*

Genes *pair-rule*

Genes de polaridade de segmento

Genes homeóticos

mRNAs codificam para proteínas reguladoras da transcrição e tradução que se difundem pelo blastoderma sincicial e ativam ou reprimem a expressão de certos genes zigóticos.

Os primeiros genes zigóticos a ser expressos são chamados de **genes gap**, uma vez que mutações neles causam falhas ("*gaps*") no padrão de segmentação. Esses genes são expressos em certos domínios amplos (cerca de três segmentos de largura) com sobreposição parcial. Os genes *gap* codificam para fatores de transcrição, e combinações e concentrações diferentes de proteínas de genes *gap* regulam a transcrição dos **genes pair-rule**, os quais dividem o embrião em unidades periódicas. A transcrição dos diferentes genes *pair-rule* resulta em um padrão listrado de sete bandas transversais perpendiculares ao eixo anteroposterior. Os fatores de transcrição codificados pelos genes *pair-rule* ativam os **genes de polaridade de segmento**, cujos produtos de mRNA e proteína dividem o embrião em 14 unidades de largura igual à de um segmento, estabelecendo a periodicidade do embrião. Ao mesmo tempo, os produtos dos genes *gap*, *pair-rule* e polaridade de segmento interatuam para regular outra classe de genes, os **genes seletores homeóticos**, cuja transcrição determina o destino de cada segmento ao longo do desenvolvimento.

Polaridade anteroposterior no ovócito

A polaridade anteroposterior do embrião é estabelecida enquanto o ovócito ainda se encontra na câmara do ovo, e envolve interações entre a célula do ovo em desenvolvimento e as células foliculares que a rodeiam. O epitélio folicular envolvendo o ovócito em desenvolvimento é inicialmente uniforme no que diz respeito ao destino celular, mas essa uniformidade é quebrada por dois sinais organizados pelo núcleo do ovócito. De modo curioso, ambos os sinais envolvem o mesmo gene, **gurken**. Parece que a mensagem de *gurken* é sintetizada nas células nutridoras mas é transportada para o ovócito. Aqui, ela se torna localizada entre o núcleo do ovócito e a membrana celular, e é traduzida em proteína Gurken (Cáceres e Nilson, 2005). Nesse momento, o núcleo do ovócito está muito próximo do que será a extremidade posterior da câmara do ovo, e o sinal de Gurken é recebido pelas células foliculares nessa posição através de uma proteína receptora codificada pelo gene *torpedo*[2] (**FIGURA 9.8A**). Este sinal resulta na "posteriorização" dessas células foliculares (**FIGURA 9.8B**). As células foliculares posteriores enviam um sinal de volta para o ovócito. Este sinal, uma cinase lipídica, recruta a proteína Par-1 para a beira posterior do citoplasma do ovócito (**FIGURA 9.8C**; Doerflinger et al., 2006; Gervais et al., 2008). A proteína Par-1 organiza microtúbulos especificamente nas suas extremidades menos (quepe) e mais (crescentes) nas extremidades anterior e posterior do ovócito, respetivamente (Gonzalez-Reyes et al., 1995; Roth et al., 1995; Januschke et al., 2006).

A orientação dos microtúbulos é crucial, visto que diferentes proteínas motoras de microtúbulos transportarão as suas cargas de mRNA ou proteína em diferentes direções. A proteína motora cinesina, por exemplo, é uma ATPase que usará a energia do ATP para transportar material para a extremidade mais do microtúbulo. A dineína, entretanto, é uma proteína motora "direcionada para o menos" que transporta sua carga na direção oposta. Uma das mensagens transportada por cinesina ao longo dos microtúbulos para a extremidade posterior do ovócito é o mRNA de **oskar** (Zimyanin et al., 2008). O mRNA de *oskar* não é capaz de ser traduzido até alcançar o córtex posterior, momento no qual ele gera a proteína Oskar. Oskar recruta mais proteína Par-1, estabilizando, assim, a orientação dos microtúbulos e permitindo que mais material seja recrutado para o polo posterior do ovócito (Doerflinger et al., 2006; Zimyanin et al., 2007). O polo posterior terá, assim, o seu próprio citoplasma característico, chamado de **plasma polar**, que contém os determinantes para produzir o abdome e as células germinativas.

Este rearranjo do citosqueleto no ovócito é acompanhado por um aumento do volume do ovócito, devido à transferência de componentes citoplasmáticos das células nutridoras. Esses componentes incluem mensageiros maternos, como mRNA de *bicoid* e *nanos*. Esses mRNAs são transportados por proteínas motoras ao longo dos microtúbulos para as extremidades anterior e posterior do ovócito, respectivamente (**FIGURA 9.8D-F**). Como veremos em breve, os produtos proteicos codificados por *bicoid* e *nanos* são fundamentais para estabelecer a polaridade anteroposterior do embrião.

Gradientes maternos: regulação da polaridade pelo citoplasma do ovócito

GRADIENTES DE PROTEÍNA NO EMBRIÃO PRECOCE Uma série de experimentos de ligação (ver Tópico na rede 9.3) mostrou que dois centros organizadores controlam o desenvolvimento dos insetos: um centro formador da cabeça anteriormente e um centro formador da região posterior na parte de trás do embrião. Parece que esses centros secretam substâncias que originaram um gradiente formador de cabeça e um gradiente formador de cauda. Nos finais dos anos 1980, essa hipótese de gradiente foi unida a uma abordagem genética para o estudo da embriogênese de *Drosophila*. Se existiam gradientes, quais eram os morfógenos cujas concentrações variavam no espaço? Quais eram os genes que modelavam esses gradientes? E esses morfógenos atuavam ativando ou inibindo certos genes nas áreas onde eles estavam concentrados? Christiane Nusslein-Volhard liderou um programa de pesquisa que abordava essas questões. Os pesquisadores descobriram que um conjunto de genes codificava morfógenos responsáveis por organizar a região anterior do embrião, outro conjunto de genes codificava para morfógenos responsáveis por organizar a região posterior do embrião e um terceiro conjunto de genes codificava para proteínas que produziam as regiões terminais em ambas as extremidades do embrião, o ácron e a cauda (**TABELA 9.1**).

TÓPICO NA REDE 9.3 **CENTROS SINALIZADORES DE INSETOS** A abordagem de dois centros sinalizadores para a padronização dos insetos foi essencialmente um produto da escola alemã de embriologia. Este Tópico na rede descreve como as observações de embriologia experimental foram transformadas em questões de biologia molecular.

---

[2] A Proteína Gurken é um membro da família EGF (do inglês, *epidermal growth factor* [fator de crescimento epidérmico]), e torpedo codifica um homólogo do receptor EGF de vertebrados (Price et al., 1989; Neuman-Silberg e Schupbach, 1933).

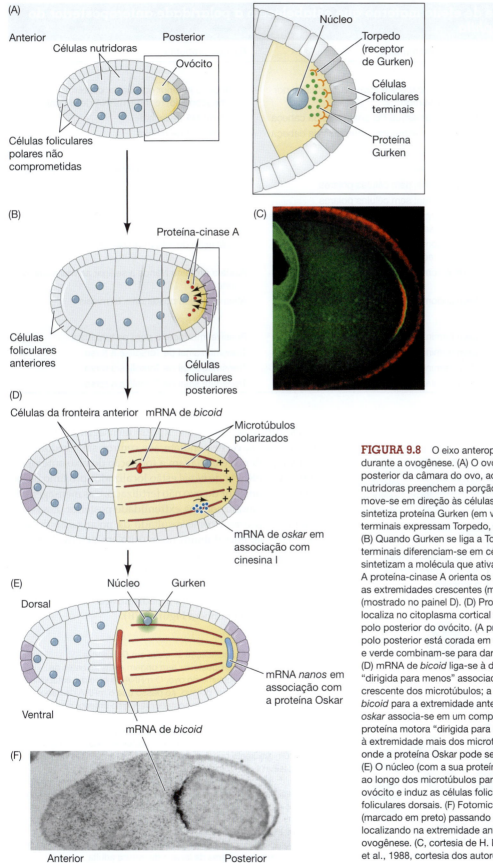

(A)

Anterior

Posterior

Células nutridoras

Ovócito

Células foliculares polares não comprometidas

Núcleo

Torpedo (receptor de Gurken)

Células foliculares terminais

Proteína Gurken

(B)

Proteína-cinase A

Células foliculares anteriores

Células foliculares posteriores

(C)

(D)

Células da fronteira anterior   mRNA de *bicoid*

Microtúbulos polarizados

mRNA de *oskar* em associação com cinesina I

(E)

Núcleo   Gurken

Dorsal

mRNA *nanos* em associação com a proteína Oskar

Ventral

mRNA de *bicoid*

(F)

Anterior   Posterior

FIGURA 9.8 O eixo anteroposterior é especificado durante a ovogênese. (A) O ovócito move-se para a região posterior da câmara do ovo, ao passo que as células nutridoras preenchem a porção anterior. O núcleo do ovócito move-se em direção às células foliculares terminais e sintetiza proteína Gurken (em verde). As células foliculares terminais expressam Torpedo, o receptor de Gurken. (B) Quando Gurken se liga a Torpedo, as células foliculares terminais diferenciam-se em células foliculares posteriores e sintetizam a molécula que ativa a proteína-cinase A no ovo. A proteína-cinase A orienta os microtúbulos, de forma que as extremidades crescentes (mais) ficam na região posterior (mostrado no painel D). (D) Proteína Par-1 (em verde) se localiza no citoplasma cortical das células nutridoras e no polo posterior do ovócito. (A proteína Staufen marcando o polo posterior está corada em vermelho; os sinais vermelho e verde combinam-se para dar fluorescência amarelo.) (D) mRNA de *bicoid* liga-se à dineína, uma proteína motora "dirigida para menos" associada à extremidade não crescente dos microtúbulos; a dineína move o mRNA de *bicoid* para a extremidade anterior do ovo. O mRNA de *oskar* associa-se em um complexo com cinesina I, uma proteína motora "dirigida para mais" que o move em direção à extremidade mais dos microtúbulos na região posterior, onde a proteína Oskar pode se ligar ao mRNA de *nanos*. (E) O núcleo (com a sua proteína Gurken associada) migra ao longo dos microtúbulos para a região dorsal anterior do ovócito e induz as células foliculares a se tornarem células foliculares dorsais. (F) Fotomicrografia de mRNA de *bicoid* (marcado em preto) passando das células nutridoras e se localizando na extremidade anterior do ovócito durante a ovogênese. (C, cortesia de H. Doerflinger; F, de Stephanson et al., 1988, cortesia dos autores.)

TABELA 9.1 Genes de efeito materno que estabelecem a polaridade anteroposterior do embrião de *Drosophila*

Gene	Fenótipo do mutante	Função proposta
GRUPO ANTERIOR		
bicoid (bcd)	Deleção da cabeça e tórax, substituídos por télson invertido	Morfógeno anterior graduado; contém homeodomínio; reprime mRNA de caudal
exuperantia (exu)	Deleção das estruturas anteriores da cabeça	Fixa o mRNA de *bicoid*
swallow (swa)	Deleção das estruturas anteriores da cabeça	Fixa o mRNA de *bicoid*
GRUPO POSTERIOR		
nanos (nos)	Sem abdome	Morfógeno posterior; reprime mRNA de *hunchback*
tudor (tud)	Sem abdome; sem células polares	Localização de mRNA de *nanos*
oskar (osk)	Sem abdome; sem células polares	Localização de mRNA de *nanos*
vasa (vas)	Sem abdome; sem células polares; ovogênese defeituosa	Localização de mRNA de *nanos*
valois (val)	Sem abdome; sem células polares; celularização defeituosa	Localização de mRNA de *nanos*
pumilio (pum)	Sem abdome	Ajuda a proteína Nanos a se ligar ao mensageiro *hunchback*
caudal	Sem abdome	Ativa os genes posteriores terminais
GRUPO TERMINAL		
torsolike	Sem terminais	Possível morfógeno para os terminais
trunk (trk)	Sem terminais	Transmite sinal de Torsolike a torso
fs(1)Nasrat[fs(1)N]	Sem terminais; ovos colapsados	Transmite sinal de Torsolike a torso
fs(1)polehole[fs(1)ph]	Sem terminais; ovos colapsados	Transmite sinal de Torsolike a torso

Fonte: segundo Anderson, 1989.

Descobriu-se que dois RNAs mensageiros maternos, *bicoid* e *nanos*, correspondiam aos centros sinalizadores anterior e posterior e iniciavam a formação do eixo anteroposterior. Os mRNAs de *bicoid* estão localizados próximo da extremidade anterior do ovo não fertilizado, e as mensagens de *nanos* estão localizadas na extremidade posterior. Essas distribuições ocorrem como resultado da polarização drástica das redes de microtúbulos no ovócito em desenvolvimento (ver Figura 9.8). Após a ovulação e a fertilização, os mRNAs de *bicoid* e de *nanos* são traduzidos em proteínas que podem se difundir pelo blastoderma sincicial, formando gradientes que são fundamentais para a padronização anteroposterior (**FIGURA 9.9**; ver também Figura 9.7B).

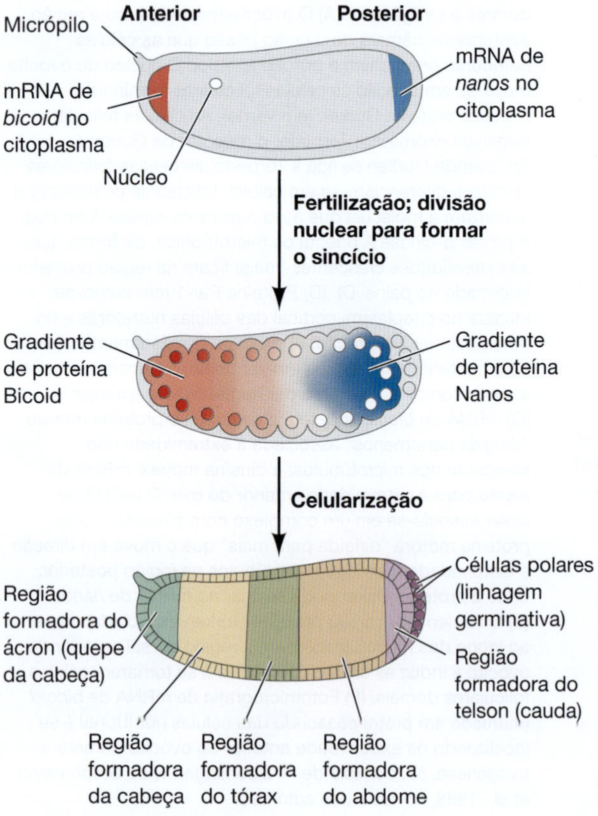

FIGURA 9.9 Especificação sincicial em *Drosophila*. A especificação anteroposterior tem origem em gradientes de morfógenos no citoplasma do ovo. O mRNA de *bicoid* é estabilizado na porção mais anterior do ovo, ao passo que o mRNA de *nanos* fica amarrado à extremidade posterior (a região anterior pode ser reconhecida pelo micrópilo na casca; essa estrutura permite a entrada do espermatozoide). Quando o ovo é posto e fertilizado, esses dois mRNAs são traduzidos em proteínas. A proteína Bicoid forma um gradiente que é mais elevado na extremidade anterior, e a proteína Nanos forma um gradiente que é mais elevado na extremidade posterior. Essas duas proteínas formam um sistema de coordenadas baseado nas suas proporções. Cada posição ao longo do eixo é assim distinguida de qualquer outra posição. Quando os núcleos se dividem, cada núcleo recebe a sua informação posicional através da proporção dessas proteínas. As proteínas que formam esses gradientes ativam a transcrição de genes que especificam as identidades segmentares da larva e da mosca adulta.

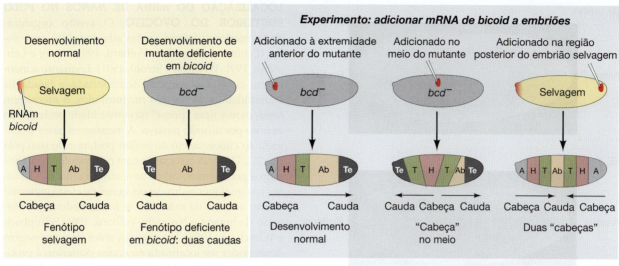

Experimento: adicionar mRNA de bicoid a embriões

Desenvolvimento normal	Desenvolvimento de mutante deficiente em *bicoid*	Adicionado à extremidade anterior do mutante	Adicionado no meio do mutante	Adicionado na região posterior do embrião selvagem

Fenótipo selvagem | Fenótipo deficiente em *bicoid*: duas caudas | Desenvolvimento normal | "Cabeça" no meio | Duas "cabeças"

A Ácron   H Cabeça   T Tórax   Ab Abdome   Te Telson

FIGURA 9.10 Representação esquemática de experimentos demonstrando que o gene *bicoid* codifica para o morfógeno responsável pelas estruturas da cabeça em *Drosophila*. Os fenótipos de embriões deficientes em *bicoid* e selvagens são mostrados à esquerda. Quando os embriões deficientes em *bicoid* são injetados com mRNA de *bicoid*, o ponto de injeção forma as estruturas da cabeça. Quando o polo posterior de um embrião selvagem em clivagem inicial é injetado com mRNA de *bicoid*, as estruturas da cabeça se formam nos dois polos. (Segundo Driever et al., 1990).

BICOID COMO O MORFÓGENO ANTERIOR Foi demonstrado que Bicoid era o morfógeno da cabeça de *Drosophila* por um esquema de experimento "encontre-o, perca-o, mova-o" (ver Tutorial do desenvolvimento no Capítulo 7). Christiane Nusslein-Volhard, Wolfgang Driever e colaboradores (Driever e Nusslein-Volhard, 1988a, b; Driever et al., 1990) mostraram que (1) a proteína Bicoid se encontrava em um gradiente mais elevado na região anterior (formadora da cabeça); (2) embriões depletados de Bicoid não conseguiam formar uma cabeça; e (3) quando o mRNA de *bicoid* era adicionado a embriões deficientes em *bicoid* em diferentes locais, o local onde o mRNA de bicoid era injetado se tornava a cabeça (**FIGURA 9.10**). Além disso, as áreas em volta do local de injeção de Bicoid tornavam-se o tórax, como esperado de um sinal concentração-dependente. Quando injetado na região anterior de embriões deficientes em *bicoid* (cujas mães não possuíam genes *bicoid*), o mRNA de *bicoid* "resgatava" os embriões e eles desenvolviam polaridade anteroposterior normal. Se o mRNA de *bicoid* era injetado na região posterior de um embrião selvagem (com a sua mensagem *bicoid* endógena no seu polo anterior), surgiam duas cabeças, uma em cada ponta (Driever et al., 1990).

LOCALIZAÇÃO DO mRNA DE *BICOID* NO POLO ANTERIOR DO OVÓCITO A região 3' não traduzida (3'UTR) do mRNA de *bicoid* contém sequências que são cruciais para a sua localização no polo anterior (**FIGURA 9.11**; Ferrandon et al., 1997; Macdonald e Kerr, 1998; Spirov et al., 2009). Estas sequências interagem com as proteínas Exuperantia e Swallow enquanto as mensagens estão ainda nas células nutridoras da câmara do ovo (Schnorrer et al., 2009). Experimentos nos quais mRNA de *bicoid* fluorescentemente marcado era microinjetado em câmaras do ovo vivas de moscas selvagens ou mutantes indicam que Exuperantia tem de estar presente nas células nutridoras para a localização anterior. No entanto, Exuperantia por si só não é suficiente para trazer a mensagem *bicoid* para o ovócito (Cha et al., 2001; Reichmann e Ephrussi, 2005). O complexo *bicoid*-Exuperantia é transportado para fora das células nutridoras e para o ovócito via microtúbulos, parecendo andar sobre uma cinesina ATPase (Arn et al., 2003). Uma vez dentro do ovócito, o mRNA de *bicoid* se liga a proteínas dineínas que são mantidas no centro organizador do microtúbulo (as extremidades "menos" que crescem mais lentamente) na região anterior do ovócito (ver Figura 9.8; Cha et al., 2001). Cerca de 90% do mRNA de *bicoid* se localiza nos 20% anteriores do embrião, com a sua concentração mais elevada a 7% do comprimento do ovo (Little et al., 2011).

(A) mRNA

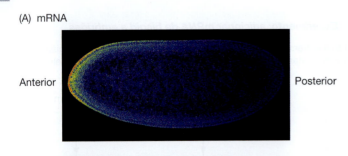

Anterior ... Posterior

(B) Proteína

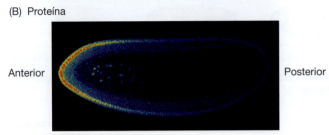

Anterior ... Posterior

FIGURA 9.11 Gradientes de mRNA *bicoid* e proteína mostrados por hibridação *in situ* e microscopia confocal. (A) O mRNA de *bicoid* mostra um gradiente abrupto (aqui visto em vermelho a azul) ao longo da porção anterior do ovócito. (B) Quando o mRNA é traduzido, o gradiente da proteína Bicoid pode ser observado nos núcleos anteriores. Anterior é para a esquerda; a superfície dorsal está para cima. (Segundo Spirov et al., 2009, cortesia de S. Baumgartner.)

LOCALIZAÇÃO DO mRNA DE *NANOS* NO POLO POSTERIOR DO OVÓCITO O centro organizador posterior é definido pelas atividades do gene *nanos* (Lehmann e Nusslein-Volhard, 1991; Wang e Lehmann, 1991; Wharton e Struhl, 1991). Enquanto a mensagem *bicoid* é ativamente transportada e ligada na extremidade anterior dos microtúbulos, a mensagem *nanos* parece ficar "presa" na extremidade posterior do ovócito por difusão passiva. A mensagem *nanos* fica ligada ao citoesqueleto na região posterior do ovo pela sua 3' UTR e sua associação com os produtos de vários outros genes (*oskar*, *valois*, *vasa*, *staufen* e *tudor*).[3] Se *nanos* (ou qualquer outro desses genes de efeito materno) estiver ausente na mãe, não se forma abdome no embrião (Lehmann e Nusslein-Volhard, 1986; Schupbach e Wieschaus, 1986). No entanto, antes de a mensagem *nanos* poder ser localizada no córtex posterior, é preciso fazer uma "armadilha" específica do mRNA de *nanos*; essa armadilha é a proteína Oskar (Ephrussi et al., 1991). A mensagem *oskar* e a proteína Staufen são transportadas para a extremidade posterior do ovócito pela proteína motora cinesina (ver Figura 9.8). Ali eles ficam ligados a microfilamentos de actina do córtex. Staufen permite a tradução da mensagem *oskar*, e a proteína Oskar resultante é capaz de se ligar à mensagem *nanos* (Brendza et al., 2000; Hatchet e Ephrussi, 2004).

A maioria dos *nanos*, contudo, não fica presa. Em vez disso, ligam-se no citoplasma pelos inibidores de tradução Smaug e CUP. Smaug (sim, o seu nome vem do dragão de *O Hobbit*) se liga à 3' UTR do mRNA de *nanos* e recruta a proteína CUP que impede a associação da mensagem com o ribossomo e também recruta outras proteínas que desadenilam a mensagem e a dirigem para degradação (Rouget et al., 2010). Se o complexo *nanos*-Smaug-CUP alcança o polo posterior, porém, Oskar pode dissociar CUP de Smaug, permitindo que o mRNA se ligue na região posterior e fique pronto para tradução (Forrest et al., 2004; Nelson et al., 2004).

Assim, no final da ovogênese, a mensagem *bicoid* fica ancorada na extremidade anterior do ovócito e a mensagem *nanos* fica presa na extremidade posterior (Frigerio et al., 1986; Berleth et al., 1988; Gavis e Lehmann, 1992; Little et al., 2011). Estes dois mRNAs permanecem dormentes até a ovulação e fertilização, momento em que são traduzidos. Como os *produtos proteicos* Bicoid e Nanos não estão ligados ao citoplasma, eles difundem-se em direção das regiões medianas do embrião precoce, gerando dois gradientes opostos que estabelecem a polaridade anteroposterior do embrião. Modelos matemáticos indicam que esses gradientes são estabelecidos por difusão proteica e também por degradação ativa das proteínas (Little et al., 2011; Liu e Ma, 2011).

GRADIENTES DE INIBIDORES TRADUCIONAIS ESPECÍFICOS Outros dois mRNAs fornecidos maternamente – *hunchback*, *hb*; e *caudal*, *cad* – são cruciais para a padronização das regiões anterior e posterior do plano corporal, respectivamente (Lehmann et al., 1987; Wu e Lengyel, 1998). Esses dois mRNAs são sintetizados pelas células nutridoras do ovário e transportados para o ovócito, onde são distribuídos ubiquamente pelo blastoderma sincicial. Todavia, se eles não estão localizados, como eles medeiam as suas atividades localizadas de padronização? Acontece que a tradução dos mRNAs

---

[3] Como a localização de mensagem *bicoid*, a localização da mensagem *nanos* é determinada pela sua 3' UTR. Se a 3' UTR de *bicoid* for experimentalmente transferida para a região codificadora de proteína do mRNA de *nanos*, a mensagem *nanos* fica localizada na região anterior do ovo. Quando este mRNA quimérico é traduzido, a proteína Nanos inibe a tradução dos mRNAs de *hunchback* e de *bicoid*, e o embrião forma dois abdomes – um na região anterior do embrião e um na região posterior (Gavis e Lehmann, 1992).

de *hb* e *cad* é reprimida por gradientes de difusão das proteínas Nanos e Bicoid, respectivamente.

Na região anterior, a proteína Bicoid impede a tradução da mensagem caudal. Bicoid se liga a uma região específica da 3' UTR de *caudal*. Aqui, ela se liga a Bin3, uma proteína que estabiliza um complexo inibitório que impede a ligação do quepe 5' do mRNA ao ribossomo. Ao recrutar este inibidor traducional, Bicoid impede a tradução de *caudal* na região anterior do embrião (**FIGURA 9.12**; Rivera-Pomar et al., 1996; Cho et al., 2006; Signh et al., 2011). Esta supressão é necessária; se a proteína Caudal é sintetizada na região anterior do embrião, a cabeça e o tórax não se formam corretamente. Caudal ativa os genes responsáveis pela invaginação do intestino posterior e, assim, é essencial para especificar os domínios posteriores do embrião.

Na região posterior, a proteína Nanos impede a tradução da mensagem *hunchback*. Nanos, na região posterior do embrião, forma um complexo com várias outras proteínas ubíquas, incluindo Pumilio e Brat. Esse complexo se liga na 3' UTR da mensagem *hunchback*, onde ele recruta d4EHP e impede que a mensagem *hunchback* se ligue a ribossomos (Tautz, 1988; Cho et al., 2006).

O resultado dessas interações é a criação de quatro gradientes de proteínas maternas no embrião precoce (**FIGURA 9.13**):

- Um gradiente anterior-para-posterior da proteína Bicoid.
- Um gradiente anterior-para-posterior da proteína Hunchback.
- Um gradiente posterior-para-anterior da proteína Nanos.
- Um gradiente posterior-para-anterior da proteína Caudal.

O palco está agora montado para a ativação de genes zigóticos nos núcleos do inseto, os quais estavam ocupados em se dividir enquanto esses quatro gradientes de proteínas estavam sendo estabelecidos.

 OS CIENTISTAS FALAM 9.1 O Dr. Eric Wieschaus discute a padronização do desenvolvimento anteroposterior de *Drosophila*.

Anterior   Posterior

FIGURA 9.12 Gradiente de proteína Caudal de um embrião selvagem de *Drosophila* em estágio de blastoderma sincicial. Anterior está para a esquerda. A proteína (marcada em escuro) entra nos núcleos e ajuda a especificar destinos posteriores. Compare com o gradiente complementar de Bicoid na Figura 9.22. (De Macdonald e Struhl, 1986, cortesia de G. Struhl.)

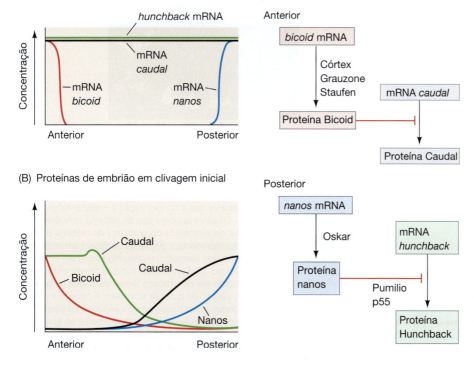

(A) mRNAs do ovócito

(B) Proteínas de embrião em clivagem inicial

(C)

FIGURA 9.13 Modelo de geração do padrão anteroposterior por genes de efeito materno de *Drosophila*. (A) os mRNAs de *bicoid*, *nanos*, *hunchback* e *caudal* são depositados no ovócito pelas células nutridoras do ovário. A mensagem *bicoid* é sequestrada anteriormente; a mensagem *nanos* é localizada no polo posterior. (B) Após a tradução, o gradiente da proteína Bicoid estende-se de anterior para posterior, enquanto o gradiente da proteína Nanos se estende de posterior para anterior. Nanos inibe a tradução da mensagem *hunchback* (na região posterior), enquanto que Bicoid impede a tradução da mensagem caudal (na região anterior). Essa inibição resulta em gradientes opostos de Caudal e Hunchback. O gradiente Hunchback é secundariamente fortalecido pela transcrição do gene *hunchback* nos núcleos anteriores (uma vez que Bicoid atua como fator de transcrição para ativar a transcrição de *hunchback*). (C) Interações paralelas nas quais a regulação traducional de genes estabelece o padrão anteroposterior do embrião de *Drosophila*. (C, segundo Macdonald e Smibert, 1996).

O centro organizador anterior: os gradientes de Bicoid e Hunchback

Em *Drosophila*, o fenótipo dos mutantes *bicoid* fornece informação valiosa sobre a função dos gradientes morfogenéticos (**FIGURA 9.14A-C**). Em vez de ter estruturas anteriores (ácron, cabeça e tórax) seguidas de estruturas abdominais e um telson, a estrutura de um mutante bicoid é telson-abdome-abdome-telson (**FIGURA 9.14D**). Parece que esses mutantes não possuem nenhuma das substâncias necessárias à formação das estruturas anteriores. Além disso, pode conjeturar-se que a substância em falta nesses mutantes seja aquela postulada por Sander e Kalthoff que ativa os genes para as estruturas anteriores e desliga os genes para as estruturas do telson.

Parece que a proteína Bicoid atua como um morfógeno (i.e., uma substância que especifica diferencialmente os destinos de células através de diferentes concentrações; ver Capítulo 4). Elevadas concentrações de Bicoid produzem estruturas anteriores da cabeça. Ligeiramente menos Bicoid indica às células para se tornarem mandíbulas. Uma concentração moderada de Bicoid é responsável por instruir as células a se tornarem o tórax, enquanto o abdome é caracterizado por ausência de Bicoid. Como poderá um gradiente de proteína Bicoid controlar a determinação do eixo anteroposterior? A função principal de Bicoid é atuar como fator de transcrição que ativa a expressão de genes-alvo na região anterior do embrião.[4] O primeiro alvo de Bicoid a ser descoberto foi o gene *hunchback* (hb). No fim dos anos 1980, dois laboratórios demonstraram independentemente que Bicoid se liga e ativa *hb* (Driever e Nusslein-Volhard, 1989; Struhl et al., 1989; Wieschaus, 2016). A transcrição de *hb* dependente de Bicoid é observada apenas na metade anterior do

---

[4] *bicoid* parece ser um gene relativamente "novo" que evoluiu na linhagem Dipterana (insetos de duas asas, como as moscas); não foi encontrado em outras linhagens de insetos. O determinante anterior de outros grupos de insetos inclui as proteínas Orthodenticle e Hunchback, ambas as quais podem ser induzidas na região anterior do embrião de *Drosophila* por Bicoid (Wilson e Dearden, 2011).

(A)

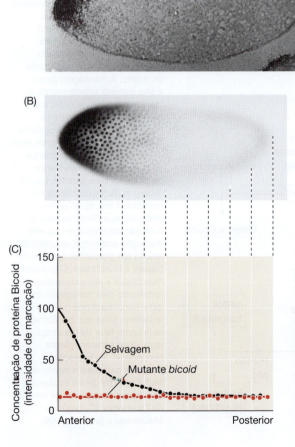

(B)

(C)

(D)

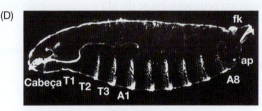

Selvagem

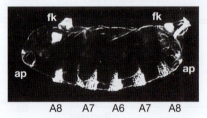

Mutante deficiente em *bicoid*

FIGURA 9.14 Gradiente de proteína Bicoid no embrião precoce de *Drosophila*. (A) Localização de mRNA de *bicoid* na ponta anterior do embrião em gradiente abrupto. (B) gradiente de proteína Bicoid pouco depois da fertilização. Observe que a concentração é maior anteriormente e se dilui posteriormente. Observe também que Bicoid está concentrado nos núcleos. (C) Varredura densiométrica do gradiente de proteína Bicoid. A curva de cima (em preto) representa o gradiente de Bicoid em embriões selvagens. A curva de baixo (em vermelho) representa Bicoid em embriões de mães mutantes para *bicoid*. (D) Fenótipo de cutícula de um embrião fortemente afetado produzido por uma mosca fêmea deficiente no gene *bicoid* comparado com o padrão de cutícula selvagem. A cabeça e o tórax do mutante *bicoid* foram substituídas por um segundo conjunto de estruturas telson posteriores, abreviadas com fk (filzkörper) e ap (placas anais, do inglês, *anal plates*). (A, de Kaufman et al., 1990; B, C, de Driever e Nusslein-Volhard, 1988b; D, de Driever et al., 1990, cortesia dos autores.)

embrião – a região onde se encontra Bicoid. Driever e colaboradores (1989) também previram que Bicoid deveria ativar outros genes anteriores além de *hb*. Primeiro, deleções de *hb* produzem apenas alguns dos defeitos observados no fenótipo do mutante *bicoid*. Em segundo lugar, a formação da cabeça requeria concentrações mais elevadas de Bicoid do que a formação do tórax. Sabe-se que Bicoid ativa genes-alvo formadores de cabeça, como *buttonhead*, *empty spiracles* e *orthodenticle*, os quais são expressos em sub-regiões específicas da parte anterior do embrião (Cohen e Jurgens, 1990; Finkelstein e Perrimon, 1990; Grossniklaus et al., 1994). Driver e colaboradores (1989) também previram que os promotores desses genes específicos da cabeça teriam sítios de ligação de baixa afinidade para a proteína Bicoid, fazendo com que fossem ativados apenas em concentrações extremamente elevadas de Bicoid – isto é, próximo à extremidade anterior do embrião. Além de necessitar de níveis elevados de Bicoid para ativação, a transcrição desses genes também requer a presença da proteína Hunchback (Simpson-Brose et al., 1994; Reinitz et al., 1995). Bicoid e Hunchback atuam sinergisticamente nos estimuladores desses "genes da cabeça" para promover a sua transcrição em modo de retroalimentação positiva.

 OS CIENTISTAS FALAM 9.2   Em dois vídeos separados, o Dr. Eric Wieschaus discute a estabilidade do gradiente Bicoid e seu papel ao longo da evolução da mosca.

Na metade posterior do embrião, o gradiente da proteína Caudal também ativa um número de genes zigóticos, incluindo os genes *gap knirps* (*kni*) e *giant* (*gt*), os quais são essenciais para o desenvolvimento abdominal (Rivera-Pomar et al., 1995; Schultz e Tautz, 1995). Como uma segunda função da proteína Bicoid é inibir a tradução do mRNA de *caudal*, a proteína Caudal fica ausente da porção anterior do embrião. Assim, os genes formadores da região posterior não são ativados nessa região.

O grupo de genes terminais

Além dos morfógenos anterior e posterior, existe um terceiro conjunto de genes maternos cujas proteínas geram as extremidades não segmentadas do eixo anteroposterior: o **ácron** (a porção terminal da cabeça que inclui o cérebro) e o **telson** (cauda). Mutações nesses genes terminais resultam na perda de ambos o ácron e a maioria dos segmentos da cabeça e do telson e da maioria dos segmentos abdominais posteriores (Delgemann et al., 1986, Klingler et al., 1988).

TÓPICO NA REDE 9.4   **O GRUPO DE GENES TERMINAIS** Mais detalhes sobre esses genes são fornecidos, incluindo como as duas extremidades são especificadas diferentemente a partir dos segmentos centrais do tronco, e como Bicoid ajuda a determinar qual terminal se torna a anterior.

Resumindo a especificação precoce do eixo anteroposterior em Drosophila

O eixo anteroposterior do embrião de *Drosophila* é especificado por três conjuntos de genes:

1. Genes que definem o centro organizador anterior. Localizado na extremidade anterior do embrião, o centro organizador anterior atua por meio de um gradiente de proteína Bicoid. Bicoid funciona como *fator de transcrição* para ativar genes *gap* específicos da região anterior, e como *repressor traducional* para suprimir genes *gap* específicos da região posterior.
2. Genes que definem o centro organizador posterior. O centro organizador posterior é localizado no polo posterior. Esse centro atua ao nível da tradução por meio da proteína Nanos para inibir a formação anterior, e ao nível da transcrição por meio da proteína Caudal para ativar os genes que formam o abdome.
3. Genes que definem as regiões das fronteiras terminais. As fronteiras do ácron e do telson são definidas pelo produto do gene *torso*, que é ativado nas extremidades do embrião.

O passo seguinte no desenvolvimento será usar esses gradientes de fatores de transcrição para ativar genes específicos ao longo do eixo anteroposterior.

(A) Gap: *Krüppel* (como exemplo)

| Embrião em estágio inicial (normal) | Embrião em estágio mais avançado (normal) | Larva (normal) | Larva (mutante letal) |

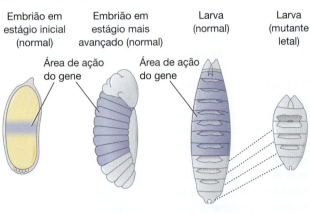

Área de ação do gene

Área de ação do gene

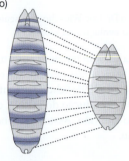

(B) Pair-rule: *fushi tarazu* (como exemplo)

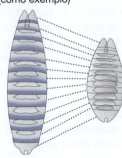

(C) Polaridade de segmento: *engrailed* (como exemplo)

FIGURA 9.15   Três tipos de mutações de genes de segmentação. O lado esquerdo mostra o embrião em clivagem inicial (em amarelo), com a região onde cada gene é normalmente transcrito em embriões selvagens mostrada em azul. Essas áreas são deletadas à medida que os mutantes se desenvolvem em embriões de estágios mais tardios.

Genes de segmentação

O comprometimento do destino celular em *Drosophila* parece passar por duas etapas: especificação e determinação (Slack, 1983). No início no desenvolvimento da mosca, o destino celular depende de sinais fornecidos por gradientes de proteínas. Essa especificação do destino celular é flexível e pode ainda ser alterada em resposta a sinais de outras células. Mais tarde, porém, as células sofrem uma transição desse tipo vago de comprometimento para uma determinação irreversível. Nesse momento, o destino de uma célula é intrínseco a ela mesma.[5]

A transição da especificação para a determinação em *Drosophila* é mediada por **genes de segmentação** que dividem o embrião precoce em uma série de primórdios de segmentos repetidos ao longo do eixo anteroposterior. Os genes de segmentação foram originalmente definidos por mutações zigóticas que perturbavam o plano corporal, e esses genes foram divididos em três grupos com base nos fenótipos dos seus mutantes (**TABELA 9.2**; Nusslein-Volhard e Wieschaus, 1980):

- *Mutantes gap* nos quais faltam regiões grandes do corpo (vários segmentos contíguos; **FIGURA 9.15A**).
- *Mutantes pair-rule* nos quais faltam porções alternadas de segmentos (**FIGURA 9.15B**)
- *Mutantes de genes de polaridade* mostram defeitos (deleções, duplicações, reversão de polaridade) em cada segmento (**FIGURA 9.15C**).

Segmentos e parassegmentos

Mutações em genes de segmentação resultam em embriões de *Drosophila* com falta de alguns segmentos ou parte de segmentos. Contudo, os primeiros pesquisadores descobriram um aspecto surpreendente dessas mutações: muitas delas não afetam os segmentos adultos propriamente ditos. Em vez disso, elas afetam o compartimento posterior de um segmento e o compartimento anterior do segmento imediatamente posterior (**FIGURA 9.16**). Estas unidades "transegmentares" foram chamadas de **parassegmentos** (Martinez-Arias e Lawrence, 1985).

Assim que os meios para detectar os padrões de expressão gênica ficaram disponíveis, descobriu-se que os padrões de expressão no embrião inicial são delineados por fronteiras parassegmentares, não pelas fronteiras dos segmentos. Assim, o parassegmento parece ser a unidade fundamental de expressão gênica embrionária. Apesar de a organização parassegmentar também ser observada na corda nervosa de *Drosophila* adulta, ela não é observada na epiderme de adulto (a manifestação mais óbvia de segmentação), nem na musculatura do adulto. Essas estruturas adultas são organizadas de acordo com o padrão segmentar. Em *Drosophila*, sulcos segmentares aparecem na epiderme quando a banda germinativa se retrai; o mesoderma que forma o músculo será segmentado mais tarde no desenvolvimento.

---

[5] Os aficionados da teoria de informação reconhecerão que o processo pelo qual a informação anteroposterior em gradientes morfogenéticos é transferida em parassegmentos discretos e diferentes representa uma transição de uma especificação analógica para digital. A especificação é analógica, a determinação, digital. Esse processo permite que a informação transitória dos gradientes no blastoderma sincicial seja estabilizada de modo a poder ser usada muito mais tarde no desenvolvimento (Baumgartner e Noll, 1990).

Pode pensar-se nos esquemas de organização segmentar e parassegmentar como representando diferentes modos de organizar os compartimentos ao longo do eixo anteroposterior do embrião. As células de um compartimento não se misturam com as células de compartimentos vizinhos, e parassegmentos e segmentos estão desfasados entre si por um compartimento.[6]

Os genes gap

Os genes *gap* são ativados ou reprimidos por genes de efeito materno, e são expressos em um ou dois domínios vastos ao longo do eixo anteroposterior. Estes padrões de expressão correlacionam bastante bem com as regiões do embrião que estão em falta nas mutações *gap*. Por exemplo, *Krüppel* é expresso primordialmente nos parassegmentos 4 a 6, no centro do embrião (ver Figuras 9.7C e Figura 9.15A); na ausência de proteína Krüppel, o embrião não apresenta os parassegmentos dessas regiões.

Deleções causadas por mutações em três genes *gap* – *hunchback*, *Krüppel* e *knirps* – abrangem toda a região segmentada do embrião de *Drosophila*. O gene *gap giant* se sobrepõe com esses três e os genes *gap tailless* e *huckebein* são expressos sem domínios próximos às extremidades anterior e posterior do embrião. Todos juntos, os quatro genes *gap* do tronco têm especificidade suficiente para definir a localização de uma célula com um erro de apenas cerca de 1% ao longo do eixo anterior/posterior. Com as interações entre os produtos desses genes *gap*, cada célula parece receber uma identidade espacial única (Dubuis et al., 2013).

Os padrões de expressão dos genes *gap* são altamente dinâmicos. Esses genes normalmente mostram níveis baixos de atividade transcricional por todo o embrião, que

TABELA 9.2 Principais genes afetando o padrão de segmentação em *Drosophila*	
Categoria	Nome do gene
Genes *gap*	*Krüppel (Kr)*
	knirps (kni)
	hunchback (hb)
	giant (gt)
	tailless (tll)
	huckebein (hkb)
	buttonhead (btd)
	empty spiracles (ems)
	orthodenticle (otd)
Genes *pair-rule* (primários)	*hairy (h)*
	even-skipped (eve)
	runt (run)
Genes *pair-rule* (secundários)	*fushi tarazu (ftz)*
	odd-paired (opa)
	sloppy-paired (slp)
	paired (prd)
Genes de polaridade de segmento	*engrailed (en)*
	wingless (wg)
	cubitus interruptus (ci)
	hedgehog (hh)
	fused (fu)
	armadillo (arm)
	patched (ptc)
	gooseberry (gsb)
	pangolin (pan)

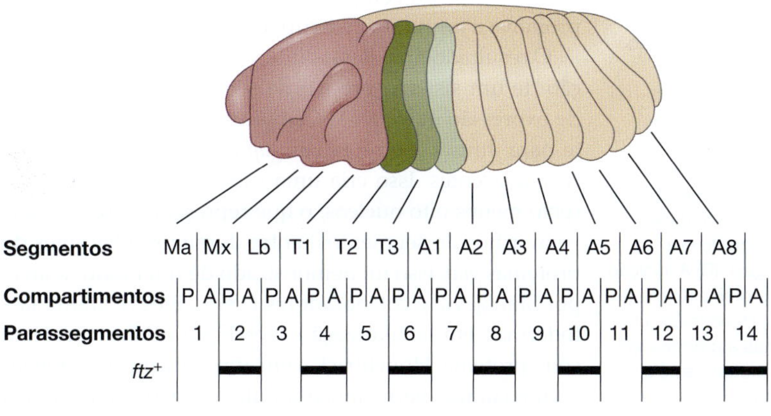

[6] Os dois modos de segmentação podem ser necessários para a coordenação do movimento na mosca adulta. Em artrópodes, os gânglios da corda nervosa ventral são organizados por parassegmentos, mas os sulcos das cutículas e da musculatura são segmentares. Este desfasamento por um compartimento permite que os músculos dos dois lados de um dado segmento epidérmico sejam coordenados pelo mesmo gânglio. Isso, por sua vez, permite contrações musculares rápidas e coordenadas para locomoção (Deutsch, 2004). Uma situação semelhante ocorre em vertebrados, em que a porção posterior de um somito anterior se combina com a porção anterior do somito seguinte.

Segmentos	Ma	Mx	Lb	T1	T2	T3	A1	A2	A3	A4	A5	A6	A7	A8
Compartimentos	P A	P A	P A	P A	P A	P A	P A	P A	P A	P A	P A	P A	P A	P A
Parassegmentos	1	2	3	4	5	6	7	8	9	10	11	12	13	14

ftz+

FIGURA 9.16 Parassegmentos no embrião de *Drosophila* estão desfasados de um compartimento para a frente em relação aos segmentos. Ma, Mx e Lb são os segmentos da cabeça mandibular, maxilar e labial; T1-T3 são os segmentos torácicos; e A1-A8 são os segmentos abdominais. Cada segmento tem um compartimento anterior (A) e um posterior (P). Cada parassegmento (numerados 1-14) consiste no compartimento posterior de um segmento e no compartimento anterior do segmento na seguinte posição posterior. As barras em preto indicam as fronteiras de expressão gênica de *ftz*; estas regiões estão ausentes no mutante *fushi tarazu* (*ftz*) (ver Figura 9.15b). (Segundo Martinez-Arias e Lawrence, 1985).

ficam consolidados em regiões discretas de alta atividade conforme as divisões nucleares continuam (Jackle et al., 1986). O gradiente de Hunchback é particularmente importante no estabelecimento dos padrões iniciais de expressão de genes *gap*. No fim do ciclo de divisão 12, Huchback está em níveis elevados ao longo da parte anterior do embrião. Hunchback, então, forma um gradiente abrupto ao longo de cerca de 15 núcleos próximo do meio do embrião (ver Figuras 9.7C e 9.13B). O terço posterior do embrião tem níveis indetectáveis de Hunchback nesse momento.

Os padrões de transcrição dos genes *gap* anteriores são iniciados por diferentes concentrações das proteínas Hunchback e Bicoid. Elevados níveis de Bicoid e Hunchback induzem a expressão de *giant*, enquanto o transcrito *Krüppel* aparece na região onde Hunchback começa a entrar em declínio. Elevados níveis de Hunchback (na ausência de Bicoid) também impedem a transcrição dos genes *gap* posteriores (como *knirps* e *giant*) na região anterior do embrião (Struhl et al., 1992). Pensa-se que um gradiente da proteína Caudal, mais elevado no polo posterior, seja responsável por ativar os genes *gap* abdominais *knirps* e *giant* na região posterior do embrião. O gene *giant* então tem dois métodos de ativação (Rivera-Pomar 1995; Schulz e Tautz 1995): um para a sua banda anterior de expressão (por meio de Bicoid e de Hunchback), e um para a sua banda posterior de expressão (por Caudal).

Após os padrões iniciais de expressão de genes *gap* terem sido estabelecidos pelos gradientes de efeitos maternos e Hunchback, eles são estabilizados e mantidos por interações repressivas entre os próprios diferentes produtos de genes *gap*. (Essas interações são facilitadas pelo fato de que elas ocorrem dentro de um sincício, no qual as membranas celulares ainda não se formaram.) Pensa-se que essas inibições que formam fronteiras sejam diretamente mediadas pelos produtos de genes *gap*, porque todos os quatro principais genes *gap* (*hunchback*, *giant*, *Krüppel* e *knirps*) codificam proteínas de ligação ao DNA (Knipple et al., 1985; Gaul e Jackle, 1990; Capovilla et al., 1992). Tal modelo, estabelecido por experimentos genéticos, análises bioquímicas e modelos matemáticos, é apresentado na **FIGURA 9.17A** (Papatsenko e Levine, 2011). O modelo representa uma rede com três principais comutadores (**FIGURA 9.17B-D**). Dois desses comutadores são a forte inibição mútua entre Hunchback e Knirps, e a forte inibição mútua entre Giant e Kruppel (Jaeger et al., 2004). O terceiro é a interação concentração-dependente entre Hunchback e Krüppel. Em elevadas doses, Hunchback inibe a produção da proteína Krüppel, porém, em doses moderadas (a cerca de 50% do comprimento do embrião), Hunchback promove a formação de Krüppel (ver Figura 9.17C).

O resultado final dessas interações repressivas é a criação de um sistema preciso de sobreposição de padrões de expressão de mRNA. Cada domínio serve como fonte para difusão de proteínas *gap* para regiões embrionárias adjacentes. Isso cria uma sobreposição significativa (pelo menos oito núcleos, o que representa cerca de dois primórdios de segmentos) entre domínios adjacentes de proteínas *gap*. Isso foi demonstrado de um modo notável por Stanojevic e colaboradores (1898). Eles fixaram blastodermas em celularização (ver Figura 9.2), marcaram com proteína Hunchback com um anticorpo carregando um corante vermelho, e simultaneamente marcaram a

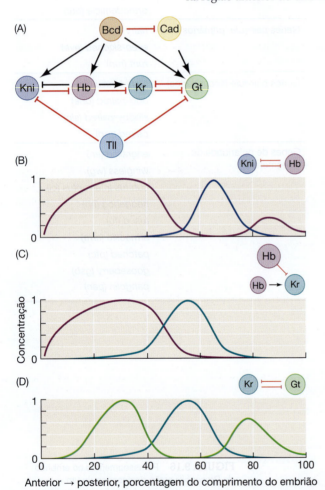

FIGURA 9.17 Arquitetura da rede de genes *gap*. Estas interações são apoiadas por modelos matemáticos, dados genéticos e análises bioquímicas. (A) O gradiente anteroposterior de Bicoid (Bcd) e Caudal (Cad) regula a expressão de Knirps (Kni), Hunchback (Hb), Kruppel (Kr; fracamente ativado por ambas as proteínas Bicoid e Caudal) e Giant (Gt). Tailless (Tll) impede estas vias de padronização nas extremidades do embrião. (B-D) Os três "comutadores" ativados ao longo do eixo anteroposterior para estabelecer os domínios de genes *gap*. (B) A inibição mútua de Knirps e Hunchback posiciona o domínio da proteína Knirps a cerca de 60 a 80% ao longo do eixo anteroposterior. (C) Hunchback inibe a expressão de Krüppel em elevadas concentrações, mas a promove em concentrações intermédias. (D) Krüppel e Giant inibem mutuamente a síntese um do outro. (Segundo Papatsenki e Levine 2011.)

proteína Krüppel com um anticorpo com um corante verde. As regiões em celularização que continham ambas as proteínas se ligaram a ambos os anticorpos e marcaram em amarelo brilhante. Krüppel se sobrepõe com Knirps de modo semelhante na região posterior do embrião (Pankratz et al., 1990). A precisão desses padrões é mantida porque tem estimuladores redundantes; se um desses estimuladores falha, existe probabilidade alta de que o outro ainda funcione (Perry et al., 2011).

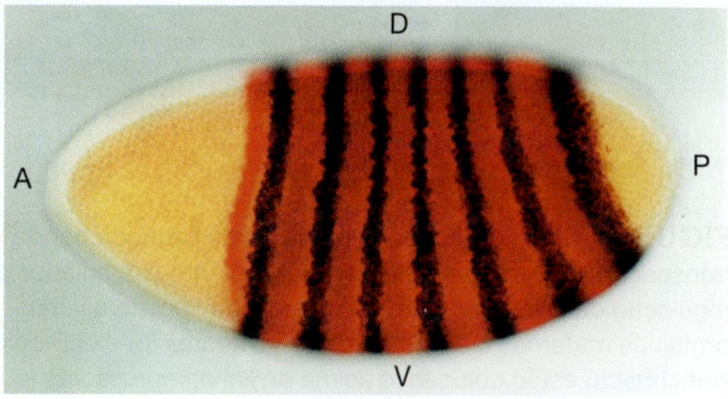

Os genes pair-rule

A primeira indicação de segmentação no embrião de mosca vem quando os genes *pair-rule* são expressos durante o ciclo de divisão 13, conforme as células começam a se formar na periferia do embrião. Os padrões de transcrição desses genes dividem o embrião em regiões que são precursoras do plano corporal segmentar. Como pode ser visto na **FIGURA 9.18** (e na Figura 9.7D), uma banda vertical de núcleos (as células estão apenas começando a se formar) expressa um gene *pair-rule*, a banda seguinte de núcleos não o expressa, e então a banda seguinte volta a expressá-lo. O resultado é um padrão de "listras de zebra" ao longo do eixo anteroposterior, dividindo o embrião em 15 subunidades (Hafen et al., 1984). Oito genes são atualmente conhecidos por serem capazes de dividir o embrião precoce dessa forma, e eles se sobrepõem uns com os outros de modo a dar a cada célula do parassegmento um conjunto específico de fatores de transcrição (ver Tabela 6.2).

Os genes *pair-rule* primários incluem *hairy*, *even-skipped* e *runt*, cada um dos quais é expresso em sete bandas. Todos os três constroem os seus padrões listrados do zero, usando estimuladores distintos e mecanismos regulatórios para cada listra. Esses estimuladores são frequentemente modulares: o controle da expressão em cada banda é localizado em uma região discreta do DNA, e essas regiões do DNA muitas vezes contêm sítios de ligação reconhecidos por proteínas *gap*. Assim, pensa-se que as diferentes concentrações das proteínas *gap* determinem se um gene *pair-rule* é transcrito ou não.

FIGURA 9.18 Padrões de expressão de RNA mensageiro de dois genes *pair-rule*, *even-skipped* (em vermelho) e *fushi tarazu* (em preto) no blastoderma de *Drosophila*. Cada gene é expresso como uma série de sete listras. Anterior fica para a esquerda, dorsal, para cima. (Cortesia de S. Small.)

FIGURA 9.19 Regiões específicas do promotor do gene *even-skipped* (*eve*) controlam bandas de transcrição específicas no embrião. (A) Mapa parcial do promotor de *eve*, mostrando as regiões responsáveis pelas várias listras. (B-E) Um gene repórter β-galactosidase (*lacZ*) foi fusionado com diferentes regiões do promotor de *eve* e injetado em embriões de mosca. Os embriões resultantes foram corados (bandas em cor de laranja) para a presença de proteína Even-skipped. (B-D) Embriões selvagens que foram injetados com transgenes *lacZ* contendo a região de estimulador específica para a listra 1 (B), listra 5 (C), ou ambas as regiões (D). (E) A região do estimulador das listras 1 e 5 foi injetada em um embrião deficiente para *giant*. Aqui, a fronteira posterior da listra 5 está ausente. (Segundo Fujioka et al., 1999, e Sackerson et al., 1999; fotos por cortesia de M. Fujioka e J. B. Jaynes.)

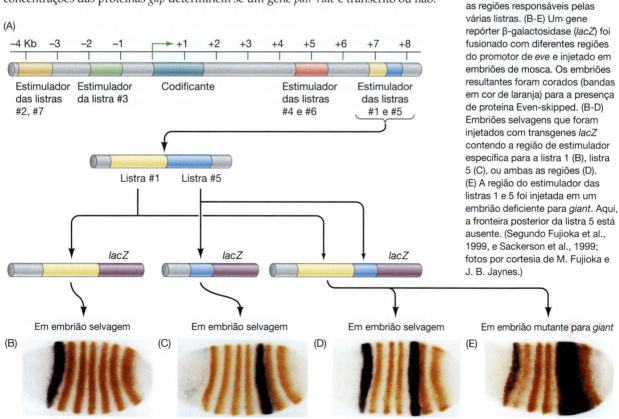

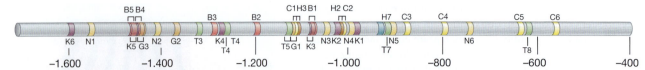

FIGURA 9.20   Modelo para formação da segunda banda de transcrição do gene *even-skipped*. O elemento estimulador para regulação da listra 2 contém sequências de ligação a várias proteínas maternas e de genes *gap*. Ativadores (p. ex., Bicoid e Hunchback) estão colocados acima da linha; repressores (p. ex., Krüppel e Giant) são mostrados abaixo. Observe que quase todo o sítio ativador se encontra estreitamente ligado a um sítio repressor, sugerindo interações competitivas nessas posições. (Além disso, uma proteína que é repressora da listra 2 pode ser uma ativadora da listra 5; depende de quais proteínas se ligam próximo a elas). B, Bicoid; C, Caudal; G, Giant; H, Hunchback; K, Krüppel; N, Knirps; T, Tailless. (Segundo Janssens et al., 2006.)

Um dos genes *pair-rule* primário mais bem estudado é o *even-skipped* (**FIGURA 9.19**). A região do seu estimulador é composta por unidades modulares organizadas, de modo que cada estimulador regula uma listra separada ou um par de listras. Por exemplo, a listra 2 do *even-skipped* é controlada por uma região 500-pb que é ativada por Bicoid e Hunchback e reprimida por ambas as proteínas Giant e Krüppel (**FIGURA 9.20**; Small et al., 1991, 1992; Stanojevic et al., 1991, Janssens et al., 2006). A fronteira anterior é mantida por influências repressoras de Giant, ao passo que a fronteira posterior é mantida por Krüppel. Pegadas de DNase I mostraram que a região mínima de estimulador para esta listra contém cinco sítios de ligação para Bicoid, um para Hunchback, três para Krüppel e três para Giant. Assim, pensa-se que essa região atue com um interruptor que pode diretamente detectar as concentrações dessas proteínas e tomar decisões *on/off* de transcrição.

A importância desses elementos estimuladores pode ser demonstrada tanto por meios genéticos como bioquímicos. Primeiro, uma mutação em um determinado estimulador pode deletar a sua banda específica e não outra. Segundo, se um gene repórter (como *lacZ*, que codifica para β-galactosidase) é fusionado a um dos estimuladores, o gene repórter é expresso apenas nessa banda determinada (ver Figura 9.19; Fujioka et al., 1999). Terceiro, o posicionamento das listras pode ser alterado deletando-se os genes *gap* que o regulam. Assim, o posicionamento das listras é resultado de (1) elementos estimuladores reguladores *cis* modulares dos genes *pair-rule* e de (2) proteínas *trans*-reguladoras de genes *gap* e de genes maternos que se ligam a esses sítios nesses estimuladores.

Uma vez iniciada por proteínas de genes *gap*, o padrão de transcrição dos genes *pair-rule* primários fica estabilizado por interações entre os seus produtos (Levine e Harding, 1989). Os genes *pair-rule* primários também criam o contexto que permite ou inibe a expressão dos genes *pair-rule* secundários que atua mais tarde, como *fushi tarazu* (*ftz*; **FIGURA 9.21**). Os oito genes *pair-rule* conhecidos são todos expressos em padrões listrados, mas esses padrões não coincidem uns com os outros. Em vez disso, cada fila de núcleos dentro de um parassegmento tem o seu próprio conjunto de produtos *pair-rule* que a distingue de qualquer outra fila. Esses produtos ativam o nível seguinte de genes de segmentação, os genes de polaridade de segmento.

Os genes de polaridade de segmento

Até agora, a nossa discussão descreveu interações entre moléculas dentro do embrião sincicial. Contudo, uma vez que as células se formam, interações têm lugar entre as células. Essas interações são mediadas por genes de polaridade de segmento, os quais realizam duas tarefas importantes. Primeiro, eles reforçam a periodicidade parassegmentar estabelecida pelos fatores de transcrição iniciais. Segundo, por meio desta sinalização célula a célula, os destinos celulares são estabelecidos dentro de cada parassegmento.

Os genes de polaridade de segmento codificam para proteínas que são constituintes as vias de sinalização Wnt e Hedgehog (Ingham, 2016). Mutações nesses genes levam a defeitos na segmentação e no padrão de expressão gênica em cada parassegmento. O desenvolvimento do padrão normal se baseia no fato de apenas uma fila de células em cada parassegmento poder expressar a proteína Hedgehog, e apenas uma fila de células em cada parassegmento poder expressar a proteína Wingless. (Wingless é a proteína Wnt de *Drosophila*.) A chave para esse padrão é a ativação do gene *engrailed* (en)

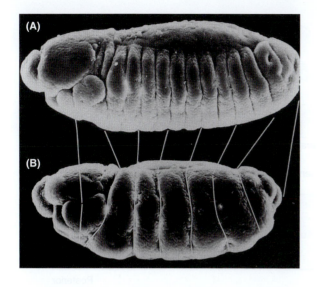

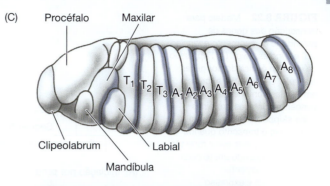

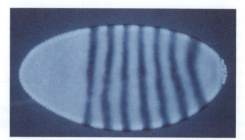

nas células que expressarão Hedgehog. O gene *engrailed* é ativado em células que têm níveis elevados dos fatores de transcrição Even-skipped, Fushi tarazu ou Paired; *engrailed* é reprimido nas células com níveis elevados das proteínas Odd-skipped, Runt ou Sloppy-paired. Como resultado, a proteína Engrailed está presente em 14 listras ao longo do eixo anteroposterior do embrião (ver Figura 9.7E). (De fato, em embriões deficientes para *ftz*, apenas 7 listras de *engrailed* são expressas.)

Essas listras de transcrição de *engrailed* marcam o compartimento anterior de cada parassegmento (e o compartimento posterior de cada segmento). O gene *wingless* (*wg*) é ativado nas bandas de células que recebem pouco ou nenhuma proteína Even-skipped ou Fushi tarazu, mas que contêm Sloppy-paired. Esse padrão faz *wingless* ser transcrito apenas na coluna de células diretamente anterior às células onde *engrailed* é transcrito (**FIGURA 9.22A**).

Uma vez estabelecidos os padrões de expressão de *wingless* e *engrailed* em células adjacentes, esse padrão deve ser mantido para reter a periodicidade parassegmentar do plano corporal. Devemos lembrar que os mRNAs e proteínas envolvidos em iniciar esses padrões têm semividas curtas, e que esses padrões devem ser mantidos após os seus iniciadores não serem mais sintetizados. A manutenção desses padrões é regulada por interação recíproca entre células vizinhas: células secretando a proteína Hedgehog ativam expressão de *wingless* nas suas vizinhas, e o sinal da proteína Wingless, que é recebido pelas células que secretam Hedgehog, serve para manter expressão de *hedgehog* (*hh*) (**FIGURA 9.22B**). A proteína Wingless também atua de modo autócrino, mantendo a sua própria expressão (Sánchez et al., 2008).

Nas células transcrevendo o gene *wingless*, o mRNA de *wingless* é translocado pela sua 3′ UTR para o ápice da célula (Simmonds et al., 2001; Wilkie e Davis, 2001). No ápice, a mensagem *wingless* é traduzida e secretada pela célula. As células expressando *engrailed* podem se ligar a essa proteína porque contêm Frizzled, que é a proteína receptora de membrana de *Drosophila* para Wingless (Bhanot et al., 1996). A ligação de Wingless a Frizzled ativa a transdução de sinal Wnt, resultando na expressão continuada de *engrailed* (Siegfried et al., 1994). Desse modo, o padrão de transcrição desses dois tipos celulares é estabilizado. Esta interação cria uma fronteira estável, bem como um centro sinalizador a partir do qual as proteínas Hedgehog e Wingless difundem ao longo do parassegmento.

Pensa-se que a difusão dessas proteínas fornece gradientes por meio dos quais as células do parassegmento adquirem as suas identidades. Esse processo pode ser observado

FIGURA 9.21 Defeitos observados no mutante *fushi tarazu*. Anterior é para a esquerda; a superfície dorsal, para cima. (A) Micrografia eletrônica de varredura de um embrião selvagem, visto lateralmente. (B) Um embrião mutante *fushi tarazu* no mesmo estágio. As linhas brancas conectam porções homólogas da banda germinativa segmentada. (D) Diagrama da segmentação embrionária selvagem. As áreas sombreadas em roxo mostram os parassegmentos da banda germinativa que faltam no embrião mutante. (D) Padrão de transcrição do gene *fushi tarazu*. (Segundo Kaufman et al., 1990; A, B, cortesia de T. Kaufman; D, cortesia de T. Karr.)

FIGURA 9.22 Modelo para transcrição dos genes de polaridade de segmento *engrailed* (*en*) e *wingless* (*wg*). (A) Expressão de *wg* e *en* é iniciada por genes *pair-rule*. O gene *en* é expresso em células contendo elevadas concentrações das proteínas Even-skipped ou Fushi tarazu. O gene *wg* é transcrito quando nenhum dos genes *eve* e *ftz* estão ativos, mas quando um terceiro gene (provavelmente *sloppy-paired*) é expresso. (B) A expressão contínua de *wg* e *en* é mantida por interações entre as células expressando Engrailed e Wingless. A proteína Wingless é secretada e se difunde para as células circundantes. Nas células competentes para expressar Engrailed (isto é, aquelas que contêm as proteínas Eve ou Ftz), a proteína Wingless se liga pelas proteínas receptoras Frizzled e Lrp6, o que permite a ativação do gene *en* via a cascata de transdução Wnt. (Armadillo é o nome em *Drosophila* para β-catenina). A proteína Engrailed ativa a transcrição do gene *hedgehog* e ativa a sua própria transcrição gênica (*en*). A proteína Hedgehog difunde-se a partir dessas células e se liga à proteína receptora Patched em células vizinhas. O sinal Hedgehog permite a transcrição do gene *wg* e a secreção subsequente da proteína Wingless. Para uma visão mais complexa, ver Sánchez et al., 2008.

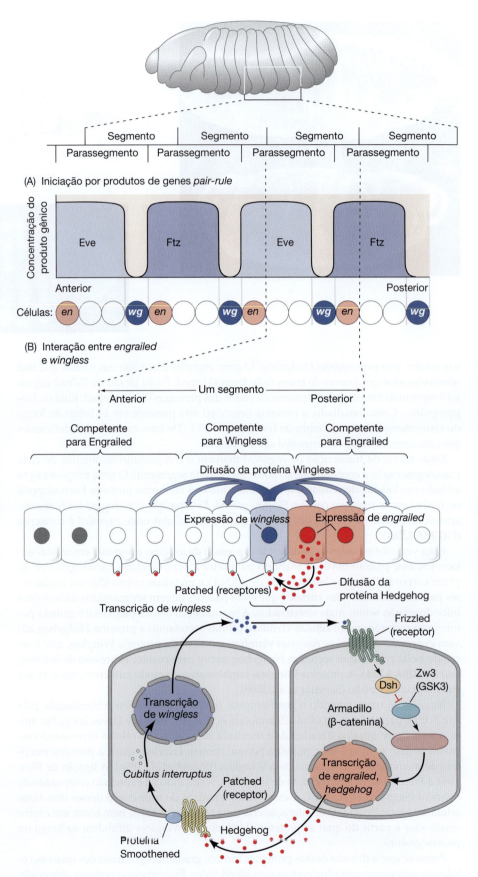

FIGURA 9.23 Especificação celular pelo centro sinalizador Wingless/Hedgehog. (A) Fotografia de campo escuro de um embrião selvagem de *Drosophila*, mostrando a posição do terceiro segmento abdominal. Anterior é para a esquerda; a superfície dorsal, para cima. (B) Plano aproximado da área dorsal do segmento A3, mostrando as diferentes estruturas cuticulares feitas pelas 1ª, 2ª, 3ª e 4ª filas de células. (C) Um modelo para os papéis de Wingless e Hedgehog. Cada sinal é responsável por aproximadamente metade do padrão. Cada sinal atua ou de modo graduado (representado aqui como gradientes decrescendo com a distância às respectivas fontes) para especificar os destinos de células a certa distância dessas fontes, ou cada sinal atua localmente nas células vizinhas iniciando uma cascata de induções (representado aqui como setas sequências). (Segundo Heemskerk e DiNardo, 1994; fotos por cortesia dos autores.)

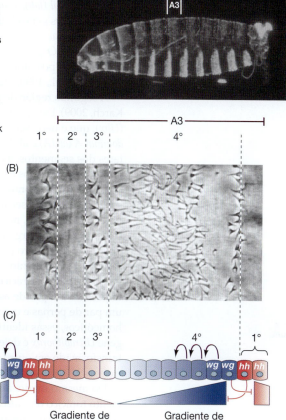

na epiderme dorsal, onde as filas de células larvais produzem diferentes estruturas cuticulares de acordo com a sua posição no segmento. A primeira fila de células consiste em espigões pigmentados e grandes chamados dentículos. Posteriormente a essas células, a segunda fila produz uma cutícula lisa de epiderme. As duas filas seguintes de células têm um terceiro destino, fazer pelos pequenos e espessos; eles são seguidos por várias filas de células que adotam um quarto destino, produzir pêlos finos (**FIGURA 9.23**).

Os genes seletores homeóticos

Depois de as fronteiras segmentares estarem estabelecidas, os genes *pair-rule* e *gap* interagem para regular os genes seletores homeóticos, que especificam as estruturas características de cada segmento (Lewis, 1978). No final do estágio de blastoderma celular, cada primórdio de segmento recebeu uma identidade individual pela sua constelação única de produtos de genes *gap*, *pair-rule* e homeóticos (Levie e Harding, 1989). Duas regiões do cromossomo III da *Drosophila* contêm a maioria desses genes homeóticos (**FIGURA 9.24**).

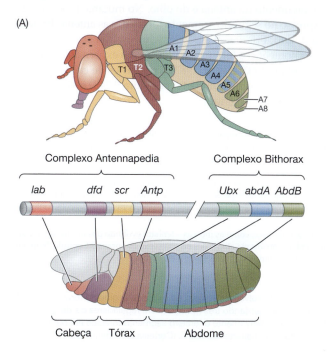

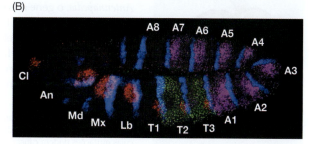

FIGURA 9.24 Expressão de genes homeóticos em *Drosophila*. (A) Mapa de expressão dos genes homeóticos. No centro, estão os genes dos complexos Antennapedia e bithorax e seus domínios funcionais. Embaixo e acima do mapa de genes estão representadas as regiões de expressão de gene homeótico (tanto mRNA como proteína) no blastoderma de embrião de *Drosophila* e as regiões que se formam a partir delas na mosca adulta estão representadas. (B) Hibridação *in situ* para quatro genes em um estágio ligeiramente mais tardio (banda germinativa estendida). O padrão de expressão de *engrailed* (azul) separa o corpo em segmentos; Antennapedia (verde) e Bithorax (roxo) separam as regiões torácica e abdominal; *Distal-less* (vermelho) mostra a localização das mandíbulas e o começo dos membros. (A, segundo Kaufman et al., 1990, e Dessain et al., 1992; B, cortesia de D. Kosman.)

A primeira região, conhecida como o **complexo Antennapedia**, contém os genes homeóticos *labial* (*lab*), *Antennapedia* (*Antp*), *sex combs reduced* (*scr*), *deformed* (*dfd*) e *proboscipedia* (*pb*). Os genes *labial* e *deformed* especificam os segmentos da cabeça, ao passo que *sex combs reduced* e *Antennapedia* contribuem para dar aos segmentos torácicos as suas identidades. O gene *proboscipedia* parece atuar apenas em adultos, porém, na sua ausência, os palpos labiais da boca são transformados em pernas (Wakimoto et al., 1984; Kaufman et al., 1990; Maeda e Karch, 2009).

A segunda região de genes homeóticos é o **complexo bithorax** (Lewis, 1978; Maeda e Karch, 2009). Existem três genes codificando para proteína neste complexo: *Ultrabithorax* (*Ubx*), que é necessário para a identidade do terceiro segmento torácico; e os genes *abdominal A* (*abdA*) e abdominal B (*abdB*), que são responsáveis pelas identidades segmentares dos segmentos abdominais (Sánchez-Herrero et al., 1985). A região do cromossomo contendo ambos os complexos Antennapedia e bithorax é frequentemente referida como **complexo homeótico**, ou **Hom-C**.

Como os genes seletores homeóticos são responsáveis pela especificação das partes do corpo da mosca, mutações neles levam a fenótipos bizarros. Em 1894, William Bateson chamou estes organismos de **mutantes homeóticos**, e eles têm fascinado os biólogos do desenvolvimento por décadas.[7] Por exemplo, o corpo de uma mosca adulta normal contém três segmentos torácicos, cada um dos quais produz um par de pernas. O primeiro segmento torácico não produz nenhum outro apêndice, mas o segundo segmento produz um par de asas para além das pernas. O terceiro segmento torácico produz um par de pernas e um par de balanceadores, conhecidos como **halteres**. Em mutantes homeóticos, essas identidades segmentares específicas podem ser alteradas. Quando o gene *Ultrabithorax* é deletado, o terceiro segmento torácico (caracterizado por halteres) é transformado em outro segundo segmento torácico. O resultado é uma mosca com quatro asas (**FIGURA 9.25**) – uma situação embaraçosa para um dipterano clássico.[8]

Do mesmo modo, a proteína Antennapedia normalmente especifica o segundo segmento torácico da mosca. Todavia, quando as moscas têm uma mutação na qual o gene *Antennapedia* é expresso na cabeça (e também no tórax), pernas, em vez de antenas, brotam das órbitas da cabeça (**FIGURA 9.26**). Isso se dá, em parte, porque, além de promover a formação de estruturas torácicas, a proteína Antennapedia se liga e reprime os estimuladores de pelo menos dois genes, *homothorax* e *eyeless*, que codificam fatores de transcrição essenciais para a formação da antena e do olho, respectivamente (Casares e Mann, 1988; Plaxa et al., 2001). Assim, uma das funções de Antennapedia é reprimir os genes que desencadeariam o desenvolvimento da antena e do olho. No mutante recessivo de *Antennapedia*, o gene não é expresso no segundo segmento torácico, e as antenas brotam das posições das pernas (Struhl, 1981; Frischer et al., 1986; Schneuwly et al., 1987).

Os principais genes seletores homeóticos foram clonados e a sua expressão analisada por hibridação *in situ* (Harding et al., 1985; Akam, 1987). Transcritos de cada gene podem ser detectados em regiões específicas do embrião (ver Figura 9.24B) e são particularmente proeminentes no sistema nervoso central.

(A)

Segundo segmento torácico

(B)

Segundo segmento torácico   Terceiro segmento torácico

---

[7] *Homeo*, do grego, significa "semelhante". Mutantes homeóticos são mutantes nos quais uma estrutura é substituída por outra (como quando uma antena é substituída por uma perna). Os *genes homeóticos* são os genes cujas mutações podem causar transformações desse tipo; assim, genes homeóticos são genes que especificam a identidade de um dado segmento corporal. A *homeobox* é uma sequência de DNA conservada com cerca de 180 pares de bases que é compartilhada por muitos genes homeóticos. Essa sequência codifica o *homeodomínio* acídico de 60 aminoácidos, que reconhece sequências específicas de DNA. O homeodomínio é uma região importante dos fatores de transcrição codificados por genes homeóticos. Contudo, nem todos os genes contendo homeoboxes são genes homeóticos.

[8] Pensa-se que os dipteranos – insetos de duas asas, como as moscas – tenham evoluído dos insetos de quatro asas, e é possível que essa mudança tenha ocorrido via alterações no complexo bithorax. O Capítulo 26 inclui especulação adicional sobre a relação entre o complexo homeótico e a evolução.

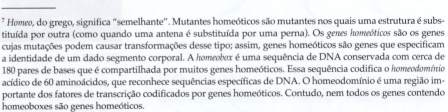

FIGURA 9.25 (A) Asas da mosca-da-fruta selvagem surgem do segundo segmento torácico. (B) Mosca-da-fruta com quatro asas formada juntando três mutações em reguladores *cis* do gene *ultrabithorax*. Essas mutações transformam efetivamente o terceiro segmento torácico em outro segundo segmento torácico (i.e., transformam halteres em asas). (Cortesia de Nipam Patel.)

(A)

Antena

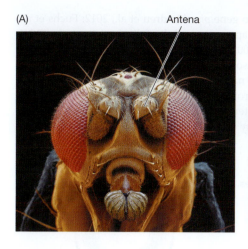

(B)

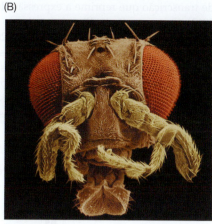

FIGURA 9.26 (A) Cabeça de uma mosca-da-fruta selvagem. (B) Cabeça de uma mosca contendo a mutação *Antennapedia* que converte antenas em pernas. (A, Eye of Science/Science Source; B, Science VU/Dr. F. Rudolph Turner/Visuals Unlimited, Inc.)

 OS CIENTISTAS FALAM 9.3 Escute esta entrevista com o Dr. Walter Gehring, que liderou pesquisas que unificaram genética, desenvolvimento e evolução, levando à descoberta do homeobox e a sua ubiquidade por todo o reino animal.

TÓPICO NA REDE 9.5 **INICIAÇÃO E MANUTENÇÃO DA EXPRESSÃO DE GENES HOMEÓTICOS** Os genes homeóticos fazem fronteiras específicas no embrião de *Drosophila*. Além disso, os produtos proteicos dos genes homeóticos ativam baterias de outros genes, especificando o segmento.

Gerando o eixo dorsoventral

Padronização dorsoventral no ovócito

Conforme o volume do ovócito aumenta, o núcleo do ovócito é empurrado pelos microtúbulos crescentes para uma posição anterior dorsal (Zhao et al., 2012). Aqui, a mensagem *gurken*, que havia sido essencial no estabelecimento do eixo anteroposterior, inicia a formação do eixo dorsoventral. O mRNA de *gurken* fica localizado em um crescente entre o núcleo do ovócito e a membrana celular do ovócito, e o seu produto proteico forma um gradiente anteroposterior ao longo da superfície dorsal do ovócito (**FIGURA 9.27**; Neuman-Silberberg e Schupbach, 1993). Como a proteína Gurken pode difundir apenas a curta distância, ela alcança apenas aquelas células foliculares mais próximas ao núcleo do ovócito, e sinaliza para que aquelas células se tornem as células foliculares colunares mais dorsais (Montell et al., 1991; Schupbach et al., 1991). Isso estabelece a polaridade dorsoventral na camada de células foliculares que rodeiam o ovócito em crescimento.

Deficiências maternas tanto no gene *gurken* como no *torpedo* levam à ventralização do embrião. Contudo, *gurken* está ativo apenas no ovócito, ao passo que *torpedo* está ativo apenas nas células foliculares somáticas (Schupbach, 1987). O sinal Gurken-Torpedo que especifica as células foliculares dorsalizadas inicia uma cascata de atividade gênica que dá origem ao eixo dorsoventral do embrião. A proteína receptora Torpedo ativada ativa Mirror, um fator

> **Ampliando o conhecimento**
>
> Os genes homeobox especificam o eixo anteroposterior do corpo tanto em *Drosophila* como em seres humanos. Como é que nós não observamos mutações homeóticas que resultam em conjuntos extra de membros em humanos como acontece nas moscas?

(A)

(B)

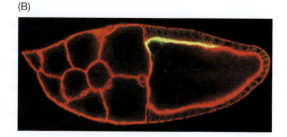

FIGURA 9.27 Expressão de Gurken entre o núcleo de ovócito e a membrana celular anterior dorsal. (A) O mRNA de *gurken* está localizado entre o núcleo do ovócito e as células foliculares dorsais do ovário. Anterior está para a esquerda; dorsal está para cima. (B) Um ovócito mais maduro mostra proteína Gurken (em amarelo) ao longo da região dorsal. Actina está marcada em vermelho, mostrando as fronteiras celulares. Conforme o ovócito cresce, as células foliculares migram pelo topo do ovócito, onde ficam expostas a Gurken. (A, de Ray e Schupbach, 1986, cortesia de T. Schupbach; B, cortesia de C. van Buskirk e T. Schupbach.)

de transcrição que reprime a expressão do gene *pipe* (Andreu et al., 2012; Fuchs et al., 2012). Como resultado, Pipe é sintetizado apenas nas células foliculares ventrais (**FIGU-RA 9.28A**; Sem et al., 1998; Amiri e Stein, 2002). A proteína Pipe modifica o envelope vitelino ventral sulfatando suas proteínas. Isso permite que a proteína Gastrulation-defective se ligue ao envelope vitelino (apenas na região ventral) e recrute outras proteínas para formar um complexo que clivará a proteína Easter na sua forma de protease ativa (**FIGURA 9.28B**; Cho et al., 2010, 2012). Easter, então, cliva a proteína Spätzle (Chasan et al., 1992; Hong e Hashimoto, 1995; LeMosy et al., 2001) e a proteína Spätzle clivada é o

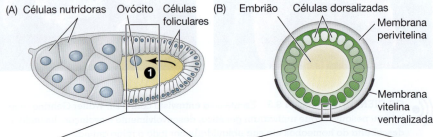

❶ O núcleo do ovócito viaja para o lado anterior dorsal do ovócito onde localiza o mRNA *gurken*.

❷ Gurken traduzida é recebida pelas proteínas Torpedo.

❸a O sinal Torpedo faz as células foliculares se diferenciarem em uma morfologia dorsal.

❸b A síntese de Pipe é inibida em células foliculares dorsais.

❹ Gurken não se difunde para as células foliculares ventrais.

❺a As células foliculares ventrais sintetizam Pipe.

❺b O sinal Pipe sulfata proteínas da membrana vitelina ventral.

❻ As proteínas sulfatadas da membrana vitelina se ligam a Gastrulation-defective (GD).

❼a GD cliva Snake na sua forma ativa e forma um complexo com as proteínas Snake e Easter não clivadas.

❼b A proteína Easter é clivada na sua forma ativa.

❽ Easter clivada se liga e cliva Spätzle; Spätzle ativada se liga à proteína receptora Toll.

❾ A ativação de Toll ativa Tube e Pelle, que fosforilam a proteína Cactus. Cactus é degradada, liberando-se de Dorsal.

❿ A proteína Dorsal entra no núcleo e ventraliza a célula.

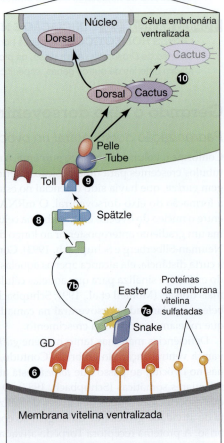

FIGURA 9.28   Gerando polaridade dorsoventral em *Drosophila*. (A) O núcleo do ovócito atravessa até ao futuro lado dorsal do embrião. Os genes *gurken* do ovócito sintetizam mRNA que fica localizado entre o núcleo e a membrana celular do ovócito, onde é traduzido em proteína Gurken. O sinal Gurken é recebido pelos receptores Torpedo pelas células foliculares (ver Figura 9.8). Dado a curta difusibilidade do sinal, apenas as células foliculares mais próximas do núcleo do ovócito (isto é, as células foliculares dorsais) recebem o sinal Gurken, o que faz com que as células foliculares adoptem uma morfologia característica folicular dorsal e inibe a síntese da proteína Pipe. Assim, a proteína Pipe é sintetizada apenas pelas células foliculares *ventrais*. (B) Região ventral, em um estágio de desenvolvimento ligeiramente mais tardio. Proteínas sulfatadas na região ventral do envelope vitelino recrutam Gastrulation-defective (GD), que, por sua vez, se complexa com outras proteínas, iniciando uma cascata que resulta na proteína Spätzle clivada se ligando ao receptor Toll. A cascata resultante ventraliza a célula. (Segundo van Eeden e St Johnston, 1999; Cho et al., 2010).

ligante que liga e ativa o receptor Toll. É importante que a clivagem de Spätzle seja limitada à porção mais ventral do embrião. Isso é realizado pela secreção de um inibidor de protease pelas células foliculares do ovário. Isso pode inibir qualquer pequena quantidade de proteases que possam estar previstas nas margens (Hashimoto et al., 2003; Ligoxygakis et al., 2003).

A proteína Toll é um produto materno que se encontra igualmente distribuída por toda a membrana celular do ovo (Hashimoto et al., 1988, 1991), mas que fica ativada apenas por ligação a Spätzle, que é produzida apenas no lado ventral do embrião. Os receptores Toll ventrais ligam-se à proteína Spätzle madura, e a membrana contendo a proteína Toll ativada sofre endocitose. Acredita-se que sinalização do receptor Toll ocorra nestes endossomos citoplasmáticos, em vez de na superfície celular (Lund et al., 2010). Assim, os receptores Toll no lado ventral do ovo estão traduzindo um sinal para o ovo, ao passo que os receptores Toll no lado dorsal, não. Esta ativação localizada estabelece a polaridade dorsoventral do ovócito.

 OS CIENTISTAS FALAM 9.4 Dois vídeos com a Dra. Trudi Schupbach mostram como a ancoragem e a regulação da proteína Gurken são realizadas no embrião de *Drosophila*.

Gerando o eixo dorsoventral dentro do embrião

A proteína que distingue o dorso (costas) do ventre (barriga) no embrião de mosca é o produto do gene *dorsal*. A proteína Dorsal é um fator de transcrição que ativa os genes que dão origem ao ventre. (Observe que este é outro gene de *Drosophila* que ganhou o nome do fenótipo do seu mutante: o produto do gene dorsal é um morfógeno que ventraliza a região na qual está presente.) O transcrito de mRNA do gene *dorsal* materno é depositado no ovócito pelas células nutridoras. Contudo, a proteína Dorsal não é sintetizada a partir desta mensagem materna até 90 minutos após a fertilização. Quando Dorsal é traduzida, encontra-se por todo o embrião, não apenas no lado ventral ou dorsal. Como pode essa proteína atuar como morfógeno se está localizada por todo o lado no embrião?

A resposta para essa questão foi inesperada (Roth et al., 1989; Russhlow et al., 1989; Steward, 1989). Apesar de a proteína Dorsal se encontrar por todo o blastoderma sincicial do embrião inicial de *Drosophila*, ela é translocada para o núcleo apenas na parte ventral do embrião. No núcleo, Dorsal atua como fator de transcrição, ligando-se a certos genes para ativar ou reprimir a sua transcrição. Se Dorsal não entrar no núcleo, os genes responsáveis por especificar tipos celulares ventrais não são transcritos, os genes responsáveis por especificar tipos celulares dorsais não são reprimidos e todas as células do embrião serão especificadas como dorsais.

Este modelo de formação do eixo dorsoventral em *Drosophila* é apoiado por análises de mutações em efeitos maternos que dão origem a um fenótipo completamente dorsalizado ou completamente ventralizado, onde não há "costas" do embrião larval, que morrerá em breve (Anderson e Nusslein-Volhard, 1984). Em mutantes nos quais todas as células são dorsalizadas (óbvio pelo seu exoesqueleto específico do lado dorsal), Dorsal não entra no núcleo de nenhuma célula. Em contrapartida, em mutantes nos quais todas as células têm um fenótipo ventral, a proteína Dorsal se encontra em todos os núcleos celulares (**FIGURA 9.29A**).

Estabelecendo um gradiente nuclear de Dorsal

Então, como a proteína Dorsal entra apenas no núcleo das células ventrais? Quando Dorsal é inicialmente produzida, ela forma um complexo com uma proteína chamada Cactus no citoplasma do blastoderma sincicial. Enquanto Cactus estiver ligada a ela, Dorsal permanece no citoplasma. Dorsal entra nos núcleos ventrais em resposta a uma via de sinalização que a libera de Cactus (ver Figura 9.28B). Esta separação de Dorsal e Cactus é iniciada pela ativação ventral do receptor Toll. Quando Spätzle se liga e ativa a proteína Toll, esta ativa uma proteína-cinase chamada Pelle. Outra proteína, Tube, é provavelmente necessária para levar Pelle para a membrana celular, onde pode ser ativada (Galindo et al., 1995). A proteína-cinase Pelle ativada (provavelmente por meio de um intermediário) pode fosforilar Cactus. Uma vez fosforilada, Cactus é degradada e Dorsal pode entrar no núcleo

Ampliando o conhecimento

De acordo com o modelo discutido aqui, a proteína Gurken do ovo está sinalizando informação de padronização dorsoventral para as células foliculares. Como podemos saber isso? *Dica:* consulte o artigo da Dra. Trudi Schupbach de 1987 na revista Cell (ver Leituras adicionais no fim deste capítulo) e assista aos seus vídeos (citados em Os cientistas falam, à esquerda).

(A)

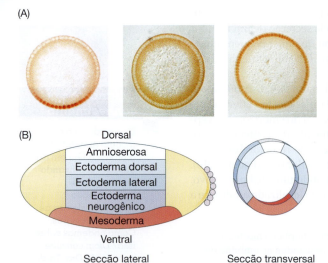

(B)

Dorsal

Amnioserosa
Ectoderma dorsal
Ectoderma lateral
Ectoderma neurogênico
Mesoderma

Ventral

Secção lateral

Secção transversal

(C)

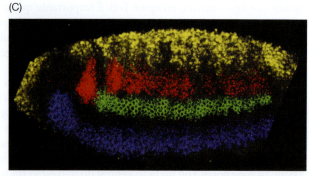

FIGURA 9.29 Especificação do destino celular pela proteína Dorsal. (A) Secções transversais de embriões marcados com anticorpo para mostrar a presença da proteína Dorsal (área escura). O embrião selvagem (à esquerda) tem proteína Dorsal apenas nos núcleos mais ventrais. Um mutante dorsalizado (centro) não tem localização de proteína Dorsal em nenhum núcleo. No mutante ventralizado (à direita), a proteína Dorsal entrou no núcleo de todas as células. (B) Mapas de destino de secções transversais no embrião de *Drosophila* em ciclo de divisão 14. A parte mais ventral torna-se o mesoderma; a seguinte porção mais alta torna-se o ectoderma neurogênico (ventral). O ectoderma lateral e dorsal pode ser distinguido na cutícula, e a região mais dorsal torna-se a amnioserosa, a camada extraembrionária que envolve o embrião. A translocação da proteína Dorsal para núcleos ventrais, mas não laterais ou dorsais, gera um gradiente onde as células ventrais com mais proteína Dorsal se tornam precursores mesodérmicos. (C) Padronização dorsoventral em *Drosophila*. O resultado do gradiente de Dorsal pode ser observado na região do tronco de um embrião inteiro marcado. A expressão do gene mais ventral, *ventral nervous system defective* (em azul), é do ectoderma neurogênico. O gene *intermediate neuroblast defective* (em verde) é expresso no ectoderma lateral. Vermelho representa o gene *homeobox específico de músculo*, expresso no mesoderma acima dos neuroblastos intermediários. O tecido mais dorsal expressa *decapentaplegic* (em amarelo). (A, de Roth et al., 1989, cortesia dos autores; B, segundo Rushlow et al., 1989; C, de Kosman et al., 2004, cortesia de D. Kosman e E. Bier.)

(Kidd, 1992; Shelton e Wasserman, 1993; Whalen e Steward, 1993; Reach et al., 1996). Como Toll é ativada por um gradiente de proteína Spätzle que é mais elevado na região mais ventral, existe um gradiente correspondente de translocação de Dorsal nas células ventrais do embrião, com as concentrações mais elevadas de Dorsal nos núcleos mais ventrais, que se convertem em mesoderma (**FIGURA 9.29B**).

A proteína Dorsal sinaliza o primeiro evento morfogenético da gastrulação de *Drosophila*. As 16 células mais ventrais do embrião – aquelas contendo a quantidade mais elevada de Dorsal nos seus núcleos – invaginam para dentro do corpo e formam o mesoderma (**FIGURA 9.30**). Todos os músculos do corpo, corpos gordos e gônadas derivam destas células mesodérmicas (Foe, 1989). As células que tomarão o lugar delas na linha média ventral irão se converter em nervos e glia.

TÓPICO NA REDE 9.6 **EFEITOS DO GRADIENTE DE PROTEÍNA DORSAL** Dorsal atua como fator de transcrição, iniciando a cascata que estabelece as condições para a especificação de mesoderma, endoderma e ectoderma.

Eixos e primórdios de órgãos: o modelo de coordenadas cartesianas

Os eixos anteroposterior e dorsoventral dos embriões de *Drosophila* formam um sistema de coordenadas que pode ser usado para especificar posições dentro do embrião (**FIGURA 9.31A**). Teoricamente, células que são inicialmente equivalentes em potencial de desenvolvimento podem responder à sua posição expressando diferentes conjuntos de genes. Esse tipo de especificação foi demonstrado na formação dos rudimentos da glândula salivar (Panzer et al., 1992; Bradley et al., 2001; Zhou et al., 2001).

As glândulas salivares de *Drosophila* formam-se apenas na linha de células definida pela atividade do gene *sex combs reduced* (*scr*) ao longo do eixo anteroposterior (parassegmento 2). Não se formam glândulas salivares em mutantes *scr*. Além disso, se *scr* for experimentalmente expresso por todo o embrião, os primórdios da glândula salivar formam-se em uma linha ventrolateral ao longo da maior parte do comprimento do embrião. A formação de glândulas salivares ao longo do eixo dorsoventral é reprimida por ambas as proteínas Decapentaplegic e Dorsal, que inibem a formação de glândulas salivares tanto dorsal como ventralmente. Assim, as glândulas salivares formam-se na intersecção da banda vertical de expressão de *scr* (parassegmento 2) e a região horizontal no meio da circunferência do embrião que não tem nem Decapentaplegic nem Dorsal (**FIGURA 9.31D**). As células que formam as glândulas salivares são direcionadas a o fazer por atividades gênicas que se intersetam ao longo dos eixos anteroposterior e dorsoventral.

Uma situação semelhante é observada em células precursoras neurais encontradas em cada segmento da mosca. Os neuroblastos surgem de 10 clusters de 4 a 6 células cada, que se formam em cada lado de todos os segmentos na linha de ectoderma neural na linha média do embrião (Skeath e Carroll, 1992). As células em cada cluster interagem (via sinalização Notch, discutida no Capítulo 4) para gerar uma única célula neural de cada cluster. Skeath e colaboradores (1993) demonstraram que o padrão de transcrição de genes neurais é imposto por um sistema de coordenadas. A sua expressão é reprimida ao longo do eixo dorsoventral pelas proteínas Decapentaplegic e Snail, enquanto ativação positiva por genes *pair-rule* ao longo do eixo anteroposterior origina a repetição de gene neural em cada meio segmento. É muito provável, então, que as posições dos primórdios de órgãos na mosca sejam especificadas via um sistema de coordenadas bidimensional baseado na intersecção dos eixos anteroposterior e dorsoventral.

TÓPICO NA REDE 9.7 **O EIXO DIREITA-ESQUERDA**

A *Drosophila* tem um eixo direito-esquerda que vai do centro do embrião para os seus lados. Cada conjunto de membros se desenvolve nos lados direito e esquerdo, mas o embrião não é inteiramente simétrico.

Coda

Estudos genéticos no embrião de *Drosophila* descobriram inúmeros genes que são responsáveis pela especificação dos eixos anteroposterior e dorsoventral. Mutações dos genes de *Drosophila* deram-nos os primeiros vislumbres sobre os múltiplos níveis de regulação do padrão em um organismo complexo e permitiram-nos isolar estes genes e seus produtos. Mais importante ainda, porém, como veremos nos próximos capítulos, os discernimentos vindos do trabalho com os genes de *Drosophila* têm sido cruciais em nos ajudar a compreender o mecanismo geral de formação de padrão usado não só pelos insetos, mas por todo o reino animal.

TÓPICO NA REDE 9.8 **DESENVOLVIMENTO INICIAL DE OUTROS INSETOS** A *Drosophila melanogaster* e seus parentes são espécies altamente derivadas. Outras espécies de insetos se desenvolvem de modo diferente do padrão "*standard*" da mosca-da-fruta.

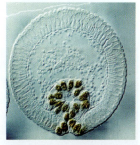

FIGURA 9.30 Gastrulação em *Drosophila*. Nesta secção transversal, as células mesodérmicas na porção ventral do embrião dobram-se para dentro, formando o sulco ventral (ver Figura 9.5A, B). Este sulco se torna um tubo que invagina para dentro do embrião e depois se achata e gera os órgãos mesodérmicos. Os núcleos estão marcados com anticorpo para a proteína Twist, um marcador de mesoderma. (De Leptin, 1991a, cortesia de M. Leptin.)

(A)

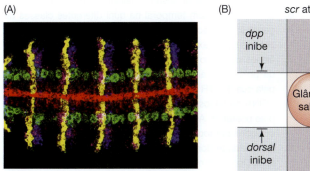

(B)

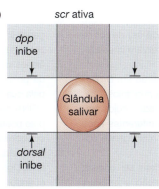

FIGURA 9.31 Sistema de coordenadas cartesianas mapeado por padrões de expressão gênica. (A) Uma grelha (vista ventral, olhando para cima para o embrião) formada pela expressão de *short-gastrulation* (em vermelho), *intermediate neuroblast defective* (em verde) e *muscle segment homeobox* (em magenta) ao longo do eixo dorsoventral e pela expressão dos transcritos *wingless* (em amarelo) e *engrailed* (em roxo) ao longo do eixo anteroposterior. (B) Coordenadas para a expressão de genes que dão origem às glândulas salivares de *Drosophila*. Esses genes são ativados pelo produto proteico do gene homeótico *sex combs reduced* (*scr*) em uma banda estreita ao longo do eixo anteroposterior, e eles são inibidos nas regiões marcadas pelos produtos dos genes *decapentaplegic* (*dpp*) e *dorsal* ao longo do eixo dorsoventral. Este padrão permite que as glândulas salivares se formem na linha média do embrião no segundo parassegmento. (A, cortesia de D Kosman; B, segundo Panzer et al., 1992.)

Próxima etapa na pesquisa

A precisão do padrão de transcrição da *Drosophila* é notável, e um fator de transcrição pode especificar regiões inteiras ou pequenas partes. Descobriu-se que alguns dos genes reguladores mais importantes em *Drosophila*, como os genes *gap*, possuem "estimuladores-sombra", estimuladores secundários que podem estar bastante distantes do gene. Estes estimuladores-sombra parecem essenciais para o refinamento da expressão gênica, e podem cooperar ou competir com o estimulador principal. Alguns desses estimuladores-sombra podem trabalhar sob estresses fisiológicos particulares. Novos estudos estão mostrando que os fenótipos robustos de moscas podem resultar de uma série completa de estimuladores secundários capazes de improvisar em diferentes condições (Bothma et al., 2015).

Considerações finais sobre a foto de abertura

Na mosca-da-fruta, genes herdados produzem proteínas que interagem para especificar a orientação normal do corpo, com a cabeça em uma extremidade e a cauda na outra. À medida que estudou este capítulo, você deve ter observado como essas interações resultam na especificação de blocos inteiros no corpo da mosca como unidades modulares. Uma coleção padronizada de proteínas homeóticas especifica as estruturas a serem formadas em cada segmento da mosca adulta. Mutações nos genes dessas proteínas, chamadas mutações homeóticas, podem mudar a estrutura especificada, resultando em asas onde deveriam ter estado halteres, ou pernas onde deveriam ter estado antenas (ver p. 302-303). De modo notável, a orientação proximal-distal dos apêndices mutantes corresponde ao eixo proximal-distal dos apêndices originais, indicando que os apêndices seguem regras semelhantes para a sua extensão. Sabemos, agora, que muitas mutações afetando a segmentação da mosca adulta de fato atuam na unidade modular embrionária, o parassegmento (ver p. 293-294). Você deverá ter em mente que, tanto em invertebrados como em vertebrados, as unidades de construção embrionária muitas vezes não são as mesmas unidades que observamos no organismo adulto. (Foto por cortesia de Nipam Patel.)

9 Resumo instantâneo
Drosophila Desenvolvimento e especificação axial

1. A clivagem em *Drosophila* é superficial. Os núcleos dividem-se 13 vezes antes de formarem células. Antes da formação celular, os núcleos residem em um blastoderma sincicial. Cada núcleo é rodeado por citoplasma cheio de actina.

2. Quando as células se formam, o embrião de *Drosophila* sofre uma transição blástula média, em que as clivagens se tornam assíncronas e novo mRNA é sintetizado. Neste momento, ocorre uma transferência de controle do desenvolvimento materno para zigótico.

3. A gastrulação começa com a invaginação da região mais ventral (o futuro mesoderma), que origina a formação de um sulco ventral. A banda germinativa expande-se, de forma que os futuros segmentos posteriores se curvam imediatamente atrás da futura cabeça.

4. Os genes reguladores da formação do padrão em *Drosophila* operam de acordo com determinados princípios:
    - Existem *morfógenos* – como Bicoid e Dorsal –, cujos gradientes determinam a especificação de diferentes tipos celulares. Em embriões sinciciais, esses morfógenos podem ser fatores de transcrição.
    - As *fronteiras* de expressão gênica podem ser criadas por interações entre fatores de transcrição e os seus genes-alvo. Aqui, os fatores de transcrição transcritos mais cedo regulam a expressão do seguinte conjunto de genes.
    - O *controle traducional* é extremamente importante no embrião em fase inicial, e mRNAs localizados são cruciais na padronização do embrião.
    - *Destinos celulares individuais* não são definidos imediatamente. Em vez disso, existe uma especificação por etapas onde um dado campo é dividido e subdividido, acabando por regular destinos celulares individuais.

6. Existe uma ordem temporal na qual diferentes classes de genes são transcritas, e os produtos de um gene muitas vezes regulam a expressão de outro gene.

7. Genes de efeito materno são responsáveis pela iniciação da polaridade anteroposterior. O mRNA de *bicoid* liga-se pela sua 3' UTR ao citoesqueleto no futuro polo anterior; o mRNA de *nanos* é sequestrado pela sua 3' UTR no futuro polo posterior. As mensagens *hunchback* e *caudal* são observadas por todo o embrião.

8. A polaridade dorsoventral é regulada pela entrada da proteína Dorsal no núcleo. A polaridade dorsoventral é iniciada quando o núcleo se move para a região anterior dorsal do

ovócito e sequestra a mensagem *gurken*, permitindo que ela sintetize proteínas no lado dorsal do ovo.

9. A proteína Dorsal forma um gradiente conforme entra nos vários núcleos. Os núcleos na superfície mais ventral incorporam mais proteína Dorsal e se convertem em mesoderma; aqueles mais laterais se tornam ectoderma neurogênico.

10. As proteínas Bicoid e Hunchback ativam os genes responsáveis pela porção anterior da mosca; Caudal ativa genes responsáveis pelo desenvolvimento posterior.

11. As extremidades anterior e posterior não segmentadas são reguladas pela ativação da proteína Torso nos polos anterior e posterior do ovo.

12. Os genes *gap* respondem a concentrações de proteínas de genes de efeito materno. Seus produtos proteicos interatuam entre eles, de forma que cada proteína de gene *gap* define regiões específicas do embrião.

13. As proteínas de genes *gap* ativam e reprimem os genes *pair--rule*. Os genes *pair-rule* têm estimuladores modulares, de forma que são ativados em sete "listras". As suas fronteiras

de transcrição são definidas pelos genes *gap*. Os genes *pair-rule* formam sete bandas de transcrição ao longo do eixo anteroposterior, cada uma compreendendo dois parassegmentos.

14. Os produtos dos genes *pair-rule* ativam a expressão de *engrailed* e de *wingless* em células adjacentes. As células expressando *engrailed* formam a fronteira anterior de cada parassegmento. Essas células formam um centro sinalizador que organiza a formação da cutícula e a estrutura segmentar do embrião.

15. Genes seletores homeóticos são encontrados em dois complexos no cromossomo III de *Drosophila*. Juntas, estas regiões são chamadas Hom-C, o complexo de genes homeóticos. Os genes são organizados na mesma ordem da sua expressão transcricional. Genes do Hom-C especificam os segmentos individuais e mutações nesses genes são capazes de transformar um segmento em outro.

16. Os órgãos formam-se na intersecção das regiões dorsoventral e anteroposterior de expressão gênica.

Leituras adicionais

Driever, W., V. Siegel, and C. Nüsslein-Volhard. 1990. Autonomous determination of anterior structures in the early Drosophila embryo by the Bicoid morphogen. Development 109: 811–820.

Dubuis, J. O., G. Tkacik, E. F. Wieschaus, T. Gregor and W. Bialek. 2013. Positional information, in bits. Proc. Natl. Acad. Sci. USA 110: 16301—16308.

Ingham, P. W. 2016. Drosophila segment polarity mutants and the rediscovery of the Hedgehog pathway genes. Curr. Top. Dev. Biol. 116: 477–488.

Lehmann, R. and C. Nüsslein-Volhard. 1991. The maternal gene nanos has a central role in posterior pattern formation of the Drosophila embryo. Development 112: 679–691.

Lewis, E. B. 1978. A gene complex controlling segmentation in Drosophila. Nature 276: 565–570.

Maeda, R. K. and F. Karch. 2009. The Bithorax complex of Drosophila. Curr. Top. Dev. Biol. 88: 1–33.

Martinez-Arias, A. and P. A. Lawrence. 1985. Parasegments and compartments in the Drosophila embryo. Nature 313: 639–642.

McGinnis, W., R. L. Garber, J. Wirz, A. Kuroiwa and W. J. Gehring. 1984. A homologous protein-coding sequence in Drosophila homeotic genes and its conservation in other metazoans. Cell 37: 403–408.

Nüsslein-Volhard, C. and E. Wieschaus. 1980. Mutations affecting segment number and polarity in Drosophila. Nature 287: 795–801.

Pankratz, M. J., E. Seifert, N. Gerwin, B. Billi, U. Nauber and H. Jäckle. 1990. Gradients of Krüppel and knirps gene products direct pair-rule gene stripe patterning in the posterior region of the Drosophila embryo. Cell 61: 309–317.

Roth, S., D. Stein and C. Nüsslein-Volhard. 1989. A gradient of nuclear localization of the dorsal protein determines dorsoventral pattern in the Drosophila embryo. Cell 59: 1189–1202.

Schultz, J. 1935. Aspects of the relation between genes and development in Drosophila. American Naturalist 69: 30–54.

Schüpbach, T. 1987. Germline and soma cooperate during oogenesis to establish the dorsoventral pattern of egg shell and embryo in Drosophila melanogaster. Cell 49: 699–707.

Struhl, G. 1981. A homeotic mutation transforming leg to antenna in Drosophila. Nature 292: 635–638.

Wang, C. and R. Lehman. 1991. Nanos is the localized posterior determinate in Drosophila. Cell 66: 637–647.

Wieschaus, E. 2016. Positional information and cell fate determination in the early Drosophila embryo. Curr. Top. Dev. Biol. 117: 567–580.

VISITE WWW.DEVBIO.COM...

... para Tópicos na Rede, entrevistas de Os cientistas Falam, vídeos de Assista ao Desenvolvimento, Tutorial do Desenvolvimento e informação bibliográfica completa sobre toda a literatura citada neste capítulo.

10

Ouriços-do-mar e tunicados

Invertebrados deuterostômios

TENDO DESCRITO OS PROCESSOS do desenvolvimento inicial em espécies representativas de três grupos de protostômios – moluscos, nematódeos e insetos –, nos voltamos para os deuterostômios. Embora haja muito menos espécies de deuterostômios do que existem de protostômios, estes incluem os membros de todos os grupos de vertebrados: peixes, anfíbios, répteis, aves e mamíferos. Vários grupos de invertebrados também seguem o padrão de desenvolvimento do deuterostômio (em que o blastóporo se torna o ânus durante a gastrulação). Eles incluem os hemicordados (vermes de bolota), cefalocordados (anfioxo), equinodermas (ouriços-do-mar, estrela-do-mar, pepinos-do-mar e outros) e urocordados (tunicados, também chamados de esguichos marinhos) (**FIGURA 10.1**). Este capítulo aborda o desenvolvimento inicial de equinodermas (principalmente os ouriços-do-mar) e tunicados, ambos sujeitos de estudos de fundamental importância em biologia do desenvolvimento.

De fato, a especificação condicional ("desenvolvimento regulatório") foi descoberta pela primeira vez em ouriços-do-mar, ao passo que os tunicados forneceram a primeira evidência de especificação autônoma ("desenvolvimento em mosaico"). Como veremos, acontece que os dois grupos usam ambos os modos de especificação.

Desenvolvimento inicial dos ouriços-do-mar

Os ouriços-do-mar têm sido organismos excepcionalmente importantes para o estudo de como os genes regulam a formação do corpo. Hans Driesch descobriu o desenvolvimento regulatório quando estudava ouriços-do-mar. Ele descobriu que os estágios

Como as células fluorescentes deste embrião de tunicado proclamam seu parentesco com os seres humanos?

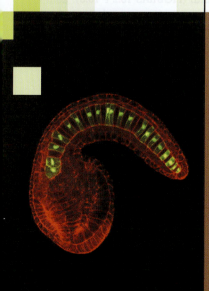

Destaque

Os ouriços-do-mar e os tunicados são invertebrados deuterostômios. Eles não possuem espinha dorsal, embora os tunicados tenham uma notocorda. Ambos os grupos usam esquemas de especificação condicional e autônoma. Os ouriços-do-mar são conhecidos por integrarem esses tipos de especificação. Os micrômeros são especificados autonomamente por meio de uma rede regulatória de genes com um circuito duplo-negativo que inibe o inibidor do desenvolvimento do esqueleto. Parte do "fenótipo do micrômero" resultante é a capacidade de induzir células vizinhas a se tornarem endoderma e mesênquima secundário. Os tunicados, por outro lado, são mais conhecidos pelo seu modo de desenvolvimento autônomo, com determinantes como Macho, o fator de transcrição das células musculares, sendo colocados em blastômeros específicos durante a ovogênese e clivagem inicial. Os tunicados também exibem especificação condicional; este modo é usado para criar órgãos, como a notocorda, que liga este grupo de invertebrados aos vertebrados.

FIGURA 10.1 Os equinodermas e os tunicados são representantes dos invertebrados deuterostômios. Os tunicados, no entanto, são classificados como cordados, uma vez que suas larvas possuem notocorda, tubo neural dorsal e arcos faríngeos. Os tunicados são denominados urocordados, um nome que enfatiza sua afinidade com os outros grupos de cordados. O ouriço-do-mar verde, *Lytechinus variegatus*, e o tunicado *Ciona intestinalis* são dois organismos-modelo amplamente estudados. (Foto de *L. variegatus* por cortesia de David McIntyre, foto de *C. intestinalis* © Nature Picture Library/Alamy.)

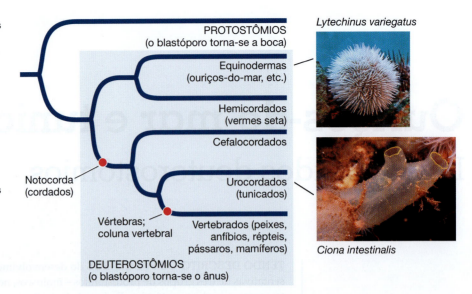

iniciais do desenvolvimento do ouriço-do-mar tinham um modo regulatório, uma vez que um único blastômero isolado no estágio de quatro células poderia formar uma larva pluteus completa do ouriço-do-mar (Driesch, 1891; ver também Capítulo 2). No entanto, células isoladas nas fases posteriores não podem se tornar todas as células do corpo da larva.

Os embriões de ouriço-do-mar também forneceram a primeira evidência de que os cromossomos eram necessários para o desenvolvimento, que o DNA e o RNA estavam presentes em cada célula animal, que os RNAs mensageiros dirigiam a síntese proteica, que o RNA mensageiro armazenado fornecia as proteínas para o desenvolvimento embrionário inicial, que as ciclinas controlavam a divisão celular e que os estimuladores eram modulares (Ernst, 2011; McClay, 2011). O primeiro gene eucariótico clonado codificava uma proteína histona de ouriço-do-mar (Kedes et al., 1975), e a primeira evidência de remodelação da cromatina dizia respeito a alterações das histonas durante o desenvolvimento do ouriço-do-mar (Newrock et al., 1978). Com o advento de novas técnicas genéticas, os embriões de ouriço-do-mar continuam sendo organismos decisivamente importantes para delinear os mecanismos pelos quais as interações genéticas especificam diferentes destinos celulares.

Clivagem inicial

Os ouriços-do-mar exibem **clivagem holoblástica radial** (**FIGURAS 10.2** e **10.3**). Lembre-se do Capítulo 1, que esse tipo de clivagem ocorre em ovos com vitelo escasso, e que os sulcos de clivagem holoblástica se estendem por todo o ovo (ver Figura 1.5). Nos ouriços-do-mar, as sete primeiras divisões de clivagem são estereotipadas, na medida em que o mesmo padrão é seguido em cada indivíduo da mesma espécie. A primeira e a segunda divisão são meridionais e perpendiculares entre si (i.e., os sulcos de clivagem passam pelos polos animais e vegetais). A terceira clivagem é equatorial, perpendicular aos dois primeiros planos de clivagem, e separa os hemisférios animal e vegetal um do outro (ver Figura 10.2A, linha superior, e Figura 10.3A-C). A quarta clivagem, no entanto, é muito diferente. As quatro células da camada animal dividem-se meridionalmente em oito blastômeros, cada um com o mesmo volume. Essas oito células são chamadas de **mesômeros**. A camada vegetal, no entanto, sofre uma clivagem equatorial desigual (ver Figura 10.2B) e produz quatro grandes células – os **macrômeros** – e quatro **micrômeros** menores no polo vegetal. Em *Lytechinus variegatus*, uma espécie frequentemente utilizada para experimentação, a proporção de citoplasma retido nos macrômeros e micrômeros é de 95:5. A medida que o embrião de 16 células se cliva, os oito mesômeros "animais" dividem-se equatorialmente e produzem duas camadas – an_1 e an_2 –, uma escalonada sobre a outra. Os macrômeros dividem-se meridionalmente, formando uma

(A)

(B)

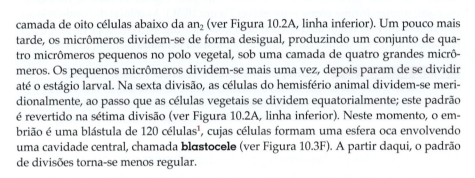

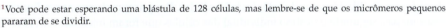

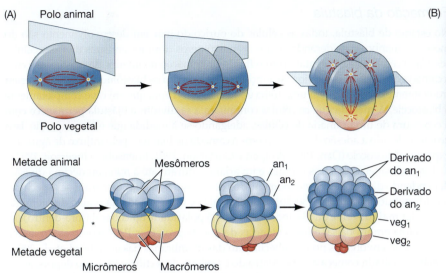

FIGURA 10.2 Clivagem no ouriço-do-mar. (A) Os planos de clivagem nas três primeiras divisões e a formação de camadas de células nas divisões 3 a 6. (B) Micrografia de fluorescência confocal da divisão celular desigual que inicia o estágio de 16 células (asterisco em A), destacando a clivagem equatorial desigual dos blastômeros vegetais para produzir micrômeros e macrômeros. (B, cortesia de G. van Dassow e do Centro de Dinâmica Celular.)

camada de oito células abaixo da an_2 (ver Figura 10.2A, linha inferior). Um pouco mais tarde, os micrômeros dividem-se de forma desigual, produzindo um conjunto de quatro micrômeros pequenos no polo vegetal, sob uma camada de quatro grandes micrômeros. Os pequenos micrômeros dividem-se mais uma vez, depois param de se dividir até o estágio larval. Na sexta divisão, as células do hemisfério animal dividem-se meridionalmente, ao passo que as células vegetais se dividem equatorialmente; este padrão é revertido na sétima divisão (ver Figura 10.2A, linha inferior). Neste momento, o embrião é uma blástula de 120 células[1], cujas células formam uma esfera oca envolvendo uma cavidade central, chamada **blastocele** (ver Figura 10.3F). A partir daqui, o padrão de divisões torna-se menos regular.

---

[1]Você pode estar esperando uma blástula de 128 células, mas lembre-se de que os micrômeros pequenos pararam de se dividir.

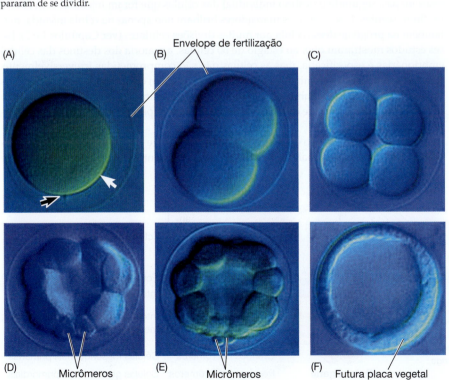

FIGURA 10.3 Micrografias da clivagem em embriões vivos de ouriço-do-mar *Lytechinus variegatus*, vistos de lado. (A) Embrião de 1 célula (zigoto). O local da entrada do espermatozoide é marcado com uma seta preta; uma flecha branca marca o polo vegetal. O envelope de fertilização que envolve o embrião é claramente visível. (B) Estágio de 2 células. (C) Estágio de 8 células. (D) Estágio de 16 células. Os micrômeros formaram-se no polo vegetal. (E) Estágio de 32 células. (F) A blástula eclodiu do envelope de fertilização. A placa vegetal está começando a espessar. (Cortesia de J. Hardin.)

Formação da blástula

No estágio de blástula, todas as células do ouriço-do-mar em desenvolvimento são do mesmo tamanho, considerando-se que os micrômeros diminuíram suas divisões celulares. Cada célula está em contato com o fluido proteináceo no interior da blastocele e com a camada de hialina no exterior. As junções íntimas unem os blastômeros, que antes eram frouxamente conectados em uma folha epitelial ininterrupta que envolve completamente a blastocele. À medida que as células continuam a se dividir, a blástula permanece com a espessura de uma camada de células, adelgando-se à medida que ela se expande. Isso acontece devido à adesão dos blastômeros à camada de hialina e pelo influxo de água que expande a blastocele (Dan, 1960; Wolpert e Gustafson, 1961; Ettensohn e Ingersoll, 1992).

Essas clivagens celulares rápidas e invariantes duram até à nona ou décima divisão, dependendo da espécie. Neste momento, os destinos das células tornaram-se especificadas (discutidos na próxima seção), e cada célula se torna ciliada na região da membrana celular mais distante da blastocele. Assim, há polaridade apicobasal (fora-dentro) em cada célula embrionária, e há evidências de que as proteínas PAR (como as do nematódeo) estão envolvidas no reconhecimento das membranas basais (Alford et al., 2009). A blástula ciliada começa a girar dentro do envelope de fertilização. Logo depois, as diferenças são observadas nas células. As células do polo vegetal da blástula começam a espessar, formando uma **placa vegetal** (ver Figura 10.3F). As células do hemisfério animal sintetizam e secretam uma enzima de eclosão que digere o envelope de fertilização (Lepage et al., 1992). O embrião é agora uma **blástula eclodida** de natação livre.

TÓPICO NA REDE 10.1   OURIÇOS NO LABORATÓRIO A Universidade de Stanford hospeda um *site* valioso e acessível gratuitamente chamado VirtualUrchin, que descreve e destaca inúmeras maneiras de estudar o desenvolvimento do ouriço-do-mar no laboratório. O *site* Swarthmore College Developmental Biology também fornece protocolos laboratoriais úteis.

Mapas de destino e determinação dos blastômeros do ouriço-do-mar

Os primeiros mapas de destino do embrião de ouriço-do-mar seguiram os descendentes de cada um dos blastômeros do estágio de 16 células. Pesquisas mais recentes refinaram esses mapas, seguindo o destino individual das células que foram injetadas com corantes fluorescentes. Esses corantes marcadores brilham não apenas na célula injetada, mas também na progênie dessa célula por muitas divisões celulares (ver Capítulos 1 e 2). Esses estudos mostraram que, no estágio de 60 células, a maioria dos destinos das células embrionárias é especificada, mas as células não são comprometidas irreversivelmente. Em outras palavras, determinados blastômeros produzem consistentemente os mesmos tipos de células em cada embrião, mas essas células permanecem pluripotentes e podem dar origem a outros tipos de células se forem colocadas experimentalmente em uma parte diferente do embrião.

Um mapa de destino do embrião de ouriço-do-mar de 60 células é mostrado na **FIGURA 10.4**. A metade animal do embrião produz consistentemente o ectoderma – a pele

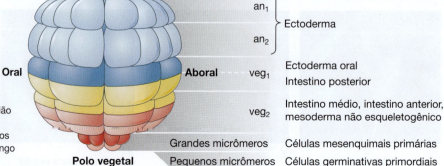

FIGURA 10.4   Mapa do destino e linhagem celular do ouriço-do-mar *Strongylocentrotus purpuratus*. O embrião de 60 células é mostrado, com o lado esquerdo virado para o leitor. Os destinos dos blastômeros são organizados ao longo do eixo animal-vegetal do ovo.

larval e seus neurônios. A camada veg_1 produz células que podem entrar nos órgãos ectodérmicos ou endodérmicos da larva. A camada veg_2 dá origem às células que podem povoar três estruturas diferentes – o endoderma, o celoma (parede mesodérmica interna do corpo) e o **mesênquima não esqueletogênico** (algumas vezes chamado de **mesênquima secundário**), que gera células de pigmento, imunócitos e células musculares. A camada superior de micrômeros (os micrômeros grandes) produz o **mesênquima esqueletogênico** (também chamado de **mesênquima primário**), que forma o esqueleto larval. Os micrômeros de camada inferior (i.e., os pequenos micrômeros) não desempenham nenhum papel no desenvolvimento embrionário. Em vez disso, eles contribuem com as células do celoma larvar, das quais derivam os tecidos do adulto durante a metamorfose (Logan e McClay, 1997, 1999; Wray, 1999). Esses micrômeros pequenos também contribuem para a produção das células germinativas (Yajima e Wessel, 2011).

Os destinos das diferentes camadas celulares são determinados por um processo de duas etapas:

1. Os micrômeros grandes são especificados de forma *autônoma*. Eles herdam os determinantes maternos que foram depositados no polo vegetal do ovo, que se incorporam nos grandes micrômeros na quarta clivagem. Esses quatro micrômeros são, portanto, determinados a tornarem-se células mesenquimais esqueletogênicas que deixam o epitélio da blástula, entram na blastocele, migram para determinadas posições ao longo da parede da blastocele e depois se diferenciam no esqueleto larvar.

2. Os micrômeros grandes, autonomamente especificados, agora são capazes de produzir fatores parácrinos e justácrinos que especificam *condicionalmente* o destino de seus vizinhos. Os micrômeros produzem sinais que instruem as células acima deles a se tornarem endomesoderma (o endoderma e as células mesenquimais secundárias) e as induzem a invaginar para dentro do embrião.

A capacidade dos micrômeros de produzir sinais que alteram o destino das células vizinhas é tão pronunciada que, se os micrômeros forem removidos do embrião e colocados abaixo de um **capuz animal** isolado – isto é, abaixo das duas partes superiores animais que geralmente se tornam ectoderma – as células do capuz animal gerarão o endoderma e uma larva mais ou menos normal se desenvolverá (**FIGURA 10.5**; Hörstadius, 1939).

Esses micrômeros esqueletogênicos são as primeiras células cujos destinos são determinados de forma autônoma. Se os micrômeros forem isolados do embrião de 16 células e colocados em placas de Petri, eles se dividirão no número apropriado de vezes e produzirão esqueleto de espículas (Okazaki, 1975). Assim, os micrômeros isolados não precisam de outros sinais para gerar seus destinos de esqueleto. Além disso, se micrômeros esqueletogênicos forem transplantados para a região animal da blástula, não só seus descendentes formarão esqueleto de espículas, mas os micrômeros transplantados alterarão o destino das células próximas, induzindo um local secundário para gastrulação. As células que normalmente teria dado origem a células ectodérmicas da pele serão reespecificadas como endoderma e produzirão um intestino secundário (**FIGURA 10.6**; Hörstadius, 1973, Ransick e Davidson, 1993). Portanto, a capacidade de indução dos micrômeros também é estabelecida de forma autônoma.

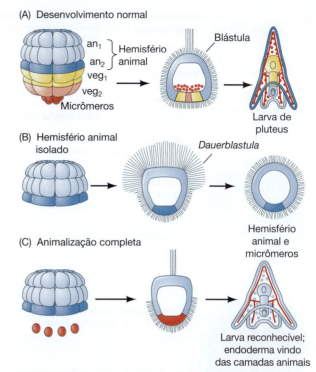

FIGURA 10.5 Capacidade dos micrômeros para induzir células originalmente ectodérmicas a adquirir outros destinos. (A) Desenvolvimento normal do embrião de ouriço-do-mar de 60 células, mostrando o destino das diferentes camadas. (B) Um hemisfério animal isolado torna-se uma bola ciliada de células ectodérmicas indiferenciadas, chamada *Dauerblastula* (blástula permanente). (C) Quando um hemisfério animal isolado é combinado com micrômeros isolados, é formada uma larva pluteus reconhecível, com todo o endoderma derivado do hemisfério animal. (Segundo Hörstadius, 1939.)

ASSISTA AO DESENVOLVIMENTO 10.1 "A Sea-Biscuit Life" é um vídeo maravilhosamente fotografado e legendado que narra o desenvolvimento do dólar de areia (outro equinoderma, basicamente um ouriço-do-mar achatado).

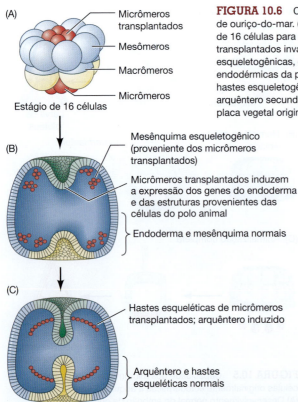

(A)
- Micrômeros transplantados
- Mesômeros
- Macrômeros
- Micrômeros

Estágio de 16 células

(B)
- Mesênquima esqueletogênico (proveniente dos micrômeros transplantados)
- Micrômeros transplantados induzem a expressão dos genes do endoderma e das estruturas provenientes das células do polo animal
- Endoderma e mesênquima normais

(C)
- Hastes esqueléticas de micrômeros transplantados; arquêntero induzido
- Arquêntero e hastes esqueléticas normais

FIGURA 10.6 Capacidade dos micrômeros de induzir um eixo secundário em embriões de ouriço-do-mar. (A) Os micrômeros são transplantados do polo vegetal de um embrião de 16 células para o polo animal de um embrião de 16 células. (B) Os micrômeros transplantados invaginam na blastocele, criando um novo conjunto de células mesenquimais esqueletogênicas, e induzem as células animais próximas a elas a se tornarem células endodérmicas da placa vegetal. (C) Os micrômeros transplantados diferenciam-se em hastes esqueletogênicas, ao passo que as células do capuz animal induzidas formam um arquêntero secundário. Enquanto isso, a gastrulação prossegue normalmente a partir da placa vegetal original do hospedeiro. (Segundo Ransick e Davidson, 1993.)

Redes reguladoras de genes e especificação do mesênquima esqueletogênico

De acordo com o embriologista E. B. Wilson, a hereditariedade é a transmissão de geração para geração de um determinado padrão de desenvolvimento, e a evolução é a alteração hereditária de tal plano. Wilson provavelmente foi o primeiro cientista a escrever (em sua análise de 1895 sobre o desenvolvimento do ouriço-do-mar) que as instruções para o desenvolvimento estavam de alguma forma armazenadas no DNA cromossômico e que eram transmitidas pelos cromossomos na fertilização. No entanto, ele não tinha como saber como a informação cromossômica organizava a matéria de modo a formar um embrião.

Estudos da comunidade da biologia do desenvolvimento do ouriço-do-mar iniciaram a demonstração de como o DNA pode ser regulado para especificar as células e direcionar a morfogênese do organismo em desenvolvimento (McClay, 2016). O grupo de Eric Davidson foi pioneiro em uma abordagem de rede do desenvolvimento em que eles conceptualizam elementos reguladores *cis* (como promotores e estimuladores) em um circuito lógico conectado entre si por fatores de transcrição (Davidson e Levine, 2008; Oliveri et al., 2008; Peter e Davidson, 2015). A rede recebe suas primeiras entradas com fatores de transcrição no citoplasma do ovo. A partir daí, a rede monta a si própria a partir (1) da capacidade dos fatores de transcrição maternos em reconhecerem elementos reguladores *cis* de genes específicos que codificam outros fatores de transcrição e (2) da capacidade desse novo conjunto de fatores de transcrição de ativar vias de sinalização parácrinas que ativam fatores de transcrição específicos em células vizinhas. Os estudos mostram a lógica regulatória segundo a qual os genes do ouriço-do-mar interagem para especificar e gerar tipos de células características. Os pesquisadores referem-se a esse conjunto de interconexões entre os genes especificadores de tipo celular como uma **rede regulatória de genes**, ou **GRN** (do inglês, *gene regulatory network*).

TÓPICO NA REDE 10.2 **O PROJETO DE DESENVOLVIMENTO DE OURIÇOS-DO-MAR DO LABORATÓRIO DE DAVIDSON** Este *link* para o Projeto do Desenvolvimento do Ouriço-do-mar de Davidson expande o conceito da GRN e fornece diagramas atualizados de sistemas que mostram um relato de hora em hora das especificações dos tipos celulares do ouriço-do-mar durante os estágios iniciais da clivagem.

Aqui, iremos nos concentrar na primeira parte de uma dessas GRN: as reações pelas quais as células mesenquimais esqueletogênicas do embrião de ouriço-do-mar recebem seu destino no desenvolvimento e suas propriedades indutivas. Descendendo dos micrômeros, as células mesenquimais esqueletogênicas são as células que são especificadas autonomamente para ingressar na blastocele e se tornarem o esqueleto larval. E, como já vimos, são também as células que condicionalmente induzem seus vizinhos a se tornarem células do endoderma (intestino) e do mesênquima não esqueletogênico (pigmento, celoma) (ver Figura 10.6).

DISHEVELED E β-CATENINA: ESPECIFICANDO OS MICRÔMEROS A especificação da linhagem do micrômero (e, portanto, do resto do embrião) começa dentro do ovo que ainda não se dividiu. As entradas regulatórias iniciais são dois reguladores de transcrição, Disheveled e β-catenina, ambos encontrados no citoplasma e herdados pelos micrômeros assim que são formados (i.e., na quarta clivagem). Durante a ovogênese, Disheveled fica localizado no córtex vegetal do ovo (**FIGURA 10.7A**; Weitzel et al., 2004, Leonard e Ettensohn, 2007), onde impede a degradação da β-catenina nos micrômeros e nos macrômeros da camada veg_2. A β-catenina entra, então, no núcleo, onde combina-se com o fator de transcrição TCF para ativar a expressão gênica a partir de promotores específicos.

Várias provas sugerem que a β-catenina especifica os micrômeros. Primeiro, durante o desenvolvimento normal do ouriço-do-mar, a β-catenina acumula-se nos núcleos das células destinadas a se tornarem endoderma e mesoderma (**FIGURA 10.7B**). Essa acumulação é autônoma e pode ocorrer mesmo se os precursores do micrômero forem separados do resto do embrião. Em segundo lugar, essa acumulação nuclear parece ser responsável por especificar a metade vegetal do embrião. É possível que os níveis de acumulação de β-catenina nuclear ajudem a determinar os destinos mesodérmicos e endodérmicos das células vegetais (Kenny et al., 2003). O tratamento de embriões de ouriço-do-mar com cloreto de lítio permite que a β-catenina se acumule em cada célula e transforma o ectoderma putativo em endoderma (**FIGURA 10.7C**). Em contrapartida, procedimentos experimentais que inibem a acumulação de β-catenina nos núcleos das

FIGURA 10.7 Papel das proteínas Disheveled e β-catenina na especificação das células vegetais do embrião do ouriço-do-mar. (A) Localização de Disheveled (setas) no córtex vegetal do ovócito do ouriço-do-mar antes da fertilização (à esquerda) e na região de um embrião de 16 células que está prestes a se tornar micrômeros (à direita). (B) Durante o desenvolvimento normal, a β-catenina acumula-se predominantemente nos micrômeros e um pouco menos nas células da camada veg_2. (C) Em embriões tratados com cloreto de lítio, a β-catenina acumula-se nos núcleos de todas as células da blástula (provavelmente pelo bloqueio que LiCl provoca na enzima GSK3 da via Wnt), e as células animais se tornam especificadas como endoderma e mesoderma. (D) Quando a β-catenina é impedida de entrar nos núcleos (i.e., permanece no citoplasma), os destinos das células vegetais não são especificados, e todo o embrião se desenvolve como uma bola ectodérmica ciliada. (De Weitzel et al., 2004, cortesia de C. Ettensohn e de Logan et al., 1998, cortesia de D. McClay.)

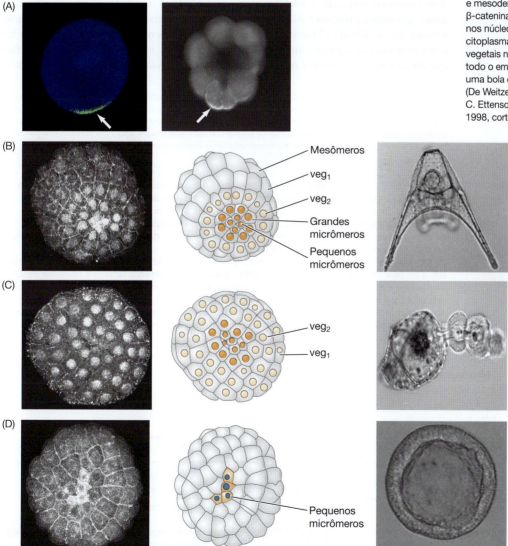

(A)

(B)
Mesômeros
veg_1
veg_2
Grandes micrômeros
Pequenos micrômeros

(C)
veg_2
veg_1

(D)
Pequenos micrômeros

células vegetais impedem a formação do endoderma e do mesoderma (**FIGURA 10.7D**; Logan et al., 1998; Wikramanayake et al., 1998).

PMAR1 E *HESC*: UM PORTÃO DUPLO-NEGATIVO A próxima entrada regulatória do micrômero vem do fator de transcrição Otx, que também é enriquecido no citoplasma do micrômero. Otx interage com o complexo β-catenina/TCF no estimulador do gene *Pmar1* para ativar a transcrição de *Pmar1* nos micrômeros, logo após a sua formação (**FIGURA 10.8A**; Oliveri et al., 2008). A proteína Pmar1 é um repressor do *HesC*, um gene que codifica outro fator de transcrição repressivo. O *HesC* é expresso em todos os núcleos do embrião de ouriço-do-mar, exceto nos micrômeros.[2]

Nos micrômeros, onde *Pmar1* é ativado, o gene *HesC* é reprimido. Este mecanismo, pelo qual um repressor bloqueia os genes de especificação e esses genes podem ser desbloqueados pelo repressor desse repressor (em outras palavras, quando a ativação ocorre pela repressão de um repressor), é chamado de **portão duplo-negativo** (**FIGURAS 10.8B** e **10.9A**). Esse portão permite uma regulação precisa da especificação do destino: *promove* a expressão dos genes onde a entrada ocorre e *reprime* os mesmos genes em todos os outros tipos celulares (Oliveri et al., 2008).

Os genes reprimidos por HesC são aqueles envolvidos na especificação e na diferenciação do micrômero: *Alx1*, *Ets1*, *Tbr*, *Tel* e *SoxC*. Cada um desses genes pode ser ativado por fatores de transcrição ubíquos, mas esses fatores de transcrição positivos não podem funcionar enquanto a proteína repressora HesC se liga aos respectivos estimuladores. Quando a proteína Pmar1 está presente, ela reprime *HesC* e todos esses genes se tornam ativos (Revilla-i-Domingo et al., 2007). Os genes recém-ativados sintetizam fatores de transcrição que ativam outro conjunto de genes, a maioria dos quais são genes que ativam os determinantes esqueléticos. Alguns desses fatores de transcrição também

---

[2] Esta é uma simplificação excessiva da rede regulatória de genes esqueletogênicos. No caminho para a especificação do micrômero, outros fatores de transcrição devem ser expressos, e o fator de transcrição materno SoxB1 deve ser eliminado dos micrômeros ou inibirá a ativação de *Pmar1*. Além disso, os processos do citoesqueleto dividindo as células e ancorando certos fatores não são considerados aqui. Para detalhes completos do modelo, consulte o *site* continuamente atualizado citado no Tópico na rede 10.2 (em inglês).

(A)

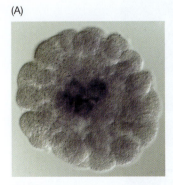

FIGURA 10.8 Ilustração simplificada do "circuito" fechado duplo-negativo para a especificação do micrômero. (A) A hibridação *in situ* revela o acúmulo do mRNA de *Pmar1* (em roxo-escuro) nos micrômeros. (B) O OTX é um fator de transcrição geral, e a β-catenina do citoplasma materno é concentrada no polo vegetal do ovo. Estes reguladores transcricionais são herdados pelos micrômeros e ativam o gene *Pmar1*. *Pmar1* codifica um repressor de *HesC*, que, por sua vez, codifica um repressor (daí o "duplo-negativo") de vários genes envolvidos na especificação de micrômero (p. ex., *Alx1*, *Tbr* e *Ets*). Os genes que codificam proteínas de sinalização (p. ex., *Delta*) também estão sob o controle de HesC. Nos micrômeros, onde a proteína Pmar1 ativada reprime o repressor *HesC*, a especificação do micrômero e os genes de sinalização estão ativos. Nas células veg$_2$, *Pmar1* não está ativado, e o produto do gene HesC desliga os genes esqueletogênicos; no entanto, as células que contêm Notch podem responder ao sinal Delta do mesênquima esqueletogênico. Os padrões de expressão gênica são vistos abaixo. U representa fatores de transcrição ativadores ubíquos. (Segundo Oliveri et al., 2008; foto por P. Oliveri.)

(B)

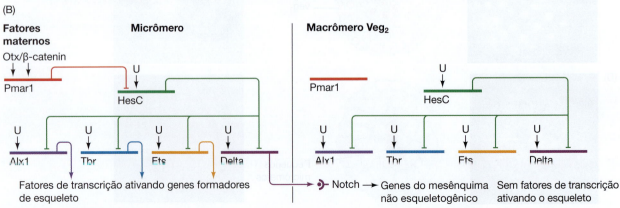

(A)

Gene A
Gene B

Se A estiver ativo:
  B não fica ativo;
  C, D, E ficam ativos

Gene C   Gene D   Gene E

Se A não estiver ativo:
  B fica ativo;
  C, D, E ficam inativos

(B)

Gene
regulador A

Gene
regulador B

Gene de
diferenciação C

FIGURA 10.9 "Circuitos lógicos" para a expressão gênica. (A) Em um portão duplo-negativo, um único gene codifica um repressor de uma bateria inteira de genes. Quando esse gene repressor é reprimido, a bateria de genes é expressa. (B) Em um circuito de retroalimentação positiva, o produto gênico A ativa tanto o gene B quanto o gene C, e o gene B também ativa o gene C. Os circuitos retroalimentação positiva constituem uma maneira eficiente de amplificar um sinal em uma direção.

ativam os genes uns dos outros, de modo que, uma vez que um fator seja ativado, ele mantém a atividade dos outros genes esqueletogênicos. Isso estabiliza o estado regulatório das células mesenquimais esqueletogênicas (ver Peter e Davidson 2016).

Outra forma pela qual os micrômeros mantêm sua especificação é secretar um fator autócrino, Wnt8 (Angerer e Angerer, 2000; Wikramanayake et al., 2004). Assim que os micrômeros se formam, a β-catenina materna e o Otx ativam o gene *Blimp1*, cujo produto (em conjunto com mais β-catenina) ativa o gene *Wnt8*. A proteína Wnt8 é então recebida pelos mesmos micrômeros que a produziram (i.e., regulação autócrina), ativando os próprios genes dos micrômeros para a β-catenina. Como a β-catenina ativa o *Blimp1*, essa regulação autônoma monta um ciclo de retroalimentação positiva entre Blimp1 e Wnt8 que estabelece uma fonte de β-catenina para os núcleos microméricos. Igualmente importante, esse mecanismo de regulação cruzada serve para manter ambos os genes "ligados" e pode ampliar seus níveis de expressão.

Em contraste com o portão duplo-negativo que *especifica* os micrômeros, o controle dos genes que *diferenciam* as células do esqueleto do ouriço-do-mar opera por um processo de alimentação progressiva (**FIGURA 10.9B**). Aqui, o gene regulador A produz um fator de transcrição que é necessário para a diferenciação do gene C e ativa também o gene regulador B, o que produz um fator de transcrição também necessário para a diferenciação do gene C. Esse processo de alimentação progressiva estabiliza a expressão gênica e torna irreversível o tipo celular resultante.

EVOLUÇÃO POR COOPTAÇÃO DE SUB-ROTINA A porção esqueletogênica da rede regulatória de genes do micrômero mostrada na Figura 10.8B parece ter surgido do recrutamento de uma rede de sub-rotinas que, na maioria dos equinodermas (incluindo os ouriços-do-mar), é usada para fazer o esqueleto adulto (Gao e Davidson, 2008; Erkenbrack e Davidson, 2015). A cooptação de sub-rotinas por uma nova linhagem é uma das formas pela qual ocorre evolução. Acontece que a GRN de micrômeros de ouriço-do-mar é muito diferente da de outros embriões de equinodermo. Somente ouriços-do-mar têm sub-rotina esqueletogênica sob o controle de genes que especificam células para a linhagem micromérica; em todos os outros equinodermas, a esqueletogênese é ativada no final do desenvolvimento. Os eventos evolutivos mais importantes foram aqueles que colocaram os genes esqueletogênicos *Alx1* e *Ets1* (necessários para o desenvolvimento esquelético adulto) e *Tbr* (usado na formação mais tardia do esqueleto larval) sob a regulação do portão duplo-negativo *Pmar1-HesC*. Isso ocorreu por meio de mutações nas regiões *cis*-reguladoras desses genes. Assim, as propriedades esqueletogênicas que distinguem os micrômeros do ouriço-do-mar parecem ter surgido através do recrutamento de um sistema regulatório preexistente de esqueleto, pelo sistema regulatório gênico da linhagem micromérica.

Especificação das células vegetais

Os micrômeros esqueletogênicos também produzem sinais que podem induzir mudanças em outros tecidos. Um desses sinais é a ativação do fator parácrino activina, da família TGF-β. A expressão do gene para activina também está sob o controle do portão duplo-negativo *Pmar1-HesC*, e a secreção de activina parece ser crucial para a formação do endoderma (Sethi et al., 2009). De fato, se o mRNA de *Pmar1* for injetado em uma célula animal, essa célula se desenvolverá como uma célula mesenquimal de esqueleto, e

Ampliando o conhecimento

A evolução ocorre por mudanças no desenvolvimento. Essas mudanças do desenvolvimento, por sua vez, podem ser realizadas por mudanças nas GRNs. Considerando-se a evolução de duas espécies proximamente relacionadas, como a GRN do micrômero de uma estrela-do-mar pode ser diferente da dos ouriços-do-mar?

as células adjacentes a ela começarão a se desenvolver como macrômeros (Oliveri et al., 2002). Se o sinal da activina for bloqueado, as células adjacentes não se tornam endoderma[3] (Ransick e Davidson, 1995; Sherwood e McClay, 1999; Sweet et al., 1999).

Outro sinal de especificação dos micrômeros é a proteína justácrina Delta, que também é um fator controlado pelo portão duplo-negativo. Delta funciona ativando as proteínas Notch nas células veg_2 adjacentes e, posteriormente, atuará nos pequenos micrômeros adjacentes. Delta faz as células veg_2 se tornarem as células mesenquimais não esqueletogênicas, ativando o fator de transcrição Gcm e reprimindo o fator de transcrição FoxA (que ativa os genes específicos do endoderma). As células veg_2 superiores, uma vez que não recebem o sinal Delta, mantêm a expressão de FoxA, e isso empurra-as na direção de se tornarem células endodérmicas (Croce e McClay, 2010).

Em suma, os genes dos micrômeros do ouriço-do-mar especificam os destinos celulares de forma autônoma e os destinos dos seus vizinhos de forma condicional. As entradas originais provêm do citoplasma materno e ativam genes que desbloqueiam repressores de um destino celular específico. Uma vez que os fatores citoplasmáticos maternos cumprem suas funções, o genoma nuclear assume o controle.

Gastrulação do ouriço-do-mar

O arquiteto Frank Lloyd Wright escreveu, em 1905, que "a forma e a função deveriam ser uma só, juntas em uma união espiritual". Enquanto Wright nunca usou esqueletos de ouriço-do-mar como inspiração, outros arquitetos (como Antoni Gaudi) podem ter usado; a típica **larva pluteus** do ouriço-do-mar é uma estrutura para alimentação na qual a forma e a função estão notavelmente bem integradas.

A blástula tardia do ouriço-do-mar é uma camada única de cerca de 750 células epiteliais que formam uma bola oca, um tanto achatada, no polo vegetal. Esses blastômeros são derivados de diferentes regiões do zigoto e têm diferentes tamanhos e propriedades. As células que se destinam a se tornar o endoderma (intestino) e o mesoderma (esqueleto) ainda estão por fora e precisam ser trazidas para dentro do embrião por meio da gastrulação.

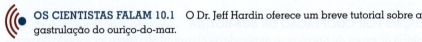 **OS CIENTISTAS FALAM 10.1** O Dr. Jeff Hardin oferece um breve tutorial sobre a gastrulação do ouriço-do-mar.

Ingressão do mesênquima esqueletogênico

A **FIGURA 10.10** ilustra o desenvolvimento da blástula desde a gastrulação até o estágio da larva pluteus (hora 24). Pouco depois da eclosão da blástula do envelope de fertilização, os descendentes dos grandes micrômeros passam por uma transição epitelial-mesenquimal. As células epiteliais mudam de forma, perdem suas adesões às células vizinhas e se separam do epitélio para entrar na blastocele como células mesenquimais esqueletogênicas (Figura 10.10, 9-10 horas). As células mesenquimais esqueletogênicas começam, então, a estender e contrair processos longos e finos (250 nm de diâmetro e 25 μm de comprimento), chamados **filopódios**. Inicialmente, as células parecem se mover aleatoriamente ao longo da superfície interna da blastocele, fazendo e quebrando ativamente as conexões dos filopódios na parede da blastocele. Ao final, no entanto, elas se localizam dentro da futura região ventrolateral da blastocele. Lá, elas se fundem em cabos sinciciais que formarão os eixos das espículas de carbonato de cálcio das hastes esqueletogênicas larvais. Isso é coordenado pela mesma GRN que especificou as células mesenquimais esqueletogênicas.

---

[3] Lembre-se dos experimentos na Figura 10.6, que demonstraram que os micrômeros são capazes de induzir um segundo eixo embrionário quando transplantados para o hemisfério animal. No entanto, micrômeros em que a β-catenina é impedida de entrar no núcleo são incapazes de induzir as células animais a formar endoderma e nenhum eixo secundário se forma (Logan et al., 1998). A β-catenina também se acumula em macrômeros, porém por um meio diferente, e o gene *Pmar1* não é ativado em macrômero (possivelmente devido à presença de SoxB1; ver Kenny et al., 2003, e Lhomond et al., 2012).

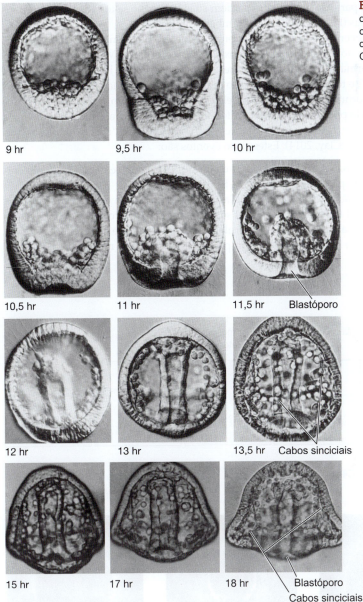

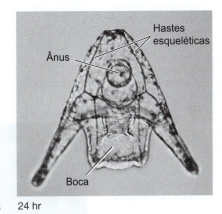

FIGURA 10.10 Sequência completa da gastrulação do *Lytechinus variegatus*. Os tempos mostram o momento do desenvolvimento a 25°C. (Cortesia de J. Morrill, larva de pluteus vista do polo vegetal original, cortesia de G. Watchmaker.)

TRANSIÇÃO EPITÉLIO-MESENQUIMAL A ingressão dos descendentes do grande micrômero na blastocele é resultado da perda da afinidade aos seus vizinhos e pela membrana hialina; em vez disso, essas células adquirem uma forte afinidade por um grupo de proteínas que reveste a blastocele. Inicialmente, todas as células da blástula estão conectadas pela sua superfície externa à camada hialina, e ligadas pela sua superfície interna a uma lâmina basal secretada pelas células. Nas suas superfícies laterais, cada célula possui outra célula como vizinha. Fink e McClay descobriram que as potenciais células do ectoderma e do endoderma (descendentes dos mesômeros e macrômeros, respectivamente) se ligam firmemente entre si e à camada hialina, mas aderem apenas fracamente à lâmina basal. Os micrômeros exibem inicialmente um padrão similar de ligação. No entanto, o padrão do micrômero muda na gastrulação. Enquanto as outras células mantêm sua forte ligação à camada hialina e aos seus vizinhos, os precursores mesenquimais esqueletogênicos perdem suas afinidades por essas estruturas (que caem para cerca de 2% do valor original), ao passo que a afinidade por componentes da lâmina basal e da matriz extracelular aumenta cem vezes. Isso provoca uma **transição epitélio-mesenquimal** (**EMT**, do inglês, *epitelial-to-mesenchymal transition*), em que as células

que antes faziam parte de um epitélio perdem suas ligações e se tornam células individuais e migratórias (**FIGURA 10.11A**; ver também Capítulo 4).

As EMTs são eventos importantes ao longo do desenvolvimento animal, e os caminhos para a EMT são revisitados nas células cancerosas, onde a EMT é muitas vezes necessária para a formação de sítios de tumores secundários. Parece haver cinco processos
distintos na EMT, e todos esses eventos são regulados pela mesma GRN do micrômero
que especifica e forma o mesênquima esqueletogênico. No entanto, cada um desses processos é controlado por um subconjunto diferente de fatores de transcrição. Ainda mais
surpreendentemente, nenhum desses fatores de transcrição foi o "regulador mestre" da
EMT (Saunders e McClay, 2014). Estes cinco eventos são:

1. *Polaridade apicobasal.* As células vegetais da blástula alongam-se para formar um epitélio espesso da "placa vegetal" (Figura 10.10, 9 horas).
2. *Constrição apical dos micrômeros.* As células alteram a forma, na medida em que a extremidade apical (longe da blastocele) se torna apertada. A constrição apical é observada durante a gastrulação e a neurulação de vertebrados e invertebrados é uma
   das mudanças de forma celular mais importantes associadas à morfogênese (Sawyer
   et al., 2010).

FIGURA 10.11   Ingressão
das células mesenquimais
esqueletogênicas.
(A) Representação interpretativa
das alterações nas afinidades
de adesão das futuras células
mesenquimais esqueletogênicas
(em cor-de-rosa). Essas células
perdem suas afinidades pela hialina
e pelos seus blastômeros vizinhos,
enquanto ganham afinidade para
proteínas da lâmina basal. Os
blastômeros não mesenquimais
mantêm suas afinidades altas
originais pela camada hialina e
as células vizinhas. (B-D) Células
do mesênquima esqueletogênico
rompendo pela matriz extracelular.
A laminina da matriz está marcada
em cor-de-rosa, as células do
mesênquima estão em verde e
os núcleos celulares em azul.
(B) A matriz de laminina está
uniformemente espalhada por
todo o revestimento da blastocele.
(C) Um buraco é feito na laminina
da blastocele acima das células
vegetais, e o mesênquima começa
a atravessá-lo em direção da
blastocele. (D) Dentro de uma hora,
as células estão na blastocele.
(E) Micrografia eletrônica
de varredura das células do
mesênquima esqueletogênico,
entremeadas na matriz extracelular
de uma gástrula inicial de
Strongylocentrotus. (F) Migração
das células do mesênquima durante
a fase de gástrula. As fibrilas da
matriz extracelular da blastocele
são paralelas ao eixo animal-vegetal
e estão intimamente associadas
às células mesenquimais
esqueletogênicas. (B-D, cortesia
de David McClay; E, F, de Cherr et
al., 1992, cortesia dos autores.)

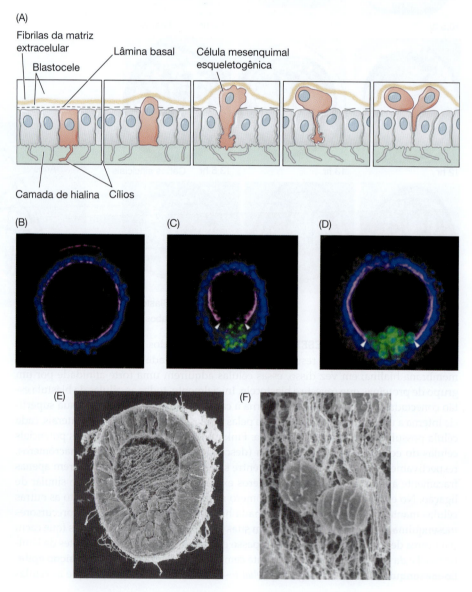

(A)

Fibrilas da matriz
extracelular

Blastocele

Lâmina basal

Célula mesenquimal
esqueletogênica

Camada de hialina   Cílios

(B)   (C)   (D)

(E)   (F)

3. *Remodelação da membrana basal*. As células devem passar através da membrana basal contendo laminina. Originalmente, essa membrana é uniforme ao redor da blastocele. No entanto, os micrômeros secretam proteases (enzimas de digestão de proteínas) que digerem e abrem um buraco na membrana, pouco antes de as primeiras células mesenquimais serem vistas dentro da blastocele (**FIGURA 10.11B-D**).

4. *Desadesão*. As caderinas que mantêm as células epiteliais unidas em um conjunto são degradadas, permitindo, assim, que as células se tornem livres de seus vizinhos. A diminuição da expressão das caderinas é controlada pelo fator de transcrição Snail. O gene para *snail* é ativado pelo fator de transcrição Alx1, que, por sua vez, é regulado pelo portão duplo-negativo da rede regulatória de genes (Wu et al., 2007). O fator de transcrição Snail está envolvido na desadesão em todo o reino animal (incluindo câncer).

5. *Motilidade celular*. Os fatores de transcrição da GRN ativam as proteínas que causam a migração ativa das células para fora do epitélio e para a blastocele. Um dos mais fundamentais é o *Foxn2/3*. Esse fator de transcrição também é visto na regulação da motilidade das células da crista neural após sua EMT (para formar a face dos vertebrados). As células ligam-se e viajam sobre proteínas da matriz extracelular dentro da blastocele (**FIGURA 10.11E, F**).

As proteínas necessárias para a migração seletiva, a fusão celular e a formação do esqueleto (p. ex., proteínas de biomineralização) também são reguladas pelos fatores de transcrição (como Alx1, Ets1 e Tbr) ativados pelo portão duplo-negativo (Rafiq et al., 2014). Em dois locais próximos ao futuro lado ventral da larva, muitas células mesenquimais esqueletogênicas se agrupam, fundem-se entre si e iniciam a formação de espículas (Hodor e Ettensohn, 1998; Lyons et al., 2015). Se um micrômero marcado, proveniente de outro embrião, for injetado na blastocele de um embrião de ouriço-do-mar em gastrulação, ele migra para a localização correta e contribui para a formação das espículas embrionárias (Ettensohn, 1990; Peterson e McClay, 2003). Acredita-se que a informação posicional necessária seja fornecida pelas futuras células ectodérmicas e suas lâminas basais (**FIGURA 10.12A**; Harkey e Whiteley, 1980, Armstrong et al., 1993, Malinda e Ettensohn, 1994). Somente as células mesenquimais esqueletogênicas (e não outros tipos de células ou microesferas de látex) são capazes de responder a essas instruções de padronização (Ettensohn e McClay, 1986). Os filopódios extremamente finos nas células mesenquimais esqueletogênicas exploram e detectam a parede da blastocele e parecem detectar sinais das padronizações dorsoventral e animal-vegetal do ectoderma (**FIGURA 10.12B**; Malinda et al., 1995; Miller et al., 1995).

Dois sinais segregados pela parede da blástula parecem ser fundamentais para essa migração. Os fatores parácrinos VEGF são emitidos a partir de duas pequenas regiões do ectoderma onde as células mesenqumais esqueletogênicas se congregam (Duloquin et al., 2007), e um fator parácrino, o fator de crescimento fibroblástico (FGF), é produzido

FIGURA 10.12 Posicionamento das células mesenquimais esqueletogênicas do ouriço-do-mar. (A) O posicionamento dos micrômeros para formar o esqueleto de carbonato de cálcio é determinado pelas células ectodérmicas. As células mesenquimais esqueletogênicas estão marcadas em verde; a β-catenina em vermelho; as células mesenquimais esqueletogênicas parecem se acumular nas regiões caracterizadas por altas concentrações de β-catenina. (B) Videomicrografia de Nomarski mostrando um filopódio longo e fino que se estende de uma célula mesenquimal esqueletogênica para a parede ectodérmica da gástrula, bem como um filopódio mais curto que se estende para dentro do ectoderma. Os filopódios mesenquimais se estendem através da matriz extracelular e contactam diretamente a membrana das células ectodérmicas. (C) Vista da secção transversal pelo arquêntero (no topo), o ectoderma de superfície expressa FGF nos locais específicos onde os micrômeros esqueletogênicos se reúnem. Além disso, a ingressão dos micrômeros esqueletogênicos (parte inferior, secção longitudinal) expressam o receptor de FGF. Quando a sinalização FGF é suprimida, o esqueleto não se forma corretamente. (B, cortesia de Miller et al., 1995, fotos por J. R. Miller e D. McClay; C, de Röttinger et al., 2008, fotos por cortesia de T. Lepage.)

(C)

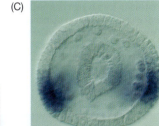

(A)

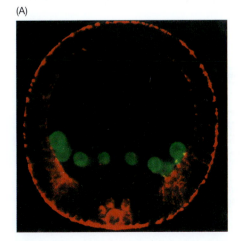

(B)

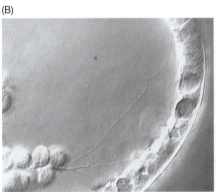

FIGURA 10.13 Formação de cabos sinciciais por células mesenquimais esqueletogênicas do ouriço-do-mar. (A) As células mesenquimais esqueletogênicas na gástrula inicial alinham-se e fundem-se para formar a matriz da espícula de carbonato de cálcio (setas). (B) Micrografia eletrônica de varredura dos cabos sinciciais formados pela fusão das células mesenquimais esqueletogênicas. (A, segundo Ettensohn, 1990; B, segundo Morrill e Santos, 1985.)

(A)

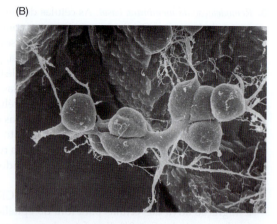

(B)

no cinturão equatorial entre endoderma e o ectoderma, tornando-se definido nos domínios laterais onde as células esqueletogênicas do mesênquima se acumulam (**FIGURA 10.12C**; Röttinger et al., 2008; McIntyre et al., 2014). As células mesenquimais esqueletogênicas migram para esses pontos de síntese de VEGF e FGF e organizam-se em um anel ao longo do eixo animal-vegetal (**FIGURA 10.13**). Os receptores desses fatores parácrinos parecem ser especificados pelo portão duplo-negativo (Peterson e McClay, 2003).

FIGURA 10.14 Invaginação da placa vegetal. (A) Invaginação da placa vegetal em *Lytechinus variegatus*, vista por microscopia eletrônica de varredura da superfície externa da gástrula inicial. O blastóporo é claramente visível. (B) Mapa do destino da placa vegetal do embrião de ouriço-do-mar, olhando "para cima" na superfície vegetal. A porção central contém as células mesenquimais não esqueletogênicas. As camadas concêntricas ao seu redor tornam-se o intestino anterior, o intestino médio e o intestino posterior, respectivamente. O limite onde o endoderma encontra o ectoderma marca o ânus. O mesênquima não esqueletogênico e o intestino anterior provêm da camada veg₂; o intestino médio vem das células veg₁ e veg₂; o intestino posterior e o ectoderma que o rodeia vêm da camada veg₁. (A, segundo Morrill e Santos, 1985, cortesia de J. B. Morrill; B, segundo Logan e McClay, 1999.)

TÓPICO NA REDE 10.3 **ESPECIFICAÇÃO AXIAL EM EMBRIÕES DE OURIÇO-DO-MAR** A proteína Nodal determina o eixo oral-aboral da larva pluteus do ouriço-do-mar durante a gastrulação precoce. Na gastrulação tardia e no período larval inicial, Nodal especifica a metade direita da larva.

Invaginação do arquêntero

PRIMEIRA ETAPA DA INVAGINAÇÃO DO ARQUÊNTERO À medida que as células mesenquimais esqueletogênicas deixam a região vegetal do embrião esférico, mudanças importantes estão ocorrendo nas células que permanecem lá. Essas células espessam e se achatam para formar uma placa vegetal, mudando a forma da blástula (ver Figura 10.10, 9 horas). As células da placa vegetal permanecem ligadas umas às outras e à camada de hialina do ovo, e elas se movem para preencher as lacunas causadas pela ingressão do mesênquima esqueletogênico. A placa vegetal involui para dentro, com a alteração da forma da célula, e invagina cerca de um quarto a um meio do caminho até a blastocele, até que a invaginação cesse de repente. A região invaginada é chamada de **arquêntero** (intestino primitivo), e a abertura do arquêntero no polo vegetal é o **blastóporo** (**FIGURA 10.14A**, ver também Figura 10.10, 10,5-11,5 horas).

O movimento da placa vegetal para a blastocele parece ser iniciado por mudanças de forma nas células das placas vegetais e na matriz extracelular subjacente a elas (ver

(A)

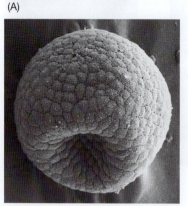

(B)

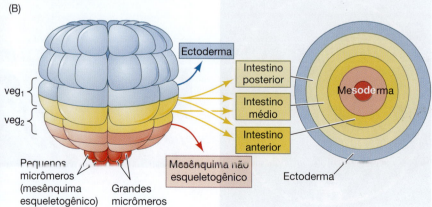

Kominami e Takata, 2004). Os microfilamentos de actina acumulam-se nas extremidades apicais das células vegetais, fazendo essas extremidades se contraírem, formando células vegetais em forma de garrafa que franzem para dentro (Kimberly e Hardin, 1998; Beane et al., 2006). A destruição dessas células com *lasers* retarda a gastrulação. Além disso, a camada hialina na placa vegetal se curva para dentro devido às mudanças na sua composição, direcionadas pelas células da placa vegetal (Lane et al., 1993).

No estágio em que as células do mesênquima esqueletogênico começam a ingressar na blastocele, os destinos das células da placa vegetal já foram especificados (Ruffins e Ettensohn, 1996). O mesênquima não esqueletogênico é o primeiro grupo de células a invaginar, formando a ponta do arquêntero e liderando o caminho para a blastocele. O mesênquima não esqueletogênico formará as células de pigmento, a musculatura ao redor do intestino e contribuirá para as bolsas celômicas. As células endodérmicas adjacentes ao mesênquima secundário derivado dos macrômeros tornam-se o intestino anterior, migrando para mais longe na blastocele. A próxima camada de células endodérmicas torna-se o intestino médio, e a última linha circunferencial que invagina forma o intestino posterior e o ânus (**FIGURA 10.14B**).

SEGUNDO E TERCEIRO ESTÁGIOS DA INVAGINAÇÃO DO ARQUÊNTERO Após uma breve pausa depois da invaginação inicial, começa a segunda fase da formação do arquêntero. O arquêntero alonga-se drasticamente, às vezes triplicando o comprimento. Neste processo de extensão, o rudimento do intestino largo e curto é transformado em um tubo longo e fino (**FIGURA 10.15A**; ver também Figura 10.10, 12 horas). Para realizar essa extensão, numerosos fenômenos celulares atuam juntos. Primeiro, as células do endoderma proliferam quando entram no embrião. Em segundo lugar, os clones derivados dessas células deslizam uns sobre os outros, como a extensão de um telescópio. E, por último, as células reorganizam-se intercalando entre si, como faixas que se

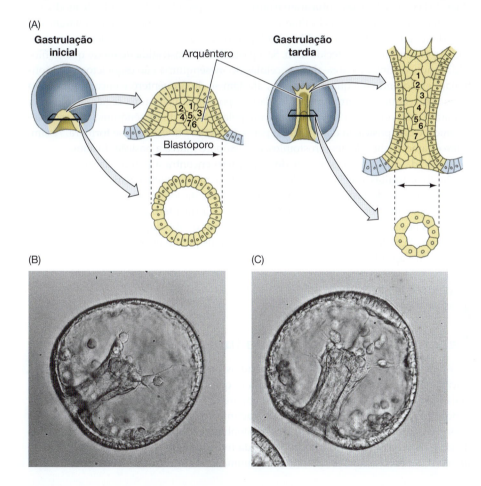

FIGURA 10.15 Extensão do arquêntero em embriões de ouriço-do-mar. (A) Rearranjo celular durante a extensão do arquêntero em embriões de ouriço-do-mar. Nessa espécie, o arquêntero inicialmente possui 20 a 30 células ao redor de sua circunferência. Mais tarde na gastrulação, o arquêntero tem uma circunferência feita apenas por 6 a 8 células. (B) Mais tarde, no estágio do meio da gástrula do *Lytechinus pictus*, os processos de filopódios estendem-se a partir do mesênquima não esqueletogênico. (B) As células mesenquimais não esqueletogênicas expandem os filopódios (setas) da ponta do arquêntero. (C) Os cabos de filopódios conectam a parede da blastocele à ponta do arquêntero. A tensão dos cabos pode ser vista quando eles puxam a parede da blastocele no ponto de fixação (setas). (A, segundo Hardin, 1990; B, C, cortesia de C. Ettensohn.)

misturam no tráfego (Ettensohn, 1985; Hardin e Cheng, 1986; Martins et al., 1998; Martik et al., 2012). Esse fenômeno, em que as células se intercalam para estreitar o tecido e, ao mesmo tempo, o alongam, é chamado de **extensão convergente**.

A fase final do alongamento do arquêntero é iniciada pela tensão conferida pelas células do mesênquima não esqueletogênicas, que se formam na ponta do arquêntero e permanecem lá. Essas células estendem os filopódios através do fluido da blastocele, para entrar em contato com a superfície interna da parede da blastocele (Dan e Okazaki, 1956, Schroeder, 1981). Os filopódios ligam-se à parede nas junções entre os blastômeros e, em seguida, encurtam-se, puxando anteriormente o arquêntero (**FIGURA 10.15 B, C**; ver também Figura 10.12, 12 e 13 horas). Hardin (1988) destruiu com *laser* as células do mesênquima não esqueletogênico da gástrula de *Lytechinus pictus*, e o resultado foi que o arquêntero podia alongar apenas cerca de dois terços do comprimento normal. Se algumas células do mesênquima não esqueletogênico fossem deixadas, o alongamento continuava, embora a uma taxa mais lenta. Assim, nessa espécie, as células do mesênquima não esqueletogênico desempenham um papel essencial ao puxar o arquêntero para cima, na parede da blastocele, durante a última fase de invaginação.

No entanto, os filopódios das células mesenquimais não esqueletogênicas podem ser anexados a qualquer parte da parede da blastocele, ou existe um alvo específico no hemisfério animal que deve estar presente para haver conexão? Existe uma região da parede da blastocele que já está comprometida a se tornar o lado ventral da larva? Estudos de Hardin e McClay (1990) mostram que existe, de fato, um alvo específico para os filopódios, que difere de outras regiões do hemisfério animal. Os filopódios estendem-se, tocam a parede da blastocele em locais aleatórios e depois se retraem. No entanto, quando os filopódios entram em contato com uma região particular da parede, eles permanecem anexados e se espraiam nesta região, puxando o arquêntero em sua direção. Quando Hardin e McClay cutucaram o outro lado da parede da blastocele, de modo que os contatos foram feitos mais facilmente com essa região, os filopódios continuaram a se estender e retrair depois de tocá-lo. Os filopódios cessaram esses movimentos somente quando encontraram seu tecido alvo. Se a gástrula for constrigida de modo que os filopódios nunca atinjam a área-alvo, as células do mesênquima não esqueletogênico continuam explorando até que, finalmente, afastam-se do arquêntero e encontram o alvo como células que migram livremente. Parece, portanto, haver uma região-alvo que se tornará o lado ventral da larva, reconhecida pelas células do mesênquima não esqueletogênico, e que posiciona o arquêntero perto da região onde a boca se formará. Assim, como é característica de deuterostômios, o blastóporo marca a posição do ânus.

À medida que a parte superior do arquêntero encontra a parede da blastocele na região-alvo, muitas das células do mesênquima não esqueletogênico se dispersam na blastocele, onde proliferam e formam os órgãos mesodérmicos (ver Figura 10.10, 13,5 horas). Uma boca finalmente se forma onde o arquêntero entra em contato com a parede. A boca funde-se com o arquêntero para criar o tubo digestório contínuo da larva pluteus. A notável metamorfose da larva pluteus para o ouriço-do-mar adulto será descrita no Capítulo 21.

> **ASSISTA AO DESENVOLVIMENTO 10.2** Um vídeo narra a formação do arquêntero em um ouriço-do-mar.

Desenvolvimento inicial de tunicados

Tunicados (também conhecidos como ascídias ou "esguichos-do-mar") são animais fascinantes por várias razões, mas a principal é que eles são evolutivamente os parentes mais próximos dos vertebrados. Como Lemaire (2009) escreveu: "Olhando para uma ascídia adulta, é difícil, e ligeiramente degradante, imaginar que somos primos íntimos dessas criaturas". Embora os tunicados não tenham vértebras em nenhum dos estágios do ciclo de vida, a larva do tunicado de vida livre, ou "girino", tem uma notocorda e um cordão nervoso dorsal, fazendo esses animais serem cordados invertebrados (ver

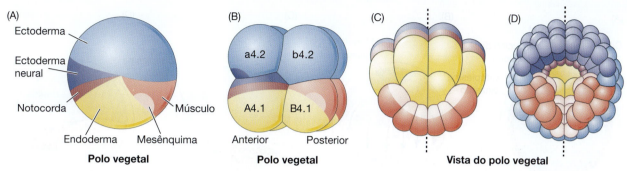

(A) Ectoderma / Ectoderma neural / Notocorda / Endoderma / Mesênquima / Músculo — **Polo vegetal**

(B) a4.2 / b4.2 / A4.1 / B4.1 / Anterior / Posterior — **Polo vegetal**

(C) **Vista do polo vegetal**

(D)

FIGURA 10.16 Simetria bilateral no ovo do tunicado ascídia *Styela partita*. (As linhagens celulares da *Styela* são mostradas na Figura 1.12C.) (A) Ovo não clivado. As regiões do citoplasma destinadas a formar órgãos específicos estão marcadas aqui com o mesmo código de cores em todos os diagramas. (B) Embrião de 8 células, mostrando os blastômeros e os destinos de várias células. O embrião pode ser visto como metades esquerda e direita, cada qual com 4 células; a partir daqui, cada divisão no lado direito do embrião tem uma divisão espelhada no lado esquerda. (C, D) Vistas do polo vegetal dos embriões mais tardios. A linha tracejada mostra o plano de simetria bilateral. (A, segundo Balinsky, 1981.)

Figura 10.1). Quando o girino sofre metamorfose, seu nervo e sua notocorda degeneram, e ele secreta uma túnica de celulose que é a origem do nome dos tunicados.

Clivagem

Os tunicados têm **clivagem holoblástica bilateral** (**FIGURA 10.16**). A característica mais marcante desse tipo de clivagem é que o primeiro plano de clivagem estabelece o primeiro eixo de simetria no embrião, separando o embrião em seus futuros lados direito e esquerdo. Cada divisão sucessiva é orientada neste plano de simetria, e a metade do embrião formado em um lado do primeiro plano de clivagem é a imagem espelhada da outra metade do embrião, no outro lado.[4] A segunda clivagem é meridional como a primeira, porém, ao contrário da primeira divisão, não passa pelo centro do ovo. Em vez disso, ela cria duas células anteriores grandes (os blastômeros A e a) e duas células posteriores menores (os blastômeros B e b). Cada lado tem agora um blastômero grande e um pequeno.

Na verdade, entre as etapas de 8 e de 64 células, cada divisão celular é assimétrica, de modo que os blastômeros posteriores são sempre menores do que os blastômeros anteriores (Nishida, 2005; Sardet et al., 2007). Antes de cada uma dessas clivagens desiguais, o centrossoma posterior do blastômero migra para o **corpo atrator de centrossoma** (**CAB** do inglês, *centrosome-atracting body*), uma estrutura subcelular macroscópica composta de retículo endoplasmático. O CAB conecta-se à membrana celular através de uma rede de proteínas PAR que posicionam os centrossomas de forma assimétrica na célula (como em *C. elegans*; ver Figura 8.17), resultando em uma célula grande e uma pequena em cada uma dessas três divisões. O CAB também atrai mRNAs particulares, de forma que esses mensageiros são colocados na célula mais posterior (i.e., menor) de cada divisão (Hibino et al., 1998; Nishikata et al., 1999; Patalano et al., 2006). Dessa forma, o CAB integra padronização celular com determinação celular.[5] No estágio de 64 células, uma pequena blastocele é formada, e a gastrulação começa a partir do polo vegetal.

O mapa do destino do tunicado

A maioria dos blastômeros iniciais dos tunicados são especificados autonomamente, cada célula adquirindo um tipo específico de citoplasma que determinará seu destino. Em muitas espécies de tunicados, as diferentes regiões do citoplasma possuem pigmentação distinta, de modo que os destinos das células podem ser facilmente vistos como correspondentes ao tipo de citoplasma absorvido por cada célula. Estas regiões citoplasmáticas são repartidas no ovo durante a fertilização.

A Figura 2.4 mostra o mapa do destino e as linhagens celulares do tunicado *Styela partita*. No ovo não fertilizado, um citoplasma cinza central é envolvido por uma camada cortical contendo inclusões lipídicas amarelas (**FIGURA 10.17A**). Durante a meiose, a quebra do núcleo libera uma substância clara que se acumula no hemisfério animal do

---

[4] Esta conclusão ficou sendo uma boa primeira aproximação – de fato, durou mais de um século. No entanto, novas técnicas de marcação mostraram que existe alguma assimetria esquerda-direita em embriões tardios de tunicado (B. Davidson, comunicação pessoal).

[5] Esta descrição deve lembrá-lo da discussão sobre o citoplasma posterior dos ovos de *Drosophila*, no Capítulo 9. De fato, os mRNAs estão localizados no CAB por meio de suas 3' UTRs, o CAB é enriquecido com vesículas e alguns dos mRNAs do CAB ficam nas células germinativas, ao passo que outros ajudam a construir o eixo anteroposterior (Makabe e Nishida, 2012).

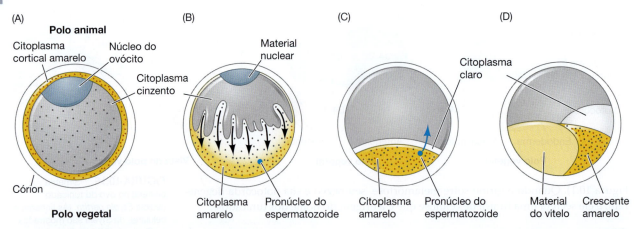

(A)

Polo animal

Citoplasma cortical amarelo

Núcleo do ovócito

Citoplasma cinzento

Córion

Polo vegetal

(B)

Material nuclear

Citoplasma amarelo

Pronúcleo do espermatozoide

(C)

Citoplasma amarelo

Pronúcleo do espermatozoide

(D)

Citoplasma claro

Material do vitelo

Crescente amarelo

FIGURA 10.17 Reordenamento citoplasmático no ovo fertilizado de *Styela partita*. (A) Antes da fertilização, o citoplasma cortical amarelo envolve o citoplasma interno cinza (com vitelo). (B) Após a entrada do espermatozoide no hemisfério vegetal do ovócito, o citoplasma cortical amarelo e o citoplasma claro, derivado da quebra do núcleo do ovócito, contraem-se vegetalmente em direção do espermatozoide. (C) À medida que o pronúcleo do espermatozoide migra em direção do polo animal para o pronúcleo do ovo recém-formado, os citoplasmas amarelo e claro se movem com ele. (D) A posição final do citoplasma amarelo marca o local onde as células dão origem aos músculos da cauda. (Segundo Conklin, 1905.)

ovo. Nos primeiros 5 minutos após a entrada do espermatozoide, os citoplasmas claro interno e o cortical amarelo contraem-se no hemisfério vegetal (inferior) do ovo (Prodon et al., 2005, 2008; Sardet et al., 2005). À medida que o pronúcleo masculino migra do polo vegetal para o equador da célula, ao longo do futuro lado posterior do embrião, as inclusões lipídicas amarelas migram com ele. Essa migração forma o **crescente amarelo**, que se estende do polo vegetal até o equador (**FIGURA 10.17B-D**); essa região produzirá a maioria dos músculos da cauda da larva do tunicado. O movimento dessas regiões citoplasmáticas depende de microtúbulos que são gerados pelo centríolo do espermatozoide e de uma onda de íons cálcio que contrai o citoplasma do polo animal (Sawada e Schatten, 1989; Speksnijder et al., 1990; Roegiers et al., 1995).

Edwin Conklin (1905) aproveitou a coloração diferente dessas regiões do citoplasma para seguir cada uma das células do embrião do tunicado, até o destino na larva (ver Tópico na rede 1.3). Conklin descobriu que as células que recebem citoplasma claro se tornam ectoderma; aquelas que contêm citoplasma amarelo dão origem a células mesodérmicas; aquelas que incorporam inclusões em cinza-ardósia se tornam endoderma; e as células em cinza claro tornam-se o tubo neural e a notocorda. As regiões citoplasmáticas estão dispostas bilateralmente em ambos os lados do plano de simetria, de modo que são divididas pelo primeiro sulco de clivagem, em as metades direita e esquerda do embrião. A segunda clivagem faz o futuro mesoderma se posicionar nas duas células posteriores, ao passo que o futuro ectoderma neural e o cordomesoderma (notocorda) serão formados a partir das duas células anteriores (**FIGURA 10.18**). A terceira divisão divide mais essas regiões citoplasmáticas, de modo que as células formadoras de mesoderma ficam confinadas aos dois blastômeros vegetais posteriores, ao passo que as células do cordomesoderma ficam restritas às duas células anteriores vegetais.

Especificação autônoma e condicional dos blastômeros do tunicado

A especificação autônoma de blastômeros de tunicados foi uma das primeiras observações no campo da embriologia experimental (Chabry, 1888). Cohen e Berrill (1936) confirmaram os resultados de Chabry e Conklin, e, contando o número de células notocordais e musculares, demonstraram que as larvas derivadas de apenas um dos dois primeiros blastômeros (da direita ou da esquerda) tinham metade do número esperado de células.[6] Quando o embrião de 8 células é separado em seus quatro dupletos (os lados direito e esquerdo sendo equivalentes), ambas as especificações autônomas e condicionais são vistas (Reverberi e Minganti, 1946). A especificação autônoma é observada no endoderma intestinal, mesoderma muscular e ectoderma da pele (ver Lemaire, 2009). A especificação condicional (por indução) é vista na formação das células do cérebro, da

---

[6] Tanto Chabry quanto Driesch, parecem ter obtido resultados desejados pelo outro (ver Fisher, 1991). Driesch, que via o embrião como uma máquina, esperava a especificação autônoma, mas mostrou especificação condicional (desenvolvimento regulatório). Chabry, um socialista que acreditava que todos começam com aptidões iguais, esperava encontrar especificações condicionais, mas descobriu especificações autônomas (desenvolvimento em mosaico). Pesquisas recentes sobre redes regulatórias de genes começaram a fornecer uma base molecular para essa regulação (Peter et al., 2012).

(A)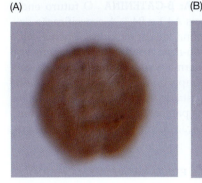

(B)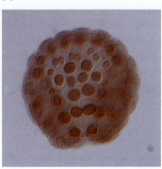

(C)

notocorda, do coração e do mesênquima. Na verdade, a maioria das linhagens celulares de tunicado sofrem algumas induções.

ESPECIFICAÇÃO AUTÔNOMA DO MIOPLASMA: O CRESCENTE AMARELO E MA-CHO-1 A partir dos estudos de linhagem celular de Conklin e outros, descobriu-se que apenas um par de blastômeros (vegetal posterior, B4.1) no embrião de 8 células é capaz de produzir tecido muscular da cauda (Whittaker, 1982). Essas células contêm o citoplasma do crescente amarelo. Conforme mencionado no Capítulo 2, quando o citoplasma do crescente amarelo é transferido do blastômero B4.1 (formador de músculo) para os blastômeros b4.2 ou a4.2 (formadores de ectoderma) de um embrião tunicado de 8 células, os blastômeros formadores de ectoderma geram células musculares, bem como sua progênie ectodérmica normal. Nishida e Sawada (2001) mostraram que este determinante da formação do músculo era um mRNA que codificava um fator de transcrição, que eles denominaram de Macho-1. Eles correlacionaram a presença do mRNA de *macho-1* com a capacidade da célula de formar músculos: quando eles eliminaram *macho-1*, as células não fizeram músculos, e quando eles adicionaram esse mRNA nas células progenitoras não musculares, essas células foram capazes de fazer músculos.

A proteína Macho-1 é um fator de transcrição que é necessário para a ativação de vários genes mesodérmicos, incluindo *actina muscular, miosina, tbx6* e *snail* (Sawada et al., 2005; Yagi et al., 2004). Destes produtos gênicos, apenas a proteína Tbx6 produziu diferenciação muscular (como Macho-1 fez) quando expressa ectopicamente. Macho-1 parece, assim, ativar diretamente um conjunto de genes *tbx6*, e as proteínas Tbx6 ativam o resto do desenvolvimento muscular (Yagi et al., 2005; Kugler et al., 2010). Assim, a mensagem *macho-1* é encontrada no lugar certo e no momento certo para ser o tão procurado determinante das células musculares do crescente amarelo, e essas experiências sugerem que a proteína Macho-1 seja necessária e suficiente para promover a diferenciação muscular em determinadas células de tunicado.

Macho-1 e Tbx6 também parecem ativar (possivelmente por um mecanismo de alimentação progressiva) o gene *snail*, específico de músculo. A proteína Snail é importante para impedir a expressão de *Brachyury* nas células musculares presuntivas e, assim, impedir que os precursores musculares se tornem células da notocorda.[7] Parece, então, que o Macho-1 é um fator de transcrição crucial do citoplasma formador de músculo do crescente amarelo do tunicado. Macho-1 ativa uma cascata de fatores de transcrição que promove a diferenciação muscular e, ao mesmo tempo, inibe a especificação da notocorda.

FIGURA 10.18 A coloração por anticorpo da proteína β-catenina mostra seu envolvimento com a formação do endoderma. (A) Não se observa β-catenina nos núcleos do polo animal de um embrião de *Ciona* de 110 células. (B) Em contrapartida, a β-catenina é facilmente vista nos núcleos dos precursores vegetais do endoderma no estágio de 110 células. (C) Quando a β-catenina é expressa nas células precursoras da notocorda, essas células se tornam endoderma e começam a expressar marcadores endodérmicos, como a fosfatase alcalina. As setas brancas mostram o endoderma normal; as setas pretas mostram as células notocordais expressando enzimas endodérmicas. (De Imai et al., 2000, cortesia de H. Nishida e N. Satoh.)

TÓPICO NA REDE 10.4 **A PROCURA PELO FATOR MIOGÊNICO** O citoplasma do crescente amarelo foi uma das regiões mais irresistíveis de todos os ovos conhecidos. Antes de a biologia molecular ter sido capaz de identificar espécies de RNA individualmente, algumas experiências elegantes detalharam as propriedades desse determinante miogênico do citoplasma.

---

[7] Veremos também a importância do *Brachyury* na formação da notocorda de vertebrados. De fato, a notocorda é o "cordão" que liga os tunicados aos vertebrados, e *Brachyury* parece ser o gene que especifica a notocorda (Satoh et al., 2012). Como também veremos, *Tbx6* (que é um parente muito próximo do *Brachyury*) é importante na formação da musculatura de vertebrados.

ESPECIFICAÇÃO AUTÔNOMA DO ENDODERMA: β-CATENINA O futuro endoderma origina-se a partir dos blastômeros vegetais A4.1 e B4.1. A especificação dessas células coincide com a localização da β-catenina, discutida anteriormente sob o olhar da especificação do endoderma do ouriço-do-mar. A inibição da β-catenina no embrião de tunicado resulta na perda do endoderma e sua substituição pelo ectoderma (**FIGURA 10.18**; Imai et al., 2000). Em contrapartida, o aumento da síntese de β-catenina causa um aumento do endoderma à custa do ectoderma (assim como nos ouriços-do-mar). O fator de transcrição β-catenina parece funcionar ativando a síntese do fator de transcrição homeobox Lhx3. A inibição da mensagem *lhx3* proíbe a diferenciação do endoderma (Satou et al., 2001).

TÓPICO NA REDE 10.5 **ESPECIFICAÇÃO DOS EIXOS LARVAIS EM EMBRIÕES DE TUNICADOS** Ao contrário de muitos outros embriões, todos os eixos embrionários dos tunicados são determinados pelo citoplasma do zigoto antes da primeira clivagem.

ESPECIFICAÇÃO CONDICIONAL DO MESÊNQUIMA E DA NOTOCORDA PELO ENDODERMA Embora a maioria dos músculos dos tunicados sejam especificados autonomamente pelo citoplasma do crescente amarelo, as células musculares mais posteriores se formam por meio da especificação condicional, por interações com os descendentes dos blastômeros A4.1 e B4.2 (Nishida 1987, 1992a, b). Além disso, a notocorda, o cérebro, o coração e o mesênquima também se formam por meio de interações indutivas. De fato, a notocorda e o mesênquima parecem ser induzidos por FGFs secretados pelas células do endoderma (Nakatani et al., 1996; Kim et al., 2000; Imai et al., 2002). Essas proteínas FGF induzem o gene *Brachyury*, que se liga aos elementos reguladores *cis* que especificam o desenvolvimento da notocorda (**FIGURA 10.19**; Davidson e Christiaen, 2006).

De modo curioso, os genes que são ativados no início pelo fator de transcrição Brachyury têm múltiplos locais de ligação para esta proteína e precisam de todos esses sítios ocupados para o efeito máximo. Aqueles genes que são ativados um pouco depois (também por Brachyury) têm apenas um sítio, e este não se liga tão bem como aqueles nos genes que são ativados mais cedo. Os genes para a notocorda que são ativados ainda mais tarde são ativados indiretamente. Em última instância, Brachyury ativa um segundo fator de transcrição, que, então, irá se ligar e ativar esses genes mais tardios (Katikala et al., 2013; José-Edwards et al., 2015). Dessa forma, o momento da expressão gênica na notocorda pode ser cuidadosamente regulado.

A presença de Macho-1 no citoplasma vegetal posterior faz as células posteriores que irão se tornar mesênquima responderem de forma diferente ao sinal FGF, em relação às células que formarão estruturas neurais (**FIGURA 10.20**; Kobayashi et al., 2003). Macho-1 previne a indução da notocorda nos precursores de células mesenquimais, ativando o gene *snail* (que, por sua vez, suprime o gene para Brachyury). Assim, Macho-1 é não apenas um determinante de ativação muscular, como também um fator que faz as células responderem distintamente ao sinal FGF. Essas células que respondem ao FGF

Ampliando o conhecimento

O sistema nervoso do tunicado está presente durante o estágio larval, mas degenera durante a metamorfose. Considere o tubo neural de um vertebrado, como o peixe, e como ele se torna dividido nas porções do prosencéfalo, mesencéfalo, rombencéfalo e medula espinal (ver Capítulo 13). Como seria possível determinar se o tubo neural do tunicado é semelhante ao do vertebrado? Eles são homólogos ou análogos (ver Capítulo 26)?

FIGURA 10.19 Versão simplificada da rede de genes que leva ao desenvolvimento da notocorda no embrião inicial do tunicado. (A, B) Visão vegetal do embrião de de *Ciona* de 32 e 64 células. (A) A acumulação de β-catenina leva à expressão do gene *FoxD*. A proteína FoxD ajuda a especificar as células em endoderma e a secretar FGFs. (B) FGFs induzem a expressão de *Brachyury* nas células vizinhas; estas são as células que se tornarão notocorda. (C) Vistas dorsais. O Brachyury ativa os reguladores da atividade celular, como o Prickle, que regula a polaridade celular, levando à extensão convergente da notocorda nos estádios de gástrula e nêurula. (Segundo Davidson e Christiaen, 2006.)

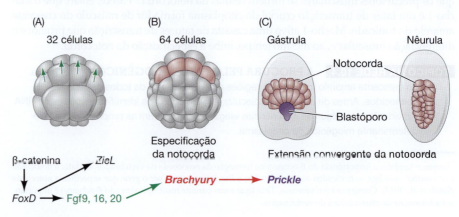

(A) 32 células   (B) 64 células   (C) Gástrula   Nêurula

Especificação da notocorda

Notocorda

Blastóporo

Extensão convergente da notocorda

β-catenina → *ZicL*

FoxD → Fgf9, 16, 20 → *Brachyury* → *Prickle*

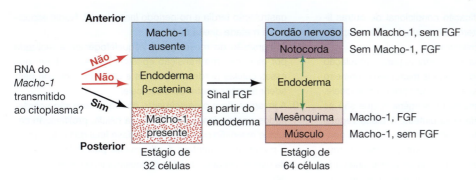

Anterior

RNA do *Macho-1* transmitido ao citoplasma?

Não
Não
Sim

| Macho-1 ausente |
| Endoderma β-catenina |
| Macho-1 presente |

Posterior

Estágio de 32 células

Sinal FGF a partir do endoderma

Cordão nervoso	Sem Macho-1, sem FGF
Notocorda	Sem Macho-1, FGF
Endoderma	
Mesênquima	Macho-1, FGF
Músculo	Macho-1, sem FGF

Estágio de 64 células

FIGURA 10.20 Processo em duas etapas para especificar as células marginais do embrião de tunicado. O primeiro passo envolve a aquisição (ou não aquisição) pelas células do fator de transcrição Macho-1. O segundo passo envolve a recepção (ou não recepção) do sinal FGF do endoderma. (Segundo Kobayashi et al., 2003).

não se tornam musculares porque os FGFs ativam cascatas que bloqueiam a formação muscular (um papel desses fatores que é conservado em vertebrados). Conforme observado na Figura 10.21, a presença de Macho-1 altera as respostas aos FGF endodérmicos, fazendo as células anteriores formarem a notocorda, enquanto as células posteriores se tornam mesênquima.

TÓPICO NA REDE 10.6 **GASTRULAÇÃO EM TUNICADOS** Os embriões de tunicados seguem o padrão de gastrulação de deuterostômios, mas o fazem de forma muito diferente do que os ouriços-do-mar.

Próxima etapa na pesquisa

A embriologia do ouriço-do-mar pode ter dado nascimento ao campo da imunologia quando, em 1882, Elie Metchnikoff descobriu o sistema imune inato da larva do ouriço-do-mar. Hoje, os mecanismos pelos quais o sistema imune larval primitivo forma e medeia o crescimento da larva em seu ambiente estão sendo estudados cada vez mais. E, no campo da evolução, a notocorda do tunicado representa um novo tipo de célula. Como surgiram novos tipos de células? Essa é uma questão em estudo e voltaremos a ela no Capítulo 26.

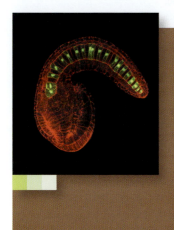

Considerações finais sobre a foto de abertura

As células desta larva de tunicado são fluorescentes porque expressam um gene-alvo da proteína Brachyury marcado, identificando-as, assim, como as células que formarão a notocorda (ver p. 330). Em embriões de tunicados e vertebrados, a notocorda é uma espinha dorsal primitiva que instrui as células ectodérmicas acima dela a se tornarem o tubo neural. Assim, o tunicado é um invertebrado (não possui medula espinal) cordado (ele tem uma notocorda). Quando Alexander Kowalevsky descobriu isso, em 1866, Charles Darwin ficou impressionado, percebendo que os tunicados são uma ligação evolutiva entre os invertebrados e os vertebrados. Hoje, o fator de transcrição Brachyury é conhecido por ser importante tanto na formação da notocorda de tunicados quanto na de vertebrados, proporcionando, assim, suporte molecular para o achado de Kowalevsky. (Imagem por cortesia de J. H. Imai e A. Di Gregorio.)

10 Resumo instantâneo
Desenvolvimento inicial de ouriços-do-mar e de tunicados

1. Tanto em ouriços-do-mar quanto em tunicados, o blastóporo torna-se o ânus, e a boca é formada em outro lugar; este modo deuterostomado de gastrulação também é característico dos cordados (incluindo os vertebrados).

2. A clivagem do ouriço-do-mar é radial e holoblástica. Na quarta clivagem, no entanto, a parte vegetal divide-se em grandes macrômeros e pequenos micrômeros. O polo animal divide-se e forma os mesômeros.

3. Os destinos das células do ouriço-do-mar são determinados tanto pelo modo de especificação autônoma quanto pela condicional. Os micrômeros são especificados de forma autônoma e se tornam um importante centro de

sinalização para a especificação condicional de outras linhagens. A β-catenina materna é importante para a especificação autônoma dos micrômeros.

4. A adesão celular diferencial é importante para a regulação da gastrulação do ouriço-do-mar. Os micrômeros primeiro se soltam da placa vegetal e se movem para a blastocele. Eles formam o mesênquima esqueletogênico, que são as hastes esqueletogênicas da larva pluteus. A placa vegetal invagina e forma o arquêntero endodérmico, com uma ponta de células mesenquimais não esqueletogênicas. O arquêntero alonga-se por extensão convergente e é orientado para a futura região bucal pelo mesênquima não esqueletogênico.

5. Os grandes micrômeros tornam-se o esqueleto da larva; os pequenos micrômeros contribuem para as bolsas celômicas e as células germinativas do adulto.

6. Os micrômeros regulam o destino de suas células vizinhas por meio de vias justácrinas e parácrinas. Eles podem converter células animais em endoderma.

7. As redes regulatórias de genes são módulos que funcionam por circuitos lógicos para integrar estímulos de entrada com saídas de respostas celulares de forma coerente. Os micrômeros integram componentes maternos, de modo que a colocação de Disheveled no polo vegetal permite a formação da β-catenina para ajudar a ativar o gene *Pmar1*, cujos produtos inibem o gene *HesC*. O produto de *HesC* inibe os genes esqueletogênicos. Assim, inibindo localmente o inibidor, as células mais vegetais se comprometem com a produção de esqueleto. Isso é chamado de portão duplo-negativo.

8. A proteína Nodal determina o eixo oral-aboral da larva pluteus do ouriço-do-mar durante o início da gastrulação. Na gastrulação tardia e no período larvar inicial, Nodal especifica a metade direita da larva.

9. A ingressão do mesênquima esqueletogênico é realizada por meio de uma transição epitélio-mesenquimal, em que essas células perdem caderinas e ganham afinidade para aderir à matriz dentro da blastocele.

10. A invaginação e o crescimento do arquêntero são coordenados por mudanças na forma da célula, proliferação celular e extensão convergente. Na fase final da invaginação, a ponta do arquêntero é ativamente puxada para o teto da blastocele pelas células do mesênquima não esqueletogênico.

11. O rudimento do adulto do ouriço-do-mar, chamado de rudimento imaginal, forma-se a partir da bolsa celômica esquerda, sob a influência de BMPs.

12. O embrião do tunicado divide-se holoblástica e bilateralmente.

13. O citoplasma amarelo contém determinantes formadores de músculo que atuam de forma autônoma. O coração e o sistema nervoso são formados condicionalmente por meio da interação de sinalizações entre blastômeros.

14. Macho-1 é o determinante do músculo do tunicado (um fator de transcrição que é suficiente para ativar genes que especificam músculo). A notocorda e o mesênquima são gerados condicionalmente por fatores parácrinos como os FGFs.

15. Os FGFs induzem a expressão de *Brachyury* nas células vizinhas, induzindo essas células a se tornarem a notocorda.

16. O fator de transcrição Nodal parece especificar o eixo esquerdo-direito nos tunicados, com ele sendo expresso apenas no lado esquerdo do corpo (o que também é o caso em caramujos e vertebrados).

Leituras adicionais

Lemaire, P. 2009. Unfolding a chordate developmental program, one cell at a time. Dev. Biol. 332: 48–60.

Lyons, D. C., M. L. Martik, L. R. Saunders and D. R. McClay. 2014. Specification to biomineralization: Following a single cell type as it constructs a skeleton. Integr. Comp. Biol. 54: 723–733.

McClay, D. R. 2016. Sea urchin morphogenesis. Curr. Top. Dev. Biol. 117: 15–30.

Nishida, H. and K. Sawada. 2001. Macho-1 encodes a localized mRNA in ascidian eggs that specifies muscle fate during embryogenesis. Nature 409: 724–729.

Peter, I. S. and E. H. Davidson. 2016. Implications of developmental gene regulatory networks inside and outside developmental biology. Curr. Top. Dev. Biol. 117:237–252.

Revilla-i-Domingo, R., P. Oliveri and E. H. Davidson. 2010. A missing link in the sea urchin embryo gene regulatory network: hesC and the double-negative specification of micromeres. Proc. Natl. Acad. Sci. USA 104: 12383–12388.

Saunders, L. R. and D. R. McClay. 2014. Sub-circuits of a gene regulatory network control a developmental epithelial-mesenchymal transition. Development 141: 1503–1513.

Wu, S. Y., M. Ferkowicz and D. R. McClay. 2010. Ingression of primary mesenchyme cells of the sea urchin embryo: A precisely timed epithelial-mesenchymal transition. Birth Def. Res. C Embryol. Today 81: 241–252.

VISITE WWW.DEVBIO.COM...

... para Tópicos na Rede, entrevistas de Os cientistas Falam, vídeos de Assista ao Desenvolvimento, Tutorial do Desenvolvimento e informação bibliográfica completa sobre toda a literatura citada neste capítulo.

Anfíbios e peixes

APESAR DAS VASTAS DIFERENÇAS NA MORFOLOGIA ADULTA, o desenvolvimento inicial em cada grupo de vertebrados é muito semelhante. Peixes e anfíbios estão entre os vertebrados mais facilmente estudados. Em ambos os casos, centenas de ovos são colocados externamente e fertilizados simultaneamente. Os peixes e os anfíbios são vertebrados **amnióticos** (**FIGURA 11.1**), o que significa que eles não formam o âmnio, que permite que o desenvolvimento embrionário ocorra em terra seca. No entanto, o desenvolvimento de anfíbios e peixes emprega muitos dos mesmos processos e genes usados por outros vertebrados (incluindo humanos) para gerar eixos e órgãos do corpo.

Desenvolvimento inicial de anfíbios

Os embriões de anfíbios dominaram o campo da embriologia experimental. Com células grandes e o desenvolvimento rápido, os embriões de salamandra e rã foram perfeitamente adequados para experimentos de transplante. No entanto, os embriões de anfíbios tiveram pouca serventia durante os primeiros tempos da genética do desenvolvimento, em parte porque esses animais passam por um longo período de crescimento antes de se tornarem férteis e porque seus cromossomos são frequentemente encontrados em várias cópias, impedindo uma fácil mutagênese. Todavia, com o advento de técnicas moleculares, como hibridação *in situ*, oligonucleotídeos antissenso, imunoprecipitação de cromatina e proteínas dominante-negativas, os pesquisadores retornaram ao estudo dos embriões de anfíbios e conseguiram integrar suas análises moleculares com achados experimentais anteriores. Os resultados foram espetaculares, revelando novas

Este embrião de peixe-zebra tem dois eixos corporais. Como isso pode acontecer, e quais são algumas das implicações para o desenvolvimento de vertebrados?

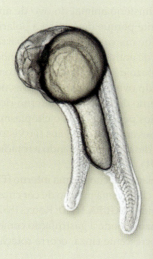

Destaque

Os anfíbios desempenharam papéis primordiais na embriologia experimental desde os primeiros dias deste campo. Na rã, a fertilização induz movimentos de proteínas no citoplasma do ovo, levando ao acúmulo de β-catenina na futura região dorsal do ovo. Nessa futura porção dorsal do embrião, β-catenina ativa genes que estabelecem uma estrutura embrionária crucial, denominada "o organizador". O organizador secreta proteínas que bloqueiam as atividades de fatores parácrinos (principalmente BMPs) que ventralizariam o mesoderma e transformariam o ectoderma em epiderme. Como resultado, o ectoderma adjacente ao organizador torna-se especificado em tecido neural. A inibição da sinalização Wnt é fundamental para a formação bem-sucedida da cabeça, e os inibidores da proteína Wnt são produzidos na porção anterior dos tecidos do organizador. Embora os padrões de clivagem e gastrulação dos peixes sejam muito diferentes dos de rãs, o mesmo padrão de atividade dos genes especificadores dos eixos parece estar funcionando em ambos os grupos de vertebrados.

(A)

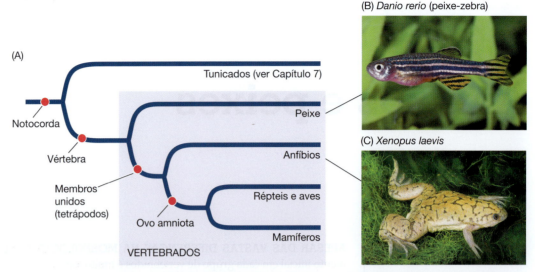

Tunicados (ver Capítulo 7)

Notocorda

Vértebra

Peixe

Anfíbios

Membros
unidos
(tetrápodos)

Répteis e aves

Ovo amniota

Mamíferos

VERTEBRADOS

(B) *Danio rerio* (peixe-zebra)

(C) *Xenopus laevis*

FIGURA 11.1 (A) Árvore filogenética dos cordados mostrando a relação entre os grupos de vertebrados. O desenvolvimento embrionário de peixes e anfíbios deve ocorrer em ambientes úmidos. A evolução do ovo amniota com casca permitiu que o desenvolvimento acontecesse em terra firme para os répteis e seus descendentes, como veremos no Capítulo 12. (B) O peixe-zebra (*Danio rerio*) tornou-se um organismo-modelo popular para o estudo do desenvolvimento. É a primeira espécie vertebrada a ser submetida a estudos de mutagênese semelhantes aos que foram realizados em *Drosophila*. (C) *Xenopus laevis*, a rã-de-unhas-africana, é um dos anfíbios mais estudados, visto que tem a propriedade rara de não ter uma estação de reprodução e, assim, pode gerar embriões durante todo o ano. (Cortesia de D. McIntyre; C, © Michael Redmer/Visuals Unlimited.)

perspectivas de como os corpos dos vertebrados são padronizados e estruturados. Como escreveu Jean Rostand, em 1960, "as teorias vêm e as teorias vão. A rã permanece".

> **ASSISTA AO DESENVOLVIMENTO 11.1** Um vídeo de dois minutos proporciona uma visão rápida do desenvolvimento das rãs, desde a fertilização até a larva.

Fertilização, rotação cortical e clivagem

A maioria das rãs tem fertilização externa, com o macho fertilizando os ovos à medida que a fêmea está os colocando. Mesmo antes da fertilização, o ovo de rã tem polaridade, na medida em que o vitelo denso está na extremidade vegetal (inferior), enquanto a parte animal do ovo (metade superior) tem muito pouco vitelo. Como também veremos, certas proteínas e mRNAs já estão localizados em regiões específicas do ovo não fertilizado.

A fertilização pode ocorrer em qualquer lugar do hemisfério animal do ovo de anfíbio. O ponto de entrada do espermatozoide é importante porque determina a polaridade dorsoventral. O ponto de entrada do espermatozoide marca o lado ventral (barriga) do embrião, enquanto a região 180° oposta ao ponto de entrada do espermatozoide marcará o lado dorsal (espinal). O centríolo do espermatozoide, que entra no ovo com o núcleo do espermatozoide, organiza os microtúbulos do ovo em trilhas paralelas no citoplasma vegetal, separando o citoplasma cortical externo do citoplasma interno rico em vitelo (**FIGURA 11.2A, B**). Essas trilhas de microtúbulos permitem que o citoplasma cortical gire em relação ao citoplasma interno. De fato, esses arranjos paralelos são vistos pela primeira vez imediatamente antes da rotação, e eles desaparecem quando a rotação cessa (Elinson e Rowning, 1988, Houliston e Elinson, 1991).

No zigoto, o citoplasma cortical gira cerca de 30° em relação ao citoplasma interno (**FIGURA 11.2C**). Em alguns casos, isso expõe uma região de citoplasma interno de cor cinza diretamente oposta ao ponto de entrada do espermatozoide (**FIGURA 11.2D**; Roux, 1887, Ancel e Vintenberger, 1948). Esta região, o **crescente cinza**, é onde a gastrulação começará. Mesmo em ovos de *Xenopus*, que não expõem um crescente cinza, ocorre rotação

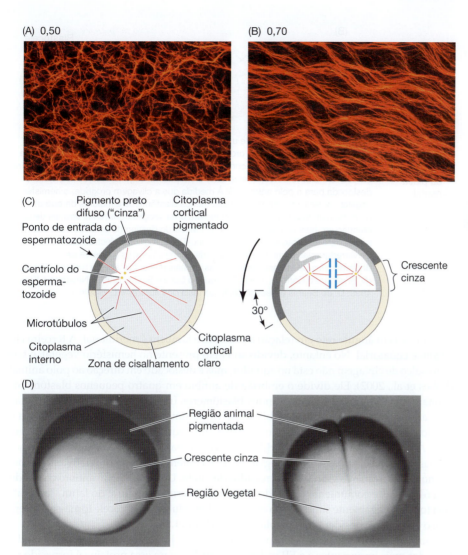

(A) 0,50

(B) 0,70

(C)

Pigmento preto difuso ("cinza")

Citoplasma cortical pigmentado

Ponto de entrada do espermatozoide

Centríolo do espermatozoide

Crescente cinza

30°

Microtúbulos

Citoplasma interno

Citoplasma cortical claro

Zona de cisalhamento

(D)

Região animal pigmentada

Crescente cinza

Região Vegetal

FIGURA 11.2 A reorganização do citoplasma e a rotação cortical produzem o crescente cinza em ovos de rã. (A, B) Arranjos paralelos dos microtúbulos (visualizados aqui usando anticorpos fluorescentes contra tubulina) formam-se no hemisfério vegetal do ovo, ao longo do futuro eixo dorsoventral. (A) Os microtúbulos estão presentes quando 50% do primeiro ciclo celular está completo, mas eles não têm polaridade. (B) Com a conclusão de 70%, a zona de cisalhamento vegetal é caracterizada por uma disposição paralela de microtúbulos; a rotação cortical começa neste momento. No final da rotação, os microtúbulos irão despolimerizar. (C) Secção transversal esquemática da rotação cortical. À esquerda, o ovo é mostrado no meio do primeiro ciclo celular. Ele tem simetria radial em torno do eixo animal-vegetal. O núcleo do espermatozoide entrou em um lado e está migrando para dentro. À direita, com 80% da primeira clivagem, o citoplasma cortical girou 30° em relação ao citoplasma interno. A gastrulação começará no crescente cinza – que é a região oposta ao ponto de entrada do espermatozoide, onde ocorre o maior deslocamento do citoplasma. (D) Crescente cinza de *Rana Pipiens*. Imediatamente após a rotação cortical (à esquerda), a pigmentação cinza mais clara é exposta sob o citoplasma cortical fortemente pigmentado. O primeiro sulco de clivagem (à direita) divide esse crescente cinza. (A, B, de Cha e Gard, 1999, cortesia dos autores; C, segundo Gerhart et al., 1989; cortesia de R. P. Elinson.)

cortical e os movimentos citoplasmáticos podem ser vistos (Manes e Elinson, 1980; Vincent et al., 1986). A gastrulação começa na parte do ovo oposta ao ponto de entrada do espermatozoide, e esta região se tornará a porção dorsal do embrião. Os arranjos dos microtúbulos, organizados pelo centríolo do espermatozoide na fertilização, desempenham um papel importante na iniciação desses movimentos. Assim, o eixo dorsoventral da larva pode ser rastreado até o ponto de entrada do espermatozoide.

ASSISTA AO DESENVOLVIMENTO 11.2 Veja a rotação cortical dos arranjos de microtúbulos durante a primeira clivagem dos ovos de *Xenopus*.

Clivagem holoblástica radial desigual

A clivagem na maioria dos embriões de rã e salamandra é radialmente simétrica e holoblástica, como a clivagem de equinoderma. O ovo de anfíbio, no entanto, é muito maior do que os ovos de equinoderma e contém muito mais vitelo. Este vitelo fica concentrado no hemisfério vegetal e é um impedimento para a clivagem. Assim, a primeira divisão começa no polo animal e se estende lentamente para a região vegetal (**FIGURA 11.3A**). Nessas espécies com um crescente cinza (principalmente salamandras e rãs do gênero *Rana*), a primeira clivagem geralmente divide o cinza crescente (ver Figura 11.2D).

Enquanto o primeiro sulco de clivagem ainda está clivando o citoplasma rico em vitelo no hemisfério vegetal, a segunda clivagem já começou perto do polo animal. Esta

(A)

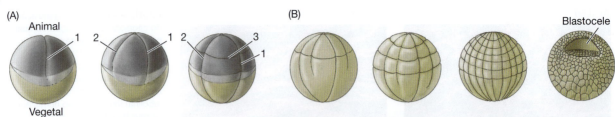

(B)

(C)

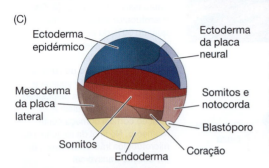

Ectoderma epidérmico

Ectoderma da placa neural

Mesoderma da placa lateral

Somitos e notocorda

Somitos

Blastóporo

Endoderma

Coração

FIGURA 11.3 Clivagem de um ovo de *Xenopus*. (A) Os três primeiros sulcos de clivagem, numerados por ordem de aparição. Como o vitelo vegetal impede a clivagem, a segunda divisão começa na região animal do ovo antes que a primeira divisão tenha dividido completamente o citoplasma vegetal. A terceira divisão é deslocada para o polo animal. (B) À medida que a clivagem progride, o hemisfério vegetal contém, em última instância, menos blastômeros e maiores do que o hemisfério animal. O desenho final mostra uma secção transversal através de um embrião em fase de blástula média. (C) Mapa do destino do embrião *Xenopus* sobreposto ao estágio de blástula média. (D) Micrografias electrônicas de varredura das primeira, segunda e da quarta clivagens. Observe as discrepâncias de tamanho das células animais e vegetais após a terceira clivagem. (A, B, segundo Carlson, 1981; C, segundo Lane e Smith, 1999, e Newman e Kreig, 1999; D, de Beams e Kessel, 1976, cortesia dos autores e L. Biedler.)

(D)

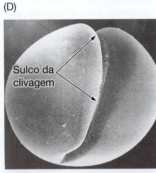

Sulco da clivagem

divisão está em ângulo reto em relação à primeira e também é meridional. A terceira clivagem é equatorial. No entanto, devido ao vitelo presente no hemisfério vegetal, o terceiro sulco de clivagem não está no equador, mas é deslocado em direção ao polo animal (Valles et al., 2002). Ele divide o embrião de anfíbio em quatro pequenos blastômeros animais (micrômeros) e quatro grandes blastômeros (macrômeros) na região vegetal. Apesar dos tamanhos desiguais, os blastômeros continuam a dividir na mesma taxa até o ciclo da décima segunda célula (com apenas um pequeno atraso das clivagens vegetais). À medida que a divisão progride, a região animal torna-se repleta de numerosas células pequenas, ao passo que a região vegetal contém um número relativamente pequeno de macrômeros grandes e carregados de vitelo. Um embrião de anfíbio contendo 16 a 64 células é comumente chamado de mórula (*morulae* no plural do latim, "amora", cuja forma é vagamente similar). No estágio de 128 células, a blastocele torna-se aparente, e o embrião é considerado uma blástula (**FIGURA 11.3B**).

Numerosas moléculas de adesão celular mantêm juntos os blastômeros clivando. Uma das mais importantes é a EP-caderina. O mRNA para essa proteína é fornecido no citoplasma do ovócito. Se esta mensagem for destruída por oligonucleotídeos antissenso, de modo que não seja feita nenhuma proteína de EP-caderina, a adesão entre os blastômeros é significativamente reduzida, resultando na obliteração da blastocele (Heasman et al., 1994a, b). As adesões à membrana podem ter um papel adicional; é provável que a coordenação da divisão celular seja mediada por ondas de contrações de membrana (Chang e Ferrell, 2013).

Embora o desenvolvimento de anfíbios difira de espécies para espécies (ver Hurtado e De Robertis, 2007), em geral, as células do hemisfério animal darão origem ao ectoderma, as células vegetais darão origem ao endoderma, e as células abaixo da cavidade da blastocele se tornarão mesoderma (**FIGURA 11.3C**). As células opostas ao ponto de entrada do espermatozoide se tornarão o ectoderma neural, o mesoderma notocordal e o endoderma faríngeo (principal) (Keller, 1975, 1976; Landstrom e Lovtrup, 1979).

A blastocele do anfíbio serve para duas funções importantes. Primeiro, ela pode mudar sua forma, de modo que a migração celular possa ocorrer durante a gastrulação; e, em segundo lugar, impede que as células que estão por baixo dela interajam prematuramente com as células acima dela. Quando Nieuwkoop (1973) tirou as células embrionárias de lagartixa do teto da blastocele no hemisfério animal (uma região chamada de **capuz animal**) e as colocou junto às células vegetais com vitelo, retiradas da base da blastocele, as células do capuz animal se diferenciaram em tecido mesodérmico, em vez de ectodérmico. Assim, a blastocele impede o contato prematuro das células vegetais com as células do capuz animal e mantém as células do capuz animal indiferenciadas.

A transição da blástula média: preparando-se para a gastrulação

Uma pré-condição importante para a gastrulação é a ativação do genoma zigótico (i.e., os genes dentro de cada núcleo do embrião). Em *Xenopus laevis*, apenas alguns genes parecem transcrever durante a clivagem inicial. Em sua grande maioria, os genes nucleares não são ativados até o final do duodécimo ciclo celular (Newport e Kirschner, 1982a, b, Yang et al., 2002). Neste momento, o embrião passa pela **transição da blástula média**, ou **MBT** (do inglês, *mid-blastula transition*), e à medida que diferentes genes começam a ser transcritos em diferentes células, o ciclo celular adquire fases de *gap*, e os blastômeros adquirem a capacidade de tornarem-se móveis. Acredita-se que algum fator no ovo está sendo absorvido pela cromatina recém-sintetizada, uma vez que (como em *Drosophila*) o momento dessa transição pode ser alterado experimentalmente, alterando a relação entre cromatina e citoplasma na célula (Newport e Kirschner, 1982a, b).

Alguns dos eventos que desencadeiam a transição de blástula média envolvem modificação da cromatina. Em primeiro lugar, certos promotores são desmetilados, permitindo a transcrição desses genes. Durante os estágios de blástula tardia, há uma perda de metilação nos promotores de genes que são ativados em MBT. Esta desmetilação não é vista em promotores que não são ativados em MBT, nem é observada nas regiões codificantes dos genes ativados por MBT. A metilação da lisina-4 na histona H3 (formando a lisina trimetilada associada com a transcrição ativa) também é observada nas extremidades 5′ de vários genes durante a MBT. Parece, então, que a modificação de certos promotores e seus nucleossomos associados pode desempenhar um papel crucial na regulação do momento de expressão gênica no estágio de blástula média (Stancheva et al. 2002; Akkers et al., 2009, Hontelez et al. 2015).

Acredita-se que, uma vez que a cromatina nos promotores tenha sido remodelada, vários fatores de transcrição (como a proteína VegT, formada no citoplasma vegetal a partir de mRNA materno localizado) se ligam aos promotores e iniciam a nova transcrição. Por exemplo, as células vegetais (sob a direção da proteína VegT) tornam-se o endoderma e começam a secretar os fatores que induzem as células acima delas a se tornarem mesoderma (ver Figura 11.10).

Gastrulação de anfíbios

O estudo da gastrulação de anfíbios é uma das mais antigas e uma das mais recentes áreas da embriologia experimental (ver Beetschen, 2001, Braukmann e Gilbert, 2005). Embora a gastrulação de anfíbios tenha sido amplamente estudada desde a década de 1870, surgiram novas técnicas de imagem ao vivo que estão nos dando uma nova apreciação das complexidades desses movimentos celulares (Papan et al., 2007; Moosmann et al., 2013). Além disso, a maioria das nossas teorias sobre os mecanismos de gastrulação e especificação do eixo foram revistas nas últimas duas décadas. O estudo desses movimentos do desenvolvimento também foi complicado pelo fato de que não existe uma única forma de gastrular em anfíbios; diferentes espécies empregam diferentes meios para alcançar o mesmo objetivo. Nos últimos anos, as investigações mais intensas se concentraram em *Xenopus laevis*, então nos concentraremos nos mecanismos de gastrulação dessa espécie.

ASSISTA AO DESENVOLVIMENTO 11.3 Veja a gastrulação de *Xenopus* do lado de fora, olhando para o lábio do blastóporo.

Rotação vegetal e a invaginação das células em garrafa

As blástulas dos anfíbios enfrentam as mesmas tarefas que as blástulas de invertebrados, que seguimos nos Capítulos 8 a 10 – ou seja, trazer para dentro do embrião as áreas destinadas a formar os órgãos endodérmicos; envolver o embrião com células capazes de formar o ectoderma; e colocar as células mesodérmicas nas posições apropriadas entre o ectoderma e o endoderma. Os movimentos celulares de gastrulação que realizarão isso são iniciados no futuro lado dorsal do embrião, logo abaixo do equador, na região do crescente cinza (i.e., a região oposta ao ponto de entrada do espermatozoide; ver Figura 11.2C). Neste local, as células invaginam para formar o blastóporo semelhante a uma fenda. Estas **células em garrafa** mudam sua forma dramaticamente. O corpo principal de cada célula é deslocado para o interior do embrião, mantendo o contato com a superfície externa por meio de um pescoço delgado. Como nos ouriços-do-mar, as

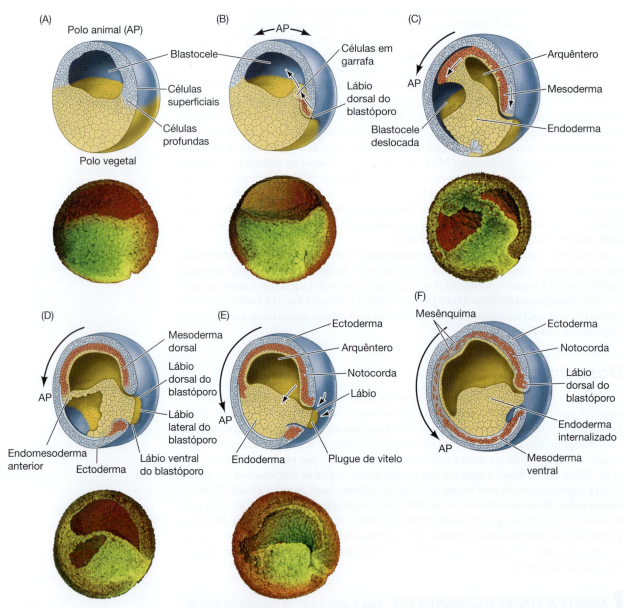

FIGURA 11.4 Movimentos celulares durante a gastrulação da rã. Os desenhos mostram secções meridionais cortadas no meio do embrião e posicionadas de modo que o polo vegetal fique inclinado para o observador e ligeiramente para a esquerda. Os principais movimentos celulares são indicados por setas, e as células superficiais do hemisfério animal são coloridas para que seus movimentos possam ser seguidos. Abaixo dos desenhos estão as micrografias correspondentes, fotografadas com um microscópio de imagem de superfície (ver Ewald et al., 2002). (A, B) Gastrulação inicial. As células em garrafa da margem movem-se para dentro, formando o lábio dorsal do blastóporo, e os precursores mesodérmicos involuem sob o teto da blastocele. AP marca a posição do polo animal, que mudará à medida que a gastrulação prossegue. (C, D) O meio da gastrulação. O arquêntero forma-se e desloca a blastocele, e as células migram dos lábios laterais e ventrais do blastóporo para o embrião. As células do hemisfério animal migram para baixo para a região vegetal, movendo o blastóporo para a região próxima do polo vegetal. (E, F) Perto do final da gastrulação, a blastocele é obliterada, o embrião torna-se cercado por ectoderma, o endoderma fica internalizado e as células mesodérmicas ficaram posicionadas entre a ectoderma e o endoderma. (Desenhos de Keller, 1986, cortesia de micrografia de Andrew Ewald e Scott Fraser.)

células em garrafa iniciarão a formação do arquêntero (intestino primitivo).[1] No entanto, ao contrário dos ouriços-do-mar, a gastrulação na rã não começa na região mais vegetal, mas na **zona marginal** – a região que rodeia o equador da blástula, onde os hemisférios animal e vegetal se encontram (**FIGURA 11.4A, B**). Nessa região, as células endodérmicas não são tão grandes ou com tanto vitelo como os blastômeros mais vegetais.

Contudo, a involução celular não é um evento passivo. Pelo menos 2 horas antes da formação das células em garrafa, rearranjos das células internas impulsionam as células do assoalho dorsal da blastocele em direção ao capuz animal. Esta **rotação vegetal** coloca as futuras células do endoderma faríngeo adjacentes à blastocele e imediatamente acima do mesoderma sofrendo involução (ver Figura 11.5D). Essas células, então, migram ao longo da superfície basal do teto da blastocele, viajando para a futura região anterior do embrião (**FIGURA 11.4C-E**; Nieuwkoop e Florschütz, 1950; Winklbauer e Schürfeld, 1999, Ibrahim e Winklblauer, 2001). A camada superficial de células marginais é puxada para dentro para formar o revestimento endodérmico do arquêntero, meramente porque está ligada às células profundas que migram ativamente. Embora a remoção experimental das células em garrafa não afete a involução das células da zona marginal profunda ou superficial no embrião, a remoção das células profundas da **zona marginal involuente** (**IMZ**, do inglês, *involuting marginal zone*) cessa a formação do arquêntero.

INVOLUÇÃO NO LÁBIO DO BLASTÓPORO   Após as células em garrafa terem colocado a zona marginal que involuiu em contato com a parede da blastocele, as células IMZ involuem para dentro do embrião. À medida que as células marginais migratórias atingem o lábio do blastóporo, elas se voltam para dentro e viajam ao longo da superfície interna das células externas do hemisfério animal (i.e., o teto da blastocele; **FIGURA 11.4D-F**). A ordem da marcha para o embrião é determinada pela rotação vegetal que encosta o endoderma faríngeo em potencial contra o interior do tecido do capuz animal (Winklebauer e Damm, 2011). Enquanto isso, as células dos animais sofrem epibolia, produzindo um fluxo de células que convergem e se tornam o **lábio dorsal do blastóporo**.

As primeiras células a compor o lábio dorsal do blastóporo e entrar no embrião são as células do futuro endoderma faríngeo do intestino anterior (**FIGURA 11.5**). Essas células migram anteriormente sob o ectoderma de superfície da blastocele.[2] Essas células do endoderma anterior transcrevem o gene *hhex*, que codifica um fator de transcrição que é crucial para a formação da cabeça e do coração (Rankin et al., 2011). À medida que essas primeiras células passam para o interior do embrião, o lábio dorsal do blastóporo fica composto por células que involuem para dentro do embrião para se tornarem a **placa pré-cordal**, o precursor do mesoderma da cabeça. As células da placa pré-cordal transcrevem o gene *goosecoid*, cujo produto é um fator de transcrição que ativa numerosos genes que controlam a formação da cabeça. Ele realiza essa ativação indiretamente, *reprimindo os genes (p. ex., Wnt8) que reprimem o desenvolvimento da cabeça*. Esse fenômeno – a ativação de genes reprimindo seus repressores – é uma característica importante do desenvolvimento animal, como vimos no portão duplo negativo que especifica os micrômeros do ouriço-do-mar.

---

[1] Ray Keller e seus alunos mostraram que a mudança peculiar da forma das células em garrafa é necessária para iniciar a gastrulação em *Xenopus*. É a constrição dessas células que forma o blastóporo e leva as células marginais da subsuperfície, em contato com a região basal dos blastômeros da superfície. Uma vez que esse contato é estabelecido, as células marginais começam a migrar ao longo da matriz extracelular da região basal dessas células da superfície. Quando estes movimentos de involução estão em andamento, as células em garrafa não são mais essenciais. Neste ponto, elas fizeram seu trabalho e podem ser removidas sem que pare a gastrulação (Keller, 1981; Hardin e Keller, 1988). Assim, em *Xenopus*, o principal fator no movimento das células para o embrião parece ser a involução das células da subsuperfície, em vez da invaginação das células em garrafa marginais.

[2] O endoderma faríngeo e o mesoderma da cabeça não podem ser separados experimentalmente neste estágio, por isso são algumas vezes referidos coletivamente como o endomesoderma da cabeça. A notocorda é a unidade básica do mesoderma dorsal, mas acredita-se que a porção dorsal dos somitos possa ter propriedades semelhantes à da notocorda. O contraste de fase de raios X e a microtomografia *in vitro* mostraram novos detalhes da gastrulação que ainda precisam ser integrados em modelos moleculares (Moosmann et al., 2013).

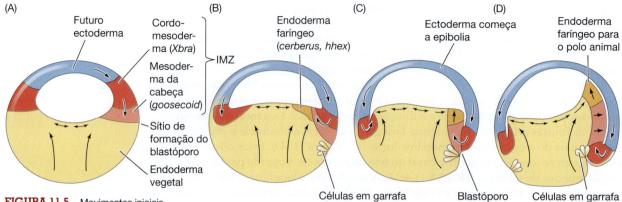

FIGURA 11.5 Movimentos iniciais da gastrulação de *Xenopus*. (A) No início da gastrulação, forma-se a zona marginal involuente (IMZ, do inglês, *involuting marginal zone*). O cor-de-rosa representa o futuro mesoderma da cabeça (expressão de *goosecoid*). O cordomesoderma (expressão *Xbra*) está em vermelho. (B) A rotação vegetal (setas) empurra o futuro endoderma faríngeo (em cor de laranja; especificado pela expressão de *hhex* e *cerberus*) para o lado da blastocele. (C, D) Os movimentos do endoderma vegetal (em amarelo) empurram o endoderma faríngeo para a frente, conduzindo o mesoderma passivamente para dentro do embrião e em direção do polo animal. O ectoderma (em azul) começa a epibolia. (Segundo Winklbauer e Schürfeld, 1999.)

Próximo a involuir pelo lábio dorsal do blastóporo estão as células do **cordomesoderma**. Essas células formarão a **notocorda**, o bastão mesodérmico transitório que desempenha um papel importante na indução e na modelagem do sistema nervoso. As células do cordomesoderma expressam o gene *Xbra* (*Brachyury*), cujo produto (como vimos no capítulo anterior) é um fator de transcrição crucial para a formação da notocorda. Assim, as células que constituem o lábio dorsal do blastóporo estão mudando constantemente, à medida que as células originais estão migrando para o embrião e são substituídas por células que migram para baixo, para dentro e para cima.

À medida que as novas células entram no embrião, a blastocele é deslocada para o lado oposto ao lábio dorsal. Enquanto isso, o lábio expande-se lateral e ventralmente, à medida que a formação das células em garrafa e a involução continuam em torno do blastóporo. O blastóporo "crescente" expandido desenvolve lábios laterais e, finalmente, um lábio ventral sobre o qual passam células precursoras mesodérmicas e endodérmicas adicionais (**FIGURA 11.6**). Essas células incluem os precursores do coração e dos rins. Com a formação do lábio ventral, o blastóporo formou um anel em torno das grandes células endodérmicas que permanecem expostas na superfície vegetal.

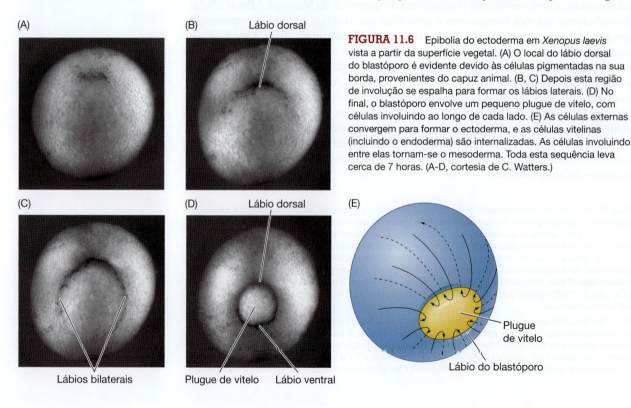

FIGURA 11.6 Epibolia do ectoderma em *Xenopus laevis* vista a partir da superfície vegetal. (A) O local do lábio dorsal do blastóporo é evidente devido às células pigmentadas na sua borda, provenientes do capuz animal. (B, C) Depois esta região de involução se espalha para formar os lábios laterais. (D) No final, o blastóporo envolve um pequeno plugue de vitelo, com células involuindo ao longo de cada lado. (E) As células externas convergem para formar o ectoderma, e as células vitelinas (incluindo o endoderma) são internalizadas. As células involuindo entre elas tornam-se o mesoderma. Toda esta sequência leva cerca de 7 horas. (A–D, cortesia de C. Watters.)

Este pedaço restante de endoderma é chamado de **plugue de vitelo**; no final, ele também é internalizado (no local do ânus). Nesse ponto, todos os precursores endodérmicos foram levados para o interior do embrião, o ectoderma recobriu a superfície, e o mesoderma foi colocado entre eles. As primeiras células no blastóporo tornam-se as mais anteriores.

> **ASSISTA AO DESENVOLVIMENTO 11.4** Assista ao vídeo do Dr. Christopher Watters, de onde foram tiradas as fotografias da Figura 11.6.

EXTENSÃO CONVERGENTE DO MESODERMA DORSAL A Figura 11.7 descreve o comportamento das células da zona marginal involuente em estádios sucessivos da gastrulação de *Xenopus* (Keller e Schoenwolf, 1977; Hardin e Keller, 1988). A IMZ possui originalmente várias camadas de espessura. Pouco antes da sua involução pelo lábio do blastóporo, as várias camadas profundas de células da IMZ se intercalam radialmente para formar uma camada fina e larga. Essa intercalação prolonga vegetalmente ainda mais a IMZ (**FIGURA 11.7A**). Ao mesmo tempo, as células superficiais estendem-se, dividindo e achatando. Quando as células profundas atingem o lábio do blastóporo, elas involuem no embrião e iniciam um segundo tipo de intercalação. Essa intercalação provoca uma extensão convergente ao longo do eixo mediolateral, que integra vários fluxos mesodérmicos para formar uma banda longa e estreita (**FIGURA 11.7B**). A parte anterior dessa banda migra para o capuz animal. Assim, o fluxo mesodérmico continua a migrar para o polo animal, e a camada superficial de células de cobertura (incluindo as células em garrafa) é passivamente puxada para o polo animal, formando, assim, o teto endodérmico do arquêntero (ver Figuras 11.4 e 11.7). As intercalações radiais e mediolaterais da camada profunda das células parecem ser responsáveis pelo movimento contínuo do mesoderma para dentro do embrião.

Várias forças parecem dirigir a extensão convergente. A primeira força é uma coesão polarizada das células, na qual células mesodérmicas que já involuíram enviam protrusões para entrar em contato umas com as outras. Estas "aproximações" não são aleatórias, mas ocorrem em direção à linha média do embrião e necessitam de uma matriz extracelular de fibronectina (Goto et al., 2005; Davidson et al., 2008). Essas intercalações, tanto mediolaterais como radiais, são estabilizadas pela via de polaridade celular planar (PCP) que é iniciada por Wnts (Jessen et al., 2000; Shindo e Wallingford, 2014; Ossipova et al., 2015). A segunda força é a coesão celular diferencial. Durante a gastrulação, os genes que codificam as proteínas de adesão **protocaderina paraxial** e **protocaderina axial** se tornam expressos especificamente no mesoderma paraxial (formador de somito, ver Capítulo 17) e na notocorda, respectivamente. Uma forma experimental dominante-negativa de protocaderina axial impede que as células notocordais presuntivas se separem do mesoderma paraxial e bloqueia a formação normal do eixo. Uma protocaderina paraxial dominante-negativa (que é secretada em vez de ser ligada à membrana celular)

FIGURA 11.7 A gastrulação de *Xenopus* continua. (A) As células marginais profundas se achatam, e as células anteriormente superficiais formam a parede do arquêntero. (B) Intercalação radial, olhando para o lábio dorsal do blastóporo a partir da superfície dorsal. Na zona marginal não involutiva (NIMZ, do inglês, *noninvoluting marginal zone*) e na porção superior da IMZ, as células profundas (mesodérmicas) estão intercalando-se radialmente para formar uma faixa fina de células achatadas. Este afinamento de várias camadas em algumas causa a extensão convergente (setas brancas) em direção ao lábio do blastóporo. Logo acima do lábio, a intercalação mediolateral das células produz tensões que puxam a IMZ sobre o lábio. Após involuir sobre o lábio, a intercalação mediolateral continua, alongando e estreitando o mesoderma axial. (Segundo Wilson e Keller, 1991, e Winklbauer e Schürfeld, 1999.)

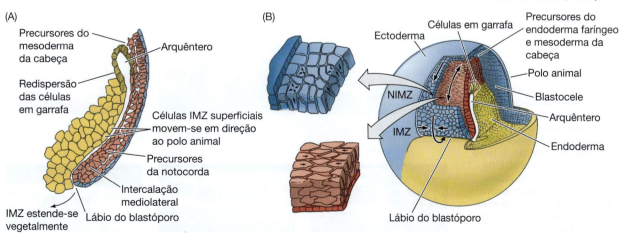

(A)
Precursores do mesoderma da cabeça
Arquêntero
Redispersão das células em garrafa
Células IMZ superficiais movem-se em direção ao polo animal
Precursores da notocorda
Intercalação mediolateral
IMZ estende-se vegetalmente
Lábio do blastóporo

(B)
Ectoderma
Células em garrafa
Precursores do endoderma faríngeo e mesoderma da cabeça
Polo animal
NIMZ
Blastocele
IMZ
Arquêntero
Endoderma
Lábio do blastóporo

impede a extensão convergente[3] (Kim et al., 1998; Kuroda et al., 2002). Além disso, o domínio de expressão da protocaderina paraxial caracteriza as células mesodérmicas do tronco, que sofrem extensão convergente, distinguindo-as das células mesodérmicas da cabeça, que não sofrem extensão convergente. Um terceiro fator que regula a extensão convergente é o fluxo de cálcio. Wallingford e colaboradores (2001) descobriram que intensas ondas de íons cálcio (Ca^{2+}) surgem através dos tecidos dorsais sofrendo extensão convergente, causando ondas de contração dentro do tecido. O Ca^{2+} é liberado de estoques intracelulares e é necessário para a extensão convergente. Se a liberação de Ca^{2+} for bloqueada, a especificação normal de célula ainda ocorre, mas o mesoderma dorsal não converge nem se estende. Essas descobertas suportam um modelo para a extensão convergente em que as proteínas reguladoras causam alterações na superfície externa do tecido e geram forças mecânicas de tração que impedem ou incentivam a migração celular (Beloussov et al., 2006; Davidson et al., 2008; Kornikova et al., 2009).

As células mesodérmicas que entram pelo lábio dorsal do blastóporo dão origem ao mesoderma dorsal central (notocorda e somitos), enquanto o restante do mesoderma do corpo (que forma o coração, os rins, os ossos e partes de vários outros órgãos) entra pelos lábios ventral e lateral do blastóporo e criam o **manto mesodérmico**. O endoderma é derivado das células superficiais da zona marginal involuente, que formam o revestimento do teto do arquêntero e as células vegetais sub-blastoporais, que se tornarão o assoalho do arquêntero (Keller, 1986). O remanescente do blastóporo – onde o endoderma encontra o ectoderma – agora se torna o ânus. Como o especialista em gastrulação Ray Keller comentou: "Gastrulação é o momento em que um vertebrado tira a cabeça do ânus".

TÓPICO NA REDE 11.1 **MIGRAÇÃO DO MANTO MESODÉRMICO** Diferentes taxas de crescimento, acopladas a intercalação de camadas celulares, permitem que o mesoderma se expanda de forma bem coordenada.

Epibolia do futuro ectoderma

Durante a gastrulação, as células do capuz animal e as da zona marginal não involutiva (NIMZ) expandem-se por epibolia para cobrir todo o embrião (ver Figura 11.7B). Essas células formarão o ectoderma de superfície. Um mecanismo importante da epibolia na gastrulação de *Xenopus* parece ser o aumento no número de células (por meio da divisão), juntamente com uma integração simultânea de várias camadas profundas em uma única (**FIGURA 11.8**; Keller e Schoenwolf, 1977; Keller e Danilchik, 1988; Saka e Smith, 2001). Um segundo mecanismo da epibolia de *Xenopus* envolve a montagem da fibronectina em fibrilas para o teto da blastocele. Esta fibronectina fibrilar é crucial para permitir

---

[3] Proteínas dominantes-negativas são formas mutadas da proteína selvagem que interferem com o funcionamento normal da proteína selvagem. Assim, uma proteína dominante negativa terá um efeito semelhante a uma mutação de perda-de-função no gene que codifica a proteína.

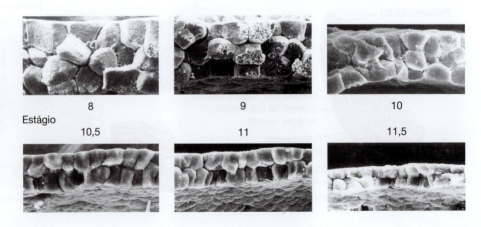

FIGURA 11.8 A epibolia do ectoderma é realizada por divisão celular e intercalação. Micrografia eletrônica de varredura do teto da blastocele de *Xenopus*, mostrando as mudanças na forma e na disposição das células. Os estágios 8 e 9 são blástulas; os estágios 10 a 11,5 representam gástrulas progressivamente mais tardias. (De Keller, 1980, cortesia de R. E. Keller.)

a migração vegetal das células do capuz animal e do recobrimento do embrião (Rozario et al., 2009). Em *Xenopus* e muitos outros anfíbios, parece que os precursores mesodérmicos involuindo migram para o polo animal, viajando em uma rede extracelular de fibronectina secretada pelas células que formarão o ectoderma no teto da blastocele (**FIGURA 11.9A, B**).

A confirmação da importância da fibronectina para o mesoderma involuindo veio de experimentos com um fragmento peptídico sintetizado quimicamente, que foi capaz de competir com a fibronectina pelos locais de ligação das células embrionárias (Boucaut et al., 1984). Se a fibronectina fosse essencial para a migração celular, as células que se ligassem neste fragmento peptídico sintetizado, em vez de na fibronectina extracelular, deveriam parar de migrar. Incapazes de encontrar sua "estrada", essas células mesodérmicas em potencial devem cessar a involução. Isso é precisamente o que aconteceu, e os precursores mesodérmicos permaneceram fora do embrião, formando uma massa celular enrolada (**FIGURA 11.9C, D**). Assim, a matriz extracelular contendo fibronectina parece fornecer tanto um substrato para a adesão, quanto sinais para a direção da migração celular.

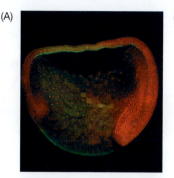
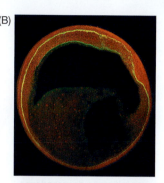
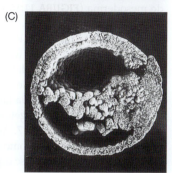
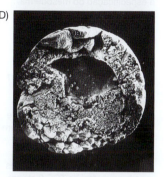

FIGURA 11.9 Fibronectina e gastrulação de anfíbios. (A, B) Secção sagital de embriões de *Xenopus* no início da gastrulação (A) e mais tardiamente (B). A rede de fibronectina no teto da blastocele é identificada pela marcação de anticorpos fluorescentes (em amarelo), ao passo que as células embrionárias são contrastadas em vermelho. (C) Micrografia eletrônica de varredura de um embrião de salamandra normal injetado com uma solução-controle no estágio de blástula. (D) Embrião de salamandra no mesmo estágio, mas injetado com um fragmento de ligação celular sintetizado que compete com a fibronectina. O arquêntero não conseguiu se formar, e os precursores mesodérmicos não sofreram involução, permanecendo na superfície do embrião. (A, B, de Marsden e DeSimone, 2001, fotos por cortesia dos autores; C, D, de Boucaut et al., 1984, cortesia de J.-C. Boucaut e J.-P. Thiery.)

Determinação progressiva dos eixos dos anfíbios

Especificação das camadas germinativas

Como já vimos, o ovo de anfíbio não fertilizado tem polaridade ao longo do eixo animal-vegetal, e os folhetos germinativos podem ser mapeados no ovócito antes mesmo da fertilização. Os blastômeros do hemisfério animal tornam-se as células do ectoderma (pele e nervos); as células do hemisfério vegetal tornam-se as células do intestino e órgãos associados (endoderma); e as células equatoriais formam o mesoderma (osso, músculo, coração). Este mapa do destino geral é considerado ser imposto ao embrião pelas células vegetais, que têm duas funções principais: (1) se diferenciar em endoderma e (2) induzir as células imediatamente acima delas a tornarem-se mesoderma.

O mecanismo desta especificação "de baixo para cima" do embrião de rã reside em um conjunto de mRNAs que estão aancorados ao córtex vegetal. Isso inclui o mRNA para o fator de transcrição **VegT**, que se distribui pelas células vegetais durante a clivagem. O VegT é fundamental para a geração de linhagens endodérmicas e mesodérmicas. Quando os transcritos de VegT são destruídos por oligonucleotídeos antissenso, todo o embrião torna-se epiderme, sem componentes mesodérmicos ou endodérmicos (Zhang et al., 1998; Taverner et al., 2005). O mRNA de *VegT* é traduzido logo após a fertilização. Seu produto ativa um conjunto de genes antes da transição da blástula média. Um dos genes ativados por esta proteína VegT codifica o fator de transcrição Sox17. Sox17, por sua vez, é fundamental para ativar os genes que especificam as células para serem endodérmicas. Assim, o destino das células vegetais é tornar-se endoderma.

Outro conjunto de genes iniciais ativados pelo VegT codifica os fatores parácrinos Nodal, que instruem as camadas celulares *acima* deles a se tornarem mesodérmicas (Skirkanich et al., 2011). O Nodal secretado pelas células vegetais no endoderma nascente sinaliza as células acima dele a acumular Smad2 fosforilado. Smad2 fosforilado ajuda a ativar os genes da *eomesodermin* e *Brachyury* (*Xbra*) nessas células, fazendo as células se tornarem especificadas como mesoderma. As proteínas Eomesodermin e Smad2, trabalhando em conjunto, podem ativar os genes zigóticos para as proteínas VegT, criando, assim, um circuito de autoalimentação positivo que é fundamental para a manutenção

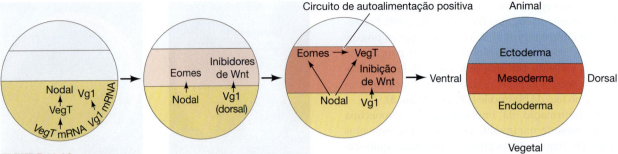

FIGURA 11.10 Modelo para a especificação do mesoderma. A região vegetal do ovócito acumulou mRNA para o fator de transcrição VegT e (na futura região dorsal) mRNA para o fator Nodal parácrino Vg1. No estágio de blástula tardia, o mRNA de *Vg1* é traduzido, e Vg1 induz o futuro mesoderma dorsal a transcrever genes para vários antagonistas de Wnt (como Dickkopf). A mensagem *VegT* também é traduzida, e o VegT ativa genes nucleares que codificam proteínas Nodais. Esses membros da família TGF-β ativam a expressão do fator de transcrição Eomesodermin no mesoderma presuntivo. Eomesodermin, com a ajuda do Smad2 ativado pelas proteínas Nodal, ativa genes nucleares que codificam o VegT. Dessa forma, a expressão VegT passou de mRNAs maternos no endoderma putativo para a expressão nuclear no futuro mesoderma. (Segundo Fukuda et al., 2010.)

do mesoderma (**FIGURA 11.10**). Na ausência de tal indução, as células tornam-se ectoderma (Fukuda et al., 2010).

Além disso, o mRNA de *Vg1* que foi armazenado no citoplasma vegetal também é traduzido. A produção de Vg1 (outra proteína de tipo Nodal) é necessária para ativar outros genes no mesoderma dorsal. Se a sinalização Nodal ou Vg1 for bloqueada, há pouca ou nenhuma indução de mesoderma (Kofron et al., 1999; Agius et al., 2000; Birsoy et al., 2006). Assim, no estágio de blástula tardia, os folhetos germinativos fundamentais estão sendo especificados. As células vegetais são especificadas como endoderma por meio de fatores de transcrição, como o Sox17. As células equatoriais são especificadas como mesoderma por fatores de transcrição, como Eomesodermin. E o capuz animal – que ainda não começou a receber sinais – torna-se especificado como ectoderma (ver Figura 11.10).

Os eixos dorsoventral e anteroposterior

Embora a polaridade animal-vegetal inicie a especificação dos folhetos germinativos, os eixos anteroposterior, dorsoventral e esquerdo-direito são especificados por eventos desencadeados na fertilização, mas não realizados até à gastrulação. Em *Xenopus* (e em outros anfíbios), a formação do eixo anteroposterior está inextricavelmente ligada à formação do eixo dorsoventral. Isso, como veremos, baseia-se em eventos da fertilização que colocarão o fator de transcrição β-catenina na região do ovo oposta ao ponto de entrada do espermatozoide e especificarão essa região do ovo para ser a região dorsal do embrião.

Uma vez que a β-catenina está localizada nessa região do ovo, as células contendo β-catenina induziram a expressão de certos genes e, assim, iniciarão o movimento do mesoderma que sofrerá involução. Esse movimento estabelecerá o eixo anteroposterior do embrião. As primeiras células mesodérmicas a migrar sobre o lábio dorsal do blastóporo induzirão o ectoderma acima delas a produzir estruturas anteriores, como o prosencéfalo; o mesoderma que involui mais tarde sinalizará o ectoderma para formar estruturas mais posteriores, como o rombencéfalo e a medula espinal. Esse processo, pelo qual o sistema nervoso central se forma devido às interações com o mesoderma subjacente, tem sido chamado de *indução embrionária primária* e é uma das principais formas pela qual o embrião de vertebrados se organiza. De fato, seus descobridores chamaram o lábio dorsal do blastóporo e seus descendentes de "o organizador", e descobriram que esta região é diferente de todas as outras partes do embrião. No início do século XX, as experiências de Hans Spemann e seus alunos na Universidade de Freiburg, na Alemanha, formularam as questões que os embriologistas experimentais continuaram a se perguntar durante a maior parte do resto do século XX e resultaram em um Prêmio Nobel para Spemann em 1935 (ver Hamburger, 1988; De Robertis e Aréchaga, 2001; Sander e Fässler, 2001).

A obra de Hans Spemann e Hilde Mangold

Especificação autônoma versus interações indutivas

O experimento que iniciou o programa de pesquisa do laboratório de Spemann foi realizado em 1903, quando Spemann demonstrou que os blastômeros iniciais de lagartixa possuem núcleos idênticos, cada um capaz de produzir uma larva inteira. Seu procedimento foi engenhoso: pouco depois de fertilizar um ovo de lagartixa, Spemann usou o cabelo de um bebê (tirado de sua filha) para "laçar" o zigoto no plano da primeira

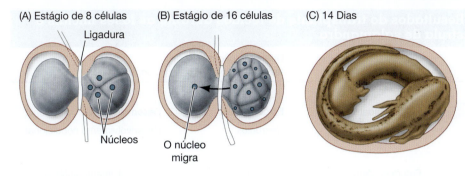

(A) Estágio de 8 células
Ligadura
Núcleos

(B) Estágio de 16 células
O núcleo
migra

(C) 14 Dias

FIGURA 11.11 Demonstração de Spemann da equivalência nuclear na clivagem de salamandra. (A) Quando o ovo fertilizado da salamandra *Triturus taeniatus* foi apertado por um laço, o núcleo ficou restrito a uma metade do embrião. A clivagem nesse lado do embrião atingiu o estágio de 8 células, enquanto o outro lado permaneceu sem divisão. (B) No estágio de 16 células, um único núcleo entrou na metade por dividir, e o laço foi mais apertado para completar a separação das duas metades. (C) Após 14 dias, cada lado se tornou um embrião normal. (Segundo Spemann, 1931.)

clivagem. Ele, então, apertou parcialmente o ovo, fazendo todas as divisões nucleares permanecerem em um lado da constrição. Depois – muitas vezes tão tarde quanto o estágio de 16 células – um núcleo escapa através da constrição para o lado não nucleado. A clivagem, então, começava neste lado, também, e Spemann apertou o laço até que as duas metades fossem completamente separadas. Larvas gêmeas desenvolveram-se, uma ligeiramente mais avançada do que a outra (**FIGURA 11.11**). Spemann concluiu a partir dessa experiência que os núcleos iniciais dos anfíbios eram geneticamente idênticos e que cada célula era capaz de dar origem a um organismo inteiro.

No entanto, quando Spemann realizou um experimento similar com a constrição ainda longitudinal, mas perpendicular ao plano da primeira clivagem (i.e., separando as futuras regiões dorsal e ventral, em vez dos lados direito e esquerdo), ele obteve um resultado totalmente diferente. Os núcleos continuaram a se dividir em ambos os lados da constrição, mas apenas um lado – o futuro lado dorsal do embrião – deu origem a uma larva normal. O outro lado produziu uma massa de tecido não organizada de células ventrais, que Spemann chamou de *Bauchstück* ("barriga"). Essa massa de tecido era uma bola de células epidérmicas (ectoderma) contendo células sanguíneas, mesênquima (mesoderma) e células intestinais (endoderma), mas não continha estruturas dorsais, como sistema nervoso, notocorda ou somitos.

Por que esses dois experimentos tiveram resultados tão diferentes? Uma possibilidade era que, quando o ovo era dividido perpendicularmente ao primeiro plano de clivagem, alguma substância *citoplasmática* não ficou distribuída de maneira igual nas duas metades. Felizmente, o ovo da salamandra foi um bom organismo para testar essa hipótese. Como vimos anteriormente neste capítulo (ver Figura 11.2), há movimentos dramáticos no citoplasma após a fertilização dos ovos de anfíbio e, em alguns anfíbios, esses movimentos expõem uma área em forma de crescente de citoplasma cinza na região diretamente oposta ao ponto de entrada do espermatozoide. O primeiro plano de clivagem normalmente divide esse crescente cinza igualmente entre os dois blastômeros (ver Figura 11.2D). Se essas células forem então separadas, duas larvas completas se desenvolvem (**FIGURA 11.12A**). No entanto, se esse plano de clivagem for aberrante (seja em um evento natural raro ou em um experimento), o material do crescente cinza passa apenas para um dos dois blastômeros. O trabalho de Spemann revelou que quando dois blastômeros são separados de modo que apenas uma das duas células contém o crescente, apenas o blastômero que contém o crescente cinza se desenvolve normalmente (**FIGURA 11.12B**).

Parecia, então, que *algo na região do crescente cinza era essencial para o correto desenvolvimento embrionário*. Mas como isso funciona? Qual o seu papel no desenvolvimento normal?

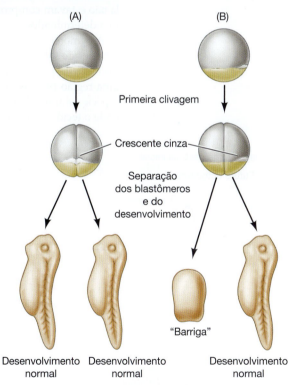

(A)   (B)

Primeira clivagem

Crescente cinza

Separação dos blastômeros e do desenvolvimento

"Barriga"

Desenvolvimento normal   Desenvolvimento normal   Desenvolvimento normal

FIGURA 11.12 Assimetria no ovo de anfíbio. (A) Quando o ovo é dividido ao longo do plano da primeira clivagem e gera dois blastômeros, cada um dos quais obtendo metade do crescente cinza, cada célula separada experimentalmente se desenvolve em um embrião normal. (B) Quando apenas um dos dois blastômeros recebe a totalidade do crescente cinza, só ele forma um embrião normal. O outro blastômero produz uma massa de tecido desorganizada que não possui estruturas dorsais. (Segundo Spemann, 1931.)

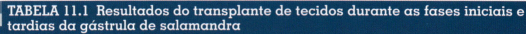

TABELA 11.1 Resultados do transplante de tecidos durante as fases iniciais e tardias da gástrula de salamandra

Região doadora	Região hospedeira	Diferenciação do tecido doador	Conclusão
GÁSTRULA INICIAL			
Futuros neurônios	Futura epiderme	Epiderme	Desenvolvimento condicional
Futura epiderme	Futuros neurônios	Neurônios	Desenvolvimento condicional
GÁSTRULA TARDIA			
Futuros neurônios	Futura epiderme	Neurônios	Desenvolvimento autônomo
Futura epiderme	Futuros neurônios	Epiderme	Desenvolvimento autônomo

A maioria das pistas importantes veio de mapas do destino, que mostraram que a região do crescente cinza dá origem às células que formam o lábio dorsal do blastóporo. Essas células do lábio dorsal estão empenhadas em invaginar na blástula, iniciando a gastrulação e a formação do endomesoderma da cabeça e da notocorda. Como todo o futuro desenvolvimento de anfíbios depende da interação de células que são rearranjadas durante a gastrulação, Spemann especulou que a importância do material do crescente cinza está em sua capacidade de iniciar a gastrulação, e que mudanças cruciais na potência celular ocorrem durante a gastrulação. Em 1918, ele realizou experimentos que mostraram que ambas as declarações eram verdadeiras. Ele descobriu que as células no início da gástrula não estavam comprometidas, mas que os destinos das células da gástrula *tardia* já foram determinados.

A demonstração de Spemann envolveu a troca de tecidos entre as gástrulas de duas espécies de salamandras cujos embriões eram pigmentados de forma diferente – *Triturus taeniatus* pigmentado de forma escurecida e o *T. cristatus* não pigmentado. Quando uma região prospectiva de células epidérmicas da gástrula em estágio inicial de uma espécie foi transplantada para uma área da gástrula inicial da outra espécie, na região onde o tecido neural normalmente se forma, as células transplantadas originaram tecido neural. Quando o tecido que seria neural das gástrulas em estágios iniciais foi transplantado para a região destinada a se tornar a pele do ventre, o tecido neural tornou-se epidérmico (**FIGURA 11.13A; TABELA 11.1**). Assim, as células iniciais da gástrula de salamandra apresentam especificação condicional (dependente da indução): seu destino final depende da sua localização no embrião.

No entanto, quando os mesmos experimentos de transplante interespécies foram realizados em gástrulas em estágios mais *tardios*, Spemann obteve resultados completamente diferentes. Em vez de se diferenciarem de acordo com as suas novas localizações, as células transplantadas apresentaram desenvolvimento *autônomo* (mosaico, independente). O destino esperado foi *determinado*, e as células desenvolveram-se independentemente da sua nova localização embrionária. Especificamente,

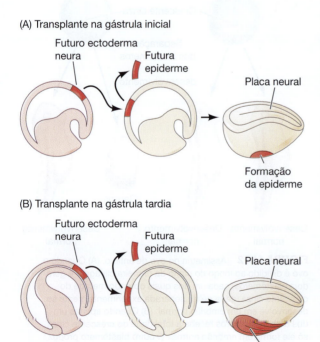

(A) Transplante na gástrula inicial

Futuro ectoderma neura

Futura epiderme

Placa neural

Formação da epiderme

(B) Transplante na gástrula tardia

Futuro ectoderma neura

Futura epiderme

Placa neural

Formação de tecido de placa neural

FIGURA 11.13 Determinação do ectoderma durante a gastrulação de salamandra. O ectoderma neural putativo de um embrião de salamandra é transplantado para outro embrião, em uma região que normalmente se torna epiderme. (A) Quando os tecidos são transferidos entre gástrulas iniciais, o tecido neural presumível desenvolve-se em epiderme, e apenas uma placa neural é vista. (B) Quando o mesmo experimento é realizado usando tecidos de gástrulas mais tardias, as células neurais prospectivas formam tecido neural, originando, assim, a formação de duas placas neurais no hospedeiro. (Segundo Saxén e Toivonen 1962.)

as células agora prospectivas neurais se desenvolvem em tecido cerebral, mesmo quando colocadas na região que será a epiderme (**FIGURA 11.13B**), e as prospectivas de epiderme formaram a pele, mesmo na região do futuro tubo neural. No intervalo de tempo que separa a gastrulação inicial da tardia, as potências desses grupos de células tornaram-se restritas aos seus futuros caminhos de diferenciação. Algo as levou a se comprometer com os destinos epidérmicos e neurais. O que estava acontecendo?

Indução embrionária primária

Os experimentos de transplante mais espetaculares foram publicados por Spemann e sua doutoranda Hilde Mangold, em 1924.[4] Eles mostraram que, de todos os tecidos da gástrula em estágio inicial, apenas um tem seu destino determinado de forma autônoma. Este tecido autodeterminante é o lábio dorsal do blastóporo – o tecido derivado do crescente de citoplasma cinza oposto ao ponto de entrada do espermatozoide. Quando esse tecido foi transplantado para outra gástrula, na região esperada para a pele da barriga, não só continuou sendo o lábio dorsal do blastóporo, mas também iniciou a gastrulação e a embriogênese no tecido circundante!

> **ASSISTA AO DESENVOLVIMENTO 11.5** Veja o experimento de Spemann-Mangold realizado pelo Dr. Eddy De Robertis.

Nessas experiências, Spemann e Mangold voltaram a usar os embriões com pigmentações diferentes, *Triturus taeniatus* e *T. cristatus*, para que eles pudessem identificar os tecidos do hospedeiro e do doador com base na cor. Quando o lábio dorsal da gástrula no estágio inicial de *T. taeniatus* foi removido e implantado na região de uma gástrula inicial de *T. cristatus* destinada a se tornar epiderme ventral (pele da barriga), o tecido labial dorsal invaginou exatamente como normalmente teria feito (mostrando autodeterminação) e desapareceu sob as células vegetais (**FIGURA 11.14A**). O tecido doador pigmentado continuou a se autodiferenciar no cordomesoderma (notocorda) e em outras estruturas mesodérmicas que normalmente se formam a partir do lábio dorsal (**FIGURA 11.14B**). À medida que as células mesodérmicas derivadas do doador avançavam, as células hospedeiras começaram a participar da produção de um novo embrião, tornando-se órgãos que normalmente nunca se formariam. Neste embrião secundário, um somito pode ser visto contendo tanto tecido pigmentado (doador) quanto não pigmentado (hospedeiro). Ainda mais espetacularmente, as células labiais dorsais foram capazes de interagir com os tecidos do hospedeiro para formar uma placa neural completa a partir do ectoderma do hospedeiro. No final, formou-se um embrião secundário, conjugado face a face com seu hospedeiro (**FIGURA 11.14C**). Os resultados destes experimentos tecnicamente difíceis foram confirmados muitas vezes e em muitas espécies de anfíbios, incluindo *Xenopus* (**FIGURA 11.14D, E**; Capuron, 1968, Smith e Slack, 1983; Recanzone e Harris, 1985).

Spemann referiu-se às células labiais dorsais e seus derivados (notocorda e endomesoderma da cabeça) como **organizador** porque (1) induziram os tecidos ventrais do hospedeiro a mudar seus destinos para formar um tubo neural e tecido mesodérmico dorsal (como somitos) e (2) organizaram os tecidos do hospedeiro e do doador em um embrião secundário com claros eixos anteroposterior e dorsoventral. Ele propôs que durante o desenvolvimento normal, essas células "organizam" o ectoderma dorsal em um tubo neural e transformam o mesoderma do seu lado no eixo anteroposterior do corpo (Spemann, 1938). Agora é conhecido (graças, em grande parte, a Spemann e seus alunos) que a interação entre o cordomesoderma e o ectoderma não é suficiente para organizar todo o embrião. Em vez disso, ele inicia uma série de eventos indutivos sequenciais. Como há numerosas induções durante o desenvolvimento embrionário, essa indução-chave

---

[4] Hilde Proescholdt Mangold morreu em um acidente trágico em 1924, quando o aquecedor à gasolina da sua cozinha explodiu. Ela tinha 26 anos e seu artigo estava prestes a ser publicado. É uma das poucas teses de doutorado em biologia que resultou diretamente na concessão de um Prêmio Nobel. Para mais informações sobre Hilde Mangold, seu tempo e as experiências que identificaram o organizador, ver Hamburger, 1984, 1988, e Fässler e Sander, 1996.

FIGURA 11.14 Organização de um eixo secundário pelo tecido labial dorsal do blastóporo. (A-C) Os experimentos de Spemann e Mangold de 1924 visualizaram o processo usando embriões de salamandra com pigmentação diferente. (A) O tecido labial dorsal de uma gástrula no estágio inicial de *T. taeniatus* é transplantado para uma gástrula de *T. cristatus* na região que normalmente se tornaria epiderme ventral. (B) O tecido do doador invagina e forma um segundo arquêntero e, em seguida, um segundo eixo embrionário. Tanto o tecido do doador quanto o do hospedeiro são vistos no tubo neural, na notocorda e nos somitos da salamandra. (C) No final, um segundo embrião se forma, unido ao hospedeiro. (D) larvas gêmeas vivas de *Xenopus*, geradas por transplante de um lábio dorsal do blastóporo na região ventral de um embrião hospedeiro em gástrula do estágio inicial. (E) Larvas semelhantes gêmeas são vistas de baixo e coradas para a notocorda; as notocordas original e secundária podem ser vistas. (A-C, segundo Hamburger, 1988; D, E, fotos por A. Wills, cortesia de R. Harland.)

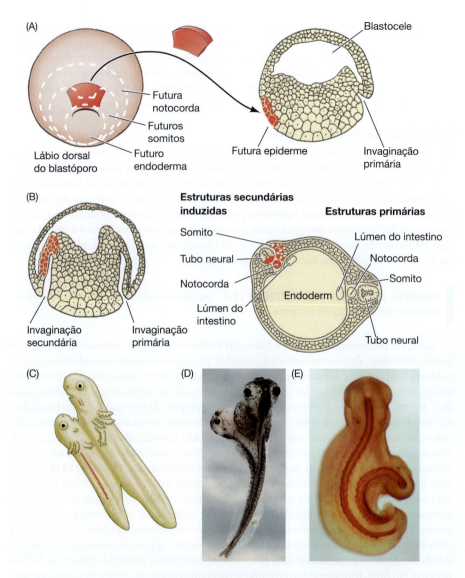

– na qual a prole das células labiais dorsais induz o eixo dorsal e o tubo neural – tradicionalmente é a **indução embrionária primária**. Este termo clássico tem sido uma fonte de confusão, porque a indução do tubo neural pela notocorda já não é considerado o primeiro processo indutivo no embrião. Em breve, discutiremos eventos indutivos que precedem esta indução "primária".

TÓPICO NA REDE 11.2 **SPEMANN, MANGOLD E O ORGANIZADOR** Spemann não viu a importância deste trabalho na primeira vez que ele e Mangold fizeram isso. Este tópico na rede fornece uma descrição mais detalhada sobre por que Spemann e Mangold realizaram essa experiência particular.

Mecanismos moleculares da formação do eixo de anfíbio

Os experimentos de Spemann e Mangold mostraram que o lábio dorsal do blastóporo, juntamente com o mesoderma dorsal e o endoderma faríngeo que se forma, constituem um "organizador" capaz de instruir a formação dos eixos embrionários. No entanto, os mecanismos pelos quais o próprio organizador foi gerado e por meio do qual opera continuam sendo um mistério. De fato, diz-se que a histórica publicação de Spemann e Mangold colocou mais perguntas do que respostas. Entre essas questões estavam:

- Como o organizador obteve suas propriedades? O que causou o lábio dorsal do blastóporo diferir de qualquer outra região do embrião?
- Quais fatores foram secretados pelo organizador para causar a formação do tubo neural e para criar os eixos anteroposterior, dorsoventral e esquerdo-direito?
- Como as diferentes partes do tubo neural se estabeleceram, com a mais anterior tornando-se os órgãos sensoriais e o prosencéfalo e a mais posterior tornando-se a medula espinal?

A descrição de Spemann e Mangold do organizador foi o ponto de partida para um dos primeiros programas de pesquisa científica verdadeiramente internacionais (ver Gilbert e Saxén, 1993; Armon, 2012). Pesquisadores da Grã-Bretanha, da Alemanha, da França, dos Estados Unidos, da Bélgica, da Finlândia, do Japão e da União Soviética juntaram-se na busca pelas notáveis substâncias responsáveis pela habilidade do organizador. R. G. Harrison referiu-se à gástrula de anfíbios como o "novo Yukon para o qual os mineiros ansiosos estavam correndo para cavar ouro em torno do blastóporo" (ver Twitty, 1966, p. 39). Infelizmente, suas primeiras picaretas e pás provaram ser muito toscas para descobrir as moléculas envolvidas. As proteínas responsáveis pela indução estavam presentes em concentrações demasiado pequenas para análises bioquímicas, e a grande quantidade de vitelo e lipídios no ovo de anfíbio interferiu ainda mais na purificação de proteínas (Grunz, 1997). A análise das moléculas do organizador teve de esperar até que as tecnologias de DNA recombinante permitiram aos pesquisadores fazerem clones de cDNA a partir do mRNA do lábio do blastóporo, permitindo que eles vissem quais desses clones codificavam fatores que pudessem dorsalizar o embrião (Carron e Shi, 2016). Agora, podemos abordar cada uma das perguntas acima.

Como o organizador se forma?

Por que as dezenas de células iniciais do organizador estão posicionadas em frente ao ponto de entrada do espermatozoide e o que determina seu destino tão cedo? Evidências recentes fornecem uma resposta inesperada: essas células estão no lugar certo no momento certo, num ponto em que dois sinais convergem. O primeiro sinal diz às células que elas são dorsais. O segundo sinal diz que essas células são mesoderma. Esses sinais interagem para criar uma polaridade dentro do mesoderma, que é a base para especificar o organizador e para criar a polaridade dorsoventral.

O SINAL DORSAL: β-CATENINA Os experimentos de Pieter Nieuwkoop e Osamu Nakamura mostraram que o organizador recebe suas propriedades especiais de sinais provenientes do futuro endoderma abaixo dele. Nakamura e Takasaki (1970) mostraram que o mesoderma surge das células marginais (equatoriais) na fronteira entre os polos animal e vegetal. Os laboratórios de Nakamura e Nieuwkoop demonstraram, então, que as propriedades deste mesoderma recém-formado podem ser induzidas pelas células vegetais (endodérmica presuntiva) subjacentes a elas. Nieuwkoop (1969, 1973, 1977) removeu as células equatoriais (i.e., mesoderma presuntivo) de uma blástula e mostrou que nem o capuz animal (ectoderma presuntivo) nem o capuz vegetal (endoderma presuntivo) produziram qualquer tecido mesodérmico. No entanto, quando os dois capuzes foram recombinadas, as células do capuz animal foram induzidas a formar estruturas mesodérmicas, como notocorda, músculos, células de rim e células sanguíneas. A polaridade dessa indução (i.e., se as células animais formaram mesoderma dorsal ou mesoderma ventral) dependeu do fragmento endodérmico (vegetal) ter sido retirado do lado dorsal ou ventral: as células vegetais ventrais e laterais (as mais próximas do local de entrada do espermatozoide) induziram mesoderma ventral (mesênquima, sangue) e intermediário (rim), ao passo que as células vegetais mais dorsais especificaram componentes mesodérmicos dorsais (somitos, notocorda), incluindo aqueles com as propriedades do organizador. Essas células vegetais mais dorsais da blástula, que são capazes de induzir o organizador, foram chamadas de **centro de Nieuwkoop** (Gerhart et al., 1989).

O centro de Nieuwkoop foi demonstrado no embrião de *Xenopus* por experimentos de e recombinação. Em primeiro lugar, Gimlich e Gerhart (Gimlich e Gerhart, 1984;

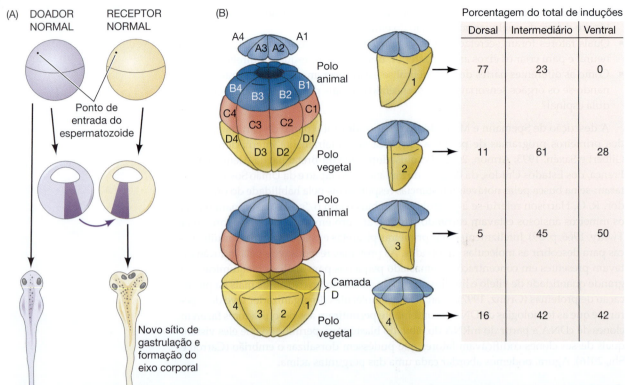

Porcentagem do total de induções

	Dorsal	Intermediário	Ventral
1	77	23	0
2	11	61	28
3	5	45	50
4	16	42	42

FIGURA 11.15 Experimentos de transplante e recombinação em embriões de *Xenopus* demonstram que as células vegetais subjacentes à região do futuro lábio dorsal do blastóporo são responsáveis pelo início da gastrulação. (A) Formação de um novo local de gastrulação e eixo do corpo pelo transplante das células vegetais mais dorsais de um embrião de 64 células na região vegetal ventral de outro embrião. (B) A especificidade regional da indução do mesoderma demonstrada pela recombinação de blastômeros de embriões de *Xenopus* de 32 células. As células do polo animal foram marcadas com polímeros fluorescentes para que seus descendentes pudessem ser identificados e, em seguida, combinados com blastômeros vegetais individuais. As induções resultantes dessas recombinações estão resumidas à direita. D1, o blastômero vegetal mais dorsal, foi o mais propenso a induzir as células do polo animal a formarem mesoderma dorsal. Essas células vegetais mais dorsais constituem o centro de Nieuwkoop. (A, segundo Gimlich e Gerhart, 1984; B, segundo Dale e Slack, 1987.)

Gimlich, 1985, 1986) realizaram um experimento análogo aos estudos de Spemann e Mangold, exceto que eles usaram as blástulas *Xenopus* precoce, em vez das gástrulas de salamandra. Quando transplantaram o blastômero vegetal mais dorsal de uma blástula para o lado vegetal ventral de outra blástula, formaram-se dois eixos embrionários (**FIGURA 11.15A**). Em segundo lugar, Dale e Slack (1987) recombinaram blastômeros vegetais individuais de um embrião de *Xenopus* de 32 células com a camada mais superficial do capuz animal de um embrião marcado fluorescentemente, do mesmo estágio. A célula vegetal mais dorsal, como esperado, induziu as células do polo animal a se tornarem mesoderma dorsal. As células vegetais remanescentes geralmente induziram as células animais a produzirem tecidos mesodérmicos intermediários ou ventrais (**FIGURA 11.15B**). Holowacz e Elinson (1993) descobriram que o citoplasma cortical das células vegetais dorsais do embrião *Xenopus* de 16 células era capaz de induzir a formação de eixos secundários quando injetado em células vegetais ventrais. Assim, *as células vegetais dorsais podem induzir as células animais a se tornarem o tecido mesodérmico dorsal.*

Então, uma questão importante surgiu: o que dá às células vegetais mais dorsais suas propriedades especiais? O principal candidato para o fator que forma o centro de Nieuwkoop nessas células vegetais foi a β-catenina. Vimos, no Capítulo 10, que a β-catenina é responsável por especificar os micrômeros do embrião do ouriço-do-mar. Esta proteína multifuncional também provou ser um fator-chave na formação dos tecidos dorsais dos anfíbios. A depleção experimental dessa molécula resulta na falta de estruturas dorsais (Heasman et al., 1994a), enquanto a injeção de β-catenina exógena no lado *ventral* de um embrião produz um eixo secundário (Funayama et al., 1995; Guger e Gumbiner, 1995).

Em embriões de *Xenopus*, a β-catenina é inicialmente sintetizada em todo o embrião a partir do mRNA materno (Yost et al., 1996; Larabell et al., 1997). Ela começa a se acumular na região dorsal do ovo durante os movimentos citoplasmáticos da fertilização e continua a se acumular preferencialmente no lado dorsal durante as clivagens iniciais. Essa acumulação é vista nos núcleos das células dorsais e parece cobrir o centro de Nieuwkoop e as regiões do organizador (**FIGURA 11.16**; Schneider et al., 1996; Larabell et al., 1997).

Se a β-catenina é originalmente encontrada em todo o embrião, como ela se localiza especificamente no lado oposto da entrada do espermatozoide? A resposta parece residir na localização de três proteínas do citoplasma cortical do ovo. As proteínas Wnt11,

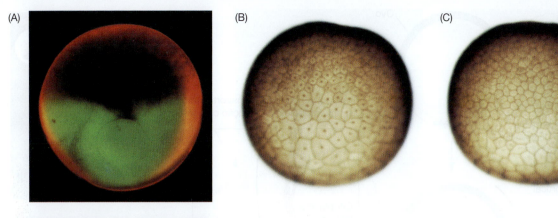

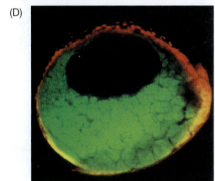

FIGURA 11.16 Papel das proteínas da via Wnt na especificação do eixo dorsoventral. (A-D) Translocação diferencial de β-catenina para os núcleos dos blastômeros de *Xenopus*. (A) Estágio inicial de duas células, mostrando a β-catenina (em cor de laranja) predominantemente na superfície dorsal. (B) O futuro lado dorsal de uma blástula corada para β-catenina mostra a localização nuclear. (C) Essa localização não é vista no lado ventral do mesmo embrião. (D) A localização dorsal da β-catenina persiste ao longo do estágio da gástrula. (A, D, cortesia de R. T. Moon; B, C, de Schneider et al., 1996, cortesia de P. Hausen.)

a proteína ligadora de GSK3 (GBP) e Disheveled (Dsh) são translocadas do polo vegetal do ovo para o futuro lado dorsal do embrião durante a fertilização. A partir da pesquisa sobre a via Wnt, aprendemos que a β-catenina é marcada para destruição pela glicogênio sintase-cinase 3 (GSK3; ver Capítulo 4). De fato, a GSK3 ativada estimula a degradação da β-catenina e bloqueia a formação do eixo quando adicionado ao ovo e, se GSK3 endógeno for eliminado por uma forma dominante-negativa de GSK3 nas células ventrais do embrião no estágio inicial, um segundo eixo se forma (ver Figura 11.17F; He et al., 1995; Pierce e Kimelman, 1995; Yost et al., 1996).

A GSK3 pode ser inativada por GBP e Disheveled. Essas duas proteínas liberam GSK3 do complexo de degradação e impedem que ela se ligue à β-catenina, que a marcaria para destruição. Durante o primeiro ciclo celular, quando os microtúbulos formam feixes paralelos na porção vegetal do ovo, o GBP viaja ao longo dos microtúbulos ligado à cinesina, uma proteína motora ATPásica que se desloca sobre os microtúbulos. A cinesina sempre migra para a extremidade crescente dos microtúbulos e, neste caso, significa mover-se para o ponto oposto à entrada do espermatozoide, ou seja, o futuro lado dorsal (**FIGURA 11.17A-C**). O Disheveled, que é originalmente encontrado no córtex do pó vegetal, agarra-se ao GPB, e também é translocado ao longo do monotrilho microtubular (Miller et al., 1999; Weaver et al., 2003). A rotação cortical é provavelmente importante na orientação e no alinhamento da matriz microtubular e na manutenção da direção do transporte quando os complexos de cinesina ocasionalmente pulam a pista (Weaver e Kimelman, 2004). Uma vez no local oposto ao ponto de entrada do espermatozoide, GBP e Dsh são liberados dos microtúbulos. Nesta região, o futuro lado dorsal do embrião, eles inativam GSK3, permitindo que a β-catenina se acumule no lado dorsal, enquanto a β-catenina ventral é degradada (**FIGURA 11.17D, E**).

Todavia, a simples translocação dessas proteínas para o lado dorsal do embrião não parece ser suficiente para proteger a β-catenina. Parece que um fator parácrino Wnt tem que ser secretado lá para ativar a via de proteção da β-catenina; isso é realizado pelo Wnt11. Se a síntese de Wnt11 é suprimida (pela injeção de oligonucleotídeos antissenso de Wnt11 nos ovócitos), o organizador não consegue se formar. Além disso, o mRNA de

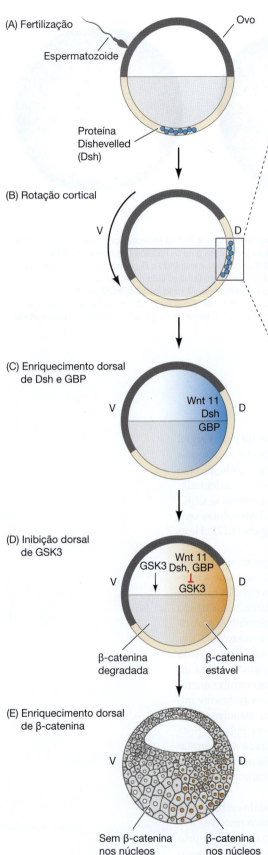

(A) Fertilização

Espermatozoide

Ovo

Proteína
Dishevelled
(Dsh)

(B) Rotação cortical

V   D

(C) Enriquecimento dorsal
de Dsh e GBP

V   Wnt 11
       Dsh   D
       GBP

(D) Inibição dorsal
de GSK3

            Wnt 11
GSK3   Dsh, GBP
V   ⊥   D
         GSK3

β-catenina   β-catenina
degradada   estável

(E) Enriquecimento dorsal
de β-catenina

V   D

Sem β-catenina   β-catenina
nos núcleos   nos núcleos
ventrais   dorsais

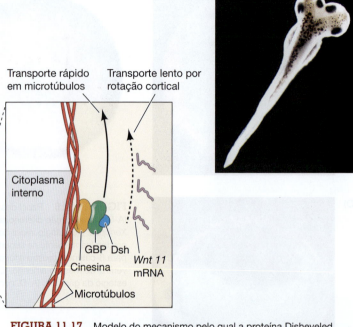

(F)

Transporte rápido   Transporte lento por
em microtúbulos   rotação cortical

Citoplasma
interno

GBP Dsh

Cinesina   Wnt 11
               mRNA

Microtúbulos

FIGURA 11.17 Modelo do mecanismo pelo qual a proteína Disheveled estabiliza a β-catenina na porção dorsal do ovo de anfíbio. (A) Disheveled (Dsh) e GBP associados com cinesina no polo vegetal do ovo não fertilizado. Wnt11 também está em vesículas na porção vegetal do ovo. (B) Após a fertilização, essas vesículas vegetais são translocadas dorsalmente ao longo de trilhas de microtúbulos subcorticais. A rotação cortical adiciona uma forma de transporte "lenta" além do transporte rápido pelos microtúbulos. (C) Wnt11, Dsh e GBP são, então, liberados dos microtúbulos e são distribuídos no futuro terço dorsal do embrião de 1 célula. (D) Dsh e GBP se ligam em e bloqueiam a ação de GSK3, impedindo, assim, a degradação da β-catenina no lado dorsal do embrião. Wnt11 é provavelmente necessário para estabilizar essa reação, mantendo uma fonte ativa de Dsh. (E) Os núcleos dos blastômeros na região dorsal do embrião recebem β-catenina, ao passo que os núcleos da região ventral, não. (F) Formação de um segundo eixo dorsal causada pela injeção de GSK3 dominante-inativo em ambos os blastômeros de um embrião de *Xenopus* de 2 células. O destino dorsal é ativamente suprimido por GSK3 selvagem. (A-E, segundo Weaver e Kimelman, 2004; F, de Pierce e Kimelman, 1995, cortesia de D. Kimelman.)

Wnt11 é localizado no córtex vegetal durante a ovogênese, e é translocado para a futura porção dorsal do embrião durante a rotação cortical do citoplasma do ovo (Tao et al., 2005; Cuykendall e Houston, 2009). Neste local, ele é traduzido em uma proteína que se concentra e é secretada no lado dorsal do embrião (Ku e Melton, 1993; Schroeder et al., 1999; White e Heasman, 2008).

Assim, durante a primeira clivagem, GBP, Dsh e Wnt11 são levados para a futura secção dorsal do embrião, onde a GBP e a Dsh podem *iniciar* a inativação da GSK3 e a consequente proteção da β-catenina. O sinal do Wnt11 amplifica o sinal e *estabiliza* GBP e Dsh, organizando-os para proteger a β-catenina; a β-catenina pode se associar a outros fatores de transcrição, dando a esses fatores novas propriedades. Sabe-se, por exemplo, que a β-catenina de *Xenopus* pode combinar com um fator de transcrição onipresente, conhecido como Tcf3, convertendo o repressor Tcf3 em um ativador de transcrição. A expressão de uma forma mutante de Tcf3 que carece do domínio de ligação a β-catenina resulta em embriões sem estruturas dorsais (Molenaar et al., 1996).

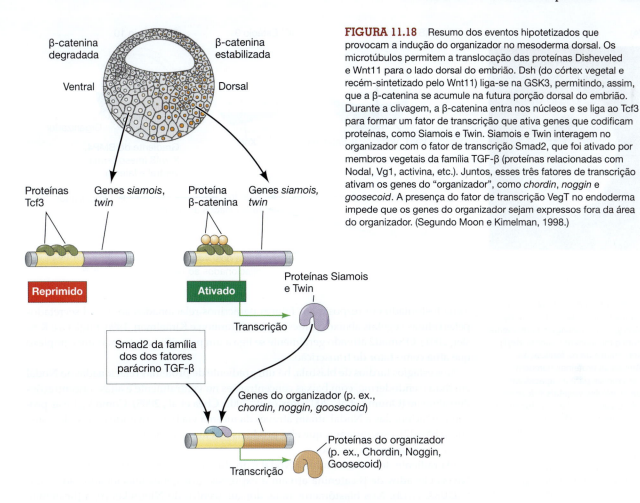

FIGURA 11.18 Resumo dos eventos hipotetizados que provocam a indução do organizador no mesoderma dorsal. Os microtúbulos permitem a translocação das proteínas Disheveled e Wnt11 para o lado dorsal do embrião. Dsh (do córtex vegetal e recém-sintetizado pelo Wnt11) liga-se na GSK3, permitindo, assim, que a β-catenina se acumule na futura porção dorsal do embrião. Durante a clivagem, a β-catenina entra nos núcleos e se liga ao Tcf3 para formar um fator de transcrição que ativa genes que codificam proteínas, como Siamois e Twin. Siamois e Twin interagem no organizador com o fator de transcrição Smad2, que foi ativado por membros vegetais da família TGF-β (proteínas relacionadas com Nodal, Vg1, activina, etc.). Juntos, esses três fatores de transcrição ativam os genes do "organizador", como *chordin*, *noggin* e *goosecoid*. A presença do fator de transcrição VegT no endoderma impede que os genes do organizador sejam expressos fora da área do organizador. (Segundo Moon e Kimelman, 1998.)

O complexo β-catenina/Tcf3 se liga aos promotores de vários genes cuja atividade é fundamental para a formação dos eixos. Dois desses genes, *twin* e *siamois*, codificam fatores de transcrição com homeodomínios e são expressos na região do organizador, imediatamente após a transição de blástula média. Se esses genes forem ectopicamente expressos nas células ventrais, um eixo secundário emerge no lado ventral prévio do embrião; e se a polimerização microtubular cortical for evitada, a expressão de *siamois* é eliminada (Lemaire et al., 1995; Brannon e Kimelman, 1996). Acredita-se que a proteína Tcf3 inibe a transcrição de *siamois* e *twin* quando se liga aos promotores desses genes na ausência de β-catenina. No entanto, quando a β-catenina se liga a Tcf3, o repressor é convertido em um ativador, e o *twin* e o *siamois* são transcritos (**FIGURA 11.18**).

As proteínas Siamois e Twin se ligam aos estimuladores de vários genes envolvidos na função do organizador (Fan e Sokol, 1997, Bae et al., 2011). Eles incluem genes que codificam os fatores de transcrição Goosecoid e Xlim1 (que são cruciais na especificação do mesoderma dorsal) e os antagonistas de fator parácrino Noggin, Chordin, Frzb e Cerberus (que especificam o ectoderma em destino tornar neural; Laurent et al., 1997; Engleka e Kessler, 2001). Nas células vegetais, Siamois e Twin parecem combinar com fatores de transcrição vegetais para ajudar a ativar genes endodérmicos (Lemaire et al., 1998). Assim, pode-se esperar que, se o lado dorsal do embrião contivesse β-catenina, esta permitiria que a região expressasse Twin e Siamois, o que, por sua vez, iniciaria a formação do organizador.

O SINAL VEGETAL RELACIONADO AO NODAL Ainda outro fator parece ser fundamental para a ativação dos genes que caracterizam as células do organizador. Esse outro fator é o fator de transcrição fosforilado Smad2 (discutido anteriormente), que é essencial para formar o mesoderma. O Smad2 é ativado nas células mesodérmicas quando se

(A)

(B) Estágio 8 (C) Estágio 9 (D) Estágio 10

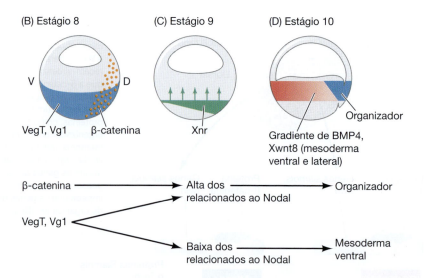

V   D

VegT, Vg1   β-catenina   Xnr   Organizador

Gradiente de BMP4, Xwnt8 (mesoderma ventral e lateral)

β-catenina ⟶ Alta dos relacionados ao Nodal ⟶ Organizador

VegT, Vg1

Baixa dos relacionados ao Nodal ⟶ Mesoderma ventral

FIGURA 11.19 Indução vegetal do mesoderma. (A) O RNA materno que codifica Vg1 (crescente branco brilhante) está preso ao córtex vegetal de um ovócito de *Xenopus*. A mensagem (juntamente com a mensagem materna VegT) será traduzida na fertilização. Ambas as proteínas parecem ser cruciais para a capacidade de as células vegetais induzirem células acima delas a se tornarem mesoderma. (B-D) Modelo para indução do mesoderma e formação do organizador pela interação das proteínas β-catenina e TGF-β. (B) Em estágios tardios de blástula, Vg1 e VegT são encontrados no hemisfério vegetal; a β-catenina está localizada na região dorsal. (C) A β-catenina atua sinergisticamente com Vg1 e VegT para ativar os genes de *Xenopus relacionados ao nodal* (*Xnr*). Isso cria um gradiente de proteínas Xnr em todo o endoderma, sendo mais alto na região dorsal. (D) O mesoderma é especificado pelo gradiente Xnr. As regiões mesodérmicas com pouco ou nenhum Xnr têm níveis elevados de BMP4 e Xwnt8; eles tornam-se mesoderma ventral. Aqueles que possuem concentrações intermediárias de Xnr se tornam mesoderma lateral. Onde há uma alta concentração de Xnr, *goosecoid* e outros genes mesodérmicos dorsais são ativados e o tecido mesodérmico torna-se o organizador. (Uma cortesia de D. Melton; B-D, segundo Agius et al., 2000.)

torna fosforilado em resposta aos fatores parácrinos relacionados ao Nodal secretados pelas células vegetais abaixo do mesoderma (Brannon e Kimelman, 1996, Engleka e Kessler, 2001). O Smad2 ativado geralmente se liga a um parceiro para formar um complexo que atua como fator de transcrição.

Nos estágios tardios de blástula, há um gradiente de proteínas relacionadas ao Nodal em todo o endoderma, com baixas concentrações no ventralmente e altas concentrações dorsalmente (Onuma et al., 2002; Rex et al., 2002; Chea et al., 2005). Como Vg1 e as proteínas relacionadas a Nodal atuam através da mesma via (i.e., ativando o fator de transcrição Smad2), esperaríamos que elas produzissem um sinal aditivo (Agius et al., 2000). De fato, esse parece ser o caso.

O gradiente dos relacionados a Nodal é produzido em grande parte por β-catenina. Níveis elevados de β-catenina ativam a expressão dos genes relacionados ao Nodal (**FIGURA 11.19**). Nos blastômeros mais dorsais (centro de Nieuwkoop), a β-catenina coopera com o fator de transcrição VegT para ativar os genes *1, 5 e 6* (*Xnr1, 5 e 6*) *relacionados ao Nodal de Xenopus*, mesmo antes da transição da blástula média. Os blastômeros mais ventrais no endoderma não possuem a expressão desses genes relacionados ao Nodal. Na região que se tornará a parte mais anterior do organizador – o endoderma faríngeo –, os níveis mais elevados de proteínas relacionadas ao Nodal produzem maiores concentrações de Smad2 ativado. O Smad2 pode se unir ao promotor do gene *hhex* e, em conjunto com Twin e Siamois (induzido por β-catenina), Hhex ativa genes que especificam as células endodérmicas faríngeas para se tornar endoderma anterior e para induzir o desenvolvimento do cérebro anterior (Smithers e Jones, 2002; Rankin et al., 2011). Acredita-se que níveis ligeiramente mais baixos de Smad2 ativam a expressão de *goosecoid* nas células que se tornarão o mesoderma pré-cordal e a notocorda. Quantidades ainda mais baixas de Smad2 resultam na formação de mesoderma lateral e ventral.

Em resumo, então, a formação do mesoderma dorsal e do organizador se origina pela ativação de fatores de transcrição cruciais de vias que se cruzam. A primeira via é a Wnt/β-catenina, que ativa os genes que codificam os fatores de transcrição Siamois e Twin. A segunda via é a vegetal, que ativa a expressão de fatores parácrinos relacionados ao Nodal, que, por sua vez, ativam o fator de transcrição Smad2 nas células mesodérmicas acima deles. Os altos níveis das proteínas fatores de transcrição Smad2 e Siamois/Twin funcionam dentro das células mesodérmicas dorsais e ativam os genes que dão a essas células suas propriedades "organizadoras" (Germain et al., 2000; Cho, 2012, revisar Figuras 11.17-11.19).

 OS CIENTISTAS FALAM 11.1 Ouça Daniel Kessler discutir os mecanismos moleculares da indução embrionária primária em anfíbios.

Funções do organizador

Enquanto as células do centro de Nieuwkoop permanecem endodérmicas, as células do organizador tornam-se o mesoderma dorsal e migram por baixo do ectoderma dorsal. As células do organizador, em última instância, contribuem para quatro tipos de células: endoderma faríngeo, mesoderma da cabeça (placa pré-cordal), mesoderma dorsal (principalmente a notocorda) e lábio dorsal do blastóporo (Keller, 1976; Gont et al., 1993). O endoderma faríngeo e a placa pré-cordal conduzem a migração do tecido organizador e induzem o prosencéfalo e o mesencéfalo. O mesoderma dorsal induz o rombencéfalo e o tronco. O lábio dorsal do blastóporo que permanece no final da gastrulação acaba por se tornar a dobra cordoneural que induz a ponta da cauda. As propriedades do tecido do organizador podem ser divididas em quatro funções principais:

1. A capacidade de se autodiferenciar em mesoderma dorsal (placa pré-cordal, cordomesoderma, etc.).
2. A capacidade de dorsalizar o mesoderma circundante em mesoderma paraxial (formador de somito) quando de outra forma formaria mesoderma ventral.
3. A capacidade de dorsalizar o ectoderma e induzir a formação do tubo neural.
4. A capacidade de iniciar os movimentos de gastrulação.

TÓPICO NA REDE 11.3 **TENTATIVAS INICIAIS PARA LOCALIZAR AS MOLÉCULAS DO ORGANIZADOR** Embora Spemann não acreditasse que as moléculas sozinhas pudessem organizar o embrião, seus alunos começaram uma longa busca para identificar esses fatores na região do organizador.

Indução do ectoderma neural e do mesoderma dorsal: inibidores de BMP

Evidências da embriologia experimental mostraram que uma das propriedades mais críticas do organizador era a produção de fatores solúveis. As evidências de tais sinais difusíveis do organizador vieram de várias fontes. Primeiro, Hans Holtfreter (1933) mostrou que se a notocorda não migrar sob o ectoderma, o ectoderma não se torna tecido neural (e se tornaria epiderme). Evidências mais definitivas da importância dos fatores solúveis vieram mais tarde com os estudos de *trans*-filtros de investigadores finlandeses (Saxén, 1961; Toivonen et al., 1975; Toivonen e Wartiovaara, 1976). Neles, o tecido do lábio dorsal de salamandra foi colocado em um lado de um filtro fino o suficiente para que nenhum processo pudesse passar através dos poros, e a parte competente para ectoderma da gástrula foi colocada no outro lado. Após várias horas, foram observadas estruturas neurais no tecido ectodérmico (**FIGURA 11.20**). As identidades dos fatores que se difundem do organizador, no entanto, levaram mais um quarto de século para serem encontradas.

Descobriu-se que os cientistas estavam procurando o mecanismo errado. Estavam à procura de uma molécula secretada pelo organizador e recebida pelo ectoderma, que convertesse, então, o ectoderma no tecido neural. No entanto, os estudos moleculares levaram a uma conclusão notável e não óbvia: *a epiderme é induzida a formar, não o tecido neural*. O ectoderma é induzido a tornar-se tecido epidérmico por meio da ligação de **proteínas morfogenéticas ósseas** (**BMPs**), ao passo que o sistema nervoso se forma a partir da região do ectoderma que está protegida da indução epidérmica, por moléculas inibidoras de BMP (Hemmati-Brivanlou e Melton, 1994, 1997). Em outras palavras, (1) o "destino padrão" do ectoderma é tornar-se tecido neural; (2) certas partes do embrião induzem o ectoderma a se tornarem tecido epidérmico por secreção de BMPs; e (3) o tecido do organizador atua secretando moléculas que bloqueiam os BMPs, permitindo, assim, que o ectoderma "protegido" por esses inibidores de BMP se torne tecido neural.

Assim, as BMPs induzem células ectodérmicas "naives" a tornarem-se epidérmicas, enquanto o Organizador produz substâncias que bloqueiam essa indução (Wilson e Hemma-Brivanlou, 1995; Piccolo et al., 1996; Zimmerman et al., 1996; Iemura et al., 1998). Em *Xenopus*, os principais indutores epidérmicos são BMP4 e seus parentes próximos BMP2, BMP7 e ADMP.

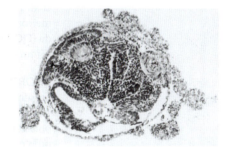

FIGURA 11.20 Estruturas neurais induzidas no ectoderma prospectivo pelo tecido do lábio dorsal de salamandra, separado do ectoderma por um filtro de nucleoporos com diâmetro médio de poro de 0,05 mm. Os tecidos neurais anteriores são evidentes, incluindo olhos induzidos. (De Toivonen, 1979, cortesia de L. Saxén.)

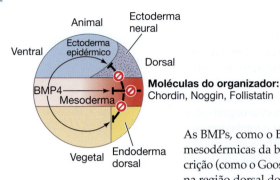

FIGURA 11.21 Modelo para a ação do organizador. (A) BMP4 (juntamente com algumas outras moléculas) é um poderoso fator ventralizador. As proteínas organizadoras, como Chordin, Noggin e Follistatin, bloqueiam a ação de BMP4; seus efeitos inibitórios podem ser observados nas três camadas germinativas. (Segundo Dosch et al., 1997.)

As BMPs, como o BMP4, são inicialmente expressas em todas as regiões ectodérmicas e mesodérmicas da blástula tardia. No entanto, durante a gastrulação, os fatores de transcrição (como o Goosecoid) induzidos por Siamois e Twin impedem a transcrição de *bmp4* na região dorsal do embrião, restringindo sua expressão na zona marginal ventrolateral (Blitz e Cho, 1995; Yao e Kessler, 2001; Hemmati-Brivanlou e Thomsen, 1995; Northrop et al., 1995; Steinbeisser et al., 1995). No ectoderma, os BMPs reprimem os genes (como *Foxd4* e *neurogenin*) envolvidos na formação de tecido neural, enquanto ativam outros genes envolvidos na especificação epidérmica (Lee et al., 1995). No mesoderma, parece que os níveis graduados de BMP4 ativam diferentes conjuntos de genes mesodérmicos: a ausência de BMP4 especifica o mesoderma dorsal; a quantidade baixa especifica o mesoderma intermediário; e uma quantidade elevada especifica o mesoderma ventral (**FIGURA 11.21**; Gawantka et al., 1995; Hemmati-Brivanlou e Thomsen, 1995; Dosch et al., 1997).

O organizador atua bloqueando os BMPs. Os três principais inibidores de BMP secretados pelo organizador são Noggin, Chordin e Follistatin. Os genes que codificam essas proteínas são alguns dos genes mais importantes ativados por Smad2 e Siamois/Twin (Carnac et al., 1996; Fan e Sokol, 1997; Kessler, 1997). Um quarto inibidor de BMP, Norrin, parece ficar armazenado no polo animal do ovócito e funciona bloqueando BMPs no ectoderma dorsal (Xu et al., 2015).

NOGGIN Em 1992, Smith e Harland construíram uma biblioteca de plasmídeos de cDNA de gástrulas dorsalizadas (tratadas com cloreto de lítio). Os RNAs mensageiros sintetizados a partir de conjuntos desses plasmídeos foram injetados em embriões ventralizados (sem tubo neural) produzidos por irradiação de embriões precoces com luz ultravioleta. Os conjuntos de plasmídeos cujos mRNAs resgataram estruturas dorsais nesses embriões foram divididos em conjuntos menores, e assim por diante, até que se isolasse os clones de um único plasmídeo cujo mRNA pudesse restaurar o tecido dorsal nesses embriões. Um desses clones continha o gene da proteína Noggin (**FIGURA 11.22A**). A injeção de mRNA de *noggin* em embriões com 1 célula e irradiados com UV resgatou completamente o desenvolvimento dorsal e permitiu a formação de um embrião completo.

Noggin é uma proteína secretada que é capaz de realizar duas das principais funções do organizador: induzir o ectoderma dorsal a formar tecido neural e dorsalizar as células mesodérmicas, que, de outra forma, contribuiriam para o mesoderma ventral (Smith et al. 1993). Smith e Harland mostraram que o mRNA de *noggin* recém-transcrito é primeiro localizado na região do lábio dorsal do blastóporo e depois é expresso na notocorda (**FIGURA 11.22B**). Noggin liga-se a BMP4 e BMP2 e inibe a sua ligação nos receptores (Zimmerman et al., 1996).

CHORDIN A proteína Chordin foi isolada de clones de cDNA cujos mRNAs estavam presentes em embriões dorsalizados, mas não em embriões ventralizados (Sasai et al., 1994). Estes clones de cDNA foram testados injetando-os em blastômeros ventrais e depois verificando se induziram eixos secundários. Um dos clones capazes de induzir um tubo neural secundário continha o gene *chordin*; o mRNA de *chordin* foi encontrado localizado no lábio dorsal do blastóporo e, mais tarde, na notocorda (**FIGURA 11.23**). Morfolinos de oligômeros antissenso dirigidos para a mensagem de *chordin* bloquearam a capacidade de um enxerto de organizador de induzir um sistema nervoso central secundário (Oelgeschläger et al., 2003). De todos os genes do organizador observados, *chordin* é o mais fortemente ativado pela β-catenina (Wessely et al., 2004). Como Noggin, Chordin se liga diretamente a BMP4 e BMP2 e impede sua complexação com seus receptores (Piccolo et al., 1996).

(A) (B)

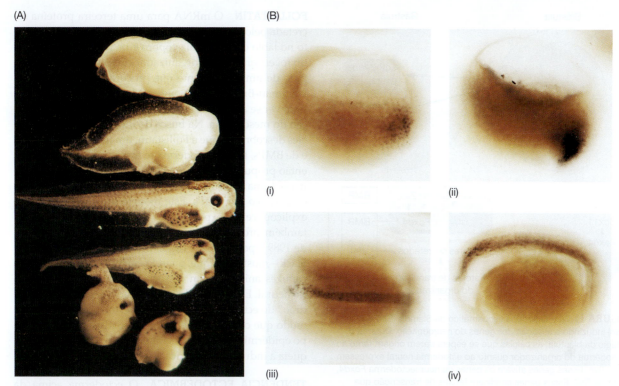

(i) (ii)

(iii) (iv)

FIGURA 11.22 A proteína solúvel Noggin dorsaliza o embrião de anfíbio. (A) Resgate das estruturas dorsais pela proteína Noggin. Quando os ovos de *Xenopus* são expostos à radiação ultravioleta, a rotação cortical não acontece, e os embriões ficam sem estruturas dorsais (parte superior). Se em tal embrião for injetado mRNA de *noggin*, ele desenvolverá estruturas dorsais, de forma dependente da dosagem (de cima para baixo). Se demasiada mensagem de *noggin* for injetada, o embrião produz tecido dorsal anterior em detrimento de tecidos ventrais posteriores, tornando-se pouco mais do que uma cabeça (parte inferior). (B) Localização do mRNA de *noggin* no tecido do organizador, mostrada por hibridação *in situ*. Na gastrulação (i), o mRNA de *noggin* (áreas escuras) acumula-se na zona marginal dorsal. Quando as células involuem (ii), o mRNA de *noggin* é visto no lábio dorsal do blastóporo. Durante a extensão convergente (iii), o *noggin* é expresso nos precursores da notocorda, da placa pré-cordal e do endoderma faríngeo, que (iv) se estendem por baixo do ectoderma no centro do embrião. (Cortesia de R. M. Harland.)

(A) (B) (C)

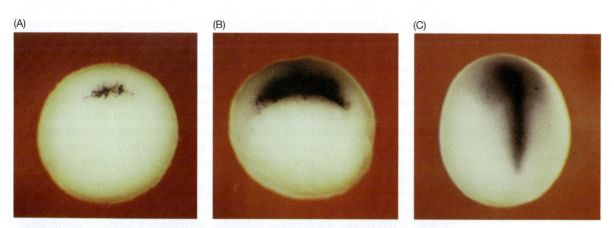

FIGURA 11.23 Localização do mRNA de *chordin*. (A) A hibridização *in situ* da estrutura completa mostra que, apenas antes da gastrulação, o mRNA de *chordin* (área escura) é expresso na região que se tornará o labial dorsal do blastóporo. (B) À medida que a gastrulação começa, o *chordin* é expresso no lábio dorsal do blastóporo. (C) Nos estágios posteriores da gastrulação, a mensagem de *chordin* é vista nos tecidos do organizador. (De Sasai et al., 1994, cortesia de E. De Robertis.)

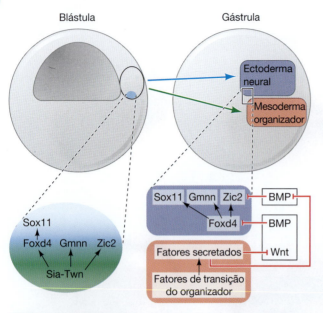

FIGURA 11.24 Diagrama esquemático de Siamois (Sia) e Twin (Twn) induzindo a ativação dos genes do neuroepitélio. Durante o estágio da blástula, as células que se espera darem origem tanto ao mesoderma do organizador quanto ao ectoderma neural expressam Sia e Twn. Esses genes ativam os genes do neuroectoderma *Foxd4*, *Gmnn* e *Zic2*. Esses genes codificam fatores de transcrição que ativarão outros genes neurais, como *Sox11*. Durante o estágio de gástrula, os descendentes dessas células se tornaram mesoderma organizador e o ectoderma neural. Nele, os genes neuroepiteliais são regulados pelos fatores secretados pelo organizador que inibem as vias BMP e Wnt. Se BMPs e Wnts não estiverem bloqueados, as transcrições de *Sox11*, *Gmnn*, *Foxd4* e *Zic2* diminuem. (Segundo Klein e Moody, 2015.)

FOLLISTATIN O mRNA para uma terceira proteína secretada pelo organizador, a Follistatin, também é transcrito no lábio dorsal do blastóporo e na notocorda. Follistatin foi encontrada no organizador como resultado inesperado de um experimento que procurava outra coisa. Ali Hemmati-Brivanlou e Douglas Melton (1992, 1994) queriam ver se a proteína activina era necessária para a indução do mesoderma. Na busca do indutor do mesoderma, eles descobriram que a Follistatin, um inibidor de activina e de BMPs, fazia o ectoderma se tornar tecido neural. Eles então propuseram que, em condições normais, o ectoderma se torna neural, a menos que seja induzido a se tornar epidérmico por BMPs. Este modelo foi suportado por, e explicou, certos experimentos de dissociação celular que também produziram resultados estranhos. Três estudos de 1989 – por Grunz e Tacke, Sato e Sargent e Godsave e Slack – mostraram que, quando embriões inteiros ou seus capuzes animais eram dissociados, eles formavam tecido neural. Esse resultado seria explicável se o "estado padrão" do ectoderma não fosse epidérmico, mas neural, de modo que o tecido deveria ser induzido a ter um fenótipo epidérmico. Assim, concluímos que o organizador bloqueia a indução epidérmica, inativando BMPs.

TENDÊNCIA ECTODÉRMICA O ectoderma acima da notocorda também parece ter sido tendenciado a se tornar ectoderma neural pela β-catenina que se estendeu pela periferia do ovo. Ela causa a expressão das proteínas Siamois e Twin nas células que se tornarão o ectoderma neural. Aqui, esses fatores de transcrição desempenham duas funções fundamentais. Primeiro, eles ativam os genes (como *Foxd4* e *Sox11*) que permitirão que essas células se tornem ectoderma neural (**FIGURA 11.24**). No entanto, esses genes podem ser suprimidos por BMPs, por isso, como um segundo passo durante a gastrulação, o mesoderma do organizador produz proteínas que bloqueiam o alcance do sinal BMP no ectoderma (Klein e Moody, 2015).

Em 2005, dois conjuntos importantes de experimentos confirmaram a importância de bloquear BMPs para especificar o sistema nervoso. Primeiro, Khokha e colaboradores (2005) usaram morfolinos antissenso para eliminar três antagonistas de BMP (Noggin, Chordin e Follistatin) em *Xenopus*. Os embriões resultantes apresentaram uma insuficiência catastrófica do desenvolvimento dorsal, sem placas neurais ou mesoderma dorsal (**FIGURA 11.25A, B**). Em segundo lugar, Reversade e colaboradores bloquearam a atividade do BMP com morfolinos antissenso (Reversade et al., 2005; Reversade e De Robertis, 2005). Quando bloquearam simultaneamente a formação de BMPs 2, 4 e 7, o tubo neural tornou-se amplamente expandido, assumindo uma região muito maior do ectoderma (**FIGURA 11.25C**). Quando eles fizeram uma inativação quádrupla dos três BMPs e ADMP (outra proteína da família BMP), todo o ectoderma tornou-se neural (**FIGURA 11.25D**). Assim, a epiderme é instruída pela sinalização BMP, e o organizador especifica o ectoderma acima dele a se tornar neural, bloqueando o alcance do sinal BMP no ectoderma adjacente.

Na ausência da sinalização BMP, o fator de transcrição *Foxd4* expressa-se no ectoderma neural prospectivo. Ele inicia uma via que leva à estabilização da identidade neural na maioria das células ectodérmicas induzidas, permitindo a formação de um estado imaturo de células-tronco em outras células induzidas (ver Rogers et al., 2009; Klein e Moody, 2015).

Notavelmente, a capacidade dos BMPs de induzir o ectoderma da pele e os antagonistas de BMP de especificar o ectoderma neural tem sido observada em todo o reino

FIGURA 11.25 Controle da especificação neural por níveis de BMPs. (A, B) Ausência de estruturas dorsais em embriões de *Xenopus*, cujos genes inibidores de BMP, *chordin*, *noggin* e *follistatin* foram eliminados por morfolinos de oligonucleotídeos antissenso. (A) Embrião controle com dobras neurais marcadas oara a expressão do gene neural *Sox2*. (B) Ausência de tubo neural e expressão de *Sox2* em um embrião tratado com morfolinos contra três inibidores de BMP. (C, D) Desenvolvimento neural expandido. (C) O tubo neural, visualizado pela marcação *Sox2*, é bem ampliado em embriões tratados com morfolinos antissenso que destroem BMPs 2, 4 e 7. (D) Transformação completa de todo o ectoderma em ectoderma neural (e perda do eixo dorsoventral) pela inativação de ADMP, bem como de BMPs 2, 4 e 7. (A, B, de Khokha et al., 2005, cortesia de R. Harland; C, D, de Reversade e De Robertis, 2005.)

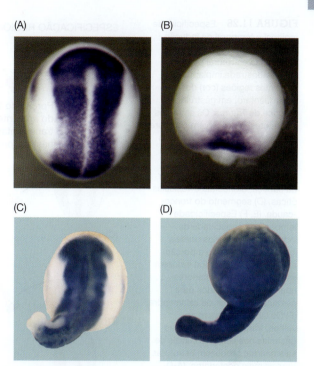

animal. Em *Drosophila*, o homólogo de BMP Decapentaplegic (Dpp) especifica a hipoderme (pele), ao passo que o antagonista de BMP Short gastrulation (Sog) bloqueia as ações do Dpp e especifica o sistema neural. A proteína Sog é um homólogo de Chordin. Estes homólogos de insetos não só parecem ser semelhantes aos seus homólogos de vertebrados, mas eles também podem realmente substituir um pelo outro. Quando o mRNA de sog é injetado em regiões ventrais de embriões de *Xenopus*, a notocorda e o tubo neural de anfíbios são induzidos. A injeção do mRNA de *chordin* em embriões de *Drosophila* produz tecido nervoso ventral. Embora Chordin dorsalize o embrião de *Xenopus*, ele ventraliza a *Drosophila*. Em *Drosophila*, Dpp é sintetizado dorsalmente; em *Xenopus*, BMP4 é sintetizado ventralmente. Em ambos os casos, Sog/Chordin ajuda a especificar o tecido neural, bloqueando os efeitos de Dpp/BMP4 (Hawley et al., 1995; Holley et al., 1995; De Robertis et al., 2000; Bier e De Robertis, 2015). Assim, os artrópodes parecem ser vertebrados ao contrário – um fato que o anatomista francês Geoffroy Saint-Hilaire apontou em suas tentativas de convencer outros anatomistas sobre a unidade do reino animal na década de 1840 (ver Appel, 1987; Genikhovich et al., 2015; De Robertis e Moriyama, 2016).

 OS CIENTISTAS FALAM 11.2 Dr. Richard Harland discute a gastrulação e a indução neural em *Xenopus*.

Especificidade regional da indução neural ao longo do eixo anteroposterior

Assim como em todo o reino animal, o eixo dorsoventral baseia-se na BMP e seus inibidores (a região neural sendo a área com as BMPs mais baixas), a especificação do eixo anteroposterior é baseada em um gradiente das proteínas Wnt, sendo a cabeça caracterizada pelas menores concentrações de Wnts (Petersen e Reddien, 2009). Há algumas exceções (como a *Drosophila*), onde o gradiente Wnt não fornece pistas robustas de padronização; mas mesmo nesses casos, os padrões vestigiais de Wnt ainda são vistos (Vorwald-Denholtz e De Robertis, 2011).

Nos vertebrados, um dos fenômenos mais importantes do eixo anteroposterior é a especificidade regional das estruturas neurais produzidas. As regiões do prosencéfalo, mesencéfalo e regiões espinocaudais do tubo neural devem ser devidamente organizadas na direção anterior para posterior. O tecido organizador não só induz o tubo neural, mas também especifica as regiões do tubo neural. A indução específica dessa região foi demonstrada pelo marido de Hilde Mangold, Otto Mangold, em 1933. Ele transplantou quatro regiões sucessivas do teto do arquêntero de embriões de salamandra em estágios tardios de gástrula para as blastoceles de embriões em estágios precoces de gástrula. A parte mais anterior do teto do arquêntero (que contém o mesoderma da cabeça)

Ampliando o conhecimento

Chordin e BMPs parecem ser homólogos entre moscas e vertebrados, mas as *vias de processamento* de Chordin e BMP são homólogas também? Como pode o eixo Chordin-BMP permitir a regulação dos eixos embrionários, de modo que o mesmo padrão sempre ocorre, mesmo que o embrião seja muito menor ou maior?

FIGURA 11.26 Especificidade regional e temporal da indução. (A-D) A especificidade regional da indução estrutural pode ser demonstrada implantando diferentes regiões (cor) do teto do arquêntero, em gástrula precoce de *Triturus*. Os embriões resultantes desenvolvem estruturas dorsais secundárias. (A) Cabeça com balanceadores. (B) Cabeça com balanceadores, olhos e prosencéfalo. (C) Parte posterior da cabeça, diencéfalo e vesículas óticas. (D) segmento do tronco--cauda. (E, F) Especificidade temporal da capacidade de indução. (E) Os lábios dorsais jovens (que formarão a porção anterior do organizador) induzem estruturas dorsais anteriores quando transplantados para gástrulas precoces de salamandra. (F) Os lábios dorsais mais velhos, transplantados para as gástrulas nos estágios iniciais de salamandra, produzem estruturas dorsais mais posteriores. (A-D, segundo Mangold, 1933; E, F, segundo Saxén e Toivonen, 1962.)

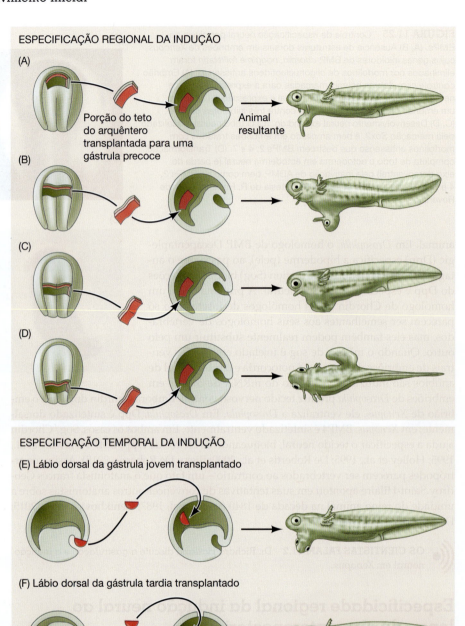

ESPECIFICAÇÃO REGIONAL DA INDUÇÃO

(A)

Porção do teto do arquêntero transplantada para uma gástrula precoce

Animal resultante

(B)

(C)

(D)

ESPECIFICAÇÃO TEMPORAL DA INDUÇÃO

(E) Lábio dorsal da gástrula jovem transplantado

(F) Lábio dorsal da gástrula tardia transplantado

induziu balanceadores e porções do aparelho oral; a próxima secção mais anterior induziu a formação de várias estruturas da cabeça, incluindo nariz, olhos, balanceadores e vesículas óticas; a terceira seção (incluindo a notocorda) induziu estruturas do rombencéfalo; e a seção mais posterior induziu a formação do dorso do tronco e do mesoderma da cauda[5] (**FIGURA 11.26A-D**).

Em experimentos subsequentes, Mangold demonstrou que, quando os lábios dorsais do blastóporo de gástrulas nos estágios iniciais de salamandra foram transplantados para outras gástrulas *iniciais* de salamandra, eles formaram cabeças secundárias.

---

[5] A indução do mesoderma dorsal – em vez do ectoderma dorsal do sistema nervoso – pela porção posterior da notocorda foi confirmada por Bïjtel (1931) e Spofford (1945), que mostraram que o quinto posterior da placa neural dá origem aos somitos da cauda e às porções posteriores do ducto renal pronéfrico.

Quando os lábios dorsais de gástrulas nos estágios *tardios* foram transplantados para gástrulas iniciais de salamandra, no entanto, induziram a formação de caudas secundárias (**FIGURA 11.26E, F**; Mangold, 1933). Esses resultados mostram que as primeiras células do organizador a entrarem no embrião induzem a formação de cérebros e cabeças, ao passo que as células que formam o lábio dorsal de embriões em fase posterior induzem as células acima delas a se tornarem medulas espinais e caudas.

A questão então se tornou: quais são as moléculas que são secretadas pelo organizador de forma regional, de modo que as primeiras células que involuem no lábio do blastóporo (o endomesoderma) induzem estruturas de cabeça, enquanto a próxima porção do mesoderma involuindo (notocorda) produz estruturas do tronco e cauda? A **FIGURA 11.27** mostra um modelo possível para essas induções, cujos elementos serão descritos em detalhes.

O indutor da cabeça: antagonistas de Wnt

As regiões mais anteriores da cabeça e do cérebro não estão sobre a notocorda, mas sobre o endoderma faríngeo e o mesoderma da cabeça (pré-cordal) (ver Figuras 11.4C, D e 11.27A). Este tecido endomesodérmico constitui a frente dianteira do lábio dorsal do blastóporo. Estudos recentes mostraram que essas células não só induzem as estruturas mais anteriores da cabeça, como também fazem isso bloqueando a via Wnt, bem como bloqueando as BMPs. Os antagonistas de Wnt parecem ser induzidos pelos altos níveis de Smad2 fosforilado em resposta ao Nodal e ao Vg1 secretados pelas células vegetais (Agius et al., 2000; Bisroy et al., 2006).

CERBERUS: UM INIBIDOR PARÁCRINO MULTIUSO DA PRODUÇÃO DA CABEÇA

A indução de estruturas do tronco pode ser causada pelo bloqueio da sinalização BMP pela notocorda, porém os sinais Wnt podem continuar. No entanto, para produzir uma

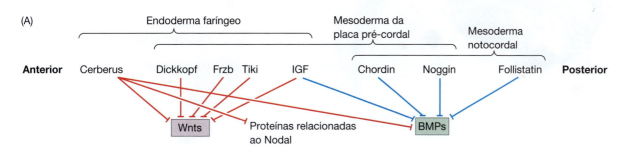

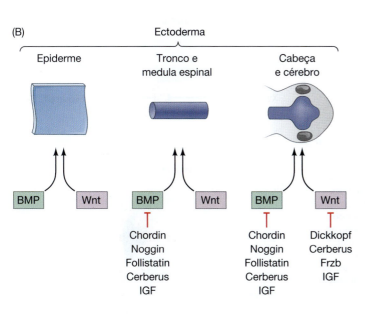

FIGURA 11.27 Antagonistas de fatores parácrinos do organizador são capazes de bloquear fatores parácrinos específicos para distinguir a cabeça da cauda. (A) O endoderma faríngeo, subjacente à cabeça, secreta Dickkopf, Frzb e Cerberus. Dickkopf e Frzb bloqueiam as proteínas Wnt; Cerberus bloqueia Wnts, proteínas relacionadas ao Nodal e BMPs. A placa pré-cordal secreta os bloqueadores de Wnt, Dickkopf e Frzb, bem como bloqueadores de BMP Chordin e Noggin. A notocorda contém os bloqueadores de BMP: Chordin, Noggin e Follistatin, mas não secreta bloqueadores de Wnt. O fator de crescimento semelhante à insulina (IGF) do endomesoderma da cabeça provavelmente age na junção da notocorda e do mesoderma pré-cordal. (B) Resumo da função antagonista parácrina no ectoderma. A formação do cérebro exige a inibição das vias Wnt e BMP. Os neurônios da medula espinal são produzidos quando Wnt funciona sem a presença de BMPs. A epiderme é formada quando ambas as vias Wnt e BMP estão operando.

cabeça, tanto o sinal BMP quanto o sinal Wnt devem ser bloqueados. Esse bloqueio do Wnt vem do endomesoderma, a parte mais anterior do organizador (Glinka et al., 1997). Em 1996, Bouwmeester e colaboradores mostraram que a indução das estruturas mais anteriores da cabeça poderia ser realizada por uma proteína secretada, chamada Cerberus (assim denominada segundo o cão de três cabeças que guardava a entrada de Hades na mitologia grega). Quando o mRNA de cerberus foi injetado em um blastômero vegetal ventral de *Xenopus* no estágio de 32 células, foram formadas estruturas ectópicas de cabeça (**FIGURA 11.28A**). Essas estruturas da cabeça surgiram tanto da célula injetada quanto das células vizinhas.

O gene *cerberus* é expresso nas células do endomesoderma faríngeo que surgem das células profundas do lábio dorsal inicial. A proteína Cerberus pode se ligar aos BMPs, às proteínas relacionadas ao Nodal e ao Xwnt8 (ver Figura 11.27A e 11.30; Piccolo et al., 1999). Quando a síntese de Cerberus é bloqueada, os níveis de BMP, proteínas relacionadas ao Nodal e Wnts aumentam na parte anterior do embrião, e a capacidade do endomesoderma anterior de induzir uma cabeça é gravemente diminuída (Silva et al., 2003).

FRZB, DICKKOPF, NOTUM E TIKI: MAIS MANEIRAS PARA BLOQUEAR WNTS Pouco depois de demonstrados os atributos de Cerberus, outras duas proteínas, Frzb e Dickkopf, foram encontradas sendo sintetizadas no endomesoderma em involução.

(A)

(B)

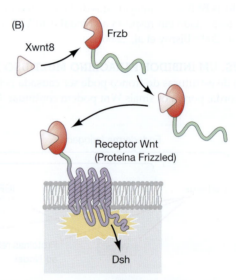

(C)

(D)

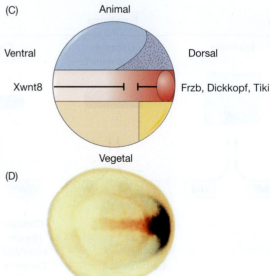

FIGURA 11.28 A inibição da sinalização Wnt permite a formação da cabeça. (A) Injetar o mRNA de *cerberus* em um único blastômero D4 (vegetal ventral) de um embrião de *Xenopus* de 32 células induz estruturas da cabeça, bem como coração e fígado duplicados. O olho secundário (um olho ciclópico único) e o placoide olfativo podem ser facilmente vistos. Xwnt8 é capaz de ventralizar o mesoderma e prevenir a formação da cabeça anterior no ectoderma. (B) A proteína Frzb é secretada pela região anterior do organizador. Ela deve ligar-se ao Xwnt8 antes que este indutor possa se ligar ao seu receptor. Frzb assemelha-se ao domínio de ligação de Wnt do receptor Wnt (a proteína Frizzled), porém Frzb é uma molécula solúvel. (C) Xwnt8 é produzido em toda a zona marginal. (D) Hibridização *in situ* dupla, localizando as mensagens Frzb (mancha escura) e Chordin (mancha avermelhada). O mRNA do *frzb* é transcrito no endomesoderma da cabeça no organizador, mas não na notocorda (onde o *chordin* é expresso). (A, de Bouwmeester et al., 1996; D, de Leyns et al., 1997; fotos por cortesia de E. M. De Robertis.)

Frzb (pronunciado "*frisbee*") é uma forma pequena e solúvel de Frizzled (o receptor Wnt) que é capaz de se ligar às proteínas Wnt em solução (**FIGURA 11.28B, C**; Leyns et al., 1997; Wang et al., 1997). Frzb é sintetizado predominantemente nas células do endomesoderma abaixo do futuro cérebro (**FIGURA 11.28D**). Se embriões sintetizarem excesso de Frzb, a sinalização de Wnt não ocorre, tais embriões não possuem estruturas ventrais posteriores e se tornam "todo cabeça". A proteína Dickkopf (do alemão, "cabeça grossa", "teimoso") também parece interagir diretamente com os receptores Wnt, impedindo a sinalização Wnt (Mao et al., 2001, 2002). A injeção de anticorpos contra Dickkopf faz os embriões resultantes terem pequenas cabeças deformadas sem prosencéfalo (Glinka et al., 1998).

Descobriu-se recentemente que duas outras proteínas organizadoras, Tiki e Notum, se ligam nas proteínas Wnt durante a gastrulação. O Tiki não só impede Wnts de se ligarem aos seus receptores, como ele cliva o Wnt para torná-lo não funcional. O Tiki é sintetizado principalmente nas regiões anteriores do organizador e é crucial para a formação da cabeça em *Xenopus* (Zhang et al., 2012.) E, para garantir que Wnt não pare o desenvolvimento do cérebro, o próprio ectoderma produz um inibidor de Wnt aderido à membrana, Notum, que atua removendo a fração lipídica, que impede a formação de dímeros inativos de proteínas Wnt (Zhang et al., 2015).

FATORES DE CRESCIMENTO DO TIPO INSULINA E FATORES DE CRESCIMENTO DE FIBROBLASTO Todos os inibidores de Wnt acima mencionados são extracelulares. Além disso, a região da cabeça contém ainda outro conjunto de proteínas que impedem que os sinais BMP e Wnt atinjam o núcleo. **Fatores de crescimento de fibroblastos (FGFs)** e **fatores de crescimento semelhantes à insulina (IGFs)** também são necessários para induzir o cérebro e os placoides sensitivos (Pera et al., 2001, 2013). Os IGFs e os FGFs são especialmente proeminentes na região anterior do embrião e ambos iniciam a cascata de transdução de sinal dos receptores com tirosina-cinase (RTK) (ver Capítulo 4). Estas tirosina-cinases interferem nas vias de transdução de sinal de BMPs e Wnts (Richard-Parpaillon et al., 2002; Pera et al., 2013). Quando injetado em blastômeros mesodérmicos ventrais, o mRNA para IGFs provoca a formação de cabeças ectópicas, enquanto o bloqueio dos receptores de IGF na porção anterior resulta na falha da formação da cabeça.

Padronização do tronco: sinais Wnt e de ácido retinoico

Toivonen e Saxén forneceram evidências do gradiente de um fator de posteriorização que atuaria especificando os tecidos do tronco e da cauda do embrião de anfíbios[6] (Toivonen e Saxén, 1955, 1968; revisado em Saxén, 2001). A atividade desse fator seria mais alta na parte posterior do embrião e enfraquecida anteriormente. Estudos recentes ampliaram esse modelo e propuseram que as proteínas Wnt, sobretudo Wnt8, fossem as moléculas de posteriorização (Domingos et al., 2001, Kiecker e Niehrs, 2001). No *Xenopus*, um gradiente endógeno de sinalização Wnt e β-catenina é mais elevado na parte posterior e ausente na parte anterior (**FIGURA 11.29A**). Além disso, se Xwnt8 for adicionado a embriões em desenvolvimento, os neurônios semelhantes aos da medula espinal são vistos mais anteriormente no embrião, e os marcadores mais anteriores do prosencéfalo ficam ausentes. Por outro lado, a supressão da sinalização Wnt (ao adicionar Frzb ou Dickkopf ao embrião em desenvolvimento) leva à expressão dos marcadores mais anteriores em células neurais mais posteriores. Portanto, parece haver dois gradientes principais na gástrula de anfíbios – um gradiente de BMP que especifica o eixo dorsal-ventral e um gradiente de Wnt especificando o eixo anteroposterior (**FIGURA 11.29B**). Deve-se lembrar, também, que ambos os eixos são estabelecidos pelos eixos iniciais de fatores parácrinos de TGF-β semelhantes ao nodal e β-catenina pelas células vegetais. O modelo básico de indução neural, então, parece ao do diagrama na **FIGURA 11.30**.

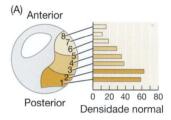

(A)

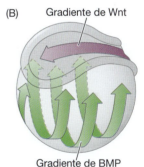

(B)

FIGURA 11.29 Gradientes de sinalização e especificação dos eixos. (A) Uma via de sinalização Wnt posterioriza o tubo neural. Os embriões gastrulando foram corados para β-catenina e a densidade da coloração foi comparada entre regiões das células ectodérmicas, revelando um gradiente de β-catenina na placa neural prospectiva.
(B) O gradiente Wnt especifica a polaridade posteroanterior e o gradiente BMP especifica a polaridade dorsoventral. Essa interação de duplos gradientes, descoberta pela primeira vez em anfíbios, mostrou-se ser uma característica do desenvolvimento animal. (Segundo Saxén e Toivonen, 1962; Kiecker e Niehrs, 2001, e Niehrs, 2004.)

---

[6] Inicialmente, pensou-se que o indutor da cauda fosse parte do indutor do tronco, uma vez que o transplante do lábio dorsal do blastóporo tardio na blastocele muitas vezes produziu larvas com caudas extras. No entanto, parece que as caudas são normalmente formadas por interações entre a placa neural e o mesoderma posterior durante o estágio de nêurula (e, portanto, são geradas fora do organizador). Aqui, Wnt, BMPs e sinalização de Nodal parecem ser necessárias (Tucker e Slack, 1995; Niehrs, 2004). De modo curioso, essas três vias de sinalização devem ser inativadas para a formação da cabeça.

FIGURA 11.30 Modelo da função do organizador e especificação do eixo na gástrula de *Xenopus*. (1) Inibidores de BMP do tecido organizador (mesoderma dorsal e mesendoderma faríngeo) bloqueiam a formação da epiderme, do mesoderma ventrolateral e do endoderma ventrolateral. (2) Inibidores de Wnt na parte anterior do organizador (endomesoderma faríngeo) permitem a indução de estruturas da cabeça. (3) Um gradiente de fatores caudalizantes (Wnts, FGFs e ácido retinoico) resulta na expressão regional de genes *Hox*, que especificam as regiões do tubo neural.

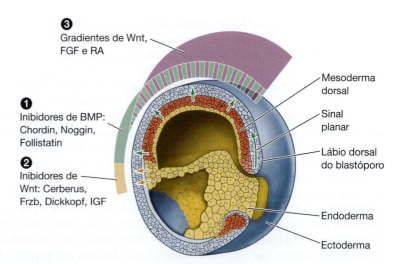

❸ Gradientes de Wnt, FGF e RA

❶ Inibidores de BMP: Chordin, Noggin, Follistatin

❷ Inibidores de Wnt: Cerberus, Frzb, Dickkopf, IGF

Mesoderma dorsal

Sinal planar

Lábio dorsal do blastóporo

Endoderma

Ectoderma

 OS CIENTISTAS FALAM 11.3 O Dr. Lauri Saxén discute a investigação inicial do organizador primário e a formulação da hipótese do duplo gradiente.

Enquanto as proteínas Wnt desempenham um papel importante na especificação do eixo anteroposterior, elas provavelmente não são os únicos agentes envolvidos. Os fatores de crescimento de fibroblastos parecem ser críticos ao permitir que as células respondam ao sinal do Wnt (Holowacz e Sokol, 1999; Domingos et al., 2001). O ácido retinoico (RA, do inglês, *retinoic acid*) também é visto em gradiente mais alto na extremidade posterior da placa neural e pode posteriorizar o tubo neural de forma dependente da concentração (Cho e De Robertis, 1990; Sive e Cheng, 1991; Chen et al., 1994; Pera et al., 2013). A sinalização do RA parece ser especialmente importante na padronização do rombencéfalo, pois parece interagir com os sinais FGF para ativar os genes *Hox* posteriores (Kolm et al., 1997; Dupé e Lumsden, 2001, Shiotsugu et al., 2004). RA também é decisivo ao permitir o crescimento da parte mais posterior do girino, a cauda. Os receptores para o RA são fatores de transcrição, e quando eles não estão ligados ao ácido retinoico, eles ligam correpressores que inibem a atividade de certos genes. No entanto, quando o RA se liga aos receptores, os correpressores são trocados por coativadores, e esses genes são ativamente transcritos (Chakravarti et al., 1996). Os receptores de RA não ligados do broto da cauda do girino em desenvolvimento mantêm um grupo de células mesodérmicas caudais indiferenciadas. À medida que o fronte da onda de síntese de RA se prolonga posteriormente, o ácido retinoico liga-se a esses receptores, e, após isso, essas células expressam genes *Hox* posteriores e se diferenciam em tecido somático, permitindo o crescimento da cauda (Janesick et al., 2014). Juntos, os gradientes de Wnt, FGF e RA de posterior para anterior atuam para determinar os limites dos genes *Hox* ao longo do eixo anteroposterior (Wacker et al., 2004; Durston et al., 2010a, b).

TÓPICO NA REDE 11.4 **GRADIENTES E EXPRESSÃO DO GENE *HOX***
Os mecanismos pelos quais os gradientes de Wnt, RA e FGFs especificam os genes *Hox* no ectoderma neural ainda não são consenso.

Especificando o eixo esquerda-direita

Embora o girino em desenvolvimento pareça exteriormente simétrico, vários órgãos internos, como o coração e o tubo intestinal, não estão igualmente distribuídos nos lados direito e esquerdo. Em outras palavras, além de seus eixos dorsoventral e anteroposterior, o embrião possui um eixo esquerdo-direito. Em todos os vertebrados estudados até agora, o evento crucial da formação do eixo esquerdo-direito é a expressão de um gene Nodal no mesoderma da placa lateral, no lado esquerdo do embrião. Em *Xenopus*, esse gene é o *Xnr1* (relacionado ao Nodal de *Xenopus* 1). Se a expressão de *Xnr1* for invertida (de modo a estar apenas no lado direito), a posição do coração (normalmente encontrada à esquerda) é invertida, assim como o enrolamento do intestino. Se *Xnr1* for expresso em ambos os lados, o enrolamento e o posicionamento do coração ficam aleatórios.

Contudo, o que limita a expressão de *Xnr1* no lado esquerdo? No Capítulo 8, vimos que o padrão esquerdo-direito nos caramujos era controlado por Pitx2 e Nodal e era regulado por proteínas do citoesqueleto que estavam ativas durante os primeiros ciclos de clivagem. O caso é semelhante em rãs, em que Pitx2 e Nodal parecem ser regulados pelo citoesqueleto. Em rãs, o citoesqueleto (principalmente a tubulina dos microtúbulos) tem sido implicado na padronização esquerda-direita. Durante a primeira clivagem dos embriões de *Xenopus*, as proteínas associadas à tubulina são fundamentais para a distribuição diferencial de produtos maternos nas futuras células dos lados esquerdo e direito (Lobikin et al., 2012). As mutações dos genes de tubulina causam defeitos de lateralidade em rãs (e em *C. elegans*), e a injeção de proteínas mutantes dominante-negativa de tubulina torna aleatório o posicionamento do coração e do intestino.

Esta lateralização original pode ser reforçada pela rotação no sentido horário dos cílios encontrados na região do organizador. Em *Xenopus*, esses cílios específicos são formados no lábio dorsal do blastóporo durante os estágios tardios da gastrulação (i.e., após a especificação original do mesoderma) (Schweickert et al., 2007; Blum et al., 2009). Ou seja, eles estão localizados na região posterior do embrião, no local onde o arquêntero ainda está se formando. Se a rotação desses cílios for bloqueada, a expressão de *Xnr1* não pode ocorrer no mesoderma, resultando em defeitos de lateralidade (Walentek et al., 2013).

Um dos principais genes ativados pela proteína Xnr1 parece codificar o fator de transcrição Pitx2, que normalmente é expresso apenas no lado esquerdo do embrião. Pitx2 persiste no lado esquerdo enquanto o coração e o intestino se desenvolvem, controlando suas respectivas posições. Se Pitx2 for injetado no lado direito de um embrião, ele também será expresso, e o posicionamento do coração e o enrolamento do intestino serão aleatórios (**FIGURA 11.31**; Ryan et al., 1998). Como veremos, o caminho pelo qual a proteína Nodal estabelece a polaridade esquerda-direita ao ativar Pitx2 no lado esquerdo é conservado em todas as linhagens de vertebrados.

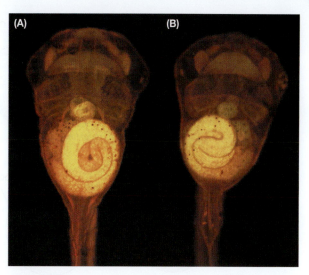

FIGURA 11.31 Pitx2 determina a direção do enrolamento cardíaco e do enrolamento intestinal. (A) Um girino de *Xenopus* selvagem visto do lado ventral, mostrando o enrolamento do coração para o lado direito e o enrolamento do intestino no sentido anti-horário. (B) Se um embrião for injetado com Pitx2, de forma que essa proteína fique presente no mesoderma dos lados direito e esquerdo (em vez de apenas no lado esquerdo), o enrolamento cardíaco e o enrolamento intestinal tornam-se aleatórios. Às vezes, esse tratamento resulta em reversões completas, como neste embrião, no qual o coração enrola para a esquerda e as torções intestinais estão no sentido horário. (De Ryan et al., 1998, cortesia de J. C. Izpisúa-Belmonte.)

Desenvolvimento inicial do peixe-zebra

Nos últimos anos, o peixe teleósteo (ósseo) *Danio rerio*, vulgarmente conhecido como peixe-zebra, juntou-se ao *Xenopus* como modelo amplamente estudado no desenvolvimento de vertebrados (ver Figura 11.1B). Apesar das diferenças em seus padrões de clivagem (os ovos de *Xenopus* são holoblásticos, dividindo o ovo inteiro, ao passo que o ovo de peixe cheio de vitelo é meroblástico, onde apenas uma pequena porção do citoplasma rico em vitelo forma células), *Xenopus* e *Danio* formam seus eixos corporais e especificam suas células por maneiras muito semelhantes.

O peixe-zebra tem grandes ninhadas, se reproduz durante todo o ano, é facilmente mantido, tem embriões transparentes que se desenvolvem fora da mãe (uma característica importante para a microscopia) e pode ser criado de forma que os mutantes possam ser prontamente descobertos e propagados no laboratório. Além disso, esses peixes se desenvolvem rapidamente. Em 24 horas após a fertilização, o embrião já formou a maior parte de seus primórdios de órgãos e exibe uma forma parecida com girino (**FIGURA 11.32**; ver Granato e Nüsslein-Volhard, 1996, Langeland e Kimmel, 1997). Além disso, a capacidade de microinjetar corantes fluorescentes em blastômeros individuais e de gerar

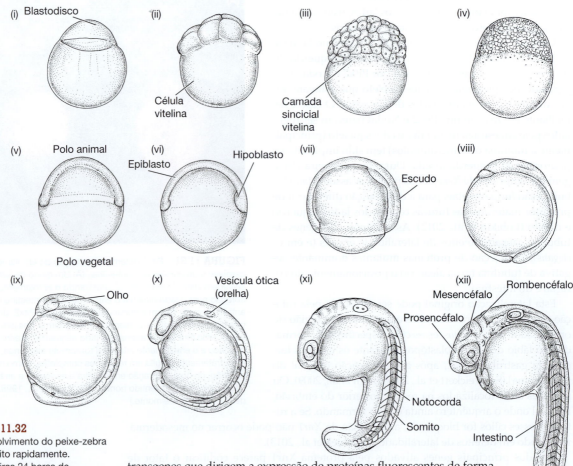

FIGURA 11.32
O desenvolvimento do peixe-zebra ocorre muito rapidamente. Nas primeiras 24 horas de embriogênese, mostradas aqui, o zigoto de 1 célula torna-se um embrião de vertebrado com uma forma semelhante ao girino. (De Langeland e Kimmel, 1997; desenhos de N. Haver.)

transgenes que dirigem a expressão de proteínas fluorescentes de forma específica a um determinado tipo celular permite que os cientistas sigam as células vivas individualmente à medida que um órgão se desenvolve.

O peixe-zebra é o primeiro vertebrado a ter sido estudado por rastreio de mutagênese intensiva. Tratando os pais com mutagênicos e cruzando seletivamente a progênie, os cientistas encontraram milhares de mutações cujos genes normalmente funcionais são críticos para o desenvolvimento. O método tradicional de rastreio genético (modelado segundo rastreios em larga escala em *Drosophila*) começa quando o peixe parental masculino é tratado com um mutagênico químico que causará mutações aleatórias em suas células germinativas. Cada macho mutagenizado é então acasalado com um peixe feminino selvagem para gerar os peixes F_1. Os indivíduos da geração F_1 carregam as mutações herdadas de seu pai. Se a mutação for dominante, ela será expressa na geração F_1. Se a mutação for recessiva, o peixe F_1 não mostrará um fenótipo mutante, uma vez que o alelo dominante selvagem mascarará a mutação. Os peixes F_1 são então cruzados com peixes selvagens para produzir uma geração F_2 que inclui machos e fêmeas que carregam o alelo mutante. Quando dois pais F_2 carregam a mesma mutação recessiva, há uma chance de 25% de que sua prole mostre o fenótipo mutante (**FIGURA 11.33**). Uma vez que o desenvolvimento do peixe-zebra ocorre de forma aberta (em oposição a dentro de uma casca opaca ou dentro do corpo da mãe), os estágios de desenvolvimento anormais podem ser facilmente observados, e os defeitos no desenvolvimento podem ser frequentemente atribuídos a mudanças em um grupo particular de células (Driever et al., 1996; Haffter et al., 1996). Recentemente, os métodos de análise de genes em larga escala e o sistema de edição do genoma CRISPR impulsionaram a análise do desenvolvimento do peixe-zebra, permitindo que as mutações em genes específicos fossem geradas, identificadas e procriadas rapidamente (ver Gonzales e Yeh, 2014; Vashney et al., 2015).

Pais

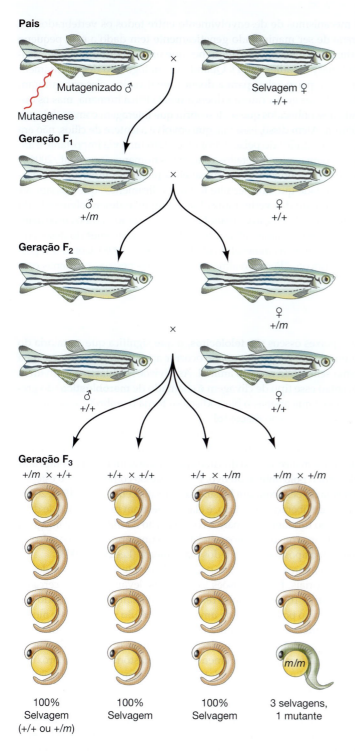

FIGURA 11.33 Protocolo de rastreio para identificar mutações no desenvolvimento do peixe-zebra. O pai é mutagenizado e acasalado com uma fêmea selvagem (+/+). Se alguns dos espermatozoides do macho carregarem um alelo mutante recessivo (m), então parte da progênie F_1 do acasalamento herdará esse alelo. Os indivíduos da F_1 (aqui mostrados como um macho portador do alelo mutante, m) são, então, acasalados com parceiros selvagens. Isso cria uma geração F_2 em que alguns machos e algumas fêmeas carregam o alelo mutante recessivo. Quando os peixes F_2 acasalam, aproximadamente 25% de sua prole mostrará o fenótipo mutante. (Segundo Haffter et al., 1996.)

Como os embriões de *Xenopus*, os embriões de peixe-zebra são suscetíveis a moléculas de morfolino antissenso (Zhong et al., 2001), e os pesquisadores podem usar esse método para testar se um determinado gene é necessário para uma determinada função. Além disso, o gene repórter da proteína fluorescente verde pode ser fundido com promotores e estimuladores específicos de peixe-zebra e inserido nos embriões de peixe. Os peixes transgênicos resultantes expressam GFP nos mesmos momentos e lugares que as proteínas endógenas controladas por essas sequências reguladoras. O incrível é que se pode observar a proteína repórter em embriões transparentes vivos (**FIGURA 11.34**).

(A)

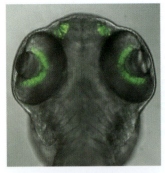

(B)

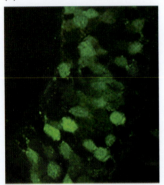

FIGURA 11.34 O gene da proteína fluorescente verde (GFP, do inglês, *green fluorescent protein*) foi inserido na região reguladora do gene *sonic hedgehog* de um peixe-zebra. Como resultado, a GFP foi sintetizada por todo o lado onde é normalmente expressa a proteína Hedgehog no embrião de peixe. (A) Na cabeça, a GFP é vista na retina em desenvolvimento e nos placoides nasais. (B) Uma vez que a GFP é expressa por células individuais, os cientistas podem ver com precisão quais células produzem GFP e, portanto, quais células normalmente transcrevem o gene de interesse (neste caso, *sonic hedgehog* na retina). (Fotos por cortesia de U. Strahle e C. Neumann.)

A semelhança dos mecanismos de desenvolvimento entre todos os vertebrados e a habilidade do *Danio rerio* de ser manipulado geneticamente tem dado a esse pequeno peixe um papel importante na investigação dos genes que operam durante o desenvolvimento humano (Mudbhary e Sadler, 2011). Quando os biólogos do desenvolvimento examinaram mutantes de peixe-zebra para a doença renal cística, eles encontraram 12 genes diferentes. Dois desses genes causam doença renal cística humana, mas os outros 10 eram genes ainda desconhecidos que se descobriu que interagem com os dois primeiros em uma via comum. Além disso, essa via, que envolve a síntese de cílios, não era o que se esperava. Assim, os estudos do peixe-zebra revelaram uma via importante e anteriormente desconhecida para explorar defeitos congênitos humanos (Sun et al., 2004).

Os embriões de peixe-zebra também são permeáveis a pequenas moléculas colocadas na água – uma propriedade que nos permite testar medicamentos que possam ser prejudiciais ao desenvolvimento dos vertebrados. Por exemplo, o desenvolvimento do peixe-zebra pode ser alterado pela adição de etanol ou ácido retinoico, ambos produzindo malformações nos peixes que se assemelham às conhecidas síndromes do desenvolvimento humano causadas por essas moléculas (Blader e Strähle, 1998). Como um pesquisador de peixe-zebra brincou, "Peixes realmente são apenas pessoas pequenas com barbatanas" (Bradbury, 2004).

Clivagem

Os ovos da maioria dos peixes ósseos são **telolécitos**, o que significa que a maioria do citoplasma é ocupada por vitelo. A clivagem pode ocorrer apenas no **blastodisco**, uma região fina de citoplasma sem vitelo no polo animal. As divisões celulares não dividem completamente o ovo, então esse tipo de clivagem é chamado de **meroblástico** (do grego, *meros*, "parte"). Uma vez que apenas o blastodisco se torna o embrião, esse tipo de clivagem meroblástica é referido como **discoidal**.

Micrografias eletrônicas de varredura mostram lindamente a natureza incompleta da clivagem meroblástica discoidal em ovos de peixe (**FIGURA 11.35**). As ondas de cálcio iniciadas na fertilização estimulam a contração do citoesqueleto de actina para e comprimir o citoplasma sem vitelo para o polo animal do ovo. Esse processo converte o ovo esférico em uma estrutura em forma de pera com um blastodisco apical (Leung et al., 1998, 2000). No peixe, há muitas ondas de liberação de cálcio, e elas orquestram os processos de divisão celular. Os íons cálcio são fundamentais para a coordenação da mitose. Eles integram os movimentos do fuso mitótico com os do citoesqueleto de actina, aprofundam o sulco da clivagem e selam a membrana após a separação dos blastômeros (Lee et al., 2003).

As primeiras divisões celulares seguem um padrão altamente reprodutível de clivagens meridionais e equatoriais. Essas divisões são rápidas, levando apenas cerca de 15 minutos cada. As primeiras 10 divisões ocorrem sincronizadamente, formando um montículo de células que fica no polo animal de uma grande **célula vitelina**. Este monte de células constitui o **blastoderma**. Inicialmente, todas as células mantêm alguma conexão aberta entre si e com a célula vitelina subjacente, de modo que moléculas de tamanho moderado (17 kDa) podem passar livremente de um blastômero para o próximo (Kane e Kimmel, 1993; Kimmel e Law, 1985). Notavelmente, à medida que as células-filhas se afastam umas das outras, muitas vezes elas mantêm essas pontes através de túneis longos que conectam as células (Caneparo et al., 2011).

As mutações de efeito materno mostraram a importância das proteínas e dos mRNAs dos ovócitos para a polaridade embrionária, divisão celular e formação de eixos (Dosch et al., 2004; Langdon e Mullins, 2011). Como nas rãs, os microtúbulos são caminhos importantes ao longo dos quais os determinantes morfogenéticos se deslocam, e os mutantes maternos que afetam a formação do citoesqueleto dos microtúbulos impedem o posicionamento normal do sulco da clivagem e dos mRNAs no embrião inicial (Kishimoto et al., 2004).

Os embriões de peixe, como muitos outros embriões, passam por uma transição de blástula média (vista no peixe-zebra em torno da décima divisão celular) quando a transcrição dos genes zigóticos começa, as divisões celulares ficam lentas e os movimentos celulares tornam-se evidentes (Kane e Kimmel, 1993). Neste momento, três populações

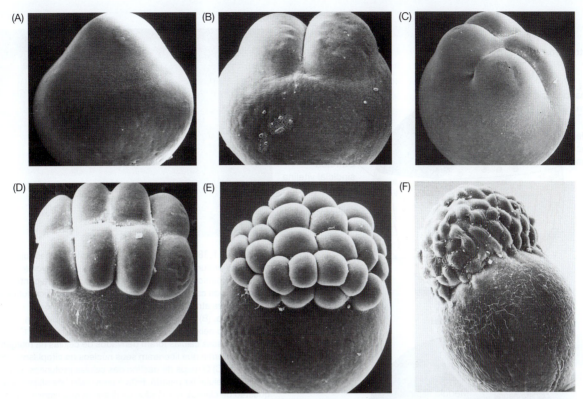

FIGURA 11.35 Clivagem meroblástica discoidal em um ovo de peixe-zebra. (A) embrião de 1 célula. O montículo no topo do citoplasma é o blastodisco. (B) Embrião de 2 células. (C) Embrião de 4 células. (D) embrião de 8 células, no qual são formadas duas linhas de quatro células. (E) Embrião de 32 células. (F) embrião de 64 células, onde o blastodisco pode ser visto em cima da célula vitelina. (De Beams e Kessel, 1976, cortesia dos autores.)

celulares distintas podem ser distinguidas. A primeira delas é a **camada sincicial vitelina**, ou **YSL** (do inglês, *yolk sincicial layer*) (Agassiz e Whitman, 1884; Carvalho e Heisenberg, 2010). A YSL não contribuirá com células ou núcleos para o embrião, mas é fundamental para gerar o organizador do peixe, padronizar o mesoderma e guiar a epibolia do ectoderma sobre o embrião (Chu et al., 2012). A YSL é formada no décimo ciclo celular, quando as células da borda vegetal do blastoderma se fundem com a célula vitelina subjacente. Essa fusão produz um anel de núcleos na parte do citoplasma da célula vitelina que fica logo abaixo do blastoderma. Mais tarde, à medida que o blastoderma se expande vegetalmente para cercar a célula vitelina, alguns núcleos sinciciais de vitelo se moverão sob o blastoderma para formar a **YSL interna** (**iYSL**), e outros núcleos se moverão vegetalmente, mantendo-se à frente da margem do blastoderma, para formar a **YSL externa** (**eYSL**; **FIGURA 11.36A, B**). A YSL será importante para dirigir alguns dos movimentos celulares da gastrulação.

A segunda população distinguível de células na transição da blástula média é a **camada envolvente** (**EVL**, do inglês, *enveloping layer*). Ela é constituída pelas células mais superficiais do blastoderma, que formam uma folha epitelial com espessura de uma camada de célula. A EVL é uma cobertura protetora que é eliminada após 2 semanas. Ela permite que o embrião se desenvolva em uma solução hipotônica (como água doce) que, de outra forma, estouraria as células (Fukazawa et al., 2010). Entre a EVL e a YSL está o terceiro conjunto de blastômeros, as **células profundas**, que dão origem ao embrião propriamente.

O destino das células do blastoderma inicial não está determinado, e estudos de linhagem celular (em que um corante fluorescente não difundível é injetado em uma célula para que seus descendentes possam ser seguidos) mostram que há muita mistura celular durante a clivagem. Além disso, qualquer um desses blastômeros iniciais pode dar origem a uma variedade imprevisível de descendentes de tecidos (Kimmel e Warga, 1987; Helde et al., 1994). Um mapa de destino das células do blastoderma pode ser feito pouco antes do início da gastrulação. Neste momento, as células em regiões específicas do embrião dão origem a certos tecidos de forma altamente previsível (**FIGURA 11.36C**; ver também Figura 1.11), embora permaneçam plásticas, e os destinos das células podem mudar se o tecido for enxertado em um novo local.

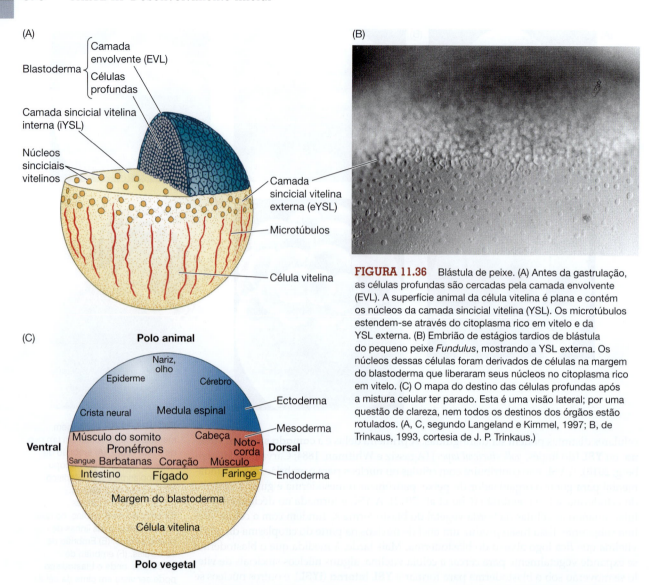

FIGURA 11.36 Blástula de peixe. (A) Antes da gastrulação, as células profundas são cercadas pela camada envolvente (EVL). A superfície animal da célula vitelina é plana e contém os núcleos da camada sincicial vitelina (YSL). Os microtúbulos estendem-se através do citoplasma rico em vitelo e da YSL externa. (B) Embrião de estágios tardios de blástula do pequeno peixe *Fundulus*, mostrando a YSL externa. Os núcleos dessas células foram derivados de células na margem do blastoderma que liberaram seus núcleos no citoplasma rico em vitelo. (C) O mapa do destino das células profundas após a mistura celular ter parado. Esta é uma visão lateral; por uma questão de clareza, nem todos os destinos dos órgãos estão rotulados. (A, C, segundo Langeland e Kimmel, 1997; B, de Trinkaus, 1993, cortesia de J. P. Trinkaus.)

Gastrulação e formação dos folhetos germinativos

Todas as três camadas do blastoderma do peixe-zebra sofrem epibolia. O primeiro movimento celular da gastrulação de peixes é a epibolia das células do blastoderma sobre o vitelo, e acredita-se que isso seja controlado tanto por proteínas maternas (como a Eomesodermin) quanto por novas proteínas transcritas a partir dos núcleos da YSL (Du et al., 2012). Na fase inicial desse movimento, as células profundas do blastoderma movem-se para fora, intercalando com as células mais próximas da superfície do embrião, e a célula vitelina (com seus núcleos sinciciais) empurra para cima (Warga e Kimmel, 1990). Esta intercalação de células causa um achatamento da "cúpula" das células do blastoderma (**FIGURA 11.37A**).

PROGRESSÃO DA EPIBOLIA Quando cerca de metade do vitelo está coberto, um novo conjunto de movimentos é iniciado. Os núcleos da YSL dividem-se de tal forma que alguns núcleos (que constituem a YSL externa, ou eYSL) permanecem no córtex superior da célula vitelina, enquanto a iYSL (YSL interna) fica embaixo do blastoderma. A camada de envelope é fortemente unida à iYSL pela E-caderina e pelas junções oclusivas (Shimizu et al., 2005a; Siddiqui et al., 2010) e é arrastada ventralmente à medida que os núcleos da iYSL migram "para baixo". Esta migração vegetal da margem do blastoderma dependente da epibolia da YSL pode ser demonstrada pela separação dos

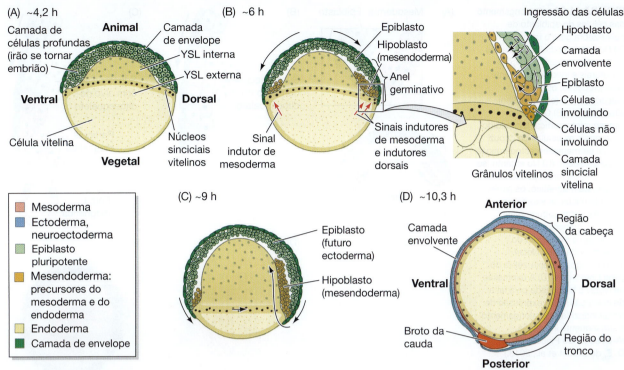

(A) ~4,2 h

Camada de células profundas (irão se tornar embrião)

Animal

Ventral

Camada de envelope

YSL interna

YSL externa

Dorsal

Célula vitelina

Núcleos sinciciais vitelinos

Vegetal

(B) ~6 h

Epiblasto

Hipoblasto (mesendoderma)

Anel germinativo

Sinal indutor de mesoderma

Sinais indutores de mesoderma e indutores dorsais

Ingressão das células

Hipoblasto

Camada envolvente

Epiblasto

Células involuindo

Células não involuindo

Camada sincicial vitelina

Grânulos vitelinos

- Mesoderma
- Ectoderma, neuroectoderma
- Epiblasto pluripotente
- Mesendoderma: precursores do mesoderma e do endoderma
- Endoderma
- Camada de envelope

(C) ~9 h

Epiblasto (futuro ectoderma)

Hipoblasto (mesendoderma)

(D) ~10,3 h

Anterior

Camada envolvente

Ventral

Broto da cauda

Posterior

Região da cabeça

Dorsal

Região do tronco

FIGURA 11.37 Movimentos celulares durante a gastrulação do peixe-zebra. (A) O blastoderma com epibolia concluída a 30% (cerca de 4,7 horas). (B) Formação do hipoblasto, quer por involução de células na margem do blastoderma em epibolia, quer por delaminação e ingressão de células do epiblasto (6 h). Uma aproximação da região marginal está à direita. (C) À medida que a epibolia ectodérmica se aproxima do término, o hipoblasto, contendo os precursores do mesoderma e do endoderma, começa a cobrir o vitelo. (D) Conclusão da gastrulação (10,3 h). Os folhetos germinativos (endoderma amarelo, ectoderma azul, mesoderma vermelho) estão presentes. (Segundo Driever, 1995; Langeland e Kimmel, 1997; Carvalho e Heisenberg, 2010; Lepage e Bruce, 2010.)

anexos entre a YSL e a EVL. Quando isso é feito, a EVL e as células profundas recuam para o topo do vitelo, enquanto a YSL continua a sua expansão em torno da célula vitelina (Trinkaus 1984, 1992).

A migração da YSL ventralmente depende parcialmente da expansão dessa camada por divisão celular e intercalação e, em parte, da rede citoesquelética dentro da célula vitelina (ver Lepage e Bruce, 2010). Uma banda de actinomiosina se forma na eYSL, no limite entre a YSL e a EVL. Ela puxa a YSL/EVL em sua conexão vegetal por meio de contração e fricção (Behrndt et al., 2012). Enquanto isso, os núcleos eYSL parecem migrar pelos microtúbulos alinhados ao longo do eixo animal-vegetal da célula vitelina, presumivelmente puxando a iYSL e a EVL que a acompanha sobre a célula vitelina. (Radiação ou drogas que bloqueiam a polimerização da tubulina retardam a epibolia; Strahle e Jesuthasan, 1993; Solnica-Krezel e Driever, 1994.) No fim da gastrulação, toda a célula vitelina é coberta pelo blastoderma.

INTERNALIZAÇÃO DO HIPOBLASTO Depois que as células do blastoderma cobriram cerca de metade da célula vitelina do peixe-zebra, um espessamento ocorre ao longo da margem das células profundas. Este espessamento, chamado de **anel germinativo**, é composto de uma camada superficial, o epiblasto (que se tornará o ectoderma); e uma camada interna, o **hipoblasto** (que se tornará endoderma e mesoderma). O hipoblasto forma-se em uma "onda" sincronizada de internalização (Keller et al., 2008) que tem algumas características de ingressão (principalmente na região dorsal; ver Carmany-Rampey e Schier 2001) e alguns elementos de involução (sobretudo nas futuras regiões ventrais). Assim, à medida que as células do blastoderma fazem epibolia ao redor do vitelo, elas também estão internalizando células na margem do blastoderma para formar o hipoblasto. As células epiblásticas (o ectoderma prospectivo) não involuem, ao passo que as células profundas – o futuro mesoderma e endoderma – involuem (Figura 11.37 B, C). À medida que as células do hipoblasto se internalizam, as células do futuro mesoderma (a maioria das células do hipoblasto) migraram inicialmente vegetalmente enquanto proliferam para fazer novas células do mesoderma. Mais tarde, eles alteram a direção e seguem em direção ao polo animal. Os precursores endodérmicos, no entanto, parecem se mover aleatoriamente sobre o vitelo (Pézeron et al., 2008). A coordenação da

FIGURA 11.38 O alongamento das células do epiblasto de peixe-zebra gera o mesoderma. (A) Durante a epibolia, as células na fronteira sofrem alterações estruturais e involuem. Durante esse processo, os genes mesodérmicos (em vermelho) são ativados. (B) Quando o citoesqueleto cortical é impedido de contrair, as células do capuz animal permanecem ectodérmicas e não involuem. (C) No entanto, se essas células forem puxadas por um campo magnético, os genes mesodérmicos se expressam. (D, E) As vistas circumpolares de B e C, respectivamente, visualizam a expressão do gene mesodérmico *Notail* (o homólogo do peixe-zebra do gene *Brachyury*). (D) A expressão de *Notail* é bloqueada pela falta de involução. (E) A expressão de *Notail* induzida pelo alongamento e subsequente involução. (A-C, segundo Piccolo, 2013; D, E, de Brunet et al., 2013.)

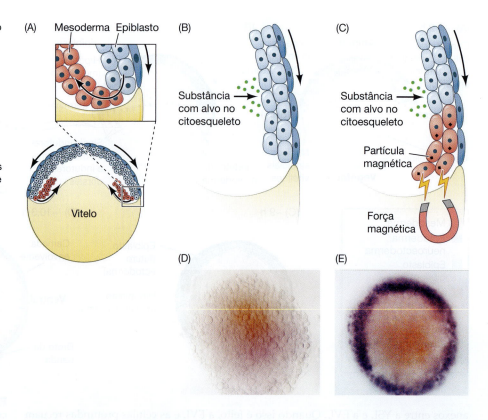

migração e especificação celular é realizada por forças físicas e não por produtos químicos. Quando o citoesqueleto cortical é perturbado por fármacos, as células não conseguem girar e os genes mesodérmicos não são ativados. No entanto, se forem injetadas partículas magnéticas nas células antes de serem atingidas pelos fármacos, elas podem ser rebocadas mecanicamente à volta do embrião. As células não involuem, mas os genes mesodérmicos são ativados. Assim, durante o desenvolvimento normal, a epibolia e a especificação celular podem ser coordenados pelo estresse mecânico da involução (**FIGURA 11.38**; Brunet et al., 2013).

O ESCUDO EMBRIONÁRIO E A QUILHA NEURAL   Uma vez formado o hipoblasto, as células do epiblasto e do hipoblasto intercalam-se no futuro lado dorsal do embrião para formar um espessamento localizado, o **escudo embrionário** (Schmitz e Campos-Ortega, 1994). Neste local, as células convergem e se estendem anteriormente, estreitando ao longo da linha dorsal (**FIGURA 11.39A**). Esta extensão convergente no hipoblasto forma o cordo-mesoderma, o precursor da notocorda (Trinkaus, 1992; **FIGURA 11.39B, C**). Esta extensão convergente é semelhante à discutida em *Xenopus*, e é realizada de maneira semelhante, pela via de polaridade da célula planar mediada por Wnt (ver Vervenne et al., 2008).

> **ASSISTA AO DESENVOLVIMENTO 11.6**   Assista a extensão convergente, quando a "bola" das células é convertida em uma estrutura com um eixo anteroposterior alongado definitivo.

Como veremos, o escudo embrionário é funcionalmente equivalente ao lábio dorsal do blastóporo dos anfíbios, uma vez que pode organizar um eixo embrionário secundário quando transplantado para um embrião hospedeiro (Oppenheimer, 1936; Ho, 1992). As células adjacentes ao cordomesoderma – as células do mesoderma paraxial – são as precursoras dos somitos mesodérmicos (ver Capítulo 17). A convergência e a concomitante extensão do epiblasto trazem as futuras células neurais do epiblasto para a linha média dorsal, onde formam a **quilha neural**. A quilha neural, uma banda de

(A)

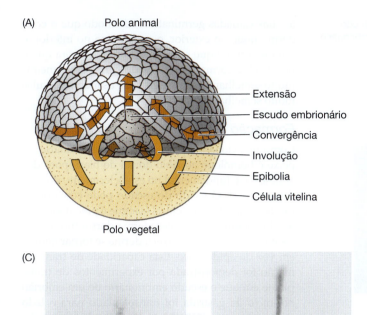

Polo animal

— Extensão
— Escudo embrionário
— Convergência
— Involução
— Epibolia
— Célula vitelina

Polo vegetal

(B)

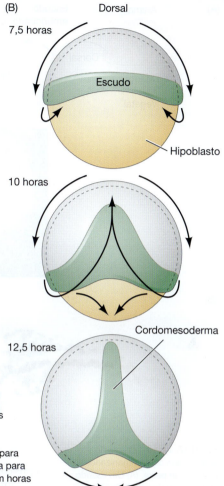

Dorsal

7,5 horas

Escudo

Hipoblasto

10 horas

Cordomesoderma

12,5 horas

Ventral

(C)

FIGURA 11.39   Convergência e extensão na gástrula do peixe-zebra. (A) Vista dorsal dos movimentos de convergência e extensão durante a gastrulação do peixe-zebra. A epibolia expande o blastoderma sobre o vitelo; a involução e a ingressão geram o hipoblasto; a convergência e a extensão levam as células hipoblásticas e epiblásticas para o lado dorsal para formar o escudo embrionário. Dentro do escudo, a intercalação estende o cordomesoderma para o polo animal. (B) Modelo da formação do mesendoderma (hipoblasto). Os números indicam horas após a fertilização. No futuro lado dorsal, as células internalizadas passam por uma extensão convergente para formar o cordomesoderma (notocorda) e o mesoderma paraxial (somítico) adjacente a ele. No lado ventral, as células hipoblásticas migram com o epiblasto fazendo epibolia em direção ao polo vegetal, convergindo para lá no final. (C) Extensão convergente das células do cordomesoderma do hipoblasto. Essas células são marcadas pela expressão do gene *no-tail* (áreas escuras) que codificam um fator de transcrição T-box. (A, C, de Langeland e Kimmel, 1997, cortesia dos autores; B, segundo Keller et al., 2001.)

precursores neurais que se estende sobre o mesoderma axial e paraxial, desenvolve depois um lúmen parecido com fenda e se torna o tubo neural dentro do embrião.[7] As células que permanecem no epiblasto tornam-se a epiderme. No lado ventral (ver Figura 11.39B), o anel de hipoblasto move-se em direção ao polo vegetal, migrando diretamente sob o epiblasto que está fazendo epibolia sobre a célula vitelina. Ao fim, o anel fecha-se no polo vegetal, completando a internalização das células que se tornarão mesoderma e endoderma (Keller et al., 2008).

ASSISTA AO DESENVOLVIMENTO 11.7   Assista duas visões separadas da neurulação do peixe-zebra, bem como o impressionante vídeo do Dr. Rolf Karlson que mostra o desenvolvimento do peixe-zebra.

Por diferentes mecanismos, o ovo do *Xenopus* e o ovo do peixe-zebra atingiram o mesmo estado: tornaram-se multicelulares; eles sofreram gastrulação; e eles posicionaram

---

[7] Isso é diferente da formação do tubo neural em embriões de rã e é provavelmente equivalente à formação do tubo neural "secundário" na parte posterior dos embriões de mamífero (ver Capítulo 13).

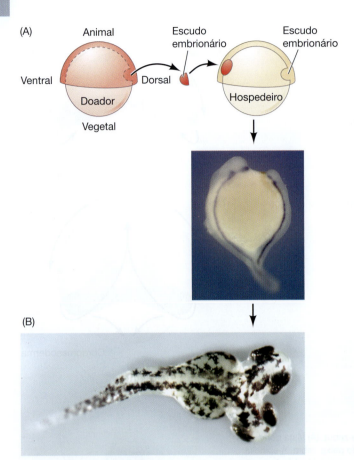

(A)

Animal

Ventral | Dorsal

Doador

Vegetal

Escudo embrionário

Escudo embrionário

Hospedeiro

(B)

FIGURA 11.40 O escudo embrionário como organizador no embrião de peixe. (A) Um escudo embrionário doador (cerca de 100 células de um embrião corado) é transplantado em um embrião hospedeiro no mesmo estágio inicial da gástrula. O resultado são dois eixos embrionários unidos pela célula vitelina do hospedeiro. Na fotografia, ambos os eixos foram corados para o mRNA de *sonic hedgehog*, que é expresso na linha média ventral. (O embrião à direita é o eixo secundário.) (B) O mesmo efeito pode ser conseguido ativando a β-catenina nuclear nos embriões nos locais opostos onde o escudo embrionário se formará. (A, segundo Shinya et al., 1999, foto por cortesia dos autores; B, cortesia de J. C. Izpisúa-Belmonte.)

as suas camadas germinativas, de modo que o ectoderma fique no exterior, o endoderma no interior, e o mesoderma fique entre eles. Veremos agora que o peixe-zebra forma seus eixos do corpo de maneiras muito semelhantes às de *Xenopus* e usando moléculas muito semelhantes.

Formação do eixo dorsoventral

Como mencionado acima, o escudo embrionário do peixe é homólogo ao lábio dorsal do blastóporo dos anfíbios, e é fundamental no estabelecimento do eixo dorsoventral. O tecido do escudo pode converter o mesoderma lateral e ventral (sangue e precursores do tecido conjuntivo) em mesoderma dorsal (notocorda e somitos), e pode fazer o ectoderma se tornar neural, em vez de epidérmico. Esta capacidade de transformação foi demonstrada por experimentos de transplante em que o escudo embrionário de um embrião no início da gástrula foi transplantado para o lado ventral de outro (**FIGURA 11.40**; Oppenheimer, 1936; Koshida et al., 1998). Dois eixos foram formados, compartilhando uma mesma célula vitelina. Embora a placa pré-cordal e a notocorda tenham derivado do escudo embrionário do doador, os outros órgãos do eixo secundário vieram dos tecidos do hospedeiro, que normalmente formariam estruturas ventrais. O novo eixo foi induzido pelas células doadoras.

Como o lábio do blastóporo de anfíbio, o escudo embrionário forma a placa pré-cordal e a notocorda do embrião em desenvolvimento. As células da placa pré-cordal são as primeiras a involuir, e elas migram para o polo animal (Dumortier et al., 2012). A placa pré-cordal e notocorda prospectivas são responsáveis por induzir o ectoderma a tornar-se ectoderma neural, e elas parecem fazer isso de maneira muito parecida com as estruturas homólogas nos anfíbios.[8] Como nos anfíbios, os peixes induzem a epiderme com BMPs (principalmente BMP2B) e proteínas Wnt (principalmente Wnt8) feitas nas regiões ventral e laterais do embrião (ver Schier, 2001; Tucker et al., 2008). As notocordas do peixe-zebra e do *Xenopus* secretam fatores (os homólogos de *chordin*, *noggin* e *follistatin*) que bloqueiam essa indução, permitindo, assim, que o ectoderma se torne neural (Dal-Pra, 2006). Como nos anfíbios, os FGF produzidos no lado dorsal do embrião também inibem a expressão dos genes BMP (Fürthauer et al., 2004; Tsang et al., 2004; Little e Mullins, 2006). Na região caudal do embrião, a sinalização do FGF é provavelmente o especificador neural predominante (Kudoh et al., 2004). E, como em *Xenopus*, fatores de crescimento semelhantes à insulina (IGFs) também desempenham um papel na produção da placa neural anterior. Os IGF de peixe-zebra parecem aumentar os níveis de *chordin* e *goosecoid*, enquanto restringem a expressão de *bmp2b*. Embora os IGFs pareçam ser feitos em todo o embrião, durante a gastrulação, os receptores de IGF são encontrados predominantemente na porção anterior do embrião (Eivers et al., 2004). Também os inibidores de Wnt parecem desempenhar papéis na formação da cabeça. Quando morfolinos antissenso são utilizados para causar a baixa de Wnt3a e de Wnt8 nos embriões de peixe-zebra gastrulando, as estruturas do tronco sofrem anteriorização (Shimizu et al., 2005b).

---

[8] Outra semelhança entre os organizadores de anfíbios e peixe é que eles podem ser duplicados, girando o ovo e alterando a orientação dos microtúbulos (Fluck et al., 1998). Uma diferença no desenvolvimento axial desses grupos é que, nos anfíbios, a placa pré-cordal é necessária para induzir a formação do cérebro anterior. No peixe-zebra, embora a placa pré-cordal pareça ser necessária para formar estruturas neurais ventrais, as regiões anteriores do cérebro podem se formar na sua ausência (Schier et al., 1997; Schier e Talbot, 1998).

Todavia, no peixe, pode haver outra fonte importante de organização: o lábio inteiro do blastóporo. Lembre-se que o blastóporo de um peixe se estende ao redor de toda a célula vitelina. O lábio dorsal (o escudo) induz as estruturas da cabeça quando colocado na região ventral da margem do blastóporo. No entanto, não induzirá nenhuma estrutura nos tecidos vizinhos, quando colocado no capuz animal de uma blástula, que contém células completamente indiferenciadas. Quando um enxerto do lábio ventral do blastóporo é colocado nas células do capuz animal, é formada uma estrutura de cauda bem organizada, com epiderme, somitos, tubo neural, mas sem mesoderma dorsal (Agathon et al., 2003). Grande parte dessa estrutura é induzida a partir de tecido hospedeiro. Portanto, o lábio ventral do blastóporo no peixe-zebra é um "organizador de cauda". As células dos lábios laterais do blastóporo induzem estruturas de tronco e cabeça posterior, contendo tecido notocordal. Além disso, esses tecidos transplantados não expressam BMPs, Wnts ou seus antagonistas.

Parece, portanto, que, além do clássico organizador do escudo, todo o lábio do blastóporo parece envolvido na formação da cabeça posterior, do tronco e da cauda através de outros meios. Este segundo conjunto de fatores determinantes de eixo parece ser um gradiente duplo das proteínas Nodal e BMP (Fauny et al. 2009; Thisse e Thisse, 2015). Ao longo do lábio do blastóporo, da margem ventral à dorsal, existe uma gradação contínua na proporção de BMP em relação à atividade Nodal. BMP é mais alto na margem ventral, baixo dorso lateralmente, e se aproxima de 0 no domínio mais dorsal, onde apenas Nodal está ativo. Assim, cada região labial do blastóporo é caracterizada por uma relação específica de atividade BMP/Nodal. Notavelmente, um eixo ectópico completo pode ser feito com a injeção de mRNA de Nodal em um dos blastômeros do capuz animal e com o mRNA de BMP em outra célula do capuz animal (Xu et al., 2014). Um gradiente é formado entre elas, e as células vizinhas respondem, construindo um novo eixo (**FIGURA 11.41**).

Além disso, ao injetar diferentes quantidades de mRNA de BMP e Nodal em uma única célula do capuz animal da blástula, pode-se imitar o efeito do lábio do blastóporo. Injeções de mRNAs com elevada proporção de BMP em relação a Nodal induzem a formação de novas caudas crescendo a partir do polo animal do embrião. O Wnt8, um morfógeno da região posterior, é produzido nessas células. A injeção de mRNAs com proporções decrescentes de BMP em relação a Nodal induz a formação de troncos secundários a partir destas células do polo animal. Quando Nodal e BMP são injetados nas mesmas quantidades, uma cabeça posterior é induzida (Thisse et al., 2000). Como mencionado em *Xenopus*, as proteínas nodais são fundamentais para a formação do organizador; e no peixe-zebra, a expressão ectópica de Nodal na margem ventral do blastóporo converterá o lábio ventral do blastóporo em um escudo, induzindo todo um eixo secundário. O escudo no peixe-zebra pode ser o "organizador da cabeça", enquanto as células distantes 180° se tornam o "organizador da cauda".

O motor para integrar os eixos BMP-Chordin e BMP-Nodal parece ser β-catenina. Como em *Xenopus*, a β-catenina ativa os genes *Nodal*. Além disso, a β-catenina ativa os genes que codificam FGFs e outros fatores que reprimem a expressão de BMP e Wnt no lado dorsal do embrião, ao mesmo tempo que ativam ali os genes para o *goosecoid*, *noggin* e *dickkopf* (Solnica-Krezel e Driever,

FIGURA 11.41 Correlação entre a posição relativa dos clones secretores de BMP e Nodal e a orientação do eixo embrionário secundário induzido no capuz animal. (A, B) Quando o vetor Nodal-BMP (flecha amarela em A) é paralelo ao eixo DV (seta branca) da margem embrionária (onde Nodal é forte dorsalmente, e BMP forte ventralmente), o eixo original (seta azul em B) e o eixo secundário (seta vermelha) são paralelos. (C, D) Quando o vetor Nodal-BMP é perpendicular ao eixo dorsoventral original, o eixo embrionário secundário cresce perpendicular ao eixo primário. (E, F) Quando o vetor Nodal-BMP é contrário ao do eixo dorsoventral original, os eixos primário e secundário crescem em direções opostas. sh, escudo embrionário (do inglês, *shield*). A, C e E são vistas do polo animal, no estágio do escudo; B, D e F são vistas laterais com 30 horas desde a fertilização. (De Xu et al., 2014, cortesia de C. Thisse.)

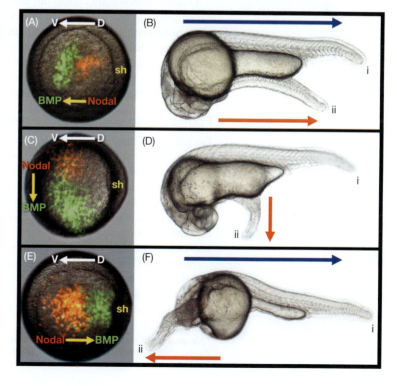

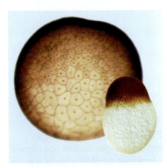

FIGURA 11.42 A β-catenina ativa os genes do organizador no peixe-zebra. (A) A localização nuclear da β-catenina marca o lado dorsal da blástula de *Xenopus* (imagem maior) e ajuda a formar o seu centro de Nieuwkoop abaixo do organizador. No estágio tardio da blástula do peixe-zebra (imagem menor), a localização nuclear da β-catenina é vista nos núcleos da camada sincicial vitelina, abaixo do futuro escudo embrionário. (Uma cortesia de S. Schneider.)

2001; Sampath et al., 1998; Gritsman et al., 2000; Schier e Talbot, 2001; Fürthauer et al., 2004; Tsang et al., 2004). Como em *Xenopus*, a β-catenina acumula-se especificamente nos núcleos destinados a se tornarem células dorsais (Langdon e Mullins, 2011). E, como em *Xenopus*, isso parece ser regulado por uma proteína Wnt materna, neste caso Wnt8a (Lu et al., 2011). A presença de β-catenina distingue a YSL dorsal das regiões YSL laterais e ventral[9] (**FIGURA 11.42**; Schneider et al. 1996), e a indução da acumulação de β-catenina no lado ventral do ovo resulta na sua dorsalização e em um segundo eixo embrionário (Kelly et al., 1995).

OS CIENTISTAS FALAM 11.4 O Dr. Bernard Thisse discute experimentos levando à noção de que o eixo dorsoventral do peixe-zebra é especificado por um gradiente de Nodal e BMP. A Dra. Christine Thisse discute a evidência de que um embrião inteiro pode ser gerado a partir de células pluripotentes com duas atividades opostas de gradiente.

Formação do eixo anteroposterior

O padrão do ectoderma neural ao longo do eixo anteroposterior no peixe-zebra parece ser o resultado da interação de FGFs, Wnts e ácido retinoico, semelhante ao observado em *Xenopus*. Em embriões de peixe, parece haver dois processos separados. Primeiro, um sinal Wnt reprime a expressão de genes anteriores; então Wnts, ácido retinoico e FGFs são necessários para ativar os genes posteriores.

Esta regulação da identidade anteroposterior parece ser coordenada pela **ácido retinoico-4-hidroxilase**, uma enzima que degrada o RA (Kudoh et al., 2002; Dobbs-McAuliffe et al., 2004). O gene que codifica essa enzima, *cyp26*, é expresso especificamente na região do embrião destinada a se tornar o extremo anterior. De fato, a expressão desse gene é vista pela primeira vez durante o estágio tardio da blástula e, no momento da gastrulação, ela define a futura placa neural anterior. A ácido retinoico-4-hidroxilase impede a acumulação de RA na extremidade anterior do embrião, bloqueando ali a expressão dos genes posteriores. Esta inibição é recíproca, uma vez que os FGFs e Wnts expressos posteriormente inibem a expressão do gene *cyp26*, além de inibir a expressão do gene *Otx2*, que especifica a cabeça. Esta inibição mútua cria uma borda entre a zona de expressão do gene posterior e a zona da expressão do gene anterior. À medida que a epibolia continua, mais e mais eixo do corpo é especificado para se tornar posterior.

O ácido retinoico atua como um morfógeno, regulando as propriedades das células dependendo da sua concentração. As células que recebem muito pouco RA expressam genes anteriores; as células que recebem níveis elevados de RA expressam genes posteriores; e as células que recebem níveis intermediários de RA expressam genes característicos das células entre as regiões anterior e posterior. Este morfógeno é extremamente importante no rombencéfalo onde diferentes níveis de RA especificam diferentes tipos de células ao longo do eixo anteroposterior (White et al., 2007).

Formação do eixo esquerda-direita

Em todos os vertebrados estudados, os lados direito e esquerdo diferem de forma anatômica e do desenvolvimento. Nos peixes, o coração está no lado esquerdo e existem diferentes estruturas nas regiões esquerda e direita do cérebro. Além disso, como em outros vertebrados, as células do lado esquerdo do corpo recebem essa informação pela sinalização Nodal e pelo fator de transcrição Pitx2. As maneiras pelas quais as diferentes classes de vertebrados realizam essa assimetria diferem, porém evidências recentes sugerem que as correntes produzidas por cílios móveis no nó podem ser responsáveis pela formação do eixo esquerda-direita em todas as classes de vertebrados (Okada et al., 2005).

No peixe-zebra, a estrutura Nodal que aloja os cílios que controlam a assimetria esquerda-direita é um órgão transitório cheio de líquido, chamado **vesícula de Kupffer**. Como mencionado anteriormente, a vesícula de Kupffer surge de um grupo de células dorsais perto do escudo embrionário, logo após a gastrulação. Essner e colaboradores

---

[9] Algumas das células endodérmicas que acumulam β-catenina irão se tornar precursoras das células ciliadas da vesícula de Kupffer (Cooper e D'Amico, 1996). Como discutiremos na seção final deste capítulo, essas células são fundamentais para a determinação do eixo esquerdo-direito do embrião.

(2002, 2005) foram capazes de injetar pequenas esferas na vesícula de Kupffer e observar a translocação delas de um lado da vesícula para o outro. Bloquear a função ciliar pelo impedimento da síntese de dineína ou por ablação dos precursores das células ciliadas resulta na formação anormal do eixo esquerdo-direito. Os cílios são responsáveis pela ativação específica do lado esquerdo da cascata de sinalização Nodal. Os genes-alvo de Nodal são muito importantes na instrução da migração de órgãos assimétricos e morfogênese no corpo (Rebagliati et al., 1998; Long et al., 2003).

> **ASSISTA AO DESENVOLVIMENTO 11.8** Veja o movimento rotativo dos cílios na vesícula de Kupffer do peixe-zebra.

Próxima etapa na pesquisa

O gradiente BMP-Nodal, tão vital para o desenvolvimento de anfíbios e peixes, pode ser extremamente importante em outros vertebrados (incluindo humanos) também. Além disso, qualquer campo de células pluripotentes (como células-tronco embrionárias humanas) pode responder aos gradientes de sinais BMP e Nodal?

Se for esse o caso, pode ser possível induzir morfogênese *in vitro* e organizar as células pluripotentes em estruturas totalmente funcionais. Conhecer os eventos que geram órgãos padronizados pelos gradientes de sinais pode ser um avanço importante para a medicina regenerativa.

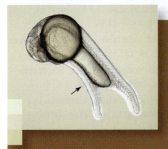

Considerações finais sobre a foto de abertura

O embrião do peixe-zebra na foto tem dois eixos corporais, um normal e um segundo eixo (seta) induzido pela adição de uma região de um embrião contendo altas quantidades de Nodal (ver p. 375). Novas teorias relativas à formação de gêmeos unidos levantam a hipótese de que, durante a gastrulação, a expressão ectópica de moléculas de sinalização como Nodal pode levar a uma nova formação de eixos. Os gêmeos unidos humanos (siameses) serão discutidos com mais detalhes no Capítulo 12. (Foto por cortesia de Christine Thisse.)

11 Resumo instantâneo
Desenvolvimento inicial nos anfíbios e peixes

1. A clivagem de anfíbios é holoblástica, mas é desigual devido à presença de vitelo no hemisfério vegetal.
2. A gastrulação dos anfíbios começa com a invaginação das células em garrafa, seguida da involução coordenada do mesoderma e da epibolia do ectoderma. A rotação vegetal desempenha um papel importante na direção da involução.
3. As forças motrizes para a epibolia ectodérmica e a extensão convergente do mesoderma são os eventos de intercalação nos quais várias camadas de tecido se fundem. A fibronectina desempenha um papel fundamental ao permitir que as células mesodérmicas migrem para dentro do embrião.
4. O lábio dorsal do blastóporo forma o tecido organizador da gástrula do anfíbio. Esse tecido dorsaliza o ectoderma, transformando-o em tecido neural e transformando o mesoderma ventral em mesoderma lateral e dorsal.
5. O organizador é formado pelo endoderma faríngeo, o mesoderma da cabeça, a notocorda e o tecido do lábio dorsal

do blastóporo. O organizador funciona secretando proteínas (Noggin, Chordin e Follistatin) que bloqueiam o sinal do BMP que, de outra forma, ventralizaria o mesoderma e ativaria os genes epidérmicos no ectoderma.
6. A especificação dorsoventral começa com mensagens e proteínas maternas armazenadas no citoplasma vegetal. Estes incluem fatores parácrinos semelhantes a Nodal, fatores de transcrição (como VegT) e agentes que protegem a β-catenina da degradação.
7. O organizador é ele mesmo induzido pelo centro de Nieuwkoop, localizado nas células vegetais mais dorsais. Esse centro é formado pela translocação das proteínas Disheveled e Wnt11 para o lado dorsal do ovo, para estabilizar β-catenina nas células dorsais do embrião.
8. O centro de Nieuwkoop é formado pela acumulação de β-catenina, que pode se complexar com Tcf3 para formar um complexo de transcrição que pode ativar a transcrição dos genes *siamois* e *twin* no lado dorsal do embrião.

9. As proteínas Siamois e Twin colaboram com os fatores de transcrição Smad2, que foram gerados pela via TGF-β (Nodal, Vg1) para ativar genes que codificam inibidores de BMP. Esses inibidores incluem os fatores secretados Noggin, Chordin e Follistatin, bem como o fator de transcrição Goosecoid.

10. Na presença de inibidores de BMP, as células ectodérmicas formam tecido neural. A ação de BMP nas células ectodérmicas faz elas se tornarem epiderme.

11. Na região da cabeça, um conjunto adicional de proteínas (Cerberus, Frzb, Dickkopf, Tiki) bloqueia o sinal Wnt proveniente do mesoderma ventral e lateral.

12. A sinalização Wnt causa um gradiente de β-catenina ao longo do eixo anteroposterior da placa neural, que parece especificar a regionalização do tubo neural.

13. Os fatores de crescimento semelhantes à insulina (IGFs) ajudam a transformar o tubo neural em tecido anterior (prosencéfalo).

14. O eixo esquerda-direita parece ser iniciado pela ativação de uma proteína Nodal unicamente no lado esquerdo do embrião. Em *Xenopus*, como em outros vertebrados, a proteína Nodal ativa a expressão de *pitx2*, o que é fundamental para distinguir o lado esquerdo do lado direito.

15. A clivagem no peixe é meroblástica. As células profundas do blastoderma formam-se entre a camada sincicial vitelina e a camada de envelope. Essas células profundas migram sobre o topo do vitelo, formando o hipoblasto e o epiblasto.

16. No futuro lado dorsal, o hipoblasto e o epiblasto intercalam-se para formar o escudo embrionário, uma estrutura homóloga ao organizador dos anfíbios. O transplante do escudo embrionário para o lado ventral de outro embrião fará com que se forme um segundo eixo embrionário.

17. Tanto em anfíbios quanto em peixes, o ectoderma neural pode se formar onde a indução mediada pelo BMP do tecido epidérmico é impedida. O escudo embrionário de peixe, como o labial dorsal do blastóporo dos anfíbios, secreta os antagonistas de BMP. Como o organizador de anfíbios, o escudo recebe suas capacidades sendo induzido por β-catenina e por células endodérmicas subjacentes que expressam fatores parácrinos relacionados com Nodal.

Leituras adicionais

Carron, C. and D. L. Shi. 2016. Specification of anterioposterior axis by combinatorial signaling during Xenopus development. Wiley Interdiscip. Rev. Dev. Biol. 5: 150–168.

Cho, K. W. Y., B. Blumberg, H. Steinbeisser and E. De Robertis. 1991. Molecular nature of Spemann's organizer: The role of the Xenopus homeobox gene goosecoid. Cell 67: 1111–1120.

De Robertis, E. M. 2006. Spemann's organizer and selfregulation in amphibian embryos. Nature Rev. Mol. Cell Biol. 7: 296–302.

Essner, J. J., J. D. Amack, M. K. Nyholm, E. B. Harris and H. J. Yost. 2005. Kupffer's vesicle is a ciliated organ of asymmetry in the zebrafish embryo that initiates left-right development of the brain, heart and gut. Development 132: 1247–1260.

Hontelez, S. and 6 others. 2015. Embryonic transcription is controlled by maternally defined chromatin state Nature Commun. 6: 10148.

Khokha, M. K., J. Yeh, T. C. Grammer and R. M. Harland. 2005. Depletion of three BMP antagonists from Spemann's organizer leads to catastrophic loss of dorsal structures. Dev. Cell 8: 401–411.

Langdon, Y. G. and M. C. Mullins. 2011. Maternal and zygotic control of zebrafish dorsoventral axial patterning. Annu. Rev. Genet. 45: 357–377.

Larabell, C. A. and 7 others. 1997. Establishment of the dorsal-ventral axis in Xenopus embryos is presaged by early asymmetries in β-catenin which are modulated by the Wnt signaling pathway. J. Cell Biol. 136: 1123–1136.

Lepage, E. S. and A. E. Bruce. 2010. Zebrafish epiboly: Mechanics and mechanisms. Int. J. Dev. Biol. 54: 1213–12211.

Niehrs, C. 2004. Regionally specific induction by the Spemann-Mangold organizer. Nature Rev. Genet. 5: 425–434.

Piccolo, S. and 6 others. 1999. The head inducer Cerberus is a multifunctional antagonist of Nodal, BMP, and Wnt signals. Nature 397: 707–710.

Reversade, B., H. Kuroda, H. Lee, A. Mays, and E. M. De Robertis. 2005. Deletion of BMP2, BMP4, and BMP7 and Spemann organizer signals induces massive brain formation in Xenopus embryos. Development 132: 3381–3392.

Spemann, H. and H. Mangold. 1924. Induction of embryonic primordia by implantation of organizers from a different species. (Trans. V. Hamburger.) In B. H. Willier and J. M. Oppenheimer (eds.), Foundations of Experimental Embryology. Hafner, New York, pp. 144–184. Reprinted in Int. J. Dev. Biol. 45: 13–311.

Winklbauer, R. and E. W. Damm. 2011. Internalizing the vegetal cell mass before and during amphibian gastrulation: Vegetal rotation and related movements. WIREs Dev Biol. Doi:10.1002/wdev.26.

Xu, P. F., N. Houssin, K. F. Ferri-Lagneau, B. Thisse and C. Thisse. 2014. Construction of a vertebrate embryo from two opposing morphogen gradients. Science 344: 87–89.

VISITE WWW.DEVBIO.COM...

... para Tópicos na Rede, entrevistas de Os Cientistas Falam, vídeos de Assista ao Desenvolvimento, Tutorial do Desenvolvimento e informação bibliográfica completa sobre toda a literatura citada neste capítulo.

Aves e mamíferos

ESTE CAPÍTULO FINAL SOBRE OS PROCESSOS INICIAIS DO DESENVOLVI-MENTO estende o nosso levantamento do desenvolvimento de vertebrados para incluir os **amniotas** – os vertebrados cujos embriões formam um âmnio, ou saco de água (i.e., répteis, aves e mamíferos). Aves e répteis seguem um padrão de desenvolvimento muito semelhante (Gilland e Burke, 2004; Coolen et al., 2008), e as aves são considerados pelos taxonomistas modernos como um clado reptiliano (**FIGURA 12.1A**).

O **ovo amniota** é caracterizado por um conjunto de membranas que, juntas, permitem ao embrião sobreviver em terra (**FIGURA 12.1B**). Primeiro, o **âmnio**, pelo qual o ovo amniota é nomeado, é formado no início do desenvolvimento embrionário e permite que o embrião flutue em um ambiente fluido que o protege da dessecação. Outra camada celular derivada do embrião, o **saco vitelínico**, permite a absorção de nutrientes e o desenvolvimento do sistema circulatório. O **alantoide**, que se desenvolve na extremidade posterior do embrião, armazena resíduos. O **córion** contém vasos sanguíneos que trocam gases com o ambiente externo. Em aves e na maioria dos répteis, o embrião e suas membranas estão fechados em uma casca dura ou coriácea, dentro da qual o embrião se desenvolve fora do corpo da mãe. A clivagem dos ovos de aves e répteis, como os peixes ósseos descritos no último capítulo, são meroblásticas, com apenas uma pequena porção do citoplasma do ovo sendo usada para fazer as células do embrião. A grande maioria do grande ovo é composta de vitelo, que nutrirá o embrião em crescimento.

Na maioria dos mamíferos, a clivagem holoblástica é modificada para acomodar a formação de uma **placenta**, um órgão contendo tecidos e vasos sanguíneos do embrião

Como este embrião de mamífero determina qual extremidade é a sua cabeça e qual é a sua cauda?

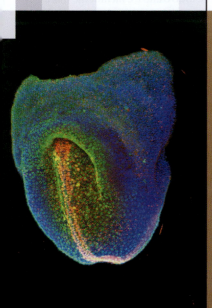

Destaque

As aves e os mamíferos começam o desenvolvimento de forma diferente. As aves têm uma clivagem meroblástica, e a clivagem de mamíferos é holoblástica. O pintinho forma uma camada de células em um grande corpo de vitelo, ao passo que os ovos de mamíferos relativamente livres de vitelo formam um blastocisto contendo uma camada externa (que se torna parte da placenta) e uma massa interna de célula, composta de células-tronco embrionárias (que formarão todas as células do embrião). A gastrulação é iniciada no nó, um local que provavelmente é determinado por processo físico, bem como por sinais químicos. As proteínas Nodal e Wnt são especialmente importantes para determinar o local onde ocorre a gastrulação, bem como para especificar a polaridade anteroposterior do embrião. O nó se estende pela linha primitiva, e as células da camada superior migram para, e através, dessa estrutura. As células que migram para dentro e através da linha se tornam o mesoderma e o endoderma. Aquelas que permanecem na superfície se tornam o ectoderma. O nó é muito semelhante ao lábio dorsal do blastóporo dos anfíbios, e moléculas similares estão envolvidas na sua formação.

(A)

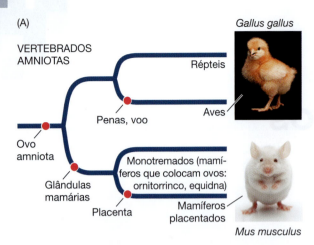

VERTEBRADOS
AMNIOTAS

Répteis

Gallus gallus

Penas, voo

Aves

Ovo
amniota

Monotremados (mamíferos que colocam ovos: ornitorrinco, equidna)

Glândulas
mamárias

Placenta

Mamíferos
placentados

Mus musculus

FIGURA 12.1 As membranas do ovo amniota são características de répteis, aves e mamíferos. (A) Relações filogenéticas dos amniotas. Observe que as aves são consideradas répteis pela maioria dos taxonomistas modernos, porém, para estudos fisiológicos, eles são frequentemente classificados em táxons separados. (Outros grupos de répteis voadores e emplumados não sobreviveram até o presente dia.) A galinha doméstica (*Gallus gallus*) é a espécie de ave mais amplamente estudada. Entre os mamíferos, o desenvolvimento do camundongo de laboratório *Mus musculus* é o mais amplamente estudado. Os estudos de aves e ratos contribuem para a nossa compreensão do desenvolvimento humano. (B) O ovo amniota com casca (como exemplificado pelo ovo de galinha à esquerda) permitiu que os animais se desenvolvessem longe dos corpos de água. O âmnio fornece um "saco de água", onde se desenvolve o embrião; o alantoide estoca os resíduos; e os vasos sanguíneos do córion trocam gases e nutrientes do saco vitelínico. Nos mamíferos (à direita), esse arranjo é modificado de forma que os vasos sanguíneos adquirem nutrientes e trocam gases através de uma placenta unida ao útero da mãe, e não no saco vitelínico. (Foto do pinto por cortesia de D. McIntyre; foto do camundongo © Antagain/iStock.)

(B)

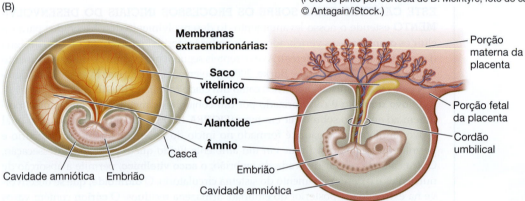

**Membranas
extraembrionárias:**

**Saco
vitelínico**

Córion

Alantoide

Âmnio

Casca

Cavidade amniótica   Embrião

Porção
materna da
placenta

Porção fetal
da placenta

Cordão
umbilical

Embrião

Cavidade amniótica

e da mãe. A troca de gás, a absorção de nutrientes e a eliminação de resíduos ocorrem através da placenta, permitindo que o embrião se desenvolva dentro de outro organismo.

TÓPICO NA REDE 12.1 **MEMBRANAS EXTRAEMBRIONÁRIAS** O embrião amniota é assistido por uma variedade de membranas que fornecem nutrição, proteção e serviços de eliminação de dejetos.

Desde Aristóteles, quem primeiro observou e registrou os detalhes da terceira semana do desenvolvimento da galinha doméstica (*Gallus gallus*), ela tem sido um organismo favorito para estudos de embriologia. Ela é acessível durante todo o ano e é facilmente mantida. Além disso, seu estágio do desenvolvimento pode ser predito com precisão em qualquer temperatura determinada, então, um grande número de embriões do mesmo estágio pode ser obtido e manipulado. A formação dos órgãos do pintinho é realizada por genes e movimentos celulares semelhantes aos da formação do órgão de mamífero, e o pintinho é um dos poucos organismos cujos embriões são propícios para manipulações cirúrgicas e genéticas (Stern, 2005a). Assim, o embrião de pintinho tem servido muitas vezes de modelo para embriões humanos, assim como o onipresente camundongo de laboratório.

O camundongo é o organismo escolhido para modelo de mamífero e é o assunto de muitos estudos envolvendo manipulação genética e cirúrgica. Além disso, o genoma do camundongo foi o primeiro genoma de mamífero a ser sequenciado, e, quando foi publicado pela primeira vez, muitos cientistas sentiram que ele era mais valioso do que conhecer a sequência do genoma humano. O seu raciocínio foi "trabalhar em modelos de camundongo permite a manipulação de cada gene para determinar suas funções" (Gunter e Dhand, 2002). Não podemos fazer isso com humanos. O desenvolvimento humano é um assunto de interesse médico, tanto quanto científico geral, no entanto, as últimas seções deste capítulo abordarão o desenvolvimento humano precoce, ilustrando a aplicação de muitos dos princípios que descrevemos em organismos-modelo.

Desenvolvimento inicial de aves

Clivagem em aves

A fertilização do ovo da galinha ocorre no oviduto da galinha, antes que a albumina ("clara do ovo") e a casca sejam secretadas para o cobrir. A clivagem ocorre durante o primeiro dia do desenvolvimento, enquanto o ovo ainda está dentro da galinha, e o embrião está avançando de zigoto para o estágio de blástula tardia (Sheng, 2014). Como no ovo do peixe-zebra, o ovo de galinha é telolécito, com um pequeno disco de citoplasma – o **blastodisco** – apoiado sobre um grande vitelo (**FIGURA 12.2A**). Como no ovo dos peixes, os ovos ricos em vitelo dos pássaros sofrem **clivagem meroblástica discoidal**. A clivagem ocorre apenas no blastodisco, que tem cerca de 2 a 3 mm de diâmetro e está localizado no polo animal do ovo. O primeiro sulco de clivagem aparece centralmente no blastodisco; as outras sequências seguem para criar um **blastoderma** (**FIGURA 12.2B, C**). Como no embrião de peixe, as clivagens não se estendem pelo citoplasma com vitelo, logo, as células geradas nas clivagens iniciais são contínuas umas com as outras e com o vitelo na sua base. Posteriormente, as divisões equatoriais e verticais dividem o blastoderma em um tecido com cerca de quatro camadas de células de espessura, com as células unidas por junções oclusivas (ver Figura12.2C; Bellairs et al., 1978; Eyal-Giladi, 1991; Nagai et al., 2015). A mudança da expressão gênica materna para zigótica ocorre em torno da sétima ou oitava divisão, quando existem cerca de 128 células (Nagai et al., 2015).

FIGURA 12.2 Clivagem meroblástica discoidal em um ovo de pintinho. (A) Os ovos de aves incluem algumas das maiores células conhecidas (polegadas, no total), mas a clivagem ocorre em apenas uma pequena região. O vitelo preenche todo o citoplasma do ovo, com exceção de um pequeno blastodisco, no qual terão lugar a clivagem e o desenvolvimento. A calaza são cordões de proteínas que mantêm a célula do ovo rica em vitelo centrada na concha. A albumina (a clara do ovo) é secretada no ovo em sua passagem para fora do oviduto. (B) Estágios precoces de clivagem vistos do polo animal (o futuro lado dorsal do embrião). Nas micrografias, as membranas celulares justapostas firmemente foram coradas com faloidina (em verde). (C) Vista esquemática da celularização no ovo de pintinho durante o dia que ele é fertilizado e ainda dentro da galinha. Os números referem-se às camadas de células. (A, B, segundo Bellairs et al., 1978, fotos de Lee et al., 2013, cortesia de J. Y. Han; C, segundo Nagai et al., 2015.)

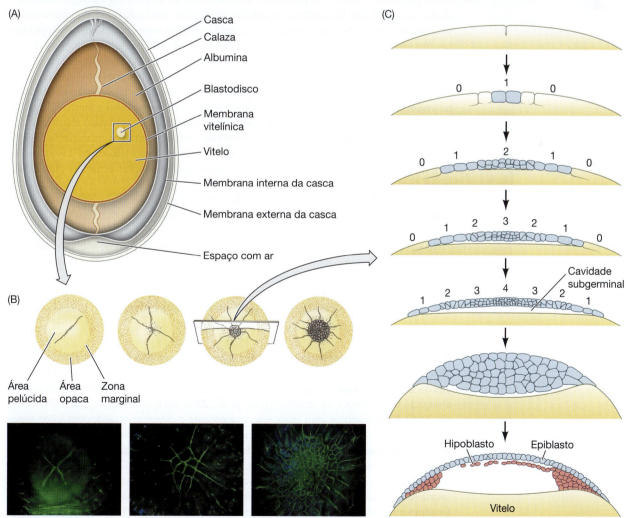

(A)
Casca
Calaza
Albumina
Blastodisco
Membrana vitelínica
Vitelo
Membrana interna da casca
Membrana externa da casca
Espaço com ar

(B)
Área pelúcida
Área opaca
Zona marginal

(C)
0 1 0
0 1 2 1 0
0 1 2 3 2 1 0
Cavidade subgerminal
1 2 3 4 3 2 1
Hipoblasto
Epiblasto
Vitelo

Entre o blastoderma e o vitelo dos ovos das aves existe um espaço chamado de **cavidade subgerminal**, a qual é criada quando as células do blastoderma absorvem a água da albumina ("clara de ovo") e segregam fluido entre si e o vitelo (New, 1956). Nessa fase, as células mais profundas do centro do blastoderma parecem descamar e morrem, deixando para trás uma **área pelúcida** de uma célula de espessura; essa parte do blastoderma forma a maior parte do próprio embrião. O anel periférico de células do blastoderma, cujas células mais profundas não descamaram, constitui a **área opaca**. Entre a área pelúcida e a área opaca existe uma fina camada de células, chamada de **zona marginal** (Eyal-Giladi, 1997; Arendt e Nübler-Jung, 1999). Algumas células da zona marginal se tornam muito importantes na determinação do destino das células durante o desenvolvimento inicial do pintinho.

Gastrulação do embrião de aves

O hipoblasto

Quando uma galinha coloca um ovo, seu blastoderma contém cerca de 50 mil células. Neste momento, a maioria das células da área pelúcida permanece na superfície, formando uma "camada superior", chamada de **epiblasto**. Pouco depois que o ovo é posto, um espessamento local do epiblasto, chamado de **foice de Koller**, é formado na borda posterior da área pelúcida. Entre a área opaca e a foice de Koller, há uma região em forma de cintura, chamada de **zona marginal posterior** (**ZMP**). Uma camada de células no limite posterior, entre a área pelúcida e a zona marginal, migra para a direção anterior e abaixo da superfície. Enquanto isso, células das regiões mais anteriores do epiblasto delaminaram e permaneceram apegadas ao epiblasto, para formar as "ilhas" de hipoblastos, um arquipélago de agrupamentos desconectados de 5 a 20 células cada e que depois migram e se tornam o **hipoblasto primário** (**FIGURA 12.3A, B**). A camada de células que cresce anteriormente a partir da foice de Koller se junta com o hipoblasto primário para formar a camada de hipoblasto completa, também chamada de **hipoblasto secundário** ou **endoblasto** (**FIGURA 12.3C-E**; Eyal-Giladi et al., 1992; Bertocchini e Stern, 2002; Khaner 2007a, b). O blastoderma de duas camadas (epiblasto e hipoblasto) resultante fica unido na zona marginal da área opaca, e o espaço entre as camadas forma uma cavidade do tipo blastocele. Assim, embora a forma e a formação do blastodisco das aves difiram da blástula dos anfíbios, peixes ou equinoderma, as relações espaciais globais são mantidas.

O embrião de ave vem inteiramente do epiblasto; o hipoblasto não contribui com células para o embrião em desenvolvimento (Rosenquist, 1966, 1972). Em vez disso, as células do hipoblasto formam porções das membranas extraembrionárias (ver Figura 12.1B), principalmente o saco vitelínico e a haste que liga a massa de vitelo ao tubo digestório endodérmico. As células hipoblásticas também fornecem sinais químicos que especificam a migração das células epiblásticas. No entanto, as três camadas germinativas do embrião propriamente dito (mais as membranas extraembrionárias âmnio, córion e alantoide) são formadas unicamente pelo epiblasto (Schoenwolf, 1991).

Linha primitiva

Embora muitos grupos de répteis iniciem a gastrulação com a migração através de um blastóporo semelhante ao de anfíbio, a gastrulação em aves e mamíferos ocorre através da **linha primitiva**. Ela pode ser considerada equivalente a um lábio do blastóporo alongado de embriões de anfíbios (Alev et al., 2013; Bertocchini et al., 2013; Stower et al., 2015). Experimentos com marcação por corante e cinemicrografia, com fotos seriadas ao longo do tempo (também conhecida como "*time-lapse*"), indicam que a linha primitiva surge primeiro a partir da foice de Koller e do epiblasto acima dela (Bachvarova et al., 1998; Lawson e Schoenwolf, 2001a, b; Voiculescu et al., 2007). Conforme as células convergem para formar a linha primitiva, uma depressão, chamada de **sulco primitivo**, forma-se na linha. A maioria das células migratórias passa pelo sulco primitivo, que serve como uma entrada para as camadas profundas do embrião (**FIGURA 12.4**; Voiculescu

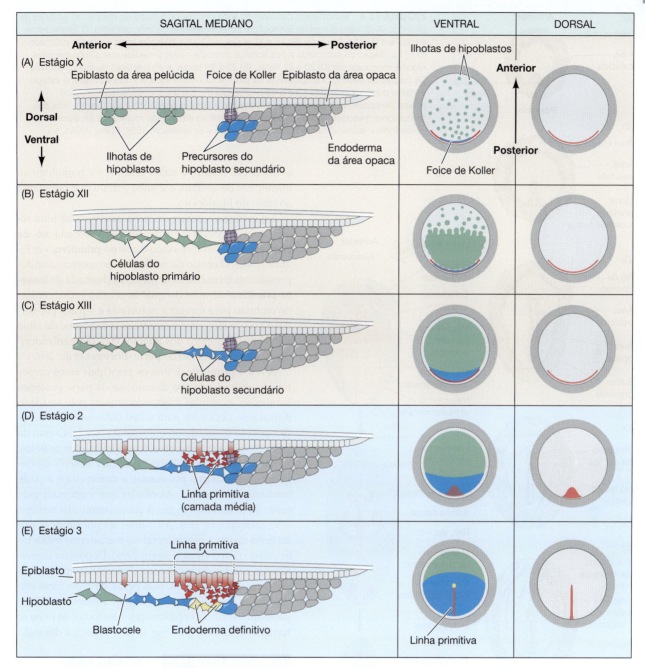

FIGURA 12.3 Formação do blastoderma de pintinho. A coluna da esquerda é uma secção sagital média diagramática através de parte do blastoderma. A coluna do meio mostra todo o embrião visto do lado ventral, mostrando a migração das células do hipoblasto primário e do hipoblasto secundário (endoblasto). A coluna da direita mostra todo o embrião visto do lado dorsal. (A-C) Eventos anteriores à colocação do ovo com casca. (A) embrião do estágio X, onde as ilhotas das células do hipoblasto podem ser vistas, bem como uma congregação de células hipoblásticas em torno da foice de Koller. (B) No estágio XII, um folheto de células que cresce anteriormente a partir da foice de Koller se combina com as ilhotas hipoblásticas para formar a camada completa do hipoblasto. (C) No estágio XIII, logo antes da formação da linha primitiva, a formação do hipoblasto acabou de ser completada. (D) No estágio 2 (12-14 horas após o ovo ser posto), as células da linha primitiva formam uma terceira camada, que fica entre as células do hipoblasto e do epiblasto. (E) Na fase 3 (15-17 horas após o ovo ser posto), a linha primitiva tornou-se uma região definitiva do epiblasto, com células migrando através dela para se tornarem mesoderma e endoderma. (Segundo Stern, 2004.)

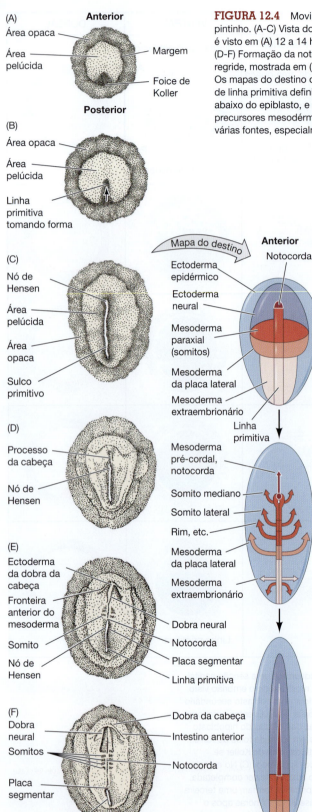

(A)

Anterior

Área opaca

Área pelúcida

Margem

Foice de Koller

Posterior

(B)

Área opaca

Área pelúcida

Linha primitiva tomando forma

(C)

Nó de Hensen

Área pelúcida

Área opaca

Sulco primitivo

Mapa do destino

Anterior

Notocorda

Ectoderma epidérmico

Ectoderma neural

Mesoderma paraxial (somitos)

Mesoderma da placa lateral

Mesoderma extraembrionário

Linha primitiva

(D)

Processo da cabeça

Nó de Hensen

Mesoderma pré-cordal, notocorda

Somito mediano

Somito lateral

Rim, etc.

Mesoderma da placa lateral

Mesoderma extraembrionário

(E)

Ectoderma da dobra da cabeça

Fronteira anterior do mesoderma

Somito

Nó de Hensen

Dobra neural

Notocorda

Placa segmentar

Linha primitiva

(F)

Dobra neural

Somitos

Placa segmentar

Linha primitiva

Dobra da cabeça

Intestino anterior

Notocorda

FIGURA 12.4 Movimentos celulares da linha primitiva e o mapa do destino do embrião de pintinho. (A-C) Vista dorsal da formação e do alongamento da linha primitiva. O blastoderma é visto em (A) 12 a 14 horas, (B) 15 a 17 horas, e (C) 18 a 20 horas após o ovo ser colocado. (D-F) Formação da notocorda e dos somitos mesodérmicos à medida que a linha primitiva regride, mostrada em (D) 20 a 22 horas, (E) 23 a 25 horas, e (F) o estágio de quatro somitos. Os mapas do destino dos epiblastos da galinha são mostrados em dois estágios, o estágio de linha primitiva definitiva (C) e o de neurulação (F). Em (F), o endoderma ingressou abaixo do epiblasto, e a extensão convergente é vista na linha média. Os movimentos dos precursores mesodérmicos através da linha primitiva em (C) são mostrados. (Adaptada de várias fontes, especialmente Spratt, 1946; Smith e Schoenwolf, 1998; Stern, 2005a, b.)

et al., 2014). Assim, o sulco primitivo é homólogo ao blastóporo do anfíbio, e a linha primitiva é homóloga ao lábio do blastóporo.

No extremo anterior da linha primitiva há uma região com espessamento de células, chamada **nó de Hensen** (também conhecida como **nó primitivo**; ver Figura 12.4C). O centro do nó de Hensen contém uma depressão em forma de funil (às vezes chamada de **fosseta primitiva**) através do qual as células podem entrar no embrião para formar a notocorda e a placa pré-cordal. O nó de Hensen é o equivalente funcional do lábio dorsal do blastóporo dos anfíbios (i.e., o organizador)[1] e o escudo do embrião de peixe (Boettger et al., 2001).

A linha primitiva define os principais eixos corporais do embrião de ave. Estende-se da parte posterior à anterior; as células migrando entram pelo seu lado dorsal e se deslocam para o seu lado ventral; e separa a porção esquerda do embrião da direita. O eixo da linha é equivalente ao eixo dorsoventral dos anfíbios. O extremo anterior da linha – o nó de Hensen – dá origem ao mesoderma pré-cordal, à notocorda e à parte mediana dos somitos. As células que ingressam pelo meio da linha dão origem à parte lateral dos somitos e ao coração e os rins. As células da porção posterior da linha fazem a placa lateral e o mesoderma extraembrionário (Psychoyos e Stern, 1996). Depois da ingressão das células do mesoderma, as células epiblásticas restantes que ficam fora, mas perto, da linha formarão estruturas mediais (dorsais), como a placa neural, ao passo que as células epiblásticas mais longe da linha se tornarão epiderme (ver Figura 12.4, painéis à direita).

TÓPICO NA REDE 12.2 ORGANIZANDO O NÓ DO PINTINHO FGFs e BMPs têm papéis preponderantes na determinação do local onde a gastrulação é iniciada.

ELONGAÇÃO DA LINHA PRIMITIVA Conforme as células entram pela linha primitiva, elas sofrem uma transformação de epitelial para mesenquimal, e a lâmina basal por baixo delas quebra-se. A linha alonga-se em direção à futura região da cabeça, à medida que

---

[1] Frank M. Balfour propôs a homologia entre o blastóporo de anfíbio e a linha primitiva do pintinho, em 1873, enquanto ele ainda era universitário (Hall, 2003). August Rauber (1876) forneceu mais evidências desta homologia.

mais células anteriores migram para o centro do embrião. A extensão convergente é responsável pela progressão da linha – uma duplicação do comprimento da linha é acompanhada por uma redução simultânea de sua largura (ver Figura 12.4B). A divisão celular aumenta o comprimento produzido pela extensão convergente, e algumas das células da porção anterior do epiblasto contribuem para a formação do nó de Hensen (Streit et al., 2000; Lawson e Schoenwolf, 2001b).

Ao mesmo tempo, as células do hipoblasto secundário (endoblasto) continuam a migrar anteriormente, vindas da zona marginal posterior do blastoderma (ver Figura 12.3E). O alongamento da linha primitiva parece ser coextensivo com a migração anterior dessas células hipoblásticas secundárias, e o hipoblasto dirige o movimento da linha primitiva (Waddington, 1933; Foley et al., 2000). A linha eventualmente se estende para 60 a 75% do comprimento da área pelúcida.

FORMAÇÃO DO ENDODERMA E DO MESODERMA A regra básica da especificação da célula amniota é que a identidade do folheto germinativo (ectoderma, mesoderma ou endoderma) é estabelecida antes da gastrulação começar (ver Chapman et al., 2007), porém a especificação do tipo celular é controlada por influência indutoras durante e após a migração pela linha primitiva. Assim que a linha primitiva se forma, as células epiblásticas começam a migrar através dela para a blastocele. A linha tem, portanto, uma população de células constantemente em mudança. As células migrando pela extremidade anterior passam para baixo para a blastocele e migram para a frente, formando o endoderma, o mesoderma da cabeça e a notocorda; as células que passam mais nas porções mais posteriores da linha primitiva dão origem a maioria dos tecidos mesodérmicos (**FIGURA 12.5**; Rosenquist et al., 1966; Schoenwolf et al., 1992).

FIGURA 12.5 Migração de células do endoderma e do mesoderma através da linha primitiva. (A) Estereograma de um embrião de galinha gastrulando, mostrando a relação entre a linha primitiva, as células migratórias e o hipoblasto e o epiblasto do blastoderma. A camada inferior torna-se um mosaico de hipoblasto e células endodérmicas; as células do hipoblasto finalmente se separam para formar uma camada abaixo do endoderma e contribuem para o saco vitelínico. Acima de cada região do estereograma estão micrografias que mostram as rotas das células marcadas com GFP em determinada posição na linha primitiva. As células migrando através do nó de Hensen seguem anteriormente para formar a placa pré-cordal e a notocorda; aquelas que migram pelas próximas regiões anteriores da linha se deslocam lateralmente, mas convergem perto da linha média para fazer a notocorda e os somitos; aquelas do meio da linha formam o mesoderma intermediário e o mesoderma da placa lateral (ver mapas do destino na Figura 12.4). Mais posteriormente, as células que migram através da linha primitiva fazem o mesoderma extraembrionário (não mostrado). (B) Esta micrografia eletrônica de varredura mostra células epiblásticas passando para a blastocele e estendendo suas extremidades apicais para se tornarem células de garrafa. (A, segundo Balinsky, 1975, fotos de Yang et al., 2002; B de Solursh e Revel, 1978, cortesia de M. Solursh e C. J. Weijer.)

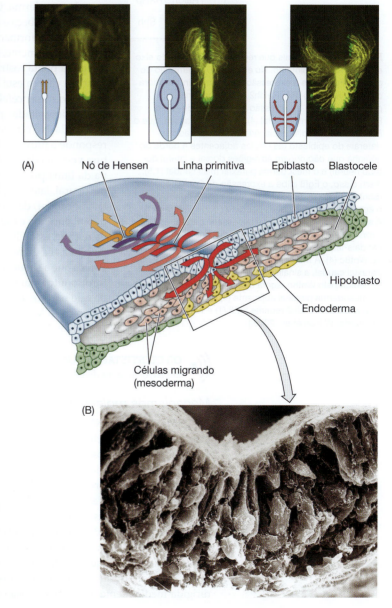

(A) Nó de Hensen   Linha primitiva   Epiblasto   Blastocele

Hipoblasto

Endoderma

Células migrando (mesoderma)

(B)

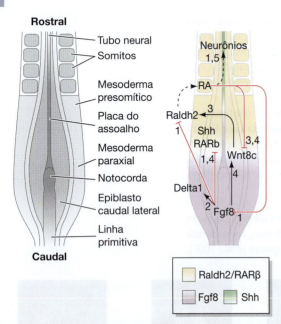

Rostral

- Tubo neural
- Somitos
- Mesoderma presomítico
- Placa do assoalho
- Mesoderma paraxial
- Notocorda
- Epiblasto caudal lateral
- Linha primitiva

Caudal

Neurônios 1,5

RA

Raldh2 — 3

1

Shh
RARb
1,4 — Wnt8c — 3,4

Delta1
4

2 — Fgf8 — 1

Raldh2/RARβ
Fgf8   Shh

FIGURA 12.6 Sinais que regulam a extensão do eixo em embriões de pintinho. No estágio 10 de embrião de galinha, Fgf8 inibe a expressão da enzima sintetizadora de ácido retinoico (RA) Raldh2 no mesoderma pré-somítico (1) e a expressão do receptor de AR, o RARβ, no ectoderma neural (4), impedindo, assim, que o RA desencadeie diferenciação nas células caudais--laterais do epiblasto (as células adjacentes à borda do nó/linha que dão origem às regiões dorsal e lateral do tubo neural) e o mesoderma paraxial mais caudal (1,5). Além disso, o Fgf8 inibe a expressão de Sonic hedgehog (Shh) na placa do assoalho do tubo neural, controlando o aparecimento dos genes padronizadores ventrais (1). A sinalização FGF também é necessária para a expressão de Delta1 na porção medial das células caudais-laterais do epiblasto (2) e promove a expressão de Wnt8c (4). À medida que o Fgf8 decai no mesoderma paraxial caudal, a sinalização Wnt, provavelmente fornecida pelo Wnt8c, agora atua para promover Raldh2 no mesoderma paraxial adjacente (4). O RA produzido pela atividade Raldh2 reprime Fgf8 (1) e Wnt8c (3,4). (Segundo, Wilson et al., 2009.)

As primeiras células que migram através do nó de Hensen são aquelas destinadas a se tornar o endoderma faríngeo do intestino anterior. Uma vez dentro do embrião, essas células endodérmicas migram anteriormente e acabam deslocando as células do hipoblasto, fazendo as células do hipoblasto ficarem confinadas a uma região na porção anterior da área pelúcida. Esta região anterior, o **crescente germinativo**, não forma nenhuma estrutura embrionária, mas contém os precursores das células germinativas, que, mais tarde, migram através dos vasos sanguíneos para as gônadas.

As próximas células que entram pelo nó de Hensen também se movem anteriormente, mas não viajam tão ventralmente quanto as células endodérmicas prospectivas do intestino anterior. Em vez disso, elas permanecem entre o endoderma e o epiblasto e formam o **mesoderma da placa pré-cordal** (Psychoyos e Stern, 1996). Assim, a cabeça do embrião de ave forma-se anteriormente (rostralmente) ao nó de Hensen.

As próximas células que passam pelo nó de Hensen se tornam o cordamesoderma. O **cordamesoderma** tem dois componentes: o processo da cabeça e a notocorda. A parte mais anterior, o **processo da cabeça**, é formada por células mesodérmicas centrais que migram anteriormente, atrás do mesoderma da placa pré-cordal, e em direção à ponta rostral do embrião (ver Figuras 12.4 e 12.5). O processo da cabeça está subjacente às células que formarão o prosencéfalo e o mesencéfalo. À medida que a linha primitiva regride, as células depositadas pelo nó de Hensen em regressão se tornarão a notocorda. No ectoderma, a maior parte da placa neural inicial corresponde à futura região da cabeça (do prosencéfalo ao nível da futura vesícula da orelha, que fica adjacente ao nó de Hensen na etapa da linha primitiva completa). Uma pequena região do ectoderma neural, lateral e posterior ao nó (às vezes chamada de epiblasto lateral caudal) dará origem ao resto do sistema nervoso, incluindo o rombencéfalo e toda a medula espinal. Conforme a linha primitiva regride, esta última região regride com o nó de Hensen e adiciona células na extremidade caudal da placa neural em alongamento. Parece que a sinalização FGF na linha e no mesoderma paraxial (futuro somito) mantém essa região "jovem" e indiferenciada à medida que regride, e que isso é antagonizado pela atividade do ácido retinoico (RA) à medida que as células deixam esta zona (**FIGURA 12.6**; Diez del Corral et al., 2003).

 OS CIENTISTAS FALAM 12.1 Palestras do Dr. Steven Oppenheimer sobre o desenvolvimento do embrião de galinha.

Mecanismos moleculares da migração através da linha primitiva

A FORMAÇÃO DA LINHA PRIMITIVA A migração das células do epiblasto de pintinho para formar a linha primitiva foi analisada pela primeira vez por Ludwig Gräper, que, em 1926, fez, ao microscópio, filmes com fotografias seriadas (também conhecida como técnica de *time-lapse*) de células marcadas. Ele escreveu que esses movimentos o faziam lembrar a dança "Polonaise", uma dança de cortesãos em que homens e mulheres se movem em filas paralelas ao longo dos lados da sala, e o homem e a mulher na "extremidade posterior" deixam suas respectivas linhas para avançarem dançando pelo centro. O mecanismo dessa "dança" celular foi revelado por Voiculescu e colaboradores (2007), que usaram uma versão moderna de cinemicrografia (especificamente, microscopia de *time--lapse* multifotônica), que identificou células móveis individualmente. Eles descobriram que as células se deslocavam para os lados do epiblasto e passavam por uma intercalação dirigida medialmente na margem posterior onde a linha primitiva estava se formando

(**FIGURA 12.7**). E, embora o movimento possa parecer uma dança de longe, "aproximando ao máximo, parece um congestionamento de trânsito" (Stern, 2007).

Esta corrida para o centro é mediada pela ativação no epiblasto da via Wnt de polaridade planar da célula (ver Capítulo 4), ao lado da foice de Koller, na borda posterior do embrião. Se essa via for bloqueada, o mesoderma e o endoderma formam-se perifericamente, em vez de centralmente. A via Wnt, por sua vez, parece ser ativada pelos **fatores de crescimento de fibroblasto** (**FGFs**) produzidos pelo hipoblasto. Se o hipoblasto for girado, a orientação da linha primitiva irá segui-lo. Além disso, se a sinalização FGF for ativada na margem do epiblasto, a sinalização Wnt ocorrerá lá, e a orientação da linha primitiva mudará, como se o hipoblasto tivesse sido colocado lá. As migrações celulares que formam a linha primitiva parecem, assim, ser reguladas pelos FGFs provenientes do hipoblasto, que ativa, no epiblasto, a via Wnt de polaridade planar da célula.

MIGRAÇÃO ATRAVÉS DA LINHA PRIMITIVA As células migram para a linha primitiva, e, à medida que entram no embrião, separam-se em duas camadas. A camada profunda junta-se ao hipoblasto ao longo da sua linha média, deslocando as células do hipoblasto para os lados. Essas células se movendo mais profundamente geram os órgãos endodérmicos do embrião, bem como a maioria das membranas extraembrionárias (o hipoblasto e as células periféricas da área opaca formam o restante). A segunda camada em migração se espalha e forma uma camada frouxa de células entre o endoderma e o epiblasto. Essa camada de células do meio gera as porções mesodérmicas do embrião e o mesoderma que reveste as membranas extraembrionárias.

A migração de células mesodérmicas através da parte anterior da linha primitiva e sua condensação para formar o cordomesoderma também parecem ser controladas pela sinalização FGF e Wnt. Fgf8 é expresso na linha primitiva e repele células migratórias para longe da linha. Yang e colaboradores (2002) foram capazes de seguir as trajetórias das células à medida em que migravam através da linha primitiva (ver Figura 12.5) e foram capazes de desviar essas trajetórias normais usando esferas que liberaram Fgf8.

Depois que as células migraram para longe da linha, o movimento adicional dos precursores mesodérmicos parece ser regulado pelas proteínas Wnt. Nas regiões mais posteriores, Wnt5a está sem oposição e direciona as células a migrarem amplamente e se tornarem mesoderma da placa lateral (ver Capítulo 18). Nas regiões mais anteriores da linha, no entanto, o Wnt5a é antagonizado pelo Wnt3a, que inibe a migração e faz as células formarem o mesoderma paraxial (ver Capítulo 17). De fato, a adição de pastilhas secretoras de Wnt3a na parte posterior da linha primitiva suprime a migração lateral e impede a formação de mesoderma da placa lateral (Sweetman et al., 2008). Com 22 horas de incubação, a maior parte das células que formarão o endoderma estão no interior do embrião, embora as células que formarão o mesoderma continuem a migrar para dentro por mais tempo.

Regressão da linha primitiva e epibolia do ectoderma

Agora começa uma nova fase do desenvolvimento. À medida que a ingressão do mesoderma continua, a linha primitiva começa a regredir, movendo o nó de Hensen praticamente do centro da área pelúcida para uma posição mais posterior (**FIGURA 12.8**). A linha em regressão deixa no seu encalço o eixo dorsal do embrião, incluindo a notocorda. A notocorda é depositada em direção cabeça-para-cauda, começando ao nível onde as orelhas e o rombencéfalo se formam e se estendendo caudalmente até ao broto caudal.

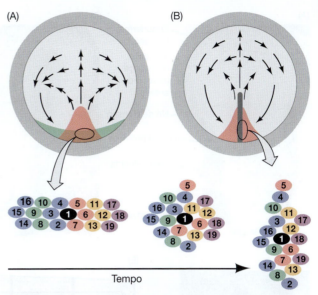

(A) (B)

Tempo

FIGURA 12.7 Intercalação mediolateral na formação da linha primitiva. Embriões de pintinho no (A) estágio 13 (imediatamente antes da formação da linha primitiva) e (B) estágio 2 (pouco depois da formação da linha primitiva). As setas mostram o deslocamento celular em direção à linha e na frente dela. A área vermelha representa a região de formação da linha; em (A), a localização original dessa região é mostrada em verde. As áreas circundadas são representadas na parte inferior. Cada disco colorido representa uma célula individual, e as células ficam intercaladas mediolateralmente à medida que a linha primitiva se forma. (Segundo Voiculescu et al., 2007.)

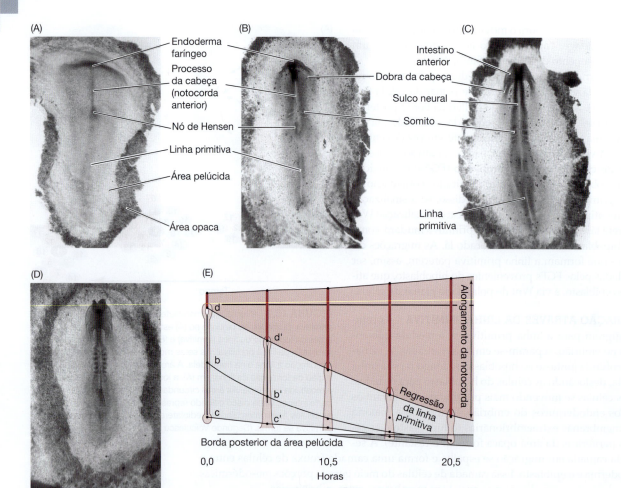

FIGURA 12.8 Gastrulação de pintinho 24 a 28 horas após a fertilização. (A) A linha primitiva em sua extensão máxima (24 horas). O processo da cabeça (notocorda anterior) pode ser visto se estendendo a partir do nó de Hensen. (B) Estágio de dois somitos (25 horas). O endoderma faríngeo é visto anteriormente, ao passo que a notocorda anterior empurra o processo da cabeça para abaixo dele. A linha primitiva está regredindo. (C) Estágio de quatro-somitos (27 horas). (D) Às 28 horas, a linha primitiva regrediu para a porção caudal do embrião. (E) Regressão da linha primitiva, deixando a notocorda em seu rastro. Vários pontos da linha (representados por letras) foram seguidos após a linha ter atingido o seu comprimento máximo. O eixo x (tempo) representa horas após ter atingido o comprimento máximo (a linha de referência é cerca de 18 horas de incubação). (A-D, cortesia de K. Linask; E, segundo Spratt, 1947.)

Como na rã, o endoderma faríngeo e o mesoendoderma da cabeça irão induzir as porções anteriores do cérebro, enquanto a notocorda irá induzir o rombencéfalo e a medula espinal. Neste momento, todas as futuras células do endoderma e mesoderma entraram no embrião e o epiblasto é composto por células prospectivas do ectoderma.

Enquanto as células prospectivas do mesoderma e do endoderma estão se movendo para dentro, os precursores ectodérmicos proliferam e migram para cercar o vitelo por epibolia. O revestimento do vitelo pelo ectoderma (novamente, reminiscente da epibolia do ectoderma dos anfíbios) é uma tarefa hercúlea que leva a maior parte de quatro dias para estar completa. Isso envolve a produção contínua de novo material celular e a migração das futuras células ectodérmicas ao longo da parte inferior do envelope vitelínico (New, 1959; Spratt, 1963). De modo curioso, apenas as células da margem externa da área opaca aderem-se firmemente ao envelope vitelínico. Essas células são inerentemente diferentes das outras células do blastoderma, pois podem estender processos citoplasmáticos enormes (500 μm) no envelope vitelínico. Acredita-se que esses filopódios alongados sejam o aparelho locomotor das células marginais, com o qual estas puxam outras células ectodérmicas ao redor do vitelo (Schlesinger, 1958). Os filopódios ligam-se à fibronectina, uma proteína laminar que é um componente do envelope vitelínico do pintinho. Se o contato entre as células marginais e a fibronectina for fragmentado experimentalmente pela adição de um polipeptídeo solúvel similar à fibronectina, o retraimento dos filopódios e a migração ectodérmica cessam (Lash et al., 1990).

Assim, à medida que a gastrulação das aves chega ao fim, o ectoderma cercou o embrião, o endoderma substituiu o hipoblasto, e o mesoderma posicionou-se entre essas duas regiões. Embora tenhamos identificado muitos dos processos envolvidos na gastrulação de aves, estamos apenas começando a entender os mecanismos pelos quais alguns desses processos são realizados.

Especificação axial e o "organizador" de ave

Como consequência da sequência em que o endomesoderma da cabeça e a notocorda são estabelecidos, a gastrulação dos embriões aviários (e mamíferos) apresenta um claro gradiente anteroposterior. Enquanto as células das porções posteriores do embrião ainda são parte da linha primitiva e estão entrando no embrião, as células no lado anterior já estão começando a formar órgãos (ver Darnell et al., 1999). Durante os próximos dias, a extremidade anterior do embrião estará mais avançada no seu desenvolvimento (tendo tido um "começo de cabeça", se assim podemos dizer) do que a extremidade posterior. Embora a formação dos eixos do pinto seja realizada durante a gastrulação, a especificação do eixo começa mais cedo, durante a fase de clivagem.

O papel da gravidade e do PMZ

A conversão do blastoderma radialmente simétrico em uma estrutura com simetria bilateral parece ser determinada pela gravidade. À medida que o óvulo passa pelo sistema reprodutor da galinha, ele roda por cerca de 20 horas na glândula de casca. Essa rotação, com uma taxa de 15 revoluções por hora, desloca o vitelo, de forma que seus componentes mais leves (provavelmente contendo determinantes maternos armazenados para o desenvolvimento) ficam debaixo de um lado do blastoderma. Esse desequilíbrio marca uma extremidade do blastoderma, e essa região se torna a zona marginal posterior (PMZ, do inglês, *posterior marginal zone*), onde começa a formação de linha primitiva (**FIGURA 12.9**; Kochav e Eyal-Giladi, 1971; Callebaut et al., 2004).

Não se sabe quais as interações que fazem com que essa porção específica do blastoderma se torne a PMZ. No começo, a capacidade de iniciar uma linha primitiva é encontrada ao longo da zona marginal; se o blastoderma for separado em partes, cada uma com sua própria zona marginal, cada parte formará sua própria linha primitiva (Spratt e Haas, 1960; Bertocchini e Stern, 2012). No entanto, uma vez que a PMZ se forma, ele controla as outras regiões da margem. Não só as células da PMZ iniciam a gastrulação, mas também impedem que outras regiões da margem formem suas próprias linhas primitivas (Khaner e Eyal-Giladi, 1989; Eyal-Giladi et al., 1992; Bertocchini et al., 2004).

Agora, parece evidente que a PMZ contém células que atuam de forma equivalente ao centro de Nieuwkoop do anfíbio. Quando colocado na região anterior da zona marginal, um enxerto de tecido PMZ (posterior a, e incluindo a foice de Koller) é capaz de induzir uma linha primitiva e o nó de Hensen, sem contribuir com células para qualquer destas estruturas (Bachvarova et al., 1998; Khaner, 1998). A evidência atual sugere que toda a zona marginal produz Wnt8c (capaz de induzir a acumulação de β-catenina) e que, como no centro Nieuwkoop do anfíbio, as células da PMZ secretam Vg1, um membro da família do TGF-β (Mitrani et al., 1990; Hume e Dodd, 1993; Seleiro et al., 1996).

FIGURA 12.9 Especificação do eixo anteroposterior de galinha por gravidade. (A) A rotação na glândula da casca faz (B) os componentes mais leves da gema serem empurrados para um lado da blastoderme. (C) Esta região mais elevada se torna o posterior do embrião. (Segundo Wolpert et al., 1998).

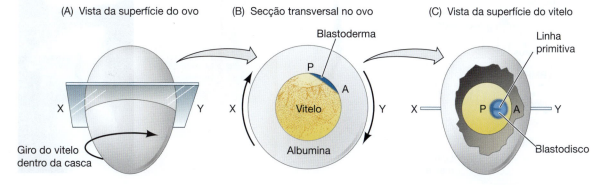

(A) Vista da superfície do ovo   (B) Secção transversal no ovo   (C) Vista da superfície do vitelo

Blastoderma

P

A

X   Y

Vitelo

Albumina

Linha primitiva

X   P   A   Y

Blastodisco

Giro do vitelo dentro da casca

FIGURA 12.10 Modelo para gerar a assimetria esquerda-direita no embrião de pintinho. (A) No lado esquerdo do nó de Hensen, Sonic hedgehog (Shh) ativa Cerberus, que estimula BMPs a induzir a expressão de Nodal. Na presença de Nodal, o gene *Pitx2* está ativado. A proteína Pitx2 é ativa nos vários primórdios dos órgãos e especifica qual lado será o esquerdo. No lado direito do embrião, a ativina é expressa, juntamente com o receptor IIa de activina. Isso ativa o Fgf8, uma proteína que bloqueia a expressão do gene para Cerberus. Na ausência de Cerberus, Nodal não é ativado e, portanto, Pitx2 não é expresso. (B) Hibridação *in situ* do mRNA de Cerberus. Essa visão é da superfície ventral ("de baixo", então a expressão parece estar à direita). Dorsalmente, o padrão de expressão ficaria à esquerda. (C) Hibridização *in situ* do embrião inteiro usando sondas para o mensageiro do Nodal de pintinho (marcado em roxo) mostra sua expressão no mesoderma da placa lateral apenas no lado esquerdo do embrião. Essa visão é do lado dorsal. (D) Hibridização *in situ* semelhante, utilizando a sonda para *Pitx2* em um estágio posterior do desenvolvimento. O embrião é visto a partir de sua superfície ventral. Neste estágio, o coração está se formando, e a expressão de *Pitx2* pode ser vista no lado esquerdo do tubo cardíaco (assim como simetricamente em tecidos mais anteriores). (A, segundo Raya e Izpisua-Belmonte, 2004; B, de Rodriguez-Esteban et al., 1999, cortesia de J. Izpisúa-Belmonte; C, cortesia de C. Stern; D, de Logan et al., 1998, cortesia de C. Tabin.)

Wnt8c e Vg1 agem em conjunto para induzir a expressão de Nodal (outra proteína TGF-β secretada) no futuro epiblasto embrionário, ao lado da foice de Koller e da PMZ (Skromne e Stern, 2002). Assim, o padrão parece semelhante ao dos embriões de anfíbios. Estudos recentes sugerem que a atividade nodal é necessária para iniciar a linha primitiva, e que é a secreção de Cerberus – um antagonista de Nodal – pelas células hipoblásticas primárias, que impede a formação da linha primitiva (Bertocchini et al., 2004; Voiculescu et al., 2014). À medida que as células do hipoblasto primário se afastam da PMZ, a proteína Cerberus não está mais presente, permitindo a atividade Nodal (e, portanto, a formação da linha primitiva) no epiblasto posterior. Uma vez formada, no entanto, a linha secreta seu próprio antagonista Nodal – a proteína Lefty – impedindo, assim, que se formem outras linhas primitivas. Ao final, as células do hipoblasto secretoras de Cerberus são empurradas para a futura região anterior do embrião, onde contribuem para garantir que as células neurais nesta região se tornem o prosencéfalo, em vez de estruturas mais posteriores do sistema nervoso.[2]

Formação do eixo esquerda-direita

O corpo do vertebrado possui lados distintos, direito e esquerdo. O coração e o baço, por exemplo, estão geralmente no lado esquerdo do corpo, enquanto o fígado geralmente é à direita. A distinção entre os lados é principalmente regulada pela expressão no lado esquerdo de duas proteínas: o fator parácrino Nodal e o fator de transcrição Pitx2. No entanto, o mecanismo pelo qual a expressão do gene *Nodal* é ativado no lado esquerdo do corpo difere entre as classes de vertebrados. A facilidade com que os embriões de pintinho podem ser manipulados permitiu aos cientistas elucidar as vias da determinação do eixo esquerdo-direito em aves com maior facilidade do que em outros vertebrados.

À medida que a linha primitiva atinge seu comprimento máximo, a transcrição do gene *Sonic hedgehog* (*Shh*) fica restrita ao lado esquerdo do embrião, controlada pela activina e seu receptor (**FIGURA 12.10A**). A sinalização por activina, juntamente com BMP4, parece bloquear a expressão da proteína Sonic hedgehog e ativar a expressão da proteína Fgf8 no lado direito do embrião. O Fgf8 bloqueia a expressão do fator parácrino Cerberus no lado direito; ele também pode ativar uma cascata de sinalização que instrui o mesoderma a ter capacidades do lado direito (Schlueter e Brand, 2009).

Enquanto isso, no lado esquerdo do corpo, a proteína Shh ativa Cerberus (**FIGURA 12.10B**), que, neste caso, atua com BMP para estimular a síntese de proteína Nodal (Yu et al., 2008). Nodal ativa o gene *Pitx2* e reprime *Snail*. Além do mais, Lefty1 na linha média

---

[2] Gêmeos unidos (siameses, no Brasil) podem ser formados por terem duas fontes de expressão de *Nodal* dentro do mesmo blastodisco. A experimentação com embrião de pinto pode produzir dois eixos no mesmo blastodisco, contornando-se a inibição normal de *Nodal* pelas células posteriores secretoras de Vg1 (Bertocchini et al., 2004). Em mamíferos, múltiplos eixos também podem se formar se os antagonistas de Nodal forem bloqueados (Perea Gomez et al., 2002).

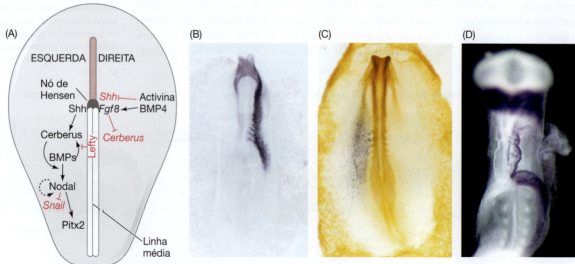

ventral impede que o sinal de Cerberus passe para o lado direito do embrião (**FIGURA 12.10C, D**). Como em *Xenopus*, Pitx2 é crucial para direcionar a assimetria das estruturas embrionárias. A expressão induzida experimentalmente de Nodal ou Pitx2 no lado direito do embrião do pinto inverte a assimetria ou faz com que a assimetria nos lados direito ou esquerdo seja aleatória[3] (Levin et al., 1995; Logan et al., 1998; Ryan et al., 1998).

O verdadeiro mistério é: quais processos criam a assimetria original de Shh e Fgf8? Uma observação importante é que a primeira assimetria observada durante a formação do nó de Hensen em pintos envolve a reorganização das células que expressam Fgf8 e Shh, convergindo para o lado direito do nó (Cui et al., 2009; Gros et al., 2009). Portanto, as diferenças na expressão gênica podem ser rastreadas até às diferenças na migração celular para os lados direito e esquerdo do embrião. O que estabelece essa assimetria inicial ainda é desconhecido, porém pode ser um deslocamento físico de células ao redor do nó (Tsikolia et al., 2012; Otto et al., 2014).

Desenvolvimento inicial em mamíferos

Clivagem

Ovos de mamíferos estão entre os menores do reino animal, tornando-os difíceis para manipulação experimental. O zigoto humano, por exemplo, tem apenas 100 μm de diâmetro – pouco visível ao olho e menos de um milésimo do volume de um ovo de *Xenopus laevis*. Além disso, os zigotos de mamíferos não são produzidos em números comparáveis aos dos zigotos do ouriço-do-mar ou das rãs; um mamífero feminino geralmente ovula menos de 10 ovos em um dado momento, por isso é difícil obter material suficiente para estudos bioquímicos. Como obstáculo final, o desenvolvimento dos embriões de mamíferos é realizado dentro de outro organismo, em vez de no ambiente externo (embora embriões precoces, antes da implantação, possam ser cultivados e observados *in vitro*). A maioria das pesquisas sobre o desenvolvimento de mamíferos se concentrou no camundongo, tendo em vista que são relativamente fáceis de se reproduzir, têm grandes ninhadas e são facilmente alojados em laboratórios.

A natureza única da clivagem de mamíferos

Antes da fertilização, o ovócito de mamífero, envolvido nas células do *cumulus*, é liberado do ovário e é varrido para o oviduto pelas fímbrias (**FIGURA 12.11**). A fertilização ocorre na **ampola** do oviduto, uma região próxima ao ovário. A meiose é completada após a entrada do espermatozoide, e a primeira clivagem começa aproximadamente um dia depois (ver Figura 7.32). O posicionamento do primeiro plano de clivagem pode depender do ponto de entrada do espermatozoide (Piotrowska e Zernicka-Goetz, 2001), e em camundongos, um microRNA do espermatozoide (miRNA-34c) é necessário para iniciar a primeira divisão celular. Esse miRNA parece se ligar e inibir Bcl-2, uma proteína que impede que a célula entre na fase S do ciclo celular (Liu et al., 2012). Os dois núcleos produzidos nessa clivagem são os primeiros núcleos a conter todo o genoma, uma vez que os pró-núcleos haploides entram em divisão celular após o encontro (ver Capítulo 7).

As clivagens em ovos de mamíferos estão entre as mais lentas do reino animal, tendo cerca de 12 a 24 horas de intervalo. Os cílios no oviduto empurram o embrião em direção ao útero, e as primeiras clivagens ocorrem ao longo dessa jornada. Além da lentidão da divisão celular, várias outras características distinguem a clivagem de mamíferos, incluindo a orientação peculiar dos blastômeros de mamífero, uns em relação aos outros. Em muitos, mas não em todos os embriões de mamíferos, a primeira clivagem é uma divisão meridional normal; contudo, na segunda clivagem, um dos dois blastômeros divide-se meridionalmente e o outro divide-se equatorialmente (**FIGURA 12.12**). Isso é chamado de **CLIVAGEM ROTACIONAL** (Gulyas, 1975).

---

[3] Em humanos, a perda homozigótica de *PITX2* causa a síndrome de Rieger, condição caracterizada por anomalias de assimetria. Uma condição semelhante é causada pela eliminação do gene *Pitx2* em camundongos (Fu et al., 1998; Lin et al., 1999).

FIGURA 12.11
Desenvolvimento de um embrião
humano, da fertilização à
implantação. A compactação do
embrião humano ocorre no dia 4,
na etapa de 10 células.
O embrião "eclode" da zona
pelúcida ao atingir o útero.
Durante a sua migração para o
útero, a zona impede a adesão
prematura do embrião no oviduto
para que possa viajar para o útero.

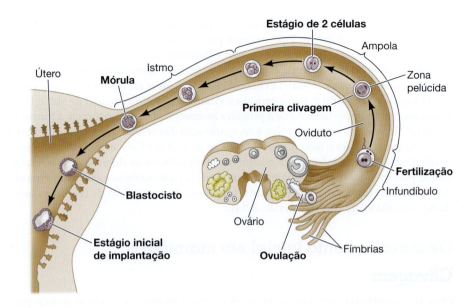

Outra grande diferença entre a clivagem de mamíferos e a da maioria dos outros embriões é a óbvia assincronia da divisão celular inicial. Os blastômeros de mamíferos não se dividem todos ao mesmo tempo. Assim, os embriões de mamíferos não aumentam exponencialmente de 2 para 4 e depois para 8 células, mas frequentemente contêm números ímpares de células. Além disso, o genoma de mamíferos, ao contrário dos genomas de animais que se desenvolvem rapidamente, é ativado durante a clivagem inicial e as proteínas transcritas zigoticamente são necessárias para a clivagem e o desenvolvimento. Proteínas codificadas maternamente podem persistir ao longo da maior parte dos estágios da clivagem e desempenham papéis importantes no desenvolvimento inicial. No camundongo e na cabra, a ativação de genes zigóticos (i.e., nuclear) começa no zigoto tardio e continua no estágio de duas células (Zeng e Schultz, 2005; Rother et al., 2011). Nos humanos, os genes zigóticos são ativados um pouco mais tarde, em torno do estágio de 8 células (Piko e Clegg, 1982; Braude et al., 1988; Dobson et al., 2004).

Para que os genes zigóticos possam ser ativados, a cromatina parental sofre muitas mudanças. Novas histonas são colocadas no DNA durante as primeiras divisões celulares, e os grupos metil específicos do DNA dos gametas são removidos (exceto naqueles genes impressos; ver Capítulo 3). Tanto em embriões de camundongos quanto humanos, a metilação do DNA da cromatina do espermatozoide e do ovo é removida quase inteiramente. Enquanto em alguns "genes impressos" a metilação permanece, as que dizem respeito à diferenciação celular são removidas. Isso permite uma quase "tábula rasa" para as novas células do blastocisto se formando. Novos padrões de metilação do DNA, característicos de células totipotentes e pluripotentes, são estabelecidos (Abdalla et al., 2009; Guo et al., 2014; Smith et al., 2014). Assim, no estágio de 16 células, o genoma de cada célula está hipometilado e cada uma dessas 16 células parece ser pluripotente (Tarkowski et al., 2010). O palco agora está configurado para que a diferenciação celular ocorra.

(A) Equinoderma
e anfíbio

Plano de   Plano de
clivagem II   clivagem I

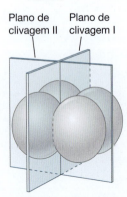

(B) Mamífero

Plano de   Plano de
clivagem IIA clivagem II

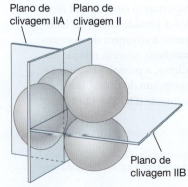

Plano de
clivagem IIB

FIGURA 12.12 Comparação da clivagem inicial em
(A) equinodermas e anfíbios (clivagem radial) e (B) mamíferos
(clivagem rotacional). Nematódeos também têm uma forma
rotacional de clivagem, mas eles não formam a estrutura de
blastocisto característica dos mamíferos. (Segundo Gulyas, 1975.)

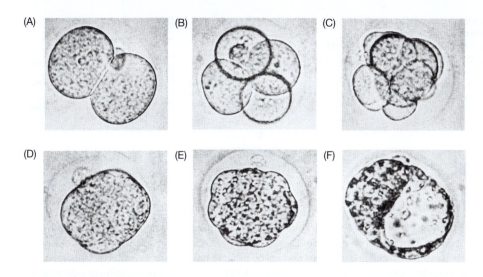

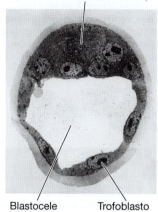

FIGURA 12.13 Clivagem de um único embrião de camundongo *in vitro*. (A) estágio de 2 células. (B) Estágio de 4 células. (C) Início do estágio de 8 células. (D) Estágio compactado de 8 células. (E) Mórula. (F) Blastocisto. (G) Micrografia eletrônica do centro de um blastocisto de camundongo. (A-F, de Mulnard, 1967, cortesia de J.G. Mulnard; G, de Ducibella et al., 1975, cortesia de T. Ducibella.)

Compactação

Um dos eventos mais importantes da clivagem dos mamíferos é a **compactação**. Os blastômeros de camundongo no estágio de 8 células formam um arranjo frouxo (**FIGURA 12.13A-C**). Após a terceira clivagem, no entanto, os blastômeros sofrem uma mudança espetacular no seu comportamento. As proteínas de adesão celular, como a E-caderina, são expressas e os blastômeros gradualmente se aglomeram e formam uma bola compacta de células (**FIGURA 12.13D**; Peyrieras et al., 1983; Fleming et al., 2001). Este arranjo firmemente empacotado é estabilizado por junções oclusivas que se formam entre as células externas da bola, selando o interior da esfera. As células dentro da esfera formam junções comunicantes, permitindo, assim, que pequenas moléculas e íons passem entre eles.

As células do embrião compactado de 8 células se dividem e produzem uma **mórula** de 16 células (**FIGURA 12.13E**). A mórula consiste em um pequeno grupo de células internas cercado por um grupo maior de células externas (Barlow et al., 1972). A maioria dos descendentes das células do exterior tornam-se células do **trofoblasto** (trofectoderma), ao passo que as células internas dão origem à **massa celular interna** (**ICM**). A massa celular interna, que dará origem ao embrião, fica posicionada em um lado do anel de células do trofoblasto; o **blastocisto** resultante é outra marca registrada da clivagem de mamíferos (**FIGURA 12.13F, G**, ver também Figura 5.5).

As células do trofoblasto não produzem estruturas embrionárias, mas formam os tecidos do córion, a membrana extraembrionária e a porção da placenta que permite ao feto obter oxigênio e nutrição da mãe. O córion também segrega hormônios que fazem o útero da mãe manter o feto, e produz reguladores da resposta imune, para que a mãe não rejeite o embrião.

É importante lembrar que um resultado crucial dessas primeiras divisões é a geração de células que prendem o embrião ao útero. Assim, a formação do trofectoderma é o primeiro evento de diferenciação no desenvolvimento de mamíferos. Os blastômeros mais iniciais (como cada blastômero de um embrião de 2 células) podem formar tanto as células do trofectodema quanto as células precursoras do embrião da ICM (massa celular interna, do inglês, *inner cell mass*). Diz-se que estas células muito iniciais são **totipotentes** (do latim, "capaz de tudo"). A massa celular interna é considerada **pluripotente** (do latim, "capaz de muitas coisas"). Ou seja, cada célula da ICM pode gerar qualquer tipo celular do corpo, mas não é mais capaz de formar o trofoblasto. Essas células pluripotentes da massa celular interna são células-tronco embrionárias (ES, do inglês, *embryonic stem cells*, ver Capítulo 5).

ASSISTA AO DESENVOLVIMENTO 12.1 Dois vídeos de desenvolvimento de mamíferos de clínicas de fertilização *in vitro* mostram a dinâmica do desenvolvimento inicial.

FIGURA 12.14   Circuito central de transcrição para a pluripotência de células ES (A). Circuito de alimentação progressiva positiva no qual os dímeros Oct4/Sox2 ativam os genes *Nanog*. A proteína Nanog, então, ativa seu próprio gene, bem como os genes que promovem a pluripotência. (B) O circuito regulador interligado em que Oct4, Sox2 e Nanog se ativam e ativam a síntese do outro. (Segundo Boyer et al., 2005.)

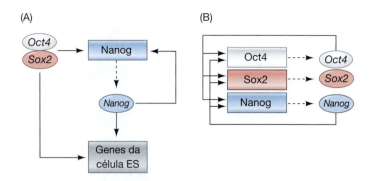

Trofoblasto ou ICM? A primeira decisão para o resto da sua vida

O filósofo e teólogo Søren Kierkegaard escreveu que nos definimos pelas escolhas que fazemos. Parece que o embrião já sabe disso. A decisão para se tornar trofoblasto ou massa celular interna é a primeira decisão binária na vida do mamífero. Mais tarde no desenvolvimento, as células embrionárias devem perder sua pluripotência e decidir sobre no que elas irão crescer e se tornarem. Na primeira decisão, Oct4 reprime mutuamente a expressão de Cdx2, permitindo que algumas células sejam trofoblastos e outras se tornem as células pluripotentes da ICM. Na segunda decisão, cada uma das células do ICM expressa Nanog ou Gata6, mantendo, assim, a sua pluripotência (Nanog) ou tornando-se endoderma primitivo (Gata6) (Ralston e Rossant, 2005; Rossant, 2016).

Antes da formação do blastocisto, cada blastômero embrionário expressa ambos os fatores de transcrição Cdx2 e Oct4 (Niwa et al., 2005; Dietrch e Hiiragi, 2007; Ralston e Rossant, 2008) e parece ser capaz de se tornar ICM ou trofoblasto (Hiiragi e Solter, 2004; Motosugi et al., 2005; Kurotaki et al., 2007). No entanto, uma vez que a decisão para se tornar trofoblasto ou ICM é feita, a célula expressa um conjunto de genes específicos para cada região. A pluripotência da ICM é mantida por um núcleo de transcrição de três fatores, Oct4, Sox2 e Nanog. Essas proteínas se ligam aos estimuladores de seus próprios genes para manter sua expressão, ao mesmo tempo que ativam os estimuladores umas das outras (**FIGURA 12.14**). Assim, quando um desses genes é ativado, os outros são também. Atuando juntos, Sox2 e Oct4 formam um dímero e muitas vezes residem nos estimuladores adjacentes ao Nanog, ativando os genes necessários para manter a pluripotência das células-tronco embrionárias (ES) e reprimindo os genes cujos produtos levariam à diferenciação (Marson et al., 2008; Young, 2011). Esses fatores de transcrição parecem funcionar recrutando a RNA-polimerase II para os promotores dos genes que estão sendo ativados e recrutando a histona metiltransferase para os genes que estão sendo reprimidos (Kagey et al., 2010; Adamo et al., 2011).

Somente as células do trofoblasto sintetizam o fator de transcrição Cdx2, que regula negativamente Oct4 e Nanog (Strumpf et al., 2005). A ativação do gene *Cdx2* nas células do trofoblasto parece ser regulada pela proteína Yap, que, por sua vez, é um cofator para o fator de transcrição Tead4 (**FIGURA 12.15A**). Tead4 é encontrado nos núcleos tanto das células internas quanto das externas do blastocisto, mas é ativado por Yap apenas no compartimento externo. Isso é porque Yap pode entrar no núcleo das células externas, permitindo, assim, que Tead4 transcreva genes que especificam o trofoblasto, como o *Cdx2* e a *eomesodermina* (*Eomes*). Em contrapartida, as células internas, cada uma com suas superfícies cercadas por outras células, ativa o gene para Lats, uma proteína-cinase que fosforila Yap (**FIGURA 12.15B**). O Yap fosforilado não pode entrar no núcleo e é degradado (Nishioka et al., 2009). Portanto, nas células internas, Tead4 não pode funcionar e *Cdx2* continua sem ser transcrito (ver Wu e Scholer, 2016). Cdx2 bloqueia a expressão do Oct4, e Oct4 bloqueia a expressão do Cdx2. Dessa forma, as duas linhagens se separam.

TÓPICO NA REDE 12.4 **MECANISMOS DE COMPACTAÇÃO E FORMAÇÃO DA MASSA CELULAR INTERNA** O que determina se uma célula deve se tornar uma célula de trofoblasto ou um membro da massa celular interna? Pode ser apenas uma questão de chance. No entanto, uma vez que a decisão é tomada, diferentes genes são ativados.

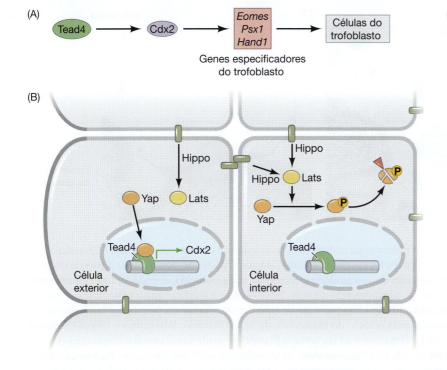

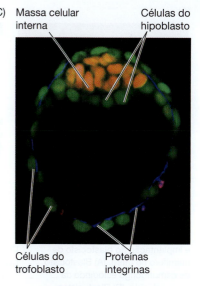

FIGURA 12.15 Possível via iniciando a distinção entre a massa de células internas e o trofoblasto. (A) O fator de transcrição Tead4, quando ativo, promove a transcrição do gene *Cdx2*. Juntos, a transcrição dos fatores Tead4 e Cdx2 ativam os genes que especificam as células externas a se tornarem o trofoblasto. (B) Modelo para a ativação de Tead4. Nas células externas, a falta de células em torno do embrião envia um sinal (ainda desconhecido) que bloqueia a via Hippo de ativar a proteína Lats. Na ausência de Lats funcional, o cofator transcricional Yap pode se ligar a Tead4 para ativar o gene *Cdx2*. Nas células internas, a via Hippo fica ativa e a cinase Lats fosforila o coativador transcricional Yap. A forma fosforilada de Yap não entra no núcleo e é alvo de degradação. (C) Blastocisto de camundongo com a proteína Oct4 na ICM marcada em cor de laranja. As linhagens extracelulares (trofoblasto e hipoblasto) estão coradas em verde. (A, B, segundo Nishioka et al., 2009; C, cortesia de J. Rossant.)

Nos camundongos, o embrião propriamente dito é derivado da massa celular interna do estágio de 16 células, suplementado por células que se dividem a partir das células externas da mórula durante a transição para o estágio de 32 células (Pedersen et al., 1986; Fleming, 1987; McDole et al., 2011). As células da ICM dão origem ao embrião e ao seu saco vitelínico associado, ao alantoide e ao âmnio. No estágio de 64 células, a ICM (que compreende aproximadamente 13 células nesse estágio) e as células do trofoblasto tornaram-se camadas celulares separadas, nenhuma das quais contribui com células para o outro grupo (Dyce et al., 1987; Fleming, 1987). A ICM sustenta ativamente o trofoblasto, secretando proteínas que estimulam as células trofoblásticas a se dividirem (Tanaka et al., 1998).

Inicialmente, a mórula não possui uma cavidade interna. No entanto, durante um processo chamado de **cavitação**, as células trofoblásticas secretam fluido na mórula para criar uma blastocele. As membranas das células do trofoblasto contêm bombas de sódio (uma Na^+-K^+ATPase e uma trocador de Na^+-H^+), que bombeiam Na^+ na cavidade central. O subsequente acúmulo de Na^+ atrai água osmoticamente, criando e ampliando a blastocele (Borland, 1977; Ekkert et al., 2004; Kawagishi et al., 2004). De modo curioso, esta atividade de bombeamento de sódio parece ser estimulada pelas células do oviduto, sobre as quais o embrião está viajando para o útero (Xu et al., 2004). À medida que a blastocele se expande, a massa celular interna fica posicionada em um lado do anel de células trofoblásticas, resultando no típico blastocisto de mamífero.[4]

Eclosão da zona pelúcida e a implantação

Enquanto o embrião está se movendo através do oviduto em rota para o útero, o blastocisto expande-se dentro da zona pelúcida (a matriz extracelular do ovo que era essencial para a ligação do espermatozoide durante a fertilização; ver Capítulo 7). Durante este tempo, a zona pelúcida impede que o blastocisto se adira às paredes do oviduto. (Se tal adesão ocorrer – como às vezes acontece em humanos – será gerada uma gravidez ectópica ou "tubária", uma condição perigosa, visto que um embrião implantado no oviduto

---

[4] Embora o blastocisto de mamífero tenha sido descoberto por Rauber, em 1881, sua primeira exibição pública foi provavelmente em 1907, na pintura Danae, de Gustav Klimt, que possui padrões de blastocisto que aparecem no manto da heroína quando ela fica impregnada por Zeus (Gilbert e Braukmann, 2011).

(A)

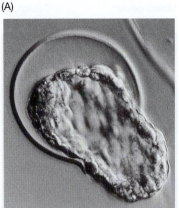

(B)

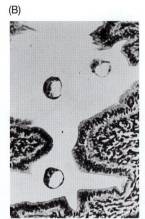

(C)

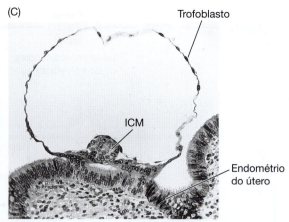

Trofoblasto

ICM

Endométrio
do útero

FIGURA 12.16 Eclosão da zona e implantação do blastocisto de mamífero no útero. (A) Blastocisto de camundongo eclodindo da zona pelúcida. (B) Blastocistos de camundongo entrando no útero. (C) Implantação inicial do blastocisto de um macaco rhesus. (A, de Mark et al., 1985, cortesia de E. Lacy; B, de Rugh, 1967; C, Carnegie Institution of Washington, Chester Reather, fotógrafo.)

pode causar hemorragia com risco de vida quando ele começar a crescer). Quando o embrião atinge o útero, ele deve "eclodir" da zona, para que possa aderir à parede uterina.

O blastocisto do camundongo eclode da zona pelúcida, digerindo um pequeno orifício nela e se comprimindo através desse orifício à medida que o blastocisto se expande (**FIGURA 12.16A**). Uma protease do tipo tripsina secretada pelo trofoblasto parece ser responsável pela eclosão do blastocisto da zona (Perona e Wassarman, 1986; O'Sullivan et al., 2001). Uma vez fora da zona, o blastocisto pode fazer contato direto com o útero (**FIGURA 12.16B, C**). O **endométrio** – o revestimento epitelial do útero – foi alterado pelos hormônios estrogênio e progesterona e fez uma extensa matriz extracelular que "pega" o blastocisto. Essa matriz é composta de açúcares complexos, colágeno, laminina, fibronectina, caderinas, ácido hialurônico e receptores de heparan sulfato (ver Ramathal et al., 2011; Tu et al., 2014).

Após a ligação inicial, vários outros sistemas de adesão parecem coordenar seus esforços para manter o blastocisto fortemente ligado ao revestimento uterino. As células trofoblásticas sintetizam integrinas que se ligam ao colágeno, à fibronectina e à laminina do útero, e elas sintetizam proteoglicano de heparan sulfato precisamente antes da implantação (ver Carson et al., 1993). P-caderinas (ver Capítulo 4) no trofoblasto e no endométrio uterino também ajudam a atracar o embrião no útero. Uma vez em contato com o endométrio, as proteínas Wnt (do trofoblasto, do endométrio ou de ambos) instruem o trofoblasto a secretar um conjunto de proteases, incluindo colagenase, estromelisina e o ativador plasminogênio. Essas enzimas digestoras de proteínas digerem a matriz extracelular do tecido uterino, permitindo que o blastocisto se enterre na parede uterina (Strickland et al., 1976; Brenner et al., 1989; Pollheimer et al., 2006).

Gastrulação em mamíferos

Aves e mamíferos são descendentes de espécies reptilianas (embora de diferentes espécies reptilianas). Não é surpreendente, portanto, que o desenvolvimento de mamíferos tenha paralelos com o de répteis e aves. O que é surpreendente é que os movimentos da gastrulação dos embriões reptilianos e aviários, que evoluíram como uma adaptação aos ovos com muito vitelo, sejam mantidos no embrião de mamífero, mesmo na ausência de grandes quantidades de vitelo. A massa celular interna do mamífero pode ser vista como sentada em cima de uma bola imaginária de vitelo, seguindo instruções que parecem mais adequadas aos seus antepassados reptilianos.

Modificações para o desenvolvimento dentro de outro organismo

O embrião de mamíferos obtém nutrientes diretamente de sua mãe e não depende de vitelo armazenado. Essa adaptação implicou uma reestruturação dramática da anatomia materna (como a expansão do oviduto para formar o útero), bem como o desenvolvimento de um órgão fetal capaz de absorver nutrientes maternos. As origens dos tecidos iniciais dos mamíferos estão resumidas na **FIGURA 12.17**. Como vimos acima, a

FIGURA 12.17 Formação do tecido e das camadas germinativas no estágio inicial do embrião humano. Dias 5-9: Implantação do blastocisto. A massa celular interna delamina as células hipoblásticas que revestem a blastocele, formando o endoderma extraembrionário do saco vitelínico primitivo e um blastodisco em bicamada (epiblasto e hipoblasto). Dias 10-12: O trofoblasto divide-se em citotrofoblasto, que formará as vilosidades, e sincitiotrofoblasto, que entra no tecido do útero para formar o córion. Dias 12-15: A gastrulação e a formação da linha primitiva. Enquanto isso, o epiblasto divide-se no ectoderma amniótico (que circunda a cavidade amniótica) e o epiblasto embrionário. O mamífero adulto (ectoderma, endoderma, mesoderma e células germinativas) forma-se a partir das células do epiblasto embrionário. O endoderma extraembrionário forma o saco vitelínico. O tamanho real do embrião nesta fase é aproximadamente o mesmo do ponto final desta frase.

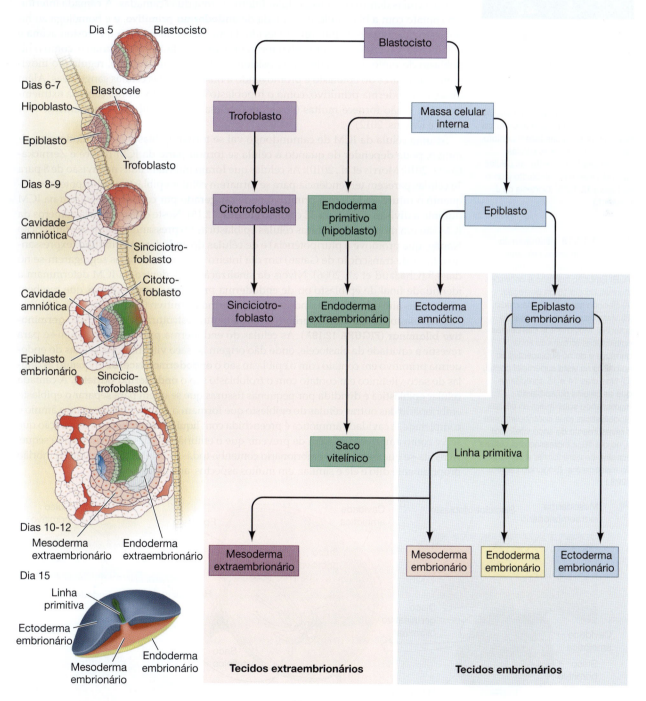

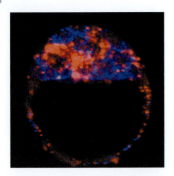

FIGURA 12.18 O embrião de camundongo do dia 3,5 (blastocisto inicial), mostrando a expressão aleatório de Nanog (em azul, para o epiblasto) e Gata6 (em vermelho, para o endoderma visceral) na massa celular interna. Com mais 24 horas, as células farão a decisão: as células hipoblásticas fazem contato com a blastocele, e as células epiblásticas ficarão entre as células hipoblásticas e o trofoblasto (como na Figura 12.15C). (Cortesia de J. Rossant.)

FIGURA 12.19 Estrutura do âmnio e movimentos celulares durante a gastrulação humana. (A, B) Embrião humano e conexões uterinas no dia 15 da gestação. (A) Secção sagital na linha média. (B) Vista da superfície dorsal do embrião. Movimentos das células epiblásticas através da linha primitiva e do nó subjacentes ao epiblasto na vista superficial dorsal. (C) Nos dias 14 e 15 acredita-se que as células do epiblasto ingressando substituem as células hipoblásticas (que contribuem para o revestimento do saco vitelínico), e, no dia 16, a ingressão das células espalha-se para formar a camada do mesoderma. (Segundo Larsen, 1993.)

primeira distinção é entre a massa celular interna e o trofoblasto. O trofoblasto desenvolve-se através de vários estágios, até se tornar o córion, a porção da placenta derivada do embrião. As células do trofoblasto também induzem as células uterinas maternas a formarem a porção materna da placenta, a **decídua**. A decídua torna-se rica em vasos sanguíneos, que fornecerão oxigênio e nutrientes ao embrião. A massa celular interna dá origem ao epiblasto e ao hipoblasto (endoderma primitivo). O hipoblasto gera as células do saco vitelínico, enquanto o epiblasto gerará o embrião, o âmnio e o alantoide.

O ENDODERMA PRIMITIVO: O HIPOBLASTO DE MAMÍFERO A primeira segregação de células dentro da massa celular interna forma duas camadas. A camada inferior, em contato com a blastocele, é chamada de **endoderma primitivo**, e é homóloga ao hipoblasto do embrião de pintinho. O tecido da massa celular interna que restou acima é o epiblasto. O endoderma primitivo formará o saco vitelínico do embrião e, como o hipoblasto do pinto, será usado para posicionar o local da gastrulação, regulando movimentos celulares do epiblasto e promovendo a maturação das células sanguíneas. Além disso, o endoderma primitivo, como o hipoblasto do pintinho, é uma camada extraembrionária e não fornece muitas (se alguma) células para o embrião propriamente dito (ver Stern e Downs, 2012).

Se uma célula da ICM de camundongo vai se tornar epiblasto ou o endoderma primitivo, pode depender de quando a célula se tornou parte da ICM (Bruce e Zernicka-Goetz, 2010; Morris et al., 2010). As células que foram internalizadas na divisão de 8 para 16 células parecem ter tendência para se tornarem células epiblásticas pluripotentes, enquanto o futuro endoderma primitivo pode ser gerado por células que entram na ICM durante a divisão de 16 para 32 células (**FIGURA 12.18**). Neste estágio, os blastômeros da ICM são um mosaico das futuras células epiblásticas (expressando o fator de transcrição Nanog, que promove a pluripotência) e de células do endoderma primitivo (expressando o fator de transcrição de Gata6) um dia inteiro antes das camadas segregarem-se no dia 4,5 (Chazaud et al., 2006). Níveis da sinalização FGF dentro da ICM determinam a identidade final de epiblasto ou de endoderma primitivo, com as células que recebem níveis mais altos de FGF tornando-se o endoderma primitivo (Yamanaka et al., 2010).

O epiblasto e o endoderma primitivo formam uma estrutura chamada **disco germinativo bilaminar** (**FIGURA 12.19A**). As células do endoderma primitivo expandem-se para revestir a cavidade da blastocele, onde dão origem ao saco vitelínico. As células do endoderma primitivo em contato com o epiblasto são o **endoderma visceral**, enquanto as células do saco vitelínico em contato com o trofoblasto são o **endoderma parietal**. A camada celular epiblástica é dividida por pequenas fissuras que se unem para separar o epiblasto embrionário das outras células do epiblasto que formam o âmnio. Uma vez que o âmnio é completado, a cavidade amniótica é preenchida com **líquido amniótico**, uma secreção que serve como amortecedor, além de prevenir que o embrião em desenvolvimento se seque. Acredita-se que o epiblasto embrionário contenha todas as células que gerarão o embrião propriamente dito e ele é similar, em muitos aspectos, ao epiblasto de aves.

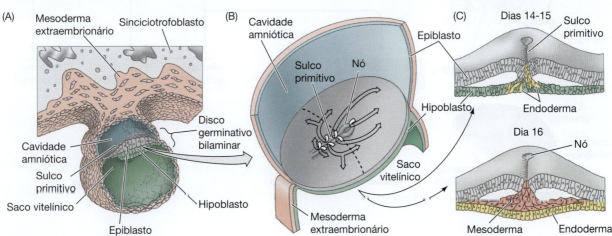

Ao marcar células do epiblasto individualmente com peroxidase de rabanete, Kirstie Lawson e colaboradores (1991) conseguiram construir um mapa de destino detalhado do epiblasto de camundongo (ver Figura 1.11). A gastrulação começa na extremidade posterior do embrião e é lá que as células do **nó**[5] surgem (**FIGURA 12, 19B, C**). Assim como as células do epiblasto de pintinho, as células do mesoderma e do endoderma de mamífero são originárias do epiblasto, sofrem transição epitelial, perdem E-caderina e migram através de uma linha primitiva na forma de células mesenquimais individuais (Burdsal et al., 1993). As células que surgem do nó dão origem à notocorda. No entanto, em contraste com a formação da notocorda no pintinho, acredita-se que as células que formam a notocorda no camundongo se tornem integradas ao endoderma do intestino primitivo (Jurand, 1974; Sulik et al., 1994). Essas células podem ser vistas como uma banda de pequenas células ciliadas que se estendem rostralmente a partir do nó. Elas formam a notocorda, convergindo medialmente e "brotando" dorsalmente a partir do teto do intestino. O momento desses eventos de desenvolvimento varia enormemente em mamíferos. Em humanos, a migração das células que formam o mesoderma não começa até o dia 16 – momento em que um embrião de rato está quase pronto para nascer (ver Figura 12.19C, Larsen, 1993).

A migração e a especificação celular são coordenadas por fatores de crescimento de fibroblasto. As células da linha primitiva parecem ser capazes de sintetizar e responder aos FGFs (Sun et al., 1999; Ciruna e Rossant, 2001). Em embriões que são homozigotos para a perda do gene *Fgf8*, ou seu receptor, as células não conseguem migrar da linha primitiva, e nem o mesoderma e o endoderma são formados. O Fgf8 (e talvez outros FGFs) provavelmente controla o movimento das células na linha primitiva através da regulação negativa da E-caderina, que mantém juntas as células do epiblasto. O Fgf8 também pode controlar a especificação celular através da regulação de *Snail*, *Brachyury* e *Tbx6*, três genes que são essenciais (assim como são no embrião do pintinho) para a migração, especificação e padronização do mesoderma.

Os precursores ectodérmicos estão localizados anteriormente e lateralmente à linha primitiva em extensão máxima, como no epiblasto de galinha e (como no embrião do pinto) uma única célula pode dar origem a descendentes em mais de um folheto germinativo. Assim, no estágio epiblasto, essas linhagens ainda não se tornaram completamente separadas entre si. Na verdade, em camundongos, parte do endoderma visceral, que tinha sido extraembrionário, é capaz de intercalar-se com o endoderma definitivo e tornar-se parte do intestino (Kwon et al., 2008).

 OS CIENTISTAS FALAM 12.2   Em dois vídeos, a Dra. Janet Rossant discute sua pesquisa sobre as linhagens de células embrionárias do embrião de camundongo.

TÓPICO NA REDE 12.5   **FORMAÇÃO E FUNÇÕES DA PLACENTA**   Além de fornecer nutrição, a placenta é um órgão endócrino e imunológico, produzindo hormônios que permitem ao útero manter a gravidez e promover o desenvolvimento das glândulas mamárias da mãe. Estudos recentes sugerem que a placenta usa vários mecanismos para bloquear a resposta imune da mãe contra o feto em desenvolvimento.

Formação do eixo de mamífero

O biólogo e poeta Miroslav Holub (1990) observou:

> *Entre o quinto e o décimo dia, o aglomerado de células-tronco diferencia o plano geral de construção do embrião [do camundongo] e seus órgãos. É um pouco como um monte de ferro transformando-se em um ônibus espacial. Na verdade, é a maravilha mais profunda que ainda podemos imaginar e aceitar, e, ao mesmo tempo, tão comum que temos que nos forçar a admirar a maravilha dessa maravilha.*

É, de fato, maravilhoso, e estamos apenas começando a descobrir como é realmente incrível.

---

[5] No desenvolvimento do camundongo, o nó de Hensen geralmente é chamado de "o nó", apesar do fato de que Hensen descobriu essa estrutura em embriões de coelho e cobaias.

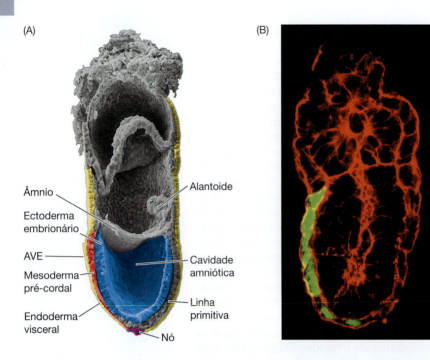

(A)

Âmnio

Ectoderma embrionário

AVE

Mesoderma pré-cordal

Endoderma visceral

Alantoide

Cavidade amniótica

Linha primitiva

Nó

(B)

FIGURA 12.20 Formação do eixo e da notocorda no camundongo. (A) No embrião de camundongo de 7 dias, a superfície dorsal do epiblasto (ectoderma embrionário) está em contato com a cavidade amniótica. A superfície ventral do epiblasto entra em contato com o mesoderma recém-formado. Neste formato de copo, o endoderma cobre a superfície do embrião. O nó está na base do copo e gerou o cordomesoderma. Os dois centros sinalizadores, o nó e o endoderma visceral anterior (AVE), estão localizados em lados opostos do copo. Ao final, a notocorda irá conectá-los. O lado caudal do embrião é marcado pela presença do alantoide. (B) Imagem de fluorescência confocal da expressão gênica de *Cerberus*, com o gene *Cerberus* fundido com um gene para GFP. Nesta fase, as células sintetizadoras de Cerberus estão migrando para a região mais anterior do endoderma visceral. (A, cortesia de K. Sulik; B, cortesia de J. Belo.)

O eixo anteroposterior: dois centros de sinalização

A formação do eixo anteroposterior em mamífero foi estudada mais extensivamente em camundongos. A estrutura do epiblasto do camundongo, no entanto, difere daquela dos humanos, pois é em forma de copo, em vez de em forma de disco. Considerando-se que o embrião humano parece muito com o embrião de pinto, o embrião do camundongo "goteja", de forma que parece como uma gotícula fechada pelo endoderma primitivo (**FIGURA 12.20A**).

O embrião de mamífero parece ter dois centros de sinalização: um no nó (equivalente ao nó de Hensen e à parte do tronco do organizador dos anfíbios) e um no **endoderma visceral anterior** (**AVE**, do inglês, *anterior visceral endoderm*; Beddington e Robertson, 1999; Foley et al., 2000). O nó parece ser responsável pela indução neural e pela padronização da maior parte do eixo anteroposterior, ao passo que o AVE é fundamental para o posicionamento da linha primitiva (ver Bachiller et al., 2000).

Os sinais que iniciam a linha primitiva parecem vir de interações entre o ectoderma extraembrionário derivado do trofoblasto e o epiblasto. O BMP4 proveniente do ectoderma extraembrionário instrui as células epiblásticas adjacentes a produzirem Wnt3a e Nodal. No entanto, o AVE impede o efeito do Wnt3a e do Nodal no lado anterior do embrião, secretando antagonistas desses fatores parácrinos, Lefty-1, Dickkopf e Cerberus (**FIGURA 12.20B**; Brennan et al., 2001; Perea-Gomez et al., 2001; Yamamoto et al., 2004). Como em embriões de anfíbios, a região anterior está protegida dos sinais Wnt. Assim, o Wnt3a ativa o gene *Brachyury* nas células do epiblasto posterior, mas não do *anterior*, gerando células mesodérmicas (Bertocchini et al., 2002; Perea-Gomez et al., 2002). Uma vez formado, o nó secreta Chordin; o processo da cabeça e a notocorda adicionarão, depois, o Noggin. Os camundongos sem *ambos* os genes não possuem prosencéfalo, nariz e outras estruturas faciais.

No entanto, como o AVE do camundongo se forma? A resposta foi inesperada. O AVE e, portanto, o eixo anteroposterior do mamífero, parece ser gerado por uma força do ambiente – a forma do útero. O útero aperta o embrião de forma que o crescimento ocorre apenas em uma direção. Este alongamento "para baixo" quebra a matriz extracelular e induz uma nova expressão gênica nas células mais distais do epiblasto (**FIGURA 12.21**). Os produtos desses genes recém-expressos fazem a célula migrar anteriormente e se tornar a AVE. Hiramatsu e colaboradores (2013) descobriram que se um

FIGURA 12.21 Formação das células precursoras da AVE por estresse mecânico. (A) No dia 5 da embriogênese, o crescimento não é restringido pela forma do útero, e o embrião cresce em várias direções. (B) Cerca de 12 horas depois, o crescimento embrionário torna-se restrito, e o embrião cresce apenas na direção proximal-distal. A membrana basal na região distal quebra, e as células epiblásticas entram na camada de endoderma visceral (setas azuis), formando os precursores da AVE. (Segundo Hiramatsu et al., 2013.)

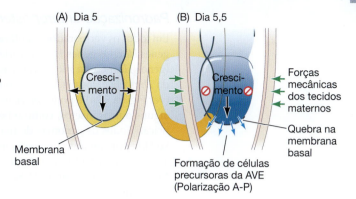

(A) Dia 5

(B) Dia 5,5

Crescimento

Crescimento

Forças mecânicas dos tecidos maternos

Quebra na membrana basal

Membrana basal

Formação de células precursoras da AVE (Polarização A-P)

embrião cresce em câmaras não constritas, o eixo A-P não se forma. Assim, a força mecânica gerada pelo útero é fundamental para instruir o desenvolvimento normal.

Padronização anteroposterior através dos gradientes de FGF e RA

A região da cabeça do embrião de mamífero é desprovida de sinalização Nodal, e BMPs, FGFs e Wnts também são inibidos. A região posterior é caracterizada por Nodal, BMPs, Wnts, FGFs e ácido retinoico RA, do inglês, *retinoic acid*). Parece haver um gradiente de proteínas Wnt, BMP e FGF que é mais elevado na parte posterior e cai fortemente perto da região anterior. Além disso, na metade anterior do embrião, começando no nó, há uma alta concentração de antagonistas que impedem a atuação de BMPs e Wnts (**FIGURA 12.22A**). O gradiente de Fgf8 é criado pelo decaimento do mRNA: o *Fgf8* é expresso na extremidade posterior crescente do embrião, mas sua mensagem é lentamente degradada nos tecidos recém-formados. Assim, há um gradiente de mRNA de *Fgf8* ao longo da parte posterior do embrião, que é convertido em gradiente da proteína Fgf8 (**FIGURA 12.22B**; Dubrulle e Pourquié, 2004). Como veremos nos capítulos posteriores, o gradiente do Fgf8 afeta principalmente o desenvolvimento do mesoderma somático (formando músculos e vértebras), ao passo que o gradiente de Wnts afeta a polaridade do desenvolvimento neural.

Além dos FGF, a gástrula do estágio tardio possui um gradiente de ácido retinoico, com os níveis de RA elevados nas regiões posteriores e diminuídos na parte anterior do embrião. Esse gradiente (como o de embriões de pintinho, rã e de peixe) parece ser controlado pela expressão de enzimas sintetizadoras de RA na região posterior e de enzimas de degradação de RA nas partes anteriores do embrião (Sakai et al., 2001; Oosterveen et al., 2004). Estas serão importantes para distinguir diferentes regiões do cérebro.

O gradiente do FGF padroniza a porção posterior do embrião, através da família de genes *Cdx*, relacionados ao gene caudal (**FIGURA 12.22C**; Lohnes, 2003). Os genes *Cdx*, por sua vez, integram os vários sinais de posteriorização e ativam os genes *Hox*.

FIGURA 12.22 Padronização anteroposterior no embrião do camundongo. (A) Gradientes de concentração de BMPs, Wnts e FGFs no final do embrião de camundongo em fase tardia de gastrulação (representado como um disco achatado). A linha primitiva e outros tecidos posteriores são as fontes das proteínas Wnt e BMP, enquanto o organizador e seus derivados (como a notocorda) produzem antagonistas. Fgf8 é expresso na ponta posterior da gástrula e continua a ser produzido no broto da cauda. Seu mRNA decai, criando um gradiente ao longo da porção posterior do embrião. (B) Gradiente de Fgf8 na região do broto da cauda de um embrião de camundongo de 9 dias. A maior quantidade de Fgf8 (em vermelho) é encontrada perto da ponta. O gradiente foi determinado por hibridação *in situ* com uma sonda para Fgf8 e marcação por tempos crescentes de incubação. (C) Ácido retinoico, Wnt3a e Fgf8 contribuem para a padronização posterior, mas são integrados pela família de proteínas Cdx, que regula a atividade dos genes *Hox*. (A, segundo Robb e Tam, 2004; B, de Dubrulle e Pourquié, 2004, cortesia de O. Pourquié; C, segundo Lohnes, 2003.)

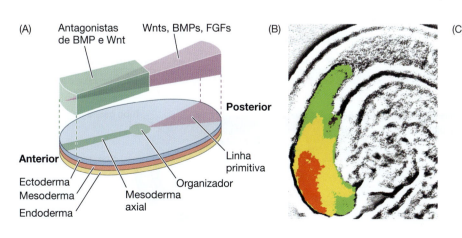

(A) Antagonistas de BMP e Wnt

Wnts, BMPs, FGFs

Posterior

Anterior

Ectoderma
Mesoderma
Endoderma

Mesoderma axial

Organizador

Linha primitiva

(B)

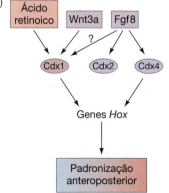

(C) Ácido retinoico

Wnt3a

Fgf8

?

Cdx1

Cdx2

Cdx4

Genes *Hox*

Padronização anteroposterior

Padronização anteroposterior: hipótese do código Hox

Em todos os vertebrados, a polaridade anteroposterior é especificada pela expressão dos genes *Hox*. Os genes *Hox* de vertebrados são homólogos aos genes seletores homeóticos (genes *Hom-C*) da mosca-da-fruta (ver Capítulo 9). O complexo de genes homeóticos da *Drosophila*, localizado no cromossomo 3, contém os clusters *Antennapedia* e *bithorax* (ver Figura 9.24) e pode ser visto como uma única unidade funcional. (Na verdade, em alguns outros insetos, como o besouro da farinha, *Tribolium*, ele é uma única unidade física.) Todos os genomas de mamíferos conhecidos contêm quatro cópias do complexo Hox por conjunto haploide, localizado em quatro cromossomos diferentes (do *Hoxa* ao *Hoxd* no camundongo, do *HOXA* ao *HOXD* em humanos; ver Boncinelli et al., 1988; McGinnis e Krumlauf, 1992; Scott, 1992).

A ordem desses genes em seus respectivos cromossomos é notavelmente similar em insetos e humanos, assim como o padrão de sua expressão. Os genes de mamíferos homólogos aos da *Drosophila labial*, *proboscipedia* e *deformed* são expressos anteriormente e cedo, enquanto os genes homólogos ao gene *AbdB* da *Drosophila* são expressos posteriormente. Como em *Drosophila*, um conjunto separado de genes em camundongos codifica os fatores de transcrição que regulam a formação da cabeça. Em *Drosophila*, estes são os genes *orthodenticle* e *empty spiracles*. Em camundongos, o mesencéfalo e o prosencéfalo são feitos através da expressão dos genes homólogos a estes – *Otx2* e *Emx* (ver Kurokawa et al., 2004; Simeone, 2004).

Os genes *Hox*/*HOX* de mamíferos são numerados de 1 a 13, a partir da extremidade de cada complexo que é expresso mais anteriormente. A **FIGURA 12.23** mostra as relações entre os conjuntos de genes homeóticos de *Drosophila* e camundongo. Os genes equivalentes em cada complexo do camundongo (como *Hoxa4*, *b4*, *c4* e *d4*) são **parálogos** – isto é, acredita-se que os quatro complexos Hox de mamífero foram formados

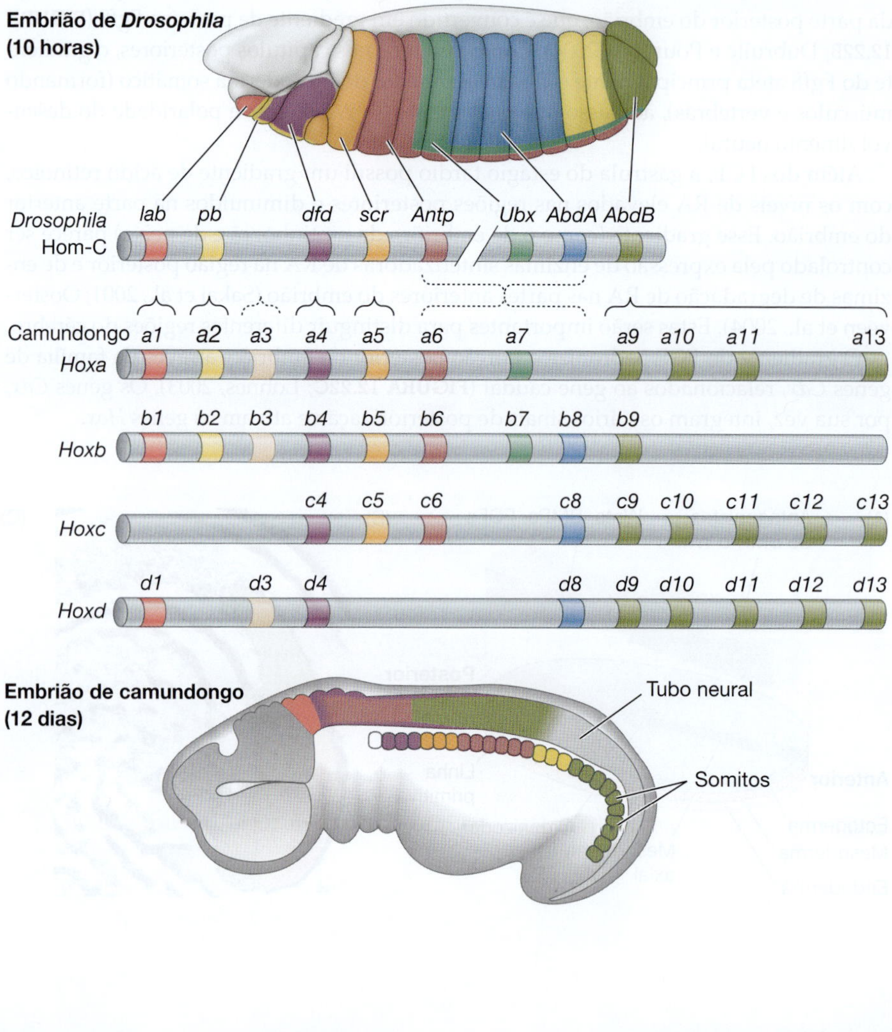

FIGURA 12.23 A conservação evolutiva da organização dos genes homeóticos e a expressão transcricional nas moscas-da-fruta e em camundongos são vistas com a semelhança entre o cluster Hom-C no cromossomo 3 da *Drosophila* e os quatro agrupamentos de genes *Hox* no genoma do camundongo. Genes com estruturas similares ocupam as mesmas posições relativas em cada um dos quatro cromossomos, e os grupos de genes parálogos exibem padrões de expressão semelhantes. Os genes de camundongo dos grupos com números mais elevados são expressos mais tarde no desenvolvimento e mais posteriormente. A comparação dos padrões de transcrição do Hom-C e dos genes *Hoxb* de *Drosophila* o camundongo é mostrada acima e abaixo dos cromossomos, respectivamente. (Segundo Carroll, 1995.)

por duplicações cromossômicas. Considerando-se que a correspondência entre os genes *Hom-C* de *Drosophila* e os genes *Hox* do camundongo não é de um-para-um, é provável que duplicações e deleções independentes de alguns genes ocorreram desde que esses dois grupos de animais divergiram (Hunt e Krumlauf, 1992). De fato, o gene do Hox mais posterior do camundongo (equivalente ao *AbdB* de *Drosophila*) sofreu seu próprio conjunto de duplicações em alguns cromossomos de mamíferos.

A expressão dos genes *Hox* pode ser vista ao longo do eixo do corpo do mamífero (no tubo neural, na crista neural, no mesoderma paraxial e no ectoderma superficial) do limite anterior do rombencéfalo até a cauda. As regiões de expressão não estão alinhadas, mas os genes *Hox* da região 3′ (homólogos ao *labial*, *proboscopedia* e *deformed* da mosca) são expressos mais anteriormente do que os genes *Hox* da região 5′ (homólogos ao *Ubx*, *abdA* e *AbdB*). Assim, geralmente encontramos os genes parálogos do grupo 4 expressos anteriormente àqueles parálogos do grupo 5, e assim por diante (ver Figura 12.23; Wilkinson et al., 1989; Keynes e Lumsden, 1990). Mutações nos genes *Hox* sugerem que a identidade regional ao longo do eixo anteroposterior é determinada principalmente pelo gene *Hox* mais posterior expresso naquela região.

ANÁLISE EXPERIMENTAL DO CÓDIGO HOX Os padrões de expressão dos genes *Hox* do camundongo sugerem um código pelo qual certas combinações de genes *Hox* especificam uma determinada região do eixo anteroposterior (Hunt e Krumlauf, 1991). Conjuntos particulares de genes parálogos fornecem identidade aos segmentos ao longo do eixo anteroposterior do corpo. A evidência de tal código vem de duas fontes principais: (1) a anatomia comparativa, onde os tipos de vértebras em diferentes espécies de vertebrados estão correlacionados com a constelação de expressão de genes *Hox*; e (2) experimentos de manipulação gênica direcionada ("knockout", do inglês, *nocaute*), em que são construídos ratos que não possuem as duas cópias de um ou mais genes *Hox*.

ANATOMIA COMPARADA E A EXPRESSÃO DE GENES *HOX* Um novo tipo de embriologia comparativa está emergindo com base na comparação dos padrões de expressão gênica que produz os fenótipos de diferentes espécies. Gaunt (1994) e Burke e seus colaboradores (1995) compararam as vértebras do camundongo e do pintinho (**FIGURA 12.24A**). Embora o camundongo e o pintinho tenham um número similar de vértebras, eles as distribuem de forma diferente. Os camundongos (como todos os mamíferos, sejam girafas ou baleias) têm 7 vértebras cervicais (pescoço). Elas são seguidas por 13 vértebras torácicas (costela), 6 vértebras lombares (abdominais) 4 vértebras sacrais (quadril) e um número variável (20+) de vértebras caudais (cauda). A galinha, em contrapartida, tem 14 vértebras cervicais, 7 vértebras torácicas, 12 ou 13 (dependendo da cepa) vértebras lombossacrais e 5 vértebras coccígeas (cauda fundida). Os pesquisadores perguntaram: a constelação da expressão de genes *Hox* correlaciona-se com o tipo de vértebra formada (p. ex., cervical ou torácica) ou com a posição relativa da vértebra (p. ex., número 8 ou 9)?

FIGURA 12.24 Representação esquemática do padrão da vértebra da galinha e do camundongo ao longo do eixo anteroposterior. (A) Esqueletos axiais corados com azul de alcian em estágios comparáveis do desenvolvimento. A galinha tem duas vezes mais vértebras cervicais do que o camundongo. (B) Os limites da expressão de certos grupos parálogos de genes *Hox* (*Hox5/6* e *Hox9/10*) foram mapeados para os domínios do tipo vertebral. (A, de Kmita e Duboule, 2003, cortesia de M. Kmita e D. Duboule; B, segundo Burke et al., 1995.)

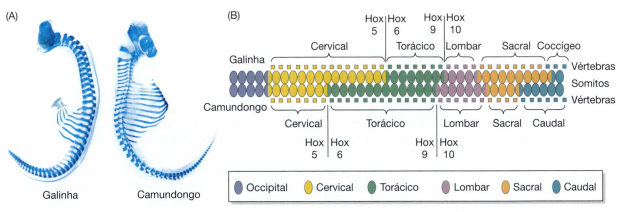

Galinha   Camundongo

(A)

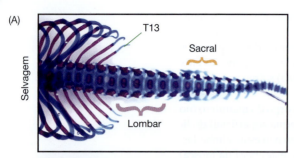

(B)

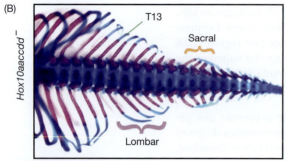

(C)

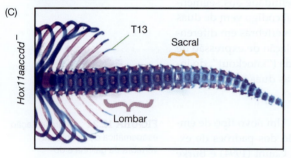

FIGURA 12.25 Esqueletos axiais de camundongos em experimentos de nocaute de genes. Cada fotografia é de um embrião de 18,5 dias, olhando para a região ventral a partir do meio do tórax em direção à cauda. (A) Camundongo selvagem. (B) O nocaute completo dos parálogos *Hox10* (*Hox10aaccdd*) converte as vértebras lombares (após a décima terceira vértebra torácica) em vértebras torácicas com costelas. (C) O nocaute completo dos parálogos *Hox11* (*Hox11aaccdd*) transforma as vértebras sacrais em cópias das vértebras lombares. (Segundo Wellik e Capecchi, 2003, cortesia de M. Capecchi.)

A resposta é que a constelação da expressão de genes *Hox* prediz o tipo de vértebra formada. No camundongo, a transição entre as vértebras cervicais e torácicas está entre as vértebras 7 e 8; no pintinho, é entre as vértebras 14 e 15 (**FIGURA 12.24B**). Em ambos os casos, os parálogos *Hox5* são expressos na última vértebra cervical, enquanto o limite anterior dos parálogos *Hox6* se estende até à primeira vértebra torácica. Da mesma forma em ambos os animais, a transição torácica-lombar é vista na fronteira entre os grupos de parálogos *Hox9* e *Hox10*. Parece que existe um código de expressão diferente de genes *Hox* ao longo do eixo anteroposterior, e esse código determina o tipo de vértebra formada.

MANIPULAÇÃO GÊNICA DIRIGIDA Como observado acima, existe um padrão específico para o número e o tipo de vértebras em camundongos, e o padrão da expressão dos genes *Hox* determina qual tipo de vértebra será formada (**FIGURA 12.25A**). Isso foi demonstrado quando todas as seis cópias do grupo parálogo *Hox10* (i.e., *Hoxa10*, *c10* e *d10* na Figura 12.23) foram nocauteadas e nenhuma vértebra lombar se desenvolveu. Em vez disso, onde seriam esperadas as vértebras lombares, formaram-se costelas e outras características semelhantes às das vértebras torácicas (**FIGURA 12.25B**). Isso foi uma transformação homeótica comparável àquelas vistas em insetos; no entanto, a redundância dos genes no camundongo tornou muito mais difícil esse resultado, visto que a existência de uma única cópia dos genes do grupo *Hox10* impede a transformação (Wellik e Capecchi, 2003; Wellik, 2009). Da mesma forma, quando as seis cópias do grupo *Hox11* foram nocauteadas, as vértebras torácicas e lombares ficaram normais, mas as vértebras sacrais não conseguiram se formar e foram substituídas por vértebras lombares (**FIGURA 12.25C**). Mais recentemente, um gene *Hoxb6* foi colocado em um estimulador do Delta, fazendo ele ser expresso em cada somito. O resultado foi um camundongo com "tipo serpente", onde cada somito formou uma vértebra torácica com costela (ver Figura 17.7C; Guerreiro et al., 2013).

O eixo esquerdo-direito

Os órgãos internos do corpo do mamífero não são simétricos, já que o posicionamento do baço, do coração e do fígado é determinado ao longo do eixo direita-esquerda (**FIGURA 12.26A-C**). Como no embrião do pintinho, o eixo esquerdo-direito parece ser devido à ativação das proteínas Nodal e ao fator de transcrição Pitx2 no lado esquerdo do mesoderma da placa lateral, enquanto Cerberus, um inibidor da proteína Nodal, é expresso à direita (ver Figura 12.10; Collignon et al., 1996; Lowe et al., 1996; Meno et al., 1996). No entanto, cada grupo de amniota pode ter diferentes maneiras de iniciar essa via (Vanderberg e Levin, 2013). Nos mamíferos, a distinção entre os lados esquerdo e direito pode ser vista nas células ciliares do nó (**FIGURA 12.26D**). Os cílios fazem o fluido no nó fluir da direita para a esquerda (no sentido horário quando visto do lado ventral). Quando Nonaka e colaboradores (1998) eliminaram um gene do camundongo que codificava a proteína motora ciliar dineína (ver Capítulo 7), os cílios nodais não se moveram, e a posição lateral de cada órgão assimétrico ficou aleatória. (Isso ajudou a explicar

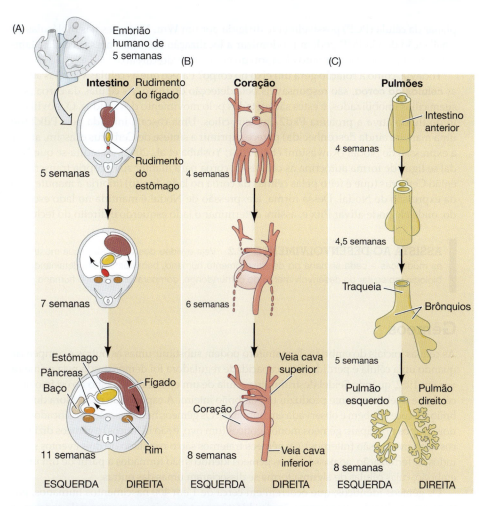

(A) Embrião humano de 5 semanas

(B)

(C)

Intestino Rudimento do fígado

5 semanas

Rudimento do estômago

7 semanas

Estômago
Pâncreas
Baço
Fígado

11 semanas

Rim

ESQUERDA   DIREITA

Coração

4 semanas

6 semanas

Veia cava superior

Coração

8 semanas

Veia cava inferior

ESQUERDA   DIREITA

Pulmões

Intestino anterior

4 semanas

4,5 semanas

Traqueia

Brônquios

5 semanas

Pulmão esquerdo

Pulmão direito

8 semanas

ESQUERDA   DIREITA

(D)

FIGURA 12.26   Assimetria esquerda-direita no desenvolvimento humano. (A) As secções transversais abdominais mostram que os rudimentos dos órgãos originalmente simétricos adquirem posições assimétricas na semana 11. O fígado se move para a direita e o baço se move para a esquerda. (B) Não só o coração se move para o lado esquerdo do corpo, mas as veias originalmente simétricas do coração regridem diferencialmente para formar as veias cavas superior e inferior, que se conectam apenas no lado direito do coração. (C) O pulmão direito ramifica-se em três lóbulos, enquanto no pulmão esquerdo (perto do coração) forma-se apenas dois lobos. Em homens, o escroto também se forma assimetricamente. (D) Células ciliadas do nó do camundongo, cada uma com um cílio que se projeta da região ventral posterior da célula. (A-C, segundo Kosaki e Casey, 1998; D, cortesia de K. Sulik e G. C. Schoenwolf.)

a observação clínica de que os seres humanos com uma deficiência na dineína têm cílios imóveis e uma chance aleatória de ter seu coração no lado esquerdo ou no direito do corpo; ver Afzelius, 1976). Além disso, quando Nonaka e colaboradores (2002) cultivaram embriões precoces de camundongo sob um fluxo artificial de meio, da esquerda para a direita, eles obtiveram uma inversão do eixo esquerdo-direito.

O mecanismo para essa rotação parece ser o posicionamento do corpo basal do cílio de cada uma das cerca de 200 células monociliadas do nó. O corpo basal, que dá origem a cada cílio, está no lado posterior de cada célula e se estende para fora da superfície ventral. Assim, o posicionamento dos cílios integra informações relativas aos eixos anteroposterior e dorsoventral para construir o eixo direita-esquerda (Guirao et al., 2010; Hashimoto et al., 2010). O posicionamento dos cílios é regido pela via da polaridade planar da célula (PCP) possivelmente dirigida por um Wnt. Mutações nas moléculas de sinalização da via PCP podem randomizar a localização dos cílios nessas células, também causando posicionamento aleatório do eixo esquerdo-direito.

Todavia, como a rotação gera um eixo no corpo? Parece que as células vizinhas ao nó, as **células da coroa**, são responsáveis pela detecção do fluxo. As células da coroa possuem cílios imobilizados, e estes são afetados pelo movimento dos fluidos. O movimento do fluido ativa a proteína Pkd2 em seus cílios. Uma cascata iniciada pela Pdk2 (de uma maneira ainda desconhecida) parece suprimir a síntese de Cerberus e, assim, ativar a expressão de Nodal (Kawasumi et al., 2011; Yoshiba et al., 2012). Acredita-se que Nodal se ligue de forma autócrina às células da coroa para manter sua própria transcrição; então Cerberus (que é feito pelas células da coroa no lado direito) inibiria a manutenção da expressão de Nodal. Dessa forma, a expressão de Nodal é mantida no lado esquerdo, onde ele pode ativar Pitx e, assim, determinar o lado esquerdo e direito do tecido.

> **ASSISTA AO DESENVOLVIMENTO 12.2** Veja o vídeo dos vários sites que mostram as mudanças a cada semana do desenvolvimento humano, bem como sites detalhando a biologia molecular do desenvolvimento do camundongo, comparando-o com o humano.

Gêmeos

As células iniciais do embrião de mamífero podem substituir umas às outras e compensar quando uma célula é perdida. Essa capacidade reguladora foi demonstrada pela primeira vez em 1952, quando Seidel destruiu uma célula de um embrião de coelho no estágio de 2 células, e a célula restante produziu um embrião inteiro. A capacidade reguladora do embrião precoce também é observada em humanos. Os gêmeos humanos são classificados em dois grupos principais: gêmeos monozigóticos (um ovo, e são idênticos) e gêmeos dizigóticos (dois ovos, e são fraternos). Os gêmeos fraternos são o resultado de dois eventos separados de fertilização, ao passo que os gêmeos idênticos são formados a partir de um único embrião, cujas células de alguma forma se dissociaram umas das outras.

Os gêmeos idênticos, que ocorrem em cerca de 1 em 400 nascimentos humanos, podem ser produzidos por separação dos blastômeros iniciais, ou mesmo pela separação da massa celular interna em duas regiões dentro do mesmo blastocisto. Cerca de 33% dos gêmeos idênticos têm dois córions completos e separados, indicando que a separação ocorreu antes da formação do tecido trofoblástico no dia 5 (**FIGURA 12.27A**). Outros gêmeos idênticos compartilham um córion comum, sugerindo que a divisão ocorreu dentro da massa celular interna, após a formação do trofoblasto. No dia 9, o embrião humano completou a construção de outra camada extraembrionária, o revestimento do âmnio. Se a separação do embrião vier após a formação do córion no dia 5, mas antes da formação do âmnio no dia 9, então os embriões resultantes devem ter um córion e dois âmnios (**FIGURA 12.27B**). Isso acontece em cerca de dois terços dos gêmeos humanos idênticos. Uma pequena porcentagem de gêmeos idênticos nasce dentro de um único córion e âmnio (**FIGURA 12.27C**), ou seja, a divisão do embrião ocorreu após o dia 12.

De acordo com esses estudos de gêmeos, cada célula da massa celular interna deve ser capaz de produzir qualquer célula do corpo. Essa hipótese foi confirmada, e tem consequências importantes para o estudo do desenvolvimento de mamíferos. Quando as células da ICM são isoladas e cultivadas sob certas condições, elas permanecem indiferenciadas e continuam dividindo-se em cultura (Evans e Kaufman, 1981; Martin, 1981). Essas células são células-tronco embrionárias (células ES; do inglês, *embryonic stem*). Quando as células ES são injetadas em um blastocisto de camundongo, elas conseguem se integrar na massa celular interna do hospedeiro. O embrião resultante possui células do hospedeiro e o tecido doador. Essa técnica se tornou extremamente importante na determinação da função dos genes durante o desenvolvimento de mamíferos.

TÓPICO NA REDE 12.6 **QUIMERISMO** Ao contrário dos gêmeos, quimeras ocorrem quando dois embriões são fundidos e criam um único indivíduo.

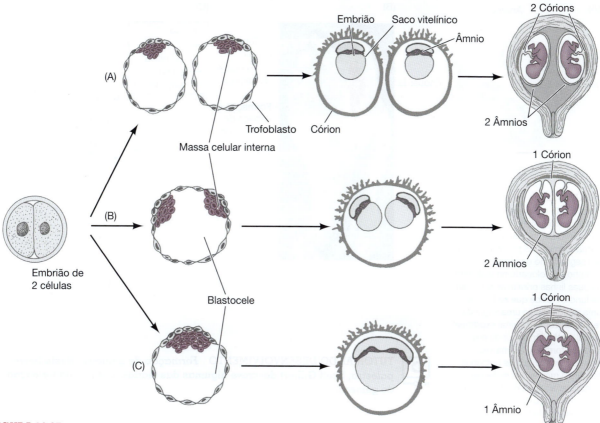

FIGURA 12.27 O momento da geminação monozigótica humana em relação às membranas extraembrionárias. (A) A separação ocorre antes da formação do trofoblasto, de modo que cada gêmeo tem o seu próprio córion e âmnio. (B) A separação ocorre após a formação dos trofoblastos, mas antes da formação do âmnio, resultando em gêmeos com sacos amnióticos individuais, mas compartilhando um córion. (C) A divisão após a formação do âmnio gera gêmeos em um saco amniótico e um único córion. (Segundo Langman, 1981.)

Considerando-se que os gêmeos fraternos são gerados durante a fertilização (dois ovos separados encontrados por dois espermatozoides separados) e os gêmeos idênticos são gerados durante a clivagem, os **gêmeos conjugados** provavelmente são gerados durante a gastrulação. Os gêmeos conjugados são idênticos (nunca foi documentado um caso de gêmeos conjugados com diferentes sexos) e ocorrem aproximadamente uma vez em cada 200 mil nascidos vivos. Spratt e Haas (1960) mostraram que se o epiblasto da galinha for dividido em quatro partes, cada uma delas formará uma linha primitiva (**FIGURA 12.28A**). Além disso, se um segundo nó de Hensen de galinha for colocado em um epiblasto, as duas linhas primitivas podem se fundir. Parece que, se houver um rompimento na zona marginal (permitindo que um novo centro de expressão de Nodal se forme), ou se uma segunda região da zona marginal expressar *Nodal*, então um segundo eixo pode formar-se (**FIGURA 12.28B**; Bertocchini e Stern, 2002; Perea Gomez et al., 2002; Torlopp et al., 2014). Considerando-se que os humanos têm a mesma via molecular para fazer a linha primitiva, assim como as galinhas fazem, parece possível que os gêmeos conjugados possam ser o resultado de duas áreas na margem produzindo Nodal. Levin (1999) mostrou que isso explicaria os diferentes tipos de gêmeos unidos (**FIGURA 12.28C**). Não sabemos como os gêmeos unidos se formam, mas a geração de múltiplos eixos durante a gastrulação pode começar a explicar esse fenômeno.

TÓPICO NA REDE 12.7 **GÊMEOS CONJUGADOS** Embora os gêmeos conjugados sejam uma ocorrência rara, as questões médicas e sociais levantadas por gêmeos conjugados fornecem um olhar fascinante sobre o que as pessoas ao longo da história consideram como "individualidade".

Ampliando o conhecimento

Em um episódio da série de televisão CSI nos Estados Unidos: *Crime sob investigação*, o DNA do criminoso muito provável não combinou com o DNA das células da cena do crime. O episódio foi baseado em casos reais raros em que foi encontrado um mamífero com dois conjuntos diferentes de DNA. Como você acredita que tal situação possa ocorrer?

(A)

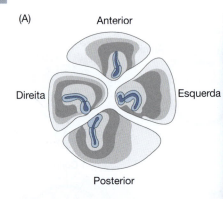

Anterior

Direita

Esquerda

Posterior

(B)

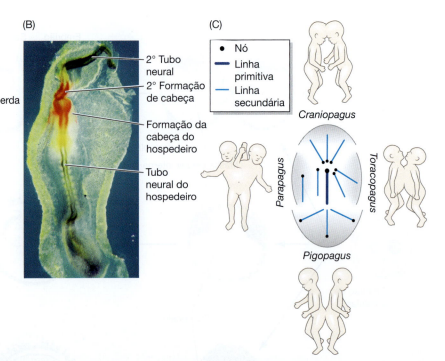

2° Tubo neural

2° Formação de cabeça

Formação da cabeça do hospedeiro

Tubo neural do hospedeiro

(C)

- ● Nó
- ▬ Linha primitiva
- ▬ Linha secundária

Craniopagus

Parapagus

Toracopagus

Pigopagus

FIGURA 12.28 (A) Spratt e Haas (1960) mostraram que se o epiblasto da galinha for dividido em quatro partes, cada uma formará uma linha primitiva. (B) Se um segundo nó de Hensen de um pintinho for colocado no epiblasto, as duas linhas primitivas poderiam se fundir. Parece que se houver uma ruptura ou se uma segunda região da zona marginal expressar Nodal, então um segundo eixo pode se formar. (C) Uma vez que se acredita que os humanos tenham a mesma via molecular para fazer a linha primitiva, parece possível que gêmeos conjugados poderiam ser feitos a partir de duas áreas da margem produzindo Nodal. Isso explicaria os diferentes tipos de gêmeos conjugados (Levin, 1999).

TUTORIAL DO DESENVOLVIMENTO *Formação de gêmeos* **Nesta breve palestra, Scott Gilbert descreve algumas das teorias recentes da formação de gêmeos.**

Coda

As variações nos temas importantes do desenvolvimento evoluíram nos diferentes grupos de vertebrados (**FIGURA 12.29**). Os principais temas da gastrulação de vertebrados são:

- Internalização do endoderma e do mesoderma.
- Epibolia do ectoderma em torno de todo o embrião.
- Convergência das células internas na linha média.
- Extensão do corpo ao longo do eixo anteroposterior.

Embora os embriões de peixes, anfíbios, aves e mamíferos tenham diferentes padrões de clivagem e gastrulação, eles usam muitas das mesmas moléculas para atingir as mesmas metas. Cada grupo usa gradientes de proteínas Nodal e Wnt para estabelecer a polaridade ao longo do eixo anteroposterior. Em *Xenopus* e peixe-zebra, fatores maternos induzem as proteínas Nodal no hemisfério vegetal ou na zona marginal. No pintinho, a expressão de nodal é induzida por Wnt e Vg1 emanando da zona marginal posterior, enquanto em outros locais, a atividade de Nodal é suprimida pelo hipoblasto. No camundongo, o hipoblasto restringe similarmente a atividade de Nodal, usando Cerberus no embrião de pintinho e Cerberus e Lefty1 em mamíferos.

Cada um desses grupos de vertebrados usa inibidores de BMP para especificar o eixo dorsal. De modo similar, a inibição de Wnt e a expressão de Otx2 são importantes na especificação das regiões anteriores do embrião, mas diferentes grupos de células podem expressar essas proteínas. Em todos os casos, a região do corpo do rombencéfalo à cauda é especificada pelos genes *Hox*. Finalmente, o eixo esquerda-direita é estabelecido através da expressão de Nodal no lado esquerdo do embrião. Nodal ativa *Pitx2*, gerando as diferenças entre os lados esquerdo e direito do embrião. A questão de como Nodal se torna expresso no lado esquerdo parece diferir entre os grupos dos vertebrados. Mas, em geral, apesar das diferenças iniciais na clivagem e na gastrulação, os diferentes grupos de vertebrados mantiveram formas muito semelhantes de estabelecer os três eixos corporais.

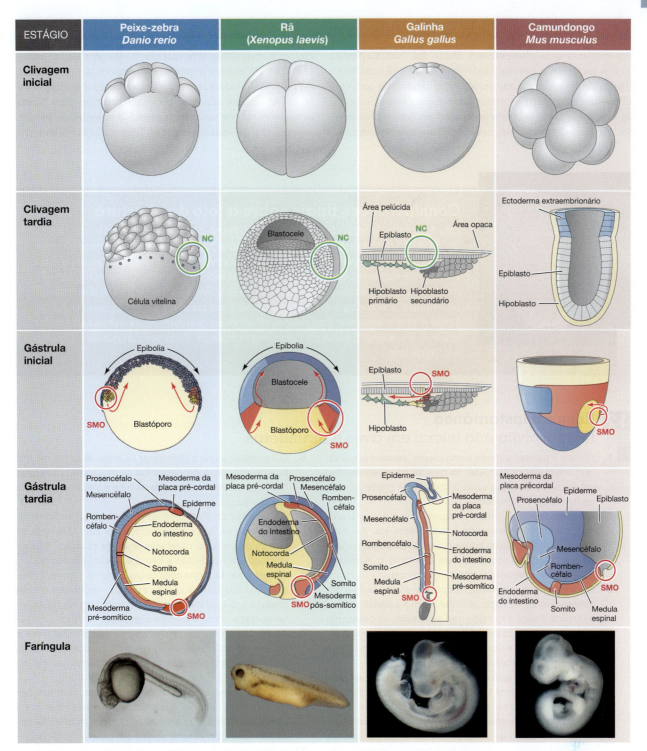

FIGURA 12.29 Desenvolvimento inicial de quatro vertebrados. A clivagem difere muito entre os quatro grupos. Os peixes-zebra e os pintinhos têm clivagem discoidal meroblástica; as rãs têm clivagem holoblástica desigual; e os mamíferos têm clivagem holoblástica igual. Estes padrões de clivagem formam diferentes estruturas, mas há muitas características conservadas, como o centro Nieuwkoop (NC, círculos verdes). Quando a gastrulação começa, cada um dos grupos tem células equivalentes ao organizador de Spemann-Mangold (SMO, círculos vermelhos). O SMO marca o início da região do blastóporo, e o restante dele é indicado pelas setas vermelhas que se estendem a partir do organizador. No estágio tardio da gástrula, o endoderma (em amarelo) está dentro do embrião, o ectoderma (em azul, roxo) envolve o embrião e o mesoderma (em vermelho) está entre o endoderma e o ectoderma. A regionalização do mesoderma também começou. A linha inferior mostra o estágio de faríngula, que ocorre imediatamente após a gastrulação. Esse estágio, com uma faringe, um tubo neural central, uma notocorda flanqueada por somitos e uma região sensorial cefálica (cabeça), caracteriza os vertebrados. (Segundo Solnica-Krezel, 2005.)

Próxima etapa na pesquisa

As células-tronco pluripotentes induzidas (ver Capítulo 5) nos fornecem a oportunidade de estudar o desenvolvimento de mamíferos como nunca antes. Trabalhar com células-tronco nos permite mutar genes específicos e elucidar as vias pelas quais ocorrem anomalias no desenvolvimento. Algumas dessas investigações mais importantes entram em territórios onde, sem dúvida, há de se abordar as implicações éticas e os impactos econômicos dessa pesquisa. As pessoas deveriam regenerar órgãos antigos se elas pudessem? Deveríamos adicionar genes aos embriões para permitir que eles sobrevivam em diferentes ambientes ou para terem maior plasticidade neural ou corpos mais resistentes?

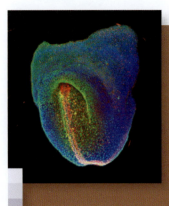

Considerações finais sobre a foto de abertura

Esta fotografia da linha primitiva e do endoderma da cabeça do embrião de camundongo de 7,5 dias mostra os primórdios da especificação anterior. Os núcleos de todas as células estão azulados. Os fatores de transcrição Lhx1, Foxa2 (em verde) e Otx2 interagem e regulam a diferenciação do mesendoderma anterior. O Brachyury (em vermelho) marca o mesoderma central. Foxa2 e Brachyury são coexpressos (em amarelo) na estrutura anterior da linha média e no nó. Esse padrão é regulado pelas proteínas Nodal e Wnt e estabelece as regiões do embrião que formam as estruturas anterior (cabeça) e posterior (cauda) do corpo dos mamíferos. (Foto por cortesia de I. Costello e E. Robertson.)

12 Resumo instantâneo
Desenvolvimento inicial em aves e mamíferos

1. Répteis e pássaros, assim como peixes, passam por clivagem meroblástica discoidal, na qual as primeiras divisões celulares não cortam o vitelo do ovo. Essas primeiras células formam um blastoderma.

2. Em embriões de pintinho, a clivagem inicial forma uma área opaca e uma área pelúcida. A região entre elas é a zona marginal. A gastrulação começa na área pelúcida, ao lado da zona marginal posterior, visto que tanto o hipoblasto quanto a linha primitiva também começam lá.

3. A linha primitiva é derivada das células do epiblasto e das células centrais da foice de Koller. Com a extensão rostral da linha primitiva, é formado o nó de Hensen. As células migrando para fora do nó de Hensen tornam-se o mesendoderma pré-cordal e são seguidas pelo processo da cabeça e pelas células da notocorda.

4. A placa pré-cordal ajuda a induzir a formação do prosencéfalo; o cordomesoderma induz a formação do mesencéfalo, do rombencéfalo e da medula espinal. As primeiras células migrando lateralmente através da linha primitiva se tornam endoderma, deslocando o hipoblasto. As células do mesoderma, em seguida, migram através da linha primitiva. Enquanto isso, o ectoderma superficial sofre epibolia em torno do vitelo.

5. Nas aves, a gravidade ajuda a determinar a posição da linha primitiva, que aponta para a direção posterior-para-anterior, e cuja diferenciação estabelece o eixo dorsoventral. O eixo esquerdo-direito é formado pela expressão de proteína Nodal no lado esquerdo do embrião, que sinaliza a expressão de Pitx2 no lado esquerdo dos órgãos em desenvolvimento.

6. O hipoblasto ajuda a determinar os eixos do corpo do embrião e sua migração determina os movimentos celulares que acompanham a formação da linha primitiva e, portanto, sua orientação.

7. Os mamíferos sofrem uma variação de clivagem holoblástica rotacional, que é caracterizada por uma taxa lenta de divisão celular, uma orientação única de clivagem, falta de sincronização na divisão e formação de um blastocisto.

8. O blastocisto se forma após os blastômeros sofrerem compactação. Ele contém células externas – as células do trofoblasto –, que se tornam o córion, e uma massa celular interna, que se torna o âmnio e o embrião.

9. As células da massa celular interna são pluripotentes e podem ser cultivadas como células-tronco embrionárias. Elas dão origem ao epiblasto e ao endoderma visceral (hipoblasto).

10. O córion forma a porção fetal da placenta, com funções para fornecer oxigênio e nutrição ao embrião, hormônios para a manutenção da gravidez e bloquear a potencial resposta imune da mãe contra o feto em desenvolvimento.

11. A gastrulação de mamíferos não é diferente da das aves. Parece haver dois centros de sinalização, um no nó e outro no endoderma visceral anterior. Este último centro é importante para estabelecer os eixos do corpo, enquanto o primeiro é crucial na indução do sistema nervoso e na padronização das estruturas axiais situadas caudalmente ao mesencéfalo.

12. Os genes *Hox* padronizam o eixo anteroposterior e ajudam a especificar as posições ao longo desse eixo. Se os genes

Hox forem eliminados, podem surgir as malformações específicas do segmento. Da mesma forma, forçar a expressão ectópica de genes *Hox*, poderá alterar o eixo do corpo.

13. A homologia da estrutura gênica e a semelhança dos padrões de expressão dos genes *Hox* de *Drosophila* e de mamífero sugerem que este mecanismo de padronização é extremamente antigo

14. O eixo esquerdo-direito de mamífero é especificado de forma semelhante ao da galinha, mas com algumas diferenças significativas nos papéis de certos genes.

15. Na gastrulação amniota, o epitélio pluripotente, ou epiblasto, produz o mesoderma e o endoderma, que migram através da linha primitiva, e os precursores do ectoderma, que permanecem na superfície. No fim da gastrulação, são formadas as estruturas da cabeça e do tronco anterior. O elongamento do embrião continua até as células precursoras no epiblasto caudal em torno do nó de Hensen posteriorizado.

16. Em cada classe de vertebrados, o ectoderma neural pode formar-se onde é impedida a indução do tecido da epiderme mediada por BMP.

17. Os gêmeos fraternos surgem de dois eventos separados de fertilização. Gêneros idênticos resultam da divisão do embrião em dois grupos celulares durante os estágios onde ainda existem células pluripotentes no embrião. A evidência experimental sugere que gêmeos conjugados podem ocorrer pela formação de dois organizadores dentro de um blastodisco comum.

Leituras adicionais

Beddington, R. S. P. and E. J. Robertson. 1999. Axis development and early asymmetry in mammals. Cell 96: 195–2012.

Bertocchini, F. and C. D. Stern. 2002. The hypoblast of the chick embryo positions the primitive streak by antagonizing Nodal signaling. Dev. Cell 3: 735–744.

Boyer, L. A. and 13 others. 2005. Core transcriptional regulatory circuitry in human embryonic stem cells. Cell 122: 947–956.

Burke, A. C., A. C. Nelson, B. A. Morgan and C. Tabin. 1995. Hox genes and the evolution of vertebrate axial morphology. Development 121: 333–346.

Hiramatsu, R., T. Matsuoka, C. Kimura-Yoshida, S. W. Han, K. Mochida, T. Adachi, S. Takayama and I. Matsuo. 2013. External mechanical cues trigger the establishment of the anteriorposterior axis in early mouse embryos. Dev. Cell 27: 131–144.

Rossant, J. 2016. Making the mouse blastocyst: Past, present, and future. Curr. Top. Dev. Biol. 116: 275–288.

Stern, C. D. and K. M. Downs. 2012. The hypoblast (visceral endoderm): An evo-devo perspective. Development 139: 1059–10612.

Strumpf, D., C.-A. Mao, Y. Yamanaka, A. Ralston, K. Chawengsaksophak, F. Beck and J. Rossant. 2005. Cdx2 is required for correct cell fate specification and differentiation of trophectoderm in the mouse blastocyst. Development 132: 2093–2102.

Vanderberg, L. N. and M. Levin. 2013. A unified model for left-right asymmetry? Comparison and synthesis of molecular models of embryonic laterality. Dev. Biol. 379: 1–15.

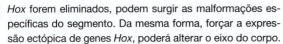

VISITE WWW.DEVBIO.COM...

... para Tópicos na Rede, entrevistas de Os cientistas Falam, vídeos de Assista ao Desenvolvimento, Tutorial do Desenvolvimento e informação bibliográfica completa sobre toda a literatura citada neste capítulo.

Formação e padronização do tubo neural

"**COMO UM ENTOMOLOGISTA À PROCURA** de borboletas coloridas brilhantes, minha atenção caçou, no jardim da substância cinzenta, células com delicadas e elegantes formas, as misteriosas borboletas da alma." Assim refletiu Santiago Ramón y Cajal, comumente referido como o pai da neurociência, em seu estudo sobre o cérebro. Sua citação de 1937 magistralmente captura a fascinação e o mistério do cérebro como parte de um grande sistema que controla comunicação, consciência, memória, emoção, controle motor, digestão, percepção sensorial, sexo, e muito mais. Como o desenvolvimento desse órgão central é coordenado com o desenvolvimento do resto do organismo com uma conectividade integrada, continuará sendo uma das questões mais fundamentais na biologia do desenvolvimento para o próximo século. O primeiro evento crucial é a transformação de uma folha epitelial em um tubo. Esta estrutura inicial proporcionará a base para a regionalização e a diversificação das estruturas cerebrais ao longo do eixo anteroposterior e, por meio de mecanismos estratégicos de crescimento e diferenciação celular, a elaborada estrutura e altamente conectada do sistema nervoso central de vertebrados poderá ser realizada. Nos próximos três capítulos, estudaremos o desenvolvimento do sistema nervoso, começando neste capítulo com a formação do tubo neural e a especificação dos destinos celulares dentro dele (**FIGURA 13.1**). No Capítulo 14, aprofundaremos os mecanismos que regem o padrão do destino das células e a neurogênese ao longo do eixo dorsoventral do SNC. No Capítulo 15, navegaremos nos mecanismos moleculares envolvidos no direcionamento das conexões do sistema nervoso e do desenvolvimento de linhagens de crista neural.

Qual o valor da duração de Sonic hedgehog?

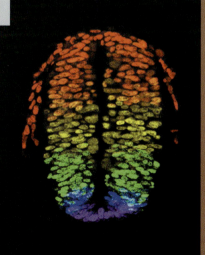

Destaque

O cérebro vertebrado e a medula espinal começam seu desenvolvimento como uma placa plana de células neuroepiteliais que se dobra ao longo da maior parte de seu comprimento para formar um tubo. O processo de formação desse tubo neural é chamado de nêurulação. O dobramento ocorre em locais específicos da placa por meio de mudanças assimétricas nas formas das células, de modo que seus lados apicais se contraem, estabelecendo pontos de dobra e flexão de tecido. A dobra traz os lados da placa para cima e em direção ao outro até que eles se fundem ao longo da linha média, como se o tubo estivesse sendo comprimido. O tubo separa-se do ectoderma superficial por meio de uma adesão diferencial, e o sistema nervoso central nasce. As células do novo tubo neural tornam-se especializadas como precursores de neurônios e células gliais, e as diferentes regiões do tubo se tornam especificadas ao longo do seu eixo dorsoventral. Os gradientes de morfógenos que emanam do ectoderma da superfície dorsal e da notocorda ventral estabelecem informações posicionais para a indução de fatores de transcrição regulatórios que iniciam a ativação de genes regulatórios específicos para cada tipo celular. A sinalização de TGF-β e Sonic hedgehog desempenham papéis importantes tanto na neurulação como na padronização dos destinos celulares do tubo neural.

FIGURA 13.1 As principais questões a serem abordadas nos Capítulos 13, 14 e 15. Questões de neurulação e especificação do destino celular (A, B) serão respondidas neste capítulo. Como o tubo neural (NT) é expandido em estruturas elaboradas do cérebro (C) será abordado no Capítulo 14. O sistema nervoso periférico (D) é derivado em grande parte das células da crista neural (NCC) que migram da parte dorsal do tubo neural. Além disso, os neurônios recém-formados devem estender processos longos para encontrar seus parceiros sinápticos (E) e, assim, conectar o sistema nervoso. Os tópicos (D) e (E) serão abordados no Capítulo 15.

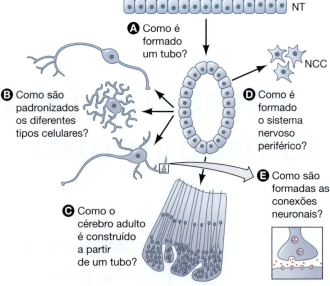

O ectoderma de vertebrados, a camada externa germinativa que recobre a gástrula no estágio final, tem três responsabilidades principais (**FIGURA 13.2**):

1. Uma parte do ectoderma se tornará a **placa neural**, o tecido neural presuntivo induzido pela placa pré-cordal e pela notocorda durante a gastrulação. A placa neural dobra-se dentro do corpo para formar o **tubo neural**, o precursor do **sistema nervoso central** (**SNC**) – o cérebro e a medula espinal.
2. Outra parte dessa camada germinativa se tornará a **epiderme**, a camada externa da pele (que é o maior órgão do corpo vertebrado). A epiderme forma uma barreira elástica, impermeável e em constante regeneração entre o organismo e o mundo exterior.
3. Entre os compartimentos que formam a epiderme e o sistema nervoso central, encontra-se o presuntivo da **crista neural**. As células da crista neural se delaminam a partir destes epitélios, na linha média dorsal, e migram para longe (entre o tubo neural e a epiderme) para gerar, entre outras coisas, o **sistema nervoso periférico** (todos os nervos e neurônios que se encontram fora do SNC) e as células de pigmento (melanócitos).

O processo pelo qual as três regiões do ectoderma são fisicamente formadas e funcionalmente e distintas entre si é chamado de **neurulação**, e um embrião realizando esse processo é chamado de **nêurula** (**FIGURA 13.3**; Gallera, 1971). Como vimos nos capítulos anteriores, a especificação do ectoderma é realizada durante a gastrulação, principalmente regulando os níveis de BMP experimentados pelas células ectodérmicas. Níveis elevados de BMP especificam as células se tornarem epiderme. Níveis muito baixos especificam que as células se tornem placa neural. Níveis intermédios permitem a formação das células de crista neural. A neurulação segue diretamente a gastrulação.

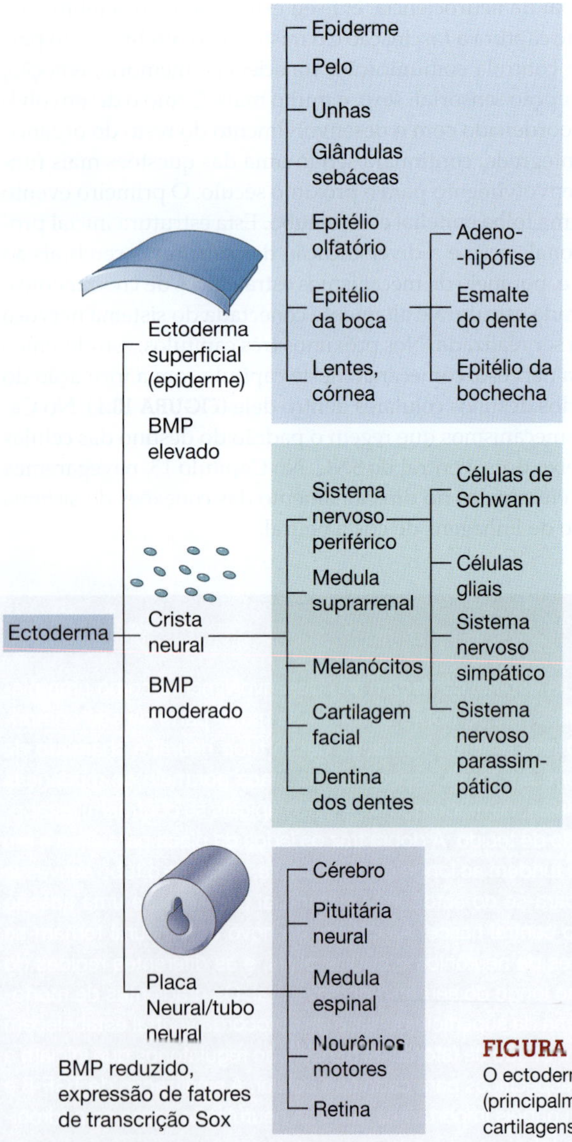

Epiderme
Pelo
Unhas
Glândulas sebáceas
Epitélio olfatório — Adeno--hipófise
Epitélio da boca — Esmalte do dente
Lentes, córnea — Epitélio da bochecha

Ectoderma superficial (epiderme)
BMP elevado

Sistema nervoso periférico — Células de Schwann
Medula suprarrenal — Células gliais / Sistema nervoso simpático
Melanócitos
Cartilagem facial — Sistema nervoso parassimpático
Dentina dos dentes

Ectoderma
Crista neural
BMP moderado

Cérebro
Pituitária neural
Medula espinal
Neurônios motores
Retina

Placa Neural/tubo neural
BMP reduzido, expressão de fatores de transcrição Sox

FIGURA 13.2 Principais derivados da camada germinativa do ectoderma. O ectoderma é dividido em três domínios principais: o ectoderma superficial (principalmente a epiderme), a crista neural (neurônios periféricos, pigmento, cartilagens faciais) e o tubo neural (cérebro e medula espinal).

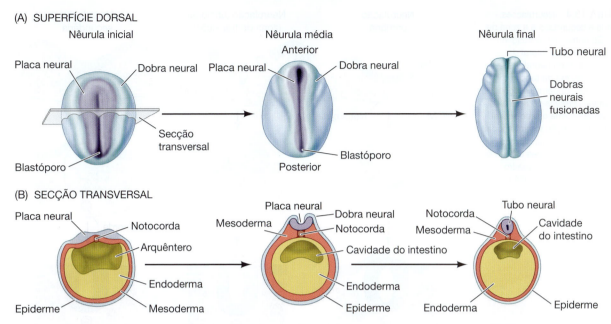

(A) SUPERFÍCIE DORSAL

Nêurula inicial

Placa neural — Dobra neural

Secção transversal

Blastóporo

Nêurula média
Anterior

Placa neural — Dobra neural

Blastóporo

Posterior

Nêurula final

Tubo neural

Dobras neurais fusionadas

(B) SECÇÃO TRANSVERSAL

Placa neural

Notocorda

Arquêntero

Endoderma

Epiderme — Mesoderma

Placa neural — Dobra neural

Mesoderma — Notocorda

Cavidade do intestino

Endoderma

Epiderme

Notocorda — Tubo neural

Mesoderma — Cavidade do intestino

Endoderma — Epiderme

FIGURA 13.3 Duas visões da neurulação primária em um embrião de anfíbio, mostrando o início da nêurula (à esquerda), o meio (centro) e o fim (à direita), respectivamente. (A) Vista de cima para baixo da superfície dorsal de todo o embrião. (B) Secção transversal através do centro do embrião. (Segundo Balinsky, 1975.)

Transformando a placa neural em um tubo: o nascimento do sistema nervoso central

As células da placa neural caracterizam-se pela expressão de fatores de transcrição da família Sox (Sox1, 2 e 3). Esses fatores (1) ativam os genes que especificam as células a serem placa neural e (2) inibem a formação de epiderme e crista neural, bloqueando a transcrição e sinalização de BMPs (Archer et al., 2011). Neste processo, vemos mais uma vez um importante princípio do desenvolvimento: *muitas vezes, os sinais que promovem a especificação de um tipo celular paralelamente bloqueiam a especificação de um tipo celular alternativo*. A expressão dos fatores de transcrição de Sox estabelece as células de placa neural como precursores neurais que podem formar todos os tipos celulares do sistema nervoso central (Wilson e Edlund, 2001).

Embora a placa neural se encontre na superfície do embrião, o sistema nervoso não ficará no exterior do corpo formado. De alguma forma, a placa neural tem de se mover para dentro do embrião e formar um tubo neural. Esse processo é realizado por meio da neurulação, que ocorre com alguma diversidade entre os vertebrados (Harrington et al., 2009). Existem dois modos principais de neurulação. Na **neurulação primária**, as células que circundam a placa neural direcionam as células da placa neural a proliferar, a invaginar para dentro no corpo e a se separar do ectoderma de superfície para formar um tubo oco subjacente. Na **neurulação secundária**, o tubo neural surge da agregação de células do mesênquima em um cordão sólido que, posteriormente, forma cavidades que se fundem para criar um tubo oco. Em muitos vertebrados, as neurulações primária e secundária são divididas espacialmente no embrião, de modo que a neurulação primária forma a porção *anterior* do tubo neural, e a porção *posterior* do tubo neural é derivada da neurulação secundária (**FIGURA 13.4**).

Em aves, a neurulação primária gera o tubo neural anterior aos membros posteriores (Pasteels, 1937, Catala et al., 1996). Nos mamíferos, a neurulação secundária começa no nível das vértebras sacrais da cauda (Schoenwolf, 1984, Nievelstein et al., 1993). Em peixes e anfíbios (p. ex., peixe-zebra e *Xenopus*), apenas o tubo neural da cauda é derivado da neurulação secundária (Gont et al., 1993; Lowery e Sive, 2004). Os cordados mais basais, como *Amphioxus* e *Ciona*, apenas apresentam mecanismos de neurulação primária, sugerindo que a neurulação primária foi a condição ancestral, e que a neurulação secundária evoluiu mais como os membros – isto é, como uma novidade dos vertebrados associada ao alongamento da cauda (Handrigan, 2003).

FIGURA 13.4 Neurulações primária e secundária e a zona de transição entre elas. A imagem inferior é uma vista lateral da superfície do tubo neural. As ilustrações acima do tubo neural correspondem a secções transversais através do nível axial indicado conforme o tubo neural se forma na direção rostral-caudal. Diferentes tipos de células são representados em cores diferentes, conforme indicado no quadro. (Segundo Dady et al., 2014.)

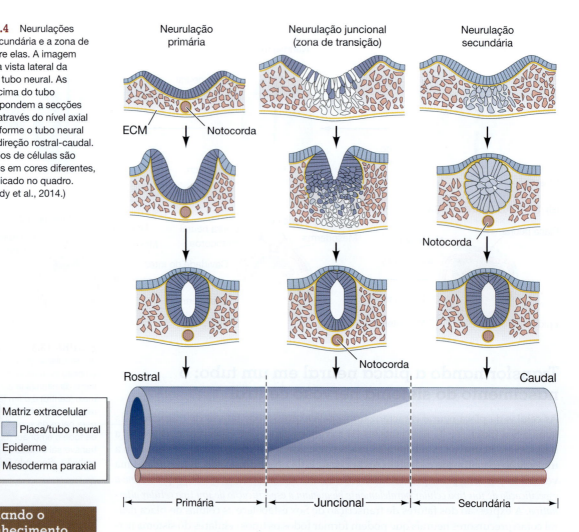

Matriz extracelular
Placa/tubo neural
Epiderme
Mesoderma paraxial

O tubo neural finalmente está completo quando os dois tubos formados separadamente se juntam, formando um único tubo (Harrington et al., 2009). O tamanho da **zona de transição** entre os tubos neurais primários e secundários varia entre espécies, de relativamente abrupto no camundongo, para uma região que abrange as vértebras torácicas no embrião de pintinho, para a região toracolombar em humanos (Dady et al., 2014). A formação do tubo neural nesta zona de transição foi denominada **neurulação juncional** (Dady et al., 2014), uma vez que envolve uma combinação de mecanismos relacionados tanto à neurulação primária como à secundária (ver Figura 13.4).

 TUTORIAL DO DESENVOLVIMENTO *Neurulação* O Dr. Michael Barresi **descreve os eventos celulares e os mecanismos moleculares envolvidos na formação do tubo neural.**

Neurulação primária

Embora existam algumas diferenças de espécies, o processo de neurulação primária é relativamente semelhante em todos os vertebrados.[1] Para explorar os mecanismos de dobra da placa neural, focalizaremos principalmente no processo de neurulação primária em amniotas. Logo após a formação da placa neural no embrião de pintinho, suas bordas engrossam e se movem para cima para formar as **dobras neurais**, e um **sulco**

---

[1] Em peixe teleósteo (ósseo), como o peixe-zebra, a placa neural não se dobra; em vez disso, a convergência na linha média gera a quilha neural e o lúmen do tubo neural é formado através de um processo de cavitação (Lowery e Sive, 2004; ver também Harrington et al., 2009).

neural em forma de U aparece no centro da placa, dividindo os futuros lados direito e esquerdo do embrião (**FIGURA 13.5**). As dobras neurais nos lados laterais da placa neural migram para a linha média do embrião, eventualmente se fundindo para formar o tubo neural sob o ectoderma sobrejacente.

A neurulação primária pode ser dividida em quatro estágios distintos, mas espacial e temporalmente sobrepostos:

1. *Alongamento e dobramento da placa neural.* As divisões celulares dentro da placa neural ocorrem preferencialmente na direção anteroposterior (muitas vezes referida como o **rostral-caudal**, ou direção bico-para-cauda), o que resulta no alongamento axial contínuo associado à gastrulação. Estes eventos ocorrem mesmo se o tecido da placa neural for isolado do resto do embrião. No entanto, para se fechar em um tubo neural, a epiderme presuntiva também é necessária (**FIGURA 13.6A, B**; Jacobson e Moury, 1995, Moury e Schoenwolf, 1995, Sausedo et al., 1997).

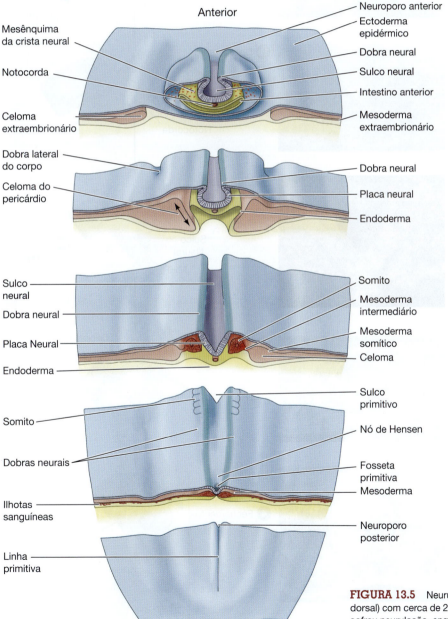

FIGURA 13.5 Neurulação em embrião de pintinho (vista dorsal) com cerca de 24 horas. A região cefálica (cabeça) sofreu neurulação, enquanto a região caudal (cauda) ainda está realizando a gastrulação. (Segundo Patten, 1971.)

2. *Dobramento da placa neural.* A dobra da placa neural envolve a formação de regiões de flexura, onde a placa neural fica em contato com os tecidos adjacentes. Em aves e mamíferos, as células na linha média da placa neural formam o **ponto de flexura medial**, ou **MHP** (do inglês, *medial hinge point*) (Schoenwolf, 1991a, b; Catala et al., 1996). As células da MHP estão descritas por estarem firmemente ancoradas à notocorda, que se encontra abaixo delas, e formarem uma flexura, o que permite a criação de uma depressão, ou **sulco neural**, na linha média dorsal (**FIGURA 13.6C**).

FIGURA 13.6 Neurulação primária: formação do tubo neural no embrião de galinha. (A, 1a) As células da placa neural podem ser distinguidas como células alongadas na região dorsal do ectoderma. (B, 1b) O dobramento começa quando as células do ponto de flexura medial (MHP) se ancoram à notocorda e mudam de forma, enquanto as células epidérmicas presuntivas se movem em direção à linha média dorsal. (C, 2a) As dobras neurais elevam-se à medida que a epiderme presuntiva continua a se mover em direção à linha média dorsal. A constrição assimétrica da actina no lado apical altera as formas das células para promover a flexão do MHP (B, C, 2b). (C) Dobras neurais elevadas marcadas para mostrar a matriz extracelular (em verde) e a actina do citoesqueleto (em vermelho) concentrada nas porções apicais das células da placa neural. (D, 3a) A convergência das dobras neurais ocorre conforme as células do ponto de flexura dorsolateral (DLHP) se tornam obliquas e as células epidérmicas empurram para o centro. (D, 3b) A constrição apical semelhante ocorre no DLHP. (E, 4) As pregas neurais são colocadas em contato uma com a outra. As células da crista neural se dispersam, deixando o tubo neural separado da epiderme. (Microscopia eletrônica de varredura cortesia de K. Tosyn e G. Schoenwolf, desenhos segundo Smith e Schoenwolf, 1997; C, cortesia de E. Marti Gorostiza e M. Angeles Rabadán.)

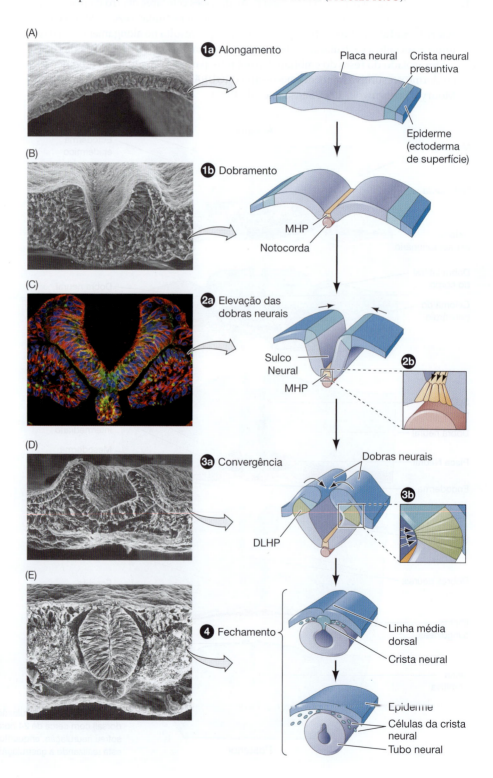

3. *Convergência das dobras neurais*. Pouco tempo depois, dois **pontos de dobradiça dorsolateral** (**DLHPs**, do inglês, *dorsolateral hinge points*) são induzidos por e ancorados ao ectoderma da superfície (epidérmica). Após a formação do sulco inicial da placa neural, a placa dobra-se em torno das regiões de flexura. Cada flexura atua como um pivô que direciona a rotação das células ao redor (Smith e Schoenwolf, 1991). A convergência contínua do ectoderma superficial empurra para a linha média do embrião, proporcionando outra força motriz para dobrar a placa neural, fazendo as dobras neurais convergirem (**FIGURA 13.6D**; Alvarez e Schoenwolf, 1992, Lawson et al., 2001). Este movimento da epiderme presuntiva e a ancoragem da placa neural ao mesoderma subjacente também podem ser importantes para garantir que o tubo neural invagine para dentro do embrião, e não para fora (Schoenwolf, 1991a).

4. *Fechamento do tubo neural*. O tubo neural se fecha à medida que as dobras neurais pareadas são colocadas juntas em contato na linha média dorsal. As dobras aderem uma à outra, e as células do ectoderma neural e superficial de um lado se fundem com os respectivos homólogos do outro lado. Durante este evento de fusão, as células no ápice das pregas neurais delaminam e se tornam células da crista neural (**FIGURA 13.6E**).

REGULAÇÃO DOS PONTOS DE FLEXURA Dobrar a placa neural significa dobrar uma folha de células epiteliais. Como pode uma linha de caixas perfiladas ser dobrada? Enquanto estiverem na forma de uma caixa retangular (i.e., epitelial), elas não podem; no entanto, se a área de superfície de um lado de cada caixa for menor que a do seu lado oposto (criando a forma de uma pirâmide truncada), cada uma dessas células deverá introduzir um ângulo de deslocamento em relação às células vizinhas e causar o dobramento da linha de caixas. O MHP e os dois DLHPs são três regiões da placa neural onde ocorrem tais mudanças na forma da célula (ver Figura 13.6B-D). As células epiteliais nesses locais adotam uma morfologia em forma de cunha ao longo do eixo apicobasal, sendo mais larga na basal do que na apical (Schoenwolf e Franks, 1984, Schoenwolf e Smith, 1990). Semelhante às células de garrafa que iniciam a invaginação durante a gastrulação (ver Figura 11.4), a contração localizada de complexos de actina-miosina na borda apical reduz o tamanho da metade apical da célula em relação ao compartimento basal, um processo conhecido como **constrição apical**. Essa constrição apical se junta com a retenção basal dos núcleos para produzir as células do ponto de flexura em forma de cunha (ver Figura 13.6C, D, Smith e Schoenwolf, 1987, 1988). Além disso, descobertas recentes sugerem que as taxas de divisão nos domínios dorsolaterais da placa neural são significativamente mais rápidas do que nas regiões ventrais; isso aumenta a densidade celular nas pregas neurais e acrescenta uma força que se sugere promover o encurvamento no DLHP (McShane et al., 2015). As forças físicas exercidas por diferentes regiões da placa neural ainda não foram quantificadas, porém, no nível celular, os pontos de flexura são formados por (1) constrição apical, (2) espessamento basal com retenção dos núcleos nas porções basais das células e (3) empacotamento celular nas dobras neurais. O que regula essas mudanças celulares nos locais corretos da placa neural?

Sabe-se que a notocorda induz as células MHP a ficarem em forma de cunha (ver Figura 13.6B-D, van Straaten et al., 1988, Smith e Schoenwolf, 1989). O morfógeno Sonic hedgehog (Shh) é expresso na notocorda e é necessário para a indução do assoalho da placa neural (Chiang et al., 1996), que, por sua vez, forma o MHP. A permanência do MHP em camundongos nocaute para Shh sugere que outros sinais derivados da notocorda possam ser necessários para a sua morfogênese (Ybot-Gonzalez et al., 2002).

No DLHP, *Noggin* parece ser crucial para a formação correta da flexura. Em camundongos, a perda de *Noggin* resulta em uma falha grave no fechamento do tubo neural (**FIGURA 13.7**, Stottman et al., 2006). *Noggin* é expresso nas pregas neurais, e essa expressão é suficiente para induzir a formação do DLHP; *Noggin* também é expresso transitoriamente na notocorda (Ybot-Gonzalez et al., 2002, 2007). É importante ressaltar que Noggin se liga e inibe as proteínas ósseas morfogenéticas (BMPs, do inglês, *bone morphogenic proteins*). Poderia ser a inibição de BMPs que resultaria na mudança do formato das células do DLHP? Vários experimentos indicam que é mais complicado do que isso.

FIGURA 13.7 A sinalização BMP ativada leva a defeitos do tubo neural. (A) No camundongo selvagem, *Noggin* – o antagonista direto dos ligantes BMP – é expresso na notocorda e nas dobras neurais. A coloração escura marca as dobras neurais dorsais e o tubo. (B) A perda de *Noggin* resulta em falha no fechamento do tubo neural (flechas), talvez em parte devido à falta de inibição de BMP. (De Stottman et al., 2006.)

(A) Wild-type

(B) *Noggin-/-*

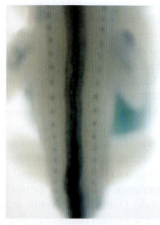
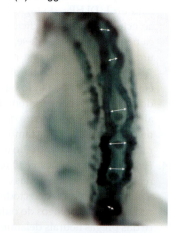

Expressão de *Noggin*; fechamento do tubo neural

BMPs hiperativos, falha no fechamento do tubo neural

FIGURA 13.8 BMP impede a formação de MHP através da regulação da polaridade basal-apical. Este experimento demonstra que altos níveis de sinalização de BMP inibem a formação de MHP, enquanto níveis baixos promovem o dobramento excessivo na linha média. (A) Eletroporação de receptor de BMP constitutivamente ativo (à esquerda) ou uma forma dominante negativa do receptor de BMP (à direita) na placa neural de embrião de galinha antes do dobramento. A condição normal (controle) é vista no centro. As células eletroporadas são visíveis por meio da expressão GFP (em verde); os núcleos são visíveis (em azul), assim como as membranas celulares apicais marcadas para Par3 nas secções do meio e da direita (em vermelho). (B) Representação esquemática dos resultados em A. (C) Ilustrações da forma celular e das posições nucleares na região de não flexura da placa neural (à esquerda) e na MHP (à direita). O posicionamento preferencial dos núcleos (em azul) no compartimento basal das células, em paralelo com a contração apical de actina-miosina, promove a constrição apical. (D) Ilustrações de uma única célula em regiões de não dobramento (C, à esquerda) e dobramento (D, à direita) deste epitélio, demonstrando o efeito da sinalização BMP sobre a polaridade apical a basal. A sinalização de BMP na superfície apical leva a um complexo estável de Par apicalmente que segrega componentes determinantes basais, como LGL, o que promove uma morfologia epitelial igual. A atenuação da sinalização de BMP por Noggin pode interromper a divisão desses compartimentos, levando a uma expansão de componentes basais típicos e a um afrouxamento de complexos juncionais, o que possibilita a constrição apical. (Segundo Eom et al., 2011, 2012, 2013.)

(A)

Receptor 1 de BMP constitutivamente ativo

Controle (sinalização normal de BMP)

Dominante negativo do receptor 1 de BMP

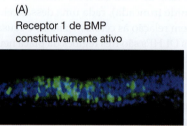
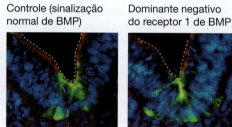

Níveis relativos da sinalização de BMP (ativação de SMAD)

(B)

Falha no ponto de flexura

Ponto exacerbado

(C) Região sem dobra MHP

Apical

Basal

(D)

Complexo par (Par3, Par6, aPKC)

Lethal-giant-larvae (LGL)

Receptor de BMP

Ligante BMP

Noggin

SMADS

Quando os embriões de galinha são geneticamente manipulados para conter receptores de BMP constitutivamente ativos no tubo neural, esses receptores se ligam aos BMPs secretados pelo ectoderma superficial, que ainda está intimamente conectado à placa neural e às dobras, resultando na repressão da formação de todos os pontos de flexura. Em contrapartida, quando as manipulações causam a perda total da sinalização BMP na placa neural, o resultado é MHPs e DLHPs ectópicos e maiores (**FIGURA 13.8A**, Eom et al., 2011, 2012, 2013). Parece, portanto, que quantidades intermediárias de sinalização BMP na placa neural são necessárias para o tamanho normal e a posição do ponto de flexura (**FIGURA 13.8B**). As células da placa neural, com este nível de sinalização BMP, sofrerão constrição apical e espessamento basal para formar os pontos de flexura. Esse processo ocorre através de modificações dos complexos juncionais que mantêm as células unidas (**FIGURA 13.8C, D**). Especificamente, quando os sinais de BMP estão presentes em quantidades maiores, eles promovem o recrutamento de proteínas que servem para estabilizar as proteínas juncionais e manter o mesmo tamanho das membranas apicais e basais, o que evita o dobramento. Em contrapartida, a atenuação da sinalização BMP (por Noggin) leva a um relaxamento das junções entre as células, o que permite, então, contrações apicais de actina-miosina e a um encurtamento da membrana apical. Em resumo, a formação do ponto de flexura parece centrado em torno do controle preciso da sinalização BMP. BMP inibe a formação de PFM e PFDL, enquanto a repressão de BMP por Noggin permite que as DLHPs se formem, e Shh da notocorda e da placa do assoalho impede flexuras precoces e ectópicas durante a formação da placa neural (**FIGURA 13.9**).

EVENTOS DO FECHAMENTO DO TUBO NEURAL O fechamento do tubo neural não ocorre simultaneamente ao longo do ectoderma neural. Este fenômeno é melhor visto em vertebrados amniotas (répteis, aves e mamíferos), cujo eixo do corpo é alongado antes da neurulação. Nos amniotas, a indução ocorre no sentido anterior para o posterior. Assim, no embrião de galinha de 24 horas, a neurulação na região **cefálica** (cabeça) está bem avançada, mas a região **caudal** (cauda) do embrião ainda está em fase de gastrulação (ver Figura 13.5). As duas extremidades abertas do tubo neural são chamadas de **neuroporo anterior** e **neuroporo posterior**.

Em pintinhos, o fechamento do tubo neural é iniciado ao nível do futuro mesencéfalo e se fechando para ambos os sentidos como um zíper. Em contrapartida, em mamíferos, o fechamento do tubo neural é iniciado em vários locais ao longo do eixo anteroposterior (**FIGURA 13.10**). Em humanos, há provavelmente cinco locais de fechamento de tubo neural (ver Figura 13.5B, Nakatsu et al., 2000; O'Rahilly e Muller, 2002; Bassuk e Kibar, 2009), e o mecanismo de fechamento pode diferir em cada região (Rifat et al., 2010). A região rostral de fechamento (local de fechamento 1) está localizada na junção da medula espinal com o rombencéfalo e parece fechar as dobras neurais como um zíper, semelhante ao fechamento do tubo neural do pintinho. Da mesma forma, no local

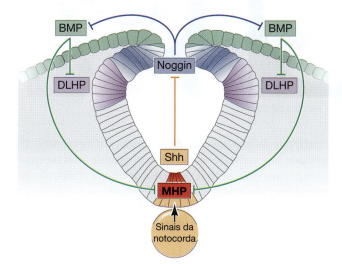

FIGURA 13.9 Regulação do morfógeno na formação do ponto de flexura. Os BMPs são expressos pelo ectoderma superficial (em verde), Noggin é expresso nas dobras dorsais neurais (em azul) e Shh é expresso ventralmente na notocorda e na placa do assoalho. A regulação dos pontos de flexura gira em torno de BMP como antagonista da formação de DLHP e MHP. Shh é necessário para a especificação da placa do assoalho, enquanto sinais adicionais da notocorda induzem a morfologia do MHP. Noggin inibe diretamente os ligantes BMP, diminuindo, assim, a repressão de BMP nos pontos de flexura. Os DLHPs, no entanto, só se formam no tamanho correto e na posição dorsoventral, baseado na distância de Noggin dos gradientes inibidores Shh oriundos da placa do assoalho. Portanto, a constrição apical ocorre apenas nas células com concentrações baixas de ambos os morfógenos, BMP (MHP e DLHP) e Shh (DLHP).

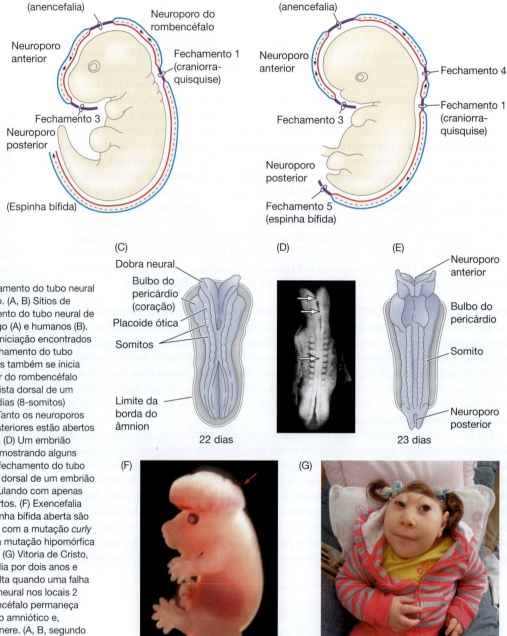

FIGURA 13.10 Fechamento do tubo neural em embrião de mamífero. (A, B) Sítios de iniciação para o fechamento do tubo neural de embriões de camundongo (A) e humanos (B). Além dos três locais de iniciação encontrados em camundongos, o fechamento do tubo neural em seres humanos também se inicia na extremidade posterior do rombencéfalo e na região lombar. (C) Vista dorsal de um embrião humano de 22 dias (8-somitos) iniciando a neurulação. Tanto os neuroporos anteriores quanto os posteriores estão abertos para o líquido amniótico. (D) Um embrião humano de 10-somitos, mostrando alguns dos principais locais de fechamento do tubo neural (flechas). (E) Vista dorsal de um embrião humano de 23 dias neurulando com apenas os seus neuroporos abertos. (F) Exencefalia do mesencéfalo e a espinha bífida aberta são vistas em camundongos com a mutação *curly tail* (cauda anelada), uma mutação hipomórfica no gene *grainhead-like3*. (G) Vitoria de Cristo, que viveu com anencefalia por dois anos e meio. A anencefalia resulta quando uma falha no fechamento do tubo neural nos locais 2 e 3 permite que o prosencéfalo permaneça em contato com o líquido amniótico e, posteriormente, se degenere. (A, B, segundo Bassuk e Kibar, 2009; C, de Nakatsu et al., 2000; F, de Copp et al., 2003; cortesia de Joana Schmitz Croxato; ver também http://belovedvitoria.blogspot.com.)

de fechamento 2, localizado no limite do mesencéfalo/prosencéfalo, um mecanismo direcional de tipo zíper emparelhado com extensão celular dinâmica parece estar ocorrendo. No local de fechamento 3 (o prosencéfalo rostral), os pontos de flexura dorso-laterais parecem ser totalmente responsáveis pelo fechamento do tubo neural.

Como os ápices das pregas neurais se fecham? Existem membranas celulares entrelaçadas e alguma força misteriosa que as coloque juntas uma de cada vez em sequência ao longo do eixo anterior-para-posterior? Uma maneira de entender melhor um processo tão complexo quanto o fechamento do tubo neural é simplesmente assisti-lo. Imagens

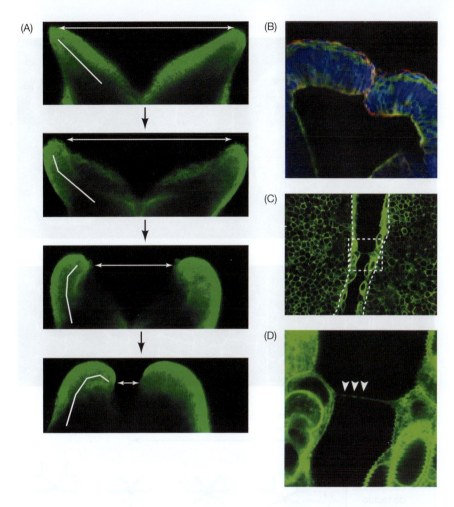

FIGURA 13.11 Fechamento do tubo neural no local 2 de camundongo (região do mesencéfalo). (A) Imagem viva de um embrião em estágio de 15-somitos de um camundongo transgênico CAG:Venus^{myr} para visualizar todas as membranas celulares. Cortes ópticos (transversais) dorsoventrais vistos da imagem superior para a imagem inferior, mostrando a formação DLHP (linha branca curvando na dobra esquerda) até o ponto próximo de fechamento (tamanho decrescente da flecha dupla). (B) Corte óptico através de um embrião de camundongo, as dobras neurais estão se tocando, mas ainda não fecharam. A camada única de ectoderma de superfície não neural (grandes células achatadas, marcadas em verde) envolvendo-se em torno do ectoderma neural (marcado em azul) nas bordas das dobras neurais fechando-se. (C) As linhas pontilhadas mostram a borda entre o ectoderma neural e não neural. As pontes celulares do ectoderma não neural conectam as duas dobras neurais justapostas. (D) Um aumento de uma dessas pontes é visto à direita (pontas de seta). (A, de Massarwa e Niswander, 2013; B-D, de Pyrgaki et al., 2011; fotos por cortesia de H. Ray e L. Niswander.)

notáveis de células vivas em embrião inteiro foram realizadas em cultura em embriões de camundongo (Pyrgaki et al., 2010; Massarwa e Niswander, 2013). Durante a dobra de DLHP, os processos celulares dinâmicos se estendem a partir das pontas das dobras neurais justapostas (**FIGURA 13.11**; ver também Assista ao Desenvolvimento 13.1). Este comportamento celular está sendo mostrado por células não neurais do ectoderma de superfície, que, em última instância, estendem seus longos processos filopodiais na direção da dobra oposta. Essas extensões filopodiais estabelecem "pontes celulares" temporárias, cujas funções são atualmente desconhecidas.

ASSISTA AO DESENVOLVIMENTO 13.1 Esclareça sua compreensão sobre a formação do tubo neural observando três estágios diferentes do fechamento completo do tubo neural em embrião de camundongo vivo.

 OS CIENTISTAS FALAM 13.1 Ouça uma conferência na rede, na qual a Dra. Lee Niswander discute o fechamento do tubo neural.

A visualização do fechamento do tubo neural em camundongo revelou comportamentos celulares potencialmente importantes no momento da fusão, mas quais são as forças que conduzem a adesão das dobras neurais opostas? Para melhor quantificar os mecanismos de fechamento do tubo neural, examinaremos um sistema de vertebrados mais simples, o de *Ciona intestinalis*. Os tunicados (também chamados de acídias), como as *Cionas*, formam tubos neurais por meio da neurulação primária, que inclui um evento de fechamento semelhante ao de um zíper e que ocorre no sentido posterior para anterior (**FIGURA 13.12A**; Nicol e Meinertzhagen, 1988a, b; Hashimoto et al., 2015). Imagem

FIGURA 13.12 Avanço do fechamento do tubo neural em *Ciona*. (A) Embriões de *Ciona* marcados com faloidina para evidenciar as membranas celulares no estágios iniciais de nêurula e de broto caudal. As secções transversais correspondentes que mostram o ectoderma neural (em azul) e não neural (em cinza) são mostradas nos lados desses embriões (setas curvadas). O fechamento do tubo neural progride na direção posterior para anterior, que é representada pelos pontos de progressão e pelas setas amarelos. (B) Imagem *time-lapse* de um embrião que expressa GFP nas membranas das células do hemisfério esquerdo. O esquema à esquerda ilustra a região que está sendo fotografada. As membranas celulares estão delineadas em cores para indicar as junções celulares importantes. As junções celulares epidérmicas-epidérmicas estão em branco; as junções celulares epitelial-neural estão coloridas. As posições de seta indicam a localização do ponto avançado de fechamento rostral. A observação crítica é a correlação entre o progresso do ponto de fechamento e a troca de uma junção epitelial-neural (linhas coloridas sólidas) com uma junção epitelial-epitelial recém-formada (linhas coloridas tracejadas). (C) Modelo de progressão do fechamento em zíper. A contração da miosina (em vermelho) puxa o ponto do fechamento para posição anterior da próxima junção celular (em verde), um evento que ocorre quando as adesões posteriores estão finalmente liberadas. (Segundo Hashimoto et al., 2015.)

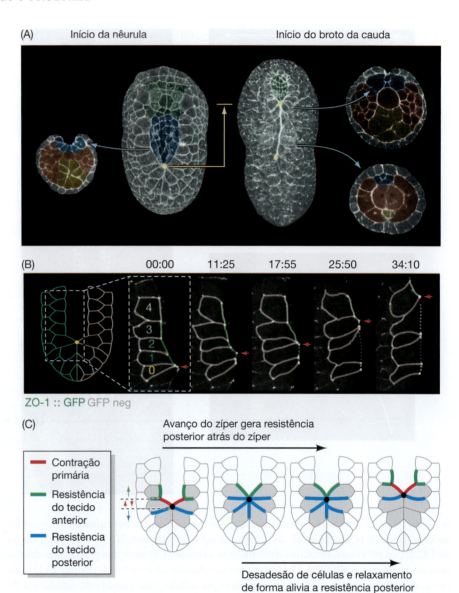

(A) Início da nêurula   Início do broto da cauda

(B)   00:00   11:25   17:55   25:50   34:10

ZO-1 :: GFP GFP neg

(C) Avanço do zíper gera resistência posterior atrás do zíper

— Contração primária
— Resistência do tecido anterior
— Resistência do tecido posterior

Desadesão de células e relaxamento de forma alivia a resistência posterior

em células vivas, dos pontos de junção da membrana entre células epidérmicas e neurais durante o fechamento do tubo neural, revelou um mecanismo sequencial de troca de junções da membrana apical (**FIGURA 13.12B**). A força motriz para o avanço do zíper em *Ciona* pode ser a ativação localizada da contração da actinomiosina (i.e., a miosina que se desloca sobre filamentos de actina) nas membranas apicais das células epidérmicas que se encontram imediatamente à frente do ponto de fechamento (**FIGURA 13.12C**). A tensão juncional é mais alta entre as membranas apicais das células epidérmicas e neuroectodérmicas adjacentes. Além disso, a inibição da miosina impede o avanço do fechamento. Esses dados sugerem que uma troca passo a passo das junções celulares é iniciada pela ativação apical da **contração de actinomiosina**, que é então seguida por uma liberação das adesões das junções posteriores ao ponto do zíper e consequentemente uma redução na resistência posterior. Como resultado dessas trocas juncionais, as adesões epidérmica-neural são substituídas por adesões epidérmica-epidérmica, e o fechamento de tubo neural avança (Hashimoto et al., 2015).

FUSÃO E SEPARAÇÃO   O tubo neural acaba por formar um cilindro fechado que se separa do ectoderma de superfície. Essa separação parece ser mediada pela expressão de diferentes moléculas de adesão celular. Embora as células que se tornarão o tubo

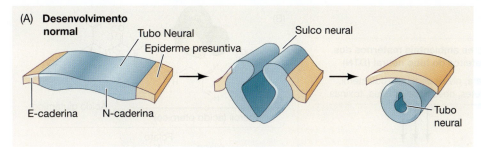

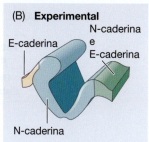

FIGURA 13.13 Expressão das proteínas de adesão de N e E-caderina durante a neurulação em *Xenopus*. (A) Desenvolvimento normal. No estágio de placa neural, a N-caderina é vista na placa neural, enquanto a E-caderina é vista na epiderme presuntiva. Mais tarde, as células neurais portadoras de N-caderina se separam das células epidérmicas contendo E-caderina. (As células da crista neural não expressam nem N nem E-caderina, e elas se dispersam.) (B) Nenhuma separação do tubo neural ocorre quando um lado do embrião de rã é injetado com mRNA de N-caderina, de modo que a N-caderina é expressa tanto em células epidérmicas, bem como no tubo neural presuntivo.

neural expressem originalmente a E-caderina, elas deixam de produzir esta proteína à medida que o tubo neural se forma e, em vez disso, sintetizam a N-caderina (**FIGURA 13.13A**). Como resultado, o ectoderma superficial e os tecidos do tubo neural não aderem mais um ao outro. Se o ectoderma superficial for experimentalmente induzido a expressar N-caderina (injetando mRNA de N-caderina em uma célula de um embrião de *Xenopus* com duas células), a separação do tubo neural da epiderme presuntiva é drasticamente impedida (**FIGURA 13.13B**; Detrick et al., 1990; Fujimori et al., 1990). A perda do gene da N-caderina no peixe-zebra também resulta na incapacidade de formar um tubo neural (Lele et al., 2002). Os fatores de transcrição Grainyhead são especialmente importantes neste processo (Rifat et al., 2010; Werth et al., 2010; Pyrgaki et al., 2011). Grainyhead-like2, por exemplo, controla uma bateria de moléculas de adesão celular e reduz a síntese de E-caderina nas dobras neurais. Os camundongos com mutações nos genes *Grainyhead-like2* ou *Grainyhead-like3* têm defeitos graves no tubo neural, que incluem uma face dividida, exencefalia e espinha bífida (ver Figura 13.10F e Os cientistas falam 13.1, Copp et al., Pyrgaki et al., 2011).

DEFEITOS NO FECHAMENTO DO TUBO NEURAL Em humanos, os defeitos no fechamento do tubo neural ocorrem aproximadamente 1 em cada 1.000 nados vivos. A falha no fechamento do neuroporo posterior (local de fechamento 5), ao redor do dia 27 do desenvolvimento, resulta em uma condição chamada de **espinha bífida**, cuja gravidade depende de quanto da medula espinal permanece exposta. A falha no fechamento do local 2 ou do local 3 no tubo neural rostral mantém o neuroporo anterior aberto, resultando em uma condição geralmente letal, chamada de **anencefalia**, em que o prosencéfalo permanece em contato com o líquido amniótico e posteriormente se degenera. O prosencéfalo fetal cessa o desenvolvimento, e a caixa craniana não se forma (ver Figura 13.11G). A falha do tubo neural se fechar sobre o toda a extensão do eixo do corpo é chamada de **craniorraquisquise**.

A falha no fechamento do tubo neural pode resultar tanto de causas genéticas quanto ambientais (Fournier-Thibault et al., 2009; Harris e Juriloff, 2010; Wilde et al., 2014). Mutações (achadas primeiramente em camundongos) em genes como *Pax3*, *Sonic hedgehog*, *Grainyhead*, *Tfap2* e *Openbrain* mostram que esses genes são essenciais para a formação do tubo neural de mamífero; na verdade, mais de 300 genes parecem estar envolvidos. Fatores ambientais, incluindo drogas, fatores nutricionais maternos (colesterol e folato, também conhecido como ácido fólico ou vitamina B9), diabetes, obesidade e toxinas podem influenciar o fechamento do tubo neural humano. A forma como esses fatores levam a alterações nos tubos neurais é amplamente desconhecida.

Uma ideia emergente postula que o principal resultado das perturbações ambientais é a modificação do epigenoma do embrião, que, por sua vez, provoca a variabilidade da transcrição, levando a defeitos do tubo neural (**FIGURA 13.14A**; Feil et al., 2012;

Ampliando o conhecimento

O que inicia a direcionalidade do fechamento do tubo neural? O fechamento prossegue no sentido posterior para anterior em *Ciona*, bem como em certos pontos de fechamento em mamíferos, mas prossegue em direções opostas para fechar outras regiões do cérebro de mamífero. Além disso, as forças celulares, que parecem avançar o fechamento em cordados primitivos *Ciona*, são conservadas em todos os vertebrados?

(A)

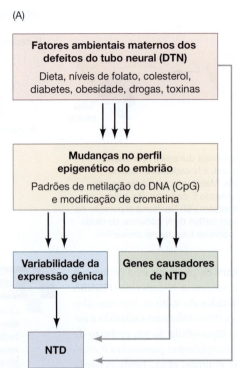

(B)

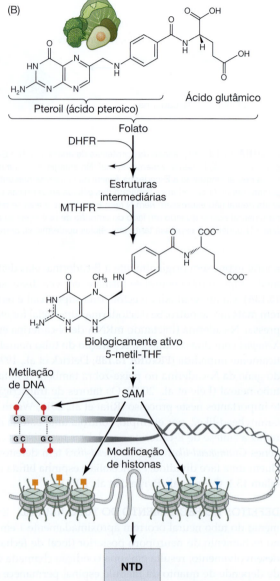

FIGURA 13.14 Influências ambientais nos defeitos do tubo neural e o papel do ácido fólico. (A) Visão geral da relação que os fatores ambientais têm com os defeitos do tubo neural (NTD, do inglês, *neural tube defects*). As grandes setas pretas representam a principal proposta de como os fatores ambientais podem estar levando a defeitos do tubo neural. As setas menores representam outros possíveis modos que levam a TND. (B) Via bioquímica simplificada para o metabolismo do ácido fólico, levando à regulação epigenética, por meio da metilação do DNA ou da modificação das histonas. Abreviações: DHFR, di-hidrofolato redutase; MTHFR, metilenotetra-hidrofolato redutase; 5-metil-THF, 5-metil-tetra-hidrofolato; S-adenosilmetionina, SAM.

Shyamasundar et al., 2013; Wilde et al., 2014). Essa ideia está em grande parte associada às fortes alterações a jusante do metabolismo do ácido fólico.

Embora o papel exato do folato permaneça desconhecido, o uso precoce de antagonistas de ácido fólico acarretou em fetos com defeitos do tubo neural. Desde então, estudos em larga escala com humanos demonstraram correlações claras entre distúrbios do tubo neural e deficiência de ácido fólico, razão pela qual o ácido fólico não é apenas recomendado para mulheres grávidas, mas também sistematicamente adicionado aos alimentos (revisto em Wilde et al., 2014). Como a deficiência de ácido fólico leva a distúrbios do tubo neural, é atualmente uma área ativa da pesquisa. O ácido fólico é um nutriente importante usado para regular a síntese de DNA durante a divisão celular no cérebro (Anderson et al., 2012) e também é crucial na regulação da metilação do DNA (**FIGURA 13.14B**). Outras evidências de que os mecanismos epigenéticos são essenciais para o desenvolvimento adequado do tubo neural são os achados de que a manipulação funcional de enzimas modificadoras de histonas (acetiltransferases, desacetilases, desmetiltransferases) causa defeitos no tubo neural (Artama et al., 2005; Bu et al., 2007; Shpargel et al., 2012; Welstead et al., 2012; Murko et al., 2013). Independentemente do mecanismo, estima-se que de 25 a 30% dos defeitos congênitos do tubo neural em humanos podem ser prevenidos se as mulheres grávidas tomarem suplementação de folato. Portanto, o Serviço de Saúde Pública dos EUA recomenda que as mulheres em idade fértil tomem 0,4 miligramas de folato diariamente (Milunsky et al., 1989, Centers for Disease Control, 1992, Czeizel e Dudas, 1992).

Neurulação secundária

A neurulação secundária, que ocorre na região mais posterior do embrião durante o alongamento do broto caudal, produz um tubo neural por meio de um processo muito diferente da neurulação primária (ver Figura 13.4). A neurulação secundária envolve a produção de células mesenquimais a partir do ectoderma e do mesoderma prospectivo, seguida da condensação dessas células num **cordão medular** sob o ectoderma superficial (**FIGURA 13.15A, B**). Após esta transição mesênquima-epitélio, a porção central deste cordão passa por cavitação para formar vários espaços ocos, ou **lúmens** (**FIGURA 13.15C**); os lúmens, então, coalescem em uma única cavidade central (**FIGURA 13.15D**, Schoenwolf e Delongo, 1980).

Vimos que, após o nó de Hensen migrar para a extremidade posterior do embrião, a região caudal do epiblasto contém uma população de células precursoras que dão origem ao ectoderma neural e ao mesoderma paraxial (somito) à medida que o tronco do embrião se alonga (Tzouanacou et al., 2009). As células ectodérmicas que formam o tubo neural posterior (secundário) expressam o gene *Sox2*, ao passo que as células mesodérmicas que estão ingressando (que deixam de estar em contato com níveis elevados de BMPs à medida que migram sob o epiblasto) não expressam *Sox2*. Em vez disso, as células mesodérmicas que ingressam expressam *Tbx6* e formam somitos (ver Capítulo 17; Shimokita e Takahashi, 2010, Takemoto et al., 2011). A capacidade do fator de

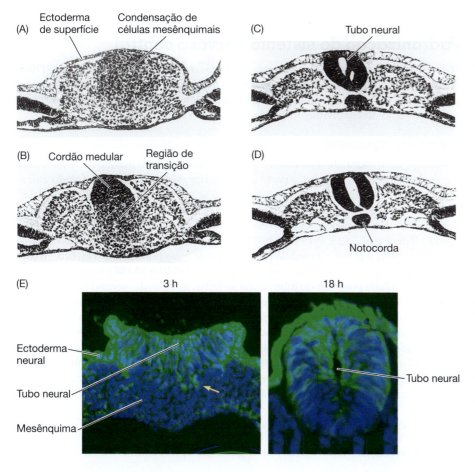

FIGURA 13.15 Neurulação secundária na região caudal de um embrião de galinha. (A-D) Um embrião de galinha de 25-somitos. (A) As células mesenquimais se condensam para formar o cordão medular na extremidade mais caudal ao final do broto caudal de embrião de galinha. (B) O cordão medular em uma posição ligeiramente mais anterior no broto caudal. (C) O tubo neural cavitando-se e a notocorda formando-se; observe a presença de lúmens separados. (D) Os lúmens se fundem para formar o canal central do tubo neural. (E) Rastreamento de células do blastoderma superficial na região juncional do tubo neural. As células superficiais da linha primitiva marcadas com um corante celular verde fluorescente permanente na posição em que a neurulação juncional deve ocorrer. Os núcleos são marcados de azul com DAPI. Em 3 horas, as células superficiais podem ser vistas ingressando a partir do ectoderma neural para o mesênquima subjacente (seta), que produz um tubo neural feito de células de ambos os locais. (A-D, de Catala et al., 1995, fotos cortesia de N. M. Le Douarin; E, de Dady et al., 2014.)

transcrição Tbx6 para reprimir a expressão do indutor-neural Sox2 explica o fenótipo bizarro de camundongos Tbx6 mutantes homozigotos, que possuem três tubos neurais posteriores (ver Figura 17.4; Chapman e Papaioannou, 1998, Takemoto et al., 2011). Nestes mutantes, os dois cordões do mesoderma paraxial tornaram-se tubos neurais e até mesmo expressaram genes regionalmente apropriados (como *Pax6*). Assim, o epiblasto que circunda a linha primitiva rostral (o epiblasto caudal lateral; ver Capítulo 12) contém um conjunto de precursores comuns para mesoderma paraxial e para a placa neural que forma o rombencéfalo caudal e a medula espinal (Cambray e Wilson, 2007; Wilson et al., 2009). Esta distinção também enfatiza outra diferença fundamental entre a neurulação primária e secundária. Durante a neurulação primária, o ectoderma superficial e o ectoderma neural estão intimamente conectados através do processo de fechamento e fusão do tubo neural, enquanto durante a neurulação secundária esses dois tecidos são essencialmente desacoplados e se desenvolvem independentemente um do outro.[2]

Em embriões humanos e de pintinhos, parece haver uma região de transição na junção dos tubos neurais anteriores (primário) e posteriores (secundário). Conforme mencionado anteriormente, a formação do tubo neural nesta zona de transição é referida como neurulação juncional (ver Figura 13.4). Em embriões humanos, as cavidades coalescentes são vistas na região de transição, mas o tubo neural também se forma por flexão de células da placa neural. O tubo neural juncional no embrião de pintinho é um mosaico de células do mesênquima ventral e células ectodérmicas neurais dorsais. Além de fornecer diretamente células epiteliais dorsais ao tubo neural juncional, as células da placa neural também passam por uma transição epitélio-mesenquimal e ingressam pelo conjunto de mesênquima subjacente (**FIGURA 13.15E**; Dady et al., 2014). Algumas anomalias do tubo neural posterior resultam quando as duas regiões do tubo neural falham em coalescer (Saitsu et al., 2007). Dada a prevalência de malformações posteriores da medula espinal humana, uma maior compreensão dos mecanismos de neurulação secundária pode ter importantes implicações clínicas.

Padronização do sistema nervoso central

O desenvolvimento inicial da maioria dos cérebros de vertebrados é semelhante (**FIGURA 13.16A-D**). Uma vez que o cérebro humano pode ser a matéria mais organizada no sistema solar e é indiscutivelmente o órgão mais interessante no reino animal, nos concentraremos no desenvolvimento que é suposto fazer o *Homo* sapient.[3]

O eixo anteroposterior

No início o tubo neural de mamíferos é uma estrutura reta, mas mesmo antes da formação da parte posterior do tubo, a parte mais anterior do tubo já estará sofrendo alterações drásticas. Na região anterior, o tubo neural se alarga em três vesículas primárias: o cérebro anterior (**prosencéfalo**), que forma os hemisférios cerebrais; o cérebro médio (**mesencéfalo**), cujos neurônios estão envolvidos na motivação, no movimento e na depressão (Niwa et al., 2013; Tye et al., 2013); e o cérebro posterior (**rombencéfalo**), que se torna o cerebelo, a ponte e a medula oblonga (a área mais primitiva do cérebro e o centro das atividades involuntárias, como a respiração, **FIGURA 13.16E**). No momento em que a extremidade posterior do tubo neural se fecha, as vesículas secundárias já estarão formadas. O prosencéfalo torna-se o telencéfalo (que forma os hemisférios cerebrais) e o diencéfalo (que formará a vesícula óptica, a qual inicia o desenvolvimento do olho).

O rombencéfalo desenvolve um padrão segmentado que especifica os lugares onde determinados nervos se originam. As dilatações periódicas, chamadas de **rombômeros**, dividem o rombencéfalo em compartimentos menores. Os rombômeros representam "territórios" separados, no sentido em que as células dentro de cada rombômero misturam-se livremente, mas elas não se misturam com células de rombômeros

---

[2] A falha na formação do cordão nervoso (medular) no peixe-zebra não impede o ectoderma superficial de se espalhar pela linha média dorsal (Harrington et al., 2009).

[3] O nome da nossa espécie vem do Latin *sapio*, que significa "ser capaz de discernir".

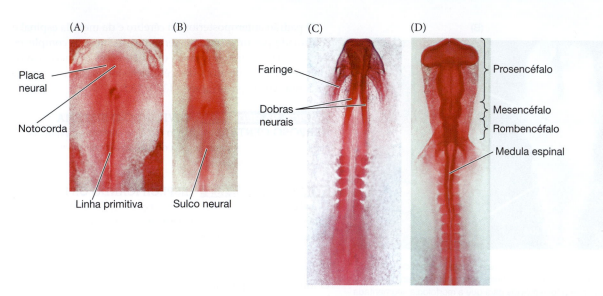

(A)

Placa neural
Notocorda
Linha primitiva

(B)

Sulco neural

(C)

Faringe
Dobras neurais

(D)

Prosencéfalo
Mesencéfalo
Rombencéfalo
Medula espinal

Derivados adultos

(E)

Vesículas primárias

Parede
Cavidade

Cérebro anterior (Prosencéfalo) → Telencéfalo, Diencéfalo

Cérebro médio (Mesencéfalo) → Mesencéfalo

Cérebro posterior (Rombencéfalo) → Metencéfalo, Mielencéfalo

Vesículas secundárias

Derivado	Função
Lobos olfatórios	– Cheiro
Hipocampo	– Armazenamento de memória
Cérebro	– Associação ("inteligência")
Vesícula óptica	– Visão (retina)
Epitálamo	– Glândula Pineal
Tálamo	– Centro de retransmissão para neurônios ópticos e auditivos
Hipotalamo	– Temperatura, sono, e regulação de respiração
Cérebro médio	– Regulação de temperatura, controle motor, motivação, e controle de emoção
Cerebelo	– Coordenação de movimentos musculares complexos
Pontes	– Extensão de fibras entre cérebro e cerebelo
Medula	– Centro de reflexo de atividades involuntárias

Medula espinal

FIGURA 13.16 Desenvolvimento inicial do cérebro e formação das primeiras câmaras cerebrais. (A-D) Desenvolvimento do cérebro no embrião de galinha. (A) Placa neural plana com notocorda subjacente (processo da cabeça). (B) Sulco neural. (C) As dobras neurais começam a se fechar na região mais dorsal, formando o tubo neural incipiente. (D) Tubo neural, mostrando as três regiões cerebrais e a medula espinal. O tubo neural permanece aberto na extremidade anterior, e os sulcos ópticos (que se tornam as retinas) estendem-se para as margens laterais da cabeça. (E) Em humanos, as três vesículas primárias do cérebro se subdividem ainda mais à medida que o desenvolvimento avança. À direita, está uma lista dos derivados adultos formados pelas paredes e cavidades do cérebro, juntamente com algumas de suas funções. (A-D, cortesia de G. C. Schoenwolf; E, segundo Moore e Persaud, 1993.)

adjacentes (Guthrie e Lumsden, 1991; Lumsden, 2004). Cada rombômero expressa uma combinação única de fatores de transcrição, gerando padrões de diferenciação neuronal específicos para o rombômero. Assim, cada rombômero produz neurônios com diferentes destinos. Como veremos no Capítulo 15, as células da crista neural derivadas dos rombômeros formarão os **gânglios**, grupos de corpos celulares neuronais, cujos axônios formam um nervo. Cada gânglio rombomérico produz um tipo diferente de nervo. A geração dos nervos cranianos a partir dos rombômeros foi estudada mais extensivamente em pintinhos, em que os primeiros neurônios aparecem nos rombômeros de números pares r2, r4 e r6 (**FIGURA 13.17**; Lumsden e Keynes, 1989). Os neurônios oriundos de gânglios r2 formam o quinto nervo craniano (trigêmeo), aqueles de r4 formam o sétimo nervo craniano (facial) e oitavo (vestibulococlear) e aqueles de r6 formam o nono nervo craniano (glossofaríngeo).

(A)   (B)

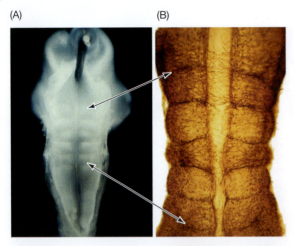

FIGURA 13.17   Rombômeros no rombencéfalo de galinha.
(A) Rombencéfalo de um embrião de pintinho de três dias.
A placa do teto foi removida para que a morfologia segmentada
do epitélio neural possa ser vista. O limite r1/r2 está na seta
superior, e o limite r6/r7, na seta inferior. (B) Rombencéfalo de
embrião de galinha no mesmo estágio marcado com anticorpo
para uma subunidade de neurofilamento. Os limites dos
rombômeros são enfatizados porque servem como canais para
que os neurônios cruzem de um lado do cérebro para o outro.
(De Lumsden, 2004, cortesia de A. Lumsden.)

O padrão anteroposterior do cérebro e da medula espinal é
controlado por uma série de genes que incluem os complexos
de genes *Hox*. Para obter mais detalhes sobre os mecanismos
que modelam os destinos das células ao longo do eixo anteroposterior, ver Tópicos na rede 13.1 e 13.2.

TÓPICO NA REDE 13.1   **DIVIDINDO O SISTEMA
NERVOSO CENTRAL**   A divisão física do cérebro e da medula
espinal prospectivos é conseguida ocludindo o lúmen do tubo neural
na fronteira entre essas regiões.

TÓPICO NA REDE 13.2   **ESPECIFICANDO OS LIMITES
DO CÉREBRO**   Os fatores de transcrição Pax e o fator parácrino
Fgf8 são fundamentais para estabelecer os limites do prosencéfalo,
mesencéfalo e rombencéfalo.

O eixo dorsoventral

O tubo neural é polarizado ao longo do seu eixo dorsoventral.
Na medula espinal, por exemplo, a região dorsal é o lugar onde
os neurônios da coluna vertebral recebem os sinais dos neurônios sensoriais, enquanto a região ventral é onde os neurônios
motores residem. No meio, existem inúmeros interneurônios
que transmitem informações entre os neurônios sensoriais e os
motores (**FIGURA 13.18**). Esses tipos de células diferenciadas organizados ao longo do eixo dorsoventral surgiram de populações de células progenitoras localizadas adjacentes às cavidades
(ventrículos) do cérebro que percorrem a extensão do eixo anteroposterior (i.e., na zona ventricular). Cada domínio de progenitor pode ser definido pela sua expressão de fatores de transcrição específicos (como os produtos dos genes *Hox*), os quais
especificam a progênie para se diferenciar em classes específicas de células neuronais e gliais que compõem o SNC (Catela et
al., 2015). Isso apresenta uma questão lógica: Como uma célula

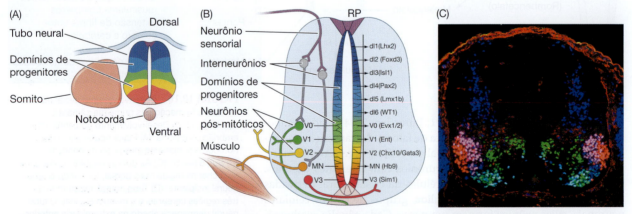

FIGURA 13.18   A expressão diferenciada de fatores de
transcrição define os domínios de progenitores e os tipos de
celulares derivados ao longo do eixo dorsoventral. (A) No início, o
tubo neural é constituído por células progenitoras neuroepiteliais,
que podem ser divididas em domínios discretos baseados em seus
repertórios únicos de expressão de fatores de transcrição. Pax3
e Pax7 definem o domínio mais dorsal (em azul-escuro), Nkx6.1
é expresso ventralmente (em vermelho) e Pax6 está localizado
na região central do tubo neural (em verde). A sobreposição na
expressão desses diferentes fatores de transcrição cria outros

subdomínios (em amarelo e em azul-claro). (B) À medida que o tubo
neural se desenvolve, essas zonas de progenitores se expandem e
continuam a se diversificar com suas redes regulatórias de genes
em maturação, até que o programa completo de diferenciação
esteja estabelecido e os tipos celulares derivados emerjam
(como os diferentes tipos de células neuronais ilustrados).
(C) Imunomarcação para os fatores de transcrição Isl1 (em azul),
Foxp1 (em vermelho) e Lhx3 (em verde) em uma medula espinal de
embrião de camundongo (dia 12,5) no nível cervical. (A, B, segundo
Catela et al., 2015; C, cortesia de Jeremy Dasen.)

detecta sua posição dentro do tubo neural, de modo que ela se desenvolva numa população de células progenitoras que geram tipos precisos de neurônios e glias posicionados corretamente? Dito de outra maneira, como a padronização é criada no tubo neural?

Morfógenos opostos

A polaridade dorsoventral do tubo neural é induzida por sinais morfogenéticos provenientes do seu ambiente mais imediato. O padrão ventral é imposto pela notocorda, enquanto o padrão dorsal é induzido pela epiderme sobrejacente (**FIGURA 13.19A-D**). A especificação do eixo é iniciada por dois principais fatores parácrinos: a proteína Sonic hedgehog (Shh) originária da notocorda e as proteínas TGF-β provenientes do

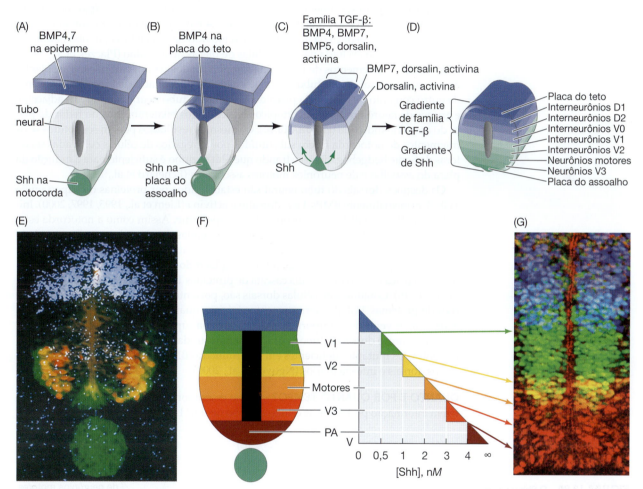

FIGURA 13.19 Especificação dorsoventral do tubo neural. (A) O tubo neural recém-formado é influenciado por dois centros sinalizadores. O teto do tubo neural é exposto a BMP4 e BMP7 da epiderme, enquanto o assoalho do tubo neural é exposto a Sonic hedgehog (Shh) da notocorda. (B) Os centros sinalizadores secundários são estabelecidos no tubo neural. BMP4 é expresso e secretado pelas células da placa do teto; Shh é expresso e secretado pelas células da placa do assoalho. (C) BMP4 estabelece uma cascata encapsulada de fatores TGF-β, espalhando-se ventralmente no tubo neural a partir da placa do teto. Sonic hedgehog difunde-se dorsalmente como um gradiente a partir das células da placa do assoalho. (D) Os neurônios da medula espinal recebem suas identidades por sua exposição a esses gradientes de fatores parácrinos. As quantidades e os tipos de fatores parácrinos presentes causam a ativação de diferentes fatores de transcrição nos núcleos dessas células, dependendo da sua posição no tubo neural. (E) Tubo neural de embrião de galinha, mostrando áreas de Shh (em verde) e o domínio de expressão da proteína dorsalin (em azul, dorsalin é um membro da superfamília TGF-β). Os neurônios motores induzidos por uma concentração específica de Shh estão marcados de cor de laranja/amarelo. (F) Relação entre as concentrações de Sonic hedgehog, a geração de tipos neuronais distintos *in vitro* e a distância da notocorda. As células mais próximas do notocorda tornam-se os neurônios da placa do assoalho; neurônios motores e interneurônios V3 emergem dos lados ventrolaterais. (G) Hibridação *in situ* para outros três fatores de transcrição: Pax7 (em azul, presente nas células dorsais do tubo neural), Pax6 (em verde) e Nkx6.1 (em vermelho). Onde Nkx6.1 e Pax6 se sobrepõem (em amarelo), os neurônios motores são especificados. (E, de Jessell, 2000, cortesia de T. M. Jessell; F, G, segundo Briscoe et al., 1999, foto por cortesia de J. Briscoe.)

ectoderma dorsal (**FIGURA 13.19E**). Em ambos os casos, esses fatores induzem um segundo centro de sinalização dentro do próprio tubo neural.

Sonic hedgehog secretado pela notocorda induz as células do ponto de flexura medial a se tornarem a **placa do assoalho** do tubo neural. As células da placa do assoalho também secretam o Sonic hedgehog, o qual forma um gradiente que é mais elevado na porção mais ventral do tubo neural (**FIGURA 13.19B, C, E**). As células em contato com as maiores concentrações de Shh se desenvolvem nas células progenitoras de neurônios motores e uma classe de interneurônios, chamados de neurônios V3, enquanto os níveis moderados e menores de Shh induzem populações progenitoras cada vez mais dorsais (**FIGURA 13.19D, F, G**; Roelink et al., 1995; Briscoe et al., 1999).

A importância de Sonic hedgehog na padronização da porção ventral do tubo neural foi confirmada por experimentos que novamente demonstram os princípios de "encontrá-lo, perdê-lo, movê-lo" (ver Tópico na rede 7.4 e o Tutorial do desenvolvimento relacionado). Se um pedaço da notocorda for removido de um embrião, o tubo neural sobrejacente à região excluída não terá células de placas do assoalho (Placzek et al., 1990). Além disso, se fragmentos de notocorda forem retirados de um embrião e transplantados na parte lateral de um tubo neural hospedeiro, o resultado será indução adjacente de outro conjunto de células da placa do assoalho no tubo neural hospedeiro adjacente e grupos de neurônios motores ectópicos posicionados bilateralmente, ao redor da placa do assoalho induzida (**FIGURA 13.20**). Os mesmos resultados podem ser obtidos se os fragmentos de notocorda forem substituídos por agregados de células cultivadas secretoras de Sonic hedgehog, demonstrando que Shh sozinho é suficiente para a indução da placa do assoalho e de neurônios motores associados (Echelard et al., 1993).

Os destinos dorsais do tubo neural são estabelecidos por proteínas da superfamília TGF-β, principalmente BMPs 4 e 7, dorsalin e activina (Liem et al., 1995, 1997, 2000). Inicialmente, BMP4 e BMP7 são encontrados na epiderme. Assim como a notocorda estabelece um centro de sinalização secundário – as células da placa do assoalho – no lado ventral do tubo neural, a epiderme estabelece um centro de sinalização secundário induzindo a expressão de BMP4 nas células da **placa do teto** do tubo neural. A proteína BMP4 da placa do teto induz uma cascata de proteínas TGF-β nas células adjacentes (ver Figura 13.19). Conjuntos de células dorsais são, portanto, expostos a maiores concentrações de proteínas TGF-β, e em momentos iniciais, quando comparados com as células neurais mais ventrais. A importância dos fatores da superfamília de TGF-β na padronização da porção dorsal do tubo neural foi demonstrada pelos fenótipos de peixes-zebra mutantes. Os mutantes deficientes em determinados BMPs não possuíam tipos de neurônios dorsais e intermediários (Nguyen et al., 2000).

QUANTO E POR QUANTO TEMPO? Como esses morfógenos, em última análise, conferem informação posicional às células do tubo neural? Lembre-se de que a identidade da

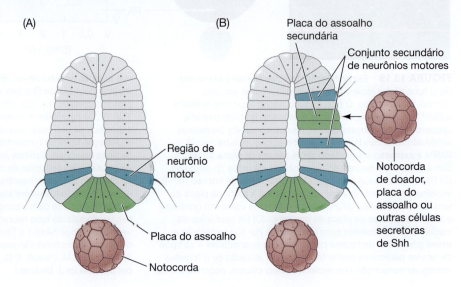

FIGURA 13.20 O Shh derivado da notocorda induz estruturas ventrais no tubo neural. (A) As células mais próximas da notocorda tornam-se os neurônios da placa do assoalho; os neurônios motores emergem nos lados ventrolaterais. (B) Se uma segunda notocorda, placa do assoalho ou qualquer outra célula secretora de Sonic hedgehog é colocada adjacente ao tubo neural, ela induz um segundo conjunto de neurônios de placa do assoalho, bem como dois outros conjuntos de neurônios motores. (Segundo Placzek et al., 1990.)

(A)

(B)

Placa do assoalho secundária

Conjunto secundário de neurônios motores

Região de neurônio motor

Placa do assoalho

Notocorda

Notocorda de doador, placa do assoalho ou outras células secretoras de Shh

célula progenitora é determinada por uma única rede regulatória de genes que ela expressa. O sistema de expressão diferencial de genes que a célula apresenta é dependente da combinação de sua distância a e duração da exposição aos centros de sinalização morfogenética. As células
adjacentes à placa do assoalho que recebem altas concentrações de Sonic hedgehog e sintetizam os fatores de transcrição Nkx6.1 e Nkx2.2 se tornam os interneurônios ventrais (V3). As células dorsais a elas, expostas a concentração
ligeiramente menor de Sonic hedgehog (e um pouco maior
de TGF-β), produzem Pax6 e Olig2 e tornam-se neurônios
motores. Os próximos dois grupos de células recebem progressivamente menos Sonic hedgehog, expressam somente
Pax6 e se tornam os interneurônios V2 e V1. Finalmente, as
células no segmento mais dorsal do tubo neural expressam
Pax7 e se tornam progenitores dorsais (ver Figura 13.18;
Lee e Pfaff, 2001, Muhr et al., 2001).

Pensava-se que a interseção dos gradientes de sinalização de Shh e TGF-β fosse suficiente para instruir a síntese
dos vários fatores de transcrição, mas a rede regulatória
é muito mais complexa e parece integrar as distribuições
espaciais e temporais das sinalizações dos morfógenos. Se
explantes de tubo neural intermediário, que expressam
Pax7, são expostos a concentrações crescentes de Shh, eles
deixarão de expressar Pax7 e passarão a expressar Olig2
e Nkx2.2 de forma dependente da dose (**FIGURA 13.21A**). Se esses mesmos explantes forem expostos a uma concentração constante de Shh durante um período de tempo prolongado, eles primeiro expressam Olig2, seguido de níveis crescentes de expressão de
Nkx2.2 (**FIGURA 13.21B, C**). Esses resultados apoiam um modelo em que a *concentração*
de Shh, bem como a *duração* da sinalização Shh, em conjunto, induzem uma expressão
gênica diferencial e a padronização de destino celular no tubo neural (Dessaud et al.,
2007). Este experimento faz determinados pressupostos sobre as concentrações e a duração da sinalização Shh no embrião, o que muitas vezes se revela mais complexo.

Nos vertebrados, os principais efetores a jusante da sinalização Shh são a família de
fatores de transcrição Gli, que funcionam tanto como repressores ou ativadores baseado, respectivamente, na ausência ou presença de Shh (ver Figura 4.30 para rever a via
Hedgehog). Portanto, Shh da notocorda e da placa do assoalho é transduzido em um
gradiente ventral-dorsal de ativadores Gli para Gli repressores. É interessante que o
padrão de células com função Gli ativador no tubo neural de camundongo tenha sido
mostrado não apenas como um gradiente, mas também como algo que muda ao longo
do tempo (ver Tópico na rede 13.3; Balaskas et al., 2012; Cohen et al., 2015). Uma expansão precoce da função Gli ativador coincidiu com a indução inicial da expressão ampla
e sobreposta de fatores de transcrição de células progenitoras, mas a atividade Gli não
foi mantida ao longo da diferenciação celular no tubo neural. Apesar desta redução na
sinalização de Shh ao longo do tempo, os domínios dos fatores de transcrição específicos nos progenitores ainda se tornam altamente refinados, com fronteiras estreitas entre
cada domínio (ver parte G do Tópico na rede 13.3). Este resultado sugere que esse nível
e duração de Shh são suficientes para a especificação celular, o que é o caso somente de
um contexto de uma rede regulatória de genes robusta que mantém o padrão de expressão gênica induzido por Shh (revisto por Briscoe e Small, 2015).

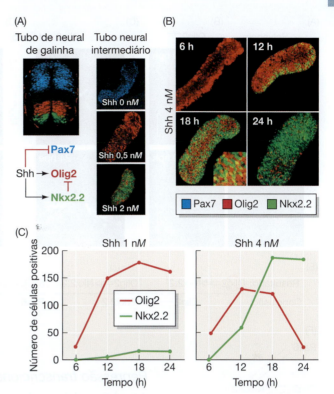

FIGURA 13.21   A expressão
de genes no tubo neural responde
tanto à concentração quanto à
duração de Shh. (A) A expressão
de três fatores de transcrição
específicos – Pax7 (mais dorsal,
em azul), Olig2 (ventromedial, em
vermelho) e Nkx2.2 (mais ventral,
em verde) são mostrados em uma
secção transversal do tubo neural
de pintinho. Explantes do tubo
neural intermediário expressam
Pax7 na ausência de Shh;
quando Shh é aplicado em doses
crescentes, no entanto, Pax7 é
perdido, e Olig2 e Nkx2.2 são
induzidos de forma dependente da
dose. Este resultado sugere que
Shh reprime Pax7 ao induzir Olig2
e Nkx2.2. Sabe-se que Nkx2.2
também reprime a transcrição
Olig2. (B) A exposição inicial
de explantes do tubo neural
intermediário a 4nM de Shh resulta
apenas na expressão de Olig2,
porém, a exposição a tempos
mais longos, induz a expressão
progressiva de Nkx2.2. Esses
dados são quantificados em (C).
(De Dessaud et al., 2007.)

TÓPICO NA REDE 13.3   **ATIVAÇÃO DE GLI** Explore como a sinalização de
Sonic hedgehog estabelece gradientes do fator de transcrição Gli ao longo do eixo
dorsoventral.

  OS CIENTISTAS FALAM 13.2 Ouça uma conferência na rede com o Dr. Andy
McMahon sobre os alvos do ativador Gli.

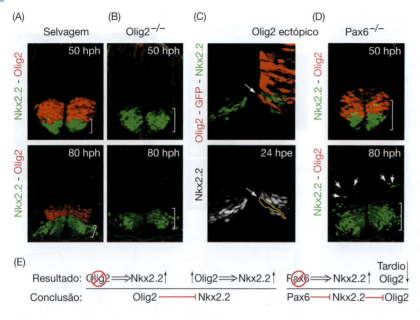

(A) Selvagem (B) Olig2$^{-/-}$ (C) Olig2 ectópico (D) Pax6$^{-/-}$

(E)

Resultado: ~~Olig2~~ ⟹ Nkx2.2↑   ↑Olig2 ⟹ Nkx2.2↑   ~~Pax6~~ ⟹ Nkx2.2↑   Tardio Olig2↓

Conclusão: Olig2 ⊣ Nkx2.2   Pax6 ⊣ Nkx2.2 ⊣ Olig2

(F)

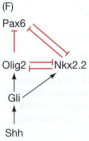

FIGURA 13.22 Repressão cruzada transcricional em células progenitoras neurais. (A-D) Secções transversais do tubo neural de camundongo com células marcadas que expressam Nkx2.2, Olig2 e GFP. (B) A perda de *Olig2* leva à expansão do domínio Nkx2.2 (compare os colchetes em A e B). (C) Ganho de função de *Olig2* por expressão ectópica do gene, por meio de eletroporação, reprime a expressão Nkx2.2 (seta, contorno amarelo). (D) A perda do gene *Pax6* leva a uma expansão da marcação de Nkx2.2 em pontos inicial e tardio de tempo (compare os colchetes em A com os colchetes em C e D, setas), mas Olig2 é perdido apenas no ponto tardio de tempo (80 hph, *hours post headfold stage*-horas pós estágio de dobra neural). Abreviações: hph, horas pós-estágio de dobra neural; hpe, horas pós-eletroporação. (E) Explicação esquemática da manipulação experimental e seus resultados (acima da linha) e a conclusão que pode ser extraída desses resultados (abaixo da linha). (F) A rede regulatória de genes combinando os fatores de transcrição Gli (ativado pela via de Hedgehog), Olig2, Nkx2.2 e Pax6. (De Balaskas et al., 2012.)

Repressão transcricional cruzada

As redes regulatórias de genes das células progenitoras desempenham um papel direto no reforço, na refinação e na manutenção dos destinos das células progenitoras, por meio do mecanismo de repressão cruzada transcricional, no qual os fatores de transcrição reprimem uns aos outros. As manipulações de ganho e perda de função dos fatores de transcrição em células progenitoras demonstraram que diferentes fatores de transcrição, como Olig2 e Nkx2.2, que são expressos em domínios adjacentes, podem reprimir mutuamente a expressão um do outro, ajudando, assim, a definir as fronteiras entre os domínios adjacentes (**FIGURA 13.22**; Balaskas et al., 2012). A repressão cruzada transcricional integrada em um modelo que inclui Shh fornece um mecanismo para a célula se "lembrar" do sinal de Shh e, consequentemente, sua posição no tubo neural (**FIGURA 13.23**; ver também Figura 13.22F).

))) **OS CIENTISTAS FALAM 13.3** Ouça uma conferência na rede com o Dr. James Briscoe sobre a padronização do tubo neural e Sonic hedgehog.

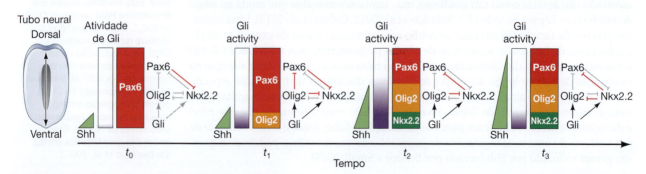

FIGURA 13.23 Modelo para interpretação do gradiente morfogênico de Shh. A padronização mediada por sinal da porção ventral do tubo neural. No tempo inicial do indução (t0-t1), Shh da notocorda (triângulos verdes) induz Gli (em roxo) nas células da placa do assoalho. Essa ação não é suficiente para ativar Olig2 ou Nkx2.2, ou para reprimir Pax6. À medida

que o desenvolvimento avança, Gli é capaz de induzir Olig2, o qual inibe Nkx2.2 e Pax6. À medida que as células mais ventrais experimentam maiores concentrações de Shh por períodos mais longos, Nkx2.2 é ativado e suprime Olig2. Esse padrão pode ser mantido mesmo quando os níveis de Gli diminuem. (Segundo Balaskas et al., 2012.)

Todos os eixos se consolidam

O modelo de padronização dorsoventral por meio dos morfógenos de TGF-β e Shh refere-se aos destinos celulares em todo o SNC ao longo do eixo rostral-caudal. Lembre-se, porém, que há diferenças em como as regiões anteriores do tubo neural se formam e como a região mais posterior se forma – diferenças que são definidas pelas neurulações primária e secundária. As células progenitoras nas regiões anteriores do tubo neural (que se tornam o cérebro e a maior parte da medula espinal) adotam um destino pró-neural diretamente do epiblasto (Harland, 2000; Stern, 2005). As células na parte posterior começam como **progenitores neuromesodérmicos** (**NMPs**, do inglês, *neuromesodermal progenitors*) bipotentes, que passam por uma transição para se tornarem tipos de células neurais ou somíticas, com as células neurais formando a extremidade caudal do tubo neural (**FIGURA 13.24**). Os NMPs nascem na parte lateral caudal do epiblasto durante o alongamento do broto caudal e são mantidos positivamente pelos sinais de Fgf8 e Wnt (ver Capítulo 17 para obter detalhes sobre o alongamento do eixo). Em oposição aos sinais caudais de Fgf/Wnt, o ácido retinoico é expresso pelo mesoderma somítico e inibe a sinalização de Fgf8. São esses gradientes antagonistas de ácido retinoico e Fgf/Wnt ao longo do eixo rostral-caudal que estabelecem uma "estrada" para a maturação de NMPs. A célula NMP nasce no broto caudal e entra no mesênquima (realizando a neurulação secundária). As células NMPs que entram no mesênquima neural se tornam células progenitoras pré-neurais e são inicialmente competentes para responder a sinais de Shh ou BMP, diferenciando-se em placa do assoalho ou em placa de teto, respectivamente. À medida que o broto caudal se alonga, essas células NMP pré-neurais se posicionam mais longe de Fgf/Wnt e mais próximas do ácido retinoico; este reposicionamento desencadeia uma troca em sua competência para responder aos sinais de Shh/TGF-β, permitindo, assim, a padronização dos progenitores pró-neurais ao longo do eixo dorsoventral do tubo neural em maturação (Sasai et al., 2014; Gouti et al., 2015).

Ampliando o conhecimento

Descrevemos um elaborado sistema morfogênico que transmite informações posicionais para o desenvolvimento da identidade celular. E se as células que respondem não estivessem estáticas, mas em movimento? Como essa diferença mudaria a dinâmica da interpretação do gradiente? O trabalho no Megason Lab mostrou que os progenitores especificados no tubo neural de peixe-zebra, de fato, movem-se sobre o epitélio, distribuindo-se em domínios discretos (Xiong et al., 2013). Assim, uma nova dinâmica de movimento celular entre os sinais morfogenéticos precisa ser incorporada ao modelo de formação da padronização do tubo neural.

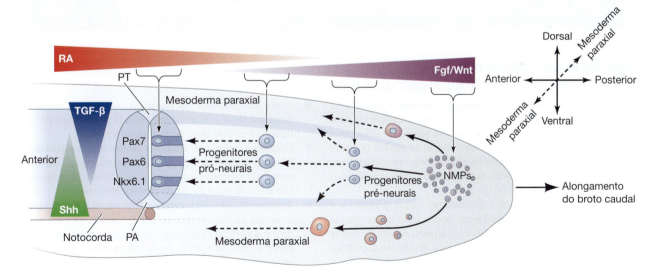

FIGURA 13.24 Modelo de sinais convergentes para o amadurecimento e a especificação dos progenitores neurais na região caudal da medula espinal em desenvolvimento. Durante o desenvolvimento da medula espinal, a cauda sofre alongamento, em parte alimentado pelo epiblasto caudal lateral, que abriga os progenitores neuromesodérmicos (NMPs) proliferativos e migratórios. Os NMPs deixam o broto caudal e progridem para o mesênquima neural ou o mesênquima do mesoderma paraxial, onde eles darão origem ao tubo neural ou ao somito, respectivamente. (As setas tracejadas indicam que essas células contribuirão para as regiões do tubo neural, mas as células não estão migrando ativamente para essas regiões.) A oposição dos morfógenos antagonistas ácido retinoico (RA) e Fgf/Wnt estabelece gradientes invertidos ao longo do eixo rostral-caudal e determinará as instruções de posicionamento gradual ao longo desse eixo. Elevado Fgf/Wnt mantém o *pool* de NMPs. Fgf/Wnt moderado e baixo RA promovem os progenitores pré-neurais iniciais a serem competentes para responder aos sinais dorsoventrais de TGF-β e Shh e a se desenvolverem na placa do teto (RP, do inglês, *roof plate*) e na placa do assoalho (FP, do inglês, *floor plate*), respectivamente. À medida que a região caudal continua a se alongar, os progenitores pré-neurais sofrerão ação reduzida de Fgf/Wnt e moderada de RA, o que amplia sua competência para iniciar programas reguladores de genes específicos para populações de progenitores pró-neurais. Dessa forma, os morfógenos ao longo de todos os eixos padronizam os destinos das células no tubo neural.

Estima-se que uma proporção significativa de defeitos congênitos do tubo neural humano possa ser prevenida em mulheres grávidas que tomam um suplemento de folato. O fechamento do tubo neural ocorre cedo durante a gestação humana, muitas vezes antes de uma mulher estar ciente de gravidez. Portanto, o Serviço de Saúde Pública dos Estados Unidos recomenda que as mulheres em idade fértil usem 0,4 miligramas de folato diariamente (Milunsky et al., 1989, Centers for Disease Control, 1992,

Czeizel e Dudas, 1992). No entanto, não entendemos os mecanismos diretos pelos quais as deficiências de folato levam a defeitos do tubo neural. Uma melhor compreensão dos mecanismos que ligam a função do ácido fólico ao desenvolvimento neural pode apresentar novas oportunidades terapêuticas. Até então, embora as maçãs sejam boas, os aspargos têm 20 vezes mais folato. Então, podemos dizer que uma tigela de aspargos por dia manterá o médico longe.

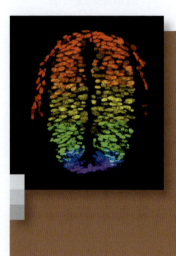

Considerações finais sobre a foto de abertura

Este belo arco-íris de um tubo neural foi gerado pelo laboratório de Elisa Martí Gorostiza no Instituto de Biologia Molecular de Barcelona. Representa uma fotomontagem de marcação para fatores de transcrição de cortes seriados. A expressão de cada fator de transcrição com cor diferente ocupa uma região discreta ao longo do eixo dorsoventral. Com base nas suas posições ao longo desse eixo, as células interpretarão os morfógenos graduados diferentemente, e suas interpretações direcionarão a especificação dessas células, por meio da ativação específica de um repertório de fatores de transcrição regulatórios. Qual é o valor do tempo de Sonic hedgehog? Descobrimos, neste capítulo, que não só a concentração do morfógeno Sonic hedgehog, mas o tempo de duração que uma célula mantém a via Hedgehog ativada, é tão importante quanto. Se houver um valor em ser mais ventral, seria o quanto mais uma célula "banca" a ativação de Hedgehog, mais ventral o tipo celular do tubo neural se tornará. (Foto por cortesia de E. M. Gorostiza.)

13 Resumo instantâneo
Formação e padronização do tubo neural

1. O tubo neural forma-se a partir da formação e dobramento da placa neural. Na neurulação primária, o ectoderma neural dobra-se em um tubo, o qual se separa do ectoderma superficial. Na neurulação secundária, as células do ectoderma e do mesoderma coalescem como um mesênquima para formar primeiramente um cordão e depois uma cavidade (lúmen) dentro do cordão.

2. A neurulação primária é regulada por forças intrínsecas e extrínsecas. A força intrínseca ocorre dentro das células nas regiões de flexura, dobrando a placa neural. As forças extrínsecas incluem o movimento do ectoderma superficial em direção ao centro do embrião.

3. O fechamento do tubo neural também é resultante de forças extrínsecas e intrínsecas. Em humanos, anomalias congênitas podem acontecer se o tubo neural não fechar. O folato é importante na medição do fechamento do tubo neural.

4. Depois que o nó atinge a parte posterior do epiblasto, certas células contribuem tanto para o mesoderma paraxial quanto que para o tubo neural.

5. As células da crista neural surgem nas bordas do tubo neural e do ectoderma superficial. Elas se localizam entre o tubo neural e o ectoderma de superfície e migram para longe dessa região para se tornarem células neuronais periféricas, gliais e pigmentares.

6. Existe um gradiente de maturação em muitos embriões (principalmente nos amniotas), devido a parte anterior se desenvolver mais cedo do que a posterior.

7. O cérebro forma três vesículas primárias, o prosencéfalo (cérebro anterior), o mesencéfalo (cérebro medial) e o rombencéfalo (cérebro posterior). Posteriormente, o prosencéfalo e o rombencéfalo subdividem-se ainda mais.

8. A padronização dorsoventral do tubo neural é realizada por proteínas da superfamília de TGF-β, secretadas pelo ectoderma superficial e pela placa do teto do tubo neural, e pela proteína Sonic hedgehog, produzida pela notocorda e pelas células da placa e do assoalho. Os gradientes temporais e espaciais de Shh desencadeiam a síntese de determinados fatores de transcrição que especificam o neuroepitélio. Alguns desses fatores de transcrição realizam repressão cruzada, permitindo que se estabeleçam fronteiras discretas entre regiões ao longo do eixo dorsoventral.

9. A neurulação secundária na extremidade caudal da placa neural dá origem a células progenitoras neuromesodérmicas bipotentes (NMPs) que podem se tornar células neurais ou somíticas. A exposição dos progenitores pré-neurais a gradientes opostos de Fgf/Wnt e ácido retinoico acarreta na padronização do tubo neural caudal ao longo de seu eixo dorsoventral.

Leituras adicionais

Balaskas, N. and 7 others. 2012. Gene regulatory logic for reading the Sonic hedgehog signaling gradient in the vertebrate neural tube. Cell 14: 273–284.

Chiang, C., Y. Litingtung, E. Lee, K. E. Yong, J. L. Corden, H. Westphal and P. A. Beachy. 1996. Cyclopia and defective axial patterning in mice lacking Sonic hedgehog gene function. Nature 383: 407–413.

Cohen, M., A. Kicheva, A. Ribeiro, R. Blassberg, K. M. Page, C. P. Barnes, and J. Briscoe. 2015. Ptch1 and Gli regulate Shh signalling dynamics via multiple mechanisms. Nature Commun. 6: 6709.

Dady, A., E. Havis, V. Escriou, M. Catala, and J. L. Duband. 2014. Junctional neurulation: A unique developmental program shaping a discrete region of the spinal cord highly susceptible to neural tube defects. J. Neurosci. 34: 13208–13221.

Gouti, M., V. Metzis and J. Briscoe. 2015. The route to spinal cord cell types: A tale of signals and switches. Trends Genet. 31: 282–289.

Hashimoto, H., F. B. Robin, K. M. Sherrard and E. M. Munro. 2015. Sequential contraction and exchange of apical junctions drives zippering and neural tube closure in a simple chordate. Dev. Cell 32: 241–255.

Jessell, T. M. 2000. Neuronal specification in the spinal cord: Inductive signals and transcriptional codes. Nature Rev. Genet. 1: 20–29.

Lawson, A., H. Anderson and G. C. Schoenwolf. 2001. Cellular mechanisms of neural fold formation and morphogenesis in the chick embryo. Anat. Rec. 262: 153–168.

Massarwa, R. and L. Niswander. 2013. In toto live imaging of mouse morphogenesis and new insights into neural tube closure. Development 140: 226–236.

McShane, S. G., M. A. Molè, D. Savery, N. D. Greene, P. P. Tam and A. J. Copp. 2015. Cellular basis of neuroepithelial bending during mouse spinal neural tube closure. Dev. Biol. 404:113–124.

Milunsky, A., H. Jick, S. S. Jick, C. L. Bruell, D. S. Maclaughlen, K. J. Rothman and W. Willett. 1989. Multivitamin folic acid supplementation in early pregnancy reduces the prevalence of neural tube defects. J. Am. Med. Assoc. 262: 2847–2852.

Sasai, N., E. Kutejova and J. Briscoe. 2014. Integration of signals along orthogonal axes of the vertebrate neural tube controls progenitor competence and increases cell diversity. PLoS Biol. 12(7):e1001907.

Wilde, J. J., J. R. Petersen and L. Niswander. 2014. Genetic, epigenetic, and environmental contributions to neural tube closure. Annu. Rev. Genet. 48: 583–611.

VISITE WWW.DEVBIO.COM...

... para Tópicos na Rede, entrevistas de Os Cientistas Falam, vídeos de Assista ao Desenvolvimento, Tutorial do Desenvolvimento e informação bibliográfica completa sobre toda a literatura citada neste capítulo.

14

Crescimento do cérebro

As complexidades do ser humano: o quão profundamente elas se multiplicam?

"O QUE TALVEZ SEJA A PERGUNTA MAIS INTRIGANTE ENTRE TODAS é se o cérebro é poderoso o suficiente para resolver o problema de sua própria criação", declarou Gregor Eichele, em 1992. Determinar como o cérebro – um órgão que percebe, pensa, ama, odeia, lembra, muda, engana-se e coordena todos os nossos processos corporais conscientes e inconscientes – é construído é, sem dúvida, o mais desafiante de todos os enigmas do desenvolvimento. Uma combinação de abordagens genéticas, celulares e ao nível de sistemas está, agora, nos dando uma compreensão muito preliminar de como a anatomia básica do cérebro se torna ordenada.

A diferenciação do tubo neural nas várias regiões do cérebro e da medula espinal ocorre simultaneamente de três formas diferentes. No nível anatômico grosseiro, o tubo neural e seu lúmen projetam-se e contraem-se para formar as vesículas do cérebro e a medula espinal. No nível do tecido, as populações celulares na parede do tubo neural organizam-se nas diferentes regiões funcionais do cérebro e da medula espinal. Finalmente, no nível celular, as células neuroepiteliais se diferenciam nos numerosos tipos de células nervosas (**neurônios**) e células associadas (**glia**) presentes no corpo. Neste capítulo, nos concentraremos no desenvolvimento do cérebro de mamíferos em geral, bem como no cérebro humano, em particular, considerando o que nos torna humanos.

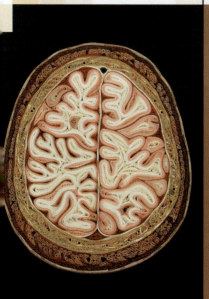

Destaque

O crescimento cerebral começa com a expansão do tubo neural recém-formado ao longo do eixo apicobasal dentro de três regiões: a zona ventricular, o manto ou a zona intermediária e a zona marginal. As células-tronco chamadas glia radial abrangem esse neuroepitélio e proliferam, dando origem a células progenitoras e neurônios. Os neurônios recém-nascidos usam as fibras radialmente orientadas da glia radial para migrar para a zona marginal. No córtex cerebral, um gradiente de concentração de Reelin a partir da região basal regula a organização das camadas de "dentro-para-fora" dos neurônios migratórios. Células da glia de Bergmann agem de forma semelhante à glia radial, mas funcionam no cerebelo para gerar neurônios de Purkinje. A autorrenovação e o potencial neurogênico dessas células-tronco são influenciados por vários fatores, incluindo a orientação do fuso mitótico, a herança do centríolo parental e do cílio, a partição da sinalização de Notch e os fatores mitógenos do líquido cerebrospinal. O cérebro humano grande e complexo evoluiu por meio de modificações dos mecanismos que controlam a neurogênese cerebelar, ou seja, a expansão das populações de progenitores gliais radiais e a expressão diferencial de genes únicos da neurogênese. A neurogênese não termina no nascimento, mas permanece ativa de diferentes maneiras ao longo da vida.

Neuroanatomia do sistema nervoso central em desenvolvimento

Seu cérebro contém aproximadamente 170 bilhões de células, um número igual de neurônios e células gliais associadas (Azevedo et al., 2009). Existe uma grande variedade de tipos de células neuronais e gliais, no entanto, a partir das células relativamente pequenas (p. ex., células granulares) e comparativamente enormes (p. ex., neurônios de Purkinje). Toda essa diversidade começa com as células neuroepiteliais multipotentes do tubo neural.

As células do desenvolvimento do sistema nervoso central

CÉLULAS-TRONCO NEURAIS DO EMBRIÃO As células neuroepiteliais são as primeiras células-tronco neurais multipotentes do embrião. Elas formam a placa neural e o tubo neural inicial, e, como células epiteliais, são polarizadas ao longo do eixo apical-para-basal (**FIGURA 14.1A**). Uma vez que a placa se fecha em um tubo neural, a superfície apical do neuroepitélio faz fronteira com a cavidade interna do tubo, que se encherá com o líquido cerebrospinal. A superfície basal de cada célula termina com um **pé terminal** (do inglês, *endfoot*), ou dilatação da sua membrana basal na superfície externa do tubo neural. A superfície do SNC é também referida como a **superfície pial**, se referindo à pia máter que representa as membranas fibrosas que circundam os tecidos nervosos. Como células-tronco, as células neuroepiteliais são altamente proliferativas, gerando células progenitoras para os primeiros tipos de células neuronais e gliais do tubo neural (Turner e Cepko, 1987).

FIGURA 14.1 Tipos de células do SNC. (A) Micrografia eletrônica de varredura de um tubo neural de embrião de galinha recém-formado, mostrando células neuroepiteliais em diferentes estágios de seus ciclos celulares abrangendo toda a largura do epitélio. (B) Um neurônio de Purkinje com seus elaborados processos dendríticos. Se você olhar com cuidado, esses dendritos não estão desfocados; em vez disso, protrusões de membrana pós-sinápticas, chamadas de espículas, são vagamente visíveis. (C) Derivado de um hipocampo de camundongo, um único oligodendrócito (em verde) envolvendo múltiplos axônios (em roxo) em co-cultura. (D) Córtex cerebral do rato com pés terminais astrogliais (em amarelo) envolvendo vasos sanguíneos (em vermelho). Os núcleos celulares são cianos. (Cortesia de K. Tosney; B, cortesia de Boris Barbour; C, dos Campos 2013, cortesia de Doug Fields; D, micrografia de Madelyn May, Menção Honrosa, 2011, Olympus BioScapes Digital Imaging Competition.)

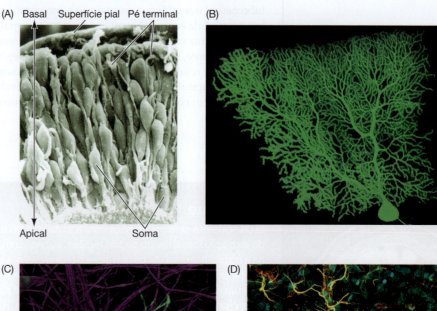

(A) Basal Superfície pial Pé terminal   (B)

Apical   Soma

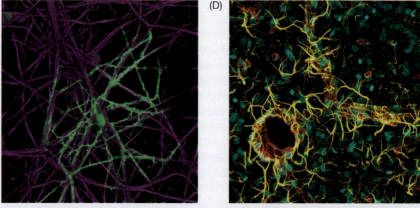

(C)   (D)

As células neuroepiteliais só estão presentes no embrião inicial e, depois, transformam-se em **células ventriculares (ependimárias)** e **células da glia radial**, ou **glia radial**. As células ependimárias permanecem como um componente integral do revestimento do tubo neural e secretam o líquido cerebrospinal. A glia radial[1] mantém uma morfologia polarizada que abrange o eixo apicobasal do sistema nervoso central (SNC) e realiza duas funções primárias. Primeiro, elas servem como as principais células-tronco neurais ao longo do desenvolvimento embrionário e fetal, apresentando autorrenovação e a geração multipotente de neurônios e células gliais (Doetsch et al., 1999; Kriegstein e Alvarez-Buylla, 2009); e, segundo, elas servem como um arcabouço para a migração de outras células progenitoras e neurônios recém-formados (Bentivoglio e Mazzarello, 1999). Essas duas funções constituem o mecanismo fundamental que impulsiona o crescimento do cérebro.

NEURÔNIOS E NERVOS Os **neurônios** são células que conduzem potenciais elétricos e transformam esses impulsos elétricos em sinais que coordenam nossas funções corporais, pensamentos, sensações e percepções do mundo. As extensões finas e ramificadas do neurônio usadas para captar impulsos elétricos de outras células são chamadas de **dendritos** (**FIGURA 14.2A**). Alguns neurônios desenvolvem apenas alguns dendritos, enquanto outros (como os neurônios de Purkinje; **FIGURA 14.1B**) desenvolvem extensas e ramificadas **arborizações dendríticas**. Muito poucos dendritos são encontrados nos neurônios corticais no nascimento, e um dos eventos surpreendentes do primeiro ano da vida humana é o aumento do número desses processos celulares receptivos. Durante esse ano, cada neurônio cortical desenvolve superfície dendrítica suficiente para acomodar até 100 mil conexões, ou **sinapses**, com outros neurônios. O neurônio médio no córtex altamente desenvolvido do cérebro humano conecta-se com outras 10 células neuronais, permitindo que o córtex humano funcione como centro de aprendizagem e raciocínio.

Outra característica importante de um neurônio em desenvolvimento é o seu **axônio**. Enquanto os dendritos são muitas vezes numerosos e não se estendem longe do corpo celular neuronal, ou **soma**, os axônios podem prolongar-se por 2 a 3 pés (quase 1 m) (ver Figura 14.2A). Os receptores de dor em seu dedão, por exemplo, devem transmitir mensagens até sua medula espinal. Um dos conceitos fundamentais da neurobiologia é que o axônio é uma extensão contínua do corpo da célula nervosa. O processo pelo qual as conexões neuronais entre os corpos celulares são estabelecidas de soma a soma através de axônios foi um dos eventos mais investigados no desenvolvimento neuronal. Como descreveremos no Capítulo 15, para "ligar" o cérebro embrionário, os axônios se estendem a partir do corpo da célula, liderados por um cone de crescimento móvel na sua ponta que usa o ambiente instrutivo em sinais para navegar até seu alvo para a conexão sináptica.

SINALIZAÇÃO NEURONAL Uma variedade de moléculas diferentes, conhecidas como **neurotransmissores**, são fundamentais na geração de muitos potenciais de ação. Os axônios são especializados para secretar neurotransmissores específicos em um pequeno espaço – a **fenda sináptica** – que separa o axônio de um neurônio sinalizador do dendrito ou soma da sua célula-alvo. Alguns neurônios desenvolvem a capacidade de sintetizar e secretar acetilcolina (o primeiro neurotransmissor conhecido), enquanto outros desenvolvem as vias enzimáticas para fazer e secretar adrenalina, noradrenalina, octopamina, glutamato, serotonina, ácido γ-aminobutírico (GABA) ou dopamina, entre outros neurotransmissores. Cada neurônio deve ativar os genes responsáveis por fazer as enzimas que podem sintetizar seu neurotransmissor. Assim, o desenvolvimento neuronal envolve tanto a diferenciação estrutural quanto molecular.

CÉLULAS GLIAIS Existem três categorias de células gliais: oligodendrócitos, astroglia e microglia. Os neurônios transmitem informações através de impulsos elétricos que viajam de uma região do corpo para outra ao longo dos axônios. Para evitar a dispersão do sinal elétrico e para facilitar a condução para a célula-alvo, os axônios no SNC são

---

[1] Evidências crescentes sugerem que a glia radial representa uma população heterogênea de células-tronco neurais e células progenitoras.

isolados por **oligodendrócitos** (**FIGURA 14.1C**). O oligodendrócito envolve-se em torno do axônio em desenvolvimento e, em seguida, produz uma membrana celular especializada, chamada de **bainha de mielina** (**FIGURA 14.2B**). No sistema nervoso periférico (i.e., todos os nervos e neurônios fora do sistema nervoso central), a mielinização é realizada por um tipo semelhante de células gliais, a célula de Schwann (**FIGURA 14.2C**). Os experimentos de transplante demonstraram que o axônio, e não a célula glial, controla a espessura da bainha de mielina pela quantidade de neurregulina-1 que o axônio secreta (Michailov et al., 2004).

A bainha de mielina é essencial para a função nervosa adequada e também ajuda a manter os axônios vivos por décadas. A perda dessa bainha (desmielinização) está associada a convulsões, paralisias e certas sequelas debilitantes, como a esclerose múltipla (Emery, 2010; Nave, 2010). Existem camundongos mutantes em que parte dos neurônios são mal mielinizados. No mutante *trembler*, as células de Schwann são incapazes de produzir um componente proteico específico, de modo que a mielinização é deficiente no sistema nervoso periférico, mas é normal no SNC. Em contrapartida, no SNC do camundongo mutante *jimpy*, o SNC é deficiente em mielina, mas os nervos periféricos não são afetados (Sidman et al., 1964; Henry e Sidman, 1988).

As **células astrogliais** representam uma classe diversa de células gliais que incluem glia radial e uma variedade de subtipos diferenciados de astrócitos (p. ex., tipo I, tipo II e astrócitos reativos) (**FIGURA 14.1D**). Os astrócitos foram nomeados originalmente após a sua forma de estrela (astral) em uma placa de cultura e, historicamente, presumiu-se que os astrócitos funcionassem como o tecido conjuntivo do sistema nervoso, isto é, sua "cola". No entanto, estudos modernos revelaram que os astrócitos realizam uma série de funções críticas para o sistema nervoso do adulto. Essas funções incluem o estabelecimento da barreira hematencefálica, a resposta à inflamação no SNC e (o que é mais importante) o suporte à homeostasia da sinapse e transmissão neural.

O principal marcador para astroglia é uma proteína de filamento intermediário, chamada

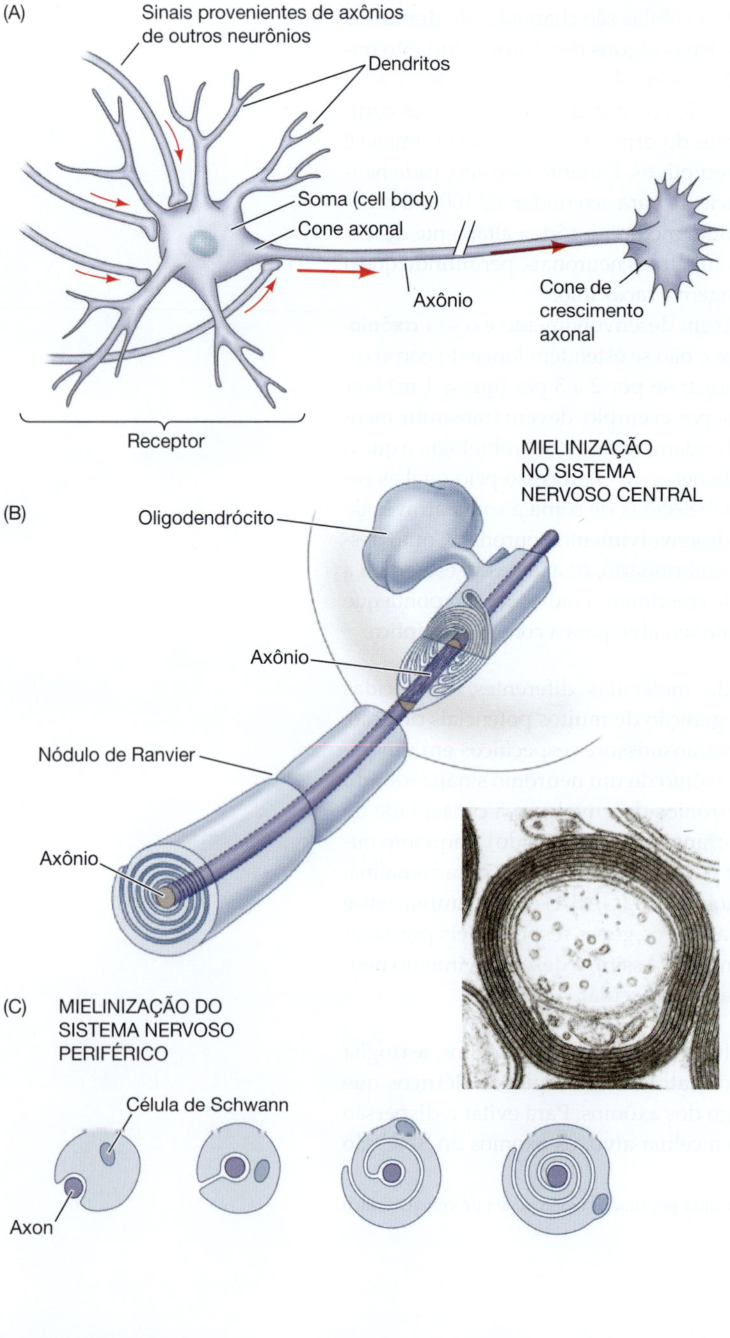

(A)

Sinais provenientes de axônios de outros neurônios

Dendritos

Soma (cell body)

Cone axonal

Axônio

Cone de crescimento axonal

Receptor

(B)

MIELINIZAÇÃO NO SISTEMA NERVOSO CENTRAL

Oligodendrócito

Axônio

Nódulo de Ranvier

Axônio

(C) MIELINIZAÇÃO DO SISTEMA NERVOSO PERIFÉRICO

Célula de Schwann

Axon

FIGURA 14.2 Transmissão neural e mielinização. (A) Um neurônio motor. Os impulsos elétricos (setas vermelhas) são recebidos pelos dendritos, e o neurônio estimulado transmite impulsos através de seu axônio para o tecido-alvo. O axônio (que pode ter 2-3 pés de comprimento) é uma extensão celular, ou processo, através do qual o neurônio envia seus sinais. O cone de crescimento do axônio é um aparelho locomotor e sensorial que explora ativamente o meio ambiente, escolhendo pistas direcionais que dizem para onde ir. Eventualmente, o cone de crescimento formará uma conexão, ou sinapse, com o tecido-alvo do axônio. (B, C) No sistema nervoso periférico, as células de Schwann envolvem-se em torno do axônio; no sistema nervoso central, a mielinização é realizada pelos processos de oligodendrócitos. A micrografia mostra um axônio envolvido pela bainha de mielina de uma célula de Schwann. (Micrografia por cortesia de C. S. Raine.)

de proteína ácida fibrilar glial (Gfap). As mutações no gene de *gfap* humano que afetam a conformação da proteína podem levar à doença de Alexander, uma doença neurodegenerativa causada por agregados de proteínas fibrosas que prejudicam múltiplas funções do sistema nervoso (Brenner et al., 2001; Hagemann et al., 2006).

Microglia são muitas vezes consideradas as "células imunes" do sistema nervoso central, visto que funcionam para engolir os neurônios e a glia que estão morrendo e disfuncionais. Como o próprio nome indica, a microglia é pequena em relação aos outros tipos celulares do sistema nervoso. Elas também são muito móveis, com comportamentos que relembram os macrófagos. De fato, a microglia não nasce no sistema nervoso, mas é gerada pela primeira vez por células progenitoras de macrófagos derivadas do saco vitelino (Wieghofer et al., 2015). Esses progenitores microgliais circulantes colonizam o SNC antes da formação da barreira hematencefálica.

> **ASSISTA AO DESENVOLVIMENTO 14.1** Para saber mais sobre a glia, assista a este vídeo introdutório, que descreve os diferentes tipos de células gliais.

Tecidos do sistema nervoso central em desenvolvimento

Os neurônios do cérebro são organizados em camadas (**lâminas**) e aglomerados (**núcleos**[2]), cada um com funções e conexões diferentes. O tubo neural original é composto de um **neuroepitélio germinativo**, uma camada de células-tronco neurais que se divide rapidamente com a espessura de uma célula. Sauer e colaboradores (1935) mostraram que as células do neuroepitélio germinativo abrangem toda a largura do epitélio, desde a superfície luminal do tubo neural até a superfície externa. Ao longo da evolução, as adaptações levaram o neuroepitélio germinativo a produzir uma diversidade de regiões altamente complexas no SNC. Todas essas regiões, no entanto, são elaborações do mesmo padrão básico de três zonas de camadas: ventricular (ao lado do lúmen), manto (intermediária) e marginal (externa) (**FIGURA 14.3**).

À medida que as células-tronco na **zona ventricular** continuam a se dividir, as células migratórias formam uma segunda camada ao redor do tubo neural original. Essa camada se torna progressivamente mais espessa à medida que são adicionadas mais células do neuroepitélio germinativo. Esta nova camada é a **zona do manto**, ou **intermediária**. As células da zona do manto diferenciam-se tanto em neurônios como em glia. Os neurônios fazem conexões entre si e enviam axônios para longe do lúmen, criando, assim, uma **zona marginal** pobre em corpos celulares neuronais. Mais tarde, os oligodendrócitos cobrem muitos dos axônios na zona marginal em bainhas de mielina, dando-lhes uma aparência esbranquiçada. Assim, a camada marginal axonal é muitas vezes chamada de **substância branca**, enquanto a zona do manto, contendo os corpos das células neuronais, é referida como **substância cinzenta** (ver Figura 14.3). O epitélio germinativo da zona ventricular encolherá mais tarde para se tornar o **epêndima** que recobre a cavidade cerebral.

Aqui, focaremos nossa investigação na estrutura do SNC na arquitetura associada a medula espinal e bulbo, cerebelo e cérebro.

ORGANIZAÇÃO DA MEDULA ESPINHAL E DO BULBO O padrão básico de três zonas das camadas ventricular (ependimária), manto e marginal é mantido ao longo do desenvolvimento da medula espinal e do bulbo (região posterior do rombencéfalo). Quando visto em secção transversal, o manto gradualmente se torna uma estrutura em forma de borboleta cercada pela zona marginal ou pela substância branca, e ambos ficam envoltos em tecido conjuntivo. À medida que o tubo neural amadurece, um sulco longitudinal – o **sulco limitante** – divide-o em metades dorsal e ventral. A porção dorsal recebe entrada de neurônios sensoriais, ao passo que a porção ventral está envolvida na realização de várias funções motoras (**FIGURA 14.4**). Esta anatomia do desenvolvimento gera a base da fisiologia medular e da medula espinal (como o arco reflexo).

---

[2] Em neuroanatomia, o termo núcleo refere-se a uma porção anatômica discreta de neurônios dentro do cérebro que geralmente atende a uma função específica. Observe que é uma estrutura distinta do núcleo celular.

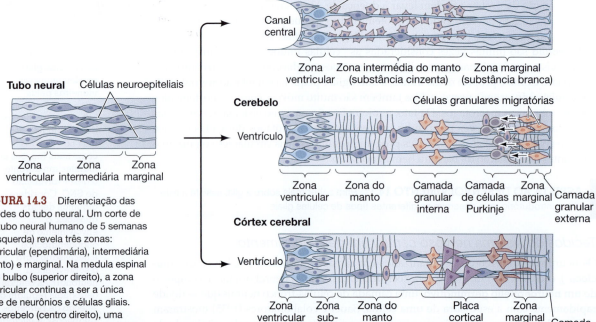

FIGURA 14.3 Diferenciação das paredes do tubo neural. Um corte de um tubo neural humano de 5 semanas (à esquerda) revela três zonas: ventricular (ependimária), intermediária (manto) e marginal. Na medula espinal e no bulbo (superior direito), a zona ventricular continua a ser a única fonte de neurônios e células gliais. No cerebelo (centro direito), uma segunda camada mitótica, a camada granular externa, forma-se na região mais afastada da zona ventricular. Um tipo de neurônio, chamado de células granulares, migra dessa camada de volta para a zona intermediária para formar a camada granular interna. No córtex cerebral (inferior direito), os neurônios migratórios e os glioblastos formam uma placa cortical contendo seis camadas. (Segundo Jacobson 1991.)

ORGANIZAÇÃO CEREBELAR No cerebelo, a migração celular e a proliferação seletiva e a morte celular produzem modificações no padrão das três zonas, mostrado na Figura 14.3. O desenvolvimento cerebelar resulta em um córtex altamente dobrado (região externa) composto por neurônios de Purkinje e neurônios granulares integrados em "núcleos" que controlam as funções de equilíbrio e transmitem informações do córtex cerebelar para outras regiões cerebrais. No desenvolvimento do cerebelo, o evento crítico parece ser a migração de células progenitoras neurais para a superfície externa do cerebelo em desenvolvimento. Aqui eles formam uma nova zona germinal – a *camada granular externa* – perto do limite externo do tubo neural.

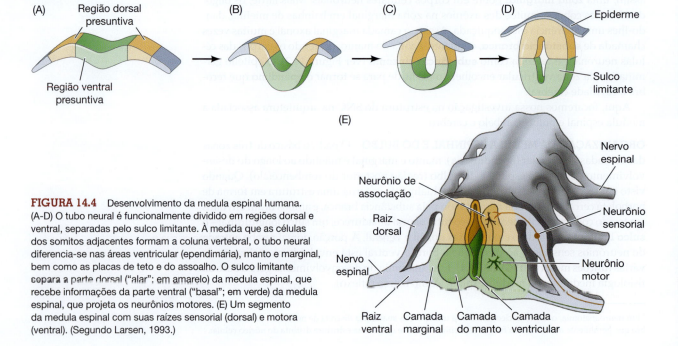

FIGURA 14.4 Desenvolvimento da medula espinal humana. (A-D) O tubo neural é funcionalmente dividido em regiões dorsal e ventral, separadas pelo sulco limitante. À medida que as células dos somitos adjacentes formam a coluna vertebral, o tubo neural diferencia-se nas áreas ventricular (ependimária), manto e marginal, bem como as placas de teto e do assoalho. O sulco limitante separa a parte dorsal ("alar"; em amarelo) da medula espinal, que recebe informações da parte ventral ("basal"; em verde) da medula espinal, que projeta os neurônios motores. (E) Um segmento da medula espinal com suas raízes sensorial (dorsal) e motora (ventral). (Segundo Larsen, 1993.)

No limite externo da camada granular externa, que é de 1 a 2 corpos celulares de espessura, as células progenitoras neurais proliferam e entram em contato com células que secretam proteínas morfogenéticas ósseas (BMPs). As BMPs especificam as células pós-mitóticas derivadas das divisões de progenitoras neurais para se tornarem um tipo de neurônio, chamado de **células granulares** (Alder et al., 1999). As células granulares migram de volta para a zona ventricular (ependimária), onde formam uma região denominada **camada granular interna** (ver Figura 14.3). Enquanto isso, a zona ventricular original do cerebelo gera uma grande variedade de neurônios e células gliais, incluindo os distintos e grandes **neurônios de Purkinje**, o principal tipo de células do cerebelo (**FIGURA 14.5**). Os neurônios de Purkinje secretam Sonic hedgehog, que sustenta a divisão de precursores de células granulares na camada granular externa (Wallace, 1999). Cada neurônio de Purkinje possui uma enorme **arborização dendrítica** que se espalha como uma árvore a acima de seu corpo celular semelhante a uma lâmpada (ver Figura 14.1B). Um neurônio típico de Purkinje pode formar até 100 mil sinapses com outros neurônios – mais conexões do que qualquer outro tipo de neurônio estudado. Cada neurônio de Purkinje também envia um axônio delgado, que se conecta aos neurônios no núcleo cerebelar profundo.

Os neurônios de Purkinje são cruciais na via elétrica do cerebelo. Todos os impulsos elétricos eventualmente regulam sua atividade porque os neurônios de Purkinje são os únicos neurônios de saída do córtex cerebelar. Essa regulação exige que as células apropriadas se diferenciem nos lugares e momentos certos. Como essa série de eventos complexos é realizada? Contemple algumas ideias sobre quais mecanismos podem controlar o padrão de diferenciação neuronal, pois retornaremos a essa questão geral mais adiante neste capítulo.

ORGANIZAÇÃO CEREBRAL O arranjo das três zonas do tubo neural também é visto, embora modificado, no cérebro. O cérebro está organizado de duas formas distintas. Primeiro, como o cerebelo, é organizado radialmente em camadas que interagem umas com as outras. Certas células progenitoras neurais da zona do manto migram nos processos da glia radial em direção à superfície externa do cérebro e acumulam-se em uma nova camada, a placa cortical (ver Figura 14.3). Essa nova camada de substância cinzenta se tornará o **neocórtex**, uma característica distinta do cérebro de mamífero. A especificação do neocórtex envolve o fator de transcrição Lhx2, que ativa muitos outros genes cerebrais. Em camundongos deficientes em *Lhx2*, o córtex cerebral não se forma (**FIGURA 14.6**; Mangale et al., 2008; Chou et al., 2009).

O neocórtex finalmente estratifica em seis camadas de corpos celulares neuronais; as formas adultas dessas camadas não estão totalmente maduras até o meio da infância. Cada camada do neocórtex difere das demais em suas propriedades funcionais, os tipos de neurônios encontrados e os conjuntos de conexões que eles fazem (**FIGURA 14.7**). Por exemplo, os neurônios na camada cortical 4 recebem suas principais entradas do tálamo (uma região que se forma a partir do diencéfalo), ao passo que os neurônios na camada 6 enviam suas principais saídas para o tálamo.

Além das seis camadas verticais, o córtex cerebral é organizado horizontalmente em mais de 40 regiões que regulam os processos anatômica e funcionalmente distintos. Por exemplo, os neurônios do córtex visual na camada 6

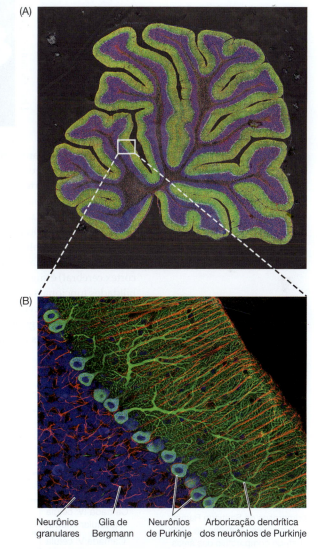

(A)

(B)

Neurônios granulares   Glia de Bergmann   Neurônios de Purkinje   Arborização dendrítica dos neurônios de Purkinje

FIGURA 14.5 Organização cerebelar. (A) Secção sagital de um cerebelo de rato com marcação fluorescente fotografado usando microscopia confocal de dois fótons. (B) A ampliação da área em caixa em (A) ilustra a organização altamente estruturada de neurônios e células gliais. Os neurônios de Purkinje estão em azul-claro com processos em verde-brilhante, a glia de Bergmann está em vermelho, e as células granulares estão em azul-escuro. (Cortesia de T. Deerinck e M. Ellisman, Universidade da Califórnia, San Diego.)

FIGURA 14.6 *Lhx2* é necessário para o desenvolvimento do neocórtex. Montagens inteiras e cortes coronais de cérebros de camundongos do tipo selvagem e nocaute condicional para *Lhx2*, no qual as células-tronco iniciais sofrem a perda de *Lhx2*. O marcador de neocórtex *Satb2* (em marrom) mostra expressão elevada tanto nas regiões dorsomedial (DM) quanto laterais (L) do neocórtex no camundongo selvagem, ao passo que nos camundongos nocaute para *Lhx2* níveis significativos de expressão do marcador *Satb2* são encontrados apenas no neocórtex dorsomedial. (De Chou et al., 2009.)

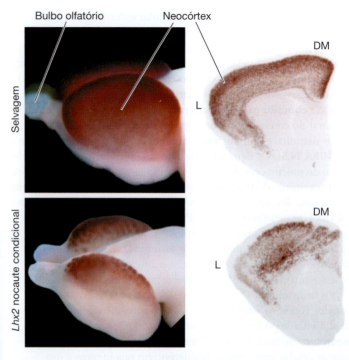

projetam axônios para o núcleo geniculado lateral do tálamo, que está envolvido na visão, enquanto os neurônios do córtex auditivo da camada 6 (localizados mais anteriormente do que o córtex visual) projetam axônios para o núcleo geniculado medial do tálamo, que participa na audição.

Uma das principais questões na neurobiologia do desenvolvimento é se as diferentes regiões funcionais do córtex cerebral já estão especificadas na região ventricular, ou se a especificação é realizada muito mais tarde pelas conexões sinápticas entre as regiões. A evidência de que a especificação é precoce (e que pode haver algum "protomapa" do córtex cerebral) é sugerida por certas mutações humanas que destroem camadas e as habilidades funcionais em apenas uma parte do córtex, deixando as outras regiões intactas (Piao et al., 2004). Evidências mais diretas para a existência de um protomapa no córtex embrionário surgiram recentemente, quando Fuentealba e colaboradores (2015) seguiram células gliais radiais ventriculares de diferentes regiões do cérebro embrionário

FIGURA 14.7 Diferentes tipos de células neuronais estão organizados nas seis camadas do neocórtex. Diferentes marcações celulares revelam camadas neocorticais nestes desenhos primorosos de Santiago Ramón y Cajal de seu trabalho de 1899: "Estudo comparativo das áreas sensoriais do córtex humano". Os neurônios piramidais do hipocampo do camundongo (dia 7 pós-natal). (Micrografia B, por Joanna Szczurkowska, Menção Honrosa, 2014, Olympus BioScapes Digital Imaging Competition.)

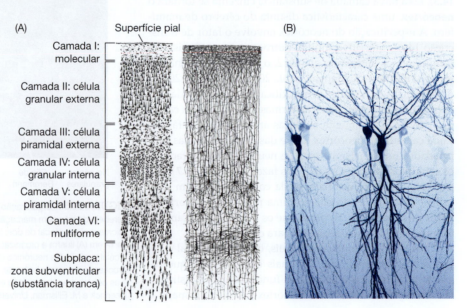

de camundongo, usando marcadores retrovirais codificados até que os descendentes clonais diretos das células pudessem ser identificados no córtex adulto (**FIGURA 14.8**). Eles descobriram que os neurônios diferenciados do córtex eram descendentes de células-tronco que residiam em áreas correspondentes no embrião (que eram elas próprias derivadas da glia radial de áreas correspondentes da zona ventricular). Esses resultados suportam um modelo em que a glia radial da zona ventricular é especificada regionalmente no embrião e dá origem a células-tronco adultas especificamente determinadas que propagam localmente uma progênie restrita.

 TUTORIAL DO DESENVOLVIMENTO
Neurogênese no córtex cerebral O Dr. Michael J. F. Barresi descreve os processos celulares e moleculares que regem o desenvolvimento do córtex cerebral de "dentro para fora".

Mecanismos do desenvolvimento que regulam o crescimento cerebral

O crescimento do cérebro dos vertebrados é como a construção de um edifício de vários níveis de tijolos multicoloridos. Primeiro, esses tijolos precisam ser feitos, e um número apropriado de tijolos corretamente fornecidos aos locais certos. Em segundo lugar, um andaime é usado em toda a estrutura para transportar os tijolos e materiais necessários para seus locais de destinos. O edifício é construído de baixo para cima, construindo para fora nas várias dimensões para criar uma arquitetura cada vez mais complexa. No cérebro em desenvolvimento, a divisão celular das células-tronco e progenitoras é precisamente controlada, gerando os números e tipos de células necessárias (os "tijolos"). As células gliais radiais não só servem como células-tronco, mas também fornecem os andaimes necessários para o movimento de células progenitoras e neurônios recém-nascidos para as camadas cada vez mais superficiais, de uma maneira que efetivamente constrói o cérebro de dentro para fora.

Comportamentos de células-tronco neuronais durante a divisão

MIGRAÇÃO NUCLEAR INTERCINÉTICA DURANTE A DIVISÃO O estudo do neuroepitélio germinativo de Sauer e colaboradores, em 1935, não apenas indicou que as células abrangem a largura do epitélio, mas também mostrou que os núcleos celulares estão em alturas diferentes neste tecido (ver Figura 14.1A) e que se movem à medida que a célula passa pelo ciclo celular. Durante a síntese de DNA (fase S do ciclo celular), o núcleo está próximo da extremidade basal da célula, próxima à borda externa do tubo neural, e transloca para a extremidade apical da célula à medida que o ciclo avança. Na mitose (fase M), o núcleo está na extremidade apical da célula, perto da superfície ventricular. Após a mitose (fase G1), o núcleo migra lentamente e de novo basalmente (**FIGURA 14.9**). Este processo, chamado de **migração nuclear intercinética**, também é visto nas células gliais radiais e ocorre em uma ampla gama de vertebrados (Alexandre et al., 2010; Meyer et al., 2011; Spear e Erickson, 2012). Os mecanismos envolvidos não são totalmente compreendidos, mas os microtúbulos e as proteínas motoras parecem estar envolvidos. Quando um gene de uma proteína motora importante para a separação do fuso mitótico é mutado no peixe-zebra, as células gliais radiais podem iniciar com sucesso a migração nuclear intercinética, mas não conseguem progredir através

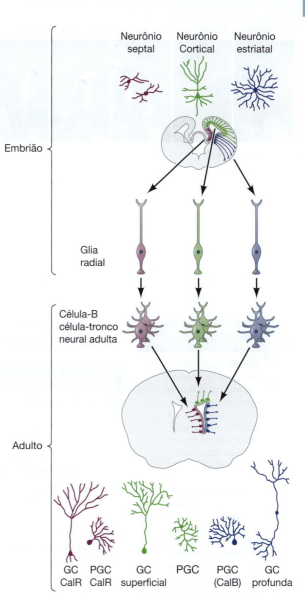

FIGURA 14.8 A especificação regional da glia radial embrionária se traduz na derivação restrita de progenitores. Este esquema mostra as posições da glia radial ventricular no cérebro embrionário (acima) e a derivação clonal das células-tronco tipo B e seus respectivos neurônios diferenciados no cérebro adulto (abaixo). (GC, células granulares, do inglês, *granular cells*; PGC, célula periglomerular, do inglês, *periglomerular cell*; CalB, calbindina; CalR, calretinina). (Segundo Fuentealba et al., 2015.)

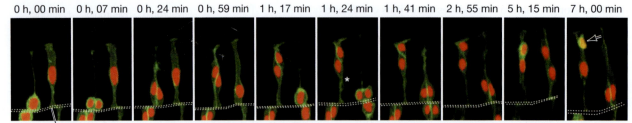

0 h, 00 min   0 h, 07 min   0 h, 24 min   0 h, 59 min   1 h, 17 min   1 h, 24 min   1 h, 41 min   2 h, 55 min   5 h, 15 min   7 h, 00 min

Superfície apical

FIGURA 14.9 Imagem viva da migração nuclear intercinética de células neuroepiteliais e divisão de células-tronco neurais no rombencéfalo embrionário do peixe-zebra. Duas células progenitoras quase adjacentes no epitélio germinativo foram registradas durante 7 horas. As células foram marcadas para mostrar membranas celulares (em verde) e núcleos (em vermelho). Um gene repórter marca especificamente neurônios (em amarelo). A célula progenitora à esquerda sofreu uma divisão assimétrica, gerando um neurônio (seta às 7 h) e outro progenitor (abaixo do neurônio). A célula à direita realizou uma divisão simétrica, dando origem a duas células progenitoras. O asterisco em 1 h 24 min indica o ponto em que a célula-filha neuronal se separou da superfície apical (linhas duplas pontilhadas brancas). Observe a translocação do núcleo em uma célula progenitora à medida que prossegue através do ciclo celular. A célula está passando por síntese de DNA (fase S) quando seu núcleo vai em direção à extremidade basal da célula (longe das linhas brancas pontilhadas) e está em mitose (fase M) quando seu núcleo está próximo da extremidade apical da célula. (De Alexandre et al., 2010.)

Ampliando o desenvolvimento

Foi dito que uma imagem vale mais do que mil palavras, caso em que um filme deve valer um milhão. Ao assistir filmes de migração nuclear intercinética (ver Assista ao desenvolvimento 14.2), desafiamos você a evitar ver algo novo a cada vez. Escondidas nesses filmes estão as respostas para muitas questões, incluindo: Por que a citocinese precisa ocorrer na superfície apical no neuroepitélio? Essas células mantêm seu processo basal? Qual o papel do centrossomo – estrutura-chave na organização dos microtúbulos e da mitose – na migração nuclear?

da mitose, e os corpos dessas glias radiais acumulam-se na superfície luminal (apical) com o passar do tempo (Johnson et al., 2016).

> **ASSISTA AO DESENVOLVIMENTO 14.2** Assista os comportamentos celulares associados à migração nuclear intercinética das células gliais radiais, durante a divisão, nos cérebros em desenvolvimento do peixe-zebra e do embrião de galinha.

DIVISÃO SIMÉTRICA Quando células neuroepiteliais ou células gliais radiais se dividem, quais são as opções que elas têm? Lembre-se, do Capítulo 5, das nossas descrições de divisão em outras células-tronco (ver Figura 5.1). Uma célula-tronco pode dividir-se simetricamente para produzir duas cópias de si própria, aumentando, assim, o conjunto de células-tronco. De modo alternativo, a divisão simétrica pode produzir duas células-filhas diferenciadas, o que esgota o grupo de células-tronco. Uma célula-tronco também pode se dividir de forma assimétrica para se autorrenovar e produzir uma célula-filha diferenciada. Como você pode investigar qual dessas divisões ocorre no neuroepitélio? Marcando as células com um traçador, como a timidina radioativa, que é incorporada apenas em células em divisão e permite rastrear as linhagens celulares. Quando as células neuroepiteliais de mamíferos são marcadas dessa maneira durante o desenvolvimento inicial, 100% delas incorporam a timidina radioativa em seu DNA, indicando que estão passando por alguma forma de divisão (Fujita, 1964). Pouco tempo depois, no entanto, certas células deixam de incorporar esse análogo de timidina, indicando que não estão mais se dividindo. Essas células podem, então, ser vistas migrando para longe do lúmen do tubo neural e se diferenciam em células neuronais e gliais (Fujita, 1966; Jacobson, 1968). Quando uma célula do neuroepitélio germinativo está pronta para gerar neurônios (em vez de mais células-tronco neurais), o plano de divisão geralmente muda para gerar uma divisão assimétrica (a seta na Figura 14.9). Em vez de ambas as células-filhas permanecerem presas à superfície luminal, uma delas se desprende (o asterisco na Figura 14.9). A célula que permanece conectada à superfície luminal geralmente permanece uma célula-tronco, enquanto a outra célula migra e se diferencia em um neurônio ou outro tipo de progenitor (Chenn e McConnell, 1995; Hollyday, 2001).

Neurogênese: construindo de baixo para cima (ou de dentro para fora)

Em um artigo de 2008, Nicholas Gaiano resumiu a neurogênese:

> A construção do neocórtex dos mamíferos é talvez o processo biológico mais complexo que ocorre na natureza. Um conjunto de células-tronco, aparentemente homogêneas, passa primeiro por uma expansão proliferativa e diversificação e depois inicia a produção de ondas

sucessivas de neurônios. À medida que esses neurônios são gerados, eles instalam-se na placa cortical nascente, onde se integram no circuito neocortical em desenvolvimento. A coordenação espacial e temporal da geração, migração e diferenciação neuronal é rigorosamente regulada e de primordial importância para a criação de um cérebro maduro, capaz de processar e reagir à entrada sensorial do meio ambiente e do pensamento consciente.

À medida que o tubo neural amadurece, os derivados das células-tronco neuroepiteliais tornam-se células gliais radiais. Apenas recentemente, os estudos de linhagem celular demonstraram que a glia radial são células-tronco neurais que sofrem divisões simétricas e assimétricas (Malatesta et al., 2000, 2003; Miyata et al., 2001; Noctor et al., 2001; Anthony et al., 2004; Casper e McCarthy, 2006; Johnson et al., 2016). As divisões da glia radial ocorrem na **zona ventricular** (a zona que reveste o ventrículo e, portanto, em contato com o líquido cerebrospinal). No cérebro, à medida que as células progenitoras se delaminam da zona ventricular, elas formam, basalmente a esta, uma **zona subventricular**. Juntas, essas zonas formam os estratos germinativos que geram os neurônios que migram para a placa cortical e formam as camadas de neurônios do neocórtex (**FIGURA 14.10A, B**; Frantz et al., 1994; para revisões, ver Kriegstein e Alvarez-Buylla, 2009; Lui et al., 2011; Kwan et al., 2012; Paridaen e Huttner, 2014).

Uma única célula-tronco na camada ventricular pode originar neurônios e células gliais em qualquer das camadas corticais (Walsh e Cepko, 1988). Existem três tipos principais de células progenitoras nos estratos germinativos: células da **glia radial ventricular** (**vRG**, do inglês, *ventral radial glia*), **glia radial externa** (**oRG**, do inglês, *outer radial glia*) e **progenitor intermediário** (**IP**, do inglês, *intermediate progenitor*). Durante os estágios iniciais do desenvolvimento do SNC, as células neuroepiteliais transformam-se em glia radial ventricular, que, como o próprio nome sugere, mantém contato com a superfície luminal. A vRG serve como um tipo de célula-tronco parental e, além de gerar neurônios diretamente, dará origem às células oRG e IP (**FIGURA 14.10C, D**). As divisões simétricas de autorrenovação dominam no início da neurogênese para expandir a população de progenitores, e então mais divisões assimétricas controlam a diferenciação dos progenitores.

FIGURA 14.10 Modelo resumido da neurogênese no córtex cerebral. (SVZ, zona subventricular; VZ, zona ventricular). (Modelo baseado em Kriegstein e Alvarez-Buylla, 2009; Kwan et al., 2012; Paridaen e Huttner, 2014.)

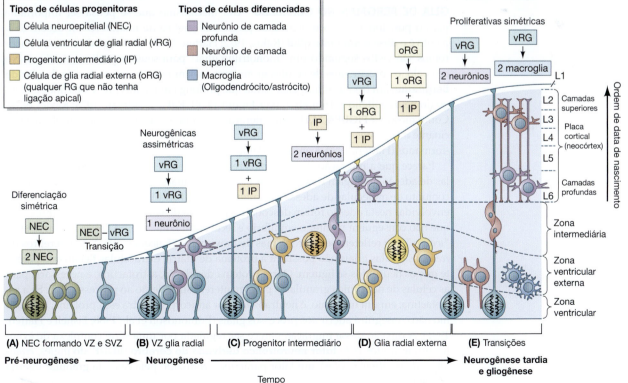

As células oRG sempre mantêm contato entre seu processo basal e a superfície pial; no entanto, elas não estão mais presas à superfície apical, e seus corpos residem na zona subventricular, estando, portanto, "externos" em relação ao vRG (Lui et al., 2011; Wang et al., 2011). Tanto a vRG quanto oRG podem dividir-se para produzir células IP (ver Figura 14.10C, D). As células IP têm capacidade proliferativa limitada, normalmente podendo passar por apenas uma única rodada de divisão, no entanto, durante a neurogênese, elas desempenham um papel fundamental, como uma população celular progenitora, para a expansão específica de linhagens distintas. Em geral, pensa-se que a potência do tipo celular (i.e., os tipos de células que um progenitor pode dar origem) torna-se mais restrita de vRG para a oRG, com as células IP apresentando a maior restrição de linhagem (Noctor et al. 2004; Lui et al., 2011).

 OS CIENTISTAS FALAM 14.1 Veja uma conferência na web com o Dr. Arnold Kriegstein sobre células oRG e o desenvolvimento do neocórtex.

Glia como arcabouço para as camadas do cerebelo e do neocórtex

Diferentes tipos de neurônios e células gliais nascem em momentos diferentes. A marcação de células, em diferentes momentos durante o desenvolvimento do cérebro, mostra que as células que se formam primeiro migram as distâncias mais curtas, aquelas que surgem tardiamente migram mais para formar as regiões mais superficiais do córtex cerebral. A diferenciação subsequente depende das posições que os neurônios ocupam uma vez fora do neuroepitélio germinativo (Letourneau, 1977; Jacobson, 1991). Quais são os mecanismos de desenvolvimento que regem paralelamente o nascimento neuronal com a diferenciação ao longo do eixo apicobasal do cérebro?

Sabe-se, há décadas, que as células gliais radiais orientam a migração de células progenitoras neurais da região interna (luminal) para as zonas externas ao longo do SNC (Rakic, 1971). Assim, as células progenitoras formadas descendentes da glia radial também usam a conexão de suas células-tronco "irmãs", entre superfícies luminal e externa, para migrar para suas posições apropriadas. Exploraremos os mecanismos da glia radial que habilitam a migração no cerebelo e no cérebro.

GLIA DE BERGMAN NO CEREBELO Um mecanismo que se pensa ser importante para o posicionamento de neurônios jovens no cérebro de mamífero em desenvolvimento é o **direcionamento glial** (Rakic, 1972; Hatten, 1990). Ao longo do córtex, os neurônios são vistos seguindo um "monotrilho glial" para seus respectivos destinos. No cerebelo, os precursores de células granulares viajam nos longos processos da **glia de Bergmann**, um tipo de célula glial radial que prolonga um a dois processos finos ao longo do neuroepitélio germinativo (ver Figura 14.5B; Rakic e Sidman, 1973; Rakic, 1975). Como mostra a **FIGURA 14.11**, esta interação neurônio-glia é uma série complexa e fascinante de eventos envolvendo reconhecimento recíproco entre glia e neurônios recém-formados (Hatten, 1990, Komuro e Rakic, 1992).

Parece que a migração de neurônios recém-formados envolve a perda das moléculas de adesão que ligam o neurônio às células da camada germinal e a aquisição de um conjunto de moléculas de adesão que aderem à glia (Famulski et al., 2010). As moléculas envolvidas nesta adesão foram descobertas por meio de vários camundongos mutantes, que não conseguem manter o equilíbrio e receberam nomes como "*reeler*", "*staggerer*" e "*weaver*" que refletem seus problemas de movimento (Falconer, 1951). Nos cérebros do *reeler*, as células gliais não possuem a proteína de matriz extracelular Reelin que permite que os neurônios se liguem. Outra proteína de adesão, astrotactina, é necessária para as células de neurônios granulares para manterem sua adesão ao processo glial. Se a astrotactina, em um neurônio, é neutralizada por anticorpos contra essa proteína, o neurônio não conseguirá aderir aos processos gliais (Edmondson et al., 1988; Fishell e Hatten, 1991). A direção dessa migração parece ser regulada por uma série complexa de eventos orquestrados pelo **fator neurotrófico derivado do cérebro** (**BDNF**, do inglês, *brain-derived neurotrophic fator*), um fator parácrino produzido pela camada granular interna (Zhou et al., 2007).

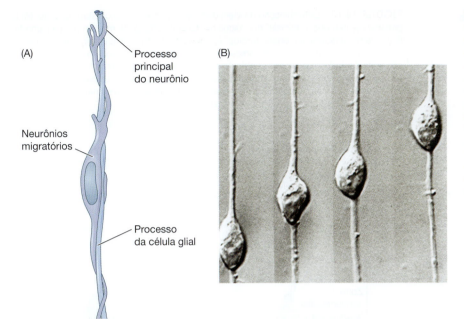

(A)

Processo
principal
do neurônio

(B)

Neurônios
migratórios

Processo
da célula glial

FIGURA 14.11 Interação
neurônio-glia no camundongo.
(A) Diagrama de um neurônio
cortical que migra em um processo
celular glial. (B) Fotografias
sequenciais de um neurônio
migrando em um processo
glial cerebelar. O processo
principal possui várias extensões
filopodiais. O neurônio pode
atingir velocidades de cerca de
40 mm por hora enquanto viaja.
(A, segundo Rakic, 1975; B, de
Hatten, 1990, foto por cortesia de
M. Hatten.)

GLIA RADIAL NO NEOCÓRTEX No cérebro em desenvolvimento, a maioria dos neurônios gerados na zona ventricular migra para fora ao longo de processos gliais radiais
para formar a **placa cortical** perto da superfície externa do cérebro, onde estabelecem
as seis camadas do neocórtex. Como no resto do cérebro, os primeiros neurônios gerados formam a camada mais próxima do ventrículo (**FIGURA 14.12A, B**). Os neurônios
subsequentes viajam maiores distâncias para formar as camadas mais superficiais do
córtex. Esse processo forma um gradiente de desenvolvimento "de dentro para fora"
(Rakic, 1974). McConnell e Kaznowski (1991) mostraram que a determinação da identidade laminar (i.e., a camada para a qual a célula migra) é feita durante a divisão celular
final. Precursores neuronais recém-gerados transplantados após a última divisão de cérebros jovens (onde eles formariam a camada 6) em cérebros mais velhos, cujos neurônios migratórios estão formando a camada 2, estão comprometidos com o seu destino e
migram apenas para a camada 6. No entanto, se essas células são transplantadas antes
da sua última divisão (i.e., durante o meio da fase S), elas não são comprometidas e podem migrar para a camada 2 (**FIGURA 14.12C, D**). Os destinos dos precursores neuronais
dos cérebros mais velhos são mais fixos. As células precursoras neuronais formadas no
início do desenvolvimento têm o potencial de se tornar qualquer neurônio (p. ex., na camada 2 ou 6); as células precursoras mais tardias originam apenas os neurônios do nível
superior (camada 2) (Frantz e McConnell, 1996). Uma vez que as células chegam ao seu
destino final, pensa-se que elas expressam moléculas de adesão específicas, que as organizam em núcleos cerebrais (Matsunami e Takeichi, 1995).

Mecanismos de sinalização que regulam o desenvolvimento do neocórtex

CÉLULAS CAJAL-RETZIUS: "ALVOS MÓVEIS" NO NEOCÓRTEX Como os progenitores neurais migratórios se tornam segregados para a camada correta? Conforme mencionado acima, os neurônios nascidos primeiro estabelecem as camadas mais profundas, e os neurônios nascidos mais tarde formam as camadas mais superficiais. *Pense
sobre isso*. Isso significa que o cérebro está crescendo de dentro para fora. Um resultado desse crescimento é que, com a expansão de cada nova camada, a superfície externa
da pia se afasta da superfície ventricular. Portanto, a superfície pial é um limite externo
sempre expansível, e os neurônios que embarcam em sua caminhada para fora têm de
viajar mais longe do que seus predecessores. Esta importante dinâmica, em última análise, influencia a estratificação do cérebro (ver Frotscher, 2010).

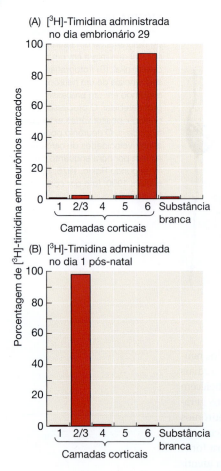

(A) [³H]-Timidina administrada no dia embrionário 29

(B) [³H]-Timidina administrada no dia 1 pós-natal

Porcentagem de [³H]-timidina em neurônios marcados

Camadas corticais

FIGURA 14.12 Determinação da identidade laminar cortical no cérebro do furão. (A) Os precursores neuronais "iniciais" (formados no dia embrionário 29) migram para a camada 6. (B) Os precursores neuronais "tardios" (gerados no dia 1 pós-natal) migram mais para as camadas 2 e 3. (C) Quando os precursores precoces de neurônio (em azul-escuro) são transplantados para zonas ventriculares mais velhas após a última fase mitótica S, os neurônios que eles formam migram para a camada 6. (D) Se esses precursores são transplantados antes ou durante a última fase S, eles migram com os neurônios endógenos para camada 2. (Segundo McConnell e Kaznowski, 1991).

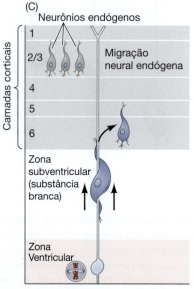
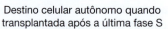
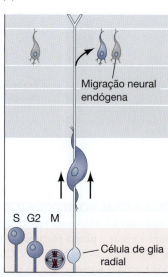

(C) Neurônios endógenos

Camadas corticais

Migração neural endógena

Zona subventricular (substância branca)

Zona Ventricular

Destino celular autônomo quando transplantada após a última fase S

(D)

Migração neural endógena

S G2 M

Célula de glia radial

Destino local (condicional) quando transplantado na fase S

Quando as superfície luminal e pial estão relativamente próximas durante o desenvolvimento inicial do neocórtex, um neurônio recém-formado estende filopódios basais em direção à superfície pial, estabelece contato adesivo e, em seguida, simplesmente desloca seu núcleo e citoplasma associado em direção à superfície pial, translocando o corpo celular da região apical para a basal da célula. A adesão basal fornece a resistência física e a tensão necessárias que permitem essa translocação (Miyata e Ogawa, 2007). Assim, não é necessária migração celular real. Durante o desenvolvimento posterior, no entanto, cada célula progenitora precisa migrar ativamente ao longo do processo basal da célula glial radial até que sua própria membrana basal entre em contato com a região mais externa da placa cortical, momento em que uma translocação semelhante pode completar a viagem (**FIGURA 14.13A**).

As células que influenciam esta migração externa de células progenitoras são as **células Cajal-Retzius**, que se encontram sob a superfície pial e secretam a proteína extracelular Reelin – a mesma proteína mencionada anteriormente na regulação das camadas no cerebelo (D'Arcangelo et al., 1995, 1997). As células progenitoras em translocação expressam receptores transmembranas para Reelin (Trommsdorff et al., 1999) e, quando esses receptores se ligam a Reelin, desencadeiam uma série de vias de transdução de sinal mediados pela enzima "Disabled-1" (ver Figura 14.13A, célula 1). Como resultado, as células aumentam a expressão da N-caderina, permitindo que elas se liguem a outras células que também expressam N-caderinas. As caderinas são expressas com intensidade crescente da zona ventricular até aos níveis mais altos na zona marginal, células sobrepondo-se a células Cajal-Retzius; assim, os neurônios recém-nascidos que expressam a N-caderina se tornam orientados para regiões de adesão crescente (Franco et al., 2011; Jossin e Cooper, 2011). Os neurônios também estendem filopódios em direção à matriz extracelular rica em fibronectina na superfície pial (Chai et al., 2009) e usam proteínas transmembranares, chamadas de integrinas, para unir os filopódios a esta matriz extracelular (Sekine et al.,

(A)

❷ Sinalização Reelin-Disabled-1: promove associação de integrina com a ponta dos filopódios

Níveis elevados de Reelin inibem Disabled-1 (retroalimentação negativa): conduzem à desestabilização da F-actina

Resultado: F-actina desestabilizada e translocação final

❶ Níveis moderados de Reelin ativam Disabled-1 para: ativar a expressão de N-caderina e estabilizar a F-actina

Resultado: promovem extensões de filopódios e translocação celular para a região de N-caderina mais alta

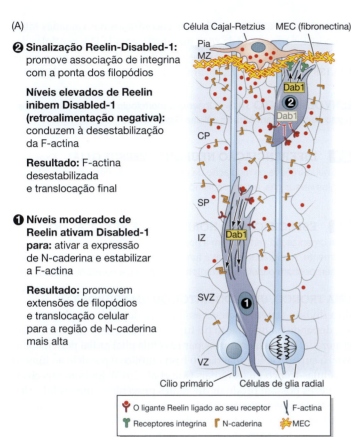

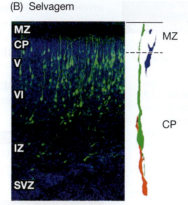

(B) Selvagem

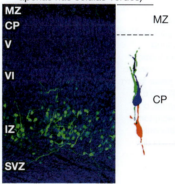

(C) Nocaute *Dab1* (ausente apenas nas células verdes)

♀ O ligante Reelin ligado ao seu receptor	Ⅴ F-actina
♀ Receptores integrina	Ⴑ N-caderina
	✳ MEC

FIGURA 14.13 Modelo de regulação por Reelin da da migração neural dirigida. (A) Secretada pelas células Cajal-Retzius, Reelin (círculos vermelhos) é distribuída em um gradiente na matriz extracelular. Reelin instrui os neurônios migratórios recém-formados (indicados por 1 e 2) para estender os filopódios da sua membrana basal para a superfície pial. *Disabled-1* (*Dab1*) é ativado por Reelin. O produto do gene *Dab1* estabiliza a actina filamentosa (F-actina), bem como a expressão de N-caderina. A N-caderina também é localizada nas membranas das fibras gliais radiais e em outras células por todo o epitélio, aumentando para concentrações mais elevadas mais próximo da zona marginal (MZ, do inglês, *marginal zone*). A sinalização inicial de Reelin-Dab1 resulta na extensão do filopódio e na translocação do neurônio 1. Em um neurônio migratório que se aproxima da zona marginal (célula 2), Dab1 aumenta a expressão da integrina na ponta do filopódio para ancorar essa célula na matriz extracelular rica em fibronectina. No entanto, nas concentrações mais elevadas de Reelin, um mecanismo de retroalimentação negativa é desencadeado e inibe Dab1 por degradação de proteína (célula 2), terminando a migração e permitindo a diferenciação celular dentro da camada cortical (CP, do inglês, *cortical plate*) específica. (B, C) Inativação condicional de *Dab1* em neurônios recém-formados e

células progenitoras migratórias. Foram utilizados dois tipos de camundongos, selvagem e uma cepa com uma mutação condicional para *Dab1* que é ativada somente quando combinada com um segundo gene (*CRE*). A *CRE* não afeta os camundongos selvagens. Um plasmídeo que transporta *CRE* e *GFP* foi introduzido em células progenitoras nas duas cepas de camundongo. As células que receberam o plasmídeo podem ser identificadas pela expressão GFP (em verde). (B) O controle selvagem mostra que as células progenitoras tratadas atingiram com sucesso a camada da placa cortical. (C) No mutante condicional *Dab1*, *Dab1* é eliminado nas células verdes (contendo *CRE*, expressando GFP). Essas células foram retidas na zona intermediária (IZ, do inglês, *intermediate zone*). A imagem em lapso de tempo de uma única célula dmonstra que uma célula progenitora típica iniciará o alongamento das células migratórias (em vermelho) e, em seguida, estenderá seu processo basal para a zona marginal (em verde) e, finalmente, translocando o compartimento apical para as camadas externas (em azul) (B, desenho à direita). Imagens semelhantes mostram que a migração é iniciada pelas células nocaute *Dab1*, mas não conseguem avançar as extensões basais produtivas e nem realizam a translocação (C, desenho à direita). (B, C, de Franco et al., 2011.)

2012). Uma vez que os filopódios estão ligados, a regulação do citosqueleto mediada por Disabled-1 fortalece a contração dos filopódios em um movimento semelhante a uma mola, puxando o corpo da célula para a frente à medida que a extremidade apical da célula se desprende (ver Figura 14.13A, célula 2; Miyata e Ogawa, 2007).

O mesmo sinal de Reelin que inicia essa migração também desencadeia uma retroalimentação negativa, de modo que, nos níveis mais altos de Reelin (perto da zona marginal), os neurônios perdem suas moléculas de adesão celular e se integram nas camadas da placa cortical de maneira progressiva de dentro para fora (ver Figura 14.13A, célula 2; Feng et al., 2007). Perda de *Reelin*, dos seus receptores ou de *Disabled-1* resulta em uma

Mostrou-se que a N-caderina é importante para a migração de progenitores neurais no neocórtex, mas como? As células ao longo do eixo apicobasal têm níveis crescentes de expressão de caderina que parecem fornecer um caminho para a próxima camada, mas acredita-se que normalmente as caderinas desempenhem um papel na adesão diferencial e na seleção celular. Poderiam as propriedades da seleção celular estar dirigindo o movimento dos progenitores neurais para a zona marginal, à semelhança das funções de E-caderina na gástrula do peixe-zebra (ver Capítulo 4)? Em um estudo interessante, a análise do transcriptoma completo das diferentes zonas proliferativas do neocórtex do camundongo e do humano revelou um alto nível de expressão de genes de adesão celular e de matriz extracelular (Fietz et al., 2012), o que sugere que o uso da adesão celular é provavelmente um mecanismo complexo e fundamental para a formação das camadas do córtex.

Demonstrou-se que a família Hes de efetores de transcrição de Notch exibe períodos oscilantes de expressão gênica na vRG devido a um mecanismo de retroalimentação negativa (ver Capítulos 4 e 17; Shimojo et al., 2008). É intrigante especular sobre um modelo em que o número de oscilações de Notch-Hes que uma célula vRG experimenta pode regular seu desenvolvimento entre renovação, derivação de progenitores e diferenciação (Paridaen e Huttner, 2014).

inversão de camadas corticais; os neurônios geralmente encontrados nas camadas internas (camadas 4 e 5) estão posicionados perto da zona marginal (camada 1), e as células das camadas externas (camadas 2 e 3) são encontradas perto da subplaca quando esses genes são perdidos (**FIGURA 14.13B, C**; Olson et al., 2006; Franco et al., 2011; Sekine et al., 2011).

ASSISTA AO DESENVOLVIMENTO 14.3 Observe a morfologia dos neuroblastos de migração tardia enquanto se translocam para as células Cajal-Retzius.

TÓPICO NA REDE 14.1 **DIFERENCIAÇÃO NEURONAL *VERSUS* GLIAL** Explore o papel dos fatores neurotróficos na regulação da diferenciação de células progenitoras corticais em neurônios *versus* glia, um mecanismo que rastreia para as estatísticas que você precisa saber.

TÓPICO NA REDE 14.2 **ESPECIFICAÇÃO HORIZONTAL E VERTICAL DO CÉREBRO** Nem a organização vertical nem a horizontal do córtex cerebral é especificada clonalmente. A migração celular é fundamental, e os fatores parácrinos das células vizinhas desempenham papéis importantes na migração e na especificação.

SER OU NÃO SER... UMA TRONCO, UM PROGENITOR OU UM NEURÔNIO? Se uma célula glial radial realiza divisão simétrica *versus* assimétrica depende do plano de divisão (que, por sua vez, depende da orientação do fuso mitótico) e está correlacionado com o tipo de progênie gerada. A citocinese que separa a célula glial radial perfeitamente perpendicular (planar) à superfície luminal (i.e., o fuso mitótico é paralelo ao lúmen) pode resultar em duas células-tronco gliais radiais (Xie et al., 2013). Embora tais clivagens perpendiculares às vezes possam produzir diferentes progênies – uma célula glial radial e um neurônio –, mais frequentemente são planos de divisão oblíquo que dão origem a essas progênies distintas. Quando o fuso mitótico é alterado de forma que a citocinese ocorra ao longo de eixos aleatórios, ele aumenta as divisões assimétricas precoces e desencadeia a neurogênese prematura (Xie et al. 2013).

O destino de uma célula-filha após a citocinese foi associado ao centríolo herdado. Os dois centríolos em uma célula dividindo não são iguais em relação à sua idade: o centríolo parental é "mais velho" do que o centríolo-filho que ele cria quando se replica. Em cada divisão, a célula que recebe o centríolo "velho" permanecerá na zona ventricular como uma célula-tronco, enquanto a célula que recebe o centríolo "jovem" sai e se diferencia (Wang et al., 2009). Esses dois centríolos estão ligados a diferentes proteínas e estruturas, o que resulta em uma localização assimétrica dos fatores que influenciam a expressão gênica e o destino celular. De particular importância é o cílio primário, que está conectado ao centríolo mais antigo e permanece com ele durante a divisão celular. A célula-filha que herda este centríolo mais antigo juntamente com o cílio primário pode rapidamente apresentar o cílio primário ao lúmen e, consequentemente, ao líquido cerebrospinal. O líquido cerebrospinal contém fatores, como o fator de crescimento semelhantes à insulina, FGF e Sonic hedgehog, que induzem a proliferação e sinalizam a célula para ela manter seu destino de célula-tronco da glia radial (Lehtinen et al., 2011; Paridaen et al., 2013). A célula-filha que herda o centríolo mais novo acabará por formar um novo cílio primário. Este cílio, no entanto, se estenderá do processo basal da célula, em vez de sua superfície apical, e experimentará uma série diferente de sinais que influenciarão seu desenvolvimento em uma célula progenitora ou um neurônio (Wilsch-Brauninger et al., 2012).

Outro mecanismo envolvido na determinação do destino das células derivadas de uma divisão assimétrica de uma célula-tronco glial radial é a forma como a proteína apical Par-3 é distribuída (**FIGURA 14.14A**). Em geral, Par-3 mantém a polaridade apicobasal das células. No cérebro em desenvolvimento, Par-3 recruta um complexo na porção apical da célula que pode separar os fatores indutores do destino celular, como as proteínas de sinalização Notch. Em uma divisão assimétrica, uma célula-filha recebe mais proteína Par-3 do que a outra (**FIGURA 14.14B**). A célula filha que recebe mais Par-3 desenvolve uma alta atividade de sinalização Notch e continua sendo uma célula-tronco. A outra célula-filha que expressa quantidades elevadas da proteína Delta (lembrar que Delta é o receptor Notch) se prepara para a diferenciação neuronal (Bultje et al., 2009).

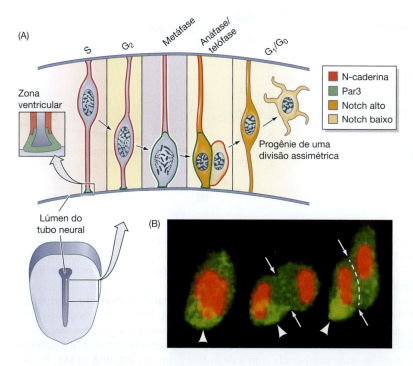

FIGURA 14.14 Divisão assimétrica da glia radial mediada por Par-3 e Notch. (A) Corte esquemático de um tubo neural de embrião de galinha, mostrando a posição do núcleo e da proteína Par-3 em uma célula glial radial em função do ciclo celular. As células mitóticas são encontradas perto da superfície interna do tubo neural adjacente ao lúmen. A distribuição dinâmica da proteína Par-3 nas células-tronco luminais regula a síntese dos componentes da via de sinalização de Notch na membrana celular das células-filhas. Na mitose, o Par-3 se localiza principalmente em uma das duas células-filhas. Essa célula-filha expressará altos níveis de Notch e permanecerá uma célula-tronco; a célula que recebe menos Par-3 expressará menos Notch e se tornará uma célula progenitora neural. (B) Fusionando o gene *Par-3* com GFP permite a visualização do movimento da proteína Par-3 durante a divisão, como observado aqui no rombencéfalo embrionário de peixe-zebra. Par-3 (em verde-claro) é restrito principalmente na célula-filha à esquerda (seta) após uma divisão assimétrica. Conforme ilustrado em (A), essa célula permanecerá como uma célula-tronco. (A, segundo Bultje et al., 2009; Lui et al., 2011; B, de Alexandre et al., 2010.)

Esta separação de alto e baixo Notch é devida diretamente ao cotransporte de Numb, um inibidor de Notch, com Par-3. Pode parecer contraintuitivo recrutar esse inibidor para uma célula-tronco que requer Notch alto, mas Par-3 na realidade sequestra e desativa a função de Numb. As células-filhas que não possuem Par-3 exibem Numb ativo livremente, que funciona para reduzir o Notch e, assim, permitir um destino celular alternativo (mediado por Delta) (Gaiano et al., 2000; Rasin et al., 2007; Bultje et al., 2009).

Desenvolvimento do cérebro humano

Existem muitas diferenças entre humanos e nossos parentes mais próximos, os chimpanzés e os bonobos (Prüfer et al., 2012). Essas diferenças incluem a nossa pele sem pelos e suada e a nossa postura bípede. Os humanos de sexo masculino também não possuem o osso peniano e as espinhas queratinosas do pênis, que caracterizam os órgãos genitais externos de outros machos de primatas. As diferenças mais marcantes e significativas, no entanto, ocorrem no desenvolvimento do cérebro. O enorme crescimento e assimetria do neocórtex humano e nossa capacidade avançada de raciocinar, lembrar, planejar o futuro e aprender aptidões linguísticas e culturais tornam os seres humanos únicos entre os animais (Varki et al., 2008). O desenvolvimento do neocórtex humano é impressionantemente plástico e é um trabalho quase em progresso constante. Vários fenômenos de desenvolvimento, alguns dos quais são compartilhados com outros primatas, distinguem o desenvolvimento do cérebro humano do de outras espécies. Esses incluem:

- Dobras corticais cerebrais
- Atividade de genes de RNA específicos de humanos
- Altos níveis de transcrição
- Alelos específicos humanos de genes regulatórios do desenvolvimento
- Continuação da maturação cerebral na idade adulta

Taxa de crescimento neuronal fetal após o nascimento

Se existe uma característica de desenvolvimento que distingue os humanos do resto do reino animal, é nossa retenção da taxa de crescimento neuronal fetal. Tanto os cérebros humanos quanto os dos macacos têm uma alta taxa de crescimento antes do nascimento. Após o nascimento, no entanto, esta taxa diminui muito nos macacos, enquanto

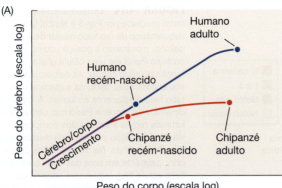

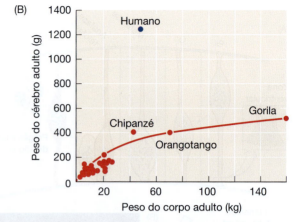

FIGURA 14.15 Crescimento cerebral em primatas.
(A) Enquanto outros primatas (p. ex., chimpanzés) atenuam a neurogênese por volta do nascimento, a geração de neurônios em humanos recém-nascidos ocorre na mesma proporção que no cérebro fetal. (B) A relação peso do cérebro/corpo (índice de encefalização) dos humanos é cerca de 3,5 vezes superior à dos macacos. (Segundo Bogin, 1997, ver também a quantificação mais recente feita por Herculano-Houzel, 2012, e Herculano-Houzel et al., 2015.)

o crescimento do cérebro humano continua a uma taxa rápida por cerca de 2 anos (**FIGURA 14.15A**; Martin, 1990; ver Leigh, 2004). Portmann (1941), Montagu (1962) e Gould (1977) fizeram a afirmação de que somos essencialmente "fetos extrauterinos" durante o primeiro ano de vida.

Estima-se que, durante o desenvolvimento inicial pós-natal, adicionamos aproximadamente 250 mil neurônios por minuto (Purves e Lichtman, 1985). A proporção de peso do cérebro para o peso corporal no nascimento é semelhante para grandes macacos e seres humanos, porém, pela idade adulta, a razão para os seres humanos é literalmente "fora do gráfico" quando comparada com a de outros primatas (**FIGURA 14.15B**; Bogin, 1997). Na verdade, se seguíssemos os gráficos da maturidade dos macacos, a gestação humana deveria ser de 21 meses. Nosso nascimento "prematuro" é um compromisso evolutivo baseado na largura da pelve materna, circunferência da cabeça fetal e maturidade pulmonar fetal. O mecanismo para manter a taxa de crescimento neuronal fetal além do nascimento tem sido chamado de **hipermorfose**, a extensão do desenvolvimento além do seu estado ancestral (Vrba, 1996, Vinicius e Lahr, 2003).

Além dos neurônios criados após o nascimento, o número de sinapses aumenta em um número astronômico. No nível celular, não são formadas menos que 30 mil sinapses por cm^3 de córtex a cada segundo durante os primeiros anos de vida humana (Rose, 1998; Barinaga, 2003). Especula-se que esses novos neurônios e conexões neurais que proliferam rapidamente permitem a plasticidade e o aprendizado, criam um enorme potencial de armazenamento de memórias e nos permitem desenvolver habilidades como a linguagem, o humor e a música – isto é, permitem as coisas que ajudam a fazer de nós humanos.

TÓPICO NA REDE 14.3 **CRESCIMENTO NEURONAL E A INVENÇÃO DA INFÂNCIA** Uma hipótese interessante afirma que os requisitos calóricos do crescimento precoce do cérebro exigiram uma nova etapa do ciclo de vida humano – infância –, durante a qual a criança é alimentada ativamente por adultos.

Hills levanta o horizonte do aprendizado

Uma característica particularmente importante do córtex cerebral que está associada à evolução do cérebro humano é o número e a complexidade das colinas e vales do cérebro – isto é, seus giros e sulcos (Hofman, 1985). Existe diversidade no número e complexidade das convoluções corticais entre espécies de mamíferos; por exemplo, o córtex cerebral em seres humanos e elefantes é altamente dobrado (**girencefálico**), é apenas moderadamente girencefálico em furões e carece completamente de dobras (é **lissencefálico**) em camundongos (**FIGURA 14.16**). A quantidade e a complexidade da girificação são geralmente associadas ao nível de inteligência[3] e, portanto, representam uma adaptação significativa alavancada exclusivamente no cérebro humano. Quais são os mecanismos de dobramento cortical que podem estar contribuindo para a diversidade de cérebros girencefálicos observados em mamíferos?

---

[3] Esse critério não é exato; golfinhos e baleias, por exemplo, têm uma maior quantidade de dobras no córtex do que os seres humanos.

Não é surpreendente que estudar dobramento cortical seja desafiador, porque ocorre em grupos de mamíferos que são difíceis de testar no laboratório. O trabalho recente sobre a arquitetura do córtex de mamíferos, no entanto, juntamente com análises genômicas, começou a desvendar a história (revista em Lewitus et al., 2013). É surpreendente que o aumento do dobramento cortical não esteja necessariamente associado a um número maior de neurônios no córtex cerebral, embora esteja correlacionado com o aumento da área superficial do cérebro. Um estudo modelou o dobramento cortical em comparação com o papel amassado e demonstrou que, quando a área superficial total se expande a uma taxa mais rápida do que a espessura do córtex (ou folhas de papel), ocorrerá a girencefalia (Mota e Herculano-Houzel, 2015). De acordo com esta descoberta, os cérebros maiores tendem a conter mais dobras do que os menores. Além disso, no distúrbio humano paquigíria, o cérebro reduziu o dobramento e a área superficial, apesar de um número normal de neurônios (Ross e Walsh, 2001).

As células que poderiam ser candidatas para fornecer a força mecânica para criar dobras cerebrais são as células gliais radiais. Lembre-se que, além de funcionar como células-tronco, a glia radial abrange a largura do córtex cerebral e fornece um andaime estrutural que pode gerar forças mecânicas. De modo curioso, há uma maior porcentagem de células gliais radiais proliferativas (particularmente glia radial externa) em cérebros girencefálicos do que em cérebros lissencefálicos. Além disso, nos cérebros girenfálicos, a distribuição e organização das células gliais radiais em relação aos giros e sulcos são adequadas para proporcionar a tensão necessária para dobrar (**FIGURA 14.17** e Assista ao desenvolvimento 14.4; Hansen et al., 2010; Shitamukai et al., 2011; Wang et al., 2011; Pollen et al., 2015). Em conjunto, o aumento de oRG e a biomecânica de suas variedades de fibras radiais fornecem um forte suporte para o envolvimento direto de células gliais radiais nos mecanismos evolutivos do dobramento cortical.

(A) Humano

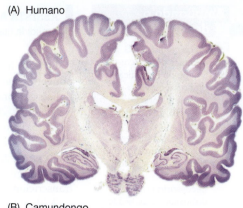

(B) Camundongo

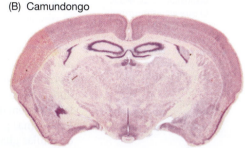

FIGURA 14.16 Secções transversais do cérebro humano e do camundongo. A coloração de Nissl marca os núcleos do cérebro humano girencefálico (A) e do cérebro do camundongo lissencefálico (B). (De Lui et al., 2011.)

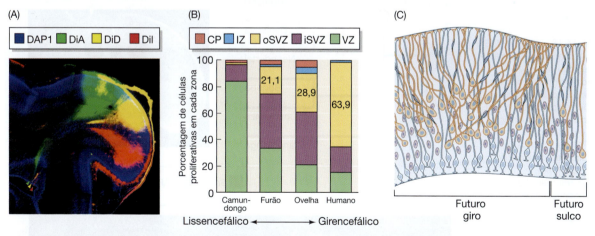

FIGURA 14.17 Caracterização das correntes de glial radial durante o dobramento cortical no neocórtex do furão. (A) Traçado retrógrado das células gliais radiais no neocórtex do furão ao longo da neurogênese e da girificação. Observe a distribuição em forma de triângulo das células coradas, indicando uma dispersão progressiva das fibras radiais ao longo do eixo apicobasal. (Pontas de setas na parte inferior esquerda mostram aglomerados apertados na superfície luminal em comparação com a largura extrema de cada corante na superfície pial.) (B) Quantificação de células mitóticas nas diferentes regiões do cérebro de espécies lissencefálicas e girencefálicas. Os cérebros que são mais girencefálicos apresentam maiores porcentagens de células proliferativas na zona subventricular externa (oSVZ, do inglês, *outer subventricular zone*), que é a mesma região que abriga mais células gliais radiais externas (oRG, do inglês, *outer radial glia*) em comparação com espécies lissencefálicas. (C) A orientação das fibras gliais radial ventricular (vRG, do inglês, *ventricular radial glia*, em cor de laranja) e externa (em marrom) e nas regiões que formarão um giro e sulco. A glia radial externa é representada para mostrar fibras mais obliquamente orientadas – uma organização estrutural proposta para apoiar a formação do giro. (A, B, segundo Reillo et al., 2011; C, de Lewitus et al., 2013.)

Ampliando o desenvolvimento

Se as células oRG são capazes de aplicar tensão na superfície pial e promover a dobra do córtex cerebral, talvez algo esteja mantendo suas extremidades apicais dentro da zona subventricular para fornecer a resistência necessária para o dobramento de tecido. O que está amarrando essas células oRG, dado que a diferença distinta entre essas células-tronco e vRG é a falta de ligação à superfície luminal? Quanta força de tração é necessária para dobrar o córtex?

ASSISTA AO DESENVOLVIMENTO 14.4   Este vídeo segue as células oRG humanas à medida que sofrem divisões mitóticas e translocação no neocórtex.

Estudos adicionais que analisam transcriptomas inteiros (mRNAs totais expressos por genes em um organismo) encontraram uma correlação adicional entre células gliais radiais e dobramento cortical em seres humanos (Florio et al., 2015; Johnson et al., 2015; Pollen et al., 2015). Por exemplo, um estudo de Walsh e colaboradores (ver Johnson et al., 2015) comparou os transcriptomas de diferentes glias radiais entre humanos e roedores. Eles descobriram que as células de glia radial externa de humanos apresentam uma expressão diferencial de genes envolvidos em sinalização de cálcio, transição epitélio-mesenquimal, migração celular e ativação específica da neurogenina, um regulador transcricional neural.

A identificação do gene *ARHGAP11B* focou atenção adicional no papel exclusivo que as células gliais radiais externas podem desempenhar no desenvolvimento do córtex humano. Este gene é encontrado apenas em seres humanos e é expresso especificamente em células gliais radiais (e não em neurônios corticais). Quando Huttner e colaboradores inseriram o gene *ARHGAP11B* por eletroporação no córtex em desenvolvimento do cérebro de um camundongo (que normalmente é lissencefálico), o córtex do camundongo desenvolveu dobras que se assemelhavam aos giros (**FIGURA 14.18**). O mecanismo exato em que a expressão *ARHGAP11B* resulta na formação de dobras corticais não é claro, mas parece estar conectado a um aumento específico e significativo no número de células gliais externas radiais que estão sendo produzidas (Florio et al., 2015). Essa descoberta é de particular importância para a nossa compreensão da evolução do cérebro humano. O gene *ARHGAP11B* surgiu em seres humanos a partir de uma duplicação parcial de *ARHGAP11A* (um gene encontrado em animais em geral) e surgiu em linhagem humana após a divergência de hominídeos iniciais da linhagem dos chimpanzés (ver Figura 14.18A).

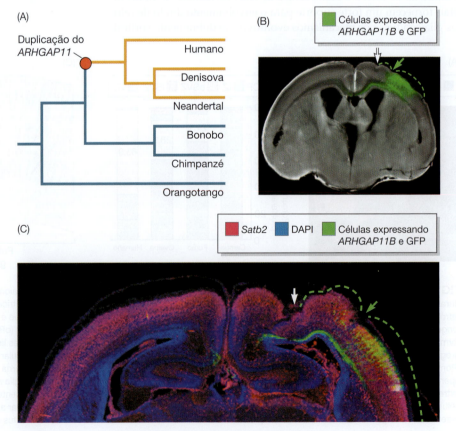

FIGURA 14.18   *ARHGAP11B* é um gene humano evolutivamente novo que pode induzir a formação de giro no neocórtex do camundongo. (A) Árvore filogenética de primatas, mostrando o ponto na linhagem humana em que o gene *ARHGAP11B* surgiu através de uma duplicação parcial do gene *ARHGAP11A*. (B) Secção transversal do cérebro do camundongo, mostrando a expressão de GFP (em verde) em células que foram eletroporadas *in utero* com uma construção codificante para GFP e *ARHGAP11B*. (C) Imunomarcação usando um marcador para o neocórtex (*Satb2*; em vermelho) em um camundongo eletroporado com *ARHGAP11B* (em verde). Os núcleos são corados com DAPI (em azul). As linhas tracejadas em (B) e (C) indicam giros induzidos; as pontas das setas indicam sulcos. (De Florio et al., 2015.)

TÓPICO NA REDE 14.4 **DISCURSO, LINGUAGEM E O GENE** *FOXP2* Nos seres humanos, indivíduos com mutações do gene *FOXP2* apresentam problemas graves com a linguagem. Os cientistas estão estudando os possíveis papéis deste gene nas capacidade de aquisição de linguagem de humanos *versus* outros primatas.

Genes para o crescimento neuronal

Que outros genes além *ARHGAP11B* nos distinguem de nossos parentes mais próximos, os chimpanzés e os bonobos? Os humanos e estes dois primatas não humanos têm genomas notavelmente semelhantes. Quando os DNAs codificadores de proteínas são comparados, os três genomas são cerca de 99% idênticos. As regiões codificadoras de proteínas, no entanto, compreendem apenas cerca de 2% desses genomas. Quando os genomas totais são comparados, humanos e chimpanzés diferem em cerca de 4% de suas sequências de nucleotídeos, a maioria das diferenças ocorrendo em regiões não codificantes (ver Varki et al., 2008). King e Wilson (1975) concluíram, a partir de seus estudos de proteínas humanas e de chimpanzés, que "as diferenças do organismo entre chimpanzés e humanos resultariam principalmente de mudanças genéticas em alguns sistemas regulatórios, enquanto as substituições de aminoácidos em geral raramente seriam um fator-chave nas principais mudanças adaptativas". Essa foi uma das primeiras sugestões de que a evolução poderia ocorrer através de mudanças nos genes reguladores do desenvolvimento.

Embora existam alguns genes de crescimento cerebral (p. ex., *ASPM*, também chamado de *microcefalina-5* e *microcefalina-1*) cujas sequências de DNA diferem entre humanos e macacos, essas diferenças não foram correlacionadas com o enorme crescimento de cérebros humanos. Em vez disso, as diferenças críticas parecem residir nas sequências que controlam esses genes. Estas sequências podem estar em regiões estimuladoras do DNA ou no DNA que produz RNAs não codificantes. Os RNAs não codificantes são altamente expressos no cérebro em desenvolvimento e, embora eles mesmos não produzam produtos proteicos, eles podem regular a transcrição ou a tradução de fatores de transcrição neuronal. A análise computacional que compara diferentes genomas de mamíferos pode ter descoberto que esses RNAs não codificantes são um fator importante na evolução do cérebro humano (Pollard et al., 2006a, b; Prabhakar et al., 2006). Primeiro, esses estudos identificaram um grupo relativamente pequeno de regiões de DNA não codificantes onde as sequências foram conservadas entre os mamíferos não humanos estudados. Este grupo representa cerca de 2% do genoma, e foi assumido que, se essas regiões foram conservadas durante a evolução dos mamíferos, elas devem ser importantes.

Os estudos compararam então essas sequências aos seus homólogos humanos para ver se algumas dessas regiões diferiam entre humanos e outros mamíferos. Foram encontradas cerca de 50 regiões em que a sequência é altamente conservada entre os mamíferos, mas divergiu rapidamente entre humanos e chimpanzés. A divergência mais rápida é vista na sequência *HAR1* ("*human accelerated region-1*"), em que 18 alterações de sequência foram observadas entre chimpanzés e humanos. O *HAR1* é expresso nos cérebros em desenvolvimento de seres humanos e macacos, principalmente nos neurônios Cajal-Retzius que expressam *Reelin*, que são conhecidos como responsáveis pelo direcionamento da migração neuronal durante a formação do neocórtex de seis camadas (ver Figura 14.13). A pesquisa está em andamento para descobrir a função de *HAR1* e os outros genes *HAR* que estão na região conservada não codificante do genoma.

 OS CIENTISTAS FALAM 14.2 Veja uma conferência na rede com a Dra. Sofie Salama sobre o gene *HAR1* e o desenvolvimento do cérebro humano.

Uma pesquisa similar para deleções de DNA específicas de humanos em genomas de primatas encontrou alguns candidatos fascinantes. Lembrando-se que a perda de um inibidor é equivalente ao ganho de um ativador (pense na via de Wnt ou na porta duplo--negativa em blastômeros de ouriço-do-mar), McLean e colaboradores (2011) descobriram 510 sequências presentes nos genomas de chimpanzés e outros mamíferos, mas não em humanos. Uma dessas deleções está no estimulador do gene *GADD45G* no prosencéfalo. Este gene codifica um supressor de crescimento que é normalmente expresso na região ventricular do prosencéfalo de chimpanzés e camundongos, mas não de humanos. Quando um gene repórter é unido a um estimulador de *GADD45G* de chimpanzé e inserido em um embrião de camundongo, o *GADD45G* é expresso no cérebro do camundongo. No entanto, quando unido a um estimulador *GADD45G* humano, não é expresso no cérebro humano, evidenciando-se que o amplificador *GADD45G* humano atua para reprimir um supressor (o gene *GADD45G*).

Elevada atividade transcricional

Na década de 1970, A. C. Wilson sugeriu que a diferença entre humanos e chimpanzés poderia residir na quantidade de proteínas produzidas a partir de seus genes (ver Gibbons, 1998). Hoje, há evidências que apoiam essa hipótese. Usando *microarrays* para estudar padrões globais de expressão gênica, várias investigações recentes descobriram que, embora as quantidades e os tipos de genes expressos em fígado e sangue humanos e de chimpanzés sejam de fato extremamente semelhantes, os cérebros humanos produzem 5 vezes mais mRNA do que os cérebros de chimpanzés (Enard et al., 2002a; Preuss et al., 2004). Nos seres humanos, a transcrição de alguns genes (como o *SPTLC1*, um gene cujo defeito causa danos nos nervos sensoriais) é elevada 18 vezes em relação à mesma expressão de genes no córtex dos chimpanzés. Outros genes (como o *DDX17*, cujo produto está envolvido no processamento de RNA) são expressos 10 vezes menos em córtices humanos do que nos dos chimpanzés.

Cérebro adolescente: ligado e desencadeado

Até recentemente, a maioria dos cientistas pensava que, nos humanos, após o crescimento inicial dos neurônios durante o desenvolvimento fetal e na primeira infância, o crescimento rápido do cérebro cessava. No entanto, estudos de ressonância magnética (IRM) mostraram que o cérebro continua a se desenvolver até a puberdade e que nem todas as áreas do cérebro amadurecem simultaneamente (Giedd et al., 1999, Sowell et al., 1999). Logo após a puberdade, o cérebro cessa o crescimento e a poda de algumas sinapses neuronais ocorre. O tempo dessa poda se correlaciona com o momento em que a aquisição da linguagem se torna difícil (o que pode ser o motivo pelo qual as crianças aprendem a linguagem mais prontamente do que os adultos). Há também uma onda de produção de mielina ("matéria branca" das células gliais que circundam axônios neuronais) em certas áreas do cérebro neste momento. A mielinização é fundamental para o funcionamento neural adequado e, embora a mielinização continue ao longo da idade adulta (Lebel e Beaulieu, 2011), as maiores diferenças entre os cérebros na puberdade precoce e em adultos envolvem o córtex frontal (**FIGURA 14.19**; Sowell et al., 1999; Gogtay et al., 2004). Essas diferenças no desenvolvimento do cérebro podem explicar as respostas extremas que os adolescentes têm a certos estímulos, bem como sua capacidade (ou incapacidade) de aprender certas tarefas.

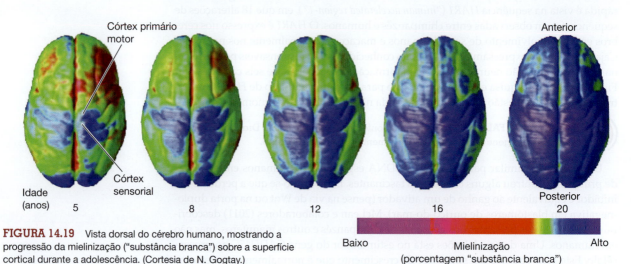

FIGURA 14.19 Vista dorsal do cérebro humano, mostrando a progressão da mielinização ("substância branca") sobre a superfície cortical durante a adolescência. (Cortesia de N. Gogtay.)

Em testes usando ressonância magnética funcional (IRM) para escanear cérebros de pacientes perante imagens carregadas de emoção em uma tela de computador, os cérebros de jovens adolescentes mostraram atividade na amígdala, que medeia medo e emoções fortes. Quando os adolescentes mais velhos receberam as mesmas imagens, a maior parte de sua atividade cerebral estava centrada no lobo frontal, uma área envolvida em percepções mais racionais (Baird et al., 1999; Luna et al., 2001). Esses dados provêm principalmente de estudos que comparam diferentes grupos de indivíduos. A melhoria da tecnologia, no entanto, está começando a permitir a avaliação da maturação cerebral de um único indivíduo ao longo do tempo (Dosenbach et al., 2010). O cérebro adolescente é uma entidade complicada e dinâmica que não é facilmente compreendida (como qualquer pai sabe). No entanto, passada a adolescência, o cérebro adulto resultante geralmente é capaz de tomar decisões racionais, mesmo sob ataque de situações emocionais.

Próxima etapa na pesquisa

Nossa compreensão do nicho de células-tronco neurais embrionárias ainda é bastante básica. Ao contrário da medula espinal, a complexidade do cérebro tornou mais desafiador formular um modelo abrangente que integre todos os componentes, os tipos celulares, os modos de divisão celular, uma miríade de reguladores moleculares, forças físicas, redes reguladoras de genes e modificadores epigenéticos. Esse desafio aumenta ao adicionar os componentes do tempo e do movimento celular. A compreensão pode ser melhorada ao estudar sistemas-modelo mais simples de desenvolvimento cerebral, tanto em invertebrados, como *C. elegans* e *Drosophila*, quanto em vertebrados, como *Xenopus* e peixe-zebra.

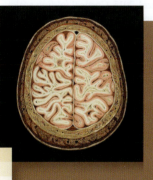

Considerações finais sobre a foto de abertura

As complexidades do ser humano: quão profundamente elas se multiplicam? Nossos cérebros grandes e com giros são parte do que nos torna humanos. Esta fotografia é de uma escultura feita por Lisa Nilsson, que dobrou intrincadamente o papel colorido para fazer cortes anatômicos de anatomia humana – neste caso, as dobras do cérebro (http://lisanilssonart.com/home.html). Além de sua beleza, esta é uma representação artística do estudo que modelou o dobramento cortical em comparação com o papel amassado que foi discutido neste capítulo. Além disso, você aprendeu que o aumento do número de tipos de células-tronco no córtex e as mudanças na expressão genética única (p. ex., *HAR1* e *ARHGAP11B*) são alguns dos principais contribuintes para a complexidade do cérebro humano e de suporte para sua evolução. Por fim, ao longo da idade adulta, o cérebro humano continua a crescer e se desenvolve em uma estrutura altamente mielinizada, que é tão notável que pode criar sua própria estrutura por meio da arte. (Foto por cortesia de Lisa Nilsson.)

14 Resumo instantâneo
Crescimento do cérebro

1. Os dendritos recebem sinais de outros neurônios, e os axônios transmitem sinais para outros neurônios. O espaço entre as células onde os sinais são transferidos de um neurônio para outro (através da liberação de neurotransmissores) é chamado de sinapse. Existe uma enorme variedade de diferentes morfologias neuronais ao longo do SNC.

2. Os tipos de células macrogliais no SNC são a astroglia (astrócitos), oligodendrócitos (células mielinizantes) e microglia (células imunes do sistema nervoso).

3. As células gliais radiais servem como células-tronco neurais no cérebro embrionário e fetal. Os humanos continuam a fazer neurônios ao longo da vida, embora nem perto da taxa fetal.

4. Os neurônios do cérebro são organizados em lâminas (camadas) e núcleos (grupo).

5. Novos neurônios são formados pela divisão de células-tronco neurais (células neuroepiteliais, células gliais radiais) na parede do tubo neural (denominada zona ventricular). Os neurônios recém-formados resultantes podem migrar para

longe da zona ventricular e formar uma nova camada, denominada zona do manto (substância cinzenta). Os neurônios que se formam mais tarde devem migrar pelas camadas existentes. Este processo forma as camadas corticais.

6. Os neurônios recém-formados e células progenitoras migram para fora da zona ventricular nos processos de células gliais radiais.

7. No cerebelo, os neurônios migratórios formam uma segunda zona germinal, denominada camada granular externa.

8. O córtex cerebral em mamíferos, chamado neocórtex, tem seis camadas. Cada camada difere em função e no tipo de neurônios lá localizados.

9. A glia radial ventricular pode gerar células gliais radiais externas que povoam a zona subventricular. Ambas as células-tronco também podem gerar progenitores intermediários que são capazes de outras divisões simétricas e assimétricas.

10. Tanto no cerebelo quanto no cérebro, a Reelin secretada orienta os neurônios migratórios para a camada superficial correta em uma progressão de crescimento "de dentro para fora"; faz isso através da regulação da expressão de N-caderina e integrina.

11. A partição assimétrica de Par-3 durante a divisão de células gliais radiais restringe a sinalização ativa de Notch na glia radial ventricular para promover a propriedade tronco em uma célula-filha, enquanto a atividade de Delta na outra filha suporta diferenciação.

12. O número e a complexidade de giro e sulco (dobras) do neocórtex estão correlacionados com o nível de inteligência. Os humanos têm um neocórtex altamente dobrado (girencefálico). É provável que as células gliais radiais desempenhem um papel importante no desenvolvimento dessas dobras.

13. Os cérebros humanos parecem diferir dos de outros primatas pela retenção da taxa de crescimento neuronal fetal durante a infância, atividade transcricional elevada de certos genes, presença de alelos específicos de genes de regulação do desenvolvimento e perda de reguladores transcricionais.

Leituras adicionais

Alexandre, P., A. M. Reugels, D. Barker, E. Blanc and J. D. Clarke. 2010. Neurons derive from the more apical daughter in asymmetric divisions in the zebrafish neural tube. *Nature Neurosci.* 13: 673-679.

Azevedo, F. A. and 8 others. 2009. Equal numbers of neuronal and nonneuronal cells make the human brain an isometrically scaled-up primate brain. *J. Comp. Neurol.* 513: 532-541.

Bentivoglio, M. and P. Mazzarello. 1999. The history of radial glia. *Brain Res. Bull.* 49: 305-315.

Bultje, R. S., D. R. Castaneda-Castellanos, L. Y. Jan, Y. N. Jan, A. R. Kriegstein and S. H. Shi. 2009. Mammalian Par3 regulates progenitor cell asymmetric division via Notch signaling in the developing neocortex. *Neuron* 63: 189-202.

Casper, K. B. and K. D. McCarthy. 2006. GFAP-positive progenitor cells produce neurons and oligodendrocytes throughout the CNS. *Mol. Cell. Neurosci.* 31: 676-684.

Erikksson, P. S., E. Perfiliea, T. Björn-Erikksson, A.-M. Alborn, C. Nordberg, D. A. Peterson and F. H. Gage. 1998. Neurogenesis in the adult human hippocampus. *Nature Med.* 4: 1313-1317.

Fuentealba, L. C., S. B. Rompani, J. I. Parraguez, K. Obernier, R. Romero, C. L. Cepko and A. Alvarez-Buylla. 2015. Embryonic origin of postnatal neural stem cells. *Cell* 161: 1644-1655.

Hatten, M. E. 1990. Riding the glial monorail: A common mechanism for glial-guided neuronal migration in different regions of the mammalian brain. *Trends Neurosci.* 13: 179-184.

Kwan, K. Y., N. Sestan and E. S. Anton. 2012. Transcriptional co-regulation of neuronal migration and laminar identity in the neocortex. *Development* 139: 1535-1546.

Lewitus, E., I. Kelava and W. B. Huttner. 2013. Conical expansion of the outer subventricular zone and the role of neocortical folding in evolution and development. *Front. Hum. Neurosci.* 7: 424.

Mota, B. and S. Herculano-Houzel. 2015. Cortical folding scales universally with surface area and thickness, not number of neurons. *Science* 349: 74-77.

McLean, C. Y. and 12 others. 2011. Human-specific loss of regulatory DNA and the evolution of human-specific traits. *Nature* 471: 216-219.

Paridaen, J. T., M. Wilsch-Brauninger and W. B. Huttner. 2013. Asymmetric inheritance of centrosome-associated primary cilium membrane directs ciliogenesis after cell division. *Cell* 155: 333-344.

Paridaen, J. T. and W. B. Huttner. 2014. Neurogenesis during development of the vertebrate central nervous system. *EMBO Rep.* 15: 351-364.

Pollen, A. A. and 13 others. 2015. Molecular identity of human outer radial glia during cortical development. *Cell* 163: 55-67.

Sekine, K. and 7 others. 2012. Reelin controls neuronal positioning by promoting cell-matrix adhesion via inside-out activation of integrin $\alpha 5\beta 1$. *Neuron* 76: 353-369.

Trommsdorff, M. and 8 others. 1999. Reeler/Disabled-like disruption of neuronal migration in knockout mice lacking the VLDL receptor and ApoE receptor 2. *Cell* 97: 689-701.

Varki, A., D. H. Geschwind and E. E. Eichler. 2008. Explaining human uniqueness: Genome interactions with environment, behaviour, and culture. *Nature Rev. Genet.* 9: 749-763.

VISITE WWW.DEVBIO.COM...

... para Tópicos na Rede, entrevistas de Os Cientistas Falam, vídeos de Assista ao Desenvolvimento, Tutorial do Desenvolvimento e informação bibliográfica completa sobre toda a literatura citada neste capítulo.

15

Células da crista neural e especificidade axonal

CONTINUANDO A DISCUSÃO DO DESENVOLVIMENTO ECTODÉRMICO, este capítulo se foca em duas entidades notáveis: (1) a crista neural, cujas células dão origem ao esqueleto facial, às células pigmentares e ao sistema nervoso periférico; e (2) axônios de nervos, cujos cones de crescimento os guiam aos seus destinos. As células da crista neural e os cones de crescimento axonal compartilham ao menos duas características centrais: ambos são móveis e invadem tecidos exteriores ao sistema nervoso.

A crista neural

Apesar de ser derivada do ectoderma, a crista neural é tão importante que às vezes é chamada de "quarto folheto germinativo" (ver Hall, 2009). Foi inclusive dito – um tanto hiperbolicamente – que "a única coisa interessante nos vertebrados é a crista neural" (Thorogood, 1989). Certamente, o surgimento da crista neural é um dos eventos cruciais na evolução animal, já que levou ao aparecimento da mandíbula, da face, do crânio e dos gânglios sensoriais bilaterais nos vertebrados (Northcutt e Gans, 1983).

A crista neural é uma estrutura transiente. Os adultos não têm uma crista neural, nem embriões de vertebrados em estágios avançados. Em vez disso, as células da crista neural sofrem uma transição epitélio-mesênquima a partir do tubo neural dorsal, após a qual elas migram extensivamente ao longo do eixo anteroposterior, dando origem a um prodigioso número de tipos celulares diferenciados (**FIGURA 15.1**; **TABELA 15.1**).

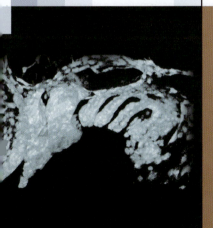

Destinado a ser uma face?

Destaque

As células da crista neural e os cones de crescimento axonal migram para longe da sua fonte de origem para locais específicos no embrião. Ao longo desse processo, eles devem reconhecer e responder a sinais que os guiam por rotas específicas até ao seu destino final. As células da crista neural provêm da crista do tubo neural, deixando esta posição tanto como uma comunidade quanto como células individuais. Estas células-tronco multipotentes navegam através de trilhos no tronco e na cabeça, diferenciando-se em tipos celulares tão diversos como neurônios, músculo liso, pigmento e cartilagem. Os neurônios recém-formados estendem um processo axonal crescente guiado por uma extremidade de cone de crescimento móvel, que navega pelo ambiente embrionário para formar uma sinapse com a sua célula-alvo. Tanto as células da crista neural como os cones de crescimento axonal utilizam receptores transmembranas para interpretar sinais de direcionamento de curto e de longo alcance. Esses sinais provocam alterações do citoesqueleto que resultam na atração ou repulsão da célula conforme ela se desloca. Tais moléculas de direcionamento incluem membros das famílias de fator derivado estromal, efrinas, Slit e semaforinas. Igualmente importante é a reciclagem não canônica de morfógenos comuns em sinais de direcionamento e o uso de neurotrofinas para a sobrevivência neuronal.

FIGURA 15.1 Migração das células da crista neural. (A) A crista neural é uma estrutura transiente dorsal ao tubo neural. As células da crista neural (marcadas em azul nesta micrografia) sofrem uma transição epitélio-mesênquima a partir da porção mais dorsal do tubo neural (o topo desta micrografia). (B) Quando a pele foi removida da superfície dorsal de um embrião vertebrado, as células da crista neural (aqui coloridas por computador em dourado em contraste com os somitos em roxo) pode ser vista como um conjunto de células mesenquimais acima do tubo neural. (C) Ilustração da sequência de passos do desenvolvimento da crista neural, começando com a sua especificação na fronteira do tubo neural (1) e localização subsequente no ápice das dobras neurais (2), seguida da sua delaminação no momento do fechamento do tubo neural (3) e migração final para fora dos tecidos ectodérmicos (4). (A, cortesia de J. Briscoe; B, cortesia de D. Raible.)

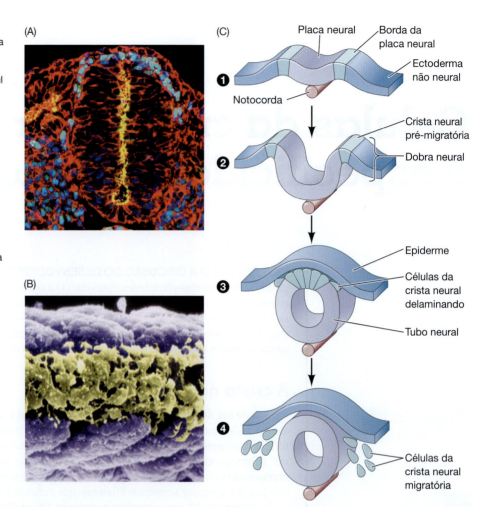

(A)

(B)

(C)

Placa neural — Borda da placa neural

Ectoderma não neural

Notocorda

❶

Crista neural pré-migratória

Dobra neural

❷

Epiderme

Células da crista neural delaminando

Tubo neural

❸

❹

Células da crista neural migratória

TABELA 15.1 Alguns derivados da crista neural

Derivado	Tipo celular ou estrutura derivada
Sistema nervoso periférico (SNP)	Neurônios, incluindo gânglios sensitivos, gânglios simpáticos e parassimpáticos e plexos Células neurogliais Células de Schwann e outras células gliais
Derivados endócrinos e para-endócrinos	Medula da glândula suprarrenal Células secretoras de calcitocina Células tipo I do corpo carótido
Células pigmentares	Células pigmentares epidérmicas
Cartilagem facial e ossos	Cartilagem e ossos do crânio ventral facial e ventral anterior
Tecido conectivo	Endotélio e estroma da córnea Papilas dentais Derme, músculo liso e tecido adiposo da pele, cabeça e pescoço Tecido conectivo das glândulas salivares, lacrimais, timo, tireoide e hipófise Tecido conectivo e músculo liso das artérias de origem dos arcos aórticos

Fonte: segundo Jacobson, 1991, baseado em múltiplas fontes.

Regionalização da crista neural

A **crista neural** é uma população de células que produz tecidos tão diversos como (1) os neurônios e as células gliais dos sistemas nervosos sensorial, simpático e parassimpático; (2) as células produtoras de adrenalina (medula) da glândula suprarrenal; (3) as células contendo pigmento da epiderme; e (4) muitos dos componentes do esqueleto e do tecido conectivo da cabeça. A crista pode ser dividida em quatro principais regiões anatômicas (com sobreposição), cada uma com derivados e funções características (**FIGURA 15.2**):

1. **Cranial**, ou **cefálica**, células da **crista neural** migram para dar origem ao mesênquima craniofacial, que se diferencia em cartilagem, osso, neurônios cranianos, glia, células pigmentares e tecidos conectivos da face. Essas células também entram pelos arcos[1] e pelas bolsas faríngeas para dar origem a células do timo, odontoblastos dos primórdios dos dentes e ossos da orelha média e da mandíbula.

2. A **crista neural cardíaca** é uma subregião da crista neural cranial e se estende dos placoides óticos (orelha) até os terceiros somitos (Kirby, 1987; Kirby e Waldo, 1990). As células da crista neural cardíaca desenvolvem-se em melanócitos, neurônios, cartilagem e tecido conjuntivo (dos terceiro, quarto e sexto arcos faríngeos). Essa região da crista neural também dá origem a todo o tecido conectivo muscular das grandes artérias (o "trato de saída"), conforme elas surgem do coração; ela também contribui para o septo que separa a circulação pulmonar da aorta (Le Lièvre e Le Douarin, 1975; Sizarov et al., 2012).

3. As células da **crista neural do tronco** tomam uma de duas rotas principais. Uma via migratória leva as células da crista neural do tronco ventrolateralmente através da metade anterior de cada esclerótomo somítico. Os **esclerótomos**, derivados dos somitos, são blocos de células mesodérmicas que se diferenciarão em cartilagem vertebral da espinha (ver Capítulo 17). As células da crista neural do tronco que permanecem nos esclerótomos formam os **gânglios da raiz dorsal**[2] contendo os neurônios sensoriais. As células que continuam viajando mais ventralmente formam os gânglios simpáticos, a medula suprarrenal e os agregados de nervos em volta da aorta. A segunda maior trilha migratória para as células da crista neural do tronco avança dorsolateralmente, permitindo aos precursores dos melanócitos se movimentarem através da derme da pele do dorso até a barriga (Harris e Erickson, 2007).

4. As células **da crista neural vagal** e **sacral** dão origem aos **gânglios parassimpáticos (entéricos)** do intestino (Le Douarin e Teillet, 1973; Pomeranz et al., 1991). A crista neural vagal (pescoço) se sobrepõe à fronteira da crista neural cranial/do tronco, ficando em frente aos somitos 1 a 7 da galinha, ao passo que a crista neural sacral fica posterior ao somito 28. Falha na migração de células da crista neural nessas regiões do colo resulta na ausência de gânglios entéricos e, assim, na ausência do movimento peristáltico nos intestinos (doença de Hirschprung; ver pp. 477-479).

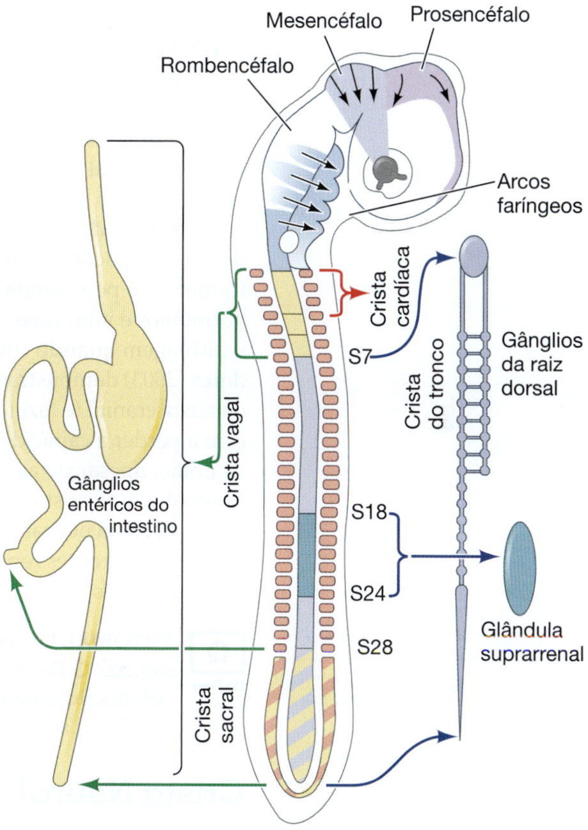

As células da crista neural do tronco e cranial não são equivalentes. As células da crista cranial podem formar cartilagem, músculo e osso, bem como tecido conjuntivo da córnea, ao passo que as células da crista do tronco, não. Quando as células da crista neural do tronco são transplantadas para a região da cabeça, elas podem migrar para locais de

FIGURA 15.2 Regiões da crista neural de galinha. A crista neural cranial migra para os arcos faríngeos e a face para formar os ossos e a cartilagem da face e do pescoço. Também contribui para formar os nervos cranianos. A crista neural vagal (próximo aos somitos 1-7) e a crista neural sacral (posterior ao somito 28) formam os nervos parassimpáticos do intestino. As células da crista neural cardíaca surgem próximas dos somitos 1 a 3; elas são cruciais na divisão entre a aorta e a artéria pulmonar. As células da crista neural do tronco (de cerca do somito 6 até à cauda) formam os neurônios simpáticos e as células pigmentares (melanócitos), e um subconjunto delas (a nível dos somitos 18-24) forma a porção medular da glândula suprarrenal. (Segundo Le Douarin, 1982.)

[1] Os arcos faríngeos (branquiais) (ver Figura 1.8) são saliências na região da cabeça e do pescoço para onde migram as células da crista neural cranial. As bolsas faríngeas formam-se entre esses arcos e se convertem em tireoide, paratireoide e timo.

[2] Lembre-se, do Capítulo 13, que os gânglios são aglomerados de neurônios cujos axônios formam um nervo.

formação da cartilagem e córnea, mas elas não fazem nem cartilagem nem córnea (Noden, 1978; Nakamura e Ayer-Le Lievre, 1982; Lwigale et al., 2004). Contudo, tanto as células da crista neural cranial quanto as do tronco podem gerar neurônios, melanócitos e glia. As células da crista neural cranial que normalmente migram para a região do olho para se converterem em células da cartilagem podem formar neurônios dos gânglios sensoriais, células medulares da glândula suprarrenal, glia e células de Schwann se a região cranial for transplantada para a região do tronco (Noden, 1978; Schweizer et al., 1983).

A incapacidade da crista neural do tronco de formar esqueleto é muito provavelmente devida à expressão de genes *Hox* na crista neural do tronco. Se os genes *Hox* forem expressos na crista neural cranial, estas células deixam de formar tecido esquelético; se as células do tronco perderem a expressão de genes *Hox*, elas formam esqueleto. Além disso, se transplantadas para a região do tronco, as células da crista cranial participam na formação da cartilagem do tronco que normalmente não provém de componentes da crista neural. Essa capacidade de formar osso pode ter sido uma propriedade primitiva da crista neural e pode ter sido crucial na formação da armadura óssea encontrada em várias espécies de peixe extintas (Smith e Hall, 1993). Em outras palavras, em vez de a crista cranial *adquirir* a capacidade de formar osso, a crista do tronco aparentemente perdeu essa capacidade. McGonnell e Graham (2002) demonstraram que a capacidade de formar osso pode ainda estar latente na crista neural do tronco: se cultivada com certos hormônios e vitaminas, as células da crista do tronco tornam-se capazes de formar osso e cartilagem quando colocadas na região da cabeça. Além disso, Abzhanov e colaboradores (2003) demonstraram que as células da crista do tronco podem atuar como células da crista cranial (e fazer tecido esquelético) se forem cultivadas em condições que as forçam a perder a capacidade de expressar genes *Hox*.

Então, apesar de as células da crista neural cranial e do tronco serem multipotentes (uma célula da crista neural cranial forma neurônios, cartilagem, osso e músculos; uma célula da crista neural do tronco pode formar glia, células pigmentares e neurônios), elas possuem diferentes repertórios de tipos celulares aos quais podem dar origem sob condições normais.[3]

 TUTORIAL DO DESENVOLVIMENTO *Desenvolvimento das células da crista neural* O Dr. Michael J. F. Barresi descreve a jornada extraordinária que as células da crista neural tomam para descobrir os seus tecidos de destino fora do SNC e se diferenciarem em tipos celulares distintos.

Crista Neural: Células-tronco multipotentes?

Existe controvérsia de longa data sobre se a maioria das células individuais que deixam a crista neural são multipotentes ou se já se encontram restritas a determinados destinos. Bronner-Fraser e Fraser (1988, 1989) forneceram a primeira evidência de que muitas células individuais da crista neural do tronco são multipotentes no momento em que deixam a crista. Eles injetaram moléculas de dextrano fluorescente em células individuais da crista neural de galinha enquanto as células ainda estavam no tubo neural, e depois registraram em que tipos de células os seus descendentes se converteram após a migração. A progênie de uma única célula da crista neural podia se tornar neurônio sensorial, melanócito (células produtoras de pigmento), glia (incluindo células de Schwann) e células da medula suprarrenal. Outros estudos sugeriram que a população inicial de crista neural do tronco de aves era uma mistura heterogênea de células precursoras, e que praticamente metade das células que surgem da crista neural apenas geram um único tipo celular (Henion e Weston, 1997; Harris e Erickson, 2007).

Com a chegada de melhores métodos de rastreio de linhagens, essa controvérsia pode não ter acabado. Pesquisadores do laboratório de Sommers usaram o modelo de camundongo "confetti"[4] para rastrear a jornada de células individuais da crista neural do tron-

---

[3] Para aprender sobre o papel que a crista neural tem nos dentes, no cabelo e no desenvolvimento dos nervos cranianos, procure no Capítulo 16.

[4] Introduzimos o mapeamento de destino baseado em Brainbow no Capítulo 2 e descrevemos a utilidade do modelo de camundongo "confetti" para rastreio de linhagem no Capítulo 5.

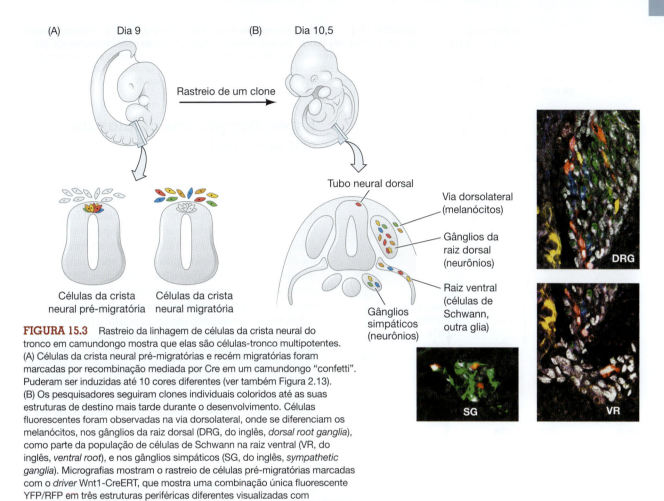

FIGURA 15.3 Rastreio da linhagem de células da crista neural do tronco em camundongo mostra que elas são células-tronco multipotentes. (A) Células da crista neural pré-migratórias e recém migratórias foram marcadas por recombinação mediada por Cre em um camundongo "confetti". Puderam ser induzidas até 10 cores diferentes (ver também Figura 2.13). (B) Os pesquisadores seguiram clones individuais coloridos até as suas estruturas de destino mais tarde durante o desenvolvimento. Células fluorescentes foram observadas na via dorsolateral, onde se diferenciam os melanócitos, nos gânglios da raiz dorsal (DRG, do inglês, *dorsal root ganglia*), como parte da população de células de Schwann na raiz ventral (VR, do inglês, *ventral root*), e nos gânglios simpáticos (SG, do inglês, *sympathetic ganglia*). Micrografias mostram o rastreio de células pré-migratórias marcadas com o *driver* Wnt1-CreERT, que mostra uma combinação única fluorescente YFP/RFP em três estruturas periféricas diferentes visualizadas com marcadores específicos de tipos celulares. (Segundo Baggliolini et al., 2015.)

co de ambos os estágios pré-migratório e migratório (Baggiolini et al., 2015). Rastreios de quase 100 clones celulares de células da crista neural pré-migratória e migratória mostraram que aproximadamente 75% delas proliferaram, e que a sua progênie mostrou múltiplos tipos de linhagens que se diferenciaram em diversos tipos celulares: gânglios da raiz dorsal, gânglios simpáticos, células de Schwann envolvendo a raiz nervosa ventral e melanócitos (**FIGURA 15.3**). Apesar de uma pequena população dessas células da crista neural mapeadas parecer ser unipotente, a grande maioria apresentava multipotência ao longo da sua migração – uma descoberta que sugere fortemente que as células da crista neural do tronco de camundongo são células-tronco multipotentes, um passo importante no campo de pesquisa da crista neural.

A próxima questão lógica é se as células da crista neural cefálica são igualmente multipotentes. Parece que a maioria das células da crista neural cranial da galinha que migram inicialmente podem gerar múltiplos tipos celulares (Calloni et al., 2009), mas ainda não é certo se são de fato células-tronco multipotentes.

Nicole Le Douarin e outros propuseram um modelo de desenvolvimento da crista neural que provavelmente ainda é válido, mesmo à luz de nova informação acerca da multipotencialidade. Neste modelo, uma célula da crista neural multipotente original se divide e progressivamente refina os seus potenciais de desenvolvimento (**FIGURA 15.4**; ver Creuzet et al., 2004; Martinez-Morales et al., 2007; Le Douarin et al., 2008). Para testar diretamente esse modelo, uma célula individual da crista neural precisaria ser exposta a diferentes ambientes para determinar o conjunto de diferentes tipos celulares que poderia gerar.

Ampliando o conhecimento

Parece que agora podemos estar confiantes de que as células da crista neural são células-tronco multipotentes. Será possível que uma parte pequena da população dessas células, bastante dispersa, como novas sementes do desenvolvimento, poderia ser mantida como células-tronco adultas em cada um dos seus destinos finais? A ontogenia das células-tronco adultas é desconhecida para muitos tecidos. A natureza migratória e multipotente das células da crista neural sugere a hipótese de que elas possam ser capazes de semear esses tecidos adultos.

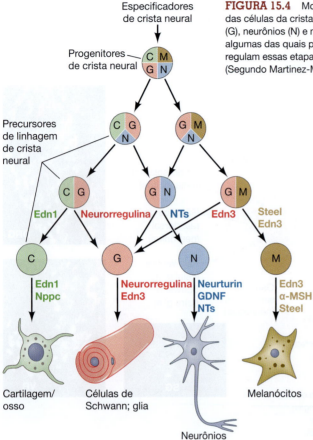

FIGURA 15.4 Modelo de segregação da linhagem de crista neural e a heterogeneidade das células da crista neural. Os precursores comprometidos de cartilagem/osso (C), glia (G), neurônios (N) e melanócitos (M) são derivados das células progenitoras intermediárias, algumas das quais poderiam atuar como células-tronco. Os fatores parácrinos que regulam essas etapas estão representados em tipos coloridos. NTs, neurotropina(s). (Segundo Martinez-Morales et al., 2007.)

Especificação das células da crista neural

Apesar de as células da crista neural não serem distinguíveis antes de emigrarem do tubo neural, a indução dessas células ocorre primeiro durante o início da gastrulação, na fronteira entre a epiderme e a placa neural (região que formará o sistema nervoso central) prospectivas. A especificação da crista neural na fronteira placa neural-epiderme é um processo de múltiplas etapas (ver Huang e Saint-Jeannet, 2004; Meulemans e Bronner-Fraser, 2004). A primeira etapa parece ser a especificação da borda da placa neural. As células nesta fronteira entre a placa neural e a epiderme se converterão em crista neural e (na região anterior) placoides – espessamentos no ectoderma de superfície que gerarão o cristalino do olho, a orelha interna, o epitélio olfatório e outras estruturas sensoriais (ver Capítulo 16). Em anfíbios, a borda parece ser especificada pela interação entre um número de **sinais indutores da placa neural**, incluindo BMPs, Wnts e FGFs. De fato, na década de 1940, Raven e Kloos (1945) demonstraram que, apesar da notocorda prospectiva poder induzir tanto a placa neural como o tecido de crista neural de anfíbio (presumivelmente bloqueando quase todos os BMPs), o somito e o mesoderma da placa lateral podiam induzir apenas a crista neural. Em embriões de galinha, a especificação da crista neural ocorre durante a gastrulação, quando as fronteiras entre o ectoderma neural e não neural ainda estão se formando (Basch et al., 2006; Schmidt et al., 2007; Ezin et al., 2009). Aqui, os sinais indutores da placa neural (principalmente BMPs e Wnts) secretados a partir do ectoderma ventral e do mesoderma paraxial interagem para especificar as fronteiras.

Na região anterior, o momento de expressão de BMP e Wnt é fundamental para discriminar entre os tecidos de placa neural, epiderme, placoide e crista neural (**FIGURA 15.5**). Como vimos nos Capítulos 11 e 12, se ambos os sinais BMP e Wnt forem contínuos, o destino do ectoderma é epidérmico; mas se antagonistas de BMP (p. ex., Noggin ou FGFs) bloquearem a sinalização BMP, o ectoderma torna-se neural. Estudos de Patthey e colaboradores (2008, 2009) demonstraram que se Wnts induzirem BMPs e depois a sinalização Wnt for *desligada*, as células tornam-se comprometidas para se tornarem placoides anteriores, ao passo que, se a sinalização Wnt induzir BMPs, mas se mantiver *ativa*, as células tornam-se crista neural.

As últimas décadas de pesquisa em especificação da crista neural têm ajudado a reunir a rede regulatória de genes (GRN, do inglês, *gene regulatory network*) envolvida na maturação das células da crista neural (**FIGURA 15.6**). A GNR começa com Wnt e BMP induzindo a expressão de um conjunto de fatores de transcrição no ectoderma (incluindo Gbx2, Zic1, Msx1 e Tfap2), que, por sua vez, regulam os **especificadores da borda da placa neural**. Esses especificadores, incluindo Pax3/7 e dlx5/6, conferem coletivamente à região da fronteira a capacidade de formar os tipos celulares de crista neural e tubo neural dorsal. Os fatores de transcrição especificadores de fronteira, por sua vez, induzem um segundo conjunto de fatores de transcrição mais específicos, os **especificadores de crista neural**, nas células destinadas a se converterem em crista neural. Esses especificadores de crista neural incluem genes codificantes para os fatores de transcrição FoxD3, Sox9, Snail (pré-migratória) e Sox10 (migratória) (Simões-Costa e Bronner, 2015).

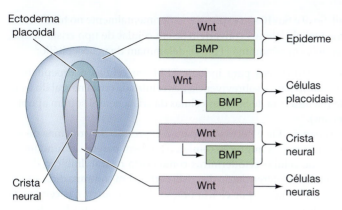

FIGURA 15.5 Especificação das células da crista neural. A placa neural é delimitada anteriormente e caudalmente por crista neural, e por ectoderma placoidal anteriormente. Se as células ectodérmicas receberem ambos BMP e Wnt por um longo período de tempo, elas tornam-se epiderme. Se Wnt induzir BMPs e depois for regulado negativamente, as células convertem-se em células placoidais (expressando os genes especificadores de placoides *Six1*, *Six4* e *Eya2*). Se Wnt induzir BMP, mas se se mantiver ativo, estas células fronteiriças entre a placa neural e a epiderme se convertem em crista neural (expressando os genes especificadores de crista neural *Pax7*, *Snail2* e *Sox9*). Se elas receberem Wnt apenas (porque o sinal BMP é bloqueado por Noggin ou FGF), as células ectodérmicas tornam-se células neurais. (Segundo Patthey et al., 2009.)

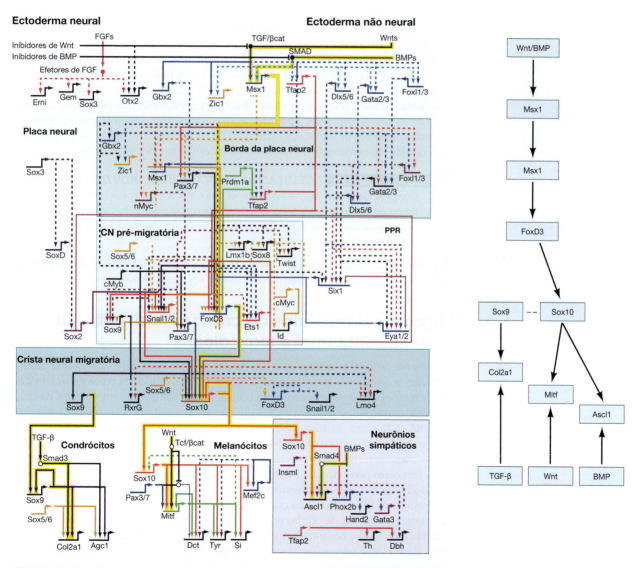

FIGURA 15.6 A rede regulatória de genes (GRN) para o desenvolvimento da crista neural. A GRN é uma compilação de dados de uma variedade de organismos vertebrados. Um dos circuitos mais significativos (realçado em amarelo) mostra a expressão gênica em células desde o ectoderma precoce (topo) até aos tipos celulares derivados (embaixo). Este circuito é replicado em um diagrama de fluxo mais simples à direita (Nota: nem todos os tipos de células derivadas se encontram representados). (Segundo Simões-Costa e Bronner, 2015.)

Quando Foxd3, Snail, Sox9 e Sox10 são expressos experimentalmente no tubo neural lateral, as células neuroepiteliais laterais convertem-se em células de tipo crista neural, sofrem uma transição epitélio-mesênquima (TEM) e delaminam do neuroepitélio:

- Sox9 e Snail juntos são suficientes para induzir TEM em células neuroepiteliais. O Sox9 também é necessário para a sobrevivência das células da crista neural do tronco após delaminação (na ausência de Sox9, as células da crista neural sofrem apoptose assim que delaminam).

- Foxd3 pode ter vários papéis. Ele é necessário para a expressão de proteínas de superfície celular necessárias para a migração celular, e também parece ser fundamental para a especificação de células ectodérmicas como crista neural. Inibição da expressão do gene *Foxd3* inibe a diferenciação da crista neural. Em contrapartida, quando *Foxd3* é expresso ectopicamente por eletroporação do gene ativo nas células da placa neural, aquelas células da placa neural expressam proteínas características da crista neural (Nieto et al., 1994; Taneyhill et al., 2007; Teng et al., 2008).

- O gene *Sox10* parece ser um dos reguladores mais críticos da especificação da crista neural. É crucial não apenas para a delaminação de células da crista neural a partir do tubo neural, como também para a diferenciação de inúmeras linhagens de crista neural (Kelsh, 2006; Betancur et al., 2010). A proteína Sox10 liga-se a estimuladores de inúmeros genes-alvo que codificam para efetores de crista neural; estes incluem os genes de algumas proteínas G pequenas, como Rho GTPases, que permitem às células alterar sua forma e migrar; receptores de superfície celular, como receptores tirosinas-cinase e receptor de endotelina (p. ex., ENDRB2), que permitem às células da crista neural responder à padronização e às proteínas quimiotáticas nos seus ambientes; e fatores de transcrição, como MITF, na linhagem de melanócitos que forma as células pigmentares (ver Figura 15.6; Simões-Costa e Bronner, 2015).

TÓPICO NA REDE 15.1 **CÉLULAS DA CRISTA NEURAL INDUZIDAS**
Compreender a rede regulatória de genes que controla o desenvolvimento da crista neural permitiu aos pesquisadores reprogramarem fibroblastos humanos em células da crista neural induzidas (iNCCs, do inglês, *induced neural crest cells*) para estudar o seu desenvolvimento e papel na doença.

 OS CIENTISTAS FALAM 15.1 A Dra. Marianne Bronner fala sobre a rede regulatória de genes do desenvolvimento da crista neural em relação à evolução.

Migração das células da crista neural: epitelial para mesenquimal e mais além

O ambiente no qual as células da crista neural migram difere ao longo do eixo anteroposterior, o que resulta em diferentes jornadas para as células da crista neural de diferentes regiões. Assim como carros no trânsito, essas células devem navegar nas suas estradas usando sinais ambientais, e a sua passagem é afetada pelas células à sua volta (**FIGURA 15.7**). Como carros usando seus motores para se locomover na estrada, as células usam as forças protrusas do seu citoesqueleto para emitir lamelipódios, para alcançar e se segurar na matriz extracelular à sua frente, e, ao mesmo tempo, liberar os freios atrás. Um carro pode circular livremente por uma rodovia ou pode ter que se deslocar coletivamente no trânsito, devendo responder ao ritmo e à distância dos carros vizinhos. Do mesmo modo, as células da crista neural podem migrar individualmente ou como aglomerados coletivos de células respondendo à distância de células vizinhas. Tal como guardas de trânsito, barreiras estruturadas e sinais de trânsito guiam o tráfego, sinais locais de adesão e fatores secretados de longo alcance dispostos em gradientes guiam as células migratórias através do ambiente embrionário. E, tal como motoristas que não podem ver imediatamente a curva final em direção da sua sua vaga de estacionamento, as células migratórias tem de tomar decisões de modo incremental, movendo-se de curva em curva até o destino final. Considere essa analogia enquanto continua lendo sobre a migração das células da crista neural.

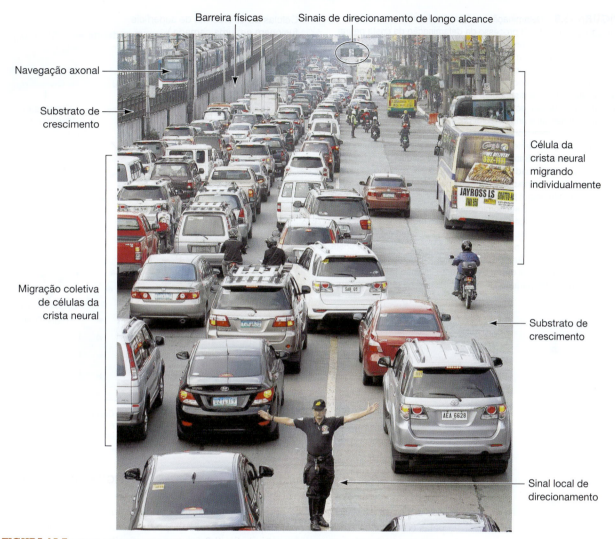

FIGURA 15.7   Analogia entre migração da crista neural e migração axonal e o direcionamento e o movimento do trânsito. Ver texto para a narrativa. (Foto © Alexis Corpuz.)

Delaminação

Após a especificação celular, a primeira indicação visível de células da crista neural é a sua transição epitélio-mesênquima (TEM) em preparação para deixar o tubo neural. As células da crista neural perdem as suas junções adesivas e se separam do epitélio em um processo conhecido como **delaminação** (**FIGURA 15.8**). O momento da delaminação da crista neural é controlado pelo ambiente do tubo neural. O gatilho para a TEM parece ser a ativação dos genes Wnt por BMPs. Os BMPs (que podem ser produzidos pela região dorsal do tubo neural; ver Capítulos 13 e 14) são controlados por Noggin produzido pela notocorda e pelos somitos. Quando a expressão de Noggin é reduzida, os BMPs podem funcionar e ativar a TEM nas células da crista neural (Burstyn-Cohen et al., 2004).

Antes da delaminação, as diferentes regiões do ectoderma na área da crista neural podem ser identificadas pela expressão de diferentes moléculas de adesão célula a célula: o ectoderma de superfície expressa E-caderina, as células da crista neural pré-migratórias

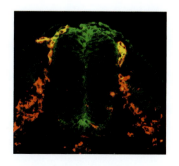

FIGURA 15.8   Células da crista neural migratória são marcadas em vermelho pelo anticorpo HNK-1, que reconhece um carboidrato da superfície celular envolvido na migração das células da crista neural. A proteína RhoB (marcação verde) é expressa nas células conforme elas delaminam. As células que co-expresam HNK-1 e RhoB aparecem amarelas. (De Liu e Jessel, 1998, cortesia de T.M. Jessell).

FIGURA 15.9 Delaminação e migração da crista neural por inibição por contato. O processo da delaminação da crista neural é mostrado aqui no momento em que os ectodermas neural e de superfície se separaram e estão ambos no processo de se fundir na linha mediana em tubo neural e epiderme, respectivamente. Sinais BMP e Wnt especificam as três principais regiões do neuroepitélio, que se distinguem pela sua expressão única de proteínas de adesão: ectoderma de superfície (E-caderina), tubo neural (N-caderina) e crista neural pré-migratória (caderina-6B). No domínio pré-migratório, os níveis de BMP são os mais elevados, com Wnt em quantidades intermediárias; essa situação sustenta a sobrexpressão de Snail-2 (e Zeb-2) nessas células. As proteínas Snail-2 reprimem N-caderina e E-caderina neste domínio. A caderina-6B é sobrexpressa apenas na metade apical das células da crista neural pré-migratória, e funciona para ativar RhoA e fibras contrácteis de actinomiosina para constrição apical e a iniciação da delaminação. A sinalização não canônica de Wnt (não mostrada) estabelece a atividade polar de RhoA (em vermelho) e Rac1 (em amarelo) ao longo do eixo migratório de células da crista neural em migração. Quando as células da crista neural entram em contato uma com a outra, elas sentem inibição por contato, durante a qual elas pararão, girarão e migrarão na direção oposta.

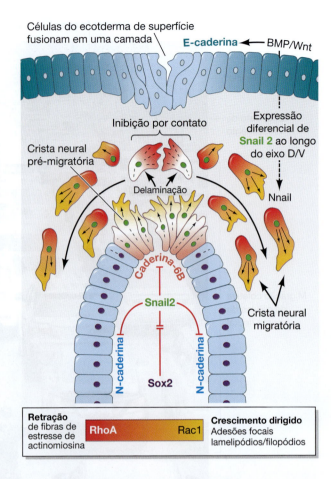

expressam caderina 6B e o tubo neural expressa N-caderina (**FIGURA 15.9**). Os sinais Wnt e BMP levam à expressão dos "fatores reguladores centrais de TEM" (p. ex., Snail-2, Zeb-2, Foxd3 e Twist) na crista neural pré-migratória em delaminação. Sox2 é expresso pelas células do ectoderma neural (placa/dobra/tubo) e funciona em parte para reprimir transcricionalmente a expressão de Snail-2, enquanto o *Snail-2* expresso mais dorsalmente na região das células da crista neural pré-migratória faz repressão cruzada da expressão de *Sox2* (revisto por Duband et al., 2015). Como visto para a padronização do tubo neural ventral (ver Capítulo 14), esta repressão transcricional cruzada ajuda a refinar as fronteiras entre o epitélio do tubo neural (N-caderina), a crista neural pré-migratória (caderina 6B) e o ectoderma de superfície (E-caderina); ver Figura 15.9.

A sinalização Wnt não canônica é fundamental para ativar as pequenas Rho GTPases em células da crista neural pré-migratórias. Essas Rho GTPases funcionam para (1) facilitar a expressão de genes *Foxd3* e da família Snail e (2) estabelecer as condições do citosqueleto para a migração, promovendo a polimerização da actina em microfilamentos e a associação desses microfilamentos a adesões focais na membrana celular (Hall, 1998; De Calisto et al., 2005).

As células da crista não podem deixar o tubo neural enquanto estiverem fortemente associadas umas às outras. Foi mostrado que snail diretamente regula negativamente a expressão de caderina 6B e as proteínas de junções oclusivas que unem as células epiteliais (ver Figura 15.9). Em peixe-zebra, a caderina 6 é mantida transientemente apenas na extremidade apical da célula em delaminação, o que permite que RhoA construa as fibras contrácteis de actinomiosina para a constrição apical e o começo da delaminação e da migração (Clay e Halloran, 2014). Após a migração, as células da crista neural re-expressam caderinas, tal como demonstrado onde elas se agregam para formar os gânglios da raiz dorsal e os gânglios simpáticos (Takeichi, 1988; Akitaya e Bronner-Fraser, 1992; Coles et al., 2007).

−180 s   0 s   180 s   360 s   540 s   720 s   900 s

A força motora da inibição por contato

A expulsão das células da crista neural do tubo neural dorsal parece ser facilitada por células da crista neural companheiras (Abercrombie, 1970; Carmona-Fontaine et al., 2008). O fenômeno conhecido como **inibição da locomoção por contato** ocorre quando duas células migratórias estabelecem contato. Alterações despolimerizantes resultantes no citosqueleto de cada uma das células cessam a atividade exploratória ao longo das superfícies celulares em contato, e novas extensões protrusas formam-se longe do ponto de contato (**FIGURA 15.10**; Carmona-Fontaine et al., 2008; Scarpa et al., 2015). Tal como você pode imaginar, esse comportamento pode causar a dispersão das células, um comportamento apresentado também por outras células, como as Cajal-Retzius, no córtex cerebral (ver Capítulo 14; Villar-Cerviño et al., 2013). Contudo, sempre que as células da crista neural estiverem em contato próximo umas das outras conforme se afastam do tubo neural dorsal, a inibição por contato reprimirá a atividade protrusiva em todos os lados das células, exceto para aquelas na frente migratória (Roycroft e Mayor, 2016). O mecanismo para essa inibição por contato envolve Wnt e RhoA. Nos lados onde as células da crista neural fazem contato umas com as outras (mas não com outro tipo celular), proteínas da via Wnt-PCP não canônica se reúnem e ativam RhoA (ver Figura 4.34), que, por sua vez, desagrega os citosqueletos dos lamelipódios responsáveis pela migração (ver Figura 15.9). Assim, a polarização da atividade mediada por Wnt que resulta em inibição por contato leva à migração direcionada das células da crista neural tanto como células individuais nas regiões do tronco quanto como grupo coletivo, um comportamento mais frequentemente observado em células da crista neural cranial (Mayor e Theveneau, 2014).

Migração coletiva

Viajando como parte de um grupo com múltiplos carros com destino semelhante é uma experiência diferente de viajar sozinho por estradas livres. Fazer parte do grupo requer cooperação e manter-se unidos durante a jornada. Um padrão semelhante de migração celular no embrião é chamado de **migração coletiva** (**FIGURA 15.11**).

Tanto as células epiteliais quanto as mesenquimais podem migrar coletivamente, com as células na frente migratória guiando e impulsionando o movimento do agregado (Scarpa e Mayor, 2016). Na migração de células da crista neural, as células da crista neural cranial sofrem geralmente migração coletiva e podem fazê-lo mesmo em cultura (Alfandari et al., 2003; Theveneau et al., 2010). Essa capacidade sugere que fatores externos, como quimiotaxia, não sejam requeridos para a migração coletiva, mas que as propriedades intrínsecas das células sejam suficientes para

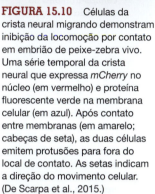

FIGURA 15.10 Células da crista neural migrando demonstram inibição da locomoção por contato em embrião de peixe-zebra vivo. Uma série temporal da crista neural que expressa *mCherry* no núcleo (em vermelho) e proteína fluorescente verde na membrana celular (em azul). Após contato entre membranas (em amarelo; cabeças de seta), as duas células emitem protusões para fora do local de contato. As setas indicam a direção do movimento celular. (De Scarpa et al., 2015.)

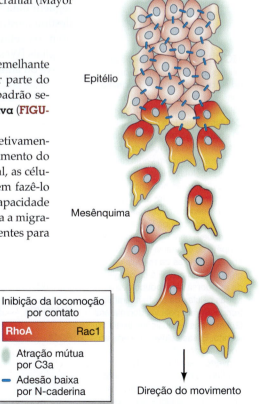

Epitélio

Mesênquima

Inibição da locomoção por contato

RhoA   Rac1

Atração mútua por C3a

Adesão baixa por N-caderina

Direção do movimento

FIGURA 15.11 Modelo de migração coletiva das células da crista neural. Algumas populações de células da crista neural migram coletivamente em grandes grupos de células. Essa "migração coletiva" requer uma certa quantidade de adesão célula a célula, que é mediada por um nível baixo de expressão de N-caderina (receptores azuis). Além disso, as células da crista neural migrando coletivamente também secretam um sinal atrativo (complemento 3a, C3a) para assegurar que as células da crista neural cresçam continuamente em direção umas das outras. O padrão de migração do grupo tem uma direção coletiva devida à inibição por contato contínuo entre as células na frente migratória. A inibição por contato está representada pela ativação diferencial de Rho GTPases (vermelho para amarelo). (Dados de Scarpa e Mayor, 2016.)

Várias células progenitoras embrionárias diferentes, como as células-fronteira no ovário da *Drosophila* e os primórdios da linha lateral no peixe-zebra, apresentam migração coletiva, mas há algum tipo celular no adulto que apresente comportamentos migratórios coletivos semelhantes que resultem em "invasão" de tecidos? Se assim fosse, será que as células sofreriam uma transição epitélio--mesênquima como as células da crista neural?

manter a integridade do cluster e o movimento direcional. Simulações modelando a migração coletiva prevêem que tanto a inibição da locomoção por contato quanto a atração mútua entre células são necessárias para migração coletiva eficiente, harmonizando o que é observado *in vivo* e *in vitro* (Carmona-Fontaine et al., 2011; Woods et al., 2014). De fato, as células da crista neural cranial em *Xenopus* mostram não só um mecanismo de RhoA mediado por Wnt/PCP para a inibição da locomoção por contato, como também a secreção do complemento 3a (C3a), o qual atrai as células da crista neural, expressando o receptor C3a. Essas mesmas células da crista neural cranial também expressam níveis baixos de N-caderina (ver Figura 15.11). Aumentar experimentalmente a N-caderina resulta em uma população de crista neural mais firmemente aderente, incapaz de invadir espaços com a mesma velocidade migratória, sugerindo que níveis ótimos de N-caderina possam ser necessários para a migração coletiva normal dessas células e da sua invasão de tecidos (Theveneau et al., 2010; Kuriyama et al., 2014).

> **ASSISTA AO DESENVOLVIMENTO 15.1**   Este filme em *time-lapse* demonstra as alterações na migração coletiva após a manipulação de N-caderina nas células da crista neural.

Depois da especificação precoce e da delaminação, as células da crista neural migram ao longo de diferentes vias para as suas localizações específicas para a diferenciação final. Como é que essas células "sabem" onde ir? Será que o substrato para a travessia é diferente em distintas trilhas? Quais são os "sinais de trânsito" no ambiente que fornecem indicações de direção para as células da crista neural colonizarem seus tecidos-alvo? Em seguida, realçaremos os mecanismos por trás do direcionamento da migração da crista neural para as regiões do tronco, da cabeça e do coração do embrião.

Vias de migração de células da crista neural do tronco

Células da crista neural migrando do tubo neural no nível axial do tronco seguem uma de duas vias principais (**FIGURA 15.12**). Muitas células que saem cedo do tubo neural seguem uma via ventral para longe do tubo neural. Experimentos de mapeamento de destino mostram que essas células se tornam neurônios sensoriais (raiz dorsal) e autonômicos, células da medula da glândula suprarrenal e células de Schwann e outras células gliais (Weston, 1963; Le Douarin e Teillet, 1974). Em aves e mamíferos (mas não em peixes ou anfíbios), essas células migram ventralmente através da secção anterior, mas

FIGURA 15.12   Migração de células da crista neural no tronco do embrião de galinha. Diagrama esquemático da migração de células da crista neural do tronco. Células tomando a via ventral (1) atravessam pelo esclerótomo anterior (aquela porção de somito que gera cartilagem vertebral). Aquelas células inicialmente em frente da porção posterior de um esclerótomo migram ao longo do tubo neural até chegarem a uma região anterior. Essas células contribuem para os gânglios simpáticos e parassimpáticos, bem como as células da medula da glândula suprarrenal e os gânglios da raiz dorsal. Um pouco depois, outras células da crista neural do tronco entram pela via dorsolateral (2) em todas as posições axiais do somito. Essas células atravessam por baixo do ectoderma e se convertem em melanócitos produtores de pigmento. (As vias de migração são mostradas em apenas um dos lados do embrião.)

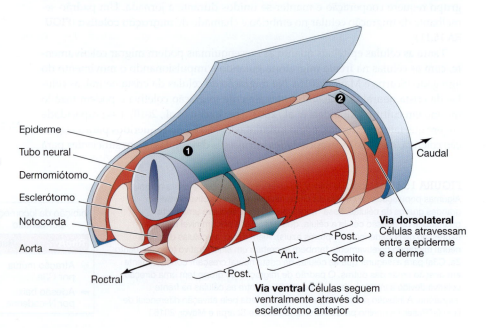

Epiderme
Tubo neural
Dermomiótomo
Esclerótomo
Notocorda
Aorta

Roctral

Post.

Ant.

Post.

Post.

Somito

Caudal

Via dorsolateral Células atravessam entre a epiderme e a derme

Via ventral Células seguem ventralmente através do esclerótomo anterior

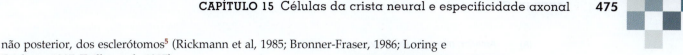

não posterior, dos esclerótomos[5] (Rickmann et al, 1985; Bronner-Fraser, 1986; Loring e Erickson, 1987; Teillet et al., 1987).

As células da crista do tronco que migram pela segunda via – a **via dorsolateral** – se convertem em melanócitos, as células pigmentares produtoras de melanina. Essas células atravessam entre a epiderme e a derme, entrando no ectoderma por minúsculos buracos na lâmina basal (os quais elas mesmos podem criar). Uma vez no ectoderma, elas colonizam os folículos da pele e do pelo (Mayer, 1973; Erickson et al., 1992). A via dorsolateral foi demonstrada através de uma série de experimentos clássicos por Mary Rawles (1948), que transplantou o tubo neural e a crista neural de uma cepa de galinha pigmentada para um tubo neural de embrião de galinha albino e observou penas pigmentadas em asas que deveriam ser brancas (ver Figura 1.15C).

Transplantando tubos neurais de codorna em embriões de galinha, Teillet e colaboradores (1987) foram capazes de marcar as células da crista neural tanto genética como imunologicamente. O anticorpo marcador reconheceu e marcou as células da crista neural de ambas as espécies, o marcador genético permitiu aos pesquisadores distinguirem entre células de codorna e galinha (ver Figura 1.15A, B). Esses estudos mostraram que as células da crista neural inicialmente localizadas em frente da região posterior de um somito migram anterior ou posteriormente ao longo do tubo neural e depois entram pela região anterior do somito próprio ou adjacente. Essas células se reúnem com as células da crista neural que, inicialmente, se encontravam em frente à porção anterior do somito e formam as mesmas estruturas. Assim, cada gânglio da raiz dorsal compreende populações de células da crista neural que se formam adjacentes a três somitos: um da crista neural em frente à porção anterior do somito, e um de cada de duas regiões de crista neural em frente às porções posteriores do próprio somito e dos somitos vizinhos.

A via ventral

A escolha entre as vias dorsolateral e ventral é feita no tubo neural pouco depois da especificação das células da crista neural (Harris e Erickson, 2007). As células que migram primeiro são inibidas de ingressar pela via dorsolateral por proteoglicanos de sulfato de condroitina, proteínas efrinas, Slit e provavelmente outras várias moléculas. Por serem tão inibidas, essas células dão meia-volta e migram ventralmente, e ali elas dão origem a neurônios e células gliais do sistema nervoso periférico.

A escolha seguinte é se as células migram ventralmente por entre os somitos (para formar os gânglios simpáticos da aorta) ou *por dentro* dos somitos (Schwarz et al., 2009). No embrião de camundongo, as primeiras poucas células de crista neural que se formam seguem entre os somitos, mas esta via é rapidamente bloqueada por **semaforina-3F**, uma proteína que repele as células da crista neural; assim, a maioria das células da crista neural seguindo a rota ventral migra através dos somitos. Essas células migram pela porção *anterior* de cada esclerótomo e se associam com proteínas da matriz extracelular, como fibronectina e laminina, que são permissivas à migração (Newgreen e Gooday, 1985; Newgreen et al., 1986).

As matrizes extracelulares do esclerótomo diferem nas regiões anterior e posterior de cada somito, e apenas a matriz extracelular do esclerótomo *anterior* permite a migração das células da crista neural (**FIGURA 15.13A**). Assim como as moléculas da matriz extracelular que impediam as células da crista neural de migrar dorsolateralmente, a matriz extracelular da porção *posterior* de cada esclerótomo contém proteínas que ativamente excluem as células da crista neural (**FIGURA 15.13B**). Além de semaforina-3F, essas proteínas incluem as **efrinas**. A efrina no esclerótomo posterior é reconhecida pelo seu receptor, Eph, nas células da crista neural. Do mesmo modo, a semaforina-3F nas células do esclerótomo posterior é reconhecida pelo seu receptor, neuropilina-2, nas células da crista neural em migração. Quando células da crista neural são plaqueadas em uma placa de cultura contendo listras de proteínas de membrana celular imobilizadas

---

[5] Lembre-se que o esclerótomo é a porção do somito que dá origem à cartilagem da espinha. Na migração das células da crista neural de peixe, o esclerótomo é menos importante; em contrapartida, parece que o miótomo dirige a migração das células da crista ventralmente (Morin-Kensicki e Eisen, 1997).

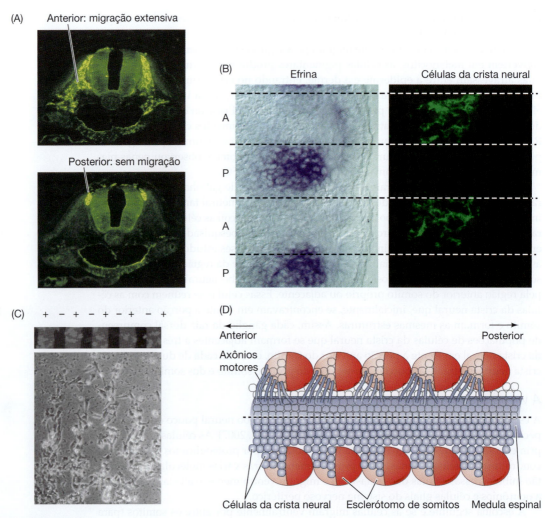

(A) Anterior: migração extensiva

Posterior: sem migração

(B) Efrina   Células da crista neural

A

P

A

P

(C) + − + − + − + − +

(D)

← Anterior   Posterior →

Axônios motores

Células da crista neural   Esclerótomo de somitos   Medula espinal

FIGURA 15.13 Restrição segmentar de células da crista neural e neurônios motores por proteínas efrinas do esclerótomo. (A) Secções transversais destas áreas, mostrando extensiva migração pela porção anterior do esclerótomo (topo), mas não migração através da porção posterior (embaixo). Anticorpos para HNK-1 estão marcados em verde. (B) Correlação negativa entre as regiões de efrina no esclerótomo (coloração azul-escura, à esquerda) e a presença de células da crista neural (marcação verde de HNK-1, à direita). (C) Quando as células da crista neural são plaqueadas em matrizes contendo fibronectina com listras alternadas de efrina, elas ligam-se às regiões que não contêm efrina. (D) Esquema mostrando a migração das células da crista neural e dos neurônios motores através de regiões anteriores dos esclerótomos desprovidas de efrina. (Para clareza, as células da crista neural e os nerônios motores estão representados em apenas um lado da medula espinal.) (A, de Bronner-Fraser, 1986, cortesia da autora; B, de Krull et al., 1997; C, segundo O'Leary e Wilkinson, 1999.)

alternadamente com ou sem efrinas, as células afastam-se das listras contendo efrina e movem-se ao longo das listras sem efrina (**FIGURA 15.13C**; Krull et al., 1997; Wang e Anderson, 1997; Davy e Soriano, 2007). Do mesmo modo, as células da crista neural não conseguem migrar em substratos contendo semaforina-3F; camundongos mutantes sem semaforina-3F ou neuropilina-2 têm defeitos graves de migração ao longo do tronco, com células da crista neural migrando tanto através das porções anteriores como posteriores dos somitos. Este padrão de migração das células da crista neural gera o caráter segmentado do sistema nervoso periférico, refletido no posicionamento dos gânglios da raiz dorsal e de outras estruturas derivadas da crista neural (**FIGURA 15.13D**).

DIFERENCIAÇÃO CELULAR NA VIA VENTRAL As células da crista neural que entram nos somitos se diferenciam para se tornarem dois tipos principais de neurônios, dependendo da sua localização. As células que se diferenciam dentro do esclerótomo dão origem aos gânglios da raiz dorsal. Essas células da crista neural contêm os neurônios sensoriais que transmitem informação relativa ao tato, à dor e à temperatura para o SNC.[6] Conforme começam a migrar ventralmente, é pro-

---

[6] Esses neurônios sensoriais são *neurônios aferentes*, uma vez que eles carregam informação das células sensoriais para o sistema nervoso central (i.e., o cérebro e a medula espinal). Os *neurônios eferentes* carregam informação para longe do SNC; estes são os neurônios motores gerados na região ventral do tubo neural (como discutido no Capítulo 14).

FIGURA 15.14   Entrada das células da crista neural no intestino e na glândula suprarrenal. (A) Células da crista neural migrando (marcadas em vermelho para o fator de transcrição Sox8) em direção das células suprarrenais corticais (marcadas em verde para o SF1). Os limites da glândula suprarrenal estão indicados com o círculo; a fronteira da aorta dorsal é mostrada por uma linha tracejada. (B) Células da crista neural formam os gânglios entéricos (intestino) para a peristalse. Imagem confocal (200× aumentada) de um intestino de embrião de camundongo de 11,5 dias, mostrando a migração das células da crista neural (marcadas para Phox2b) através do intestino anterior e da bolsa cecal do intestino. (A, de Reiprich et al., 2008; B, de Corpening et al., 2008.)

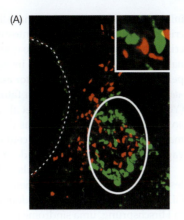

(A)

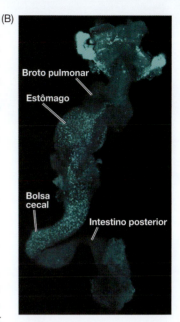

(B)

Broto pulmonar

Estômago

Bolsa cecal

Intestino posterior

vável que as células da crista neural produzam descend␣ receptores. As células migratórias que têm receptores par␣ dem a essas proteínas (que são produzidas pelo tubo n␣ perto do tubo neural em glia e neurônios dos gânglios ␣ Dentro dos gânglios da raiz dorsal, aquelas células com ␣ glia, enquanto aquelas com mais Delta (o ligante de Notch) se tornam neurônios (Wakamatsu et al., 2000; Harris e Erickson, 2007).

Células da crista neural sem receptores para Wnt e neurotrofina continuam migrando. Elas migram através da porção anterior do esclerótomo e continuam ventralmente até atingirem a aorta dorsal (mas param antes de entrarem no intestino) e se convertem em gânglios simpáticos (Vogel e Weston, 1990). Ao nível do tronco, elas contribuem para os neurônios simpáticos (adrenérgicos, "fuga ou luta", *flight or fight*) secretores de adrenalina do sistema nervoso autonômico, bem como para a medula da glândula suprarrenal (**FIGURA 15.14A**). Nos níveis axiais cardíaco e vagal, elas tornam-se neurônios parassimpáticos secretores de acetilcolina (colinérgicos, "descanso e digestão", *rest and digest*), incluindo os neurônios entéricos do intestino (**FIGURA 15.14B**). Estas linhagens celulares podem cada uma ter origem em uma célula de crista neural progenitora multipotente, e a restrição do destino nessas três linhagens pode vir relativamente tarde (Sieber-Blum, 1989). Os BMPs da aorta parecem converter células da crista neural em linhagens simpática e suprarrenal, ao passo que glicocorticoides do córtex da glândula suprarrenal bloqueiam a formação de neurônios, direcionando as células da crista neural próximas a eles a se tornarem células medulares suprarrenais (Unsicker et al., 1978; Doupe et al., 1985; Anderson e Axel, 1986; Vogel e Weston, 1990). As células destinadas a se tornarem células secretoras de adrenalina mantêm a sua resposta a BMP e migram em direção das células corticais suprarrenais que secretam BMP. As células restantes convertem-se em gânglios simpáticos envolvendo a aorta (Saito et al., 2012).

Além disso, quando cristas neurais vagais e torácicas de galinha são reciprocamente transplantadas, a crista torácica original produz neurônios colinérgicos dos gânglios parassimpáticos, e a crista vagal original forma neurônios adrenérgicos nos gânglios simpáticos (Le Douarin et al., 1975). Kahn e colaboradores (1980) descobriram que as células da crista neural pré-migratória de ambas as regiões torácica e vagal contêm enzimas para sintetizar acetilcolina e noradrenalina. Assim, existe boa evidência de que, apesar de as células da crista neural estarem comprometidas logo após a sua formação, a diferenciação das células da crista neural migrando ventralmente depende da via que elas seguem e a sua localização final.

INDO PARA O INTESTINO   Quais células da crista neural colonizam o intestino e quais não? Esta distinção envolve tanto componentes da matriz extracelular quanto fatores solúveis parácrinos. As células da crista neural das regiões vagal e sacral formam os gânglios entéricos do tubo intestinal e controlam a peristalse intestinal. As células da crista neural vagal, uma vez passando os somitos, entram no intestino anterior e se espalham pela maior parte do sistema digestório, enquanto as células da crista neural sacral colonizam o intestino posterior (ver Figura 15.14B). Várias proteínas de matriz extracelular inibidoras (incluindo as proteínas slit) bloqueiam a migração mais ventral das células da crista neural do tronco para o intestino, mas estas proteínas inibidoras estão ausentes na crista vagal e sacral, permitindo que as células da crista neural alcancem o tecido intestinal. Uma vez na vizinhança do intestino em desenvolvimento, essas células são atraídas pelo sistema digestório pelo **fator neurotrófico derivado da glia** (**GDNF**, do inglês, *glial--derived neurotrophic factor*), um fator parácrino produzido pelo mesênquima intestinal (Young et al., 2001; Natarajan et al., 2002). O GDNF do mesênquima do intestino se liga ao seu receptor, Ret, nas células da crista neural. As células da crista neural vagal têm mais Ret nas suas membranas celulares do que as células sacrais, o que torna as células vagais mais invasivas (Delalande et al., 2008).

O GDNF ativa a divisão celular, direciona a migração celular para o mesoderma do intestino e induz a diferenciação neural (Mwizerwa et al., 2011). Se houver ausência tanto de GDNF como de Ret em camundongos ou humanos, o filhote ou a criança sofre de doença Hirschsprung, uma síndrome na qual o intestino não pode evacuar corretamente as fezes sólidas. Em humanos, essa condição é mais frequentemente devida à falha das células da crista neural em completar a colonização do intestino posterior, deixando, assim, uma porção do intestino posterior sem a capacidade de sofrer peristalse. Combinando a análise experimental de migração das células da crista com modelos matemáticos, Landman e colaboradores (2007) fizeram um modelo para a migração das células da crista vagal e explicaram as deficiências genéticas que causam a doença de Hirschsprung. No modelo deles, as células da crista vagal normalmente não migram de modo direto quando estão na porção anterior do intestino. Em vez disso, elas proliferam até todos os nichos dessa região estarem saturados, após o qual a frente migratória se move posteriormente (Simpson et al., 2007). Entretanto, o próprio intestino continua a alongar. Para a colonização ficar completa depende do número inicial de células da crista vagal que entram no intestino anterior e a razão de motilidade celular pelo crescimento do intestino. Esses resultados não eram intuitivamente óbvios apenas por uma observação física, e o estudo mostra o poder da combinação de abordagens experimentais e matemáticas para o desenvolvimento.

As células da crista neural entérica realizam uma das mais longas jornadas migratórias, visto que elas estão caçando um alvo em movimento – a extremidade mais caudal ou distal do intestino em crescimento. Essa migração caudal das células da crista neural entérica tem sido comparada a uma onda que tem uma "crista" frontal (caudal) de células (Druckenbrod e Epstein, 2007). Conforme a onda avança pelo intestino em desenvolvimento, as células da crista neural têm de se espalhar homogeneamente por todo o tecido para assegurar inervação e função completas. O processo pelo qual as células da crista neural são depositadas no intestino tem sido chamado de "dispersão direcional" (Theveneau e Mayor, 2012), mas pouco se descobriu acerca dos comportamentos celulares que medeiam esse processo. As células da crista entérica não migram coletivamente como agregados, mas sim em longas cadeias (Corpening et al., 2011; Zhang et al., 2012). Além disso, conforme a onda progride, as células da crista neural entérica migram em direções aparentemente aleatórias ao longo de todos os eixos; a dispersão no geral, porém, ocorre preferencialmente na direção posterior (**FIGURA 15.15A**; Young et al., 2014). As células da crista neural entérica diferenciam-se em neurônios durante essa jornada, com o corpo celular e o axônio proeminente ainda bastante móveis durante o desenvolvimento do intestino. É interessante que as células da crista neural entérica possam ser encontradas migrando tanto ao longo de todo o axônio quanto apenas à frente da extremidade-líder do axônio em crescimento (**FIGURA 15.15B**). Essas descobertas sugerem uma relação mútua entre as células da crista neural entérica e o direcionamento dos neurônios entéricos, de forma que as células da crista neural usam os axônios dos nervos como substrato para migração, e os axônios neuronais seguem as células da crista neural como um "rastro flamejante" (Young et al. 2014).

Ampliando o conhecimento

As células da crista neural entérica estão posicionadas no momento certo e local para influenciar a trajetória da rota dos neurônios entéricos. Isso ocorre de fato? Essas células dianteiras da crista neural estão expressando receptores de membrana ou secretando proteínas difusíveis que instruem o neurônio em crescimento a estender o seu axônio na direção da célula da crista neural? Se as células da crista neural estão abrindo caminho para os axônios, o que estará guiando as células da crista neural para a extremidade caudal do intestino, e ao mesmo tempo estabelecendo igualmente um conjunto de neurônios homogeneamente dispersos?

ASSISTA AO DESENVOLVIMENTO 15.2 O primeiro de dois filmes apresenta a dispersão das células da crista neural entérica. O segundo mostra um primeiro plano de células individuais da crista neural entérica migrando ao longo de axônios crescendo ativamente no intestino em formação.

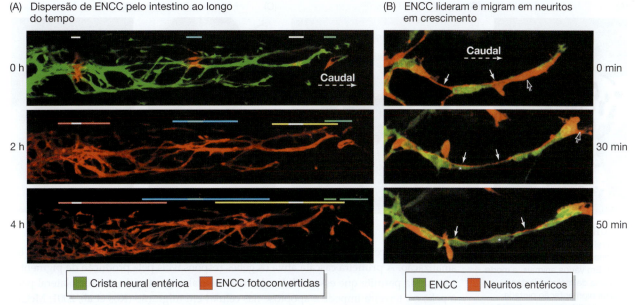

(A) Dispersão de ENCC pelo intestino ao longo do tempo

(B) ENCC lideram e migram em neuritos em crescimento

Crista neural entérica ENCC fotoconvertidas

ENCC Neuritos entéricos

FIGURA 15.15 Seguindo o movimento de células da crista neural entérica (ENCCs, do inglês, *enteric neural crest cells*) individuais no intestino em desenvolvimento. Camundongos transgênicos *Ednrb-hKikGR* foram usados para marcar fluorescentemente a crista neural entérica (em verde). KikGR é uma proteína fotoconvertível que altera a sua emissão quando exposta a luz ultravioleta de verde para vermelho. (A) Quatro focos separados foram fotoconvertidos no intestino em desenvolvimento (em vermelho, barras no topo). A extremidade mais caudal da onda de ENCC em movimento se localiza na extremidade mais à direita do ponto de 0 horas. Cadeias precoces de ENCCs podem ser vistas esparsamente espalhadas ao longo do intestino (em verde, 0 h). Células fotoconvertidas migram ativamente e se dispersam com uma preferência caudal ao longo do tempo (2 h, 4 h; largura da barra no topo). (B) ENCCs (em verde) podem ser observadas na extremidade em crescimento dos neuritos em diferenciação (em vermelho, setas). ENCCs também são observadas utilizando neuritos como substrato para migração (observe o movimento dos asteriscos ao longo do tempo; asteriscos coloridos diferentemente representam células distintas). (Dados adaptados de Young et al., 2014.)

A via dorsolateral

Em vertebrados, todas as células pigmentares, exceto as da retina pigmentada, são derivadas da crista neural. Parece que as células que tomam a via dorsolateral já foram especificadas em melanoblastos – células pigmentares progenitoras – e que são dirigidas através da rota dorsolateral por fatores quimiotáticos e glicoproteínas da matriz celular (**FIGURA 15.16**). Na galinha (mas não no camundongo), as primeiras células da crista neural a migrar entram na via ventral, enquanto as células que migram mais tarde entram na via dorsolateral (ver Harris e Erickson, 2007). Estas células migratórias tardias permanecem acima do tubo neural no que é frequentemente chamado de "área de estágio", e são essas células que ficam especificadas em melanoblastos (Weston e Butler, 1966; Tosney, 2004). A escolha entre precursor glial/neural e precursor de melanoblasto parece ser controlada pelo fator de transcrição Foxd3. Se Foxd3 está presente, ele reprime a expressão do gene **MITF**,[7] um fator de transcrição necessário para a especificação de melanoblasto e a produção de pigmento (ver Figura 15.6). Se a expressão de Foxd3 for diminuída, MITF é

(A)

---

[7]*MITF*, de *fator de transcrição associado à microftalmia* (do inglês, **m**icrophthalmia-associated **t**ranscription **f**actor), assim denominado porque um dos resultados da mutação do gene, como descrito em camundongo, são olhos pequenos (i.e., microftalmia). Os efeitos de MITF porém são vastos, como veremos neste capítulo.

(B)

FIGURA 15.16 Migração das células da crista neural pela via dorsolateral através da pele. (A) Hibridação *in situ* de embrião de camundongo inteiro de 11 dias marcado para melanoblastos (em roxo) derivados de crista neural. (B) Embrião de galinha de estágio 18 observado em secção transversal ao nível do tronco. Os melanoblastos (setas) podem ser observados movendo-se através da derme, a partir da região da crista neural em direção à periferia (A, de Baxter e Pavan, 2003; B, de Santiago e Erickson 2002, cortesia de C. Erickson.)

(A)

(B)

(C)

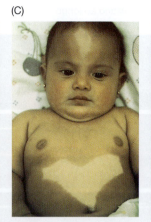

(D)

FIGURA 15.17 Migração variável de melanoblasto, causada por diferentes mutações. (A, B) Em vários animais, a morte aleatória de melanoblastos origina pigmentação pintada. Os melanoblastos em migração induzem os vasos sanguíneos a formar a orelha interna, e, sem esses vasos, a cóclea degenera, e o animal não pode ouvir daquela orelha. É muitas vezes o caso dos cães dálmatas (A), que são heterozigóticos para *Mitf*, e cavalos American Paint (B), que se pensa serem heterozigóticos para o receptor B da endotelina. (C) Piebaldismo em uma criança. O pigmento não se forma em certas regiões do corpo, como resultado de uma mutação no gene *KIT*. A proteína Kit é essencial para a proliferação e a migração de células da crista neural, precursores de células germinativas e precursores de células sanguíneas. (D) Camundongos também podem ter uma mutação em Kit e eles constituem importantes modelos para piebaldismo e migração de melanoblastos. (A, © Robert Pickett/Getty Images; B, © M. J. Barrett/Alamy; C, D, cortesia de R.A. Fleischman.)

expresso, e as células tornam-se melanoblastos. MIFT está envolvido em três cascatas de sinalização. A primeira cascata ativa os genes responsáveis pela produção de pigmento; a segunda permite que essas células da crista neural migrem pela via dorsolateral para a pele; e a terceira impede a apoptose nas células em migração (Kos et al., 2001; McGill et al., 2002; Thomas e Erickson, 2009). Em humanos heterozigóticos *MITF*, menos células pigmentares alcançam o centro do corpo, resultando em uma linha hipogmentada (branca) no pelo. Em alguns animais, incluindo certas espécies de cães e cavalos, a heterozigosia de *Mitf* causa uma morte aleatória de melanoblastos (**FIGURA 15.17**).

Uma vez especificados, os melanoblastos na área de estágio sobrexpressam o receptor efrina (Eph B2) e o receptor de endotelina (EDNRB2). Isso permite aos melanoblastos migrarem ao longo de matrizes extracelulares que contêm efrina e endotelina-3 (ver Figura 15.16B; Harris et al., 2008). De fato, a linhagem melanocítica migra exatamente nas mesmas moléculas que *repeliram* a linhagem glial/neural das células da crista. A efrina expressa ao longo da via de migração dorsolateral estimula a migração de precursores de melanócitos. A efrina ativa o seu próprio receptor, EphB2, na membrana da célula da crista neural, e esta sinalização Eph parece ser crucial para a promoção da migração da crista neural para locais de diferenciação melanocítica. A interrupção da sinalização Eph em células da crista neural de migração tardia impede a sua migração dorsolateral (Santiago e Erickson, 2002; Harris et al., 2008). Uma descoberta recente interessante é que algumas estirpes de galinha que apresentam plumagem branca são o resultado de mutações que ocorreram naturalmente no gene *Ednrb2* (Kinoshita et al., 2014).

Em mamíferos (mas não em galinhas), a proteína receptora Kit é fundamental para fazer os precursores de melanoblastos comprometidos migrarem pela via dorsolateral. Essa proteína é encontrada nas células da crista neural de camundongo que também expressam MITF – isto é, futuros melanoblastos. A proteína Kit liga-se ao **fator de célula-tronco** (**SCF**, do inglês, *stem cell factor*), que é produzido pelas células da derme. Quando se liga a SCF, Kit impede a apoptose e estimula a divisão celular entre os precursores melanoblásticos. Se camundongos ou humanos não produzirem quantidades suficientes de Kit, as células da crista neural não proliferam o suficiente para cobrir toda a pele (ver Figura 15.17C, D; Spritz et al., 1992). Além disso, SCF é fundamental para a migração dorsolateral. Se SCF for experimentalmente secretado a partir de tecidos (como o epitélio da bochecha ou o coxim do pé) que normalmente não sintetizam essa proteína (e que normalmente não têm melanócitos), as células da crista neural entrarão nessas regiões e se converterão em melanócitos (Kunisada et al., 1998; Wilson et al., 2004).

Assim, a diferenciação da crista neural do tronco é realizada por (1) fatores autônomos (como os genes *Hox*, que distinguem entre células da crista neural do tronco da cranial, ou *MITF*, que compromete as células para uma linhagem melanocítica), (2) condições específicas do ambiente (como o córtex da glândula suprarrenal induzindo as células da crista neural adjacentes em células da medula suprarrenal), ou (3) uma combinação dos dois (como quando células migrando pelo esclerótomo respondem a sinais Wnt dependendo dos seus tipos de receptores). O destino de uma célula individual da crista neural é determinado tanto pela sua posição de partida (ao longo do tubo neural anteroposterior) como pela sua via migratória.

 OS CIENTISTAS FALAM 15.2 A Dra. Melissa Harris e a Dra. Carol Erickson falam sobre EphB2/EDNRB2 e migração ao longo da via dorsolateral.

Crista neural cranial

A cabeça, compreendendo a face e o crânio, é a porção anatomicamente mais sofisticada do corpo dos vertebrados (Northcutt e Gans, 1983; Wilkie e Morriss-Kay, 2001). A cabeça é substancialmente o produto da crista neural cranial, e a evolução da mandíbula, dentes e cartilagem facial ocorre por alterações na disposição dessas células (ver Capítulo 20).

Assim como a crista neural do tronco, a crista cranial pode formar células pigmentares, células gliais e neurônios periféricos; além disso, ela pode gerar osso, cartilagem e tecido conjuntivo. A crista neural cranial é uma população mista de células progenitoras multipotentes em diferentes estágios de comprometimento, e cerca de 10% da população é feita de células progenitoras multipotentes que podem se diferenciar em neurônios, glia, melanócitos, células musculares, cartilagem e osso (Calloni et al., 2009). Em camundongos e humanos, as células da crista neural migram a partir das dobras neurais antes mesmo que estas tenham se unido (Nichols, 1981; Betters et al., 2010). A migração subsequente dessas células é dirigida pela segmentação subjacente do rombencéfalo. Como mencionado no Capítulo 13, o rombencéfalo é segmentado ao longo do eixo anteroposterior em compartimentos chamados rombômeros. As células da crista neural cranial migram ventralmente a partir destas regiões anteriores ao rombômero 8 para os arcos faríngeos e o processo frontonasal que forma a face (**FIGURA 15.18**). A localização final dessas células determina seus destinos finais (**TABELA 15.2**).

TABELA 15.2 Alguns derivados dos arcos faríngeos em humanos

Arco faríngeo	Elementos esqueléticos (crista neural mais mesoderma)	Arcos, artérias (mesoderma)	Músculos (mesoderma)	Nervos cranianos (tubo neural)
1	Martelo e bigorna (da crista neural); mandíbula, maxila e regiões do osso temporal (da crista neural)	Ramo maxilar da artéria carótida (para a orelha, nariz e mandíbula)	Músculos da mandíbula; assoalho da boca, músculos da orelha e tensor do véu palatino	Divisões maxilares e mandibulares do nervo trigêmeo (V)
2	Osso estribo da orelha média; processo estiloide do osso temporal; parte do osso hioide do pescoço (todos da cartilagem de crista neural)	Artérias para a região da orelha: artéria caroticotimpânica (adulto); artéria estapedial (embrião)	Músculos da expressão facial; músculos da mandíbula e alto pescoço	Nervo facial (VII)
3	Borda inferior e cornos maiores do osso hioide (da crista neural)	Artéria carótida comum; raiz da carótida interna	Estilofaríngeo (para elevar a faringe)	Nervo glossofaríngeo (IX)
4	Cartilagens laríngeas (do mesoderma da placa lateral)	Arco aórtico; artéria subclávia direita; brotos originais das artérias pulmonares	Constrictores da faringe e cordas vocais	Ramo laríngeo superior do nervo vago (X)
6[a]	Cartilagens laríngeas (do mesoderma da placa lateral)	Ducto arterioso; raízes das artérias pulmonares definitivas	Músculos intrínsecos da laringe	Ramo laríngeo recorrente do nervo vago (X)

Fonte: segundo Larsen, 1993.

[a] o quinto arco degenera em humanos.

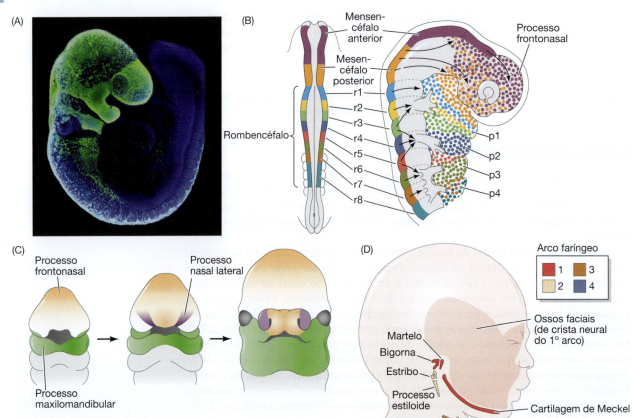

FIGURA 15.18 Migração das células da crista neural cranial na cabeça de mamíferos. (A) Migração de células da crista neural marcadas por GFP em um embrião de camundongo de 9,5 dias, realçando a colonização dos arcos faríngeos e processo frontonasal. (B) Vias de migração da crista neural cranial para os arcos faríngeos (p1-p4, do inglês, *pharyngeal arches*) e o processo frontonasal. (C) Migração continuada da crista neural cranial para construir a face humana. O processo frontonasal contribui para a testa, o nariz, o filtro do lábio superior (região entre o lábio e o nariz) e o palato primário. O processo nasal lateral gera os lados do nariz. O processo maxilo-mandibular dá origem à mandíbula inferior, a grande parte da mandíbula superior e aos lados das regiões média e inferior da face. (D) Estruturas formadas na face humana por células mesenquimais da crista neural. Os elementos cartilaginosos dos arcos faríngeos estão indicados por cores, e a região em cor-de-rosa escura indica o esqueleto facial produzido pelas regiões anteriores da crista neural cranial. (A, cortesia de P. Trainor e A. Barlow; B, segundo Le Douarin, 2004; C, segundo Helms et al., 2005; D, segundo Carlson, 1999.)

As células da crista neural cranial seguem uma de três principais trilhas:

1. As células da crista neural do mesencéfalo e os rombômeros 1 e 2 do rombencéfalo migram para o primeiro arco faríngeo (o arco mandibular), formando os ossos mandibulares, bem como os ossos martelo e bigorna da orelha média. Essas células também se diferenciarão em neurônios do gânglio trigêmeo – o nervo craniano que inerva os dentes e mandíbula – e contribuirão para o gânglio ciliar que inerva o músculo ciliar do olho. Essas células também são puxadas pela epiderme em expansão para gerar o **processo frontonasal**, a região que forma o osso que se torna a testa, o nariz central e o palato primário. Assim, a crista neural cranial dá origem a grande parte do esqueleto facial (ver Figura 15.18B, C; Le Douarin e Kalcheim, 1999; Wada et al., 2011).

2. As células da crista neural do rombômero 4 povoam o segundo arco faríngeo, formando a porção superior da cartilagem hioide do pescoço, bem como o osso estribo da orelha média (ver Figura 15.18B, D). Essas células também contribuem para neurônios do nervo facial. A cartilagem hioide acaba por ossificar para dar origem ao osso do pescoço que une os músculos da laringe e da língua.

3. As células da crista neural dos rombômeros 6 a 8 migram para os terceiro e quarto arcos e bolsas faríngeos para formar a porção inferior da cartilagem hioide e também contribuir para as glândulas do timo, da paratireoide e da tireoide (ver Figura 15.18B; Serbedzija et al., 1992; Creuzet et al., 2005). Estas células da crista neural também vão para a região do coração em formação, onde elas ajudam a formar os tratos de saída (i.e., as artérias aorta e

pulmonar). Se a crista neural for removida dessas regiões, estas estruturas não se formam (Bockman e Kirby, 1984). Algumas dessas células migram caudalmente para a clavícula, onde elas permanecem em locais que serão usados para a ligação de certos músculos do pescoço (McGonnell et al., 2001).

O modelo de "caça e fuga"

Devido aos muitos tipos celulares gerados pela crista neural cranial na porção anterior do embrião, muita importância tem sido dada para a compreensão dos mecanismos moleculares e celulares que controlam a migração da crista neural cranial nessa região. Lembre-se que correntes de células da crista neural cranial migram coletivamente através de mecanismos autônomos de inibição da locomoção por contato, atração mútua e baixos níveis de adesão (ver Figura 15.11). Contudo, como é mantida separada cada corrente para migrar coletivamente na direção correta? As três correntes de células da crista neural cranial não se dispersam graças a interações entre as células com o seu ambiente e umas com as outras. Observações dos padrões de migração originados pelos rombômeros 3 e 5 no rombencéfalo de galinha revelaram que elas não migram lateralmente, mas sim unindo as correntes de número par anteriores e posteriores aos rombômeros de número ímpar. A migração de células da crista neural cranial marcadas individualmente nessas regiões pode ser monitorada com câmaras focando através de uma janela de teflon na casca do ovo, e esses experimentos demonstraram que as células em migração são "mantidas na linha" não só por restrições impostas pelas células vizinhas, como também pelas células na dianteira passando material para as células de trás. Parece que as células da crista neural cranial estendem pontes longas e delgadas que conectam temporariamente as células e influenciam a migração das últimas células "a seguir a líder"[8] (Kulesa e Fraser, 2000; McKinney et al., 2011).

Recentemente, análise das correntes migratórias de crista neural cranial de rã e peixe revelou que as correntes separadas parecem ser mantidas afastadas por propriedades quimiorrepelentes das efrinas e semaforinas (**FIGURA 15.19A**; ver também Assista ao Desenvolvimento 15.3). Bloqueio da atividade dos receptores Eph faz as células de diferentes correntes se misturarem (Smith et al., 1997; Helbling et al., 1998; revisto por Scarpa e Mayor, 2016). Além disso, parece que a corrente direcionada ventralmente é guiada pelas células placoidais (Theveneau et al., 2013). Se um explante de células da crista neural é colocado perto de um explante de placoide, as células da crista neural parecem "caçar" o explante placoidal, um comportamento que pode ser abolido com a remoção de CXCR4. Esses e outros dados levaram Theveneau e colaboradores (2013) a propor o modelo "caça e fuga" para explicar como essa relação resulta na migração coletiva direcionada.

> **ASSISTA AO DESENVOLVIMENTO 15.3** Veja células da crista neural cranial caçarem o placoide em embrião de rã. Em um segundo filme, as células da crista neural cranial caçam células placoidais mesmo isoladas em condições de cultura.

Descobriu-se que as células placoidais secretam o quimioatrativo **fator derivado do estroma** (**SDF1**, do inglês, *stromal-derived factor-1*), formando, assim, um gradiente para o fator que é mais elevado no placoide. As células da crista neural cranial expressam o receptor para este ligante, CXCR4, que lhes permite experimentar a atração para o gradiente de SDF1 e direcionar a migração de células da crista neural pelo gradiente em direção do placoide (a "caça"). Uma vez que as células da crista neural alcançam o placoide, porém, a inibição da locomoção por contato entre as células da crista neural e as células placoidais faz estas últimas migrarem para longe do local de contato (a "fuga"). A força quimioatrativa de SDF1, porém, recomeçará a caça de novo em direção ventral atrás do placoide "em fuga" (**FIGURA 15.19B**; Theveneau et al., 2013; Scarpa e Mayor, 2016).

---

[8] Vimos anteriormente um fenômeno semelhante, como nas células das dobras neurais de galinha (algumas das quais provavelmente se tornam células da crista neural) e brotos de membro, blastômeros precoces de peixe-zebra e as extensões dos micrômeros do ouriço-do-mar.

(A)

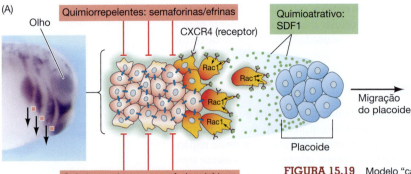

(B)

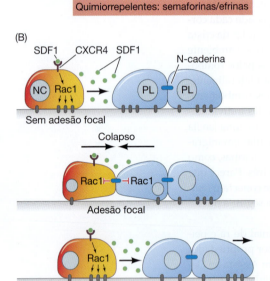

FIGURA 15.19 Modelo "caça e fuga" para a migração celular quimiotática. (A) A micrografia é uma vista lateral das correntes de migração das células da crista neural cranial na cabeça do *Xenopus*, visualizadas por hibridação *in situ* para FoxD3 e Dlx2 para ambas as populações de crista neural cranial pré-migratória e migratória (em roxo-escuro). A ilustração representa a migração coletiva das células da crista neural usando os mecanismos autônomos descritos na Figura 15.11. Aqui, um placoide posicionado ventralmente (células azuis) atrai a frente dianteira da corrente de crista neural cranial através da sinalização SDF1-CXCR4 (a "caça"). A crista neural cranial entra em contato com o placoide, desencadeando a inibição por contato que empurra o placoide para a frente (a "fuga"). Os quimiorrepelentes restringem as células da crista neural de deambulações laterais para fora do agregado. (B) Eventos moleculares internos e comportamentos celulares resultantes que produzem movimento migratório tanto de células placoidais (em azuis) como de crista neural cranial (vermelhas/amarelas) para a frente. (Segundo Theveneau et al., 2013; Scarpa e Mayor, 2016. Foto por Kuriyama et al., 2014.)

TÓPICO NA REDE 15.2 **OSSO INTRAMEMBRANOSO E O PAPEL DA CRISTA NEURAL NA FORMAÇÃO DO ESQUELETO DA CABEÇA** Aprofunde o seu conhecimento acerca dos mecanismos de ossificação levados a cabo por células ectodérmicas e mesodérmicas, necessários para construir o crânio.

Esqueleto da cabeça derivado da crista neural

Ampliando o conhecimento

Discutimos a maturação progressiva das células da crista neural durante a sua migração. As células da crista neural cranial estão mais firmemente aderentes entre elas e sofrem migração coletiva, implicando que um tipo diferente de mecanismo possa regular a diferenciação progressiva das células da crista neural cranial. Será que as células localizadas mais centralmente dentro da corrente migratória coletiva são padronizadas distintamente daquelas na periferia, ou é o posicionamento espaço-temporal das células ao longo da sua rota migratória que está correlacionado com a sua especificação?

O **crânio** de vertebrados é composto pelo **neurocrânio** (base e calota craniana) e o **viscerocrânio** (mandíbulas e outros derivados dos arcos farígeos). Os ossos do crânio são chamados de **ossos intramembranosos** porque são formados pela deposição de espículas calcificadas diretamente sobre o tecido conjuntivo sem um precursor cartilaginoso. Os ossos do crânio são derivados tanto da crista neural como do mesoderma da cabeça (Le Lièvre, 1978; Noden, 1978; Evans e Noden, 2006). Apesar da origem de crista neural do viscerocrânio estar bem documentada, as contribuições das células da crista neural para a calota craniana são mais controversas. Em 2002, Jiang e colaboradores construíram camundongos transgênicos que expressam β-galactosidase apenas nas células da crista neural cranial.[9] Quando os embriões de camundongo foram marcados para β-galactosidase, as células que formam a porção anterior da cabeça – os ossos nasal, frontal, alisfenoide e escamoso – marcaram azul; o osso parietal do crânio, não (**FIGURA 15.20A, B**). A fronteira entre o osso da cabeça derivado da crista neural e o osso da cabeça derivado do mesoderma fica entre os ossos frontal e parietal (**FIGURA 15.20C**; Yoshida et al., 2008). Apesar de os detalhes poderem variar entre grupos de vertebrados, em geral o osso da frente da cabeça é derivado da crista neural, ao passo que a parte de trás do crânio é derivada de uma combinação de ossos derivados da crista neural e do me-

[9] Esses experimentos foram feitos usando a técnica Cre-lox. Os camundongos eram heterozigóticos tanto para (1) um alelo de β-galactosidase que podia ser expresso apenas quando a recombinase Cre era ativada naquela célula, como para (2) um alelo de recombinase Cre fusionado a um promotor do gene *Wnt1*. Assim, o gene para β-galactosidase era ativado (marcação azul) apenas nas células expressando Wnt1, uma proteína que é ativada na crista neural cranial e em certas células do cérebro.

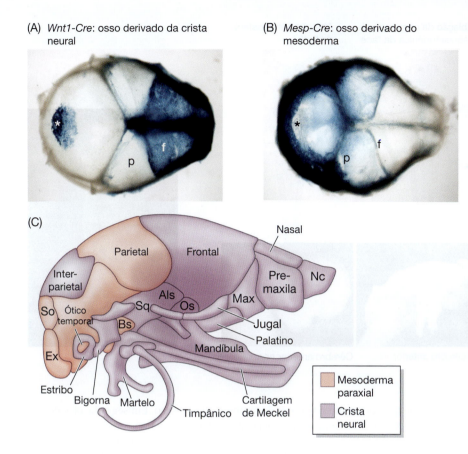

(A) *Wnt1-Cre*: osso derivado da crista neural

(B) *Mesp-Cre*: osso derivado do mesoderma

(C)

FIGURA 15.20   Célula da crista neural cranial em embriões de camundongo, marcadas para a expressão de β-galactosidase. (A) Na cepa *Wnt1-Cre*, a β-galactosidase é expressa onde Wnt1 (um marcador de crista neural) seria expresso. Esta vista dorsal de um embrião de camundongo de 17,5 dias mostra marcação no osso frontal (f) e no osso interparietal (asterisco), mas não no osso parietal (p). (B) A cepa de camundongos *Mesp-Cre* expressa β-galactosidease nas células derivadas do mesoderma. Aqui, observa-se um padrão recíproco de marcação, e o osso parietal é azul. (C) Diagrama de resumo dos resultados de mapeamento usando os marcadores Sox9 e Wnt1 (Als, alisfenoide; Bs, basisfenoide; Ex, exoccipital; Max, maxila; Nc, cápsula nasal (do inglês, *nasal capsule*); Os, orbitosfenoide; So, supraoccipital; Es, escamoso). (A, B, de Yoshida, 2008, cortesia de G. Morriss-Kay; C, de várias fontes, incluindo Noden e Schneider, 2006, e Lee e Saint-Jeannet, 2011.)

soderma. A contribuição da crista neural para os músculos faciais se mistura com as células do mesoderma cranial, de modo que os músculos faciais provavelmente também têm origem dupla (Grenier et al., 2009).

Dado que a crista neural forma o nosso esqueleto facial, mesmo pequenas variações na velocidade e no ângulo de divisão da célula da crista neural determinarão como nós parecemos. Além disso, como nos parecemos mais com os nossos pais biológicos do que com os nossos amigos (ao menos, esperamos que seja verdade), essas pequenas variações devem ser hereditárias. A regulação das nossas características faciais é provavelmente coordenada em grande parte por inúmeros fatores parácrinos. Sinalização de BMPs (sobretudo BMP3) e Wnt causam a protrusão dos processos frontonasal e maxilar, moldando a face (Brugmann et al., 2006; Schoenebeck et al., 2012). Os FGFs do endoderma faríngeo são responsáveis pela atração de células da crista neural cranial para os arcos, bem como pela padronização dos elementos esqueléticos dentro destes. Fgf8 é tanto um fator de sobrevivência das células da crista neural como crucial para a proliferação das células que formam o esqueleto facial (Trocovic et al., 2003, 2005; Creuzet et al., 2004, 2005). Os FGFs atuam em concerto com os BMPs, por vezes ativando-os e, às vezes, reprimindo-os (Lee et al., 2001; Holleville et al., 2003; Das e Crump, 2012).

Coordenação do crescimento da face e do cérebro

É uma generalização em genética clínica que "a face reflete o cérebro". Apesar de não ser sempre o caso, os medicos têm consciência de que crianças com anomalias faciais podem igualmente ter malformações cerebrais. A coordenação entre a forma facial e o crescimento do cérebro foi realçada por estudos efetuados por Le Douarin e colaboradores (2007). Primeiro, eles descobriram que a região da crista neural cranial que forma o esqueleto facial também é fundamental para o crescimento do cérebro anterior (**FIGURA 15.21**). Quando aquela região da crista neural de galinha foi removida, não só a face

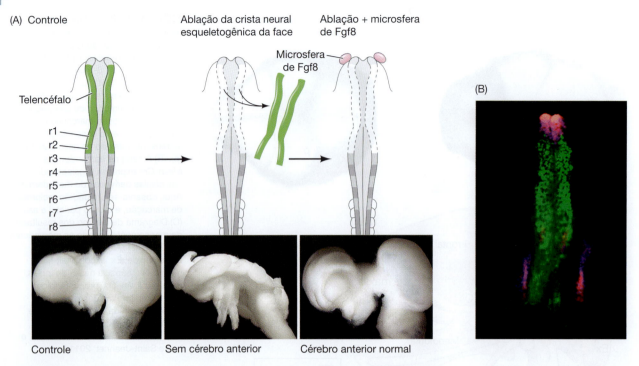

(A) Controle

Telencéfalo

r1
r2
r3
r4
r5
r6
r7
r8

Ablação da crista neural esqueletogênica da face

Ablação + microsfera de Fgf8

Microsfera de Fgf8

(B)

Controle   Sem cérebro anterior   Cérebro anterior normal

FIGURA 15.21 A crista neural cranial que forma o esqueleto facial também é crucial para o crescimento da região anterior do cérebro (A) A remoção das células da crista neural que formam o esqueleto facial de um embrião de galinha de 6 somitos impede o telencéfalo de se formar, além de inibir a formação do esqueleto facial. O desenvolvimento do telencéfalo pode ser resgatado adicionando microsferas contendo Fgf8 no cume anterior neural. (B) Embrião marcado com HNK-1 (o qual marca as células da crista neural em verde). Fgf8 aparece em cor-de-rosa nesta micrografia. (Segundo Creuzet et al., 2006, 2009; fotos por cortesia de N. Le Douarin.)

da ave não se formou, como o telencéfalo também não cresceu. Em seguida, eles descobriram que o desenvolvimento do prosencéfalo podia ser resgatado adicionando-se microsferas contendo Fgf8 no cume anterior neural (as dobras neurais do neuróporo anterior). Essa descoberta foi imprevista, porém, uma vez que as células da crista neural cranial não produzem ou secretam Fgf8; o cume anterior neural, sim. Parecia que remover as células da crista neural cranial impedia o cume anterior neural de produzir o Fgf8 necessário para a proliferação do prosencéfalo.

Olhando para os efeitos de genes ativados adicionados à região do cume anterior neural, Le Douarin e colaboradores postularam que o BMP4 da epiderme de superfície era capaz de bloquear Fgf8. As células da crista neural cranial secretam Noggin e Gremlin, duas proteínas extracelulares que se ligam a BMP4, inativando-o, permitindo a síntese de Fgf8 no cume anterior neural e o desenvolvimento das estruturas do prosencéfalo. Assim, não apenas as células da crista neural cranial fornecem as células que constroem o esqueleto facial e tecidos conjuntivos, como também regulam a produção de Fgf8 no cume anterior neural, permitindo, então, o desenvolvimento do mesencéfalo e do prosencéfalo.

TÓPICO NA REDE 15.3 **POR QUE AS AVES NÃO TÊM DENTES** A formação da face e da mandíbula é coordenada por uma série de migrações de células da crista neural e pela interação dessas células com os tecidos circundantes.

Crista neural cardíaca

O coração forma-se originalmente na região do pescoço, diretamente por baixo dos arcos faríngeos, logo não deveria ser surpreendente que ele recebe células da crista neural. O ectoderma e o endoderma faríngeos ambos secretam Fgf8, o qual atua como fator quimioatrativo para atrair as células da crista neural para aquela área. De fato, se microsferas contendo grandes quantidades de Fgf8 forem colocadas dorsalmente à faringe do embrião de galinha, as células da crista neural cardíaca migrarão para lá. (Sato et al., 2011). A região caudal da crista neural cranial é chamada de crista neural cardíaca porque as suas células (e apenas essas dadas células da crista neural) geram o endotélio das

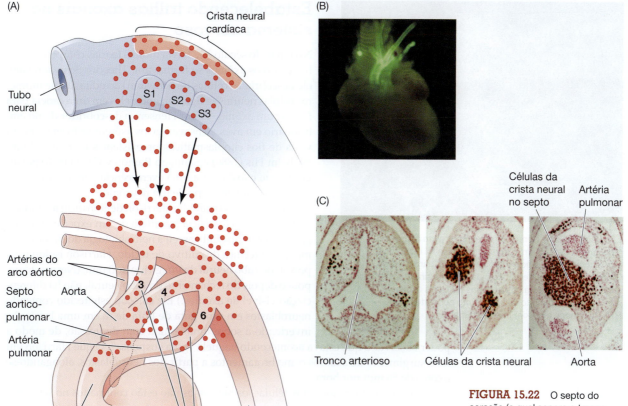

(A)

Crista neural cardíaca

Tubo neural

S1 S2 S3

Artérias do arco aórtico

Septo aortico-pulmonar

Aorta

3 4

6

Artéria pulmonar

Trato de saída

Arcos faríngeos

Aortas dorsais direita e esquerda

(B)

(C)

Células da crista neural no septo

Artéria pulmonar

Tronco arterioso

Células da crista neural

Aorta

FIGURA 15.22 O septo do coração (o qual separa o tronco arterioso em artéria pulmonar e aorta) forma-se a partir de células da crista neural cardíaca. (A) Durante a quinta semana de gestação humana, as células da crista neural cardíaca migram para os arcos faríngeos 3, 4 e 6 e entram no tronco arterioso para formar o septo. (B) Em um camundongo transgênico, em que a proteína fluorescente verde é expressa apenas em células contendo o marcador de crista neural cardíaca Pax3, as regiões do trato de saída do coração ficam marcadas. (C) Células da crista neural cardíaca de codorna foram transplantadas para a região análoga de um embrião de galinha, e os embriões foram deixados se desenvolver. As células da crista neural cardíaca de codorna são visualizadas por um anticorpo específico de codorna (marcação escura). No coração, essas células podem ser observadas separando o tronco arterioso em artéria pulmonar e aorta. (A, segundo Hutson e Kirby, 2007; B, de Stoller e Epstein, 2005; C, de Waldo et al., 1998, cortesia de K. Waldo e M. Kirby.)

artérias dos arcos aórticos e o septo entre a aorta e a artéria pulmonar (**FIGURA 15.22**; Kirby, 1989; Waldo et al., 1998). As células da crista neural cardíaca também entram nos arcos faríngeos 3, 4, e 6 para se tornarem porções de outras estruturas do pescoço, como as glândulas tireoide, paratireoide e do timo. Estas células são frequentemente chamadas de crista circunfaríngea (Kuratani e Kirby, 1991, 1992). No timo, as células derivadas da crista neural são especialmente importantes em uma das funções mais críticas da imunidade adaptativa: regular a saída de células T maduras do timo para a circulação (Zachariah e Cyster, 2010). É também provável que o corpo carótido, o qual monitora o oxigênio no sangue e regula consequentemente a respiração, seja derivado da crista neural cardíaca (ver Pardal et al., 2007).

Em camundongos, as células da crista neural cardíaca são particulares no sentido em que expressam o fator de transcrição Pax3. Mutações no gene *Pax3* resultam em menor número de células da crista neural cardíaca, o que, por sua vez, leva a um tronco arterioso persistente (falha na separação da aorta e artéria pulmonar), bem como a defeitos nas glândulas do timo, tireoide e paratireoide (Conway et al., 1997, 2000). A trilha do tubo neural dorsal para o coração parece envolver a coordenação de sinais atrativos fornecidos por semaforina-3C e sinais repulsivos fornecidos por semaforina-6 (Toyofuku et al., 2008). Defeitos cardíacos congênitos em humanos e camundongos frequentemente ocorrem juntamente com defeitos nas glândulas da paratireoide, tireoide e timo. Não seria surpreendente descobrir que todos esses defeitos estão ligados a defeitos de migração de células da crista neural (Hutson e Kirby, 2007).

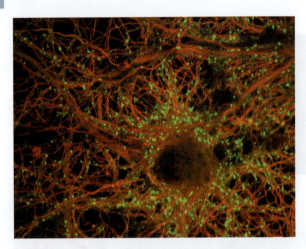

FIGURA 15.23 Conexões de axônios a um neurônio hipocampal de rato em cultura. O neurônio foi marcado em vermelho com anticorpos fluorescentes para tubulina. O neurônio aparece delineado pela proteína sináptica sinapsina (em verde), a qual está presente nos terminais axonais que entram em contato com ele. (Foto por cortesia de R. Fitzsimmons e PerkinElmer Life Sciences.)

Estabelecendo trilhas axonais no sistema nervoso

No início do século XX, havia muitas teorias competindo sobre como os axônios se formavam. Theodor Schwann (sim, ele descobriu as células de Schwann) acreditava que inúmeras células neurais se ligavam entre elas em uma cadeia para formar um axônio. Viktor Hensen, o descobridor do nó embrionário em aves, pensava que os axônios se formavam em volta de fios citoplasmáticos preexistentes entre as células. Wilhelm His (1886) e Santiago Ramón y Cajal (1890) postularam que o axônio era uma excrescência (embora extremamente grande) do corpo de um neurônio.

Em 1907, Ross Granville Harrison demonstrou a validade da teoria da excrescência por meio de um experimento elegante a partir do qual nasceu a neurobiologia do desenvolvimento e a técnica de cultivo de tecido. Harrison isolou uma porção do tubo neural de um girino de 3 mm. (Neste estágio, pouco depois do fechamento do tubo neural, não há diferenciação visível de axônios.) Ele colocou este tecido contendo neuroblastos em uma gota de linfa de rã em uma lamínula, invertendo-a sobre uma lâmina com depressão, de modo a poder observar o que estava acontecendo naquela "gota suspensa". O que Harrison viu foi o surgimento de axônios como brotamentos a partir dos neuroblastos, alongando-se a cerca de 56 mm por hora.

Ao contrário da maioria das células, os neurônios não estão confinados no seu espaço imediato; em vez disso, eles produzem axônios que podem se estender por metros. Cada um dos 86 bilhões de neurônios no cérebro humano tem o potencial de interagir de modos específicos com milhares de outros neurônios (**FIGURA 15.23**; Azevedo et al., 2009). Um grande neurônio (como uma célula de Purkinje ou um neurônio motor) pode receber sinais de mais de 10^5 outros neurônios (Gershon et al., 1985). Compreender a geração dessa complexidade impressionantemente ordenada é um dos maiores desafios da ciência moderna. Como é estabelecido este complexo circuito? Exploraremos essa questão conforme discutirmos como os neurônios estendem seus axônios, como são guiados os axônios até as suas células-alvo, como são formadas as sinapses e o que determina se um neurônio vive ou morre.

TÓPICO NA REDE 15.4 **A EVOLUÇÃO DA NEUROBIOLOGIA DO DESENVOLVIMENTO** Santiago Ramón y Cajal, Viktor Hamburger e Rita Levi-Montalcini ajudaram a trazer ordem ao estudo do desenvolvimento neural identificando algumas das questões importantes que ainda nos intrigam hoje.

O cone de crescimento: condutor e motor da navegação axonal

Anteriormente neste capítulo, apresentamos uma analogia comparando a migração celular à navegação de carros no trânsito (ver Figura 15.7). Uma analogia semelhante pode ser usada para a navegação axonal, comparando-a com o trem em movimento. Um neurônio precisa construir uma conexão axonal com uma célula-alvo que pode estar a uma grande distância. Assim como o motor de um trem, o aparelho locomotor de um axônio – o **cone de crescimento** – encontra-se na frente, e tal como novas carruagens são adicionadas atrás do motor, o axônio cresce por meio de polimerização de microtúbulos (**FIGURA 15.24A**). O cone de crescimento tem sido chamado de uma "célula da crista neural com coleira" porque, assim como as células da crista neural, ele migra e tem percepção do ambiente. Além disso, ele pode responder aos mesmos tipos de sinais detectados por células em migração.

(A)

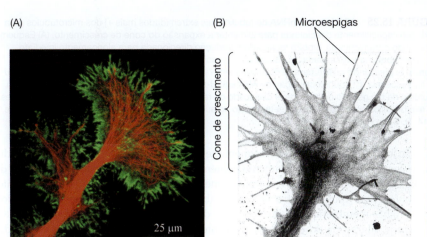

(B)

Microespigas

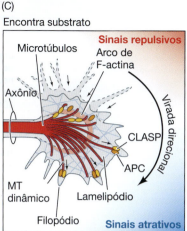

Cone de crescimento

25 μm

(C)

Encontra substrato

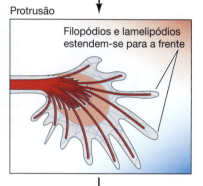

Microtúbulos

Sinais repulsivos

Arco de F-actina

Axônio

Virada direcional

CLASP

APC

MT dinâmico

Lamelipódio

Filopódio

Sinais atrativos

Protrusão

Filopódios e lamelipódios estendem-se para a frente

Propulsão

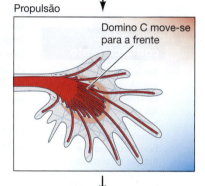

Domino C move-se para a frente

Consolidação

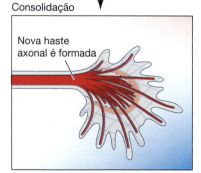

Nova haste axonal é formada

FIGURA 15.24 Cones de crescimento axonal. (A) Cone de crescimento axonal de traça *Manduca sexta* durante a extensão e a navegação axonal. A actina nos filopódios é marcada de verde com faloidina fluorescente, e os microtúbulos são marcados de vermelho com um anticorpo fluorescente para tubulina. (B) As microespigas de actina em um cone de crescimento axonal, observadas por microscopia eletrônica de transmissão. (C) A periferia do cone de crescimento contém lamelipódios e filopódios. Os lamelipódios são o principal aparelho móvel e são observados nas regiões que giram em direção de um estímulo. Os filopódios são sensoriais. Ambas as estruturas contêm microfilamentos de actina. Também existe uma região central de microtúbulos, alguns dos quais se estendem para os filopódios. Os microtúbulos que entram na área periférica podem ser alongados ou encurtados por proteínas ativadas por estímulos atrativos ou repulsivos. Durante a atração, proteínas reguladoras ligam-se às extremidades mais [+] dos microtúbulos, estabilizando-os e alongando-os. Do lado oposto ao sinal atrativo, os microtúbulos são removidos da periferia. (A, cortesia de R. B. Levin e R. Luedemanan; B, de Letourneau, 1979; C, segundo Lowery e Van Vactor, 2009; Bearce et al., 2015; Cammarata et al., 2016.)

O cone de crescimento axonal não se move para a frente em linha reta, mas, em vez disso, ele "vai sentindo" o caminho ao longo do substrato. O cone de crescimento move-se por alongamento e contração de filopódios pontudos, chamados de **"microespigas"** (**FIGURA 15.24B**). Estas microespigas contêm microfilamentos, os quais são orientados paralelamente ao eixo longo do axônio. (Esse mecanismo é semelhante ao observado nos microfilamentos de filopódios de células mesenquimais secundárias em equinodermes; ver Capítulo 10.) Dentro do próprio axônio, os microtúbulos fornecem apoio estrutural. Se o neurônio for colocado em uma solução com colchicina (um inibidor da polimerização de microtúbulos), microespigas serão destruídas, e os axônios se retraem (Yamada et al., 1971; Forscher e Smith, 1988).

Como na maioria das células migratórias, as microespigas exploratórias do cone de crescimento axonal fixam-se ao substrato e exercem uma força que puxa o resto da célula para a frente. Os axônios não crescerão se o cone de crescimento não conseguir avançar (Lamoureux et al., 1989). Além do papel estrutural na migração axonal, as microespigas também têm uma função sensorial. Abrindo-se na frente do cone de crescimento, cada microespiga testa o microambiente e envia sinais de volta para o corpo celular (Davenport et al., 1993). A navegação de axônios para os seus alvos apropriados depende de moléculas de direcionamento no ambiente extracelular, e é o cone de crescimento que vira, ou não, em resposta a sinais de direcionamento conforme o axônio busca fazer as conexões sinápticas apropriadas. Tal agilidade diferencial é devida a disparidades na expressão de receptores na membrana do cone de crescimento. Os cones de crescimento têm a capacidade de sentir o ambiente e traduzir os sinais extracelulares em um movimento direcionado (**FIGURA 15.24C**). Este uso de sinais direcionais para facilitar a migração específica é realizado alterando o citosqueleto, mudando o crescimento da membrana e coordenando a adesão e o movimento celulares (Vitriol e Zheng, 2012).

FIGURA 15.25   APC localiza mRNA de tubulina nas extremidades mais +] dos microtúbulos para tradução espacialmente direcionada para alimentar a expansão do cone de crescimento. (A) Esquema mostrando o transcrito de *Tubb2b* localizado e tradução direcionada para alongamento imediato do microtúbulo na extremidade [+]. (B) Cone de crescimento de uma linha celular neuronal (linha branca) expressando mRNA para β*2B-tubulina* (em verde) tal como observado por hibridação *in situ* de fluorescência (C) Imunolocalização de APC e β*2B-tubulina* (Tubb2b) no domínio periférico de um neurônio de um gânglio da raiz dorsal dissecado de rato. O APC está colocalizado nas extremidades de microtúbulos contendo Tubb2b (setas), visto no aumento do inserto. (A, segundo Coles e Bradke, 2014; B, C, de Preitner et al., 2014.)

Descobriu-se que o cone de crescimento tem dois compartimentos principais. O domínio central do cone de crescimento contém microtúbulos que estendem a haste do axônio e sustêm mitocôndrias e outras organelas (ver Figura 15.24C). O domínio periférico contém dois tipos de protrusões de membrana associadas à actina: os lamelipódios, vastas folhas membranosas contendo redes de actina ramificadas e curtas, que atuam como rede migratória do cone de crescimento; e os filopódios, membranas estendidas por feixes longos e filamentosos de actina que atuam como rede sensorial. Uma zona de transição entre as regiões central e periférica pode coordenar o crescimento de actina e tubulina (Rodriguez et al., 2003; Lowery e Van Vactor, 2009). Microtúbulos "pioneiros" isolados do núcleo da região central de feixes de microtúbulos atravessam o arco de actina que define a zona de transição e se estendem até à periferia do cone de crescimento. Esses microtúbulos pioneiros se associam dinamicamente com os microfilamentos de actina e crescem e contraem conjuntamente para realizar movimentos de tipo dedo característicos dos filopódios (Mitchison e Kirschner, 1988; Sabry et al., 1991; Tanaka e Kirschner, 1991, 1995; Schaefer et al., 2002). As protrusões de membrana baseadas em microtúbulos e em actina, associadas a adesão seletiva e reciclagem de membrana, fornecem a força que dirige o movimento e a direcionalidade axonal.

"Extremidades mais [+]" e interações actina-microtúbulo

A regulação dos filamentos de actina e dos microtúbulos no domínio periférico tem um papel importante no movimento do cone de crescimento. Um complexo de proteínas que interage com a extremidade distal ou *mais* [+] dos microtúbulos foi identificada e logicamente se chamam "proteínas de rastreio de extremidades *mais* de microtúbulos" (*microtubule plus-end tracking proteins*) ou simplesmente proteínas "ponta-mais" (+TIPs, do inglês, *plus-tips*). Exemplos são CLASP (proteína citoplasmática de ligação associada; do inglês, *cytoplasmic linker associated protein*) e APC (*polyposis coli* adenomatosa; do inglês, *adenomatous polyposis coli*), as quais, baseadas nos seus níveis de fosforilação, podem tanto estabilizar e promover a extensão de microtúbulos quanto se dissociar dos microtúbulos e inibir o crescimento axonal. As proteínas *"ponta-mais"* ligam-se diretamente a proteínas de ligação à extremidade (EB1/3) na terminação distal do microtúbulo. As proteínas de ligação à extremidade permanecem no lugar independentemente de o microtúbulo crescer ou encolher (**FIGURA 15.25A** e ver Figura 15.24C; Lowery et al., 2010; revisto em Lowery e Van Vactor, 2009; Bearce et al., 2015; Cammarata et al., 2016).

Quando consideramos a jornada incrível pela frente de um cone de crescimento de um jovem neurônio, um certo problema de "suprimento e demanda" se apresenta. A demanda para um fornecimento imediato de proteínas, como monômeros de tubulina e actina, deve ser dominante para se realizar a longa extensão do axônio durante a navegação. Conforme a extensão prossegue, o cone de crescimento fica cada vez mais afastado do corpo celular e do foco de produção de proteínas, o que sugere que suprir essa demanda de subunidades proteicas possa ser progressivamente mais difícil. Contudo, um trabalho recente (Preitner et al., 2014) mostrou que transcritos podem ser armazenados no cone de crescimento para tradução no local, e que a APC funciona para ligar e manter transcritos, como β2b-Tubulina (*Tubb2b*), posicionados na extremidade distal dos microtúbulos. APC também colocaliza com fatores que facilitam a tradução de Tubb2b para elongação rápida dos microtúbulos (**FIGURA 15.25B, C**).

OS CIENTISTAS FALAM 15.3   A Dra. Laura Anne Lowery e o Dr. David Van Vactor falam sobre a identificação de CLASP e o seu papel no direcionamento axonal em *Drosophila*.

Ampliando o conhecimento

Ter a APC localizando mRNA na extremidade de crescimento dos microtúbulos é como ter um fornecimento constante de gasolina bombeado para o tanque do cone de crescimento motorizado. E quanto a CLASP e outras sete ou mais famílias de +TIPs? Podem eles também sequestrar transcritos? Apenas recentemente realizamos que a síntese proteica regionalizada dentro da célula pode ser um mecanismo para alterações no desenvolvimento. Quantos outros eventos em biologia do desenvolvimento poderão envolver bolsas de mRNA e maquinaria de tradução espacialmente restritas?

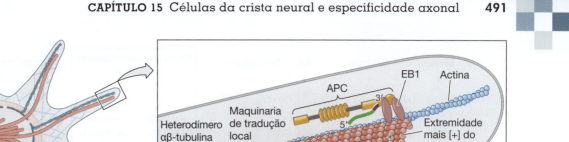

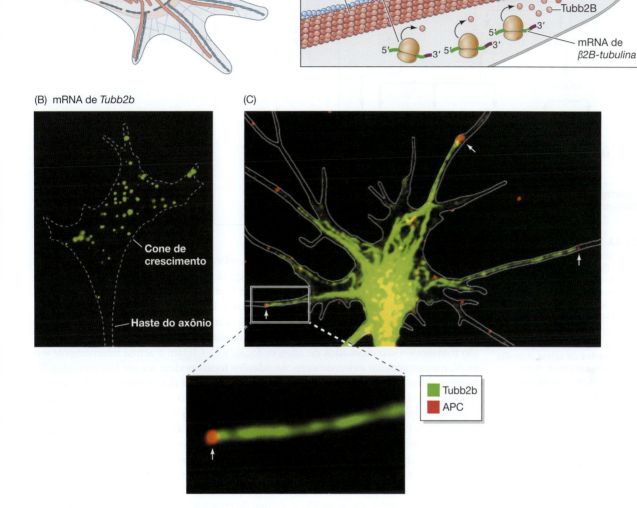

Sinalização Rho e filamentos de actina

A regulação da polimerização de actina guia o movimento do cone de crescimento e, assim, é o alvo de várias vias de direcionamento molecular. As **Rho GTPases** regulam o crescimento de microfilamentos de actina. Estas GTPases podem ser ativadas ou reprimidas por receptores que se ligam a efrinas, netrinas, proteínas Slit ou semaforinas (**FIGURA 15.26A**). Do mesmo modo, a regulação da polimerização da tubulina em microtúbulos é importante porque a tubulina é levada a polimerizar no lado do cone de crescimento que recebe os estímulos atrativos, e sua polimerização é inibida (na verdade, a tubulina é despolimerizada e reciclada) do lado oposto dos estímulos atrativos (Vitriol e Zheng, 2012).

Pensa-se que a adesão constitua o poder para o movimento direcional. Visualize a actina ligada à membrana celular. Agora, considere que a dinâmica de montagem e desmontagem da actina origina um fluxo retrógrado de actina – isto é, imagine a actina se movendo *para longe* da extremidade do cone de crescimento e *em direção* ao corpo celular

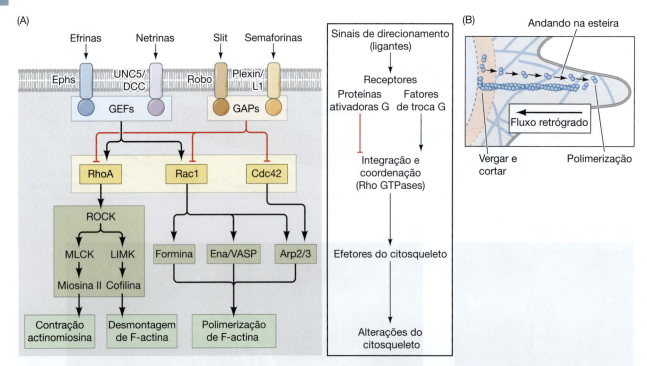

FIGURA 15.26 Rho GTPases interpretam e transmitem sinais externos de direcionamento ao citosqueleto de actina. Os quatro principais ligantes que fornecem sinais para os cones de crescimento (efrinas, netrinas, Slit e semaforinas) se ligam a receptores que estabilizam os microfilamentos de actina. A família de Rho GTPases (RhoA, Rac1 e Cdc42) atua como mediadora entre os receptores e os agentes que levam a cabo as alterações do citosqueleto. (B) Diagrama mostrando a actina "andando na esteira", onde a posição dos monômeros de actina flui das extremidades [+] para as extremidades [–] movida pela polimerização e despolimerização polarizadas. (A, segundo Lowery e Van Vactor, 2009; B, de acordo com Cammarata et al., 2016.)

("andando na esteira"; **FIGURA 15.26B**). Se a membrana celular estiver ancorada a moléculas de adesão externas (através das suas integrinas ou caderinas), porém, a membrana é propulsionada para a frente (Bard et al., 2008; Chan e Odde, 2008). Se não houver essa adesão de ancoragem, não há movimento efetivo. Todavia, se a adesão for demasiado estável, o cone de crescimento também para de se mover. Assim, as adesões têm de ser estabelecidas e quebradas para o cone de crescimento avançar. Estes complexos de adesão transitórios são chamados de adesões focais e eles ligam a actina internamente e o ambiente extracelular externamente. As adesões focais podem ter até 100 proteínas diferentes como componentes (Geiger e Yamada, 2011). Um desses componentes, a cinase de adesão focal (FAK, do inglês, *focal adhesion kinase*), parece ser fundamental para a montagem, estabilização e degradação das adesões focais (Mitra et al., 2005; Chacon e Fazzari, 2011) e parece ser capaz de reconhecer estímulos atrativos e repulsivos. A pesquisa dos componentes das adesões focais apenas está começando a delinear os mecanismos pelos quais a tração é coordenada com o crescimento do citosqueleto e a reciclagem da membrana. Como discutido mais cedo neste capítulo, Rho GTPases e adesões focais também têm papéis essenciais na migração das células da crista neural.

Porque as membranas se reciclam, o cone de crescimento cresce por exocitose de vesículas e incorporação das suas membranas na membrana celular. Estas vesículas (às vezes chamadas de "engrandossomas") são construídas no corpo celular do neurônio e se deslocam pelos microtúbulos para o centro do cone de crescimento (Pfenniger et al., 2003; Rachetti et al., 2010). A maioria dessas vesículas estão envolvidas no crescimento constitutivo do axônio, e não no crescimento direcional do cone de crescimento. Algumas dessas vesículas, porém, são transportadas da região central para a periferia em resposta a sinais Ca^{2+} provenientes de receptores de membrana. As vesículas, então, integram a extremidade do cone de crescimento e atuam (talvez exclusivamente) no torneamento do cone de crescimento em direção dos estímulos atrativos (Tojima et al., 2007). Sinais repulsivos podem iniciar endocitose (a formação de vesículas a partir de membranas celulares) nas áreas que eles tocam, o que teria o efeito tanto de remover o receptor como de diminuir a quantidade de membrana celular naquela área (Hines et al., 2010; Tojima et al., 2010). Assim, por meio de montagem do citosqueleto, adesão celular e reciclagem de membrana, o cone de crescimento transporta mecanicamente o axônio em direção ao seu alvo correto.

Direcionamento axonal

Como é que o cone de crescimento "sabe" atravessar inúmeras células-alvo potenciais e fazer uma conexão específica? Harrison (1910) sugeriu primeiro que a especificidade do crescimento axonal fosse devida a **fibras nervosas pioneiras**, axônios que vão na frente de outros axônios e que servem como guias para eles.[10] Essa observação simplificou, mas não resolveu o problema de como os neurônios formam padrões corretos de interconexão. Harrison, porém, também observou que os axônios devem crescer sobre um substrato sólido, e especulou que as diferenças entre as superfícies embrionárias possam permitir que os axônios se desloquem em determinadas direções. As conexões finais deveriam ocorrer por interações complementares na superfície da célula-alvo:

> *Que deva existir uma espécie de reação de superfície entre cada tipo de fibra nervosa e a estrutura particular a ser inervada parece claro pelo fato de que fibras sensoriais e motoras, apesar de correrem lado a lado no mesmo feixe, mesmo assim formarem conexões periféricas corretas, uma com a epiderme e a outra com o músculo. Assim, os fatos precedentes sugerem que possa haver aqui uma certa analogia com a união do ovo e do espermatozoide.*

Pesquisa sobre a especificidade das conexões neuronais tem focado em três sistemas principais: (1) neurônios motores, cujos axônios atravessam a medula espinal até um músculo específico; (2) neurônios comissurais, cujos axônios devem atravessar o plano da linha média do embrião para inervar alvos no lado oposto do sistema nervoso central; e (3) o sistema óptico, onde os axônios que têm origem na retina devem encontrar o seu caminho de volta ao cérebro. Em todos os casos, a especificidade das conexões axonais se desenrola em três passos (Goodman e Shatz, 1993):

1. *Seleção do caminho*. Os axônios atravessam por uma rota que os leva a determinada região do embrião.
2. *Seleção dirigida*. Os axônios, uma vez que alcançaram a área correta, reconhecem e se ligam a um conjunto de células com as quais formam conexões estáveis.
3. *Seleção do endereço*. Os padrões iniciais são refinados, de modo que cada axônio se ligue a um pequeno subconjunto (às vezes apenas um) dos seus possíveis alvos.

Os primeiros dois processos são independentes da atividade neuronal. O terceiro processo envolve interações entre vários neurônios ativos e converte as projeções que se sobrepõem em um padrão refinado de conexões.

Sabemos desde os anos 1930 que os axônios dos neurônios motores podem encontrar os seus músculos apropriados mesmo quando a atividade neural é bloqueada. Twitty (que foi aluno de Harrison) e colaboradores descobriram que os embriões de salamandra *Taricha torosa* secretam tetrodotoxina (TTX), uma toxina que bloqueia a transmissão neural em outras espécies. Ao enxertar pedaços de embrião de *T. torosa* em embriões de outras espécies de salamandra, eles conseguiram paralisar os embriões hospedeiros por dias, enquanto o desenvolvimento prosseguia. Estabeleceram-se conexões neuronais normais apesar de não ter ocorrido atividade neural. Cerca do momento em que as larvas estão prontas para se alimentarem, a neurotoxina se esgotou, e as jovens salamandras nadaram e se alimentaram normalmente (Twitty e Johnson, 1934; Twitty, 1937). Experimentos mais recentes usando mutantes de peixe-zebra com receptores de neurotransmissores não funcionais demonstraram igualmente que neurônios motores podem estabelecer os seus padrões normais de inervação na ausência de atividade neuronal (Westerfield et al., 1990). Contudo, a questão se mantém: *como os axônios dos neurônios recebem instruções para onde ir?*

---

[10] Os cones de crescimento das fibras nervosas pioneiras migram para o seu tecido-alvo enquanto as distâncias no embrião ainda são curtas e o tecido embrionário intermediário é ainda relativamente descomplicado. Mais tarde no desenvolvimento, outros neurônios se ligam aos neurônios pioneiros e, assim, entram no tecido-alvo. Klose e Bentley (1989) demonstraram que, em alguns casos, os neurônios pioneiros morrem após os neurônios "seguidores" chegarem ao seu destino. Contudo, se os neurônios pioneiros forem impedidos de se diferenciarem, os outros axônios não alcançam os seus tecidos-alvo.

A programação intrínseca de navegação dos neurônios motores

Os neurônios na margem ventrolateral do tubo neural de vertebrados se tornam neurônios motores, e um dos primeiros passos para a maturação envolve especificidade do alvo (Dasen et al., 2008). Os corpos celulares dos neurônios motores projetando-se para um único músculo são associados em uma coluna longitudinal da medula espinal (**FIGURA 15.27A**; Landmesser, 1978; Hollyday 1980; Price et al., 2002). Os conjuntos são agrupados em colunas de Terni e nas colunas motoras lateral e medial (LMC e MMC, do inglês, *lateral motor column* e *medial motor column*, respectivamente), e neurônios em locais semelhantes têm alvos semelhantes (ver Figura 13.18C). Por exemplo, no membro posterior de galinha, os neurônios motores da LMC inervam a musculatura dorsal, ao passo que os neurônios motores da MMC inervam a musculatura ventral do membro (Tosney et al., 1995; Polleux et al., 2007). Esse arranjo dos neurônios motores é consistente nos vertebrados.

Os alvos dos neurônios motores são especificados antes dos seus axônios se estenderem para a periferia. Isso foi demonstrado por Lance-Jones e Landmesser (1980), que reverteram os segmentos da medula espinal de galinha de modo que os neurônios motores fossem colocados em novas localizações. Os axônios foram para os seus alvos originais, não para aqueles esperados das suas novas posições (**FIGURA 15.27B-D**). A base molecular para essa especificidade de alvo reside nos membros das famílias de proteínas Hox e Lim que são induzidas durante a especificação neuronal (Tsushida et al., 1994; Sharma et al., 2000; Price e Briscoe, 2004; Bonanomi e Pfaff, 2010). Por exemplo, todos os neurônios motores expressam as proteínas Lim Islet1 e (ligeiramente mais tarde) Islet2. Se nenhuma outra proteína Lim for expressa, os neurônios projetam-se para os músculos ventrais do membro (**FIGURA 15.28**), uma vez que os axônios (assim como as células da crista neural do tronco) sintetizam neuropilina-2, o receptor para a semaforina-3F quimiorrepelente, a qual é produzida na parte dorsal do broto do membro. Se a proteína Lim1 também for sintetizada, porém, os neurônios motores projetam-se dorsalmente para os músculos dorsais do membro. Esse crescimento axonal em direção do músculo dorsal é devido a Lim1 induzir a expressão de EphA4, a qual é o receptor da proteína quimiorrepelente efrina A5, que é sintetizada na parte ventral do broto do membro. Assim, a inervação do membro pelos neurônios motores depende de sinais repulsivos. Os neurônios motores que entram nos músculos axiais da parede do corpo, porém, são levados até lá por quimioatração – de fato, esses axônios realizam uma virada abrupta para chegarem à musculatura em formação – porque estes neurônios motores expressam Lhx3, que induz a expressão de um receptor de FGFs tal como os secretados pelo dermomiótomo (a região do somito que contém células precursoras de músculo). Esse processo é um exemplo de um morfógeno clássico (FGFs) também atuando para guiar

FIGURA 15.27 Compensação para pequenas deslocações da posição de iniciação axonal em embrião de galinha. (A) Axônios dos neurônios motores e neurônios sensoriais agrupam-se (fasciculam) antes de encontrarem os seus alvos musculares. Aqui, nervos motores (marcados de verde com GFP) e neurônios sensoriais (marcados de vermelho com anticorpos) fasciculam antes de entrarem no broto do membro em um embrião de camundongo de 10,5 dias. (B) Uma porção de medula espinal compreendendo os segmentos T7-LS3 (entre os segmentos sétimo torácico e tereiro lombosacral) é invertida em um embrião de 2,5 dias. (C) Padrão normal de projeção axonal para os músculos do membro anterior no estágio de 6 dias. (D) Projeção de axônios do segmento invertido no estágio de 6 dias. Os neurônios colocados ectopicamente acabaram por encontrar as suas vias neurais corretas e inervar os músculos certos. (A, de Huettl et al., 2011, cortesia de A. Huber-Brösamle; B-D, segundo Lance-Jones e Landmesser, 1980.)

(A)

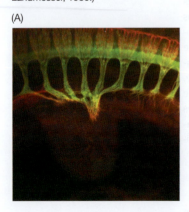

(B) 2–5 Dias

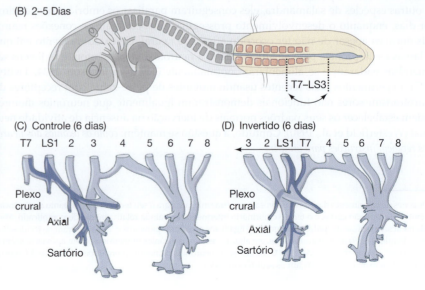

T7–LS3

(C) Controle (6 dias)

T7 LS1 2 3 4 5 6 7 8

Plexo crural

Axial

Sartório

(D) Invertido (6 dias)

3 2 LS1 T7 4 5 6 7 8

Plexo crural

Axial

Sartório

FIGURA 15.28 Organização dos neurônios motores e especificação por Lim na medula espinal que inerva o membro posterior de galinha. Os neurônios em cada uma das três colunas diferentes expressam conjuntos específicos de genes da família Lim (incluindo *Isl1* e *Isl2*), e os neurônios dentro de cada coluna tomam decisões de navegação semelhantes. Os neurônios da coluna motora mediana são atraídos para os músculos axiais por FGFs secretados pelo dermomiótomo. Os neurônios da coluna motora lateral enviam axônios para a musculatura do membro. Onde essas colunas são subdivididas, as subdivisões medianas projetam para posições ventrais porque são repelidas por semaforina-3F no broto do membro dorsal, e as subdivisões laterais enviam axônios para as regiões dorsais do broto do membro porque são repelidas por efrina-A5 sintetizada na metade ventral. (Segundo Polleux et al., 2007).

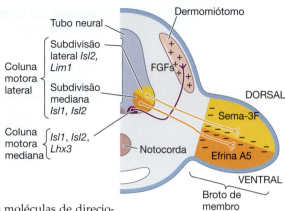

diretamente axônios de uma maneira classicamente atribuída às moléculas de direcionamento. Revisitaremos este ponto de novo mais tarde neste capítulo. Em resumo, os neurônios motores procuram os seus alvos por meio de "programas" intrínsecos que atribuem aos diferentes neurônios motores diferentes moléculas de superfície celular que determinam a resposta dos cones de crescimento dos axônios a sinais de direcionamento no seu caminho e nos seus alvos.

Adesão celular: um mecanismo para agarrar a estrada

O caminho inicial que um cone de crescimento segue é determinada pelo ambiente que este experimenta. A polaridade de um neurônio – isto é, qual parte da célula estenderá o axônio – é determinada em grande parte pela resposta do neurônio a sinais de adesão celular no seu ambiente mais imediato. Integrinas e N-caderinas servem de receptores para orientar o neurônio de acordo com os sinais das matrizes extracelulares e membranas das células em volta (Myers et al., 2011; Randlett et al., 2011; Gärtner et al., 2012). Esses receptores recrutam actina, a qual forma microfilamentos na área especificada. Os microfilamentos transportam a proteína motora dineína, a qual, por sua vez, recruta microtúbulos, que podem estender o axônio (Ligon et al., 2001).

Uma vez que o axônio começa a se formar, o seu cone de crescimento encontra diferentes substratos. O cone de crescimento adere a certos substratos e se desloca em direção a eles. Outros substratos fazem o cone de crescimento se retrair, impedindo o axônio de crescer naquela direção. Os cones de crescimento preferem migrar em superfícies que são mais adesivas que as suas imediações, e um rastro de moléculas adesivas (como laminina) podem dirigi-los para os seus alvos (Letourneau, 1979; Akers et al., 1981; Gundersen, 1987).

Além dos sinais gerais da matriz extracelular, existem contatos de adesão célula a célula importantes que constituem substratos permissivos para a caminhada do cone de crescimento. Por exemplo, a via mais comum seguida pelos cones de crescimento é atrás de axônios previamente estendidos. Enquanto parece que os neurônios motores estejam intrinsecamente trancados para a localização dos seus alvos finais (ver Figura 15.27-B-D), sabe-se há muito que os neurônios sensoriais precisam dos neurônios motores para estabelecer as conexões corretas (Hamburger, 1929; Landmesser et al., 1983; Honig et al., 1986). Parece que os subtipos de neurônios motores produzem compostos específicos (como Ephs) que fazem os neurônios sensoriais aderirem ao axônio motor e se estenderem junto a eles (Huettl et al., 2011; Wang et al., 2011). O processo de um axônio aderir e usar o outro axônio para crescer é chamado de **fasciculação** (ver Figura 15.27A). É interessante que os axônios do nervo espinal usem NCAM para fascicularem juntos durante o seu crescimento compartilhado; a divergência dorsal de axônios para inervar a musculatura epaxial (das costas), contudo, requer a modificação de NCAM com ácido polisiálico (PSA, do inglês, *polysialic acid*). Modificação com PSA quebra transitoriamente as interações homofílicas com NCAm, o que facilita a desfasciculação e a exploração de vias distintas em resposta a sinais como os FGFs mencionados acima (Tang et al., 1992; Allan e Greer, 1998). Esses são exemplos de *sinais de direcionamento mediados por contato local* (Ephs/NCAMs) que regulam uma conexão de adesão firme entre neurônios motores e os seus neurônios sensoriais associados (ver Figura 15.28).

Moléculas de direcionamento de curto e longo alcance: os sinais de rua do embrião

A navegação pelo ambiente embrionário é literalmente guiada por moléculas que funcionam muito como os sinais de trânsito, semáforos e outras pistas direcionais que usamos para encontrarmos o nosso caminho no nosso ambiente. Os cientistas interpretaram muitas das decisões que um cone de crescimento toma durante a sua jornada como equivalentes a escolhas entre ser atraído ou repelido de uma dada região do embrião (ver Figura 15.24). Os sinais que evocam respostas atrativas ou repulsivas nos axônios em crescimento cabem em quatro famílias de proteínas: efrinas, semaforinas, netrinas e slits. Elas são algumas das mesmas proteínas que vimos regularem a migração das células da crista neural (ver Kolodkin e Tessier-Lavigne, 2011). Já vimos que as células da crista neural são padronizadas por reconhecimento de efrina e o que é um sinal atrativo para um conjunto de células (como os futuros melanócitos em direção da epiderme) pode ser um sinal repulsivo para outras células (como os futuros gânglios simpáticos). Se um sinal de direcionamento é atrativo ou repulsivo pode depender do (1) tipo de célula que recebe aquele sinal e (2) do momento em que a célula recebe o sinal. O mais intrigante é que o desenvolvimento neural empregou mecanismos dinâmicos para alterar a resposta de um cone de crescimento, permitindo-lhes serem repelidos por sinais que antes ignoraram ou que os atraíam ativamente.

Padrões de repulsão: efrinas e semaforinas

Membros de duas famílias de proteínas de membrana, as efrinas e as semaforinas, estão envolvidaos na padronização neural. Assim como as células da crista neural são inibidas de migrar através da porção posterior de um esclerótomo, os axônios dos gânglios da raiz dorsal e os neurônios motores também passam apenas pela porção anterior de cada esclerótomo e evitam migrar pela porção posterior (**FIGURA 15.29A**; ver também Figura 15.13). Davies e colaboradores (1990) demonstraram que membranas isoladas da porção posterior de cada somito fazem os cones de crescimento desses neurônios colapsarem (**FIGURA 15.29B, C**). Esses cones de crescimento contêm receptores Eph (que se ligam a efrinas) e receptores de neuropilina (que se ligam a semaforinas) e, assim, respondem a efrinas e semaforinas nas células do esclerótomo posterior (Wang e Anderson, 1997; Krull et al., 1999; Kuan et al., 2004). Desse modo, os mesmos sinais que padronizam a migração da célula da crista neural também padronizam o crescimento dos brotos neuronais espinais.

Encontradas por todo o reino animal, as semaforinas normalmente guiam os cones de crescimento axonal por repulsão seletiva. Elas são especialmente importantes para forçar "viragens" quando o axônio deve mudar de direção. A semaforina-1, por exemplo, é uma proteína transmembrana que é expressa por uma faixa de células epiteliais

FIGURA 15.29 Repulsão dos cones de crescimento do gânglio da raiz dorsal. (A) Axônios motores migrando pelo compartimento rostral (anterior), mas não pelo caudal (posterior), de cada esclerótomo. (B) Ensaio *in vitro*, no qual listras de efrina foram colocadas sobre um fundo de laminina. Os axônios motores cresceram apenas onde a efrina estava ausente. (C) Inibição dos cones de crescimento por efrina após 10 minutos de incubação. A fotografia da esquerda mostra um axônio-controle exposto a um composto semelhante (mas não inibidor); o axônio da direita foi exposto a uma efrina encontrada no somito posterior. (De Wang e Anderson, 1997, cortesia dos autores.)

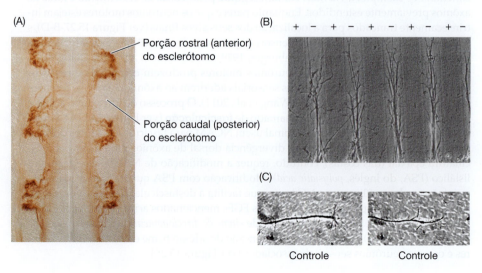

(A)
Porção rostral (anterior) do esclerótomo

Porção caudal (posterior) do esclerótomo

(B) + − + − + − + − + −

(C)

Controle   Controle

FIGURA 15.30 Ação de semaforina-1 no membro de gafanhoto em desenvolvimento. O axônio do neurônio sensorial Ti1 projeta-se em direção ao sistema nervoso central. (As setas representam as etapas sequenciais da rota.) Quando ele alcança uma faixa de células epiteliais expressando semaforina-1, o axônio reorienta o seu cone de crescimento e se estende ventralmente ao longo da fronteira distal das células expressando semaforina-1. Quando os seus filopódios se conectam com o par de células Cx1, o cone de crescimento cruza a fronteira e projeta-se para o sistema nervoso central. Quando a semaforina-1 é bloqueada com anticorpos, o cone de crescimento procura aleatoriamente as células Cx1. (Segundo Kolodkin et al., 1993.)

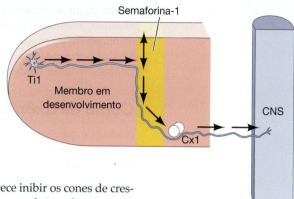

no membro de inseto em desenvolvimento. Essa proteína parece inibir os cones de crescimento dos neurônios sensitivos Ti1 de avançarem para a frente, obrigando-os, assim, a virar (**FIGURA 15.30**; Kolodkin et al., 1992, 1993). Em *Drosophila*, a semaforina-2 é secretada por um único grande músculo torácico. Desse modo, o músculo torácico impede a ele mesmo de ser inervado por axônios incorretos (Matthes et al., 1995).

As proteínas da família semaforina-3, também conhecidas por colapsinas, existem em mamíferos e aves. Essas proteínas secretadas causam o colapso dos cones de crescimento de axônios originários dos gânglios da raiz dorsal (Luo et al., 1993). Existem vários tipos de neurônios nos gânglios da raiz dorsal cujos axônios entram na medula espinal dorsal. A maioria desses axônios são impedidos de atravessar para mais longe e entrar na medula espinal ventral; contudo, um subconjunto deles viaja ventralmente em direção às outras células neurais (**FIGURA 15.31**). Esses axônios particulares não são inibidos por semaforina-3, ao passo que os outros neurônios o são (Messersmith et al., 1995). Essa descoberta sugere que a semaforina-3 padroniza as projeções sensoriais dos gânglios da raiz dorsal, repelindo seletivamente certos axônios de modo que eles terminem dorsalmente. Um esquema semelhante é observado no cérebro, onde a semaforina produzida em uma região do cérebro impede a entrada de neurônios originários de outra região (Marín et al., 2001).

(A)

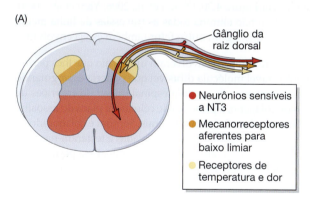

FIGURA 15.31 Semaforina-3 como inibidor seletivo de projeções axonais para a medula espinal ventral. (A) Trajetória de axônios em relação à expressão de semaforina-3 na medula espinal de um embrião de rato de 14 dias. Neurônios que podem responder à neurotrofina 3 (NT3) podem atravessar para a região ventral da medula espinal, mas os axônios aferentes para os mecanorreceptores e para neurônios receptores de temperatura e dor terminam dorsalmente. (B) Células de fibroblasto transgênico de galinha que secretam semaforina-3 inibem a projeção de axônios mecanorreceptores. Esses axônios estão crescendo em meio tratado com o fator de crescimento do nervo (NGF, do inglês, *nerve growth fator*), o qual estimula o seu crescimento, mas eles ainda são inibidos de crescerem em direção da fonte de semaforina-3. (C) Neurônios que respondem a NT3 para crescimento não são inibidos de se estenderem em direção da fonte de semaforina-3 quando cultivados com NT3. (A, segundo Marx, 1995; B, C de, Messersmith et al., 1995, cortesia de A. Kolodkin.)

(B)

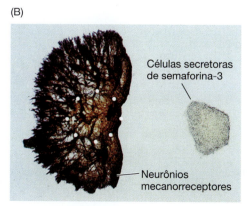

(C)

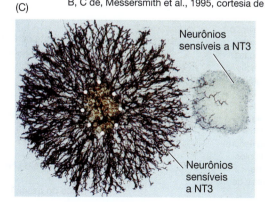

Em algumas circunstâncias, as efrinas e as semaforinas podem ser atrativas. Por exemplo, a semaforina-3A é um quimiorrepelente clássico para axônios provenientes de neurônios piramidais no córtex de mamífero; contudo, ela é um quimioatrativo para dendritos das mesmas células. Desse modo, um alvo pode alcançar os dendritos dessas células sem atrair também os seus axônios (Polleux et al., 2000).

Como os axônios atravessaram a estrada?

A ideia de que sinais quimiotáticos guiassem os axônios no sistema nervoso em desenvolvimento foi primeiro proposta por Santiago Ramón y Cajal (1892). Ele sugeriu que moléculas difusíveis possam sinalizar os neurônios comissurais da medula espinal a enviar axônios das suas posições laterais no tubo neural para a placa do assoalho ventral. Os neurônios comissurais coordenam as atividades motoras direita e esquerda. Para realizar isso, eles de alguma forma têm de migrar para (e através) a linha média ventral. Os axônios de neurônios comissurais começam a crescer ventralmente, descendo pelo lado do tubo neural. A cerca de dois terços do caminho, porém, os axônios mudam de posição e se projetam através da área ventrolateral neuronal (motora) do tubo neural em direção às células da placa do assoalho (**FIGURA 15.32**).

Parece que existem dois sistemas envolvidos em atrair os axônios dos neurônios comissurais dorsais para a linha média ventral. O primeiro é a proteína Sonic hedgehog (Shh), que inicia os neurônios comissurais nas suas migrações ventrais. (Lembre-se, do Capítulo 13, a importância de Shh como morfôgeno para padronizar o destino celular; ver Figuras 13.19 e 4.30.) Shh é produzido e secretado na placa do assoalho e distribuído em um gradiente de concentração que é elevado ventralmente e baixo dorsalmente. Se a sinalização Shh for inibida por ciclodopamina (um inibidor de Smoothened, o principal transdutor de Shh) ou se Smoothened for nocauteado condicionalmente nos neurônios comissurais, os axônios comissurais têm dificuldade em chegar à linha média ventral e virar em direção à linha mediana (Charron et al., 2003). Parece, porém, que o direcionamento de axônios comissurais por sinalização Shh opere de modo *não canônico* por meio de um receptor alternativo, Brother of Cdo (Boc), e é independente da regulação transcricional mediada por Gli (ver Figura 4.30; Okada et al., 2006; Yam et al., 2009). Além disso, perda do gradiente de Shh não elimina todas as travessias da linha média por axônios comissurais, o que sugere que algum outro fator também esteja envolvido.

NETRINA   Em 1994, Serafini e colaboradores desenvolveram um ensaio que lhes permitiu rastrear a presença de uma presumível molécula difusível que poderia estar guiando os neurônios comissurais. Quando explantes de medula espinal dorsal de embriões de galinha foram cultivados em géis de colágeno, a presença de células da placa do assoalho próxima a eles promoveu o brotamento de axônios comissurais. Serafini e colaboradores pegaram frações de cérebro de embrião de galinha homogeneizadas e testaram-nas para ver se alguma das suas proteínas mimetizava a atividade do explante. Essa pesquisa resultou na identificação de duas proteínas, **netrina-1 e netrina-2**. Como Shh, netrina-1 é

FIGURA 15.32   Trajetória dos axônios comissurais na medula espinal de rato. (A) Desenho esquemático de um modelo no qual os neurônios comissurais primeiro sentem um gradiente de Sonic hedgehog e netrina-2 e depois um gradiente mais abrupto de netrina-1. Os axônios comissurais são quimiotaticamente guiados ventralmente pela borda lateral da medula espinal em direção à placa do assoalho. Chegando à placa do assoalho, o direcionamento por contato das células da placa do assoalho faz os axônios mudarem de direção. (B) Localização autorradiográfica de mRNA de netrina-1 por hibridação *in situ* de RNA antissenso no rombencéfalo de um jovem embrião de rato. O mRNA de netrina-1 (área escura) está concentrado nos neurônios da placa do assoalho. (B, de Kennedy et al., 1994, cortesia de M. Tessier-Lavigne.)

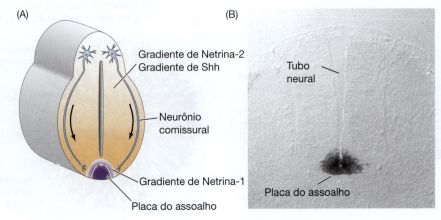

(A)

Gradiente de Netrina-2
Gradiente de Shh

Neurônio comissural

Gradiente de Netrina-1

Placa do assoalho

(B)

Tubo neural

Placa do assoalho

sintetizada e secretada pelas células da placa do assoalho, ao passo que netrina-2 é sintetizada pela região inferior da medula espinal, mas não na placa do assoalho (ver Figura 15.32B). É possível que os neurônios comissurais encontrem primeiro um gradiente de netrina-2 e Shh, o qual os leva até ao domínio do gradiente mais abrupto de netrina-1. As netrinas são reconhecidas pelos receptores DCC e DSCAM, os quais se encontram nos cones de crescimento de axônios comissurais (Liu et al., 2009).

Apesar de serem moléculas solúveis, ambas as netrinas ficam associadas à matriz extracelular.[11] Essas associações podem ter papéis importantes e podem alterar o efeito da netrina de atrativa para repulsiva, como observado nos neurônios retinianos de *Xenopus* (Höpker et al., 1999). As estruturas das proteínas netrinas possuem inúmeras regiões de homologia com UNC-6, uma proteína implicada em dirigir a migração de axônios à volta da parede corporal do *C. elegans*. No nematódeo selvagem, UNC-6 induz os axônios de certos neurônios sensoriais localizados centralmente a se moverem ventralmente ao mesmo tempo que induz neurônios motores localizados ventralmente a estenderem axônios dorsalmente. Em mutações de perda de função de *unc-6*, nenhuma dessas migrações ocorre (Hedgecock et al., 1990; Ishii et al., 1992; Hamelin et al., 1993). Mutações no gene *unc-40* interrompem migração axonal ventral (mas não dorsal), ao passo que mutações no gene *unc-5* impedem apenas a migração dorsal (**FIGURA 15.33**). Evidências genética e bioquímica sugerem que UNC-5 e UNC-40 são porções do complexo de receptor UNC-6 e que UNC-5 pode converter uma atração mediada por *UNC-40* em uma repulsão (Leonardo et al., 1997; Hong et al., 1999; Chang et al., 2004).

Existe reciprocidade em ciência. Assim como a pesquisa sobre os genes verterbados da netrina levou à descoberta dos seus homólogos em *C. elegans*, a pesquisa sobre o gene *unc-5* de nematódeo levou à descoberta do gene codificante para o receptor de netrina de mamífero. Resulta que este gene é um cuja mutação em camundongo causa uma doença chamada de malformação cerebelar rostral (Ackerman et al., 1997; Leonardo et al., 1997). Do mesmo modo, o receptor "DCC de netrina" recebeu o seu nome da análise de genes mutados associados com câncer e recebeu o seu acrônimo de "deletado em câncer coloretal" (do inglês, *deleted in colorectal câncer*).

Recentemente, **Vegf** foi identificado como o terceiro atrativo da linha média, que coopera com Shh e Netrina para guiar os axônios comissurais ventromedialmente à placa do assoalho. Além disso, estudos *in vitro* indicam que todos os três atrativos podem estar envolvidos com a sinalização da **família de cinases Src** (**SFK**, do inglês, *Src family kinases*) para mediar as respostas dos cones de crescimento (Li et al., 2004; Meriane et al., 2004; Yam et al., 2009; Ruiz de Almodovar et al., 2011). Será empolgante ver se os futuros estudos *in vivo* revelarão a possibilidade de papéis espaço-temporais para SFKs na travessia da linha média de axônios comissurais.

SLIT E ROBO Parece que, para atravessar a linha mediana e crescer para longe dela no *lado contralateral* (oposto ao lado do SNC no qual o corpo celular está residindo), são precisos sinais repulsivos como força motora. Um grupo importante de

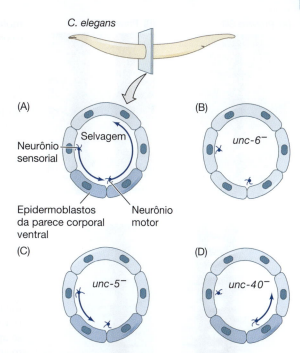

FIGURA 15.33 Expressão de UNC e função em direcionamento axonal. (A) No corpo do embrião selvagem de *C. elegans*, neurônios sensoriais projetam-se ventralmente, e neurônios motores, dorsalmente. Os epidermoblastos da parede corporal ventral expressando *unc-6* estão representados em sobreado escuro. (B) No embrião mutante para *unc-6*, nenhuma dessas migrações ocorre. (C) A mutação com perda de função de *unc-5* afeta apenas os movimentos dorsais dos neurônios motores. (D) A mutação de perda de função de *unc-40* afeta apenas a migração ventral dos cones de crescimento sensoriais. (Segundo Goodman, 1994.)

---

[11] A natureza não necessariamente se conforma a categorias que nós humanos criamos. A ligação de um fator solúvel à matriz extracelular constitui uma ambiguidade interessantes entre *quimiotaxia* (movimento em direção a uma substância química específica) e *haptotaxia* (migração ao longo de um substrato preferido). Existe também alguma confusão entre os termos *neurotrópico* e *neurotrófico*. Neurotrópico (do latim, *tropicus*, "um movimento de torneamento") significa que algo atrai o neurônio. Neurotrófico (do grego, *trophikos*, "nutrir" ou "alimentar") refere-se à capacidade de um fator de manter o neurônio vivo, normalmente fornecendo fatores de crescimento. Como muitos agentes possuem ambas as propriedades, eles são chamados alternativamente de *neurotropinas* e *neurotrofinas*. Na literatura mais recente, *neurotrofina* parece ser mais frequentemente usado.

(A) Proteína Slit

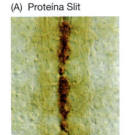

(B) Proteína Robo

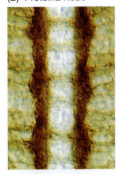

(C) Selvagem

(D) *Slit⁻/⁻*

FIGURA 15.34 Regulação Robo/Slit da travessia da linha média por neurônios. Robo e Slit no sistema nervoso central de *Drosophila*. (A) Marcação com anticorpo releva a proteína Slit nas células gliais da linha média. (B) A proteína Robo aparece ao longo dos neurônios dos tratos longitudinais do arcabouço neuronal do SNC. (C) O arcabouço do axônio selvagem do SNC mostra o arranjo em escada dos neurônios cruzando a linha média. (D) Marcação do arcabouço axonal do SNC com anticorpos contra todos os neurônios do SNC em um mutante de perda de função de Slit mostra axônios entrando, mas não conseguindo sair, da linha média (em vez de correrem ao seu lado). (De Kidd et al., 1999, cortesia de C. S. Goodman.)

moléculas quimiorrepulsivas são as proteínas *Slit*, as quais são expressas e secretadas pelas células da linha média (recentemente revisto em Neuhaus-Follini e Bashaw, 2015; Martinez e Tran, 2015). Em *Drosophila*, Slit é secretada pelas células gliais na linha média da corda nervosa, e atua para impedir a maioria dos axônios de cruzar a linha média de um lado para o outro. As proteínas **Roundabout (Robo)** (Robo1,[12] Robo2 e Robo3) são os receptores para Slit (Rothberg et al., 1990; Kidd et al., 1998; Kidd et al., 1999). Em *Drosophila*, os receptores Robo nos cones de crescimento de neurônios em navegação funcionam para impedir a migração através da linha média, e, dependendo das diferentes combinações de receptores Robo expressos, instruir o posicionamento lateral dos tratos longitudinais[13] relativos à linha média (Rajagopalan et al., 2000; Simpson et al., 2000; Bhat, 2005; Spitzweck et al., 2010). Perda de Slit ou perda combinada de Robo1 e Robo2 resulta na falha de travessia axonal correta da linha média, de modo que os axônios crescem até ela e atravessam, tornam a re-atravessar e continuam a se estender em paralelo ao londo da linha média (**FIGURA 15.34**). Esses e outros resultados levaram a um modelo segundo o qual os neurônios comissurais que atravessam a linha média de um lado para o outro evitam temporariamente esta repulsão por diminuição da expressão das proteínas Robo1/2 conforme eles se aproximam da linha mediana. Uma vez que o cone de crescimento atravessou a linha mediana do embrião, os neurônios reexpressam Robos no cone de crescimento e ficam de novo sensíveis às ações inibitórias de Slit na linha mediana (Brose et al., 1999; Kidd et al., 1999; Orgogozo et al., 2004).

Em *Drosophila*, esta alteração mecanística da resposta é por uma proteína endossomal chamada Commissureless (Comm), a qual é expressa apenas em axônios pré-travessia e atua para desviar as proteínas Robo para o lisossoma, em vez de permitir a sua expressão na membrana. Em *Drosophila*, este mecanismo de tráfico endossomal para proteínas permite uma alteração mais rápida na resposta de axônios comissurais que atravessam a linha mediana do que seria possível por meio de regulação da expressão gênica do gene *robo* (**FIGURA 15.35**; Keleman et al., 2002; 2005; Yang et al., 2009).

Os vertebrados também usam a sinalização Slit e Robo para repulsão na linha média, mas a alteração na resposta do cone de crescimento entre axônios pré e pós-travessia é algo diferente. Em vertebrados, existem várias proteínas Slit (1-3) e Robo (1-4), sendo que Robo3 tem duas isoformas, Robo3.1 e Robo3.2, as quais são expressas em axônios comissurais pré e pós-travessia, respectivamente (Mambetisaeva et al., 2005). Conforme os neurônios estendem seus axônios em direção à linha média, os axônios destinados a permanecer ipsilateralmente (i.e., do mesmo lado do SNC em que o corpo celular reside) expressam Robo1 e Robo2, sendo assim repelidos de cruzar a linha média por Slit (ver Figura 15.38). Axônios expressando Robo3.1, porém, eles são capazes de cruzar a linha média. Apesar de o mecanismo preciso ser pouco claro, pensa-se que Robo3.1 promova ativamente a travessia da linha mediana, uma vez que a diminuição da expressão de Robo3.1 resulta em falha de travessia da linha média por axônios comissurais. Uma vez que o cone de crescimento do neurônio comissural cruzou a linha média, ele diminui a expressão de Robo3.1 e aumenta a de Robo1, 2 e 3.2, o que impede o cone de crescimento de tornar a atravessar a linha média e permite que a plena força de Slit atue como quimiorrepelente, forçando, assim, o cone de crescimento a se afastar da linha média (ver Figura 15.35, camundongo; Long et al., 2004; Sabatier et al., 2004; Woods, 2004; Chen et al., 2008).

---

[12] Apesar de historicamente Roundabout1 em *Drosophila* ser referida simplesmente como Robo (sem o número 1), para evitar confusão a chamamos de Robo1 ao longo deste texto.

[13] As vias axonais no sistema nervoso central são chamadas de tratos, ao passo que a via de axônios no sistema nervoso periférico são chamadas de nervos.

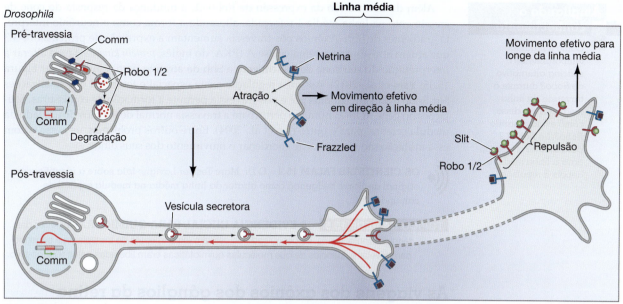

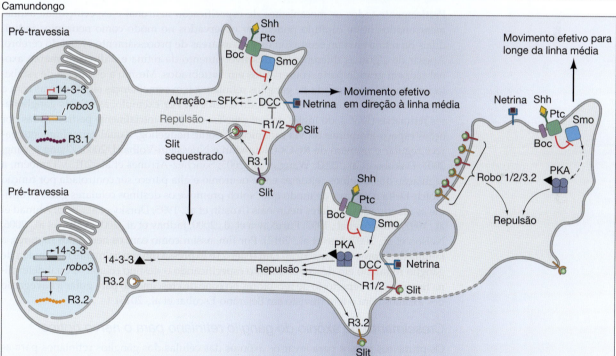

FIGURA 15.35 Modelo de direcionamento axonal para neurônios comissurais cruzando a linha média na mosca e no camundongo. A ilustração mostra um único neurônio comissural residindo no hemisfério esquerdo da corda nervosa ventral da mosca (topo) ou tubo neural de camundongo (embaixo). A sinalização Slit-Robo medeia a repulsão. Netrina e Shh exercem atração para a linha média em axônios comissurais pré-travessia através dos seus complexos de receptores Frazzled/DCC e Ptc-Boc-Smo, respectivamente. Em axônios pós-travessia, a expressão da proteína 14-3-3 é aumentada, o que muda a sensibilidade a Shh, influenciando PKA a jusante da sinalização Shh. Em mosca, os axônios pré-travessia são essencialmente cegos aos sinais repulsivos de Slit devido ao redirecionamento de receptores Robo para o lisossoma por Commissureless (Comm) para degradação. Uma vez na linha média, porém, a sinalização aumentada através do receptor de Netrina Frazzled provoca a diminuição de expressão de Comm. Robo retorna, então, ao cone de crescimento, e a repulsão mediada por Slit ocorre, de modo que o axônio não torna a cruzar a linha média. Em vertebrados, os receptores Robo1/2 (R1/2) são capazes de inibir a ligação Netrina-DCC; logo, em axônios pré-travessia, essa repressão e a repulsão Slit-Robo, em geral, precisam ser atenuadas. A isoforma Robo3.1 (R3.1) pode funcionar para inibir 1/2, permitindo, assim, a tração mediada por Netrina. Além disso, Robo3.1 pode também sequestrar competitivamente Slit, sem resultado direto de direcionamento a jusante, o que serviria para reduzir a disponibilidade de Slit para se ligar a Robo1/2. Nos axônios pós-travessia, porém, a expressão da isoforma Robo3.2 (R3.2) é aumentada, e a isoforma 3.1 é perdida. Robo3.2 parece funcionar do mesmo modo como um repelente canônico de Slit.

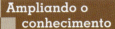

Ampliando o conhecimento

Como é regulado temporalmente o *splicing* alternativo de *Robo3* durante a travessia da linha média? Além disso, como estão atuando *Robo3.1* e *Robo3.2* para mediar a atração para a linha média e depois a repulsão?

Além da diminuição da expressão de Robo3.1, a mudança da resposta do cone de crescimento na linha média é reforçada, alterando a forma como o neurônio interpreta gradientes de Shh. Axónios pós-travessia aumentam a expressão de proteínas 14-3-3 que atuam através da proteína-cinase A (PKA, do inglês, *protein kinase A*) para alterar a interpretação do seu cone de crescimento a Shh de atrativo para repulsivo (ver Figura 15.35; Yam et al., 2012). Assim, a regulação exata espacial e temporal das sinalizações Slit-Robo e Shh em axônios pré e pós-travessia permite a formação de comissuras. Mutações no gene *ROBO3* humano perturbam a travessia normal de axônios de um lado da medula cerebral para o outro (Jen et al., 2004). Entre outros problemas, as pessoas com essa mutação são incapazes de coordenar o movimento dos seus olhos.

 OS CIENTISTAS FALAM 15.4 O Dr. Marc Tessier-Lavigne fala sobre a identificação original de Sonic hedgehog como atrator da linha média na medula espinal de camundongo.

TÓPICO NA REDE 15.5 **A EVIDÊNCIA INICIAL PARA QUIMIOTAXIA** Antes das técnicas moleculares, os pesquisadores usavam experimentos de transplante e engenho para revelar evidências de que moléculas quimiotáticas eram liberadas pelos tecidos-alvo.

As viagens dos axônios dos gânglios da retina

Praticamente todos os mecanismos de especificação neuronal e especificidade axonal mencionados neste capítulo podem ser observados no modo como neurônios individuais da retina enviam seus axônios para as áreas de processamento visual do cérebro. Apesar de algumas diferenças, o desenvolvimento da retina e o direcionamento axonal são, em grande parte, conservados em vertebrados. Mesmo a estratégia de estabelecimento de uma camada de gânglios retinianos tem semelhanças significativas com a especificação do neuroepitélio por todo o cérebro. Por exemplo, as células ganglionares retinianas (RGCs, do inglês, *retinal ganglion cells*) são inicialmente padronizadas por ações espaço-temporais da via canônica de Sonic hedgehog, a qual primeiramente parece regular o número de RGCs (Neumann e Nuesslein-Volhard, 2000; Zhang e Yang, 2001; Dakubo et al., 2003; Wang et al., 2005; Sánchez-Arrones et al., 2013). Também, a regulação dos destinos celulares entre neurônio e glia parece ser controlada por função Notch-Delta na retina, de modo que Notch promove os destinos celulares gliais e reprime as identidades celulares neuronais (Austin et al., 1995; Dorsky et al., 1995; Ahmad et al., 1997; Dorsky et al., 1997; Furukawa et al., 2000; Jadhav et al., 2006; Yaron et al., 2006; Nelson et al., 2007; Luo et al., 2012). Por fim, assim como com os neurônios motores, a família de fatores de transcrição Lim (Islet-2) é expressa diferencialmente na camada de gânglio retiniano em desenvolvimento especificando o destino celular, o qual determina finalmente o repertório de receptores no cone de crescimento para guiar a navegação dos axônios para o teto (revisto em Bejarano-Escobar et al., 2015).

Crescimento do axônio do gânglio retiniano para o nervo óptico

Os primeiros passos para levar os axônios das células dos gânglios retinianos para as suas regiões específicas do teto óptico têm lugar dentro da retina (a retina neural do cálice óptico). Conforme as RGCs se diferenciam, a sua posição na borda interna da retina é determinada por moléculas de caderinas (N-caderina e R-caderina, específica da retina) nas suas membranas celulares (Matsunaga et al., 1988; van Horck et al., 2004). Os axônios das RGCs crescem ao longo da superfície interna da retina em direção ao disco óptico (a cabeça do nervo óptico). O nervo óptico maduro humano conterá mais de um milhão de axônios ganglionares retinianos.

DIRECIONAMENTO INTRARRETINIANO A adesão e o crescimento dos axônios ganglionares retinianos ao longo da superfície interna da retina podem ser governados por lâmina basal da retina contendo laminina. O cristalino embrionário e a periferia da retina secretam fatores inibidores (provavelmente proteoglicanos de sulfato de condroitina) que repelem os axônios RGCs, impedindo que eles atravessem na direção errada (**FIGURA 15.36**; Hynes e Lander, 1992; Ohta et al., 1999). NCAM também poderá ser

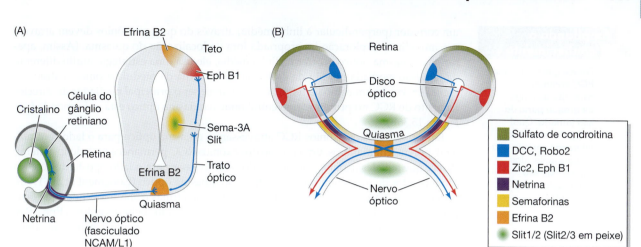

FIGURA 15.36 Múltiplas moléculas de direcionamento guiam o movimento dos axônios das células ganglionares retinianas (RGCs) para o teto óptico. Moléculas pertencentes às famílias netrina, Slit, semaforina e efrina são expressas em regiões discretas em diversos locais ao longo da via que direciona os cones de crescimento das RGCs. Os axônios das RGC são repelidos da periferia da retina, provavelmente por sulfato de condroitina. No disco óptico, os axônios saem da retina e entram no nervo óptico, guiados pela atração mediada por netrina/ DCC. Uma vez no nervo óptico, os axônios são mantidos na trilha por interações inibidoras. Proteínas Slit no quiasma óptico craiam zonas de inibição. Os gânglios expresssando Zic2 na retina ventrotemporal projetam axônios expressando Eph B1, os quais são repelidos no quiasma por efrina B2, terminando, assim, em alvos ipsilaterais (mesmo lado). Os neurônios das porções médias da retina não expressam Eph B1 e continuam para o lado oposto (contralateral). (A) Secção transversal. (B) Vista dorsal. Nem todos os sinais são representados. (A, segundo van Horck et al., 2004; B, de acordo com Harada et al., 2007.)

especialmente importante, visto que a migração direcional dos cones de crescimento dos gânglios retinianos depende dos pés terminais gliais (*glial endfeet*) expressando N-CAM na superfície interna da retina (Stier e Schlosshauer, 1995). Na retina de camundongo, as RGCs expressam os receptores Robo1 e Robo2, e Slits são expressos tanto pela camada do gânglio como pelo epitélio do cristalino. A análise funcional de Slit e Robo durante a navegação intrarretiniana de axônios RGCs sugere que Slits e Robo2 tenham um papel de repulsão de axônios de RGCs para fora da retina (Niclou et al., 2000; Thompson et al., 2006, 2009). A secreção de netrina-1 pelas células do disco óptico (onde os axônios se reunem para formar o nervo óptico) tem igualmente um papel nessa migração. Camundongos sem os genes da netrina-1 ou do seu receptor (existente nos axônios do gânglio retiniano) têm nervos ópticos malformados, uma vez que muitos dos axônios não conseguem deixar o olho e crescem aleatoriamente à volta do disco (Deiner et al., 1997). O papel de netrina pode mudar em diferentes partes do olho. À entrada no nervo óptico, netrina-1 é coexpressa com laminina na superfície da retina. A laminina converte a netrina de sinal atrativo em repulsivo. Esta repulsão pode "empurrar" o cone de crescimento para longe da superfície da retina para a cabeça do nervo óptico, onde a netrina é expressa sem laminina (Mann et al., 2004; ver Figura 15.36A).

Uma vez chegados ao nervo óptico, os axônios migratórios fasciculam (formam um feixe) com axônios já presentes ali. As moléculas de adesão celular N-CAM e L1 são fundamentais para essa fasciculação, e anticorpos contra L1 ou N-CAM fazem os axônios entrar no nervo óptico de modo desordenado, o que, por sua vez, fazendo-os emergirem para o teto em posições erradas (Thanos et al., 1984; Brittis et al., 1995; Yin et al., 1995).

Crescimento do axônio do gânglio retiniano através do quiasma óptico

Em vertebrados não mamíferos, o destino final dos axônios RGCs é uma porção do cérebro chamada de teto óptico, enquanto os axônios RGC de mamífero vão para os núcleos geniculares laterais. Em muitos pontos, a jornada dos axônios RGCs dentro do cérebro ocorre sobre um substrato astroglial. Quando os axônios entram no nervo óptico, eles crescem sobre células astrogliais em direção ao mesencéfalo (Bovolenta et al., 1987; Marcus e Easter, 1995; Barresi et al., 2005). A laminina parece pormover a travessia do quiasma óptico. A caminho do teto óptico, os axônios dos vertebrados não mamíferos viajam por uma trilha (o trato óptico) sobre células gliais, cujas superfícies estão recobertas por laminina. Muito poucas áreas do cérebro contêm laminina, e a laminina nesta via existe apenas quando as fibras do nervo óptico estão crescendo sobre ela (Cohen et al., 1987).

Após deixarem o olho, os axônios RGC parecem crescer em superfícies de netrina rodeadas por todos os lados por semaforinas, que as mantêm no trato, fornecendo sinais repulsivos (ver Harada et al., 2007). Após entrarem no cérebro, os axônios RGC de mamífero alcançam o quiasma óptico, onde eles têm de "decidir" se vão continuar reto ou se viram 90° e entram no outro lado do cérebro. Na área do quiasma óptico, as semaforinas não estão mais presentes, mas as proteínas Slit assumem a sua função, estabelecendo um corredor (perpendicular à linha média) através do qual os axônios devem atravessar, impedindo exploração inapropriada fora da localização do quiasma. (Assim, apesar de o quiasma óptico ocorrer na linha média, ele usa uma estratégia muito diferente da repulsão mediada por Slit da usada na linha média da medula espinal ventral; ver Figura 15.35.) Assim como na retina, Robo2 parece ser o principal mediador do direcionamento de RGC no prosencéfalo ventral onde o quiasma óptico está se formando (ver Figura 15.36B).

Em peixe, todos os axônios RGC atravessam o quiasma óptico para o lado contralateral, porém, em maíferos, uma porção dos axônios RGC permanece no lado ipsilateral. Parece que aqueles axônios não destinados a atravessar para o lado oposto do cérebro são repelidos de o fazerem quando entram no quiasma óptico (Godement et al., 1990). Esta repulsão parece ser influenciada pela síntese de efrinas e Shh nas células que ocupam o quiasma. Estes sinais da linha média são interpretados pelos receptores Eph e Boc que são unicamente expressos nas RGCs projetando ipsilateralmente (Cheng et al., 1995; Marcus et al., 2000; Fabre et al., 2010).

No olho de camundongo, o receptor Eph B1 nos axônios temporais que são repelidos pela efrina B2 do quiasma óptico e aqueles axônios se projetam para o lado do teto do mesmo lado do seu olho; a *Eph B1* está praticamente ausente nos axônios que podem atravessar. Camundongos sem o gene *Eph B1* não mostram quase projeções ipsilaterais. Esse padrão de expressão de Eph B1 parece ser regulado pelo fator de transcrição Zic2 encontrado em axônios retinianos que formam projeções ispilaterais (Herrera et al., 2003; Williams et al., 2003; Pak et al., 2004). Além disso, perda do receptor alternativo de Shh Boc resulta em navegação contralateral aberrante de axônios RGC temporais específicos que tipicamente permanecem no lado ipsilateral. Além disso, expressão ectópica de Boc em axônios geralmente contralaterais fará com que eles agora se projetem ipsilateralmente (Fabre et al., 2010). Esses resultados sugerem que tanto Eph B1/efrina B2 como Boc/Shh são os principais reguladores da decisão de atravessar ou não a linha média do prosencéfalo.

A efrina parece ter um papel semelhante no mapeamento retinotectal na rã. Na rã em desenvolvimento, os axônios ventrais expressam o receptor Eph B, ao passo que os axônios dorsais, não. Antes da metamorfose, ambos os axônios atravessam o quiasma óptico. Quando o sistema nervoso da rã está sendo remodelado durante a metamorfose, porém, o quiasma expressa efrina B, o que faz a subpopulação das células ventrais ser repelida e projetar para o mesmo lado, em vez de atravessar o quiasma (Mann et al., 2002). Esse rearranjo permite à rã ter visão binocular, que é muito bom se se tenta pegar moscas com a língua.

Seleção dirigida: "já estamos aí?"

Em alguns casos, os nervos do mesmo gânglio podem ter vários diferentes alvos. Como é que um neurônio sabe com qual célula formar sinapse? Os mecanismos gerais de especificidade ligante-receptor que começam por conduzir um cone de crescimento ao seu tecido-alvo assumem um papel refinador no destino final. Diferentes neurônios no mesmo gânglio podem ter diferentes receptores que podem responder a certos sinais e não a outros. Uma vez que um neurônio alcança um grupo de células onde se situa o seu alvo potencial, ele responde a várias proteínas produzidas pelas células-alvo.[14] Ambas as forças atrativas e repulsivas conduzem o axônio à sua "vaga de estacionamento" correta final. Como veremos, nos axônios RGC, a quantidade de proteínas repulsivas (como efrinas) pode ser crucial para direcionar certos neurônios para determinados alvos (Gosse et al., 2008). Quais são os sinais importantes que dirigem os axônios ao endereço correto?

Proteínas quimiotáticas

ENDOTELINAS Alguns neurônios dos gânglios cervicais superiores (os maiores gânglios do pescoço) vão em direção da artéria carótida, ao passo que outros neurônios desses mesmos gânglios, não. Parece que os axônios que se estendem dos gânglios cervicais

---

[14] Como visto em toda a biologia do desenvolvimento, a metáfora de um "alvo" é problemática. Aqui, o alvo não é uma entidade passiva, mas uma consideravelmente ativa.

superiores até à artéria carótida seguem os vasos sanguíneos que também vão para ali. Esses vasos sanguíneos secretam pequenos peptídeos, chamados de **endotelinas**. Além do seu papel adulto de constrição dos vasos sanguíneos, as endotelinas parecem ter um papel embrionário, uma vez que são capazes de direcionar a migração de certas células da crista neural (como as que entram no intestino) e de certos axônios simpáticos que têm receptores de endotelina nas suas membranas (Makita et al., 2008).

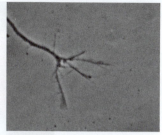

0

> **TÓPICO NA REDE 15.6**   **BMP4 E OS NEURÔNIOS DO GÂNGLIO TRIGÊMEO**
> Feixes de axônios dos neurônios no gânglio trigêmeo inervam as regiões do olho e das mandíbulas superior e inferior. BMP4 dos seus órgãos-alvo guiam esses axônios.

NEUROTROFINAS Algumas células-alvo produzem um conjunto de proteínas quimiotáticas coletivamente denominadas **neurotrofinas**. As neurotrofinas incluem o **fator de crescimento do nervo** (**NGF**, do inglês, *nerve growth factor*), o **fator neurotrófico derivado do cérebro** (**BDNF**, do inglês, *brain-derived neurotrophic factor*), o **fator neurotrófico de dopamina conservado** (**CDNF**, do inglês, *conserved dopamine neurotrophic factor*) e as **neurotrofinas 3** e **4/5** (**NT3**, **NT4/5**). Essas proteínas são liberadas por potenciais tecidos-alvo e atuam em curto alcance tanto como fatores quimioatrativos quanto como quimiorrepulsivos (Paves e Saarma, 1997). Cada uma delas pode promover e atrair o crescimento de alguns neurônios para a sua fonte, ao mesmo tempo inibindo outros axônios. Por exemplo, os neurônios sensitivos dos gânglios da raiz dorsal de rato são atraídos para fontes de NT3 (**FIGURA 15.37**), mas são inibidos por BDNF. As neurotrofinas são provavelmente transportadas do cone de crescimento do axônio para o corpo celular do neurônio. Por exemplo, NGF derivado do hipocampo do cérebro liga-se a receptores nos axônios dos neurônios basais do prosencéfalo e é endocitado nesses neurônios. Ele é então transportado de volta para o corpo celular do neurônio, onde estimula a expressão gênica. A expressão aumentada de *App* (um gene no cromossomo 21 que codifica a proteína precursora ameloide) é observada em pessoas com síndrome de Down e doença de Alzheimer. A proteína App aumentada bloqueia o transporte retrógrado de NGF do axônio para o corpo celular e afeta a sensibilidade e a localização do receptor para NGF na membrana celular (Salehi et al., 2006; Matrone et al., 2011). Assim, a via NGF está sendo estudada para possíveis papéis no tratamento de déficites de cognição.

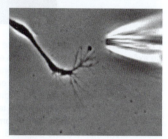

10 min

FIGURA 15.37 Axônio embrionário de um gânglio da raiz dorsal de rato virando em resposta a uma fonte de NT3. As fotografias documentam a virada do cone de crescimento sobre um período de 10 minutos. O mesmo cone de crescimento foi insensível a outras neurotrofinas. (De Paves e Saarma, 1997, cortesia de M. Saarma.)

QUIMIOTROFINAS: QUALIDADE E QUANTIDADE A ligação de um axônio ao seu alvo pode ser tanto "digital" como "analógica". No modo "analógico", diferentes axônios reconhecem a mesma molécula no alvo, mas a *quantidade* de molécula no alvo parece ser crucial para as conexões que se formam; pode ser o caso de ligação de neurônios da retina ao teto no cérebro de peixe (Gosse et al., 2008). Em outras situações, pode haver ligação extremamente qualitativa específica de molécula ("digital"), de forma que certas conexões são neurônio-específicas. Pode ser o caso dos neurônios da retina em *Drosophila*. A proteína Dscam possui vários milhares de isoformas (ver Capítulo 3) e essa variedade pode permitir o reconhecimento altamente específico de um dado neurônio com os seus neurônios-alvo (Millard et al., 2010; Zipursky e Sanes, 2010). Dada a complexidade das conexões neurais, é provável que ambos os sinais qualitativo e quantitativo sejam usados. Os cones de crescimento não contam com apenas um único tipo de molécula para reconhecer o seu alvo, mas integram os sinais atrativos e repulsivos simultaneamente presentes, selecionando os seus alvos com base nos dados combinados de múltiplos sinais (Winberg et al., 1998).

Seleção dirigida por axônios da retina: "ver é acreditar"

Quando os axônios da retina chegam ao final do trato óptico revestido por laminina, eles expandem-se e encontram seus alvos específicos no teto óptico. Estudos em rãs e peixe (nos quais os neurônios de retina de cada olho se projetam para o lado oposto do cérebro) indicaram que cada axônio do gânglio retiniano envia seu impulso para um local específico (uma célula ou pequeno grupo de células) dentro do teto óptico (**FIGURA 15.38A**; Sperry, 1951). Existem dois tetos ópticos no cérebro de rã. Os axônios do olho direito formam sinapses com o teto óptico esquerdo, e os do olho esquerdo formam sinapses no teto óptico direito.

(A)

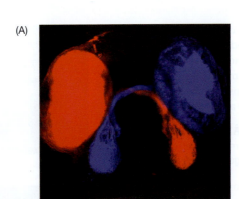

(B)

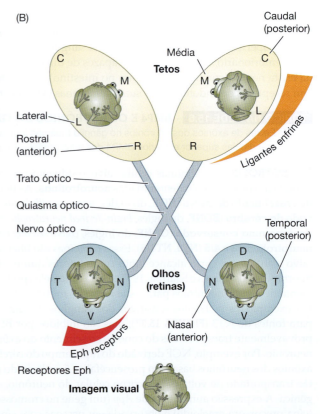

FIGURA 15.38 Projeções retinotetais. (A) Micrografia confocal de axônios entrando os tetos de um embrião de peixe-zebra de 5 dias. Corantes fluorescentes foram injetados nos olhos de embriões de peixe-zebra montados em agarose. Esses corantes se difundem pelos axônios e em cada teto, mostrando os axônios da retina do olho direito indo para o teto esquerdo e vice-versa. (B) Mapa da projeção retinotectal normal em *Xenopus* adulto. O olho direito inerva o teto esquerdo, e o olho esquerdo inerva o teto direito. A porção dorsal (D) da retina inerva as regiões laterais (L) do teto. A região nasal (anterior) da retina projeta para a porção caudal (C) do teto. (A, cortesia de M. Wilson; B, segundo Holt, 2002, cortesia de C. Holt.)

O mapa das conexões retinianas ao teto óptico da rã (a **projeção retinotetal**) foi detalhado por Marcus Jacobson (1967). Jacobson criou esse mapa iluminando um estreito feixe de luz em uma região pequena e limitada da retina e anotando, por meios de elétrodo de registro no teto, com as células tetais sendo estimuladas. A projeção retinotetal de *Xenopus laevis* é mostrada na **FIGURA 15.38B**. A luz iluminando a parte ventral da retina estimula células na superfície lateral do teto. Do mesmo modo, a luz focalizada na parte temporal (posterior) da retina estimula células na porção caudal do teto. Esses estudos demonstram uma correspondência ponto por ponto entre as células da retina e as células do teto. Quando um grupo de células retinianas é ativado, um grupo de células do teto muito pequeno e específico é estimulado. Além disso, os pontos formam um contínuo; em outras palavras, pontos adjacentes na retina projetam-se em pontos adjacentes no teto. Essa disposição permite que a rã enxergue uma imagem intacta. Esta especificidade complexa fez com que Sperry (1965) formulasse a **hipótese de quimioafinidade**:

> *Os circuitos complicados de fibras nervosas do cérebro crescem, juntam-se e organizam-se por meio do uso de complexos códigos químicos sob controle genético. Cedo durante o desenvolvimento, as células nervosas, totalizando milhões, adquirem e retêm daí em diante etiquetas de identificação individual, de natureza química, pelas quais podem ser distinguidas e reconhecer umas às outras.*

As teorias atuais não propõem uma especificidade ponto por ponto entre cada axônio e o neurônio que ele contata. Em vez disso, evidência agora demonstra que gradientes de adesividade (principalmente aqueles envolvendo a repulsão) têm um papel na definição de territórios onde entram os axônios, e que a competição acionada por atividade entre esses neurônios determina a conexão final de cada axônio.

Especificidades adesivas em diferentes regiões do teto óptico: Efrinas e Ephs

Existe sólida evidência de que as células do gânglio da retina podem distinguir entre regiões do teto óptico. Célulasretiradas da metade ventral da retina neural de galinha aderem preferencialmente às metades dorsais (medianas) do teto, e vice-versa (Gottlieb et al., 1976; Roth e Marchase, 1976; Halfter et al., 1981). As células do gânglio retiniano são especificadas ao longo do eixo dorsoventral por um gradiente de fatores de transcrição. As células da retina dorsal são caracterizadas por elevadas concentrações do fator de transcrição Tbx5, ao passo que as células ventrais têm níveis elevados de Pax2. Esses fatores de transcrição são induzidos por fatores parácrinos (BMP4 e ácido retinoico, respetivamente) provenientes de tecidos vizinhos (Koshiba-Takeuchi et al., 2000). Alterações na expressão de Tbx5 na retina precoce de galinha resultam em anormalidades claras na projeção retinotetal. Assim, as células do gânglio retiniano são especificads de acordo com a sua localização.

Um gradiente que foi identificado e caracterizado funcionalmente é um gradiente de repulsão, o qual é mais elevado no teto posterior e mais fraco no teto anterior. Bonhoeffer e colaboradores (Walter et al., 1987; Baier e Bonhoeffer, 1992) prepararam um "tapete" de membranas tetais com "listras" alternadas de membrana derivada dos tetos posterior e anterior. Eles deixaram, então, as células das regiões nasal (anterior) ou temporal (posterior) da retina estenderem seus axônios no tapete. As células nasais do gânglio estenderam axônios igualmente bem em ambas as membranas anterior e posterior do teto. Os neurônios do lado temporal da retina, porém, estenderam axônios apenas nas membranas anteriores do teto. Quando o cone de crescimento de um axônio do gânglio temporal da retina contatava a membrana da célula posterior tetal, os filopódios do cone de crescimento recuaram, e o cone colapsou e se retraiu (Cox et al., 1990).

A base para essa especificidade parece ser dois conjuntos de gradientes ao longo do teto e da retina. O primeiro conjunto de gradientes consiste em proteínas efrinas e os seus receptores. No teto óptico, as proteínas efrinas (sobretudo efrinas A2 e A5) encontram-se em gradientes que são mais elevados no teto posterior (caudal) e diminuem anteriormente (rostralmente) (**FIGURA 15.39A**). Além disso, proteínas efrinas clonadas têm a capacidade de repelir axônios, e a efrina expressa ectopicamente proíbe os axônios das regiões temporais (mas não das nasais) de projetarem para onde está expressa (Drescher et al., 1995; Nakamoto et al., 1996). Os receptores Eph complementares foram identificados nas células do gânglio retiniano de galinha, e são expressos em um gradiente temporal para nasal ao longo dos axônios do gânglio retiniano (Cheng et al., 1995). Parece que esse gradiente seja devido à expressão regulada espacial e temporalmente de ácido retinoico (Sen et al., 2005).

Efrinas parecem ser moléculas notavelmente flexíveis. Diferenças de concentração em efrina A no teto podem justificar o mapa topográfico liso (no qual a posição dos neurônios da retina corresponde continuamente aos alvos). Hansen e colaboradores (2004) demonstraram que a efrina A pode ser um sinal atrativo bem como repulsivo para os axônios da retina. Além disso, o ensaio quantitativo para o crescimento axonal que fizeram determinava se era atraído ou repelido por efrinas. O crescimento axonal é promovido por baixas concentrações de efrina A que se situam anteriormente ao alvo correto e é inibido por concentrações mais elevadas

FIGURA15.39 Adesão retinotetal diferencial é guiada por gradientes de receptores Eph e seus ligantes. (A) Representação dos gradientes duplos do receptor tirosina-cinase Eph na retina e dos seus ligantes (efrina A2 e A5) no teto. (B) Experimento demonstrando que os axônios do gânglio retiniano temporais, mas não nasais, respondem a um gradiente do ligante efrina nas membranas tetais se afastando ou desacelerando. Um equilíbrio entre forças atrativas e repulsivas inerente ao gradiente pode levar axônios específicos até os seus alvos. (Segundo Barinaga, 1995; Hansen et al., 2004.)

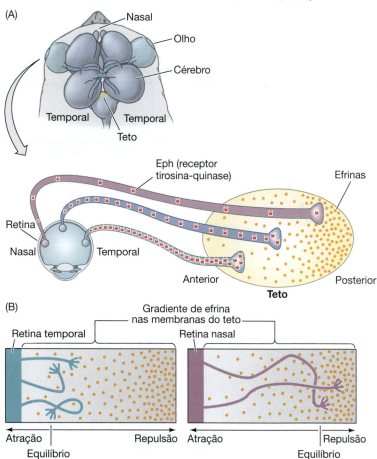

posteriores ao próprio alvo (**FIGURA 15.39B**). Cada axônio é assim levado ao local apropriado e, então, instruído para não avançar mais. Nesse ponto de equilíbrio, não haveria nem crescimento nem inibição, e as sinapses com os neurônios-alvo do teto poderiam ser efetuadas.

O segundo conjunto de gradientes assemelha-se ao de efrinas e Ephs. O teto tem um gradiente de Wnt3 que é mais elevado na região mediana e mais baixo lateralmente (como o gradiente efrina). Na retina, um gradiente de receptor Wnt é mais elevado ventralmente (como as proteínas Eph). Os dois conjuntos de gradientes são ambos necessários para especificar as coordenadas de axônio para alvos do teto (Schmitt et al., 2006).

Formação da sinapse

Quando um axônio toca o seu alvo (normalmente uma célula muscular ou outro neurônio), ele forma uma junção especializada, chamada de **sinapse**. O terminal axonal do **neurônio pré-sináptico** (i.e., o neurônio que transmite o sinal) libera neurotransmissores químicos que despolarizam ou hiperpolarizam a membrana da célula-alvo (a **célula pós-sináptica**). Os neurotransmissores são liberados na fenda sináptica entre as duas células, onde eles se ligam a receptores na célula-alvo.

A construção de uma sinapse envolve várias etapas (Burden, 1998). Quando neurônios motores na medula espinal estendem axônios para os músculos, os cones de crescimento que tocam as células musculares recém-formadas migram sobre as suas superfícies. Assim que um axônio adere à membrana celular de uma fibra muscular, não se

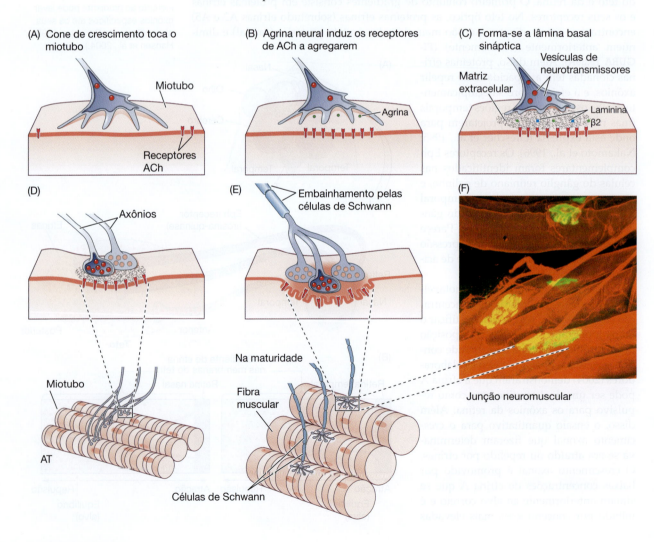

(A) Cone de crescimento toca o miotubo
Miotubo
Receptores ACh

(B) Agrina neural induz os receptores de ACh a agregarem
Agrina

(C) Forma-se a lâmina basal sináptica
Vesículas de neurotransmissores
Matriz extracelular
Laminina β2

(D) Axônios
Miotubo
AT

(E) Embainhamento pelas células de Schwann
Na maturidade
Fibra muscular
Células de Schwann

(F)
Junção neuromuscular

observam especializações em nenhuma das membranas. Contudo, o terminal axonal começa em seguida a acumular vesículas sinápticas contendo neurotransmissores, as membranas de ambas as células se espessam na região de contato, e a fenda sináptica entre as células se enche de matriz extracelular que inclui uma forma específica de laminina (**FIGURA 15.40A-C**). Esta laminina derivada de músculo se liga especificamente nos cones de crescimento de neurônios motores e pode atuar como "sinal de parada" para o crescimento axonal (Martin et al., 1995; Noakes et al., 1995). Em pelo menos algumas sinapses neurônio-neurônio, a sinapse é estabilizada por N-caderina. A atividade da sinapse libera N-caderina de vesículas de armazenamento no cone de crescimento (Tanaka et al., 2000).

Em músculos, após o primeiro axônio estabelecer contato, os cones de crescimento dos outros axônios convergem para o local para formar sinapses adicionais. Durante o desenvolvimento em mamíferos, todos os músculos que já foram estudados são inervados por pelo menos dois axônios. Esta *inervação polineural* é transitória, porém; logo após o nascimento, todas as ramificações, exceto uma, retraem-se (**FIGURA 15.40D-F**). Esta "seleção de endereço" é baseada em competição entre axônios (Purves e Lichtman, 1980; Thompson, 1983; Colman et al., 1997). Quando um dos neurônios motores é ativo, ele suprime as sinapses dos outros neurônios, possivelmente por meio de um mecanismo dependente de óxido nítrico (Dan e Poo, 1992; Wang et al., 1995). As sinapses menos ativas são, por fim, eliminadas. O terminal axonal remanescente expande e é embainhado por células de Schwann (ver Figura 15.40E).

Um programa de morte celular

"Ser ou não ser: eis a questão." Um dos fenômenos mais intrigantes no desenvolvimento do sistema nervoso é a morte de células neuronais. Em muitas partes dos sistemas nervoso central e periférico de vertebrados, mais da metade dos neurônios morre durante o curso normal do desenvolvimento. Ademais, não parece existir grande conservação entre os padrões de apoptose entre espécies. Por exemplo, cerca de 80% das células do gânglio retiniano de gato morrem, ao passo que, na retina de galinha, esse número é apenas de 40%. Em retinas de peixe e de anfíbios, não parece haver morte de células do gânglio (Patterson, 1992). *O que causa a morte celular programada?*

Apesar de estarmos constantemente preparados para decisões de vida ou morte, esta dicotomia existencial é excepcionalmente cruel para células embrionárias. A morte celular programada ou **apoptose** é uma parte normal do desenvolvimento (ver Fuchs e Steller, 2011); o termo vem da palavra grega para o processo natural de queda das folhas das árvores ou pétalas das flores. A apoptose é um processo ativo e é sujeito à seleção evolutiva. (Um segundo tipo de morte celular, **necrose**, é uma morte patológica causada por fatores externos, como inflamação ou injúria tóxica.)

No nematódeo *C. elegans*, no qual podemos contar o número de células conforme o animal se desenvolve, exatamente 131 células morrem durante o padrão normal de desenvolvimento. Todas as células do *C. elegans* estão programadas para morrer, a menos que sejam ativamente informadas para não sofrer apoptose. No adulto humano,

Ampliando o conhecimento

Existe plasticidade sináptica significativa no cérebro ao longo da vida, e problemas em formar novas sinapses podem estar na base de vários distúrbios como o transtorno do espectro autista. Que papel desempenham as moléculas de direcionamento e as que especificam alvos na remodelação de sinapses mais tarde durante a vida?

◀ **FIGURA 15.40** Diferenciação de uma sinapse de um neurônio motor com um músculo em mamíferos. (A) Um cone de crescimento se aproxima de uma célula de músculo em desenvolvimento. (B) O axônio para e estabelece um contato não especializado com a superfície muscular. Agrina, uma proteína liberada pelo neurônio, faz os receptores de acetilcolina (Ach) se agregarem junto ao axônio. (C) Vesículas de neurotransmissores entram no terminal do axônio (AT, do inglês, *axon terminal*), e uma matriz extracelular conecta o terminal do axônio à célula do músculo conforme a sinapse se alarga. Essa matriz contém uma laminina específica de nervo. (D) Outros axônios convergem para o mesmo sítio da sinapse. Uma vista ampliada (inferior) mostra inervação muscular por vários axônios (observada em mamíferos ao nascimento). (E) Todos os axônios, à exceção de um, são eliminados. O axônio remanescente pode ramificar para formar uma junção neuromuscular complexa com a fibra muscular. Cada terminal axonal é embainhado por um processo de célula de Schwann, e formam-se dobras na membrana da célula muscular. Está igualmente representada a inervação muscular várias semanas após o nascimento. (F) Vista de uma junção neuromuscular madura inteira em camundongo. (A-E, segundo Hall e Sanes, 1993, Purves, 1994; Hall, 1995, F, cortesia de M. A. Ruegg.)

10^{11} células morrem por dia e são substituídas por outras células. (De fato, a massa de células que perdemos cada ano por meio de morte celular normal é próxima ao peso inteiro do nosso corpo!) Durante o desenvolvimento embrionário, produzimos e destruímos células constantemente e geramos cerca de três vezes mais neurônios do que com os que acabaremos quando nascemos. Lewis Thomas (1992) observou sabiamente:

No momento em que nasci, mais de mim havia morrido do que sobrevivido. Não é de estranhar que eu não me lembre; durante esse tempo fui de cérebro em cérebro, durante nove meses, construindo, por fim, o único modelo que podia ser humano, equipado para a linguagem.

A apoptose é necessária não só para o espaçamento e a orientação corretos dos neurônios, como também para gerar espaço na orelha média, na abertura vaginal feminina e nos espaços entre os nossos dedos das mãos e dos pés (Saunders e Fallon, 1966; Rodriguez et al., 1997; Roberts e Miller, 1998). A apoptose poda estruturas desnecessárias (p. ex., caudas de rã, tecido mamário masculino), controla o número de células em determinados tecidos (neurônios em vertebrados e moscas) e molda órgãos complexos (palato, retina, dígitos, coração).

As vias para apoptose foram inicialmente delineadas por meio de estudos genéticos em *C. elegans*. De fato, a importância dessas vias foi reconhecida com a atribuição do prêmio Nobel em Fisiologia e Medicina a Sydney Brenner, H. Robert Horvitz John E. Sulston, em 2002. Por meio desses estudos, descobriu-se que proteínas codificantes para os genes *ced-3* e *ced-4* eram essenciais para a poptose e que, nas células que não sofriam apoptose, aqueles genes estavam desligados pelo produto do gene *ced-9* (**FIGURA 15.41A**; Hengartner et al., 1992). A proteína CED-4 é um fator ativador de protease que ativa o produto do gene CED-3, uma protease que inicia a destruição da célula. CED-9 pode se ligar a CED-4, inativando-o. Mutações que inativam o gene para CED-9 fazem inúmeras células que normalmente sobreviveriam ativarem seus genes *ced-3* e *ced-4* e morrerem, levando à morte de todo o embrião. Em contrapartida, mutações de ganho de função no gene *ced-9* fazem a sua proteína ser sintetizada em células que normalmente morreriam, resultando na sobrevivência dessas células. Assim, o gene *ced-9* parece ser um interruptor binário que regula a escolha entre vida e morte a nível celular. É possível que cada célula no embrião nematódeo esteja preparada para morrer, com aquelas células que sobrevivem sendo resgatadas por ativação do gene *ced-9*.

(A) *C. elegans*

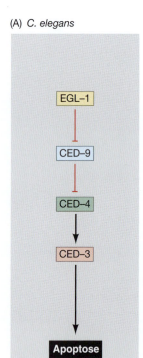

(B) Neurônios de mamífero

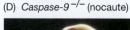

(C) *Caspase-9* $^{+/+}$ (selvagem)   (D) *Caspase-9* $^{-/-}$ (nocaute)

FIGURA 15.41 A perda de apoptose pode perturbar o desenvolvimento normal do cérebro. (A) No *C. elegans*, a proteína CED-4 é um fator ativador de protease que pode ativar CED-3. A protease CED-3 inicia os eventos de destruição celular. CED-9 pode inibir CED-4 (e CED-9 pode ser inibido a montante por EGL-1). (B) Uma via semelhante existe em mamíferos e parece funcionar de modo similar. Neste esquema hipotético de regulação de apoptose em neurônios de mamífero, Bcl-XL (um membro da família Bcl-2) liga-se a Apaf1, impedindo-o de ativar o precursor de caspase-9. O sinal para apoptose permite que outra proteína (aqui, Bik) iniba a ligação de Apaf1 a Bcl-XL. Apaf1 é agora capaz de se ligar ao precursor de caspase-9, clivando-o. Caspase-9 dimeriza e ativa caspase-3, iniciando a apoptose. As mesmas cores são usadas para representar proteínas homólogas. (C, D) Em camundongos nos quais os genes para caspase-9 have foram nocauteados, a apoptose neuronal não tem lugar, e a sobreproliferação de neurônios no cérebro é evidente. (C) Embrião de camundongo selvagem de 6 dias. (D) Um camundongo nocaute para caspase-9 da mesma idade. O cérebro aumentado sobressai acima da face, e os membros apresentam membrana interdigital. (A, B, segundo Adams e Cory, 1998; C, D, de Kuida et al., 1998.)

As proteínas CED-3 e CED-4 estão no centro da via de apoptose que é comum a todos os animais estudados. O gatilho para a apoptose pode ser um sinal do desenvolvimento como uma determinada molécula (p. ex., BMP4 ou glicocorticoides), a perda de adesão a uma matriz, ou a falta de sinais neurotróficos suficientes. Ambos os tipos de sinal podem ativar as proteínas CED-3 ou CED-4 ou inativar as moléculas CED-9. Em mamíferos, os homólogos da proteína CED-9 são membros da família Bcl-2 (a qual inclui Bcl-2, Bcl-X, e proteínas semelhantes; **FIGURA 15.41B**). As similaridades funcionais são tão fortes que se um gene *BCL-2* humano ativo dor colocado em embriões de *C. elegans*, ele impede a morte celular normal (Vaux et al., 1992).

O homólogo mamífero de CED-4 é Apaf1 (fator apoptótico ativador de protease 1; do inglês, *apoptotic protease activating factor 1*). Apaf1 participa na ativação dependente de citocromo *c* dos homólogos de mamífero de CED-3, as proteases caspase-9 e caspase-3 (ver Figura 15.41; Shaham e Horvitz, 1996; Cecconi et al., 1998; Yoshida et al., 1998). A ativação das proteínas caspase resulta em uma cascata de autodigestão – as caspases são proteases potentes que digerem a célula a partir de dentro, clivando proteínas celulares e fragmentando o DNA.

Apesar de nematódeos deficientes em apoptose (i.e., vermes deficientes em CED-4) serem viáveis mesmo com 15% mais células do que os vermes selvagens, camundongos com perda de função seja em caspase-3 ou caspase-9 morrem por volta do nascimento por supercrescimento massivo de células no sistema nervoso (**FIGURA 15.41C, D**; Jacobson et al., 1997; Kuida et al., 1996, 1998). Do mesmo modo, camundongos homozigóticos para deleções dirigidas em *Apaf1* apresentam anormalidades craniofaciais graves, sobrecrescimento do cérebro e membranas interdigitais persistentes em seus dedos.

TÓPICO NA REDE 15.7 **O USO DA APOPTOSE** A apoptose é usada por inúmeros processos ao longo do desenvolvimento. Este website explora o papel da apoptose em fenômenos como o desenvolvimento das células germinais de *Drosophila* e os olhos de peixes de caverna cegos.

Sobrevivência neuronal dependente de atividade

A morte apoptótica de um neurônio não é causada por nenhum defeito óbvio no neurônio propriamente dito. De fato, antes de morrer, esses neurônios já se diferenciaram e estenderam com sucesso axônios para os seus alvos. Em vez disso, parece que o tecido-alvo regula o número de axônios que o inervam ao apoiar seletivamente a sobrevivência de certas sinapses. Um estudo recente sobre navegação de neurônios motores no membro exemplifica como a sobrevivência neuronal é dependente da atividade neuronal. (Hua et al., 2013). Quando manipulações dos sistemas de direcionamento fazem os axônios motores serem desviados para as células musculares incorretas no membro, os neurônios motores sobrevivem apesar dos erros na seleção do alvo porque eles formam sinapses com sucesso. Contrariamente, quando os neurônios motores são incapazes de encontrar as suas células musculares alvo no membro de camundongo no qual o gene para Frizzled-3 (receptor de Wnt/PCP) é nocauteado, eles nunca formam sinapses e, consequentemente, sofrem apoptose (**FIGURA 15.42**; Hua et al., 2013). Esses resultados apoiam fortemente a necessidade de formação sináptica com sucesso para a sobrevivência neuronal, e também indicam que a célula-alvo (muscular, neste caso) deve fornecer um sinal para a célula pré-sináptica que promove a sobrevivência neuronal. *Que sinal de sobrevivência é esse?*

Sobrevivência diferencial após inervação: o papel das neurotrofinas

O tecido-alvo regula o número de axônios que o inervam, limitando a quantidade de neurotrofinas. Além dos seus papéis como fatores quimioatrativos descritos previamente, as neurotrofinas regulam a sobrevivência de diferentes subconjuntos de neurônios (**FIGURA 15.43**). O NGF, por exemplo, é necessário para a sobreviência de neurônios simpáticos e sensoriais. O tratamento de embriões de camundongo com anticorpos anti-NGF reduz o número de neurônios de gânglios trigêmeos simpáticos e da raiz dorsal em 20% relativamente aos seus números controle (Levi-Montalcini e Booker, 1960; Pearson et al., 1983). Além disso, a remoção dos tecidos-alvo desses neurônios resulta na

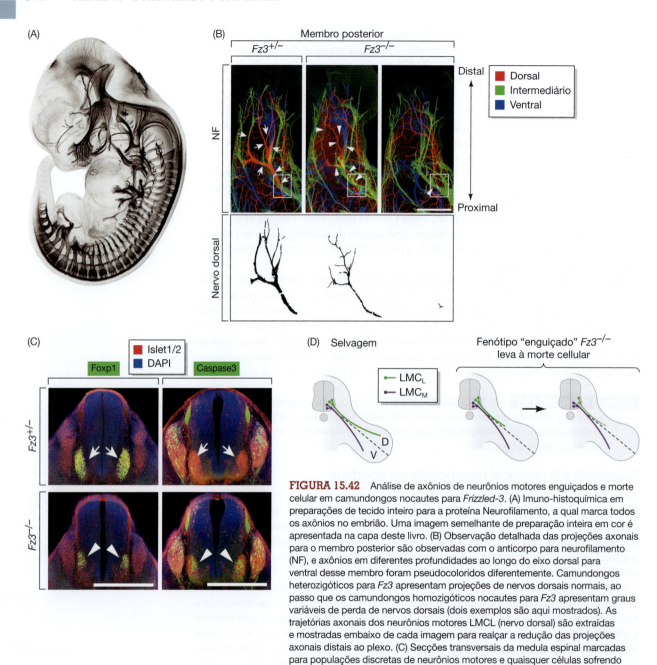

FIGURA 15.42 Análise de axônios de neurônios motores enguiçados e morte celular em camundongos nocautes para *Frizzled-3*. (A) Imuno-histoquímica em preparações de tecido inteiro para a proteína Neurofilamento, a qual marca todos os axônios no embrião. Uma imagem semelhante de preparação inteira em cor é apresentada na capa deste livro. (B) Observação detalhada das projeções axonais para o membro posterior são observadas com o anticorpo para neurofilamento (NF), e axônios em diferentes profundidades ao longo do eixo dorsal para ventral desse membro foram pseudocoloridos diferentemente. Camundongos heterozigóticos para *Fz3* apresentam projeções de nervos dorsais normais, ao passo que os camundongos homozigóticos nocautes para *Fz3* apresentam graus variáveis de perda de nervos dorsais (dois exemplos são aqui mostrados). As trajetórias axonais dos neurônios motores LMCL (nervo dorsal) são extraídas e mostradas embaixo de cada imagem para realçar a redução das projeções axonais distais ao plexo. (C) Secções transversais da medula espinal marcadas para populações discretas de neurônios motores e quaisquer células sofrendo apoptose, como indicado por marcação para Caspase 3 (em verde, nas fotos à direita). Camundongos nocaute para *Frizzled-3* (imagens inferiores) mostram reduções dos marcadores de especificação de neurônios motores Islet1/2 (em vermelho) e Foxp1 (em verde, nas fotos à esquerda), juntamente com aumento de morte celular especificamente nas colunas motoras. (D) O esquema descreve os fenótipos associados à perda de sinalização *Frizzled-3/PCP*. Inicialmente, um defeito de paragem nos neurônios motores destinados ao membro dorsal é seguido por morte celular. (A-C, de Hua et al., 2013; D, de Yung e Goodrich, 2013.)

morte de neurônios que já os teriam inervado, e existe uma boa correlação entre a quantidade de NGF secretado e a sobrevivência dos neurônios que inervam esses tecidos (Korsching e Thoenen, 1983; Harper e Davies, 1990). Em contrapartida, outra neurotrofina, BDNF, não afeta neurônios simpáticos ou sensoriais, mas pode resgatar neurônios motores fetais *in vivo* de morte celular que normalmente ocorreria e de morte celular decorrente da remoção dos seus tecidos-alvo. O resultado desses estudos *in vitro* foram

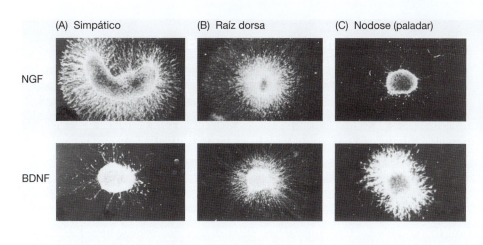

(A) Simpático   (B) Raíz dorsa   (C) Nodose (paladar)

NGF

BDNF

FIGURA 15.43 Efeitos do fator de crescimento do nervo (NGF, do inglês, *nerve growth factor*; linha de cima) e fator neurotrófico derivado do cérebro (BDNF, do inglês, *brain-derived neurotrophic fator*; linha de baixo) no crescimento axonal de (A) gânglios simpáticos, (B) gânglios da raiz dorsal e (C) gânglios nodosos (paladar). Apesar de ambos NGF e BDNF terem um efeito estimulador suave no crescimento axonal dos gânglios da raiz dorsal, os gânglios simpáticos responderam dramaticamente a NGF e quase nada a BDNF; o inverso é verdade para os gânglios nodosos. (De Ibáñez et al., 1991.)

corroborados por exprimentos de nocaute de genes, nos quais a deleção de determinados fatores neurotróficos resulta na perda de apenas certos subconjuntos de neurônios (Crowley et al., 1994; Jones et al., 1994).

TÓPICO NA REDE 15.8 **O DESENVOLVIMENTO DOS COMPORTAMENTOS: CONSTÂNCIA E PLASTICIDADE** A correlação entre certas conexões neuronais e comportamentos específicos é um dos aspectos fascinantes da neurobiologia do desenvolvimento.

Os fatores neurotróficos são produzidos continuamente em adultos, e a sua perda pode originar doenças debilitantes. BDNF é necessário para a sobrevivência de um subconjunto determinado de neurônios do estriato (uma região do cérebro envolvida na modulação da intensidade de atividade muscular coordenada, como movimento, equilíbrio e andar) e permite que esses neurônios se diferenciem e sintetizem o receptor de dopamina. A expressão de BDNF nesta região do cérebro é aumentada por huntingtina, uma proteína que se encontra mutada na doença de Huntington. Pacientes com a doença de Huntington diminuíram a produção de BDNF, o que leva à morte dos neurônios do estriato (Guillin et al., 2001; Zuccato et al., 2001). O resultado é uma série de anormalidades cognitivas, movimentos musculares involuntários e, por fim, morte. Outras duas neurotrofinas – GDNF, fator neurotrófico derivado da glia (do inlgês, *glial-derived neurotrophic factor*, discutido antes em termos de migração da crista neural) e CDNF, fator neurotrófico de dopamina conservado (do inglês, *conserved dopamine neurotrophic factor*) – aumenta a sobrevivência de neurônios dopaminérgicos do mesencéfalo, cuja destruição caracteriza a doença de Parkinson (Lin et al., 1993; Lindholm et al., 2007). Os neurônios dopaminérgicos do mesencéfalo enviam axônios para as células do estriato, cuja capacidade de responder a sinais de dopamina é dependente de BDNF. Drogas que ativam os fatores neurotróficos estão sendo testadas para a capacidade de curar as doenças de Parkinson e Alzheimer e (Youdim 2013).

Próxima etapa na pesquisa

O campo do neurodesenvolvimento tem feito grandes avanços na identificação de muitos dos fatores essenciais que estabelecem a conectividade neural. Desde os fatores de transcrição-chave para especificação dos destinos das células neurais e os receptores de direcionamento axonal necessários para a especificidade-alvo, à maquinaria mecânica guardada no cone de crescimento e os sinais de direcionamento secretados e fatores de sobrevivência, estamos começando a compreeender como um circuito se forma. Os cientistas, porém, estão apenas começando a juntar os circuitos para uma perspectiva a nível de sistema do desenvolvimento neural. Cada neurônio envia o seu axônio de um alvo intermediário para outro e assim até ao destino final. Atualmente é raro que conheçamos a sequência completa dos mecanismos de direcionamento subjacentes a toda a jornada de um dado neurônio, muito menos conectar múltiplas conexões. Com os avanços recentes de imagiologia de células *in vivo*, porém, estudos nesta nova fronteira de visualização da dinâmica célula a célula durante a navegação do axônio se posicionam para resolver alguns dos mistérios da conectividade. Vá em *Eyewire* para ajudar a conectar um cérebro (http://eyewire.org/explore).

Considerações finais sobre a foto de abertura

Esta imagem mostra as células da crista neural cranial povoando os arcos faríngeos de um embrião de peixe-zebra de 42 horas expressando GFP dirigido pelo promotor *fli1a*. É uma vista lateral com a porção anterior para a esquerda. As primeiras duas grandes correntes migratórias contribuem com células da crista neural para as principais cartilagens mandibulares, e as correntes mais posteriores contribuem para estruturas dos "arcos branquiais" e da guelra. As células da crista neural cranial têm um papel preponderante na formação do esqueleto craniofacial – a "face" – tanto em peixes como em humanos. Conseguimos compreender apenas recentemente que as células da crista neural cranial operam por meio de um mecanismo de migração coletiva descrito neste capítulo. O padrão por meio do qual as células da crista neural cranial constroem os arcos faríngeos pode parecer complicado; no entanto, existe um modo que você pode literalmente pegar essas estruturas. Esta imagem foi obtida por meio de um microscópio confocal de varredura a *laser* e como tal ela possui dados tridimensionais. Você pode ir ao *site* de troca de impressão tridimensional do National Institutes of Health (http://3dprint.nih.gov/discover/3dpx-001506) e baixar um documento dos arcos faríngeos deste embrião transgênico de peixe-zebra de 42 horas pós-fertilização [*tg(fli1a:EGFP)*] e usar este documento para imprimir um modelo tridimensional que você pode segurar em suas mãos. (Imagem e modelo tridimensional gerados e fornecidos pelo laboratório Barresi; Barresi et al., 2015.)

15 Resumo instantâneo
Células da crista neural e especificidade axonal

1. A crista neural é uma estrutura transitória. As suas células migram para se converterem em inúmeros tipos diferentes de células. A rota tomada por uma célula da crista neural depende do ambiente extracelular que ela encontra.

   ■ As células da crista neural do tronco podem migrar dorsolateralmente e se converterem em melanócitos e células dos gânglios da raiz dorsal. Elas também podem migrar ventralmente e se tornar neurônios simpáticos e parassimpáticos e células da medula suprarrenal.

   ■ As células da crista neural cranial entram nos arcos faríngeos para se tornarem a cartilagem da mandíbula e os ossos da orelha média. Elas também formam os ossos do processo frontonasal, as papilas dentárias e os nervos cranianos.

   ■ As células da crista neural cardíaca entram no coração e formam o septo (parede de separação) entre a artéria pulmonar e a aorta.

2. A formação da crista neural depende de interações entre as futuras epiderme e placa neural. Os fatores parácrinos dessas regiões induzem a formação de fatores de transcrição que permitem às células da crista neural emigrarem.

3. A migração coletiva das células da crista neural é movida por inibição da locomoção por contato e uma atração mútua nas células dianteiras, que são comportamentos celulares mediados por uma combinação de baixa N-caderina, atividade bipolar de Rho-GTPase e atração a Sdf1 secretado.

4. As células da crista neural do tronco migrarão através da porção anterior de cada esclerótomo, mas não através da sua porção posterior. As proteínas semaforina e efrina expressas na porção posterior de cada esclerótomo podem impedir a migração de células da crista neural.

5. Algumas células da crista neural parecem ser capazes de originar um vasto repertório de tipos celulares. Outras células da crista neural podem ser restringidas mesmo antes de migrarem. O destino final da célula da crista neural pode, por vezes, alterar a sua especificação.

6. Os destinos das células da crista neural são influenciados por genes *Hox*. Elas podem adquirir o seu padrão de expressão de genes *Hox* por meio de interações com as células vizinhas.

7. Os neurônios motores são especificados de acordo com a sua posição no tubo neural. A família de fatores de transcrição Lim tem um papel importante nessa especificação antes dos seus axônios terem se estendido para a periferia.

8. O cone de crescimento é a organela de locomoção do neurônio e rearranja a arquitetura do seu citosqueleto em resposta a sinais do ambiente. Os axônios podem encontrar os seus alvos sem atividade neuronal.

9. Algumas proteínas são geralmente permissivas à adesão do neurônio e constituem substratos sobre os quais os axônios podem migrar. Outras substâncias proíbem a migração.

10. Alguns cones de crescimento reconhecem moléculas que estão presentes em áreas muito específicas e são guiados por essas moléculas até aos respectivos alvos.

11. Alguns neurônios são "mantidos na linha" por moléculas repulsivas. Se os neurônios se desviarem do caminho do seu alvo, essas moléculas os enviam de volta. Algumas moléculas, como semaforinas e Slits, são seletivamente repulsivas para determinados conjuntos de neurônios.

12. Alguns neurônios sentem gradientes de uma proteína e são levados até ao seu alvo seguindo esses gradientes. As netrinas e Shh podem atuar desse modo.

13. Alterações na resposta do cone de crescimento a sinais atrativos e repulsivos secretados a partir da linha média permitem que os axônios comissurais atravessem a linha média e conectem os dois lados do sistema nervoso.

14. A seleção dirigida pode ser realizada por neurotrofinas, proteínas que são produzidas pelo tecido-alvo e que estimulam um conjunto particular de axônios capazes de o inervar. Em alguns casos, o alvo produz quantidades suficientes desses fatores para sustentar apenas um único axônio. As neurotrofinas também têm um papel na apoptose de vários neurônios.

15. As células ganglionares da retina em rã e galinha enviam axônios que se ligam em regiões específicas do teto óptico.

Esse processo é mediado por inúmeras interações, e a seleção dirigida parece ser mediada por efrinas.

16. A formação da sinapse tem um componente dependente da atividade. Um neurônio ativo pode suprimir a formação da sinapse de outros neurônios no mesmo alvo.

17. A falta de formação da sinapse e de atividade neuronal podem levar à indução de morte celular programada ou apoptose, que desencadeia uma cascata de enzimas caspases que resulta em morte celular.

Leituras adicionais

Baggiolini, A. and 10 others. 2015. Premigratory and migratory neural crest cells are multipotent in vivo. *Cell Stem Cell* 16: 314-322.

Bard, L., C. Boscher, M. Lambert, R. M. Mège, D. Choquet and O. Thoumine. 2008. A molecular clutch between the actin flow and N-cadherin adhesions drives growth cone migration. *J. Neurosci.* 28: 5879-5890.

Cammarata, G. M., E. A. Bearce and L. A. Lowery. 2016. Cytoskeletal social networking in the growth cone: How +TIPs mediate microtubule-actin cross-linking to drive axon outgrowth and guidance. *Cytoskeleton doi*: 10.1002/cm.21272.

Clay, M. R. and M. C. Halloran. 2014. Cadherin 6 promotes neural crest cell detachment via F-actin regulation and influences active Rho distribution during epithelial-to-mesenchymal transition. *Development* 141: 2506-2515.

Duband, J. L., A. Dady and V. Fleury. 2015. Resolving time and space constraints during neural crest formation and delamination. *Curr. Top. Dev. Biol.* 111: 27-67.

Harada, T., C. Harada and L. F. Parada. 2007. Molecular regulation of visual system development: More than meets the eye. *Genes Dev.* 21: 367-378.

Keleman, K. and 7 others. 2002. Comm sorts Robo to control axon guidance at the Drosophila midline. *Cell* 110: 415-427.

Kolodkin, A. L. and M. Tessier-Lavigne. 2011. Mechanisms and molecules of neuronal wiring: A primer. *Cold Spring Harbor Persp. Biol.* 3(6): pii: a001727.

Martinez, E. and T. S. Tran. 2015. Vertebrate spinal commissural neurons: a model system for studying axon guidance beyond the midline. Wiley Interdiscip. *Rev. Dev. Biol.* 4: 283-297.

Okada, A. and 7 others. 2006. Boc is a receptor for Sonic hedgehog in the guidance of commissural axons. *Nature* 444: 369-373.

Preitner, N. and 7 others. 2014. APC is an RNA-binding protein, and its interactome provides a link to neural development and microtubule assembly. *Cell* 158: 368-382.

Sabatier, C. and 7 others. 2004. The divergent Robo family protein rig-1/Robo3 is a negative regulator of slit responsiveness required for midline crossing by commissural axons. *Cell* 117: 157-169.

Sánchez-Arrones, L., F. Nieto-Lopez, C. Sánchez-Camacho, M. I. Carreres, E. Herrera, A. Okada and P. Bovolenta. 2013. Shh/ Boc signaling is required for sustained generation of ipsilateral projecting ganglion cells in the mouse retina. *J. Neurosci.* 33: 8596-8607.

Scarpa, E. and R. Mayor. 2016. Collective cell migration in development. *J. Cell Biol* 212: 143-155.

Scarpa, E., A. Szabó, A. Bibonne, E. Theveneau, M. Parsons and R. Mayor. 2015. Cadherin switch during EMT in neural crest cells leads to contact inhibition of locomotion via repolarization of forces. *Dev. Cell* 34: 421-434.

Simões-Costa, M. and M. E. Bronner. 2015. Establishing neural crest identity: A gene regulatory recipe. *Development* 142: 242-257.

Simpson, J. H., K. S. Bland, R. D. Fetter and C. S. Goodman. 2000. Short-range and long-range guidance by Slit and its Robo receptors: A combinatorial code of Robo receptors controls lateral position. *Cell* 103: 1019-1032.

Teillet, M.-A., C. Kalcheim and N. M. Le Douarin. 1987. Formation of the dorsal root ganglia in the avian embryo: Segmental origin and migratory behavior of neural crest progenitor cells. *Dev. Biol.* 120: 329-347.

Theveneau E., B. Steventon, E. Scarpa, S. Garcia, X. Trepat, A. Streit and R. Mayor. 2013. Chase-and-run between adjacent cell populations promotes directional collective migration. *Nature Cell Biol.* 15: 763-772.

Tosney, K. W. 2004. Long-distance cue from emerging dermis stimulates neural crest melanoblast migration. *Dev. Dynam.* 229: 99-108.

Waldo, K., S. Miyagawa-Tomita, D. Kumiski and M. L. Kirby. 1998. Cardiac neural crest cells provide new insight into septation of the cardiac outflow tract: Aortic sac to ventricular septal closure. *Dev. Biol.* 196: 129-144.

Walter, J., S. Henke-Fahle and F. Bonhoeffer. 1987. Avoidance of posterior tectal membranes by temporal retinal axons. *Development* 101: 909-913.

Yoshida, T., P. Vivatbutsiri, G. Morriss-Kay, Y. Saga and S. Iseki. 2008. Cell lineage in mammalian craniofacial mesenchyme. *Mech. Dev.* 125: 797-808.

VISITE WWW.DEVBIO.COM...

... para Tópicos na Rede, entrevistas de Os Cientistas Falam, vídeos de Assista ao Desenvolvimento, Tutorial do Desenvolvimento e informação bibliográfica completa sobre toda a literatura citada neste capítulo.

16

Placoides ectodérmicos e a epiderme

OS FOLHETOS EPITELIAIS PODEM SE DOBRAR em estruturas tridimensionais complexas em função de alterações coordenadas na forma, na divisão e nos movimentos celulares (Montell, 2008; St. Johnston e Sanson, 2011). Um tipo importante de reorganização epitelial é a formação de **placoides ectodérmicos**, espessamentos do ectoderma de superfície que se tornam o rudimento de inúmeros órgãos. Os placoides ectodérmicos incluem os placoides sensoriais cranianos, como olfatório (nasal), auditivo (ouvido), do cristalino (olho), bem como placoides que dão origem a estruturas cutâneas não sensoriais, como pelo, dentes, penas, glândulas mamárias e sudoríparas (Pispa e Thesleff, 2003).

Placoides cranianos: os sentidos da nossa cabeça

A cabeça dos vertebrados tem uma concentração de neurônios fundamental para a sensação e percepção. Além do cérebro, também os olhos, nariz, orelhas e papilas gustativas encontram-se na cabeça. A cabeça também tem o seu próprio sistema nervoso altamente integrado para sentir a dor (pense no nervo trigêmeo que inerva os dentes) e prazer (receptores em nossos lábios e língua). Os elementos desse sistema nervoso surgem dos **placoides sensoriais cranianos** – espessamentos transientes do ectoderma localizados na cabeça e no pescoço entre os futuros tubo neural e epiderme (**FIGURA 16.1**). Com algumas contribuições da crista neural cranial, os placoides cranianos originam a maioria dos neurônios periféricos da cabeça associados a audição,

O que controla o crescimento do pelo em diferentes partes do corpo?

Destaque

Os placoides são espessamentos do ectoderma de superfície. Os placoides cranianos formam os neurônios sensitivos da nossa face, tornando-se os órgãos auditivo, nasal, gustativo e óptico. O placoide do cristalino é induzido por um sulco óptico no cérebro. Conforme o placoide do cristalino se converte em cristalino, ele instrui o sulco do cérebro a se tornar a retina. O Pax6 parece ser importante na capacidade do ectoderma anterior de responder a sinais da futura retina. Os placoides ectodérmicos mais posteriores dão origem aos anexos cutâneos, como pelo, penas, escamas e glândulas sudoríparas. Estas induções envolvem as interações de várias vias parácrinas. A epiderme retém células-tronco epidérmicas que lhe permitem se regenerar constantemente, e a via de sinalização Notch é crucial para esta manutenção. Interações entre a epiderme e o mesênquima subjacente permitem a geração e a morfogênese dos placoides para estes anexos ectodérmicos. A capacidade de esses tecidos cutâneos crescerem e regenerarem depende da capacidade de manter um nicho de células-tronco epidérmicas, e espécies diferentes têm capacidades diferentes a esse respeito.

FIGURA 16.1 Placoides cranianos formam neurônios sensoriais. Mapa do destino de placoides cranianos no embrião de galinha nos estágios de placa neural (à esquerda) e de 8 somitos (à direita). (Segundo Schlosser, 2010.)

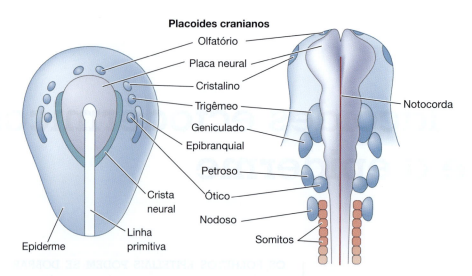

Placoides cranianos

Olfatório
Placa neural
Cristalino
Trigêmeo
Notocorda
Geniculado
Epibranquial
Petroso
Crista neural
Ótico
Nodoso
Somitos
Epiderme
Linha primitiva

equilíbrio, olfato e paladar; a crista neural cranial contribui para toda a glia. O placoide olfatório dá origem aos neurônios sensitivos envolvidos no olfato, bem como aos neurônios migratórios que irão para o cérebro e secretam o hormônio liberador da gonadotrofina. O placoide ótico dá origem ao epitélio sensorial da orelha e aos neurônios que ajudam a formar o gânglio vestibulococlear (ver Steit, 2008). No caso do gânglio trigêmeo, os neurônios proximais têm origem nas células da crista neural (Baker e Bronner-Fraser, 2001), e os distais, no placoide trigeminal (Hamburger, 1961). O placoide do cristalino é o único placoide sensorial craniano que não forma neurônios.

A especificação de todo o domínio placoidal e de cada região dos placoides específicos é definida pela localização e momento de expressão de fatores parácrinos por células vizinhas. Tanto os fatores parácrinos como seus antagonistas (como Noggin e Dickkopf) são de suma importância (**FIGURA 16.2**). De modo curioso, a totalidade da região pré-placoidal é originalmente especificada como tecido do cristalino. Essa propensão tem de ser suprimida localmente por FGFs e por células da crista neural, de modo a possibilitar o surgimento de outros tipos celulares (Bailey et al., 2006; Streit, 2008).

Além desses placoides anteriores que dão origem especificamente aos órgãos dos sentidos, outros placoides providenciam neurônios sensitivos para a face. São os **placoides epibranquiais**, e formam-se dorsalmente ao ponto em que as bolsas faríngeas contatam a epiderme. Os placoides epibranquiais dão origem aos neurônios sensitivos dos nervos facial, glossofaríngeo e vagal (o qual transmite informação sensitiva sobre os órgãos ao cérebro). As conexões estabelecidas por esses neurônios placoidais são cruciais na medida em que permitem que o paladar e outras sensações faciais sejam apreciadas. No entanto, de que forma esses neurônios encontram o seu caminho para o rombencéfalo? Células da crista neural que migram tardiamente não atravessam ventralmente para entrar nos arcos faríngeos; em vez disso, elas migram dorsalmente e dão origem a células gliais (Weston e Butler, 1966; Baker et al., 1997). Essas células da glia formam trilhas que dirigem os neurônios dos placoides epibranquiais até o rombencéfalo (Begbie e Graham, 2001). Portanto, células gliais com origem nas células de crista neural de migração tardia são fundamentais na organização da inervação do rombencéfalo.

Os placoides são induzidos pelos tecidos circundantes, e existe evidência de que os diferentes placoides são uma pequena porção do que anteriormente terá sido um **campo pan-placoidal** com competência para formar os placoides caso seja induzido (ver Figura 16.2B; Streit, 2004; Schlosser, 2005). Os placoides cranianos podem ser induzidos a partir de um conjunto comum de sinais indutores provenientes do endoderma faríngeo e do mesoderma da cabeça (Platt, 1896; Jacobson, 1966). Jacobson (1963) também demonstrou que as futuras células placoidais adjacentes ao tubo neural anterior são competentes para dar origem a qualquer dos placoides. As fronteiras anteroposterior e laterais do campo pan-placoidal são definidas por ácido retinoico, atuando via Fgf8

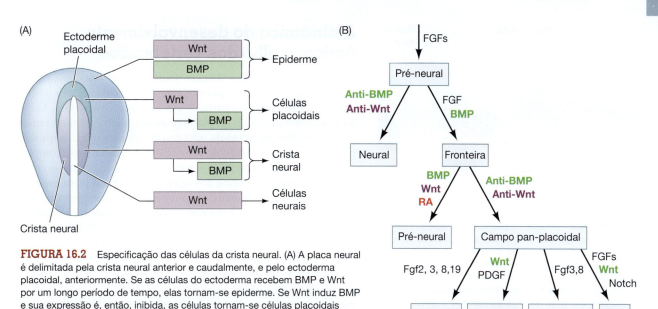

FIGURA 16.2 Especificação das células da crista neural. (A) A placa neural é delimitada pela crista neural anterior e caudalmente, e pelo ectoderma placoidal, anteriormente. Se as células do ectoderma recebem BMP e Wnt por um longo período de tempo, elas tornam-se epiderme. Se Wnt induz BMP e sua expressão é, então, inibida, as células tornam-se células placoidais (expressando os genes especificadores de placoides *Six1*, *Six4* e *Eya2*). Se Wnt induz BMP, mas permanece ativo, as células entre a placa neural e a epiderme tornam-se as células da crista neural (expressando os genes especificadores de crista neural *Pax7*, *Snail2* e *Sox9*). Se elas apenas recebem Wnt (porque o sinal de BMP é bloqueado por Noggin ou FGFs), as células ectodérmicas tornam-se células neurais. (B) Diagrama-resumo de algumas das vias de sinalização envolvidas na especificação do campo pan-placoidal e da indução de placoides cranianos a partir dessa região. (A, segundo Patthey et al., 2009; B, de acordo com Steit, 2008.)

(Janesick et al., 2012). Estudos detalhados de mapas de destino confirmaram que, durante os estágios de neurulação, todos os precursores placoidais se encontram em um domínio em forma de ferradura de cavalo em torno da placa neural anterior e das pregas neurais craniais (Pieper et al., 2011). Este epitélio colunar pan-placoidal expressa os fatores de transcrição Six1, Six4 e Eya2. Essas proteínas são expressas em todos os placoides e inibidas nas regiões interplacoidais (Bhattacharyya et al., 2004; Schlosser e Ahrens, 2004). Mais tarde, o campo pan-placoidal separa-se em placoides discretos; não é conhecido o mecanismo para esta separação dos placoides (Breau e Schneider-Maunoury, 2014). Conjuntos diferentes de fatores parácrinos induzem em seguida cada placoide discreto em seu destino respectivo, de forma que cada placoide expressa um conjunto único de fatores de transcrição (Groves e LaBonne, 2014; Moody e LaMantia, 2015). Por exemplo, o placoide ótico na galinha, que dá origem às células sensoriais da orelha interna, é induzido pela combinação das sinalizações FGF e Wnt (Ladher et al., 2000, 2005). O Fgf19 do mesoderma paraxial cranial subjacente atua tanto na futura vesícula ótica como na placa neural adjacente. O Fgf19 induz a placa neural a secretar Wnt8c e Fgf3, que, por sua vez, agem sinergisticamente para induzir a formação do placoide ótico. A localização de Fgf19 na região específica do mesoderma é controlada por Fgf8 secretado pela região endodérmica subjacente (**FIGURA 16.3**).

Por toda a cabeça, a crista neural e os placoides sensoriais – aquelas estruturas entre a epiderme e a placa neural – originam os neurônios sensitivos da nossa orelha, nariz, língua, pele facial e sistema de equilíbrio.

TÓPICO NA REDE 16.1 **SÍNDROME DE KALLMANN** Alguns homens inférteis não têm olfato. A relação entre essas duas condições era alusiva até o gene para a síndrome de Kallmann ter sido identificado.

TÓPICO NA REDE 16.2 **OS NERVOS CRANIANOS HUMANOS** Os 12 nervos cranianos controlam grande parte da nossa percepção do mundo exterior.

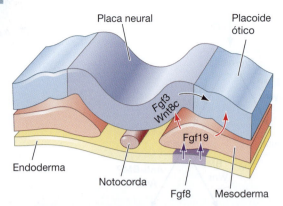

Placa neural

Placoide ótico

Fgf3
Wnt8c

Fgf19

Endoderma

Notocorda

Fgf8 Mesoderma

FIGURA 16.3 Indução do placoide ótico (orelha interna) no embrião de galinha. Uma porção do endoderma faríngeo secreta Fgf8, que, por sua vez, induz o mesoderma suprajacente a secretar Fgf19. Fgf19 é recebido tanto pelo futuro placoide ótico como pela placa neural adjacente. Ele instrui a placa neural a secretar Wnt8c e Fgf3, dois fatores parácrinos que atuam sinergisticamente para ativar *Pax2* e outros genes que permitem às células formarem o placoide ótico e se tornarem células sensitivas. (Segundo Schlosser, 2010.)

A dinâmica do desenvolvimento óptico: o olho dos vertebrados

O placoide do cristalino não gera neurônios. Em vez disso, ele dá origem ao cristalino, que permite que a luz incida sobre a retina. A retina desenvolve-se a partir de um sulco no prosencéfalo. As interações entre as células do placoide do cristalino e a futura retina definem o olho por meio de uma cascata de alterações recíprocas que permitem a formação de um órgão sofisticadamente complexo. Durante a gastrulação, o ectoderma da cabeça torna-se competente a responder a sinais dos sulcos do cérebro. A placa pré-cordal em involução e o endoderma do intestino primitivo anterior interagem com o futuro ectoderma da cabeça adjacente, dotando-o da capacidade de gerar o cristalino (Saha et al., 1989). Em mamíferos, isso induz o fator de transcrição Pax6 no ectoderma, o que é crucial para a competência do ectoderma para responder a sinais subsequentes. Todavia, nem todas as regiões do ectoderma da cabeça acabarão por formar cristalinos, e estes devem ter uma relação espacial precisa com a retina. A ativação da capacidade latente do ectoderma da cabeça de gerar o cristalino e o posicionamento deste relativamente à retina são orquestrados pelas **vesículas ópticas**, que se estendem do diencéfalo ao telencéfalo.

A **FIGURA 16.4 mostra** o desenvolvimento do olho em vertebrados. Onde a vesícula óptica contacta o ectoderma da cabeça, ela induz o ectoderma a se alongar, formando o **placoide do cristalino**. A vesícula óptica dobra-se, então, para formar o **cálice óptico**, composto por duas camadas, e, ao fazê-lo, esboça o cristalino em desenvolvimento no embrião. Esta invaginação é realizada pelas células do placoide do cristalino que emitem filopódios aderentes para contactar a vesícula óptica (Chauhan et al., 2009). Conforme a vesícula óptica se torna o cálice óptico, suas duas camadas sofrem diferenciação. As células da camada externa produzem o pigmento melanina (sendo um dos poucos tecidos para além das células da crista neural que podem produzir esse pigmento) e finalmente dão origem à **retina pigmentada**. As células da camada interna proliferam rapidamente e dão origem a uma variedade de células gliais, células ganglionares, interneurônios e neurônios fotorreceptores sensíveis à luz, que coletivamente constituem a **retina neural** (ver Figura 16.10). As células ganglionares da retina são neurônios cujos axônios enviam impulsos elétricos para o cérebro. Os seus axônios se encontram na base do olho e percorrem o pedículo óptico, que, então, ganha o nome de **nervo óptico**. As células internas do cálice óptico (que se tornarão a retina neural) induzem o placoide do cristalino a originar a **vesícula do cristalino**, que finalmente se diferenciará nas células do cristalino do olho.

(A) Embrião de 4 mm

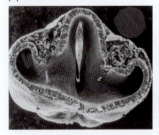

(B) Embrião de 4,5 mm

Placoide do cristalino

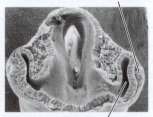

Vesícula optica

(C) Embrião de 5 mm
Vesicula do cristalino

Cálice óptico

(D) Embrião de 7 mm
Retina Cristalino

Córnea

FIGURA 16.4 Desenvolvimento e indução recíproca do olho em vertebrados. (A) A vesícula óptica evagina do cérebro e contata o ectoderma suprajacente, induzindo um placoide do cristalino. (B, C) O ectoderma suprajacente diferencia-se em células do cristalino conforme a vesícula óptica se dobra sobre si mesma, e o placoide do cristalino torna-se a vesícula do cristalino. (C) A vesícula óptica torna-se a retina neural e pigmentada, ao passo que o cristalino é internalizado. (D) A vesícula do cristalino induz o ectoderma suprajacente a formar a córnea. (A-C, de Hilfer e Yang, 1980, cortesia de S. R. Hilfer; D, cortesia de K. Tosney.)

Formação do campo ocular: os primórdios da retina

Os detalhes do desenvolvimento do olho nos dizem como os olhos apenas poderiam se formar na cabeça e por que normalmente apenas dois olhos se formam. Esses detalhes mostram que o arranjo preciso do olho é o resultado de múltiplos níveis de eventos indutores envolvendo diferenças de expressão gênica tanto no tempo como no espaço. A história começa com a formação do **campo ocular** no tubo neural anterior. A porção anterior do tubo neural, onde tanto as vias de BMP como de Wnt se encontram inibidas, é especificada por expressão do gene *Otx2*. Noggin é especialmente importante, já que não só bloqueia BMPs (logo permitindo a expressão de *Otx2*), como também inibe a expressão do fator de transcrição ET, uma das primeiras proteínas a ser expressa no campo ocular. Contudo, uma vez que a proteína Otx2 se acumula na região ventral da cabeça, ela bloqueia a capacidade de Noggin de inibir o gene *ET*, e a proteína ET é assim produzida.

Um dos genes controlados por ET é *Rx*, cujo produto ajuda a especificar a retina. Rx (de "homeobox retiniano") é o fator de transcrição que atua primeiro inibindo *Otx2* (dado que Otx2 completou sua tarefa e que agora poderia interferir), e depois ativando *Pax6*, o principal gene na formação do campo ocular na placa neural anterior (**FIGURA 16.5A-C**; Zuber et al., 2003; Zuber, 2010). A proteína Pax6 é especialmente importante na especificação do cristalino e retina; de fato, parece ser um denominador comum para a especificação das células fotorreceptoras em todos os filos, vertebrados e invertebrados (Halder et al., 1995).

Humanos e camundongos heterozigóticos para mutações de perda de função de *Pax6* têm olhos pequenos, ao passo que camundongos e seres humanos homozigóticos (e *Drosophila*) não têm olhos, tal como camundongos mutantes para *Rx* (**FIGURA 16.5D**; Jordan et al., 1992; Glaser et al., 1994; Quiring et al., 1994). Tanto em moscas como em vertebrados, a proteína Pax6 inicia a cascata de fatores de transcrição (como Six3, Rx e Sox2) com funções redundantes. Esses fatores se ativam mutuamente, de modo a originar um único campo gerador de olho no centro

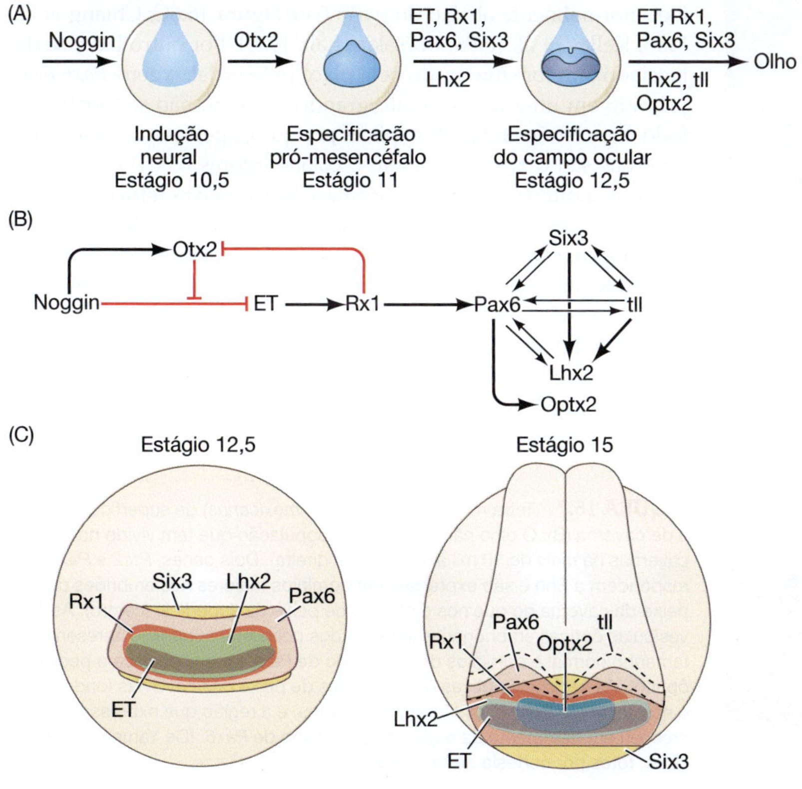

FIGURA 16.5 Formação dinâmica do campo ocular na placa neural anterior. (A) Formação do campo ocular. Azul-claro representa a placa neural; azul médio indica o domínio de expressão de *Otx2* (prosencéfalo); e azul-escuro indica a região do campo ocular conforme se forma no prosencéfalo. (B) Expressão dinâmica de fatores de transcrição levando à especificação do campo ocular. Antes do estágio 10, Noggin inibe a expressão de *ET*, mas promove a expressão de *Otx2*. A Proteína Otx2 bloqueia, então, a inibição de *ET* pela sinalização Noggin. O fator de transcrição ET resultante ativa o gene *Rx*, que codifica para um fator de transcrição que bloqueia *Otx2* e promove a expressão de *Pax6*. A proteína Pax6 dá início à cascata de expressão gênica que gera o campo ocular (à direita). (C) Localização dos fatores de transcrição no campo ocular em formação de embriões de *Xenopus* nos estágios 12,5 (nêurula precoce) e 15 (nêurula média), mostrando a organização concêntrica de fatores de transcrição com domínios de tamanho decrescente: Six3 > Pax6 > Rx > Lhx2 > ET. (D) Desenvolvimento ocular em embrião de camundongo normal (à esquerda) e ausência de olhos no camundongo cujo gene *Rx* for nocauteado (à direita). (E) Padrão de expressão do gene *Xrx1* de *Xenopus* no campo ocular único no estágio de neurulação precoce (à esquerda) e nas duas retinas (também no órgão pineal, um órgão que tem um conjunto prospectivo de fotorreceptores de tipo retina) de um girino recém-eclodido do ovo (à direita). (A-C, segundo Zuber et al., 2003; D, E, segundo Bailey et al., 2004, cortesia de M. Jamrich.)

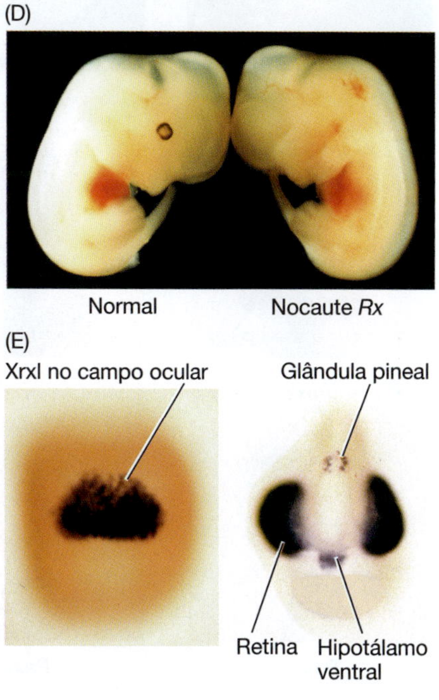

(A) Noggin → Indução neural Estágio 10,5 → Otx2 → Especificação pró-mesencéfalo Estágio 11 → ET, Rx1, Pax6, Six3 / Lhx2 → Especificação do campo ocular Estágio 12,5 → ET, Rx1, Pax6, Six3 / Lhx2, tll, Optx2 → Olho

(B) Noggin — Otx2 — ET → Rx1 → Pax6 — Six3 — tll — Lhx2 — Optx2

(C) Estágio 12,5: Rx1, Six3, Lhx2, Pax6, ET — Estágio 15: Rx1, Pax6, Optx2, tll, Lhx2, ET, Six3

(D) Normal — Nocaute *Rx*

(E) Xrxl no campo ocular — Glândula pineal — Retina — Hipotálamo ventral

(A)

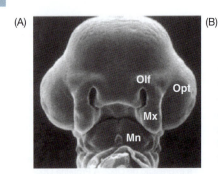

(B)

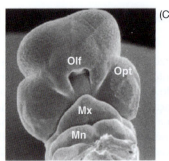

(C)

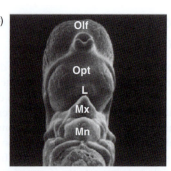

(D)

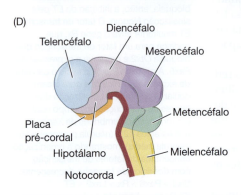

FIGURA 16.6 Sonic hedgehog separa o campo ocular em campos bilaterais. Jervina, um alcaloide encontrado em certas plantas, inibe a sinalização endógena de Shh. (A) Eletromicrografias de varredura, mostrando as características externas da face em embrião de camundongo normal. (B) Embriões de camundongo expostos a 10 µM de jervina tiveram perda variável de tecido da linha mediana, resultando na fusão dos processos olfatórios bilaterais (Olf), vesículas ópticas (Opt) e processos maxilar (Mx) e mandibular (Mn). (C) Fusão completa das vesículas ópticas e dos cristalinos de camundongo (L) resultaram em ciclopia. (D) Ilustração mostrando a localização da placa pré-cordal (a fonte de Shh) em embrião de camundongo de 12 dias. (A-C, de Cooper et al., 1998, cortesia de P. A. Beachy.)

(A) Populações residindo na superfície

(B) Populações residindo em caverna

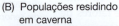

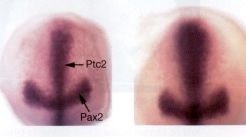

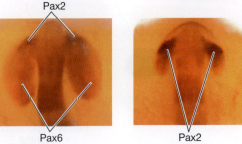

do prosencéfalo ventral (**FIGURA 16.5E**; Tétreault et al., 2009; Fuhrmann, 2010). O resultado final, porém, é de dois olhos mais laterais na cabeça. O principal responsável por separar o campo ocular único em vertebrado em dois campos bilaterais é o nosso velho amigo Sonic hedgehog (Shh).

O Shh da placa pré-cordal suprime a expressão de *Pax6* no centro do tubo neural, dividindo-o campo em dois (**FIGURA 16.6**). Se o gene *Shh* de camundongo for mutado, ou se o processamento da sua proteína for inibido, o campo ocular único mediano não se divide. O resultado é **ciclopia** – um único olho ocupando a posição central na face, normalmente abaixo do nariz (ver Figura 16.6C; Chiang et al., 1996; Kelley et al., 1996; Roessler et al., 1996). Por outro lado, se demasiado Shh for sintetizado pela placa pré-cordal, o gene *Pax6* é suprimido em uma região muito grande, e o olho não se formará de todo. Esse fenômeno pode explicar por que os peixes que moram em cavernas são cegos. Yamamoto e colaboradores (2004) demonstraram que a diferença entre as populações dos peixes tetra mexicanos (*Astyanax mexicanus*) de superfície e as populações de peixe sem olhos (cegos) das cavernas da mesma espécie é a quantidade de Shh secretado pela placa pré-cordal. Shh elevado foi provavelmente selecionado nas espécies residindo em cavernas porque isso resulta em sentido oral mais apurado e mandíbulas maiores (Yamamoto et al., 2009). Contudo, o Shh também inibe *Pax6*, causando perturbação do desenvolvimento do cálice óptico, apoptose das células do cristalino e bloqueio do desenvolvimento do olho (**FIGURA 16.7**).

FIGURA 16.7 Tetra mexicanos (*Astyanax mexicanus*) de superfície (A) e de caverna (B). O olho não se forma na população que tem vivido nas cavernas há mais de 10 mil anos (topo, à direita). Dois genes, *Ptc2* e *Pax2*, respondem a Shh e são expressos em domínios maiores nos embriões de peixe da caverna do que nos embriões de peixe da superfície (centro). As vesículas ópticas embrionárias (inferior) dos peixes de superfície apresentam tamanho normal e domínios de expressão de *Pax2* (que especifica o pedículo óptico). As vesículas ópticas dos embriões de peixe das cavernas (onde *Pax6* é normalmente expresso) são muito menores, e a região que expressa *Pax2* cresceu em detrimento da região de expressão de *Pax6*. (De Yamamoto et al., 2004; fotos por cortesia de W. Jeffery.)

A cascata de indução cristalino-retina

Uma vez dividido o campo ocular único, de que forma os dois campos oculares formam os olhos? Estudos modernos da formação do olho em vertebrados foram iniciados por Hans Spemann (1901), que descobriu que, quando ele destruía a placa neural anterior em um lado do embrião, o cristalino não se formava no lado afetado. Algo na placa neural era necessário para a formação do cristalino. Logo depois, Warren Lewis (1904) descobriu que, quando ele colocava o tubo neural anterior debaixo de uma região diferente da epiderme da cabeça, o tubo neural se tornava retina, e a pele, cristalino. Estudos mais recentes (ver Grainger, 1992; Ogino et al., 2012) mostraram que, apesar da história ser mais complicada, o campo ocular da placa neural anterior induz a epiderme suprajacente a originar o cristalino e, conforme cada cristalino se forma, ela induz o campo ocular a se tornar a retina. O desenvolvimento do olho é um belo exemplo de indução embrionária recíproca (**FIGURA 16.8**).

Como mencionado anteriormente, o tecido epidérmico tem de se tornar competente para responder a sinais enviados pelas futuras células retinianas. Jacobson (1963, 1966) mostrou que a epiderme que pode responder ao campo ocular é inicialmente condicionada ao passar pelo endoderma faríngeo e o mesoderma cardiogênico durante a gastrulação. Esses órgãos em formação provavelmente fornecem à região antagonistas que bloqueiam as vias BMP e Wnt, e esses órgãos imaturos podem ser cruciais na indução de *Pax6* e outros genes específicos para o ectoderma anterior (Donner et al., 2006). Enquanto isso, no cérebro, os campos oculares bilaterais ventrais do prosencéfalo evaginam quando a proteína Rx ativa *Nlcam*, um gene cujo produto de superfície celular regula a evaginação das células precursoras retinianas do prosencéfalo ventral (Brown et al., 2010). Estas evaginações formam as vesículas ópticas. Quando as células das vesículas ópticas tocam o ectoderma de superfície, ambos os tecidos mudam. As vesículas ópticas achatam-se contra o ectoderma de superfície e produzem BMP4, Fgf8 e Delta (Ogino et al., 2012). Esses indutores instruem as células do ectoderma de superfície a se alongarem e se converterem nas células do placoide do cristalino. Conforme essas células do ectoderma de superfície se tornam o placoide do cristalino, elas secretam FGFs que instruem as células adjacentes da vesícula óptica a ativar o gene *Vsx2* que caracteriza a retina neural. O mesênquima dérmico em torno da vesícula óptica instrui a maior parte das células externas da vesícula óptica a ativarem o gene *Mitf*, que ativará a produção do pigmento da melanina (Burmeister et al., 1996; Nguyen e Arnheiter, 2000). Assim, a parte mais distal da vesícula óptica (aquelas células em contato com o ectoderma de superfície) é instruída a se converter em retina neural, ao passo que as células adjacentes a essa região são instruídas a se converterem em retina pigmentada (ver Fuhrmann, 2010).

Uma vez que os campos oculares são especificados e separados, a maior parte do desenvolvimento em cálice óptico é notavelmente autônoma. Em camundongos, uma única população homogênea de células-tronco embrionárias, quando colocada sobre uma matriz extracelular tridimensional na presença de fatores parácrinos adequados, pode dar origem a uma vesícula óptica. Ela começará por formar uma esfera ectodérmica, que depois originará um "broto" com uma parede interna e outra externa. Essas paredes interagem de forma a que a parede externa secrete Wnts e seja caracterizada pelo fator de transcrição MITF e pelo pigmento de melanina. Ou seja, irá se converter nas células pigmentadas da retina. Simultaneamente, a camada interna será especificada em retina neural, caracterizada por fatores de transcrição, como Six3 e Chx10. Além disso, a vesícula óptica, sem qualquer pressão externa, irá invaginar e se converter em cálice óptico, e a porção interna irá se diferenciar em uma estrutura de tipo retina que contém cada um dos principais tipos de neurônios, incluindo fotorreceptores. Isso indica que uma vez que o campo ocular se forma, as retinas neural e pigmentada irão se segregar uma da outra (padronização), o dobramento ocorrerá por alterações intrínsecas da forma celular (morfogênese), e as células da retina neural irão se diferenciar em diferentes tipos neuronais (diferenciação) no arranjo espacial correto (Eiraku et al., 2011; Sasai et al., 2013).

A vesícula óptica adere, então, ao placoide do cristalino e muda a sua forma para se converter em cálice óptico. A retina neural prospectiva adere ao placoide do cristalino, esboçando-o no embrião, enquanto a parede externa do cálice se converte na retina pigmentada. Os FGFs do cálice óptico ativam um novo conjunto de genes no placoide do cristalino, transformando-o na vesícula do cristalino, que dará origem às células do cristalino.

(A)

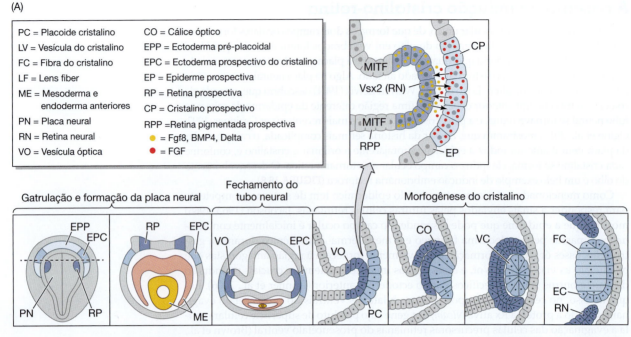

(B)

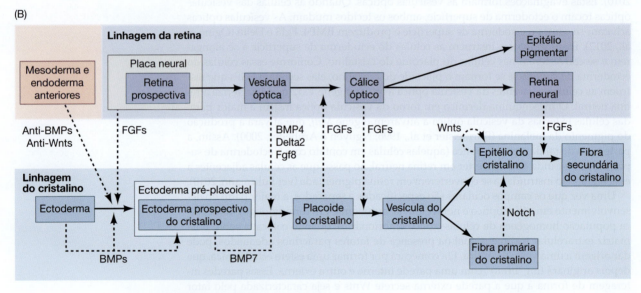

FIGURA 16.8 Interações embrionárias recíprocas entre o placoide do cristalino em desenvolvimento e a vesícula óptica do cérebro. (A) Diagrama clarificando as principais mudanças anatômicas desde a gastrulação até à morfogênese do cristalino. Essas interações começam com o ectoderma prospectivo do cristalino sendo influenciado pela placa neural, pelo mesoderma cardiogênico e pelo mesoderma faríngeo. Mais tarde, a vesícula óptica – um sulco do diencéfalo – toca o ectoderma prospectivo, engatilhando uma série de interações que transformam a vesícula óptica em um cálice óptico de duas camadas, convertem a camada interna do cálice óptico na retina neural e fazendo com que o placoide do cristalino involua e forme a vesícula óptica. O painel expandido (superior, à direita) mostra as interações cruciais entre as futuras células do cristalino e o placoide do cristalino (B) Alguns dos fatores parácrinos envolvidos no desenvolvimento do cristalino. Em diferentes estágios e diferentes tecidos, os FGFs e seus receptores podem ser diferentes. As três setas embaixo mostram alguns dos genes que ficam expressos no futuro cristalino durante os períodos de tempo indicados. (Segundo Ogino et al., 2012.)

Diferenciação do cristalino e da córnea

A diferenciação do tecido do cristalino em uma membrana transparente capaz de direcionar a luz para a retina envolve alterações na estrutura e na forma celulares, bem como da síntese de proteínas transparentes específicas do cristalino, chamadas de **cristalinas**. As cristalinas representam até 90% das proteínas solúveis no cristalino. As células do cristalino têm de se arquear corretamente, e esta curvatura é causada contrabalançando a constrição apical de microfilamentos gerada por Rho com a polimerização de actina gerada por Rac, que estende os microfilamentos ao longo do eixo apicobasal (Chauhan et al., 2011).[1]

As fibras primárias posteriores contendo cristalina acabam por se alongar e preencher o lúmen da vesícula óptica (**FIGURA 16.9A, B**; Piatigorsky, 1981). As células anteriores da vesícula do cristalino constituem o epitélio germinativo, que continua se dividindo. Essas células em divisão se dirigem para o equador da vesícula, e, assim que passam pela região equatorial, elas também começam a se alongar em fibras secundárias (**FIGURA 16.9C, D**). Com a maturação, essas fibras perdem suas organelas celulares e seus núcleos são degradados. Assim, o cristalino contém três regiões: uma zona anterior de células epiteliais em divisão, uma zona equatoriana de alongamento celular e uma zona posterior e central de fibras contendo cristalina. Esse arranjo se mantém ao longo da vida do animal, conforme células epiteliais no equador do cristalino se diferenciam

[1] Lembre-se, do Capítulo 4, que Rac e Rho são duas GTPases da família Rho que regulam forma e motilidade celulares ao reconhecerem subunidades do citosqueleto. Rho está frequentemente envolvida em contratibilidade, ao passo que Rac se especializa em crescimento e espalhamento. Veremos estes construtores antagonistas do citosqueleto várias vezes neste livro.

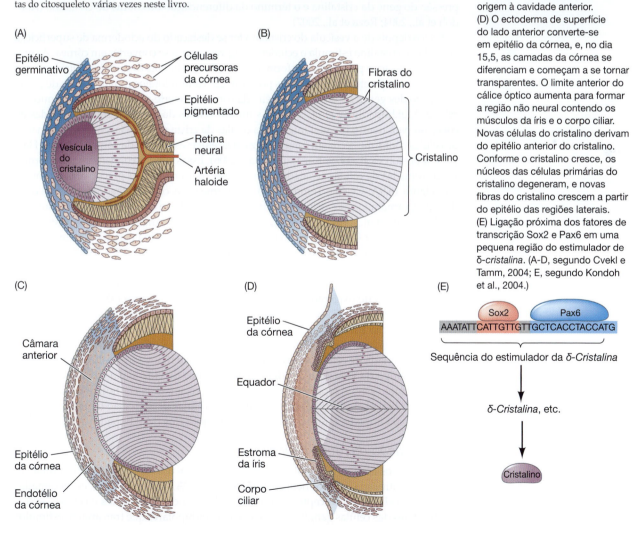

FIGURA 16.9 Diferenciação do cristalino e da porção anterior do olho de camundongo. (A) No dia embrionário 13, a vesícula do cristalino se solta do ectoderma de superfície e invagina no cálice óptico. Precursores da córnea (células mesenquimais) da crista neural migram para esse espaço. A elongação das células internas do cristalino se inicia, originando fibras primárias do cristalino. (B) No dia 14, o cristalino é preenchido por fibras sintetizadoras de cristalina. As células mesenquimais derivadas da crista neural entre o cristalino e a superfície condensam para formar várias camadas. (C) No dia 15, o cristalino solta-se das camadas da córnea, dando origem à cavidade anterior. (D) O ectoderma de superfície do lado anterior converte-se em epitélio da córnea, e, no dia 15,5, as camadas da córnea se diferenciam e começam a se tornar transparentes. O limite anterior do cálice óptico aumenta para formar a região não neural contendo os músculos da íris e o corpo ciliar. Novas células do cristalino derivam do epitélio anterior do cristalino. Conforme o cristalino cresce, os núcleos das células primárias do cristalino degeneram, e novas fibras do cristalino crescem a partir do epitélio das regiões laterais. (E) Ligação próxima dos fatores de transcrição Sox2 e Pax6 em uma pequena região do estimulador de δ-*cristalina*. (A-D, segundo Cvekl e Tamm, 2004; E, segundo Kondoh et al., 2004.)

em novas fibras secundárias que são constantemente adicionadas à massa do cristalino (Papaconstantinou, 1967).

A diferenciação inicial dos tecidos que originam o cristalino requer o contato entre a vesícula óptica e o futuro ectoderma do cristalino. Além de evitar que as células da crista neural inibam a capacidade intrínseca de gerar cristalino do ectoderma anterior, este contato parece permitir que proteínas Delta na vesícula óptica ativem receptores Notch no futuro ectoderma do cristalino (Ogino et al., 2008). O domínio intracelular de Notch liga-se a um elemento estimulador do gene *Lens1*, e, na presença do fator de transcrição Otx2 (que é expressso em toda a região da cabeça), *Lens1* é ativado. A proteína Lens1 é ela própria um fator de transcrição essencial para a proliferação de células epiteliais (formando e fazendo crescer o placoide do cristalino) e, por fim, para fechar a vesícula do cristalino. Nessa interação, vemos um princípio que é observado durante todo o desenvolvimento – nomeadamente, que alguns fatores de transcrição (como Otx2) especificam um dado campo e conferem competência para as células responderem a uma indução mais específica (como Notch) dentro daquele campo.

Fatores parácrinos da vesícula óptica também induzem fatores de transcrição específicos do cristalino. A regulação dos genes de cristalina está sob controle de Pax6, Sox2 e L-Maf (**FIGURA 16.9E**). Como Otx2, Pax6 surge no ectoderma da cabeça antes de o cristalino ser formado, e Sox2 é induzido no placoide do cristalino por BMP4 secretado pela vesícula óptica. A coexpressão de Pax6 e Sox2 nas mesmas células dá início à diferenciação do cristalino e ativa os genes da cristalina. Surgindo mais tarde que Sox2, L-Maf é induzido por Fgf8 secretado pela vesícula óptica e é necessário para a manutenção da expressão do gene da cristalina e o término da diferenciação das fibras do cristalino (Kondoh et al., 2004; Reza et al., 2007).

Pouco depois de a vesícula do cristalino ter se destacado do ectoderma de superfície, a vesícula do cristalino estimula o ectoderma suprajacente a se converter em córnea. As moléculas necessárias para essa transformação são provavelmente as proteínas Dickkopf que inibem Wnts e β-cateninas induzidas por Wnt. Em camundongos com mutações de perda de função dos genes *Dickkopf-2*, o epitélio da córnea converte-se em tecido epidérmico da cabeça (Mukhopadhyay et al., 2006). As futuras células da córnea secretam camadas de colágeno para dentro do qual migram as células da crista neural e fazem novas camadas de células conforme secretam uma matriz extracelular específica da córnea (Meier e Hay, 1974; Johnston et al., 1979; Kanakubo et al., 2006). Essas células condensam para formar várias camadas de células achatadas, tornando-se, por fim, células precursoras da córnea (ver Figura 16.9A; Cvekl e Tamm, 2004). Conforme essas células amadurecem, elas desidratam e formam junções oclusivas entre células, unindo-se com o ectoderma de superfície (Kurpakus et al., 1994; Gage et al., 2005) para se transformar na córnea. A pressão do líquido intraocular (proveniente do humor aquoso) é necessária para a curvatura correta da córnea, permitindo que a luz seja focada na retina (Coulombre, 1956, 1965).

O reparo e a regeneração são fundamentais para a córnea, já que, tal como a epiderme, ela encontra-se exposta ao mundo exterior. O principal problema para a córnea é a espécie reativa de oxigênio, (ROS; ver Capítulo 23) que danifica DNA e proteínas. As principais fontes de ROS são o líquido amniótico (enquanto embrião) e a radiação ultravioleta (enquanto adulto). Um mecanismo protetor é a produção da proteína fixadora de ferro ferritina (Linsenmeyer et al., 2005; Beazley et al., 2009). O segundo modo de proteção é uma camada de células basais que continuamente renovam as células epiteliais da córnea ao longo da vida do indivíduo. Células-tronco de vida longa na beirada da córnea contribuem para o reparo da córnea e podem regenerá-la em humanos (Cotsarelis et al., 1989; Tsai et al., 2000; Majo et al. ,2008). As células dessa região também secretam Dickkopf para impedir que se tornem células da epiderme (Mukhopadhyay et al., 2006).

Diferenciação da retina neural

Assim como os córtices cerebral e cerebelar, a retina neural desenvolve-se em uma variedade estratificada de tipos neuronais (**FIGURA 16.10A**). Em mamíferos, essas camadas incluem as células fotorreceptoras sensíveis à luz e à cor (bastonetes e cones); os corpos celulares das células ganglionares; os neurônios bipolares que transmitem estímulos

(A)

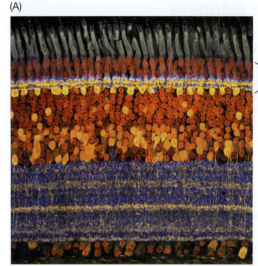

Bastonetes e cones

} Camadas Intermediárias

Células ganglionares

Camadas de fibras da retina

(B)

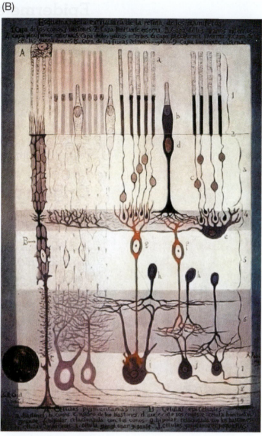

FIGURA 16.10 Os neurônios da retina estão distribuídos por camadas funcionais durante o desenvolvimento. (A) Micrografia confocal de retina de galinha marcada com fluorescência, mostrando as três camadas de neurônios e as sinapses entre eles. (B) A retina em mamífero desenhada e anotada por Santiago Ramón y Cajal, em 1900. Classificação numérica: 1, camada de fotorreceptores; 2, membrana limitante externa; 3, camada granular externa; 4, camada plexiforme externa; 5, camada granular interna; 6, camada plexiforme interna; 7, camada de células ganglionares; 8, camada da fibra do nervo óptico; 9, membrana limitante interna. Clssificação alfabética: A, células pigmentadas; B, células epiteliais; a, bastonete; b, cones; c, núcleos dos bastonetes; d, núcleos dos cones; e, células horizontais grandes; f, célula bipolar associada ao cone; g, células bipolares associadas ao bastonete; h, célula amácrina; i, célula ganglionar gigante; j, célula ganglionar pequena. (A, cortesia de J. Fischer; B, cortesia do Instituto Cajal, CSIC, Madrid.)

elétricos dos bastonetes e cones às células ganglionares (**FIGURA 16.10B**). Além disso, a retina contém inúmeras células da glia de Müller, que mantêm a sua integridade, neurônios amácrinos (que carecem de grandes axônios) e neurônios horizontais, que transmitem impulsos elétricos no plano da retina.

Os neuroblastos da retina parecem ser competentes para formar todos os tipos celulares da retina (Turner e Cepko, 1987; Yang 2004). Em anfíbios, o tipo de neurônio produzido a partir de uma célula-tronco multipotente retiniana parece depender do momento de tradução dos genes. Os neurônios fotorreceptores, por exemplo, são *especificados* por meio da expressão do gene *Xotx5b*, enquanto a expressão de Xotx2 e *Xvsx1* é crucial para especificar neurônios bipolares. De modo curioso, esses três genes são transcritos em todas as células da retina, mas são traduzidos diferentemente. Os neurônios cujo aniversário é no estágio 30 traduzem o mRNA de Xotx5b e se tornam fotorreceptores, enquanto que os neurônios que se formam mais tarde (aniversário em estágio 35) traduzem as mensagens de Xotx2 e Xvsx1 e se tornam interneurônios bipolares (Decembrini et al., 2006, 2009). Esta regulação da tradução dependente do tempo é mediada por microRNAs.

Nem todas as células do cálice óptico se convertem em tecido neural. As pontas do cálice óptico em ambos os lados do cristalino originam o anel pigmentado de tecido muscular, denominado **íris**. Os músculos da íris controlam o tamanho da pupila (e dão ao indivíduo a sua cor de olhos característica). Na junção entre a retina neural e a íris, o cálice óptico forma o **corpo ciliar**. Este tecido secreta o **humor aquoso**, um fluido necessário para estabilizar a curvatura do olho e a distância constante entre o cristalino e a córnea.

TÓPICO NA REDE 16.3 **POR QUE OS BEBÊS NÃO VÊEM BEM** Os fotorreceptores da retina não estão totalmente desenvolvidos no nascimento, mas aumentam em densidade e capacidade discriminatória conforme a criança cresce.

Epiderme e seus anexos cutâneos

A pele – uma membrana resistente, elástica, impermeável à água – é o maior órgão do nosso corpo. A pele dos mamíferos tem três componentes principais: (1) uma epiderme estratificada; (2) uma derme subjacente composta por fibroblastos frouxamente organizados; e (3) melanócitos derivados da crista neural que residem na epiderme basal e folículos pilosos. São os melanócitos (discutido no Capítulo 15) que fornecem a pigmentação da pele. Além disso, uma camada adiposa subcutânea ("por baixo da pele") está presente abaixo da derme. Finalmente, a pele está constantemente sendo renovada. Esta capacidade regenerativa é possível graças a uma população de células-tronco epidérmicas que duram toda a vida.

Origem da epiderme

A epiderme tem origem nas células do ectoderma[2] que recobrem o embrião após a neurulação. Como detalhado no Capítulo 13, este ectoderma de superfície é induzido a formar epiderme, em vez de tecido neural, por ação de BMPs. Os BMPs promovem a especificação epidérmica e, ao mesmo tempo, induzem fatores de transcrição que bloqueiam a via neural (ver Bakkers et al., 2002). Mais uma vez, observamos o princípio de que a especificação de um tecido também envolve o bloqueio da especificação do tecido alternativo.

A epiderme no começo tem apenas uma camada celular, porém, na maioria dos vertebrados, rapidamente se torna uma estrutura de duas camadas. A camada externa dá origem à **periderme**, um invólucro temporário que descama quando a camada interna se diferencia em epiderme de verdade. A camada interna, chamada de **camada basal** ou **estrato germinativo**, contém células-tronco epidérmicas ligadas a uma lâmina basal que as próprias células-tronco ajudam a fazer (**FIGURA 16.11**). Assim como nas células-tronco neurais, essa diferenciação é positivamente regulada pela via Notch (Nguyen et al., 2006; Aguirre et al., 2010). Na ausência de sinalização Notch, há hiperproliferação das células em divisão (Ezratty et al., 2011). O sinal de Notch promove a síntese de queratinas características da pele e as reúne em filamentos intermediários densos (Lechler e Fuchs, 2005; Williams et al., 2011). Existe alguma evidência de que, tal como as células-tronco neurais da camada epidendimária, as células-tronco epidérmicas dividem-se

---

[2] Revendo o vocabulário, *epiderme* é a camada externa da pele. O *ectoderma* é a camada germinativa que forma a epiderme, o tubo neural, os placoides e a crista neural. *Epitelial* refere-se a um folheto de células firmemente conectadas (por oposição às células mesenquimais frouxamente conectadas; ver Capítulo 4). Os epitélios podem ser formado por qualquer camada germinativa. Acontece que tanto a epiderme como o tubo neural ambos são epitélios ectodérmicos; o revestimento do intestino é um epitélio *endodérmico*.

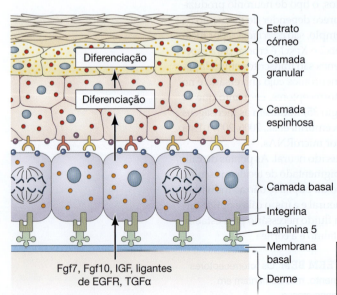

Fgf7, Fgf10, IGF, ligantes de EGFR, TGFα

Estrato córneo
Camada granular
Diferenciação
Diferenciação
Camada espinhosa
Camada basal
Integrina
Laminina 5
Membrana basal
Derme

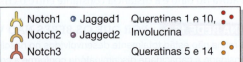

Notch1   Jagged1   Queratinas 1 e 10,
Notch2   Jagged2   Involucrina
Notch3   Queratinas 5 e 14

FIGURA 16.11 Camadas da epiderme humana e os sinais que permitem a regeneração contínua da pele de mamífero. As células basais são mitoticamente ativas, ao passo que as células completamente queratinizadas características da pele externa estão mortas e descamam continuamente. Células-tronco autorrenovadoras residem na camada basal, que adere através de integrinas a uma lâmina basal subjacente rica em lamininas que separa a epiderme da derme subjacente. Os fibroblastos da derme secretam fatores, como Fgf7, Fgf10, IGF, ligantes de EGF e TGF-α, para promover a proliferação de células da epiderme basal. As células progenitoras basais proliferativas originam colunas de células terminalmente diferenciadas ativadas por Notch que passam pelos três estágios, cada um expressando queratinas específicas: camadas espinhosas, camadas granulares e, por fim, camadas mortas do estrato córneo que descamam da superfície. (Segundo Hsu et al., 2014.)

assimetricamente. A célula-filha que continua conectada à lâmina basal permanece uma célula-tronco, ao passo que a célula que deixa a lâmina basal migra para fora e começa a se diferenciar. Contudo, também é possível que tanto a divisão assimétrica como a simétrica tenham papéis importantes na formação e sustentação da epiderme (Hsu et al., 2014; Yang et al., 2015). Além disso, ainda não foi mostrado se existe uma população discreta de células-tronco de longa vida na camada basal (Mascré et al., 2012), ou se todas as células basais têm propriedades de célula-tronco (Clevers et al., 2015).

A divisão celular da camada basal origina células mais jovens e empurra as células mais velhas para a superfície da pele. Isso é o oposto do padrão "de dentro para fora" do tubo neural, em que neurônios recentemente formados migram através de camadas de células mais velhas até à periferia. (As células neurais, porém, não se formam repetidamente a cada dia como as células da epiderme.) Após a síntese dos produtos diferenciados, as células cessam as atividades transcricional e metabólica. Estas células epidérmicas diferenciadas, os **queratinócitos**, estão firmemente conectadas e produzem um lacre de lípideos e proteínas impermeável à água.

Conforme chegam à superfície, os queratinócitos são sacos de proteína queratina mortos e achatados, e seus núcleos são empurrados para uma extremidade da célula. Essas células constituem a **camada da córnea**, ou **estrato córneo**. Ao longo da vida, os queratinócitos da camada da córnea descamam[3] e são substituídos por novas células. Em camundongos, a jornada desde a camada basal até à célula descamada leva cerca de duas semanas. O "*turnover*" da epiderme humana é um pouco mais lento; a capacidade proliferativa da camada basal é notável no sentido em que consegue fornecer material celular para continuamente substituir 1 a 2 m^2 de pele durante várias décadas ao longo da vida adulta.

Vários fatores estimulam o desenvolvimento da epiderme (ver Figura 16.11). Os fibroblastos dérmicos ativam a divisão de células-tronco epidérmicas por meio da produção de FGFs, fator de tipo insulina e o justamente nomeado fator de crescimento epidérmico (Hsu et al,. 2014). Os BMPs ajudam a iniciar a produção de epiderme ao induzirem o fator de transcrição p63 na camada basal. Os múltiplos papéis desse fator de transcrição podem depender em parte de diferentes isoformas de *splicing* de p63 que são expressas na epiderme. A proteína p63 é necessária à proliferação e à diferenciação de queratinócitos (Truong e Khavari, 2007); ela também parece estimular a produção do ligante de Notch Jagged. Jagged é uma proteína justácrina nas células basais que ativa a proteína Notch nas células suprajacentes, ativando a via de diferenciação de queratinócitos e impedindo, assim, mais divisões celulares (ver Mack et al., 2005; Blanpain e Fuchs, 2009). Assim, a sinalização Notch é necessária para a transição da camada basal para a camada espinhosa.

Os anexos ectodérmicos

A epiderme ectodérmica e a derme mesenquimal interagem indutivamente em sítios específicos para gerarem os **anexos ectodérmicos**: pelos, escamas, escudos (i.e., o recobrimento da carapaça da tartaruga), dentes, glândulas sudoríparas, glândulas mamárias ou penas, dependem da espécie e tipo de mesênquima. A formação desses anexos requer uma série de interações indutivas recíprocas entre o mesênquima e o epitélio ectodérmico, que resultam na formação de **placoides epidérmicos**, que são os precursores dos epitélios dessas estruturas. Notavelmente, o desenvolvimento precoce de estruturas tão diferentes como pelo, dentes e glândulas mamárias seguem os mesmos padrões e parecem ser controladas por induções recíprocas usando os mesmos fatores parácrinos.

Em todos esses anexos ectodérmicos, o primeiro sinal óbvio de morfogênese é um espessamento epitelial local, o placoide. Em várias regiões do ectoderma do tronco e abdominal, milhares de placoides pilosos individuais se desenvolvem independentemente. Em cada mandíbula, encontra-se um vasto espessamento epitelial, chamado de **lâmina dental**, que (tal como o estágio de pan-placoidal dos placoides sensoriais cranianos), mais tarde, separa-se em placoides discretos, cada um se tornando um dente (ver Figura 16.13). No ectoderma ventral, duas cristas mamárias (ou "linhas de leite") estendem-se

---

[3] Os seres humanos perdem cerca de 1,5 grama dessas células diariamente. A maioria dessas células se torna "poeira de casa". Sinalização Notch deficiente tem sido implicada em psoríase (Kim et al., 2016).

FIGURA 16.12 Os anexos ectodérmicos surgem a partir de placoides compartilhados e estágios de brotamento anteriores à diversificação e à morfogênese epitelial. Os esquemas de desenvolvimento para pelo (linha de cima), dente (centro), glândula mamária (linha de baixo) são mostrados para os três estágios. (Segundo Biggs e Mikkola, 2014.)

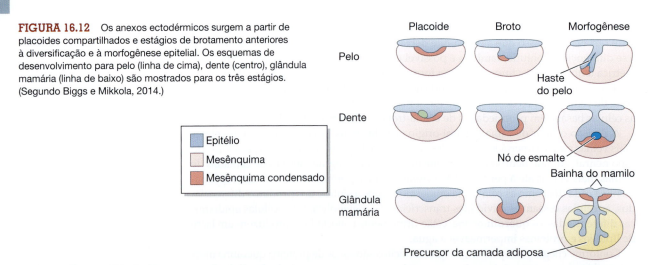

■ Epitélio
■ Mesênquima
■ Mesênquima condensado

dos membros superiores aos inferiores. No camundongo, geralmente cinco pares de placoides mamários sobrevivem de cada lado, cada um se tornando uma glândula mamária. Em humanos, normalmente apenas um par sobrevive, embora por vezes um terceiro ou quarto placoide persistam, formando mamilos supranumerários. Os placoides mamários formam-se em ambos os sexos, mas só atingem desenvolvimento completo em fêmeas (Biggs e Mikkola, 2014).

Após o estágio de placoide, existe um estágio de broto durante o qual o ectoderma cresce para dentro do mesênquima. Nas regiões de formação de placoides, as células superficiais do placoide se contraem e intercalam em direção ao centro comum. Isso faz com que elas se vinquem para dentro, direcionando o epitélio para dentro do mesênquima subjacente. Estas forças contráteis foram observadas em placoides dos dentes, mamários e pelos. (Panoutsopoulou e Green, 2016). O broto inicial é muito parecido em todos os anexos epidérmicos. Contudo, conforme o broto continua a interagir com o mesênquima subjacente, diferenças começam a ser observadas. O folículo piloso se alonga, cresce para o interior e cresce em volta do mesênquima indutor condensado. O epitélio dentário também cresce para dentro do mesênquima, e, no centro do epitélio, gera um **nó de esmalte**. Este centro sinalizador controla a proliferação e a diferenciação das células circundantes (Jernvall et al., 1996). O epitélio mamário cresce por entre as células mesenquimais e para dentro da almofada adiposa em desenvolvimento, onde sofre extensa ramificação (**FIGURA 16.12**).

Experimentos de recombinação: os papéis do epitélio e do mesênquima

As interações indutoras entre o epitélio e o mesênquima são muito específicas. Separando os componentes epitelial e mesenquimal e depois recombinando-os, biólogos do desenvolvimento do século XX foram capazes de discernir qual parte detinha a especificidade. Por exemplo, o epitélio dentário da mandíbula de um embrião de camundongo de 10 dias ocasionou a formação de dente quando combinado com o mesênquima não dentário da mandíbula do mesmo estágio embrionário. No dia embrionário 12, porém, o epitélio dentário já perdeu essa capacidade, recuperada, entretanto, pelo mesênquima dentário recentemente condensado (Mina e Kollar, 1987). O padrão de expressão de Bmp4 muda do epitélio para o mesênquima concomitante com esta troca de capacidade odontogênica (Vainio et al., 1993). Além disso, depois dessa transição, o sítio da epiderme ficou menos importante. O mesênquima dentário pode interagir com a epiderme do pé para formar dentes (Kollar e Baird, 1970). A combinação reversa não funcionou. Na mandíbula de camundongo, o mesênquima adquire capacidade odontogênica por meio de Fgf8 e é impedido de formar dentes por BMPs (**FIGURA 16.13**; Neubüser et al., 1997).

Da mesma forma, as células condensadas da derme podem induzir folículos pilosos mesmo nos epitélios (como o da sola dos pés) que normalmente não produzem pelo (Kollar, 1970). O epitélio do placoide do pelo não consegue induzir novos pelos.

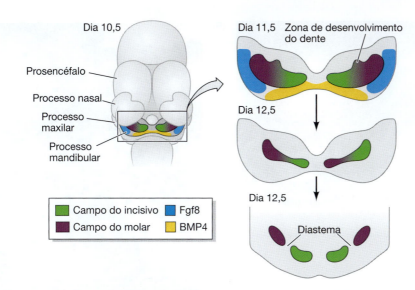

Dia 10,5

Prosencéfalo

Processo nasal

Processo maxilar

Processo mandibular

Dia 11,5 Zona de desenvolvimento do dente

Dia 12,5

Dia 12,5

Diastema

Campo do incisivo | Fgf8
Campo do molar | BMP4

FIGURA 16.13 Divisão da lâmina dental em campos incisivo e molar. (A) Diagrama esquemático mostrando a mandíbula de um embrião de camundongo de 10,5 dias. Pensa-se que uma interação mutualmente antagonista entre Bmp4 e Fgf8 define o campo do dente no ectoderma oral. Cada campo dental é contínuo até ao dia 11, mas subsequentemente se divide em campos incisivo e molar nas regiões distal e proximal da maxila, respetivamente. Os dois campos são separados por uma região sem dentes, chamada diastema. (Segundo Ahn, 2015.)

O mesênquima precoce da glândula mamária de camundongo (mas não o epitélio) induzirá os estágios iniciais de formação mamária na epiderme derivada da cabeça e pescoço (Propper e Gomot, 1967; Kratochwil, 1985). Assim, nos folículos piloso e dentário e na glândula mamária, o mesênquima condensado parece ter capacidade indutora específica. De modo curioso, essa capacidade para induzir placoides está ausente em alguns mesênquimas, nomeadamente aqueles associados com as palmas, solas e genitália externa. Nesses locais, a expressão do gene *HoxA13* parece promover a síntese de fatores parácrinos que induzem o epitélio ectodérmico a expressar proteínas queratinas específicas, em vez de pelo (Rinn et al., 2008; Johansson e Headon, 2014).

Experimentos de recombinação com glândulas mamárias de camundongo mostraram diferenças notáveis relacionadas com o sexo durante o desenvolvimento. Em fêmeas de camundongo, a glândula mamária completa a primeira parte do seu desenvolvimento no embrião. Assim como as glândulas mamárias humanas, elas completam a segunda parte do desenvolvimento em resposta a hormônios estrogênios sintetizados durante a puberdade. O desenvolvimento final, incluindo o crescimento dos ductos e a diferenciação de células produtoras de leite nas ramificações e extremidades, é realizada durante a gestação. No camundongo macho, porém, o desenvolvimento mamário é literalmente cortado pela raíz. Pouco depois de o placoide da epiderme ter ingressado, as células mesenquimais condensam à sua volta. As células mesenquimais parecem esticar o rudimento epitelial e separam o epitélio mamário masculino da epiderme. A porção epitelial da glândula mamária, então, morre.

A condensação do mesênquima à volta da haste do broto mamário masculino é devida à testosterona. A adição de testosterona ao broto mamário feminino em cultura também cessa o seu desenvolvimento. Além disso, experimentos de recombinação com camundongos sem o receptor de testosterona mostram que a testosterona atua apenas nas células mesenquimais, instruindo-as a destruir o rudimento da glândula mamária masculina (**FIGURA 16.14**; Kratochwil e Schwartz, 1976; Dürnberger et al., 1978). Em humanos, porém, o ducto nos homens não é cortado, e o desenvolvimento da glândula mamária segue o padrão feminino até à puberdade. Nessa altura, níveis crescentes de estrogênios permitem a expansão do desenvolvimento dos seios em mulheres, ao passo que, nos homens, os estrogênios se mantêm em níveis pré-puberdade. Se os homens estiverem sujeitos a compostos estrogênicos (como alguns disruptores endócrinos; ver Capítulo 24), os seus seios crescerão, uma condição chamada ginecomastia. Contudo, como os homens não secretam prolactina, seios ginecomásticos não costumam produzir leite.

Vias de sinalização

Praticamente todas as principais vias de sinalização estão envolvidas na formação dos anexos ectodérmicos (Biggs e Mikkola, 2014; Ahn et al., 2015). Em algumas situações,

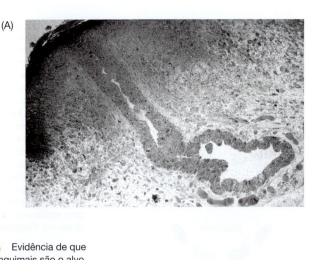

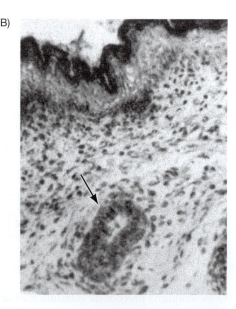

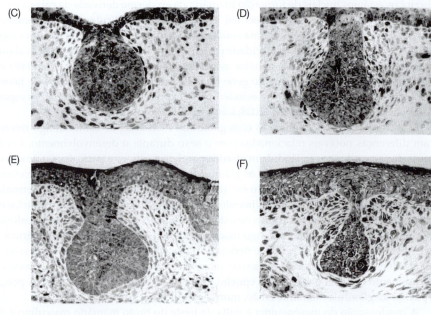

FIGURA 16.14 Evidência de que as células mesenquimais são o alvo da testosterona no desenvolvimento do primórdio mamário no camundongo. (A) Cordão mamário de um embrião de camundongo fêmea. (B) Primórdio mamário (seta) no embrião de camundongo macho. O epitélio mamário separou-se da superfície e em breve morrerá. (C) Rudimentos mamários de um embrião de camundongo fêmea de 14 dias em cultura. (D) Rudimento mamário masculino de 14 dias em cultura, começando a responder à testosterona. (E) Broto mamário recombinado contendo epitélio selvagem e mesênquima sem receptor para testosterona. Não foi detectada resposta androgênica à testosterona. (F) Cultura de rudimento contendo mesênquima selvagem e epitélio insensível a androgênios. Ele responde à testosterona ao condensar em redor e constringir o pescoço do broto. (A, de Hogg et al., 1983, cortesia de C. Tickle; B, de Raynaud, 1961; C-F, de Kratochwil e Schwartz, 1976, cortesia de K. Kratochwil.)

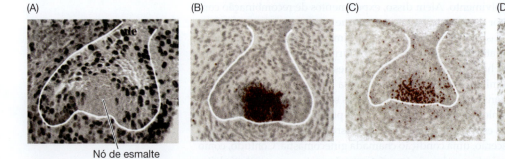

Nó de esmalte

FIGURA 16.15 Formação do dente em mamíferos. O nó de esmalte é o centro sinalizador dirigindo a morfogênese do dente. Estas fotografias mostram o estágio de desenvolvimento de capuz em que o epitélio está crescendo para dentro do mesênquima. (A) Marcação para divisão celular com BrDU radioativo indica uma região sem divisão celular, o nó de esmalte. (B-D) Hibridação *in situ* revela que o nó de esmalte expressa genes para fatores parácrinos iniciadores de várias cascatas de sinalização. Esses genes incluem *Sonic hedgehog* (B), *Bmp7* (C) e *Fgf4* (D). (De Vaahtokari et al., 1996, cortesia de I. Thesleff.)

como o nó de esmalte dos dentes de mamífero, o mesmo centro sinalizador emite fatores parácrinos pertencentes a quase todas as famílias (**FIGURA 16.15**). A via canônica Wnt/β-catenina foi implicada na perda de formação correta de pelo, dentes e glândulas mamárias em camundongos deficientes para componentes dessa via (van Genderen et al., 1994). Manipular o ganho de expressão de β-catenina por toda a epiderme de embriões acabou por transformar toda a epiderme em destino de folículo piloso (Närhi et al., 2008; Zhang et al., 2008) e originou dentes supranumerários na maxila (Järvinen et al., 2006; Liu et al., 2008). De fato, a sinalização Wnt pode ajudar a induzir o nó de esmalte a se formar e pode ser crítica na capacidade (perdida nos mamíferos) de regenerar os dentes (Järvinen et al., 2006). Camundongos mutantes para reguladores negativos da via Wnt apresentam mais e maiores placoides mamários (Närhi et al., 2012; Ahn et al., 2013).

Os FGFs provavelmente têm múltiplos papéis no desenvolvimento dos anexos ectodérmicos. Um desses papéis é regular a migração de células mesenquimais para se condensarem por baixo do placoide. Nos dentes, Fgf8 do placoide parece atrair e manter as células mesenquimais no placoide dentário (Trumpp et al., 1999; Mammoto et al., 2011). No pelo, Wnt placoidal ativa a secreção de Fgf20, o qual estimula a migração de células mesenquimais para o placoide (Huh et al., 2014). Na glândula mamária, pensa-se que Fgf10 dos somitos (e possivelmente dos brotos dos membros) induz a formação do placoide (Mailleux et al., 2002; Veltmaat et al., 2006). Camundongos deficientes para os genes de Fgf10 ou seu receptor não formam os placoides mamários 1, 2, 3 e 5. (Por alguma razão desconhecida, o placoide mamário 4 sobrevive.)

Membros da família TGF-β, sobretudo os BMPs, também têm um papel importante na formação dos anexos ectodérmicos. De fato, a alteração do padrão de expressão de BMP4 do epitélio para o mesênquima coordena a alteração do potencial de gerar dentes e é fundamental para a transição broto-para-capuz. Os BMPs são conhecidos por induzir vários genes no desenvolvimento dos dentes (Vainio et al., 1993; Jussila e Thesleff, 2012) e muito provavelmente BMPs e Wnts se regulam mutuamente para controlar a forma dos dentes (Munne et al., 2009; O'Connell et al., 2012). Enquanto a expressão de BMP é necessária para a formação do dente, a sua atividade tem de ser *reprimida* para a indução dos placoides pilosos (Jussila e Thesleff, 2012; Sennett e Rendl, 2012).

Outras vias de sinalização, como as iniciadas por hedgehog e ectodisplasina, têm importância variável (Biggs e Mikkola; Ahn, 2014). A via ectodisplasina (ativando o fator de transcrição NF-κB) está ativa em todos os anexos cutâneos. As pessoas (e outros animais) com displasia ectodérmica anidrótica têm defeitos no crescimento de pelos, dentes e glândulas sudoríparas (Mikkola et al., 2008).

> **Ampliando o conhecimento**
>
> Os escudos das tartarugas (as placas externas de queratina que cobrem o dorso e o ventre) apresentam todas o mesmo padrão, independentemente de serem tartarugas marinhas ou do deserto. Aqueles com queda para a matemática poderão querer perguntar: como é gerado esse padrão?

TÓPICO NA REDE 16.4 **A VIA ECTODISPLASINA E MUTAÇÕES NO DESENVOLVIMENTO DO PELO** Doenças genéticas podem nos dar uma percepção sobre os mecanismos normais de crescimento do pelo.

Células-tronco dos anexos ectodérmicos

Em muitos casos, os anexos epidérmicos geram ou retêm células-tronco adultas que permitem a regeneração dessas estruturas em momentos específicos. Se tais células-tronco estão presentes ou não varia muito entre espécies. Peixes e répteis podem regenerar seus dentes, mas os mamíferos, não. A maioria dos mamíferos tem dois conjuntos de dentes, um para as crianças ("dentes de leite") e um conjunto "permanente" para os adultos. Ambos os conjuntos de dentes começaram o seu desenvolvimento antes do nascimento. Uma vez que nossos dentes adultos crescem, a lâmina dental decai, e não podemos regenerar dentes perdidos ou danificados. Enquanto os dentes humanos são estabelecidos definitivamente (devemos lembrar que, ao longo da maior parte da história da humanidade, a maioria das pessoas morria antes dos 40), outros mamíferos, incluindo roedores e elefantes, têm dentes que crescem continuamente (Thesleff e Tummers, 2009). Nos incisivos continuamente em crescimento dos camundongos, existe um nicho de células-tronco que retém as células epiteliais e que constantemente genera os ameloblastos produtores de esmalte. Em alguns répteis, como o jacaré, parte da lâmina é retida, e contém células-tronco capazes de regenerar dentes perdidos. Quando os dentes se perdem, β-catenina acumula-se nessas células, ao passo que os inibidores de Wnt são perdidos (Wu et al., 2013).

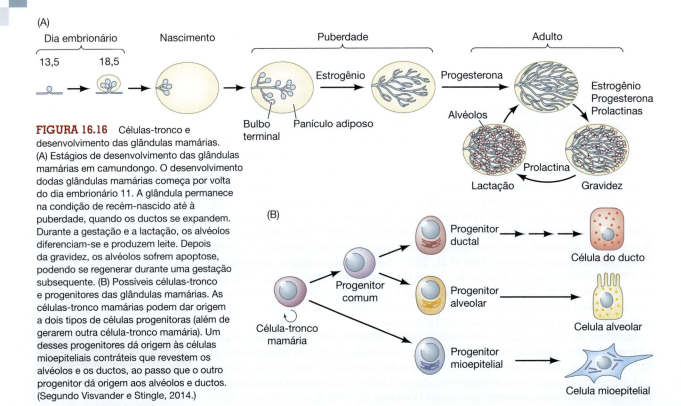

(A)

FIGURA 16.16 Células-tronco e desenvolvimento das glândulas mamárias. (A) Estágios de desenvolvimento das glândulas mamárias em camundongo. O desenvolvimento dodas glândulas mamárias começa por volta do dia embrionário 11. A glândula permanece na condição de recém-nascido até à puberdade, quando os ductos se expandem. Durante a gestação e a lactação, os alvéolos diferenciam-se e produzem leite. Depois da gravidez, os alvéolos sofrem apoptose, podendo se regenerar durante uma gestação subsequente. (B) Possíveis células-tronco e progenitores das glândulas mamárias. As células-tronco mamárias podem dar origem a dois tipos de células progenitoras (além de gerarem outra célula-tronco mamária). Um desses progenitores dá origem às células mioepiteliais contráteis que revestem os alvéolos e os ductos, ao passo que o outro progenitor dá origem aos alvéolos e ductos. (Segundo Visvander e Stingle, 2014.)

A glândula mamária (de onde vem o nome da nossa classe de vertebrados) contém células-tronco para reativação do seu crescimento durante a puberdade e a gravidez (**FIGURA 16.16A**). Durante a puberdade, os estrogênios causam a ramificação extensa dos ductos e o alongamento dos **brotos terminais**. Durante a gravidez, os ductos, estimulados por progesterona e prolactina, formam ramificações laterais terciárias que se diferenciam nos alvéolos produtores de leite (Oakes et al., 2006; Sternlicht et al., 2006). As glândulas mamárias dos mamíferos provavelmente contêm uma célula-tronco que é capaz de gerar todas as linhagens da glândula. Dados obtidos a partir de células mamárias marcadas geneticamente (Rios et al., 2014; Wang et al., 2015) sugerem que deve haver uma única célula-tronco que pode dar origem a dois principais progenitores dodas glândulas mamárias: um que gera os ductos e alvéolos e outro que gera as células mioepiteliais que se contraem para empurrar o leite dos alvéolos para os mamilos (**FIGURA 16.16B**).

A célula-tronco de anexos epidérmicos mais bem estudada é a célula-tronco do pelo. Parece que existem três populações de células-tronco envolvidas na produção de estruturas epidérmicas. Uma, discutida anteriormente, encontra-se na camada germinal da epiderme e dá origem aos queratinócitos que caracterizam a epiderme interfolicular. Um segundo grupo de células-tronco é fundamental para a formação da glândula sebácea de cada haste de pelo, e um terceiro grupo é crucial para regenerar a haste do pelo propriamente dita. De modo curioso, parece que existe uma célula-tronco primitiva que é capaz de formar todas as outras três (Snippert et al., 2010), e membros de cada grupo de células-tronco podem ser recrutados para qualquer dos outros reservatórios, se necessário, como quando a pele se regenera após ser ferida (Levy et al., 2007; Fuchs et al., 2008).

O pelo é uma estrutura que os mamíferos são capazes de regenerar. Ao longo da vida, os folículos pilosos sofrem ciclos de crescimento (**anágeno**), regressão (**catágeno**), repouso (**telógeno**) e recrescimento. O comprimento do pelo é determinado pela quantidade de tempo que o folículo piloso permanece na fase anágena. O cabelo humano pode passar vários anos em fase anágena, ao passo que o pelo do braço cresce apenas 6 a 12 semanas em cada ciclo. A capacidade dos folículos pilosos de se regenerarem depende da existência de uma população de células-tronco epiteliais que se formam na região do bulbo permanente do folículo em estágios avançados da embriogênese. Quando Philipp Stöhr desenhou a histologia do pelo humano para o seu livro de texto de 1903, ele mostrou esse bulbo ("Wulst") como o sítio de ligação dos músculos eretores do pelo (aqueles que dão à pessoa "pele de galinha" quando se contraem). Pesquisa desenvolvida durante os anos 1990 sugere que o bulbo alberga populações de pelo menos dois tipos de células-tronco: as **células-tronco do folículo piloso** (HFSCs, do inglês, *hair follicle stem cells*), que dão origem à haste e à bainha do pelo (Cotsarelis et al., 1990; Morris e Potten, 1999; Taylor et al., 2000); e às **células-tronco melanocíticas**, que dão origem ao pigmento da pele e do pelo (Nishimura et al., 2002). O bulbo parece ser um nicho importante que permite às células-tronco manterem a característica tronco. As células-tronco foliculares no bulbo podem regenerar todos os tipos celulares epiteliais do pelo, e sem elas, não haverá um novo folículo. Contudo, se as células-tronco forem seletivamente eliminadas por *laser*, algumas células epiteliais do bulbo (que normalmente não são usadas para crescimento do pelo) repopulam a população de células-tronco e podem manter a regeneração de folículo piloso (Rompolas et al., 2013).

Parece que há duas populações de HFSCs: uma população quiescente no bulbo e uma população ativada para divisão celular logo abaixo do bulbo. A totalidade do órgão da pele parece envolvido no ciclo do pelo (**FIGURA 16.17**). As HFSCs residem na camada externa do bulbo. As células do interior do bulbo são a progênie das HFSCs, e secretam

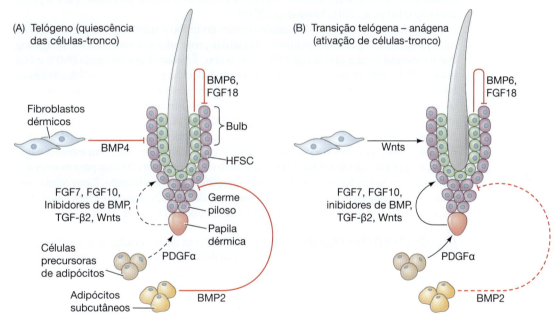

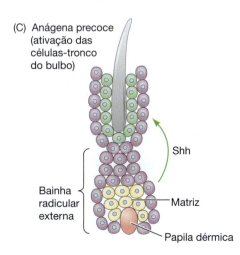

FIGURA 16.17 Regeneração da haste do pelo por células-tronco do bulbo do folículo piloso (HFSCs). (A) Durante a quiescência (fase telógena), o mesênquima condensado da papila dérmica entra em contato com as células-tronco (em azul) na camada externa do bulbo. As HFSCs são quiescentes devido a BMP6 e Fgf18 produzidos pela camada interna do bulbo, cujas células descendem das HFSCs do bulbo externo, e devido a outros BMPs produzidos pelo mesoderma dérmico (fibroblastos) e pelas células adiposas (adipócitos). (B) Na transição de fase telógena para anágena (crescimento), a papila dérmica é induzida pelas células mesenquimais a produzir ativadores do crescimento do pelo (FGFs e Wnts), bem como antagonistas de sinais BMP. Isso causa a proliferação e a diferenciação do folículo piloso. (C) Ao entrarem em contato com a papila dérmica na base, as células dividem-se rapidamente para dar origem à haste do pelo e seu canal. As células próximas ao bulbo prévio se convertem na camada externa do bulbo e têm propriedades de células-tronco. Uma camada interna, com espessura de várias camadas celulares, também deriva das HFSCs; essa camada, por fim, inibe a proliferação de HFSCs. Na fase catágena (não representada), a maioria das células sofre apoptose, mas as células-tronco remanescentes sobrevivem na região do bulbo. Uma fita epitelial traz, então, a papila dérmica para a região do bulbo, e a interação entre elas parece gerar o germe piloso da seguinte geração de pelo. (Segundo Hsu e Fuchs, 2012, Hsu et al., 2014.)

BMP6 e Fgf18, dois repressores da proliferação de HFSCs. Além disso, os fibroblastos dérmicos e as células adiposas subcutâneas também produzem BMPs supressores de crescimento. AS HFSCs são ativadas no começo da fase anágena por sinais da papila dérmica do mesênquima condensado. Esses sinais são FGFs, Wnts e antagonistas de BMPs, e direcionam as células-tronco epidérmicas a migrarem para fora do bulbo. Ali, as células-tronco epidérmicas produzem células progenitoras que proliferam para baixo e dão origem a sete colunas concêntricas de células que formam a bainha radicular externa do bulbo até à matriz.

Essa ativação da papila dérmica é regulada pelo microambiente da derme. A derme subjacente parece secretar mais Wnts e menos BMPs, ao passo que as células precursoras de adipócitos secretam mais o fator parácrino PDGF, que estimula a papila dérmica. Conforme a papila dérmica é deslocada para mais longe pelo crescimento em sentido descendente das células epiteliais, seus sinais não são recebidos pelas células-tronco, e o bulbo regressa à quiescência. Durante a última parte da fase anágena, a prostaglandina PGD$_2$ parece impedir a produção de células progenitoras. Durante a fase catágena, a maioria das células epiteliais basais (bainha radicular externa) sofrem apoptose. No entanto, as células-tronco superiores permanecem. As células da bainha radicular externa próximas ao bulbo antigo contêm HFSCs e se tornam a camada externa, ao passo que as mais próximas da matriz se diferenciam na camada interna do bulbo. A apoptose faz as células externas entrarem em contato com a papila dérmica de prontidão para o próximo ciclo (Hsu et al., 2011; Mesa et al., 2015).

Notavelmente, a ativação das células-tronco do bulbo é regulada, em parte, pelas células progenitoras que elas produzem. As células progenitoras secretam Sonic hedgehog, que é essencial para a divisão de HFSCs do bulbo. É possível que os sinais BMP6 e FGF dessas células inibam as células-tronco abaixo do bulbo, ao passo que o seu Shh ativa as células-tronco do bulbo. Isso significa que as células progenitoras não são meras células passivas em via de diferenciação, mas que elas constituem um centro de sinalização que pode ativar as células-tronco quiescentes do bulbo (**FIGURA 16.18**; ver também Figura 16.17C). A papila dérmica pode, assim, iniciar a regeneração do pelo ao estimular as HFSCs ativadas (sob-bulbo) a estabelecer uma população de células amplificadoras em trânsito, e que, então, essa população de células progenitoras sirva de centro sinalizador para manter a sinalização necessária à expansão das células amplificadoras em trânsito. Essas células amplificadoras regulam a proliferação delas mesmas, das HFSCs ativadas e HFSCs quiescentes, coordenando, assim, a regeneração do folículo piloso (Hsu et al., 2014).

 OS CIENTISTAS FALAM 16.1 A Dra. Elaine Fuchs discute células-tronco em geral e as capacidades notáveis das células-tronco do folículo piloso em particular.

FIGURA 16.18 Durante a regeneração do folículo piloso, as células progenitoras emergentes constituem um centro sinalizador que regula o crescimento do tecido. As células-tronco ativadas (HFSCs) originam células progenitoras. As células-tronco quiescentes dividem-se apenas depois de as células progenitoras surgirem e começarem a secretar Sonic hedgehog (Shh). A formação de células-tronco diminui se os progenitores não conseguem produzir Shh. Shh tanto promove a proliferação de células-tronco quiescentes como regula os fatores dérmicos que promovem a expansão de células progenitoras. Sem contribuição das HFSCs quiescentes, o reabastecimento de HFSCs ativadas para o próximo ciclo é reduzido. Essa redução atrasa a regeneração e pode até levar a falha na regeneração do folículo piloso. (Segundo Hsu et al., 2014.)

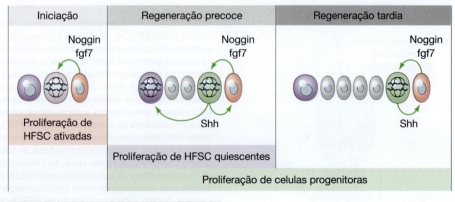

Essas descobertas sobre ativação e quiescência da célula-tronco têm ajudado a explicar duas variações humanas: padrão masculino de calvície e cílios longos. O padrão masculino de calvície, caracterizado por uma diminuição no tamanho do folículo piloso, parece ser devido à incapacidade progressiva das HFSCs de darem origem a células progenitoras. De fato, em mamíferos idosos, compostos inibidores externos ao nicho podem manter as HFSCs em estado dormente. Esta cessação de produção de células progenitoras parece ser devida à síntese prolongada de prostaglandina PGD_2, normalmente usada para parar o crescimento do pelo no final da fase anágena. Homens calvos têm níveis mais elevados desse fator, e camundongos transgênicos que sobrexpressam as enzimas que levam à síntese da prostaglandina PGD_2 têm perda de pelo. Além disso, os genes que codificam para enzimas sintetizadoras desta prostaglandina são aumentados por testosterona[4] (Garza et al., 2011, 2012) e reprimidos pela via Wnt – a mesma via implicada na regeneração do dente. Secreção epitelial de Wnt é necessária para crescimento e regeneração do folículo piloso em adulto, e camundongos mais idosos têm níveis muito mais elevados de inibidores de Wnt (como Dickkopf) do que camundongos mais jovens (Myung et al., 2013; Chen et al., 2014). Normalmente, a PGD_2 provavelmente atua como um contrabalanço aos efeitos positivos no crescimento das prostaglandinas relacionadas PGE_2 e $PGF_{2\alpha}$. Estas duas últimas parecem estimular o crescimento do pelo ao prolongarem a fase anágena (Johnstone e Albert, 2002; Sasaki et al., 2005). Na realidade, soluções contendo essas prostaglandinas ou seus análogos foram aprovadas para uso cosmético para alongamento dos cílios.

TÓPICO NA REDE 16.5 **VARIAÇÃO NORMAL NA PRODUÇÃO DO PELO HUMANO** O padrão do tamanho do pelo, comprimento e espessura (ou falta dela) é determinado por fatores parácrinos e endócrinos

Coda

Em 1882, Thomas Huxley, um dos principais naturalistas britânicos e um dos defensores mais entusiasta de Charles Darwin, refletiu, "Lembro […] a intensa satisfação e deleite que eu tinha em escutar continuamente as fugas de Bach. […] A fonte de prazer é exatamente a mesma da maioria dos meus problemas em morfologia – que você tem o tema de um dos trabalhos mais antigos do mestre seguido de suas variações intermináveis, sempre surgindo e sempre lhe lembrando de unidade na variedade". Nos placoides epidérmicos, vemos variações incríveis e forças semelhantes dando origem a órgãos distintos – penas, pelos, escamas, glândulas mamárias e dentes. A epiderme e o olho usam fatores parácrinos e vias de sinalização semelhantes para assegurar o seu desenvolvimento e crescimento coordenados. Assim como o próprio Huxley observou (ver p. 785), raras coisas são "inventadas" de novo. São as diferentes combinações em momentos distintos que fazem a diferença.

---

[4] Testosterona e (mais importante ainda, tal como vimos no Capítulo 6) o seu derivado hidrotestosterona são cruciais na gênese do padrão masculino de calvície. As civilizações antigas notaram que os eunucos (homens castrados) não se tornavam naturalmente calvos. A testosterona não parece ter um papel na escassez de pelo feminino (Kaufman, 2002).

Próxima etapa na pesquisa

A capacidade do pelo de regenerar a partir das suas células-tronco nos dá uma notável lição que apenas agora estamos começando a apreciar. De fato, regenerar a pele reativa algumas das vias presentes no desenvolvimento normal. O fator de transcrição Foxc1 parece ter um papel importante em conter o nicho de folículos pilosos e manter a população de células-tronco quiescentes (Lay et al., 2016; Wang et al., 2016). Um trabalho recente mostra que a pele danificada libera RNAs de dupla-fita que são reconhecidos pela proteína receptora Toll-*like* receptor-3 (TLR3). Além de ativar as células do sistema imune, a proteína TLR3 ativada também ativa a via da ectodisplasina (ver Nelson et al., 2015).

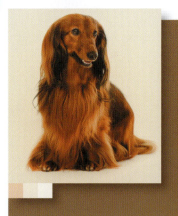

Considerações finais sobre a foto de abertura

O que controla o comprimento do pelo? O nosso pelo cresce longo na nossa cabeça, mas é muito mais curto no torso, nos membros, nas axilas e na região pubiana. Uma possibilidade é o controle local do gene *Fgf5*. Os cães dachshunds de pelo longo diferem dos seus irmãos selvagens de pelo curto por serem homozigóticos para uma mutação de perda de função do gene *Fgf5*. Existem diferentes mutações desse gene em diferentes cruzamentos desses cães (Cadieu et al., 2009; Dierks et al., 2013), e mutações *Fgf5* são observadas em gatos de pelo longo e outros mamíferos. Fgf5 está envolvido na iniciação da fase catágena (regressão) do ciclo de crescimento do pelo, portanto mutações permitiriam mais tempo na fase anágena (período de crescimento). (Foto © Bigandt Photography/Getty Images.)

16 Resumo instantâneo
Placoides ectodérmicos e a epiderme

1. Os placoides ectodérmicos são espessamentos de células, normalmente no ectoderma. Os placoides anteriores formam os neurônios sensitivos do olho, da orelha e do nariz, bem como do cristalino do olho. Os placoides mais posteriores dão origem aos pelos, aos dentes, às penas, aos escudos e às escamas que recobrem a epiderme.

2. Os placoides craniais formam-se no ectoderma na fronteira entre o tubo neural e o ectoderma. Eles distinguem-se das células da crista neural por sinais que inibem BMPs e Wnts.

3. Os placoides sensoriais craniais têm origem numa região pan-placoidal e são separados em placoides individuais.

4. A retina de vertebrados forma-se a partir de uma vesícula óptica que se estende a partir do cérebro. O Pax6 tem um papel importante na formação do olho, e a inibição de Pax6 por Sonic hedgehog no centro do cérebro divide a região formadora do olho do cérebro ao meio. Se Shh não se expressar ali, o resultado é um único olho mediano.

5. As células fotorreceptoras da retina recolhem a luz e transmitem um impulso elétrico às células ganglionares da retina. Os axônios das células ganglionares da retina formam o nervo óptico. Tanto o cristalino como a córnea se formam a partir do ectoderma de superfície. Ambos têm de se tornar transparentes.

6. A indução recíproca é fundamental para a especificação e diferenciação da retina e do cristalino. As células que formam os órgãos têm duas "vidas". Na vida embrionária, elas constroem os órgãos; na vida adulta, funcionam como parte de um órgão. O corpo é construído por células que não estão desempenhando o seu papel adulto.

7. A camada basal do ectoderma de superfície se converte na camada germinal da pele. As células-tronco epidérmicas dividem-se para dar origem a queratinócitos diferenciados e mais células-tronco.

8. O nó de esmalte é o centro sinalizador para a forma e desenvolvimento do dente.

9. As células tronco foliculares, que regeneram folículos pilosos durante períodos cíclicos de crescimento, situam-se no sulco do folículo piloso. A calvície masculina parece resultar da inibição da via de Wnt, impedindo a divisão das células-tronco.

Leituras adicionais

Ahn, Y. 2015. Signaling in tooth, hair, and mammary placodes. *Curr. Top. Dev. Biol*. 111: 421-452.

Ahtiainen, L. and 7 others. 2014. Directional cell migration, but not proliferation, drives hair placode morphogenesis. *Dev. Cell* 28: 588-602.

Biggs, L. C. and M. L. Mikkola. 2014. Early inductive events in ectodermal appendage morphogenesis. *Semin. Cell Dev. Biol*. 26: 11-21.

Hsu, Y. C., L. Li and E. Fuchs. 2014. Emerging interactions between skin stem cells and their niches. *Nature Med*. 20: 847-856.

Jernvall, J., T. Aberg, P. Kettunen, S. Keränen and I. Thesleff. 1998. The life history of an embryonic signaling center: BMP4 induces p21 and is associated with apoptosis in the mouse tooth enamel knot. *Development* 125: 161-169.

Ogino, H., H. Ochi, H. M. Reza and K. Yasuda. 2012. Transcription factors involved in lens development from the preplacodal ectoderm. *Dev. Biol*. 363: 333-347.

Sick, S., S. Reinker, J. Timmer and T. Schlake. 2006. WNT and DKK determine hair follicle spacing through a reaction-diffusion mechanism. *Science* 314: 1447-1450.

VISITE WWW.DEVBIO.COM...

... para Tópicos na Rede, entrevistas de Os Cientistas Falam, vídeos de Assista ao Desenvolvimento, Tutorial do Desenvolvimento e informação bibliográfica completa sobre toda a literatura citada neste capítulo.

Mesoderma paraxial
Os somitos e seus derivados

O quê, quando, onde e quantos?

A SEGMENTAÇÃO DO PLANO CORPORAL é uma característica altamente conservada entre todas as espécies de vertebrados. A repetição da forma através de segmentação forneceu um mecanismo de desenvolvimento para a evolução de funções cada vez mais sofisticadas. Por exemplo, ainda que humanos e girafas tenham o mesmo número de vértebras cervicais, os tamanhos desses segmentos são profundamente diferentes e adaptados às suas pressões ambientais. As vértebras torácicas são os únicos segmentos que possuem costelas, que funcionam em parte para fornecer proteção aos órgãos. O número de vértebras torácicas difere drasticamente entre um humano, um camundongo e uma cobra. O número e tamanho de segmentos e seus derivados ósseos e musculares são decididos por modificações na fissão do mesoderma ao longo do eixo anteroposterior. Como é possível que durante o desenvolvimento um tecido seja cortado em segmentos de tamanhos precisos? Como é possível que cobras tenham cerca de 300 segmentos enquanto os humanos têm apenas 35?

Uma das principais tarefas da gastrulação é criar uma camada mesodérmica entre o endoderma e o ectoderma. Como visto na **FIGURA 17.1**, a formação do tecido mesodérmico no embrião vertebrado não é subsequente à formação do tubo neural, mas ocorre sincronicamente. A notocorda se estende por baixo do tubo neural, desde a região posterior do prosencéfalo, até a cauda. Em ambos os lados do tubo neural encontram-se faixas espessas de células mesodérmicas divididas em mesoderma paraxial,

Destaque

O mesodema paraxial localiza-se adjacente à notocorda e ao tubo neural. Ele dá origem às vértebras, aos músculos esqueléticos e a muito do tecido conjuntivo da pele. O mesoderma paraxial anterior é formado durante a gastrulação; o posterior é gerado por progenitores neuromesodérmicos multipotentes no broto caudal. O mesoderma paraxial começa sem segmentação, porém, à medida que o eixo se alonga, uma onda anteroposterior de formação de fronteiras divide-o em somitos de tamanho semelhante com precisão de relógio. A somitogênese é controlada por gradientes opostos de FGF/Wnt do broto caudal e ácido retinoico da região anterior, o que mantém as células progenitoras ou encoraja a diferenciação dos somitos, respectivamente. Oscilações periódicas da sinalização de Notch-Delta estabelecem o "relógio" da somitogênese, influenciando a colinearidade espaço-temporal da ativação dos genes *Hox* ao longo do tronco. A expressão de *Hox* também é regulada epigeneticamente e é essencial para as identidades corretas dos eixos. As fronteiras físicas são estabelecidas através de um mecanismo Eph-EfrinaB2 de repulsão celular e deposição de matriz extracelular. A diferenciação dos somitos começa com a indução do esclerótomo e dermomiótomo, que dão origem aos ossos e músculos, respectivamente. Sinais da notocorda, do tubo neural, do mesoderma da placa lateral, do ectoderma superficial e das células de crista neural migratórias contribuem para a regulação da condrogênese e da miogênese.

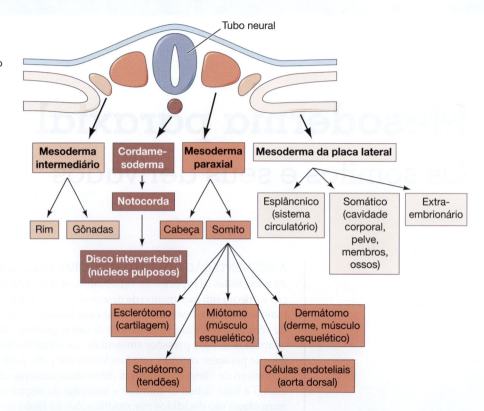

mesoderma intermediário e mesoderma da placa lateral. O mesoderma paraxial inicial diretamente adjacente à notocorda não possui somitos; ele assume a forma de faixas bilaterais formadas de células mesenquimais contínuas, conhecidas como o **mesoderma pré-somítico** (**PSM**), ou **placa segmentar**. Assim como estudado extensivamente em amniotas, quando a linha primitiva está regredindo e as dobras neurais começam a se formar no centro do embrião, as células do mesoderma presomítico formarão os somitos. **Somitos** são conjuntos de células epiteliais em formato de blocos bilateralmente posicionados adjacentes ao tubo neural.

As regiões de mesoderma do tronco e da cabeça e seus derivados podem ser sumarizadas como a seguir (ver Figura 17.1):

1. A região central do mesoderma do tronco é o **cordamesoderma** (geralmente denominado como mesoderma axial). Esse tecido forma a notocorda, um tecido de transição cujas principais funções incluem induzir e padronizar o tubo neural e estabelecer o eixo anteroposterior do corpo. As células da notocorda são hidrostaticamente pressurizadas com grandes vacúolos para fornecer uma estrutura rígida em formato de bastão para o embrião em desenvolvimento. Apesar de muitas células da notocorda sucumbirem para limpeza apoptótica, o centro gelatinoso do disco intervertebral, chamado de núcleo pulposo, é derivado de células da notocorda (**FIGURA 17.2**; Choi et al., 2008; McCann et al., 2011).

2. Flanqueando a notocorda em ambos os lados está o **mesoderma paraxial**, ou **somítico**. Os tecidos que se desenvolvem dessa região ficarão localizados no dorso do embrião, ao redor da medula espinal e, para alguns descendentes musculares, na região dos membros e do ventre (parede abdominal). Antes de essas regiões poderem ser populadas, as células do mesoderma paraxial formarão somitos – blocos epiteliais transitórios de células mesodérmicas em ambos os lados do tubo neural – que produzirão músculo e muitos dos tecidos conjuntivos das costas (derme, músculo e componentes do esqueleto, como as vértebras e as costelas; ver Figura 17.2E, F). O mesoderma paraxial mais anterior não se segmenta; ele torna-se o **mesoderma da cabeça**, que, junto com a crista neural, forma o esqueleto, os músculos e o tecido conjuntivo da cabeça e do crânio.

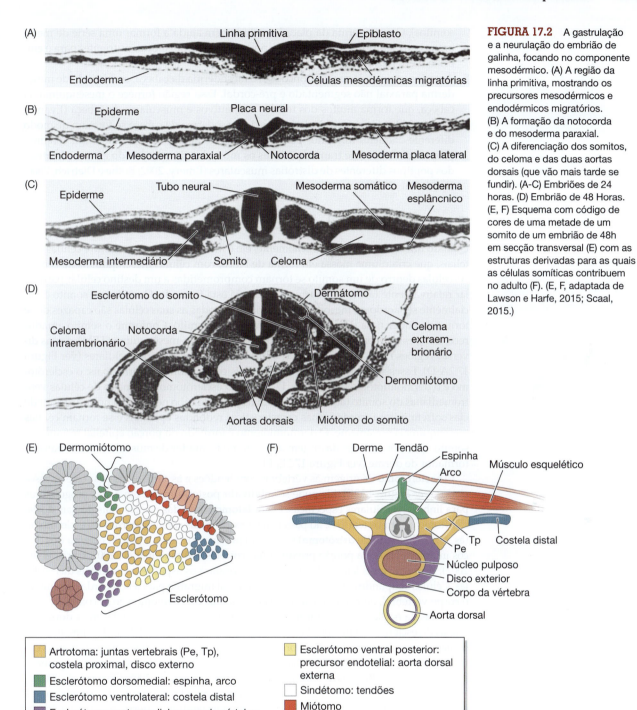

FIGURA 17.2 A gastrulação e a neurulação do embrião de galinha, focando no componente mesodérmico. (A) A região da linha primitiva, mostrando os precursores mesodérmicos e endodérmicos migratórios. (B) A formação da notocorda e do mesoderma paraxial. (C) A diferenciação dos somitos, do celoma e das duas aortas dorsais (que vão mais tarde se fundir). (A-C) Embriões de 24 horas. (D) Embrião de 48 Horas. (E, F) Esquema com código de cores de uma metade de um somito de um embrião de 48h em secção transversal (E) com as estruturas derivadas para as quais as células somíticas contribuem no adulto (F). (E, F, adaptada de Lawson e Harfe, 2015; Scaal, 2015.)

(A) Linha primitiva — Epiblasto — Endoderma — Células mesodérmicas migratórias

(B) Epiderme — Placa neural — Endoderma — Mesoderma paraxial — Notocorda — Mesoderma placa lateral

(C) Epiderme — Tubo neural — Mesoderma somático — Mesoderma esplâncnico — Mesoderma intermediário — Somito — Celoma

(D) Esclerótomo do somito — Dermátomo — Celoma intraembrionário — Notocorda — Celoma extraembrionário — Dermomiótomo — Aortas dorsais — Miótomo do somito

(E) Dermomiótomo — Esclerótomo

(F) Derme — Tendão — Espinha — Arco — Músculo esquelético — Tp — Costela distal — Pe — Núcleo pulposo — Disco exterior — Corpo da vértebra — Aorta dorsal

- Artrotoma: juntas vertebrais (Pe, Tp), costela proximal, disco externo
- Esclerótomo dorsomedial: espinha, arco
- Esclerótomo ventrolateral: costela distal
- Esclerótomo ventromedial: corpo da vértebra
- Notocorda: disco interno/núcleo pulposo
- Esclerótomo ventral posterior: precursor endotelial: aorta dorsal externa
- Sindétomo: tendões
- Miótomo
- Dermátomo: derme

3. O **mesoderma intermediário** é posicionado diretamente lateral ao mesoderma paraxial e forma o sistema urogenital, consistindo dos rins, das gônadas e seus respectivos dutos. A porção exterior (cortical) da glândula suprarrenal também deriva dessa região (ver Figura 17.2C).

4. Mais distante da notocorda, o **mesoderma da placa lateral** dá origem ao coração, aos vasos sanguíneos e às células sanguíneas do sistema circulatório, assim como ao revestimento das cavidades corporais. Ele também dá origem à pelve e ao esqueleto dos membros (mas não aos músculos dos membros, que têm sua origem nos

somitos). O mesoderma da placa lateral também ajuda a formar uma série de membranas extraembrionárias que são importantes para transportar nutrientes para o embrião (ver Figura 17.2B,C).

5. Anterior ao mesoderma do tronco está o mesoderma da cabeça, consistindo de mesoderma paraxial não segmentado e pré-cordal. Essa região fornece o mesênquima da cabeça, que forma muitos dos tecidos conjuntivos e musculares da cabeça (Evans e Noden, 2006). Os músculos derivados do mesoderma da cabeça se formam de modo diferente daqueles formados pelos somitos. Não apenas eles possuem um conjunto próprio de fatores de transcrição, mas os músculos da cabeça e do tronco são afetados por tipos diferentes de distrofias musculares (Emery, 2002; Bothe e Dietrich, 2006; Harel et al., 2009).

Tipos celulares do somito

Quando um somito se forma inicialmente, ele é moldado por contatos entre células epiteliais, que criam uma massa em forma de bloco, com células mesenquimais no centro. As células dentro de um somito se tornam comprometidas a um destino celular particular relativamente tarde, depois que o somito já está formado. Quando um somito é inicialmente separado do mesoderma pré-somítico, todas as suas células são capazes de se tornar qualquer uma das estruturas derivadas do somito. Conforme o somito amadurece, porções dele passam por uma transição de epitélio-mesênquima (TEM), e suas diversas regiões ficam comprometidas a formar apenas certos tipos celulares (ver Figura 17.2A-D). Esses somitos maduros contêm dois compartimentos principais: o esclerótomo e o dermomiótomo (ver Figura 17.2D, E). O esclerótomo é formado de células ventromedianas do somito (aquelas células mais perto do tubo neural e da notocorda), onde elas sofrem mitose, perdem suas características redondas epiteliais e se tornam células mesenquimais novamente. O dermomiótomo é formado da porção epitelial restante do somito, que, por sua vez, dá origem ao miótomo formador de músculo e ao dermátomo formador de derme (ver Figura 17.2E, F).

O **esclerótomo** dá origem às vértebras com tendões e às cartilagens das costelas associados (ver Figura 17.2E). Ele pode se subdividir posteriormente em zonas progenitoras para linhagens celulares específicas. O **sindétomo** surge das células mais dorsais do esclerótomo e gera os tendões, ao passo que a maioria das células internas do esclerótomo (às vezes chamado de **artrótomo**) se tornam juntas vertebrais, a porção externa dos discos intervertebrais e a porção proximal das costelas (Mittapalli et al., 2005; Christ et al., 2007). A porção mais lateral do mesênquima formará os aspectos mais distais das costelas. Células ocupando o esclerótomo ventromedial migrarão para a notocorda e formarão o corpo vertebral, ao passo que as células adicionais do artrótomo vão se combinar com as células da notocorda para formar os discos intervertebrais. As células mais dorsomedianas do esclerótomo irão estabelecer a espinha e o arco das vértebras. Por fim, um ainda não nomeado grupo de células precursoras de células endoteliais no esclerótomo ventral-posterior[1], gera células vasculares diferenciadas da aorta dorsal e vasos sanguíneos intervertebrais (**TABELA 17.1**; Pardanaud et al., 1996; Sato et al., 2008; Ohata et al., 2009).

O **dermomiótomo** contém células progenitoras para fazer o músculo esquelético e a derme das costas (ver Figura 17.2E). A porção mais ventral do dermomiótomo é dividida em **miótomo**, que forma a musculatura das costas, a caixa torácica e a parede ventral do corpo. Progenitores musculares adicionais são fornecidos pelas células que se desprendem da borda lateral do dermomiótomo que migram para os membros para gerar a musculatura dos membros anteriores e posteriores. A superfície mais dorsal do dermomiótomo desenvolve-se em **dermátomo**, que dá origem à derme das costas.

Desse modo, o somito contém a população de células multipotentes cuja especificação está correlacionada com a (e depende da) sua localização dentro do somito. O que,

---

[1] Posteriormente neste capítulo, discutiremos como o somito é polarizado no eixo anteroposterior. Além disso, como foi descrito no Capítulo 16, as células podem mostrar uma preferência a interagir com apenas uma metade do somito. Neste exemplo, precursores de células endoteliais apenas migram para fora do somito posterior.

TABELA 17.1 Derivados do somito	
Visão tradicional	Visão atual
DERMOMIÓTOMO	
O miótomo forma os músculos esqueléticos	Extremidades laterais formam o miótomo primário, que forma o músculo
O dermátomo forma a derme	Região central forma o músculo, as células-tronco musculares, a derme, as células de gordura marrom
ESCLERÓTOMO	
Forma a cartilagem das vértebras e das costelas	Forma a cartilagem das vértebras e das costelas
	A região dorsal forma os tendões (sindétomo)
	A região medial forma os vasos sanguíneos e as meninges
	A região mesenquimal central forma as juntas (artrótomo)
	Forma as células de músculo liso da aorta dorsal

na posição deles, será que influencia sua diferenciação? Considere as estruturas adjacentes a cada um dos domínios progenitores contidos no somito. Como eles podem influenciar o desenvolvimento de células do esclerótomo ou do dermomiótomo? Na linha mediana estão a notocorda e o tubo neural, lateralmente estão os outros derivados mesodérmicos e, acima deles, está a epiderme. Posteriormente neste capítulo, discutiremos como sinais parácrinos destes tecidos do entorno padronizam os destinos da célula do somito. Primeiro, no entanto, precisamos entender como o mesoderma paraxial e os somitos são especificados.

Estabelecendo o mesoderma paraxial e os destinos celulares ao longo do eixo anteroposterior

Especificação do mesoderma paraxial

Os subtipos mesodérmicos (cordamesoderma, paraxial, intermediário e da placa lateral) são especificados ao longo do eixo médio-lateral (do centro para o lado) por quantidades crescentes de BMPs (**FIGURA 17.3A**; Pourquié et al., 1996; Tonegawa et al., 1997). O mesoderma mais lateral do embrião de galinha expressa níveis mais elevados de BMP4 do que as áreas da linha média, e pode-se alterar a identidade do tecido mesodérmico alterando-se a expressão de BMP. Um mecanismo de modulação do gradiente de BMP utiliza Noggin, um inibidor de BMP, que é expresso inicialmente na notocorda e, posteriormente, no mesoderma somítico (Tonegawa e Takahashi, 1998). Se as células que expressam Noggin são colocadas no mesoderma da placa lateral prospectivo, o tecido da placa lateral será reespecificado em mesoderma paraxial formador de somito (**FIGURA 17.3B**; Tonegawa e Takahashi, 1998; Gerhart et al., 2011).

Embora existam algumas diferenças entre espécies, ao que parece diferentes concentrações de BMP podem resultar em uma expressão diferencial da família de fatores de transcrição Forkhead (Fox), com *Foxf1* sendo transcrito em regiões que se tornarão o mesoderma da placa lateral e *Foxc1* e *Foxc2* transcritos nas regiões que formarão os somitos (Wilm et al., 2004). Ausência de *Foxc1* e *Foxc2* em camundongo resultam na reespecificação do mesoderma paraxial em mesoderma intermediário.

Reguladores transcricionais adicionais cumprem papéis conservados na especificação inicial do mesoderma pré-somítico, em particular Brachyury (T), Tbx6 e Mesogenina (Van Eeden et al., 1998; Nikaido et al., 2002; Windner et al., 2012). No peixe-zebra, o desenvolvimento do mesoderma pré-somítico requer tanto *Tbx6*, quanto *Tbx16* (*spadetail*); no camundongo, no entanto, *Tbx6* aparenta servir à função de ambos estes genes. A perda de *Tbx6* em camundongos converte o futuro PSM em tecido neural. Estes camundongos nocautes de *Tbx6* expressam o fator de determinação de progenitor neural *Sox2* (entre outros genes neurais) no futuro PSM, e, surpreendentemente, isso gera tubos neurais ectópicos no lugar do PSM (Chapman e Papaioannou, 1998; Takemoto et al.,

(A) 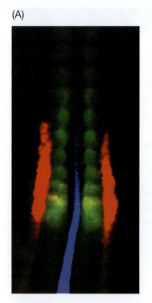 (B)

FIGURA 17.3 (A) Coloração dos compartimentos mesodérmicos medianos no tronco de um embrião de galinha de 12 somitos (cerca de 33 horas). A hibridização *in situ* foi feita com sondas se ligando ao mRNA de *Chordin* (em azul) na notocorda, mRNA de *Paraxis* (em verde) nos somitos e mRNA de *Pax2* (em vermelho) no mesoderma intermediário. (B) A especificação dos somitos. O implante de células secretoras de Noggin numa futura região de mesoderma de placa lateral de galinha especificará esse mesoderma em mesoderma paraxial formador de somitos. Os somitos induzidos (colchetes) foram detectados por hibridização *in situ* com uma sonda contra *Pax3*. (A, de Denkers et al., 2004, cortesia de T. J. Mauch; B, de Tonegawa e Takahashi, 1998, cortesia de Y. Takahashi.)

2011; Nowotschin et al., 2012). Esses embriões, na realidade, possuem três tubos neurais (**FIGURA 17.4**)! Esses resultados sugerem que *Tbx6* normalmente promove os destinos de PSM, em parte reprimindo *Sox2* e destinos neurais.

Tbx6 não é o único fator de determinação do PSM. Outro fator de transcrição, mesogenina 1, pode funcionar com um "regulador mestre" de destinos do PSM, agindo a montante de *Tbx6* (Yabe e Takada, 2012; Chalamalasetty et al., 2014). Análises de ganho e perda de função na mesogenina 1 em camundongos demonstraram que ela é tanto suficiente como necessária para a expressão de *Tbx6* no PSM (**FIGURA 17.5**).

Considerados em conjunto, esses resultados propõem que uma população de células-tronco bipotenciais é retida na região posterior do embrião, que mantém a plasticidade extrema necessária para dar origem a novos destinos celulares, abrangendo linhagens mesodérmicas e ectodérmicas (revisado de Kimelman e Martin, 2012; Neijts et al,. 2014; Beck, 2015; Carron e Shi, 2015; Henrique et al., 2015). Ainda que tenhamos identificado os reguladores transcricionais dessas células-tronco, quais sistemas de sinalização estão agindo para induzir a maturação do tipo celular desta **zona progenitora caudal**?

Vários morfógenos opostos estão dispostos ao longo do eixo anteroposterior do mesoderma paraxial. Especificamente, Fgf8 e Wnt3a são altamente expressos no broto caudal vertebrado, enquanto um gradiente de ácido retinoico (RA) originado na região anterior é produzido a partir dos somitos e da placa neural. RA reprime diretamente a expressão de *Fgf8* e *Tbx6* o suficiente para fomentar a maturação do destino de células neurais aumentando a expressão de *Sox2* (**FIGURA 17.6A**; Kumar e Duester, 2014; Cunningham et al., 2015; Garriock et al., 2015). De modo significativo, Fgf8 ativa Cyp26 (um inibidor direto de síntese de RA), o que promove o desenvolvimento do destino celular mesodérmico (**FIGURA 17.6B**). Portanto, um equilíbrio de sinalização entre estes morfógenos opostos e antagônicos padroniza a migração, a proliferação e a diferenciação celular nos destinos celulares apropriados, neurais

FIGURA 17.4 Três tubos neurais: a perda do gene *Tbx6* transforma o mesoderma paraxial em tubos neurais. A hibridização *in situ* para a expressão do mRNA (em azul) dos marcadores de especificação neural *Sox2* e *Pax6* em camundongos do selvagens (A) e nocaute para *Tbx6* (B). *Sox2* é expresso ectopicamente por todo o mesoderma paraxial no embrião *Tbx6*⁻/⁻, que também assumiu uma morfologia semelhante à do tubo neural, mostrando mesmo uma luz central (setas). Da mesma forma, o marcador de tubo neural *Pax6* mostra especificação regional de células dentro desses tubos neurais ectópicos (cabeça de seta). (De Takemoto et al., 2011.)

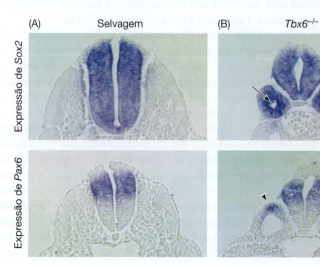

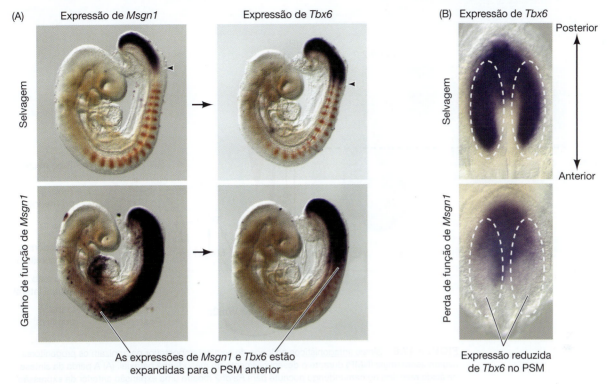

(A) Expressão de *Msgn1* Expressão de *Tbx6* (B) Expressão de *Tbx6*

Selvagem

Ganho de função de *Msgn1*

Selvagem

Perda de função de *Msgn1*

Posterior

Anterior

As expressões de *Msgn1* e *Tbx6* estão expandidas para o PSM anterior

Expressão reduzida de *Tbx6* no PSM

FIGURA 17.5 Mesogenina 1 (Msgn1) é tanto suficiente quanto necessária para a expressão de Tbx6. (A) Ganho de função de *Msgn1*. Como visualizado por hibridização *in situ*, a expressão errada de *Msgn1* no mesoderma pré-somítico (duas fotos inferiores) está aumentada ao longo do tronco (à esquerda), o que causa uma expansão na expressão de *Tbx6* (à direita). (B) Em contrapartida, a perda da função de *Msgn1* resulta na redução da expressão de *Tbx6* (em azul, domínios marcados com círculo). (A, vistas laterais; B, vistas dorsais.) (Baseado em Chalamalasetty et al., 2014; fotos cortesia de Terry Yamaguchi e Ravi Chalamalasetty.)

ou mesodérmicos (Cunningham e Duester 2015; Henrique et al., 2015). Esse modelo, no entanto, ainda precisa permitir o desenvolvimento de algumas identidades distintas dos somitos ao longo do eixo anteroposterior.

A colinearidade espaço-temporal de genes Hox determina a identidade ao longo do tronco

Todos os somitos podem ser parecidos entre si, mas eles formam estruturas diferentes ao longo do eixo rostro-caudal (anteroposterior). Por exemplo, os somitos que formam as vértebras cervicais do pescoço e as vértebras lombares do abdome não são capazes de formar costelas; as costelas são geradas apenas pelos somitos que formam as vértebras torácicas, e essa especificação das vértebras torácicas ocorre muito cedo no desenvolvimento. As diferentes regiões do mesoderma pré-somítico são determinadas pela posição delas ao longo do eixo anteroposterior antes da somitogênese. Se o mesoderma pré-somítico da região torácica do embrião de galinha for transplantado para a região cervical (pescoço) de um embrião mais jovem, o embrião hospedeiro desenvolverá costelas no seu pescoço no lado do transplante (**FIGURA 17.7A**; Kieny et al., 1972; Nowicki e Burke, 2000).

A especificação do eixo anteroposterior dos somitos é determinada por genes *Hox* (ver Capítulo 12). A expressão do gene *Hox* é espacialmente apresentada de forma colinear. Assim, os genes *Hox* organizados em posições mais 3′ de seu aglomerado no genoma são expressos em regiões mais anteriores do mesoderma paraxial; em contrapartida, os genes *Hox* em posições mais 5′ são expressos em regiões mais posteriores do embrião (ver Figura 12.23; Wellik e Capecchi, 2003). Se esse padrão de genes *Hox* é alterado, a especificação do mesoderma também o será. Por exemplo, se a totalidade do mesoderma pré-somítico expressar ectopicamente *Hoxa10*, as costelas serão completamente perdidas devido à

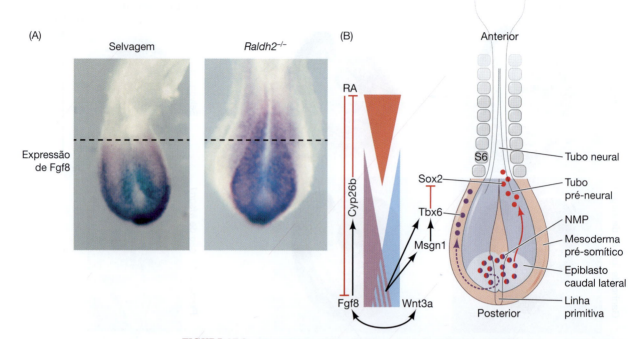

FIGURA 17.6 Sinais antagonísticos ao longo do eixo anteroposterior padronizam os progenitores neuromesodermais (NMP) durante o desenvolvimento do mesoderma paraxial. (A) A perda da síntese de ácido retinoico no camundongo nocaute para *Raldh2* mostra uma expansão anterior da expressão de *Fgf8* (marcação em azul, além da linha tracejada). (B) Modelo dos sistemas de sinalização que regulam os NMP a partir da zona progenitora caudal (o epiblasto caudal lateral) no tubo pré-neural ou no mesoderma pré-somítico. Sinais posteriores de FGF e Wnt antagonizam a sinalização anterior de ácido retinoico. Fgf8 e Wnt3a aumentam a expressão de Mesogenin 1 (Msgn1) e Tbx6 para promover a especificação dos progenitores pré-somíticos e reprimir a especificação do destino celular neural (Sox2). (A, de Cunningham et al., 2015; B, a partir de Henrique et al., 2015.)

substituição de vértebras torácicas por vértebras lombares (**FIGURA 17.7B**). Se, entretanto, *Hoxb6* for expresso incorretamente por todo o PSM, todas as vértebras formarão costelas (**FIGURA 17.7C**; Carapuço et al., 2005; Guerreiro et al., 2013). Em ambos os casos, essas transformações de identidade vertebral foram induzidas por expressão ectópica no PSM, não nos somitos, o que sugere que as células de PSM recebem instruções para uma especificação do nível axial e essas instruções são posteriormente implementadas durante a diferenciação dos somitos. Na galinha, antes da migração celular através da linha primitiva, a expressão do gene *Hox* pode ser instável; uma vez que as células do mesoderma paraxial tomaram suas posições no mesoderma pré-somítico, no entanto, a expressão do gene *Hox* parece se tornar mais fixa. De fato uma vez estabelecido, cada somito retém seu padrão de expressão do gene *Hox*, mesmo que esse somito seja transplantado para outra região do embrião (Nowicki e Burke, 2000; Iimura e Pourquié, 2006; McGrew, 2008).

A **colinearidade temporal** dos genes *Hox* refere-se a um mecanismo de controle temporal de ativação do gene *Hox* que estabelece a colinearidade espacial de expressão de gene Hox ao longo do eixo anteroposterior do embrião, de modo que essa expressão corresponde à organização genômica dos genes *Hox* ao longo da orientação de 3′ ao 5′. Em outras palavras, os genes *Hox* expressos mais cedo são tanto expressos por células posicionadas mais anteriormente no embrião como encontrados em locais mais 3′ do cromossomo. Na realidade, é o pareamento temporal dinâmico da ativação 3′ para 5′ do gene Hox com o momento de ingresso/migração da célula para o mesoderma paraxial que estabelece, então, o padrão espacial da expressão do gene *Hox* ao longo do tronco (**FIGURA 17.8A**; Izpisúa-Belmonte et al., 1991). Inicialmente, foi proposto um modelo de zona de progresso em que a ativação progressiva do gene *Hox* do 3′ para 5′ ocorre, respectivamente, em células mais antigas para células mais recentes do PSM (Kondo e Duboule, 1999; Kmita e Duboule, 2003). Investigações mais recentes, no entanto, têm

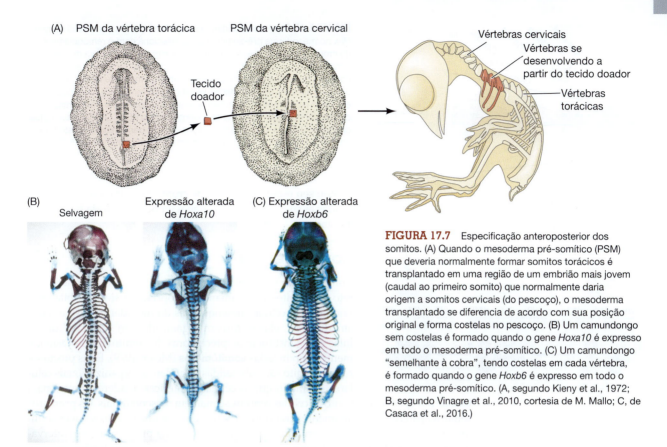

(A) PSM da vértebra torácica   PSM da vértebra cervical

Tecido doador

Vértebras cervicais
Vértebras se desenvolvendo a partir do tecido doador
Vértebras torácicas

(B) Selvagem   Expressão alterada de *Hoxa10*   (C) Expressão alterada de *Hoxb6*

FIGURA 17.7 Especificação anteroposterior dos somitos. (A) Quando o mesoderma pré-somítico (PSM) que deveria normalmente formar somitos torácicos é transplantado em uma região de um embrião mais jovem (caudal ao primeiro somito) que normalmente daria origem a somitos cervicais (do pescoço), o mesoderma transplantado se diferencia de acordo com sua posição original e forma costelas no pescoço. (B) Um camundongo sem costelas é formado quando o gene *Hoxa10* é expresso em todo o mesoderma pré-somítico. (C) Um camundongo "semelhante à cobra", tendo costelas em cada vértebra, é formado quando o gene *Hoxb6* é expresso em todo o mesoderma pré-somítico. (A, segundo Kieny et al., 1972; B, segundo Vinagre et al., 2010, cortesia de M. Mallo; C, de Casaca et al., 2016.)

favorecido um modelo em que os genes *Hox* controlam o momento da ingressão da célula pela linha primitiva; consequentemente, as células que expressam genes *Hox* anteriores ingressarão mais cedo, ao passo que as células que expressam genes *Hox* mais posteriores ingressarão depois (Iimura e Pourquié, 2006; Denans et al., 2015). Durante esse período de desenvolvimento do mesoderma paraxial, o eixo está se alongando enquanto novas células progenitoras entram no PSM vindas da zona progenitora caudal e ocupam sequencialmente posições mais posteriores com o tempo. Dessa forma, as células PSM mais anteriores expressarão mais genes *Hox* 3', ao passo que as células incorporadas posteriormente ao PSM serão alocadas em regiões posteriores e expressarão genes *Hox* parálogos mais 5' – todo esse processo resulta na identidade final dos somitos ao longo do eixo rostral-caudal (ver Figura 17.8A; revisto em Casaca et al., 2014).

Essa ativação temporal dos genes *Hox* tem sido nomeada de relógio Hox (Duboule e Morata,1994). Como é realizada essa ativação linear dos genes *Hox* a nível celular? A pesquisa mostrou que os genes *Hox* mudam de uma arquitetura compacta para uma arquitetura não compactada[2] cronologicamente, em uma ordem equivalente à de sua expressão no PSM: primeiro genes *Hox* 3' (*Hoxd4*) mostram sinais de estrutura não compacta, seguidos de aglomerados de *Hoxd8-9*, então *Hoxd10*, e, finalmente, o mais 5', *Hoxd11-12* (**FIGURA 17.8B**; Montavon e Duboule, 2013; Noordermeer et al., 2014). Mais ainda, parece que, uma vez que a célula adotou sua posição no PSM, ela também

---

[2] Como podem ser examinados os estados da cromatina? O laboratório de Duboule usou uma nova técnica, chamada de captura de conformação de cromossomo circular (ou 4C-seq), para observar a organização genômica tridimensional de conjuntos de genes *Hox* e identificar quais estão em estado de cromatina fortemente empacotada ou frouxamente empacotada durante o desenvolvimento do mesoderma paraxial.

Ampliando o conhecimento

Com as primeiras investigações dos genes *Hox* de *Drosophila* por Morgan (1915) e Lewis (1978) tendo ocorrido há tanto tempo, poderia se pensar que já sabemos tudo que deve ser sabido sobre o gene *Hox*. Todavia, uma variedade de questões sobre os mecanismos regulatórios dos genes *Hox* persiste. Você acabou de aprender que existe um progressivo afrouxamento dos estados de cromatina de 3' para 5' dos conjuntos de genes *Hox* ao longo do desenvolvimento do mesoderma paraxial. O que dispara essas modificações epigenéticas iniciais na cromatina dos genes *Hox* 3'? Uma vez iniciada, será que a transformação progressiva através dos conjuntos é dirigida autonomamente ou são requeridos reguladores adicionais para impulsionar essa transição para o lado 5' do conjunto? Finalmente, quais são os mecanismos que estabilizam a herança de modificações epigenéticas específicas dos genes *Hox* em um determinado segmento? Como você pode ver, *muitas questões permanecem!*

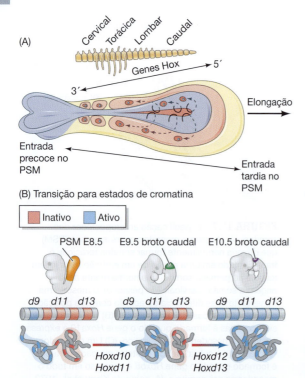

(A)

Cervical Torácica Lombar Caudal

Genes Hox   5′

3′

Elongação

Entrada precoce no PSM

Entrada tardia no PSM

(B) Transição para estados de cromatina

Inativo Ativo

PSM E8.5   E9.5 broto caudal   E10.5 broto caudal

d9 d11 d13   d9 d11 d13   d9 d11 d13

Hoxd10   Hoxd12
Hoxd11   Hoxd13

FIGURA 17.8 A colinearidade espaço-temporal da expressão do gene *Hox* no mesoderma pré-somítico se correlaciona com o remodelamento da cromatina. (A) Ilustração mostrando a migração sucessiva de células para o PSM enquanto o broto caudal se elonga, o que se correlaciona com o disparo de expressão progressivamente maior de Hox 5' e o desenvolvimento de identidades vertebrais diferentes. (B) Mudanças na estrutura da cromatina permitem acesso progressivo para a expressão diferencial do gene *Hox* durante a elongação do PSM. O PSM e os brotos caudais coloridos representam tecidos usados para analisar a estrutura da cromativa de *Hoxd* em diferentes estágios embrionários (E8.5-E10.5). (B, segundo Noordermeer et al., 2014.)

adotou seu estado particular de cromatina para seus genes *Hox*, e todas as suas células-filhas irão reter uma memória fixa daquele estado.

Somitogênese

Como a placa segmentar se torna particionada no número correto de somitos com tamanho apropriado e simetria bilateral? Enquanto as células mesenquimais do mesoderma pré-somítico amadurecem, elas se tornam organizadas em "espirais" de células que constituem as precursoras do somito e são ocasionalmente denominadas **somitômeros** (Meier, 1979). Estas precursoras do somito são submetidas a mudanças organizacionais celulares, de modo que as células periféricas se aderem juntas para formar um epitélio, enquanto as células centrais se mantêm mesenquimais. Os primeiros somitos aparecem imediatamente posteriores à região da vesícula ótica, e os novos somitos "brotam para fora" da extremidade rostral do mesoderma pré-somítico em intervalos regulares (**FIGURA 17.9**). A formação de somitos é denominada **somitogênese** e esse processo envolve a criação periódica de uma fissura epitelial pelas células mesenquimais do PSM. Estas divisões do sentido mediano para lateral estabelecem uma fronteira epitelial entre a metade caudal do próximo somito em posição anterior e a extremidade mais rostral do PSM. Portanto, somitos inteiros com fronteiras anteriores e posteriores não são formados simultaneamente; mas sim uma fronteira por vez é criada em intervalos regulares. Quando uma nova fronteira é formada, ela origina a metade caudal de um somito (completando, dessa forma, um somito inteiramente formado), estabelecendo assim a metade rostral do próximo somito a ser formado.

Para descrever precisamente os somitos formados e a posição dos somitômeros na placa pré-segmentar, um esquema de numeração foi estabelecido utilizando numerais romanos (Pourquié e Tam, 2001). O somito formado mais recentemente é sempre a posição I, e cada somito adicionalmente mais velho é numerado em ordem crescente: II, III, IV, e assim por diante. Movendo-se posteriormente para regiões em que os somitos ainda não foram formados, as posições dos futuros somitos são numeradas em ordem decrescente: 0, −I, −II, −III, e assim por diante. O somitômero 0 (zero) divide a fronteira com somito I e é sempre o próximo a ser formado.

Uma vez que os embriões individuais em qualquer espécie podem se desenvolver em velocidades ligeiramente diferentes (como quando os embriões de galinha são incubados em temperaturas ligeiramente diferentes), o número de somitos formados é normalmente o melhor indicador de até onde o desenvolvimento avançou.

O número de somitos em um indivíduo adulto é específico para cada espécie. As galinhas possuem cerca de 50 pares de somitos, os camundongos possuem 65 pares (muitos

Somitos

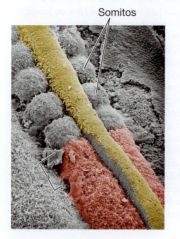

FIGURA 17.9 Tubo neural e somitos vistos por microscopia eletrônica de varredura. Quando o ectoderma superficial é retirado, os somitos bem formados são revelados junto com um mesoderma paraxial (em vermelho) que ainda não se dividiu em somitos distintos. Um arredondamento do mesoderma paraxial em um somitômero (área dentro dos colchetes) aparece na parte inferior à esquerda, e células da crista neural podem ser vistas migrando ventralmente a partir do teto do tubo neural (em amarelo). (Cortesia de K.W. Tosney.)

deles na cauda), os peixes-zebra possuem 33 pares e os humanos geralmente possuem entre 38 e 45 pares (Muller e O'Rahilly, 1986). Algumas cobras chegam a possuir até 500 pares de somitos!

 TUTORIAL DO DESENVOLVIMENTO *Formação dos somitos* O Dr. Michael Barresi discute a somitogênese, da criação de segmentos até a diferenciação de somitos.

Elongamento do eixo: uma zona caudal progenitora e forças tecido-para-tecido

Em comparação à maioria dos outros vertebrados, a cobra claramente possui um comprimento mais longo em seu eixo anteroposterior em relação aos seus outros eixos; portanto, um importante fator influenciando a somitogênese pode ser o processo pelo qual o eixo é alongado. Anteriormente, mencionamos a origem das células que compõem o PSM, de onde as células no mesoderma paraxial anterior surgem durante a gastrulação, pelo ingresso através da linha primitiva em amniotas ou por convergência na linha mediana em peixes e anfíbios. Como foi discutido anteriormente neste capítulo, no entanto, a região mais posterior da cauda contém uma população de células progenitoras multipotentes que tem o potencial de contribuir tanto para o tubo neural (expressando *Sox2*), quanto para o mesoderma paraxial (expressando T-bx6); consequentemente, estas células são denominadas **progenitoras neuromesodérmicas**, ou NMP (Tzouanacou et al., 2009). As células do mesoderma paraxial emergentes são liberadas deste reservatório e ficam posicionadas na extremidade da cauda dos bastões de mesoderma pré-somítico.

Ainda que os mecanismos, de certa maneira, variem entre espécies, os três fatores mais significativos direcionando o elongamento do eixo da zona caudal progenitora são: *proliferação celular*, *migração celular*[3] e *adesão intertecidual*. Para exemplificar as contribuições destes três mecanismos, examinaremos seus papéis no broto caudal do peixe-zebra. O broto caudal do peixe-zebra pode ser dividido em quatro regiões que refletem diferentes comportamentos celulares: a zona dorsal-medial, a zona progenitora, a zona de maturação e a região ocupada pelo PSM emergente (**FIGURA 17.10A**). Utilizando um marcador transgênico localizado no núcleo, foram rastreados os movimentos direcionais de células dentro da região do broto caudal (Lawton et al., 2013). Essa análise demonstrou que as células-tronco **neuromesodérmicas** bipotenciais residem na zona dorsal-medial (ZDM) (ver Figura 17.10A), que, por sua vez, está posicionada no limiar dorsal adjacente ao tubo neural e ao mesoderma axial e paraxial dentro do broto caudal (Martin e Kimelman, 2012). Estas células NMP, em um primeiro momento, movem-se rapidamente pela região posterior através de **migração coletiva**[4] para a zona progenitora (extremidade do broto caudal; ver Figura 17.10A). Na região progenitora, a velocidade das células diminui devido a uma redução na "coerência" e na mistura celular concomitante. Os autores deste estudo comparam apropriadamente este efeito ao fluxo de trânsito. Carros movendo-se todos na mesma direção podem atingir velocidades maiores, mas quando os veículos mudam de direção, trocam de faixas – ou até invertem completamente o sentido –, isso causa uma redução dramática na velocidade do grupo de veículos. No contexto do movimento das células NMP, acredita-se que essa mudança no comportamento da comunidade pode permitir que as células mudem de direção e comecem a sincronizar suas trajetórias de desenvolvimento. Estas células progenitoras viram anteriormente para migrar bilateralmente em direção às zonas de maturação em ambos os lados do mesoderma axial mais posterior e, finalmente, para a região do PSM (ver Figura 17.10A).

Quando as células NMPs migram através da zona de maturação, como implicado pelo próprio termo *maturação*, elas começam a expressar marcadores mesodérmicos

---

[3] Em amniotas, a migração celular a partir da zona progenitora caudal tem sido interpretada como um resultado de deformação de tecido do que como migração celular individual (ver Bénazéraf et al., 2010; Bénazéraf e Pourquié, 2013).

[4] *Migração coletiva* é quando as células migratórias autopropelidas exercem forças direcionalmente coordenadas umas sobre as outras, em contraste com as células migratórias individuais com contatos frouxos entre si ou com o movimento de um grupo de células empurradas por um tecido devido à proliferação ou à intercalação. Tem sido sugerido que outras células, como a crista neural e mesmo células de câncer em metástase, usem migração coletiva.

FIGURA 17.10 Um modelo da elongação do eixo: inflação do vacúolo da notocorda, deposição de matriz extracelular e uma zona progenitora caudal ativa, juntos, fazem a elongação do eixo no peixe-zebra. (A) As células progenitoras neuromesodérmicas bipotentes da zona medial dorsal (DMZ) migram coletivamente para a zona progenitora, onde elas divergem para uma linhagem neural e para dentro do tubo neural ou migram bilateralmente para zonas de maturação e para dentro do PSM. As células progenitoras expressam transientemente Cdc25a na zona de maturação para disparar uma rodada de divisão. Células do cordamesoderma inflam os vacúolos que exercem pressão nos tecidos adjacentes, o que resulta em uma extensão posterior da notocorda (NC). Interações fibronectina-integrina prendem o PSM à notocorda, resultando, posteriormente, em uma tração no PSM durante a elongação da notocorda. Estes três processos – migração celular, divisão celular e tração tecidual pela ligação PSM-NC – juntos fazem a elongação do eixo. (B) O grande aumento de células da notocorda de embriões de peixe-zebra mostra o preenchimento do vacúolo (V) com o passar do tempo, o que contribui para a extensão da notocorda (as setas vermelhas apontam para os núcleos). (C) O duplo nocaute de *integrina* α5 e *integrina* αV por morfolinos impede a adesão de células da notocorda com a matriz extracelular; como resultado, a notocorda curva-se quando tenta se elongar (linha vermelha e cabeças de seta). (B, de Ellis et al., 2013; C, de Dray et al., 2013.)

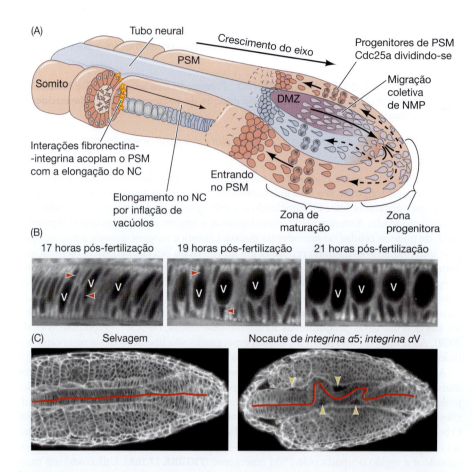

(A) Tubo neural · PSM · Somito · Crescimento do eixo · Progenitores de PSM Cdc25a dividindo-se · Migração coletiva de NMP · DMZ · Interações fibronectina-integrina acoplam o PSM com a elongação do NC · Elongamento no NC por inflação de vacúolos · Entrando no PSM · Zona de maturação · Zona progenitora

(B) 17 horas pós-fertilização · 19 horas pós-fertilização · 21 horas pós-fertilização

(C) Selvagem · Nocaute de *integrina* α5; *integrina* αV

(genes *Msgn1* e *Tbx6*). No entanto, elas também expressam, transientemente, *Cdc25a*, que promove *um* ciclo de divisão nessas células antes que elas se movam para o PSM e se diferenciem (ver Assista ao desenvolvimento 17.1; Bouldin et al., 2014). Ao menos no broto caudal do peixe-zebra, ainda que as células estejam se proliferando, a *migração* parece ser o fator que mais significativamente contribui para o elongamento do eixo (revisado em McMillen e Hlley, 2015).

ASSISTA AO DESENVOLVIMENTO 17.1 Observe NMPs em divisão na zona de maturação do broto caudal de peixe-zebra durante a somitogênese.

Além de migração celular e proliferação celular, as forças adesivas intertecidual também contribuem para a extensão do eixo anteroposterior. Os principais tecidos envolvidos são o mesoderma paraxial e a notocorda adjacente. Enquanto as células NMP amadurecendo se movem para dentro do PSM, uma matriz de fibronectina deposita-se progressivamente na superfície do PSM, nas interfaces entre o mesoderma paraxial (somitos e PSM) e na notocorda (ver Figura 17.10A). Durante esse período de elongamento do eixo, as células cordamesodérmicas estão passando por mudanças celulares significativas que resultam em endurecimento e extensão direcionada da notocorda (Ellis et al., 2013a). Especificamente, as células cordamesodérmicas usam o tráfico endossomal para inflar grandes vacúolos (sim, isso é bem maneiro), o que leva a um aumento no tamanho celular, que, por sua vez, exerce pressão nos tecidos em volta (**FIGURA 17.10B**). As células cordamesodérmicas também secretam uma bainha de componentes de matriz extracelular (colágeno e laminina), que cercam a notocorda e permitem que esta resista à expansão da pressão interna das células. Como resultado desta arquitetura e da inflação do cordamesoderma, a notocorda alonga na direção de menor resistência – em direção à cauda (ver Figura 17.10A; Ellis et al., 2013b). Ao menos no peixe-zebra, o mesoderma paraxial basicamente "pega uma carona" na notocorda, utilizando a matriz de fibronectina e os receptores de integrina para acoplar mecanicamente a extensão posterior do PSM com o alongamento da notocorda (**FIGURA 17.10C**; Dray et al., 2013; McMillen e Holley, 2015).

Uma vez que o PSM está crescendo, como ele se divide em segmentos repetidos? Uma percepção fundamental sobre esse processo foi revelada quando embriões de *Xenopus* e de camundongo foram experimentalmente reduzidos de tamanho: o número de somitos gerados foi normal, mas cada somito era menor que o normal (Tam, 1981). Esse resultado sugeriu que um mecanismo regulador controla o número de somitos independentemente do tamanho do tecido a segmentar. Podemos, portanto, refinar nossas perguntas: o que controla a epitelização de células do PSM para fisicamente criar uma fronteira e, consequentemente, um somito? Que mecanismo(s) define(m) a posição e o momento da formação dessa fronteira?

COMO SE FORMA UM SOMITO: UMA TRANSIÇÃO MESENQUIMAL-PARA-EPITELIAL

A arquitetura do somito é construída a partir de blocos epiteliais, ainda que o PSM apenas forneça células mesenquimais. Portanto, o embrião deve transformar as células mesenquimais em células epiteliais através de uma **transição mesenquimal-para-epitelial (MET)**. Esse processo envolve um aumento na expressão do fator de transcrição *Mesp* (*Mesodermal posterior*), que regula o início da MET. Enquanto um somito está se formando, a expressão de *Mesp* rapidamente se torna restrita à metade rostral do somito (**FIGURA 17.11A**). A principal função de Mesp é aumentar a expressão de *Eph* na porção anterior dos somitômeros (**FIGURA 17.11B, C**). A atividade de Eph na futura borda anterior de um somitômero (S-I) ativa o aumento na expressão de seus próprios ligantes, as efrinas, na metade posterior oposta do somitômero mais anterior (S0; ver Figura 17.11B, C), que, por sua vez, é um padrão que é sequencialmente repetido no decorrer da somitogênese (**FIGURA 17.12**; Watanabe e Takahashi, 2010; Fagotto et al., 2014; Cayuso et al., 2015; Liang et al., 2015).

Vimos, no Capítulo 15, que os receptores de tirosina-cinase Eph e seus ligantes efrina são capazes de criar uma repulsão célula a célula entre a região posterior de um somito e as células da crista neural que estão migrando. Da mesma forma, a separação do somito da extremidade anterior do mesoderma pré-somítico ocorre na fronteira entre células que expressam efrina e Eph (ver Figura 17.11C; Durbin et al., 1998). Interferir com esta sinalização (ao injetar em embriões mRNA codificando Ephs dominantes negativas) leva à formação anormal de fronteiras no somito. Além disso, em mutantes de peixe-zebra com *fused somites* (*tbx6*), *eph A4* é perdida e *efrina B2* é expressa ubiquamente no mesoderma paraxial, e, consequentemente, nenhuma fronteira de somito é formada (Barrios et al., 2003). A sinalização de Eph A4-Efrina B2 leva à epitelização imediatamente após a fissão do somito ao regular dois fatores a jusante, Rho GTPases e as interações entre integrina e fibronectina.

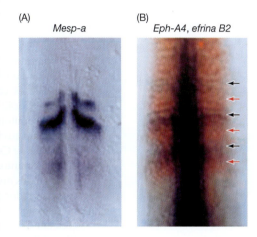

(A) *Mesp-a*

(B) *Eph-A4, efrina B2*

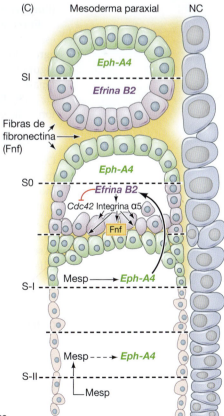

(C) Mesoderma paraxial   NC

FIGURA 17.11 A sinalização Eph-efrina regula a epitelização durante a formação da fronteira do somito. A expressão de (A) Mesodermal posterior-a (*Mesp-a*; em roxo-escuro) e (B) Eph-A4 (setas pretas) e efrina B2 (setas vermelhas) no mesoderma paraxial de embriões de peixe-zebra (vistas dorsais). (C) Modelo de sinalização de Mesp-a e Eph-efrina suportando transições epiteliomesenquimais que definem as células apostas em uma fronteira de somito. *Mesp-a* torna-se restrito à metade anterior do somitômero S-I, o que aumenta a expressão de Eph-A4 neste domínio. Por sua vez, Eph-A4 aumenta a expressão de seu parceiro ligante efrina B2 nas células do futuro somitômero posterior S-O, o que dispara a epitelização e a formação de uma fronteira. A formação de uma fissura é facilitada pela repressão de *Cdc42* e a ativação de interações integrina α5-fibronectina como resposta à efrina B2. (A, B, de Durbin et al., 2000.)

FIGURA 17.12 Efrina e seu receptor constituem um possível local de fissura para formação dos somitos. A hibridização *in situ* mostra que Eph A4 (em azul-escuro; setas) é expressa à medida que novos somitos se formam no embrião de galinha. (Cortesia de J. Kastner.)

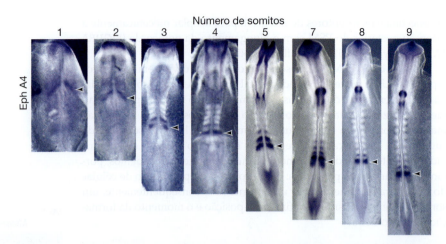

Número de somitos

Uma transição mesenquimal para epitelial requer rearranjos significativos no citoesqueleto, os quais são geralmente governados por modulações na amília Rho de pequenas GTPases, como Cdc42. A sinalização de Efrina B2 ativada leva à supressão da atividade de Cdc42, o que estabelece um nível inferior da função de Cdc42 na metade anterior do somitômero zero (S0), comparado com a metade posterior de S0. Uma redução forçada na atividade de Cdc42 acarretará em somitos hiperepitelizados, ao passo que a atividade de Cdc42 induzida inibe a epitelização (Nakaya et al., 2004; Watanabe et al., 2009). Portanto, a formação progressiva de fronteiras por MET no PSM é atingida pela redução dos níveis Cdc42 apenas nas células periféricas do somitômero, o que cria uma caixa ao redor das células mesenquimais remanescentes, que, por sua vez, exibem um nível maior de Cdc42 até o próximo evento subsequente de fissura. Ainda que reduções em Cdc42 sejam necessárias para a epitelização, a regulação diferencial de outras RhoGTPases, como Rac1, também estão envolvidas na epitelização dos somitos (Burgess et al., 1995; Barnes et al., 1997; Nakaya et al., 2004).

Em contraste com o resultado repressivo da sinalização de Eph A4-efrina B2 em Cdc42, essa sinalização aumenta a atividade de integrina $\alpha5$, que serve, então, para promover agregados de fibronectina na matriz extracelular, os quais cercam o somito imaturo (ver Figura 17.11C; Lash e Yamada, 1986; Hatta et al., 1987; Saga et al., 1997; Durbin et al., 1998; Linask et al., 1998; Barrios et al., 2003; Koshida et al., 2005; Jülich et al., 2009; Watanabe et al., 2009). Essa agregação de fibronectina reforça a separação celular epitelial e completa a formação de fronteiras do somito (Jülich et al., 2015; revisto por McMillen e Holley, 2015).

O modelo "relógio-frente de onda"

Os somitos aparecem em ambos os lados do embrião precisamente no mesmo momento. Até quando isolado do resto do corpo, o mesoderma pré-somítico se segmentará no momento apropriado e na direção correta (Palmeirim et al., 1997). O atual modelo predominante para explicar a formação sincronizada do somito é o modelo relógio-frente de onda, proposto por Cooke e Zeeman (1976; revisto por Hubaud e Pourquié, 2014). Neste modelo, dois sistemas convergentes interagem para regular (1) *onde* uma fronteira será capaz de se formar (a "frente da onda") e (2) *quando* a formação da fronteira epitelial deve ocorrer (o "relógio").

A frente da onda, mais adequadamente denominada a **frente determinante**, é estabelecida por um gradiente caudal[ALTO]-rostral[BAIXO] de atividade de FGF dentro do PSM, que, por sua vez, é inverso ao gradiente rostral[ALTO]-caudal[BAIXO] de ácido retinoico (**FIGURA 17.13**). A sinalização por FGF mantém as células do PSM em um estado imaturo; portanto, as células que se posicionarão em concentrações menores do que o limite de atividade de FGF se tornarão competentes para formar uma fronteira. No entanto, apenas as células que, ao mesmo tempo, são competentes e estão recebendo as instruções temporais para formar uma fronteira, vão efetivamente fazer a epitelização (*ativação da cascata de Mesp-para-Eph*).

As instruções para quando criar uma fenda de segmentação são, em geral, controladas por sinais regulares oscilatórios da via de Notch. Cada oscilação de Notch-Delta organiza grupos de células pré-somíticas que irão, então, se segmentar juntas no nível apropriado de sinalização de Fgf (ver Maroto et al., 2012). No embrião de galinha, um novo somito é formado aproximadamente a cada 90 minutos. Em embriões de camundongo, essa janela de tempo é mais variável, mas é de aproximadamente a cada duas horas, enquanto em peixes-zebra um somito é formado aproximadamente a cada 30 minutos (Tam, 1981; Kimmel et al., 1995).

ONDE UMA FRONTEIRA DE SOMITO SE FORMA: A FRENTE DE DETERMINAÇÃO Lembre-se da maturação de uma célula NMP recém-nascida proveniente do broto caudal; conforme ela entra no PSM, o eixo continua a crescer, e esta célula irá, eventualmente, tornar-se parte de um somito. De modo interessante, a periodicidade com que um grupo de células contribui para um somito recém-formado geralmente ocorre à mesma distância do broto caudal, ainda que existam algumas exceções. Essa descoberta sugere que a extensão posterior do broto caudal influencia fortemente a localização da formação da fronteira, e esse é efetivamente o caso. Discutimos anteriormente o papel dos gradientes anteroposteriores opostos de sinalização de RA e Fgf8/Wnt3a na mediação da especificação de células NMP (ver Figura 17.6). Esse mecanismo morfogênico robusto é usado similarmente para influenciar a maturação de células do PSM para se tornarem competentes para formar fronteiras e, assim, é chamado de "frente da onda", "onda" ou "frente de determinação" (ver Figura 17.13B). Usaremos frente de determinação pelo restante deste capítulo para reduzir potenciais confusões com as discussões sobre ondas oscilatórias de expressão genética, que serão abordadas mais tarde nesta seção.

Elegantes inversões de somito foram realizadas no embrião de galinha para identificar a localização da frente de determinação no PSM (**FIGURA 17.14A**; Dubrulle et al., 2001). Como você já está ciente a esta altura, o pré-padrão rostral-caudal desenvolve-se inicialmente nos somitômeros do PSM. Inverter o somitômero 0 resultou em um padrão de expressão genética inalterado e comprometido, como ilustrado pela retenção de um padrão rostral-caudal neste tecido invertido (essa região somitômera foi "determinada"). No entanto, inversões similares nos somitômeros −III e −VI causaram mudanças variáveis na padronização ("instável") e uma completa reatribuição da polaridade ("indeterminada"), respectivamente (**FIGURA 17.14B-D**). A partir deste trabalho, a frente de determinação foi identificada como residindo em S-IV.

Essa frente de determinação foi definida como a borda de um gradiente de Fgf8 com origem no broto caudal e no nó da linha primitiva. Mais interessante ainda é como o gradiente de Fgf8 é modelado no PSM. *Fgf8* é transcrito apenas no broto caudal, e *não* no PSM (**FIGURA 17.14E, F**); portanto, conforme o broto caudal cresce em direção caudal, o mesmo acontece com a fonte das células transcrevendo ativamente Fgf8. É aceito que um mecanismo determinante na definição do gradiente de Fgf8 é o decaimento de RNA (Dubrulle e Pourquié, 2004). A quantidade de *Fgf8* transcrito em uma célula PSM diminuirá constantemente com o tempo devido a mecanismos padrão de decaimento de RNA, o que irá, pela própria natureza dessa configuração, construir um gradiente caudal-rostral de atividade de Fgf8 (**FIGURA 17.14G**). Dessa forma, os gradientes em declive de Fgf8/Fgf4 e (provavelmente também) Wnt3a criam limiares diferentes de concentração para estes morfógenos no PSM. Além disso, a ausência de transcrição de *Fgf* no PSM é mantida posteriormente pela crescente concentração do repressor ácido retinoico oriundo dos somitos e do PSM anterior. Qual é o resultado celular desses morfógenos antagônicos?

Experimentos adicionais manipulando o alcance axial do gradiente de Fgf8 tanto pela implantação de esferas revestidas com Fgf8 no PSM (para um aumento na função) quanto pelo uso de drogas que inibem receptores de Fgf, como SU5402 (para perda de função), criaram somitos menores ou maiores, respectivamente (Dubrulle et al., 2001). Essas descobertas podem ser interpretadas de modo a sugerir que o morfógeno Fgf8 é a frente de determinação molecular para a epitelização, e, no somitômero –IV, o limiar é reduzido o suficiente para permitir que estas células na localização axial se tornem capazes de formar uma fronteira. Mais precisamente, as células na frente de determinação de Fgf8 tornam-se competentes para responder ao "relógio molecular", cujo alarme é acionado quando uma fronteira deve ser criada.

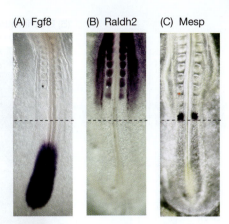

(A) Fgf8 (B) Raldh2 (C) Mesp

FIGURA 17.13 Os somitos formam-se na junção dos domínios de ácido retinoico (anterior) e FGF (posterior). (A) Expressão de Fgf8 (em roxo) na parte posterior do embrião. (B) RNA para Raldh2 (enzima sintetizadora de ácido retinoico) na parte central do embrião. (C) A marcação para Mesp mostra onde a formação do somito acontecerá posteriormente. Os asteriscos mostram o último somito formado. A linha pontilhada aproxima a região da fronteira onde os somitos estão sendo determinados. (De Pourquié, 2011.)

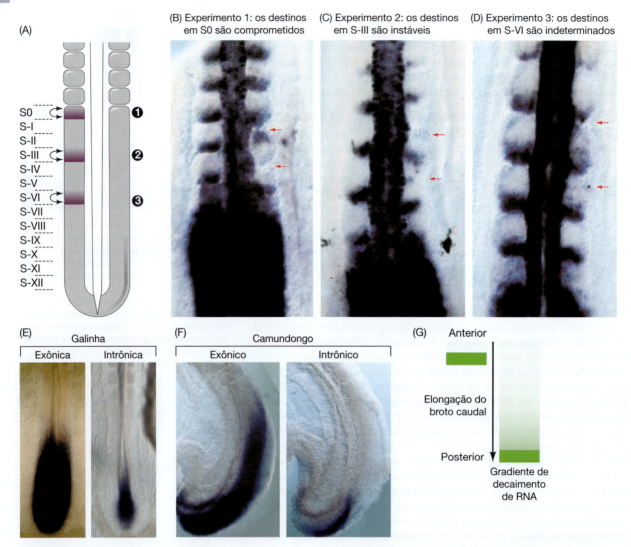

(A)

(B) Experimento 1: os destinos em S0 são comprometidos

(C) Experimento 2: os destinos em S-III são instáveis

(D) Experimento 3: os destinos em S-VI são indeterminados

S0
S-I
S-II
S-III
S-IV
S-V
S-VI
S-VII
S-VIII
S-IX
S-X
S-XI
S-XII

❶
❷
❸

(E) Galinha
Exônica | Intrônica

(F) Camundongo
Exônico | Intrônico

(G) Anterior

Elongação do broto caudal

Posterior

Gradiente de decaimento de RNA

FIGURA 17.14   Um gradiente caudal de Fgf8 estabelece a "frente de determinação". (A) Esquema de uma série de reversões de tecidos de somitômeros, nas quais o tecido pré-somítico em diferentes localizações axiais foi trocado ao longo do eixo anteroposterior. (B-D) Expressão do gene *c-delta1* em embriões de galinha que sofreram reversão de somitômero no nível axial marcado no esquema. Para cada exemplo, o lado controle está à esquerda, e o experimental, à direita. A reversão do somitômero S0 mostrou comprometimento completo com a expressão posicional de *c-delta1*; portanto, o somitômero já estava determinado. Em contrapartida, a reversão dos somitômeros nas posições S-VI e S-III mostrou, respectivamente, expressão posterior normal de *c-delta1* e expressão desorganizada. Esses dados sugerem que as células se tornem determinadas a formar fronteiras localizadas nas posições S-IV. A seta vermelha indica pontos de inversão cirúrgica. (E, F) Expressão de *Fgf8* na galinha e camundongo. Sondas *in situ* exônicas e intrônicas para revelar, respectivamente, qualquer célula com mRNA *Fgf8* ou RNA nuclear (pré-RNA) de Fgf8. Uma observação cuidadosa desses resultados demonstra duas propriedades importantes do gradiente de *Fgf8*. A primeira é que o gene *Fgf8* está sendo ativamente transcrito apenas no broto caudal (sonda intrônica). (G) A segunda propriedade é que um gradiente de Fgf8 no mesoderma pré-somítico é estabelecido por um mecanismo de decaimento de RNA. A barra verde representa o movimento caudal de células ativamente transcrevendo Fgf8, e o gradiente que segue é feito pelo decaimento de RNA ao longo do tempo em células que não estão mais transcrevendo Fgf8. (A-D, de Dubrelle et al., 2001; E-G, de Dubrelle e Pourquié, 2004.)

QUANDO UMA FRONTEIRA SOMÍTICA SE FORMA: O RELÓGIO   Os cientistas utilizam a analogia de um relógio para descrever os controles por trás da periodicidade da formação da fronteira (e do somito). Como seria um relógio molecular em um embrião? Ele possui ponteiros que comunicam fisicamente à célula o tempo certo? Qual duração constitui um período para este relógio? No contexto de uma célula, um relógio pode ser simplesmente a flutuação regular da atividade de uma proteína ligando e desligando, contanto que essa atividade seja, de fato, repetida e rítmica por natureza. No contexto de um tecido, no entanto, esse modelo de relógio de flutuações proteicas precisa ser comunicado de algum modo através de um campo de células. Portanto, um modelo para um relógio molecular da somitogênese iria pressupor que a atividade de uma proteína que regula METs deve se tornar funcional em uma célula do PSM e, como parte de sua função, transmitir esse evento para as células vizinhas através de interações célula a célula até que sua atividade fosse inibida ciclicamente. Dessa forma, cada célula em um tecido poderia experienciar ambos os estados, "ligado" e "desligado", dessa atividade proteica, ou *a contagem de um relógio*.

Um dos mais importantes componentes do "relógio" que mantém o ritmo da somitogênese é a via de sinalização Notch (ver Wahi et al., 2014). Quando um pequeno grupo de células de uma região constituindo a borda posterior na futura fronteira somítica é transplantado para uma região de mesoderma pré-somítico, que normalmente não seria parte da região de fronteira, uma nova fronteira é criada. As células de fronteira transplantadas instruem as células anteriores a se epitelizarem e separarem. As células não fronteiriças não induzirão a formação de fronteira quando transplantadas para uma área não fronteiriça. No entanto, essas células podem adquirir capacidade de formação de fronteira se uma proteína Notch ativada for eletroporada para dentro delas, o que demonstra que a sinalização de Notch pode induzir METs que sustentam a formação do somito (ver Tópico na rede 17.1; Sato et al., 2002).

TÓPICO NA REDE 17.1 **A SINALIZAÇÃO DE NOTCH E A FORMAÇÃO DO SOMITO** A via de sinalização Notch é um dos principais agentes que sinalizam onde os somitos irão se formar.

Promover METs é o resultado comportamental deste relógio molecular em particular, mas para Notch representar a contagem de tempo, ela também teria de realizar a ativação e desativação rítmica e a transferência através das células. O nível endógeno de atividade de Notch no PSM de camundongo já foi visualizado e demonstrado que oscila em um padrão segmentado que se relaciona com a formação de fronteira (Morimoto et al., 2005; Aulehla et al., 2008). Como uma onda de expressão gênica através do PSM, as células experienciam aumento na expressão de Notch e depois diminuição na expressão oriunda da região caudal em direção à rostral em toda a extensão do PSM. Esta onda de expressão de Notch quebra no somito 0, onde uma fronteira de somito se forma na interface entre as áreas que expressam Notch e as que não a expressam.

Além disso, a sinalização de Notch fornece um mecanismo para transferir este sinal de célula a célula através do PSM. Como discutido no Capítulo 4, Notch em seu comprimento total forma uma proteína transmembrana que se liga ao seu receptor, Delta, em células vizinhas. Delta também é uma proteína transmembrana, e o aumento na expressão e a apresentação inicial de Notch disparará um aumento na expressão concomitante de Delta em células vizinhas, o que, por sua vez, reforçará Notch nas outras células no entorno. Esse é um mecanismo de geração de padrão pela sinalização de Notch-Delta conhecido como **inibição lateral**. O pareamento entre receptores fornece um mecanismo de transferência através do PSM; este mecanismo prevê que a expressão de Notch e Delta deveria apresentar um padrão em mosaico por todo o PSM, no entanto, isso não acontece. Assim como Notch, Delta também apresenta padrões de expressão oscilatórios com uma progressão de posterior para anterior ao longo do PSM – uma função essencial no mecanismo do relógio. Como isso é possível?

Ainda que existam diferenças entre espécies em exatamente quais produtos gênicos oscilam, em todas as espécies de vertebrados o ponteiro liga-e-desliga do relógio envolve um ciclo de retroalimentação negativa da via de sinalização Notch (Krol et al., 2011; Eckalbar et al., 2012). Logo, em todos os vertebrados, ao menos um dos genes alvo de Notch que apresenta oscilação dinâmica na expressão no mesoderma pré-somítico também é capaz de *inibir* o gene Notch, o que estabelece um mecanismo de retroalimentação negativa. Estas proteínas inibidoras são instáveis, e, quando o inibidor é degradado, Notch torna-se ativa novamente. Essa retroalimentação cria um ciclo (o "relógio"), no qual o gene Notch é ativado e desativado pela ausência ou presença de uma proteína que é induzida pelo próprio Notch. Estas oscilações ligado-desligado podem prover a base molecular para a periodicidade da segmentação do somito (Holley e Nüsslein-Volhard, 2000; Jiang et al., 2000; Dale et al., 2003). Entre os alvos oscilantes de Notch,

FIGURA 17.15 A formação dos somitos se correlaciona com a expressão em ondas do gene *Hairy1* na galinha. (A) Na porção posterior de um embrião de galinha, o somito S1 acabou de brotar do mesoderma pré-somítico. A expressão do gene *Hairy1* (em roxo) é vista na metade caudal deste somito e também na porção posterior do mesoderma pré-somítico e em uma fina banda que formará a metade caudal do próximo somito (S0). (B) Uma fissura caudal (seta pequena) começa a separar o novo somito do mesoderma pré-somítico. A região de expressão de *Hairy1* mais posterior se desloca anteriormente. (C) O somito recentemente formado é agora chamado de S1, e ele mantém a expressão de *Hairy1* na sua metade caudal. Novamente, a região mais posterior de expressão de *Hairy1* no PSM continua a se deslocar anteriormente e a encurtar. O antigo somito S1, agora chamado de S2, sofre diferenciação. (D) A criação desse novo somito, agora chamado de SI, está completa, e começa novamente um novo ciclo da expressão *Hairy1*. Na galinha, a formação de cada somito e a onda de expressão de *Hairy1* através do PSM leva mais ou menos 90 minutos.

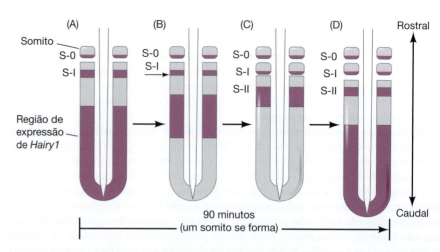

estão incluídas *Hairy1*, *Hairy/Enhancer of split-related proteins* (*Her*) e *lunatic fringe*, que são todas ativadas por Notch, expressas com uma forma semelhante de padrão oscilatório através do PSM do broto caudal até ao somito formado mais recentemente, e todas funcionam em uma forma de retroalimentação negativa para suprimir Notch (Chipman e Akam, 2008; Pueyo et al., 2008). Por exemplo, o gene *Hairy1* foi o primeiro alvo de Notch em que se descobriu um padrão rítmico de expressão (**FIGURA 17.15**). O gene *Hairy1* é expresso primeiramente em um vasto domínio na região caudal do mesoderma pré-somítico. Esse domínio se desloca anteriormente ao mesmo tempo em que se estreita até que chegue à região rostral do PSM, e, neste momento, uma nova onda de expressão se iniciará na região caudal. Aulehla e colaboradores observaram ondas de atividade transcricional de *lunatic fringe* em embriões de camundongos vivos, o que imita o padrão visto de Hairy1. O tempo que leva para uma onda de expressão atravessar o mesoderma pré-somítico é de 90 minutos na galinha, o que é – não coincidentemente – o tempo que leva para formar um par de somitos nesta espécie. Essa expressão dinâmica não é devida ao movimento da célula, mas sim a células ativando e desativando o gene em diferentes regiões do tecido por meio de ciclos de retroalimentação negativa (Johnston et al., 1997; Palmeirim et al., 1997; Jouve et al., 2000, 2002; Dale et al., 2003). Também é importante salientar que a perda de função de Notch ou a jusante de seus genes-alvo cíclicos em camundongos e humanos leva a defeitos graves de segmentação das vértebras, como as deformidades da coluna vertebral na escoliose e na disostose espondilocostal (**FIGURA 17.16**; Zhang et al., 2002; Sparrow et al., 2006).

> **ASSISTA AO DESENVOLVIMENTO 17.2** Compreender a periodicidade dos genes sendo ligados e desligados em um dado tecido pode ser abstrato até que você efetivamente veja as oscilações acontecendo. Utilizando-se um camundongo repórter fluorescente, veja a expressão gênica de *lunatic fringe* variando de forma cíclica por todo o PSM.

ENCERRANDO O RELÓGIO DE NOTCH COM EPITELIZAÇÃO Como discutimos acima, Mesp é um regulador global da cascata de Eph-Efrina que aciona a MET e a formação de fronteira. Mesp é ativada por Notch e, sendo um fator de transcrição, contribui para a supressão de Notch (Morimoto et al., 2005). Esse ciclo de ativação e supressão alternada também leva a expressão de Mesp a oscilar no tempo e espaço. Mesp é inicialmente expressa em um domínio equivalente a um somito; ela é, então, reprimida na metade posterior desse domínio, porém mantida na metade anterior, onde, por sua vez, reprime a atividade de Notch. Onde quer que a expressão de Mesp seja mantida, ela torna-se a região mais anterior no próximo somito; Eph A4 é então induzida, e a fronteira forma-se imediatamente anterior a estas células (ver Figura 17.11C; Saga et al., 1997). Na metade posterior do somito prospectivo, onde Mesp não é expressa, a atividade de Notch induz a expressão do fator de transcrição Uncx4.1, que contribui para a especificação da identidade posterior do somito (Takahashi et al., 2000; Saga, 2007). Desse modo, a fronteira do somito é determinada, e o somito adquire, ao mesmo tempo, polaridade anterior/posterior.

(A) Camundongo

Selvagem

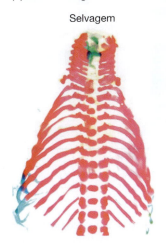

Lfng$^{-/-}$

Dll3$^{-/-}$

(B) Humano

Mutação de sentido trocado
Lfng 564 C-para-A (enzima inativa)

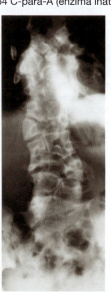

FIGURA 17.16   A sinalização Notch-Delta é essencial para a correta somitogênese em camundongos e humanos. Nos camundongos, a perda tanto do alvo de Notch *Lunatic fringe* (*Lfng*) ou do seu parceiro de ligação *distaless3* (*Dll3*) resulta em malformações vertebrais graves (A), que são particularmente semelhantes ao fenótipo causado por mutações no *Lunatic fringe* humano (B). (A, de Fisher et al., 2012; B, de Sparrow et al., 2006.)

ESTAR NO LUGAR CERTO NA HORA CERTA: CONECTANDO O RELÓGIO E A FRENTE DETERMINANTE   As células PSM mais posteriormente posicionadas experienciando ondas de sinalização de Notch não epitelizam prematuramente, uma vez que não são competentes o suficiente para responder à sinalização Notch devido à influência de FGFs. Enquanto o mesênquima pré-somítico estiver numa região com concentração de Fgf8 relativamente alta, o relógio não funcionará. Pelo menos no peixe-zebra, essa perda de função parece ocorrer pela repressão de Delta, o principal ligante de Notch. A ligação de Fgf8 com seu receptor permite a expressão da proteína Her13.2, que é necessária para inibir a transcrição de Delta (ver Dequéant e Pourquié, 2008). Sinais FGF são necessários para fazer as células migrarem anteriormente para fora do broto caudal, mas enquanto os FGFs ativarem os fatores de transcrição ERK, as células permanecem não responsivas para ligantes Notch. Foi proposto recentemente que a síntese de Fgf8 também é cíclica, porém em uma frequência diferente da dos ligantes Notch (Niwa et al., 2011; Pourquié, 2011). Logo, por meio de uma combinação de uma concentração do gradiente de Fgf8 em declive e seu próprio padrão único de realizar seu ciclo (provavelmente pela síntese de seus próprios inibidores e pela inibição do ácido retinoico), a sinalização de FGF é diminuída em certas áreas do mesoderma paraxial, e as células nessas regiões se tornam progressivamente mais competentes para responder a sinais de Notch (**FIGURA 17.17**). Os FGFs, portanto, estabelecem o posicionamento (i.e., frente de determinação) de células que são competentes para responder a sinais oscilantes de Notch (o relógio), que podem induzir Mesp2 a iniciar METs e a formação de segmentos mediada por Eph.[5]

QUANTOS SOMITOS É NECESSÁRIO FORMAR? A TAXA DE OSCILAÇÕES E A TAXA DE ELONGAÇÃO DO EIXO   Uma consequência da epitelização depender tanto de receber uma onda de expressão genética mediada por Notch (como um sinal positivo para segmentação) quanto de se tornar competente baseada em um limiar de concentração de Fgf8 significa que o tamanho e o número de somitos são baseados em dois fatores: a taxa de oscilações segmentadoras e a taxa de elongação do eixo. Na realidade, é a proporção dessas duas taxas que estabelece os parâmetros para o

[5] Pourquié (2011) observou que essa situação se parece bastante com a que existe no broto de membro (ver Capítulo 19), onde um conjunto de células recém-formadas que tinham sido mantidas por FGFs em um estado relativamente indiferenciado e migratório se torna diferenciado em elementos periódicos (na cartilagem dos membros) por gradientes de FGFs e ácido retinoico interagindo entre si.

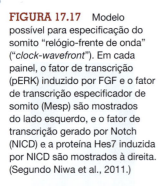

FIGURA 17.17 Modelo possível para especificação do somito "relógio-frente de onda" ("*clock-wavefront*"). Em cada painel, o fator de transcrição (pERK) induzido por FGF e o fator de transcrição especificador de somito (Mesp) são mostrados do lado esquerdo, e o fator de transcrição gerado por Notch (NICD) e a proteína Hes7 induzida por NICD são mostrados à direita. (Segundo Niwa et al., 2011.)

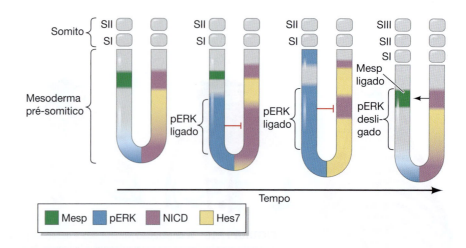

número e o tamanho dos somitos. Por exemplo, representemos a taxa do relógio como τ e a taxa de elongamento do eixo como α. Se α for tanto sustentado como balanceado com τ, um número infinito de somitos de tamanho idêntico é, teoricamente, possível. Em alternativa, se τ é mais rápido do que α, a formação dos somitos eventualmente alcançará o broto caudal e terminará a somitogênese. O modelo atual para a terminação da somitogênese é de que o elongamento desacelera e, conforme os somitos se tornam progressivamente mais próximos ao broto caudal, eles trazem consigo as ações inibitórias do ácido retinoico, o que freia o desenvolvimento do broto caudal (Gomez e Pourquié, 2009).

O tamanho do somito também poderia ser alterado de maneiras previsíveis ao manipular essas taxas. Análise comparativa da somitogênese entre espécies sugeriu que modulações da taxa do relógio molecular é um mecanismo importante para adaptação do número de somitos. Como exemplo, cobras podem possuir algumas centenas de somitos, comparado com os, aproximadamente, 60 encontrados no camundongo e na galinha, e aproximadamente 30 encontrados no peixe-zebra. Olivier Pourquié e colaboradores compararam as taxas de elongamento do PSM e o relógio de segmentação presentes na cobra-do-milho, no camundongo e na galinha (entre outras espécies). Os somitos da cobra são cerca de três vezes menores do que os somitos do camundongo ou da galinha (Gomez et al., 2008). Ainda que o PSM das cobras seja um pouco maior do que o da galinha ou do camundongo, a contribuição mais importante para o maior número de pequenos somitos em cobras é um relógio muito acelerado. Genes como o *lunatic fringe* apresentaram até 9 bandas de oscilação em cobras, comparado com 1 a 3 bandas encontradas na galinha e no camundongo (**FIGURA 17.18**; Gomez et al., 2008). Portanto, um número maior de oscilações mediadas por Notch no decorrer do elongamento do eixo dividirá o PSM mais vezes, criando mais somitos e mais vértebras.

Correlacionando o modelo "relógio-frente de onda" com identidade axial mediada por Hox e o fim da somitogênese

A somitogênese não pode continuar indefinidamente; em vez disso, ela deve terminar e atingir seu fim com as identidades rostral-caudais apropriadas devidamente estabelecidas. Como mencionado acima, os genes *Hox* desempenham um papel essencial na especificação da identidade axial da cabeça à cauda com colinearidade espacial e temporal. Como estão conectados o relógio e a frente determinante com o papel dos genes *Hox*?

Se os níveis da proteína Fgf8 forem manipulados para criar somitos extras (apesar de menores), a expressão gênica de Hox adequada será ativada nos somitos apropriadamente numerados, ainda que seja em uma posição diferente ao longo do eixo anteroposterior, o que sugere que a frente de determinação (gradiente de FGF) influencia primeiro o tamanho do somito em oposição à expressão genética de Hox. As mutações que afetam o relógio autônomo de segmentação, porém, afetam de fato a ativação dos genes *Hox* apropriados (Dubrulle et al., 2001; Zákány et al., 2001). A regulação dos genes *Hox* pelo relógio de segmentação presumivelmente permite a coordenação entre a

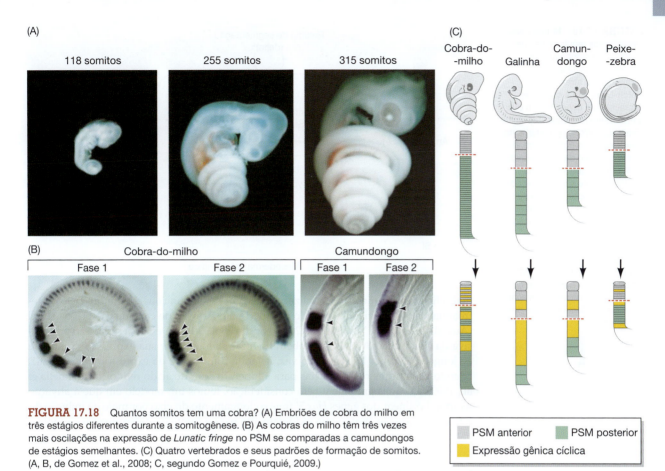

FIGURA 17.18 Quantos somitos tem uma cobra? (A) Embriões de cobra do milho em três estágios diferentes durante a somitogênese. (B) As cobras do milho têm três vezes mais oscilações na expressão de *Lunatic fringe* no PSM se comparadas a camundongos de estágios semelhantes. (C) Quatro vertebrados e seus padrões de formação de somitos. (A, B, de Gomez et al., 2008; C, segundo Gomez e Pourquié, 2009.)

formação e a especificação dos novos segmentos. Como os mecanismos da somitogênese sustentam a regulação dos genes *Hox* ainda não é inteiramente compreendido. No *Xenopus*, pesquisas demonstraram que *XDelta2*, um gene oscilante e receptor de Notch, pode aumentar a expressão de ao menos três grupos de Hox parálogos e iniciar um ciclo de retroalimentação positiva com as proteínas Hox (Peres et al., 2006). Com base nessa associação, é tentador especular que o relógio de segmentação pode diretamente disparar a ativação temporizada dos genes *Hox*; não se sabe, porém, se essa influência ocorre de modo colinear ou se envolve modificações na cromatina, como descritas acima para a expressão de genes *Hox*.

Uma vez que a expressão do gene *Hox* na extensão do tronco é iniciada, ela irá se retroalimentar na frente determinante para terminar o elongamento do eixo e finalizar a somitogênese. De modo específico, a ativação colinear da expressão dos genes *Hox* mais perto da extremidade 5′ dos aglomerados resulta em uma repressão progressivamente maior da sinalização de Wnt no broto caudal (**FIGURA 17.19**; Denans et al., 2015). Lembre-se que Wnt3a é secretada no broto caudal e disposta em um gradiente caudal-rostral similar a Fgf8. Wnt3a funciona para promover a migração dos progenitores do neuromesoderma para dentro do PSM, e, ao fazer isso, incita o crescimento do PSM e o elongamento do eixo (Dunty et al., 2008). Assim, conforme novas células se movem para o PSM ao longo do tempo e começam a expressar cada vez mais genes *Hox* com colinearidade temporal, a sinalização por Wnt é progressivamente inibida e o crescimento do broto caudal desacelera. Em amniotas, o relógio da segmentação não altera significativamente sua taxa durante esse período; portanto, a taxa de formação dos somitos ultrapassará o crescimento do broto caudal e esgotará o PSM, levando ao fim da somitogênese (Denans et al., 2015). Além disso, a diminuição de velocidade do broto caudal mediada pelo gene *Hox* é reforçada pela repressão indireta da sinalização de FGF de duas maneiras. Primeiro, o alcance de ácido retinoico dos somitos inibirá a expressão de FGF com

FIGURA 17.19 Modelo dos mecanismos regulatórios que controlam a somitogênese. O relógio molecular da segmentação através de Notch-Delta dita a ordem de expressão de genes *Hox*, o que funciona em parte para reprimir a sinalização Wnt e, indiretamente, a expressão de Fgf8. Assim, os níveis da frente de determinação de Wnt/Fgf8 que se originou posteriormente são influenciados por genes *Hox* bem como pelo desenvolvimento de estruturas anteriores através da sinalização por ácido retinoico. O ácido retinoico inibe Fgf8 e Wnt3a, ao passo que Fgf8 é capaz de reprimir o ácido retinoico através de Cyp26A1. A partir desse balanço de sinalização, os somitos anteriores se formam antes dos posteriores.

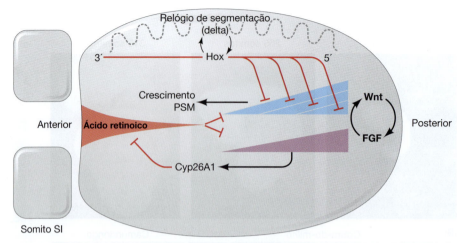

mais eficiência; segundo, as sinalizações de Wnt e FGF funcionarão em um ciclo de retroalimentação positiva, mantendo a respectiva expressão de cada um no broto caudal (Aulehla et al., 2003; Young et al., 2009; Naiche et al., 2011). Devido à repressão progressiva da sinalização Wnt, FGF também irá, indiretamente, ter sua expressão diminuída ao longo do tempo. Isso, por sua vez, levará à diminuição da expressão de Cyp26A1, criando posteriores redundâncias para a hiperativação de ácido retinoico (Iulianella et al., 1999). Levadas juntamente em consideração, temos um modelo em que a ativação temporal colinear dos genes *Hox* 5′ freia o elongamento do eixo por meio da inibição direta da sinalização Wnt, o que indiretamente para a frente de determinação e esgota o PSM (Denans et al., 2015).

Desenvolvimento do esclerótomo

Conforme o somito amadurece, ele divide-se em dois principais compartimentos, o esclerótomo e o dermomiótomo. Estes compartimentos existem em todos os vertebrados, estruturas similares são encontradas nos anfíoxos cefalocordados (anfioxo lanceolado), nossos parentes invertebrados mais próximos, indicando que eles são antigas estruturas embrionárias (Devoto et al., 2006; Mansfield et al., 2015). Como o esclerótomo se desenvolve é uma história complexa envolvendo transições epitelial-mesenquimais (TEMs) e cascatas de sinalização. Aqui, focamos no desenvolvimento do esclerótomo, com uma discussão da formação do dermomiótomo em seguida.

Pouco tempo depois da formação do somito, as células epiteliais periféricas e o núcleo interno de células mesenquimais começa a mostrar sinais de diferenciação (**FIGURA 17.20A, E**). O primeiro indicador visível ocorre na porção ventromedial do somito, onde uma TEM ocorre para formar o **esclerótomo** (**FIGURA 17.20B**). Essa TEM é importante para estabelecer uma população migratória de células capaz de se mover para a posição em torno das estruturas axiais da linha mediana e de construir a coluna vertebral. Imediatamente antes da transição, as células progenitoras do esclerótomo expressam o fator de transcrição Pax1, que é necessário para a transição em mesênquima e sua subsequente diferenciação em cartilagem (Smith e Tuan, 1996). Nesta transição, as células epiteliais perdem a expressão de N-caderina e se tornam mesênquima móvel (**FIGURA 17.20C, D, F**; Sosic et al., 1997). As células do esclerótomo também expressam inibidores de fatores de transcrição formadores de músculo – fatores de regulação miogênica, ou MRFs – o que discutiremos em breve (Chen et al., 1996).

Como mencionado no começo deste capítulo, as células mesenquimais que compõem o esclerótomo podem ser subdivididas em diversas regiões (ver Figura 17.2E). Apesar de a maioria das células do esclerótomo se tornarem precursoras da cartilagem vertebral e da costela, o esclerótomo dorsal forma o **sindétomo**, dando origem a tendões, e as células do esclerótomo medial mais perto do tubo neural geram as meninges (coberturas) da

(A) Embrião de 2 dias

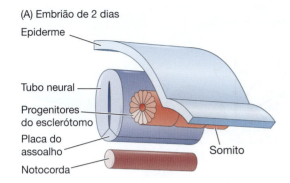

Epiderme

Tubo neural

Progenitores
do esclerótomo

Placa do
assoalho

Somito

Notocorda

(B) Embrião de 3 dias

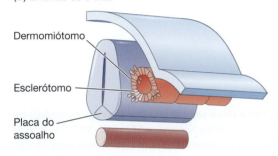

Dermomiótomo

Esclerótomo

Placa do
assoalho

(C) Embrião de 4 dias

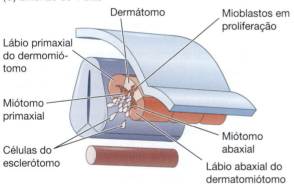

Dermátomo

Mioblastos em
proliferação

Lábio primaxial
do dermomió-
tomo

Miótomo
primaxial

Células do
esclerótomo

Miótomo
abaxial

Lábio abaxial do
dermatomiótomo

(D) Embrião tardio de 4 dias

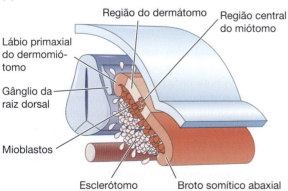

Região do dermátomo

Região central
do miótomo

Lábio primaxial
do dermomió-
tomo

Gânglio da
raiz dorsal

Mioblastos

Esclerótomo

Broto somítico abaxial

(E)

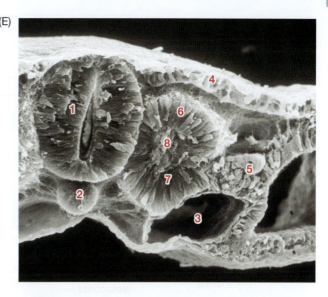

(F)

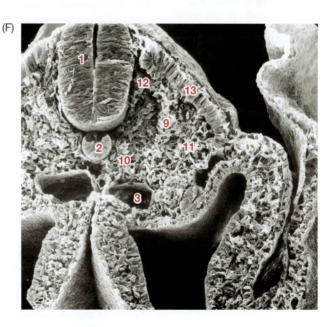

FIGURA 17.20 Secção transversal do tronco de embrião de galinha nos dias 2 a 4. (A) No somito do dia 2, as células do esclerótomo podem ser distinguidas do resto do somito. (B) No dia 3, as células do esclerótomo perdem sua adesão uma pela outra e migram para o tubo neural. (C) No dia 4, as restantes células se dividem. As células mediais formam o miótomo primaxial embaixo do dermomiótomo, e as células laterais formam o miótomo abaxial. (D) Uma camada de precursores de células musculares (o miótomo) forma-se embaixo do dermomiótomo epitelial. (E, F) Microscopias eletrônicas de varredura correspondentes a (A) e (D), respectivamente; 1, tubo neural; 2, notocorda; 3, aorta dorsal; 4, ectoderma de superfície; 5, mesoderma intermediário; 6, metade dorsal do somito; 7, metade ventral do somito; 8, somitocele/artrótoma; 9, esclerótomo dorsal; 13, dermomiótomo. (A, B, segundo Langman, 1981; C, D, segundo Ordahl, 1993; E, F, de Christ et al., 2007, cortesia de H. J. Jacob e B. Christ.)

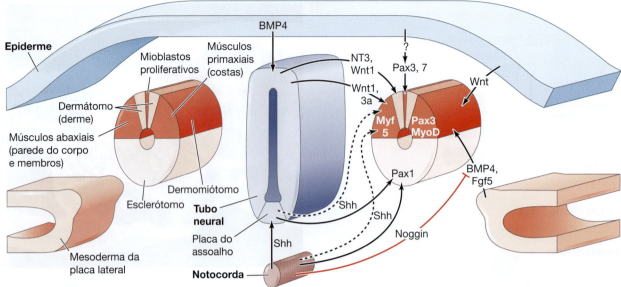

FIGURA 17.21 Modelo das principais interações propostas na padronização dos somitos. O esclerótomo é branco; as regiões de dermomiótomos são vermelhas e cor-de-rosa. Uma combinação de Wnts (provavelmente Wnt1 e Wnt3a) é induzida por BMP4 no tubo neural dorsal. Estas proteínas Wnt, em combinação com baixas concentrações de Sonic hedgehog a partir da notocorda e da placa do assoalho, induzem o miótomo primaxial, que sintetiza o fator de transcrição miogênico Myf5. Altas concentrações de Shh a partir da notocorda e da placa do assoalho do tubo neural induzem a expressão de Pax1 nessas células destinadas a se tornarem esclerótomo. Certas concentrações de neurotrofina 3 (NT3) a partir do tubo neural dorsal parecem especificar o dermátomo, ao passo que proteínas Wnt a partir da epiderme, em conjunto com BMP4 e Fgf5 do mesoderma da placa lateral, acredita-se que induzam o miótomo primaxial. Os mioblastos proliferativos são caracterizados por Pax3 e Pax7 e são induzidos por Wnts na epiderme. (Segundo Cossu et al., 1996b.)

coluna vertebral, assim como dão origem a vasos sanguíneos que proverão a medula espinal com nutrientes e oxigênio (Halata et al., 1990; Nimmagadda et al., 2007). As células no centro do somito (que permanecem mesenquimais) também contribuem para o esclerótomo, tornando-se as juntas vertebrais, os discos cartilaginosos entre as vértebras (discos intervertebrais), e as porções das costelas mais próximas das vértebras (Mittapalli et al., 2005; Christ et al., 2007; Scaal, 2015). Essa região do somito foi denominada **artrótomo**.

Assim como o ditado do mercado imobiliário, o destino de uma região particular do somito depende de três fatores: localização, localização, localização. Como demonstrado na **FIGURA 17.21**, as localizações das regiões somíticas as colocam perto de diferentes centros sinalizadores, como a notocorda e placa do assoalho (fontes de Sonic hedgehog e Noggin), o tubo neural (fonte de Wnts e BMPs) e o epitélio da superfície (também fonte de Wnts e BMPs). Os precursores do esclerótomo residem na porção ventromedial do somito e estão, portanto, mais próximos da notocorda. Essas células são induzidas a se tornarem o esclerótomo por fatores parácrinos derivados da notocorda, especificamente Sonic hedgehog (Fan e Tessier-Lavigne, 1994; Johnson et al., 1994). Se porções da notocorda da galinha forem transplantadas próximo a outras regiões do somito, estas irão se tornar células do esclerótomo também. A notocorda e os somitos também secretam Noggin e Gremlin, dois antagonistas de BMP. A ausência de BMPs é crucial para permitir que Sonic hedgehog induza a expressão de cartilagem, e se houver alguma deficiência em qualquer um desses inibidores, o esclerótomo não se forma, e a galinha não forma vértebras normais.

Formação das vértebras

Sonic Hedgehog é necessário para a especificação dos destinos do esclerótomo, mas o que direciona a migração celular do esclerótomo na direção e em torno da notocorda e do tubo neural para formar as vértebras? A notocorda parece induzir as células mesenquimais em seu entorno a secretarem epimorfina. A epimorfina atrai, então, células do esclerótomo para a região em torno da notocorda e do tubo neural, onde elas começam a se condensar e diferenciar em cartilagem (**FIGURA 17.22A**). Além disso, a migração mais dorsal das células do esclerótomo por cima do tubo neural para formar o processo espinhoso da vértebra aparenta ser induzida pela secreção do fator de crescimento derivado de plaquetas (PDGF), oriundo das células do esclerótomo imediatamente abaixo delas. As células migratórias são capazes de responder a esses sinais de PDGF expressando receptores TGF-β tipo II (Wang e Serra, 2012).

Antes de as células derivadas do esclerótomo formarem uma vértebra, cada esclerótomo precisa se dividir em um segmento rostral (anterior) e um caudal (**FIGURA 17.22B**).

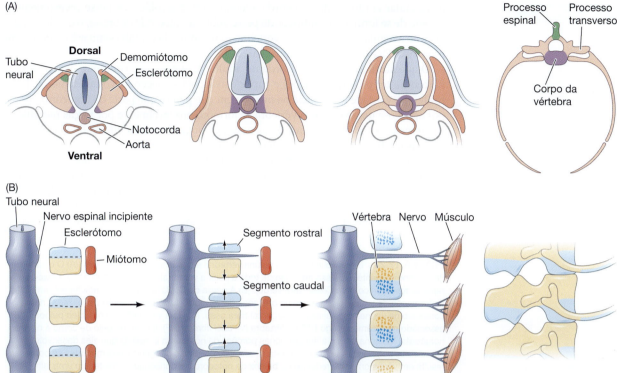

FIGURA 17.22 Ressegmentação do esclerótomo para formar as vértebras. (A) Ilustração do desenvolvimento sequencial do esclerótomo em vértebras. (B) Cada esclerótomo se divide em segmentos rostral e caudal. Quando os neurônios espinhais crescem em direção ao exterior para inervar os músculos do miótomos, o segmento rostral de cada esclerótomo se combina com o segmento caudal do próximo esclerótomo anterior para formar um rudimento de vértebra. (A, segundo Christ et al., 2000; B, a partir de Larson, 1998, e Aoyama e Asamoto, 2000.)

Conforme os neurônios motores do tubo neural crescem lateralmente para inervar os músculos recém-formados, o segmento rostral de cada esclerótomo se recombina com o segmento caudal do próximo esclerótomo anterior para formar o rudimento vertebral em um processo conhecido como **ressegmentação** (Remak, 1850). A divisão das contribuições somíticas vizinhas foi confirmada através de quimeras codorna-galinha, em que a porção rostral ou caudal dos somitos da codorna foi transplantada para um somito de galinha de localização idêntica. Antígenos específicos de codorna são facilmente identificados em células, permitindo que as estruturas diferenciadas possam ser rastreadas até o seu tecido doador (Aoyama e Asamoto, 2000; Huang et al., 2000). Ainda que esses experimentos em galinha suportem a ressegmentação distinta das metades de esclerótomos, em peixe-zebra é possível que existam mais misturas de contribuições de ambas as metades do esclerótomo para as vértebras (Morin-Kensicki et al., 2002). Essa ressegmentação envolvendo o esclerótomo, mas não o miótomo, permite aos músculos coordenar o movimento do esqueleto e que o corpo se mova lateralmente, um movimento que é remanescente da estratégia utilizada por insetos quando formam segmentos a partir de parassegmentos (ver Capítulo 9). Os movimentos de dobrar e torcer da espinha são permitidos pelas juntas intervertebrais (sinoviais) que se formam na região artrótomo do esclerótomo. Remover as células de esclerótomo do artrótomo leva à falha na formação das das juntas sinoviais e à fusão de vértebras adjacentes (Mittapalli et al., 2005).

A NOTOCORDA SUPORTA A MORFOGÊNESE VERTEBRAL E SE TORNA PARTE DO DISCO INTERVERTEBRAL   A notocorda, com sua secreção de Sonic hedgehog, é crucial para o desenvolvimento do esclerótomo. Como discutimos anteriormente, a notocorda também é importante para o elongamento do eixo, que tem ramificações para a morfogênese da espinha. No peixe-zebra, o preenchimento impróprio dos vacúolos de células notocordais resulta na curvatura da notocorda e em subsequentes fusões vertebrais e defeitos associados à espinha (Ellis et al., 2013). Evidências adicionais de que uma formação adequada da notocorda é necessária para uma formação correta da espinha vêm de experimentos que destroem a integridade do revestimento de matriz extracelular em torno da notocorda. Quando um dos colágenos nesse revestimento é inibido de se formar em embriões de peixe-zebra, a notocorda dobra-se, o que leva a deposição irregular de ossos, fusão vertebral e curvatura da espinha similar à escoliose em humanos (**FIGURA 17.23A, B**; Gray et al., 2014).

O que acontece com a notocorda no adulto? Um equívoco comum é de que após a notocorda ter provido induções e suporte axial, ela se degenera completamente. Existe alguma verdade nessa ideia na medida em que parece que parte da notocorda morre por apoptose uma vez que a vértebra se formou, provavelmente por forças mecânicas. É interessante, no entanto, que essas mesmas forças de tração vindas de vértebras invasoras também segmentam a notocorda em unidades menores, que são mantidas e se desenvolvem nos **núcleos pulposos** (Aszódi et al., 1998; Choi et al., 2008; Guehring et al., 2009; McCann et al., 2011; Risbud e Shapiro, 2011; revisto em Chan et al., 2014; Lawson e Harfe, 2015). Mais importante é que a origem notocordal de núcleos pulposos foi demonstrada por experimentos de rastreamento de linhagem no camundongo (Choi et al., 2008; McCann et al., 2011). Os núcleos pulposos formam uma massa gelatinosa no

FIGURA 17.23 Desenvolvimento da coluna vertebral e dos discos intervertebrais. (A) O colágeno 8a1a é normalmente expresso ao longo de toda a coluna vertebral, como revelado nesse peixe-zebra repórter transgênico para *Col2a1* (em verde). (B) A perda de *Col8a1a* claramente resulta em uma falha na formação de uma espinha reta e na presença de vértebras fusionadas, como visualizadas nessa coloração de vermelho de alizarina (magenta) para osso. (C) Uma vértebra com o núcleo pulposo (NP) associado num camundongo E15.5. Vértebra (V); anel fibroso (AF). (D) Um modelo de como a bainha notocordal funciona para manter pequenas porções da notocorda à medida que eles desenvolvem em núcleos pulposos. A perda da correta sinalização por Sonic hedgehog (nos mutantes *smoothened*) resulta em vários graus de redução da bainha da notocorda e, consequentemente, em uma falha na formação de núcleos pulposos. (dpf, dias pós-fertilização.) (A, B, de Gray et al., 2014; C, de Lawson e Harfe, 2015; D, segundo Choi e Harfe, 2011.)

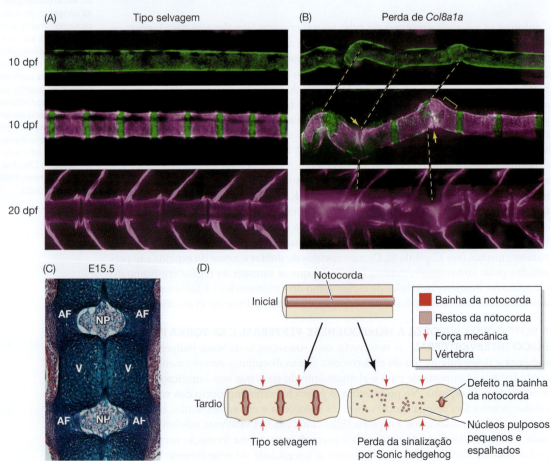

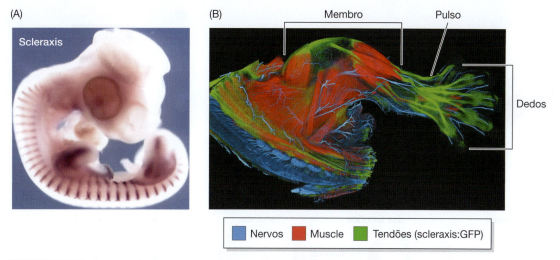

FIGURA 17.24 Scleraxis é expresso nos progenitores dos tendões. (A) Hibridização *in situ* mostrando o padrão de expressão de scleraxis no embrião de galinha em desenvolvimento. (B) Coxa, pulso e dígitos de camundongo recém-nascido, mostrando scleraxis (fusionado a GFP) nos tendões (em verde) e músculos conjuntivos (marcados em vermelho com anticorpos contra miosina). Os neurônios foram marcados em azul com anticorpos contra a proteína dos neurofilamentos. (A, de Schweitzer et al., 2001, cortesia de R. Schweitzer; B, cortesia de A. K. Lewis e G. Kardon.)

centro dos discos intervertebrais, que são cercados pelo ânulo fibroso, um tecido conjuntivo derivado do esclerótomo (**FIGURA 17.23C**). Estes são os discos espinais que "deslizam" em certas lesões nas costas.

Pouco se sabe sobre os mecanismos que regulam a formação do disco intervertebral, porém, ao que parece, o revestimento notocordal é essencial para o desenvolvimento dos núcleos pulposos (Choi e Harfe, 2011; Choi, 2012). Em experimentos que provocam a formação de um revestimento extracelular enfraquecido, a pressão dos corpos vertebrais se formando dispersa as células da notocorda, e os núcleos pulposos não conseguem se formar (**FIGURA 17.23D**; Choi e Harfe, 2011).

A formação dos tendões: o sindétomo

A parte mais dorsal do esclerótomo irá se tornar o quarto compartimento do somito, o sindétomo. As células formadoras de tendão do sindétomo podem ser visualizadas por sua expressão do gene *scleraxis* (**FIGURA 17.24**; Schweitzer et al., 2001; Brent et al., 2003). Como não existe distinção morfológica óbvia entre as células do esclerótomo e as células do sindétomo (ambas são mesenquimais), nosso conhecimento sobre esse compartimento somítico teve de esperar até que tivéssemos marcadores moleculares (Pax1 para o esclerótomo, scleraxis para o sindétomo) que pudessem distinguir entre eles e permitissem que os pesquisadores seguissem os destinos das células.

Como os tendões conectam os músculos aos ossos, não é surpreendente que o sindétomo (do grego *syn*, "conectado") seja derivado da porção mais dorsal do esclerótomo – isto é, ele é derivado das células do esclerótomo adjacente ao miótomo formador de músculo (**FIGURA 17.25A**). O sindétomo é feito da secreção de Fgf8 pelo miótomo na camada imediatamente subjacente de células do esclerótomo (Brent et al., 2003; Brent e Tabin, 2004). Outros fatores de transcrição limitam a expressão de scleraxis às porções anterior e posterior do sindétomo, gerando duas faixas de expressão de scleraxis (**FIGURA 17.25B**). Enquanto isso, as células de cartilagem em desenvolvimento, sob a influência de Sonic hedgehog vindo da notocorda e da placa do assoalho, sintetizam os fatores de transcrição Sox5 e Sox6 que bloqueiam a transcrição de scleraxis enquanto ativam o fator promotor de cartilagem Sox9 (Yamashita et al., 2012). Dessa forma, a cartilagem se protege do espalhamento do sinal de Fgf8. Os tendões, então, associam-se com os músculos diretamente acima deles e com o esqueleto (inclusive as costelas) de cada lado deles (**FIGURA 17.25C**; Brent et al., 2005).

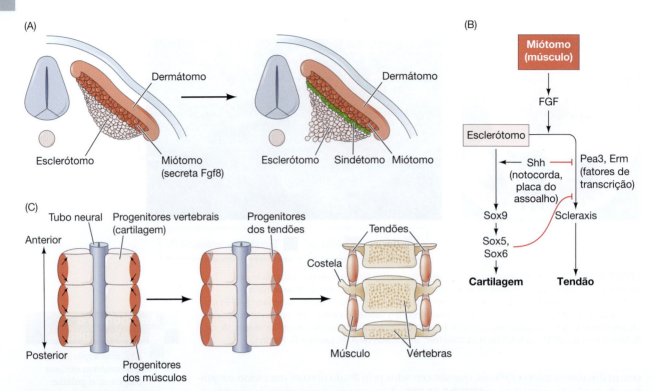

FIGURA 17.25 A indução de scleraxis no esclerótomo da galinha por Fgf8 do miótomo. (A) O dermátomo, o miótomo e o esclerótomo são estabelecidos antes que os precursores do tendão sejam especificados. Os precursores de tendão (sindétomo) são especificados na parte mais dorsal das células do esclerótomo por Fgf8 recebido do miótomo. (B) Via pela qual os sinais de Fgf8 das células precursoras musculares induzem as células do esclerótomo subjacente a se tornarem tendões. (C) As células do sindétomo migram (setas) ao longo das vértebras em desenvolvimento. Elas se diferenciam em tendões que conectam as costelas e os músculos intercostais desejados pelos devotos de costeletas (A, C, segundo Brent et al., 2003.)

Formação da aorta dorsal

A maior parte do sistema circulatório de um embrião amniota em um estágio inicial é formado fora do embrião, e seu papel é obter nutrientes do vitelo ou da placenta. O sistema circulatório intraembrionário começa com a formação da aorta dorsal. A aorta dorsal é composta de duas camadas de células: um revestimento interno de células endoteliais que é cercado concentricamente por uma camada de células de músculo liso. Em outros lugares do corpo, essas duas camadas dos vasos sanguíneos são normalmente derivadas do mesoderma da placa lateral, como será detalhado no Capítulo 18. O esclerótomo posterior, entretanto, fornece as células endoteliais e as células de músculo liso para a aorta dorsal e os vasos sanguíneos intervertebrais (ver Figura 17.2E, F; Pardanaud et al., 1996; Wiegreffe et al., 2007). As futuras células endoteliais são induzidas por sinalização por Notch de uma forma dependente de efrina B2. Essas células do esclerótomo são instruídas a migrar ventralmente por um suposto quimioatrator produzido pela aorta dorsal primária, uma estrutura transitória feita pelo mesoderma da placa lateral. Mais tarde, as células endoteliais do esclerótomo substituem as células da aorta dorsal primária, que irão se tornar parte da população de células-tronco do sangue (Pouget et al., 2008; Sato et al., 2008; Ohata et al., 2009).

Desenvolvimento do dermomiótomo

O **dermomiótomo** ocupa a metade dorsolateral do somito, e, em contraste com a completa transição epitélio-mesenquimal exibida pelo esclerótomo, ele mantém muita da sua estrutura epitelial. Por meio de uma variedade de análises, incluindo mapas de destino com quimeras galinha-codorna, o dermomiótomo pode ser subdividido em três regiões funcionalmente distintas: o dermátomo, o miótomo e os mioblastos migratórios (ver Figura 17.2; Ordahl e Le Douarin, 1992; Brand-Saberi et al., 1996; Kato e Aoyama, 1998). As células nas duas porções mais laterais desse epitélio são chamadas de lábios dorsomedial e ventrolateral (mais perto e mais longe do tubo neural, respectivamente), e juntas funcionam como zonas progenitoras que geram o miótomo para a formação das células do músculo esquelético do corpo e dos membros. As células precursoras musculares – **mioblastos** – dos lábios dorsomedial e ventrolateral migrarão por baixo do

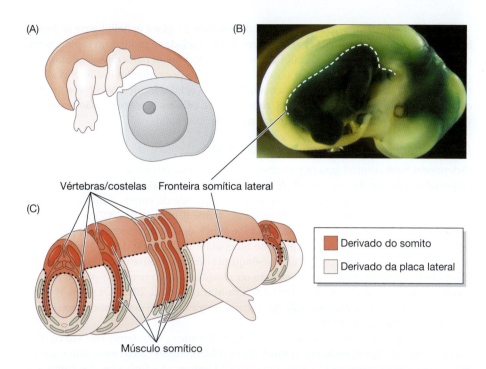

(A)

(B)

Vértebras/costelas   Fronteira somítica lateral

(C)

☐ Derivado do somito

☐ Derivado da placa lateral

Músculo somítico

FIGURA 17.26 Domínios primaxial e abaxial do mesoderma dos vertebrados. (A) Diferenciação do mesoderma (em vermelho) no embrião de galinha nos estágios iniciais. (B) Embrião de galinha no dia 9, no qual a expressão do gene *Prox1* é revelada por uma marcação escura. *Prox1* é expresso na região abaxial do tronco da galinha. A fronteira entre a região marcada e não marcada é a fronteira somítica lateral (linha pontilhada). Embrião de galinha com 13 dias; a regionalização do mesoderma é aparente. (A, C, segundo Winslow et al., 2007; B, de Durland et al., 2008, cortesia de A. C. Burke.)

dermomiótomo para produzir o miótomo (ver Figura 17.25A). Os mioblastos do miótomo mais próximos do tubo neural formam os **músculos primaxiais**[6], localizados centralmente, o que inclui a musculatura intercostal entre as costelas e os músculos profundos das costas; os mioblastos mais afastados do tubo neural produzem os **músculos abaxiais** da parede do corpo, os membros e a língua. O **dermátomo** está localizado na região mais central do dermomiótomo e formará a derme das costas e vários outros derivados. A fronteira entre os músculos primaxial e abaxial e entre as dermes derivada dos somitos e derivada da placa lateral é chamada de **fronteira somítica lateral** (**FIGURA 17.26**; Christ e Ordahl, 1995; Burke e Nowicki, 2003; Nowicki et al., 2003). Vários fatores de transcrição distinguem os músculos primaxiais dos abaxiais.

A derme da porção ventral do corpo é derivada da placa lateral, e a derme da cabeça e do pescoço origina-se, ao menos em parte, da crista neural cranial. Contudo, os principais produtos do dermátomo no tronco são os precursores da derme das costas. Além disso, estudos recentes mostraram que essa região central do dermomiótomo também dá origem a uma população de células musculares (Gros et al., 2005; Relaix et al., 2005). Portanto, alguns pesquisadores (Christ e Ordahl, 1995; Christ et al., 2007) preferem manter o termo *dermomiótomo* (ou *dermomiótomo central*) para essa região epitelial. Logo em seguida, essa parte do somito também sofre uma transição epitélio-mesenquimal. Os sinais de FGF do miótomo ativam a transcrição do gene *Snail2* nas células de dermomiótomo centrais, e a proteína Snail2 é um conhecido regulador da EMT (ver Figura 15.9; Delfini et al., 2009). Durante a EMT, os fusos mitóticos das células epiteliais são realinhados, de modo que a divisão celular acontece ao longo do eixo dorsoventral. A célula-filha ventral irá se juntar aos outros mioblastos dos miótomos, enquanto a outra célula-filha se localiza dorsalmente, tornando-se um precursor da derme. De forma parecida com a progressão EMT do esclerótomo, a N-caderina que mantém essas células juntas tem sua expressão diminuída, e as duas células-filhas seguem caminhos separados, com a N-caderina remanescente sendo observada apenas nas células que entram no miótomo (Ben-Yair e Kalcheim, 2005).

---

[6] Da forma como são usados aqui, os termos *primaxial* e *abaxial* designam os músculos das porções medial e lateral dos somitos, respectivamente. Os termos *epaxial* e *hipaxial* são usados comumente, mas esses termos são derivados de modificações secundárias da anatomia do adulto (os músculos hipaxiais sendo inervados por regiões ventrais da medula espinal), em vez de se basearem em linhagens dos miótomos somíticos (ver Nowicki, 2003).

As células precursoras musculares que delaminam da placa epitelial para se juntar às células do miótomo primário permanecem indiferenciadas e proliferam rapidamente para darem conta da maioria dos mioblastos. Enquanto a maior parte dessas células progenitoras se diferencia para formar o músculo, algumas permanecem indiferenciadas e ficam em volta das células musculares maduras. Essas células indiferenciadas se tornam células-tronco do músculo esquelético, chamadas de **células satélites**, e são responsáveis pelo crescimento muscular e o reparo muscular pós-natal.

Determinação do dermomiótomo central

O dermomiótomo central gera os precursores musculares além das células dérmicas que constituem a derme da pele dorsal. A derme dos lados ventral e lateral do corpo é derivada do mesoderma da placa lateral que forma a parede do corpo. A manutenção do dermomiótomo central depende de Wnt6 da epiderme (Christ et al., 2007), e a sua EMT parece ser regulada por neurotrofina 3 (NT3) e Wnt1, dois fatores secretados pelo tubo neural (ver Figura 17.21). Anticorpos que bloqueiam a atividade de NT3 impedem a conversão de dermátomo epitelial em mesênquima dérmico frouxo que migra por baixo da epiderme (Brill et al., 1995). A remoção ou rotação do tubo neural impede a formação dessa derme (Takahashi et al., 1992; Olivera-Martinez et al., 2002). Os sinais Wnt da epiderme promovem a diferenciação das células migratórias do dermomiótomo central para a derme (Atit et al., 2006).

As células precursoras musculares e as células dérmicas, entretanto, não são os únicos derivados do dermomiótomo central. Atit e colaboradores (2006) mostraram que as **células adiposas marrons** ("gordura marrom") também são derivadas dos somitos e parecem vir do dermomiótomo central. A gordura marrom tem um papel ativo na utilização de energia pela queima de gordura (ao contrário do mais conhecido tecido adiposo branco, ou "gordura branca", que acumula gordura). Tseng e colaboradores (2008) descobriram que o músculo esquelético e as células marrons de gordura compartilham o mesmo precursor somítico que originalmente expressava fatores regulatórios miogênicos. Nas células precursoras de gordura marrom, o fator de transcrição PRDM16 é induzido (provavelmente por BMP7); PRMD16 parece ser crucial para a conversão de mioblastos em células de gordura marrom, uma vez que ele ativa uma bateria de genes que são específicos para o metabolismo de queima de gordura dos adipócitos marrons (Kajimura et al., 2009).

Determinação do miótomo

Toda a musculatura no corpo de vertebrados, com exceção dos músculos da cabeça, origina-se no dermomiótomo do somito. O miótomo forma-se das extremidades laterais, ou "lábios", do dermomiótomo que se dobra para formar uma camada entre o dermomiótomo mais periférico e o esclerótomo mais medial. Os principais fatores de transcrição associados com (e causadores de) o desenvolvimento muscular são os **fatores regulatórios miogênicos** (**MRFs**, às vezes chamados de proteínas miogênicas bHLH). Essa família de fatores de transcrição inclui MyoD, Myf5, miogenina e MRF4 (**FIGURA 17.27**). Cada membro desta família pode ativar os genes dos outros membros da família, levando a uma regulação por retroalimentação positiva tão poderosa que a ativação de um MRF em quase qualquer célula do corpo a converte em músculo.[7]

Os MRFs se ligam e ativam genes que são fundamentais para a função muscular. Por exemplo, a proteína MyoD parece ativar diretamente o gene de creatina-fosfocinase específica de músculo ao se ligar ao DNA imediatamente a montante dele (Lassar et al., 1989). Existem também dois sítios de ligação ao MyoD no DNA adjacente aos genes que codificam as subunidades do receptor de acetilcolina do músculo de galinha (Piette et al., 1990). O MyoD também ativa diretamente o seu próprio gene. Portanto, uma vez

---

[7] Uma regra geral do desenvolvimento, como usado na constituição dos Estados Unidos da América, é que entidades poderosas têm que ser poderosamente reguladas. Como resultado do seu poder de converter qualquer célula em músculo, os MRFs estão entre as entidades do genoma mais poderosamente controladas. Eles são controlados em vários pontos na transcrição, mas também no processamento, na tradução e na modificação pós-traducional (ver Sartorelli e Juan, 2011; Ling et al., 2012).

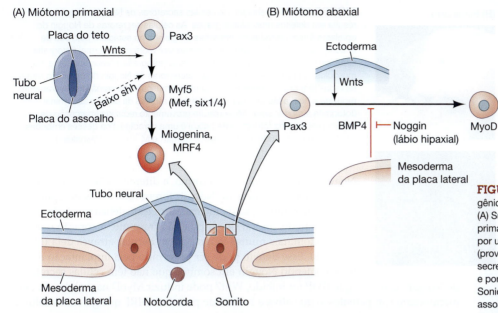

(A) Miótomo primaxial

(B) Miótomo abaxial

FIGURA 17.27 Expressão gênica diferencial no miótomo. (A) Supõe-se que o miótomo primaxial seja especificado por uma combinação de Wnts (provavelmente Wnt1 e Wnt3a) secretados pelo tubo neural dorsal e por baixas concentrações de Sonic hedgehog da placa do assoalho do tubo neural. Pax3 nas células dos somitos permite a expressão de *Myf5* em resposta a fatores parácrinos, que permite que as células sintetizem o fator de transcrição miogênico Myf5. Em combinação com a proteína Six e Mef2, Myf5 ativa os genes responsáveis pela ativação de miogenina e MRF4. (B) BMP4 é inibido por Noggin produzido por células que migram especificamente para os lábios dos somitos. Na ausência de BMP4, acredita-se que as proteínas Wnt da epiderme induzam o miótomo abaxial. (Segundo Punch et al., 2009.)

que o gene *myoD* foi ativado, seu produto de proteína se liga ao DNA imediatamente a montante do *myoD* e mantém esse gene ativo. Muitos dos genes MRFs são ativos apenas se eles se associaram com o cofator músculo-específico da família de proteínas Mef2. O MyoD pode ativar o gene *Mef2* e, portanto, regular o a temporização diferencial de expressão dos genes de músculo.

Como discutido anteriormente, o miótomo é induzido no somito em dois lugares diferentes por pelo menos dois sinais distintos (ver Punch et al., 2009). Estudos usando transplantes e camundongos nocaute indicam que os mioblastos *primaxiais* da porção medial do somito são induzidos por fatores do tubo neural – provavelmente Wnt1 e Wnt3a da região dorsal e baixos níveis de Sonic hedgehog da placa do assoalho do tubo neural (ver Figura 17.21; Münsterberg et al., 1995; Stern et al., 1995; Borycki et al., 2000). Estes fatores induzem as células do somito contendo Pax3 a ativar o gene *Myf5* no miótomo primaxial. Myf5 (junto com o Mef2 e ou Six1 ou Six4) ativa os genes de miogenina e MRF4, cujas proteínas ativam a rede regulatória gênica específica do músculo (ver Figura 17.27A; Buckingham et al., 2006). As células do miótomo primaxial parecem estar originalmente confinadas pela matriz extracelular de laminina, que envolve o dermomiótomo e o miótomo. À medida que os mioblastos amadurecem, porém, essa matriz se dissolve, e os mioblastos primaxiais migram ao longo de cabos de fibronectina. Eventualmente, eles alinham-se, fundem-se e elongam para se tornarem os músculos profundos das costas, conectando-se às vértebras e às costelas em desenvolvimento (Deries et al., 2010, 2012).

Os mioblastos abaxiais que formam a musculatura dos membros e da parede ventral do corpo surgem da borda lateral do somito. Duas condições parecem ser necessárias para produzir estes precursores musculares: (1) a presença dos sinais de Wnt e (2) a ausência de BMPs (ver Figura 17.27B; Marcelle et al., 1997; Reshef et al., 1998). Proteínas Wnt (especificamente Wnt7a) são feitas na epiderme (ver Figura 17.23; Cossu et al., 1996a; Pourquié et al., 1996; Dietrich et al., 1998), mas o BMP4 feito pelo mesoderma da placa lateral adjacente deveria normalmente impedir a formação dos músculos.

O que, então, está inibindo a atividade de BMP? Vários estudos em embriões de galinha descobriram que os lábios dorsomedial e ventrolateral do dermomiótomo têm ligado nas suas extremidades uma população de células que secreta o inibidor de BMP Noggin (Gerhart et al., 2006, 2011). Essas células secretoras de Noggin surgem no blastocisto, tornam-se parte do epiblasto e distinguem-se pela expressão do RNA mensageiro para MyoD, mas não traduzem esse mRNA em proteína. Estas células específicas migram para se tornarem mesoderma paraxial, especificamente se separando para os lábios dorsomedial e ventrolateral do dermomiótomo. Lá, elas sintetizam e secretam

(A) Controle

(B) Eliminado

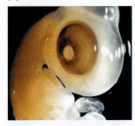
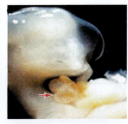
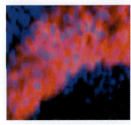
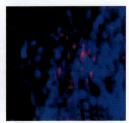

FIGURA 17.28 A ablação de células secretoras de Noggin do epiblasto resulta em defeitos musculares graves. As células secretoras de Noggin do epiblasto foram retiradas de embriões de galinha no estágio 2 pelo uso de anticorpos contra G8. O embrião-controle tem morfologia normal (fotografia superior) e marcação abundante de miosina (fotografia inferior, vermelha) nos músculos. (B) Embriões cujas células secretroras de Noggin do epiblasto foram retiradas têm graves defeitos nos olhos, na musculatura somática severamente reduzida e herniação de órgãos abdominais através da parede abdominal (fotografia superior, seta). Musculatura gravemente reduzida (marcação de miosina esparsa na fotografia de baixo) é uma característica desses embriões. (De Gerhart et al., 2006, cortesia de J. Gerhart e M. George-Weinstein.)

Noggin, promovendo, dessa forma, a diferenciação de mioblastos. Se as células secretoras de Noggin forem removidas do epiblasto, existe uma diminuição da musculatura esquelética por todo o corpo, e a parede ventral do corpo é tão fraca que o coração e os órgãos abdominais muitas vezes podem herniar através dela (**FIGURA 17.28**). Esse defeito pode ser prevenido pela implantação de esferas contendo Noggin em somitos que não têm células secretoras de Noggin. Uma vez que BMP for inibido, Wnt7 pode induzir MyoD nas células do dermomiótomo competentes, o que ativa a bateria de proteínas MRF que geram as células precursoras musculares.

Ampliando o conhecimento

Por que não recrutar um correio para sinais importantes que devem ser entregues a longas distâncias? Quais são os mecanismos moleculares que podem decidir quais células da crista neural vão expressar esses sinais no momento certo e com a correta forma de apresentação? As respostas a estas perguntas não são ainda conhecidas. É provável que as células da crista neural não sejam as únicas células migratórias transportando "bens interessantes" através das fronteiras que dividem o embrião. O interior do somito é uma intersecção caótica de células da crista neural, esclerótomo, axônios navegadores e outros mesenquimas. Podemos assumir que todos eles podem expressar transientemente mensagens importantes para os tecidos adjacentes, assim como para outros transeuntes migratórios.

Um modelo emergente de miogênese regulado pela crista neural

Considera-se que tanto os lábios dorsomediais quanto os ventrolaterais (DML e VLL) do dermomiótomo funcionam como "motores de crescimento celular" que se auto-perpetuam continuamente, são capazes de autorrenovação e de gerarem miócitos que se diferenciam (Denetclaw e Ordahl, 2000; Ordahl et al., 2001). O que regula quais células dentro do DML adotarão um destino de renovação celular e quais amadurecerão em músculo? Descrevemos um conjunto de fatores parácrinos do tubo neural, do ectoderma de superfície e da notocorda que influencia a miogênese; entretanto, o recrutamento de células para o desenvolvimento muscular a partir do DML parece ocorrer de uma forma altamente misturada e aleatória (Hirst e Marcelle, 2015). Embora transiente, outra fonte potencial de sinais podem ser as populações migratórias das células da crista neural que passam diretamente adjacentes ao DML (ver também Capítulo 15).

Em concordância com a maturação em mosaico do músculo a partir do DML é a correlação de que a via de sinalização de Notch é ativada em progenitores musculares. Dentro do lábio do DML, algumas células começam a expressar *Notch1, Hes1* e *lunatic fringe* (entre outros), e essas células se desenvolvem em miofibras do miótomo. A pesquisa do grupo de Christophe Marcelle mostrou que uma porção esporádica de células da crista neural migratórias expressa Delta1 e entra em contato direto com as membranas contendo Notch no DML (frequentemente através de filopódios esticados) (**FIGURA 17.29A, B**). A remoção das células de crista neural ou a perda da função de Delta1 na crista neural causa grande redução no miótomo, enquanto o aumento na expressão de Delta1 na crista neural apenas é suficiente para induzir maior expressão de Myf5 no dermomiótomo e aumento na miogênese (Rios et al., 2011).

ASSISTA AO DESENVOLVIMENTO 17.3 Vídeo do laboratório do Dr. Christophe Marcelle e colaboradores mostrando a extensão incrivelmente dinâmica de filopódios vindo do DML quando as células da crista neural migram entre o DML e o tubo neural, o que sugere contato célula a célula direto, mas transiente, entre esses dois tipos celulares.

Rios e colaboradores (2011) chamaram esse modo de sinalização transportado por crista neural "beijo e fuga" porque ele pode representar um mecanismo mais geral de dispersão de sinal. De fato, as células de crista neural que migram ventralmente também carregam Wnt1 (**FIGURA 17.29C**), a mesma proteína que previamente descrevemos como sendo importante na miogênese e que é fornecida pelo tubo neural dorsal. Essas células da crista neural requerem o proteoglicano heparan sulfato GPC4 para ligar Wnt1

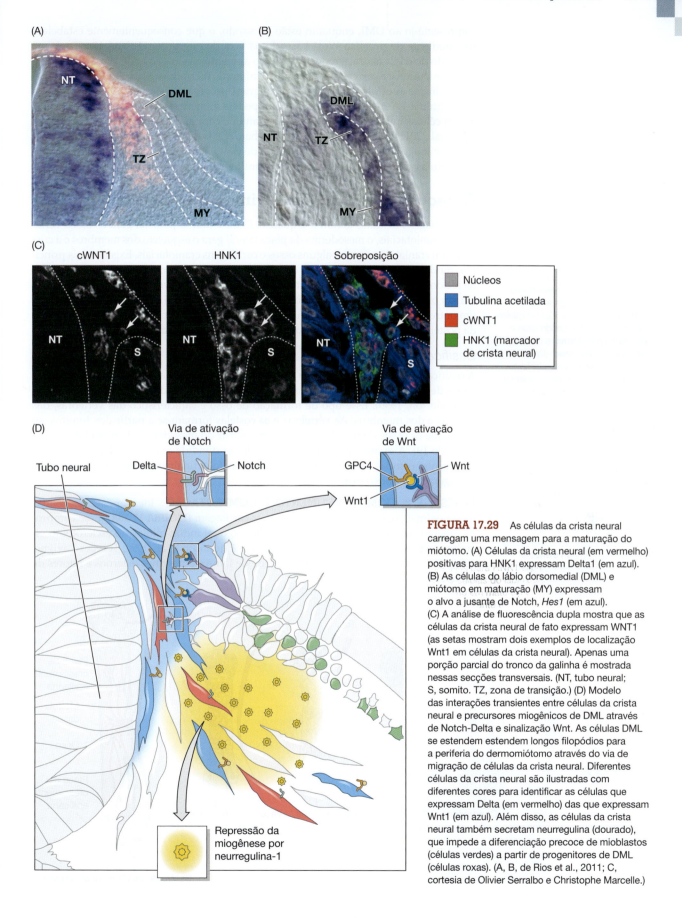

FIGURA 17.29 As células da crista neural carregam uma mensagem para a maturação do miótomo. (A) Células da crista neural (em vermelho) positivas para HNK1 expressam Delta1 (em azul). (B) As células do lábio dorsomedial (DML) e miótomo em maturação (MY) expressam o alvo a jusante de Notch, *Hes1* (em azul). (C) A análise de fluorescência dupla mostra que as células da crista neural de fato expressam WNT1 (as setas mostram dois exemplos de localização Wnt1 em células da crista neural). Apenas uma porção parcial do tronco da galinha é mostrada nessas secções transversais. (NT, tubo neural; S, somito. TZ, zona de transição.) (D) Modelo das interações transientes entre células da crista neural e precursores miogênicos de DML através de Notch-Delta e sinalização Wnt. As células DML se estendem estendem longos filopódios para a periferia do dermomiótomo através do via de migração de células da crista neural. Diferentes células da crista neural são ilustradas com diferentes cores para identificar as células que expressam Delta (em vermelho) das que expressam Wnt1 (em azul). Além disso, as células da crista neural também secretam neurregulina (dourado), que impede a diferenciação precoce de mioblastos (células verdes) a partir de progenitores de DML (células roxas). (A, B, de Rios et al., 2011; C, cortesia de Olivier Serralbo e Christophe Marcelle.)

e apresentá-lo ao DML enquanto estão passando, o que consequentemente estabelece um gradiente de proteína Wnt1 baseado na taxa de migração (**FIGURA 17.29D**). Wnt1 derivado de crista neural é requerido para o aumento na expressão de Wnt11 dentro do dermomiótomo e a correta organização do miótomo (Serralbo e Marcelle, 2014). Por fim, à medida que as células da crista neural migram através do esclerótomo, elas secretam a neurregulina-1, um fator parácrino que impede a diferenciação prematura de mioblastos em células musculares, o que ajuda a manter o conjunto de progenitores miogênicos (Ho et al., 2011). Portanto, como uma abelha desavisadamente carregando pólen para flores ao longo de sua jornada, uma célula de crista neural entrega sinais morfogênicos para células ao longo de todo o somito que influenciam sua diferenciação e crescimento.

Osteogênese: o desenvolvimento dos ossos

FIGURA 17.30 Diagrama esquemático de ossificação endocondral. (A) Células mesenquimais comprometidas a se tornarem células de cartilagem (condrócitos). (B) O mesênquima comprometido se condensa em nódulos compactos. (C) Os nódulos se diferenciam em condrócitos e proliferam para formar o modelo de cartilagem do osso. (D) Os condrócitos sofrem hipertrofia e apoptose enquanto eles mudam e mineralizam sua matriz extracelular. (E) A apoptose de condrócitos permite que os vasos sanguíneos entrem no osso. (F) Os vasos sanguíneos trazem osteoblastos que se ligam à matriz cartilaginosa em degeneração e depositam matriz óssea. (G) A formação e o crescimento do osso consistem em camadas organizadas de condrócitos proliferativos, hipertróficos e mineralizados. Centros de ossificação secundária também se formam, à medida que os vasos sanguíneos entram perto das extremidades do osso. (Segundo Horton, 1990.)

Três linhagens distintas geram o esqueleto. O mesoderma paraxial gera os ossos vertebrais e craniofaciais, o mesoderma da placa lateral gera o esqueleto dos membros e a crista neural cranial dá origem a alguns ossos e cartilagens craniofaciais. Existem dois principais modos de formação dos ossos, ou **osteogênese**, e ambas envolvem a transformação de tecido mesenquimal pré-existente em tecido ósseo. A conversão direta de mesênquima em osso é chamada de ossificação intramembranosa e foi discutida no Capítulo 11. Em outros casos, as células mesenquimais diferenciam-se em cartilagem, que é substituída posteriormente por osso, um processo chamado de **ossificação endocondral**.

Ossificação endocondral

A ossificação endocondral envolve a formação de tecido de cartilagem a partir de agregados de células mesenquimais e a subsequente substituição de tecido cartilaginoso por osso (Horton, 1990). Esse tipo de formação de osso é característico das vértebras, das costelas e dos membros. As vértebras e as costelas formam-se a partir dos somitos, ao passo que os ossos do membro se formam a partir do mesoderma da placa lateral (ver Capítulo 19). A ossificação endocondral pode ser dividida em cinco estágios: comprometimento, compactação, proliferação, crescimento e, finalmente, morte dos condrócitos e geração de novo osso.

FASES 1 E 2: COMPROMETIMENTO E COMPACTAÇÃO Inicialmente, as células mesenquimais se comprometem a se tornar cartilagem (**FIGURA 17.30A**). Esse comprometimento é estimulado por Sonic hedgehog, o qual induz células do esclerótomo vizinho a expressarem o fator de transcrição Pax1 (Johnson et al., 1994; Teissier-Lavigne, 1994). Pax1 inicia uma cascata que depende de fatores parácrinos externos e fatores de transcrição internos.

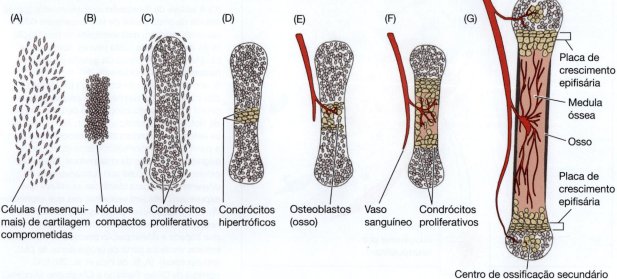

(A)   (B)   (C)   (D)   (E)   (F)   (G)

Células (mesenquimais) de cartilagem comprometidas   Nódulos compactos   Condrócitos proliferativos   Condrócitos hipertróficos   Osteoblastos (osso)   Vaso sanguíneo   Condrócitos proliferativos

Placa de crescimento epifisária

Medula óssea

Osso

Placa de crescimento epifisária

Centro de ossificação secundário

Durante a segunda fase da ossificação endocondral, as células do mesênquima comprometido se condensam em nódulos compactos (**FIGURA 17.30B**). Essas células internas se tornam comprometidas a gerar cartilagem, e as células externas se tornam comprometidas a se tornarem ossos. BMPs parecem ser fundamentais neste estágio. Eles são responsáveis por induzir a expressão das moléculas de adesão celular N-caderina e N-CAM e do fator de transcrição Sox9. Parece que N-caderina é importante para a iniciação dessas condensações, e N-CAM é crucial para sua manutenção (Oberlender e Tuan, 1994; Hall e Miyake, 1995). Sox9 ativa outros fatores de transcrição além de um conjunto de genes, incluindo os que codificam para colágeno II e agrecan, que são requeridos na função da cartilagem. Em humanos, mutações no gene SOX9 causam displasia campomélica, uma doença rara do desenvolvimento do esqueleto que resulta em deformidades na maior parte dos ossos do corpo. A maioria dos bebês afetados morre de falência respiratória devido a cartilagens da traqueia e das costelas malformadas (Wright et al., 1995).

FASES 3 E 4: PROLIFERAÇÃO E CRESCIMENTO Durante a terceira fase da ossificação endocondral, os condrócitos proliferam-se rapidamente para formar um modelo cartilaginoso para o osso (**FIGURA 17.30C**). À medida que eles se dividem, os condrócitos secretam uma matriz extracelular específica de cartilagem. As células mais externas tornam-se o **pericôndrio** que embainha a cartilagem.

Na quarta fase, os condrócitos param de se dividir e aumentam o seu volume significativamente, tornando-se **condrócitos hipertróficos** (**FIGURA 17.30D** e **17.31**). Essa etapa

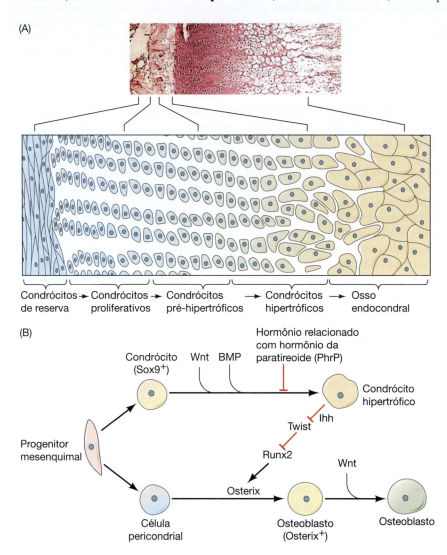

(A)

Condrócitos de reserva → Condrócitos proliferativos → Condrócitos pré-hipertróficos → Condrócitos hipertróficos → Osso endocondral

(B)

FIGURA 17.31 Ossificação endocondral. (A) Ossos longos sofrendo ossificação endocondral. A cartilagem está marcada com azul de Alcian, e o osso está marcado com vermelho de alizarina. Embaixo é mostrado um diagrama da zona de transição onde os condrócitos (células de cartilagem) se dividem, aumentam de tamanho, morrem e são substituídos por osteócitos (células de osso maduras). (B) Fatores parácrinos e de transcrição ativos na transição de cartilagem a osso. As células de esclerótomo mesenquimais podem se tornar um condrócito (caracterizado pelo fator de transcrição Sox9) ou um osteócito (caracterizado pelo fator de transcrição Osterix), dependendo dos tipos de fatores parácrinos que ele experimenta. O fator parácrino Indian hedgehog, secretado pelos condrócitos em crescimento, parece reprimir Twist, um inibidor de Runx2. Runx2 é fundamental para direcionar o destino celular na via de osso; ela ativa Osterix, que, por sua vez, ativa proteínas específicas de osso. (Segundo Long, 2012.)

parece ser mediada pelo fator de transcrição Runx2 (também chamado de CBFα1), que é necessário para o desenvolvimento tanto do osso intramembranoso quanto endocondral. A expressão de *Runx2* é regulada pela histona desacetilase 4 (HDAC4), uma forma de enzima reestruturadora de cromatina que é expressa somente na cartilagem pré-hipertrófica. Se HDAC4 for superexpressa nas costelas ou nos membros cartilaginosos, a ossificação é seriamente atrasada; se o gene HDAC4 for nocauteado no genoma do camundongo, os membros e as costelas ossificam prematuramente (Vega et al., 2004). A cartilagem hipertrófica é excepcionalmente importante na regulação do tamanho final dos ossos longos. De fato, a maior contribuição para a taxa de crescimento dos mamíferos é o tamanho relativo da cartilagem hipertrófica (Cooper et al., 2013). O inchaço dessa cartilagem determina a taxa de elongação de cada elemento do esqueleto e é responsável pelas diferenças nas taxas de crescimento entre diferentes elementos do esqueleto tanto no mesmo organismo (p. ex., mãos vs. pés) quanto entre organismos relacionados (as pernas de um camundongo vs. as pernas de um jerboa).

Esses grandes condrócitos alteram a matriz que eles produzem (pela adição de colágeno X e mais fibronectina) para permitir que ela se torne mineralizada (calcificada) por fosfato de cálcio. Essas células de cartilagem hipertrófica também secretam dois fatores que serão fundamentais para a transformação de cartilagem em osso. Primeiro, elas secretam o fator angiogênico **VEGF (fator de crescimento vascular endotelial)**, que pode transformar células do mesênquima mesodérmico em células de vasos sanguíneos (ver Capítulo 18; Gerber et al., 1999; Haigh et al., 2000). Segundo, elas secretam Indian hedgehog, um membro da família hedgehog e um parente próximo de Sonic hedgehog, o que ativa a transcrição de *Runx2* nas células pericondrais que circundam o primórdio da cartilagem. Esse passo inicia a diferenciação dessas células em osteoblastos formadores de ossos. Camundongos sem o gene de *Indian hedgehog* não têm os osteoblastos do esqueleto endocondral (tronco e membros), embora os osteoblastos formados na cabeça e na face por ossificação intramembranosa se formem normalmente (St-Jacques et al., 1999).

FASE 5: A MORTE DOS CONDRÓCITOS E A GERAÇÃO DA CÉLULA ÓSSEA Na quinta fase, os condrócitos hipertróficos morrem por apoptose (Hatori et al., 1995; Rajpurohit et al., 1999). A cartilagem hipertrófica é substituída por células ósseas tanto no lado exterior quanto no lado interior, e os vasos sanguíneos invadem o modelo de cartilagem (**FIGURA 17.30E-G**). Do lado exterior, os osteoblastos começam a formar a matriz óssea, construindo um colar ósseo em volta da matriz de cartilagem calcificada e parcialmente degradada (Bruder e Caplan, 1989; Hatori et al., 1995; St-Jacques et al., 1999). Os osteoblastos tornam-se responsivos a sinais de Wnt que aumentam a expressão de Osterix, um fator de transcrição que instrui os osteoblastos a se tornarem células de osso maduras, ou **osteócitos** (Nakashima et al., 2002; Hu et al., 2005).

Novo material ósseo é adicionado perifericamente a partir da *superfície interna* do **periósteo**, uma bainha fibrosa cobrindo o osso em desenvolvimento. O periósteo contém tecido conjuntivo, capilares e células progenitoras de osso (Long et al., 2012). Ao mesmo tempo, existe uma cavitação da região interna do osso para formar a cavidade da medula óssea. À medida que as células de cartilagem morrem, elas alteram a matriz extracelular, liberando VEGF, o que estimula a formação de vasos sanguíneos em volta da cartilagem que está morrendo. Se houver uma inibição na formação dos vasos sanguíneos, o desenvolvimento do osso é significativamente atrasado (Karsenty e Wagner, 2002; Yin et al., 2002). Os vasos sanguíneos trazem tanto osteoblastos quanto **osteoclastos**, células multinucleadas que comem os restos dos condrócitos apoptóticos e, assim, criam a cavidade da medula óssea (Kahn e Simmons, 1975; Manolagas e Jilka, 1995). Os osteoclastos não são derivados do somito; ao contrário, eles são derivados de uma linhagem de células sanguíneas (no mesoderma da placa lateral) e vêm dos mesmos precursores que as células macrofágicas do sangue (Ash et al., 1980; Blair et al., 1986).

Mecanotransdução e desenvolvimento do osso de vertebrados

A capacidade das células de perceber o seu ambiente e converter forças mecânicas em sinais moleculares é chamada de mecanotransdução, e a importância da mecanotransdução para o desenvolvimento está apenas começando a ser reconhecida. Vimos essa importância na discussão de como os sinais mecânicos extracelulares mudavam a diferenciação de células-tronco, e forças mecânicas parecem ser significativas na formação de ossos, músculos e tendões, e talvez também para seu reparo e regeneração no adulto. No entanto, muito pouco se sabe sobre como o estresse mecânico é percebido, quantificado e transmitido como uma mudança nos químicos citoplasmáticos.

O desenvolvimento do osso esquelético nos vertebrados mostra alguma dependência nda mecanotransdução. Forças de tensão e estresse ativam o gene para Indian hedgehog (Ihh), um fator parácrino que ativa as proteínas morfogenéticas do osso (BMPs; Wu et al., 2001). Na galinha, vários ossos não se formam se o movimento embrionário do ovo for suprimido. Um desses ossos é a crista fibular, que conecta a tíbia diretamente com a fíbula (**FIGURA 17.35A, B**). Acredita-se que essa conexão direta seja importante na evolução dos pássaros, e a crista fíbular é uma característica universal dos membros inferiores de pássaros (Müller e Steicher, 1989; Müller, 2003).

As mandíbulas dos peixes ciclídeos diferem enormemente, dependendo da comida que eles comem (**FIGURA 17.32C**; Meyer, 1987). De forma semelhante, o desenvolvimento normal da mandíbula de primatas pode ser prejudicado dependendo da tensão que é produzida pela mastigação: a tensão mecânica parece estimular a expressão de *Ihh* na cartilagem mandibular de mamíferos (Tang et al., 2004). Se um macaco criança só receber comida mole, sua mandíbula inferior é menor do que o normal. Corruccini e Beecher (1982, 1984) e Varrela (1992) mostraram que pessoas em culturas onde as crianças são alimentadas com comidas duras têm mandíbulas que "se encaixam" melhor, e esses pesquisadores especulam que a comida de bebê mole pode explicar por que tantas crianças nas sociedades ocidentais precisam de aparelho nos dentes. Realmente, a noção de que a tensão mecânica pode mudar o tamanho e a forma da mandíbula é a base da hipótese funcional da ortodôntica moderna (Moss, 1962, 1997).

Em mamíferos, as forças musculares dentro do embrião são fundamentais para a determinação da forma normal do osso e para o desenvolvimento da capacidade de suportar cargas (Sharir et al., 2011). Depois do nascimento, a patela (rótula) é formada por pressão no esqueleto, e acredita-se que o desenvolvimento esquelético anormal em pessoas com paralisia cerebral é causada pela ausência de pressão nesses ossos.

TÓPICO NA REDE 17.2 **FATORES PARÁCRINOS, SEUS RECEPTORES E CRESCIMENTO DE OSSO HUMANO**
Mutações nos genes codificando fatores parácrinos e seus receptores causam numerosas anomalias esqueléticas em humanos e camundongos.

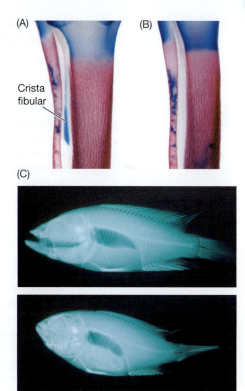

FIGURA 17.32 Os fenótipos podem ser produzidos por estresse em tecidos musculares e esqueléticos. (A, B) A crista fibular de aves (syndesmosis tibiofibularis) conecta a tíbia diretamente à fíbula. A crista fibular é formada quando o movimento do embrião ativo dentro do ovo coloca estresse físico na tíbia. (A) Crista fibular formada no tecido conjuntivo de um embrião de galinha de 13 dias. (B) Ausência da crista fibular no tecido conjuntivo de 13 dias, cujo movimento foi inibido. A cartilagem é corada de azul; os elementos ósseos são corados de vermelho. (C) As mandíbulas dos peixes ciclídeos são moldadas pela dureza do alimento que eles comem. Diferentes dietas originam diferentes estruturas de mandíbula. (A, B, de Müller, 2003, cortesia de G. Müller; C, de Meyer, 1987, cortesia de A. Meyer.)

A maturação do músculo

Mioblastos e miofibras

As células que produzem os fatores regulatórios miogênicos são os mioblastos – precursores comprometidos das células musculares –, porém, ao contrário da maioria das células do corpo, as células musculares não funcionam como "indivíduos". Ao contrário, vários mioblastos se alinham e fundem suas membranas celulares para formar uma **miofibra**, uma única célula grande com vários núcleos que é característica do tecido muscular (Konigsberg, 1963; Mintz e Baker, 1967; Richardson et al., 2008). As miofibras no adulto podem ser o resultado de milhares de eventos de fusão envolvendo células mononucleadas. Estudos em embriões de camundongo mostraram que, no momento em que um camundongo nasce, ele tem o número adulto de miofibras e que essas miofibras multinucleadas crescem durante a primeira semana depois do nascimento pela fusão de mioblastos mononucleados (Ontell et al., 1988; Abmayr e Pavlath, 2012). Depois da primeira semana, as células musculares podem continuar a crescer pela fusão de células-tronco musculares (células satélites, discutidas posteriormente) nas miofibras já existentes e por um aumento nas proteínas contráteis dentro das miofibras.

FUSÃO DE MIOBLASTOS O primeiro passo na fusão requer que os mioblastos saiam do ciclo celular, o que envolve a expressão de ciclina D3 (Gurung e Pamaik, 2012). Depois, os mioblastos secretam fibronectina e outras proteínas nas suas matrizes extracelulares e se ligam a ela através de integrina α5β1, um receptor importante para estes componentes de matriz extracelular (Menko e Boettiger, 1987; Boettiger et al., 1995; Sunadome et al., 2011). Se essa adesão for bloqueada experimentalmente, não acontece desenvolvimento posterior do músculo; portanto, parece que o sinal da ligação integrina-fibronectina é fundamental para instruir os mioblastos a se diferenciarem em células musculares (**FIGURA 17.33**).

O terceiro passo é o alinhamento dos mioblastos em cadeias. Esse passo é mediado por glicoproteínas da membrana celular, incluindo várias caderinas (Knudsen, 1985; Knudsen et al., 1990). O reconhecimento e o alinhamento entre as células ocorrem apenas se as células forem mioblastos. A fusão pode acontecer até entre mioblastos de galinha e de rato em cultura (Yaffe e Feldman, 1965); a identidade da espécie não é crítica. O citoplasma interno é rearranjando em preparação para a fusão, com a actina regulando as regiões de contato entre as células (Duan e Gallagher, 2009).

O quarto passo é o evento de fusão celular propriamente dito. Como na maioria das fusões de membrana, íons de cálcio são cruciais, e a fusão pode ser ativada por transportadores de cálcio, como A23187, que carregam Ca^{2+} através das membranas celulares (Shainberg et al., 1969; David et al., 1981). Parece que a fusão é mediada por um conjunto de metaloproteinases, chamadas de **meltrinas**. As meltrinas foram descobertas durante uma busca para proteínas de mioblastos que seriam homólogas à fertilina, uma proteína implicada na fusão da membrana do espermatozoide com o óvulo. Yagami-Hiromasa e colaboradores (1995) descobriram que uma dessas proteínas, meltrina-α, é expressa em mioblastos aproximadamente no mesmo momento em que a fusão começa, e que RNA antissenso para o mensageiro de meltrina-α inibe a fusão quando adicionado aos mioblastos. Quando os mioblastos se tornam capazes de se fundir, outro fator regulatório – **miogenina** – torna-se ativo. A miogenina liga-se à região regulatória de vários genes

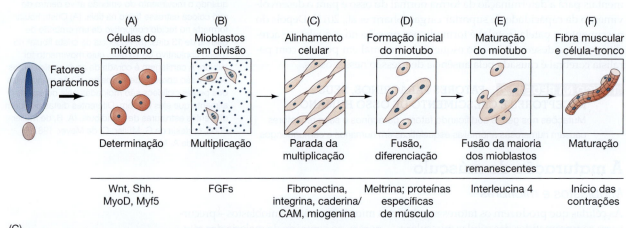

(A)	(B)	(C)	(D)	(E)	(F)
Células do miótomo	Mioblastos em divisão	Alinhamento celular	Formação inicial do miotubo	Maturação do miotubo	Fibra muscular e célula-tronco
Determinação	Multiplicação	Parada da multiplicação	Fusão, diferenciação	Fusão da maioria dos mioblastos remanescentes	Maturação
Wnt, Shh, MyoD, Myf5	FGFs	Fibronectina, integrina, caderina/ CAM, miogenina	Meltrina; proteínas específicas de músculo	Interleucina 4	Início das contrações

Fatores parácrinos

(G)

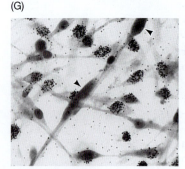

FIGURA 17.33 Conversão em cultura de mioblastos em músculos. (A) A determinação das células do miótomo por fatores parácrinos. (B) Os mioblastos comprometidos se dividem na presença de fatores de crescimento (primariamente FGFs), mas não mostram proteínas específicas de músculo óbvias. (C-E) Quando os fatores de crescimento são esgotados, os mioblastos param de se dividir, alinham-se e fundem-se em miotubos. (F) Os miotubos tornam-se organizados em fibras musculares que se contraem espontaneamente. (G) Autorradiografia mostrando a síntese DNA em mioblastos e a saída do ciclo celular das células que estão se fundindo. A fosfolipase C pode "congelar" os mioblastos depois que eles se alinharam com outros mioblastos, mas antes que as suas membranas tenham se fundido. Os mioblastos em cultura foram tratados com fosfolipase C e, então, expostos a timidina radioativa. Os mioblastos não aderidos continuaram a se dividir e, portanto, incorporaram a timidina radioativa no seu DNA. Células alinhadas (mas que ainda não se fundiram, cabeça de seta) não incorporaram a marcação. (A-F, segundo Wolpert, 1998; G, de Nameroff e Munar, 1976, cortesia de M. Nameroff.)

específicos de músculo e ativa sua expressão. Portanto, enquanto MyoD e Myf5 são ativos na especificação de linhagem de células musculares, a miogenina parece mediar a diferenciação das células musculares (Bergstrom e Tapscott, 2001).

A fusão celular termina com o selamento ("cicatrização") das membranas recém-apostas. Esse passo é feito por proteínas, como mioferlina e disferlina, que estabilizam os fosfolipídeos de membrana (Doherty et al., 2005). Essas proteínas são semelhantes às que selam a membrana em sinapses nervosas axonais depois que a fusão de vesículas com a membrana libera neurotransmissores.

CRESCIMENTO DA MIOFIBRA Depois da fusão original dos mioblastos em uma miofibra, esta secreta o fator parácrino interleucina 4 (IL4). Embora se acreditasse que IL4 funcionasse exclusivamente no sistema imune de adultos, Horsely e colaboradores (2003) descobriram que IL4 secretada por novas miofibras recruta outros mioblastos a se fundirem com o miotubo, formando, portanto, a miofibra madura (ver Figura 17.3).

FIGURA 17.34 Uma mutação de perda de função no gene da miostatina de cachorros "whippets". (A) Whippets são uma raça tipicamente delgada, criada para velocidade e para corridas de cachorro. (B) Embora a condição de perda de função homozigótica não seja vantajosa, os heterozigotos têm muito mais força muscular e são mais frequentemente representados entre os principais corredores (A © kustudio/Shutterstock; B © Bruce Stotesbury/ PostMedia News/Zuma Press.)

O número de fibras musculares no embrião e o crescimento dessas fibras depois do nascimento parecem ser negativamente regulados por **miostatina**, um membro da família Tgf-β (McPherron et al., 1997; Lee, 2004). A miostatina é feita pelo músculo esquelético em desenvolvimento e adulto e muito provavelmente trabalha de forma autócrina. Como mencionado no Capítulo 3, as mutações de perda de função de *miostatina* permitem tanto hiperplasia (mais fibras) quanto hipertrofia (maiores fibras) do músculo (ver Figura 3.26). Essas mudanças dão origem a fenótipos hercúleos em cães, gado, camundongos e humanos (**FIGURA 17.34**).

TÓPICO NA REDE 17.3 **A FORMAÇÃO DO MÚSCULO** Pesquisa com camundongos quiméricos mostrou que o músculo esquelético se torna multinucleado pela fusão de células, enquanto o músculo cardíaco se torna multinucleado por divisões nucleares dentro de uma célula.

Células satélite: células progenitoras musculares não fusionadas

Qualquer dançarino, atleta ou fã de esporte sabe que (1) os músculos adultos se tornam maiores quando são exercitados, e (2) os músculos são capazes de regeneração limitada após injúria. Tanto o crescimento quanto a regeneração de músculos surgem a partir de **células satélites**, populações de células-tronco e células progenitoras que residem ao longo das fibras musculares adultas. As células satélites respondem a injúria ou exercício ao se proliferarem em células miogênicas, que se fusionam e formam novas fibras musculares. O rastreamento de linhagem usando quimeras galinha-codorna indica que as células satélites são mioblastos, derivados dos somitos que não se fundiram e que permanecem potencialmente disponíveis por toda a vida adulta (Armand et al., 1983).

A fonte de células satélites de camundongo e galinha parece ser a parte central do dermomiótomo (Ben-Yair e Kalcheim, 2005; Gros et al., 2005; Kassar-Duchossoy et al., 2005; Relaix et al., 2005). Embora as células formadoras de mioblastos do dermomiótomo se formem nos lábios e expressem Myf5 e MyoD, as células que entram nos miótomos a partir da região central normalmente expressam Pax3 e Pax7, além de microRNAs miRNA-489 e miRNA-31. A combinação de Pax3 e Pax7 parece inibir a expressão de MyoD (e, portanto, a diferenciação muscular) nessas células; Pax7 também protege as células satélite contra apoptose (Olguin e Olwin, 2004; Kassar-Duchossoy et al., 2005; Buckingham et al., 2006). Esses dois microRNAs parecem impedir a tradução de fatores como Myf5, que promoveriam a diferenciação das células musculares (Cheung et al., 2012; Crist et al., 2012).

As células satélites não são uma população homogênea; ao contrário, elas contêm tanto células-tronco quanto células progenitoras. As células-tronco representam apenas 10% das células satélite e são encontradas junto com as outras células satélite, entre a

(A)

FIGURA 17.35 Células satélite e crescimento muscular. (A) As células satélites (marcadas com anticorpos para proteína Pax7) residem entre a membrana celular da miofibra e a lâmina basal. (B) A foto do topo mostra a divisão celular assimétrica de uma célula-tronco satélite e a distinção entre a célula-filha que mantém Pax7 (célula-tronco; vermelha) e a célula-filha que diminui a expressão de Pax7 e expressa Myf5 (célula progenitora; em verde). Isso corresponde ao esquema representado em (C). As duas fotos embaixo em (B) mostram a divisão simétrica, em que células-tronco e células progenitoras fazem mais células-tronco e progenitoras, respectivamente, como o painel (D) mostra de forma diagramática. (A, segundo Bentzinger et al., 2012; fotos por cortesia de F. Bentzinger e M. A. Rudnicki.)

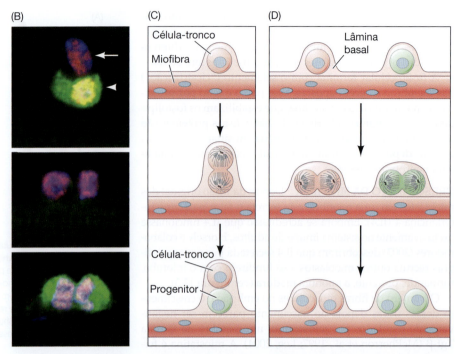

membrana celular e a lâmina basal extracelular nas miofibrilas maduras. As células-tronco satélites expressam Pax7, mas não Myf5 (designadas como Pax7$^+$/Myf5$^-$), e podem se dividir de forma não sincronizada para produzir dois tipos celulares: uma outra célula-tronco Pax7$^+$/Myf5$^-$ e uma célula progenitora satélite Pax7$^+$/Myf5$^+$ que se diferencia em músculo(Figura 17.35). As células-tronco Pax7$^+$/Myf5$^-$, quando transplantadas em outros músculos, contribuem para a população local de células-tronco (Kuang et al., 2007).

O fator responsável pela assimetria dessa divisão parece ser o miRNA-489, que é encontrado em células-tronco quiescentes. Na divisão, miRNA-489 permanece na célula-filha que permanece uma célula-tronco, mas é ausente na célula que se torna parte do músculo. O miRNA-489 inibe a tradução da mensagem para a proteína Dek, que será traduzida na célula-filha que se diferencia. Dek é uma proteína de cromatina que promove a proliferação transiente de células progenitoras (Cheung et al., 2012). Assim, o miRNA-489 mantém o estado quiescente de uma população de célula-tronco de músculo adulta.

Mecanotransdução no sistema musculesquelético

Sabemos que as forças físicas geradas pelo exercício fazem o músculo crescer. O exercício estimula a síntese de proteínas nas células musculares, e cada núcleo da fibra multinucleada parece ter uma região próxima onde a síntese de proteína é regulada (Lai et al., 2004; Quaisar et al., 2012). Se o estresse físico continuar, parece que a força faz as células satélites musculares se proliferarem e fusionarem com as fibras musculares existentes. Realmente, foi mostrado que exercícios de resistência aumentam o número de células satélite em idosos (Shefer et al., 2010). Um candidato para causar esse crescimento muscular é o fator de crescimento semelhante à insulina, funcionando como uma secreção autócrina das células musculares (Yang, 1996; Goldspink, 2004; Sculthorpe et al., 2012), mas como esse fator ou qualquer outro é induzido por estresse permanece desconhecido.

Além disso, de uma forma que ainda não é entendida, a tensão produzida por cargas de pesos ativa a produção de TGF-β2 e 3 nas células dos tendões (Maeda et al., 2011). Efetivamente, camundongos sem esses genes não têm nenhum tendão. A via de TGF-β (através de fatores de transcrição Smad2/3) continua a ativar o gene para o fator de transcrição scleraxis depois da sinalização inicial de FGF; por sua vez, scleraxis ativa os genes responsáveis pela formação da matriz extracelular. Além disso, TGF β produzido pelo tendão em desenvolvimento pode recrutar células da cartilagem e dos músculos para fazer a ponte entre esses três tecidos (Blitz et al., 2009; Pryce et al., 2009).

Próxima etapa na pesquisa

O desenvolvimento dos mesodermas axial e paraxial e seus derivados envolve uma integração altamente complexa de múltiplas vias de sinalização, regulação epigenética, mudanças de forma celular, migração celular e as sempre presente forças mecânicas. O objetivo mais desafiador para um biólogo do desenvolvimento atualmente pode ser desenhar experimentos que abordem como esses vários processos são integrados. Por exemplo, estamos começando a entender como o relógio de segmentação, a frente de determinação e a regulação do gene *Hox* interagem para conseguir tanto a formação do somito quanto a identidade axial. Uma abordagem que tem

fornecido novas perspectivas tem sido a modelagem matemática, que permite ao pesquisador manipular teoricamente um conjunto aparentemente infinito de parâmetros para ajudar a identificar desdobramentos previsíveis para processos complexos. Você pode começar escolhendo um evento do mesoderma paraxial e identificando todos os parâmetros que definem esse evento: a(s) célula(s); as mudanças em tamanho, forma, número e posição ao longo do tempo; e como o evento muda quando um aspecto particular é alterado. Agora, você pode começar a manipular esses parâmetros para "modelar" o desenvolvimento *in silico*.

Considerações finais sobre a foto de abertura

A formação dos segmentos ou somitos é um processo altamente regulado que determina "o quê, quando, onde e quantos" somitos um organismo faz. Essa bela imagem de um embrião de cobra garter marcado com azul de alcian foi produzida por Anne C. Burke, e ilustra a grandiosa natureza da somitogênese. Segmentos do mesoderma paraxial são moldados em blocos sequenciais, por meio da orquestração de uma frente de determinação de Fgf8, de um relógio molecular de Notch-Delta e da formação de fronteiras mediadas por Eph-efrina. (Cortesia de Anne C. Burke.)

17 Resumo instantâneo
Mesoderma paraxial

1. O mesoderma paraxial forma os blocos de tecidos, chamados de somitos. Os somitos dão origem a três divisões principais: o esclerótomo, o miótomo e o dermomiótomo central.

2. A expressão espaço-temporal de genes *Hox* 3'-5' ao longo do mesoderma paraxial se correlaciona com a progressiva descondensação das estruturas de cromatina por regulação epigenética, além de com o tempo de ingressão no mesoderma paraxial ao longo do eixo anteroposterior. Os gradientes de sinal caudais de FGFs e Wnts mantêm as células NMP no estado progenitor, ao passo que os gradientes opostos de ácido retinoico promovem a diferenciação dessas células. Estes sinais antagônicos estabelecem aonde irá se formar uma nova fronteira entre os somitos na placa segmentar.

3. A ativação cíclica da sinalização de Notch-Delta ao longo de todo o mesoderma pré-somítico estabelece o momento da formação dos segmentos e dos sistemas de receptores Eph que estão envolvidos na formação física das fronteiras. Além disso, N-caderina, fibronectina e Rac1 também parecem ser importantes para fazer as células do mesoderma pré-somítico se tornarem epiteliais.

4. O esclerótomo forma a cartilagem vertebral. Nas vértebras torácicas, as células do esclerótomo também formam as costelas. As juntas intervertebrais e as meninges e as células da aorta dorsal também vêm do esclerótomo.

5. O miótomo primaxial forma a musculatura das costas. O miótomo abaxial forma os músculos da parede do corpo, dos membros, do diafragma e da língua.

6. O dermomiótomo central forma a derme das costas, bem como os precursores de músculos e as células de gordura marrom.

7. As regiões dos somitos são especificadas por fatores parácrinos secretados pelos tecidos adjacentes. O esclerótomo é especificado em grande parte por Sonic hedgehog, que é secretado pela notocorda e as células da placa do assoalho. As duas regiões dos miótomos são especificadas por fatores diferentes, e, em ambos os casos, fatores regulatórios miogênicos são induzidos nas células que irão se tornar os músculos.

8. Para formar músculos, os mioblastos param de se dividir, alinham-se em miotubos e fundem-se. O crescimento posterior das miofibras é facilitado por células-tronco na periferia do miotubo, chamadas de células satélite.

9. As principais linhagens que formam o esqueleto são os somitos (esqueleto axial), o mesoderma da placa lateral (apêndices) e o mesoderma da cabeça e da crista neural (crânio e face).

10. Existem dois tipos principais de osteogênese. Na ossificação intramembranosa, que ocorre primariamente no crânio e nos ossos da face, a crista neural e o mesênquima da cabeça são convertidos diretamente em osso. Na ossificação endocondral, as células mesenquimais tornam-se cartilagem. Esses modelos de cartilagem são depois substituídos por células ósseas.

11. As células de cartilagem hipertróficas secretam Indian hedgehog (Ihh) e fator de crescimento vascular endotelial (VEGF). Ihh inicia a diferenciação de osteoblastos em osso, e VEGF induz a construção de capilares que permitem que as células ósseas sejam trazidas para a cartilagem em degeneração.

12. Os osteoclastos continuamente remodelam o osso durante a vida de uma pessoa. A cavitação do osso para a medula óssea é feita pelos osteoclastos.

Leituras adicionais

Barrios, A., R. J. Poole, L. Durbin, C. Brennan, N. Holder e S. W. Wilson. 2003. Eph/Ephrin signaling regulates the mesenchymal-to-epithelial transition of the paraxial mesoderm during somite morphogenesis. *Curr. Biol.* 13: 1571-1582.

Bouldin, C. M., C. D. Snelson, G. H. Farr and D. Kimelman. 2014. Restricted expression of cdc25a in the tailbud is essential for formation of the zebrafish posterior body. *Genes Dev.* 28: 384-395.

Brent, A. E., R. Schweitzer and C. J. Tabin. 2003. A somitic compartment of tendon precursors. *Cell* 113: 235-248.

Cayuso, J., Q. Xu and D. G. Wilkinson. 2015. Mechanisms of boundary formation by Eph receptor and ephrin signaling. *Dev Biol.* 40: 122-131.

Chalamalasetty, R. B. and 5 others. 2014. Mesogenin 1 is a master regulator of paraxial presomitic mesoderm differentiation. *Development* 141: 4285-4297.

Choi, K. S. and B. D. Harfe. 2011. Hedgehog signaling is required for formation of the notochord sheath and patterning of nuclei pulposi within the intervertebral discs. *Proc. Natl. Acad. Sci. USA* 108: 9484-9489.

Christ, B., R. Huang and M. Scaal. 2007. Amniote somite derivatives. *Dev. Dyn.* 236: 2382-2396.

Denans, N., T. Iimura and O. Pourquié. 2015. Hox genes control vertebrate body elongation by collinear Wnt repression. *Elife* 26: 4.

Dubrulle, J. and O. Pourquié. 2004. fgf8 mRNA decay establishes a gradient that couples axial elongation to patterning in the vertebrate embryo. *Nature* 427: 419-422.

Ellis, K., J. Bagwell and M. Bagnat. 2013. Notochord vacuoles are lysosome-related organelles that function in axis and spine morphogenesis. *J. Cell Biol.* 200: 667-679.

Gomez, C. and 5 others. 2008. Control of segment number in vertebrate embryos. *Nature* 454: 335-339.

Henrique D., E. Abranches, L. Verrier and K. G. Storey. 2015. Neuromesodermal progenitors and the making of the spinal cord. *Development* 142: 2864-2875.

Hubaud, A. and O. Pourquié. 2014. Signalling dynamics in vertebrate segmentation. *Nat. Rev. Mol. Cell Biol.* 15: 709-721.

Jülich, D. and 7 others. 2015. Cross-scale integrin regulation organizes ECM and tissue topology. *Dev. Cell* 34: 33-44.

Kumar, S. and G. Duester. 2014. Retinoic acid controls body axis extension by directly repressing Fgf8 transcription. *Development* 141: 2972-2977.

Mansfield, J. H., E. Haller, N. D. Holland, and A. E. Brent. 2015. Development of somites and their derivatives in amphioxus, and implications for the evolution of vertebrate somites. *Evodevo* May 14: 21.

Noordermeer, D. and 5 others. 2014. Temporal dynamics and developmental memory of 3D chromatin architecture at Hox gene loci. *Elife* Apr 29; 3:e02557. doi: 10.7554/eLife.02557.

Nowotschin, S., A. Ferrer-Vaquer, D. Concepcion, V. E. Papaioannou and A. K. Hadjantonakis. 2012. Interaction of Wnt3a, Msgn1 and Tbx6 in neural *versus* paraxial mesoderm lineage commitment and paraxial mesoderm differentiation in the mouse embryo. *Dev. Biol.* 367: 1-14.

Ordahl, C. P., E. Berdougo, S. J. Venters and W. F. J. Denetclaw. 2001. The dermomyotome dorsomedial lip drives growth and morphogenesis of both the primary myotome and dermomyotome epithelium. *Development* 128:1731-1744.

Rios, A. C., O. Serralbo, D. Salgado and C. Marcelle. 2011. Neural crest regulates myogenesis through the transient activation of NOTCH. *Nature* 473: 532-535.

Serralbo, O. and C. Marcelle. 2014. Migrating cells mediate long-range WNT signaling. *Development* 141: 2057-2063.

Wahi, K., M. S. Bochter and S. E. Cole. 2014. The many roles of Notch signaling during vertebrate somitogenesis. *Semin. Cell Dev. Biol.* Dec 4. pii: S1084-9521(14)00320-6.

VISITE WWW.DEVBIO.COM...

... para Tópicos na Rede, entrevistas de Os Cientistas Falam, vídeos de Assista ao Desenvolvimento, Tutorial do Desenvolvimento e informação bibliográfica completa sobre toda a literatura citada neste capítulo.

18

Mesoderma da placa lateral e intermediário

Coração, sangue e rins

ENQUANTO O MESODERMA AXIAL E PARAXIAL formam a notocorda e os somitos do dorso, os mesodermas da placa lateral e intermediário estendem-se ao redor dos lados e da frente do corpo. O **mesoderma intermediário** forma o sistema urogenital, que consiste nos rins, nas gônadas e seus ductos associados. A porção externa (cortical) da glândula suprarrenal também deriva dessa região. Mais distante da notocorda, o **mesoderma da placa lateral** dá origem ao coração, aos vasos sanguíneos e às células sanguíneas do sistema circulatório, bem como ao revestimento das cavidades do corpo. Isso dá origem ao esqueleto pélvico e dos membros (mas não aos músculos dos membros, que são de origem somítica). O mesoderma da placa lateral também ajuda a formar uma série de membranas extraembrionárias que são importantes para o transporte de nutrientes para o embrião.

Acredita-se que essas quatro subdivisões são especificadas ao longo do eixo mediolateral (do centro para o lado) por quantidades crescentes de BMPs (Pourquié et al., 1996; Tonegawa et al., 1997). O mesoderma mais lateral do embrião de galinha expressa níveis mais elevados de BMP4 do que as áreas da linha média e é possível mudar a identidade do tecido mesodérmico, alterando a expressão de BMP. Embora não se saiba como este padrão é realizado, acredita-se que as diferentes concentrações de BMP podem causar a expressão diferencial dos fatores de transcrição da família Forkhead (Fox). O gene *Foxf1* é transcrito naquelas regiões que se tornarão o mesoderma da placa lateral e o mesoderma extraembrionário, enquanto *Foxc1* e *Foxc2* são expressos no mesoderma paraxial, que formará os somitos (Wilm et al., 2004). Se *Foxc1* e *Foxc2* forem ambos deletados do genoma do camundongo, o mesoderma paraxial é reespecificado

Como o coração é formado e como ele se conecta as artérias e veias?

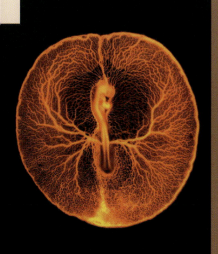

Destaque

O coração, os vasos sanguíneos e os rins são órgãos mesodérmicos envolvidos no transporte de outro tecido mesodérmico, as células sanguíneas, em todo o corpo. O rim de vertebrado desenvolve-se a partir das interações de duas regiões do mesoderma intermediário, do ducto néfrico e do mesênquima metanéfrico. Suas interações fazem o mesênquima formar o néfron, que filtra o sangue, e os ductos coletores e o ureter, que distribuem o filtrado para a bexiga. As células progenitoras mesodérmicas formam o campo primário cardíaco e migram ventromedialmente para construir um tubo cardíaco linear. Um campo cardíaco secundário, derivado do mesoderma faríngeo, adiciona outro grande número de células a este tubo. Como resultado da proliferação celular desigual e das forças físicas, o tubo cardíaco dobra-se para a direita e começa a formar ventrículos e átrios. A vasculogênese envolve a condensação de células mesodérmicas esplâncnicas para formar ilhotas sanguíneas, cujas células externas se tornam células endoteliais (vasos sanguíneos). A angiogênese envolve a remodelação dos vasos sanguíneos existentes. A hematopoiese – a formação de células sanguíneas – envolve uma população de células-tronco capaz de gerar numerosos tipos de células.

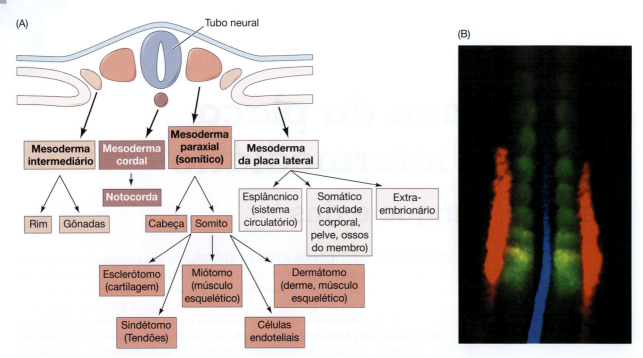

FIGURA 18.1 Principais linhagens do mesoderma de amniotas. (A) Esquema dos compartimentos mesodérmicos do embrião de amniota. (B) Marcação dos compartimentos mesodérmicos mediais no tronco de um embrião de galinha de 12 somitos (cerca de 33 horas). A hibridação *in situ* foi realizada com a ligação das sondas ao mRNA de Chordin (em azul) na notocorda, ao mRNA de Paraxis (em verde) nos somitos e ao mRNA de Pax2 (em vermelho) no mesoderma intermediário. (B, de Denkers et al., 2004, cortesia de T. J. Mauch.)

como mesoderma intermediário e inicia a expressão do gene *Pax2*, que codifica um importante fator de transcrição do mesoderma intermediário (**FIGURA 18.1**).

Neste capítulo, focaremos nos órgãos que fazem e circulam o sangue. As células sanguíneas são feitas pelo mesoderma da placa lateral, assim como o coração e a maioria dos vasos sanguíneos que circulam o sangue. O rim, a partir do mesoderma intermediário, filtra os resíduos do sangue e também tem uma grande influência sobre a pressão, a composição e o volume sanguíneos.

Mesoderma intermediário: o rim

O fisiologista e filósofo de ciência, Homer Smith, observou, em 1953, que "nossos rins constituem o principal fundamento de nossa liberdade filosófica. Somente porque eles funcionam da maneira que o fazem, tornou-se possível termos ossos, músculos, glândulas e cérebros". Embora essa afirmação possa cair em hipérbole, o rim humano é um órgão notavelmente complexo, cuja importância não pode ser superestimada. Sua unidade funcional, o **néfron**, contém mais de 10 mil células e pelo menos 12 tipos celulares diferentes, cada tipo de célula possuindo uma função específica e sendo localizada em uma região particular em relação às demais ao longo do comprimento do néfron.

O desenvolvimento do rim de mamífero avança por meio de três estágios principais. Os dois primeiros estágios são transitórios; apenas o terceiro e último estágio persiste como um rim funcional. No início do desenvolvimento (dia 22 em seres humanos; dia 8 em camundongos), o **ducto pronéfrico** surge no mesoderma intermediário apenas ventralmente aos somitos anteriores. As células desse ducto migram caudalmente, e a região anterior do ducto induz o mesênquima adjacente a formar os **pronefro**, ou túbulos do rim inicial (**FIGURA 18.2A**). Os túbulos pronéfricos formam rins funcionais em peixe e em larvas de anfíbio, mas não se acredita serem ativos em amniotas. Nos mamíferos, os túbulos pronéfricos e a porção anterior do ducto pronéfrico degeneram, mas as porções mais caudais do ducto pronéfrico e seus derivados persistem e servem como o componente central do sistema excretor ao longo do desenvolvimento (Toivonen, 1945; Saxén, 1987). Este ducto remanescente é frequentemente referido como o **ducto néfrico**, ou **Wolffiano**.

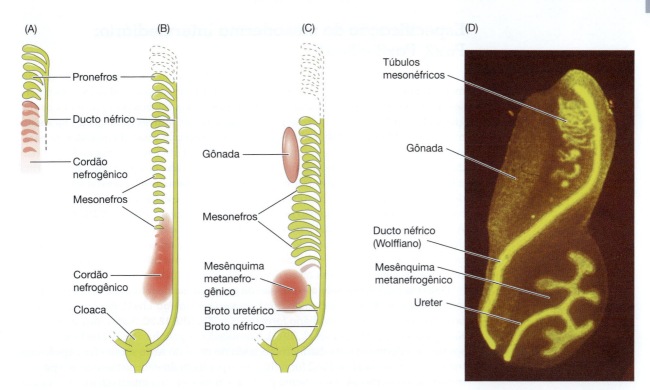

(A)
Pronefros
Ducto néfrico
Cordão nefrogênico
Mesonefros
Cordão nefrogênico
Cloaca

(B)
Gônada
Mesonefros
Mesênquima metanefrogênico
Broto uretérico
Broto néfrico

(C)

(D)
Túbulos mesonéfricos
Gônada
Ducto néfrico (Wolffiano)
Mesênquima metanefrogênico
Ureter

FIGURA 18.2 Esquema geral do desenvolvimento no rim de vertebrado. (A) Os túbulos originais, que constituem os pronefro, são induzidos a partir do mesênquima nefrogênico pelo ducto pronéfrico conforme ele migra caudalmente. (B) À medida que o pronefro se degenera, formam-se os túbulos mesonéfricos. (C) O rim final de mamífero, o metanefro, é induzido pelo broto uretérico, que se ramifica a partir do ducto néfrico. (D) Mesoderma intermediário de um embrião de camundongo de 13 dias mostrando a iniciação do rim metanéfrico (parte inferior) enquanto o mesonefro ainda é aparente. O tecido do ducto é marcado com um anticorpo fluorescente para uma citoqueratina encontrada no ducto pronéfrico e seus derivados. (A-C, segundo Saxén, 1987; D, cortesia de S. Vainio.)

À medida que os túbulos pronéfricos se degeneram, a porção média do ducto néfrico induz um novo conjunto de túbulos renais no mesênquima adjacente. Esse conjunto de túbulos constitui o **mesonefro**, às vezes chamado de rim mesonéfrico (**FIGURA 18.2B**, Sainio e Raatikainen-Ahokas, 1999). Em algumas espécies de mamíferos, o mesonefro funciona brevemente na filtração de urina, mas em camundongos e ratos, ele não é um rim funcionante. Nos humanos, cerca de 30 túbulos mesonéfricos se formam, começando em torno do dia 25. Conforme mais túbulos são induzidos caudalmente, os túbulos mesonéfricos anteriores começam a regredir por meio da apoptose (embora em camundongos, os túbulos anteriores permaneçam, enquanto os posteriores regridem, **FIGURA 18.2C, D**). Embora permaneça desconhecido se o mesonefro humano realmente filtra o sangue e produz urina, ele definitivamente desempenha importantes funções de desenvolvimento durante sua breve existência. Primeiro, ele é uma das principais fontes das células-tronco hematopoiéticas, necessárias para o desenvolvimento de células sanguíneas (Medvinsky e Dzierzak, 1996, Wintour et al., 1996). Em segundo lugar, em mamíferos machos, alguns dos túbulos mesonéfricos persistem para se tornarem os tubos que transportam o esperma dos testículos para a uretra (o epidídimo e o canal deferente; ver Capítulo 6).

O rim permanente dos amniotas, o **metanefro**, origina-se através de um complexo conjunto de interações entre os componentes epiteliais e mesenquimais do mesoderma intermediário (revisado em Costantini e Kopan, 2010, McMahon, 2016). Nas primeiras etapas, o **mesênquima metanéfrico** de formação do rim (também chamado de mesênquima metanefrogênico) torna-se comprometido nas regiões posteriores do mesoderma intermediário, onde induz a formação de um broto a partir de cada um dos ductos néfricos pareados. Esses brotos epiteliais são chamados de **brotos uretéricos**. Esses brotos, eventualmente, crescem a partir do ducto néfrico para se tornarem os ductos coletores e os ureteres que levam a urina para a bexiga. Quando os brotos uretéricos emergem do ducto néfrico, eles entram no mesênquima metanéfrico. Os brotos uretéricos induzem esse tecido mesenquimal a se condensar em torno deles e a se diferenciar em néfrons do rim de mamífero. Conforme esse mesênquima começa a se diferenciar, ele diz ao broto uretérico para se ramificar e crescer. Essas induções recíprocas formam os rins.

Especificação do mesoderma intermediário: Pax2, Pax8 e Lim1

O mesoderma intermediário do embrião de galinha adquire a sua capacidade de formar rins por meio de suas interações com o mesoderma paraxial. Embora seu viés para se tornar mesoderma intermediário provavelmente seja estabelecido por meio de um gradiente de BMP, a especificação parece estabilizar-se, através de sinais do mesoderma paraxial. Mauch e colaboradores (2000) mostraram que sinais do mesoderma paraxial induziram a formação do rim primitivo no mesoderma intermediário do embrião de galinha. Eles cortaram os embriões em desenvolvimento, de modo que o mesoderma intermediário não pudesse entrar em contato com o mesoderma paraxial em um lado do corpo. Esse lado do corpo (onde o contato com o mesoderma paraxial foi abolido) não formou rins, mas o lado não perturbado foi capaz de os formar (**FIGURA 18.3A, B**). Assim, o mesoderma paraxial parece ser necessário e suficiente para induzir a capacidade de formação do rim no mesoderma intermediário. Em apoio a isso, o mesoderma paraxial pode até induzir o mesoderma da placa lateral a gerar túbulos pronéfricos quando cocultivados juntos. Nenhum outro tipo de célula pode realizar isso.

Essas interações induzem a expressão de um conjunto de fatores de transcrição contendo homeodomínios – incluindo Lim1 (às vezes chamado Lhx1), Pax2 e Pax8 –, que fazem o mesoderma intermediário formar o rim (**FIGURA 18.3C**; Karavanov et al., 1998; Kobayashi et al., 2005; Cirio et al., 2011). No embrião de galinha, Pax2 e Lim1 são expressos no mesoderma intermediário, começando no nível do sexto somito (i.e., apenas no tronco, não na cabeça). Se Pax2 for induzido experimentalmente no mesoderma pré-somítico, ele converte esse mesoderma paraxial em mesoderma intermediário, fazendo-o expressar *Lim1* e formar rins (Mauch et al., 2000; Suetsugu et al., 2005). De modo similar, em embriões de camundongo nocaute de ambos os genes, *Pax2* e *Pax8*, a transição epitélio-mesenquimal necessária para formar o ducto néfrico falha, as células sofrem apoptose e nenhuma estrutura renal se forma (Bouchard et al., 2002). Além disso, no camundongo, Lim1 e Pax2 parecem induzir um ao outro.

Lim1 desempenha vários papéis na formação do rim de camundongo. No início do desenvolvimento, ele é necessário para a conversão do mesênquima intermediário em ducto néfrico (Tsang et al., 2000) e, mais tarde, é requerido para a formação do broto uretérico e dos néfrons, que se formam a partir do mesênquima mesonéfrico e metanéfrico (Shawlot e Behringer, 1995; Karavanov et al., 1998; Kobayashi et al., 2005).

A borda anterior das células expressando Lim1 e Pax2 parece ser estabelecida pelas células acima de uma determinada região, perdendo sua competência para responder à activina, um fator parácrino da família de TGF-β secretado pelo tubo neural. Essa competência para responder à activina é estabelecida pelo fator de transcrição Hoxb4, que não é expresso na região mais anterior do mesoderma intermediário. O limite anterior

FIGURA 18.3 Sinais do mesoderma paraxial induzem a formação de pronefros no mesoderma intermediário do embrião de galinha. (A) O mesoderma paraxial foi separado cirurgicamente do mesoderma intermediário no lado direito do corpo. (B) Como resultado, um rim pronéfrico (ducto marcado para Pax2) desenvolveu-se apenas no lado esquerdo. (C) Expressão de Lim1 em um embrião de camundongo de 8 dias, mostrando o mesoderma intermediário prospectivo. (A, B, segundo Mauch et al., 2000; B, cortesia de T. J. Mauch e G. C. Schoenwolf; C, cortesia de K. Sainio e M. Hytönen.)

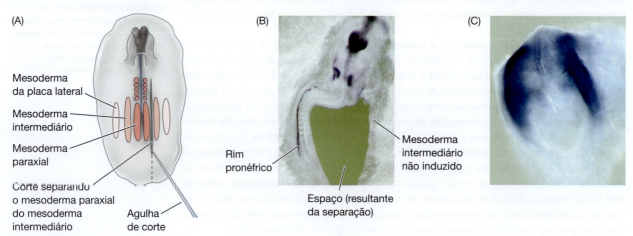

(A)
Mesoderma da placa lateral
Mesoderma intermediário
Mesoderma paraxial
Corte separando o mesoderma paraxial do mesoderma intermediário
Agulha de corte

(B)
Rim pronéfrico
Espaço (resultante da separação)

(C)
Mesoderma intermediário não induzido

da expressão de Hoxb4 é estabelecido por um gradiente de ácido retinoico; a adição de activina localmente superará esse gradiente e permitirá que o rim se estenda anteriormente (Barak et al., 2005; Preger-Ben Noon et al., 2009).

Interações recíprocas dos tecidos renais em desenvolvimento

O rim forma-se a partir de duas populações de células progenitoras distintas derivadas do mesênquima intermediário – o broto uretérico e o mesênquima metanéfrico. O broto uretérico dá origem a todos os tipos de células que compõem os ductos colectores maduros e o ureter, ao passo que o mesênquima metanéfrico dá origem a todos os tipos de células que compõem o néfron maduro, bem como a alguns derivados vasculares e estromais. Esses dois grupos de células – o broto uretérico e o mesênquima metanéfrico – interagem e se induzem reciprocamente para formar o rim (**FIGURA 18.4**). O mesênquima metanéfrico faz o broto uretérico se alongar e se ramificar. As extremidades desses ramos induzem as células soltas do mesênquima a formarem agregados renais pré-tubulares. Cada nódulo agregado se prolifera e se diferencia na intrincada estrutura de um néfron renal. Cada agregado pré-tubular primeiro sofre uma transição epitélio-mesenquimal, tornando-se uma vesícula renal polarizada. Posteriormente, essa vesícula irá se alongar em uma forma de vírgula e, então, formará um tubo característico em forma de S. Logo depois, as células desta estrutura epitelial começam a se diferenciar em tipos celulares específicos regionalmente, incluindo as células da cápsula de Bowman, os podócitos e as células dos túbulos renais distal e proximal. Enquanto essa transformação está acontecendo, as células do túbulo em forma de S mais próximas do broto uretérico rompem a lâmina basal do epitélio do broto uretérico e migram para a região do ducto. Isso cria uma conexão aberta entre o broto uretérico e o túbulo do néfron recém-formado, permitindo que o material passe de um para o outro (Bard et al., 2001, Kao et al., 2012). Esses túbulos derivados do mesênquima formam os néfrons maduros do rim

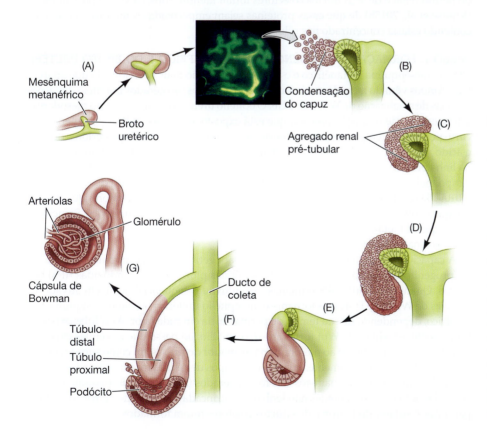

FIGURA 18.4 Indução recíproca no desenvolvimento do rim de mamífero. (A) À medida que o broto uretérico entra no mesênquima metanéfrico, este induz o broto a se ramificar. (B-G) Nas extremidades dos ramos, o epitélio induz o mesênquima a agregar e cavitar para formar túbulos e glomérulos renais (onde o sangue da arteríola é filtrado). Quando o mesênquima se condensa em um epitélio, ele digere a lâmina basal das células do broto uretérico que o induziram e se conecta ao epitélio do broto uretérico. Uma porção do mesênquima agregado (o condensado pré-tubular) torna-se o néfron (túbulos renais e a cápsula de Bowman), ao passo que o broto uretérico se torna o ducto coletor para a urina. (Segundo Saxén, 1987; Sariola, 2002.)

FIGURA 18.5 Ramificação do rim observada *in vitro*. (A) Um rudimento do rim de um embrião de camundongo de 11,5 dias foi colocado em cultura. Este camundongo transgênico teve um gene de GFP fundido a um promotor de Hoxb7, por isso expressou proteína fluorescente verde no ducto néfrico (Wolffiano) e nos brotos uretéricos. Uma vez que a GFP pode ser fotografada em tecidos vivos, o rim pôde ser seguido conforme ele se desenvolveu. (Srinvas et al., 1999, cortesia de F. Costantini.)

0,5 mm

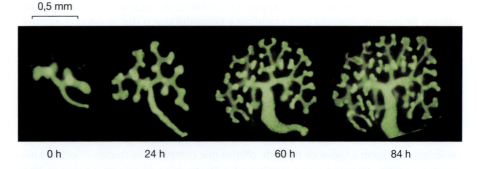

0 h   24 h   60 h   84 h

funcionante, enquanto o broto uretérico ramificado dá origem aos ductos colectores e ao ureter, que drena a urina a partir do rim.

Clifford Grobstein (1955, 1956) documentou esta indução recíproca *in vitro*. Ele separou os brotos uretéricos do mesênquima metanéfrico e os cultivou individualmente ou em conjunto. Na ausência de mesênquima, o broto uretérico não se ramifica. Na ausência do broto uretérico, o mesênquima morre logo. No entanto, quando eles são colocados juntos, o broto uretérico cresce e se ramifica, e os néfrons formam-se ao longo do mesênquima. Isso foi confirmado por experimentos usando proteínas marcadas com GFP para monitorar a divisão celular e a ramificação (**FIGURA 18.5**; Srinvas et al., 1999).

Mecanismos de indução recíproca

A indução dos metanefros pode ser vista como um diálogo entre o broto uretérico e o mesênquima metanéfrico. À medida que o diálogo continua, ambos os tecidos são alterados. Espionaremos esse diálogo mais intensamente do que fizemos para outros órgãos, em parte, porque o rim se tornou um modelo para organogênese (Costantini, 2012; Krause et al., 2015a). Muitos dos fatores parácrinos que causam a indução mútua do néfron renal e de seus ductos colectores foram identificados, e existe a possibilidade (Krause et al., 2015b) de que essas proteínas sejam empacotadas como exossomos, cujo conteúdo estaria concentrado nas células vizinhas.

PASSO 1: FORMAÇÃO DO MESÊNQUIMA METANÉFRICO E DO BROTO URETÉRICO O mesênquima metanéfrico e o broto uretérico são mais parecidos do que aparentam. Ambos vêm do mesoderma intermediário, e ambos são gerados por meio das ações das vias de sinalização de Wnt e de FGF. O epitélio uretérico vem a partir do mesoderma intermediário de migração precoce, que está exposto aos sinais de Wnt por apenas um curto período de tempo e depois é exposto por mais tempo aos sinais posteriores de Fgf9 e ácido retinoico. As células que se tornam o mesênquima metanéfrico migram através da linha primitiva mais tarde e, assim, são expostas aos sinais de Wnt por um período de tempo mais longo. Elas, então, experimentam sinais de FGF e de ácido de retinoico (**FIGURA 18.6A**, Takasato et al., 2015), os quais induzem um conjunto de fatores de transcrição que habilitam o mesênquima metanéfrico a responder ao broto uretérico. Somente o mesênquima metanéfrico tem a competência para responder ao broto uretérico e formar túbulos renais (Saxén, 1970, Sariola et al., 1982).

A capacidade dos sinais de Wnt e de FGF para gerar essas duas populações de células progenitoras foi mostrada utilizando-se células pluripotenciais induzidas (iPS) humanas. Quando as células iPS humanas são cultivadas sequencialmente em ativadores das vias de Wnt e de FGF, elas tornam-se um epitélio uretérico ou um mesênquima metanéfrico, dependendo do seu tempo de permanência em cada fator. As células expostas brevemente aos sinais de Wnt tornaram-se o epitélio, ao passo que as células expostas mais tempo deram origem ao mesênquima formador de rim, assim como sucede no embrião. Ainda mais notavelmente, quando esses tipos de células foram cultivados juntos, organoides que se assemelham aos rins foram gerados (**FIGURA 18.6B**, Takasato e Little, 2015). Embora esses organoides não tenham a intrincada estrutura de néfron, os principais tipos celulares do néfron e dos ductos colectores foram formados.

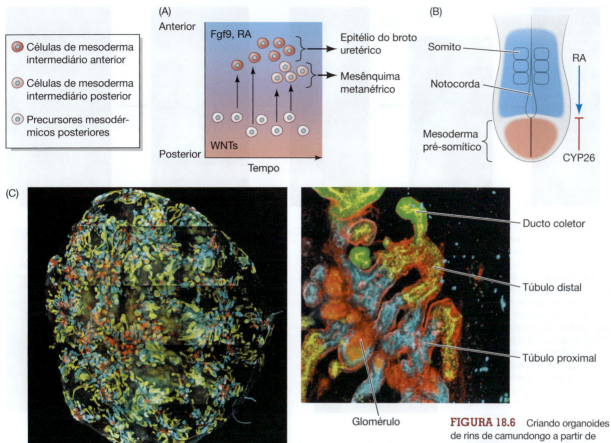

(A) Anterior / Posterior / Tempo
Fgf9, RA
WNTs
Epitélio do broto uretérico
Mesênquima metanéfrico

Células de mesoderma intermediário anterior
Células de mesoderma intermediário posterior
Precursores mesodérmicos posteriores

(B)
Somito
Notocorda
Mesoderma pré-somítico
RA
CYP26

(C)
Ducto coletor
Túbulo distal
Túbulo proximal
Glomérulo

FIGURA 18.6 Criando organoides de rins de camundongo a partir de células-tronco pluripotentes induzidas. (A) Mecanismo esquemático de geração do broto uretérico e do mesoderma metanéfrico a partir das células precursoras mesodérmica posteriores. Essas células precursoras que migram a partir do mesoderma posterior no início da gastrulação deixam a área de Wnt e seguem em direção às áreas de mais FGFs e ácido retinoico. Estas se tornam as progenitoras do epitélio do broto uretérico. Aquelas que migram mais tarde, depois de permanecerem mais tempo na área dominada por Wnt, tornam-se as progenitoras do mesênquima metanéfrico. (B) Sinalização de ácido retinoico no estágio tardio de linha primitiva. Uma enzima de degradação de RA, CYP26, é expressa na região de mesoderma pré-somítico e protege as células PMP da sinalização de RA. (C) Análise de microscópio de imunofluorescência de um organoide renal formado a partir de células iPS humanas que foram expostas sequencialmente aos promotores dos sinais de Wnt e de FGF. A inserção é uma visão de maior ampliação de um néfron segmentado em quatro compartimentos, incluindo os ductos de coleta (em verde), os túbulos distais (em amarelo) e proximal (em azul) e o glomérulo (em vermelho). (Segundo Takasato et al., 2015.)

PASSO 2: O MESÊNQUIMA METANÉFRICO SECRETA GDNF PARA INDUZIR E DIRIGIR O BROTO URETÉRICO O estágio agora está configurado para a secreção de fatores parácrinos que podem induzir os brotos uretéricos a emergirem. Sob a influência do ácido retinoico (que é produzido em muitos dos tecidos circundantes), o ducto néfrico próximo é instruído a expressar o receptor Ret nas suas superfícies celulares (Rosselot et al., 2010). Ret é o receptor do **fator neurotrófico derivado da glia** (**GDNF**), e o GDNF é agora secretado a partir do mesênquima metanéfrico. O GDNF secretado do mesênquima metanéfrico provoca o crescimento do broto uretérico a partir do ducto néfrico. De fato, durante a formação do ureter, um subconjunto de células do ducto néfrico (aquelas nas quais o receptor Ret é mais altamente ativo) migram para posições mais próximas da fonte de GDNF e, portanto, formam a extremidade do broto uretérico emergente (**FIGURA 18.7A**; Chi et al., 2009). Os camundongos cujos genes para GDNF ou seu receptor são nocauteados morrem logo após o nascimento de agenesia renal (ausência de rins) (**FIGURA 18.7B-D**, Moore et al., 1996; Pichel et al., 1996; Sánchez et al., 1996). A capacidade de outras regiões do ducto néfrico para proliferar parece ser suprimida por activina, e um dos principais mecanismos de ação do GDNF pode ser a supressão local dessa activina inibitória; quando a activina foi inibida experimentalmente, numerosos brotos uretéricos surgiram (Maeshima et al., 2006).

PASSO 3: O BROTO URETÉRICO SECRETA FGF2 E BMP7 PARA EVITAR APOPTOSE MESENQUIMAL O terceiro sinal no desenvolvimento do rim é enviado do broto uretérico para o mesênquima metanéfrico. Se não forem induzidas pelo broto uretérico, as células do mesênquima sofrem apoptose (Grobstein, 1955, Koseki et al., 1992). No entanto, se induzidas pelo broto uretérico, as células do mesênquima

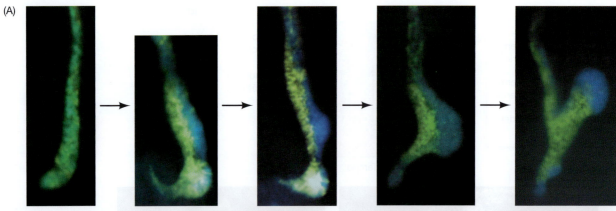

FIGURA 18.7 O crescimento do broto uretérico é dependente do GDNF e seus receptores. (A) Quando os camundongos são construídos a partir de células deficientes em Ret (em verde) e de células expressando Ret (em azul), as células que expressam Ret migram para formar as extremidades do broto uretérico. (B) O broto uretérico de um rim de camundongo selvagem de 11,5 dias cultivado por 72 horas tem um padrão de ramificação característico. (C) Nos camundongos embrionários heterozigotos para uma mutação do gene que codifica GDNF, tanto o tamanho do rim como o número e o comprimento dos seus ramos dos brotos uretéricos são reduzidos. (D) Nos embriões de camundongos sem ambas as cópias do gene *Gdnf*, o broto uretérico não se forma. (A de Chi et al., 2009, cortesia de F. Costantini, B-D, de Pichel et al., 1996, cortesia de J. G. Pichel e H. Sariola.)

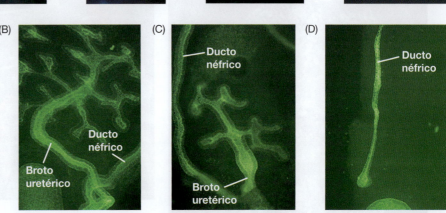

são resgatadas do precipício da morte e são convertidas em células-tronco proliferativas (Bard e Ross, 1991, Bard et al., 1996). Os fatores secretados do broto uretérico incluem Fgf2, Fgf9 e BMP7. Os FGFs têm três modos de ação em que eles (1) inibem a apoptose, (2) promovem a condensação de células do mesênquima e (3) mantêm a síntese de WT1, um fator de transcrição necessário para o crescimento de brotos (Perantoni et al., 1995). BMP7 tem efeitos semelhantes (Dudley et al., 1995; Luo et al., 1995).

PASSO 4: SINAIS DO MESÊNQUIMA INDUZEM A RAMIFICAÇÃO DO BROTO URE-TÉRICO Fatores parácrinos, incluindo GDNF, Wnts, FGFs e BMPs foram implicados na ramificação do broto uretérico, provavelmente funcionando como "empurrão" e "puxão" na divisão celular e na matriz extracelular (Ritvos et al., 1995; Miyazaki et al., 2000, Lin et al., 2001; Majumdar et al., 2003). A primeira proteína que regula a ramificação do broto uretérico é a GDNF do mesênquima, que não apenas induz o broto uretérico inicial do ducto néfrico, mas também pode induzir brotos secundários a partir do broto uretérico logo que o broto entra no mesênquima (**FIGURA 18.8**; Sainio et al., 1997; Shakya et al., 2005; Chi et al., 2008).

FIGURA 18.8 Efeito do GDNF na ramificação do epitélio uretérico. O broto uretérico e seus ramos são marcados de cor de laranja (com anticorpos contra a citoqueratina 18), enquanto os néfrons são marcados de verde (com anticorpos contra os antígenos da borda em escova do néfron). (A) Um rim de camundongo embrionário de 13 dias cultivado 2 dias com uma esfera-controle (círculo) tem um padrão de ramificação normal. (B) Um rim similar cultivado 2 dias com uma esfera embebida em GDNF mostra um padrão distorcido, dado que novos ramos são induzidos na proximidade da esfera. (De Sainio et al., 1997, cortesia de K. Sainio.)

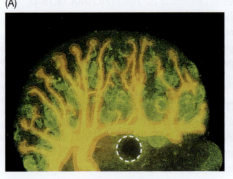
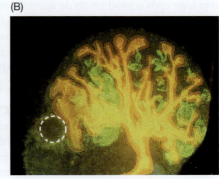

O GDNF também parece induzir a síntese de Wnt11 nas células responsivas na extremidade do broto (ver Figura 18.9A), e Wnt11 retribui pela regulação dos níveis de GDNF (Majumdar et al., 2003; Kuure et al., 2007). A cooperação entre a via de GDNF/Ret e a via de Wnt parece coordenar o equilíbrio entre a ramificação e a proliferação do mesênquima metanéfrico, de modo que o desenvolvimento contínuo do rim seja assegurado. Dessa forma, dois grupos de células-tronco são mantidos: as **células da extremidade do broto uretérico** e as **células mesenquimais do capuz** (Mugford et al., 2009; Barak et al., 2012).

> **ASSISTA AO DESENVOLVIMENTO 18.1** Os vídeos mostram a ramificação progressiva do rim de camundongo *in vitro*.

PASSO 5: SINAIS DE WNT CONVERTEM AS CÉLULAS AGREGADAS DO MESÊNQUIMA EM UM NÉFRON Parte do mesênquima não é instruída a permanecer em um estado indiferenciado. Essas células mesenquimais se tornam células progenitoras do néfron e respondem a Wnt9b e Wnt6 provenientes dos lados do broto uretérico. Wnts 9b e 6 são fundamentais para transformar as células do mesênquima metanéfrico em epitélio tubular. O mesênquima tem receptores para esses Wnts (Itäranta et al., 2002), que parecem induzir Wnt4 no mesênquima. (**FIGURA 18.9**). Wnt4 atua de forma autócrina para completar a transição da massa mesenquimal para epitélio (Stark et al., 1994; Kispert et al., 1998). Em camundongos que não possuem o gene *Wnt4*, o mesênquima torna-se condensado, mas não forma epitélio.

O epitélio sofre cavitação para formar a vesícula renal, que imediatamente se torna polarizada numa direção proximal (perto do broto uretérico) a distal. Uma combinação de fatores de sinalização (principalmente proteínas Notch) são cruciais para a expressão gênica diferencial ao longo do comprimento do novo epitélio. À medida que o epitélio muda de configuração para formar os túbulos em forma de C e S, as regiões do néfron tornam-se especificadas (Georgas et al., 2009). O mecanismo pelo qual o néfron se conecta ao broto uretérico permanece indefinido.

PASSO 6: INSERINDO O URETER NA BEXIGA O epitélio ramificado torna-se o sistema coletor do rim. Esse epitélio coleta a urina filtrada do néfron e secreta hormônio antidiurético para a reabsorção de água (um processo que, não tão incidentalmente, torna possível a vida na Terra). O pedúnculo original do broto uretérico, situado acima do primeiro ponto de ramificação, torna-se o ureter, o tubo que transporta a urina para dentro da bexiga. A junção entre o ureter e a bexiga é extremamente importante, e a hidronefrose, um defeito congênito que leva às anormalidades de filtração renal, ocorre quando essa junção não está corretamente colocada e a urina não é capaz de entrar na bexiga. O ureter é transformado em um ducto de conexão estanque pela condensação de células mesenquimais à sua volta (mas não ao redor dos dutos coletores). Essas células mesenquimais tornam-se células musculares lisas capazes de contrações ondulantes (peristaltismo) que permitem que a urina se mova para a bexiga. Essas células também secretam BMP4 (Cebrian et al., 2004), que regula

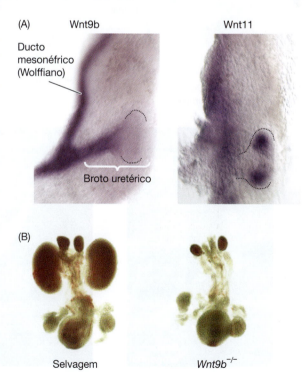

FIGURA 18.9 Wnts são fundamentais para o desenvolvimento do rim. (A) No rim de camundongo de 11 dias, Wnt9b é encontrado na haste do broto uretérico, enquanto Wnt11 é encontrado nas extremidades. Wnt9b induz o mesênquima metanéfrico a se condensar; Wnt11 dividirá o mesoderma metanéfrico para induzir a ramificação do broto uretérico. As bordas do broto estão indicadas por uma linha tracejada. (B) Um camundongo macho selvagem de 18,5 dias (à esquerda) possui rins, glândulas suprarrenais e ureteres normais. Em um camundongo deficiente para Wnt9b (à direita), os rins estão ausentes. (De Carroll et al., 2005.)

(A)   Wnt9b   Wnt11

Ducto mesonéfrico (Wolffiano)

Broto uretérico

(B)

Selvagem   *Wnt9b*$^{-/-}$

genes para uroplaquina, uma proteína de membrana celular que causa a diferenciação desta região do broto uretérico em ureter. Os inibidores de BMP protegem a região do broto uretérico que forma os ductos coletores a partir dessa diferenciação.

A bexiga desenvolve-se a partir de uma porção da cloaca (**FIGURA 18.10A, B**). A **cloaca**[1] é uma câmara endodermicamente revestida na extremidade caudal do embrião que se tornará o receptáculo de resíduos tanto para o intestino como para o rim. Os anfíbios adultos, os répteis e as aves usam a cloaca para aniquilar resíduos líquidos e sólidos. Em mamíferos, a cloaca torna-se dividida por um septo no seio urogenital e o reto. Parte do seio urogenital torna-se a bexiga, enquanto a outra parte se torna a uretra (que transportará a urina para fora do corpo). O broto uretérico originalmente se esvazia na bexiga através do ducto néfrico (ducto de Wolff), que cresce em direção à bexiga através de uma via mediada por efrina (Weiss et al., 2014). Uma vez na bexiga, as células do seio urogenital da bexiga envolvem ambos o ureter e o ducto néfrico. Em seguida, os ductos néfricos migram ventralmente, abrindo-se na uretra, em vez de na bexiga e no ducto néfrico (**FIGURA 18.10C-F**). A extremidade caudal do ducto néfrico

---

[1] O termo *cloaca* é o latim para "esgoto" – uma piada de mau gosto da parte dos primeiros anatomistas europeus.

FIGURA 18.10 Desenvolvimento da bexiga e sua conexão ao rim através do ureter. (A) A cloaca origina-se como uma área de coleta endodérmica que se abre para o alantoide. (B) O septo urogenital divide a cloaca no futuro reto e no seio urogenital. A bexiga forma-se a partir da porção anterior desse seio, e a uretra desenvolve-se a partir da região posterior do seio. O espaço entre as aberturas retal e urinária é o períneo. (C-F) Inserção do ureter na bexiga embrionária do camundongo. (C) Trato urogenital do camundongo de 10 dias. O ducto néfrico é marcado com GFP fusionado a um promotor de *Hoxb7*. (D) Trato urogenital de um embrião de 11 dias, após o crescimento do broto uretérico. (E) Trato urogenital em um embrião inteiro de 12 dias. Os ductos são marcados de verde, e o seio urogenital, de vermelho. (F) O ureter separa-se do ducto néfrico e forma uma abertura separada na bexiga. (A, B, segundo Cochard, 2002; C-F, de Batourina et al., 2002, cortesia de C. Mendelsohn.)

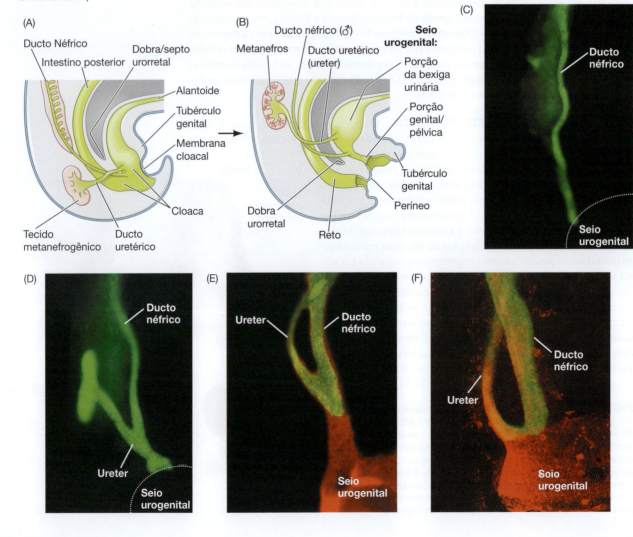

parece sofrer apoptose, permitindo que o ureter se separe do ducto néfrico. A expansão da bexiga, então, move o ureter para sua posição final no pescoço da bexiga (Batourina et al., 2002; Mendelsohn, 2009). Nas fêmeas, todo o ducto néfrico se degenera, enquanto o ducto de Müller se abre na vagina (ver Capítulo 6). Nos machos, o ducto néfrico também forma o canal de saída do esperma, de modo que os machos expulsam o esperma e a urina através da mesma abertura.

Assim, os rins que filtram sangue emergem da indução mútua de duas partes do mesoderma intermediário, o broto uretérico e o mesênquima metanéfrico. Agora, podemos nos concentrar mais lateralmente, no mesoderma da placa lateral, e discernir a gênese do coração, dos vasos e do sangue.

Mesoderma da placa lateral: coração e sistema circulatório

Em 1651, no meio do caos das guerras civis inglesas, William Harvey, médico do rei, se consolava vendo o coração como o líder incontestável do corpo, através do qual, por seus poderes divinamente ordenados, o crescimento legítimo do organismo era assegurado. Posteriormente, os embriologistas viram o coração mais como um servo do que um governante, o camareiro da casa que assegurou que os nutrientes alcançavam o cérebro localizado apicalmente e os músculos localizados perifericamente. Em qualquer das metáforas, o coração e a sua circulação (que Harvey descobriu) foram considerados fundamentais para o desenvolvimento. Como Harvey argumentou persuasivamente, em 1651, o embrião de galinha deve formar seu próprio sangue sem qualquer ajuda da galinha, e esse sangue é crucial no crescimento embrionário. Como isso acontecia, era um mistério para ele.

O coração e o sistema circulatório, que eram tão intrigantes para Harvey, surgem a partir do mesoderma da placa lateral de embriões de vertebrados. O mesoderma da placa lateral reside na margem lateral de cada uma das duas bandas de mesoderma intermediário (ver Figura 18.1). Cada uma dessas placas laterais se divide horizontalmente em duas camadas. A camada dorsal é o **mesoderma somático** (**parietal**), que está subjacente ao ectoderma e, juntamente com o ectoderma, forma a **somatopleura**. A camada ventral é o **mesoderma esplâncnico** (**visceral**), que se sobrepõe ao endoderma e, juntamente com o endoderma, forma a **esplacnopleura** (**FIGURA 18.11A**). O espaço entre essas duas camadas se torna a cavidade do corpo – o **celoma** –, que se estende da futura região cervical para a parte posterior do corpo.

TÓPICO NA REDE 18.1   **FORMAÇÃO DO CELOMA** Uma animação ilustra a formação do celoma e a expansão do mesoderma da placa lateral.

Durante o desenvolvimento tardio, os celomas dos lados direito e esquerdo fundem-se, e as dobras de tecido estendem-se a partir do mesoderma somático, dividindo o celoma em cavidades separadas. Nos mamíferos, essas dobras mesodérmicas subdividem o celoma nas cavidades **pleural**, **pericárdica** e **peritoneal**, envolvendo o tórax, o coração e o abdome, respectivamente. O mecanismo para criar os revestimentos dessas cavidades corporais a partir do mesoderma da placa lateral mudou pouco ao longo da evolução dos vertebrados, e o desenvolvimento do mesoderma de amniotas pode ser comparado com estágios semelhantes aos de embriões de rã (**FIGURA 18.11B, C**).

Composto por um coração, células sanguíneas e um intrincado sistema de vasos sanguíneos, o sistema circulatório é a primeira unidade funcional do embrião de vertebrado, fornecendo nutrição ao organismo em desenvolvimento. Poucos eventos na biologia são tão estimulantes e acessíveis quanto a observação do coração batendo em um embrião de galinha de dois dias, bombeando as primeiras células sanguíneas para vasos que ainda nem possuem válvulas formadas. O desenvolvimento do sistema circulatório fornece excelentes exemplos de indução, especificação, migração celular, formação de órgãos e o papel das células-tronco no desenvolvimento embrionário e na regeneração de tecido adulto.

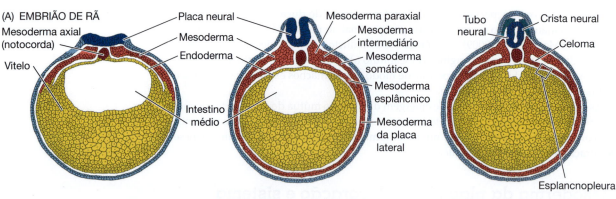

(A) EMBRIÃO DE RÃ

Mesoderma axial (notocorda)

Vitelo

Placa neural

Mesoderma

Endoderma

Intestino médio

Mesoderma paraxial

Mesoderma intermediário

Mesoderma somático

Mesoderma esplâncnico

Mesoderma da placa lateral

Tubo neural

Crista neural

Celoma

Esplancnopleura

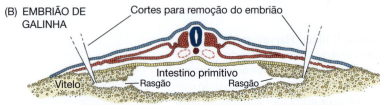

(B) EMBRIÃO DE GALINHA

Cortes para remoção do embrião

Intestino primitivo

Vitelo

Rasgão

Rasgão

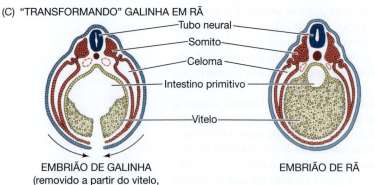

(C) "TRANSFORMANDO" GALINHA EM RÃ

Tubo neural

Somito

Celoma

Intestino primitivo

Vitelo

EMBRIÃO DE GALINHA
(removido a partir do vitelo, forçando a aproximação das extremidades)

EMBRIÃO DE RÃ

FIGURA 18.11 Desenvolvimento mesodérmico em embriões de rã e de galinha. (A) embriões de rã em estágio de nêurula, mostrando o desenvolvimento progressivo do mesoderma e do celoma. (B) Secção transversal de um embrião de galinha. (C) Quando o embrião de galinha é separado da sua enorme massa de vitelo, ele assemelha-se à nêurula dos anfíbios em um estágio similar. (A, segundo Rugh, 1951; B, C, segundo Patten, 1951.)

Desenvolvimento do coração

O sistema circulatório é a primeira unidade de trabalho no embrião em desenvolvimento, e o coração é o primeiro órgão funcional. Como outros órgãos, o coração surge por meio da especificação de células precursoras, a migração destas para a região formadora de órgãos, a especificação de tipos de células, por meio de interações de sinalização dentro e entre os tecidos, e a coordenação da morfogênese, o crescimento e a diferenciação celular.

Um coração minimalista

Tanto o coração de galinha quanto o de mamífero são estruturas complexas, bem barrocas. No entanto, o coração evoluiu a partir de bombas muito mais simples (Stolfi et al., 2010). A obra-prima de quatro câmaras que é o coração de mamíferos é uma elaboração do desenvolvimento do coração de tunicado de câmara única que se forma a partir de cerca de duas dúzias de células. Nos tunicados (o invertebrado mais próximo dos vertebrados, ver Capítulo 10), as células precursoras cardíacas formam grupos de células bilaterais que migram anterior e ventralmente ao longo do endoderma e se fundem na linha média ventral (Davidson et al., 2005). As poucas células que formam o coração do tunicado parecem ter o mesmo padrão básico de fatores de transcrição que vemos nas linhagens de coração de galinha e camundongo.

No embrião de tunicado em gastrulação, apenas dois pares de células mesodérmicas próximas ao polo vegetal representam a linhagem do coração. Cada lado do embrião contém um par de blastômeros B8.9 e B8.10 que expressam o fator de transcrição MesP,

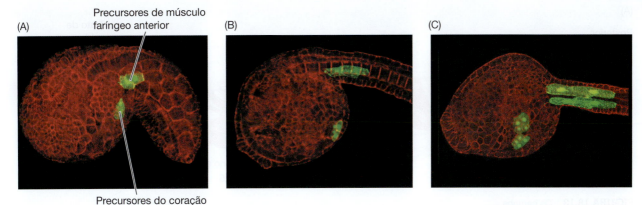

Precursores de músculo faríngeo anterior

(A)   (B)   (C)

Precursores do coração

FIGURA 18.12 Desenvolvimento do coração no tunicado *Ciona*. (A) No embrião em estágio de broto da cauda, o MesP-GFP transgênico brilha em regiões onde o MesP é ativado por Tbx6 nos blastômeros B8.9 e B8.10. (B) Em um estágio levemente mais tardio, os precursores do coração migram para a região da cabeça. (C) Vista ventrolateral em que tanto os precursores do coração esquerdo e direito como os precursores do músculo podem ser observados. As divisões celulares estão formando os músculos anteriores e do coração (à esquerda). (De Davidson et al., 2005.)

assim como as células precursoras cardíacas de vertebrados (**FIGURA 18.12**, Davidson et al., 2006). Durante a neurulação, cada uma dessas quatro células fundadoras cardíacas se divide assimetricamente para produzir uma pequena célula, que gera os precursores cardíacos, e uma célula maior, que gera os precursores do músculo faríngeo anterior. As células da cauda anterior não migram, mas expressam retinaldeído desidrogenase e iniciam um gradiente do ácido retinoico que especifica as células do coração como nos embriões de vertebrados.

Além disso, como nos precursores cardíacos de vertebrados, parece que a sinalização de FGF é fundamental para a produção de células cardíacas, com os sinais de FGF combinados com MesP para induzir a expressão dos fatores de transcrição das famílias de Nkx2-5, GATA e Hand (Davidson e Levine, 2003; Simões-Costa et al., 2005). Quando a célula precursora cardiofaríngea se divide, a célula que permanece ligada à matriz extracelular da epiderme retém os receptores FGF, enquanto a célula que não se adere à epiderme internaliza e degrada esses receptores. Como resultado, a célula anexada à epiderme pode responder ao FGF e se tornar a célula precursora do coração, ao passo que a célula sem receptores FGF não consegue responder ao fator parácrino e produz em alternativa músculo faríngeo (Cota e Davidson, 2015).

Formação dos campos cardíacos

Enquanto os embriões de tunicado se desenvolvem rapidamente e a partir de um pequeno número de células, o coração de vertebrados surge a partir de duas regiões de mesoderma esplâncnico – uma em cada lado do corpo – que interagem com o tecido adjacente para se tornarem especificadas para o desenvolvimento do coração.

Na gástrula de amniota inicial, as células progenitoras do coração (cerca de 50 delas em camundongos) estão localizadas em dois pequenos trechos, um de cada lado do epiblasto, próximo à porção rostral da linha primitiva. Essas células migram juntas através da linha e formam dois grupos de células de mesoderma da placa lateral, posicionados anteriormente ao nível do nó (Tam et al., 1997; Colas et al., 2000). A especificação geral de um **campo cardíaco**, também conhecido como **mesoderma cardiogênico**, já começou durante essa migração celular. Os experimentos de marcação de Stalberg e DeHann (1969) e Abu-Issa e Kirby (2008) mostraram que as células progenitoras do campo cardíaco migram de forma que o arranjo medial-lateral (do centro para o lado) dessas células iniciais se tornará o eixo anteroposterior (rostral-caudal) de um **tubo cardíaco** linear.

O **campo cardíaco** dos vertebrados é dividido em pelo menos duas regiões (**FIGURA 18.13**). O primeiro campo cardíaco parece formar o molde do coração em desenvolvimento. As células progenitoras do primeiro campo fundem-se na linha média para formar o tubo cardíaco primário, que dá origem às regiões musculares dos ventrículos esquerdo e direito (de la Cruz e Sanchez-Gomez, 1998). No entanto, essas células têm capacidade proliferativa limitada e, portanto, gerarão apenas a porção maior do ventrículo esquerdo do coração adulto (i.e., a câmara que bombeia sangue para a aorta). Os progenitores do segundo campo cardíaco adicionam células às extremidades anterior e posterior do tubo cardíaco (Meilhac et al., 2015). Na extremidade posterior, essas células

(A)

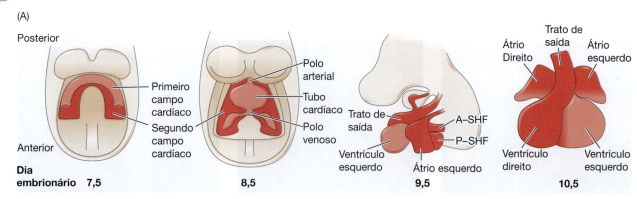

FIGURA 18.13 Os campos cardíacos no embrião de camundongo. (A) No dia embrionário 7,5, os campos cardíacos de cada lado do corpo se juntaram em um crescente cardíaco comum que contém o primeiro e segundo campos cardíacos. O primeiro campo cardíaco contribui principalmente para o ventrículo esquerdo. No dia 10,5, o segundo campo cardíaco contribui para as outras três câmaras – o ventrículo direito e os átrios esquerdo e direito – bem como para o trato de saída, que inclui originalmente as artérias aorta e pulmonar. (B) Uma possível árvore de linhagem que mostra a cooperação dos primeiros e segundos campos cardíacos na formação do coração e também mostra a mistura de células do pulmão, do coração e dos vasos sanguíneos pulmonares existentes no segundo campo cardíaco. A linha pontilhada indica que a localização exata da separação de células progenitoras do pulmão, do coração, dos músculos pulmonares e dos músculos faciais não é conhecida. Alguns dos fatores de transcrição associados a essas células progenitoras estão listados abaixo delas. (A, segundo Kelly, 2012; B, segundo Diogo et al., 2015, e Peng et al., 2013.)

(B)

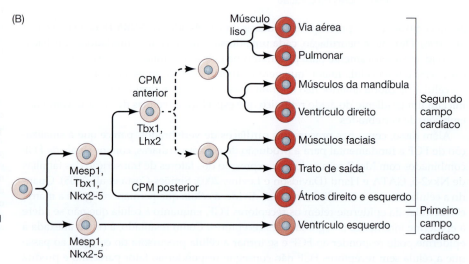

produzirão os dois átrios e contribuirão para a parte de entrada do coração. Na extremidade anterior, o segundo campo cardíaco gerará o ventrículo direito, bem como a região do trato de saída (o cone arterial e o tronco arterioso), que se torna a base das artérias aorta e pulmonar (de la Cruz et al., 1989; Kelly, 2012). É somente através do processo de dobramento (*looping*) que os átrios são trazidos para a região anterior aos ventrículos para formar o coração adulto de quatro câmaras.

O segundo campo cardíaco é um grupo notável de células, uma vez que não apenas contém células progenitoras para o coração, mas também células que gerarão os músculos faciais, a artéria e a veia pulmonares e o mesênquima pulmonar (Lescroart et al., 2010, 2015; Peng et al., 2013). Portanto, de forma notável, as células precursoras do coração são coordenadas com o desenvolvimento da face e dos pulmões. Admite-se que o precursor comum dos mesodermas faríngeo e cardíaco é derivado de um grupo semelhante de células progenitoras da faringe e do coração que são encontradas em certos invertebrados deuterostomados, como tunicados (Diogo et al., 2015).

Todos os tipos celulares do coração – os **cardiomiócitos**, que formam as camadas musculares, o **endocárdio**, que forma a camada interna, os **coxins endocárdicos** das válvulas, o **epicárdio**, que forma os vasos sanguíneos coronários que alimentam o coração, e as **fibras de Purkinje**,[2] que coordenam os batimentos cardíacos – são gerados a partir desses campos cardíacos[3] (Mikawa, 1999; van Wijk et al., 2009). Além disso,

---

[2] Observe que essas fibras nervosas miocárdicas especializadas não são a mesma coisa que os neurônios de Purkinje do cerebelo, mencionados no Capítulo 13. Ambos foram nomeados pelo anatomista e histologista tcheco do século XIX, Jan Purkinje.

[3] Um terceiro campo cardíaco, que se estende mais posteriormente, pode existir (Bressan et al., 2013). Em embriões de galinha, esse terceiro campo inclui as células que geram os miócitos do marca-passo que estimulam as contrações rítmicas dos músculos cardíacos.

como discutiremos mais adiante, parece que cada célula progenitora é capaz de se tornar qualquer dos tipos de células cardíacas diferenciadas. As células precursoras cardíacas serão complementadas por células da crista neural cardíaca; estas últimas ajudam a fazer o trato de saída e o septo que separa a aorta do tronco pulmonar (ver Figura 15.22, Porras e Brown, 2008).

Especificação do mesoderma cardiogênico

As células do mesoderma cardiogênico são especificadas por suas interações com o endoderma faríngeo e a notocorda. O coração não se forma se esse endoderma anterior for removido, e o endoderma posterior não é capaz de induzir as células cardíacas a se formarem (Nascone e Mercolina, 1995; Schultheiss et al., 1995). Os BMPs (principalmente BMP2) do endoderma anterior promovem o desenvolvimento do coração e do sangue. Os BMPs endodérmicos também induzem a síntese de Fgf8 no endoderma diretamente subjacente ao mesoderma cardiogênico, e Fgf8 parece ser crucial para a expressão de proteínas cardíacas (Alsan e Schultheiss, 2002).

Os sinais inibitórios impedem que as estruturas cardíacas se formem onde não deveriam ser feitas. Primeiro, a notocorda secreta Noggin e Chordin, bloqueando a sinalização de BMP no centro do embrião, e células específicas secretoras de Noggin no miótomo impedem a especificação de células cardíacas dos somitos. Em segundo lugar, as proteínas Wnt do tubo neural, principalmente Wnt3a e Wnt8, inibem a formação do coração, mas promovem a formação de sangue. Além disso, o endoderma anterior produz inibidores de Wnt, como Cerberus, Dickkopf e Crescent, que impedem Wnts de se ligarem aos seus receptores. Dessa forma, as células precursoras cardíacas são especificadas naqueles lugares onde os BMPs (do mesoderma lateral e do endoderma) e os antagonistas de Wnt (do endoderma anterior) coincidem (**FIGURA 18.14A**; Marvin et al., 2001; Schneider e Mercola, 2001; Tzahor e Lassar, 2001; Gerhart et al., 2011).

Na ausência de sinais de Wnt, BMPs ativam *Nkx2-5* e *Mesp1*, dois genes que são fundamentais na rede regulatória que especifica as células do coração (**FIGURA 18.14B**). O gene *nkx2-5* desempenha funções no desenvolvimento do coração que são conservadas entre as espécies (Komuro e Izumo, 1993; Lints et al., 1993; Sugi e Lough, 1994; Schultheiss et al., 1995; Andrée et al., 1998). Em *Drosophila*, o homólogo de *nkx2-5* é chamado de *tinman*, pois os mutantes com perda de função não têm coração. Nkx2-5 também pode reprimir BMPs e, no desenvolvimento inicial de células cardíacas, ele limita o número de precursores de células cardíacas que podem formar os campos cardíacos. Se o gene *nkx2-5* for especificamente nocauteado naquelas células destinadas a se tornarem ventrículos, essas câmaras expressam BMP10, resultando em supercrescimento massivo dos ventrículos, de modo que as câmaras ventriculares se preencham de células musculares (Pashmforoush et al., 2004; Prall et al., 2007).

O outro gene ativado por BMPs é *Mesp1*.[4] As proteínas Mesp1 e Nkx2-5 cooperam para ativar os genes que especificam o coração. Mesp1 também atua para evitar que os progenitores cardíacos sejam reespecificados como algum outro tipo de mesoderma. Primeiro, ele ativa o gene *dickkopf* nos progenitores cardíacos (David et al., 2008), evitando, assim, que Wnts transformem essas células em células vasculares. Em segundo lugar, Mesp1 reprime os genes *brachyury*, *sox17* e *goosecoid*, de modo que as células precursoras cardíacas não se tornarão endoderma, somito ou notocorda (Bondue e Blanpain, 2010). Mesp1 também promove a expressão daqueles genes cujos produtos permitem a migração celular e, uma vez que as células precursoras cardiogênicas estejam comprometidas em se tornarem um coração, as células migram para a linha média para formar o tubo cardíaco (Lazic e Scott, 2011).

---

[4] *Mesp1* é um parente próximo de *Mesp2*, que direciona a somitogênese (ver Capítulo 17). O tunicado (ver Capítulo 10) possui apenas um gene de *Mesp* e especifica o desenvolvimento do coração através da ativação dos genes *Nkx* e *Hand*, assim como ocorre em vertebrados (Satou et al., 2004). BMPs podem ativar *Mesp1* indiretamente, induzindo a expressão de *Eomesodermina*, um fator de transcrição que é importante tanto para as linhagens endodérmicas como para as mesodérmicas. No epiblasto inicial de camundongo (que tem baixas quantidades de Nodal), a Eomesodermina ativa Mesp1. Mais tarde, conforme a linha primitiva se alonga, Eomesodermina atua com Nodal para ativar genes para os fatores de transcrição Sox17 e Foxa2, que especificam o endoderma definitivo (Costello et al., 2011).

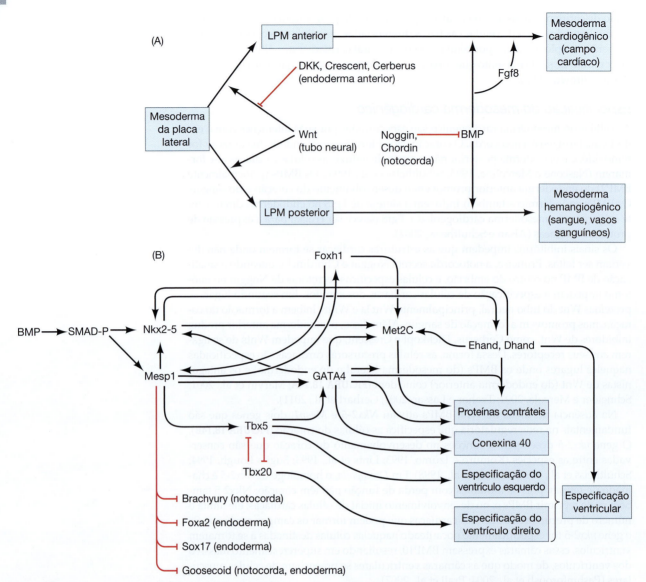

FIGURA 18.14 Modelo de interações indutivas envolvendo as vias de BMP e de Wnt que formam os limites do mesoderma cardiogênico. (A) Os sinais de Wnt do tubo neural instruem o mesoderma da placa lateral a se tornar precursores do sangue e dos vasos sanguíneos. Na porção anterior do corpo, os inibidores de Wnt (Dickkopf, Crescent, Cerberus) do endoderma faríngeo impedem que Wnt funcione, permitindo que sinais mais tardios (BMP, Fgf8) convertam o mesoderma da placa lateral em mesoderma cardiogênico. Os sinais de BMP também serão importantes para a diferenciação do mesoderma hemangiogênico (sangue, vasos sanguíneos). No centro do embrião, os sinais de Noggin e Chordin provenientes da notocorda bloqueiam BMPs.

Assim, os campos cardíacos e formadores de sangue não se formam no centro do embrião. (B) O modelo de redes regulatórias de genes para o coração de vertebrados é iniciado por sinais de BMP. A sinalização BMP ativa os comutadores centrais Nkx2.5 e Mesp1. Esses fatores de transcrição agem em conjunto para ativar numerosos genes formadores de coração. Mesp1 também reprime genes que, de outra forma, especificariam a célula em outros destinos. O antagonismo entre Tbx20 (lado direito) e Tbx5 (lado esquerdo) também pode ser visto. Esse modelo é provisório, já que novas técnicas de ChIP-Seq identificaram milhares de promotores ativados em diferentes estágios do desenvolvimento cardíaco. (A, segundo Davidson, 2006; B, segundo May et al., 2012.)

Migração das células precursoras cardíacas

À medida que as células cardíacas presuntivas se movem anteriormente entre o ecto-derma e o endoderma em direção ao meio do embrião, elas permanecem em contato íntimo com a superfície do endoderma (Linask e Lash, 1986). No embrião de galinha, a direcionalidade desta migração parece ser fornecida pelo endoderma do intestino an-terior. Se o endoderma da região cardíaca é rotacionado em relação ao restante do em-brião, a migração das células do mesoderma cardiogênico é revertida. Acredita-se que o componente endodermal responsável por esse movimento é um gradiente de concentração anterior a posterior da fibronectina. Os anticorpos contra fibronectina interrompem a migração, ao passo que os anticorpos contra outros componentes da matriz extracelular não (Linask e Lash, 1988).

Esse movimento produz duas populações de células precursoras cardíacas migratórias, uma no lado direito do embrião e outra à esquerda. Cada lado tem seus próprios campos cardíacos primário e secundário, e cada uma dessas populações começa a formar seu próprio tubo cardíaco. No embrião de galinha, os campos se unem em torno do estágio de 7-somitos, quando o intestino anterior é formado pelo dobramento interno da esplancnopleura. Esse movimento coloca os dois tubos cardíacos juntos (Varner e Taber, 2012). Os dois tubos endocárdicos ficam dentro do tubo comum por um curto período de tempo, porém, eventualmente, esses dois tubos também se fundem. A origem bilateral do coração pode ser demonstrada impedindo-se cirurgicamente a fusão do mesoderma da placa lateral (Gräper, 1907; DeHaan, 1959). Esta manipulação resulta em uma condição chamada **cárdia bífida**, na qual se formam dois corações separados, um em cada lado do corpo (**FIGURA 18.15A**). Assim, o endoderma especifica progenitores cardíacos, dá direcionalidade à sua migração e junta mecanicamente os dois campos cardíacos.

Embora o embrião de galinha seja um excelente modelo de manipulação cirúrgica, os embriões de peixe-zebra e de camundongo têm sido mais manejáveis geneticamente. No peixe-zebra, as células precursoras do coração migram ativamente a partir das bordas laterais em direção à linha média. Diversas mutações que afetam a diferenciação do endoderma perturbam esse processo, indicando que, como no embrião de galinha, o endoderma é fundamental para a especificação e migração de precursores cardíacos. O gene *faust*, que codifica a proteína GATA5, é expresso no endoderma e é necessário para a migração de células precursoras cardíacas para a linha média e também para sua divisão e especificação. Parece ser importante na via que leva à ativação do gene *nkx2-5* de peixe-zebra nas células precursoras cardíacas (Reiter et al., 1999). Outra mutação de peixe-zebra particularmente interessante é a de *miles apart*. Seu fenótipo é limitado à migração de precursores cardíacos para a linha média e se assemelha à cárdia bífida observada em embriões de galinha manipulados experimentalmente (**FIGURA 18.15B, C**). A diferenciação não é afetada; os peixes formam dois tubos cardíacos normais, mas os tubos não estão conectados corretamente aos vasos sanguíneos e, portanto, não podem suportar a circulação. O gene *miles apart* codifica uma proteína

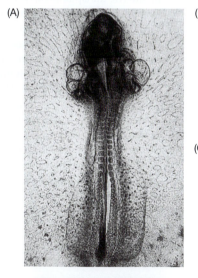
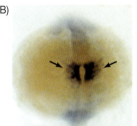
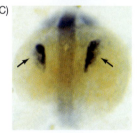
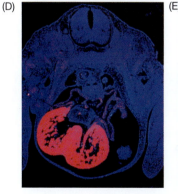
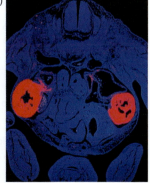

FIGURA 18.15 Migração dos primórdios de coração. (A) Cárdia bífida (dois corações) em um embrião de galinha, induzida por corte cirúrgico da linha média ventral, impedindo, assim, a fusão dos dois primórdios do coração. (B) Peixe-zebra selvagem e (C) mutantes *miles apart*, marcados com sondas para a cadeia leve da miosina cardíaca. Há uma falta de migração no mutante *miles apart*. (D) O coração de camundongo marcado com sonda de RNA antissenso para a miosina ventricular mostra a fusão dos primórdios do coração em um embrião selvagem de 13,5 dias. (E) Cárdia bífida em um embrião de camundongo deficiente em *Foxp4*. De modo curioso, cada um desses corações tem ventrículos e átrios, e ambos dobram-se e formam todas as quatro câmaras com assimetria normal esquerda-direita. (Cortesia de R. L. DeHaan; B, C, de Kupperman et al., 2000, cortesia de Y. R. Didier; D, E, de Li et al., 2004, cortesia de E. E. Morrisey).

que regula as interações das células cardíacas com fibronectina e é expressa no endo-derma em ambos os lados da linha média (Kupperman et al., 2000; Matsui et al., 2007).

Em camundongos, a cárdia bífida também pode ser produzida por mutações de ge-nes que são expressos no endoderma. Um desses genes, *Foxp4*, codifica um fator de transcrição expresso nas células iniciais do intestino anterior, ao longo do percurso que os precursores cardiogênicos tomam em direção à linha média. Nesses mutantes, cada primórdio do coração desenvolve-se separadamente, e o camundongo embrionário con-tém dois corações, um em cada lado do corpo (**FIGURA 18.15D, E**; Li et al., 2004).

Entretanto, conforme as células do primeiro campo cardíaco migram ao longo do en-doderma para formar o tubo cardíaco, as células do segundo campo cardíaco permane-cem em contato com o endoderma faríngeo. Aqui, eles são mantidos em estado de pro-liferação por uma combinação de fatores parácrinos (provavelmente Sonic hedgehog, Fgf8 e Wnts) (Chen et al., 2007; Lin et al., 2007). As células do segundo campo cardíaco podem ser distinguidas pela expressão do fator de transcrição Islet1. Essas células tam-bém começam a sintetizar e secretar Fgf8, que atua de forma autócrina para estimular as células a migrarem e se adicionarem às porções anterior e posterior do tubo cardía-co formado pelas células progenitoras do primeiro campo cardíaco (Park et al., 2008). A região anterior do segundo campo cardíaco contribui para o ventrículo direito e o tra-to de saída, enquanto sua região posterior gera os átrios (Zaffran et al., 2004; Verzi et al., 2005; Galli et al., 2008).

À medida que as células precursoras do segundo campo cardíaco migram, a região posterior torna-se exposta a concentrações cada vez maiores de ácido retinoico (RA) pro-duzido pelo mesoderma posterior. O RA é fundamental na especificação dessas células precursoras posteriores para se tornarem as porções de entrada, ou "venosas", do cora-ção – o seio venoso e os átrios. Originalmente, esses destinos não são fixos, pois experi-mentos de transplante ou de rotação mostram que essas células precursoras podem regu-lar e diferenciar de acordo com um novo ambiente. Todavia, uma vez que os precursores cardíacos posteriores entram no domínio de síntese de RA ativo, eles expressam o gene da retinaldeído desidrogenase; eles, então, podem produzir seu próprio RA, e seu desti-no posterior torna-se comprometido (**FIGURA 18.16**; Simões-Costa et al., 2005).

Assim como no desenvolvimento renal, o ácido retinoico regula a expressão de genes *Hox* (principalmente *Hoxa1*, *Hoxb1* e *Hoxa3*), que parecem promover diferentes identi-dades regionais nos precursores do segundo campo cardíaco (Bertrand et al., 2011). Nos camundongos, a região do trato de saída, bem como as células da crista neural cardía-ca que entram nessa região do segundo campo cardíaco, exibem a expressão diferencial dos genes *Hox* com base na exposição ao RA (Diman et al., 2011). Essa habilidade do RA de especificar e comprometer o precursor cardíaco a se tornar átrios explica seus efeitos teratogênicos no desenvolvimento do coração, em que a exposição de embriões de ver-tebrados ao RA pode causar a expansão dos tecidos atriais em detrimento dos tecidos ventriculares (Stainier e Fishman, 1992; Hochgreb et al., 2003).

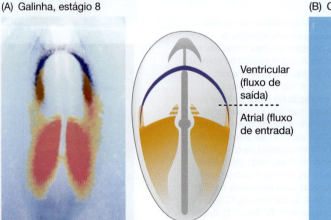

(A) Galinha, estágio 8   (B) Camundongo, 8 dias

Ventricular (fluxo de saída)

Atrial (fluxo de entrada)

FIGURA 18.16 Dupla hibridação *in situ* para a expressão de *RADH2* (em cor de laranja), que codifica a enzima retinaldeído desidrogenase-2, sintetizadora de ácido retinoico; e *Tbx5* (em roxo), um marcador para os campos cardíacos iniciais. Nos estágios de desenvolvimento vistos aqui, as células precursoras do coração estão expostas a quantidades progressivamente crescentes de ácido retinoico. (A) Galinha, estágio 8 (26-29 horas). (B) Camundongo, 8 dias. (De Simões-Costa et al., 2005, cortesia de J. Xavier-Neto.)

TÓPICO NA REDE 18.2   **FUSÃO DO CORAÇÃO E OS PRIMEIROS BATIMENTOS CARDÍACOS** As pulsações do coração de galinha começam enquanto os primórdios pareados ainda estão se fundindo. As células cardíacas embrionárias isoladas baterão quando colocadas em placas de Petri.

Diferenciação inicial das células cardíacas

Uma das descobertas mais importantes do desenvolvimento cardíaco foi a demonstração de que as diferentes células do coração – os miócitos ventriculares, os miócitos atriais, os músculos lisos que geram a vasculatura venosa e arterial, o revestimento endotelial do coração e das válvulas e o epicárdio que forma um envelope para o coração – são todas derivadas do mesmo tipo de célula progenitora (Kattman et al., 2006; Moretti et al., 2006; Wu et al., 2006). Os campos cardíacos contêm células progenitoras multipotentes. Na verdade, parece haver uma população de células progenitoras iniciais que assumem a responsabilidade de formar todo o sistema circulatório. Sob um conjunto de influências, seus descendentes se tornam **hemangioblastos**, aquelas células que formam os vasos sanguíneos e as células sanguíneas; sob as condições nos campos cardíacos, seus descendentes formam as **células precursoras cardíacas multipotentes** (**FIGURA 18.17**, Anton et al., 2007). Vários pesquisadores propuseram caminhos ligeiramente diferentes para gerar essas células, mas as diferenças podem ser causadas pela capacidade das células precursoras do coração de se diferenciarem de acordo com seu microambiente (Linask, 2003).

Diversas proteínas são expressas muito precocemente durante o desenvolvimento do coração (ver Figura 18.14B). Nkx2-5 e Mesp1 também são fundamentais na iniciação de uma rede regulatória gênica autossustentável. Um dos genes ativos nessa rede codifica o fator de transcrição GATA4, que é visto pela primeira vez nas células pré-cardíacas de galinhas e camundongos quando estas emergem da linha primitiva. O GATA4 é necessário para ativar numerosos genes específicos do coração, bem como para ativar a expressão do gene para N-caderina, uma proteína que é crucial tanto para a formação do epitélio cardíaco como para a fusão de dois rudimentos cardíacos em um tubo (Linask, 1992; Zhang et al., 2003).

Além de ativar um grupo de genes principais formadores de coração, Mesp1 também ajuda a ativar diferentes padrões de síntese proteica nos campos cardíacos em cada lado do embrião. Mesp1 e Nkx2-5 instruem as células do segundo campo cardíaco a expressarem o gene *Foxh1*, que compromete essas células precursoras cardíacas a se tornarem o ventrículo direito e o trato de saída (von Both et al., 2004). No primeiro campo cardíaco, Mesp1 ativa o gene *Tbx5*, cujo produto é fundamental para o desenvolvimento do tubo cardíaco e do ventrículo esquerdo (ver Figura 18.16, Koshiba-Takeuchi et al., 2009). Nessas células iniciais, Tbx5 atua com GATA4 e Nkx2-5 para ativar numerosos genes

FIGURA 18.17 Modelo para linhagens cardiovasculares precoces. O mesoderma esplâncnico dá origem a duas linhagens, ambas têm Flk1 (um receptor de VEGF) em suas membranas celulares. A população mais inicial dá origem aos hemangioblastos (precursores de células sanguíneas e vasos sanguíneos), enquanto a população mais tardia dá origem às células precursoras cardíacas (coração). Esta última população, por sua vez, dá origem a uma variedade de tipos celulares, cujas relações ainda não são claras; no entanto, todos os tipos de células do coração podem ser rastreados de volta até às células precursoras cardíacas. (Segundo Anton, 2007, e DeLaughter et al., 2011.)

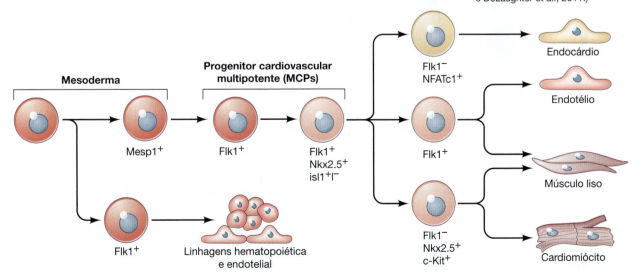

envolvidos na especificação do coração. Mais tarde, Tbx5 torna-se restrito aos átrios e ao ventrículo esquerdo. O septo ventricular (a parede que separa os ventrículos esquerdo e direito) é formado no limite entre as células que expressam Tbx5 e as que não expressam. A proteína Tbx5 funciona antagonisticamente ao Tbx20, que se torna expresso no ventrículo direito. Quando o domínio de expressão de Tbx5 é expandido ectopicamente, a localização do septo ventricular se desloca para a nova localização. Além disso, um nocaute condicional do gene *Tbx5* de camundongo – especificamente inativando-o durante o desenvolvimento ventricular – leva à formação de um ventrículo semelhante ao de lagarto, que não possui qualquer septo (Takeuchi et al., 2003; Koshiba-Takeuchi et al., 2009). Assim, Tbx5 é extremamente importante na separação dos ventrículos esquerdo e direito. Mutações no gene *TBX5* humano causam a síndrome de Holt-Oram (Bruneau et al., 1999), caracterizada por anormalidades do coração e dos membros superiores.

Em embriões de galinha de 3 dias e em embriões humanos de 4 semanas, o coração é um tubo de duas câmaras, com um átrio para receber sangue e um ventrículo para bombear o sangue para fora. (No embrião de galinha, a olho nu pode-se ver o notável ciclo

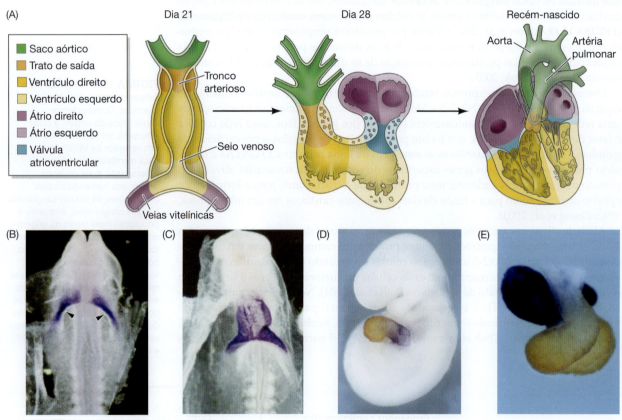

FIGURA 18.18 Dobramento cardíaco e formação da câmara. (A) Diagrama esquemático da morfogênese cardíaca em humanos. No dia 21, o coração é um tubo de câmara única. A especificação regional do tubo é mostrada pelas diferentes cores. No dia 28, ocorreu o dobramento cardíaco, posicionando os átrios presuntivos anteriormente aos ventrículos presuntivos. No recém-nascido, as válvulas e as câmaras estabelecem rotas circulatórias, de modo que o ventrículo esquerdo bombeie na aorta, e o ventrículo direito bombeie na artéria pulmonar para os pulmões. (B, C) A expressão de *Xin* na fusão dos primórdios do coração esquerdo e direito de um embrião de galinha. As células destinadas a formar o miocárdio são marcadas para o mensageiro de *Xin*, cujo produto proteico é essencial para o dobramento do tubo cardíaco. (B) Nêurula de embrião de galinha do estágio 9, na qual a proteína Xin (em roxo) é vista nos dois campos simétricos formadores do coração (setas). (C) Embrião de galinha do estágio 10, mostrando a fusão das duas

regiões formadoras de coração antes do dobramento. (D, E) A especificação dos átrios e ventrículos ocorre mesmo antes do dobramento do coração. Os átrios e os ventrículos do embrião de camundongo expressam diferentes tipos de proteínas miosina; aqui, miosina atrial, marcada em azul, e miosina ventricular, em cor de laranja. (D) No coração tubular (antes do dobramento), as duas miosinas (e suas respectivas marcações) se sobrepõem no canal atrioventricular, juntando as futuras regiões do coração. (E) Após o dobramento, a marcação azul é vista nos átrios definitivos e no trato de entrada, enquanto a marcação em cor de laranja é vista nos ventrículos. A região não marcada acima dos ventrículos é o tronco arterioso. Derivado principalmente da crista neural, o tronco arterioso se separa em aorta e nas artérias pulmonares. (A, segundo Srivastava e Olson, 2000; B, C, de Wang et al., 1999, cortesia de J. J.-C. Lin; D, E, de Xavier-Neto et al., 1999, cortesia de N. Rosenthal.)

de sangue que entra na câmara inferior e é bombeado para fora através da aorta). O dobramento do coração converte a polaridade anteroposterior original do tubo cardíaco na polaridade direita-esquerda vista no organismo adulto. Quando o dobramento está completo, a porção do tubo cardíaco destinado a se tornar o átrio fica anterior à porção que se tornará os ventrículos (**FIGURA 18.18**).

Esse processo fundamentalmente importante começa com a parte anterior do coração especificando a direção da curva. O dobramento começa imediatamente após o início das contrações rítmicas do coração e o início do fluxo sanguíneo; a pressão do fluxo sanguíneo ajuda a conduzir o dobramento até sua conclusão (Groenendijk et al., 2005; Hove et al., 2003). À medida que a flexão do tubo cardíaco se aprofunda, um volume crescente de sangue entra no coração. Considera-se que as diferenças de volume são transmitidas para as células através da matriz extracelular e do citoesqueleto (Linask et al., 2005; Garita et al., 2011). É necessário um alinhamento preciso da câmara para a sinalização correta para a formação das válvulas cardíacas, os septos ventriculares e atriais e para permitir que o coração se conecte à vasculatura embrionária que vem se desenvolvendo concomitantemente dentro do embrião.

 OS CIENTISTAS FALAM 18.1 A Dra. Kersti Linask discute o dobramento do coração dos vertebrados.

À medida que o coração está se dobrando, mudanças no endocárdio começam a formar as válvulas. O início do desenvolvimento da válvula cardíaca é a formação de coxins endocárdicos no canal entre o átrio e o ventrículo e no trato de saída do dobramento (*looping*) do tubo cardíaco (Armstrong e Bischoff, 2004). O desenvolvimento do coxim é iniciado pela sinalização do miocárdio para as células endocárdicas expressarem o gene *Twist*. A proteína Twist é um fator de transcrição que inicia a transformação epitélio-mesenquimal e a migração celular. E essas células endocárdicas deixam o endocárdio e migram para formar os coxins endocárdicos (Barnett e Desgrosellier, 2003, Shelton e Yutey, 2008). Twist também ativa o gene para Tbx20 e, em conjunto, Twist e Tbx20 ativam as proteínas que causam a proliferação e o fortalecimento das válvulas.

> **ASSISTA AO DESENVOLVIMENTO 18.2** Este vídeo fornece uma visão médica do desenvolvimento do coração humano.

TÓPICO NA REDE 18.3 **MUDANDO A ANATOMIA DO CORAÇÃO NO NASCIMENTO** O processo de fazer a primeira respiração realmente altera a anatomia do coração, permitindo a circulação pulmonar.

Formação de vasos sanguíneos

Embora o coração seja o primeiro órgão funcional do corpo, ele não começa a bombear até que o sistema vascular do embrião tenha estabelecido seus primeiros circuitos circulatórios. Em vez de brotar do coração, os vasos sanguíneos se formam independentemente, ligando-se ao coração logo depois. O sistema circulatório de todas as pessoas é diferente, já que o genoma não pode codificar as intrincadas séries de conexões entre as artérias e as veias. Na verdade, o acaso desempenha um papel importante no estabelecimento da microanatomia do sistema circulatório. No entanto, todos os sistemas circulatórios em uma determinada espécie são muito parecidos, uma vez que o desenvolvimento do sistema circulatório é rigorosamente restringido por parâmetros fisiológicos, evolutivos e físicos.

Vasculogênese: a formação inicial de vasos sanguíneos

O desenvolvimento dos vasos sanguíneos ocorre por dois processos temporalmente separados: **vasculogênese** e **angiogênese** (**FIGURA 18.19**). Durante a vasculogênese, uma rede de novos vasos sanguíneos é criada a partir do mesoderma da placa lateral. Durante a angiogênese, esta rede primária é remodelada e podada em um leito capilar, artérias e veias distintos.

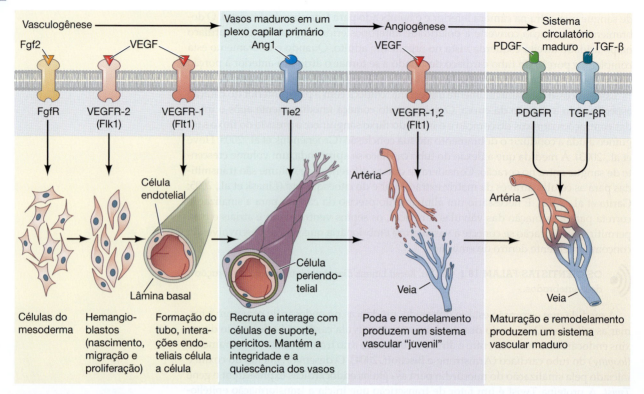

FIGURA 18.19 Vasculogênese e angiogênese. A vasculogênese envolve a formação de ilhotas sanguíneas e a construção de redes capilares a partir delas. A angiogênese envolve a formação de novos vasos sanguíneos através da remodelação e da construção sobre vasos já existentes. A angiogênese termina as conexões circulatórias iniciadas pela vasculogênese. Os principais fatores parácrinos envolvidos em cada etapa são mostrados na parte superior do diagrama, e seus receptores (nas células formadoras de vasos) são mostrados abaixo deles. (Segundo Hanahan, 1997, e Risau, 1997.)

Na primeira fase da vasculogênese, uma combinação de sinais de BMP, Wnt e Notch ativa o fator de transcrição Etv2 em células do mesoderma da placa lateral que deixam a linha primitiva na parte posterior do embrião, convertendo-as em hemangioblastos.[5] Embriões de peixe-zebra marcados com sondas fluorescentes para fazer mapas de destino de célula única confirmam que os hemangioblastos são os progenitores comuns para linhagens hematopoiéticas (células sanguíneas) e endoteliais (vasos sanguíneos) no peixe-zebra (Paik e Zon, 2010). Esta população de células progenitoras bipotenciais é encontrada apenas na porção ventral da aorta, a região que era conhecida por produzir esses dois tipos de células. A via que permite que tais células aórticas se diferenciem em hemangioblastos parece ser induzida pelo gene *Cdx4*, enquanto a determinação de se o hemangioblasto se torna um precursor de células sanguíneas ou um precursor de vasos sanguíneos é regulada pela via de sinalização de Notch. A sinalização de Notch aumenta a conversão de hemangioblastos em precursores de células sanguíneas, enquanto quantidades reduzidas de Notch fazem hemangioblastos se tornarem endoteliais (Vogeli et al., 2006; Hart et al., 2007; Lee et al., 2009). A sinalização de Notch ativa a expressão do fator de transcrição Runx1, que, como veremos em breve, parece ser conservado em todos os vertebrados na indução da conversão de células endoteliais em células-tronco sanguíneas (Burns et al., 2005, 2009).

TÓPICO NA REDE 18.4 **LIMITAÇÕES NA FORMAÇÃO DE VASOS SANGUÍNEOS**
Nem todos os tipos de sistema circulatório podem ser funcionais. Restrições físicas limitam os tipos de sistemas vasculares.

---

[5] Os prefixos *hem-* e *hemato-* referem-se ao sangue (como na hemoglobina). De modo similar, o prefixo *angio-* refere-se aos vasos sanguíneos. O sufixo *-blasto* denota uma célula se dividindo rapidamente, geralmente uma célula-tronco. Os sufixos – *poiese* e -*poiética* referem-se à geração ou formação (poiese também é a raiz da palavra poesia). Assim, células-tronco hematopoiéticas são aquelas células que geram os diferentes tipos de células sanguíneas. O sufixo latino *-gênese* (como na angiogênese) significa o mesmo que o grego *-poiese*. Os nomes dos mutantes hematopoiéticos de peixe-zebra podem ser muito poéticos. A maioria tem o nome de vinhos, e um dos genes que produzem um fenótipo sem sangue é chamado *vlad tepes*, segundo o histórico Vlad Dracula.

SÍTIOS DE VASCULOGÊNESE Nos amniotas, a formação das redes vasculares primárias ocorre em duas regiões distintas e independentes. Primeiro, a **vasculogênese extraembrionária** ocorre nas **ilhotas sanguíneas** do saco vitelino. Estas são as ilhotas sanguíneas formadas pelos hemangioblastos, e elas dão origem à vasculatura inicial necessária para alimentar o embrião e também para uma população de hemácias que funciona no embrião inicial (**FIGURA 18.20A**). Novos estudos (Frame et al., 2016) sugerem que células-tronco sanguíneas definitivas (adultas) também surgem nessas ilhotas sanguíneas do saco vitelino. Em segundo lugar, a **vasculogênese intraembrionária** forma a aorta dorsal, e os vasos, a partir desse grande vaso, conectam-se com redes capilares que se formam a partir de células mesodérmicas dentro de cada órgão. O primeiro molde da aorta dorsal, como vimos no Capítulo 17, veio a partir de células do somito que migram ventralmente.

A agregação de células formadoras de endotélio no saco vitelino é um passo crucial no desenvolvimento de amniotas, pois as ilhotas sanguíneas que alinham o saco vitelino produzem as veias que trazem nutrientes para o embrião e transportam gases para e a partir dos sítios de troca respiratória (**FIGURA 18.20B**). Em aves, esses vasos são chamados de **veias vitelinas**; em mamíferos, eles são chamados de **veias onfalomesentéricas**, ou, mais comumente, **veias umbilicais**. Na galinha, as ilhotas sanguíneas são vistas pela primeira vez na área opaca, quando a linha primitiva está em sua extensão máxima (Pardanaud et al., 1987). Eles formam cordões de hemangioblastos, que logo se tornam ocos e se tornam as células endoteliais planas que revestem os vasos (enquanto as células centrais dão origem às células sanguíneas). À medida que as ilhotas sanguíneas crescem, elas eventualmente se fundem para formar a rede capilar drenando as duas veias vitelinas, que trazem alimentos e as células sanguíneas ao coração recém-formado.

FATORES DE CRESCIMENTO E VASCULOGÊNESE Três fatores de crescimento são criticamente responsáveis pelo início da vasculogênese (ver Figura 18.19). Um destes, o **fator básico de crescimento de fibroblastos (Fgf2)**, é requerido para a geração de hemangioblastos a partir do mesoderma esplâncnico. Quando células de blastodiscos de codorna são dissociadas em cultura, elas não formam ilhotas sanguíneas ou células endoteliais. Entretanto, quando essas células são cultivadas com a proteína Fgf2, as ilhotas sanguíneas emergem e formam células endoteliais (Flamme e Risau, 1992). O Fgf2

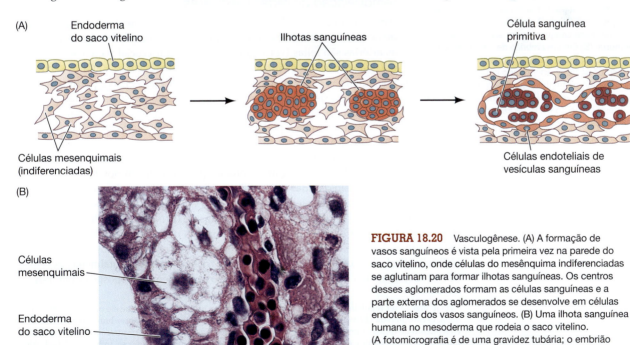

(A) Endoderma do saco vitelino — Ilhotas sanguíneas — Célula sanguínea primitiva

Células mesenquimais (indiferenciadas) — Células endoteliais de vesículas sanguíneas

(B)

Células mesenquimais

Endoderma do saco vitelino

Célula de ilhota sanguínea

FIGURA 18.20 Vasculogênese. (A) A formação de vasos sanguíneos é vista pela primeira vez na parede do saco vitelino, onde células do mesênquima indiferenciadas se aglutinam para formar ilhotas sanguíneas. Os centros desses aglomerados formam as células sanguíneas e a parte externa dos aglomerados se desenvolve em células endoteliais dos vasos sanguíneos. (B) Uma ilhota sanguínea humana no mesoderma que rodeia o saco vitelino. (A fotomicrografia é de uma gravidez tubária; o embrião teve de ser removido porque se implantou em um oviduto, em vez de no útero). (A, segundo Langman, 1981; B, de Katayama e Kayano, 1999, cortesia dos autores.)

(A)

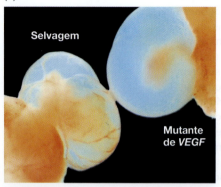

(B)

FIGURA 18.21 VEGF e seus receptores em embriões de camundongo. (A) Sacos vitelinos de um camundongo selvagem e de uma prole heterozigótica para uma mutação de perda de função de VEGF-A. O embrião mutante não possui vasos sanguíneos em seu saco vitelino e morre. (B) Em um embrião de camundongo de 9,5 dias, VEGFR-3 (em vermelho), um receptor de VEGF encontrado em células líder, é encontrado na frente angiogênica dos capilares (marcado em verde). (A, de Tammela et al., 2008, cortesia dos autores, B, de Ferrara e Alitalo, 1999, cortesia de K. Alitalo.)

é sintetizado na membrana corioalantoide embrionária de galinha e é responsável pela vascularização desse tecido (Ribatti et al., 1995).

A segunda família de proteínas envolvidas na vasculogênese é a dos **fatores de crescimento endotelial vascular** (**VEGFs**). Essa família inclui vários VEGFs, bem como o fator de crescimento placentário (PlGF), que direciona o crescimento expansivo dos vasos sanguíneos na placenta. Cada VEGF parece permitir a diferenciação dos angioblastos e sua multiplicação para formar tubos endoteliais. O VEGF mais importante no desenvolvimento normal, o VEGF-A, é secretado pelas células mesenquimais próximas às ilhotas sanguíneas, e os hemangioblastos e os angioblastos possuem receptores para este VEGF (Millauer et al., 1993). Se os embriões de camundongos não possuírem genes que codificam o VEGF-A ou o seu principal receptor (o receptor tirosina-cinase Flk1), as ilhotas sanguíneas do saco vitelino não surgem, e a vasculogênese não ocorre (**FIGURA 18.21A**, Ferrara et al., 1996). Camundongos que não possuem genes para a proteína receptora Flk1 possuem ilhotas sanguíneas e células endoteliais diferenciadas, mas essas células não se organizam em vasos sanguíneos (Fong et al., 1995; Shalaby et al., 1995). O VEGF-A também é importante na formação de vasos sanguíneos para o desenvolvimento dos ossos e do rim.[6]

Um terceiro conjunto de proteínas, as **angiopoietinas**, medeiam a interação entre as células endoteliais e os **pericitos** – células semelhantes às musculares lisas que as células endoteliais recrutam para cobri-las. Mutações em qualquer das angiopoietinas ou da sua proteína receptora, Tie2, levam a malformação dos vasos sanguíneos deficientes nos músculos lisos que normalmente os recobrem (Davis et al., 1996; Suri et al., 1996; Vikkula et al., 1996; Moyon et al., 2001).

TÓPICO NA REDE 18.5 **VASOS ARTERIAIS, VENOSOS E LINFÁTICOS**
A estrutura e a função dos tecidos vasculares diferem entre as artérias, as veias e os vasos que se especializam no transporte da linfa por todo o corpo.

Angiogênese: brotamento de vasos sanguíneos e remodelação de redes vasculares

Após uma fase inicial de vasculogênese, a angiogênese começa. Através desse processo, as redes capilares primárias são remodeladas, e as veias e as artérias são feitas (ver Figura 18.19). O fator crucial para a angiogênese é VEGF-A (Adams e Alitalo, 2007). Em muitos casos, o VEGF-A secretado por um órgão induzirá a migração de células endoteliais a partir dos vasos sanguíneos existentes para esse órgão, fazendo as células endoteliais formarem redes capilares lá. Outros fatores, incluindo hipoxia (baixos níveis de oxigênio), também podem induzir a secreção de VEGF-A e, assim, induzir a formação de vasos sanguíneos.

Durante a angiogênese, algumas células endoteliais no vaso sanguíneo existente respondem ao sinal de VEGF e começam a "brotar" para formar um novo vaso. Estas são conhecidas como as **células líder** ("tip cell" em inglês), e diferem das outras células do vaso. (Se todas as células endoteliais respondessem igualmente, o vaso sanguíneo original desmoronaria). As células líder expressam o ligante de Notch, Delta-like-4 (Dll4), nas superfícies celulares. O ligante Dll4 ativa a sinalização de Notch nas células adjacentes, impedindo-as de responder ao VEGF-A (Noguera-Troise et al., 2006; Ridgway et al., 2006; Hellström et al., 2007). Se a expressão de Dll4 for reduzida experimentalmente, as células líderes se formam em uma grande porção do vaso sanguíneo em resposta ao VEGF-A.

---

[6] VEGF precisa ser regulado com muito cuidado em adultos e estudos indicam que ele pode ser afetado pela dieta. O consumo de chá verde tem sido associado a menores incidências de câncer humano e à inibição do crescimento de células tumorais em animais de laboratório. Cao e Cao (1999) mostraram que o chá verde e um de seus componentes, epigalocatequina-3-galato (EGCG), evitam a angiogênese, inibindo o VEGF. Além disso, em camundongos administrados com chá verde em vez de água (em níveis semelhantes aos humanos, bebendo 2-3 xícaras de chá verde), a capacidade do VEGF de estimular a formação de novos vasos sanguíneos foi reduzida em mais de 50%.

As células líderes produzem filopódios repletos de VEGFR-2 (receptor de VEGF-2) em suas superfícies celulares. Elas também expressam outro receptor de VEGF, o VE-GFR-3, e o bloqueio de VEGFR-3 reprime grandemente o brotamento (**FIGURA 18.21B**, Tammela et al., 2008). Esses receptores possibilitam que a célula líder se estique em direção à fonte de VEGF, e quando a célula se divide, a divisão ocorre segundo o gradiente de VEGFs. De fato, os filopódios das células líderes atuam exatamente como os filopódios das células da crista neural e dos cones de crescimento neural, e respondem a sinais semelhantes (Carmeliet e Tessier-Lavigne, 2005, Eichmann et al., 2005). Semaforinas, netrinas, neuropilinas e proteínas fragmentadas têm papéis no direcionamento das células líderes em brotamento para a fonte de VEGF.

Anti-angiogênese no desenvolvimento normal e anormal

Como qualquer processo poderoso no desenvolvimento, a angiogênese deve ser fortemente regulada. A formação dos vasos sanguíneos deve ser sinalizada quando cessar, e em alguns tecidos a formação dos vasos sanguíneos deve ser evitada. Por exemplo, a córnea da maioria dos mamíferos é avascular.[7] Essa ausência de vasos sanguíneos permite a transparência da córnea e da acuidade óptica. A córnea parece ter duas maneiras de manter os vasos sanguíneos fora dela. O primeiro mecanismo envolve a prevenção da liberação de VEGF a partir da matriz extracelular em que está armazenada (Seo et al., 2012). Além disso, Ambati e colaboradores (2006) mostraram que a córnea secreta uma forma solúvel do receptor de VEGF que "captura" o VEGF e impede a angiogênese na córnea.

O receptor de VEGF solúvel também parece ser um dos mecanismos normais para regular a formação aumentada de vasculatura no útero durante a gravidez. No entanto, se for produzido muito VEGF solúvel durante a gravidez, pode haver uma redução dramática da angiogênese normal. As artérias espiraladas que abastecem o feto com nutrição não se formam e o plexo capilar dos rins é reduzido. Esses eventos são considerados uma das principais causas de pré-eclâmpsia, uma condição da gravidez caracterizada por hipertensão e baixa filtração renal (ambos dos quais são problemas renais) e sofrimento fetal. A **pré-eclâmpsia** é a principal causa de parto prematuro e uma das principais causas de morte materna e fetal (Levine et al., 2006; Mutter e Karumanchi, 2008).

Muito VEGF também pode ser perigoso. A formação anormal de vasos sanguíneos ocorre em tumores sólidos e na retina de pacientes com diabetes. Esta vascularização resulta no crescimento e na disseminação de células tumorais e cegueira, respectivamente. Ao endereçar os receptores de VEGF e a via de Notch envolvidos na regulação dela, os pesquisadores estão buscando formas de bloquear a angiogênese e evitar que as células cancerosas ou a retina se tornem vascularizadas (Miller et al., 2013; Wilson et al., 2013).

Hematopoiese: células-tronco e células progenitoras de vida longa

A cada dia, perdemos e substituímos cerca de 300 bilhões de células sanguíneas. À medida que as células sanguíneas são destruídas no baço, suas reposições vêm a partir de populações de células-tronco. Conforme descrevemos no Capítulo 5, uma célula-tronco é capaz de proliferação extensiva, criando mais células-tronco (autorrenovação) e progênies de células diferenciadas (ver Figuras 5.1 e 5.3). No caso da **hematopoiese** – a geração de células sanguíneas –, as células-tronco dividem-se para produzir (1) mais células-tronco e (2) células progenitoras que podem responder ao ambiente ao seu redor para se diferenciar em cerca de uma dúzia de tipos de células sanguíneas maduras (Notta et al., 2016). A célula-tronco crítica na hematopoiese é a **célula-tronco hematopoiética pluripotente***, ou simplesmente a **célula-tronco hematopoética (HSC)**, que é capaz de

---

[7] O peixe-boi é o único mamífero conhecido por ter uma córnea vascularizada, e verifica-se que esta exceção prova a regra – a córnea do peixe-boi não expressa o receptor VEGF solúvel. Os parentes mais próximos do peixe-boi (dugongos e elefantes) expressam VEGF, e suas córneas são avasculares (Ambati et al., 2006). Esta distinção morfológica entre grupos taxonômicos relacionados fornece evidências adicionais da importância do VEGF solúvel na prevenção da vascularização da córnea.

*N. de T. O termo **pluripotente** não se adequa à célula-tronco hematopoiética; o correto seria **multipotente**. Pluripotente refere-se à célula-tronco capaz de dar origem a derivados dos três folhetos embrionários: endoderma, mesoderma e ectoderma.

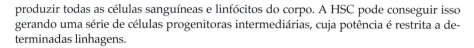

produzir todas as células sanguíneas e linfócitos do corpo. A HSC pode conseguir isso gerando uma série de células progenitoras intermediárias, cuja potência é restrita a determinadas linhagens.

Sítios de hematopoiese

No início dos anos de 1900, numerosos pesquisadores (observando muitas espécies diferentes de vertebrados, incluindo mangusto, morcegos e humanos) observaram o surgimento de células sanguíneas a partir do endotélio ventral da aorta (Adamo e Garcia-Cardeña, 2012). Na década de 1960, no entanto, experimentos em camundongos concluíram que todas as células-tronco hematopoiéticas são derivadas de células originárias das ilhotas sanguíneas extraembrionárias que cercam o saco vitelino. Acreditava-se que a hematopoiese aórtica era como uma parada intermediária que as células-tronco faziam em seu caminho para o baço e para a medula óssea (os sítios de hematopoiese adulta em camundongos).

No entanto, em 1975, Françoise Dieterlen-Lièvre transplantou sacos vitelinos de embriões iniciais de galinha em embriões de codornas de 2 dias (pré-circulação). As células sanguíneas de galinha e codorna podem ser facilmente distinguidas sob o microscópio, e o animal quimérico sobrevive. A análise de Dieterlen-Lièvre indicou que todas as células sanguíneas do embrião tardio de codorna se originaram do hospedeiro codorna, e não a partir do saco vitelino de embrião de galinha transplantado. Além disso, a atividade hematopoética dentro do embrião foi restrita a um sítio principal: a porção ventral da aorta (Dieterlen-Lièvre e Martin, 1981). O enxerto de esplancnopleura desta região **aorta-gônada-mesonefros (AGM)** de um camundongo geneticamente variante para outro confirmou que, em mamíferos, a hematopoiese definitiva ocorre dentro do embrião (Godin et al., 1993; Medvinsky et al., 1993). Logo após, as células-tronco hematopoiéticas foram identificadas em agregados de células que foram observados na região ventral da aorta embrionária de camundongo de 10,5 dias (Cumano et al., 1996; Medvinsky e Dziermak, 1996).

Embora existam evidências de que algumas células-tronco hematopoiéticas do saco vitelino persistam no camundongo adulto (ver Samokhvalov et al., 2007; Frame et al., 2016), geralmente se considera que as células-tronco hematopoiéticas do saco vitelino em mamíferos produzem células sanguíneas que permitem o oxigênio ser transportado para no embrião inicial, mas que quase todas as células-tronco encontradas no adulto são aquelas da AGM que migraram para a medula óssea (Jaffredo et al., 2010).

Em 2009, vários laboratórios propuseram um novo mecanismo para a produção de células sanguíneas. Esta nova hipótese se baseou na descoberta de um novo tipo de célula na AGM, a **célula endotelial hemogênica**.[8] Lembre-se da discussão de somitos no Capítulo 17, de que o esclerótomo produz angioblastos que migram para a aorta dorsal e substituem a maioria das células da aorta dorsal primária. Antes da sua substituição, os remanescentes de células endoteliais primárias derivadas do mesoderma da placa lateral da aorta dorsal (agora na área ventral do vaso sanguíneo) dão origem às células-tronco formadoras de sangue. Essas células-tronco hematopoiéticas derivadas de vasos sanguíneos são a fonte crucial de células-tronco sanguíneas adultas (ver Capítulo 5). Ao analisar os tipos de células feitas pelo endotélio dos vasos sanguíneos, os pesquisadores conseguiram isolar as células endoteliais hemogênicas e mostraram que elas produzem células-tronco hematopoiéticas que migram para o fígado e para a medula óssea (Eilken et al., 2009; Lancrin et al., 2009). Além disso, a transição da célula endotelial para célula-tronco hematopoiética foi mediada pela ativação do fator de transcrição Runx1 (**FIGURA 18.22**). Em camundongos que não possuem o gene *Runx1*, as células-tronco do sangue não se formam no saco vitelino, nas artérias umbilicais, na aorta dorsal e nos vasos placentários (Chen et al., 2009; Tober et al., 2016).

O gene *Runx1* parece ser regulado por um circuito complexo e dinâmico. Além disso, a expressão da proteína Runx1 não é iniciada até que o coração comece a bater. Se as

---

[8]A relação da célula endotelial hemogênica e do hemangioblasto é controversa. Em geral, acredita-se que os hemangioblastos geram as células endoteliais hemogênicas (ver Ueno e Weissman, 2010) e que o hemangioblasto é um precursor para o endotélio hemogênico.

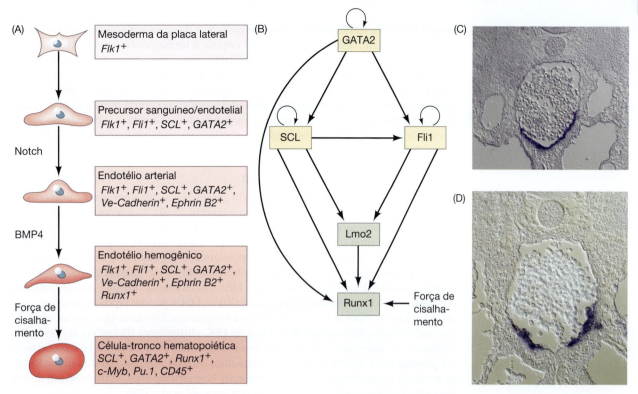

FIGURA 18.22 Vias para formação de células-tronco hematopoiéticas. (A) No desenvolvimento de camundongo, as células-tronco hematopoiéticas surgem a partir do endotélio hemogênico da aorta. Runx1 é fundamental para esta conversão de células endoteliais em células-tronco sanguíneas. A herança mesodérmica da placa lateral do endotélio hemogênico é mostrada, bem como os fatores justácrinos e parácrinos que o levaram ao seu destino. Os fatores de transcrição associados a cada estágio são mostrados à direita. (B) Uma visão simplificada dos fatores que ativam *Runx1* na rede regulatória de genes que estabelece a célula-tronco hematopoiética no camundongo. Os fatores de transcrição GATA2, Fli1 e Scl ligam-se em sítios adjacentes em um único estimulador de 23 pares de bases a jusante do sítio de iniciação da transcrição de *Runx1*. Scl é fundamental para evitar que sangue e células vasculares se tornem músculo cardíaco. O mecanismo pelo qual a força de cisalhamento é mecanotransduzida para ajudar a ativar *Runx1* permanece desconhecido. (C) A expressão de *Runx1* (em roxo) no embrião de galinha no estágio 19; as células que expressam Runx1 tornaram-se parte do vaso sanguíneo. (D) Células expressando Runx1 no estágio 21 do embrião de galinha. As colônias hematopoiéticas são visíveis. (A, segundo Swiers et al., 2010; B, segundo Pimanda e Göttgens, 2010; C, D, de Jaffredo et al., 2010.)

mutações cardíacas impedem o fluxo de fluido através da aorta, *Runx1* não é expresso. Em vez disso, forças de cisalhamento (i.e., fricção) do fluxo de fluido são requeridas para ativar o gene *Runx1* no endotélio ventral da aorta dorsal (Adamo et al., 2009; North et al., 2009).[9] As forças de atrito parecem elevar os níveis de óxido nítrico (NO, do inglês, *nitric oxide*) no endotélio. NO, por sua vez, ativa (talvez através de cGMP) *Runx1* e outros genes que são conhecidos como fundamentais para a formação de células sanguíneas. A transição da célula endotelial hemogênica para HSC não parece ser causada por uma divisão celular assimétrica. Em vez disso, há um rearranjo do citoesqueleto e junções oclusivas que se assemelham a uma transição epitélio-mesenquimal, como aquelas observadas no esclerótomo ou no dermomiótomo (Yue et al., 2012).

Em vertebrados não amniotas, a esplancnopleura também é a fonte das células-tronco hematopoiéticas, e BMPs são cruciais na indução das células formadoras de sangue em todos os vertebrados estudados. Em *Xenopus*, o mesoderma ventral forma uma grande ilhota sanguínea que é o primeiro local de hematopoiese. BMP2 e BMP4 ectópicos

---

[9]A mecanotransdução de forças biofísicas, como o cisalhamento do fluxo sanguíneo, é um dos principais atores do desenvolvimento cardiovascular (ver Linask e Watanabe, 2015). Lembre-se de que a mecanotransdução também é necessária para o desenvolvimento normal do coração (Mironov et al., 2005) e para o padrão correto dos vasos sanguíneos (Lucitti et al., 2007; Yashiro et al., 2007). Também é necessário para a fragmentação da célula precursora de plaquetas – o megacariócito – em plaquetas. O megacariócito na medula óssea insere pequenos processos nos vasos sanguíneos que cercam o nicho de células-tronco e a força de cisalhamento fragmenta esses processos em plaquetas (Junt et al., 2007).

podem induzir a formação de células sanguíneas e de vasos sanguíneos em *Xenopus*, e a interferência com a sinalização de BMP impede a formação de sangue (Maéno et al., 1994, Hemmati-Brivanlou e Thomsen, 1995). No peixe-zebra, tanto a hematopoiese do saco vitelino quanto a hematopoiese aórtica são observadas. Como no embrião de mamífero, a segunda onda de hematopoiese é a partir da aorta. As células-tronco hematopoiéticas podem ser vistas surgindo do endotélio aórtico ventral (Bertrand et al., 2010; Kissa e Herbomel, 2010), e as mesmas vias genéticas que levam à expressão de *Runx1* (incluindo BMPs) regulam essa segunda e definitiva onda de hematopoiese (Mullins et al., 1996, Paik e Zon, 2010).

O nicho de HSC na medula óssea

As células-tronco hematopoiéticas da aorta geram HSCs que vêm residir primeiro no fígado e depois na medula óssea (Coskun e Hirschi, 2010). Nos seres humanos, a aorta gera células sanguíneas por volta dos dias 27 a 40 (Tavian e Péault, 2005). A HSC da medula óssea é uma célula notável, pois é o precursor comum de glóbulos vermelhos (hemácias), glóbulos brancos (granulócitos, neutrófilos e plaquetas), monócitos (macrófagos e osteoclastos) e linfócitos. Quando transplantados em camundongos cossanguíneos e irradiados (que são geneticamente idênticos às células doadoras e cujas próprias células-tronco foram eliminadas por radiação), as HSCs podem repovoar o camundongo com todos os tipos de células linfoides e sanguíneas. Estima-se que apenas cerca de 1 de cada 10 mil células sanguíneas seja uma HSC pluripotente (Berardi et al., 1995). Em humanos, os "transplantes de medula óssea" são usados para transferir HSCs saudáveis em pessoas cujos linfócitos, glóbulos vermelhos ou glóbulos brancos do sangue foram exterminados por doença, drogas ou radiação. Nos últimos anos, mais de 50 mil desses transplantes foram realizados anualmente (Gratwohl et al., 2010).

A manutenção da HSC depende do nicho de células-tronco e especialmente da capacidade da HSC para receber o parácrino **fator de células-tronco**, ou **SCF**. O SCF liga-se à proteína receptora Kit. (Essa ligação é crucial para as células-tronco pigmentares e do espermatozoide, bem como para a HSC.) Como era importante determinar quais células do nicho de células-tronco estavam fornecendo SCF, Ding e colaboradores (2012) construíram camundongos recombinados geneticamente em que o gene para SCF foi substituído pelo gene da proteína fluorescente verde em todos os tipos de células ou em tipos de células selecionados. Quando todos os tipos de células do nicho expressaram GFP, em vez de SCF, as HSCs morreram. Quando eles deletaram a produção de SCF somente em certos tipos de células, eles descobriram que a substituição de SCF por GFP em células sanguíneas, células ósseas ou células mesenquimais da medula não bloqueava a manutenção da HSC. No entanto, quando eles eliminaram a expressão de SCF nas células endoteliais ou nas células perivasculares que envolvem as células endoteliais, muito menos HSCs sobreviveram. E quando a síntese de SCF foi desligada em ambos os tipos de células (mas não nos outros), todos as HSCs pereceram. Parece, então, que o SCF necessário para a sobrevivência da HSC é feito principalmente pelas células perivasculares, com alguma contribuição das células endoteliais (**FIGURA 18.23**).

FIGURA 18.23 O lar para as HSCs parece ser um nicho onde o fator de células-tronco (SCF) pode ser feito pelas células perivasculares (subendoteliais), bem como pelas células endoteliais dos sinusoides da medula óssea. (A) Diagrama simplificado do sinusoide com suas células endoteliais e uma célula perivascular circundante. (B) Desenvolvimento de um nicho de células-tronco quando células perivasculares humanas (marcadas em marrom com anticorpos para o marcador de células subendoteliais, CD146) implantadas em um camundongo. Em 8 semanas, os processos das células perivasculares estabelecem contatos com as células-tronco hematopoiéticas (como na medula óssea humana). As setas vermelhas mostram células hematopoiéticas entre células endoteliais e perivasculares. (A, segundo Shestopalov e Zon, 2012; B, de Sacchetti et al., 2007, cortesia de P. Bianco.)

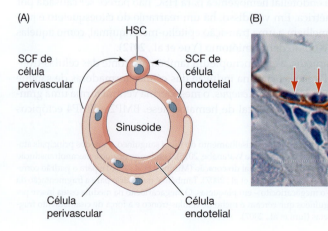

O SCF não é o único fator parácrino que as HSCs exigem; há muitos outros, e estes provavelmente tornam as HSCs competentes para responderem aos fatores parácrinos e justácrinos que direcionarão a diferenciação celular (Morrison e Scadden, 2014). Os nichos de células-tronco muitas vezes contêm HSCs quiescentes de longo termo que são usadas para gerar células progenitoras de forma contínua, bem como HSCs de ação rápida que podem responder às necessidades fisiológicas imediatas (ver Figura 18.24). Os Wnts que ativam as vias não canônicas são secretados por osteoblastos do nicho para manter as HSCs quiescentes, enquanto a via canônica de Wnt pode ser crucial para induzi-las a se tornarem as HSCs que proliferam rapidamente (Reya et al., 2003, Sugimura et al., 2012). É provável que, em mamíferos adultos, a manutenção dos bilhões de células sanguíneas não dependa de um pequeno número de células-tronco hematopoiéticas, mas da produção do estado estacionário de numerosas células progenitoras de longo termo que são especificadas para uma única linhagem ou linhagens múltiplas (Sun et al., 2014).

Microambientes hematopoiéticos indutivos

Os principais modelos de produção de células sanguíneas preveem a diferenciação do sangue como uma diminuição de uma série de células precursoras menos potentes. No topo estão as células-tronco hematopoiéticas multipotentes (HSCs), que podem dar origem às células-tronco multipotentes mais restritas (tal como a célula precursora mieloide comum, CMP, do inglês, *common myeloid precursor*) e, finalmente, às células progenitoras comprometidas com linhagem. Acredita-se que os fatores endócrinos, parácrinos e justácrinos direcionam a diferenciação das células sanguíneas por um caminho ou outro (**FIGURA 18.24**).

Um dos principais fatores endócrinos (i.e., hormônios) é a **eritropoietina**, que parece fazer com que a célula precursora mieloide comum (CMP) faça mais células precursoras eritroides/megacariócitos (MEPs) e direciona as MEPs a fazerem mais eritrócitos (Lu et al., 2008; Klimchenko et al., 2009). Os fatores parácrinos envolvidos na formação de

FIGURA 18.24 Hierarquia de linhagens hematopoiéticas. No topo da hierarquia estão as células-tronco hematopoiéticas de longo termo (LT-HSCs), que dão origem às HSCs de curto termo (ST-HSCs) que retêm capacidades de autorrenovação limitadas (ver Capítulo 5). Os progenitores multipotentes que se dividem rapidamente (MPP) ainda possuem o potencial de gerar linhagens mieloides (tipos de hemácias) ou linfoides (tipos de glóbulos brancos), para além das quais a diferenciação se torna cada vez mais restrita. A progênie do MPP inclui os progenitores mieloides comuns (CMP) e os progenitores de linfócitos-granulócitos-macrófagos (GMLPs). Ocorre diferenciação adicional, produzindo progenitores linfoides comuns (CLPs), progenitores de granulócitos e macrófagos (GMPs) e progenitores de megacariócitos e eritrócitos (MEPs). Esses progenitores se diferenciarão ainda nos vários tipos de células do sangue vermelhas e brancas. (Segundo Cullen et al., 2014.)

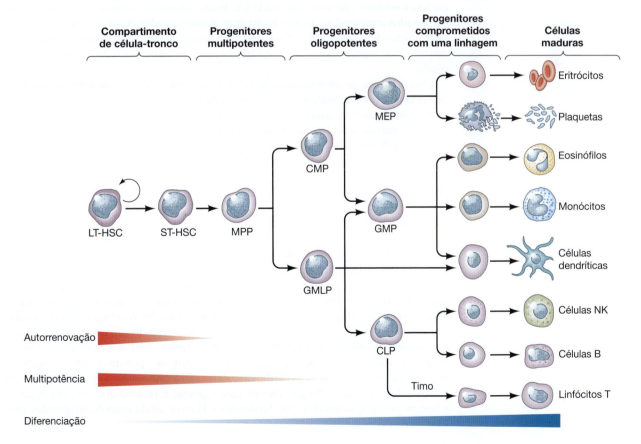

células sanguíneas e linfócitos são as **citocinas**. As citocinas podem ser feitas por diversos tipos de células, mas são coletadas e concentradas pela matriz extracelular das células do estroma (mesenquimais) nos locais de hematopoiese (Hunt et al., 1987; Whitlock et al., 1987). Por exemplo, o fator estimulador de colônias de granulócitos e macrófagos (GM-CSF) e o fator de crescimento de multi-linhagem, interleucina 3 (IL3), ligam-se ambos ao glicosaminoglicano de heparan sulfato do estroma da medula óssea (Gordon et al., 1987; Roberts et al., 1988). A matriz extracelular é, então, capaz de apresentar estes fatores parácrinos às células-tronco em concentrações elevadas o suficiente para se ligar aos respectivos receptores. Em diferentes estágios de maturação, as células-tronco tornam-se competentes para responder aos diferentes fatores.

O caminho do desenvolvimento assumido por um descendente de uma HSC pluripotente depende dos fatores de crescimento que ele encontra e, portanto, é determinado pelas células do estroma. Wolf e Trentin (1968) demonstraram que as interações de curto alcance entre as células do estroma e as células-tronco determinam os destinos do desenvolvimento da progênie das células-tronco. Esses pesquisadores colocaram pedaços de medula óssea em um baço e depois injetaram células-tronco nele. Aquelas CMPs que vieram residir nas colônias formadas pelo baço eram predominantemente eritroides, enquanto aquelas que vieram residir na medula óssea formaram colônias predominantemente granulocíticas. As colônias que se situavam nas bordas dos dois tipos de tecido eram predominantemente eritroides no baço e granulocíticas na medula. Tais regiões de determinação são referidas como **microambientes indutivos hematopoiéticos (HIMs** do inglês, *hematopoietic inductive microenvironments*). Como esperado, os HIMs induzem diferentes conjuntos de fatores de transcrição nessas células, e esses fatores de transcrição especificam o destino das células particulares (ver Kluger et al., 2004).

Os fatores de transcrição do HIM podem atuar puxando o equilíbrio da rede de transcrição das células-tronco em diferentes direções (Krumsiek et al., 2011; Wontakal et al., 2012). Ao decompor as interações em circuitos de retroalimentação e alimentação progressiva negativos (tanto de ativação e repressão), parece haver apenas quatro configurações estáveis que esta rede pode ter. Essas configurações estáveis são chamadas de "estados atrativos" na teoria de sistemas, e esses estados atrativos correspondem a quatro tipos de células. Além disso, certas mutações tornarão impossíveis alguns estados atrativos, e essas são as mutações que bloqueiam a diferenciação de certos tipos de células.

Esse esquema de diferenciação de células sanguíneas através de tipos celulares de potência progressivamente diminuída pode não funcionar em todos os estágios da vida. Notta e colaboradores usaram transcriptoma de uma única célula para mostrar que as células-tronco de nível intermediário (como a CMP) não estavam presentes durante os estágios tardios do desenvolvimento humano. É possível que mais tarde na vida, a produção de células sanguíneas siga imediatamente a partir da HSC.

Coda

Solicitamos muito do nosso sistema circulatório. Exigimos um fluxo preciso de sangue através das válvulas a cada segundo de nossas vidas; exigimos uma coordenação bem ajustada entre nosso cérebro, coração, medula óssea e hormônios, de modo que as contrações musculares cardíacas se adaptem às nossas necessidades fisiológicas; e exigimos que a produção de nossas células sanguíneas – células feitas por precursores que se formaram em nosso embrião – seja tão precisa que não desenvolvamos câncer, nem anemia. Dado tudo isso, não é surpreendente que a diferenciação das células sanguíneas, o desenvolvimento cardíaco, o desenvolvimento do rim e a formação de vasos sanguíneos estejam agora entre os mais importantes campos de estudo em ciência médica. Os defeitos cardíacos congênitos estão entre os tipos de defeitos congênitos mais prevalentes, e as doenças cardiovasculares são a causa mais comum de morte em países industrializados. As questões de cardiogênese, formação dos rins, angiogênese e hematopoiese que envolveram Aristóteles e Harvey ainda empolgam grandes programas de pesquisa.

Próxima etapa na pesquisa

Embora apenas 2% do genoma humano codifique proteínas, mais de 75% do genoma é transcrito. Grande parte desse genoma transcrito, o "RNA não codificante", está envolvido na regulação gênica, e pesquisas estão em andamento para determinar como este ncRNA está integrado nas redes que formam os órgãos. Por exemplo, o longo RNA não codificante *Braveheart* é requerido para a expressão de MeSP1, que ajuda a definir a linhagem cardiovascular (Klattenhoff et al., 2013). MicroRNAs, como mIR-1 e miR-133, são necessários

para ajustar a divisão do músculo cardíaco (Philippen et al., 2015). Da mesma forma, microRNAs foram considerados fundamentais no desenvolvimento renal e capilar (Ho e Kriedberg, 2013; Yin et al., 2014).

Os RNAs não codificantes recentemente descobertos podem ser extremamente importantes nas vias que conduzem ao desenvolvimento de órgãos, e sua interrupção ou ausência pode explicar a base de várias anomalias congênitas e doenças que se manifestam em adultos.

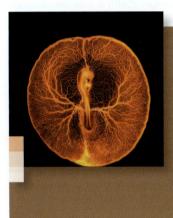

Considerações finais sobre a foto de abertura

O coração e o sistema vascular da galinha têm sido estudados desde há séculos (ver Figura 1.4). Esta imagem moderna, uma micrografia de fluorescência, mostra o embrião de galinha de 2 dias. Foi compilada cerca de 45 horas após a ovoposição, no momento em que o coração começa a bater. O sistema vascular foi revelado pela injeção de esferas fluorescentes no sistema circulatório. O coração é o primeiro órgão em funcionamento; ainda assim, como visto aqui, a maior parte da circulação vai para a região extraembrionária, trazendo nutrientes a partir do vitelo e trocando gases. Um dos primeiros eventos na formação do coração é o estabelecimento da polaridade. Os átrios recebem o sangue, enquanto os ventrículos o bombeiam. (Fotografia © Vincent Pasque e Wellcome Images.)

18 Resumo instantâneo
Mesoderma da placa lateral e intermediário

1. O mesoderma intermediário forma os rins, as glândulas suprarrenais e as gônadas. É especificado através de interações com o mesoderma paraxial, que requer Pax2, Pax8 e Lim1.

2. O rim metanéfrico dos mamíferos é formado por interações recíprocas entre o mesênquima metanéfrico e um ramo do ducto néfrico, chamado de broto uretérico. O broto uretérico e o mensênquima metanéfrico são especificados de acordo com o período de tempo em que suas células progenitoras estão expostas aos sinais de Wnt e de FGF.

3. O mesênquima metanéfrico torna-se competente para formar néfrons, pela expressão de WT1, e começa a secretar GDNF. GDNF é secretado pelo mesoderma e induz a formação do broto uretérico.

4. O broto uretérico secreta Fgf2 e BMP7 para prevenir a apoptose no mesênquima metanéfrico. Sem esses fatores, o mesênquima formador do rim morre.

5. O broto uretérico secreta Wnt9b e Wnt6, que induzem o mesênquima metanéfrico competente a formar túbulos epiteliais. À medida eles que formam esses túbulos, as células secretam Wnt4, que promove e mantém sua epitelização.

6. O mesoderma da placa lateral divide-se em duas camadas. A camada dorsal é o mesoderma somático (parietal), que está subjacente ao ectoderma e forma a somatopleura.

A camada ventral é o mesoderma esplâncnico (visceral), que se sobrepõe ao endoderma e forma a esplancnopleura.

7. O espaço entre as duas camadas do mesoderma da placa lateral forma a cavidade do corpo, ou celoma.

8. O coração surge do mesoderma esplâncnico em ambos os lados do corpo. Esta região de células é chamada de campo cardíaco, ou mesoderma cardiogênico. O mesoderma cardiogênico é especificado por BMPs na ausência de sinais de Wnt.

9. Os fatores de transcrição Nkx2-5, Mesp1 e GATA são importantes no comprometimento do mesoderma cardiogênico para se tornar células cardíacas. Estas células precursoras cardíacas migram dos lados para a linha média do embrião, na região do pescoço.

10. Existem dois campos principais do coração, um em cada lado do corpo. Cada campo cardíaco tem duas regiões: o primeiro campo cardíaco forma o arcabouço do tubo cardíaco e formará o ventrículo esquerdo. O restante do coração é feito em grande parte pelo segundo campo cardíaco.

11. Uma célula precursora cardíaca pode formar cada uma das principais linhagens do coração. O mesoderma cardiogênico forma o endocárdio (que é contínuo com os vasos sanguíneos) e o miocárdio (o componente muscular do coração).

12. Os tubos endocárdicos formam-se separadamente e depois se fundem. O dobramento do coração transforma a polaridade anteroposterior original do tubo cardíaco em uma polaridade direita-esquerda.

13. O ácido retinoico é importante na determinação da polaridade anteroposterior do coração e dos rins.

14. Os fatores de transcrição Tbx são fundamentais para especificar as câmaras cardíacas e para estabelecer o circuito elétrico do coração.

15. As artérias coronárias e os vasos linfáticos vêm a partir da reprogramação de veias.

16. Os vasos sanguíneos são construídos por dois processos, vasculogênese e angiogênese. A vasculogênese envolve a condensação de células do mesoderma esplâncnico para formar ilhotas de sangue. As células externas dessas ilhotas se tornam células endoteliais (vasos sanguíneos). A angiogênese envolve a remodelação dos vasos sanguíneos existentes.

17. Numerosos fatores parácrinos são essenciais na formação de vasos sanguíneos. Fgf2 é necessário para especificar os angioblastos. O VEGF-A é essencial para a diferenciação dos angioblastos. As angiopoietinas permitem que as células musculares lisas (e pericitos semelhantes ao músculo liso) cubram os vasos. Os ligantes Ephrin e os receptores tirosina-cinase de Eph são cruciais para a formação do leito capilar.

18. A célula-tronco hematopoiética pluripotente (HSC) gera outras células-tronco pluripotentes, bem como células-tronco restritas a linhagens celulares. Isso dá origem às células sanguíneas e aos linfócitos.

19. Nos vertebrados, acredita-se que as HSCs são originadas a partir de células endoteliais hemogênicas que caracterizam as ilhotas sanguíneas, a aorta dorsal e os vasos placentários. A HSC definitiva parece ser derivada da porção ventral da aorta.

20. O precursor mieloide comum (CMP) é uma célula-tronco sanguínea que pode gerar as células-tronco mais comprometidas para as diferentes linhagens sanguíneas. Os microambientes indutivos hematopoiéticos (HIMs) determinam a diferenciação das células sanguíneas.

21. A HSC depende do fator de células-tronco, que é fornecido pelas células perivasculares dos sinusoides contidos no nicho de células-tronco.

Leituras adicionais

Adamo, L. and G. García-Cardeña. 2012. The vascular origin of hematopoietic cells. Dev. Biol. 362: 1–10.

Cooley, J., S. Whitaker, S. Sweeney, S. Fraser and B. Davidson. 2011. Cytoskeletal polarity mediates localized induction of the heart progenitor lineage. Nat. Cell Biol. 13: 952–957.

Diogo, R. and 7 others. 2015. A new heart for a new head in vertebrate cardiopharyngeal evolution. Nature 520: 466-473.

Ding, L., T. L. Saunders, G. Enikolopov and S. J. Morrison. 2012. Endothelial and perivascular cells maintain haematopoietic stem cells. Nature 481: 457–462.

Krause, M., A. Rak-Raszewska, I. Pietilä, S. E. Quaggin and S. Vainio S. 2015. Signaling during kidney development. Cells 4:112–132.

Morrison, S. J. and D. T. Scadden. 2014. The bone marrow niche for haematopoietic stem cells. Nature 505: 327– 334.

Sizarov, A., J. Ya, B. A. de Boer, W. H. Lamers, V. M. Christoffels and A. F. Moorman. 2011. Formation of the building plan of the human heart: Morphogenesis, growth, and differentiation. Circulation 123: 1125–1135.

Takasato, M. and M. H. Little. 2015. The origin of the mammalian kidney: Implications for recreating the kidney in vitro. Development 142: 1937–1947.

VISITE WWW.DEVBIO.COM...

... para Tópicos na Rede, entrevistas de Os Cientistas Falam, vídeos de Assista ao Desenvolvimento, Tutorial do Desenvolvimento e informação bibliográfica completa sobre toda a literatura citada neste capítulo.

19

Desenvolvimento do membro de tetrápodes

CONSIDERE UM DOS SEUS MEMBROS. Ele tem dedos em uma extremidade, um úmero ou fêmur na outra. Você não encontrará ninguém com dedos no meio do braço. Considere também as diferenças sutis, mas óbvias, entre as suas mãos e os seus pés. Se os seus dedos das mãos fossem substituídos por dedos dos pés, você certamente saberia. Apesar destas diferenças, os ossos dos seus pés são semelhantes aos da sua mão. É fácil ver que eles compartilham um padrão comum. E, finalmente, considere que ambas as suas mãos são notavelmente parecidas em tamanho, assim como os seus pés. Esses fenômenos triviais apresentam questões fascinantes para um biólogo do desenvolvimento. Como é que os vertebrados têm quatro membros e não seis ou oito? Como é que o dedo mínimo se desenvolve numa extremidade e o polegar na outra? Como é que o membro superior cresce diferentemente do membro inferior? Como é que o tamanho do membro pode ser tão precisamente regulado? Existe um conjunto conservado de mecanismos de desenvolvimento que possa explicar por que as nossas mãos têm cinco dígitos, uma asa de galinha tem três dígitos e a pata de um cavalo tem um?

Anatomia do membro

Como o nome indica, **tetrápodes** são vertebrados com quatro membros (anfíbios, répteis, aves e mamíferos). Os ossos de qualquer membro de tetrápodes – seja braço ou perna, asa ou nadadeira – consiste em um **estilopódio** (úmero/fêmur) adjacente à

Quantos dedos estou apontando?

Destaque

Desenhados para a locomoção sobre a terra, os membros tetrápodes têm articulações entre os ossos e um conjunto de dígitos nas extremidades. O membro começa como um "broto" de tecido nas laterais do embrião quando as células do miótomo e do mesoderma da placa lateral migram para e proliferam no campo do futuro membro. Esta "zona de progresso" proliferativa é coberta por ectoderma, com um espessamento na ponta distal, chamado de crista ectodérmica apical. A sinalização Fgf8 dessa crista antagoniza o ácido retinoico derivado do flanco, iniciando um mecanismo de retroalimentação positiva com sinalização do mesênquima (Fgf10 e Wnt) para promover o crescimento do broto do membro. O Fgf8 especifica o mesênquima posterior na "zona de atividade polarizante", que secreta Shh para estabelecer o eixo anteroposterior (polegar-dedo mínimo) do membro. A sinalização Wnt determina o eixo dorsoventral (costas-palma). A esqueletogênese é controlada por um modelo de "tipo Turing" de auto-organização por meio de interações de morfógenos. Em certos animais, o tecido da membrana interdigital precoce permanece; em outros, ele morre via apoptose mediada pela via BMP. Cada sistema de sinalização de membro influencia a expressão diferencial de genes *Hox* ao longo de cada eixo, modificação da qual apoia a evolução das nadadeiras em dedos.

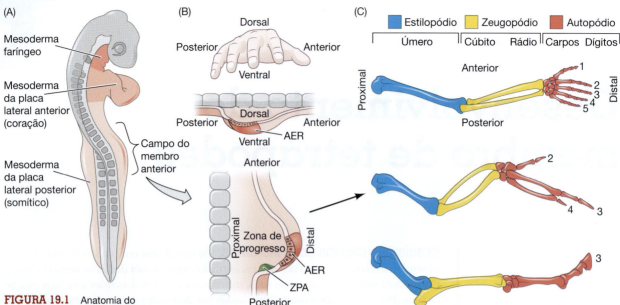

FIGURA 19.1 Anatomia do membro. (A) Ilustração de um embrião de galinha imediatamente antes do crescimento do membro, mostrando três tipos celulares mesodérmicos importantes, bem como o surgimento do campo do membro. (B) Orientação do eixo e anatomia do broto. Crista ectodérmica apical (AER, do inglês, *apical ectodermal ridge*); zona de atividade polarizadora (ZPA, do inglês, *zone of polarizing activity*). (C) Padrão esquelético do braço humano, asa de galinha e membro superior do cavalo. (Por convenção, os dígitos da asa de galinha são numerados 2, 3 e 4. As condensações de cartilagem que formam os dígitos parecem semelhantes àquelas que formam os dígitos 2, 3 e 4 de camundongos e humanos; contudo, nova evidência sugere que a designação correta possa ser 1, 2 e 3.) (A, segundo Tanaka, 2013; B, segundo Logan, 2003.)

parede do corpo, um **zeugopódio** (rádio-cúbito/tíbia-fíbula) na região mediana e um **autopódio** (carpos-dedos da mão/tarsos-dedo do pé)[1] distal (**FIGURA 19.1**). Os dedos da mão e do pé podem ser referidos como falanges, ou, mais em geral, dígitos. A informação posicional necessária para construir um membro tem de funcionar com um sistema de coordenadas tridimensionais:[2]

- A primeira dimensão é o *eixo proximal-distal* ("perto-longe"; i.e., ombro-para-dedo ou quadril-para-dedo do pé). Os ossos do membro são formados por ossificação endocondral. Eles são inicialmente cartilaginosos, mas, depois, a maioria da cartilagem é substituída por osso. De algum modo, as células do membro se desenvolvem diferentemente em etapas precoces da morfogênese do membro (quando formam o estilopódio) relativamente às etapas mais tardias (quando fazem o autopódio).
- A segunda dimensão é o eixo anteroposterior (polegar-para-mindinho). Os nossos dedos pequenos das mãos ou dos pés marcam a extremidade posterior, e os nossos polegares ou dedos grandes do pé estão na extremidade anterior. Em humanos, é óbvio que cada mão se desenvolve como imagem espelhada da outra. Podemos imaginar outras disposições – como o polegar se desenvolver no lado esquerdo de ambas as mãos –, mas esses padrões não ocorrem.
- Por fim, os nossos membros têm um padrão dorsoventral: as nossas palmas (ventral) são facilmente distinguíveis das costas da mão (dorsal).

O broto do membro

O primeiro sinal visível do desenvolvimento do membro é a formação de saliências bilaterais, chamadas de **brotos do membro**, nos futuros locais dos membros superiores e inferiores (**FIGURA 19.2A**). Estudos pioneiros de mapeamento do destino celular em salamandras pelo laboratório de Ross Granville Harrison (ver Harrison, 1918, 1969) mostraram que o centro deste disco de células na região somática do mesoderma da placa lateral normalmente dá origem ao próprio membro. Adjacente a ele estão as células do tecido do flanco peribraquial (à volta do membro) e a escápula do ombro.

---

[1] Estes termos podem ser difíceis de lembrar, mas saber as palavras de origem pode ajudar. *Estilo* = como uma coluna; *zeugo* = articulação; *auto* = próprio; *pod* = pé.

[2] Na verdade, é um sistema de quatro dimensões, no qual o tempo é o quarto eixo. Os biólogos do desenvolvimento estão habituados a ver a natureza em quatro dimensões.

(A)

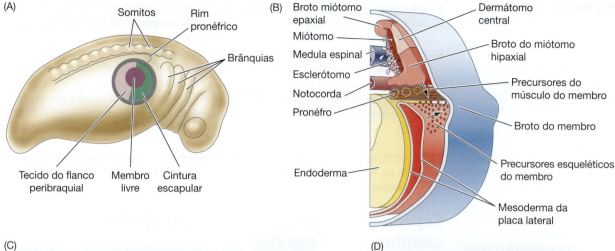

Somitos

Rim pronéfrico

Brânquias

Tecido do flanco peribraquial

Membro livre

Cintura escapular

(B)

Broto miótomo epaxial

Miótomo

Medula espinal

Esclerótomo

Notocorda

Pronéfro

Endoderma

Dermátomo central

Broto do miótomo hipaxial

Precursores do músculo do membro

Broto do membro

Precursores esqueléticos do membro

Mesoderma da placa lateral

(C)

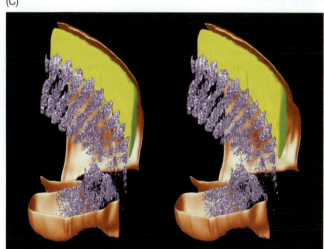

(D)

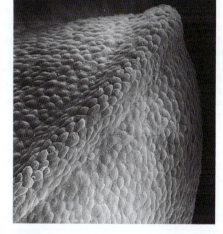

Contudo, se todas essas células forem retiradas do embrião, um membro ainda se formará (apesar de um pouco mais tarde) a partir de um anel adicional de células que envolve essa área, mas que normalmente não daria origem a um membro. Se esse anel circundante de células for incluído no tecido retirado, o membro não se formará. Esta região maior, representando todas as células na área capazes de dar origem a um membro por si só, é o **campo do membro**.

As células que formam o broto do membro derivam do mesoderma da placa lateral posterior, dos somitos adjacentes e do ectoderma suprajacente do broto. As células mesenquimais da placa lateral migram para dentro dos campos do membro para formar as células precursoras do esqueleto do membro, ao passo que as células mesenquimais dos somitos no mesmo nível migram para estabelecer as células precursoras do músculo do membro (**FIGURA 19.2B, C**). Esta população acumulada e heterogênea de células mesenquimais prolifera debaixo do tecido ectodérmico, gerando o broto do membro.

Até o broto do membro precoce possui a sua própria organização, de modo que a principal organização de crescimento ocorre ao longo do eixo proximal-distal (somitos para ectoderma), com menor crescimento ocorrendo ao longo dos eixos dorsoventral e anteroposterior (ver Figura 19.1B). O broto do membro é, além disso, regionalizado em três domínios funcionais distintos:

FIGURA 19.2 O broto do membro. (A) Campo prospectivo do membro anterior de salamandra *Ambystoma maculatum*. A área central contém células destinadas a formar o membro propriamente dito (o membro livre). As células em volta do membro livre dão origem ao tecido do flanco peribraquial e à escápula do ombro. O anel de células exterior a essas regiões não é normalmente incluído no membro, mas pode formar um membro caso tecidos mais centrais forem extirpados. (B) Surgimento do broto do membro. Proliferação de células mesenquimais (setas) da região somática do mesoderma da placa lateral faz o broto do membro do embrião de anfíbio se projetar para fora. Essas células dão origem aos elementos esqueléticos do membro. Contribuições de mioblastos do miótomo lateral fornecem a musculatura do membro. (C) Entrada de mioblastos (em roxo) no broto do membro. Este estereograma de computador foi criado a partir de cortes de uma hibridação *in situ* para o mRNA de *myf5* localizado nas células de músculo em desenvolvimento. Se você conseguir cruzar os seus olhos (ou tentar focar "para lá" da página, olhando até aos seus dedos dos pés), a tridimensionalidade do estereograma ficará evidente. (D) Micrografia eletrônica de varredura de um broto precoce de asa de galinha, com a crista ectodérmica apical em primeiro plano. (A, segundo Stocum e Fallon, 1982; C, cortesia de J. Streicher e G. Müller; D, cortesia de K. W. Tosney.)

FIGURA 19.3 Deleção dos elementos do osso do membro por deleção de genes *Hox* parálogos. (A) Padronização do membro anterior pelo gene *Hox* 5′. Os parálogos *Hox9* e *Hox10* especificam o úmero (estilopódio). Os parálogos *Hox10* são expressos em menor extensão no rádio e no cúbito (zeugopódio). Os parálogos *Hox11* são principalmente responsáveis por padronizar o zeugopódio. Os parálogos *Hox12* e *Hox13* funcionam no autopódio, com parálogos *Hox12* funcionando principalmente no pulso e em menor extensão nos dígitos. (B) Um padrão semelhante, mas algo diferente, é observado no membro inferior. (C) Membro anterior de um camundongo selvagem (à esquerda) e de um camundongo duplo mutante sem os genes *Hoxa11* e *Hoxd11* funcionais (à direita). O cúbito e o rádio estão significativamente reduzidos ou ausentes no mutante. (D) Síndrome de polidactilia humana ("multiplicidade de dedos unidos") resulta de uma mutação homozigótica nos *loci* de *HOXD13*. Essa síndrome inclui malformações no sistema urogenital, que também expressa *HOXD13*. (A, B, segundo Wellik e Capecchi, 2003; C, de Davis et al., 1995, cortesia de M. Capecchi; D, de Muragaki et al., 1996, cortesia de B. Olsen.)

1. O mesênquima altamente proliferativo que alimenta o crescimento do broto do membro é conhecido como mesênquima da **zona de progresso** (**PZ**, do inglês, *progress zone*), também conhecido como zona indiferenciada.
2. As células situadas na região mais posterior da zona de progresso constituem a **zona de atividade polarizante** (**ZPA**, do inglês, *zone of polarizing activity*), uma vez que ela padroniza os destinos celulares ao longo do eixo anteroposterior.
3. A **crista ectodérmica apical** (**AER**, do inglês, *apical ectodermal ridge*) é um espessamento do ectoderma no ápice do broto do membro em desenvolvimento (**FIGURA 19.2D**).

 TUTORIAL DO DESENVOLVIMENTO *Desenvolvimento do membro tetrápode* O Dr. Michael J. F. Barresi descreve os fundamentos da construção de um membro.

Especificação da identidade do esqueleto do membro por genes *Hox*

Os fatores de transcrição Homeobox, ou genes *Hox*, têm um papel essencial especificando se uma determinada célula mesenquimal se tornará estilopódio, zeugopódio ou autopódio. A compreensão do papel desses genes tem dado aos pesquisadores conhecimentos substanciais sobre o desenvolvimento e a evolução do membro de vertebrados.

De proximal a distal: genes Hox *no membro*

As porções 5′ (de tipo *AbdB*) (parálogos 9-13) dos complexos dos genes *Hoxa* e *Hoxd* parecem estar ativas nos brotos de membro de camundongos. Com base nos padrões de expressão desses genes e em mutações nocaute que ocorrem naturalmente, o laboratório de Mario Capecchi (Davis et al., 1995) propôs um modelo onde esses genes *Hox* especificam a identidade da região do membro (**FIGURA 19.3A, B**). Aqui, os parálogos *Hox9* e *Hox10* especificam o estilopódio, os parálogos *Hox11* especificam o zeugopódio, e os parálogos

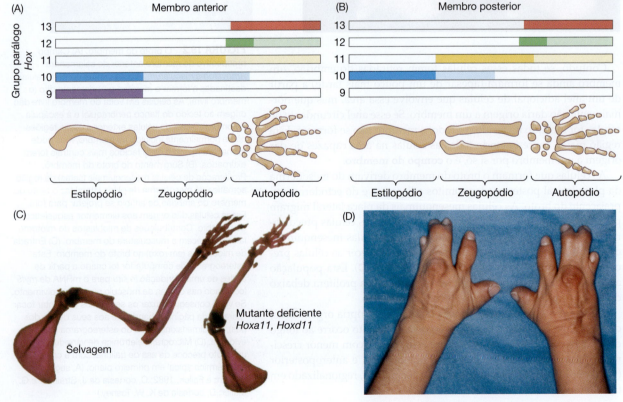

(A) Membro anterior

Grupo parálogo *Hox*
13
12
11
10
9

Estilopódio Zeugopódio Autopódio

(B) Membro posterior

13
12
11
10
9

Estilopódio Zeugopódio Autopódio

(C) Selvagem / Mutante deficiente *Hoxa11, Hoxd11*

(D)

Hox12 e *Hox13*, o autopódio. Esse cenário foi confirmado por inúmeros experimentos. Por exemplo, quando Wellik e Capecchi (2003) nocautearam todos os seis alelos dos três parálogos *Hox10* (*Hox10aaccdd*) em embriões de camundongo, os camundongos resultantes não só apresentaram defeitos graves no esqueleto axial, como também não tinham fêmur ou rótula (contudo, eles tinham úmeros, porque os parálogos *Hox9* são expressos no estilopódio do membro anterior, mas não no estilopódio do membro posterior). Quando todos os seis alelos dos três parálogos *Hox11* foram naucateados, os membros posteriores resultantes tinham fêmures, mas não tinham nem tíbias nem fíbulas (e os membros anteriores não tinham nem cúbitos nem rádios). Assim, o nocaute de *Hox11* eliminou os zeugopódios (**FIGURA 19.3C**). Do mesmo modo, nocautear todos os *loci* dos parálogos *Hoxa13* e *Hoxd13* resulta na perda do autopódio (Fromental-Ramain et al., 1996). Humanos homozigóticos para uma mutação de *HOXD13* apresentam anormalidades nas mãos e nos pés onde os dígitos se fusionam (**FIGURA 19.3D**), e humanos com alelos mutantes homozigóticos para *HOXA13* também apresentam deformidades nos seus autopódios (Muragaki et al., 1996; Mortlock e Innis, 1997). Tanto em camundongos, como em humanos, o autopódio (a porção mais distal do membro) é afetado pela perda dos genes *Hox* mais 5′.

 OS CIENTISTAS FALAM 19.1 Assista a uma conferência na rede com o Dr. Denis Duboule sobre os genes *Hox* no membro.

De nadadeiras a dedos: genes Hox e a evolução do membro

Como é que os anexos vertebrados evoluíram para membros que hoje achamos tão úteis? O registo fóssil aponta para uma transição importante na morfologia do membro anterior de nadadeiras peitorais de peixes com nadadeiras sustentadas por raios dérmicos internos para membros com dígitos dos tetrápodes, uma transição que deu a oportunidade à vida aquática de explorar hábitats terrestres. Compreender a história evolutiva do membro tetrápode pode nos ajudar a analisar os mecanismos do desenvolvimento que são essenciais para a morfologia do membro de hoje. A descoberta do fóssil Devoniano *Tiktaalik roseae*, um "peixe com dedos", evidencia a importância do desenvolvimento da articulação na evolução do membro. As nadadeiras de peixe, incluindo aquelas de algumas das espécies mais primitivas, desenvolvem-se usando as mesmas três fases de expressão de genes *Hox* que os tetrápodes usam para formar os seus membros (Davis et al., 2007; Ahn e Ho, 2008). A modificação independente dos ossos da nadadeira em ossos do membro pode ter sido possível graças à articulação. As articulações das nadadeiras peitorais de *Tiktaalik* são muito semelhantes àquelas dos anfíbios e indicam que o *Tiktaalik* tinha um pulso móvel e postura suportada por substrato, na qual o cotovelo e o ombro podiam se flexionar (**FIGURA 19.4A-C**; Shubin et al., 2006; Shubin, 2008). Além disso, a presença de estruturas de tipo pulso e a perda de escamas dérmicas nessas regiões sugerem que este peixe Devoniano era capaz de se propulsar na maioria dos substratos. Assim, pensa-se que o *Tiktaalik* seja a transição entre peixe e anfíbios, um "peixápode" (como lhe chamou um dos seus descobridores, Neil Shubin) "capaz de fazer flexões".

Que tipos de modificações moleculares e morfológicas ocorreram ao longo dos diferentes ramos que levaram a peixes com nadadeiras sustentadas por raios dérmicos internos, por um lado, e a tetrápodes terrestres, por outro? Nos peixes mais proximamente relacionados com tetrápodes (peixes de nadadeira lobada, como os celacantos e peixes pulmonados), os ossos mais proximais da nadadeira peitoral são homólogos do segmento estilopódio dos membros anteriores de tetrápodes e são igualmente responsáveis pela articulação da cintura escapular ou ombro. Contudo, os peixes de nadadeira sustentada por raios dérmicos internos divergiram na forma, e isso é mais claro nos elementos mais distais e, em particular, no autopódio (dígitos). Os peixes de nadadeira sustentada por raios dérmicos internos não possuem um endoesqueleto associado ao autopódio, ao passo que o peixe ancestral do clado Sarcopterigiano (peixe de nadadeira lobada) apresenta esqueletos endocondrais expandidos nas suas nadadeiras (como no *Tiktaalik*). Assim, a adaptação visando aos mecanismos de desenvolvimento do esqueleto mais distal do membro foi a base primária da evolução do membro.

 OS CIENTISTAS FALAM 19.2 Nesta conferência na rede, o Dr. Peter Currie discute a evolução dos músculos do membro de peixe.

(A)

(D)

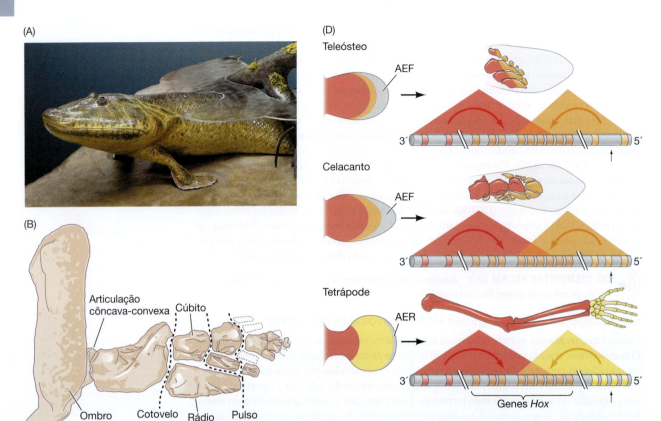

(B)

Articulação côncava-convexa
Cúbito
Ombro
Cotovelo
Rádio
Pulso

(C)

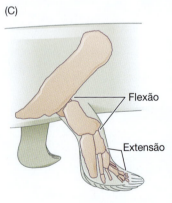

Flexão

Extensão

FIGURA 19.4 Evolução do membro. (A) O *Tiktaalik roseae*, um peixe com pulsos e dedos, viveu em águas rasas há cerca de 375 milhões de anos. Esta reconstrução mostra as guelras, as nadadeiras, as escamas semelhantes a peixe e (ausência de) pescoço do *Tiktaalik*. As narinas externas no seu *focinho*, porém, indicam que ele poderia respirar ar. (B) Ossos fossilizados de Tiktaalik revelam os primórdios de dígitos, pulsos, cotovelos e ombros e sugerem que esse peixe de tipo anfíbio poderia se propulsionar em fundos de córregos e talvez viver na terra por curtos períodos de tempo. As articulações na nadadeira incluem uma articulação côncava-convexa e uma articulação plana que permita ao pulso se dobrar. Outras articulações permitiam ao animal se empoleirar no seu substrato. (C) O contato resistente com um substrato permitiria a flexão das articulações proximais (ombro e cotovelo) e a extensão na mais distais (pulso e dígitos). (D) Representações esquemáticas dos brotos de membro, estruturas de membro adulto e o cluster de genes *Hoxd* com os estimuladores reguladores *cis* 5′ e 3′ associados de um teleosto (peixe-zebra), celacanto hipotético e humano. Nesta ilustração dos brotos de membro, o tecido mesenquimal proximal e distal estão em vermelho e cor de laranja/amarelo, respectivamente, e a dobra e a crista ectodérmicas apicais (AEF, do inglês, *apical ectodermal fold*/AER, do inglês, *apical ectodermal ridge*, respectivamente) estão em cinza. Em membros de adulto, a formação das nadadeiras radiais são observadas tanto em peixes teleostos como em celacantos (vermelho para proximal, cor de laranja para distal e cinza para o dermoesqueleto), ao passo que os dígitos do autopódio estão presentes em humanos (em amarelo). Adaptação das regiões reguladores *cis* 5′ de genes *Hox* pode estar na base da evolução do autopódio. (A © John Weinstein/Field Museum Library/Getty Images; B, C, segundo Shubin et al., 2006; D, de acordo com Schneider e Shubin, 2013; Woltering et al., 2014; Zuniga, 2015.)

O broto da nadadeira do peixe é homólogo do broto do membro e tem também mesênquima da zona de progresso e uma crista ectodérmica apical (**AER**, do inglês, *apical ectodermal ridge*). Contudo, após a padronização proximal do estilopódio, a AER do broto de nadadeira muda para uma **dobra ectodérmica apical** (**AEF**, do inglês, *apical ectodermal fold*), que promove o desenvolvimento de nadadeira, em vez de dígitos (**FIGURA 19.4D**). Uma hipótese sugere que potenciais atrasos do desenvolvimento nesta transição AER para AEF terão permitido mais exposição a sinais da AER, permitindo ao mesênquima da zona de progresso se tornar progressivamente mais permissivo a destinos de autopódio (dígitos). Além disso, alterações nos padrões espacial e temporal dos genes *Hox* distais podem ser responsáveis pela evolução da mão tetrápode a partir da região distal da barbatana de peixes de nadadeira lobada ancestrais (Schneider e Shubin, 2013;

Freitas e Gómez-Skarmeta, 2014; Zuniga, 2015). Números crescentes de estimuladores reguladores *cis* associados com os clusters *Hoxa/d* poderiam constituir um mecanismo para adaptação hereditária dos autopódios (ver Figura 19.4D). Como apoio suplementar a este modelo, pesquisadores identificaram tanto estimuladores conservados (região global de controle, "*global control region*", GCR, e CsB) como estimuladores específicos de tetrápodes (CsS) que estão associados à expressão precoce (proximal) e tardia (distal) de genes *Hox*. De fato, os estimuladores CsS de camundongo podem dirigir funcionalmente a expressão repórter em embriões transgênicos de peixe-zebra de modo semelhante dentro do mesênquima mais distal (**FIGURA 19.5**; Freitas et al., 2012).

Em conclusão, tomara que essa breve exposição sobre a evolução do membro tetrápode, de nadadeiras de peixe às mãos humanas, tenha iluminado a importância da regulação de genes *Hox* durante o desenvolvimento do membro. Os genes *Hox* são fundamentais para especificar destinos ao longo do eixo do membro, e a sua expressão está sob influência de sinais provenientes do flanco (proximal) e AER (distal), entre outros. O que são esses sinais e como eles funcionam para (1) determinar onde o membro se forma, (2) promover o crescimento do broto do membro e padronização e (3) especificar destinos ao longo dos eixos anteroposterior e dorsoventral?

 OS CIENTISTAS FALAM 19.3 Esta conferência na rede com o Dr. Sean Carroll cobre elementos reguladores *cis* durante a evolução.

Determinando qual tipo de membro formar e onde o colocar

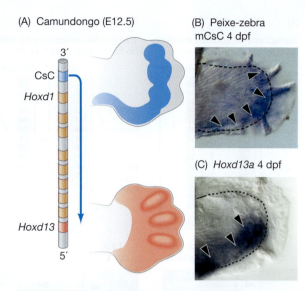

FIGURA 19.5 O elemento *cis*-regulador específico de tetrápode (Csc) para o *Hoxd13* de camundongo dirige uma expressão semelhante no broto distal de nadadeira de peixe-zebra. (A) O *Hoxd13* está posicionado a jusante e responde a ações do estimulador CsC no membro distal de camundongo. (B) Na nadadeira de peixe-zebra, esse mesmo estimulador CsC de camundongo pode dirigir a expressão de gene repórter (mCsC:GFP; em azul, cabeças de seta) nos limites distais do território endosquelético (linha tracejada). (C) Este padrão de expressão de mCsC:GFP na nadadeira de peixe-zebra é espacialmente semelhante ao padrão de expressão endógeno de *Hoxd13a* (em azul, cabeças de seta), sugerindo que o CsC possa ser um estimulador conservado da regulação de genes *Hox*. (Segundo Freitas et al., 2012.)

Dado que os membros, ao contrário do coração ou do cérebro, não são essenciais para a vida embrionária ou fetal, é possível removê-los experimentalmente ou transplantar partes do membro em desenvolvimento, ou criar mutantes dos membros, sem interferir com os processos vitais do organismo. Esses experimentos têm mostrado que certas "regras morfogenéticas" fundamentais para a formação de um membro parecem ser as mesmas em todos os tetrápodes. Porções de broto de membro de réptil ou de mamífero enxertadas podem direcionar a formação do membro de galinhas, e regiões retiradas dos brotos de membro de rã podem direcionar a padronização dos membros de salamandra (Fallon e Crosby, 1977; Sessions et al., 1989; Hinchliffe, 1991). Além disso, a regeneração de membro de salamandra parece seguir muitas das mesmas regras que os membros em desenvolvimento (ver Capítulo 22; Muneoka e Bryant, 1982). Quais são essas regras morfogenéticas?

Especificando os campos de membros

Os membros não se formam em qualquer lugar do eixo corporal; em vez disso, eles são gerados em posições específicas. Estudos pioneiros de mapeamento de destino e de transplante em galinha demonstraram que existem duas regiões específicas, ou campos, de mesoderma somítico e da placa lateral que estão determinados a formar membros muito antes de surgirem quaisquer sinais visíveis de asa ou perna. As células mesodérmicas que dão origem ao membro de vertebrados têm sido identificadas por (1) remoção de certos grupos de células e observação do que o membro não se forma na sua ausência ("perca-o"; ver Detwiler, 1918; Harrison, 1918), (2) transplante de grupos de células para uma nova localização e observação de que eles formam um novo membro nesse novo local ("mova-o"; ver Hertwig, 1925) e (3) marcação de grupo de células com marcadores ou precursores radioativos e observação do percurso de seus descendentes no desenvolvimento do membro ("encontre-o"; Rosenquist, 1971).

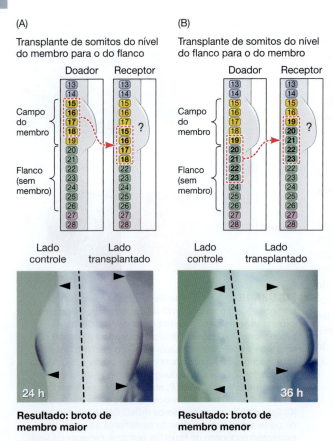

(A)

Transplante de somitos do nível do membro para o do flanco

(B)

Transplante de somitos do nível do flanco para o do membro

Doador   Receptor

Campo do membro

Flanco (sem membro)

Lado controle   Lado transplantado

24 h

Resultado: broto de membro maior

Resultado: broto de membro menor

36 h

FIGURA 19.6 Transplante de diferentes regiões do mesoderma pré-somítico (MPS) para o campo do membro resulta em alterações no tamanho do membro. (A) Transplante de MPS do nível do futuro membro anterior para o flanco (região entre os membros anterior e posterior) resulta em um broto de membro anterior maior (área entre cabeças de seta). (B) O transplante de MPS da região do flanco para a região do futuro membro anterior resulta em um broto de membro anterior menor. (Segundo Noro et al., 2011.)

Os vertebrados não têm mais do que quatro membros por embrião, e os brotos dos membros são sempre pareados em frente um do outro, em relação à linha média. Apesar de os membros de vertebrados diferirem em relação ao nível do somito no qual eles surgem, a sua posição é constante em relação à expressão de genes *Hox* ao longo do eixo anteroposterior (ver Capítulo 9). Por exemplo, em peixes (nos quais as nadadeiras peitorais e pélvicas correspondem aos membros anterior e posterior, respectivamente), anfíbios, aves e mamíferos, os brotos do membro anterior encontram-se na região mais anterior de *Hoxc6*, a posição da primeira vértebra torácica[3] (Oliver et al., 1988; Molven et al., 1990; Burke et al., 1995). É provável que a informação posicional dos domínios de expressão de genes *Hox* faça o mesoderma paraxial das regiões que formam o membro ser diferente do resto do mesoderma paraxial. Experimentos de transplante de mesoderma paraxial (somitos) de diferentes localizações são colocados adjacentes à placa lateral do flanco mostram que o mesoderma paraxial das regiões que formam o membro promove a formação do broto do membro, ao passo que o mesoderma paraxial do flanco que não forma membro reprime ativamente a formação do membro (**FIGURA 19.6**; Noro et al., 2011).

Assim que se forma, o campo do membro tem a capacidade de regular partes perdidas ou adicionadas. No estágio de broto caudal da salamandra amarela pintada (*Ambystoma maculatum*), qualquer metade de disco do membro é capaz de gerar um membro inteiro quando enxertado para um novo local (Harrison, 1918). Essa capacidade também pode ser demonstrada ao se separar verticalmente o disco do membro em dois ou mais segmentos e colocar barreiras finas entre os segmentos para impedir a sua junção. Quando isso é realizado, cada segmento se desenvolve em um membro completo. Dessa forma, assim como no embrião precoce de ouriço-do-mar, o campo do membro representa um "sistema equipotente harmonioso", no qual uma célula pode ser instruída a formar qualquer parte do membro. A capacidade reguladora do broto de membro foi recentemente enfatizada por um experimento notável da natureza. Em várias lagoas nos Estados Unidos, rãs e salamandras com múltiplas pernas foram encontradas (**FIGURA 19.7**). A presença desses anexos extras foi conectada a uma infestação de larvas do abdome por vermes tremátodes parasitos. Os ovos desses vermes aparentemente dividem o broto do membro do girino em diversos locais, e os fragmentos de broto de membro resultantes se desenvolvem em múltiplos membros (Sessions e Ruth, 1990; Sessions et al., 1999).

Indução do broto de membro precoce

A expressão diferencial de genes *Hox* ao longo do eixo anteroposterior no tronco prepara um pré-padrão de identidades de tecido que inclui a localização do campo do membro, mas quais mecanismos são então engatilhados para iniciar a formação do broto do membro? O processo do membro pode ser dividido em quatro estágios: (1) tornar o mesoderma permissivo à formação de membro; (2) especificar membro anterior e posterior; (3) induzir transições epitélio-mesênquima; e (4) estabelecer duas alças de retroalimentação positiva para a formação do broto do membro.

---

[3] De modo curioso, a expressão de genes *Hox* em pelo menos algumas cobras (como a Piton) origina um padrão no qual cada somito é especificado para se tornar uma vértebra torácica (com costela). Os padrões de expressão de genes *Hox* associados às regiões de formação de membro não são observados (ver Capítulo 13; Cohn e Tickle, 1999).

FIGURA 19.7 Rã arborícola do Pacífico (*Hyla regilla*) com múltiplos membros, o resultado da infestação dos girinos em estágio de desenvolvimento dos brotos dos membros por cistos de trematódes. Aparentemente, os cistos parasitos dividem os campos dos brotos de membros em vários pontos, resultando em membros supranumerários. Neste esqueleto de rã adulta, a cartilagem está marcada em azul, e os ossos, em vermelho. (Cortesia de S. Sessions.)

1. TORNANDO O MESODERMA PERMISSIVO À FORMAÇÃO DO MEMBRO ANTERIOR ATRAVÉS DE ÁCIDO RETINOICO

No Capítulo 17, descrevemos a relação antagonística do ácido retinoico (RA) e do Fgf8 durante a somitogênese. Lembre-se que Fgf8 é expresso pela zona progenitora caudal localizada imediatamente posterior ao campo do membro anterior (e presente em um gradiente que é alto posteriormente ao longo do mesoderma pré-somítico), ao passo que o RA é gerado mais anteriormente nos somitos e no mesoderma pré-somítico; relevante para o desenvolvimento do membro anterior, entretanto, Fgf8 também é expresso no mesoderma cardiogênico da placa lateral, localizado imediatamente anterior ao campo do membro anterior (**FIGURA 19.8**). Pesquisas em desenvolvimento do membro anterior em galinha e camundongo, bem como da nadadeira peitoral do peixe-zebra, sugerem que tanto a expressão anterior como posterior de Fgf8 serve para inibir a iniciação do broto do membro anterior (Tanaka, 2013; Cunningham e Duester, 2015). Por exemplo, ganho de função de Fgf8 por meio de sua aplicação direta ou ativação constitutiva de receptores de FGF (FgfR) resulta na perda do campo do membro anterior (marcada pela perda de expressão de *Tbx5*; ver Figura 19.8C) e membros truncados (Marques et al., 2008; Cunningham et al., 2013).

Por outro lado, o RA está presente em todas as regiões somíticas do tronco adjacente ao campo do membro, onde precisa reprimir a expressão de Fgf8 no tronco e, assim, promover a iniciação do broto do membro anterior. Perda dirigida da síntese de RA (por mutação ou inibição farmacológica) no membro anterior de vertebrado resulta na expansão da expressão de Fgf8 para o campo do futuro membro anterior, uma redução da expressão de *Tbx5*, e falha em formar os brotos dos membros anteriores – todos consistentes com o ganho de sinalização Fgf8. Como o RA funciona como ligante de fator de

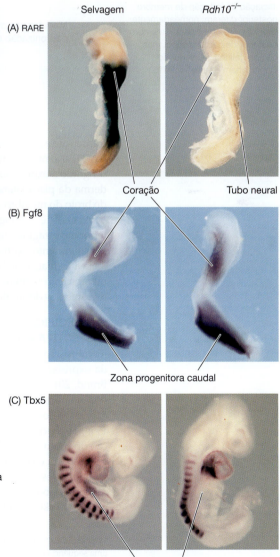

FIGURA 19.8 O antagonismo entre o ácido retinoico e o Fgf8 determina o padrão de expressão de Tbx5 no campo do membro anterior de camundongo. Assim como nos controles à esquerda, a expressão do repórter do elemento regulador de RA (RARE, do inglês, *retinoic acid regulatory element*) cai diretamente entre a expressão de Fgf8 no coração (anterior) e ao longo da zona progenitora caudal. (A) Expressão repórter de RARE é quase completamente reprimida pela perda da enzima retinoide desidrogenase 10 (mutante *Rdh10*, à direita), a exceção sendo níveis mínimos de expressão no tubo neural. (B) Por outro lado, a perda de *Rdh10* resulta em expansão da expressão de Fgf8 na região axial geralmente ocupada por RA. (C) Perda de sinalização de RA por meio da perda de *Rdh10* também leva à redução de expressão de Tbx5 no campo do membro anterior. (De Cunningham et al., 2013.)

FIGURA 19.9 Modelo de iniciação do campo do membro anterior. (A) Inicialmente, os níveis axiais de genes *Hox* regulam a expressão de Fgf8 e RA (ácido retinoico, do inglês, *retinoic acid*), que funcionam como sinais antagonísticos que induzem a expressão de Tbx5 para a iniciação do campo do membro anterior. (B) Modelo de retroalimentação positiva entre os fatores de sinalização que promovem o desenvolvimento do membro anterior nas diferentes espécies. (C) Muitos dos fatores essenciais para a padronização do desenvolvimento do membro posterior entre a galinha e o camundongo são os mesmos e também geram alças de retroalimentação positiva. Contudo, alguns dos fatores de iniciação da indução do membro posterior diferem; nomeadamente, Islet1 é necessário para o membro posterior de camundongo, mas não da galinha. (A, segundo Cunningham e Duester, 2015.)

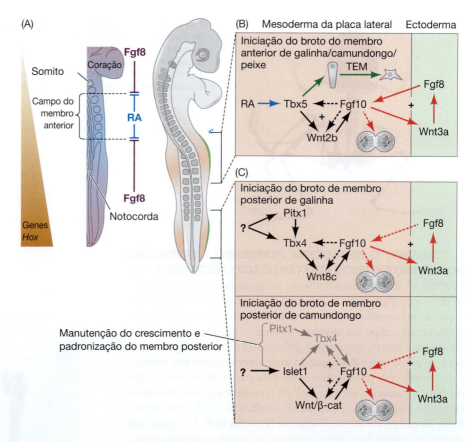

transcrição e se provou que reprime diretamente a transcrição do gene *Fgf8* (Kumar e Duester, 2014), o modelo atual para iniciação do broto do membro anterior começa com RA restringindo a expressão de Fgf8 na futura região do membro. Na ausência de Fgf8, o mesoderma da placa lateral é permissivo para a iniciação da formação e do desenvolvimento do broto do membro anterior (**FIGURA 19.9A**; Tanaka, 2013; Cunningham e Duester, 2015).

Apesar de o antagonismo RA-Fgf8 ter um papel durante a iniciação do membro anterior em estágios precoces da somitogênese, o RA é amplamente dispensável para o desenvolvimento do membro posterior. A perda da síntese de RA em camundongo não afeta a formação do broto do membro posterior, e o tamanho global e a padronização do membro são normais (Cunningham et al., 2013). Assim, é atualmente desconhecido quais mecanismos de sinalização estão na base da iniciação do broto do membro posterior.

2. ESPECIFICAÇÃO DOS MEMBROS ANTERIOR E POSTERIOR POR TBX5 E ISLET1, RESPECTIVAMENTE A especificação precoce da identidade anterior e posterior dos membros começa nos campos dos membros antes da formação dos brotos por meio da expressão de determinados fatores de transcrição (Agarwal et al., 2003; Grandel e Brand, 2011). Em camundongo, o gene que codifica para Tbx5 é transcrito nos campos dos membros anteriores, ao passo que os genes codificantes para Islet1, Tbx4 e Pitx1 são expressos nos futuros membros posteriores[4] (Chapman et al., 1996; Gibson-Brown et al., 1996; Takeuchi et al., 1999; Kawakami et al., 2011). Fgf10, o principal indutor da formação do broto do membro através de iniciação de alterações na forma e proliferação das células para o brotamento, como discutido a seguir, encontra-se a jusante da função reguladora desses fatores de transcrição. (**FIGURA 19.9B, C**).

Vários laboratórios (p. ex., Logan et al., 1998; Ohuchi et al., 1998; Rodriguez-Esteban et al., 1999; Takeuchi et al., 1999) forneceram evidência de ganho de função de que Tbx4 e

---

[4] Tbx significa "T-box," um domínio específico de ligação ao DNA. O gene *T* (*Brachyury*) e seus parentes têm uma sequência que codifica para esse domínio. Discutimos Tbx5 no contexto do desenvolvimento do ventrículo do coração no Capítulo 18.

Tbx5 são fundamentais para a especificação dos membros anterior e posterior, respectivamente. Antes da formação do membro, existem normalmente regiões de expressão de Tbx4 na porção posterior do mesoderma da placa lateral (incluindo a região que formará os membros posteriores) e regiões de expressão de Tbx5 na porção anterior (incluindo a região que formará os membros anteriores). Quando microsferas secretando Fgf10 foram usadas para induzir um membro ectópico entre os brotos de membro posterior e anterior de galinha (**FIGURA 19.10A, B**), o tipo de membro originado foi determinado por qual proteína Tbx era expressa. Brotos de membro induzidos por colocação de microsferas de FGF perto do membro posterior (ao nível do somito 25) expressaram *Tbx4* e se tornaram membros posteriores. Brotos de membro induzidos perto do membro anterior (ao nível do somito 17) expressaram *Tbx5* e se desenvolveram como membros anteriores (asas). Brotos de membro induzidos no centro do tecido do flanco expressaram *Tbx5* na porção anterior do membro e *Tbx4* na porção posterior; esses membros se desenvolveram como estruturas quiméricas, com a região anterior semelhante a um membro anterior, e a região posterior, a um membro posterior (**FIGURA 19.10C-E**). Além disso, quando se fez expressar *Tbx4* em todo o tecido do flanco de um embrião de galinha (ao infectar o tecido com um vírus expressando *Tbx4*), os membros induzidos na região anterior do flanco frequentemente formaram pernas, em vez de asas (**FIGURA 19.10F, G**).

O suporte adicional para o papel crucial de Tbx5 na iniciação e na especificação do broto do membro anterior vem da perda do gene *Tbx5* em galinha, camundongo e peixe, resultando na falha completa da formação de membro anterior, incluindo a estrutura mais proximal ombro/escápula (Garrity et al., 2002; Agarwal et al., 2003; Rallis et al., 2003). Contudo, o papel de Tbx4 na especificação do membro posterior pode diferir entre galinha e camundongo. Em galinhas, a perda da função de Tbx4 no campo do membro posterior inibe completamente a iniciação e o crescimento da pata (Takeuchi et al., 2003); em camundongo, o crescimento e o

FIGURA 19.10 Expressão e ação de Fgf10 no membro de galinha durante o desenvolvimento. (A) Fgf10 fica expresso no mesoderma da placa lateral precisamente nas posições (setas) onde os membros normalmente se formam. (B) Quando as células transgênicas que secretam Fgf10 são colocadas nos flancos de um embrião de galinha, o Fgf10 pode causar a formação de um membro ectópico (seta). (C) O tipo de membro na galinha é especificado por Tbx4 e Tbx5. Hibridação *in situ* mostra que, durante o desenvolvimento normal da galinha, Tbx5 (em azul) encontra-se no mesoderma da placa lateral anterior, ao passo que Tbx4 (em vermelho) se encontra no mesoderma da placa lateral posterior. Brotos de membros contendo Tbx5 originam asas, ao passo que brotos de membro contendo Tbx4 dão origem a pernas. Se um novo broto de membro for induzido com uma microsfera secretando FGF, o tipo de membro depende de qual gene *Tbx* é expresso no broto do membro. Se colocada entre as regiões de expressão de *Tbx4* e *Tbx5*, a microsfera induzirá a expressão de *Tbx4* posteriormente, e *Tbx5*, anteriormente. O broto de membro resultante também expressará *Tbx5* anteriormente e *Tbx4* posteriormente e dará origem a um membro quimérico. (D) A expressão de *Tbx5* nos brotos de membro anterior (a, asa) e na porção anterior de um broto de membro induzido por microsfera secretando FGF (seta vermelha). Marcação para mRNA de *Mrf4* marca as posições dos somitos. (E) Expressão de *Tbx4* nos brotos de membro posterior (pe, perna) e na porção posterior do broto de membro induzido por microsfera de FGF (seta vermelha). (F) Um membro quimérico (seta vermelha) induzido por uma microsfera de FGF. (G) Em um estágio mais avançado de desenvolvimento, o membro quimérico contém estruturas anteriores de asa (penas) e estruturas posteriores de perna (escamas). (Segundo Ohuchi et al., 1998, Ohuchi e Noji, 1999; fotos por cortesia de S. Noji.)

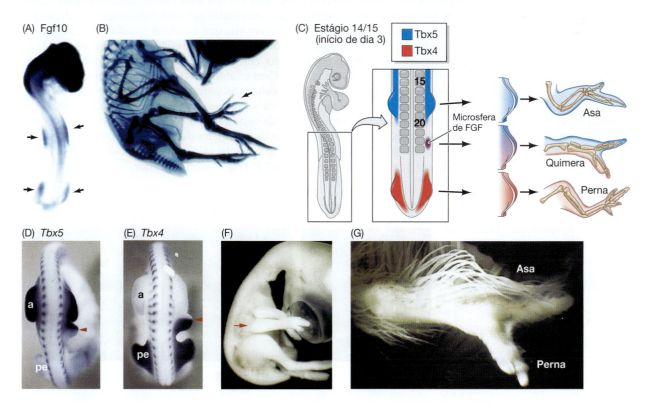

(A) Fgf10

(B)

(C) Estágio 14/15 (início de dia 3)

Tbx5
Tbx4

Microsfera de FGF

Asa

Quimera

Perna

(D) *Tbx5*

(E) *Tbx4*

(F)

(G)

Asa

Perna

padrão inicial do membro posterior parece normal quando *Tbx4* é nocauteado (Naiche e Papaioannou, 2003), apesar de o desenvolvimento da perna ser parado prematuramente. Essa descoberta sugere que, em camundongos, Tbx4 normalmente tem um papel maior na manutenção do crescimento do membro posterior do que na sua formação inicial.

Pesquisas mais recentes revelaram dois fatores de transcrição adicionais envolvidos na iniciação do membro posterior: Pitx1 e Islet1. De fato, a expressão errônea de *Pitx1* no membro anterior de camundongo faz seus músculos, ossos e tendões se desenvolverem mais parecidos com os de membro posterior (Minguillon et al., 2005; DeLaurier et al., 2006; Ouimette et al., 2009); *Tbx4* expresso no membro anterior de camundongo não terá esse efeito. Além disso, a proteína Pitx1 ativa genes específicos no membro posterior, incluindo *Hoxc10* e *Tbx4*. De modo curioso, uma mutação no gene *PITX1* humano que causa a haploinsuficiência na proteína Pitx1 resulta no fenótipo de "pé de taco" bilateral (Alvarado et al., 2011). Esses resultados indicam que Pitx1 é suficiente para a especificação do membro posterior; porém, o membro posterior não é nem completamente perdido ou significativamente mal padronizado em camundongos nulos para Pitx1, apesar de algumas estruturas do membro posterior estarem malformadas (Duboc e Logan, 2011). Essa observação sugere que ainda um outro fator possa estar envolvido. *Islet1*, um fator de transcrição de homeodomínio, é expresso transientemente no campo do membro posterior antes da expressão de *Fgf10* e da formação do broto da perna em camundongo (Yang et al., 2006). Quando *Islet1* é inativado especificamente no mesoderma da placa lateral, os membros posteriores não se formam, o que é consistente com um papel na iniciação do membro posterior (Itou et al., 2012). A regulação transcricional de *Islet1* e de *Pitx1* é independente da função de cada um, assim como são os seus papéis no desenvolvimento do membro posterior. Apesar de estar documentado que ambos os *genes* aumentam a expressão de *Fgf10* e Tbx4 de modo semelhante, Islet1 funciona para induzir a iniciação do broto do membro posterior (ver Figura 19.9C, setas pretas), ao passo que Pitx1 tem um papel na padronização do membro posterior (ver Figura 19.9C, setas cinzentas).

3. INDUÇÃO DAS TRANSIÇÕES EPITÉLIO-MESÊNQUIMA POR TBX5

Antes da formação do broto do membro, o mesoderma da placa lateral da somatopleura apresenta características de um epitélio pseudostratificado com polaridade apicobasal (**FIGURA 19.11**). Esta arquitetura de tecido é desconcertante, uma vez que essas células contribuem para a zona de progresso do broto do membro, que é constituída por células mesenquimais. A pesquisa do laboratório de Clifford Tabin demonstrou que as células epiteliais que constituem o mesoderma da somatopleura precoce sofrem transição epitélio-mesênquima (TEM) especificamente nos campos dos membros antes que qualquer sinal desse comportamento seja observado nas regiões do flanco (Gros e Tabin, 2014). O rastreio de linhagem do mesoderma da somatopleura revela uma alteração visível da morfologia epitelial para mesenquimal no curso de 24 horas. Pelo menos no caso do membro anterior, camundongos nocaute para *Tbx5* revelaram uma perda significativa do mesênquima do broto de membro, sugerindo que o Tbx5 é um regulador importante da TEM no campo do membro anterior (ver Figura 19.9B, setas verdes). Não se sabe se Islet1, Fgf10 ou outros fatores (Tbx4, Pitx1) são igualmente necessários para TEM no membro posterior.

FIGURA 19.11 Transições epitélio-mesênquima do mesoderma epitelial da somatopleura durante a formação do broto do membro. (A) O mesoderma (mesoderma da placa lateral) da somatopleura precoce é epitelial. (B-D) Em um período de 24 horas, esse mesoderma (marcado com GFP) sofre uma transição epitélio-mesênquima nas regiões dos campos dos membros. (Segundo Gros e Tabin, 2014.)

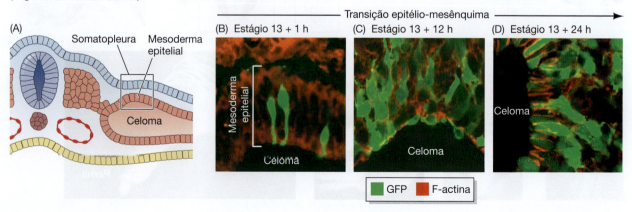

Transição epitélio-mesênquima

(A)

Somatopleura Mesoderma epitelial

Celoma

(B) Estágio 13 + 1 h

Mesoderma epitelial

Celoma

(C) Estágio 13 + 12 h

Celoma

(D) Estágio 13 + 24 h

Celoma

GFP   F-actina

4. ESTABELECIMENTO DE DOIS MECANISMOS DE RETROALIMENTAÇÃO POSITI-VA PARA FORMAÇÃO DO BROTO DO MEMBRO POR FGF-WNT Por meio da regulação positiva de *Tbx5* no membro anterior e *Islet1* no membro posterior, as células mesenquimais tornam-se comprometidas para o desenvolvimento do broto do membro e secretam o fator parácrino Fgf10. Fgf10 fornece o sinal para iniciar e propagar as interações entre o ectoderma e o mesoderma que formam o membro, e essas interações de sinalização promovem diretamente a formação e o crescimento do broto do membro.

A formação do membro é alegadamente um dos eventos morfológicos mais notáveis no desenvolvimento embrionário. O desenvolvimento do membro é um processo prolongado de brotamento, e Fgf10 possui o poder morfogenético para induzir a formação do membro. Lembre-se que, uma microsfera contendo Fgf10 colocada ectopicamente sob o ectoderma do flanco pode induzir a formação de membros extranumerários (ver Figura 19.10B, C; Ohuchi et al., 1997; Sekine et al., 1999). Se Fgf10 é o fator de sinalização que induz o crescimento do broto do membro, como pode ser mantido este crescimento?

A resposta é *mecanismos de retroalimentação positiva*. De entre os alvos a jusante da sinalização de Fgf10 estão Wnt/β-catenina e os fatores de transcrição por eles iniciados, que perpetuam a sinalização Fgf10 (ver Figura 19.9B, C, setas pretas tracejadas). Esse mecanismo pode ser visto como a etapa limitante para a indução do membro: uma vez que Fgf10 é expresso, a formação e o crescimento do broto do membro começarão. No futuro campo do membro anterior, por exemplo, Tbx5 induz Wnt2b, que, então, aumenta a expressão de Fgf10, que, por sua vez, atua por retroalimentação positiva para manter a ativação tanto de Wnt2b como de Tbx5. Como resultado de manter a sinalização de Fgf10, os brotos do membro irão se formar, e o membro começará a crescer, mas por quê? Que outra coisa estará fazendo Fgf10 para comandar mais diretamente o crescimento do broto do membro?

O Fgf10 secretado pelo mesênquima do campo do membro induz o ectoderma suprajacente a formar a crista ectodérmica apical (ver Figura 19.20; Xu et al., 1998; Yonei-Tamura et al., 1999). A AER corre ao longo da margem distal do broto do membro e se tornará um centro sinalizador fundamental para o desenvolvimento dos membros em desenvolvimento (Saunders, 1948; Kieny, 1960; Saunders e Reuss, 1974; Fernandez-Teran e Ros, 2008). Fgf10 é capaz de induzir a AER no ectoderma competente entre os lados dorsal e ventral do embrião. A fronteira onde os ectodermas dorsal e ventral se encontram é fundamental para o posicionamento da AER.

Em mutantes nos quais o broto do membro é dorsalizado e não há junção dorsoventral (como no mutante de galinha *limbless*), a AER não se forma, e o desenvolvimento do membro cessa (Carrington e Fallon, 1988; Laufer et al., 1997a; Rodriguez-Esteban et al., 1997; Tanaka et al., 1997). Fgf10 estimula Wnt3a (Wnt3a em galinha; Wnt3 em humano e camundongo) no ectoderma de superfície do futuro broto do membro. A proteína Wnt atua por meio da via canônica de β-catenina para induzir a expressão de Fgf8 no ectoderma (Fernandez-Teran e Ros, 2008). Essa transmissão de sinalização representa o estágio basilar de formação dos brotos do membro porque, uma vez que o Fgf8 é produzido no ectoderma de superfície, este alonga-se para fisicamente se tornar a AER. Uma das funções principais da AER é instruir as células mesenquimais diretamente abaixo dela para continuarem a sintetizar Fgf10. Desse modo, um segundo *mecanismo de retroalimentação positiva* é gerado, no qual o Fgf10 mesodérmico instrui o ectoderma de superfície a continuar a produzir Fgf8, e o ectoderma de superfície continua instruindo o mesoderma subjacente a sintetizar Fgf10 (ver Figura 19.9B, C, setas vermelhas). Cada FGF ativa a síntese do outro (Mahmood et al., 1995; Crossley et al., 1996; Vogel et al., 1996; Ohuchi et al., 1997; Kawakami et al., 2001). A expressão continuada de FGFs mantém a mitose no mesênquima por baixo da AER, que alimenta o brotamento do membro.

Brotamento: gerando o eixo proximal-distal do membro

A crista ectodérmica apical

A crista ectodérmica apical induzida por Fgf10 é um centro sinalizador com múltiplas funções que influenciará a padronização ao longo de todos os eixos do desenvolvimento

Ampliando o conhecimento

Autônomo ou não autônomo? Talvez essa devesse ser a questão relativa à formação do membro posterior. O antagonismo de ácido retinoico por Fgf8 é um importante mecanismo não autônomo necessário para induzir o desenvolvimento do membro anterior, mas esta "batalha dos fatores parácrinos" não explica a indução do campo do membro posterior. Existe uma pré-padronização suficiente de expressão dos genes *Hox* e *Islet1* para sustentar um mecanismo autônomo de indução do broto do membro inferior? Além disso, qual a importância da quarta dimensão do tempo para influenciar o desenvolvimento do membro posterior? De que forma experimental podem ser abordadas essas questões?

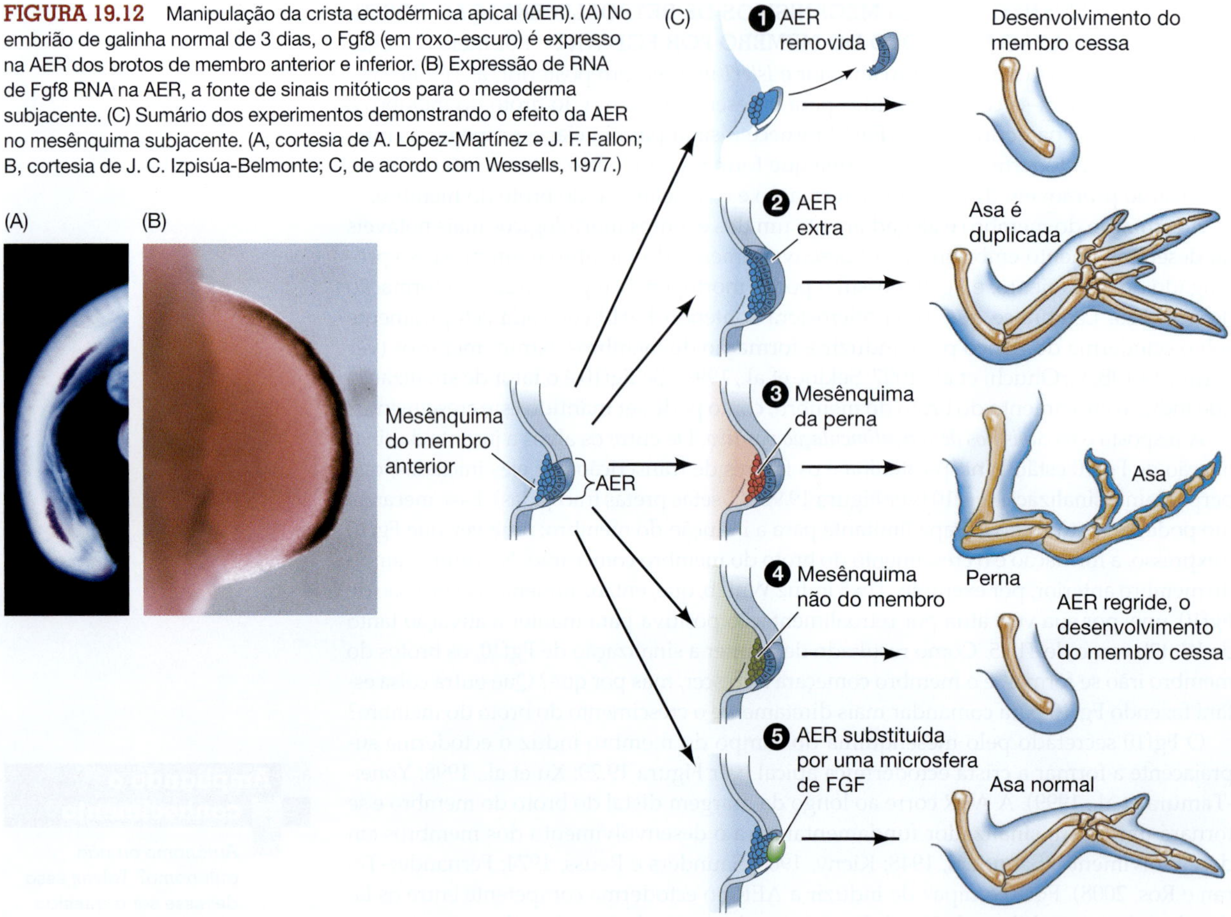

FIGURA 19.12 Manipulação da crista ectodérmica apical (AER). (A) No embrião de galinha normal de 3 dias, o Fgf8 (em roxo-escuro) é expresso na AER dos brotos de membro anterior e inferior. (B) Expressão de RNA de Fgf8 RNA na AER, a fonte de sinais mitóticos para o mesoderma subjacente. (C) Sumário dos experimentos demonstrando o efeito da AER no mesênquima subjacente. (A, cortesia de A. López-Martínez e J. F. Fallon; B, cortesia de J. C. Izpisúa-Belmonte; C, de acordo com Wessells, 1977.)

do membro (**FIGURA 19.12A, B**). Os diferentes papéis da AER incluem (1) manter o mesênquima subjacente em estado plástico e proliferativo, o que mantém o crescimento linear (proximal-distal, ou ombro-dedo) do membro; (2) manter a expressão daquelas moléculas que geram o eixo anteroposterior (polegar-dedo mínimo); e (3) interagir com as proteínas para especificar os eixos anteroposterior e dorsoventral (costas-palma), de modo que cada célula receba instruções sobre como se diferenciar (ver Figura 19.1).

O crescimento proximal-distal e a diferenciação do broto do membro são possíveis graças a uma série de interações entre a AER e o mesênquima do broto do membro imediatamente abaixo (200 µm) dele. Como mencionado, esse mesênquima distal é chamado de mesênquima da zona de progresso (PZ), uma vez que a sua atividade proliferativa estica o broto do membro (Harrison, 1918; Saunders, 1948; Tabin e Wolpert, 2007). Essas interações foram demonstradas pelos resultados de vários experimentos em embriões de galinha (**FIGURA 19.12C**):

1. Se a AER for removida em qualquer momento durante o desenvolvimento do membro, o crescimento adicional dos elementos esqueléticos do membro cessa.
2. Se uma AER supernumerária for enxertada em um broto de membro existente, estruturas supranumerárias são formadas, normalmente perto da extremidade distal do membro.
3. Se o mesênquima da perna for colocado diretamente sob a AER da asa, estruturas distais de membro posterior (dedos do pé) se desenvolvem na extremidade do membro. (Se esse mesênquima for colocado mais longe da AER, porém, o mesênquima do membro posterior [perna] fica integrado nas estruturas da asa.)
4. Se o mesênquima do membro for substituído por mesênquima que não é do membro por baixo da AER, esta regride, e o desenvolvimento do membro cessa.

Assim, apesar de as células do mesênquima induzirem e sustentarem a AER e determinarem o tipo de membro a ser formado, a AER é responsável pelo brotamento sustentado e o desenvolvimento do membro (Zwilling, 1955; Saunders et al., 1957; Saunders, 1972; Krabbenhoft e Fallon, 1989). A AER mantém as células do mesênquima diretamente por baixo dela em estado de proliferação mitótica e impede-as de formarem cartilagem (ver ten Berge et al., 2008).

As proteínas FGF e Wnt também regulam a forma e o crescimento do broto de membro precoce. As células do mesênquima do membro inicial não estão aleatoriamente organizadas. Em vez disso, elas mostram uma polaridade de forma que elas estendem os seus eixos longos perpendicularmente ao ectoderma (Gros et al., 2010; Sato et al., 2010). Parece que a sinalização Wnt determina esta orientação e também promove a divisão celular no plano do ectoderma, estendendo, assim, o broto do membro para fora. Os sinais FGF aumentam a velocidade da migração celular, fazendo as células migrarem distalmente. Como resultado, o broto do membro achata-se no eixo anteroposterior enquanto cresce distalmente (i.e., em direção à fonte de Fgf8).

O Fgf8 é o principal fator ativo na AER, e microsferas secretando Fgf8 podem substituir as funções da AER na indução do crescimento do membro (ver Figura 19.12C, painel 5). Existem outros FGFs secretados pela AER, incluindo Fgf4, Fgf9 e Fgf17 (Lewandoski et al., 2000; Boulet et al., 2004). No entanto, a perda de qualquer um desses FGFs causa apenas defeitos ligeiros ou nenhum defeito no padrão do esqueleto, sugerindo que existe redundância significativa dentro dessa família relativamente à padronização do membro. Contudo, a remoção genética de múltiplos genes FGF demonstrou malformações específicas do esqueleto cada vez mais graves à medida que mais um gene FGF é removido, o que apoia a ideia de que os FGFs derivados da AER apresentam algum controle sobre a padronização (ver Figura 19.9B, C, setas vermelhas; Mariani et al., 2008).

 OS CIENTISTAS FALAM 19.4 Uma conferência na rede com a Dra. Francesca Mariani sobre os papéis instrutivos da sinalização de FGF na padronização proximal-distal.

TÓPICO NA REDE 19.1 **INDUÇÃO DA AER** Este evento complexo envolve a interação entre os compartimentos dorsal e ventral do ectoderma. A via Notch pode ser fundamental; a alteração da expressão dos genes dessa via pode resultar em ausência ou duplicação dos membros.

Especificando o mesoderma do membro: determinando a polaridade proximal-distal

O PAPEL DA AER Em 1948, John Saunders fez uma observação simples e profunda: se a AER for removida em um estágio precoce do broto de asa, apenas o úmero se forma. Se a AER for removida ligeiramente mais tarde, úmero, rádio e cúbito formam-se (Saunders, 1948; Iten, 1982; Rowe et al., 1982). Explicar como isso acontece não tem sido fácil. Primeiro, foi preciso determinar se a informação posicional para a polaridade proximal-distal residia na AER ou no mesênquima da zona de progresso. Por meio de uma série de transplantes recíprocos, essa especificidade se mostrou residir no mesênquima. Se a AER tinha providenciado informação posicional de algum modo instruindo o mesoderma indiferenciado subjacente quais estruturas formar, então AERs mais velhas combinadas com mesoderma mais jovem deveriam ter produzido membros com deleções no meio, ao passo que AERs combinadas com mesênquima mais velho deveriam originar duplicações de estruturas. Na realidade, isso não se mostrou ser assim; em vez disso, membros normais se formaram em ambos os experimentos (Rubin e Saunders, 1972). Todavia, quando toda a zona de progresso (incluindo tanto o mesoderma como a AER) de um embrião precoce foi colocada no broto de membro de um embrião em estágio mais avançado, novas estruturas proximais foram geradas para além das já presentes (**FIGURA 19.13A**). Em contrapartida, quando zonas de progresso velhas foram adicionadas a brotos de membro jovens, estruturas distais desenvolveram-se, de modo que foram observados dígitos emergindo do úmero sem o cúbito e o rádio intermediários (**FIGURA 19.13B**); (Summerbell e Lewis, 1975). Esses experimentos demonstraram que o mesênquima especifica as identidades esqueléticas ao longo do eixo proximal-distal, o que pede a seguinte questão: "Como?".

FIGURA 19.13 O controle da especificação proximal-distal do membro é correlacionado com a idade do mesênquima da zona de progresso (PZ, do inglês, *progress zone*). (A) Um conjunto extra de cúbito e rádio formou-se quando uma zona de progresso de um broto de asa precoce foi transplantada para um broto tardio de asa que já tinha formado cúbito e rádio. (B) Falta de estruturas intermediárias é observada quando uma zona de progresso de um broto de asa tardio foi transplantada para um broto de asa precoce. (De Summerbell e Lewis, 1975, cortesia de D. Summerbell.)

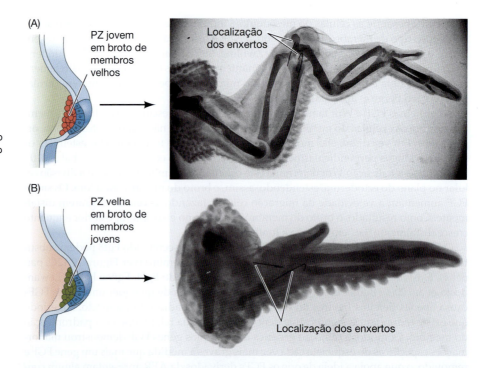

(A) PZ jovem em broto de membros velhos

Localização dos enxertos

(B) PZ velha em broto de membros jovens

Localização dos enxertos

MODELOS DE GRADIENTE DE PADRONIZAÇÃO DO MEMBRO Em 2010, evidência sobre a padronização do membro de galinha convergiu em um modelo de dois gradientes que se opõem: um gradiente de FGFs e Wnts da AER distal, e um segundo gradiente de ácido retinoico do tecido do flanco proximal (**FIGURA 19.14A**). Essa explicação de dois gradientes foi proposta antes para a regeneração do membro de anfíbios (ver Maden, 1985; Crawford e Stocum, 1988) e tinha até sido hipotetizada para a padronização do membro embrionário (ver Mercader et al., 2000). Evidência real para o modelo acabou por vir de experimentos de transplante de mesênquima por Cooper e colaboradores, nos Estados Unidos, e Roselló-Díez e colaboradores, na Espanha (Cooper et al., 2011; Roselló-Díez et al., 2011).

Os pesquisadores tiraram células mesenquimais do broto de membro indiferenciado e "reempacotaram-nas" na casca ectodérmica de um broto de membro jovem. Como esperado, a idade do mesênquima determinou o tipo de ossos formados. Contudo, o tipo de osso formado tornou-se mais proximal (na direção do estilopódio) se o mesênquima do broto de membro precoce tivesse sido tratado com RA na presença de Wnt e FGF; e tornou-se mais distal (em direção do autopódio) se o mesênquima tivesse sido tratado apenas com FGFs e Wnts (**FIGURA 19.14B, C**). Além disso, se as ações de FGFs forem inibidas, os ossos tornam-se mais proximais, e se a síntese de RA for inibida, os ossos tornam-se mais distais. Assim, parece existir um balanço entre a proximalização dos ossos por RA do flanco e a distalização dos ossos por FGFs e Wnts da AER. Os gradientes opostos podem conseguir este balanço ao estabelecer um padrão segmentar de diferentes fatores de transcrição no mesênquima. Tais gradientes opositores são provavelmente um mecanismo comum para a especificação celular, como já vimos antes para o caso do embrião inicial de *Drosophila* (ver Capítulo 9).

Existe um apoio mecanístico para esse modelo baseado nas ações funcionais de RA e Fgf8. Como descrevemos antes para a iniciação do campo do membro anterior, RA e Fgf8 apresentam uma relação antagonística um relativamente ao outro que é mediada em pelo menos dois níveis: repressão direta e regulação diferencial de genes-alvo (ver Figura 19.14A). O RA funciona como um repressor transcricional direto da expressão de Fgf8 (Kumar e Duester, 2014); assim, conforme o brotamento do broto de membro progride, a AER (e fonte de Fgf8) irá deslocar-se para além do alcance de RA, para permitir maior expressão de *Fgf8* ao longo do tempo. Em um confronto mais direto com RA, o Fgf8 aumenta a expressão de proteínas citocromo P450 26 (CYP26) que degradam

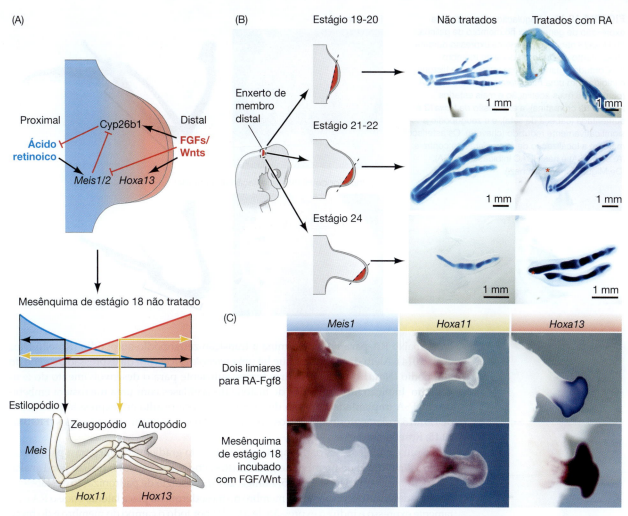

FIGURA 19.14 (A) Modelo de padronização do membro, no qual o eixo proximal-distal é gerado por gradientes oponentes de ácido retinoico (RA) (sombreado azul) do flanco proximal e de FGFs e Wnts (sombreado cor-de-rosa) da AER distal. (B) Procedimento de enxerto nos embriões de galinha, mostrando o transplante de extremidades de broto de membro para a região da cabeça de outro embrião de galinha. Extremidades do broto foram ou não tratadas ou tratadas por inserção de uma microsfera embebida em RA (os asteriscos marcam a localização da microsfera). Os resultados mostram que o RA proximaliza os ossos que se formam a partir do mesênquima transplantado. As extremidades de broto de membro não tratadas (sombreado) geraram cartilagem específica de membro de acordo com a idade. Contudo, quando a extremidade do broto foi tratada com 1 mg/ml de RA, o esqueleto que se formou se tornou mais proximal. (C) Tratamento com FGFs e Wnts altera o padrão de expressão de fatores de transcrição proximodistais específicos no mesênquima transplantado (marcação escura). *Meis1* é específico para o estilopódio, *Hoxa11* é específico para o zeugopódio, e *Hoxa13* é específico para o autopódio. O mesênquima do broto de membro mais precoce (estágio 18) formará os três tipos de cartilagem. Quando o mesênquima é primeiro incubado em Fgf8 e Wnt3a, porém, o fator de transcrição do autopódio (*Hoxa13*) é amplamente expresso, enquanto que o marcador do estilopódio (Meis1) é drasticamente reduzido. A adição de RA em cultura é necessária para manter a competência para expressar *Meis1* proximalmente (não mostrado). (A, segundo Macken e Lewandoski, 2011; B, segundo Roselló-Díez et al., 2011; C, segundo Cooper et al., 2011, fotos por cortesia dos autores.)

diretamente o RA (Probst et al., 2011). Além disso, RA e Fgf8 regulam diferencialmente os genes determinantes da identidade proximal-distal, como *Meis1/2*, *Hoxa11* e *Hoxa13*, no estilopódio, zeugopódio e autopódio, respectivamente (Cooper et al., 2011). Por exemplo, o RA promove a expressão de *Meis1* mais proximal, ao passo que Fgf8 inibe a expressão desse gene. A relação contrária também é verdade para o *Hoxa13* mais distal (ver Figura 19.14A, C). O aumento da expressão de *Meis1* por RA é protetor, porque, além de promover destinos celulares proximais extremos, a proteína Meis1 também reprime a transcrição de CYP26b1. De fato, refinamentos recentes desse modelo sugerem que há dois limiares distintos de sinalização RA para Fgf8. Um limiar relativamente elevado de RA-para-Fgf8 determina a transição estilopódio-zeugopódio, ao passo que um

FIGURA 19.15 Regulação epigenética da expressão de genes *Hox* no membro de galinha. (A) *Hoxa13* não é normalmente expresso durante o crescimento do broto precoce do membro. (B) Contudo, quando a desacetilação de histona é inibida com uma micrisfera embebida em TSA (permitindo mais acetilação e mais estados abertos de cromatina), a expressão de *Hoxa13* é aumentada (cabeça de seta), e o zeugopódio é significativamente reduzido (chaveta). Os asteriscos marcam a localização de microsferas no controle (A, sem TSA) e nas HDAC inibidas (B, +TSA). (De Miguel Torres Sanchez.)

(A) Controle

(B) Inibidor de HDAC (acetilação aumentada)

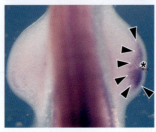 

limiar baixo RA-para-Fgf8 determina a transição zeugopódio-autopódio (Roselló-Díez et al., 2014). Além disso, parece que há uma *retenção epigenética* da expressão do gene do autopódio (*Hoxa13*) para permitir o tempo suficiente para o desenvolvimento do zeugopódio. Inibição farmacológica de histona desacetilases com uma microsfera embebida em TSA implantada no broto de membro precoce resulta em expressão prematura de *Hoxa13* e elementos esqueléticos do zeugopódio especificamente reduzidos (**FIGURA 19.15**; Roselló-Díez et al., 2014).

No seu conjunto, esses dados apoiam o modelo do gradiente duplo para a padronização proximal-distal no membro de galinha (Roselló-Díez et al., 2014; revisto por Tanaka, 2013; Cunningham e Duester, 2015; Zuniga, 2015). O estágio de padronização é estabelecido antes de sinais de formação do membro no mesoderma da placa lateral, onde o RA é altamente expresso e induz a expressão de *Meis1/2* por todo o campo do membro e do broto do membro inicial (sustentando, assim, a especificação do estilopódio). Logo em seguida, um gradiente oposto de Fgf8 e Wnt da AER antagoniza a sinalização de RA ao longo do eixo proximal-distal. Um distanciamento da AER do flanco por brotamento proliferativo resulta em diminuição da sinalização de RA e fortalecimento de Fgf8, até que um limiar de sinalização RA:Fgf8 desencadeia a expressão do gene *Hoxa11* e a diminuição da expressão de *Meis1/2* (levando à diferenciação do zeugopódio). Como resultado da redução da função de *Meis1/2*, intensifica-se a degradação de RA mediada por CYP26b1 para atingir o limiar seguinte para desenvolvimento do autopódio. Apesar de, nesta altura, o mesênquima distal poder ser permissivo à especificação do destino do autopódio, só quando a regulação da cromatina permite o acesso ao fator de transcrição *Hoxa13* começa a diferenciação do autopódio (ver Figura 19.14). Essa regulação epigenética de atrasar o desenvolvimento do autopódio permite contribuições celulares mais importantes para a linhagem do zeugopódio, influenciando o seu tamanho, que pode representar um mecanismo importante utilizado ao longo do desenvolvimento para dar forma ao embrião.

O modelo de gradiente duplo não deixa de ter controvérsia. O modelo é principalmente baseado em dados gerados apenas na galinha, e existem algumas inconsistências com dados comparáveis gerados no camundongo. A inconsistência mais marcante parece ser que o RA seja dispensável para o desenvolvimento e a padronização do membro posterior em camundongo (Sandell et al., 2007; Zhao et al., 2009; Cunningham et al., 2011, 2013), deixando, assim, em aberto a questão de saber se os gradientes opostos de RA e FGF/Wnt funcionam no membro anterior de camundongo como funcionam na asa de galinha. Contudo, vários estudos examinando a perda de RA revelaram que, apesar de os membros anteriores de camundongos terem sido encurtados, o seu padrão era relativamente normal, incluindo expressão proximal de *Meis1/2* (Sandell et al., 2007; Zhao et al., 2009; Cunningham et al., 2011, 2013). Este fenótipo de membro encurtado tem sido interpretado como indicador de que o RA tem um papel no estabelecimento precoce do campo do membro, em vez de afetar a padronização ao longo do eixo proximal-distal.

Como alternativa ao modelo do gradiente duplo, Cunningham e colaboradores propuseram um modelo de gradiente único que foca nos sinais de padronização instrutivos de proteínas derivadas da AER (Cunningham et al., 2013; revisto em Cunningham e Duester, 2015). De modo específico, a expressão inicial de *Meis1/2* por todo o broto precoce de membro especifica destinos de estilopódio; depois, a expressão distal de FGF atua tanto para reprimir *Meis1/2*, evitando a adoção de destinos mais proximais pelo mesênquima distal, como para reprimir RA através da indução de Cyp26b1, impedindo, assim, o RA de interferir com a padronização distal. Os pontos-chave para este modelo de gradiente único proposto são, primeiro, que o RA não tem um papel instrutivo além da indução do campo do membro anterior, e, segundo, que a expressão colinear de genes *Hox* autonomamente cronometrada ao longo do eixo proximal-distal (ver Tarchini e Duboule, 2006) permitirá padronizar corretamente os destinos celulares na ausência de sinalização de RA excessiva.

O modelo de Turing: um mecanismo de reação-difusão para o desenvolvimento proximal-distal do membro

Genes e proteínas não produzem um esqueleto, as células, sim. Os tipos celulares do estilopódio e autopódio são idênticos; apenas diferem no modo como estão arranjados no espaço. De modo surpreendente, o mesênquima de membro dissociado colocado em cultura é capaz de se auto-organizar, expressar genes *Hox* 5' e formar estruturas típicas de membro com hastes e nódulos de cartilagem (Ros et al., 1994), o que levanta a questão basilar de: como essas células "sabem" organizar corretamente? Aplicado ao membro do embrião, porque apenas um elemento esquelético se forma no estilopódio, enquanto dois são formados no zeugopódio e vários no autopódio? Como os gradientes à volta dessas células lhes dizem como criar diferentes partes do esqueleto em diferentes lugares? Por que estão os dedos da mão e do pé sempre na extremidade distal do membro? As respostas podem vir de um modelo que envolve a difusão de dois ou mais sinais que interatuam negativamente. Isso é conhecido como o mecanismo de reação-difusão para a padronização do desenvolvimento.

O MODELO DE REAÇÃO-DIFUSÃO O **mecanismo de reação-difusão** é um modelo matemático formulado por Alan Turing (1952) para explicar como padrões químicos complexos podem ser gerados a partir de substâncias que são inicialmente homogeneamente distribuídas. Turing foi o matemático britânico e o cientista da computação que quebrou o código alemão "Enigma" durante a Segunda Guerra Mundial, como contado no filme *O Jogo da Imitação*, de 2014. Dois anos antes da sua morte, Turing deu aos biólogos um modelo matemático básico para explicar como os padrões podem ser auto-organizados. Apesar de alguns cientistas terem começado a aplicar o seu modelo nos anos 1970 para o padrão de condrogênese no membro (Newman e Frisch, 1979), só muito recentemente, com o acúmulo de evidência experimental, o modelo ganhou vasta aceitação.

A singularidade do modelo de Turing encontra-se na parte "reação" desse mecanismo. Não há dependência nos pré-padrões moleculares; em vez disso, interações entre duas moléculas podem produzir espontaneamente um padrão não uniforme (revisto de modo abordável em Kondo e Miura, 2010). Turing realizou que a geração desses padrões não ocorreria na presença de apenas um morfógeno único difusível, mas que *poderia* ser conseguida por duas substâncias homogeneamente distribuídas (que chamamos de morfógeno *A*, para "ativador", e morfógeno *I*, para "inibidor") *se as taxas de produção de cada substância dependerem uma da outra* (**FIGURA 19.16A, B**).

O modelo de Turing fornece uma estrutura para um sistema de "inibição lateral de auto-ativação local" (LALI, do inglês, *local autoactivation-lateral inhibition*) para gerar padrões estáveis que poderiam ser usados para guiar mudanças no desenvolvimento (Meinhardt, 2008). (Outros sistemas de reação-difusão de "tipo-Turing" também são usados por células com resultados semelhantes.) No modelo de Turing, o morfógeno *A* promove a produção de mais morfógeno *A* (auto-ativação), bem como de morfógeno *I*.

FIGURA 19.16　Mecanismo de reação-difusão (Turing) para a geração de padrões. (A) O modelo de Turing é baseado na interação de dois fatores, um que é tanto auto-ativador, como capaz de ativar o seu próprio inibidor. Essas interações podem levar a padrões de auto-geração de padrões para destinos celulares alternativos, que podes se assemelhar a listras de uma bandeira ou padrões mais labirínticos. (B) Geração de heterogeneidade espacial periódica pode ocorrer espontaneamente quando dois reagentes, *I* e *A*, são misturados sob condições que *I* inibe *A*, *A* catalisa a produção tanto de *I* como de *A*, e *I* difunde-se mais rápido que *A* (Tempo 1). Tempo 2 ilustra as condições do mecanismo de reação-difusão levando a um pico de *A* e um pico menor de *I* no mesmo local. (C) A distribuição dos reagentes é inicialmente aleatória, e as suas concentrações flutuam sobre uma determinada média. Conforme *A* aumenta localmente, ele produz mais *I*, que se difunde para inibir a formação de mais picos de *A* na vizinhança da sua produção. O resultado é uma série de picos de *A* ("ondas sustentadas") em intervalos regulares. (D, E) Simulações por computador de elementos de membro que resultariam de um mecanismo de Turing de autogeração. (D) Vista transversal do morfógeno ativador TGF-β em sucessivos estágios do desenvolvimento do membro de galinha (o tempo crescente é representado de baixo para cima). A concentração de TGF-β é indicada por cor (baixa = verde; alta = vermelha). (E) Vista tridimensional das células sofrendo condensação para osso (cinzento), como previsto por esta simulação de computador. Observe que o número de "ossos" em cada região do membro se correlaciona com o número de picos de concentração de TGF-β ao longo do tempo de desenvolvimento, como mostrado em (D). (A, de Kondo et al., 2010; D, E, de Zhang et al., 2013.)

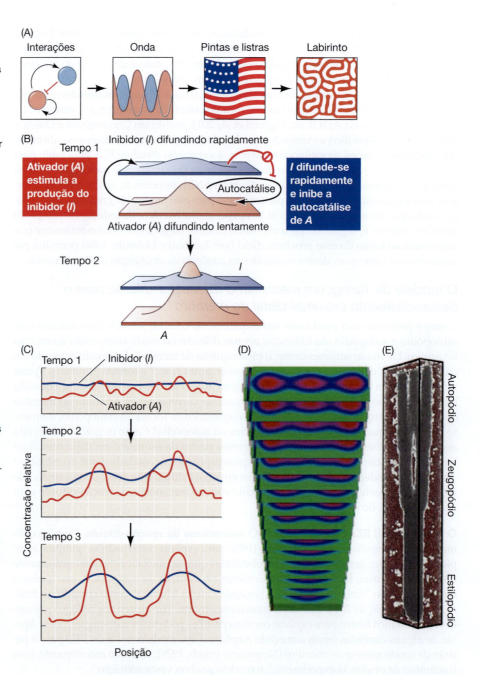

O morfógeno *I*, porém, inibe a produção do morfógeno *A* (inibição lateral). A matemática de Turing mostra que se *I* difunde mais rapidamente que *A*, as ondas aguçadas de diferenças de concentração são geradas pelo morfógeno *A* (**FIGURA 19.16C**).

A difusão dos sinais interatuantes pode inicialmente ser aleatória, mesmo assim, devido à dinâmica do ativador-inibidor desse modelo de Turing de tipo LALI, existirão áreas alternadas de concentração alta e baixa de um morfógeno, o que pode originar destinos celulares diferenciais. Quando a concentração do morfógeno ativador é acima de um certo limiar, uma célula (ou grupo de células) pode ser instruída a se diferenciar de determinado modo.

"TURING" AO LONGO DO MEMBRO　O modelo de Turing produziu resultados fascinantes quando aplicado ao desenvolvimento do membro (**FIGURA 19.16D, E**). Parece que a dinâmica de reação-difusão nos pode dizer como o broto de membro adquire a sua polaridade proximal-distal, e também como o número de dígitos é regulado na extremidade distal do membro (Turing e os dígitos serão discutido mais tarde neste capítulo). O sistema de reação-difusão tem sido proposto ser suficiente para estabelecer padrões de pré-cartilagem e tecidos não cartilaginosos (Zhu et al., 2010).

O laboratório de Stuart Newman demonstrou que um mecanismo de reação-difusão pode padronizar o mesênquima do membro, e que o tamanho e a forma importam (Hentschel et al., 2004; Chaturvedi et al., 2005; Newman e Bhat, 2007; Zhu et al., 2010; revisto em Zhang et al., 2013). Para fazer um modelo matemático de condrogênese do membro dentro de uma estrutura de Turing, os parâmetros-chave precisam ser identificados. Durante a condrogênese ao longo do eixo proximal-distal, a AER é vista como dividindo o membro em dois domínios: o *domínio inibidor* (também chamado de *zona apical*), o mesênquima mais distal subjacente à AER, no qual a condensação da pré-cartilagem é reprimida; e a *zona ativa*, que se encontra proximalmente adjacente ao domínio inibidor e é o domínio morfogeneticamente ativo onde se fundem as condensações de formação de cartilagem. Um terceiro domínio, a "zona congelada" muito além da influência da AER, contém os primórdios formados de cartilagem do esqueleto em regiões proximais do membro em desenvolvimento (**FIGURA 19.17**).

Como mencionado antes, Gros e colaboradores (2010) descobriram que as proteínas Wnt e FGF secretadas pela AER induzem padrões específicos de divisão celular e crescimento no mesênquima subjacente. Além disso, fatores secretados pela AER mantêm o mesênquima mais distal em estado plástico, indiferenciado (Kosher et. al., 1979), sinalização que, em parte, é mediada por FgfR1. É na zona ativa mais proximal do mesênquima do membro que os parâmetros de Turing se aplicam. As zonas ativa e congelada são ainda definidas (tanto em tecido como em equações diferenciais do modelo matemático) por suas expressões únicas de FgfR2 e FgfR3, respectivamente (Szebenyi et al., 1995; Hentschel et al., 2004). As células do mesênquima do membro dentro da zona ativa sintetizam *ativadores* da formação de nódulos de cartilagem. Esses ativadores incluem TGF-β, BMPs, activinas e certas proteínas ligadoras de carboidratos, chamadas de galectinas. As galectinas podem induzir a formação de certas moléculas de adesão celular e proteínas da matriz extracelular, como fibronectina, que fazem as células se agregarem para formar o esqueleto cartilaginoso. Essas mesmas células, porém, também sintetizam *inibidores* de agregação, como Noggin e galectinas inibidoras. O resultado é que o que antes eram agregados de formação de cartilagem agora inibem as áreas circundantes a formam mais desses agregados, (ver Figura 9.17, painel inferior). Alocação de mais espaço para o membro permite que se formem mais agregados.

Em tamanhos diferentes do membro, podem se formar diferentes números de condensações pré-cartilaginosas. Primeiro, cabe uma única condensação (úmero), depois duas (cúbito e rádio), depois várias (pulso, dígitos). Nesta hipótese de reação-difusão, as agregações de mesênquima de pré-cartilagem recrutam ativamente mais células da região circundante e inibem lateralmente a formação de outros focos de condensação. O número dessas condensações, então, depende da geometria da zona ativa e da força da inibição lateral. Uma vez formados, os agregados de mesênquima interagem uns com os outros não apenas para recrutar mais células, como também para expressar os

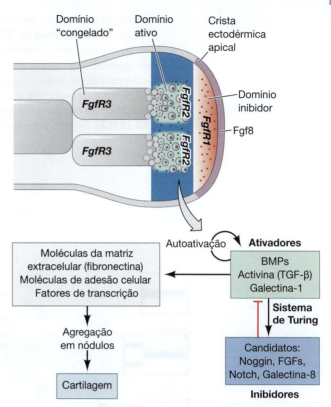

FIGURA 19.17 Mecanismo de reação-difusão para especificação proximal-distal do membro. No domínio inibidor imediatamente exterior à AER, as células são mantidas em divisão por FGFs e Wnts e são impedidas de formar cartilagem. Atrás dessa área, no domínio ativo, nódulos cartilaginosos formam-se ativamente de acordo com um mecanismo de reação-difusão. Aqui, cada célula secreta e pode responder a fatores parácrinos ativadores da família TGF-β (TGF-β, BMPs, activina) e fatores de adesão celular, como galectina-1. Esses fatores estimulam a sua própria síntese, assim como a de proteínas da matriz extracelular e de adesão celular que promovem a agregação. As células ativadoras estimulam a síntese de inibidores de agregação (incluindo Noggin e galectina-8), impedindo a adesão celular nas regiões vizinhas. Os locais onde os nódulos podem se formar são governados pela geometria do broto do membro (i.e., a geometria decide quantas "ondas" de ativador serão permitidas). No domínio "congelado", os nódulos agregados podem agora se diferenciar em cartilagem, "congelando", assim, a configuração. (Segundo Zhu et al., 2010.)

fatores de transcrição (Sox9) e de matriz extracelular (colágeno 2) característicos de cartilagem (Lorda-Diez et al., 2011).

De acordo com o modelo, ondas de síntese e inibição formariam o padrão original do membro. Ao colocar restrições, como geometria, difusibilidade e as taxas de síntese e degradação de cada ativador e inibidor, Zhu e colaboradores foram capazes de modelar os tipos de esqueleto que se formam conforme cresce o broto do membro. Primeiro, o modelo de computador mimetiza com precisão o padrão normal do membro (**FIGURA 19.18A**). Depois, simula os esqueletos anômalos que se formam como resultados de

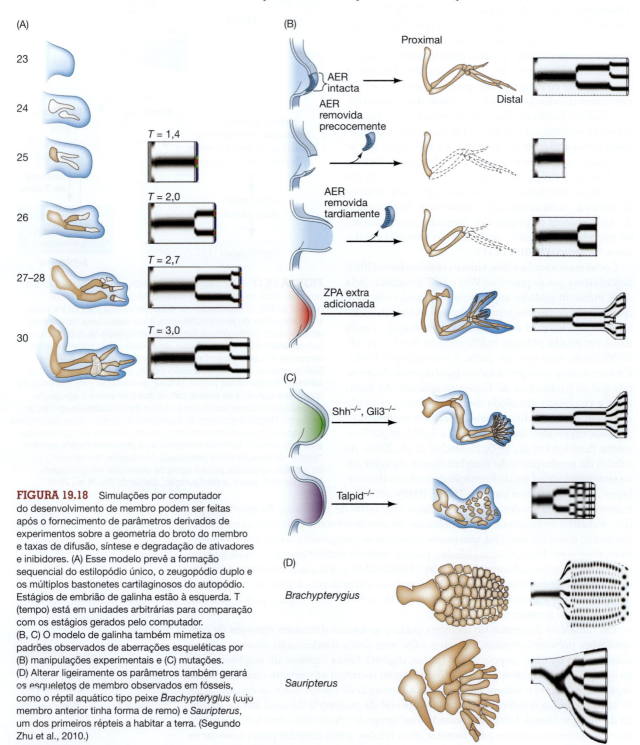

FIGURA 19.18 Simulações por computador do desenvolvimento de membro podem ser feitas após o fornecimento de parâmetros derivados de experimentos sobre a geometria do broto do membro e taxas de difusão, síntese e degradação de ativadores e inibidores. (A) Esse modelo prevê a formação sequencial do estilopódio único, o zeugopódio duplo e os múltiplos bastonetes cartilaginosos do autopódio. Estágios de embrião de galinha estão à esquerda. T (tempo) está em unidades arbitrárias para comparação com os estágios gerados pelo computador. (B, C) O modelo de galinha também mimetiza os padrões observados de aberrações esqueléticas por (B) manipulações experimentais e (C) mutações. (D) Alterar ligeiramente os parâmetros também gerará os esqueletos de membro observados em fósseis, como o réptil aquático tipo peixe *Brachypterygius* (cujo membro anterior tinha forma de remo) e *Sauripterus*, um dos primeiros répteis a habitar a terra. (Segundo Zhu et al., 2010.)

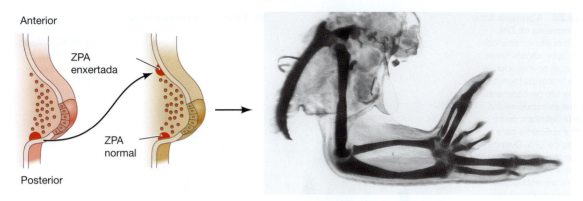

FIGURA 19.19   Quando a ZPA é enxertada para o mesoderma do broto de membro anterior, surgem dígitos duplicados como imagem de espelho dos dígitos normais. (Segundo Honig e Summerbell, 1985; foto por cortesia de D. Summerbell.)

manipulações (**FIGURA 19.18B**) e mutações (**FIGURA 19.18C**). Alterando as geometrias também se chegaria aos padrões observados nos membros de fósseis (**FIGURA 19.18D**).

> **ASSISTA AO DESENVOLVIMENTO 19.1**   Testemunhe uma simulação de computador da aquisição de padrões esqueléticos do membro ao longo do tempo baseado no modelo de reação-difusão.

Especificando o eixo anteroposterior

A especificação do eixo anteroposterior do membro é a primeira restrição de potencialidade celular no broto do membro. Na galinha, esse eixo é especificado assim que o broto do membro é reconhecível.

Sonic hedgehog define uma zona de atividade polarizante

Viktor Hamburger (1938) mostrou que tão cedo como o estágio de 16 somitos, o mesoderma da futura asa transplantado para a área do flanco se desenvolve em um membro com as polaridades anteroposterior e dorsoventral do enxerto do doador, e não com as do tecido hospedeiro. Vários experimentos que se seguiram (Saunders e Gasseling, 1968; Tickle et al., 1975) sugeriram que o eixo anteroposterior é especificado por um pequeno bloco de tecido mesodérmico perto da junção posterior entre o broto de membro jovem e a parede corporal. Quando o tecido dessa região é retirado de um broto de membro precoce e transplantado para uma posição no lado anterior do broto de membro, o número de dígitos da asa resultante é o dobro (**FIGURA 19.19**). Além disso, as estruturas do conjunto extra de dígitos são imagens-espelho das estruturas normalmente produzidas. A polaridade é mantida, mas a informação vem agora de ambas as direções anterior e posterior. Assim, essa região do mesoderma tem sido chamada de **zona de atividade polarizante** (**ZPA**, do inglês, *zone of polarizing activity*).

A busca da(s) molécula(s) que confere(m) atividade polarizante na ZPA se tornou uma das procuras mais intensivas em biologia do desenvolvimento. Em 1993, Riddle e colaboradores mostraram por hibridação *in situ* que *Sonic hedgehog* (*Shh*), um homólogo vertebrado do gene *hedgehog* de *Drosophila,* era especificamente expresso na região do broto do membro chamada ZPA (**FIGURA 19.20A**). Como evidência de que essa associação entre ZPA e Sonic hedgehog era mais do que apenas uma correlação, Riddle e colaboradores (1993) demonstraram que a secreção da proteína Shh é suficiente para a atividade polarizante. Eles transfectaram fibroblastos embrionários de galinha (que normalmente nunca sintetizariam Shh) com um vetor viral contendo o gene *Shh* (**FIGURA 19.20B**). O gene foi expresso, traduzido e secretado por estes fibroblastos, que foram, então, inseridos debaixo do ectoderma anterior de um broto de membro precoce de galinha. Os resultados foram duplicações de dígitos em imagem espelhada, como as

Ampliando o conhecimento

Modelos matemáticos podem indicar aos biólogos do desenvolvimento direções de novas questões e experimentos, e o modelo de Turing o fez certamente de maneira relativa ao padrão de formação durante a organogênese. Por exemplo, quais fatores na zona ativa são os principais ativadores e inibidores "reativos"? Apesar de o TGF-β ser um candidato bem apoiado para ativador condrogênico, existem poucos dados experimentais para caracterizar os potenciais inibidores que os modelos matemáticos preveem. Outro parâmetro a se avaliar são os movimentos celulares.

FIGURA 19.20 A proteína Sonic hedgehog é expressa na ZPA. (A) Hibridação *in situ* mostrando os locais de expressão de Sonic hedgehog (setas) no mesoderma posterior dos brotos de membro de galinha. Essas são precisamente as regiões que os experimentos de transplante definiram como ZPA. (B) Shh é suficiente para servir à função de ZPA. Quando Shh é produzido ectopicamente na margem anterior de um broto de membro de um embrião de galinha (por enxerto de células expressando Shh), os membros resultantes apresentam duplicação de dígito em imagem-espelho. (A, cortesia de R. D. Riddle; B, segundo Riddle et al., 1993.)

(A)

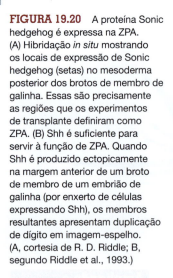

(B) Embrião de estágio 19-23

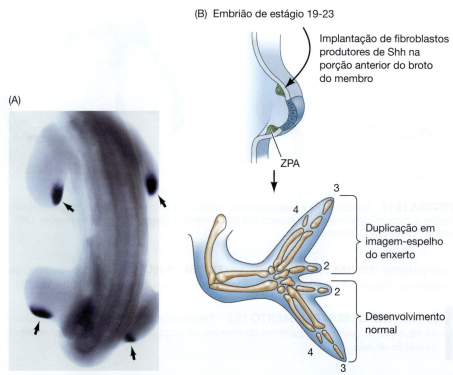

Implantação de fibroblastos produtores de Shh na porção anterior do broto do membro

ZPA

Duplicação em imagem-espelho do enxerto

Desenvolvimento normal

induzidas pelos transplantes de ZPA. Além disso, microsferas com proteína Sonic hedgehog causaram as mesmas duplicações (López-Martínez et al., 1995; Yang et al., 1997). Assim, Sonic hedgehog parece ser o agente ativo da ZPA.

Esse fato foi confirmado por uma notável mutação de ganho de função. O camundongo mutante *dedos supranumerários hemimélicos* (*hx*) tem dígitos supranumerários no lado do polegar das patas (**FIGURA 19.21A, B**). Este fenótipo é associado com uma diferença em um único par de bases no estimulador de *Shh* específico de membro, uma região altamente conservada localizada a longa distância (cerca de 1 milhão de pares de bases) do próprio gene *Shh* (Lettice et al., 2003; Sagai et al., 2005). Maas e Fallon (2005) fizeram um constructo repórter ao fusionar o gene da β-galactosidase com essa região de estimulador de membro de longo alcance de ambos os genes selvagem e mutante *hx*. Eles injetaram esses constructos em pró-núcleos de ovos fertilizados de camundongo para obter embriões transgênicos. Nos embriões transgênicos contendo o gene repórter com o estimulador de membro selvagem, a marcação para a atividade de β-galactosidase revelou uma única área de expressão no mesoderma posterior de cada broto de membro (i.e., na ZPA; **FIGURA 19.21C**). Contudo, camundongos com o constructo repórter do mutante *hx* mostraram atividade de β-galactosidase em *ambas* as regiões anterior e posterior do broto de membro (**FIGURA 19.21D**). Parece, então, que (1) esse estimulador tem funções positiva e negativa, e, (2) na região anterior do broto de membro, algum fator inibidor reprime a capacidade de esse estimulador ativar a transcrição de *Shh*. O inibidor não pode provavelmente se ligar ao estimulador mutado; assim, nos camundongos mutantes *hx*, Shh é expresso tanto na região anterior como na posterior do broto de membro, e essa expressão anterior de Shh origina o desenvolvimento de dígitos supranumerários. Mutações semelhantes no estimulador de Shh de membro de longo alcance originam fenótipos de polidactilia em humanos e outros mamíferos (**FIGURA 19.21E, F**; Gurnett et al., 2007; Lettice et al., 2008; Sun et al., 2008).

Especificando a identidade dos dígitos com Sonic hedgehog

Como é que Sonic hedgehog especifica as identidades dos dígitos? Quando cientistas conseguiram fazer experimentos de mapeamento de destino celular em escala fina das células secretoras de Shh na ZPA, ficaram surpreendidos por descobrir que as células

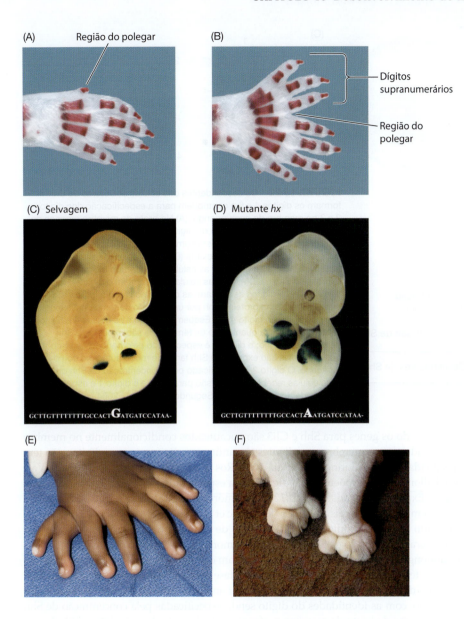

(A) Região do polegar

(B) Dígitos supranumerários

Região do polegar

(C) Selvagem

GCTTGTTTTTTTTGCCACT**G**ATGATCCATAA-

(D) Mutante *hx*

GCTTGTTTTTTTTGCCACT**A**ATGATCCATAA-

(E)

(F)

FIGURA 19.21 A expressão ectópica de Sonic hedgehog no membro anterior causa a formação de dígitos supranumerários. (A) Pata de camundongo selvagem. Os ossos estão marcados com vermelho de alizarina. (B) Patas de mutantes *hx* (*dedos supranumerários hemimélicos*), mostrando dígitos supranumerários associados com a região anterior ("polegar"). (O pequeno nódulo do osso posterior é característico do fenótipo *Hx* no fundo genético usado e não é observado em outros fundos genéticos.) (C) Constructos repórter do estimulador de membro de *Shh* selvagem dirigem a transcrição apenas na parte posterior de cada broto de membro de camundongo (i.e., na ZPA). (D) Constructos repórter dos mutantes *hx* dirigem a transcrição tanto nas regiões anterior como posterior de cada broto de membro. As sequências de DNA da região do estimulador específico de membro de *Shh* selvagem e mutante são mostradas abaixo e realçam a única substituição nucleotídica G-para-A que diferencia as duas. (E) uma mutação semelhante no estimulador de longo alcance para *SHH* humano origina duplicações em imagem-espelho na mão. (F) Descendentes dos gatos de Ernest Hemingway com polidactilia ainda moram na casa de Hemingway em Key West, Florida, e apresentam uma mutação neste estimulador de longo alcance. (A-D, de Maas e Fallon, 2005, cortesia de B. Robert, Y. Lallemand, S. A. Maas e J. F. Fallon; E, de Yang e Kozin, 2009, cortesia de S. Kozin; F, foto por S. Gilbert.)

que sempre expressam Shh não sofrem apoptose (morte celular programada; ver Capítulo 15) como a AER sofre depois de terminar o seu trabalho. Em vez disso, os descendentes das células que secretam Shh se convertem em osso e músculo do membro posterior (Ahn e Joyner, 2004; Harfe et al., 2004). De fato, os dígitos 5 e 4 (e parte do dígito 3) do membro posterior do camundongo são formados a partir dos descendentes das células secretoras de Shh (**FIGURA 19.22**).

Parece que a especificação dos dígitos é principalmente dependente do período de tempo que o gene *Shh* é expresso e apenas um pouco pela concentração da proteína de Shh que outras células recebem (ver Tabin e McMahon, 2008). A diferença entre os dígitos 4 e 5 é que as células do dígito 5 mais posterior expressam *Shh* mais tempo e são expostas a Shh (de modo autócrino) por um período mais longo. O dígito 3 é feito de células que secretam Shh por um período mais curto de tempo que as do dígito 4, e elas também dependem da difusão de Shh da ZPA (indicada pela perda do dígito 4 quando Shh é modificado de forma a não poder se difundir das células). O dígito 2 é totalmente dependente da difusão de Shh para a sua especificação, e o dígito 1 é especificado independentemente de Shh. De fato, em um mutante de galinha que ocorre naturalmente que não tem expressão de Shh no membro, o único dígito que se forma é o 1. Além

(A)

(B)

(C)

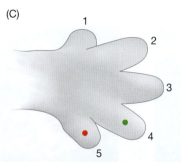

Dígito 4

Dígito 5

Shh

(D)

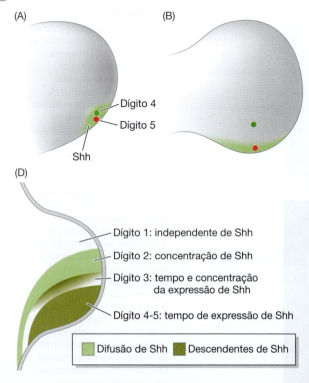

Dígito 1: independente de Shh

Dígito 2: concentração de Shh

Dígito 3: tempo e concentração da expressão de Shh

Dígito 4-5: tempo de expressão de Shh

☐ Difusão de Shh   ☐ Descendentes de Shh

FIGURA 19.22 Os descendentes das células secretoras de Shh formam os dígitos 4 e 5 e contribuem para a especificação dos dígitos 2 e 3 no membro do camundongo. (A) No broto de membro precoce de camundongo, os progenitores do dígito 4 (ponto verde) e os progenitores do dígito 5 (ponto vermelho) estão ambos na ZPA e expressam Sonic hedgehog (sombreado verde-claro). (B) Em estágios mais tardios do desenvolvimento do membro, as células que formam o dígito 5 ainda expressam Shh na ZPA, mas as células que formam o dígito 4, não. (C) Quando os dígitos se formam, as células no dígito 5 terão visto elevados níveis da proteína Shh por um período de tempo mais longo que as células no dígito 4. (D) Esquema pelo qual os dígitos 4 e 5 são especificados pela quantidade de tempo que são expostos a Shh de modo autócrino; o dígito 3 é especificado pelo período de tempo que as células são expostas a Shh tanto de modo autócrino como parácrino. O dígito 2 é especificado pela concentração de Shh que as suas células recebem por difusão parácrina, e o dígito 1 é especificado independentemente de Shh. (Segundo Harfe et al., 2004.)

disso, quando os genes para Shh e Gli3 são nocauteados condicionalmente no membro de camundongo, os membros resultantes têm inúmeros dígitos, mas os dígitos não têm especificidade óbvia (Litingtung et al., 2002; Ros et al., 2003; Scherz et al., 2007). Vargas e Fallon (2005) propõem que o dígito 1 seja especificado por *Hoxd13* na ausência de *Hoxd12*. Expressão forçada de *Hoxd12* nos primórdios digitais leva à transformação do dígito 1 em um dígito mais posterior (Knezevic et al., 1997).

Usando nocautes condicionais do gene *Shh* de camundongo (i.e., pesquisadores puderam parar a expressão de Shh em diferentes momentos durante o desenvolvimento do camundongo), Zhu e Mackem (2011) descobriram que Sonic hedgehog atua por dois mecanismos temporalmente distintos. A primeira fase envolve a especificação da identidade do dígito (do dedo mínimo posterior ao polegar anterior). Nessa fase, Shh atua como um morfógeno, com as identidades do dígito sendo especificadas pela concentração de Shh naquela região do broto de membro, e, depois, pela duração da exposição a Shh. Na segunda fase, Shh funciona como mitógeno para estimular a proliferação e a expansão do mesênquima do broto do membro, ajudando, assim, a moldar o broto do membro.

O mecanismo pelo qual Sonic hedgehog estabelece a identidade do dígito pode envolver a regulação do ciclo celular e a via de BMP. As ações de Shh dependentes do tempo e da concentração levam a uma ativação gradual do efetor transcricional a jusante Gli3. Estes alvos incluem os genes do antagonista de BMP Gremlin, o regulador de ciclo celular Cdk6 e os genes que sintetizam ácido hialurônico (um componente da adesão celular). Shh (através de Gli3) restringe a proliferação das células progenitoras de cartilagem (diminuindo a expressão de Cdk6) e promove a sua diferenciação em cartilagem estimulada por BMP, inibindo o antagonista de BMP, Gremlin, e aumentando a expressão de ácido hialurônico sintase 2 (Vokes et al., 2008; Liu et al., 2012; Lopez-Rios et al., 2012).

Shh inicia e sustém um gradiente de proteínas BMP ao longo do broto do membro, e este gradiente de BMP pode especificar os dígitos (Laufer et al., 1994; Kawakami et al., 1996; Drossopoulou et al., 2000). No entanto, a identidade não é diretamente especificada em cada primórdio de dígito. Em vez disso, a identidade de cada dígito é determinada pelo mesoderma *interdigital* – isto é, a membrana interdigital (a região de mesênquima que em breve sofrerá apoptose).

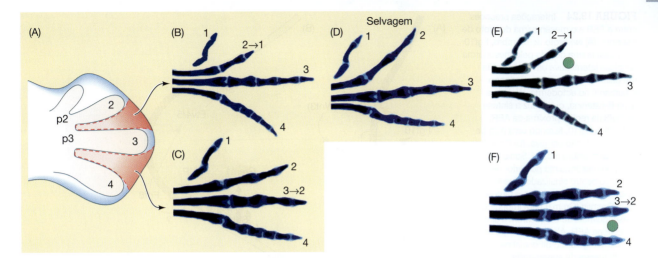

FIGURA 19.23 Regulação da identidade por concentrações de BMP no espaço interdigital anterior ao dígito e por Gli3. (A) Esquema da remoção das regiões interdigitais (ID). (B) Remoção da região ID 2 entre os primórdios 2 (p2) e 3 (p3) faz o dígito 2 mudar para estrutura do dígito 1. (C) Remover a região ID 3 (entre os primórdios de dígito 3 e 4) faz o dígito 3 formar estruturas de dígito 2. (D) Dígitos selvagens e seus espaços ID. (E, F) As mesmas transformações de (B) e (C) podem ser obtidas adicionando microsferas com o inibidor de BMP Noggin às regiões ID. (E) Quando uma microsfera com Noggin (ponto verde) é colocada na região ID 2, o dígito 2 é transformado em uma cópia do dígito 1. (F) Quando uma microsfera com Noggin é colocada na região ID 3, o dígito 3 é transformado em uma cópia de dígito 2. (Segundo Dahn e Fallon, 2000; Litingtung et al., 2002; B-F, fotos por cortesia de R. D. Dahn e J. F. Fallon.)

O tecido interdigital especifica a identidade do dígito que se forma anteriormente a ele (i.e., em direção do polegar ou dedão). Assim, quando Dahn e Fallon (2000) removeram a membrana entre as condensações cartilaginosas que formam os dígitos 2 e 3 do membro posterior de galinha, o segundo dígito foi alterado para uma cópia do dígito 1 (**FIGURA 19.23A, B**). De modo semelhante, quando a membrana interdigital do lado do dígito 3 foi removida, o terceiro dígito formou uma cópia do dígito 2 (**FIGURA 19.23A, C**). Além disso, o valor posicional da membrana interdigital podia ser alterado mudando-se o nível de BMP (**FIGURA 19.23D-F**). Cada dígito tem uma gama característica de nódulos que formam o esqueleto dos dígitos, e Suzuki e colaboradores (2008) mostraram que níveis diferentes de sinalização BMP na membrana interdigital regulam o recrutamento de células mesenquimais da zona de progresso para os nódulos que formam os dígitos.

Sonic hedgehog e FGFs: outro mecanismo de retroalimentação positiva

Quando o broto do membro é relativamente pequeno, um mecanismo de retroalimentação positiva é estabelecido entre o Fgf10 produzido pelo mesoderma e o Fgf8 produzido no ectoderma, promovendo o brotamento do membro (**FIGURA 19.24A**). Conforme o broto do membro cresce, a ZPA é estabelecida, e outro mecanismo de retroalimentação regulatório é criado (**FIGURA 19.24B**). Os BMPs no mesoderma diminuiriam a expressão de FGFs na AER se não fosse pela expressão de um inibidor de BMP, Gremlin, dependente de Shh (Niswander et al., 1994; Zúñiga et al., 1999; Scherz et al., 2004; Vokes et al., 2008). Sonic hedgehog na ZPA ativa Gremlin, que inibe BMPs, promovendo, assim, a manutenção da expressão de FGF e o crescimento continuado do broto do membro. Fgf, por sua vez, inibe os repressores de Shh para completar o mecanismo de retroalimentação positiva. Assim como na maioria das vias multigênicas, porém, esta interatividade é mais complicada.

Dependendo dos níveis de FGFs na crista ectodérmica apical, a zona de atividade polarizante pode tanto ser ativada como desligada; foram demonstrados dois mecanismos de retroalimentação (**FIGURA 19.24C**; Verheyden e Sun, 2008; Bénazet et al., 2009). Primeiro, níveis relativamente baixos de FGFs da AER ativam Shh e mantêm a ZPA funcionante. Os sinais de FGF parecem inibir as proteínas Etv4 e Etv5, que são repressores da transcrição de Sonic hedgehog (ver Figura 21.24B; Mao et al., 2009; Zhang et al., 2009). Assim, a AER e a ZPA apoiam-se mutuamente por meio do mecanismo de retroalimentação positiva de Sonic hedgehog e FGFs (Todt e Fallon, 1987; Laufer et al., 1994; Niswander et al., 1994). Na região mais anterior do broto de membro, o Fgf8 regula positivamente Etv4/5, que, por sua vez, reprime Shh nesta região, reforçando ainda o gradiente posterior-para-anterior de Shh a partir da ZPA (Mao et al., 2009).

Como resultado da estimulação de Shh por meio da sinalização FGF, os níveis de Gremlin (um potente antagonista de BMP) tornam-se elevados, e o mecanismo de retroalimentação positiva FGF/Shh mantém o crescimento do broto do membro (**FIGURA**

FIGURA 19.24 Interações precoces entre a AER e o mesênquima do broto de membro. (A) No broto do membro, Fgf10 do mesênquima gerado pelo mesoderma da placa lateral ativa um Wnt (Wnt3a em galinha; Wnt3 em camundongo e humano) no ectoderma. Wnt ativa a via β-catenina, que induz a síntese de Fgf8 na região próxima da AER. Fgf8 ativa Fgf10, fazendo uma alça de retroalimentação positiva. (B) Conforme o broto de membro cresce, Sonic hedgehog (Shh) no mesênquima posterior gera um novo centro sinalizador que induz polaridade anteroposterior, e também ativa Gremlin (Grem1) para impedir BMPs mesenquimais de bloquearem a síntese de FGF na AER. Além disso, Fgf8 opera em parte regulando difrencialmente Etv4/5 (genes da superfamília "*E-twenty-six*" de fatores de transcrição) ao longo do eixo anteroposterior do broto do membro, que, por sua vez, reinforça um gradiente de expressão de Shh a partir da região posterior. (C) Duas alças de retroalimentação ligam a AER e a ZPA. Na alça de retroalimentação positiva (seta preta, embaixo), FGFs 4, 9 e 17 da AER ativam Shh, estabilizando a ZPA. Na alça recíproca inibidora (em vermelho; acima), Shh da ZPA ativa Gremlin (Grem1), que bloqueia BMPs, impedindo, assim, a inativação de FGFs na AER mediada por BMP. (D) As alças de retroalimentação criam uma síntese mútua acelerada de Shh (ZPA) e FGFs (AER). (E) Conforme a concentração de FGF sobe, acaba por atingir um limiar em que inibe Gremlin, permitindo, assim, que os BMPs comecem a reprimir os FGFs da AER. Conforme mais células se multiplicam na área que não expressa Gremlin, o sinal de Gremlin perto da AER é demasiado fraco para impedir os BMPS de reprimirem os FGFs. (F) Nesse momento, a AER desaparece, removendo os sinais que estabilizam a ZPA. A ZPA então também desaparece. (A, B, segundo Fernandez-Teran e Ros, 2008; C, segundo Verheyden e Sun, 2008.)

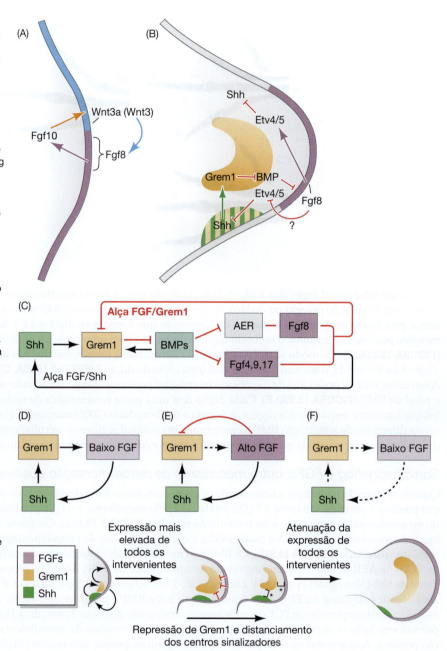

19.24D). Enquanto o sinal de Gremlim puder se difundir para a AER, FGFs serão produzidos, e a AER será mantida. Contudo, dado que os níveis de FGF consequentemente também se elevam, um mecanismo de retroalimentação negativa é desencadeado para *bloquear* a expressão de Gremlin no mêsênquima distal (**FIGURA 19.24E**). Essa repressão da síntese de Gremlin juntamente com a expansão progressiva do broto de membro gera uma distância maior entre Gremlin e os centros sinalizadores (AER e ZPA) no mesênquima mais distal. Nesse momento, os BMPs anulam a síntese de FGF, a AER colapsa e a ZPA (sem FGFs para apoiá-la) é terminada. A fase embrionária do desenvolvimento do membro acaba (**FIGURA 19.24F**).

Especificação dos dígitos por Hox

Como mencionado mais cedo neste capítulo, os genes Hox são fundamentais para a especificação de destinos ao longo de cada eixo do membro, e a sua expressão – sobretudo

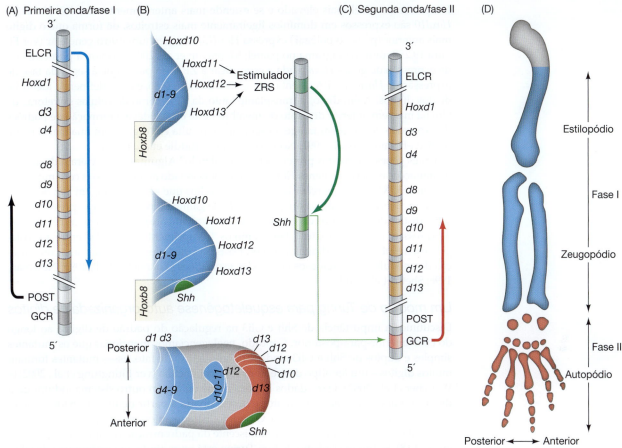

(A) Primeira onda/fase I (B) (C) Segunda onda/fase II (D)

FIGURA 19.25 Alterações na expressão do gene *Hoxd* regulam a padronização do membro tetrápode em duas fases independentes. (A) A primeira fase de expressão de *Hoxd* é iniciada conforme o broto de membro se forma. O elemento regulador de controle precoce do membro (ELCR, do inglês, *early limb control regulatory*) ativa os genes mais próximos a ele mais cedo do que aqueles mais longe, ao passo que o elemento regulador POST atua negativamente para restringir a expressão anterior desses genes na direção oposta. (B) Isso resulta em domínios de expressão de forma que a expressão de *Hoxd13* fica confinada à região mais posterior, ao passo que *Hoxd12* pode se expandir mais anteriormente. Os genes *Hoxd* 5′ ativam o estimulador de longo alcance de Shh (ZRS), gerando, assim, a ZPA no mesoderma posterior do membro. (C) Na segunda fase, Shh ativa o *locus* regulador GCR, que inverte o padrão de expressão de *Hoxd*, de modo que *Hoxd13* fica localizado mais anteriormente que os outros genes *Hoxd* (B, vermelho embaixo). (D) Elementos esqueléticos especificados pelas fases precoce (em azul) e tardia (em vermelho). Linhas brancas no broto do membro mostram as fronteiras de expressão gênica. (Segundo Abbasi, 2011.)

do cluster *Hoxd* – funciona em duas fases (Zakany et al., 2004; Tarchini e Duboule, 2006; ver também Abbasi, 2011). A fase inicial é importante para a especificação do estilopódio e do zeugopódio, como discutido antes (**FIGURA 19.25**). A fase ulterior de expressão de *Hoxd* ajuda a especificar o autopódio.

Existem duas principais regiões *cis*-reguladoras precoces envolvidas, compostas por inúmeros estimuladores que trabalham juntos para ativar os genes *Hoxd* em um conjunto temporal e espacial específico. A principal região reguladora precoce, ELCR (do inglês, *early limb control regulatory*), ativa a transcrição de modo dependente do tempo: quanto mais próximo o gene estiver de ELCR, mais cedo é ativado. A segunda região reguladora precoce, (POST, "*posterior restriction*"), impõe restrições espaciais na expressão de genes *Hoxd* 5′ (*Hoxd10-13*) que os genes mais próximos a esta região têm os domínios de expressão mais restritos, começando na margem posterior do broto de membro (ver Figura 19.25A, B). Essa situação origina um padrão aninhado de proteínas *Hoxd* essencial para ativar o estimulador de longo alcance (estimulador ZRS) do gene *Sonic hedgehog*, ativando, assim, a expressão de Shh no mesoderma posterior do broto do membro e formando a ZPA (Tarchini et al., 2006; Galli et al., 2010). Além disso, a presença de *Hoxb8* no mesênquima parece ajudar a definir a fronteira posterior do broto do membro posterior (ver Figura 19.25B). Se *Hoxb8* for expresso ectopicamente no compartimento anterior do broto de membro posterior de camundongo, a ZPA também se formará ali (Charite et al., 1994; Hornstein et al., 2005).

A ZPA atua agora para alterar os padrões de expressão do gene *Hoxd*. Sonic hedgehog expresso pela margem posterior ativa um segundo conjunto de estimuladores, chamado de região globlal de controle (GCR, do inglês, *global control region*) (ver Figura 19.25C, D; Spitz et al., 2003; Montavon et al., 2011.). Os genes *Hox* mais próximos de GCR têm domínios de expressão mais vastos. Essa expressão inverte o padrão original de expressão de *Hoxd10-13*, de forma que *Hoxd13* é expresso ao nível mais elevado e se estende mais anteriormente. *Hoxd12*, *Hoxd11* e *Hoxd10* são expressos em domínios ligeiramente mais estreitos, de forma que o dígito mais anterior (p. ex., o polegar) expressa *Hoxd13*, mas nenhum outro gene *Hox* (ver Figura 19.25B, último diagrama no painel; Montavon et al., 2008). Assim, a primeira fase de expressão de genes *Hoxd* ajuda a especificar a ZPA, ao passo que a segunda fase de expressão de *Hoxd* na ZPA orienta os padrões de expressão, e estes definem a identidade dos dígitos. Além disso, o transplante tanto da ZPA como de células secretoras de Shh na margem anterior do broto do membro neste estágio leva à formação de padrões de expressão de *Hoxd* em imagem espelhada e resulta em dígitos em imagem-espelho (Izpisúa-Belmonte et al., 1991; Nohno et al., 1991; Riddle et al., 1993).

Quais genes estão estas proteínas Hox regulando? Algumas dicas vieram da análise de mutações na série de genes *Hox13*. Como mencionado acima, pessoas com mutações no gene *HOXD13* têm porções dos seus autopódios que se fusionam, em vez de se separarem. Expressão ectópica do gene *Hoxa13* de galinha (normalmente expresso nas regiões distais dos membros de galinha em desenvolvimento) parece fazer as células que o expressam mais "aderentes", bem como os "comprimentos de onda" entre a cartilagem e a membrana interdigital menores. Essas propriedades podem causar a condensação dos nódulos cartilaginosos em modos específicos (Yokouchi et al., 1995; Newman, 1996; Sheth et al., 2012).

Um modelo de Turing para esqueletogênese auto-organizada de dígitos

Discutimos a importância de Shh e Gli3 na regulação do padrão de dígitos ao longo do eixo anterior-para-posterior. Contudo, neglegenciamos mencionar que os mutantes simples e duplos de Shh e Gli3 ainda formam dígitos; de fato, esses mutantes formam muitos dígitos – um fenótipo de membro com polidactilia (ver Litingtung et al., 2002; te Welscher et al., 2002). Esses dados implicam que ou algum outro sistema indutor gera dígitos ou que a formação de dígitos é desenvolvida a partir de um pré-padrão molecular de esqueletogênese intrínseco. O padrão listado anterior-para-posterior de cinco dígitos na pata do camundongo é reminiscente da padronização de tipo Turing (ver Figura 19.18). Se um mecanismo de tipo Turing está permitindo ao mesênquima distal se auto-organizar durante a condrogênese, quais são os fatores centrais representando os nódulos ativadores e inibidores deste sistema gerador de padrão?

Conhecendo os papéis essenciais dos genes *Hox* distais na rede regulatória de genes da identidade dos dígitos e suas interações reguladoras com Shh/Gli3, Sheth e colaboradores (2012) conjeturaram que a função dos genes *Hoxa13*/*Hoxd11-13* por meio de um mecanismo de Turing de controle do número de dígitos. Uma forma para aumentar teoricamente o número de dígitos seria estreitar o comprimento de onda da condrogênese

FIGURA 19.26 Gli3 e a expressão de genes *Hox distais*. A perda de *Gli3* combinada com as reduções progressivas nos genes *Hox* distais causa um aumento concomitante no número de dígitos. O padrão de dígitos supranumerários segue um mecanismo de formação de tipo Turing (simulações [linha inferior] combinam com o padrão de expressão de *Sox9* no membro anterior de camundongo [fotos]). (De Sheth et al., 2012.)

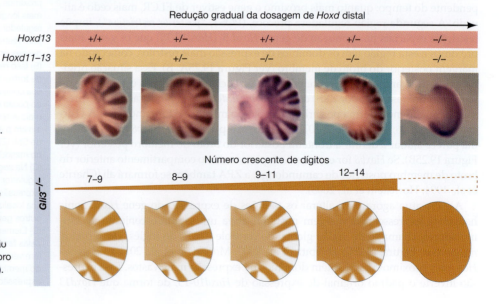

Redução gradual da dosagem de *Hoxd* distal

Hoxd13	+/+	+/−	+/+	+/−	−/−
Hoxd11–13	+/+	+/−	−/−	−/−	−/−

Número crescente de dígitos

7–9   8–9   9–11   12–14

Gli3⁻/⁻

padronizada; isto é, poderia se dividir o mesênquima distal em listras de desenvolvimento de pré-cartilagem menores. Notavelmente, Sheth e colaboradores demonstraram que a perda progressiva de genes *Hox* distais combinada com reduções dosadas de modo semelhante de Gli3 correlacionaram com aumentos graduais no número de dígitos (**FIGURA 19.26**). Este trabalho de colaboração entre os laboratórios de Ros, Sharpe, e Kmita usou uma simulação de "reação-difusão" com morfógenos genéricos ativadores e inibidores assumidos. Essa simulação mostrou que os genes *Hox* distais em combinação com gradientes de Fgf derivados da AER eram moduladores suficientes do comprimento de onda de um sistema de Turing para recapitular o padrão esqueletogênico de dígitos em camundongos normais e mutantes nulos de *Gli3* (Sheth et al., 2012).

Esse modelo de Turing prevê que ligeiras alterações de tamanho do broto do membro distal alterarão o número de dígitos. Isso foi precisamente o caso, e pode ser um modo simples de ganhar ou perder dígitos durante a evolução.[5] De fato, a comparação da polidactilia nos duplos mutantes *Hox/Gli3* com os membros de tetrápodes e as nadadeiras dos peixes *Sarcopterygii* (nadadeira lobada) e *Actinopterygii* (nadadeira de raio dérmico) sugere fortemente que possa existir um mecanismo de reação-difusão conservado para a esqueletogênese dos dígitos.

As suposições desse modelo de Turing prevêem que morfógenos ativadores e inibidores também deveriam estar presentes no mesêquima distal do membro no momento da condrogênese. Mas quais morfógenos? A busca estava acontecendo. Como você identificaria os ativadores e inibidores desse sistema?

O laboratório de Sharpe abordou este problema primeiro caracterizando os padrões temporal e espacial de formação de pré-cartilagem precoce no membro distal, olhando para o padrão de expressão do marcador de pré-cartilagem Sox9. Nesse meio tempo, Raspopovic e colaboradores compararam os transcritomas de células do mesênquima do membro expressando Sox9 com células *que não expressam* Sox9 e descobriram que os genes do desenvolvimento eram expressos diferentemente em duas populações. Nomeadamente, genes relacionados a Wnt e BMP estavam muito aumentados apenas nas células que não expressam Sox9 ("desfasadas") (**FIGURA 19.27A**). Além disso, sabe-se que a perda do gene *Sox9* elimina qualquer padrão de expressão periódico de Wnt e BMP no

---

[5] Assim, cães com brotos do membro maiores podem gerar mais células do que uma condensação adicional de cartilagem consegue acomodar em um autopódio (Alberch, 1985). Parece ser o caso das raças São Bernardo e cão de montanha dos Pirinéus. Fondon e Garner (2004) mostraram que um alelo do gene *Alx-4* é homozigótico em apenas uma raça de cão, o cão de montanha dos Pirinéus. Estes cães são caracterizados por polidactilia (um dedo extra, a garra de orvalho). Aqui, há aparentemente mais crescimento do broto do membro, de modo que outra condensação pode surgir no autopódio.

FIGURA 19.27 Um mecanismo de Turing-BMP-Sox9-Wnt controla a formação dos dígitos. (A) A expressão do gene *Sox9* ocorre em listras alternadas com os genes das vias BMP e Wnt, *Axin2* e *Lef1*. (B) Crescimento do membro e formação de dígitos corretos são corretamente simulados por meio de um mecanismo de Turing para as interações BMP/Wnt e Sox9 (BSW) pareadas com a expressão distal de *Hoxd13* e *Fgf8*. (C) Estas simulações por computador do desenvolvimento do dígito sob este modelo (painel de cima) combinam surpreendentemente bem com o padrão de expressão endógeno do gene *Sox9* (painel de baixo). (D) Ilustração da expressão de BMP-Sox9-Wnt no broto do membro com uma representação das diferenças quantitativas entre esses genes ao longo do eixo anteroposterior. (A-C, de Raspopovic et al., 2014; D, segundo Zuniga e Zeller, 2014.)

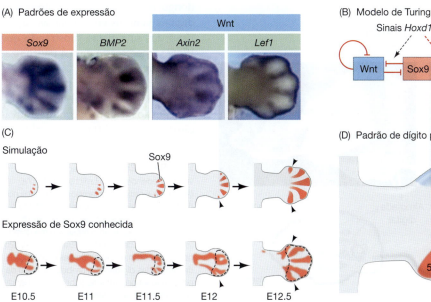

(A) Padrões de expressão

Wnt

| Sox9 | BMP2 | Axin2 | Lef1 |

(C)

Simulação

Sox9

Expressão de Sox9 conhecida

E10.5 E11 E11.5 E12 E12.5

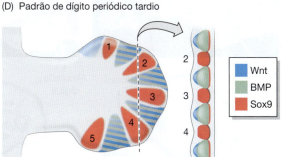

(B) Modelo de Turing

Sinais *Hoxd13/Fgf8*

Wnt — Sox9 — BMP

(D) Padrão de dígito periódico tardio

Wnt
BMP
Sox9

membro (Akiyama et al., 2002), sugerindo que Sox9 não seja apenas um marcador para pré-cartilagem, mas também potencialmente um componente direto da rede regulatória de genes. Com base nesses resultados, Raspopovic criou uma rede de tipo Turing com "três nós" BMP-Sox9-Wnt (BSW) – na qual BMP funciona como ativador de Sox9 e Wnt como inibidor-para simular a esqueletogênese de dígitos no camundongo (**FIGURA 19.27B**). É interessante que apenas incluindo os parâmetros modeladores de *comprimento de onda* de um gradiente de FGF para o período de crescimento proximal-distal e as restrições espacial de genes *Hox* distais, o modelo de Turing BSW simulou com precisão a natureza auto-organizadora do desenvolvimento dos dígitos (**FIGURA 19.27C**).

> **ASSISTA AO DESENVOLVIMENTO 19.2** Mesênquima de "Turing" nos dígitos. Assista a uma simulação de computador de como o modelo BSW constrói o padrão dos dígitos.

Em resumo, parece que o padrão condrogênico da formação dos dígitos seja controlado por um sistema de Turing auto-organizador de interações moleculares (**FIGURA 19.27D**). Os morfógenos BMP e Wnt regulam diferencialmente a expressão de *Sox9*, que atua sob o controle fino de FGF e dos genes *Hox* distais. Por fim, o morfógeno Sonic hedgehog fornece uma polarização precoce de mesênquima distal que influencia a especificação da identidade dos dígitos ao longo do eixo anteroposterior.

Gerando o eixo dorsoventral

O terceiro eixo do membro distingue a porção dorsal do membro (costas, unhas, garras) da ventral (palmas, solas). Em 1974, MacCabe e colaboradores demonstraram que a polaridade dorsoventral do broto de membro é determinada pelo ectoderma que o reveste. Se o ectoderma for rodado 180° relativamente ao mesênquima do broto do membro, o eixo dorsoventral é parcialmente invertido – isto é, os elementos distais (dígitos) estão "de cabeça para baixo", o que sugere que a especificação tardia do eixo dorsoventral do membro seja regulada pelo(s) seu(s) componente(s) ectodérmico(s).

Uma molécula que parece ser particularmente importante na especificação da polaridade dorsoventral é **Wnt7a**. O gene *Wnt7a* é expresso no ectoderma dorsal (mas não ventral) dos brotos do membro de galinha e camundongo (**FIGURA 19.28A**; Dealy et al., 1993; Parr et al., 1993). Quando Parr e McMahon (1995) deletaram o gene *Wnt7a*, os embriões de camundongo resultantes tinham almofadas digitais ventrais em ambas as superfícies das suas patas, mostrando que Wnt7a é necessário para a padronização dorsal do membro.

Wnt7a é o primeiro gene conhecido do eixo dorsoventral no desenvolvimento do membro. Ele induz a ativação do gene *Lmx1b* (também conhecido

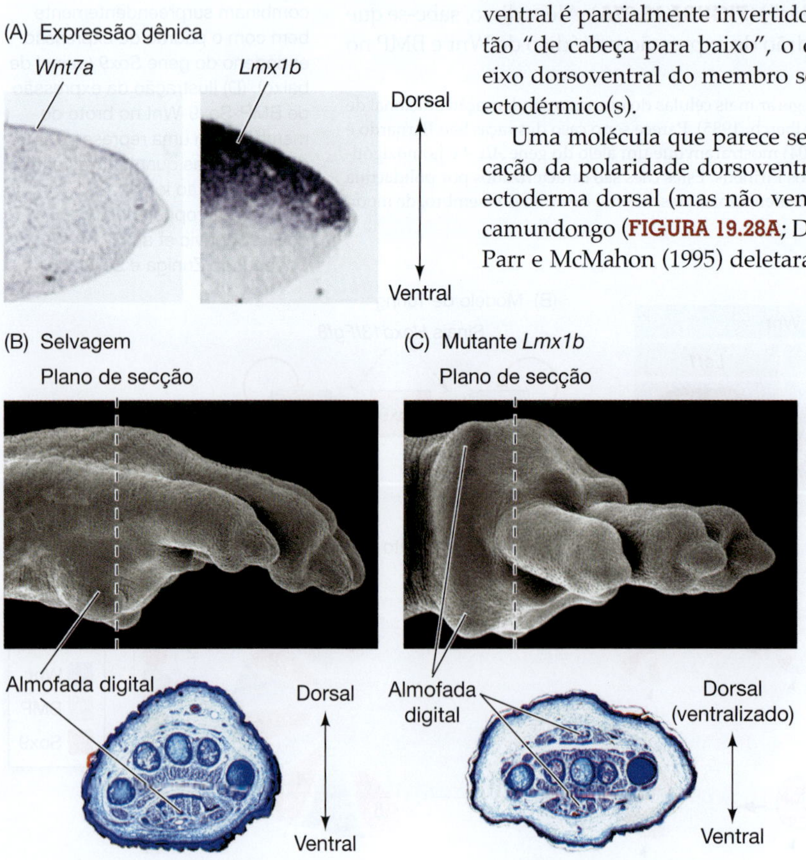

(A) Expressão gênica

Wnt7a   *Lmx1b*

Dorsal ↕ Ventral

(B) Selvagem
Plano de secção

(C) Mutante *Lmx1b*
Plano de secção

Almofada digital   Dorsal ↕ Ventral

Almofada digital   Dorsal (ventralizado) ↕ Ventral

FIGURA 19.28 Padronização dorsal/ ventral dependente de Lmx1b por Wnt7a. (A) *Wnt7a* e *Lmx1b* são ambos expressos no broto de membro dorsal. Contudo, *Wnt7a* está restrito à epiderme, ao passo *Lmx1b* está presente por todo o mesênquima dorsal. (B, C) A perda de *Lmx1b* ventraliza o membro posterior, como evidenciado pela presença de almofadas digitiais em ambos os lados da pata no fenótipo mutante. (Cortesia de Randy Johnson e Kenneth Dunner.)

por *Lim1*) no mesênquima dorsal. *Lmx1b* codifica um fator de transcrição que parece ser essencial para especificar os destinos dorsais das células no membro. Se a proteína Lmx1b for expressa em células mesenquimais ventrais, estas desenvolvem um fenótipo dorsal (Riddle et al., 1995; Vogel et al., 1995; Altabef e Tickle, 2002). Mutantes humanos e de camundongo para *lmx1b* também revelam a importância desse gene para especificar os destinos dorsais no membro. Nocautes de *Lmx1b* em camundongo originam uma síndrome na qual o fenótipo dorsal do membro está ausente e aquelas células tomaram destinos ventrais, mostrando almofadas digitais tendões ventrais e sesamoides (todos são estruturas ventrais específicas; **FIGURA 19.28B, C**). Também em humanos, mutações de perda de função do gene *LMX1B* resultam na síndrome unha-patela (sem unhas nos dígitos, sem rótulas), na qual os lados dorsais dos membros foram ventralizados (Chen et al., 1998; Dreyer et al., 1998). A proteína Lim1 provavelmente especifica as células a se diferenciarem em modo dorsal, o que é fundamental, como vimos no Capítulo 15, para a inervação dos neurônios motores (cujos cones de crescimento reconhecem fatores inibidores diferentes nos compartimentos dorsal e ventral do broto de membro). Em contrapartida, o fator de transcrição Engrailed-1 marca o ectoderma ventral do broto do membro e é induzido por BMPs no mesoderma subjacente (**FIGURA 19.29**). Se os BMPs forem deletados no broto de membro precoce, Engrailed-1 não é expresso, e Wnt7a é expresso tanto no ectoderma dorsal como no ventral. O resultado é um membro malformado que é dorsal dos dois lados (Ahn et al., 2001; Pizette et al., 2001).

O eixo dorsoventral também é coordenado com os outros dois eixos. De fato, camundongos sem *Wnt7a* descritos anteriormente, além de não terem estruturas dorsais de membro, também não possuem alguns dígitos posteriores, sugerindo que Wnt7a também seja necessário para o eixo anteroposterior (Parr e McMahon, 1995). Yang e Niswander (1995) fizeram um conjunto de observações semelhantes em embriões de galinha. Estes pesquisadores removeram o ectoderma dorsal dos membros em desenvolvimento e descobriram que a o resultado era a perda dos elementos esqueléticos posteriores dos membros. A razão desses membros perderem os dígitos posteriores foi que a expressão de *Shh* foi grandemente reduzida. Expressão de *Wnt7a* induzida por vírus foi capaz de substituir o sinal do ectoderma dorsal e restaurar a expressão de *Shh* e fenótipos posteriores. Estas descobertas mostram que a síntese de Sonic hedgehog é estimulada pela combinação das proteínas Fgf4 e Wnt7a. Em contrapartida, a sinalização sobreativa da sinalização Wnt no ectoderma ventral causa um crescimento excessivo da AER e dígitos supranumerários, indicando que a padronização proximal-distal também não é independente da padronização dorsoventral (Loomis et al., 1998; Adamska et al., 2004).

Assim, no fim da padronização do membro, os BMPs são responsáveis por simultaneamente cessarem a AER, indiretamente pararem a ZPA e inibirem o sinal de Wnt7a ao longo do eixo dorsoventral (Pizette et al., 2001). O sinal BMP elimina o crescimento e a padronização ao longo dos três eixos. Quando BMP exógeno é aplicado na AER, o epitélio alongado da AER converte-se em epitélio cuboidal e deixa de produzir FGFs; e quando BMPs são inibidos por Noggin, a AER continua persistindo dias após do que teria normalmente regredido (Gañan et al., 1998; Pizette e Niswander, 1999).

Morte celular e a formação de dígitos e articulações

A **apoptose** – morte celular programada – tem um papel na modelagem do membro tetrápode. De fato, a morte celular é essencial se as nossas articulações devem ser formadas e se os nossos dedos tiverem de se separar (Zaleske, 1985; Zuzarte-Luis e Hurle, 2005). A morte (ou ausência de morte) de determinadas células no membro de vertebrados é geneticamente programada e foi selecionada ao longo da evolução.

Esculpindo o autopódio

A diferença entre um pé de galinha e um pé de pato com palmura é a presença ou ausência de morte celular entre os dígitos (**FIGURA 19.30**). Saunders e colaboradores mostraram que, após um determinado estágio, as células de galinha entre a cartilagem

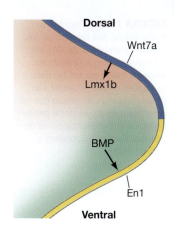

FIGURA 19.29 Modelo de padronização dorsoventral no broto do membro por sinalização Wnt e BMP. Wnt7a induz destinos celulares dorsais do broto de membro por meio de Lmx1b, ao passo que a sinalização BMP funciona por meio de Engrailed-1 (En1) para regular a padronização ventral do membro.

FIGURA 19.30 Padrões de morte celular nos primórdios das pernas de embriões de (A) pato e (B) galinha. Em azul estão as áreas de morte celular. No pato, as regiões de morte celular são muito pequenas, ao passo que há extensas regiões de morte celular no tecido interdigital da perna de galinha. (Segundo Saunders e Fallon, 1966.)

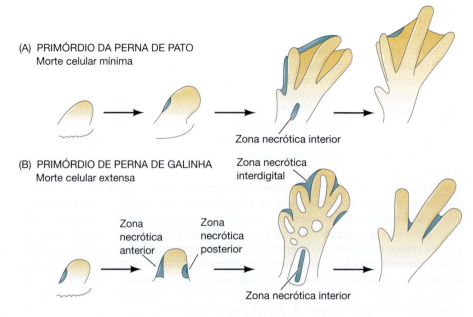

(A) PRIMÓRDIO DA PERNA DE PATO
Morte celular mínima

Zona necrótica interior

(B) PRIMÓRDIO DE PERNA DE GALINHA
Morte celular extensa

Zona necrótica interdigital

Zona necrótica anterior

Zona necrótica posterior

Zona necrótica interior

dos dígitos estão destinadas a morrer, e assim o farão se transplantadas para outra região do embrião ou colocadas em cultura (Saunders et al., 1962; Saunders e Fallon, 1966). Antes disso, porém, o transplante para um membro de pato as teria salvo. Entre o tempo em que a morte celular é determinada e ela ocorre realmente, os níveis de DNA, RNA e síntese proteica na célula decrescem drasticamente (Pollak e Fallon, 1976).

Para além da **zona necrótica interdigital**, três outras regiões do membro são "esculpidas" por morte celular. O cúbito e o rádio são separados por uma **zona necrótica interior**, e outras duas regiões, as **zonas necróticas anterior** e **posterior**, modelam também a extremidade do membro (ver Figura 19.30B; Saunders e Fallon, 1966). Apesar de essas zonas serem referidas como "necróticas," este termo é remanescente da época em que não havia distinção entre morte celular necrótica (patológica ou traumática) e morte celular por apoptose. Essas células morrem por apoptose, e a morte do tecido interdigital está associada à fragmentação do seu DNA (Mori et al., 1995).

O sinal para apoptose no autopódio é fornecido pelas proteínas BMP, cuja expressão, curiosamente, é dependente da síntese aumentada de RA interdigital (Cunningham e Duester, 2015). BMP2, BMP4 e BMP7 são expressos no mesênquima interdigital, e o bloqueio da sinalização BMP (por infecção das células da zona de progresso com retrovírus carregando os receptores dominante negativos de BMP) impede a apoptose interdigital (Yokouchi et al., 1996; Zou e Niswander, 1996; Abara-Buis et al., 2011). Como esses BMPs são expressos por todo o mesênquima da zona de progresso, pensa-se que a morte celular será o estado padrão, a menos que haja supressão ativa de BMPs. Essa supressão pode vir da proteína Noggin, que é sintetizada na cartilagem dos dígitos em formação e nas células pericondriais que a rodeiam (Capdevila e Johnson, 1998; Merino et al., 1998). Se Noggin for expresso por todo o broto do membro, não se observa apoptose.

Formando as articulações

A primeira função atribuída a BMPs foi a formação, não a destruição, de osso e tecido cartilaginoso. No membro em desenvolvimento, os BMPs induzem as células mesenquimais, dependendo do estágio de desenvolvimento, ou a sofrer apoptose ou a se tornarem condrócitos produtores de cartilagem. Os mesmos BMPs podem induzir morte ou diferenciação, dependendo da história da célula-alvo. Esta **dependência de contexto** de ação do sinal é um conceito crítico em biologia do desenvolvimento. É também fundamental para a formação de articulações. Macias e colaboradores (1997) demonstraram que, durante os estágios precoces do broto de membro (antes da condensação da cartilagem), microsferas secretando BMP2 ou BMP7 causam apoptose. Dois dias mais tarde, as mesmas microsferas fazem as células do broto do membro formarem cartilagem.

No membro se desenvolvendo normalmente, os BMPs usam ambas as propriedades para formar articulações. Vários BMPs são sintetizados nas células pericondriais em volta dos condrócitos em condensação e promovem mais formação de cartilagem[6] (**FIGURA 19.31A**). Um outro BMP, Gdf5, é expresso nas regiões entre os ossos, onde as articulações irão se formar, e parece crucial para esse processo (**FIGURA 19.31B**; Macias et al., 1997; Brunet et al., 1998). Mutações de camundongo do gene *Gdf5* originam braquipodia, uma doença caracterizada pela falta de articulações no membro (Storm e Kingsley, 1999). Em camundongos homozigóticos para a perda de função do antagonista de BMP Noggin, não se formam articulações. Em vez disso, BMP7 nestes embriões defeituosos em *Noggin* parece recrutar quase todo o mesênquima circundante para os dígitos (**FIGURA 19.31C**).

Vasos sanguíneos e proteínas Wnt também parecem ser fundamentais para a formação de articulações. A conversão das células mesenquimais em nódulos de tecido formador de cartilagem estabelece os limites dos ossos. O mesênquima não formará esses nódulos na presença de vasos sanguíneos, e uma das primeiras indicações de formação da cartilagem é a regressão dos vasos sanguíneos na região onde o nódulo se formará (Yin e Pacifici, 2001). As proteínas Wnt são cruciais para sustentar a transcrição de *Gdf5*, e β-catenina produzida pelos Wnts é capaz de suprimir os genes *Sox9* e *colágeno-2* que caracterizam as células pré-cartilaginosas (Hartmann e Tabin, 2001; Tufan e Tuan, 2001).

As articulações não são apenas ausência de osso. Ao contrário, articulações são estruturas complexas que incorporam um sistema de lubrificação, um sistema imune e um sistema de ligamentos, todos reunidos na própria articulação do esqueleto. Um elemento fundamental na formação de articulações que permite a diferenciação é a contração muscular. Na formação da articulação normal, as células que formarão a articulação perdem as características de condrócito (como expressão de colágeno-2 e Sox9) e, em vez disso, começam a expressar Gdf5, Wnt4, Wnt9a e Ext1 (uma proteína necessária para a síntese de heparan sulfato). Essas células formarão a cartilagem articulada e o sinóvio, que secreta líquido sinovial lubrificante (Koyama et al., 2008; Mundy et al., 2011). Kahn e colaboradores (2009) mostraram que o movimento dos ossos é necessário para manter esse compromisso de formar articulações. Em camundongos mutantes em que os músculos não se formam ou estão paralisados, as células da articulação revertem de volta a um fenótipo cartilaginoso.

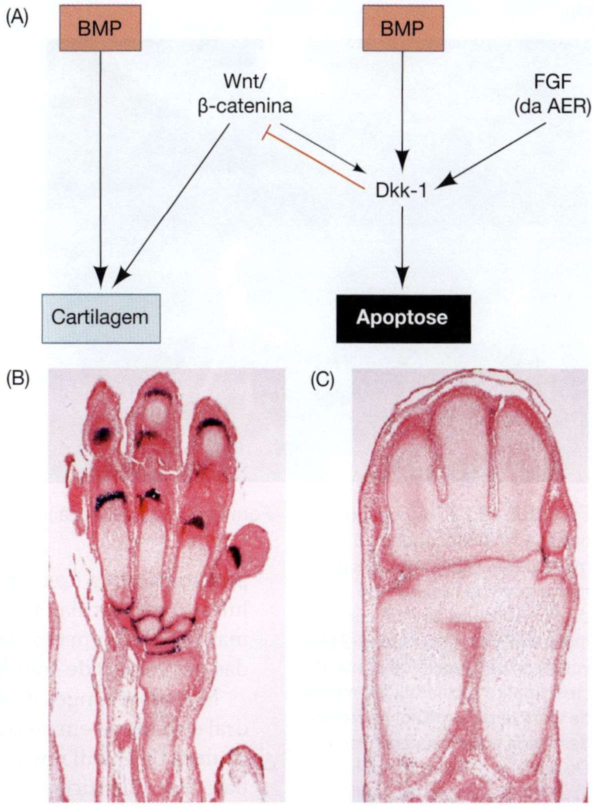

FIGURA 19.31 Possível envolvimento de BMPs na estabilização da cartilagem e apoptose. (A) Modelo para o papel duplo dos sinais BMP nas células mesodérmicas do membro. BMP pode ser recebido na presença de FGFs (para produzir apoptose) ou Wnts (para induzir osso). Quando os FGFs da AER estão presentes, Dickkopf (Dkk) é ativado. Esta proteína medeia a apoptose e, ao mesmo tempo, inibe Wnt de auxiliar na formação do esqueleto. (B, C) Efeitos de Noggin. (B) Um autopódio de um camundongo selvagem de 16.5 dias, mostrando expressão de *Gdf5* (em azul-escuro) nas articulações. (C) Um autopódio de camundongo mutante para *Noggin* de 16,5 dias sem articulações ou expressão de *Gdf5*. Presumivelmente, na ausência de Noggin, BMP7 foi capaz de converter quase todo o mesênquima em cartilagem. (A, segundo Grotewold e Rüther, 2002; B, C, de Brunet et al., 1998, cortesia de A. P. McMahon.)

Crescimento continuado do membro: placas epifisárias

Os três eixos dos membros humanos são especificados de modo altamente assimétrico. Contudo, o seu crescimento nos próximos 16 anos é tão simétrico que o comprimento de um dos braços corresponde ao do outro com uma margem de erro de 0,2% (Ballock e O'Keefe, 2003; Wolpert, 2010). Se toda a nossa cartilagem virasse osso antes do nascimento, não poderíamos crescer mais, e os nossos ossos seriam apenas tão grandes quanto o modelo cartilaginoso. Todavia, zonas de crescimento – **placas epifisárias** – formam-se nas extremidades proximal e distal de cada osso em desenvolvimento. Na

---

[6] Em morcegos, a quantidade de BMPs sintetizada é extraordinariamente elevada e recruta mais células mesenquimais para a cartilagem, estendendo, assim, os dígitos a um comprimento muito maior que na maioria dos outros mamíferos (Cooper et al., 2012).

(A)

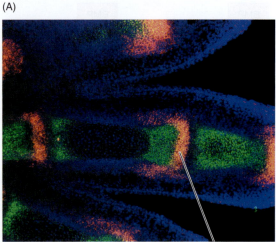

(B)

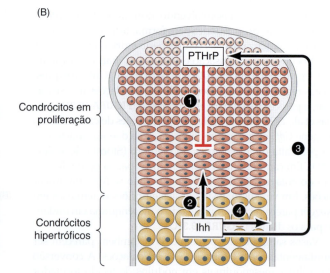

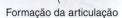

Condrócitos em proliferação

Condrócitos hipertróficos

FIGURA 19.32 Modelo de ossificação endocondral no membro. (A) Hibridação *in situ* no membro de um embrião de camundongo de 21,5 dias mostra mRNA de *colágeno-2* (em verde) na cartilagem da placa de crescimento proliferativo e mRNA de *Gdf5* (em vermelho) na região destinada a ser uma articulação. Os núcleos estão marcados em azul. (B) Regulação da proliferação celular na cartilagem por PTHrP (proteína relacionada com o hormônio da paratireoide; do inglês, *parathyroid hormone related protein*) e Indian hedgehog (Ihh). (1) PTHrP atua nos receptores nos condrócitos proliferativos para os manter em divisão e, assim, atrasa a produção de Ihh. (2) Quando a fonte de produção de PTHrP fica suficientemente longe, Ihh é sintetizado; Ihh atua no seu receptor (presente em condrócitos) para aumentar a taxa de proliferação dos condrócitos (3) para estimular a produção de PTHrP na extremidade dos ossos. (4) Ihh também atua nas células pericondriais que envolvem a cartilagem, convertendo-as em osteoblastos da clavícula. (A, cortesia de Dr. P. Tylzanowski; B, segundo Kronenberg, 2003.)

Formação da articulação

porção da placa epifisária mais afastada do novo osso está uma região germinal de células-tronco cartilaginosas (condrócitos) e células de cartilagem hipertróficas. Estas últimas (que crescem em tamanho entre cinco e dez vezes) sofrem apoptose e são substituídas por células de osso (osteócitos).

Nos ossos longos de muitos mamíferos (incluindo humanos), a ossificação endocondral estende-se em ambas as direções a partir do centro do osso (**FIGURA 19.32**). Apesar de mais de 10 mil novas células de cartilagem serem produzidas diariamente, o número parece ser idêntico em cada braço. A proliferação da cartilagem em humanos é elevada até cerca dos 3 anos de idade. O principal fator de crescimento diferencial (entre os braços e as pernas de um humano ou entre as pernas de um humano e as de um cão), porém, é provavelmente o inchaço da cartilagem hipertrófica.

Não só podem ser produzidos números diferentes de células de cartilagem, como também essas células podem se alargar em diferentes tamanhos (Cooper et al., 2013). Após um espicho de crescimento na puberdade, as placas de crescimento epifisárias se fusionam, e não restam quaisquer células-tronco para crescimento. Enquanto as placas epifisárias forem capazes de produzir condrócitos, o osso continua crescendo.

Receptores do fator de crescimento de fibroblasto: nanismo

A taxa de crescimento parece ser intrínseca a cada osso. Cada placa de crescimento é controlada localmente (provavelmente por diferenças na sensibilidade a fatores de crescimento), mas o crescimento coordenado de todo o esqueleto é mantido por fatores circulantes. Assim, quando transplantes são feitos entre placas de crescimento de mamíferos velhos e jovens, a taxa de crescimento da placa de crescimento depende da idade do animal doador, não do hospedeiro (Wolpert, 2010). Contudo, descobertas de mutações humanas e de camundongo resultando em desenvolvimento anormal do esqueleto têm fornecido conhecimentos notáveis sobre como os hormônios e os fatores parácrinos podem controlar o tamanho final dos membros.

Os fatores de crescimento de fibroblasto são cruciais na paragem de crescimento das placas epifisárias, instruindo as células a se diferenciarem, em vez de se dividirem (Deng et al., 1996; Webster e Donoghue, 1996). Em humanos, mutações dos receptores para FGFs podem fazer esses receptores se tornarem ativos antes de receberem o sinal normal de FGF. Essas mutações são responsáveis pelos principais tipos de nanismo humano. A **acondroplasia** é uma doença dominante causada por mutações na região transmembrana do receptor 3 de FGF (FgfR3). Aproximadamente 95% dos anões acondroplásticos têm a mesma mutação no gene *FgfR3*: uma substituição de um par de bases que converte uma glicina em uma arginina na posição 380 na região transmembrana da proteína. Além disso, mutações na porção extracelular da proteína FgfR3 ou no seu domínio intracelular de tirosina-cinase podem resultar em displasia tanatofórica, uma forma letal de nanismo que se assemelha à acondroplasia homozigótica (Bellus et al., 1995; Tavormina et al., 1995).

Como mencionado no Capítulo 1, os dachshunds possuem uma mutação acondro-plástica, mas a sua causa é ligeiramente diferente da forma humana. Os dachshunds têm uma cópia extra do gene *Fgf4*, que também é expresso no membro em desenvolvimento. Essa cópia extra causa excessiva produção de Fgf4, ativando FgfR3 e acelerando a via que para o crescimento de condroblastos e apressando a sua diferenciação. A mesma cópia extra de Fgf4 foi encontrada em cães de membros curtos, como corgis e basset hounds (Parker et al., 2009).

TÓPICO NA REDE 19.2 **HORMÔNIO DE CRESCIMENTO E RECEPTORES DE ESTROGÊNIO** Como o nome indica, o hormônio de crescimento (GH, do inglês, *growth hormone*) é um fator importante na regulação do crescimento, incluindo crescimento do membro. Interações com os esteroides gonadais, sobretudo estrogênio, parecem ser importantes para o crescimento do osso.

Evolução por alteração dos centros sinalizadores do membro

Charles Darwin escreveu em *Origem das Espécies*, "O que pode ser mais curioso do que a mão de um homem, formada para agarrar, a de uma toupeira para cavar, a perna de um cavalo, a nadadeira de um boto e a asa de um morcego deverem ser construídas todas com o mesmo padrão e deverem incluir ossos semelhantes, e na mesma posição relativa?". Darwin reconheceu que as diferenças entre as patas de cavalo, as nadadeiras de uma toupeira e as mãos humanas são todas baseadas em um padrão semelhante de formação do osso. Ele propôs que esses ossos tivessem evoluído de um ancestral comum, apesar de não saber como. C. H. Waddington chamou a atenção de que tal evolução dependia de alterações no desenvolvimento do membro de formas que podiam ser selecionadas. Em outras palavras, ele propôs que alterações no desenvolvimento resultaram no aparecimento de novas variações. Essas variações poderiam, então, ser testadas pela seleção natural. Descobrimos agora vários modos pelos quais "brincando" com as moléculas de sinalização se pode gerar novas morfologias do membro. Dessa forma, a evolução do membro pode ser causada por alterações no desenvolvimento.[7]

TÓPICO NA REDE 19.3 **DEDOS DE DINOSSAUROS E DE GALINHAS** Uma evidência de que as aves descendam dos dinossauros é que ambos os grupos têm três dígitos. Para alguns pesquisadores, porém, parece que as aves têm os dígitos 2, 3 e 4, ao passo que os dinossauros tinham os dígitos 1, 2 e 3. Evidência recente desvendou uma alteração na transcrição gênica que pode explicar esse enigma.

 OS CIENTISTAS FALAM 19.5 Assista a três conferências na *rede* sobre evolução do membro. O Dr. Peter Currie discute a evolução do músculo do membro em peixe, o Dr. Michael Shapiro descreve a evolução da redução pélvica em chicharros (gasteirosteiformes), e o Dr. James Noonan fala sobre a evolução do polegar humano.

AMIGOS COM PÉS DE PALMURA Podemos começar esculpindo o autopódio. A regulação de BMPs é crucial nos pés de pato com membrana interdigital (Laufer et al., 1997b; Merino et al., 1999). As regiões interdigitais dos pés dos patos apresentam o mesmo padrão de expressão de BMP que as membranas dos pés de galinha. Contudo, enquanto as regiões interdigitais do pé de galinha parecem sofrer apoptose mediada por BMP, os pés dos patos durante o desenvolvimento sintetizam o inibidor de BMP Gremlin e bloqueiam a morte celular regional (**FIGURA 19.33**). Além disso, a membrana interdigital dos pés das galinhas pode ser preservada se microsferas embebidas em Gremlin forem colocadas nas regiões interdigitais. Assim, a evolução dos pés com palmura das aves envolveu provavelmente a inibição da apoptose nas regiões interdigitais mediada por BMP. No Capítulo 26, veremos que o embrião de morcego usa um mecanismo semelhante para obter as suas asas.

---

[7] Anteriormente neste capítulo, comentamos que os biólogos do desenvolvimento estão acostumados a pensar em quatro dimensões. Os biólogos evolucionistas do desenvolvimento têm de pensar em cinco dimensões: as três dimensões padrão de espaço, a dimensão do tempo do desenvolvimento (horas ou dias) e a dimensão do tempo evolutivo (milhões de anos).

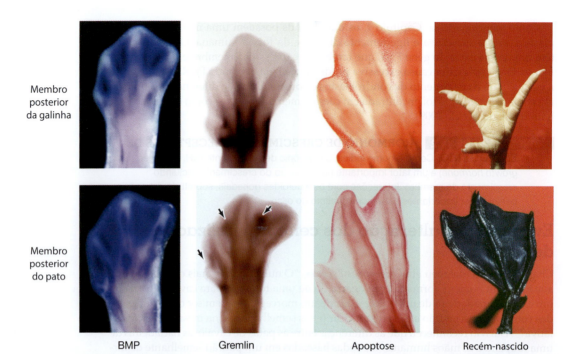

Membro posterior da galinha

Membro posterior do pato

BMP   Gremlin   Apoptose   Recém-nascido

FIGURA 19.33   Autopódios de galinha (linha de cima) e pato (linha de baixo) estão representados em estágios semelhantes. Ambos mostram expressão de BMP4 (em azul-escuro) na membrana interdigital; BMP4 induz a apoptose. O pé do pato (mas não o da galinha) expressa a proteína Gremlin inibidora de BMP4 (em marrom-escuro; setas) na membrana interdigital. Assim, o pé da galinha sofre apoptose interdigital (como demonstrado por acúmulo do corante vermelho neutro nas células sofrendo morte), mas o pé do pato, não. (Cortesia de J. Hurle e E. Laufer.)

MEXENDO COM OS CENTROS SINALIZADORES: FAZENDO BALEIAS   Inúmeros fósseis de transição atestam a evolução dos cetáceos modernos (baleias, golfinhos, botos) a partir dos cascos de mamíferos terrestres (Gingrich et al., 1994; Thewissen et al., 2007, 2009). Foram feitas inúmeras alterações na anatomia, mas poucas tão impressionantes como a conversão de um membro posterior em uma nadadeira e a eliminação total do membro anterior. Esses eventos foram realizados modificando-se os centros sinalizadores dos brotos de membro de cetáceos ancestrais de três maneiras. Primeiro, a sinalização FGF na AER do membro anterior foi preservada por um período muito maior, o que originou a formação de dedos mais longos pela adição contínua de falanges. Segundo, a apoptose interdigital foi impedida por bloqueio da atividade de BMP de modo semelhante ao descrito acima para o pé do pato. Terceiro, o sinal de Sonic hedgehog da ZPA do membro posterior cessou cedo durante o desenvolvimento. Uma vez que o sinal da ZPA estiver diminuído, a AER não não consegue se manter, e o membro posterior para de se desenvolver (Thewissen et al., 2006). A **FIGURA 19.34** mostra as falanges alongadas da nadadeira e o membro posterior truncado de um embrião de golfinho. Assim, apesar de os creacionistas alegarem que não há modo de as baleias terem evoluído de mamíferos terrestres (ver Gish, 1985), de fato, a combinação da biologia do desenvolvimento e a paleontologia explica o fenômeno extremamente bem.

FIGURA 19.34   Um embrião de um golfinho pintado pantropical de 110 dias (*Stella attenuata*), marcado para mostrar ossos (em vermelho) e cartilagem (em azul). Hiperfalangia (dedos extrememamente longos) é observada no membro anterior (correlacionada com a expressão continuada de Fgf8 na AER), e observa-se um membro posterior rudimentar (correlacionado com a redução de sinalização da AER após eliminação de Shh da ZPA). (De Cooper, 2009; cortesia de L. N. Cooper e do laboratório Thewissen.)

Remanescentes da nadadeira pélvica

Hiperfalangia nos dígitos 2 e 3

Próxima etapa na pesquisa

Todas as principais famílias de fatores parácrinos atuam em coordenação para formar um membro. Apesar de muitos dos "executores" da formação do broto do membro já terem sido identificados, estamos apenas começando a discernir como as atividades desses fatores parácrinos influencia onde as condensações cartilaginosas irão se formar, como os elementos esqueléticos são esculpidos, como cada dígito é especificado e onde os tendões e os músculos serão inseridos nos elementos esqueléticos. O desenvolvimento do membro é assim um ponto de encontro para a biologia do desenvolvimento, a biologia evolutiva e a medicina. Na próxima década, poderemos desvendar as bases para inúmeros defeitos congênitos da formação do membro e talvez compreender melhor como os membros são modificados em nadadeiras, asas, mãos e pernas. Talvez você possa "dar uma mão".

Considerações finais sobre a foto de abertura

Talvez a pergunta mais apropriada para esta imagem seja "Quais dedos estou apontando?" Os elementos esqueléticos nesta asa de galinha revelam uma duplicação de dígitos em imagem espelhada, a qual sabemos que ter sido devida à superexpressão de Sonic hedgehog no lado anterior do broto do membro. Os gradientes de fatores de sinalização ao longo dos principais eixos têm papéis essenciais no número correto e no padrão das estruturas no braço e na mão. Igualmente importante para o desenvolvimento do membro é a rede regulatória gênica que os genes *Hox* controlam, bem como as interações auto-organizadoras entre as células que constituirão os tecidos do membro. (Segundo Honing e Summerbell, 1985, foto por cortesia de D. Summerbell.)

19 Resumo instantâneo
Desenvolvimento do membro tetrápodes

1. As posições onde os membros emergem do eixo corporal dependem da expressão de genes *Hox*.

2. O eixo proximal-distal do membro em desenvolvimento é iniciado pela indução do ectoderma na fronteira dorsoventral por Fgf10 do mesênquima. Essa indução forma a crista ectodérmica apical (AER, do inglês, *apical ectodermal ridge*). A AER secreta Fgf8, que mantém o mesênquima subjacente proliferativo e indiferenciado. Esta área de mesênquima é chamada de zona de progresso.

3. Tbx5 induz o membro anterior, ao passo que Tbx4 (galinha) e Islet1 (camundongo) induzem a identidade do membro posterior.

4. Dois gradientes opostos – um de FGFs e Wnts da AER, o outro de ácido retinoico do flanco – padronizam o eixo proximal-distal do membro da galinha. Em camundongo, porém, o ácido retinoico parece desnecessário para o padrão proximal-distal, sugerindo um gradiente simples de FGFs e Wnts em camundongo.

5. Conforme os membros brotam, o estilopódio forma-se primeiro, depois o zeugopódio e, finalmente, o autopódio. Cada fase do desenvolvimento do membro é caracterizada por um padrão específico de expressão de genes *Hox*. A evolução do autopódio envolveu uma duplicação e inversão da expressão do gene *Hox* que distingue nadadeiras de peixe de membros tetrápodes.

6. Modelos de tipo Turing sugerem que um mecanismo de reação-difusão possa explicar o padrão constante de estilopódio-zeugopódio-autopódio observado em membros tetrápodes.

7. O eixo anteroposterior é definido pela expressão de Sonic hedgehog na zona de atividade polarizante, uma região no mesoderma posterior do broto do membro. Se o tecido da ZPA (ou células ou microsferas secretoras de Shh) for colocado na margem anterior de um broto do membro, ocorre um segundo padrão de expressão de gene *Hox* em imagem-espelho, juntamente com uma correspondente duplicação em imagem-espelho de dígitos.

8. A ZPA é mantida pela interação de FGFs da AER, com mesênquima tornado competente para expressar Sonic hedgehog pela expressão de determinados genes *Hox*. Sonic hedgehog, por sua vez, atua presumivelmente de modo indireto, e provavelmente via fatores Gli, para alterar a expressão de genes *Hox* no broto do membro.

9. Sonic hedgehog especifica dígitos por pelo menos dois modos. Ele atua por meio da inibição de BMP no mesênquima interdigital, e também regula a proliferação da cartilagem do dígito. Mutações no estimulador de longo alcance de Shh podem causar polidactilia, ao criar uma segunda ZPA na margem anterior do broto do membro.

10. O eixo dorsoventral é formado em parte pela expressão de Wnt7a na porção dorsal do ectoderma do membro. O Wnt7a também mantém o nível de expressão de Sonic hedgehog na ZPA e de Fgf4 na AER posterior. Fgf4 e Shh mantêm reciprocamente a expressão um do outro.

11. Níveis de FGFs na AER podem apoiar ou inibir a produção de Shh pela ZPA. Conforme o broto do membro cresce e mais FGFs são produzidos na AER, a expressão de Shh é inibida. Isso, por sua vez, causa a diminuição

de níveis de FGF, e, por fim, o crescimento proximal-distal cessa.

12. Uma rede Turing de "três-nós" BMP-Sox9-Wnt está na base da esqueletogênese dos dígitos no camundongo, de modo que as células expressando BMP atuam para ativar Sox9, com Wnt servindo como seu inibidor.

13. A morte celular no membro é mediada por BMPs e é necessária para a formação de dígitos e articulações. Diferenças entre o pé de galinha sem palmura e o pé de pato com palmura podem ser explicadas pelas diferenças na expressão de Gremlin, uma proteína que antagoniza BMPs.

14. As extremidades dos ossos humanos e de outros mamíferos contêm regiões cartilaginosas, chamadas de placas de crescimento epifisárias. A cartilagem nessas regiões prolifera, permitindo que o osso resultante cresça mais. A cartilagem é, mais tarde, substituída por osso, e o crescimento cessa.

15. As diferenças de crescimento do osso entre diferentes partes do corpo e entre diferentes espécies são principalmente devidas primariamente à expansão da cartilagem hipertrófica (que mais tarde será substituída por osso).

16. Modificando a secreção de fator parácrino, diferentes morfologias de membro podem se formar, dando início ao desenvolvimento do pé com palmura, das nadadeiras ou das mãos. Eliminando a síntese de certos fatores parácrinos, os membros podem ser impedidos de se formar (como em baleias e cobras).

17. Os BMPs estão envolvidos tanto em induzir apoptose como na diferenciação das células mesenquimais em cartilagem. A regulação dos efeitos de BMP pelas proteínas Noggin e Gremlin é fundamental para a formação das articulações entre os ossos do membro e para a regulação do crescimento proximal-distal.

Leituras adicionais

Cooper, K. L., J. K. Hu, D. ten Berge, M. Fernandez-Teran, M. A. Ros and C. J. Tabin. 2011. Initiation of proximal-distal patterning in the vertebrate limb by signals and growth. *Science* 332: 1083-1086.

Cunningham, T. J. and G. Duester. 2015. Mechanisms of retinoic acid signalling and its roles in organ and limb development. *Nature Rev. Mol. Cell Biol.* 16: 110-123.

Freitas, R., C. Gómez-Marín, J. M. Wilson, F. Casares and J. L. Gómez-Skarmeta. 2012. *Hoxd13* contribution to the evolution of vertebrate appendages. *Dev. Cell* 23: 1219-1229.

Kawakami, Y. and 12 others. 2011. Islet1-mediated activation of the β-catenin pathway is necessary for hindlimb initiation in mice. *Development* 138: 4465-4473.

Mahmood, R. and 9 others. 1995. A role for Fgf8 in the initiation and maintenance of vertebrate limb outgrowth. *Curr. Biol.* 5: 797-806.

Merino, R., J. Rodriguez-Leon, D. Macias, Y. Gañan, A. N. Economides and J. M. Hurle. 1999. The BMP antagonist Gremlin regulates outgrowth, chondrogenesis, and programmed cell death in the developing limb. *Development* 126: 5515-5522.

Niswander, L., S. Jeffrey, G. R. Martin and C. Tickle. 1994. A positive feedback loop coordinates growth and patterning in the vertebrate limb. *Nature* 371: 609-612.

Raspopovic, J., L. Marcon, L. Russo and J. Sharpe. 2014. Digit patterning is controlled by a BMP-Sox9-Wnt Turing network modulated by morphogen gradients. *Science* 345: 566-570.

Riddle, R. D., R. L. Johnson, E. Laufer and C. Tabin. 1993. Sonic hedgehog mediates the polarizing activity of the ZPA. *Cell* 75: 1401-1416.

Rosselló-Díez, A., C. G. Arques, I. Delgado, G. Giovinazzo and M. Torres. 2014. Diffusible signals and epigenetic timing cooperate in late proximo-distal limb patterning. *Development* 141: 1534-1543.

Schneider, I. and N. H. Shubin. 2013. The origin of the tetrapod limb: From expeditions to enhancers. *Trends Genet.* 29: 419-426.

Sekine, K. and 10 others. 1999. Fgf10 is essential for limb and lung formation. *Nature Genet.* 21: 138-141.

Todt, W. L. and J. F. Fallon. 1987. Posterior apical ectodermal ridge removal in the chick wing bud triggers a series of events resulting in defective anterior pattern formation. *Development* 101: 501-515.

Verheyden, J. M. and X. Sun. 2008. An FGF-Gremlin inhibitory feedback loop triggers termination of limb bud outgrowth. *Nature* 454: 638-641.

Zhang, Y. T., M. S. Alber and S. A. Newman. 2013. Mathematical modeling of vertebrate limb development. *Math. Biosci.* 243: 1-17.

Zuniga, A. 2015. Next generation limb development and evolution: Old questions, new perspectives. *Development* 142: 3810-3820.

VISITE WWW.DEVBIO.COM...

... para Tópicos na Rede, entrevistas de Os Cientistas Falam, vídeos de Assista ao Desenvolvimento, Tutorial do Desenvolvimento e informação bibliográfica completa sobre toda a literatura citada neste capítulo.

20

O endoderma
Tubos e órgãos para digestão e respiração

O ENDODERMA FORMA OS TUBOS DIGESTÓRIO E RESPIRATÓRIO do amnioto adulto, onde ele é essencial para a troca de gases e comida. No amnioto embrionário, cuja comida e oxigênio vêm da mãe via placenta, a principal função do endoderma é induzir a formação de vários órgãos mesodérmicos. Como vimos nos capítulos anteriores, o endoderma é crucial para instruir a formação da notocorda, do coração, dos vasos sanguíneos e até da camada germinativa mesodérmica. A segunda função embrionária do endoderma é formar os revestimentos de dois sistemas do corpo dos vertebrados. O **tubo digestório** estende-se pelo comprimento do corpo, e brotamentos desse tubo digestório formam o fígado, a vesícula biliar e o pâncreas. O **tubo respiratório** forma-se como uma evaginação do sistema digestório, e depois se bifurca em dois pulmões. A região do tubo digestório anterior ao ponto onde o tubo respiratório se ramifica é a **faringe**. Uma terceira função embrionária é formar o epitélio de várias glândulas. As bolsas epiteliais da faringe dão origem às tonsilas palatinas e à tireoide, ao timo e à glândula paratireoide.

O endoderma provém de duas fontes. A principal fonte é o conjunto de células que entra no interior do embrião pela linha primitiva durante a gastrulação. Esta é frequentemente chamada de **endoderma definitivo**. Ele substitui o **endoderma visceral**, que forma principalmente o saco vitelino. Contudo, nem todo o endoderma visceral é removido. Estudos de imagiologia de células vivas utilizando marcadores fluorescentes mostraram que o endoderma definitivo não substitui o endoderma visceral como um folheto (Kwon et al., 2008; Viotti et al., 2014a). Em vez disso, podem ser vistas células individuais do endoderma definitivo intercalando-se na camada do endoderma visceral. Os descendentes dessas células do epiblasto permanecem na região embrionária, ao passo que a maioria (mas não todo) o endoderma visceral original se torna extraembrionário. O fator de transcrição Sox17 marca o endoderma em muitas espécies, e o gene *Sox17* parece ser

Como algumas células intestinais se tornam células do pâncreas, ao passo que as células intestinais vizinhas se tornam fígado ou intestino?

Destaque

O endoderma consiste no tubo digestório, o tubo respiratório e suas glândulas associadas. O fator de transcrição Sox17 tem um papel crucial na especificação do endoderma. O tubo do intestino primitivo fica definido ao longo do eixo anteroposterior. As células anteriores convertem-se em faringe, pulmão e glândula tireoide; as células posteriores convertem-se em intestino; e as células entre eles se tornam precursores do pâncreas, vesícula biliar e fígado. O mesoderma esplâncnico desempenha papéis importantes em especificar a morfogênese das diferentes regiões do tubo digestório. A sua secreção de Sonic Hedgehog induz um padrão encaixado de genes *Hox*, que, por sua vez, distingue regiões do mesoderma que interagem com o endoderma adjacente. As células β do pâncreas produzem insulina, e o delineamento da via que leva ao seu desenvolvimento permitiu a geração de células β produtoras de insulina a partir de células-tronco pluripotentes induzidas.

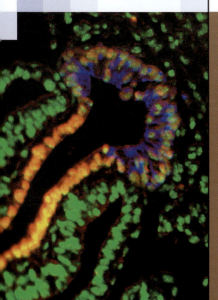

Linha Primitiva

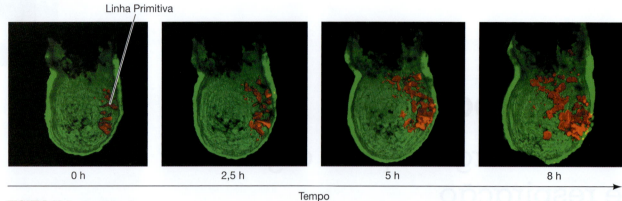

0 h   2,5 h   5 h   8 h

Tempo

FIGURA 20.1 As células do endoderma definitivo do epiblasto de camundongo substituem o endoderma visceral. Aqui, o endoderma visceral do embrião foi geneticamente marcado com proteína fluorescente verde e pode ser visto envolvendo o epiblasto. As células do epiblasto foram marcadas aleatoriamente com marcador vermelho e filmadas conforme ingressavam através da linha primitiva e substituíam as células do endoderma visceral. (De Viotti et al. 2014b, cortesia de A. K. Hadjantonakis.)

ativado em algumas células conforme elas deixam a linha primitiva. Em mutantes deficientes para *Sox17*, o endoderma definitivo não se forma (Viotti et al., 2014b).

A presença da proteína Sox17 torna as células do endoderma definitivo diferentes das células mesodérmicas que também ingressam pela linha primitiva; as células mesodérmicas expressam o fator de transcrição Brachyury, e este parece ser fundamental para o desenvolvimento do mesoderma. Se é *Sox17* ou *Brachyury* que é expresso parece depender da concentração de Nodal secretado pelo endoderma visceral. Elevados níveis de Nodal induzem *Sox17*, ao passo que BMPs e FGFs atuam contra Nodal e especificam as células migratórias a se tornarem mesoderma (**FIGURA 20.1**; Vincent et al., 2003; Dunn et al., 2004).

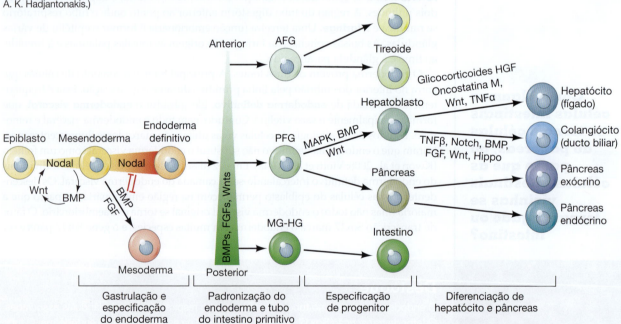

FIGURA 20.2 Sinais que medeiam os destinos de progenitores endodérmicos. A sinalização de Nodal ativa as células do epiblasto a assumirem um destino mesendodérmico e a ingressarem pela linha primitiva. As células expostas a elevadas concentrações de Nodal tendem, assim, a se tornar células do endoderma definitivo. As que recebem BMPs e FGFs tendem a se tornar mesodérmicas. O destino ulterior do endoderma definitivo depende, em grande a medida, de onde a célula reside ao longo do eixo anteroposterior. Aquelas na região posterior são expostas a elevados níveis de Wnts, BMPs e FGFs e se tornam células do intestino primitivo médio-posterior (MG-HG, do inglês,

midgut-hindgut) que dão origem ao intestino. Células expostas a níveis relativamente menores desses fatores parácrinos dão origem a células posteriores do intestino primitivo anterior (PFG, do inglês, *posterior foregut cells*), os precursores do fígado (hepatócitos e colangiócitos) e pâncreas (que se dividirão em progenitores exócrinos e endócrinos). As células do endoderma definitivo expostas a níveis muito baixos desses fatores parácrinos dão origem a células do intestino primitivo anterior (AFG, do inglês, *anterior foregut cells*) que se tornam precursores do pulmão e glândula tireoide. Muitas linhagens não foram representadas para simplificação. (Segundo Gordillo et al., 2015.)

O endoderma definitivo do intestino primitivo é, então, definido por três regiões, cada uma com uma origem embrionária distinta e delineada pela sua localização ao longo do eixo anteroposterior. (Gordillo et al., 2015). Como deveria ser óbvio a esta altura, o eixo A-P dos vertebrados é especificado por gradientes de Wnts, FGFs e BMPs, cada um dos quais em máxima concentração na região posterior (**FIGURA 20.2**). O endoderma próximo da cabeça formará as células do intestino anterior, que darão origem aos precursores do pulmão e da glândula tireoide. O endoderma na região posterior converte-se em uma mistura de células precursoras de intestino médio e posterior e formará as células progenitoras intestinais. A região entre eles – na área de BMPs, FGFs e Wnts moderados – converte-se em precursores posteriores do intestino anterior. Estas são as células que dão origem ao pâncreas e ao fígado.

As células do intestino primitivo inicialmente formam um folheto plano debaixo do embrião (na galinha e no humano) ou à volta do embrião (no camundongo). A partir do folheto plano de endoderma definitivo, estas células formam um tubo. O desenvolvimento do tubo do intestino em mamífero começa em dois locais que migram em direção um do outro e fusionam no centro (Lawson et al., 1986; Franklin et al., 2008). No intestino anterior, as células das porções laterais do endoderma anterior se movem ventralmente para formar o tubo do **portal intestinal anterior** (**AIP**, do inglês, *anterior intestinal portal*); o **portal intestinal caudal** (**CIP**, do inglês, *caudal intestinal portal*) forma-se a partir do endoderma posterior. O AIP e o CIP migram em direção um do outro e se aproximam para formar o intestino médio (**FIGURA 20.3**).

As aberturas das extremidades anterior e posterior do intestino primitivo são excecionais na medida em que são as únicas regiões onde o endoderma toca o ectoderma. Inicialmente, a extremidade oral é bloqueada por uma região de células do endoderma que se unem ao ectoderma da boca (o **estomódeo**) na **placa oral**. Mais tarde (por volta do 22° dia em embriões humanos), a placa oral desintegra-se, originando uma abertura oral para o sistema digestório. A abertura em si é revestida por células ectodérmicas. Este arranjo gera uma situação interessante, uma vez que o ectoderma da placa oral está em contato com o ectoderma do cérebro, que se curvou em direção à porção ventral do embrião. Essas duas regiões do ectoderma interagem entre si, com o teto da região oral formando a bolsa de Rathke e se tornando a porção glandular da glândula hipófise. O tecido neural no assoalho do diencéfalo dá origem ao infundíbulo, que se torna a porção neural da hipófise. Assim, a glândula hipófise tem uma origem dupla, que é refletida nas suas funções adultas. Existe um contato semelhante entre endoderma e ectoderma no ânus; é chamado de **junção anorretal**.

A faringe

A porção anterior endodérmica dos tubos digestório e respiratório começa na faringe. Utilizando um gene repórter (o acima citado *Sox17*) que fica ativado apenas no endoderma, Rothova e colaboradores (2012) descobriram que existe uma linha divisória entre o ectoderma e o endoderma na boca dos mamíferos. Em mamíferos, os dentes e as principais glândulas salivares são de origem ectodérmica. As papilas gustativas são ectodérmicas (geradas pelos placoides cranianos; ver Capítulo 16), mas as papilas gustativas posteriores, bem como algumas glândulas salivares posteriores e mucosas, são de origem endodérmica.

A faringe embrionária em mamíferos contém quatro pares de **bolsas faríngeas** derivadas do endoderma. Entre essas bolsas faríngeas se encontram quatro **arcos faríngeos** (**FIGURA 20.4**). O primeiro par de bolsas faríngeas converte-se nas cavidades auditivas da orelha média e nas tubas de Eustáquio associadas. O segundo par de bolsas faríngeas dá origem às paredes das tonsilas palatinas. O timo deriva do terceiro par de bolsas faríngeas; o timo direcionará a diferenciação de linfócitos T durante estágios mais tardios do desenvolvimento. Um par de glândulas paratireoides também deriva do terceiro par de bolsas faríngeas, ao passo que o outro par deriva do quarto par de bolsas. Além disso, a partir dessas bolsas pareadas, um pequeno divertículo central forma-se entre as segundas bolsas faríngeas no assoalho da faringe. Essas bolsas de endoderma e mesênquima

---

Ampliando o conhecimento

O tubo do intestino primitivo não é simétrico. Ele gira em direções específicas, colocando o estômago perto do coração e o apêndice do lado direito. Quais eventos moleculares e celulares causam a rotação do intestino primitivo?

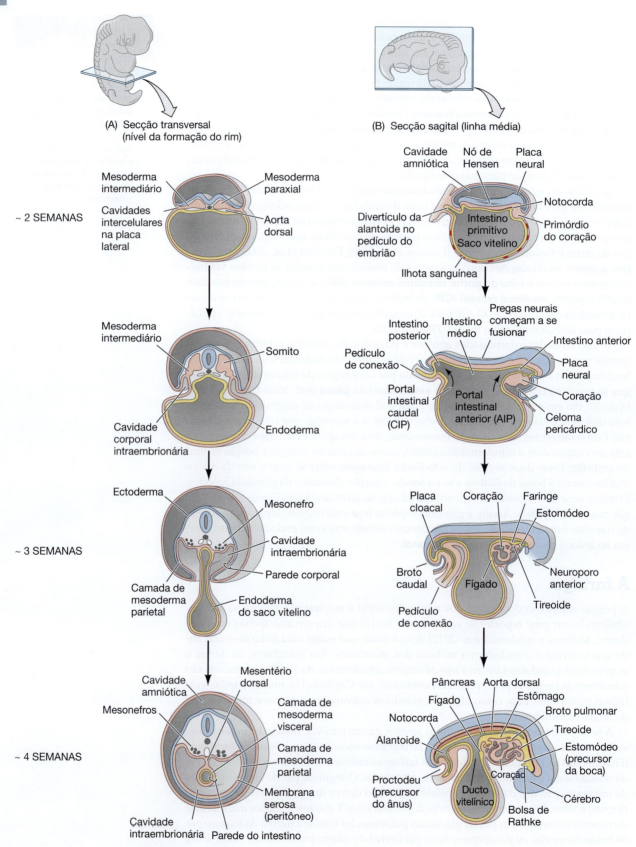

(A) Secção transversal
(nível da formação do rim)

(B) Secção sagital (linha média)

~ 2 SEMANAS

Mesoderma intermediário
Cavidades intercelulares na placa lateral
Mesoderma paraxial
Aorta dorsal

Cavidade amniótica
Nó de Hensen
Placa neural
Divertículo da alantoide no pedículo do embrião
Intestino primitivo
Saco vitelino
Notocorda
Primórdio do coração
Ilhota sanguínea

Mesoderma intermediário
Somito
Cavidade corporal intraembrionária
Endoderma

Intestino posterior
Intestino médio
Pregas neurais começam a se fusionar
Intestino anterior
Pedículo de conexão
Placa neural
Portal intestinal caudal (CIP)
Portal intestinal anterior (AIP)
Coração
Celoma pericárdico

~ 3 SEMANAS

Ectoderma
Mesonefro
Cavidade intraembrionária
Parede corporal
Camada de mesoderma parietal
Endoderma do saco vitelino

Placa cloacal
Coração
Faringe
Estomódeo
Broto caudal
Fígado
Neuroporo anterior
Pedículo de conexão
Tireoide

~ 4 SEMANAS

Cavidade amniótica
Mesonefros
Cavidade intraembrionária
Parede do intestino
Mesentério dorsal
Camada de mesoderma visceral
Camada de mesoderma parietal
Membrana serosa (peritôneo)

Pâncreas
Aorta dorsal
Fígado
Estômago
Notocorda
Broto pulmonar
Alantoide
Tireoide
Proctodeu (precursor do ânus)
Coração
Estomódeo (precursor da boca)
Ducto vitelínico
Cérebro
Bolsa de Rathke

FIGURA 20.3 Dobramento do endoderma durante o desenvolvimento humano inicial. (A) Secções transversais na região que formará o rim. (B) Secções sagitais na linha média do embrião. (Segundo Sadler, 2009.)

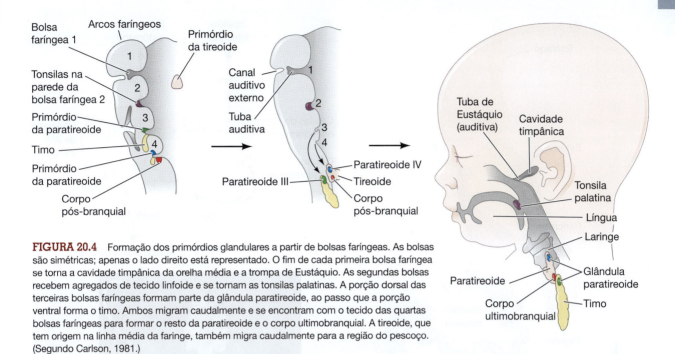

FIGURA 20.4 Formação dos primórdios glandulares a partir de bolsas faríngeas. As bolsas são simétricas; apenas o lado direito está representado. O fim de cada primeira bolsa faríngea se torna a cavidade timpânica da orelha média e a trompa de Eustáquio. As segundas bolsas recebem agregados de tecido linfoide e se tornam as tonsilas palatinas. A porção dorsal das terceiras bolsas faríngeas formam parte da glândula paratireoide, ao passo que a porção ventral forma o timo. Ambos migram caudalmente e se encontram com o tecido das quartas bolsas faríngeas para formar o resto da paratireoide e o corpo ultimobranquial. A tireoide, que tem origem na linha média da faringe, também migra caudalmente para a região do pescoço. (Segundo Carlson, 1981.)

brotarão da faringe e migrarão pelo pescoço para dar origem à glândula tireoide. O tubo respiratório brota do assoalho faríngeo (entre as quartas bolsas faríngeas) para formar os pulmões, como veremos mais à frente.

Muitas rotas das células da crista neural cranial migram para dentro das bolsas que estão formando as glândulas tireoide, paratireoide e timo. O Sonic hedgehog do endoderma parece atuar como fator de sobrevivência, impedindo a apoptose das células da crista neural (Moore-Scott e Manley, 2005; ver Capítulo 15). Além disso, análise genética combinada com estudos de transplante em peixe-zebra mostraram que FGFs (sobretudo Fgf3 e Fgf8) do ectoderma e do mesoderma são importantes não apenas para a migração e a sobrevivência das células da crista neural, mas também para a formação das próprias bolsas. Camundongos deficientes nos genes *Fgf8* e *Fgf3* não têm bolsas faríngeas, mesmo quando o endoderma está presente. Em vez de migrar lateral e ventralmente para formar as bolsas, o endoderma permanece na faringe anterior e não se espalha (Crump et al., 2004).

O tubo digestório e seus derivados

Durante a formação do tubo endodérmico, as células mesenquimais da porção esplâncnica do mesoderma da placa lateral envolvem o endoderma (ver Figura 20.3). As células endodérmicas dão origem apenas ao revestimento do sistema digestório e às suas glândulas, ao passo que células mesenquimais do mesoderma esplâncnico envolvem o tubo e fornecerão os futuros músculos lisos que fazem as contrações peristálticas. Posterior à faringe, o tubo digestório constringe-se para formar o esôfago, que é seguido em sequência pelo estômago, intestino delgado e intestino grosso.

Como mostra a **FIGURA 20.5A**, o estômago desenvolve-se como uma região dilatada do intestino primitivo próxima à faringe. O intestino desenvolve-se mais caudalmente, e a conexão entre o intestino e o saco vitelino é mais tarde cortada. O intestino primitivo termina originalmente na cloaca endodérmica, porém, depois que a cloaca se separa nas regiões da bexiga e do reto (ver capítulo 18), o intestino une-se ao reto. Na extremidade caudal do reto, forma-se uma depressão onde o endoderma contata o ectoderma suprajacente, e uma **membrana cloacal** fina separa os dois tecidos. Mais tarde, quando a membrana cloacal se rompe, a abertura resultante forma o ânus.

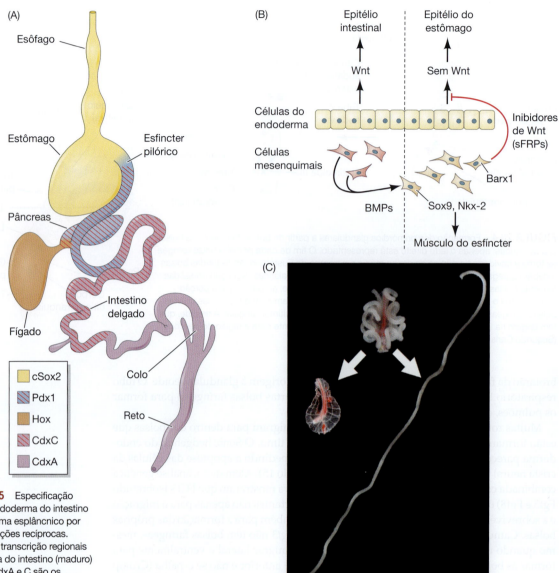

FIGURA 20.5 Especificação regional do endoderma do intestino e do mesoderma esplâncnico por meio de interações recíprocas. (A) Fatores de transcrição regionais do endoderma do intestino (maduro) de galinha. (CdxA e C são os homólogos de ave de Cdx1 e 2.) Estes fatores aparecem antes das interações com o mesoderma, mas não estão estabilizados. (B) Possível mecanismo pelo qual as células mesenquimais podem induzir o endoderma a se converter em intestino ou em estômago, dependendo da região. (C) Separação cirúrgica do tubo intestinal endodérmico do mesentério dorsal em embrião de galinha de 12 dias faz o mesentério se encolher e o tubo se endireitar. A associação intestino-mesentério original (topo) mantém o sistema digestório no lugar. Quando as duas partes se separam no dia 20 embrionário, o mesentério (à esquerda) encolhe, ao passo que o tubo intestinal (à direita) se endireita. (A, segundo Grapin-Botton et al., 2001; C, segundo Savin et al., 2011.)

Especificação do tecido do intestino primitivo

A produção do endoderma é uma das primeiras decisões tomadas pelo embrião, e o fator de transcrição **Sox17** é crucial para esta especificação. Em embriões de anfíbio, o endoderma é especificado autonomamente por meio da presença de Sox17. Formas dominantes negativas de Sox17 (contendo unidades repressoras, em vez de ativadoras) bloqueiam a formação de endoderma nos blastômeros vegetais de anfíbios, ao passo que a superexpressão da forma selvagem expande o domínio endodérmico (Hudson et al., 1997; Henry e Melton, 1998). Camundongos e peixe-zebra deficientes em *Sox17* apresentam endoderma do intestino primitivo deficiente, e, quando *Sox17* é expresso experimentalmente em células-tronco embrionárias, estas células produzem derivados endodérmicos (Kanai-Azuma et al., 2002; Takayama et al., 2011).

Apesar de o Sox17 ajudar a especificar o tubo digestório, ele não fornece ao tubo a sua notável polaridade. O tubo digestório vai da faringe ao ânus, diferenciando-se pelo caminho em esôfago, estômago, duodeno e intestinos, formando brotamentos que se tornam (entre outras coisas) tireoide, timo, pâncreas e fígado. O que diz ao tubo endodérmico para se tornar cada um desses determinados tecidos em determinados lugares? Por que nunca vemos uma boca se abrir diretamente no estômago? O endoderma e o mesoderma esplâncnico da placa lateral sofrem um conjunto complexo de interações, e os sinais para gerar os diferentes tecidos do intestino parecem ser conservados nas diferentes classes de vertebrados (ver Wallace e Pack, 2003). Um mecanismo possível para a polaridade do tubo do intestino começa com a especificação da faringe e depois segue com a especificação do restante do tudo intestinal. Estudo com embriões de galinha utilizando microsferas contendo seja ácido retinoico (RA), seja inibidores da sua síntese (Bayha et al., 2009) mostram que a faringe pode se desenvolver apenas em áreas contendo pouco ou nenhum RA, ao passo que o gradiente de RA padroniza o endoderma dos arcos faríngeos de forma ordenada. Isso é provavelmente conseguido ativando e reprimindo conjuntos determinados de genes de fatores de transcrição.

A segunda fase de especificação do intestino parece envolver sinais do mesênquima derivado do mesoderma esplâncnico que envolve o tubo endodérmico. Conforme o tubo digestório se depara com diferentes mesênquimas, as células mesenquimais orientam o endoderma a se diferenciar em esôfago, estômago, intestino delgado e colo (Okada, 1960; Gumpel-Pinot et al., 1978; Fukumachi e Takayama, 1980; Kedinger et al., 1990). Sinais Wnt parecem ser particularmente importantes. A especificação inicial ("padrão") de todo o tubo do intestino parece ser anterior (i.e., estômago/esôfago). Contudo, a sinalização Wnt gradual a partir do mesoderma posterior (instruída por gradientes de RA e FGF) fornece um sinal que induz no endoderma do intestino os fatores de transcrição posteriorizantes Cdx1 e Cdx2 (ver Figura 20.5A), bem como o fator parácrino Indian hedgehog. Em elevadas concentrações, os fatores de transcrição Cdx induzem a formação do intestino grosso, ao passo que, em concentrações mais baixas, eles induzem a formação do intestino delgado. De fato, quando a β-catenina é artificialmente expressa no tecido do *intestino anterior*, o gene *Cdx2* é ativado, e o tecido do endoderma anterior é transformado em tecido intestinal de tipo mais posterior (Sherwood et al., 2011; Stringer et al., 2012).

As vias moleculares pelas quais os sinais Wnt do mesênquima influenciam o tubo do intestino estão começando a ser conhecidas (**FIGURA 20.5B**). Cdx2, por exemplo, suprime os genes como *Hhex* e, assim, impede o estômago, o fígado e o pâncreas de se formarem no intestino posterior (Bossard e Zaret, 2000; McLin et al., 2007). Nas regiões anteriores do tubo do intestino (que forma o timo, o pâncreas, o estômago e o fígado), a sinalização Wnt é bloqueada. No domínio que forma o estômago, o mesênquima que reveste o tubo expressa o fator de transcrição *Barx1*, que ativa a produção de dois antagonistas de Wnt de tipo Frzb (as proteínas sFRP1 e sFRP2) que bloqueiam a sinalização Wnt nos entornos do estômago, mas não à volta do intestino. (De fato, camundongos deficientes para *Barx1* não desenvolvem estômago e expressam os marcadores intestinais naquele tecido; Kim et al., 2005.)

A polaridade baseada em Wnt pode ser transiente e precisa ser reforçada e refinada por interações adicionais entre o endoderma e os mesênquimas circundantes. Roberts e colaboradores (1995, 1998) envolveram Sonic hedgehog (Shh) na especificação do endoderma. Pensa-se que Shh seja sintetizado pelo endoderma e secretado em diferentes concentrações em locais diferentes. Os seus alvos parecem ser as células mesodérmicas que circundam o tubo intestinal. A secreção de Shh pelo endoderma do intestino posterior induz uma expressão encaixada de expressão de genes *Hox* "posteriores" no mesoderma. Como nas vértebras (ver Capítulo 12), os limites anteriores de expressão de gene *Hox* delineiam os limites morfológicos das regiões que formarão a cloaca, o intestino grosso, o ceco, o ceco médio (na fronteira entre intestino médio e intestino posterior) e a porção posterior do intestino médio (Roberts et al., 1995; Yokouchi et al., 1995). Quando experimentalmente gerados, os vírus expressando genes *Hox* causam alterações da expressão de genes *Hox* no mesoderma, e as células mesodérmicas alteram a diferenciação do endoderma adjacente (Roberts et al., 1998). Pensa-se que os genes *Hox* especifiquem o mesoderma, de modo a que ele possa interagir adicionalmente com o tubo de endoderma e especificar mais finamente as suas regiões.

Uma vez estabelecidas as fronteiras dos fatores de transcrição, a diferenciação pode começar. A especificação regional do mesoderma (em tipos de músculo liso) e a diferenciação regional do endoderma (em diferentes unidades funcionais, como estômago, duodeno e intestino delgado) estão sincronizadas. Por exemplo, em certas regiões, o mesênquima intestinal secreta BMP4, que orienta o mesoderma anterior a ele a expressar os fatores de transcrição Sox9 eNkx2-5. Sox9 e Nkx2-5 dizem ao mesoderma para se converter em músculo liso do esfíncter pilórico, em vez de músculo liso que normalmente reveste o estômago e o intestino (Theodosiou e Tabin, 2005).

A interação entre o mesoderma esplâncnico e o endoderma continua muito depois do estágio de desenvolvimento de especificação. Um derivado do mesoderma esplâncnico é o **mesentério dorsal**, uma membrana fibrosa que conecta o endoderma à parede do corpo. A curvatura do tubo intestinal é dirigida por uma combinação do crescimento intrínseco do endoderma acoplado à conexão daquele tubo ao mesentério dorsal (Savin et al., 2011). Se a conexão for interrompida, o mesentério encolhe, e o intestino torna-se um tubo longo, fino, sem curvaturas (**FIGURA 20.5C**).

As interações entre o mesoderma e o endoderma também são importantes para a formação das vilosidades intestinais. A diferenciação de músculo liso no mesoderma constringe o endoderma subjacente em crescimento e o mesênquima, gerando, assim, estresses compressivos que forçam o endoderma a se dobrar e finalmente a formar as vilosidades do intestino (Shyer et al., 2013). Esse afivelamento é fundamental para localizar as células-tronco intestinais na base das vilosidades. Originalmente, todas as células do tubo intestinal têm potencial de ser células-tronco, mas o dobramento permite que certos tecidos interajam mais facilmente com outros e faz os fatores parácrinos inibitórios (mais importante o BMP4) restringirem a formação de células-tronco a essas regiões mais afastadas da ponta da vilosidade (Shyer et al., 2015).

 OS CIENTISTAS FALAM 20.1 O Dr. Cliff Tabin e a Dra. Amy Shyer falam sobre como as células-tronco do intestino chegam aos locais corretos.

A continuação do desenvolvimento do intestino envolve (1) a diferenciação das células de Paneth e a progênie de células-tronco intestinais, que foi discutida no Capítulo 5; e (2) interações entre o epitélio do intestino e bactérias simbióticas para finalizar a diferenciação dos tipos celulares, que será discutida no Capítulo 25. De modo curioso, em pelo menos partes do endoderma, as células diferenciadas podem reverter e se tornar células-tronco. Isso pode ser devido a elas estarem expostas ao ambiente exterior quando comemos e respiramos. Quando as células-tronco são removidas do estômago, uma célula secretora diferenciada (chamada de célula chefe) perde as suas propriedades diferenciadas e se torna uma célula-tronco (Stang et al., 2013). Da mesma forma, as células diferenciadas da traqueia podem se dividir e gerar células-tronco pulmonares quando as células-tronco originais são deletadas (Tata et al., 2013). Mesmo o precursor da célula de Paneth do intestino, que está geralmente comprometido em maturar em células de Paneth e as células enteroendócrinas, pode retornar a um *status* de célula-tronco se o intestino sofrer injúria (Buczaki et al., 2013). Então, o endoderma parece ser notável, se não único, em possuir um grau de plasticidade entre as células diferenciadas e as células-tronco.

Órgãos acessórios: fígado, pâncreas e vesícula biliar

O endoderma forma o revestimento de três órgãos acessórios – fígado, pâncreas e vesícula biliar – que se desenvolvem imediatamente caudalmente ao estômago. O **divertículo hepático** brota do endoderma e se projeta para o mesênquima circundante. O endoderma que constitui este broto vem de duas populações de células: um grupo lateral que forma exclusivamente células do fígado; e células do endoderma ventral-medial que formam várias regiões do intestino médio, incluindo o fígado (Tremblay e Zaret, 2005). O mesênquima induz este endoderma a proliferar, ramificar e formar o epitélio glandular do fígado. Uma porção do divertículo hepático (a região mais próxima ao tubo digestório) continua a funcionar como ducto de drenagem do fígado, e uma ramificação desse ducto forma a vesícula biliar (**FIGURA 20.6**). O pâncreas se desenvolve da fusão de divertículos dorsal e ventral distintos. Conforme crescem, eles aproximam-se e acabam por se fusionar. Em humanos, apenas o ducto ventral sobrevive para transportar enzimas

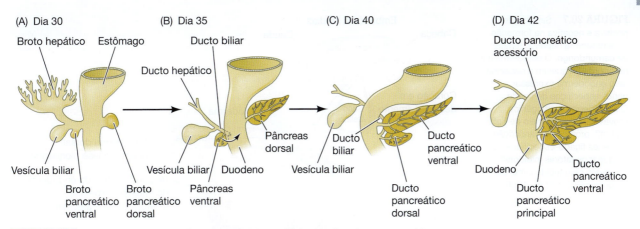

(A) Dia 30
Broto hepático Estômago
Vesícula biliar
Broto pancreático ventral
Broto pancreático dorsal

(B) Dia 35
Ducto biliar
Ducto hepático
Vesícula biliar Duodeno
Pâncreas ventral
Pâncreas dorsal

(C) Dia 40
Ducto biliar
Vesícula biliar
Ducto pancreático ventral
Ducto pancreático dorsal

(D) Dia 42
Ducto pancreático acessório
Duodeno
Ducto pancreático principal
Ducto pancreático ventral

FIGURA 20.6 Desenvolvimento do pâncreas em humanos. (A) Ao 30º dia, o broto pancreático ventral está próximo ao primórdio do fígado. (B) Aos 35 dias, começa a migrar posteriormente, e (C) fica em contato com o broto pancreático dorsal durante a sexta semana de desenvolvimento. (D) Na maioria dos indivíduos, o broto pancreático dorsal perde o seu ducto para o duodeno; contudo, em cerca de 10% da população, o sistema de ductos duplo persiste.

digestórias para o intestino. Em outras espécies (como no cão), ambos os ductos dorsal e ventral desaguam no intestino.

O endoderma posterior do intestino anterior contém células progenitoras que podem dar origem ao pâncreas, ao fígado e à vesícula biliar. Existe uma relação íntima entre o mesoderma esplâncnico da placa lateral e o endoderma do intestino anterior. Como o endoderma do intestino anterior é crucial na especificação do mesoderma cardiogênico, o mesoderma, especificamente as células endoteliais dos vasos sanguíneos, induzem o tubo endodérmico a formar o primórdio do fígado e os rudimentos pancreáticos.

A cromatina das células-tronco multipotentes do endoderma ventral do intestino anterior pode estar preparada para a ativação diferencial destas células. Os genes envolvidos na formação de células progenitoras do fígado são silenciados de modo distinto que os genes envolvidos na formação das células progenitoras pancreáticas. Assim, um único sinal pode ser capaz de desinibir uma bateria inteira de genes de especificação (Xu et al., 2011; Zaret, 2016).

FORMAÇÃO DO FÍGADO A expressão de genes específicos do fígado (como os da α-fetoproteína e da albumina) pode ocorrer em qualquer região do tubo do intestino que estiver exposta ao mesoderma cardiogênico. Contudo, essa indução pode apenas ocorrer se a notocorda for removida. Se a notocorda for colocada adjacente à porção do endoderma normalmente induzida pelo mesoderma cardiogênico para dar origem ao fígado, o endoderma não formará tecido do fígado (hepático). Assim, o coração em desenvolvimento parece induzir a formação do fígado, ao passo que a presença da notocorda inibe a sua formação (**FIGURA 20.7**). Essa indução é provavelmente devida a FGFs secretados pelo coração em desenvolvimento e a células endoteliais (Le Douarin, 1975; Gualdi et al., 1996; Jung et al., 1999; Matsumoto et al., 2001). Os sinais BMP (e possivelmente Wnt) do mesoderma da placa lateral também são necessários para a formação do fígado (Zhang et al., 2004; Ober et al., 2007). Assim, o coração e as células endoteliais têm uma função no desenvolvimento para além dos seus papéis na circulação: eles ajudam na indução do broto hepático ao secretarem fatores parácrinos.

Contudo, para poder responder ao sinal FGF, o endoderma tem de se tornar competente. Essa competência é dada ao endoderma do intestino anterior pelos fatores de transcrição Forkhead. Os fatores de transcrição Forkhead Foxa1 e Foxa2 são necessários para a abertura da cromatina que envolve os genes fígado-específicos. Estes fatores de transcrição pioneiros deslocam nucleossomos das regiões regulatórias envolvendo estes genes e são necessários antes de ser dado o sinal FGF (Lee et al., 2005; Hirai et al., 2010). Embriões de camundongo deficientes em expressão dos genes *Foxa1* e *Foxa2* no seu endoderma não formam um broto hepático nem expressam enzimas específicas do fígado.

FIGURA 20.7 Sinalização positiva e negativa na formação do endoderma hepático (fígado) de camundongo. O ectoderma e a notocorda bloqueiam a capacidade de o endoderma expressar genes específicos do fígado. O mesoderma cardiogênico, provavelmente por meio de Fgf1 ou Fgf2, promove a transcrição de genes fígado-específicos ao bloquear os fatores inibidores induzidos pelo tecido circundante. (Segundo Gualdi et al., 1996.)

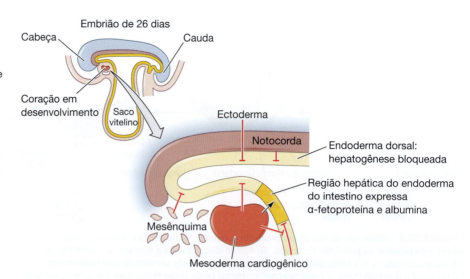

Uma vez que o sinal é dado, outros fatores de transcrição Forkhead, como HNF4α, tornam-se fundamentais. O HNF4α é essencial para a diferenciação morfológica e bioquímica do broto hepático em tecido do fígado (Parviz et al., 2003). Quando os mutantes condicionais de HNF4α foram feitos de forma a que esse fator estivesse ausente apenas no fígado em desenvolvimento, não foram observados nem arquitetura tecidual, estrutura celular nem enzimas específicas do fígado nas células do broto hepático.

Os dois principais tipos de células do fígado são os **hepatócitos** (células do fígado) e os **colangiócitos** que formam as células dos ductos biliares (ver Figura 20.2). Os fatores parácrinos da família TGF-β, assim como sinalização Notch dos vasos sanguíneos, parece estimular a produção de células dos ductos, ao passo que hormônios glicocorticoides e outros fatores parácrinos (fator de crescimento hepatócito e Wnts) ajudam a especificar os hepatócitos (Schmidt et al., 1995; Clotman et al., 2005). Além do mais, existem outras células no fígado, incluindo **células endoteliais sinusoidais**. Essas são células endodérmicas especializadas em criar canais de sangue no fígado (Goldman et al., 2014). Essas células são fundamentais para o funcionamento do fígado, por trazerem nutrientes e substâncias venenosas para o fígado metabolizar e degradar. As células endoteliais sinusoidais parecem ter um papel essencial na regeneração do fígado, visto que elas são a fonte de dois fatores parácrinos – fator de crescimento de hepatócito e angiopoietina-2 – que são críticos para a divisão organizada de células-tronco hepatoblásticas (Ding et al., 2010; DeLeve, 2013; Hu et al., 2014). A capacidade de regeneração do fígado de mamífero tem sido um tópico fascinante, uma vez que ele cresce apenas na mesma medida de tecido que foi removido ou destruído. Estamos apenas começando a entender como o nosso corpo consegue fazer isso, e voltaremos a discutir a regeneração do fígado em mais detalhes no Capítulo 22.

FORMAÇÃO DO PÂNCREAS   A formação do pâncreas parece ser o reverso da formação do fígado. Enquanto as células do coração promovem e a notocorda impede a formação do fígado, a notocorda pode promover ativamente a formação do pâncreas, ao passo que o coração pode bloquear a formação do pâncreas. Parece que essa região determinada do sistema digestório tem a capacidade de se tornar pâncreas ou fígado. Um conjunto de condições (presença de coração, ausência de notocorda) induz o fígado, ao passo que as condições opostas (presença de notocorda, ausência de coração) originam a formação do pâncreas.

A notocorda ativa o desenvolvimento do pâncreas por repressão da expressão de *Shh* no endoderma (Apelqvist et al., 1997; Hebrok et al., 1998). (Essa foi uma descoberta surpreendente, uma vez que a notocorda é uma fonte de proteína Shh e um indutor de expressão continuada de gene *Shh* em tecidos ectodérmicos.) O Sonic hedgehog é expresso ao longo do endoderma do intestino primitivo, *exceto* na região que formará o pâncreas. A notocorda nessa região secreta Fgf2 e activina, que são responsáveis por reprimir a expressão de *Shh*. Se *Shh* for expresso experimentalmente nessa região, o tecido reverte para ser intestinal (Jonnson et al., 1994; Ahlgren et al., 1996; Offield et al., 1996).

A ausência de Shh na região do intestino onde se forma o pâncreas parece permitir a essa região responder a sinais provenientes do endotélio do vaso sanguíneo. De fato, o desenvolvimento pancreático é iniciado precisamente nessas três localizações onde o endoderma do intestino anterior contata o endotélio dos principais vasos sanguíneos. É nesses pontos – onde o tubo endodérmico encontra a aorta e as veias vitelinas – que os fatores de transcrição Pdx1 e Ptf1a são expressos (**FIGURA 20.8A-C**; Lammert et al., 2001; Yoshitomi e Zaret, 2004). Se os vasos sanguíneos forem removidos dessa área, as regiões que expressam *Pdx1* e *Ptf1a* não se formarão, e o endoderma pancreático não brotará. Se mais vasos sanguíneos se formarem nessa região, uma maior porção do tubo endodérmico formará tecidos pancreáticos.

CÉLULAS PANCREÁTICAS SECRETORAS DE INSULINA

A associação dos tecidos pancreáticos com os vasos sanguíneos é essencial para a formação das células secretoras de insulina do pâncreas. Pdx1 parece atuar em união com outros fatores de transcrição para formar as células endócrinas do pâncreas, as ilhotas de Langerhans (Odom et al., 2004; Burlison et al., 2008; Dong et al., 2008). As células exócrinas (que produzem as enzimas digestivas, como quimotripsina) e as células endócrinas (que produzem insulina, glucagon e somatostatina) parecem ter o mesmo progenitor (Fishman e Melton, 2002), e o nível de Ptf1a parece regular a proporção de células nessas linhagens. As células pancreáticas exócrinas têm níveis mais altos de Ptf1a (Dong et al., 2008). As células das ilhotas secretam VEGF para atrair vasos sanguíneos, e esses vasos rodeiam a ilhota em desenvolvimento (**FIGURA 20.8D**).

As células progenitoras endócrinas formam duas populações. Uma é o progenitor das células β e δ das ilhotas de Langerhans. A outra é o progenitor das células α e das células do polipeptídeo pancreático (PP) (PP é um hormônio que regula a secreção endócrina do intestino). O progenitor das células β e δ expressa o fator de transcrição Pax4, ao passo que a célula progenitora α/PP expressa Arx. Estes são estados mutuamente exclusivos, assim, uma célula se torna um tipo ou outro. Se a célula expressa Pax4 (se tornando um progenitor βδ), tem uma escolha adicional. Se ela expressa o gene de *MafA*, torna-se uma célula β que pode secretar insulina. Se não expressa *MafA*, torna-se uma célula δ (**FIGURA 20.9**).

O sistema hierárquico dicotômico na Figura 20.9 assemelha-se ao esquema de produção de sangue a partir de uma única célula-tronco hematopoiética (ver Figura 18.24). O modelo proposto por Zhou e colaboradores (2011) sugere que os diferentes tipos celulares possam ser vistos como estados atrativos que resultam de possíveis interações de um conjunto comum de fatores de transcrição. De fato, Dhawan e colaboradores (2011) descobriram que, quando o gene para a metiltransferase Dnmt1 é nocauteado nas células β produtoras de insulina, os padrões de metilação mudam, de forma que o promotor de *Arx* não é mais reprimido e o gene *Arx* é ativado, convertendo as células β em células δ produtoras de glucagon. A identidade da célula β pancreática é, assim, mantida pela repressão de *Arx* mediada por metilação.

Estas redes de fatores de transcrição podem permitir a reprogramação de um tipo celular em outro. Horb e colaboradores (2003) mostraram que Pdx1 pode reespecificar o tecido do fígado em desenvolvimento em pâncreas. Quando girinos de *Xenopus* foram administrados com o gene *pdx1* ligado a um promotor ativo nas células do fígado, Pdx1

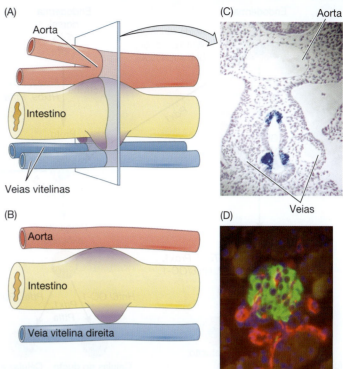

FIGURA 20.8 Indução da expressão do gene *Pdx1* no epitélio do intestino. (A) No embrião de galinha, *Pdx1* (em roxo) é expresso no tubo intestinal e induzido por contato com a aorta e as veias vitelinas. As regiões de expressão do gene *Pdx1* originam os rudimentos ventral e dorsal do pâncreas. (B) No embrião de camundongo, apenas a veia vitelina direita sobrevive, e ela contata o endotélio do intestino. A expressão do gene *Pdx1* é observada apenas nesse lado, e apenas um broto pancreático ventral emerge. (C) Hibridação *in situ* do mRNA de *Pdx1* em um corte na região de contato entre os vasos sanguíneos e o tubo intestinal de um embrião de camundongo. As regiões de expressão de *Pdx1* estão marcadas em azul-escuro. (D) Vasos sanguíneos (marcados em vermelho) dirigem a diferenciação de ilhotas (marcadas em verde com anticorpos para insulina) no embrião de galinha. Os núcleos estão marcados em azul-escuro. (Segundo Lammert et al., 2001, cortesia de D. Melton.)

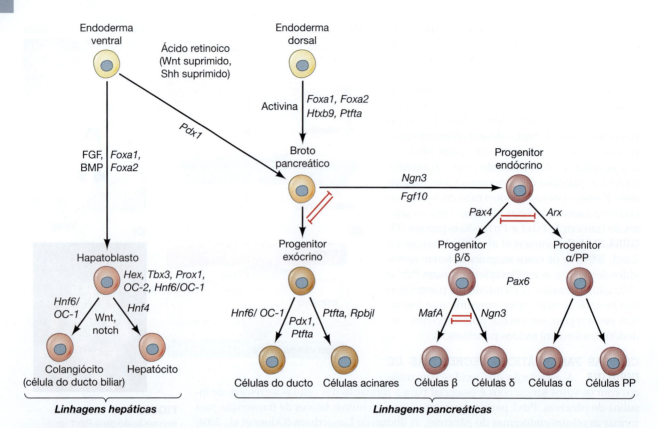

FIGURA 20.9 Linhagem de células pancreáticas e do fígado. Todas as células pancreáticas expressam *Pdx1*, distinguindo-as das células que se converterão em fígado. Dentro da linhagem pancreática, as células progenitoras endócrinas expressando *Ngn3* dão origem às linhagens endócrinas, ao passo que as células expressando *Ptf1a* dão origem ao progenitor exócrino que faz os ductos e as células acinares (que secretam as enzimas digestivas). O progenitor endócrino pode dar origem a duas linhagens, uma que pode formar as células β e δ e outra que pode formar as células α e PP. (Segundo Zhou et al., 2011.)

foi produzido no fígado, e o fígado convertido em um pâncreas, com células exócrinas e endócrinas. Assim, o Pdx1 parece ser o fator fundamental para distinguir o modo de desenvolvimento do fígado do pancreático. Como vimos no Capítulo 5, a expressão de Ngn3, Pdx1 e MafA reprograma as células pancreáticas exócrinas diferenciadas de camundongo adulto em células β funcionais (ver Figura 3.15; Zhou et al., 2007).

GERANDO CÉLULAS β PANCREÁTICAS FUNCIONAIS Uma das mais importantes potenciais aplicações médicas da biologia do desenvolvimento é a conversão ou substituição de células em falta ou danificadas por novas células funcionais. No Capítulo 5, discutimos células-tronco pluripotentes induzidas (iPSCs). As células da pele humana podem ser transformadas em células-tronco pluripotentes por ativação de certos fatores de transcrição que revertem a célula adulta a uma condição similar ou talvez idêntica à das células-tronco embrionárias da massa celular interna. Fatores parácrinos adicionados nos momentos certos e nas quantidades certas podem replicar as condições do embrião e fazem a célula se diferenciar em determinado tipo celular. Em 2014, dois laboratórios encontraram a sequência certa das condições para induzir sequencialmente a formação de células β pancreáticas secretoras de insulina funcionais (Pagliuca et al., 2014; Rezania et al., 2014). Essas células β foram capazes de curar diabetes em camundongos.

Para este trabalho, o conhecimento dos fatores parácrinos envolvidos e seus inibidores foi crucial (**FIGURA 20.10**). Por exemplo, membros da família TGF-β e inibidores da via canônica de Wnt foram necessários para transformar uma iPSC em uma célula expressando os mesmos fatores de transcrição que o endoderma definitivo (i.e., SOX17 e FOXA2). Os membros da família FGF conseguiram transformar o endoderma definitivo em células contendo o mesmo complexo de fatores de transcrição que as células do intestino primitivo anterior (FOXA2, HNF1B). Essas células foram, então, expostas a um inibidor da via Hedgehog (mimetizando a notocorda), bem como outros fatores, para gerar o endoderma pancreático. Outros conjuntos de fatores parácrinos, vitaminas e inibidores permitiram que essas células se tornassem sequencialmente células precursoras endócrinas e, por fim, células β pancreáticas secretoras de insulina maduras. Essas células não só

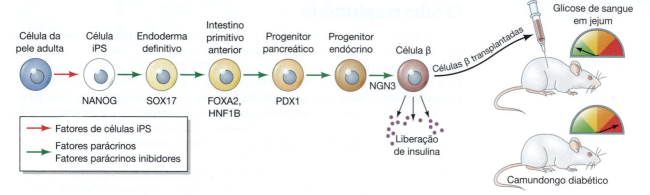

pareciam células β pancreáticas normais e tinham o mesmo padrão de ativação de fatores de transcrição, como elas também secretam insulina após o estímulo com glicose. Quando injetadas em camundongos, elas regularam os níveis de glicose como células β pancreáticas normais (ver Figura 20.10).

Esses resultados, porém, ainda não proporcionam uma "cura" para a diabetes humana. A diabetes tipo 1 humana é uma doença autoimune em que a pessoa produz anticorpos que destroem as suas próprias células β, e as novas células β geradas ainda estão sujeitas a essa destruição. Contudo, uma vez que as células β podem agora ser crescidas aos milhões, elas podem constituir uma terapia paliativa até encontrarem um modo de bloquear a destruição autoimune das células β. O objetivo seria as células β induzidas permanecerem na pessoa ao longo da sua vida.

 OS CIENTISTAS FALAM 20.2 O Dr. Doug Melton reflete sobre uma vida na ciência e como o conhecimento em biologia do desenvolvimento pode ajudar a curar doenças.

A VESÍCULA BILIAR A origem da vesícula biliar não está bem caracterizada. De fato, o estudo de mapeamento do destino do endoderma que dá origem à vesícula biliar do camundongo foi realizado apenas em 2015. Utilizando marcação com DiI, Uemura e colaboradores mostraram que a maioria dos progenitores da vesícula biliar estavam localizados na região mais lateral do endoderma do intestino primitivo anterior, ao nível correspondente à junção do primeiro e segundo somitos (Uemura et al., 2015).

Uma descoberta interessante sobre o desenvolvimento da vesícula biliar é que alguns mamíferos (incluindo algumas crianças) nascem com a doença de atresia biliar, em que os ductos biliares da vesícula estão bloqueados. Ninguém sabe como isso acontece. Contudo, um surto de atresia biliar no gado australiano chamou a atenção para essa doença. Um grupo internacional de cientistas concluiu que a seca prolongada resultou no uso alargado da planta do amaranto como forragem, e que essa planta contém uma toxina teratogênica, biliatresona, que interferiu especificamente com o desenvolvimento da vesícula biliar (**FIGURA 20.11**). Com o rastreio de milhares de compostos em peixe-zebra (que pode ser feito relativamente mais barato comparado com outros organismos), eles descobriram que este determinado composto provocava a oclusão dos ductos biliares. Isso mostrou que um composto ambiental podia causar essa doença, e os biólogos estão procurando esse composto em outras plantas.

FIGURA 20.10 Produção de células β secretoras de insulina funcionais humanas. A célula de pele adulta é convertida em célula-tronco pluripontente induzida (iPSC) pelos fatores de transcrição mencionados no Capítulo 5. A iPSC pode se tornar quase qualquer célula do embrião. Para transformar a célula em uma célula β pancreática, os pesquisadores mimetizaram sequencialmente as condições vistas no embrião. Isso significou fornecer-lhe certos fatores parácrinos e inibidores de fatores parácrinos. A iPSC primeiro se torna um tipo celular possuindo um padrão de fator de transcrição de endoderma primitivo. Depois, ela se tornou, sequencialmente, uma célula de intestino primitivo, uma célula pancreática endócrina e, finalmente, (após alguns passos intermediários não mostrados aqui) uma célula β pancreática. Essas células β foram transferidas para camundongos, onde foram capazes de regular os níveis de glicose e curar um modelo animal de diabetes. (Segundo Pagliuca et al., 2014; Rezania et al., 2014.)

FIGURA 20.11 Atresia biliar causada por um composto vegetal. (A) Células da vesícula biliar em cultura 3D formam esferas com lúmen aberto, à semelhança de ductos biliares normais. (B) Em camundongos tratados com o composto teratogênico biliatresona do amaranto, a polaridade das células é alterada e o lúmen ocluído. (De Lorent et al., 2015, cortesia de M. Pack.)

(A)
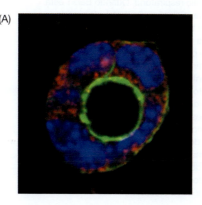

(B)
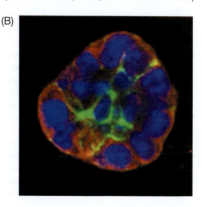

O tubo respiratório

Apesar de não terem papel na digestão, os pulmões são, na verdade, derivados do tubo digestório. No centro do assoalho faríngeo, entre o quarto par de bolsas faríngeas, o **sulco laringotraqueal** estende-se ventralmente (**FIGURA 20.12A-C**). Este sulco, então, bifurca-se nas ramificações que formam os brônquios e os pulmões pareados. O endoderma laringotraqueal torna-se o revestimento da traqueia, os dois brônquios e os sacos de ar (alvéolos) dos pulmões. Às vezes essa separação não é completa, e um bebê nasce com a conexão entre os tubos intestinal e respiratório. Esta doença digestória e repiratória é chamada de **fístula traqueoesofágica** e deve ser cirurgicamente reparada, de modo que o bebê possa respirar e engolir corretamente.

A separação entre a traqueia e o esôfago é outro exemplo de interações entre o endoderma e o mesênquima específico. Neste momento mais avançado do desenvolvimento, a diferença é entre regiões dorsais e ventrais do corpo. Os sinais Wnt do mesênquima causam o acúmulo de β-catenina na região do tubo intestinal que se tornará o pulmão e a traqueia. Sem esses sinais, a separação do tubo intestinal do tubo da traqueia, e o

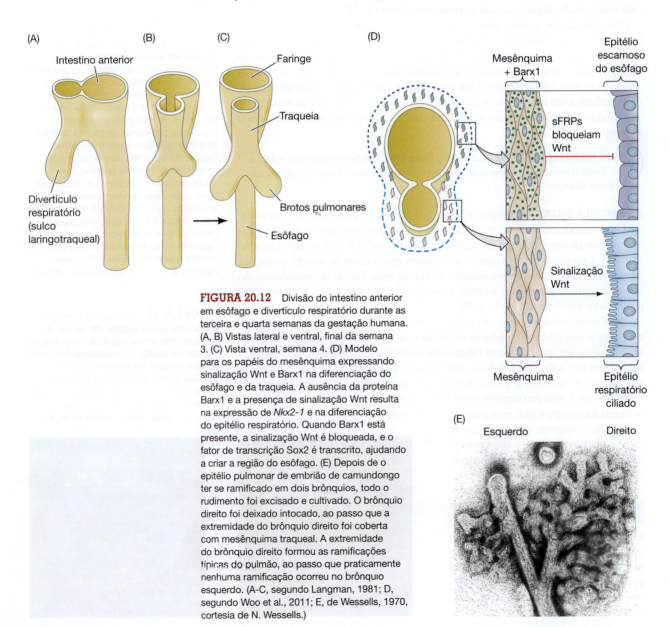

FIGURA 20.12 Divisão do intestino anterior em esôfago e divertículo respiratório durante as terceira e quarta semanas da gestação humana. (A, B) Vistas lateral e ventral, final da semana 3. (C) Vista ventral, semana 4. (D) Modelo para os papéis do mesênquima expressando sinalização Wnt e Barx1 na diferenciação do esôfago e da traqueia. A ausência da proteína Barx1 e a presença de sinalização Wnt resulta na expressão de *Nkx2-1* e na diferenciação do epitélio respiratório. Quando Barx1 está presente, a sinalização Wnt é bloqueada, e o fator de transcrição Sox2 é transcrito, ajudando a criar a região do esôfago. (E) Depois de o epitélio pulmonar de embrião de camundongo ter se ramificado em dois brônquios, todo o rudimento foi excisado e cultivado. O brônquio direito foi deixado intocado, ao passo que a extremidade do brônquio direito foi coberta com mesênquima traqueal. A extremidade do brônquio direito formou as ramificações típicas do pulmão, ao passo que praticamente nenhuma ramificação ocorreu no brônquio esquerdo. (A-C, segundo Langman, 1981; D, segundo Woo et al., 2011; E, de Wessells, 1970, cortesia de N. Wessells.)

desenvolvimento da traqueia em pulmão não acontece (Goss et al., 2009). Em contrapartida, pulmões extranumerários podem se formar se a β-catenina for expressa ectopicamente no tubo do intestino (Harris-Johnson et al., 2009).

A porção dorsal do tubo respiratório permanece em contato com o mesênquima que contém o fator de transcrição Barx1 e que está produzindo sFRPs, bloqueadores de Wnt. Os sFRPs são proteínas relacionadas com Frizzled solúvel (ver Capítulo 11); sFRPs podem se ligar a Wnts e impedir que eles alcancem os seus receptores na membrana celular, bloqueando, assim, a atividade Wnt e ajudando a especificar o epitélio do esôfago. A porção ventral do tubo respiratório, porém, fica em contato com um mesênquima que não produz sFRPs. Os sinais Wnt, que foram bloqueados antes, convertem aqui o tubo em epitélio respiratório ciliado da traqueia (**FIGURA 20.12D**; Woo et al., 2011).

Assim como no tubo digestório, a especificação regional do mesênquima determina a diferenciação do tubo respiratório em desenvolvimento. Em mamíferos em desenvolvimento, o epitélio respiratório responde de duas maneiras distintas. Na região do pescoço, cresce a direito, formando a traqueia. Após entrar no tórax, ele ramifica-se, formando os dois brônquios e depois os pulmões. O epitélio respiratório de um embrião de camundongo pode ser isolado logo após ter se ramificado em dois brônquios, e os dois lados podem ser tratados diferentemente. A **FIGURA 20.12E** mostra o resultado quando o epitélio do brônquio direito foi deixado com o seu mesênquima de pulmão, ao passo que o esquerdo foi envolto por mesênquima da traqueia (Wessells, 1970). O brônquio direito prolifera e se ramifica sob influência do mesênquima do pulmão, ao passo que o brônquio esquerdo continua a crescer sem se ramificar. Além disso, a diferenciação do epitélio respiratório em células da traqueia ou em células de pulmão depende do mesênquima que ele encontra (Shannon et al., 1998). As células-tronco das vias aéreas são fascinantes em vários aspectos. Como mencionado acima, o endoderma pode substituir as suas células-tronco ao reverter as células diferenciadas a uma condição de célula-tronco. Nos pulmões, um grupo de células diferenciadas, as células Clara, pode se dividir para gerar células-tronco quando as células-tronco originais são removidas. Além disso, as células-tronco parentais proporcionam nichos para as suas células-filhas se desenvolverem (Pardo-Saganta et al., 2015). As células-tronco basais da traqueia produzem células progenitoras que se converterão em células secretoras ciliadas das vias aéreas. As células progenitoras, porém, precisam de sinal Notch das suas células parentais para permanecerem células progenitoras. Sem Notch, elas sofrem diferenciação terminal e se tornam células ciliadas. Assim, as células-tronco parentais aqui ainda estão "tomando conta" de suas filhas e mantendo suas capacidades proliferativas.

TÓPICO NA REDE 20.1   **INDUÇÃO DO PULMÃO** A indução do pulmão envolve a interação entre FGFs e Sonic hedgehog. Contudo, parece ser diferente tanto da indução do pâncreas, como do fígado.

Os pulmões estão entre os últimos órgãos de mamífero a se diferenciarem completamente. Os pulmões têm de ser capazes de infundir em oxigênio na primeira respiração do recém-nascido. Para realizar isso, as células alveolares secretam um surfactante para o fluido dentro dos pulmões. Esse surfactante, que consiste em proteínas específicas e fosfolipídeos, como esfingomielina e lecitina, é secretado muito tarde na gestação; em seres humanos, o surfactante geralmente atinge níveis fisiológicos úteis por volta da 34ª semana da gestação. O surfactante permite às células alveolares se tocarem uma a outra sem se colarem. Assim, as crianças nascidas prematuramente – isto é, antes do seu surfactante ter atingido níveis funcionais – têm frequentemente dificuldade de respirar e têm de ser colocadas em respiradores até as suas células produtoras de surfactante amadurecerem.

O nascimento de mamíferos ocorre logo após a maturação do pulmão. Alguma evidência sugere que o pulmão embrionário possa na verdade sinalizar à mãe para iniciar o parto. Condon e colaboradores (2004) mostraram que a proteína surfactante A – um dos produtos finais sintetizados pelo pulmão de embrião de camundongo – ativa macrófagos no líquido amniótico. Esses macrófagos migram do âmnio para o músculo uterino,

Ampliando o conhecimento

Quando um bebê nasce prematuro, suas células do pulmão estão muitas vezes não diferenciadas. O que os médicos podem fazer para acelerar o desenvolvimento pulmonar?

FIGURA 20.13 O sistema imune retransmite um sinal do pulmão embrionário. A proteína surfactante A (SP-A) ativa macrófagos no líquido amniótico para migrarem para os músculos uterinos, onde secretarão IL1β. IL1β estimula a produção de cicloxigenase 2, uma enzima que, por sua vez, desencadeia a produção dos hormônios prostaglandinas, responsáveis pela iniciação das contrações musculares uterinas e parto.

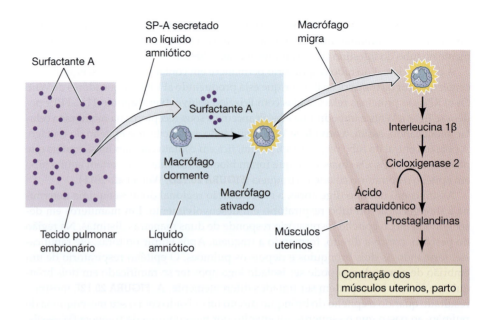

ondem produzem proteínas do sistema imune, como interleucina 1β (IL1β). IL1β inicia as contrações do parto, tanto por ativar a cicloxigenasse 2 (que estimula a produção de prostaglandinas que contraem as células musculares uterinas) como por antagonizar o receptor da progesterona (**FIGURA 20.13**). Os camundongos deficientes em proteínas surfactantes têm um atraso significativo no começo do parto, ao passo que os macrófagos estimulados por surfactante injetados no útero de fêmeas de camundongo induzem o parto precoce (Montalbano et al., 2013). Assim, um dos sinais cruciais para iniciar o nascimento é dado apenas quando os pulmões tiverem amadurecido ao ponto em que um recém-nascido pode realizar a primeira respiração, e este sinal pode ser transmitido à mãe via o seu sistema imune.

Próxima etapa na pesquisa

Este capítulo mencionou que não só os agentes moleculares (fatores parácrinos), mas também agentes físicos (como curvaturas) podem causar diferenciação celular. Recentemente, um terceiro conjunto de fatores foi descoberto – micróbios simbióticos. Em camundongo, os micróbios são responsáveis por ativar a expressão de vários genes específicos do intestino a níveis normais. As proteínas codificadas por esses genes são importantes na morfogênese e na função do intestino. Em peixe-zebra, produtos bacterianos induzem a divisão normal de células-tronco. Como as bactérias são integradas no desenvolvimento normal do intestino primitivo é um tópico que acabou de começar a ser explorado. Discutiremos isso em mais detalhes no Capítulo 25.

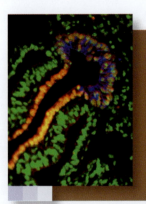

Considerações finais sobre a foto de abertura

O brotamento do rudimento do fígado pode ser visto neste embrião de camundongo de 9 dias. Os núcleos estão marcados em verde, e as células precursoras do intestino estão marcadas em cor-de-laranja com um anticorpo para o fator de transcrição FoxA2. As células marcadas em azul são hepatoblastos e se convertirão em fígado, estas células expressam um fator de transcrição contendo um homeodomínio, Hex, que altera a estrutura das células epiteliais e lhes permite proliferarem para o mesênquima. (Fotografia cortesia de Ken S. Zaret).

20 Resumo instantâneo
O endoderma

1. O fator de transcrição Sox17 é crucial para a especificação do endoderma. Em vertebrados, o endoderma constrói o sistema digestório (intestino) e o sistema respiratório.

2. O tubo do intestino é dividido em três regiões por gradientes de Wnts, BMPs e FGFs ao longo do seu eixo anteroposterior. O endoderma na porção posterior torna-se uma coleção de células precursoras de intestino médio-posterior e forma os intestinos. O endoderma próximo da cabeça dará origem às células do intestino anterior, que darão origem aos precursores do pulmão e da glândula tireoide. A região entre eles se converte em células precursoras posteriores de intestino anterior, dando origem ao pâncreas, à vesícula biliar e ao fígado.

3. Quatro pares de sulcos faríngeos convertem-se no revestimento endodérmico das tubas de Eustáquio, as tonsilas, o timo e a glândula paratireoide. A tireoide também se forma nessa região do endoderma.

4. Tecidos do intestino primitivo se formam por interações recíprocas entre o endoderma e o mesoderma. Sinais de Wnt do mesoderma e Sonic hedgehog do endoderma parecem ter um papel na indução de um padrão encaixado de expressão de genes *Hox* no mesoderma que circunda o intestino primitivo. O mesoderma regionalizado então instrui o tubo endodérmico para se converter nos diferentes órgãos do trato digestório.

5. Em algumas regiões do intestino primitivo, a remoção de células-tronco resulta na desdiferenciação de algumas células funcionais para formar uma nova população de células-tronco.

6. Os dois principais tipos celulares do fígado são hepatócitos, que regulam o metabolismo, e os colangiócitos, que revestem os ductos.

7. O endoderma ajuda a especificar o mesoderma esplâncnico; o mesoderma esplâncnico, sobretudo o coração e os vasos sanguíneos, ajuda a especificar o endoderma.

8. O pâncreas forma-se em uma região do endoderma que carece de expressão de *Shh*. Os fatores de transcrição Pdx1 e Ptf1 são expressos nessa região.

9. As células endócrinas e exócrinas do pâncreas têm uma origem comum. O fator de transcrição Ngn3 provavelmente decide o destino endócrino.

10. Mimetizando as condições do desenvolvimento embrionário, iPSCs (células-tronco pluripotentes induzidas, do inglês, *induced pluripotent stem cells*) humanas podem ser transformadas em precursores de células β pancreáticas e gerar células que secretam insulina.

11. O tubo respiratório deriva de uma evaginação do tubo digestório. A especificidade regional do mesênquima que ele encontra determina se o sistema permanece reto (como na traqueia) ou se ramifica (como nos brônquios e alvéolos).

Leituras adicionais

Clotman, F. and 7 others. 2005. Control of liver cell fate decision by a gradient of TGF-β signaling modulated by Onecut transcription factors. *Genes Dev.* 19: 1849-1854.

Fishman, M. P. and D. A. Melton. 2002. Pancreatic lineage analysis using a retroviral vector in embryonic mice demonstrates a common progenitor for endocrine and exocrine cells. *Int. J. Dev. Biol.* 46: 201-207.

Kim, B.-M., G. Buchner, I. Miletich, P. T. Sharpe and R. A. Shivdasani. 2005. The stomach mesenchymal transcription factor Barx1 specifies gastric epithelial identity through inhibition of transient Wnt signaling. *Dev. Cell* 8: 611-622.

Odom, D. T. and 12 others. 2004. Control of pancreas and liver gene expression by HNF transcription factors. *Science* 303: 1378-1381.

Pagliuca, F. W. and 8 others. 2014. Generation of functional human pancreatic β cells in vitro. *Cell* 159: 428-439.

Rezania, A. and 12 others. 2014. Reversal of diabetes with insulin-producing cells derived in vitro from human pluripotent stem cells. *Nature Biotechnol.* 32: 1121-1133.

Viotti, M., S. Nowotschin and A. K. Hadjantonakis. 2014. Sox17 links gut endoderm morphogenesis and germ layer segregation. *Nature Cell Biol.* 16: 1146-1156.

VISITE WWW.DEVBIO.COM...

... para Tópicos na Rede, entrevistas de Os Cientistas Falam, vídeos de Assista ao Desenvolvimento, Tutorial do Desenvolvimento e informação bibliográfica completa sobre toda a literatura citada neste capítulo.

Metamorfose

A reativação hormonal do desenvolvimento

POUCOS EVENTOS NO DESENVOLVIMENTO ANIMAL são tão espetaculares como a metamorfose, a reativação hormonal de fenômenos de desenvolvimento que dá ao animal uma nova forma. Os animais (incluindo humanos), cujos jovens são versões dos adultos essencialmente menores, menos sexualmente maduros, são chamados de **desenvolvedores diretos**. A maioria das espécies animais, no entanto, são **desenvolvedores indiretos**, cujo ciclo de vida inclui um estágio larval com características muito diferentes das do organismo adulto, que emerge apenas após um período de metamorfose.

A metamorfose é uma transição tanto de desenvolvimento quanto ecológica. Muitas vezes, as formas larvais são especializadas para alguma função, como crescimento ou dispersão, enquanto o adulto é especializado em reprodução. Mariposas *Cecropia*, por exemplo, eclodem de ovos e desenvolvem-se como juvenis sem asas – lagartas – durante vários meses. Após a metamorfose, os insetos adultos passam apenas um dia ou mais como mariposas aladas totalmente desenvolvidas e devem se acasalar rapidamente antes de morrerem. As mariposas adultas nunca comem e, na verdade, não têm partes bucais durante esta breve fase reprodutiva do ciclo de vida. A metamorfose é iniciada por hormônios específicos que reativam os processos de desenvolvimento em todo o organismo, mudando-o morfológica, fisiológica e comportamentalmente para se preparar para um novo modo de existência. Ecologicamente, a metamorfose está associada a mudanças de hábitat, alimentação e comportamentos (Jacobs et al., 2006).

Entre os desenvolvedores indiretos, existem dois principais tipos de larvas. As larvas que representam planos de corpo significativamente diferentes da forma adulta e que são morfologicamente distintas do adulto são chamadas de **larvas primárias**. As larvas de ouriço-do-mar, por exemplo, são organismos bilateralmente simétricos que flutuam entre e recolhem alimentos no plâncton do oceano aberto. O do ouriço-do-mar

Como os alimentos das larvas podem ajudar na sobrevivência da forma adulta?

Destaque

A metamorfose é o conjunto de mudanças dramáticas de desenvolvimento, a partir as quais um organismo imaturo recebe uma nova forma, geralmente sexualmente madura. As mudanças são iniciadas por fatores endócrinos – hormônios – que potencialmente afetam todas as células do corpo. Algumas células são sinalizadas para se dividir, algumas para se diferenciar e algumas para morrer. A transformação de larva (lagarta, girino, pluteus) para adulto fornece exemplos marcantes de mudanças rápidas no desenvolvimento. Em insetos e anfíbios, os eixos das larvas tornam-se os eixos do adulto, apesar das células que formam esses eixos terem mudado. Nos ouriços-do-mar, nenhum dos eixos da larva é preservado, à medida que o adulto se forma a partir de uma bolsa pequena no lado esquerdo do intestino larval. A metamorfose em todos os três grupos é realizada por hormônios lipídicos que ativam fatores de transcrição.

adulto, por outro lado, é pentameral (i.e., tem uma simetria pentarradial) e alimenta-se raspando algas das rochas no fundo do mar. Não há vestígios da forma adulta no plano corporal da larva.[1]

As **larvas secundárias** são encontradas entre os animais cujas larvas e adultos possuem o mesmo plano básico do corpo. Assim, apesar das diferenças óbvias entre a lagarta e a borboleta, esses dois estágios de vida mantêm os mesmos eixos principais do corpo e desenvolvem-se, eliminando e modificando partes antigas, ao mesmo tempo em que adicionam novas estruturas em uma preexistente. Da mesma forma, o girino da rã, embora especializado em um ambiente aquático, é uma larva secundária, organizada com o mesmo padrão que o adulto terá (Jagersten, 1972; Raff e Raff, 2009).

A metamorfose é um dos fenômenos de desenvolvimento mais notáveis, e as extensas mudanças morfológicas sofridas por algumas espécies fascinaram os anatomistas do desenvolvimento por séculos (Merian, 1705, Swammerdam, 1737). Todavia, conhecemos apenas um esboço das bases moleculares da metamorfose, e apenas para um punhado de espécies.

Metamorfose em anfíbios

Os anfíbios são realmente nomeados por sua capacidade de sofrer metamorfose, sua denominação é proveniente do grego *amphi* ("duplo") e *bios* ("vida"). A metamorfose dos anfíbios está associada a mudanças morfológicas que preparam um organismo aquático para uma existência principalmente terrestre. Nos **urodeles** (salamandras), essas mudanças incluem a reabsorção da barbatana da cauda, a destruição das brânquias externas e uma mudança na estrutura da pele. Em **anuros** (rãs e sapos), as mudanças são mais dramáticas, com quase todos os órgãos sujeitos a modificação (**TABELA 21.1**; ver também Figura 1.3). As alterações na metamorfose dos anfíbios são iniciadas por hormônios tireoidianos, como **tiroxina** (T_4) e **tri-iodotironina** (T_3) que viajam por meio do sangue para atingir todos os órgãos da larva. Quando os órgãos larvais encontram esses hormônios tireoidianos, eles podem responder de qualquer de quatro maneiras: crescimento (como nos membros posteriores da rã), morte (como na cauda da rã), remodelação (como no intestino do sapo) e re-especificação (como nas enzimas hepáticas da rã).

---

[1] Embora haja controvérsia sobre o assunto, as larvas provavelmente evoluíram após a forma adulta ter sido estabelecida. Em outras palavras, os animais evoluíram por meio do desenvolvimento direto, e as formas larvais surgiram como especializações para alimentação ou dispersão durante o início do ciclo de vida (Jenner, 2000; Rouse, 2000; Raff e Raff, 2009). Mesmo assim, o ciclo de vida bifásico pode ser um traço característico dos metazoários (ver Degnan e Degnan, 2010).

TABELA 21.1 Algumas mudanças metamórficas em anuros

Sistema	Larva	Adulto
Locomotor	Aquático; nadadeiras caudais	Terrestre; tetrápode sem cauda
Respiratório	Brânquias, pele, pulmões; hemoglobinas larvais	Pele, pulmões; hemoglobinas adultas
Circulatório	Arcos aórticos; aorta, veias jugulares anterior, posterior e comum	Arco carótido; arcos sistêmicos; veias cardinais
Nutricional	Herbívoro; intestino longo e em espiral, simbiontes intestinais, boca pequena, maxilas córneas, dentes labiais	Carnívoro; intestino curto; proteases, boca grande com língua longa
Nervoso	Falta de membrana nictitante; porfiropsina, sistema de linha lateral, neurônios de Mauthner	Desenvolvimento de músculos oculares, membrana nictitante, membrana timpânica; rodopsina; sistema de linha lateral perdido, os neurônios de Mauthner degeneram
Excretor	Em grande parte, amônia, alguma ureia (amonotélico)	Em grande parte ureia; alta atividade de enzimas do ciclo ornitina-ureia (ureotélico)
Tegumentar	Epiderme fina e de camada dupla com derme fina; sem glândulas mucosas ou granulares	Epiderme escamosa estratificada com queratinas adultas; a derme bem desenvolvida contém glândulas mucosas e granulares que secretam os peptídeos antimicrobianos

Fonte: dados de Turner e Bagnara, 1976, e Reilly et al., 1994

Alterações morfológicas associadas à metamorfose de anfíbios

CRESCIMENTO DE NOVAS ESTRUTURAS   O hormônio tri-iodotironina induz a formação de certos órgãos adultos específicos. Conforme observado no Capítulo 1, os membros da rã adulta emergem de locais específicos na metamorfose do girino. Da mesma forma, no olho, as pálpebras e as membranas nictitantes (a chamada "terceira pálpebra" em sapos) emergem. Além disso, T_3 induz a proliferação e a diferenciação de novos neurônios para servir esses órgãos. À medida que os membros brotam a partir do eixo do corpo, novos neurônios proliferam e se diferenciam na medula espinal. Esses neurônios enviam axônios para a musculatura do membro recentemente formada (Marsh-Armstrong et al., 2004). O bloqueio da atividade T_3 impede que esses neurônios se formem e causa paralisia dos membros.

Uma consequência prontamente observada da metamorfose anura é o movimento dos olhos para a frente da cabeça desde a sua posição inicialmente lateral (**FIGURA 21.1A, B**).[2] Os olhos laterais do girino são típicos dos herbívoros sujeitos a predadores, enquanto os olhos frontais do sapo condizem com seu estilo de vida mais predatório. Para pegar sua presa, a rã precisa ver em três dimensões. Ou seja, tem de adquirir um *campo binocular de visão*, onde informações de ambos os olhos convergem no cérebro (ver Figura 15.38B). No girino, o olho direito inerva o lado esquerdo do cérebro e vice-versa; não há projeções ipsilaterais (do mesmo lado) dos neurônios da retina. Durante a metamorfose, no entanto, as vias ipsilaterais emergem ao lado das vias contralaterais (lado oposto), possibilitando que a informação de ambos os olhos alcance a mesma área do cérebro (Currie e Cowan, 1974, Hoskins e Grobstein, 1985a).

Em *Xenopus*, essas novas vias resultam não da remodelação de neurônios existentes, mas da formação de novos neurônios que se diferenciam em resposta aos hormônios tireoidianos (Hoskins e Grobstein, 1985a, b). A capacidade desses axônios para se projetar ipsilateralmente resulta da indução de efrina B no quiasma óptico pelos hormônios tireoidianos (Nakagawa et al., 2000). Efrina B também é encontrada no quiasma óptico de mamíferos (que têm projeções ipsilaterais ao longo da vida), mas não no quiasma de peixes e aves (que têm apenas projeções contralaterais). Como vimos no Capítulo 15, as efrinas podem repelir certos neurônios, fazendo com que eles se projetem em uma direção, em vez de outra (**FIGURA 21.1C, D**).

MORTE CELULAR DURANTE A METAMORFOSE   O hormônio T_3 também induz a morte de algumas estruturas específicas de larva. O T_3 provoca a degeneração da cauda em forma de remo e as brânquias de aquisição de oxigênio que eram importantes para movimentos e respiração larvais (mas não adultos). Embora seja óbvio que os músculos da cauda do sapo e a pele morram, essa morte é assassinato ou suicídio induzido? Em outras palavras, o T_3 está dizendo às células que se matem ou instruindo outra coisa para as matar? Evidências recentes sugerem que a primeira parte da reabsorção da cauda é causada pelo suicídio, mas os últimos remanescentes da cauda do girino devem ser eliminados por outros meios. Quando as células musculares de girino foram injetadas com um receptor T_3 dominante negativo (e, portanto, não conseguiram responder a T_3), as células musculares sobreviveram, indicando que o T_3 disse para

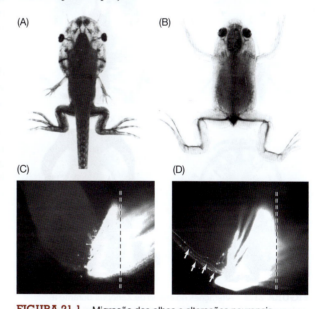

FIGURA 21.1   Migração dos olhos e alterações neuronais associadas durante a metamorfose do girino de *Xenopus laevis*. (A) Os olhos do girino são posicionados lateralmente, então há relativamente pouco campo de visão binocular. (B) Os olhos migram dorsal e rostralmente durante a metamorfose, criando um grande campo binocular para a rã adulta. (C, D) Projeções de retina do girino metamorfoseado. O corante DiI foi colocado sobre um feixe do nervo óptico cortado para marcar a projeção da retina. (C) Nos estágios precoce e médio da metamorfose, os axônios projetam-se através da linha média (linha tracejada) de um lado do cérebro para o outro. (D) Na metamorfose tardia, a efrina B é produzida no quiasma óptico à medida que certos neurônios (setas) são formados e se projetam ipsilateralmente. (A, B, de Hoskins e Grobstein, 1984, cortesia de P. Grobstein; C, D, de Nakagawa et al., 2000, cortesia de C. E. Holt.)

---

[2]Um dos movimentos de olhos mais espetaculares durante a metamorfose ocorre em peixes planos, como a solha. Originalmente, os olhos de uma solha, como os olhos laterais de outras espécies de peixes, estão em lados opostos do rosto. No entanto, durante a metamorfose, um dos olhos migra pela cabeça para encontrar o olho do outro lado (Hashimoto et al., 2002, Bao et al., 2005). Isso permite que o peixe plano se detenha no fundo do oceano, olhando para cima.

elas se matarem por apoptose (Nakajima e Yaoita, 2003, Nakajima et al., 2005). Isso foi confirmado pela demonstração de que a morte das células musculares do girino é evitada bloqueando a atividade da enzima indutora de apoptose caspase-9 (Rowe et al., 2005). No entanto, mais tarde, na metamorfose, os músculos da cauda são eliminados por macrófagos, talvez porque a matriz extracelular que apoiou as células musculares tenha sido digerida por proteases.

A morte também chega às as hemácias do girino. Durante a metamorfose, a hemoglobina do girino é substituída por hemoglobina adulta, que liga o oxigênio mais devagar e o libera mais rapidamente (McCutcheon, 1936; Riggs, 1951). As hemácias que transportam a hemoglobina do girino têm uma forma diferente das hemácias adultas e esses hemácias larvais são especificamente digeridas por macrófagos no fígado e no baço após a formação das hemácias adultas (Hasebe et al., 1999).

REMODELANDO DURANTE A METAMORFOSE Entre sapos e rãs, certas estruturas larvais são remodeladas para necessidades adultas. O intestino larval, com suas numerosas voltas para digerir material vegetal, é convertido em intestino mais curto para uma dieta carnívora. Schrieber e colaboradores (2005) demonstraram que as novas células do intestino adulto derivam de células funcionais do intestino larval (em vez de haver uma subpopulação de células-tronco que originam o intestino adulto). À medida que a matriz extracelular do intestino anterior se dissolve, a maioria das células epiteliais intestinais morre. As que sobrevivem parecem se desdiferenciar e se tornar células-tronco intestinais (Stolow e Shi, 1995; Ishizuya-Oka et al., 2001; Fu et al., 2005, Hasabe et al., 2013).

Grande parte do sistema nervoso é remodelado à medida que os neurônios crescem e inervam novos alvos. Enquanto alguns neurônios (como aqueles na via óptica) emergem, outros neurônios larvais, como certos neurônios motores na mandíbula do girino, alteram suas lealdades do músculo larval para o músculo adulto recém-formado (Alley e Barnes, 1983). Outros, ainda, como as células que inervam o músculo da língua (um músculo recém-formado não presente na larva), ficam dormentes durante o estágio do girino e formam suas primeiras sinapses durante a metamorfose (Grobstein, 1987). O sistema de linha lateral do girino (que permite que o girino detecte o movimento da água e o ajude a ouvir) degenera, e as orelhas sofrem uma maior diferenciação (ver Fritzsch et al., 1988). A orelha média se desenvolve, assim como a membrana timpânica da orelha externa característica do sapo e da rã.[3] Assim, o sistema nervoso anuro sofre uma enorme reestruturação à medida que alguns neurônios morrem, outros nascem e outros mudam sua especificidade.

A forma do crânio anuro também muda significativamente, já que praticamente todos os componentes estruturais da cabeça são remodelados (Trueb e Hanken, 1992; Berry et al., 1998). A mudança mais óbvia é que o novo osso está sendo feito. O crânio do girino é principalmente cartilagem derivada da crista neural; o crânio adulto é principalmente osso derivado da crista neural (**FIGURA 21.2**; Gross e Hanken, 2005). À medida que o maxilar inferior do adulto se forma, a cartilagem de Meckel alonga quase o dobro do seu comprimento original, formando os ossos dérmicos em torno dele. Enquanto a cartilagem de Meckel está crescendo, as brânquias e a cartilagem do arco faríngeo (que eram necessárias para a respiração aquática no girino) degeneraram. Outras cartilagens são amplamente remodeladas. Assim como no sistema nervoso,

(A) Girino

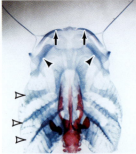

(B) Metamorfose inicial

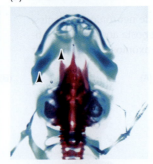

(C) Metamorfose tardia

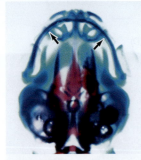

(D) Sapo jovem

FIGURA 21.2 Alterações no crânio de *Xenopus* durante a metamorfose. Montagens inteiras foram coradas com azul alcian para corar a cartilagem e a alizarina vermelha para corar o osso. (A) Antes da metamorfose, a cartilagem da arcada faríngea (branquial) (cabeças de seta abertas) é proeminente, a cartilagem de Meckel (setas) está na ponta da cabeça e a cartilagem ceratohíal (pontas de seta) é relativamente larga e anterior. (B-D) À medida que a metamorfose se segue, a cartilagem do arco faríngeo desaparece, a cartilagem de Meckel alonga-se, a mandíbula (parte inferior da mandíbula) forma-se em torno da cartilagem de Meckel e a cartilagem de ceratohíal estreita-se e fica localizada mais posteriormente. (De Berry et al., 1990, cortesia do D. D. Brown)

[3] Os girinos experimentam um breve período de surdez enquanto os neurônios mudam de alvo; ver Boatright-Horowitz e Simmons, 1997.

(A)

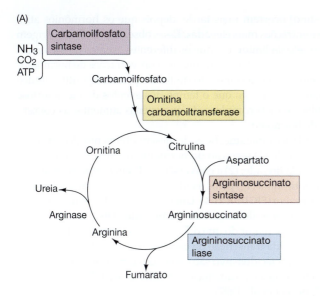

(B)

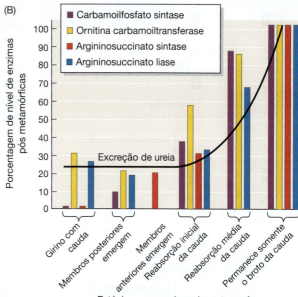

Estágios progressivos da metamorfose

alguns elementos esqueléticos proliferam, alguns morrem e alguns são remodelados. Os mecanismos pelos quais um hormônio sinaliza efeitos diferenciais em diferentes tecidos, e muitas vezes adjacentes, permanecem desconhecidos.

RESPECIFICAÇÃO BIOQUÍMICA NO FÍGADO Além das mudanças morfológicas óbvias, transformações bioquímicas importantes ocorrem durante a metamorfose como T3 induz um novo conjunto de proteínas nas células existentes. Uma das mudanças bioquímicas mais dramáticas ocorre no fígado. Os girinos, como a maioria dos peixes de água doce, são amonotélicos, ou seja, excretam amônia. No entanto, como a maioria dos vertebrados *terrestres*, muitas rãs adultas (como o gênero *Rana*, embora não o *Xenopus* mais aquático) são ureotélicas: excretam ureia, o que requer menos água do que a excreção de amônia. Durante a metamorfose, o fígado começa a sintetizar as enzimas necessárias para criar ureia a partir de dióxido de carbono e amônia (**FIGURA 21.3**).

O T_3 pode regular essa mudança, induzindo um conjunto de fatores de transcrição que ativam especificamente a expressão dos genes do ciclo da ureia, enquanto reprimem os genes responsáveis pela síntese de amônia (Cohen, 1970; Atkinson et al., 1996, 1998). Mukhi e colaboradores (2010) mostraram que T_3 ativa genes hepáticos adultos enquanto reprime os genes hepáticos larvais na mesma célula. Além disso, durante um breve período durante a metamorfose, a mesma célula hepática contém mRNAs para proteínas larvais e adultas.

FIGURA 21.3 Desenvolvimento do ciclo da ureia durante a metamorfose anura. (A) Principais características do ciclo da ureia, pelo qual os resíduos nitrogenados são destoxificados e excretados com perda mínima de água. (B) O surgimento de atividades enzimáticas do ciclo da ureia correlaciona-se com mudanças metamórficas na rã *Rana catesbeiana*. (Por Cohen, 1970.)

> **ASSISTA AO DESENVOLVIMENTO 21.1** A cinematografia em *time lapse* permite-nos observar a metamorfose de rãs e peixe solha.

Controle hormonal da metamorfose dos anfíbios

O controle da metamorfose por hormônios tireoidianos foi demonstrado pela primeira vez em 1912 por J. F. Gudernatsch, que descobriu que os girinos se metamorfoseavam prematuramente quando alimentados com pó de glândulas tireoides de cavalos. Em um estudo complementar, Bennet Allen (1916) descobriu que, quando ele removia ou destruía o rudimento da tireoide de girinos precoces, as larvas nunca se metamorfoseavam, mas cresciam em girinos gigantes. Estudos subsequentes mostraram que os passos sequenciais da metamorfose anura são regulados por quantidades crescentes de hormônio tireoidiano (ver Saxén et al., 1957, Kollros, 1961, Hanken e Hall, 1988). Alguns eventos (como o desenvolvimento de membros) ocorrem cedo, quando a concentração de hormônios tireoidianos é baixa; outros (como a reabsorção da cauda e a remodelação

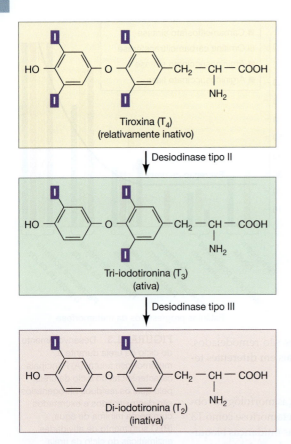

FIGURA 21.4 Metabolismo da tiroxina (T_4) e tri-iodotironina (T_3). T_4 serve como um pró-hormônio. É convertido nos tecidos periféricos para o hormônio ativo T_3 pela desiodinase II. O T_3 pode ser inativado pela desiodinase III, que o converte em di-iodotonona, o que não se pensa que induza a metamorfose.

do intestino) ocorrem mais tarde, depois que os hormônios atingem concentrações mais elevadas. Essas observações deram origem a um **modelo de limiar**, em que os diferentes eventos de metamorfose são desencadeados por diferentes concentrações de hormônios tireoidianos. Embora o modelo de limiar permaneça útil, estudos moleculares mostraram que o tempo dos eventos da metamorfose dos anfíbios é mais complexo do que apenas aumentar as concentrações de hormônio.

As mudanças metamórficas do desenvolvimento do sapo são provocadas pela (1) secreção do hormônio tiroxina (T_4) no sangue pela glândula tireoide; (2) a conversão de T_4 em hormônio mais ativo, tri-iodotironina (T_3) pelos tecidos-alvo; e (3) a degradação de T_3 nos tecidos-alvo (**FIGURA 21.4**). Uma vez dentro da célula, o T_3 liga-se aos **receptores de hormônio da tireoide (TRs)** nucleares com afinidade muito maior do que o T_4 e torna esses fatores de transcrição ativadores da transcrição da expressão gênica. Assim, os níveis de T_3 e TRs nos tecidos-alvo são essenciais para a produção da resposta metamórfica em cada tecido (Kistler et al., 1977; Robinson et al., 1977; Becker et al., 1997).

A concentração de T_3 em cada tecido é regulada pela concentração de T_4 no sangue e por duas enzimas intracelulares críticas que removem os átomos de iodo de T_4 e T_3. A **desiodinase tipo II** remove um átomo de iodo do anel externo do hormônio precursor (T_4) para convertê-lo em hormônio T_3 mais ativo. A **desiodinase tipo III** remove um átomo de iodo do anel interno de T_3 para convertê-lo em um composto inativo (T_2) que, eventualmente, será metabolizado em tirosina (Becker et al., 1997). Os girinos que são geneticamente modificados para sobrexpressar desiodinase tipo III em seus tecidos-alvo nunca completam a metamorfose (Huang et al., 1999); portanto, a regulação da metamorfose envolve a regulação específica do tecido da forma do hormônio que se liga de forma mais eficaz ao seu receptor.

Os receptores de hormônio tireoidiano são proteínas nucleares, e existem dois tipos principais. Em *Xenopus*, o **receptor de hormônio da tireoide α (TRα)** é amplamente distribuído em todos os tecidos e está presente mesmo antes de o organismo ter uma glândula tireoide. No entanto, em um exemplo de um circuito de retroalimentação positiva, o gene que codifica o **receptor de hormônio da tireoide β (TRβ)** é ele próprio ativado diretamente por hormônios tireoidianos. Os níveis de TRβ são muito baixos antes do advento da metamorfose; à medida que os níveis de hormônio da tireoide aumentam durante a metamorfose, também os níveis intracelulares de TRβ aumentam (**FIGURA 21.5**; Yaoita e Brown, 1990, Eliceiri e Brown, 1994). Como veremos, esta regulação positiva da expressão do gene do receptor hormonal por seu próprio produto gênico é uma característica comum da metamorfose em táxons animais.

Os TRs não funcionam sozinhos, mas formam dímeros com o receptor retinoide RXR. Os dímeros TR-RXR ligam os hormônios tireoidianos e podem, então, aumentar a transcrição (Mangelsdorf e Evans, 1995; Wong e Shi, 1995; Wolffe e Shi, 1999). De modo importante, o complexo do receptor TR-RXR está fisicamente associado com promotores e estimuladores apropriados mesmo antes de se ligar a T_3 (Grimaldi et al., 2012). Em seu estado não ligado, TR-RXR é um repressor transcricional, recrutando histonas desacetilases e outras proteínas correpressoras para seus genes-alvo e estabilizando os nucleossomos repressivos ao redor do promotor. No entanto, quando o complexo TR-RXR liga T_3, os repressores deixam o complexo e são substituídos por coativadores, como a histona acetiltransferase. Esses coativadores causam a dispersão dos nucleossomos e a ativação desses mesmos genes anteriormente inibidos (Sachs et al., 2001; Buchholz et al., 2003; Grimaldi et al., 2013). Assim, os TRs têm uma função dupla: quando não ligados, eles reprimem a expressão gênica, impedindo a metamorfose precoce; mas quando ligados ao T_3, eles ativam a expressão desses mesmos genes (ver Figura 21.5).

A metamorfose é frequentemente dividida em estágios baseados na concentração de hormônios tireoidianos no sangue. Durante o primeiro estágio, **pré-metamorfose**, a glândula tireoide começou a amadurecer e secreta baixos níveis de T_4 e níveis muito baixos de T_3. O receptor TRα está presente, mas o receptor TRα, não. A secreção de T_4 pode ser iniciada pelo hormônio liberador de corticotrofina (CRH – do inglês, *corticotropin-releasing hormone* – que pode ser ativado pelo desenvolvimento ou por estresses externos). O CRH gera esteroides, como a corticosterona. A corticosterona provavelmente tem dois modos de ação (Kulkarni e Bucholz, 2014). Primeiro, ela atua diretamente na hipófise da rã, instruindo-a a liberar o hormônio estimulante da tireoide (TSH, do inglês, *thyroid-stimulating hormone*), iniciando, assim, a síntese do hormônio da tireoide. Em segundo lugar, pode atuar ao nível do promotor e estimulador dos genes sensíveis aos hormônios para tornar as células responsivas mais sensíveis às baixas quantidades de T_3 (Denver, 1993, 2003).

Os tecidos que respondem mais cedo aos hormônios tireoidianos são aqueles que expressam altos níveis de desiodinase II e, portanto, podem converter T_4 diretamente em T_3 (Cai e Brown, 2004). Por exemplo, os rudimentos dos membros, que possuem altos níveis de desiodinase II e TRα, podem converter T_4 em T_3 e usá-lo imediatamente através do receptor TRα. Assim, durante o estágio inicial da metamorfose, os rudimentos dos membros são capazes de receber hormônio da tireoide e utilizá-lo para iniciar o crescimento das pernas (Becker et al., 1997; Huang et al., 2001; Schreiber et al., 2001).

À medida que a tireoide amadurece no estágio da **prometamorfose**, secreta mais hormônios. No entanto, muitas mudanças importantes (como a reabsorção da cauda, a reabsorção das brânquias e a remodelação intestinal) devem aguardar até o estágio de **clímax metamórfico**. Nesse momento, a concentração de T_4 aumenta drasticamente, e os níveis de TRβ atingem o pico dentro das células. Uma vez que um dos alvos de T_3 é o gene *TRβ*, pensa-se que TRβ seja o receptor principal que medeia o clímax metamórfico. Na cauda, há apenas uma pequena quantidade de TRα durante a pré-metamorfose e a desiodinase II não é detectável. No entanto, durante a prometamorfose, níveis crescentes de hormônios tireoidianos induzem níveis mais elevados de TRβ. No clímax metamórfico, a desiodinase II é expressa, e a cauda começa a ser reabsorvida. Dessa forma, a cauda sofre absorção somente após as pernas serem funcionais (caso contrário, o pobre anfíbio não teria meios de locomoção). A sabedoria da rã é simples: "Nunca se livrar de sua cauda antes que suas pernas estejam trabalhando".

Alguns tecidos não parecem responder aos hormônios da tireoide. Por exemplo, os hormônios tireoidianos instruem a retina *ventral* a expressar *efrina B* e a gerar os neurônios ipsilaterais, vistos na Figura 21.1D. A retina *dorsal*, no entanto, não responde aos hormônios tireoidianos e não gera novos neurônios. A retina dorsal parece isolar-se dos hormônios da tireoide ao expressar a desiodinase III, que degrada o T_3 produzido pela desiodinase II. Se a desiodinase III for ativada na retina ventral, os neurônios não proliferarão e não formarão axônios ipsilaterais (Kawahara et al., 1999; Marsh-Armstrong et al., 1999).

O cérebro da rã também sofre mudanças durante a metamorfose, e uma de suas funções é diminuir a metamorfose, uma vez atingido o clímax metamórfico. Os hormônios tireoidianos acabam por induzir um ciclo de retroalimentação negativa, inibindo as células da hipófise que instruem a tireoide para secretá-los (Saxén et al., 1957; Kollros, 1961; White e Nicoll, 1981). Huang e colaboradores (2001) mostraram que, no clímax da metamorfose, a expressão de desiodinase II é vista nas células da adeno-hipófise que

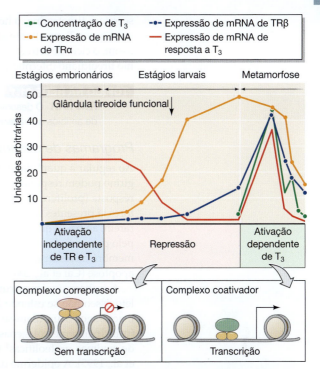

FIGURA 21.5 O controle hormonal da metamorfose de *Xenopus*. Durante a pré-metamorfose, os níveis de hormônio da tireoide são baixos, e o TRα não ligado liga-se à cromatina e corrige os repressores transcricionais que estabilizam os nucleossomos. Durante o clímax metamórfico, os níveis sanguíneos de hormônios tireoidianos aumentam, e o TRα liga a tiroxina. Isso provoca a troca de repressores transcricionais para ativadores transcripcionais. Os nucleossomos se dispersam, e os genes sensíveis a T_3 são ativados. Um desses genes codifica TRβ, o que acelera ainda mais as respostas metamórficas. A inibição por retroalimentação acaba por diminuir a quantidade de hormônios circulantes da tireoide e a metamorfose termina. (Segundo Grimaldi, 2013.)

secretam tireotrofina, o hormônio que ativa a expressão do hormônio da tireoide. Pensa-se que o T_3 resultante ativa genes que bloqueiam a secreção de tirotrofina, iniciando, assim, o ciclo de retroalimentação negativa, de modo que seja produzido menos hormônio tireoidiano (Sternberg et al., 2011).

TÓPICO NA REDE 21.1 **VARIAÇÕES SOBRE O TEMA DA METAMORFOSE ANFÍBIA** O desenvolvimento direto e a pedomorfose são temas de desenvolvimento de anfíbios que alteram os ciclos de vida.

Programas de desenvolvimento específicos a nível regional

Ao regular a quantidade de T_3 e TRs em suas células, as diferentes regiões do corpo do girino podem responder aos hormônios tireoidianos em momentos diferentes. O tipo de resposta (proliferação, apoptose, diferenciação, migração) é determinado por outros fatores já presentes nos diferentes tecidos. O mesmo estímulo faz alguns tecidos degenerarem, ao passo que estimula outros a se desenvolver e diferenciar, como exemplificado pelo processo de degeneração da cauda: o hormônio da tireoide instrui os músculos do membro a crescer (eles morrem sem tiroxina) ao instruir os músculos da cauda a sofrer apoptose (Cai et al., 2007).

A reabsorção das estruturas da cauda é relativamente rápida, uma vez que o esqueleto ósseo não se estende à cauda (Wassersug, 1989). Após a apoptose ter ocorrido, os macrófagos acumulam-se na região da cauda e digerem os debris com suas enzimas (principalmente colagenases e metaloproteinases), e a cauda torna-se um grande saco de enzimas proteolíticas[4] (Kaltenbach et al., 1979; Oofusa e Yoshizato, 1991; Patterson et al., 1995). A epiderme da cauda age de forma diferente da epiderme da cabeça ou do tronco. Durante o clímax metamórfico, a pele larval é instruída a sofrer apoptose. A cabeça e o corpo do girino são capazes de gerar nova epiderme a partir de células-tronco epiteliais. A epiderme da cauda, no entanto, carece dessas células-tronco e não consegue gerar uma nova pele (Suzuki et al., 2002).

As respostas específicas dos órgãos aos hormônios tireoidianos foram dramaticamente demonstradas por meio do transplante de uma ponta da cauda para a região do

[4] Curiosamente, a degeneração da cauda humana, que ocorre durante a 4ª semana da gestação, lembra a reabsorção da cauda do girino (ver Fallon e Simandl, 1978).

(A)
Ponta da cauda transplantada para o tronco

Cauda

(B)

FIGURA 21.6 Especificidade regional durante a metamorfose da rã. (A) As pontas da cauda regridem mesmo quando transplantadas para o tronco. (B) Os globos oculares permanecem intactos mesmo quando transplantados para a cauda em regrssão. (Segundo Schwind, 1933.)

tronco e colocando um globo ocular na cauda (Schwind, 1933; Geigy, 1941). O tecido da ponta cauda colocada no tronco não está protegido da degeneração, mas o globo ocular mantém sua integridade mesmo quando está dentro da cauda degenerada (**FIGURA 21.6**). Assim, a forma como um tecido responde ao hormônio da tireoide é inerente ao próprio tecido; não depende da sua posição dentro da larva.

A metamorfose dos girinos em rãs é um dos exemplos de desenvolvimento mais rápidos e acessíveis, óbvio mesmo para os olhos das crianças. No entanto, ainda apresenta um enorme conjunto de enigmas. Como Don Brown e Liquan Cai (2007) perguntaram: "O que incentivará a geração moderna de cientistas a estudar os maravilhosos problemas biológicos apresentados pela metamorfose dos anfíbios?". O trabalho recente mostrou a importância da metamorfose para o estudo da regeneração, e também é uma área crítica em que o desenvolvimento e a ecologia têm um impacto acentuado um sobre o outro.

Metamorfose em insetos

Os insetos são os animais da Terra mais ricos em espécies, e a diversidade de seus ciclos de vida torna a ficção científica pálida em comparação. Existem três grandes padrões de desenvolvimento de insetos. Alguns insetos, por exemplo, não possuem um estágio larval e sofrem desenvolvimento direto ou ametábolo (**FIGURA 21.7A**). Imediatamente após a eclosão, os insetos **ametábolos** têm um estágio **pró-ninfa** com as estruturas que lhe permitiram sair do ovo. Todavia, após esse estágio transitório, o inseto parece um pequeno adulto; cresce depois de cada muda com uma nova cutícula, mas é inalterado na forma (Truman e Riddiford, 1999).

Outros insetos, notoriamente gafanhotos e percevejos, sofrem uma metamorfose gradual ou **hemimetabolia** (**FIGURA 21.7B**). Depois de passar um período de tempo muito

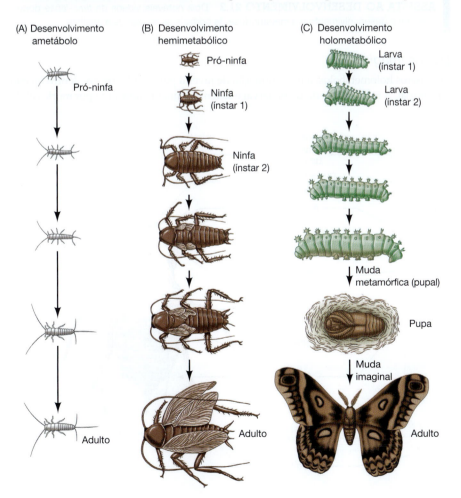

(A) Desenvolvimento ametábolo

Pró-ninfa

Adulto

(B) Desenvolvimento hemimetabólico

Pró-ninfa

Ninfa (ínstar 1)

Ninfa (ínstar 2)

Adulto

(C) Desenvolvimento holometabólico

Larva (ínstar 1)

Larva (ínstar 2)

Muda metamórfica (pupal)

Pupa

Muda imaginal

Adulto

FIGURA 21.7 Modos de desenvolvimento de insetos. As mudas são representadas como setas. (A) Desenvolvimento ametábolo (direto) em uma traça de livro (peixinho de prata). Após um breve estágio de pró-ninfa, o inseto parece um pequeno adulto. (B) Metamorfose hemimetabólica (gradual) em uma barata. Após uma fase de pró-ninfa muito breve, o inseto torna-se uma ninfa. Após cada muda, o próximo ínstar ninfal parece mais um adulto, aumentando gradualmente as asas e os órgãos genitais. (C) Metamorfose holometabólica (completa) em uma mariposa. Após a eclosão como larva, o inseto passa por mudas larvares sucessivas até que uma muda metamórfica o faça entrar no estágio pupal. Então, uma muda imaginal transforma-a em um adulto que eclode do casulo com uma nova cutícula.

curto como uma pró-ninfa (cuja cutícula muitas vezes é descamada à medida que o inseto eclode), o inseto parece um adulto imaturo e é chamado de **ninfa**. Os rudimentos das asas, dos órgãos genitais e outras estruturas adultas estão presentes e se tornam cada vez mais maduros com cada muda. Na muda final, o inseto emergente é um adulto alado e sexualmente maduro, ou **imago**.

No desenvolvimento **holometábolo** de insetos, como moscas, besouros, mariposas e borboletas, não há estágio de pró-ninfa (**FIGURA 21.7C**). A forma juvenil que eclode do ovo é chamada de **larva**. A larva (uma lagarta ou verme) sofre uma série de mudas à medida que se torna maior. Os estágios entre essas mudas larvais são chamados de ínstares. O número de mudas de uma larva antes de se tornar um adulto é característico de uma espécie, embora fatores ambientais possam aumentá-lo ou diminuí-lo. Os ínstares larvais crescem de forma escalonada, sendo cada ínstar maior do que o anterior. Finalmente, há uma transformação dramática e súbita entre as fases larval e adulta: após o ínstar final, a larva sofre uma **muda metamórfica** para se tornar uma **pupa**. A pupa não se alimenta, e sua energia deve vir dos alimentos que ingeriu enquanto larva. Durante a pupação, as estruturas adultas formam e substituem as estruturas larvais. Uma muda imaginal acaba por formar a cutícula adulta (imago) abaixo da cutícula pupal, e mais tarde o adulto emerge do casulo em uma eclosão adulta. Enquanto a larva é dita para eclodir de um ovo, diz-se que a imago eclode da pupa. Carroll Williams (1958) caracterizou a metamorfose holometabólica como a troca entre forragear e reproduzir: "Os estágios iniciais ligados à terra construíram sistemas digestórios enormes e arrastavam-nos ao longo de trilhas de lagartas. Mais tarde, na história da vida, esses ativos poderiam ser liquidados e reinvestidos na construção de um organismo totalmente novo – uma máquina voadora dedicada ao sexo".

> **ASSISTA AO DESENVOLVIMENTO 21.2**   Dois notáveis vídeos de *time-lapse* documentam o desenvolvimento e a metamorfose de borboletas monarcas e abelhas.

Discos imaginais

Em insetos holometábolos, a transformação de juvenil para adulto ocorre dentro da cutícula pupal. A maior parte do corpo larval é sistematicamente destruída por morte celular

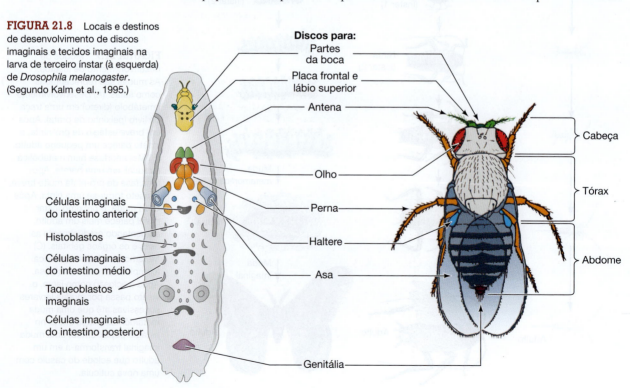

FIGURA 21.8 Locais e destinos de desenvolvimento de discos imaginais e tecidos imaginais na larva de terceiro ínstar (à esquerda) de *Drosophila melanogaster*. (Segundo Kalm et al., 1995.)

Discos para:
Partes da boca
Placa frontal e lábio superior
Antena
Olho
Perna
Haltere
Asa
Genitália

Cabeça
Tórax
Abdome

Células imaginais do intestino anterior
Histoblastos
Células imaginais do intestino médio
Taqueoblastos imaginais
Células imaginais do intestino posterior

programada, enquanto os novos órgãos adultos se desenvolvem a partir de ninhos relativamente indiferenciados de **células imaginais**. Assim, dentro de qualquer larva existem duas populações distintas de células: as células larvais, que são usadas para as funções do inseto juvenil; e milhares de células imaginais, que se encontram dentro da larva em aglomerados, aguardando o sinal para se diferenciar.

Existem três tipos principais de células imaginais (**FIGURA 21.8**):

1. As células dos discos imaginais que formarão as estruturas cuticulares do adulto, incluindo as asas, as pernas, as antenas, os olhos, a cabeça, o tórax e a genitália.
2. Os **histoblastos** (células formadoras de tecidos) são células ideais que formarão o abdome adulto.
3. Existem grupos de células imaginais dentro de cada órgão que proliferarão para formar o órgão adulto à medida que o órgão larval degenerar.

Nas larvas recém-incubadas, os discos imaginais são visíveis como espessamentos locais da epiderme. Cada disco na larva *Drosophila* precoce tem cerca de 10 a 50 células, e existem 19 desses discos nessas moscas. A epiderme da cabeça, do tórax e dos membros vem de nove pares de discos bilaterais, ao passo que a epiderme da genitália é derivada de um único disco na linha média.

Enquanto a maioria das células larvais tem uma capacidade mitótica muito limitada, os discos imaginais se dividem rapidamente em tempos característicos específicos. À medida que suas células proliferam, os discos formam um epitélio tubular que se dobra sobre si mesmo em uma espiral compacta (**FIGURA 21.9A**). Na metamorfose, essas células proliferam ainda mais à medida que se diferenciam e se alongam (**FIGURA 21.9B**). O mapa de destino e a sequência de alongamento de um dos seis discos de perna de *Drosophila* são mostrados na **FIGURA 21.10**. No final do terceiro ínstar, logo antes da pupação, o disco da perna é um saco epitelial conectado por uma fina haste à epiderme larval. Em um lado do saco, o epitélio é enrolado em uma série de dobras concêntricas "reminiscentes de uma

(A)

(B)

FIGURA 21.9 Alongamento do disco imaginal. Micrografia eletrônica de varredura do disco de pernas do terceiro ínstar de *Drosophila* (A) antes e (B) após o alongamento. (De Fristrom et al., 1977; cortesia de D. Fristrom.)

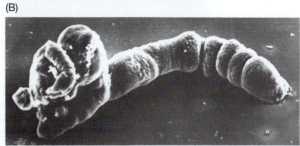

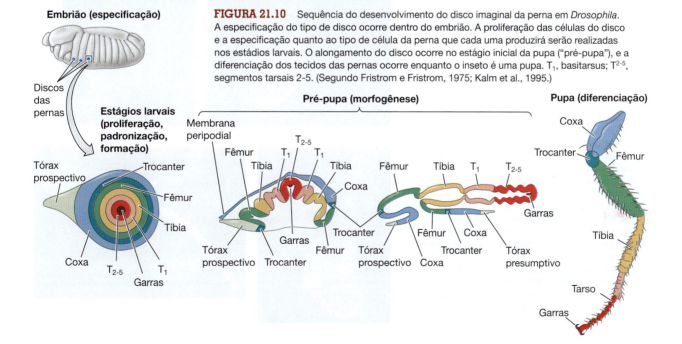

FIGURA 21.10 Sequência do desenvolvimento do disco imaginal da perna em *Drosophila*. A especificação do tipo de disco ocorre dentro do embrião. A proliferação das células do disco e a especificação quanto ao tipo de célula da perna que cada uma produzirá serão realizadas nos estádios larvais. O alongamento do disco ocorre no estágio inicial da pupa ("pré-pupa"), e a diferenciação dos tecidos das pernas ocorre enquanto o inseto é uma pupa. T_1, basitarsus; T^{2-5}, segmentos tarsais 2-5. (Segundo Fristrom e Fristrom, 1975; Kalm et al., 1995.)

massa dinamarquesa-bolo de rolo" (Kalm et al., 1995). À medida que a pupação começa, as células no centro do telescópio do disco se tornam as porções mais distantes da perna – as garras e o tarso. As células externas tornam-se as estruturas proximais – a coxa e a epiderme adjacente (Schubiger, 1968). Após a diferenciação, as células dos anexos e da epiderme secretam uma cutícula adequada para cada região específica. Embora o disco seja composto principalmente de células epidérmicas, um pequeno número de **células adepiteliais** migram para o disco no início do desenvolvimento. Durante o estágio pupal, essas células dão origem aos músculos e nervos que servem as pernas.

ESPECIFICAÇÃO E PROLIFERAÇÃO A especificação dos destinos celulares gerais (i.e., que o disco deve ser um disco de perna e não um disco de asa) ocorre no embrião e é mediada principalmente pelos genes *Hox*, como *Ultrabithorax* e *Antennapedia*. Os destinos celulares cada vez mais específicos são especificados nos estádios larvais, à medida que as células proliferam (Kalm et al., 1995). O tipo de estrutura das pernas (garra, fêmur, etc.) gerado é determinado pelas interações entre vários genes no disco imaginal. A **FIGURA 21.11** mostra a expressão de três genes envolvidos na determinação do eixo proximal-distal da perna da mosca. No disco da perna do terceiro ínstar, o centro do disco secreta a maior concentração de dois morfógenos, Wingless (Wg, um fator parácrino Wnt) e Decapentaplégico (Dpp, um fator parácrino BMP). Altas concentrações desses fatores parácrinos induzem a expressão do gene *Distal-less*. Concentrações moderadas induzem a expressão do gene *dachshund*, e concentrações mais baixas induzem a expressão do gene *homotórax*.

Essas células expressam o gene *Distal-less* para se tornarem as estruturas mais distais da perna, a garra e os segmentos tarsais distais. Aqueles que expressam o homotórax se tornam a estrutura mais proximal, a coxa. As células que expressam *dachshund* se tornam fêmur e tíbia proximal. Áreas onde os fatores de transcrição se sobrepõem produzem trocanter e tíbia distal (Abu-Shaar e Mann, 1998). Essas regiões de expressão gênica são estabilizadas por interações inibitórias entre os produtos proteicos desses genes e dos genes vizinhos. Dessa forma, o gradiente de proteínas Wg e Dpp é convertido em domínios discretos de expressão gênica que especificam as diferentes regiões da perna *Drosophila*.

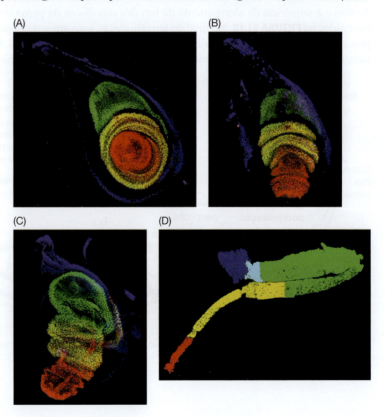

FIGURA 21.11 Expressão de genes de fatores de transcrição no disco da perna de *Drosophila*. Na periferia, o gene *homotórax* (em roxo) estabelece o limite para a coxa. A expressão do gene *dachshund* (em verde) localiza o fêmur e a tíbia proximal. As estruturas mais distais, a garra e os segmentos tarsais distais surgem do domínio de expressão de *Distal-less* (em vermelho) no centro do disco imaginal. A sobreposição de *dachshund* e *Distal-less* aparece em amarelo e especifica os segmentos distal da tíbia e trocanter. (A-C) Expressão genética em estádios sucessivamente mais tardios do desenvolvimento pupal. (D) Localização dos domínios de expressão dos genes em uma perna imediatamente antes da eclosão. As áreas onde há sobreposição entre domínios de expressão são mostradas em amarelo, aqua e cor de laranja. (De Abu-Shaar e Mann, 1998, cortesia de R. S. Mann.)

EXTROVERSÃO E DIFERENCIAÇÃO O disco de perna madura no terceiro ínstar de *Drosophila* não se parece nada com a estrutura do adulto. Está determinado, mas ainda não diferenciado; a sua diferenciação requer um sinal, sob a forma de um conjunto de pulsos do hormônio de "muda" 20-hidroxiecdisona (20E, ver Figura 21.12A). O primeiro pulso, que ocorre nos estádios larvais tardios, inicia a formação da pupa, interrompe a divisão celular no disco e inicia as mudanças na forma das células que levam a extroversão da perna. O alongamento dos discos imaginais ocorre devido principalmente às mudanças na forma das células dentro do epitélio do disco, complementadas pela divisão celular (Condic et al., 1991, Taylor et al., 2008). Usando faloidina marcada fluorescentemente para corar os microfilamentos periféricos de células de disco de perna, Condic e colaboradores de trabalho mostraram que as células dos primeiros discos do terceiro ínstar estão estreitamente dispostas ao longo do eixo proximal-distal. Quando o sinal hormonal para diferenciar é dado, as células mudam sua forma, e a perna é extrovertida, com as células centrais do disco tornando-se as células mais distais (garra) do membro. As estruturas das pernas se diferenciam dentro da pupa, de modo que, quando a mosca adulta eclode, elas são totalmente formadas e funcionais: na verdade eles usam as pernas na fuga final do casulo pupal.

TÓPICO NA REDE 21.2 **METAMORFOSE DE INSETOS** Os três *links* neste tópico na rede discutem (1) os experimentos de Wigglesworth e outros que identificaram os hormônios da metamorfose e as glândulas que os produziam; (2) as variações que *Drosophila* e outros insetos desempenham no tema geral da metamorfose; e (3) a remodelação do sistema nervoso do inseto durante a metamorfose.

TÓPICO NA REDE 21.3 **DESENVOLVIMENTO DAS VESPAS PARASITOIDES** As vespas parasitoides ajudaram a convencer Darwin de que Deus não poderia ser benevolente e todo-poderoso, ao mesmo tempo. Os ciclos de vida dos insetos predadores são exemplos fascinantes de uma espécie explorando o desenvolvimento de outra espécie para sua própria vantagem.

Controle hormonal da metamorfose dos insetos

Embora os detalhes da metamorfose dos insetos difiram entre as espécies, o padrão geral de ação hormonal é muito semelhante. Como a metamorfose dos anfíbios, a metamorfose dos insetos é regulada por sinais hormonais sistêmicos, que são controlados por neuro-hormônios do cérebro (para revisões, ver Gilbert e Goodman, 1981, Riddiford, 1996). A muda de insetos e a metamorfose são controladas por dois hormônios efetores: o esteroide **20-hidroxiecdisona** (**20E**) e o **hormônio lipídico juvenil** (**JH**, do inglês, *juvenile hormone*) (**FIGURA 21.12A**). O 20E inicia e coordena cada muda (larva-larva, larva-pupa ou pupa-adulto) e regula as mudanças na expressão gênica que ocorrem durante a metamorfose. Níveis elevados de JH impedem as alterações induzidas pela ecdisona na expressão gênica que são necessárias para a metamorfose. Assim, sua presença durante uma muda larval garante que o resultado dessa muda seja outro estágio larval, não uma pupa ou um adulto.

O processo de muda é iniciado no cérebro, onde células neurossecretoras liberam **hormônio protoracicotrópico** (**PTTH**, do inglês, *prothoracicotropic hormone*) em resposta a sinais neurais, hormonais ou ambientais (**FIGURA 21.12B**). PTTH é um hormônio peptídico com um peso molecular de aproximadamente 40.000 e estimula a produção de **ecdisona** pela **glândula protorácica**, ativando a via RTK (receptor tirosina-cinase) nessas células (Rewitz et al. 2009; Ou et al., 2011). A ecdisona é modificada em tecidos periféricos para se tornar o hormônio de muda 20E. Cada muda é iniciada por um ou mais pulsos de 20E. Para uma muda larval, o primeiro pulso produz um pequeno aumento na concentração de 20E na hemolinfa larval (sangue) e provoca uma mudança no comprometimento celular na epiderme. Um segundo pulso maior de 20E inicia os eventos de diferenciação associados à muda. Esses pulsos de 20E comprometem e estimulam as células epidérmicas para sintetizar enzimas que digerem a cutícula antiga e sintetizam uma nova.

As mudas larva-larva são produzidas quando há grandes títulos circulantes de hormônio juvenil. O hormônio juvenil é segregado pela *corpora alata*. As células secretoras

Ampliando o conhecimento

Como as doenças, como a malária, podem ser controladas pela alteração da metamorfose dos insetos?

(A) Hormônio juvenil (JH)

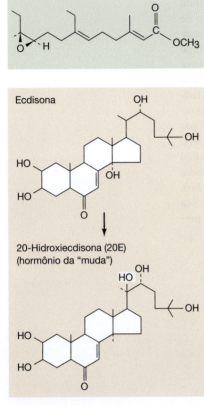

Ecdisona

20-Hidroxiecdisona (20E)
(hormônio da "muda")

FIGURA 21.12 Regulação
da metamorfose dos insetos.
(A) Estruturas de hormônio juvenil
(JH), ecdisona e hormônio ativo de
muda 20-hidroxiecdisona (20E).
(B) Via geral da metamorfose dos
insetos. 20E e JH juntos causam
muda que forma o próximo ínstar
larval. Quando a concentração
de JH se torna suficientemente
baixa, a muda induzida por 20E
produz uma pupa, em vez de
uma larva. Quando 20E atua
na ausência de JH, os discos
imaginais diferenciam-se, e a muda
dá origem a um adulto (imago).
(Segundo Gilbert e Goodman,
1981.)

(B)

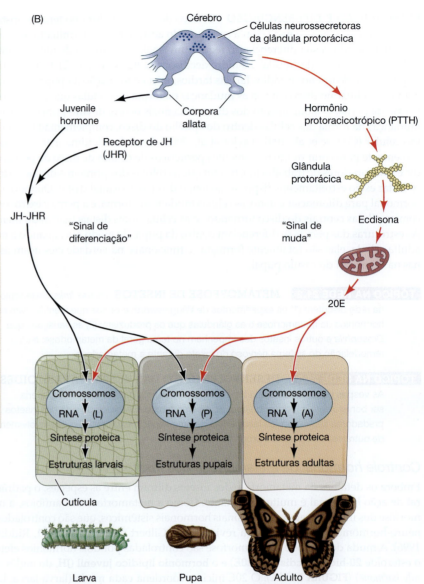

da *corpora allata* são ativas durante as mudas larvais, mas inativas durante a muda metamórfica e a muda imaginal. Enquanto a JH estiver presente, as mudas estimuladas por
20E resultam em um novo ínstar larvário. No último ínstar larvário, no entanto, o nervo medial do cérebro para a *corpora allata* inibe essas glândulas de produzirem JH, e há
um aumento simultâneo na capacidade do corpo de degradar JH existente (Safranek e
Williams, 1989). Ambos os mecanismos fazem os níveis de JH caírem abaixo de um valor limite crítico, desencadeando a liberação de PTTH do cérebro (Nijhout e Williams,
1974, Rountree e Bollenbacher, 1986). A PTTH, por sua vez, estimula a glândula protorácica a secretar uma pequena quantidade de ecdisona. O pulso resultante de 20E, na ausência de níveis elevados de JH, compromete as células epidérmicas ao desenvolvimento da pupa. Os mRNAs específicos da larva não são substituídos, e os novos mRNAs
são sintetizados, cujos produtos proteícos inibem a transcrição das mensagens larvais.
   Existem dois pulsos principais de 20E durante a metamorfose de *Drosophila*. O primeiro pulso ocorre na larva do terceiro ínstar e desencadeia a morfogênese "pré-pupal"
dos discos imaginais da perna e da asa, bem como a morte do intestino posterior da larva. A larva deixa de comer e migra para encontrar um local para começar a pupação.
O segundo pulso 20E ocorre 10 a 12 horas depois e diz à pré-pupa que se torne uma

pupa. A cabeça inverte e as glândulas salivares degeneram (Riddiford, 1982; Nijhout, 1994). Parece, então, que o primeiro pulso de 20E durante o último ínstar larval desencadeia os processos que inativam os genes específicos da larva e iniciam a morfogênese das estruturas de disco imaginal. O segundo pulso transcreve genes específicos da pupa e inicia a muda (Nijhout, 1994). Na muda imaginal, quando o 20E atua na ausência de hormônio juvenil, os discos imaginais se diferenciam completamente, e a muda dá origem a um adulto.

> **ASSISTA AO DESENVOLVIMENTO 21.3** O hormônio juvenil é um hormônio versátil que pode regular a metamorfose e também pode ser usado como um inseticida potente.

A biologia molecular da atividade da 20-hidroxiecdisona

RECEPTORES DE ECDISONA Como os hormônios tireoidianos anfíbios, 20E não pode se ligar ao DNA por si só. Em primeiro lugar, deve se ligar às proteínas nucleares, chamadas de **receptores de ecdisona** (**EcRs**, do inglês, *ecdysone receptors*). Os EcRs são evolutivamente relacionados, e quase idênticos em estrutura, aos receptores de hormônio tireoidiano de anfíbios. Uma proteína EcR forma uma molécula ativa, dimerizando com uma proteína Ultraspiracle (Usp). Usp é o homólogo do RXR dos anfíbios, que aprendemos anteriormente, dimeriza com TR para formar o receptor de hormônio tireoidiano ativo (Koelle et al., 1991; Yao et al., 1992, Thomas et al., 1993). Assim, o complexo de insetos EcR-Usp é muito semelhante em estrutura ao complexo TR-RXR de anfíbios. As proteínas EcR e Usp ligam-se ao DNA; elas, então, dimerizam no elemento estimulador ou promotor dos genes sensíveis à ecdisona (Szamborska-Gbur et al., 2014).

Pensa-se que, na ausência de EcR ligado a hormônio, Usp recruta inibidores da transcrição de genes sensíveis a ecdisona (Tsai et al., 1999). Essa inibição é convertida em ativação quando a ecdisona se liga ao seu receptor. A presença de EcR-USp ligada à ecdisona recruta histona metiltransferases que *ativam* os genes sensíveis à ecdisona (Sedkov et al., 2003). No entanto, outros mecanismos também podem estar atuando. Por exemplo, Johnston e colaboradores (2011) descobriram que, na ausência de EcR ligado a hormônio, outro fator de transcrição, E75, liga-se a esses sítios sensíveis à ecdisona e inibe a transcrição. Assim, ecdisona ajuda a mediar a competição de EcR-Usp com E75 para os mesmos sítios de *cis*-regulação.

LIGAÇÃO DE 20-HIDROXIECDISONA AO DNA Os primeiros eventos da metamorfose de *Drosophila* foram elucidados pela primeira vez depois de ver os efeitos da ecdisona nos cromossomos politênicos. Durante a muda e a metamorfose de *Drosophila*, certas regiões desses cromossomos "inflam" nas células de certos órgãos em momentos particulares (**FIGURA 21.13**; Clever, 1966; Ashburner, 1972; Ashburner e Berondes, 1978). Esses "*puffs*" nos cromossomos são áreas onde o DNA está sendo ativamente transcrito. Quando o 20E é adicionado nas glândulas salivares larvais, esses "*puffs*" são produzidos e outros regridem. Os anticorpos fluorescentes contra o 20E demonstraram que o hormônio

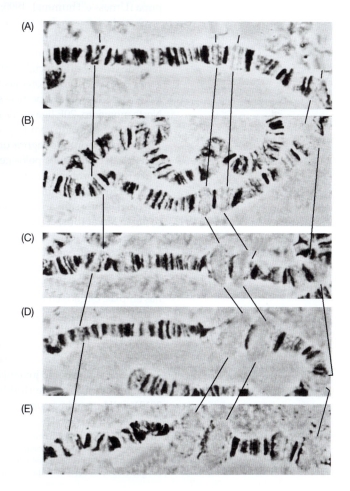

FIGURA 21.13 "*Puffs*" induzidos por 20E em células de glândulas salivares cultivadas de *D. melanogaster*. (A) Controle não induzido. (B-E) Cromossomos estimulados com 20E em (B) 25 minutos, (C) 1 hora, (D) 2 horas e (E) 4 horas. (Cortesia de M. Ashburner.)

se localiza nos locais desses *"puffs"*, confirmando ainda mais o envolvimento de 20E na transcrição de genes-alvo nesse locais (Gronemeyer e Pongs, 1980). Nesses locais, o complexo receptor ligado a ecdisona recruta uma histona metiltransferase que metila a lisina-4 da histona H3, afrouxando, assim, os nucleossomos dessa área (Sedkov et al., 2003). Notavelmente, após a formação dos *"puffs"* iniciais, viu-se que outros regrediam. E, horas depois, mais *"puffs"* se formaram. Ashburner (1974, 1990) levantou a hipótese de que os genes dos *"puffs"* iniciais produzem um produto proteico que é essencial para a ativação dos genes *"puffs"* tardios e que, além disso, a própria proteína reguladora inicial desativa a transcrição dos genes de *"puffs"* iniciais.[5] Essas ideias foram confirmadas por análises moleculares.

A **FIGURA 21.14** A mostra um esquema simplificado para a estrutura da metamorfose em *Drosophila*. Primeiro, o 20E liga-se ao complexo do receptor EcR/Usp. Ele ativa os "genes de resposta precoce", incluindo *E74* e *E75* (os sopros na Figura 21.18), bem como o gene *Broad* e o próprio gene *EcR*. Os fatores de transcrição codificados por esses genes ativam uma segunda série de genes, como *E75*, *DHR4* e *DHR3*. Os produtos desses genes são fatores de transcrição que trabalham juntos para formar a pupa. Em segundo lugar, os produtos dos genes da segunda onda desligam os genes de resposta precoce para que eles não interfiram com este segundo surgimento de 20E. Em terceiro lugar, o 20E ativa os genes cujos produtos inativam e degradam a própria ecdisona. Dessa forma, o núcleo é liberado do hormônio para que ele possa responder a um segundo pulso. Além disso, 20E geralmente inibe o gene que codifica a βFTZ-F1. Agora, esse fator de transcrição pode ser sintetizado, permitindo que um novo conjunto de genes responda ao segundo surgimento de 20E (Rewitz et al., 2009). Além disso, DHR4 coordena o crescimento e o comportamento na larva. Ele permite que a larva pare de se alimentar uma vez que atinja um certo peso e comece a procurar um lugar para se colar e formar uma pupa (Urness e Thummel, 1995; Crossgrove et al., 1996; King-Jones et al., 2005).

Os efeitos desses dois pulsos de 20E podem ser extremamente diferentes. Um exemplo disso são as mudanças mediadas pela ecdisona na glândula salivar larval. O pulso inicial de 20E ativa o gene *Broad*, que codifica uma família de fatores de transcrição por meio de *splicing* diferencial de RNA. Os alvos das proteínas do complexo Broad incluem genes que codificam proteínas "grude" da glândula salivar – proteínas que permitem à larva aderir a uma superfície sólida, onde se tornará uma pupa (Guay e Guild, 1991). Neste momento, 20E liga-se à isoforma EcR-A do receptor de ecdisona (**FIGURA 21.14B**). Quando complexado com Usp, ele ativa a transcrição de genes de resposta precoce *E74*, *E75* e *Broad*. Contudo, agora um conjunto diferente de alvos é ativado. Os fatores de transcrição codificados pelos genes iniciais ativam os genes que codificam as proteínas Hid e Reaper promotoras da apoptose, além de bloquear a expressão do gene *diap2* (que, de outra forma, reprimiria a apoptose). Assim, o primeiro pulso de 20E estimula a função da glândula salivar larval, enquanto o segundo pulso de 20E exige a destruição desse órgão larval (Buszczak e Segraves, 2000, Jiang et al., 2000).

Como o gene do receptor da ecdisona, o gene *Broad* pode gerar várias proteínas fatores de transcrição diferentes por meio de mensagens que sofreram início e *splicing* diferenciais. Além disso, as variantes do receptor de ecdisona (EcR-A, EcR-B1 e EcR-B2), quando associadas à Usp, podem induzir a síntese de variantes particulares das proteínas amplas. Órgãos como a glândula salivar larval, que estão destinadas à morte durante a metamorfose, expressam a isoforma Broad Z1; discos imaginais destinados à diferenciação expressam a isoforma Z2; e o sistema nervoso central (que sofre uma marcada remodelação durante a metamorfose) expressa todas as isoformas, predominando a Z3 (Emery et al., 1994; Crossgrove et al., 1996).

Quando o hormônio juvenil está presente, no entanto, o gene *Broad* é reprimido, e a metamorfose não ocorre (Riddiford, 1972, Zhou e Riddiford, 2002, Hiruma e Kaneko, 2013). O JH mantém o *status quo* de mudas de larva a larva, ligando-se ao seu receptor

---

[5] A observação de que o 20E controlou as unidades transcricionais dos cromossomos foi uma descoberta extremamente importante e emocionante. Pode-se ver a transcrição ocorrer, utilizando apenas um microscópio de luz. Este foi nosso primeiro vislumbre real da regulação de genes em organismos eucarióticos. No momento em que essa descoberta foi feita, os únicos exemplos de regulação de genes da transcrição eram em bactérias.

nuclear – a proteína Met[6] – e convertendo esse receptor em um fator de transcrição. A proteína Met ligada a JH ativa o gene *Kr-h1*, cujo produto, um fator de transcrição repressivo, bloqueia a ativação do gene *Broad* (**FIGURA 21.14C**; Minakuchi et al., 2008; Charles et al., 2011; Li et al., 2011). Assim, na presença de JH, o gene *Broad* não é ativado, e a metamorfose é bloqueada.

---

[6] Não se confunda com o receptor Met não relacionado em vertebrados (que é um receptor de membrana celular para o fator de crescimento de hepatócitos), o receptor Met para JH foi identificado pela sua capacidade de ligar o metopreno, um inseticida que funciona mimetizando JH, prevenindo, assim, a metamorfose (Konopova e Jindra, 2007; Charles et al., 2011).

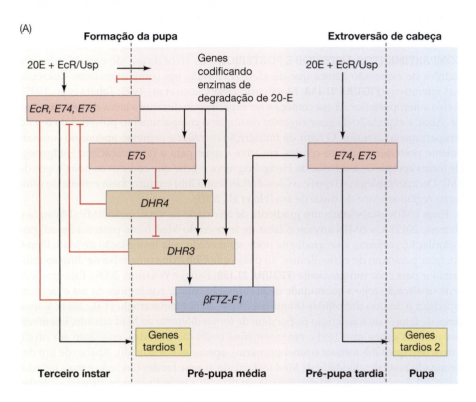

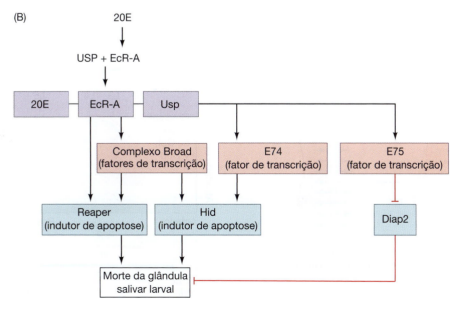

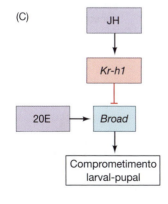

FIGURA 21.14

A 20-hidroxiecdisona inicia cascatas de desenvolvimento. (A) Esquema da cascata de expressão de genes principais na metamorfose de *Drosophila*. Quando o 20E se liga ao complexo do receptor EcR/Usp, ele ativa os genes de resposta precoce, incluindo *E74*, *E75* e *Broad*. Seus produtos ativam os "genes tardios". O complexo EcR/Usp ativado também ativa uma série de genes cujos produtos são fatores de transcrição e que ativam o gene *βFTZ-F1*. A proteína βFTZ-F1 modifica a cromatina, de modo que o próximo pulso de 20E ativa um conjunto diferente de genes tardios. Os produtos desses genes também inibem os genes expressados precocemente, incluindo aqueles para o receptor Ecr. (B) Cascata postulada que leva da recepção de ecdisona à morte da glândula salivar larval. O 20E liga-se à isoforma EcR-A do receptor ecdisona. Após a complexação com o Usp, o complexo do fator de transcrição ativado estimula a transcrição dos genes de resposta precoce *E74A*, *E75B* e do complexo *Broad*. Estes promovem a apoptose nas células das glândulas salivares. (C) Quando o hormônio juvenil se liga ao seu receptor, Met, ele ativa o gene *Kr-h1*. A proteína Kr-h1 é um fator de transcrição repressivo que bloqueia a ativação do gene *Broad* em 20E. (A, segundo King-Jones et al., 2005, Rewitz et al., 2010; B, segundo Buszczak e Segraves, 2000; C, segundo Hiruma e Kaneko, 2013.)

Determinação dos discos imaginais da asa

Quando a sinalização de ecdisona não é afetada pelo hormônio juvenil, ela ativa o crescimento e a diferenciação de discos imaginais que já foram determinados. Por exemplo, o maior dos discos imaginais de *Drosophila* é o da asa, contendo cerca de 60 mil células. (Em contrapartida, os discos de perna e haltere contêm cerca de 10 mil células cada; Fristrom, 1972.) Os discos de asa distinguem-se dos outros discos imaginais pela expressão do gene *vestigial* (Kim et al., 1996). Quando esse gene é expresso em qualquer outro disco imaginal, o tecido da asa emerge.

COMPARTIMENTOS ANTERIOR E POSTERIOR Os eixos da asa são especificados por padrões de expressão gênica que dividem o embrião em compartimentoss discretos, mas interativos (**FIGURA 21.15A**; Meinhardt, 1980; Causo et al., 1993; Tabata et al., 1995). O eixo anteroposterior da asa começa a ser especificado durante a larva do primeiro ínstar. Aqui, a expressão do gene *engrailed* distingue o compartimento posterior da asa do compartimento anterior. O fator de transcrição *engrailed* é expresso apenas no compartimento posterior, e, nessas células, ele ativa o gene para o fator parácrino Hedgehog. De forma complexa, a difusão de Hedgehog ativa o gene que codifica os homólogos de BMP Decapentaplégico (Dpp) e o *Glass-bottom boat* (Gbb) em uma faixa estreita de células na região anterior do disco de asa (Ho et al., 2005).

Esses BMPs estabelecem um gradiente de atividade de sinalização BMP (Matsuda e Shimmi, 2012). Os BMPs ativam o fator de transcrição Mad (uma proteína Smad) por fosforilação, portanto, esse gradiente pode ser medido pela fosforilação de Mad. Dpp é um fator parácrino de curto alcance, ao passo que Gbb exibe uma faixa de difusão muito maior para criar um gradiente (**FIGURA 21.15B**; Bangi e Wharton, 2006). Este gradiente de sinalização rege a quantidade de proliferação celular nas regiões da asa e também especifica o destino das células (Rogulja e Irvine, 2005, Hamaratoglu et al., 2014). Vários genes de fatores de transcrição respondem de forma diferente ao Mad ativado. Em níveis elevados, os genes *spalt* (*sal*) e *optomotor blind* (*omb*) são ativados, enquanto em níveis baixos (em que Gbb fornece o sinal primário), apenas *omb* é ativado. Abaixo de um determinado nível de atividade de Mad fosforilada, o gene *brinker* (*brk*) não é mais inibido; assim, *brk* é expresso fora do domínio de sinalização. Os destinos específicos das células da asa são especificados em resposta à ação desses fatores de transcrição. (Por exemplo,

FIGURA 21.15

Compartimentalização e padronização anteroposterior no disco imaginal da asa. (A) Na larva do primeiro ínstar, o eixo anteroposterior foi formado e pode ser reconhecido pela expressão do gene *engrailed* no compartimento posterior. Engrailed, um fator de transcrição, ativa o gene *hedgehog*. Hedgehog atua como um fator parácrino de curto alcance para ativar *decapentaplégico* (*dpp*) nas células anteriores adjacentes ao compartimento posterior, onde Dpp e uma proteína relacionada, Glass-bottom boat (Gbb), atuam por um longo alcance. (B) As proteínas Dpp e Gbb criam um gradiente de concentração de sinalização semelhante ao BMP, medido pela fosforilação de Mad (pMad). As altas concentrações de Dpp e Gbb perto da fonte ativam tanto os genes *spalt* (*sal*) como o *otomano* (*omb*). Concentrações mais baixas (perto da periferia) ativam *omb*, mas não *sal*. Quando os níveis de Dpp mais os de Gbb caem abaixo de um determinado limiar, o *brinker* (*brk*) não é mais reprimido. L2-L5 marcam as veias da asa longitudinal, sendo L2 a mais anterior. (Segundo Bangi e Wharton, 2006.)

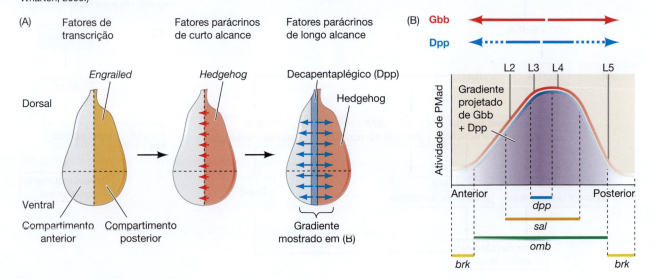

a quinta veia longitudinal da asa é formada na borda do *optomotor blind* e *brinker*, ver Figura 21.15B.) Embora a evidência experimental demonstre que Dpp regula o crescimento das asas, os mecanismos pelos quais isso ocorre continuam sendo desconhecidos (Hamaratoglu et al., 2014; Hariharan, 2015).

EIXO DORSOVENTRAL E PROXIMAL-DISTAL O eixo dorsoventral da asa é formado no segundo instar pela expressão do gene *apterous* nas células dorsais prospectivas do disco de asa (Blair, 1993; Diaz-Benjumea e Cohen, 1993). Aqui, a camada superior da asa se distingue da camada inferior da lâmina da asa (Bryant, 1970, Garcia-Bellido et al., 1973). O gene *vestigial* permanece ativo na porção ventral do disco de asa (**FIGURA 21.16A**). A porção dorsal da asa sintetiza proteínas transmembranas que impedem a mistura das células dorsais e ventrais (Milán et al., 2005). Na fronteira entre os compartimentos dorsal e ventral, os fatores de transcrição Apterous e Vestigial interagem para ativar o gene que codifica o fator parácrino Wnt Wingless (**FIGURA 21.16B**). Neumann e Cohen (1996) mostraram que a proteína Wingless atua como um fator de crescimento para promover a proliferação celular que prolonga a asa. Wingless também ajuda a estabelecer o eixo proximal-distal da asa: altos níveis de Wingless ativam o gene *Distal-less*, que especifica as regiões mais distais da asa (Neumann e Cohen, 1996, 1997; Zecca et al., 1996). Isso ocorre na região central do disco e elas "se estendem" para fora (à semelhança de um telescópio) e se tornam a margem distal da lâmina da asa (**FIGURA 21.16C**). Assim, uma bateria de fatores parácrinos modela o disco de asa, dando a cada célula uma identidade ao longo dos eixos dorsoventral, proximal-distal e anteroposterior. Na metamorfose, vemos uma repetição dos fenômenos de desenvolvimento que geraram a própria larva.

(A) (B)

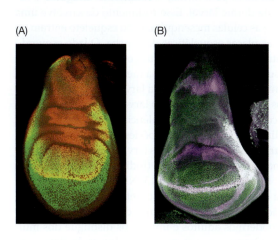

FIGURA 21.16 Determinação do eixo dorsoventral. (A) A superfície ventral prospectiva da asa é corada por anticorpos contra a proteína vestigial (em verde), enquanto a superfície dorsal prospectiva é corada por anticorpos contra a proteína apterous (em vermelho). A região em amarelo ilustra onde as duas proteínas se sobrepõem na margem. (B) A proteína Wingless (em roxo) sintetizada na junção marginal organiza o disco de asa ao longo do eixo dorsoventral. A expressão de Vestigial (em verde) é vista em células próximas daquelas que expressam Wingless. (C) As porções dorsal e ventral do disco de asa se estendem como um telescópio para formar a asa de duas camadas. Os padrões de expressão de genes são indicados na asa de duas camadas. (A, B, cortesia de S. Carroll e S. Paddock.)

(C)

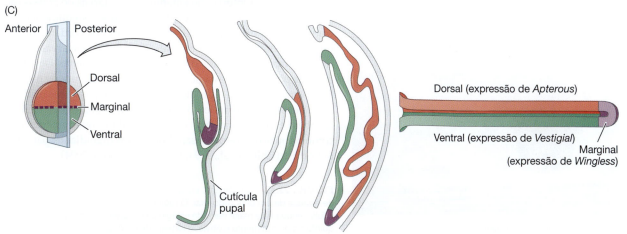

> **TÓPICO NA REDE 21.5** **ESPECIFICAÇÃO HOMÓLOGA** Se um grupo de células em um disco imaginal for mutado de forma a dar origem a uma estrutura característica de outro disco imaginal (p. ex., células de um disco de perna que dão origem a estruturas antenais), a especificação regional dessas as estruturas estará de acordo com sua posição no disco original.

Metamorfose da larva *Pluteus*

Os ouriços-do-mar sofrem metamorfose completa, formando uma "larva primária" – o *pluteus* – que é mais tarde descartada praticamente na sua totalidade. Quase todo o corpo do ouriço-do-mar adulto vem do saco celômico esquerdo do arquêntero do *pluteus*. O esqueleto larval é abandonado, enquanto o resto do corpo larval sofre morte celular programada, fornecendo matérias-primas para o crescimento juvenil. À medida que o *pluteus* se forma, o topo do arquêntero encontra a parede da blastocele. Aqui, as células do mesênquima secundário formam as bolsas celômicas direita e esquerda (ver Figura 10.10, 13,5 horas). Sob a influência da proteína Nodal, o saco celômico direito permanece rudimentar, ao passo que o saco celômico esquerdo sofre um desenvolvimento extensivo para formar as estruturas do ouriço-do-mar adulto. Esse crescimento envolve a ativação da sinalização BMP no lado esquerdo. Os micrômeros pequenos, que dão origem às células germinativas, são atraídos para os sacos celômicos por fatores quimioatratores sintetizados por meio da rede de regulatória de genes semelhante à do olho de *Drosophila* (Yajima e Wessels, 2012; Campanale et al., 2014; Martik e McClay, 2015). Essas células germinativas primordiais são preferencialmente mantidas pela bolsa celômica esquerda (Luo e Su, 2012; Warner et al., 2012).

O saco esquerdo eventualmente se divide em três sacos menores. Uma invaginação do ectoderma se funde com o saco do meio para formar o **rudimento imaginal**, e somente a epiderme aboral é derivada da derme larval. Esse rudimento desenvolve uma simetria pentarradial (**FIGURA 21.17**), e as células mesenquimais do esqueleto entram no rudimento para sintetizar as primeiras placas esqueléticas da concha. O lado esquerdo do *pluteus* na realidade torna-se a futura superfície oral do ouriço-do-mar adulto (Bury, 1895, Aihara e Amemiya, 2001, Minsuk et al., 2009). Durante a metamorfose, a larva instala-se no fundo do mar, e o rudimento imaginal separa-se da larva, que, então, degenera. Como veremos no Capítulo 25, os sinais de assentamento larval geralmente incluem uma mistura de fatores ambientais, como fotoperíodo, turbulência e produtos químicos liberados por fontes potenciais de alimento. Em algumas espécies de ouriços-do-mar, a força de cisalhamento gerada pela turbulência permite que as larvas percebam e respondam a produtos químicos que emanam de algas e bactérias (indicando que o alimento para adultos é abundante) (Rowley, 1989; Gaylord et al., 2013; Nielsen et al., 2015). Enquanto o rudimento imaginal (agora chamado de juvenil) está reformando seu trato digestório, ele é dependente da nutrição que recebe das estruturas da larva desintegrante.

A simetria pentarradial dos equinodermos adultos é única e os distingue dos muitos animais bilateralmente simétricos. Observe, no entanto, que as larvas de *pluteus* são simétricas bilateralmente – evidência de que os equinodermos compartilham um antepassado comum com os cordatos bilateralmente simétricos (Zamora et al., 2012, 2015). As larvas de ouriços-do-mar e os adultos diferem significativamente. De fato, a larva de *pluteus* é um estágio de dispersão planctônica de natação livre sem capacidade reprodutiva sexuada, ao passo que o adulto se fixa em algas no fundo do mar e produz milhares de gametas. Também é interessante que, como os anfíbios, os equinodermos, como os ouriços-do-mar, usam hormônios tireoidianos para metamorfose (Chino et al., 1994; Heyland e Hodin, 2004).

> **Ampliando o conhecimento**
>
> As larvas *pluteus* não produzem gametas e, portanto, não podem se reproduzir sexuadamente. Entretanto, verificou-se que se reproduzem de forma assexuada. Em que condições as larvas assexuadas podem se replicar, criando partes de si mesmas?

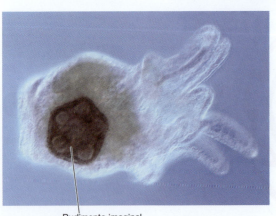

Rudimento imaginal

FIGURA 21.17 O rudimento imaginal que cresce no lado esquerdo da larva de pluteus de um ouriço-do-mar. O rudimento se tornará o ouriço-do-mar adulto, enquanto a maior parte do estágio da larva será dissolvida. A simetria quíntupla do rudimento é óbvia. (Cortesia de G. Wray.)

Próxima etapa na pesquisa

Nossa ignorância sobre a metamorfose é impressionante. A metamorfose é entendida em seus grandes contornos, mas apenas em poucas espécies. Além disso, os mecanismos pelos quais as instruções genéticas são transformadas em mudanças corporais estão apenas começando a ser entendsidos. Por exemplo, evidências experimentais mostram que o Dpp controla o crescimento dos discos imaginais de *Drosophila*, mas ainda não sabemos como. Não estamos nem certos de como os fatores parácrinos, como Dpp e Hedgehog, são transportados de seus sítios de síntese para as células responsivas. Uma das enormes questões não respondidas sobre a metamorfose diz respeito à resposta diferente ao mesmo estímulo. O mesmo hormônio pode instruir um grupo de células a proliferar e um grupo adjacente de células a morrer. Ainda não entendemos o que medeia essas diferentes respostas.

Considerações finais sobre a foto de abertura

Como Alfred Lord Tennyson (1886) intuiu: "A velha ordem muda, produzindo lugar para o novo". A metamorfose separa um indivíduo em dois estágios diferentes do ciclo de vida, com anatomia diferente, fisiologia diferente e diferentes nichos ecológicos. O ciclo de vida dos insetos foi descoberto e documentado no início do século XVIII por Maria Merian, uma artista que, entre outras coisas, pintou as borboletas do Suriname na América do Sul. Esta porção de uma litografia de Merian (1705) mostra as formas larval, pupal e adultas da *Morpho deidamia*. A lagarta está comendo as folhas da cerejeira de Barbados; a pupa dessa espécie se assemelha às folhas daquela árvore. Merian também observou que as larvas de diferentes espécies precisam de plantas diferentes das borboletas adultas. Em muitos casos, a planta que serve de alimento para larvas contém substâncias químicas nocivas que o adulto absorve. As lagartas da borboleta monarca, por exemplo, obtêm alcaloides tóxicos das plantas; essas toxinas tornam o adulto metamorfoseado muito desagradável para os pássaros (e as aves aprendem a não comer a borboleta monarca).

21 Resumo instantâneo
Metamorfose

1. A metamorfose dos anfíbios inclui alterações morfológicas e bioquímicas. Algumas estruturas são remodeladas, algumas são substituídas e algumas novas estruturas são formadas.

2. O hormônio responsável pela metamorfose dos anfíbios é a tri-iodotironina (T_3). A síntese de T_3 a partir da tireotoxina (T_4) e a degradação de T_3 por desiodinases podem regular a metamorfose em diferentes tecidos. O T_3 liga-se aos receptores do hormônio tireoidiano e atua predominantemente no nível da transcrição.

3. Muitas mudanças durante a metamorfose dos anfíbios são regionalmente específicas. Os músculos da cauda degeneram; os músculos do tronco persistem. Um olho persistirá, mesmo que seja transplantado em uma cauda em degeneração.

4. A mudança metamórfica em anfíbios pode ser provocada por morte celular, diferenciação celular ou por mudança de tipo celular.

5. O momento específico dos eventos metamórficos pode ser orquestrado pelos diferentes eventos que ocorrem em função de diferentes níveis de hormônios tireoidianos.

6. Animais com desenvolvimento direto não têm um estágio larval. As larvas primárias (como as dos ouriços-do-mar) especificam seus eixos do corpo de forma diferente do adulto, enquanto as larvas secundárias (como as de insetos e anfíbios) possuem eixos corporais iguais aos adultos da espécie.

7. Os insetos ametábolos sofrem desenvolvimento direto. Os insetos hemimetábolos passam por estádios de ninfas, em que o organismo imaturo é geralmente uma versão menor do adulto.

8. Em insetos holométabolos há uma metamorfose dramática de larva a pupa para adulto sexualmente maduro. Nos estágios entre mudas larvais, a larva é chamada de ínstar. Após o último ínstar, a larva sofre uma muda metamórfica para se tornar uma pupa. A pupa sofre uma muda imaginal para se tornar um adulto.

9. Durante o estágio pupal, os discos imaginais e os histoblastos crescem e se diferenciam para produzir as estruturas do corpo adulto.

10. Os eixos anteroposterior, dorsoventral e proximal-distal são especificados sequencialmente por interações entre diferentes compartimentos nos discos imaginais. O disco se projeta para fora, à semelhança de um telescópio, durante o desenvolvimento, com suas regiões centrais se tornando distais.

11. A muda é causada pelo hormônio 20-hidroxiecdisona (20E). Na presença de níveis elevados de hormônio juvenil, a muda dá origem a outro instar larval. Em baixas concentrações de hormônio juvenil, a muda produz uma pupa; se nenhum hormônio juvenil estiver presente, a muda é uma muda imaginal.

12. O gene do receptor ecdisona produz um RNA nuclear que pode formar pelo menos três proteínas diferentes.

Os tipos de receptores de ecdisona em uma célula podem influenciar a resposta dessa célula para 20E. Os receptores de ecdisona se ligam ao DNA para ativar ou reprimir a transcrição.

13. Os ouriços-do-mar sofrem metamorfose completa, formando uma larva primária, o *pluteus*. Quase todo o corpo do ouriço-do-mar adulto vem do saco celômico esquerdo do arquênteroo de *pluteus*, conhecido como o rudimento imaginal.

Leituras adicionais

Cai, L. and D. D. Brown. 2004. Expression of type II iodothyronine deiodinase marks the time that a tissue responds to thyroid hormone-induced metamorphosis in *Xenopus laevis*. *Dev. Biol.* 266: 87-95.

Grimaldi, A., N. Buisien, T. Miller, Y.-B. Shi and L. M. Sachs. 2013. Mechanisms of thyroid hormone receptor action during development: Lessons from amphibian studies. *Bioch. Biophys. Acta* 1830: 3882-3892.

Hamaratoglu, F., M. Affolter and G. Pyrowolakis. 2014. Dpp/BMP signaling in flies: From molecules to biology. *Sem. Cell Dev. Biol.* 32: 128-136.

Hiruma. K. and Y. Kaneko. 2013. Hormonal regulation of insect metamorphosis with special reference to juvenile hormone biosynthesis. *Curr. Top. Dev. Biol.* 103: 73-100.

Jiang, C., A. F. Lamblin, H. Steller and C. S. Thummel. 2000. A steroid-triggered transcriptional hierarchy controls salivary gland cell death during Drosophila metamorphosis. *Mol. Cell* 5: 445-455.

VISITE WWW.DEVBIO.COM...

... para Tópicos na Rede, entrevistas de Os Cientistas Falam, vídeos de Assista ao Desenvolvimento, Tutorial do Desenvolvimento e informação bibliográfica completa sobre toda a literatura citada neste capítulo.

22

Regeneração

Mente sobre o corpo?

O DESENVOLVIMENTO NUNCA PARA. Ao longo da vida, nós continuamente geramos novas células sanguíneas, células epidérmicas e epitélio do trato digestório a partir de células-tronco. O processo recorrente mais próximo do desenvolvimento embrionário é a regeneração, a substituição de uma parte do corpo pelo animal adulto depois que o original foi removido. Quer seja a Fonte da Juventude de Ponce de Leon ou o super-herói Wolverine da Marvel, a regeneração é um processo que tem cativado a imaginação de escritores, artistas e similares de Hollywood. Felizmente, não é tudo ficção científica. O mais importante é que a regeneração capturou o fascínio dos cientistas que fizeram grandes progressos na dissecção dos mecanismos de desenvolvimento subjacentes à capacidade de algumas espécies de exibirem um potencial fantástico para a regeneração. Algumas salamandras adultas, por exemplo, podem desenvolver novos membros e caudas depois que esses apêndices foram amputados (nem Wolverine mostrou fazer isso – pelo menos neste universo!).[1]

É difícil observar o fenômeno da regeneração dos membros nas salamandras sem pensar por que nós, humanos, não conseguimos crescer novamente nossos braços

---

[1] Para os aficionados por quadrinhos e por X-Men, foram descritas diferentes dimensões do universo e o universo da nossa Terra é o 616. Tecnicamente em um universo diferente (295), a mão de Wolverine foi cortada durante a "Idade do Apocalipse". Somente quando os seus poderes regenerativos foram restaurados ela cresceu de volta. Por isso, é plausível que os poderes de regeneração de Wolverine possam, de fato, imitar os de um salamandra em oposição aos de Hidra (e não, não estamos falando sobre o arqui-inimigo do capitão América).

Destaque

A regeneração é um evento pós-embrionário que opera sob programas comuns de desenvolvimento embrionário. A capacidade de regenerar tecidos varia de acordo com as espécies, desde uma capacidade de regeneração quase total em hidras e planárias, até a capacidade de substituir estruturas complexas em salamandras e peixes, à capacidade limitada de adicionar e substituir células para crescimento e manutenção em mamíferos. Durante a regeneração, a proliferação celular focal ou a migração celular para o local da ferida cria um blastema indiferenciado, cuja proliferação e diferenciação substituem os tecidos danificados. Um blastema pode ser criado por células-tronco pluripotentes, como na planária, ou células progenitoras de linhagem restritas derivadas por desdiferenciação, como no membro da salamandra. A regeneração também pode ocorrer através de uma remodelação de tecidos existentes por meio da proliferação compensatória ou a transdiferenciação de células diferenciadas, como exemplificado durante a regeneração do coração do peixe-zebra. O fígado de mamífero não pode se regenerar completamente, mas quando um lobo desse órgão é danificado ou removido, a massa de fígado restante pode crescer para compensar a perda. Praticamente todos os caminhos de desenvolvimento discutidos neste livro desempenham um papel na regeneração. Entre estes jogadores recorrentes está a via Wnt/β-catenina.

e pernas. O que dá a esses animais uma habilidade que infelizmente tanto nos falta? A biologia experimental nasceu dos esforços de naturalistas do século XVIII para responder a essa pergunta (ver Morgan, 1901). Os experimentos de regeneração de Abraham Tremblay (usando *Hydra*, um cnidário), René Antoine Ferchault de Réaumur (crustáceos) e Lazzaro Spallanzani (salamandras) estabeleceram o padrão para pesquisas experimentais e para a discussão inteligente dos dados de qualquer um (ver Dinsmore, 1991). Mais de dois séculos depois, estamos começando a encontrar respostas para as grandes questões da regeneração e, em algum momento, poderemos alterar o corpo humano para permitir que nossos próprios membros se regenerem.

Muitas maneiras de reconstruir

"Eu daria meu braço direito para conhecer o segredo da regeneração." Essa citação de Oscar E. Schotté (1950) captura o fascínio que a ciência tem tido com a capacidade notável de alguns organismos de se reconstruir. A **regeneração** é a reativação do desenvolvimento na vida pós-embrionária para restaurar os tecidos perdidos ou danificados. O benefício potencial de aproveitar os poderes de regeneração em humanos significaria que os membros cortados poderiam ser restaurados; os órgãos doentes podiam ser removidos e depois recriados; e as células nervosas alteradas por idade, doença ou trauma podem mais uma vez funcionar normalmente. Antes que a medicina moderna possa ter sucesso em conseguir regenerar o osso humano ou o tecido neural, primeiro devemos entender como ocorre a regeneração nas espécies que já possuem essa habilidade. Nosso conhecimento sobre os papéis dos fatores parácrinos na formação de órgãos e a nossa capacidade de clonar os genes que produzem esses fatores impulsionaram o que Susan Bryant (1999) chamou de "renascimento da regeneração". *Renascimento* significa literalmente "renascimento" e, uma vez que a regeneração pode envolver um retorno ao estado embrionário, o termo é apropriado de muitas maneiras.

Embora a regeneração tenha lugar em quase todas as espécies, vários organismos emergiram como modelos particularmente frutíferos para o estudo da regeneração (**FIGURA 22.1**). A quase totalidade da regeneração da hidra e da planariana é incomparável. Elas são capazes de regenerar organismos completos após a amputação e até indivíduos completos a partir de fragmentos muito pequenos. Certas salamandras são únicas entre os tetrápodes em poder regenerar membros inteiros, e as larvas de rã costumam ser usadas para estudar a regeneração da cauda e da lente do olho. O peixe-zebra recentemente se mostrou vantajoso para investigar os mecanismos do sistema nervoso central, da retina, do coração, do fígado e da regeneração da barbatana. E, embora os mamíferos sejam incapazes de reconstruir apêndices inteiros, os tecidos e órgãos individuais possuem capacidades regenerativas variáveis; os mais notáveis são os chifres de veados.

Além das diferenças no potencial regenerativo, cada um desses sistemas-modelo exemplifica um ou mais dos quatro modos de regeneração (**FIGURA 22.2**):

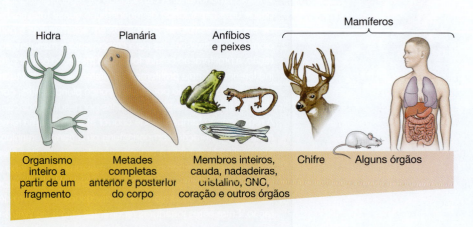

FIGURA 22.1 Organismos representativos e suas comparativas.

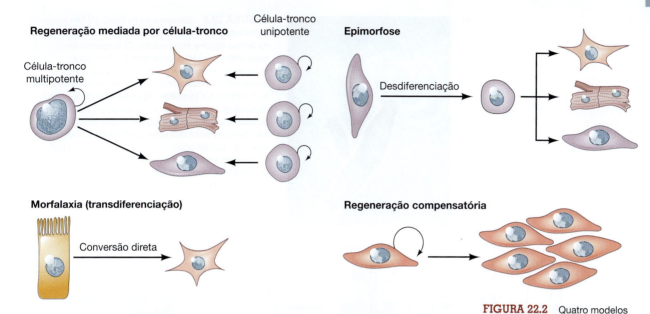

Regeneração mediada por célula-tronco

Célula-tronco
multipotente

Célula-tronco
unipotente

Epimorfose

Desdiferenciação

Morfalaxia (transdiferenciação)

Conversão direta

Regeneração compensatória

FIGURA 22.2 Quatro modelos
diferentes de regeneração.

1. *Regeneração mediada por células-tronco.* As células-tronco permitem que um organismo torne a crescer certos órgãos ou tecidos que foram perdidos; os exemplos incluem o recrescimento das hastes do cabelo a partir das células-tronco foliculares no bulbo piloso e a contínua reposição de células sanguíneas a partir das células-tronco hematopoiéticas na medula óssea.
2. *Epimorfose.* Em algumas espécies, as estruturas adultas podem sofrer desdiferenciação para formar uma massa relativamente indiferenciada de células (um blastema) que, em seguida, se rediferencia para formar a nova estrutura. Essa regeneração é característica dos membros de anfíbios regeneradores.
3. *Morfalaxia.* Aqui, a regeneração ocorre por meio da re-padronização dos tecidos existentes (transdiferenciação), e há pouco crescimento novo. Essa regeneração é vista na hidra.
4. *Regeneração compensatória.* Aqui, as células diferenciadas dividem-se, mas mantêm suas funções diferenciadas. As células novas não provêm de células-tronco, nem são provenientes da desdiferenciação das células adultas. Cada célula produz células semelhantes a si mesma; não se forma massa de tecido indiferenciado. Esse tipo de regeneração é característico do fígado de mamífero.

Hydra: regeneração mediada por células-tronco, morfalaxia e epimorfose

Hydra é um gênero de cnidários de água doce.[2] A maioria das hidras são pequenas – cerca de 0,5 cm de comprimento. Uma hidra tem um corpo tubular, radialmente simétrico, com uma "cabeça" na sua extremidade distal e um "pé" na sua extremidade proximal. O "pé", ou **disco basal**, permite que o animal fique preso às rochas ou à parte inferior das plantas da lagoa. A "cabeça" consiste em uma região **hipostomal** cônica que contém a boca e um anel de tentáculos (que capturam comida) embaixo dela. As hidras são animais diploblásticos, com apenas ectoderma e endoderma (**FIGURA 22.3A**). Suas duas camadas epiteliais são referidas como **mioepitélio**, visto que possuem características de células epiteliais e musculares. Embora as hidras careçam de um mesoderma verdadeiro, elas contêm células secretoras, gametas, células urticantes (cnidócitos) e neurônios que não fazem parte

---

[2]*Hydra* é o nome do gênero e o nome comum para esses animais. Por simplicidade, usaremos a forma comum (não "italizada") nesta discussão. O animal tem o nome da Hidra, a serpente de muitas cabeças da mitologia grega. Sempre que uma das cabeças da Hidra for cortada, ela regenera duas novas. Hércules finalmente derrotou o monstro, cauterizando os tocos de suas cabeças com fogo. Hércules parece ter tido um interesse significativo na regeneração: ele também libertou o Prometheus, terminando, assim, sua série diária de hepatectomias parciais (ver p. 718).

(A)

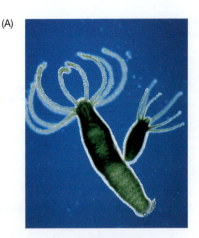

FIGURA 22.3 Brotamento na hidra. (A) Um novo indivíduo brota a cerca de dois terços do comprimento na lateral de uma hidra adulta. (B) Esquema do mioepitélio com suas células endodérmicas e ectodérmicas unipotentes e suas células-tronco intersticiais multipotentes. (C) Os movimentos celulares na *Hydra* foram seguidos pela migração de tecidos marcados. As setas indicam as posições de partida e saída das células marcadas. A chave indica regiões nas quais nenhum movimento celular líquido ocorreu. A divisão celular ocorre em toda a coluna do corpo, exceto nos tentáculos e no pé. (A © Biophoto/Photo Researchers Inc.; B, segundo Li et al., 2015; C, segundo Steele, 2002.)

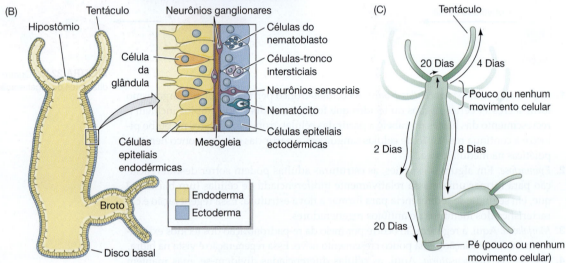

das duas camadas epiteliais (**FIGURA 22.3B**; Li et al., 2015). As hidras podem reproduzir-se sexuadamente, mas o só fazem em condições adversas (como aglomeração ou temperaturas frias). Elas geralmente se multiplicam assexuadamente, brotando de um novo indivíduo. Os brotos formam-se a cerca de dois terços do eixo do corpo do animal.

Rotina de substituição de células por três tipos de células-tronco

O corpo de uma hidra não é particularmente estável. Em humanos e moscas, por exemplo, não se espera que uma célula da pele no tronco migre e acabe por descamar na face ou no pé – mas isso é exatamente o que acontece na hidra. As células da coluna do corpo estão constantemente passando por mitoses e, terminam sendo deslocadas para as extremidades da coluna, a partir das quais são eliminadas (**FIGURA 22.3C**; Campbell, 1967a, b). Assim, cada célula desempenha várias funções, dependendo da sua idade, e os sinais que especificam o destino da célula devem estar ativos o tempo todo. Em certo sentido, o corpo de uma hidra está sempre se regenerando.

Essa substituição celular é gerada a partir de três tipos de células. As células endodérmicas e ectodérmicas são células progenitoras unipotentes que se dividem de forma contínua, produzindo mais epitélio de linhagem restrita. O terceiro tipo de célula é uma **célula-tronco intersticial** multipotente encontrada na camada ectodérmica (ver Figura 22.3B). Esta célula-tronco gera neurônios, células secretoras, nematócitos e gametas. A proliferação celular mais importante por cada uma dessas três células-tronco ocorre principalmente na região central do corpo, na qual o mioepitélio se desloca e a progênie intersticial migratória se move e se diferencia nas extremidades apical e basal (Buzgariu et al., 2015). Em comparação com as células-tronco mioepiteliais, as células-tronco intersticiais são pausadas na fase G2 do ciclo celular por um período mais longo e ciclam a uma taxa mais rápida (Buzgariu et al., 2014), sugerindo que as células-tronco intersticiais estão preparadas para responder imediatamente à necessidade de substituição celular por meio de uma rápida proliferação. Esses três tipos de células são tudo o que é necessário para formar uma hidra, e se as células da hidra são separadas e reagregadas, uma nova hidra irá se formar (Gierer et al., 1972; Technau, 2000; Bode, 2011).

O ativador da cabeça

Pode afirmar-se que a embriologia experimental – na verdade, biologia experimental – começou com os estudos de Tremblay sobre a regeneração da hidra.[3] Em 1741, Tremblay relatou que "a história da Fênix que renasce de suas próprias cinzas, fabulosa como é, não oferece nada mais maravilhoso do que a descoberta da qual iremos falar". Ele descobriu que quando cortava uma hidra em até 40 pedaços "renascem animais completos, iguais ao primeiro". Cada peça regeneraria uma cabeça na sua extremidade apical original e um pé no seu final basal original. (Imagine se uma pessoa pudesse ser gerada a partir de um pedaço tão pequeno quanto uma rótula!)

Cada porção da coluna do corpo da hidra ao longo do eixo apicobasal é potencialmente capaz de formar uma cabeça e um pé. A polaridade do animal, no entanto, é coordenada por uma série de graus morfogenéticos que permitem que a cabeça se forme apenas em um lugar, e o disco basal, apenas em outro. A evidência desses gradientes foi obtida pela primeira vez a partir de experimentos de enxerto iniciados por Ethel Browne no início dos anos 1900. Quando o tecido do hipóstomo de uma hidra é transplantado para o meio de outra hidra, o tecido transplantado forma um novo eixo apicobasal, com o hipóstomo estendendo-se para fora (**FIGURA 22.4A**). Quando um disco basal é enxertado no meio de uma hidra hospedeira, forma-se igualmente um novo eixo, mas com a polaridade oposta, estendendo um disco basal (**FIGURA 22.4B**). Quando os tecidos das duas extremidades são transplantados simultaneamente para o meio de um hospedeiro, nenhum eixo novo é formado ou o novo eixo tem pouca polaridade (**FIGURA 22.4C**; Browne, 1909; Newman, 1974). A interpretação destes experimentos indicou a existência de um **gradiente de ativação da cabeça** (mais alto no hipóstomo) e um **gradiente de ativação basal** (maior no disco basal). O gradiente de ativação da cabeça pode ser medido pela implantação de anéis de tecido de vários níveis de uma hidra doadora em uma região particular do tronco do hospedeiro (Wilby e Webster, 1970, Herlands e Bode, 1974, Mac Williams, 1983b). Quanto maior o nível de ativador de cabeça no tecido doador, maior a porcentagem de implantes que induzirão a formação de novas cabeças. O fator de ativação da cabeça é concentrado no hipóstomo e diminui linearmente em direção ao disco basal.

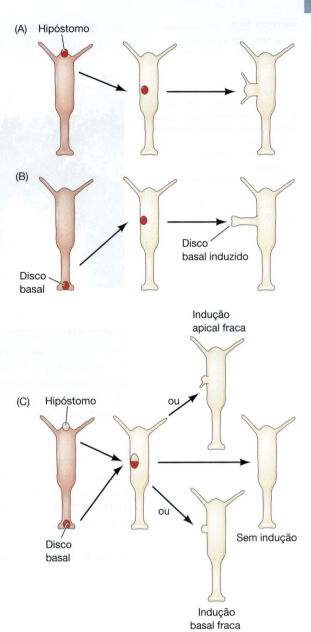

FIGURA 22.4 Experimentos de enxerto demonstrando diferentes capacidades morfogenéticas em diferentes regiões do eixo apicobasal da hidra. (A) O tecido do hipóstomo enxertado em um tronco do hospedeiro induz um eixo secundário com um hipóstomo prolongado. (B) O tecido do disco basal enxertado em um tronco do hospedeiro induz um eixo secundário com um disco basal estendido. (C) Se os tecidos de hipóstomo e de disco basal forem transplantados juntos, apenas se observam induções fracas (se houver). (Segundo Newman, 1974.)

---

[3] O conselho de Tremblay aos pesquisadores é pertinente ainda hoje: ele nos aconselha a ir diretamente à natureza e a evitar os preconceitos que a nossa educação nos deu. Além disso, "não se deve desanimar por falta de sucesso, mas se deve tentar de novo o que falhou. É até bom repetir experimentos bem-sucedidos várias vezes. Tudo o que é possível ver não é descoberto, e muitas vezes não pode ser descoberto, na primeira vez". (Citado em Dinsmore, 1991.)

FIGURA 22.5 Formação de eixos secundários de tecido hospedeiro após o transplante de regiões da cabeça para o tronco de uma hidra. O endoderma hospedeiro foi corado com tinta nanquim. O tecido do hipóstomo enxertado no tronco induz o tecido do tronco do próprio hospedeiro a se tornar tentáculos e cabeça. (B) O tecido do doador sub--hipostomal colocado no tronco do hospedeiro se autodiferencia em uma cabeça e em tronco superior. (De Broun e Bode, 2002, cortesia de H. R. Bode.)

(A) Tecido hospedeiro   Hipóstomo do doador   (B)   Tecido hospedeiro

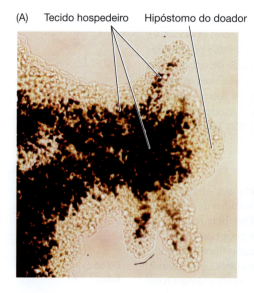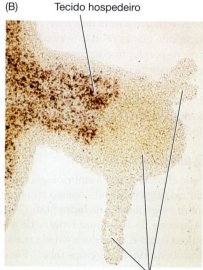

Derivados do tecido doador

O HIPÓSTOMO COMO ORGANIZADOR Ethel Browne (1909; ver também Lenhoff, 1991) observou que o hipóstomo atuava como um "organizador" da hidra. Esta noção foi confirmada por Broun e Bode (2002), que demonstraram que, (1) quando transplantado, o hipóstomo pode induzir o tecido hospedeiro a formar um segundo eixo corporal; (2) o hipóstomo produz o sinal de ativação da cabeça; (3) o hipóstomo é a única região "autodiferenciadora" da hidra; e (4) o hipóstomo também produz um "sinal de inibição da cabeça" que suprime a formação de novos centros organizadores.

Ao inserir pequenos pedaços de tecido de hipóstomo em uma hidra hospedeira cujas células foram rotuladas com tinta Naquim (carbono coloidal), Broun e Bode descobriram que o hipóstomo induziu um novo eixo corporal e que quase todo o tecido da cabeça resultante veio de tecido do hospedeiro, e não da diferenciação do tecido doador (**FIGURA 22.5A**). Em contrapartida, quando os tecidos de outras regiões (como a região sub-hipostomal) foram enxertados em um tronco do hospedeiro, uma cabeça e um tronco apical de uma nova hidra se formaram a partir do tecido doador enxertado (**FIGU-RA 22.5B**). Em outras palavras, apenas a região do hipóstomo pode alterar o destino das células do tronco e torná-las células da cabeça. Broun e Bode também descobriram que o sinal não precisava emanar de um enxerto permanente. Mesmo o contato transitório com a região hipostomal foi suficiente para induzir um novo eixo a partir de uma hidra do hospedeiro. Nesses casos, todo o tecido do novo eixo veio do hospedeiro.

TÓPICO NA REDE 22.1 **ETHEL BROWNE E O ORGANIZADOR** Conforme detalhado no Capítulo 11, o trabalho de Spemann e Mangold com anfíbios introduziu o conceito de "o organizador" em embriologia, e o laboratório de Spemann ajudou a tornar a ideia um princípio unificador de embriologia. Contudo, argumentou-se que o conceito realmente teve suas origens nos experimentos de Browne com a hidra.

UM GRADIENTE DE WNT3 É O INDUTOR O principal indutor de cabeça do organizador do hipóstomo é um conjunto de proteínas Wnt que atuam através da via canônica de β-catenina (Hobmayer et al., 2000; Broun et al., 2005; Lengfeld et al., 2009; ver também Bode, 2009). Estas proteínas Wnt são vistas na extremidade apical do broto inicial, definindo a região do hipóstomo à medida que o broto se alonga (**FIGURA 22.6A**). Se o inibidor de sinalização Wnt GSK3 for inibido por todo o eixo do corpo, formam-se tentáculos ectópicos em todos os níveis, e cada parte do tronco tem a capacidade de estimular o crescimento de novos brotos. Da mesma forma, a hidra transgênica com expressão incorreta do efetor a jusante de Wnt, β-catenina, forma brotos ectópicos ao longo de todo o eixo corporal e até mesmo no topo de novos brotos recém-formados (**FIGURA 22.6B**;

(A) Expressão de mRNA de Wnt3

(B) Expressão alterada de β-catenina

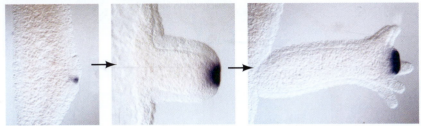

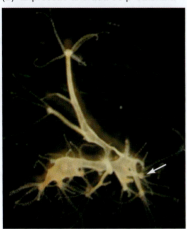

FIGURA 22.6 Sinalização de Wnt/β-catenina durante o surgimento da hidra. (A) expressão de mRNA de Wnt3 (em roxo) no hipóstomo durante o início do broto (à esquerda), estágio médiol do broto (centro) e um broto com tentáculos iniciais (à direita). (B) A hidra transgênica feita para expressar erroneamente β-catenina (o efetor a jusante de Wnt) possui inúmeros botões ectópicos (incluindo brotos formados em cima de outros brotos, como o exemplo marcado com uma seta). (A, de Hobmayer et al., 2000, cortesia de T. W. Holstein e B. Hobmeyer; B, de Gee et al., 2010.)

Gee et al., 2010). Quando o hipóstomo é posto em contato com o tronco de uma hidra adulta, este induz a expressão do gene *Brachyury* de maneira dependente de Wnt – assim como os organizadores de vertebrados o fazem – mesmo que a hidra não tenha mesoderma (Broun et al., 1999; Broun e Bode, 2002). Esses resultados indicam fortemente que as proteínas Wnt (em particular Wnt3) funcionam como o organizador da cabeça durante o desenvolvimento normal da hidra, mas será que funcionam de forma semelhante durante a regeneração?

MORFALAXIA E EPIMORFOSE NA HIDRA Quando uma hidra é decapitada, a via Wnt é ativada na porção apical que formará uma nova cabeça. Se o corte é feito logo abaixo do hipóstomo, a expressão de Wnt3 é aumentada nas células epiteliais perto da superfície cortada, o que faz a remodelação das células existentes para formar a cabeça. Nenhuma proliferação é vista neste caso; dessa forma, trata-se de **regeneração morfalática** (regeneração por trans-diferenciação celular). Se a hidra é cortada na sua parte média, no entanto, as células derivadas da célula-tronco intersticial (neurônios, nematócitos, células secretoras e gametas) sofrem apoptose imediatamente abaixo do local do corte. Antes de morrer, no entanto, essas células produzem um pico de Wnt3, que ativa a β-catenina nas células intersticiais abaixo delas. Esse aumento de β-catenina causa uma onda de proliferação nas células intersticiais, bem como remodelação nas células epiteliais. Aqui, temos **regeneração epimórfica** (regeneração por desdiferenciação celular) ou **epimorfose** (Chera et al., 2009). A via canônica de Wnt é, portanto, importante tanto no broto normal quanto na regeneração da cabeça.

Os gradientes de inibição da cabeça

Se qualquer região da coluna do corpo da hidra é capaz de formar uma cabeça, como a formação da cabeça é restrita a um local específico? Em 1926, Rand e colaboradores mostraram que a regeneração normal do hipóstomo é inibida quando um hipóstomo intacto é enxertado adjacente ao local da amputação (**FIGURA 22.7A**). Além disso, se um enxerto de tecido sub-hipostomal (da região logo abaixo do hipóstomo, onde há uma concentração relativamente alta de ativador da cabeça) é colocado na mesma região de uma hidra hospedeira, o eixo secundário não se forma (**FIGURA 22.7B**). A cabeça hospedeira parece produzir um inibidor que impede o tecido enxertado de formar uma cabeça e um eixo secundário. Apoiando essa hipótese está o fato de que se o tecido sub-hipostomal é enxertado sobre uma hidra hospedeira decapitada, um segundo eixo se forma (**FIGURA 22.7C**). Um gradiente desse inibidor parece se prolongar a partir da cabeça pela coluna do corpo e pode ser medido pelo enxerto de tecido sub-hipostomal em várias regiões ao longo dos troncos das hidras hospedeiras. Esse tecido não produzirá uma cabeça quando implantado na área apical de uma hidra hospedeira intacta (ver Figura 22.7B), mas formará uma cabeça se colocado mais abaixo no hospedeiro (**FIGURA 22.7D**). O inibidor

---

Ampliando o conhecimento

Na hidra, o que desencadeia a regulação positiva da Wnt3 após a amputação? Além disso, se tanto um corte medial quanto um corte mais apical resultam na ativação de Wnt, como a apoptose é desencadeada no primeiro cenário e não no outro?

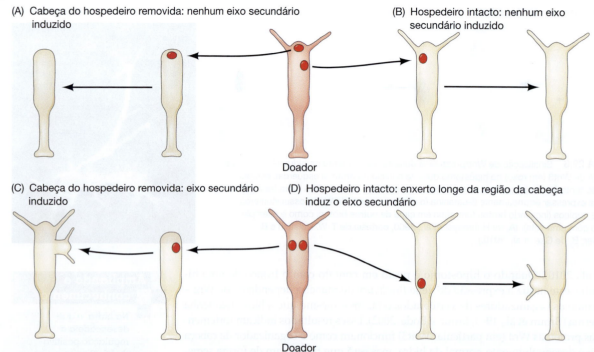

(A) Cabeça do hospedeiro removida: nenhum eixo secundário induzido

(B) Hospedeiro intacto: nenhum eixo secundário induzido

Doador

(C) Cabeça do hospedeiro removida: eixo secundário induzido

(D) Hospedeiro intacto: enxerto longe da região da cabeça induz o eixo secundário

Doador

FIGURA 22.7 Experimentos de enxerto fornecem evidências de um gradiente de inibição da cabeça. (A) O tecido de hipostomal enxertado na região amputada inibe a regeneração da cabeça. (B) O tecido sub-hipostomal não gera uma nova cabeça quando colocado perto de uma cabeça hospedeira existente. (C) O tecido sub-hipostomal gera uma cabeça se a cabeça hospedeira existente for removida. Uma cabeça também se forma no local onde a cabeça do hospedeiro foi amputada. (D) O tecido sub-hipostomal gera uma nova cabeça quando colocado longe de uma cabeça hospedeira existente. (Segundo Newman, 1974.)

da cabeça permanece desconhecido, mas parece ser lábil, com uma meia-vida de apenas 2 a 3 horas (Wilby e Webster, 1970, MacWilliams, 1983a). Pensa-se que o inibidor da cabeça e o ativador da cabeça (Wnts) sejam ambos feitos no hipóstomo, mas que o gradiente de inibição da cabeça cai mais rapidamente do que o gradiente do ativador da cabeça (ver Bode, 2011, 2012). O local onde o ativador da cabeça está desinibido pelo inibidor da cabeça se torna a zona de brotamento.

Todavia, isso não conta para a terceira parte da coluna. O que impede que as células dessa região se tornem cabeças? A formação de cabeça na base parece ser prevenida pela produção de outra substância, um ativador de pé (MacWilliams et al., 1970; Hicklin e Wolpert, 1973; Schmidt e Schaller, 1976; Meinhardt, 1993; Grens et al., 1999). Os gradientes de inibição para a cabeça e o pé podem ser importantes para determinar onde e quando um broto pode se formar. Em hidras jovens adultas, os gradientes de inibidores de cabeça e pé parecem bloquear a formação de brotos. No entanto, à medida que a hidra cresce, as fontes dessas substâncias lábeis ficam mais distantes, criando uma região de tecido a cerca de dois terços caudais do tronco onde os níveis de ambos os inibidores são mínimos. Essa região é onde o broto se forma (**FIGURA 22.8A**; Shostak, 1974; Bode e Bode, 1984; Schiliro et al., 1999).

Certos mutantes de hidra apresentam defeitos na capacidade de formar brotos, e estes podem ser explicados por alterações dos gradientes de inibição. O mutante L4 de *Hydra magnipapillata*, por exemplo, forma brotos muito lentamente, e só o faz depois de ter atingido um tamanho aproximadamente duas vezes maior do que indivíduos selvagens. Descobriu-se que a quantidade de inibidor de cabeça nesses mutantes era muito maior do que em indivíduos selvagens (Takano e Sugiyama, 1983).

Descobriu-se que vários peptídeos pequenos ativavam a formação do pé, e os pesquisadores estão começando a descobrir os mecanismos pelos quais essas proteínas surgem e funcionam (ver Harafuji et al., 2001; Siebert et al., 2005). No entanto, a especificação de células da região basal através da coluna do corpo pode ser mediada por um gradiente de tirosina-cinase. O produto do gene *shinguard* é uma tirosina-cinase que se estende em um gradiente a partir do ectoderma logo acima do disco basal através da região inferior do tronco. Os brotos parecem se formar onde esse gradiente se dissipa (**FIGURA 22.8B**). O gene *shinguard* parece ser ativado através do produto do gene *manacle*, um fator de transcrição putativo que é expresso anteriormente no ectoderma do disco basal (Bridge et al., 2000).

(A)

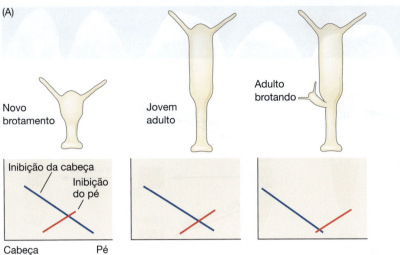

Novo
brotamento

Jovem
adulto

Adulto
brotando

Inibição da cabeça

Inibição
do pé

Cabeça   Pé

(B)

FIGURA 22.8   Localização do broto em função dos gradientes de inibição da cabeça e do pé. (A) Inibição da cabeça (em azul) e inibição do pé (em vermelho) em gradientes recém-lançados, adultos jovens e adultos em brotamento. (B) Expressão da proteína Shinguard de forma graduada em uma hidra de brotamento. (A, segundo Bode e Bode, 1984; B, de Bridge et al., 2000).

Regeneração mediada por células-tronco em platelmintos

Os platelmintos (vermes chatos) planarianos podem se reproduzir de forma assexuada por fissão binária, durante a qual eles se separam pela metade, separando a extremidade posterior da extremidade anterior, com cada segmento regenerando as partes perdidas. Durante a regeneração, cada pedaço recria todos os tipos de células adequadas que compõem a planária, como fotorreceptores, sistema nervoso, epitélio, músculo, intestino, faringe e gônadas (ver Roberts-Galbraith e Newmark, 2015). Apenas recentemente se mostrou que as células capazes dessa regeneração são as mesmas células-tronco pluripotentes que reparam e substituem as partes do corpo. Sabe-se, desde os anos 1700, que quando as planárias são cortadas ao meio, assim como ocorre na reprodução assexuada, a metade da cabeça regenerará uma cauda do local da ferida, enquanto a metade da cauda regenerará a cabeça (**FIGURA 22.9A, B**; Pallas, 1766). Somente em 1905, no entanto, Thomas Hunt Morgan e C. M. Child perceberam que essa polaridade indicava um importante princípio de desenvolvimento[4] (ver Sunderland, 2010). Morgan notou que se tanto a cabeça como a cauda fossem cortadas de uma planária do animal trissecado, o segmento medial regenerava uma cabeça da extremidade anterior e uma cauda da extremidade posterior, mas nunca o contrário (**FIGURA 22.9C**). Além disso, se o segmento médio fosse suficientemente fino, as porções regeneradoras seriam anormais (**FIGURA 22.9D**). Morgan (1905) e Child (1905) postularam um gradiente de materiais produtores anteriores concentrados na região da cabeça. O segmento médio seria informado sobre o que regenerar em ambas as extremidades pelo gradiente de concentração desses materiais. Se o pedaço fosse muito estreito, no entanto, o gradiente não seria detectado dentro do segmento.

O BLASTEMA E AS CÉLULAS-TRONCO PLURIPOTENTES ADULTAS   Uma questão importante a fazer sobre a regeneração planariana é: quais células formam a nova cabeça ou a cauda? Sabe-se, agora, que imediatamente após a amputação, é iniciada uma resposta à ferida, induzindo de todas as células na proximidade da ferida a mesma resposta transcricional "genérica", independentemente de onde a amputação ocorreu. No entanto, após essa resposta inicial a partir da ferida, o perfil transcricional torna-se regionalmente distinto à medida que a regeneração prossegue (Wurtzel et al., 2015). Durante décadas, acreditava-se que as células antigas se *desdiferenciavam* nas extremidades cortadas da planária para formar a **regeneração do blastema**, uma coleção de células

---

[4] Antes de 1910, o maestro Morgan do "*fly lab*" era bem conhecido por sua pesquisa sobre a regeneração de platelmintos. Na verdade, foi apenas em 1900 que Morgan mencionou pela primeira vez a *Drosophila* – como alimento para seus vermes chatos! Ele até conseguiu "marcar" os tubos digestórios dos vermes, alimentando-os com olhos de *Drosophila* pigmentados. Mais tarde, quando fundou a genética moderna, Morgan renunciou aos vermes chatos como modelo de hereditariedade em favor da *Drosophila* (ver Mittman e Fausto-Sterling, 1992).

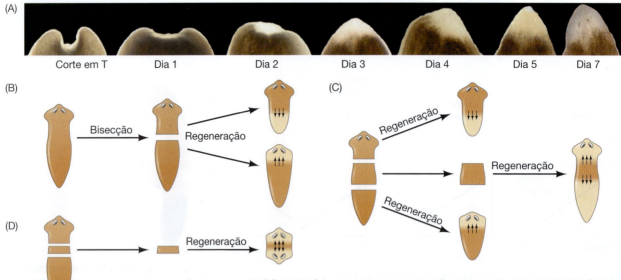

FIGURA 22.9   Regeneração de platelmintos e seus limites. (A) Ciclo de tempo de um platelminto planária regenerando uma nova cabeça após a amputação da cabeça. (B) Se a planária for cortada ao meio, a porção anterior da metade inferior regenera uma cabeça, ao passo que a parte posterior da metade superior regenera uma cauda. O mesmo tecido pode gerar uma cabeça (se estiver na porção anterior da parte da cauda) ou uma cauda (se estiver na porção posterior da cabeça). (C) Se um platelminto for cortado em três pedaços, a peça do meio regenerará uma cabeça a partir de sua extremidade anterior e uma cauda de sua extremidade posterior. (D) Se a fatia do meio for muito estreita, não há gradiente morfogênico discernível nela, e a regeneração é anormal. (A, de Gentile et al., 2011; B-D, segundo Gosse, 1969.)

relativamente indiferenciadas que seriam organizadas em novas estruturas por fatores parácrinos localizados na superfície da ferida (ver Baguña, 2012). Em 2011, no entanto, uma série de experimentos de Wagner e colaboradores forneceu provas substanciais de que a desdiferenciação *não* ocorre. Em vez disso, a regeneração do blastema forma-se a partir de células-tronco pluripotentes, chamadas de **neoblastos clonogênicos** (*cNeoblastos*), um conjunto de células pluripotentes em vermes chatos que servem como células-tronco para substituir as células envelhecidas do corpo adulto (**FIGURA 22.10A**; Newmark e Sánchez Alvarado, 2000; Pellettieri e Sánchez Alvarado, 2007, revisado em Adler e Sánchez Alvarado, 2015).

Os neoblastos clonogênicos podem migrar para um local de ferida e regenerar o tecido. Wagner e colaboradores foram capazes de mostrar que, se a planária for irradiada em uma dosagem que destrua quase todos os neoblastos (as células em divisão são mortas mais facilmente por radiação do que as células que não estão em divisão, o que está base para a irradiação de locais de câncer), haveria alguns animais individuais em que um único cNeoblast sobreviveu. A partir deste neoblasto, formaram-se células progenitoras proliferativas, produzindo, em última análise, tipos celulares de todas as camadas germinativas. Esta resposta de uma única célula demonstrou que os neoblastos são células pluripotentes que residem no corpo adulto, capazes de regenerar todos os tecidos da planária (**FIGURA 22.10B**).

Se cNeoblastos são essenciais para a regeneração, sua perda total deve impedir a regeneração. Em seguida, os pesquisadores irradiaram as planárias para que todas as células em divisão fossem destruídas (**FIGURA 22.10C**). Essas planárias morreram devido ao fracasso na substituição de tecido. No entanto, o transplante de um único neoblasto clonogênico em uma planária irradiada pode, em alguns casos, restaurar todas as células do organismo. Não só a planária sobreviveu, mas dividiu-se em mais planárias, e todas as células dessas novas planárias apresentaram o mesmo genótipo do único neoblasto do doador. Esses resultados demonstraram conclusivamente que a regeneração dos vermes chatos foi o resultado da produção de novas células a partir de células-tronco pluripotentes adultas (Wagner et al., 2011).

ESPECIALIZAÇÃO DO NEOBLASTO   O uso de uma população adulta de células-tronco pluripotentes para alimentar a regeneração planariana apresenta várias questões importantes. Essa população é heterogênea, ou ela é derivada de uma única população pluripotente, como sugerem os estudos de clonagem acima mencionados? Além disso, qual é o processo pelo qual um neoblasto pode criar os cerca de 30 tipos celulares da planária adulta? Quando ocorre a especificação celular? Poderia ser que as células-tronco multipotentes de linhagem restrita são derivadas de um cNeoblast e semeadas em toda o platelminto antes de qualquer lesão? Ou são células pós-mitóticas diferenciadas produzidas diretamente a partir de um neoblasto pluripotente no momento da lesão (**FIGURA 22.11**)?

(A)

(B)

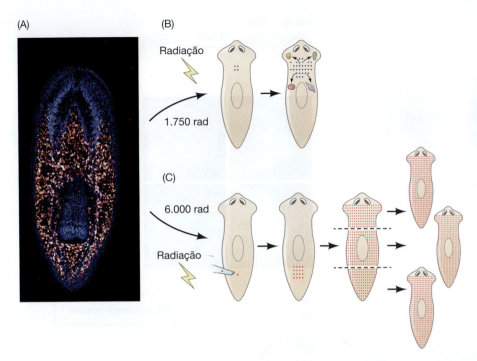

Radiação

1.750 rad

(C)

6.000 rad

Radiação

FIGURA 22.10 A regeneração planariana é realizada por uma população de células-tronco pluripotentes de neoblastos. (A) Neoblastos na planária *Schmidtea mediterranea*, corados com anticorpos para a histona 3 fosforilada. Cada neoblasto pluripotente gera uma colônia de células neoblásticas (em vermelho; os núcleos são marcados de azul) na planária. Essas células neoblásticas clonogênicas produzem as células que irão sofrer diferenciação da planária em regeneração. Os neoblastos são espalhados por todo o corpo posterior aos olhos (embora não estejam presentes na faringe central). (B) A irradiação com 1.750 rad mata quase todos os neoblastos. Mesmo que apenas um sobreviva, um único neoblasto clonogênico pode se dividir para gerar uma colônia de células proliferativas que, em última análise, produzirão as células diferenciadas dos órgãos. (C) A irradiação com 6.000 rad elimina todas as células em divisão. Transplantar um único neoblasto clonogênico a partir de uma cepa doadora (em vermelho) resulta não apenas na produção de todos os tipos de células no organismo, mas também restaura a capacidade de regeneração do organismo. (Uma cortesia de P. W. Reddien; B, C, segundo Tanaka e Reddien, 2011.)

(A)

cNeoblast

Célula pós-mitótica do blastema

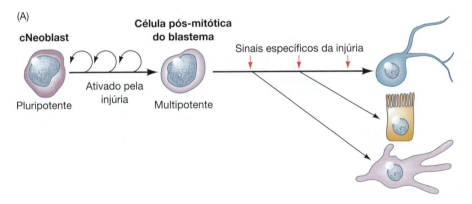

Sinais específicos da injúria

Pluripotente

Ativado pela injúria

Multipotente

(B)

cNeoblast

Sinais regionais antes da injúria

Pluripotente

Progenitores residentes de linhagem restrita

Sinais específicos da injúria

Precursor pós-mitótico do blastema

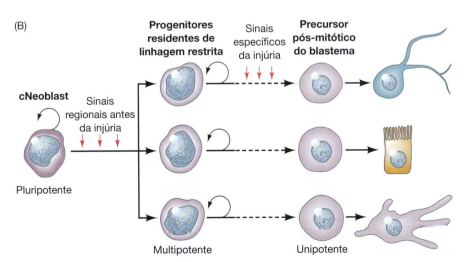

Multipotente

Unipotente

FIGURA 22.11 Dois mecanismos possíveis para a especificação dos neoblastos durante a regeneração. (A) Um mecanismo proposto é que um único neoblasto pluripotente é responsável por gerar novos progenitores celulares que formam as células multipotentes do blastema. (B) De modo alternativo, células progenitoras multipotentes são posicionadas em toda a planária com suas linhagens especificadas com base em sua posição. Estas dividem e produzem células pós-mitóticas do blastema que se diferenciam em seus destinos específicos.

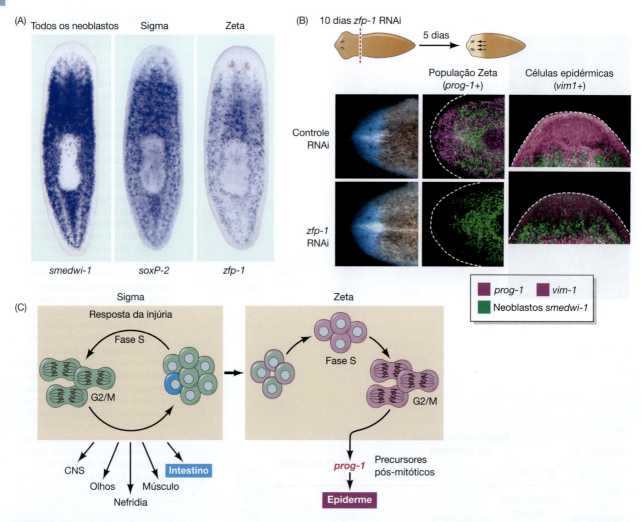

FIGURA 22.12 Existem duas populações distintas de neoblastos, sendo uma delas sensível a injúria. (A) Hibridações *in situ* marcando (em azul) todas as células de neoblasto (*smedwi-1*; à esquerda); população neoblástica sigma (*soxP-2*; centro); e a população neoblástica zeta (*zfp-1*, à direita). (B) As cabeças das planárias regeneram-se em grande parte mesmo na ausência de neoblastos zeta (fotos mais à esquerda, de campo claro). A perda da população zeta por RNAi é indicada pela falta de expressão de *prog-1* (fotos do centro), como visto na hibridação *in situ* fluorescente (FISH). Embora os tipos de células epidérmicas (à direita) não se regenerem completamente na ausência de neoblastos zeta (*vim-1*, em roxo), os neoblastos remanescentes (em verde; sigma) e seus tipos de células derivadas não são afetados. (C) Modelo de desenvolvimento e regeneração neoblástica sigma. Os neoblastos sigma direcionam a geração de numerosos tipos de células, bem como as células progenitoras zeta. Os neoblastos zeta dão origem a destinos de células epidérmicas por meio de um estado precursor pós-mitótico *prog-1* positivo. (A, B, de van Wolfswinkel et al., 2014; C, segundo van Wolfswinkel et al., 2014.)

Estudos genéticos estão começando a desvendar algumas das respostas. O gene *smedwi-1* é expresso por todos os neoblastos e tornou-se o marcador mais comum para sua identificação em espécies de planárias (Reddien et al., 2005; Reddien, 2013). Vários estudos revelaram que alguns neoblastos expressam diferentes conjuntos de fatores de transcrição que se correlacionam com os destinos celulares específicos na planária adulta, o que sugere que a especificação da linhagem das populações de células-tronco pode existir no organismo para o desenvolvimento normal e em resposta a injúria (Hayashi et al., 2010, Pearson et al., 2010, Shibata et al., 2012). Para investigar ainda mais essa possibilidade, o laboratório de Reddien realizou análise transcriptômica de neoblastos individuais durante a homeostasia e a regeneração (van Wolfswinkel et al., 2014). Por meio desta análise abrangente, os pesquisadores descobriram que existem duas populações distintas de neoblastos, que eles chamaram de zeta e sigma (**FIGURA 22.12A**). Embora os neoblastos zeta e sigma sejam morfologicamente indistinguíveis, eles têm várias características definidoras: expressam diferentes redes regulatórias de genes e os neoblastos zeta são pós-mitóticos, enquanto os neoblastos sigma são altamente proliferativos e são as únicas células-tronco diretamente responsivas a injúria. Após a amputação, os neoblastos sigma (expressando *soxP-2*) geram uma grande variedade de tipos de células (do cerebro, intestino, músculo, excretoras, da faringe e olhos), bem como a população progenitora para neoblastos zeta. Os neoblastos zeta (expressando *zfp-1*) são então diretamente responsáveis pela criação dos tipos de células epidérmicas restantes. Planárias que não possuem uma população zeta podem ser obtidas através do *knockdown* por RNAi *zfp-1*. Quando as cabeças dessas planárias foram amputadas, os neoblastos sigma foram capazes de alimentar a regeneração de todas as células das novas cabeças, com exceção das linhagens epidérmicas (**FIGURA 22.12B, C**; van Wolfswinkel et al., 2014).

Esses dados suportam um papel vital nas células-tronco na regeneração. No entanto, ainda estamos com as perguntas: como os tipos de células específicas são padronizados corretamente? Como o verme chato diz ao blastema posterior para se tornar cauda e ao blastema anterior para se tornar cabeça?

POLARIDADE DE CABEÇA À CAUDA Como vimos com a hidra, a sinalização Wnt parece desempenhar um papel importante no estabelecimento de uma polaridade de destinos de células diferenciais. Na hidra, essa polaridade foi regulada positivamente pela sinalização Wnt/β-catenina ao longo do eixo apicobasal. Na planária, Wnt/β-catenina funciona para estabelecer a polaridade anteroposterior da planária em regeneração; aqui, no entanto, o funcionamento de Wnts através da β-catenina promove o desenvolvimento da cauda, ao passo que reprime a regeneração da cabeça (Gurley et al., 2008; Petersen e Reddien, 2008, 2011). De fato, a expressão de *Wnt* é excluída da cabeça, e se presume que as proteínas funcionais estejam presentes em um gradiente da cauda para a cabeça.[5]

Vários laboratórios tiveram uma abordagem comparativa para entender o controle sobre a polaridade durante a regeneração da cabeça na planária. É interessante que algumas espécies de planária sejam incapazes de regeneração. Quando as planárias das espécies *Procotyla fluviatilis* e *Dendrocoelum lacteum* são decapitadas, elas são incapazes de regenerar suas cabeças. Os pesquisadores consideraram essa distinção como uma oportunidade para identificar os genes que são essenciais para a capacidade de regeneração de espécies de planárias, como *Dugesia japonica*. A comparação dos transcriptomas de células do blastema voltadas para a parte anterior de espécies capazes de regeneração com espécies deficientes em regeneração revelou uma regulação positiva de genes indicativa de sinalização Wnt/β-catenina altamente ativa nos blastemas da planária de regeneração deficiente (Sikes e Newmark, 2013). O mais notável é que a inibição da sinalização Wnt/β-catenina em espécies deficientes em regeneração produz cabeças regeneradas totalmente funcionais (**FIGURA 22.13**; Liu et al., 2013, Sikes e Newmark, 2013, Umesono et al., 2013). Esses resultados demonstram a função inibitória da sinalização Wnt na especificação da cabeça durante a regeneração. Na regeneração da planária, a β-catenina é ativada (via Wnts) no blastema voltado para a parte posterior, o que gera uma cauda. Como no desenvolvimento de vertebrados, uma polaridade anterior na regeneração planariana depende da repressão da sinalização Wnt, o que evita o acúmulo de β-catenina e permite a formação da cabeça. Se a β-catenina é eliminada do blastema posterior (formador da cauda) por RNA de interferência, esse blastema formará uma cabeça (**FIGURA 22.14A-C**). Na verdade, quando o RNAi elimina completamente a β-catenina de planárias não regeneradoras, todo o organismo se torna uma cabeça, com os olhos ao redor da periferia (Gurley et al., 2008; Iglesias et al., 2008).

Quais são as influências inibitórias que Wnt impõe na especificação celular anterior? De modo alternativo, o que as células anteriores fazem para se proteger da sinalização Wnt? No Capítulo 4,

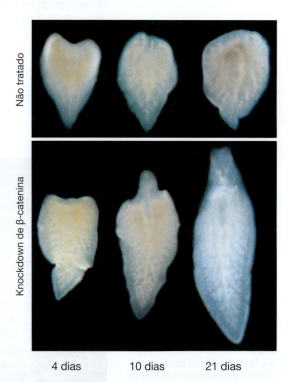

Não tratado

Knockdown de β-catenina

4 dias   10 dias   21 dias

FIGURA 22.13 Restauração da regeneração da cabeça em *Dendrocoelum lacteum* por *knockdown* de β-catenina. Esta planária incapaz de regeneração não pode regenerar uma cabeça após a amputação (linha superior). Se, no entanto, o gene da β-catenina sofre *knockdown* por RNA de interferência (fileira inferior), esta espécie é capaz de regenerar sua cabeça após a amputação ao longo de um período de 21 dias. (De Liu et al., 2013.)

---

[5] É interessante que, embora a sinalização Wnt seja usada tanto na regeneração de planárias quanto na hidra, seus efeitos sejam diferentes. Em planárias, Wnt sinaliza a formação da cauda, e sua inibição é necessária para formar cabeças. Na hidra, a sinalização de Wnt parece estabelecer cabeças, ou pelo menos a parte que tem uma boca e se assemelha a uma cabeça. (Só porque lhe damos o nome de cabeça não o torna homólogo ao rosto dos bilaterianos. Ainda há controvérsia sobre esse ponto.)

FIGURA 22.14 Polaridade na regeneração planariana. (A) Em geral, os Wnts são produzidos no blastema posterior, e o resultado é uma cauda. Se a via Wnt é bloqueada usando RNA de interferência contra as mensagens β-catenina (B) ou Wnt1 (C), porém, o blastema posterior regenera uma cabeça, formando, assim, um verme com cabeças em ambas as extremidades. (D) Modelo proposto de polaridade anteroposterior através das interações de três sinais: Erk, Notum e Wnt. Posteriormente, a Wnt promove a especificação da cauda, ao passo que reprime a especificação da cabeça. Wnt inibe o indutor de cabeça expresso na região anterior, Erk. No entanto, Wnt é restrito das regiões mais anteriores da cabeça por meio do antagonismo de Notum. (A-C, de Reddien, 2011, fotos por de cortesia de D. Reddien.)

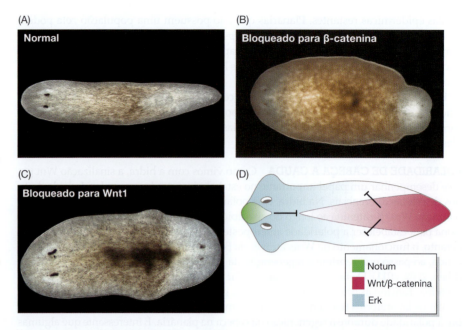

discutimos um desses inibidores de Wnt, chamado Notum (ver Figura 4.33), que, na planária, é especificamente expresso no ápice da cabeça em oposição à expressão posterior de Wnt. Se a expressão de Notum normalmente aumentada no blastema (**FIGURA 22.15**). Não surpreendentemente, descobriu-se que a expressão de *Notum* é regulada para baixo em espécies deficientes em regeneração (Lui et al., 2013). Além disso, análises do transcriptoma dos blastemas na regeneração da planária descobriram que apenas um dos

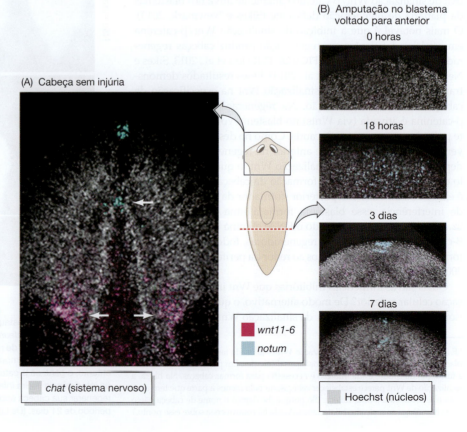

FIGURA 22.15 Expressão de Wnt e Notum na cabeça da planária (A) e no blastema voltado para anterior (B). Tanto na cabeça não ferida quanto no blastema, Notum é expresso pelas células da linha média na região mais anterior. A ilustração no meio indica a área da imagem da planária em (A) e o corte de cauda (B) em que é baseado. *Chat* é um marcador gênico para células do sistema nervoso; Hoechst marca todos os núcleos. (De Hill e Petersen, 2015.)

4.401 genes examinados foi diferencialmente expresso entre os blastemas anteriores e posteriores. Esse gene era *Notum*, expresso apenas no blastema anterior (Wurtzel et al., 2015). Se a expressão de *Notum*, normalmente aumentada no blastema voltado anteriormente, for nocauteada, causando uma ativação de maior quantidade de Wnt, o blastema voltado para a parte anterior formará uma cauda (Petersen e Reddien, 2011). Esses resultados sugerem fortemente que a expressão anterior de *Notum* funciona para antagonizar o Wnt produzido posteriormente, levando à especificação da cabeça. Também foi proposto que a regulação do balanço entre os sinais Wnt e Notum possa estar subjacente não apenas à especificação cabeça-cauda, mas também à regulação do tamanho dos órgãos (Hill e Petersen, 2015). Além disso, parece haver um gradiente anterior para posterior da sinalização Erk que funciona como um indutor positivo da especificação da cabeça. A sinalização Wnt consegue a repressão da regeneração da cabeça inibindo Erk. Portanto, apenas nas regiões mais anteriores que não possuem Wnt (devido à repressão que Notum exerce em Wnt) Erk pode induzir a regeneração da cabeça (**FIGURA 22.14D**; Umesono et al., 2013).

 OS CIENTISTAS FALAM 22.1 O Dr. Alejandro Sánchez Alvarado descreve o papel das células-tronco durante a regeneração planariana neste breve documentário.

Salamandras: regeneração epimórfica dos membros

Quando um membro da salamandra adulta é amputado, as células remanescentes desse membro reconstroem um novo membro, completando todas as suas células diferenciadas dispostas na ordem correta. De modo notável, o membro regenera apenas as estruturas perdidas e nenhuma outra. Por exemplo, quando o membro é amputado no pulso, a salamandra forma um novo pulso e pé, mas não um novo cotovelo. De alguma forma, o membro da salamandra "sabe" onde o eixo proximal-distal foi cortado e pode se regenerar a partir desse ponto (**FIGURA 22.16**).

As salamandras realizam a regeneração epimórfica por meio de desdiferenciação celular para formar um **blastema de regeneração**, que, neste caso, é uma agregação de células relativamente indiferenciadas derivadas do tecido originalmente diferenciado que, então, se prolifera e rediferencia nas novas partes dos membros (**FIGURA 22.17**;

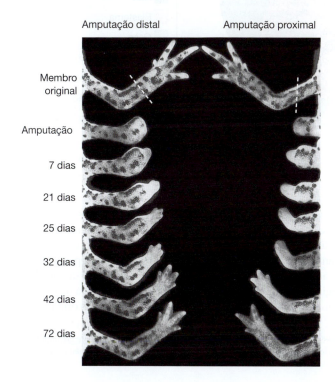

FIGURA 22.16 Regeneração do membro anterior de salamandra. A amputação mostrada à esquerda foi feita abaixo do cotovelo; a amputação mostrada à direita corta através do úmero. Em ambos os casos, a informação posicional correta foi respecificada, e um membro normal foi regenerado em 72 dias. (De Goss, 1969, cortesia de R. J. Goss.)

(A)

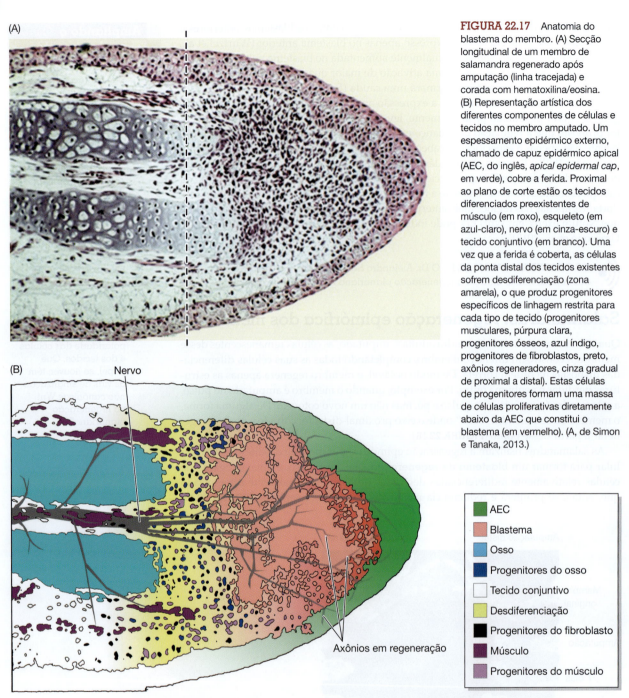

FIGURA 22.17 Anatomia do blastema do membro. (A) Secção longitudinal de um membro de salamandra regenerado após amputação (linha tracejada) e corada com hematoxilina/eosina. (B) Representação artística dos diferentes componentes de células e tecidos no membro amputado. Um espessamento epidérmico externo, chamado de capuz epidérmico apical (AEC, do inglês, *apical epidermal cap*, em verde), cobre a ferida. Proximal ao plano de corte estão os tecidos diferenciados preexistentes de músculo (em roxo), esqueleto (em azul-claro), nervo (em cinza-escuro) e tecido conjuntivo (em branco). Uma vez que a ferida é coberta, as células da ponta distal dos tecidos existentes sofrem desdiferenciação (zona amarela), o que produz progenitores específicos de linhagem restrita para cada tipo de tecido (progenitores musculares, púrpura clara, progenitores ósseos, azul índigo, progenitores de fibroblastos, preto, axônios regeneradores, cinza gradual de proximal a distal). Estas células de progenitores formam uma massa de células proliferativas diretamente abaixo da AEC que constitui o blastema (em vermelho). (A, de Simon e Tanaka, 2013.)

(B)

Nervo

Axônios em regeneração

■	AEC
■	Blastema
■	Osso
■	Progenitores do osso
□	Tecido conjuntivo
■	Desdiferenciação
■	Progenitores do fibroblasto
■	Músculo
■	Progenitores do músculo

ver Brockes e Kumar, 2002; Gardiner et al., 2002; Simon e Tanaka, 2013). O osso, a derme e a cartilagem logo abaixo do local da amputação contribuem para o blastema de regeneração, assim como as células satélites dos músculos próximos (Morrison et al., 2006). Assim, ao contrário da planária, que formou seu blastema de regeneração a partir de células-tronco pluripotentes adultas, grande parte do blastema de regeneração do membro da salamandra parece surgir da desdiferenciação das células adultas, seguida da divisão celular e da rediferenciação dessas células de volta aos seus tipos de células originais.[6]

---

[6] Ainda há controvérsia sobre se essa é a "desdiferenciação" verdadeira das células normalmente pós-mitóticas ou se grande parte do blastema do membro é formada a partir da ativação de células-tronco não comprometidas (ver Nacu e Tanaka, 2011).

Formação do capuz epidérmico apical e do blastema de regeneração

Quando um membro de salamandra é amputado, um coágulo de plasma se forma. Dentro de 6 a 12 horas, as células epidérmicas do coto restante migram para cobrir a superfície da ferida, formando a **epiderme da ferida**. Em contraste com a cicatrização de feridas em mamíferos, não há formação de cicatriz, e a derme não se move com a epiderme para cobrir o local da amputação. Os nervos que inervam o membro degeneram por uma curta distância proximal ao plano de amputação (ver Chernoff e Stocum, 1995).

Durante os próximos quatro dias, as matrizes extracelulares dos tecidos sob a epiderme da ferida são degradadas por proteases, liberando células individuais que sofrem uma desdiferenciação dramática: células ósseas, células de cartilagem, fibroblastos e miócitos perdem todos suas características diferenciadas. Os genes que são expressos em tecidos diferenciados (como os genes *mrf4* e *myf5* expressos em células musculares) são regulados negativamente, enquanto há um aumento dramático na expressão de genes como o *msx1*, que estão associados ao mesênquima proliferativo da zona de progresso do membro embrionário (Simon et al., 1995). Esta massa celular é o blastema

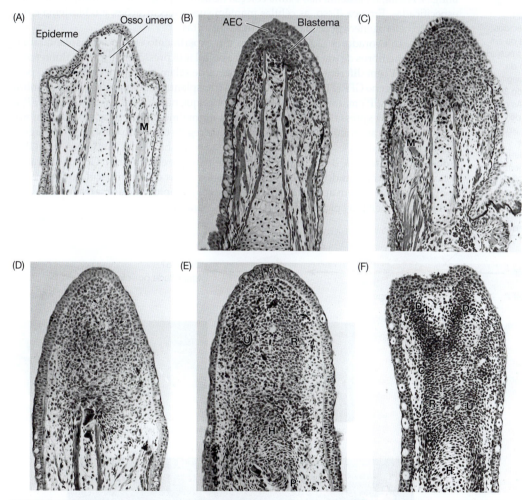

FIGURA 22.18   Regeneração no membro anterior da larva de salamandra pintada *Ambystoma maculatum*. (A) Secção longitudinal do membro anterior 2 dias após a amputação. A pele e os músculos (M) se retraíram da ponta do úmero. (B) Aos 5 dias após a amputação, uma fina acumulação de células do blastema é vista sob a epiderme espessa, onde se forma o capuz epidérmico apical (AEC). (C) Aos 7 dias, uma grande população de células do blastema mitoticamente ativas se situa distalmente ao úmero. (D) Aos 8 dias, o blastema se alonga pela atividade mitótica; ocorreu muita desdiferenciação. (E) Aos 9 dias, pode-se observar uma rediferenciação precoce. A condrogênese começou na parte proximal do úmero em regeneração (H). A letra A marca o mesênquima apical do blastema, e U e R são as condensações pré-cartilaginosas que formarão o cúbito e o rádio, respectivamente. P representa o toco onde a amputação foi feita. (F) Nos 10 dias após a amputação, também podem ser observadas as condensações pré-cartilaginosas para os ossos do carpo (pulso, C) e os dois primeiros dígitos (D1, D2). (De Stocum, 1979, cortesia de D. L. Stocum.)

FIGURA 22.19 As células do blastema mantêm sua especificação mesmo quando se desdiferenciam. (A, B) Representação esquemática do procedimento em que um tecido particular (neste caso, cartilagem) é transplantado a partir de uma salamandra que expressa um transgene *GFP* em um membro de salamandra selvagem. Mais tarde, o membro é amputado através da região do membro contendo expressão de GFP e é formado um blastema contendo células que expressam GFP que tinham sido precursoras da cartilagem. O membro regenerado é, então, estudado para ver se a GFP é encontrada apenas nos tecidos de cartilagem regenerada ou em outros tecidos. As linhas tracejadas em (B) marcam a posição da amputação. (C) Secção longitudinal de um membro regenerado 30 dias após a amputação. As células musculares são coradas de vermelho; os núcleos, de azul. A maioria das células que expressam GFP (em verde) foi encontrada na cartilagem regenerada; nenhuma GFP foi vista no músculo. (Segundo Kragl et al., 2009, cortesia de E. Tanaka.)

de regeneração, e essas células são as que continuarão a proliferar e que eventualmente se rediferenciarão para formar as novas estruturas do membro (**FIGURA 22.18**; Butler, 1935). Além disso, durante esse período, a epiderme da ferida sofre espessamento para formar o **capuz epidérmico apical** (AEC, do inglês, *apical epidermal cap*) (ver Figura 22.17B), que atua de forma semelhante à crista ectodérmica apical durante o desenvolvimento normal dos membros (ver Capítulo 19; Han et al., 2001).

Assim, a região do membro previamente bem estruturada na borda cortada do toco forma uma massa proliferativa de células indistinguíveis logo abaixo do capuz epidérmico apical. Uma das principais questões em regeneração é se as células mantêm uma "memória" do que tinham sido. Em outras palavras, novos músculos surgem de células musculares antigas que se desdiferenciaram, ou qualquer célula do blastema pode se tornar uma célula muscular? Kragl e colaboradores (2009) descobriram que o blastema não é uma coleção de células homogêneas e totalmente desdiferenciadas. Em vez disso, nos membros em regeneração da salamandra axolote, as células musculares surgem apenas de células musculares antigas, as células dérmicas vêm apenas de células dérmicas antigas e a cartilagem só pode surgir de cartilagens antigas ou de células dérmicas antigas. Assim, o blastema não é uma coleção de células progenitoras multipotentes não especificadas. Em vez disso, as células mantêm suas especificações, e o blastema é um conjunto heterogêneo de células progenitoras restritas.

Kragl e colaboradores (2009) realizaram um experimento em que transplantaram o tecido dos membros de uma salamandra, cujas células expressaram proteína fluorescente verde (GFP) em diferentes regiões de membros de salamandras normais que não possuíam o transgene *GFP* (**FIGURA 22.19**). Se eles transplantassem a cartilagem do membro que expressa GFP em um membro de salamandra que não continha o transgene *GFP*, a cartilagem que expressa a GFP seria integrada normalmente no esqueleto do membro. Mais tarde, eles amputaram o membro através da região contendo células de cartilagem marcadas com GFP. Descobriu-se que o blastema continha células que expressam GFP, e quando o blastema se diferenciou, as únicas células que expressaram GFP encontradas estavam na cartilagem do membro. Da mesma forma, as células musculares marcadas com GFP deram origem apenas a músculos, e as células epidérmicas marcadas com GFP produziram apenas a epiderme do membro regenerado.

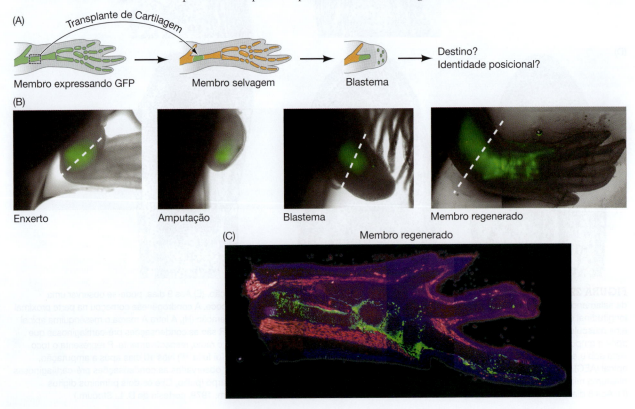

(A)

Transplante de Cartilagem

Membro expressando GFP → Membro selvagem → Blastema → Destino? Identidade posicional?

(B)

Enxerto   Amputação   Blastema   Membro regenerado

(C)   Membro regenerado

Proliferação das células do blastema:
O requisito de nervos e o capuz epidérmico apical

O crescimento do blastema de regeneração depende da presença do capuz epidérmico apical e dos nervos. O AEC estimula o crescimento do blastema ao secretar o Fgf8 (assim como a crista ectodérmica apical faz no desenvolvimento normal dos membros), mas o efeito do AEC só é possível se os nervos estiverem presentes (Mullen et al., 1996). Tanto os axônios sensoriais como os motores inervam o blastema, de modo que os axônios sensoriais fazem contato direto com o AEC, e os axônios motores terminam no mesênquima do blastema (ver Figura 22.17B). Singer e outros demonstraram que um número mínimo de fibras nervosas de tipo sensorial ou motor deve estar presente para que a regeneração ocorra (Todd, 1823; Sidman e Singer, 1960; Singer, 1946, 1952, 1954, Singer e Craven, 1948). O mais importante é que os nervos regeneradores são necessários para a proliferação e a brotamento do blastema. Se ao membro se remover primeiro o nervo e depois amputar, não ocorrerá regeneração (**FIGURA 22.20**). Se uma ferida é feita na epiderme do membro proximal e um nervo é então desviado para a área da ferida, um broto tipo blastema se formará, mas não um membro totalmente regenerado. Para induzir um membro ectópico completo, não só um nervo precisa ser desviado para o local da ferida, mas um enxerto epidérmico do lado oposto do membro (de uma localização posterior para uma anterior) deve ser colocado perto da ferida (**FIGURA 22.21**; Endo et al., 2004). Esses resultados sugerem que, durante a regeneração normal dos membros, os nervos em regeneração entregam sinais importantes para o AEC. Eles também sugerem, no entanto, que os sinais de nervos não são suficientes para o crescimento de membros ectópicos; para esse crescimento, sinais posicionais de uma epiderme, que são diferentes dos sinais posicionais no próprio local da ferida, também são necessários (ver Yin e Poss, 2008, McCusker e Gardiner, 2011, 2014).

GRADIENTE ANTERIOR DE PROTEÍNAS Como discutimos no Capítulo 15, a atividade neural com células-alvo é necessária para a maturação da sinapse e a sobrevivência neuronal. Assim, inicialmente postulou-se que a atividade neural pode ser o estímulo

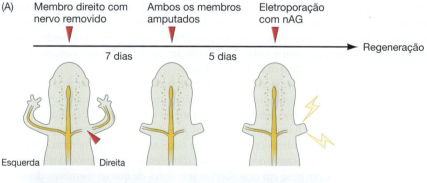

FIGURA 22.20 A regeneração dos membros de salamandra depende do nAG (normalmente fornecido pelos nervos dos membros). (A) Esquema do procedimento. O nervo do membro é removido e, 7 dias depois, amputado. Após mais 5 dias, nAG é eletroporado no blastema do membro. (B) Os resultados mostram que, no controle com nervo removido (sem administração de nAG), o membro amputado (estrela amarela) permanece um toco. O membro ao qual é administrado nAG regenera os tecidos com a polaridade proximal-distal adequada. (Segundo Yin e Poss, 2008, cortesia de K. Poss.)

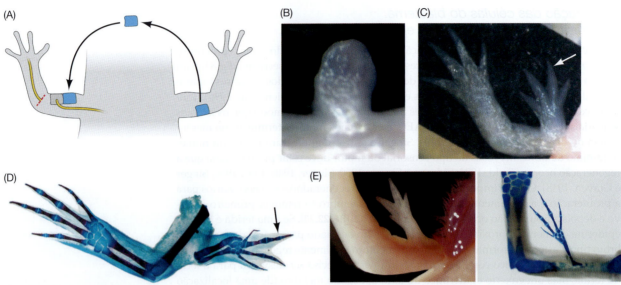

FIGURA 22.21 Indução de membros ectópicos em salamandras. (A) Esquema que mostra o experimento em que um nervo é desviado para um local da ferida na epiderme do membro (quadrado cinzento) e um enxerto de pele epidérmica da porção posterior do membro contralateral (quadrado azul) é enxertado próximo ao lado do local da ferida. (B, C) Os resultados deste experimento mostram que um blastema de membro é induzido (B), o qual se desenvolve em um membro completo (C). (D) O membro acessório regenerado (seta) está corretamente padronizado, como visto pela coloração dos elementos cartilaginosos com azul de Alcian. (E) Os membros acessórios podem ser induzidos unicamente através da aplicação de "microsferas" revestidas com BMP2 (ou BMP7) e Fgf2/8 em uma localização da ferida no membro. (A-C, de Endo et al., 2004; D, de McCusker et al., 2014; E, de Makanae et al., 2014.)

necessário para a regeneração dos membros. No entanto, os experimentos demonstraram que a condutância neural (potenciais de ação e liberação de acetilcolina) não é necessária para promover a regeneração dos membros (Sidman e Singer, 1951; Drachman e Singer, 1971; Stocum, 2011). Se a atividade neural não é necessária, então o que estão os axônios em regeneração fornecendo ao membro do blastema? Acredita-se que esses neurônios liberem fatores necessários para a proliferação das células do blastema (Singer e Caston, 1972, Mescher e Tassava, 1975). Houve muitos candidatos para esse mitógeno de blastema derivado do nervo, mas provavelmente o melhor candidato é a **proteína de gradiente anterior newt (nAG)**. Essa proteína pode induzir as células do blastema a proliferarem em cultura, e permite a regeneração normal em membros cujos nervos foram removidos (ver Figura 22.20; Kumar et al., 2007a). Se os genes nAG ativados forem eletroporados nos tecidos em desdiferenciação de membros amputados que foram desenervados, os membros são capazes de se regenerar. Se nAG não for administrado, os membros permanecem tocos. Além disso, nAG é apenas minimamente expressa em membros normais, porém é induzida nas células de Schwann que cercam os axônios em regeneração dentro de 5 dias da amputação.

Um suporte adicional para o papel estimulador do nAG vem do estudo de membros aneurogênicos. Neste experimento, duas salamandras embrionárias foram unidas pela parabiose, assegurando condições semelhantes e a sobrevivência de ambas. Em uma das salamandras, o tubo neural foi removido. Ambas as salamandras sobreviveram a esse procedimento, e todos os membros cresceram com sucesso, porém os membros da salamandra sem tubo neural ficaram aneurogênicos, completamente desprovidos de qualquer inervação neural. Com base em descobertas anteriores de que os membros desenervados são incapazes de se regenerar, seria de esperar que esses membros aneurogênicos também fossem incapazes de se regenerar após a amputação. De modo surpreendente, esses membros aneurogênicos se regeneraram. Quando os pesquisadores compararam a expressão de nAG de membros normais com a dos membros desenervados e esses membros aneurogênicos, descobriram que os membros aneurogênicos possuíam um nível excepcionalmente elevado de expressão de nAG na epiderme (**FIGURA 22.22A**; Kumar et al., 2011). Além disso, após a amputação do membro, nAG aumentou primeiro na bainha nervosa de membros normais, mas estava presente em todo o blastema nos membros aneurogênicos (**FIGURA 22.22B**). Esses resultados sugerem que o nAG sozinho é o principal mitógeno responsável pela regeneração dependente do nervo. O receptor de nAG, Prod1, desde então, foi descoberto e se expressa em um gradiente proximal a distal no membro da salamandra (Morais et al., 2002, Kumar et al., 2007a, b). Esta relação ligante-receptor parece ser conservada em espécies de salamandras competentes para regeneração (Geng et al., 2015).

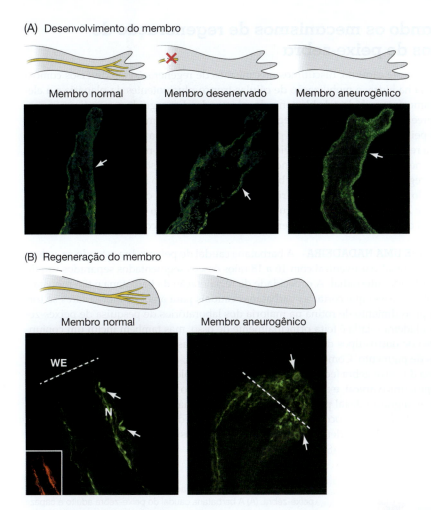

(A) Desenvolvimento do membro

Membro normal   Membro desenervado   Membro aneurogênico

(B) Regeneração do membro

Membro normal   Membro aneurogênico

WE

N

FIGURA 22.22 Expressão diferencial de nAG no membro aneurogênico de salamandra. (A) A expressão da proteína nAG (em verde) é localizada em um pequeno subconjunto de células epidérmicas nos membros normais e desennervados durante o desenvolvimento, porém sofre uma forte regulação positiva em toda a epiderme de membros aneurogênicos. As setas indicam a epiderme. (B) Representação esquemática dos membros antes da amputação. Imagens de baixo mostram os membros regenerados, com uma linha pontilhada branca indicando o plano de amputação; a epiderme da ferida (WE, do inglês, *wound epidermis*) está posicionada distalmente a essa linha. Na regeneração normal dos membros, a expressão de nAG é aumentada apenas nas células da bainha dos nervos em regeneração (N); a inserção é uma visão de baixa ampliação de neurofilamentos (em vermelho) na mesma imagem. No membro aneurogênico em regeneração, nAG é aumentado em todo o blastema do membro. (De Kumar et al., 2011.)

Como mencionado acima, a regeneração do membro de salamandra ao longo do eixo anteroposterior parece seguir regras semelhantes às que geram o membro em desenvolvimento. De fato, os gradientes opostos de ácido retinoico-FGF postulados para o desenvolvimento do membro foram a primeira hipótese para a regeneração de estruturas de membros ao longo desse eixo (Crawford e Stocum, 1988). Sabe-se que o tamanho e o padrão do membro regenerado dependem da posição proximal-distal da amputação, de modo que o membro apenas gera tecidos distais ao corte, substituindo-os no padrão apropriado. Quais fatores além do ácido retinoico e dos FGFs estão controlando essa formação de padrões? Muitas moléculas de sinalização diferentes têm sido implicadas, incluindo Wnts, BMPs, Hedgehogs e Notch (revisto em Satoh et al., 2015, Singh et al., 2015). Contudo, a história ainda não está clara, e padrões estranhos de regeneração podem resultar da aplicação de algumas dessas moléculas. Por exemplo, se um membro regenerador da salamandra estiver exposto ao ácido retinoico, o blastema é reprogramado para produzir um membro completo com todas as estruturas proximodistais, independentemente da posição da amputação (Maden, 1983; Niazi et al., 1985; McCusker et al., 2014). Além disso, se microsferas revestidas com proteínas BMP ou uma combinação de BMPs e FGFs forem implantadas em um local de ferida em um membro de salamandra, um membro acessório irá se formar (ver Figura 22.21E; Makanae et al., 2014).

TÓPICO NA REDE 22.2 **EIXOS DE REGENERAÇÃO** Os fenômenos da regeneração epimórfica podem ser vistos formalmente como eventos que restabelecem a continuidade entre os tecidos que a amputação cortou. Como o tronco amputado sabe o local que foi cortado e não começa a fazer um novo braço do ombro? Como ele constrói o mesmo eixo dorsoventral que o coto?

Ampliando o conhecimento

O membro regenerará apenas os tecidos distais removidos, o que sugere que informação posicional-chave reside no membro da salamandra para fornecer instruções para padronização do destino celular durante a regeneração. O tratamento com ácido retinoico, o uso de um enxerto epidérmico de uma posição contralateral ou os sinais BMP e FGF podem induzir diferentes tipos de crescimento onde normalmente não ocorreria. Quais são os componentes-chave da informação posicionalição? Como a informação de posição pode ser mantida e acessada durante a regeneração?

Pescando os mecanismos de regeneração de órgãos de peixe-zebra

Até agora, neste capítulo, discutimos mecanismos de regeneração tão diversos como a morfolaxia na hidra, a mobilização de células-tronco pluripotentes da planária e a elegante epimorfose exibida pelo blastema da salamandra. Em seguida, expandiremos nossa compreensão desses processos regenerativos ao examinarmos a regeneração de órgãos no peixe-zebra (*Danio rerio*). O peixe-zebra tem sido cada vez mais utilizado para estudar a regeneração de órgãos devido às suas competências regenerativas e suas vantagens genéticas e técnicas. O mais notável foi o seu uso no estudo da regulação molecular da regeneração nas células da barbatana, do coração, do sistema nervoso central, do olho, do fígado, do pâncreas, do rim, do osso e das células ciliadas (revisado em Shi et al., 2015; Zhong et al., 2015). A seguir, destacaremos parte do conhecimento conseguido através da investigação da regeneração da nadadeira e do coração do peixe-zebra.

WNT SOBRE UMA NADADEIRA A barbatana caudal do peixe-zebra estende-se ao longo do eixo dorsal-para-ventral com 16 a 18 raios ósseos segmentados separados um do outro por tecido interradial. A capacidade de regeneração da barbatana é tão robusta e facilmente acessível que cortar as barbatanas caudais para análises moleculares se tornou um procedimento de rotina na maioria dos laboratórios de pesquisa de peixes-zebra. A nadadeira raiada é feita principalmente de osso, mas também inclui um conjunto diverso de outros tipos de células, incluindo fibroblastos, vasos sanguíneos, nervos e células de pigmento. Como o membro da salamandra, após a amputação, os raios da barbatana do peixe-zebra fecham a ferida com células epidérmicas, as quais formam um capuz epidérmico apical, e a maioria dos tipos de tecido sofrem desdiferenciação, proliferação e migração distal para estabelecer um blastema (Knopf et al., 2011; Stewart e Stankunas, 2012). Podem ocorrer algumas contribuições de células residuais/progenitoras residentes ainda não identificadas capazes de gerar osteoblastos na ausência de células ósseas comprometidas (Singh et al., 2012).

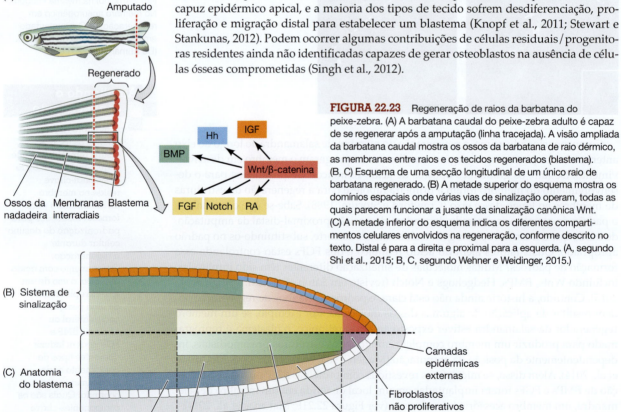

FIGURA 22.23 Regeneração de raios da barbatana do peixe-zebra. (A) A barbatana caudal do peixe-zebra adulto é capaz de se regenerar após a amputação (linha tracejada). A visão ampliada da barbatana caudal mostra os ossos da barbatana de raio dérmico, as membranas entre raios e os tecidos regenerados (blastema). (B, C) Esquema de uma secção longitudinal de um único raio de barbatana regenerado. (B) A metade superior do esquema mostra os domínios espaciais onde várias vias de sinalização operam, todas as quais parecem funcionar a jusante da sinalização canônica Wnt. (C) A metade inferior do esquema indica os diferentes compartimentos celulares envolvidos na regeneração, conforme descrito no texto. Distal é para a direita e proximal para a esquerda. (A, segundo Shi et al., 2015; B, C, segundo Wehner e Weidinger, 2015.)

A barbatana regenerada pode ser dividida em quatro secções básicas (**FIGURA 22.23**): (1) o *blastema distal*, composto de fibroblastos não proliferativos, (2) o *blastema proximal proliferativo*, que constitui a maior parte do mesênquima desdiferenciado, (3) o *blastema proximal em diferenciação*, que funciona para adicionar células diferenciadas a tecidos existentes e recém-formados durante o brotamento, e (4) as *camadas epidérmicas*, que englobam lateralmente e que servem como complexos centros de sinalização durante a regeneração. Apesar da aparente simplicidade do brotamento distal que tipifica a regeneração da barbatana, a regulação molecular desse processo é altamente complexa e envolve todas as principais vias de sinalização conhecidas por desempenharem papéis durante o desenvolvimento embrionário. Iremos nos concentrar em apenas um aqui, a via de sinalização Wnt/β-catenina, que parece ser o primeiro "dominó" que começa a revelar o padrão regenerativo de barbatanas raiadas (revisto de forma abrangente em Wehner e Weidinger, 2015). A via Wnt/β-catenina está ativa no blastema distal e nas regiões mais laterais do blastema proliferativo proximal que constituem progenitores de osteoblastos e actinotriquia (elementos fibrosos da barbatana, ver Figura 22.23). A perda e o ganho de função da sinalização Wnt/β-catenina resultam na diminuição e no aumento da proliferação e da taxa de regeneração do blastema, respectivamente (Kawakami et al., 2006; Stoick-Cooper et al., 2007; Huang et al., 2009; Wehner et al., 2014). O laboratório de Weidinger demonstrou que expressão errônea do inibidor de β-catenina Axin1 em todo o blastema de barbatana ou apenas nas zonas de progenitores laterais resultou em raios de barbatanas significativamente reduzidos, bem como uma falha na ossificação dos raios de barbatanas (**FIGURA 22.24**; Wehner et al., 2014). Parece, no entanto, que Wnt/β-catenina funciona indiretamente através da modulação de outros reguladores mitogênicos, como proteínas Hedgehog (*sonic hedgehog* e *indian hedgehog*), Fgf8, ácido retinoico e fator de crescimento semelhante à insulina (ver Figura 22.23B).

EPIMORFOSE, COMPENSAÇÃO E TRANSDIFERENCIAÇÃO: O CORAÇÃO DA MATÉRIA

O peixe-zebra tem um coração tubular relativamente simples. O sangue venoso entra no seio venoso, passa para o átrio único, é bombeado para o ventrículo único e deixa o coração através o bulbo arterial. Vários modelos de lesões diferentes – envolvendo remoção cirúrgica de pedaços de miocárdio, criolesão e ablação específica de tecido induzida geneticamente – foram adotados para estudar a regeneração de tecidos cardíacos no peixe-zebra (revisado em Shi et al., 2015). O coração do peixe-zebra mantém a capacidade de regenerar ao longo da vida do peixe, o que é, em parte, devido à capacidade mitótica sustentada dos miócitos cardíacos (células musculares) que constituem a maior parte do tecido cardíaco (Poss et al., 2002). É claro que uma contribuição importante para a regeneração do coração adulto vem diretamente de miócitos cardíacos

FIGURA 22.24 Testando os requisitos espaço-temporais da sinalização Wnt/β-catenina durante a regeneração da barbatana. (A) Desenho experimental usando o sistema Tet/On para a expressão induzível de genes. Um peixe transgênico possui um promotor específico de tecido (*ubiquitina* ou *her4.3*), conduzindo a expressão de proteína tetraciclina e cian fluorescente. Um peixe transgênico diferente possui um transgene com o promotor *tet* conduzindo a expressão de Axin1-YFP; a transcrição funcional desse transgene só ocorrerá em combinação com doxiciclina (DOX). O cruzamento dos dois peixes gera indivíduos duplos transgênicos (representados por pontos e listras) que permitem a expressão espacial (promotor específico do tecido) e temporal (DOX) de Axin1. (B, C) A expressão errônea de Axin1 perturba a regeneração. As fotos à esquerda mostram o padrão de expressão errônea de Axin1 (em amarelo) conduzida pelo promotor *ubiquitina* (B) ou *her4.3* (C). As fotos à direita mostram a barbatana da cauda 12 dias após a amputação, com (+ DOX) ou sem (– DOX) expressão errônea de Axin1. (B) Quando Wnt/β-catenina é inibida pela expressão de Axin1 ao longo da barbatana (promotor da *ubiquitina*), há uma taxa reduzida de regeneração da barbatana. (C) Quando a expressão errônea de Axin1 se dá apenas nas células progenitoras de osteoblastos da barbatana (promotor *her4.3*), a ossificação dos ossos do raio da barbatana durante a regeneração é gravemente prejudicada (marcação vermelha, chaves). (A, segundo Wehner et al., 2014; B, C, de Wehner et al., 2014.)

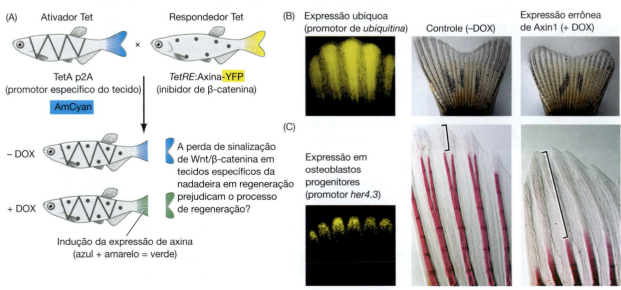

(A) Ativador Tet   Respondedor Tet

×

TetA p2A
(promotor específico do tecido)
AmCyan

TetRE:Axina-YFP
(inibidor de β-catenina)

– DOX

+ DOX

Indução da expressão de axina
(azul + amarelo = verde)

A perda de sinalização de Wnt/β-catenina em tecidos específicos da nadadeira em regeneração prejudicam o processo de regeneração?

(B) Expressão ubíquoa
(promotor de *ubiquitina*)

Controle (–DOX)

Expressão errônea de Axin1 (+ DOX)

(C) Expressão em osteoblastos progenitores
(promotor *her4.3*)

(A)

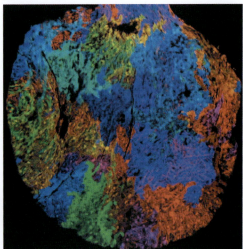

(B) Controle (sem injúria)

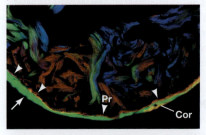

14 dias pós-ablação

60 dias pós-ablação

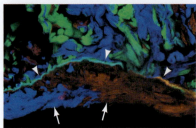

FIGURA 22.25 Os cardiomiócitos preexistentes contribuem para a regeneração ventricular em peixe-zebra. (A) O peixe-zebra duplo-transgênico foi usado para produzir marcação clonal multicolor somente em cardiomiócitos, conforme controlado pelo promotor *cmlc2* para a expressão de Cre. Lembre-se de que o "ER" em CreER indica seu controle sensível ao estrogênio, o que permite que os pesquisadores usem o medicamento Tamoxifeno para induzir a recombinação em qualquer momento que desejem. Esta imagem é de um ventrículo cardíaco de 6 semanas pós-fertilização após recombinação aos 4 dias pós-fertilização. Pode-se ver áreas de cores distintas, o que indica que o coração é derivado de apenas algumas dúzias de progenitores cardíacos. (B) Estes miócitos cardíacos preexistentes marcados clonalmente são vistos contribuindo para a maioria do tecido ventricular regenerado. As cabeças de seta e as setas indicam as camadas primordial (Pr) e cortical (Cor), respectivamente. (De Gupta e Poss, 2012.)

preexistentes. De fato, o uso do sistema transgênico "Zebrabow" (ver Capítulo 2) para rastrear a linhagem de células sob o controle de promotores específicos do coração demonstrou que os miócitos cardíacos previamente diferenciados originam clones de células regeneradas (**FIGURA 22.25**; Gupta e Poss, 2012).

O trabalho de muitos laboratórios mostrou que a regeneração do coração no peixe-zebra adulto é realizada principalmente por meio da desdiferenciação de cardiomiócitos preexistentes (epimorfose), do estabelecimento de um blastema no local da ferida através da proliferação e migração local e, finalmente, pela reddiferenciação de células do blastema para reparar o coração (Curado e Stainier, 2006; Lepilina et al., 2006; Kikuchi et al., 2010; Zhang et al., 2013). Além disso, demonstrou-se que o tecido ventricular saudável longe da lesão aguda também responde por aumento da proliferação (hiperplasia), que é um mecanismo *compensatório* de regeneração (**FIGURA 22.26**; Poss et al., 2002, Sallin et al., 2015). A regeneração compensatória é frequentemente acompanhada por crescimento hipertrófico (i.e., aumento no tamanho da célula), porém isso ainda não demonstrou ocorrer na regeneração do coração do peixe-zebra.

O desenvolvimento do coração do peixe-zebra também parece ser capaz de morfolaxia ou transdiferenciação durante a regeneração. Pesquisadores que trabalham com larvas de peixe-zebra induziram lesão grave no tecido ventricular do coração da larva, causando apoptose dos cardiomiócitos ventriculares (Zhang et al., 2013). Eles fizeram isso visando a expressão de nitrorredutase (NTR) em cardiomiócitos ventriculares usando o *promotor da cadeia pesada de miosina ventricular* (*vmhc*) e induzindo a morte celular pela administração de um pró-fármaco citotóxico reativo ao NTR. Esse procedimento causou uma ablação grave do tecido ventricular neste coração larval. O que aconteceu em seguida foi notável. Os cardiomiócitos atriais diferenciados vizinhos responderam à lesão, migrando para o tecido ventricular danificado e aumentando a expressão de genes específicos de ventrículo, como *vmhc* (**FIGURA 22.27A**). Meses depois, o mapeamento do destino desses cardiomiócitos atriais migratórios revelou que eles permaneceram na parede ventricular, contribuindo para um ventrículo e coração totalmente regenerados e funcionais (**FIGURA 22.27B**). Zhang e colaboradores mostraram em seguida que a sinalização Notch-Delta sofre forte regulação positiva no miocárdio atrial e é necessária para este reparo do dano ventricular mediado pelo átrio (**FIGURA 22.27C**). A inibição farmacológica da sinalização Notch com exposição a DAPT durante a ablação do tecido ventricular prejudica gravemente a regeneração cardíaca (**FIGURA 22.27D**; Zhang et al., 2013). Esses resultados sugerem que, pelo menos durante o desenvolvimento larval, os miócitos cardíacos são capazes de sofrer transdiferenciação para apoiar a regeneração do coração. Assim, parece que as células do coração do peixe-zebra empregam múltiplos mecanismos para potenciar sua regeneração: formação de blastema por meio de epimorfose, proliferação compensatória e transdiferenciação mediada por Notch.

ASSISTA AO DESENVOLVIMENTO 22.1 Os vídeos do laboratório do Dr. Neil Chi documentam o trabalho fascinante que está sendo feito na regeneração do coração do peixe-zebra.

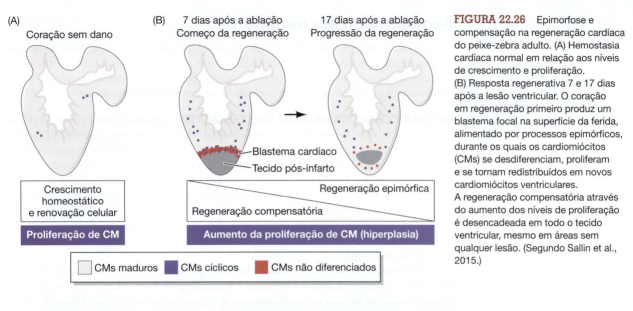

(A) Coração sem dano

Crescimento homeostático e renovação celular

Proliferação de CM

(B) 7 dias após a ablação
Começo da regeneração

17 dias após a ablação
Progressão da regeneração

Blastema cardíaco
Tecido pós-infarto

Regeneração epimórfica

Regeneração compensatória

Aumento da proliferação de CM (hiperplasia)

☐ CMs maduros ■ CMs cíclicos ■ CMs não diferenciados

FIGURA 22.26 Epimorfose e compensação na regeneração cardíaca do peixe-zebra adulto. (A) Hemostasia cardíaca normal em relação aos níveis de crescimento e proliferação. (B) Resposta regenerativa 7 e 17 dias após a lesão ventricular. O coração em regeneração primeiro produz um blastema focal na superfície da ferida, alimentado por processos epimórficos, durante os quais os cardiomiócitos (CMs) se desdiferenciam, proliferam e se tornam redistribuídos em novos cardiomiócitos ventriculares. A regeneração compensatória através do aumento dos níveis de proliferação é desencadeada em todo o tecido ventricular, mesmo em áreas sem qualquer lesão. (Segundo Sallin et al., 2015.)

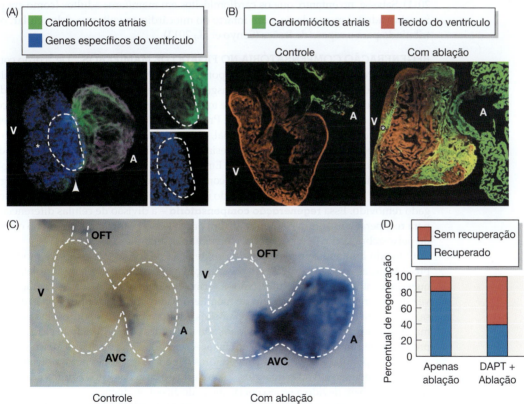

(A) ■ Cardiomiócitos atriais ■ Genes específicos do ventrículo

(B) ■ Cardiomiócitos atriais ■ Tecido do ventrículo

Controle   Com ablação

(C) Controle   Com ablação

(D) ■ Sem recuperação ■ Recuperado

Percentual de regeneração

Apenas ablação   DAPT + Ablação

FIGURA 22.27 Transdiferenciação de cardiomiócitos atriais em cardiomiócitos ventriculares durante a regeneração cardíaca larval. (A) Depois que os pesquisadores induziram a apoptose dos cardiomiócitos ventriculares, o mapeamento do destino dos cardiomiócitos atriais diferenciados (em verde) mostra a migração do átrio para o tecido do ventrículo que sofreu ablação. No ponto de transição durante essa migração, as células atriais começam a expressar marcadores ventriculares, sugerindo a transdiferenciação (ver Assista ao desenvolvimento 22.1). (B) Doze meses após a ablação do tecido ventricular, os cardiomiócitos atriais infiltrados (em verde) diferenciam-se completamente no tecido ventricular (em vermelho) e contribuem para um coração adulto funcional. (C) A sinalização Notch-Delta é necessária para as contribuições regenerativas bem-sucedidas dos cardiomiócitos atriais. Vinte e quatro horas após a ablação de células ventriculares (foto à direita), *deltaD* juntamente com outros genes relacionados (corados em azul) sofrem forte regulação positiva nos cardiomiócitos atriais, particularmente naqueles que migram para o tecido ventricular. (D) A inibição farmacológica da sinalização Notch com exposição a DAPT durante a ablação do tecido ventricular prejudica gravemente a regeneração cardíaca. A, átrio; V, ventrículo; AVC, canal atrioventricular (do inglês, *atrioventricular canal*); OFT, trato de saída (do inglês, *outflow tract*). (De Zhang et al., 2013.)

Regeneração em mamíferos

Embora os mamíferos não tenham o mesmo nível de capacidades regenerativas que os outros organismos abrangidos neste capítulo, eles podem regenerar certas estruturas. Os mamíferos operam menos com o princípio de "começar novamente a partir do zero" do que com a premissa de que "se você não pode o refazer, torne-o maior".

DEDOS E CORAÇÕES NÃO SÃO TÃO DIFERENTES Os mamíferos, como roedores e humanos, mostraram regenerar as pontas de seus dígitos se o organismo tiver idade suficiente. Primeiro, um blastema de regeneração composto de células progenitoras se forma na ponta do dígito (Fernando et al., 2011). Assim como na regeneração dos membros da salamandra, a reespecificação não ocorre (Lehoczky et al., 2011; Rinkevich et al., 2011). Em vez disso, a nova epiderme é derivada de células progenitoras restritas à ectoderme, e o novo osso vem de células progenitoras osteoblásticas. Essa semelhança com a regeneração dos membros da salamandra oferece esperança de que possamos aplicar o que aprendemos sobre a regeneração da salamandra para melhorar as habilidades regenerativas em humanos.

É interessante que o tecido cardíaco também possa se regenerar em camundongos, mas apenas na primeira semana de vida neonatal. Depois disso, a capacidade é perdida, presumivelmente porque os cardiomiócitos se retiraram do ciclo celular (Porrello et al., 2011). Sabe-se, no entanto, que os cardiomiócitos em mamíferos adultos (como em peixe-zebra adulto) responderão a um infarto do miocárdio ao voltar ao ciclo celular, contribuindo para o reparo de lesões (Senyo et al., 2013).

REGENERAÇÃO COMPENSATÓRIA NO FÍGADO DE MAMÍFEROS De acordo com a mitologia grega, o castigo de Prometeu por levar o dom de fogo aos humanos foi ficar amarrado a uma rocha e ter uma águia rasgando e comendo uma porção de seu fígado a cada dia. Seu fígado, então, regenerou-se todas as noites, fornecendo um alimento contínuo para a águia e punição eterna para Prometeu. Hoje, o ensaio-padrão para regeneração hepática é uma hepatectomia parcial, em que lóbulos específicos do fígado são removidos (após a administração da anestesia, ao contrário do destino de Prometeu), deixando os outros lobos hepáticos intactos. Embora o lóbulo removido não cresça de volta, os lobos remanescentes aumentam para compensar a perda do tecido em falta (Higgins e Anderson, 1931). A quantidade de fígado regenerado é equivalente à quantidade de fígado removido. Essa **regeneração compensatória** – a divisão de células diferenciadas para recuperar a estrutura e a função de um órgão lesado – foi demonstrada no coração do peixe-zebra, como descrito acima, e no fígado de mamífero.

O fígado humano se regenera pela proliferação de tecido existente. De modo surpreendente, as células do fígado em regeneração não se desdiferenciam completamente quando reentram no ciclo celular. Não se forma qualquer blastema de regeneração. Em vez disso, a regeneração do fígado de mamífero parece ter duas outras linhas de defesa, a primeira delas composta por hepatócitos adultos normais, maduros. Essas células maduras, que geralmente não se dividem, são instruídas para se juntar ao ciclo celular e proliferar até compensarem a parte em falta. A segunda linha de defesa, discutida a seguir, é uma população de células progenitoras hepáticas que estão normalmente quiescentes, mas que são ativadas quando a lesão é grave e os hepatócitos adultos não podem se regenerar bem devido a senescência, abuso de álcool ou doença.

Na regeneração normal do fígado, os cinco tipos de células do fígado – hepatócitos, células do ducto, células de armazenamento de gordura (Ito), células endoteliais e macrófagos de Kupffer – começam a se dividir para produzir mais de si mesmos. Cada tipo retém a sua identidade celular, e o fígado mantém sua capacidade de sintetizar as enzimas específicas do fígado necessárias para regulação da glicose, degradação de toxinas, síntese biliar, produção de albumina e outras funções hepáticas mesmo quando se regenera (Michalopoulos e DeFrances, 1997).

Provavelmente existem várias vias redundantes que iniciam a proliferação e a regeneração de células do fígado (**FIGURA 22.28**; Riehle et al., 2011). O perfil global de genes indica que o resultado final destas vias é minimizar (mas não suprimir totalmente) os genes envolvidos nas funções diferenciadas das células do fígado enquanto ativam os genes que comprometem a célula com a mitose (White et al., 2005). A remoção ou lesão do fígado é detectada através da corrente sanguínea: alguns fatores específicos do fígado são perdidos, ao passo que outros (como ácidos biliares e lipopolissacarídeos intestinais) aumentam. Esses lipopolissacarídeos ativam algumas células que não hepatócitos a secretar fatores parácrinos que permitem que os hepatócitos remanescentes voltem a entrar no ciclo celular. A célula de Kupffer secreta a interleucina 6 (IL6) e o fator de necrose tumoral α (que geralmente estão envolvidos na ativação do sistema imune do adulto), e as células estreladas secretam os fatores parácrinos **fator de crescimento de hepatócitos (HGF** ou **fator de dispersão)** e TGF-β. Os vasos sanguíneos especializados do fígado também produzem HGF, bem como Wnt2 (Ding et al., 2010).

No entanto, os hepatócitos que ainda estão conectados entre si em um epitélio não podem responder ao HGF. Os hepatócitos ativam cMet (o receptor para HGF) dentro de uma hora da hepatectomia parcial, e o bloqueio de cMet (por RNA de interferência ou nocaute) bloqueia a regeneração hepática (Borowiak et al., 2004; Huh et al., 2004; Paranjpe et al., 2007). O trauma da hepatectomia parcial pode ativar metaloproteinases que digerem a matriz extracelular e permitem que os hepatócitos se separem e proliferem. Essas enzimas também podem clivar o HGF na sua forma ativa (Mars et al., 1995). Juntos, os fatores produzidos pelas células endoteliais, as células de Kupffer e as células estreladas permitem que os hepatócitos se dividam, prevenindo a apoptose, ativando as ciclinas D e E e reprimindo os inibidores da ciclina, como p27 (ver Taub, 2004).

O fígado deixa de crescer quando atinge o tamanho apropriado; o mecanismo para como isso é alcançado ainda não é conhecido. Uma pista, no entanto, vem de experimentos de parabiose, nos quais os sistemas circulatórios de dois ratos são unidos cirurgicamente. A hepatectomia parcial em um parabioso causa o aumento do fígado do outro rato (Moolten e Bucher, 1967). Portanto, alguns fatores ou fatores no sangue parecem estar estabelecendo o tamanho do fígado. Huang e colaboradores (2006) propuseram que esses fatores são ácidos biliares que são segregados pelo fígado e regulam positivamente o crescimento de hepatócitos. A hepatectomia parcial estimula a liberação de ácidos biliares no sangue. Esses ácidos biliares são recebidos pelos hepatócitos e ativam o fator de transcrição de Fxr, que promove a divisão celular. Os ratos sem proteína Fxr funcional não podem regenerar seus fígados. Por conseguinte, os ácidos biliares (uma porcentagem relativamente pequena dos produtos secretados pelo fígado) parecem regular o tamanho do fígado, mantendo-o num determinado volume de células. Os mecanismos moleculares pelos quais esses fatores interagem e pelos quais o fígado é inicialmente instigado a começar a regenerar e, em seguida, parar de regenerar depois de atingir o tamanho apropriado permanecem desconehcidos.

Uma vez que os fígados humanos têm o poder de se regenerar, o fígado doente de um paciente pode ser substituído por tecido hepático compatível de um doador vivo (geralmente um parente geneticamente próximo, cujo próprio fígado volta a crescer). Os fígados humanos regeneram-se mais lentamente do que os de ratos, porém a função é restaurada rapidamente (Pascher et al., 2002; Olthoff, 2003). Além disso, os fígados de mamíferos possuem uma "segunda linha" de capacidade regenerativa. Se os hepatócitos não conseguem regenerar o fígado suficientemente dentro de uma certa quantidade de tempo, as **células ovais** dividem-se para formar novos hepatócitos. As células ovais são uma pequena população de células progenitoras que podem produzir hepatócitos e células do ducto biliar. Elas parecem ser mantidas em reserva e são usadas apenas após os hepatócitos terem tentado curar o fígado (Fausto e Campbell, 2005, Knight et al., 2005).

(A) Síntese de DNA

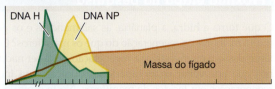

(B) Genes regulados pelo crescimento

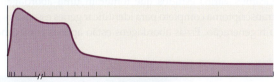

(C) Genes regulados pelo ciclo celular

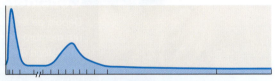

(D) Expressão gênica após a fase de crescimento

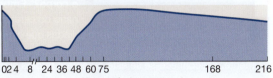

FIGURA 22.28 Correlação das mudanças na expressão gênica com aumento da massa hepática após hepatectomia parcial em mamíferos. (A) Os picos iniciais na síntese de DNA são observados tanto em hepatócitos (DNA H; em verde) quanto depois em células não parenquimatosas (NP DNA; em amarelo). Esse aumento na síntese do DNA corresponde à elevação da expressão gênica regulada pelo crescimento (B) e regulada pelo ciclo celular (C), que diminui assim que a massa hepática (sombreado marrom no painel A) atinge seu volume normal. (D) A expressão gênica global permanece elevada após a fase de crescimento, refletindo a funcionalidade do tecido do fígado regenerado. (Segundo Taub, 2004.)

Próxima etapa na pesquisa

O que torna a hidra, a planária, as salamandras e os peixes muito melhores na regeneração do que os mamíferos? O próximo passo para investigar a regeneração pode ser nada menos que aproveitar essas capacidades únicas para induzir regenerações em tecidos de mamíferos. Neste capítulo, destacamos vários estudos que tomaram uma abordagem de transcriptoma completo para identificar genes essenciais para a regeneração. Essas abordagens estão apenas começando a revelar os intervenientes importantes. Também é claro que a regeneração é muitas vezes uma mobilização localizada do desenvolvimento embrionário. Por que esse retorno aos estados do desenvolvimento é mais desafiador nos mamíferos? Continuar a identificar o que torna a regeneração possível nesses diferentes organismos-modelo nos ajudará a obter uma melhor compreensão do que é possível, bem como as vantagens e desvantagens evolutivas para a regeneração.

Considerações finais sobre a foto de abertura

Depois de ler este capítulo, você deve ser capaz de identificar esta imagem como um membro de salamandra ectópico ou acessório. Essa imagem foi produzida pelo laboratório de Gardiner depois que pesquisadores conduziram o mesmo tipo de experimento descrito no capítulo, no qual um nervo é desviado para uma área ferida na epiderme anterior e a epiderme posterior é enxertada na mesma área. "Mente sobre o corpo?" Embora esta regeneração não fosse, obviamente, um pensamento originário do cérebro, isso levou "algum nervo". Mais especificamente, tomou nervos regeneradores com células Schwann afiliadas que expressaram o fator de crescimento anterior newt, necessário para iniciar a regeneração dos membros. Mesmo na ausência de nervos, esse fator pode promover a regeneração epimórfica. Atualmente, desconhece-se se este ou outros fatores similares podem funcionar em mamíferos para estimular a regeneração dos membros, mas a emoção de aprender sobre esses fatores potenciais de promoção da regeneração é definitivamente real. (Foto de C. McCusker e D. M. Gardiner, 2011).

22 Resumo instântaneo
Regeneração

1. Existem quatro tipos principais de regeneração. Na regeneração mediada por células-tronco (como a regeneração planariana), novas células são rotineiramente produzidas para substituir as que morrem. Na epimorfose (como a regeneração dos membros da salamandra e das barbatanas de peixe), os tecidos formam-se em um blastema de regeneração, dividem e se rediferenciam na nova estrutura. Na morfolaxia (característica da hidra), há uma repadronização do tecido existente com pouco ou nenhum crescimento. Na regeneração compensatória (como no fígado de mamífero), as células dividem-se, mas mantêm seu estado diferenciado.

2. A hidra parece ter um gradiente de ativação da cabeça, um gradiente de inibição da cabeça, um gradiente de ativação basal e um gradiente de inibição do pé. O brotamento ocorre onde esses gradientes são mínimos.

3. A região do hipóstomo da hidra parece ser uma região organizadora que secreta fatores parácrinos (Wnt3) para alterar o destino do tecido circundante por meio de um mecanismo epimórfico.

4. Nos platelmintos, vermes chatos, planárias, a regeneração ocorre por formação de um blastema de regeneração produzido por neoblastos clonogênicos pluripotentes. Os gradientes de sinalização de Wnt parecem direcionar a diferenciação anteroposterior dessas células em um padrão regulado pelo inibidor de Wnt Notum expresso pela cabeça.

5. Nos blastemas dos membros em regeneração de anfíbios, as células não se tornam multipotentes. Em vez disso, as células mantêm suas especificações, com osso surgindo de cartilagem preexistente, neurônios provenientes de neurônios preexistentes e músculos provenientes de células musculares preexistentes ou de células-tronco musculares.

6. Mitógenos como o nAG são fornecidos pelo capuz apical epidérmico e pela glia que circunda os axônios dos membros, que são capazes de induzir a regeneração dos membros mesmo na ausência de nervos. A regeneração dos membros de salamandra parece usar o mesmo sistema de formação de padrões que o membro em desenvolvimento.

7. Descobriu-se que múltiplos modos de regeneração operam no peixe-zebra. A regeneração distal da barbatana do peixe-zebra ocorre em grande parte por meio da desdiferenciação dos tipos celulares existentes, seguida da proliferação ativa de um brotamento semelhante a um blastema. O tecido do coração do peixe-zebra também emprega um modo inicial de epimorfose, seguido de um período de proliferação por regeneração compensatória.

8. No fígado de mamíferos, não se forma o blastema regenerador, e o fígado regenera o mesmo volume que perdeu. Cada célula parece gerar seu próprio tipo de célula. Uma população de reservas de células progenitoras multipotentes divide-se quando esses tecidos não podem regenerar as porções perdidas.

Leituras adicionais

Bode, H. R. 2012. The head organizer in *Hydra*. *Int. J. Dev. Biol.* 56: 473-478.

Gee, L., J. Hartig, L. Law, J. Wittlie, K. Khalturin, T. C. Bosch and H. R. Bode. 2010. β-Catenin plays a central role in setting up the head organizer in hydra. *Dev. Biol.* 340: 116-124.

Gupta, V. and K. D. Poss. 2012. Clonally dominant cardiomyocytes direct heart morphogenesis. *Nature* 484: 479-84.

Hill, E. M. and C. P. Petersen. 2015. Wnt/Notum spatial feedback inhibition controls neoblast differentiation to regulate reversible growth of the planarian brain. *Development* 142: 4217-4229.

Kragl, M., D. Knapp, E. Nacu, S. Khattak, M. Maden, H. H. Epperlein and E. M. Tanaka. 2009. Cells keep a memory of their tissue origin during axolotl limb regeneration. *Nature* 460: 60-65.

Kumar, A., J. W. Godwin, P. B. Gates, A. A. Garza-Garcia and J. P. Brockes. 2007. Molecular basis for the nerve dependence of limb regeneration in an adult vertebrate. *Science* 318: 772-777.

Kumar, A., J. P. Delgado, P. B. Gates, G. Neville, A. Forge and J. P. Brockes. 2011. The aneurogenic limb identifies developmental cell interactions underlying vertebrate limb regeneration. *Proc. Natl. Acad. Sci. USA* 108: 13588-13593.

Li, Q., H. Yang and T. P. Zhong. 2015. Regeneration across metazoan phylogeny: Lessons from model organisms. *J. Genet. Genomics* 42: 57-70.

Liu, S. Y. and 9 others. 2013. Reactivating head regrowth in a regeneration-deficient planarian species. *Nature* 500: 81-84.

McCusker, C. D. and D. M. Gardiner. 2014. Understanding positional cues in salamander limb regeneration: Implications for optimizing cell-based regenerative therapies. *Dis. Model Mech.* 7: 593-599.

McCusker, C., J. Lehrberg and D. M. Gardiner. 2015. Position-specific induction of ectopic limbs in non-regenerating blastemas on axolotl forelimbs. *Regeneration* 1: 27-34.

Sikes, J. M. and P. A. Newmark. 2013. Restoration of anterior regeneration in a planarian with limited regenerative ability. *Nature* 500: 77-80.

Taub, R. 2004. Liver regeneration: From myth to mechanism. *Nature Rev. Mol. Cell Biol.* 5: 836-847.

Umesono, Y. and 9 others. 2013. The molecular logic for planarian regeneration along the anteroposterior axis. *Nature* 500: 73-76.

van Wolfswinkel, J. C., D. E. Wagner and P. W. Reddien. 2014. Single-cell analysis reveals functionally distinct classes within the planarian stem cell compartment. *Cell Stem Cell* 15: 326-339.

Wagner, D. E., I. E. Wang and P. W. Reddien. 2011. Clonogenic neoblasts are pluripotent adult stem cells that underlie planarian regeneration. *Science* 332: 811e816.

Wagner, D. E., J. J. Ho and P. W. Reddien. 2012. Genetic regulators of a pluripotent adult stem cell system in planarians identified by RNAi and clonal analysis. *Cell Stem Cell* 10: 299-311.

Wehner, D. and 11 others. 2014. Wnt/β-catenin signaling defines organizing centers that orchestrate growth and differentiation of the regenerating zebrafish caudal fin. *Cell. Rep.* 6: 467-481.

Wurtzel, O., L. E. Cote, A. Poirier, R. Satija, A. Regev and P. W. Reddien. 2015. A generic and cell-type-specific wound response precedes regeneration in planarians. *Dev. Cell* 35: 632-645.

Zhang, R. and 11 others. 2013. In vivo cardiac reprogramming contributes to zebrafish heart regeneration. *Nature* 498: 497-501.

VISITE WWW.DEVBIO.COM...

... para Tópicos na Rede, entrevistas de Os Cientistas Falam, vídeos de Assista ao Desenvolvimento, Tutorial do Desenvolvimento e informação bibliográfica completa sobre toda a literatura citada neste capítulo.

23

Envelhecimento e senescência

A ENTROPIA SEMPRE GANHA. Um organismo multicelular é capaz de desenvolver e manter sua identidade apenas por tanto tempo antes da deterioração prevalecer sobre a síntese, e o organismo envelhece. O **envelhecimento** pode ser definido como a deterioração relacionada ao tempo das funções fisiológicas necessárias para a sobrevivência e a fertilidade. As características do envelhecimento – diferenciadas das doenças do envelhecimento, como câncer e doença cardíaca – afetam todos os indivíduos de uma espécie. O processo de envelhecimento tem duas facetas importantes. A primeira é simplesmente o tempo que um organismo vive; a segunda diz respeito à deterioração fisiológica, ou **senescência**, que caracteriza a velhice. Estes tópicos geralmente são vistos como inter-relacionados. Tanto o envelhecimento quanto a senescência têm componentes genéticos e ambientais, e até agora não existe uma teoria unificada do envelhecimento que os coloca juntos. Como uma revisão recente (Underwood, 2015) observou: "Na corrida para encontrar um relógio biológico, há muitos adversários".

Genes e envelhecimento

"Morte", de acordo com Steve Jobs (2005), "é muito provavelmente a melhor invenção da vida". No entanto, é óbvio que a morte ocorre de forma diferente em diferentes organismos e que essas diferenças são herdadas. Um camundongo pode viver por 3 anos; os humanos podem viver por décadas. O **tempo de vida máximo** é o número máximo de anos conhecido que um indivíduo de uma determinada espécie sobreviveu e é característico dessa espécie (Coles, 2004). A partir de 2013, o tempo de vida humana máximo verificado foi de 122,5 anos. A vida de algumas tartarugas e trutas do lago são incertas, mas são estimadas em mais de 150 anos. O tempo de vida máximo de um cão doméstico é de cerca de 20 anos, e o de um camundongo de laboratório é de 4,5 anos; a maioria dos camundongos na natureza não vive para comemorar sequer seu primeiro aniversário. Se uma mosca-da-fruta sobreviver a eclosão (na natureza, mais de 90% morrem como larvas), ela tem uma vida máxima de 3 meses.

Como essa medusa pode contornar a morte e se tornar potencialmente imortal?

Destaque

Não existe uma hipótese única que explique o envelhecimento e a senescência. As mutações em genes que codificam as enzimas de reparo do DNA e os fatores que regulam as taxas metabólicas podem ser cruciais no envelhecimento, e a cascata de sinalização da insulina (envolvendo a interação do metabolismo e da dieta) medeia entre fertilidade e envelhecimento. Além disso, mudanças epigenéticas aleatórias no DNA e na cromatina podem inativar genes à medida que envelhecemos. Novas pesquisas sugerem que as células-tronco e seus nichos são críticos para a função normal do organismo e que, à medida que as mutações e as mudanças epigenéticas se acumulam, essas células-tronco podem morrer ou se tornar não funcionais. À medida que as células se tornam senescentes, verificou-se que estas segregam fatores parácrinos que imitam as respostas inflamatórias e reprimem a função do órgão.

Os fatores genéticos desempenham papéis na determinação da longevidade tanto entre quanto dentro das espécies (Wilson et al., 2007). A maioria das pessoas não pode esperar viver 122 anos. A **expectativa de vida** – o período de tempo médio que um dado indivíduo de determinada espécie pode esperar viver – não é característica das espécies, mas das populações. Às vezes, é definida como a idade em que metade da população ainda sobrevive. Um bebê nascido na Inglaterra durante a década de 1780 poderia esperar viver até os 35 anos. Em Massachusetts, na mesma época, a expectativa de vida era de 28 anos. Essas idades representam a faixa normal de expectativa de vida para a maior parte da raça humana ao longo da história registrada (Arking, 1998). Ainda hoje, em alguns países (Angola, Chade, Lesetho e vários outros), a expectativa de vida é de cerca de 45 anos. Os homens nos Estados Unidos hoje têm uma expectativa de vida de cerca de 76 anos, e as mulheres podem esperar viver cerca de 81 anos.[1]

Dado que durante a maior parte do tempo e na maioria dos lugares as pessoas não viveram muito mais de 40 anos, a nossa consciência do envelhecimento humano é relativamente nova. Em 1900, 50% dos americanos morreram antes dos 60 anos de idade; uma pessoa de 70 anos era excepcional em 1900, mas hoje é comum. As pessoas em 1900 não tinham o "luxo" de morrer de infarto do miocárdio ou cânceres, visto que essas condições são mais propensas a afetar pessoas com mais de 50 anos. Em vez disso, muitas pessoas morreram (como ainda estão morrendo em grandes partes do mundo) de infecções microbianas e virais. Até recentemente, relativamente poucas pessoas exibiam o fenótipo geral senescente humano: cabelos grisalhos, flacidez e rugas da pele, articulações artríticas, osteoporose (perda de cálcio ósseo), perda de fibras musculares e de força muscular, perda de memória, deterioração da visão e redução da capacidade de resposta sexual. Como a melancólica Jacques observa em Shakespeare, *Do Jeito Que Você Gosta*, aqueles que sobreviveram à senescência deixaram o mundo "sem dentes, sem olhos, sem gosto, sem tudo".

Os períodos de vida específicos da espécie parecem ser determinados por genes que efetuam um *compromisso* entre a energia utilizada para o crescimento inicial e a reprodução (o que resulta em danos somáticos) em relação à energia alocada para manutenção e reparo. Em outras palavras, o envelhecimento resulta da seleção natural operando mais fortemente sobre a sobrevivência e a reprodução precoce do que em ter uma vida pós-reprodutiva vigorosa. As evidências moleculares indicam que certos componentes genéticos da longevidade são conservados entre espécies – moscas, vermes, mamíferos e até mesmo leveduras parecem usar o mesmo conjunto de genes para promover a sobrevivência e a longevidade (ver Vijg e Campisi, 2008; Kenyon, 2010). Quatro conjuntos de genes são bem conhecidos por estarem envolvidos no envelhecimento e sua prevenção, e cada conjunto parece ser conservado entre os filos e até reinos. Estes são os genes que codificam (1) enzimas de reparo do DNA, (2) proteínas da via de sinalização da insulina, (3) proteínas na via de sinalização mTORC1 (uma cascata que regula a tradução) e (4) enzimas de remodelação da cromatina.

Enzimas de reparo do DNA

As enzimas de reparo do DNA parecem ser de fundamental importância na prevenção da senescência (Gorbunova et al., 2007). Os indivíduos de espécies cujas células possuem enzimas de reparo de DNA mais eficientes vivem mais tempo (**FIGURA 23.1**; Hart e Setlow, 1974). Certas síndromes de envelhecimento prematuro, chamadas de **progérias**, em humanos e camundongos parecem ser causadas por mutações que impedem o funcionamento de enzimas de reparo de DNA (**FIGURA 23.1B**, Sun et al., 1998; Shen e Loeb, 2001; de Boer et al., 2002).

As teorias do "uso-e-gasto" sobre o envelhecimento são as hipóteses mais antigas propostas para explicar o fenótipo senescente humano (Weismann, 1891; Medawar, 1952). À medida que a nossa idade avança, pequenos traumas para o corpo e seu genoma se acumulam. A nível molecular, o número de mutações pontuais aumenta com a idade, e a

---

[1] Quando a Segurança Social foi promulgada nos Estados Unidos, em 1935, o cidadão trabalhador médio morria antes dos 65 anos. Assim, não era esperado que ele (e geralmente era um homem) recebesse tanto quanto pagara ao sistema. Da mesma forma, o casamento "até que a morte nos separe" era mais fácil de alcançar quando a morte ocorria na terceira ou quarta década de vida. Antes dos antibióticos, a taxa de mortalidade das mulheres jovens devido a infecções associadas ao parto era alta em todo o mundo.

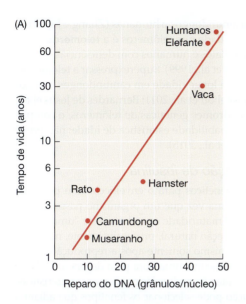

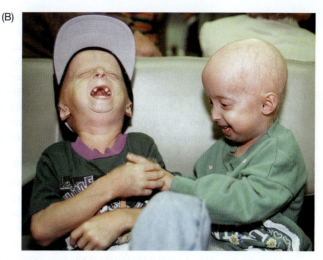

FIGURA 23.1 Tempo de vida e fenótipo do envelhecimento. (A) Correlação entre o tempo da vida e a capacidade dos fibroblastos para reparar o DNA em várias espécies de mamíferos. A capacidade de reparo é representada na autorradiografia pelo número de grãos de timidina radioativa por núcleo celular. Observe que o eixo y (tempo de vida) é logarítmico. (B) Progéria ou síndrome de Hutchinson-Gilford. Embora ainda não tenham 8 anos, essas crianças têm um fenótipo semelhante ao de uma pessoa idosa. A perda de cabelo, a distribuição de gordura e a transparência da pele são características do padrão de envelhecimento normal observado em adultos idosos. A mutação produz uma proteína de envelope nuclear aberrante que parece impedir o reparo do DNA (Coppedè e Migliore, 2010). (A, segundo Hart e Setlow, 1974; B © Associated Press.)

eficiência das enzimas codificadas por nossos genes diminui (Singh et al., 2001; Bailey et al., 2004; Rossi et al., 2007). Além disso, se ocorrerem mutações nos genes que codificam proteínas transcricionais ou translacionais, a célula pode fazer um número ainda maior de proteínas defeituosas (Orgel, 1963; Murray e Holliday, 1981; Kamileri et al., 2012).

ESPÉCIES REATIVAS DE OXIGÊNIO Duas principais fontes de mutação são a radiação e as **espécies reativas de oxigênio** (**ROS**). A ROS produzida pelo metabolismo normal pode se oxidar e danificar membranas celulares, proteínas e ácidos nucleicos. Cerca de 2 a 3% dos átomos de oxigênio absorvidos pelas nossas mitocôndrias são reduzidos insuficientemente e formam ROS: íons superóxido, radicais hidroxilas ("livres") e peróxido de hidrogênio. A evidência de que as moléculas de ROS são cruciais no processo de envelhecimento inclui observações de que a mosca-da-fruta e os nematódeos que sobrexpressam as enzimas que destroem ROS (catalase e superóxido dismutase) vivem significativamente mais tempo do que os animais-controle (Orr e Sohal, 1994; Parkes et al., 1998; Sun e Torre, 1999; Feng et al., 2001). No entanto, essas correlações não se mantiveram em outros estudos; portanto, a capacidade genética para destruir radicais livres de oxigênio pode não ser essencial para uma vida longa (Pérez et al., 2009; Van Raamsdonk e Hekimi 2012).

TELOMERASE E P53 O fator de transcrição **p53** é um dos reguladores mais importantes da divisão celular. Esse fator pode parar o ciclo celular, causar senescência celular em células que se dividem rapidamente, instruir os genes a iniciar a apoptose celular e ativar as enzimas de reparo do DNA. Na maioria das células, p53 está ligado a uma proteína repressora que mantém o p53 inativo. No entanto, a radiação ultravioleta, o estresse oxidativo e outros fatores que causam danos ao DNA separam p53 do seu repressor, permitindo que ela funcione. A indução de apoptose ou senescência celular por p53 pode ser benéfica (ao destruir células cancerosas) ou deletéria (ao destruir, digamos, neurônios ou células-tronco).

Uma das principais formas de ativar p53 (e proteínas relacionadas, como p63) é danificar os **telômeros**, os capuzes protetores de nucleoproteínas nas pontas dos cromossomos (semelhantes ao modo como as extremidades resistentes nas pontas dos cadarços impedem que eles se desenrolem). Quando p53 é ativada por telômeros danificados, a replicação do DNA para, e, se o reparo não funcionar, a apoptose é iniciada. Se a célula é uma célula-tronco ou alguma outra célula que se replica rapidamente, isso reduzirá o número de células produzidas, e a falta de células-tronco produzirá um fenótipo "envelhecido". A relação entre telômeros encurtados e depleção de células-tronco tem sido observada em doenças degenerativas, como a distrofia muscular do camundongo (Sacco et al., 2010).

Existe uma correlação positiva entre o comprimento dos telômeros e a longevidade em humanos (Atzmon et al., 2010), e os telômeros parecem diminuir com a idade nos compartimentos das células-tronco de camundongos e humanas (Zhang e Ju, 2010). O complexo enzimático que mantém a integridade dos telômeros é a **telomerase**, que atua como um complexo de antissenescência. Ratos e humanos com deficiências de telomerase envelhecem prematuramente (Mitchell et al., 1999). Superexpressar a telomerase ou reativá-la em células senescentes aumenta a longevidade em camundongos sem aumento de câncer (Tomás-Loba et al., 2008; Jaskelioff et al., 2011; Bernardes de Jesus et al., 2012). No entanto, com exceção das raras síndromes genéticas de telômeros, o comprimento dos telômeros apenas fornece uma probabilidade estatística de idade; não prevê o tempo de vida de um indivíduo (Blackburn et al., 2015).

Envelhecimento e cascata de sinalização de insulina

Uma crítica à ideia de que há "programas" genéticos para o envelhecimento pergunta como a evolução poderia tê-los selecionado. Uma vez que um organismo passou a idade reprodutora e criou sua descendência para a maturidade sexual, torna-se "uma excrescência na árvore da vida" (Rostand, 1962); a seleção natural, presumivelmente, não pode atuar sobre características que afetam um organismo somente após a reprodução. Todavia, "Como a evolução pode selecionar uma maneira e uma hora para degenerar?" Pode ser a pergunta errada. A evolução provavelmente não pode selecionar essas características. A questão correta pode ser: "Como a evolução pode selecionar os fenótipos que adiam a reprodução ou a maturidade sexual?" Muitas vezes, há *um compromisso* entre reprodução e manutenção, e em muitas espécies a reprodução e a senescência estão intimamente ligadas.

Estudos recentes de camundongos, *Caenorhabditis elegans* e *Drosophila* sugerem que existe uma via genética conservada que regula o envelhecimento, e que, de fato, ele pode ser selecionado. Essa via envolve a resposta a fatores de crescimento de insulina e semelhantes à insulina. Em *C. elegans*, uma larva prossegue através de quatro estágios larvais, e, após isso, torna-se adulta. Se a população dos nematódeos estiver superlotada ou se não houver comida suficiente, a larva pode entrar em um estágio metabolicamente dormente de **larva de Dauer**, um estado de não alimentação de **diapausa**, condição em que o desenvolvimento e o envelhecimento são suspensos. O nematódeo pode permanecer no estágio de Dauer por até 6 meses (em vez de se tornar um adulto que vive apenas algumas semanas). Nesse estado, aumenta a resistência aos radicais de oxigênio que podem estabelecer ligações cruzadas com proteínas e destruir o DNA. O caminho que regula tanto a formação da larva de Dauer como a longevidade foi identificado como a **via de sinalização da insulina** (Kimura et al., 1997; Guarente e Kenyon, 2000; Gerisch et al., 2001; Pierce et al., 2001).

Em *C. elegans*, ambientes favoráveis assinalam a ativação do homólogo de receptor de insulina DAF-2, e este receptor estimula o início da idade adulta (**FIGURA 23.2A**). Ambientes pobres não conseguem ativar o receptor DAF-2, e ocorre a formação da larva de Dauer. Enquanto alelos de perda de função grave na via de sinalização de insulina causam a formação de larvas de Dauer em qualquer ambiente, mutações fracas na via permitem que os animais alcancem a idade adulta e vivam quatro vezes mais do que animais selvagens.

A regulação negativa da via de sinalização de insulina tem várias outras funções. Primeiro, parece influenciar o metabolismo, diminuindo o transporte mitocondrial de elétrons. Em segundo lugar, quando o receptor DAF-2 não está ativo, as células aumentam a produção de enzimas que previnem o dano oxidativo, bem como as enzimas de reparo do DNA (Honda e Honda, 1999; Tran et al., 2002). Em terceiro lugar, essa falta de sinalização de insulina diminui a fertilidade (Gems et al., 1998). Este aumento nas enzimas sintéticas de DNA e em enzimas que protegem contra ROS é devido ao fator de transcrição Foxo/DAF-16. Este fator de transcrição do tipo Forkhead é inibido pelo sinal do receptor de insulina (DAF-2). Quando esse sinal está ausente, o Foxo/DAF-16 pode funcionar, e esse fator promove a longevidade de maneiras ainda não decifradas. É possível que Foxo/DAF-16 ative a expressão de genes envolvidos na produção de proteínas antiestresse dentro da célula, bem como sinais lipídicos que ajudem a prolongar a vida para as células próximas (Zhang et al., 2013). O fator de transcrição Foxo tem sido associado à longevidade em todo o reino animal. Na verdade, recentemente foi mostrado ser um dos principais impulsionadores da renovação de células-tronco em hidras potencialmente imortais (Boehm et al., 2012).

É possível que esse sistema também funcione em mamíferos, porém a as vias de sinalização da insulina e do fator de crescimento semelhantes à insulina estão tão integradas ao

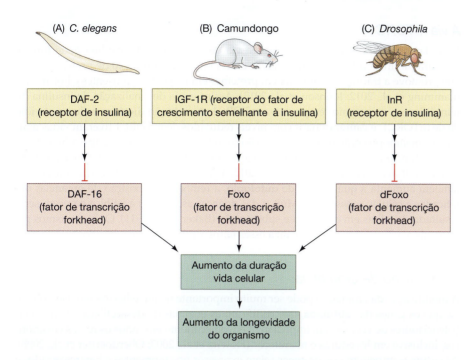

(A) *C. elegans*

(B) Camundongo

(C) *Drosophila*

DAF-2
(receptor de insulina)

IGF-1R (receptor do fator de
crescimento semelhante à insulina)

InR
(receptor de insulina)

DAF-16
(fator de transcrição
forkhead)

Foxo
(fator de transcrição
forkhead)

dFoxo
(fator de transcrição
forkhead)

Aumento da duração
vida celular

Aumento da longevidade
do organismo

FIGURA 23.2 Uma possível via para regular a longevidade. Em cada caso, a via de sinalização de insulina inibe a síntese proteica do fator de transcrição Foxo que, de outra forma, aumentaria a longevidade celular.

desenvolvimento embrionário e ao metabolismo do adulto que as mutações muitas vezes têm efeitos numerosos e deletérios (como diabetes ou síndrome de Donahue). No entanto, há evidências de que a via de sinalização da insulina afeta a vida útil em mamíferos (**FIGURA 23.2B**). As raças de cães com baixos níveis de fator de crescimento semelhante à insulina 1 (IGF-1) vivem mais do que as raças com níveis mais altos desse fator. Os camundongos com mutações de perda de função da via de sinalização de insulina vivem mais do que os seus irmãos selvagens (ver Partridge e Gems, 2002; Blüher et al., 2003, Kurosu et al., 2005). Holzenberger e colaboradores (2003) descobriram que os camundongos heterozigotos para o receptor de insulina IGF-1R não só viviam cerca de 30% mais do que os seus irmãos selvagens, como também apresentavam maior resistência ao estresse oxidativo. Além disso, os camundongos que não possuíam uma cópia do seu gene de IGF-1R viviam aproximadamente 25% mais do que camundongos selvagens.

A via de sinalização de insulina também parece regular o tempo de vida em *Drosophila* (**FIGURA 23.2C**). As moscas com pequenas mutações de perda de função do gene do receptor de insulina ou genes na via de sinalização de insulina vivem quase 85% mais do que as selvagens (Clancy et al., 2001; Tatar et al., 2001). Esses mutantes de vida longa são estéreis e seu metabolismo se assemelha ao das moscas que estão na diapausa (Kenyon, 2001). Acredita-se que o receptor de insulina em *Drosophila* regula um fator de transcrição *Forkhead* (dFoxo) semelhante à proteína Foxo/DAF-16 de *C. elegans*. Quando o gene *Drosophila dFoxo* é ativado no tecido adiposo, ele pode prolongar a vida útil da mosca (Giannakou et al., 2004; Hwangbo et al., 2004). Do ponto de vista evolutivo, a via da insulina pode mediar um *compromisso* entre reprodução e sobrevivência/manutenção. Muitos (embora nem todos) dos mutantes de vida longa têm fertilidade reduzida. Assim, é interessante que outro sinal de longevidade se origine na gônada. Quando as células germinativas são removidas de *C. elegans*, os vermes vivem mais. As células-tronco germinativas produzem uma substância que bloqueia os efeitos de um hormônio esteroide indutor de longevidade (Hsin e Kenyon, 1999; Gerisch et al., 2001; Shen et al., 2012).

A restrição calórica é outra maneira de regular negativamente a via da insulina (Kenyon, 2001; Roth et al., 2002; Holzenberger et al., 2003). A restrição calórica pode reduzir os níveis de IGF-1 (o principal ligante do IGF-1R) e da insulina circulante, embora outros mecanismos também estejam sendo explorados (p. ex., Selman et al., 2009). Estudos em primatas (incluindo humanos) não concluíram que a ingestão de baixa caloria prolonga sua longevidade, embora pareça retardar o declínio da variação do batimento cardíaco e da coordenação motora associados à idade (ver Colman et al., 2009; Mattison et al., 2012; Stein et al., 2012).

A via mTORC1

Uma das principais formas pelas quais a via de sinalização de insulina pode funcionar para diminuir a longevidade é ativar o mTORC1, um complexo de proteína-cinase que promove a tradução de mRNA em proteínas em resposta a nutrientes e hormônios (Lamming et al., 2012; Johnson et al., 2013). Assim, a via de sinalização de insulina diminui Foxo e, ao mesmo tempo, ativa mTORC1. A restrição dietética reduz a atividade de mTORC1, e camundongos com níveis reduzidos de mTORC1 tiveram vidas mais longas, melhor proteção contra a disfunção cognitiva relacionada à idade e células-tronco mais funcionais do que os camundongos-controle (Chen et al., 2009; Harrison, 2009; Halloran et al., 2012; Majumder et al., 2012; Yilmaz et al., 2012). Reduzir o mTORC1 também aumenta a quantidade de **autofagia**, a remoção e reposição de organelas danificadas e células senescentes. Muitas das doenças associadas à velhice parecem ser o resultado de falhas em autofagia e substituição (Baker et al., 2011). Os mecanismos pelos quais a mTORC1 reduzida realiza esses feitos ainda são desconhecidos, e essa via é uma área de estudo ativo.

Modificação de cromatina

A modificação da cromatina pode ser muito importante no envelhecimento. Descobriu-se que os genes das **sirtuínas**, que codificam as enzimas de desacetilação de histonas (silenciadores de cromatina), impediam o envelhecimento em todos os reinos eucarióticos, inclusive em leveduras e mamíferos (Howitz et al., 2003; Oberdoerffer et al., 2008). As sirtuínas impedem que os genes sejam expressos nos momentos e lugares errados e ajudam a reparar as quebras de cromatina. Quando as fitas do DNA se quebram (como inevitavelmente acontece à medida que o corpo envelhece), as sirtuínas são chamadas para corrigi-las e não podem atender às suas funções usuais. Assim, os genes que geralmente são silenciados se tornam ativos à medida que as células envelhecem.

De modo alternativo, existem outras áreas do corpo, como o cérebro, onde as histona desacetilases podem gerar um fenótipo envelhecido. O declínio cognitivo, principalmente na capacidade de recordar experiências passadas, é uma parte normal da síndrome do envelhecimento dos mamíferos. As memórias de longo prazo são estabilizadas pela remodelação da cromatina no hipocampo e nos lobos frontais do cérebro, um processo envolvendo metilação do DNA e modificações nas histonas (Swank et al., 2001; Korzus 2004; Miller et al., 2008; Penner et al., 2011). Peleg e colaboradores (2010) mostraram que a transcrição normal associada à estabilização da memória de longo prazo é interrompida quando a idade dos camundongos avança, e que essa falta de transcrição está associada à acetilação H4K12 diminuída. De fato, essa capacidade de armazenar memória pode ser recuperada infundindo-se no hipocampo um inibidor da histona desacetilase (**FIGURA 23.3**).

FIGURA 23.3 A diminuição da memória relacionada à idade em camundongos pode ser revertida por inibidores de histonas desacetilases. Os camundongos eram ou não estressados (controle) para formar uma nova memória. (A) H4K12 identificada por ensaios de imunoprecipitação com cromatina (ChIP) nas regiões de codificação de três genes. Os camundongos estressados tratados com o inibidor da histona desacetilase (SAHA) apresentaram o maior nível de H4K12. (B) Os camundongos estressados tratados com SAHA também apresentaram os maiores níveis de expressão de *Fmn2* e *Prkca*, dois genes que foram associados à formação de memória. (C) Os camundongos que estavam estressados estabilizaram a memória desse estresse melhor do que se tivessem sido tratados com o inibidor da histona desacetilase. (Por Peleg et al., 2010.)

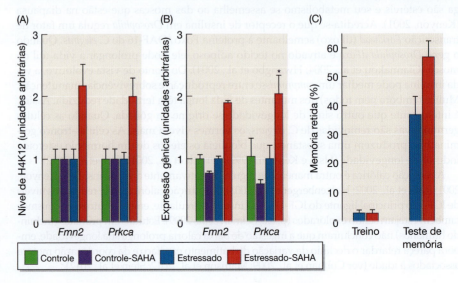

Deriva epigenética aleatória

A ideia de que a deriva epigenética aleatória inativa genes importantes sem qualquer sinal ambiental particular dá origem a uma hipótese totalmente nova sobre o envelhecimento. Em vez de mutações acumuladas aleatoriamente – que podem ser devidas a mutagênicos específicos – estamos à mercê de acúmulos de erros ocasionados pelas enzimas metiladoras e desmetiladoras de DNA. Na verdade, ao contrário das polimerases de DNA, nossas enzimas de metilação de DNA são propensas a erros. Em cada rodada de replicação do DNA, as metiltransferases de DNA devem metilar as citosinas apropriadas, deixando outras citosinas não metiladas, e estas não são as enzimas mais meticulosas, gerando erros na ordem dos 2 a 4% (Ushijima et al., 2005). Dentro de certos parâmetros genéticos (que podem afetar a velocidade em que ocorrem as alterações de metilação e diferir entre espécies e indivíduos), nossas células podem acumular erros de expressão gênica ao longo de nossas vidas.

A deriva epigenética aleatória pode ter efeitos profundos em nossa fisiologia. Por exemplo, a metilação das regiões promotoras dos receptores de estrogênio α e β é conhecida por aumentar linearmente com a idade (**FIGURA 23.4**; Issa et al., 1994), e pensa-se que essa metilação causa a inativação desses genes no músculo liso de células de vasos sanguíneos. Esse declínio nos receptores de estrogênio evitaria que o estrogênio mantivesse a elasticidade desses músculos, conduzindo, assim, ao "endurecimento das artérias". O aumento da metilação dos genes dos receptores de estrogênio é ainda mais proeminente nas placas ateroscleróticas que obstruem os vasos sanguíneos (**FIGURA 23.5**); essas placas mostram mais metilação dos genes do receptor de estrogênio do que os tecidos circundantes (Post et al., 1999; Kim et al., 2007). Assim, a inativação associada à metilação dos genes dos receptores de estrogênio nessas células pode desempenhar um papel na deterioração do sistema vascular relacionada à idade. Esse defeito potencialmente reversível pode fornecer um novo alvo para a intervenção em doenças cardíacas. Várias doenças neurológicas, incluindo transtorno bipolar, depressão e respostas ao estresse, foram ligadas à metilação do DNA e/ou a modificações nas histonas (Sweatt, 2013). Estudos recentes sobre a doença de Alzheimer (e seu modelo de camundongo) mostraram sinais epigenéticos (metilação e acetilação de cromatina), indicando perda de funções de plasticidade sináptica e ganho de função imune no hipocampo. Estes implicam fortemente o sistema imune (e inflamação) na predisposição de pessoas à demência relacionada ao Alzheimer (Gjoneska et al., 2015).

Horvath (2013) ampliou e refinou o relógio de envelhecimento epigenético por meio de investigações genômicas em larga escala de mais de 50 indivíduos saudáveis em diferentes idades. Ele conseguiu analisar mais de 350 sítios de possível metilação do DNA, mostrando que, à medida que as pessoas envelhecem, esses sítios se tornam progressivamente mais metilados. As células removidas de embriões precoces dificilmente têm qualquer metilação nesses locais, ao passo que as células retiradas de centenários são fortemente metiladas. Usando células da saliva de uma pessoa, a análise de Horvath da metilação do DNA permite a predição da idade de uma pessoa com aproximação de 2 anos (**FIGURA 23.6**). Além disso, Hannum e colaboradores (2013) mostraram que tumores de mama, rim e tecidos pulmonares tinham DNA mais fortemente metilado do que os tecidos não tumorais circundantes, fazendo-os parecer aproximadamente 40% "mais velhos" do que os pacientes de quem foram removidos. Isso pode ser devido à metilação de um gene envolvido com os processos de remodelação da cromatina.

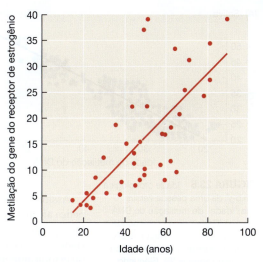

FIGURA 23.4 A metilação de um gene de receptor β de estrogênio ocorre como uma função do envelhecimento fisiológico normal. (Segundo Issa et al., 1994.)

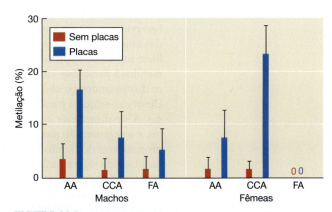

FIGURA 23.5 Metilação do gene do receptor de estrogênio em placas ateroscleróticas e tecido vascular sem placas adjacente na aorta ascendente (AA), artéria carótida comum (CCA, do inglês *common carotid artery*) e artéria femoral (FA, do inglês *femoral artery*). (Segundo Kim et al., 2007.)

(A) Saliva

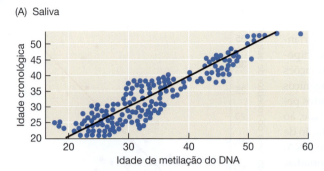

(B) Sangue

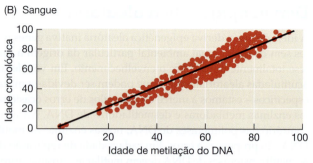

FIGURA 23.6 Idade cronológica (eixo-*y*) de uma pessoa *versus* sua "idade" de metilação do DNA (eixo-*x*). Cada ponto corresponde a uma amostra de metilação de DNA retirada de células na saliva (A) ou células no sangue (B). (Segundo Horvath, 2013.)

Assim, nessa nova hipótese para o envelhecimento, parece haver uma deriva epigenética aleatória que não é determinada pelo tipo de alelo ou por qualquer fator ambiental específico. A deriva epigenética aleatória pode ser a causa dos vários fenótipos associados ao envelhecimento à medida que diferentes genes são aleatoriamente reprimidos ou ectopicamente ativados. Erros no processo de metilação do DNA acumulam-se com a idade e podem ser responsáveis pela deterioração da nossa fisiologia e anatomia. Se assim for, alguns genes podem ser alvos mais importantes do que outros. (Os receptores de estrogênio acima mencionados, por exemplo, são cruciais não só no sistema vascular, mas também na saúde esquelética e muscular.) Não se sabe quais mecanismos estabelecem a taxa de metilação aleatória do DNA, mas estes podem ser extremamente importantes para a regulação e o desenvolvimento dentro de e entre espécies.

 OS CIENTISTAS FALAM 23.1 A Dra. Silvia Gravina discute sua pesquisa sobre a regulação epigenética do envelhecimento.

Células-tronco e envelhecimento

Uma das características do envelhecimento é a capacidade decadente de células-tronco e células progenitoras para restaurar os tecidos danificados ou não funcionais. Um declínio na atividade celular do progenitor muscular (satélite) é visto quando a sinalização de Notch é perdida, resultando em uma diminuição significativa na capacidade de manter a função muscular. Da mesma forma, um declínio dependente da idade na divisão celular de progenitores hepáticos prejudica a regeneração hepática devido ao declínio no fator de transcrição cEBPα. O aumento de cabelo grisalho de mamíferos associado à idade parece ser devido à apoptose de células-tronco de melanócitos no nicho do bulbo capilar (Nishimura et al., 2005; Robinson e Fisher, 2009). Uma das questões, então, torna-se: esta parte da síndrome do envelhecimento é causada pela função decrescente das células-tronco ou por uma capacidade decadente do nicho de células-tronco para apoiá-las?

Uma maneira de testar isso é "fusionando" um camundongo idoso com um jovem. Isso pode ser feito por uma técnica chamada parabiose, em que os sistemas circulatórios dos animais são unidos cirurgicamente, de modo que os dois camundongos compartilhem um único suprimento de sangue. Se um camundongo idoso e um jovem são submetidos à parabiose – uma técnica chamada **parabiose heterocrônica** – as células-tronco do camundongo idoso são expostas a fatores no soro sanguíneo jovem (e vice-versa). Observou-se que a parabiose heterocrônica restaurou a atividade de células-tronco idosas. A sinalização de Notch das células-tronco musculares recuperou seus níveis juvenis, e a regeneração das células musculares foi restaurada. Da mesma forma, as células progenitoras do fígado recuperaram os níveis "juvenis" de cEBPα e, com isso, sua capacidade de regeneração (Conboy et al., 2005; Conboy e Rando, 2012). O sangue jovem promoveu o reparo da medula espinal envelhecida, reverteu o espessamento (hipertrofia) das paredes do coração e estimulou a formação de novos neurônios em camundongos envelhecidos (**FIGURA 23.7**; Villeda et al., 2011, 2014; Ruckh et al., 2012).

Loffredo e colaboradores (2013) identificaram o agente "rejuvenescedor" transmitido pelo sangue como fator parácrino GDF11, uma proteína de sinalização extracelular. GDF11 circula através do sangue de camundongos jovens, e seus níveis diminuem com

(A)

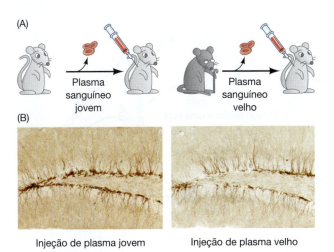

Plasma sanguíneo jovem

Plasma sanguíneo velho

(B)

Injeção de plasma jovem

Injeção de plasma velho

(C)

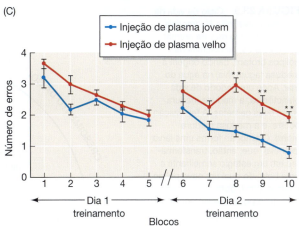

FIGURA 23.7 Fatores no plasma (a porção líquida do sangue) de camundongos idosos alteram o desenvolvimento de novos neurônios e comportamentos em camundongos jovens. (A) Protocolo pelo qual o plasma de camundongos jovens é injetado em outros camundongos jovens (à esquerda), ou o plasma de camundongos idosos é injetado em camundongos jovens (à direita). (B) Os camundongos jovens que recebem plasma jovem continuam a fabricar novos neurônios (mancha escura), ao passo que o número de novos neurônios diminui em camundongos jovens injetados com plasma velho. (C) No treinamento para fazer uma tarefa específica, os camundongos que receberam plasma jovem ou velho inicialmente cometiam o mesmo número de erros. Um dia depois, os camundongos que receberam o plasma jovem lembraram seus erros anteriores e cometeram menos erros que os camundongos que receberam plasma velho. (Segundo Villeda et al., 2011.)

a idade. Quando o GDF11 foi transfundido em camundongos mais velhos, os níveis juvenis reverteram a hipertrofia relacionada à idade. No cérebro, o GDF11 pareceu contrariar a deterioração do envelhecimento; injeção de GDF11 em camundongos mais velhos aumentou a produção de capilares cerebrais, a formação de neurônios e a discriminação olfativa (**FIGURA 23.8**; Katsimpardi et al., 2014; Poggioli et al., 2015).

Uma vez que as células-tronco não são transfundidas de um animal para o outro, parece que o GDF11 ajuda na função do nicho de células-tronco. Ainda não se sabe se o GDF11 (ou plasma sanguíneo jovem em geral) prolonga o tempo de vida ou melhora a saúde de camundongos ou humanos (ver Scudellari, 2015). Existe também o perigo de que, ao trabalhar com células-tronco, exista uma linha tênue entre a subproliferação (que leva ao envelhecimento) e a superproliferação (que leva ao câncer).

Ampliando o conhecimento

Como as células-tronco pluripotentes induzidas (iPSCs) conectam envelhecimento, regeneração e desenvolvimento?

TÓPICO NA REDE 23.1 **SENESCÊNCIA CELULAR E ENVELHECIMENTO** Pode haver um estado de estado celular oposto ao da célula-tronco. "Células senescentes" produzem fatores parácrinos que parecem causar muitos dos sintomas do envelhecimento.

 OS CIENTISTAS FALAM 23.2 A Dra. Nadia Rosenthal discute as formas pelas quais as células-tronco podem ser usadas para parar ou reverter o processo de envelhecimento.

Exceções à regra de envelhecimento

Existem algumas espécies em que o envelhecimento parece ser opcional, e estas podem conter algumas pistas importantes sobre

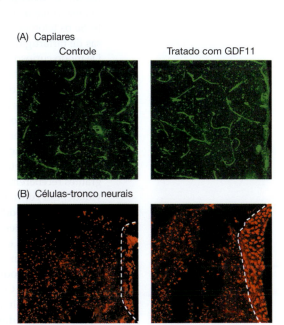

(A) Capilares

Controle · Tratado com GDF11

(B) Células-tronco neurais

FIGURA 23.8 Um possível agente "rejuvenescedor". O fator parácrino GDF11 produzido pelo sangue promove o remodelamento vascular (A) e a neurogênese (B) no cérebro do camundongo. As micrografias mostram uma região do giro dentado do cérebro corado para novos capilares ou células-tronco neurais. Os cérebros tratados com GDF11 eram de camundongos (idosos) de 22 meses injetados com GDF11 por 4 semanas. (De Katsimpardi et al., 2014, cortesia de L. Katsimpardi e L. Rubin.)

FIGURA 23.9 Ciclo de vida de *Turritopsis dohrnii* e *Hydractinia carnea*. No ciclo de vida normal dos cnidários, as colônias de pólipos brotam, dando origem à medusa (água-viva) na água do mar. Após um período de vida planctônica, a medusa madura libera seus gametas. A fertilização ocorre, e a medusa madura morre. O embrião forma uma larva (plânula), que, então, transforma-se em um estágio semelhante a uma bola, do qual um novo pólipo emerge. Em *T. dohrnii* e *H. carnea* a medusa pode desdiferenciar-se em um estágio de tipo bola, o que pode gerar um pólipo e iniciar o ciclo de vida novamente ("desenvolvimento reverso", setas vermelhas). (Segundo Schmich et al., 2007).

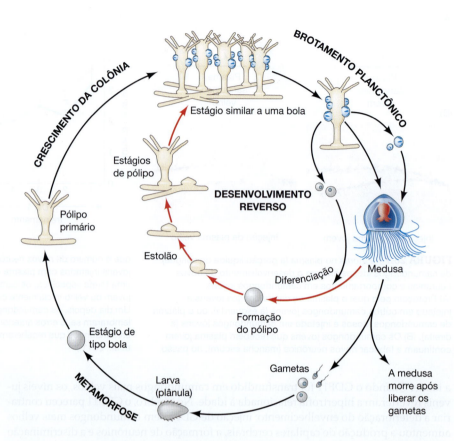

como os animais podem viver mais e manter sua saúde. As tartarugas, por exemplo, são um símbolo de longevidade em muitas culturas. Muitas espécies de tartarugas não só vivem por muito tempo, mas também não parecem sofrer uma síndrome típica do envelhecimento. As tartarugas parecem ter "senescência negligenciável", na medida em que sua taxa de mortalidade não aumenta com a idade, nem sua taxa reprodutiva diminui com ela. Nessas espécies, as fêmeas mais velhas colocam tantos ovos (se não mais) quanto as mais jovens. Miller (2001) mostrou que uma tartaruga de caixa (*Terrapene carolina triunguis*) com 60 anos de idade coloca a quantidade usual de ovos anualmente. Se os telômeros das tartarugas encurtarem com a idade, acontece (como muitas coisas de tartaruga) extremamente devagar (Girondot e Garcia, 1998; Hatase et al., 2008). De modo curioso, as tartarugas têm adaptações especiais contra a privação de oxigênio, e essas enzimas também protegem contra ROS (Congdon et al., 2003, Lutz et al., 2003, Krivoruchko e Storey, 2010).

Em borboletas monarca (*Danaus plexippus*), adultos que migram para terrenos de invernagem nas montanhas do centro do México vivem vários meses (agosto-março), enquanto seus parentes de verão vivem apenas cerca de 2 meses (maio-julho). A regulação dessa diferença parece ser o hormônio juvenil (JH, *juvenile hormone*; Herman e Tatar, 2001). As borboletas migratórias são estéreis devido à síntese suprimida de JH. Se os migrantes receberem JH no laboratório, eles recuperam a fertilidade, mas perdem a longevidade. Em contrapartida, quando as monarcas de verão têm seus *corpora allata* removidos, elas não podem mais produzir JH (ver Capítulo 21) e sua longevidade aumenta 100%. As mutações na via de sinalização de insulina de *Drosophila* também diminuem a síntese de JH (Tu et al., 2005). Essa diminuição no JH torna as moscas pequenas, estéreis e duradouras, somando-se ao efeito de proteção contra ROS que ocasiona longevidade.

Finalmente, pode haver organismos, principalmente entre os cnidários, que podem enganar a morte. Como vimos no Capítulo 22, a hidra parece ser imortal, mantendo suas populações de células-tronco. Os hidrozoários *Turritopsis dohrnii* e *Hydractinia carnea* são duas espécies cnidárias conhecidas por terem desenvolvido uma variação notável sobre esse tema. Esses organismos têm um estágio de pólipo (semelhante ao da hidra) e uma medusa em seu ciclo de vida. Na maioria das espécies hidrozoárias, o estágio do pólipo dá origem ao estágio da medusa sexual. As medusas, então, produzem gametas que desovam a próxima geração e, como a maioria dos adultos, eles senescem e morrem. No entanto, as medusas *T. dohrnii* e *H. carnea* podem reverter para o estágio do pólipo *depois* de se tornarem sexualmente maduras (Bavestrello et al., 1992; Piraino et al., 1996), um feito chamado **desenvolvimento reverso** (Schmich et al., 2007). A medusa multicamada essencialmente se diferencia para se tornar um estágio de tipo bola com duas camadas parecido com o de uma larva antes de se tornar um pólipo, e então se desenvolve em um pólipo (**FIGURA 23.9**).

Próxima etapa na pesquisa

Vários agentes que interagem podem promover a longevidade. Estes incluem restrição calórica, proteção contra estresse oxidativo, fatores ativados por uma via de insulina reprimida e fatores afetados pela diminuição da sinalização mTORC1 (p. ex., diminuição da tradução de proteínas e autofagia aumentada). As células-tronco e seus nichos também podem desempenhar papéis fundamentais.

O próximo passo é integrá-los em vias que podem prever o tempo de vida dos organismos e ajudar os indivíduos a viver uma vida saudável até o fim. A menos que seja dada atenção a esta síndrome geral de envelhecimento, corremos o risco de terminar como Tithonos, o miserável infeliz da mitologia grega a quem os deuses concederam a vida eterna, mas não a juventude eterna.

Considerações finais sobre a foto de abertura

O hidrozoário cnidário *Turritopsis dohrnii* parece ser capaz de enganar a morte, ganhando o apelido de "a mãe d'água imortal". É uma das poucas espécies de cnidários conhecidas como capazes de reverter para um estado essencialmente embrionário depois de ter atingido sua forma adulta (a medusa sexual; ver Figura 23.9). Resta saber quais são os papéis que as células-tronco podem desempenhar neste desenvolvimento reverso e se esses processos podem ser aplicáveis aos órgãos humanos, mas é interessante saber que esses organismos existem. (Foto © Yiming Chen/Getty Images).

23 Resumo instantâneo
Envelhecimento e senescência

1. O tempo de vida máximo de uma espécie é o período de tempo mais longo que um indivíduo dessa espécie tenha sobrevivido. A expectativa de vida é geralmente definida como a idade em que aproximadamente 50% dos membros de uma determinada população ainda sobrevivem.

2. O envelhecimento é a deterioração das funções fisiológicas necessárias para a sobrevivência e a reprodução relacionada com o tempo. As alterações fenotípicas da senescência (que afetam todos os membros de uma espécie) não devem ser confundidas com doenças da senescência, como câncer e doença cardíaca (que afetam apenas alguns indivíduos).

3. As espécies reativas de oxigênio (ROS) podem danificar as membranas celulares, inativar proteínas e mutar o DNA. As mutações que alteram a capacidade de produzir ou degradar ROS podem mudar o tempo de vida.

4. As proteínas que regulam o reparo do DNA e a divisão celular (como p53 e telomerase) podem ser reguladores importantes do envelhecimento.

5. Uma via de sinalização de insulina, envolvendo um receptor para insulina e proteínas semelhantes à insulina, pode ser um componente importante de tempos de vida geneticamente limitados. Ela pode regular positivamente mTORC1 e negativamente fatores de transcrição Foxo.

6. A metilação aleatória do DNA parece reprimir a expressão gênica conforme a célula envelhece. As enzimas envolvidas com a modificação da cromatina podem ser mediadoras importantes desses eventos de envelhecimento.

7. Em muitos casos, o fenótipo do envelhecimento é o resultado da apoptose de células-tronco ou células progenitoras.

8. Algumas espécies animais (como as tartarugas) apresentam "senescência negligenciável", na medida em que suas taxas de mortalidade não aumentam e nem as taxas de reprodução diminuem com a idade. Algumas espécies de cnidárias parecem ser potencialmente imortais.

Leituras adicionais

Blackburn, E. H., E. S. Epel and J. Lin. 2015. Human telomere biology: A contributory and interactive factor in aging, disease risks, and protection. *Science* 350: 1193-1198. (*Note*: The December 4, 2015, issue of *Science* focuses on aging and contains several relevant articles.)

Fraga, M. F. and 20 others. 2005. Epigenetic differences arise during the lifetime of monozygotic twins. *Proc. Natl. Acad. Sci. USA* 102: 10604-10609.

Johnson, S. C., P. S. Rabinovitch and M. Kaeberlein. 2013. mTOR is a key modulator of ageing and age-related disease. *Nature* 493: 338-345.

Kenyon, C. J. 2010. The genetics of ageing. *Nature* 464: 504-512.

Underwood, E. 2015. The final countdown. *Science* 350: 1188-1190.

VISITE WWW.DEVBIO.COM...

... para Tópicos na Rede, entrevistas de Os Cientistas Falam, vídeos de Assista ao Desenvolvimento, Tutorial do Desenvolvimento e informação bibliográfica completa sobre toda a literatura citada neste capítulo.

Desenvolvimento na saúde e na doença

Defeitos congênitos, disruptores endócrinos e câncer

"A PARTE SURPREENDENTE DO DESENVOLVIMENTO DE MAMÍFEROS", segundo a geneticista médica britânica Veronica van Heyningen (2000), "não é que às vezes dê errado, mas que alguma vez seja bem-sucedido". É realmente incrível que qualquer um de nós esteja aqui, uma vez que relativamente poucas concepções humanas se desenvolvem com sucesso até o nascimento. Os dados recentes (Mantzouratou e Delhanty, 2011; Chavez et al., 2012) sugerem que apenas 20 a 50% dos embriões na fase de clivagem humana são implantados com sucesso no útero. Muitos embriões humanos têm anomalias cromossômicas que são expressas tão cedo que o embrião não se implanta e é abortado espontaneamente, em geral antes de uma mulher perceber que ela concebeu. Dos embriões que se implantam com sucesso, estudos da década de 1980 sugerem que apenas cerca de 40% sobrevivem até o termo (Edmonds et al., 1982; Boué et al., 1985). Outros estudos (Winter 1996; Epstein, 2008) estimam que cerca de 2,5% dos bebês que chegam ao termo têm um defeito congênito reconhecível.

Com tantos genes, células e tecidos tornando-se organizados simultaneamente e mudando juntos, não é surpreendente que alguns eventos de desenvolvimento não aconteçam corretamente. Embora o corpo tenha vias de segurança notáveis e redundâncias que permitem uma grande flexibilidade, se os fenômenos do desenvolvimento estiverem ausentes quando devem ser ativados ou ativados quando devem ser reprimidos, emergem fenótipos anormais. Existem três caminhos principais para o desenvolvimento anormal:

1. *Mecanismos genéticos.* Mutações em genes ou mudanças no número de cromossomos podem alterar o desenvolvimento.
2. *Mecanismos ambientais.* Os agentes (geralmente químicos) de fora do corpo causam alterações fenotípicas deletérias por inibição ou aumento de sinais de desenvolvimento.

Um gato com seis dígitos. Essas anomalias poderiam ser úteis em algum momento?

Destaque

O desenvolvimento às vezes (ou mesmo com frequência) dá errado. As mutações genéticas e cromossômicas podem apagar genes, destruir a função genética ou tornar genes ou proteínas ativos nos momentos ou lugares errados, o que pode levar a anomalias congênitas (defeitos congênitos). Teratógenos são produtos químicos no meio ambiente (como álcool e ácido retinoico) que podem impedir que determinados genes ou proteínas funcionem ou ativar processos nos locais e horários errados. Os disruptores endócrinos são produtos químicos ambientais (como BPA e DES) que ativam ou reprimem a função hormonal, alterando, assim, o desenvolvimento normal. O câncer pode resultar quando as vias de desenvolvimento são reativadas ou suprimidas no adulto, levando à proliferação celular anormal. Como os defeitos congênitos, os cânceres podem ser causados por alterações genéticas, agentes ambientais ou circunstâncias ao acaso.

3. *Eventos estocásticos (aleatórios)*. O acaso desempenha um papel na determinação do fenótipo, e algumas anomalias de desenvolvimento são apenas "má sorte" (Molenaar et al., 1993; Holliday, 2005; Smith, 2011).

A maior parte deste capítulo tratará dos efeitos genéticos e ambientais.[1] Começaremos, no entanto, examinando brevemente o papel dos eventos aleatórios.

O papel do acaso

Embora médicos e pesquisadores geralmente categorizem anomalias de desenvolvimento em aquelas causadas por meios internos (genéticos) *versus* aquelas causadas por agentes externos (ambientais), agora está sendo dada mais consideração ao papel dos fatores estocásticos – aleatoriedade – em defeitos de desenvolvimento. Mesmo um embrião com genes selvagens e um ambiente favorável pode desenvolver um fenótipo anormal como resultado de "má sorte". Os resultados de desenvolvimento são probabilísticos em vez de predeterminados (Wright, 1920; Gottlieb, 2003; Kilfoil et al., 2009). Considere, por exemplo, a inativação do cromossomo X em fêmeas. Se uma mulher carrega um alelo normal e um mutante para um fator de coagulação sanguínea ligada ao X, estatisticamente esperamos que o alelo selvagem seja inativado em cerca de 50% de suas células. Se o alelo selvagem estiver inativado em 50% das células do fígado que produzem fator de coagulação, ela é fenotipicamente normal. Contudo, o que aconteceria se, por acaso, 95% dos cromossomos X selvagens fossem inativados nessas células hepáticas? Apenas 5% dos seus cromossomos X expressariam o alelo selvagem, e ela teria uma anormalidade. Na verdade, houve casos de gêmeos idênticos femininos em que, em uma gêmea, o acaso resultou na inativação de uma grande porcentagem de seus cromossomos X portadores do alelo do fator de coagulação normal; essa gêmea tinha hemofilia grave (incapacidade do sangue coagular). A outra gêmea, com uma porcentagem menor de seus cromossomos X normais inativados, não foi afetada (Tiberio, 1994; Valleix et al., 2002).

Essa variabilidade não se limita a genes no cromossomo X. As medições da expressão gênica em células individuais mostram que a síntese proteica é um processo estocástico, com flutuações aleatórias tanto na transcrição quanto na tradução, levando a variações nos níveis de proteínas produzidas em qualquer momento (Raj e van Oudenaarden, 2008; Stockholm et al., 2010). Pensa-se que a especificação celular, a sinalização do desenvolvimento e a migração celular sejam influenciadas por flutuações ocasionais nas quantidades de fatores de transcrição, fatores parácrinos e receptores produzidos em um determinado momento. Assim, animais geneticamente idênticos criados precisamente nos mesmos ambientes podem ter fenômenos muito diferentes (Gilbert e Jorgensen, 1998; Vogt et al., 2008; Ruvinsky, 2009), e as flutuações aleatórias da expressão gênica podem produzir anomalias de desenvolvimento. A modelagem matemática permitiu que os cientistas estudassem esses eventos estocásticos, permitindo que os pesquisadores "demonstrem quantitativamente que o desenvolvimento representa uma combinação de eventos estocásticos e deterministas, oferecendo conhecimento sobre como o acaso influencia o desenvolvimento normal e pode dar origem a defeitos congênitos" (Zhou et al., 2013).

Erros genéticos do desenvolvimento humano

As anormalidades congênitas ("presentes no nascimento") e as perdas do feto antes do nascimento têm causas intrínsecas e extrínsecas. Essas anormalidades causadas por eventos genéticos podem resultar de mutações, aneuploidias (número incorreto de cromossomo) e translocações (Opitz, 1987).

A natureza das síndromes humanas

Os defeitos congênitos humanos, que variam de ameaça à vida para relativamente benignos, são frequentemente ligados a **síndromes** (do grego, "correndo juntos"), com várias

---

[1] Este capítulo enfoca a saúde humana e fornece informações gerais sobre uma variedade de tópicos médicos. Não se destina a fornecer conselhos médicos para pessoas ou distúrbios específicos. Para uma descrição mais completa sobre o desenvolvimento e a doença, ver Gilbert e Epel (2015).

(A) Pleiotropia de mosaico

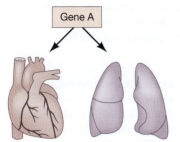

Gene A

(B) Pleiotropia relacional

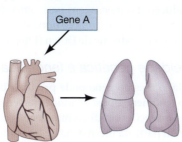

Gene A

FIGURA 24.1 Pleiotropia de mosaico e relacional. (A) Na pleiotropia de mosaico, um gene é expresso de forma independente em vários tecidos. Cada tecido precisa do produto do gene e se desenvolve anormalmente na ausência dele. (B) Na pleiotropia relacional, um único produto de gene é necessário para um único tecido. No entanto, um segundo tecido precisa de um sinal do primeiro tecido para se desenvolver corretamente. Se o primeiro tecido se desenvolver anormalmente, o sinal não é dado, então o segundo tecido também se desenvolve anormalmente.

anormalidades que ocorrem juntas. As síndromes com base genética são causadas por (1) um evento cromossômico (como uma aneuploidia) em que vários genes são excluídos ou adicionados, ou (2) **pleiotropia** – a produção de vários efeitos por um único gene ou par de genes (ver Grüneberg, 1938; Hadorn, 1955). As síndromes são ditas ter **pleiotropia de mosaico** quando os efeitos são produzidos de forma independente como resultado de o gene ser crucial em diferentes partes do corpo (**FIGURA 24.1A**). Por exemplo, o gene *KIT* é expresso em células-tronco do sangue, células-tronco de pigmento e células-tronco germinativas, o que é necessário para sua proliferação. Quando esse gene é defeituoso, a síndrome resultante de anemia (falta de hemácias), albinismo (falta de células de pigmento) e esterilidade (falta de células germinativas) é evidência de pleiotropia em mosaico. As síndromes são ditas ter **pleiotropia relacional** quando um gene defeituoso em uma parte do embrião causa defeito em outra parte, embora o gene não seja expresso no segundo tecido (**FIGURA 24.1B**). Por exemplo, a falha na expressão de *MITF* na retina pigmentada evita que esta estrutura se diferencie completamente. Essa falha no crescimento da retina pigmentada, por sua vez, causa uma malformação da fissura coroide do olho, resultando na drenagem do humor vítreo. Sem esse fluido, o olho não aumenta (daí a microftalmia, "olho pequeno"). Os cristalinos e córneas são, portanto, menores, mesmo que eles próprios não expressem *MITF*.

As síndromes de mosaico podem ser o resultado de **aneuploidias** – erros no número de determinados cromossomos. Mesmo uma cópia extra do minúsculo cromossomo 21 interrompe inúmeras funções de desenvolvimento. Esta **trissomia 21** causa um conjunto de anomalias – entre elas, alterações musculares faciais, anormalidades cardíacas e intestinais e problemas cognitivos –, coletivamente conhecidos como **síndrome de Down** (**FIGURA 24.2**). Pensa-se que certos genes no cromossomo 21 codificam fatores de transcrição e microRNAs reguladores, e a cópia extra do cromossomo 21 provavelmente causa uma superprodução dessas proteínas reguladoras. Essa superprodução resulta na má regulação de genes necessários para a formação de coração, músculo e nervo (Chang e Min, 2009; Korbel et al., 2009). Um desses microRNA regulatório codificado no cromossomo 21,

(A)

(B)

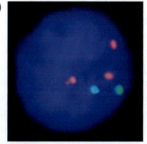

FIGURA 24.2 Síndrome de Down. (A) A síndrome de Down, causada por uma terceira cópia do cromossomo 21, é caracterizada por um padrão facial particular, deficiências cognitivas, ausência de um osso nasal e, muitas vezes, defeitos cardíacos e gastrintestinais. (B) O procedimento mostrado aqui examina o número de cromossomos usando sondas fluorescentemente marcadas que se ligam ao DNA nos cromossomos 21 (em cor-de-rosa) e 13 (em azul). Esta pessoa tem síndrome de Down (trissomia 21), mas tem as duas cópias normais do cromossomo 13. (A © MoodBoard/Alamy, B cortesia de Vysis, Inc.)

miRNA-155, é encontrado em todo o desenvolvimento do feto humano. Este miRNA subrregula a tradução das mensagens para certos fatores de transcrição necessários para o desenvolvimento neural e de coração normais e é altamente elevado no cérebro e no coração das pessoas com síndrome de Down (Elton et al., 2010; Wang et al., 2013).

Heterogeneidade genética e fenotípica

Na pleiotropia, o mesmo gene pode produzir diferentes efeitos em diferentes tecidos. No entanto, o fenômeno oposto é uma característica igualmente importante das síndromes genéticas: mutações em diferentes genes podem produzir o mesmo fenótipo. Se vários genes fazem parte da mesma via de transdução de sinal, uma mutação em qualquer um deles geralmente produz um resultado fenotípico semelhante. Essa produção de fenótipos semelhantes por mutações em diferentes genes é chamada de **heterogeneidade genética**. A síndrome de esterilidade, anemia e albinismo causada pela ausência de proteína Kit (discutida acima) também pode ser causada pela ausência de seu ligante parácrino, o fator de células-tronco (SCF). Outro exemplo é a ciclopia (ver Figura 4.31B), um fenótipo que pode ser produzido por mutações no gene para Sonic hedgehog, *ou* por mutações nos genes ativados por Shh, *ou* nos genes que controlam a síntese de colesterol (uma vez que o colesterol é essencial para a sinalização Shh).

Não só as diferentes mutações podem produzir o mesmo fenótipo, mas a mesma mutação pode produzir um fenótipo diferente em diferentes indivíduos, um fenômeno conhecido como **heterogeneidade fenotípica** (Wolf, 1995, 1997; Nijhout e Paulsen, 1997). A heterogeneidade fenotípica ocorre porque os genes não são agentes autônomos. Em vez disso, eles interagem com outros genes e produtos genéticos, tornando-se integrados em caminhos e redes complexas. Bellus e colaboradores (1996) analisaram os fenótipos derivados da mesma mutação no gene *FGFR3* em 10 famílias não relacionadas. Esses fenótipos variaram de anomalias relativamente suaves a malformações potencialmente letais. Da mesma forma, Freire-Maia (1975) informou que, dentro de uma família, o estado homozigoto de um gene mutante que afeta o desenvolvimento dos membros causou fenótipos que variam de focomelia grave (falta de desenvolvimento de membros) a uma leve anormalidade do polegar. A gravidade do efeito de um gene mutante depende frequentemente dos outros genes na via, bem como dos fatores ambientais e estocásticos (aleatórios).

TÓPICO NA REDE 24.1 **GENÉTICA PRÉ-IMPLANTATÓRIA** A capacidade de identificar variantes alélicas em uma única célula permitiu aos profissionais médicos determinar se um embrião carrega genes deletérios. Também permite que as pessoas determinem o sexo do embrião, permitindo que os pais implantem no útero apenas embriões do sexo desejado.

Teratogênese: agressões ambientais no desenvolvimento animal

O verão de 1962 trouxe dois eventos agourentos. O primeiro foi a publicação do livro histórico *Silent Spring*, de Rachel Carson, na qual ela documentou que o pesticida DDT estava destruindo ovos de aves e impedindo a reprodução em várias espécies. Seu trabalho é creditado por estimular o movimento ambiental moderno. O segundo evento foi a descoberta de que a talidomida, um sedativo usado para ajudar a gerenciar gestações, poderia causar anormalidades nos membros do feto humano (Lenz, 1962, ver Capítulo 1). Essas duas revelações mostraram que o embrião era vulnerável a agentes ambientais. Na verdade, Rachel Carson fez a conexão, comentando: "É tudo de uma peça, talidomida e pesticidas. Eles representam a nossa vontade de avançar e usar algo sem saber quais serão os resultados" (Carson, 1962).

TÓPICO NA REDE 24.2 **TALIDOMIDA COMO TERATÓGENO** A talidomida causou o nascimento de milhares de bebês com braços e pernas malformados. Ela forneceu a primeira evidência importante de que as drogas podem induzir anomalias congênitas. O mecanismo de sua ação ainda é muito discutido.

TABELA 24.1 Alguns agentes que podem causar distúrbios no desenvolvimento fetal humano[a]

DROGAS E PRODUTOS QUÍMICOS	Ácido valproico
Álcool	Varfarina
Aminoglicosídeos (Gentamicina)	RADIAÇÃO IONIZANTE (RAIOS X)
Aminopterina	HIPERTERMIA (FEBRE)
Agentes antitireoide (PTU)	MICRORGANISMOS INFECCIOSOS
Bromo	Vírus coxsackie
Cortisona	Citomegalovírus
Dietilestilbestrol (DES)	*Herpes simplex*
Difenilidantoína	Parvovírus
Heroína	Rubéola (sarampo alemão)
Chumbo	*Toxoplasma gondii* (toxoplasmose)
Metilmercúrio	*Treponema pallidum* (sífilis)
Penicilamina	Vírus Zika
Ácido retinoico (isotretinoína, Accutane)	CONDIÇÕES METABÓLICAS DA MÃE
Estreptomicina	Doenças autoimunes (incluindo incompatibilidade de Rh)
Tetraciclina	Diabetes
Talidomida	Deficiências da dieta, má nutrição
Trimetadiona	Fenilcetonúria

[a]Esta lista inclui agentes teratogênicos conhecidos e possíveis e não está completa.

Os agentes exógenos que causam defeitos congênitos são chamados de **teratógenos** (**TABELA 24.1**). A maioria dos teratógenos produz seus efeitos durante certas janelas de tempo críticas. O desenvolvimento humano geralmente é dividido em um **período embrionário** (até o final da semana 8) e um período fetal (o tempo restante no útero). A maioria dos sistemas de órgãos se forma durante o período embrionário; o período fetal é geralmente de crescimento e modelagem. Assim, a máxima suscetibilidade fetal aos teratógenos é entre as semanas 3 e 8 (**FIGURA 24.3**). O sistema nervoso, no entanto, está constantemente se formando e permanece suscetível ao longo de todo o desenvolvimento. Antes da 3ª semana, a exposição geralmente não produz anomalias congênitas, uma vez que o contato com o teratógeno neste momento danifica a maioria ou todas as células de um embrião, resultando em sua morte, ou mata apenas algumas células, permitindo que o embrião se recupere completamente.

 OS CIENTISTAS FALAM 24.1 Um vídeo criado por estudantes do Smith College explica as bases da teratologia e da ruptura do sistema endócrino.

A maior classe de teratógenos inclui drogas e produtos químicos. Os vírus, a radiação, a alta temperatura corporal e as condições metabólicas na mãe também podem atuar como teratógenos. Alguns produtos químicos encontrados naturalmente no ambiente podem causar defeitos congênitos. Por exemplo, a jervina e a ciclopamina são produtos da planta *Veratrum californicum* que bloqueiam a sinalização de Sonic hedgehog e levam à ciclopia (ver Figura 4.31B). A nicotina, um produto natural concentrado na fumaça do tabaco, está associada ao comprometimento do desenvolvimento do pulmão e do cérebro (Dwyer et al., 2008/Maritz e Harding, 2011). Alguns vírus podem causar anomalias congênitas. O vírus Zika transmissível por mosquito tem sido implicado na microcefalia, um defeito congênito caracterizado por pequenos cérebros e cabeças (CDC, 2016; Mlakar et al., 2016). A evidência indica que, nas mulheres grávidas, o vírus Zika infecta diretamente as células progenitoras neurais do córtex fetal, resultando na morte destas, o que poderia resultar no menor cérebro e cabeça do recém-nascido (Tang et al., 2016).

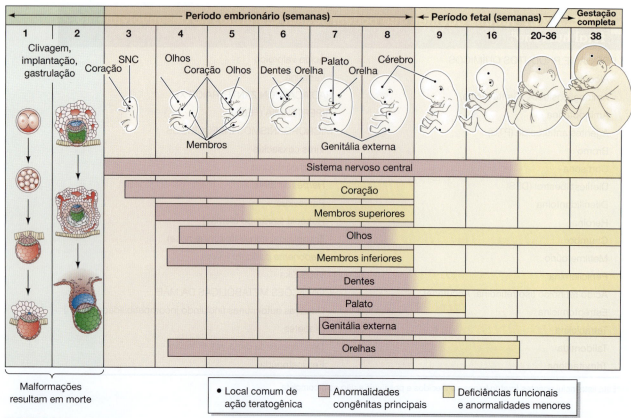

FIGURA 24.3 Semanas de gestação e sensibilidade dos órgãos embrionários aos teratógenos. (Segundo Moore e Persaud, 1993.)

Embora diferentes agentes sejam teratogênicos em diferentes organismos (ver Gilbert e Epel, l 2015), animais têm sido utilizados para rastrear compostos com alta probabilidade de serem perigosos. *Xenopus* e peixe-zebra, como vimos nos Capítulos 11 e 12, passam por um desenvolvimento precoce utilizando os mesmos fatores básicos parácrinos e fatores de transcrição que nós utilizamos. Esses organismos-modelo têm sido especialmente importantes na identificação de moléculas teratogênicas no meio ambiente. Estudos sobre o peixe-zebra identificaram, por exemplo, que os componentes solúveis em água do derramamento de óleo Deepwater Horizon, de 2010, no Golfo do México, causaram numerosas anomalias de desenvolvimento rastreáveis à migração de células da crista neural (**FIGURA 24.4**; de Soysa et al., 2012).

Ampliando o conhecimento

Nos Estados Unidos, as mulheres grávidas são avisadas para não beber água de lagos que se encontram perto de minas abandonadas. Você acha que essa advertência é justificada? Por quê?

Normal

Afetado

FIGURA 24.4 Os componentes do crude solúveis em água do derramamento de óleo da Deepwater Horizon se revelaram teratogênicos no peixe-zebra. Em comparação com o peixe-zebra normal da mesma idade, os embriões de peixe-zebra expostos a componentes do derramamento de óleo produziram larvas com anomalias de desenvolvimento graves, incluindo redução no tamanho das cartilagens de cabeça, brânquia e torácica (coloração azul) associadas à migração da crista neural craniana. (De Soysa et al., 2012.)

OS CIENTISTAS FALAM 24.2 O Dr. Daniel Gorelick discute o uso de peixe-zebra transgênico como organismo para detectar BPA e outros compostos disruptivos para o desenvolvimento na água.

Álcool como teratógeno

Em termos de frequência de seus efeitos e seu custo para a sociedade, o teratógeno mais devastador é sem dúvida o álcool (etanol). Os bebês nascidos com **síndrome alcoólica fetal** (**FAS**, do inglês, *fetal alcohol syndrome*) são caracterizados por tamanho de cabeça reduzido, um filtro indistinguível (o par de cristas que corre entre o nariz e a boca, acima do centro do lábio superior), um lábio superior estreito e uma ponte de nariz baixa (Lemoine et al., 1968; Jones e Smith, 1973). Os cérebros dessas crianças podem ser significativamente menores do que o normal e muitas vezes mostram um desenvolvimento escasso, resultantes de deficiências de migração neuronal e glial (**FIGURA 24.5A, B**; Clarren, 1986). O FAS é o tipo mais prevalente de síndrome de deficiência intelectual congênita, ocorrendo em aproximadamente 1 em cada 650 crianças nascidas nos Estados Unidos (May e Gossage, 2001). Embora o QI das crianças com FAS varie substancialmente, a média é de cerca de 68 (Streissguth e LaDue, 1987). A maioria dos adultos e adolescentes com FAS não consegue lidar com dinheiro e tem dificuldade em aprender com experiências passadas (ver Dorris, 1989; Kulp e Kulp, 2000).

A síndrome alcoólica fetal representa apenas uma porção de uma série de defeitos causados pela exposição pré-natal ao álcool. O termo **transtorno do espectro de álcool fetal** (**FASD**, do inglês, *fetal alcohol spectrum disorder*) foi cunhado para abranger todas as malformações induzidas pelo álcool e déficits funcionais que ocorrem. Em muitas crianças com FASD, existem anormalidades comportamentais sem alterações físicas grosseiras no tamanho da cabeça ou reduções notáveis no QI (NCBDD, 2009). No entanto,

FIGURA 24.5 Efeitos do álcool no cérebro fetal. (A, B) Comparação de um cérebro de um bebê com síndrome alcoólica fetal (A) com o cérebro de um bebê normal da mesma idade (B). O cérebro da criança com FAS é menor, e o padrão de convoluções é ocultado por células gliais que migraram para o topo do cérebro. (C, D) Anormalidades regionais específicas do corpo caloso vistas pela imagem de tensor de difusão de neurônios mielinizados. A diferença nas faixas de fibras em uma criança com FASD (C) em comparação com as de uma criança não afetada com a mesma idade (D) sugere que existem anormalidades significativas nos neurônios que normalmente se projetam pelas regiões posteriores do cérebro para o córtex dos lobos parietais e temporais. (A, B, cortesia de S. Clarren; C, D, de Wozniak e Muetzel, 2011, cortesia dos autores.)

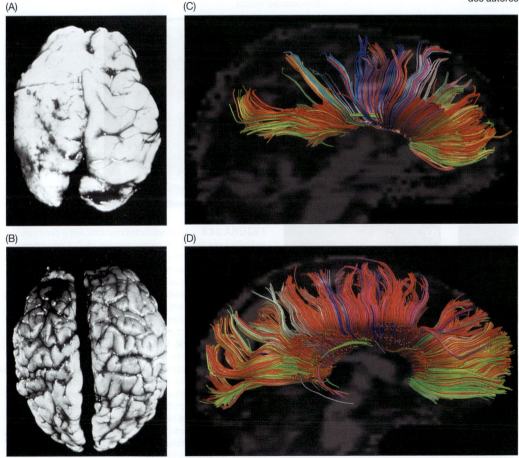

(A)

(B)

(C)

(D)

técnicas recentes que podem identificar tratos neurais no cérebro encontraram anormalidades sutis que se correlacionam com alterações na velocidade de processamento mental e o funcionamento executivo (como planejar, memorizar e reter informação) (**FIGURA 24.5C, D**; Wozniak e Muetzel, 2011).

Assim como acontece com outros teratógenos, a quantidade e o tempo de exposição fetal ao álcool, bem como o fundo genético do feto, contribuem para o resultado do desenvolvimento. A variabilidade na capacidade da mãe de metabolizar o álcool também pode explicar algumas diferenças de resultados (Warren e Li, 2005). Enquanto o FASD está mais fortemente associado a altos níveis de consumo de álcool, os resultados de estudos em animais sugerem que mesmo um único episódio de consumir o equivalente a duas bebidas alcoólicas durante a gestação pode levar à perda de células cerebrais do feto. ("Uma bebida" é definida como 350 mL de cerveja, 150 mL de vinho ou 50 mL de licor forte.) É importante observar que o álcool pode causar danos permanentes ao feto mesmo antes que a maioria das mulheres percebam que estão grávidas.

COMO O ÁLCOOL AFETA O DESENVOLVIMENTO: LIÇÕES DO CAMUNDONGO

Quando os camundongos são expostos ao álcool no momento da gastrulação, o etanol induz defeitos do rosto e do cérebro que são comparáveis aos de humanos com FAS (**FIGURA 24.6**; Sulik, 2005). Como nos fetos humanos, o nariz e o lábio superior dos filhotes expostos ao etanol são pouco desenvolvidos e os problemas do sistema nervoso envolvem falha no fechamento do tubo neural e desenvolvimento incompleto do prosencéfalo (ver Capítulos 13 e 14). Este modelo de FAS de camundongo pode ser usado para se estudar as formas pelas quais o etanol causa seus efeitos sobre o embrião.

Parece que o etanol funciona em vários processos e pode interferir na migração, proliferação, adesão e sobrevivência celular. Hoffman e Kulyk (1999) mostraram que, em vez

Normal   Exposto ao álcool

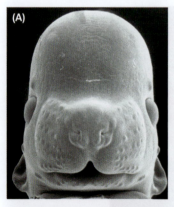
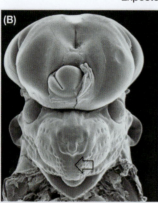
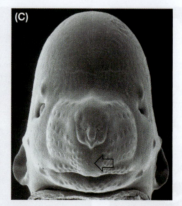

FIGURA 24.6 Anormalidades craniofaciais e cerebrais induzidas por álcool em camundongos. (A-C) Camundongos normais (A) e anormais (B, C) embrionários de 14 dias. Em (B), o tubo neural anterior não fechou, resultando em exencefalia, uma condição em que o tecido cerebral é exposto ao exterior. Mais tarde, no desenvolvimento, o tecido cerebral exposto irá corroer, resultando em anencefalia. (B, C) A exposição pré-natal ao álcool também pode afetar o desenvolvimento facial, resultando em um nariz pequeno e um lábio superior anormal (seta aberta). Essas características faciais estão presentes na síndrome alcoólica fetal. (D, E) Recriações tridimensionais preparadas a partir de imagens de ressonância magnética dos cérebros de camundongos embrionários normais (D) e expostos ao álcool (E) de 17 dias. No espécime exposto ao álcool, os bulbos olfativos (em cor-de-rosa) estão ausentes, e os hemisférios cerebrais (em vermelho), anormalmente unidos na linha média. Verde-claro, diencéfalo; magenta, mesencéfalo; petróleo, cerebelo; verde-escuro, ponte e medula. (Cortesia de K. Sulik.)

de migrar e dividir, as células da crista neural de fetos expostos ao álcool iniciam prematuramente sua diferenciação na cartilagem facial. Entre os numerosos genes que estão incorretamente regulados após a exposição ao álcool materno em camundongos, vários estão envolvidos na reorganização do citoesqueleto que permite o movimento das células (Green et al., 2007). Além disso, a morte celular é aparente logo após a exposição ao álcool. Em embriões de camundongos em fase posterior expostos ao etanol, a morte de células derivadas da crista neural é vista no início de 12 horas após a exposição. Quando o tempo de exposição ao álcool corresponde às terceira e quarta semanas de desenvolvimento humano, as células que devem formar a porção mediana do prosencéfalo, face medial superior e nervos cranianos são mortas. Isso foi confirmado em embriões de pinto precoces, onde a exposição transitória ao etanol em doses ambientalmente relevantes (cerca de 25 m*M*) dizima as células da crista neural craniana em migração, causando morte celular em toda a região da cabeça (Flentke et al., 2011).

Uma razão para a morte celular em embriões de camundongo é que o tratamento com álcool resulta na geração de radicais de superóxido que podem danificar as membranas celulares (**FIGURA 24.7A-C**; Davis et al., 1990; Kotch et al., 1995; Sulik, 2005). Nos sistemas-modelo, os antioxidantes têm sido efetivos na redução da morte celular e das malformações causadas pelo álcool (Chen et al., 2004).

A sinalização anormal também pode estar subjacente à morte celular excessiva. Em embriões expostos ao álcool, a expressão de Sonic hedgehog (que é importante para

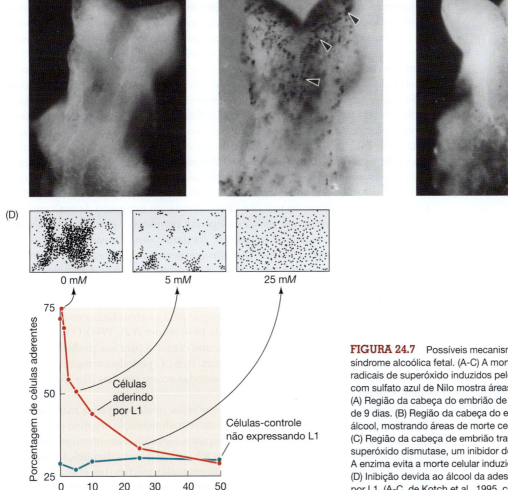

FIGURA 24.7 Possíveis mecanismos que produzem síndrome alcoólica fetal. (A-C) A morte celular causada por radicais de superóxido induzidos pelo álcool. A coloração com sulfato azul de Nilo mostra áreas de morte celular. (A) Região da cabeça do embrião de camundongo controle de 9 dias. (B) Região da cabeça do embrião tratado com álcool, mostrando áreas de morte celular (pontas de flecha). (C) Região da cabeça de embrião tratada com álcool e superóxido dismutase, um inibidor de radicais superóxido. A enzima evita a morte celular induzida pelo álcool. (D) Inibição devida ao álcool da adesão celular mediada por L1. (A-C, de Kotch et al., 1995, cortesia de K. Sulik; D, segundo Ramanathan et al., 1996).

estabelecer as estruturas medianas faciais) é subrregulada. Enquanto o mecanismo para essa regulação negativa permanece incompletamente compreendido, a descoberta de que as células secretoras de Shh colocadas no mesênquima da cabeça podem evitar a morte induzida pelo álcool das células da crista neural cranial destaca a importância da via Shh como alvo da teratogênese do álcool (Ahlgren et al., 2002; Chrisman et al., 2004).

Outro mecanismo que pode estar envolvido na teratogênese do álcool é a sua interferência com a capacidade da molécula de adesão celular L1 para manter as células juntas. Ramanathan e colaboradores (1996) mostraram que, em níveis tão baixos quanto 7 mM, uma concentração de álcool produzida no sangue ou no cérebro com uma única bebida, o álcool pode bloquear a função adesiva da proteína L1 *in vitro* (**FIGURA 24.7D**). Além disso, as mutações no gene L1 humano causam uma síndrome de deficiência intelectual e malformações semelhantes às observadas em casos graves de FAS. Assim, o álcool pode atravessar a placenta, entrar no feto e bloquear várias funções fundamentais no desenvolvimento cerebral e facial.

 OS CIENTISTAS FALAM 24.3 A Dr. Kathy Sulik discute as bases biológicas da síndrome alcoólica fetal.

Ácido retinoico como um teratógeno

Em alguns casos, mesmo um composto envolvido no desenvolvimento normal pode ter efeitos deletérios se estiver presente em quantidades suficientemente grandes ou em momentos específicos. Como vimos ao longo deste livro, o ácido retinoico (RA, do inglês, *retinoic acid*) é um derivado de vitamina A que é importante na especificação do eixo anteroposterior e na formação das maxilas e do coração do embrião de mamífero. Na sua forma farmacêutica, o ácido 13-*cis*-retinoico (também denominado isotretinoína e vendido sob a marca registrada Accutane) tem sido útil no tratamento da acne cística grave e está disponível para esse propósito desde 1982. Os efeitos deletérios da administração de grandes quantidades de RA (ou o seu precursor de vitamina A) para grávidas de modelos animais são conhecidos desde a década de 1950 (Cohlan, 1953, Giroud e Martinet, 1959, Kochhar et al., 1984). No entanto, cerca de 160 mil mulheres em idade fértil (15-45 anos) tomaram isotretinoína desde a sua introdução e algumas as utilizaram durante a gestação. Os fármacos contendo isotretinoína agora trazem uma forte advertência contra o seu uso por mulheres grávidas. Nos Estados Unidos, a exposição ao ácido retinoico é uma preocupação crítica para a saúde pública, visto que existe uma sobreposição significativa entre a população que usa medicamentos para acne e a população de mulheres em idade fértil – e porque cerca de 50% das gravidezes nos Estados Unidos não são planejadas (Finer e Zolna, 2011).

Lammer e colaboradores de trabalho (1985) estudaram um grupo de mulheres que inadvertidamente se expuseram ao RA e elegeram permanecer grávidas. Dos seus 59 fetos, 26 nasceram sem anomalias visíveis, 12 abortaram espontaneamente e 21 nasceram com anomalias óbvias. Os bebês afetados apresentaram um padrão característico de anomalias, incluindo orelhas ausentes ou defeituosas, mandíbulas ausentes ou pequenas, fenda palatina, anormalidades do arco aórtico, deficiências de timo e anormalidades do sistema nervoso central. Essas anomalias são, em grande parte, devidas à falha das células da crista neural cranial para migrar para os arcos faríngeos da face para formar as mandíbulas e a orelha (Moroni et al., 1994; Studer et al., 1994). O RA marcado radioativamente se liga às células da crista neural cranial e para sua proliferação e sua migração (Johnston et al., 1985; Goulding e Pratt, 1986). O período teratogênico durante o qual as células da crista neural cranial são afetadas ocorre nos dias 20 a 35 em humanos (dias 8-10 em camundongos).

O ácido retinoico provavelmente interrompe essas células de várias maneiras. Um mecanismo é que o excesso de RA ativa a via de retroalimentação negativa que, em geral, garante a quantidade adequada desse composto. Elevados aumentos transitórios no RA ativam a síntese de enzimas que degradam RA, causando uma diminuição duradoura do RA. É essa deficiência em RA que resulta em malformações (Lee et al., 2012). Isso explica por que grandes quantidades de ácido retinoico produzem fenótipos semelhantes aos observados em deficiências de ácido retinoico.

(A) Controle

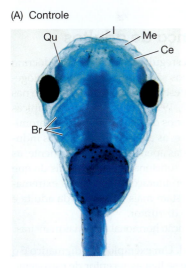

(B) Tratado com glifosato

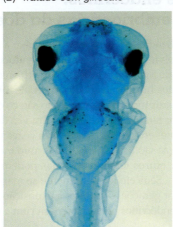

(C) Injetado com glifosato

(D) Controle

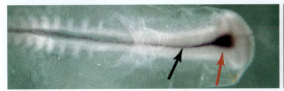

Tratado com glifosato

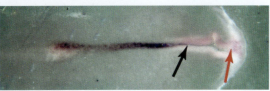

FIGURA 24.8 Teratogenicidade do herbicida com glifosato. (A) Girino de *Xenopus* criado sob condições controle, corado com azul de alcian para mostrar cartilagens faciais. Br, branquial; Ce, ceratohíal; I, infrarrostral; Me, Meckel; Qu, quadrada. (B) Girino de *Xenopus* criado em concentrações ambientalmente relevantes de glifosato e corado de forma semelhante. Seus arcos branquiais e cartilagens faciais da linha média (derivados da crista neural craniana) não se desenvolveram adequadamente. (C) Se um embrião é injetado de modo que apenas um lado (seta) seja exposto ao glifosato, esse lado mostra anomalias cranianas da crista neural. (D) Os embriões de galinha-controle mostram a expressão do gene do *sonic hedgehog* na notocorda (seta preta) e mesoderma pré-cordal (seta vermelha). Os embriões de galinha cultivados em glifosato mostram uma redução grave da expressão do sonic hedgehog no mesoderma pré-cordal (craniofacial). (Fotos por cortesia de A. Carrasco.)

A interferência com a sinalização do RA pode ser uma preocupação de saúde pública mais ampla por outro motivo. Foi relatado que os herbicidas à base de glifosato (como o Roundup) aumentam a atividade de RA endógeno (Paganelli et al., 2010). Quando os embriões de *Xenopus* foram incubados em soluções contendo concentrações ecologicamente relevantes desses herbicidas, a ativação do gene repórter responsivo ao RA foi significativamente alterada, e os embriões apresentaram defeitos cranianos da crista neural e distúrbios faciais semelhantes aos observados na teratogênese do RA (**FIGURA 24.8**). O glifosato é o herbicida mais utilizado (e rentável) na América do Norte, onde mais de 180 toneladas foram aplicadas. Ele age bloqueando uma enzima vegetal que é crucial para a síntese de certos aminoácidos. Uma das habilidades poderosas da engenharia genética tem sido a fabricação de herbicidas de amplo espectro, como o Roundup e, em seguida, criar plantas cultivadas que são resistentes a esse herbicida. Ou seja, se você pulverizar uma área grande, todas as ervas daninhas serão mortas, e as únicas plantas restantes serão aquelas que são resistentes ao glifosato. Em 2010, 70% do milho e 93% da soja cultivada nos Estados Unidos eram de sementes geneticamente modificadas resistentes aos herbicidas (Hamer, 2010).

Ampliando o conhecimento

No norte dos Estados Unidos, certas lagoas contêm uma proporção elevada de sapos com seis ou mais membros. Quais são as possíveis causas dessas malformações?

TÓPICO NA REDE 24.3   ORIGENS DO DESENVOLVIMENTO DA DOENÇA HUMANA ADULTA O alimento pode ser considerado um teratógeno? Em certos casos, os alimentos que um mamífero come durante a gravidez podem ativar certos genes no feto que podem ajudá-lo ou predispô-lo a certas doenças mais tarde na vida.

Disruptores endócrinos:
As origens embrionárias da doença de adultos

Uma área especializada de teratogênese envolve a desregulação do sistema endócrino durante o desenvolvimento. Os disruptores endócrinos são produtos químicos exógenos (provenientes de fora do corpo) que perturbam o desenvolvimento, interferindo nas funções normais dos hormônios (Colborn et al., 1993, 1997). As alterações fenotípicas produzidas por disruptores endócrinos não são os óbvios defeitos congênitos anatômicos produzidos por teratógenos clássicos. Em vez disso, as alterações anatômicas induzidas por disruptores endócrinos são muitas vezes vistas apenas microscopicamente; as principais mudanças são fisiológicas. Essas mudanças funcionais são mais sutis do que as produzidas por outros teratógenos, mas podem ser alterações fenotípicas extremamente importantes. Seus efeitos geralmente se manifestam mais tarde na vida adulta e podem persistir por gerações seguintes à exposição ao disruptor.

Os disruptores endócrinos podem interferir com a função hormonal de várias maneiras:

- Eles podem imitar o efeito de um hormônio natural. Um exemplo paradigmático é o disruptor endócrino de dietilestilbestrol (DES), que se liga ao receptor de estrogênio e imita o estradiol, um hormônio que é muito ativo na construção dos tecidos do sistema reprodutor feminino.
- Eles podem atuar como antagonistas e inibir a ligação de um hormônio ao seu receptor ou bloquear a síntese de um hormônio. DDE, um produto metabólico do inseticida DDT, pode atuar como uma antitestosterona, ligando-se ao receptor de androgênio e impedindo que a testosterona normal funcione corretamente.
- Eles podem afetar a síntese, a eliminação ou o transporte de um hormônio no corpo. O herbicida atrazina, por exemplo, eleva a síntese de estrogênio e pode converter testículos em ovários em sapos. Uma das maneiras pelas quais os bifenilos policlorados (PCBs) perturbam o sistema endócrino é interferindo na eliminação e degradação dos hormônios tireoidianos.
- Alguns disruptores endócrinos podem "preparar" o organismo a ser mais sensível para hormônios mais tarde na vida. Como veremos, a exposição ao bisfenol A durante o desenvolvimento fetal torna o tecido mamário mais sensível aos hormônios esteroides durante a puberdade.

Pensou-se, por muito tempo, que havia apenas alguns agentes teratogênicos e que os únicos em perigo eram os fetos de mulheres inadvertidamente expostas a altas doses desses produtos químicos durante a gestação. Reconhecemos agora que os distúrbios endócrinos estão em toda a nossa sociedade tecnológica (incluindo áreas rurais, onde os pesticidas e os herbicidas são abundantes) e que a baixa exposição a disruptores endócrinos pode ser suficiente para produzir deficiências significativas mais tarde na vida. Os disruptores endócrinos incluem produtos químicos nos materiais que compõem mamadeiras de bebê e os recipientes de plástico de cores vivas nos quais bebemos a nossa água; produtos químicos usados em cosméticos, protetores solares e corantes capilares; e produtos químicos que impedem que a roupa seja altamente inflamável. Como esperado quando tantos produtos químicos estão envolvidos, estamos expostos a não apenas um, mas a múltiplos disruptores endócrinos, simultânea e continuamente. E, outra diferença importante entre os disruptores endócrinos e os teratógenos clássicos, é que podem ocorrer mais danos por uma dose "moderada" de disruptor endócrino do que por doses mais elevadas, uma vez que concentrações mais altas podem ativar processos de retroalimentação negativa que desintoxicam ou eliminam o produto químico (ver Myers et al., 2009; Belcher et al., 2012; Vandenberg et al., 2012).

Existem inúmeros disruptores endócrinos, incluindo dietilestilbestrol, bisfenol A, ftalatos e tributilestanho. Outros compostos com capacidades de perturbação do sistema endócrino incluem o herbicida atrazina e compostos liberados como resultado da fraturamento hidráulico ("*fracking*") (ver Gilbert e Epel, 2015, Kabir et al., 2015). Encontramos muitas dessas substâncias diariamente e estamos expostos a elas na fase pré-natal. Os efeitos de desenvolvimento desse nível de exposição estão apenas começando a ser estudados (Wild, 2005; Rappaport e Smith, 2010).

TÓPICO NA REDE 24.4 **DDT COMO DISRUPTOR ENDÓCRINO** O DDT foi considerado como prejudicial para o desenvolvimento de aves. Desde então, também tem sido implicado na perturbação do desenvolvimento humano.

OS CIENTISTAS FALAM 24.4 Em um documentário *online*, Stéphane Horel entrevista alguns dos principais cientistas envolvidos na identificação de disruptores endócrinos.

Dietilestilbestrol (DES)

Um dos primeiros disruptores endócrinos a serem identificados foi o potente **estrogênio-dietilestilbestrol**, ou **DES**. Essa droga foi pensada para aliviar a gravidez e prevenir abortos espontâneos, e estima-se que, nos Estados Unidos, mais de 1 milhão de mulheres grávidas e seus fetos foram expostos ao DES entre 1947 e 1971. (Essa é provavelmente uma pequena fração das exposições em todo o mundo.) Embora a pesquisa da década de 1950 tenha mostrado que, de fato, o DES não teve efeitos benéficos sobre a gravidez, ele continuou a ser prescrito até que a FDA o proibisse, em 1971. A proibição foi imposta quando um tipo específico de tumor (adenocarcinoma de células-claras) foi descoberto nos sistemas reprodutores de algumas das mulheres cujas mães tomaram DES durante a gestação (**FIGURA 24.9**).

O DES interfere com o desenvolvimento sexual e gonadal, causando alterações do tipo celular no sistema reprodutor feminino (os derivados do ducto de Müller, que forma a parte superior da vagina, o colo do útero, o útero e os ovidutos, ver Figura 6.1). Em muitos casos, o DES faz o limite entre o oviduto e o útero (a junção uterotubal) ser perdido, resultando em infertilidade, baixa fertilidade e um alto risco para outros problemas de saúde reprodutiva (Robboy et al., 1982; Newbold et al., 1983; Hoover et al., 2011).

Sintomas semelhantes à síndrome DES humana ocorrem em camundongos expostos a DES no útero, permitindo que os mecanismos desse disruptor endócrino sejam descobertos. Normalmente, as regiões do trato reprodutivo feminino são especificadas pelos Hoxagenes, que são expressos de forma pontual ao longo do duto Mülleriano (**FIGURA 24.10**). Maand e colegas (1998) mostraram que os efeitos dos DES no trato reprodutivo de camundongos fêmeas poderiam ser explicados como o resultado da alteração da expressão de Hoxa10 no ducto de Mülleriano. DES foi injetado sob a pele de camundongos prenhes e os fetos se desenvolveram quase até o nascimento. Quando os fetos de mães

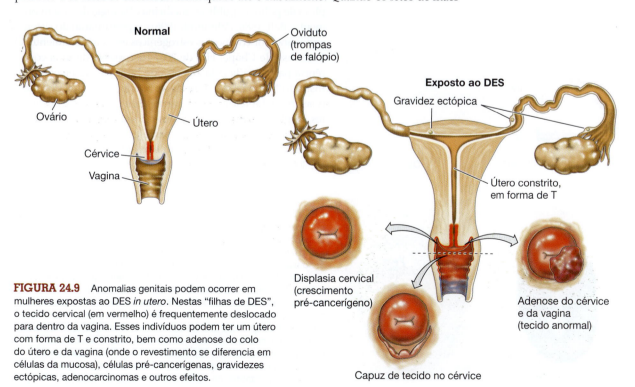

FIGURA 24.9 Anomalias genitais podem ocorrer em mulheres expostas ao DES *in utero*. Nestas "filhas de DES", o tecido cervical (em vermelho) é frequentemente deslocado para dentro da vagina. Esses indivíduos podem ter um útero com forma de T e constrito, bem como adenose do colo do útero e da vagina (onde o revestimento se diferencia em células da mucosa), células pré-cancerígenas, gravidezes ectópicas, adenocarcinomas e outros efeitos.

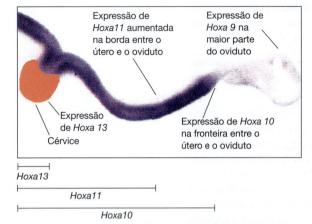

Expressão de *Hoxa11* aumentada na borda entre o útero e o oviduto

Expressão de *Hoxa 9* na maior parte do oviduto

Expressão de *Hoxa 13*
Cérvice

Expressão de *Hoxa 10* na fronteira entre o útero e o oviduto

Hoxa13
Hoxa11
Hoxa10
Hoxa9

FIGURA 24.10 Efeitos da exposição ao DES no sistema reprodutor feminino. (A) A estrutura química do DES. (B) Expressão do gene de *Hoxa* no sistema reprodutor de um camundongo fêmea embrionário normal de 16,5 dias. Uma hibridação *in situ* inteira com a sonda para *Hoxa13* é mostrada (em vermelho) juntamente com uma sonda para *Hoxa10* (em roxo). A expressão de *Hoxa9* estende-se ao longo do útero e através de grande parte do oviduto prospectivo. A expressão de *Hoxa10* possui uma borda anterior bem-definida na transição entre o futuro útero e o oviduto. *Hoxa11* tem a mesma borda anterior que *Hoxa10*, mas sua expressão diminui mais perto do colo do útero. A expressão de *Hoxa13* é encontrada apenas no colo do útero e na vagina superior. (Segundo Ma et al., 1998.)

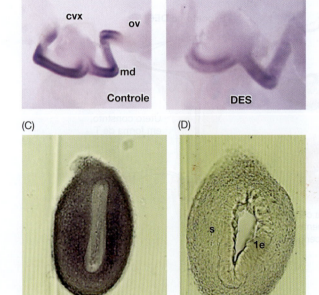

(A) cvx ov md Controle
(B) DES
(C) Controle
(D) s 1e DES

injetadas com DES foram comparados com fetos de mães que não receberam DES, verificou-se que o DES reprimiram quase completamente a expressão de Hoxa10 no ducto de Mülleriano (**FIGURA 24.11**). Essa repressão foi mais pronunciada no estroma (mesênquima) do ducto, onde embriologistas experimentais localizaram o efeito de DES (Boutin e Cunha, 1997). O fato de o DES atuar através da repressão de Hoxa10 é fortalecido pelo fenótipo do camundongo Hoxa10knockout (Benson et al. 1996; Ma et al. 1998), no qual há uma transformação do quarto proximal do útero em tecido do oviduto, bem como anormalidades da junção uterotubal.

Uma ligação entre a expressão dos genes Hox e a morfologia uterina são as proteínas Wnt, que estão associadas à proliferação celular e à proteção contra a apoptose. As proteínas Hox e Wnt estão envolvidas na especificação e na morfogênese dos tecidos reprodutores (**FIGURA 24.12**). Os tratos reprodutores de camundongos fêmeas expostos a DES são semelhantes aos dos camundongos nocautes para Wnt7a. Os genes *Hox* e *Wnt* comunicam-se para manterem um ao outro ativados; no entanto, DES, atuando através do receptor de estrogênio, reprime o gene *Wnt7a*. Essa repressão impede a manutenção do padrão de expressão do gene *Hox*, e também impede a ativação de outro gene Wnt, *Wnt5a*, que codifica uma proteína necessária para a proliferação celular (Miller et al., 1998; Carta e Sassoon, 2004).

TÓPICO NA REDE 24.5 DES COMO UM OBESOGÊNO
Alguns disruptores endócrinos, incluindo DES, aumentam a produção de células adiposas e a acumulação de gordura nessas células.

Os efeitos do DES sobre a fertilidade são uma história complexa de políticas públicas, medicina e biologia do desenvolvimento (Bell, 1986; Palmlund, 1996) e a perturbação do sistema endócrino por compostos estrogênicos está em andamento. O Consenso de Chapel Hill de 2007 (decorrente de uma conferência patrocinada pela Agência de Proteção Ambiental e do Instituto Nacional de Ciências da Saúde Ambiental dos Estados Unidos) reivindicou que alguns dos principais constituintes de plásticos eram compostos estrogênicos e que estavam presentes em doses suficientemente grandes para ter profundos efeitos no desenvolvimento sexual humano (vom Saal et al., 2007). O mais importante desses compostos é o bisfenol A.

FIGURA 24.11 Hibridação *in situ* com uma sonda *Hoxa10* mostra que a exposição a DES reprime *Hoxa10*. (A) Os camundongos embrionários fêmeas normais de 16,5 dias apresentam expressão de *Hoxa10* a partir do limite do colo do útero através do primórdio do útero e a maior parte do oviduto (cvx, cérvice; md, ducto de Müller, do inglês, *Mullerian duct*; ov, ovário). (B) Nos camundongos expostos pré-natal ao DES, essa expressão é fortemente reprimida. (C) Em camundongos fêmeas controles 5 dias após o nascimento (quando os tecidos reprodutores ainda estão se formando), uma secção através do útero mostra expressão abundante de *Hoxa10* no mesênquima uterino. (D) Nos camundongos fêmeas que recebem altas doses de DES 5 dias após o nascimento, a expressão de *Hoxa10* no mesênquima é quase completamente suprimida (le, epitélio luminal, do inglês, *luminal epithelium*; s, estroma, do inglês, *stroma*). (Segundo Ma et al., 1998.)

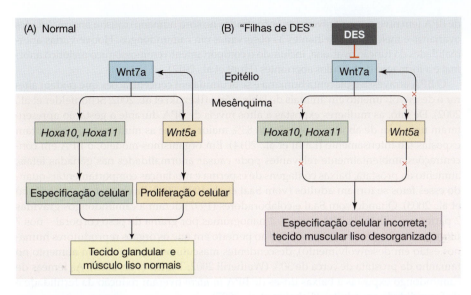

FIGURA 24.12 Desregulação da morfogênese do ducto de Müller por DES. (A) Durante a morfogênese normal, os genes *Hoxa10* e *Hoxa11* no mesênquima são ativados e mantidos pelo Wnt7a proveniente do epitélio. Wnt7a também induz *Wnt5a* no mesênquima, e a proteína Wnt5a mantém a expressão de Wnt7a e causa a proliferação de células mesenquimais. Juntos, esses fatores especificam e ordenam a morfogênese do útero. (B) DES, atuando através do receptor de estrogênio, bloqueia a expressão de *Wnt7a*. A ativação correta dos genes *Hox* e *Wnt5a* no mesênquima não ocorre, levando a uma morfologia radicalmente alterada da genitália feminina. (Segundo Kitajewsky e Sassoon, 2000.)

Bisfenol A (BPA)

Nos primeiros anos de pesquisa hormonal, os hormônios esteroides eram muito difíceis de isolar, de modo que os químicos fabricavam análogos sintéticos que realizariam as mesmas tarefas. O bisfenol A, um desses análogos, foi sintetizado pela primeira vez como um composto estrogênico na década de 1930. Mais tarde, os químicos de polímero perceberam que o BPA poderia ser usado na produção de plásticos, e hoje é um dos 50 principais produtos químicos produzidos em todo o mundo. Quatro empresas nos Estados Unidos fazem quase 2 bilhões de libras por ano para usar na resina que reveste a maioria das latas, bem como o plástico de policarbonato em mamadeiras de bebê, brinquedos para crianças e garrafas de água. Também é usado em selante dental e (por estranho que pareça) em recibos de caixa registradora. Na sua forma modificada, o tetrabromo-bisfenol A é o principal retardador de chama nos tecidos.

A exposição humana vem principalmente do BPA que tem vazado de recipientes de alimentos (von Goetz et al., 2010). Bebês e crianças adquirem BPA através de garrafas de policarbonato; adolescentes e adultos obtêm a maior parte do seu BPA consumindo alimentos enlatados que foram armazenados em recipientes revestidos com resinas que contêm BPA. Uma vez que 95% das amostras de urina tiradas de pessoas nos Estados Unidos e no Japão têm níveis de BPA mensuráveis (Calafat et al., 2005), preocupações de saúde pública foram levantadas sobre os papéis que o BPA pode desempenhar na causa de falhas na reprodução, câncer e anomalias comportamentais.

TÓPICO NA REDE 24.6   **BPA E COMPORTAMENTO ALTERADO** A exposição fetal de camundongos ao BPA leva a mudanças de comportamento. Nos humanos, a exposição pré-natal ao BPA tem sido associada a agressão e hiperatividade.

BPA E SAÚDE REPRODUTIVA O BPA não permanece fixo em plástico para sempre (Krishan et al., 1993; vom Saal, 2000; Howdeshell et al., 2003). Se você deixar a água assentar em uma velha gaiola de policarbonato à temperatura ambiente durante uma semana, pode medir cerca de 300 μg por litro de BPA na água. Essa é uma quantidade biologicamente ativa – uma concentração que reverterá o sexo de um sapo masculino e causará alterações de peso no útero de um camundongo jovem; também pode causar anomalias cromossômicas. Quando um técnico de laboratório enxaguou erroneamente algumas gaiolas de policarbonato com um detergente alcalino, o BPA foi liberado do plástico e os camundongos fêmeas alojados nas gaiolas apresentaram anomalidades meióticas em 40% de seus ovócitos (o nível normal dessas anomalidades é de cerca de 1,5%). Quando o BPA foi administrado a camundongos grávidas em circunstâncias controladas, Hunt e colaboradores (2003) mostraram que a exposição curta e baixa em BPA era suficiente para causar defeitos meióticos na maturação de ovócitos de camundongos (**FIGURA 24.13**). Esse efeito também foi observado em primatas. A exposição de fetos fêmea de macacos a baixas doses

(A)

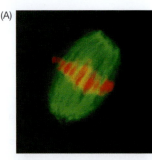

(B)

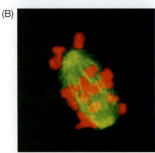

FIGURA 24.13 O bisfenol A provoca defeitos meióticos em ovócitos em maturação no camundongo. (A) Os cromossomos (em vermelho) normalmente se alinham no centro do fuso durante a primeira metáfase meiótica. (B) Exposições curtas ao BPA fazem os cromossomos se alinharem aleatoriamente no fuso. Diferentes números de cromossomos entram no ovo e no corpúsculo polar, resultando em aneuploidia e infertilidade. (De Hunt et al., 2003, cortesia de P. Hunt.)

de BPA (em níveis comparáveis aos encontrados no soro humano) causou anormalidades ovarianas e meióticas semelhantes às observadas em camundongos. Houve várias anormalidades da função ovariana, incluindo o comportamento cromossômico meiótico anormal e a formação de folículos aberrantes (Hunt et al., 2012).

O BPA atravessa a placenta humana e se acumula em concentrações que podem alterar o desenvolvimento em animais de laboratório (Ikezuki et al., 2002; Schönfelder et al., 2002). De fato, as mulheres expostas a altos níveis de BPA durante a gestação apresentaram uma taxa de abortos espontâneos 83% maior do que as mulheres que não foram expostas tão intensamente (Lathi et al., 2014). Em organismos-modelo, o BPA em concentrações ambientalmente relevantes pode causar anormalidades nas gônadas fetais, aumento da próstata, baixas contagens de esperma e mudanças comportamentais quando esses fetos se tornam adultos (vom Saal et al., 1998, 2005; Palanza et al., 2002; Kubo et al., 2003). Quando vom Saal e colaboradores (1997) deram a camundongos grávidas 2 partes por bilhão de BPA – isto é, 2 nanogramas por grama de peso corporal – nos 7 últimos dias da gravidez (equivalente ao período em que os órgãos reprodutores humanos estão em desenvolvimento), descendentes masculinos mostraram um aumento no tamanho da próstata de cerca de 30% (Wetherill 2002; Timms et al., 2005). As fêmeas de camundongo expostas a baixas doses de BPA *in utero* tiveram redução da fertilidade e da fecundidade em adultas (Cabaton et al., 2007).

Essa menor fertilidade pode ser o resultado de várias ações, além dos efeitos acima mencionados sobre os ovos em desenvolvimento. Descobriu-se em primeiro lugar que BPA e outros disruptores endócrinos impedem a maturação específica do sexo das partes do cérebro do camundongo que regulam a ovulação (Ruben et al., 2006; Gore et al., 2011). Em segundo lugar, os camundongos fêmea expostos no útero a baixas doses de BPA (2.000 vezes menores do que a dosagem considerada segura pelo governo dos Estados Unidos) apresentaram alterações na organização do útero, da vagina, do tecido mamário e dos ovários, além de ciclos estrais alterados uma vez adultos (Howdeshell et al., 1999, 2000; Markey et al., 2003). E, em terceiro lugar, o BPA altera o padrão de metilação específico de gametas de genes impressos em embriões e placentas de camundongos (Susiarjo et al., 2013).

TÓPICO NA REDE 24.7 **DISGÊNESE TESTICULAR** A quantidade de espermatozoides produzida por homens parece ter diminuído rapidamente nos últimos 50 anos. Há evidências de que os disruptores endócrinos que aumentam o estrogênio estão causando esse declínio.

BPA E A SUSCETIBILIDADE AO CÂNCER O BPA parece tornar o tecido mamário mais sensível aos estrogênios, e pensa-se que a exposição *in utero* ao BPA pode predispor as mulheres ao câncer de mama mais tarde na vida. A exposição fetal ao BPA causou o desenvolvimento de câncer no estágio inicial nas glândulas mamárias de um terço dos ratos expostos a doses ambientalmente relevantes de BPA mais tarde na vida (Murray et al., 2006). Nenhum dos camundongos-controle desenvolveu tais cânceres. Além disso, a exposição gestacional diária a apenas 25 ng de BPA por quilograma de peso corporal, seguida na puberdade por uma "dose subcarcinogênica" de um agente cancerígeno químico, resultou na formação de tumores apenas nos animais expostos ao BPA (Durando et al., 2006). Na verdade, o desenvolvimento mamário alterado já se manifestou durante a vida fetal em camundongos expostos ao BPA e na puberdade, as glândulas mamárias produziram mais brotos terminais e eram mais sensíveis ao estrogênio, o que pode ter predisposto esses camundongos ao câncer de mama em adulto (Muñoz-de-Toro et al., 2005). Além disso, a exposição de fetos fêmeas de macacos a baixas doses de BPA (em níveis comparáveis aos encontrados no soro de sangue humano) causou alterações no desenvolvimento mamário semelhantes às observadas em camundongos expostos ao BPA (**FIGURA 24.14**). Nas experiências acima, o BPA mostrou ser um fator que predispôs os ratos a desenvolver câncer quando encontraram substâncias químicas estrogênicas mais tarde na vida. No entanto, novos estudos com uma cepa diferente de ratos mostraram que, quando os embriões de ratos são expostos a doses relativamente pequenas de BPA (níveis considerados seguros pelo EPA), eles podem desenvolver tumores pós-natais palpáveis sem precisar ter uma segunda experiência de BPA mais tarde na vida.

(A)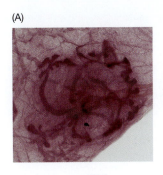

(B)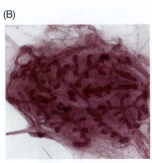

(C)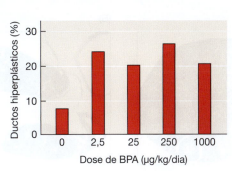

Dose de BPA (µg/kg/dia)

FIGURA 24.14 O bisfenol A induz o desenvolvimento alterado da glândula mamária.
(A, B) Preparação inteira de glândulas mamárias coradas de recém-nascido fêmea de macacos rhesus. (A) Glândula mamária controle. (B) Glândula mamária de um feto exposto *in utero* ao BPA. Duas vezes mais brotos (ramos incipientes) são observadas no tecido exposto ao BPA.
(C) A porcentagem de glândulas mamárias de camundongos que mostram hiperplasia intradutal (um estado propenso a câncer) é significativamente aumentada no dia 50 pós-natal em animais expostos ao BPA. (A, B, de Tharp et al., 2012; C, de Murray et al., 2007.)

Acevedo e colaboradores (2013) concluíram que "o BPA pode atuar como um carcinógeno completo da glândula mamária".

A indústria de plásticos afirma que o BPA é seguro e que os roedores expostos a ele *in utero* não apresentam anomalias de desenvolvimento (ver Cagen et al., 1999; Lamb, 2002). No entanto, revisão dos estudos efetuados pela indústria apontam que essas experiências foram feitas de forma inadequada (os controles positivos não mostraram os efeitos esperados) e concluiu que o BPA é um dos produtos químicos mais perigosos conhecidos e que os governos devem considerar proibir seu uso em produtos que contenham líquidos que os humanos e os animais possam beber (vom Saal e Hughes, 2005; Chapel Hill Consensus, 2007; Myers et al., 2009; Gioiosa et al., 2015).

Na verdade, quando confrontado com um estudo (Lernath et al., 2008) mostrando que, em concentrações menores que o que a EPA dos Estados Unidos considera seguro, o BPA interrompeu o desenvolvimento do cérebro do macaco, o Conselho Americano de Química respondeu que "não há evidência direta de que a exposição ao bisfenol A prejudica a reprodução ou o desenvolvimento humano" (ver Layton, 2008, Gilbert e Epel, 2015). O problema é que a "evidência direta" significaria testar os medicamentos em concentrações conhecidas em fetos humanos, o que não pode ser feito moralmente. Na ausência de regulamentação governamental, a Nalgene e a Wal-Mart suspenderam voluntariamente a fabricação e a comercialização de garrafas contendo BPA.

 OS CIENTISTAS FALAM 24.5 O Dr. Frederick vom Saal discute os efeitos disruptores endócrinos do BPA e os problemas de regulação desse composto.

Atrazina: ruptura endócrina por meio da síntese hormonal

A enzima aromatase pode converter testosterona em estrogênio, e esse estrogênio é capaz de induzir a determinação do sexo feminino em muitos vertebrados. Em tartarugas, por exemplo, o estrogênio regula negativamente os genes formadores de testículos e regula positivamente os genes que produzem ovários (Valenzuela et al., 2013, Bieser e Wibbels, 2014). PCBs e BPA também podem reverter o sexo de tartarugas criadas a temperaturas "masculinas" (Jandegian et al., 2015). Este e outros estudos (p. ex., ver Bergeron et al., 1994, 1999) têm consequências importantes para os esforços de conservação ambiental para proteger espécies ameaçadas de extinção (incluindo tartarugas, anfíbios e crocodilos) em que hormônios podem afetar mudanças na determinação primária do sexo.

A sobrevivência de algumas espécies de anfíbios pode estar em risco por herbicidas que promovam estrogênios à custa da testosterona, diminuindo gravemente o número, a função e a fertilidade dos machos. Um desses casos envolve o desenvolvimento de rãs hermafroditas e desmasculizadas após a exposição a doses extremamente baixas da atrazina, que mata erva daninha, um dos herbicidas mais utilizados no mundo, e que é encontrada em córregos e lagoas em todo o Estados Unidos (**FIGURA 24.15**). A atrazina induz a aromatase, que, como mencionado, converte a testosterona em estrogênio. Hayes e colaboradores (2002a) descobriram que a exposição de girinos a concentrações de atrazina tão baixas quanto 0,1 por bilhão (ppb) produziu anomalias gonadais e outras anormalidades sexuais em sapos machos. Com 0,1 ppb e mais, muitos girinos machos desenvolveram ovários, além de testículos. Com 1 ppb de atrazina, os sacos vocais (que um sapo macho deve ter para sinalizar e conseguir uma potencial parceira) não conseguiram se desenvolver adequadamente. Experimentos similares em ambientes externos mais

(A)

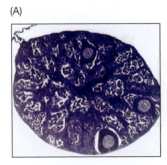

(B)

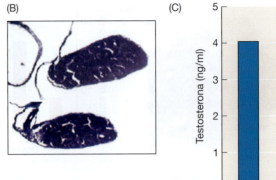

(C)

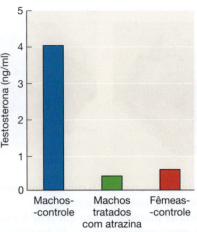

FIGURA 24.15
Demasculinização de sapos por baixas quantidades de atrazina. (A) Testículos de um sapo de um sítio natural com 0,5 partes por bilhão (ppb) de atrazina. O testículo contém três lóbulos que estão desenvolvendo espermatozoides e um ovócito. (B) Dois testículos de um sapo de um sítio natural contendo 0,8 ppb de atrazina. Esses órgãos apresentam disgênese testicular grave, que caracterizou 28% dos sapos encontrados nesse local. (C) Efeito de uma exposição de 46 dias a 25 ppb de atrazina nos níveis de testosterona no plasma sanguíneo de *Xenopus* sexualmente maduro. Os níveis nos machos-controle foram dez vezes maiores do que nas fêmeas-controle; os machos tratados com atrazina apresentaram níveis plasmáticos de testosterona iguais ou abaixo dos controles fêmeas. (A, B, segundo Hayes et al., 2003, fotos por cortesia de T. Hayes; C, segundo Hayes et al., 2002a.)

parecidos com as condições naturais (Langlois et al., 2010) também mostraram que as rãs macho (*Rana pipiens*) foram transformadas em fêmeas pela atrazina.

Em experimentos de laboratório, os níveis de testosterona de rãs adultas foram reduzidos em 90% (para níveis de fêmeas-controle) quando expostos, como adultos sexualmente maduros, a 25 ppb de atrazina (Hayes et al., 2002a). Essa é uma dose ecologicamente relevante, uma vez que a quantidade admissível de atrazina na água potável dos Estados Unidos é de 3 ppb, e os níveis de atrazina podem atingir 224 ppb em rios do meio-oeste dos Estados Unidos (Battaglin et al., 2000, Barbash et al., 2001). Mesmo em doses tão baixas quanto 2,5 ppb, o comportamento sexual das rãs machos foi gravemente diminuído. Os acasalamentos tornaram-se relativamente raros, e, em 10% dos casos, os machos expostos à atrazina tornaram-se fêmeas funcionais com ovoposição (Hayes et al., 2010).

Em um estudo de campo, Hayes e colaboradores colecionaram rãs leopardo e amostras de água de oito locais no centro dos Estados Unidos (Hayes et al., 2002b, 2003). Eles enviaram as amostras de água para dois laboratórios separados para determinar seus níveis de atrazina e codificaram os espécimes de rã para que os técnicos que dissecassem as gônadas não soubessem de qual local os animais vieram. Os resultados mostraram que a água de todos, exceto um, continha a atrazina – e este era o único local a partir do qual os sapos não apresentavam anormalidades gonadais. Em concentrações tão baixas quanto 0,1 ppb, rãs leopardo apresentaram disgênese testicular (crescimento atrofiado dos testículos) ou conversão em ovários. Em muitos exemplos, foram encontrados ovócitos nos testículos (ver Figura 24.15).

A capacidade de atrazina para feminizar as gônadas masculinas foi observada em todas as classes de vertebrados. Na verdade, baixa contagem de espermatozoides, má qualidade do sêmen e diminuição da fertilidade foram observadas em homens que são rotineiramente expostos à atrazina (Swan et al., 2003; Hayes et al., 2011). A preocupação com a capacidade aparente da atrazina de perturbar os hormônios sexuais tanto na vida selvagem quanto nos humanos resultou na proibição do uso desse herbicida na França, Alemanha, Itália, Noruega, Suécia e Suíça (Dalton, 2002). No entanto, as empresas farmacêuticas nos Estados Unidos têm pressionado com sucesso para manter a atrazina nos mercados norte-americanos (ver Blumenstyk, 2003; Aviv, 2014).

 OS CIENTISTAS FALAM 24.6 O Dr. Tyrone Hayes descreve seus estudos documentando que um herbicida-líder transforma rãs machos em fêmeas e está associado a anormalidades genéticas e câncer em humanos.

Fraturamento hidráulico: *uma nova fonte potencial de ruptura endócrina*

As regulamentações governamentais dos Estados Unidos não abrangem os compostos adicionados ao meio ambiente pelos procedimentos de fraturamento hidráulico ("*fracking*") utilizados para extrair metano (gás natural) a partir de xisto. Um total de 632 produtos químicos foram identificados sendo utilizados nesse procedimento. Cerca de 25%

deles são conhecidos por causar tumores, e mais de 35% são conhecidos por afetarem o sistema endócrino (Colburn et al., 2011). Estima-se que cerca de 50% do fluido utilizado no *fracking* retorna à superfície (DOE, 2009). As amostras de água extraídas de água parada e águas subterrâneas em locais de *fracking* continham compostos estrogênicos, compostos antiestrogênicos e compostos antiandrogênicos (antitestosterona) (Kassotis et al., 2014; Webb et al., 2014). Alguns compostos na água ativaram estimuladores de genes responsivos a estrogênio e outros impediram a ativação de genes que respondem à testosterona. Um dos locais onde a água foi testada foi um rancho antes da perfuração e *fracking,* mas a pecuária teve de ser descontinuada, visto que os animais já não produziam descendentes. Um estudo recente sobre *fracking* no Colorado rural documentou uma maior incidência de doença cardíaca congênita em crianças nascidas em famílias que residem perto dos poços de *fracking* (McKenzie et al., 2014).

 OS CIENTISTAS FALAM 24.7   A Dra. Susan Nagel discute sua identificação de produtos químicos disruptores endócrinos na água produzida por atividades de fraturamento hidráulico (*fracking*).

Herança transgeracional de transtornos do desenvolvimento

Uma vida inteira cortando madeira não dará à sua descendência bíceps salientes, nem a perda de seus braços em um acidente fará com que a sua prole nasça sem membros. Isso ocorre porque os agentes ambientais – exercício ou trauma, nesses casos – não causam mutações no DNA. Para serem transmitidas, as mutações não só devem ser somáticas, elas devem entrar na linha germinativa. Assim, as mutações genéticas adquiridas em células da pele que estão sobre-expostas à luz solar não serão transmitidas. No entanto, um dos resultados mais surpreendentes da genética do desenvolvimento contemporânea foi a descoberta de que certos fenótipos induzidos pelo meio ambiente podem ser transmitidos de geração para geração. A metilação do DNA parece ser um mecanismo que pode contornar o bloqueio mutacional para a transmissão de características adquiridas.

Certos agentes podem causar as mesmas alterações da metilação do DNA em todo o corpo, e essas alterações podem ser transmitidas pelo espermatozoide e pelo ovócito. Jablonka e Raz (2009) documentaram dezenas de casos em que diferentes DNAs "epialelos" – DNA contendo diferentes padrões de metilação – podem ser transmitidos de forma estável de geração em geração. Em mamíferos, a herança epialélica foi documentada pela primeira vez por estudos do disruptor endócrino vinclozolina, um fungicida amplamente utilizado em uvas. Quando injetada em ratas grávidas durante dias específicos de gestação, a vinclozolina causou disgênese testicular na prole masculina. Os testículos começaram a se formar normalmente, porém, à medida que o rato envelhecia, seus testículos degeneraram e deixaram de produzir espermatozoides. O que é mais interessante é que os camundongos machos gerados por camundongos com essa disgênese testicular induzida (muitas vezes por meios artificiais) também apresentam disgênese testicular, assim como sua descendência masculina e descendentes masculinos da geração subsequente (Anway et al., 2005, 2006, Guerrero-Bosagna et al., 2010). Desse modo, quando uma mulher grávida recebe vinclozolina, até os seus bisnetos são afetados (**FIGURA 24.16**).

O mecanismo dessa herança em ratos parece ser a metilação do DNA. Os promotores de mais de 100 genes nas células de Sertoli (ver Capítulo 6) têm seus padrões de metilação alterados pela vinclozolina, e a metilação do promotor alterada pode ser observada no DNA do espermatozoide por pelo menos três gerações subsequentes (Guerrero-Bosagna et al., 2010; Stouder e Paolini-Giacobino, 2010). Esses genes incluem aqueles cujos produtos são necessários para a proliferação celular, proteínas G, canais iónicos e receptores. É importante observar que, pela terceira geração (F_3), poderia não haver exposição direta à vinclozolina. O feto está dentro da mãe tratada e tem células germinativas (da geração F_2) dentro de si. No entanto, mesmo que a prole das gerações F_3 e F_4 nunca tenha sido exposta à vinclozolina, seu fenótipo é alterado pela injeção inicial para sua bisavó.

Estudos semelhantes indicaram que outros disruptores endócrinos – DES, bisfenol A e PCB – também têm efeitos transgeracionais (Skinner et al., 2010; Walker e Gore, 2011).

FIGURA 24.16 Transmissão epigenética da perturbação endócrina. (A) A transmissão da síndrome da disgênese testicular (círculos vermelhos) é mostrada através de quatro gerações de camundongos. Os únicos camundongos expostos *in utero* foram a geração F_1.
(B-C) Secção transversal dos túbulos seminíferos dos testículos de (A) um rato-controle macho e (B) um rato macho cujo neto nasceu de uma fêmea injetada com vinclozolina.
A flecha em (B) mostra as caudas do espermatozoide normal. A flecha em (C) mostra a falta de células germinativas no túbulo muito menor do rato que é descendente da fêmea injetada com vinclozolina; esse camundongo era infértil em condições normais. (Segundo Anway et al., 2005; Anway e Skinner, 2006, cortesia de M. K. Skinner.)

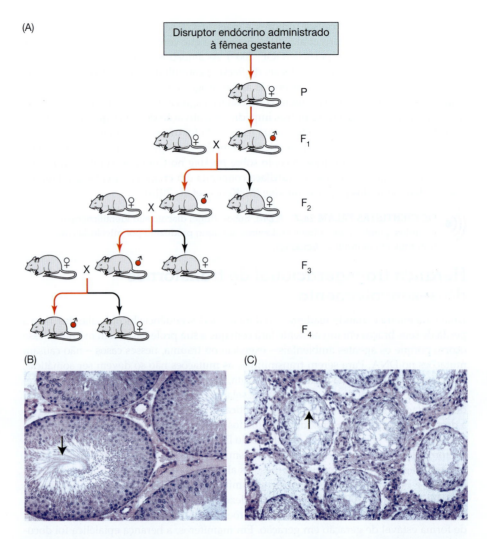

De fato, as mudanças comportamentais induzidas por BPA em camundongos podem durar pelo menos quatro gerações (Wolstenhome et al., 2012). As ramificações na saúde pública desse tipo de herança estão apenas começando a ser exploradas.

 OS CIENTISTAS FALAM 24.8 O Dr. Michael Skinner discute sua pesquisa sobre doenças epigenéticas transgeracionais.

O câncer como uma doença do desenvolvimento

Como os disruptores endócrinos são conhecidos por causar tumores, bem como anormalidades do desenvolvimento, o câncer está sendo cada vez mais estudado como uma doença do desenvolvimento. No entanto, a ideia de que o câncer é uma doença do desenvolvimento tem sido reconhecida por muitos anos (p. ex., ver Stevens, 1953, Auerbach, 1961, Pierce et al., 1978). A carcinogênese é mais do que apenas mudanças genéticas nas células que dão origem ao tumor (ver Hanahan e Weinberg, 2000). Em vez disso, a carcinogênese pode ser vista como aberrações dos próprios processos subjacentes à diferenciação e à morfogênese. Na verdade, um estudo recente de melanomas no peixe-zebra (Kaufman, 2016) mostrou que, quando os melanócitos (células de pigmento) apresentavam duas das mutações encontradas em numerosas células cancerosas, eles formaram nódulos pigmentados, mas não tumores. Os melanomas (crescimento cancerígeno dos melanócitos) ocorreram somente quando as células pigmentadas também expressaram marcadores das células precursoras da crista neural que tinham dado origem aos melanócitos no embrião.

Antes pensava-se que a carcinogênese e a metástase eram causadas pela proliferação de uma célula que havia adquirido mutações que lhe permitiam se tornar "autônoma", definindo o câncer por mecanismos intracelulares que permitem que uma célula se torne independente do seu ambiente. Todavia, isso acabou por ser apenas parte da explicação. Agora, sabemos que as células cancerosas iniciais modificam seu ambiente, transformando-o em um nicho promotor de câncer. O câncer está sendo reformulado como o resultado de uma progressão gradual das condições que depende das interações recíprocas entre as células cancerígenas incipientes e as células de apoio do seu ambiente tecidual. A alteração progressiva das interações célula a célula leva à arquitetura de tecido aberrante e, possivelmente, à formação de nichos que geram células cancerígenas. De fato, as células cancerosas parecem prosseguir recapitulando etapas do desenvolvimento normal, incluindo a formação de um nicho para proliferar. Assim, tanto a carcinogênese como as anomalias congênitas podem ser vistas como doenças da organização de tecido, da diferenciação e da comunicação intercelular. Como veremos, elas são muitas vezes causadas por defeitos nas mesmas vias. Existem muitas razões para visualizar malignidades e metástases em termos de desenvolvimento, quatro das quais serão discutidas aqui:

1. Formação de tumor dependente do contexto.
2. Defeitos na comunicação célula a célula como iniciador de câncer.
3. Células-tronco cancerígenas.
4. Reprogramação epigenética de células cancerosas.

TUMORES DEPENDENTES DO CONTEXTO Muitas células tumorais têm genomas normais, e se esses tumores se tornam malignos depende do seu ambiente (Pierce et al., 1974; Mack et al., 2014). O mais notável desses casos é o teratocarcinoma, um tumor de células germinativas ou células-tronco (Illmensee e Mintz, 1976, Stewart e Mintz, 1981). Os teratocarcinomas são tumores malignos de células que se assemelham à massa celular interna do blastocisto de mamífero e podem matar o organismo. No entanto, se uma célula de teratocarcinoma é colocada na massa celular interna de um blastocisto de camundongo, ele irá integrar-se ao blastocisto, perder sua malignidade e dividir-se normalmente. Sua progênie celular pode se tornar parte de numerosos órgãos embrionários. Se sua progênie for parte da linha germinal, o espermatozoide ou os óvulos formados a partir da célula tumoral transmitirão o genoma do tumor para a próxima geração. Assim, a transformação da célula em um tumor ou em parte do embrião pode depender de suas células circundantes.

É possível que o ambiente das células-tronco suprima a formação do tumor pela sua secreção de inibidores das vias parácrinas. Por exemplo, muitas células tumorais, como melanomas, secretam o fator parácrino Nodal. Isso ajuda a sua proliferação e também ajuda a fornecer-lhes vasos sanguíneos. Quando colocados em um ambiente de células-tronco embrionárias (que secretam inibidores de Nodal), os tumores agressivos de melanoma (que são derivados de células da crista neural) tornam-se células normais de pigmento (Hendrix et al., 2007; Postovit et al., 2008). Dessa forma, essas células malignas de melanoma, quando transplantadas para embriões de pinto precoces, regulam negativamente a sua expressão Nodal e migram como células não malignas ao longo das vias das células crista neural (**FIGURA 24.17**, Kasemeier-Kulesa et al., 2008).

DEFEITOS NA COMUNICAÇÃO CÉLULA A CÉLULA Em muitos casos, as interações de tecido são necessárias para impedir que as células se dividam, levando à premissa de que o câncer pode ser causado por falta de comunicação entre as células. Assim, os tumores podem surgir através de defeitos na arquitetura do tecido, e as vizinhanças de uma célula são cruciais na determinação da malignidade (Sonnenschein e Soto, 1999, 2000, Bissell et al., 2002). Estudos demonstraram que os tumores podem ser causados pela alteração da estrutura do tecido e que esses tumores podem ser suprimidos por restauração de um ambiente de tecido apropriado (Coleman et al., 1997; Weaver et al., 1997; Booth et al., 2010). Em particular, embora 80% dos tumores humanos sejam de células epiteliais, essas células nem sempre parecem ser o local da lesão cancerígena. Em vez disso, os cânceres de células epiteliais são muitas vezes causados por defeitos nas células do estroma

FIGURA 24.17 Quando as células de melanoma humano agressivamente metastáticas são injetadas em um tubo neural dorsal de embrião de pintinho de 2 dias (A), elas formam cadeias migratórias normais (B) e seguem as raízes de migração da crista neural para integrar a cartilagem facial (C) e os gânglios simpáticos (D). Ali, eles formam melanócitos não malignos. (De Kasemeier-Kulesa et al., 2008).

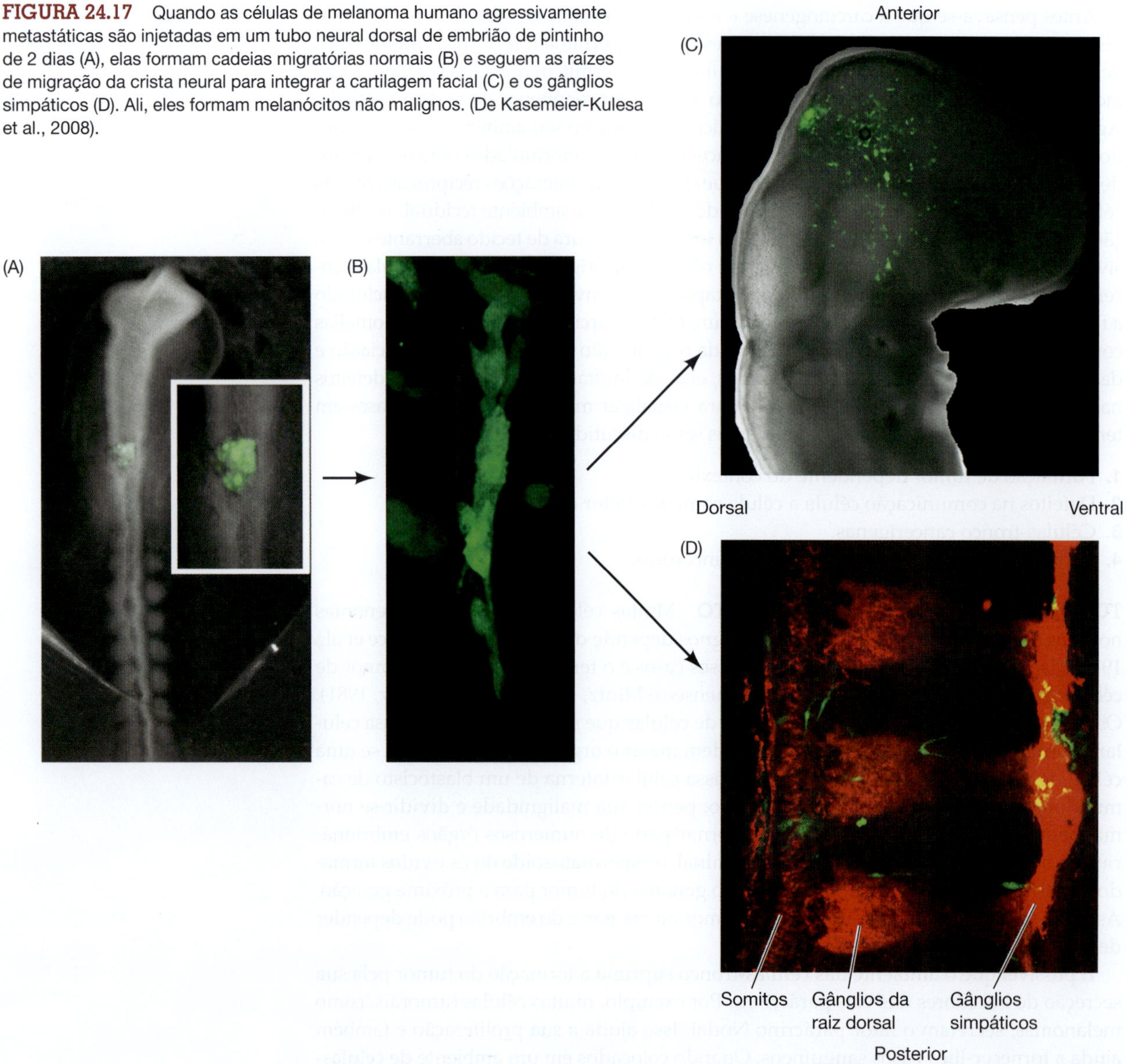

mesenquimais que cercam e sustentam o epitélio. Quando Maffini e colaboradores (2004) recombinaram epitélios normais e epitélios tratados com carcinogênios e mesênquima em glândulas mamárias de ratos, o crescimento tumoral de células epiteliais mamárias não ocorreu em epitélio tratado com carcinógeno, mas apenas em epitélios colocados em combinação com mesênquima mamário que havia sido exposto ao carcinógeno. Assim, o carcinógeno causou defeitos no estroma mesenquimal da glândula mamária e, aparentemente, o estroma mamário tratado não poderia mais fornecer às células epiteliais as instruções para formar estruturas normais. Por sua vez, essas estruturas anormais exibiram um controle frouxo da proliferação celular (**FIGURA 24.18**). Essas descobertas levaram a uma nova apreciação das formas pelas quais as células do estroma podem regular a iniciação do câncer no epitélio adjacente (ver Wagner et al., 2016).

DEFEITOS NAS VIAS PARÁCRINAS Isso nos leva ao próximo conceito: os tumores podem ocorrer por perturbações da sinalização parácrina entre células. Rubin e de Sauvage (2006) concluíram que "várias vias de sinalização-chave, como Hedgehog, Notch, Wnt e BMP/TGF-β/Activina, estão envolvidas na maioria dos processos essenciais para o desenvolvimento adequado de um embrião. Também está se tornando cada vez mais claro

(A)

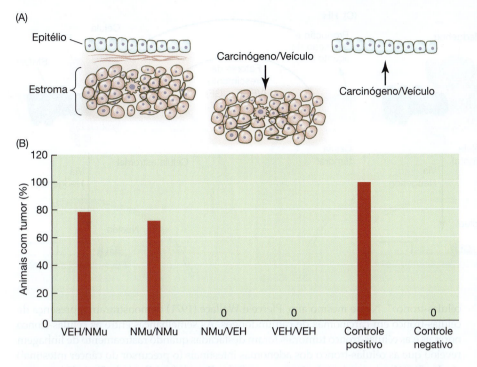

FIGURA 24.18
Evidência de que o estroma
regula a produção de tumores
epiteliais (parenquimatosos).
(A) Desenho esquemático do
protocolo experimental. O tecido da
glândula mamária contém epitélio
e estroma (células mesenquimais).
Os dois grupos de células podem
ser isolados e recombinados.
Pode-se adicionar uma substância
cancerígena (carcinogênica) ao
epitélio e não ao estroma, ou ao
estroma, mas não ao epitélio. Então
pode-se combiná-los para que a
substância causadora de câncer
tenha sido experimentada pelo
epitélio (mas não pelo estroma),
pelo estroma (mas não pelo epitélio),
pelo estroma e pelo epitélio, ou por
nenhum dos dois. (B) Resultados
quando o mutagênico causador
de câncer Nmetilnitro-sourea
(NMu) ou apenas o veículo controle
(VEH) foi aplicado ao estroma ou
epitélio e transplantado de volta
para a glândula mamária de rato.
No eixo horizontal, o denominador
superior refere-se ao epitélio e
o denominador inferior refere-se
ao estroma. Apenas os animais
cujo estroma foi tratado com
NMu desenvolveram tumores,
independentemente de o epitélio
ter sido exposto a NMu ou não.
Os animais intactos tratados
com NMu (controles positivos)
desenvolveram tumores e nenhum
dos ratos que receberam soluções de
controlo (controlos negativos) tinha
tumores. (Por Maffini et al. 2004.)

que essas vias podem ter um papel crucial na tumorigênese quando reativadas em tecidos adultos através de mutações esporádicas ou outros mecanismos". Vimos isso acima na discussão sobre a secreção de Nodal por células de melanoma. Esses achados demonstram a importância do tecido estromal que acabamos de mencionar. Muitos tumores, por exemplo, segregam o fator parácrino Sonic hedgehog (Shh), que pode atuar de duas maneiras. Primeiro, ele pode agir de forma autócrina, estimulando as células que ele produziu para crescer. O Shh autócrino é geralmente necessário para a manutenção das células progenitoras neuronais dos grânulos cerebelares e das células-tronco hematopoiéticas; os inibidores da via Shh podem reverter certos meduloblastomas e leucemias, que são tumores desses tipos de células (**FIGURA 24.19A, B**; Rubin e de Sauvage et al., 2006; Zhao et al., 2009). Um requisito autócrino para hedgehog também foi relatado para câncer de pulmão de células pequenas, adenocarcinoma pancreático, câncer de próstata, câncer de mama, câncer de cólon e câncer de fígado. Em segundo lugar, em alguns casos, o Shh produzido por células tumorais pode não atuar sobre células tumorais, mas em células estromais, fazendo as células estromais produzirem fatores (como o fator de crescimento semelhante à insulina, IGF) que ajudam as células tumorais (**FIGURA 24.19C**). Se a via Shh for bloqueada, o tumor regredirá (Yauch et al., 2008, 2009; Tian et al., 2009). A ciclopamina, um teratógeno que bloqueia a sinalização de Shh, pode impedir que certos tumores cresçam (Berman et al., 2002; Thayer et al., 2003; Song et al., 2011).

Assim, os mesmos produtos químicos que podem causar teratogênese ao bloquear uma via no desenvolvimento embrionário podem ser úteis para bloquear a ativação de células-tronco cancerígenas. A ciclopamina e outros antagonistas da via Shh, por exemplo, podem causar malformação nos embriões, mas parecem ser úteis na prevenção da geração e da proliferação de células-tronco do meduloblastoma (Berman et al., 2002; De Smale et al., 2010). Mesmo a talidomida teratogênica clássica está sendo "reabilitada" para uso na luta contra o câncer.

A HIPÓTESE DAS CÉLULAS-TRONCO TUMORAIS Outro aspecto de ver o câncer como doenças do desenvolvimento é que as propriedades dos tumores podem surgir devido a uma população de células que são análogas às células-tronco adultas. A ideia de que os cânceres tiveram células-tronco foi uma das primeiras *ligações* que conectam a pesquisa sobre câncer e a biologia do desenvolvimento. Pierce e Johnson (1971) relataram que "o tecido maligno, como o tecido normal, mantém-se pela proliferação e diferenciação de suas

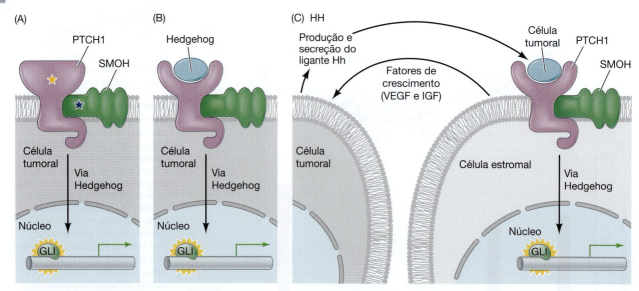

FIGURA 24.19 Mecanismos pelos quais a via Hedgehog (ver Figura 4.30) pode levar ao câncer. (A) Quando Shh é um mitógeno (como é para células progenitoras de neurônio granular cerebelar ou células-tronco hematopoiéticas), mutações de perda de função no ligante Hh Patched (PTCH1; estrela amarela) ou mutações de ganho de função no inibidor de Patched Smoothened (SMOH, estrela azul) ativam a via Hedgehog, mesmo na ausência de Shh ou outra proteína Hedgehog. (B) No modelo autócrino, as células tumorais produzem e respondem ao ligante Hh. (C) No modelo parácrino, as células tumorais produzem e secretam o ligante Hh, e as células estromais circundantes recebem a proteína Hh. As células do estroma respondem pela produção de fatores de crescimento, como o VEGF ou o IGF, que apoiam o crescimento ou a sobrevivência do tumor. (Segundo Rubin e de Sauvage, 2006.)

células-tronco". Nesse mesmo ano, Pierce e Wallace (1971) demonstraram a presença de células-tronco em carcinomas de camundongos. As semelhanças entre as células-tronco normais e as células-tronco tumorais foram destacadas quando rastreamento de linhagem revelou que as células-tronco dos adenomas intestinais (o precursor do câncer intestinal) são Lgr5$^+$ e têm a mesma relação com as células Paneth (ver Capítulo 5), assim como as células-tronco intestinais normais (Schepers et al., 2013).

Em vários tipos de câncer, incluindo glioblastomas (o tumor cerebral mais comum), câncer de próstata, melanomas e leucemias mieloides, uma população de células-tronco tumorais (CSC, do inglês, *cancer stem cells*) que se divide rapidamente dá origem a mais células-tronco tumorais e a populações de células diferenciadas dividindo de forma relativamente lenta (Lapidot et al., 1994; Chen et al., 2012; Driessens et al., 2012; Schepers et al., 2012). Essas CSCs podem se autorrenovar, além de gerar as populações de células não tronco do tumor. De fato, quando as células tumorais são transplantadas de um animal para outro, apenas as CSCs podem originar novos tumores heterogêneos (Gupta et al., 2009; Singh e Settleman, 2010). As origens das CSCs permanecem incertas e podem ser diferentes para diferentes tipos de tumores. A maioria dos pesquisadores sente que a CSC vem de uma célula-tronco adulta normal ou de uma célula progenitora (amplificação em trânsito).

Enquanto o tumor está se formando, as CSC produzem mais células-tronco tumorais, bem como a maior parte das células tumorais mais diferenciadas. De modo notável, parece que as CSCs de gliobastomas agressivos não só geram células tipo glia imaturos (glioblastos), como também fazem células endoteliais de vasos sanguíneos. Dessa forma, o tumor pode criar sua própria vasculatura (El Hallani et al., 2010; Ricci-Vitiani et al., 2010; Wang et al., 2010).

Terapias de desenvolvimento para câncer

O câncer não é tanto o resultado de uma célula que ficou ruim quanto de relacionamentos celulares que deram errado. Os cancros são muitas vezes doenças da sinalização do desenvolvimento e vários tipos de células cancerosas podem ser normalizados quando colocados de volta em regiões de embriões que expressam certos fatores parácrinos ou seus inibidores. Essa visão de desenvolvimento do câncer nos permite explorar novos caminhos para o tratamento do câncer. Um desses modos de tratamento, a **terapia de diferenciação**, foi considerado possível há 30 anos, mas não era viável na época.

Em 1978, Pierce e colaboradores observaram que as células cancerígenas eram, em muitos aspectos, reversões para as células embrionárias, e eles levantaram a hipótese de que as células cancerosas deveriam reverter para a normalidade se fossem forçadas a se diferenciar. Também em 1978, Sachs descobriu que certas leucemias poderiam ser controladas ao fazer as células leucêmicas se diferenciarem, em vez de proliferar.

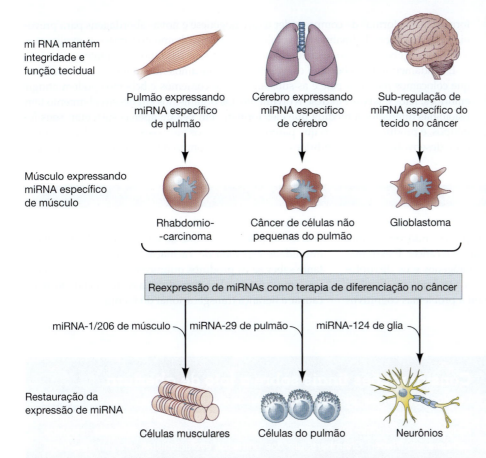

mi RNA mantém
integridade e
função tecidual

Pulmão expressando
miRNA específico
de pulmão

Cérebro expressando
miRNA especifico
de cérebro

Sub-regulação de
miRNA específico do
tecido no câncer

Músculo expressando
miRNA específico
de músculo

Rhabdomio-
-carcinoma

Câncer de células não
pequenas do pulmão

Glioblastoma

Reexpressão de miRNAs como terapia de diferenciação no câncer

miRNA-1/206 de músculo | miRNA-29 de pulmão | miRNA-124 de glia

Restauração da
expressão de miRNA

Células musculares

Células do pulmão

Neurônios

FIGURA 24.20 Inserção de microRNA como possível meio de terapia de diferenciação. Muitos tipos de células (como as do músculo, pulmão e cérebro) se desdiferenciam ao formar um tumor. Essa desdiferenciação é acompanhada por perda de microRNAs específicos que mantêm os padrões de metilação do DNA das células diferenciadas. Restaurar esses microRNAs para células tumorais restabeleceu o padrão diferenciado de metilação do DNA. (Segundo Mishra e Merlino, 2009.)

Uma dessas leucemias, leucemia promielocítica aguda (APL, do inglês, *promyelocytic leukemia*), é causada por uma recombinação somática, criando um "novo" fator de transcrição, no qual uma subunidade é um receptor de ácido retinoico. Esse receptor, mesmo na ausência de ácido retinoico, liga-se aos sítios de ligação do AR no DNA, onde reprime os genes responsivos ao RA e cria uma estrutura de cromatina condensada maior (Nowak et al., 2009). A expressão deste "novo" fator de transcrição em progenitores de neutrófilos faz a célula se tornar maligna (Miller et al., 1992; Grignani et al., 1998). O tratamento de pacientes com APL com ácido retinoico totalmente *trans* resulta em remissão em mais de 90% dos casos, uma vez que o RA adicional é capaz de efetuar a diferenciação das células leucêmicas em neutrófilos normais (Hansen et al., 2000; Fontana e Rishi, 2002).

Recentemente, os microRNAs começaram a ser testados em terapia de diferenciação. Em muitos tumores, existem microRNAs específicos que são sub-regulados (Berdasco, 2009; Mishra e Merlino, 2009). Esses microRNAs sub-expressados são geralmente supressores de tumores que impedem mudanças na metilação do DNA. Taulli e colaboradores (2009) mostraram que o microRNA miRNA-206, que está normalmente presente nas células do músculo esquelético, é negativamente regulado em tumores de células musculares. Adicionar miRNA-206 a células tumorais musculares restaura seu fenótipo diferenciado e bloqueia a formação de câncer. Isso sugere um mecanismo específico de tecido para parar os cânceres, fazendo-os se diferenciarem (**FIGURA 24.20**).

Coda

A biologia do desenvolvimento é cada vez mais importante na medicina moderna. A medicina preventiva, a saúde pública e a biologia da conservação exigem que aprendamos mais sobre os mecanismos pelos quais os produtos químicos industriais e as drogas podem danificar os embriões. A capacidade de testar de forma eficaz e econômica os compostos para danos potenciais é crítica. A biologia do desenvolvimento também fornece novas formas de compreender a carcinogênese e novas abordagens para prevenir e curar o câncer. E, finalmente, a biologia do desenvolvimento fornece as explicações sobre como genes mutados e aneuploidias causam seus fenótipos aberrantes.

É fundamental perceber que os agentes que colocamos no ambiente, os cosméticos que colocamos na nossa pele e as substâncias que comemos e bebemos podem atingir embriões, fetos e larvas em desenvolvimento. Os organismos em desenvolvimento têm fisiologias diferentes à medida que eles formam, em vez de apenas sustentar, seus fenótipos, e produtos químicos que parecem inofensivos para os adultos podem prejudicar o desenvolvimento de embriões. É preciso uma comunidade para criar um embrião.

Próxima etapa na pesquisa

Um dos aspectos mais importantes da investigação atual diz respeito aos efeitos dos disruptores endócrinos sobre o comportamento, o sistema imune e o câncer. É extremamente importante saber se os teratógenos e os disruptores endócrinos experimentados *in utero* nos predispõem ao câncer, à asma, à obesidade ou a problemas cognitivos mais tarde na vida. Alguns disruptores endócrinos parecem afetar o sistema imune de crianças e podem anular a imunidade esperada de vacinação. Também será importante saber se os produtos químicos ambientais (ou agentes como o estresse) podem afetar a cromatina de forma a causar a herança transgeracional do fenótipo.

Considerações finais sobre a foto de abertura

Defeitos no desenvolvimento podem ser devidos a causas genéticas ou ambientais. No gato polidactilo visto aqui, a causa é genética, e envolve um estimulador do gene *sonic hedgehog* (ver Capítulo 19). A polidactilia não é incomum entre os mamíferos, incluindo os humanos. (Robert Chambers, um dos primeiros evolucionistas, era um hexadactil completo, com doze dedos nos pés e doze nas mãos.) Essas "falhas" relativamente menores no desenvolvimento agregam diversidade a uma população; você provavelmente pode imaginar ambientes onde um grande número de dígitos pode ser útil. É possível que muitas adaptações evolutivas tenham começado como anomalias congênitas. (Fotos © Jane Burton/Dorling Kindersley/Corbis.)

24 Resumo instantâneo
Desenvolvimento na saúde e na doença

1. As anomalias do desenvolvimento devidas a erros genéticos e influências ambientais resultam em uma taxa de sobrevivência relativamente baixa de todas as concepções humanas.

2. O acaso desempenha um papel nos resultados do desenvolvimento. Há uma grande variação nas quantidades de transcrição e tradução, de modo que, em momentos diferentes, as células estão produzindo proteínas mais ou menos importantes para o desenvolvimento.

3. A pleiotropia ocorre quando vários efeitos diferentes são produzidos por um único gene. Na pleiotropia de mosaico, cada efeito é causado de forma independente pela expressão do mesmo gene em diferentes tecidos. Na pleiotropia relacional, a expressão gênica anormal em um tecido influencia outros tecidos, mesmo que esses outros tecidos não expressem esse gene.

4. A heterogeneidade genética ocorre quando mutações em mais de um gene podem produzir o mesmo fenótipo. A heterogeneidade fenotípica surge quando o mesmo gene pode produzir defeitos diferentes (ou severidades diferentes do mesmo defeito) em diferentes indivíduos.

5. Os agentes teratogênicos incluem produtos químicos, como álcool e ácido retinoico, bem como metais pesados, certos patógenos e radiação ionizante. Esses agentes afetam negativamente o desenvolvimento normal e podem resultar em malformações e déficits funcionais.

   - Pode haver múltiplos efeitos de álcool em células e tecidos que resultam nesta síndrome de anormalidades cognitivas e físicas.

   - O composto ácido retinoico é ativo no desenvolvimento, e demais ou muito pouco pode causar anomalias congênitas.

6. Os disruptores endócrinos podem ligar ou bloquear receptores hormonais ou bloquear a síntese, o transporte ou a excreção de hormônios. Atualmente, o bisfenol A e outros compostos disruptivos endócrinos estão sendo considerados possíveis agentes de baixas contagens de esperma em homens e uma predisposição ao câncer de mama em mulheres.

- Os estrogênios ambientais podem causar anomalias do sistema reprodutor, suprimindo a expressão de genes *Hox* e as vias Wnt. Essas substâncias também podem causar obesidade e, em alguns casos, ativam os fatores de transcrição que predispõem células-tronco mesenquimais para se diferenciar em tecido adiposo.
- Em alguns casos, os disruptores endócrinos metilam o DNA, e esses padrões de metilação podem ser herdados de uma geração para a outra. Essa metilação pode alterar o metabolismo e o desenvolvimento, suprimindo a expressão gênica.

7. O câncer pode ser visto como uma doença de desenvolvimento alterado. Os cânceres fazem metástases de maneiras semelhantes ao movimento das células embrionárias e alguns tumores voltam à não malignidade quando colocados em ambientes que suportam a morfogênese normal e reduzem a proliferação celular excessiva.

- Os cânceres podem surgir de erros na comunicação celular. Esses erros incluem alterações da síntese do fator parácrino.
- Em muitos casos, os tumores têm uma população de células-tronco tumorais que se divide rapidamente, o que produz mais células-tronco tumorais, bem como células mais quiescentes e diferenciadas.

Leituras adicionais

Anway, M. D., A. S. Cupp, M. Uzumcu and M. K. Skipper. 2005. Epigenetic transgeneration effects of endocrine disruptors and male fertility. *Science* 308: 1466-1469.

Bissell, M. J., D. C. Radisky, A. Rizki, V. M. Weaver and O. W. Petersen. 2002. The organizing principle: Microenvironmental influences in the normal and malignant breast. *Differentiation* 70: 537-546.

Gilbert, S. F. and D. Epel. 2015. *Ecological Developmental Biology: The Environmental Regulation of Development, Health, and Evolution*, 2nd edition. Sinauer Associates. Sunderland, MA.

Guerrero-Bosagna, C., M. Settles, B. Lucker and M. K. Skinner. 2010. Epigenetic transgenerational actions of vinclozolin on promoter regions of the sperm epigenome. *PLoS One* Sep 30;5(9). pii: e13100.

Hanahan, D., and R. A. Weinberg. 2011. Hallmarks of cancer: The next generation. *Cell* 144: 646-674.

Hayes, T. B. and 21 others. 2011. Demasculinization and feminization of male gonads by atrazine: Consistent effects across vertebrate classes. *J. Steroid Biochem. Mol. Biol.* 127: 64-73.

Howdeshell, K. L., A. K. Hotchkiss, K. A. Thayer, J. G. Vandenbergh and F. S. vom Saal. 1999. Plastic bisphenol A speeds growth and puberty. *Nature* 401: 762-764.

Lammer, E. J. and 11 others. 1985. Retinoic acid embryo-pathy. *New Engl. J. Med.* 313: 837-841.

Maffini, M. V., A. M. Soto, J. M. Calabro, A. A. Ucci and C. Sonnenschein. 2004. The stroma as a crucial target in mammary gland carcinogenesis. *J. Cell Sci.* 117: 1495-1502.

Steingraber, S. 2003. Having Faith: *An Ecologist's Journey to Motherhood*. New York: The Berkley Publishing Group.

Sulik, K. K. 2005. Genesis of alcohol-induced craniofacial dysmorphism. *Exp. Biol. Med.* 230: 366-375.

Tang, H. and 14 others. 2016. Zika virus infects human cortical neural progenitors and attenuates their growth. *Cell Stem Cell.* doi: org/10/1016/j.stem.2016.02.016.

VISITE WWW.DEVBIO.COM...

... para Tópicos na Rede, entrevistas de Os Cientistas Falam, vídeos de Assista ao Desenvolvimento, Tutorial do Desenvolvimento e informação bibliográfica completa sobre toda a literatura citada neste capítulo.

25

Desenvolvimento e meio ambiente

Regulação biótica, abiótica e simbiótica do desenvolvimento

FOI PENSADO POR MUITO TEMPO QUE O AMBIENTE desempenhava apenas um papel menor no desenvolvimento. Quase todos os fenômenos do desenvolvimento eram considerados "resultados" de genes nucleares, e aqueles organismos cujo desenvolvimento *era* significativamente controlado pelo meio ambiente eram considerados estranhezas interessantes. Quando os agentes ambientais desempenharam papéis no desenvolvimento, eles pareciam destrutivos, como os papéis desempenhados por teratógenos e disruptores endócrinos (ver Capítulo 24). No entanto, estudos recentes mostraram que o *contexto ambiental desempenha papéis significativos no desenvolvimento normal de quase todas as espécies e que os genomas animais evoluíram para responder às condições ambientais.* Além disso, existem associações simbióticas em que o desenvolvimento de um organismo é regulado pelos produtos moleculares de organismos de outras espécies. Na verdade, esses casos parecem ser a regra, e não a exceção.

Uma das razões pelas quais os biólogos de desenvolvimento ignoraram amplamente os efeitos do meio ambiente é que a maioria dos animais estudados em biologia do desenvolvimento – *C. elegans, Drosophila*, peixe-zebra, *Xenopus*, galinhas e camundongos de laboratório – foram selecionados pela falta desses efeitos (Bolker, 2012). Esses organismos-modelo tornam mais fácil estudar os genes que regulam o desenvolvimento, mas podem nos deixar com a impressão errônea de que tudo o que é necessário para formar o embrião está presente no ovo fertilizado. Com novas preocupações sobre a perda da diversidade organizacional e os efeitos dos poluentes ambientais, há um interesse renovado na regulação do desenvolvimento pelo meio ambiente (ver van der Weele, 1999; Bateson e Gluckman, 2011; Gilbert e Epel, 2015).

Por que os micróbios devem ser considerados parte importante do desenvolvimento normal?

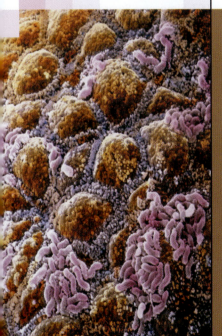

Destaque

O material dentro de um ovo fertilizado não determina completamente o fenótipo do organismo. Em vez disso, o genoma herdado pode responder a numerosos fatores ambientais. Os sinais químicos de simbiontes, geralmente bactérias, são necessários para o desenvolvimento normal. Nos mamíferos, o microbioma intestinal é adquirido no nascimento e é fundamental para o desenvolvimento do intestino, da rede capilar e do sistema imune. É possível que também seja necessário para o desenvolvimento normal do cérebro. Além disso, condições abióticas, como a temperatura, podem ser cruciais para o desenvolvimento normal. Em muitos vertebrados não mamíferos, o sexo de um organismo depende da temperatura que ele experimenta durante o desenvolvimento. E, finalmente, as condições bióticas, como a dieta, o aumento populacional da mesma espécie ou a presença de predadores, podem alterar o desenvolvimento de forma que permitam que o fenótipo seja mais adaptável. Responder a sugestões ambientais pode ajudar o organismo a se integrar ao seu hábitat.

O ambiente como um agente normal na geração de fenótipos

A **plasticidade fenotípica** é a capacidade de um organismo reagir a um sinal ambiental com uma mudança de forma, estado, movimento ou taxa de atividade (West-Eberhard, 2003; Beldade et al., 2011). Quando a diferença ocorre nos estádios embrionário ou larval dos animais ou das plantas, essa capacidade de alteração do fenótipo é frequentemente chamada de **plasticidade do desenvolvimento**. Já encontramos vários exemplos de plasticidade do desenvolvimento. Quando discutimos a determinação do sexo pelo ambiente nas tartarugas (ver Capítulo 6, pp. 201-202), estávamos conscientes de que o fenótipo sexual estava sendo instruído não pelo genoma, mas pelo meio ambiente. Quando mencionamos, no Capítulo 18, a capacidade de esforço de cisalhamento para ativar a expressão gênica no tecido capilar, cardíaco e ósseo, também observamos o efeito de um agente ambiental no fenótipo. Embora os estudos de plasticidade fenotípica tenham desempenhado um papel central na biologia do desenvolvimento da planta, os mecanismos de plasticidade só recentemente foram estudados em animais. Esses estudos mostram agora que a plasticidade do desenvolvimento é um meio fundamental para a integração de animais em suas comunidades ecológicas.

São atualmente reconhecidos dois tipos principais de plasticidade fenotípica: normas de reação e polifenismos (Woltereck, 1909; Schmalhausen, 1949; Stearns et al., 1991). Em uma **norma de reação**, o genoma codifica o potencial para uma gama contínua de fenótipos potenciais, e o ambiente que o indivíduo encontra determina o fenótipo (geralmente o mais adaptativo) que emerge. Por exemplo, o fenótipo muscular humano é determinado pela quantidade de exercício que o corpo está exposto ao longo do tempo (embora exista um limite geneticamente definido para a quantidade de hipertrofia muscular possível). Os limites superior e inferior de uma norma de reação, bem como a cinética de quão rapidamente a característica muda em resposta ao meio ambiente, são propriedades do genoma que podem ser selecionadas. Os diferentes fenótipos produzidos por condições ambientais são chamados de **morfos** (ou ocasionalmente **ecomorfos**).

O segundo tipo de plasticidade fenotípica, o **polifenismo**, refere-se a fenótipos **descontínuos** (ou/ou) provocados pelo meio ambiente. Um exemplo óbvio é a determinação do sexo nas tartarugas, em que uma variedade de temperaturas induz o desenvolvimento feminino no embrião e outro conjunto de temperaturas induz o desenvolvimento masculino. Entre esses conjuntos de temperaturas está uma pequena faixa de temperaturas que produzirá diferentes proporções de machos e fêmeas, mas essas temperaturas intermediárias não induzem animais intersexuais. Outro exemplo importante de polifenismo é encontrado no gafanhoto migratório *Schistocerca gregaria*. Esses gafanhotos existem como um morfo de asa curta, verde, solitário ou como um morfo de asa longa, marrom, sociável (**FIGURA 25.1A, B**). Sinais no ambiente determinam qual morfologia uma ninfa de gafanhoto desenvolverá após a muda (Rogers et al., 2003; Simpson e Sword, 2008).

Polifenismos induzidos pela dieta

A dieta pode desempenhar papéis importantes na determinação do fenótipo de um animal em desenvolvimento. Os efeitos da dieta em desenvolvimento são vistos na lagarta de *Nemoria arizonaria*. Quando a lagarta eclode em carvalhos na primavera, ela tem uma forma que se mistura notavelmente com as flores de carvalho jovens (*catkins*). No entanto, aquelas larvas que eclodirem seus ovos no verão seriam muito óbvias se ainda parecessem flores de carvalho. Em vez disso, eles se assemelham a galhos recém-formados. Aqui, é a dieta (folhas de carvalho jovens *versus* antigas) que determina o fenótipo (**FIGURA 25.1C, D**; Greene, 1989).

A dieta também é principalmente responsável pela formação de "rainhas" férteis nas colônias de formigas, vespas e abelhas (**FIGURA 25.1E, F**). Nas abelhas, as fêmeas adultas são trabalhadoras ou rainhas. A rainha é o único membro reprodutor da colmeia, colocando até 2 mil ovos por dia. As rainhas também vivem 10 vezes mais do que a trabalhadora média. As larvas são alimentadas pelas trabalhadoras, e apenas as larvas alimentadas adequadamente se tornam rainhas. A proteína que induz essas atividades

FIGURA 25.1 Plasticidade do desenvolvimento em insetos. (A, B) Polifenismo induzido por densidade no locustídeo do deserto ("praga"), *Schistocerca gregaria*. (A) O morfo de baixa densidade tem pigmentação verde e asas em miniatura. (B) O morfo de alta densidade tem pigmenção profunda e asas e pernas adequadas para a migração. (C, D) lagartas de *Nemoria arizonaria*. (C) As orugas que eclodem na primavera comem folhas de carvalho jovens e desenvolvem uma cutícula que se assemelha às flores do carvalho (*catkins*). (D) As lagartas que eclodem no verão, depois que os *catkins* se foram, comem folhas maduras de carvalho e desenvolvem uma cutícula que se assemelha a um galho jovem. (E) Gyne (rainha reprodutora) e trabalhadora da formiga *Pheidologeton*. Esta imagem mostra o notável dimorfismo entre a rainha grande e fértil e a trabalhadora pequena e estéril (vista perto das antenas da rainha). A diferença entre essas duas irmãs é o resultado da alimentação larval. (F) Diferença de tamanho induzida pela nutrição em uma abelha rainha *Apis mellifera* em comparação com as suas irmãs trabalhadoras. (A, B, de Tawfik et al., 1999, cortesia de S. Tanaka; C, D, cortesia de E. Greene; E © Mark W. Moffett/Getty Images; F, cortesia de D. McIntyre.)

formadoras de rainha é chamada de **roialactina**. A roialactina liga-se ao receptor EGF no corpo gordo das larvas da abelha e estimula a produção do hormônio juvenil, o que eleva os níveis de proteína do vitelo que são necessárias para a produção de ovos (**FIGU-RA 25.2**; Kamakura, 2011). RNAi contra o receptor EGF ou seus alvos a jusante abolem os efeitos da roialactina.

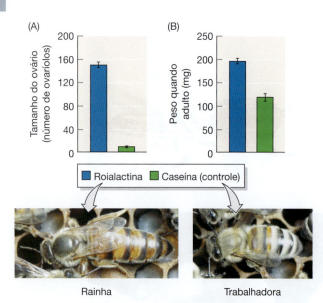

FIGURA 25.2 Alterações do desenvolvimento induzidas pela dieta podem produzir rainhas competentes para reprodução ou trabalhadoras estéreis. A roialactina induz ovários funcionais (A) e aumento do peso corporal (B) na abelha *Apis mellifera*. (Segundo Kamakura, 2011.)

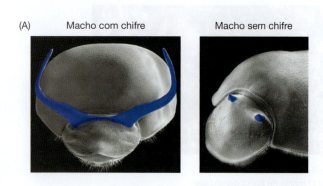

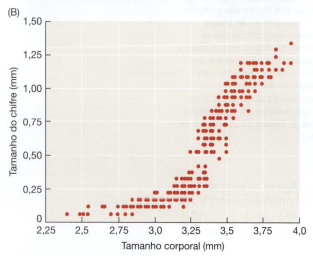

TÓPICO NA REDE 25.1 **DETERMINAÇÃO INDUTIVA DE CASTA EM COLÔNIAS DE FORMIGAS** Em algumas espécies de formigas, a perda de formigas soldados cria condições que induzem mais trabalhadoras a se tornarem soldados.

QUANDO ESTRUME REALMENTE IMPORTA Para um besouro macho (*Onthophagus*), o que realmente importa na vida é a quantidade e a qualidade do estrume que ele come enquanto larva. O besouro sem chifres de estrume fêmea escava túneis, depois reúne bolas de estrume e as enterra nesses túneis. Ela então coloca um único ovo em cada bola de estrume; quando as larvas eclodem, elas comem o estrume. A metamorfose ocorre quando a bola de estrume é terminada e os fenótipos anatômicos e comportamentais dos machos são determinados pela qualidade e quantidade deste alimento fornecido maternamente (Emlen, 1997, Moczek e Emlen, 2000). A quantidade e a qualidade dos alimentos determinam o título do hormônio juvenil durante a última muda da larva. Isso, por sua vez, determina o tamanho da larva na metamorfose e regula positivamente o crescimento dos discos imaginais que fazem os chifres (**FIGURA 25.3A**; Emlen e Nijhout, 1999, Moczek, 2005).

Se o hormônio juvenil é adicionado aos minúsculos machos de *O. taurus* durante o período sensível de sua última muda, a cutícula nas cabeças se expande para produzir chifres. Assim, se um macho tem ou não chifre depende não dos genes do macho, mas da comida que a mãe deixou para ele. Os chifres não crescem até que a larva do besouro macho atinja um certo tamanho. Após este limiar de tamanho do corpo, o crescimento do chifre é muito rápido.[1] Assim, embora o tamanho do corpo tenha uma distribuição normal, há uma distribuição bimodal de tamanhos de chifres: cerca de metade dos machos não tem chifres, enquanto a outra metade tem chifres de comprimento considerável (**FIGURA 25.3B**).

Os machos com chifres guardam os túneis das fêmeas e usam seus chifres para evitar que outros machos acasalem com elas. O tamanho dos chifres determina o comportamento de um macho e as chances de sucesso reprodutivo;

[1] De acordo com o desenvolvimento, há um *compromisso* entre caracteres sexuais masculinos primários e secundários aqui. Fazer um grande chifre parece retirar os recursos de fazer o pênis. As taxas de crescimento do chifre e do pênis podem ser reguladas por meio do fator de transcrição Foxo, que é regulado positivamente pela dieta (Parzer e Moczek, 2008; Snell-Rood e Moczek, 2012).

FIGURA 25.3 Dieta e fenótipo do trombo de *Onthophagus*. (A) Machos com chifres e sem chifres do besouro *Onthophagus acuminatus* (os chifres foram coloridos artificialmente). Se um macho tem ou não chifre é determinado pelo título do hormônio juvenil na última muda, o que, por sua vez, depende do tamanho da larva. (B) Existe um limiar afiado do tamanho do corpo sob o qual os chifres não conseguem formar e acima do qual o crescimento do chifre é linear com o tamanho do besouro. Esse efeito de limiar produz machos sem chifres e machos com chifres grandes, mas muito poucos com chifres de tamanho intermediário. (Segundo Emlen, 2000; fotos por cortesia de D. Emlen.)

o macho com os maiores chifres ganha esses concursos. Contudo, e os machos sem chifres? Os machos sem chifres não lutam com os machos com chifres por parceiros de acasalamento. Como eles, assim como as fêmeas, não possuem chifres, são capazes de cavar seus próprios túneis. Esses "machos sorrateiros" cavam túneis que que intersectam os das fêmeas e se acasalam com estas, enquanto o macho com chifre mantém a guarda na entrada do túnel (**FIGURA 25.4**; Emlen, 2000; Moczek e Emlen, 2000). Na verdade, cerca de metade dos ovos fertilizados na maioria das populações são de machos sem chifres. Em suma, a capacidade de produzir um chifre é herdada, mas se este será produzido e qual o seu tamanho é regulado pelo meio ambiente.

DIETA E METILAÇÃO DE DNA As alterações dietéticas podem produzir alterações na metilação do DNA, e essas alterações podem afetar o fenótipo. No caso acima mencionado de fenótipos de abelhas, as larvas também podem ser transformadas de forrageiras em rainhas, prevenindo a metilação do DNA (Kucharski et al., 2008; Lyko et al., 2010).

Essas mudanças induzidas pela dieta na metilação do DNA também podem afetar fenótipos de mamíferos. Waterland e Jirtle (2003) demonstraram isso usando camundongos contendo o alelo agouti *amarelo-viável*. *Agouti* é um gene dominante que dá a cor amarelada ao pelos dos camundongos; também afeta o metabolismo lipídico, de modo que os camundongos se tornam mais gordos. O alelo *amarelo-viável* possui um elemento transposon inserido no gene *Agouti*. Esse elemento contém um elemento *cis*-regulador que permite que *Agouti* seja expresso em toda a pele. Além disso, enquanto a maioria das regiões do genoma adulto raramente apresentou variação intraespécies na metilação CpG, existem grandes diferenças de metilação do DNA entre os indivíduos nesses sítios de transposons. Essa metilação CpG pode bloquear a transcrição do gene. Quando o promotor *Agouti* é metilado, o gene não é transcrito. O pelo do camundongo permanece preto, e o metabolismo lipídico não é alterado.

Waterland e Jirtle alimentaram camundongos fêmeas prenhas Agouti amarelo-viável com suplementos doadores de metila, incluindo folato, colina e betaína. Eles descobriram que, quanto mais suplementação de metila, maior a metilação do ponto de inserção do transposon nos genomas dos fetos e mais escura a pigmentação da prole. Embora os camundongos na **FIGURA 25.5** sejam geneticamente idênticos, as mães foram alimentadas com diferentes dietas durante a gravidez. O camundongo cuja mãe não recebeu suplementação de dador de metila é gordo e amarelo; o promotor de *Agouti* não estava metilado, de modo que o gene estava ativo. O camundongo cuja mãe recebeu suplementos de folato é delgado e escuro; o gene *Agouti* metilado não foi transcrito.

A metilação diferencial de genes tem sido associada a problemas de saúde humana. Restrições dietéticas durante a gestação de uma mulher podem aparecer como problemas

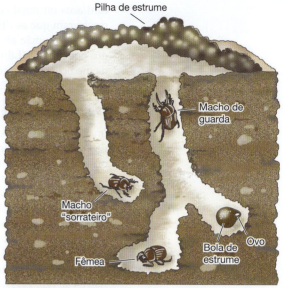

FIGURA 25.4 A presença ou ausência de chifres determina a estratégia reprodutiva do macho em algumas espécies de besouros. As fêmeas cavam túneis no solo sob uma pilha de estrume e trazem fragmentos de estrume nos túneis. Estes serão o abastecimento alimentar das larvas. Os machos com chifres guardam as entradas do túnel e se acasalam repetidamente com as fêmeas. Eles lutam para evitar que outros machos entrem nos túneis, e os machos com chifres longos geralmente ganham esses concursos. Os machos menores e sem chifres não guardam túneis, mas cavam os próprios para se conectar com os das fêmeas. Eles podem então acasalar e sair, sem ser desafiados pelo macho de guarda. (Segundo Emlen, 2000.)

FIGURA 25.5 A dieta materna pode afetar o fenótipo. Estes dois camundongos são geneticamente idênticos; ambos contêm o alelo viável-amarelo do gene *Agouti*, cujo produto proteico converte o pigmento marrom em amarelo e acelera o armazenamento de gordura. O camundongo amarelo obeso é a prole de uma mãe cuja dieta não foi suplementada com dadores de metila (p. ex., folato) durante a gravidez. O gene *Agouti* do embrião não foi metilado, e a proteína Agouti foi feita. O camundongo marrom delgado nasceu de uma mãe cuja dieta pré-natal foi suplementada com dadores de metila. O gene *Agouti* foi desligado e nenhuma proteína Agouti foi sintetizada. (Segundo Waterland e Jirtle, 2003; foto por cortesia de R. L. Jirtle.)

cardíacos ou renais em suas crianças adultas. Além disso, estudos em camundongos mostraram que as diferenças na concentração de proteína e doador de metila na dieta pré-natal da mãe afetaram a expressão gênica e o subsequente metabolismo nos fígados dos filhotes (Lillycrop et al., 2005; Gilbert e Epel. 2015). Isso levou a uma nova área da medicina preventiva, o campo da origem do desenvolvimento da saúde e da doença (ver Tópico na rede 24.3).

Polifenismos induzidos por predadores

Imagine uma espécie cujas larvas são frequentemente confrontadas por um predador particular em sua lagoa ou maré. Poderíamos, então, imaginar um indivíduo que pudesse reconhecer moléculas solúveis segregadas por esse predador e poderia usar essas moléculas para ativar o desenvolvimento de estruturas que tornariam esse indivíduo menos palatável para o predador. Essa capacidade de modular o desenvolvimento na presença de predadores é chamada de defesa induzida por predadores, ou de **polifenismo induzido por predadores**.

Para demonstrar o polifenismo induzido por predadores, é preciso mostrar que a modificação fenotípica é causada pela presença do predador e que a modificação aumenta a aptidão dos seus portadores quando o predador está presente (Adler e Harvell, 1990; Tollrian e Harvell, 1999). A **FIGURA 25.6A** mostra os morfos típicos e induzidos por predadores para várias espécies. Duas coisas caracterizam cada caso: (1) o morfo induzido é mais bem-sucedido na sobrevivência do predador, e (2) o filtrado solúvel da água que envolve o predador é capaz de induzir as mudanças. Os produtos químicos que são liberados por um predador e podem induzir defesas em sua presa são chamados de **cairomônios**.

Várias espécies de rotíferos alterarão a sua morfologia se se desenvolvem em água de lagoa na qual os seus predadores foram cultivados (Dodson, 1989; Adler e Harvell, 1990). O rotífero predador *Asplanchna* libera um composto solúvel que induz os ovos de uma espécie de presa de rotífero, *Keratella slacki*, a se desenvolverem em indivíduos com corpos ligeiramente maiores e espinhas anteriores 130% maiores do que seria, tornando as presas mais difíceis de comer. Quando exposto ao efluente das espécies de caranguejo das quais são presas, o caramujo *Thais lamellosa* desenvolve uma casca engrossada e um "dente" em sua abertura. Em uma população mista de caracóis, os caranguejos não atacarão os caracóis com cascos mais espessos até que mais de metade dos caracóis típicos sejam devorados (Palmer, 1985).

Um dos mecanismos mais interessantes do polifenismo induzido por predadores é o de certas larvas do equinodermo. Quando expostas ao muco de seu peixe predador, as larvas pluteus de bolacha-da-areia se clonam, brotando pequenos grupos de células que rapidamente se tornam larvas. Os minúsculos plutei são muito pequenos para serem vistos pelo peixe e, assim, escapam de serem comidos (Vaughn e Strathmann, 2008; Vaughn, 2009).

DÁFNIA E SEUS PARENTES   O polifenismo induzido por predadores da pulga partenogenética de água *Dáfnia* é benéfico não só para si próprio, mas também para sua prole (Harris et al., 2012). Quando os juvenis de *D. cucullata* encontram as larvas predadoras da mosca de *Chaeoborus*, seus "capacetes" crescem para o dobro do tamanho normal (**FIGURA 25.6B**). Esse aumento diminui as chances de que *Dáfnia* seja comida pelas larvas de moscas. Essa mesma indução de capacete ocorre se as *Dáfnias* juvenis forem expostas a extratos de água onde as larvas de moscas haviam nadado. Agrawal e colaboradores (1999) mostraram que a prole de uma *Dáfnia* assim induzida nasce com a mesma morfologia da cabeça alterada na ausência de um predador. É possível que o cairomônio de *Chaeoborus* regule a expressão gênica tanto no adulto como no embrião em desenvolvimento. Embora ainda não conheçamos a identidade do cairomônio, o receptor pode ser um conjunto específico de neurônios e, em algumas espécies, as antenas são cruciais na percepção de cairomônios (Weiss et al., 2012, 2015). O efeito parece funcionar por meio de vias endócrinos. O cairomônio regula positivamente o hormônio juvenil e as vias de sinalização de insulina, ativando a transcrição de vários genes de fatores de transcrição (**FIGURA 25.6C;** Miyakawa et al., 2010). Tal como acontece com os besouros de estrume, existem compromissos: a *Dáfnia* induzida, colocando recursos na criação de estruturas de proteção, produz menos ovos (Tollrian, 1995; Imai et al., 2009).

(A)

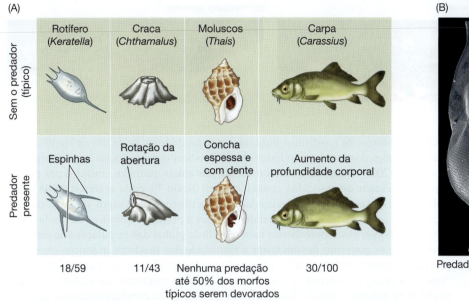

	Rotífero (*Keratella*)	Craca (*Chthamalus*)	Moluscos (*Thais*)	Carpa (*Carassius*)
Sem o predador (típico)				
Predador presente	Espinhas	Rotação da abertura	Concha espessa e com dente	Aumento da profundidade corporal
	18/59	11/43	Nenhuma predação até 50% dos morfos típicos serem devorados	30/100

(B)

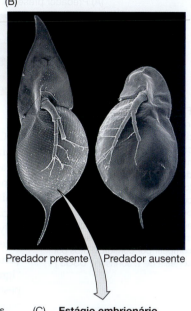

Predador presente   Predador ausente

FIGURA 25.6 Defesas induzidas por predador. (A) Morfos típicos (linha superior) e induzidos por predador (linha inferior) de vários organismos. Os números abaixo de cada coluna representam as porcentagens de organismos que sobrevivem à predação quando indivíduos induzidos e não induzidos foram apresentados com predadores (em vários ensaios). (B) As micrografias eletrônicas de varredura mostram os morfos induzidos por predador (à esquerda) e típicos (à direita) de indivíduos geneticamente idênticos à pulga da água *Dáfnia*. Na presença de sinais químicos de um predador, *Dáfnia* desenvolve um "capacete" protetor. (C) Possível via para o desenvolvimento do fenótipo defensivo de *Dáfnia* através do sistema endócrino. Considera-se que o *DD1* esteja envolvido na recepção de cairomônios e/ou na determinação do destino durante o estágio embrionário. Pode desempenhar um papel na recepção neural do sinal. Pensa-se que os outros genes desempenhem papéis na morfogênese de juvenis pós-embrionários. (A, segundo Adler e Harvell, 1990, e referências citadas; B, cortesia de A. A. Agrawal; C, segundo Miyakawa et al., 2010).

(C) **Estágio embrionário**

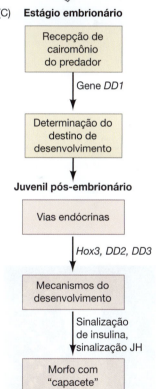

Recepção de cairomônio do predador

Gene *DD1*

Determinação do destino de desenvolvimento

Juvenil pós-embrionário

Vias endócrinas

Hox3, DD2, DD3

Mecanismos do desenvolvimento

Sinalização de insulina, sinalização JH

Morfo com "capacete"

FENÓTIPOS DE ANFÍBIOS INDUZIDOS POR PREDADOR O polifenismo induzido por predador não se limita aos invertebrados.[2] Entre os anfíbios, os girinos encontrados em lagoas ou criados na presença de outras espécies podem diferir significativamente dos girinos criados por eles mesmos nos aquários. Por exemplo, os girinos de sapo de madeira (*Rana sylvatica*) recentemente eclodidos em tanques contendo larvas predadoras de Libélula *Anax* (confinados em gaiolas de rede para que não possam comer os girinos) sejam menores do que os criados em tanques similares sem predadores. Além disso, a musculatura da cauda se aprofunda, permitindo velocidades de giro e de natação mais rápidas (Van Buskirk e Relyea, 1998). A adição de mais predadores ao tanque causa uma musculatura da nadadeira caudal e da cauda continuamente mais profundas e, de fato, o que inicialmente parecia ser um polifenismo pode ser uma norma de reação que pode avaliar o número (e o tipo) de predadores.

McCollum e Van Buskirk (1996) mostraram que, na presença de seus predadores, a barbatana caudal do girino da rã de árvore *Hyla chrysoscelis* fica maior e torna-se vermelha brilhante (**FIGURA 25.7**). Este fenótipo permite ao girino nadar mais rápido e desviar os golpes dos predadores para a região da cauda. O *compromisso* é que os girinos não induzidos crescem mais devagar e sobrevivem melhor nos ambientes livres de predadores. Em algumas espécies, a plasticidade fenotípica é reversível, e a remoção dos predadores pode restaurar o fenótipo não induzido (Relyea, 2003a).

---

[2] De fato, o sistema imune dos vertebrados é um exemplo maravilhoso de polifenismo induzido por predadores. Aqui, nossas células imunes usam produtos químicos de nossos predadores (vírus e bactérias) para mudar nosso fenótipo para que possamos resistir melhor (ver Frost, 1999).

(A) Predador presente

(B) Predador ausente

FIGURA 25.7 Polifenismo induzido por predadores em girinos de rã. (A) Girinos da rã-árvore *Hyla chrysoscelis* desenvolvendo-se na presença de sinais das larvas de um predador desenvolvem fortes músculos do tronco e uma coloração vermelha. (B) Quando os sinais de predadores estão ausentes, os girinos crescem mais delgados, o que os ajuda a competir por comida. (Fotos por cortesia de T. Johnson / USGS.)

O metabolismo de morfismos induzidos por predadores pode diferir significativamente daqueles dos morfos não induzidos, e isso tem consequências importantes. Relyea (2003b, 2004) descobriu que, na presença dos sinais químicos emitidos por predadores, a toxicidade de pesticidas, como o carbaril (Sevin™), pode se tornar até 46 vezes mais letal do que sem os sinais dos predadores. As rãs-touro e os sapos-verdes foram especialmente sensíveis ao carbaril quando expostos a produtos químicos de predadores. Relyea relacionou essas descobertas com o declínio global das populações de anfíbios, dizendo que os governos devem testar a toxicidade dos produtos químicos em condições mais naturais, incluindo a do estresse do predador. Ele conclui (Relyea, 2003b) que "ignorar a ecologia relevante pode causar estimativas incorretas da letalidade de um pesticida na natureza, mas é a letalidade dos pesticidas em condições naturais que é de maior interesse. A evidência acumulada sugere fortemente que os pesticidas na natureza poderiam desempenhar um papel no declínio dos anfíbios".

PISTAS VIBRACIONAIS ALTERAM O TEMPO DO DESENVOLVIMENTO As mudanças fenotípicas induzidas por sinais ambientais não se limitam às estruturas anatômicas. Elas também podem incluir o tempo dos processos de desenvolvimento. Os embriões da rã-árvore de olhos vermelhos da Costa Rica (*Agalychnis callidryas*) usam vibrações transmitidas através de suas massas de ovos para escapar de cobras que comem os ovos. Essas massas de ovos são colocadas nas folhas por cima de lagoas. Em geral, os embriões desenvolvem-se em girinos no prazo de 7 dias, e esses girinos saltam da massa de ovos e caem na água da lagoa. No entanto, quando as cobras se alimentam dos ovos, as vibrações que produzem sugerem aos embriões restantes dentro da massa do ovo para iniciar os movimentos de espasmos que iniciam a sua eclosão (dentro de segundos!) e caem na lagoa. Os embriões são competentes para iniciar esses movimentos de eclosão no dia 5 (**FIGURA 25.8**). De modo curioso, os embriões evoluíram para responder dessa maneira apenas a vibrações com certa frequência e intervalo (Warkentin et al., 2005, 2006; Caldwell et al., 2009). Até 80% dos embriões remanescentes podem escapar da predação de cobras dessa maneira, e a pesquisa mostrou que somente essas vibrações (e não o olfato ou a visão) indicam esses movimentos de eclosão aos embriões. Há também um *compromisso*. Embora esses embriões tenham escapado de seus predadores de cobras, eles estão agora em maior risco de predadores transmissíveis pela água do que os embriões totalmente desenvolvidos, uma vez que a musculatura dos que eclodiram precocemente está subdesenvolvida.

(A)

(B)

(C)

FIGURA 25.8 Polifenismo induzido por predadores na rã de olhos vermelhos (*Agalychnis callidryas*). (A) Quando uma cobra come uma ninhada de ovos de *Agalychnis*, a maioria dos embriões restantes dentro da massa de ovo respondem às vibrações (seta) eclodindo prematuramente e caindo na água. (B) Girino imaturo, induzido a eclodir no dia 5. (C) Um girino normal eclode em 7 dias e tem musculatura mais bem desenvolvida. (Cortesia de K. Warkentin.)

ASSISTA AO DESENVOLVIMENTO 25.1 Veja um experimento realizado no laboratório da Dr. Karen Warkentin, em que uma cobra tenta comer ninhada de embriões de rã de olhos vermelhos, apenas para ver a sua potencial comida eclodir enquanto engole sua refeição anterior.

 OS CIENTISTAS FALAM 25.1 A Dra. Karen Warkentin discute seu trabalho sobre a plasticidade da incubação de girinos.

Temperatura como agente ambiental

TEMPERATURA E SEXO Em muitas espécies, a temperatura controla se os testículos ou os óvulos se desenvolvem; essa determinação do sexo dependente da temperatura é descrita brevemente no Capítulo 6. Os mecanismos para a determinação do sexo dependente da temperatura podem diferir amplamente entre as espécies, porém, em muitos casos, certos fatores de transcrição parecem ser induzidos pela temperatura, e esses provavelmente estão promovendo a formação de ovários ou testículos. Este tipo de determinação não é incomum entre vertebrados de "sangue frio", como peixes, tartarugas e jacarés (Crews e Bull, 2009). A determinação do sexo dependente da temperatura tem vantagens e desvantagens. Uma vantagem provável é que pode dar à espécie a possibilidade de se reproduzir sexuadamente sem vincular a espécie a uma proporção de sexo 1:1. Nos crocodilos, em que as temperaturas extremas produzem fêmeas e as temperaturas moderadas produzem machos, a proporção sexual pode ser tão grande quanto 10 fêmeas para cada macho (Woodward e Murray, 1993). Nessas espécies, em que o número de fêmeas limita o tamanho da população, esta proporção é melhor para a sobrevivência do que a proporção 1:1 exigida pela determinação genotípica do sexo.

A principal desvantagem da determinação do sexo dependente da temperatura pode ser a redução dos limites de temperatura dentro dos quais uma espécie pode persistir. Assim, a poluição térmica (localmente ou devida ao aquecimento global) poderia possivelmente eliminar uma espécie de uma determinada área (Janzen e Paukstis, 1991). Entre as tartarugas marinhas, as fêmeas geralmente são produzidas a temperaturas mais elevadas (29°C sendo a temperatura que produz uma proporção homogênea de sexo) e esses animais podem ser particularmente vulneráveis se a temperatura aumentar por um longo período de tempo[3] (Hawkes et al. 2009; Fuentes et al., 2010).

Charnov e Bull (1977) argumentaram que a determinação do sexo ambiental seria adaptativa em hábitats caracterizados por parcelas, isto é, um hábitat com algumas regiões onde é vantajoso ser macho e outras regiões onde é vantajoso ser fêmea. Conover e Heins (1987) forneceram evidências para essa hipótese. Em certas espécies de peixes, as fêmeas se beneficiam por serem maiores, visto que o tamanho maior se traduz em maior fecundidade. Se você é um *silverside* atlântico (*Menidia menidia*) fêmea, pode ser vantajoso nascer no início da época de reprodução, porque você tem uma estação de alimentação mais longa e, portanto, pode crescer mais. O tamanho do peixe macho, no entanto, não influencia o sucesso ou os resultados do acasalamento. Na faixa sul de *Menidia*, as fêmeas realmente nascem no início da estação de reprodução, e a temperatura parece desempenhar um papel importante neste padrão. No entanto, nas extremidades norte de seu alcance, as espécies não apresentam determinação do sexo ambiental e uma proporção de sexo de 1:1 é gerada em todas as temperaturas. Conover e Heins especulam que as populações mais do norte têm uma estação de alimentação muito curta, então não há vantagem para as fêmeas em nascer mais cedo. Assim, essa espécie de peixe mostra a determinação do sexo ambiental nas regiões onde é adaptativo e determinação do sexo genotípico nas regiões onde não é.

---

[3] Os pesquisadores especularam que alguns dinossauros podem ter tido uma determinação do sexo dependente da temperatura e que sua queda repentina pode ter sido causada por uma ligeira mudança de temperatura, criando condições em que apenas machos ou apenas fêmeas eclodiram (ver Ferguson e Joanen, 1982; Miller et al., 2004). Ao contrário de muitas espécies de tartarugas, cujos membros têm longas vidas reprodutoras, podem hibernar por anos e cujas fêmeas podem armazenar espermatozoides, os dinossauros podem ter tido períodos de reprodução relativamente breves e sem capacidade de hibernar em tempos difíceis prolongados.

TÓPICO NA REDE 25.2 **QUANDO A ADVERSIDADE ALTERA O DESENVOLVIMENTO** Este tópico descreve alguns dos organismos que alteram seu desenvolvimento diante do estresse ambiental. Na *Volvox*, o aumento das temperaturas da primavera ocasionam a sexualidade. Em *Dictyostelium*, a falta de comida leva à multicelularidade. Outros organismos prefeririam ignorar o desenvolvimento e esperar tempos melhores.

 OS CIENTISTAS FALAM 25.2 O Dr. John Tyler Bonner discute seu trabalho pioneiro demonstrando como o ambiente altera o desenvolvimento para transformar um único organismo unicelular em multicelular.

ASAS DE BORBOLETA As regiões tropicais do mundo muitas vezes têm uma estação úmida quente e uma estação seca mais fria. Na África, um polifenismo da borboleta dimórfica do Malawi (*Bicyclus anynana*) é adaptável a essas mudanças sazonais. No tempo seco (fresco) é uma borboleta marrom manchada que sobrevive ao se esconder em folhas mortas no chão da floresta. Em contrapartida, na estação úmida (quente), a borboleta que voa rotineiramente tem marcas em forma de olho ventrais proeminentes que desviam ataques de aves e lagartos predadores (**FIGURA 25.9**; Brakefield e Frankino, 2009; Olofsson et al., 2010, Prudic et al., 2015).

O fator que determina a pigmentação sazonal de *B. anynana* não é a dieta, mas a temperatura durante a pupação. As baixas temperaturas produzem o morfo da estação seca; temperaturas mais elevadas produzem o morfo da estação úmida (Brakefield e Reitsma, 1991), e os mecanismos moleculares pelos quais as temperaturas regulam o fenótipo são conhecidos. Nos estágios larvais tardios, a transcrição do gene *Distal-less* nos discos imaginais da asa é restrita a um conjunto de células que se tornará o centro de sinalização de cada um dos olhos. Na pupa precoce, temperaturas mais elevadas elevam a formação de 20-hidroxicecdisona (20E; ver Capítulo 21). Esse hormônio sustenta e expande a expressão de *Distal-less* nas regiões do disco imaginal da asa, resultando em marcas em forma de olho proeminentes. Na estação seca, as temperaturas mais frias impedem o acúmulo de 20E na pupa, e os focos de sinalização Distal-less não são sustentados. Na ausência do sinal Distal-less, as marcas em forma de olho não se formam (Brakefield et al., 1996; Oostra et al., 2014). Acredita-se que a proteína distal-less seja o fator de transcrição que determina o tamanho da ponta dos olhos (ver Figura 25.9). Em *Bicyclus*, vemos a significância adaptativa do polifenismo e como esse tipo de plasticidade do desenvolvimento integra um organismo em seu ambiente.

A importância dos hormônios como o 20E para a medição dos sinais ambientais que controlam os fenótipos das asas foi documentada na borboleta *Araschnia* (**FIGURA 25.10**). *Araschnia* desenvolve fenótipos alternativos, dependendo de se o quarto e o quinto ínstar experimentam um fotoperíodo (horas de luz do dia) que é maior ou menor do que um

FIGURA 25.9 A plasticidade fenotípica em *Bicyclus anynana* é regulada pela temperatura durante a pupação. A temperatura elevada (na natureza ou em condições laboratoriais controladas) permite o acúmulo de 20-hidroxiecdisona (20E), um hormônio que é capaz de sustentar a expressão de Distal-less no disco imaginal pupal. A região da expressão *Distal-less* torna-se o foco de cada marca em forma de olho. Em clima mais frio, 20E não é formado, a expressão *Distal-less* no disco imaginal começa, mas não é sustentada, e as marcas em forma de olho não conseguem se formar. (Cortesia de S. Carroll e P. Brakefield.)

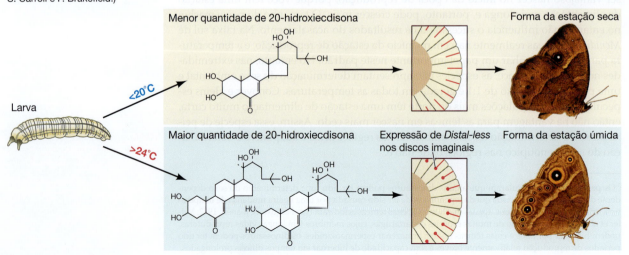

Larva

Menor quantidade de 20-hidroxiecdisona

<20°C

Forma da estação seca

Maior quantidade de 20-hidroxiecdisona

>24°C

Expressão de *Distal-less* nos discos imaginais

Forma da estação úmida

período de dia crítico determinado. Abaixo desse período crítico, os níveis de ecdisona são baixos, e a borboleta tem as asas cor de laranja características das moscas da primavera. Acima do ponto crítico, a ecdisona é produzida, e a pigmentação do verão forma-se. A forma de verão pode ser induzida na pupa da primavera injetando-se 20E nas pupas. Além disso, alterando o momento de injeções de 20E, pode-se gerar uma série de formas intermediárias não vistas na natureza (Koch e Bückmann, 1987; Nijhout, 2003).

> **TÓPICO NA REDE 25.3** **A INDUÇÃO AMBIENTAL DE FENÓTIPOS COMPORTAMENTAIS** Vários comportamentos, incluindo o aprendizado e a propensão à ansiedade, podem ser induzidos pelo meio ambiente por meio de vias de desenvolvimento.

Ciclos de vida polifênicos

Assentamento larval

As larvas marinhas de natação livre muitas vezes precisam se instalar perto de uma fonte de alimento ou em um substrato firme sobre o qual possam sofrer metamorfose. A capacidade das larvas marinhas de suspender o desenvolvimento até que detectem um determinado sinal ambiental é chamada de **assentamento larval**. Particularmente entre os moluscos, muitas vezes há sinais muito específicos para o assentamento (Hadfield, 1977; Hadfield e Paul, 2001; Zardus et al., 2008). Em alguns casos, a presa do molusco fornece os sinais, enquanto em outros casos o próprio substrato libera moléculas usadas pelas larvas para iniciar o assentamento. Essas pistas podem não ser constantes, mas precisam ser parte do ambiente se mais desenvolvimento deve ocorrer[4] (Pechenik et al., 1998).

Em muitas espécies de invertebrados marinhos, o assentamento de larvas e a distribuição subsequente de populações de invertebrados são regulados por tapetes de bactérias, denominados **biofilmes** (Hadfield, 2011). Os produtos químicos dessas fontes potenciais de alimentos são usados pelas larvas como sinais para se instalar e sofrer metamorfose. O homem está afetando as distribuições populacionais com seu desejo de colocar objetos grandes nos oceanos. Esses objetos adquirem facilmente biofilmes e a fauna marinha que a eles se liga. Já em 1854, Charles Darwin especulou que os percevejos eram transportados para novas localidades quando suas larvas se instalavam nos cascos dos navios. De fato, a capacidade dos biofilmes de auxiliar o assentamento de larvas de invertebrados e a formação de colônias explica a capacidade das poliquetas e cirrípedes ("biocontaminadores invertebrados") de se acumularem em quilhas de navio, obstruir canos de esgoto e deteriorar estruturas subaquáticas (Zardus et al., 2008).

SOB O MAR A maioria dos sinais conhecidos para o assentamento larval e metamorfose envolvem produtos químicos que emanam do substrato; esses produtos podem sinalizar a presença de uma fonte de alimento ou potencialmente induzir a metamorfose larval. No entanto, em pelo menos um caso, os sinais vibracionais parecem dirigir larvas

FIGURA 25.10 Morfos induzidos pelo meio ambiente da borboleta do mapa europeu (*Araschnia levana*). O morfo alaranjado (inferior) forma-se na primavera, quando os níveis de ecdisona na larva são baixos. O morfo escuro com uma faixa branca (superior) forma-se no verão, quando temperaturas mais altas e fotoperíodos mais longos induzem maior produção de ecdisona na larva. Linnaeus classificou os dois morfos como espécies diferentes. (Cortesia de H. F. Nijhout.)

---

[4] A importância dos substratos para o assentamento larval e a metamorfose foi demonstrada pela primeira vez em 1880, quando William Keith Brooks, um embriologista da Universidade Johns Hopkins, foi convidado a ajudar a indústria de ostra de Chesapeake Bay. Durante décadas, as ostras foram dragadas da baía, e sempre havia uma nova safra para tomar seu lugar. No entanto, a partir de 1880, cada ano trazia menos ostras. O que foi responsável pelo declínio? Realizando experimentos com larvas de ostras, Brooks descobriu que a ostra americana (*Crassostrea virginica*), ao contrário de seu parente europeu, *Ostrea edulis*, mais bem estudado, precisa de um substrato duro para metamorfosear. Durante anos, os pescadores de ostras jogaram as conchas no mar, mas com o advento das calçadas pavimentadas, começaram a vender as conchas para fábricas de cimento. Solução de Brooks: jogue as conchas de volta na baía. A população de ostra respondeu, e os cais de Baltimore ainda vendem seus descendentes. Os biofilmes nas conchas de ostra parecem ser cruciais (Turner et al., 1994).

marinhas para recifes de corais. Os recifes de corais são as maiores estruturas biológicas da Terra e crescem, recrutando larvas de coral planctônico (cnidário). Enquanto os sinais químicos funcionam a uma pequena distância do recife, é o "barulho do recife" – o estalar de tenazes de camarão e os ruídos feitos por milhares de peixes de recife – que atraem larvas de corais de longas distâncias. Vermeij e colaboradores (2010) fizeram gravações de recifes do Caribe e descobriram que as larvas nadavam para a fonte do som, mesmo no laboratório. Essas descobertas significam que os recifes de corais enfrentam o perigo da poluição sonora, bem como da poluição térmica e química. Steve Simpson (2010), que liderou o estudo, alertou: "O ruído antropogênico aumentou dramaticamente nos últimos anos, com embarcações pequenas, embarque, perfuração, pilotagem e testes sísmicos agora, às vezes, afogando os sons naturais de peixe e estalos de camarões".

A dura vida dos sapos cavadores

Os sapos cavadores (*Scaphiopus couchii*, *Spea multiplicata* e seus parentes) têm uma estratégia notável para lidar com um ambiente inclemente (Ledón-Rettig e Pfennig, 2011). Eles podem deixar o ambiente desencadear diferentes morfos. Em *Scaphiopus*, os sapos são chamados da hibernação pelo trovão que acompanha as primeiras tempestades da primavera no deserto de Sonoran.[5] Eles acasalam em lagoas temporárias formadas pela chuva, e os embriões desenvolvem-se rapidamente em larvas. Após a metamorfose das larvas, os sapos jovens retornam ao deserto, se enterrando na areia até as tempestades do ano seguinte fazerem-nos sair.

As lagoas do deserto são piscinas efêmeras que podem secar rapidamente ou persistirem, dependendo da profundidade inicial e da frequência das chuvas. Pode-se imaginar dois cenários alternativos que um girino enfrenta em tal lagoa: (1) a lagoa persiste até que você tenha tempo de metamorfosear completamente e você sobrevive; ou (2) a lagoa seca antes de sua metamorfose estar completa e você morre. Em algumas espécies de sapos cavadores, no entanto, uma terceira alternativa evoluiu. O momento de sua metamorfose é controlado pela lagoa. Em várias espécies de *Scaphiopus*, o desenvolvimento continua na sua taxa normal se a lagoa persistir a um nível viável, e os girinos que comem algas se desenvolvem em sapos juvenis. No entanto, se a lagoa estiver secando e diminuindo, alguns dos girinos embarcam em um caminho de desenvolvimento alternativo. Eles desenvolvem uma boca mais ampla e poderosos músculos do maxilar, o que lhes permite comer (entre outras coisas) outros girinos *Scaphiopus* (**FIGURA 25.11**). Estes girinos carnívoros se metamorfoseiam rapidamente, embora em uma versão menor de um sapo juvenil cavador. Contudo, eles sobrevivem, enquanto outros girinos de *Scaphiopus* perecem da dessecação (Newman, 1989, 1992).

---

[5] Como as larvas de corais, os sapos são sensíveis à vibração, e a poluição sonora pode afetar sua sobrevivência. As motocicletas produzem os mesmos sons que o trovão, fazendo os sapos saírem da hibernação apenas para morrer debaixo do sol abrasador do deserto.

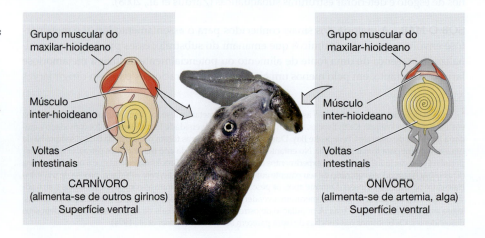

FIGURA 25.11 Polifenismo em girinos de sapo cavador *Scaphiopus couchii*. O típico morfo (à direita) é um omnívoro, alimentando-se de artrópodes e algas. Quando as lagoas estão secando rapidamente, no entanto, um morfo carnívoro (canibalístico) se forma (à esquerda). Ele desenvolve uma boca mais larga, músculos maiores do maxilar e um intestino modificado para uma dieta carnívora. A fotografia central mostra um girino canibal comendo um companheiro de lagoa menor. (Phoegraph © Wild Horizon/Getty Images; desenhos por cortesia de R. Ruibel.)

Grupo muscular do maxilar-hioideano
Músculo inter-hioideano
Voltas intestinais
CARNÍVORO (alimenta-se de outros girinos) Superfície ventral

Grupo muscular do maxilar-hioideano
Músculo inter-hioideano
Voltas intestinais
ONÍVORO (alimenta-se de artemia, alga) Superfície ventral

O sinal para a metamorfose acelerada em *Scaphiopus* parece ser a mudança no volume de água. No laboratório, os girinos de *Scaphiopus hammondi* são capazes de detectar a remoção de água dos aquários, e sua aceleração da metamorfose depende da taxa em que a água é removida. O sistema de sinalização do hormônio de liberação de corticotrofina induzido pelo estresse parece modular esse efeito (Denver et al., 1998; Middle-Maher, 2013). Pensa-se que esse aumento no hormônio liberador de corticotrofina cerebral seja responsável pela elevação subsequente dos hormônios tireoidianos que iniciam a metamorfose (Boorse e Denver, 2003). Como em muitos outros casos de polifenismo, as mudanças de desenvolvimento são mediadas através do sistema endócrino. Os órgãos sensoriais enviam um sinal neural para regular a liberação de hormônio. Os hormônios podem, então, alterar a expressão gênica de forma coordenada e relativamente rápida.

Em outras espécies de sapos, o polifenismo é baseado na dieta. Em *Spea multiplicata*, a formação carnívora parece ser induzida pela ingestão de camarão pela larva jovem. Esta morfina carnívora pode, então, comer presas maiores, incluindo os girinos de *Scaphiopus*, ao passo que as outras larvas comem principalmente detritos orgânicos (Levis et al., 2015). Os carnívoros crescem mais rápido do que os onívoros e são mais propensos a sobreviver se as lagoas secarem rapidamente.

> **TÓPICO NA REDE 25.4** | **PRESSÃO COMO AGENTE DE DESENVOLVIMENTO**
> O estresse mecânico é fundamental para a expressão gênica em vários tecidos, incluindo osso, coração e músculo. Sem força física, não desenvolveríamos nossas patelas.

Simbioses de desenvolvimento

Além das relações abióticas e bióticas acima mencionadas, em que o meio ambiente regula o desenvolvimento, existe um tipo especial de relação biótica, chamada de simbiose. Contrariamente ao uso popular do termo para significar uma relação mutuamente benéfica, a palavra **simbiose** (do grego, *sim* [junto]; *bios* [vida]) pode se referir a qualquer associação próxima entre organismos de diferentes espécies (ver Sapp, 1994). Em muitas relações simbióticas, um dos organismos envolvidos é muito maior do que o outro, e o organismo menor pode viver na superfície ou dentro do corpo do maior. Nessas relações, o organismo maior é referido como o hospedeiro, e o menor, como o simbionte. Existem duas categorias importantes de simbiose:[6]

- **Parasitismo** ocorre quando um parceiro se beneficia à custa do outro. Um exemplo de uma relação parasitária é a de uma tênia vivendo no sistema digestório humano, em que a tênia rouba nutrientes de seu hospedeiro.
- **Mutualismo** é um relacionamento que beneficia ambos os parceiros. Um exemplo impressionante desse tipo de simbiose pode ser encontrado na parceria entre o tarambola egípcio (*Pluvianus aegyptius*) e o crocodilo do Nilo (*Crocodylus niloticus*). Embora considere a maioria dos pássaros como o almoço, o crocodilo permite que o tamboril vagueie seu corpo, se alimentando de parasitos nocivos ali. Nesse relacionamento mutuamente benéfico, o pássaro obtém alimentos, ao passo que o crocodilo está livre de parasitos.

Além disso, o termo **endossimbiose** ("viver dentro") é amplamente utilizado para descrever a situação em que uma célula vive dentro de outra célula, uma circunstância considerada responsável pela evolução das organelas da célula eucariótica (ver Margulis, 1971) e que descreve as simbioses de desenvolvimento *Wolbachia* discutidas extensamente mais adiante neste capítulo.

A simbiose, e especialmente o mutualismo, é a base da vida na Terra. A simbiose entre bactérias de *Rhyzobium* e as raízes das plantas de leguminosas é responsável por converter o nitrogênio atmosférico em uma forma utilizável para gerar aminoácidos e, portanto, é essencial para a vida. As simbioses entre fungos e plantas são onipresentes e muitas vezes são necessárias para o desenvolvimento da planta (ver Gilbert e Epel, 2015; Pringle, 2009). As sementes de orquídeas, por exemplo, não contêm reservas de energia, de modo que

---

[6] O comensalismo – definido como um relacionamento benéfico para um parceiro e não benéfico nem prejudicial para o outro parceiro – às vezes é considerado uma terceira categoria de simbiose. Embora muitas simbioses pareçam superficialmente serem comensais, estudos recentes sugerem que muito poucas relações simbióticas são verdadeiramente neutras em relação a qualquer uma das partes.

uma planta de orquídea em desenvolvimento deve adquirir carbono de fungos micorrizos. (É por isso que as orquídeas crescem melhor nos ambientes tropicais úmidos, onde os fungos são abundantes.) O ecossistema da zona costeira em todo o mundo é sustentado por uma simbiose tripla entre ervas marinhas, mexilhão e as bactérias oxidantes de sulfetos que vivem dentro das brânquias do molusco (van der Heide et al., 2012).

Em alguns casos, o desenvolvimento de um órgão é provocado por sinais de organismos de uma espécie diferente. Em alguns organismos, essa relação se tornou obrigatória – os simbiontes tornaram-se tão integrados no organismo hospedeiro que o hospedeiro não pode se desenvolver sem eles (Sapp, 1994). Na verdade, evidências recentes indicam que as simbioses de desenvolvimento são a regra, e não a exceção (McFall-Ngai, 2002; McFall-Ngai et al., 2013, 2014). O termo para o organismo composto de um hospedeiro e seus simbiontes persistentes é **holobionte** (Rosenberg et al., 2007; Gilbert e Epel, 2015).

 TUTORIAL DO DESENVOLVIMENTO *Simbiose de desenvolvimento* Scott Gilbert resume alguns casos fascinantes de simbiose de desenvolvimento em que o desenvolvimento precisa de duas ou mais espécies para ser completo.

Mecanismos de simbiose do desenvolvimento: reunindo os parceiros

Todas as associações simbióticas devem enfrentar o desafio de manter suas parcerias ao longo de gerações sucessivas. Nas parcerias que são o tema principal aqui, nas quais os micróbios são cruciais para o desenvolvimento de seus hospedeiros animais, a tarefa de transmissão geralmente é realizada por transmissão vertical ou horizontal.

TRANSMISSÃO VERTICAL A **transmissão vertical** refere-se à transferência de simbiontes de uma geração para a seguinte através das células germinativas, geralmente os ovos (Krueger et al., 1996).

As bactérias do gênero *Wolbachia* residem no citoplasma de ovo de invertebrados e fornecem sinais importantes para o desenvolvimento dos indivíduos produzidos por esses ovos. Como veremos, muitas espécies de invertebrados têm "terceirizado" importantes sinais de desenvolvimento para a bactéria *Wolbachia*, os quais são transmitidos como as mitocôndrias – isto é, no citoplasma do ovócito. Em numerosas espécies de *Drosophila*, *Wolbachia* fornece resistência contra vírus (Teixeira et al., 2008; Osborne et al., 2009). Ferree e colaboradores (2005) mostraram que, no desenvolvimento de *Drosophila*, *Wolbachia* usa o sistema de microtúbulos de células nutridoras do hospedeiro e os motores de dineína para viajar das células nutridoras para o ovócito em desenvolvimento (**FIGURA 25.12A**). Em outras palavras, as bactérias usam a mesma via do citoesqueleto que mitocôndrias, ribossomos e mRNA de *bicoid* (ver Capítulo 9). Uma vez no ovócito, as bactérias entram em cada célula, tornando-se endossimbiontes. Os *Wolbachia* parecem ajudar na sua propagação ao entrar nos nichos de células-tronco que fazem ovários e ovócitos (Fast et al., 2011). As fêmeas infectadas com *Wolbachia* fazem quatro vezes mais ovos que as suas irmãs não infectadas, promovendo, assim, a propagação de *Wolbachia*.

TÓPICO NA REDE 25.5 **SÍMBIOSE DE DESENVOLVIMENTO E PARASITISMO** Alguns embriões adquirem proteção e nutrientes, formando associações simbióticas com outros organismos. Os mecanismos pelos quais essas associações se formam agora estão sendo elucidados. Em outras situações, uma espécie usa material de outra para apoiar seu desenvolvimento. Os mosquitos sugadores de sangue são exemplos desses parasitos.

TRANSMISSÃO HORIZONTAL A *Wolbachia* pode ser transmitida horizontal e verticalmente. Na **transmissão horizontal**, o hospedeiro metazoário nasce livre de simbiontes, mas posteriormente se torna infectado, seja pelo meio ambiente ou por outros membros da espécie. Em bichos da conta, como *Amadillidium vulgare*, insetos geneticamente masculinos infectados com *Wolbachia* são transformados pelas bactérias em fêmeas (**FIGURA 25.12B**). Como fêmeas, os bichos da conta podem, então, transmitir os simbiontes de *Wolbachia* para a próxima geração (Cordaux et al., 2004).

Um tipo diferente de transmissão horizontal envolve ovos aquáticos que atraem algas fotossintéticas. As ninhadas de ovos de anfíbio e de caramujo, por exemplo, são

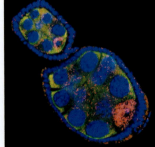

FIGURA 25.12 Transmissão vertical e horizontal da bactéria *Wolbachia*. (A) Em *Drosophila*, *Wolbachia* é transmitida verticalmente através das células germinativas femininas. No germinário, 15 células nutridoras transportam proteínas, RNAs e organelas para a célula de ovócito mais distal. A bactéria simbiótica (corada de vermelho) também é transportada por esses microtúbulos para o ovócito. O citoplasma do ovário está em verde, e o azul indica o DNA. (B) *Armadillidium vulgare* macho e fêmea. Os bichos de contas geneticamente masculinos (à direita) podem ser transformados em fêmeas fenotípicas produtoras de ovos (à esquerda) por infecção (i,e., transmissão horizontal) da bactéria *Wolbachia*. (A, de Ferree et al., 2005, cortesia de H. M. Frydman e E. Wieschaus; B, cortesia de D. McIntyre.)

comprimidas em massas apertadas. O fornecimento de oxigênio limita a taxa de seu desenvolvimento, e há um gradiente íngreme de oxigênio do lado de fora do *agregado* para dentro dele; assim, embriões no interior do *agregado* desenvolvem-se mais lentamente do que os que estão perto da superfície (Strathmann e Strathmann, 1995). Os embriões parecem superar esse problema ao se revestirem com um filme fino de algas fotossintéticas, que obtêm da água da lagoa. Nas ninhadas de ovos de anfíbios e caracóis, a fotossíntese dessa "incrustação" de algas permite a produção líquida de oxigênio na luz, ao passo que a respiração ultrapassa a fotossíntese no escuro (Bachmann et al., 1986; Pinder e Friet, 1994; Cohen e Strathmann, 1996). Assim, as algas simbióticas "resgatam" os ovos pela sua fotossíntese.

A transmissão horizontal é crucial para as bactérias intestinais simbióticas encontradas em muitos animais, incluindo humanos. Como veremos mais adiante neste capítulo, as bactérias intestinais de mamíferos são fundamentais na formação dos vasos sanguíneos do intestino e, possivelmente, na regulação da proliferação de células-tronco (Pull et al., 2005; Liu et al., 2010). Os bebês geralmente adquirem esses simbiontes enquanto viajam pelo canal do parto. Uma vez que o âmnio se rompe, a microbiota do sistema reprodutor da mãe pode colonizar a pele e o intestino da criança. Isso é complementado por bactérias da pele dos pais, sobretudo da pele da mãe, durante o aleitamento. A colonização do bebê pelos micróbios é um evento de importância crítica, e o sistema imune dos mamíferos parece encorajar certas bactérias a entrar no corpo, enquanto desencorajam outras (ver Gilbert et al., 2012). Na verdade, alguns dos açúcares complexos encontrados no leite das mulheres não são digeríveis pelo bebê. Em vez disso, eles servem de alimento para certos simbiontes bacterianos que ajudam no desenvolvimento dos corpos dos bebês (Zivkovic et al., 2011). Embora cada bebê comece com um perfil bacteriano único, dentro de um ano os tipos e proporções de bactérias convergiram para o perfil humano adulto que caracteriza o sistema digestório humano (Palmer et al., 2007).

A simbiose Euprymna-Vibrio

A transmissão horizontal desempenha um papel importante em um dos exemplos mais bem estudados de simbiose do desenvolvimento: o entre a lula *Euprymna scolopes* e a bactéria luminescente *Vibrio fischeri* (McFall-Ngai e Ruby, 1991; Montgomery e McFall--Ngai, 1995). O *Euprymna* adulto é equipado com um órgão de luz composto por sacos cheios dessas bactérias (**FIGURA 25.13A**). A lula recém-eclodida, no entanto, não contém esses simbiontes emissores de luz, nem o órgão de luz para abrigá-los. Em vez disso, as bactérias simbióticas interagem com a lula larval para construir o órgão de luz em conjunto. A lula juvenil adquire *V. fischeri* da água do mar que bombeia através de sua cavidade do manto (Nyholm et al., 2000). As bactérias se ligam a um epitélio ciliado nessa cavidade; o epitélio liga-se apenas a *V. fischeri*, permitindo que outras bactérias passem (**FIGURA 25.13B**). As bactérias, então, induzem centenas de genes no epitélio, levando à morte apoptótica das células epiteliais, à sua substituição por epitélio não ciliado, à diferenciação das células circundantes em sacos de armazenamento para as bactérias e à expressão de genes que codificam opsinas e outras proteínas visuais no órgão de luz (**FIGURA 25.13C**; Chun et al., 2008; McFall-Ngai, 2008b; Tong et al., 2009).

FIGURA 25.13 A simbiose *Euprymna scolopes-Vibrio fischeri*. (A) As lulas havaianas adultas (*E. scolopes*) têm cerca de 2 polegadas de comprimento. Os simbiontes estão alojados em um órgão de luz de dois lóbulos na parte inferior da lula. (B) O órgão de luz de uma lula juvenil está preparado para receber *V. fischeri*. As correntes ciliares e as secreções de muco criam um ambiente (mancha amarelada difusa) que atrai bactérias gram-negativas transportadas pelo mar, incluindo *V. fischeri*, para o órgão. Ao longo do tempo, todas as bactérias, exceto *V. fischeri*, serão eliminadas por mecanismos que ainda não estão exatamente esclarecidos. (C) Uma vez que *V. fischeri* está estabelecida nas criptas do órgão de luz, elas induzem apoptose das células epiteliais (pontos amarelos) e encerram a produção das secreções das mucosas que atraíram outras bactérias. (Cortesia de M. McFall-Ngai.)

(A)

(B)

(C)

Resulta que a substância que *V. fischeri* secreta para efetuar essas alterações são fragmentos da parede celular bacteriana, e os agentes ativos são a citotoxina traqueal e lipopolissacarídeos (Koropatnick et al., 2004). Este achado foi surpreendente, uma vez que esses dois agentes são conhecidos por causar inflamação e doença, o que põe em perigo a sobrevivência do hospedeiro (e, portanto, a bactéria). De fato, a citotoxina traqueal é responsável pelo dano tecidual tanto na tosse convulsa quanto nas infecções gonorreicas. A destruição e a substituição do tecido ciliado no sistema respiratório e no oviduto são devidas a esses compostos bacterianos. Após a bactéria ter induzido as alterações morfológicas no hospedeiro, este secreta um peptídeo nas criptas contendo *Vibrio* que neutraliza a toxina bacteriana (Troll et al., 2010). Ambos os organismos modificam seus padrões de expressão gênica, e ambos se beneficiam da associação: as bactérias recebem uma casa e expressam suas enzimas geradoras de luz e a lula desenvolve um órgão de luz que a permite nadar à noite em águas pouco profundas sem lançar sombra.

O mutualismo obrigatório de desenvolvimento

As espécies envolvidas em um **mutualismo obrigatório** são interdependentes até tal ponto que nem poderiam sobreviver uma sem a outra. O exemplo mais comum de mutualismo obrigatório são os líquenes, nos quais as espécies de fungos e algas são unidas em uma relação que resulta em uma espécie essencialmente nova. Mais e mais exemplos de mutualismo obrigatório estão sendo descritos, e a maioria deles tem consequências importantes para a medicina e a biologia da conservação.

Um exemplo de mutualismo de desenvolvimento obrigatório foi descrito na vespa parasiática *Asobara tabida*. Nesses insetos, bactérias simbióticas são encontradas no citoplasma do ovo e são transferidas verticalmente através do plasma germinativo feminino. Em *Asobara*, a bactéria *Wolbachia* permite que a vesícula complete a produção de vitelo e a maturação do ovo (Dedeine et al., 2001; Pannebakker et al., 2007). Se os simbiontes são removidos, os ovários sofrem apoptose e não são produzidos ovos (**FIGURA 25.14**). Outro exemplo é o nematódeo *Brugia malayi*. Aqui, as bactérias de *Wolbachia* viajam para o polo posterior nos microtúbulos que formam o fuso mitótico celular. Uma vez no polo posterior, elas tornam-se essenciais para a regulação das divisões celulares que criam o limite anteroposterior crítico para o desenvolvimento inicial do nematódeo. Se elas são removidas do ovo antes da primeira divisão celular, essa divisão geralmente é anormal, e uma polaridade anteroposterior adequada não se forma (Landmann et al., 2014). Aqui, vemos fortemente que o organismo em desenvolvimento é um holobionte.

Em mutualismos de desenvolvimento obrigatórios, a morte do hospedeiro pode resultar da morte do simbionte. No Capítulo 24, descrevemos a atrazina e sua capacidade de induzir aromatase e causar anomalias de determinação do sexo nos anfíbios. Todavia, o

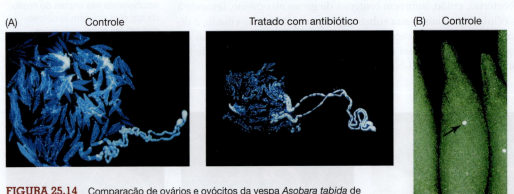

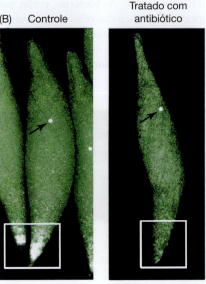

(A) Controle | Tratado com antibiótico (B) Controle | Tratado com antibiótico

FIGURA 25.14 Comparação de ovários e ovócitos da vespa *Asobara tabida* de fêmeas e fêmeas-controle tratadas com antibiótico de rifampicina para remover *Wolbachia*. (A) Os ovários das fêmeas-controle tiveram uma média de 228 ovócitos, ao passo que os de fêmeas tratadas com rifampicina apresentaram uma média de 36 ovócitos. (B) Quando o DNA nos ovócitos foi corado, os ovócitos das fêmeas-controle tinham um núcleo (seta), bem como uma massa de *Wolbachia* em uma extremidade (área em caixa). Os ovócitos de fêmeas tratadas com rifampicina tinham um núcleo, mas não *Wolbachia*; esses ovos eram estéreis. (De Dedeine et al., 2001.)

FIGURA 25.15 Simbiontes de desenvolvimento obrigatório. Os ovos de salamandra manchada (*Ambystoma maculatum*) no centro do *cluster* não podem sobreviver à falta de oxigênio quando a sua alga simbionte é eliminada por herbicidas. (Fotografia © Gustav Verderber/OSF/Visuals Unlimited.)

principal uso e efeito da atrazina é matar a vida vegetal; é um potente herbicida não específico. Uma vez aplicada, a atrazina pode permanecer ativa no solo por mais de 6 meses e pode ser transportada por vento e água da chuva para novos locais. No entanto, as massas de ovos de muitas espécies de anfíbios e caracóis dependem de algas simbiontes para fornecer oxigênio aos ovos mais profundos na ninhada. A salamandra manchada (*Ambystoma maculatum*) coloca ovos que recrutam uma alga verde simbionte tão específica que seu nome é *Oophilia amblystomatis* ("amante dos ovos de *Ambystoma*"). A alga é realmente armazenada no corpo da mãe e parece ser depositada juntamente com os ovos (Kerney et al., 2011). As concentrações de atrazina tão baixas quanto 50 μg/L eliminam completamente essas algas dos ovos, e o sucesso da eclosão dos anfíbios é muito reduzido (**FIGURA 25.15**; Gilbert, 1944; Mills e Barnhart, 1999; Olivier e Moon, 2010).

Simbiose de desenvolvimento no intestino de mamífero

Mesmo os mamíferos mantêm simbioses de desenvolvimento com bactérias. Usando a reação em cadeia da polimerase e as técnicas de sequenciamento de alta geração, os pesquisadores recentemente conseguiram identificar muitas espécies bacterianas anaeróbias presentes no intestino humano (ver Qin et al., 2010). Sua presença não foi realizada anteriormente porque essas espécies ainda não podem ser cultivadas em laboratório.

Esses estudos revelaram distribuições particulares dos simbiontes bacterianos em nossos corpos. As centenas de espécies bacterianas diferentes do colo humano são estratificadas em regiões específicas ao longo do comprimento e diâmetro do tubo intestinal, onde podem atingir densidades de 10^{11} células por mililitro (Hooper et al., 1998; Xu e Gordon, 2003). Na verdade, mais de metade das células em nosso corpo são microbianas. Nunca nos falta esses componentes microbianos; nós os pegamos do sistema reprodutor de nossa mãe assim que o âmnio explode. Nós coevoluímos para compartilhar nosso espaço com eles, e nós até mesmo nos codesenvolvemos, de forma que nossas células sejam preparadas para se ligar a eles e as bactérias induzam a expressão gênica nas células epiteliais intestinais (Bry et al., 1996; Hooper et al., 2001).

AS BACTÉRIAS AJUDAM A REGULAR O DESENVOLVIMENTO DO INTESTINO A expressão induzida por bactérias de genes de mamíferos foi demonstrada pela primeira vez no intestino do camundongo. Umesaki (1984) observou que uma enzima de fucosil transferase específica, característica das vilosidades intestinais de camundongos, foi induzida por bactérias. Outros estudos (Hooper et al., 1998) mostraram que os intestinos de camundongos sem germe podem iniciar, mas não completar, sua diferenciação. Para o desenvolvimento completo, os simbiontes microbianos do intestino são necessários. As bactérias intestinais que ocorrem normalmente no intestino podem aumentar a transcrição de vários genes no camundongo, incluindo aqueles que codificam colipase, o que é importante na absorção de nutrientes; angiogenina 4, que ajuda a formar vasos sanguíneos; e Sprr2a, uma proteína pequena e rica em prolina, que se acredita fortalecer as matrizes extracelulares que revestem o intestino (**FIGURA 25.16**; Hooper et al., 2001). Stappenbeck e colaboradores (2002) demonstraram que, na ausência de micróbios

FIGURA 25.16 Indução de genes de mamíferos por micróbios simbióticos. Camundongos criados em ambientes sem germe foram deixados sozinhos ou inoculados com um ou mais tipos de bactérias. Após 10 dias, seus mRNAs intestinais foram isolados e testados em microarranjos. Camundongos criados em condições livres de germes apresentaram pouca expressão dos genes que codificam colipase, angiogenina 4 ou Sprr2a. Várias bactérias diferentes – *Bacteroides thetaiotaomicron*, *Escherichia coli*, *Bifidobacterium infantis* e uma combinação de bactérias intestinais colhidas a partir de camundongos convencionalmente criados induziram os genes para colipase e angiogenina 4. *B. thetaiotaomicron* pareceu ser totalmente responsável pelo aumento de 50 vezes na expressão de Sprr2a em relação aos animais sem germes. Esta relação ecológica entre os micróbios intestinais e as células hospedeiras não poderia ter sido descoberta sem as técnicas de biologia molecular da reação em cadeia da polimerase e análise de microarranjos. (Segundo Hooper et al., 2001.)

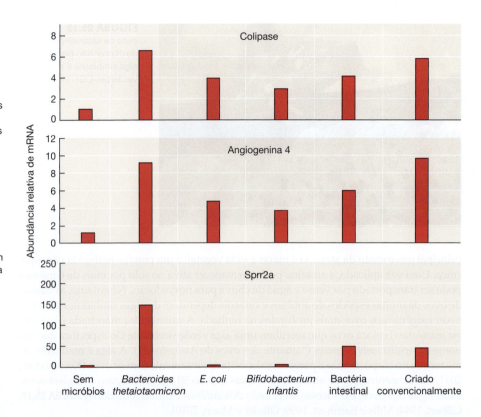

intestinais particulares, os capilares das vilosidades do intestino delgado não conseguem desenvolver suas redes vasculares completas (**FIGURA 25.17**). No peixe-zebra, os micróbios regulam (por meio da via canônica de Wnt) a proliferação normal das células--tronco intestinais. Sem esses micróbios, o epitélio intestinal tem menos células, e carece de células caliciformes, células entroendócrinas e enzimas de borda em escova intestinais características (**FIGURA 25.18**; Rawls et al., 2004, 2006; Bates et al., 2006).

AS BACTÉRIAS AJUDAM A REGULAR O DESENVOLVIMENTO DOS SÍNTOMAS IMUNE E NERVOSO Os micróbios intestinais também parecem ser fundamentais para a maturação do **tecido linfoide associado ao intestino de mamífero** (**GALT**, do inglês, *mammalian gut-asssociated lymphoid tissue*). O GALT medeia a imunidade damucosa e a tolerância imune oral, permitindo-nos comer alimentos sem fazer uma resposta imune a isso (ver Rook e Stanford, 1998; Cebra, 1999; Steidler, 2001). Quando introduzidos em apêndices de coelho sem germe, nem *Bacillus fragilis* nem *B. subtilis* sozinhos eram capazes de induzir consistentemente a formação adequada de GALT. No entanto, a combinação dessas duas bactérias intestinais comuns de mamíferos induziu consistentemente a GALT (Rhee et al., 2004). O principal indutor parece ser o polissacarídeo bacteriano A proteico (PSA), especialmente o codificado pelo genoma de *B. fragilis*. O mutante com deficiência de PSA de *B. fragilis* não é capaz de restaurar a função imune normal dos camundongos sem germes (Mazmanian et al., 2005). Assim, um composto bacteriano parece desempenhar um papel importante na indução do sistema imune do hospedeiro. A exposição aos micróbios no início da vida evita o desenvolvimento dos linfócitos T associados a alergias e doenças intestinais inflamatórias, ao passo que melhora o repertório de células T auxiliares. Os linfócitos T associados à proteção contra alergias são induzidos por certas bactérias (Ohnmacht et al. 2015), e essas bactérias podem ser

(A)

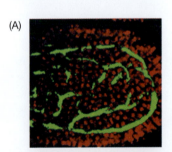

(B)

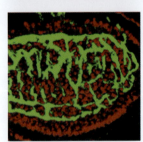

(C)

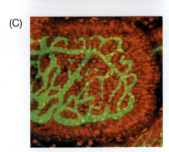

FIGURA 25.17 Os micróbios intestinais são necessários para o desenvolvimento capilar de mamíferos. (A) A rede capilar (em verde) de camundongos sem germes é gravemente reduzida em comparação com (B) a rede capilar nos mesmos camundongos 10 dias após a inoculação com bactérias intestinais normais. (C) A adição de *Bacteroides thetaiotaomicron* sozinho é suficiente para completar a formação capilar. (De Stappenbeck et al., 2002.)

FIGURA 25.18 As bactérias estimulam a divisão de células-tronco e a diferenciação celular no intestino do peixe-zebra. (A) Quantificação das células epiteliais intestinais em fase S (dividindo) em espécimes criados convencionalmente (controle), sem germes, e sem germes com adição de bactérias. (B) O peixe-zebra sem germes, mas com adição de bactérias, possui quantidades normais de divisão de células-tronco e diferenciação de células epiteliais após 6 dias. Aqui e em (C), as células que não estão em divisão são coradas de azul, e as células em divisão são coradas com magenta. As células internas são epitélios intestinais; as células no contorno branco são mesênquimas e músculo. (C) Os intestinos do peixe-zebra livre de germes são menores e contêm menos células-tronco proliferativas. (Segundo Rawls et al., 2004).

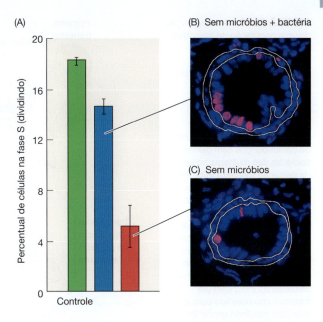

encorajadas a crescer por açúcares encontrados no leite materno (Ardeshir et al., 2014). Os camundongos sem germes têm uma síndrome de imunodeficiência, e o complemento completo de linfócitos T é possível apenas com os micróbios específicos da espécie hospedeira (Niess et al., 2008; Duan et al., 2010; Chung et al., 2012; Olszak et al., 2012). Assim, as bactérias simbióticas são muito importantes na diferenciação dos linfócitos do sistema imune de mamífero.

Embora possa soar como ficção científica, há evidências de que as bactérias simbióticas estimulem o desenvolvimento pós-natal do cérebro de mamífero. Os camundongos sem germes têm níveis mais baixos do fator de transcrição Egr1 e do Fator BDNF parácrino em porções relevantes de seus cérebros do que os camundongos convencionalmente criados, ao mesmo tempo que têm níveis elevados do hormônio neural serotonina (**FIGURA 25.19**; Diaz Heijtz et al., 2011; Clarke et al., 2013). Isso se correlaciona com as diferenças comportamentais entre grupos de camundongos, o que levou Diaz Heijtz e colaboradores (2011) a concluir que "durante a evolução, a colonização da microbiota intestinal se tornou integrada na programação do desenvolvimento cerebral, afetando o controle motor e o comportamento de tipo ansiedade". Em outra pesquisa, relatou-se que uma cepa particular de *Lactobacillus* ajuda a regular o comportamento emocional por meio de uma regulação dependente do nervo vago de receptores GABA (Bravo et al., 2011). Assim, pode haver caminhos em que os produtos produzidos por bactérias podem entrar no sangue e ajudar a regular o desenvolvimento do cérebro (Grenham et al., 2011; McLean et al., 2012).

As bactérias intestinais mudam significativamente durante a gravidez humana. Na verdade, elas parecem responder ao estado hormonal e ajudar uma mulher grávida a se adaptar ao estresse fisiológico de carregar um feto. Quando transferidas para um camundongo sem germes, as bactérias das mulheres nos estágios iniciais da gestação fazem um fenótipo normal se desenvolver nos hospedeiros. Quando as bactérias de mulheres no final da gestação são transferidas para camundongos sem germes, os camundongos ficam mais gordos e exibem algumas das alterações metabólicas (como dessensibilização a insulina) associadas a mulheres grávidas (**FIGURA 25.20**; Koren et al., 2012).

Em resumo, os mamíferos se codesenvolveram com bactérias até o ponto em que nossos fenótipos corporais não se desenvolvem completamente sem elas. A comunidade microbiana do nosso intestino pode ser vista como um

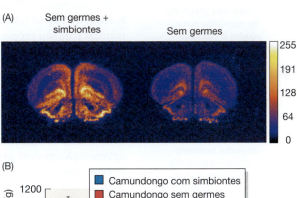

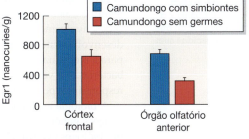

FIGURA 25.19 A expressão do gene *Egr1* em camundongos depende de micróbios simbióticos. (A) Hibridação *in situ* do mRNA de Egr1 em uma secção através do córtex frontal do cérebro, mostrando níveis elevados de proteína Egr1 em um camundongo que possui micróbios convencionais em comparação com um que permaneceu sem germes. (B) A quantificação utilizando sondas radioativas mostrou que os camundongos com simbiontes tinham níveis significativamente maiores de Egr1 no córtex frontal e na região olfatória anterior do que os camundongos sem germes. (Segundo Diaz Heijtz et al., 2011)

FIGURA 25.20 A composição de uma população de micróbios intestinais da mulher muda dramaticamente durante a gestação. Isso está associado ao aumento de peso e à insensibilidade progressiva à insulina característica da gravidez humana. Quando transplantadas para os intestinos de camundongos sem germes, as bactérias das mulheres no início da gestação (primeiro trimestre, semanas 1-12, aproximadamente) deram um fenótipo normal aos camundongos. Quando as bactérias de mulheres no final da gestação (terceiro trimestre, cerca de semanas 27-40) foram transplantadas para o intestino do camundongo livre de germes, as bactérias induziram um metabolismo parecido com a gravidez, incluindo ganho de peso e resistência à insulina, nos camundongos. (Segundo Koren et al., 2012.)

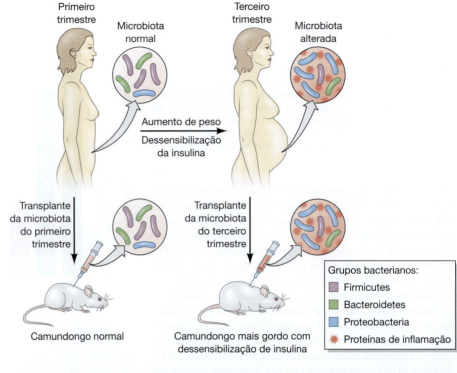

Ampliando o conhecimento

Dado que os mamíferos precisam de micróbios para ajudar a construir seus intestinos e sistema imune, existe alguma evidência de que crianças nascidas de parto por cesariana ("secção C cirúrgica"; i.e., sem passar pelo canal de parto) possuem bactérias intestinais diferentes e podem ser mais propensas a certas doenças do que aquelas nascidas sem cirurgia?

"órgão" que nos proporciona certas funções que não evoluímos (como a capacidade de processar polissacarídeos de plantas). E, como nossos órgãos em desenvolvimento, os micróbios induzem mudanças nos tecidos vizinhos. Como Mazmanian e colaboradores (2005) concluíram: "A característica mais impressionante dessa relação pode ser que o hospedeiro não só tolera, mas evoluiu para exigir colonização por microrganismos comensais para seu próprio desenvolvimento e saúde".

Coda

O fenótipo não é meramente a expressão do próprio genoma herdado. Em vez disso, existem interações entre o genótipo de um organismo e o ambiente que provocam um fenótipo particular de um repertório geneticamente controlado de possíveis fenótipos. Fatores ambientes, como temperatura, dieta, estresse físico, presença de predadores e aglomeração, podem gerar um fenótipo adequado para esse ambiente em particular. Por conseguinte, considera-se que o meio ambiente desempenha um papel na *geração* de fenótipos, além do seu papel bem-estabelecido na *seleção* de fenótipos. O fato de que nós codesenvolvemos com outros organismos é um conceito importante para a biologia do desenvolvimento e para a biologia evolutiva. Isso pode ser extremamente importante para a medicina, especialmente se o desenvolvimento do cérebro puder ser afetado por bactérias. Na verdade, a pesquisa está em andamento sobre se as bactérias podem ser responsáveis por distúrbios do espectro do autismo (ver Gonzalez et al., 2011).

A biologia ecológica do desenvolvimento proporciona a base molecular para as interações genótipo por meio do meio ambiente que atraem cada vez mais os interesses dos biólogos evolutivos (Schlichting e Pigliucci, 1998). Genomas diferentes alteram seus padrões de expressão de forma diferente em resposta à mesma mudança ambiental. A sensibilidade das larvas de besouro do estrume às mudanças no hormônio juvenil, o limiar para mudanças na especificação do sexo em tartarugas e muitas outras respostas do desenvolvimento ao meio ambiente são fenótipos selecionáveis (ver Moczek e Nijhout, 2002; McGaugh e Janzen, 2011; Moczek et al., 2011). À medida que os genes para essas vias de desenvolvimento induzidas pelo meio ambiente estão se tornando conhecidos (Matsumoto e Crews, 2012; Snell-Rood e Moczek, 2012), mecanismos moleculares podem ser propostos para as interações genoma-ambiente.

A biologia ecológica do desenvolvimento também questiona as noções de autonomia e desenvolvimento independente. Além disso, se não somos verdadeiramente "indivíduos", mas temos um fenótipo baseado nas interações da comunidade, o que exatamente está selecionando a seleção natural? A seleção natural pode selecionar equipes ou relacionamentos? As ramificações da plasticidade do desenvolvimento e da simbiose do desenvolvimento no resto da biologia estão apenas começando a ser apreciadas (ver Bateson e Gluckman, 2011; Gilbert et al., 2012; McFall-Ngai et al., 2013; Gilbert e Epel, 2015).

Próxima etapa na pesquisa

A capacidade dos genomas de responder ao ambiente externo alterando as trajetórias de desenvolvimento de organismos, abre mundos inteiros de pesquisa. A evolução é a seleção de "equipes" de organismos? Os micróbios são responsáveis pelo desenvolvimento normal do cérebro? Com que frequência as alterações induzidas pelo meio ambiente na cromatina são transmitidas de uma geração para outra? As características comportamentais podem ser transmitidas? E quais sinais os micróbios usam para efetuar a sinalização normal durante o desenvolvimento? O campo da biologia ecológica do desenvolvimento está sendo organizado em torno dessas questões.

Considerações finais sobre a foto de abertura

"Honre seus simbiontes", exortaram Jian Xu e Jeffrey Gordon (2003). Poucas pessoas, há 25 anos, teriam imaginado que o desenvolvimento humano normal dependeria das interações de várias espécies. Parece agora, no entanto, que o microbioma intestinal, adquirido nos primeiros dias após o nascimento, é crucial não só para o desenvolvimento normal, mas também para a fisiologia dos adultos. À medida que as pessoas no mundo industrial estão expostas a menos bactérias e menos tipos de bactérias, há preocupações de que possamos perder algumas das bactérias que são essenciais para o desenvolvimento saudável. (SEM com cores computadorizadas de hastes bacterianas simbióticas dentro do colo humano © P. M. Motta e F. Carpino/Univ. "La Sapienza"/Science Source.)

25 Resumo instantâneo
Desenvolvimento e meio ambiente

1. O ambiente desempenha papéis cruciais durante o desenvolvimento normal. Esses agentes incluem temperatura, dieta, aglomeração populacional e a presença de predadores.

2. A plasticidade do desenvolvimento torna possível que circunstâncias ambientais provoquem diferentes fenótipos do mesmo genótipo. O genoma codifica um repertório de possíveis fenótipos. O ambiente geralmente seleciona qual desses fenótipos será expresso.

3. As normas de reação são fenótipos que respondem quantitativamente a condições ambientais, de modo que o fenômeno reflete pequenas diferenças nas condições ambientais.

4. Os polifenismos representam fenótipos "ou/ou"; um conjunto de condições provoca um fenótipo, enquanto outro conjunto de condições provoca outro.

5. Sinais sazonais, como o fotoperíodo, a temperatura ou o tipo de alimento, podem alterar o desenvolvimento de modo a tornar o organismo mais apto nas condições encontradas.

As mudanças de temperatura também são responsáveis pela determinação do sexo em vários organismos, incluindo muitos répteis e peixes.

6. Os polifenismos induzidos por predador se desenvolveram de tal forma que as espécies de presas podem responder morfologicamente à presença de um predador específico. Em alguns casos, essa adaptação induzida pode ser transmitida à progênie da presa.

7. Existem várias rotas por meio das quais a expressão gênica pode ser influenciada pelo meio ambiente. Fatores ambientais podem metilar genes de maneira diferencial; eles podem induzir a expressão gênica nas células circundantes; e podem ser monitorados pelo sistema nervoso, que, então, produz hormônios que afetam a expressão gênica.

8. Os fenótipos comportamentais também podem ser induzidos pelo meio ambiente. As condições experimentadas à medida que o cérebro amadurece após o nascimento podem alterar os padrões de metilação do DNA e, assim, alterar a recepção hormonal e comportamentos.

9. Os organismos geralmente se desenvolvem com organismos simbióticos, e os sinais dos simbiontes podem ser fundamentais para o desenvolvimento normal.

10. Os simbiontes podem ser adquiridos horizontalmente (através da infecção) ou verticalmente (através do ovócito).

11. No mutualismo obrigatório, ambos os parceiros são necessários para a sobrevivência do outro; no mutualismo de desenvolvimento obrigatório, pelo menos um parceiro é necessário para o desenvolvimento adequado de outro.

12. O intestino de mamífero contém simbiontes que regulam ativamente a expressão genética intestinal para gerar proteínas que são componentes fisiológicos normais do desenvolvimento e da função intestinal. Sem esses simbiontes, os vasos sanguíneos intestinais e o tecido linfoide associado ao intestino de algumas espécies de mamíferos não podem se formar adequadamente.

13. Os simbiontes podem induzir a expressão gênica normal nos hospedeiros; e o fenótipo do hospedeiro é deficiente sem os padrões de expressão gênica induzidos por bactérias. A diferenciação de certas células imunes, células intestinais e células neurais pode depender da expressão de genes induzidos por simbiontes.

14. Em vertebrados, os simbiontes intestinais podem ser importantes para o desenvolvimento do intestino, do sistema imune e talvez até de partes do sistema nervoso.

Leituras adicionais

Agrawal, A. A., C. Laforsch and R. Tollrian. 1999. Transgenerational induction of defenses in animals and plants. *Nature* 401: 60-63.

Brakefield, P. M. and N. Reitsma. 1991. Phenotypic plasticity, seasonal climate, and the population biology of Bicyclus butterflies (Satyridae) in Malawi. *Ecol. Entomol.* 16: 291-303.

Caldji, C., I. C. Hellstrom, T. Y. Zhang, J. Diorio and M. J. Meaney. 2011. Environmental regulation of the neural epigenome. *FEBS Lett.* 585: 2049-2058.

Gilbert, S. F. and D. Epel. 2015. *Ecological Developmental Biology: Integrating Epigenetics, Medicine, and Evolution*, 2nd Ed. Sinauer Associates, Sunderland, MA.

Gilbert, S. F., T. C. Bosch and C. Ledón-Rettig. 2015. Eco-Evo Devo: Developmental symbiosis and developmental plasticity as evolutionary agents. *Nature Rev. Genet.* 16: 611-622.

Hooper, L. V., M. H. Wong, A. Thelin, L. Hansson, P. G. Falk and J. I. Gordon. 2001. Molecular analysis of commensal host- microbial relationships in the intestine. *Science* 291: 881-884.

McFall-Ngai, M. J. 2002. Unseen forces: The influence of bacteria on animal development. *Dev. Biol.* 242: 1-14.

McFall-Ngai, M. J. 2014. The importance of microbes in animal development: Lessons from the squid-Vibrio symbiosis. *Annu. Rev. Microbiol.* 68: 177-194.

Moczek, A. P. 2005. The evolution of development of novel traits, or how beetles got their horns. *BioScience* 55: 937-951.

Relyea, R. A. and N. Mills. 2001. Predator-induced stress makes the pesticide carbaryl more deadly to grey treefrog tadpoles (Hyla versicolor). *Proc. Natl. Acad. Sci. USA* 2491-2496.

Stappenbeck, T. S., L. V. Hooper and J. I. Gordon. 2002. Developmental regulation of intestinal angiogenesis by indigenous microbes via Paneth cells. *Proc. Natl. Acad. Sci. USA* 99: 15451-15455.

Waterland, R. A. and R. L. Jirtle. 2003. Transposable elements: Targets for early nutritional effects of epigenetic gene regulation. *Mol. Cell. Biol.* 23: 5293-5300.

VISITE WWW.DEVBIO.COM...

... para Tópicos na Rede, entrevistas de Os Cientistas Falam, vídeos de Assista ao Desenvolvimento, Tutorial do Desenvolvimento e informação bibliográfica completa sobre toda a literatura citada neste capítulo.

26

Desenvolvimento e evolução
Mecanismos de desenvolvimento da mudança evolutiva

ENQUANTO ESTAVA ESCREVENDO A ORIGEM DAS ESPÉCIES, Charles Darwin consultou seu amigo Thomas Huxley sobre as origens da variação. Em sua resposta, Huxley observou que muitas diferenças entre os organismos podem ser atribuídas às diferenças em seu desenvolvimento e que essas diferenças "não têm tanto resultado no desenvolvimento de novas partes quanto têm na modificação das partes já existentes e comuns aos dois tipos divergentes" (Huxley, 1857).

A resposta de Huxley expressa um princípio importante da **biologia evolutiva do desenvolvimento**, uma ciência relativamente nova que vê a evolução como resultado de mudanças no desenvolvimento. Se o desenvolvimento é a mudança da expressão gênica e da posição celular ao longo do tempo, então a evolução é a mudança de desenvolvimento ao longo do tempo. Este novo campo – conhecido coloquialmente como **evo-devo** – está produzindo um novo modelo de evolução que integra a biologia do desenvolvimento, a paleontologia e a genética populacional para explicar e definir a diversidade da vida (Raff, 1996; Hall, 1999; Arthur, 2004; Carroll et al., 2005, Kirschner e Gerhart, 2005). Em outras palavras, a biologia evolutiva do desenvolvimento liga a genética à evolução por meio das agências de desenvolvimento. Como o neto de Thomas, Julian Huxley, observou em 1942: "Um estudo sobre os efeitos dos genes durante o desenvolvimento é tão essencial para a compreensão da evolução quanto o estudo da mutação e o da seleção". A biologia evolutiva contemporânea está analisando como as mudanças no desenvolvimento podem criar a variação diversa na qual a seleção natural pode atuar. Em vez de se concentrar na "sobrevivência do mais apto", a biologia evolutiva do desenvolvimento nos dá novos conhecimentos sobre a "chegada do mais apto" (Carroll et al., 2005, Gilbert e Epel, 2015).

Quais mudanças no desenvolvimento podem ser necessárias para a evolução de um mamífero não alado em um morcego?

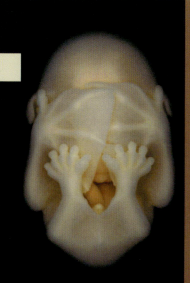

Destaque

Mudanças na anatomia ocorrem por meio de mudanças no desenvolvimento. Essas mudanças no desenvolvimento formam as bases da variação morfológica necessárias para a evolução. Grande parte da capacidade de alterar o desenvolvimento vem da flexibilidade dos estimuladores. O desenvolvimento pode ser alterado mudando-se a sequência de elementos estimuladores, que podem alterar o tipo de célula em que um gene é expresso, o momento em que um gene é expresso ou a quantidade de expressão gênica. A alteração de estimuladores também pode levar ao recrutamento de uma bateria de genes ou à formação de um novo tipo de célula. A evolução também pode ocorrer alterando-se a região codificadora de proteína de genes que produzem fatores de transcrição. Além disso, a plasticidade do desenvolvimento pode acelerar o processo evolutivo e dirigi-lo para certos fenótipos.

Descendência com modificação: por que os animais são semelhantes e diferentes

No século XIX, os debates sobre a origem das espécies confrontaram duas visões antagonistas da natureza. Uma visão, defendida por Georges Cuvier e Charles Bell, centrou-se nas *diferenças* entre espécies que permitiam que cada uma se adaptasse ao seu ambiente. Assim, eles acreditavam, a mão do humano, a nadadeira da foca, e as asas de pássaros e morcegos eram invenções maravilhosas, cada uma formada pelo Criador para adaptar esses animais às suas "condições de existência". A outra visão, defendida por Étienne Geofhely Saint-Hilaire e Richard Owen, era que a "unidade de tipo" (as *semelhanças* entre os organismos, que Owen chamava de "homologias") era crucial. A mão humana, a nadadeira da foca e as asas de morcegos e pássaros, disse Owen, foram todas modificações do mesmo plano básico (ver Figura 1.18). Ao descobrir esse plano, pode-se encontrar a forma sobre a qual o Criador projetou esses animais. As adaptações eram secundárias.

Darwin reconheceu sua dívida com esses debates anteriores quando escreveu, em 1859: "Geralmente, é reconhecido que todos os seres orgânicos foram formados em duas grandes leis – Unidade de Tipo e Condições de Existência". Darwin explicou que sua teoria iria explicar a unidade do tipo por descendência de um antepassado comum, enquanto as adaptações às condições de existência podem ser explicadas pela seleção natural. Darwin chamou esse conceito de **descida com modificação**. Darwin observou que as homologias entre as estruturas embrionárias e larvais de diferentes filos forneceram excelente evidência de descida com modificação. Ele ficou entusiasmado com o fato de que a anatomia larval dos percevejos demonstrou que eles eram crustáceos, e ficou especialmente satisfeito com a demonstração de Kowalevsky de que as larvas de tunicados tinham uma notocorda e bolsas faríngeas (1871). Isso mostrou que eram cordados, unindo assim os invertebrados e os vertebrados em um reino animal coerente. No fim dos anos 1800, a mudança de desenvolvimento foi vista como o motor da evolução (Gould, 1977). Ou, como Thomas Huxley adequadamente observou, "a evolução não é uma especulação, mas um fato; e ocorre por epigênese" (Huxley, 1893, p. 202).

TÓPICO NA REDE 26.1   **RELACIONANDO EVOLUÇÃO E DESENVOLVIMENTO NO SÉCULO XIX** As tentativas de relacionar a evolução com as mudanças no desenvolvimento começaram quase imediatamente após a publicação de *A Origem das Espécies*. Este tópico destaca as tentativas de três cientistas – Frank Lillie, Edmund B. Wilson e Ernst Haeckel – de expandir a conexão entre evolução e desenvolvimento.

Condições prévias para a evolução: a estrutura de desenvolvimento do genoma

Se a seleção natural só pode operar em variantes existentes, de onde vem toda essa variação? Se, como concluíram Darwin (1868) e Huxley, a variação surgiu de mudanças no desenvolvimento, então, como o desenvolvimento de um embrião pode mudar quando o desenvolvimento é tão finamente sintonizado e complexo? Como poderia ocorrer tal mudança sem destruir todo o organismo?[1] Mesmo após a compreensão da biologia molecular da síntese proteica, o problema não desapareceu. Se um gene codificador de proteína fosse mutado, a proteína anormal seria feita em todos os lugares em que a proteína era normalmente expressa. Não havia nenhuma maneira de uma mutação poder fazer a proteína ser feita em um lugar e não em outro. O assunto permaneceu um mistério até que os biólogos evolutivos do desenvolvimento demonstraram que grandes mudanças morfológicas poderiam surgir durante o desenvolvimento devido a duas condições subjacentes ao desenvolvimento de todos os organismos multicelulares: **modularidade** e **parcimônia molecular**.

---

[1] O contemporâneo alemão de Darwin, Ernst Haeckel, propôs que a maioria dos organismos evoluísse adicionando um passo no final do desenvolvimento embrionário. No entanto, acabou por serem tantas as exceções a essa regra que caiu em descrédito. Dois dos contemporâneos britânicos de Darwin, Herbert Spencer e Robert Chambers, também viram o desenvolvimento como o motor da evolução; eles usaram as leis de von Baer (ver Capítulo 1) como seu mecanismo (ver Gould, 1977; Friedman e Diggle, 2011).

TUTORIAL DO DESENVOLVIMENTO *EvoDevo* Em duas palestras, Scott Gilbert resume alguns dos princípios básicos da biologia evolutiva do desenvolvimento.

Modularidade: divergência através da dissociação

Agora, sabemos que mesmo os primeiros estágios de desenvolvimento podem ser alterados para produzir novidades evolutivas. Essas mudanças podem ocorrer porque o desenvolvimento ocorre por meio de uma série de módulos discretos e interativos (Riedl, 1978; Bonner, 1988; Kuratani, 2009). Exemplos de módulos de desenvolvimento incluem campos morfogenéticos (p. ex., aqueles para o coração, membro ou olho), vias de transdução de sinal (como as cascatas Wnt ou BMP), discos imaginais, linhagens celulares (como a massa celular interna ou o trofoblasto), parassegmentos de insetos e rudimentos de órgãos de vertebrados (Gilbert et al., 1996; Raff, 1996; Wagner, 1996; Schlosser e Wagner, 2004). A capacidade de um módulo para se desenvolver diferentemente de outros módulos (um fenômeno às vezes chamado de **dissociação**) era bem conhecida pelos primeiros embriologistas experimentais. Por exemplo, quando Victor Twitty transplantou um membro de larva inicial de uma grande salamandra no tronco de uma pequena larva de salamandra, o membro cresceu até suas grandes dimensões normais dentro da larva pequena, indicando que o módulo do campo de membros era independente do padrão de crescimento global do embrião (Twitty e Schwind, 1931; Twitty e Elliott, 1934). A mesma independência foi vista para o campo dos olhos. As unidades modulares permitem que certas partes do corpo se alterem sem interferir nas funções de outras partes.

Uma das descobertas mais importantes da biologia evolutiva do desenvolvimento é que não só as unidades anatômicas são modulares (de modo que uma parte do corpo pode se desenvolver de maneira diferente das demais), mas as regiões de DNA que formam estimuladores de genes também são modulares. Esta modularidade genética – isto é, pode haver múltiplos estimuladores para cada gene e cada região de estimulador pode ter sítios de ligação para vários fatores de transcrição – foi ilustrada na Figura 3.11. A modularidade dos elementos estimuladores permite que determinados grupos de genes sejam ativados em conjunto e que um gene específico se expresse em diversos locais discretos. Assim, se, por mutação, um gene particular perder ou ganhar um elemento estimulador modular, o organismo que contém esse alelo particular expressará esse gene em diferentes lugares ou em momentos diferentes dos organismos que retêm o alelo original. Essa mutabilidade pode resultar no desenvolvimento de diferentes morfologias anatômicas e fisiológicas (Sucena e Stern, 2000, Shapiro et al., 2004), e as principais alterações morfológicas podem ser realizadas por meio de uma mutação em uma região reguladora de DNA. Assim, a modularidade dos estimuladores pode ser fundamental para fornecer uma variação selecionável. Na verdade, as mutações que afetam as sequências de estimuladores são agora consideradas a principal causa de divergência morfológica entre grupos de animais (Carroll, 2008; Stern e Orgogozo, 2008).

PITX1 E A EVOLUÇÃO DO ESGANA-GATA   A importância da modularidade dos estimuladores foi dramaticamente demonstrada pela análise da evolução no peixe de espinha tripla esgana-gata (*Gasterosteus aculeatus*). Os esgana-gatas de água doce evoluíram a partir de peixes esgana-gata do mar há cerca de 12 mil anos, quando as populações marinhas colonizaram os lagos de água doce recém-formados no final da última era do gelo. Os esgana-gatas marinhos (**FIGURA 26.1A**) têm espinhas pélvicas que servem de proteção contra a predação, lacerando as bocas dos peixes predadores que tentam comer a espadilha. (De fato, o nome científico do peixe traduz-se como "estômago ósseo, com espinhos".) Os esgana-gatas de água doce não possuem espinhas pélvicas (**FIGURA 26.1B**). Isso pode ser porque o peixe de água doce não possui os predadores písceos que o peixe marinho enfrenta, mas deve lidar com predadores invertebrados que podem facilmente capturá-los agarrando essas espinhas. Assim, uma pelve sem espinha foi selecionada em populações de água doce dessa espécie.

Para determinar quais genes podem estar envolvidos nessas diferenças pélvicas, os pesquisadores acasalaram populações marinhas (espinhadas) e de água doce (sem

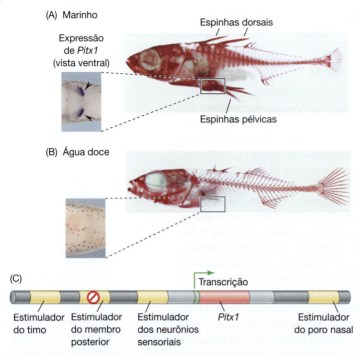

(A) Marinho

Expressão de *Pitx1* (vista ventral)

Espinhas dorsais

Espinhas pélvicas

(B) Água doce

(C)

Transcrição

Estimulador do timo | Estimulador do membro posterior | Estimulador dos neurônios sensoriais | *Pitx1* | Estimulador do poro nasal

FIGURA 26.1 Modularidade de desenvolvimento: estimuladores. Perda da expressão do gene *Pitx1* na região pélvica das populações de água doce da do peixe de espinha tripla (*Gasterosteus aculeatus*). As placas ósseas e as espinhas pélvicas caracterizam populações marinhas dessa espécie (A). Nas populações de água doce (B), as espinhas pélvicas estão ausentes, assim como grande parte da armadura óssea. Na visão ventral ampliada de embriões (fotos enquadradas), hibridação *in situ* revela a expressão de *Pitx1* (em púrpura) na área pélvica (bem como nos neurônios sensoriais, nas células tímicas e nas células nasais) da população marinha. A coloração na região pélvica está ausente em populações de água doce, embora ainda seja observada nas outras áreas. As pontas de seta apontam para a expressão de *Pitx1* na região ventral que forma as espinhas pélvicas das populações marinhas. (C) Modelo para a evolução da perda da espinha pélvica. Postula-se que quatro regiões de estimuladores se situem perto da região de codificação de *Pitx1*. Esses estimuladores direcionam a expressão desse gene no timo, na espinha pélvica, nos neurônios sensoriais e no poro nasal, respectivamente. Na população de água doce do peixe de espinha tripla o módulo do estimulador da espinha pélvica (membro posterior) foi mutado e o gene Pitx1 não funciona ali. (Segundo Shapiro et al., 2004; foto por cortesia de D. M. Kingsley.)

espinhos). Os descendentes resultantes foram cruzados entre si e produziram numerosas progênies, algumas das quais tinham espinhas pélvicas e algumas das quais, não. Usando marcadores moleculares para identificar regiões específicas dos cromossomos parentais, Shapiro e colaboradores (2004) descobriram que o principal gene para o desenvolvimento da coluna pélvica está mapeado no extremo distal do cromossomo 7. Ou seja, quase todos os peixes com espinha pélvica herdaram uma região "cromossômica" codificando um apêndice pélvico do progenitor marinho, ao passo que os peixes que não possuíam espinhas pélvicas herdaram essa região do progenitor de água doce. Os pesquisadores testaram, então, inúmeros genes candidatos (p. ex., genes conhecidos por serem ativos nas estruturas pélvica e posterior dos camundongos) e descobriram que o gene que codifica o fator de transcrição Pitx1 estava localizado nessa região do cromossomo 7.

Quando Shapiro e colaboradores compararam as sequências de aminoácidos das proteínas Pitx1 de manchas marinhas e de água doce, não houve diferenças. No entanto, houve uma diferença criticamente importante quando compararam os padrões de expressão do gene *Pitx1*. Em ambas as populações, *Pitx1* é expresso nos precursores do timo, do nariz e dos neurônios sensoriais. Nas populações marinhas, *Pitx1* também é expresso na região pélvica. Todavia, nas populações de água doce, a expressão pélvica de *Pitx1* estava ausente ou gravemente reduzida (**FIGURA 26.1C**). Uma vez que a região codificante de *Pitx1* não foi mutada (e uma vez que o gene envolvido nas diferenças da coluna pélvica mapeia para o local do gene *Pitx1* e a diferença entre as populações de água doce e marinha envolve a expressão desse gene em um determinado local) foi razoável concluir que a região do estimulador que permite a expressão de *Pitx1* na área pélvica (i.e., o estimulador da coluna pélvica) não funciona nas populações de água doce.

Essa conclusão foi confirmada quando o mapeamento genético de alta resolução mostrou que o DNA do estimulador do "membro posterior" de *Pitx1* diferia entre peixe esgana-gata com espinhas pélvicas e sem espinhas pélvicas[2] (Chan et al., 2010). Quando este fragmento de DNA de 2,5 kb de peixes marinhos (espinhados) foi fundido em um gene para proteína fluorescente verde e inserido em ovos fertilizados de esgana-gata de água doce, o GFP foi expresso na pelve. Além disso, quando esse mesmo fragmento retirado de esgana-gatas marinhos foi colocado ao lado da sequência codificadora de *Pitx1* de peixes de água doce (sem espinha) e depois injetado em ovos fertilizados do peixe sem espinha, espinhas pélvicas formaram-se no peixe de água doce.

[2] De modo curioso, a perda das espinhas pélvicas em várias populações de esgana-gata parece ter sido o resultado de perdas independentes deste domínio de expressão *Pitx1*. Esse achado sugere que, se a perda da expressão de *Pitx1* na pelve ocorrer, essa característica pode ser prontamente selecionada (Colosimo et al., 2004). Aqui, vemos que, ao combinar as abordagens da genética populacional e da genética do desenvolvimento, podemos determinar os mecanismos pelos quais a evolução pode ocorrer.

(A)

(B)

FIGURA 26.2 Élitros são as asas anteriores endurecidas características de Coleoptera, os besouros. Os élitros são formados através do recrutamento do módulo genético para o desenvolvimento do exoesqueleto no módulo de desenvolvimento das asas anteriores dorsais. (A) Élitros de um besouro "joaninha". As suas asas anteriores são ornamentadas com exoesqueleto, e as asas posteriores são estendidas. (B) Estas "joias vivas" do Museu de História Natural de Oxford ilustram a diversidade dos élitros dos besouros. (A © F1online digitale Bildagentur GmbH/Alamy; B © Jochen Tack/Alamy.)

RECRUTAMENTO   A modularidade permite o recrutamento (ou "co-opção") de conjuntos inteiros de personagens em novos lugares. No Capítulo 10, discutimos o recrutamento dos genes formadores de esqueleto (a sub-rotina esquelogênica) no repertório de desenvolvimento dos micrômeros do ouriço-do-mar. Na maioria dos grupos de equinoderma, os genes esqueletogênicos são ativados apenas no adulto e são usados para formar as placas exoesqueléticas duras. No entanto, nos ouriços-do-mar (e em nenhum outro grupo de equinodermo), esse conjunto de genes passou a ser controlado pelo portão duplo negativo do micrômero devido a mudanças no estimulador de um desses genes. Assim, o esqueleto é feito por células mesenquimais larvais (Gao e Davidson, 2008).

Outro exemplo de recrutamento é visto em insetos, na estrutura da asa que define os besouros. Os besouros são o grupo animal mais bem-sucedido do planeta, representando mais de 20% das espécies animais existentes (Hunt et al., 2007). Eles diferem de outros insetos na formação de um élitro, uma asa dianteira encapsulada em um exoesqueleto duro. Isso torna-os "joias vivas" tão amadas pelos naturalistas (**FIGURA 26.2**).[3] Nos besouros, como em *Drosophila*, o gene *Apterous* é expresso no compartimento dorsal dos discos imaginais da asa, e o fator de transcrição Apterous organiza o tecido para diferenciar estruturas de asa dorsal. No entanto, em besouros (e em nenhum outro inseto conhecido), a proteína Apterous também ativa os genes do exoesqueleto na asa dianteira, ao passo que os reprime na asa traseira (Tomoyasu et al., 2009). Assim, um novo tipo de asa emerge do recrutamento de um módulo (a sub-rotina do desenvolvimento exoesquelético) em outro (a sub-rotina do desenvolvimento da asa dianteira dorsal).

TÓPICO NA REDE 26.2   **PROGRESSÃO CORRELACIONADA**   Em muitos casos, os módulos devem coevoluir. Os maxilares superior e inferior, por exemplo, devem encaixar adequadamente; se alguém mudar, então o outro deve mudar também. Se as proteínas de ligação ao espermatozoide ao ovócito mudarem, então também devem mudar as proteínas de ligação ao ovócito no espermatozoide. Este site analisa as mudanças correlacionadas durante a evolução.

Parcimônia molecular: duplicação de genes e divergência

A segunda pré-condição para a macroevolução por meio da mudança do desenvolvimento é a parcimônia molecular, às vezes chamada de "pequeno *kit* de ferramentas". Em outras palavras, embora o desenvolvimento difira enormemente de linhagem para linhagem, o desenvolvimento em todas as linhagens usa os mesmos tipos de moléculas.

---

[3] Tanto Darwin como Wallace eram colecionadores de besouros ávidos, mas foi o geneticista J. B. S. Haldane cuja observação pode refletir melhor a proeminência desses insetos. Quando perguntado por um clérigo sobre o que o estudo da natureza poderia nos dizer sobre Deus, Haldane teria respondido: "Ele tem um gosto especial por besouros".

(A)

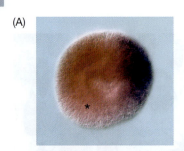

(B)

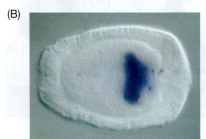

(C)

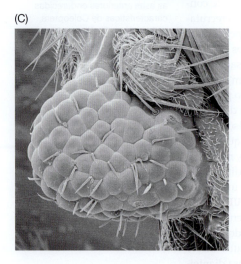

FIGURA 26.3 Evidência da conservação evolutiva de genes reguladores. (A) O homólogo cnidário dos genes vertebrados *Bmp4* e *Drosophila Decapentaplegic* é expresso assimetricamente na borda do blastóporo (marcado com um asterisco) no embrião da anêmona do mar *Nematostella*. Esse gene representa uma forma ancestral das formas protostômios e deuterostômios do gene. (B) O gene Hox *Anthox6*, um membro cnidário do grupo parálogo 1 de genes Hox, é expresso no lado do blastóporo (asterisco) da larva da anêmona-do-mar. (C) O gene *Pax6* para o desenvolvimento do olho é um exemplo de um gene ancestral para ambos protostômios e deuterostômios. A micrografia mostra o omatídio, olho de inseto composto, emergindo na perna de uma mosca-da-fruta (um protostômio) em que o cDNA de *Pax6* de camundongo (deuterostômio) foi expresso no disco de perna. (A, B, de Finnerty et al., 2004, cortesia de M. Martindale; C, de Halder et al., 1995, cortesia de W. J. Gehring e G. Halder).

Os fatores de transcrição, os fatores parácrinos, as moléculas de adesão e as cascatas de transdução de sinal são notavelmente similares de um filo para outro. Na verdade, parece que o desenvolvimento de medusa e de vermes chatos usa o mesmo grande conjunto de fatores de transcrição e fatores parácrinos que as moscas e os vertebrados (Finnerty et al., 2004; Carroll et al., 2005; Putnam et al., 2007; Ryan et al., 2007, Hejnol et al., 2009).

O PEQUENO *KIT* DE FERRAMENTAS Certos fatores de transcrição (como os dos grupos BMP, Hox e Pax) são encontrados em todas os filos de animais. Na verdade, alguns "genes de ferramentas" parecem desempenhar os mesmos *papéis* em múltiplas linhagens de animais. Os níveis de BMP parecem ser usados em todo o reino animal para especificar o eixo dorsoventral (**FIGURA 26.3A**); os genes Wnt e Hox parecem especificar o eixo anteroposterior em todos os bilaterianos (**FIGURA 26.3B**); e o gene *Pax6* parece estar envolvido na especificação de órgãos fotossensoriais, independentemente de o olho ser o de um molusco, de um inseto ou de um primata[4] (**FIGURA 26.3C**). Da mesma forma, os homólogos de *Otx* especificam a formação da cabeça em vertebrados e invertebrados; e, embora os corpos de insetos e vertebrados sejam muito diferentes, ambos são formados usando *tinman/Nkx2-5* (ver Erwin, 1999). Certos microRNAs parecem encontrar-se em todos os animais, e estes parecem desempenhar os mesmos ou muito semelhantes papéis de desenvolvimento em qualquer filo em que são encontrados (Christodoulou et al., 2010). Estes incluem o miRNA-124, que é encontrado nos sistemas nervosos centrais dos protostomos e deuterostômios; miRNA-12, que é encontrado em intestino em todo o reino animal; e miRNA-92, que ajuda a especificar células locomotoras ciliadas em larvas de deuterostomos e protostomos. Descobrir que o mesmo conjunto de fatores de transcrição e microRNAs faz a especificação dos mesmos tipos de células em todo o reino animal ser um argumento muito poderoso de que os protostomos e deuterostomos são derivados de um antepassado comum que usou esses fatores de maneiras semelhantes para especificar seus órgãos (Davidson e Erwin, 2010).

DUPLICAÇÃO E DIVERGÊNCIA Um tema que ressoa em estudos de fatores parácrinos e de transcrição é que essas proteínas (e os genes que as codificam) estão agrupados em famílias. Como as famílias de genes aparecem? A resposta é: por meio da duplicação de um gene original e a posterior mutação independente das duplicatas originais (**FIGURA 26.4**). Isso cria uma família de genes que são relacionados por descendência comum (e que muitas vezes estão ainda adjacentes um ao outro). Este cenário de duplicação e divergência é visto nos genes *Hox*, nos genes de globina, nos genes de colágeno, nos genes *Distal-less* e em muitas famílias de fatores parácrinos (p. ex., os genes Wnt). Cada membro dessa família de genes é homólogo aos outros (i.e., suas semelhanças de sequência são devidas a uma descendência de um antepassado comum e não são resultado da convergência para uma determinada função) e são chamados de parálogos. Susumu Ohno (1970), um dos

---

[4] Isso não significa que o olho seja o único que é especificado pela Pax6, ou que a Pax6 não se tornou regulada por diferentes proteínas em diferentes filos (Lynch e Wagner, 2010).

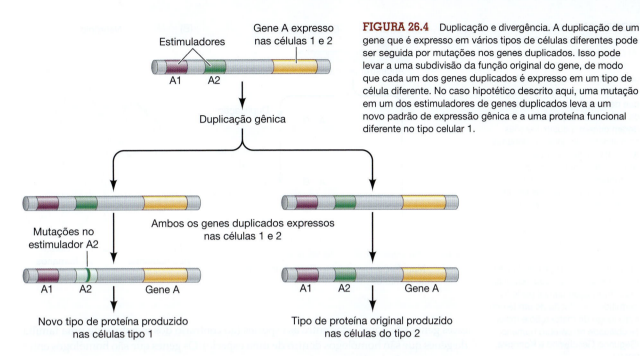

FIGURA 26.4 Duplicação e divergência. A duplicação de um gene que é expresso em vários tipos de células diferentes pode ser seguida por mutações nos genes duplicados. Isso pode levar a uma subdivisão da função original do gene, de modo que cada um dos genes duplicados é expresso em um tipo de célula diferente. No caso hipotético descrito aqui, uma mutação em um dos estimuladores de genes duplicados leva a um novo padrão de expressão gênica e a uma proteína funcional diferente no tipo celular 1.

fundadores do conceito de família de genes, comparou a duplicação de genes a uma vigilância sorrateira de evasão criminal. Enquanto a "força policial" da seleção natural garante que existe um gene "bom" que desempenha adequadamente sua função, a duplicata desse gene, desimpedida pelas restrições de seleção, pode mutar e assumir novas funções.

Essa "subfuncionalidade" já foi demonstrada como sendo o caso em muitas famílias de genes, incluindo os genes *Hox*. Os genes *Hox* representam um caso especialmente complexo e importante de duplicação e divergência. Descobrimos que (1) existem genes *Hox* relacionados em cada grupo de animais (como *Deformed*, *Ultrabithorax* e *Antennapedia* em *Drosophila*, ou os 39 genes *Hox* gem mamíferos); e (2) existem vários clusters de genes *Hox* em vertebrados (os 39 genes *Hox* de mamífero, por exemplo, estão agrupados em quatro cromossomos diferentes). A semelhança de todos os genes *Hox* é mais bem explicada por descendência de um gene ancestral comum, provavelmente nos protozoários unicelulares ou nas esponjas. Isso significaria que, na *Drosophila*, os genes *Deformed*, *Ultrabithorax* e *Antennapedia* surgiram todos como duplicações de um gene original. Os padrões de sequência desses três genes (sobretudo na região homodomínio) são extremamente bem conservados. Pensa-se que essas duplicações de genes em *tandem* sejam o resultado de erros na replicação de DNA, e esses erros não são incomuns. Uma vez replicadas, as cópias de genes podem divergir por mutações aleatórias em suas sequências de codificação e estimuladores, desenvolvendo diferentes padrões de expressão e novas funções (Lynch e Conery, 2000; Damen, 2002; Locascio et al., 2002).

Assim, cada gene Hox *Drosophila* possui um homólogo (e às vezes vários) em vertebrados. Em alguns casos, as homologias são muito profundas e podem ser vistas nas funções do gene. Não só o gene *Hoxb4* dos vertebrados é semelhante em sequência ao seu homólogo de *Drosophila*, *Deformed* (*Dfd*), mas o *HOXB4* humano pode desempenhar as funções do *Dfd* quando introduzido em embriões *Drosophila* deficiente em *Dfd* (Malicki et al., 1992). Conforme mencionado no Capítulo 12, os genes *Hox* de insetos e humanos não são apenas homólogos – eles ocorrem na mesma ordem em seus respectivos cromossomos. Os seus padrões de expressão também são notavelmente similares: os genes mais Hox 3′ têm limites de expressão mais anteriores[5] (ver Figura 12.23). Assim,

---

[5] A conservação dos genes *Hox* e a sua colinearidade exigem uma explicação. Uma possibilidade (Kmita et al., 2000, 2002) é que os genes *Hox* "competem" por um estimulador remoto que reconhece os genes *Hox* de forma polar. Esse estimulador ativa de forma mais eficiente os genes *Hox* na extremidade 5′. Outra proposta (Gaunt, 2015) sugere que a colinearidade espacial evoluiu como um mecanismo para separar os genes fisicamente, evitando acidentes de ativação transcricional.

FIGURA 26.5 Duplicação e divergência do *SRGAP2* humano. (A) O gene *SRGAP2* é encontrado como uma única cópia nos genomas de todos os mamíferos, exceto em humanos. Na linhagem que deu origem aos humanos, os eventos de duplicação deram origem a quatro versões semelhantes do gene, designadas A-D. (B) O gene "ancestral", *SRGAP2A*, com pequenas contribuições de *SRGAP2B* e *D*, permite a maturação das espinhas dendríticas (protuberâncias) nas superfícies dos neurônios. *SGRAP2C* é uma duplicação parcial, e seu produto inibe *SRGAP2A*, retardando a maturação da espinha dendrítica e promovendo a migração neuronal. Essa duplicação parcial pode ter permitido a evolução de um tempo mais longo de maturação e maior flexibilidade no cérebro humano. (Segundo Geschwind e Konopka, 2012.)

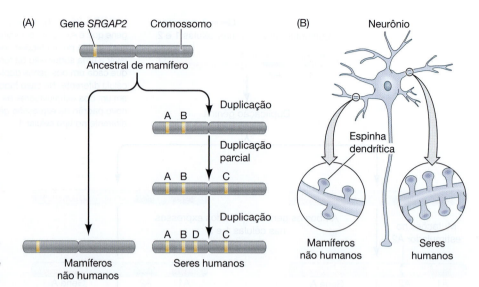

esses genes são homólogos entre as espécies (ao contrário dos membros de uma família de genes que são homólogos dentro de uma espécie). Os genes que são homólogos entre espécies são chamados de **ortólogos**.

Um dos eventos de duplicação de genes mais importantes na evolução humana pode ter sido a duplicação de *SRGAP2*, um gene que pode ter permitido a expansão do córtex cerebral humano. A proteína codificada por esse gene é expressa no córtex cerebral mamífero e parece *desacelerar* a divisão celular e diminuir o comprimento e a densidade dos processos dendríticos. No entanto, os humanos diferem de todos os outros animais (incluindo chimpanzés) ao ter duplicado esse gene duas vezes. Além disso, o segundo evento de duplicação não foi completo, então um dos genes recém-formados é apenas uma duplicação parcial. Esse gene parcial produz uma proteína SRGAP2 truncada, SRGAP2C, que também é feita no córtex cerebral e que *inibe* a atividade de SRGAP2 normal a partir dos genes completos. Como resultado, a divisão celular no córtex cerebral continua por longos períodos de tempo, e as espinhas dendríticas são maiores e com mais conexões (**FIGURA 26.5**; Charrier et al., 2012; Dennis et al., 2012). Com base na evidência genômica, esses eventos de duplicação de genes devem ter ocorrido há cerca de 2,4 milhões de anos. Este seria aproximadamente o tempo do *Australopitecus*, o aumento do tamanho do cérebro de primatas, o primeiro uso conhecido de ferramentas (Tyler-Smith e Xue, 2012).

Homologia profunda

Uma das contribuições mais emocionantes da biologia evolutiva do desenvolvimento foi a descoberta não só de genes reguladores homólogos, mas também de vias de transdução de sinal homólogas, muitas dos quais foram mencionadas anteriormente neste livro. Em diferentes organismos, estas vias são constituídas por proteínas homólogas dispostas de forma homóloga (Zuckerkandl, 1994; Gilbert, 1996; Gilbert et al., 1996). Isso mostra um nível de parcimônia ainda mais profundo que o dos genes individuais.

Em alguns casos, vias homólogas feitas de componentes homólogos são usadas para a mesma função em protostômios e deuterostômios. Isso tem sido chamado de **homologia profunda** (Shubin et al., 1997, 2009). As semelhanças conservadas tanto nas vias como nas suas funções ao longo de milhões de anos de divergência filogenética são consideradas evidências de uma profunda homologia entre esses módulos (Shubin et al., 1997). Um exemplo é a interação de Chordin/BMP4 discutida no Capítulo 11. Tanto em vertebrados quanto em invertebrados, Chordin/Short-gastrulation (Sog) inibe os efeitos de lateralização de BMP4/Decapentaplegic (Dpp), permitindo, assim, que o ectoderma

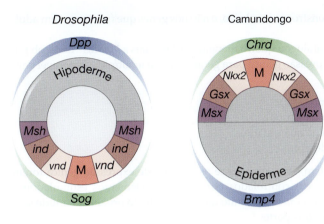

FIGURA 26.6 O mesmo conjunto de instruções forma o sistema nervoso de protostômios e deuterostômios. Na mosca-da-fruta (um protostômio), o membro da família de TGF-β *Dpp* (*Decapentaplegic*) é expresso dorsalmente e é antagonizado por Sog ventralmente. No camundongo (um deuterostômio), o membro da família TGF-β Bmp4 é expresso ventralmente e é contrariado dorsalmente por Chordin (Chrd). A maior concentração de Chordin/Sog torna-se a linha média (M). A linha média é dorsal em vertebrados e ventral em insetos, e o gradiente de concentração da proteína da família TGF-β (BMP4 ou Dpp) ativa genes que especificam as regiões do sistema nervoso na mesma ordem em ambos os grupos: *vnd*/*Nkx2*, seguido de *ind*/*Gsx* e, finalmente, *Msh/Msx*. Viu-se que esses genes são expressos de forma semelhante em cnidários. (Segundo Ball et al., 2004).

protegido por Chordin/Sog possa se tornar ectoderma neurogênico.[6] Essas reações são tão semelhantes que a proteína *Drosophila* Dpp pode induzir destinos ventrais em *Xenopus* e pode substituir Sog (**FIGURA 26.6**, Holley et al., 1995).

De acordo com este esquema, o sistema nervoso central dos animais bilatérios se originou apenas uma vez, e o mecanismo BMP-Chordin já estava sendo usado no antepassado bilatério de protostômios e deuterostômios. O posicionamento da sinalização BMP na localização ventral (vertebrado) ou dorsal (invertebrado) foi um acontecimento posterior (ver Mizutani e Bier, 2008). Essa ideia tem sido apoiada por evidências de que anelídeos e cefalocordados também utilizam a inibição da via BMP na formação dos seus sistemas nervosos centrais (Danes et al., 2007; Yu et al., 2007). Assim, apesar de suas óbvias diferenças, os sistemas nervosos de protostômio e deuterostômio parecem ser formados pelo mesmo conjunto de instruções. Na verdade, uma homologia profunda também foi proposta para a formação de certas partes do cérebro de vertebrados e invertebrados (Strausfeld e Hirth, 2013).

 OS CIENTISTAS FALAM 26.1 O Dr. Sean Carroll, pioneiro no campo, fala sobre as questões subjacentes à biologia evolutiva do desenvolvimento.

Mecanismos de mudança evolutiva

Em 1975, Mary-Claire King e Alan Wilson publicaram um artigo intitulado "Evolução em dois níveis em humanos e chimpanzés". Esse estudo mostrou que, apesar das grandes diferenças anatômicas entre chimpanzés e humanos, o DNA dos dois era quase idêntico. As diferenças foram encontradas nos genes reguladores que atuaram durante o desenvolvimento:

> *As diferenças de organismo entre chimpanzés e humanos [...] resultariam principalmente de mudanças genéticas em alguns sistemas regulatórios, ao passo que as substituições de aminoácidos em geral raramente seriam um fator-chave nas principais mudanças adaptativas.*

Em outras palavras, as substituições alélicas dos genes que codificam as sequências de proteínas – que parecem ser praticamente as mesmas para chimpanzés e humanos – não eram vistas como importantes. As diferenças importantes são onde, quando e como os genes são ativados. Em 1977, François Jacob, o laureado com Nobel, que ajudou a estabelecer o modelo óperon de regulação de genes, ampliou a ideia de que a mudança dentro dos genes reguladores é fundamental para a evolução. Primeiro, disse Jacob, a evolução funciona com o que tem: combina peças existentes de novas formas, em vez de criar novas peças. Em segundo lugar, ele previu que tais "trocas" teriam maior probabilidade

---

[6] Além dessa reação inibitória central, existem outras reações que se somam à profunda homologia das instruções para a formação do tubo neural protostômico e deuterostômico. As proteínas envolvidas na difusão e estabilidade de BMPs e Chordin também são conservadas entre insetos e vertebrados (Larrain et al. 2001).

de ocorrer nos genes que constroem o embrião, e não nos genes que funcionam em adultos (Jacob, 1977).

Wallace Arthur (2004) catalogou quatro maneiras pelas quais a "trocas" de Jacob podem ocorrer no nível da expressão gênica para gerar variação fenotípica disponível para a seleção natural:

1. Heterotopia (mudança no local).
2. Heterocronia (mudança de tempo).
3. Heterometria (alteração na quantidade).
4. Heterotipia (mudança de tipo).

Essas mudanças só podem ser realizadas se os padrões de expressão gênica forem modulares – ou seja, se forem controlados por diferentes elementos estimuladores. A modularidade do desenvolvimento permite que uma parte do organismo mude sem necessariamente afetar as outras partes.[7]

Heterotopia

Uma maneira importante de criar novas estruturas é alterar a localização onde um fator de transcrição ou fator parácrino é expresso. Essa alteração espacial da expressão gênica é chamada de **heterotopia** (do grego, "lugar diferente"). A heterotopia permite que diferentes células adotem uma nova identidade (como os micrômeros de ouriços-do-mar fizeram quando recrutaram os genes para a formação do esqueleto; ver Capítulo 10) ou para ativar ou inibir um processo mediado por fatores parácrinos em uma nova área do corpo (como quando Gremlin inibe a apoptose mediada por BMP na membrana interdigital; ver Figura 19.33). Há muitos outros exemplos, alguns dos quais descreveremos a seguir.

COMO O MORCEGO GANHOU SUAS ASAS E A TARTARUGA SEU CASCO No Capítulo 1, mencionamos que o morcego evoluiu sua asa, mudando o desenvolvimento do membro anterior, de forma que as células na membrana interdigital não morreram. Acontece que o morcego mantém sua membrana interdigital do membro anterior de uma maneira muito semelhante à forma como o embrião de pato retém sua membrana interdigital do membro posterior – bloqueando BMPs que, de outra forma, fariam as células digitais sofrerem apoptose (ver Figura 1.19). A sinalização de Gremlin e FGF parece bloquear as funções de BMP na asa de morcego. Ao contrário de outros mamíferos, os morcegos expressam Fgf8 na sua membrana interdigital, e essa proteína é fundamental para manter as células lá. Se a sinalização FGF for inibida (por drogas como SU5402), os BMPs podem induzir a apoptose da membrana interdigital do membro anterior, assim como em outros mamíferos (Laufer et al., 1997; Weatherbee et al., 2006). O Fgf8 na membrana interdigital também parece ser responsável por fornecer o sinal mitótico que prolonga os dígitos do morcego, expandindo, assim, a sua asa (Hockman et al., 2008; Sears, 2008).

A formação do casco da tartaruga também usa BMPs e FGFs, mas de diferentes maneiras. O que distingue as tartarugas de outros vertebrados são as suas costelas – elas migram lateralmente para a derme, em vez de formar uma caixa torácica (**FIGURA 26.7**). Certas regiões da derme da tartaruga atraem células precursoras de costela, e essas regiões dérmicas são diferentes das de outros vertebrados porque sintetizam Fgf10. Fgf10 parece atrair as costelas, uma vez que as costelas não entram na derme se o sinal Fgf10 estiver bloqueado (Burke, 1989; Cebra-Thomas et al., 2005). O crescimento lateral das costelas faz alguns músculos estabelecerem novos locais de fixação e faz a escápula (omoplatas) permanecer dentro das costelas. Esse fenômeno é visto apenas nas tartarugas (Nagashima et al., 2009). Uma vez dentro da derme, as células das costelas fazem o que se espera que façam células de costela – elas sofrem ossificação endocondral em que as células da cartilagem são substituídas por osso. Para fazer isso, BMPs são sintetizados. Contudo, a costela está incorporada na derme, e as células dérmicas também

---

[7] Este capítulo se concentra em mudanças no nível da transcrição que podem gerar novas formas morfológicas, mas mudanças morfológicas também podem ser instigadas nesses níveis. Abzhanov e Kaufman (1999), por exemplo, mostraram que a regulação pós-transcricional do gene *Sex comb reduced* é crucial na conversão de pernas em maxilípedes no tatuzinho bola *Porcellio scaber*.

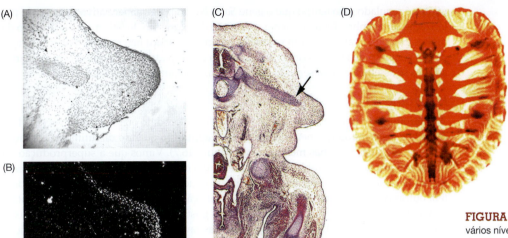

FIGURA 26.7 Heterotopia em vários níveis no desenvolvimento de tartarugas. A carapaça (casco dorsal) da tartaruga é formada através de camadas sequenciais de heterotopias. A expressão de *Fgf10* em certas regiões da derme impulsiona as células precursoras de nervuras a migrarem lateralmente para a derme, em vez de formarem uma caixa torácica. (A, B) Secção transversal do embrião precoce de tartaruga à medida que a costela entra na derme (A, campo claro, B, marcação de autorradiografia para *Fgf10*). (C) Meia secção transversal de um embrião de tartaruga ligeiramente mais tardio, mostrando uma costela (seta) que se estende da vértebra para a região da derme que se expandirá para formar a concha. (D) Tartaruga eclodida com alizarina para mostrar os ossos. Os ossos podem ser vistos na derme em torno das costelas que entraram nela. Heterotopias incluem expressão de *Fgf10*, posicionamento de costelas e localização de osso. (Segundo Loredo et al., 2001.)

podem responder a BMP tornando-se osso (Cebra-Thomas et al., 2005; Rice et al., 2015). Dessa forma, cada uma das costelas recentemente colocadas instrui a derme em torno dela para se tornar osso, e, assim, a tartaruga obtém sua concha. Essas conclusões sobre o desenvolvimento de tartarugas facilitaram novas teorias paleontológicas das origens evolutivas da tartaruga (Lyson et al., 2013).

Heterocronia

A **heterocronia** (do grego, "tempo diferente") é uma mudança na ordem relativa ou no tempo de dois processos de desenvolvimento. A heterocronia pode ser visto em qualquer nível de desenvolvimento, desde a regulação de genes até comportamentos de animais adultos (West-Eberhard, 2003). Em heterocronia, um módulo muda seu tempo de expressão ou taxa de crescimento em relação aos outros módulos do embrião. As mudanças heterocrônicas no desenvolvimento são observadas em todo o reino animal. Como Darwin (1859, p. 209) observou: "podemos acreditar confiantemente que muitas modificações, totalmente devidas às leis do crescimento e, inicialmente, de um modo não vantajoso para uma espécie, foram posteriormente aproveitadas pela modificação de descendentes dessa espécie".

Heterocronias são bastante comuns na evolução dos vertebrados. Já discutimos o crescimento prolongado do cérebro humano e as heterocronias da metamorfose dos anfíbios. Outro exemplo é encontrado em marsupiais, nos quais as mandíbulas e o antebraço se desenvolvem a um ritmo mais rápido do que os de mamíferos placentários, permitindo que o recém-nascido marsupial suba na bolsa materna e sugue (Smith, 2003; Sears, 2004). Acredita-se que os pássaros surgiram, em parte, por meio do crescimento heterocrônico do esqueleto de dinossauro (McNamara e Long, 2012, Bhullar et al., 2012). O enorme número de vértebras e costelas formadas em cobras embrionárias (mais de 500 em algumas espécies) também é devido à heterocronia (bem como a mudanças no grupo parálogo *Hox13*). As reações de segmentação ciclam quase quatro vezes mais rápido em relação ao crescimento de tecido em embriões de cobras do que em embriões de vertebrados relacionados (Gomez et al., 2008).

Em alguns casos, podemos determinar as mudanças heterocrônicas na expressão de certos genes. Os dedos alongados na aleta dos golfinhos parecem ser o resultado da expressão heterocrônica de *Fgf8*, que, como vimos no Capítulo 19, codifica um importante fator parácrino para a proliferação de membros (Richardson e Oelschläger, 2002; Cooper, 2010). Outro exemplo "digital" de heterocronia molecular ocorre no gênero de lagarto *Hemiergis*, que inclui espécies com três, quatro ou cinco dígitos por membro. O número de dígitos é regulado pelo tempo que o gene *Sonic hedgehog* permanece ativo na zona de polarização do membro. Quanto menor a duração da expressão de *Shh*, menor o número de dígitos (Shapiro et al., 2003). Em primatas, há uma mudança heterocrônica na transcrição de um conjunto de mRNAs cerebrais, de modo que o padrão de expressão em humanos adultos se assemelha ao observado em chimpanzés juvenis (Somel et al., 2009).

Heterometria

A **heterometria** é uma mudança na *quantidade* de um produto ou estrutura do gene. Mencionamos essas mudanças heterométricas no Capítulo 16 quando discutimos a evolução do peixe cego das cavernas mexicano (ver Figura 16.7). Vimos que a superprodução da proteína Sonic hedgehog (Shh) na placa pré-cordal da linha média regula negativamente o gene *Pax6*, impedindo a formação do olho. Contudo, a superexpressão de *Shh* também tem outras consequências. Não só causa degeneração dos olhos, mas também aumenta o tamanho da mandíbula e o número de papilas gustativas (Franz-Odendaal e Hall, 2006; Yamamoto et al., 2009). Uma vez que o peixe das cavernas vive em completa escuridão, a expansão do tamanho do maxilar e do sentido gustativo às custas da visão pode ser selecionada. A heterometria também pode ser observada na resposta humana a vermes parasitos: uma mutação que causa a superprodução de interleucina 4 foi (e está sendo) selecionada em populações onde esses parasitos são endêmicos (Rockman et al., 2003).

Expressão de *Bmp4*

G. fuliginosa

G. fortis

G. magnirostris

G. scandens

G. conirostris

TÓPICO NA REDE 26.3 **ALOMETRIA** Modularidade e heterocronia combinam em alometria: quando diferentes partes de um organismo crescem a diferentes taxas do que seu antepassado. Os crânios de diferentes raças de cães são um bom exemplo disso, assim como os crânios das baleias. No entanto, a alometria do cérebro humano é especialmente espetacular.

OS TENTILHÕES DE DARWIN Um dos melhores exemplos de heterometria envolve os famosos tentilhões de Darwin, um conjunto de 15 pássaros estreitamente relacionados coletados por Charles Darwin e seus companheiros de navio durante sua visita às Ilhas Galápagos e Cocos, em 1835. Esses pássaros ajudaram Darwin a enquadrar sua teoria evolutiva de descendência com modificação, e ainda servem como um dos melhores exemplos de radiação adaptativa e seleção natural (ver Weiner, 1994, Grant e Grant 2008). Os sistemáticos demonstraram que essas espécies de tentilhões evoluíram de uma maneira particular, com um grande evento de especiação sendo a divergência entre os tentilhões de cactos e os tentilhões de terra. Os tentilhões de terra evoluíram bicos profundos e amplos que lhes permitiram abrir sementes esmagando-as, ao passo que os tentilhões de cactos evoluíram bicos estreitos e pontiagudos que lhes permitiam sondar flores de cactos e frutas para insetos e partes de flores. A pesquisa anterior (Schneider e Helms, 2003) mostrou que as diferenças de espécies no padrão de bico foram causadas por mudanças no crescimento do mesênquima derivado da crista neural do processo frontonasal (i.e., as células que formam os ossos faciais).

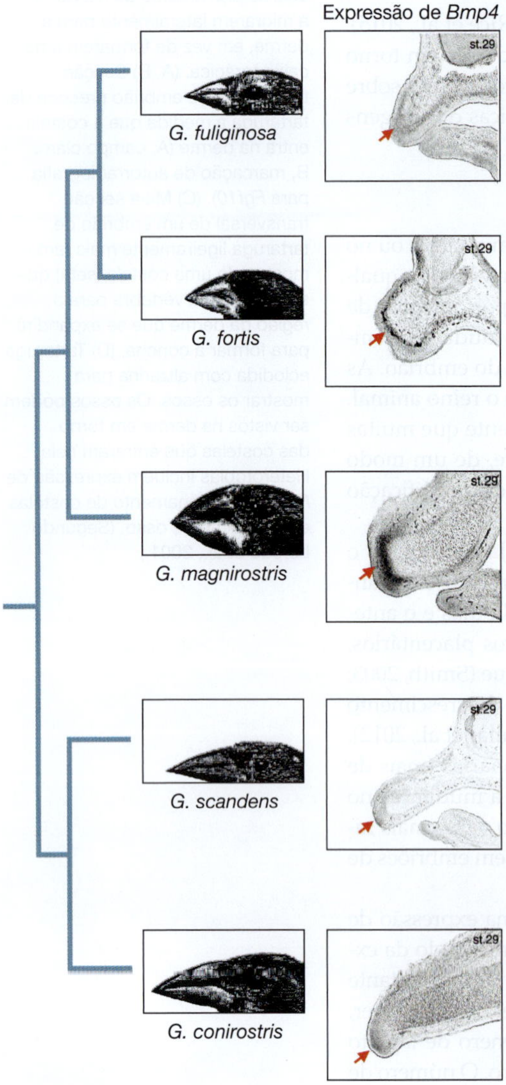

FIGURA 26.8 Correlação entre a forma do bico e a expressão de *Bmp4* em cinco espécies de tentilhões de Darwin. No gênero *Geospiza*, os tentilhões de terra (representados por *G. fuliginosa*, *G. fortis* e *G. magnirostris*) divergiram dos tentilhões de cactos (representados por *G. scandens* e *G. conirostris*). As diferenças na morfologia do bico se correlacionam com alterações heterocrônicas e heterométricas na expressão de *Bmp4* no bico. BMP4 (seta vermelha) é expresso anteriormente e em níveis mais altos nos tentilhões de terra que esmagam sementes. As fotografias dos bicos embrionários foram tiradas no mesmo estágio (estágio 29) de desenvolvimento. Essa diferença de expressão gênica fornece uma explicação para o papel da seleção natural nessas aves. (Segundo Abzhanov et al., 2004)

Abzhanov e colaboradores (2004) encontraram uma correlação notável entre a forma do bico dos tentilhões e o momento e a quantidade de expressão de *Bmp4* (**FIGURA 26.8**). Nenhum outro fator parácrino mostrou tais diferenças. A expressão de *Bmp4* em tentilhões de terra começou mais cedo e foi muito maior do que a expressão de *Bmp4* em tentilhões de cactos. Em todos os casos, o padrão de expressão *Bmp4* correlacionou-se com a amplitude e a profundidade do bico.

A importância dessas diferenças de expressão foi confirmada experimentalmente alterando-se o padrão de expressão de *Bmp4* em embriões de pintinho para imitar as alterações heterométricas e heterocrônicas nos tentilhões de terra (Abzhanov et al., 2004; Wu et al., 2004). Quando a expressão de *Bmp4* foi aumentada no mesênquima do processo frontonasal, o pinto desenvolveu um bico largo que lembra os bicos dos tentilhões de terra. Inversamente, quando a sinalização de BMP foi inibida nessa região (por Noggin, um inibidor de BMP), o bico perdeu a profundidade e a largura.

Todavia, esse foi apenas o começo da história. A tecnologia de *chip* de genes mostrou que o nível de expressão do gene de *Calmodulina* nos primórdios de bico dos tentilhões de cactos de bico afiado era 15 vezes maior do que no primórdio de bico rombo dos tentilhões de terra. A calmodulina é uma proteína que se combina com muitas enzimas para tornar sua atividade dependente de íons de cálcio. A hibridação *in situ* e outras técnicas demonstraram que o gene de *Calmodulina* é expresso em níveis mais elevados nos bicos embrionários de tentilhões de cactos do que nos bicos embrionários de tentilhões de terra (**FIGURA 26.9**). Quando a expressão de *Calmodulina* foi aumentada no bico embrionário da galinha para imitar o domínio da expressão parecido com tentilhão, o bico do pintinho também se tornou longo e pontiagudo.

O mesênquima frontonasal dá origem a dois módulos que formam o bico adulto: o osso pré-maxilar e a cartilagem pré-nasal. A cartilagem pré-nasal desenvolve-se antes

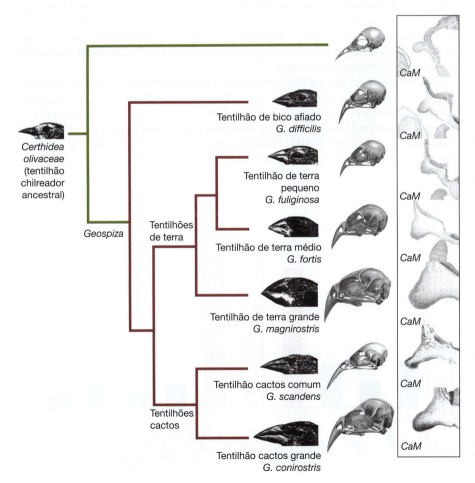

FIGURA 26.9 Correlação entre o comprimento do bico e a quantidade de expressão do gene da *Calmodulina* (*CaM*) em seis espécies de tentilhões de Darwin. As espécies de *Geospiza* que apresentam diferentes morfologias de bico são um grupo monofilético, e as diferenças na morfologia do bico podem ser observadas esqueleticamente. A *CaM* é expressa em um forte domínio distal-ventral no mesênquima da proeminência do bico superior do tentilhão de cactos (*G. conirostris*), em níveis relativamente mais baixos no tentilhão cactos comum (*G. scandens*) e em níveis muito baixos no tentilhão de terra grande (*G. magnirostris*) e tentilhão de terra médio (*G. fortis*). Os níveis muito baixos de expressão de *CaM* também foram detectados no mesênquima de *G. difficilis*, no *G. fuliginosa* e no tentilhão chilreador basal *Certhidea olivacea*. (Segundo Abzhanov et al., 2006).

do bico durante o desenvolvimento e estabelece a morfologia do bico específica de cada espécie. A morfologia da cartilagem pré-nasal é regulada de forma coordenada por sinais de BMP e *Calmodulina*, e esses sinais se correlacionam bem com os parâmetros de escala exatos das formas evolutivas do bico (Campàs et al., 2011; Mallarino et al., 2011, 2012). Assim, os estimuladores que controlam a quantidade de BMP4 e a síntese de Calmodulina específicos do bico podem ter sido criticamente importantes na evolução dos tentilhões de Darwin. BMP4 e Calmodulina representam dois alvos para a seleção natural, e, juntos, eles explicam as variações de forma dos tentilhões de Darwin (Abzhanov et al., 2006; Campàs et al., 2011).

Heterototipia

Em heterocronia, heterotopia e heterometria, as mutações afetam as regiões reguladoras do gene. O produto do gene – a proteína – permanece o mesmo, embora possa ser sintetizado em um novo local, em um momento diferente, ou em quantidades diferentes. As mudanças **heterotípicas** afetam a própria região de codificação do gene e, portanto, podem alterar as propriedades funcionais da proteína que está sendo sintetizada. Essas mudanças nas regiões codificadoras de proteínas do gene são geralmente observadas em genes que são expressos em apenas um ou poucos tecidos, sugerindo que a pleiotropia (ver a seguir) restringe essas mudanças em genes amplamente expressos (Haygood et al., 2010; Wu et al., 2011). No entanto, mudanças na sequência de codificação de fatores de transcrição podem ter profundas consequências na evolução de animais e plantas (Wang et al., 2005).

COMO A GRAVIDEZ PODERÁ TER EVOLUÍDO EM MAMÍFEROS Uma das características mais surpreendentes dos mamíferos é o útero feminino, uma estrutura que pode conter, nutrir e proteger um feto em desenvolvimento dentro do corpo da mãe. Uma das principais proteínas que permitem esta gestação interna é a prolactina. A prolactina promove a diferenciação das células epiteliais uterinas, regula o crescimento do trofoblasto, permite que os vasos sanguíneos se expandam em direção do embrião e ajuda a reduzir as respostas imunes e inflamatórias para que o corpo da mãe não perceba o embrião como um "corpo estranho" e o rejeite.

Mais ou menos ao mesmo tempo em que o útero e a gravidez de mamíferos evoluíram, um dos genes Hox de mamífero – *Hoxa11* – parece ter sofrido mutação e seleção intensivas na linhagem que originou mamíferos placentários. A análise mostra que a sequência da proteína Hoxa11 mudou em mamíferos, de modo que associa e interage com outro fator de transcrição, *Foxo1a* (**FIGURA 26.10**; Lynch et al., 2004, 2008). A associação com *Foxo1a* permite que *Hoxa11* regule positivamente a expressão de prolactina a partir

FIGURA 26.10 Capacidade da proteína Hoxa11 de mamífero, em combinação com Foxo1a, para promover a expressão do estimulador uterino de *Prolactina*. O gene repórter de luciferinase ativado (*d332/luc3*), o gene *Hoxa11* humano ativado (Hs-Hoxa11) e o gene *FOXO1A* humano ativado (HsaFoxo1a) não conseguiram ativar o gene da *Prolactina* a partir da transcrição do estimulador. Mamíferos (mas não gambá, ornitorrinco ou frango) *Hoxa11* aumentaram a transcrição desse estimulador, mas apenas na presença de Foxo1a. "A11Eutério" indica Hoxa11 generalizado de mamíferos placentários. "A11Tério" indica a sequência-consenso Hoxa11 de todos os mamíferos. (Segundo Lynch et al., 2008.)

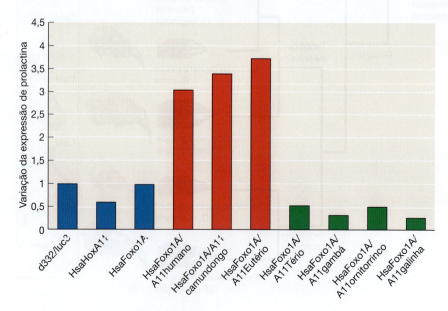

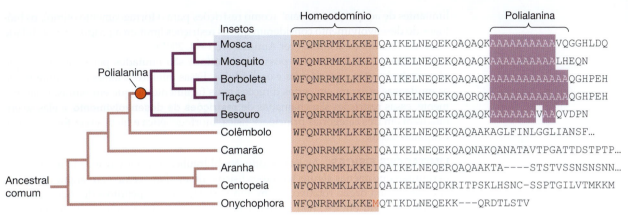

Insetos	Homeodomínio	Polialanina
Mosca	WFQNRRMKLKKEIQAIKELNEQEKQAQAQK	AAAAAAAAAAAVQGGHLDQ
Mosquito	WFQNRRMKLKKEIQAIKELNEQEKQAQAQK	AAAAAAAAAALHEQN
Borboleta	WFQNRRMKLKKEIQAIKELNEQEKQAQAQK	AAAAAAAAAAAAQGHPEH
Traça	WFQNRRMKLKKEIQAIKELNEQEKQAQRQK	AAAAAAAAAAAAQGHPEH
Besouro	WFQNRRMKLKKEIQAIKELNEQEKQAQAQK	AAAAAAAVAAQVDPN
Colêmbolo	WFQNRRMKLKKEIQAIKELNEQEKQAQAAKAGLFINLGGLIANSF...
Camarão	WFQNRRMKLKKEIQAIKELNEQEKQAQNAKQANATAVTPGATTDSTPTP...
Aranha	WFQNRRMKLKKEIQAIKELNEQERQAQAAKTA----STSTVSSNSNSNN...
Centopeia	WFQNRRMKLKKEIQAIKELNEQDKRITPSKLHSNC-SSPTGILVTMKKM
Onychophora	WFQNRRMKLKKEMQTIKDLNEQEKK---QRDTLSTV

FIGURA 26.11 Alterações na proteína Ubx associada ao clado de insetos na evolução dos artrópodes. De todos os artrópodes, apenas os insetos possuem proteína Ubx capaz de reprimir expressão do gene *distal-less* e, assim, inibir as pernas abdominais. Essa capacidade de reprimir *Distal-less* é devida a uma mutação que é vista apenas no gene *Ubx* do inseto. (Segundo Galant e Carroll, 2002; Ronshaugen et al., 2002).

do estimulador utilizado em células epiteliais uterinas. *Hoxa11* de mamíferos não eutérios (i.e., gambá e ornitorrinco) e de galinhas não aumenta a prolactina. Se o mRNA de *Hoxa11* em células uterinas de camundongo for eliminado experimentalmente, a prolactina não se expressa. Portanto, parece que uma das mudanças evolutivas mais importantes na linhagem que leva a mamíferos envolveu a alteração heterotípica da sequência Hoxa11.

TÓPICO NA REDE 26.4 **ELEMENTOS DE TRANSPOSIÇÃO E ORIGEM DA GRAVIDEZ** A célula decidual uterina é o tipo de célula responsiva à progesterona que permite ao feto residir no útero. Esse tipo de célula pode ter surgido por meio da repadronização da expressão de genes devido a retrovírus.

POR QUE OS INSETOS TÊM SEIS PERNAS Os insetos têm apenas seis pernas, ao passo que a maioria dos outros grupos de artrópodes (pense em aranhas, milípedes, centopeias, lagostas e camarão) têm muitas mais. Como é que os insetos formam pernas apenas em seus três segmentos torácicos e não têm pernas em seus segmentos abdominais? A resposta parece ser encontrada na relação entre a proteína Ultrabithorax (Ubx) e o gene *Distal-less*. Na maioria dos grupos de artrópodes, Ubx não inibe *Distal-less*. Contudo, na linhagem de inseto, ocorreu uma mutação no gene Ubx na qual a extremidade 3' original da região codificadora de proteína foi substituída por um grupo de nucleotídeos codificando um trecho de cerca de 10 resíduos de alanina no C-terminal (**FIGURA 26.11**; Galant e Carroll 2002; Ronshaugen et al. 2002). Essa região de polialanina reprime a transcrição de Distal-less nos segmentos abdominais.

Quando um gene *Ubx* de camarão de salmoura é modificado experimentalmente para codificar a região de polialanina de insetos, o embrião de camarão reprime o gene *Distal-less*. A capacidade de Ubx para inibir *Distal-less* parece ser o resultado de uma mutação de ganho de função que caracteriza a linhagem de insetos.

TÓPICO NA REDE 26.5 **COMO OS CORDADOS GANHARAM UMA CABEÇA** A crista neural é responsável por formar as cabeças dos cordados. No entanto, como a crista neural surgiu? É provável que os deuterostômios ancestrais tenham todos os genes necessários, mas apenas nos cordados esses genes se uniram na rede que se tornou a célula da crista neural.

Restrições do desenvolvimento na evolução

Existem apenas cerca de três dúzias de linhagens principais de animais e elas abrangem todos os diferentes planos corporais vistos no reino animal. Pode-se facilmente visualizar outros planos corporais imaginando animais que não existem; escritores de ficção científica fazem isso o tempo todo. Então, por que não vemos mais planos corporais entre os animais vivos? Para responder a isso, devemos considerar as restrições impostas à evolução. Essa noção de restrição é usada de maneira diferente por diferentes grupos de cientistas. Enquanto muitos biólogos da população consideram as restrições como limitantes de adaptações "ideais" (como restrições para o forrageamento ótimo), os biólogos do desenvolvimento consideram que as restrições limitam a própria possibilidade de certos fenótipos existirem (ver Amundson, 1994, 2005).

O número e as formas dos possíveis fenótipos são limitados pelas interações que são possíveis entre as moléculas e os módulos. Essas interações também permitem que as mudanças ocorram em certas direções mais facilmente do que em outras. Coletivamente, essas restrições são chamadas de **restrições de desenvolvimento**, e elas se enquadram em três categorias principais: física, morfogenética e filética (ver Richardson e Chipman, 2003).

LIMITAÇÕES FÍSICAS As leis de difusão, hidráulica e suporte físico são imutáveis e permitirão que apenas alguns fenótipos físicos surjam. Por exemplo, o sangue não pode circular em um órgão rotativo; assim, um vertebrado em apêndices de rodas (do tipo que Dorothy viu em Oz) não pode existir, e toda essa via evolutiva está fechada. Da mesma forma, parâmetros estruturais e dinâmicas de fluidos proibiriam a existência de mosquitos de 2 metros de altura ou sanguessugas de 8 metros de comprimento.

CONSTRIÇÕES MORFOGENÉTICAS Bateson (1894) e Alberch (1989) observaram que, quando os organismos se afastam de seu desenvolvimento normal, eles o fazem apenas em um número limitado de maneiras. Por exemplo, apesar de ter havido muitas modificações no membro vertebrado há cerca de 300 milhões de anos, algumas modificações (como um dígito médio mais curto do que os dígitos circundantes, ou um zeugopódio mais proximal que o estilopódio; ver Capítulo 19) nunca são vistos (Titular, 1983; Wake e Larson, 1987). Essas observações sugerem um esquema de construção de membros que segue determinadas regras (Oster et al., 1988; Newman e Müller, 2005).

Uma das principais fontes de restrições morfogenéticas reside nas formas limitadas pelas quais os padrões diferenciados podem surgir a partir da homogeneidade. O principal mecanismo de padronização é o mecanismo de reação-difusão. Esse mecanismo de padronização do desenvolvimento, formulado por Alan Turing (1952), é uma forma de gerar padrões químicos complexos a partir de substâncias inicialmente distribuídas homogeneamente. Turing percebeu que esse padrão não ocorreria na presença de um único morfógeno, mas que poderia ser conseguido por duas substâncias homogeneamente distribuídas ("substância P" e "substância S") se as taxas de produção de cada substância dependessem da outra. Ele continuou mostrando que a dinâmica dessa rede poderia produzir padrões estáveis que poderiam ser usados para impulsionar a mudança de desenvolvimento.

FIGURA 26.12 Mecanismo de reação-difusão (Turing) de geração de padrões. A geração de heterogeneidade espacial periódica pode ocorrer espontaneamente quando dois reagentes, S e P, são misturados sob condições em que S inibe P, P catalisa a produção tanto de S quanto de P, e S difunde mais rápido do que P. (A) As condições do mecanismo de reação-difusão produzindo um pico de P e um pico mais baixo de S no mesmo local. (B) A distribuição dos reagentes é inicialmente aleatória, e suas concentrações flutuam em torno de uma determinada média. À medida que P aumenta localmente, ele produz mais S, que se difunde para inibir mais picos de P de se formarem na proximidade de sua produção. O resultado é uma série de Picos de P ("ondas de suporte") em intervalos regulares.

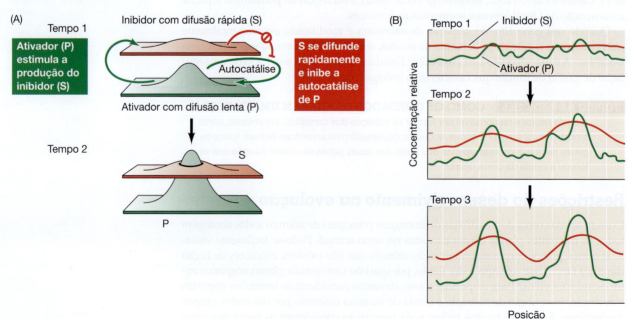

No modelo de Turing, a substância P promove a produção de mais substância P, bem como de substância S. A substância S, no entanto, inibe a produção da substância P. A matemática de Turing mostra que se S difunde mais prontamente que P, ondas acentuadas de diferenças de concentração serão geradas para a substância P (**FIGURA 26.12**). O mecanismo de reação-difusão prevê áreas alternadas de altas e baixas concentrações de alguma substância. Quando a concentração da substância está acima de um determinado limiar, uma célula (ou grupo de células) pode ser instruída a se diferenciar de uma determinada maneira.

Uma característica importante do modelo de Turing é que os comprimentos de onda químicos particulares serão amplificados, enquanto todos os outros serão suprimidos. À medida que as concentrações locais de P aumentam, os valores de S formam um pico centrado no pico P, mas tornando-se mais amplos e mais baixos porque a substância S difunde-se mais rapidamente. Esses picos de S inibem a formação de outros picos de P. Todavia, quais dos muitos picos de P sobreviverão? Isso depende do tamanho e da forma dos tecidos nos quais a reação oscilante está ocorrendo. Esse padrão é análogo aos harmônicos das cordas vibratórias, como em uma guitarra: somente certas vibrações de ressonância são permitidas. O comprimento de onda vem das constantes, particularmente a proporção das constantes de difusão. A matemática que descreve quais comprimentos de onda particulares são selecionados consiste em equações polinomiais complexas (que agora são resolvidas computacionalmente).

O modelo de Turing tem sido usado para explicar a formação dos membros e dos dígitos dos tetrápodes (ver pp. 631-633 e 642-644), as listras das zebra e peixe-anjo e a formação de cúspides dentárias.

TÓPICO NA REDE 26.6   COMO A ZEBRAS (E PEIXE-ANJO) OBTÊS SUAS LISTRAS? O mecanismo de reação-difusão parece desempenhar papéis criticamente importantes na geração de listras e manchas na pele dos animais. "Como a zebra consegue suas listras" pode ser pressuposto por tais mecanismos, e diferentes espécies de zebras podem formar suas listras modificando a difusão.

TÓPICO NA REDE 26.7   COMO O NÚMERO CORRETO DE CÚSPIDES SE FORMA EM UM DENTE? O dente dos vertebrados evoluiu de acordo com os alimentos que o animal pode comer, e as diferentes formas do dente refletem diferentes tempos e quantidades de expressão de fatores parácrinos.

RESTRIÇÕES PLEIOTRÓPICAS   À medida que os genes adquirem novas funções, eles podem se tornar ativos em mais de um módulo, tornando a mudança evolutiva mais difícil. A **pleiotropia**, a capacidade de um gene de desempenhar diferentes papéis em diferentes células, é o "oposto" da modularidade, envolvendo as conexões entre partes e não a independência. As pleiotropias podem estar subjacentes às restrições observadas no desenvolvimento de mamíferos. Galis especula que os mamíferos têm apenas sete vértebras cervicais (ao passo que as aves podem ter dúzias), uma vez que os genes Hox que especificam essas vértebras se tornaram ligados à proliferação de células-tronco em mamíferos (Galis, 1999; Galis e Metz, 2001; Abramovich et al., 2005; Schiedlmeier et al., 2007). Assim, as mudanças na expressão do gene *Hox* que podem facilitar as mudanças evolutivas no esqueleto também podem desregular a proliferação celular e levar ao câncer. Galis apoia essa especulação com evidências epidemiológicas que mostram que as mudanças na morfologia esquelética se correlacionam com o câncer infantil. A seleção intraembrionária contra ter mais de sete vértebras cervicais parece ser notavelmente forte. Pelo menos 78% dos embriões humanos com uma costela anterior extra (i.e., seis vértebras cervicais) morrem antes do nascimento e 83% morrem até o final do primeiro ano. Essas mortes parecem ser causadas por múltiplas anomalias congênitas ou cânceres (**FIGURA 26.13**; Galis et al., 2006).

Variação epigenética selecionável

As mudanças no desenvolvimento fornecem a matéria-prima para a variação. Todavia, vimos anteriormente neste livro (sobretudo no Capítulo 25) que os sinais de desenvolvimento podem provir do meio ambiente, bem como dos núcleos e do citoplasma. Essa

(A)

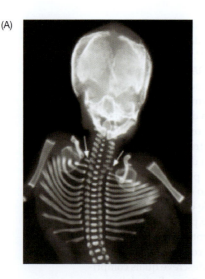

(B)

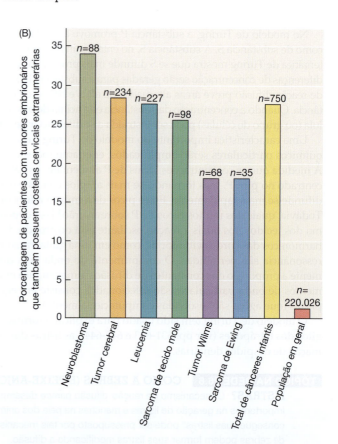

FIGURA 26.13 As costelas cervicais extranumerárias estão associadas a câncer de infância. (A) Radiograma mostrando uma costela cervical extra. (B) Quase 80% dos fetos com costelas cervicais extra morrem antes do nascimento. Aqueles que sobrevivem muitas vezes desenvolvem cânceres muito cedo na vida. Isso indica uma forte seleção contra mudanças no número de costelas cervicais de mamíferos. (Segundo Galis et al., 2006, cortesia de F. Galis.)

variação induzida pelo meio ambiente pode ser herdada e selecionável? Essa ideia provém do Lamarckismo, em que traços induzidos pelo meio ambiente podem ser herdados através da linha germinativa. Agora, sabemos que Lamarck estava errado ao pensar que os fenótipos adquiridos por uso ou desuso poderiam ser transmitidos. Crianças de halterofilistas não herdam os físicos de seus pais, e as vítimas de acidentes que perderam membros podem ter a certeza de que seus filhos nascerão com os braços e as pernas normais. Se o DNA das células germinativas não for alterado, a variação induzida pelo meio ambiente não será transmitida de uma geração para outra.

No entanto, e se um agente ambiental causasse mudanças não só no DNA somático, mas também no DNA da linha germinativa? Então, o efeito pode ser transmitido de uma geração para outra. Existem dois principais "sistemas de herança epigenética" conhecidos – epialelos e simbiontes – que permitem que as mudanças induzidas pelo meio ambiente sejam transmitidas de geração para geração. Um terceiro processo, a assimilação genética, mostra que alguns traços induzidos pelo meio ambiente, quando selecionados continuamente, são estabilizados geneticamente para que a característica seja herdada sem ter de ser induzida em cada geração.

EPIALELOS Enquanto os alelos que são a base do sistema de herança genética são variantes da sequência de DNA, os epialelos dos sistemas de herança epigenética são variantes da estrutura da cromatina que podem ser herdadas entre as gerações. Nos casos mais conhecidos, os epialelos são diferenças no padrão de metilação do DNA que são capazes de afetar a linha germinativa e, assim, serem transmitidos para a prole. A variante peloria assimétrica da planta de Linária (*Linaria vulgaris*; **FIGURA 26.14**) foi descrita pela primeira vez por Linnaeus, em 1742, como uma forma herdada de forma estável. Em 1999, Coen mostrou que essa variante não se devia a um alelo distintivo, mas sim a um epialelo estável. Em vez de transportar uma mutação no gene *cicloidea*, a forma *peloria* desse gene foi hipermetilada. Não importa para o sistema de desenvolvimento se um gene foi inativado por uma mutação ou pela configuração alterada da cromatina (Cubas e Coen, 1999). O efeito é o mesmo.

(A)

FIGURA 26.14 Formas epigenéticas de Linária. (A) Linária típica, com um gene de *cicloidea* relativamente não metilado. (B) O gene da *cicloidea* da variante peloria é relativamente fortemente metilado. Os epialelos que criam os diferentes fenótipos dessa espécie são herdados de forma estável. (Cortesia de R. Grant-Downton.)

(B)

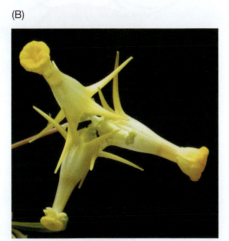

Há dezenas de exemplos de herança epialélica (Jablonka e Raz, 2009, Gilbert e Epel, 2015). Estes incluem:

- **Metilação de DNA induzida pela dieta**. No fenótipo *Agouti* viável em camundongos, as diferenças de metilação afetam a cor do pelo e a obesidade. Quando uma fêmea grávida é alimentada com uma dieta rica em doadores de metila, o padrão de metilação específico no *locus* de *Agouti* é transmitido não só à progênie se desenvolvendo no útero, mas também à progênie desses camundongos e à sua progênie (Jirtle e Skinner, 2007). Do mesmo modo, os fenótipos enzimáticos e metabólicos são estabelecidos *in utero* por dietas restritivas de proteínas em ratos quando a restrição de proteína durante a gravidez da avó do rato leva a um padrão de metilação específico em seus filhotes e netos (Burdge et al., 2007).

- **Metilação de DNA induzida por disruptor endócrino**. Os disruptores endócrinos, a vinclozolina, o metoxicloro e o bisfenol A têm a capacidade de alterar os padrões de metilação do DNA na linha germinativa, causando anomalias de desenvolvimento e predisposições a doenças em netos de camundongos expostos a esses produtos químicos *in utero* (ver Figura 24.16; Anway et al., 2005, 2006a, b; Newbold et al., 2006; Crews et al., 2007, 2012).

- **Metilação de DNA induzida pelo comportamento**. O comportamento resistente ao estresse de ratos mostrou-se ser devido a padrões de metilação, induzidos por cuidados maternos, nos genes do receptor de glicocorticoides. Meaney (2001) descobriu que os ratos que receberam cuidados maternos extensivos tiveram menos ansiedade induzida pelo estresse e, se fêmeas, desenvolveram-se em mães que deram à sua prole níveis similares de cuidados maternos.

VARIAÇÃO SIMBIONTE Como explorado no Capítulo 25, um aspecto importante da plasticidade fenotípica envolve interações com uma população esperada de simbiontes. Quando os simbiontes são transmitidos através da linha germinativa (como bactérias *Wolbachia* são em muitos insetos), os simbiontes fornecem um segundo sistema de herança (Gilbert e Epel, 2009).

A maioria dos relacionamentos simbióticos envolve microrganismos que possuem taxas de crescimento rápidas e, portanto, podem mudar mais rapidamente sob estresses ambientais do que os organismos multicelulares. Rosenberg et al. (2007) descrevem quatro mecanismos pelos quais os microrganismos podem conferir maior potencial de adaptação ao organismo inteiro do que o genoma do hospedeiro sozinho. Em primeiro

(A) Sem *Rickettsiella*

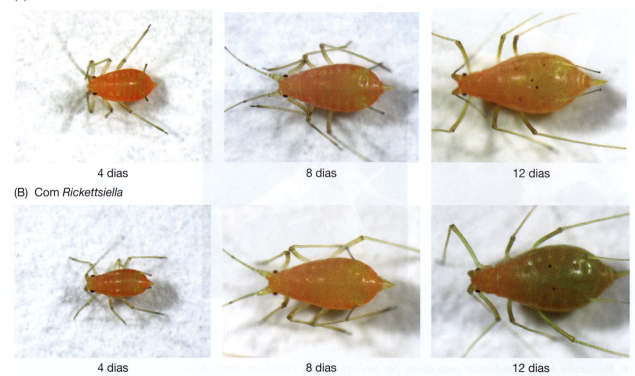

4 dias   8 dias   12 dias

(B) Com *Rickettsiella*

4 dias   8 dias   12 dias

FIGURA 26.15 A cor dos pulgões de ervilha adultos depende de se suas células também contêm simbiontes bacterianos de *Rickettsiella*. (A) Sem *Rickettsiella*, os recém-nascidos do pulgão vermelho tornam-se adultos vermelhos. (B) Com *Rickettsiella*, os recém-nascidos do pulgão vermelho tornam-se adultos verdes.

Ampliando o conhecimento

Evidências recentes sugerem que os simbiontes podem ser fundamentais em eventos evolutivos. Como as bactérias podem estar envolvidas com o isolamento reprodutivo e com a origem de animais multicelulares?

---

lugar, a abundância relativa de microrganismos associados ao hospedeiro pode ser alterada de maneira eficiente quando as pressões ambientais mudam. Em segundo lugar, a variação adaptativa pode resultar da introdução de um novo simbionte para a comunidade. Em terceiro lugar, as mudanças que ocorrem por meio de recombinação ou mutação aleatória acumulam-se mais rapidamente em um simbionte microbiano do que no hospedeiro. E, em quarto lugar, existe a possibilidade de transferência horizontal de genes entre membros da comunidade simbiótica.

Os simbiontes podem ser uma fonte de variação selecionável. O pulgão da ervilha *Acrythosiphon pisum*, por exemplo, tem inúmeras espécies de simbiontes que vivem na maioria das suas células. Uma das espécies de bactérias simbióticas, *Buchnera aphidicola*, pode fornecer o pulgão com maior fecundidade ou maior tolerância ao calor, dependendo do alelo de uma proteína de choque térmico produzida pela bactéria. Outra bactéria simbiótica, uma espécie de *Rickettsiella*, contém alelos que podem alterar a cor do pulgão (**FIGURA 26.15**). Um terceiro simbionte bacteriano, a *Hamiltonella defensa* pode (se for a cepa apropriada) fornecer proteínas que defendem o pulgão hospedeiro contra as vespas parasitoides (Dunbar et al., 2007; Oliver et al., 2009; Tsuchida et al., 2010). Esses simbiontes são geralmente herdados através do citoplasma de ovo do pulgão (ver Capítulo 25). Assim, a variação epigenética selecionável pode ser adquirida através do ovo, mas usando um conjunto diferente de genes.

Assimilação genética

No início dos anos 1900, alguns biólogos evolucionistas especularam que o meio ambiente poderia selecionar um de uma variedade de fenótipos induzidos pelo meio ambiente e esse fenômeno seria então "fixo" – isto é, dominante para a espécie. Em outras palavras, o ambiente poderia induzir e selecionar um fenótipo. No entanto, naquela

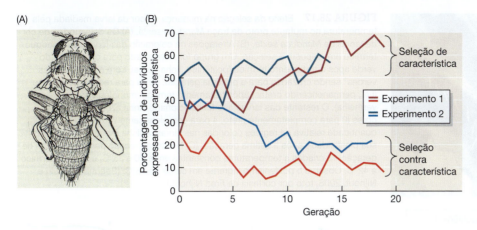

FIGURA 26.16 Fenocópia da mutação *bithorax*. (A) Um fenótipo *bithorax* (quatro asas) produzido após o tratamento do embrião com éter. As asas dianteiras foram removidas para mostrar o metatórax aberrante. Este indivíduo particular é, na verdade, do estoque "assimilado" que produziu esse fenômeno sem ser exposto ao éter. (B) Experimentos de seleção para ou contra a resposta do tipo *bithorax* ao tratamento com éter. São mostrados dois experimentos (linhas vermelha e azul). Em ambos os casos, um grupo foi selecionado para a característica e o outro grupo foi selecionado contra a característica. (Segundo Waddington, 1956.)

época os cientistas não tinham nenhuma teoria do desenvolvimento ou genética para fornecer mecanismos para suas hipóteses. Quando a ideia foi revista em meados do século XX, vários modelos foram propostos para explicar como a seleção constante poderia fixar um determinado fenótipo induzido pelo meio ambiente em uma população.

Uma das hipóteses mais importantes desses esquemas de adaptação orientados pela plasticidade é o conceito de **assimilação genética**, definido como o processo pelo qual um caractere fenotípico inicialmente produzido apenas em resposta a alguma influência ambiental se torna, por meio de um processo de seleção, assimilado pelo genótipo para que o fenótipo se forme mesmo na ausência das influências ambientais que deram origem a ele (King e Stanfield, 1985). A ideia de assimilação genética foi introduzida de forma independente por Waddington (1942, 1953, 1961) e Schmalhausen (1949) para explicar os resultados notáveis de experimentos de seleção artificial em que um fenótipo induzido pelo meio ambiente se expressou mesmo na ausência do estímulo externo inicialmente necessário para induzi-lo.

ASSIMILAÇÃO GENÉTICA NO LABORATÓRIO A assimilação genética é prontamente demonstrada em laboratório. Por exemplo, Waddington mostrou que suas estirpes laboratoriais de *Drosophila* tinham uma norma de reação particular em sua resposta ao éter. Os embriões expostos ao éter em um estágio particular desenvolveram um fenótipo semelhante à mutação *bithorax* e tinham quatro asas, em vez de duas. As estruturas de halteres das moscas – estruturas de equilíbrio no terceiro segmento torácico – foram transformadas em asas (ver Capítulo 9). Geração após geração foi exposta ao éter, e indivíduos que mostraram o estado de quatro asas foram cruzados seletivamente em cada geração. Após 20 gerações, a *Drosophila* conjugada produziu o fenótipo mutante mesmo quando não se aplicava éter (**FIGURA 26.16**; Waddington, 1953, 1956).

Em 1996, Gibson e Hogness repetiram os experimentos *bithorax* de Waddington e obtiveram resultados semelhantes. Além disso, eles encontraram quatro alelos distintos do gene *Ultrabithorax* (*Ubx*) existente na população. *Ubx* é o gene homeótico cujas mutações de perda de função são responsáveis pelo fenótipo geneticamente herdado de quatro asas (ver Figura 9.25). "O experimento de Waddington mostrou que algumas moscas-da-fruta eram mais sensíveis às fenocópias induzidas pelo éter do que outras, mas ele não tinha ideia do porquê", disse Gibson. "Em nosso experimento, mostramos que as diferenças no gene *Ubx* são a causa dessas mudanças morfológicas."

A assimilação genética também foi demonstrada em Lepidoptera (borboletas e mariposas). Brakefield e colaboradores (1996) conseguiram assimilar geneticamente os diferentes morfos do polifenismo adaptativo nas borboletas *Bicyclus* (ver Figura 25.9), e Suzuki e Nijhout (2006) demonstraram a assimilação genética nas larvas da traça do tabaco *Manduca sexta* (**FIGURA 26.17**). Por protocolos de seleção judiciosa, Suzuki e Nijhout conseguiram criar linhas em que o fenótipo induzido pelo meio ambiente (cor larval) foi selecionado e foi mais tarde produzido sem o agente ambiental (choque de temperatura). As diferenças genéticas subjacentes diziam respeito à capacidade do estresse térmico para elevar os títulos de hormônio juvenil nas larvas. Portanto, pelo menos no laboratório, mostra-se que a assimilação genética funciona.

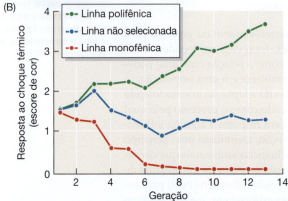

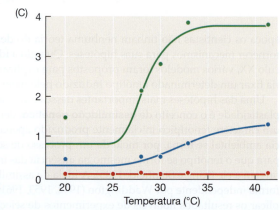

FIGURA 26.17 Efeito da seleção na mudança de cor da larva mediada pela temperatura no mutante preto da traça *Manduca sexta*. (A) Os dois morfos de cor de larvas de *Manduca sexta*. (B) Alterações na coloração das larvas com choque térmico em resposta à seleção. Um grupo foi selecionado para o aumento do verde após o tratamento térmico (polifênico, linha verde), com as larvas "mais verdes" sendo cruzadas para a próxima geração, outra para redução da cor (i.e., permanencendo pretas) após tratamento térmico (monofênico, linha vermelha). O restante das larvas não foi selecionado (linha azul). O índice de cores (0 para completamente preto, 4 para completamente verde) indica a quantidade relativa de regiões coloridas nas larvas. A linha monofônica perdeu sua plasticidade após a sétima geração. (C) Norma de reação para de moscas de geração-13 criadas a temperaturas constantes entre 20 e 33°C, e choque térmico a 42°C. Observe o polifenismo íngreme em cerca de 28°C. (Segundo Suzuki e Nijhout, 2006, foto por cortesia de Fred Nijhout.)

ASSIMILAÇÃO GENÉTICA EM AMBIENTES NATURAIS Conhecemos vários casos em que parece que a variação fenotípica devida à plasticidade do desenvolvimento foi posteriormente fixada pelos genes. O primeiro envolve variações de pigmentos em borboletas (Hiyama et al., 2012). Já em 1890 (Standfuss 1896; Goldschmidt, 1938), cientistas usaram choque térmico para perturbar o padrão de pigmentação da asa de borboleta. Em alguns casos, os padrões de cores que se desenvolvem após o choque de temperatura imitam os padrões normais de raças (ecótipos), controlados geneticamente, a diferentes temperaturas. Observações adicionais sobre a borboleta de capa de luto (*Nymphalis antiopa*; Shapiro, 1976), a borboleta de macho de porco (*Precis coenia*; Nijhout, 1984) e a borboleta liraína (*Zizeeria maha*; Otaki et al., 2010) confirmaram a visão de que a variação de temperatura pode induzir fenótipos que imitam padrões geneticamente controlados de raças ou espécies relacionadas existentes em condições mais frias ou mais quentes. Mesmo os fenótipos comportamentais "instintivos" associados a essas mudanças de cor (como o acasalamento e o voo) são fenocopiados (ver Burnet et al., 1973, Chow e Chan, 1999). Assim, um fenótipo induzido pelo *meio ambiente* pode se tornar o fenótipo *geneticamente* induzido padrão em uma parte da gama desse organismo.

Ainda outro caso de assimilação genética diz respeito à serpente-tigre (*Notechis scutatus*), que, como muitos peixes, tem uma estrutura de cabeça que pode ser alterada pela dieta. A serpente-tigre pode desenvolver uma cabeça maior para ingerir presas maiores. Essa plasticidade é vista quando sua dieta inclui camundongos grandes e pequenos. No entanto, em algumas ilhas, a dieta contém apenas grandes camundongos, e, desse modo, as cobras nascem com cabeças grandes e não há plasticidade (**FIGURA 26.18**). Assim, Aubret e Shine (2009) afirmam mostrar "evidências empíricas claras de assimilação genética, com a elaboração de uma mudança traço adaptativo a partir de expressão fenotipicamente plástica até à canalização em alguns milhares de anos".

Fixação de fenótipos induzidos pelo meio ambiente

Existem pelo menos duas importantes vantagens evolutivas para a fixação de fenótipos induzidos pelo meio ambiente (West-Eberhard, 1989, 2003):

FIGURA 26.18 Assimilação genética proposta em serpentes-tigre. As serpentes-tigre no lado direito da gaiola são de populações continentais. Elas nascem com cabeças pequenas, e conseguem grandes cabeças por meio de sua plasticidade, comendo itens de presas maiores (como roedores e aves). As serpentes à esquerda são de populações que emigraram para ilhas onde não há pequenas espécies de presas. Essas cobras nascem com cabeças maiores. (De Aubret e Shine, 2009, cortesia de F. Aubret.)

1. *O fenótipo não é aleatório.* O ambiente provocou o novo fenótipo, e o fenótipo já foi testado por seleção natural. Isso eliminaria um longo período de testes de fenótipos derivados por mutações aleatórias. Como Garson e colaboradores (2003) observaram, embora a mutação seja aleatória, os parâmetros de desenvolvimento podem explicar algumas das direcionalidades na evolução morfológica.

2. O fenótipo já existe em grande parte da população. Um dos problemas de explicar novos fenótipos é que os portadores desses fenótipos são "monitores" em comparação com os selvagens. Como essas mutações, talvez presentes apenas em um indivíduo ou uma família, tornam-se estabelecidas e eventualmente abrangerão toda uma população? O modelo de desenvolvimento resolve esse problema: esse fenótipo existe há muito tempo e a capacidade de expressá-lo é generalizada na população; ele simplesmente precisa ser geneticamente estabilizado por genes modificadores que já existem na população.

Dadas essas duas fortes vantagens, a assimilação genética de morfos originalmente produzida através da plasticidade do desenvolvimento pode contribuir significativamente para a origem de novas espécies. A ecologista Mary Jane West-Eberhard observou que "ao contrário da crença popular, as novidades iniciadas pelo ambiente podem ter um maior potencial evolutivo do que os induzidos pela mutação. Portanto, a genética da especiação pode beneficiar de estudos sobre mudanças de expressão gênica, bem como mudanças na frequência gênica e no isolamento genético". A biologia evolutiva do desenvolvimento é uma ciência jovem, e a importância relativa das novidades induzidas pelo meio ambiente está apenas começando a ser explorada.

Coda

No final dos anos 1800, a embriologia experimental separou-se da biologia evolutiva para amadurecer sozinha. No entanto, um desses pioneiros, Wilhelm Roux, prometeu que, uma vez amadurecida, a embriologia retornaria à biologia evolutiva com mecanismos poderosos para ajudar a explicar como ocorre a evolução. A evolução é uma teoria da mudança, e a genética populacional pode identificar e quantificar a dinâmica dessa mudança. No entanto, Roux percebeu que a biologia evolutiva precisava de uma teoria da construção do corpo que proporcionaria um meio pelo qual uma mutação específica se tornaria um fenótipo selecionável.

Quando confrontados com a questão de como o plano corporal do artrópode surgiu, Hughes e Kaufman (2002) começaram seu estudo dizendo:

Responder a essa pergunta invocando a seleção natural é correto, mas insuficiente. Os maxilípedes de uma centopeia [...] e as tenazes de uma lagosta conferem a esses organismos uma vantagem física. No entanto, o cerne do mistério é o seguinte: de que mudanças genéticas de desenvolvimento surgiram essas novidades em primeiro lugar?

Essa é exatamente a questão para a qual a biologia do desenvolvimento moderna foi capaz de fornecer algumas respostas, e continua a fazê-lo.

1. A biologia do desenvolvimento estabeleceu como os fundamentos da variação – modularidade, parcimônia molecular e duplicação de genes – permitem mudanças extensivas no desenvolvimento sem destruir o organismo.
2. A biologia do desenvolvimento explicou como quatro modos de mudança genética – heterotopia, heterocronia, heterometria e heterotipia – podem atuar durante o desenvolvimento para produzir novas e grandes variações na morfologia.
3. Finalmente, a biologia do desenvolvimento mostrou que a herança epigenética – epialelos, simbiontes e assimilação genética – pode fornecer variações selecionáveis e auxiliar sua propagação através de uma população.

Em 1922, Walter Garstang declarou que a ontogenia (o desenvolvimento de um indivíduo) não recapitula a filogenia (história evolutiva). Em vez disso, a ontogenia *cria* filogenia, e a evolução é gerada por mudanças hereditárias no desenvolvimento. "O primeiro pássaro", disse Garstang, "eclodiu de um ovo de réptil". O modelo de desenvolvimento foi formulado para explicar as homologias e as diferenças observadas na evolução. De fato, ainda estamos nos aproximando da evolução das duas maneiras que Darwin reconheceu, e a descendência com modificação permanece central. No entanto, estamos atualmente no ponto em que podemos responder a questões evolutivas usando tanto a genética populacional como a biologia do desenvolvimento. Ao integrar a genética populacional com a biologia do desenvolvimento, podemos começar a explicar a construção e a evolução da biodiversidade.

TÓPICO NA REDE 26.8 *"DESIGN* INTELIGENTE" E BIOLOGIA EVOLUTIVA DO DESENVOLVIMENTO A biologia evolutiva do desenvolvimento explica muitos dos "problemas" (como a evolução do olho vertebrado e a evolução das conchas das tartaruga) que defensores do "*design* inteligente" e outros criacionistas alegaram ser impossível explicar pela evolução.

Próxima etapa na pesquisa

Existem diferentes tipos de novidades. Um tipo bem documentado é a introdução de mudanças nos tipos de células existentes. Aqui, a evolução mexe com o que já existe. A tartaruga altera a direção do crescimento de suas costelas, o besouro leva o programa para fazer o exoesqueleto e o usa em sua asa, etc. No entanto, outro tipo de novidade é a origem de novos tipos de células. A pesquisa está em andamento para analisar as interações de estimuladores e fatores de transcrição para descobrir se essas mudanças são responsáveis pelas origens das células da crista neural em vertebrados (ver Tópico na rede 26.5) e nematocistos em cnidários. Uma série excepcionalmente interessante de investigações diz respeito à origem dos estimuladores que permitiram a evolução das células deciduais uterinas – as células que permitem ao útero abrigar uma gravidez. Esses estimuladores podem ter sido introduzidos na linhagem mamífera por vírus. Em caso afirmativo, isso uniria a biologia evolutiva do desenvolvimento à aquisição de novos genomas por meio da simbiose e da transfecção viral.

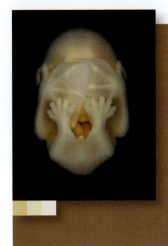

Considerações finais sobre a foto de abertura

Como algo novo entra no mundo? Mudanças evolutivas na anatomia ocorrem por meio de mudanças no desenvolvimento. Os morcegos nos fornecem excelentes exemplos de características anatômicas que podem ser ligadas a mudanças na expressão dos genes reguladores do desenvolvimento. Na evolução de um mamífero voador, pequenas mudanças na expressão de genes reguladores do desenvolvimento impulsionaram grandes mudanças na morfologia do membro anterior. Os biólogos do desenvolvimento identificaram mudanças moleculares que são criticamente importantes na retenção da membrana interdigital do membro anterior (como a expressão de inibidores de BMP e FGFs na membrana interdigital), alongamento dos dedos e redução da ulna (ver Sears, 2008; Behringer et al., 2009). Este embrião de um morcego de fruta (*Carollia perspicillata*) mostra a membrana interdigital do membro anterior e a extensão dos seus dígitos. (Foto por cortesia de R. R. Behringer.)

26 Resumo instantâneo
Desenvolvimento e evolução

1. A evolução é o resultado de mudanças herdadas no desenvolvimento. As modificações do desenvolvimento embrionário ou larval podem criar novos fenótipos que podem ser selecionados.

2. O conceito de Darwin de "descendência com modificação" explicou as homologias e as adaptações. As semelhanças da estrutura são devidas à ascendência comum (homologia), ao passo que as modificações são devidas à seleção natural (adaptação às circunstâncias ambientais).

3. A homologia significa que a semelhança entre organismos ou genes pode ser atribuída à descendência de um ancestral comum. Em alguns casos, certos genes especificam os mesmos traços em todo filo animal.

4. A evolução pode ocorrer "mexendo" nos genes existentes. As formas de efetuar a mudança evolutiva por meio do desenvolvimento ao nível da expressão gênica são: mudança de localização (heterotopia), mudança de tempo (heterocronia), alteração na quantidade (heterometria) e alteração do tipo (heterotipia).

5. Mudanças na sequência de genes podem dar aos genes *Hox* novas propriedades que podem ter efeitos significativos no desenvolvimento. A limitação na anatomia do inseto de ter apenas seis pernas é um exemplo; a evolução do útero é outra.

6. As mudanças na localização da expressão gênica durante o desenvolvimento parecem explicar a evolução da concha da tartaruga, a perda de membros em cobras, o surgimento de penas e a evolução de molares de formas diferentes.

7. As mudanças no momento da expressão gênica têm sido importantes na formação de membros em todo o reino animal.

8. Mudanças na quantidade e no tempo de expressão gênica podem explicar o desenvolvimento de fenótipos de bico em tentilhões de Darwin e o tamanho do cérebro humano.

9. Mudanças no número de genes *Hox* podem permitir que esses genes assumam novas funções. Grandes mudanças no número de genes *Hox* correlacionam-se com grandes transições na evolução.

10. A formação de novos tipos de células pode resultar de genes duplicados cuja regulação divergiu. Os genes *Hox* e muitas outras famílias de genes começaram como genes únicos que foram duplicados.

11. Como estruturas e genes, as vias de transdução de sinal podem ser homólogas, com proteínas homólogas organizadas de forma homóloga. Essas vias podem ser usadas para diferentes processos de desenvolvimento, tanto em organismos diferentes como no mesmo organismo.

12. A modularidade do desenvolvimento permite que partes do embrião mudem sem afetar outras partes. Essa modularidade é devida, em grande parte, à modularidade dos estimuladores.

13. A co-opção (recrutamento) de genes e vias existentes para novas funções é um mecanismo fundamental para a criação de novos fenótipos. Esses exemplos incluem o uso da via de sinalização de desenvolvimento de membros para formar pigmentação de manchas oculares em asas de mosca, a formação do élitro de besouro e a produção do esqueleto larvário de ouriços-do-mar.

14. As restrições do desenvolvimento impedem que alguns fenótipos surjam. Essas restrições podem ser físicas (sem membros rotatórios), morfogenéticas (sem dígito médio menor do que seus vizinhos), ou filéticas (sem tubo neural sem notocorda).

15. A nova transcrição gênica pode ser causada pela modificação de elementos de DNA existentes para se tornarem estimuladores, mutando as sequências de DNA ligadas por fatores de transcrição para eliminar um estimulador ou por um elemento transponível adicionando uma sequência de estimulador ou mutando uma existente.

16. Os sistemas de herança epigenética incluem epialelos, onde os padrões hereditários de metilação do DNA podem regular a expressão gênica. Um gene fortemente metilado pode ser tão não funcional quanto um alelo geneticamente mutante.

17. Os organismos simbióticos são frequentemente necessários para que o desenvolvimento ocorra, e as variantes

desses organismos podem causar diferentes modos de desenvolvimento.

18. A assimilação genética, em que um caractere fenotípico inicialmente induzido pelo meio ambiente torna-se, embora um processo de seleção, produzido pelo genótipo em todos os ambientes permissivos, tem sido bem documentado em laboratório.

19. A biologia evolutiva do desenvolvimento é capaz de mostrar como pequenas mudanças genéticas ou epigenéticas podem gerar grandes alterações fenotípicas e possibilitam a produção de novas estruturas anatômicas. A fusão do modelo genético populacional com o modelo genético de evolução é a criação de uma nova síntese evolutiva que pode ser responsável por fenômenos macro e microevolutivos.

Leituras adicionais

Abzhanov, A., W. P. Kuo, C. Hartmann, P. R. Grant, R. Grant and C. Tabin. 2006. The calmodulin pathway and evolution of beak morphology in Darwin's finches. *Nature* 442: 563-567.

Amundson, R. 2005. *The Changing Role of the Embryo in Evolutionary Thought: Roots of Evo-Devo*. Cambridge University Press, New York.

Carroll, S. B. 2006. *Endless Forms Most Beautiful: The New Science of Evo-Devo*. Norton, New York.

Cohn, M. J. and C. Tickle. 1999. Developmental basis of limblessness and axial patterning in snakes. *Nature* 399: 474-479.

Davidson, E. H. and D. H. Erwin. 2009. An integrated view of Precambrian eumetazoan evolution. *Cold Spring Harb. Symp. Quant. Biol.* 74: 65-80.

Gilbert, S. F. and D. Epel. 2015. *Ecological Developmental Biology: Integrating Epigenetics, Medicine, and Evolution*, 2nd Ed. Sinauer Associates, Sunderland, MA.

Kuratani, S. 2009. Modularity, comparative embryology and evo-devo: Developmental dissection of body plans. *Dev. Biol.* 332: 61-69.

Lynch, V. J., A. Tanzer, Y. Wang, F. C. Leung, B. Gelelrsen, D. Emera and G. P. Wagner. 2008. Adaptive changes in the transcription factor HoxA-11 are essential for the evolution of pregnancy in mammals. *Proc. Natl. Acad. Sci. USA.* 105: 14928-14933.

Merino, R., J. Rodríguez-Leon, D. Macias, Y. Ganan, A. N. Economides and J. M. Hurle. 1999. The BMP antagonist Gremlin regulates outgrowth, chondrogenesis and programmed cell death in the developing limb. *Development* 126: 5515-5522.

Rockman, M. V., M. W. Hahn, N. Soranzo, D. B. Goldstein and G. A. Wray. 2003. Positive selection on a human-specific transcription factor binding site regulating IL4 expression. *Curr. Biol.* 13: 2118-2123.

Shapiro, M. D., and 7 others. 2004. Genetic and developmental basis of evolutionary pelvic reduction in three-spine sticklebacks. *Nature* 428: 717-723.

Shubin, N., C. Tabin and S. B. Carroll. 2009. Deep homology and the origins of evolutionary novelty. *Nature* 457: 818-823.

Smith, K. 2003. Time's arrow: Heterochrony and the evolution of development. *Int. J. Dev. Biol.* 47: 613-621.

VISITE WWW.DEVBIO.COM...

... para Tópicos na Rede, entrevistas de Os Cientistas Falam, vídeos de Assista ao Desenvolvimento, Tutorial do Desenvolvimento e informação bibliográfica completa sobre toda a literatura citada neste capítulo.

Glossário

A

Acetilação *Ver* **Acetilação de histona.**

Acetilação de histona A adição de grupos acetil carregados negativamente às histonas, que neutraliza a carga básica de lisina e afrouxa as histonas e, portanto, ativa a transcrição.

Ácido retinoico (RA) Um derivado de vitamina A e morfogêno envolvido na formação do eixo anteroposterior. Células que recebem níveis elevados de RA expressam genes posteriores.

Ácido retinoico-4-hidroxilase Uma enzima que degrada o ácido retinoico.

Acondroplasia Condição em que os condrócitos param de proliferar antes do normal, resultando em membros curtos (nanismo acondroplásico). Muitas vezes causada por mutações que ativam o gene *FgfR3* prematuramente.

Ácron (ou Prostômio) Região anterior do corpo de um artrópode (incluindo insetos) na frente da boca e que inclui o cérebro.

Acrossomo (vesícula acrossômica) Organela em forma de saco que, juntamente com o núcleo do espermatozoide, forma a cabeça do espermatozoide. Contém enzimas proteolíticas que podem digerir os revestimentos extracelulares que envolvem o ovo, permitindo que o espermatozoide obtenha acesso à membrana da célula de ovo, ao qual se funde.

Actinopterygii ou peixes actinopterígeos Peixes com nadadeiras suportadas por ossos; inclui os teleósteos.

Activinas Membros da superfamília de proteínas TGF-β; juntamente com Nodal, são importantes para especificar as diferentes regiões do mesoderma e para distinguir os eixos corporais esquerdo e direito dos vertebrados.

Adenosina 3´,5´-monofosfato cíclico (cAMP) Um componente importante de várias cascatas de sinalização intracelular e a substância quimiotáctica solúvel que dirige a agregação de amebas individuais de *Dictyostelium* para formar um grex (pseudoplasmódio).

Adesão Ligação entre células ou entre uma célula e seu substrato extracelular. O último fornece uma superfície para as células migratórias viajarem.

Adesões focais Onde a membrana celular adere à matriz extracelular em células migratórias, mediada por conexões entre actina, integrina e a matriz extracelular.

Aferente Transportar para, como nos neurônios que transportam informações para o sistema nervoso central (medula espinal e cérebro), de células receptoras sensoriais (p. ex., ondas sonoras da orelha, sinais de luz da retina, sensações tácteis da pele); ou vasos que transportam fluido (p. ex., sangue) para uma estrutura.

Afinidade seletiva Princípio que explica por que as células desagregadas se reagruparam para refletir suas posições embrionárias. Especificamente, a superfície interna do ectoderma tem uma afinidade positiva para células mesodérmicas e uma afinidade negativa para o endoderma, ao passo que o mesoderma possui afinidades positivas tanto para células ectodérmicas quanto para endodérmicas.

Alantoide Em espécies amniotas, é a membrana extraembrionária que armazena resíduos urinários e ajuda a mediar a troca gasosa. É derivado da esplancnopleura na extremidade caudal da linha primitiva. Nos mamíferos, o tamanho do alantoide depende de quão bem os resíduos nitrogenados podem ser removidos pela placenta coriônica. Em répteis e pássaros, o alantoide torna-se um saco grande, pois não existe outra maneira de manter os subprodutos tóxicos do metabolismo longe do embrião em desenvolvimento.

Alometria Mudanças de desenvolvimento que ocorrem quando diferentes partes de um organismo crescem a velocidades diferentes.

Ametábolo Um padrão de desenvolvimento de insetos em que não há estádio larval e o inseto sofre desenvolvimento direto para uma forma adulta pequena seguindo um estágio transitório de pró-ninfa.

Âmnio "Saco de água." Uma membrana que abrange e protege o embrião e seu líquido amniótico circundante. Derivado das duas camadas da somatopleura: ectoderma, que fornece células epiteliais, e mesoderma, que gera o tecido conjuntivo.

Amniotas Grupos de vertebrados em que o embrião desenvolve um âmnio (saco de água) que envolve o corpo do embrião. Inclui répteis, aves e mamíferos. Comparar com **Anamniota.**

Amostragem de vilosidade coriônica Tomar uma amostra da placenta entre as 8 e 10 semanas de gestação para cultivar células fetais a serem analisadas quanto à presença ou ausência de certos cromossomos, genes ou enzimas.

Ampola Do latim, "frasco". O segmento do oviduto de mamífero, distal ao útero e perto do ovário, onde ocorre a fertilização.

Anágena A fase de crescimento de um folículo piloso, durante o qual o cabelo cresce em comprimento.

Análogo Estruturas e/ou seus respectivos componentes cuja semelhança surge por realizarem uma função semelhante, e não por derivarem de um antepassado comum (p. ex., a asa de uma borboleta *versus* a asa de um pássaro). Comparar com **Homólogo.**

Anamniotas Peixes e anfíbios; ou seja, os grupos vertebrados que não formam âmnios durante o desenvolvimento embrionário. Comparar com **Amniotas.**

Androgênio Substância masculinizante, geralmente um hormônio esteroide, como a testosterona.

Anel germinativo Um anel condensado de células na margem das células profundas que aparece em um embrião de peixe uma vez que a blastoderme cobriu cerca de metade da célula vitelínica. Composto por uma camada superficial, o epiblasto, e uma camada interna, o hipoblasto.

Anencefalia Um defeito congênito (quase sempre letal) resultante da falha no fechamento do neuroporo anterior. O prosencéfalo permanece em contato com o líquido amniótico e, posteriormente, degenera, de modo que a abóbada do crânio não se forma.

Aneuploidia Condição em que um ou mais cromossomos está faltando ou está presente em múltiplas cópias.

Aneurogênico Desprovido de qualquer inervação neural.

Anexos cutâneos Modificações epidérmicas espécie-específicas que incluem cabelos, escamas, penas, cascos, garras e chifres.

Anexos ectodérmicos Estruturas que se formam de regiões específicas do ectoderma epidérmico e do mesênquima subjacente por meio de uma série de induções interativas; inclui pelos, escamas, escudos (como coberturas de conchas de tartaruga), dentes, glândulas sudoríparas, glândulas mamárias e penas.

Angioblastos   De *angio*, vaso sanguíneo; e *blasto*, uma célula que se divide rapidamente (geralmente uma célula-tronco). As células progenitoras dos vasos sanguíneos.

Angiogênese   Processo pelo qual a rede primitiva de vasos sanguíneos, criada através da vasculogênese, é remodelada e podada em um leito capilar distinto, artérias e veias distintas.

Angiopoietina   Fatores parácrinos que medeiam a interação entre células endoteliais e pericitos.

Anoikis   Apoptose rápida que ocorre quando as células epiteliais perdem a sua ligação à matriz extracelular.

Anúrios   Sapos e rãs. Comparar com **Urodeles**.

Apoptose   Morte celular programada. A apoptose é um processo ativo que elimina estruturas desnecessárias (p. ex., caudas de sapo, tecido mamário masculino), controla o número de células em determinados tecidos e esculpe órgãos complexos (p. ex., palato, retina, dígitos e coração). *Ver também* **Anoikis**; **Zonas necróticas**.

Arcos aórticos   Começam como vasos pareados dispostos simetricamente que se desenvolvem dentro dos arcos faríngeos e conectam as aortas pareadas ascendente/ventral e descendente/dorsal. Alguns dos arcos aórticos degeneram.

Arcos branquiais   *Ver* **Arcos faríngeos**.

Arcos faríngeos   Barras pareadas do tecido mesenquimal (derivadas do mesoderma paraxial, mesoderma da placa lateral e células da crista neural), cobertas pelo endoderma internamente e pelo ectoderma externamente. Encontrados perto da faringe do embrião de vertebrados, os arcos formam suporte para as brânquias em peixes e muitas estruturas de tecidos esquelético e conjuntivo na face, mandíbula, boca e laringe em outros vertebrados. Também chamados de arcos branquiais.

Área opaca   Anel periférico de células da blastoderme de aves que não descamou suas células mais internas.

Área pelúcida   Uma área de espessura de uma célula no centro da blastoderme de aves (após a morte da maioria das células internas) que forma a maior parte do próprio embrião.

Aromatase   Enzima que converte testosterona em estradiol (uma forma de estrogênio). O excesso de aromatase no meio ambiente está ligado a herbicidas e outros produtos químicos e acredita-se que isso contribua para distúrbios reprodutivos (desmasculinização e feminilização, sobretudo em anfíbios machos).

Arquêntero   O intestino primitivo de um embrião. No ouriço-do-mar, é formado pela invaginação da placa vegetal no blastocele.

Artrótomo   Células mesenquimais no centro do somito que contribuem para o esclerótomo, tornando-se as articulações vertebrais, os discos intervertebrais e as porções das costelas mais próximas das vértebras.

Árvore dendrítica   Ramificação extensiva encontrada nos dendritos de alguns neurônios, como os neurônios de Purkinje.

Assentamento larval   Capacidade de larvas marinhas para suspender o desenvolvimento até que encontrem um determinado sinal ambiental para iniciar seu estabelecimento.

Assimetria de célula-tronco isolada   Modo de divisão de células-tronco em que são produzidos dois tipos de células em cada divisão, uma célula-tronco e uma célula comprometida com o desenvolvimento.

Assimetria de população   Modo de manter a homeostasia em uma população de células-tronco em que algumas das células são mais propensas a produzir progênies diferenciadas, ao passo que outras se dividem para manter o grupo de células-tronco.

Assimilação genética   O processo pelo qual um caráter fenotípico inicialmente produzido apenas em resposta a alguma influência ambiental se torna, por meio de um processo de seleção, assumido pelo genótipo, de modo que se forma mesmo na ausência da influência ambiental.

Associação combinatória   Na genética do desenvolvimento, o princípio de que os estimuladores contêm regiões do DNA que se ligam aos fatores de transcrição, e é essa combinação de fatores de transcrição que ativa o gene.

Astrócitos   *Ver* **Células astrogliais (astrócitos)**.

Autofagia   Sistema intracelular que remove e substitui organelas danificadas e células senescentes.

Autopódio   Os ossos distais de um membro vertebrado: carpos e metacarpos (membros anteriores), tarsos e metatarsos (membros posteriores) e falanges ("dígitos"; dedos das mãos e dos pés).

Autorrenovação   A capacidade de uma célula de se dividir e produzir uma réplica de si mesma.

Axonema   A porção de um cílio ou flagelo constituído por dois microtúbulos centrais rodeados por uma fileira de 9 dupletos de microtúbulos. A proteína motora dineína ligada aos dupletos de microtúbulos proporciona força para as funções ciliar e flagelar.

Axônio   Extensão fina do corpo da célula nervosa. Transmite sinais (potenciais de ação) para alvos no sistema nervoso central e periférico. A migração axonal é crucial para o desenvolvimento do sistema nervoso vertebrado.

B

Bainha de mielina   Oligodendrócitos modificados (no SNC) ou membrana plasmática de células de Schwann (no SN periférico) que rodeiam os axônios de células nervosas, fornecendo isolamento que confina e acelera impulsos elétricos transmitidos ao longo de axônios.

Banda germinativa   Uma coleção de células ao longo da linha média ventral do embrião *Drosophila* que se forma durante a gastrulação por convergência e extensão e que inclui todas as células que formarão o tronco do embrião e o tórax e o abdome do adulto.

Bastonetes   Fotorreceptores na retina neural do olho vertebrado que são mais sensíveis à luz baixa do que os cones. Eles contêm apenas um pigmento sensível à luz e, portanto, não transmitem informações sobre a cor.

Bicoid   Morfógeno anterior fundamental para estabelecer polaridade anteroposterior no embrião de *Drosophila*. Funciona como um fator de transcrição para ativar genes *gap* específicos anteriores e como um repressor de tradução para suprimir genes *gap* específicos posteriores.

Bilaterianos (triploblastos)   Aqueles animais caracterizados pela simetria bilateral do corpo e a presença de três camadas germinativas (endoderma, ectoderma e mesoderma). Inclui todos os grupos de animais, exceto esponjas, cnidários, ctenóforos e placozoários.

Bindina   Uma proteína de 30.500-Da do processo acrossômico de espermatozoide de ouriço-do-mar que medeia o reconhecimento específico da espécie entre o espermatozoide e o envelope vitelínico do ovo durante a fertilização.

Biofilme   Camada de microrganismos, como bactérias, que geram uma matriz extracelular. Estes regulam a colonização larval de muitas espécies de invertebrados marinhos.

Biologia do desenvolvimento   A disciplina que estuda processos embrionários e outros processos de desenvolvimento, como a substituição de células velhas por novas, regeneração, metamorfose, envelhecimento e desenvolvimento de estados patológicos, como o câncer.

Biologia evolutiva do desenvolvimento ("evo-devo")   Um modelo de evolução que integra a genética do desenvolvimento e a genética populacional para explicar a origem da biodiversidade.

Bisfenol A (BPA)   Composto químico estrogênico sintético usado em plásticos e retardadores de chama. O BPA tem sido associado a defeitos meióticos, anormalidades reprodutivas e condições pré-cancerosas em roedores.

Bivalente   As quatro cromátides de um par homólogo de cromossomos e seu complexo sinaptonêmico durante a prófase da primeira divisão meiótica. Também chamado de tétrade.

Blastocele   Uma cavidade cheia de líquido do estágio blástula de um embrião.

Blastocisto   Uma blástula de mamífero. A blastocele é expandida e a massa celular interna está posicionada em um lado do anel de células do trofoblasto.

Blastoderme A camada de células formadas durante a clivagem no polo animal em ovos telolécitos, como em peixes, répteis e aves. Como o vitelo concentrado na região vegetal do ovo impede a clivagem, apenas a pequena quantidade de citoplasma livre de vitelo no pó animal pode dividir-se nesses ovos. Durante o desenvolvimento, a blastoderme estende-se em volta do vitelo quando forma o embrião.

Blastoderme celular Estágio do desenvolvimento da *Drosophila* em que todas as células estão dispostas em uma camada única em torno do núcleo vitelínico do ovo.

Blastoderme sincicial Descreve o embrião de *Drosophila* durante a clivagem quando os núcleos se dividiram, mas ainda não há nenhuma membrana celular formada para separar os núcleos em células individuais.

Blastodisco Pequena região no polo animal dos ovos telolécitos de peixes, aves e répteis, contendo o citoplasma livre de vitelo, onde a clivagem pode ocorrer e que dá origem ao embrião. Após a clivagem, o blastodisco torna-se a blastoderme.

Blastômero Uma célula em fase de clivagem resultante da mitose.

Blastóporo O ponto de invaginação onde começa a gastrulação. Nos deuterostômios, isso marca o local do ânus. Nos protostômios, isso marca o local da boca.

Blástula Embrião em estágio inicial consistindo de uma esfera de células que circunda uma cavidade interna cheia de líquido, a blastocele.

Blástula eclodida Embrião de ouriço-do-mar com mobilidade nadando livremente, após as células do hemisfério animal sintetizarem e secretarem uma enzima incubadora que digere o envelope de fertilização.

Bloqueio lento da polispermia *Ver* **Reação granular cortical.**

Bloqueio rápido da polispermia Mecanismo pelo qual espermatozoides adicionais são impedidos de se fundir com um ovo de ouriço do mar fertilizado, alterando o potencial elétrico para um nível mais positivo. Não foi demonstrado em mamíferos.

BMP4 Uma proteína na família BMP, utilizada extensivamente no desenvolvimento neural; por exemplo, o BMP4 é produzido por órgãos-alvo inervados pelo nervo trigêmeo e provoca crescimento diferencial e diferenciação dos neurônios. Também envolvida na diferenciação óssea. *Ver* **Proteínas morfogenéticas do osso (BMPs).**

Bolsa de Rathke Uma bolsa externa do ectoderma no teto da região oral que forma a parte glandular da glândula hipófise nos vertebrados. Encontra-se com o infundíbulo, uma bolsa externa

no assoalho do diencéfalo, que forma a porção neural da glândula hipófise.

Bolsas faríngeas Dentro da faringe, são onde o epitélio faríngeo (endoderma) pressiona lateralmente para formar pares de bolsas entre os arcos da faríngeos. Isso dá origem ao tubo auditivo, à parede da amígdala, à glândula do timo, paratireoide e à tireoide.

Borda da placa neural A borda entre a placa neural e a epiderme.

Brainbow Método genético usado para desencadear a expressão de diferentes combinações e quantidades de diferentes proteínas fluorescentes dentro das células, rotulando-as com um "arco-íris" com diversas possibilidades de cores que pode ser usado para identificar cada célula individual em um tecido, órgão ou embrião inteiro.

Broto da nadadeira Broto de tecido em embriões de peixe que dá origem a uma barbatana; homóloga ao broto dos membros dos tetrápodes.

Broto do membro Uma protuberância circular que formará o membro futuro. O membro é formado pela proliferação de células mesenquimais da camada somática do mesoderma da placa lateral do campo do membro (células precursoras do esqueleto do membro) e dos somitos (células precursoras do músculo do membro).

Brotos uretéricos Em amniotas, ramos epiteliais pareados induzidos pelo mesênquima metanefrogênico para se ramificar de cada um dos ductos néfricos pareados. Os brotos uretéricos formarão os ductos coletores, a pelve renal e os ureteres que levam a urina para a bexiga.

Bulbo Uma região do folículo piloso que é um nicho para células-tronco adultas.

Bulbos de extremidade terminal As extremidades dos extensos ramos de ductos nas glândulas mamárias de mamíferos. Sob a influência dos estrogênios na puberdade, os ductos crescem por meio do alongamento desses brotos.

C

Cabeça do espermatozoide Consiste do núcleo, acrossoma e quantidade mínima de citoplasma.

Caderinas Moléculas de adesão dependentes de cálcio. Proteínas transmembrânicas que interagem com outras caderinas em células vizinhas e são cruciais para o estabelecimento e manutenção de conexões intercelulares, segregação espacial dos tipos celulares e organização da forma animal.

Cairomônios Produtos químicos que são lançados por um predador e podem induzir defesas em sua presa.

Cálices ópticos Câmaras de parede dupla formadas pela invaginação das vesículas ópticas.

Camada basal (estrato germinativo) A camada interna da epiderme embrionária e adulta. Essa camada

contém células-tronco epidérmicas ligadas a uma membrana basal.

Camada de envelope (EVL) Uma população de células no embrião de peixe-zebra na transição da blástula medial constituída pelas células mais superficiais da blastoderme, que formam uma folha epitelial com uma camada de célula única. A EVL é uma cobertura protetora extraembrionária que é esmagada em etapas posteriores do desenvolvimento.

Camada granular externa Zona germinativa de neuroblastos cerebelares que migram do neuroepitélio germinativo para a superfície externa do cerebelo em desenvolvimento.

Camada granular interna Uma camada no cerebelo que é formada pela migração de células granulares da camada granular externa de volta para a zona ventricular.

Camada hialina Revestimento ao redor do ovo do ouriço-do-mar formado pela proteína hialina dos grânulos corticais. A camada hialina fornece suporte para os blastômeros durante a clivagem.

Camada sincicial vitelina (YSL) População celular no embrião de peixe-zebrado estágio de clivagem formado no nono ou décimo ciclo celular, quando as células na borda vegetal da blastoderme se fundem com a célula vitelínica subjacente, produzindo um anel de núcleos na parte do citoplasma das células vitelínicas que fica logo abaixo da blastoderme. Importante para dirigir alguns dos movimentos celulares da gastrulação.

Câmara do ovo Um tubo de ovário ou de ovo (mais de uma dúzia por ovário) em que o ovócito de *Drosophila* irá se desenvolver, contendo 15 células de nutrição interconectadas e um único ovócito.

Campo anterior do coração Células do campo cardíaco que formam o trato de saída (cone e tronco arterioso, ventrículo direito).

Campo do membro Uma área do embrião contendo todas as células capazes de formar um membro.

Campo ocular Região na porção anterior do tubo neural que se desenvolverá nas retinas neurais e pigmentadas.

Campos cardíacos (mesoderma cardiogênico) Em vertebrados, duas regiões de mesoderma esplâncnico, uma de cada lado do corpo, que são especificadas para o desenvolvimento cardíaco. Em amniotas, as células cardíacas do campo cardíaco migram através da linha primitiva durante a gastrulação, de modo que o arranjo medial-lateral dessas células iniciais se tornará o eixo anteroposterior (rostral-caudal) do tubo cardíaco em desenvolvimento.

Canais de anel As interconexões citoplasmáticas entre os cistócitos que se tornam o óvulo e as células nutridoras em um ovaríolo de *Drosophila*.

Canalização *Ver* **Robustez (canalização)**.

Capacitação O conjunto de mudanças fisiológicas através das quais os espermatozoides de mamíferos se tornam capazes de fertilizar um ovo.

Capuz animal Nos anfíbios, o teto do blastócito (no hemisfério animal).

Capuz epidérmico apical (AEC) Forma-se na epiderme ferida de um membro de salamandra amputado e atua de forma semelhante à crista ectodérmica apical durante o desenvolvimento normal do membro.

Cardia bífida Uma doença em que se formam dois corações separados, resultantes da manipulação do embrião ou de defeitos genéticos que impedem a fusão dos dois tubos endocardiais.

Cardiomiócitos Células cardíacas derivadas do tecido da área cardíaca que formam as camadas musculares do coração e seus tratos de entrada e saída.

Cariocinese A divisão mitótica do núcleo da célula. O agente mecânico da cariocinese é o fuso mitótico.

Cascata ectodisplasina (EDA) Uma cascata de genes específicos para a formação de apêndices cutâneos. Os vertebrados com proteínas EDA disfuncionais exibem uma síndrome chamada de displasia ectodérmica anidrótica, caracterizada por apêndices cutâneos ausentes ou malformados (cabelos, dentes e glândulas sudoríparas).

Cascata JAK-STAT Uma via ativada pelos fatores parácrinos que se ligam aos receptores que abrangem a membrana celular e estão ligados no lado citoplasmático às proteínas JAK (Janus-cinase). A ligação do ligante ao receptor fosforila a família de fatores de transcrição STAT (transdutores de sinal e ativadores de transcrição).

Cascatas de transdução de sinal Vias de resposta em que os fatores parácrinos se ligam a um receptor que inicia uma série de reações enzimáticas dentro da célula, que, por sua vez, têm frequentemente várias respostas como ponto final, como a regulação de fatores de transcrição (de modo que diferentes genes são expressos nas células que reagem a esses fatores parácrinos) e/ou a regulação do citoesqueleto (de modo que as células que respondem aos fatores parácrinos alteram sua forma ou podem migrar).

Catágena Fase de regressão do ciclo de regeneração do folículo capilar.

β-Catenina Uma proteína que pode atuar como uma âncora para caderinas ou como fator de transcrição (induzido pela via Wnt). É importante na especificação de camadas germinativas em todo o filo animal.

Cateninas Um complexo de proteínas que ancoram as caderinas dentro da célula. O complexo de caderina-catenina forma as junções adesivas clássicas que ajudam a manter as células epiteliais em conjunto e, ao se ligar ao citoesqueleto de actina (microfilamento) da célula, integrar as células epiteliais em uma unidade mecânica. Uma delas, β-catenina, também pode ser um fator de transcrição.

Cauda PoliA Uma série de resíduos de adenina (A) que são adicionados por enzimas ao terminal 3´ da transcrição de mRNA no núcleo. A cauda poliA confere estabilidade ao mRNA, permite que saia do núcleo e que seja traduzido em proteína.

Caudal Refere-se à cauda.

Cavidade pericárdica A divisão do celoma que circunda o coração. Comparar com **Cavidade peritoneal**; **Cavidade pleural**.

Cavidade peritoneal A divisão do celoma que envolve os órgãos abdominais. Comparar com **Cavidade pericárdica**; **Cavidade pleural**.

Cavidade pleural A divisão do celoma que envolve os pulmões. Comparar com **Cavidade pericárdica; Cavidade peritoneal**.

Cavidade subgerminativa Um espaço entre a blastoderme e o vitelo de ovos de aves que é criado quando as células da blastoderme absorvem água do albúmen ("clara de ovo") e secretam fluido entre si e o vitelo.

Cavitação Em embriões de mamíferos, um processo pelo qual as células trofoblásticas secretam fluido na mórula para criar uma blastocele. As membranas das células trofoblásticas bombeiam íons sódio (Na⁺) na cavidade central, atraindo osmoticamente água e criando e ampliando a blastocele.

Cefálico Refere-se à cabeça.

Celoma Espaço entre o mesoderma somático e o mesoderma esplâncnico que se torna a cavidade do corpo. Nos mamíferos, o corpo torna-se subdividido nas cavidades pleural, pericárdica e peritoneal, envolvendo o tórax, o coração e o abdome, respectivamente.

Célula da ponta distal Uma única célula, que não se divide, localizada no final de cada gônada em *C. elegans* que mantém as células germinativas mais próximas em mitose, inibindo sua entrada na meiose.

Célula de âncora Célula que liga a gônada sobreposta às células precursoras vulvares (CPV) em *C. elegans*. Se a célula âncora for destruída, os CPVs não formam uma vulva, porém, em vez disso, fazem parte da hipoderme.

Célula de Schwann Tipo de célula glial do sistema nervoso periférico que gera uma bainha de mielina, permitindo a transmissão rápida de sinais elétricos ao longo de um axônio.

Célula endotelial hemogênica Células endoteliais primárias da aorta dorsal, na área ventral, derivadas da placa lateral. Elas dão origem às células tronco hematopoiéticas (HSCs) que migram para o fígado e a medula óssea e se tornam as células tronco hematopoiéticas adultas.

Célula pós-sináptica Célula-alvo que recebe neurotransmissores químicos de um neurônio pré-sináptico, causando despolarização ou hiperpolarização da membrana da célula-alvo.

Célula progenitora eritroide Uma célula-tronco comprometida que pode formar apenas eritrócitos.

Célula vitelina A célula que contém o vitelo em um embrião de peixe, uma vez que o citoplasma livre de vitelo no polo animal do ovo se divide para formar células individuais acima do citoplasma com vitelo. Inicialmente, todas as células mantêm uma conexão com a célula vitelínica subjacente.

Células adepiteliais Células que migram para os discos imaginais no início do desenvolvimento da larva de insetos holometabolos; essas células dão origem a músculos e nervos no estágio pupal.

Células adiposas marrons (gordura marrom) Células adiposas derivadas do dermomiótomo central. As células de gordura marrom produzem calor, em oposição às células brancas adiposas, que armazenam lipídeos. As células de gordura marrom contêm inúmeras mitocôndrias e dissipam energia como calor, em vez de sintetizar ATP.

Células amplificadoras em trânsito *Ver* **Células progenitoras**.

Células astrogliais (astrócitos) Uma classe diversificada de células gliais em forma de estrela (astro) que realizam uma série de funções, incluindo o estabelecimento da barreira hematencefálica, respondendo à inflamação no SNC e apoiando a homeostasia da sinapse e a transmissão neural.

Células Cajal-Retzius Células secretoras de *reelin* no neocórtex logo abaixo da superfície pial. Reelin dirige a migração de neurônios recém-formados para a superfície pial.

Células da coroa Células vizinhas às células nodais, cruciais para a criação do eixo esquerdo-direito no embrião de mamífero. As células da coroa possuem um único cílio imóvel que detecta o movimento da esquerda para a direita dos fluidos causados pelos cílios móveis nas células nodais. Isso origina uma cascata de eventos dentro das células da coroa que serve para manter a expressão de Nodal no lado esquerdo, onde pode ativar genes *Pitx1*, que determinam o lado esquerdo e direito.

Células da extremidade do broto uretérico Uma população de células-tronco que se forma nas extremidades dos ramos de brotos uretéricos durante a formação do rim metanéfrico.

Células da glia de Müller Células da retina neural que apoiam e mantêm os neurônios nela contidos.

Células da granulosa Células epiteliais corticais do ovário fetal, as células da granulosa cercam as células germinativas individuais que se tornarão óvulos e formarão, com as células da teca, os folículos que envolvem as células germinativas e secretam hormônios esteroides. O número de células da granulosa aumenta e elas formam camadas concêntricas em torno do ovócito à medida que este amadurece antes da ovulação.

Células da teca Células secretoras de hormônio esteroide do ovário de mamífero que, juntamente com as células da granulosa, formam os folículos que circundam as células germinativas. Eles diferenciam-se das células do mesênquima do ovário.

Células de garrafa Células que invaginam durante a gastrulação de anfíbios, em que o corpo principal de cada célula é deslocado para dentro do embrião, mantendo o contato com a superfície externa por meio de um pescoço delgado.

Células de Leydig Células de testículo derivadas das células intersticiais do mesênquima que cercam os cordões do testículo que produzem a testosterona necessária para a determinação secundária do sexo e, no adulto, necessária para sustentar a espermatogênese.

Células de Sertoli Grandes células secretoras de suporte nos túbulos seminíferos dos testículos envolvidos na espermatogênese no adulto por meio de seu papel na nutrição e na manutenção dos espermatozoides em desenvolvimento. Elas secretam AMH no feto e estabelecem um nicho para as células germinativas. São derivados de células somáticas, que, por sua vez, são derivadas do epitélio da crista genital.

Células do tipo B Um tipo de célula-tronco neural encontrada nas rosetas da V-SVZ do cérebro; alimentam a geração de tipos específicos de neurônios no bulbo olfatório e no estriado.

Células do trofoectoderma No embrião de mamífero, a camada externa de células do blastocisto que circunda a massa celular interna e a blastocele; desenvolvem-se para o lado embrionário da placenta.

Células endoteliais sinusoidais Células que revestem os grandes canais de sangue (sinusoides) do fígado, fundamentais para a função hepática. Também fornecem fatores parácrinos necessários para a divisão de células-tronco de hepatoblasto durante a regeneração hepática. Por muito tempo considerados de origem mesodérmica, agora se sabe serem derivados, pelo menos em parte, de células endodérmicas especializadas.

Células ependimárias Células epiteliais que alinham os ventrículos do cérebro e o canal da medula espinal; elas secretam o líquido cerebrospinal.

Células ganglionares retinianas (RGCs) Neurônios na retina do olho cujos axônios são orientados para o tecto óptico do cérebro. Sinais de direcionamento provêm de famílias de moléculas netrina, slit, semaforina e efrina.

Células germinativas Um grupo de células reservadas para a função reprodutiva; as células germinativas tornam-se as células das gônadas (ovário e testículo) que sofrem divisões celulares meióticas para gerar os gametas. Comparar com **Células somáticas**.

Células germinativas embrionárias (EGCs) Células embrionárias pluripotentes com características da massa celular interna derivadas de PGCs que foram tratados com fatores parácrinos particulares para manter a proliferação celular.

Células germinativas primordiais (PGCs) Células progenitoras de gametas, que normalmente surgem em outros lugares e migram para as gônadas em desenvolvimento.

Células gliais radiais (glia radial) Células progenitoras neurais encontradas na zona ventricular (VZ) do cérebro em desenvolvimento. Em cada divisão, elas geram outra célula VZ e um tipo de célula mais comprometida que deixa a VZ para se diferenciar.

Células granulares Derivadas de neuroblastos da camada externa de grânulos do cerebelo em desenvolvimento. Os neurônios dos grânulos migram de volta para a zona ventricular (ependimal), onde produzem uma região chamada de camada interna granular.

Células imaginais Células transportadas ao redor da larva do inseto holometábolo que formarão as estruturas do adulto. Durante os estágios larvais, essas células aumentam em número, mas não se diferenciam até o estágio pupal; incluem discos imaginais, histoblastos e aglomerados de células imaginais dentro de cada órgão larval.

Células líder Certas células endoteliais que podem responder ao fator de crescimento endotelial vascular (VEGF) e começar a "brotar" para formar um novo vaso durante a angiogênese. *Ver também* **Células de ponta uretérica**.

Células mesenquimais do capuz Uma população de células-tronco multipotentes, derivadas do mesênquima metanéfrico do rim, que cobrem as pontas dos ramos do broto uretérico e podem formar todos os tipos celulares do néfron.

Células nutridoras Células que fornecem alimento para um ovo em desenvolvimento. Em *Drosophila*, 15 células nutridoras interligadas geram mRNAs e proteínas que são transportados para um único ovócito em desenvolvimento.

Células ovais Uma população de células progenitoras no fígado que dividem e formam novos hepatócitos e células do ducto biliar quando os próprios hepatócitos são incapazes de regenerar o fígado suficientemente.

Células polares Cerca de cinco núcleos no embrião de *Drosophila* que atingem a superfície do polo posterior durante o ciclo da nona divisão e ficam encerrados pelas membranas celulares. As células polares dão origem aos gametas do adulto.

Células precursoras (precursores) Termo amplamente utilizado para denotar qualquer tipo de célula ancestral (células tronco ou progenitoras) de uma linhagem particular (p. ex., precursores neuronais, precursores de células sanguíneas).

Células precursoras da vulva (VPCs) Seis células na fase larval de *C. elegans* que formarão a vulva por meio de sinais indutores.

Células profundas Uma população de células na blástula do peixe-zebra entre a camada de envelope (EVL) e a camada sincicial vitelina (YSL) que originam o embrião propriamente dito.

Células progenitoras Células relativamente indiferenciadas que têm a capacidade de se dividir algumas vezes antes de se diferenciar e, ao contrário das células-tronco, não são capazes de autorrenovação ilimitada. Às vezes, elas são chamadas de células amplificadoras em trânsito porque se dividem enquanto migram.

Células progenitoras cardíacas multipotentes Células progenitoras do campo cardíaco que formam cardiomiócitos, endocárdio, epicárdio e fibras de Purkinje do coração.

Células progenitoras intermediárias (células IP) Células precursoras de neurônio da região subventricular; derivadas de células da glia radial.

Células satélite Populações de células-tronco musculares e células progenitoras que residem ao lado de fibras musculares adultas e podem responder a lesões ou exercícios por proliferação em células miogênicas que se fundem e formam novas fibras musculares.

Células somáticas Células que compõem o corpo, isto é, todas as células do organismo que não são células germinativas. Comparar com **Células germinativas**.

Células tronco mesenquimais (MSCs) Também chamadas de células tronco derivadas da medula óssea, ou BMDCs. Células-tronco multipotentes que se originam na medula óssea, os MSCs podem dar origem a inúmeras linhagens ósseas, cartilagens, músculos e adiposas.

Células ventriculares (ependimárias) Células derivadas do neuroepitélio que revestem os ventrículos do cérebro e secretam líquido cerebrospinal.

Células-tronco adultas Células-tronco encontradas nos tecidos dos órgãos após o amadurecimento destes. As células-tronco adultas geralmente estão envolvidas na substituição e na reparação de tecidos desse órgão específico, formando um subconjunto de tipos celulares. Comparar com **Células-tronco pluripotentes adultas; Células-tronco embrionárias.**

Células-tronco comprometidas Inclui células-tronco multipotentes e unipotentes que têm o potencial de se tornar apenas alguns tipos celulares (multipotente) ou apenas um tipo celular (unipotente).

Células-tronco de melanócitos Células-tronco adultas derivadas de células da crista neural do tronco que formam melanoblastos e vêm residir no nicho do bulbo do folículo de penas ou de pelos e que originam o pigmento da pele, cabelos e penas.

Células-tronco derivadas da medula óssea (BMDCs) Ver **Células-tronco mesenquimais.**

Células-tronco embrionárias (ESCs) Células-tronco pluripotentes da massa celular interna dos blastômeros de mamíferos que são capazes de gerar todos os tipos de células do corpo.

Células-tronco foliculares Células-tronco adultas multipotentes que residem no nicho do bulbo do folículo piloso. Elas dão origem à haste e à bainha do pelo.

Celulas-tronco foliculares capilares Ver **Células-tronco foliculares.**

Células-tronco germinativas Em *Drosophila*, derivados de células-polo (células germinativas primordiais) que se dividem de forma assimétrica para produzir outra célula-tronco e uma célula-filha diferenciada, chamada cistoblasto, que, por sua vez, produz um único óvulo e 15 células de nutrição.

Células-tronco germinativas (GSC) Na *Drosophila* fêmea, a célula-tronco que origina o ovócito.

Células-tronco hematopoiéticas (HSC) Um tipo de célula-tronco pluripotente que gera uma série de células progenitoras intermediárias cuja potência é restrita a determinadas linhagens de células sanguíneas. Essas linhagens são então capazes de produzir todas as células sanguíneas e linfócitos do corpo.

Células-tronco hematopoiéticas pluripotentes Ver **Células-tronco hematopoiéticas (HSC).**

Células-tronco multipotentes Células-tronco adultas cujo comprometimento é limitado a um subconjunto relativamente pequeno de todas as possíveis células do corpo.

Células-tronco neurais (NSCs) Células-tronco do sistema nervoso central capazes de neurogênese ao longo da vida. Nos vertebrados, as NSCs retêm grande parte das características de sua célula progenitora embrionária, a célula da glia radial.

Células-tronco pluripotentes adultas Células-tronco em um organismo adulto capazes de regenerar todos os tipos de células do adulto. Exemplo: neoblastos de planárias.

Células-tronco pluripotentes induzidas (iPSCs) Células adultas que foram convertidas em células com pluripotência de células tronco embrionárias. Normalmente realizado pela ativação de certos fatores de transcrição.

Células-tronco restritas à linhagem Células-tronco derivadas de células-tronco multipotentes e que agora podem gerar apenas um tipo de célula particular ou um conjunto de tipos de células.

Células-tronco unipotentes Células-tronco que geram apenas um tipo de célula, como a espermatogônia dos testículos de mamíferos que só geram espermatozoide.

Célula-tronco Uma célula relativamente indiferenciada do embrião, do feto ou do adulto que se divide e, quando o faz, produz (1) uma célula que retém seu caráter indiferenciado e permanece no nicho de células-tronco; e (2) uma segunda célula que deixa o nicho e pode seguir um ou mais caminhos de diferenciação. *Ver também* **Célula-tronco adulta; Célula-tronco embrionária.**

Célula-tronco intersticial Um tipo de célula-tronco encontrada na camada ectodérmica da *Hydra* que gera neurônios, células secretoras, nematócitos e gametas.

Centro de Nieuwkoop Os blastômeros vegetais mais dorsais da blástula de anfíbios, formados como consequência da rotação cortical iniciada pela entrada do espermatozoide; um importante centro de sinalização no lado dorsal do embrião. Uma das principais funções é induzir o organizador.

Centrolécito Tipo de ovo, como os de insetos, que tem o vitelo no centro e sofre clivagem superficial.

Centrômero Região de um cromossomo onde as cromátides-irmãs estão ligadas entre si pelo cinetócoro.

ChIP-Seq Sequenciamento por imunoprecipitação de cromatina. Um protocolo de laboratório utilizado para identificar as sequências de DNA precisas ligadas por fatores de transcrição particulares ou nucleossomos contendo histonas modificadas específicas.

Chordin Um fator parácrino com atividade organizadora. A chordin liga-se diretamente a BMP4 e BMP2 e evita que ambos se liguem com seus receptores, induzindo o ectoderma dorsal a formar o tecido neural.

Ciclina B A subunidade maior do fator promotor da mitose, mostra o comportamento cíclico que é chave para a regulação mitótica, acumulando durante a fase S e sendo degradado após as células terem atingido a fase M. A ciclina B regula a subunidade pequena do MPF, a cinase dependente de ciclina.

Ciclina dependente de cinases Pequena subunidade de MPF que ativa a mitose por fosforilação de várias proteínas-alvo, incluindo histonas, as proteínas laminadas de envelope nuclear e a subunidade reguladora da miosina citoplasmática, resultando em condensação de cromatina, despolimerização de envelope nuclear e a organização mitótica do fuso. Requer ciclina B para funcionar.

Ciclo uterino Um componente do ciclo menstrual, a função do ciclo uterino é fornecer o ambiente apropriado para o blastocisto em desenvolvimento.

Ciclopia Defeito congênito caracterizado por um único olho, causado por mutações em genes que codificam a proteína Sonic hedgehog ou as enzimas que sintetizam o colesterol; também pode ser induzido por substâncias químicas perigosas que interferem com as enzimas biossintéticas do colesterol.

Cicloxigenase-2 (COX2) Uma enzima que gera prostaglandinas do ácido araquidônico de ácido graxos.

Cílio primário Um único cílio não móvel encontrado na maioria das células; nele falta o par central de microtúbulos e está envolvido em parte da via de sinalização Hedgehog transportando moléculas de sinalização em seus microtúbulos usando proteínas motoras.

Cistoblastos/cistócitos Derivado da divisão assimétrica das células-tronco germinativas da *Drosophila*, um cistoblasto sofre quatro divisões mitóticas com citocinese incompleta para formar um conjunto de 16 cistócitos (um óvulo e 15 células de nutrição) interligados por canais em anel.

Citocinas Fatores parácrinos importantes na sinalização celular e na resposta imune. Durante a formação do sangue, eles são coletados e concentrados pela matriz extracelular das células do estroma (mesenquimais) nos locais de hematopoiese e estão envolvidos na formação de células sanguíneas e linfócitos.

Citocinese A divisão do citoplasma celular em duas células filhas. O agente mecânico da citocinese é um anel contrátil de microfilamentos feitos de actina e de proteína miosina motora. Cada célula-filha recebe um dos núcleos produzidos pela divisão nuclear (cariocinese).

Citonemas Projeções filopodiais especializadas que se estendem para fora de uma célula (às vezes mais de 100 μm) para fazer contato com outra célula que produz um fator parácrino. Os fatores parácrinos podem ser entregues às células-alvo, ligando-se aos receptores nas pontas dos citonemas e viajando pelo comprimento dos citonemas para o corpo das células-alvo. Um citonema também pode se estender de uma célula que produz um fator parácrino para fazer contato com uma célula-alvo.

Citoplasma cortical   Uma fina camada de citoplasma tipo gel que se encontra imediatamente abaixo da membrana celular de uma célula. Em um ovo, o córtex contém altas concentrações de moléculas de actina globulares que se polimerizam para formar microfilamentos e microvilosidades durante a fertilização.

Citotrofoblasto   Epitélio extraembrionário de mamífero composto pelas células trofoblásticas originais, adere-se ao endométrio através de moléculas de adesão e, em espécies com placenta invasiva, como o camundongo e o ser humano, secreta enzimas proteolíticas que permitem que o citotrofoblasto entre na parede uterina e remodele os vasos sanguíneos uterinos para que o sangue materno banhe os vasos sanguíneos fetais.

Clímax metamórfico   Quando as principais alterações metamórficas, como a reabsorção da cauda e das brânquias e a remodelação intestinal, ocorrem nos anfíbios. A concentração de T4 aumenta drasticamente e os níveis de TRβ atingem o pico.

Clivagem   Uma série de divisões mitóticas rápidas de células após a fertilização que ocorre nas fases iniciais em muitos embriões; a clivagem divide o embrião sem aumentar sua massa.

Clivagem discoidal   Padrão de clivagem meroblástica para ovos telolécitos, em que as divisões celulares ocorrem apenas no pequeno blastodisco, como em aves, répteis e peixes.

Clivagem holoblástica   Do grego, *holos*, "completa". Refere-se a um padrão de divisão celular (clivagem) no embrião em que o ovo inteiro é dividido em células menores, como é o caso em equinodermos, anfíbios e mamíferos.

Clivagem holoblástica bilateral   Padrão de clivagem, encontrado principalmente em tunicados, no qual o primeiro plano de clivagem estabelece o eixo de simetria direita-esquerda no embrião e cada divisão sucessiva se orienta por este plano de simetria. Assim, o meio embrião formado em um lado do primeiro plano de clivagem é a imagem espelhada do outro lado.

Clivagem holoblástica espiral   Característica de vários grupos de animais, incluindo anelídeos, alguns vermes chatos e a maioria dos moluscos. A clivagem se dá em ângulos oblíquos ao eixo animal-vegetal, formando um arranjo "espiral" de blastômeros filhos. As células tocam-se em mais lugares do que as de embriões de clivagem radial, assumindo a orientação de empacotamento mais termodinamicamente estável.

Clivagem holoblástica radial   Padrão de clivagem em equinodermos. Os planos de clivagem, que dividem o ovo completamente em células separadas, são paralelos ou perpendiculares ao eixo animal-vegetal do ovo.

Clivagem meroblástica   Do grego, *meros*, "parte". Refere-se ao padrão de divisão celular (clivagem) em zigotos contendo grandes quantidades de vitelo, nos quais apenas uma parte do citoplasma é clivada. O sulco de clivagem não penetra na porção do vitelo do citoplasma porque as plaquetas de vitelo impedem a formação da membrana lá. Apenas parte do ovo está destinada a se tornar o embrião, enquanto a outra porção – o vitelo – serve como nutrição para o embrião, como em insetos, peixes, répteis e pássaros.

Clivagem rotacional   Padrão de clivagem para embriões de mamíferos e nematódos. Nos mamíferos, a primeira clivagem é uma divisão meridional normal, ao passo que, na segunda clivagem, um dos dois blastômeros divide-se meridionalmente e o outro divide-se equatorialmente. Em *C. elegans*, cada divisão assimétrica produz uma célula fundadora que produz descendentes diferenciados e uma célula-tronco. A linhagem de células-tronco sempre sofre divisão meridional para produzir (1) uma célula fundadora anterior e (2) uma célula posterior que continuará a linhagem das células-tronco.

Clivagem superficial   As divisões do citoplasma dos zigotos centrolécitos que ocorrem apenas na borda do citoplasma em torno da periferia da célula devido à presença de uma grande quantidade de vitelo central, como nos insetos.

Cloaca (do latim, "esgoto")   Uma câmara endodermicamente revestida na extremidade caudal do embrião que se tornará o receptáculo de resíduos do intestino e dos rins e produtos das gônadas. Os anfíbios, os répteis e os pássaros retêm esse órgão e o usam para afastar gametas de resíduos líquidos e sólidos. Nos mamíferos, a cloaca é dividida por um septo em seio urogenital e reto.

Clonagem   *Ver* **Transferência nuclear de células somáticas.**

cNeoblastos   *Ver* **Neoblastos clonogênicos (cNeoblastos).**

Cobertura gelatinosa do ovo   Uma malha de glicoproteína fora do envelope vitelino presente em muitas espécies, mais comumente usada para atrair e/ou ativar o espermatozoide.

Códon de término de tradução   Sequência em um gene, TAA, TAG ou TGA, que é transcrita como um códon no mRNA – quando um ribossomo encontra esse códon, o ribossomo se dissocia e a proteína é liberada.

Coerência   Evidência científica que se enquadra em um sistema de outras descobertas e, portanto, é mais prontamente aceita.

Colágeno tipo IV   Um tipo de colágeno que forma uma malha fina; encontrado na lâmina basal, uma matriz extracelular que se encontra debaixo de epitélio.

Colinearidade temporal   O mecanismo que controla o momento de ativação do gene Hox, que ocorre primeiro anteriormente e progressivamente mais posteriormente; configura a colinearidade espacial da expressão do gene Hox relativa à sua à organização genômica de 3´ para 5´.

Comensalismo   Uma relação simbiótica que é benéfica para um parceiro e não é nem benéfica nem prejudicial para o outro.

Commissureless (Comm)   Uma proteína endossomal em *Drosophila*, expressa em axônios antes de cruzar a linha média; funciona para rotear as proteínas Robo para o lisossoma, em vez de permitir sua expressão na membrana celular.

Compactação   Uma característica única da clivagem em mamíferos, mediada pela molécula de adesão celular E-caderina. As células no início do desenvolvimento embrionário (cerca de oito células) mudam suas propriedades adesivas e tornam-se firmemente unidas umas às outras.

Compensação de dosagem   Equalização da expressão de produtos de genes codificados pelo cromossomo X em células masculinas e femininas. Pode ser conseguido (1) duplicando a taxa de transcrição dos cromossomos X masculinos (*Drosophila*), (2) reprimindo parcialmente ambos os cromossomos X (*C. elegans*), ou (3) inativando um cromossomo X em cada célula feminina (mamíferos).

Competência   A capacidade das células ou tecidos de responder a um sinal indutor específico.

Complexo Antennapedia   Uma região do cromossomo 3 de *Drosophila* que contém os genes homeóticos *labial* (*lab*), *Antennapedia* (*Antp*), *sex combs reduced* (*scr*), *deformed* (*dfd*) e *proboscipedia* (*pb*), que especificam identidades de segmento de cabeça e tórax.

Complexo bithorax   A região do cromossomo 3 de *Drosophila* contendo o gene homeótico *Ultrabithorax* (*Ubx*), que é necessário para a identidade do terceiro segmento torácico e os genes *abdominal A* (*abdA*) e *abdominal B* (*AbdB*), responsáveis pelas identidades segmentares dos segmentos abdominais.

Complexo de alongamento de transcrição (TEC)   Um complexo de vários fatores de transcrição que quebra a conexão entre RNA-polimerase II e o complexo Mediador, permitindo que a transcrição (que foi iniciada) prossiga.

Complexo de pré-início O complexo de RNA-polimerase II com fatores de transcrição no estimulador, reunidos pelas moléculas do mediador. *Ver também* **Mediador**.

Complexo homeótico (Hom-C) A região do cromossomo 3 de *Drosophila* contendo ambos os complexos Antennapedia e bithorax.

Complexo silenciador induzido por RNA (RISC) Um complexo contendo várias proteínas e um microRNA, que pode, então, se ligar à 3 UTR de mensagens e inibir sua tradução.

Complexo sinaptonemal A fita proteica que se forma durante a sinapse entre cromossomos homólogos, mantendo-os juntos. Uma estrutura em forma de escada com um elemento central e duas barras laterais que estão associadas aos cromossomos homólogos. *Ver* **Sinapse**.

Componente de grânulos polares (PGC) Uma proteína importante para a especificação da linhagem germinativa e localizada em grânulos polares de *Drosophila*. O PGC inibe a transcrição de genes determinantes de células somáticas, impedindo a fosforilação da RNA-polimerase II.

Comprometimento Descreve um estado em que o destino de desenvolvimento de uma célula se tornou restrito, mesmo que ainda não exibisse alterações explícitas na bioquímica e na função celular.

Condrócitos Células da cartilagem.

Condrócitos hipertróficos Formados durante a quarta fase da ossificação endocondral, quando os condrócitos, sob a influência do fator de transcrição Runx2, param de dividir e aumentam seu volume dramaticamente.

Condrogênese Formação da cartilagem, na qual os condrócitos se diferenciam do mesênquima condensado.

Cone arterial Trato de saída cardíaca; juntamente com o tronco arterioso, este irá se tornar a base da aorta e das artérias pulmonares.

Cone de crescimento A ponta móvel de um axônio neuronal; dirige o crescimento nervoso.

Cone de fertilização Uma extensão da superfície do ovo onde o ovo e o espermatozoide se fundiram durante a fertilização. Causada pela polimerização da actina, fornece uma conexão que amplia a ponte citoplasmática entre ovo e espermatozoide, permitindo que o núcleo do espermatozoide e o centríolo proximal entrem no ovo.

Cones Células fotorreceptoras sensíveis à cor na retina neural. *Ver* **Retina neural**.

Constrição apical Constrição da extremidade apical de uma célula, causada por contração localizada de complexos de actinomiosina na superfície apical.

Contrações de actinomiosina Forças contráteis dentro de uma célula causadas por miosina anexando e movendo-se ao longo das fibras de actina. Exemplos: contrações das células musculares; constrição apical das células da placa neural nos pontos de dobra.

Contribuições maternas Os mRNAs e proteínas armazenados no citoplasma do ovo, produzidos a partir do genoma materno durante o estágio de ovócito primário. *Ver também* **Mensagem materna**.

Corante fluorescente Compostos, como fluoresceína e proteína fluorescente verde (GFP), que emitem luz brilhante a um comprimento de onda específico quando excitados com luz ultravioleta.

Corantes vitais Corantes usados para marcar as células vivas sem matá-las. Quando aplicados a embriões, corantes vitais têm sido utilizados para acompanhar a migração celular durante o desenvolvimento e gerar mapas de destino de regiões específicas do embrião.

Cordado Um animal que tem, em algum estágio de seu ciclo de vida, uma notocorda e um cordão nervoso dorsal ou tubo neural.

Cordamesoderma Mesoderma axial em um embrião cordado que produz a notocorda.

Cordão medular Forma-se por condensação de células mesenquimatosas e depois por transição mesênquima-para-epitelial na região caudal do embrião de aves durante o processo de neurulação secundária. Em seguida, sofrerá cavitação para formar a seção caudal do tubo neural.

Cordão umbilical Cordão de conexão derivado da alantoide que traz a circulação sanguínea embrionária para os vasos uterinos da mãe em mamíferos placentários.

Cordões testiculares Alças na região medular (central) do testículo em desenvolvimento formado pelas células de Sertoli em desenvolvimento e as células germinativas entrando. Se tornarão os túbulos seminíferos e o local da espermatogênese.

Córion Uma membrana extraembrionária essencial para trocas gasosas em embriões amniotas. É gerado a partir da somatopleura extraembrionária. O córion adere à casca em aves e répteis, permitindo a troca de gases entre o ovo e o meio ambiente. Forma a porção embrionária/fetal da placenta em mamíferos.

Corona radiata A camada mais interna de células que envolve o ovócito de mamífero, imediatamente adjacente à zona pelúcida.

Corpo atrator de centrossomo (CAB) Estrutura celular que, em alguns blastômeros de invertebrados, posiciona os centrossomos de forma assimétrica e recruta mRNAs particulares para que as células-filhas resultantes sejam de tamanhos diferentes e tenham propriedades diferentes.

Corpo ciliar Estrutura vascular na junção entre a retina neural e a íris que secreta o humor aquoso.

Corpora allata Glândulas de insetos que secretam hormônio juvenil (JH) durante as mudas larvais.

Corpúsculo polar A célula menor, que contém quase nenhum citoplasma, gerada durante a divisão meiótica assimétrica do ovócito. O primeiro corpúsculo polar é haploide e resulta da primeira divisão meiótica; o corpúsculo polar secundário também é haploide e resulta da segunda divisão meiótica.

Córtex Uma estrutura externa (em contraste com medula e estrutura interna).

Coxins endocárdicos Tecido no coração dos vertebrados em desenvolvimento derivado do endocárdio. Forma os septos que dividem a área atrioventricular do coração original tubular em átrios esquerdo e direito e ventrículos em amniotas; em anfíbios, separa os dois átrios (o ventrículo permanece não dividido; e no peixe, todas as câmaras permanecem não divididas). Os coxins endocardiais também formam as válvulas atrioventriculares.

Crânio O crânio dos vertebrados, composto pelo neurocrânio (abóbada e base do crânio) e viscerocrânio (mandíbulas e outros derivados do arco faríngeo).

Craniorraquisquise A falha de fechamento do tubo neural em todo o seu comprimento.

Cre-lox Uma tecnologia de recombinação sítio-específica que permite o controle sobre o padrão espacial e temporal de um *nocaute* ou uma alteração de expressão gênica.

Crescente amarelo Região do citoplasma do zigoto de tunicado que se estende desde o polo vegetal ao equador que se forma após a fertilização pela migração de citoplasma contendo inclusões de lipídeos amarelos; se tornará mesoderma. Contém o mRNA para fatores de transcrição que especificarão os músculos.

Crescente cinza Uma faixa de citoplasma cinza interna que aparece após uma rotação do citoplasma cortical em relação ao citoplasma interno na região marginal do embrião de anfíbio de uma célula. A gastrulação começa neste local.

Crescente de Koller *Ver* **Linha primitiva**.

Crescente germinativo Uma região na porção anterior da área pelúcida de blastoderme de aves e répteis que contém os hipoblastos deslocados pelas células endodérmicas migratórias. Contém as células germinativas primordiais (precursores das células germinativas), que, posteriormente, migram através dos vasos sanguíneos para as gônadas.

Cripta Um recesso tubular profundo ou poço. Exemplo: criptas intestinais entre as vilosidades intestinais.

CRISPR Repetições palindrômicas curtas agrupadas e regularmente interespaçadas (do inglês, *Clustered Regularly Interspaced Short Palindromic Repeat*). Um trecho de DNA em procariotas que, quando transcrito em RNA, serve como guia para reconhecer segmentos de DNA viral. É utilizado em associação com a Cas9 (enzima 9 associada a CRISPR) em um método para edição de genes que é relativamente rápido e barato.

Crista ectodérmica apical (AER) Uma crista ao longo da margem distal do membro que se tornará um importante centro de sinalização para o membro em desenvolvimento. Os seus papéis incluem (1) manter o mesênquima abaixo dele em um estado plástico e proliferativo que permite o crescimento linear (proximal-distal) do membro; (2) manter a expressão das moléculas que geram o eixo anteroposterior; e (3) interagir com as proteínas especificando os eixos anteroposterior e dorsoventral para que cada célula receba instruções sobre como se diferenciar.

Crista genital Um espessamento do mesoderma esplâncnico e do mesênquima do mesoderma intermediário subjacente na borda mediana dos mesonefros; forma os testículos ou o ovário. Também chamado de crista germinativa. *Ver também* **Epitélio germinativo**.

Crista germinativa *Ver* **Crista genital**.

Crista neural Uma banda transitória de células, proveniente das bordas laterais da placa neural, que une o tubo neural à epiderme. Dá origem a uma população celular – as células da crista neural – que se separam durante a formação do tubo neural e migram para formar uma variedade de tipos e estruturas celulares, incluindo neurônios sensoriais, neurônios entéricos, glia, células pigmentares e (na cabeça) osso e cartilagem.

Crista neural cardíaca Sub-região da crista neural craniana que se estende dos placoides óticos (orelha) ao terceiro somito. As células da crista neural cardíaca desenvolvem-se em melanócitos, neurônios, cartilagem e tecido conjuntivo. A crista neural cardíaca também contribui para a parede do tecido muscular conjuntivo das grandes artérias (os "tratos de saída") do coração, além de contribuir para o septo que separa a circulação pulmonar da aorta.

Crista neural cefálica *Ver* **Crista neural craniana**.

Crista neural craniana (cefálica) Células da crista neural na futura região da cabeça que migram para produzir o mesênquima craniofacial, que se diferencia em cartilagens, ossos, neurônios cranianos, glia e tecidos conjuntivos do rosto. Essas células também entram nos arcos e nas bolsas faríngeos para dar origem a células tímicas, aos odontoblastos do dente primordial e aos ossos da orelha média e do maxilar.

Crista neural do tronco As células da crista neural que migram desta região se tornam os gânglios da raiz dorsal que contêm os neurônios sensoriais, os gânglios simpáticos, a medula suprarrenal, os agregados nervosos que circundam a aorta e as células de Schwann que migram ao longo de uma via ventral, e geram melanócitos no dorso e ventre se eles migrarem ao longo de uma via dorsolateral.

Crista neural sacral As células da crista neural que se encontram posteriores à crista neural do tronco e, juntamente com a crista neural vagal, geram os gânglios parassimpáticos (entéricos) do intestino que são necessários para o movimento peristáltico no intestino.

Crista neural vagal Células da crista neural da região do pescoço, que se sobrepõe ao limite da crista craniana / tronco. Juntamente com a crista neural sacral, gera os gânglios parassimpáticos (entéricos) do intestino, que são necessários para o movimento peristáltico dos intestinos.

Cristalinas Transparente, proteínas específicas da lente.

Cromátides Metade de um cromossomo na fase de prófase mitótica, que consiste em cromátides-"irmãs" duplicadas que estão ligadas entre si pelo cinetócoro.

Cromatina O complexo de DNA e proteína em que os genes eucarióticos estão contidos.

Cromossomos plumosos ou em escova Cromossomos em um ovócito primário de anfíbio durante o estágio diplóteno da primeira prófase meiótica que esticam grandes laços de DNA, representando sitios de síntese de RNA aumentada.

Cromossomos politênicos Cromossomos nas células larvais de *Drosophila* (mas não as células imaginais que dão origem ao adulto) em que o DNA sofre muitas rodadas de replicação sem separação, formando grandes "puffs" que são facilmente visíveis e indicam a transcrição do gene ativo.

Crossing over A troca de material genético durante a meiose, pela qual os genes de uma cromátide são trocados com genes homólogos de outra.

Cumulus Uma camada de células que cercam o ovo de mamífero, constituído por células do folículo ovariano (granulosa) que nutrem o ovo até que seja liberado do ovário. A camada mais interna de células do cumulus, a corona radiata, é liberada com o ovo na ovulação.

CXCR4 O receptor para o fator 1 derivado do estroma (SDF1). *Ver também* **Fator derivado do estroma 1**.

D

Decídua A porção materna da placenta, feita a partir do endométrio do útero.

Defeito congênito Qualquer defeito com o qual um indivíduo nasceu. Os defeitos congênitos podem ser hereditários ou podem ter uma causa ambiental (p. ex., exposição a plantas teratogênicas, drogas, produtos químicos, radiação, etc.). Eles também podem ser idiopáticos (i.e., a causa é desconhecida).

Delaminação A divisão de uma folha celular em duas folhas mais ou menos paralelas.

Dendritos As extensões finas, ramificadas (árvore dendrítica) que emanam de neurônios. Os dendritos captam impulsos elétricos de outras células.

Dependência de contexto O significado ou o papel de um componente individual de um sistema (como um fator de transcrição) depende do seu contexto. Por exemplo, na formação de articulações dos membros de um tetrápode, as mesmas BMPs podem induzir a morte celular ou a diferenciação celular, dependendo do estágio da célula ativa.

Deriva epigenética aleatória A hipótese de que o acúmulo casual de metilação epigenética inadequada devido a erros causados pelas enzimas metilantes e desmetilantes do DNA pode ser o fator crítico no envelhecimento e no câncer.

Dermátomo A porção central do dermomiótomo que produz os precursores da derme das costas e uma população de células musculares.

Dermomiótomo Porção dorsolateral do somito que contém células progenitoras do músculo esquelético (incluindo as que migram para os membros) e as células que geram a derme das costas.

Desagregação das vesículas germinativas (GVBD) Desintegração da membrana nuclear do ovócito primário (vesícula germinativa) após a retomada da meiose durante a ovogênese.

Descendente com modificação Teoria de Darwin para explicar a unidade do tipo por descendência de um antepassado comum e para explicar adaptações às condições de ambientes particulares por seleção natural.

Desenvolvedores indiretos Animais para os quais o desenvolvimento embrionário inclui um estágio larval com características muito diferentes das do organismo adulto, que emerge apenas após um período de metamorfose.

Desenvolvimento O processo de mudança progressiva e contínua que gera um organismo multicelular complexo a partir de uma única célula. O desenvolvimento ocorre durante a embriogênese, a maturação da forma adulta e continua na senescência.

Desenvolvimento direto   Embriogênese caracterizada pela falta de um estágio larvário, em que o embrião procede para formar um pequeno adulto.

Desenvolvimento reverso   A transformação de um estágio maduro de um organismo para um estágio mais juvenil de seu ciclo de vida. Visto em certas espécies hidrozoárias, em que a medusa do estágio adulto sexualmente madura é capaz de reverter para o estágio de pólipo.

Desionidase tipo II   Enzima intracelular que remove um átomo de iodo do anel externo de tiroxina (T_4), convertendo-o em hormônio T_3 mais ativo.

Desionidase tipo III   Enzima intracelular que remove um átomo de iodo do anel interno de T_3 para convertê-lo no composto inativo T_2, que depois será metabolizado em tirosina.

Determinação   O estágio de comprometimento que segue a especificação; o estágio determinado, assumido irreversível, é quando uma célula ou tecido é capaz de se diferenciar de forma autônoma mesmo quando colocada em um ambiente não neutro.

Determinação sexual primária
A determinação das gônadas para formar os ovários formadores de ovos ou testículos formadores de espermatozoides. A determinação sexual primária é cromossômica e, em geral, não é influenciada pelo meio ambiente em mamíferos, mas pode ser afetada pelo meio ambiente em outros vertebrados.

Determinação sexual secundária   Eventos de desenvolvimento dirigidos por hormônios produzidos pelas gônadas que afetam o fenótipo fora das gônadas. Isso inclui os sistemas de ductos masculino ou feminino e genitália externa e, em muitas espécies, tamanho corporal específico do sexo, cartilagem vocal e musculatura.

Determinado   Comprometido com um destino. Uma célula é determinada se ela mantém sua maturação do desenvolvimento em direção ao destino mesmo quando colocada em um novo ambiente. *Ver também* **Determinação.**

Determinantes morfogenéticos   Fatores de transcrição ou seus mRNAs que influenciarão o desenvolvimento da célula.

Deuterostômios   Nos grupos de animais de deuterostômios (incluindo equinodermos, tunicados, cefalocordados e vertebrados), durante o desenvolvimento embrionário, a primeira abertura (i.e., o blastóporo) torna-se o ânus, ao passo que a segunda abertura se torna a boca (daí, *deutero stoma*, "segunda boca"). Comparar com **Protostômios.**

Diacilglicerol (DAG)   O segundo mensageiro gerado na via IP a partir de fosfolipídeo de membrana fosfatidilinositol 4,5-bisfosfato (PIP_2), juntamente com IP3. DAG ativa a proteína-cinase C, que, por sua vez, ativa uma proteína que troca íons de sódio por íons de hidrogênio, aumentando o pH dentro da célula.

Diacinese   Do grego *diakinesis*, "afastando-se". Na primeira divisão meiótica, o estágio que marca o fim da prófase I, quando o envelope nuclear quebra e os cromossomos migram para a placa metafásica.

Diagnóstico pré-natal   O uso da amostragem de vilosidades coriônicas ou amniocentese para diagnosticar muitas doenças genéticas antes do nascimento de um bebê.

Diapausa   Um estágio metabolicamente inativo, sem alimentação, de um organismo durante o qual o desenvolvimento e o envelhecimento são suspensos; pode ocorrer no estágio embrionário, larval, pupal ou adulto.

Dickkopf   Do alemão, "cabeça grossa", "teimoso". Uma proteína que interage diretamente com os receptores Wnt, impedindo a sinalização Wnt.

Diencéfalo   A subdivisão caudal do prosencéfalo que formará as vesículas ópticas, as retinas, a glândula pineal e as regiões cerebrais do tálamo e hipotálamo, que recebem informação neural da retina.

Dietilestilbestrol (DES)   Um potente estrogênio ambiental. A administração de DES para mulheres grávidas interfere com o desenvolvimento sexual e gonadal em sua prole feminina, resultando em infertilidade, subfertilidade, gravidez ectópica, adenocarcinomas e outros efeitos.

Diferenciação   O processo pelo qual uma célula não especializada se especializa em um dos muitos tipos de células que compõem o corpo.

5α-di-hidrotestosterona (DHT)   Um hormônio esteroide derivado da testosterona pela ação da enzima 5α-cetosteroide redutase 2. A DHT é necessária para a masculinização da uretra masculina, da próstata, do pênis e do escroto.

Diminuição cromossômica
A fragmentação dos cromossomos logo antes da divisão celular, resultando em células nas quais apenas uma parte do cromossomo original sobrevive. A diminuição cromossômica ocorre durante a clivagem em *Parascaris aequorum* nas células que darão origem às células somáticas, enquanto as futuras células germinativas são protegidas desse fenômeno e mantêm um genoma intacto.

Dineína   Uma proteína motora que viaja ao longo de microtúbulos. É uma ATPase, uma enzima que hidroliza ATP, convertendo a energia química liberada em energia mecânica. Em cílios e flagelos, a dineína é anexada aos microtúbulos do axonema que proporcionam força para a propulsão, permitindo o deslizamento ativo dos microtúbulos de dupleto externos, fazendo o flagelo ou o cílio se dobrarem.

Diploblastos   Animais "de duas camadas"; eles possuem endoderma e ectoderma, mas a maioria das espécies não possui mesoderma verdadeiro. Inclui os ctenóforos (carambolas-do-mar ou águas-vivas-de-pente) e cnidários (medusa, corais, hidra, anêmonas-do-mar). Comparar com **Bilaterianos.**

Diplóteno   Do grego, "fios duplos". Na primeira divisão meiótica, a quarta e última etapa da prófase I, quando o complexo sinaptonêmico quebra e os dois cromossomos homólogos começam a se separar, mas permanecem conectados em pontos do quiasma, onde o *crossing over* está ocorrendo. Ocorre após a fase paquíteno.

Direcionamento glial   Um mecanismo importante para o posicionamento de neurônios jovens no desenvolvimento do cérebro de mamífero (p. ex., os precursores de neurônio granulado viajam nos processos longos da glia de Bergmann no cerebelo).

Disco basal   O "pé" de uma hidra; permite que o animal fique grudado às rochas ou à parte inferior das plantas da lagoa.

Disco genital   Região da larva de *Drosophila* que gerará a genitália masculina ou feminina. Os genitais masculinos e femininos são derivados de populações celulares separadas do disco genital, induzidas por fatores parácrinos.

Disco germinativo bilaminar   Um embrião amniota antes da gastrulação; consiste em camadas de epiblasto e hipoblasto.

Discos imaginais   Aglomerados de células relativamente indiferenciadas reservadas para produzir estruturas adultas. Os discos imaginais formarão as estruturas cuticulares do adulto, incluindo as asas, as pernas, as antenas, os halteres, os olhos, a cabeça, o tórax e os órgãos genitais em insetos holometábolos.

Disgênese   Do grego, "mau começo". Refere-se ao desenvolvimento defeituoso.

Disruptores endócrinos   Compostos hormonalmente ativos no ambiente (p. ex., DES, BPS, aromatase) que podem ter efeitos prejudiciais importantes sobre o desenvolvimento, particularmente sobre as gônadas. Muitos disruptores endócrinos também são obesígenos (causam aumento da produção de células de gordura e acumulação de gordura).

Dissociação   A capacidade de um módulo se desenvolver de maneira diferente de outros módulos.

Divertículo hepático   O precursor do fígado, um broto de endoderma que se projeta para fora do intestino anterior para o mesênquima circundante.

Dmrt1   Proteína que, em aves, sapos e peixes, parece ativar *Sox9*, o gene central determinante masculino em vertebrados. Dmrt1 também é necessária para manter estruturas testiculares em mamíferos.

Dobra ectodérmica apical (AEF) O ectoderma que se encontra sobre o mesênquima da barbatana de peixes em desenvolvimento que promove o desenvolvimento dos raios da barbatana; derivado da crista ectodérmica apical original, que se torna a AEF em peixes com nadadeiras raiadas após o padrão proximal do estilopódio.

Dobras labioscrotais   Dobras que circundam a membrana cloacal no estágio indiferenciado da diferenciação de genitália externa de mamífero. Elas formarão os lábios maiores na fêmea e o escroto no macho. Também chamadas de dobras uretrais ou inchaço genital.

Dobras neurais   Bordas espessas da placa neural que se movem para cima durante a neurulação e migram para a linha média e, eventualmente, se fundem para formar o tubo neural.

Dogma central   Explicação da transferência de informação codificada em DNA para produzir proteínas: o DNA é transcrito em RNA, que é então traduzido em proteínas.

Domínio de interação proteína-proteína   Um domínio de um fator de transcrição que permite interagir com outras proteínas no estimulador ou no promotor.

Domínio de ligação ao DNA   Domínio do fator de transcrição que reconhece uma determinada sequência de DNA.

Domínio de transativação   O domínio do fator de transcrição que ativa ou suprime a transcrição do gene cujo promotor ou estimulador ele se ligou, geralmente ao permitir que o fator de transcrição interaja com as proteínas envolvidas na ligação da RNA-polimerase ou com enzimas que modificam as histonas.

Domínios dos fatores de transcrição   Os três domínios principais são um domínio de ligação ao DNA, um domínio de transativação e um domínio de interação proteína-proteína.

Doublesex (*Dsx*)   Um gene de *Drosophila* ativo tanto em machos quanto em fêmeas, mas cuja transcrição de RNA sofe *splicing* de forma sexo-específica para produzir fatores de transcrição específicos do sexo: o fator de transcrição específico da fêmea ativa genes específicos da fêmea e inibe o desenvolvimento do sexo masculino; o fator de transcrição masculino específico inibe traços femininos e promove traços masculinos.

Ducto arterioso   Um vaso que se forma do arco aórtico esquerdo VI, serve como desvio entre a artéria pulmonar embrionária / fetal e a aorta descendente em mamíferos. Normalmente, fecha-se no nascimento (se não ocorrer, surge uma condição patológica chamada de ducto arterioso permeável).

Ducto de Müller (ducto paramesonéfrico)   Ducto que corre lateralmente ao ducto mesonéfrico (de Wolff) em embriões de mamífero masculino e feminino. Esses ductos regridem no feto masculino, mas formam os ovidutos, o útero, o colo do útero e a parte superior da vagina no feto feminino. Comparar com **Ducto de Wolff**.

Ducto de Wolff (néfrico)   Nos vertebrados, o ducto do sistema excretor em desenvolvimento que cresce ao longo do mesoderma mesonéfrico e induz a formação de túbulos renais. Nos amniotas, ele mais tarde degenera nas fêmeas, porém, nos machos, torna-se o epidídimo e o canal deferente.

Ducto eferente   Ductos que ligam a rede dos testículos ao ducto de Wolff, formados a partir de túbulos remodelados do rim mesonéfrico.

Ducto mesonéfrico   *Ver* **Ducto de Wolff**.

Ducto néfrico   *Ver* **Ducto de Wolff**.

Ducto prónéfrico   Surge no mesoderma intermediário, migra caudalmente e induz o mesênquima adjacente a formar os prónéfros ou túbulos do rim inicial do embrião. Os túbulos pró-néfricos constituem os rins funcionais nos peixes e nas larvas de anfíbios, mas não se acredita serem ativos em amniotas. À medida que o ducto continua a crescer caudalmente, ele induz o mesênquima mesonéfrico a formar túbulos, o que, neste ponto, é chamado de ducto mesonéfrico. Também chamado de ducto de Wolff e ducto nefriano.

Duplicação e divergência   Duplicações de genes em série resultantes de erros de replicação. Uma vez replicados, as cópias de genes podem divergir por mutações aleatórias, desenvolvendo diferentes padrões de expressão e novas funções.

E

20E   *Ver* **20-Hidroxiecdisona**.

E-caderina   Um tipo de caderina expressada em tecidos epiteliais, bem como todas as células embrionárias de mamíferos precoce (o E significa epitelial). *Ver* **Caderinas**.

Ecdisona   Hormônio esteroide de insetos, secretado pelas glândulas pró-toráxicas, que é modificado em tecidos periféricos para se tornar o hormônio de muda ativa 20-hidroxiclorodona. Crucial para a metamorfose dos insetos.

Ecdisozoários   Um dos dois principais grupos de protostômios; caracterizados por exoesqueletos que periodicamente mudam. Os artrópodes (incluindo insetos e crustáceos) e os nematódeos (anelídeos, incluindo o organismo-modelo *C. elegans*) são dois grupos proeminentes. *Ver também* **Lofotrocozoários**.

Ecomorfo   *Ver* **Morfo**.

Ectoderma   Do grego, *ektos*, "fora". As células que permanecem na superfície externa (anfíbio) ou dorsal (aviária, mamífero) do embrião após a gastrulação. Das três camadas germinativas, o ectoderma forma o sistema nervoso do tubo neural e da crista neural; também gera a epiderme cobrindo o embrião.

Eferente   Transportado para fora de. Muitas vezes usado em referência aos neurônios que transportam informações do sistema nervoso central (cérebro e medula espinal) para serem atuadas pelo sistema nervoso periférico (músculos) ou por um vaso que transporta o fluido para longe de uma estrutura. Comparar com **Aferente**.

Efetores de crista neural   Fatores de transcrição (p. ex., MITF e Rho GTPase) ativados por especificadores da crista neural que conferem às células da crista neural suas propriedades migratórias e algumas de suas propriedades diferenciadas.

Efrinas   Ligantes justácrinos. A ligação entre um ligante de efrina em uma célula e um receptor de Eph numa célula vizinha resulta em sinais que são enviados para ambas as células. Esses sinais são frequentemente aqueles de atração ou repulsão, e os fenômenos frequentemente são vistos direcionando a migração celular e definindo onde os limites celulares devem se formar. Além de dirigir a migração das células da crista neural, os receptores Efrinas e Eph funcionam na formação de vasos sanguíneos, neurônios e somitos.

Eixo anteroposterior (anterior-posterior ou AP)   O eixo do corpo que define a cabeça *versus* a cauda (ou a boca *versus* o ânus). Quando se refere ao membro, refere-se ao eixo do polegar (anterior)-dedo mingo (posterior).

Eixo apicobasal   Eixo do ápice à base.

Eixo direito-esquerdo   Especificação das duas porções laterais do corpo.

Eixo dorsoventral (ou DV)   O plano que define o dorso (*dorsum*) *versus* o abdome (*ventrum*). Ao se referir ao membro, esse eixo se refere às juntas (dorsal) e às palmas (ventral).

Eixo embrionário   Qualquer um dos eixos posicionais em um embrião; inclui anteroposterior (cabeça-cauda), dorsoventral (dorso-ventre) e direita-esquerda.

Eixo proximal-distal   O eixo próximo-longe, por exemplo, ombro-dedo ou quadril-dedo do pé (em relação ao centro do corpo).

Elemento silenciador restritivo neural (NRSE)   Uma sequência de DNA reguladora encontrada em vários genes de camundongo que impedem a ativação de um promotor em todo tecido, exceto nos neurônios, limitando a expressão desses genes ao sistema nervoso.

Elementos reguladores *cis* Elementos reguladores (promotores e potenciadores) que residem no mesmo trecho de DNA que o gene que eles regulam.

Elementos reguladores *trans* Moléculas solúveis cujos genes estão localizados em outras partes do genoma e que se ligam aos elementos reguladores *cis*. Eles geralmente são fatores de transcrição ou microRNAs.

Embrião Um organismo em desenvolvimento antes do nascimento ou da eclosão. Nos seres humanos, o termo embrião geralmente se refere aos estágios iniciais de desenvolvimento, começando com o ovo fertilizado até o final da organogênese (primeiras 8 semanas de gestação). Depois disso, o ser humano em desenvolvimento é chamado de feto até seu nascimento.

Embrião quimérico Embrião composto de tecidos de mais de uma fonte genética.

Embriões mosaico Embriões em que a maioria das células são determinadas por especificação autônoma, com cada célula recebendo suas instruções de forma independente e sem interação célula-célula.

Embriogênese Os estágios de desenvolvimento entre fertilização e eclosão (ou nascimento).

Embriologia O estudo do desenvolvimento animal desde a fertilização até à eclosão ou nascimento.

Embriologia comparativa Estudo de como a anatomia muda durante o desenvolvimento de diferentes organismos.

EMT *Ver* **Transição epitélio-mesenquima**.

Endoblasto *Ver* **Hipoblasto secundário**.

Endocárdio O revestimento interno das câmaras do coração, derivado dos campos do coração.

Endoderma Do grego, *endon*, "dentro". A camada mais profunda do embrião; forma o revestimento epitelial do trato respiratório, o trato gastrintestinal e os órgãos acessórios (p. ex., fígado, pâncreas) do sistema digestório. No embrião de anfíbios, as células que contêm vitelo do hemisfério vegetal se tornam o endoderma. Em embriões amniotas, o endoderma é o mais ventral das três camadas do embrião e forma o epitélio do saco vitelínico e alantoide.

Endoderma definitivo O endoderma que entra no interior do embrião amniota através da linha primitiva durante a gastrulação, substituindo o endoderma visceral, que está formando principalmente o saco vitelínico e o alantoide juntamente com o mesoderma da placa lateral esplâncnica.

Endoderma extraembrionário Formado pela delaminação das células hipoblásticas do epiblasto de aves ou da massa celular interna de mamíferos para revestir o saco vitelínico.

Endoderma parietal Células do endoderma primitivo que contatam o trofoblasto do embrião de mamífero. *Ver* **Endoderma primitivo**.

Endoderma primitivo A camada de células endodérmicas criada durante o desenvolvimento inicial de mamíferos quando a massa celular interna se divide em duas camadas. A camada de baixo, em contato com a blastocele, é o endoderma primitivo, o qual é homólogo ao hipoblasto do embrião de aves. Ela formará o revestimento interno do saco vitelínico, e será usado para posicionar o local da gastrulação, regulando os movimentos das células no epiblasto e promovendo a maturação das células sanguíneas. É uma camada extraembrionária que não fornece células para o corpo do embrião.

Endoderma visceral Uma região do endoderma primitivo onde as células contatam o epiblasto no embrião de mamífero. *Ver* **Endoderma primitivo**.

Endoderma visceral anterior (AVE) Equivalente mamífero do hipoblasto de galinha e similar à porção da cabeça do organizador de anfíbios, cria uma região anterior por meio da secreção de antagonistas de Nodal.

Endométrio O revestimento epitelial do útero.

Endossimbiose Do grego, "vivendo dentro". Descreve a situação em que uma célula vive dentro de outra célula ou um organismo vive dentro de outro.

Endossoma Uma vesícula ligada à membrana que é internalizada por uma célula através da endocitose. A internalização dos complexos ligante-receptor nos endossomas é um mecanismo comum na sinalização parácrina.

Endotelinas Peptídeos pequenos secretados por vasos sanguíneos que têm papel na vasoconstrição e podem direcionar a migração de certas células da crista neural, bem como a extensão de certos axônios simpáticos que possuem receptores de endotelina, por exemplo, visando a neurônios desde os gânglios cervicais superiores até a artéria carótida.

Endotélio Folha de camada única de células epiteliais que reveste os vasos sanguíneos.

Enérgides Em *Drosophila*, os núcleos na periferia do blastoderme sincicial e suas ilhas citoplasmáticas de proteínas do citoesqueleto associadas.

Engenharia de tecidos Uma abordagem de medicina regenerativa em que um arcabouço é gerado a partir de material que se assemelha à matriz extracelular ou à matriz extracelular descelularizada de um doador, é semeada com células-tronco e usada para substituir um órgão ou parte de um órgão.

Enrolamento destro Enrolamento direito. Em um caracol, tendo suas espirais abertas à direita da sua concha. *Ver também* **Enrolamento sinistro**.

Enrolamento sinistro Enrolamento à esquerda. Em um caracol, tendo suas espirais abertas à esquerda em suas conchas. *Ver também* **Enrolamento destro**.

Enterocele O processo embrionário de formar o celoma, estendendo bolsas mesodérmicas do intestino. Típico da maioria dos deuterostômios. *Ver também* **Esquizocele**.

Envelhecimento A deterioração do tempo das funções fisiológicas necessárias para a sobrevivência e a reprodução.

Envelope de fertilização Forma-se do envelope vitelino do ovo do ouriço-do-mar após a liberação do grânulo cortical. Os glicosaminoglicanos liberados pelos grânulos corticais absorvem a água para expandir o espaço entre a membrana celular e o envelope de fertilização.

Envelope vitelínico Em invertebrados, a matriz extracelular que forma um tapete fibroso ao redor do ovo fora da membrana celular e muitas vezes está envolvido no reconhecimento ovócito-espermatozoide e é essencial para a ligação específica de espermatozoides. O envelope vitelínico contém várias glicoproteínas diferentes. É suplementado por extensões de glicoproteínas de membrana a partir da membrana celular e por estruturas proteícas que fazem o envelope vitelínico aderir à membrana.

Epêndima Revestimento epitelial do canal da medula espinal e ventrículos do cérebro.

Epialelos Variantes da estrutura da cromatina que podem ser herdados entre as gerações. Na maioria dos casos conhecidos, os epialelos são diferenças no padrão de metilação do DNA que são capazes de afetar as células germinativas e, assim, serem transmitidos para a prole.

Epiblasto A camada externa da margem espessada da blastoderme em epibolia no embrião de peixes gastrulantes ou a camada superior do disco germinativo bilaminar gastrulante em amniotas (répteis, aves e mamíferos). O epiblasto contém precursores de ectoderma em peixes e os três precursores de camada germinativa do embrião propriamente dito (mais o âmnion) em amniotas. Também forma o córion e o alantoide de aves.

Epiblasto embrionário Em mamíferos, as células epiblásticas que contribuem para o embrião propriamente dito se separam das células epiblásticas que revestem a cavidade amniótica.

Epibolia O movimento das folhas epiteliais (geralmente de células ectodérmicas) que se espalham como uma unidade (em vez de individualmente) para envolver as camadas mais profundas do embrião. A epibolia pode ocorrer por meio do processo de divisão celular, pela mudança na forma das células ou por várias camadas de células que se intercalam em menos camadas. Muitas vezes, os três mecanismos são usados.

Epicárdio   A superfície externa do coração que forma os vasos sanguíneos coronários que alimentam o coração, derivada da área cardíaca.

Epiderme   Camada externa da pele, derivada do ectoderma.

Epiderme da ferida   Na regeneração dos membros da salamandra, as células epidérmicas que migram sobre a amputação do coto para cobrir a superfície da ferida imediatamente após a amputação; depois espessa-se para formar o capuz ectodérmico apical.

Epidídimo   Derivado do ducto de Wolff, o tubo adjacente ao testículo que liga os túbulos eferentes ao ducto deferente.

Epigênese   A visão apoiada por Aristóteles e William Harvey de que os órgãos do embrião são formados *de novo* ("a partir do zero") em cada geração.

Epigenética   O estudo dos mecanismos que atuam sobre o fenótipo sem alterar a sequência de nucleotídeos do DNA. Especificamente, essas mudanças funcionam "fora do gene" (i.e., epigeneticamente), alterando a expressão gênica, em vez de alterar a sequência do gene como a mutação. As mudanças epigenéticas às vezes podem ser transmitidas às gerações futuras, um fenômeno referido como herança epigenética.

Epimorfina   Uma proteína multifuncional: nas membranas das células mesenquimais, dirige a morfogênese epitelial; quando expressa por células do esclerótomo, atua para atrair mais células do esclerótomo pré-condrogênico na região da notocorda e do tubo neural, onde essas células formam vértebras.

Epimorfose   Forma de regeneração observada quando as estruturas adultas são submetidas à desdiferenciação para formar uma massa relativamente indiferenciada de células que se rediferenciam para formar a nova estrutura (p. ex., regeneração dos membros anfíbios).

Epitélio   Células epiteliais estreitamente ligadas em uma membrana basal para formar uma folha ou tubo com pouca matriz extracelular.

Epitélio germinativo   Epitélio da gônada bipotencial, derivado do mesoderma esplâncnico, que formará o componente somático (i.e., não germinativo) das gônadas.

Equivalência genômica   A teoria de que cada célula de um organismo possui o mesmo genoma que qualquer outra célula.

Eritroblasto   Célula que amadurece do proeritroblasto e sintetiza enormes quantidades de hemoglobina.

Eritrócito   O glóbulo vermelho maduro que entra na circulação, onde entrega oxigênio aos tecidos. É incapaz de divisão, síntese de RNA ou síntese proteica. Anfíbios, peixes e pássaros retêm o núcleo sem função; os mamíferos o extrudem da célula.

Eritropoietina   Um hormônio que atua sobre células progenitoras eritroides para produzir proeritroblasto, que gerará eritrócitos.

Esclerótomos   Blocos de células mesodérmicas na metade ventromediana de cada somito que se diferenciará nas vértebras, nos discos intervertebrais (exceto os núcleos pulposos) e nas costelas, além das meninges da medula espinal e dos vasos sanguíneos que atendem a medula espinal. Eles também são cruciais na padronização da crista neural e de neurônios motores.

ESCs   *Ver* **Células-tronco embrionárias**.

Escudo   *Ver* **Escudo Embrionário**.

Escudo embrionário   Um espessamento localizado no futuro lado dorsal do embrião de peixe; funcionalmente equivalente ao lábio dorsal do blastóporo dos anfíbios.

Espécies reativas de oxigênio (ROS)   Subprodutos metabólicos que podem danificar membranas celulares e proteínas e destruir o DNA. Os ROS são gerados pelas mitocôndrias devido à redução insuficiente de átomos de oxigênio e incluem íons superóxido, radicais hidroxilos ("livres") e peróxido de hidrogênio.

Especificação   O primeiro estágio de comprometimento do destino celular ou tecido durante o qual a célula ou tecido é capaz de se diferenciar de forma autônoma (i.e., por si só) quando colocado em um ambiente neutro em relação à via de desenvolvimento. No estágio de especificação, o comprometimento das células ainda é capaz de ser revertido.

Especificação autônoma   Um modo de comprometimento celular em que o blastômero herda um determinante, geralmente um conjunto de fatores de transcrição do citoplasma do ovo, e esses fatores de transcrição regulam a expressão gênica para direcionar a célula para um caminho particular de desenvolvimento.

Especificação condicional   A capacidade das células de alcançar seus respectivos destinos por interações com outras células. O que uma célula se torna é em grande parte especificado por fatores parácrinos secretados pelas células vizinhas.

Especificação sincicial   As interações de núcleos e fatores de transcrição, que depois resultam na especificação celular, que ocorre em um citoplasma comum, como no embrião de *Drosophila* precoce.

Especificadores da borda da placa neural   Um conjunto de fatores de transcrição (p. ex., Distalless-5, Pax3 e Pax7), induzidos pelos sinais indutores da placa neural, que conferem coletivamente à região de borda a capacidade de formar os tipos celulares de crista neural e de tubo neural dorsal. Induz a expressão de especificadores de crista neural.

Especificadores da crista neural   Um conjunto de fatores de transcrição (p. ex., FoxD3, Sox9, Id, Twist e Snail) induzidos pelos fatores de transcrição especificadores da borda da placa neural, que especificam as células que se tornarão a crista neural.

Espermátides   Células de espermatozoide haploides, o estágio após a segunda divisão meiótica. Nos mamíferos, as espermátides ainda estão conectadas entre si por pontes citoplasmáticas, permitindo a difusão de produtos gênicos nas pontes citoplasmáticas.

Espermatócitos primários   Derivados da divisão mitótica de espermatogônias de tipo B, estas células passam primeiro por um período de crescimento e depois entram em meiose.

Espermatócitos secundários   Um par de células haploides derivadas da primeira divisão meiótica de um espermatócito primário, que, então, completa a segunda divisão da meiose para gerar as quatro espermátides haploides.

Espermatogênese   O processo de produção de espermatozoides.

Espermatogônia   Células-tronco do espermatozoide. Quando uma espermatogônia para de sofrer mitose, torna-se um espermatócito primário e aumenta de tamanho antes da meiose.

Espermatogônia do tipo A   Em mamíferos, células-tronco do espermatozoide que sofrem mitose e mantêm a população de espermatogônia de tipo A, além de gerar espermatogônia de tipo B.

Espermatogônia do tipo B   Em mamíferos, precursores dos espermatócitos e as últimas células da linha que sofrem mitose. Eles dividem-se uma vez para gerar os espermatócitos primários.

Espermatogônia intermediária   O primeiro tipo de célula-tronco comprometido do testículo de mamífero, elas estão comprometidas em se tornar espermatozoides.

Espermatozoides   O gameta masculino ou espermatozoide maduro.

Espermiogênese   A diferenciação dos espermatozoides maduros a partir da espermátide arredondada haploide.

Espinha bífida   Um defeito congênito resultante do fechamento incompleto da coluna vertebral ao redor da medula espinal, geralmente na parte inferior das costas. Existem diferentes graus de gravidade, sendo o mais grave quando as dobras neurais também não fecham.

Esplancnopleura   Composta por mesoderma da placa lateral esplâncnico e endoderma subjacente. *Ver* **Mesoderma esplâncnico**.

Espliceossomo   Um complexo composto de pequenos RNAs nucleares (snRNAs) e fatores de *splicing*, que se liga a sítios específicos e medeia o *splicing* de nRNA.

Esquizocele   O processo embrionário de formar o celoma ao formar uma cavitação em um cordão previamente sólido de células mesodérmicas. Típico de protostômios. *Ver também* **Enterocelia**.

Estado pluripotente naïve   O estado mais imaturo e indiferenciado de células tronco embrionárias com maior potencial de pluripotência.

Estado *primed* da pluripotência   O estado de uma célula-tronco embrionária que sofreu alguma maturação em direção à linhagem epiblástica.

Estágio de trevo   Um estágio em certos embriões de clivagem espiral, em que um lóbulo polar particularmente grande é extrudido na primeira divisão, dando a aparência de uma terceira célula se formando antes que o lobo polar seja reabsorvido de volta ao blastômero CD.

Estágio filotípico   O estágio que tipifica um filo, como a nêurula tardia ou a faringe de vertebrados, e que parece ser relativamente invariante e restringe sua evolução.

Estereoblástula   Blástulas que não possuem blastocele, por exemplo, blástulas produzidas por clivagem em espiral.

Estilopódio   Os ossos proximais de um membro vertebrado, adjacente à parede do corpo; o úmero (membro anterior) ou o fêmur (membro posterior).

Estimulador de *splicing*   Uma sequência de ação *cis* em nRNA que promove a montagem de espliceossomos em locais de clivagem de RNA.

Estimuladores   Uma sequência de DNA que controla a eficiência e a taxa de transcrição de um promotor específico. Os estimuladores ligam fatores de transcrição específicos que ativam o gene através de (1) recrutamento de enzimas (como a histona acetiltransferase) que quebram os nucleossomos na área ou (2) estabilização do complexo de iniciação da transcrição.

Estocástico   Refere-se a um processo aleatório que fornece um conjunto de variáveis aleatórias que podem ser analisadas estatisticamente, mas não necessariamente previstas.

Estomódeo   Uma invaginação revestida de ectoderma na região oral do embrião que encontra o endoderma do tubo de intestino fechado para formar a placa oral.

Estrato córneo (stratum corneum)   A camada externa da epiderme, composta por queratinócitos que estão agora mortos, sacos achatados de proteína queratina com seus núcleos posicionados na extremidade da célula. Essas células são continuamente produzidas durante toda a vida e são substituídas por novas células.

Estrato germinativo   *Ver* **Lâmina basal**.

Estro   Do grego, *oistros*, "frenesi". O estágio dominado por estrogênio do ciclo ovariano em mamíferos não humanos femininos que são ovulantes espontâneos ou periódicos, caracterizados pela exibição de comportamentos consistentes com a receptividade ao acasalamento. Também chamado de "calor".

Estrogênio   Um grupo de hormônios esteroides (incluindo estradiol) necessários para o desenvolvimento pós-natal completo dos ductos de Müller (nas fêmeas) e os ductos de Wolff (nos machos). Necessário para a fertilidade em ambos os sexos.

Etapa de repouso dictióteno   O estágio prolongado de diplóteno da primeira divisão meiótica em ovócitos primários de mamíferos. Eles permanecem nesse estágio até pouco antes da ovulação, quando concluem a meiose I e sofrem ovulação como ovócitos secundários.

Eucromatina   O estado comparativamente aberto da cromatina que contém a maioria dos genes do organismo, a maioria dos quais são capazes de serem transcritos. Comparar com **Heterocromatina**.

Evidência correlativa   Evidências baseadas na associação de eventos. O "achado" de "encontrá-lo, perdê-lo, movê-lo". *Ver também* **Evidência de ganho de função**; **Evidência de perda de função**.

Evidência de ganho de função   Um forte tipo de evidência, em que o início do primeiro evento faz o segundo evento acontecer mesmo em casos em que ou quando nenhum dos eventos geralmente ocorre. O "mover" de "encontre-o, perca-o, mova-o". *Ver também* **Evidência correlativa**; **Evidência de perda de função**.

Evidência de perda de função   A ausência da causa postulada está associada à ausência do efeito postulado. A "perda" de "encontrá-la, perdê-la, movê-la". *Ver também* **Evidência correlativa**; **Prova de ganho de função**.

Éxon   Em um gene, a região ou regiões de DNA que codificam a proteína. Comparar com **Íntron**.

Expectativa de vida   O período de tempo que um indivíduo médio de uma determinada espécie pode esperar viver; é característico das populações, não da espécie.

Expectativa de vida máxima   Número máximo de anos conhecido que um indivíduo de uma determinada espécie sobrevive e é característico dessa espécie.

Expressão gênica coordenada   Expressão simultânea de muitos genes diferentes em um tipo de célula específico. A sua base é frequentemente um único fator de transcrição (p. ex., Pax6) que é crucial para várias sequências potenciadoras diferentes; os diferentes amplificadores são diferencialmente "iniciados", e a ligação do mesmo fator a todos eles ativa todos os genes ao mesmo tempo.

Expressão gênica diferencial   Um princípio básico da genética do desenvolvimento: apesar de todas as células de um corpo individual conterem o mesmo genoma, as proteínas específicas expressas pelos diferentes tipos de células são amplamente diversas. A expressão gênica diferencial, o processamento diferencial de mRNA, a tradução diferencial de mRNA e a modificação diferencial de proteínas funcionam para permitir a ampla diferenciação de tipos de células.

Extensão convergente   Um fenômeno em que as células se intercalam para estreitar o tecido e, ao mesmo tempo, movê-lo para a frente. Mecanismo utilizado para o alongamento do arquêntero no embrião do ouriço-do-mar, na notocorda do embrião tunicado e mesoderma involuntário do anfíbio. Este movimento lembra o tráfego em uma rodovia quando várias pistas devem se fundir para formar uma única faixa.

F

Família BMP   *Ver* **Proteínas morfogenéticas do osso**.

Família de cinases *Src* (SFK)   Família de enzimas que fosforilam resíduos de tirosina; envolvidas em muitos eventos de sinalização, incluindo as respostas dos cones de crescimento aos quimioatrativos.

Família Smad   Fatores de transcrição ativados por membros da superfamília TGF-β que funcionam na via SMAD. *Ver também* **Via SMAD**.

Família TGF-β   Fator de crescimento transformante β. Uma família de fatores de crescimento dentro da superfamília TGF-β.

Faringe   A região do tubo digestório anterior ao ponto em que o tubo respiratório se ramifica.

Faríngula   O termo frequentemente aplicado ao estágio tardio de nêurula dos embriões vertebrados.

Fasciculação   No desenvolvimento neural, o processo de um axônio aderindo a e usando outro axônio para o crescimento.

Fator básico de crescimento de fibroblastos (Fgf2)   Um dos três fatores de crescimento necessários para a geração de hemangioblastos do mesoderma esplâncnico. *Ver também* **Angiopoietina; Fatores de crescimento endotelial vascular (VEGFs)**.

Fator de células-tronco (SCF)   Fator parácrino importante para manter certas células-tronco, incluindo células-tronco hematopoiéticas, espermáticas e de pigmento. Vincula-se à proteína receptora Kit.

Fator de crescimento   Uma proteína secretada que se liga a um receptor e inicia sinais para promover a divisão e o crescimento celular.

Fator de crescimento de hepatócitos (HGF) Fator parácrino secretado pelas células estreladas do fígado que permite que os hepatócitos reentrem no ciclo celular durante a regeneração compensatória. Também chamado de fator de dispersão.

Fator de crescimento do nervo (NGF) Neurotrofina envolvida principalmente no crescimento das células nervosas. Liberado de tecidos-alvo potenciais, ele funciona em alcances curtos como um fator quimiotáctico ou fator quimiorrepulsivo para direcionamentoo axonal. Também é importante na sobrevivência seletiva de diferentes subconjuntos de neurônios.

Fator de crescimento fibroblástico 9 (Fgf9) Um fator de crescimento envolvido no desenvolvimento de testículos em mamíferos, estimulando a proliferação e a diferenciação das células de Sertoli e a manutenção da expressão de Sox9. Suprime a sinalização Wnt4, que, de outra forma, direcionaria o desenvolvimento do ovário. Também envolvido no desenvolvimento dos metanefrons renais, promovendo o desenvolvimento de uma população de células-tronco para néfrons. *Ver também* **Fatores de crescimento de fibroblastos.**

Fator de dispersão *Ver* **Fator de crescimento de hepatócitos.**

Fator de iniciação eucariótica 4 (eIF4E) Uma proteína que é importante para o início da tradução. Liga-se à extremidade 5′ dos mRNAs e contribui para o complexo proteico que medeia o desenrolamento de RNA; traz a extremidade 3′ da fita para o lado da extremidade 5′, permitindo que o mRNA se ligue e seja reconhecido pelo ribossomo. Interage com o fator de iniciação eucariótico 4G (eIF4G), uma proteína de conexão que permite que o mRNA se ligue ao ribossomo.

Fator de transcrição Uma proteína que se liga ao DNA com reconhecimento preciso de sequência para promotores específicos, estimuladores ou silenciadores.

Fator de transformação do crescimento *Ver* **Superfamília TGF-β.**

Fator de troca de GTP (GEF) Na via RTK (receptor de tirosina-cinase), esse fator troca um fosfato que transforma um GDP ligado em uma proteína G em um GTP ligado, ativando a proteína G. *Ver também* **Via RTK.**

Fator derivado de estroma 1 (SDF1) Uma molécula quimioatrativa. O SDF1 é secretado, por exemplo, por placoides ectodérmicos, atraindo, assim, células da crista neural craniana para o placoide.

Fator determinante de testículo Uma proteína codificada pelo gene *Sry* no cromossomo Y de mamífero que organiza a gônada em um testículo, em vez de um ovário.

Fator esteroidogênico 1 (Sf1) Um fator de transcrição que em mamíferos é necessário para criar a gônada bipotencial. Ele diminui no ovário em desenvolvimento, mas permanece em níveis elevados no testículo em desenvolvimento, masculinizando ambas as células de Leydig e Sertoli.

Fator inibitório mülleriano (MIF) *Ver* **Hormônio antimülleriano.**

Fator neurotrófico da dopamina conservado (CDNF) Uma neurotrofina que melhora a sobrevivência dos neurônios dopaminérgicos do mesencéfalo. *Ver também* **Neurotrofina.**

Fator neurotrófico derivado da glia (GDNF) Um fator parácrino que se liga ao receptor (RET) tirosina-cinase. É produzido pelo mesênquima intestinal que atrai células da crista neural vagal e sacral, e é produzido pelo mesênquima metanefrogênico para induzir a formação e a ramificação dos brotos uretéricos.

Fator neurotrófico derivado do cérebro (BDNF) Um fator parácrino que regula a atividade neural e parece ser fundamental para a formação de sinapses, induzindo tradução local de mensagens neurais nos dendritos. BDNF é necessário para a sobrevivência de um subconjunto particular de neurônios no estriado (uma região do cérebro envolvida no movimento).

Fator parácrino Uma proteína secretada e difusível que fornece um sinal que interage com e muda o comportamento celular das células e dos tecidos vizinhos.

Fator promotor da mitose (MPF) Consiste em ciclina B e uma cinase dependente de ciclina (CDK), necessária para iniciar a entrada na fase mitótica (M) do ciclo celular tanto na meiose quanto na mitose.

Fator silenciador restritivo neural (NRSF) Fator de transcrição de dedo de zinco que liga a NRSE e é expresso em cada célula que não é um neurônio maduro.

Fatores associados à transcrição (TAFs) Proteínas que estabilizam a RNA-polimerase no promotor de um gene e permitem iniciar a transcrição.

Fatores de angiogênese tumoral Fatores secretados por microtumores; esses fatores (incluindo VEGFs, Fgf2, fator de crescimento semelhante à placenta e outros) estimulam a mitose nas células endoteliais e induzem a diferenciação celular de vasos sanguíneos na direção do tumor.

Fatores de crescimento de fibroblastos (FGFs) Uma família de fatores parácrinos que regulam a proliferação e a diferenciação celular.

Fatores de crescimento e diferenciação (GDFs) *Ver* **Fatores parácrinos.**

Fatores de crescimento endotelial vascular (VEGFs) Uma família de proteínas envolvidas na vasculogênese que inclui vários VEGFs, bem como o fator de crescimento placentário. Cada VEGF parece permitir a diferenciação dos angioblastos e sua multiplicação para formar tubos endoteliais. Também é crucial para a angiogênese.

Fatores de crescimento semelhantes à insulina (IGFs) Fatores de crescimento que iniciam uma cascata de transdução de sinal semelhante a FGF, que interfere com as vias de transdução de sinal tanto de BMP quanto de Wnts. Os IGFs são necessários para a formação do tubo neural anterior, incluindo o cérebro e os placômetros sensoriais dos anfíbios.

Fatores de determinação citoplasmáticos Fatores encontrados no citoplasma de uma célula que determinam o destino das células. Exemplo: gradientes de diferentes fatores de determinação citoplasmáticos que determinam o destino das células ao longo do eixo anterior-posterior são encontrados na blastoderme sincicial do embrião de *Drosophila*.

Fatores de regulação miogênica (MRFs) Fatores básicos de transcrição de hélice-alça-hélice (como MyoD, Myf5 e miogenina) que são reguladores cruciais do desenvolvimento muscular.

Fatores de *splicing* Proteínas que se ligam em sítios de *splicing* ou às áreas adjacentes a eles.

Fatores de transcrição basais Fatores de transcrição que se ligam especificamente aos sítios ricos em CpG, formando uma "sela" que pode recrutar RNA-polimerase II e a posicionar para transcrição.

Fatores de transcrição Forkhead Fatores de transcrição (p. ex., proteínas de Fox, HNF4a) que são especialmente importantes no endoderma que formará o fígado, onde ajudam a ativar as regiões reguladoras em torno de genes específicos do fígado.

Fatores de transcrição pioneiros Fatores de transcrição (p. ex., Fox A1 e Pax7) que podem penetrar a cromatina reprimida e se ligar às suas sequências de DNA estimuladoras, um passo fundamental para estabelecer certas linhagens celulares.

Fatores endócrinos Hormônios que viajam através do sangue para suas células e tecidos-alvo para exercer seus efeitos.

Fechamento da placa de crescimento Causa a cessação do crescimento ósseo no final da puberdade. Níveis elevados de estrogênio induzem a apoptose nos condrócitos hipertróficos e estimulam a invasão de osteoblastos ósseos na placa de crescimento.

Fechamento dorsal Processo que reúne os dois lados da epiderme do embrião de *Drosophila* na superfície dorsal.

Fenda sináptica A pequena fenda que separa o axônio de um neurônio de sinalização do dendrito ou soma da célula-alvo.

Fendas faríngeas   Fendas (invaginações) de ectoderma exterior que separam os arcos faríngeos. Nos amniotas, há quatro fendas da faringe no embrião precoce, mas apenas a primeira se torna uma estrutura (o meato auditivo externo).

Feromônios   Produtos químicos vaporizados emitidos por um indivíduo que resultam em comunicação com outro indivíduo. Os feromônios são reconhecidos pelo órgão vomeronasal de muitas espécies de mamíferos e desempenham um papel importante no comportamento sexual.

Fertilização   Fusão de gametas masculinos e femininos, seguida de fusão dos núcleos de gametas haploides para restaurar a complementação dos cromossomos característicos das espécies e iniciação no citoplasma do ovo fertilizados das reações que permitem a progressão do desenvolvimento.

Feto   O estágio no desenvolvimento de mamíferos entre o estágio embrionário e o nascimento, caracterizado por crescimento e modelagem. Nos seres humanos, desde a nona semana de gestação até o nascimento.

α-Fetoproteína   Em mamíferos, uma proteína que liga e inativa o estrogênio fetal, mas não a testosterona, tanto em fetos masculinos como femininos, e mostrada em roedores como crucial para a diferenciação sexual normal do cérebro.

Fibras de Purkinje   Células musculares cardíacas modificadas nas paredes internas dos ventrículos, especializadas para a condução rápida do sinal contrátil. Essencial para sincronizar as contrações dos ventrículos em amniotas.

Fibras nervosas pioneiras   Axônios que estão na frente de outros axônios e servem como guias para eles.

Fibronectina   Um dímero de glicoproteína muito grande (460 kDa) sintetizado por diversos tipos celulares e secretado na matriz extracelular. Possui função como uma molécula adesiva geral, ligando células entre si e a outros substratos, como colágeno e proteoglicanos, e fornece um substrato para a migração celular.

Filopódios   Processos longos e finos contendo microfilamentos; as células podem se mover, estendendo, anexando e, em seguida, contraindo os filopódios. Produzido, por exemplo, por meio da migração de células do mesênquima em embriões de ouriço-do-mar, cones de crescimento para desenvolvimento das células nervosas, células líder na formação de vasos sanguíneos.

Flagelo   Extensão longa e móvel de uma célula que contém um axonema central de microtúbulos em um arranjo de 9 + 2 (9 duplas exteriores e 2 individuais centrais). Sua ação de chicoteamento ("flagelação") funciona para propulsão, como na cauda de um espermatozoide.

Folhetos germinativos   Uma das três camadas do embrião, ectoderma, mesoderma e endoderma, em organismos triploblásticos, ou das duas camadas, ectoderma e endoderma, em organismos diploblásticos, gerados pelo processo de gastrulação, que formará todos os tecidos do corpo, exceto as células germinativas.

Folículo   Um pequeno grupo de células ao redor de uma cavidade. Por exemplo, folículo do ovário de mamífero, composto por um único óvulo rodeado por células da granulosa e células da teca; folículo piloso, folículo de penas, onde um pelo ou uma pena são produzidos.

Folistatina   Um fator parácrino com atividade organizadora, um inibidor tanto da activina quanto das BMPs, fazendo o ectoderma se tornar tecido neural.

Forame oval   No coração do mamífero fetal, uma abertura no septo que separa os átrios direito e esquerdo.

Formação de padrões   O conjunto de processos pelos quais as células embrionárias formam arranjos espaciais ordenados de tecidos diferenciados.

Fosfatidilinositol 4,5-bisfosfato (PIP$_2$)   Um fosfolipídeo de membrana que pela via IP$_3$ é quebrado pela enzima fosfolipase C (PLC) para produzir dois compostos ativos: IP$_3$ e diacilglicerol (DAG). A via IP$_3$ é ativada durante a fertilização, iniciando o bloqueio lento para a polispermia e ativando o ovo para começar a se desenvolver.

Fosfolipase C (PLC)   Enzima na via IP$_3$ que quebra o fosfolipídeo fosfatidilinositol 4,5-bisfosfato (PIP$_2$) da membrana para produzir IP$_3$ e diacilglicerol (DAG).

Fosseta primitiva   Uma depressão que se forma dentro da linha primitiva que serve como uma abertura através da qual as células migratórias passam para as camadas profundas do embrião.

Frente de determinação   Equivalente à "frente de onda" do modelo "relógio-frente de onda" para a formação de somitos; onde os limites dos somitos se formam, determinados por um gradiente de FGF caudal^{ALTO}-para-rostral^{BAIXO} no mesoderma pré-somítico.

Frizzled   Receptor transmembranar para a família Wnt de fatores parácrinos.

Fronteira somítica lateral   O limite entre os músculos primaxial e abaxial e entre a derme derivada de somito e a derme derivada da placa lateral.

G

Gameta   Uma célula reprodutiva especializada em que os progenitores que se reproduzem sexualmente passam cromossomos para a sua prole; um ovo ou um espermatozoide.

Gametogênese   A produção dos gametas.

Gânglios   Conjuntos de corpos celulares neuronais cujos axônios formam um nervo.

Gânglios da raiz dorsal (DRG)   Gânglios espinhais sensoriais derivados da crista neural do tronco que migram ao longo da via ventral e permanecem no esclerótomo. Os neurônios sensoriais do DRG conectam-se centralmente com os neurônios no corno dorsal da medula espinal.

Gânglios entéricos   *Ver* **Gânglios parassimpáticos**.

Gânglios parassimpáticos (entéricos)   Gânglios do sistema nervoso parassimpático ("repouso e digestão") derivados das células da crista neural vagal e sacral.

Gástrula   Um estágio do embrião sofrendo gastrulação que contém as três camadas germinativas que interagirão para gerar os órgãos do corpo.

Gastrulação   Um processo que envolve o movimento dos blastômeros do embrião um em relação ao outro, resultando na formação das três camadas germinativas do embrião.

GDNF   *Ver* **Fator neurotrófico derivado de glia**.

GEF   *Ver* **Fator de troca GTP; Via RTK**.

Gêmeos dizigóticos   "Dois ovos." Gêmeos que resultam de dois eventos de fertilização separados, mas quase simultâneos. Geneticamente, os gêmeos "fraternos" são irmãos completos. Comparar com **Gêmeos monozigóticos**.

Gêmeos monozigóticos   Do grego, "um ovo". Gêmeos geneticamente "idênticos"; quando as células de um único embrião de clivagem precoce se dissociam umas das outras, seja pela separação de blastômeros iniciais ou pela separação da massa celular interna em duas regiões dentro do mesmo blastocisto. Comparar com **Gêmeos dizigóticos**.

Gêmeos siameses   Gêmeos monozigóticos que compartilham parte de seus corpos; eles podem até compartilhar um órgão vital, como o coração ou o fígado.

Gene *lacZ*   O gene *E. coli* para a β-galactosidase; comumente usado como um gene repórter.

Gene repórter   um gene com um produto que é facilmente identificável e geralmente não produzido nas células de interesse. Pode ser fundido em elementos reguladores a partir de um gene de interesse, inserido em embriões e, em seguida, monitorado para a expressão do gene repórter. Se a sequência contiver um intensificador, o gene repórter deve se tornar ativo em momentos e lugares específicos. Os genes para proteínas fluorescentes verdes (GFP) e β-galactosidase (*lacZ*) são exemplos comuns.

Genes de efeito materno   Codificam RNAs mensageiros que estão localizados em diferentes regiões do ovo de *Drosophila*.

Genes de polaridade de segmento   Genes zigóticos de *Drosophila*, ativados pelas proteínas codificadas pelos genes *pair rule*, cujos mRNA e produtos proteicos dividem o embrião em unidades de tamanho de um segmento, estabelecendo a periodicidade do embrião. Os mutantes de polaridade de segmento apresentaram defeitos (deleções, duplicações, reversões de polaridade) em cada segmento.

Genes de segmentação   Genes cujos produtos dividem o embrião de *Drosophila* inicial em uma série repetitiva de primórdios segmentares ao longo do eixo anteroposterior. Incluem genes gap, genes *pair rule* e genes de polaridade de segmento.

Genes de sirtuínas   Codificam as enzimas de desacetilação de histona (silenciadores de cromatina) que protegem o genoma, impedindo que os genes sejam expressos nos momentos e lugares errados e podem ajudar no reparo de quebras cromossômicas. Podem ser importantes defesas contra o envelhecimento prematuro.

Genes gap   Em *Drosophila* são os genes zigóticos expressos amplamente (cerca de três segmentos de largura), sobrepondo parcialmente os domínios. Mutantes para os genes gap formam-se faltando grandes regiões do corpo (vários segmentos contíguos).

Genes *Hox*   Grande família de genes relacionados que dita (pelo menos em parte) identidade regional no embrião, particularmente ao longo do eixo anteroposterior. Os genes *Hox* codificam fatores de transcrição que regulam a expressão de outros genes. Todos os genomas de mamíferos conhecidos contêm quatro cópias do complexo Hox por conjunto haploide, localizados em quatro cromossomos diferentes (*Hoxa* até *Hoxd* no camundongo, *HOXA* até *HOXD* em seres humanos). Os genes *Hox/HOX* mamíferos são numerados de 1 a 13, começando a partir do final de cada complexo que é expresso mais anteriormente.

Genes *Lim*   Genes que codificam fatores de transcrição que estão estruturalmente relacionados a proteínas codificadas por genes Hox.

Genes *pair rule*   Genes zigóticos de *Drosophila*, regulados por proteínas de genes gap. Os genes *pair rule* são expressos em sete listras que dividem o embrião em bandas transversais perpendiculares ao eixo anteroposterior. Os mutantes de *pair rule* perdem um de cada dois segmentos.

Genes seletores homeóticos   Uma classe de genes da *Drosophila* regulados pelos produtos proteicos dos genes gap, pair-rule e polaridade de segmento cuja transcrição determina o

destino do desenvolvimento de cada segmento.

Genes supressores de tumor   Genes reguladores cujos produtos gênicos protegem contra a progressão de uma célula para câncer. Os produtos de genes podem inibir a divisão celular ou aumentar a adesão entre as células; eles também podem induzir apoptose de células que se dividem rapidamente. O câncer pode resultar de mutações ou metilações inadequadas que inativam os genes supressores de tumores.

Genética direta   Técnica genética de exposição de um organismo a um agente que causa mutações aleatórias e triagem de fenótipos particulares. Comparar com **Genética reversa**.

Genética pré-implantatória   Teste de doenças genéticas usando blastômeros de embriões produzidos por fertilização *in vitro* antes da implantação do embrião no útero.

Genética reversa   Técnica genética de nocautear a expressão de um gene em um organismo e depois estudar o fenótipo resultante. Comparar com **Genética direta**.

Genoma   A sequência completa de DNA de um dado organismo.

Germário   Na *Drosophila* fêmea, nicho na região anterior de um ovaríolo contendo células-tronco germinativas e vários tipos de células somáticas.

GFP   Ver **Proteína fluorescente verde**.

Ginandromorfo   Do grego, *gynos*, "feminino"; *andros*, "masculino". Um animal em que algumas partes do corpo são do sexo masculino e outras são do sexo feminino. Comparar com **Hermafrodita**.

Girencefálico   Tendo numerosas dobras no córtex cerebral, como em seres humanos e cetáceos. Comparar com **Lissencefálico**.

Glândula protorácica   Em insetos, uma glândula que secreta ecdisona, um hormônio de muda; a produção de ecdisona é estimulada pelo hormônio protoracicotrópico.

Glândula sebácea   Glândulas que são associadas a folículos capilares e produzem uma substância oleosa, sebo, que serve para lubrificar o pelo e a pele.

Glia   Células de suporte do sistema nervoso central, derivadas do tubo neural; e do sistema nervoso periférico, derivadas da crista neural.

Glia de Bergmann   Tipo de célula glial; emite um processo fino ao longo do neuroepitélio do cerebelo em desenvolvimento.

Glia radial externa (oRG)   Células progenitoras que residem na zona subventricular do cérebro e geram células progenitoras intermediárias (IP).

Glia radial ventricular (vRG)   Células progenitoras que residem na zona ventricular. Dão origem a neurônios, glia radial externa (oRG) e células

progenitoras intermediárias (IP). **Ver também zona ventricular**.

Glicogênio sintase-cinase 3 (GSK3)   Tem como alvo a β-catenina, marcando-a para destruição.

Glicosaminoglicanos (GAGs)   Polissacarídeos ácidos complexos constituídos por cadeias não ramificadas montadas a partir de muitas repetições de uma unidade de dois açúcares. O componente de carboidrato dos proteoglicanos.

Gloquídio   A larva de alguns moluscos bivalves de água doce, como os moluscos da ordem unionoida; tem uma concha que se assemelha a uma pequena armadilha de urso, usada para prender-se às brânquias ou barbatanas de peixe. Se alimenta dos fluidos corporais do peixe até cair para se metamorfosear em um molusco adulto.

Gônada indiferenciada   Ver **Gônada bipotente**.

Gonioblasto   Na *Drosophila* masculina, uma célula progenitora comprometida que se divide para se tornar precursora do espermatozoide.

Gonócitos   Células germinativas primordiais de mamíferos (PGCs) que chegaram à crista genital de um embrião masculino e se tornaram incorporadas nos cordões sexuais.

Gônada bipotente (indiferenciada)   Tecido precursor comum derivado da crista genital em mamíferos, a partir do qual as gônadas masculina e feminina divergem.

Gradiente de ativação basal   Um gradiente, mais elevado no disco basal, que parece estar presente na *Hydra* e que permite que o disco basal se forme apenas em um lugar.

Gradiente de ativação da cabeça   Um gradiente morfogenético na *Hydra* que é mais alto no hipóstomo e permite a formação da cabeça.

Gradiente de desenvolvimento interno-externo   O processo de desenvolvimento no neocórtex e do resto do cérebro em que os neurônios que nascem primeiro formam a camada mais próxima do ventrículo e os neurônios subsequentes viajam maiores distâncias para formar camadas mais superficiais.

Gradiente de proteína anterior de salamandra (nAG)   Fator liberado pelos neurônios no blastema de um membro de salamandra em regeneração que se pensa ser o fator derivado do nervo necessário para a proliferação das células do blastema.

Grandes micrômeros   Uma camada de células produzidas pela quinta divisão no embrião do ouriço-do-mar quando os micrômeros se dividem. Tornam-se as células primárias do mesênquima, que formam as espículas esqueléticas da larva.

Grânulos corticais   Estruturas ligadas à membrana, derivadas do complexo de Golgi localizadas no córtex do ovo;

contém enzimas e outros componentes. A exocitose desses grânulos na fertilização é homóloga à exocitose do acrossoma no espermatozoide na reação acrossômica.

Grânulos P O plasma germinativo em *C. elegans*. Isolados em uma única célula precursora da linha germinativa (blastômero P4) cedo na clivagem.

Grânulos polares Partículas que contêm fatores importantes para a especificação da linhagem germinativa que estão localizados no polo plasmático e nas células polares de *Drosophila*.

GRNs *Ver* **Redes reguladoras de genes**.

Grupo de equivalência No desenvolvimento de *C. elegans*, o grupo de seis células precursoras vulvares, cada uma das quais é competente para se tornar induzida pela célula âncora.

Gurken Uma proteína codificada pelo gene *gurken*. A mensagem *gurken* é sintetizada nas células de nutrição do ovário de *Drosophila* e transportada para o ovócito, onde é traduzida para a proteína ao longo de um gradiente anteroposterior. Sinaliza células do folículo mais próximas do núcleo do ovócito para se tornarem posteriores; parte do processo que configurará o eixo anteroposterior do ovo e futuro embrião.

H

Halteres Um par de equilibradores no terceiro segmento torácico de moscas de duas asas, como *Drosophila*.

Haptotaxia Migração direcional de células em um substrato, até um gradiente de adesividade.

Hedgehog Uma família de fatores parácrinos utilizados pelo embrião para induzir tipos de células particulares e criar limites entre os tecidos. As proteínas hedgehog devem formar complexos com uma molécula de colesterol para funcionar. Os vertebrados têm pelo menos três homólogos do gene *hedgehog* de *Drosophila*: *sonic hedgehog* (*shh*), *desert hedgehog* (*dhh*) e *indian hedgehog* (*ihh*).

Hemangioblastos Células que se dividem rapidamente, geralmente células-tronco, que formam vasos sanguíneos e células sanguíneas.

Hematopoiese A geração/produção de células sanguíneas.

Hemimetábolo Uma forma de metamorfose de insetos que inclui fases de próninfa, ninfa e imago (adulto).

Hemisfério animal A metade superior de um ovo contendo o polo animal. No embrião de anfíbios, as células do hemisfério animal com pouco vitelo se dividem rapidamente e se tornam ativamente móveis ("animadas").

Homisfério vegetal A parte inferior de um óvulo, onde o vitelo está mais concentrado. O vitelo pode ser um impedimento para a clivagem, como no embrião de anfíbios, fazendo as células

cheias de vitelo se dividirem mais devagar e sofrerem menos movimento durante a embriogênese.

Hepatectomia Remoção cirúrgica de parte do fígado.

Hermafrodita Um indivíduo em que ambos os tecidos ovariano e testicular existem, tendo ovotestes (gônadas contendo tecido ovariano e testicular) ou um ovário de um lado e um testículo no outro. Comparar com **Ginandromorfo**.

Heterocromatina Cromatina que permanece condensada durante a maior parte do ciclo celular e replica depois da maioria das outras cromatinas. Em geral, transcricionalmente inativa. Comparar com **Eucromatina**.

Heterocronia Do grego, "tempo diferente". Uma mudança no momento relativo de dois processos de desenvolvimento como mecanismo para gerar variação fenotípica disponível para a seleção natural. Um módulo muda seu tempo de expressão ou taxa de crescimento em relação aos outros módulos do embrião.

Heterogeneidade fenotípica Refere-se a uma mesma mutação produzindo diferentes fenótipos em diferentes indivíduos.

Heterogeneidade genética Produção de fenótipos semelhantes por mutações em diferentes genes.

Heterometria Do grego, "medida diferente". Uma mudança na quantidade de um produto gênico como mecanismo para gerar variação fenotípica disponível para a seleção natural.

Heterotopia Do grego, "lugar diferente". A alteração espacial da expressão gênica (p. ex., fatores de transcrição ou fatores parácrinos) como mecanismo para gerar variação fenotípica disponível para a seleção natural.

20-Hidroxiecdisona (20E) Hormônio de insetos, a forma ativa de ecdisona, que inicia e coordena cada muda, regula as mudanças na expressão gênica que ocorrem durante a metamorfose e sinaliza a diferenciação do disco imaginal.

Hiperativação A motilidade aumentada e mais forte mostrada pelos espermatozoides capacitados de algumas espécies de mamíferos. Foi proposto que a hiperativação ajude a separar espermatozoides capacitados do epitélio do oviduto, permitindo que os espermatozoides viajem de maneira mais eficaz através de fluidos viscosos do oviduto e facilitando a penetração da matriz extracelular das células do *cumulus*.

Hiperplasia suprarrenal congênita Uma condição que causa pseudo-hermafroditismo feminino devido à presença de excesso de testosterona.

Hipoblasto A camada interna da margem espessada da blastoderme em

epibolia no embrião de peixes durante a gastrulação ou a camada inferior da blastoderme bilaminar embrionária em aves e mamíferos. O hipoblasto em peixes (mas não em aves e mamíferos) contém os precursores do endoderma e do mesoderma. Em aves e mamíferos contém precursores do endoderma extraembrionário do saco vitelínico.

Hipoblasto secundário Subjacente ao epiblasto na blastoderme bilaminar de aves. Uma folha de células derivadas de células vitelínicas profundas na margem posterior da blastoderme que migra anteriormente, deslocando as ilhas hipoblásticas (hipoblasto primário). As células hipoblásticas não contribuem para o embrião de aves propriamente dito, mas, em vez disso, formam porções das membranas externas, principalmente o saco vitelínico, e fornecem sinais químicos que especificam a migração de células epiblásticas. Também chamado de endoblasto.

Hipóstomo Uma região cônica da "cabeça" de uma hidra que contém a boca.

Hipótese das células-tronco cancerígenas A hipótese de que a parte maligna de um tumor é uma célula-tronco adulta que escapou do controle de seu nicho ou uma célula mais diferenciada que recuperou as propriedades das células-tronco.

Hipótese de adesão diferencial Modelo que explica os padrões de triagem celular com base em princípios termodinâmicos. As células interagem para formar um agregado com a menor energia livre interfacial e, portanto, o padrão mais termodinamicamente estável.

Hipótese de organização/ativação A teoria de que os hormônios sexuais atuam durante o estágio fetal ou neonatal da vida de um mamífero para organizar o sistema nervoso de uma maneira sexo-específica e que, durante a vida adulta, os mesmos hormônios podem ter efeitos motivacionais (ou "ativacionais").

Hipótese de quimioafinidade Hipótese apresentada por Sperry, em 1965, sugerindo que as células nervosas do cérebro adquirem características químicas individuais que as distinguem umas das outras e que orientam a montagem e a organização dos circuitos neurais no cérebro.

Histona Proteínas positivamente carregadas que são o principal componente proteico da cromatina. *Ver também* **Nucleossomo**.

Histona acetiltransferases Enzimas que colocam grupos acetil nas histonas (principalmente em lisinas nas histonas H3 e H4). As acetiltransferases desestabilizam os nucleossomos para que estes se separem facilmente, facilitando, assim, a transcrição.

Histona desacetilases Enzimas que removem grupos acetil das histonas, estabilizando os nucleossomos e impedindo a transcrição.

Histona metiltransferases Enzimas que adicionam grupos metil às histonas e ativam ou reprimem a transcrição.

Holobionte Termo para o organismo composto de um hospedeiro e seus simbiontes persistentes.

Holometábolo O tipo de metamorfose de insetos encontrado em moscas, besouros, mariposas e borboletas. Não existe um estágio pré-ninfa. O inseto eclode como larva (uma lagarta ou larva) e progride através de estágios à medida que aumenta seu tamanho entre as mudas larvais, até se tornar uma pupa, uma muda imaginal, e, finalmente, a eclosão do adulto.

Homeobox Uma sequência de DNA de 180 pares de bases que caracteriza genes que codificam proteínas homeodomínios, incluindo genes Hox.

Homeobox da retina (Rx) Um fator de transcrição codificado pelo gene *Rx*. Produzido no campo ocular, ajuda a especificar a retina.

Homeorrese Como o organismo estabiliza suas diferentes linhagens celulares enquanto ainda está se construindo.

Homeostasia Manutenção de um estado fisiológico estável por meio de respostas de retroalimentação.

Homing A capacidade de uma célula de migrar e encontrar seu destino específico de tecido.

Homodímero Duas moléculas de proteína idênticas ligadas entre si.

Homologia profunda Caminhos de transdução de sinal compostos de proteínas homólogas dispostas de forma homóloga que são usadas para a mesma função em protostômios e deuterostômios.

Homólogo (1) Um de um par (ou conjunto maior) de cromossomos com a mesma composição genética global. Por exemplo, os organismos diploides têm duas cópias (homólogos) de cada cromossomo, um herdado de cada progenitor. (2) Características evolutivas em diferentes espécies que são semelhantes por descenderem de um antepassado em comum.

Homólogos Estruturas e/ou seus respectivos componentes que se assemelham por derivarem de uma estrutura ancestral comum. Por exemplo, a asa de um pássaro e o membro anterior de um ser humano. Comparar com **Análogo**.

Hormônio antimülleriano (AMH) Fator parácrino da família TGF-β secretado pelos testículos embrionários que induz apoptose do epitélio e destruição da lâmina basal do ducto de Müller (ductos paramesonéfricos), evitando a formação do útero e dos ovidutos. Também conhecido como fator antimülleriano, ou AMF. Às vezes chamado de fator inibidor de Müller (MIF).

Hormônio foliculestimulante (FSH) Um hormônio peptídico secretado pela hipófise de mamífero que promove o desenvolvimento do folículo ovariano e a espermatogênese.

Hormônio juvenil (JH) Um hormônio lipídico em insetos que impede as alterações induzidas pela ecdoneína na expressão gênica que são necessárias para a metamorfose. Assim, sua presença durante uma muda garante que o resultado dessa muda seja outro estágio larval, não uma pupa ou um adulto.

Hormônio liberador de gonadotrofina (GRH, GnRH) Hormônio peptídico liberado pelo hipotálamo que estimula a hipófise a liberar o hormônio foliculestimulante de gonadotrofinas e hormônio luteinizante, que são necessários para a gametogênese e a esteroidogênese de mamíferos.

Hormônio luteinizante (LH) Um hormônio secretado pela hipófise de mamífero que estimula a produção de hormônios esteroides, como o estrogênio das células do folículo ovariano e a testosterona das células testiculares de Leydig. Um aumento nos níveis de LH faz o ovócito primário completar a meiose I e preparar o folículo para a ovulação.

Hormônio protoracicotrópico (PTTH) Um peptídeo hormonal que inicia o processo de muda em insetos quando é liberado por células neurossecretoras no cérebro como resposta a sinais neurais, hormonais ou ambientais. PTTH estimula a produção de ecdisona pela glândula protorácica.

Hospedeiro O organismo maior em uma relação simbiótica em que um dos organismos envolvidos é muito maior do que o outro, e o organismo menor pode viver na superfície ou dentro do corpo do maior. Também se refere ao organismo que recebe um enxerto de um doador em um transplante de tecido.

Humor aquoso Fluido nutritivo que banha a lente do olho de vertebrados e fornece pressão necessária para estabilizar a curvatura do olho.

I

Ilhas CpG Regiões de DNA rico na sequência CpG: uma citosina e uma guanosina ligadas por uma ligação normal de fosfato. Os promotores costumam conter essas ilhas, e a transcrição é muitas vezes iniciada próxima a essa região, possivelmente porque elas ligam os fatores basais de transcrição que recrutam RNA-polimerase II.

Ilhotas de hipoblastos (hipoblasto primário) Derivadas de células da zona pelúcida da blastoderme aviária que migram individualmente para a cavidade subgerminativa para formar agregados individuais desconectados contendo 5 a 20 células

cada. Não contribuem para o embrião propriamente dito.

Ilhotas sanguíneas Agregações de hemangioblastos no mesoderma esplâncnico. Em geral, pensa-se que as células internas dessas ilhas de se tornam células progenitoras de sangue, ao passo que as células externas se tornam angioblastos.

Imago Um inseto adulto alado e sexualmente maduro.

Impressão genômica Um fenômeno em mamíferos, pelo qual apenas o alelo derivado de óvulos ou espermatozoides do gene é expresso, às vezes devido à inativação de um alelo por metilação do DNA durante a espermatogênese ou a ovogênese.

In situ Do latim, "no local". Na sua posição natural ou ambiente.

Inativação do cromossomo X Em mamíferos, a conversão irreversível da cromatina de um cromossomo X em cada célula feminina (XX) em heterocromatina altamente condensada um corpúsculo de Barr –, impedindo, assim, o excesso de transcrição de genes no cromossomo X. *Ver também* **Compensação de dosagem**.

Indel Uma inserção ou deleção de bases de DNA.

Indução O processo pelo qual uma população de células influencia o desenvolvimento de células vizinhas por meio de interações próximas.

Indução embrionária primária O processo pelo qual o eixo dorsal e o sistema nervoso central se formam por meio de interações com o mesoderma subjacente, derivado do lábio dorsal do blastóporo em embriões de anfíbios.

Induções recíprocas Uma característica sequencial comum da indução: um tecido induz outro, e esse tecido age de volta no tecido indutor original e o induz, assim o indutor torna-se induzido.

Indutor Tecido que produz um sinal (ou sinais) que induz em um outro tecido um comportamento celular.

Ingressão Migração de células individuais da camada superficial para o interior do embrião. As células tornam-se mesenquimais (i.e., elas se separam umas das outras) e migram de forma independente.

Inibição da locomoção por contato O mecanismo pelo qual as células são proibidas de formar pseudópodos de locomoção ao longo das superfícies de contato com outras células. Essas interações com as membranas celulares de outras células impedem a migração "para trás" sobre outras células e resultam em migração "para a frente" da borda principal das células.

Inibição lateral Inibição de uma célula pela atividade de uma célula vizinha.

Inositol-1,4,5-trisfosfato (IP) Um segundo mensageiro gerado pela enzima fosfolipase C que libera os estoques intracelulares de Ca^{2+}. Importante para a iniciação da liberação de grânulos corticais e do desenvolvimento do ouriço-do-mar.

Ínstar   Os estágios entre muda larval em insetos holometábolos. Durante esses estágios, a larva (lagarta, verme ou larva) alimenta-se e cresce entre cada muda, até o final do estágio final do ínstar, quando a larva se transforma em uma pupa.

Integração   Um princípio da abordagem teórica dos sistemas: como as peças são juntadas e como elas interagem para formar o todo.

Integração ambiental   Descreve a influência de sinais do meio ambiente em torno do embrião, feto ou larva em seu desenvolvimento.

Integrinas   Uma família de proteínas receptoras, assim denominada por integrarem arcabouços extracelulares e intracelulares, permitindo que eles trabalhem juntos. No lado extracelular, as integrinas ligam-se às sequências encontradas em várias proteínas adesivas na matriz extracelular, incluindo fibronectina, vitronectina (na lâmina basal do olho) e laminina. No lado citoplasmático, as integrinas ligam-se a talin e α-actina, duas proteínas que se conectam aos microfilamentos de actina. Esta ligação dupla permite que a célula se mova usando a miosina para contrair os microfilamentos de actina contra a matriz extracelular fixa.

Interação autócrina   As mesmas células que secretam fatores parácrinos também respondem a eles.

Interação instrutiva   Um modo de interação indutora em que um sinal da célula indutora é necessário para iniciar a nova expressão gênica na célula alvo.

Interação permissiva   Interação indutora em que o tecido-alvo já foi especificado e precisa apenas de um ambiente que permita a expressão desses traços.

Interações epitélio-mesênquima   Indução envolvendo interações de camadas de células epiteliais com células mesenquimais adjacentes. As propriedades dessas interações incluem a especificidade regional (quando colocadas em conjunto, o mesmo epitélio desenvolve diferentes estruturas de acordo com a região a partir da qual foi retirado o mesênquima), especificidade genética (o genoma do epitélio limita sua capacidade de resposta aos sinais do mesênquima, i.e., a resposta é espécie-específica).

Interações justácrinas   Quando as proteínas da membrana celular na superfície de uma célula interagem com proteínas receptoras em superfícies celulares adjacentes (justapostas).

Intercalação radial   Nos embriões de peixe, o movimento das células epiblásticas profundas para a camada mais superficial do epiblasto, ajudando a impulsionar a epibolia durante a gastrulação.

Intercinese   O breve período entre o fim da meiose I e o início da meiose II.

Interneurônios bipolares   Neurônios da retina neural posicionados entre os fotorreceptores (bastonetes e cones) e células ganglionares para transmitir sinais dos fotorreceptores para as células ganglionares.

Intersexo   Uma condição em que os traços masculino e feminino são observados no mesmo indivíduo.

Íntrons   Regiões não codificadoras de proteína de DNA dentro de um gene. Comparar com **Éxon**.

Invaginação   Dobramento para dentro de uma região de células, à semelhança do recuo de uma bola de borracha macia quando é cutucada.

Involução   Movimento de virada ou para dentro de uma camada externa expansível, de modo a se espalhar sobre a superfície interna das células externas remanescentes.

Ionóforo   Um composto que permite a difusão de íons, como o Ca^{2+}, através das membranas lipídicas, permitindo que estes atravessem barreiras impermeáveis.

Íris   Um anel pigmentado de tecido muscular no olho que controla o tamanho da pupila e determina a cor dos olhos.

Isoformas de *splicing*   Diferentes proteínas codificadas pelo mesmo gene e geradas por *splicing* alternativo.

Isolador   Sequência de DNA que limita o alcance no qual um estimulador pode ativar a expressão de um determinado gene (assim, "isolando" um promotor de ser ativado por estimuladores de outro gene).

Isolécito   Do grego, "vitelo igual". Descreve ovos com partículas de vitelo escassas e igualmente distribuídas, como em ouriços-do-mar, mamíferos e caracóis.

Istmo   O segmento estreito do oviduto de mamífero adjacente ao útero.

J

JAK   Proteína-cinase Janus. Ligado aos receptores FGF na cascata JAK-STAT.

Junção anorretal   Encontro do endoderma e do ectoderma no ânus em embriões vertebrados.

L

Lábio dorsal do blastóporo   Localização das células de zona marginal sofrendo involução da gastrulação de anfíbios. As células marginais migratórias tornam-se sequencialmente o lábio dorsal do blastóporo, giram para dentro e viajam ao longo da superfície interna das células do cap animal exterior (i.e., a tampa da blastocele).

Lamelipódios   Pseudópodios locomotores contendo redes de actina; encontrados em células migratórias, também encontrados em cones de crescimento de neurônios.

Lâmina basal   Folhas de matriz extracelular especializadas e estreitamente ligadas que estão subjacentes aos epitélios, compostos principalmente por laminina e colágeno tipo IV. As células epiteliais aderem à lâmina basal em parte através da ligação entre integrinas e laminina. Às vezes chamada de membrana basal.

Lâmina dental   Um amplo espessamento epidérmico na mandíbula que mais tarde se transforma em placoides separados, que, juntamente com o mesênquima subjacente, formam dentes.

Lâminas   Camadas. No cérebro, os neurônios são organizados em lâminas e aglomerados (núcleos).

Laminina   Uma grande glicoproteína e componente principal da lâmina basal, desempenha um papel na montagem da matriz extracelular, promovendo a adesão e crescimento celulares, alterando a forma celular e permitindo a migração celular.

Lanugo (Lanugem)   Os primeiros pelos de embriões humanos, geralmente caem antes do nascimento.

Larva   O estágio sexualmente imaturo de um organismo, muitas vezes de aparência significativamente diferente do adulto e frequentemente o estágio que vive mais tempo e é usado para alimentação ou dispersão.

Larva de Dauer   Estágio larval metabolicamente adormecido em *C. elegans*. *Ver também* **Diapausa**.

Larva pluteus   Tipo de larva encontrada em ouriços-do-mar e estrelas-do-mar; uma larva planctônica que é bilateralmente simétrica, ciliada e com braços longos apoiados por espículas esqueléticas.

Larvas primárias   Larvas que representam estruturas corporais significativamente diferentes da forma adulta e que são morfologicamente distintas do adulto; a pluteus dos ouriços-do-mar são tais larvas. Comparar com **Larvas secundárias**.

Larvas secundárias   Larvas que possuem o mesmo plano básico do corpo que o adulto; as orugas e os girinos são exemplos. Comparar com **Larvas primárias**.

Leptóteno   Do grego, "fio fino". Na primeira divisão meiótica, a primeira fase da prófase I, quando a cromatina é esticada de forma que não se pode identificar os cromossomos individuais. A replicação do DNA já ocorreu, e cada cromossomo consiste em duas cromátides paralelas.

Ligação heterofílica   Ligação entre diferentes moléculas, como quando um receptor na membrana de uma célula se liga a um tipo diferente de receptor na membrana de outra célula.

Ligação homofílica   Ligação entre moléculas semelhantes, como quando um receptor na membrana de uma célula se liga ao mesmo tipo de receptor na membrana celular de outra célula.

Ligante   Uma molécula segregada por uma célula que provoca uma resposta em outra célula por ligação a um receptor nessa célula.

Linha germinativa   A linha de células que se tornam células germinativas, separadas das células somáticas, encontradas em muitos animais, incluindo insetos, lombrigas e vertebrados. A especificação da linha germinativa pode ocorrer de forma autônoma a partir de determinantes encontrados nas regiões citoplasmáticas do ovo, ou pode ocorrer posteriormente por indução por células vizinhas.

Linha primitiva   O primeiro sinal morfológico de gastrulação em amniotas, surge inicialmente de um espessamento local do epiblasto na borda posterior da área pelúcida, chamada foice de Koller. Homóloga ao blastóporo de anfíbio.

Linhagem celular   A série de tipos de células a partir de uma célula-tronco indiferenciada e pluripotente por meio de estágios de diferenciação crescente para o tipo de célula terminalmente diferenciado.

Líquido amniótico   Uma secreção que serve de "amortecedor" para o embrião em desenvolvimento, impedindo-o de secar.

Lissencefálico   Com córtex cerebral que não possui dobras, como em camundongos. Comparar com **Girencefálico**.

Lóbulo polar   Um bulbo anucleado de citoplasma extrudido imediatamente antes da primeira clivagem, e às vezes antes da segunda clivagem, em certos embriões de clivagem espiral (principalmente no molusco e no filo dos anelídeos). Contém os determinantes para o ritmo de clivagem adequado e a orientação de clivagem do blastômero D.

Localização citoplasmática de mRNA   A regulação espacial da tradução de mRNA, mediada por (1) difusão e ancoragem local, (2) proteção localizada e (3) transporte ativo ao longo do citoesqueleto.

Lofotrocozoários   Um dos dois principais grupos protostomáticos, muitos dos quais são caracterizados por clivagem em espiral e pela forma larval conhecida como trocóforo. Um grupo diverso que inclui anelídeos (vermes segmentados, como minhocas), moluscos (p. ex., caracóis) e vermes chatos (p. ex., planária). *Ver também* **Ecdisozoários**.

Lúmen   O espaço oco dentro de qualquer estrutura ou órgão tubular ou globular.

M

Macrômeros   Células grandes geradas por clivagem assimétrica, por exemplo, as quatro células grandes geradas pela quarta clivagem quando a camada

vegetal do embrião do ouriço-do-mar sofre uma clivagem equatorial desigual.

Malformação   Anormalidades causadas por eventos genéticos, como mutações gênicas, aneuploidias cromossômicas e translocações.

Manto mesodérmico   As células que involuem através dos lábios ventrais e laterais do blastóporo durante a gastrulação de anfíbios e formarão o coração, os rins, os ossos e partes de vários outros órgãos.

Mapa do destino   Diagramas baseados em seguimento de linhagens celulares de regiões específicas do embrião para "mapear" em larvas ou em estruturas adultas a região do embrião a partir da qual surgiram. A superposição de um mapa de "o que deve ser" em uma estrutura que ainda não se desenvolveu nesses órgãos.

Maskin   Proteína em ovócitos de anfíbios que cria uma estrutura em alça repressiva no RNA mensageiro, impedindo sua tradução. Ela cria a alça ligando-se a duas outras proteínas, a proteína de ligação de elementos de poliadenilação citoplasmática (CPEB) e o fator eIF4E, que estão ligadas a extremidades opostas do mRNA.

Massa celular interna (ICM)   Um pequeno grupo de células internas dentro de um blastocisto de mamífero que mais tarde se desenvolverá no embrião propriamente dito e seu saco vitelínico associado, alantoide e âmnio.

Matriz extracelular (ECM)   Macromoléculas segregadas por células em seu ambiente imediato, formando uma região de material não celular nos interstícios entre as células. As matrizes extracelulares são constituídas por colágeno, proteoglicanos e uma variedade de moléculas de glicoproteína especializadas, como fibronectina e laminina.

Matriz osteoide   Um colágeno-proteoglicano secretado por osteoblastos que é capaz de se ligar ao cálcio.

Mecanismo de retroalimentação negativa   Um processo em que o produto do processo inibe uma etapa anterior no processo.

Mediador   Um grande complexo multimérico de quase 30 subunidades de proteínas que em muitos genes é a ligação que conecta a RNA-polimerase II (ligada ao promotor) a uma sequência estimuladora, formando, assim, um complexo de pré-iniciação no promotor.

Medicina regenerativa   O uso terapêutico de células-tronco para corrigir patologias genéticas (p. ex., anemia falciforme) ou reparo de órgãos danificados.

Meiose   Um processo de divisão único, que em animais ocorre apenas em células germinativas, para reduzir o número de cromossomos para um complemento haploide. Todas as outras células se dividem por mitose. A meiose

difere da mitose em que (1) as células meióticas sofrem duas divisões celulares sem um período intermediário de replicação do DNA e (2) os cromossomos homólogos (cada um composto por duas cromátides-irmãs unidas em um cinetócoro) emparelham e recombinam material genético.

Melanoblastos   Células progenitoras pigmentares.

Melanócitos   Células contendo o pigmento melanina. Derivados de células de crista neural que sofrem migração extensiva para todas as regiões da epiderme.

Meltrinas   Conjunto de metaloproteinases envolvidas em eventos de fusão celular, como a fusão de mioblastos para formar uma micofibra e de macrófagos para formar osteoclastos. *Ver também* **Metaloproteinases**.

Membrana cloacal   Presente na extremidade caudal do intestino posterior formada por endoderma e ectoderma em contato direto; futuro local do ânus.

Membrana corioalantoide   Forma-se em algumas espécies amniotas, como aves, por fusão da camada mesodérmica da membrana alantoide com a camada mesodérmica do córion. Este envelope extremamente vascular é crucial para o desenvolvimento de aves e é responsável pelo transporte de cálcio a partir da casca do ovo para dentro do embrião, auxiliando na produção óssea.

Mensagem materna   RNA mensageiro que é produzido no ovo e armazenado no citoplasma do ovo enquanto o ovo é um ovócito primário. Neste ponto, o ovo ainda é diploide dentro do ovário. O mRNA, portanto, está sendo sintetizado a partir do genoma materno.

Mesencéfalo   O cérebro médio, a vesícula central do cérebro dos vertebrados em desenvolvimento; os principais derivados incluem tecto óptico e tegmento. O seu lúmen torna-se o aqueduto cerebral.

Mesênquima   Tecido conjuntivo embrionário, frouxamente organizado, constituído por células mesenquimais dispersas e, às vezes, migratórias, separadas por grandes quantidades de matriz extracelular.

Mesênquima esqueletogênico   Também chamado de mesênquima primário, formado a partir da primeira camada de micrômeros (os micrômeros grandes) do embrião de ouriços-do-mar de 60 células. Eles ingressam, movendo-se para a blastocele e formam o esqueleto larval.

Mesênquima metanéfrico   Uma área de mesênquima, derivada de regiões posteriores do mesoderma intermediário, envolvida nas interações mesenquimais-epiteliais que geram o rim metanéfrico e formarão os néfrons secretores. Também chamado de mesênquima metanefrogênico.

Mesênquima não esqueletogênico Formado a partir da camada veg2 do embrião de ouriço-do-mar de 60 células, gera células pigmentares, imunócitos e células musculares. Também chamado de mesênquima secundário.

Mesentério dorsal Um derivado do mesoderma esplâncnico, esta membrana fibrosa conecta o endoderma à parede do corpo. Envolvido no dobramento dos intestinos em desenvolvimento.

Mesentoblasto Em embriões de caracol, o blastômero 4d, cuja progênie dá origem à maior parte das estruturas mesodérmicas (coração, rim e músculos) e endodérmicas (tubo intestinal).

Mesoderma Do grego, *mesos*, "entre". O meio das três camadas do embrião primitivo, deitado entre o ectoderma e o endoderma. O mesoderma dá origem a músculos e esqueletos, tecido conjuntivo, sistema urogenital (rins, gônadas e ductos), sangue e vasos sanguíneos e à maior parte do coração.

Mesoderma cardiogênico *Ver* **Campos do coração**.

Mesoderma da cabeça Mesoderma localizado anterior ao mesoderma do tronco, constituído pelo mesoderma paraxial não segmentado e pelo mesoderma pré-cordal. Essa região estabelece o mesênquima da cabeça que forma grande parte dos tecidos conjuntivos e a musculatura da cabeça.

Mesoderma da placa lateral Folha mesodérmica lateral ao mesoderma intermediário. Dá origem a ossos apendiculares, tecidos conjuntivos dos brotos dos membros, sistema circulatório (coração, vasos sanguíneos e células sanguíneas), músculos e tecidos conjuntivos das vias respiratórias e digestórias e revestimento do celoma e seus derivados. Também ajuda a formar uma série de membranas extraembrionárias que são importantes para o transporte de nutrientes para o embrião.

Mesoderma da placa pré-cordal Precursor do mesoderma da cabeça. As células mesodérmicas que se movem para dentro durante a gastrulação à frente do cordamesoderma.

Mesoderma esplâncnico (visceral) Também chamado de mesoderma visceral e mesoderma da placa lateral esplâncnica; derivado do mesoderma lateral mais próximo do endoderma (ventral) e separado de outro componente de mesoderma lateral (somático, próximo ao ectoderma, dorsal) pelo celoma intraembrionário. Juntamente com o endoderma subjacente, ele forma a esplancnopleura. O mesoderma esplâncnico formará o coração, os capilares sanguíneos, as gônadas, o peritônio visceral e as membranas serosas que cobrem os órgãos, mesentérios e as células sanguíneas.

Mesoderma intermediário Mesoderma imediatamente lateral ao mesoderma paraxial. Forma a parte externa (cortical) da glândula suprarrenal e do sistema urogenital, que consiste nos rins, nas gônadas e em seus ductos associados.

Mesoderma não segmentado Bandas de mesoderma paraxial antes da sua segmentação em somitos.

Mesoderma paraxial (somítico) Faixas espessas de mesoderma embrionário imediatamente adjacentes ao tubo neural e à notocorda. No tronco, o mesoderma paraxial dá origem aos somitos, na cabeça (juntamente com a crista neural) dá origem ao esqueleto, tecidos conjuntivos e musculatura do rosto e do crânio.

Mesoderma parietal *Ver* **Mesoderma somático**.

Mesoderma pré-somítico (PSM) O mesoderma que formará os somitos. Também conhecido como placa segmentar.

Mesoderma somático (parietal) Derivado do mesoderma da placa lateral mais próximo do ectoderma (dorsal) e separado de outros componentes do mesoderma lateral (esplâncnico, próximo ao endoderma, ventral) pelo celoma intraembrionário. Juntamente com o ectoderma subjacente, o mesoderma somático compreende a somatopleura, que formará a parede do corpo. O mesoderma somático também faz parte do revestimento do celoma. Não deve ser confundido com o mesoderma somítico (paraxial).

Mesoderma somítico *Ver* **Mesoderma paraxial**. Não deve ser confundido com **mesoderma somático**.

Mesoderma visceral *Ver* **Mesoderma esplâncnico**.

Mesômeros As oito células geradas no embrião do ouriço-do-mar pela quarta clivagem quando as quatro células da camada animal se dividem meridionalmente em oito blastômeros, cada um com o mesmo volume.

Mesonefron O segundo rim do embrião amniota, induzido no mesênquima adjacente pela porção média do ducto néfrico (Wolff). Funciona brevemente na filtração de urina em algumas espécies de mamíferos, e os túbulos mesonéfricos formam os tubos que transportam o espermatozoide dos testículos para a uretra (o epidídimo e o canal deferente). Forma o rim adulto de anamniotos (peixe e anfíbios).

MET *Ver* **Transição mesenquimal-para-epitelial**.

Metaloproteinases Metaloproteinases de matriz (MMP). Enzimas que digerem matrizes extracelulares e são importantes em muitos tipos de remodelação de tecido em doenças e desenvolvimento, incluindo metástases, mortogênese da ramificação de órgãos epiteliais, desprendimento placentário ao nascimento e artrite.

Metamorfose Mudando de uma forma para outra, como a transformação de uma larva de inseto para um adulto sexualmente maduro ou de um girino para um sapo.

Metanefro/Rim metanéfrico O terceiro rim do embrião e o rim permanente dos amniotas.

Metástase A invasão de células cancerosas para outros tecidos.

Metazoários Animais.

Metencéfalo A subdivisão anterior do rombencéfalo; dá origem ao cerebelo (coordenadas de movimentos, postura e equilíbrio) e ponte (tratos de fibra para comunicação entre regiões do cérebro).

Metilação *Ver* **Metilação de histonas**.

Metilação de histona A adição de grupos metil às histonas. Pode ativar ou reprimir ainda mais a transcrição, dependendo do aminoácido que é metilado e da presença de outros grupos metil ou acetil na vizinhança.

Metilação do DNA Método de controle do nível de transcrição de genes em vertebrados pela metilação enzimática dos promotores de genes inativos. Certos resíduos de citosina que são seguidos por resíduos de guanosina são metilados, e a metilcitocina resultante estabiliza os nucleossomas e evita que os fatores de transcrição se liguem. Importante na inativação do cromossomo X e na impressão de DNA.

5-metilcitosina Uma "quinta" base em DNA, feita enzimaticamente após o DNA ser replicado, convertendo a citosina em 5-metilcitosina – apenas citosinas seguidas por uma guanosina pode ser convertidas. Nos mamíferos, cerca de 5% das citosinas no DNA são convertidas em 5-metilcitosina.

Microambientes indutivos hematopoiéticos (HIMs) Regiões celulares que induzem diferentes conjuntos de fatores de transcrição em células-tronco hematopoiéticas multipotentes; esses fatores de transcrição especificam o percurso de desenvolvimento de descendentes dessas células.

Microespigas Essenciais para o direcionamento neuronal, são filopódios aguçados contendo microfilamentos do cone de crescimento que se alongam e se contraem para permitir a migração axonal. Microespigas também exploram o microambiente e enviam sinais de volta ao soma.

Microfilamentos Filamentos longos de actina polimerizada e um dos principais componentes do citoesqueleto. Em combinação com a miosina, forma forças contráteis necessárias para a citocinese; formados durante a fertilização no córtex do ovo para estender as microvilosidades; unidos indiretamente por outras moléculas às moléculas de adesão transmembrana, como caderinas e integrinas.

Microglia Pequenas células gliais do sistema nervoso central que realizam uma função imune fagocitando neurônios e glia que estão morrendo e estão disfuncionais.

Micrômeros Células pequenas criadas por clivagem assimétrica, por exemplo, quatro pequenas células geradas pela quarta clivagem no polo vegetal quando a camada vegetal do embrião do ouriço-do-mar sofre uma clivagem equatorial desigual.

Micrômeros pequenos Um agregado de células produzidas pela quinta divisão no polo vegetal no embrião do ouriço-do-mar quando os micrômeros se dividem.

Micropila O único lugar onde o espermatozoide de *Drosophila* pode entrar no ovo, na futura região dorsal anterior do embrião, um túnel no córion (casca de ovo) que permite que os espermatozoides passem por ele um de cada vez.

MicroRNA (miRNA) RNAs pequenos (cerca de 22 nucleotídeos) complementares a uma porção de um mRNA particular que regula a tradução de uma mensagem específica. MicroRNAs normalmente se se ligam à 3' UTR de mRNAs e inibem sua tradução.

Microvilosidades Pequenas projeções contendo microfilamentos que se estendem a partir da superfície das células; por exemplo, na superfície do ovo durante a fertilização, onde podem ajudar a entrada do espermatozoide na célula.

Mielencéfalo A subdivisão posterior do rombencéfalo; torna-se a medula oblonga.

Migração coletiva Migração de células autopropulsadas que exercem forças coordenadas direcionadas umas sobre as outras, ao contrário de células migrando individualmente ou ao movimento de um grupo de células causado por compressão devido à proliferação ou à intercalação de tecido.

Migração nuclear intercinética O movimento dos núcleos dentro de certas células à medida que passam pelo ciclo celular; observado no neuroepitélio germinativo no qual os núcleos translocam da extremidade basal para a apical próxima da superfície ventricular, onde sofrem mitose, e, após, migram lentamente para a extremidade basal novamente.

Mioblasto Célula precursora muscular.

Miocárdio Músculo cardíaco.

Mioepitélio Epitélio cujas células possuem características tanto de células epiteliais como musculares, por exemplo, as duas camadas epiteliais de *Hydra*.

Miofibra Célula muscular que é multinucleada e se forma a partir da fusão de mioblastos; célula do músculo esquelético.

Miogenina Um fator regulador miogênico que regula vários genes envolvidos na diferenciação e no reparo das células musculares esqueléticas. *Ver também* **Fatores regulatórios miogênicos**.

Miostatina Do grego, "rolha muscular". Membro da família TGF-β, regula negativamente o desenvolvimento muscular. Os defeitos genéticos no gene ou o seu miRNA regulador negativo provocam o desenvolvimento de músculos enormes em alguns mamíferos, incluindo seres humanos.

Miótomo Porção do somito que dá origem a todos os músculos esqueléticos do corpo de vertebrados, exceto aqueles na cabeça. O miótomo tem dois componentes: o componente proximal, o mais próximo do tubo neural, que forma a musculatura das costas e da caixa torácica, e o componente abaxial, longe do tubo neural, que forma os músculos dos membros e a parede ventral do corpo.

miRNA *Ver* **MicroRNA**.

MITF Fator de transcrição associado à microftalmia. Um fator de transcrição necessário para a especificação de melanoblastos e produção de pigmentos. Seu nome vem do fato de que uma mutação no gene para este fator de transcrição causa olhos pequenos (microftalmia) em camundongos.

Modelo de "tipo Turing" *Ver* **Modelo difusão-reação**.

Modelo de alocação antecipada e expansão de progenitores Uma alternativa ao modelo de zona de progresso da especificação proximal-distal do membro, em que as células de todo o membro inicial já estão especificadas; as divisões celulares subsequentes simplesmente expandem essas populações celulares.

Modelo de limiar Um modelo de desenvolvimento em que eventos biológicos são desencadeados quando uma concentração específica de um morfógeno ou hormônio é alcançada.

Modelo de reação-difusão Modelo para a padronização no desenvolvimento, sobretudo o do membro, em que duas substâncias homogeneamente distribuídas (um ativador, substância A, que se ativa e forma seu próprio inibidor de difusão mais rápida, substância I) interagem para produzir padrões estáveis complexos durante a morfogênese. De acordo com esse modelo, estabelecido no início da década de 1950 pelo matemático Alan Turing, os padrões gerados por este mecanismo de difusão de reação representam diferenças regionais nas concentrações das duas substâncias.

Modelo de zona de progresso Modelo para a especificação proximal-distal do membro que afirma que cada célula mesodérmica é especificada pela quantidade de tempo que ela passa se dividindo na zona de progresso. Quanto mais tempo a célula passa na zona de progresso, mais mitoses consegue e quanto mais distal a sua especificação se torna.

Modularidade Um princípio da abordagem dos sistemas teóricos. O organismo desenvolve-se como um sistema de módulos discretos e interativos.

Modularidade de estimuladores O princípio de que múltiplos estimuladores permitem a uma proteína ser expressa em muitos tecidos diferentes e não ser expressa, de todo, em outros, de acordo com a combinação de proteínas do fator de transcrição que os estimuladores ligam.

Módulo Uma unidade discreta de crescimento, caracterizada por uma integração mais interna do que externa.

Mola hidatiforme Um tumor humano que se assemelha ao tecido placentário, surge quando um espermatozoide haploide fertiliza um ovo em que o pronídeono qual o pronúcleo feminino está ausente e todo o genoma é derivado do espermatozoide, o que impede o desenvolvimento normal e é citado como evidência de impressão genômica.

Moléculas de adesão celular Moléculas de adesão que mantêm as células juntas. O principal grupo destas são as caderinas. *Ver também* **Caderinas**.

Monospermia Somente um espermatozoide entra no ovo, e um núcleo de espermatozoide haploide e um núcleo de ovo haploide se combinam para formar o núcleo diploide do ovo fertilizado (zigoto), restaurando, assim, o número cromossômico apropriado para a espécie.

Morfalaxias Tipo de regeneração que ocorre por meio do repadronização de tecidos existentes com pouco crescimento novo (p. ex., *Hydra*).

Morfo Um dos diferentes fenótipos potenciais que resultam de condições ambientais. Também chamado de ecomorfo.

Morfogênese A organização das células do corpo em estruturas funcionais através de crescimento celular coordenado, migração celular e morte celular.

Morfógenos Do grego, "doadores de forma". Moléculas bioquímicas difusas que podem determinar o destino de uma célula por suas concentrações, na medida em que as células expostas a altos níveis de um morfógeno ativarão genes diferentes dos que estão expostos a níveis mais baixos.

Morfolino Um oligonucleotídeo antissenso contra um mRNA; usado para inibir experimentalmente a expressão proteica.

Morte celular programada *Ver* **Apoptose**.

Mórula Do latim, "amora". Embrião vertebrado de 16 a 64 células, precede a fase de blástula ou blastocisto. A mórula de mamífero ocorre no estágio de 16 células, consiste em um pequeno grupo de células internas (que formarão a massa celular interna) cercada por um grupo maior de células externas (que formará o trofoblasto).

Muda imaginal Muda final em um inseto holometábolo quando a cutícula adulta (imago) se forma sob a cutícula da pupa, e o adulto surge mais tarde da cápsula pupal, na eclosão adulta.

Muda metamórfica Muda pupal; em insetos holometábolos, a muda no final do estágio final do ínstar, quando a larva se torna uma pupa.

Músculos abaxiais Músculos derivados das porções laterais do miótomo.

Músculos primaxiais Os músculos intercostais entre as costelas e os músculos profundos das costas formados pelos mioblastos do miótomo mais próximos do tubo neural.

Mutações hipomórficas Mutações que reduzem a função gênica, em oposição a uma mutação "nula" que resulta na perda da função de uma proteína.

Mutantes homeóticos Resultantes de mutações de genes seletores homeóticos, em que uma estrutura é substituída por outra (como onde uma antena é substituída por uma perna).

Mutualismo Uma forma de simbiose em que o relacionamento beneficia ambos os parceiros.

Mutualismo obrigatório Simbiose em que as espécies envolvidas são interdependentes umas com as outras, a ponto que nenhum dos parceiros poderia sobreviver sem o outro.

N

NAD⁺-cinase Ativada durante a resposta precoce do ovo do ouriço-do-mar ao espermatozoide, converte NAD^+ para $NADP^+$, que pode ser usado como coenzima para a biossíntese lipídica e pode ser importante na construção das muitas novas membranas celulares necessárias durante a clivagem. $NADP^+$ também é usado para fazer o NAADP.

Nanos Proteína fundamental para o estabelecimento da polaridade anteroposterior do embrião de *Drosophila*. O mRNA de *nanos* fica localizado principalmente na extremidade posterior do ovócito e é traduzido após a ovulação e a fertilização. A proteína Nanos difunde-se da extremidade posterior, ao passo que a Bicoid difere da extremidade anterior, estabelecendo dois gradientes opostos que determinam a polaridade anteroposterior do embrião.

N-caderina Um tipo de caderina que é altamente expressa nas células do sistema nervoso central em desenvolvimento (o N significa Neural). Pode desempenhar papéis na mediação dos sinais neurais. *Ver também* **Caderinas**.

Necrose Morte celular patológica causada por fatores como inflamação de lesões tóxicas. Comparar com **Apoptose**.

Néfron Unidade funcional do rim.

Neoblastos clonogênicos (cNeoblastos) Células-tronco pluripotentes em planárias que migram para um local de dano e regeneram o tecido; formam blastema de regeneração nos vermes chatos.

Neocórtex Uma camada de substância cinzenta no cérebro que é uma característica distintiva do cérebro de mamífero; estratifica-se em seis camadas de corpos celulares neuronais, cada um com diferentes propriedades funcionais.

Neotenia Retenção da forma do corpo juvenil ao longo da vida enquanto as células germinativas e o sistema reprodutor amadurecem (p. ex., o axolote mexicano). *Ver também* **Progênese**.

Nervo óptico Nervo craniano (NC II) que se forma a partir de axônios da retina neural que crescem de volta em direção ao cérebro ao percorrer o caule óptico.

Netrinas Fatores parácrinos encontrados em um gradiente que dirigem cones de crescimento axonal. São importantes na migração do axônio comissural e na migração do axônio da retina. A netrina-1 é secretada pela placa do assoalho; a netrina-2 é secretada pela região inferior da medula espinal.

Neuroblasto Uma célula precursora imatura em divisão que pode se diferenciar em células do sistema nervoso.

Neurocrânio Abóbada e base do crânio.

Neuroepitélio germinativo Uma camada de células-tronco neurais que se divide rapidamente, de espessura de uma célula, que constitui o tubo neural original.

Neurônio pré-sináptico Neurônio que transmite neurotransmissores químicos para uma célula-alvo, causando despolarização ou hiperpolarização da membrana da célula-alvo.

Neurônios Células nervosas; células especializadas para condução e transmissão de informações através de sinais elétricos e químicos.

Neurônios amácrinos Neurônios da retina neural vertebrada que não possuem grandes axônios. A maioria é inibitória. *Ver também* **Retina neural**.

Neurônios de Purkinje Neurônios grandes, multirramificados que são o principal tipo de célula do cerebelo.

Neurônios horizontais Neurônios na retina neural que transmitem impulsos elétricos no plano da retina; ajuda a integrar sinais sensoriais provenientes de muitas células fotorreceptoras.

Neuroporo As duas extremidades abertas (neuroporo anterior e neuroporo posterior) do tubo neural que, mais tarde, se fecham.

Neuroporo anterior *Ver* **Neuroporo**.

Neuroporo posterior *Ver* **Neuroporo**.

Neurotransmissores Moléculas (p. ex., acetilcolina, GABA, serotonina) secretadas nas extremidades dos axônios. Essas moléculas atravessam a fenda sináptica e são recebidas pelo neurônio adjacente, transmitindo, assim, o sinal neural. *Ver também* **Sinapse**.

Neurotrofina/neurotropina Neurotrófico (do grego, "nutritivo") refere-se à capacidade de um fator de manter o neurônio vivo, geralmente fornecendo fatores de crescimento. Neurotrópico (do latim, "virar") refere-se a uma substância que atrai ou repulsa neurônios. Como muitos fatores têm ambas as propriedades, ambos os termos são usados; na literatura recente, neurotrofina parece ser o termo preferido. *Ver também* **Fator de crescimento nervoso; Fator neurotrófico derivado do cérebro; Fator neurotrófico conservado da dopamina (CDNF); Neurotrofinas 3 e 4/5 (NT3, NT4/5)**.

Neurotrofinas 3 e 4/5 (NT3, NT4/5) A neurotrofina 3 atrai neurônios sensoriais dos gânglios da raiz dorsal; a NT4/5 atrai neurônios motores faciais e células granulosas cerebelares.

Nêurula Refere-se a um embrião durante a neurulação (i.e., enquanto o tubo neural está se formando).

Neurulação Processo de dobramento da placa neural e fechamento dos neuroporos cranianos e caudais para formar o tubo neural.

Neurulação juncional Formação do tubo neural na zona de transição entre o tubo neural primário (que fica anterior aos membros posteriores) e o tubo neural secundário (que se prolonga posteriormente à região sacral em mamíferos ou que está apenas na região da cauda no peixe e anfíbios).

Neurulação primária O processo que forma a porção anterior do tubo neural. As células que circundam a placa neural direcionam as células da placa neural para proliferar, invaginar e puxar a superfície para formar um tubo oco.

Neurulação secundária O processo que forma a porção posterior do tubo neural pela coalescência das células mesenquimais em um cordão sólido que posteriormente forma cavidades que coalescem para criar um tubo oco.

Nicho de células-tronco adultas Nicho que abriga células-tronco adultas e regula a autorrenovação, sobrevivência e diferenciação da progênie que deixa o nicho.

Nicho de célula-tronco Um ambiente (microambiente regulatório) que fornece um ambiente de matrizes extracelulares e fatores parácrinos que permitem que as células que residem dentro dele permaneçam relativamente indiferenciadas. Regula a proliferação e a diferenciação de células-tronco.

Ninfa   Estágio de larvas de insetos que se assemelha a um adulto imaturo da espécie. Torna-se progressivamente mais maduro, apesar de uma série de mudas.

Ninhos de histoblastos   Conjuntos de células imaginais que formarão o abdome adulto em insetos holometábolos.

NMPs   *Ver* **Progenitores neuromesodérmicos.**

Nó de esmalte   O centro de sinalização para o desenvolvimento dentário, um grupo de células induzidas no epitélio pelo mesênquima derivado da crista neural que segrega fatores parácrinos que modelam a cúspide do dente.

Nó de Hensen   Em embriões de aves, um espessamento regional de células na extremidade anterior da linha primitiva. O centro do nó de Hensen contém uma depressão em forma de funil (às vezes chamada de fosseta primitiva) através da qual as células podem entrar no embrião para formar a notocorda e a placa pré-cordal. O nó de Hensen é o equivalente funcional do lábio dorsal do blastóporo em anfíbio (i.e., o organizador) e o escudo embrionário de peixe. Também conhecido como nó primitivo.

Nó primitivo   *Ver* **Nó de Hensen.**

Nodal   Um fator parácrino e membro da família TGF-β envolvido no estabelecimento da assimetria esquerda-direita em vertebrados e invertebrados.

Node   O homólogo mamífero do nó de Hensen.

Noggin   Um antagonista de BMP (i.e., bloqueia a sinalização de BMP).

Norma de reação   Um tipo de plasticidade fenotípica em que o genoma codifica o potencial para uma gama contínua de fenótipos potenciais; o ambiente que o indivíduo encontra determina quais dos fenótipos potenciais se desenvolvem. Comparar com **Polifenismo.**

Notocorda   Uma haste mesodérmica transitória na porção mais dorsal do embrião que desempenha um papel importante na indução e na modelagem do sistema nervoso. Característica dos cordados

Núcleo   (1) A organela fechada por membrana que abriga os cromossomos eucarióticos. (2) Um agrupamento organizado dos corpos celulares dos neurônios no cérebro com funções e conexões específicas.

Núcleo pulposo   Massa tipo gel no centro dos discos intervertebrais derivada de células notocordais.

Nucleossomo   A unidade básica da estrutura da cromatina, composta por um octâmero de proteínas histonas (duas moléculas de histonas H2A, H2B, H3 e H4) envolvidas com duas alças contendo aproximadamente 147 pares de bases de DNA.

O

Obesógenos   Substâncias que aumentam a produção e a acumulação de gordura e células adiposas (gordas) no corpo. Vários disruptores endócrinos, incluindo DES e BPA, mostraram ser obesógenos.

Oligodendrócitos   Um tipo de célula glial dentro do sistema nervoso central que se envolve em torno de axônios para produzir uma bainha de mielina. Também chamado de oligodendroglia.

Oncogenes   Os genes reguladores que promovem a divisão celular, reduzem a adesão celular e impedem a morte celular. Podem promover a formação de tumores e metástases. Os proto-oncogenes são a versão normal desses genes, os quais, quando sobrexpressos ou subexpressos através de mutações ou metilações inadequadas, são chamados de oncogenes e podem resultar em câncer.

Organicismo holista   Noção filosófica afirmando que as propriedades do todo não podem ser previstas unicamente pelas propriedades de suas partes componentes e que as propriedades das partes são influenciadas por sua relação com o todo. Foi muito influente na construção da biologia do desenvolvimento.

Organismo eucariótico multicelular   Um organismo eucariótico com múltiplas células que permanecem juntas como um todo funcional; as gerações subsequentes formam os mesmos indivíduos coerentes compostos por múltiplas células. (Inclui plantas, fungos e animais.)

Organismos eucarióticos   Organismos cujas células possuem organelas ligadas à membrana, incluindo um núcleo com cromossomos que sofrem mitose. Pode ser unicelular ou multicelular.

Organizador   Em anfíbios, as células do lábio dorsal do blastóporo e seus derivados (notocorda e endomesoderma da cabeça). Funcionalmente equivalente ao nó de Hensen em galinha, nó em mamíferos e ao escudo em peixe. A ação do organizador estabelece o plano básico do corpo do embrião inicial. Também conhecido como o organizador de Spemann ou (mais corretamente) o organizador Spemann-Mangold.

Organizador de Sppemann   *Ver* **Organizador.**

Organogênese   Interações entre, e rearranjo, das células das três camadas germinativas para produzir tecidos e órgãos.

Organoides   Órgãos rudimentares, geralmente do tamanho de uma ervilha, cultivados em cultura a partir de células-tronco pluripotentes.

Ortólogos   Genes de diferentes espécies que são semelhantes na sequência de DNA porque esses genes foram herdados de um antepassado comum. Comparar com **Parálogos.**

Oskar   Uma proteína envolvida na formação do eixo anteroposterior do ovo de *Drophila* e do futuro embrião, se ligando no mRNA *nanos* na região posterior do ovo, o que estabelecerá a extremidade posterior do futuro embrião.

Ossificação   *Ver* **Osteogênese.**

Ossificação endocondral   Formação óssea em que o mesênquima mesodérmico se torna cartilagem e esta é substituída por osso. Caracteriza os ossos do tronco e dos membros.

Ossificação intramembranosa   Formação de osso diretamente no mesênquima sem precursor cartilaginoso. Existem três tipos principais de osso intramembranoso: osso sesamoide e osso periosteal, que provêm do mesoderma, e o osso dérmico, que origina das células mesenquimais derivadas da crista neural craniana.

Osso dérmico   Osso que se forma na derme da pele, como a maioria dos ossos do crânio e do rosto. Eles podem ser derivados do mesoderma da cabeça ou das células mesenquimais derivadas da crista neural craniana.

Osso intramembranoso   Osso formado por ossificação intramembranosa.

Osso periósteo   Osso que adiciona espessura aos ossos longos e é derivado do mesoderma por ossificação intramembranosa.

Osso sesamoide   Ossos pequenos nas articulações que se formam como resultado do estresse mecânico (como a patela). Eles são derivados do mesoderma via ossificação intramembranosa.

Osteoblastos   Células precursoras de osso comprometidas.

Osteoblastos endosteais   Osteoblastos que alinham a medula óssea e são responsáveis por fornecer o nicho que atrai células-tronco hematopoiéticas (HSCs), evita a apoptose e mantém as HSCs em estado de plasticidade.

Osteoblastos semelhantes a condrócitos   Células da crista neural cranial submetidas a estágios iniciais de ossificação intramembranosa. Essas células reduzem o gene *Runx2* e começam a expressar o gene da osteopontina, dando-lhes um fenótipo semelhante a um condrócito em desenvolvimento.

Osteócitos   Células ósseas. Derivados de osteoblastos que se incorporam na matriz osteoide calcificada.

Osteoclastos   Células multinucleadas derivadas de uma linhagem de células sanguíneas que entram no osso através dos vasos sanguíneos e destroem o tecido ósseo durante a remodelação.

Osteogênese   Formação óssea; a transformação do mesênquima em tecido ósseo por meio de uma progressão dos osteoclastos para osteoblastos, e para osteócitos. *Ver* **Ossificação endocondral; Ossificação intramembranosa.**

Ovaríolo   A câmara de ovos de *Drosophila*.

Oviparidade   Ninhada jovem de ovos ejetados pela mãe, como em aves, anfíbios e na maioria dos invertebrados.

Ovo   O ovo maduro (no estágio da meiose em que é fertilizado).

Ovo amniota   Ovo que desenvolve membranas extraembrionárias (âmnio, córion, alantoide e saco vitelínico) que fornecem nutrição e outras necessidades ambientais ao embrião em desenvolvimento. Característica dos vertebrados amniotas: dos répteis e dos pássaros, em que o ovo geralmente se desenvolve em uma casca fora do corpo da mãe; e dos mamíferos, onde o ovo se modificou para se desenvolver dentro da mãe.

Ovócito   Um ovo em desenvolvimento. Um ovócito primário está em um estágio de crescimento, não passou por meiose e possui um núcleo diploide. Um ovócito secundário completou sua primeira divisão meiótica, mas não a segunda, e é haploide.

Ovócito secundário   Ovócito haploide após a primeira divisão meiótica (essa divisão também gera o primeiro corpúsculo polar).

Ovócitos primários   Um ovo em desenvolvimento que passou pelo estágio de ovogônia e está em estágio de crescimento antes de qualquer divisão meiótica. Contém um grande núcleo chamado vesícula germinativa. Nesta fase, o mRNA (mRNA materno) é feito e armazenado no ovo. Em mamíferos, o ovócito primário é preso na primeira prófase meiótica até pouco antes da ovulação, quando a primeira divisão meiótica é completada e o ovo se torna um ovócito secundário. A segunda divisão meiótica é então presa e não é completada até após a fertilização.

Ovogênese meroística   Tipo de ovogênese encontrado em certos insetos (incluindo *Drosophila* e mariposas), no qual as conexões citoplasmáticas permanecem entre as células produzidas pela ovogônia.

Ovogônia   Uma única célula germinativa feminina que é mitótica. Quando ela sai desse estágio, torna-se um ovócito primário.

Ovoviparidade   Ninhada jovem de ovos mantidos no corpo da mãe, onde continuam a desenvolver-se por um período de tempo, como em certos répteis e tubarões. Comparar com **Viviparidade**.

Ovulação   Liberação do ovo do ovário.

P

p53   Um fator de transcrição que pode interromper o ciclo celular, causar senescência celular em células que se dividem rapidamente, instruir o início da apoptose e ativar as enzimas de reparo do DNA. Um dos reguladores mais importantes da divisão celular.

PAL-1   Fator de transcrição expressado maternalmente no ovócito do nemátodo *C. elegans* que é necessário para a diferenciação da linhagem P1 das células. P1 é uma das células do embrião de duas células.

Papila dérmica   Componente da indução mesenquimal-epitelial durante a formação do pelo; um pequeno nódulo formado por fibroblastos dérmicos sob o germe de pelo epidérmico que estimula a proliferação das células tronco basais epidérmicas sobrepostas, o que dará origem à haste do pelo.

Paquítono   Do grego, "fio grosso". Na primeira divisão meiótica, é a terceira fase da prófase I, durante a qual as cromátides se espessam e encurtam e podem ser vistas por microscopia óptica como cromátides individuais. O *crossing-over* ocorre durante essa fase.

Parabiose heterocrônica   Junção cirúrgica dos sistemas circulatórios de dois animais de diferentes idades; tem sido usada para estudar os efeitos do envelhecimento em células tronco em camundongos.

Parálogos   Genes que são semelhantes em sequência porque são o resultado de eventos de duplicação de genes em uma espécie ancestral. Comparar com **Ortólogos**.

Parasitismo   Tipo de simbiose em que um parceiro se beneficia à custa do outro.

Parassegmento   Uma unidade "transegmentar" em *Drosophila* que inclui o compartimento posterior de um segmento e o compartimento anterior do segmento imediatamente posterior; parece ser a unidade fundamental da expressão de genes embrionários.

Parcimônia molecular   O princípio de que o desenvolvimento em todas as linhagens usa os mesmos tipos de moléculas (o "*kit* de ferramentas pequeno"). O "*kit* de ferramentas" inclui fatores de transcrição, fatores parácrinos, moléculas de adesão e cascatas de transdução de sinal que são notavelmente similares de um filo para outro.

Partenogenia   Do grego, "nascimento virgem". Quando um ovócito é ativado na ausência de espermatozoide. O desenvolvimento normal pode prosseguir em muitos invertebrados e alguns vertebrados.

P-caderina   Um tipo de caderina encontrada predominantemente na placenta, onde ajuda a fixar a placenta no útero (o P significa placenta). *Ver também* **Caderinas**.

Peça intermediária   Seção do flagelo do espermatozoide perto da cabeça que contém anéis de mitocôndrias que fornecem o ATP necessário para alimentar as ATPases de dineína e sustentar a motilidade do espermatozoide.

Peixes sarcopterigeanos (*Sarcopterygii*)   Peixe com nadadeiras lobulares, incluindo coelacantos e salamandras. Os tetrápodes evoluíram de antepassados sarcopteríginos.

Peptídeos ativadores de espermatozoide (SAPs)   Pequenos peptídeos quimiotáticos encontrados na geleia de ovos dos equinodermos. Eles se difundem para longe da geleia de ovo na água do mar e são espécie-específicos, apenas atraindo espermatozoides da mesma espécie. Resacina, encontrada no ouriço-do-mar, *Arbacia punctulata*, é um exemplo.

Pericitos   Células de tipo musculares lisas recrutadas para cobrir células endoteliais durante a vasculogênese.

Pericôndrio   Tecido conjuntivo que envolve a maioria das cartilagens, exceto nas articulações.

Periderme   Uma cobertura temporária da epiderme no embrião que é trocada uma vez que a camada interna se diferencia para formar uma epiderme verdadeira.

Período embrionário   No desenvolvimento humano, as primeiras 8 semanas no útero antes do período fetal; o tempo durante o qual a maioria dos sistemas de órgãos se forma.

Período fetal   No desenvolvimento humano, o período que sucede o embrionário, desde o final de 8 semanas até o nascimento; o período após a formação da maioria dos sistemas e órgãos, e, em geral, quando o crescimento e a modelagem estão ocorrendo.

Periósteo   Uma bainha fibrosa contendo tecido conjuntivo, capilares e células progenitoras ósseas e que cobre o osso em desenvolvimento e adulto.

Perturbação   Anormalidade ou defeito congênito causado por agentes exógenos (teratógenos), como plantas, produtos químicos, vírus, radiações ou hipertermia.

PIE-1   Um fator de transcrição materno expresso no ovócito do nemátodo *C. elegans* que é necessário para o destino das células germinativas.

Piwi   Uma das proteínas, juntamente com Tudor, Vasa e Nanos, expressas em células germinativas para suprimir a expressão gênica.

Placa cortical   A camada de células no desenvolvimento do cérebro de mamíferos formada por neurônios na zona ventricular que migram para fora ao longo dos processos gliais radiais para uma posição próxima à superfície externa do cérebro, onde montarão as seis camadas do neocórtex.

Placa do assoalho   Região ventral do tubo neural importante no estabelecimento da polaridade dorsoventral. Sua formação é induzida pela ação da proteína Sonic hedgehog secretada pela notocorda adjacente. Torna-se um centro de sinalização secundário que também secreta a proteína Sonic hedgehog, estabelecendo um gradiente mais elevado ventralmente.

Placa do teto   Região dorsal do tubo neural importante no estabelecimento de polaridade dorsoventral. A epiderme adjacente induz a expressão de BMP4 nas células da placa do teto, que, por sua vez, induz uma cascata de proteínas TGF-β em células adjacentes do tubo neural.

Placa metafásica   Uma estrutura presente durante a mitose ou a meiose em que os cromossomos estão ligados através dos seus cinetócoros ao fuso dos microtúbulos e estão alinhados entre os dois polos da célula. Se a placa metafásica se forma a meio caminho entre os dois polos, a divisão será simétrica; se estiver mais próxima de um polo, ela será assimétrica, produzindo uma célula maior e outra menor.

Placa neural   A região do ectoderma dorsal que é especificada como ectoderma neural. Posteriormente, dobra-se para se tornar o tubo neural.

Placa oral   Uma região onde o ectoderma do estomodeu encontra o endoderma do intestino primitivo. Mais tarde, abre-se para formar a abertura oral.

Placa vegetal   Área de células espessadas no polo vegetal da blástula do ouriço-do-mar.

Placas epifisárias   Zonas de crescimento cartilaginoso nas extremidades proximal e distal dos ossos longos que permitem o crescimento ósseo contínuo.

Placenta   O órgão em mamíferos placentários que serve de interface entre as circulações fetal e materna e possui funções endócrina, imune, nutritiva e respiratória. Consiste em uma porção materna (o endométrio uterino, ou decídua, que é modificado durante a gestação) e um componente fetal (o córion).

Placoide do cristalino   Espessamentos epidérmicos pareados induzidos pelos cálices ópticos subjacentes para invaginar e formar as vesículas das lentes, que se diferenciam nas lentes oculares transparentes adultas que permitem que a luz incida nas retinas.

Placoides   Uma área de espessamento ectodérmico. Estes incluem os placoides cranianos (p; ex., o olfativo, a lente e os placômeros ópticos); e os placoides epidérmicos de anexos cutâneos, como pelo e penas, que se formam por meio de interações indutoras entre o mesênquima dérmico e o epitélio ectodérmico.

Placoides de apêndice ectodérmico   Espessamentos do ectoderma epidérmico envolvidos na formação de estruturas não sensoriais, como pelo, dentes, penas, glândulas mamárias e sudoríparas.

Placoides ectodérmicos   Espessamentos do ectoderma superficial em embriões que se tornam o primórdio de numerosos órgãos. Inclui placoides cranianos, placoides de anexos ectodérmicos.

Placoides epibranquiais   Um subgrupo de placoides cranianos que se formam na região da faringe do embrião de vertebrados. Dá origem aos neurônios sensoriais de três nervos cranianos: facial (VII), glossofaríngeo (IX) e vago (X).

Placoides epidérmicos   Os espessamentos do ectoderma epidérmico associados a apêndices ectodérmicos. *Ver* **Placoideos de apêndice ectodérmico**.

Placoides olfativos   Espessamentos epidérmicos pareados que formam o epitélio nasal (receptores do cheiro), bem como os gânglios para os nervos olfativos.

Placoides ópticos   Espessamentos epidérmicos pareados que invaginam para formar o labirinto da orelha interna, cujos neurônios formam os gânglios acústicos que nos permitem ouvir.

Placoides sensoriais cranianos   Espessamentos ectodérmicos que se formam na região cranial do embrião de vertebrados; inclui os placoides olfativos (nasais), óticos (orelha) e das lentes (olho) e placoides que dão origem aos neurônios sensoriais de vários nervos cranianos. Também chamados de placoides ectodérmicos cranianos.

Plasma do polo   Citoplasma no polo posterior do ovócito de *Drosophila* que contém os determinantes para produzir o abdome e as células germinativas.

Plasma germinativo   Determinantes citoplasmáticos (mRNA e proteínas) nos ovos de algumas espécies, incluindo rãs, nematódeos e moscas, que especificam de forma autônoma as células germinais primordiais.

Plasticidade do desenvolvimento   A capacidade de um embrião ou uma larva de reagir a uma variação ambiental com uma mudança na forma, no estado, no movimento ou na taxa de atividade (i.e., mudança fenotípica).

Plasticidade fenotípica   A capacidade de um organismo de reagir a uma influência ambiental com mudança na forma, no estado, no movimento ou na taxa de atividade.

PLC   *Ver* **Fosfolipase C**.

PLCζ (fosfolipase C zeta)   Uma forma solúvel de fosfolipase C encontrada na cabeça do espermatozoide de mamífero que é liberada durante a fusão dos gametas no processo de fertilização. Ela desencadeia a via IP_3 no ovo que resulta em liberação de Ca^{2+} e ativação do ovo.

Pleiotropia   A produção de vários efeitos por um gene ou par de genes.

Pleiotropia de mosaico   Um gene é expresso de forma independente em vários tecidos. Cada tecido precisa do produto do gene e se desenvolve anormalmente na ausência dele.

Pleiotropia relacional   A ação de um gene em uma parte do embrião que afeta outras partes, não por se expressar nessas outras partes, mas por ter iniciado uma cascata de eventos que as afetam.

Plexo capilar primário   Uma rede de capilares formada por células endoteliais durante a vasculogênese.

Plugue de vitelo   As grandes células endodérmicas que permanecem expostas na superfície vegetal cercadas pelo blastóporo do embrião de anfíbio em gastrulação.

Pluripotente   Do latim, "capaz de muitas coisas". Uma única célula-tronco pluripotente tem a capacidade de originar diferentes tipos de células que se desenvolvem a partir das três camadas germinativas (mesoderma, endoderma, ectoderma) das quais surgem todas as células do corpo. As células da massa celular interna de mamífero (ICM) são pluripotentes, assim como as células-tronco embrionárias. Cada uma dessas células pode gerar qualquer tipo de célula no corpo, porém, uma vez que a distinção entre ICM e o trofoblasto foi estabelecida, pensa-se que as células ICM não sejam capazes de formar o trofoblasto. As células germinativas e os tumores de células germinativas (como os teratocarcinomas) também podem formar células-tronco pluripotentes. Comparar com **Totipotente**.

Polarização   O primeiro estágio da migração celular, em que uma célula define suas extremidades frontal e de traseira, direcionadas por sinais difundidos (como uma proteína quimiotáctica) ou por sinais da matriz extracelular. Esses sinais reorganizarão o citoesqueleto, de modo que a parte frontal da célula formará lamelipódios (ou filopódios) com actina recém-polimerizada.

Poliadenilação   A inserção de uma "cauda" de cerca de 200 a 300 resíduos de adenilato na transcrição do RNA, cerca de 20 bases a jusante da sequência AAUAAA. Esta cauda de poliA (1) confere estabilidade ao mRNA, (2) permite que saia do núcleo e (3) que seja traduzido em proteína.

Polidactilia   A presença de dígitos extra (supranumerários), como a garra de orvalho nos cães dos Grandes Pirineus.

Polifenismo   Um tipo de plasticidade fenotípica, refere-se a fenótipos descontínuos ("ou/ou") provocados pelo meio ambiente. Comparar com **Norma de reação**.

Polifenismo induzido por predadores   A capacidade de modular o desenvolvimento na presença de predadores, a fim de expressar um fenótipo mais defensivo.

Polispermia   A entrada de mais de um espermatozoide durante a fertilização. resultando em aneuploidia (número anormal de cromossomos) e morte ou desenvolvimento anormal. Uma exceção, chamada polispermia fisiológica, ocorre em alguns organismos, como *Drosophila* e aves, onde o múltiplos espermatozoides entram no ovo, mas apenas um pró-núcleo de espermatozoide se funde com o pró-núcleo do ovo.

Polo animal O polo do ovo ou embrião onde a concentração de vitelo é relativamente baixa; extremidade oposta do ovo ao polo vegetal.

Polo vegetal O vitelo que contém o final do ovo ou embrião, em frente ao polo animal.

Pontes citoplasmáticas Continuidade entre células vizinhas que resultam de citocinese incompleta, por exemplo, durante a gametogênese.

Ponto de flexura medial (MHP) Em aves e mamíferos, formado pelas células na linha média da placa neural. As células MHP ficam ancoradas embaixo da notocorda e formam uma dobradiça, que forma um sulco na linha dorsal e ajuda a dobrar a placa neural enquanto esta forma um tubo neural.

Pontos de dobradiça dorsolateral (DLHPs) Na formação do tubo neural de aves e mamíferos, são duas regiões de dobradiça nas laterais da placa neural que dobram os dois lados da placa para dentro em direção ao outro após a curvatura do ponto de dobradiça medial (MHP), o qual dobrou a placa ao longo da sua linha média.

Portal intestinal anterior (AIP) Abertura posterior da parte inicial do intestino primitivo em desenvolvimento; ela abre-se para a futura parte mediana do intestino que é contínua com o saco vitelínico neste momento.

Portal intestinal caudal (CIP) Abertura anterior da região do intestino posterior em desenvolvimento no tubo intestinal primitivo; ele abre para a futura região mediana do intestino, que é contígua com o saco vitelínico nesta fase.

Portão duplo-negativo Um mecanismo pelo qual um repressor bloqueia os genes de especificação, e esses genes podem ser desbloqueados pelo repressor desse repressor. (Em outras palavras, ativação pela repressão de um repressor.)

Potência Ao referir-se às células-tronco, o poder de produzir diferentes tipos de células diferenciadas.

Potencial de membrana em repouso O potencial da membrana (tensão da membrana) normalmente mantido por uma célula, determinado pela concentração de íons em ambos os lados da membrana. Em geral, isso é – 70 mV, em que o interior da célula é carregado negativamente em relação ao exterior.

Pré-eclâmpsia Condição médica de gestantes caracterizadas por hipertensão, insuficiência renal e estresse fetal. Uma das principais causas de parto prematuro e morte fetal e materna.

Preformismo A visão, apoiada pelo microscopista Marcello Malpighi, de que os órgãos do embrião já estão presentes, em forma de miniaturas, dentro do ovo (ou espermatozoide). Afirma que a próxima geração já existia em um estado prefigurado dentro

das células germinativas da primeira geração prefigurada, garantindo, assim, que as espécies permanecessem constantes.

Pré-metamorfose O primeiro estágio na metamorfose dos anfíbios; a glândula tireoide começou a amadurecer e secreta baixos níveis de T4 e níveis muito baixos de T3. O receptor TRα está presente, mas o receptor TRβ, não.

Primeiro corpúsculo polar A célula menor produzida quando um ovócito primário passa pela primeira divisão meiótica, produzindo uma célula grande, o ovócito secundário, que retém a maior parte do citoplasma, e uma pequena célula, o primeiro corpúsculo polar, que é finalmente perdido. As duas células são haploides.

Proacrosina A forma inativa de uma proteinase do espermatozoide de mamífero que é armazenada no acrossoma e liberada durante a reação acrossômica, ajudando o espermatozoide a se mover através da zona pelúcida do ovo.

Processamento diferencial de RNA O *splicing* de precursores de mRNA em mensagens que especificam diferentes proteínas usando diferentes combinações de éxons potenciais.

Processo acrossômico Estrutura formada pela polimerização de filamentos de actina, em formato de dedo, na cabeça do espermatozoide que ocorre durante os primeiros estágios de fertilização em ouriços-do-mar e muitas outras espécies. Contém moléculas de superfície para o reconhecimento específico da espécie entre espermatozoide e ovo.

Processo da cabeça Em embriões de aves, a porção anterior do cordamesoderma que ingressa pelo nó de Hensen e migra anteriormente, à frente do mesoderma notocordal, para se deitar debaixo de células que formam o prosencéfalo e mesencéfalo.

Processo frontonasal Proeminência craniana formada por células da crista neural do mesencéfalo e dos rombômeros 1 e 2 do rombencéfalo que formam a testa, o meio do nariz e o palato primário.

Pró-eritroblasto Precursores de eritrócitos.

Progênese Condição na qual as gônadas e as células germinativas se desenvolvem a uma velocidade mais rápida do que o resto do corpo, tornando-se sexualmente maduras, enquanto o resto do corpo ainda está em fase juvenil. Comparar com **Neotenia**.

Progenitores neuromesodérmicos (NMPs) Uma população de células progenitoras multipotentes com o potencial de contribuir tanto para o tubo neural quanto para o mesoderma paraxial, localizados na região posterior da cauda.

Progérias Síndromes de envelhecimento prematuro; em seres humanos e camundongos, parecem ser causadas por mutações que impedem a função de enzimas de reparo do DNA.

Progesterona Um hormônio esteroide importante na manutenção da gravidez em mamíferos. A progesterona é secretada das células do cumulus e pode atuar como um fator quimiotático para o espermatozoide.

Projeção retinotectal O mapa das conexões retinianas para o tecto óptico. Correspondência ponto a ponto entre as células da retina e as células do tecto que permite ao animal ver uma imagem ininterrupta.

Prometamorfose O segundo estágio da metamorfose dos anfíbios, durante o qual a tireoide amadurece e secreta mais hormônios tireóideos.

Promotor Região de um gene contendo a sequência de DNA à qual a RNA-polimerase II se liga para iniciar a transcrição. *Ver também* **Ilhas CpG**; **Estimulador**.

Promotores de baixo conteúdo CpG (LCPs) Esses promotores são geralmente encontrados nos genes cujos produtos caracterizam células maduras, totalmente diferenciadas. Os sítios CpG geralmente são metilados e seu estado padrão é "off", embora possam ser ativados por fatores de transcrição específicos. *Ver também* **Ilhas CpG**.

Promotores de elevado conteúdo CpG (HCPs) Promotores com muitas ilhas CpG; esses promotores geralmente regulam os genes de desenvolvimento necessários para a construção do organismo; seu estado padrão está "ligado". *Ver também* **Ilhas CpG**.

Pronefro A primeira região do mesênquima do rim para formar túbulos renais em vertebrados. O pronefro é um rim funcional em larvas de peixes e anfíbios, mas não se acredita que seja ativo em amniotas, e que se degenera depois de outras regiões do rim se desenvolverem.

Pró-ninfa O estágio imediatamente após a eclosão em insetos ametábolos, quando o organismo carrega as estruturas que lhe permitiram sair do ovo; após esse estágio, o inseto parece um adulto pequeno.

Pró-núcleo Os núcleos haploides masculino e feminino dentro de um ovo fertilizado que se fundem para formar o núcleo diploide do zigoto.

Pró-núcleo feminino O núcleo haploide do ovócito.

Pró-núcleo masculino O núcleo haploide do espermatozoide.

Propriedades e emergências específicas do nível Um princípio da abordagem de teoria de sistemas: as propriedades de um sistema em qualquer nível de organização não podem ser totalmente explicadas pelos níveis "abaixo" dele.

Propriedades emergentes *Ver* **Propriedades e emergências específicas de nível**.

Prosencéfalo a vesícula mais anterior do cérebro de vertebrados em desenvolvimento. Formará duas vesículas cerebrais secundárias: o telencéfalo e o diencéfalo.

Protaminas Proteínas básicas, fortemente compactadas através de ligações dissulfureto, que embalam o DNA do núcleo de espermatozoide.

Proteína ativadora de GTPase (GAP) A proteína que permite à proteína G Ras retornar rapidamente ao seu estado inativo. Isso é feito pela hidrolização do GTP vinculado a Ras de volta ao GDP. Ras é ativado através da via RTK.

Proteína de ligação ao elemento de poliadenilação citoplasmático (CPEB) Proteína que se liga ao mRNA na extremidade 3' UTR e ajuda a controlar a tradução. Quando fosforilada, permite o alongamento da cauda de poliadenina (poliA) no mRNA.

Proteína Delta Ligante de superfície celular para Notch; participa na interação justácrina e na ativação da via Notch.

Proteína fluorescente verde (GFP) Uma proteína que ocorre naturalmente em determinadas águas-vivas. Ela emite fluorescência verde brilhante quando exposta à luz ultravioleta. O gene *GFP* é amplamente utilizado como um rótulo transgênico para células em pesquisas de desenvolvimento e outras, uma vez que as células que expressam GFP são facilmente identificadas por um brilho verde brilhante.

Proteína G Uma proteína que liga GTP e é ativada ou inativada por enzimas modificadoras de GTP (como GTPases). Ela desempenha papéis importantes na via RTK e na manutenção do citoesqueleto.

Proteína Jagged Ligante de Notch, participa da interação justácrina e ativação da via Notch.

Proteína Notch Proteína transmembrana que é um receptor para Delta, Jagged ou Serrate, participantes em interações justácrinas. A ligação do ligante faz Notch sofrer uma mudança conformacional que permite que uma parte do seu domínio citoplasmático seja cortada pela protease presenilina 1. A porção clivada entra no núcleo e se liga a um fator de transcrição latente da família CSL. Quando ligados à proteína Notch, os fatores de transcrição CSL ativam seus genes-alvo.

Proteínas de bHLH A família básica de fatores de transcrição de hélice-alça-hélice, incluindo proteínas como scleraxis, MRFs (MyoD, Myf5 e miogenina) e c-Myc.

Proteínas de coesina Anéis de proteínas que cercam as cromátides-irmãs durante a meiose, fornecem o arcabouço para a montagem do complexo de recombinação meiótica, resistem às forças de tração dos microtúbulos do fuso e, assim, mantêm as cromátides-irmãs ligadas durante a primeira divisão meiótica e promovem o emparelhamento de cromossomos homólogos, permitindo a recombinação.

Proteínas de zona 1, 2 e 3 (ZP1, ZP2, ZP3) As três principais glicoproteínas encontradas na zona pelúcida do ovo de mamífero; a zona pelúcida humana também contém ZP4. Envolvidas na ligação do espermatozoide de maneira relativa, mas não absolutamente espécie-específica.

Proteínas Hu Proteínas de ligação de RNA que estabilizam mRNAs envolvidos no desenvolvimento neuronal, impedindo-os de serem rapidamente degradados. Exemplos: HuA, HuB, HuC e HuD.

Proteínas morfogenéticas do osso (BMPs) Membros da superfamília TGF-β de proteínas. Identificadas originalmente pela sua capacidade de induzir a formação óssea, as BMPs são extremamente multifuncionais, tendo sido encontradas na regulação da divisão celular, na apoptose, na migração celular e na diferenciação.

Proteínas PAR Encontradas no citoplasma de ovócitos do nemátodo *C. elegans*; envolvidas na determinação do eixo anteroposterior do embrião após a fertilização.

Proteínas Polycomb Família de proteínas que se ligam aos nucleossomos condensados, mantendo os genes em estado inativo.

Proteínas Robo *Ver* **Proteínas Roundabout**.

Proteínas Roundabout (Robo) Proteínas que são receptores de proteínas slit, envolvidas no controle do cruzamento da linha média dos axônios comissurais.

Proteínas Silt Proteínas da matriz extracelular que são quimiorrepulsivas; envolvidas na inibição da migração das células da crista neural e no controle do crescimento dos axônios comissurais.

Proteoglicanos Moléculas grandes de matriz extracelular constituídas por um centro de proteínas (como sindecano) com cadeias laterais de polissacarídeos de glicosaminoglicanos covalentemente ligados. Dois dos mais difundidos são proteoglicanos de heparan sulfato e proteoglicano de sulfato de condroitina.

Proteoglicanos de heparan sulfato (HSPGs) Um dos proteoglicanos mais difundidos na matriz extracelular, pode ligar-se a muitos membros de diferentes famílias parácrinas e apresentá-los em altas concentrações aos seus receptores.

Proteoma O número e tipo de proteínas codificadas pelo genoma.

Protocaderina axial Um tipo de protocaderina expressa nas células que darão origem à notocorda que permite a separação do mesoderma paraxial (formador dos somitos) para formar a notocorda. Encontrada em embriões de anfíbios. *Ver* **Protocaderina**.

Protocaderina paraxial Proteína de adesão expressa especificamente no mesoderma paraxial (formador de somitos) durante a gastrulação de anfíbios; essencial para a extensão convergente.

Protocaderinas Uma classe de caderinas que não possuem a ligação ao esqueleto da actina através das cateninas. Elas são um meio importante de manter o epitélio migratório unido, e são importantes para separar a notocorda do mesoderma circundante durante sua formação.

Protostômios Do grego, "boca primeiro". Animais cujas regiões da boca se formam a partir do blastóporo, como moluscos. Comparar com **Deuterostômios**.

Pseudo-hermafroditismo Condições intersexuais em que as características sexuais secundárias diferem do que seria esperado do sexo gonadal. O pseudo-hermafroditismo masculino (p. ex., síndrome de insensibilidade aos androgênios) descreve condições em que o sexo gonadal é masculino e as características sexuais secundárias são femininas, ao passo que o pseudo-hermafroditismo feminino descreve a situação inversa (p. ex., hiperplasia suprarrenal congênita).

Pupa Um estágio não alimentar de um inseto holometábolo após o último ínstar, quando o organismo está passando por metamorfose, sendo transformado de larva em adulto (imago).

Q

Queratinócitos Células epidérmicas diferenciadas que estão firmemente unidas e produzem uma vedação impermeável à água de lipídeos e proteínas.

Quiasma Pontos de ligação entre os cromossomos homólogos durante a meiose onde se supõe que ocorra o *crossing-over*.

Quilha neural Uma banda de células precursoras neurais que são trazidas para a linha média dorsal durante os movimentos de convergência e extensão no epiblasto do embrião de peixe. Estende-se sobre o mesoderma axial e paraxial e, eventualmente, forma uma haste de tecido que se separa do ectoderma epidérmico e desenvolve um lúmen tipo fenda para se tornar o tubo neural.

Quimera Um organismo que consiste em uma mistura de células de dois indivíduos.

Quimioatrativa Molécula bioquímica que faz as células se moverem em direção a ela.

Quimiotaxia Movimento de uma célula em direção a um gradiente químico, como o espermatozoide que segue um químico (quimioatrativo) secretado pelo ovo.

R

RA *Ver* **Ácido retinoico**.

Ras A proteína G na via RTK. As mutações no gene *RAS* causam uma grande proporção de tumores humanos cancerígenos.

R-caderina Um tipo de caderina crucial na formação da retina (R significa retina). *Ver* **Caderinas**.

Reação acrossômica A fusão dependente de Ca²⁺ do acrossoma com a membrana do espermatozoide, resultando em exocitose e liberação de enzimas proteolíticas que permitem que o espermatozoide penetre na matriz extracelular do ovo e o fertilize.

Reação dos grânulos corticais A base do bloqueio lento para a polispermia em muitas espécies animais, incluindo ouriços-do-mar e a maioria dos mamíferos. Um bloqueio mecânico para a polispermia que nos ouriços-do-mar se torna completo cerca de um minuto após a fusão bem-sucedida do óvulo-espermatozoide, em que enzimas dos grânulos corticais de um óvulo contribuem para a formação de um envelope de fertilização que bloqueia a entrada de espermatozoide adicional.

Receptor Uma proteína que funciona quando há a ligação de um ligante. *Ver também* **Ligante**.

Receptor de ecdisona Proteína nuclear que se liga à ecdisona em insetos; quando ligado, ele forma um complexo ativo com outra proteína que se liga ao DNA, induzindo a transcrição de genes sensíveis à ecdisona. Relacionado evolutivamente a receptores hormonais da tireoide e quase idêntico em sua estrutura.

Receptor de tirosina-cinase (RTK) Um receptor localizado na membrana celular e possui uma região extracelular, uma região transmembrana e uma região citoplasmática. A ligação do ligante (fator parácrino) ao domínio extracelular causa uma alteração conformacional nos domínios citoplasmáticos do receptor, ativando a cinase que utiliza ATP para fosforilar resíduos específicos de tirosina de determinadas proteínas.

Receptores de bindina Receptores específicos de espécies no envelope vitelínico de ovos de ouriço-do-mar que se ligam à bindina no processo acrossômico dos espermatozoides durante a fertilização.

Receptores de hormônio da tireoide (TRs) Receptores nucleares que ligam os hormônios tireoidianos tri-iodotironina (T₃), bem como a tiroxina (T₄). Uma vez ligado ao hormônio, o TR torna-se um ativador transcricional da expressão gênica. Existem vários tipos de TR diferentes, incluindo TRα e TRβ.

Receptores do fator de crescimento fibroblástico (FGFRs) Um conjunto de tirosinas-cinase receptoras que são ativadas por FGFs, resultando em ativação da cinase dormente e fosforilação de certas proteínas (incluindo outros receptores de FGF) dentro da célula ativada.

Receptores Eph Receptor para ligantes de efrina.

Rede ("*hub*") Um microambiente regulatório em testículos de *Drosophila* onde residem as células-tronco para o espermatozoide.

Rede regulatória de genes (GRNs) Padrões gerados pelas interações entre os fatores de transcrição e seus estimuladores que ajudam a definir o curso que o desenvolvimento segue.

Reelin Uma proteína da matriz extracelular encontrada no no cerebelo e cérebro em desenvolvimento. No cerebelo, permite que os neurônios se liguem às células gliais à medida que os neurônios migram e formam camadas; no cérebro, dirige a migração de neurônios para a superfície pial.

Regeneração A capacidade de reformar a estrutura corporal ou órgão que foi danificado ou destruído por trauma ou doença.

Regeneração compensatória Forma de regeneração na qual as células diferenciadas se dividem, mas mantêm suas funções diferenciadas (p. ex., fígado de mamífero).

Regeneração do blastema Uma coleção de células relativamente indiferenciadas que são organizadas em novas estruturas por fatores parácrinos localizados na superfície do corte. A coleção de células pode ser derivada de tecido diferenciado próximo ao local da amputação que se desdiferenciam, passam por um período de mitose e, em seguida, se rediferenciam nas estruturas perdidas, como no membro da salamandra, ou podem ser de células-tronco pluripotentes que migram para a superfície do corte, como na regeneração de planárias.

Regeneração epimórfica *Ver* **Epimorfose**.

Regeneração mediada por células-tronco Processo pelo qual as células-tronco permitem que um organismo regenere certos órgãos ou tecidos (p. ex., pelo, células sanguíneas) que foram perdidos.

Regeneração morfalática *Ver* **Morfalaxias**.

Região 3' não traduzida (3 UTR) Uma região de um gene eucariótico e RNA que segue o códon de terminação da tradução que, apesar de transcrito, não é traduzido em proteína. Inclui a região necessária para a inserção da cauda poliA na transcrição que permite que o transcrito saia do núcleo.

Região 5' não traduzida (5' UTR) Também chamada de sequência-líder ou RNA-líder; uma região de um gene eucariótico ou RNA. Em um gene, é uma sequência de pares de bases entre a iniciação da transcrição e os sítios de início da tradução; em um RNA, é sua extremidade 5'. Estes não são traduzidos em proteínas, mas podem determinar a taxa à qual a tradução é iniciada.

Região da aorta-gônada-mesonefron (AGM) Uma área mesenquimatosa na esplancnopleura do mesoderma da placa lateral perto da aorta ventral que produz células-tronco hematopoiéticas.

Região equatorial A junção entre a membrana acrossômica interna e a membrana celular do espermatozoide em mamíferos. É exposta pela reação acrossômica e é onde a fusão de membrana entre espermatozoide e ovo começa.

Regulação A capacidade de reespecificar células de modo que a remoção de células destinadas a se tornarem uma estrutura específica pode ser compensada por outras células que produzem essa estrutura. Isso é visto quando um embrião inteiro é produzido por células que teriam contribuído apenas certas partes para o embrião original. Também é vista na capacidade de dois ou mais embriões precoces de formar um indivíduo quimérico, em vez de gêmeos, trigêmeos ou um indivíduo com múltiplas cabeças.

Regulação pós-traducional Modificações que determinam se a proteína traduzida estará ativa. Essas modificações podem incluir a clivagem de uma sequência peptídica inibidora; sequestro e seleção para regiões específicas da célula; agrupamento com outras proteínas para formar uma unidade funcional; unindo um íon (como Ca²⁺); ou modificação pela adição covalente de um grupo fosfato ou acetato.

Regulador mestre Fatores de transcrição que podem controlar a diferenciação celular (1) sendo expressos quando a especificação de um tipo de célula começa, (2) regulando a expressão de genes específicos desse tipo de célula e (3) sendo capazes de redirecionar o destino de uma célula para esse tipo de célula.

Resacina Um peptídeo de 14 aminoácidos que foi isolado da cobertura gelatinosa do ovo de ouriço-do-mar, *Arbacia punctulata*, que atua como fator quimiotático e peptídeo ativador de espermatozoide para o espermatozoide da mesma espécie, ou seja, é específico da espécie e é, portanto, um mecanismo para garantir que a fertilização também seja específica da espécie. *Ver também* **Peptídeo ativador de espermatozoide**.

Respondedor Durante a indução, é o tecido induzido. As células do tecido responsivo devem ter receptores para as moléculas indutoras e serem competentes para responder ao indutor.

Ressegmentação Ocorre durante a formação das vértebras a partir dos esclerótomos; o segmento rostral de cada esclerótomo se recombina com o segmento caudal do próximo esclerótomo anterior para formar o rudimento vertebral e isso permite que os músculos da coluna vertebral derivados dos miótomos coordenem o movimento do esqueleto, permitindo que o corpo se mova lateralmente.

Restrição calórica Restrição dietética como forma de prolongar a longevidade dos mamíferos (à custa da fertilidade).

Restrições de desenvolvimento Na evolução, a limitação do número e das formas de possíveis fenótipos que podem ser criados pelas interações possíveis entre moléculas e entre módulos no organismo em desenvolvimento.

Rete testis Uma rede de canais finos que transmitem espermatozoide dos túbulos seminíferos para os ductos eferentes.

Reticulócito Célula derivada do eritroblasto de mamífero que expulsou seu núcleo. Embora os reticulócitos, por não possuírem núcleo, não possam mais sintetizar o mRNA da globina, eles podem traduzir as mensagens existentes em globinas. Um reticulócito se diferencia em um glóbulo vermelho maduro (eritrócitos), no qual a tradução uniforme do mRNA não ocorre.

Retina *Ver* **Retina neural**.

Retina neural Derivada da camada interna do cálice óptico, composta por uma série de células em camadas que incluem as células fotorreceptoras sensíveis à luz e à cor (cones e bastonetes), os corpos celulares das células ganglionares, interneurônios bipolares que transmitem estímulos elétricos, estímulos dos bastonetes e dos cones às células ganglionares, células da glia de Müller que mantêm sua integridade, neurônios amácrinos (que não possuem axônios grandes) e neurônios horizontais que transmitem impulsos elétricos no plano da retina.

Retina pigmentada A camada do olho de vertebrados contendo melanina que se encontra atrás da retina neural. Forma-se a partir da camada externa do cálice óptico. O pigmento de melanina preto absorve a luz através da retina neural, impedindo que ele retorne através da retina neural, o que distorceria a imagem captada.

Rho GTPases Uma família de moléculas, incluindo RhoA, Rac1 e Cdc42, que convertem a actina solúvel em cabos fibrosos de actina que ancoram nas caderinas. Estas ajudam a mediar a migração celular por lamelipódios e filopódios e a remodelação do citoesqueleto dependente da caderina.

RNA de interferência Processo pelo qual os miRNAs inibem a expressão de genes específicos, degradando seus mRNAs.

RNA mensageiro (mRNA) RNA que codifica uma proteína e deixa o núcleo depois de ser processado a partir de RNA nuclear de uma maneira que excisa domínios não codificantes e protege as extremidades da cadeia.

RNA nuclear (nRNA) O produto de transcrição original. Às vezes chamado de RNA nuclear heterogêneo (hnRNA) ou RNA pré-mensageiro (pré-mRNA); contém a sequência de cap, 5′ UTR, éxons, íntrons e 3′ UTR.

RNA-polimerase II Uma enzima que se liga a um promotor no DNA e, quando ativada, catalisa a transcrição de um molde de RNA a partir do DNA.

RNAs não codificantes longos (lncRNAs) Reguladores de transcrição que inativam genes em um dos dois cromossomos de um organismo diploide. Por exemplo, Xist é um lncRNA envolvido na inativação de genes no segundo cromossomo X de fêmeas. Alguns lncRNAs parecem ser específicos para a cópia materna ou paterna de um gene.

RNA-Seq (sequenciamento de RNA) Usando tecnologia de sequenciamento de última geração para sequenciar e quantificar o RNA presente em uma amostra biológica.

Robustez (canalização) A capacidade de um organismo de desenvolver o mesmo fenótipo apesar das perturbações do meio ambiente ou de mutações. É uma função das interações dentro e entre os módulos de desenvolvimento.

Roialactina Proteína que induz uma larva de abelha a tornar-se uma rainha. A proteína, servida às larvas pelas abelhas trabalhadoras, se liga aos receptores de EGF no corpo gorduroso da larva e estimula a produção de hormônio juvenil, o que eleva os níveis de proteínas de vitelo necessárias para a produção de ovos.

Rombencéfalo A vesícula mais caudal do cérebro dos vertebrados em desenvolvimento; formará duas vesículas cerebrais secundárias, o metencéfalo e o mielencéfalo.

Rombômeros Inchaços periódicos que dividem o rombencéfalo em compartimentos menores, cada um com um destino diferente e diferentes gânglios nervosos associados.

Rosetas Estruturas semelhantes a um cata-vento, como as estruturas constituídas por pequenos conjuntos de células-tronco neurais envolvidas por células ependimais ciliadas encontradas na V-SVZ do cérebro de mamífero.

Rostral-caudal Do latim, "bico-cauda". Um eixo posicional anteroposterior; usado frequentemente quando se refere a embriões de vertebrados ou cérebros.

Rotação vegetal Durante a gastrulação do sapo, reorganizações internas das células colocam as potenciais células do endoderma faríngeo adjacentes à blastocele e imediatamente acima do mesoderma em involução.

R-spondin1 (Rspo1) Proteína pequena e solúvel que aumenta a via Wnt e é crucial para a formação de ovários em mamíferos.

S

Saco vitelínico A primeira membrana extraembrionária a se formar, derivada da esplancnopleura que cresce sobre o vitelo para o envolver. O saco vitelínico medeia a nutrição de aves e répteis em desenvolvimento. Está ligado ao intestino médio pelo ducto vitelínico, de modo que as paredes do saco vitelínico e as paredes do intestino são contínuas.

Seio urogenital Nos mamíferos, a região da cloaca que é separada do reto pelo septo urogenital. A bexiga forma-se da porção anterior do seio e a uretra desenvolve-se a partir da região posterior. Nas fêmeas, também forma glândulas de Skene; nos machos, também forma a próstata.

Seio venoso A região posterior do coração em desenvolvimento, onde as duas veias vitelínicas principais que trazem sangue ao coração se fundem. Trato de entrada de fluxo para a área atrial do coração.

Seleção dirigida O segundo passo na especificação da conexão axonal, em que os axônios, uma vez que atingem a área correta, reconhecem e se ligam a um conjunto de células com as quais eles podem formar conexões estáveis.

Seleção do caminho O primeiro passo na especificação da conexão axonal, em que os axônios viajam ao longo de uma rota que os leva a uma região específica do embrião.

Seleção do RNA nuclear Meios de controle da expressão gênica processando subconjuntos específicos da população de nRNA em mRNA em diferentes tipos de células.

Semaforinas Proteínas da matriz extracelular que repelem as células da crista neural migratórias e os cones de crescimento axonal.

Senescência A deterioração fisiológica que caracteriza o estado idoso.

Septo Uma partição que divide uma câmara, como os septos atriais, que dividem o átrio em desenvolvimento em átrios esquerdo e direito.

Sequência cap *Ver* **Sítio de iniciação da transcrição**.

Sequência de término da transcrição Sequência de DNA de um gene onde a transcrição é encerrada. A transcrição continua por cerca de 1.000 nucleótidos além do local AATAAA da região 3 não traduzida do gene antes de ser encerrada.

Sequência-consenso Quando se refere a um íntron, está localizada nas extremidades 5′ e 3′ dos íntrons que sinalizam os "sitios de união" do íntron.

Sequência-líder *Ver* **Região 5′ não traduzida**.

Sex-lethal (Sxl) Um gene autossômico em *Drosophila* envolvido na determinação sexual. Ele codifica um fator de *splicing* que inicia uma cascata de eventos de processamento de RNA, que, finalmente, leva a fatores de transcrição específicos do sexo masculino e feminino, as proteínas Doublesex. *Ver* **Doublesex**.

Shh *Ver* **Sonic Hedgehog**.

Silenciador Um elemento regulador de DNA que liga fatores de transcrição que inibem ativamente a transcrição de um gene específico.

Silenciador de *Splicing* Uma sequência atuando em *cis* no nRNA que atua para excluir éxons de uma sequência de mRNA.

Simbionte O organismo menor em uma relação simbiótica em que o outro organismo é muito maior e serve como hospedeiro, ao passo que o organismo menor pode viver na superfície ou dentro do corpo do maior.

Simbiose Do grego, "convivência". Refere-se a qualquer associação estreita entre organismos de diferentes espécies.

Sinais indutores da placa neural Fatores parácrinos (p. exemplo, BMPs, Wnts, FGFs e Notch) que interagem para especificar os limites entre o ectoderma neural e não neural durante a gastrulação. Nos anfíbios, os sinais indutores segregados pela notocorda são suficientes para especificar a placa neural; na galinha, os sinais segregados pelo ectoderma ventral e mesoderma paraxial especificam os limites.

Sinalização justácrina Sinalização entre células que estão justapostas, isto é, em contato direto entre si.

Sinalização parácrina Sinalização entre células que ocorre em longas distâncias por meio da secreção de fatores parácrinos na matriz extracelular.

Sinapse Junção em que um neurônio entra em contato com sua célula-alvo (que pode ser outro neurônio ou outro tipo de célula) e a informação na forma de moléculas de neurotransmissor (p. ex., acetilcolina, GABA, serotonina) é trocada através da fenda sináptica entre as duas células.

Sinapse O alinhamento paralelo altamente específico (emparelhamento) de cromossomos homólogos durante a primeira divisão meiótica.

Sincício Muitos núcleos que residem em um citoplasma comum, resulta de uma cariocinese sem citocinese ou de fusão celular.

Sinciciotrofoblasto Uma população de células do trofoblasto de mamíferos que sofre mitoses sem citocinese, resultando em células multinucleadas. Acredita-se que o tecido de sinciciotrofoblasto promova a progressão do embrião na parede uterina por digestão do tecido uterino.

Sindétomo Do grego, *syn*, "conectado". Derivado das células de esclerótomos mais dorsais, que expressam o gene *scleraxis* e geram os tendões.

Síndrome Do grego, "acontecendo juntos". Várias malformações ou patologias que ocorrem simultaneamente. As síndromes geneticamente baseadas são causadas por (1) um evento cromossômico (como trissomia 21 ou síndrome de Down) em que vários genes são excluídos ou adicionados, ou (2) por um gene que tem múltiplos efeitos.

Síndrome alcoólica fetal (FAS) Condição de bebês nascidos de mães que consumiram álcool durante a gestação, caracterizada por tamanho pequeno da cabeça, características faciais específicas e cérebro pequeno, que muitas vezes mostra defeitos na migração neuronal e glial. O FAS é a síndrome de retardo mental congênito mais prevalente. Outro termo, o transtorno do espectro de álcool fetal (FASD) vem sendo utilizado para abranger os efeitos comportamentais menos visíveis sobre crianças expostas pré-natal ao álcool.

Síndrome de Down Síndrome causada por uma cópia extra do cromossomo 21 em seres humanos; inclui anomalias, como alterações musculares faciais, anormalidades cardíacas e intestinais e problemas cognitivos.

Síndrome de insensibilidade a androgênios Condição intersexual em que um indivíduo XY possui uma mutação no gene que codifica a proteína receptora de androgênio que liga a testosterona. Isso resulta em fenótipo externo feminino, falta de útero e ovidutos e presença de testículos abdominais.

Sistema nervoso central O cérebro e a medula espinal dos vertebrados.

Sistemas-modelo Espécies que são facilmente estudadas em laboratório e possuem propriedades especiais que permitem que seus mecanismos de desenvolvimento sejam facilmente observados (p. ex., ouriços-do-mar, *Drosophila*, *C. elegans*, peixe-zebra e camundongo).

Sítio de iniciação da transcrição Sequência de DNA de um gene que codifica a adição de um "capuz" de nucleotídeo modificado na extremidade 5′ do RNA logo após a transcrição. Também chamado de sequência cap.

Sítio de início da tradução O códon ATG (torna-se AUG no mRNA), que sinaliza o início do primeiro éxon (região codificadora de proteínas) de um gene.

SKN-1 Um fator de transcrição expresso pela mãe no oócito do nematódo *C. elegans* que controla o destino da célula EMS, uma das células do estágio de 4 células que marca a região ventral do embrião em desenvolvimento.

Solenoides Estruturas criadas a partir de nucleossomos bem enrolados estabilizados pela histona H1, que inibem a transcrição de genes, impedindo que fatores de transcrição e RNA-polimerases tenham acesso aos genes.

Soma Do grego, "corpo". Pode referir-se ao corpo celular (particularmente dos neurônios) ou às células que formam o corpo de um organismo (distinto das células germinativas).

Somatopleura Composto por mesoderma da placa lateral somático e ectoderma subjacente.

Somitogênese O processo de segmentação do mesoderma paraxial para formar somitos, começando cranialmente e se estendendo caudalmente. Seus componentes são (1) periodicidade, (2) formação de fissuras (para separar os somitos), (3) epitelialização, (4) especificação e (5) diferenciação.

Somitômeros Pré-somitos precoces, constituídos por células mesodérmicas paraxiais, organizadas em bobinas de células.

Somitos Blocos segmentares mesodérmicos formados a partir de mesoderma paraxial adjacente à notocorda (o mesoderma axial). Cada um contém compartimentos principais: o esclerótomo, que forma o esqueleto axial (vértebras e costelas), e o dermomiótomo, que passa a formar dermátomo e miótomo. O dermátomo forma a derme das costas; o miótomo forma a musculatura das costas, da caixa torácica e do corpo ventral. Progenitores musculares adicionais destacam-se da borda lateral do dermomiótomo e migram para os membros para formar os músculos dos membros anteriores e posteriores.

Sonda *in situ* DNA complementar ou RNA usado para localizar uma sequência específica de DNA ou RNA em um tecido.

Sonic hedgehog (Shh) O principal fator parácrino da família hedgehog. Shh tem funções distintas em diferentes tecidos do embrião. Por exemplo, é secretada pela notocorda, induzindo a região ventral do tubo neural para formar a placa do assoalho. Também está envolvida no estabelecimento da assimetria esquerda-direita, diferenciação do tubo intestinal primitivo, formação adequada das penas nos pássaros, diferenciação do esclerótomo e padronização do eixo anteroposterior dos brotos dos membros.

Sox9 Um gene autossômico envolvido em vários processos de desenvolvimento, principalmente na formação óssea. Na crista genital dos mamíferos, induz a formação de testículos, e humanos XX com uma cópia extra de *SOX9* se desenvolvem como machos.

Splicing alternativo de mRNA Um meio de produzir múltiplas proteínas diferentes a partir de um único gene, juntando diferentes conjuntos de éxons para gerar diferentes tipos de mRNAs.

Sry Região determinante do sexo do cromossomo Y. O gene *Sry* codifica o fator determinante dos testículos de mamíferos. Está provavelmente ativo por apenas algumas horas na crista genital, quando sintetiza o fator de transcrição de Sry, cujo principal papel é ativar o gene *Sox9* necessário para a formação de testículos.

STAT   Transdutores de sinal e ativadores de transcrição. Uma família de fatores de transcrição, parte da via JAK-STAT. Importante na regulação do crescimento ósseo fetal humano.

Substância branca   A região axonal (por oposição à neuronal) do cérebro e da medula espinal. O nome deriva do fato de que as bainhas de mielina dão aos axônios uma aparência esbranquiçada. Comparar com **Substância cinzenta**.

Substância cinzenta   Regiões do cérebro e da medula espinal ricas em corpos celulares neuronais. Comparar com **Substância branca**.

Sulco cefálico   Um sulco transversal formado durante a gastrulação em *Drosophila* que separa a futura região da cabeça (prosencéfalo) da porção germinativa, que formará o tórax e o abdome.

Sulco da clivagem   Um sulco formado na membrana celular em uma célula em divisão devido ao estreitamento do anel microfilamentoso.

Sulco laringotraqueal   bolsa proeminente de epitélio endodérmico no centro do assoalho da faringe, entre o quarto par de bolsas faríngeas, que se estende ventralmente. O sulco laringotraqueal, então, bifurca-se nos ramos que formam brônquios e pulmões pareados.

Sulco limitante   Um sulco longitudinal que divide a medula espinal e a medula em desenvolvimento em partes dorsal (recebe informação sensoriais) e ventral (inicia as funções motoras).

Sulco neural   Sulco em forma de U que se forma no centro da placa neural durante a neurulação primária.

Sulco ventral   Invaginação do mesoderma prospectivo, cerca de 1.000 células que constituem a linha média ventral do embrião, no início da gastrulação em *Drosophila*.

Superfamília de TGF-β   Mais de 30 membros estruturalmente relacionados de um grupo de fatores parácrinos. As proteínas codificadas por genes da superfamília do TGF-β são processadas de modo que a região carboxiterminal contenha o peptídeo maduro. Estes peptídeos são dimerizados em homodímeros (com eles mesmos) ou heterodímeros (com outros peptídeos de TGF-β) e são secretados a partir da célula. A superfamília do TGF-β inclui a família de TGF-β, família de activina, proteínas morfogenéticas do osso (BMPs), família Vg1 e outras proteínas, incluindo o fator neurotrófico derivado de glia (GDNF, necessário para diferenciação de neurônio entérico e renal) e hormônio antimülleriano (AMH, envolvido na determinação do sexo em mamíferos).

Superfície pial   A superfície externa do cérebro; "pial" refere-se ao fato de estar próximo da pia-máter, uma das meninges do cérebro.

Supressor de alongamento de transcrição   Um fator de transcrição repressivo que funciona para impedir que o complexo de alongamento da transcrição se associe à RNA-polimerase II, fazendo uma pausa na transição.

Surfactante   Uma secreção de proteínas específicas e fosfolipídeos, como esfingomielina e lecitina, produzidos pelas células alveolares tipo II dos pulmões muito tarde na gestação. O surfactante permite que as células alveolares se toquem sem se aderir.

T

T-box (Tbx)   Um domínio específico de ligação ao DNA encontrado em certos fatores de transcrição, incluindo os genes T (*Brachyury*), *Tbx4* e *Tbx5*. *Tbx4* e *Tbx5* ajudam a especificar membros posteriores e anteriores, respectivamente.

Tecido linfoide associado ao intestino de mamíferos (GALT)   Tecido linfoide que medeia a imunidade da mucosa e a tolerância imune oral, permitindo que mamíferos comam alimentos sem criar uma resposta imune a eles. Os micróbios intestinais são fundamentais para a maturação da GALT.

Telencéfalo   A subdivisão anterior do prosencéfalo; acabará por formar os hemisférios cerebrais.

Telógeno   A fase de repouso do ciclo de regeneração do folículo capilar.

Telolécitos   Descreve os ovos de aves e peixes que têm apenas uma pequena área no polo animal do ovo que está livre de vitelo.

Telomerase   Complexo enzimático que pode alongar os telômeros ao seu comprimento total e mantém a integridade dos telômeros.

Telômeros   Sequências repetidas de DNA nas extremidades dos cromossomos que fornecem um capuz protetor aos cromossomos.

Telson   Uma estrutura semelhante a uma cauda; o segmento mais posterior de certos artrópodes. Observado em larvas de insetos, como *Drosophila*.

Teoria de sistemas   No desenvolvimento, refere-se a uma abordagem que vê o organismo se formando através das interações de seus processos componentes. Embora a ênfase aplicada a cada uma varie, a abordagem da teoria de sistemas pode ser caracterizada por seis princípios: (1) propriedades dependentes do contexto; (2) propriedades e emergências específicas do nível; (3) causação heterogênea; (4) integração; (5) modularidade e robustez; e (6) homeorrese (estabilidade durante a mudança).

Teoria do plasma germinativo   O primeiro modelo testável de especificação celular, proposto por Weismann, em 1888, em que cada célula do embrião se desenvolveu de forma autônoma. Foi hipotetizado que em vez de se dividir igualmente, os cromossomos se dividissem de tal forma que diferentes determinantes cromossômicos entrassem em diferentes células. Somente os núcleos nas células destinadas a tornarem-se células germinativas (gametas) foram postulados conter todos os diferentes tipos de determinantes. Os núcleos de todas as outras células teriam apenas um subconjunto dos determinantes originais.

Terapia de diferenciação   Tratamentos para o câncer que usam fatores de transcrição e outras moléculas para "normalizar" os cânceres, ou seja, para reverter a diferenciação, em vez de conter a proliferação contínua.

Teratocarcinoma   Um tumor derivado de células germinativas primordiais malignas que contém uma população de células tronco indiferenciadas (carcinoma embrionário ou células EC) com propriedades bioquímicas e de desenvolvimento semelhantes às da massa celular interna. As células do EC podem se diferenciar em uma ampla variedade de tecidos, incluindo epitélio intestinal e respiratório, músculo, nervo, cartilagem e osso.

Teratógenos   Do grego, "*formadores de monstros*". Agentes exógenos que causam perturbações no desenvolvimento, resultando em teratogênese, a formação de defeitos congênitos. Teratologia é o estudo de defeitos congênitos e de como agentes ambientais perturbam o desenvolvimento normal.

Termotaxia   Migração que é direcionada por um gradiente de temperatura, tanto para cima ou para baixo no gradiente.

Testosterona   Um hormônio esteroide que é androgênico. Nos mamíferos, é secretada pelos testículos fetais e masculiniza o feto, estimulando a formação do pênis, do sistema de ducto masculino, do escroto e de outras porções da anatomia masculina, além de inibir o desenvolvimento dos primórdios da mama.

Tétrade   *Ver* **Bivalente**.

Tetrápodes   Do latim, "quatro pés". Inclui os vertebrados anfíbios, répteis, aves e mamíferos. Evoluiu a partir de ancestrais de peixes com barbatanas (sarcopterígeno).

Tiroxina (T$_4$)   Hormônio da tireoide contendo quatro moléculas de iodo; é convertido na forma T$_3$ mais ativa através da remoção de uma molécula de iodo. Aumenta a taxa metabólica basal nas células. Inicia metamorfose em anfíbios.

Torpedo   A proteína receptora para Gurken. Quando expressa em células do folículo terminal em uma câmara de ovo de *Drosophila*, ela liga-se a Gurken produzida pelo ovo, que sinaliza a essas células foliculares para se diferenciarem em células foliculares posteriores e sintetizarem uma molécula que ativa a proteína-cinase A no ovo; parte do processo que estabelece o eixo anteroposterior do ovo e futuro embrião.

Totipotente Do latim, "capaz de tudo". Descreve o potencial de certas células-tronco para formar todas as estruturas de um organismo, como os primeiros blastômeros de mamíferos (até o estágio de 8 células), que podem formar tanto as células trofoblásticas como as células precursoras do embrião. Comparar com **Pluripotente**.

Tradução O processo no qual os códons de um RNA mensageiro são traduzidos na sequência de aminoácidos de uma cadeia polipeptídica.

Transcrição O processo de copiar o DNA em RNA.

Transcriptoma RNAs mensageiros totais (mRNAs) expressos por genes em um organismo ou um tipo específico de tecido ou célula.

Transdiferenciação A transformação de um tipo de célula para outro.

Transferência nuclear de células somáticas (SCNT) Menos precisamente conhecido como "clonagem", o procedimento pelo qual um núcleo de célula é transferido para um ovo enucleado ativado e dirige o desenvolvimento de um organismo completo com o mesmo genoma que a célula doadora.

Transgene DNA ou gene exógeno introduzido por meio de manipulação experimental no genoma de uma célula.

Transição blástula média A transição das mitoses rápidas bifásicas iniciais (apenas fases M e S) do embrião para uma fase caracterizada por (1) mitoses que incluem os estádios "gap" (G1 e G2) do ciclo celular, (2) perda de sincronicidade da divisão celular e (3) transcrição de novos mRNAs (zigóticos) necessários para a gastrulação e especificação celular.

Transição epitélio-mesenquima (EMT) Uma série ordenada de eventos em que as células epiteliais são transformadas em células mesenquimais. Nesta transição, uma célula epitelial imóvel polarizada, que normalmente interage com a membrana basal através da sua superfície basal, torna-se uma célula mesenquimatosa migratória que pode invadir tecidos e formar órgãos em novos lugares. *Ver também* **Transição mesênquima-para-epitelial**.

Transição materno-zigoto O estágio embrionário onde os mRNAs fornecidos pela mãe são degradados e o controle do desenvolvimento é entregue ao genoma do próprio zigoto; muitas vezes ocorre no estágio de blástula média. Visto em vários grupos de animais diferentes.

Transição mesênquima-epitelial (MET) Transformação de células mesenquimais em células epiteliais. Ocorre, por exemplo, durante a formação dos somitos, quando os somitos se formam a partir do mesoderma pré-somítico. *Ver também* **Transição epitélio-mesenquimal**.

Transmissão horizontal Quando um hospedeiro nascido livre de simbiontes subsequentemente fica infectado, seja pelo meio ambiente ou por outros membros da espécie. Também pode se referir à transferência de genes de um organismo para outro sem envolvimento de reprodução, como pode ocorrer em bactérias. Comparar com **Transmissão vertical**.

Transmissão vertical Ao referir-se à simbiose, a transferência de simbiontes de uma geração para a seguinte através das células germinativas, geralmente os ovos.

Trato de saída No coração em desenvolvimento, formado pelo cone arterioso e tronco arterioso; torna-se a base da aorta e das artérias pulmonares.

Tri-iodotironina (T_3) A forma mais ativa do hormônio da tireoide, produzida por meio da remoção de uma molécula de iodo da tiroxina (T_4). *Ver* **Tiroxina (T4)**.

Triploblasto *Ver* **Bilatérios**.

Trissomia 21 Condição (em seres humanos) de ter três cópias do cromossomo 21 (um exemplo de aneuploidia). Causa a síndrome de Down.

Trithorax Família de proteínas que são recrutadas para reter a memória do estado transcricional das regiões de DNA à medida que a célula passa pela mitose; mantém ativos os genes ativos.

Trofoblasto As células externas do embrião de mamífero precoce (i.e., a mórula e o blastocisto) que se ligam ao útero. As células do trofoblasto formam o córion (a porção embrionária da placenta). Também chamado de trofoectoderma.

Tronco arterioso O precursor do trato de saída cardíaco que juntamente com o cone arterioso formará a base da aorta e da artéria pulmonar.

Tubérculo genital Uma estrutura próxima à membrana cloacal durante o estágio indiferenciado de diferenciação da genitália externa de mamífero. Formará o clitóris no feto feminino ou o pênis no macho.

Tubo cardíaco Estrutura linear (anterior-posterior) formada na linha média dos campos cardíacos; irá se tornar os átrios, ventrículos e a base da aorta e das artérias pulmonares.

Tubo digestório O intestino primitivo do embrião, que se prolonga pelo comprimento do corpo da faringe até a cloaca. Brotamentos do tubo digestório formam a tireoide, o timo e as glândulas paratireoides, os pulmões, o fígado, a vesícula biliar e o pâncreas.

Tubo neural O precursor embrionário do sistema nervoso central (cérebro e medula espinal).

Tubo respiratório O trato respiratório futuro, que se forma como uma protusão epitelial da faringe e, depois, bifurca-se nos dois pulmões.

Tubulina Uma proteína dimérica que polimeriza para formar microtúbulos. Os microtúbulos são um dos principais componentes do citoesqueleto; eles são encontrados em centríolos e corpos basais; também formam o fuso mitótico e o axonema de cílios e flagelos.

Túbulos seminíferos Em mamíferos machos, formam-se na gônada a partir dos cordões testiculares. Eles contêm células de Sertoli (células nutridoras) e espermatogônia (células tronco do espermatozoide).

Tudor Uma das proteínas, juntamente com Piwi, Vasa e Nanos, expressa em células germinativas para suprimir a expressão gênica. Também envolvida na polaridade anteroposterior no embrião de *Drosophila*, localizando Nanos, um morfógeno posterior.

Túnica albugínea Em mamíferos, uma cápsula espessa e esbranquiçada de matriz extracelular que envolve o testículo.

U

Urodeles Grupo de anfíbios que inclui as salamandras. Comparar com **Anúrios**.

V

Vasa Uma das proteínas, juntamente com Tudor, Piwi e Nanos, expressas em células germinativas para suprimir a expressão gênica. Também envolvida na polaridade anteroposterior no embrião de *Drosophila*, localizando Nanos, um morfógeno posterior.

Vasculatura linfática Os vasos do sistema circulatório que transportam a linfa (em oposição aos vasos sanguíneos do sistema circulatório).

Vasculogênese A criação *de novo* de uma rede de vasos sanguíneos a partir do mesoderma da placa lateral. *Ver também* **Vasculogênese extraembrionária**.

Vasculogênese extraembrionária Formação de ilhotas sanguíneas no saco vitelínico (i.e., fora do embrião).

Vasculogênese intraembrionária Formação de vasos sanguíneos durante a organogênese embrionária. Comparar com **Vasculogênese extraembrionária**.

Vasos deferentes (ducto) Derivados do ducto de Wolff, o tubo através do qual os espermatozoides passam do epidídimo para a uretra.

VEGF *Ver* **Fatores de crescimento endotelial vascular**.

Veias onfalomesentéricas (umbilicais) As veias que se formam das ilhotas sanguíneas do saco vitelínico. Essas veias trazem nutrientes para o embrião de mamíferos e transportam gases para e de locais de troca respiratória com a mãe.

Veias umbilicais   *Ver* **Veias onfalomesentéricas; Veias vitelínicas.**

Veias vitelínicas   As veias, contínuas com o endocárdio, que transportam nutrientes do saco vitelínico para o seio venoso do coração de vertebrados em desenvolvimento. Em aves, essas veias se formam das ilhotas sanguíneas do saco vitelínico e trazem nutrientes para o embrião e transportam gases de e para os locais de troca respiratória. Nos mamíferos, eles são chamados de veias onfalomesentéricas ou veias umbilicais.

Velus   Pelo curto e sedoso do feto e recém-nascido que permanece em muitas partes do corpo humano que geralmente são considerados sem pelos, como a testa e as pálpebras. Em outras áreas do corpo, o velus dá lugar a pelos "terminais" mais longos e mais espessos.

Vesícula da lente   A vesícula que se forma a partir do placoide da lente. Ela diferencia-se na lente. Também induz o ectoderma subjacente a se tornar a córnea e induz o lado interno do cálice óptico a se diferenciar na retina neural.

Vesícula de Kupffer   Órgão transiente preenchido de fluido que alberga os cílios que controlam a assimetria esquerda-direita no peixe-zebra.

Vesícula óptica   Estende-se do diencéfalo e ativa a capacidade latente do ectoderma para a formar a lente.

Vetores epissômicos   Os veículos para entrega de genes geralmente derivados de vírus que não se inserem no DNA do hospedeiro.

Vg1   Uma família de proteínas que faz parte da superfamília TGF-β. Importante na especificação do mesoderma em embriões de anfíbios. *Ver também* **Superfamília TGF-β.**

Via de sinalização de insulina   Caminho que envolve um receptor de insulina e proteínas semelhantes à insulina; pode ser um componente importante de períodos de vida geneticamente limitados, em que a regulação negativa da via pode corresponder a um período de vida aumentado.

Via de sinalização Hedgehog   Proteínas ativadas pela ligação de uma proteína Hedgehog ao receptor Patched. Quando Hedgehog se liga a Patched, a forma da proteína Patched é alterada de tal forma que já não inibe Smoothened. Smoothened atua para liberar a proteína Ci dos microtúbulos e para impedir sua clivagem. A proteína Ci intacta agora pode entrar no núcleo, onde atua como um ativador transcricional dos mesmos genes que antes reprimia.

Via de sinalização RTK   O receptor de tirosina-cinase (RTK) é dimerizado pelo ligante, o que provoca autofosforilação do receptor. Uma proteína adaptadora reconhece as tirosinas fosforiladas na via RTK e ativa uma proteína intermediária, o GEF, que ativa a proteína Ras G, permitindo a fosforilação do Ras associado a GDP. Ao mesmo tempo, a proteína GAP estimula a hidrólise desta ligação de fosfato, retornando Ras para seu estado inativo. O Ras ativo ativa a proteína-cinase C Raf (PKC), que, por sua vez, fosforila uma série de cinases. Depois, uma cinase ativada altera a expressão gênica no núcleo da célula alvo por fosforilação de certos fatores de transcrição (que podem, então, entrar no núcleo para alterar os tipos de genes transcritos) e certos fatores de tradução (que alteram o nível de síntese proteica). Em muitos casos, essa via é reforçada pela liberação de Ca^{2+}.

Via de sinalização Wnt   Cascatas de transdução de sinal iniciadas pela ligação de uma proteína Wnt ao seu receptor Frizzled na membrana celular. Essa ligação pode iniciar diferentes vias ("canônica" e "não canônica") para ativar genes-alvo de Wnt no núcleo.

Via dorsolateral   Caminho tomado por células do tronco da crista neural que viajam dorsolateralmente abaixo do ectoderma para se tornarem melanócitos.

Via SMAD   A via ativada pelos membros da superfamília TGF-β. O ligante de TGF-β liga-se a um receptor de TGF-β do tipo II, que permite que o receptor se ligue a um receptor de TGF-β de tipo I. Uma vez que os dois receptores estão em contato próximo, o receptor de tipo II fosforila uma serina ou treonina no receptor tipo I, ativando-o. O receptor de tipo I ativado agora pode fosforilar as proteínas Smad. As Smads 1 e 5 são ativadas pela família BMP de fatores TGF-β, ao passo que os receptores que ligam activina, Nodal e a família TGF-β fosforilam as Smads 2 e 3. As Smads fosforiladas ligam-se a Smad 4 e formam o complexo do fator de transcrição que entrará no núcleo.

Via VegT   Envolvida na polaridade dorsal-ventral e na especificação das células do organizador no embrião anfíbio. A via VegT ativa a expressão de fatores parácrinos relacionados com Nodal nas células do hemisfério vegetal do embrião, que, por sua vez, ativam o fator de transcrição Smad2 nas células mesodérmicas acima delas, ativando genes que dão a essas células propriedades "organizadoras".

Via ventral   Via migratória das células da crista neural neural do tronco que viajam ventralmente através da parte anterior do esclerótomo e contribuem para os gânglios simpáticos e parassimpáticos, células supramedulares e gânglios dorsais.

Viscerocrânio   Os maxilares e outros elementos esqueletais derivados dos arcos faríngeos.

Vitelogênese   A formação de proteínas do vitelo, que são depositadas no ovócito primário.

Viviparidade   Vivíparos são animais nutridos e nascidos do corpo da mãe, em vez de eclodidos a partir de um ovo, como em mamíferos placentários. Comparar com **Oviparidade.**

W

Wnt4   Uma proteína na família Wnt; nos mamíferos, está envolvida na determinação sexual primária, no desenvolvimento do rim e no momento da meiose. É expressa nas gônadas bipotenciais, mas se torna indetectável nas gônadas XY tornando-se testículos; é mantida em gônadas XX se tornando ovários. *Ver também* **Wnts.**

Wnt7a   Uma proteína Wnt especialmente importante para especificar a polaridade dorsal-ventral no membro do tetrápode; expressa no ectoderma dorsal, mas não ventral, de brotos de membros. Se a expressão nesta região for eliminada, ambos os lados dorsal e ventral do membro forma estruturas apropriadas para a superfície ventral, os coxins ventrais em ambas as superfícies de uma pata. *Ver também* **Wnts.**

Wnts   Uma família de genes de fatores parácrinos glicoproteínas ricas em cisteína. Seu nome é uma fusão do nome do gene de polaridade do segmento de *Drosophila wingless* com o nome de um dos seus homólogos de vertebrados, *integrated*. As proteínas Wnt são fundamentais para estabelecer a polaridade dos membros de insetos e vertebrados, promovendo a proliferação de células tronco e em várias etapas do desenvolvimento do sistema urogenital.

Y

YSL externa (eYSL)   Uma região da camada sincicial vitelina (YSL) em embriões de peixe. O eYSL forma-se a partir de núcleos sinciciais do vitelo que se movem ainda mais, mantendo-se à frente da margem da blastoderme, à medida que esta se expande para cercar a célula vitelínica. *Ver* **Camada sincicial vitelina.**

YSL interna (iYSL)   Uma região da camada sincicial vitelina (YSL) em embriões de peixe. A iYSL forma-se a partir de núcleos sinciciais do vitelo que se movem sob a blastoderme à medida que esta se expande para cercar a célula vitelínica. *Ver* **Camada sincicial vitelina.**

Z

Zebrabow   Peixe-zebra transgênico usado para desencadear a expressão de diferentes combinações e quantidades de diferentes proteínas fluorescentes dentro das células, rotulando-os com um "arco-íris" aparente que pode ser usado para identificar cada célula individual em um tecido, órgão ou embrião inteiro.

Zeugopódio   Os ossos do meio do membro vertebrado; o raio e o cúbito (perna anterior) ou a tíbia e a fíbula (membro posterior).

Zigóteno   Do grego, "fios emparelhados". Na primeira divisão meiótica, é a segunda etapa da prófase I, quando os cromossomos homólogos se pareiam lado a lado; segue o leptóteno.

Zigoto Um ovo fertilizado com um complemento cromossômico diploide em seu núcleo de zigoto gerado pela fusão dos pró-núcleos haploides masculino e feminino.

Zona de atividade polarizante (ZPA) Um pequeno bloco de tecido mesodérmico na região mais posterior da zona de progresso do membro. Especifica o eixo anteroposterior do membro em desenvolvimento por meio da ação do fator parácrino Sonic hedgehog.

Zona de progresso (PZ) Mesênquima do broto do membro altamente proliferativo diretamente sob a crista ectodérmica apical (AER). O crescimento proximal-distal e a diferenciação do membro são possíveis por uma série de interações entre a AER e a zona de progresso. Também chamada de zona indiferenciada.

Zona de transição No desenvolvimento do tubo neural em vertebrados, a zona entre a região que sofre a neurulação primária e a região que sofre a neurulação secundária. O tamanho dessa zona varia entre as diferentes espécies. *Ver também* **Neurulação primária; Neurulação secundária.**

Zona do manto (zona intermediária) Segunda camada do desenvolvimento da medula espinal e da medula que se forma em torno do tubo neural original. Como contém corpos celulares neuronais e tem uma aparência acinzentada, ela formará a substância cinzenta.

Zona indiferenciada *Ver* **Zona de progresso.**

Zona intermediária *Ver* **Zona do manto.**

Zona marginal (1) A terceira zona (e externa) da medula espinal e medula em formação composta por uma região pobre em células, composta de axônios que se estendem a partir de neurônios que residem na zona do manto. Formará a substância branca, uma vez que as células gliais cobrem os axônios com bainhas de mielina, que apresentam uma aparência esbranquiçada. (2) Na gástrula anfíbia, onde começa a gastrulação, a região que rodeia o equador da blástula, onde se encontram os hemisférios animal e vegetal. (3) Na gástrula de aves e répteis (= cinturão marginal), uma fina camada de células entre a área pelúcida e a área opaca, importante na determinação do destino das células durante o desenvolvimento inicial.

Zona marginal involuente (IMZ) Células que involuem durante a gastrulação de *Xenopus*, incluem precursores do endoderma faríngeo, mesoderma da cabeça, notocorda, somitos e mesoderma do coração, do rim e ventral.

Zona marginal não involutiva (NIMZ) Região de células no exterior do embrião do anfíbio em gastrulação que não involui. Eles expandem-se por epibolia juntamente com as células do capuz animal para cobrir todo o embrião, eventualmente formando o ectoderma de superfície.

Zona marginal posterior (PMZ) O fim da blastoderme de aves onde a formação da linha primitiva começa e atua como o equivalente ao centro de Nieuwkoop de anfíbio. As células da PMZ iniciam a gastrulação e impedem que outras regiões da margem formem suas próprias linhas primitivas.

Zona necrótica anterior Uma zona de morte celular programada no lado anterior do membro tetrápode em desenvolvimento que ajuda a modelar o membro.

Zona necrótica interdigital Zona de morte celular programada nos membros de tetrápodes em desenvolvimento que separa os dígitos uns dos outros; quando as células nessa zona não morrem, a palmura entre os dígitos permanece, como no pé de pato.

Zona necrótica interior Zona de morte celular programada no membro tetrápode em desenvolvimento que separa o rádio da ulna.

Zona necrótica posterior Zona de morte celular programada no lado posterior do membro de tetrápodes em desenvolvimento que ajuda a modelar o membro.

Zona pelúcida Revestimento de glicoproteína (matriz extracelular) em torno do ovo de mamífero, sintetizada e secretada pelo ovócito em crescimento.

Zona progenitora caudal Uma região na parte posterior do embrião de vertebrados que é constituída por células progenitoras de neuromesoderma multipotentes. *Ver também* **Progenitores neuromesodérmicos.**

Zona subgranular (SGZ) Uma região do hipocampo no cérebro que contém células-tronco neurais, permitindo a neurogênese adulta nesta região.

Zona subventricular Uma região no cérebro vertebrado que é formada quando células progenitoras migram para longe da zona ventricular.

Zona ventricular (VZ) camada interna da medula espinal e do cérebro em desenvolvimento. Forma o neuroepitélio germinativo do tubo neural original e contém células progenitoras neurais que são uma fonte de neurônios e células gliais. Formará o epêndima.

Zona ventricular-subventricular (V-SVZ) Região do cérebro que contém células tronco neurais e é capaz de neurogênese no adulto.

Zonas necróticas Regiões do membro de tetrápode "esculpidas" pela morte celular apoptótica (programada); o termo zona "necrótica" é remanescente de um momento em que não se fazia distinção entre necrose e apoptose. As quatro regiões de necrose são interdigital, anterior, posterior e interior.

Índice onomástico

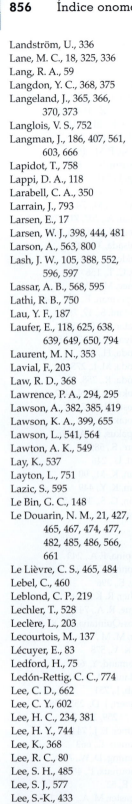

Índice

As marcações em *itálico* indicam que a informação será encontrada em figuras.
A designação "n" indica que a informação será encontrada nas notas de rodapé.